भौतिकी की समझ

1

हरीशचंद्र वर्मा, पी-एच॰ डी॰
भूतपूर्व प्रोफेसर, भौतिक विज्ञान विभाग
आई॰ आई॰ टी॰ कानपुर

भारती भवन
पब्लिशर्स एंड डिस्ट्रीब्यूटर्स

प्रकाशक

भारती भवन (पब्लिशर्स एण्ड डिस्ट्रीब्यूटर्स)

www.bharatibhawan.in email: editorial@bbpd.in

पटना ठाकुरबाड़ी रोड, पटना-800 003
नई दिल्ली 4271/3 अंसारी रोड, दरियागंज, नई दिल्ली-110 002
नोएडा ए-61 बी/2, सेक्टर 63, नोएडा-201 307
कोलकाता 10 राजा सुबोध मल्लिक स्क्वेअर, कोलकाता-700 013
बेंगलुरु नं॰ 98 सिरसी सर्किल, मैसूर रोड, बेंगलुरु-560 018

प्रथम संस्करण 2018
पुनःमुद्रण 2026

भौतिकी की समझ 1
भारत प्रिंटर्स, पटना-800 004 द्वारा मुद्रित

भारतीय दर्शन और जीवन शैली
को समर्पित
जो आजीवन मेरे माँ-पिताजी
की जिंदगी के मूलमंत्र बने रहे

पूर्व कथा

भारत मूलतः प्रकृति-प्रेमी राष्ट्र है और प्रकृति को जानने-समझने का शास्त्र ही भौतिकी है। भारत, प्रकृति एवं भौतिकी के बीच इस अटूट रिश्ते को केंद्र में रखते हुए वर्षों पूर्व मैंने *Concepts of Physics* पुस्तक का निर्माण किया था। वर्ष 1992 में प्रकाशित यह पुस्तक पूरे भारत में भौतिकी के विद्यार्थियों एवं शिक्षकों से भरपूर प्यार बटोरती रही है। और, इसी पुस्तक के कारण इस देश ने मुझ अकिंचन पर भी झोली भर-भरकर प्यार लुटाया है।

'भौतिकी' अपने जीवन की, अपने संसार की गाथा है। और, इस गाथा को शब्दों में गूँथने का काम अपनी मातृभाषा में हो, तो उसकी तुलना ही क्या है? इन्हीं विचारों की परिणति है मेरी यह पुस्तक **भौतिकी की समझ**।

इस पुस्तक का मूल आधार *Concepts of Physics* ही है। इन वर्षों में मैंने भौतिकी के लाखों विद्यार्थियों से और हजारों शिक्षकों से बहुत-कुछ सीखा है, वह अनुभव भी इसमें दिखेगा। भौतिकी के सिद्धांतों को आत्मसात करने-कराने में छोटे प्रयोगों की बड़ी भूमिका है। इस पुस्तक में ऐसे अनेक प्रयोगों का वर्णन किया गया है, जिन्हें आप बड़ी आसानी से अपने घर में कर सकते हैं। आप अवश्य ही इन 'रोचक प्रयोगों' को स्वयं करें एवं भौतिकी में डूबने के आनंद को कई गुना बढ़ाएँ।

भौतिकी को वर्तमान स्वरूप में लाने में भौतिकवेत्ताओं ने अदम्य साहस, धैर्य एवं संघर्षशीलता का परिचय दिया है। विगत वर्षों में अनेक माध्यमों से मुझे वैज्ञानिकों की इन कर्म-यात्राओं का भी कुछ-कुछ ज्ञान प्राप्त हुआ है। भौतिकी की समझ को गहराई से विकसित करने में ये कथाएँ भी महत्त्वपूर्ण भूमिका निभा सकती हैं और इसीलिए इस पुस्तक में ऐसी कथाओं का भी यथासमय समावेश किया गया है। भौतिकी अभी भी जीवंत विषय है क्योंकि नए प्रश्न उठ रहे हैं, नई चुनौतियाँ मिल रही हैं और उनसे निपटने के लिए नए आविष्कार निरंतर हो रहे हैं। भौतिकी के विद्यार्थी होने के नाते आप भी इस आविष्कारी सेना में अपना योगदान दे सकते हैं।

हरीश

आभार

किसी उत्कृष्ट कृति की कल्पना तो उसका रचनाकार करता है, पर उसे मूर्तरूप देने में अनेकानेक प्राणियों एवं स्वयं प्रकृति का सहयोग होता है। **भौतिकी की समझ** भले ही मूल रूप से मेरी रचना हो, पर इसे इसके भव्य स्वरूप तक लाने में भी बहुतों का योगदान रहा है और मैं उन सबका हृदय से आभारी हूँ।

मेरा पहला आभार उन हजारों-लाखों विद्यार्थियों व शिक्षकों के लिए है जिन्होंने पिछले दो दशकों में मुझे अध्ययन व अध्यापन के नए आयामों से परिचित कराया है। इस नई शक्ति को फिर से अपने विद्यार्थियों तक पहुँचाना, 'भौतिकी की समझ' की रचना का प्रमुख प्रेरणास्रोत है। यूँ तो प्रकाशक अपनी सभी पुस्तकों को सर्वोत्तम कलेवर देने के लिए प्रतिबद्ध होते हैं, पर भारती भवन की समस्त टीम 'भौतिकी की समझ' के साथ भावनात्मक रूप से जुड़ी रही है। श्री संजय बोस के नेतृत्व में श्री पंकज सिन्हा की टीम ने इसकी पांडुलिपि को पुस्तक का रूप देने में अथक परिश्रम किया है। अनेक स्थानों पर उनके सुझाव इस पुस्तक को शुद्ध व सुस्पष्ट करने में सक्षम रहे हैं। मैं हृदय से भारती भवन की इस पूरी टीम का आभारी हूँ।

इस पुस्तक के प्रकाशन के पहले इसके अनेक अध्यायों को श्रीमती प्रज्ञा नोपानी तथा श्रीमती स्मिता फंगारिया ने ध्यानपूर्वक पढ़ा है तथा अनेक अशुद्धियों को दूर किया है। उनके इस सहयोग के लिए उन्हें बहुत-सा धन्यवाद।

Concepts of Physics को भौतिकी जगत में लोकप्रिय बनाने में बंदरों का बड़ा योगदान रहा है। वे बंदर 'भौतिकी की समझ' में भी विद्यमान हैं। इनका तथा इन जैसे अन्य प्राणियों का भी बहुत आभार जिनके कारण भौतिकी को जीवन के साथ जोड़ने की प्रक्रिया में 'भौतिकी की समझ' का सामर्थ्य बढ़ा है।

निश्चित ही इस पुस्तक के निर्माण के क्रम में बहुत-सारे लोगों की प्रत्यक्ष या अप्रत्यक्ष, घोषित या अघोषित, भागीदारी रही है। इन सभी को बिना चिह्नित किए मेरा बहुत-बहुत धन्यवाद।

हरीश

विद्यार्थियों से

भौतिकी की समझ मेरी पुस्तक *Concepts of Physics* के आधार पर ही विकसित की गई है। अँगरेजी की अपेक्षा हिंदी से मेरी प्रगाढ़ता तो इस पुस्तक की जीवनीशक्ति है ही, साथ ही भौतिकी को अपनी संपूर्णता के साथ प्रस्तुत करने का प्रयास भी इस पुस्तक में अधिक मुखर रूप से परिलक्षित होगा। सैद्धांतिक विवेचना, प्रयोगों का समुचित ज्ञान एवं विभिन्न प्रकार की परिस्थितियों के संदर्भ में बने प्रश्न, इस पुस्तक के आधार-स्तंभ हैं। इस पुस्तक में भौतिकी के सिद्धांतों की समझ विकसित करने हेतु गणित का भरपूर उपयोग किया गया है। बीजगणित (algebra), त्रिकोणमिति (trigonometry), निर्देशांक ज्यामिति (coordinate geometry), सदिश विश्लेषण (vector analysis) तथा कलन शास्त्र (calculus) इसमें प्रमुख रूप से आएँगे। इनमें प्रथम तीन के लिए हाई स्कूल के पाठ्यक्रम का सम्यक ज्ञान पर्याप्त है। वेक्टर तथा कलन शास्त्र संप्रति गणित के पाठ्यक्रम में कक्षा 11 या 12 में आते हैं। इस पुस्तक में वेक्टर तथा कलन शास्त्र का थोड़ा अभ्यास प्रारंभ के अध्यायों में कराया गया है ताकि विद्यार्थी इन शक्तिशाली गणितीय औजारों का आसानी से उपयोग कर सकें।

भौतिकी का पूर्वज्ञान होना बिलकुल भी आवश्यक नहीं है। भौतिकी के विषयों को बिलकुल प्रारंभिक स्तर से विकसित किया गया है। बिना किसी पूर्वाग्रह के ध्यानपूर्वक इस पुस्तक को पढ़ना सर्वाधिक लाभप्रद होगा।

जितना सुंदर और प्यारा हमारा जीवन है, उतनी ही सुंदर और प्यारी हमारी भौतिकी है। यही इस पुस्तक का मूल चिंतन है। मैंने हर स्तर पर जीवन से जुड़ी घटनाओं के आधार पर भौतिकी की समझ को विकसित करने का प्रयास किया है। इस पुस्तक के साथ आप जितना समय बिताएँगे, भौतिकी से आपकी दोस्ती उतनी ही प्रगाढ़ होती जाएगी।

अध्ययन तथा अभ्यास

किसी विषय के अध्ययन का उद्देश्य होता है उस विषय का समुचित ज्ञान अर्जित करना। **भौतिकी की समझ** पुस्तक में अर्जित ज्ञान का सटीक एवं समुचित उपयोग करने की क्षमता विकसित करने के लिए भाँति-भाँति के अभ्यास करने पर भी पूरा ध्यान दिया गया है। इसके लिए हर अध्याय के बाद कुछ हल किए गए आंकिक प्रश्न हैं। मेरा सुझाव है कि आप इन प्रश्नों को स्वयं हल करें तथा उसके बाद पुस्तक में दिए गए हल देखें। हो सकता है कि आपके द्वारा किया गया हल पुस्तक के हल से बेहतर हो। एक से अधिक प्रकार के हल जानना सदा लाभकारी होता है।

प्रश्नों की शृंखला में सबसे पहले आते हैं **विचार हेतु प्रश्न**। इन प्रश्नों में सिद्धांतों की बारीक समझ की परीक्षा होगी तथा उसका विकास होगा। आप इन प्रश्नों पर अपने मित्रों के साथ तार्किक विचार-विमर्श करें, जिससे सबकी समझ बढ़े। इन प्रश्नों के उत्तर नहीं दिए गए हैं ताकि यह बहस लंबी चले।

'विचार हेतु प्रश्न' के बाद **सटीक उत्तरवाले प्रश्न** दिए गए हैं, जो दो प्रकार के हैं। दोनों प्रकारों में प्रत्येक प्रश्न के लिए चार विकल्प दिए गए हैं। पहले प्रकार के प्रत्येक प्रश्न में सिर्फ एक ही विकल्प सही होगा जबकि दूसरे प्रकार के हर प्रश्न में दिए गए विकल्पों में से कितने भी विकल्प सही हो सकते हैं। इन प्रश्नों में भी सिद्धांतों की गहरी समझ की परीक्षा होगी तथा उसका विकास होगा। इन सभी प्रश्नों के उत्तर अध्याय के अंत में दिए गए हैं। प्रत्येक अध्याय के अंत में **अभ्यास के प्रश्न** दिए गए हैं। इन प्रश्नों में विषय-ज्ञान के अलावे गणितीय गणनाओं का भी अच्छा-खासा महत्त्व होगा। पर, सबसे आवश्यक होगा अध्याय में सिखाए गए सभी सिद्धांतों की मजबूत समझ का होना।

इन प्रश्नों के हल जानने से अधिक महत्त्वपूर्ण है इन्हें हल करने की कोशिश करना। स्वयं प्रयास कर प्रश्न को हल करने से निश्चित रूप से विषय को गहराई तक समझने व उचित स्थान पर संबद्ध सिद्धांतों का उपयोग करने की आपकी क्षमता बढ़ेगी।

याद रखिए, कोई भी प्रश्न कठिन नहीं होता। यदि आपने सिद्धांतों को भलीभाँति समझा है, तो हर प्रश्न आसान है। इसलिए, अध्याय को ठीक प्रकार से पढ़ना, हल किए प्रश्नों को समझना, सटीक उत्तरवाले प्रश्नों को हल करना, ये सभी आवश्यक हैं। इसके बाद ही अभ्यास के प्रश्नों पर अपनी ऊर्जा लगाएँ। ये प्रश्न इस प्रकार सजाए गए हैं कि सामान्यतः आगे के प्रश्न आपको अधिक चिंतन के लिए प्रेरित करेंगे।

आशा है **भौतिकी की समझ** आपको विज्ञान के सुंदर संसार के थोड़े दर्शन कराने में सफल होगी।

हरीश

विषय-सूची

❑

अध्याय 1

भौतिकी का परिचय

1.1 हम सब भौतिक-विज्ञानी हैं

नीला आकाश, आकाश में लटके हुए सूरज, चाँद और तारे। प्रकाश की किरण फूटी, ज्योति प्रस्फुटित हुई, प्रभात हुआ, तारे जाने कहाँ छुप गए, चाँद रहा भी तो निस्तेज, महत्त्वहीन। दूर कहीं पूर्व दिशा में आकाश के पटल पर लालिमा फैली, सूरज धीरे-धीरे प्रकट हुआ अरुण वर्ण। फैल गई खेतों में, मैदानों में, सड़कों पर, घरों की छतों पर धूप की लंबी-चौड़ी चादर। धीरे-धीरे सूरज ने सौम्य अरुण वर्ण का परित्याग किया, आँख उठाकर देखना भी संभव न हो दुपहर में, ऐसा प्रचंड रूप। और, संध्या काल अपने साम्राज्य को समेटता हुआ पश्चिम के आकाश को लाल करता चला गया कहीं और। रात आई तो झिलमिल चमकते तारों की बिंदियों ने शृंगार किया आकाश का। कहीं चाँद की चमक अपनी शीतल चाँदनी से हमारे मन-मस्तिष्क को आह्लादित करने लगी।

लाखों-करोड़ों-अरबों बरसों से आकाश के ये निवासी अपनी दिनचर्या का भलीभाँति पालन कर रहे हैं। भूल से भी कभी सूरज पश्चिम से उदित हुआ नहीं, अमावस्या के अगले दिन पूर्ण चंद्र दिखा नहीं और न ही किसी रात तारों ने चंद्रमा के अंदर घुसने का प्रयास किया। सब कुछ नियमों के अनुसार, व्यवस्थित व अनुशासित।

पेड़ से जब भी टूटा सेब, तो जमीन पर ही गिरा, लाखों बरसों में कभी ऐसा हुआ नहीं कि भूल से कोई सेब पेड़ से टूटकर आकाश में उड़ गया हो। पानी को जब भी आँच पर रखा, तो वह गरम ही हुआ, एक बार भी पानी ने आँच पर जाकर ठंडा होने की भूल नहीं की। हथेलियों को जब भी किसी ने रगड़ा तो गर्म ही हुईं। घर के टेबुल पर रखी भौतिकी की पुस्तक कभी स्वेच्छा से चलकर रसोईघर में पहुँची नहीं। सब कुछ हो रहा है नियमों के अनुसार, व्यवस्थित और अनुशासित।

विशालकाय नक्षत्र, तारे, ग्रह या धूल के सूक्ष्म कण या फिर कणों के अंदर के अणु, परमाणु और उनके भी अंदर के नाभिक, न्यूट्रॉन, प्रोटॉन व इलेक्ट्रॉन, सबको पता है इन नियमों का और सब पालन कर रहे हैं इन नियमों का पूरी दक्षता, ईमानदारी व कुशलता के साथ।

किसने बनाए ये प्रकृति के नियम, किसने सिखाए मिट्टी, पानी और हवा को ये नियम? कौन कर रहा है देख-रेख कि हर छोटी-बड़ी वस्तु नियमों के अनुसार ही व्यवहार कर रही है? इन प्रश्नों के उत्तर पाने के लिए ऋषि-मुनि योग, साधना और तपस्या करते हैं। परंतु, हम तो सिर्फ इतना जानने को उत्सुक हैं कि ये नियम हैं क्या? प्रकृति के इन नियमों की जानकारी ही है भौतिकी।

क्रिकेट के खेल के कुछ निश्चित नियम हैं। यदि आप उन्हें जानना चाहते हैं तो आपको किताबें मिल जाएँगी जिनमें सभी नियम लिखे होंगे। पर, आपमें से बहुतों ने ये नियम टीवी पर विभिन्न मैचों के प्रसारण देखकर सीखे होंगे। खेल की नियमावली तो उपलब्ध नहीं है, पर उस नियमावली के आधार पर खेल चल रहा है, खेल देखकर खेल के नियमों का पता चल जाता है। कैच, रन आउट, एल॰बी॰डब्ल्यू॰, चौका, छक्का आदि के नियम हम खेल देखते-देखते जान जाते हैं। शायद हमारी जानकारी उस नियमावली के अनुसार पूरी न हो या फिर जो नियम हमने सोचे खेल देखकर, वे पूरी तरह से ठीक न हों। हमने जो खेल देखा यदि उसमें कभी विकेटकीपर ने स्टंप किया नहीं, तो हमें स्टंप के नियम के बारे में कुछ ज्ञान ही नहीं हुआ। दूसरे दिन के मैच में स्टंप की घटना हुई, बल्लेबाज क्रीज छोड़कर चल दिया, तो हमने एक नए नियम की खोज की—स्टंप आउट करने का नियम। गेंद पैर पर लगा और बल्लेबाज आउट हो गया, हमने एक नियम समझा कि "गेंद यदि पैर पर लगे, तो बल्लेबाज आउट हो जाता है"। पर अगला गेंद फिर पैर पर लगा और अम्पायर ने कहा—नॉट आउट। हम चक्कर में पड़े, ये क्या हुआ? फिर हमने अपने ढूँढ़े हुए नियम में संशोधन किया—"गेंद यदि विकेट में लगने जा रहा हो और बीच में पैर पर लग जाए, तब बल्लेबाज आउट होता है"। जैसे-जैसे खेल में नई-नई घटनाएँ होती हैं, हम नए नियमों की खोज करते हैं, या पहले के खोजे नियमों में संशोधन करते हैं।

कुछ ऐसा ही है **भौतिकी** का स्वरूप। प्रकृति के नियमों की खोज करनी है हमें, प्रकृति के खेल देखकर। कोई अब तक अनदेखी-अनजानी घटना हमें किसी नए नियम का ज्ञान करा सकती है या हमने जो नियम सोचे थे उनमें संशोधन करा सकती है।

हर मनुष्य देख रहा है इस प्रकृति को अपने आसपास और निकाल रहा है अपनी बुद्धि के अनुसार उसके अर्थ। और, इसलिए हर मनुष्य है एक भौतिक-विज्ञानी और बन जाता है वह भौतिक-विज्ञानी अपने जीवन के प्रथम क्षण से ही, शायद उसके भी पहले से ही। शुरू हो जाती है नवजात शिशु की यह भौतिकी की खोज-यात्रा

आँखें खोलते ही, और वर्षभर में तो वह अच्छा-खासा भौतिक-विज्ञानी हो जाता है। उसे पता होता है कि उँगलियों से किसी वस्तु को दबाकर हाथ उठाने से वह वस्तु उठ जाती है और उँगलियाँ खोल देने से वह नीचे गिर जाती है। और, प्रकृति का यह नियम उसने किसी भौतिकी का ग्रंथ पढ़कर नहीं सीखा, बल्कि स्वयं वस्तुओं के व्यवहार को देखकर उसने अपने मन में यह नियम बनाया।

यह विशाल ब्रह्मांड है प्रकृति के खेल का मैदान, गिनती न की जा सके इतनी वस्तुएँ जिनमें निर्जीव-सजीव हर वस्तु इस खेल के खिलाड़ी, पल-प्रतिपल घटनेवाली घटनाएँ इन खिलाड़ियों की चालें, लाखों वर्षों से चला आ रहा यह अनुपम खेल। कितने नियम होंगे प्रकृति के! कई करोड़ या कई लाख? आश्चर्य होगा सुनकर, यदि कोई कहे कि यह सब कुछ सिर्फ थोड़े से नियमों के आधार पर चल रहा है, शायद बीस से भी कम। 'सेब का पेड़ से टूटकर जमीन पर गिरना', 'चंद्रमा का धरती के चक्कर लगाना' और 'समुद्र में ज्वार-भाटा आना' बिलकुल अलग-अलग प्रकार की घटनाएँ लगती हैं। परंतु, यह सब एक ही मूलभूत नियम—गुरुत्वाकर्षण—के अनुसार हो रहा है। इन मूलभूत नियमों को जानना तथा इन नियमों के आधार पर दी हुई परिस्थितियों में वस्तुएँ कैसा व्यवहार करेंगी, इसकी भविष्यवाणी करने की क्षमता का विकास करना भौतिकी का उद्देश्य है।

1.2 भौतिकी और गणित

भौतिकी को समझने एवं उसे विकसित करने में गणित का अत्यंत महत्त्वपूर्ण एवं आदरणीय स्थान है। गणित के बिना प्रकृति की इन सूक्ष्मताओं को समझना बहुत ही कठिन हो जाता है। एक छोटा-सा समीकरण

$$F = \frac{Gm_1 m_2}{r^2} \qquad \ldots (1.1)$$

कितना कुछ कह जाता है। यदि इसी बात को बिना समीकरण के कहना हो, तो कहनेवाले और सुननेवाले दोनों के लिए यह एक लंबा काम होगा। दो कणों के बीच लगता गुरुत्वाकर्षण का बल उनके द्रव्यमानों के गुणनफल को स्थिरांक G से गुणा कर उनके बीच की दूरी के वर्ग से भाग देने पर प्राप्त होता है। इस लंबे वाक्य को सुनकर इसके अर्थ को भलीभाँति समझने से उस समीकरण को समझना कहीं आसान है। साथ ही, बीजगणित, त्रिकोणमिति, कैलकुलस आदि के तरीके ही तरह-तरह की गणनाएँ कर हमें दी गई परिस्थितियों में वस्तुओं के व्यवहार की भविष्यवाणी करने में सक्षम बनाते हैं। दो कणों के बीच लगनेवाले गुरुत्वाकर्षण बल का मूल नियम समीकरण (1.1) के रूप में लिखा है। पर, लोहे की एक छड़ कुछ दूर रखी दूसरी छड़ पर कितना बल लगाएगी, यह जानने के लिए हमें बीजगणित, त्रिकोणमिति और कैलकुलस की शरण में जाना ही पड़ेगा।

नदी पार करने के लिए जैसे नाव की आवश्यकता है, वैसे ही भौतिकी को समझने के लिए गणित की आवश्यकता है। सजी-सँवरी नाव हो, धूप से बचने के लिए ऊपर छतरी तनी हो, तो नदी पार करने का आनंद ही कुछ और है। परंतु, यात्री का मुख्य उद्देश्य नदी पार करना होता है, नाव की सुंदरता निहारना नहीं। वैसे ही भौतिकी पढ़ते समय मुख्य उद्देश्य भौतिकी को समझना है, गणित तो इस काम को सरल बनानेवाला साधन है। गणित भौतिकी की भाषा है, गणित स्वयं भौतिकी नहीं है। गणित एवं भौतिकी के इस संबंध को याद रखना चाहिए।

❑

अध्याय 2

मात्रक और विमाएँ

बाजार का दृश्य। लोग तरह-तरह के सामान खरीद रहे हैं। कुछ लोग एक ओर खड़े बातें कर रहे हैं। 50 ग्राम धनिया देना, 200 ग्राम मिर्च। मेरा घर तो 5 किलोमीटर दूर है, जाने में 20 मिनट लग जाएँगे। कितना धनिया चाहिए—50 ग्राम। यदि एक निश्चित द्रव्यमान को हम 1 ग्राम कहते हैं और उसका 50 गुना हो, तो उसे हम 50 ग्राम कहते हैं। घर कितना दूर है—5 किलोमीटर। एक निश्चित दूरी को हम 1 किलोमीटर कहते हैं और उसका 5 गुना हो, तो उस दूरी को 5 किलोमीटर कहते हैं। कितना समय लगेगा—20 मिनट। एक खास समय की अवधि को 1 मिनट कहते हैं और उसका 20 गुना हो, तो उतने समय को 20 मिनट कहते हैं।

50 ग्राम में ग्राम को मात्रक कहते हैं, यह बताता है कि कितने द्रव्यमान को हम 1 कह रहे हैं जिसके 50 गुने की बात हम कर रहे हैं। इसी प्रकार, 5 किलोमीटर में किलोमीटर मात्रक है और 20 मिनट में मिनट मात्रक है।

ग्राम द्रव्यमान का मात्रक है, किलोमीटर दूरी का और मिनट समय का। एक ही राशि के कई मात्रक हो सकते हैं। इंच, सेंटीमीटर, मिलीमीटर—ये सभी दूरी के मात्रक हैं। ग्राम, किलोग्राम, क्विंटल, टन आदि द्रव्यमान के मात्रक हैं। सेकंड, मिनट, घंटा आदि समय के मात्रक हैं।

2.1 मूल राशियाँ एवं व्युत्पन्न राशियाँ

किसी कमरे के फर्श की लंबाई 15 फीट और चौड़ाई 12 फीट है। इस फर्श का क्षेत्रफल कितना है? 180 वर्गफीट। लंबाई एक राशि है और क्षेत्रफल दूसरी। यदि हम लंबाई का मात्रक जानते हैं तो उसी से क्षेत्रफल का मात्रक बना सकते हैं। हम कहते हैं कि क्षेत्रफल लंबाई पर निर्भर करता है। इसी तरह यदि हम लंबाई और समय के मात्रक जानते हैं तो वेग का मात्रक बना सकते हैं। यदि लंबाई किलोमीटर में और समय घंटा में मापा जाए, तो वेग का मात्रक किलोमीटर प्रतिघंटा बनाया जा सकता है। अतः, वेग का मात्रक निर्भर करता है लंबाई और समय के मात्रकों पर।

भौतिकी में हम सैकड़ों प्रकार की राशियों की बात करते हैं। पर इनमें सिर्फ सात ही स्वतंत्र हैं, बाकी सभी इन्हीं सात राशियों पर निर्भर करती हैं। इन सात राशियों को मूल राशियाँ (fundamental quantities) कहते हैं, जबकि बाकी को व्युत्पन्न राशियाँ (derived quantities) कहते हैं। इन सात राशियों का चुनाव कई प्रकार से किया जा सकता है। यदि हम वेग और समय को मूल राशि कहें तो लंबाई (लंबाई = वेग × समय) उनपर निर्भर करेगी। वैज्ञानिकों की एक अंतरराष्ट्रीय समिति *Bureau International des Poids et Mesures* (BIPM) ने 1971 में अपनी बैठक में मात्रकों के बारे में एक पद्धति का सुझाव दिया जिसे International System of Units या संक्षेप में **SI पद्धति** कहते हैं। अधिकतर वैज्ञानिक कार्य इसी पद्धति में किए जाते हैं।

2.2 SI मात्रक

SI पद्धति में जिन सात राशियों को मूल राशियाँ माना गया है, वे सारणी 2.1 में लिखी गई हैं। राशियों के साथ ही उनके मात्रक तथा उन मात्रकों को लिखने के संक्षिप्त रूप भी सारणी में दिए गए हैं।

सारणी 2.1

राशि	राशि का संकेत	SI मात्रक का नाम	मात्रक का संकेत
लंबाई	L	मीटर	m
द्रव्यमान	M	किलोग्राम	kg
समय	T	सेकंड	s
विद्युत-धारा	I	ऐम्पियर	A
ताप	K	केल्विन	K
आनुपातिक पदार्थ की मात्रा	mol	मोल	mol
दीप्ति (ल्यूमिनस) तीव्रता	cd	कैंडेला	cd

इनमें से अधिकांश राशियाँ आपकी जानी-पहचानी होंगी। यदि कोई अपरिचित हो, तो भी चिंता न करें और आगे पढ़ते जाएँ।

इन सात मूल राशियों के अतिरिक्त कोण तथा घन कोण (solid angle) को पूरक राशियों के रूप में मान्यता दी गई थी। कोण का SI मात्रक रेडियन है, जिसे rad लिखते हैं और घन कोण का SI मात्रक स्टेरेडियन है, जिसे sr लिखते हैं।

परंतु, 1995 में हुई बैठक में BIPM से पूरक मात्रकों की श्रेणी को हटाने का निर्णय लिया गया। अब ये व्युत्पन्न राशियों के रूप में मानी जाती हैं।

इन मात्रकों की सटीक परिभाषा करना अपने-आपमें एक कठिन कार्य है। जैसे, कितनी लंबाई को एक मीटर कहेंगे, यह तय करने के लिए निम्नलिखित परिभाषा दी गई है—

प्रकाश $\frac{1}{299{,}792{,}458}$ सेकंड में निर्वात (vacuum) में जितनी दूरी चलता है, उसे 1 मीटर कहते हैं।

इस अध्याय के अंत में सभी SI मात्रकों की परिभाषाएँ दी गई हैं।

हमारे अधिकांश कार्यकलापों में इन परिभाषाओं का उपयोग करने की जरूरत नहीं पड़ती। पर, यदि आप विशेष प्रकार के शोध के लिए प्रयोग करेंगे, तो इनकी जरूरत पड़ सकती है।

2.3 SI उपसर्ग (Prefix)

कई बार SI मात्रक हमारे उपयोग के लिए बहुत छोटे या बहुत बड़े होते हैं। SI पद्धति में कुछ विशेष उपसर्ग बनाए गए हैं। छोटी राशियों के लिए प्रायः मिली, माइक्रो, नैनो, पीको, फेम्टो आदि का प्रयोग करते हैं और बड़ी राशियों के लिए किलो, मेगा, गीगा, टेरा आदि का प्रयोग करते हैं। इन्हें **SI उपसर्ग (prefix)** कहते हैं। इनके अर्थ नीचे सारणी 2.2 में बताए गए हैं। साथ ही, इनके संकेत भी दिए गए हैं जो मात्रकों के संकेत के पहले लगाए जाते हैं।

सारणी 2.2

SI उपसर्ग (Prefix)	अर्थ	संकेत
फेम्टो	10^{-15}	f
पीको	10^{-12}	p
नैनो	10^{-9}	n
माइक्रो	10^{-6}	μ
मिली	10^{-3}	m
…	…	…
…	…	…
किलो	10^{3}	k
मेगा	10^{6}	M
गीगा	10^{9}	G
टेरा	10^{12}	T

अभ्यास 2.1

मान लें, दीवार पर लगे बल्ब से आपकी किताब तक की दूरी 2.4 मीटर है। 1 सेकंड में प्रकाश 3×10^8 मीटर चलता है, तो प्रकाश को बल्ब से चलकर किताब तक पहुँचने में कितना समय लगेगा?

हल 3×10^8 मीटर चलने में समय लगता है 1 सेकंड

तो 2.4 मीटर चलने में समय लगेगा $\frac{2.4}{3 \times 10^8}$ सेकंड

$= 0.8 \times 10^{-8}$ सेकंड $= 8 \times 10^{-9}$ s.

पर 10^{-9} को नैनो कहते हैं। अतः, 8×10^{-9} s = 8 ns.

प्रकाश को बल्ब से किताब तक पहुँचने में 8 नैनो-सेकंड का समय लगेगा।

2.4 व्युत्पन्न राशियों के मात्रक

व्युत्पन्न राशियों के SI मात्रक लिखने के लिए हम दी गई राशि को मूल राशियों के गुणनफल या भागफल के रूप में लिखते हैं। फिर, हर मूल राशि का मात्रक उसके स्थान पर लिख देते हैं। इस प्रकार व्युत्पन्न राशि का मात्रक तैयार हो जाता है। जैसे, वेग एक व्युत्पन्न राशि है। इसे मूल राशियों, समय तथा दूरी, से प्राप्त किया जा सकता है।

$$\text{वेग} = \frac{\text{दूरी}}{\text{समय}}$$

दूरी के स्थान पर दूरी का SI मात्रक m (मीटर) रख दें और समय के स्थान पर समय का SI मात्रक s (सेकंड) रख दें तो वेग का SI मात्रक बन गया $\frac{\text{m}}{\text{s}}$, यानी $\frac{\text{मीटर}}{\text{सेकंड}}$। इसे m/s भी लिखते हैं।

अभ्यास 2.2

ऊर्जा (energy) का SI मात्रक निकालें। गतिज ऊर्जा (kinetic energy) का सूत्र है $E = \frac{1}{2}mv^2$.

हल ऊर्जा के कई रूप होते हैं। इनमें से किसी भी रूप के लिए यदि हमें सूत्र पता हो, तो हम ऊर्जा का मात्रक पता कर सकते हैं। द्रव्यमान m का SI मात्रक है kg और वेग v का SI मात्रक हमने अभी निकाला था $\frac{\text{m}}{\text{s}}$, किंतु $\frac{1}{2}$ तो एक संख्या है इसलिए इसका कोई मात्रक नहीं है। अतः, ऊर्जा का SI मात्रक हुआ $\text{kg} \cdot \left(\frac{\text{m}}{\text{s}}\right)^2$ या $\text{kg} \cdot \text{m}^2/\text{s}^2$. इस मात्रक का एक अलग से नाम जूल (joule) दिया गया है और इसे J अक्षर से दिखाते हैं। अतः, ऊर्जा का SI मात्रक जूल है।

अभ्यास 2.3

100 ग्राम का एक गेंद 8 m/s के वेग से जा रहा है। इसकी गतिज ऊर्जा निकालें।

हल गतिज ऊर्जा $= \frac{1}{2}mv^2$

$$= \frac{1}{2} \times (100 \times 10^{-3}\ \text{kg}) \times (8\ \text{m/s})^2$$

$$= \frac{1}{2} \times 10^{-1} \times 64\ \text{kg} \cdot \text{m}^2/\text{s}^2$$

$$= 3.2\ \text{kg} \cdot \text{m}^2/\text{s}^2$$

$$= 3.2\ \text{J}.$$

2.5 CGS पद्धति

SI पद्धति के लोकप्रिय होने से पहले मात्रकों की CGS पद्धति काफी प्रचलित थी। अभी भी इस पद्धति का उपयोग कभी-कभी देखने को मिलता है। इसमें दूरी के लिए सेंटीमीटर, द्रव्यमान के लिए ग्राम तथा समय के लिए सेकंड का प्रयोग करते हैं। **Centimetre, Gram तथा Second के पहले अक्षरों को लेकर ही CGS नाम बना है।**

2.6 विमाएँ (Dimensions)

किसी व्युत्पन्न राशि का मात्रक जानने के लिए हम उस राशि को मूल राशियों के गुणा या भाग के रूप में लिखते हैं। हमने इस प्रकार के कई उदाहरण पहले दिए हैं। यथा—

$$[\text{क्षेत्रफल}(l^2)] = \text{दूरी} \times \text{दूरी} = (\text{लंबाई})^2$$

$$[\text{वेग}(l/t)] = \frac{\text{लंबाई}}{\text{समय}} = (\text{लंबाई})^1 (\text{समय})^{-1}$$

$$\left[\text{ऊर्जा}\left(\frac{1}{2}mv^2\right)\right] = \text{द्रव्यमान} \times \left(\frac{\text{लंबाई}}{\text{समय}}\right)^2$$

$$= (\text{द्रव्यमान})^1 (\text{लंबाई})^2 (\text{समय})^{-2}$$

हमने कोष्ठकों का प्रयोग जानबूझ कर किया है। आपने पढ़ा होगा क्षेत्रफल = लंबाई × चौड़ाई। अभी हमारे लिए लंबाई और चौड़ाई दोनों एक ही मूल राशि हैं। इसलिए हम इसे $(\text{लंबाई})^2$ कहते हैं।

यदि हम मूल राशियों के लिए उनके संकेतों (देखें, सारणी 2.1) का प्रयोग करें तो यही संबंध ऐसे लिखे जाएँगे—

$$[\text{क्षेत्रफल}] = L^2$$
$$[\text{वेग}] = L^1T^{-1}$$
$$[\text{ऊर्जा}] = M^1L^2T^{-2}$$

मूल राशियों के पदों में लिखे हुए ऐसे व्यंजक (expressions) विमीय सूत्र (dimensional formula) कहलाते हैं। क्षेत्रफल का विमीय सूत्र L^2, वेग का विमीय सूत्र L^1T^{-1} या LT^{-1} तथा ऊर्जा का विमीय सूत्र $M^1L^2T^{-2}$ या ML^2T^{-2} है।

यदि दो राशियों को जोड़ना या घटाना हो, तो उन राशियों के विमीय सूत्र एक ही होने चाहिए। अतः, दूरी में दूरी को ही जोड़ा जा सकता है और वेग में वेग को ही जोड़ा जा सकता है। इस प्रकार जोड़ने या घटाने से जो राशि बनती है उसका भी विमीय सूत्र वही रहता है। जैसे मान लें कि किसी वस्तु का वेग t_1 समय पर v_1 तथा t_2 समय पर v_2 हो गया हो, तो वेग में परिवर्तन $= v_2 - v_1$ होगा। v_2 का विमीय सूत्र LT^{-1} है तथा v_1 का भी विमीय सूत्र LT^{-1} ही है। अतः, $v_2 - v_1$ का भी विमीय सूत्र LT^{-1} ही होगा। वस्तु का औसत वेग $\frac{v_2 + v_1}{2}$ लिख सकते हैं। इसका विमीय सूत्र भी LT^{-1} ही होगा।

अभ्यास 2.4

(a) त्वरण एवं (b) बल के विमीय सूत्र निकालें।

हल (a) $\text{त्वरण} = \frac{\text{वेग में परिवर्तन}}{\text{समय}} = \frac{v_2 - v_1}{t}$.

वेग में परिवर्तन का विमीय सूत्र $= LT^{-1}$.

अतः, $[\text{त्वरण}] = \frac{LT^{-1}}{T} = LT^{-2}$.

(b) बल = द्रव्यमान × त्वरण ($F = ma$)

अतः, $[\text{बल}] = [\text{द्रव्यमान}] \times [\text{त्वरण}] = MLT^{-2}$.

पुस्तक के अंत में परिशिष्ट 1 में प्रमुख भौतिक राशियों के विमीय सूत्र दिए गए हैं।

किसी राशि x के विमीय सूत्र में मूल राशियों पर जो घात (exponent या power) लगाए जाते हैं उन्हें उस राशि x की विमाएँ (dimensions) कहते हैं। ऊर्जा का विमीय सूत्र है $M^1L^2T^{-2}$, अतः ऊर्जा की विमा द्रव्यमान में 1, लंबाई में 2 और समय में –2 है। वेग का विमीय सूत्र L^1T^{-1} है, अतः वेग की विमा लंबाई में 1 और समय में –1 है। वेग के विमीय सूत्र में द्रव्यमान (M) नहीं आ रहा है। हम जानते हैं कि किसी संख्या पर घात शून्य लगा दिया जाए, तो परिणाम 1 होता है।

$$x^0 = 1 \quad (x \text{ स्वयं शून्य न हो})$$

अतः, हम वेग का विमीय सूत्र L^1T^{-1} की जगह $M^0L^1T^{-1}$ भी लिख सकते हैं। अतः, वेग की विमा द्रव्यमान में शून्य है।

2.7 विमाओं के उपयोग

(a) समीकरण लिखने में हुई भूल का पता करना

किसी समीकरण में बराबर के चिह्न की बायीं और दायीं ओर कई पद (terms) होते हैं, जिन्हें आपस में जोड़ा या घटाया जाता है। **किसी समीकरण में आनेवाले सभी पदों के विमीय सूत्र एक ही होते हैं।** यदि किसी समीकरण में ऐसा नहीं है, तो उस समीकरण के लिखने में जरूर कोई भूल हुई है।

मान लें एकसमान त्वरण से चलनेवाली वस्तु के द्वारा तय की गई दूरी के लिए हमने एक समीकरण लिखा है,

$$x = ut + \frac{1}{2}at^3.$$

इस समीकरण में तीन पद हैं x, ut तथा $\frac{1}{2}at^3$.

इन तीनों के विमीय सूत्र लिखें।

$$[x] = \text{दूरी} = L.$$
$$[ut] = \text{वेग} \times \text{समय} = (LT^{-1})(T) = L.$$
$$\left[\frac{1}{2}at^3\right] = \text{त्वरण} \times (\text{समय})^3 = (LT^{-2})(T^3) = LT.$$

उपर्युक्त तीनों पदों के विमीय सूत्र एक ही नहीं हैं। यह समीकरण अवश्य ही गलत है। आप जानते ही होंगे कि दूरी के लिए सही समीकरण है,

$$x = ut + \frac{1}{2}at^2.$$
$$\left[\frac{1}{2}at^2\right] = \text{त्वरण} \times (\text{समय})^2 = (LT^{-2})(T^2) = L.$$

इस समीकरण के सभी पदों के विमीय सूत्र एक ही हैं।

कई बार आप समीकरण लिखते समय कुछ भूल कर जाते हैं। विमीय सूत्रों की सहायता से आप प्रायः अपनी भूल का पता लगा सकते हैं।

विमीय विधि की सीमाएँ

संख्याओं; जैसे $\frac{1}{2}$, 2 आदि की विमाएँ नहीं होती हैं। यदि किसी समीकरण को लिखने में ऐसी किसी संख्या को गलत लिखा जाए, तो विमा की विधि से उस गलती को नहीं पकड़ा जा सकेगा। जैसे दूरी का समीकरण कोई

$$x = ut + \frac{1}{3}at^2$$

लिख दे, तो इसमें आनेवाले तीनों पदों के विमीय सूत्र एक ही होंगे। यह समीकरण विमीय दृष्टि से सही है।

अतः, **विमीय दृष्टि से सही समीकरण वास्तव में गलत हो सकता है, पर विमीय दृष्टि से गलत समीकरण कभी सही नहीं हो सकता।**

अभ्यास 2.5

विमाओं की दृष्टि से जाँच कर बताएँ कि समीकरण $t = 2\pi\sqrt{\frac{m}{F/x}}$ *सही हो सकता है या नहीं, जहाँ* t *= आवर्त काल,* m *= द्रव्यमान,* F *= बल तथा* x *= विस्थापन है।*

हल बल का विमीय सूत्र $[F] = MLT^{-2}$ है। अतः, दिए गए समीकरण में दाहिनी ओर के व्यंजक का विमीय सूत्र होगा,

$$\sqrt{\frac{M}{(MLT^{-2})/L}} = \sqrt{\frac{1}{T^{-2}}} = T$$

बायीं ओर आवर्तकाल t है जिसका विमीय सूत्र भी T है। अतः, यह समीकरण विमीय दृष्टि से सही है।

(b) किसी राशि के मात्रक को बदलना

यदि हम मूल राशियों के लिए SI मात्रकों के स्थान पर कोई और मात्रक काम में लाएँ तो सभी व्युत्पन्न राशियों के मात्रक भी बदल जाएँगे। तब हर राशि के लिए SI मात्रकों के साथ इन मात्रकों का संबंध जानना होगा। यदि हम CGS पद्धति का उपयोग करें, तो द्रव्यमान का मात्रक ग्राम, लंबाई का मात्रक सेंटीमीटर तथा समय का मात्रक सेकंड होगा। ऊर्जा का SI मात्रक जूल कहलाता है और CGS मात्रक अर्ग (erg) कहलाता है, तो प्रश्न है कि 1 जूल बराबर कितने अर्ग या 1 अर्ग बराबर कितने जूल होंगे। इस तरह के संबंधों का पता करने में विमीय सूत्र की मदद ली जा सकती है।

ऊर्जा का विमीय सूत्र है—ML^2T^{-2}। इस सूत्र के अनुसार 1 जूल तथा 1 अर्ग को नीचे बताए गए अनुसार लिखते हैं—

$$1 \text{ जूल} = (1 \text{ किलोग्राम}) \times (1 \text{ मीटर})^2 \times (1 \text{ सेकंड})^{-2}$$

$$1 \text{ अर्ग} = (1 \text{ ग्राम}) \times (1 \text{ सेंटीमीटर})^2 \times (1 \text{ सेकंड})^{-2}$$

$$\therefore \quad \frac{1 \text{ जूल}}{1 \text{ अर्ग}} = \left(\frac{1 \text{ किलोग्राम}}{1 \text{ ग्राम}}\right) \times \left(\frac{1 \text{ मीटर}}{1 \text{ सेंटीमीटर}}\right)^2 \times \left(\frac{1 \text{ सेकंड}}{1 \text{ सेकंड}}\right)^{-2}$$

$$= (1000) \times (100)^2 \times 1 = 10^7.$$

अतः, 1 जूल = 10^7 अर्ग   या 1 अर्ग = 10^{-7} जूल।

इस तरह विमीय सूत्र की सहायता से एक पद्धति में लिखे हुए किसी राशि के मात्रक को दूसरी पद्धति में बदल सकते हैं।

(c) विभिन्न भौतिक राशियों के बीच संबंध निकालना

यदि कोई भौतिक राशि कुछ अन्य राशियों पर निर्भर करती हो, तो कुछ विशेष परिस्थितियों में विमीय सूत्रों का उपयोग कर उन राशियों के बीच संबंध भी निकाला जा सकता है। इस विधि को हम एक उदाहरण के द्वारा समझेंगे।

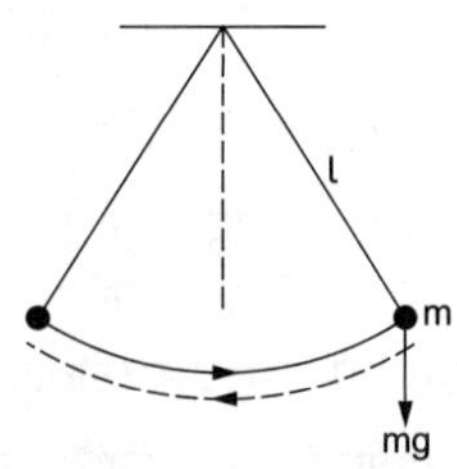

चित्र 2.1

आपने सरल दोलक (simple pendulum) का नाम सुना होगा। इसमें एक लंबे धागे से एक छोटी, पर भारी वस्तु को लटकाते हैं। जब इस वस्तु को एक ओर थोड़ा-सा खींचकर छोड़ देते हैं, तो वह दोलन (oscillation) करने लगती है। इसे एक किनारे से चलकर पुनः उसी किनारे तक पहुँचने में जितना समय लगता है, उसे दोलक का आवर्तकाल (time period) कहते हैं। मान लें कि वस्तु का द्रव्यमान m है और यह l लंबाई के धागे से बँधी है। जब वस्तु को एक ओर खींचकर छोड़ते हैं, तो यह मध्य स्थान की ओर चल देती है। इसे चलाने में मुख्य भूमिका पृथ्वी द्वारा लगाए गए बल mg की होती है। हम मान सकते हैं कि दोलक का आवर्तकाल निम्नांकित तीन राशियों पर निर्भर करता है,

1. धागे से बँधी वस्तु का द्रव्यमान m
2. धागे की लंबाई l
3. पृथ्वी द्वारा लगाया बल mg

हम यह भी मान लेते हैं कि आवर्तकाल t इन तीन राशियों के विभिन्न घातों के गुणनफल के रूप में लिखा जा सकता है। अर्थात,

$$t = k(m)^a(l)^b(mg)^c, \quad \ldots \text{(i)}$$

यहाँ k एक संख्या है जिसका कोई मात्रक या विमा नहीं है। अब इस समीकरण में दो पद हैं, एक बराबर चिह्न की बायीं ओर और दूसरा बराबर चिह्न की दायीं ओर। अतः, दोनों पदों के विमीय सूत्र एक ही होने चाहिए।

t का विमीय सूत्र = T.

दायीं ओर के पद का विमीय सूत्र

$$=(\mathrm{M})^a(\mathrm{L})^b(\mathrm{M \cdot LT^{-2}})^c$$

$$=\mathrm{M}^{a+c}\mathrm{L}^{b+c}\mathrm{T}^{-2c}.$$

दोनों पदों के मात्रक समान होने के लिए,

$$\mathrm{T}=\mathrm{M}^{a+c}\mathrm{L}^{b+c}\mathrm{T}^{-2c} \quad \text{... (ii)}$$

या $-2c=1,\ a+c=0,\ b+c=0$

अर्थात $c=-\frac{1}{2},\ a=\frac{1}{2},\ b=\frac{1}{2}\cdot$

यह मान समीकरण (i) में रखने पर,

$$t=k(m)^{1/2}(l)^{1/2}(mg)^{-1/2}$$

$$=k\cdot l^{1/2}\cdot g^{-1/2}=k\sqrt{\frac{l}{g}}\cdot$$

आवर्तकाल $t=k\sqrt{\frac{l}{g}}\cdot$

अतः, विमीय विधि से हमें पता चला कि **आवर्तकाल वस्तु के द्रव्यमान पर निर्भर नहीं करता, धागे की लंबाई के वर्गमूल के समानुपाती (proportional) होता है और उस स्थान पर गुरुत्वीय त्वरण (acceleration due to gravity) g के वर्गमूल के व्युत्क्रमानुपाती (inverse proportional) होता है।** आप जानते होंगे कि सरल दोलक के आवर्तकाल का सूत्र

$$t=2\pi\sqrt{\frac{l}{g}}$$

है। तो विमीय विधि से हमने यह सूत्र लगभग प्राप्त कर लिया।

विमीय विधि की सीमाएँ

यद्यपि ऊपर बताई गई विमीय विधि से हम कई महत्त्वपूर्ण सूत्र निकाल सकते हैं, पर यह विधि कुछ खास परिस्थितियों में ही काम करती है।

(i) किसी राशि के लिए सूत्र निकालने के पहले हमें पता होना चाहिए कि वह किन-किन राशियों पर निर्भर कर रही है।

(ii) यह विधि तभी काम कर सकती है जब पहली राशि अन्य राशियों के घातों के गुणनफल के रूप में हो। यदि सूत्र में दो पदों को जोड़ना या घटाना हो, तो यह विधि काम नहीं करेगी। उदाहरण के लिए, इस विधि से $x = ut + \frac{1}{2}at^2$ सूत्र नहीं निकाला जा सकेगा।

(iii) सूत्र में यदि किसी संख्या से गुणा हो रहा हो, तो विमीय विधि से उस संख्या का पता नहीं लगाया जा सकता। दोलक के आवर्तकाल के उदाहरण में विमीय विधि से 2π का पता नहीं लगाया जा सका।

(iv) इस विधि से सूत्र निकालने के लिए बराबर चिह्न के दोनों ओर लिखे विमीय सूत्रों में घातों को बराबर कर समीकरण बनाए जाते हैं। इन घातों का मान निकालने के लिए जितने घात हों उतने ही समीकरण होने चाहिए। आवर्तकाल के उदाहरण में a, b और c तीन घात थे। साथ ही, तीन समीकरण भी थे, $-2c=1$, $a+c=0$ तथा $b+c=0$. प्रत्येक मूल राशि (जैसे M, L, T) के घातों को बराबर करने से एक समीकरण बनता है। अतः, सूत्र में जितनी मूल राशियाँ आएँगी उतने ही समीकरण बनेंगे। यदि सूत्र में जितनी मूल राशियाँ हैं उससे अधिक राशियों पर पहली राशि निर्भर कर रही है, तो समीकरण कम होंगे और घात अधिक। तब सभी घातों के ठीक-ठीक मान नहीं निकाले जा सकते। ऐसे सूत्रों को विमीय विधि से नहीं निकाला जा सकता। प्रायः यांत्रिकी (mechanics) में M, L तथा T से बनी राशियाँ ही काम आती हैं। यदि कोई राशि (यांत्रिकी में) तीन से अधिक राशियों पर निर्भर करे, तो विमीय विधि से उसका सूत्र नहीं निकल पाएगा।

परिमाण क्रम (Order of magnitude)

भौतिकी में हम जिन संख्याओं की बात करते हैं वे बहुत छोटी से बहुत बड़ी तक हो सकती हैं। हम कभी धरती के व्यास की बात करते हैं, तो कभी सूई की नोक के व्यास की। कभी हम बड़ी-बड़ी नीहारिकाओं (galaxies) के द्रव्यमान की बात करते हैं, तो कभी हाइड्रोजन के परमाणु के द्रव्यमान की। कभी हम संसार की उत्पत्ति से अब तक के कालखंड की बात करते हैं, तो कभी परमाणु के अंदर इलेक्ट्रॉन की गति के आवर्तकाल की चर्चा करते हैं। ऐसे में संख्याओं के लगभग मान को जानना व याद रखना प्रायः उपयोगी होता है। परिमाण का क्रम इसी का एक रूप है।

इस विधि में हम संख्याओं को $a \times 10^b$ के रूप में लिखते हैं और a का परिमाण 1 से 10 के बीच रखते हैं। जैसे प्रकाश का वेग 3×10^8 m/s लिखते हैं, न कि 30×10^7 m/s, यद्यपि गणित के अनुसार दोनों बराबर हैं। G का मान 6.67×10^{11} N m^2/kg^2 लिखते हैं, न कि 0.667×10^{12} N m^2/kg^2. 1 से 10 के बीच की इस संख्या को भी या तो 1 लिख देते हैं या 10 लिखते हैं। यदि यह संख्या 5 या उससे कम हो, तो उसे 1 लिख लेते हैं, अन्यथा इसे 10 लिखते हैं। कई बार संख्या की तुलना $\sqrt{10}$ से भी करते हैं। यदि यह $\sqrt{10}$ से कम हो, तो 1 अन्यथा 10 लिख देते हैं। कुल मिलाकर उद्देश्य यह है कि इस संख्या को लगभग 10^b के रूप में लिखा जाए। यह 10^b उस संख्या का परिमाण क्रम या order of magnitude कहलाता है। धरती का द्रव्यमान 6×10^{24} kg के करीब होता है। हम कहेंगे कि धरती के द्रव्यमान का order of magnitude 10^{25} kg है। बहुधा 10 के घात b को भी संख्या का परिमाण क्रम कहते हैं।

गणनाओं में राशियों का लगभग मान प्राप्त करने के लिए order of magnitude का इस्तेमाल काफी सहायक होता है। मान लीजिए कि दो व्यक्ति, जिनमें प्रत्येक का द्रव्यमान 85 kg है, एक मैदान में 97 मीटर की दूरी पर खड़े हैं। उनके बीच कितना गुरुत्वाकर्षण का बल लग रहा होगा? लगभग मान ज्ञात करने के लिए

आप $F = \frac{GM_1M_2}{R^2}$ में सबसे पहले orders of magnitude लिख लें। SI मात्रकों में, $G \approx 10^{-10}$, $M_1 = M_2 \approx 10^2$ kg, $R \approx 10^2$ m, तो $F = (10^{-10}) \times (10^2) \times (10^2) \times 10^{-4} = 10^{-10}$ newton.

आप जानते होंगे कि 1 newton कितना छोटा बल होता है, कभी किसी दुकान पर बिजली से चलनेवाले तराजू की सहायता से आप इसका अनुभव कर सकते हैं। तराजू के प्लेटफॉर्म को हलके हाथ से दबाइए ताकि उसका डिस्प्ले 100 g दिखे। आप इस समय लगभग 1 न्यूटन का बल लगा रहे होंगे। तो आप सोच सकते हैं कि दो व्यक्ति एक-दूसरे पर कितना कम गुरुत्वाकर्षण का बल लगा रहे होंगे।

कई बार जब एक संख्या की तुलना दूसरी संख्या से की जाती है तो हम घातांक b के अंतर को बताते हैं। जैसे, वायुमंडल में हवा का घनत्व $1.02\ \text{kg/m}^3$ और पारे का घनत्व $1.36 \times 10^5\ \text{kg/m}^3$ होता है। हवा के घनत्व का परिमाण क्रम 10^0 तथा पारे के घनत्व का परिमाण क्रम 10^5 है। घातांक का अंतर $5 - 0 = 5$ है। हम कहते हैं कि पारे का घनत्व हवा के घनत्व से 5 order अधिक है।

2.8 विश्व की संरचना (Structure of the world)

हजारों वर्षों से वैज्ञानिकों और दार्शनिकों को इस प्रश्न का उत्तर जानने की उत्सुकता रही है कि आखिर यह विश्व किन घटकों से बना है? हम अपने आसपास तरह-तरह के पदार्थ देखते हैं। ये पदार्थ छोटे-छोटे कणों से बने हैं। हम प्रायः कहते हैं कि सभी प्रकार के पदार्थ जिसे हम आम तौर पर देखते हैं या जिनका अनुभव करते हैं, वे तीन प्रकार के कणों से बने हैं—प्रोटॉन, न्यूट्रॉन और इलेक्ट्रॉन। प्रोटॉन और न्यूट्रॉन स्वयं भी और छोटे घटकों से बने हैं, जिन्हें हम क्वार्क (quark) कहते हैं। ये प्रोटॉन, न्यूट्रॉन, इलेक्ट्रॉन मिलकर परमाणु बनाते हैं और कई परमाणु मिलकर अणु बनाते हैं। अधिकांश पदार्थ जो हमारे दैनंदिन उपयोग में आते हैं, इन अणुओं से मिलकर बने होते हैं। धूल के एक छोटे-से कण में अरबों-अरब अणु हो सकते हैं। जिन्हें हम बहुत छोटा समझते हैं, वह भी अणु-परमाणुओं की तुलना में बहुत बड़ा हो सकता है। इन बड़े पदार्थों के लिए भौतिकी के नियम अपेक्षाकृत काफी सरल होते हैं। इसे हम *classical physics* कहते हैं। यदि हम परमाणुओं, अणुओं आदि के व्यवहार को समझना चाहें तो हमें अलग ढंग की भौतिकी को जानना होगा, जिसे हम *quantum physics* कहते हैं। इस पुस्तक में हम quantum physics की भी थोड़ी चर्चा करेंगे।

हमारे विश्व में पदार्थों के अलावा और भी कुछ है जो हमेशा हमारे साथ रहता है। रोशनी कोई पदार्थ नहीं है, इसमें अणु या परमाणु नहीं होते, प्रोटॉन या इलेक्ट्रॉन नहीं होते। फिर भी, रोशनी तो होती ही है। जब हम मोबाइल फोन पर बातें करते हैं तो 'कुछ' चलकर बोलनेवाले के स्थान से सुननेवाले तक पहुँचता है। ये 'कुछ' क्या है? यह परमाणुओं से बना पदार्थ नहीं है। ये सब एक अलग किस्म की चीजें हैं, जिन्हें हम क्षेत्र या field कहते हैं। इन fields का अपना व्यवहार है और उनके अपने नियम हैं। इस पुस्तक में हम कुछ विशेष प्रकार के fields का भी अध्ययन करेंगे।

• हल किए गए प्रश्न •

1. *निम्नलिखित राशियों के विमीय सूत्र निकालें।*

(a) गुरुत्वाकर्षण का नियतांक G

(b) पृष्ठ-तनाव (surface tension) S

(c) तापीय चालकता (thermal conductivity) K

(d) श्यानता गुणांक η

इन राशियों से संबंधित कुछ समीकरण इस प्रकार हैं—

$$F = \frac{Gm_1m_2}{r^2}, \qquad S = \frac{\rho g r h}{2},$$

$$Q = K\frac{A(\theta_2 - \theta_1)}{d}, \qquad F = \eta A \frac{v_2 - v_1}{x_2 - x_1}.$$

संकेतों के अर्थ सामान्य हैं और प्रत्येक खंड के हल में ये अर्थ और विस्तार से बताए गए हैं।

हल (a) $F = \frac{Gm_1m_2}{r^2}$, यह न्यूटन द्वारा स्थापित गुरुत्वाकर्षण का नियम है। m_1 तथा m_2 दो छोटी वस्तुओं के द्रव्यमान हैं तथा r उनके बीच की दूरी है। F, प्रत्येक वस्तु द्वारा दूसरे पर लगाए जाने वाले गुरुत्वाकर्षण के बल का परिमाण है।

$$G = \frac{Fr^2}{m_1m_2}.$$

अतः, $[G] = \frac{[F]\text{L}^2}{\text{M}^2} = \frac{\text{MLT}^{-2} \cdot \text{L}^2}{\text{M}^2} = \text{M}^{-1}\text{L}^3\text{T}^{-2}.$

(b) पृष्ठ-तनाव किसी द्रव की सतह से संबंधित गुण है। दिए गए समीकरण में एक पतली नली में द्रव के चढ़ने की परिस्थिति का वर्णन है। द्रव का घनत्व ρ, गुरुत्वीय त्वरण g, नली का व्यास r और नली में द्रव के चढ़ने की ऊँचाई h है।

$$S = \frac{\rho g r h}{2}.$$

अतः, $[S] = [\rho][g]\text{L}^2 = \frac{\text{M}}{\text{L}^3}\frac{\text{L}}{\text{T}^2}\text{L}^2 = \text{MT}^{-2}.$

(c) समीकरण $Q = K\frac{A(\theta_2 - \theta_1)t}{d}$ एक छड़ से गुजरती ऊष्मा को बताता है। ऊष्मा ऊर्जा का रूप है जिसे यहाँ Q लिखा गया है, A छड़ के अनुप्रस्थ काट का क्षेत्रफल है, θ_1 तथा θ_2 छड़ के दो सिरों के ताप हैं, t समय है तथा d छड़ के सिरों के बीच की दूरी है।

$$K = \frac{Qd}{A(\theta_2 - \theta_1)t}.$$

अतः, $[K]=\frac{[Q]\mathrm{L}}{\mathrm{L^2KT}}=\frac{\mathrm{ML^2T^{-2}L}}{\mathrm{L^2KT}}=\mathrm{MLT^{-3}K^{-1}}$.

(d) श्यानता बहते हुए द्रव के विभिन्न भागों द्वारा एक-दूसरे पर लगते बल से संबंधित गुण है। दिए गए समीकरण में F बल, A क्षेत्रफल, v वेग तथा x दूरी को बताता है।

$$F=\eta A\frac{v_2-v_1}{x_2-x_1}$$

या $\mathrm{MLT^{-2}}=[\eta]\mathrm{L}^2\frac{\mathrm{L/T}}{\mathrm{L}}=[\eta]\frac{\mathrm{L}^2}{\mathrm{T}}$

या $[\eta]=\mathrm{ML^{-1}T^{-1}}$.

2. *निम्नलिखित के विमीय सूत्र निकालें।*
(a) आवेश Q, (b) विद्युत विभव V, (c) धारिता C, तथा (d) प्रतिरोध R.
इनसे संबंधित कुछ समीकरण इस प्रकार हैं

$$Q=It,\quad U=VIt,\quad Q=CV,\quad V=RI;$$

जहाँ I विद्युत-धारा, t समय तथा U ऊर्जा हैं।

हल (a) $Q = It$, अतः $[Q] = \mathrm{IT}$.

(b) $U = VIt$

अतः, $\mathrm{ML^2T^{-2}} = [V]\,\mathrm{IT}$

या $[V]=\mathrm{ML^2T^{-3}I^{-1}}$.

(c) $Q=CV$

अतः, $\mathrm{IT}=[C][V]$

या $\mathrm{IT}=[C]\mathrm{ML^2T^{-3}I^{-1}}$

या $[C]=\mathrm{M^{-1}L^{-2}T^4I^2}$.

(d) $V=RI$

अतः, $[R]=\frac{[V]}{I}=\frac{\mathrm{ML^2T^{-3}I^{-1}}}{\mathrm{I}}=\mathrm{ML^2T^{-3}I^{-2}}$.

3. *किसी द्रव के दाब को SI पद्धति में पास्कल नामक मात्रक में नापते हैं। CGS पद्धति में दाब का मात्रक* dyne/cm^2 *लिखते हैं। 1 पास्कल में कितने* dyne/cm^2 *होंगे?*

हल दाब $p=\frac{F}{A}$, जहाँ F बल तथा A क्षेत्रफल हैं।

अतः, $[p]=\frac{[F]}{[A]}=\frac{\mathrm{MLT^{-2}}}{\mathrm{L^2}}=\mathrm{ML^{-1}T^{-2}}$.

अतः, 1 पास्कल $= (1\text{ kg})(1\text{ m})^{-1}(1\text{ s})^{-2}$

तथा 1 dyne/cm^2 $= (1\text{ g})(1\text{ cm})^{-1}(1\text{ s})^{-2}$.

$$\text{अतः, }\frac{1\text{ पास्कल}}{1\text{ dyne/cm}^2}=\left(\frac{1\text{ kg}}{1\text{ g}}\right)\left(\frac{1\text{ m}}{1\text{ cm}}\right)^{-1}\left(\frac{1\text{ s}}{1\text{ s}}\right)^{-2}$$

$$=(10^3)(10^2)^{-1}(1)=10.$$

अतः, 1 पास्कल = 10 dyne/cm^2.

चूँकि दाब F/A है, इसलिए इसका SI मात्रक N/m^2 भी लिख सकते हैं। 1 पास्कल = 1 N/m^2.

4. *स्टील का यंग प्रत्यास्थता गुणांक* $Y = 19\times10^{10}$ N/m^2 *है। इसे* dyne/cm^2 *में व्यक्त करें।*

हल Y का मात्रक N/m^2 है। इससे पता चलता है कि Y की विमाएँ वही हैं जो बल/(दूरी)^2 की हैं। dyne/cm^2 CGS मात्रक है।

N/m^2 तथा dyne/cm^2 के संबंध हम प्रश्न 3 के हल में निकाल चुके हैं।

1 N/m^2 = 1 पास्कल = 10 dyne/cm^2.

अतः, स्टील के लिए $Y = 19\times10^{10}$ N/m^2
$= 19\times10^{11}$ dyne/cm^2.

5. *यदि किसी पद्धति में वेग, समय और बल मूल राशियाँ हों, तो द्रव्यमान की विमाएँ क्या होंगी?*

हल [बल] = [द्रव्यमान] × [त्वरण]

$$=[\text{द्रव्यमान}]\times\frac{[\text{वेग}]}{[\text{समय}]}$$

$$\text{अतः, }[\text{द्रव्यमान}]=\frac{[\text{बल}]\times[\text{समय}]}{[\text{वेग}]}=\mathrm{FTV^{-1}}$$

जहाँ F, T, V क्रमशः बल, समय और वेग के संकेत हैं।

6. *विमा की दृष्टि से जाँच करें कि समीकरण* $v^2=u^2+2ax$ *सही हो सकता है या नहीं? संकेतों के अर्थ सामान्य हैं।*

हल इस समीकरण में तीन पद हैं, v^2, u^2 तथा $2ax$. इसे विमीय दृष्टि से सही होने के लिए तीनों की विमाएँ समान होनी चाहिए।

$$[v^2]=\left[\frac{\mathrm{L}}{\mathrm{T}}\right]^2=\frac{\mathrm{L}^2}{\mathrm{T}^2},$$

$$[u^2]=\left[\frac{\mathrm{L}}{\mathrm{T}}\right]^2=\frac{\mathrm{L}^2}{\mathrm{T}^2},$$

$$[2ax]=[a][x]=[\mathrm{LT^{-2}}][\mathrm{L}]=\mathrm{L^2T^{-2}}=\frac{\mathrm{L}^2}{\mathrm{T}^2}.$$

सभी पदों की विमाएँ समान हैं। अतः, यह विमीय दृष्टि से सही है।

7. *यदि एक कण द्वारा t समय में चली हुई दूरी* $x=a+bt+ct^2+dt^3$ *हो, तो a, b, c तथा d के विमीय सूत्र बताएँ।*

हल इस समीकरण में पाँच पद हैं और इन सभी की विमाएँ समान होनी चाहिए।

$[x]=\mathrm{L}$.

अतः, $[a]=[bt]=[ct^2]=[dt^3]=\mathrm{L}$.

अतः, $[b]=\mathrm{LT^{-1}}$, $[c]=\mathrm{LT^{-2}}$, $[d]=\mathrm{LT^{-3}}$.

8. *एक वृत्त पर चलते कण पर लगनेवाले अभिकेंद्र बल का समीकरण* $F=m^av^br^c$ *है, जहाँ m कण का द्रव्यमान, v उसका वेग तथा r वृत्त की त्रिज्या है। a, b, c के मान निकालें।*

हल $F = m^av^br^c$

अतः, $[F]=[m]^a[v]^b[r]^c$

या $\quad MLT^{-2} = M^a(LT^{-1})^b(L)^c$

या $\quad MLT^{-2} = M^aL^{b+c}T^{-b}$.

अतः, $a = 1,\ \ b + c = 1$ तथा $-b = -2$

अर्थात, $a = 1,\ \ b = 2,\ \ c = -1$.

या $\quad F = m^a v^b r^c = \dfrac{mv^2}{r}$.

9. *जब एक गोलाकार वस्तु किसी द्रव में चलती है तो द्रव उसपर गति की विपरीत दिशा में एक बल लगाता है। इस बल का परिमाण F, द्रव के श्यानता गुणांक (coefficient of viscosity) η, गोले की त्रिज्या r तथा गोले के वेग v पर निर्भर करता है। विमाओं की सहायता से F के लिए η, v तथा r में सूत्र प्राप्त करें।*

हल मान लें कि F के सूत्र में जो पद आएँगे वे $k\eta^a r^b v^c$ के रूप के होंगे। k एक विमारहित संख्या है। हम पहले ही प्रश्न 1 के हल में η का विमीय सूत्र $ML^{-1}T^{-1}$ निकाल चुके हैं।

$$F = k\eta^a r^b v^c.$$

अतः, $[F] = (ML^{-1}T^{-1})^a(L)^b\left(\dfrac{L}{T}\right)^c$

या $\quad MLT^{-2} = M^aL^{-a+b+c}T^{-a-c}$.

अतः, $a = 1$ तथा $-a + b + c = 1$ तथा $-a - c = -2$.

इन्हें हल करने से $a = 1,\ \ b = 1,\ \ c = 1$. अतः, $F = k\eta rv$. चूँकि a, b, c के मान निश्चित हो चुके हैं, F के व्यंजक में एक ही पद हो सकता है। यदि वेग बहुत अधिक नहीं हो, तो k का मान 6π पाया जाता है।

10. *जब किसी तार में विद्युत-धारा बहाई जाती है, तो उसमें ऊष्मा के रूप में ऊर्जा (heat energy) उत्पन्न होती है। t समय में उत्पन्न इस ऊष्मा का मान H, तार में बहती धारा I, तार का प्रतिरोध R तथा समय t पर निर्भर करता है। विमाओं का उपयोग कर I, R तथा t के पदों में H के लिए व्यंजक प्राप्त करें।*

हल मान लें $H = kI^aR^bt^c$, जहाँ k एक विमारहित संख्या है।

$$[H] = I^a[R]^bT^c.$$

प्रतिरोध R की विमाएँ हम पहले ही प्रश्न 2 के हल में निकाल चुके हैं। ऊष्मा H ऊर्जा है, जिसका विमीय सूत्र ML^2T^{-2} भी हमने पहले निकाल रखा है। इनका उपयोग करने पर,

$$ML^2T^{-2} = I^a(ML^2T^{-3}I^{-2})^bT^c = M^bL^{2b}T^{-3b+c}I^{-2b+a}.$$

अतः, $b = 1$

$2b = 2$

$-3b + c = -2$

$-2b + a = 0$

इन्हें हल करने पर, $a = 2,\ b = 1,\ c = 1$. अतः, $H = kI^2Rt$. H के सूत्र में I, R, t का सिर्फ ऐसा ही पद आ सकता है, क्योंकि a, b, c के मान निश्चित हो चुके हैं। अतः, इसमें एक ही पद होगा।

11. *एक कण एक सरल रेखा में एकसमान त्वरण a से बिना दिशा बदले चल रहा है। समय t = 0 पर इसका वेग u है। t समय में इसके द्वारा चली गई दूरी x है। विमाओं की सहायता से u, a तथा t में x के लिए व्यंजक प्राप्त करने का प्रयास करें।*

हल मान लें कि x के व्यंजक में जो पद आ रहे हैं, वे $ku^\alpha a^\beta t^\gamma$ के प्रकार के हैं।

तो, $\quad [x] = [u]^\alpha[a]^\beta[t]^\gamma$

या $\quad L = (LT^{-1})^\alpha(LT^{-2})^\beta(T)^\gamma$

या $\quad \alpha + \beta = 1$ तथा $-\alpha - 2\beta + \gamma = 0$.

यहाँ से α, β, γ के निश्चित मान नहीं मिल सकते। अतः, x के व्यंजक में u, a तथा t से बने अनेक पद हो सकते हैं। विमाओं का उपयोग कर हम x के लिए एक निश्चित व्यंजक प्राप्त नहीं कर सकते।

• विचार हेतु प्रश्न •

1. *लंबाई के SI मात्रक मीटर की परिभाषा इस प्रकार दी गई है— प्रकाश द्वारा निर्वात में $\dfrac{1}{299{,}792{,}458}$ सेकंड में तय की गई दूरी को 1 मीटर कहते हैं।*
परिभाषा बनानेवालों ने समय के लिए इतनी कठिन संख्या क्यों चुनी? वे $\dfrac{1}{300{,}000{,}000}$ चुन सकते थे, या फिर 1 सेकंड चुन लेते।

2. *मान लें कि आपको कोई बताए कि कल रात को संसार की हर वस्तु की लंबाई, हर दिशा में दोगुनी हो गई है। क्या आप अपने मीटर स्केल से नापकर इस कथन की सत्यता की जाँच कर सकते हैं? क्या आप इस कथन की जाँच के लिए इस बात का प्रयोग कर सकते हैं कि निर्वात में प्रकाश का वेग निश्चित है और वह नहीं बदल सकता? यदि संसार की सभी घड़ियाँ भी दोगुनी गति से चलने लगे, तो क्या आप प्रकाश के वेग का उपयोग कर इस कथन की सत्यता की जाँच कर सकते हैं?*

3. *यदि किसी समीकरण के सभी पदों के मात्रक समान हों, तो क्या उनकी विमाएँ अवश्य ही समान होंगी? यदि किसी समीकरण के सभी पदों की विमाएँ समान हों, तो क्या उनके मात्रक अवश्य ही समान होंगे?*

4. *यदि दो राशियों की विमाएँ समान हों, तो क्या वे हमेशा एक ही भौतिक राशि को व्यक्त करेंगी?*

5. *मात्रक के मानक बनाते समय यह अपेक्षा की जाती है कि वे आसानी से उपलब्ध हों, समय के साथ बदले नहीं, नष्ट न होने पाएँ तथा आसानी से उनकी बराबर की प्रति बनाई जा सके। यदि 'मनुष्य के पैर की लंबाई' को लंबाई का मात्रक बनाया जाए, तो इनमें से किन बातों का पालन हो पाएगा और किनका नहीं?*

6. *निम्नलिखित को नापने के लिए किसी एक विधि का सुझाव दें,*
(a) कागज के एक पन्ने की मोटाई
(b) सूर्य से चंद्रमा की दूरी

7. *क्या $v^2 = u^2 + 2ax$ सूत्र को (संख्याओं के अतिरिक्त) विमीय विधि से प्राप्त किया जा सकता है?*

• सटीक उत्तरवाले प्रश्न I •

सही उत्तर का चयन करें।

1. नीचे भौतिक राशियों के कुछ समूह दिए गए हैं। इनमें से किस समूह की राशियाँ किसी भी पद्धति में मूल राशियों के रूप में सम्मिलित नहीं की जा सकतीं?
   (a) लंबाई, द्रव्यमान एवं वेग (b) लंबाई, समय एवं वेग
   (c) द्रव्यमान, समय एवं वेग (d) लंबाई, समय एवं द्रव्यमान

2. एक राशि को नापने पर उसका मान nu लिखते हैं, जहाँ u उसका मात्रक तथा n उसका सांख्यिक मान है। यदि इसी मान को विभिन्न पद्धतियों में लिखा जाए जिनमें मात्रक u अलग-अलग हों, तो
   (a) $n \propto u$ (b) $n \propto u^2$ (c) $n \propto \sqrt{u}$ (d) $n \propto \frac{1}{u}$

3. मान लें एक राशि x का विमीय सूत्र $[x] = M^a L^b T^c$ है। द्रव्यमान को
   (a) हमेशा L, T और x से बने पद के रूप में लिखा जा सकता है।
   (b) कभी भी L, T और x से बने पद के रूप में नहीं लिखा जा सकता।
   (c) L, T तथा x से बने पद के रूप में लिखा जा सकता है, यदि $a = 0$.
   (d) L, T तथा x से बने पद के रूप में लिखा जा सकता है, यदि $a \neq 0$.

4. एक विमारहित राशि
   (a) का कोई मात्रक नहीं होता है।
   (b) का सदा एक मात्रक होता है।
   (c) का मात्रक हो सकता है।
   (d) होती ही नहीं है।

5. एक मात्रकरहित राशि
   (a) की सभी विमाएँ सदा शून्य होती हैं।
   (b) की सभी विमाएँ कभी शून्य नहीं होती हैं।
   (c) की विमाएँ शून्य के अलावा भी हो सकती हैं।
   (d) होती ही नहीं है।

6. गणित में जोड़ के एक विशेष प्रकार को $\int$ चिह्न द्वारा दिखाते हैं। नीचे दिए गए सूत्र में a, x तथा dx एक ही राशि के अलग-अलग मान हैं। यदि

$$\int \frac{dx}{\sqrt{2ax - x^2}} = a^n \sin^{-1}\left[\frac{x}{a} - 1\right],$$

   तो n का मान होगा
   (a) 0 (b) –1
   (c) 1 (d) इन तीनों के अतिरिक्त

• सटीक उत्तरवाले प्रश्न II •

सही उत्तर (उत्तरों) का चयन करें।

1. विमीय सूत्र $ML^{-1}T^{-2}$ हो सकता है
   (a) बल द्वारा किए गए कार्य का
   (b) रेखीय संवेग का
   (c) दाब का
   (d) प्रति इकाई आयतन में उपस्थित ऊर्जा का

2. सही विकल्प चुनें।
   (a) विमीय दृष्टि से सही समीकरण, वास्तव में सही भी हो सकता है।
   (b) विमीय दृष्टि से सही समीकरण, वास्तव में गलत भी हो सकता है।
   (c) विमीय दृष्टि से गलत समीकरण, वास्तव में सही भी हो सकता है।
   (d) विमीय दृष्टि से गलत समीकरण, वास्तव में गलत भी हो सकता है।

3. सही विकल्प चुनें।
   (a) सभी राशियाँ विमीय दृष्टि से मूल राशियों से बने पदों में लिखी जा सकती हैं।
   (b) एक मूल राशि विमीय दृष्टि से शेष मूल राशियों से बने पदों में नहीं लिखी जा सकती है।
   (c) एक मूल राशि की शेष मूल राशियों में विमा सदा शून्य होती है।
   (d) एक व्युत्पन्न राशि की विमा किसी मूल राशि में कभी शून्य नहीं होती है।

• अभ्यास के प्रश्न •

1. निम्नलिखित राशियों के विमीय सूत्र लिखें।
   (a) रेखीय संवेग (b) आवृत्ति (c) दाब

2. निम्नांकित के विमीय सूत्र लिखें।
   (a) कोणीय वेग ω (b) कोणीय त्वरण α
   (c) बल आघूर्ण Γ (d) जड़त्व आघूर्ण I
   इन राशियों से संबंधित कुछ सूत्र हैं,
   $$\omega = \frac{\theta_2 - \theta_1}{t_2 - t_1},\ \alpha = \frac{\omega_2 - \omega_1}{t_2 - t_1},\ \Gamma = Fr \text{ तथा } I = mr^2,$$
   जहाँ संकेतों के अर्थ सामान्य हैं।

3. निम्नांकित के विमीय सूत्र निकालें।
   (a) विद्युतीय क्षेत्र E
   (b) चुंबकीय क्षेत्र B
   (c) चुंबकीय पारगम्यता μ_0
   इन राशियों से संबंधित कुछ सूत्र हैं,
   $$F = qE, \quad F = qvB, \quad B = \frac{\mu_0 I}{2\pi a}.$$
   जहाँ q आवेश, v वेग, I विद्युत-धारा, a त्रिज्या तथा F बल को निरूपित करते हैं।

4. निम्नलिखित के विमीय सूत्र निकालें,
(a) विद्युतीय द्विध्रुव आघूर्ण, (b) चुंबकीय द्विध्रुव आघूर्ण।
इन राशियों की परिभाषाएँ हैं, $p = qd$ तथा $M = IA$,
जहाँ d दूरी, A क्षेत्रफल, q आवेश तथा I विद्युत-धारा है।

5. ऊर्जा E, आवृत्ति ν तथा प्लांक नियतांक h के बीच संबंध है, $E = h\nu$. प्लांक नियतांक h का विमीय सूत्र निकालें।

6. निम्नलिखित राशियों के विमीय सूत्र निकालें,
(a) विशिष्ट ऊष्मा धारिता c
(b) ऊष्मीय प्रसार गुणांक α
(c) गैस नियतांक R
इन राशियों से संबंधित कुछ समीकरण हैं,
$$Q = mc(T_2 - T_1), \quad l = l_0[1 + \alpha(T_2 - T_1)], \quad pV = nRT,$$
जहाँ संकेतों के अर्थ सामान्य हैं।

7. बल F, लंबाई L तथा समय T को मूल राशियाँ मानते हुए निम्नलिखित राशियों के विमीय सूत्र निकालें,
(a) घनत्व, (b) दाब, (c) रेखीय संवेग तथा (d) ऊर्जा

8. किसी स्थान पर गुरुत्वीय त्वरण $10\ \mathrm{m/s^2}$ है। इसका मान $\mathrm{cm/(minute)^2}$ में निकालें।

9. एक घोंघे की औसत चाल 0.020 मील/घंटा और एक चीते की औसत चाल 70 मील/घंटा है। इन चालों को SI इकाइयों में बदलें। 5 मील = 8 किलोमीटर लें।

10. कोलकाता की एक प्रयोगशाला में बैरोमीटर के पारे का पठन 75 cm है। वहाँ के वायुमंडलीय दाब का मान SI तथा CGS पद्धतियों में बताएँ। पारे का विशिष्ट घनत्व = 13.6, पानी का घनत्व $= 1000\ \mathrm{kg/m^3}$, कोलकाता में g का मान $= 9.8\ \mathrm{m/s^2}$, वायुमंडलीय दाब = $h\rho g$, जहाँ संकेतों के अर्थ सामान्य हैं।

11. बिजली के एक बल्ब की शक्ति (power) 100 W है। इसे CGS unit में बदलें।

12. एक स्कूल में प्रयोगशाला की कक्षा 100 मिनट की होती है। इसे microcentury में बदलें। 1 microcentury $= 10^{-6} \times 100$ वर्ष। कल रात आप कितने microcentury सोए?

13. पानी का पृष्ठ-तनाव CGS इकाई में 72 dyne/cm है। इसे SI इकाई N/m में बदलें।

14. एक घूमती हुई वस्तु की गतिज ऊर्जा K, उसके जड़त्व आघूर्ण I तथा उसके कोणीय वेग ω पर निर्भर करती है। यह मानते हुए कि $K = kI^a\omega^b$ है, जहाँ k एक विमारहित स्थिरांक है, a तथा b के मान निकालें। एक गोले का जड़त्व आघूर्ण उसके किसी व्यास के परितः $I = \frac{2}{5}MR^2$ होता है, जहाँ M गोले का द्रव्यमान तथा R उसकी त्रिज्या है।

15. आइंस्टीन द्वारा विकसित सापेक्षता सिद्धांत के अनुसार, किसी वस्तु को ऊर्जा में बदला जा सकता है। यदि m द्रव्यमान के पदार्थ को बदलने से E ऊर्जा मिले, तो E का मान m तथा प्रकाश के वेग c पर निर्भर करता है। विमीय विधि का उपयोग कर E के लिए m, c तथा विमारहित स्थिरांक में व्यंजक प्राप्त करें।

16. एक तार का प्रतिरोध R है। इसके सिरों के बीच V विभवांतर लगाते हैं, तो उसमें I धारा बहती है। हमें सिर्फ इतना याद है कि ओम के नियम में इनमें से दो राशियों का गुणनफल तीसरी राशि के बराबर होता है। विमीय विधि का उपयोग कर ओम के नियम का समीकरण लिखें।

17. यदि एक तार के दोनों सिरों को तानकर मजबूती से बाँध दिया जाए और उसमें कंपन पैदा किए जाएँ, तो कंपनों की मूल आवृत्ति ν_0, तार की लंबाई L, तार में तनाव (विशेष प्रकार का बल) F तथा प्रति इकाई लंबाई में इसके द्रव्यमान m पर निर्भर करता है। विमीय विधि का उपयोग कर ν_0 के लिए इन राशियों में व्यंजक प्राप्त करें।

18. जाँच करें कि इनमें से कौन-से समीकरण विमीय दृष्टि से सही हैं?

(a) $h = \dfrac{2S\cos\theta}{\rho r g}$ (b) $v = \sqrt{\dfrac{p}{\rho}}$

(c) $V = \dfrac{\pi p r^4 t}{8\eta l}$ (d) $\nu = \dfrac{1}{2\pi}\sqrt{\dfrac{mgl}{I}}$

जहाँ h = ऊँचाई, S = पृष्ठ-तनाव, ρ = घनत्व, p = दाब, V = आयतन, η = श्यानता गुणांक, ν = आवृत्ति एवं I = जड़त्व-आघूर्ण।

19. मान लें कि x तथा a लंबाइयों को बताते हैं। क्या
$$\int \frac{dx}{\sqrt{a^2 - x^2}} = \frac{1}{a}\sin^{-1}\frac{a}{x}$$
विमीय दृष्टि से सही है? $\int$ का संकेत विशेष प्रकार के जोड़ के लिए उपयोग में लाया जाता है।

• उत्तर •

सटीक उत्तरवाले प्रश्न I

1. (b) **2.** (d) **3.** (d) **4.** (c)
5. (a) **6.** (a)

सटीक उत्तरवाले प्रश्न II

1. (c), (d) **2.** (a), (b), (d) **3.** (a), (b), (c)

अभ्यास के प्रश्न

1. (a) $\mathrm{MLT^{-1}}$ (b) $\mathrm{T^{-1}}$ (c) $\mathrm{ML^{-1}T^{-2}}$

2. (a) $\mathrm{T^{-1}}$ (b) $\mathrm{T^{-2}}$ (c) $\mathrm{ML^2T^{-2}}$
(d) $\mathrm{ML^2}$

3. (a) $\mathrm{MLT^{-3}I^{-1}}$ (b) $\mathrm{MT^{-2}I^{-1}}$ (c) $\mathrm{MLT^{-2}I^{-2}}$

4. (a) LTI (b) L^2I **5.** ML^2T^{-1}

6. (a) $L^2T^{-2}K^{-1}$ (b) K^{-1} (c) $ML^2T^{-2}K^{-1}(mol)^{-1}$

7. (a) $FL^{-4}T^2$ (b) FL^{-2} (c) FT (d) FL

8. 36×10^5 cm/(minute)^2

9. 0.0089 m/s, 31 m/s

10. 1.0×10^5 N/m^2, 1.0×10^6 dyne/cm^2

11. 10^9 erg/s

12. 1.9 microcenturies

13. 0.072 N/m **14.** $a=1,\ b=2$

15. $E=kmc^2$ **16.** $V=IR$

17. $\frac{k}{L}\sqrt{\frac{F}{m}}$

18. सभी समीकरण विमीय दृष्टि से सही हैं।

19. नहीं

❑

आधारी SI मात्रकों की परिभाषाएँ

आधारी SI मात्रक

(a) मीटर (Metre): 1 मीटर वह दूरी है जो प्रकाश निर्वात (vacuum) में $\frac{1}{299792458}$ सेकंड में तय करता है।

(b) किलोग्राम (Kilogram): अंतरराष्ट्रीय भार एवं माप संस्था पेरिस में रखे प्लैटिनम-इरीडियम मिश्रधातु के एक बेलन के द्रव्यमान को 1 किलोग्राम कहते हैं।

(c) सेकंड (Second): Cs-133 के परमाणुओं की दो विशिष्ट ऊर्जा-स्तरों (energy levels) से निकलते विकिरण के 9,19,26,31,770 आवर्तकालों का कुल समय 1 सेकंड कहलाता है।

(d) ऐम्पियर (Ampere): 1 ऐम्पियर, वह नियत धारा है जो निर्वात (vacuum) में एक मीटर की दूरी पर रखे गए दो अनंत लंबाई वाले चालकों में, जिनकी अनुप्रस्थ काट का क्षेत्रफल नगण्य है, प्रवाहित होने पर उनके बीच प्रति मीटर लंबाई 2×10^{-7} N का बल उत्पन्न करती हैं।

(e) केल्विन (Kelvin): 1 केल्विन, वह ऊष्मागतिक ताप है जो जल के त्रिक बिंदु (triple point) के ऊष्मागतिक ताप का $\frac{1}{273.16}$ भाग है।

(f) कैंडेला (Candela): प्लैटिनम के हिमांक ताप तथा 101325 पास्कल (Pa) के दाब पर एक कृष्ण पिंड (black body) की $\frac{1}{600000}$ m^2 सतह से लंबवत दिशा में दीप्ति तीव्रता को 1 candela कहते हैं।

(g) मोल (Mole): किसी पदार्थ का वह भाग (amount) जिसमें उतने ही प्राथमिक कण (अणु या परमाणु) हैं जितने परमाणु 0.012 किलोग्राम शुद्ध कार्बन-12 में होते हैं, 1 मोल कहलाता है।

अध्याय 3

मापन की संभावित त्रुटियाँ एवं सार्थक अंक

आप तो जानते ही हैं कि 12 = 12.0 = 12.00। पर, यदि हम कहें कि हमारे लिए इन तीनों संख्याओं के मतलब अलग-अलग हैं, तो आपको शायद आश्चर्य होगा। परंतु, भौतिकी में हम राशियों के मान मापकर प्राप्त करते हैं और मापने की प्रक्रिया उस मान की शुद्धता निर्धारित करती है। यदि हम अपनी कलाई-घड़ी द्वारा किसी समय का मापन करते हैं और उसे 15 सेकंड (s) पाते हैं, तो क्या हम विश्वासपूर्वक कह सकते हैं कि वह 15.0001 s नहीं था या 14.9999 s नहीं था? हमारी कलाई-घड़ी तो 1 s से कम का मापन कर ही नहीं सकती। हम तो इतना ही कह सकते हैं कि वह 14 s से अधिक और 16 s से कम है। अर्थात, हमने समय अंतराल को घड़ी द्वारा मापकर जो 15 s लिखा है, उसके आखिरी अंक में संशय है। ऐसे में इसे 15.0 s या 15.00 s लिखना निरर्थक है। परंतु, यदि हम इलेक्ट्रॉनिक स्टॉप वाच का उपयोग करें तो हम 0.01 s तक समय अंतराल का मापन कर सकते हैं। तब यह बता सकते हैं कि वह समय अंतराल 14.67 s था या 15.03 s था या कितना था। अब हम चार अंकों तक का मापन कर सकते हैं। वर्ष 1984 में Los Angeles के ओलंपिक खेलों में भारतीय धावक, केरल की पी॰ टी॰ ऊषा सिर्फ 0.01 सेकंड से मेडल लेने से चूक गई थीं।

चित्र 3.1 पी॰ टी॰ ऊषा

3.1 सार्थक अंक (Significant Digits)

भौतिकी में जब हम किसी राशि के मान को लिखते हैं, तो उसमें प्रयुक्त अंकों की संख्या उस मान की संभावित अशुद्धि के अनुसार ही लिखते हैं। यदि हम किसी लंबाई को 12 cm लिख रहे हैं, तो इसका अर्थ है कि हम 1 cm से कम के बारे में आश्वस्त नहीं हैं। परंतु, यदि हम 12.0 cm लिखते हैं, तो इसका अर्थ है कि हमारा मापन अधिक शुद्ध है और हम 0.1 cm तक शुद्ध मापने की क्षमता रखते हैं। इसी तरह यदि हम 12.00 cm लिखते हैं, तो इसका अर्थ होगा कि हम 0.01 cm तक शुद्ध माप सकते हैं।

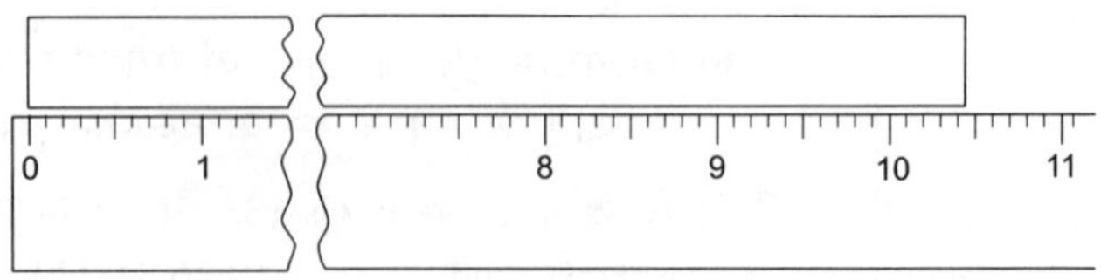

चित्र 3.2

कई बार हम किसी यंत्र द्वारा मापन करते समय अपनी आँखों के अनुमान का सहारा लेते हैं। मान लें कि आप किसी रेखाखंड की लंबाई अपने स्केल से माप रहे हैं। आपने स्केल के शून्य को रेखाखंड के एक किनारे से सटाकर रख दिया है और दूसरे किनारे का पठन ले रहे हैं। मान लें कि यह किनारा 10.4 cm तथा 10.5 cm के बीच पड़ रहा है (चित्र 3.2)। ऐसे में हम स्वयं अंदाज से 10.4 तथा 10.5 की लाइनों के बीच के अंतर को 10 बराबर भागों में बाँटते हैं और अनुमान लगाते हैं कि रेखाखंड का दूसरा किनारा इन भागों में कहाँ है। अनुमान से हम इस पठन को 10.42 cm या 10.46 cm या 10.4 cm और 10.5 cm के बीच की कोई अन्य राशि लेकर लिखते हैं। पर निश्चित ही हम इसे 10.420 cm नहीं लिख सकते, क्योंकि इससे यह संदेश जाता है कि हम 0.001 cm तक का मापन कर सकते हैं।

जब हम लंबाई को 10.42 cm लिखते हैं, तो इसके सभी अंक सार्थक अंक कहलाते हैं। इसमें सार्थक अंकों की संख्या 4 है। यदि हम इसी दूरी को मीटर में लिखें, तो यह 0.1042 मीटर होगी। इसमें भी 1, 0, 4, 2 ये सभी सार्थक अंक हैं। यदि हम इसी दूरी को किलोमीटर में लिखें, तो यह 0.0001042 किलोमीटर होगी। अभी भी 1, 0, 4, 2 को ही हम सार्थक अंक कहेंगे, क्योंकि मापन से हमें यही अंक मिले हैं। दशमलव चिह्न के बाद के तीन शून्यों का निश्चित ही अपना महत्त्व है, पर वे मापन के कारण नहीं आ रहे, बल्कि इकाई के हमारे चुनाव के कारण आ रहे हैं। इसलिए उन्हें हम सार्थक अंकों की श्रेणी में नहीं रखते।

सार्थक अंकों में सबसे दाहिनी ओर का अंक, जो अनुमान से आने के कारण संशयपूर्ण भी हो सकता है, **सबसे कम सार्थक** (least significant) और सबसे बायीं ओर का अंक **सबसे अधिक सार्थक** (most significant) कहलाता है।

मान लें कि आप एक लंबाई को नापकर 10.42 मीटर ला रहे हैं। आपका स्केल या फीता 0.01 मीटर, अर्थात 1 cm तक ही माप सकता है। इस लंबाई को आप मिलीमीटर में लिखना चाहते हैं। 10.42 मीटर = 10.42×1000 मिलीमीटर = 10420 मिलीमीटर; क्या यह आखिरी शून्य सार्थक है? नहीं, क्योंकि यह मापन से नहीं आया है, बल्कि इकाई के चुनाव से आया है। परंतु, यदि हमारा मापन ही 1 mm तक शुद्ध हुआ होता और मापन से लंबाई 10420 मिलीमीटर आई होती, तो यह आखिरी शून्य सार्थक अंक होता। यदि कोई लंबाई 10420 मिलीमीटर दी गई है और हमें मापन पद्धति के बारे में कुछ नहीं पता, तो हमें यह स्पष्ट नहीं होगा कि इसमें चार सार्थक अंक हैं या पाँच।

ऐसी संख्याओं को लिखने में **घात पद्धति** सहायक होती है। यदि 10420 में सभी पाँच अंक सार्थक हैं, तो हम इसे 1.0420×10^4 लिखेंगे। पर, यदि चार ही अंक सार्थक हैं, तो हम इसे 1.042×10^4 लिखेंगे।

3.2 संख्याओं के अंकगणित में सार्थक अंक तथा पूर्णांकन (rounding)

मान लें कि दो वस्तुओं के द्रव्यमान $m_1 = 12.0$ kg तथा $m_2 = 7.0$ kg मापे गए। इनका अनुपात m_1/m_2 कितना होगा?

$$\frac{m_1}{m_2} = \frac{12.0}{7.0} = 1.714285\ldots.$$

परंतु, जब 12.0 में तीसरे अंक पर ही संशय है और 7.0 में दूसरे अंक पर ही संशय है, तो उनसे प्राप्त संख्या इतने अंकों तक शुद्ध कैसे हो सकती है? जब हम मापी गई राशियों के साथ अंकगणित करते हैं, तो उत्तर में सार्थक अंकों की संख्या ज्ञात करने के लिए कुछ नियमों का सहारा लिया जाता है, जो निम्नांकित प्रकार हैं।

गुणा या भाग

यदि दो या अधिक संख्याओं का गुणा या भाग किया जा रहा हो, तो आप उस संख्या को देखें जिसमें सबसे कम सार्थक अंक हो। आपके उत्तर में भी उतने ही सार्थक अंक होने चाहिए जितने इस संख्या में हैं।

अतः, $\frac{12.0}{7.0}$ के उत्तर में 2 ही सार्थक अंक होने चाहिए, क्योंकि 7.0 में दो सार्थक अंक हैं और यह सबसे कम है। 1.714285... में हम सिर्फ 1 और 7 को सार्थक अंक मानेंगे और आगे वाले निरर्थक होंगे।

यदि दशमलव चिह्न की दाहिनी ओर ऐसे निरर्थक अंक आते हैं, तो उन्हें हम उत्तर से हटा देते हैं। हमारे उदाहरण में $\frac{12.0}{7.0}$ का मान लिखने में हम दो अंकों के बाद के 1, 4, 2, 8, 5 आदि को नहीं लिखेंगे। अतः, इस अनुपात का मान 1.7 ही लिखा जाएगा। ऐसे निरर्थक अंक दशमलव के पहले भी आ सकते हैं। यदि किसी आयत की भुजाएँ 54 cm और 32 cm हों, तो उसका क्षेत्रफल कितना होगा? छोटे बच्चे इसका उत्तर लिखेंगे—

क्षेत्रफल = $54 \text{ cm} \times 32 \text{ cm} = 1728 \text{ cm}^2$, पर यदि 54 cm तथा 32 cm मापी गई दूरियाँ हैं और उनकी शुद्धता 2 अंकों तक ही है तो उत्तर भी 2 अंकों तक ही शुद्ध होने की संभावना है। ऐसे में 1728 में सिर्फ 1 और 7 ही सार्थक हैं और 2, 8 निरर्थक हैं। इसलिए हम 2, 8 की जगह शून्य रखेंगे और इसे 1700 cm^2 लिखेंगे। इसमें भी और स्पष्टता लाने के लिए इसे $1.7 \times 10^2 \text{ cm}^2$ लिखना उचित होगा।

जब हम गणना के बाद सार्थक अंक के बाद के अंकों को हटा देते हैं या उनके स्थान पर शून्य लिखते हैं, तो कभी-कभी सबसे कम सार्थक अंक को एक बढ़ाना पड़ता है। जैसे, यदि $5.6 \text{ cm} \times 3.2 \text{ cm}$ का मान निकालना हो, तो वह 17.92 cm^2 आएगा। इसमें से 9 और 2 को हमें हटाना है। इसमें से पहला अंक 9 है, जो 5 से अधिक है। ऐसी हालत में हम सबसे कम सार्थक अंक 7 को बढ़ाकर 8 कर देते हैं। परंतु, यदि हटाए जानेवाले अंक 5 से छोटा हो, तो उसे हम नहीं बदलते। यदि वह अंक 5 हो, तो उसके लिए लोगों ने एक परंपरा बना रखी है। यदि सबसे कम सार्थक अंक विषम हो (1, 3, 5, 7, 9), तो उसे 1 बढ़ा देते हैं और यदि वह सम हो (2, 4, 6, 8), तो उसे वैसे ही छोड़ देते हैं। इस प्रक्रिया को rounding करना या पूर्णांकित करना कहते हैं।

जोड़ या घटाव

सभी संख्याओं को जोड़ने या घटाने के लिए एक संख्या के नीचे दूसरी संख्या लिख दें। सभी दशमलव के बिंदु एक-दूसरे के नीचे होने चाहिए। अब सबसे दाहिने वाले उस स्तंभ को ढूढ़ें जिसमें कोई संशयपूर्ण, अर्थात सबसे कम सार्थक अंक हो। सभी संख्याओं में इस स्तंभ के आगे आनेवाले अंकों को हटा दें या शून्य से बदल दें और rounding कर दें, जैसा ऊपर बताया गया है। अब जोड़ या घटाव की प्रक्रिया पूरी करें।

अभ्यास 3.1

इन संख्याओं को तीन सार्थक अंकों तक पूर्णांकित (rounding) करें।

(a) 15462 *(b)* 14.745 *(c)* 14.750 *(d)* 14.650×10^{12}

हल (a) तीसरा सार्थक अंक 4 है, जिसे पूर्णांकित करना है। अगला अंक 6 है जो 5 से अधिक है, इसलिए इस 4 को 5 बनाना होगा। हटाए जानेवाले अंक 6 और 2 की जगह शून्य रखने होंगे। अतः, तीन सार्थक अंकों तक पूर्णांकित संख्या = 15500 या 1.55×10^4.

(b) तीसरा सार्थक अंक 7 है, जिसे पूर्णांकित करना है। इसके बाद का अंक 4 है जो 5 से कम है। अतः, तीन सार्थक अंकों तक पूर्णांकित संख्या = 14.7.

(c) तीसरा सार्थक अंक 7 है, जिसे पूर्णांकित करना है। इसके बाद का अंक 5 है। चूँकि 7 विषम है, इसलिए इसमें एक बढ़ाना होगा। अतः, तीन सार्थक अंकों तक पूर्णांकित (rounding) संख्या = 14.8.

(d) तीसरा सार्थक अंक 6 है, जिसे पूर्णांकित करना है। अगला अंक 5 है। चूँकि 6 सम संख्या है, इसलिए इसे नहीं बदलना है। अतः, तीन सार्थक अंकों तक पूर्णांकित संख्या = 14.6×10^{12}.

अभ्यास 3.2

$\frac{25.2 \times 1374}{33.3}$ *का मान निकालें। इस व्यंजक के सभी अंक सार्थक हैं।*

हल $\frac{25.2 \times 1374}{33.3} = 1039.7838\ldots$

उपर्युक्त दी हुई संख्याओं में 25.2 में तीन, 1374 में चार तथा 33.3 में 3 सार्थक अंक हैं। अतः, उत्तर में तीन ही सार्थक अंक होने चाहिए। अतः, 1039.7838... को तीन अंकों तक पूर्णांकित करना होगा। नियमों के अनुसार तीन अंकों के बाद के अंकों को या तो शून्य से बदलना होगा या हटा देना होगा। दशमलव के पहले आने वाले 9 की जगह शून्य रखना होगा तथा दशमलव के बाद आनेवाले सभी अंकों को हटा देना होगा। अतः, $\frac{25.2 \times 1374}{33.3}$ का मान 1040 लिखा जाएगा।

अभ्यास 3.3

24.36 + 0.0623 + 256.2 *का मान निकालें।*

हल

$$\begin{array}{r} 24.36 \\ 0.0623 \\ 256.2 \\ \hline \end{array}$$

दाहिनी ओर से देखने पर पहला स्तंभ जिसमें संशयपूर्ण यानी "सबसे कम सार्थक" अंक आ रहा है, कौन-सा है? दशमलव के तुरंत बाद वाला, क्योंकि 256.2 का दशमलव के बाद वाला 2 संशयपूर्ण है। अतः, इस स्तंभ के स्थान पर सभी संख्याओं को पूर्णांकित करना होगा और तब जोड़ना होगा।

$$\begin{array}{r} 24.4 \\ 0.1 \\ 256.2 \\ \hline 280.7 \end{array}$$

अतः, योगफल 280.7 होगा।

इस पुस्तक में हम साधारणतः ऐसा मानेंगे कि राशियों के मान सार्थक अंकों में दिए गए हैं। जोड़, घटाव, गुणा तथा भाग के अलावा भी हमें कई प्रकार की अंकगणित की क्रियाएँ करनी पड़ सकती हैं। हम साधारणतः गुणा, भाग वाले नियम का पालन कर अपने उत्तर लिखेंगे। दी गई राशियों में सबसे कम सार्थक अंक जितने होंगे उतने ही सार्थक अंक हम उत्तर में लिखेंगे।

3.3 मापन में संभावित त्रुटियाँ

जब हम किसी यंत्र से किसी राशि को नापते हैं, तो उसमें कई प्रकार की त्रुटियाँ हो सकती हैं। प्रायः हमें अंशांकित स्केल से पठन लेकर राशि का मान लिखना होता है। वोल्टमीटर, ऐमीटर, लंबाई नापने का स्केल, थर्मामीटर आदि अनेक ऐसे यंत्र हैं जिनसे हमें ये पठन लेने होते हैं। कई यंत्र ऐसे भी होते हैं जिनमें digital display पर सीधा मान लिखा हुआ मिल जाता है। इलेक्ट्रॉनिक तराजू, डिजिटल मल्टीमीटर आदि इस प्रकार के यंत्र हैं। हर प्रकार के मापन में कुछ-न-कुछ त्रुटियों की संभावना होती है, जिसके कारण हमारे द्वारा मापा गया मान वास्तविक मान से अलग हो सकता है। इन त्रुटियों को हम चार प्रकारों में बाँट सकते हैं।

(a) असावधानी के कारण त्रुटि

कई बार हम ऐसी मूर्खता कर जाते हैं कि राशि का मान बिलकुल ही गलत पढ़ जाते हैं। थर्मामीटर का अंशांकन °C में हो, पर हमें उसका पता न हो और हम उसे फारेनहाइट समझकर पठन ले लें। टेप से लंबाई नापते समय हम उसके उल्टे किनारे से नाप ले लें। ऐसी त्रुटियों का एक ही इलाज है कि हम धैर्यपूर्वक, सावधानीपूर्वक कार्य करें।

(b) व्यवस्थित प्रकार की त्रुटि

मान लें कि आप ऐमीटर से किसी धारा को नाप रहे हैं। जब कोई धारा नहीं बहती हो, तो मीटर की सूई को शून्य पढ़ना चाहिए। पर, हो सकता है कि आपके मीटर की सूई बिना धारा के 0.1 A पढ़ रही हो। ऐसी स्थिति में धारा के सभी मान, जो इस मीटर से पढ़े जाएँगे, वास्तविक मान से 0.1 A अधिक होंगे। इस प्रकार की त्रुटियाँ व्यवस्थित त्रुटियों की श्रेणी में आती हैं।

इसी तरह, यदि थर्मामीटर में भरे द्रव का प्रसार ताप के साथ एकसमान न हो, तो हमारे पठन में त्रुटि हो सकती है। यह त्रुटि भी एक निश्चित प्रकार की होगी। तराजू से द्रव्यमान निकालने में यदि तराजू की डंडियाँ असमान हों, तो द्रव्यमान में व्यवस्थित किस्म की त्रुटि हो सकती है। व्यवस्थित त्रुटियों को अनुभवी लोग आसानी से पहचान सकते हैं और उसके लिए आवश्यक संशोधन कर सही मान प्राप्त कर सकते हैं।

(c) अल्पतमांक (least count) के कारण त्रुटि

किसी यंत्र से मापन करते समय आप एक निश्चित मान से छोटे मान को नहीं माप सकते। इसे उस यंत्र का अल्पतमांक (अल्पतम अंक) कहते हैं। आपके प्लैस्टिक वाले स्केल पर यदि हर 1 mm पर निशान बने हैं तो आपके द्वारा मापी दूरी में 1 mm तक की त्रुटि हो सकती है। मान लें कि आप मल्टीमीटर से धारा नाप रहे हैं और उसका डिस्प्ले 0.1 A के चरणों में बढ़ता है। अर्थात, 1.5 A के बाद 1.6 A फिर 1.7 A, ऐसे ही पठन आते हैं। तब यदि 1.56 A की धारा बहे, तो भी वह 1.6 A ही दिखाएगा और 1.62 A हो, तो भी वह 1.6 A ही दिखाएगा। यदि डिस्प्ले पर धारा का मान 1.6 A हो, तो वास्तविक धारा (1.6 ± 0.05) A के अंतराल में कुछ भी हो सकती है।

(d) यादृच्छिक त्रुटियाँ (random errors)

कुछ त्रुटियाँ ऐसी होती हैं जिनपर हमारा कोई नियंत्रण नहीं होता और मापा गया मान कभी वास्तविक मान से कम, तो कभी ज्यादा होता

रहता है। उदाहरण के लिए, मान लें कि आप एक स्टॉपवाच (विराम-घड़ी) की सहायता से एक सरल दोलक का आवर्तकाल निकाल रहे हैं। ज्योंही लोलक एक किनारे पर पहुँचता है, आपको विराम-घड़ी को दबाना होता है। परंतु, ठीक लोलक के पहुँचने व हमारे घड़ी को दबाने में थोड़ा समय का अंतर हो सकता है। यह अंतर हर बार अलग-अलग होगा। कभी यह 0.02 s, और कभी – 0.08 s या कभी 0.12 s भी हो सकता है। यह यादृच्छिक त्रुटि (random error) की श्रेणी में आएगा।

वर्नियर कैलिपर्स से लंबाई नापते समय वस्तु को उसके जबड़ों के बीच पकड़ना होता है। अब हम वस्तु को कितनी जोर से जबड़ों के बीच कसते हैं, उससे लंबाई का पठन थोड़ा बदल जाता है। यदि हम कई बार एक ही वस्तु की लंबाई नापें, तो हर बार पठन में थोड़ा अंतर आ सकता है। यह यादृच्छिक त्रुटि का उदाहरण है।

यादृच्छिक त्रुटि को कम करने के लिए या उसका पता करने के लिए उस राशि का पठन अनेक बार लिया जाता है। यदि ये पठन $x_1, x_2, \ldots, x_N$ हों, तो x का सर्वोत्तम मान उसके औसत से दिया जाता है।

$$\bar{x} = \frac{1}{N}(x_1 + x_2 + \ldots + x_N).$$

परंतु, यह $\bar{x}$ भी राशि के वास्तविक मान x से भिन्न हो सकता है। राशि $\sigma = \sqrt{\frac{1}{N}\Sigma(x_i - \bar{x})^2}$ को इन मानों का मानक विचलन (standard deviation) कहते हैं। यदि N का मान बड़ा हो (8 या अधिक), तो यह मानक विचलन x की त्रुटि के बराबर माना जा सकता है। यह मान σ, राशि के मापे हुए मान की अनिश्चितता दिखाता है। x का मान $\bar{x} \pm \sigma$ अंतराल में होने की संभावना है।

यदि आप और भी निश्चित होना चाहते हैं तो इस अंतराल को $\bar{x} \pm 1.96\,\sigma$ ले सकते हैं। ऐसे में लगभग 95% संभावना है कि x का वास्तविक मान इस अंतराल में होगा। x के वास्तविक मान के $\bar{x} \pm 3\,\sigma$ अंतराल में होने की संभावना 99% कही जाती है।

यादृच्छिक त्रुटियों के कारण ही आपके शिक्षक प्रयोग करते समय आपको एक ही राशि के कई-कई पठन लेने को कहते हैं।

अभ्यास 3.4

एक विद्यार्थी अवतल दर्पण की फोकस-दूरी नाप रहा है। उसके द्वारा लिए गए पठन नीचे दिए गए हैं। इन पठनों से औसत फोकस दूरी और ±σ अंतराल की अनिश्चितता निकालें।

पठन-संख्या	*फोकस-दूरी* (cm में)
1	25.4
2	25.2
3	25.6
4	25.1
5	25.3
6	25.2
7	25.5
8	25.4
9	25.3
10	25.7

हल औसत फोकस-दूरी $\bar{f} = \frac{1}{10}\Sigma f_i = 25.37 \text{ cm} \approx 25.4 \text{ cm}.$

चूँकि प्रत्येक मापी गई दूरी तीन सार्थक अंकों तक है, इसलिए हमने औसत को भी तीन सार्थक अंकों तक ही रखा है। मानक विचलन σ की गणना नीचे दिखाई गई है।

i	f_i (cm)	$f_i - \bar{f}$ (cm)	$(f_i - \bar{f})^2$ (cm²)	$\Sigma(f_i - \bar{f})^2$ (cm²)
1	25.4	0.0	0.00	
2	25.2	– 0.2	0.04	
3	25.6	0.2	0.04	
4	25.1	– 0.3	0.09	
5	25.3	– 0.1	0.01	0.33
6	25.2	– 0.2	0.04	
7	25.5	0.1	0.01	
8	25.4	0.0	0.00	
9	25.3	– 0.1	0.01	
10	25.7	0.3	0.09	

$$\sigma = \sqrt{\frac{1}{10}\sum_i (f_i - \bar{f})^2} = \sqrt{0.033\,\text{cm}^2} = 0.18\,\text{cm} \approx 0.2\,\text{cm}.$$

अतः, फोकस-दूरी का मान 25.4 cm ± 0.2 cm के अंतराल में संभावित है। इसे हम इस प्रकार लिखेंगे,

$$f = (25.4 \pm 0.2)\ \text{cm}.$$

• *हल किए गए प्रश्न* •

1. *कुछ अचर राशियों के मान नीचे दिए गए हैं। प्रत्येक में कितने सार्थक अंक हैं?*

(a) गुरुत्वाकर्षण स्थिरांक

$G = (6.67259 \pm 0.00085) \times 10^{-11}\ \text{N m}^2/\text{kg}^2$

(b) गैस स्थिरांक $R = (8.314510 \pm 0.000070)$ J/K mol

(c) फैराडे स्थिरांक $F = (96485.3029 \pm 0.0029)$ C/mol

हल (a) 6.67259 में 0.00085 जोड़ने-घटाने से दशमलव के चौथे स्थान में परिवर्तन होगा (इससे इसके पहले के अंकों में भी परिवर्तन आ सकता है)। अतः, इसमें पहले 5 अंक सार्थक हैं।

(b) R में दी गई अनिश्चितता के कारण R के मान में दशमलव के बाद के पाँचवें स्थान में अनिश्चितता आएगी। अतः, इसमें सार्थक अंकों की संख्या 6 है।

(c) F में दशमलव के बाद तीसरे अंक में अनिश्चितता है। अतः, 96485.3029 में सार्थक अंकों की संख्या = 8.

2. *एक विद्यार्थी स्केल से नापकर 10.0 cm की डोरी काटता है और उसे मोड़कर एक समबाहु त्रिभुज बनाता है। त्रिभुज की भुजा की माप बताएँ।*

हल त्रिभुज की भुजा $= \frac{10.0}{3}$ cm = 3.33333 … cm.

चूँकि 10.0 में तीन सार्थक अंक हैं, इसलिए उत्तर में भी हम तीन ही सार्थक अंक रखेंगे। अतः, भुजा = 3.33 cm.

3. *चार बच्चों की ऊँचाइयाँ 105 cm, 108 cm, 104 cm तथा 106 cm मापी गईं। बच्चों की औसत ऊँचाई बताएँ।*

हल औसत ऊँचाई $= \frac{105 + 108 + 104 + 106}{4}$ cm

$$= 105.75 \text{ cm} \approx 106 \text{ cm.}$$

तीन सार्थक अंक रखने पर अगला अंक 7 है, जिसे हटाया जाना है। चूँकि यह 5 से बड़ा है, अतः 105 के 5 को बढ़ाकर 6 कर दिया गया है।

4. *एक सरल दोलक में एक लंबे धागे में लोलक को बाँध देते हैं। लोलक एक ठोस गोला होता है, जिसमें एक हुक लगा होता है। चित्र 3.W1 में यह रचना दिखाई गई है। एक विद्यार्थी, धागे की लंबाई L, हुक के ऊपरी सिरे से गोले की निचली सतह तक की लंबाई L_1 तथा गोले का व्यास D मापता है। ये लंबाइयाँ क्रमशः 30.2 cm, 3.13 cm तथा 2.05 cm पाई जाती हैं। धागे के ऊपरी सिरे से गोले के केंद्र तक की दूरी की गणना करें।*

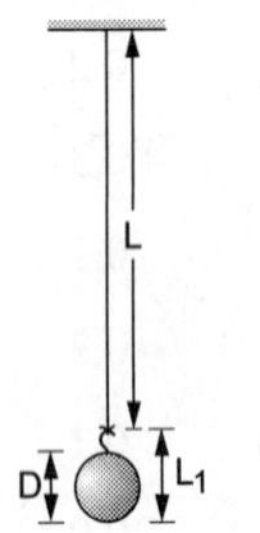

चित्र 3.W1

हल चित्र से अपेक्षित दूरी

$$= L + L_1 - \frac{D}{2}$$

$$= 30.2 \text{ cm} + 3.13 \text{ cm} - \frac{2.05}{2} \text{ cm}$$

$$= (30.2 + 3.13 - 1.025) \text{ cm}$$

$$= 32.305 \text{ cm.}$$

चूँकि सभी संख्याओं में तीन सार्थक अंक हैं, उत्तर भी तीन सार्थक अंकों में दिया जाना चाहिए।

अतः, दूरी = 32.3 cm.

5. $(21.6002 + 234 + 2732.10) \times 13$ *की गणना करें। सभी संख्याएँ मापी गई राशियाँ हैं।*

हल

21.6002		22
234	⇒	234
2732.10		2732
		2988

तीनों संख्याओं के दशमलव बिंदुओं को एक सीध में रखकर लिखा गया है। दशमलव के ठीक पहले वाले स्तंभ में 4 है (234 में), जो संशययुक्त है। अतः, सभी संख्याओं को इसी स्तंभ पर पूर्णांकित किया गया है। इन्हें ऊपर दाहिने भाग में दिखाया गया है। इन सभी का जोड़ 2988 आया। अब $2988 \times 13 = 38844$. परंतु, 13 में सिर्फ दो सार्थक अंक हैं, अतः गुणनफल को दो सार्थक अंकों तक में पूर्णांकित करना है। अतः, उत्तर = 39000.

• विचार हेतु प्रश्न •

1. *आप जानते हैं कि* 1 m = 100 cm. क्या किसी लंबाई को मीटर के स्थान पर सेंटीमीटर में व्यक्त करने से उसकी शुद्धता बढ़ जाती है?

2. *सार्थक का विलोम शब्द निरर्थक है। किसी राशि के मान में जो अंक सार्थक नहीं हैं, क्या वे सदैव निरर्थक हैं? क्या आप सार्थक के स्थान पर किसी अन्य शब्द का सुझाव दे सकते हैं?*

3. *बाजार में प्रायः डंडी वाले तराजू से सामान तौला जाता है। यदि ऐसे तराजू से तौलकर दुकानदार एक किलोग्राम आलू देता है, तो उसे 1 kg, 1.0 kg या 1.00 kg, क्या लिखना उचित होगा?*

4. *एक वृत्ताकार चकती की त्रिज्या 12.54 cm मापी गई है। इसका क्षेत्रफल निकालने के लिए π का मान 3.1416 लेना उचित होगा या 22/7?*

• सटीक उत्तरवाले प्रश्न I •

सही उत्तर का चयन करें।

1. सही कथन इंगित करें।
   (a) शून्य कभी सार्थक अंक नहीं हो सकता
   (b) दशमलव चिह्न के ठीक दाहिने आनेवाले शून्य कभी सार्थक अंक नहीं हो सकते
   (c) दशमलव चिह्न के ठीक बाएँ आनेवाले शून्य कभी सार्थक अंक नहीं हो सकते
   (d) दो शून्येत्तर (शून्य के अलावा) अंकों के बीच आनेवाला शून्य अवश्य सार्थक अंक होता है।

2. संख्याओं के समूह A में बड़ी-बड़ी संख्याएँ हैं तथा समूह B में छोटी संख्याएँ हैं। A की संख्याओं का औसत M_A तथा मानक विचलन S_A है। B की संख्याओं का औसत M_B तथा मानक

विचलन S_B है।

(a) M_A अवश्य बड़ा होगा M_B से

(b) M_A अवश्य छोटा होगा M_B से

(c) S_A अवश्य बड़ा होगा S_B से

(d) S_A अवश्य छोटा होगा S_B से

3. किसी राशि का कई बार मापन करने से कम की जा सकती है

(a) यादृच्छिक त्रुटियाँ

(b) व्यवस्थित प्रकार की त्रुटियाँ

(c) अल्पतमांक के कारण त्रुटि

(d) असावधानी के कारण त्रुटि

4. एक संख्या में 4 सार्थक अंक हैं तथा दूसरी संख्या में 6 सार्थक अंक हैं। इनके योगफल में सार्थक अंकों की संख्या होगी

(a) 4 (b) 6

(c) 10 (d) 2

• सटीक उत्तरवाले प्रश्न II •

सही उत्तर (उत्तरों) का चयन करें।

1. एक समय-अंतराल का मान 10.42 सेकंड लिखा गया है।

(a) इसमें सभी अंक बराबर सार्थक हैं।

(b) अंक 1 सबसे अधिक सार्थक है।

(c) अंक 2 सबसे कम सार्थक है।

(d) अंक 0 निरर्थक है।

2. पूर्णांकन एक ऐसी प्रक्रिया है जो

(a) सिर्फ पूर्णांक संख्याओं पर की जाती है

(b) संख्याओं को पूर्णांक बना देती है

(c) निरर्थक अंकों को हटा देती है

(d) संख्याओं के मान में वृद्धि कर देती है

3. एक राशि को मापकर उसका मान 100.00 लिखा गया है। इसमें

(a) 5 सार्थक अंक हैं

(b) संभावित त्रुटि ± 0.01 है

(c) संभावित त्रुटि 0.01% है

(d) संभावित त्रुटि 100% है

• अभ्यास के प्रश्न •

1. इन संख्याओं में कितने सार्थक (significant) अंक हैं?

(a) 1001 (b) 100.1 (c) 100.10 (d) 0.001001

2. एक मीटर स्केल में प्रत्येक मिलीमीटर पर निशान बने हैं। इससे नापी गई लंबाई में कितने सार्थक (significant) अंक हो सकते हैं?

3. इन संख्याओं को दो अंकों तक पूर्णांकित करें।

(a) 3472 (b) 84.16 (c) 2.55 (d) 28.5

4. एक बेलन की लंबाई तथा त्रिज्या वर्नियर कैलिपर्स द्वारा नापे गए। इनके मान क्रमशः 4.54 cm तथा 3.50 cm पाए गए। बेलन के आयतन की गणना करें।

5. एक शीशे के प्लेट की मोटाई तीन स्थानों पर नापी गई। ये मान 2.17 mm, 2.17 mm तथा 2.18 mm पाए गए। प्लेट की औसत मोटाई की गणना करें।

6. एक सरल दोलक के धागे की लंबाई मीटर स्केल से 90.0 cm नापी गई। वर्नियर कैलिपर्स द्वारा लोलक की त्रिज्या और हुक की लंबाई नापकर जोड़ी गई, तो योगफल 2.13 cm आया। दोलक की प्रभावी लंबाई कितनी है? प्रभावी लंबाई निकालने के लिए धागे की लंबाई, हुक की लंबाई तथा लोलक की त्रिज्या को जोड़ते हैं।

7. एक वृत्त की त्रिज्या 2.12 cm बताई गई है। इसका क्षेत्रफल कितना होगा?

• उत्तर •

सटीक उत्तरवाले प्रश्न I

1. (d) **2.** (a) **3.** (a) **4.** (a)

सटीक उत्तरवाले प्रश्न II

1. (b), (c) **2.** (c) **3.** (a), (b), (c)

अभ्यास के प्रश्न

1. (a) 4 (b) 4 (c) 5 (d) 4 **2.** 1, 2, 3 या 4

3. (a) 3500 (b) 84 (c) 2.6 (d) 28

4. 175 cm^3 **5.** 2.17 mm **6.** 92.1 cm **7.** 14.1 cm^2

❑

अध्याय 4

सदिश राशियों का गणित

4.1 अदिश राशियाँ (Scalar quantities)

किसी राशि का मान बताने के लिए हम एक संख्या बताते हैं और मात्रक बताते हैं। यदि हम पूछें कि आज रसोई घर में कितना आलू है और हमें उत्तर मिले 3 kg, तो इतना कहने से हमें प्रश्न का पूरा उत्तर मिल गया। यदि बाजार से 2 kg आलू और आ जाए, तो कुल आलू 2 kg + 3 kg = 5 kg हो जाएगा, अर्थात द्रव्यमान जोड़ने के लिए अंकगणित के नियम काम आते हैं।

जिन राशियों का मान बताने के लिए सिर्फ एक संख्या (तथा मात्रक) की आवश्यकता होती है तथा जो अंकगणित के नियमों के अनुसार जुड़ती हैं, उन्हें अदिश राशियाँ कहते हैं।

द्रव्यमान, समय, ऊर्जा आदि अदिश राशियाँ हैं। ये अंकगणित के नियमों के अनुसार जुड़ती हैं।

4.2 सदिश राशियाँ (Vector quantities)

मान लें कि कोई वस्तु जमीन पर बिंदु A पर पड़ी है। किसी ने उसे धीरे से खिसका दिया जिससे वह 2 m विस्थापित हो गई, अर्थात विस्थापन 2 m है। परंतु, इतना कहने से यह पता नहीं चलता है कि वस्तु अब कहाँ पहुँच गई। 2 m का विस्थापन पूर्व की ओर भी हो सकता है और पश्चिम की ओर भी, या फिर दक्षिण की ओर या अन्य किसी दिशा में। विस्थापन को पूरी तरह बताने के लिए 2 m के अलावा दिशा भी बतानी पड़ती है। यदि हम कहें 2 m पूर्व की ओर तब हम विस्थापन को पूरी तरह जान पाएँगे और वस्तु का नया स्थान भी बता पाएँगे। विस्थापन को बताने के लिए उसका परिमाण (magnitude) तथा दिशा दोनों बताने होते हैं।

विस्थापन की तरह अनेक अन्य राशियाँ भी हैं जिनमें परिमाण तथा दिशा दोनों होते हैं। वेग, बल आदि ऐसी ही राशियाँ हैं।

रेखाखंड द्वारा किसी राशि को बताना

जिन राशियों को बताने के लिए परिमाण के अतिरिक्त दिशा की भी जरूरत होती है, उन्हें हम एक तीर का निशान लगे रेखाखंड (line segment) के द्वारा दिखा सकते हैं। रेखाखंड की दिशा उस राशि की दिशा को बताएगी और रेखाखंड की लंबाई उस राशि के परिमाण को बताएगी। हमें पहले से तय करना होगा कि कितना लंबा रेखाखंड कितने परिमाण को बताएगा। मान लें कि हम विस्थापन की चर्चा कर रहे हैं तथा हमने तय किया कि 1 cm लंबा रेखाखंड 10 m विस्थापन को बताएगा। तो 20 m पूर्व, इस विस्थापन को बताने के लिए हम पूर्व की ओर तीर लगाकर 2 cm लंबा रेखाखंड खींचेंगे। चित्र 4.1 में कई विस्थापन दिखाए गए हैं। रेखाखंडों की लंबाइयाँ विस्थापन के परिमाण के समानुपाती हैं।

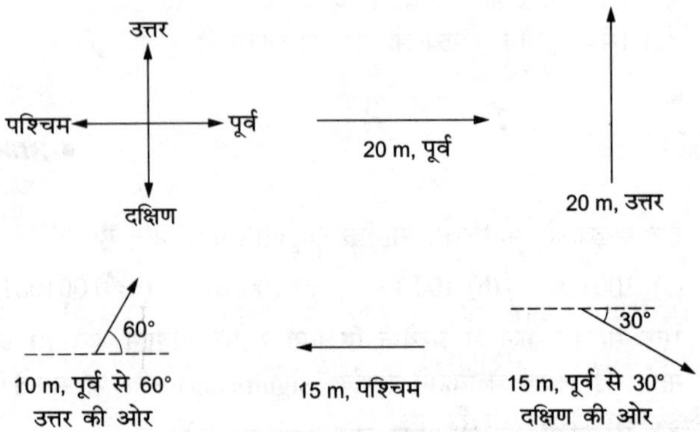

चित्र 4.1

इसी प्रकार वेग, बल आदि राशियों को रेखाखंडों के द्वारा दिखा सकते हैं।

विस्थापनों का योग

मान लें, किसी वस्तु को बिंदु A से विस्थापित कर बिंदु B पर पहुँचाया गया तथा यह विस्थापन 30 m पूर्व की ओर था (चित्र 4.2)। अब उसे B बिंदु से विस्थापित कर C बिंदु पर पहुँचाया गया तथा यह विस्थापन 40 m उत्तर की ओर था। तो दोनों को मिलाकर वस्तु का कुल विस्थापन कितना हुआ?

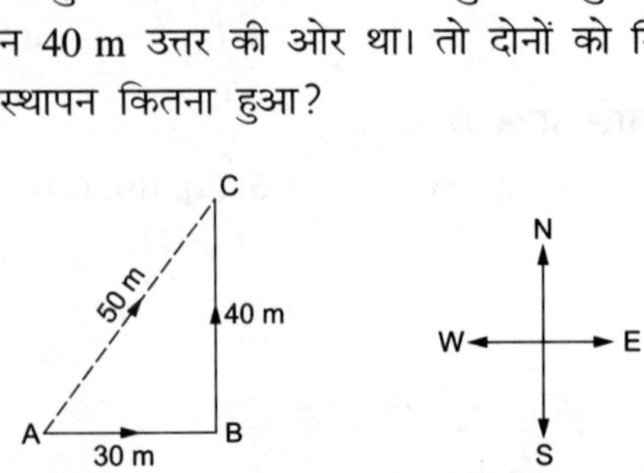

चित्र 4.2

वस्तु A से चलकर C पर पहुँची है, अतः कुल विस्थापन AC दिशा में हुआ। $AB = 30$ m तथा $BC = 40$ m और $\angle ABC = 90°$ है।

अतः,

$$AC = \sqrt{(AB)^2 + (BC)^2} = \sqrt{(30)^2 + (40)^2}\ \text{m} = 50\ \text{m}.$$

अर्थात, कुल विस्थापन 50 m AC दिशा में हुआ।

आप देख रहे हैं कि विस्थापनों का जोड़ सामान्य अंकगणित के जोड़ से अलग है। पहला विस्थापन 30 m का था और दूसरा 40 m का, लेकिन दोनों मिलकर कुल विस्थापन 70 m का न होकर 50 m का ही हुआ। विस्थापनों की दिशा के अनुसार 30 m और 40 m मिलकर कभी 50 m होते हैं, तो कभी 70 m भी हो सकते हैं, या कभी 20 m भी हो सकते हैं। विस्थापनों को जोड़ने का नियम निम्न प्रकार है।

पहले विस्थापन को दिखाने के लिए एक तीर-लगा रेखाखंड खींचें (चित्र 4.3)। इस रेखाखंड के अगले सिरे से शुरू कर दूसरे विस्थापन को दिखानेवाला रेखाखंड खींचें। अब पहले रेखाखंड के प्रारंभिक किनारे से दूसरे रेखाखंड के आखिरी किनारे को मिलाएँ तथा इसी दिशा में उसपर तीर लगाएँ। यही रेखाखंड कुल विस्थापन को दिखाएगा।

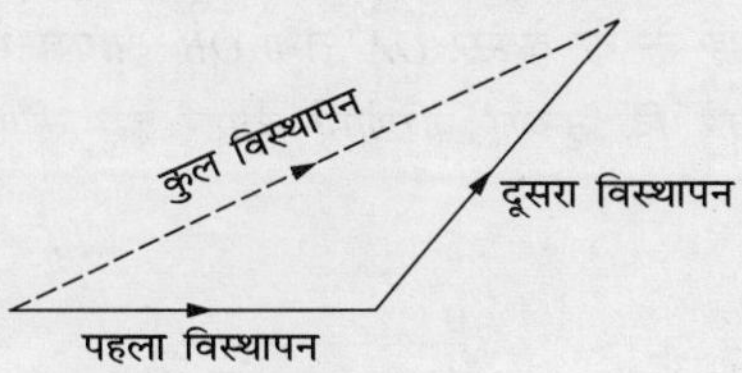

चित्र 4.3

राशियों के जोड़ की इस विधि को 'त्रिभुज नियम' कहते हैं। वेग, बल आदि कई राशियाँ त्रिभुज नियम के अनुसार जोड़ी जाती हैं।

सदिश या वेक्टर राशियाँ

जिन राशियों को बताने के लिए परिमाण तथा दिशा दोनों की आवश्यकता होती है तथा जो 'त्रिभुज नियम' के अनुसार जोड़ी जाती हैं, उन्हें सदिश राशियाँ या वेक्टर राशियाँ (vector quantities) कहते हैं।

विस्थापन, वेग, बल आदि सदिश राशियाँ हैं, पर विद्युत-धारा सदिश राशि नहीं है; क्योंकि इसमें दिशा तो है, लेकिन यह त्रिभुज नियम के अनुसार नहीं जुड़ती।

सदिश राशियों को कई बार एक अक्षर के संकेत से दिखाया जाता है। जब किसी सदिश राशि को एक अक्षर के संकेत से दिखाते हैं तो उसके ऊपर एक तीर का निशान बना देते हैं; जैसे विस्थापन को $\vec{d}$, वेग को $\vec{v}$, बल को $\vec{F}$ आदि से दिखाते हैं। कई बार जब किसी सदिश राशि को एक रेखाखंड द्वारा दिखाते हैं तो उस रेखाखंड का नाम लिखकर उसपर भी तीर का निशान बनाते हैं; जैसे $\overrightarrow{AB}$, $\overrightarrow{AC}$ आदि। $\overrightarrow{AB}$ का अर्थ है A से शुरू होकर B तक जानेवाला रेखाखंड। ध्यान दें कि $\overrightarrow{AB}$ और $\overrightarrow{BA}$ अलग-अलग हैं, $\overrightarrow{AB}$ का अर्थ है कि राशि की दिशा A से B की ओर है जबकि $\overrightarrow{BA}$ का अर्थ है कि यह दिशा B से A की ओर है। सदिश राशियों को निरूपित करनेवाले इन रेखाखंडों को हम सदिश या वेक्टर कहा करेंगे।

किसी वेक्टर के परिमाण को दिखाने के लिए कई प्रकार के संकेतों का उपयोग किया जाता है। वेक्टर $\vec{a}$ के परिमाण को $|\vec{a}|$ या सिर्फ a लिखते हैं। इसी तरह $\overrightarrow{AB}$ के परिमाण को $|\overrightarrow{AB}|$ या सिर्फ AB लिखते हैं।

4.3 दो वेक्टरों का बराबर होना

दो वेक्टर एक-दूसरे के बराबर कहे जाते हैं, जब उनके परिमाण बराबर हों तथा उनकी दिशाएँ भी एक ही हों। अर्थात, यदि दो वेक्टर $\overrightarrow{AB}$ तथा $\overrightarrow{CD}$ एक-दूसरे के समानांतर हों, तीर एक ही ओर लगे हों तथा इनकी लंबाइयाँ भी बराबर हों, तो $\overrightarrow{AB} = \overrightarrow{CD}$.

4.4 दो वेक्टरों के बीच का कोण

दो वेक्टरों के बीच का कोण निकालने के लिए दोनों को एक ही बिंदु से शुरू करते हैं और दोनों रेखाखंडों के बीच का कोण निकालते हैं। चित्र 4.4 में दोनों वेक्टर एक ही बिंदु से प्रारंभ हो रहे हैं। इनके बीच का कोण θ है। चित्र 4.5 (a) में दो वेक्टर खींचे गए हैं। एक जहाँ खत्म हो रहा है, वहीं से दूसरा प्रारंभ हो रहा है। कोण θ_1 इन वेक्टरों के बीच का कोण नहीं है। यही वेक्टर चित्र 4.5 (b) में भी दिखाए गए हैं। इन वेक्टरों के बीच का कोण θ है।

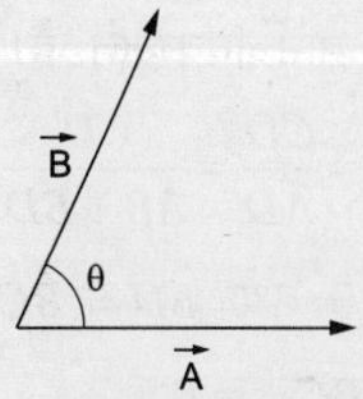

चित्र 4.4

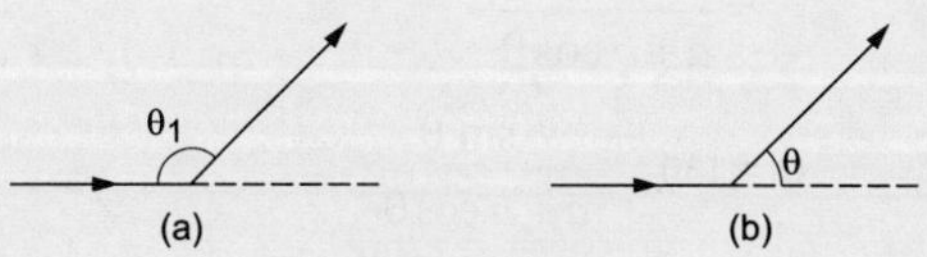

चित्र 4.5

4.5 दो वेक्टरों को जोड़ना

दो वेक्टर आपस में त्रिभुज नियम के अनुसार जुड़ते हैं। यदि पहला वेक्टर $\overrightarrow{AB}$ और दूसरा $\overrightarrow{BC}$ हो, तो दोनों का योगफल

$$\overrightarrow{AB} + \overrightarrow{BC} = \overrightarrow{AC}$$

होगा। इस योगफल को **परिणामी वेक्टर (resultant vector)** भी कहते हैं।

मान लें कि वेक्टर $\overrightarrow{AB}$ का परिमाण a, वेक्टर $\overrightarrow{BC}$ का परिमाण b तथा दोनों के बीच का कोण θ है। हमें दोनों के जोड़ वाले वेक्टर $\overrightarrow{AC}$ का परिमाण तथा उसकी दिशा मालूम करनी है।

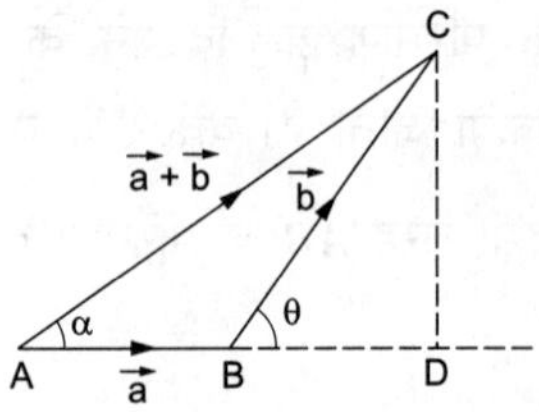

चित्र 4.6

चित्र 4.6 में यह स्थिति दिखलाई गई है। बिंदु C से AB पर लंब CD डालें, तो समकोण त्रिभुज ADC से,

$$\begin{aligned} AC^2 &= AD^2 + DC^2 \\ &= (AB+BD)^2 + (CD)^2 \\ &= (AB)^2 + 2(AB)(BD) + (BD)^2 + (CD)^2 \\ &= (AB)^2 + 2(AB)(BD) + (BC)^2. \end{aligned}$$

अब त्रिभुज BCD से, $BD = BC \cdot \cos\theta$.

अतः $(AC)^2 = (AB)^2 + (BC)^2 + 2(AB)(BC)\cos\theta.$

यदि $\overrightarrow{AC}$ का परिमाण c हो, तो

$$c^2 = a^2 + b^2 + 2ab\cos\theta$$

या $$c = \sqrt{a^2 + b^2 + 2ab\cos\theta}. \quad \text{... (4.1)}$$

इस तरह हमें $\vec{a} + \vec{b}$, अर्थात वेक्टर $\overrightarrow{AC}$ का परिमाण मिल गया। अब इस योग की दिशा मालूम करने के लिए हम चित्र 4.6 में दिखाए गए कोण α का मान निकालते हैं। त्रिभुज ACD से,

$$\tan\alpha = \frac{CD}{AD} = \frac{CD}{AB+BD}.$$

पर, $CD = (BC)\sin\theta$ तथा $BD = (BC)\cos\theta$.

अतः, $$\tan\alpha = \frac{(BC)\sin\theta}{AB + (BC)\cos\theta} = \frac{b\sin\theta}{a + b\cos\theta}$$

या $$\alpha = \tan^{-1}\frac{b\sin\theta}{a + b\cos\theta}. \quad \text{... (4.2)}$$

सदिशों को जोड़ने का समानांतर चतुर्भुज नियम

चित्र 4.7 में $\overrightarrow{OA}$ तथा $\overrightarrow{OB}$ दो वेक्टर हैं जो एक ही बिंदु O से खींचे गए हैं। बिंदु A से OB के समानांतर तथा बिंदु B से OA के समानांतर रेखाएँ खींचकर समानांतर चतुर्भुज $OACB$ बनाएँ।

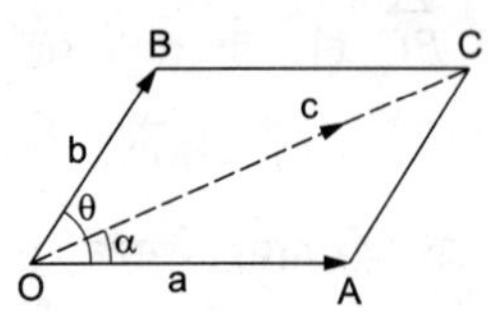

चित्र 4.7

अब $\overrightarrow{OB} = \overrightarrow{AC}$

तथा $\overrightarrow{OA} + \overrightarrow{OB} = \overrightarrow{OA} + \overrightarrow{AC}.$

पर, त्रिभुज नियम से, $\overrightarrow{OA} + \overrightarrow{AC} = \overrightarrow{OC}.$

अतः, $$\overrightarrow{OA} + \overrightarrow{OB} = \overrightarrow{OC}. \quad \text{... (4.3)}$$

इस समीकरण से हमें वेक्टरों को जोड़ने का एक और तरीका मिलता है।

यदि दो वेक्टर एक ही बिंदु से शुरू कर खींचे जाएँ, और उन्हें अगल-बगल की भुजा मानते हुए समानांतर चतुर्भुज पूरा किया जाए, तो उस बिंदु से शुरू होनेवाला विकर्ण (diagonal) ही दोनों वेक्टरों का योग होगा।

इस नियम को **वेक्टरों के योग का समानांतर चतुर्भुज नियम** कहते हैं। चित्र 4.7 में वेक्टरों के बीच के कोण θ तथा योगफल $\overrightarrow{OC}$ का पहले वेक्टर OA के साथ बने कोण α को भी दिखाया गया है।

a, b, c, θ, α में संबंध समीकरण (4.1) तथा (4.2) के अनुसार ही हैं।

अभ्यास 4.1

समान लंबाई के दो वेक्टर $\overrightarrow{OA}$ तथा $\overrightarrow{OB}$ आपस में θ कोण बनाते हैं। सिद्ध करें कि उनका परिणामी वेक्टर इस कोण को समद्विभाग करेगा।

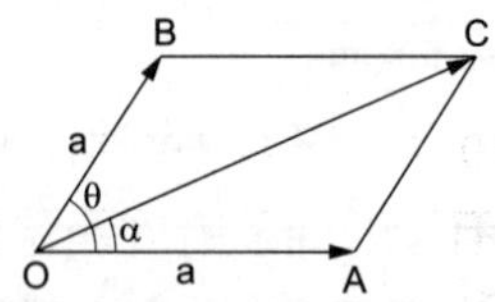

चित्र 4.8

हल चित्र 4.8 में $\overrightarrow{OC}$ परिणामी वेक्टर है।

अतः, $$\tan\alpha = \frac{(OB)\sin\theta}{(OA) + (OB)\cos\theta} = \frac{a\sin\theta}{a + a\cos\theta} = \frac{\sin\theta}{1+\cos\theta} = \frac{2\sin\frac{\theta}{2}\cos\frac{\theta}{2}}{2\cos^2\frac{\theta}{2}} = \tan\frac{\theta}{2}.$$

अतः, $\alpha = \frac{\theta}{2}$, यानी $\overrightarrow{OC}$ कोण AOB को समद्विभाग करता है।

यदि OA बड़ा होता OB से, तो परिणामी OA की ओर झुका होता। यदि OB बड़ा होता OA से, तो परिणामी OB की ओर झुका होता। पर, जब $OA = OB$, तब परिणामी ठीक बीच से जाता है।

4.6 वेक्टर को किसी संख्या से गुणा करना

मान लें, $\vec{a}$ कोई वेक्टर है और k एक संख्या है। $\vec{a}$ का परिमाण a है। मान लें कि k का मान धनात्मक (positive) है, अर्थात $k > 0$.

यदि हम ka परिमाण का एक वेक्टर $\vec{a}$ की ही दिशा में खींचें, तो इस वेक्टर को k और $\vec{a}$ का गुणनफल कहते हैं तथा इसे $k\vec{a}$ से दिखाते हैं। यदि k का मान ऋणात्मक (negative) हो, अर्थात $(k < 0)$, तो गुणनफल $k\vec{a}$ की दिशा $\vec{a}$ की दिशा के विपरीत होगी।

चित्र 4.9 में यह प्रक्रिया दिखाई गई है। ध्यान दें कि (–1) से गुणा करने पर वेक्टर की दिशा पलट जाती है, जबकि उसका परिमाण उतना ही रहता है। $(-1)\vec{a}$ को $-\vec{a}$ लिखते हैं।

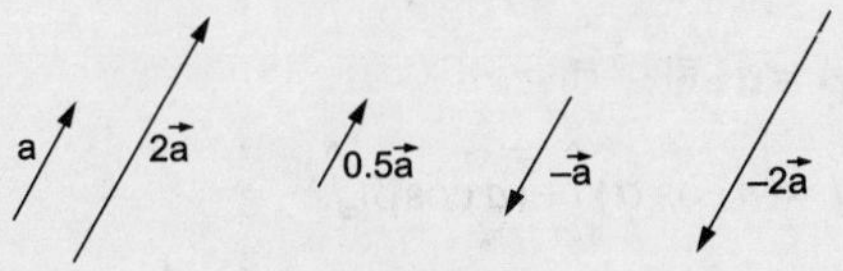

चित्र 4.9

4.7 एक वेक्टर को दूसरे वेक्टर से घटाना

बीजगणित में हम जानते हैं कि $x - y = x + (-y)$, अर्थात x में से y को घटाने के लिए y को (–1) से गुणा कर x में जोड़ा जा सकता है। इसी प्रकार, यदि $\vec{a}$ और $\vec{b}$ दो वेक्टर हों, तो

$$\vec{a} - \vec{b} = \vec{a} + (-\vec{b}).$$

वेक्टर $\vec{b}$ को (–1) से गुणा कर $\vec{a}$ में जोड़ने से $\vec{a} - \vec{b}$ मिलता है। यह प्रक्रिया चित्र 4.10 में दिखाई गई है। याद रहे (–1) से गुणा करने का अर्थ है, वेक्टर की दिशा पलट देना।

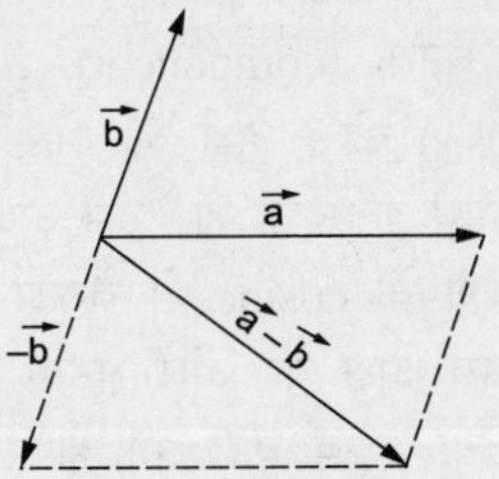

चित्र 4.10

अभ्यास 4.2

दो वेक्टरों $\vec{a}$ और $\vec{b}$ में से प्रत्येक का परिमाण 5 इकाई है तथा उनके बीच का कोण 60° है। वेक्टर $\vec{a}+\vec{b}$ तथा $\vec{a}-\vec{b}$ के परिमाण निकालें।

हल

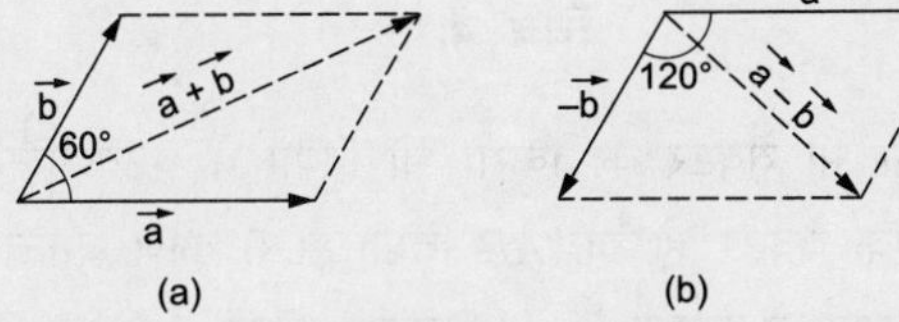

चित्र 4.11

$\vec{a}+\vec{b}$ वेक्टर को चित्र 4.11(a) तथा $\vec{a}-\vec{b}$ को चित्र 4.11(b) में दिखाया गया है। $\vec{a}+\vec{b}$ का परिमाण,

$$|\vec{a}+\vec{b}| = \sqrt{a^2 + b^2 + 2ab\cos 60^\circ}$$

$$= \sqrt{(5)^2 + (5)^2 + 2\times(5)\times(5)\times\frac{1}{2}} = 5\sqrt{3} \text{ इकाई।}$$

वेक्टर $\vec{a}$ तथा $-\vec{b}$ के बीच 120° का कोण बना है। अतः, $\vec{a}-\vec{b}$ का परिमाण

$$|\vec{a}-\vec{b}| = \sqrt{a^2 + b^2 + 2ab\cos 120^\circ}$$

$$= \sqrt{(5)^2 + (5)^2 + 2\times(5)\times(5)\times\left(-\frac{1}{2}\right)}$$

$$= 5 \text{ इकाई।}$$

4.8 इकाई वेक्टर (Unit vectors) $\hat{i}$, $\hat{j}$ तथा $\hat{k}$

यदि किसी वेक्टर का परिमाण 1 हो, तो उसे इकाई वेक्टर (unit vector) कहते हैं। ऐसे वेक्टर का कोई मात्रक नहीं होता, अर्थात इस वेक्टर का परिमाण सिर्फ एक संख्या है और वह संख्या 1 है। परंतु, हर इकाई वेक्टर की एक निश्चित दिशा होती है। साधारणतः, **इकाई वेक्टर को दिखाने के लिए उसके संकेत पर तीर का निशान (→) बनाने के बजाय टोपी (^) का निशान बनाते हैं; जैसे $\hat{u}, \hat{n}, \hat{r}$ आदि।** x-अक्ष की दिशा में खींचे गए इकाई वेक्टर को $\hat{i}$ संकेत से दिखाते हैं। इसी प्रकार y-अक्ष की दिशा में खींचे गए इकाई वेक्टर को $\hat{j}$ तथा z-अक्ष की दिशा में खींचे गए इकाई वेक्टर को $\hat{k}$ संकेत से दिखाते हैं (चित्र 4.12)।

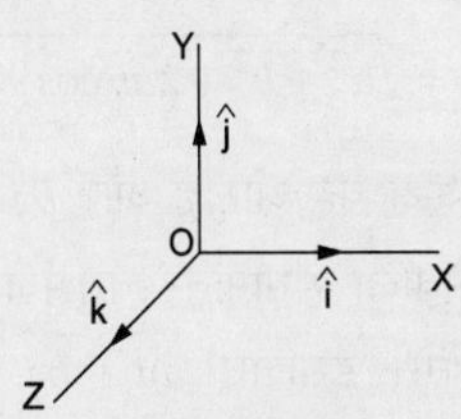

चित्र 4.12

यदि x-अक्ष की दिशा में कोई वेक्टर लें जिसका परिमाण d हो, तो उस वेक्टर को $d\hat{i}$ लिख सकते हैं।

$$\vec{d} = d\hat{i}.$$

यहाँ $d\hat{i}$ का अर्थ है अदिश d से वेक्टर $\hat{i}$ का गुणनफल। चूँकि $\hat{i}$ का अपना परिमाण 1 है, अतः $d\hat{i}$ का परिमाण d होगा तथा इसकी दिशा $\hat{i}$ की दिशा होगी, यानी x-अक्ष की ओर होगी। इसी प्रकार, y-अक्ष की दिशा में d परिमाण के वेक्टर को $d\hat{j}$ तथा z-अक्ष की दिशा में d परिमाण के वेक्टर को $d\hat{k}$ लिख सकते हैं।

अभ्यास 4.3

वेक्टर $\hat{i}+\hat{j}$ का परिमाण निकालें।

हल वेक्टर $\hat{i}$, x-अक्ष की दिशा में है जबकि वेक्टर $\hat{j}$, y-अक्ष की दिशा में है। अतः, इनके बीच का कोण 90° है। दोनों में से प्रत्येक वेक्टर का परिमाण 1 है। अतः,

$$|\hat{i}+\hat{j}|=\sqrt{(1)^2+(1)^2+2\times(1)\times(1)\times\cos 90^\circ}=\sqrt{2}.$$

यह वेक्टर दोनों अक्षों से 45° का कोण बनाता है।

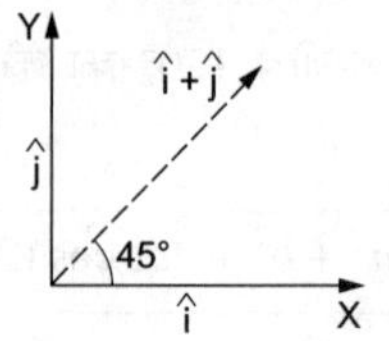

चित्र 4.13

अभ्यास 4.4

$3\hat{i}+4\hat{j}$ का परिमाण बताएँ।

हल यह दो वेक्टरों $3\hat{i}$ तथा $4\hat{j}$ का योगफल है। पहले वेक्टर $3\hat{i}$ का परिमाण 3 तथा दूसरे वेक्टर $4\hat{j}$ का परिमाण 4 है। वेक्टर $3\hat{i}$, x-अक्ष की ओर है और $4\hat{j}$, y-अक्ष की ओर है, अर्थात इनके बीच का कोण 90° है। अतः,

$$|3\hat{i}+4\hat{j}|=\sqrt{(3)^2+(4)^2+2\times(3)\times(4)\times\cos 90^\circ}=5.$$

अभ्यास 4.5

(a) वेक्टर $a\hat{i}+b\hat{j}$ का परिमाण निकालें।

(b) वेक्टर $a\hat{i}+b\hat{j}+c\hat{k}$ का परिमाण निकालें।

हल (a) $a\hat{i}$ तथा $b\hat{j}$ वेक्टरों के बीच का कोण 90° है। अतः,

$$|a\hat{i}+b\hat{j}|=\sqrt{a^2+b^2+2ab\cos 90^\circ}=\sqrt{a^2+b^2}.$$

(b) $a\hat{i}$ वेक्टर x-अक्ष की ओर है और $b\hat{j}$ वेक्टर y-अक्ष की ओर है। इससे बननेवाला समानांतर चतुर्भुज और उसके विकर्ण भी xy-तल में होंगे। इसलिए $a\hat{i}+b\hat{j}$ वेक्टर xy-तल में ही स्थित होगा। वेक्टर $c\hat{k}$, z-अक्ष की दिशा में है। अतः, $c\hat{k}$ वेक्टर तथा $a\hat{i}+b\hat{j}$ के बीच का कोण 90° है। अतः,

$$|(a\hat{i}+b\hat{j})+c\hat{k}|$$

$$=\sqrt{|a\hat{i}+b\hat{j}|^2+|c\hat{k}|^2+2|a\hat{i}+b\hat{j}||c\hat{k}|\cos 90^\circ}$$

$$=\sqrt{a^2+b^2+c^2}.$$

4.9 किसी वेक्टर को $\hat{i}$, $\hat{j}$, $\hat{k}$ के पदों में व्यक्त करना

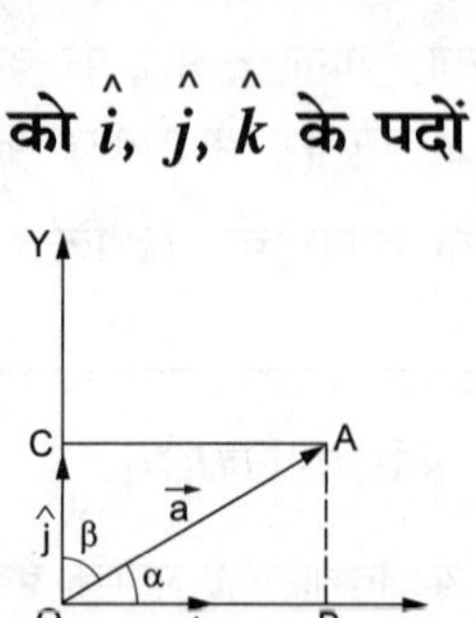

चित्र 4.14

मान लें कि $\overrightarrow{OA}$ एक वेक्टर है, जो xy-तल में स्थित है तथा यह x-अक्ष से α कोण और y-अक्ष से β कोण बना रहा है। बिंदु A से x-अक्ष पर लंब AB खींचें तथा A से ही y-अक्ष पर लंब AC खींचें, तो

$$\overrightarrow{OB}+\overrightarrow{OC}=\overrightarrow{OA}.$$

अब $\overrightarrow{OB}=(OB)\hat{i}$ तथा $\overrightarrow{OC}=(OC)\hat{j}$.

अतः, $\overrightarrow{OA}=(OB)\hat{i}+(OC)\hat{j}$

$$=(OA\cos\alpha)\hat{i}+(OA\cos\beta)\hat{j}.$$

यदि $OA=a$ हो, तो

$$\vec{a}=(a\cos\alpha)\hat{i}+(a\cos\beta)\hat{j}. \quad \ldots (4.4)$$

इस उदाहरण में वेक्टर OA को xy-तल में, अर्थात कागज के तल में लिया गया था। यदि बिंदु A कागज के तल में न होकर कागज से ऊपर या नीचे हो, तो $\overrightarrow{OA}$ भी इस तल में नहीं रहेगा। तब समीकरण (4.4) के स्थान पर हमें लिखना पड़ेगा,

$$\vec{a}=(a\cos\alpha)\hat{i}+(a\cos\beta)\hat{j}+(a\cos\gamma)\hat{k}. \quad \ldots (4.5)$$

यहाँ γ, वेक्टर $\vec{a}$ तथा z-अक्ष के बीच का कोण है तथा $\hat{k}$, z-अक्ष की ओर इकाई वेक्टर है।

इस तरह किसी भी दिए गए वेक्टर $\vec{a}$ को तीन वेक्टरों के योगफल के रूप में लिख सकते हैं, जिनमें से एक $\hat{i}$ के समानांतर, दूसरा $\hat{j}$ के समानांतर तथा तीसरा $\hat{k}$ के समानांतर है। $a\cos\alpha$ को $\vec{a}$ का x-अक्ष की ओर घटक (component), $a\cos\beta$ को y-अक्ष की ओर घटक तथा $(a\cos\gamma)$ को z-अक्ष की ओर घटक कहते हैं। यानी जिस अक्ष की ओर घटक लिखना हो, उस अक्ष से अपने वेक्टर का कोण लेते हैं। उस कोण के cosine से वेक्टर के परिमाण को गुणा करने से वेक्टर का उस अक्ष की ओर घटक मिलता है। यह घटक धनात्मक, ऋणात्मक या शून्य कुछ भी हो सकता है। यदि वेक्टर और ली गई दिशा के बीच का कोण 90° से छोटा हो, तो घटक धनात्मक, 90° के बराबर हो, तो घटक शून्य तथा यदि यह 90° से बड़ा हो, तो घटक ऋणात्मक होगा।

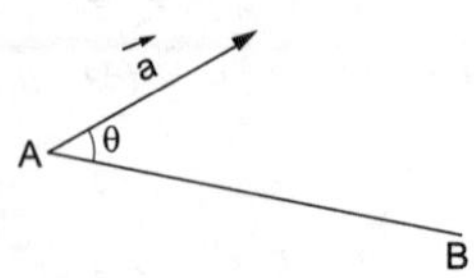

चित्र 4.15

हम किसी भी वेक्टर का किसी भी दिशा में घटक लिख सकते हैं। यदि $\vec{a}$ एक वेक्टर हो जो AB दिशा से θ कोण बनाता हो, तो $\vec{a}$ का AB दिशा में घटक $a\cos\theta$ होगा (चित्र 4.15)। x-अक्ष की ओर घटक को x-घटक, y-अक्ष की ओर घटक को y-घटक तथा z-अक्ष की ओर घटक को z-घटक भी कहते हैं।

अभ्यास 4.6

चित्र 4.16 में ABCD एक आयत है जिसकी भुजाएँ 4 cm तथा 3 cm हैं।

(a) वेक्टर $\overrightarrow{AC}$ का AB की ओर घटक निकालें।

(b) वेक्टर $\overrightarrow{AB}$ का AC की ओर घटक निकालें।

(c) वेक्टर $\overrightarrow{BC}$ का AC की ओर घटक निकालें।

(d) वेक्टर $\overrightarrow{BC}$ का CA की ओर घटक निकालें।

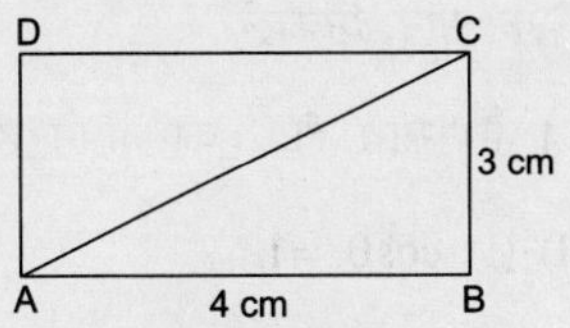

चित्र 4.16

हल (a) $AC = \sqrt{AB^2 + BC^2} = 5$ cm.

यदि AC और AB के बीच कोण θ हो, तो

$$\cos\theta = \frac{AB}{AC} = \frac{4}{5}.$$

अतः, $\overrightarrow{AC}$ का AB की ओर घटक

$$= (AC)\cos\theta = 5 \text{ cm} \times \frac{4}{5} = 4 \text{ cm (चित्र 4.17)।}$$

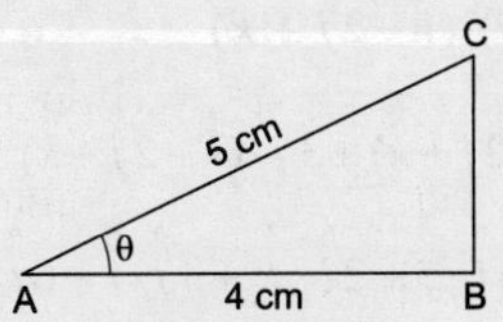

चित्र 4.17

(b) AB तथा AC के बीच का कोण भी θ ही है, अतः $\overrightarrow{AB}$ का AC की ओर घटक

$$= (AB)\cos\theta = (4 \text{ cm}) \times \frac{4}{5} = 3.2 \text{ cm (चित्र 4.17)।}$$

(c) BC तथा AC के बीच का कोण चित्र 4.18 में दिखाया गया है, जो $\frac{\pi}{2} - \theta$ के बराबर है। ध्यान दें, B से C की ओर BC की दिशा है और A से C की ओर AC की दिशा है। इन दोनों दिशाओं के बीच का कोण $\frac{\pi}{2} - \theta$ है।

$\overrightarrow{BC}$ का AC की ओर घटक

$$= (BC)\cos\left(\frac{\pi}{2} - \theta\right) = (BC)\sin\theta = (3 \text{ cm}) \times \left(\frac{3}{5}\right)$$

$$= 1.8 \text{ cm (चित्र 4.18)।}$$

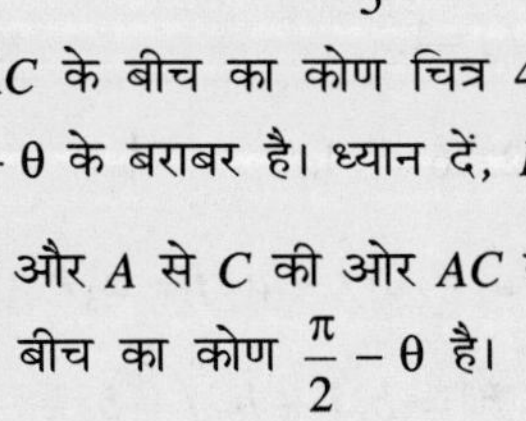

चित्र 4.18

(d) BC तथा CA के बीच का कोण चित्र 4.19 में दिखाया गया है, जो $\frac{\pi}{2} + \theta$ के बराबर है। ध्यान दें कि B से C की ओर BC की दिशा है और C से A की ओर CA की दिशा है। इन दोनों दिशाओं के बीच का कोण $\frac{\pi}{2} + \theta$ है।

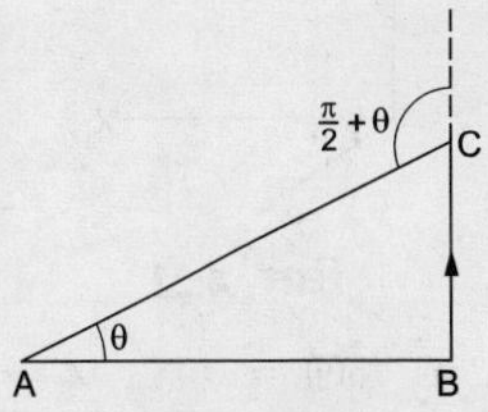

चित्र 4.19

अतः, $\overrightarrow{BC}$ का CA की ओर घटक

$$= (BC)\cos\left(\frac{\pi}{2} + \theta\right) = (3 \text{ cm})(-\sin\theta)$$

$$= (3 \text{ cm}) \times \left(-\frac{3}{5}\right) = -1.8 \text{ cm (चित्र 4.19)।}$$

अभ्यास 4.7

चित्र 4.20 में दिखाए गए वेक्टर $\overrightarrow{OA}$ को $\hat{i}, \hat{j}, \hat{k}$ के पदों में लिखें।

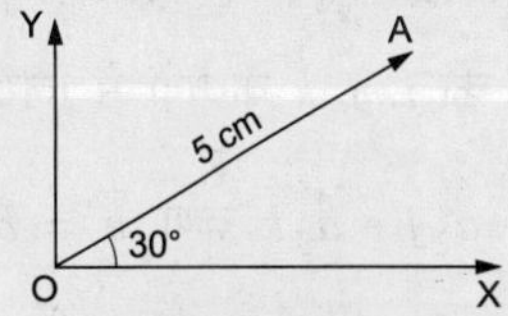

चित्र 4.20

हल $\overrightarrow{OA}$ का x-अक्ष की ओर घटक

$$= (OA)\cos 30° = (5 \text{ cm}) \times \frac{\sqrt{3}}{2} = \frac{5\sqrt{3}}{2} \text{ cm.}$$

$\overrightarrow{OA}$ का y-अक्ष की ओर घटक

$$= (5 \text{ cm}) \times \cos 60° = 5 \text{ cm} \times \frac{1}{2} = \frac{5}{2} \text{ cm.}$$

$\overrightarrow{OA}$ का z-अक्ष की ओर घटक

$$= (5 \text{ cm}) \times \cos 90° = 0.$$

अतः, $\overrightarrow{OA} = \left(\frac{5\sqrt{3}}{2} \text{ cm}\right)\hat{i} + \left(\frac{5}{2} \text{ cm}\right)\hat{j}.$

ऊपर के उदाहरण में वेक्टर $\overrightarrow{OA}$, x- तथा y-अक्ष के बीच से जा रहा है, अर्थात यह x-अक्ष से भी न्यूनकोण बना रहा है तथा y-अक्ष से भी न्यूनकोण बना रहा है। ऐसी स्थिति में यदि x-अक्ष से उस वेक्टर का कोण θ हो, तो y-अक्ष से यह कोण $\frac{\pi}{2} - \theta$ होगा। यदि वेक्टर का परिमाण a हो, तो इसका x-घटक $a\cos\theta$ और y-घटक $a\sin\theta$ होगा।

अभ्यास 4.8

चित्र 4.21 में एक वेक्टर दिखाया गया है, जिसका परिमाण a है। इसके x- तथा y-घटक बताएँ।

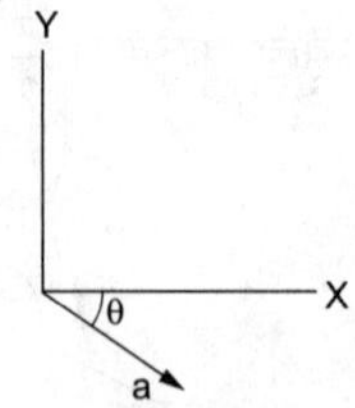

चित्र 4.21

हल x-अक्ष से वेक्टर का कोण $= \theta$,

अतः x-घटक $= a\cos\theta$.

y-अक्ष से वेक्टर का कोण $= \dfrac{\pi}{2} + \theta$,

अतः y-घटक $= a\cos\left(\dfrac{\pi}{2} + \theta\right)$

$= -a\sin\theta$.

$\hat{i}, \hat{j}, \hat{k}$ के रूप में लिखे वेक्टरों का परिणामी

हमने दो वेक्टरों को जोड़ने के लिए त्रिभुज नियम और समानांतर-चतुर्भुज नियम की चर्चा की। यदि दो वेक्टर $\hat{i}, \hat{j}, \hat{k}$ के पदों में लिखे हों, तो उनके योगफल को $\hat{i}, \hat{j}, \hat{k}$ के पदों में लिखना बहुत आसान है।

यदि $\vec{a} = a_1\hat{i} + a_2\hat{j} + a_3\hat{k}$ तथा $\vec{b} = b_1\hat{i} + b_2\hat{j} + b_3\hat{k}$,

तो $\vec{a} + \vec{b} = (a_1\hat{i} + a_2\hat{j} + a_3\hat{k}) + (b_1\hat{i} + b_2\hat{j} + b_3\hat{k})$

या $\vec{a} + \vec{b} = (a_1 + b_1)\hat{i} + (a_2 + b_2)\hat{j} + (a_3 + b_3)\hat{k}$.

आप दो से अधिक वेक्टरों को भी इसी तरह जोड़ सकते हैं।

4.10 दो वेक्टरों का डॉट गुणनफल (Dot product)

दो वेक्टरों $\vec{a}$ तथा $\vec{b}$ का डॉट गुणनफल $\vec{a}\cdot\vec{b} = ab\cos\theta$ को कहते हैं। यहाँ a तथा b क्रमशः $\vec{a}$ और $\vec{b}$ के परिमाण हैं और θ उनके बीच का कोण है। डॉट गुणनफल को स्केलर (scalar) गुणनफल भी कहते हैं।

यदि दो वेक्टर एक-दूसरे पर लंब हों, तो उनका डॉट गुणनफल शून्य होगा, क्योंकि $\cos\theta = \cos 90° = 0$.

अब तक हमने वेक्टरों को जोड़ना, एक वेक्टर से दूसरे वेक्टर को घटाना, एक वेक्टर को किसी संख्या से गुणा करना, दो वेक्टरों का डॉट गुणनफल निकालना आदि सीखा है। ये क्रियाएँ साधारण अंकगणित या बीजगणित के कई नियमों का पालन करती हैं। जैसे $2+3 = 3+2$ होता है वैसे ही $\vec{a} + \vec{b} = \vec{b} + \vec{a}$ होता है। इसी प्रकार हम कोष्ठक (brackets) लगाने की क्रियाएँ भी कर सकते हैं। आगे कुछ क्रियाएँ दिखाई गईं हैं।

$(\vec{a} + \vec{b}) + \vec{c} = \vec{a} + (\vec{b} + \vec{c})$

$\vec{a}\cdot(\vec{b} + \vec{c}) = \vec{a}\cdot\vec{b} + \vec{a}\cdot\vec{c}$

$\vec{a}\cdot\vec{b} = \vec{b}\cdot\vec{a}$

$k(\vec{a} + \vec{b}) = k\vec{a} + k\vec{b}$ आदि।

अभ्यास 4.9

$\hat{i}\cdot\hat{i}$ तथा $\hat{i}\cdot\hat{j}$ के मान निकालें।

हल $\hat{i}$ का परिमाण 1 है। साथ ही $\hat{i}$ का अपने ही साथ कोण $0°$ है।

अतः $\hat{i}\cdot\hat{i} = (1)\cdot(1)\cdot\cos 0° = 1$.

$\hat{i}$ तथा $\hat{j}$ के बीच का कोण $90°$ है।

अतः, $\hat{i}\cdot\hat{j} = (1)\cdot(1)\cdot\cos 90° = 0$.

अभ्यास 4.10

दो वेक्टर $\vec{a}$ तथा $\vec{b}$ इस प्रकार हैं,

$\vec{a} = 2\hat{i} + 3\hat{j}$ तथा $\vec{b} = \hat{i} - 2\hat{j} + \hat{k}$

तो $\vec{a}\cdot\vec{b}$ का मान बताएँ।

हल $\vec{a}\cdot\vec{b} = (2\hat{i} + 3\hat{j})\cdot(\hat{i} - 2\hat{j} + \hat{k})$

$= 2\hat{i}\cdot(\hat{i} - 2\hat{j} + \hat{k}) + 3\hat{j}\cdot(\hat{i} - 2\hat{j} + \hat{k})$

$= 2\hat{i}\cdot\hat{i} - 4\hat{i}\cdot\hat{j} + 2\hat{i}\cdot\hat{k} + 3\hat{j}\cdot\hat{i} - 6\hat{j}\cdot\hat{j} + 3\hat{j}\cdot\hat{k}$.

पर, $\hat{j}\cdot\hat{k} = \hat{i}\cdot\hat{j} = \hat{i}\cdot\hat{k} = 0$, क्योंकि एक-दूसरे पर लंब वेक्टरों का डॉट गुणनफल शून्य होता है।

अतः, $\vec{a}\cdot\vec{b} = 2\hat{i}\cdot\hat{i} - 6\hat{j}\cdot\hat{j}$

अब $\hat{i}\cdot\hat{i} = \hat{j}\cdot\hat{j} = 1$.

अतः, $\vec{a}\cdot\vec{b} = 2 - 6 = -4$.

यदि दो वेक्टर $\vec{a} = a_1\hat{i} + a_2\hat{j} + a_3\hat{k}$

तथा $\vec{b} = b_1\hat{i} + b_2\hat{j} + b_3\hat{k}$

के रूप में लिखे जाएँ, तो उनका डॉट गुणनफल

$$\vec{a}\cdot\vec{b} = a_1b_1 + a_2b_2 + a_3b_3$$

होता है। अर्थात, दोनों $\hat{i}$ वाली संख्याओं को गुणा करें, दोनों $\hat{j}$ वाली संख्याओं को गुणा करें और दोनों $\hat{k}$ वाली संख्याओं को गुणा करें। गुणा करने के पश्चात इन तीनों को आपस में जोड़ देने पर डॉट गुणनफल तैयार हो जाता है।

किसी वेक्टर का अपने ही साथ डॉट गुणनफल करने से क्या मिलेगा?

$$\vec{a}\cdot\vec{a} = |\vec{a}||\vec{a}|\cos 0° = |a|^2.$$

अतः, **किसी वेक्टर का अपने साथ डॉट गुणनफल करने से उसके परिमाण के वर्ग का मान मिल जाता है।**

4.11 दो वेक्टरों का क्रॉस गुणनफल (Cross product)

दो वेक्टरों के बीच डॉट गुणनफल के अलावा एक अन्य प्रकार का गुणनफल भी परिभाषित करते हैं, जिसे क्रॉस गुणनफल कहते हैं। इसे वेक्टरों के संकेतों के बीच 'क्रॉस' का चिह्न लगाकर बताते हैं, अर्थात $\vec{a}$ तथा $\vec{b}$ का क्रॉस गुणनफल $\vec{a} \times \vec{b}$ लिखा जाता है। दो वेक्टरों का क्रॉस गुणनफल स्वयं एक वेक्टर होता है जिसका परिमाण और दिशा नीचे दिए गए नियमों के अनुसार निकाले जाते हैं।

$\vec{a} \times \vec{b}$ का परिमाण

$$\vec{a} \times \vec{b} \text{ का परिमाण } |\vec{a} \times \vec{b}| = ab \sin\theta,$$

जहाँ θ दोनों वेक्टरों के बीच का कोण है। यदि दो वेक्टर एक-दूसरे के समानांतर हों, तो θ = 0° या θ = 180° होगा तथा sin θ = 0 होगा, अतः $\vec{a} \times \vec{b}$ का परिमाण भी शून्य होगा।

अतः, $\hat{i} \times \hat{i} = \hat{j} \times \hat{j} = \hat{k} \times \hat{k} = 0.$

साथ ही, $|\hat{i} \times \hat{j}| = (1) \cdot (1) \cdot \sin 90° = 1$

तथा $|\hat{j} \times \hat{i}| = (1) \cdot (1) \cdot \sin 90° = 1.$

इसी प्रकार, $|\hat{j} \times \hat{k}| = |\hat{k} \times \hat{j}| = |\hat{k} \times \hat{i}| = |\hat{i} \times \hat{j}| = 1.$

यदि दो वेक्टर एक-दूसरे पर लंब हों, तो θ = 90° और sin θ = 1 होगा। अतः, $\vec{a} \times \vec{b}$ का परिमाण *ab* ही होगा।

दो वेक्टरों के बीच कोण θ लिखते समय ध्यान रखें कि θ का मान 180° से बड़ा न लें। उदाहरण के लिए चित्र 4.22 में दिखाए गए वेक्टरों का क्रॉस गुणनफल निकालने के लिए θ =30° लें, θ =330° नहीं लें।

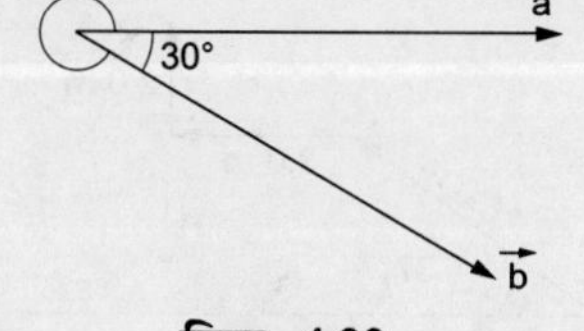

चित्र 4.22

$\vec{a} \times \vec{b}$ की दिशा

$\vec{a} \times \vec{b}$ की दिशा $\vec{a}$ पर भी लंब होती है और $\vec{b}$ पर भी लंब होती है। अर्थात, यह दिशा $\vec{a}$ तथा $\vec{b}$ से बने तल के लंबवत होती है। यदि $\vec{a}$ तथा $\vec{b}$ इस कागज पर खींचे गए हैं तो $\vec{a} \times \vec{b}$ की दिशा पूरे कागज पर लंब होगी। यदि यह कागज आपकी टेबुल पर रखा है, तो $\vec{a} \times \vec{b}$ टेबुल से छत की ओर या टेबुल से फर्श की ओर होगा।

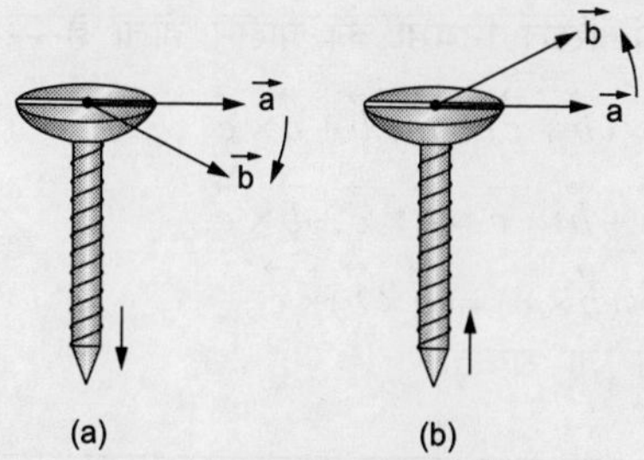

चित्र 4.23

$\vec{a}$ तथा $\vec{b}$ पर लंब कहने से $\vec{a} \times \vec{b}$ की दिशा पूरी तरह निर्धारित नहीं होती, क्योंकि तीर का निशान दोनों तरफ लगाया जा सकता है। यदि $\vec{a}$ तथा $\vec{b}$ क्षैतिज (horizontal) तल में हों (जैसे टेबुल की सतह पर) तो $\vec{a} \times \vec{b}$ ऊर्ध्वाधर (vertical) दिशा में होगा। परंतु, यह ऊपर की ओर होगा या नीचे की ओर, यह बताना अभी बाकी है। $\vec{a} \times \vec{b}$ की दिशा पूरी तरह तय करने के लिए नीचे दी गई विधि का उपयोग कर सकते हैं। आपको प्रायः पेंचकस (screw-driver) द्वारा पेंचों को कसने या खोलने का काम पड़ता होगा। पेंच के माथे में एक खाँच बनी होती है, जिसमें पेंचकस के सिरे को फँसा देते हैं। पेंचकस को एक ओर घुमाने से पेंच कसता है और दूसरी ओर घुमाने से खुलता है। कल्पना करें कि कोई पेंच ऐसे रखा है कि $\vec{a}$ वेक्टर उसके माथे में बनी खाँच की दिशा में है तथा $\vec{b}$ वेक्टर माथे के ही तल में है। पेंच की लंबाई $\vec{a}$ तथा $\vec{b}$ के लंबवत होगी। यदि $\vec{a}$ तथा $\vec{b}$ दोनों क्षैतिज दिशा में हों, तो पेंच का माथा क्षैतिज तल में तथा उसकी लंबाई ऊर्ध्वाधर दिशा में होगी।

अब कल्पना करें कि पेंचकस द्वारा पेंच को $\vec{a}$ से $\vec{b}$ की ओर घुमाया जाता है। सोचें कि पेंच कस रहा है या खुल रहा है। पेंच के चलने की दिशा ही $\vec{a} \times \vec{b}$ की दिशा होगी। चित्र 4.23 (a) में पेंच कस रहा है यानी नीचे जा रहा है। अतः, $\vec{a} \times \vec{b}$ की दिशा नीचे की ओर है। चित्र 4.23 (b) में पेंच खुल रहा है यानी ऊपर को आ रहा है। अतः $\vec{a} \times \vec{b}$ की दिशा ऊपर की ओर होगी।

$\vec{a} \times \vec{b}$ की दिशा प्राप्त करने के नियम से यह स्पष्ट है कि $\vec{a} \times \vec{b}$ और $\vec{b} \times \vec{a}$ की दिशाएँ एक-दूसरे की विपरीत हैं। यदि $\vec{a}$ से $\vec{b}$ की ओर पेंच घुमाने से वह खुलता है तो $\vec{b}$ से $\vec{a}$ की ओर पेंच घुमाने से वह बंद होगा। अतः, $\vec{a} \times \vec{b} = -\vec{b} \times \vec{a}$.

हम देखते हैं कि क्रॉस गुणनफल बीजगणित के क्रमविनिमय नियम (commutation rule) का पालन नहीं करता।

हम जानते हैं कि $\hat{k}$ की दिशा $\hat{i}$ तथा $\hat{j}$ दोनों पर लंब है। साथ ही, $|\hat{k}| = |\hat{i} \times \hat{j}| = 1.$ अतः, $\hat{i} \times \hat{j} = \hat{k}$ होगा, या $\hat{i} \times \hat{j} = -\hat{k}$ होगा। सामान्यतः अक्षों को इस प्रकार चुनते हैं कि

$$\hat{i} \times \hat{j} = \hat{k}, \ \hat{j} \times \hat{k} = \hat{i} \text{ तथा } \hat{k} \times \hat{i} = \hat{j}$$

हो। ऐसी व्यवस्था को दाहिने हाथ वाली अक्ष व्यवस्था (right-handed coordinate system) कहते हैं।

क्रॉस गुणनफल में क्रमविनिमय नियम का पालन नहीं होता है,

पर इसमें निम्नलिखित नियमों का पालन होता है—

$$\vec{a}\times(\vec{b}+\vec{c})=\vec{a}\times\vec{b}+\vec{a}\times\vec{c}$$

$$(\vec{a}+\vec{b})\times\vec{c}=\vec{a}\times\vec{c}+\vec{b}\times\vec{c}.$$

लेकिन, $\vec{a}\times(\vec{b}\times\vec{c})=(\vec{a}\times\vec{b})\times\vec{c}$
नहीं लिखा जा सकता।

अभ्यास 4.11

$(\hat{i}+\hat{j})\times(\hat{i}-\hat{j})$ का मान निकालें तथा चित्र में इन वेक्टरों को दिखाएँ।

हल $(\hat{i}+\hat{j})\times(\hat{i}-\hat{j})=(\hat{i}+\hat{j})\times\hat{i}-(\hat{i}+\hat{j})\times\hat{j}$

$$=\hat{i}\times\hat{i}+\hat{j}\times\hat{i}-\hat{i}\times\hat{j}-\hat{j}\times\hat{j}$$

$$=0+(-\hat{k})-\hat{k}-0=-2\hat{k}.$$

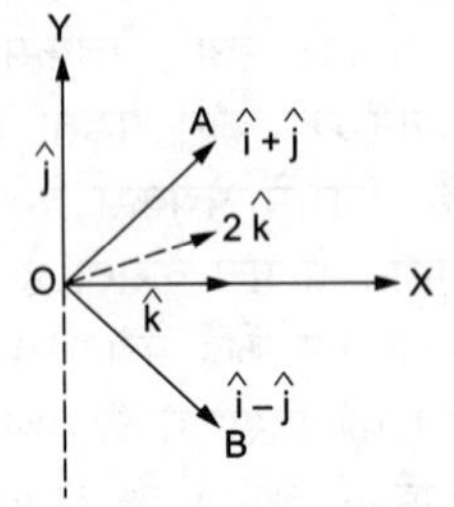

चित्र 4.24

चित्र 4.24 में $\hat{i}+\hat{j}$ वेक्टर $\overrightarrow{OA}$ द्वारा और $\hat{i}-\hat{j}$ वेक्टर $\overrightarrow{OB}$ द्वारा दिखाए गए हैं। $\hat{i}$ तथा $\hat{j}$ की दिशा देखने पर स्पष्ट है कि $\hat{k}$ वेक्टर कागज से बाहर की ओर आता हुआ है। अतः $-2\hat{k}$ वेक्टर कागज पर लंब और कागज के तल के अंदर की ओर जाता हुआ होगा। पेंचकस के नियम से भी हम पाते हैं कि $\overrightarrow{OA}\times\overrightarrow{OB}$ अंदर की ओर है।

4.12 शून्य वेक्टर (Zero vector)

हमने बताया कि दो वेक्टरों, $\vec{A}$ तथा $\vec{B}$, का क्रॉस गुणनफल एक वेक्टर होता है जिसकी दिशा $\vec{A}$ तथा $\vec{B}$ दोनों के लंबवत होती है। पर, $\vec{A}\times\vec{A}$ का तो परिमाण ही शून्य है और इस हालत में दोनों वेक्टरों पर लंब की तो कोई निश्चित दिशा भी नहीं हो सकती। इसी प्रकार, दो वेक्टरों को जोड़ने से एक वेक्टर मिलता है, पर यदि $\vec{A}$ में $(-\vec{A})$ को जोड़ दें, तो परिमाण शून्य हो जाएगा। ऐसी परिस्थितियों में अपने गणित को दुरुस्त रखने के लिए एक ऐसे वेक्टर की कल्पना की जाती है जिसका परिमाण शून्य हो। भौतिकी में तो वेक्टर एक भौतिक राशि को दिखाता है जिसमें परिमाण और दिशा होती है। इसलिए भौतिक राशि के रूप में शून्य वेक्टर का कोई अर्थ नहीं है, पर गणित में हमें इसकी जरूरत पड़ सकती है।

• *हल किए गए प्रश्न* •

1. *xy-तल में स्थित एक वेक्टर का x-घटक 25 इकाई तथा y-घटक 60 इकाई है। वेक्टर को $\hat{i}$, $\hat{j}$ के रूप में लिखें। इसका परिमाण तथा x-अक्ष से बना कोण निकालें।*

हल इकाई वेक्टरों $\hat{i}$ तथा $\hat{j}$ के रूप में, दिया गया वेक्टर है

$$\vec{a}=25\hat{i}+60\hat{j}.$$

यह वेक्टर चित्र 4.W1 में दिखाया गया है।

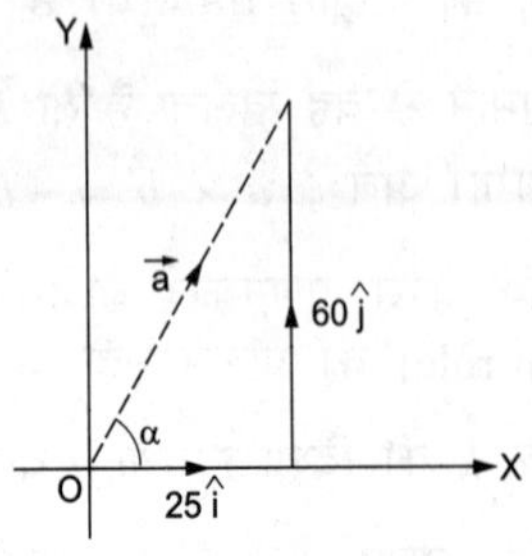

चित्र 4.W1

यह दो वेक्टरों $25\hat{i}$ तथा $60\hat{j}$ का योगफल है। इनके बीच का कोण 90° है। अतः, वेक्टर $\vec{a}$ का परिमाण

$$|\vec{a}|=\sqrt{25^2+60^2}=65 \text{ इकाई।}$$

यदि x-अक्ष से वेक्टर $\vec{a}$ का कोण α हो, तो

$$\tan\alpha=\frac{60}{25}=\frac{12}{5}$$

या $\alpha=\tan^{-1}\left(\frac{12}{5}\right).$

2. *चित्र 4.W2 में दिखाए गए तीन वेक्टरों का परिणामी निकालें।*

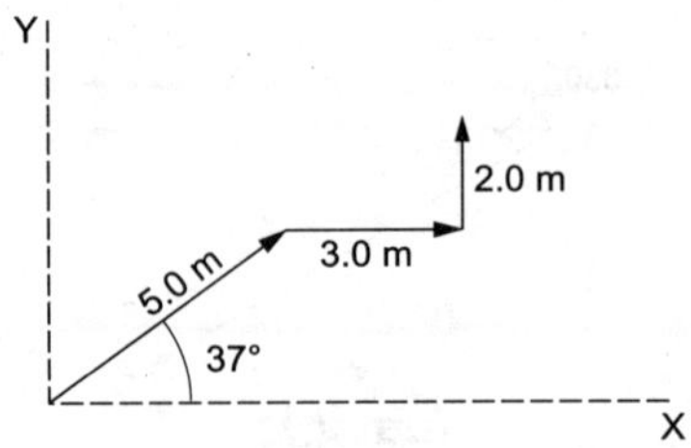

चित्र 4.W2

हल 5.0 m वाले वेक्टर का x-घटक = (5.0 m) cos 37° = 4.0 m

इसका y-घटक = (5.0 m) sin 37° = 3.0 m.

अतः, यह वेक्टर

$$\vec{a}=(4.0\text{ m})\hat{i}+(3.0\text{ m})\hat{j}.$$

3.0 m वाला वेक्टर x-अक्ष के समानांतर है। अतः, इसका x-घटक 3.0 m तथा y-घटक शून्य होगा। अतः, यह वेक्टर

$$\vec{b}=(3.0\text{ m})\hat{i}.$$

2.0 m वाला वेक्टर y-अक्ष के समानांतर है। इसका x-घटक शून्य तथा y-घटक 2.0 m होगा। अतः, यह वेक्टर

$$\vec{c} = (2.0 \text{ m})\hat{j}.$$

तीनों वेक्टरों का परिणामी

$$\vec{a} + \vec{b} + \vec{c} = [(4.0 \text{ m})\hat{i} + (3.0 \text{ m})\hat{j}] + [(3.0 \text{ m})\hat{i}] + [(2.0 \text{ m})\hat{j}]$$

$$= (7.0 \text{ m})\hat{i} + (5.0 \text{ m})\hat{j}.$$

इस परिणामी वेक्टर का परिमाण

$$|\vec{a} + \vec{b} + \vec{c}| = \sqrt{(7.0)^2 + (5.0)^2} \text{ m} = 8.6 \text{ m}.$$

x-अक्ष से यदि यह α कोण बनाए, तो

$$\tan\alpha = \frac{5.0}{7.0}$$

या $$\alpha = \tan^{-1}\left(\frac{5}{7}\right) = 35.5°.$$

3. *चित्र 4.W3 में दिखाए गए तीन वेक्टरों का योग शून्य है। वेक्टर $\overrightarrow{OB}$ तथा वेक्टर $\overrightarrow{OC}$ के परिमाण निकालें।*

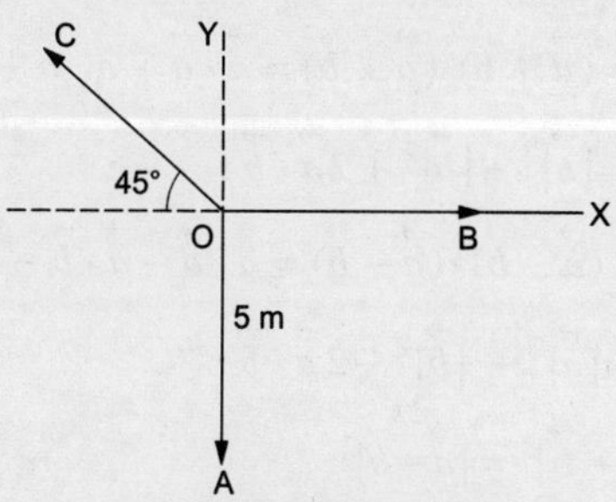

चित्र 4.W3

हल $\overrightarrow{OA} = (5 \text{ m})(-\hat{j})$

$$\overrightarrow{OB} = (OB)\hat{i}$$

$$\overrightarrow{OC} = (OC)\cos 45°(-\hat{i}) + (OC)\sin 45°(\hat{j})$$

इनका परिणामी

$$\vec{a} = \overrightarrow{OA} + \overrightarrow{OB} + \overrightarrow{OC} = [OB - (OC)\cos 45°]\hat{i} + [-5 \text{ m} + (OC)\sin 45°]\hat{j}.$$

चूँकि यह परिणामी शून्य है, इसके सभी घटक शून्य होंगे।

$$OB - (OC)\left(\frac{1}{\sqrt{2}}\right) = 0 \quad \text{या} \quad OB = \frac{OC}{\sqrt{2}}$$

तथा $$-5 \text{ m} + (OC)\left(\frac{1}{\sqrt{2}}\right) = 0 \quad \text{या} \quad OC = 5\sqrt{2} \text{ m}.$$

अतः, $OB = \dfrac{OC}{\sqrt{2}} = 5$ m.

4. *चित्र 4.W4 में दिखाए गए वेक्टरों $\overrightarrow{OA}$, $\overrightarrow{OB}$ तथा $\overrightarrow{OC}$ के परिमाण बराबर हैं। वेक्टर $\overrightarrow{OA} + \overrightarrow{OB} - \overrightarrow{OC}$ की दिशा बताएँ।*

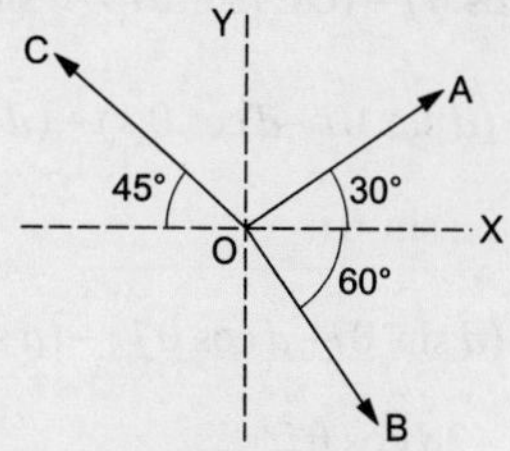

चित्र 4.W4

हल मान लें कि $OA = OB = OC = F$.

$$\overrightarrow{OA} = (OA\cos 30°)\hat{i} + (OA\sin 30°)\hat{j} = F\left(\frac{\sqrt{3}}{2}\hat{i} + \frac{1}{2}\hat{j}\right).$$

$$\overrightarrow{OB} = (OB\cos 60°)\hat{i} - (OB\sin 60°)\hat{j} = F\left(\frac{1}{2}\hat{i} - \frac{\sqrt{3}}{2}\hat{j}\right).$$

$$\overrightarrow{OC} = -(OC\cos 45°)\hat{i} + (OC\sin 45°)\hat{j} = F\left(-\frac{1}{\sqrt{2}}\hat{i} + \frac{1}{\sqrt{2}}\hat{j}\right).$$

अतः, $$\overrightarrow{OA} + \overrightarrow{OB} - \overrightarrow{OC} = F\left[\left(\frac{\sqrt{3}}{2} + \frac{1}{2} + \frac{1}{\sqrt{2}}\right)\hat{i} + \left(\frac{1}{2} - \frac{\sqrt{3}}{2} - \frac{1}{\sqrt{2}}\right)\hat{j}\right].$$

यदि यह वेक्टर x-अक्ष से α कोण बनाए, तो

$$\tan\alpha = \frac{y\text{-घटक}}{x\text{-घटक}} = \frac{\frac{1}{2} - \frac{\sqrt{3}}{2} - \frac{1}{\sqrt{2}}}{\frac{\sqrt{3}}{2} + \frac{1}{2} + \frac{1}{\sqrt{2}}} = \frac{1 - \sqrt{3} - \sqrt{2}}{1 + \sqrt{3} + \sqrt{2}}.$$

अतः, $$\alpha = \tan^{-1}\frac{1 - \sqrt{3} - \sqrt{2}}{1 + \sqrt{3} + \sqrt{2}}.$$

5. *प्रकाश की एक किरण बिंदु A से चलकर एक समतल दर्पण के बिंदु O पर पड़ती है। दूरी AO = d है। दर्पण से परावर्तित होकर यह OC दिशा में जाती है। दूरी OC भी d के बराबर है। दर्पण के अभिलंब से AO का कोण θ है, जैसा कि चित्र 4.W5 में दिखाया गया है। वेक्टर (a) $\overrightarrow{AO} + \overrightarrow{OC}$ तथा (b) $\overrightarrow{AO} - \overrightarrow{OC}$ के परिमाण तथा उनकी दिशाएँ बताएँ।*

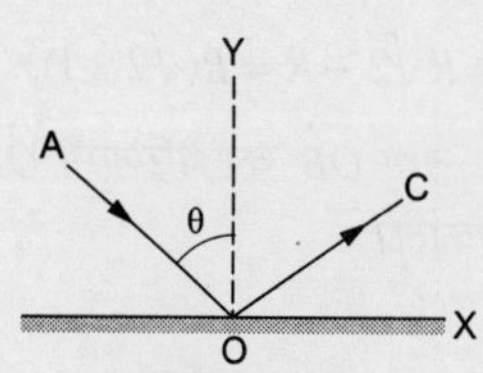

चित्र 4.W5

हल $\overrightarrow{AO} = (AO)\cos\theta(-\hat{j}) + (AO)\sin\theta\,\hat{i} = d\sin\theta\,\hat{i} - d\cos\theta\,\hat{j}$

ध्यान दें, वेक्टर $\overrightarrow{AO}$ का y-अक्ष के साथ कोण θ नहीं होकर $(180° - \theta)$ है।

प्रकाश के परावर्तन के नियम से, $\angle YOC = \angle AOY$, अतः वेक्टर $\overrightarrow{OC}$ का कोण y-अक्ष से θ है।

$$\overrightarrow{OC} = (OC)\cos\theta\,\hat{j} + (OC)\sin\theta\,\hat{i} = d\sin\theta\,\hat{i} + d\cos\theta\,\hat{j}.$$

(a) $\overrightarrow{AO} + \overrightarrow{OC} = (d\sin\theta\,\hat{i} - d\cos\theta\,\hat{j}) + (d\sin\theta\,\hat{i} + d\cos\theta\,\hat{j})$

$$= 2d\sin\theta\,\hat{i}.$$

(b) $\overrightarrow{AO} - \overrightarrow{OC} = (d\sin\theta\,\hat{i} - d\cos\theta\,\hat{j}) - (d\sin\theta\,\hat{i} + d\cos\theta\,\hat{j})$

$$= -2d\cos\theta\,\hat{i}.$$

6. *चित्र 4.W6 में तीन वेक्टर $\overrightarrow{OA}$, $\overrightarrow{OB}$ तथा $\overrightarrow{OC}$ दिखाए गए हैं। वृत्त की त्रिज्या R है। तीनों वेक्टरों का परिणामी निकालें।*

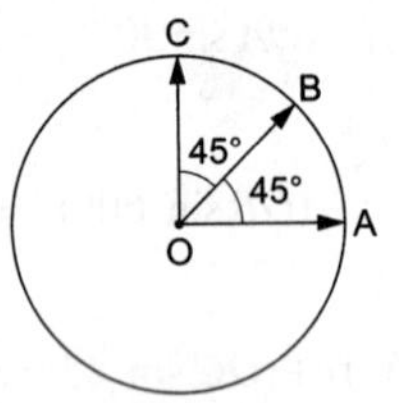

चित्र 4.W6

हल वेक्टर $\overrightarrow{OA}$ तथा $\overrightarrow{OC}$ के परिमाण बराबर हैं। दोनों ही R के बराबर हैं। इनका परिणामी इनके बीच के कोण को समद्विभाजित करेगा, अर्थात $\overrightarrow{OA} + \overrightarrow{OC}$ की दिशा OB की ओर होगी।

$\overrightarrow{OA}$ का OB की ओर घटक $OA\cos 45° = \dfrac{R}{\sqrt{2}}$.

$\overrightarrow{OC}$ का OB की ओर घटक $OC\cos 45° = \dfrac{R}{\sqrt{2}}$.

अतः, $\overrightarrow{OA} + \overrightarrow{OC}$ का OB की ओर घटक

$$= \frac{R}{\sqrt{2}} + \frac{R}{\sqrt{2}} = R\sqrt{2}.$$

पर, $\overrightarrow{OA} + \overrightarrow{OC}$ की दिशा भी OB की ओर है।

अतः, $\overrightarrow{OA} + \overrightarrow{OC}$ का परिमाण $R\sqrt{2}$ होगा।

$$\overrightarrow{OA} + \overrightarrow{OB} + \overrightarrow{OC} = (\overrightarrow{OA} + \overrightarrow{OC}) + \overrightarrow{OB},$$

यह वेक्टर भी OB दिशा में होगा, अतः इन तीनों वेक्टर का परिमाण

$$= R\sqrt{2} + R = R(\sqrt{2} + 1).$$

7. *चित्र 4.W7 में $\overrightarrow{OA}$ तथा $\overrightarrow{OB}$ का परिणामी $\overrightarrow{OA}$ के लंबवत है। कोण AOB का मान निकालें।*

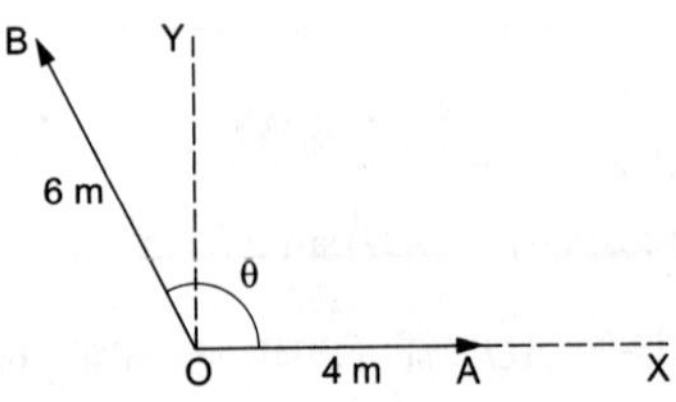

चित्र 4.W7

हल वेक्टर $\overrightarrow{OA} + \overrightarrow{OB}$, OA के लंबवत हैं।

अतः, $\overrightarrow{OA} + \overrightarrow{OB}$ का OA की दिशा में घटक शून्य है।

OA की दिशा में $\overrightarrow{OA}$ का घटक $OA = 4$ m.

OA की दिशा में $\overrightarrow{OB}$ का घटक $= OB(\cos\theta) = (6 \text{ m})\cos\theta$.

अतः, OA की दिशा में $\overrightarrow{OA} + \overrightarrow{OB}$ का घटक $= (4 + 6\cos\theta)$ m.

अतः, $4 + 6\cos\theta = 0$

या $\cos\theta = -\dfrac{2}{3}$, $\quad \therefore\ \theta = \cos^{-1}\left(-\dfrac{2}{3}\right)$.

8. *वेक्टर $\vec{A} = 5\hat{i} + \hat{j} - 2\hat{k}$ की दिशा में इकाई वेक्टर लिखें।*

हल $\vec{A}$ की दिशा में इकाई वेक्टर $= \dfrac{\vec{A}}{|\vec{A}|}$

$$|\vec{A}| = \sqrt{5^2 + 1^2 + (-2)^2} = \sqrt{30}.$$

अतः, यह इकाई वेक्टर $= \dfrac{5\hat{i} + \hat{j} - 2\hat{k}}{\sqrt{30}}$.

9. *यदि $|\vec{a} + \vec{b}| = |\vec{a} - \vec{b}|$, तो दिखाएँ कि $\vec{a} \perp \vec{b}$.*

हल किसी भी वेक्टर के लिए $\vec{A}\cdot\vec{A} = |A|^2$.

$$|\vec{a} + \vec{b}|^2 = (\vec{a} + \vec{b})\cdot(\vec{a} + \vec{b}) = \vec{a}\cdot\vec{a} + \vec{a}\cdot\vec{b} + \vec{b}\cdot\vec{a} + \vec{b}\cdot\vec{b}$$

$$= |\vec{a}|^2 + |\vec{b}|^2 + 2\vec{a}\cdot\vec{b}.$$

$$|\vec{a} - \vec{b}|^2 = (\vec{a} - \vec{b})\cdot(\vec{a} - \vec{b}) = \vec{a}\cdot\vec{a} - \vec{a}\cdot\vec{b} - \vec{b}\cdot\vec{a} + \vec{b}\cdot\vec{b}$$

$$= |\vec{a}|^2 + |\vec{b}|^2 - 2\vec{a}\cdot\vec{b}.$$

चूँकि $\quad |\vec{a} + \vec{b}|^2 = |\vec{a} - \vec{b}|^2$,

अतः $\quad |\vec{a}|^2 + |\vec{b}|^2 + 2\vec{a}\cdot\vec{b} = |\vec{a}|^2 + |\vec{b}|^2 - 2\vec{a}\cdot\vec{b}$

या $\quad 4\vec{a}\cdot\vec{b} = 0 \quad$ या $\quad \vec{a}\cdot\vec{b} = 0.$

अतः, $\quad \vec{a} \perp \vec{b}$.

10. *यदि $\vec{a} = 2\hat{i} + 3\hat{j} + 4\hat{k}$ और $\vec{b} = 4\hat{i} + 3\hat{j} + 2\hat{k}$, तो $\vec{a}$ तथा $\vec{b}$ के बीच का कोण निकालें।*

हल $\vec{a}\cdot\vec{b} = |\vec{a}||\vec{b}|\cos\theta$ या $\cos\theta = \dfrac{\vec{a}\cdot\vec{b}}{|\vec{a}||\vec{b}|}$.

$$\vec{a}\cdot\vec{b} = (2\hat{i} + 3\hat{j} + 4\hat{k})\cdot(4\hat{i} + 3\hat{j} + 2\hat{k}) = 8 + 9 + 8 = 25$$

$$|\vec{a}|^2 = \vec{a}\cdot\vec{a} = (2\hat{i} + 3\hat{j} + 4\hat{k})\cdot(2\hat{i} + 3\hat{j} + 4\hat{k})$$

$$= 2^2 + 3^2 + 4^2 = 29.$$

या $\quad |\vec{a}| = \sqrt{29}$.

$$|\vec{b}|^2 = \vec{b}\cdot\vec{b} = (4\hat{i} + 3\hat{j} + 2\hat{k})\cdot(4\hat{i} + 3\hat{j} + 2\hat{k})$$

$$= 4^2 + 3^2 + 2^2 = 29.$$

या $|\vec{b}| = \sqrt{29}.$

अतः, $\cos\theta = \dfrac{\vec{a}\cdot\vec{b}}{|\vec{a}|\cdot|\vec{b}|} = \dfrac{25}{\sqrt{29}\cdot\sqrt{29}} = \dfrac{25}{29}$

या $\theta = \cos^{-1}\left(\dfrac{25}{29}\right).$

11. *प्रकाश विद्युत-चुंबकीय तरंगों के रूप में चलता है। किसी स्थान पर जहाँ प्रकाश जा रहा है, विद्युत क्षेत्र*

$\vec{E} = 10^4(10\hat{i} + 5\hat{j} - 3\hat{k})$ *इकाई*

तथा $\vec{B} = 10^{-4}(2\hat{i} - 7\hat{j} - 5\hat{k})$ *इकाई है।*

इन क्षेत्रों के बीच का कोण बताएँ।

हल $\vec{E}\cdot\vec{B} = 10^4(10\hat{i}+5\hat{j}-3\hat{k})\cdot 10^{-4}(2\hat{i}-7\hat{j}-5\hat{k})$

$= [10\times 2 + 5\times(-7) + (-3)\times(-5)] = 0.$

अतः, $\vec{E}$ तथा $\vec{B}$ के बीच का कोण 90° है।

12. *निर्वात में प्रकाश के चलने की दिशा* $\vec{E}\times\vec{B}$ *की ओर होती है। ऊपर के प्रश्न में* $\vec{E}$ *तथा* $\vec{B}$ *के व्यंजक दिए गए हैं। प्रकाश के चलने की दिशा में इकाई वेक्टर निकालें।*

हल $\vec{E}\times\vec{B} = (10\hat{i} + 5\hat{j} - 3\hat{k})\times(2\hat{i} - 7\hat{j} - 5\hat{k})$

$= 10\hat{i}\times(2\hat{i}-7\hat{j}-5\hat{k}) + 5\hat{j}\times(2\hat{i}-7\hat{j}-5\hat{k}) - 3\hat{k}\times(2\hat{i}-7\hat{j}-5\hat{k})$

$= -70\hat{k} - 50(-\hat{j}) + 10(-\hat{k}) - 25\hat{i} - 6\hat{j} + 21(-\hat{i})$

$= -46\hat{i} + 44\hat{j} - 80\hat{k}.$

इस दिशा में इकाई वेक्टर

$= \dfrac{\vec{E}\times\vec{B}}{|\vec{E}\times\vec{B}|} = \dfrac{-46\hat{i} + 44\hat{j} - 80\hat{k}}{\sqrt{46^2+44^2+80^2}} \approx \dfrac{-23\hat{i} + 22\hat{j} - 40\hat{k}}{51}.$

13. *यदि* $\vec{A} = 2\hat{i} - 3\hat{j} + 7\hat{k}$, $\vec{B} = \hat{i} + 2\hat{k}$ *तथा* $\vec{C} = \hat{j} - \hat{k}$ *तो* $\vec{A}\cdot(\vec{B}\times\vec{C})$ *का मान निकालें।*

हल $\vec{B}\times\vec{C} = (\hat{i} + 2\hat{k})\times(\hat{j} - \hat{k})$

$= \hat{i}\times(\hat{j}-\hat{k}) + 2\hat{k}\times(\hat{j}-\hat{k}) = \hat{k} + \hat{j} - 2\hat{i}$

$\vec{A}\cdot(\vec{B}\times\vec{C}) = (2\hat{i} - 3\hat{j} + 7\hat{k})\cdot(\hat{k} + \hat{j} - 2\hat{i})$

$= 2\times(-2) + (-3)\times(1) + 7\times(1)$

$= -4 - 3 + 7 = 0.$

• विचार हेतु प्रश्न •

1. *यदि एक वेक्टर को अपने एक सिरे के परितः किसी कोण से घुमा दिया जाए, तो क्या वह वेक्टर अवश्य ही बदल जाएगा?*

2. *क्या असमान परिमाण के दो वेक्टरों को जोड़ने से शून्य वेक्टर मिल सकता है? क्या समान परिमाण वाले तीन वेक्टरों का योग शून्य हो सकता है?*

3. *क्या शून्य वेक्टर की दिशा का कोई अर्थ हो सकता है?*

4. *क्या तीन इकाई वेक्टरों को जोड़कर इकाई वेक्टर प्राप्त किया जा सकता है? यदि दो इकाई वेक्टर निर्देशांक अक्षों की ओर हों, तो क्या किसी तीसरे इकाई वेक्टर को इनके साथ जोड़कर इकाई वेक्टर प्राप्त किया जा सकता है?*

5. *क्या ऐसी भौतिक राशियाँ हो सकती हैं जिनमें परिमाण भी हो और दिशा भी, पर जो वेक्टर न हों?*

6. *निम्नांकित में कौन-सा वक्तव्य अधिक उचित है?*

(a) दो बल त्रिभुज नियम के अनुसार जोड़े जाते हैं, क्योंकि बल वेक्टर राशि है।

(b) बल वेक्टर राशि है, क्योंकि इन्हें त्रिभुज नियम के अनुसार जोड़ा जाता है।

7. *क्या आप ऐसे दो वेक्टरों को जोड़ सकते हैं जो विभिन्न विमाओं वाली राशियों को व्यक्त करते हों? क्या आप ऐसे दो वेक्टरों का गुणा कर सकते हैं जो विभिन्न विमाओं वाली राशियों को व्यक्त करते हों?*

8. *क्या ऐसा हो सकता है कि किसी वेक्टर का एक दी हुई दिशा में घटक शून्य हो, फिर भी वेक्टर शून्य न हो?*

9. *एक वेक्टर* $\vec{A}$ *का x-अक्ष के साथ कोण θ है। इसका x-घटक* A_x *तथा y-घटक* A_y *है। क्या* $\tan\theta = \dfrac{A_y}{A_x}$ *सदा सत्य है?*

10. *किसी वेक्टर की दिशा बताने के लिए प्रायः* $\tan\theta = \dfrac{A_y}{A_x}$ *का उपयोग किया जाता है, जहाँ* A_x, A_y *उस वेक्टर के x- तथा y-दिशा में घटक हैं। दिखाएँ कि वेक्टर* $\vec{A}$ *तथा* $-\vec{A}$ *के लिए यह अनुपात समान रहता है। अर्थात, केवल इस अनुपात से वेक्टर की दिशा पूरी तरह निश्चित नहीं होती।*

11. $\vec{A} = 3\hat{i} + 4\hat{j}$, *ऐसे चार वेक्टर लिखें जिनके लिए* $|\vec{A}| = |\vec{B}|$ *हों।*

12. *क्या* $|\vec{A}\times\vec{B}| = |\vec{A}\cdot\vec{B}|$ *हो सकता है? यदि हाँ, तो किन परिस्थितियों में?*

13. *क्या* $\vec{A}\times\vec{B} = \vec{A}\cdot\vec{B}$ *हो सकता है? यदि हाँ, तो किन परिस्थितियों में?*

14. *यदि* $\vec{A}\times\vec{B} = 0$, *तो क्या आप कह सकते हैं कि* $\vec{A} = \vec{B}$? *क्या आप कह सकते हैं कि* $\vec{A} \neq \vec{B}$?

15. *दो वेक्टर* $\vec{A}$, $\vec{B}$ *आपस में समानांतर हैं। क्या आप लिख सकते हैं कि* $\vec{A} = k\vec{B}$? *क्या आप लिख सकते हैं कि* $\dfrac{\vec{A}}{\vec{B}} = k$?

16. *एक उदाहरण दें, जहाँ* $\vec{A}\cdot\vec{B} = \vec{C}\cdot\vec{B}$ *पर* $\vec{A} \neq \vec{C}$.

• सटीक उत्तरवाले प्रश्न I •

सही उत्तर का चयन करें।

1. एक वेक्टर नहीं बदलता है, यदि इसे
   (a) एक कोण से घुमा दिया जाए।
   (b) किसी भी एक संख्या से गुणा कर दिया जाए।
   (c) किसी इकाई वेक्टर से क्रॉस गुणा कर दिया जाए।
   (d) अपने समानांतर खिसका दिया जाए।

2. नीचे दिए गए समूहों में से किस समूह में दी गई संख्याएँ ऐसे तीन वेक्टरों के परिमाणों को बता सकती हैं, जिनका योग शून्य हो?
   (a) 2, 4, 8 (b) 4, 8, 16 (c) 1, 2, 1 (d) 0.5, 1, 2

3. वेक्टर $\vec{A}$ तथा वेक्टर $\vec{B}$ का परिणामी, वेक्टर $\vec{A}$ से α कोण बनाता है और वेक्टर $\vec{B}$ से β कोण बनाता है, तो
   (a) सदा $\alpha < \beta$ (b) $\alpha < \beta$, यदि $A < B$
   (c) $\alpha < \beta$, यदि $A > B$ (d) $\alpha < \beta$, यदि $A = B$

4. किसी वेक्टर के किसी दिशा में घटक का परिमाण सदा
   (a) वेक्टर के परिमाण से कम होता है।
   (b) अधिक होता है।
   (c) बराबर होता है।
   (d) कम या बराबर हो सकता है।

5. वेक्टर $\vec{A}$ ऊर्ध्वाधर दिशा में ऊपर की ओर तथा वेक्टर $\vec{B}$ उत्तर की दिशा में है, तो $\vec{A} \times \vec{B}$ की दिशा
   (a) पश्चिम की ओर होगी। (b) पूर्व की ओर होगी।
   (c) उत्तर की ओर होगी। (d) ऊर्ध्वाधर नीचे की ओर होगी।

• सटीक उत्तरवाले प्रश्न II •

सही उत्तर (उत्तरों) का चयन करें।

1. एक विद्यार्थी एक प्रश्न को हल करने के लिए अपने x-, y-, z-अक्षों का उपयोग करता है। दूसरा विद्यार्थी उसी प्रश्न को हल करने के लिए अपने अलग x-, y-, z-अक्ष का उपयोग करता है जो पहले वाले अक्षों के सापेक्ष घूमे हुए हैं। निम्नांकित में कौन अक्षों के चुनाव पर निर्भर नहीं करता?
   (a) एक अदिश राशि का मान
   (b) एक वेक्टर के x-, y-, z-घटक
   (c) एक वेक्टर
   (d) वेक्टर का परिमाण

2. यदि $\vec{C} = \vec{A} + \vec{B}$, तो
   (a) $|\vec{C}|$ सदा $|\vec{A}|$ से बड़ा होता है।
   (b) ऐसा हो सकता है कि $|\vec{C}| < |\vec{A}|$ तथा $|\vec{C}| < |\vec{B}|$.
   (c) $|\vec{C}|$ सदा $|\vec{A}| + |\vec{B}|$ के बराबर होगा।
   (d) $|\vec{C}|$ कभी भी $|\vec{A}| + |\vec{B}|$ के बराबर नहीं होगा।

3. दो वेक्टरों $\vec{A}$ तथा $\vec{B}$ के बीच का कोण 120° है तथा इसका परिणामी $\vec{C}$ है। A, B, C क्रमशः इन वेक्टरों के परिमाण हैं।
   (a) C सदा $|A - B|$ के बराबर होगा।
   (b) C सदा $|A - B|$ से छोटा होगा।
   (c) C सदा $|A - B|$ से बड़ा होगा।
   (d) C का मान $|A - B|$ के बराबर हो सकता है।

4. अनेक वेक्टरों के परिणामी वेक्टर का x-घटक सभी वेक्टरों के
   (a) x-घटकों के योग के बराबर होता है।
   (b) परिमाणों के योगफल से छोटा हो सकता है।
   (c) परिमाणों के योगफल से बड़ा हो सकता है।
   (d) परिमाणों के योगफल के बराबर हो सकता है।

5. दो वेक्टरों $\vec{A}$ तथा $\vec{B}$ के सदिश गुणनफल का परिमाण हो सकता है
   (a) $|\vec{A}||\vec{B}|$ से अधिक (b) $|\vec{A}||\vec{B}|$ के बराबर
   (c) $|\vec{A}||\vec{B}|$ से कम (d) शून्य

• अभ्यास के प्रश्न •

1. एक वेक्टर $\vec{A}$ x-अक्ष से 20° का कोण बनाता है और उसी ओर घूमते हुए दूसरा वेक्टर $\vec{B}$ x-अक्ष से 110° का कोण बनाता है। इन वेक्टरों के परिमाण क्रमशः 3 इकाई और 4 इकाई हैं। $\vec{A}$ तथा $\vec{B}$ का परिणामी निकालें।

2. $\vec{A}$ तथा $\vec{B}$ दो वेक्टर हैं जिनमें से प्रत्येक का परिमाण 10 इकाई है। एक ही ओर घूमते हुए x-अक्ष से इन वेक्टरों के कोण क्रमशः 30° तथा 60° हैं। इन वेक्टरों का परिणामी बताएँ।

3. $\vec{A}$, $\vec{B}$ तथा $\vec{C}$ x-अक्ष से क्रमशः 45°, 135° तथा 315° का कोण बनाते हैं। इनमें प्रत्येक का परिमाण 100 इकाई है। इन तीनों का योगफल बताएँ।

4. यदि $\vec{a} = 4\hat{i} + 3\hat{j}$ तथा $\vec{b} = 3\hat{i} + 4\hat{j}$ हो, तो निम्नलिखित के परिमाण बताएँ।
   (a) $\vec{a}$, (b) $\vec{b}$, (c) $\vec{a} + \vec{b}$ तथा (d) $\vec{a} - \vec{b}$.

5. चित्र 4.E1 में दिखाए गए वेक्टर $\overrightarrow{OA}$, $\overrightarrow{BC}$ तथा $\overrightarrow{DE}$ के परिणामी वेक्टर का (a) परिमाण, (b) x-घटक एवं y-घटक तथा (c) x-अक्ष, के साथ कोण बताएँ।

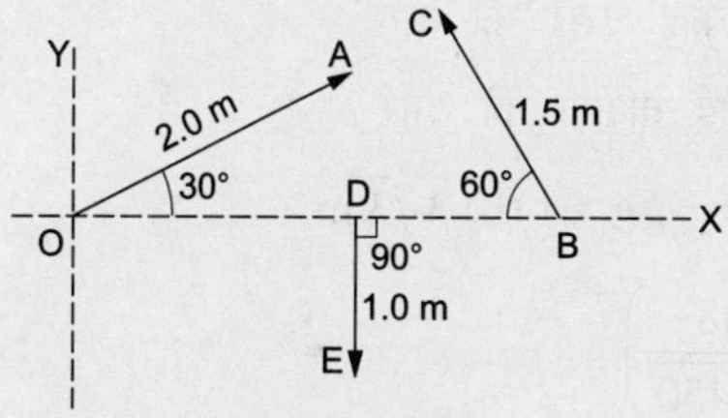

चित्र 4.E1

6. दो वेक्टरों के परिमाण 3 इकाई तथा 4 इकाई हैं। उनके बीच का कोण कितना होना चाहिए ताकि उनके परिणामी का परिमाण (a) 1 इकाई, (b) 5 इकाई तथा (c) 7 इकाई हो?

7. एक कार के बारे में कहा गया कि वह 2.00 km पूर्व की ओर चली, फिर बाईं ओर लंब दिशा में घूमी, फिर 500 m चलकर लंब दिशा में दाहिनी ओर घूमी और 4.00 km चलकर रुक गई। इस अवधि में कार का विस्थापन ज्ञात करें।

8. एक कैरम बोर्ड के केंद्र पर रानी गोटी रखी है। बोर्ड का आकार 4 फीट × 4 फीट है। स्ट्राइकर द्वारा मारे जाने पर रानी गोटी बोर्ड के सामने की दीवार से टकराती है, परावर्तित होती है और स्ट्राइकर लाइन के पीछे बोर्ड के कोने में बने छेद में गिर जाती है। गोटी के आकार को नजरअंदाज करते हुए निम्नलिखित गतियों में गोटी के विस्थापन के परिमाण बताएँ।
   (a) केंद्र से सामने की दीवार तक,
   (b) सामने की दीवार से छेद तक तथा
   (c) केंद्र से छेद तक

9. 7 फीट लंबे और 4 फीट चौड़े बिस्तर पर 3 फीट ऊँची एक मच्छरदानी लगी है। बिस्तर के एक कोने पर मच्छरदानी में एक छेद है। एक मच्छर इस छेद से घुसकर मच्छरदानी की छत में सबसे दूर वाले कोने पर बैठ जाता है। (a) मच्छर के विस्थापन का परिमाण बताएँ। (b) छेद पर मूलबिंदु, बिस्तर की लंबाई की ओर x-अक्ष, बिस्तर की चौड़ाई की ओर y-अक्ष तथा ऊर्ध्वाधर ऊपर की ओर z-अक्ष लें। इन दिशाओं में मच्छर के विस्थापन के घटक लिखें।

10. मान लें कि $\vec{a}$ वेक्टर का परिमाण 4.5 इकाई है तथा इसकी दिशा उत्तर की ओर है। (a) वेक्टर $3\vec{a}$, (b) $-4\vec{a}$ के परिमाण और दिशा बताएँ।

11. दो वेक्टरों के परिमाण 2 m तथा 3 m हैं तथा उनके बीच का कोण 60° है। (a) इन वेक्टरों का अदिश गुणनफल बताएँ। (b) इन वेक्टरों के सदिश गुणनफल का परिमाण बताएँ।

12. चित्र 4.E2 में $A_1A_2A_3A_4A_5A_6A_1$ एक समषट्भुज है (जिसकी सभी भुजाएँ बराबर हैं)। इन भुजाओं द्वारा निरूपित वेक्टरों के x-घटक लिखें। इन 6 वेक्टरों का योग शून्य है। इस बात का उपयोग कर सिद्ध करें कि

$$\cos 0° + \cos\frac{\pi}{3} + \cos\frac{2\pi}{3} + \cos\frac{3\pi}{3} + \cos\frac{4\pi}{3} + \cos\frac{5\pi}{3} = 0.$$

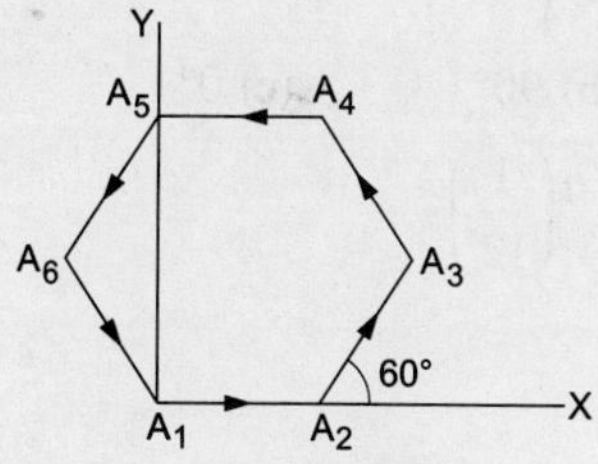

चित्र 4.E2

13. वेक्टर $\vec{a} = 2\hat{i} + 3\hat{j} + 4\hat{k}$ तथा $\vec{b} = 3\hat{i} + 4\hat{j} + 5\hat{k}$ हैं। इन वेक्टरों के बीच का कोण निकालें।

14. सिद्ध करें कि $\vec{A} \cdot (\vec{A} \times \vec{B}) = 0$.

15. यदि $\vec{A} = 2\hat{i} + 3\hat{j} + 4\hat{k}$ तथा $\vec{B} = 4\hat{i} + 3\hat{j} + 2\hat{k}$ हो, तो $\vec{A} \times \vec{B}$ निकालें।

16. यदि $\vec{A}$, $\vec{B}$ तथा $\vec{C}$ आपस में एक-दूसरे पर लंब हों, तो दिखाएँ कि $\vec{C} \times (\vec{A} \times \vec{B}) = 0$. क्या इसका उल्टा भी सत्य है, अर्थात यदि $\vec{C} \times (\vec{A} \times \vec{B}) = 0$ हो, तो क्या $\vec{A}$, $\vec{B}$ तथा $\vec{C}$ को परस्पर लंब होना पड़ेगा?

17. एक कण एक सरल रेखा पर एकसमान वेग $\vec{v}$ से चल रहा है। इस सरल रेखा के बाहर O एक निश्चित बिंदु है। किसी क्षण कण सरल रेखा के बिंदु P पर है। दिखाएँ कि वेक्टर $\overrightarrow{OP} \times \vec{v}$ कण की स्थिति P पर निर्भर नहीं करता।

18. एक विद्युत आवेश q पर विद्युतीय क्षेत्र $\vec{E}$ तथा चुंबकीय क्षेत्र $\vec{B}$ के कारण लगता बल $\vec{F} = q(\vec{E} + \vec{v} \times \vec{B})$ होता है। मान लें कि $\vec{E}$ x-अक्ष की ओर तथा $\vec{B}$ y-अक्ष की ओर है। एक आवेशित कण को ऐसे वेग से फेंकना है ताकि उसपर परिणामी बल शून्य हो। ऐसे वेग का न्यूनतम मान कितना होगा तथा यह किस दिशा में होगा?

• उत्तर •

सटीक उत्तरवाले प्रश्न I

1. (d) **2.** (c) **3.** (c)
4. (d) **5.** (a)

सटीक उत्तरवाले प्रश्न II

1. (a), (c), (d) **2.** (b) **3.** (c)
4. (a), (b), (d) **5.** (b), (c), (d)

अभ्यास के प्रश्न

1. 5 इकाई, x-अक्ष से 73° कोण पर

2. 20 cos 15° इकाई, x-अक्ष से 45° कोण पर

3. 100 इकाई, x-अक्ष से 45° कोण पर

4. (a) 5 (b) 5 (c) $7\sqrt{2}$ (d) $\sqrt{2}$

5. (a) 1.6 m (b) 0.98 m और 1.3 m क्रमानुसार
(c) $\tan^{-1}(1.32)$

6. (a) 180° (b) 90° (c) 0°

7. 6.02 km, $\tan^{-1}\left(\frac{1}{12}\right)$

8. (a) $\frac{2}{3}\sqrt{10}$ फीट (b) $\frac{4}{3}\sqrt{10}$ फीट (c) $2\sqrt{2}$ फीट

9. (a) $\sqrt{74}$ फीट (b) 7 फीट, 4 फीट, 3 फीट

10. (a) 13.5 इकाई उत्तर की ओर
(b) 18 इकाई दक्षिण की ओर

11. (a) 3 m^2 (b) $3\sqrt{3}$ m^2

13. $\cos^{-1}\left(\frac{38}{\sqrt{1450}}\right)$

15. $-6\hat{i}+12\hat{j}-6\hat{k}$ **16.** नहीं **18.** वेग $=\frac{E}{B}$, z-अक्ष की ओर

❑

अध्याय 5

कलन शास्त्र

5.1 फलन (Function)

यदि कोई राशि y किसी अन्य राशि x पर इस तरह निर्भर करे कि जब भी x का मान दिया हो तो y का मान मालूम किया जा सके, तब हम कहते हैं कि y, x का फलन है। जैसे $y = x^2$ हो, तो x के किसी भी मान के लिए y का मान निकाला जा सकता है। अतः, y, x का फलन है। x के फलन को $f(x)$, $g(x)$ आदि संकेतों से बताते हैं। $f(x)$ का अर्थ 'f गुणा x' नहीं है, बल्कि x के किसी मान के लिए फलन का मान है। यदि $y = x^2$ हो, तो हम लिख सकते हैं कि

$$y = f(x) = x^2.$$

यदि $x = 2$ हो, तो फलन के मान को $f(2)$ लिखते हैं, अर्थात $f(2) = 4$ होगा। अर्थात, $f(2)$ का अर्थ है $x = 2$ पर फलन $f(x)$ का मान। इसी प्रकार $f(3) = 9$, $f(-1) = 1$ आदि। नीचे कई फलनों के उदाहरण दिए गए हैं।

$$y = f(x) = \sin x,\ y = f(x) = 2x^2 + 3x + 5,\ y = f(x) = x \tan x$$

आदि।

'फलन' शब्द फल से बना है। कहते हैं कि अच्छे कर्मों का फल अच्छा होता है और बुरे कर्मों का फल बुरा। अर्थात, हमारे साथ अच्छा या बुरा होना हमारे कर्मों पर निर्भर करता है। इसी तरह y यदि x पर निर्भर करता है, तो हम y को x के फल के रूप में सोच सकते हैं। फलन को अँगरेजी में function कहते हैं। Function शब्द कैसे इस भाव से जुड़ा है यह अँगरेजी के विद्वान ही बता सकेंगे।

5.2 अवकल गुणांक (Differential Coefficient)

मान लें कि $y = x^2$ है। यदि $x = 2.0$ हो, तो $y = 4.0$ होगा। यदि $x = 2.01$ हो, तो $y = 4.0401$ होगा, यानी x का मान 2.0 से बदलकर 2.01 हो जाने पर y का मान 4.0 से बदलकर 4.0401 हो जाता है। अर्थात, x के मान में 0.01 की वृद्धि करने से y का मान 0.0401 बढ़ गया।

x के मान में की गई छोटी-सी वृद्धि को Δx लिखते हैं और इसके कारण y के मान में हुई छोटी-सी वृद्धि को Δy लिखते हैं। ऊपर के उदाहरण में $\Delta x = 0.01$ तथा $\Delta y = 0.0401$ है। अतः,

$$\frac{\Delta y}{\Delta x} = \frac{0.0401}{0.01} = 4.01.$$

नीचे दी गई सारणी 5.1 में Δx के विभिन्न मानों के लिए Δy तथा $\Delta y/\Delta x$ के मान दिए गए हैं। इन्हें ध्यान से देखें।

सारणी 5.1

x_{old}	Δx	$x_{new} = x + \Delta x$	y_{old}	$y_{new} = y + \Delta y$	Δy	$\frac{\Delta y}{\Delta x}$
2.0	0.01	2.01	4.0	4.0401	0.0401	4.01
2.0	0.001	2.001	4.0	4.004001	0.004001	4.001
2.0	0.0001	2.0001	4.0	4.00040001	0.00040001	4.0001

हम देख रहे हैं कि जैसे-जैसे Δx को छोटा करते जाते हैं $\Delta y/\Delta x$ का मान 4.0 के करीब होता जाता है। Δx को आवश्यक मात्रा में छोटा करके आप $\Delta y/\Delta x$ को 4 के जितना करीब ले जाना चाहें, ले जा सकते हैं। इस उदाहरण में 4 को $\Delta y/\Delta x$ का सीमांत मान (limit) कहते हैं और इसे $\frac{dy}{dx}$ लिखा जाता है। $\frac{dy}{dx}$ को y का x के सापेक्ष अवकल गुणांक (differential coefficient or derivative) कहते हैं।

यदि x के किसी मान के लिए Δx को छोटा करने से $\Delta y/\Delta x$ का मान किसी एक संख्या y' के मान के जितना नजदीक करना चाहें, उतना नजदीक किया जा सके, तो उस संख्या y' को x के उस मान पर y का x के प्रति अवकल गुणांक कहते हैं तथा उसे dy/dx संकेत के द्वारा व्यक्त करते हैं।

यदि $y = x^2$ तथा $x = 2$ हो, तो $\frac{dy}{dx} = 4.$

$y = x^2$ के लिए $x = 3.0$ पर अवकल गुणांक का मान ज्ञात करने के उद्देश्य से सारणी 5.1 की तरह ही नीचे दूसरी सारणी 5.2 दी गई है।

सारणी 5.2

x_{old}	Δx	$x_{new} = x + \Delta x$	y_{old}	$y_{new} = y + \Delta y$	Δy	$\frac{\Delta y}{\Delta x}$
3.0	0.01	3.01	9.0	9.0601	0.0601	6.01
3.0	0.001	3.001	9.0	9.006001	0.006001	6.001
3.0	0.0001	3.0001	9.0	9.00060001	0.00060001	6.0001

आप देख रहे हैं कि जैसे-जैसे Δx को छोटा करते जाते हैं $\Delta y/\Delta x$ का मान 6 के करीब पहुँचता जाता है। यहाँ भी आप Δx को पर्याप्त मात्रा में छोटा कर $\Delta y/\Delta x$ को 6 के जितना करीब ले जाना चाहें, ले जा सकते हैं। अर्थात, $\Delta y/\Delta x$ का $x=3$ के लिए सीमांत मान 6 है।

यदि $y=x^2$ तथा $x=3$ हो, तो $\frac{dy}{dx}=6.$

इसी प्रकार की सारणी x = 4, 5, –2, –3 आदि के लिए बनाएँ और dy/dx का मान पता करें।

आप देखेंगे कि यदि $y=x^2$ हो, तो x के किसी भी मान के लिए $\frac{dy}{dx}=2x$ होता है।

आपने देखा कि यदि $y=x^2$ हो, तो $\frac{dy}{dx}=2x$ होता है। चूँकि $y=x^2$, अतः $\frac{dy}{dx}$ को $\frac{d}{dx}(x^2)$ भी लिख सकते हैं। अर्थात, $\frac{d}{dx}(x^2)=2x$ है। x^2 का x के सापेक्ष अवकल गुणांक $2x$ है।

यदि y अचर हो ($y=c$), तो Δy हमेशा 0 होगा। अतः, एक अचर राशि का अवकल गुणांक शून्य होता है। नीचे सारणी 5.3 में कुछ अन्य फलनों के अवकल गुणांक दिए गए हैं। इन्हें कंठस्थ कर लें।

सारणी 5.3

y	$\frac{dy}{dx}$	y	$\frac{dy}{dx}$
x^n	nx^{n-1}	$\sec x$	$\sec x\tan x$
$\sin x$	$\cos x$	$\operatorname{cosec} x$	$-\operatorname{cosec} x\cot x$
$\cos x$	$-\sin x$	$\ln x$	$1/x$
$\tan x$	$\sec^2 x$	e^x	e^x
$\cot x$	$-\operatorname{cosec}^2 x$		

त्रिकोणमितीय फलनों, जैसे, $\sin x$, $\cos x$ आदि में कोण x को रेडियन में लेना है तभी ये सूत्र ठीक होंगे। नीचे कुछ अन्य नियम भी दिए गए हैं, जिनकी सहायता से बड़े एवं जटिल फलनों के अवकल गुणांक निकाले जा सकते हैं। निम्नांकित नियमों का उचित अभ्यास कर लें।

(a) $\frac{d}{dx}(cy)=c\frac{dy}{dx}$ (b) $\frac{d}{dx}(u\pm v)=\frac{du}{dx}\pm\frac{dv}{dx}$

(c) $\frac{d}{dx}(uv)=u\frac{dv}{dx}+v\frac{du}{dx}$ (d) $\frac{d}{dx}\left(\frac{u}{v}\right)=\frac{v\frac{du}{dx}-u\frac{dv}{dx}}{v^2}$

(e) $\frac{dy}{dx}=\frac{dy}{du}\cdot\frac{du}{dx}$

इन समीकरणों में c एक अचर है तथा y, u, v चर राशियाँ हैं जो x पर निर्भर करती हैं, अर्थात x के फलन हैं।

अभ्यास 5.1

निम्नलिखित फलनों के अवकल गुणांक बताएँ—

(*a*) $5\sin x$ (*b*) $x^2+\tan x-\ln x$ (*c*) x^2e^x

(*d*) $\frac{\cos x}{x}$ (*e*) $(2x+3)^2$

हल (a) $\frac{d}{dx}(5\sin x)=5\frac{d}{dx}(\sin x)=5\cos x.$

(b) $\frac{d}{dx}(x^2+\tan x-\ln x)=\frac{d}{dx}(x^2)+\frac{d}{dx}(\tan x)-\frac{d}{dx}(\ln x)$

$$=2x+\sec^2 x-\frac{1}{x}\cdot$$

(c) $\frac{d}{dx}(x^2e^x)=x^2\frac{d}{dx}(e^x)+e^x\frac{d}{dx}(x^2)=x^2e^x+2xe^x.$

(d) $\frac{d}{dx}\left(\frac{\cos x}{x}\right)=\frac{x\frac{d}{dx}(\cos x)-\cos x\frac{d}{dx}(x)}{(x)^2}=\frac{-x\sin x-\cos x}{x^2}\cdot$

(e) $y=(2x+3)^2$

मान लें $u=2x+3$, तो

$$y=u^2,\ \text{अतः}\ \frac{dy}{du}=2u.$$

साथ ही $u=2x+3$, तो

$$\frac{du}{dx}=\frac{d}{dx}(2x)+\frac{d}{dx}(3)=2+0=2.$$

अतः, $\frac{dy}{dx}=\frac{dy}{du}\cdot\frac{du}{dx}=(2u)(2)=4u=4(2x+3)=8x+12.$

इस पूरी विधि को संक्षेप में इस प्रकार लिख सकते हैं

$$\frac{d}{dx}(2x+3)^2=\frac{d(2x+3)^2}{d(2x+3)}\times\frac{d(2x+3)}{dx}$$

$$=2(2x+3)\times 2=8x+12.$$

5.3 अवकल गुणांक एवं परिवर्तन की दर

$\frac{dy}{dx}$ से हमें क्या पता चलता है? यदि x में थोड़ी-सी वृद्धि करें, तो y में वृद्धि की दर $\frac{dy}{dx}$ से मिलती है। हम सोच सकते हैं कि x में Δx वृद्धि हुई और इस कारण y में Δy वृद्धि हुई। अब ऐकिक नियम लगाएँ। प्रति इकाई x की वृद्धि के कारण y में वृद्धि कितनी हुई? $\frac{\Delta y}{\Delta x}$ हुई। अर्थात $\frac{\Delta y}{\Delta x}$, x के बदलने के साथ y के बदलने की औसत दर हुई। इसी $\frac{\Delta y}{\Delta x}$ का सीमांत मान $\frac{dy}{dx}$ है तथा यह x के उस मान पर y के बदलने की वास्तविक दर है। अतः, $\frac{dy}{dx}$, y में परिवर्तन की दर है जब x बदल रहा है। यह दर स्वयं भी x के मान पर निर्भर कर सकती है, अर्थात $\frac{dy}{dx}$ स्वयं x का फलन हो सकता है।

मान लें कि $y = ax + b$ है, जहाँ a तथा b अचर हैं।

यदि x को बदलकर $x + \Delta x$ कर दिया जाए, तो y भी बदलेगा। यदि y में वृद्धि Δy हो, तो नया $y = y + \Delta y$ हो जाएगा।

इस प्रकार, $y+\Delta y = a(x+\Delta x)+b.$

परंतु, $y = ax+b.$

अतः, $\Delta y = a\Delta x$ या $\frac{\Delta y}{\Delta x} = a.$

यह संबंध Δx के सभी मानों के लिए सत्य है। अतः Δx को बहुत छोटा करने पर भी यह अनुपात a ही रहेगा। अर्थात,

$$\frac{dy}{dx} = a.$$

y के बदलने की दर अचर है। यदि x के मान में Δx की वृद्धि करें तो y के मान में वृद्धि,

$$\Delta y = \left(\frac{dy}{dx}\right)\Delta x \quad \dots (5.1)$$

होगी चाहे Δx कितना भी बड़ा क्यों न हो। ऐसा इसलिए हो पाया, क्योंकि y के बदलने की दर स्थिर है। यदि $\frac{dy}{dx}$ अचर न हो, तो समीकरण (5.1) को सिर्फ छोटे Δx के लिए इस्तेमाल कर सकते हैं। यद्यपि इससे बिलकुल शुद्ध मान नहीं मिलेगा, पर Δx को जितना छोटा लेंगे, अशुद्धि उतनी ही कम होगी।

अभ्यास 5.2

एक बालक का द्रव्यमान जन्म के समय 4.0 kg है। मान लें कि पहले महीने में उसका द्रव्यमान एक दिन में 24 g की अचर दर से बढ़ता है। यदि बालक के द्रव्यमान को M तथा जन्म के बाद बीते समय को t लिखें, तो (a) $\frac{dM}{dt}$ का मान बताएँ। (b) M को t के फलन के रूप में लिखें, अर्थात t समय में M का मान लिखें। (c) किसी समय उसका द्रव्यमान 4.2 kg है, तो अगले 4 घंटे बाद उसका द्रव्यमान कितना होगा?

हल (a) $\frac{dM}{dt}$ द्रव्यमान के बदलने की दर है। अतः,

$$\frac{dM}{dt} = 24 \text{ g/day}.$$

(b) जन्म के समय बालक का द्रव्यमान 4.0 kg है। t समय में द्रव्यमान में वृद्धि $= \left(24 \frac{\text{g}}{\text{day}}\right) \times t.$

अतः, t समय में उसका द्रव्यमान होगा,

$$M = \left(24 \frac{\text{g}}{\text{day}}\right) \times t + (4.0 \text{ kg}) = at + b,$$

जहाँ $a = 24 \frac{\text{g}}{\text{day}}$ तथा $b = 4.0$ kg अचर हैं।

(c) $\Delta M = \left(\frac{dM}{dt}\right)\Delta t.$

यहाँ $\frac{dM}{dt} = 24 \frac{\text{g}}{\text{day}}$ तथा $\Delta t = 4$ hours.

अतः, $\Delta M = \left(24 \frac{\text{g}}{\text{day}}\right) \times (4 \text{ hours})$

$$= \frac{24 \text{ g}}{24 \text{ hours}} \times 4 \text{ hours} = 4 \text{ g} = 0.004 \text{ kg}.$$

अतः, 4 घंटे बाद उसका द्रव्यमान,

$M + \Delta M = 4.2 \text{ kg} + 0.004 \text{ kg} = 4.204$ kg होगा।

अभ्यास 5.3

$\cos 31°$ का लगभग मान निकालें।

हल हम जानते हैं कि $\cos 30° = \frac{\sqrt{3}}{2} = 0.8660$

या $\cos\left(\frac{\pi}{6}\right) = 0.8660.$

मान लें कि $y = \cos x$, तो $\frac{dy}{dx} = -\sin x.$

जब $x = \frac{\pi}{6}$, तो $y = 0.8660.$

चूँकि $1° = \frac{\pi}{180}$ रेडियन, $31° = \frac{\pi}{6} + \frac{\pi}{180}$ रेडियन

हमें y का मान निकालना है जबकि $x = \frac{\pi}{6} + \frac{\pi}{180}$

अर्थात, $\Delta x = \frac{\pi}{180}$

$$\Delta y \simeq \left(\frac{dy}{dx}\right)\Delta x = (-\sin x)\Delta x$$

$$= \left(-\sin\frac{\pi}{6}\right)\Delta x = -\left(\frac{1}{2}\right) \times \frac{\pi}{180}$$

$$= -\frac{3.14}{360} = -0.0087.$$

अतः, $\cos\left(\frac{\pi}{6} + \frac{\pi}{180}\right) = y + \Delta y = 0.8660 - 0.0087 = 0.8573.$

अतः, $\cos 31° \simeq 0.8573.$

अभ्यास 5.4

e का मान 2.718 है। $e^{1.01}$ का मान दशमलव के दो अंकों तक बताएँ।

हल मान लें $y = e^x$, तो

$$\Delta y \simeq \frac{dy}{dx}\Delta x$$

$$= \frac{d}{dx}(e^x)\Delta x = e^x \Delta x.$$

जब $x = 1$, तो $y = e^1 = 2.718.$

अब $x+\Delta x=1.01$, अर्थात $\Delta x=0.01$.

अतः, $\Delta y=e^1\times(0.01)=2.718\times0.01=0.02718$.

या $e^{1.01}=y+\Delta y=2.718+0.02718=2.74518\simeq2.745$.

यदि x का मान बढ़ता है तो Δx धनात्मक होगा और यदि x का मान घटता है तो Δx ऋणात्मक होगा। इसी प्रकार, यदि y का मान बढ़ता है तो Δy धनात्मक होगा तथा यदि y का मान घटता है, तो Δy ऋणात्मक होगा। यदि x के बढ़ने से y भी बढ़े, तो Δx तथा Δy दोनों धनात्मक होंगे और इसलिए $\frac{\Delta y}{\Delta x}$ या $\frac{dy}{dx}$ भी धनात्मक होगा। पर यदि x के बढ़ने से y का मान घटे, तो Δx धनात्मक तथा Δy ऋणात्मक होगा, अर्थात $\frac{dy}{dx}$ ऋणात्मक होगा।

उदाहरण के लिए, मान लें $y = 2x + 3$. यहाँ x के बढ़ने के साथ y बढ़ता है और इसलिए $\frac{dy}{dx}$ धनात्मक होगा। हम जानते हैं कि इस स्थिति में,

$$\frac{dy}{dx}=\frac{d}{dx}(2x)+\frac{d}{dx}(3)=2$$

जो धनात्मक है।

यदि हम एक दूसरा उदाहरण $y=\frac{1}{x}$ लें, तो यहाँ x के बढ़ने से y का मान घटता है, अतः $\frac{dy}{dx}$ ऋणात्मक होगा।

$$\frac{dy}{dx}=\frac{d}{dx}\left(\frac{1}{x}\right)=\frac{d}{dx}(x^{-1})=(-1)x^{-1-1}=-\frac{1}{x^2}$$

जो ऋणात्मक है।

5.4 ग्राफ द्वारा अवकल गुणांक की व्याख्या

यदि y, x पर निर्भर करनेवाली राशि हो, तो y तथा x के संबंध को एक ग्राफ द्वारा दिखा सकते हैं। x के किसी मान को x-अक्ष पर एक बिंदु द्वारा दिखा सकते हैं। इस बिंदु से y-अक्ष के समानांतर एक रेखा खींचें जो ग्राफ के किसी बिंदु पर मिले। इस रेखा की लंबाई से y का मान मिलता है। चित्र 5.1 में बिंदु $A(x, y)$ को दिखा रहा है जबकि उसके पास का बिंदु $B(x+\Delta x, y+\Delta y)$ को दिखा रहा है।

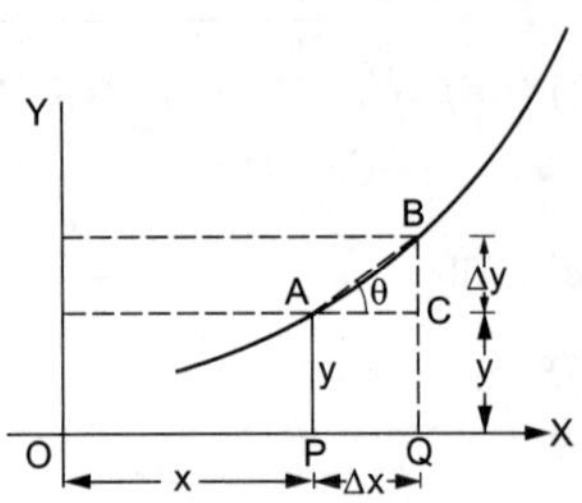

चित्र 5.1

अर्थात, $OP=x$, $PA=y$

तथा $OQ=x+\Delta x$, $QB=y+\Delta y$.

चित्र से स्पष्ट है कि $BC=\Delta y$ तथा $AC=\Delta x$.

अतः, $\frac{\Delta y}{\Delta x}=\frac{BC}{AC}=\tan\theta$,

यदि Δx को छोटा करते जाएँ तो B बिंदु A के करीब सरकता जाएगा और रेखा AB ग्राफ के A बिंदु पर स्पर्शरिखा बन जाएगी। दूसरी ओर Δx को छोटा करते जाने से $\frac{\Delta y}{\Delta x}$, $\frac{dy}{dx}$ बन जाएगा।

किसी सरल रेखा द्वारा x-अक्ष के साथ बने कोण के tan को उस रेखा की ढाल (slope) कहते हैं। अतः, बिंदु $A(x, y)$ से ग्राफ पर खींची गई स्पर्शरिखा की ढाल ही x के इस मान पर $\frac{dy}{dx}$ है।

अभ्यास 5.5

चित्र 5.2 में y तथा x के बीच ग्राफ को दिखाया गया है। बिंदु A, B, C द्वारा x के तीन मानों x_1, x_2, x_3 पर y के मानों को दिखाया जा रहा है। बताएँ कि तीनों में किस मान पर dy/dx सबसे कम है तथा किस मान पर सबसे अधिक है?

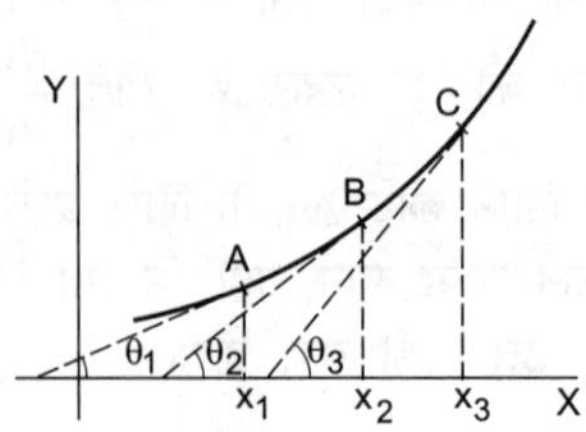

चित्र 5.2

हल A, B तथा C बिंदुओं से ग्राफ पर स्पर्शरिखाएँ खींचें। ये x-अक्ष से क्रमशः θ_1, θ_2 तथा θ_3 कोण बनाती हैं, अतः

$$x=x_1 \text{ पर } \frac{dy}{dx}=\tan\theta_1,$$

$$x=x_2 \text{ पर } \frac{dy}{dx}=\tan\theta_2,$$

$$x=x_3 \text{ पर } \frac{dy}{dx}=\tan\theta_3.$$

चित्र से स्पष्ट है कि $\theta_1<\theta_2<\theta_3$ तथा ये सभी 90° से छोटे हैं।

अतः, $\tan\theta_1<\tan\theta_2<\tan\theta_3$

या $$\left.\frac{dy}{dx}\right|_{x=x_1}<\left.\frac{dy}{dx}\right|_{x=x_2}<\left.\frac{dy}{dx}\right|_{x=x_3}.$$

अतः, $x = x_1$ पर $\frac{dy}{dx}$ सबसे कम तथा $x = x_3$ पर $\frac{dy}{dx}$ सबसे ज्यादा होगा।

अभ्यास 5.6

चित्र 5.3 में y तथा x के बीच ग्राफ दिखाया गया है। दिए गए तीन बिंदुओं A, B तथा C में से प्रत्येक पर बताएँ कि dy/dx धनात्मक है या ऋणात्मक या शून्य है।

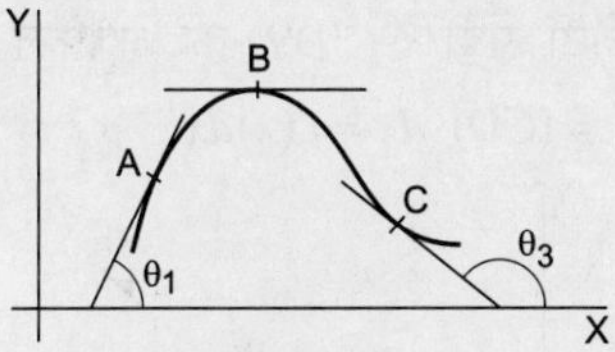

चित्र 5.3

हल A बिंदु पर खींची गई स्पर्शरिखा x-अक्ष से 90° से कम कोण बना रही है, अतः $\tan\theta_1$ धनात्मक होगा, यानी $\frac{dy}{dx}$ धनात्मक होगा। B बिंदु पर खींची गई स्पर्शरिखा x-अक्ष के समानांतर है, अतः यहाँ $\tan\theta = 0$, यानी $\frac{dy}{dx} = 0$ होगा। बिंदु C पर खींची गई स्पर्शरिखा x-अक्ष से 90° से अधिक कोण बना रही है, अतः, यहाँ $\tan\theta_3$ यानी $\frac{dy}{dx}$ ऋणात्मक होगा।

5.5 अधिकतम तथा न्यूनतम

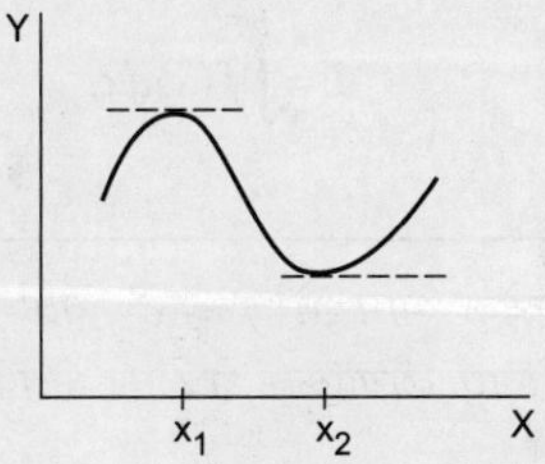

चित्र 5.4

मान लें y तथा x में संबंध चित्र 5.4 में दिखाई स्थिति जैसा है। $x = x_1$ पर y का मान अपने आसपास के मान में अधिकतम है और x_2 पर न्यूनतम। यदि अधिकतम दर्शानेवाले बिंदु से ग्राफ पर स्पर्शरिखा खींचें तो यह x-अक्ष के समानांतर होगी। अतः, x-अक्ष से इसका कोण $\theta = 0$ होगा और इसकी ढाल $\tan\theta = 0$ होगी। अतः, y के अधिकतम मान के लिए $\frac{dy}{dx} = 0$ होता है। इसी तरह जहाँ y का मान न्यूनतम है, वहाँ भी स्पर्शरिखा x-अक्ष के समानांतर होगी और $\frac{dy}{dx} = 0$ होगा। अतः, y के अधिकतम या न्यूनतम होने के लिए

$$\frac{dy}{dx} = 0.$$

यदि हम $x = x_1$ के पहले के हिस्से को देखेंगे तो पाएँगे कि x के बढ़ने के साथ-साथ y भी बढ़ रहा है, अतः $\frac{dy}{dx}$ धनात्मक है। पर, यदि हम $x = x_1$ के तुरंत बाद के हिस्से को देखें तो x के बढ़ने के साथ-साथ y घट रहा है, अतः $\frac{dy}{dx}$ ऋणात्मक है। $x = x_1$ पर $\frac{dy}{dx} = 0$ है। यानी अधिकतम के ठीक पहले $\frac{dy}{dx}$ धनात्मक, अधिकतम पर शून्य तथा अधिकतम के ठीक बाद यह ऋणात्मक हो जाता है।

इसी प्रकार न्यूनतम $(x = x_2)$ के पास देखें। न्यूनतम के ठीक पहले $\frac{dy}{dx}$ ऋणात्मक है, न्यूनतम पर शून्य तथा न्यूनतम के ठीक बाद यह धनात्मक हो जाता है। इस परिभाषा में न्यूनतम या अधिकतम शब्द का प्रयोग अपने आसपास के बिंदुओं के संदर्भ में हो रहा है। उदाहरण के लिए, चित्र 5.5 में दिखाए गए वक्र में तीन न्यूनतम तथा तीन अधिकतम हैं। इन सभी जगह $\frac{dy}{dx} = 0$ है।

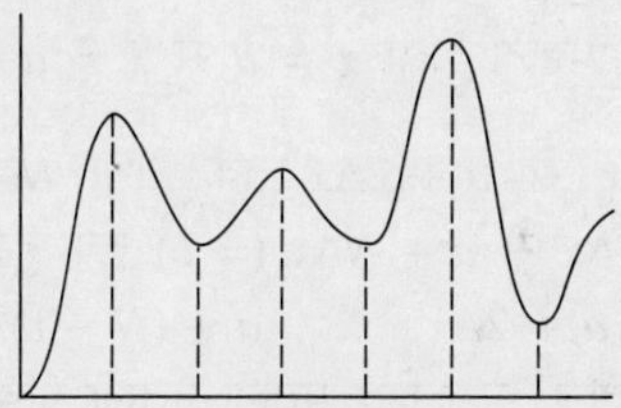

चित्र 5.5

अभ्यास 5.7

$y = 2x^2 + 4x + 5$ का न्यूनतम मान x के किस मान पर होगा? इस न्यूनतम का मान निकालें।

हल $y = 2x^2 + 4x + 5$

या $\frac{dy}{dx} = 4x + 4.$

न्यूनतम पर, $\frac{dy}{dx} = 0.$

अतः, $4x + 4 = 0$

या $x = -1.$

y का न्यूनतम मान $x = -1$ पर होगा तथा यह मान $y = 2(-1)^2 + 4(-1) + 5 = 3$ होगा।

यह कैसे सुनिश्चित कर सकते हैं कि $x = -1$ पर y का मान न्यूनतम ही है, अधिकतम नहीं? सर्वप्रथम यह ध्यान दें कि $\frac{dy}{dx} = 0$ सिर्फ $x = -1$ पर है और कहीं नहीं। यदि $x = 0$ रख दें तो y का मान 5 होता है जबकि $x = -1$ पर y का मान 3 है। अतः, $x = -1$ पर y का मान अधिकतम नहीं हो सकता।

5.6 समाकलन (Integration)

समाकलन एक विशेष प्रकार का जोड़ है। चित्र 5.6 में x के एक फलन $y = f(x)$ को ग्राफ द्वारा दिखाया गया है। $x = a$ पर y का मान रेखा AP की लंबाई द्वारा दिया जाता है, अर्थात

$$f(a) = AP.$$

इसी प्रकार, $f(b) = BQ.$

मान लें, हमें $APQB$ क्षेत्र का क्षेत्रफल निकालना है। यह क्षेत्रफल कई छोटे क्षेत्रफलों के जोड़ के रूप में लिखा जा सकता है।

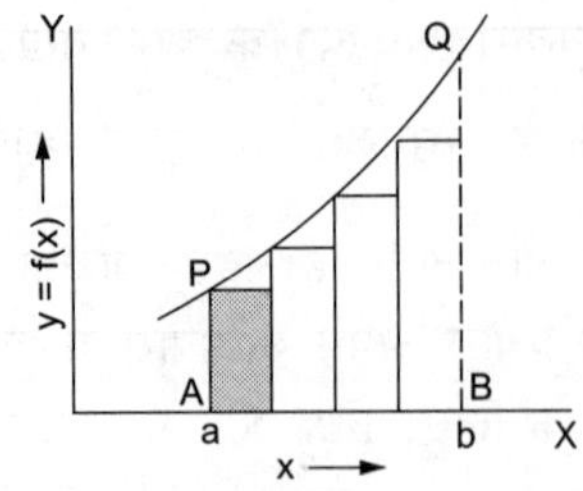

चित्र 5.6

AB लंबाई को N छोटे भागों में बाँटें। प्रत्येक छोटे भाग की लंबाई $\Delta x = \frac{b-a}{N}$ हुई। पहला भाग $x = a$ से $x = a + \Delta x$ तक, दूसरा भाग $x = a + \Delta x$ से $a + 2\Delta x$ तक तथा Nवाँ (अंतिम) भाग $a = a + (N-1)\Delta x$ से $a + N\Delta x$ $(= b)$ तक हुआ। x-अक्ष के इन बिंदुओं $a + \Delta x,\ a + 2\Delta x,\ \ldots,\ a + (N-1)\Delta x$ से y-अक्ष के समानांतर रेखाएँ खींचें। पूरा क्षेत्र पतली-पतली पट्टियों में बँट गया।

पहली पट्टी का क्षेत्रफल कितना है? लगभग $(AP)\cdot(\Delta x) = f(a)\cdot \Delta x$. वास्तव में यह राशि $[(f(a)\cdot \Delta x]$ एक आयताकार पट्टी का क्षेत्रफल है जो चित्र में छायांकित (shaded) कर दी गई है। अतः, ऐसी सभी आयताकार पट्टियों का जोड़,

$$F = f(a)\Delta x + f(a+\Delta x)\Delta x + f(a+2\Delta x)\Delta x + \ldots + f[a+(N-1)\Delta x]\Delta x$$

या $$F = \sum_{i=1}^{N} f(x_i)\Delta x \qquad \ldots \text{(i)}$$

होगा। यहाँ, x_i इस क्षेत्र की iवीं पट्टी के प्रारंभ में x का मान है। समीकरण (i) में लिखी राशि F क्षेत्रफल $ABQP$ से थोड़ी अलग है। चित्र में यह अंतर PQ के पास बने छोटे-छोटे त्रिभुज जैसे दिखने वाले क्षेत्रफलों के जोड़ के बराबर है।

अब यदि N को बड़ा कर दें जिससे Δx छोटा हो जाए, तो इन त्रिभुजों के क्षेत्रफलों का कुल योग भी कम हो जाएगा और राशि F क्षेत्रफल $ABQP$ के और करीब हो जाएगा। जैसे-जैसे N को बड़ा करते जाएँगे, Δx शून्य के पास पहुँचता जाएगा और समीकरण (i) के F का मान क्षेत्रफल $ABQP$ के करीब पहुँचता जाएगा। इस बात को गणित में लिखने का निम्नांकित तरीका है।

$$I = \lim_{\Delta x \to 0} \sum_{i=1}^{N} f(x_i)\Delta x_i = \int_a^b f(x)dx,$$

जहाँ I, $ABQP$ का क्षेत्रफल है। चिह्न $\int$ को समाकलन (integration) पढ़ते हैं, a को आरंभिक सीमा (lower limit) तथा b को अंतिम सीमा (upper limit) कहते हैं। $\int_a^b f(x)dx$ को "समाकलन a से b, $f(x)dx$" ऐसा पढ़ते हैं।

इस राशि को हम दूसरे प्रकार से भी समझ सकते हैं। A से B के बीच कहीं हम एक बिंदु लेते हैं जिसका x-निर्देशांक x हो, अर्थात $OC = x$ हो (चित्र 5.7)। अब हम x को थोड़ा-सा बढ़ाकर $x + dx$ कर देते हैं अर्थात C के पास का बिंदु C' लेते हैं, जहाँ $CC' = dx$ है। C तथा C' से y-अक्ष के समानांतर रेखाएँ खींचते हैं जो PQ वक्र को क्रमशः बिंदु D एवं D' पर काटती हैं।

अतः, इस छोटी पट्टी $CC'D'D$ का क्षेत्रफल

$$= (CD)\cdot dx = f(x)dx.$$

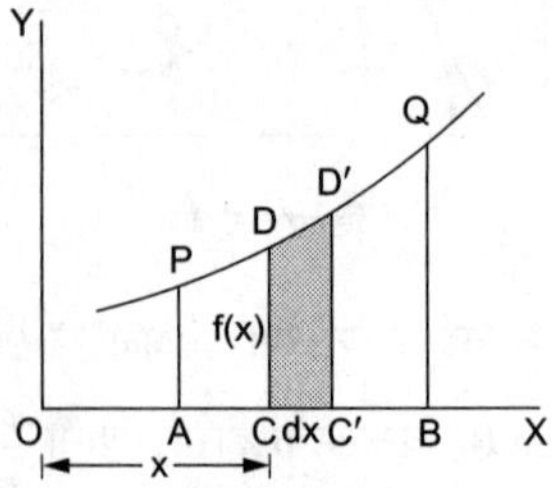

चित्र 5.7

चूँकि dx बहुत छोटा लिया गया है, अतः इस क्षेत्रफल को निकालने के लिए $C'D'$ तथा CD के अंतर को नगण्य मान सकते हैं।

अब पूरा क्षेत्रफल $ABQP$ इसी प्रकार की पट्टियों से जुड़कर बना है। इस जोड़ को समाकलन के चिह्न द्वारा दिखाते हैं, अर्थात $\int f(x)dx$ लिखते हैं। यह जोड़ $x = a$ से प्रारंभ होता है, क्योंकि पहली पट्टी $x = a$ पर बननी चाहिए। $x = a$ इस जोड़ की आरंभिक सीमा हुई। इसी तरह अंतिम पट्टी $x = b$ पर समाप्त हो जानी चाहिए, अतः $x = b$ इस जोड़ की अंतिम सीमा हुई । इसलिए पूरा क्षेत्रफल,

$$I = \int_a^b f(x)dx.$$

अभ्यास 5.8

चित्र 5.8 के प्रत्येक भाग में $y = x^2$ वक्र को दिखाया गया है। प्रत्येक भाग के लिए छायांकित क्षेत्र का क्षेत्रफल समाकलन के रूप में लिखें।

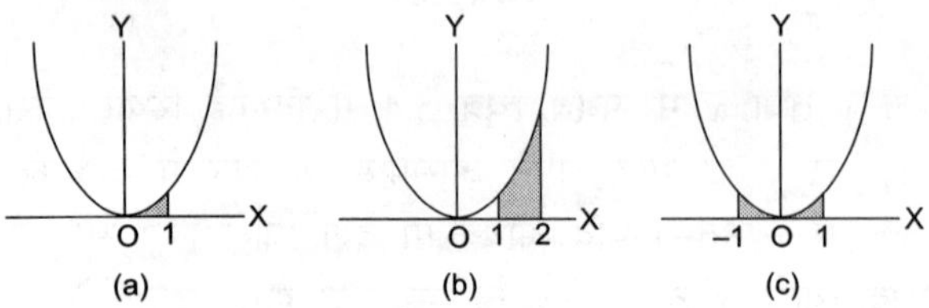

चित्र 5.8

हल चित्र 5.8 (a) के लिए क्षेत्रफल $= \int_0^1 x^2 dx.$

चित्र 5.8 (b) के लिए क्षेत्रफल $= \int_1^2 x^2 dx.$

चित्र 5.8 (c) के लिए क्षेत्रफल $= \int_{-1}^1 x^2 dx.$

5.7 $\int_a^b f(x)$ का मान निकालने की विधि

अवकलन और समाकलन में एक सुंदर-सा संबंध है। यही संबंध हमें समाकलन करने की आसान-सी विधि प्रदान करता है। यदि हमें $\int_a^b f(x)dx$ का मान निकालना हो, तो पहले एक ऐसे फलन $g(x)$ की खोज करनी होगी जिसका अवकल गुणांक $f(x)$ हो, अर्थात

$$\frac{d}{dx}[g(x)] = f(x).$$

$g(x)$ को $f(x)$ का अनिश्चित समाकलन (indefinite integral) कहते हैं तथा इसे $\int f(x)dx$ लिखते हैं। अर्थात, यदि $g(x)$ का अवकल गुणांक $f(x)$ है तो $f(x)$ का अनिश्चित समाकलन $g(x)$ होगा। यदि $\frac{d}{dx}g(x) = f(x)$ हो, तो $g(x) = \int f(x)dx$ होगा। $\int_a^b f(x)dx$ का मान निकालने के लिए $g(x)$ में $x = b$ रख दें और उसे $g(b)$ कहें। फिर, $g(x)$ में $x = a$ रख दें और उसे $g(a)$ कहें।

तब $$\int_a^b f(x)dx = g(b) - g(a).$$

प्रायः $g(x)$ का पता लगा लेने के बाद $\int_a^b f(x)dx = [g(x)]_a^b$ लिखते हैं। संकेत $[g(x)]_a^b$ का अर्थ है $g(x)$ में $x = b$ तथा $x = a$ रखकर घटाना।

इस प्रक्रिया का थोड़ा अभ्यास करने के लिए हम अभ्यास 5.8 में दिखाए गए क्षेत्रफलों की गणना करेंगे।

अभ्यास 5.9

अभ्यास 5.8 में दिखाए गए क्षेत्रफलों के मान निकालें।

हल (a) चित्र 5.8 (a) में दिखाया गया क्षेत्रफल $= \int_0^1 x^2 dx.$

यहाँ $f(x) = x^2$ को समाकलित करना है। अतः, हमें एक ऐसा फलन $g(x)$ चाहिए कि $\frac{d}{dx}[g(x)] = x^2$ हो।

ऐसा एक फलन है $g(x) = \frac{x^3}{3}$, क्योंकि

$$\frac{d}{dx}[g(x)] = \frac{d}{dx}\left(\frac{x^3}{3}\right) = \frac{1}{3}\frac{d}{dx}(x^3) = \frac{1}{3}\times 3x^2 = x^2.$$

अब, $\int_0^1 x^2 dx$ में अंतिम सीमा है $x = 1$ तथा आरंभिक सीमा है $x = 0$, अतः

$$\int_0^1 x^2 dx = \left[\frac{x^3}{3}\right]_0^1 = \frac{1^3}{3} - \frac{0^3}{3} = \frac{1}{3}.$$

चित्र 5.8(a) में दिखाया गया क्षेत्रफल $= \frac{1}{3}\cdot$

(b) चित्र 5.8(b) में दिखाया गया क्षेत्रफल

$$= \int_1^2 x^2 dx = \left[\frac{x^3}{3}\right]_1^2 = \frac{2^3}{3} - \frac{1^3}{3} = \frac{7}{3}\cdot$$

(c) चित्र 5.8 (c) में दिखाया गया क्षेत्रफल

$$= \int_{-1}^1 x^2 dx = \left[\frac{x^3}{3}\right]_{-1}^1 = \frac{1^3}{3} - \frac{(-1)^3}{3} = \frac{2}{3}.$$

सारणी 5.4 में कुछ विशेष फलनों के अनिश्चित समाकलन दिए गए हैं। इन्हें अच्छी तरह याद कर लें।

सारणी 5.4

$f(x)$	$g(x) = \int f(x)dx$	समाकलन
$x^n (n \neq -1)$	$\frac{x^{n+1}}{n+1}$	$\int x^n dx = \frac{x^{n+1}}{n+1}$
$\frac{1}{x}$	$\ln x$	$\int \frac{dx}{x} = \ln x$
e^x	e^x	$\int e^x dx = e^x$
$\sin x$	$-\cos x$	$\int \sin x\, dx = -\cos x$
$\cos x$	$\sin x$	$\int \cos x\, dx = \sin x$

अनिश्चित समाकलन अनिश्चित क्यों है?

हम जानते हैं कि $\frac{d}{dx}(x^2) = 2x$ होता है।

अतः, $\int (2x)dx = x^2$ होगा।

परंतु, $\frac{d}{dx}(x^2 + 4) = 2x.$

अतः, $\int (2x)dx = x^2 + 4$ होगा।

हम देखते हैं कि $\int (2x)dx$ का मान x^2 भी होता है और $x^2 + 4$ भी होता है। आप x^2 में कोई भी अचर जोड़ सकते हैं, यह $\int (2x)dx$ का मान होगा, अर्थात $\int f(x)dx$ का मान निश्चित नहीं है। यदि $\int f(x)dx = g(x)$, तो $\int f(x)dx = g(x) + C$, जहाँ C कोई भी अचर है। इसीलिए इसे अनिश्चित समाकलन कहा जाता है। जब समाकलन की आरंभिक तथा अंतिम सीमाएँ दे दी जाती हैं तब यह अनिश्चितता समाप्त हो जाती है। इसलिए इसे निश्चित समाकलन (definite integral) कहते हैं।

मान लें, हमें $\int_2^3 (2x)dx$ का मान निकालना है।

यदि हम $\int (2x)dx = x^2$ लिखें, तो

$$\int_2^3 (2x)dx = [x^2]_2^3 = 3^2 - 2^2 = 9 - 4 = 5.$$

यदि हम $\int (2x)dx = x^2 + 4$ लिखें, तो

$$\int_2^3 (2x)dx = [x^2 + 4]_2^3 = (3^2 + 4) - (2^2 + 4) = 5.$$

अतः, जब आरंभिक और अंतिम सीमाएँ दी रहती हैं, तब समाकलन निश्चित हो जाता है।

सारणी 5.4 में $g(x)$ के जो भी व्यंजक दिए गए हैं, उनमें कोई भी अचर जोड़ा जा सकता है। उदाहरण के लिए, $\int x^n dx = \frac{x^{n+1}}{n+1} + C$ लिख सकते हैं, जहाँ C कोई भी अचर संख्या है। इसी प्रकार अन्य फलनों के साथ भी है।

समाकलन के निम्नांकित कुछ नियम भी याद रखने चाहिए।

(1) $\int [f_1(x) \pm f_2(x)]dx = \int f_1(x)dx \pm \int f_2(x)dx.$

(2) $\int af(x)dx = a\int f(x)dx$, जहाँ a एक अचर है।

(3) यदि $\int f(x)dx = g(x)$, तो $\int f(ax+b)dx = \frac{1}{a} g(ax+b)$, जहाँ a एवं b अचर हैं।

अभ्यास 5.10

समाकलन करें— (a) $\int 5dx$ (b) $\int 2x^3 dx$ (c) $\int (\sin 2x)dx$ (d) $\int \cos^2 x\, dx$

हल (a) $\int 5\, dx = 5\int 1\, dx = 5\int x^0 dx = 5 \times \frac{x^1}{1} = 5x.$

(b) $\int 2x^3 dx = 2\int x^3 dx = 2 \times \frac{x^4}{4} = \frac{x^4}{2}\cdot$

(c) $\int (\sin 2x)\, dx = \frac{1}{2}(-\cos 2x).$

(d) $\int \cos^2 x\, dx = \int \frac{1}{2} \times 2\cos^2 x\, dx = \frac{1}{2}\int 2\cos^2 x\, dx$

$$= \frac{1}{2}\int (1+\cos 2x)dx$$

$$= \frac{1}{2}[\int 1\, dx + \int \cos 2x\, dx]$$

$$= \frac{1}{2}\left[\int x^0 dx + \frac{1}{2} \times \sin 2x\right]$$

$$= \frac{1}{2}\left(x + \frac{1}{2}\sin 2x\right).$$

इन सभी उत्तरों में कोई भी अचर संख्या जोड़ी जा सकती है।

जिस तरह क्षेत्रफल को छोटी-छोटी पट्टियों के क्षेत्रफलों के लगातार जोड़ के रूप में लिखा गया है, उसी तरह अनेक दूसरी राशियों को भी लिखा जा सकता है। ऐसी स्थिति में भी वैसी राशियों को $\int_a^b f(x)dx$ के रूप में लिखा जा सकता है और समाकलन द्वारा उनका मान निकाला जा सकता है।

5.8 चर राशि को बदलकर समाकलन निकालना

अब तक हमने ऐसे फलन $f(x)$ ही समाकलित किए हैं जिनके लिए आसानी से $g(x)$ ढूँढ़ा जा सकता है ताकि $\frac{d}{dx}g(x) = f(x)$ हो जाए। $f(x)$ को हम सारणी 5.4 में दिए गए फलनों के रूप में ला देते हैं और फिर समाकलित कर देते हैं। कई बार $f(x)$ को इस रूप में लाना कठिन होता है। ऐसे में प्रायः x के स्थान पर x से संबंधित कोई दूसरी चर राशि y सोचते हैं और $f(x)$ को y के पदों में लिखते हैं। साथ ही, x में सूक्ष्म परिवर्तन dx को भी y में परिवर्तन dy के रूप में लिखते हैं। इस प्रकार $\int f(x)dx$ का रूप बदलकर $\int f_1(y)dy$ जैसा हो जाता है। यदि $\int f_1(y)dy$ को आसानी से हल किया जा सका, तो $\int f(x)dx$ का मान मिल जाता है। इस विधि को हम एक अभ्यास द्वारा समझेंगे।

अभ्यास 5.11

$I = \int \sin x \cdot \cos^2 x\, dx$ *के लिए एक व्यंजक निकालें।*

हल यहाँ $f(x) = \sin x \cdot \cos^2 x$ है। इसे सारणी 5.4 में दिए गए फलनों के रूप में लाकर समाकलित करना कठिन है।

मान लें $\cos x = y$, तो

$$\frac{dy}{dx} = -\sin x$$

या $\sin x\, dx = -dy.$

अतः, $I = \int \cos^2 x(\sin x\, dx) = -\int y^2 dy = -\frac{y^3}{3} = -\frac{\cos^3 x}{3}\cdot$

अभ्यास 5.12

$\int \frac{x}{\sqrt{1+x}}dx$ *के लिए एक व्यंजक निकालें।*

हल मान लें $1 + x = y$, तो

$$x = y - 1 \text{ तथा } \frac{dy}{dx} = 1$$

या $dx = dy.$

अतः, $\int \frac{x\, dx}{\sqrt{1+x}} = \int \frac{(y-1)}{\sqrt{y}}dy$

$$= \int \left[\sqrt{y} - \frac{1}{\sqrt{y}}\right]dy = \int y^{\frac{1}{2}}dy - \int y^{-\frac{1}{2}}dy$$

$$= \frac{y^{\frac{3}{2}}}{\frac{3}{2}} - \frac{y^{\frac{1}{2}}}{\frac{1}{2}} = \frac{2}{3}y^{\frac{3}{2}} - 2y^{\frac{1}{2}}$$

$$= \frac{2}{3}(1+x)^{\frac{3}{2}} - 2\sqrt{(1+x)}.$$

5.9 अवकल समीकरण (Differential Equation)

आपने बीजगणित में समीकरणों का उपयोग किया है। इसमें बराबर के चिह्न के बायीं तथा दायीं ओर कई पद होते हैं, जो आपस में जोड़े या घटाए जाते हैं। हमें ऐसे भी समीकरणों की आवश्यकता होती है जिसमें अवकल गुणांक पदों के रूप में आते हैं। ऐसे समीकरणों को अवकल समीकरण कहते हैं। जैसे $\frac{dy}{dx} = x^2$ एक अवकल समीकरण है। x के किसी मान पर y का मान निकालना हो,

तो इस समीकरण से उसे तुरंत निकालना कठिन है। परंतु, समाकलन के द्वारा हम अवकल समीकरण से बीजगणितीय समीकरण प्राप्त कर सकते हैं जो दिए गए x पर y का मान निकालने में सहायक हो सकता है। अर्थात, y को x के फलन के रूप में प्राप्त कर सकते हैं। इस प्रक्रिया को अवकल समीकरण हल करना कहते हैं।

यदि $\frac{dy}{dx} = x^2$, तो हम लिख सकते हैं,

$$dy = x^2 dx \qquad \text{या} \qquad \int dy = \int x^2 dx$$

$$\text{या} \qquad \int 1\, dy = \int x^2\, dx \qquad \text{या} \qquad y = \frac{x^3}{3} + C,$$

जहाँ C एक स्थिरांक है। यह एक बीजगणितीय समीकरण है, क्योंकि इस समीकरण में कहीं अवकल गुणांक नहीं आया है। इस प्रकार हम दिए गए अवकल समीकरण को हल करके बीजगणितीय समीकरण प्राप्त कर सकते हैं।

परंतु, इस समीकरण से भी x के दिए गए मान के लिए y का मान नहीं निकलेगा, क्योंकि C का मान अभी पता नहीं है। यदि x के किसी एक मान पर y का मान दिया हो, तो C का मान निकल सकता है और तब x के किसी भी अन्य मान के लिए y का मान निकाला जा सकता है।

अभ्यास 5.13

एक कण को समय $t = 0$ पर ऊर्ध्वाधर दिशा में ऊपर की ओर फेंका जाता है। ऊपर की ओर चली हुई दूरी y, समय के साथ निम्नलिखित अवकल समीकरण के अनुसार बदलती है,

$$\frac{dy}{dt} = v_0 - gt,$$

जहाँ v_0 कण का आरंभिक वेग है तथा $g = 9.8\ \mathrm{m/s^2}$ एक स्थिरांक है। इस अवकल समीकरण को हल करके y को t के पदों में निकालें।

हल $\qquad \frac{dy}{dt} = v_0 - gt$

या $\qquad dy = (v_0 - gt)dt$

या $\qquad \int dy = \int (v_0 - gt)dt = \int v_0\, dt - \int gt\, dt \qquad \ldots \text{(i)}$

या $\qquad y = v_0 t - g\left(\frac{1}{2}t^2\right) + C$

या $\qquad y = v_0 t - \frac{1}{2}gt^2 + C.$

अब $t = 0$ पर $y = 0$ है। ऊपर के समीकरण में ये मान रखने पर $C = 0$. अतः, $\quad y = v_0 t - \frac{1}{2}gt^2.$

इस अभ्यास में अनिश्चित समाकलन करके एक स्थिरांक C जोड़ा गया है। फिर प्रारंभिक मानों से C का मान निकाला गया है। इसी काम को करने के लिए हम निश्चित समाकलन का उपयोग भी कर सकते हैं। समीकरण (i) से,

$$\int dy = \int (v_0 - gt)dt.$$

यहाँ बायीं ओर dy है यानी y के सापेक्ष समाकलन हो रहा है। दाहिनी ओर dt है यानी t के सापेक्ष समाकलन हो रहा है। प्रारंभ में $t = 0$ है तथा $y = 0$ है। अतः, दोनों समाकलनों में प्रारंभिक सीमा 0 रखी जाएगी। बाद में जब समय का मान t हुआ, तो राशि y का मान y हो गया। अतः, बायीं ओर समाकलन की अंतिम सीमा y तथा दाहिनी ओर समाकलन की अंतिम सीमा t रखी जाएगी। इस तरह समीकरण (i) को निम्न प्रकार लिख सकते हैं,

$$\int_0^y dy = \int_0^t (v_0 - gt)dt \qquad \text{या} \qquad [y]_0^y = \left[v_0 t - \frac{1}{2}gt^2\right]_0^t$$

या $\qquad y - 0 = \left(v_0 t - \frac{1}{2}gt^2\right) - \left(v_0 \cdot 0 - \frac{1}{2}g \cdot 0^2\right)$

या $\qquad y = v_0\, t - \frac{1}{2}gt^2.$

अभ्यास 5.14

एक राशि y समय t के साथ बदलती है। प्रारंभ में, अर्थात $t = 0$ पर $y = y_0$ है। किसी समय y के बदलने की दर निम्नलिखित अवकल समीकरण से दी जाती है,

$$\frac{dy}{dt} = -\lambda y,$$

जहाँ λ एक स्थिरांक है। समय t पर राशि y का मान निकालें।

हल $\qquad \frac{dy}{dt} = -\lambda y$

या $\qquad \frac{1}{y}dy = -\lambda dt$

या $\qquad \int \frac{1}{y}\, dy = \int (-\lambda) dt \qquad \ldots \text{(i)}$

या $\qquad \ln y = -\lambda t + C$

या $\qquad y = e^{(-\lambda t + C)} = e^C e^{-\lambda t}. \qquad \ldots \text{(ii)}$

अब $t = 0$ पर $y = y_0$ है। अतः, समीकरण (ii) से, $y_0 = e^C$.

अतः, $\quad y = y_0 e^{-\lambda t}$.

यहाँ भी हम निश्चित समाकलन का उपयोग कर सकते हैं। समीकरण (i) से,

$$\int \frac{1}{y} dy = \int -\lambda dt.$$

अब $t = 0$ पर $y = y_0$ है। अतः, समाकलन की निचली सीमा बायीं ओर y_0 तथा दाहिनी ओर 0 होगी । समय $t = t$ पर $y = y$ है, अतः ऊपरी सीमाएँ क्रमशः y तथा t होंगी। अतः,

$$\int_{y_0}^{y} \frac{1}{y} dy = \int_0^t -\lambda dt$$

या $\qquad [\ln y]_{y_0}^{y} = -\lambda [t]_0^t \qquad$ या $\qquad \ln y - \ln y_0 = -\lambda t$

या $\qquad \ln \frac{y}{y_0} = -\lambda t \qquad$ या $\qquad \frac{y}{y_0} = e^{-\lambda t}$

या $\qquad y = y_0\, e^{-\lambda t}.$

• हल किए गए प्रश्न •

1. *एक गोले का आयतन* $V = \frac{4}{3}\pi R^3$ *होता है, जहाँ R गोले की त्रिज्या है। (a) त्रिज्या R के बदलने के साथ आयतन के बदलने की दर निकालें। (b) यदि त्रिज्या को 20.0 cm से बढ़ाकर 20.1 cm कर दिया जाए, तो आयतन में लगभग कितनी वृद्धि होगी?*

हल (a) $V = \frac{4}{3}\pi R^3$.

अतः, $\frac{dV}{dR} = \frac{4}{3}\pi \frac{d}{dR}(R^3) = \frac{4}{3}\pi \cdot 3R^2 = 4\pi R^2$.

(b) $R = 20.0$ cm पर आयतन बढ़ने की दर,

$$\frac{dV}{dR} = 4\pi R^2 = 4\pi(400\ \text{cm}^2) = 1600\pi\ \text{cm}^2.$$

आयतन में परिवर्तन,

$$\Delta V = \frac{dV}{dR}\Delta R$$
$$= (1600\pi\ \text{cm}^2)(0.1\ \text{cm})$$
$$= 160\pi\ \text{cm}^3.$$

2. x *के सापेक्ष निम्नलिखित फलनों के अवकल गुणांक निकालें।*

(a) $y = x^3 \sin x$ (b) $y = \frac{\sin x}{x}$ (c) $y = \sin(x^2)$

हल (a) $y = x^3 \sin x$

अतः $\frac{dy}{dx} = x^3 \frac{d}{dx}(\sin x) + (\sin x)\frac{d}{dx}(x^3)$

$= x^3 \cos x + \sin x\,(3x^2)$

$= x^2[x\cos x + 3\sin x]$.

(b) $y = \frac{\sin x}{x}$

अतः $\frac{dy}{dx} = \frac{x\frac{d}{dx}(\sin x) - \sin x \frac{d}{dx}(x)}{x^2}$

$= \frac{x\cos x - \sin x}{x^2}$.

(c) $y = \sin(x^2)$

अतः $\frac{dy}{dx} = \frac{d}{dx}(\sin x^2)\cdot\frac{dx^2}{dx} = \cos(x^2)(2x) = 2x\cos(x^2)$.

3. $x > 0$ *के लिए* $y = x + \frac{1}{x}$ *का न्यूनतम या अधिकतम मान निकालें।*

हल $y = x + \frac{1}{x}$

$\therefore \quad \frac{dy}{dx} = \frac{d}{dx}(x) + \frac{d}{dx}\left(\frac{1}{x}\right)$

$= 1 + (-x^{-2}) = 1 - \frac{1}{x^2}$.

y को न्यूनतम या अधिकतम होने के लिए,

$$\frac{dy}{dx} = 0$$

या $\quad 1 - \frac{1}{x^2} = 0$

या $\quad x = 1$ अथवा -1.

चूँकि $x > 0$ दिया गया है, अतः $x = 1$ पर ही y का मान न्यूनतम या अधिकतम हो सकता है।

$$x = 1 \text{ पर, } y = x + \frac{1}{x} = 2.$$

यह पता करने के लिए कि यह y का न्यूनतम मान है या अधिकतम, हम x के बहुत छोटे एवं बहुत बड़े मानों पर y का मान देखते हैं। x के बहुत छोटे होने पर $\frac{1}{x}$ बहुत बड़ा होगा। अतः, $y = x + \frac{1}{x}$ भी बहुत बड़ा होगा। x के बहुत बड़े होने पर भी $y = x + \frac{1}{x}$ बहुत बड़ा होगा। अतः, $x = 1$ पर प्राप्त y का मान 2 न्यूनतम है।

4. *चित्र 5.W1 में* $y = x^2$ *वक्र दिखाया गया है।* $x = 0$ *तथा* $x = 6$ *के बीच घिरे छायांकित भाग का क्षेत्रफल निकालें।*

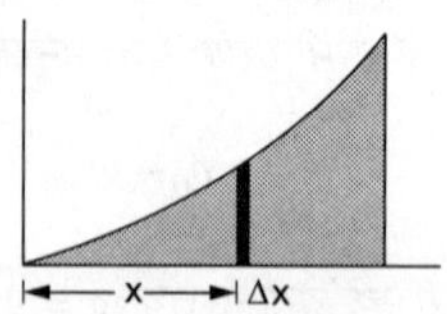

चित्र 5.W1

हल $x = 0$ तथा $x = 6$ के बीच के क्षेत्र को पतली-पतली dx चौड़ाई की पट्टियों में बाँटा जा सकता है। x तथा $x + dx$ के बीच की पट्टी का विचार करें। इस पट्टी की ऊँचाई $y = x^2$ है तथा चौड़ाई dx है। अतः, इसका क्षेत्रफल $dA = ydx = x^2dx$ होगा।

जब x को 0 से 6 तक बदलेंगे और हर x पर ऐसी पट्टी बनाएँगे तो पूरा क्षेत्र बन जाएगा। अतः, इस क्षेत्र का पूरा क्षेत्रफल,

$$A = \int_0^6 x^2 dx = \left[\frac{x^3}{3}\right]_0^6 = \frac{216 - 0}{3} = 72.$$

5. $\int \frac{x}{1 + x^2}\,dx$ *का मान निकालें।*

हल मान लें कि $1 + x^2 = y$, तो

$$\frac{dy}{dx} = 2x \quad \text{या} \quad x\,dx = \frac{dy}{2}.$$

$$\therefore \quad \int \frac{x}{1+x^2}dx = \int \frac{1}{y}\cdot\frac{dy}{2} = \frac{1}{2}\int \frac{1}{y}\,dy$$
$$= \frac{1}{2}\ln y + C = \frac{1}{2}\ln(1+x^2) + C.$$

6. *$\int \tan\theta \, d\theta$ का मान निकालें।*

हल $\int \tan\theta \, d\theta = \int \frac{\sin\theta}{\cos\theta} d\theta$

मान लें $\cos\theta = y$, तो

$$\frac{dy}{d\theta} = -\sin\theta$$

या $\quad \sin\theta \, d\theta = -dy.$

अतः, $\int \frac{\sin\theta}{\cos\theta} d\theta = \int -\frac{1}{y} dy = -\ln y + C = -\ln(\cos\theta) + C.$

7. *$\int_0^t A \sin\omega t \, dt$ का मान निकालें, जहाँ A तथा ω अचर राशियाँ हैं।*

हल $\int_0^t A \sin\omega t \, dt = A\left[\frac{-\cos\omega t}{\omega}\right]_0^t = \frac{A}{\omega}(1 - \cos\omega t).$

8. *सरल आवर्त गति करते एक कण का विस्थापन तथा वेग निम्नांकित समीकरण से संबद्ध हैं।*

$$v\frac{dv}{dx} = -\omega^2 x.$$

$x = 0$ पर $v = v_0$ है। यहाँ ω एक अचर राशि है। वेग v का मान निकालें, जबकि विस्थापन x हो।

हल $\quad v\frac{dv}{dx} = -\omega^2 x$

या $\quad v\,dv = -\omega^2 x\,dx$

या $\quad \int_{v_0}^{v} v\,dv = \int_0^x -\omega^2 x\,dx. \qquad$ ... (i)

जब हम $-\omega^2 xdx$ का समाकलन करते हैं, तो x को बदलते हैं। इसलिए इस समाकलन में x के प्रारंभिक एवं अंतिम मान 0 तथा x रखे गए हैं। इसी तरह vdv का समाकलन करते समय वेग v को बदलते हैं। इसलिए इस समाकलन में v के प्रारंभिक एवं अंतिम मान v_0 और v रखे गए हैं।

समीकरण (i) से, $\left[\frac{1}{2}v^2\right]_{v_0}^{v} = -\omega^2\left[\frac{x^2}{2}\right]_0^x$

या $\quad \frac{1}{2}(v^2 - v_0^2) = -\omega^2 \frac{x^2}{2} \qquad$ या $\quad v^2 = v_0^2 - \omega^2 x^2$

या $\quad v = \sqrt{v_0^2 - \omega^2 x^2}.$

9. *समय t से $t + dt$ तक एक विद्युत-परिपथ से बहता आवेश $dq = i_0 e^{-t/\tau} dt$ से दिया जाता है। समय $t = 0$ से $t = \tau$ तक बहा हुआ कुल आवेश निकालें।*

हल परिपथ में बहा कुल आवेश निकालने के लिए t से $t + dt$ समय अंतराल में बहे आवेश को $t = 0$ से $t = \tau$ तक समाकलित करना होगा।

$$Q = \int_0^\tau i_0 e^{-t/\tau} dt = i_0\left[\frac{e^{-t/\tau}}{-(1/\tau)}\right]_0^\tau = i_0\tau\left(1 - \frac{1}{e}\right).$$

• विचार हेतु प्रश्न •

1. *यदि y, x का फलन हो, तो क्या x अवश्य ही y का फलन होगा?*

2. *क्या किसी शिशु के ज्ञान में वृद्धि की दर को अवकल गुणांक द्वारा बताया जा सकता है?*

3. *क्या $1 + 2 + 3 + ... + 100$ का मान $\int_1^{100} f(x)dx$ के द्वारा निकाला जा सकता है? यदि हाँ, तो $f(x)$ के लिए क्या लेना होगा?*

• सटीक उत्तरवाले प्रश्न I •

सही उत्तर का चयन करें।

1. एक फलन $f(x)$ का x के प्रति अवकल गुणांक भी $f(x)$ है। यह फलन हो सकता है

   (a) x^n (b) e^x (c) $\cos\alpha x$ (d) $\sin\alpha x$

2. फलन $f(x) = x^2$ पर विचार करें।

   (a) $f(2x)$ सदैव $2f(x)$ के बराबर है।
   (b) $f(2x)$ कभी भी $2f(x)$ के बराबर नहीं है।
   (c) $f(2x)$ सदैव $4f(x)$ के बराबर है।
   (d) $f(2x)$ कभी भी $4f(x)$ के बराबर नहीं है।

3. समाकलन $\int_a^b f(x)dx$ में,

   (a) a तथा b की विमाएँ बराबर होना आवश्यक है
   (b) a तथा $f(x)$ की विमाएँ बराबर होना आवश्यक है
   (c) a तथा x की विमाएँ बराबर होना आवश्यक है
   (d) x तथा $f(x)$ की विमाएँ बराबर होना आवश्यक है

4. एक बैलून के अंदर का आयतन V से तथा उसकी सतह का क्षेत्रफल S से निरूपित (describe) किया जाता है। सतह के क्षेत्रफल S को बदलने से आयतन के मान में भी परिवर्तन हो सकता है। $\frac{dV}{dS}$

   (a) अवश्य ही धनात्मक होगा
   (b) अवश्य ही शून्य होगा
   (c) अवश्य ही ऋणात्मक होगा
   (d) धनात्मक, ऋणात्मक या शून्य हो सकता है

• सटीक उत्तरवाले प्रश्न II •

सही उत्तर (उत्तरों) का चयन करें।

1. (a) $\frac{dy}{dx}$ सदैव विमारहित होता है।

   (b) $\frac{dy}{dx}$ सदैव धनात्मक होता है।

   (c) यदि x के बढ़ने से y बढ़ता हो, तो $\frac{dy}{dx}$ धनात्मक होता है।

   (d) यदि x के घटने से y घटता हो, तो $\frac{dy}{dx}$ धनात्मक होता है।

2. x के किसी मान पर उसके फलन y का अवकल गुणांक $\frac{dy}{dx}$ शून्य के बराबर है।

   (a) यहाँ y का मान अवश्य ही न्यूनतम होगा।

   (b) यहाँ y का मान अवश्य ही अधिकतम होगा।

   (c) यहाँ y का मान न्यूनतम हो सकता है।

   (d) यहाँ y का मान अधिकतम हो सकता है।

3. x के मान में Δx परिवर्तन करने से उसके फलन y के मान में Δy परिवर्तन होता है। समीकरण $\Delta y = \frac{dy}{dx}\Delta x$ पर विचार करें।

   (a) यह समीकरण सदैव सत्य है।

   (b) यह समीकरण सदैव असत्य है।

   (c) यदि y, x के समानुपाती हो, तो यह समीकरण सत्य है।

   (d) यदि y तथा x के बीच का ग्राफ एक सरल रेखा हो, तो यह समीकरण सत्य है।

• अभ्यास के प्रश्न •

1. x के निम्नलिखित फलनों के लिए dy/dx निकालें।

   (a) $x^2 \sin x$ (b) $(2x+3)^2$ (c) e^{2x} (d) $\frac{e^x}{x}$

2. नीचे x तथा y के कई मान दिए गए हैं। एक ग्राफ पेपर पर y का ग्राफ x के सापेक्ष खींचें। इस ग्राफ में स्केल की मदद से $x = 2$, $x = 4$, $x = 6$ तथा $x = 8$ पर स्पर्शरिखाएँ खींचें तथा ग्राफ पेपर पर नापकर इन स्पर्शरिखाओं के लिए प्रवणता (slope) का मान निकालें।

x	1	2	3	4	5	6	7	8	9	10
y	2	8	18	32	50	72	98	128	162	200

   x तथा y के दिए गए मान $y = 2x^2$ के संगत हैं। क्या प्रवणता का मान $\tan\theta = 4x$ के अनुसार है?

3. मान लें कि $y = \sin x$. यदि x का मान $\frac{\pi}{3}$ से बदलकर $\frac{\pi}{3} + \frac{\pi}{100}$ कर दिया जाए, तो y का मान लगभग कितना बदल जाएगा?

4. मान निकालें—(a) $\tan 46°$, (b) $e^{0.99}$.

5. एक वर्गाकार प्लेट गर्म होने के कारण फैल रही है। यह हर समय वर्गाकार रहती है और इसकी भुजा प्रति मिनट 0.01 mm की दर से बढ़ रही है। जब इसकी भुजा 10 cm है, उस समय इसका क्षेत्रफल किस दर से बढ़ रहा है?

6. एक R–C परिपथ में बहती विद्युत-धारा $i = i_0 e^{-t/RC}$ समीकरण से दी जाती है। यहाँ i_0, R तथा C अचर हैं और t समय है। निम्नलिखित समयों पर धारा i के परिवर्तन की दर बताएँ।

   (a) $t = 0$, (b) $t = RC$, (c) $t = 10RC$.

7. एक R–C परिपथ में बहती विद्युत-धारा $i = i_0 e^{-t/RC}$ से दी जाती है। मान लें कि $i_0 = 2.00$ A, $R = 6.00\times10^5\ \Omega$ तथा $C = 0.500\ \mu$F है। (a) $t = 0.30$ s पर धारा का मान बताएँ। (b) $t = 0.30$ s पर धारा के परिवर्तन की दर बताएँ। (c) $t = 0.31$ s पर धारा का लगभग मान बताएँ।

8. निम्नलिखित फलन x के किस मान के लिए अधिकतम या न्यूनतम है?

   (a) xe^{-x} (b) $2x + \frac{3}{x}$

9. निम्नलिखित फलनों का अनिश्चित समाकलन निकालें।

   (a) $ax^2 + bx + c$ (b) $\frac{x+1}{x}$ (c) $\sqrt{x}$ (d) e^{2x+3}

   (e) $\frac{1}{e^{2x+3}}$ (f) $\sin^2 x$ (g) $\sin x \cdot \cos x$

   (h) $\sec^2 x$ (i) $\sec x \cdot \tan x$ (j) $x^2 \sin x^3$

10. निम्नलिखित निश्चित समाकलनों के मान निकालें।

    (a) $\int_{-1}^{1} x\,dx$ (b) $\int_{0}^{b} \sqrt{x}\,dx$

    (c) $\int_{x_0}^{x} \frac{dx}{x}$ (d) $\int_{1}^{4} \frac{1}{x^2}\,dx$

11. (a) $\int_{-\pi/2}^{\pi/2} \cos x\,dx$ (b) $\int_{0}^{\pi} \cos x\,dx$

    (c) $\int_{0}^{\pi/2} \cos x\,dx$ (d) $\int_{0}^{2\pi} \cos x\,dx$

12. (a) $\int_{0}^{\pi/2} \cos^2 x\,dx$ (b) $\int_{0}^{\pi} \cos^2 x\,dx$

    (c) $\int_{0}^{3\pi/2} \cos^2 x\,dx$ (d) $\int_{0}^{2\pi} \cos^2 x\,dx$

13. निम्नलिखित समाकलनों के मान निकालें।

    (a) $\int \frac{2x+3}{x+1}\,dx$ (b) $\int \frac{x^2}{\sqrt{1+x}}\,dx$

    (c) $\int \frac{x(x^2+1)}{x^2+2}\,dx$

14. निम्नलिखित समाकलनों के मान निकालें।

(a) $\int \frac{\sin\theta}{\cos^3\theta} d\theta$ (b) $\int \tan\theta \sec^2\theta \, d\theta$ (c) $\int x e^{x^2} dx$

15. (a) चित्र 5.E1 में $\cos x$ तथा x के बीच ग्राफ दिखाया गया है। तथा $x = 0$ से $x = \pi/2$ के बीच ग्राफ के नीचे बने क्षेत्रफल को छायांकित कर दिया गया है। छायांकित भाग का क्षेत्रफल निकालें।

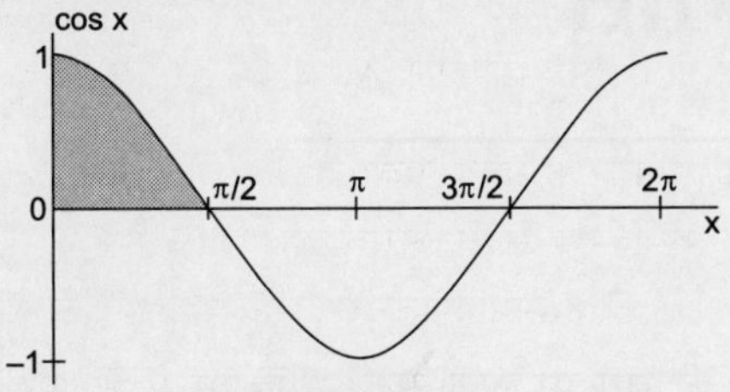

चित्र 5.E1

(b) चित्र 5.E1 की सहायता से निम्नलिखित का भी क्षेत्रफल निकालें।

(i) $x = 0$ से $x = \pi$ तक (ii) $x = 0$ से $x = \frac{3\pi}{2}$ तक (iii) $x = 0$ से $x = 2\pi$ तक।

16. वक्र $y = 3x^2 + 6x + 7$, x-अक्ष, रेखा $x = 5$ तथा $x = 10$ से घिरे क्षेत्र का क्षेत्रफल निकालें।

17. वक्र $y = \sin x$, x-अक्ष, $x = 0$ तथा $x = \pi$ से घिरे क्षेत्र का क्षेत्रफल निकालें।

18. वक्र $y = e^{-x}$, x-अक्ष तथा y-अक्ष से घिरे क्षेत्र का क्षेत्रफल निकालें।

19. $\cos^2 x$ तथा x के बीच ग्राफ खींचें। ग्राफ तथा x-अक्ष के बीच बने निम्नलिखित क्षेत्रफलों को निकालें।

(a) $x = 0$ से $x = \frac{\pi}{2}$ तक (b) $x = 0$ से $x = \pi$ तक

(c) $x = 0$ से $x = \frac{3\pi}{2}$ तक (d) $x = 0$ से $x = 2\pi$ तक

20. एक छड़ जिसकी लंबाई L है, x-अक्ष पर $x = 0$ तथा $x = L$ के बीच रखी है। छड़ का रेखीय घनत्व ρ (द्रव्यमान/लंबाई) बिंदु $x = 0$ से दूरी x पर निर्भर करता है और समीकरण $\rho = a + bx$ से दिया जाता है।

(a) a तथा b के SI मात्रक निकालें।

(b) a, b और L के पदों में छड़ का द्रव्यमान निकालें।

21. एक कण का रेखीय संवेग p, समय t के साथ बदलता है। संवेग परिवर्तन की दर भी समय के साथ बदलती है और इसका समीकरण इस प्रकार है

$$\frac{dp}{dt} = (10\,\text{N}) + (2\,\text{N/s})t.$$

यदि $t = 0$ पर $p = 0$ हो, तो $t = 10\,\text{s}$ पर p का मान कितना होगा?

22. यदि $\frac{dy}{dx} = x^3$ हो, तो y को x के फलन के रूप में लिखें।

• उत्तर •

सटीक उत्तरवाले प्रश्न I

1. (b) **2.** (c) **3.** (a) **4.** (d)

सटीक उत्तरवाले प्रश्न II

1. (c), (d) **2.** (c), (d) **3.** (c), (d)

अभ्यास के प्रश्न

1. (a) $x(2\sin x + x\cos x)$ (b) $4(2x+3)$

(c) $2e^{2x}$ (d) $\frac{e^x(x-1)}{x^2}$

3. 0.0157 **4.** (a) 1.035 (b) $0.99e = 2.691$

5. 2×10^{-2} cm²/min

6. (a) $\frac{-i_0}{RC}$ (b) $\frac{-i_0}{RCe}$ (c) $\frac{-i_0}{RCe^{10}}$

7. (a) $\frac{2.00}{e}$ A (b) $\frac{-20}{3e}$ A/s (c) $\frac{5.8}{3e}$ A

8. (a) 1 (b) $\pm\sqrt{\frac{3}{2}}$

9. (a) $\frac{ax^3}{3} + \frac{bx^2}{2} + cx + C$ (b) $x + \ln x + C$

(c) $\frac{2}{3}x^{3/2} + C$ (d) $\frac{e^{2x+3}}{2} + C$ (e) $\frac{-2}{e^{2x+3}} + C$

(f) $\frac{1}{2}\left(x - \frac{\sin 2x}{2}\right) + C$ (g) $\frac{\sin^2 x}{2} + C$ (h) $\tan x + C$

(i) $\sec x + C$ (j) $-\frac{\cos x^3}{3} + C$

10. (a) 0 (शून्य) (b) $\frac{2b\sqrt{b}}{3}$ (c) $\ln\frac{x}{x_0}$ (d) $\frac{3}{4}$

11. (a) 2 (b) 0 (शून्य) (c) 1 (d) 0 (शून्य)

12. (a) $\frac{\pi}{4}$ (b) $\frac{\pi}{2}$ (c) $\frac{3\pi}{4}$ (d) π

13. (a) $2x + \ln(x+1) + C$ (b) $\frac{2}{15}\sqrt{1+x}(3x^2 - 4x + 8) + C$

(c) $\frac{1}{2}[(x^2+2) - \ln(x^2+2)] + C$

14. (a) $\frac{1}{2}\sec^2\theta$ (b) $\frac{1}{2}\tan^2\theta$ (c) $\frac{1}{2}e^{x^2}$

15. (a) 1 (b) (i) 0 (ii) −1 (iii) 0 **16.** 1135

17. 2 **18.** 1 **19.** (a) $\frac{\pi}{4}$ (b) $\frac{\pi}{2}$ (c) $\frac{3\pi}{4}$ (d) π

20. (a) kg/m, kg/m² (b) $aL + bL^2/2$

21. 200 kg · m/s **22.** $y = \frac{x^4}{4} + C$

❑

अध्याय 6

सरल रेखा में गति

6.1 विराम और गति

जब आप विद्यालय जाने के लिए घर से निकलते हैं, तब आप सड़क पर चलते हैं, अर्थात आप गति की अवस्था में रहते हैं। जब आप स्कूल पहुँचकर अपनी कक्षा में बेंच पर बैठ जाते हैं, तब आप स्थिर हो जाते हैं, अर्थात विराम की अवस्था में आ जाते हैं। सोचिए, चल रही अवस्था और रुकी हुई अवस्था में क्या अंतर होता है। हम कब कहते हैं कि कोई वस्तु चल रही है और कब कहते हैं कि वह रुकी हुई है? आप कह सकते हैं कि यदि समय बीतने के साथ वस्तु का स्थान बदल रहा हो, तो वह चल रही है और यदि उसका स्थान नहीं बदल रहा हो, तो वह विराम में है। पर, इस परिभाषा में थोड़ी सावधानी की आवश्यकता है। मान लें आप रिक्शा पर बैठे हैं और रिक्शाचालक रिक्शा चला रहा है। थोड़ी देर में आप घर से विद्यालय पहुँच गए। इस अवधि में आप रुके हुए थे या चल रहे थे? रिक्शा की गद्दी से या उसके पायदान से आपकी दूरी नहीं बदल रही है। यदि कोई प्राणी सिर्फ रिक्शे को ही देखे, तो उसके अनुसार आपका स्थान नहीं बदल रहा है, आप जहाँ बैठे थे, वहीं बैठे हैं। हम कहते हैं कि आप 'रिक्शा के सापेक्ष विराम' में हैं। परंतु, जमीन पर लगे पेड़ों, दुकानों आदि से आपकी दूरी लगातार बदल रही है। अर्थात, आप जमीन के सापेक्ष चल रहे हैं, अर्थात गतिशील हैं।

आपके टेबुल पर एक पुस्तक पड़ी है। वह विराम में है (रुकी हुई है) या गतिशील है (चल रही है)? टेबुल के सापेक्ष वह विराम में है। परंतु सूरज के सापेक्ष पूरी धरती, साथ में टेबुल और पुस्तक भी गतिशील है। अर्थात, एक ही वस्तु एक ही समय में विराम में भी कही जा सकती है और गति में भी। विराम या गति की बात किसी अन्य वस्तु या वस्तुओं के सापेक्ष ही की जा सकती है, अर्थात विराम या गति हमेशा सापेक्ष होती है।

6.2 निर्देश तंत्र या संदर्भ निकाय

जिस वस्तु (या वस्तुओं) के सापेक्ष हम दूसरे कण के विराम या गति की बात करते हैं, उसे हम **निर्देश तंत्र** (frame of reference) कहते हैं। जैसे, यदि हम सड़क के सापेक्ष रिक्शा, बस आदि की गति की बात कर रहे हैं तो सड़क एक निर्देश तंत्र हुआ। यदि हम रेलगाड़ी में बैठे हैं और रेलगाड़ी के सापेक्ष अन्य वस्तुओं की गति की बात कर रहे हैं, तो रेलगाड़ी एक निर्देश तंत्र हुई। रेलगाड़ी के निर्देश तंत्र के सापेक्ष ऊपर की बर्थ पर रखा सूटकेस विराम में है, पर शौचालय के लिए जाता हुआ यात्री गतिशील है। साथ ही बाहर के पेड़-पौधे, स्टेशन, सड़क आदि गतिशील हैं। रेलगाड़ी के निर्देश तंत्र में यह कहना बिलकुल उचित है कि 'लखनऊ आ रहा है' या 'हैदराबाद चला गया'।

किसी निर्देश तंत्र को बताने के लिए प्रायः उसमें एक-दूसरे पर लंब तीन रेखाएँ ली जाती हैं जिन्हें x-अक्ष, y-अक्ष तथा z-अक्ष कहते हैं। समय नापने के लिए इस निर्देश तंत्र में एक घड़ी भी होनी चाहिए। किसी कण का स्थान (position) बताने के लिए उसके x-, y-, z-निर्देशांक बताते हैं। यदि समय बीतने के साथ x, y, z में से कोई भी नहीं बदलता हो, तो कण इस निर्देश तंत्र के सापेक्ष स्थिर है, अर्थात विराम में है। यदि एक भी निर्देशांक समय के साथ बदल रहा हो, तो कण इस निर्देश तंत्र के सापेक्ष गतिशील है।

प्रायः हम धरती के सापेक्ष गति की बात करते हैं। सड़क, मकान आदि सब धरती से जुड़े हैं। बातचीत के संदर्भ से ही यह स्पष्ट हो जाता है कि हम किस निर्देश तंत्र के सापेक्ष गति की बात कर रहे हैं। इस अध्याय में हम मानकर चल रहे हैं कि निर्देश तंत्र चुन लिया गया है और कण उस निर्देश तंत्र के सापेक्ष एक सरल रेखा पर ही चल सकता है।

6.3 सरल रेखा पर चलते हुए कण की गति

हम जिन वस्तुओं को आम तौर पर गति में देखते हैं उनका एक आकार एवं आयतन होता है। हम ट्रेन की गति, बस की गति, गेंद की गति, पानी की गति तथा बादलों की गति की बात करते हैं। इन सभी का एक आकार एवं आयतन है। गति से संबंधित बातों की जानकारी के लिए और उसका अभ्यास करने के लिए हम एक छोटे कण की बात करेंगे। यह हमारी बड़ी वस्तु का ही एक हिस्सा हो सकता है।

चित्र 6.1

यदि कोई कण एक सरल रेखा पर ही चलता हो, तो उसकी गति की गणना करना आसान होता है। उस रेखा को हम x-अक्ष मान लेते हैं और उसपर स्थित किसी विशेष बिंदु O को मूलबिंदु। इस रेखा पर दो दिशाएँ हो सकती हैं, उनमें से किसी एक को धनात्मक

दिशा मानते हैं। चित्र 6.1 में बाएँ से दाहिने की दिशा x-अक्ष की धनात्मक दिशा ली गई है।

किसी समय t पर कण का स्थान (position) बताने के लिए उसका x-निर्देशांक बताना काफी है। यदि कण मूलबिंदु से x-अक्ष की धनात्मक दिशा की ओर हो, तो x धनात्मक होगा तथा यदि वह मूलबिंदु से x-अक्ष की ऋणात्मक दिशा की ओर हो, तो x ऋणात्मक होगा। यदि कण मूलबिंदु पर ही हो, तो $x = 0$ होगा।

6.3.1 विस्थापन तथा चली हुई दूरी

यदि t_1 समय पर कण का स्थान x_1 हो तथा t_2 समय पर कण का स्थान x_2 हो, तो $x_2 - x_1$ को समय अंतराल t_1 से t_2 में कण का विस्थापन (displacement) कहते हैं। यदि x_1 छोटा हो x_2 से, तो विस्थापन धनात्मक होगा और यदि x_1 बड़ा हो x_2 से, तो विस्थापन ऋणात्मक होगा । $x_1 = x_2$ होने से विस्थापन शून्य होगा।

किसी अंतराल में विस्थापन शून्य होने का अर्थ यह नहीं है कि उस अंतराल में वह कण स्थिर था। यदि t_1 समय पर कण किसी स्थान x पर है और चल-फिर कर t_2 समय पर वह फिर उसी स्थान x पर पहुँच जाता है, तो इस अंतराल में उसका विस्थापन शून्य होगा। पर, वह विराम में नहीं रहा, बल्कि गतिमान अवस्था में रहा।

किसी अंतराल t_1 से t_2 तक में कण जितनी दूरी चलता है, वह 'उस अंतराल में चली गई दूरी' (distance covered) कहलाती है।

अभ्यास 6.1

एक कण x-अक्ष पर चलता है। $t = 0$ पर वह मूलबिंदु पर था। अब वह दाहिनी ओर (x-अक्ष की धनात्मक दिशा में) चलता हुआ अगले 1 सेकंड में 2 cm खिसक गया। उसके अगले 1 सेकंड में बायीं ओर चलता हुआ वह फिर मूलबिंदु पर आ गया। निम्नलिखित अंतरालों में कण का विस्थापन तथा उसके द्वारा चली गई दूरी बताएँ।

(a) $t = 0$ से $t = 1$s (b) $t = 1$s से $t = 2$s (c) $t = 0$ से $t = 2$s

हल (a) $t = 0$ पर $x = 0$ तथा $t = 1$ s पर $x = 2$ cm.

अतः, इस अंतराल में विस्थापन, $d = 2$ cm – 0 = 2 cm.

चूँकि कण इस अवधि में 2 cm चला, अतः चली गई दूरी, $s = 2$ cm.

(b) $t = 1$ s पर $x = 2$ cm तथा $t = 2$ s पर $x = 0$.

अतः, इस अवधि में विस्थापन, $d = (0 - 2)$ cm = –2 cm.

इस अवधि में कण द्वारा चली गई दूरी, $s = 2$ cm.

(c) $t = 0$ पर $x = 0$ तथा $t = 2$ s पर $x = 0$.

अतः, इस अवधि में कण का विस्थापन, $d = 0$.

इस अवधि में कण पहले दाहिनी ओर 2 cm चलता है फिर बायीं ओर 2 cm चलता है। कुल चली गई दूरी, $s = 4$ cm.

यदि एक सरल रेखा पर चलता कण किसी समय अंतराल में अपनी दिशा न बदले, तो उसके विस्थापन का परिमाण तथा उसके द्वारा चली गई दूरी बराबर होंगी।

6.3.2 वेग एवं चाल

औसत वेग

यदि t_1 समय पर कण का स्थान x_1 तथा t_2 समय पर कण का स्थान x_2 हो, तो

$$\bar{v} = \frac{x_2 - x_1}{t_2 - t_1} \quad ... (6.1)$$

को t_1 से t_2 अंतराल में कण का औसत वेग (average velocity) कहते हैं।

वेग

कण के स्थान में परिवर्तन की दर उसका वेग (velocity) कहलाती है। यदि t समय पर कण का स्थान x है और कुछ समय बाद, $t + dt$ समय पर उसका स्थान $x + dx$ हो जाए, तो स्थान में परिवर्तन dx होगा। यदि dt को बहुत छोटा लिया जाए, तो t समय में स्थान परिवर्तन की दर dx/dt कही जा सकती है। अतः, किसी क्षण t पर कण का वेग

$$v = \frac{dx}{dt}, \quad ... (6.2)$$

यहाँ dt अत्यंत सूक्ष्म अंतराल की तरह समझा जाना चाहिए। वास्तव में वेग, $\Delta x/\Delta t$ का सीमांत मान है जहाँ Δt शून्य के करीब होता जाता है। हम प्रायः dx, dt आदि संकेतों को सीमांत मानों के लिए उपयोग में लाते हैं। स्थान x से $x + dx$ तक जाने में कण का विस्थापन dx होता है। अतः dx/dt, अर्थात वेग को स्थान परिवर्तन की दर भी कह सकते हैं।

ध्यान दें कि वेग किसी खास समय t पर होता है जबकि औसत वेग एक अंतराल, t_1 से t_2 तक, में होता है।

चाल

कोई वस्तु कितनी तेज या धीमी चल रही है, उसे हम 'चाल' (speed) द्वारा व्यक्त करते हैं। यदि किसी समय अंतराल Δt में वस्तु द्वारा चली गई कुल दूरी Δs हो, तो $\Delta s/\Delta t$ को इस समय अंतराल में 'वस्तु की औसत चाल' कहते हैं। यदि एक अति सूक्ष्म अंतराल dt में वस्तु द्वारा चली हुई दूरी ds हो, तो हम ds/dt को उस समय t पर 'वस्तु की चाल' कहेंगे।

चाल और वेग में क्या अंतर है? वेग, स्थान के परिवर्तन की दर को कहते हैं तथा चाल, चली गई दूरी के परिवर्तन की दर को कहते हैं। किसी अंतराल में विस्थापन धनात्मक या ऋणात्मक हो सकता है। इसलिए वेग भी धनात्मक या ऋणात्मक हो सकता है। किसी भी अंतराल में चली हुई दूरी सदा धनात्मक होती है, अतः चाल हमेशा धनात्मक होती है।

चाल सिर्फ यह बताती है कि वस्तु कितनी तेज चल रही है। वेग यह तो बताता ही है कि वस्तु कितनी तेज चल रही है तथा यह भी बताता है कि वस्तु किस दिशा में चल रही है। **चाल एक अदिश राशि है जबकि वेग एक सदिश राशि।**

आपने स्कूटर, मोटरसाइकिल, कार आदि में चालमापी (speedometer) देखे होंगे। यह उस वाहन की चाल बताता है।

यदि कण x-अक्ष की धनात्मक दिशा में चल रहा हो, तो समय

बदलने के साथ x के मान में वृद्धि होगी। t समय में स्थान का मान x तथा $t + dt$ समय पर स्थान का मान $x + dx$ लिखते हैं। अतः, dx का मान धनात्मक है। dt तो धनात्मक है ही, वेग $v = dx/dt$ भी धनात्मक होगा।

यदि कण x-अक्ष की ऋणात्मक दिशा में चल रहा हो, तो समय के साथ x का मान घटता जाएगा। अभी भी $t+dt$ समय में स्थान का मान $x+dx$ ही लिखा जाता है, लेकिन dx ऋणात्मक होगा। परंतु dt के धनात्मक होने के कारण वेग $v = dx/dt$ ऋणात्मक होगा।

अतः, x-अक्ष पर चल रहे एक कण का वेग धनात्मक होता है यदि वह x-अक्ष की धनात्मक दिशा की ओर चल रहा हो, और यह वेग ऋणात्मक होता है यदि कण x-अक्ष की ऋणात्मक दिशा में चल रहा हो।

6.3.3 औसत त्वरण (Average acceleration)

यदि t_1 समय पर कण का वेग v_1 हो और t_2 समय पर कण का वेग v_2 हो, तो

$$\bar{a} = \frac{v_2 - v_1}{t_2 - t_1} \qquad \text{... (6.3)}$$

को t_1 से t_2 अंतराल में कण का औसत त्वरण $\bar{a}$, कहते हैं।

त्वरण

वेग में परिवर्तन की दर को कण का त्वरण कहते हैं। यदि समय t पर कण का वेग v हो, तथा अति सूक्ष्म समय अंतराल के बाद $t + dt$ समय पर वेग $v + dv$ हो जाए, तो समय dt में वेग में परिवर्तन $= dv$ होगा। अतः, वेग परिवर्तन की दर अर्थात त्वरण,

$$a = \frac{dv}{dt}. \qquad \text{... (6.4)}$$

ध्यान दें कि यह t समय पर त्वरण है। **औसत त्वरण एक समय अंतराल में होता है, जबकि त्वरण एक खास समय पर होता है।**

अभ्यास 6.2

एक कण 2 m/s के वेग से एक दीवार से टकराता है और उसी रेखा पर 2 m/s के वेग से लौट जाता है। टकराने के कारण इसके वेग में परिवर्तन बताएँ।

हल कण की प्रारंभिक गति की दिशा को धनात्मक मानें। टकराने के पहले कण का वेग $v_1 = 2$ m/s था। टकराने के बाद कण की दिशा उलट जाती है, अर्थात अब वह उस रेखा पर ऋणात्मक दिशा में चल रहा है। अतः, उसका वेग $v_2 = -2$ m/s हो गया।

$$\text{वेग में परिवर्तन} = v_2 - v_1 = (-2 \text{ m/s}) - 2 \text{ m/s} = -4 \text{ m/s}.$$

अभ्यास 6.3

x-अक्ष पर चलते हुए एक कण का वेग समय के साथ $v = v_0 + a_1 t + a_2 t^2$ समीकरण से दिया जाता है, जहाँ v_0, a_1 तथा a_2 अचर हैं।

(a) $t = 0$ पर कण का वेग v तथा t समय पर उसका त्वरण निकालें।

(b) यदि $t = 0$ पर कण $x = 0$ पर है, तो t समय पर x का मान बताएँ।

हल (a) $v = v_0 + a_1 t + a_2 t^2$.

$t = 0$ रखने पर $v = v_0$, अर्थात $t = 0$ रखने पर वेग $= v_0$ होगा।

$v = v_0 + a_1 t + a_2 t^2$,

$$\text{अतः त्वरण } a = \frac{dv}{dt} = a_1 + 2a_2 t.$$

(b) $v = v_0 + a_1 t + a_2 t^2$

$$\text{या} \quad \frac{dx}{dt} = v_0 + a_1 t + a_2 t^2$$

$$\text{या} \quad dx = (v_0 + a_1 t + a_2 t^2)dt$$

$$\text{या} \quad \int_0^x dx = \int_0^t (v_0 + a_1 t + a_2 t^2)dt$$

$$\text{या} \quad x = v_0 t + \frac{1}{2}a_1 t^2 + \frac{1}{3}a_2 t^3.$$

....

यदि कोई वस्तु एक सरल रेखा पर चल रही हो और उसकी चाल निरंतर बढ़ती जा रही हो, तो क्या हम कह सकते हैं कि उसका त्वरण धनात्मक है? जैसे प्लेटफॉर्म से चलना शुरू करने के बाद कुछ समय तक ट्रेन की चाल बढ़ती जाती है, तो क्या हम निश्चित तौर से कह सकते हैं कि उसका त्वरण धनात्मक है? नहीं। त्वरण $a = dv/dt$ है। त्वरण के धनात्मक होने के लिए dv को धनात्मक होना चाहिए, अर्थात समय के साथ वेग v को बढ़ना चाहिए। चाल बढ़ने से वेग भी जरूर बढ़ जाएगा, यह आवश्यक नहीं है। यदि वस्तु चुने गए अक्ष की धनात्मक दिशा में चल रही हो, तो वेग धनात्मक होता है। ऐसे में चाल का परिमाण बढ़ने से वेग भी बढ़ता है और त्वरण धनात्मक होता है। परंतु, यदि कण अक्ष पर ऋणात्मक दिशा में चल रहा हो, तो वेग भी ऋणात्मक होगा। ऐसी स्थिति में चाल बढ़ने से वेग घट जाएगा। जैसे यदि पहले $v_1 = -2$ m/s हो, और थोड़ी देर में $v_2 = -3$ m/s हो जाए, तो यद्यपि कण पहले से तेज चल रहा है पर $v_2 < v_1$ है। ऐसी स्थिति में त्वरण ऋणात्मक होगा।

कई बार जब किसी वस्तु की चाल में कमी आती है, तब उसकी चाल के घटने की दर को **मंदन** (retardation) कहते हैं। पर, स्पष्टता के लिए हम इस शब्द का प्रयोग नहीं करेंगे।

6.4 सरल रेखा पर समान त्वरण से चलनेवाले कण की गति के समीकरण

(i) समय के साथ कण के वेग (velocity) का संबंध

मान लें कि कोई कण x-अक्ष पर चल रहा है, $t = 0$ पर वह $x = 0$ पर है तथा इस समय उसका वेग u है। मान लें कि उसका त्वरण a है, जो अचर है अर्थात समय के साथ नहीं बदलता, और $t = t$ समय पर उसका वेग v है। अतः,

$$a = \frac{dv}{dt}$$

या $\quad dv = a dt \quad$ या $\quad \int_u^v dv = \int_0^t a\, dt.$

यहाँ $t = 0$ पर कण का वेग u है, अतः t के समाकलन में निचली सीमा $t = 0$ ली गई है और v के समाकलन में निचली सीमा u ली गई है। इसी तरह समय t पर वेग v है, अतः ऊपरी सीमाएँ t तथा v ली गई हैं। समाकलन करने पर,

$$[v]_u^v = [at]_0^t$$

या $$\boxed{v = u + at} \qquad \text{... (6.5)}$$

हमने $\int a\, dt$ को at लिखा है। ऐसा हम तभी कर सकते हैं जब a स्वयं अचर हो। **इसलिए समीकरण (6.5) तभी सत्य है जब कण एकसमान त्वरण के साथ चल रहा हो।**

(ii) समय के साथ कण के स्थान (position) का संबंध

हमने देखा कि एकसमान त्वरण से चलनेवाले कण का वेग t समय पर v होता है, जहाँ

$$v = u + at$$

या $$\frac{dx}{dt} = u + at$$

या $$dx = (u + at)dt.$$

यदि $t = 0$ पर कण का स्थान $x = 0$ हो और t समय पर उसका स्थान x हो, तो

$$\int_0^x dx = \int_0^t (u + at)dt$$

या $$[x]_0^x = \left[ut + \frac{1}{2}at^2\right]_0^t$$

या $$\boxed{x = ut + \frac{1}{2}at^2.} \qquad \text{... (6.6)}$$

(iii) स्थान के साथ वेग का संबंध

त्वरण $$a = \frac{dv}{dt}$$

या $$av = v\frac{dv}{dt}$$

या $$a\frac{dx}{dt} = v\frac{dv}{dt}$$

या $$adx = vdv$$

या $$\int_0^x a\, dx = \int_u^v v\, dv$$

या $$[ax]_0^x = \left[\frac{1}{2}v^2\right]_u^v$$

या $$ax = \frac{1}{2}v^2 - \frac{1}{2}u^2$$

या $$\boxed{v^2 = u^2 + 2ax} \qquad \text{... (6.7)}$$

अभ्यास 6.4

एक कण 5 m/s के वेग से एक सरल रेखा पर चलना प्रारंभ करता है। इसका त्वरण 2 m/s^2 है।

(a) 2 सेकंड बाद कण का स्थान मालूम करें।

(b) 2 सेकंड बाद कण का वेग मालूम करें।

(c) जब कण $x = 6$ m पर है उस समय उसका वेग मालूम करें।

हल यहाँ $u = 5$ m/s तथा $a = 2$ m/s^2 है। त्वरण हमेशा 2 m/s^2 ही रहता है, अतः यह अचर है। यहाँ हम पिछले अनुच्छेद के सूत्रों का प्रयोग कर सकते हैं।

(a) $x = ut + \frac{1}{2}at^2$

$= (5 \text{ m/s}) \times (2 \text{ s}) + \frac{1}{2}(2 \text{ m/s}^2) \times (2 \text{ s})^2$

$= 10 \text{ m} + 4 \text{ m} = 14 \text{ m}.$

(b) $v = u + at = (5 \text{ m/s}) + (2 \text{ m/s}^2) \times (2 \text{ s})$

$= 9 \text{ m/s}.$

(c) $v^2 = u^2 + 2ax$

$= (5 \text{ m/s})^2 + 2 \times (2 \text{ m/s}^2) \times (6 \text{ m})$

$= 49 \text{ m}^2/\text{s}^2$

या $\quad v = \pm 7$ m/s.

चूँकि कण का प्रारंभिक वेग धनात्मक है तथा त्वरण भी धनात्मक है, इसलिए इसका वेग सदा धनात्मक ही रहेगा। अतः, $x = 6$ m पर कण का वेग = 7 m/s.

6.5 धरती की सतह के पास स्वतंत्र रूप से गिरती वस्तु

किसी ऊँची जगह से जब हम एक गेंद को छोड़ देते हैं, तो गेंद ऊर्ध्वाधर (vertical) दिशा में नीचे गिरती है। यदि गेंद को ठीक ऊपर की ओर फेंकें, तो भी यह ऊर्ध्वाधर दिशा में ही पहले ऊपर की ओर जाती है और फिर नीचे की ओर आती है। ये गतियाँ सरल रेखा पर होती हैं (धरती से देखने पर)। यदि कोई वस्तु धरती की सतह के पास चल रही हो तथा हवा या कोई अन्य वस्तु उसपर कोई बल नहीं लगा रही हो तो उसे “धरती की सतह के पास स्वतंत्र रूप से गिरना (free fall)” कहते हैं। प्रायः हम जब गेंद, पत्थर या किसी अन्य वस्तु को नीचे गिराते या फेंकते हैं, तो वह हवा में ही गति करती है। यह हवा उस वस्तु की चाल (speed) को कम करने का प्रयास करती है। हलकी वस्तुओं, जैसे कागज का टुकड़ा, रूई, मोरपंख, वर्षा की फुहार में स्थित पानी की छोटी-छोटी बूँदें आदि पर हवा का प्रभाव काफी पड़ता है। परंतु, भारी वस्तुएँ जैसे पत्थर का टुकड़ा, गेंद, शीशे की गोली आदि पर यह प्रभाव नहीं के बराबर पड़ता है। ऐसी स्थिति में वस्तु का त्वरण धरती के केंद्र की ओर माना जा सकता है तथा इसका परिमाण लगभग 9.8 m/s^2 होता है। अर्थात, स्वतंत्र रूप से गिरती हुई वस्तु के लिए त्वरण ‘एकसमान’ या अचर माना जा सकता है। इसका परिमाण 9.8 m/s^2 तथा दिशा ऊर्ध्वाधर नीचे की ओर लेते हैं। इस परिमाण (9.8 m/s^2) को g अक्षर के द्वारा निरूपित करते हैं।

ऊर्ध्वाधर दिशा में गति का वर्णन करने के लिए हम ऊर्ध्वाधर दिशा में अक्ष लेते हैं। प्रायः इसे y-अक्ष कहा जाता है। यदि हम ऊपर की ओर धनात्मक y-अक्ष लें तो त्वरण नीचे की ओर होने के कारण ऋणात्मक होगा। अतः,

$$a=-9.8\,\mathrm{m/s^2}=-g.$$

यदि कण ऊपर की ओर जा रहा हो, तो उसका वेग धनात्मक लिखा जाएगा तथा यदि वह नीचे की ओर जा रहा हो, तो वेग ऋणात्मक लिखा जाएगा। इसी तरह यदि कण $y=0$ से ऊपर होगा तो y का मान धनात्मक होगा और यदि वह $y=0$ से नीचे होगा, तो y का मान ऋणात्मक होगा। गति के समीकरण इस प्रकार होंगे—

$$y=ut-\frac{1}{2}gt^2.$$

$$v=u-gt.$$

$$v^2=u^2-2gy.$$

उपर्युक्त समीकरण ऊपर जाते हुए कण के लिए भी सही हैं तथा नीचे आते हुए कण के लिए भी।

यदि हम अक्ष की धनात्मक दिशा ऊर्ध्वाधर दिशा में नीचे की ओर लें तो त्वरण $a=+9.8\ \mathrm{m/s^2}=g$ लिखना होगा। ऐसी हालत में कण की गति के समीकरण इस प्रकार होंगे—

$$y=ut+\frac{1}{2}gt^2.$$

$$v=u+gt.$$

$$v^2=u^2+2gy.$$

उपर्युक्त समीकरण भी ऊपर जाते तथा नीचे आते, दोनों प्रकार के कणों के लिए सही हैं।

अभ्यास 6.5

एक कण को ऊपर की ओर प्रारंभिक चाल 19.6 m/s से फेंका गया। ऊपर की ओर धनात्मक y-अक्ष की दिशा लेते हुए निकालें,
(a) कण द्वारा अधिकतम ऊँचाई तक पहुँचने में लगा समय
(b) कण द्वारा प्राप्त अधिकतम ऊँचाई
(c) कण को जहाँ से फेंका गया वहीं पर वापस आने में कण द्वारा लिया गया समय

हल ऊपर की ओर धनात्मक y-अक्ष लिया गया है। प्रारंभिक वेग 19.6 m/s भी ऊपर की ओर है, अतः $u=+19.6$ m/s। त्वरण 9.8 m/s^2 नीचे की ओर है, अतः $a=-9.8$ m/s^2। कण के प्रारंभिक स्थान को $y=0$ लिखें।

(a) अधिकतम ऊँचाई तब प्राप्त होगी जब कण का वेग ऊपर जाते-जाते शून्य हो जाएगा। यदि यह समय t हो, तो

$$v=u+at$$

$$0=(19.6\,\mathrm{m/s})+(-9.8\,\mathrm{m/s^2})\,t$$

या $$t=\frac{19.6}{9.8}\,\mathrm{s}=2\,\mathrm{s}.$$

(b) इस समय पर कण की ऊँचाई

$$y=ut+\frac{1}{2}at^2$$

$$=(19.6\,\mathrm{m/s})\times(2\mathrm{s})+\frac{1}{2}(-9.8\,\mathrm{m/s^2})\times(4\,\mathrm{s^2})$$

$$=39.2\,\mathrm{m}-19.6\,\mathrm{m}=19.6\,\mathrm{m}.$$

अतः, कण द्वारा प्राप्त अधिकतम ऊँचाई =19.6 m.

(c) जब कण उसी जगह वापस आ जाता है जहाँ से वह फेंका गया था, तब $y=0$. यदि यह समय t हो, तो

$$y=ut+\frac{1}{2}at^2$$

या $$0=(19.6\,\mathrm{m/s})t+\frac{1}{2}(-9.8\,\mathrm{m/s})t^2$$

या $t=0$ अथवा 4 s.

स्पष्ट है कि $t=0$ फेंके जाने का समय है जब $y=0$ था और $t=4\,\mathrm{s}$ उसके वापस आने का समय है जब पुनः $y=0$ हो गया। अतः, कण को वापस आने में 4 s का समय लगा।

6.6 परिवर्ती त्वरण के साथ गति

यदि कोई कण एक सरल रेखा पर गति कर रहा हो, पर उसका त्वरण लगातार बदल रहा हो, तो उसका वेग तथा स्थान बताने के लिए विशेष प्रकार से समीकरण लिखने पड़ते हैं। नीचे दिए गए अभ्यासों से हम इन विधियों का थोड़ा ज्ञान प्राप्त करेंगे।

अभ्यास 6.6

x-अक्ष पर चलते हुए एक कण का त्वरण $a=k_1+k_2t$ है, जहाँ k_1 तथा k_2 अचर हैं। $t=0$ समय पर यह कण $x=0$ पर है तथा इसका वेग u है। t समय पर इसका वेग तथा स्थान बताएँ।

हल हम जानते हैं कि $a=\dfrac{dv}{dt}\cdot$

अतः $$\frac{dv}{dt}=k_1+k_2t$$

या $$dv=(k_1+k_2t)\,dt.$$

प्रारंभ में $t=0$ और $v=u$, बाद में $t=t$ और $v=v$.

अतः, $$\int_u^v dv=\int_0^t (k_1+k_2t)\,dt$$

या $$[v]_u^v=\left[k_1t+\frac{1}{2}k_2t^2\right]_0^t$$

या $$v-u=k_1t+\frac{1}{2}k_2t^2$$

या $$v=u+k_1t+\frac{1}{2}k_2t^2.$$

यही समीकरण t समय पर कण के वेग का मान बताता है।

अब, $v=\dfrac{dx}{dt}\cdot$

अतः, $\frac{dx}{dt} = u + k_1 t + \frac{1}{2}k_2 t^2$

या $dx = \left(u + k_1 t + \frac{1}{2}k_2 t^2\right)dt.$

प्रारंभ में $t = 0$, $x = 0$ तथा बाद में $t = t$, $x = x$, अतः

$$\int_0^x dx = \int_0^t \left(u + k_1 t + \frac{1}{2}k_2 t^2\right)dt$$

या $[x]_0^x = \left[ut + \frac{1}{2}k_1 t^2 + \frac{1}{6}k_2 t^3\right]_0^t$

या $x = ut + \frac{1}{2}k_1 t^2 + \frac{1}{6}k_2 t^3.$

यह समीकरण, t समय पर कण का स्थान बताता है। जब भी कण का त्वरण समय t के फलन के रूप में पता हो, तो इस विधि का उपयोग कर वेग या स्थान मालूम कर सकते हैं।

अभ्यास 6.7

x-अक्ष पर चलते हुए एक कण का त्वरण $a = -kv$ है। समय $t = 0$ पर कण $x = 0$ पर है तथा इसका वेग u है। t समय पर इस कण का वेग तथा स्थान निकालें।

हल दिया गया है कि $a = \frac{dv}{dt} = -kv$

या $\frac{dv}{v} = -k\,dt.$

प्रारंभ में $t = 0$ तथा $v = u$ और बाद में $t = t$ तथा $v = v$.

अतः, $\int_u^v \frac{dv}{v} = \int_0^t -k\,dt$

या $[\ln v]_u^v = -k[t]_0^t$ या $\ln v - \ln u = -kt$

या $\ln\frac{v}{u} = -kt$ या $\frac{v}{u} = e^{-kt}$

या $v = ue^{-kt}.$

अब $v = \frac{dx}{dt}.$

अतः, $\frac{dx}{dt} = ue^{-kt}$

या $dx = ue^{-kt}dt$ या $\int_0^x dx = \int_0^t ue^{-kt}\,dt$

या $[x]_0^x = \left[\frac{ue^{-kt}}{-k}\right]_0^t$ या $x = \frac{u}{-k}(e^{-kt} - 1)$

या $x = \frac{u}{k}(1 - e^{-kt}).$

इस अभ्यास में त्वरण, कण के वेग पर निर्भर कर रहा है। जब कभी भी त्वरण वेग के फलन के रूप में दिया गया हो, तो हम इस विधि का उपयोग कर सकते हैं।

अभ्यास 6.8

x-अक्ष पर चलते हुए एक कण का त्वरण $a = -kx$ है। प्रारंभ में कण $x = A$ पर है तथा इसका वेग शून्य है। जब यह पहली बार $x = A/2$ पर पहुँचता है, उस समय इसका वेग निकालें।

हल दिया गया है कि $a = \frac{dv}{dt} = -kx.$

अब $\frac{dv}{dt} = \frac{dv}{dx}\frac{dx}{dt} = \left(\frac{dv}{dx}\right)v.$

अतः, $v\frac{dv}{dx} = -kx$ या $v\,dv = -kx\,dx.$

प्रारंभ में $x = A$ तथा $v = 0$ है, बाद में $x = \frac{A}{2}$ तथा $v = v$ है।

अतः, $\int_0^v v\,dv = \int_A^{A/2} -kx\,dx$ या $\left[\frac{v^2}{2}\right]_0^v = \left[-\frac{1}{2}kx^2\right]_A^{A/2}$

या $v^2 = k\left(A^2 - \frac{A^2}{4}\right) = \frac{3}{4}kA^2$

या $v = \pm\frac{\sqrt{3k}}{2}A.$ ... (i)

यहाँ यह ध्यान रखने की बात है कि v का मान धनात्मक या ऋणात्मक दोनों हो सकता है। दी हुई परिस्थिति के अनुसार यह निर्णय करना होता है कि कौन-सा चिह्न चुना जाए।

प्रारंभ में कण $x = A$ पर विराम में था तथा इसका त्वरण ऋणात्मक है ($a = -kx$)। अतः, कण ऋणात्मक x-अक्ष की दिशा में चलेगा, अर्थात उसका वेग ऋणात्मक होगा, अर्थात

$$x = \frac{A}{2} \text{ पर } v = -\frac{\sqrt{3k}}{2}A.$$

जब त्वरण कण के स्थान x के फलन के रूप में दिया गया हो, तो इसी प्रकार से समीकरण हल कर सकते हैं। $\frac{dv}{dt}$ को $\frac{dv}{dx}\cdot\frac{dx}{dt} = v\frac{dv}{dx}$ के रूप में लिखकर आगे की गणना करते हैं।

6.7 ग्राफ द्वारा गति के बारे में विवेचना

स्थान परिवर्तन की दर को वेग कहते हैं। x-अक्ष पर चलते कण के लिए $v = \frac{dx}{dt}$ होता है। यदि x तथा t के बीच ग्राफ खींचा जाए और ग्राफ के किसी बिंदु से इसपर स्पर्शरिखा खींची जाए तो उस स्पर्शरिखा की ढाल या प्रवणता $\tan\theta = \frac{dx}{dt}$ होगी।

अर्थात, वेग $v = \tan\theta$.

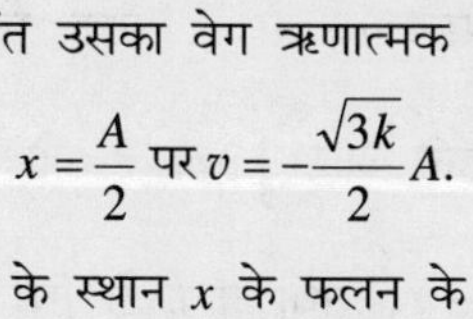

चित्र 6.2

स्पर्शरिखा x-अक्ष से कितना कोण बना रही है, इससे उस क्षण पर कण के वेग के बारे में जाना जा सकता है। यदि यह कोण 90° से अधिक हो, तो $\tan\theta$ का मान ऋणात्मक होगा। अतः, यहाँ वेग भी x-अक्ष की दिशा के विपरीत होगा।

इसी प्रकार, $a = \frac{dv}{dt}$ होने के कारण v–t ग्राफ पर खींची स्पर्शरेखा की ढाल से हमें त्वरण का मान मिल सकता है।

v–t ग्राफ से हमें किसी समय अंतराल में कण के विस्थापन का मान भी मिल सकता है।

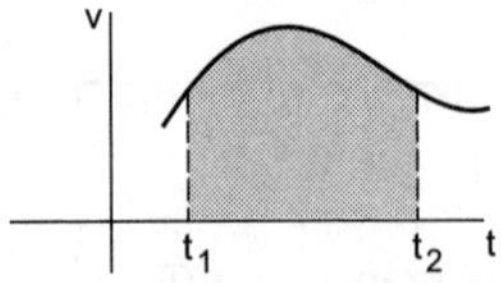

चित्र 6.3

परिभाषा $v = \frac{dx}{dt}$ से,

$$dx = v\,dt$$

या $$\int_{x_1}^{x_2} dx = \int_{t_1}^{t_2} v\,dt$$

या $$x_2 - x_1 = \int_{t_1}^{t_2} v\,dt,$$

जहाँ x_1 तथा x_2, समय t_1 तथा t_2 पर कण के स्थान बताते हैं और $x_2 - x_1$ समय अंतराल t_1 से t_2 तक में कण का विस्थापन है। समीकरण की दाहिनी ओर $\int_{t_1}^{t_2} v\,dt$ है जो v–t ग्राफ में t-अक्ष, रेखा $t = t_1$, रेखा $t = t_2$ तथा ग्राफ से घिरे क्षेत्र का क्षेत्रफल है। चित्र 6.3 में यह भाग छायांकित कर दिखाया गया है।

अतः v–t ग्राफ में उपयुक्त क्षेत्रफल निकालकर आप किसी अंतराल में कण का विस्थापन ज्ञात कर सकते हैं।

कण का विस्थापन $x_2 - x_1$ धनात्मक, शून्य या ऋणात्मक हो सकता है। क्या क्षेत्रफल ऋणात्मक हो सकता है? सामान्य गणित में हम ऐसा नहीं मानते। किंतु, $\int_{t_1}^{t_2} v\,dt$ का मान ऋणात्मक हो सकता है। चित्र 6.4 में एक कण का v–t ग्राफ दिखाया गया है जो x-अक्ष की ऋणात्मक दिशा में चल रहा है। रेखांकित क्षेत्रफल t-अक्ष के नीचे

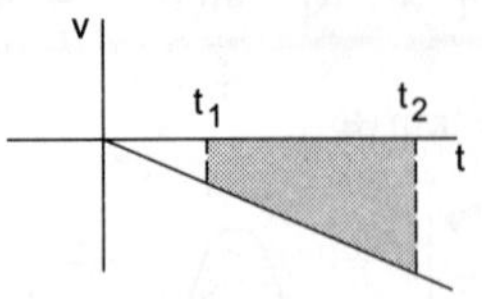

चित्र 6.4

की ओर बना है और इसलिए $\int_{t_1}^{t_2} v\,dt$ का सांख्यिक मान तो इस क्षेत्रफल के बराबर होगा, पर उसका चिह्न ऋणात्मक होगा।

त्वरण a के t के साथ ग्राफ से भी क्षेत्रफल की सहायता से आप वेग में परिवर्तन का मान जान सकते हैं।

$$a = \frac{dv}{dt}$$

अतः, $$\int_{v_1}^{v_2} dv = \int_{t_1}^{t_2} a\,dt \qquad \text{या} \qquad v_2 - v_1 = \int_{t_1}^{t_2} a\,dt.$$

अतः, t-अक्ष, $t = t_1$, $t = t_2$ तथा a–t ग्राफ से घिरे क्षेत्रफल का मान कण के वेग में परिवर्तन के बराबर होगा।

6.8 स्थानांतरीय एवं घूर्णन गति (Translatory Rotational Motion)

जब कोई बड़ी वस्तु इस प्रकार चलती है कि उसके सभी कणों का विस्थापन किसी दिए हुए समय में एक ही हो, तो उसकी गति स्थानांतरीय गति कहलाती है। चित्र 6.5 (a) में इसका उदाहरण दिखाया गया है। कण A का विस्थापन $\overrightarrow{AA'}$ है जबकि उसी समय में कण B का विस्थापन $\overrightarrow{BB'}$ है। दोनों के परिमाण भी बराबर हैं तथा दिशाएँ भी समान हैं। वस्तु के किसी भी कण का विस्थापन इतना ही है। परंतु, चित्र 6.5(b) में दिखाई गई गति ऐसी नहीं है। कण A का विस्थापन जिस दिशा में है, कण B का विस्थापन उससे भिन्न दिशा में है। दोनों के परिमाण भी अलग-अलग हैं। स्थान बदलने के साथ-साथ वस्तु कुछ कोण से घूम भी गई है। अतः, यह स्थानांतरीय गति तथा घूर्णन गति का सम्मिलित रूप है।

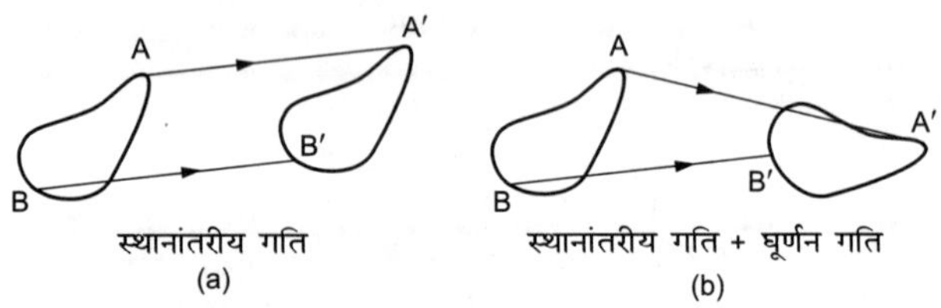

चित्र 6.5

जब कोई बड़ी वस्तु स्थानांतरीय गति करती है, तो प्रायः उस पूरी वस्तु को एक कण की तरह मानकर उसकी गति की गणना कर सकते हैं। वेग एवं त्वरण के सभी समीकरण जो कण की गति के लिए इस अध्याय तथा पिछले अध्याय में बताए गए हैं, बड़ी वस्तु के लिए भी उपयोग में लाए जा सकते हैं।

• हल किए गए प्रश्न •

1. *एक मनुष्य 6 km/h की चाल से 1 km चलता है और उसके बाद का 1 km वह 8 km/h की चाल से चलता है। इस पूरे 2 km में उसकी औसत चाल निकालें।*

हल पहले 1 km चलने में लगा समय $= \frac{1\text{ km}}{6\text{ km/h}} = \frac{1}{6}$ h.

बाद के 1 km चलने में लगा समय $= \frac{1\text{ km}}{8\text{ km/h}} = \frac{1}{8}$ h.

अतः, पूरे 2 km चलने में लगा समय $= \left(\frac{1}{6} + \frac{1}{8}\right)$h $= \frac{7}{24}$ h.

औसत चाल $= \dfrac{2 \text{ km}}{\left(\dfrac{7}{24} \text{ h}\right)} = \dfrac{48}{7} \text{ km/h} \approx 7 \text{ km/h}$.

2. *एक लेक्चर हॉल का स्टेज 40 ft चौड़ा है और उसके एक किनारे पर एक दरवाजा है। एक शिक्षक दोपहर 12.00 बजे दरवाजे से हॉल में प्रवेश करते हैं और पढ़ाने के सिलसिले में 10 बार उस 40 ft की चौड़ाई में इस किनारे से उस किनारे तक और वापस उस किनारे से इस किनारे तक घूमते हैं। अंत में 12.50 बजे क्लास का समय खत्म होने पर वे दरवाजे से बाहर चले जाते हैं। उनकी औसत चाल तथा औसत वेग निकालें।*

हल शिक्षक द्वारा 50 मिनट में चली गई दूरी

$$= (40 \text{ ft} + 40 \text{ ft}) \times 10 = 800 \text{ ft}.$$

अतः, इस अवधि में औसत चाल $= \dfrac{800 \text{ ft}}{50 \text{ minutes}} = 16 \text{ ft/min}.$

दोपहर 12.00 बजे शिक्षक दरवाजे पर थे और 12.50 बजे भी वे दरवाजे पर थे। अतः, इस 50 मिनट में उनका विस्थापन शून्य है।

अतः, औसत वेग $= \dfrac{\text{विस्थापन}}{\text{समय}} = 0.$

3. *x-अक्ष पर चलते हुए एक कण का स्थान $x = At^3 + Bt^2 + Ct + D$ के अनुसार बदलता है। SI इकाइयों में A, B, C एवं D के सांख्यिक मान क्रमशः 1, 4, –2 तथा 5 हैं। (a) A, B, C तथा D के विमीय-सूत्र निकालें। (b) समय t = 4 s पर कण का वेग निकालें। (c) t = 4 s पर कण का त्वरण निकालें। (d) t = 0 से t = 4 s के अंतराल में कण का औसत वेग निकालें। (e) t = 0 से t = 4 s के अंतराल में कण का औसत त्वरण निकालें।*

हल (a) x, At^3, Bt^2, Ct एवं D की विमाएँ समान होंगी। चूँकि इस समीकरण का एक पद x है, इसलिए इन पदों में से प्रत्येक की विमा लंबाई की विमा के बराबर होगी। अतः,

$[At^3] = \text{L}$ या $[A] = \text{LT}^{-3}$

$[Bt^2] = \text{L}$ या $[B] = \text{LT}^{-2}$

$[Ct] = \text{L}$ या $[C] = \text{LT}^{-1}$

$[D] = \text{L}$

(b) $x = At^3 + Bt^2 + Ct + D$

या $v = \dfrac{dx}{dt} = 3At^2 + 2Bt + C.$

अतः, $t = 4$ s पर कण का वेग,

$$v = [3 \times (1) \times (4)^2 + 2 \times (4) \times (4) + (-2)] \text{ m/s}$$
$$= (48 + 32 - 2) \text{ m/s} = 78 \text{ m/s}.$$

चूँकि सभी जगह SI इकाइयों में संख्याएँ लिखी गई हैं, अंतिम परिणाम भी SI इकाई में मिलेगा। इसलिए v का मान m/s में होगा।

अतः, $v = 78$ m/s.

(c) $v = 3At^2 + 2Bt + C$

या $a = \dfrac{dv}{dt} = 6At + 2B.$

$t = 4$ s पर, $a = [6 \times (1) \times (4) + 2 \times (4)] \text{ m/s}^2 = 32 \text{ m/s}^2.$

(d) $x = At^3 + Bt^2 + Ct + D$

$t = 0$ पर, $x = D = 5$ m.

$t = 4$ s पर, $x = [1 \times (4)^3 + 4 \times (4)^2 + (-2) \times (4) + 5]$ m = 125 m.

$t = 0$ से $t = 4$ s तक में कण का विस्थापन = 125 m – 5 m = 120 m.

अतः, इस अंतराल में कण का औसत वेग $= \dfrac{120 \text{ m}}{4 \text{ s}} = 30$ m/s.

(e) $v = 3At^2 + 2Bt + C$

$t = 0$ पर, $v_1 = C = -2$ m/s.

$t = 4$ s पर, $v_2 = [3 \times (1) \times (4)^2 + 2 \times (4) \times (4) - 2]$ m/s = 78 m/s.

इस अंतराल में वेग में परिवर्तन

$$v_2 - v_1 = (78 \text{ m/s}) - (-2 \text{ m/s}) = 80 \text{ m/s}.$$

अतः, औसत त्वरण $= \dfrac{80 \text{ m/s}}{4 \text{ s}} = 20 \text{ m/s}^2.$

4. *चित्र 6.W1 में x-अक्ष पर चलते हुए एक कण के वेग का समय के साथ ग्राफ दिखाया गया है।*

(a) समय t = 0 से t = 4 s तक में कण की गति कैसी है, इसका वर्णन करें।

(b) पहले 2 सेकंड में कण द्वारा चली गई दूरी निकालें।

(c) t = 2 s से t = 4 s तक में चली गई दूरी निकालें।

(d) t = 0 से t = 4 s तक में चली गई दूरी निकालें।

(e) t = 0 से t = 4 s तक में विस्थापन निकालें।

(f) $t = \dfrac{1}{2}$ s पर कण का त्वरण निकालें।

(g) t = 2 s पर कण का त्वरण निकालें।

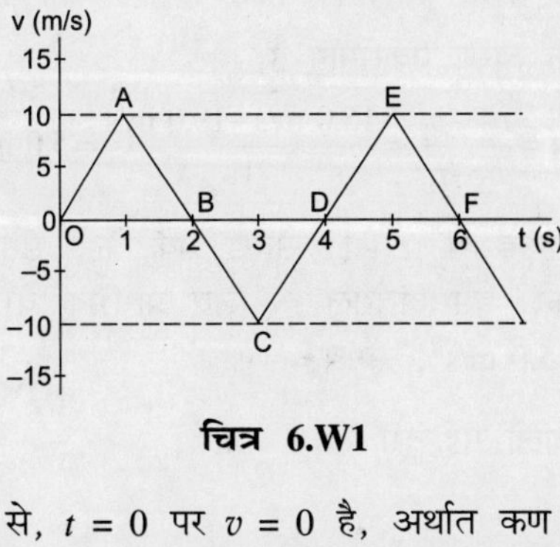

चित्र 6.W1

हल (a) चित्र से, $t = 0$ पर $v = 0$ है, अर्थात कण स्थिर है। इस स्थान को $x = 0$ कहें। $t = 0$ से $t = 2$ s तक वेग धनात्मक है, अतः कण x-अक्ष पर धनात्मक दिशा में बढ़ रहा है। $t = 1$ s तक वेग बढ़ रहा है और इसके बाद कण धीमा होने लगता है। कण $t = 2$ s पर रुक जाता है। उसके बाद वेग ऋणात्मक हो जाता है, अर्थात कण वापस मूलबिंदु की ओर चलने लगता है। $t = 3$ s पर कण का वेग ऋणात्मक दिशा में अधिकतम हो जाता है और इसके बाद वह धीमा होने लगता है। $t = 4$ s पर यह पुनः विराम अवस्था में आ जाता है।

(b) $t = 0$ से $t = 2$ s के बीच वस्तु अपनी दिशा नहीं बदलती। अतः, विस्थापन का परिमाण चली गई दूरी के बराबर होगा। अतः, इस अवधि में चली गई दूरी

$$= \left|\int_0^{2s} v\,dt\right| = \text{ चित्र } AOB \text{ का क्षेत्रफल}$$

$$= \frac{1}{2} \times 2\,\text{s} \times 10\,\text{m/s} = 10\,\text{m}.$$

यह दूरी धन दिशा में चली गई है।

(c) $t = 2$ s से $t = 4$ s के बीच चली गई दूरी

$$= \left|\int_{2s}^{4s} v\,dt\right| = \text{ चित्र } BCD \text{ का क्षेत्रफल}$$

$$= \frac{1}{2} \times 2\,\text{s} \times 10\,\text{m/s} = 10\,\text{m}.$$

यह दूरी ऋण दिशा में चली गई है।

(d) $t = 0$ से $t = 4$ s तक के बीच चली गई दूरी

= 10 m + 10 m = 20 m.

(e) $t = 0$ से $t = 4$ s के बीच विस्थापन = 10 m + (–10 m) = 0.

(f) $t = \frac{1}{2}$ s पर त्वरण = रेखा OA की प्रवणता (slope)

$$= \frac{10\,\text{m/s} - 0\,\text{m/s}}{1\,\text{s} - 0\,\text{s}} = 10\,\text{m/s}^2.$$

(g) $t = 2$ s पर त्वरण = रेखा ABC की प्रवणता

$$= \frac{0 - 10\,\text{m/s}}{2\,\text{s} - 1\,\text{s}} = -10\,\text{m/s}^2.$$

5. *एक कण विराम अवस्था से एकसमान त्वरण से चलना शुरू करता है। किसी समय t पर उसका वेग 10.0 m/s है तथा उसके 1 सेकंड बाद उसका वेग 15.0 m/s हो जाता है। (a) कण का त्वरण ज्ञात करें। (b) t सेकंड से $(t+1)$ सेकंड के बीच चली गई दूरी निकालें।*

हल (a) चूँकि त्वरण एकसमान है,

$$a = \frac{v_2 - v_1}{t_2 - t_1} = \frac{15.0\,\text{m/s} - 10.0\,\text{m/s}}{1\,\text{s}} = 5.0\,\text{m/s}^2.$$

(b) t सेकंड से $(t+1)$ सेकंड तक के समय अंतराल का विचार करें। इस अंतराल के लिए प्रारंभिक वेग = 10.0 m/s, त्वरण = 5.0 m/s^2, समय = 1 s.

अतः, चली गई दूरी $= ut + \frac{1}{2}at^2$

$$= (10.0\,\text{m/s})(1\,\text{s}) + \frac{1}{2}(5.0\,\text{m/s}^2)(1\,\text{s}^2)$$

= 12.5 m.

6. *एक शरारती लड़का गुलेल में पत्थर लगाकर उसके रबर को 24 cm पीछे खींचता है और फिर छोड़ देता है। जब तक रबर अपनी स्वाभाविक लंबाई में लौटता है, वह पत्थर को धक्का देता है और उसमें त्वरण पैदा करता है। पत्थर जब गुलेल को छोड़ता है तो उसका वेग 2.2 m/s हो जाता है। यदि यह माना जाए कि पत्थर का त्वरण एकसमान है, तो इसका मान निकालें।*

हल पत्थर का प्रारंभिक वेग = 0.

पत्थर का अंतिम वेग = 2.2 m/s.

पत्थर का विस्थापन = 24 cm = 0.24 m.

एकसमान त्वरण के लिए, $v^2 = u^2 + 2ax$

या $$(2.2)^2\,\frac{\text{m}^2}{\text{s}^2} = 0 + 2a \times (0.24)\,\text{m}$$

या $$a = \frac{(2.2)^2}{2 \times (0.24)}\,\frac{\text{m}}{\text{s}^2} = 10.1\,\text{m/s}^2.$$

7. *एक पुलिस ऑफिसर जीप से एक पॉकेटमार का पीछा कर रहे हैं। जीप अपनी अधिकतम चाल v से चल रही है। जब जीप पॉकेटमार से d दूरी पर थी, पॉकेटमार को अपना एक दोस्त मिल गया जो मोटरसाइकिल स्टार्ट कर उसकी प्रतीक्षा कर रहा था। पॉकेटमार को लेकर मोटरसाइकिल एकसमान त्वरण a से चल पड़ती है। (a) v, a तथा d में संबंध बताएँ ताकि ऑफिसर पॉकेटमार को पकड़ सके। (b) एक ही चित्र में जीप के लिए तथा मोटरसाइकिल के लिए x–t के ग्राफ खींचें यदि $v > \sqrt{2ad}$ हो। (c) एक अलग चित्र में जीप तथा मोटरसाइकिल के लिए ग्राफ खींचें यदि $v < \sqrt{2ad}$ हो।*

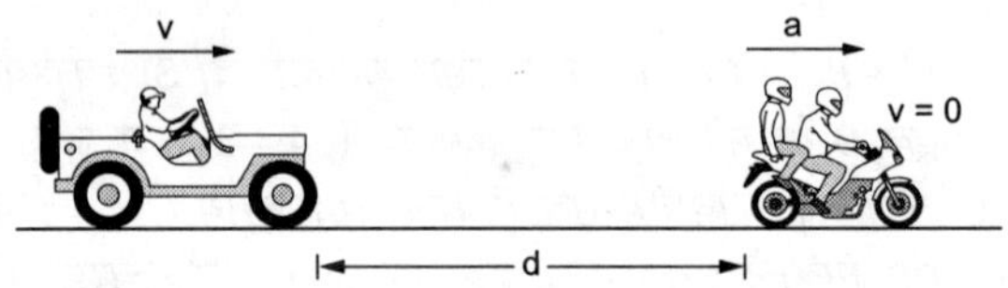

चित्र 6.W2

हल (a) मोटरसाइकिल स्टार्ट होनेवाले समय को $t = 0$ लें। मान लें कि जीप मोटरसाइकिल को t समय पर पकड़ती है। इस अवधि में मोटरसाइकिल द्वारा चली गई दूरी,

$$s = \frac{1}{2}at^2. \quad \text{... (i)}$$

इसी अवधि में जीप द्वारा चली गई दूरी,

$$s + d = vt. \quad \text{... (ii)}$$

समीकरण (i) तथा (ii) से, $\frac{1}{2}at^2 + d = vt$

या $at^2 - 2vt + 2d = 0$ या $$t = \frac{v \pm \sqrt{v^2 - 2ad}}{a}. \quad \text{... (iii)}$$

पॉकेटमार पकड़ा जाएगा यदि यह t वास्तविक (real) तथा धनात्मक या शून्य हो।

(b) इसके लिए $v^2 > 2ad$ या $v > \sqrt{2ad}$. एकसमान वेग v से चलनेवाली जीप के लिए $x = vt$. अतः, x–t ग्राफ मूलबिंदु से गुजरनेवाली सरल रेखा होगी जिसकी प्रवणता v होगी (चित्र 6.W3)।

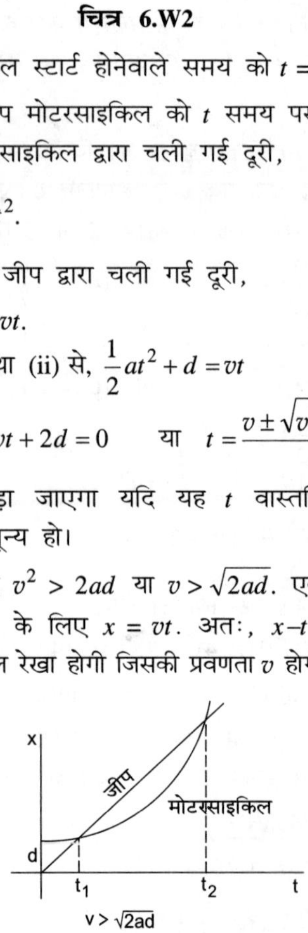

चित्र 6.W3

मोटरसाइकिल के लिए, $t = 0$ पर $x = d$ है। इसके बाद चली गई दूरी $\frac{1}{2}at^2$ है। अतः, $x = d + \frac{1}{2}at^2$ होगा। $x = \frac{1}{2}at^2$ मूलबिंदु से जानेवाला परवलय (parabola) है। ऐसा ही परवलय मूलबिंदु से नहीं खींचकर y-अक्ष के (0, d) बिंदु से खींचना होगा। चित्र में सरल रेखा की प्रवणता v इतनी अधिक है कि वह परवलय को दो बिंदुओं पर काटती है। इन कटान-बिंदुओं के समय t_1 तथा t_2 हैं। चूँकि $v > \sqrt{2ad}$ है, समीकरण (iii) से t के दो धनात्मक मान मिलेंगे। यही मान t_1 तथा t_2 हैं। मोटरसाइकिल जीप को t_1 समय पर पकड़ लेगी।

समय t_2 का क्या अर्थ है? यदि t_1 समय के बाद भी मोटर-साइकिल और जीप उसी प्रकार चलती रहे, तो t_1 समय के बाद जीप आगे निकल जाएगी और मोटरसाइकिल पीछे रह जाएगी। पर, मोटरसाइकिल की चाल लगातार बढ़ती जा रही है और यह जीप को फिर से पार कर लेगी। यह समय t_2 है।

(c) यदि v का मान $\sqrt{2ad}$ से कम हो, तो जीप की $x = vt$ वाली सरल रेखा, मोटरसाइकिल के परवलय से नीचे ही रह जाएगी और किसी भी समय पर जीप मोटरसाइकिल को नहीं पकड़ पाएगी।

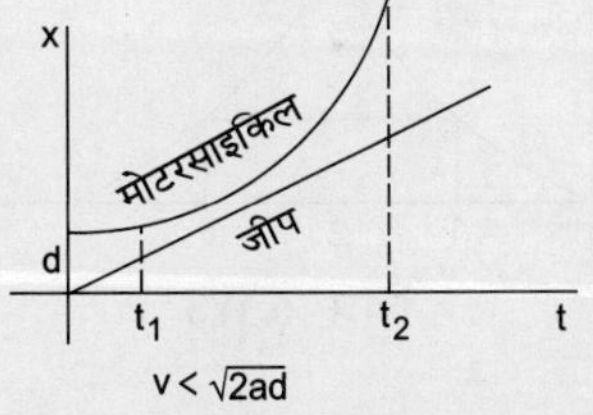

चित्र 6.W4

8. *एक कार एकसमान वेग 40 km/h से एक सीधी सड़क पर चल रही है। सड़क एक बड़ी दीवार तक जाती है जहाँ वह 90° पर मुड़ जाती है। जब कार दीवार से 20 km दूर है, एक मक्खी दीवार से कार की ओर उड़ना प्रारंभ करती है। वह मक्खी कार के शीशे तक पहुँचती है और वह पलटकर पुनः दीवार की ओर चल पड़ती है। दीवार पर पहुँचकर मक्खी फिर पलट जाती है और कार की ओर चल पड़ती है। दीवार और कार के बीच वह तब तक उड़ती रहती है जब तक कि कार दीवार तक पहुँच नहीं जाती। मक्खी की चाल पूरे रास्ते में एकसमान 100 km/h मानें तथा पलटने के समय को नगण्य मानें।*

(a) मक्खी ने कुल कितनी दूरी तय की?

(b) मक्खी ने कुल कितनी बार दीवार से कार और कार से दीवार की यात्रा की?

हल (a) 20 km की दूरी तय करने में कार को लगा समय

$$= \frac{20 \text{ km}}{40 \text{ km/h}} = \frac{1}{2}\text{h}.$$

मक्खी एकसमान चाल 100 km/h से उड़ती है। इसलिए मक्खी द्वारा तय की गई दूरी

$$= 100\frac{\text{km}}{\text{h}} \times \frac{1}{2}\text{h} = 50\,\text{km}.$$

(b) मान लिया कि मक्खी अपनी यात्रा के दौरान किसी समय दीवार (चित्र 6.W5 में स्थिति O) पर है और इस समय कार दीवार से x दूरी पर है (चित्र 6.W5 में स्थिति A)। मक्खी कार के शीशे तक t समय में पहुँचती है (चित्र 6.W5 में स्थिति B)।

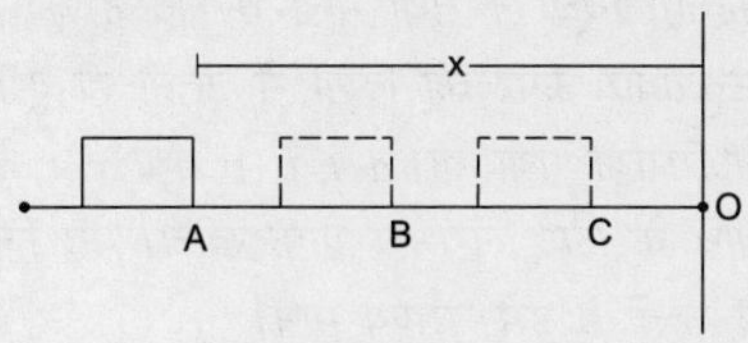

चित्र 6.W5

तब $AB = (40\,\text{km/h})t$ तथा $OB = (100\,\text{km/h})t$.

अतः, $x = AB + OB = (140\ \text{km/h})t$

या $\quad t = \dfrac{x}{140 \text{ km/h}}$

या $\quad OB = (100 \text{ km/h})\dfrac{x}{140 \text{ km/h}} = \dfrac{5}{7}x.$

मक्खी के वापस दीवार तक पहुँचने में लगा समय

$$= \frac{5x/7}{100\,(\text{km/h})} = \frac{x}{140 \text{ km/h}}.$$

इतनी देर में कार B से चलकर C तक पहुँचती है, तो

$$BC = (40 \text{ km/h}) \times \frac{x}{(140 \text{ km/h})} = \frac{2}{7}x.$$

अतः, मक्खी जब एक चक्कर पूरा कर दीवार तक पहुँचती है, तो कार की उससे दूरी

$$OC = OB - BC = \frac{5}{7}x - \frac{2}{7}x = \frac{3}{7}x.$$

अतः, किसी चक्कर के प्रारंभ में यदि कार की दूरी दीवार से x हो, तो अगले चक्कर के प्रारंभ में कार की दूरी दीवार से $\frac{3}{7}x$ होगी।

पहले चक्कर के प्रारंभ में दीवार एवं कार की दूरी = 20 km.

दूसरे चक्कर के प्रारंभ में दीवार एवं कार की दूरी = $20 \text{ km} \times \frac{3}{7}$.

तीसरे चक्कर के प्रारंभ में दीवार एवं कार की दूरी

$$= 20 \text{ km} \times \left(\frac{3}{7}\right)^2.$$

चौथे चक्कर के प्रारंभ में दीवार एवं कार की दूरी

$$= 20 \text{ km} \times \left(\frac{3}{7}\right)^3.$$

इसी तरह nवें चक्कर के प्रारंभ में दीवार एवं कार की दूरी

$$= 20 \text{ km} \times \left(\frac{3}{7}\right)^{n-1}.$$

ये चक्कर तब तक चलते रहेंगे जब तक कि यह दूरी शून्य न हो जाए। पर यह शून्य तभी होगा जब n अनंत हो जाए, अर्थात मक्खी दीवार से कार और कार से दीवार तक के अनंत चक्कर लगाएगी।

इस प्रश्न में हमने गणित का अधिक अभ्यास किया है। मक्खी का आकार, पलटने में लगनेवाला समय आदि अनेक ऐसी बातें हैं जो हमने पूरी तरह भुला दी है। इसीलिए हमें उत्तर के रूप में अनंत चक्कर मिला है।

9. *एक गेंद को जमीन से 19.6 मीटर ऊँचे बिंदु से गिराया जाता है। इस बिंदु को मूलबिंदु लें तथा नीचे की दिशा को x-अक्ष लें। यह जमीन से टकराकर ऊपर की दिशा में उतनी ही दूरी तक जाती है, जहाँ से इसे गिराया गया था। a–t, v–t तथा x–t के लिए प्रश्न में दी गई अवधि के लिए लगभग ग्राफ खींचें। गेंद जितनी देर जमीन से संपर्क में रहती है उसे नगण्य मानें।*

हल गेंद जब जमीन के साथ संपर्क में आती है तो उसका वेग नीचे की ओर से बदलकर ऊपर की ओर हो जाता है। अतः, इस अवधि में इसका त्वरण g से अलग है। इसलिए हमें नीचे आने के समय की गति और ऊपर जाने के समय की गति के लिए अलग-अलग समीकरण लिखना होगा।

***a–t*:** नीचे की गति के लिए, $a = g = 9.8\ \text{m/s}^2$.
ऊपर की गति के लिए, $a = g = 9.8\ \text{m/s}^2$.

त्वरण—समय ग्राफ नीचे के चित्र 6.W6 में दिखाया गया है। हमने $t = 2\ \text{s}$ पर एक खाली जगह (gap) छोड़ दी है। $t = 2\ \text{s}$ पर जमीन से संपर्क के समय त्वरण g नहीं है, इसलिए यह खाली जगह (gap) छोड़ी गई है।

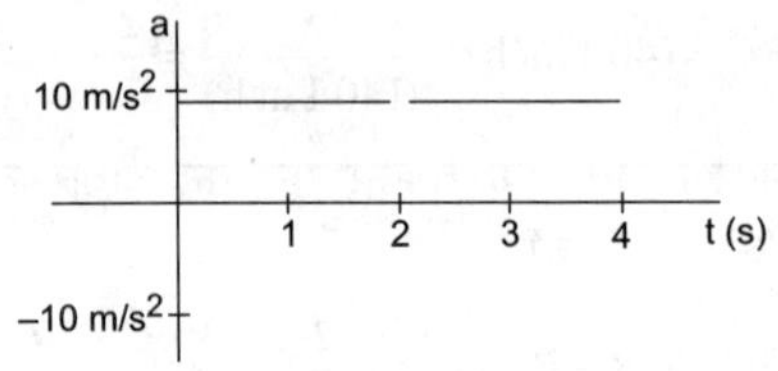

चित्र 6.W6

***v–t*:** पहले 2 सेकंड के लिए, $v = u + at = (9.8\ \text{m/s}^2)t$.

$t = 0, v = 0$

$t = 1\text{s}, v = 9.8\ \text{m/s}$

$t = 2\text{s}, v = 19.6\ \text{m/s}.$

इस समय गेंद की दिशा पलट जाती है और वह ऊपर की ओर जाने लगती है। चूँकि गेंद ऊपर की ओर भी उतनी ही दूरी 19.6 मीटर तक पहुँचती है, $t = 2\text{s}$ पर पलटने के बाद गेंद का वेग ऊपर की ओर 19.6 m/s होगा। इसके बाद प्रति सेकंड गेंद की चाल 9.8 m/s घटती जाएगी। अतः,

$t = 2\ \text{s}, v = -19.6\ \text{m/s}$

$t = 3\ \text{s}, v = -9.8\ \text{m/s}$

$t = 4\ \text{s}, v = 0\ \text{m/s}.$

वेग—समय ग्राफ चित्र 6.W7 में दिखाया गया है।

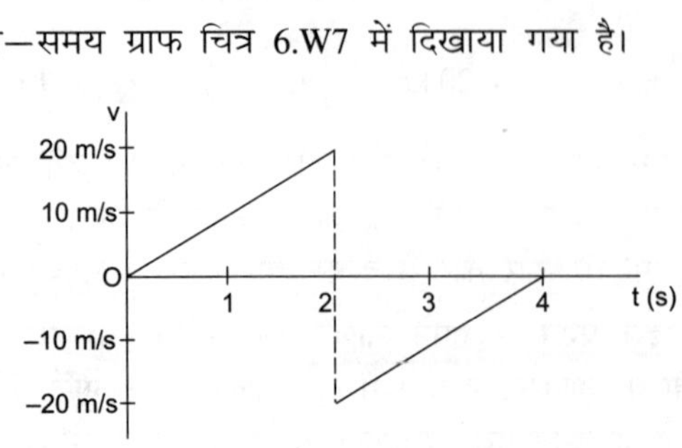

चित्र 6.W7

***x–t*:** नीचे की गति के लिए, $x = \frac{1}{2}at^2 = \frac{1}{2} \times (9.8\ \text{m/s}^2)t^2$.

अतः, $t = 0, x = 0$

$t = 1\ \text{s}, x = 4.9\ \text{m}$

$t = 2\ \text{s}, x = 19.6\ \text{m}.$

$t = 2\ \text{s}$ के बाद उसका वेग $-19.6\ \text{m/s}$ हो जाता है। त्वरण $= 9.8\ \text{m/s}^2$, अतः इसके 1 s बाद गेंद का विस्थापन

$$= ut + \frac{1}{2}at^2 = (-19.6\ \text{m/s})(1\ \text{s}) + (4.9\ \text{m/s}^2)(1\text{s}^2)$$

$$= -14.7\ \text{m}.$$

इस समय मूलबिंदु से उसकी स्थिति

$$= 19.6\ \text{m} - 14.7\ \text{m} = 4.9\ \text{m}.$$

अतः, $t = 3\ \text{s}$ पर $x = 4.9\ \text{m}$.

इसी तरह $t = 4\ \text{s}$ पर $x = 0$.

चित्र 6.W8 में $x–t$ ग्राफ दिखाया गया है।

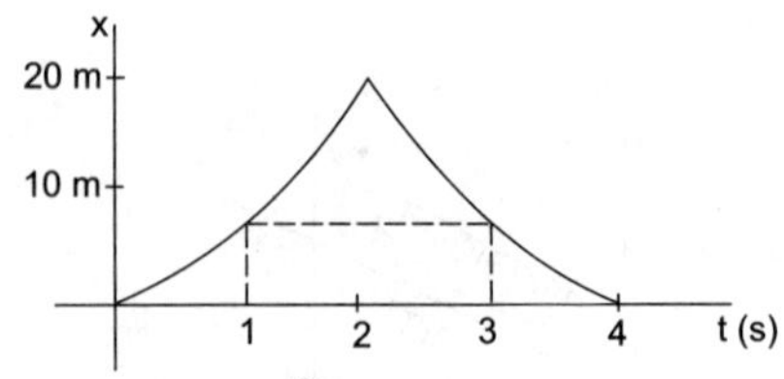

चित्र 6.W8

10. *एक गुब्बारा 5.0 m/s के एकसमान वेग से ऊपर की ओर जा रहा है। जब वह जमीन से 50 m ऊपर है, गुब्बारे में बैठा व्यक्ति एक पत्थर को गुब्बारे से बाहर निकालकर छोड़ देता है। जिस समय पत्थर जमीन पर पहुँचता है, उस समय जमीन से गुब्बारे की ऊँचाई निकालें। $g = 10\ \text{m/s}^2$ लें।*

हल जब पत्थर गुब्बारे में है, तो उसका वेग भी गुब्बारे के बराबर, अर्थात 5.0 m/s ऊपर की ओर होगा। पत्थर को छोड़ने के समय भी पत्थर का वेग यही होगा। इसके बाद वह नीचे की ओर $g = 10\ \text{m/s}^2$ त्वरण के साथ चलेगा। ऊपर की ओर की दिशा को x-अक्ष तथा पत्थर छोड़ने के क्षण को $t = 0$ कहें। इस समय पत्थर के स्थान को $x = 0$ कहें।

यदि पत्थर t समय पर जमीन पर पहुँचता है, तो इस समय,

$$x = -50\,\text{m}, u = 5.0\,\text{m/s}, a = g = -10\,\text{m/s}^2.$$

अतः, $-50\ \text{m} = (5.0\ \text{m/s})t - (5\ \text{m/s}^2)t^2$

या $t = \frac{1 \pm \sqrt{41}}{2}\text{s}$ अर्थात $t = -2.7\,\text{s}$ या $3.7\ \text{s}$.

इस प्रश्न के लिए $t = -2.7\ \text{s}$ का कोई मतलब नहीं है, अतः, पत्थर को छोड़े जाने के 3.7 s बाद वह जमीन पर पहुँचता है। इतने समय में गुब्बारे द्वारा ऊपर की ओर तय की गई दूरी

$$= (5\ \text{m/s}) \times (3.7\ \text{s}) = 18.5\ \text{m}.$$

अतः, जब पत्थर जमीन पर पहुँचता है उस समय गुब्बारे की जमीन से ऊँचाई $= 50\ \text{m} + 18.5\ \text{m} = 68.5\ \text{m}$.

• *विचार हेतु प्रश्न* •

1. *गैलीलियो को चर्च ने इसलिए सजा सुनाई थी, क्योंकि वे कहा करते थे कि सूर्य स्थिर है और धरती इसके चारों ओर घूमती है। उनके विरोधियों का विचार था कि धरती स्थिर है और सूर्य उसके चारों ओर घूमता है। यदि विराम और गति सिर्फ सापेक्ष राशियाँ हैं, तो क्या ये दोनों प्रकार के विचार उतने ही सही या उतने ही गलत नहीं हैं?*

2. *यदि कोई कण एकसमान वेग से चल रहा हो, तो उसका औसत वेग, वेग तथा चाल सभी बराबर होंगे। इस कथन पर टिप्पणी करें।*

3. *एक कार 60 km/h की चाल से उत्तर की ओर तथा दूसरी कार 60 km/h की चाल से पूर्व की ओर चल रही है। क्या दोनों कारों के वेग बराबर हैं? यदि नहीं, तो किसका वेग अधिक है और किसका कम? क्या कोई प्रश्न अर्थहीन लगता है?*

4. *एक गेंद $t = 0$ समय पर किसी स्थान से v_0 वेग से ऊपर की ओर फेंकी गई है। वह गेंद t_0 समय तक ऊपर जाती है और नीचे आते हुए $2t_0$ समय पर उसी स्थान पर पहुँच जाती है। गेंद का वेग–समय ग्राफ 0 से $2t_0$ समय के लिए खींचा जाता है। क्या $t = t_0$ पर ग्राफ की रेखा में कोई दिशा का परिवर्तन होगा?*

5. *दो कण A तथा B एक सरल रेखा पर विराम अवस्था से चलना प्रारंभ करते हैं। दोनों कण बराबर समय तक गति करते हैं। A आधे समय a त्वरण से और बाद के आधे समय $2a$ त्वरण से चलता है जबकि B आधे समय $2a$ त्वरण से और बाद के आधे समय a त्वरण से चलता है। बिना किसी समीकरण का उपयोग किए बताएँ कि दोनों में से कौन-सा कण अधिक दूरी तय करेगा?*

• *सटीक उत्तरवाले प्रश्न I* •

सटीक उत्तर का चयन करें।

1. चित्र 6.Q1 में x-अक्ष पर चलते एक कण का विस्थापन–समय ग्राफ दिखाया गया है। इस ग्राफ से पता चलता है कि

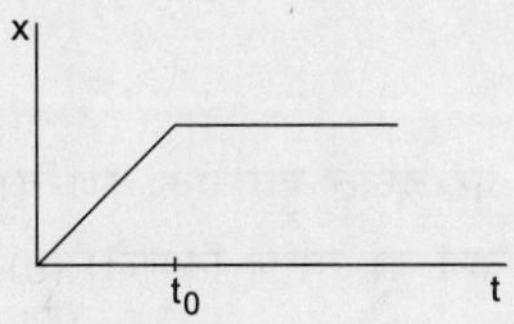

चित्र 6.Q1

(a) कण लगातार x-अक्ष पर धनात्मक दिशा में चलता जा रहा है।
(b) कण विराम अवस्था में है।
(c) t_0 समय तक वेग बढ़ता है और फिर एकसमान हो जाता है।
(d) कण एकसमान वेग से t_0 समय तक चलता है फिर रुक जाता है।

2. समय $t = 0$ पर एक कण का वेग पूर्व की ओर v है। इसका त्वरण एकसमान है और पश्चिम की ओर है। कण का विस्थापन पहले 10 सेकंड में x_A तथा अगले 10 सेकंड में x_B है, तो
(a) अवश्य ही $x_A < x_B$.
(b) अवश्य ही $x_A = x_B$.
(c) अवश्य ही $x_A > x_B$.
(d) x_A तथा x_B के संबंध को जानने के लिए दी गई सूचनाएँ पर्याप्त नहीं हैं।

3. एक सरल रेखा पर चलते हुए कण का वेग कुछ समय तक v_1 और फिर अगले उतने ही समय तक v_2 रहता है। इस पूरे समय में कण का औसत वेग v है, तो

(a) $v = \frac{v_1 + v_2}{2}$ (b) $v = \sqrt{v_1 v_2}$
(c) $\frac{2}{v} = \frac{1}{v_1} + \frac{1}{v_2}$ (d) $\frac{1}{v} = \frac{1}{v_1} + \frac{1}{v_2}$

4. एक सरल रेखा पर चलते कण का वेग एक निश्चित दूरी x तक चलने में v_1 तथा इसके बाद उतनी दूरी चलने में v_2 है। इस पूरी दूरी चलने में कण का औसत वेग v है, तो
(a) $v = \frac{v_1 + v_2}{2}$ (b) $v = \sqrt{v_1 v_2}$
(c) $\frac{2}{v} = \frac{1}{v_1} + \frac{1}{v_2}$ (d) $\frac{1}{v} = \frac{1}{v_1} + \frac{1}{v_2}$

5. त्वरण a से ऊपर जाती हुई लिफ्ट में खड़ा एक व्यक्ति एक पत्थर को हाथ से छोड़ देता है। छोड़ने के तुरंत बाद पत्थर का त्वरण होगा
(a) ऊपर की ओर a (b) ऊपर की ओर $(g - a)$
(c) नीचे की ओर $(g - a)$ (d) नीचे की ओर g

6. एक ऊँची इमारत पर खड़ा एक व्यक्ति दो गेंदों A तथा B को एक साथ, एक ही चाल से फेंकता है। गेंद A को वह ऊपर की ओर तथा गेंद B को नीचे की ओर फेंकता है। जमीन पर पहुँचते समय A की चाल v_A तथा B की चाल v_B हो जाती है, तो
(a) $v_A > v_B$.
(b) $v_A < v_B$.
(c) $v_A = v_B$.
(d) v_A तथा v_B के बीच संबंध इमारत की ऊँचाई पर निर्भर करता है।

• *सटीक उत्तरवाले प्रश्न II* •

सटीक उत्तर (उत्तरों) का चयन करें।

1. एक कण x-अक्ष पर चलता है। उसके स्थान x तथा समय t में निम्नलिखित संबंध है,

$$x = u(t - 2\text{s}) + a(t - 2\text{s})^2.$$

इस संबंध से पता चलता है कि
(a) कण का प्रारंभिक वेग u है।
(b) कण का त्वरण a है।
(c) कण का त्वरण $2a$ है।
(d) $t = 2$ s पर कण मूलबिंदु पर है

2. सरल रेखा पर चलते हुए कण के लिए सही वक्तव्य चुनें।
(a) यदि वेग तथा त्वरण के चिह्न विपरीत हों, तो कण की गति लगातार धीमी होती जाती है।

(b) यदि कण के स्थान एवं वेग के चिह्न विपरीत हों, तो कण मूलबिंदु की ओर चल रहा है।

(c) यदि कण का वेग किसी क्षण पर शून्य हो, तो उस क्षण कण का त्वरण भी शून्य होगा।

(d) यदि कण का वेग किसी समय अंतराल में शून्य रहे, तो उस अंतराल में कण का त्वरण भी शून्य होगा।

3. एक सरल रेखा पर चलते हुए कण का वेग–समय ग्राफ चित्र 6.Q2 में दिखाया गया है। इस ग्राफ से क्या-क्या स्पष्ट होता है?

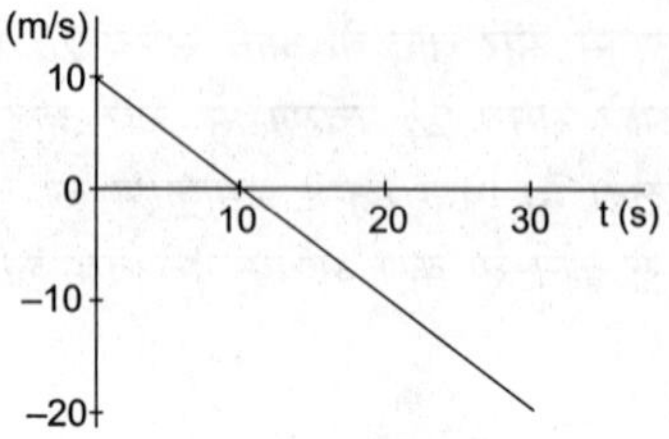

चित्र 6.Q2

(a) कण का त्वरण एकसमान है।

(b) कण कभी भी अपने पथ पर मुड़ा नहीं है।

(c) कण का विस्थापन दिखाए गए अंतराल में शून्य है।

(d) $t = 0$ से 10 s में कण की औसत चाल उतनी ही है जितनी $t = 10$ s से 20 s में है।

4. चित्र 6.Q3 में x-अक्ष पर चलते हुए एक कण का स्थान–समय ग्राफ दिखाया गया है। ग्राफ बताता है कि

(a) कण 6 बार विराम अवस्था में आया है।

(b) कण की अधिकतम चाल $t = 6$ s पर है।

(c) $t = 0$ से $t = 6$ s तक कण का वेग धनात्मक रहा है।

(d) चित्र में दिखाए गए पूरे अंतराल में औसत वेग ऋणात्मक है।

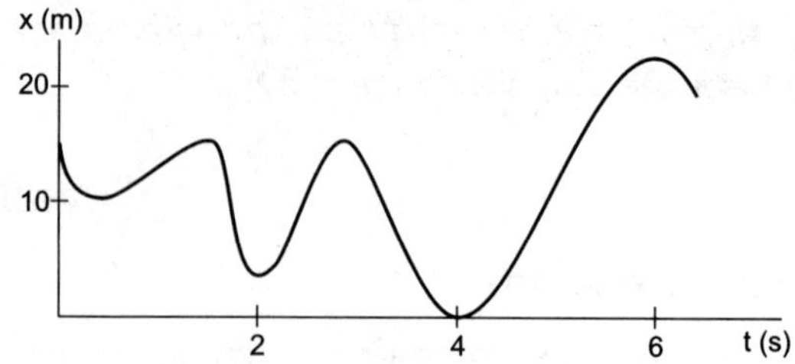

चित्र 6.Q3

• अभ्यास के प्रश्न •

1. एक कण मूलबिंदु से प्रारंभ कर x-अक्ष पर चलता हुआ $x = 20$ m पर पहुँचता है और फिर उसी रेखा पर वापस मुड़कर $x = -20$ m पर आ जाता है। इस पूरी अवधि में कण द्वारा तय की गई दूरी तथा उसका विस्थापन बताएँ।

2. एक सीधे ट्रैक पर दौड़ता ऐथलीट 2.0 s में अपनी चाल शून्य से 18.0 km/h कर लेता है। उसके औसत त्वरण का परिमाण बताएँ।

3. सीधी सड़क पर चलती एक कार की चाल का समय के साथ ग्राफ चित्र 6.E1 में दिखाया गया है। 8 s में कार द्वारा चली गई दूरी तथा कार का त्वरण निकालें।

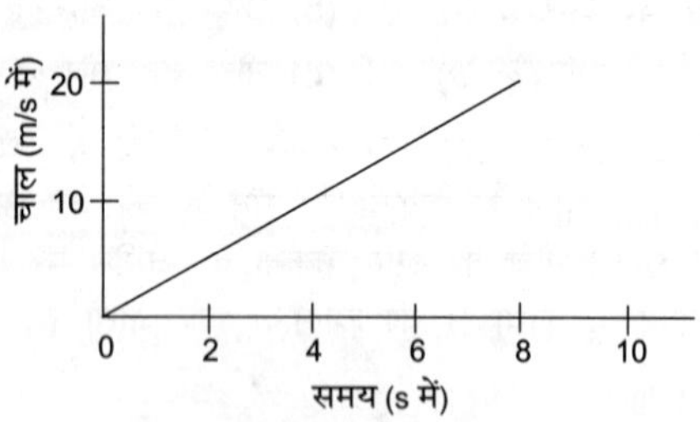

चित्र 6.E1

4. समय $t = 0$ पर एक कूड़ा गाड़ी सीधी सड़क पर चलना प्रारंभ करती है। इसका त्वरण चित्र 6.E2 में दिखाया गया है। (a) गाड़ी द्वारा 30 s में चली गई दूरी निकालें। (b) गाड़ी के स्थान एवं समय के बीच ग्राफ खींचें।

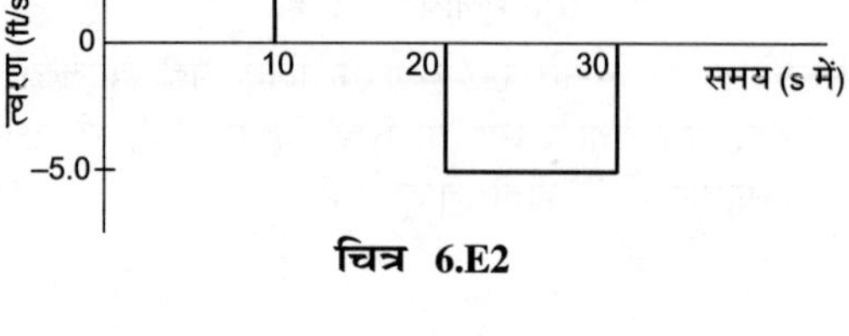

चित्र 6.E2

5. चित्र 6.E3 में x-अक्ष पर चलते हुए एक कण का वेग–समय ग्राफ दिखाया गया है। (a) कण का त्वरण निकालें। (b) $t = 0$ से $t = 10$ s के बीच चली गई दूरी तथा (c) $t = 0$ से $t = 10$ s के अंतराल में विस्थापन निकालें।

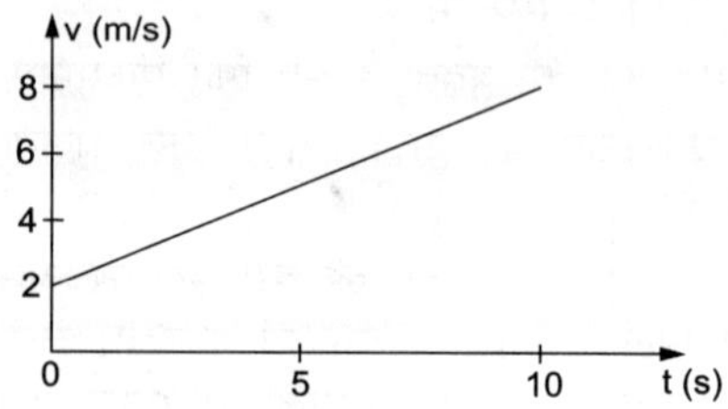

चित्र 6.E3

6. चित्र 6.E4 में x-अक्ष पर चलते हुए एक कण का x-निर्देशांक समय के फलन के रूप में दिखाया गया है। ज्ञात करें, (a) $t = 0$ से $t = 10$ s के अंतराल में औसत वेग (b) 2, 5, 8 तथा 12 s पर कण के वेग।

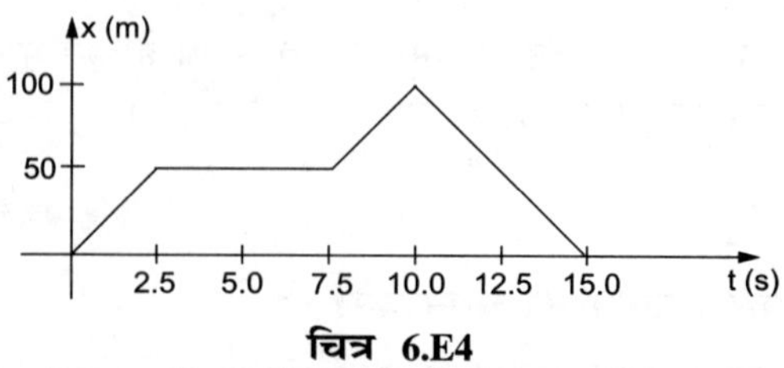

चित्र 6.E4

7. एक सरल रेखा पर चलते एक कण का वेग–समय ग्राफ चित्र 6.E5 में दिखाया गया है। प्रथम 40 s में कण द्वारा चली दूरी निकालें। इस अवधि में कण का औसत वेग भी निकालें।

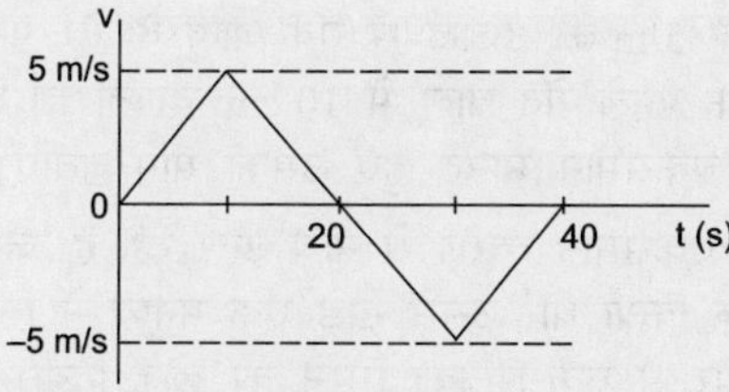

चित्र 6.E5

8. चित्र 6.E6 में एक कण के लिए *x–t* ग्राफ दिखाया गया है। *t* का लगभग मान ज्ञात करें ताकि $t = 0$ से $t = t$ तक का औसत वेग शून्य हो।

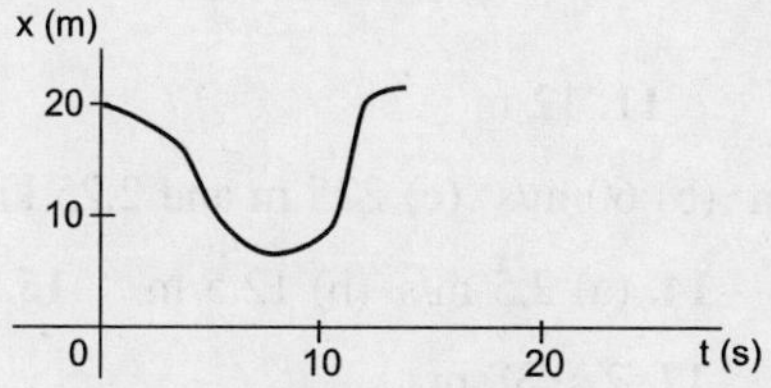

चित्र 6.E6

9. एक कण विराम अवस्था से चलना प्रारंभ कर 4 सेकंड में 12 m/s का वेग प्राप्त कर लेता है। त्वरण को एकसमान मानते हुए इसका मान बताएँ।
10. एक कण का वेग किसी क्षण 4.0 m/s है और अगले 5.0 s तक उसे 1.2 m/s^2 त्वरण दिया जाता है। इस अवधि में कण द्वारा चली गई दूरी निकालें।
11. 43.2 km/h के वेग से स्कूटर चलाता हुआ एक व्यक्ति एकाएक ब्रेक लगाता है, जिससे उसमें 6.0 m/s^2 का मंदन उत्पन्न होता है। रुकने से पहले वह कितनी दूरी तय करेगा?
12. एक ट्रेन विराम अवस्था से चलना शुरू करती है और एकसमान त्वरण 2.0 m/s^2 से 30 s तक चलती है। इस समय पर ब्रेक लगाया जाता है और एकसमान त्वरण से ट्रेन अगले 1 मिनट में रुक जाती है। ज्ञात करें, (a) ट्रेन द्वारा चली गई कुल दूरी (b) ट्रेन की अधिकतम चाल (c) अधिकतम से आधी चाल के समय ट्रेन का स्थान।
13. 16 m/s के वेग से चलती हुई एक गोली पेड़ के तने में घुसती है और अगले 0.4 m में रुक जाती है। त्वरण को एकसमान मानते हुए रुकने से पहले पेड़ में बिताए समय का मान निकालें।
14. विराम अवस्था से प्रारंभ कर एक कण एकसमान त्वरण से चलता है और 5.0 s में 18.0 km/h का वेग प्राप्त कर लेता है। ज्ञात करें, (a) इस अवधि में औसत वेग (b) इस अवधि में कण द्वारा चली गई दूरी।
15. एक कार ड्राइवर जब ब्रेक लगाने की परिस्थिति को देखता है तब से सचमुच ब्रेक लगाने में उसे 0.2 s का समय लगता है। इसे ड्राइवर का reaction time कहते हैं। ड्राइवर एक कार को 54 km/h की गति से चला रहा है। ब्रेक लगाने पर ट्रेन में 6.0 m/s^2 का त्वरण (वेग की विपरीत दिशा में) उत्पन्न होता है। ड्राइवर द्वारा ब्रेक लगाने की परिस्थिति को देखने के बाद कार कितनी दूरी चलकर रुकेगी?
16. एक पुलिस की जीप मोटरसाइकिल पर जाते एक अपराधी का पीछा कर रही है। मोटरसाइकिल 72 km/h की चाल से चलती है और जीप 90 km/h की चाल से। मोटरसाइकिल के एक चौराहे को पार करने के 10 सेकंड बाद जीप उस चौराहे को पार करती है। चौराहे से कितनी दूरी पर जीप मोटरसाइकिल को पकड़ लेगी?
17. 60 km/h की चाल से चलती एक कार 42 km/h की चाल से चलती दूसरी कार को पीछे छोड़ती हुई आगे निकलती है। प्रत्येक कार की लंबाई 5.0 m है। आगे निकलने की प्रक्रिया में कितना समय लगा तथा सड़क की कितनी लंबाई का उपयोग हुआ?
18. एक गेंद को ऊपर की ओर 50 m/s के वेग से उछाला गया। ज्ञात करें, (a) गेंद की अधिकतम ऊँचाई (b) अधिकतम ऊँचाई तक पहुँचने में लगा समय (c) अधिकतम ऊँचाई की आधी ऊँचाई पर गेंद की चाल। $g = 10\ m/s^2$ मानें।
19. निम्नलिखित सारणी को पूरा करें—

	कार	ड्राइवर X (Reaction time 0.20 s)	ड्राइवर Y (Reaction time 0.30 s)
A.	ब्रेक लगाने पर वेग की विपरीत दिशा में त्वरण = 6.0 m/s^2	चाल = 54 km/h. ब्रेक लगने के बाद चली गई दूरी (a) = ...	चाल = 72 km/h. ब्रेक लगने के बाद चली गई दूरी (c) = ...
		ब्रेक का सोचने के बाद कुल चली गई दूरी (b) = ...	ब्रेक का सोचने के बाद कुल चली गई दूरी (d) = ...
B.	ब्रेक लगाने पर त्वरण = 7.5 m/s^2	चाल = 54 km/h. ब्रेक लगने के बाद चली गई दूरी (e) = ...	चाल = 72 km/h. ब्रेक लगने के बाद चली गई दूरी (g) = ...
		ब्रेक का सोचने के बाद कुल चली गई दूरी (f) = ...	ब्रेक का सोचने के बाद कुल चली गई दूरी (h) = ...

20. 7 m/s के वेग से ऊपर जाते एक गुब्बारे से एक गेंद को बाहर छोड़ दिया जाता है। यदि इस समय गुब्बारा जमीन से 60 m की ऊँचाई पर हो, तो गेंद को जमीन तक पहुँचने में कितना समय लगेगा?
21. एक गेंद को ऊपर की ओर 28 m/s के वेग से फेंका जाता है। (a) पत्थर की अधिकतम ऊँचाई निकालें। (b) अधिकतम ऊँचाई पहुँचने के 1 सेकंड पहले पत्थर का वेग निकालें। (c) यदि फेंकने का वेग 28 m/s न होकर 40 m/s या 80 m/s हो, तो क्या (b) भाग का उत्तर बदल जाएगा?
22. एक ऊँची इमारत पर बैठा मनुष्य हर 1 सेकंड बाद एक गेंद गिरने को छोड़ देता है। जब छठी गेंद छोड़ी जा रही है उस समय तीसरी, चौथी और पाँचवीं गेंद के स्थान बताएँ।
23. एक 11.8 m ऊँचे भवन से 7.0 m दूर खड़ा एक नवयुवक एक बच्चे को भवन की छत से गिरते हुए देखता है। उसे किस चाल से भवन की ओर दौड़ना चाहिए कि वह बच्चे को अपनी बाहों में पकड़ सके? पकड़ने के समय बाहों की जमीन से ऊँचाई = 1.8 m मानें।

24. एक NCC परेड 6 km/h के एकसमान वेग से जा रही है। रास्ते में एक पेड़ पर 11.6 m की ऊँचाई पर एक चिड़िया बैठी है। किसी क्षण वह चिड़िया पेड़ का एक फल गिरा देती है। पेड़ से कितनी दूरी पर के कैडेट पर यह फल गिरेगा?

25. एक गेंद को किसी ऊँचाई से गिरने के लिए छोड़ दिया जाता है। जमीन पर गिरने के पहले वाले 6.00 m गिरने में गेंद को 0.200 s लगते हैं। गेंद को किस ऊँचाई से गिराया गया था? ($g = 10\ m/s^2$)

26. एक गेंद को 5 m की ऊँचाई से एक बालू के ढेर पर गिराया जाता है। रुकने के पहले गेंद बालू में 10 cm चलती है। बालू में गेंद के त्वरण को एकसमान मानते हुए उसका मान बताएँ।

27. एक लिफ्ट एकसमान त्वरण से नीचे उतर रही है। जैसे ही लिफ्ट ने चलना शुरू किया था, उसमें खड़े एक मनुष्य ने लिफ्ट की जमीन से 6 ft ऊपर से एक सिक्का गिरने को छोड़ दिया। मनुष्य पाता है कि सिक्का लिफ्ट की जमीन पर 1 s बाद पहुँचता है। इन सूचनाओं के आधार पर लिफ्ट का त्वरण निकालें।

• *उत्तर* •

सटीक उत्तरवाले प्रश्न I

1. (d) **2.** (d) **3.** (a) **4.** (c) **5.** (d) **6.** (c)

सटीक उत्तरवाले प्रश्न II

1. (c), (d) **2.** (a), (b), (d) **3.** (a), (d) **4.** (a)

अभ्यास के प्रश्न

1. 60 m, 20 m ऋणात्मक x-दिशा में

2. $2.5\ m/s^2$ **3.** 80 m, $2.5\ m/s^2$ **4.** (a) 1000 ft

5. (a) $0.6\ m/s^2$ (b) 50 m (c) 50 m

6. (a) 10 m/s (b) 20 m/s, 0 (शून्य) 20 m/s, –20 m/s

7. 100 m, 0 (शून्य) **8.** 12 s **9.** $3\ m/s^2$

10. 35 m **11.** 12 m

12. (a) 2.7 km (b) 60 m/s (c) 225 m and 2.25 km

13. 0.05 s **14.** (a) 2.5 m/s (b) 12.5 m **15.** 22 m

16. 1.0 km **17.** 2 s, 38 m

18. (a) 125 m (b) 5 s (c) 35 m/s

19. (a) 19 m (b) 22 m (c) 33 m (d) 39 m (e) 15 m (f) 18 m (g) 27 m (h) 33 m

20. 4.3 s **21.** (a) 40 m (b) 9.8 m/s (c) नहीं

22. 44.1 m, 19.6 m और 4.9 m शीर्ष से नीचे की ओर

23. 4.9 m/s **24.** 2.62 m **25.** 48 m

26. $490\ m/s^2$ **27.** $20\ ft/s^2$

❑

अध्याय 7

समतल में गति

जब कोई कण एक सरल रेखा पर चलता है, तो उसका स्थान बताने के लिए सिर्फ एक राशि की आवश्यकता होती है। उस सरल रेखा को यदि x-अक्ष मान लें और उसपर मूलबिंदु निश्चित कर लें, तो कण का स्थान बताने के लिए सिर्फ उसका निर्देशांक x बताना पर्याप्त है। यह x धनात्मक या ऋणात्मक हो सकता है। इसी प्रकार कण का वेग सिर्फ एक राशि v से बताया जा सकता है। वेग की सिर्फ दो दिशाएँ हो सकती हैं जो v को धनात्मक या ऋणात्मक बनाकर बताई जा सकती है। इसी प्रकार त्वरण को भी एक ही राशि a से बताते हैं।

परंतु, यदि कण एक सरल रेखा पर चलने को बाध्य नहीं हो, तो उसका स्थान, वेग और त्वरण बताने के लिए सदिश राशियों का सहारा लेना पड़ता है। इस अध्याय में हम ऐसे कण की गति का वर्णन करेंगे जो एक समतल में कहीं भी गति कर सकता है। पहले हम विस्थापन और वेग की व्यापक परिभाषा देंगे तथा फिर समतल में गति के समीकरण लिखेंगे।

7.1 विस्थापन, वेग एवं त्वरण (Displacement, Velocity and Acceleration)

विस्थापन

यदि t_1 समय में कोई कण A बिंदु पर हो और t_2 समय में वह B बिंदु पर हो, तो वेक्टर $\vec{AB}$ को इस अंतराल में कण का **विस्थापन** कहते हैं। अर्थात, कण के चलने का रास्ता कुछ भी हो A से B तक सरल रेखा खींचें और A से B की ओर तीर का निशान लगाएँ। यही विस्थापन वेक्टर होगा। विस्थापन का परिमाण सरल रेखाखंड AB की लंबाई के बराबर होगा।

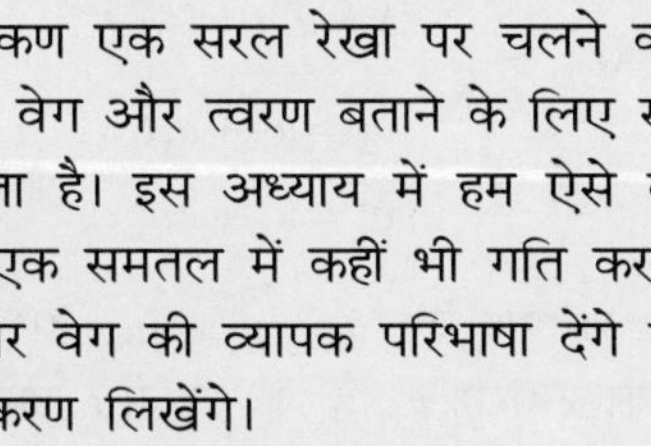

चित्र 7.1

मान लें कि समय t पर कण बिंदु A पर है। मूलबिंदु O से A को मिलाते हुए वेक्टर $\vec{OA}$ खींचें। यह वेक्टर t समय पर कण का स्थान बताता है और इसलिए इसे स्थान वेक्टर (position vector) या स्थिति वेक्टर कहते हैं। यदि Δt समय बाद यह कण किसी रास्ते पर चलता हुआ बिंदु B पर पहुँच जाए, तो उसका स्थान वेक्टर $\vec{OB}$ हो जाएगा।

स्थान वेक्टर में हुआ परिवर्तन $= \vec{OB} - \vec{OA}$.

वेक्टरों को जोड़ने के त्रिभुज नियम के अनुसार, $\vec{OA} + \vec{AB} = \vec{OB}$.

अतः, $\vec{OB} - \vec{OA} = \vec{AB}$.

प्रारंभिक स्थान वेक्टर $\vec{OA}$ को $\vec{r}$ कहें तथा Δt समय बाद स्थान वेक्टर $\vec{OB}$ को $\vec{r} + \Delta\vec{r}$ कहें। तब,

$$\Delta\vec{r} = \vec{OB} - \vec{OA} = \vec{AB}.$$

अर्थात, Δt समय में विस्थापन $= \Delta\vec{r}$.

वेग

किसी समय-अंतराल Δt में यदि कण का विस्थापन $\Delta\vec{r}$ हो, तो $\frac{\Delta\vec{r}}{\Delta t}$ को इस समय अंतराल में कण का **औसत वेग** कहते हैं। इसकी दिशा वही होती है जो विस्थापन $\Delta\vec{r}$ की दिशा होती है। यदि Δt को बहुत छोटा करते चलें, तो $\frac{\Delta\vec{r}}{\Delta t}$ के सीमांत मान को t समय पर कण का वेग $\vec{v}$ लिखते हैं। अतः, $\vec{v} = \frac{d\vec{r}}{dt}$.

अतः, वेग एक सदिश राशि है जिसकी दिशा उस समय कण के चलने की दिशा में तथा जिसका परिमाण कण की चाल के बराबर होता है। हम कह सकते हैं कि कण के स्थान-परिवर्तन की दर **वेग** कहलाती है।

त्वरण

यदि t से $t + \Delta t$ के अंतराल में कण का वेग $\vec{v}$ से बदलकर $\vec{v} + \Delta\vec{v}$ हो जाए तो सदिश राशि $\frac{\Delta\vec{v}}{\Delta t}$ को उस अंतराल में कण का औसत त्वरण कहते हैं। पुनः यदि Δt को बहुत छोटा करते चलें, तो $\frac{\Delta\vec{v}}{\Delta t}$ के सीमांत मान को t समय पर कण का **त्वरण** कहेंगे। त्वरण एक सदिश राशि है जो कण के वेग में परिवर्तन की दर को बताती है।

7.2 समतल गति को दो सरलरेखीय गति के रूप में समझना

कण जिस समतल में चल सकता है उसे आप xy-तल कहें। इस तल में x-अक्ष तथा y-अक्ष अपनी इच्छा एवं सुविधा से लें। किसी समय कण का स्थान बताने के लिए उसका x-निर्देशांक तथा y-निर्देशांक ढूँढ़ लें। कण P के स्थान से x-अक्ष पर लंब PA खींचें (चित्र 7.2)। मान लें कि यह x-अक्ष से A बिंदु पर मिलता है, तो $OA = x$ तथा $PA = y$ का मान बता देने से कण का स्थान P पूरी तरह निर्धारित हो जाता है। x तथा y धनात्मक, ऋणात्मक या शून्य कुछ भी हो सकते हैं। सामान्यतः हम $t = 0$ पर कण के स्थान को $x = 0$, $y = 0$ लेंगे।

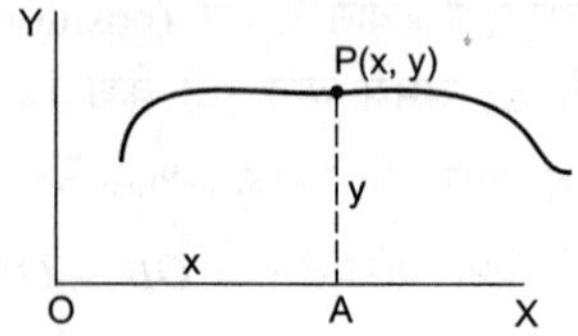

चित्र 7.2

किसी समय कण का वेग xy-तल में किसी भी दिशा में हो सकता है।

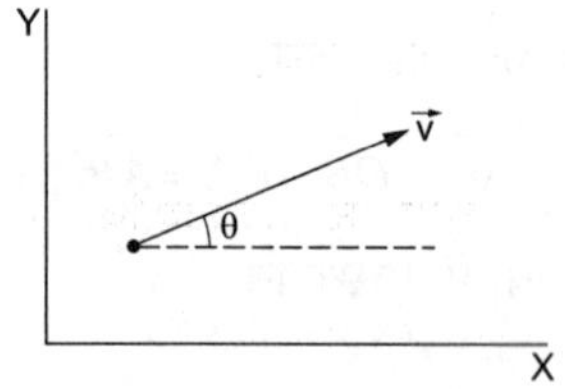

चित्र 7.3

इस वेग के दो घटक होंगे, v_x तथा v_y। यदि वेग $\vec{v}$ की दिशा x-अक्ष से θ कोण बनाती हो, तो $v_x = v\cos\theta$ तथा $v_y = v\sin\theta$ होगा।

ये घटक धनात्मक या ऋणात्मक या शून्य हो सकते हैं। यदि v_x तथा v_y मालूम हो, तो $\vec{v} = \hat{i}v_x + \hat{j}v_y$ का मान पूरी तरह मालूम हो जाता है। कण की चाल $v = \sqrt{{v_x}^2 + {v_y}^2}$ होगी तथा उसकी दिशा x-अक्ष से θ कोण बनाएगी, जहाँ $\tan\theta = \dfrac{v_y}{v_x}$ होगा।

अभ्यास 7.1

दिए गए चित्र में कुछ कणों के वेग दिखाए गए हैं। प्रत्येक कण 6 m/s की चाल से चल रहा है। प्रत्येक कण के वेग के x- तथा y-घटक बताएँ।

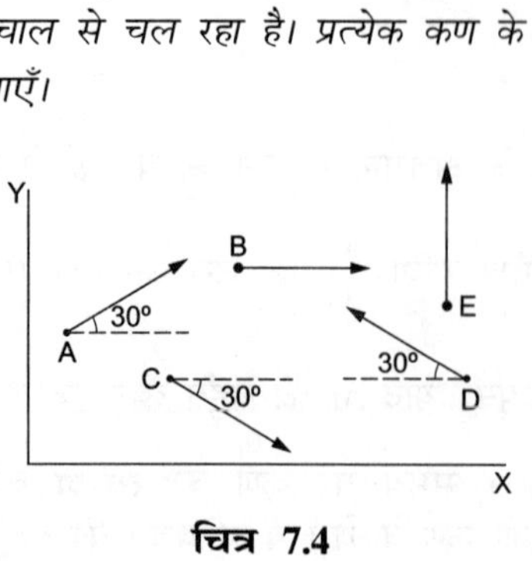

चित्र 7.4

हल कण A: $v_x = (6\text{ m/s})\cos 30° = 3\sqrt{3}\text{ m/s}$,

$v_y = (6\text{ m/s})\sin 30° = 3\text{ m/s}$.

कण B: $v_x = 6\text{ m/s}, v_y = 0$.

कण C: $v_x = (6\text{ m/s})\cos 30° = 3\sqrt{3}\text{ m/s}$,

$v_y = -(6\text{ m/s})\sin 30° = -3\text{ m/s}$.

कण D: $v_x = -(6\text{ m/s})\cos 30° = -3\sqrt{3}\text{ m/s}$,

$v_y = (6\text{ m/s})\sin 30° = 3\text{ m/s}$.

कण E: $v_x = 0, v_y = 6\text{ m/s}$.

ध्यान से देखें कि कब x- तथा y-घटक धनात्मक और कब ऋणात्मक होते हैं।

इसी तरह कण के त्वरण $\vec{a}$ को भी दो घटकों a_x तथा a_y में बाँटा जा सकता है।

$$\vec{a} = \hat{i}a_x + \hat{j}a_y.$$

कण जब xy-तल में गति करेगा तब उसका स्थान, वेग या त्वरण समय के साथ बदल सकता है। स्थान बताने के लिए x, y, वेग बताने के लिए v_x, v_y तथा त्वरण बताने के लिए a_x, a_y के मान बताने पड़ेंगे।

यदि हम सिर्फ x, v_x तथा a_x पर विचार करें तो इनके बीच वही संबंध होते हैं जो हमने पिछले अध्याय में x-अक्ष पर गति करते हुए कण के बारे में पढ़े थे। अर्थात, यदि a_x अचर (constant) हो, तो

$$x = u_x t + \frac{1}{2}a_x t^2,$$
$$v_x = u_x + a_x t,$$
$$v_x^2 = u_x^2 + 2a_x x.$$

यहाँ कण का प्रारंभिक वेग $\vec{u} = \hat{i}u_x + \hat{j}u_y$ है। अर्थात, $t = 0$ पर कण के वेग का x-घटक u_x है जो बाद में t समय पर v_x हो जाता है। साथ ही $t = 0$ पर कण के x-निर्देशांक को शून्य माना गया है।

इसी तरह यदि a_y अचर हो, तो

$$y = u_y t + \frac{1}{2}a_y t^2,$$
$$v_y = u_y + a_y t,$$
$$v_y^2 = u_y^2 + 2a_y y.$$

इसलिए समतल में गति का विवरण करने के लिए x-दिशा में तथा y-दिशा में सरलरेखीय गति की तरह ही समीकरण हल करते हैं।

अभ्यास 7.2

एक कण xy-तल में एकसमान त्वरण 1.5 m/s^2 के साथ चलता है। यह त्वरण x-अक्ष से 37° का कोण बनाता है (चित्र 7.5)। समय $t = 0$ पर कण मूलबिंदु पर है तथा इसका वेग x-अक्ष की ओर 8.0 m/s है। $t = 4.0$ s पर कण का स्थान और वेग निकालें।

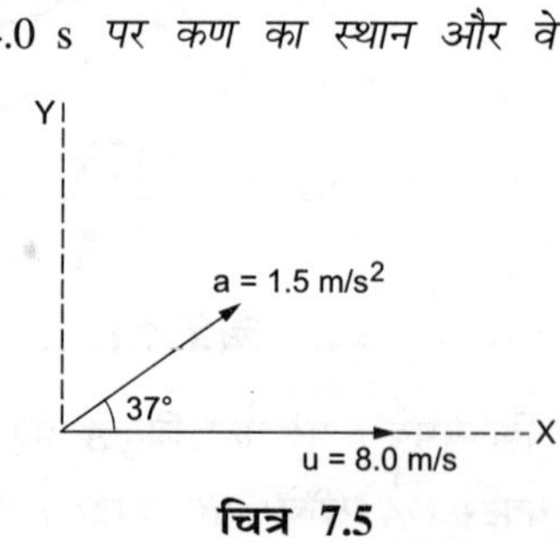

चित्र 7.5

हल $a_x = (1.5 \text{ m/s}^2)(\cos 37°)$

$= (1.5 \text{ m/s}^2) \times \frac{4}{5} = 1.2 \text{ m/s}^2.$

$a_y = (1.5 \text{ m/s}^2)(\sin 37°)$

$= (1.5 \text{ m/s}^2)\left(\frac{3}{5}\right) = 0.90 \text{ m/s}^2.$

प्रारंभिक वेग $\vec{u}$ के घटक $u_x = 8.0$ m/s तथा $u_y = 0$.

समय $t = 0$ पर $x = 0, y = 0$.

स्थान : समय $t = 4.0$ s पर कण का x-निर्देशांक है,

$$x = u_x t + \frac{1}{2} a_x t^2$$

$$= (8.0 \text{ m/s})(4.0 \text{ s}) + \frac{1}{2} (1.2 \text{ m/s}^2)(4.0 \text{ s})^2$$

$$= 32 \text{ m} + 9.6 \text{ m} = 41.6 \text{ m}.$$

समय $t = 4.0$ s पर कण का y-निर्देशांक है,

$$y = u_y t + \frac{1}{2} a_y t^2$$

$$= \frac{1}{2} (0.90 \text{ m/s}^2)(4.0 \text{ s})^2$$

$$= 7.2 \text{ m}.$$

इस प्रकार, 4.0 s पर कण का स्थान (41.6 m, 7.2 m) पर है।

इसे आप $\vec{r} = (41.6 \text{ m})\hat{i} + (7.2 \text{ m})\hat{j}$ भी लिख सकते हैं।

वेग : समय $t = 4.0$ s पर वेग का x-घटक है,

$$v_x = u_x + a_x t$$

$$= 8.0 \text{ m/s} + (1.2 \text{ m/s}^2)(4.0 \text{ s})$$

$$= 8.0 \text{ m/s} + 4.8 \text{ m/s} = 12.8 \text{ m/s}.$$

इसी प्रकार समय $t = 4.0$ s पर वेग के y-घटक के लिए,

$$v_y = u_y + a_y t$$

$$= 0 + (0.90 \text{ m/s}^2)(4.0 \text{ s}) = 3.6 \text{ m/s}.$$

अतः, समय $t = 4.0$ s पर कण का वेग है,

$$\vec{v} = (12.8\,\hat{i} + 3.6\,\hat{j}) \text{ m/s}.$$

7.3 प्रक्षेप्य गति (Projectile motion)

जब किसी कण को ऊर्ध्वाधर दिशा में न फेंककर और किसी दिशा में फेंकते हैं, तो उसका रास्ता सरल रेखा में नहीं होकर वक्र पथ पर होता है। ऐसी गति **प्रक्षेप्य गति** कहलाती है। यह गति ऊर्ध्वाधर तल में होती है। इस प्रकार की गति आप लगभग प्रतिदिन देखते एवं पैदा करते होंगे। फुटबॉल के खेल में जब भी गेंद हवा में होती है तब लगभग हर बार ही उसकी गति वक्र पथ पर होती है। गेंद ऊपर भी जाती है और आगे भी बढ़ती है। इसी तरह क्रिकेट के खेल में छक्के के लिए जाती हुई गेंद भी **प्रक्षेप्य गति** करती है।

प्रक्षेप्य गति की विवेचना करने के लिए समय $t = 0$ पर कण की स्थिति पर मूलबिंदु लेते हैं और ऊर्ध्वाधर दिशा में ऊपर की ओर y-अक्ष लेते हैं। इस ऊर्ध्वाधर तल में ही क्षैतिज दिशा में x-अक्ष लेते हैं।

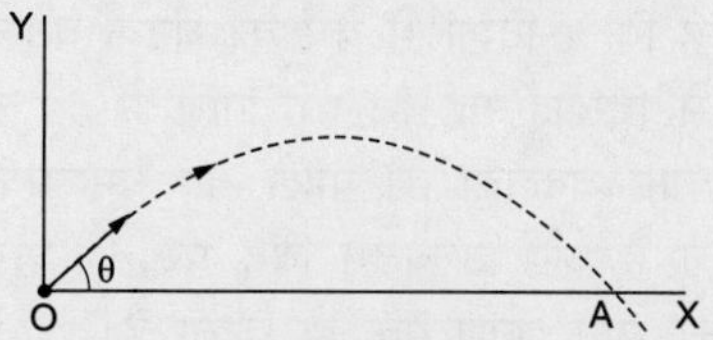

चित्र 7.6

मान लीजिए कि कण को समय $t = 0$ पर मूलबिंदु O से फेंका जाता है। प्रारंभ में उसका वेग $\vec{u}$ है जो x-अक्ष से θ कोण बनाता है। मान लें कि इस वेग के x-घटक तथा y-घटक धनात्मक हैं।

फेंके जाने के बाद कण वक्र पथ पर चलता है। यह ऊपर की ओर भी जाता है तथा क्षैतिज दिशा में आगे भी बढ़ता है। कुछ समय बाद यह अधिकतम ऊँचाई पर पहुँच जाता है और फिर ऊँचाई घटने लगती है। पूरे समय उसका त्वरण $g = 9.8 \text{ m/s}^2$ नीचे की ओर, अर्थात ऋणात्मक y-अक्ष की दिशा में होता है।

किसी क्षण कण का स्थान एवं वेग

क्षैतिज दिशा (x-दिशा) में गति

प्रारंभिक वेग का x-घटक $u_x = u\cos\theta$

त्वरण का x-घटक $a_x = 0$.

अतः, t समय पर कण का x-निर्देशांक

$$x = u_x t + \frac{1}{2} a_x t^2 = (u\cos\theta)t. \quad \text{... (i)}$$

t समय पर कण के वेग का x-घटक

$$v_x = u_x + a_x t = u\cos\theta. \quad \text{... (ii)}$$

हम देखते हैं कि कण के वेग का क्षैतिज घटक (x-दिशा में घटक) हमेशा $u\cos\theta$ रहता है। क्षैतिज दिशा में तय की गई दूरी $x = (u\cos\theta)t$ है।

ऊर्ध्वाधर दिशा (y-दिशा) में गति

प्रारंभिक वेग का y-घटक $= u\sin\theta$

त्वरण का y-घटक $= -g$.

अतः, t समय पर कण का y-निर्देशांक

$$y = (u\sin\theta)t - \frac{1}{2} g t^2 \quad \text{... (iii)}$$

तथा t समय पर कण के वेग का y-घटक

$$v_y = u_y - gt. \quad \text{... (iv)}$$

समीकरण (i) एवं (iii) से t समय पर कण के स्थान का पता चलता है,

$$\left.\begin{aligned} x &= (u\cos\theta)t \\ y &= (u\sin\theta)t - \frac{1}{2} g t^2 \end{aligned}\right\} \quad \text{... (7.1)}$$

तथा समीकरण (ii) एवं (iv) से t समय पर कण के वेग का पता चलता है,

$$\left.\begin{aligned} v_x &= u\cos\theta \\ v_y &= u\sin\theta - gt \end{aligned}\right\} \qquad \dots (7.2)$$

हम देखते हैं कि x-दिशा में वेग का घटक बदलता नहीं है। यह बात चित्र 7.7 में दिखाई गई है। पूरी गति में v_x का मान एक ही है, पर v_y का मान बदलता है। पहले यह धनात्मक है, पर इसका मान घटता जाता है और उच्चतम बिंदु पर v_y शून्य हो जाता है। इसके बाद इसका मान ऋणात्मक हो जाता है।

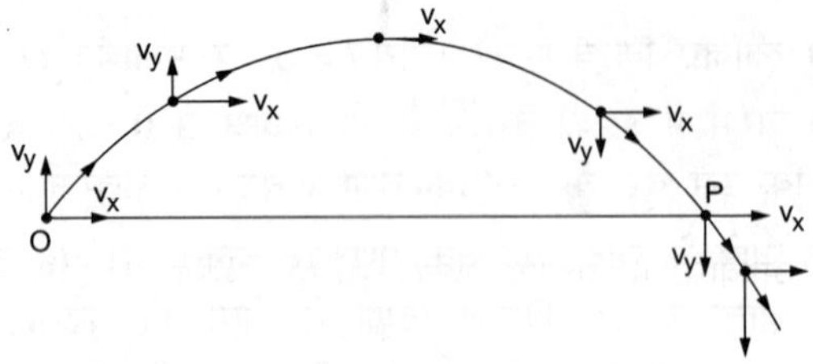

चित्र 7.7

कण के पथ का समीकरण

समीकरण (7.1) से,

$$x = (u\cos\theta)t \text{ तथा } y = (u\sin\theta)t - \frac{1}{2}gt^2.$$

पहले समीकरण से t का मान दूसरे समीकरण में रखने पर,

$$y = (u\sin\theta)\frac{x}{u\cos\theta} - \frac{1}{2}g\left(\frac{x}{u\cos\theta}\right)^2.$$

यह एक **परवलय** (parabola) का समीकरण है। अतः, प्रक्षेप्य का पथ परवलय होता है।

अधिकतम ऊँचाई

किसी समय t पर कण की ऊँचाई

$$y = (u\sin\theta)t - \frac{1}{2}gt^2.$$

y का मान अधिकतम होगा जब $u_y = \frac{dy}{dt} = 0$ होगा।

$$\frac{dy}{dt} = u\sin\theta - gt = 0 \quad \text{या} \quad t = \frac{u\sin\theta}{g}.$$

यदि $u\sin\theta$ धनात्मक हो, अर्थात कण के वेग का ऊपर की ओर घटक धनात्मक हो, तो $t = \frac{u\sin\theta}{g}$ पर कण की ऊँचाई अधिकतम होगी।

इस समय y का मान, अर्थात अधिकतम ऊँचाई

$$y_{\max} = (u\sin\theta)t - \frac{1}{2}gt^2$$

$$= (u\sin\theta)\frac{u\sin\theta}{g} - \frac{1}{2}g\left(\frac{u\sin\theta}{g}\right)^2$$

$$= \frac{u^2\sin^2\theta}{g} - \frac{u^2\sin^2\theta}{2g} = \frac{u^2\sin^2\theta}{2g}.$$

अधिकतम ऊँचाई $\boxed{H = \frac{u^2\sin^2\theta}{2g}}$. ... (7.3)

प्रक्षेपण काल तथा क्षैतिज परास (Time of flight and horizontal range)

जब किसी कण को वेग $\vec{u}$ से फेंका जाता है, जिसका ऊपर की ओर घटक धनात्मक हो, तो पहले उसकी ऊँचाई बढ़ती है, $t = \frac{u\sin\theta}{g}$ समय पर उसकी ऊँचाई अधिकतम हो जाती है और फिर घटने लगती है। एक समय पर उसकी ऊँचाई वापस शून्य हो जाती है, अर्थात कण उसी क्षैतिज तल में आ जाता है जिसमें वह प्रक्षेपण के समय था। चित्र 7.8 में कण को बिंदु O से फेंका गया है और कुछ समय बाद वह P पर पहुँच जाता है जो उसी क्षैतिज तल में है। प्रक्षेपण-बिंदु O से P तक की दूरी OP को क्षैतिज परास (R) कहते हैं और O से P तक आने में लगे समय को प्रक्षेपण काल कहते हैं। अब हम इनके लिए व्यंजक निकालेंगे।

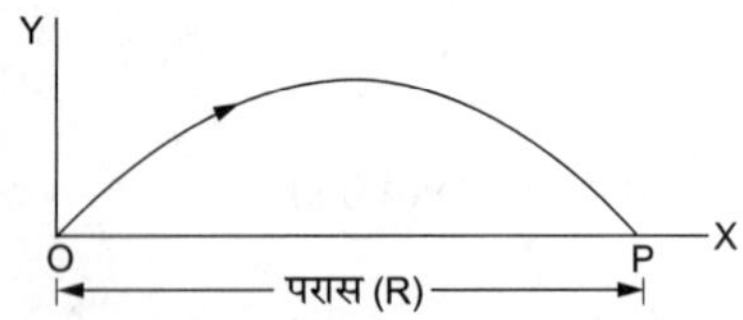

चित्र 7.8

जब कण P पर है उस समय $t = T, x = R$ तथा $y = 0$ है, जहाँ हम क्षैतिज परास OP को R लिख रहे हैं तथा प्रक्षेपण काल को T लिख रहे हैं।

हम जानते हैं कि $x = (u\cos\theta)t$ तथा $y = (u\sin\theta)t - \frac{1}{2}gt^2$.

अतः, $R = (u\cos\theta)T$ ... (i)

तथा $0 = (u\sin\theta)T - \frac{1}{2}gT^2$. ... (ii)

समीकरण (ii) से, $T = 0$ या $T = \frac{2u\sin\theta}{g}$.

स्पष्ट है कि $T = 0$ नहीं है, अतः **प्रक्षेपण काल**,

$$\boxed{T = \frac{2u\sin\theta}{g}}. \qquad \dots (7.4)$$

T का यह मान समीकरण (i) में रखने पर,

$$R = (u\cos\theta) \times \frac{2u\sin\theta}{g}$$

$$= \frac{2u^2\sin\theta\cdot\cos\theta}{g} = \frac{u^2\sin 2\theta}{g}.$$

अतः, **क्षैतिज परास**,

$$\boxed{R = \frac{u^2\sin 2\theta}{g}}. \qquad \dots (7.5)$$

आपने देखा था कि अधिकतम ऊँचाई पहुँचने में कण को $\frac{u\sin\theta}{g}$ समय लगता है। समीकरण (7.4) से आप देख रहे हैं कि उसी क्षैतिज तल पर आने में कुल समय $\frac{2u\sin\theta}{g}$ लगता है। अतः, कण को जितना समय ऊपर जाने में लगता है, उतना ही समय वापस नीचे आने में लगता है।

अधिकतम क्षैतिज परास

शॉटपुट आदि खेलों में खिलाड़ी गेंद को अधिक-से-अधिक दूरी तक फेंकना चाहते हैं। कोई खिलाड़ी अपनी शारीरिक क्षमता एवं तकनीक के आधार पर गेंद को एक अधिकतम चाल u दे सकते हैं। परंतु, इस चाल से वे गेंद को किस कोण θ पर फेंकें ताकि गेंद अधिकतम दूरी जा सके, ऐसे प्रश्न उनके लिए महत्त्वपूर्ण हैं।

मान लें कि आप एक कण को u वेग से फेंक सकते हैं। यदि आप चाहते हैं कि उसी क्षैतिज तल पर वापस आने के पहले कण अधिकतम क्षैतिज दूरी तय करे, तो आपको ऐसा कोण θ चुनना होगा जिससे क्षैतिज परास अधिकतम हो सके। इसके लिए क्षैतिज परास,

$$R = \frac{u^2 \sin 2\theta}{g}$$

को अधिकतम करना होगा, पर u और g तो निश्चित हैं और $\sin 2\theta$ का अधिकतम मान 1 हो सकता है। अतः अधिकतम क्षैतिज परास के लिए,

$$\sin 2\theta = 1 \quad \text{या} \quad 2\theta = 90° \quad \text{या} \quad \theta = 45°.$$

अभ्यास 7.3

एक बालक अपनी गुलेल से एक पत्थर फेंकता है। पत्थर 5 m/s के वेग से क्षैतिज से 60° का कोण बनाते हुए छूटता है, तो बताएँ, (a) पत्थर गुलेल से कितने ऊपर तक जाएगा? (b) इस ऊँचाई तक जाने में उसे कितना समय लगेगा? (c) इस ऊँचाई पर पहुँचने तक वह क्षैतिज दिशा में कितना आगे बढ़ चुका होगा?

हल यहाँ u = 5 m/s. θ = 60°.

(a) अधिकतम ऊँचाई, $H = \frac{u^2\sin^2\theta}{2g} = \frac{25\times\left(\frac{\sqrt{3}}{2}\right)^2}{2\times10}$ m

$$= \frac{15}{16} \text{ m} \simeq 0.94 \text{ m.}$$

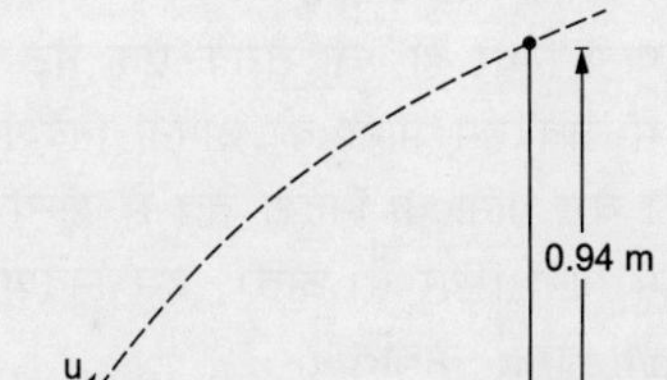

चित्र 7.9

(b) अधिकतम ऊँचाई तक पहुँचने में लगा समय

$$= \frac{u\sin\theta}{g} = \frac{5\times\frac{\sqrt{3}}{2}}{10} \text{ s}$$

$$= \frac{\sqrt{3}}{4} \text{ s} \simeq 0.43 \text{ s.}$$

(c) क्षैतिज दिशा में तय की गई दूरी,

$$x = (u\cos\theta)t = 5\times\frac{1}{2}\times\frac{\sqrt{3}}{4} \text{ m}$$

$$= \frac{5\sqrt{3}}{8} \text{ m} = 1.08 \text{ m.}$$

इस अध्याय में प्रक्षेप्य गति के सारे समीकरण यह मानकर निकाले गए हैं कि कण का त्वरण पूरी गति के दौरान अचर है और इसका मान नीचे की ओर g है। हमने गेंद, गुलेल से चला पत्थर आदि उदाहरणों की चर्चा की और उन्हें प्रक्षेप्य गति से जोड़ा। वास्तव में जब वस्तुएँ हवा में चलती हैं, तो उनका त्वरण हवा की उपस्थिति के कारण बदल जाता है। कई बार यह परिवर्तन इतना कम होता है कि आप उसे अनदेखा कर सकते हैं। पर, कभी-कभी ऐसा नहीं भी हो सकता है। यदि आप कागज के एक टुकड़े को हवा में फेंकें, तो वह गेंद की तरह परवलय जैसे पथ पर नहीं चलता, बल्कि काफी अनियमित-सा रास्ता अपनाता है।

इसी प्रकार अंतरिक्ष वैज्ञानिकों द्वारा फेंके गए प्रक्षेप्य धरती से बहुत दूर तक चले जाते हैं। ऐसे में g का मान अचर नहीं माना जा सकता तथा ये सूत्र इसी रूप में लागू नहीं होते।

7.4 असमतलीय गति

अभी तक हमने ऐसी गतियों का वर्णन किया है जिसमें कण एक समतल में ही चलता है। पर, यदि ऐसा न हो, तो कोई अलग किस्म की योजना बनाने की जरूरत नहीं है। जैसे समतल गति के लिए x- तथा y-अक्ष चुनकर गति के समीकरण लिखे गए थे वैसे ही x-, y-, z-अक्ष चुनकर गति के समीकरण बना सकते हैं। कण का स्थान बताने के लिए उसके x-, y-, z-निर्देशांक बताने होंगे। कण का वेग उनके x-, y-, z-घटक v_x, v_y, v_z से मिलेगा और उसका त्वरण a_x, a_y, a_z से मिलेगा। सिर्फ x, v_x तथा a_x को लेकर वैसे ही समीकरण होंगे जैसे x-अक्ष पर की गति के लिए होते हैं। इसी प्रकार y-अक्ष की ओर गति के लिए सिर्फ y, v_y, a_y को देखना होगा और z-अक्ष की ओर गति के लिए z, v_z तथा a_z को देखना होगा।

7.5 दो निर्देश तंत्रों के सापेक्ष किसी वस्तु के वेगों में संबंध

जब हम किसी कण की गति की बात करते हैं, तो वह किसी निर्देश तंत्र के सापेक्ष ही गति होती है। यह निर्देश तंत्र हम अपनी सुविधा के अनुसार चुनते हैं। जब हम कहते हैं कि 365 दिनों में धरती सूर्य का एक पूरा चक्कर लगा लेती है तो हमारा निर्देश तंत्र सूर्य पर होता है। सूर्य को हम स्थिर मानते हैं तथा सूर्य के सापेक्ष पृथ्वी की गति की बात करते हैं। जब हम कहते हैं कि ट्रेन चल रही है, तो हमारा निर्देश

तंत्र पृथ्वी पर होता है। ट्रेन में बैठा हुआ यात्री जब कहता है कि स्टेशन आ रहा है, तो उसका निर्देश तंत्र ट्रेन पर होता है।

एक ही वस्तु को दो अलग-अलग निर्देश तंत्रों से देखा जा सकता है। जैसे एक उड़ती चिड़िया को ट्रेन से भी देखा जा सकता है और जमीन से भी। ट्रेन के सापेक्ष चिड़िया का वेग कुछ और होगा तथा जमीन के सापेक्ष कुछ और। अब हम दो अलग-अलग निर्देश तंत्रों के सापेक्ष किसी वस्तु के वेगों में संबंध निकालेंगे।

एकरेखीय गति

मान लें कि एक सड़क पर एक रिक्शा तथा एक साइकिल एक ही दिशा में (दाहिनी ओर) जा रहे हैं। सड़क पर एक खंभा है। खंभे के सापेक्ष रिक्शा 10 किलोमीटर प्रतिघंटा के वेग से चल रहा है। खंभे के सापेक्ष साइकिल 15 किलोमीटर प्रतिघंटा के वेग से चल रही है। यदि हम खंभे के सापेक्ष रिक्शे के वेग को $v_{\text{रिक्शा, खंभा}}$ तथा खंभे के सापेक्ष साइकिल के वेग को $v_{\text{साइकिल, खंभा}}$ कहें, तो

$$v_{\text{रिक्शा, खंभा}} = 10 \text{ km/h तथा } v_{\text{साइकिल, खंभा}} = 15 \text{ km/h}.$$

अब एक घंटे में रिक्शे की दूरी खंभे से 10 km तथा साइकिल की दूरी खंभे से 15 km बढ़ जाती है।

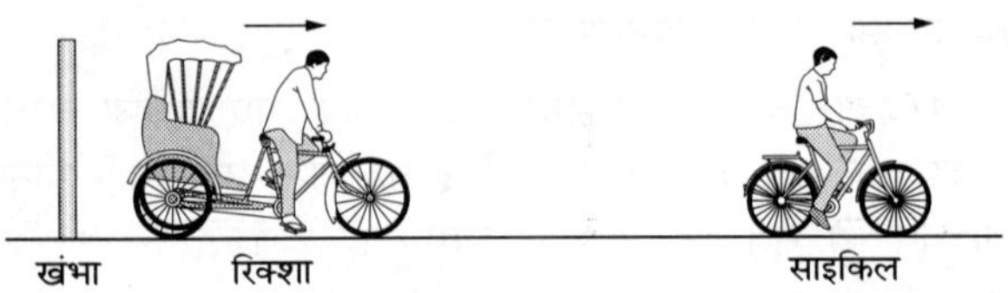

चित्र 7.10

अतः एक घंटे में साइकिल की दूरी रिक्शा से 5 km बढ़ जाती है। रिक्शा पर बैठा हुआ व्यक्ति साइकिल को प्रतिघंटा 5 km दूर जाते हुए देखेगा, अर्थात रिक्शा के सापेक्ष साइकिल का वेग 5 km/h है। रिक्शा के सापेक्ष साइकिल के वेग को $\vec{v}_{\text{साइकिल, रिक्शा}}$ लिखते हैं।

$$v_{\text{साइकिल, रिक्शा}} = 5 \text{ km/h}.$$

हम देखते हैं कि

$$\vec{v}_{\text{साइकिल, खंभा}} = \vec{v}_{\text{साइकिल, रिक्शा}} + \vec{v}_{\text{रिक्शा, खंभा}}$$

या $$\vec{v}_{\text{साइकिल, रिक्शा}} = \vec{v}_{\text{साइकिल, खंभा}} - \vec{v}_{\text{रिक्शा, खंभा}} ।$$

इन्हीं समीकरणों की सहायता से हम एक वस्तु का वेग किसी दूसरी वस्तु के सापेक्ष निकाल सकते हैं। यदि *A*, *B* और *C* तीन वस्तुएँ हों, तो

$$\vec{v}_{A,C} = \vec{v}_{A,B} + \vec{v}_{B,C}, \quad \text{... (7.6)}$$

जहाँ $\vec{v}_{A,C}$ = *A* का वेग *C* के सापेक्ष,

$\vec{v}_{A,B}$ = *A* का वेग *B* के सापेक्ष

तथा $\vec{v}_{B,C}$ = *B* का वेग *C* के सापेक्ष।

अभ्यास 7.4

दो ट्रेनें A तथा B समानांतर पटरियों पर क्रमशः 60 km/h तथा 80 km/h के वेग से चल रही हैं। यदि दोनों ट्रेनें पश्चिम से पूर्व की ओर जा रही हों, तो (a) A का वेग B के सापेक्ष निकालें, (b) B का वेग A के सापेक्ष निकालें।

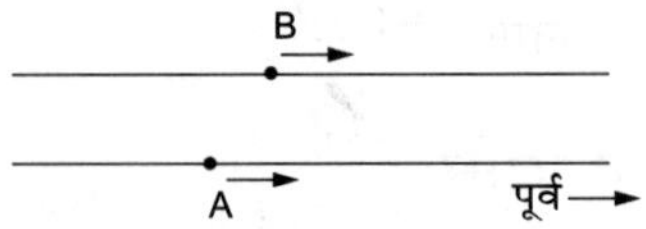

चित्र 7.11

हल पश्चिम से पूर्व की दिशा को धनात्मक मानें (चित्र 7.11)। जमीन के सापेक्ष *A* और *B* के वेग क्रमशः 60 km/h और 80 km/h हैं, अर्थात $v_{A,\text{ground}} = 60$ km/h तथा $v_{B,\text{ground}} = 80$ km/h.

(a) हमें $v_{A,B}$ का पता करना है।

$$\vec{v}_{A,B} = \vec{v}_{A,\text{ground}} + \vec{v}_{\text{ground},B}$$

$$= \vec{v}_{A,\text{ground}} - \vec{v}_{B,\text{ground}}.$$

चूँकि $\vec{v}_{A,\text{ground}}$ तथा $\vec{v}_{B,\text{ground}}$ एक ही दिशा में हैं, अतः

$$v_{A,B} = v_{A,\text{ground}} - V_{B,\text{ground}}$$

$$= 60 \text{ km/h} - 80 \text{ km/h} = -20 \text{ km/h}.$$

अतः, ट्रेन *A* का ट्रेन *B* के सापेक्ष वेग 20 km/h पूर्व से पश्चिम की ओर होगा।

(b) $\vec{v}_{B,A} = -\vec{v}_{A,B}$. अतः ट्रेन *B* का ट्रेन *A* के सापेक्ष वेग 20 km/h पश्चिम से पूर्व की ओर होगा।

उदाहरण 7.5

एक नदी में पानी 1.5 km/h के वेग से बह रहा है। एक तैराक शांत जल में 4.5 km/h की दर से तैर सकता है। एक घाट से तैरना शुरू कर नदी के उसी किनारे 1.5 km दूर दूसरे घाट पर पहुँचने के लिए उसे कितना समय लगेगा यदि दूसरा घाट (a) नदी के बहाव की दिशा में हो? (b) नदी के बहाव की विपरीत दिशा में हो?

हल (a) चित्र 7.12 में *A* तथा *B* दो घाट हैं तथा नदी का बहाव बाएँ से दाएँ की दिशा में है। तैराक घाट *A* से तैरना प्रारंभ करता है तथा घाट *B* पर निकलता है।

शांत जल में तैराक 4.5 km/h के वेग से तैरता है। इसका अर्थ है कि यदि पानी स्थिर हो, तो तैराक एक घंटे में 4.5 km तैरेगा। बहती नदी में जब हम पानी को अपना निर्देश तंत्र बना लेते हैं तब पानी का वेग पानी के निर्देश तंत्र में शून्य होगा, अर्थात इस निर्देश तंत्र में पानी स्थिर है। अतः, इस निर्देश तंत्र में तैराक का वेग 4.5 km/h होगा, अर्थात

$$v_{\text{तैराक, पानी}} = 4.5 \text{ km/h}.$$

घाट *A* तथा *B* जमीन पर स्थिर हैं तथा उनके बीच की दूरी 1.5 km है। अतः, हम जमीन के सापेक्ष तैराक का वेग निकालेंगे।

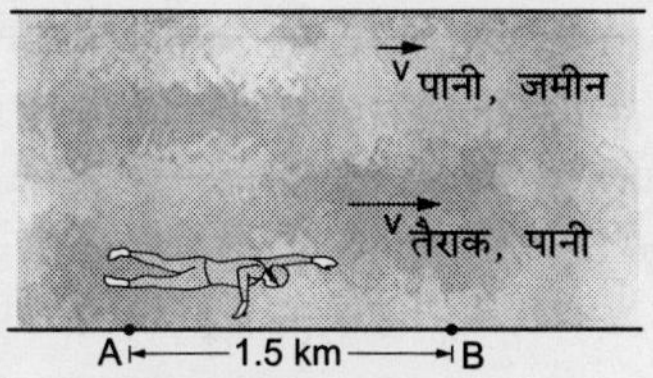

चित्र 7.12

$$\vec{v}_{\text{तैराक, जमीन}} = \vec{v}_{\text{तैराक, पानी}} + \vec{v}_{\text{पानी, जमीन}}$$

इस समीकरण में दाहिनी ओर के दोनों वेग एक ही दिशा में हैं (बाएँ से दाएँ)।

अतः, $v_{\text{तैराक, जमीन}} = 4.5 \text{ km/h} + 1.5 \text{ km/h}$.

या $v_{\text{तैराक, जमीन}} = 6.0 \text{ km/h}$ (बाएँ से दाएँ)।

जमीन के सापेक्ष चली गई दूरी = $AB = 1.5 \text{ km}$.

अतः, समय $= \dfrac{1.5 \text{ km}}{6.0 \text{ km/h}} = 15$ मिनट।

(b) घाट B घाट A से बायीं ओर है जबकि बहाव बाएँ से दाएँ है। तैराक घाट A से तैरना प्रारंभ करता है और B तक तैरता है। तैराक दाएँ से बाएँ तैरता है। अतः $\vec{v}_{\text{तैराक,पानी}}$ की दिशा दाएँ से बाएँ है।

$$\vec{v}_{\text{तैराक, जमीन}} = \vec{v}_{\text{तैराक, पानी}} + \vec{v}_{\text{पानी, जमीन}}$$

$$v_{\text{तैराक, जमीन}} = (4.5 \text{ km/h}) - (1.5 \text{ km/h})$$
$$= 3.0 \text{ km/h} \text{ (दाएँ से बाएँ)।}$$

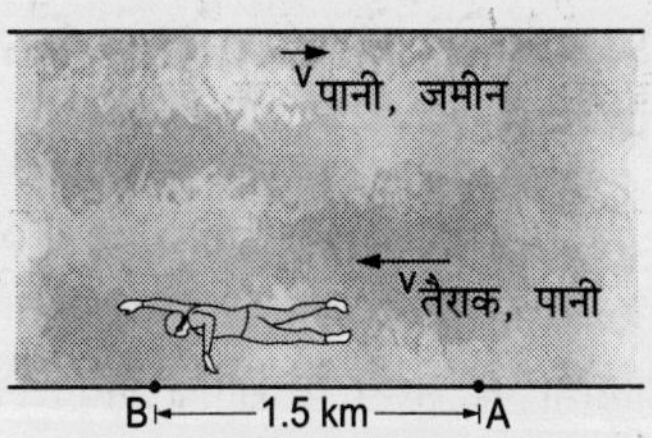

चित्र 7.13

अर्थात जमीन के सापेक्ष तैराक दाएँ से बाएँ 3 km/h के वेग से चल रहा है।

A से B तक आने में लगा समय $= \dfrac{1.5 \text{ km}}{3 \text{ km/h}} = 30$ मिनट।

समतल में गति

एकरेखीय गति के लिए हमने देखा कि

$$\vec{v}_{A,C} = \vec{v}_{A,B} + \vec{v}_{B,C}. \quad \text{... (i)}$$

यदि ये गतियाँ एक ही रेखा में न हों, तो भी यह समीकरण सही है। उदाहरण के लिए, मान लें कोई चिड़िया दक्षिण से उत्तर की ओर 4 km/h के वेग से उड़ रही है। एक साइकिल-चालक सड़क पर 3 km/h के वेग से पश्चिम से पूर्व की ओर जा रहा है।

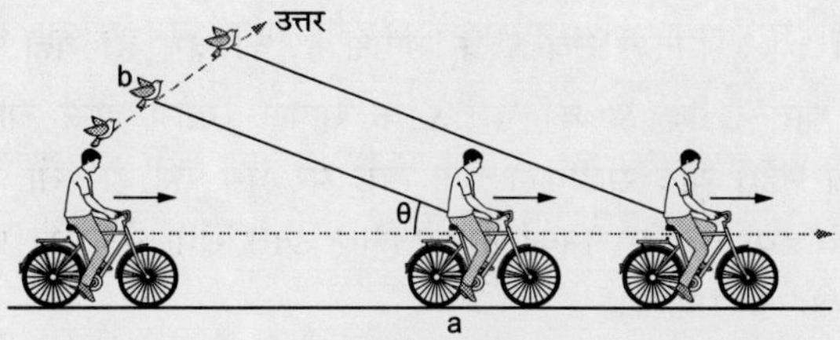

चित्र 7.14

मान लें, चिड़िया किसी समय साइकिल-चालक के बिलकुल पास है। 1 घंटे बाद साइकिल चालक पूर्व की ओर 3 km चलकर स्थान a पर पहुँचता है जबकि चिड़िया उत्तर की ओर 4 km चलकर स्थान b पर पहुँचती है। अतः, 1 घंटे में चिड़िया साइकिल-चालक से 5 km दूर हो गई। दो घंटे में यह दूरी बढ़कर 10 km हो गई। अतः, साइकिल-चालक के सापेक्ष चिड़िया 5 km/h के वेग से उड़ रही है। साथ ही साइकिल-चालक और चिड़िया को मिलानेवाली दिशा पश्चिम से कुछ कोण θ उत्तर की ओर बनाती है। चालक के सापेक्ष चिड़िया का वेग 5 km/h इसी दिशा में है।

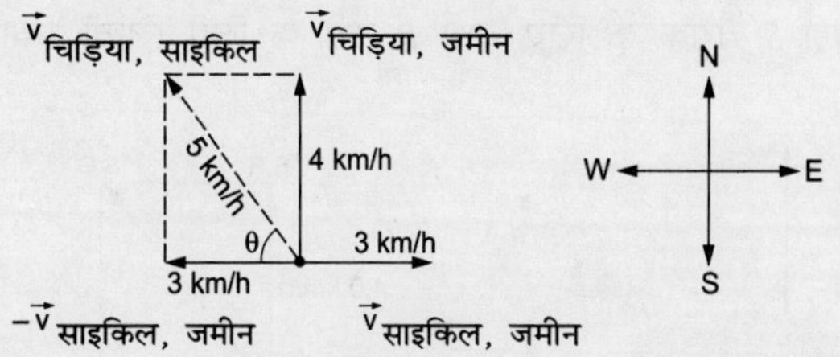

चित्र 7.15

इस परिणाम को हम समीकरण (i) की सहायता से भी पा सकते हैं।

$$\vec{v}_{\text{चिड़िया, साइकिल}} = \vec{v}_{\text{चिड़िया, जमीन}} + \vec{v}_{\text{जमीन, साइकिल}}$$
$$= \vec{v}_{\text{चिड़िया, जमीन}} - \vec{v}_{\text{साइकिल, जमीन}}$$

$\vec{v}_{\text{चिड़िया, जमीन}} = 4 \text{ km/h}$ (उत्तर की ओर)

$\vec{v}_{\text{साइकिल, जमीन}} = 3 \text{ km/h}$ (पूर्व की ओर)

या $-\vec{v}_{\text{साइकिल, जमीन}} = 3 \text{ km/h}$ (पश्चिम की ओर)

ये वेक्टर चित्र 7.15 में दिखाए गए हैं।

अतः, $\vec{v}_{\text{चिड़िया, साइकिल}} = \sqrt{(4 \text{ km/h})^2 + (3 \text{ km/h})^2} = 5 \text{ km/h}$

तथा $\tan\theta = \dfrac{4 \text{ km/h}}{3 \text{ km/h}} = \dfrac{4}{3}$

या $\theta = 53°$.

साइकिल के सापेक्ष चिड़िया का वेग पश्चिम से 53° का कोण बनाता है।

इस उदाहरण में चिड़िया को हम एक वस्तु कह सकते हैं जबकि जमीन एवं साइकिल-सवार को दो अलग-अलग निर्देश तंत्र।

यदि वस्तु A को दो निर्देश तंत्रों S तथा S' से देखा जाए तो

$$\vec{v}_{A,S} = \vec{v}_{A,S'} + \vec{v}_{S',S}. \quad \text{... (7.7)}$$

यहाँ $\vec{v}_{S',S}$ निर्देश तंत्र S के सापेक्ष S' का वेग है। यहाँ ध्यान देने की बात है कि S' का वेग S के सापेक्ष रेखीय होना चाहिए, घूर्णन का नहीं। यदि साइकिल एक मोड़ पर घूम रही हो, तो उसके सापेक्ष चिड़िया का वेग निकालने के लिए उक्त समीकरण का प्रयोग नहीं किया जा सकता।

अभ्यास 7.6

एक तैराक स्थिर पानी में 4.0 km/h की चाल से तैर सकता है। वह 3.0 km/h की चाल से बहती हुई एक नदी में तैरता है और पानी के सापेक्ष अपने वेग को धारा के लंबवत रखता है। यदि तैराक अपनी पूरी क्षमता के साथ तैर रहा हो, तो जमीन के सापेक्ष उसका वेग निकालें।

हल पानी के सापेक्ष तैराक का वेग 4.0 km/h है तथा उसकी दिशा धारा के लंबवत है। यदि धारा की दिशा को x-अक्ष तथा उसपर लंब दिशा को y-अक्ष लिया जाए, तो $\vec{v}_{S,R} = (4.0 \text{ km/h})\hat{j}$, यहाँ S तैराक के लिए तथा R नदी के लिए लिखा गया है।

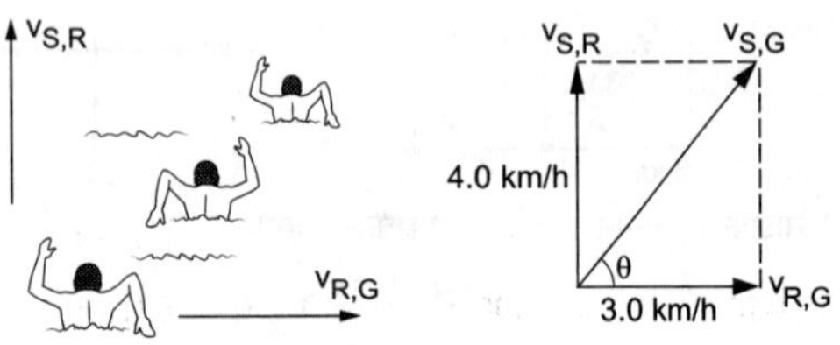

चित्र 7.16

नदी का जमीन के सापेक्ष वेग,

$$\vec{v}_{R,G} = (3.0 \text{ km/h})\hat{i}.$$

तैराक का जमीन के सापेक्ष वेग,

$$\vec{v}_{S,G} = \vec{v}_{S,R} + \vec{v}_{R,G}$$

$$= (4.0 \text{ km/h})\,\hat{i} + (3.0 \text{ km/h})\,\hat{j}$$

$$|\vec{v}_{S,G}| = \sqrt{(4.0)^2 + (3.0)^2} \text{ km/h} = 5.0 \text{ km/h}.$$

धारा की दिशा से इस वेग का कोण θ हो, तो

$$\tan\theta = \frac{4.0}{3.0} \quad \text{या} \quad \theta = 53°.$$

तैरते समय मनुष्य अपनी शरीर की लंबाई की दिशा में ही तैरने की कोशिश करता है, परंतु जमीन के सापेक्ष उसका विस्थापन अलग दिशा में होता है।

अभ्यास 7.7

एक मनुष्य एक क्षैतिज सड़क पर 3.0 km/h के एकसमान वेग से चल रहा है। वर्षा की बूँदें 4.0 km/h की रफ्तार से ऊर्ध्वाधर दिशा में गिर रही हैं। मनुष्य के सापेक्ष बूँदों का वेग निकालें।

हल हमें मनुष्य तथा वर्षा, दोनों का जमीन के सापेक्ष वेग पता है और मनुष्य के सापेक्ष वर्षा का वेग पता करना है। मनुष्य के लिए M, वर्षा के लिए R तथा जमीन के लिए G लिखने पर,

$$\vec{v}_{R,M} = \vec{v}_{R,G} - \vec{v}_{M,G}.$$

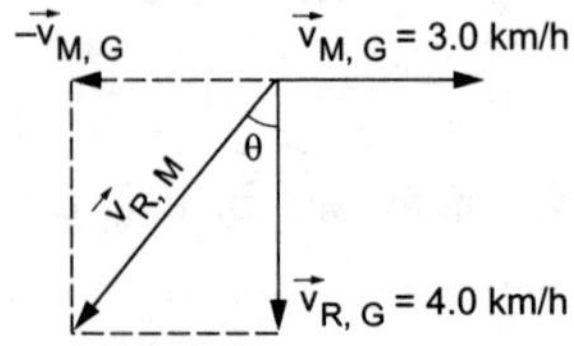

चित्र 7.17

चित्र 7.17 में $\vec{v}_{R,G}$ तथा $-\vec{v}_{M,G}$ को जोड़ने की प्रक्रिया दिखाई गई है।

$$|\vec{v}_{R,M}| = \sqrt{(4.0 \text{ km/h})^2 + (3.0 \text{ km/h})^2}$$
$$= 5.0 \text{ km/h}.$$

$\vec{v}_{R,M}$ की दिशा, ऊर्ध्वाधर दिशा से θ कोण बनाएगी, जहाँ

$$\tan\theta = \frac{3.0 \text{ km/h}}{4.0 \text{ km/h}}$$

या $\theta = 37°$.

यदि मनुष्य छाता लेकर चल रहा हो, तो उसे छाता ऊर्ध्वाधर से इसी कोण पर झुकाना होगा।

7.6 दो निर्देश तंत्रों के सापेक्ष किसी वस्तु के त्वरणों में संबंध

यदि किसी वस्तु A की गति को निर्देश तंत्र S' तथा S से देखा जाए तो उनके वेगों के बीच संबंध समीकरण (7.7) से मिलता है। इस समीकरण के दोनों ओर की राशियों को समय के सापेक्ष अवकलित करने पर,

$$\frac{d}{dt}\vec{v}_{A,S} = \frac{d}{dt}\vec{v}_{A,S'} + \frac{d}{dt}\vec{v}_{S',S}$$

या $$\vec{a}_{A,S} = \vec{a}_{A,S'} + \vec{a}_{S',S},$$

जहाँ $\vec{a}_{A,S}$ = वस्तु A का निर्देश तंत्र S के सापेक्ष त्वरण,

$\vec{a}_{A,S'}$ = वस्तु A का निर्देश तंत्र S' के सापेक्ष त्वरण,

$\vec{a}_{S',S}$ = निर्देश तंत्र S' का S के सापेक्ष त्वरण।

यदि निर्देश तंत्र S' तंत्र S के सापेक्ष एकसमान वेग (uniform velocity) से चल रहा हो तो $\vec{a}_{S',S} = 0$ तथा $\vec{a}_{A,S'} = \vec{a}_{A,S}$.

वस्तु A का त्वरण S के सापेक्ष भी वही होगा जो S' के सापेक्ष है।

• हल किए गए प्रश्न •

1. *एक व्यक्ति 40 m त्रिज्या वाले अर्द्धवृत्ताकार मार्ग पर भ्रमण के लिए निकलता है। यदि वह मार्ग के एक किनारे से प्रारंभ कर 90 s में दूसरे किनारे पर पहुँच जाता है, तो इस अवधि में (a) व्यक्ति द्वारा चली गई दूरी, (b) व्यक्ति के विस्थापन का परिमाण, (c) व्यक्ति की औसत चाल एवं (d) व्यक्ति के औसत वेग का परिमाण निकालें।*

हल (a) व्यक्ति द्वारा चली गई दूरी = मार्ग की लंबाई

$= \pi \times 40 \text{ m} \approx 126 \text{ m}.$

(b) विस्थापन का परिमाण = एक छोर से दूसरे छोर की सीधी दूरी

$= 2 \times 40 \text{ m} = 80 \text{ m}.$

(c) औसत चाल $= \dfrac{126 \text{ m}}{90 \text{ s}} = 1.4 \text{ m/s}.$

(d) औसत वेग $= \dfrac{80 \text{ m}}{90 \text{ s}} \simeq 0.90 \text{ m/s}.$

2. *एक कण $t = 0$ से चलना प्रारंभ करता है। t समय में कण द्वारा चली हुई दूरी $s = (2.5 \text{ m/s}^2)t^2$ से प्राप्त होती है।*
(a) समय $t = 0$ से 4.0 s तक में कण की औसत चाल बताएँ।
(b) $t = 4.0$ s पर कण की चाल बताएँ।

हल (a) 4.0 s में चली गई दूरी

$s = 2.5 \text{ m/s}^2 \times 16 \text{ s}^2 = 40 \text{ m}.$

औसत चाल $= \dfrac{40 \text{ m}}{4 \text{ s}} = 10 \text{ m/s}.$

(b) $s = (2.5 \text{ m/s}^2)t^2$

t समय पर चाल $= \dfrac{ds}{dt} = (2.5 \text{ m/s}^2)(2t).$

$t = 4.0$ s पर चाल $= (2.5 \text{ m/s}^2) \times 2 \times (4.0 \text{ s})$

$= 20 \text{ m/s}.$

3. *चित्र 7.W1 में एक कण के वेग के x-घटक का समय के साथ परिवर्तन दिखाया गया है। समय $t = 0$ से $t = 3$ s तक के अंतराल में उसके x-निर्देशांक में आए अंतर को निकालें।*

हल वेग का x-घटक $v_x = \dfrac{dx}{dt}$.

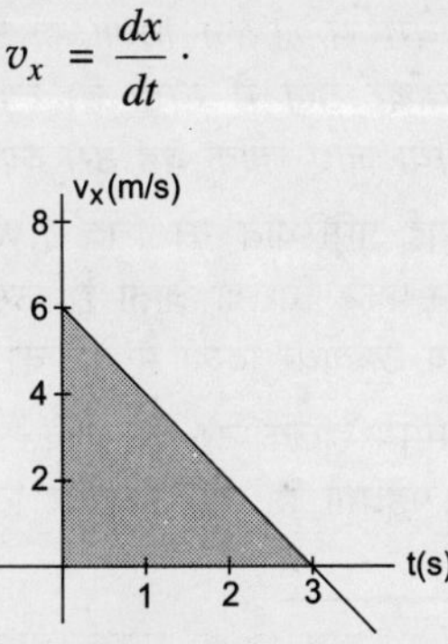

चित्र 7.W1

अतः, $dx = v_x dt$ या $\int_{x_1}^{x_2} dx = \int_{t=0}^{t=3\text{s}} v_x dt$

या $x_2 - x_1 = \int_0^{t=3\text{s}} v_x dt.$

पर, $\int_0^{t=3\text{s}} v_x dt$ का मान $t = 0$, $t = 3$ s, t-अक्ष एवं v_x के वक्र के बीच घिरे क्षेत्रफल के बराबर होगा। यह क्षेत्र चित्र में रेखांकित किया गया है। यह क्षेत्रफल एक समकोण त्रिभुज के आकार का है और इसका क्षेत्रफल

$= \dfrac{1}{2} \times$ (आधार) $\times$ (ऊँचाई)

$= \dfrac{1}{2} \times (3 \text{ s}) \times (6 \text{ m/s}) = 9 \text{ m}.$

अतः, इस अवधि में कण के x-निर्देशांक में अंतर $x_2 - x_1 = 9$ m.

4. *एक टेबुल घड़ी के मिनट की सूई 4.0 cm लंबी है। इसके आखिरी सिरे का औसत वेग निम्नांकित अंतरालों में निकालें।*
(a) 6.00 बजे सुबह से उसी दिन 6.30 बजे सुबह तक
(b) 6.00 बजे सुबह से उसी दिन 6.30 बजे शाम तक

हल औसत वेग $= \dfrac{\text{विस्थापन}}{\text{समय}}$ ।

घड़ी की सूई का सिरा 4.0 cm त्रिज्या के वृत्त में चलेगा। मिनट की सूई का सिरा 6.00 बजे 12 के चिह्न पर तथा 6.30 बजे 6 के चिह्न पर होगा। अतः, उसके विस्थापन का परिमाण, अर्थात सिरे के दोनों स्थानों के बीच सीधी दूरी, वृत्त के व्यास के बराबर होगी।

(a) विस्थापन का परिमाण = 2 × 4.0 cm = 8.0 cm.

6.00 बजे सुबह से उसी दिन 6.30 बजे सुबह तक समय

= 30 min.

अतः, औसत वेग का परिमाण

$= \dfrac{8.0 \text{ cm}}{30 \text{ min}} = 0.27 \text{ cm/min}.$

इसकी दिशा 12 के चिह्न से 6 के चिह्न की ओर होगी।

(b) 6.00 बजे सुबह से उसी दिन 6.30 बजे शाम तक का समय

= 12 घंटे 30 मिनट = 750 मिनट।

औसत वेग का परिमाण

$= \dfrac{8.0 \text{ cm}}{750 \text{ min}} \simeq 1.1 \times 10^{-2} \text{ cm/min}.$

इस वेग की दिशा भी 12 के चिह्न से 6 के चिह्न की ओर होगी। ध्यान दें कि हमने उत्तर 2 सार्थक अंकों तक दिया है, क्योंकि सूई की लंबाई 4.0 cm दो सार्थक अंकों तक ही उपलब्ध है।

5. *एक कण $t = 0$ पर मूलबिंदु से $\dfrac{1}{\sqrt{2}}(2.5\,\hat{i} + 2.5\,\hat{j})$ m/s के वेग से चलना प्रारंभ करता है। इसका त्वरण $\dfrac{1}{\sqrt{2}}(0.50\,\hat{i} + 0.50\,\hat{j})$ m/s^2 है। (a) पहले 2.0 s में कण द्वारा चली गई दूरी निकालें। (b) इसका वेग 7.5 m/s होने में कितना समय लगेगा? (c) इसका वेग 7.5 m/s पहुँचने तक यह कितनी दूरी तय कर लेगा? (d) $t = 2$ s पर कण के x- तथा y-निर्देशांक निकालें।*

हल कण का प्रारंभिक वेग, $\vec{u} = \frac{1}{\sqrt{2}}(2.5\,\hat{i} + 2.5\,\hat{j})$ है। इस वेग की दिशा x-अक्ष से θ कोण बनाएगी,

जहाँ $\tan\theta = \frac{2.5/\sqrt{2}}{2.5/\sqrt{2}} = 1$ है।

अतः, $\theta = 45°$.

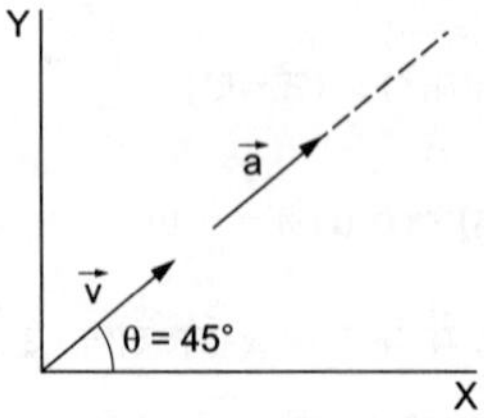

चित्र 7.W2

कण की प्रारंभिक चाल, $|\vec{u}| = \sqrt{u_x^2 + u_y^2}$

$$= \sqrt{\left(\frac{2.5}{\sqrt{2}}\right)^2 + \left(\frac{2.5}{\sqrt{2}}\right)^2}\ \text{m/s}$$

$$= 2.5\ \text{m/s}.$$

कण का त्वरण $\vec{a} = \frac{1}{\sqrt{2}}(0.50\,\hat{i} + 0.50\,\hat{j})$ भी इसी दिशा में है तथा इसका परिमाण,

$$|\vec{a}| = \sqrt{a_x^2 + a_y^2}$$

$$= \sqrt{\left(\frac{0.50}{\sqrt{2}}\right)^2 + \left(\frac{0.50}{\sqrt{2}}\right)^2}\ \text{m/s}^2$$

$$= 0.50\ \text{m/s}^2.$$

अतः, कण की गति एक सरल रेखा में ही होगी जो x-अक्ष तथा y-अक्ष से 45° का कोण बनाती है (चित्र 7.W2)।

(a) पहले 2.0 s में चली दूरी,

$$s = ut + \frac{1}{2}at^2$$

$$= (2.5\ \text{m/s})(2.00\ \text{s}) + \frac{1}{2}(0.50\ \text{m/s}^2)(4.0\ \text{s}^2) = 6.0\ \text{m}.$$

(b) $v = u + at$

या $7.5\ \text{m/s} = 2.5\ \text{m/s} + (0.50\ \text{m/s}^2)\,t$

या $t = \frac{7.5\ \text{m/s} - 2.5\ \text{m/s}}{0.50\ \text{m/s}^2} = 10\ \text{s}.$

(c) $v^2 = u^2 + 2as$

या $(7.5\ \text{m/s})^2 = (2.5\ \text{m/s})^2 + 2(0.5\ \text{m/s}^2)s$

या $s = \frac{(7.5\ \text{m/s})^2 - (2.5\ \text{m/s})^2}{2 \times 0.50\ \text{m/s}^2} = 50\ \text{m}.$

(d) $t = 2$ s पर कण मूलबिंदु से 6.0 m दूरी पर है। इसके स्थान वेक्टर (position vector) की दिशा x-अक्ष तथा y-अक्ष से 45° का कोण बनाती है। अतः,

$$x = (6.0\ \text{m})\cos 45° = \frac{6.0}{\sqrt{2}} \simeq 4.2\ \text{m}$$

तथा $y = (6.0\ \text{m})\sin 45° = \frac{6.0}{\sqrt{2}} \simeq 4.2\ \text{m}.$

6. *एक फुटबॉल को क्षैतिज से 45° का कोण बनाते हुए 20 m/s के वेग से किक किया जाता है। (a) मैदान पर पुनः पहुँचने में गेंद को कितना समय लगेगा? (b) गेंद द्वारा प्राप्त अधिकतम ऊँचाई निकालें। (c) किक करने के स्थान से कितनी दूर गेंद गिरेगी? $g = 10\ \text{m/s}^2$ मानें।*

हल जिस जगह से गेंद को किक किया गया उसे मूलबिंदु, ऊर्ध्वाधर ऊपर की ओर y-अक्ष तथा गति के तल में क्षैतिज दिशा को x-अक्ष मानें। प्रारंभिक वेग के घटक होंगे,

$$u_x = (20\ \text{m/s})\cos 45° = 10\sqrt{2}\ \text{m/s}$$

तथा $u_y = (20\ \text{m/s})\sin 45° = 10\sqrt{2}\ \text{m/s}.$

(a) जब गेंद मैदान पर पहुँचती है, तो $y = 0$.

$$y = u_y t - \frac{1}{2}gt^2$$

अतः, $0 = (10\sqrt{2}\ \text{m/s})t - (5\text{m/s}^2)t^2$

या $t = \frac{10\sqrt{2}}{5}\ \text{s} = 2.8\ \text{s}.$

(b) अधिकतम ऊँचाई के लिए $u_y = 0$.

$$u_y^2 = u^2 - 2gy$$

या $0 = (10\sqrt{2})^2\text{m}^2/\text{s}^2 - 2 \times (10\ \text{m/s}^2)y$

अतः, $y = 10$ m.

(c) क्षैतिज दिशा में कोई त्वरण नहीं है। अतः, जमीन पर गिरने से पहले क्षैतिज दिशा में तय की गई दूरी

$$= u_x t = (10\sqrt{2}\ \text{m/s}) \times 2.8\ \text{s} \simeq 40\ \text{m}.$$

7. *जमीन पर खड़े दैवी आपदा से पीड़ित एक व्यक्ति को हेलिकॉप्टर से भोजन-पैकेट पहुँचाने का प्रयास हो रहा है। हेलिकॉप्टर जमीन से H ऊँचाई पर u वेग से क्षैतिज दिशा में उड़ रहा है तथा पीड़ित व्यक्ति उसी ऊर्ध्वाधर तल में खड़ा है। व्यक्ति से कितनी दूरी से भोजन-पैकेट गिराया जाए ताकि वह उस व्यक्ति तक पहुँच जाए।*

हल प्रश्न में बताई गई परिस्थिति को चित्र 7.W3 में दिखाया गया है। जिस समय भोजन-पैकेट गिराया जाता है, उसका वेग क्षैतिज दिशा में u होगा। इस समय ऊर्ध्वाधर दिशा में वेग का कोई घटक नहीं होगा। मान लें कि इस समय हेलिकॉप्टर की व्यक्ति से दूरी D है। यदि पैकेट उस व्यक्ति तक पहुँचता है, तो ऊर्ध्वाधर दिशा में चली गई दूरी

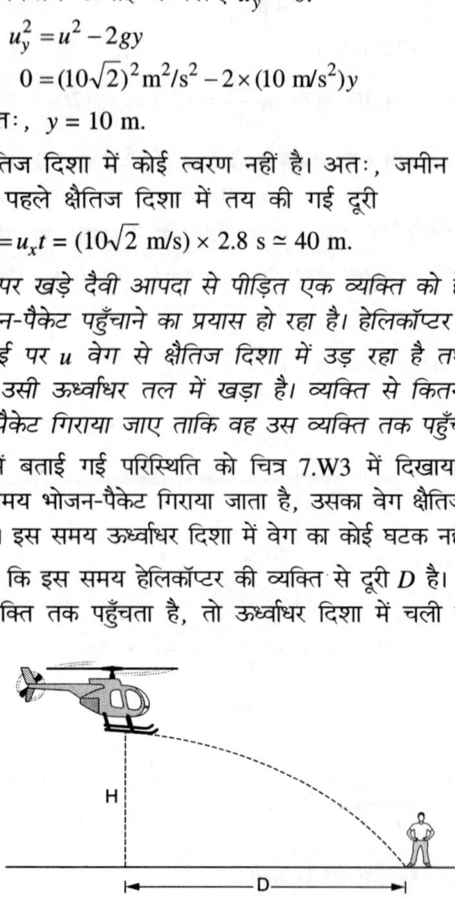

चित्र 7.W3

$$H = \frac{1}{2}gt^2 \qquad \text{या} \qquad t = \sqrt{\frac{2H}{g}}.$$

क्षैतिज दिशा में चली गई दूरी $D = ut = u\sqrt{\frac{2H}{g}}$.

गिराते समय भोजन-पैकेट की मनुष्य से दूरी

$$= \sqrt{D^2 + H^2} = \sqrt{\frac{2u^2H}{g} + H^2}.$$

8. *क्षैतिज से θ कोण पर झुके एक आनत तल के शीर्ष से तल की ओर क्षैतिज दिशा में एक वस्तु को u वेग से फेंका जाता है। प्रक्षेपण के बिंदु से कितनी दूरी पर वस्तु आनत तल से टकराएगी?*

हल पहली विधि

चित्र 7.W4 में दिखाए अनुसार x-अक्ष तथा y-अक्ष लें। मान लें कि वस्तु तल से बिंदु (x, y) पर टकराती है। A से P तक की गति का विचार करें।

x-दिशा में गति के लिए, प्रारंभिक वेग = u, त्वरण = 0.

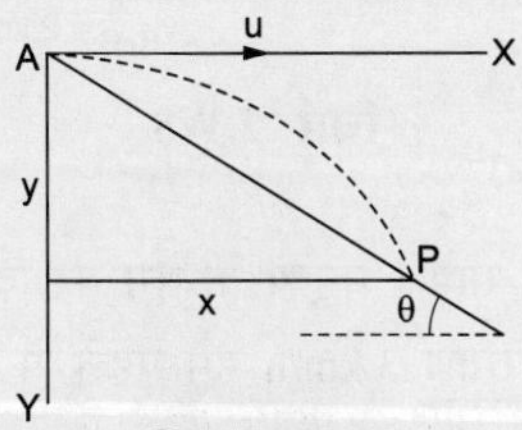

चित्र 7.W4

अतः, $x = ut$. ... (i)

y-दिशा में गति के लिए प्रारंभिक वेग = 0, त्वरण = g.

मान लें कि $AP = s$ है। A से P तक आने में x-दिशा में चली दूरी $x = s\cos\theta$ तथा इसी अवधि में y-दिशा में चली दूरी $y = s\sin\theta$.

अतः, $s\cos\theta = ut$ तथा $s\sin\theta = \frac{1}{2}gt^2$.

इन समीकरणों से t को हटाने पर,

$$s\sin\theta = \frac{1}{2}g\left(\frac{s\cos\theta}{u}\right)^2 \qquad \text{या} \qquad \frac{2\sin\theta}{g} = \frac{s\cos^2\theta}{u^2}$$

$$\text{या} \qquad s = \frac{2u^2\sin\theta}{g\cos^2\theta} = \frac{2u^2\tan\theta\sec\theta}{g}.$$

दूसरी विधि

चित्र 7.W5 में दिखाए गए अनुसार अक्ष लें। x-अक्ष, रेखा AP की ओर तथा y-अक्ष ऊर्ध्वाधर तल में AP से लंब दिशा में लें।

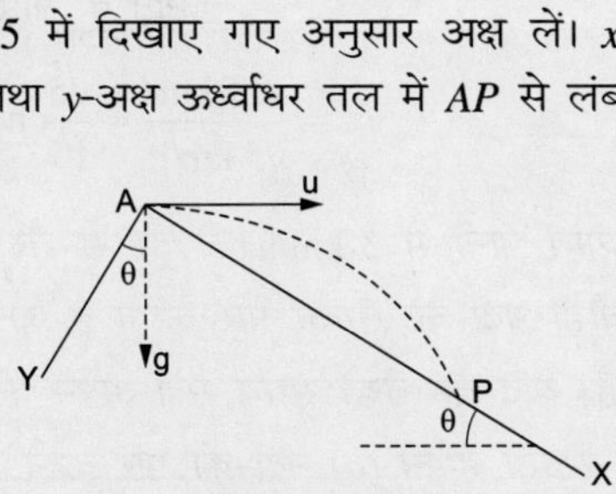

चित्र 7.W5

x-अक्ष की ओर की गति के लिए,

प्रारंभिक वेग = $u\cos\theta$, त्वरण = $g\sin\theta$, विस्थापन = AP.

अतः, $AP = (u\cos\theta)t + \frac{1}{2}(g\sin\theta)t^2$. ... (i)

y-अक्ष की ओर की गति के लिए,

प्रारंभिक वेग = $-u\sin\theta$, त्वरण = $g\cos\theta$, विस्थापन = 0.

अतः, $0 = (-u\sin\theta)t + \frac{1}{2}(g\cos\theta)t^2$ या $t = \frac{2u\sin\theta}{g\cos\theta}$.

समीकरण (i) से,

$$AP = (u\cos\theta)\left(\frac{2u\sin\theta}{g\cos\theta}\right) + \frac{1}{2}(g\sin\theta)\left(\frac{2u\sin\theta}{g\cos\theta}\right)^2$$

$$= \frac{2u^2\sin\theta}{g} + \frac{2u^2\sin\theta\tan^2\theta}{g}$$

$$= \frac{2u^2}{g}\tan\theta\sec\theta.$$

9. *एक कण को क्षैतिज दिशा से θ कोण बनाते हुए u वेग से प्रक्षेपित किया जाता है। जब इसका कोण क्षैतिज दिशा से α हो जाए, उस समय कण का वेग कितना होगा?*

हल कण के वेग का क्षैतिज घटक = $u\cos\theta$.

जब क्षैतिज से इसका कोण α हो और उस समय यदि उसका वेग v हो, तो वेग का क्षैतिज घटक = $v\cos\alpha$.

चूँकि क्षैतिज दिशा में घटक समान रहता है, अतः

$$u\cos\theta = v\cos\alpha \qquad \text{या} \qquad v = u\cos\theta\cdot\sec\alpha.$$

10. *खिलौने वाली एक पिस्टल A से क्षैतिज तल में रखी वस्तु B पर निशाना लगाया जाता है। जिस समय पिस्टल से गोली चलाई जाती है उसी समय वस्तु को गिरने के लिए छोड़ दिया जाता है। दिखाएँ कि गोली तथा वस्तु को मिलानेवाली रेखा सदा क्षैतिज रहती है और गोली वस्तु पर जरूर लगती है।*

हल चित्र 7.W6 में यह परिस्थिति दिखाई गई है। गोली बिंदु A से चलाई जाती है और वस्तु बिंदु B से गिराई जाती है।

मान लें कि t समय पर गोली A' पर है और वस्तु B' पर है। गोली का प्रारंभिक वेग क्षैतिज दिशा में है। अतः, गोली द्वारा t समय में ऊर्ध्वाधर दिशा में चली गई दूरी, $y = \frac{1}{2}gt^2$.

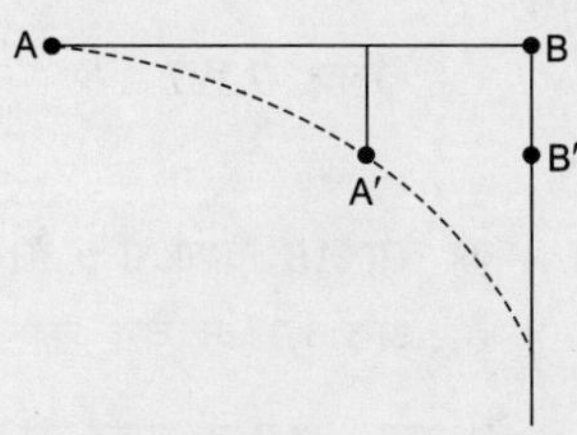

चित्र 7.W6

वस्तु शून्य वेग से नीचे की ओर गिरना प्रारंभ करती है, अतः उसके लिए भी t समय में ऊर्ध्वाधर दिशा में चली गई दूरी, $y = \frac{1}{2}gt^2$.

अतः, हर समय AB रेखा से उनकी दूरी बराबर होगी, अर्थात उनको मिलानेवाली रेखा सदा क्षैतिज रहेगी।

जैसे-जैसे समय बीतता जाएगा, गोली एवं वस्तु की क्षैतिज दूरी कम होती जाएगी। जब गोली द्वारा चली गई क्षैतिज दूरी AB के बराबर हो जाएगी, तो गोली वस्तु पर लग जाएगी।

11. *तीन कण A, B और C किसी समय $t = 0$ पर d भुजा वाले समबाहु त्रिभुज ABC के शीर्ष बिंदुओं पर हैं। सभी कण हर समय v चाल से चलते हैं। A के वेग की दिशा सदा AB की ओर, B के वेग की दिशा सदा BC की ओर तथा C के वेग की दिशा सदा CA की ओर रहती है। किस समय सभी कण एक-दूसरे से मिलेंगे?*

हल पहली विधि

चित्र 7.W7 में A, B, C के चलने के रास्ते दिखाए गए हैं। किसी भी समय तीनों कण एक समबाहु त्रिभुज ही बनाते हैं जिसका केंद्रक O हमेशा वहीं रहता है। तीनों कण इसी केंद्रक O पर ही मिलेंगे जो तीनों कणों से बराबर दूरी पर है।

चूँकि O समबाहु त्रिभुज का केंद्रक है, किसी भी क्षण भुजा AB (अर्थात A_1B_1 या A_2B_2 आदि) AO से 30° का कोण बनाएगी। A के वेग का AO की ओर घटक $= v \cos \theta$. किसी भी क्षण दूरी AO के घटने की दर $= v \cos \theta$.

प्रारंभ में $t = 0$ पर $AO = \dfrac{d}{\sqrt{3}}\cdot$

अतः, दूरी AO को घटकर शून्य होने में लगा समय

$$= \frac{d}{\sqrt{3}\, v \cos 30°} = \frac{2d}{3v}\cdot$$

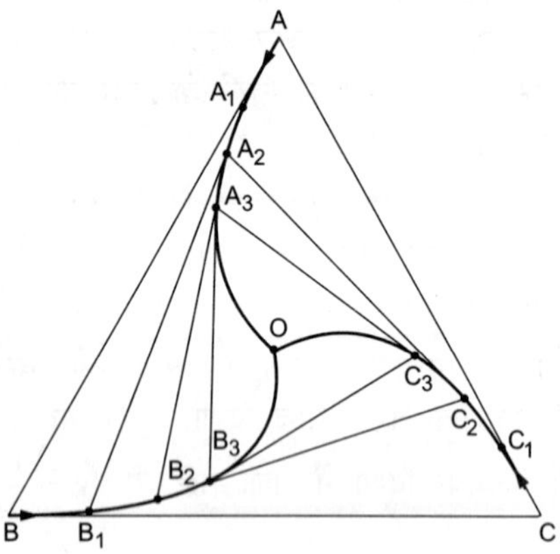

चित्र 7.W7

दूसरी विधि

किसी भी क्षण A का वेग AB दिशा में v है। उसी क्षण B का वेग BC दिशा में v है, अतः B के वेग का BA दिशा में घटक $= v\cos 60° = \dfrac{v}{2}$ है। अतः, AB के घटने की दर $= v + \dfrac{v}{2} = \dfrac{3v}{2}$ है।

$t = 0$ पर $AB = d$, अतः AB को घटकर शून्य होने में लगा समय

$$= \frac{d}{\left(\dfrac{3v}{2}\right)} = \frac{2d}{3v}\cdot$$

12. *एक मनुष्य शांत पानी में 3 km/h की रफ्तार से तैर सकता है। वह 2 km/h की रफ्तार से बहती एक नदी को तैरकर पार करना चाहता है और अपने प्रस्थान-बिंदु के ठीक सामने दूसरे किनारे पर निकलना चाहता है। (a) उसे पानी के सापेक्ष किस दिशा में तैरने की कोशिश करनी चाहिए? (b) यदि नदी की चौड़ाई 500 m हो, तो मनुष्य को नदी के दूसरी ओर पहुँचने में कितना समय लगेगा?*

हल नदी के बहाव की ओर x-अक्ष तथा धारा के लंबवत पानी की सतह में y-अक्ष लें। मनुष्य जहाँ से तैरना प्रारंभ करता है उसे मूलबिंदु लें। चूँकि मनुष्य को दूसरे किनारे पर ठीक सामने निकलना है, जमीन के सापेक्ष उसका वेग $\vec{v}_{M,G}$, y-अक्ष की ओर होगा।

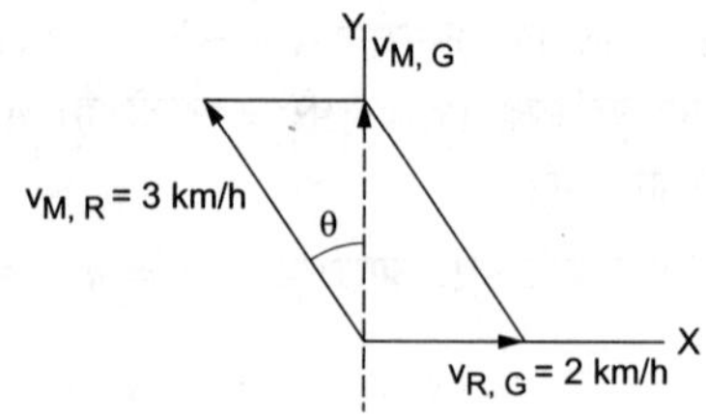

चित्र 7.W8

(a) हमें पानी के सापेक्ष मनुष्य के वेग की दिशा निकालनी है। इस वेग $v_{M,R}$ का परिमाण 3 km/h हमें पहले से ही पता है। अतः,

$$\vec{v}_{M,G} = \vec{v}_{M,R} + \vec{v}_{R,G} \qquad \text{... (i)}$$

चित्र 7.W8 में ये तीनों वेग दिखाए गए हैं। नदी का जमीन के सापेक्ष वेग $\vec{v}_{R,G}$, x-अक्ष की ओर 2 km/h है तथा $\vec{v}_{M,R}$, y-अक्ष से θ कोण बनाते हुए 3 km/h है।

समीकरण (i) में सभी वेगों का x-अक्ष की ओर घटक लेने पर,

$$0 = -(3 \text{ km/h}) \sin \theta + (2 \text{ km/h})$$

या $$\sin \theta = \frac{2}{3}\cdot$$

(b) समीकरण (i) में सभी वेगों का y-अक्ष की ओर घटक लेने पर,

$$\vec{v}_{M,G} = (3 \text{ km/h}) \cos\theta + 0 = \sqrt{5} \text{ km/h}.$$

$$\text{नदी पार करने में लगा समय} = \frac{\text{जमीन के सापेक्ष विस्थापन}}{\text{जमीन के सापेक्ष वेग}}$$

$$= \frac{0.5 \text{ km}}{\sqrt{5} \text{ km/h}} = \frac{\sqrt{5}}{10} \text{ hours.}$$

13. *एक मनुष्य शांत पानी में 3 km/h की दर से तैर सकता है। उसे 500 मीटर चौड़ी नदी को तैरकर पार करना है जो 2 km/h की दर से बह रही है। यदि वह तैरते समय सदा अपने को धारा की दिशा से 120° पर रखता है तो (a) नदी को पार करने में कितना समय लगेगा? (b) नदी के दूसरी ओर वह किस बिंदु पर निकलेगा?*

हल सभी वेग चित्र 7.W9 में दिखाए गए हैं।

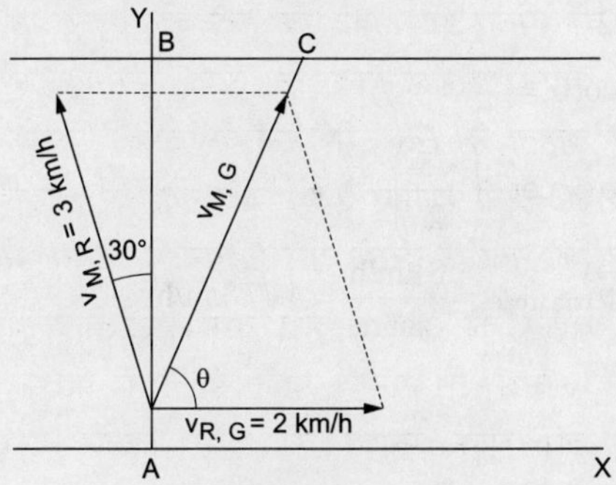

चित्र 7.W9

(a) $\vec{v}_{M,G} = \vec{v}_{M,R} + \vec{v}_{R,G}$. ... (i)

चित्र 7.W9 में मनुष्य का जमीन के सापेक्ष वेग AC दिशा में है। समीकरण (i) में सभी वेगों के y-घटक लेने पर,

$$(\vec{v}_{M,G})_y = (\vec{v}_{M,R})_y + (\vec{v}_{R,G})_y$$

$$= \vec{v}_{M,R}\cos 30° = (3 \text{ km/h}) \times \frac{\sqrt{3}}{2} = \frac{3\sqrt{3}}{2} \text{ km/h}.$$

नदी पार करने में लगा समय

$$= \frac{\text{जमीन के सापेक्ष } y\text{-दिशा में विस्थापन}}{\text{जमीन के सापेक्ष } y\text{-दिशा में वेग}}$$

$$= \frac{0.5 \text{ km}}{\frac{3\sqrt{3}}{2} \text{ km/h}} = \frac{1}{3\sqrt{3}} \text{ h} \simeq 0.2 \text{ h}.$$

(b) समीकरण (i) में सभी वेगों के x-घटक लेने पर,

$$(\vec{v}_{M,G})_x = (-3 \text{ km/h}) \sin 30° + 2 \text{ km/h}$$
$$= 0.5 \text{ km/h}.$$

जमीन के सापेक्ष x-दिशा में विस्थापन

= जमीन के सापेक्ष x-दिशा में वेग × समय

= (0.5 km/h) × (0.2 h) = 0.1 km.

14. *सड़क पर खड़े एक व्यक्ति को वर्षा से बचने के लिए छाते को ऊर्ध्वाधर से 30° पर रखना पड़ता है। वह छाते को छोड़कर सड़क पर 10 km/h के वेग से दौड़ने लगता है और पाता है कि वर्षा की बूँदें उसके सिर पर ऊर्ध्वाधर दिशा में गिरती है। वर्षा की बूँदों का वेग (a) सड़क के सापेक्ष और (b) दौड़ते हुए व्यक्ति के सापेक्ष निकालें।*

हल जब मनुष्य सड़क पर खड़ा है तब वर्षा की बूँदें ऊर्ध्वाधर से 30° का कोण बनाकर आ रही हैं। यही $\vec{v}_{\text{rain, road}}$ की दिशा है। जब मनुष्य सड़क पर दौड़ रहा होता है, तो उसके लिए वर्षा की बूँदें ऊर्ध्वाधर हो जाती हैं। अर्थात $\vec{v}_{\text{rain, man}}$ की दिशा ऊर्ध्वाधर है।

$$\vec{v}_{\text{rain, road}} = \vec{v}_{\text{rain, man}} + \vec{v}_{\text{man, road}}. \quad \text{... (i)}$$

$\vec{v}_{\text{man, road}}$ की दिशा सड़क की दिशा में, अर्थात क्षैतिज है। सभी वेग एक ही तल में होंगे। चित्र 7.W10 में ये सारे वेग दिखाए गए हैं।

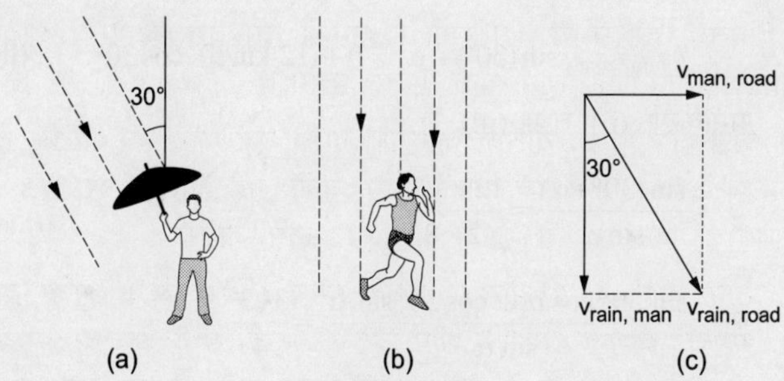

चित्र 7.W10

(a) समीकरण (i) में सभी वेगों के क्षैतिज दिशा में घटक लेने पर,

$$\vec{v}_{\text{rain, road}} \cdot \sin 30° = 0 + 10 \text{ km/h}$$

या $\quad \vec{v}_{\text{rain, road}} = 20$ km/h.

वर्षा का सड़क के सापेक्ष वेग 20 km/h, ऊर्ध्वाधर से 30° पर है।

(b) समीकरण (i) में सभी वेगों का ऊर्ध्वाधर दिशा में घटक लेने पर

$$\vec{v}_{\text{rain, road}} \cdot \cos 30° = \vec{v}_{\text{rain, man}}$$

या $\quad \vec{v}_{\text{rain, man}} = (20 \text{ km/h}) \times \left(\frac{\sqrt{3}}{2}\right)$

$$= 10\sqrt{3} \text{ km/h}.$$

15. *एक क्षैतिज सड़क पर 8 km/h की चाल से दौड़ते मनुष्य को वर्षा की बूँदें ऊर्ध्वाधर दिशा से गिरती दिखाई देती हैं। जब वह अपने दौड़ने की चाल बढ़ाकर 12 km/h कर लेता है तो बूँदें ऊर्ध्वाधर से 30° कोण से आती हुई दीखती हैं। सड़क के सापेक्ष बूँदों की चाल एवं दिशा निकालें।*

हल $\vec{v}_{\text{rain, road}} = \vec{v}_{\text{rain, man}} + \vec{v}_{\text{man, road}}$ ... (i)

प्रश्न में दी गई दोनों परिस्थितियाँ चित्र 7.W11 में दिखाई गई हैं।

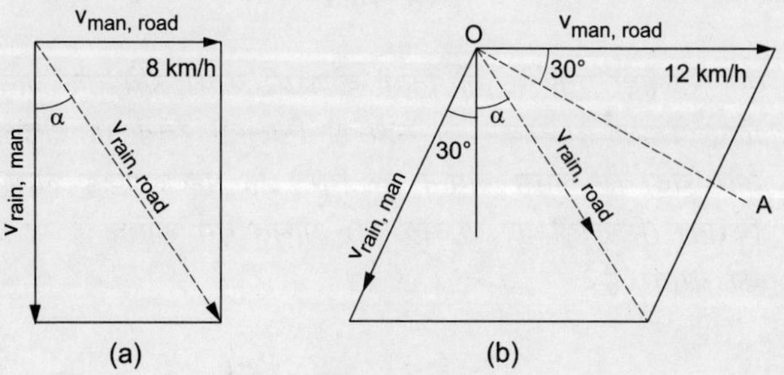

चित्र 7.W11

दोनों चित्रों में $\vec{v}_{\text{rain, road}}$ एक ही है। यह वेग ऊर्ध्वाधर से α कोण बनाता है।

चित्र 7.W11(a) की परिस्थिति में समीकरण (i) में सभी वेगों के क्षैतिज घटक लेने पर,

$$\vec{v}_{\text{rain, road}} \sin \alpha = 8 \text{ km/h}. \quad \text{... (ii)}$$

चित्र 7.W11(b) में $\vec{v}_{\text{rain, man}}$ के लंबवत एक रेखा OA खींची गई है। समीकरण (i) में सभी वेगों के OA दिशा में घटक लेने पर,

$$\vec{v}_{\text{rain, road}} \cdot \sin(30° + \alpha) = 0 + (12 \text{ km/h}) \cdot \cos 30°. \quad \text{... (iii)}$$

समीकरण (ii) तथा (iii) से,

$$\frac{\sin(30°+\alpha)}{\sin\alpha} = \frac{12 \times \sqrt{3}}{2 \times 8}$$

या $$\frac{\sin 30° \cos\alpha + \cos 30° \sin\alpha}{\sin\alpha} = \frac{3\sqrt{3}}{4}$$

या $$\frac{1}{2}\cot\alpha + \frac{\sqrt{3}}{2} = \frac{3\sqrt{3}}{4}$$

या $$\cot\alpha = \frac{\sqrt{3}}{2}$$

या $$\alpha = \cot^{-1}\left(\frac{\sqrt{3}}{2}\right).$$

(ii) से, $$\vec{v}_{\text{rain, road}} = \frac{8 \text{ km/h}}{\sin\alpha} = 4\sqrt{7} \text{ km/h}.$$

• विचार हेतु प्रश्न •

1. *एक कण का वेग किसी क्षण पश्चिम दिशा की ओर है। इसका त्वरण शून्य नहीं है और वह न तो पश्चिम, न ही पूर्व, न ही उत्तर और न ही दक्षिण दिशा में है। ऐसी गति का एक उदाहरण दें।*

2. *प्रक्षेप्य के पथ के किस बिंदु पर कण की चाल सबसे कम होती है?*

3. *एक कण को u वेग से क्षैतिज से θ कोण बनाते हुए प्रक्षेपित किया जाता है। क्या उसकी चाल u से अधिक हो सकती है?*

4. *यदि एक कण में त्वरण हो, तो उसकी चाल या तो बढ़ रही है या घट रही है। इस कथन पर टिप्पणी करें।*

5. *ऐसे उदाहरण दें जिसमें (a) एक कण का वेग तो शून्य है, पर त्वरण शून्य नहीं, (b) वेग की दिशा त्वरण की दिशा के विपरीत है और (c) वेग की दिशा त्वरण की दिशा के लंबवत है।*

6. *चित्र 7.C1 में एक कण के x-निर्देशांक का समय के साथ संबंध बताया गया है। v_x तथा a_x के चिह्न $t = t_1, t = t_2$ एवं $t = t_3$ पर क्या होंगे?*

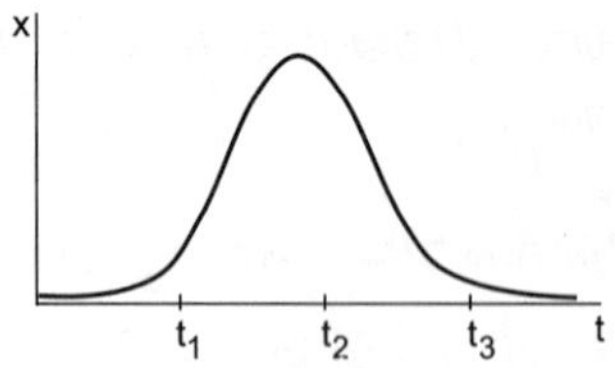

चित्र 7.C1

7. *एक खिलाड़ी एक गेंद को किसी कोण पर काफी ऊँचे तक जाने के लिए फेंकता है। फेंकने के साथ ही खिलाड़ी स्वयं भी दौड़ता है और गेंद को वापस जमीन पर गिरने के पहले पकड़ लेता है। किसका (खिलाड़ी का या गेंद का) औसत वेग अधिक है या दोनों का बराबर है?*

8. *एक कण xy-तल में बिंदु A से चलना प्रारंभ करता है तथा चित्र 7.C2 में दिखाए वक्र पथ पर चलता है। कण के स्थान B के x- तथा y-निर्देशांक के लगभग मान निकालें ताकि A से B तक के औसत वेग की दिशा वही हो, जो B पर के वेग की दिशा है।*

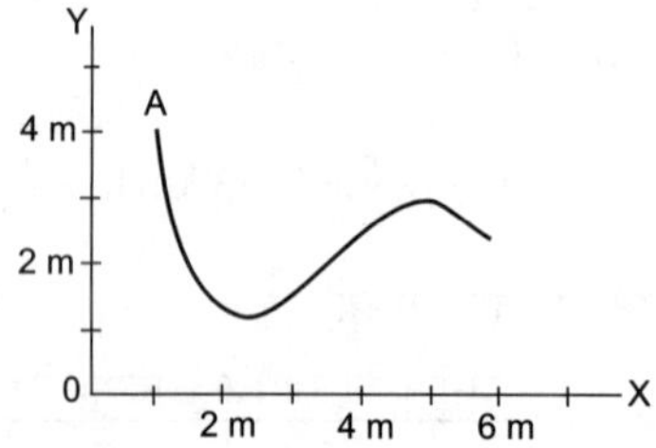

चित्र 7.C2

9. *एक कार की चाल में वृद्धि उसके इंजन में जाते अतिरिक्त पेट्रोल के द्रव्यमान के समानुपाती होती है। क्या यह संभव है कि बिना अतिरिक्त पेट्रोल डाले कार में त्वरण उत्पन्न किया जा सके?*

10. *100 m की ऊँचाई पर क्षैतिज दिशा में उड़ते हुए एक हवाई जहाज से एक पैकेट गिराया जाता है। जहाज के सापेक्ष देखने पर पैकेट का पथ कैसा होगा? जमीन के सापेक्ष देखने पर पैकेट का पथ कैसा होगा? यदि आपसे कोई पूछे कि वास्तव में पैकेट का पथ क्या है, तो आपकी प्रतिक्रिया क्या होगी?*

11. *सड़क पर खड़ा एक आदमी ऊर्ध्वाधर दिशा से आती हुई वर्षा से बचने के लिए छाते को ऊर्ध्वाधर दिशा में रखता है। दूसरा आदमी जो सड़क पर दौड़ रहा है, उसी वर्षा से बचने के लिए छाते को टेढ़ा कर लेता है। पर, ऊपर से आती धूप से बचने के लिए दोनों ही छाते को ऊर्ध्वाधर दिशा में रखते हैं। क्यों?*

• सटीक उत्तरवाले प्रश्न I •

सही उत्तर का चयन करें।

1. एक कार उत्तर की ओर 50 km/h के वेग से जा रही है। बिना चाल बदले वह 90° से बायीं ओर घूम जाती है। कार के वेग में परिवर्तन का निकटतम मान है
   (a) 50 km/h पश्चिम की ओर
   (b) 70 km/h दक्षिण-पश्चिम की ओर
   (c) 70 km/h उत्तर-पूर्व की ओर
   (d) शून्य

2. प्रक्षेप्य गति में, कण का वेग
   (a) सदा त्वरण के लंबवत होता है।
   (b) कभी भी त्वरण के लंबवत नहीं होता है।
   (c) त्वरण के लंबवत सिर्फ एक क्षण को होता है।
   (d) त्वरण के लंबवत दो क्षणों पर होता है।

3. दो गोलियाँ, एक ही समय, एक ही स्थान से क्षैतिज दिशाओं में अलग-अलग चाल से फेंकी जाती हैं। कौन-सी गोली जमीन पर पहले पहुँचेगी?

(a) जो अधिक चाल से फेंकी गई है।
(b) जो कम चाल से फेंकी गई है।
(c) दोनों एक साथ पहुँचेंगी।
(d) कम द्रव्यमान वाली पहले पहुँचेगी।

4. जब एक वस्तु को किसी चाल से क्षैतिज से ऊपर की ओर 15° के कोण से फेंका जाता है तो उसका क्षैतिज परास 50 m होता है। यदि इसे इसी चाल से 45° कोण पर फेंका जाए, तो इसका क्षैतिज परास होगा

(a) 25 m (b) 37 m (c) 50 m (d) 100 m

5. एक वस्तु A क्षैतिज से 15° के प्रक्षेप कोण पर फेंकी गई है और दूसरी वस्तु B क्षैतिज से 45° के प्रक्षेप कोण पर फेंकी गई है। यदि R_A तथा R_B उनके क्षैतिज परास हों, तो

(a) $R_A < R_B$
(b) $R_A = R_B$
(c) $R_A > R_B$
(d) दी गई सूचना R_A तथा R_B में संबंध बताने के लिए अपर्याप्त है

6. चित्र 7.Q1 में दो रस्सियाँ वस्तु M से बँधी हैं और दो घिरनियों पर से होकर दूसरी ओर आ रही हैं। रस्सियों के किनारे P तथा Q समान वेग u से नीचे आ रहे हैं। इस समय वस्तु M की ऊपर की ओर चाल होगी

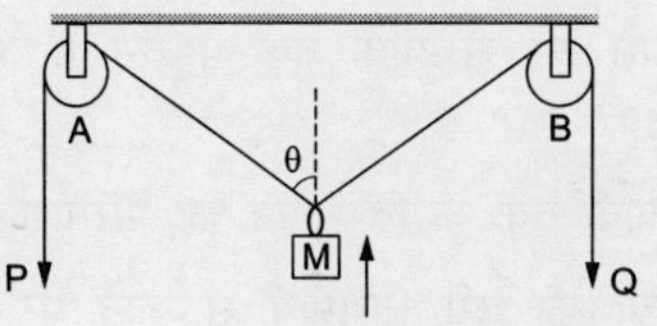

चित्र 7.Q1

(a) $2u\cos\theta$ (b) $\frac{u}{\cos\theta}$ (c) $\frac{2u}{\cos\theta}$ (d) $u\cos\theta$

7. एक नदी पश्चिम से पूर्व की ओर 5 m/min के वेग से बह रही है। एक मनुष्य जो उसके दक्षिणी तट पर खड़ा है, न्यूनतम समय में नदी पार करना चाहता है। शांत जल में मनुष्य के तैरने की चाल 10 m/min है। उसे जल के सापेक्ष किस दिशा में तैरना चाहिए?

(a) उत्तर की ओर (b) उत्तर से 30° पूर्व की ओर
(c) पश्चिम से 30° उत्तर की ओर (d) उत्तर से 60° पूर्व की ओर

• सटीक उत्तरवाले प्रश्न II •

सही उत्तर (उत्तरों) का चयन करें।

1. किसी घड़ी की मिनट वाली सूई के किनारे की गति का विचार करें। एक घंटे में इस किनारे
(a) का विस्थापन शून्य है
(b) द्वारा चली हुई दूरी शून्य है
(c) की औसत चाल शून्य है
(d) का औसत वेग शून्य है

2. सही वक्तव्यों को चुनें।
(a) किसी समय अंतराल में किसी कण की औसत चाल कभी भी इसी अंतराल में उसके औसत वेग के परिमाण से कम नहीं होती।
(b) एक कण की गति में ऐसा हो सकता है कि $\left|\frac{d\vec{v}}{dt}\right| \neq 0$ पर $\frac{d}{dt}|\vec{v}| = 0$.
(c) एक समय अंतराल में किसी कण का औसत वेग शून्य है। ऐसा हो सकता है कि उस अंतराल में किसी भी समय उसका वेग शून्य न हो
(d) एक समय अंतराल में सरल रेखा पर चलते एक कण का औसत वेग शून्य है। ऐसा हो सकता है कि उस अंतराल में किसी भी समय उसका वेग शून्य न हो। अनंत त्वरण की कल्पना न करें।

3. एक गतिमान कण के लिए ऐसा हो सकता है कि
(a) कण की चाल बदल रही हो, पर उसका वेग नहीं बदले
(b) कण का वेग बदल रहा हो, पर उसकी चाल नहीं बदले
(c) कण में त्वरण हो, पर उसका वेग न बदले
(d) कण में त्वरण हो, पर उसकी चाल न बदले

4. यदि समय $t = 0$ पर एक कण का वेग शून्य हो, तो कौन-से वक्तव्य सही होंगे?
(a) $t = 0$ पर कण का त्वरण अवश्य शून्य होगा।
(b) $t = 0$ पर कण का त्वरण शून्य हो सकता है।
(c) यदि $t = 0$ से $t = 10$ s तक लगातार कण का त्वरण शून्य हो, तो उसकी चाल भी इस पूरे अंतराल में शून्य होगी।
(d) यदि $t = 0$ से $t = 10$ s तक लगातार कण की चाल शून्य हो, तो इस पूरे अंतराल में उसका त्वरण भी शून्य होगा।

5. सही वक्तव्य चुनें।
(a) वेग का परिमाण चाल के बराबर होता है।
(b) किसी समय अंतराल में किसी कण के औसत वेग का परिमाण उस अंतराल में उसकी औसत चाल के बराबर होता है।
(c) ऐसा हो सकता है कि किसी अंतराल में कण की चाल सदा शून्य रहे, पर उसकी औसत चाल शून्य न हो।
(d) ऐसा हो सकता है कि किसी अंतराल में कण की चाल शून्य न हो, पर उस अंतराल में उसकी औसत चाल शून्य हो।

6. किसी कण के त्वरण का परिमाण फ्रेम S_1 से देखने पर भी 4 m/s^2 है तथा फ्रेम S_2 से देखने पर भी 4 m/s^2 है।
(a) दोनों फ्रेम निश्चय ही एक-दूसरे के सापेक्ष विराम में हैं।
(b) दोनों फ्रेम निश्चय ही एक-दूसरे के सापेक्ष एकसमान वेग से चल रहे हैं।
(c) फ्रेम S_2 का फ्रेम S_1 के सापेक्ष त्वरण या तो शून्य, नहीं तो 8 m/s^2 है।
(d) फ्रेम S_2 का फ्रेम S_1 के सापेक्ष त्वरण शून्य से 8 m/s^2 के बीच कुछ भी हो सकता है।

• अभ्यास के प्रश्न •

1. एक मनुष्य को एक पार्क में जाने के लिए अपने घर से 50 m उत्तर, फिर 40 m पूर्व और फिर 20 m दक्षिण जाना पड़ता है।
   (a) उसे अपने घर से पार्क तक पहुँचने में कितनी दूरी चलनी पड़ती है?
   (b) घर से पार्क तक के विस्थापन का परिमाण बताएँ।
2. पटना से राँची की दूरी वायुमार्ग से जाने पर 260 km है तथा सड़क मार्ग से जाने पर 320 km है। एक वायुयान यह दूरी 30 मिनट में तय करता है जबकि डीलक्स बस से यह दूरी तय करने में 8 घंटे लगते हैं। मानें कि वायुयान का लगभग पूरा मार्ग एक ही सीध में है।
   (a) वायुयान की औसत चाल बताएँ।
   (b) बस की औसत चाल बताएँ।
   (c) वायुयान का औसत वेग (परिमाण) बताएँ।
   (d) बस का औसत वेग (परिमाण) बताएँ।
3. एक मनुष्य कार से शहर के दर्शनीय स्थल देखने के लिए निकलता है। प्रारंभ में कार का मीटर 12352 km दिखा रहा था और दो घंटे बाद जब वह लौटकर वापस घर आया, तो मीटर 12416 km दिखा रहा था। इस अवधि में,
   (a) कार की औसत चाल क्या रही?
   (b) कार का औसत वेग क्या रहा?
4. एक गेंद को जमीन से 100 m ऊँचाई के एक स्थान से 20 m/s के वेग से क्षैतिज दिशा में फेंका जाता है। ज्ञात करें,
   (a) जमीन तक पहुँचने में लगा समय
   (b) जमीन तक पहुँचने में क्षैतिज दिशा में तय की गई दूरी
   (c) वेग (परिमाण तथा दिशा) जिससे गेंद जमीन पर पहुँचती है।
5. गोली (या कंचा) के खेल में शीशे से बनी गोलियों से खिलाड़ी खेलते हैं। दो खिलाड़ियों, A तथा B, की गोलियाँ एक-दूसरे से 2.0 m की दूरी पर जमीन पर पड़ी हैं। B अपनी गोली के स्थान पर दाएँ हाथ का अँगूठा रखता है और गोली को दोनों हाथों की बड़ी उँगलियों के बीच पकड़ता है। इस समय गोली जमीन से 19.6 cm ऊपर है। अब उसे उँगली को ऐसा झटका देना है कि उसकी गोली जाकर जमीन पर पड़ी A की गोली को टक्कर मार दे। यदि B अपनी गोली को क्षैतिज दिशा में वेग u देता है और गोली बिना जमीन पर पहले गिरे सीधी A की गोली से टकराती है, तो u का मान बताएँ।

चित्र 7.E1

6. 171 फीट ऊँची चट्टान की चोटी पर खड़ा एक व्यक्ति जमीन पर खड़े अपने मित्र को एक पैकेट फेंककर देना चाहता है। मित्र की व्यक्ति से क्षैतिज दूरी 228 फीट है। वह मित्र की सीध में पैकेट को 15.0 फीट/सेकंड के वेग से फेंकता है। पैकेट मित्र से कितनी दूरी पर गिरेगा? $g = 32\ \text{ft/s}^2$ लें।
7. फर्श के किसी बिंदु से एक गेंद 15 m/s के वेग से क्षैतिज दिशा से 60° का कोण बनाते हुए फेंकी जाती है। इस बिंदु से 5 m दूरी पर एक ऊर्ध्वाधर दीवार है जो प्रक्षेपण तल के लंबवत है। क्या यह गेंद बिना फर्श पर पड़े इस दीवार को टक्कर लगाएगी? यदि दीवार 22 m दूर होती, तो क्या उत्तर बदल जाता?
8. एक कण को u वेग से क्षैतिज से θ कोण बनाते हुए प्रक्षेपित किया जाता है। यह समय t_1 तथा t_2 पर अपनी अधिकतम ऊँचाई के आधे पर पहुँचता है। t_1 से t_2 के समय अंतराल में कण का औसत वेग बताएँ।
9. क्षैतिज दिशा में एकसमान वेग से उड़ते एक लड़ाकू विमान से एक बम गिराया जाता है जो जमीन पर पहुँचने के पहले ही फट जाता है। दिखाएँ कि बम विमान के ठीक नीचे ही फटता है। यदि विमान का वेग क्षैतिज दिशा में नहीं होता, तो भी क्या यह कथन सही होता?
10. एक लंबी खुली गाड़ी में खड़ा एक बालक 9.8 m/s के वेग से एक गेंद को ऊपर की तरफ उछालता है। गाड़ी क्षैतिज दिशा में सीधे ट्रैक पर $1\ \text{m/s}^2$ के त्वरण के साथ चल रही है। बालक से कितना पीछे गेंद गाड़ी पर वापस आकर गिरेगी?
11. घर में जाने की एक सीढ़ी में तीन स्टेप बने हैं जिनमें से प्रत्येक 10 cm ऊँचा तथा 20 cm गहरा है। एक गेंद लुढ़कती हुई ऊपर के तल से गिरती है। इसकी न्यूनतम चाल कितनी होनी चाहिए ताकि यह बिना सीढ़ियों पर टकराए नीचे वाले तल पर गिरे?

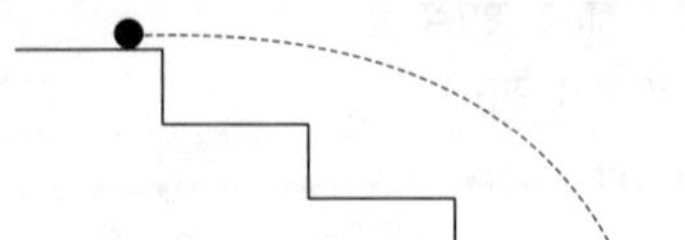

चित्र 7.E2

12. एक ट्रक 14.7 m/s के एकसमान वेग से एक क्षैतिज सड़क पर चल रहा है। इसमें खड़ा एक मनुष्य एक गेंद को ऐसे उछालता है कि जब ट्रक 55.8 m चलता है तब गेंद उसके हाथ में वापस आ जाती है। गेंद के वेग का परिमाण तथा दिशा (a) ट्रक के अनुसार (b) सड़क के अनुसार, ज्ञात करें।
13. एक क्रिकेट स्टेडियम की एक गैलरी में बैठने की सीढ़ियाँ 1 m ऊँची तथा 1 m गहरी हैं। एक बल्लेबाज गेंद को जमीन से 1 m की ऊँचाई पर बल्ले से मारता है और गेंद 6 रनों के लिए चली जाती है। गेंद क्षैतिज से 53° का कोण बनाते हुए 35 m/s के वेग से बल्ले से छूटती है। गैलरी की बेंचें गेंद की गति के तल के लंबवत हैं और सबसे नीचे वाली बेंच गेंदबाज से 110 m की दूरी पर है। किस वाली बेंच पर गेंद गिरेगी?
14. एक मनुष्य एक नदी के किनारे बैठा है। नदी में 1.0 m लंबी एक नाव है। मनुष्य नाव की लंबाई की सीध में है और नाव के केंद्र से 5.5 m दूर है। मनुष्य नाव में बैठे व्यक्तियों के लिए एक ठकुआ

(एक विशेष प्रकार का पकवान) फेंकना चाहता है। वह ठकुए को 10 m/s की चाल से ही फेंक सकता है। सफल प्रक्षेपण के लिए प्रक्षेपण कोण का न्यूनतम तथा अधिकतम मान बताएँ। मान कर चलें कि नाव का ऊपरी किनारा तथा प्रक्षेपण-बिंदु एक ही क्षैतिज तल में हैं।

15. 400 m चौड़ी एक नदी 2.0 m/s की रफ्तार से बह रही है। एक नाव पानी के सापेक्ष 10 m/s की चाल से धारा की दिशा के लंबवत चल रही है। (a) नाव को नदी पार करने में कितना समय लगेगा? (b) प्रारंभ के बिंदु के ठीक सामने दूसरे किनारे पर के बिंदु से यह नाव कितनी दूरी पर निकलेगी?

16. एक तैराक 5 km/h के वेग से बह रही 500 m चौड़ी नदी को तैरकर पार करना चाहता है। पानी के सापेक्ष तैराक की चाल 3 km/h है। (a) यदि वह धारा की दिशा से θ कोण बनाते हुए तैरे, तो नदी को पार करने में उसे कितना समय लगेगा? (b) नदी को पार करने के लिए इस तैराक को न्यूनतम कितना समय लग सकता है?

17. ऊपर के प्रश्न 16 की परिस्थिति लें। तैराक को पैदल या तैरकर प्रारंभिक बिंदु के ठीक सामने दूसरे किनारे पर पहुँचना है। यदि वह तैरकर इस बिंदु से दूर कहीं निकलता है, तो उसे पैदल चलकर इस बिंदु तक आना पड़ेगा। उसे कम-से-कम कितनी दूरी पैदल चलना पड़ेगा?

18. एक हवाई जहाज को स्थान A से स्थान B तक जाना है। B की दूरी A से 500 km है और AB की दिशा उत्तर से 30° पूर्व की ओर है। उत्तर की ओर 20 m/s की चाल से हवा बह रही है। हवा के सापेक्ष जहाज की चाल 150 m/s है। (a) पायलट को हवाई जहाज किस दिशा में (हवा के सापेक्ष) उड़ाना चाहिए ताकि वह स्थान A पर पहुँच जाए। (b) स्थान A से स्थान B तक पहुँचने में जहाज को कितना समय लगेगा?

19. दो मित्र A तथा B एक खुले मैदान में x दूरी पर खड़े हैं जहाँ हवा A से B की ओर बह रही है। A एक ड्रम को ठोककर आवाज निकालता है जिसे B, t_1 समय बाद सुनता है। अब A तथा B अपने स्थान बदल लेते हैं। पुनः A ड्रम को ठोकता है और B आवाज को t_2 समय बाद सुनता है। इतनी सूचना के आधार पर स्थिर हवा में ध्वनि की चाल v तथा मैदान में हवा की चाल u निकालें।

20. ऊपर के प्रश्न 19 की परिस्थिति लें। A तथा B मैदान में ऐसी जगह खड़े होते हैं कि उनको मिलानेवाली रेखा हवा की दिशा के लंबवत है। उनके बीच की दूरी x है। पिछले प्रश्न के उत्तरों का उपयोग कर x, v तथा u के पदों में वह समय अंतराल t निकालें जितनी देर बाद A के बजाए ड्रम को B सुनता है।

21. एम समषट्भुज के कोनों पर 6 कण हैं। प्रत्येक कण अपने अगले कोने पर के कण की ओर एकसमान चाल v से चलता है। समय $t = 0$ पर समषट्भुज की भुजा a है। कितने समय बाद सभी कण आपस में मिलेंगे?

• उत्तर •

सटीक उत्तरवाले प्रश्न I

1. (b) **2.** (c) **3.** (c) **4.** (d)
5. (d) **6.** (b) **7.** (a)

सटीक उत्तरवाले प्रश्न II

1. (a), (d) **2.** (a), (b), (c) **3.** (b), (d) **4.** (b), (c), (d)
5. (a) **6.** (d)

अभ्यास के प्रश्न

1. (a) 110 m (b) 50 m, $\tan^{-1}\left(\frac{3}{4}\right)$ उत्तर से पूर्व की ओर

2. (a) 520 km/h (b) 40 km/h (c) 520 km/h (d) 32.25 km/h

3. (a) 32 km/h (b) शून्य

4. (a) 4.5 s (b) 90 m
(c) 49 m/s, $\theta = 66°$ क्षैतिज के साथ

5. 10 m/s **6.** 192 फीट **7.** हाँ, हाँ

8. $u\cos\theta$, प्रक्षेप्य के तल में क्षैतिज से **9.** सही होता

10. 2 m **11.** 2 m/s

12. (a) 19.6 m/s ऊपर की ओर
(b) 24.5 m/s क्षैतिज से 53° कोण पर

13. छठा (sixth)

14. न्यूनतम कोण 15°, अधिकतम कोण 75°; लेकिन इनके बीच 53° का एक अंतराल है जहाँ हम सफल नहीं हो सकते।

15. (a) 40 s (b) 80 m **16.** (a) $\frac{10 \text{ मिनट}}{\sin\theta}$ (b) 10 मिनट

17. $\frac{2}{3}$ km

18. (a) $\sin^{-1}\left(\frac{1}{15}\right)$, AB रेखा से पूर्व की ओर (b) 50 मिनट

19. $\frac{x}{2}\left(\frac{1}{t_1}+\frac{1}{t_2}\right), \frac{x}{2}\left(\frac{1}{t_1}-\frac{1}{t_2}\right)$ **20.** $\frac{x}{\sqrt{v^2-u^2}}$ **21.** $\frac{2a}{v}$

❑

अध्याय 8

न्यूटन के गति-नियम

विज्ञान की बात हो, तो हर किसी की जुबान पर न्यूटन का नाम आता है। पेड़ से गिरते सेब को देखकर गुरुत्वाकर्षण के नियम की खोज करने की कहानी जन-जन को पता है। प्रकाश की प्रकृति के संबंध में भी न्यूटन के कार्य का एक बड़ा योगदान रहा है। परंतु, सबसे अधिक चर्चा में रहे हैं न्यूटन, अपने तीन गति-नियमों के कारण। पहले दो नियमों में किसी वस्तु के विराम एवं चलने के कारणों की जानकारी है और तीसरे में दो वस्तुएँ आपस में एक-दूसरे को कैसे प्रभावित करती हैं इसकी चर्चा है। इन गति-नियमों को पढ़ने के पहले हम बल के बारे में थोड़ी चर्चा करेंगे।

8.1 बल क्या है?

सभी मनुष्य, पशु एवं पक्षी यह जानते हैं कि जब कोई चीज हवा में छोड़ दी जाती है, तो वह नीचे की ओर गिरती है। इसका कारण है कि धरती उस चीज को अपनी ओर खींचती है। यह खींचना एक प्रकार का 'बल' है। हम रस्सी की सहायता से कुएँ से पानी निकालते हैं। हम रस्सी को 'खींचते' हैं, अर्थात हम रस्सी पर अपनी ओर बल लगाते हैं। भीड़ में कई बार लोग बगल वाले को धक्का देते हैं, अर्थात उसे अपने से दूर ठेलते हैं। यह भी बल लगाना है। फुटबॉल के खेल में हम गेंद को पैर से मारकर कहीं-से-कहीं पहुँचा देते हैं, अतः पैर गेंद को धक्का देता है। सिर पर जब हम कोई बोझ रखते हैं, तो सिर उस बोझ को ऊपर की ओर ठेलता है। परंतु, हाथ में यदि हम सूटकेस लटकाए हों, तो हाथ उस सूटकेस को खींचता है। इस प्रकार एक वस्तु द्वारा दूसरी को खींचने या ठेलने की प्रक्रिया हमेशा चलती रहती है। इसी खींचने या ठेलने की प्रक्रिया को हम भौतिक-विज्ञानी 'बल लगाना' कहते हैं। बल सदा खींचने या धक्का देने जैसा ही नहीं होता। हम एक प्लास्टिक के बक्से पर हाथ रखकर उसे ढक्कन पर स्पर्शरेखा की दिशा में भी ठेलकर चला सकते हैं। यह भी बल का एक प्रकार है। जोर से खींचने या ठेलने का अर्थ है अधिक बल लगाना और धीरे से खींचने या ठेलने का अर्थ है कम बल लगाना। बल को नापने के लिए जिस इकाई का उपयोग करते हैं उसका नाम भी 'न्यूटन' रखा गया है। अँगरेजी में इसे newton लिखते हैं या फिर इसे संकेत N द्वारा दिखाते हैं। 100 g के बाट को अपने हाथ पर उठाए रखने के लिए हाथ द्वारा भार पर जितना बल लगाना पड़ता है वह लगभग 1 N के बराबर होता है। हम मान सकते हैं कि कोई भी बल किसी वस्तु के द्वारा लगाया जाता है तथा वह किसी दूसरी वस्तु पर लगता है। **हर बल के लिए हम यह प्रश्न पूछ सकते हैं कि यह बल किसने लगाया तथा किसपर लगा।**

ध्यान रहे कि विश्व सिर्फ द्रव्यमान वाली वस्तुओं से ही नहीं बना है। विश्व में क्षेत्र (fields) भी हैं और ये भी किसी वस्तु पर बल लगा सकते हैं। आइए, अब हम कुछ प्रमुख प्रकार के बलों के बारे में विचार करें।

8.2 कुछ प्रमुख प्रकार के बल

(a) गुरुत्वाकर्षण का बल

संसार की हर वस्तु दूसरे को आकर्षित करती है। यह बल द्रव्यमान के कारण होता है और इसे गुरुत्वाकर्षण का बल (force of gravitation) कहते हैं। यदि m_1 तथा m_2 द्रव्यमान वाले दो कण एक-दूसरे से r दूरी पर हों, तो प्रत्येक पर दूसरे द्वारा लगाया बल होता है,

$$F = \frac{Gm_1 m_2}{r^2}. \qquad \ldots (8.1)$$

यहाँ G का मान निश्चित है, $6.6 \times 10^{-11}\ \mathrm{N\,m^2/kg^2}$। हम गुरुत्वाकर्षण बल के बारे में विस्तार से एक अलग अध्याय में पढ़ेंगे। परंतु, यहाँ हम इतना अवश्य जान लें कि यद्यपि पृथ्वी एक कण की तरह छोटी वस्तु नहीं है, वह अपने बाहर की छोटी वस्तुओं को समीकरण (8.1) के अनुसार ही खींचती है। यदि पृथ्वी का द्रव्यमान M लिखा जाए, वस्तु का द्रव्यमान m लिखा जाए, पृथ्वी के केंद्र से वस्तु की दूरी R लिखी जाए और

$$\frac{GM}{R^2} = g \qquad \ldots (8.2)$$

लिखा जाए, तो पृथ्वी द्वारा वस्तु पर लगता हुआ यह बल

$$F = mg \qquad \ldots (8.3)$$

लिख सकते हैं। यदि वस्तु सतह के आसपास हो, तो ऊपर के समीकरण में R पृथ्वी की त्रिज्या के बराबर लिया जा सकता है और ऐसी स्थिति में g का मान लगभग $9.8\ \mathrm{m/s^2}$ के बराबर होता है। आप पूछेंगे कि आसपास का क्या अर्थ है। पृथ्वी की त्रिज्या 6400 km है। यदि पृथ्वी की सतह से वस्तु की दूरी इस त्रिज्या की तुलना में बहुत कम हो, तो उसे हम आसपास कह सकते हैं। अतः, खेल के मैदान में गतिमान गेंद, आलमारी में रखी हुई किताब, आकाश में उड़ते हुए पक्षी, ये सब सतह के आसपास कहे जा

सकते हैं। परंतु, भारत द्वारा भेजे गए उपग्रह (satellite) IRS, INSAT आदि जो धरती के चारों ओर चक्कर लगा रहे हैं, धरती की सतह के आसपास नहीं कहे जा सकते। चंदा मामा या सूर्य भगवान भी पृथ्वी की सतह के आसपास नहीं हैं।

धरती द्वारा लगाया गया यह बल इसके केंद्र की ओर होता है। यह दिशा नीचे की ओर ऊर्ध्वाधर दिशा कहलाती है। पृथ्वी पर अलग-अलग स्थानों पर ऊर्ध्वाधर दिशा भी अलग-अलग होती है। चित्र 8.1 में देखें, A पर ऊर्ध्वाधर दिशा और B पर ऊर्ध्वाधर दिशा एक ही नहीं है, बल्कि दोनों के बीच कुछ कोण बना है। अर्थात, यदि कोई वस्तु A से चलकर B पर पहुँच जाए, तो धरती द्वारा लगाए गए बल की दिशा भी थोड़ी घूम जाएगी, यद्यपि बल का मान mg उतना ही रहेगा। परंतु, यदि A से B की दूरी कुछ मीटर या कुछ किलोमीटर भी हो, तो दिशा में यह बदलाव बहुत ही मामूली-सा होगा। जब हम अपने मित्र को गेंद फेंककर देते हैं, तो वह कुछ मीटर ही चलती है। ऐसे में हम कह सकते हैं कि पृथ्वी द्वारा लगाए गए बल का परिमाण तथा दिशा दोनों ही नहीं बदलते।

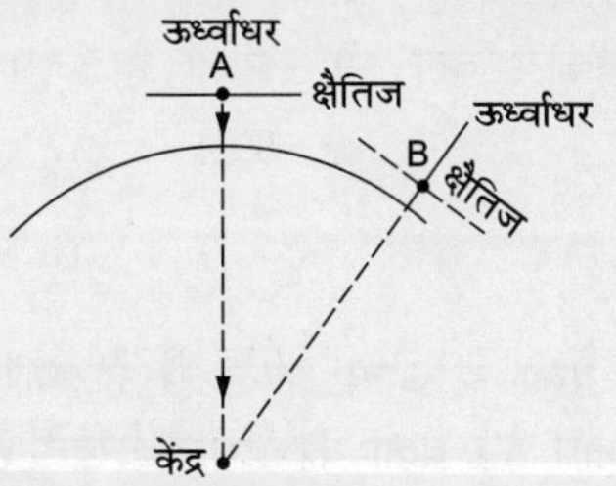

चित्र 8.1

समीकरण (8.3) से हम देखते हैं कि 1 kg द्रव्यमान वाली वस्तु पर धरती लगभग 9.8 N का बल लगाती है।

धरती द्वारा किसी वस्तु पर लगाए गए बल के परिमाण को वस्तु का भार कहते हैं। धरती की सतह के आसपास m द्रव्यमान वाली वस्तु का भार mg है।

(b) डोरी, रस्सी या तार द्वारा लगाया गया बल

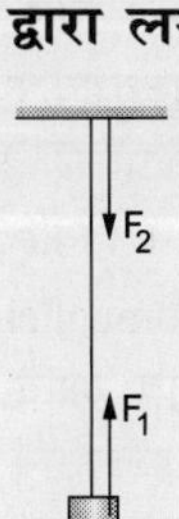

चित्र 8.2

एक तनी हुई डोरी, रस्सी या तार की तरह की वस्तुएँ अपने दोनों किनारों पर बँधी वस्तुओं को अंदर की ओर खींचती हैं। चित्र 8.2 में छत से एक डोरी बँधी हुई है और डोरी में एक वस्तु बँधी है। डोरी वस्तु पर एक बल F_1 ऊपर की ओर लगा रही है, अर्थात डोरी इस वस्तु को खींच रही है। दूसरे सिरे पर डोरी छत से बँधी है। डोरी छत को भी खींच रही है, अर्थात इसपर नीचे की ओर बल F_2 लगा रही है। चित्र 8.3 में एक डोरी ढीली-ढाली अवस्था में टेबुल पर पड़ी है और एक वस्तु इसके एक सिरे से बँधी है। डोरी वस्तु पर कोई बल नहीं लगा रही है। सिर्फ तनी हुई डोरी, अपने किनारों पर बँधी वस्तुओं पर, बल लगाती है।

डोरी द्वारा जितने मान का बल वस्तु पर लगाया जाता है उसे उस सिरे पर डोरी में तनाव कहते हैं। चित्र 8.2 में डोरी वस्तु पर F_1 बल लगा रही है। हम कहेंगे कि डोरी के निचले सिरे पर इसमें तनाव F_1 है। इसी तरह डोरी के ऊपरी सिरे पर तनाव F_2 है। यदि डोरी का द्रव्यमान नगण्य (बहुत ही कम) हो तथा डोरी के बीच में कोई वस्तु न जुड़ी हो, तो F_1 तथा F_2 बराबर होते हैं। तब हम कहते हैं कि डोरी में तनाव F_1 है।

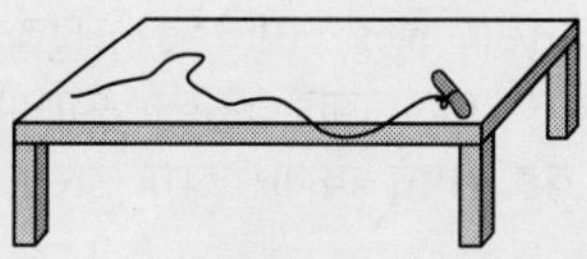
चित्र 8.3

यही बातें रस्सी या तार के लिए भी सही हैं।

(c) स्प्रिंग द्वारा लगाया गया बल

अगर आप रिफिल वाली कलम जिसे हम बॉल पेन या डॉट पेन भी कहते हैं, का उपयोग करते हों, तो संभवतः उसके अंदर एक छोटा-सा स्प्रिंग होगा। स्प्रिंग आपने कई जगह देखे होंगे; जैसे, रस्सी पर सुखाए गए कपड़ों को दबाए रखने के लिए लगे क्लिप में, खिड़की के पर्दे टाँगने के लिए उपयोग में लाए गए तार में, स्टेपलर में, साइकिल के स्टैंड में, बच्चों के खिलौनों में, और भी बहुत जगह।

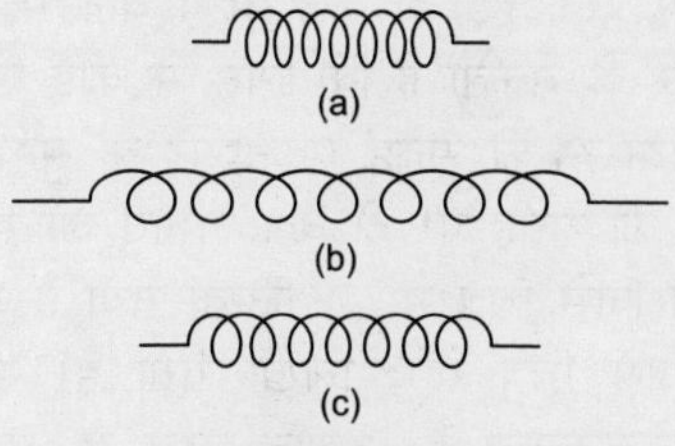

चित्र 8.4

हर स्प्रिंग की एक 'स्वाभाविक लंबाई' होती है। यदि आप उसके सिरों से कुछ न बाँधें या लगाएँ और उसे टेबुल पर रख दें, तो उसकी लंबाई स्वाभाविक लंबाई के बराबर होगी। यदि एक स्प्रिंग को खींचकर उसकी लंबाई स्वाभाविक लंबाई से बढ़ा दी जाए, तो उसे तना हुआ या खिंचा हुआ स्प्रिंग कह सकते हैं। यदि स्प्रिंग को दबाकर उसकी लंबाई स्वाभाविक लंबाई से कम कर दी जाए, तो उसे हम दबा हुआ स्प्रिंग कहेंगे।

स्प्रिंग को दबाकर या खींचकर रखने के लिए उसके दोनों सिरों से कुछ-न-कुछ जुड़ा होना चाहिए। हम दोनों सिरों को अपने हाथों से पकड़कर उसे खींच सकते हैं या दबा सकते हैं। हम स्प्रिंग के एक सिरे को किसी कील में बाँधकर उसके दूसरे सिरे को पकड़कर खींच सकते हैं या दबा सकते हैं या हम एक सिरे को छत से बाँध दें और दूसरे पर कोई भारी वस्तु बाँध दें, तो स्प्रिंग खिंचा हुआ रह सकता है।

हर तना हुआ स्प्रिंग अपने दोनों किनारों पर बँधी वस्तुओं को अंदर की ओर खींचता है और हर दबा हुआ स्प्रिंग अपने किनारे पर बँधी वस्तुओं को बाहर की ओर ठेलता है।

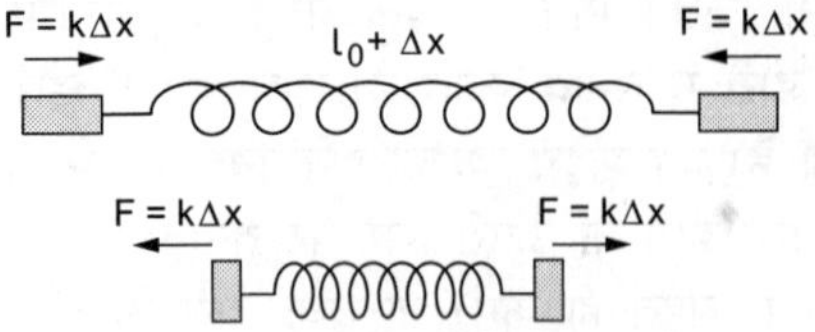

चित्र 8.5

अधिकांश स्प्रिंग अपनी लंबाई में थोड़ा परिवर्तन होने पर एक विशेष नियम के अनुसार बल लगाते हैं। बहुत-से स्प्रिंग ऐसे बने होते हैं कि यदि स्प्रिंग की लंबाई उसकी स्वाभाविक लंबाई से Δx बढ़ा दी जाए, तो वह अपने किनारे लगी वस्तुओं को

$$F = k\Delta x \qquad \ldots (8.4)$$

बल से खींचता है, जहाँ k का मान उस स्प्रिंग के लिए निश्चित होता है। इसी स्प्रिंग की लंबाई को यदि उसकी स्वाभाविक लंबाई से Δx घटा दिया जाए, तो वह अपने किनारे लगी वस्तुओं को $F = k\Delta x$ बल से बाहर की ओर ठेलता है। k को उस स्प्रिंग का स्प्रिंग-स्थिरांक कहते हैं। जैसा कि स्पष्ट है, k की SI इकाई न्यूटन प्रतिमीटर होगी जिसे हम N/m लिखेंगे।

(d) घर्षण एवं अभिलंब प्रतिक्रिया

जब दो वस्तुओं की सतहें एक-दूसरे के साथ सटी हों, तो प्रत्येक सतह दूसरी सतह पर बल लगा सकती है। चित्र 8.6 में एक वस्तु A दूसरी वस्तु B पर रखी हुई है। कुछ अन्य बल भी इन वस्तुओं पर लग रहे होंगे और हो सकता है कि इनमें से कोई एक या दोनों चल भी रहे हों। A तथा B की सतहें एक-दूसरे के साथ सटी हैं। B की सतह के द्वारा A की सतह पर दो बल लगाए जा सकते हैं। एक तो सतहों के लंबवत जिसे चित्र में $\mathcal{N}$ लिखा गया है और दूसरा सतहों के समानांतर, जिसे चित्र में f लिखा गया है। सतहों के लंबवत लगनेवाला बल ठेलनेवाला है, अर्थात वस्तु B, वस्तु A को अपने से दूर ठेल रही है। इसी तरह वस्तु A भी वस्तु B को अपने से दूर ठेलती है। **सतहों के लंबवत लगते बल को अभिलंब प्रतिक्रिया बल कहते हैं।**

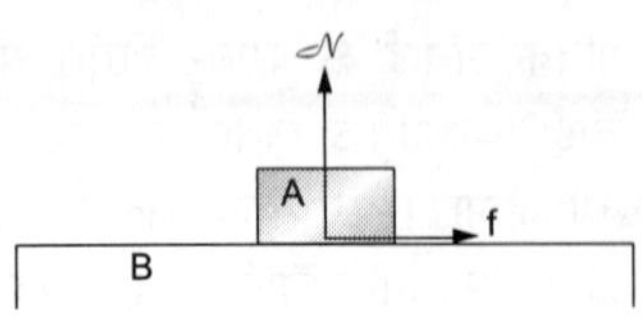

चित्र 8.6

सतहों के समानांतर लगनेवाला बल, जिसे चित्र 8.6 में f लिखा गया है, घर्षण कहलाता है। हम इस बल के बारे में विस्तार से एक अलग अध्याय में पढ़ेंगे।

(e) विद्युतीय बल

जिस प्रकार द्रव्यमान के कारण वस्तुएँ गुरुत्वाकर्षण का बल लगाती हैं, उसी प्रकार विद्युतीय आवेश के कारण वस्तुएँ विद्युतीय बल लगाती हैं। यह आवेश SI इकाई कूलॉम में नापा जाता है जो वैज्ञानिक कूलंब के नाम से आया है। अँगरेजी में इस इकाई को coulomb ही लिखते हैं। एक प्रोटॉन पर आवेश 1.6×10^{-19} कूलॉम होता है। इस इकाई को C अक्षर द्वारा भी दिखाते हैं। यदि दो कणों पर आवेश q_1 तथा q_2 हों, और वे r दूरी पर स्थिर रखे गए हों, तो प्रत्येक कण आवेशों के कारण दूसरे पर

$$F = \left(\frac{1}{4\pi\epsilon_0}\right)\frac{q_1 q_2}{r^2} \qquad \ldots (8.5)$$

मान का बल लगाता है। यहाँ, ϵ_0 एक स्थिरांक है जिसका मान तीन सार्थक अंकों तक $8.85 \times 10^{-12}\ C^2/N\ m^2$ होता है। प्रायः गणना के लिए $\frac{1}{4\pi\epsilon_0}$ का मान $9 \times 10^9\ N\ m^2/C^2$ लेते हैं। यदि दोनों आवेश धनात्मक या दोनों आवेश ऋणात्मक हों, तो बल ठेलनेवाला (विकर्षण) होता है। यदि एक आवेश धनात्मक तथा दूसरा आवेश ऋणात्मक हो, तो बल खींचनेवाला (आकर्षण) होता है।

यदि आवेश स्थिर न हों, बल्कि चल रहे हों, तो समीकरण (8.1) के अतिरिक्त चुंबकीय बल भी लगता है जिसकी चर्चा हम बाद में करेंगे।

(f) अन्य बल

ऊपर बताए गए बलों से आप पहले से ही परिचित होंगे, क्योंकि अपने आसपास आप इन बलों का प्रभाव देखते हैं। इनके अतिरिक्त भी कई बल होंगे जिनका हमने उल्लेख नहीं किया है, परंतु वे भी महत्त्वपूर्ण हैं। ऐसा ही एक बल है 'नाभिकीय बल' जो नाभिकों में उपस्थित प्रोटॉनों एवं न्यूट्रॉनों के बीच लगता है और नाभिक को विद्युतीय विकर्षण बल के कारण टूटने से बचाता है। इन बलों की चर्चा हम आवश्यकता होने पर करेंगे।

बलों के चार प्रकार

संसार में दिखनेवाले सभी बल चार प्रकार के मूल प्रकारों में से किसी का परिणाम होते हैं। गुरुत्वाकर्षण का बल, जो द्रव्यमान होने के कारण लगता है, एक मूल प्रकार है। विद्युतीय तथा चुंबकीय बल अलग-अलग मूल प्रकारों के न होकर एक ही प्रकार के हैं और इसे विद्युत-चुंबकीय बल (electromagnetic force) कहते हैं। घर्षण, स्प्रिंग का बल, रस्सी का तनाव आदि सभी विद्युत-चुंबकीय बलों से ही बने हैं। प्रत्येक वस्तु में इलेक्ट्रॉन होते हैं और दो वस्तुओं के इलेक्ट्रॉन आपस में विद्युत-चुंबकीय बल लगाकर इन बलों का निर्माण करते हैं। तीसरे प्रकार का मूल बल strong force तथा चौथे प्रकार का बल weak force कहलाता है। नाभिकीय बल strong force के ही प्रकार में आता है। Strong तथा weak, बलों के नाम हैं और इन्हें अधिक परिमाण तथा कम परिमाण से सीधे-सीधे जोड़ना उचित नहीं है।

गुरुत्वाकर्षण एवं विद्युत-चुंबकीय बल लंबी दूरी के बल कहे जाते है। जबकि strong force एवं weak force बहुत कम दूरी पर ही प्रभावी होते हैं। एक नाभिक में अंदर के प्रोटॉन एवं न्यूट्रॉन strong force के कारण ही जुड़े रहते हैं, पर हाइड्रोजन के अणु में

स्थित दो प्रोटॉनों पर strong force का कोई प्रभाव नहीं होता। नाभिक के अंदर के प्रोटॉनों, न्यूट्रॉनों के बीच लगनेवाले strong बल को नाभिकीय बल भी कहते हैं। हाइड्रोजन अणु के दो प्रोटॉनों की दूरी जहाँ 10^{-10} m के लगभग होती है, नाभिक के अंदर के प्रोटॉनों की दूरी 10^{-15} m के लगभग होती है। Weak force की प्रभावी दूरी और भी कम होती है। इस बल के कारण उपयुक्त परिस्थितियों में प्रोटॉन का न्यूट्रॉन में या न्यूट्रॉन का प्रोटॉन में परिवर्तन हो सकता है। हम हिंदी में भी strong तथा weak बलों को ऐसे ही लिखेंगे न कि मजबूत बल या कमजोर बल।

8.3 बल एक सदिश राशि है

हमने देखा कि बल में परिमाण तथा दिशा होते हैं। हर बल के लिए हम पूछ सकते हैं कि यह कितने न्यूटन का है और यह किस दिशा में लगा है। वस्तुतः, बल एक सदिश राशि है और बलों को सदिश राशियों की तरह ही जोड़ा एवं तोड़ा जा सकता है।

किसी वस्तु पर एक साथ लगे दो बल $\vec{F_1}$ तथा $\vec{F_2}$ उस वस्तु में जिस प्रकार की गति उत्पन्न करते हैं, उसी प्रकार की गति उसपर लगता एक अकेला बल $\vec{F_3}$ पैदा कर सकता है। यह $\vec{F_3}$ सदिश राशियों को जोड़ने के नियमों के अनुसार $\vec{F_1}$ तथा $\vec{F_2}$ को जोड़कर मालूम किया जा सकता है।

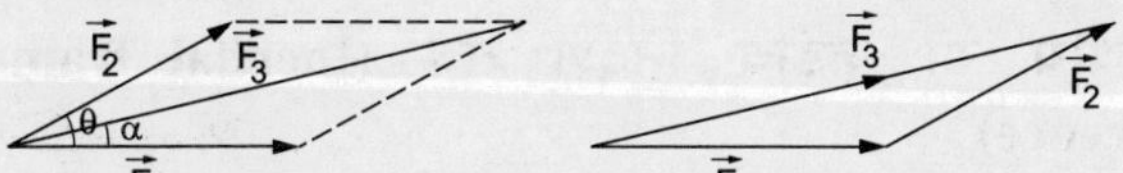

चित्र 8.7

आपको तो याद ही होगा कि सदिश राशियों को जोड़ने के लिए समानांतर चतुर्भुज प्रक्रिया या त्रिभुज प्रक्रिया का उपयोग किया जाता है। यदि दो बलों के परिमाण F_1 तथा F_2 हों, और उनके बीच बना कोण θ हो, तो परिणामी बल का परिमाण,

$$F_3 = \sqrt{F_1^2 + F_2^2 + 2F_1F_2 \cos\theta}$$

होता है तथा यह बल F_1 की दिशा से α कोण बनाता है, जहाँ

$$\tan\alpha = \frac{F_2 \sin\theta}{F_1 + F_2 \cos\theta}.$$

इसी प्रकार, यदि कोई बल $\vec{F}$, x-अक्ष से θ कोण बनाए, तो x-अक्ष की ओर इसका घटक $F_x = F\cos\theta$ होता है। यदि बल $\vec{F}$ x-y समतल में हो और x-अक्ष से θ तथा y-अक्ष से $90° - \theta$ कोण बना रहा हो, तो x-अक्ष की ओर उसका घटक $F_x = F\cos\theta$ तथा y-अक्ष की ओर उसका घटक $F_y = F\cos(90° - \theta) = F\sin\theta$ होगा। इकाई सदिश $\hat{i}, \hat{j}$ का उपयोग कर हम इस प्रकार लिख सकते हैं,

$$\vec{F} = F\cos\theta\,\hat{i} + F\sin\theta\,\hat{j}.$$

ध्यान रहे कि एक ही कण पर लगते दो बलों $\vec{F_1}$ तथा $\vec{F_2}$ को जोड़ने से परिणामी बल $\vec{F}$ मिलता है। $\vec{F_1}$ तथा $\vec{F_2}$ मिलकर वस्तु में जैसी गति उत्पन्न कर रहे हैं, अकेला बल $\vec{F}$ भी वैसी ही गति उत्पन्न करेगा। परंतु, यदि कण A पर बल $\vec{F_1}$ लग रहा हो और एक दूसरे कण B पर बल $\vec{F_2}$ लग रहा हो, तो $\vec{F_1}$ तथा $\vec{F_2}$ को जोड़ने से शायद कोई लाभ नहीं होगा। A की गति $\vec{F_1}$ द्वारा तथा B की गति $\vec{F_2}$ द्वारा निर्धारित होगी। इसलिए हम साधारणतः एक ही कण पर लगते बलों का परिणामी निकालते हैं।

8.4 न्यूटन का तृतीय गति-नियम

शीर्षक पढ़कर आपको अटपटा-सा लग रहा होगा कि मैं तृतीय गति-नियम को प्रथम गति-नियम के भी पहले क्यों लिख रहा हूँ। सच पूछें, तो तृतीय गति-नियम में गति की तो चर्चा ही नहीं होती, इसलिए इसे पहले लिखने में कोई दिक्कत नहीं है। इस नियम को हम निम्न प्रकार लिख सकते हैं।

यदि वस्तु A वस्तु B पर एक बल लगा रही हो, तो उसी समय वस्तु B वस्तु A पर उतने ही परिमाण का बल विपरीत दिशा में लगा रही होती है।

चित्र 8.8

उदाहरण के लिए, गुरुत्वाकर्षण बल को देखें। यदि m_1 द्रव्यमान वाली वस्तु A तथा m_2 द्रव्यमान वाली वस्तु B एक-दूसरे से r दूरी पर रखी हों, तो दोनों एक-दूसरे को आकर्षित करती हैं। वस्तु A वस्तु B पर अपनी ओर बल $\vec{F_1}$ लगाती है जबकि वस्तु B वस्तु A पर अपनी ओर बल $\vec{F_2}$ लगाती है। इन बलों के परिमाण बराबर हैं (Gm_1m_2/r^2) तथा वे विपरीत दिशाओं में लगते हैं।

इसी प्रकार, यदि किसी टेबुल पर किताब रखी हो, तो टेबुल और किताब एक-दूसरे पर विपरीत दिशाओं में बराबर परिमाण के बल लगा रही होती हैं। टेबुल किताब पर अभिलंब प्रतिक्रिया का बल $\mathcal{N}$ ऊपर की ओर लगाती है। साथ ही किताब टेबुल पर उतना ही बल $\mathcal{N}$ नीचे की ओर लगाती है। टेबुल को किताब नीचे दबाती है तथा टेबुल किताब को ऊपर ठेलती है।

रस्सी के एक सिरे को खिड़की के जंगले से बाँधकर दूसरे सिरे को पकड़कर खींचें (चित्र 8.9)। हाथ रस्सी पर दाहिनी ओर बल लगा रहा है। रस्सी भी हाथ पर उतना ही बल बायीं ओर लगा रही है।

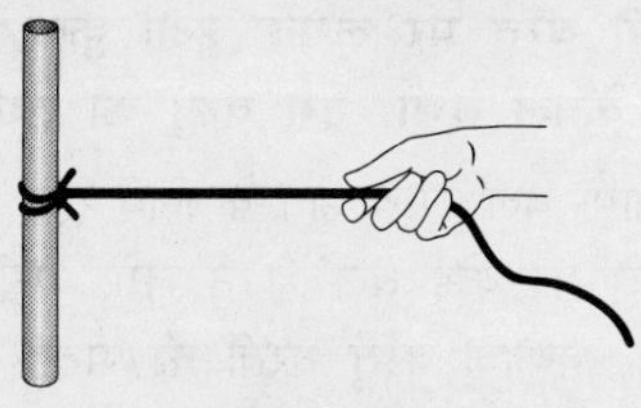

चित्र 8.9

जब रस्सी से बाँधकर हम किसी वस्तु को लटकाते हैं, तो रस्सी वस्तु को ऊपर की ओर खींचती है और वस्तु रस्सी को नीचे की ओर (चित्र 8.10) खींचती है। दोनों बलों के परिमाण बराबर होते हैं, जिसे हम उस सिरे पर रस्सी का तनाव कहते हैं। इसी तरह रस्सी छत को नीचे और छत रस्सी को ऊपर, बराबर परिमाण के बल से खींचती है जिसे हम ऊपरी सिरे पर रस्सी का तनाव कहते हैं। यदि

हम अपने मन में रस्सी के बीच का कोई काट A सोचें, तो A के नीचे की रस्सी, A के ऊपर की रस्सी को नीचे की ओर खींचती है और A के ऊपर की रस्सी, A के नीचे की रस्सी को ऊपर की ओर खींचती है। इन दोनों बलों के परिमाण बराबर होते हैं जिसे हम A बिंदु पर रस्सी का तनाव कहते हैं। यदि रस्सी बहुत कम भारवाली हो, तो पूरी रस्सी में तनाव एकसमान ही रहता है। अर्थात, जितना तनाव रस्सी के निचले सिरे पर है, उतना ही ऊपरी सिरे पर भी होता है, तथा उतना ही बीच के किसी भी बिंदु पर होता है।

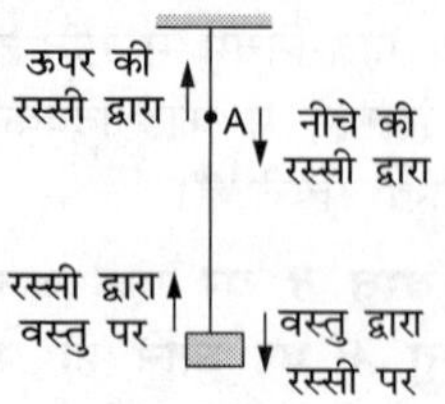

चित्र 8.10

ध्यान देने की बात है कि न्यूटन का तृतीय गति-नियम सिर्फ दो वस्तुओं के बीच आपस का मामला है। जिन दो बलों के बराबर और विपरीत होने की बात इस नियम में कही गई है, वे दो वस्तुओं द्वारा एक-दूसरे पर लगाए जाते हैं। कोई तीसरी वस्तु द्वारा या उसपर लगा बल इस नियम के दायरे में नहीं आता। यह भी ध्यान देने की बात है कि ये बल एक ही वस्तु पर नहीं लगते हैं, बल्कि दो अलग-अलग वस्तुओं पर लगते हैं। न्यूटन के तृतीय गति-नियम से जुड़े दो बल क्रिया—प्रतिक्रिया युग्म (action–reaction pair) कहलाते हैं। जैसे चित्र 8.8 में दिखाए बल $\vec{F_1}$ तथा $\vec{F_2}$ क्रिया—प्रतिक्रिया युग्म बल कहे जा सकते हैं। हम यह नहीं कहेंगे कि $\vec{F_1}$ क्रिया है और $\vec{F_2}$ उसकी प्रतिक्रिया, या $\vec{F_2}$ क्रिया है और $\vec{F_1}$ उसकी प्रतिक्रिया। हम इतना ही कह सकते हैं कि ये दोनों बल मिलकर क्रिया—प्रतिक्रिया युग्म बनाते हैं।

8.5 न्यूटन का प्रथम गति-नियम

न्यूटन के प्रथम गति-नियम को हम निम्नलिखित रूप में लिख सकते हैं।

यदि किसी वस्तु पर लगता हुआ कुल परिणामी बल शून्य हो, तब और केवल तभी, उस वस्तु का त्वरण शून्य होगा।

कुल परिणामी बल शून्य होने के लिए एक तरीका यह हो सकता है कि उस वस्तु पर कोई बल ही न लगे। ऐसी परिस्थिति का होना थोड़ा कठिन है, क्योंकि वस्तु धरती की सतह के आसपास हो, तो धरती उसपर आकर्षण का बल mg लगाएगी ही। यदि धरती से दूर भी ले जाएँ तो भी यह बल शून्य तो नहीं होगा। दूसरा तरीका है कि वस्तु पर दो या दो से अधिक बल लगे हों, पर उन्हें सदिश नियमों के अनुसार जोड़ने पर परिणामी शून्य हो जाए। जैसे बराबर परिमाण के दो बल यदि ठीक विपरीत दिशा में लगे हों, तो उसका परिणामी शून्य हो जाता है। टेबुल पर रखी किताब इसी कारण स्थिर रहती है। किताब पर दो बल लगते हैं, एक तो पृथ्वी के द्वारा नीचे की ओर (गुरुत्वाकर्षण) और दूसरा टेबुल के द्वारा ऊपर की ओर (अभिलंब बल)। ये दोनों बल परिमाण में बराबर, परंतु एक-दूसरे की विपरीत दिशाओं में होते हैं। अतः, उनका योग या परिणामी शून्य हो जाता है।

त्वरण शून्य होने का अर्थ है वस्तु के वेग में कोई परिवर्तन नहीं होना। यदि वेग अभी शून्य है, तो शून्य ही बना रहेगा, अर्थात यदि वस्तु स्थिर है, तो स्थिर ही रहेगी। यदि वेग अभी 2 m/s है, तो वह 2 m/s ही बना रहेगा और उसकी दिशा भी नहीं बदलेगी, अर्थात वस्तु एकसमान वेग से एक सरल रेखा पर चलती रहेगी। न्यूटन के प्रथम नियम को हम ऐसे भी कह सकते हैं कि यदि किसी वस्तु पर लगता कुल परिणामी बल 'शून्य' हो, तो वह या तो स्थिर रहेगी या एकसमान वेग से एक सरल रेखा पर चलती रहेगी। जब किसी वस्तु का त्वरण शून्य होता है, तो वह साम्यावस्था (equilibrium) में कही जाती है।

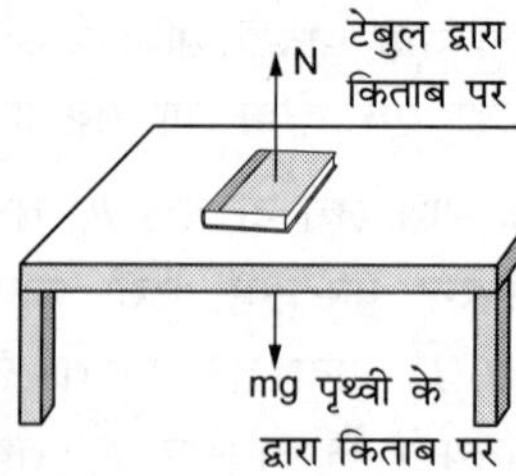

चित्र 8.11

जड़त्वीय या जड़ीय निर्देश तंत्र (Inertial frame of reference)

पिछले अध्यायों में आपने सीखा था कि गति हमेशा सापेक्ष होती है। मेरे कमरे के सापेक्ष मेरी कुर्सी स्थिर है, पर सूर्य के सापेक्ष मेरी कुर्सी स्थिर नहीं है। यदि मैं कुर्सी को हाथ भी न लगाऊँ, तो भी वह एक वर्ष में सूर्य के चारों ओर एक बड़े से वृत्त में चक्कर लगाएगी। किसी वस्तु का वेग या त्वरण कहने के पहले वह निर्देश तंत्र सुनिश्चित होना चाहिए जिसके सापेक्ष हम गति की बात कर रहे हैं। प्रायः जब हम धरती के निर्देश तंत्र के सापेक्ष गति की बात करते हैं, तो उसका उल्लेख नहीं करते। पर, हमें पता होता है कि हम धरती के सापेक्ष यह बात कर रहे हैं।

मान लें कि एक मक्खी शीशे के एक डिब्बे में अंदर की दीवार पर बैठी है। उस डिब्बे को किसी ऊँचाई से नीचे गिरा दिया गया है। डिब्बे के साथ ही एक पत्थर को भी उसी स्थान से नीचे गिरा दिया गया है। किसी समय में जितनी दूर डिब्बा गिरता है, उतनी ही दूर पत्थर भी गिरता है और इसलिए सदा मक्खी की आँखों के सामने रहता है (चित्र 8.12)। मक्खी को भौतिकी का अच्छा ज्ञान है और वह पत्थर की गति का अध्ययन करती है। वह अपने बक्से पर x–y–z अक्ष बनाती है और पत्थर के निर्देशांक का निर्धारण करती है। चूँकि पत्थर हमेशा मक्खी के सामने ही रहता है, बक्से के सापेक्ष उसका कोई भी निर्देशांक नहीं बदलता और मक्खी पाती है कि पत्थर स्थिर है। परंतु, मक्खी को यह भी पता है कि धरती पत्थर पर नीचे की ओर बल mg लगा रही है। पत्थर पर कोई दूसरा बल नहीं लग रहा है, क्योंकि यह न तो किसी सतह पर रखा है, न ही

किसी डोरी या स्प्रिंग से बँधा है और न ही किसी वस्तु के संपर्क में है। अतः, उसपर परिणामी बल mg लगा है। अर्थात, यदि हम बक्से के निर्देश तंत्र से काम करें, तो पत्थर का त्वरण शून्य है जबकि उसपर लगता परिणामी बल शून्य नहीं है। बक्से के निर्देश तंत्र से न्यूटन के प्रथम गति-नियम का उपयोग करना उचित नहीं है।

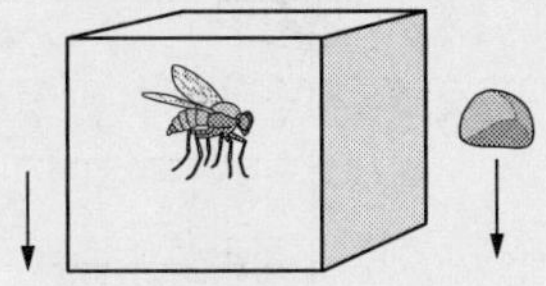

चित्र 8.12

अतः, **न्यूटन का प्रथम गति-नियम सभी निर्देश तंत्रों में सही नहीं है।** जिन निर्देश तंत्रों में न्यूटन का प्रथम गति-नियम सही होता है उन्हें हम जड़त्वीय या जड़ीय निर्देश तंत्र कहते हैं। सच पूछें तो धरती का निर्देश तंत्र भी पक्के तौर पर जड़त्वीय निर्देश तंत्र नहीं है। परंतु, यह जड़त्वीय निर्देश तंत्र के काफी नजदीक है और हम सामान्य कार्यों के लिए इसे जड़त्वीय निर्देश तंत्र ही मानेंगे।

इस अध्याय में हम जड़त्वीय निर्देश तंत्रों का ही उपयोग करेंगे। अतः, यदि निर्देश तंत्र के बारे में कुछ न कहा जाए, तो आप यह मान कर चलें कि यह निर्देश तंत्र पृथ्वी से जुड़ा है और जड़त्वीय है।

न्यूटन के प्रथम गति-नियम को हम जड़त्वीय निर्देश तंत्र की परिभाषा की तरह भी सोच सकते हैं। जिस निर्देश तंत्र में शून्य परिणामी बल लगने से कण का त्वरण शून्य होता है उसे जड़त्वीय निर्देश तंत्र कहते हैं।

8.6 न्यूटन का द्वितीय गति-नियम

यदि m द्रव्यमान वाली एक वस्तु पर परिणामी बल $\vec{F}$ लग रहा हो, तो किसी जड़त्वीय निर्देश तंत्र से देखने पर उस वस्तु का त्वरण $\vec{F}/m$ के बराबर होगा।

$$\vec{a} = \frac{\vec{F}}{m}$$

या
$$\vec{F} = m\vec{a}. \qquad \dots (8.6)$$

कई बार हम सोचते हैं कि न्यूटन के द्वितीय गति-नियम से ही पहला गति-नियम सिद्ध हो जाता है। यदि समीकरण (8.6) में हम $\vec{F}$ को शून्य कर दें, तो $\vec{a}$ भी शून्य हो जाता है। परंतु, फिर भी प्रथम गति-नियम को एक अलग नियम माना जाता है। ऐसा इसलिए कि दूसरे गति-नियम में जड़त्वीय निर्देश तंत्र की बात कही गई है। जड़त्वीय निर्देश तंत्र में नापा गया त्वरण $\vec{a} = \vec{F}/m$ होता है। पर जड़त्वीय निर्देश तंत्र है क्या? इसका पता तो न्यूटन के प्रथम गति-नियम से ही चलता है। अतः, दोनों का अपना-अपना अलग महत्त्व है।

अब हम नीचे विस्तार से देखेंगे कि न्यूटन के गति-नियम में क्या-क्या ध्यान देने की बातें हैं।

(a) यह सिर्फ जड़त्वीय निर्देश तंत्र के लिए ही लागू है। यदि वस्तु का त्वरण घूमती हुई चकती के सापेक्ष या रफ्तार पकड़ती रेलगाड़ी के सापेक्ष नापा जाए, तो न्यूटन के प्रथम या द्वितीय गति-नियम का उपयोग हम नहीं कर सकते।

(b) जिस वस्तु का त्वरण $\vec{a}$ समीकरण (8.6) में लिखा जा रहा है, उसी वस्तु का द्रव्यमान m तथा उसी वस्तु पर लगते परिणामी बल $\vec{F}$ को लिखना है। ऐसा नहीं कि द्रव्यमान एक वस्तु का लिख रहे हैं और त्वरण दूसरी का, या त्वरण एक का लिखें और बल दूसरे पर। इसलिए, किस वस्तु के लिए समीकरण लिखना है, यह बिलकुल स्पष्ट रहना चाहिए। गति-नियम का समीकरण लिखने के पहले उस वस्तु को अच्छी तरह मन में निश्चित कर लें जिसके लिए हम समीकरण लिख रहे हैं। उस वस्तु का नाम भी कहीं लिख लें, जिससे ध्यान रहे कि किस वस्तु के लिए हम यह समीकरण लिख रहे हैं।

(c) वस्तु पर लगते सभी बलों का परिणामी $\vec{F}$ लिखना है। ध्यान दें कि वस्तु पर लगनेवाले बलों को देखना है, न कि वस्तु द्वारा लगाए गए बलों को देखना है। और, वस्तु पर लगनेवाले सभी बलों को देखना है, ऐसा न हो कि कोई छूट जाए। इसके लिए अच्छा यह होगा कि एक अलग चित्र बना लें जिसमें एक-एक कर वस्तु पर लगते सभी बलों को तीर लगे सदिश रेखाखंड द्वारा दिखाएँ। हर रेखाखंड के पास उस बल का नाम; जैसे, F, N, mg आदि लिख लें। सभी सदिश रेखाखंड एक ही बिंदु से खींचें और एक बार फिर देख लें कि सभी बलों के लिए रेखाखंड खींच लिए गए हैं।

(d) न्यूटन का दूसरा गति-नियम सदिशों के बीच समीकरण है। त्वरण की दिशा वही होगी जो परिणामी बल की दिशा होगी। हम किसी भी दिशा में सभी बलों के घटक ले सकते हैं तथा इनको जोड़ सकते हैं। इस दिशा में त्वरण का घटक $a = F/m$ से प्राप्त कर सकते हैं, अर्थात कोई दिशा निश्चित कर यदि उसे x-अक्ष कह दें, तो न्यूटन के नियम से, $F_x = ma_x$ होगा।

यदि सभी बल x-अक्ष के अनुदिश ही हों (या तो धनात्मक x-दिशा में या ऋणात्मक x-दिशा में), तो बात काफी सरल है। धन तथा ऋण का ध्यान रखते हुए सभी बलों का योग निकाल लें तथा $F = ma$ का प्रयोग कर लें। कई बार ऐसी स्थिति होती है जब किसी वस्तु पर लगनेवाले बल एक ही दिशा में तो नहीं होते, पर एक ही तल में होते हैं। साधारणतः, परिस्थिति देखकर ही पता चल जाता है कि गति किस दिशा में हो रही है और त्वरण किस दिशा में है। त्वरण की दिशा को x-अक्ष कहें तथा सभी बलों के घटक इस दिशा में निकालकर जोड़ दें। फिर $F_x = ma_x$ का प्रयोग कर लें। बलों के तल में, x-अक्ष के लंबवत y-अक्ष लें। चूँकि त्वरण x-दिशा में है, अतः त्वरण का y-घटक शून्य होगा। y-दिशा में सभी बलों के घटकों को जोड़ दें और $F_y = 0$ का प्रयोग करें।

कई बार अलग-अलग दिखनेवाली वस्तुओं के समूह को भी हम एक वस्तु की तरह मान सकते हैं बशर्ते किसी भी क्षण उनका त्वरण एक ही हो। चित्र 8.13(a) में दो वस्तुएँ A तथा B एक डोरी से बँधी

हैं और दाहिनी ओर चल रही हैं। यदि डोरी तनी है, तो दोनों वस्तुओं के वेग हमेशा आपस में बराबर होंगे। इसी तरह दोनों के त्वरण भी आपस में बराबर होंगे। ऐसी स्थिति में हम $A+B+$ डोरी को अपनी वस्तु मान सकते हैं। इसे संहति, निकाय या system भी कहते हैं। इसका द्रव्यमान $M = m_1 + m_2$ होगा। A, B तथा डोरी पर लगते सभी बलों का योग $\vec{F}$ होगा तथा इसका त्वरण $\vec{F} = m\vec{a}$ से मिलेगा।

ऐसी परिस्थितियों में बलों को लिखने के लिए सिर्फ संहति के बाहर से संहति के किसी भी भाग पर लगनेवाले बलों को लिखना पर्याप्त है। ऊपर के उदाहरण में रस्सी द्वारा A पर लगा बल, A द्वारा रस्सी पर लगा बल आदि लिखने की जरूरत नहीं है। **संहति के एक भाग द्वारा दूसरे भाग पर लगे बल आंतरिक बल कहलाते हैं।**

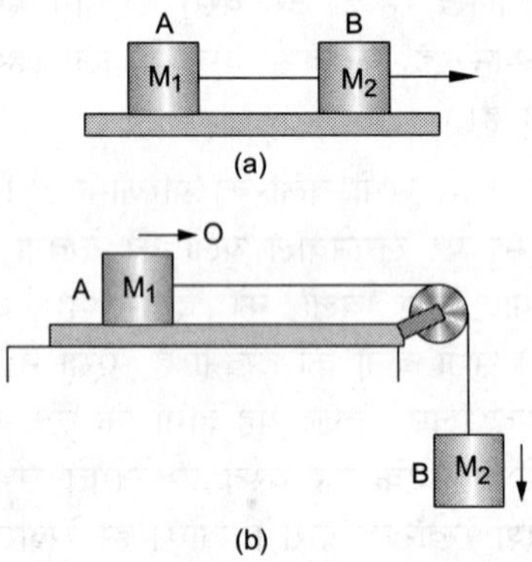

चित्र 8.13

चित्र 8.13(b) में भी दो वस्तुएँ A तथा B एक डोरी से बँधी हैं। परंतु, A की गति की दिशा दाहिनी ओर है जबकि B की गति की दिशा नीचे की ओर है। यद्यपि इन दोनों के त्वरणों के परिमाण समान हैं, पर इनकी दिशाएँ अलग-अलग हैं। हमारा सुझाव होगा कि न्यूटन के गति-नियमों का प्रयोग करने के लिए $A+B+$ डोरी को एक संहति न मानें।

अभ्यास 8.1

चित्र 8.14 में एक मनुष्य एक रस्सी के सहारे M द्रव्यमान के एक गुटके को नीचे उतार रहा है। वह रस्सी इस तरह जाने देता है कि गुटके का त्वरण नीचे की ओर a होता है।

(a) रस्सी के निचले सिरे पर उसमें तनाव निकालें।

(b) यदि बिंदु A के नीचे वाली रस्सी के हिस्से का द्रव्यमान m हो, तो बिंदु A पर रस्सी का तनाव निकालें।

(c) यदि किसी क्षण हाथ द्वारा रस्सी पर लगाया गया बल F हो, तो उस क्षण हाथ के नीचे की रस्सी का द्रव्यमान निकालें।

हल (a) गुटके पर न्यूटन के गति-नियम का उपयोग करें। गुटके पर लगते हुए बल हैं

(i) धरती द्वारा Mg, नीचे की ओर;

(ii) रस्सी द्वारा T, ऊपर की ओर।

यहाँ, T रस्सी के निचले सिरे पर तनाव है। चूँकि गुटके का त्वरण नीचे की ओर a है, अतः

$$Mg - T = Ma$$

या $T = M(g-a)$.

रस्सी गुटके पर ऊपर की ओर तथा गुटका रस्सी पर नीचे की ओर $M(g-a)$ परिमाण का बल लगाते हैं।

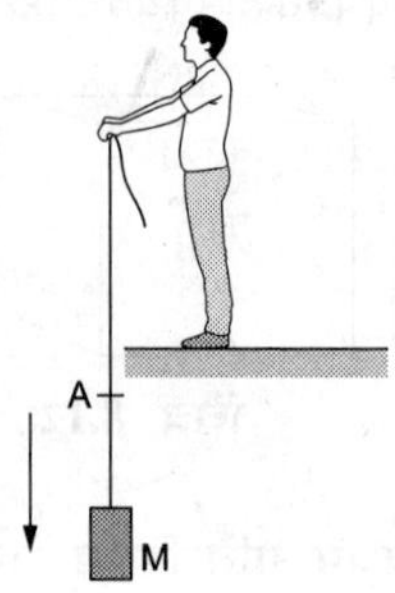

चित्र 8.14

(b) बिंदु A से नीचे की रस्सी + गुटका, इस संहति पर न्यूटन के गति-नियम का उपयोग करें। इस संहति का द्रव्यमान $(M+m)$ है।

इस संहति पर लगते बल हैं,

(i) धरती द्वारा $(M+m)g$, नीचे की ओर;

(ii) रस्सी द्वारा T_A ऊपर की ओर।

यहाँ, T_A बिंदु A पर रस्सी का तनाव है। चूँकि इस संहति का त्वरण नीचे की ओर a है, अतः

$$(M+m)g - T_A = (M+m)a$$

या $T_A = (M+m)(g-a)$.

(c) हाथ के नीचे की रस्सी + गुटका, इस संहति पर न्यूटन के गति-नियम का उपयोग करें। यदि हाथ से नीचे की रस्सी का द्रव्यमान m' हो, तो संहति का द्रव्यमान $(M+m')$ होगा।

इस संहति पर लगते हुए बल हैं

(i) धरती द्वारा $(M+m')g$, नीचे की ओर;

(ii) हाथ द्वारा F, ऊपर की ओर।

अतः, $(M+m')g - F = (M+m')a$

या $m' = \dfrac{F}{g-a} - M$.

चित्र 8.14 में यदि रस्सी का द्रव्यमान शून्य ले लिया जाए, तो $T = T_A$, अर्थात रस्सी का तनाव हर जगह बराबर है। जब कभी भी किसी रस्सी के हिस्से में कहीं कोई द्रव्यमान नहीं होता, या कोई अन्य द्रव्यमान इस हिस्से के बीच नहीं होता, तो उस पूरे हिस्से में हर जगह तनाव समान होगा।

8.7 कुछ विशेष परिस्थितियों में गति-नियमों का अभ्यास

(A) घिरनी (pulley) पर से जाती हुई डोरी

आपने शायद कुएँ से पानी निकालते हुए लोगों को देखा होगा। कई बार कुएँ के ऊपर एक गोल-सी चकती लगी रहती है, जो एक

क्षैतिज छड़ से जुड़ी रहती है, और अपने स्थान पर रहते हुए गोल-गोल घूम सकती है। इस चकती पर किनारे-किनारे खाँच बनी होती है जिसमें से होकर रस्सी जाती है जिसके एक सिरे पर बालटी बँधी होती है और दूसरे सिरे को मनुष्य पकड़कर खींचता है। जब मनुष्य रस्सी को खींचता है, तो बालटी ऊपर आती है और जब उसे ढीला छोड़ता है तो नीचे जाती है। इस तरह की चकती को घिरनी या अँगरेजी में pulley कहते हैं।

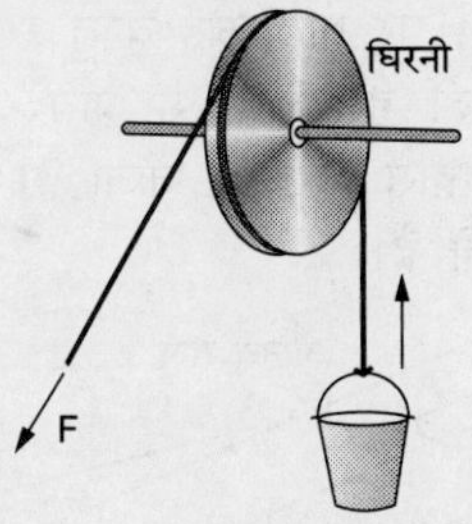

चित्र 8.15

हम अपने अभ्यासों में जिन घिरनियों की चर्चा करेंगे उनमें यह मानेंगे कि घिरनी की खाँच रस्सी पर कोई घर्षण का बल नहीं लगाती। वास्तव में इस अध्याय में हम मानकर चलेंगे कि कोई भी सतह अपने से सटी किसी सतह पर घर्षण का बल नहीं लगाती।

ऐसी घिरनी पर से जब कोई नगण्य भार वाली डोरी या रस्सी गुजरती है, तो पूरी रस्सी में तनाव बराबर रहता है। चित्र 8.15 में यदि मनुष्य रस्सी पर F बल लगा रहा हो, तो रस्सी भी बालटी पर F बल ही लगाएगी।

अभ्यास 8.2

एक घर्षणरहित घिरनी छत से एक क्लैम्प द्वारा टाँगकर रखी गई है। घिरनी से होकर जाती एक नगण्य भार वाली डोरी के सिरों से दो गुटके A तथा B, जिनके द्रव्यमान क्रमशः m_1 तथा m_2 हैं, बाँधकर लटकाए गए हैं।

(a) दोनों गुटकों के त्वरणों में संबंध बताएँ।
(b) दोनों गुटकों के त्वरण निकालें।
(c) रस्सी में तनाव का मान निकालें।

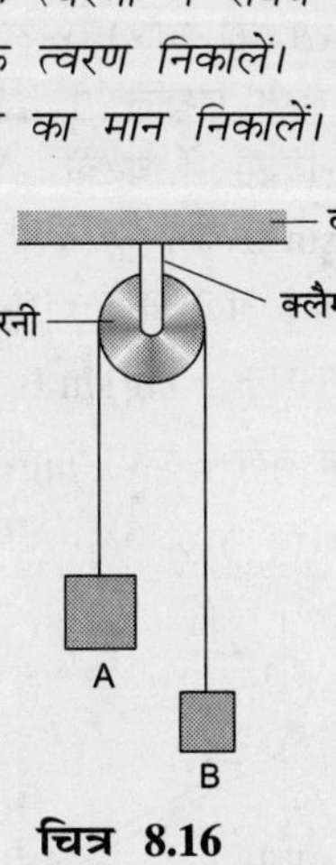

चित्र 8.16

हल (a) यदि एक गुटका (मान लें A) नीचे की ओर आए तो दूसरे गुटके को ऊपर की ओर जाना होगा। ऐसा इसलिए कि डोरी की कुल लंबाई तो उतनी ही रहेगी, इसलिए यदि एक ओर की लंबाई घटेगी तो दूसरी ओर की बढ़ेगी। अर्थात, किसी भी समय अंतराल में A जितनी दूरी नीचे आएगी, B उतनी ही दूरी ऊपर चढ़ेगी। अर्थात, किसी भी समय दोनों गुटकों के वेग परिमाण में बराबर होंगे, पर दिशाएँ विपरीत होंगी। इसका अर्थ यह भी हुआ कि किसी भी समय दोनों गुटकों के त्वरण भी परिमाण में बराबर होंगे, पर दिशाएँ विपरीत होंगी। यदि गुटके A का त्वरण $\vec{a}_1$ और दूसरे गुटके B का त्वरण $\vec{a}_2$ हो, तो

$$\vec{a}_1 = -\vec{a}_2.$$

इस संबंध को हम कलन का उपयोग करके भी प्राप्त कर सकते हैं। डोरी बायीं ओर जहाँ घिरनी को छोड़ रही है उस बिंदु को O_1 कहें तथा दाहिनी ओर जहाँ घिरनी को छोड़ रही है उसे O_2 कहें (चित्र 8.17)। किसी समय t पर गुटके A की O_1 से दूरी l_1 तथा गुटके B की O_2 से दूरी l_2 मानें। चूँकि बिंदु O_1 स्थिर बिंदु है, अतः $v_1 = \frac{dl_1}{dt}$ गुटके A का वेग होगा। इसी तरह, $v_2 = \frac{dl_2}{dt}$ गुटके B का वेग होगा। चूँकि लंबाई l_1 समय के साथ बढ़ रही है, $\frac{dl_1}{dt}$ धनात्मक होगा। परंतु, लंबाई l_2 समय के साथ घट रही है, इसलिए $\frac{dl_2}{dt}$ ऋणात्मक होगा। अतः, v_1 तथा v_2 की दिशाएँ एक-दूसरे के विपरीत होंगी। इसी तरह, $\frac{dv_1}{dt}$ गुटके A का त्वरण होगा तथा $\frac{dv_2}{dt}$ गुटके B का त्वरण होगा।

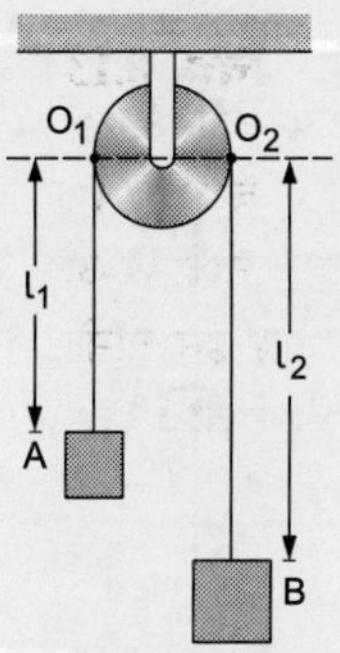

चित्र 8.17

अब रस्सी की लंबाई,

$$L = l_1 + l_2 + \pi r, \text{ जहाँ } r \text{ घिरनी की त्रिज्या है।}$$

अवकलित करने पर,

$$\frac{dL}{dt} = \frac{dl_1}{dt} + \frac{dl_2}{dt} + \frac{d}{dt}(\pi r)$$

या $\quad 0 = \frac{dl_1}{dt} + \frac{dl_2}{dt}.$

या $\quad 0 = v_1 + v_2. \qquad \dots \text{(i)}$

आप समझ ही गए होंगे कि रस्सी की लंबाई समय के साथ नहीं बदलती, अतः $\frac{dL}{dt} = 0$ होगा। इसी तरह घिरनी की त्रिज्या भी निश्चित है अतः, $\frac{dr}{dt} = 0$

अब समीकरण (i) को अवकलित करने पर,

$$0 = \frac{dv_1}{dt} + \frac{dv_2}{dt} \quad \text{या} \quad \frac{dv_1}{dt} = -\frac{dv_2}{dt}.$$

अर्थात, दोनों गुटकों के त्वरण के मान आपस में बराबर हैं, पर उनकी दिशाएँ विपरीत हैं।

(b) गुटके A पर लगनेवाले बल हैं,

(i) धरती द्वारा $m_A g$, नीचे की ओर;

(ii) डोरी द्वारा T, ऊपर की ओर।

परिणामी बल नीचे की ओर $= m_A g - T$.

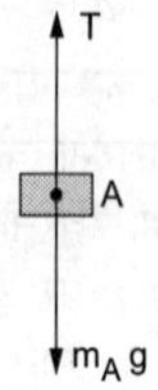

चित्र 8.18

यदि A का त्वरण नीचे की ओर a हो, तो $F = ma$ से,

$$m_A g - T = m_A a. \quad \ldots \text{(i)}$$

हमें a का मान निकालना है। इस समीकरण में हमें T का मान पता नहीं है। अतः, यहाँ से सीधे a का मान नहीं लिख सकते। हमें कम-से-कम एक और समीकरण चाहिए जो गुटके B का विचार करने से मिल सकता है।

गुटके B पर लगनेवाले बल हैं,

(i) धरती द्वारा $m_B g$, नीचे की ओर;

(ii) डोरी द्वारा T, ऊपर की ओर।

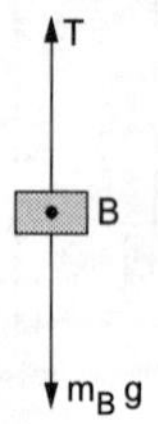

चित्र 8.19

चूँकि डोरी तथा घिरनी के भार नगण्य हैं और वे घर्षणरहित हैं, इसलिए डोरी के दोनों हिस्सों में तनाव बराबर होगा। अतः, जो T पिछले समीकरण में लिखा गया था वही T यहाँ भी लिखा जा रहा है। चूँकि A का त्वरण a नीचे की ओर लिया गया था, इसलिए B का त्वरण ऊपर की ओर a होगा। $F = ma$ समीकरण से,

$$T - m_B g = m_B a. \quad \ldots \text{(ii)}$$

समीकरण (i) तथा (ii) को जोड़ने पर,

$$m_A g - m_B g = m_A a + m_A a$$

या

$$a = \left(\frac{m_A - m_B}{m_A + m_B} \right) g.$$

(c) a का मान समीकरण (i) या (ii) में रखने से,

$$T = \left(\frac{2 m_A m_B}{m_A + m_B} \right) g.$$

(B) आनत तल पर फिसलती हुई वस्तु

सड़क पर साइकिल चलाते समय आपको कई बार चढ़ाई और ढलान का सामना करना पड़ा होगा। चढ़ाई पर जहाँ पैडल चलाने में काफी परिश्रम करना पड़ता है वहीं ढलान पर साइकिल बिना प्रयास के ही चलती रहती है। ऐसा समतल जो क्षैतिज तल से कुछ कोण पर झुका हो, आनत तल कहलाता है। एक पटरे को एक ओर से यदि उठा दें, तो वह भी आनत तल कहा जा सकता है। किसी चिकने आनत तल के स्थान A पर यदि कोई वस्तु रख दें तो वह एक रेखा AB में फिसलने लगती है। चित्रों में प्रायः आनत तल को एक तिरछी सरल रेखा के द्वारा दिखाया जाता है। यह वही रेखा AB है जिसपर वस्तु फिसलती है।

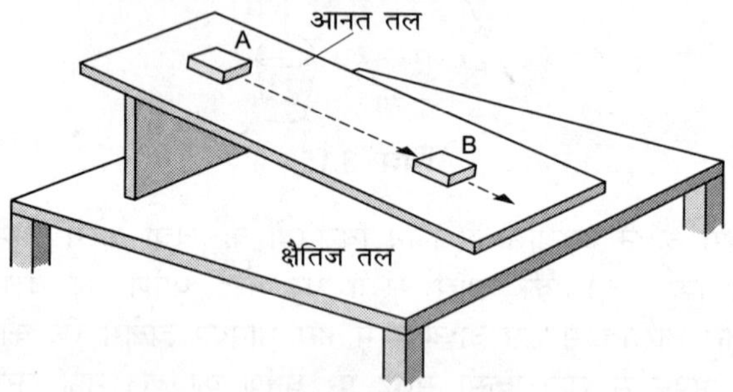

चित्र 8.20

चित्र 8.21 में m द्रव्यमान की एक वस्तु को आनत तल AB पर रखा हुआ दिखाया गया है। आनत तल का क्षैतिज से झुकाव θ है। तल द्वारा वस्तु पर अभिलंब प्रतिक्रिया बल $\mathscr{N}$ लगाया जाता है। तल पर लंब होने के कारण यह बल ऊर्ध्वाधर से θ कोण बनाता है। यदि तल तथा वस्तु के बीच घर्षण भी हो, तो तल के समांतर (AB दिशा में या BA दिशा में) घर्षण बल भी लगेगा। इसके अतिरिक्त वस्तु का भार mg ऊर्ध्वाधर दिशा में नीचे की ओर लगेगा। यदि कोई अन्य बल भी लगाए जा रहे हों, तो उनका भी विचार किया जाएगा।

प्रायः आनत तल पर गति से संबंधित प्रश्नों को हल करने के लिए तल के अनुदिश (AB की ओर) x-अक्ष लेते हैं और तल के लंबवत y-अक्ष लेते हैं। ऐसी स्थिति में $\mathscr{N}$ का x-दिशा में घटक शून्य हो जाता है तथा y-दिशा में घटक $\mathscr{N}$ हो जाता है। भार mg का x-दिशा में घटक $mg \sin \theta$ तथा y-दिशा में $-mg \cos \theta$ हो जाता है। यदि वस्तु पर और कोई बल नहीं लग रहे हों, तो

$$x\text{-दिशा में कुल बल} = mg \sin \theta$$

$$\text{तथा} \quad y\text{-दिशा में कुल बल} = \mathscr{N} - mg \cos \theta.$$

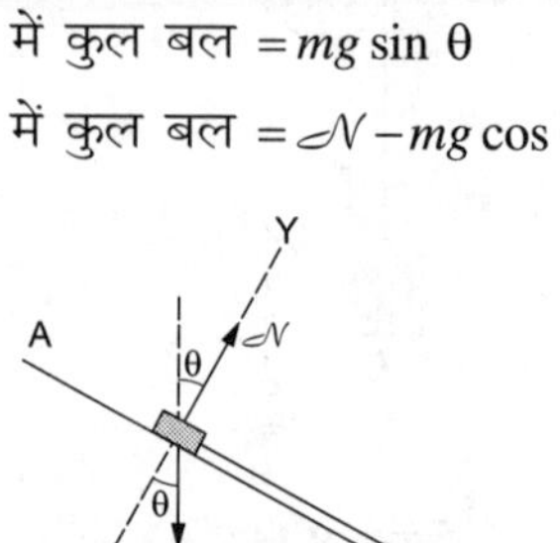

चित्र 8.21

अब वस्तु y-दिशा में तो चल नहीं रही है। न तो वह तल से ऊपर जा रही है और न ही तल को छेदकर उसके अंदर घुस रही है।

अतः, y-दिशा में वह स्थिर ही है। अतः, न्यूटन के प्रथम गति-नियम से,

$$\mathcal{N} - mg\cos\theta = 0$$

या $$\mathcal{N} = mg\cos\theta.$$

यदि x-दिशा में त्वरण a हो, तो

$$mg\sin\theta = ma$$

या $$a = g\sin\theta.$$

अतः, वस्तु $g\sin\theta$ त्वरण से नीचे फिसलेगी।

8.8 घोड़े और गाड़ी की समस्या

घोड़ागाड़ी में घोड़ा बल लगाकर गाड़ी और उसमें सवार लोगों को खींचता है। यह परिस्थिति न्यूटन के नियमों को समझने के लिए बहुत उपयोगी है। मान लें कि घोड़ागाड़ी सड़क पर स्थिर खड़ी है, चालक धीरे से घोड़े की लगाम खींचता है और घोड़ा दौड़ पड़ता है। उसी के साथ गाड़ी भी आगे की ओर दौड़ पड़ती है। यहाँ प्रश्न उठता है कि घोड़ा गाड़ी पर आगे की ओर F_1 बल लगाता है और न्यूटन के तीसरे गति-नियम के अनुसार गाड़ी भी घोड़े पर उतना ही बल F_2 पीछे की ओर लगाती है। चूँकि ये बल बराबर और विपरीत हैं, इनका योग शून्य होगा, इसलिए इन दोनों बलों का सम्मिलित प्रभाव भी शून्य होना चाहिए। अर्थात, न तो घोड़े को, और न ही गाड़ी को इन बलों के कारण कोई गति मिलनी चाहिए (देखें, चित्र 8.22)। इस तर्क में कहाँ गलती है?

हमने न्यूटन के गति-नियमों (पहले एवं दूसरे) का उपयोग करने की जो कार्य-सूची प्रस्तुत की है, उसमें सबसे पहला काम है, उस संहति को चिह्नित करना जिसपर हम इन नियमों का उपयोग करना चाहते हैं। इस उदाहरण में हम घोड़े को अपनी संहति मान सकते हैं, गाड़ी को अपनी संहति मान सकते हैं या फिर 'घोड़ा + गाड़ी' को अपनी संहति मान सकते हैं। मान लें कि हम गाड़ी पर न्यूटन का नियम लगाना चाहते हैं। अब हमें गाड़ी पर लगनेवाले सभी बलों की सूची बनानी होगी। इस सूची में घोड़े द्वारा गाड़ी पर लगाया गया आगे की तरफ बल F_1 तो होगा, पर गाड़ी द्वारा घोड़े पर लगाया गया पीछे के तरफ बल F_2 नहीं होगा। हमें सिर्फ गाड़ी पर लगते बलों को देखना है। गाड़ी द्वारा घोड़े पर लगाया बल, घोड़े पर लगा है न कि गाड़ी पर। गाड़ी के लिए न्यूटन के नियमों का उपयोग करते समय हम इस बल को नहीं लेंगे। घोड़े ने गाड़ी पर आगे की ओर बल लगाया और गाड़ी में आगे की ओर त्वरण पैदा हुआ। इसमें कोई आश्चर्य की बात नहीं है। यदि गाड़ी का द्रव्यमान M_c हो, तो क्या गाड़ी का त्वरण $a_c = F_1/M_c$ होगा? आप विचार करें। हम इस प्रश्न पर दुबारा आएँगे।

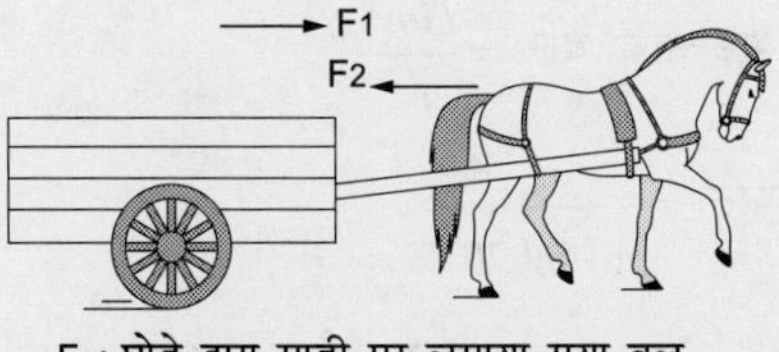

F_1 : घोड़े द्वारा गाड़ी पर लगाया गया बल
F_2 : गाड़ी द्वारा घोड़े पर लगाया गया बल
$F_1 = F_2 = F$

चित्र 8.22

अब घोड़े को संहति मानें और उसकी गति की विवेचना करें। अब हमें घोड़े पर लगनेवाले बलों को लिखना होगा। घोड़े पर गाड़ी द्वारा बल F_2 पीछे की ओर लगेगा। गाड़ी पर घोड़ा बल लगा रहा है, पर उसे हमें नहीं लिखना है; क्योंकि, वह बल घोड़े पर नहीं लग रहा है। यदि गाड़ी घोड़े पर पीछे की ओर बल F_2 लगा रही है तो घोड़े में पीछे की ओर त्वरण क्यों नहीं उत्पन्न होता? यदि ऐसा होता तो घोड़ा पीछे गाड़ी पर चढ़ जाता और बेचारे चालक और यात्रियों का क्या होता? हमारी गलती यह हो रही है कि हमने त्वरण निकालने के लिए घोड़े पर लगते सभी बलों का विचार नहीं किया है। घोड़ा सड़क को अपने पैरों से P बल से दबाता है और सड़क घोड़े को उतने ही बल से उलटी दिशा में दबाती है। इस बल का आगे की दिशा में एक घटक f है। घोड़े पर क्षैतिज दिशा में आगे की ओर कुल बल $f - F_2$ है और यदि f का मान F_2 से अधिक हो, तो परिणामी बल आगे की ओर होगा और घोड़े का त्वरण भी आगे की ओर होगा। घोड़ा यदि मजबूत है और नीचे की सड़क अच्छी है, तो घोड़ा इतना बल लगा देता है कि $f > F_2$ हो जाए। तभी घोड़ा आगे बढ़ता है। घोड़े का त्वरण आगे की ओर $a_h = \dfrac{f - F_2}{M_h}$ होगा, जहाँ M_h घोड़े का द्रव्यमान है।

चलिए, फिर से हम गाड़ी की गति की चर्चा करते हैं। गाड़ी पर घोड़ा आगे की ओर F_1 बल लगा रहा है। इसके अलावा गाड़ी पर सड़क भी बल लगा रही है जिसका एक क्षैतिज घटक होगा। मान लें कि यह क्षैतिज घटक f' पीछे की ओर है, तो इसमें गाड़ी पर क्षैतिज दिशा में आगे की ओर कुल बल $= F_1 - f'$ होगा। गाड़ी का त्वरण $a_c = \dfrac{F_1 - f'}{M_c}$ होगा, जहाँ M_c गाड़ी का द्रव्यमान है।

यहाँ f तथा f' सड़क द्वारा घोड़े और गाड़ी पर लगाए गए बल हैं। सड़क इन बलों के परिमाण इस तरह चुनती है ताकि घोड़े और गाड़ी का त्वरण बराबर हो जाए, अर्थात

$$a_h = \frac{f - F_2}{M_h} = \frac{F_1 - f'}{M_c} = a_c.$$

सरल करने पर, $$a_h = a_c = \frac{f - f'}{M_h + M_c}. \qquad \ldots \text{(i)}$$

इसलिए घोड़ा और गाड़ी साथ-साथ चलते हैं। ध्यान दें कि हम जब गाड़ी का द्रव्यमान M_c लिख रहे हैं, तो इसमें गाड़ी में बैठे लोगों और सामान का द्रव्यमान शामिल हैं।

हमने पृथ्वी द्वारा घोड़े या गाड़ी पर लगाए जानेवाले बलों की चिंता नहीं की है। ये बल ऊर्ध्वाधर दिशा में हैं और उनका कोई क्षैतिज घटक नहीं है। हम सिर्फ क्षैतिज दिशा में गति की विवेचना कर रहे हैं। अतः, ये बल हमने छोड़ दिए हैं। सड़क द्वारा घोड़े तथा गाड़ी पर लगे बलों के भी ऊर्ध्वाधर घटक हैं जो उनके भारों को संतुलित करते हैं।

यदि आप घोड़ा + गाड़ी को अपनी संहति मानें, तो घोड़े द्वारा गाड़ी पर तथा गाड़ी द्वारा घोड़े पर लगाए बल संहति के आंतरिक बल होंगे। अतः, बलों की सूची में इन्हें लेने की जरूरत नहीं है।

इस संहति पर क्षैतिज दिशा में बाहर से बल f आगे की ओर तथा f' पीछे की ओर लग रहे हैं। अतः, कुल बल $= f - f'$ होगा। इस संहति का द्रव्यमान $M_c + M_h$ है, अतः इसका त्वरण,

$$a = \frac{f - f'}{M_h + M_c}$$

जो, समीकरण (i) में पाए गए त्वरण के बराबर है।

• हल किए गए प्रश्न •

1. *एक ऐसे संसार की कल्पना करें जिसमें इलेक्ट्रॉन का आवेश प्रोटॉन के आवेश से 1% कम हो। ऐसे संसार में 1 kg द्रव्यमान के लोहे के दो गोलों के बीच लगता विकर्षण बल निकालें, यदि उनके बीच की दूरी 1 m हो। लोहे के 56 kg में 6×10^{26} परमाणु होते हैं और प्रत्येक परमाणु में 26 प्रोटॉन और 26 इलेक्ट्रॉन होते हैं।*

हल एक प्रोटॉन तथा एक इलेक्ट्रॉन को मिलाकर कुल आवेश

$$= 0.01\times1.6\times10^{-19}\ \text{C}.$$

अतः, प्रत्येक परमाणु पर धन आवेश $= 26\times0.01\times1.6\times10^{-19}$ C.

1 kg में परमाणुओं की संख्या $= \dfrac{6\times10^{26}}{56}$.

अतः, 1 kg के गोले में कुल आवेश

$$= \frac{6\times10^{26}}{56}\times26\times1.6\times10^{-21}\ \text{C} = 4.5\times10^5\ \text{C}.$$

दोनों गोलों के बीच लगता विकर्षण का बल

$$= \frac{1}{4\pi\epsilon_0}\frac{q_1q_2}{r^2}$$

$$= \frac{9.0\times10^9\ \text{N m}^2/\text{C}^2\times(4.5\times10^5\ \text{C})^2}{(1\ \text{m})^2}$$

$$= 9\times10^9\times18.49\times10^{10}\ \text{N}$$

$$= 1.7\times10^{21}\ \text{N}.$$

अत्यंत बड़ा बल!

2. *चित्र 8.W1 में दो छड़ें दिखाई गई हैं जिनमें से प्रत्येक की लंबाई l है। उनके नजदीक वाले सिरे a दूरी पर हैं और $+q, -q$ आवेश दिखाए गए चित्र के अनुसार छड़ों के सिरों पर रखे गए हैं। छड़ B द्वारा छड़ A पर लग रहा विद्युतीय बल ज्ञात करें। $l >> a$ तथा $a >> l$ की स्थितियों की विवेचना करें।*

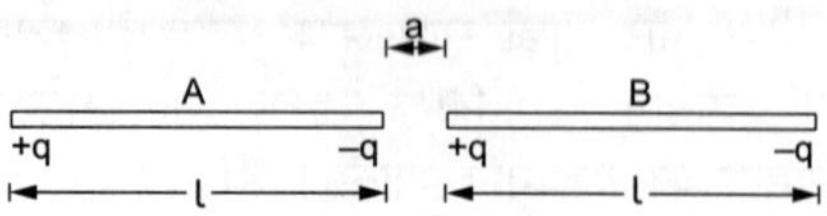

चित्र 8.W1

हल छड़ A पर B के $+q$ आवेश के द्वारा बल

$$= -\frac{q^2}{4\pi\epsilon_0(l+a)^2} + \frac{q^2}{4\pi\epsilon_0 a^2}\ (\text{दाहिनी ओर})$$

इसी छड़ पर B के $-q$ आवेश द्वारा बल

$$= \frac{q^2}{4\pi\epsilon_0(2l+a)^2} - \frac{q^2}{4\pi\epsilon_0(l+a)^2}\ (\text{दाहिनी ओर})$$

छड़ पर परिणामी बल,

$$F = \frac{q^2}{4\pi\epsilon_0}\left[\frac{1}{a^2} - \frac{2}{(l+a)^2} + \frac{1}{(2l+a)^2}\right]\ (\text{दाहिनी ओर})$$

यदि $l >> a$, तो इस व्यंजक में बड़े कोष्ठक के अंदर अंतिम दो पदों को पहले पद की तुलना में छोड़ा जा सकता है।

तब $F \approx \dfrac{q^2}{4\pi\epsilon_0 a^2}$.

यदि $a >> l$, तो

$$F = \frac{q^2}{4\pi\epsilon_0}\left[\frac{1}{a^2} - \frac{2}{a^2}\left(1+\frac{l}{a}\right)^{-2} + \frac{1}{a^2}\left(1+\frac{2l}{a}\right)^{-2}\right]$$

$$= \frac{q^2}{4\pi\epsilon_0 a^2}\left[1 - 2\left\{1 - \frac{2l}{a} + \frac{(-2)(-3)}{2}\left(\frac{l}{a}\right)^2 + \ldots\right\}\right.$$

$$\left. + \left\{1 - \frac{4l}{a} + \frac{(-2)(-3)}{2}\left(\frac{2l}{a}\right)^2 + \ldots\right\}\right]$$

$$\approx \frac{q^2}{4\pi\epsilon_0 a^2}\left[-6\frac{l^2}{a^2} + 12\frac{l^2}{a^2}\right] = \frac{6q^2l^2}{4\pi\epsilon_0 a^4}.$$

$$= \frac{q^2}{4\pi\epsilon_0 a^2}\left(\frac{6l^2}{a^2}\right).$$

चूँकि $a >> l$, यह बल नगण्य है। प्रत्येक छड़ पर कुल आवेश शून्य है। दो अनावेशित वस्तुएँ यदि एक-दूसरे से बहुत दूर हों, तो वे एक-दूसरे पर नगण्य या शून्य बल लगाती हैं। परंतु, यदि वे अपने आकार (size) की अपेक्षा कम दूरी पर हों, तो काफी अधिक बल भी लगा सकती हैं।

3. *दो इलेक्ट्रॉनों के बीच लगते हुए विद्युतीय तथा गुरुत्वीय बलों का अनुपात निकालें।*

हल दो इलेक्ट्रॉनों के बीच विद्युतीय बल $= \dfrac{e^2}{4\pi\epsilon_0 r^2}$.

इनके बीच गुरुत्वीय बल $= \dfrac{Gm^2}{r^2}$.

अतः, अनुपात $= \dfrac{e^2}{4\pi\epsilon_0 Gm^2}$

$$= \frac{9\times10^9\ \text{N m}^2/\text{C}^2\times(1.6\times10^{-19}\ \text{C})^2}{6.67\times10^{-11}\ \text{N m}^2/\text{kg}^2\times(9.1\times10^{-31}\ \text{kg})^2}$$

$$= 4.17\times10^{42}.$$

4. *द्रव्यमान m की एक वस्तु दो डोरियों से बाँधकर लटकाई गई है। डोरियाँ क्षैतिज से α तथा β कोण बनाती हैं। डोरियों में तनाव ज्ञात करें।*

हल चित्र 8.W2 में दी गई परिस्थिति दिखाई गई है। वस्तु पर लगते हुए बल हैं,

(i) धरती के द्वारा mg, नीचे की ओर;

(ii) दाहिनी तरफ की डोरी के द्वारा T_1, डोरी की दिशा में;

(iii) बायीं तरफ की डोरी के द्वारा T_2, डोरी की दिशा में।

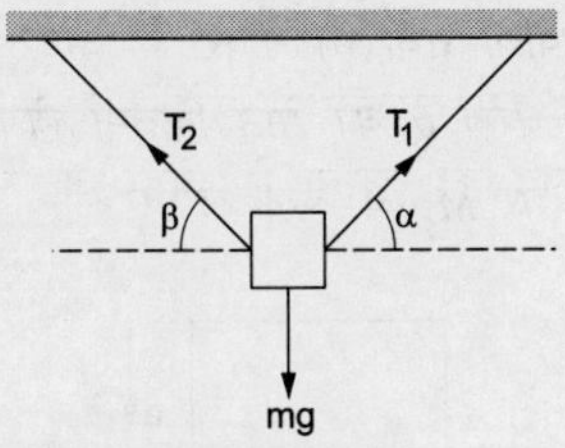

चित्र 8.W2

चूँकि वस्तु स्थिर है (साम्यावस्था), इन बलों का योग शून्य होना चाहिए। क्षैतिज दिशा में घटक लेने पर,

$$T_1 \cos \alpha - T_2 \cos \beta + mg \cos \frac{\pi}{2} = 0$$

या $$T_1 \cos \alpha = T_2 \cos \beta. \qquad \dots \text{(i)}$$

ऊर्ध्वाधर दिशा में घटक लेने पर,

$$T_1 \sin \alpha + T_2 \sin \beta - mg = 0. \qquad \dots \text{(ii)}$$

समीकरण (i) और (ii) से T_2 को हटाने पर,

$$T_1 \sin \alpha + T_1 \frac{\cos \alpha}{\cos \beta} \sin \beta = mg$$

या $$T_1 = \frac{mg}{\sin \alpha + \frac{\cos \alpha}{\cos \beta} \sin \beta} = \frac{mg \cos \beta}{\sin (\alpha + \beta)}.$$

समीकरण (i) से, $T_2 = \frac{mg \cos \alpha}{\sin (\alpha + \beta)}$.

जब कभी भी अलग दिशाओं में लगते तीन सदिशों का योग शून्य हो, तो उनमें एक अत्यंत सरल संबंध बनता है। चित्र 8.W3 में ऐसी परिस्थिति दिखाई गई है। यह संबंध इस प्रकार है,

$$\frac{F_1}{\sin \alpha} = \frac{F_2}{\sin \beta} = \frac{F_3}{\sin \gamma}.$$

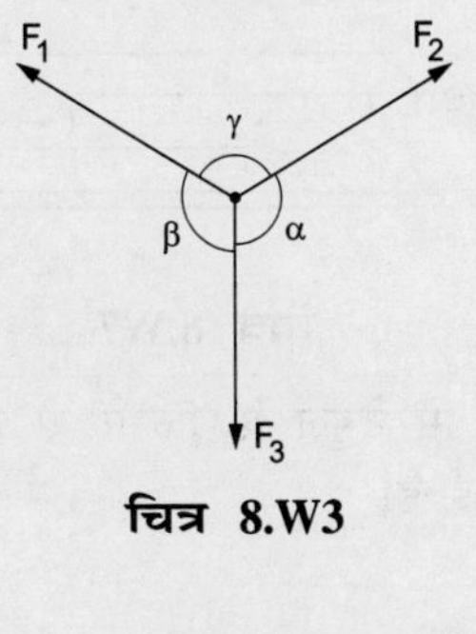

चित्र 8.W3

इसे लामी का प्रमेय भी कहते हैं। हमारे प्रश्न की परिस्थिति में, जो चित्र 8.W2 में दिखाई गई है, इस प्रमेय के अनुसार,

$$\frac{T_1}{\sin (90° + \beta)} = \frac{T_2}{\sin (90° + \alpha)} = \frac{mg}{\sin [\pi - (\alpha + \beta)]}$$

या $$\frac{T_1}{\cos \beta} = \frac{T_2}{\cos \alpha} = \frac{mg}{\sin (\alpha + \beta)}.$$

अतः, $T_1 = \frac{mg \cos \beta}{\sin (\alpha + \beta)}, T_2 = \frac{mg \cos \alpha}{\sin (\alpha + \beta)}$.

5. *एक घर्षणरहित आनत तल के किनारे पर बँधी एक चिकनी घिरनी पर से एक नगण्य भार वाली रस्सी जाती है (चित्र 8.W4)। रस्सी के एक छोर से m_1 द्रव्यमान की एक वस्तु बँधी है जो आनत तल पर फिसल सकती है तथा दूसरे छोर से m_2 द्रव्यमान की एक वस्तु बँधी है जो ऊर्ध्वाधर दिशा में लटक रही है। दोनों वस्तुएँ स्थिर हैं। आनत तल का क्षैतिज से कोण θ तथा तल द्वारा m_1 द्रव्यमान वाली वस्तु पर लगता बल निकालें।*

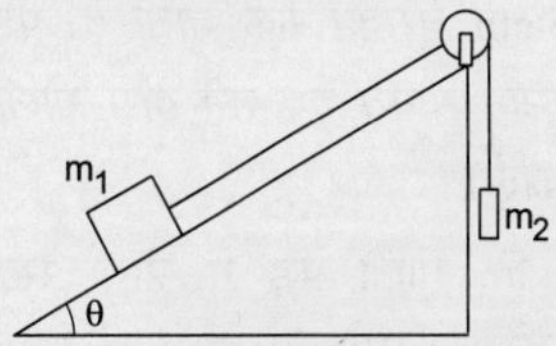

चित्र 8.W4

हल चित्र 8.W5 में हमने दोनों वस्तुओं पर लगते बलों को दिखाया है। पहले m_2 द्रव्यमान वाली वस्तु को अपनी संहति मानें। इसपर लगते बल हैं,

(i) धरती द्वारा $m_2 g$, नीचे की ओर;

(ii) डोरी द्वारा T_1, ऊपर की ओर।

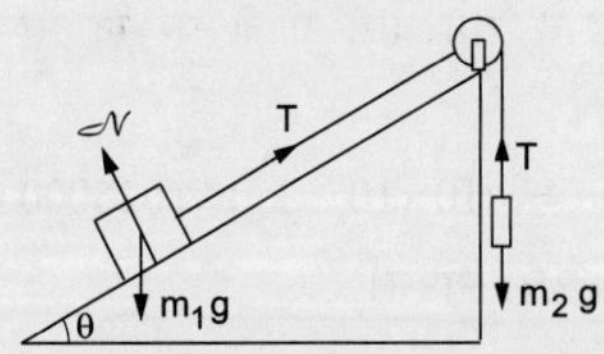

चित्र 8.W5

चूँकि वस्तु संतुलन में है, अतः

$$T = m_2 g. \qquad \dots \text{(i)}$$

अब m_1 द्रव्यमान वाली वस्तु को संहति मानें। इसपर लगते बल हैं

(i) धरती द्वारा $m_1 g$, नीचे की ओर;

(ii) डोरी द्वारा T, डोरी की दिशा में;

(iii) तल द्वारा $\mathcal{N}$, तल के लंबवत।

पूरी डोरी के बीच कहीं कोई द्रव्यमान नहीं है, न ही डोरी पर कोई घर्षण बल है, इसलिए पूरी डोरी में तनाव एकसमान ही होगा। इसलिए डोरी के दोनों सिरों पर हमने समान तनाव T लिया है। चूँकि वस्तु संतुलन में है, इन बलों का योग शून्य होगा।

आनत तल की समानांतर दिशा में घटक लेने पर,

$$T = m_1 g \cos\left(\frac{\pi}{2} - \theta\right) = m_1 g \sin\theta. \qquad \text{... (ii)}$$

आनत तल की लंबवत दिशा में घटक लेने पर,

$$\mathcal{N} = m_1 g \cos\theta. \qquad \text{... (iii)}$$

समीकरण (i) और (ii) से,

$$m_2 g = m_1 g \sin\theta$$

या $\sin\theta = \frac{m_2}{m_1}$

या $\theta = \sin^{-1}\left(\frac{m_2}{m_1}\right)$.

अब θ का मान समीकरण (iii) में रखने पर,

$$\mathcal{N} = m_1 g\sqrt{1-(m_2/m_1)^2}.$$

6. *वेग 250 m/s से चलती हुई 10 g द्रव्यमान की एक गोली एक पेड़ के तने में 5 cm घुसकर रुक जाती है। पेड़ के तने में गोली के त्वरण को एकसमान मानते हुए तने द्वारा गोली पर लगाए गए बल का परिमाण निकालें।*

हल हम यह मानेंगे कि गोली पेड़ में सीधी रेखा में चलती है और उसके भार के कारण उसके रास्ते में कोई परिवर्तन नहीं होता।

एकसमान त्वरण a के लिए,

$$v^2 = u^2 + 2ax.$$

यहाँ, $u = 250$ m/s, $v = 0$, $x = 5$ cm $= 0.05$ m.

अतः, $0 = (250 \text{ m/s})^2 + 2a(0.05 \text{ m})$

या $a = -625000 \text{ m/s}^2$.

यह त्वरण पेड़ के तने द्वारा गोली पर लगाए गए बल के कारण है। अतः,

$$F = ma = -(10\times10^{-3} \text{ kg})\times(625000 \text{ m/s}^2)$$

$= -6250$ न्यूटन।

बल का परिमाण = 6250 न्यूटन।

7. *द्रव्यमान 10 g के एक कण पर $(\hat{i}10 + \hat{j}5)\times10^{-3}$ N का बल लगता है। विरामावस्था से चलना प्रारंभ कर कण $t = 5$ s पर कहाँ होगा?*

हल ***x*-दिशा में गति**

$$F_x = 10^{-2} \text{ N}, m = 10^{-2} \text{ kg}.$$

अतः, $a_x = \frac{F_x}{m} = 1.0 \text{ m/s}^2$.

$t = 5$ s पर,

$$x = u_x t + \frac{1}{2}a_x t^2 = \frac{1}{2}\times(1.0 \text{ m/s}^2)\times(5 \text{ s})^2 = 12.5 \text{ m}.$$

***y*-दिशा में गति**

$$F_y = 5\times10^{-3} \text{ N}, m = 10^{-2} \text{ kg}.$$

अतः, $a_y = \frac{F_y}{m} = \frac{5\times10^{-3} \text{ N}}{10^{-2} \text{ kg}} = 0.5 \text{ m/s}^2$.

$t = 5$ s पर,

$$y = u_y t + \frac{1}{2}a_y t^2 = \frac{1}{2}\times(0.5 \text{ m/s}^2)\times(5 \text{ s})^2 = 6.25 \text{ m}.$$

अतः, $t = 5$ s पर कण का स्थान $\vec{r} = (12.5\hat{i} + 6.25\hat{j})$ m.

8. *चित्र 8.W6 में एक बड़े बॉक्स को नीचे की ओर a त्वरण से गिरता हुआ दिखाया गया है। बॉक्स के अंदर M द्रव्यमान की एक वस्तु रखी है। त्वरण a का मान कितना होना चाहिए ताकि वस्तु बॉक्स के फर्श पर $Mg/4$ बल लगाए?*

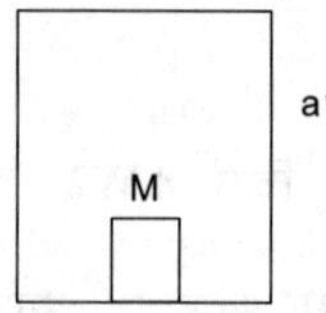

चित्र 8.W6

हल चूँकि वस्तु बॉक्स के फर्श पर लगातार टिकी है, वस्तु का त्वरण भी बॉक्स के त्वरण के बराबर होगा, अर्थात वस्तु का त्वरण नीचे की ओर a है। वस्तु पर लगते बल इस प्रकार हैं,

(i) धरती के द्वारा Mg, नीचे की ओर;

(ii) फर्श के द्वारा $\mathcal{N}$, ऊपर की ओर।

अतः, $Mg - \mathcal{N} = Ma$

यहाँ, $\mathcal{N} = \frac{Mg}{4}$.

अतः, $Mg - \frac{Mg}{4} = Ma$

या $a = \frac{3}{4}g$.

9. *द्रव्यमान m वाले गुटके A को एक घर्षणरहित क्षैतिज टेबुल के बिंदु C से एक नगण्य भार वाली डोरी द्वारा जोड़कर रखा गया है (चित्र 8.W7)। डोरी एक नगण्य भार वाली घर्षणरहित घिरनी B पर से जाती है जो डोरी के समानांतर दिशा में खींची जा सकती है।*

(a) दिखाएँ कि गुटके का त्वरण घिरनी के त्वरण का दोगुना होगा।

(b) घिरनी पर एक मनुष्य क्षैतिज दिशा में F बल लगा रहा है। गुटके का तथा घिरनी का त्वरण ज्ञात करें।

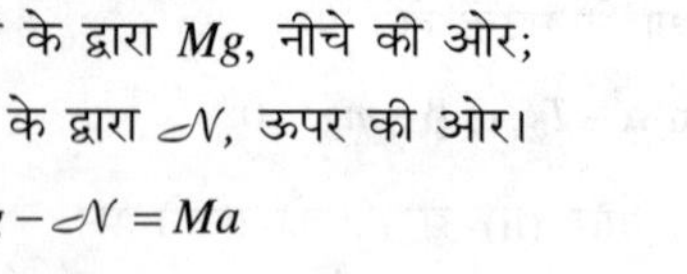

चित्र 8.W7

हल (a) चित्र 8.W8 में टेबुल के किनारे से घिरनी तथा गुटके की दूरियाँ दिखाई गई हैं।

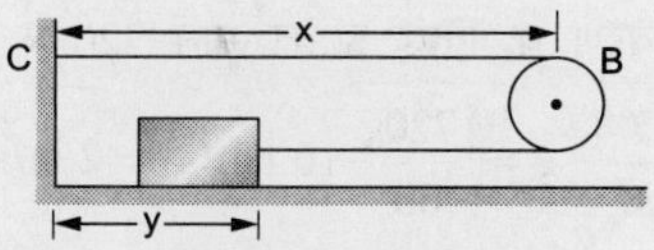

चित्र 8.W8

घिरनी का वेग $v_1 = \frac{dx}{dt}$ तथा गुटके का वेग $v_2 = \frac{dy}{dt}$.

यदि घिरनी पर लिपटी डोरी की लंबाई l_1 हो और पूरी डोरी की लंबाई L हो, तो

$$L = x + l_1 + (x - y) = 2x - y + l_1.$$

यहाँ L तथा l_1 के मान निश्चित हैं। अब अवकलित करने पर,

$$0 = 2\frac{dx}{dt} - \frac{dy}{dt} = 2v_1 - v_2$$

या $\quad v_2 = 2v_1. \qquad$ ... (i)

किसी भी क्षण गुटके का वेग घिरनी के वेग से दोगुना होगा।

समीकरण (i) को पुनः अवकलित करने पर,

$$\frac{dv_2}{dt} = 2\frac{dv_1}{dt} \quad \text{या} \quad a_2 = 2a_1.$$

अतः, किसी भी क्षण गुटके का त्वरण घिरनी के त्वरण का दोगुना होगा।

(b) घिरनी को संहति मानें। इसपर क्षैतिज दिशा में लगते बल इस प्रकार हैं

(i) मनुष्य द्वारा F, दायीं ओर;

(ii) डोरी के BC भाग द्वारा T, बायीं ओर;

(iii) डोरी के BA भाग द्वारा T, बायीं ओर।

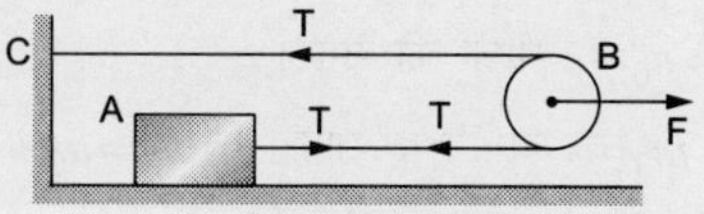

चित्र 8.W9

चूँकि घिरनी के द्रव्यमान को शून्य माना गया है, अतः न्यूटन के दूसरे गति-नियम से,

$$F = 2T \quad \text{या} \quad T = \frac{F}{2}.$$

अब गुटके की गति पर विचार करें। इसपर एक ही क्षैतिज बल लग रहा है जो डोरी के BA भाग द्वारा दायीं ओर लगाया जा रहा है।

अतः, गुटके का त्वरण $a_2 = \frac{T}{m} = \frac{F}{2m}$

तथा घिरनी का त्वरण $a_1 = \frac{a_2}{2} = \frac{F}{4m}$.

10. *एक स्थिर क्षैतिज छड़ पर m द्रव्यमान वाला एक घर्षणरहित छल्ला फिसल सकता है (चित्र 8.W10)। छल्ले से एक डोरी बँधी है, जो एक स्थिर चिकनी घिरनी B पर से गुजरती है। डोरी के दूसरे सिरे पर $2m$ द्रव्यमान का एक गुटका बँधा है। किसी क्षण A से B तक की डोरी छड़ से θ कोण बनाती है।*

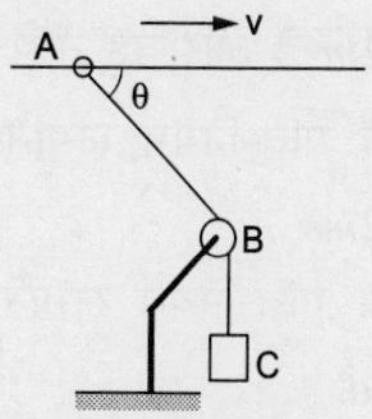

चित्र 8.W10

(a) दिखाएँ कि यदि छड़ पर छल्ले की चाल v हो, तो गुटके के नीचे गिरने की चाल $v\cos\theta$ होगी।

(b) छल्ले को $\theta = 30°$ की स्थिति में पकड़कर रखा जाता है और फिर छोड़ दिया जाता है। इसके तुरंत बाद छल्ले का त्वरण कितना होगा?

हल (a) चित्र 8.W11 को देखें। बिंदु O छड़ पर का निश्चित बिंदु है जो घिरनी के ठीक ऊपर है। $OB = H$ तथा $AO = x$ लिखें। घिरनी B से गुटके की दूरी $BC = l$ लिखें।

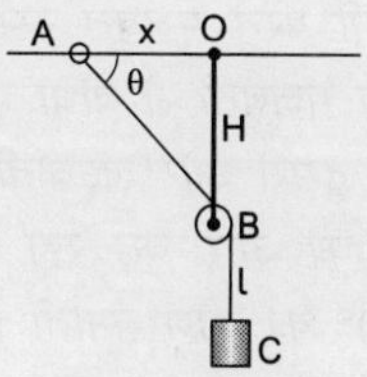

चित्र 8.W11

तब छल्ले की चाल $v = -\frac{dx}{dt}$ तथा गुटके की चाल $v_c = \frac{dl}{dt}$.

हमने $\frac{dx}{dt}$ के पहले ऋण चिह्न लगाया है। ऐसा इसलिए कि समय के साथ x का मान घटता जा रहा है और $\frac{dx}{dt}$ खुद ऋणात्मक है।

अतः, छल्ले की चाल $= -\frac{dx}{dt}$.

डोरी की पूरी लंबाई,

$$L = AB + BC = \sqrt{x^2 + H^2} + l.$$

अवकलित करने पर,

$$0 = \frac{2x}{2\sqrt{(x^2 + H^2)}}\frac{dx}{dt} + \frac{dl}{dt}$$

या $\quad \frac{dl}{dt} = -\frac{dx}{dt}\frac{x}{\sqrt{x^2 + H^2}} = \left(-\frac{dx}{dt}\right)\cos\theta$

या $\quad v_c = v\cos\theta.$

(b) $\quad v_c = v\cos\theta \qquad$ या $\quad \frac{dv_c}{dt} = \frac{dv}{dt}\cos\theta + v\frac{d}{dt}(\cos\theta).$

छोड़ने के तुरंत बाद $\theta = 30°$ तथा छल्ले की चाल $v = 0$, अतः

$$\frac{dv_c}{dt} = \frac{dv}{dt}\cos 30° \quad \text{या} \quad a_c = \frac{a\sqrt{3}}{2}.$$

गुटके का द्रव्यमान $2m$ है और वह नीचे की ओर गतिमान होगा।

गुटके पर न्यूटन का गति-नियम लगाने से,

$$2mg - T = 2ma_c. \qquad \ldots \text{(i)}$$

छल्ले पर न्यूटन का गति-नियम लगाने से,

$$T\cos\theta = ma. \qquad \ldots \text{(ii)}$$

समीकरण (i) तथा (ii) से T को हटाने पर,

$$2mg = 2ma_c + \frac{ma}{\cos\theta}.$$

छल्ला छोड़ने के तुरंत बाद $a_c = \frac{a\sqrt{3}}{2}$ तथा $\theta = 30°$.

अतः, $2mg = 2ma\frac{\sqrt{3}}{2} + \frac{2}{\sqrt{3}}ma$

$$= ma\left[\sqrt{3} + \frac{2}{\sqrt{3}}\right] = \frac{5}{\sqrt{3}}ma$$

या $\quad a = \frac{2\sqrt{3}g}{5} = \frac{2\times\sqrt{3}\times 9.8 \text{ m/s}^2}{5} = 6.78 \text{ m/s}^2.$

11. *एक नगण्य भार वाली परंतु मजबूत रस्सी के एक सिरे को जमीन पर एक खूँटे के साथ मजबूती से बाँधा हुआ है। रस्सी एक पेड़ की शाखा पर जाती हुई दूसरी ओर लटकती है, जहाँ 60 kg का एक मनुष्य उसपर ऊपर की ओर चढ़ रहा है। खूँटे से पेड़ तक की रस्सी ऊर्ध्वाधर से 60° का कोण बनाती है। खूँटे पर ऊपर की ओर अधिकतम 360 N का बल लग सकता है ताकि वह जमीन से निकल न जाए। रस्सी पर सुरक्षित चढ़ने के लिए मनुष्य किसी भी क्षण अधिकतम कितना त्वरण ले सकता है? पेड़ की शाखा पर के घर्षण को अनदेखा करें तथा $g = 10 \text{ m/s}^2$ लें।*

हल मान लें कि रस्सी में तनाव T है। खूँटे पर लगे तनाव बल का ऊपर की ओर घटक,

$$T\cos 60° = \frac{T}{2}.$$

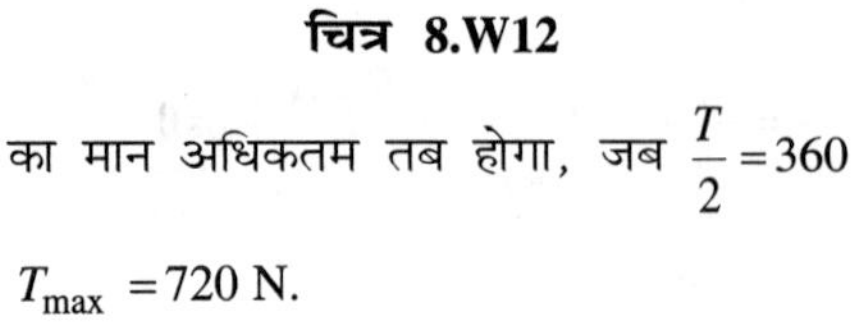

चित्र 8.W12

तनाव का मान अधिकतम तब होगा, जब $\frac{T}{2} = 360$ N

या $\quad T_{max} = 720$ N.

मनुष्य रस्सी को पकड़कर नीचे की ओर खींचता है और रस्सी उसपर ऊपर की ओर तनाव बल लगाती है।

यदि मनुष्य का त्वरण ऊपर की ओर a हो, तो

$$T - Mg = Ma$$

या $\quad T = M(g + a).$

अधिकतम त्वरण के लिए T का मान 720 N है। अतः,

$$a = \frac{T}{M} - g = \left(\frac{720}{60} - 10\right) \text{m/s}^2 = 2 \text{ m/s}^2.$$

12. *चित्र 8.W13 में दिखाए अनुसार तीन गुटके m_1, m_2 एवं m_3 आपस में डोरियों द्वारा जुड़े हुए हैं। सभी सतहें घर्षणरहित हैं तथा डोरियों एवं घिरनियों के भार नगण्य हैं। गुटके m_1 का त्वरण ज्ञात करें।*

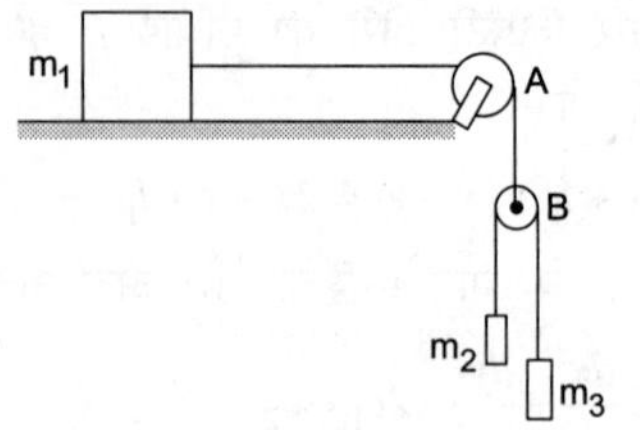

चित्र 8.W13

हल मान लें कि m_1 का त्वरण दाहिनी ओर a_0 है। घिरनी B का भी त्वरण a_0 ही होगा। ऐसा इसलिए कि m_1 से घिरनी B तक की डोरी की लंबाई निश्चित है।

$$a_{B,\text{ground}} = a_0.$$

गुटके m_2 तथा m_3 को जोड़नेवाली डोरी की लंबाई भी निश्चित है। अतः, घिरनी B से m_2 की दूरी जितनी घटेगी (या बढ़ेगी) उतनी ही B से m_3 की दूरी बढ़ेगी (या घटेगी)। अतः, घिरनी B के सापेक्ष m_2 का जितना त्वरण ऊपर की ओर होगा उतना ही m_3 का नीचे की ओर होगा। इस राशि को a मानें। घिरनी B के सापेक्ष m_2 का त्वरण ऊपर की ओर मानते हुए,

m_2 का जमीन के सापेक्ष त्वरण

$= m_2$ का घिरनी के सापेक्ष त्वरण

+ घिरनी का जमीन के सापेक्ष त्वरण

$= a_0 - a$ नीचे की ओर।

इसी प्रकार, m_3 का जमीन के सापेक्ष त्वरण $= a_0 + a$ नीचे की ओर।

मान लें कि m_1 से B तक की डोरी में तनाव $= T$ और m_2 तथा m_3 को जोड़ने वाली डोरी में तनाव $= T'$.

घिरनी B पर न्यूटन के गति-नियम का उपयोग करने पर,

$$2T' - T = 0 \qquad \text{या} \qquad T' = \frac{T}{2}.$$

m_1 पर न्यूटन के गति-नियम का उपयोग करने पर,

$$T = m_1 a_0. \qquad \ldots \text{(i)}$$

m_2 पर गति-नियम का उपयोग करने पर,

$$m_2 g - T' = m_2(a_0 - a)$$

या $\quad m_2 g - \frac{T}{2} = m_2(a_0 - a). \qquad \ldots$ (ii)

m_3 पर गति-नियम का उपयोग करने पर,

$$m_3 g - \frac{T}{2} = m_3(a_0 + a). \qquad \ldots \text{(iii)}$$

a_0 का मान निकालने के लिए इन तीनों से T तथा a को हटाना होगा। समीकरण (i) से T का मान लेकर समीकरण (ii) तथा (iii) में रखने पर,

$$a_0 - a = \frac{m_2 g - \frac{m_1 a_0}{2}}{m_2} = g - \frac{m_1 a_0}{2m_2}$$

तथा $$a_0 + a = \frac{m_3 g - \frac{m_1 a_0}{2}}{m_3} = g - \frac{m_1 a_0}{2m_3}.$$

इन्हें जोड़ने पर, $$2a_0 = 2g - \frac{m_1 a_0}{2}\left(\frac{1}{m_2} + \frac{1}{m_3}\right)$$

या $$a_0 = g - \frac{m_1 a_0}{4}\left(\frac{1}{m_2} + \frac{1}{m_3}\right)$$

या $$a_0\left[1 + \frac{m_1}{4}\left(\frac{1}{m_2} + \frac{1}{m_3}\right)\right] = g$$

या $$a_0 = \frac{g}{1 + \frac{m_1}{4}\left(\frac{1}{m_2} + \frac{1}{m_3}\right)}.$$

• विचार हेतु प्रश्न •

1. *एक कमरे में रखी कुर्सी पर एक बालक बैठा है। आप जितने क्रिया—प्रतिक्रिया युग्म लिख सकते हैं, लिखें।*

2. *चित्र 8.C1 में दिखाए गए गुटके A पर लगनेवाले सभी बलों की एक सूची बनाएँ। ऐसी ही सूची B पर लगनेवाले बलों के लिए बनाएँ।*

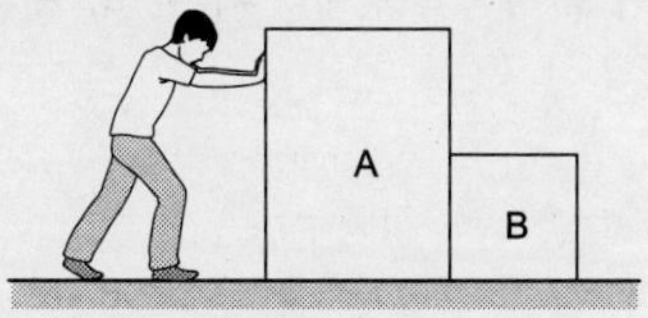

चित्र 8.C1

3. *चित्र 8.C2 में दिखाई गई वस्तुओं A, B तथा C पर लगनेवाले सभी बलों के लिए अलग-अलग सूचियाँ बनाएँ।*

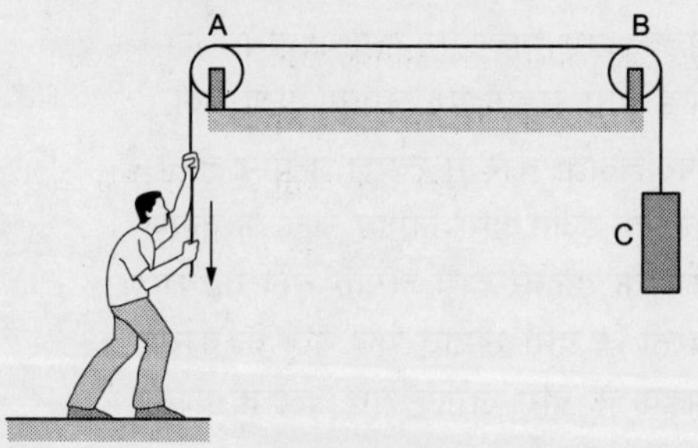

चित्र 8.C2

4. *चित्र 8.C3 में एक बालक सड़क पर एक गाड़ी को खींच रहा है। इस चित्र से संबंधित जितने बल आप लिख सकते हैं, लिखें। इनमें से बलों के उन जोड़ों को चिह्नित करें जो न्यूटन के तीसरे गति-नियम द्वारा संबंधित हैं।*

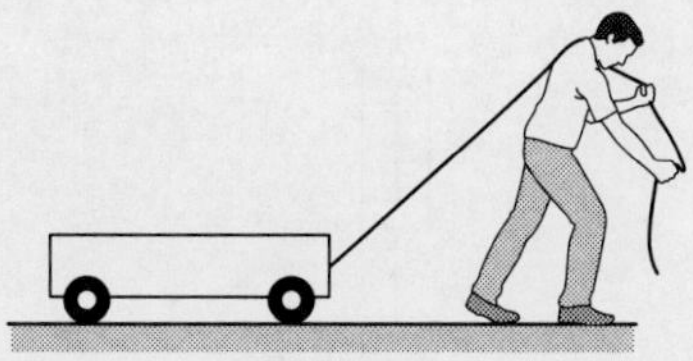

चित्र 8.C3

5. *चित्र 8.C4 में एक घोड़ागाड़ी दिखाई गई है। जिसे एक चालक चला रहा है। साथ में एक सारणी दी गई है। सारणी के खानों में उपयुक्त उत्तर भरें।*

चित्र 8.C4

सारणी

जिसपर बल लगा	*जिसने बल लगाया*	*बल की दिशा*
गाड़ी	1. 2. 3.	
घोड़ा	1. 2. 3.	

6. *एक बालक अपने सिर पर M द्रव्यमान वाला एक बॉक्स रखकर एक ऊँची जगह से कूदता है। कूदने के दौरान बॉक्स द्वारा सिर पर कितना बल लगाया जाता है, जब बालक जमीन पर पहुँचने के बाद अपने को संतुलित कर रहा होता है? क्या उस समय यह बल बहुत अधिक हो जाता है?*

7. *यदि किसी कण पर परिणामी बल शून्य हो, तो क्या वह एक वक्र पथ पर चल सकता है? क्या आपका उत्तर फ्रेम के चुनाव पर निर्भर करता है?*

8. *कई बार ऐसा कहा जाता है कि जड़त्वीय फ्रेम सिर्फ एक कल्पना है। वास्तव में कोई भी फ्रेम पूरी तरह जड़त्वीय नहीं होता। इसपर प्रतिक्रिया दें।*

9. *चित्र 8.C5 में एक नगण्य भारवाला स्प्रिंग बैलेंस दिखाया गया है जो घिरनियों पर से जाती डोरियों द्वारा दो गुटकों से जुड़ा है। प्रत्येक गुटका 2.0 kg का है। स्प्रिंग का पठन स्प्रिंग के तनाव को व्यक्त करता है।*

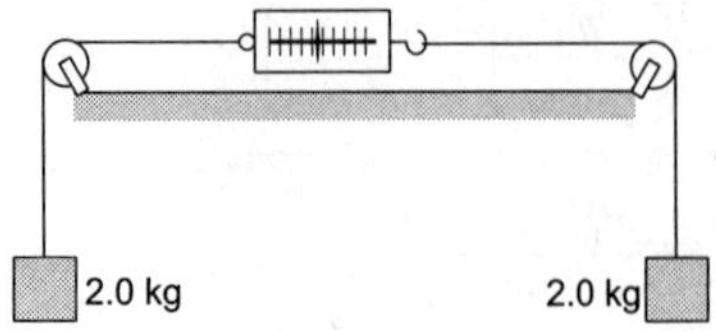

चित्र 8.C5

(a) *स्प्रिंग का पठन कितना होगा?*

(b) *यदि दोनों तरफ लटकनेवाले भार असमान हों, तो क्या होगा?*

(c) *यदि स्प्रिंग का अपना द्रव्यमान 2.0 kg हो, तो इसका पठन कितना होगा?*

10. *एक जड़त्वीय फ्रेम में एक वस्तु का त्वरण शून्य है। क्या इससे यह निष्कर्ष निकाला जा सकता है कि कण पर कोई भी बल नहीं लग रहा है?*

11. *मान लें, आप तेजी से एक मैदान में दौड़ रहे हैं और आपको सामने एक साँप दिखाई दे जाता है। आप अचानक रुक जाते हैं। आपके वेग में परिवर्तन किस बल के कारण हुआ?*

12. *यदि आप एक कड़ी सतह पर कूदते हैं तो आपके पैरों में काफी चोट आ सकती है। पर, उतनी ही ऊँचाई से यदि आप एक गद्दे पर कूदते हैं तो आपके पैरों को चोट नहीं लगती। क्यों?*

13. *एक सैनिक एक उड़ते हवाई जहाज से पैराशूट के सहारे कूदता है। प्रारंभ में नीचे की ओर उसका वेग तेजी से बढ़ता है, लेकिन थोड़ी देर बाद जब पैराशूट खुलता है तब इसके वेग का बढ़ना अचानक कम हो जाता है। त्वरण को कम करने में पैराशूट की भूमिका की विवेचना करें।*

14. *एक टेबुल पर एक किताब रखी है। किताब पर टेबुल द्वारा ऊपर की ओर लगाया गया बल तथा धरती द्वारा किताब पर लगाया गया बल आपस में बराबर, पर दिशा में विपरीत होते हैं। क्या यह न्यूटन के तीसरे गति-नियम का उदाहरण है?*

15. *दो असमान द्रव्यमान m_1 तथा m_2 एक स्प्रिंग द्वारा जुड़े हैं। इसे एक घर्षणरहित क्षैतिज सतह पर रखा गया है। द्रव्यमानों को बाहर की ओर थोड़ा खींचकर छोड़ दिया जाता है। क्या स्प्रिंग द्वारा m_1 पर तथा m_2 पर लगाए गए बलों के परिमाण बराबर होंगे? क्या इन बलों की दिशाएँ विपरीत होंगी? क्या यह न्यूटन के तीसरे गति-नियम का उदाहरण है?*

• सटीक उत्तरवाले प्रश्न I •

सही उत्तर का चयन करें।

1. जब भारत के प्रधानमंत्री ने भूटान नरेश के साथ हाथ मिलाया, तो हाथों के बीच किस प्रकार का बल लगा?

   (a) गुरुत्वाकर्षण बल (b) विद्युत-चुंबकीय बल
   (c) Strong बल (d) Weak बल

2. मान लें कि किसी खास दूरी पर रखे दो इलेक्ट्रॉनों के बीच लगनेवाले विद्युत-चुंबकीय, गुरुत्वाकर्षण तथा नाभिकीय बलों के परिमाण क्रमशः *E*, *G* तथा *N* हैं, तो

   (a) $N > E > G$ (b) $E > N > G$
   (c) $G > N > E$ (d) $E > G > N$

3. एक संहति के सभी कणों के बीच लगनेवाले विद्युतीय बलों का योग शून्य होगा

   (a) तभी जब सभी कण धन आवेशित हों
   (b) तभी जब सभी कण ऋण आवेशित हों
   (c) तभी जब आधे कण धन आवेशित तथा आधे ऋण आवेशित हों
   (d) हर हालत में, चाहे आवेशों के चिह्न कुछ भी हों

4. 60 kg द्रव्यमान वाला एक मनुष्य एक 40 kg के मनुष्य को 80 N के बल से धक्का देता है, तो 40 kg का मनुष्य 60 kg वाले मनुष्य को उसी समय कितने बल से धक्का दे रहा है?

   (a) 40 N (b) 0 (c) 80 N (d) 20 N

5. एक कमरे की छत से w_2 भार की एक चेन बँधी है। चेन के दूसरे सिरे से w_1 भार की एक वस्तु लटक रही है। छत जिस बल से चेन को खींच रही है, वह है

   (a) w_1 (b) w_2 (c) $w_1 + w_2$ (d) $\frac{w_1 + w_2}{2}$

6. घोड़े द्वारा घोड़ागाड़ी को खींचते समय जो बल घोड़े को आगे बढ़ने में सहायता करता है, वह है

   (a) गाड़ी द्वारा घोड़े पर लगाया गया बल
   (b) सड़क द्वारा घोड़े पर लगाया गया बल
   (c) सड़क द्वारा गाड़ी पर लगाया गया बल
   (d) घोड़े द्वारा सड़क पर लगाया गया बल

7. सड़क पर चलती कार में त्वरण उत्पन्न होता है

   (a) कार के इंजन द्वारा लगाए बल के कारण
   (b) कार के ड्राइवर द्वारा लगाए बल के कारण
   (c) धरती के द्वारा लगाए गए बल के कारण
   (d) सड़क के द्वारा लगाए गए बल के कारण

8. 10 kg द्रव्यमान की एक वस्तु चित्र 8.Q1 के अनुसार दो नगण्य भार वाले स्प्रिंग बैलेंसों के द्वारा छत से लटकी है। सही कथन चुनें।

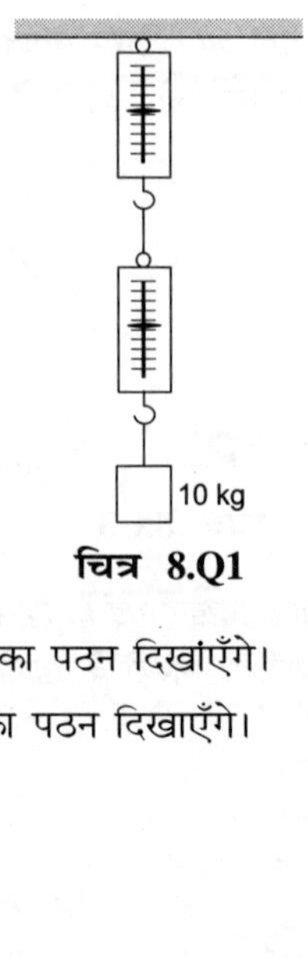

चित्र 8.Q1

   (a) दोनों 10 kg का पठन दिखाएँगे।
   (b) दोनों 5 kg का पठन दिखाएँगे।

(c) ऊपर वाला 10 kg तथा नीचे वाला शून्य दिखाएगा।
(d) दोनों पठन कुछ भी हो सकते हैं, पर उनका योग 10 kg होगा।

9. एक व्यक्ति द्रव्यमान m के एक गुटके को एक चिकने आनत तल पर पकड़कर रखता है। आनत तल का क्षैतिज से झुकाव θ है। मनुष्य द्वारा लगाए गए बल F का परिमाण
(a) mg से छोटा नहीं हो सकता है
(b) $mg\sin\theta$ के बराबर होना आवश्यक है
(c) $mg\cos\theta$ के बराबर होना आवश्यक है
(d) $mg\sin\theta$ से छोटा नहीं हो सकता है

10. चिकनी सतह वाले एक बड़े गुटके की आनत सतह पर m द्रव्यमान की एक छोटी वस्तु रखी है। गुटके को दाहिनी ओर क्षैतिज दिशा में एक निश्चित त्वरण से चलाया जाता है (चित्र 8.Q2) और इस स्थिति में छोटी वस्तु आनत सतह पर नहीं फिसलती। गुटके द्वारा वस्तु पर लगते बल का परिमाण है

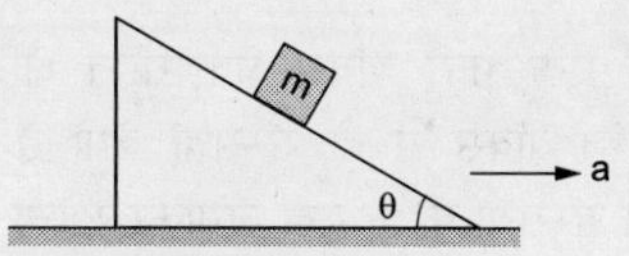

चित्र 8.Q2

(a) mg (b) $\dfrac{mg}{\cos\theta}$ (c) $mg\cos\theta$ (d) $mg\tan\theta$

11. धरती की गति को अनदेखा करें। मान लें कि अचानक धरती वस्तुओं को आकर्षित करना बंद कर देती है। धरती की सतह पर खड़ा एक व्यक्ति
(a) ऊपर उड़ जाएगा
(b) सतह के समांतर फिसलेगा
(c) सतह के समांतर दिशा में उड़ जाएगा
(d) अपनी जगह खड़ा रहेगा

12. तीन दृढ़ (rigid) छड़ों को जोड़कर 1 m भुजा वाला समबाहु त्रिभुज ABC बनाया गया है। त्रिभुज के हरेक कोने पर $20\,\mu C$ का आवेश जड़ दिया गया है। पूरी संहति एक जड़त्वीय फ्रेम में स्थिर है। एक कोने पर के आवेश पर लगनेवाले परिणामी बल का परिमाण है
(a) शून्य (b) 3.6 N (c) 1.2 N (d) 7.2 N

13. एक कण पर F_1 परिमाण का बल लगाया जाता है, जिससे उसका वेग शून्य से बढ़कर v हो जाता है। अब F_1 की जगह F_2 परिमाण का बल लगाया जाता है जिससे कण का वेग v से शून्य हो जाता है। सही कथन को पहचानें।
(a) F_1 को अवश्य ही F_2 के बराबर होना होगा।
(b) F_1, F_2 के बराबर हो सकता है।
(c) F_1, F_2 के बराबर नहीं हो सकता।
(d) F_2 को F_1 से अवश्य ही छोटा होना होगा।

14. दो वस्तुएँ A तथा B, जिनके द्रव्यमान m_A तथा m_B हैं, एक साथ एक ही वेग से ऊपर की ओर फेंके जाते हैं। हवा दोनों वस्तुओं पर वेग की विपरीत दिशा में बराबर बल लगाती है जो समय के साथ नहीं बदलता। यदि $m_A > m_B$, तो
(a) दोनों वस्तुएँ बराबर ऊँचाई तक पहुँचेंगी
(b) A अधिक ऊँचाई तक जाएगी
(c) B अधिक ऊँचाई तक जाएगी
(d) ऊँचाइयों में संबंध प्रारंभिक वेग पर निर्भर करेगा

15. एक काल्पनिक माध्यम में जब कोई वस्तु चलती है, तो माध्यम वेग की दिशा में वस्तु पर एक छोटा-सा बल लगाता है। इस माध्यम में ऊपर की ओर फेंका हुआ एक कण अधिकतम ऊँचाई तक जाने में t_1 समय लेता है और वापस लौटने में t_2 समय लेता है। सही विकल्प चुनें।
(a) $t_1 < t_2$
(b) $t_1 > t_2$
(c) $t_1 = t_2$
(d) t_1 तथा t_2 में संबंध वस्तु के द्रव्यमान पर निर्भर करेगा

16. एक लिफ्ट में खड़ा व्यक्ति एक सिक्के को हाथ से छोड़ता है। यदि लिफ्ट स्थिर रहे, तो सिक्का लिफ्ट के फर्श तक गिरने में t_1 समय लेता है। परंतु, यदि लिफ्ट एकसमान वेग से चल रही हो, तो सिक्के को लिफ्ट के फर्श तक पहुँचने में t_2 समय लगता है। सही विकल्प चुनें।
(a) $t_1 = t_2$
(b) $t_1 < t_2$
(c) $t_1 > t_2$
(d) t_1 तथा t_2 में संबंध इस बात पर निर्भर करता है कि लिफ्ट ऊपर की ओर चल रही है या नीचे की ओर

17. एक विद्यार्थी ^{238}U के विखंडन का अध्ययन अपने यंत्रों द्वारा कर रहा है। विखंडन से एक α-कण निकलता है और शेष नाभिक उलटी दिशा में चलता है। यह सारा प्रयोग एक पानी के बड़े जहाज में किया जाता है। जब जहाज स्थिर है तो इस प्रयोग में पाया जाता है कि α-कण तथा शेष नाभिक की दूरी विखंडन के बाद t समय में x हो जाती है। यदि जहाज एकसमान वेग v से चल रहा हो और यह प्रयोग किया जाए, तो विखंडन के t समय बाद इनकी दूरी
(a) $x + vt$ होगी
(b) $x - vt$ होगी
(c) x होगी
(d) जहाज के चलने की दिशा पर निर्भर करेगी

• सटीक उत्तरवाले प्रश्न II •

सही उत्तर (उत्तरों) का चयन करें।

1. न्यूट्रॉन व प्रोटॉन के बीच लगनेवाला बल हो सकता है
(a) गुरुत्वाकर्षण (b) विद्युत-चुंबकीय
(c) strong (d) weak

2. दो प्रोटॉनों के बीच लगनेवाला बल हो सकता है
(a) गुरुत्वाकर्षण (b) विद्युत-चुंबकीय
(c) strong (d) weak

3. सही कथनों को चिह्नित करें।
   (a) दो प्रोटॉनों के बीच लगता नाभिकीय बल सदा उनके बीच लगनेवाले विद्युत-चुंबकीय बल से अधिक होता है।
   (b) दो प्रोटॉनों के बीच लगता विद्युत-चुंबकीय बल सदा उनके बीच लगते गुरुत्वाकर्षण बल से अधिक होता है।
   (c) दो प्रोटॉनों के बीच लगता गुरुत्वाकर्षण बल उनके बीच लगते नाभिकीय बल से बड़ा हो सकता है।
   (d) दो प्रोटॉनों के बीच लगता विद्युत-चुंबकीय बल उनके बीच लगते नाभिकीय बल से बड़ा हो सकता है।

4. एक स्प्रिंग के दोनों किनारों को स्प्रिंग की लंबाई की दिशा में बराबर-बराबर दूरी से खिसकाकर पकड़ा जाता है। स्प्रिंग द्वारा हाथों पर लगाए गए बल का परिमाण अधिकतम होगा, यदि
   (a) दाहिने किनारे को दाहिनी ओर तथा बाएँ किनारे को बायीं ओर खिसकाया जाए
   (b) दोनों किनारों को दाहिनी ओर खिसकाया जाए
   (c) दोनों किनारों को बायीं ओर खिसकाया जाए
   (d) दाहिनी किनारे को बायीं ओर तथा बाएँ किनारे को दाहिनी ओर खिसकाया जाए

5. क्रिया और प्रतिक्रिया बल
   (a) दो अलग-अलग वस्तुओं पर लगते हैं
   (b) बराबर परिमाण के होते हैं
   (c) विपरीत दिशाओं में होते हैं
   (d) अलग-अलग मूल प्रकारों के होते हैं

6. सूर्य से जुड़ा फ्रेम एक अच्छा जड़त्वीय फ्रेम है। धरती के साथ जुड़ा फ्रेम
   (a) परिभाषा के अनुसार जड़त्वीय है
   (b) जड़त्वीय फ्रेम नहीं हो सकता, क्योंकि धरती वृत्ताकार पथ में सूर्य के चारों ओर चक्कर लगाती है
   (c) जड़त्वीय है, क्योंकि इसमें न्यूटन के गति-नियम लगाए जा सकते हैं
   (d) जड़त्वीय फ्रेम नहीं हो सकता, क्योंकि धरती अपने अक्ष के चारों ओर घूम रही है

7. एक फ्रेम से देखने पर एक कण विराम अवस्था में पाया जाता है। उपयुक्त कथनों को चुनें।
   (a) फ्रेम अवश्य ही जड़त्वीय है।
   (b) कण पर लगते बलों का योग अवश्य ही शून्य है।
   (c) फ्रेम जड़त्वीय हो सकता है और ऐसी स्थिति में कण पर लगते बलों का योग शून्य है।
   (d) फ्रेम अजड़त्वीय हो सकता है और ऐसी स्थिति में कण पर लगते बलों का योग शून्य नहीं है।

8. फ्रेम S_1 से देखने पर एक कण स्थिर है और फ्रेम S_2 से देखने पर कण एकसमान वेग से चलता है। सही कथनों को चिह्नित करें।
   (a) दोनों फ्रेम जड़त्वीय हो सकते हैं।
   (b) दोनों फ्रेम अजड़त्वीय हो सकते हैं।
   (c) S_1 जड़त्वीय तथा S_2 अजड़त्वीय हैं।
   (d) S_1 अजड़त्वीय तथा S_2 जड़त्वीय हैं।

9. चित्र 8.Q3 में x-अक्ष पर चलते एक कण का विस्थापन समय के साथ बदलता हुआ दिखाया गया है। कण पर लगता कुल बल शून्य हैं

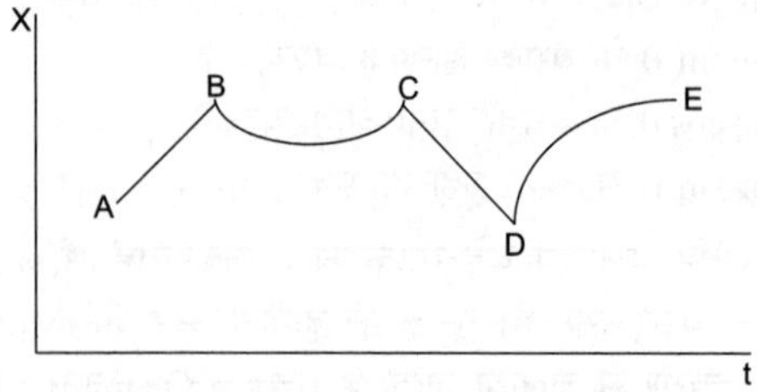

चित्र 8.Q3

   (a) *AB* भाग में (b) *BC* भाग में
   (c) *CD* भाग में (d) *DE* भाग में

10. चित्र 8.Q4 में एक भारी बॉक्स घर्षणरहित क्षैतिज सतह पर रखा दिखाया गया है। बॉक्स से दो रस्सियाँ बँधी हैं जिनके द्रव्यमान m बराबर हैं। दोनों रस्सियों को F बल लगाकर खींचा जा रहा है। $t = 0$ पर बायीं तरफ की रस्सी पर लगता बल हटा लिया जाता है। अब दाहिनी रस्सी द्वारा बॉक्स पर लगता बल F_1 है और बायीं रस्सी द्वारा बॉक्स पर लगता बल F_2 है, तो

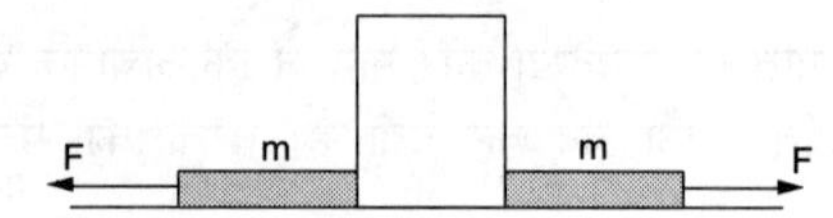

चित्र 8.Q4

   (a) समय $t < 0$ के लिए, $F_1 = F_2 = F$
   (b) समय $t < 0$ के लिए, $F_1 = F_2 = F + mg$
   (c) समय $t > 0$ के लिए, $F_1 = F_2 = F$
   (d) समय $t > 0$ के लिए, $F_1 < F, F_2 = F$

11. एक लिफ्ट में खड़े एक मनुष्य के पैरों पर लिफ्ट के फर्श द्वारा लगाया गया बल मनुष्य के भार से अधिक होता है, यदि लिफ्ट
   (a) ऊपर जा रही हो और धीमी हो रही हो
   (b) ऊपर जा रही हो और तेज हो रही हो
   (c) नीचे जा रही हो और धीमी हो रही हो
   (d) नीचे जा रही हो और तेज हो रही हो

12. एक मनुष्य कहता है कि उसने एक कण को देखा जिसपर लगता कुल बल शून्य था, पर उसका त्वरण शून्य नहीं था।
   (a) वह झूठ बोल रहा है।
   (b) उसकी घड़ी धीमी चल रही है।
   (c) उसका मीटर स्केल जरूरत से ज्यादा बड़ा था।
   (d) वह अजड़त्वीय फ्रेम का उपयोग कर रहा था।

• अभ्यास के प्रश्न •

1. यदि आपका द्रव्यमान 50 kg हो, तो आप धरती पर कितना गुरुत्वाकर्षण का बल लगाते हैं?

2. यदि आपका द्रव्यमान 50 kg हो, तो 1 C के दो आवेशों को कितनी दूरी पर रखा जाए जिससे उनके बीच लगता बल आपके भार के बराबर हो जाए?

3. दो गोले जिनमें से प्रत्येक का द्रव्यमान 50 kg है, 20 cm की दूरी पर रखे गए हैं। दोनों पर समान आवेश रखे गए हैं और उनपर लगता विद्युतीय विकर्षण का बल परिमाण में उनपर लगते गुरुत्वाकर्षण के बल के बराबर है। प्रत्येक आवेश का मान निकालें।
4. पेड़ की एक तिरछी डाल पर लटके एक बंदर पर डाली द्वारा लगाया अभिलंब बल 48 N तथा घर्षण बल 20 N है। डाली द्वारा बंदर पर लगे हुए परिणामी बल का मान बताएँ।
5. व्यायाम करते समय आप एक स्प्रिंग के प्रत्येक सिरों पर 150 N का बल अंदर की ओर लगाते हैं जिससे स्प्रिंग की लंबाई 20 cm कम हो जाती है। इस स्प्रिंग का स्प्रिंग स्थिरांक निकालें।
6. धरती से एक उपग्रह आकाश में भेजा जाता है। धरती की सतह से कितनी ऊँचाई पर उपग्रह का भार सतह पर इसके भार का आधा हो जाएगा? धरती की त्रिज्या 6400 km है।
7. दो आवेशित कण जो 20 cm की दूरी पर रखे हुए हैं, एक-दूसरे पर 20 N का बल लगाते हैं। यदि उनके बीच की दूरी 25 cm कर दी जाए, तो बल का परिमाण कितना हो जाएगा?
8. चंद्रमा का द्रव्यमान 7.36×10^{22} kg तथा धरती का द्रव्यमान 6×10^{24} kg है। इनके बीच की दूरी 3.8×10^{5} km है। चंद्रमा का भार बताएँ।
9. हाइड्रोजन के परमाणु में प्रोटॉन तथा इलेक्ट्रॉन के बीच की औसत दूरी 5.3×10^{-11} m है। (a) इस दूरी पर दोनों के बीच लगते विद्युतीय आकर्षण का परिमाण बताएँ। (b) जब यह परमाणु अपनी अधिक ऊर्जा वाली स्थिति में जाता है, तो इलेक्ट्रॉन व प्रोटॉन के बीच की दूरी पहले से चौगुनी हो जाती है। इस स्थिति में दोनों के बीच आकर्षण बल का परिमाण बताएँ।
10. भू-स्थिर (geostationary) कक्षा पृथ्वी की सतह से 36000 km दूर होती है। इस कक्षा में घूमते एक उपग्रह में रखे गए एक यंत्र का द्रव्यमान 120 kg है। यंत्र का भार बताएँ। पृथ्वी की त्रिज्या 6400 km है।
11. एक घर्षणरहित, लंबी क्षैतिज टेबुल पर रखे 2 kg द्रव्यमान के एक ब्लॉक को क्षैतिज दिशा में F बल से खींचा जा रहा है। यह पहले दो सेकंड में 10 m विस्थापित होता है। F का परिमाण ज्ञात करें।
12. 40 km/h की चाल से गतिशील एक कार को उसका ड्राइवर ब्रेक लगाकर अगली 4.0 m दूरी में रोकता है। यदि कार का द्रव्यमान 2000 kg हो, तो इसपर कितना औसत बल लगाना होगा?
13. एक यंत्र में इलेक्ट्रॉनों की चाल 1 cm चलने पर शून्य से बढ़कर 5×10^{6} m/s हो जाती है। गति सरलरेखीय एवं त्वरण को स्थिर मानते हुए इलेक्ट्रॉन पर लगनेवाले बल का परिमाण ज्ञात कीजिए। इलेक्ट्रॉन का द्रव्यमान 9.1×10^{-31} kg है।
14. 0.2 kg द्रव्यमान का एक गुटका एक नगण्य भार वाली डोरी की सहायता से छत से लटकाया गया है। एक अन्य डोरी की सहायता से 0.3 kg द्रव्यमान का एक दूसरा गुटका, पहले गुटके से लटकाया गया है। दोनों डोरियों में तनाव ज्ञात करें। ($g = 10\ \text{m/s}^2$)
15. समान द्रव्यमान m के दो गुटके एक-दूसरे से भारहीन डोरी की सहायता से बाँधे गए हैं। ये गुटके एक घर्षणरहित क्षैतिज तल पर रखे गए हैं। इनमें से एक गुटके को, गुटकों को मिलानेवाली रेखा के अनुदिश नियत बल F से खींचा जाता है जिसके कारण ये गुटके इस रेखा पर गति करते हैं। दोनों गुटकों को जोड़नेवाली डोरी में तनाव ज्ञात कीजिए।
16. 50 g द्रव्यमान का एक कण सरल रेखा के अनुदिश चल रहा है। समय के साथ इसकी चाल में परिवर्तन चित्र 8.E1 में दिखाया गया है। $t = 2$ s, 4 s तथा 6 s पर कण पर लग रहा बल ज्ञात करें।

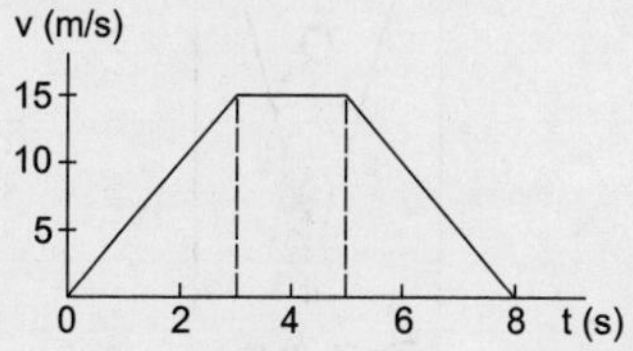

चित्र 8.E1

17. m_A तथा m_B द्रव्यमान के दो गुटके A एवं B, एक-दूसरे के संपर्क में एक घर्षणरहित टेबुल पर रखे हुए हैं। एक मनुष्य गुटके A को पीछे से धकेलता है, जिससे दोनों गुटकों में त्वरण उत्पन्न होता है। यदि गुटका A, गुटके B पर F बल लगाता है, तो मनुष्य द्वारा गुटके A पर लगाया गया बल ज्ञात करें।
18. 1 mm त्रिज्या तथा 4 mg द्रव्यमान की वर्षा की बूँदें एक गंजे व्यक्ति के सिर पर 30 m/s की चाल से गिर रही हैं। बूँदें सिर पर फैलकर विरामावस्था में आ जाती हैं। इसे ऐसा मान सकते हैं कि बूँदें अपनी त्रिज्या के बराबर दूरी तय कर विराम की अवस्था में आ जाती हैं। इस मॉडल के तहत प्रत्येक बूँद द्वारा सिर पर लगाया गया बल ज्ञात करें।
19. 0.3 kg द्रव्यमान के एक कण पर एक बल $F = -kx$ ($k = 15$ N/m) है। यदि इसको बिंदु $x = 20$ cm से छोड़ा जाए, तो इसका आरंभिक त्वरण कितना होगा?
20. चित्र 8.E2 में दिखाए गए दोनों स्प्रिंग अपनी स्वाभाविक लंबाई में हैं। यदि ब्लॉक को दाहिनी ओर x दूरी तक विस्थापित करके छोड़ दिया जाए, तो प्रारंभिक त्वरण कितना होगा?

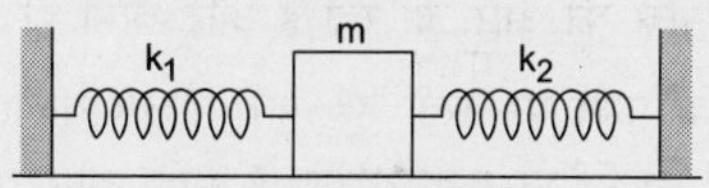

चित्र 8.E2

21. 20 cm लंबे तथा 5 kg द्रव्यमान के गुटके A पर एक छोटा गुटका B रखा हुआ है (चित्र 8.E3)। प्रारंभ में गुटका B गुटके A के दाहिने किनारे पर है। गुटके A पर क्षैतिज दिशा में 10 N का नियत बल लगाया जाता है। सभी सतहों को घर्षणरहित मानें। गुटके B को गुटके A से अलग होने में कितना समय लगेगा?

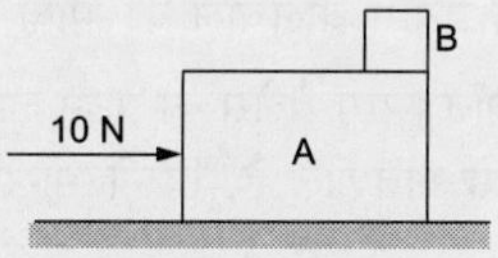

चित्र 8.E3

22. चौड़ाई d वाली एक खाई में गिरे हुए व्यक्ति को उसके दो मित्र चित्र 8.E4 में दिखाए अनुसार एक नगण्य भार वाली मजबूत रस्सी तथा दो स्थिर घिरनियों का उपयोग करके धीरे-धीरे बाहर निकाल रहे हैं। दिखाएँ कि जैसे-जैसे रस्सी से व्यक्ति को ऊपर खींचा जाता है, प्रत्येक मित्र द्वारा रस्सी पर लगाया गया बल (दोनों मित्रों के लिए बराबर मान लीजिए) बढ़ता जाता है। जब व्यक्ति घिरनियों से h गहराई पर है, उस समय यह बल ज्ञात कीजिए।

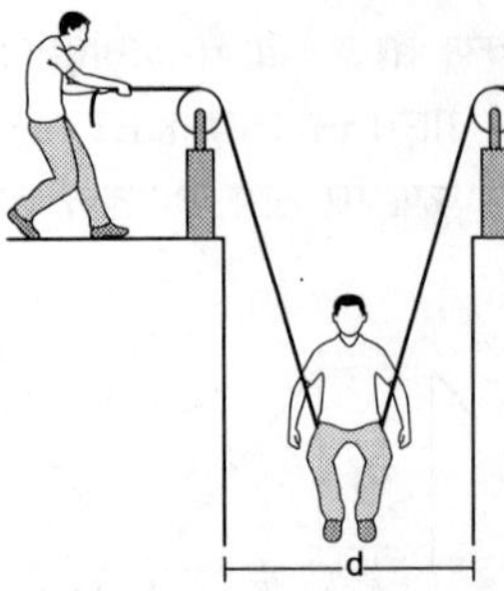

चित्र 8.E4

23. चित्र 8.E5 में एक लिफ्ट दिखाई गई है जो नीचे की ओर $2\ m/s^2$ त्वरण से गतिशील है। गुटके A का द्रव्यमान 0.5 kg है। इस गुटके के द्वारा गुटके B पर लगाया गया बल कितना है?

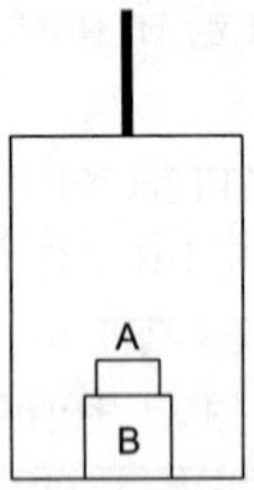

चित्र 8.E5

24. एक लिफ्ट की छत से एक सरल दोलक लटकाया गया है। इसमें बँधे गोलक का द्रव्यमान 50 g है। लिफ्ट गतिशील है और इसके त्वरण का परिमाण $1.2\ m/s^2$ है। दोलक की डोरी का तनाव ज्ञात करें, यदि लिफ्ट (a) ऊपर की ओर जा रही है और तेज हो रही है, (b) ऊपर की ओर जा रही है और धीमी हो रही है, (c) नीचे की ओर जा रही है और तेज हो रही है, (d) नीचे की ओर जा रही है और धीमी हो रही है।

25. एक लिफ्ट के फर्श पर रखी हुई भार तौलने वाली मशीन पर एक व्यक्ति खड़ा है। लिफ्ट कुछ त्वरण के साथ ऊपर की ओर थोड़ी देर चलती है, तत्पश्चात वह कुछ देर नियत वेग से चलती है एवं अंत में कुछ त्वरण के साथ धीमी होती हुई रुक जाती है। मशीन द्वारा दिखाया गया अधिकतम एवं न्यूनतम भार 72 kg तथा 60 kg है। यदि त्वरण का परिमाण हर स्थिति में समान हो, तो ज्ञात कीजिए,
   (a) व्यक्ति का वास्तविक भार एवं
   (b) त्वरण का परिमाण ($g = 9.9\ m/s^2$)।

   यहाँ भार शब्द का प्रयोग बोलचाल की भाषा से लिया जा रहा है।

26. चित्र 8.E6 में प्रदर्शित स्प्रिंग बैलेंस का पठन ज्ञात करें। लिफ्ट ऊपर की ओर $g/10$ त्वरण से गतिशील है, घिरनी भाररहित एवं घर्षणरहित है।

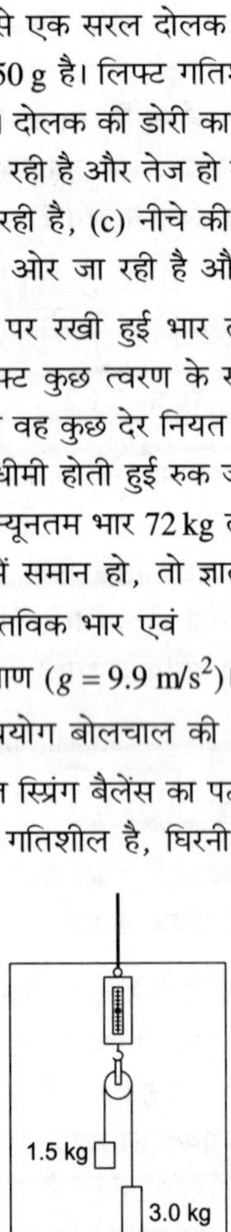

चित्र 8.E6

27. $k = 100$ N/m बल नियतांक वाले एक नगण्य भार वाले स्प्रिंग की सहायता से 2 kg द्रव्यमान का एक गुटका छत से लटकाया गया है। स्प्रिंग की लंबाई में कितनी वृद्धि होगी? यदि 1 kg भार का एक अन्य गुटका पहले गुटके से जोड़ दिया जाए तो स्प्रिंग की लंबाई में और कितनी वृद्धि होंगी?

28. मान लें कि पिछले प्रश्न में छत एक लिफ्ट की है, जो कि ऊपर की ओर $2.0\ m/s^2$ त्वरण से गतिशील है। स्प्रिंग की लंबाई में कितनी वृद्धि होंगी?

29. एक गुब्बारे B पर वायुमंडल के कारण उत्प्लावन बल नियत परिमाण का तथा ऊपर की ओर लगता है। गुब्बारे पर वायु के कारण एक अवरोध का बल इसकी गति की दिशा के विपरीत तथा वेग के समानुपाती होता है। गुब्बारे में रखी वस्तुओं सहित इसका कुल द्रव्यमान M है तथा यह पृथ्वी की सतह के समीप नियत वेग v से नीचे की ओर आ रहा है। गुब्बारे से कितना द्रव्यमान कम किया जाए जिससे कि यह उसी नियत वेग v से ऊपर की ओर जा सके?

30. m द्रव्यमान का प्लास्टिक का एक खाली डिब्बा जब पानी में पूरा डुबाकर छोड़ दिया जाता है तो $g/6$ त्वरण से ऊपर की ओर आता है। डिब्बे में कितनी रेत भर दी जाए कि यह $g/6$ त्वरण से नीचे की ओर जाए? उत्प्लावन बल का मान दोनों स्थितियों में समान होता है।

31. एक कण पर गुरुत्वीय बल mg के अतिरिक्त एक अन्य बल $\vec{F} = \vec{v} \times \vec{A}$ लग रहा है, जहाँ $\vec{v}$ कण का वेग तथा $\vec{A}$ क्षैतिज दिशा में एक नियत सदिश है। कण को न्यूनतम किस चाल से प्रक्षेपित किया जाए कि वह नियत वेग से सरल रेखा में गति करता रहे?

32. एक सरल एटवुड-मशीन में एक घर्षणरहित एवं क्लैम्प की गई घिरनी पर से जाती हुई एक भारहीन डोरी की सहायता से दो असमान द्रव्यमान m_1 तथा m_2 लटकाए जाते हैं। चित्र 8.E7 में एक एटवुड-मशीन दिखाई गई है जिसमें द्रव्यमान $m_1 = 300$ g तथा $m_2 = 600$ g है। इस निकाय को विरामावस्था से छोड़ा जाता है।

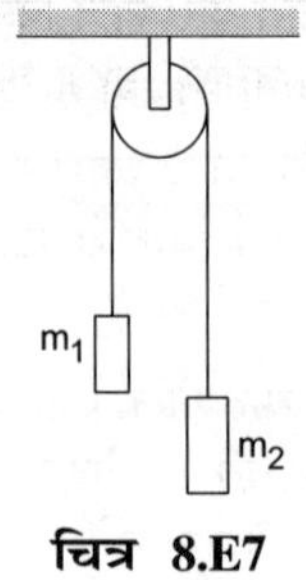

चित्र 8.E7

   (a) छोड़ने के बाद पहले 2 s में द्रव्यमान m_1 द्वारा तय की गई दूरी ज्ञात करें।
   (b) डोरी में तनाव ज्ञात करें।
   (c) क्लैंप के द्वारा घिरनी पर लगाया गया बल ज्ञात करें।

33. ऊपर के प्रश्न 32 में बताई गई एटवुड-मशीन में निकाय में गति प्रारंभ होने के 2 s पश्चात भारी वाले द्रव्यमान (m_2) को एक क्षण के लिए रोक दिया जाता है। डोरी के पुनः तनाव में आने में लगा समय ज्ञात कीजिए।

34. चित्र 8.E8 में 30 cm लंबी तथा 3.0 kg द्रव्यमान वाली एक समरूप छड़ दिखाई गई है। छड़ के किनारों से दो डोरियाँ बँधी हैं जिन्हें 20 N तथा 32 N के नियत बलों द्वारा खींचा जा रहा है। छड़ के 20 cm लंबे भाग द्वारा इसके 10 cm लंबे भाग पर लगाया जा रहा बल ज्ञात करें। सभी सतहें घर्षणरहित तथा डोरियों को भारहीन मानें।

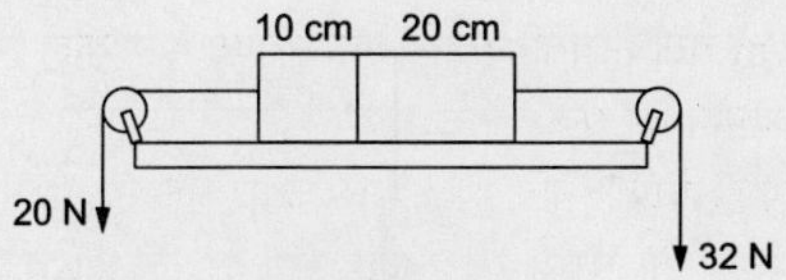

चित्र 8.E8

35. चित्र 8.E9 में त्रिभुजाकार आधार अचल है तथा उसपर दो गुटके फिसल रहे हैं। सभी सतहें घर्षणरहित हैं तथा डोरियाँ भारहीन हैं। दोनों गुटकों के त्वरण का परिमाण ज्ञात कीजिए।

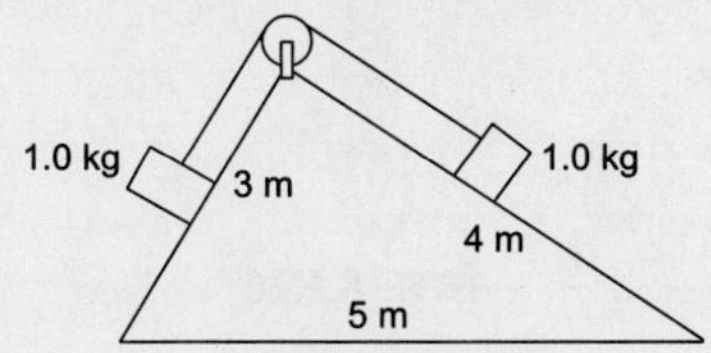

चित्र 8.E9

36. चित्र 8.E10 में दिखाए गए m_1 द्रव्यमान वाले गुटके पर एक नियत बल $F = \frac{m_2 g}{2}$ लग रहा है। डोरी भारहीन है एवं टेबुल की सतह तथा घिरनी घर्षणरहित हैं। m_1 का त्वरण ज्ञात कीजिए।

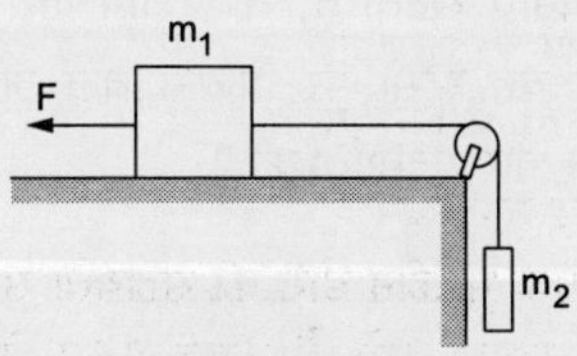

चित्र 8.E10

37. चित्र 8.E11 में $m_1 = 5$ kg, $m_2 = 2$ kg तथा $F = 1$ N है। दोनों गुटकों के त्वरणों का परिमाण ज्ञात करें। यदि किसी क्षण डोरी टूट जाए, किंतु बल F निरंतर m_1 पर लगता रहे, तो m_1 की गति की विवेचना करें।

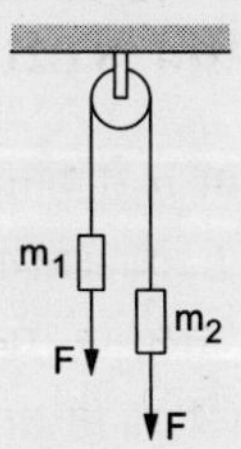

चित्र 8.E11

38. चित्र 8.E12 में $m_1 = 1$ kg, $m_2 = 2$ kg तथा $m_3 = 3$ kg है। (a) m_1, m_2 तथा m_3 के त्वरण ज्ञात करें। (b) जब निकाय को विरामावस्था से छोड़ा जाता है उस समय ऊपर वाली घिरनी से m_1 तक की डोरी की लंबाई 20 cm है। घिरनी से m_1 को टकराने में कितना समय लगेगा?

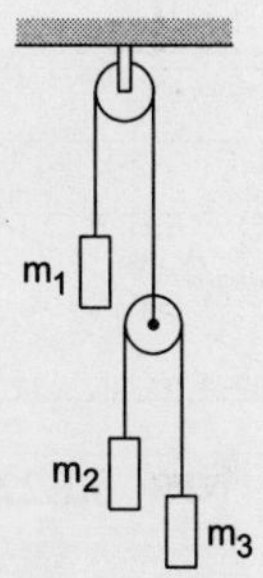

चित्र 8.E12

39. चित्र 8.E12 को पुनः देखें। मान लें कि $m_2 = 2.0$ kg तथा $m_3 = 3.0$ kg है। m_1 का मान कितना हो कि यह वस्तु विरामावस्था में बनी रहे?

40. चित्र 8.E13 में दिखाई गई स्थिति में डोरी में तनाव की गणना करें। डोरी भारहीन हैं तथा घिरनियाँ घर्षणरहित हैं। ($g = 10$ m/s^2 लें।)

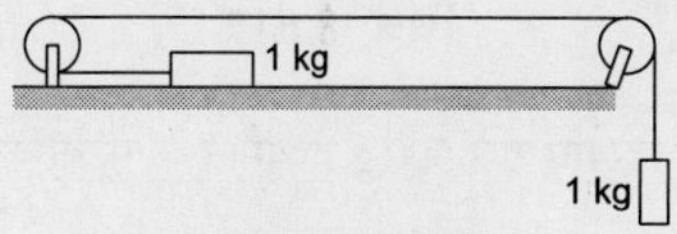

चित्र 8.E13

41. चित्र 8.E14 में दिखाई गई स्थिति पर विचार करें। दोनों घिरनियाँ तथा डोरियाँ भारहीन हैं तथा सभी सतहें घर्षणरहित हैं।

(a) द्रव्यमान M का त्वरण ज्ञात करें।

(b) डोरी में तनाव ज्ञात करें।

(c) क्लैंप के द्वारा घिरनी A पर लगाया गया बल ज्ञात करें।

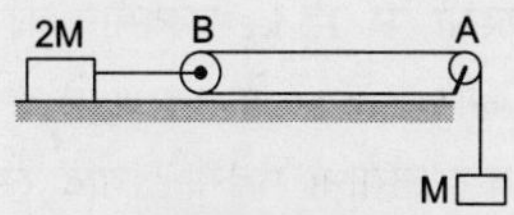

चित्र 8.E14

42. चित्र 8.E15 में दिखाई गई परिस्थिति में द्रव्यमान M के गुटके का त्वरण ज्ञात करें। सभी सतहें घर्षणरहित एवं घिरनियाँ तथा डोरियाँ भारहीन हैं।

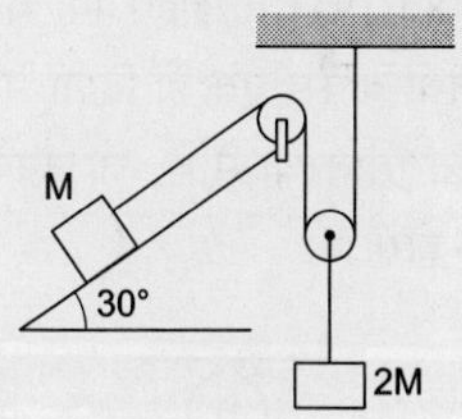

चित्र 8.E15

43. चित्र 8.E16 में त्रिभुजाकार गुटके पर रखी छोटी वस्तु फिसल नहीं रही है, अर्थात ये दोनों एक साथ आगे की ओर गतिशील हैं। सभी सतहें घर्षणरहित हैं तथा डोरी एवं घिरनी भाररहित हैं। द्रव्यमान M का मान M', m तथा θ के पदों में निकालें।

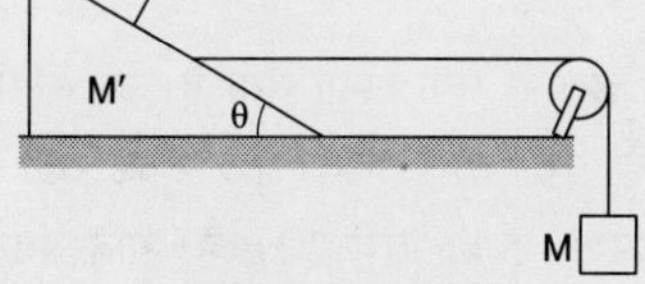

चित्र 8.E16

44. चित्र 8.E17 में दिखाई गई तीन परिस्थितियों में गुटके A तथा B के त्वरण ज्ञात करें।

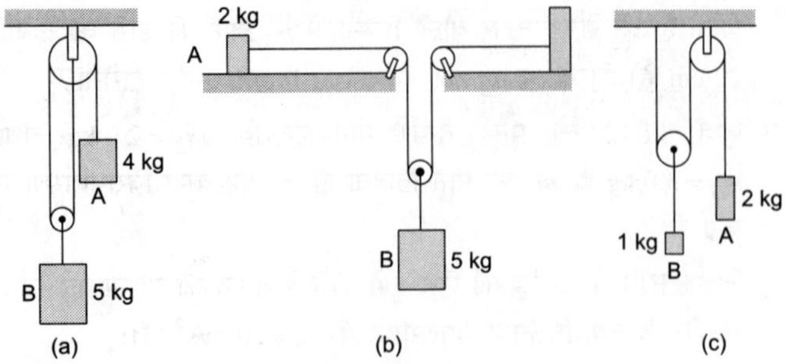

चित्र 8.E17

45. चित्र 8.E18 में दिखाए गए 500 g द्रव्यमान के गुटके का त्वरण ज्ञात करें।

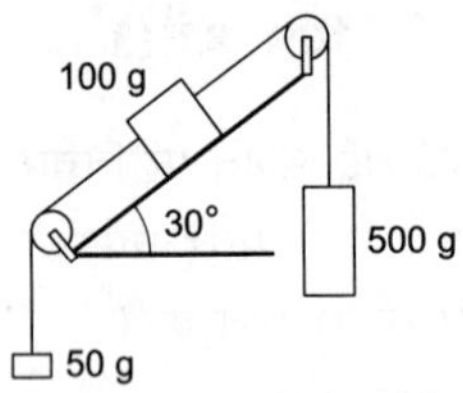

चित्र 8.E18

46. छत से बँधी एक रस्सी पर 15 kg द्रव्यमान का एक बंदर चढ़ रहा है। यदि वह ऊपर की ओर $1\ m/s^2$ के त्वरण से चढ़ना चाहता है, तो उसे रस्सी पर कितना बल लगाना पड़ेगा? यदि रस्सी की लंबाई 5 m है तथा बंदर विरामावस्था से गति प्रारंभ करता है, तो उसको छत तक पहुँचने में कितना समय लगेगा?

47. घर्षणरहित घिरनी पर से एक रस्सी गुजर रही है जिसके एक सिरे पर एक बंदर चढ़ रहा है तथा दूसरे सिरे पर समान द्रव्यमान का एक बॉक्स लटक रहा है (चित्र 8.E19)। दिखाइए कि बंदर चाहे कितना ही बल लगाए, परंतु बंदर तथा बॉक्स एक ही दिशा में समान त्वरण से चलेंगे। यदि प्रारंभ में दोनों विरामावस्था में थे, तो उनके बीच की दूरी समय के साथ परिवर्तित नहीं होगी।

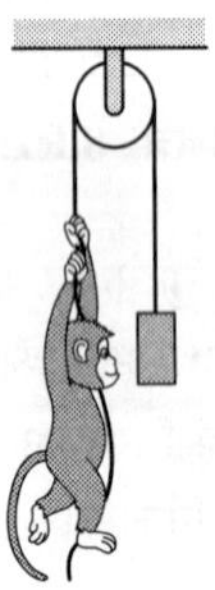

चित्र 8.E19

48. चित्र 8.E20 में छत से एक रस्सी बँधी है। उस रस्सी के सहारे बंदर A ऊपर चढ़ रहा है। बंदर B ने उसकी पूँछ पकड़ रखी है। बंदरों A तथा B के द्रव्यमान क्रमशः 5 kg एवं 2 kg हैं। यदि बंदर A अपनी पूँछ में अधिकतम 30 N का तनाव सह सकता है तो यह B को अपने साथ रखते हुए रस्सी पर अधिकतम कितना बल लगा सकता है?

चित्र 8.E20

49. चित्र 8.E21 में 60 kg द्रव्यमान का एक मनुष्य भार तौलनेवाली मशीन पर खड़ा है। यह मशीन 30 kg द्रव्यमान वाले एक बॉक्स में रखी है। यह बॉक्स एक घिरनी से गुजरनेवाली भारहीन रस्सी के एक सिरे से लटक रहा है तथा रस्सी का दूसरा सिरा स्वयं मनुष्य ने पकड़ रखा है। घिरनी छत में स्थित क्लैंप में लगी हुई है। यदि मनुष्य बॉक्स को विरामावस्था में बनाए रखता है, तो मशीन द्वारा दिखाया गया उसका भार कितना है? वह रस्सी पर कितना बल लगाए, जिससे मशीन उसका वास्तविक भार प्रदर्शित करे?

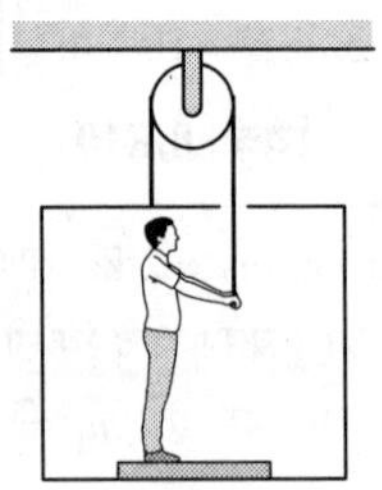

चित्र 8.E21

50. ऊपर की ओर एकसमान वेग v से गतिशील लिफ्ट में एक आनत तल जड़ा हुआ है जिसकी लंबाई L तथा क्षैतिज से उसका झुकाव θ है। घर्षण को अनदेखा करें। इस आनत तल पर एक गुटका A फिसल सकता है (चित्र 8.E22)। यदि गुटके को आनत तल के शीर्षबिंदु से छोड़ा जाए, तो इसको आनत तल की पूरी लंबाई तक फिसलने में लगनेवाला समय ज्ञात करें।

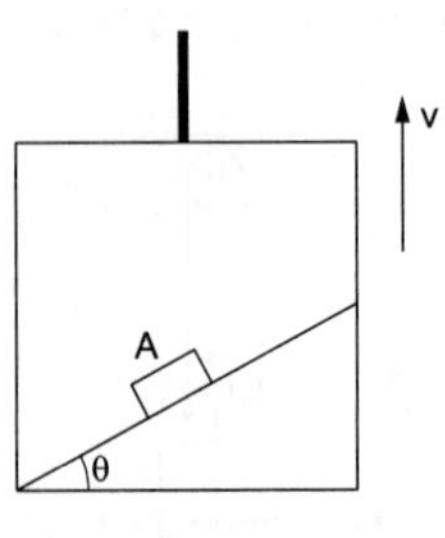

चित्र 8.E22

51. क्षैतिज सड़क पर एक कार a त्वरण से गति कर रही है। कार के लिए निम्नांकित परिस्थितियों पर विचार कीजिए।

(i) कार की छत से धागे की सहायता से एक गेंद लटकाया गया है। यह धागा ऊर्ध्वाधर से एक नियत कोण बनाता है। यह कोण ज्ञात करें।

(ii) कार में एक चिकना आनत तल जड़ा है जिसपर एक गुटका रखा हुआ है तथा यह गुटका उस तल पर फिसलता नहीं है। आनत तल का क्षैतिज से कोण ज्ञात करें।

52. एक लिफ्ट के फर्श पर एक गुटका विरामावस्था में रखा हुआ है। लिफ्ट $12\ m/s^2$ के त्वरण से नीचे चलना प्रारंभ करती है। इस क्षण के पश्चात प्रथम 0.2 s में गुटके के विस्थापन ज्ञात करें। ($g = 10\ m/s^2$)

• उत्तर •

सटीक उत्तरवाले प्रश्न I

1. (b) **2.** (d) **3.** (d) **4.** (c) **5.** (c) **6.** (b)
7. (d) **8.** (a) **9.** (d) **10.** (b) **11.** (d) **12.** (a)
13. (b) **14.** (b) **15.** (b) **16.** (a) **17.** (c)

सटीक उत्तरवाले प्रश्न II

1. (a), (c) **2.** (a), (b), (c) **3.** (b), (c), (d)
4. (a), (d) **5.** (a), (b), (c), (d) **6.** (b), (d)
7. (c), (d) **8.** (a), (b) **9.** (a), (c)
10. (a) **11.** (b), (c) **12.** (d)

अभ्यास के प्रश्न

1. 490 N **2.** 4.28×10^3 m **3.** 4.3×10^{-9} C
4. 52 N **5.** 750 N/m **6.** 2650 km
7. 13 N **8.** 2×10^{20} N
9. (a) 8.2×10^{-8} N (b) 5.1×10^{-9} N
10. 27 N **11.** 10 N **12.** 3.1×10^4 N
13. 1.1×10^{-15} N **14.** 5 N और 3 N **15.** $\frac{F}{2}$
16. 0.25 N गति की दिशा में,
शून्य और 0.25 N, गति की विपरीत दिशा में
17. $F\left(1+\frac{m_A}{m_B}\right)$ **18.** 1.8 N **19.** $10\ m/s^2$
20. $(k_1+k_2)\frac{x}{m}$ विस्थापन के विपरीत **21.** 0.45 s
22. $\frac{mg}{4h}\sqrt{d^2+4h^2}$ **23.** 4 N
24. (a) 0.55 N (b) 0.43 N (c) 0.43 N (d) 0.55 N
25. (a) 66 kg (b) $0.9\ m/s^2$ **26.** 4.4 kg
27. 0.2 m, 0.1 m **28.** 0.24 m, 0.12 m
29. $2\left(M-\frac{B}{g}\right)$ **30.** $\frac{2m}{5}$
31. $\frac{mg}{A}$ **32.** (a) 6.5 m (b) 3.9 N (c) 7.8 N
33. $\frac{2}{3}$ s **34.** 24 N **35.** $\frac{g}{10}$
36. $\frac{m_2 g}{2(m_1+m_2)}$ दाहिनी ओर
37. $4.3\ m/s^2$, $g+0.2\ m/s^2$ त्वरण के साथ नीचे की ओर
38. (a) $\frac{19}{29}g$ (ऊपर), $\frac{17}{29}g$ (नीचे), $\frac{21}{29}g$ (नीचे) (b) 0.25 s
39. 4.8 kg **40.** 5 N
41. (a) $\frac{2}{3}g$ (b) $\frac{M}{3}g$ (c) $\frac{\sqrt{2}}{3}Mg$ क्षैतिज से 45° के कोण पर
42. $\frac{g}{3}$, समतल पर ऊपर की ओर **43.** $\frac{M'+m}{\cot\theta-1}$
44. (a) $\frac{2}{7}g$ नीचे की ओर, $\frac{g}{7}$ ऊपर की ओर
(b) $\frac{10}{13}g$ आगे की ओर, $\frac{5}{13}g$ नीचे की ओर
(c) $\frac{2}{3}g$ नीचे की ओर, $\frac{g}{3}$ ऊपर की ओर
45. $\frac{8}{13}g$ नीचे की ओर **46.** 165 N, $\sqrt{10}$ s
48. 70 N और 105 N के बीच **49.** 15 kg, 1800 N
50. $\sqrt{\frac{2l}{g\sin\theta}}$ **51.** प्रत्येक स्थिति में $\tan^{-1}\left(\frac{a}{g}\right)$ **52.** 20 cm

❑

अध्याय 9

घर्षण

9.1 घर्षण की प्रकृति

आपने कैरम बोर्ड तो खेला ही होगा। यदि नहीं भी खेला हो तो भी मैं जो लिखने जा रहा हूँ वह आप अवश्य समझ जाएँगे। कैरम बोर्ड पर सिर्फ स्ट्राइकर (जिसे उँगली से मारते हैं और जो गोटी से टकराकर उसे छेद में डालता है) रखें और उसे धीरे से उँगली से मारें। उँगली के धक्के से स्ट्राइकर को एक वेग मिलेगा और वह चलने लगेगा। स्ट्राइकर का वेग लगातार कम होता जाएगा और बोर्ड पर कुछ ही दूर जाकर वह रुक जाएगा। सोचिए, स्ट्राइकर का वेग कम क्यों हो रहा है? इसपर वेग की विपरीत दिशा में अवश्य कोई बल लग रहा होगा। बोर्ड क्षैतिज तल में रखा जाता है और इसलिए यह बल भी क्षैतिज दिशा में ही होगा। स्ट्राइकर का भार तथा बोर्ड द्वारा इसपर लगता अभिलंब बल दोनों ही ऊर्ध्वाधर दिशा में हैं तथा इन बलों का क्षैतिज दिशा में कोई घटक नहीं होगा। फिर, वेग के विपरीत बल कौन लगा रहा है?

यह बल भी बोर्ड ही लगा रहा है। अर्थात, बोर्ड स्ट्राइकर पर अभिलंब बल $\mathscr{N}$ ऊपर की ओर लगा रहा है और साथ ही वेग की विपरीत दिशा में बल f लगा रहा है। यही बल वेग को घटाता है जिससे स्ट्राइकर थोड़ी दूर जाकर रुक जाता है। यह बल बोर्ड द्वारा स्ट्राइकर पर लगाया गया घर्षण बल है। संपर्क में रहनेवाली दो वस्तुएँ एक-दूसरे पर संपर्क की सतहों के समानांतर जो बल लगाती हैं, उसे घर्षण बल कहते हैं। हमने पहले के एक अध्याय में इसकी थोड़ी-सी चर्चा की थी।

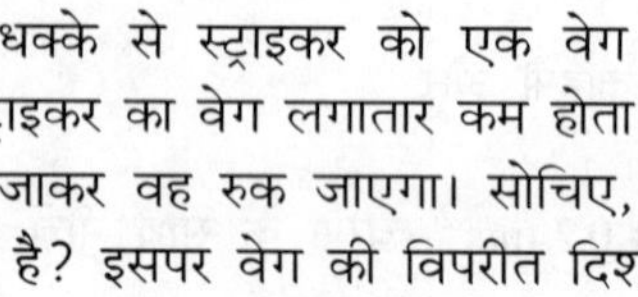

चित्र 9.1

कैरम बोर्ड का खेल प्रारंभ करने से पहले लोग बोर्ड पर थोड़ा-सा पाउडर डालकर फैला देते हैं। ऐसा करने से धीरे से मारने पर भी स्ट्राइकर एवं गोटियाँ दूर तक जा पाती हैं। पाउडर डालने से सतहें चिकनी हो जाती हैं और घर्षण बल का मान कम हो जाता है। कई बार प्रश्नों में आप 'चिकने तल' या 'चिकनी वस्तु' ऐसे शब्द देखते होंगे। इसका अर्थ है कि उसके द्वारा या उसपर लगनेवाला घर्षण बल बहुत ही कम है और उस प्रश्न के लिए इसे शून्य मान सकते हैं। ऐसी सतहों को हम घर्षणरहित सतह भी कहते हैं।

ध्यान रहे कि न्यूटन का तृतीय गति-नियम घर्षण बल के लिए भी लागू होता है। यदि दो वस्तुओं A तथा B की सतहें संपर्क में हों और वस्तु A, वस्तु B पर घर्षण बल f लगा रही हो, तो वस्तु B भी वस्तु A पर उतना ही घर्षण बल f विपरीत दिशा में लगा रही होगी। यदि कैरम बोर्ड अपने ऊपर फिसलते स्ट्राइकर पर पूर्व दिशा में घर्षण बल लगा रहा है, तो स्ट्राइकर भी बोर्ड पर उतना ही घर्षण बल पश्चिम दिशा में लगा रहा होगा। आपको तो पता ही है कि हम इन दोनों बलों को जोड़कर कुल घर्षण बल शून्य नहीं कहेंगे, क्योंकि ये दो अलग-अलग वस्तुओं पर लग रहे हैं।

अभ्यास 9.1

400 g द्रव्यमान की एक वस्तु एक टेबुल पर चल रही है। टेबुल वस्तु पर 3.0 N का घर्षण बल लगाती है। (a) टेबुल द्वारा वस्तु पर लगाए गए कुल बल का ऊर्ध्वाधर से कोण निकालें। (b) इस कुल बल का परिमाण निकालें। $g = 10\,\text{m/s}^2$ *मानें।*

हल मान लें कि टेबुल द्वारा वस्तु पर लगता कुल बल F है, जो ऊर्ध्वाधर से θ कोण बनाता है।

इस बल F का ऊर्ध्वाधर दिशा में घटक $\mathscr{N} = F\cos\theta$

तथा बल F का क्षैतिज घटक $f = F\sin\theta$.

चूँकि यह वस्तु संतुलन में है, इसलिए

$$\mathscr{N} = mg = (0.400\text{ kg})(10.0\text{ m/s}^2) = 4.0\text{ N}.$$

अतः, $F\cos\theta = 4.0\text{ N}.$ … (i)

घर्षण बल $f = 3.0\text{ N}.$

अतः, $F\sin\theta = 3.0\text{ N}.$ … (ii)

(a) समीकरण (i) तथा (ii) से,

$$\tan\theta = \frac{3}{4} \text{ या } \theta = 37°.$$

(b) समीकरण (i) तथा (ii) से,

$$F^2 = (4.0\text{ N})^2 + (3.0\text{ N})^2$$

या $F = 5.0\text{ N}.$

दो वस्तुओं के बीच लगते घर्षण बलों के परिमाण तथा दिशाएँ अनेक बातों पर निर्भर करती हैं, जैसे सतहों की प्रकृति अर्थात उनका रूखापन या चिकनापन, वस्तु पर लगते अन्य बल तथा

वस्तुओं की सतहें एक-दूसरे को रगड़ती हुई चल रही हैं या एक-दूसरे के सापेक्ष स्थिर हैं। जब दोनों सतहें एक-दूसरे पर फिसलती हैं, तो उनके बीच लगते घर्षण को गतिज घर्षण कहते हैं। यदि दो वस्तुओं की सतहें एक-दूसरे के सापेक्ष नहीं फिसल रही हों तब जो घर्षण बल लगता है वह स्थितिज घर्षण कहलाता है। गतिज एवं स्थितिज घर्षण की दिशा एवं परिमाण ज्ञात करने की विधियाँ भी अलग-अलग हैं।

9.2 गतिज घर्षण (Kinetic friction)

पहले हम गतिज घर्षण की दिशा के बारे में बात करें। मान लें कि एक टेबुल *A* पर एक वस्तु *B* चल रही है (चित्र 9.2)। टेबुल फर्श पर स्थित है और स्थिर है। वस्तु *B* की सतह टेबुल की सतह को रगड़ते हुए उसपर चल रही है। इसलिए टेबुल वस्तु पर गतिज घर्षण का बल लगाएगी। यह बल f टेबुल के सापेक्ष वस्तु के वेग की दिशा के विपरीत होगा। गतिज घर्षण की दिशा मालूम करने के लिए आप नीचे लिखे नियम को याद कर सकते हैं।

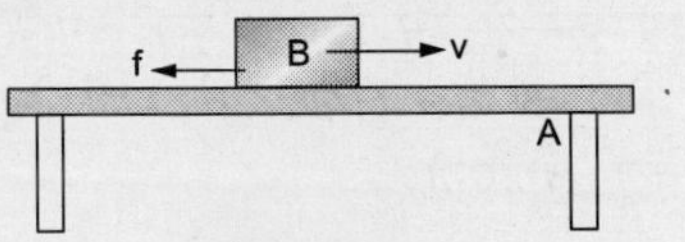

चित्र 9.2

वस्तु *A* द्वारा वस्तु *B* पर लगाए गए गतिज घर्षण की दिशा, वस्तु *A* के सापेक्ष *B* के वेग की दिशा के विपरीत होती है।

जिसके द्वारा घर्षण लगाया जा रहा है उसी के सापेक्ष वेग देखना है। यहाँ टेबुल द्वारा घर्षण लगाया जा रहा है, इसलिए टेबुल के सापेक्ष वेग देखना है। यह घर्षण वस्तु पर लग रहा है, इसलिए वस्तु के वेग को देखना है। अर्थात, टेबुल द्वारा वस्तु पर लगते घर्षण बल की दिशा पता करने के लिए टेबुल के सापेक्ष वस्तु के वेग को देखें। वस्तु पर लगता घर्षण बल इस वेग की दिशा के विपरीत होगा।

इसी उदाहरण में वस्तु भी टेबुल पर घर्षण बल लगा रही है। यह तो न्यूटन के गति का तीसरा नियम है। यदि टेबुल वस्तु पर बायीं ओर घर्षण बल f लगा रही है, तो वस्तु टेबुल पर दाहिनी ओर घर्षण बल f लगाएगी। इस दिशा को भी हम ऊपर लिखे नियम से मालूम कर सकते हैं। चित्र (9.2) में वस्तु के सापेक्ष टेबुल का वेग बायीं ओर है। इसलिए वस्तु द्वारा टेबुल पर लगता घर्षण बल दाहिनी ओर है।

जरा सोचिए, यदि टेबुल पर घर्षण बल दाहिनी ओर लगा है, तो टेबुल दाहिनी ओर चलना क्यों नहीं प्रारंभ कर देती? यह चर्चा हम शीघ्र ही करेंगे।

गतिज घर्षण का परिमाण निकालने का नियम बड़ा ही सरल है। यदि दोनों वस्तुओं के बीच लगते अभिलंब बलों का परिमाण $\mathcal{N}$ हो, तो घर्षण बल का परिमाण

$$f = \mu_k \mathcal{N} \qquad \dots (9.1)$$

होता है, जहाँ μ_k उन सतहों की प्रकृति के लिए एक स्थिरांक है। सतहें अधिक चिकनी हों, तो μ_k का मान कम और कम चिकनी (खुरदरी) हों, तो μ_k का मान अधिक होगा। इस μ_k को उन सतहों के बीच **गतिज घर्षण गुणांक** (coefficient of kinetic friction) कहते हैं। प्रायः यह गुणांक 1 से कम होता है, पर कुछ विशेष प्रकार की सतहों के बीच यह 1 से अधिक भी हो सकता है।

μ के साथ subscript में k लगाकर यह याद दिलाया जा रहा है कि यह गतिज (kinetic) घर्षण का गुणांक है। यदि संदर्भ से यह बात स्पष्ट हो, तो इस गुणांक को सिर्फ μ भी लिख सकते हैं।

अभ्यास 9.2

50 g नमक की एक थैली बच्चों के खेलने की प्लास्टिक की गाड़ी पर रखी है। गाड़ी तथा थैली की सतहों के बीच गतिज घर्षण गुणांक 0.10 है। एक बच्चा गाड़ी को पूर्व दिशा में खींचता है। थैली गाड़ी पर सरकती हुई कुछ देर बाद गिर जाती है (चित्र 9.3)। थैली पर लगते हुए घर्षण बल को ज्ञात करें।

हल स्पष्ट है कि थैली गाड़ी के पिछले हिस्से से गिरेगी। यद्यपि गाड़ी तथा थैली दोनों ही पूर्व दिशा की ओर चल रही हैं, गाड़ी के तेज और थैली के धीमी गति से चलने के कारण ही थैली अंत में गिरती है। यदि गाड़ी के सापेक्ष देखें तो थैली पहले गाड़ी के बीच में थी जो बाद में पीछे के हिस्से में पहुँच गई। अर्थात, गाड़ी के सापेक्ष थैली पश्चिम दिशा में चली है।

चित्र 9.3

इसलिए गाड़ी के द्वारा थैली पर लगाया गया घर्षण बल f पूर्व दिशा में होगा। चूँकि थैली गाड़ी की सतह पर सरक रही है अतः, यह गतिज घर्षण है। घर्षण बल का परिमाण

$$f = \mu \mathcal{N} \qquad \dots (i)$$

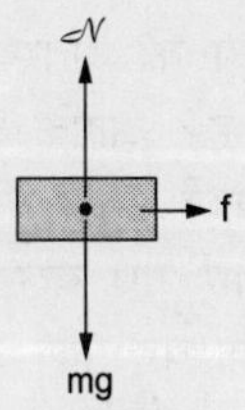

चित्र 9.4

होगा, जहाँ $\mathcal{N}$ गाड़ी द्वारा थैली पर लगाया गया अभिलंब बल है। चूँकि थैली ऊर्ध्वाधर दिशा में कोई गति नहीं कर रही है। अतः, इस दिशा में लगते सभी बलों का योग शून्य होगा। थैली पर कुल तीन बल लग रहे हैं (चित्र 9.4),

(a) धरती द्वारा mg (भार),

(b) गाड़ी द्वारा अभिलंब बल $\mathcal{N}$,

(c) गाड़ी द्वारा घर्षण बल f.

ऊर्ध्वाधर दिशा में संतुलन के लिए, $\mathcal{N} = mg$.

समीकरण (i) में $\mathcal{N}$ का मान रखने पर,

$$f = \mu mg = 0.10 \times (50 \times 10^{-3}\ \text{kg}) \times (9.8\ \text{m/s}^2)$$
$$= 0.049\ \text{N}.$$

अभ्यास 9.2 में आपने देखा कि थैली पूर्व दिशा की ओर चल रही थी और उसपर घर्षण बल भी पूर्व दिशा की ओर ही लग रहा था। वास्तव में घर्षण बल ने ही थैली को पूर्व दिशा में चलाया। यदि गाड़ी और थैली के बीच घर्षण न होता और गाड़ी को चलाना शुरू करते, तो थैली अपने स्थान पर ही रहती और नीचे से गाड़ी सरकती जाती। जब गाड़ी का पिछला सिरा भी आगे बढ़ जाता, तो थैली ऊर्ध्वाधिर दिशा में अपने स्थान से गिरती। घर्षण सदा गति के विपरीत नहीं लगता, बल्कि कई बार घर्षण ही गति पैदा करता है।

9.3 स्थितिज घर्षण (Static friction)

यदि दो वस्तुओं की सतहें संपर्क में हों, पर एक-दूसरे पर फिसल नहीं रही हों, तो भी उनके बीच घर्षण के बल लग सकते हैं। आप समझ रहे हैं न कि मैं बहुवचन का उपयोग क्यों कर रहा हूँ। दोनों वस्तुएँ एक-दूसरे पर घर्षण बल लगाती हैं और इसलिए सतहों के बीच दो घर्षण बल लगते हैं।

चित्र 9.5

स्थितिज घर्षण को समझने के लिए मैं एक उदाहरण लेता हूँ। आपके घर में कोई टेबुल तो अवश्य ही होगी। हो सकता है कि यह पुस्तक आप टेबुल पर रखकर ही पढ़ रहे हों। इस टेबुल को धीरे से हाथ से धक्का देने की कोशिश कीजिए। टेबुल फर्श पर नहीं सरकती। यदि क्षैतिज दिशा में आपने उसपर थोड़ा-सा ही सही, पर एक बल F लगाया, तो टेबुल में त्वरण क्यों नहीं उत्पन्न हुआ और वह क्यों नहीं चली? अवश्य ही उसपर किसी ने उलटी दिशा में उतना ही बल लगाया होगा। तभी वह विराम की अवस्था में बनी रही। परंतु, टेबुल पर यह बल कौन लगा रहा है? आपके अलावा टेबुल के साथ संपर्क में सिर्फ फर्श है। इसलिए फर्श टेबुल के पैरों पर एक बल F लगा रही है जो आपके द्वारा लगाए गए बल की उलटी दिशा में है। यह बल घर्षण का बल है, क्योंकि यह फर्श और टेबुल के पैरों की सतहों के समानांतर लग रहा है। परंतु, टेबुल के पैरों की सतहें फर्श पर फिसल नहीं रही हैं। इसलिए, यह घर्षण स्थितिज घर्षण है।

आप अपना हाथ हटा लीजिए। टेबुल अब भी विराम अवस्था में है। अर्थात, फर्श ने भी पैरों पर घर्षण लगाना बंद कर दिया। आप टेबुल के दूसरी ओर चले जाइए एवं अब धीरे से टेबुल को धक्का लगाइए। अब भी टेबुल विराम अवस्था में है। आपने अपने बल की दिशा बदली, तो फर्श ने भी अपने बल की दिशा बदल ली। जरा अपना जोर थोड़ा बढ़ाइए। टेबुल अभी भी नहीं सरकी। आपने अपने बल का परिमाण बढ़ाया, तो फर्श ने भी अपने बल का परिमाण बढ़ा दिया। अर्थात, स्थितिज घर्षण का परिमाण तथा दिशा अन्य बलों पर निर्भर है। सतहों को एक-दूसरे पर नहीं फिसलने देने के लिए जितना तथा जिस दिशा में जरूरी हो उतना ही और उसी दिशा में स्थितिज घर्षण लगता है।

परंतु, आपके द्वारा लगाए गए बल को संतुलित करने का फर्श का प्रयास सदा सफल नहीं होता। यदि आपने निश्चय ही कर लिया है कि टेबुल को खिसकाकर ही छोड़ेंगे तो आप अवश्य ही ऐसा कर सकते हैं। यदि आप एक निश्चित परिमाण से अधिक का बल लगा दें, तो फर्श आपकी बराबरी नहीं कर पाता और टेबुल खिसकने लगती है। अतः, स्थितिज घर्षण का मान एक निश्चित सीमा से अधिक नहीं हो सकता। घर्षण का यह अधिकतम संभव मान **सीमांत घर्षण** (limiting friction) कहलाता है तथा यह सतहों के बीच लग रही अभिलंब प्रतिक्रिया के समानुपाती होता है।

$$f_{\max} = \mu_s \mathcal{N}, \qquad \dots (9.2)$$

यहाँ μ_s एक स्थिरांक है जिसे स्थितिज घर्षण गुणांक (coefficient of static friction) कहते हैं। यह दोनों सतहों की प्रकृति पर निर्भर करता है।

अभ्यास 9.3

एक छात्र 20 kg भार की एक टेबुल को फर्श पर खिसकाना चाहता है। टेबुल के पैरों एवं फर्श के बीच स्थितिज घर्षण गुणांक 0.60 है। उसे कम-से-कम कितना बल लगाना पड़ेगा? यदि वह इससे आधे मान का बल लगाए, तो फर्श टेबुल पर कितने मान का घर्षण बल लगाएगी?

हल अधिकतम स्थितिज घर्षण,

$$f_{\max} = \mu_s \mathcal{N} = \mu_s mg = 0.60 \times (20\ \text{kg}) \times (9.8\ \text{m/s}^2)$$
$$= 117.6\ \text{N}.$$

इसलिए छात्र को कम-से-कम 117.6 N का बल (दरअसल इससे जरा-सा अधिक) लगाना पड़ेगा तभी टेबुल सरक पाएगी। यदि वह इसका आधा, अर्थात 58.8 N का बल लगाए, तो फर्श टेबुल के पैरों पर 58.8 N का घर्षण बल लगाएगी जिससे टेबुल पर लगता कुल बल शून्य हो जाएगा और वह नहीं सरकेगी।

ध्यान रहे, समीकरण (9.1) जहाँ गतिज घर्षण का मान देता है, समीकरण (9.2) स्थितिज घर्षण का अधिकतम संभव मान देता है। स्थितिज घर्षण का वास्तविक मान $\mu_s \mathcal{N}$ से कम भी हो सकता है जैसा कि ऊपर के अभ्यास में आपने देखा। यदि मैं अपने हाथ पर 10 kg तक भार उठा सकता हूँ, तो आवश्यक नहीं कि मैं सदा 10 kg का भार उठाए फिरूँ। वह सिर्फ अधिकतम सीमा है और वास्तविक मान परिस्थिति के अनुसार इससे कम भी हो सकता है।

स्थितिज घर्षण के उदाहरण हमारे आसपास भरे पड़े हैं। हम जब कलम से लिखते हैं, तब उसका ढक्कन खोलकर पीछे की ओर लगा लेते हैं। कलम को उलटा कर देने पर भी ढक्कन नहीं गिरता। ढक्कन के भार को संतुलित करने के लिए उसपर ऊपर की ओर बल कौन लगा रहा है? कलम की सतह जहाँ ढक्कन की भीतरी सतह से सटती है, वहाँ घर्षण का बल ऊपर की ओर लगाती है जो उसे गिरने नहीं देता। पैदल चलने के लिए हम पैर को जमीन पर रखते हैं और जमीन को दबाते हैं। यहाँ भी जमीन का घर्षण हमें आगे चलने में सहायता करता है। आप कभी वाराणसी के बाबा विश्वनाथ का दर्शन करने गए हैं? वहाँ पानी, दूध आदि गिरने से

जमीन का घर्षण बहुत कम हो जाता है और ऐसे में वहाँ बड़ी सावधानी से पैर रखने होते हैं, अन्यथा गिरने की संभावना रहती है।

स्थितिज घर्षण की दिशा ज्ञात करना

स्थितिज घर्षण की दिशा ज्ञात करने में कई बार भ्रम उत्पन्न हो जाता है। गतिज घर्षण की स्थिति में सतहें एक-दूसरे पर फिसलती हैं और घर्षण की दिशा वस्तुओं की गति की दिशाओं को देखकर मालूम की जा सकती है। परंतु, स्थितिज घर्षण की स्थिति में दोनों सतहें एक-दूसरे के सापेक्ष स्थिर रहती हैं। सतहों के बीच इस आपेक्षिक विराम को बनाए रखने के लिए ही स्थितिज घर्षण लगा करता है। प्रायः हम बाकी सभी बलों को देखते हैं और न्यूटन के गति-नियमों से तय करते हैं कि घर्षण का बल कितना और किधर लगना चाहिए।

स्थितिज घर्षण की दिशा मालूम करने की एक और विधि है। एक बार मान लें कि सतहों के बीच कोई घर्षण बल नहीं लग रहा है। बाकी के बलों के कारण अब सतहों के बीच गति पैदा हो जाएगी। यह वास्तविक गति नहीं है। यदि घर्षण न हुआ होता तो ऐसी गति पैदा होती। अर्थात, यद्यपि वस्तु दूसरी सतह पर फिसल नहीं रही है, पर उसमें फिसलने की प्रवृत्ति है और स्थितिज घर्षण ने उसे फिसलने से रोक रखा है। मान लें कि घर्षण नहीं है और यह गति हो रही है। अब गतिज घर्षण के नियम के अनुसार घर्षण की दिशा मालूम करें। वास्तव में स्थितिज घर्षण की दिशा यही होगी।

अभ्यास 9.4

30 kg द्रव्यमान वाला एक बालक एक घोड़े पर बैठा है। बालक घोड़े की लगाम खींचता है और घोड़ा $2.0\ m/s^2$ के त्वरण के साथ चलने लगता है। (a) यदि बालक घोड़े की पीठ पर पीछे की ओर नहीं फिसलता, तो घोड़े द्वारा बालक पर लगता घर्षण बल निकालें। (b) यदि त्वरण के दौरान बालक घोड़े की पीठ पर पीछे फिसल जाता है, तो घोड़े तथा बालक की संपर्क सतहों के घर्षण गुणांक के बारे में आप क्या कह सकते हैं? $g = 10\ m/s^2$ को मानें। स्थितिज तथा गतिज घर्षण गुणांकों को बराबर मानें।

हल बालक पर लगते बल हैं,

(i) उसका भार Mg नीचे की ओर, धरती द्वारा;

(ii) अभिलंब बल $\mathcal{N}$ ऊपर की ओर, घोड़े द्वारा;

(iii) स्थितिज घर्षण f_s क्षैतिज दिशा में, घोड़े द्वारा।

(a) चूँकि बालक घोड़े पर ही जमा रहता है, अतः, इसका त्वरण उतना ही होगा जितना घोड़े का है, अर्थात $a = 2.0\ m/s^2$ तथा इसकी दिशा आगे की ओर होगी। इस दिशा में Mg तथा $\mathcal{N}$ के घटक शून्य हैं। अतः, f_s इसी दिशा में होगा।

$$f_s = (30\ kg) \times (2.0\ m/s^2) = 60\ N.$$

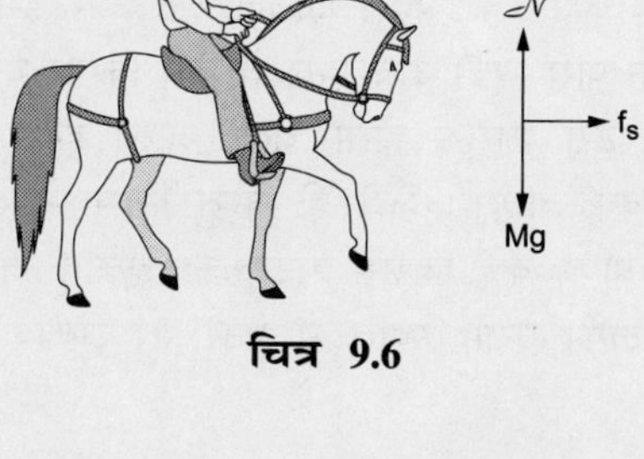

चित्र 9.6

(b) बालक घोड़े पर पीछे की ओर फिसल गया, इसका अर्थ है कि घोड़ा उसपर 60 N का घर्षण बल नहीं लगा पाया। यदि घोड़े तथा बालक की संपर्क सतहों के बीच घर्षण गुणांक μ हो, तो घोड़े द्वारा बालक पर लगा गतिज घर्षण,

$$f = \mu \mathcal{N} = \mu (30\ kg)(10\ m/s^2).$$

यह बल 60 N से कम है।

अतः, $\mu(300\ N) < 60\ N$ या $\mu < 0.2$.

9.4 कुछ वस्तुओं के बीच घर्षण गुणांक

जैसा आपने ऊपर पढ़ा, घर्षण गुणांक दो प्रकार के होते हैं, स्थितिज घर्षण गुणांक μ_s तथा गतिज घर्षण गुणांक μ_k। दी गई दो सतहों के बीच μ_s का मान μ_k से थोड़ा अधिक होता है। कई बार हम इस थोड़े फर्क की चिंता नहीं करते और सिर्फ घर्षण गुणांक कहते हैं। दो सतहों के बीच घर्षण गुणांक उन वस्तुओं के पदार्थ, सतहों का चिकनापन, उनपर जमी नमी या अन्य ऑक्साइड परतों आदि अनेक बातों पर निर्भर करता है। नीचे सामान्य अवस्था में उपलब्ध कुछ वस्तुओं के बीच घर्षण गुणांक दिए जा रहे हैं।

सारणी 9.1

पदार्थ	μ_s	पदार्थ	μ_s
स्टील एवं स्टील	0.58	ताँबा एवं ताँबा	1.60
स्टील एवं पीतल	0.35	टेफ्लॉन एवं टेफ्लॉन	0.04
ग्लास एवं ग्लास	1.00	सूखी कंक्रीट रोड पर रबर टायर	1.0
बर्फ एवं बर्फ	0.10	भींगी कंक्रीट रोड पर रबर टायर	0.7

9.5 घर्षण का कारण

प्रायः वस्तुओं की सतहें आँखों से देखने पर समतल दिखाई देती हैं, परंतु यदि उसे शक्तिशाली सूक्ष्मदर्शी से देखा जाए, तो वह काफी ऊबड़-खाबड़ नजर आती है। जब एक वस्तु A पर दूसरी वस्तु B रखी जाती है, तो ऊबड़-खाबड़ होने के कारण वास्तविक संपर्क कहीं-कहीं ही हो पाता है (चित्र 9.7)। ऊपर की वस्तु के भार के कारण सतहें थोड़ी विकृत (deformed) भी हो जाती हैं और वास्तविक संपर्क क्षेत्र बनाने में इनका भी प्रभाव होता है। चूँकि वस्तु B का सारा भार इन्हीं थोड़ी-सी जगहों पर संतुलित होता है, यहाँ पर दोनों सतहें काफी बड़ा बल लगाती हैं। इस कारण इन संपर्क स्थानों के दोनों ओर के अणु एक-दूसरे के इतने नजदीक आ जाते हैं कि वे आपस में इलेक्ट्रॉनों का आदान-प्रदान कर रासायनिक बंधन (chemical bonds) बना लेते हैं। जिस तरह वस्तु A में आसपास के अणु बंधन बनाकर जुड़े रहते हैं (इसलिए वह एक ठोस वस्तु के रूप में रहती है) उसी तरह संपर्क स्थान के दोनों तरफ के अणु जुड़ जाते हैं। ऐसी हालत में वस्तुओं को एक-दूसरे पर फिसलाने के लिए इन बंधनों को तोड़ना पड़ता है और इसलिए एक अतिरिक्त बल

लगाना पड़ता है। यदि वस्तुएँ एक-दूसरे पर फिसल रही हों, तो ऐसे बंधन टूटते रहते हैं और नए बंधन बनते रहते हैं। बंधन टूटने-बनने की प्रक्रिया में वस्तु में कंपन पैदा होते हैं, जो अन्य अणुओं को अपनी ऊर्जा प्रदान करते हैं। इस तरह ऊष्मा का निर्माण होता है।

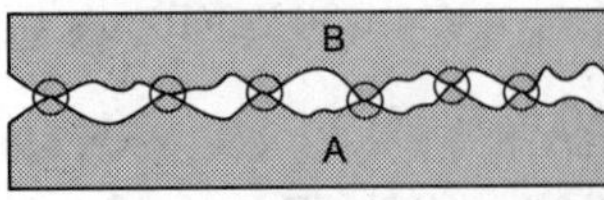

चित्र 9.7

समीकरण (9.1) तथा (9.2) भौतिकी के बड़े मौलिक नियमों जैसे नहीं हैं। ये लोगों द्वारा किए गए प्रयोगों से प्राप्त किए गए हैं। इटली के Leonardo da Vinci, जिन्हें कुशल पेंटर, संगीतकार, गणितज्ञ, इंजीनियर, भूगर्भशास्त्री, लेखक और न जाने क्या-क्या उपमाएँ दी जा सकती हैं, ने करीब 500 वर्ष पहले क्षैतिज सतह पर एक ठोस गुटके को फिसलाकर घर्षण के बारे में बहुत-सी सूचनाएँ जुटाई थीं। वर्ष 1866 में फ्रांस के Guillaume Amontons ने अपने प्रयोगों से घर्षण का अध्ययन किया और उन्हें नियम या समीकरण का रूप दिया। आवेशों के बीच बलों के नियम के प्रणेता फ्रांस के ही Charles-Augustin de Coulomb ने भी घर्षण पर अनेक प्रयोग कर वर्ष 1781 में अपने शोध प्रकाशित किए। स्थितिज एवं गतिज घर्षण के अंतर को ये प्रमुखता से सामने लाए।

यद्यपि घर्षण के नियम प्रयोगों के परिणामों से प्राप्त किए गए हैं, हम घर्षण को ऊपर दी गई व्याख्या के आधार पर समझ सकते हैं। यदि एक टेबुल पर एक बॉक्स रखा हो, तो बॉक्स के भार के कारण सतहें कुछ-कुछ जगह पर वास्तविक संपर्क बनाती हैं और यहाँ आणविक बंधन बनते हैं। अब यदि हम बॉक्स पर कुछ और भार रख दें, तो बढ़े हुए भार के कारण सतहों में थोड़ी और विकृति आ जाती है और नए वास्तविक संपर्क बनते हैं। इन नए आणविक बंधनों के कारण घर्षण बल भी बढ़ जाता है। ठोसों में बलों के लगने से उत्पन्न विकृति के नियमों के आधार पर विश्लेषण करने से $F \propto \mathcal{N}$ को और भी अच्छी तरह समझा जा सकता है।

9.6 घर्षण गुणांक ज्ञात करने की आसान विधियाँ

विधि 1

चित्र 9.8 में एक पटरे A तथा एक वस्तु B की सतहों के बीच घर्षण गुणांक निकालने की एक सरल विधि दिखाई गई है। इसके लिए आपको एक घिरनी, एक कम भार वाला पलड़ा तथा एक बाट-बॉक्स की जरूरत होगी। पटरे A को क्षैतिज अवस्था में किसी बेंच पर जड़ दें। वस्तु B से एक डोरी बाँधें और उसे एक घिरनी से होकर दूसरे सिरे पर एक पलड़े से बाँधें। पलड़े का भार पहले से ही तौलकर रखें। शुरू में वस्तु B पटरे A पर स्थिर पड़ी रहेगी। अब पलड़े पर बटखरे रखकर थोड़ा-थोड़ा वजन बढ़ाएँ। यदि वस्तु B चलना या खिसकना प्रारंभ कर दे, तो पलड़े पर वजन कम कर दें। यदि वह नहीं चले तो वजन बढ़ाएँ। ऐसा करते हुए ऐसी स्थिति बनाएँ कि जरा-सा भी और वजन बढ़ाने से वस्तु चल दे। यह सीमांत घर्षण की स्थिति है। पटरा वस्तु पर अधिकतम घर्षण बल लगा रहा है।

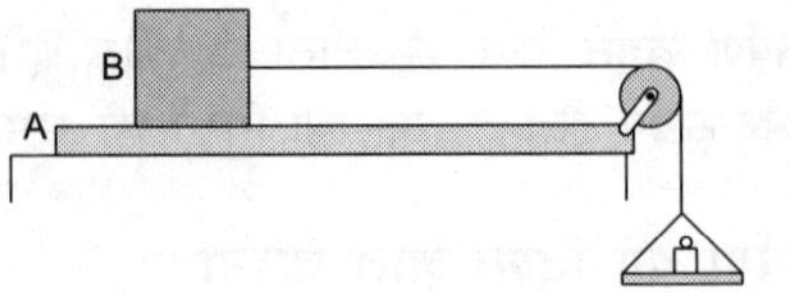

चित्र 9.8

मान लें कि वस्तु B का भार W_1 तथा पलड़े एवं बटखरों का सम्मिलित भार W_2 है। वस्तु के संतुलन के लिए घर्षण का बल डोरी के तनाव के बराबर होगा तथा डोरी का तनाव पलड़े और बटखरों के सम्मिलित भार W_2 के बराबर होगा। इस तरह सीमांत घर्षण बल f_{max} का मान मालूम हो गया। ऊर्ध्वाधर संतुलन के लिए वस्तु पर टेबुल द्वारा लगाए गए अभिलंब बल $\mathcal{N}$ का मान वस्तु के भार W_1 के बराबर होगा। इस प्रकार $\mathcal{N}$ का मान भी ज्ञात हो गया।

$$\text{स्थितिज घर्षण गुणांक, } \mu_s = \frac{f}{\mathcal{N}} = \frac{W_2}{W_1}.$$

इसी अवस्था से हम गतिज घर्षण गुणांक भी निकाल सकते हैं। पलड़े पर से थोड़ा-सा भार हटा लें। अब वस्तु को उँगली से जरा-सा धक्का देकर खिसका दें। अब निम्नांकित तीन परिस्थितियाँ हो सकती हैं,

(a) वस्तु जरा-सा खिसककर रुक जाए।

(b) वस्तु एकसमान वेग से खिसकती हुई घिरनी के पास पहुँच जाए।

(c) वस्तु का वेग लगातार बढ़ता जाए।

यदि परिस्थिति (b) हो जाए, तो आपका काम बन गया। वस्तु के एकसमान गति से चलने का अर्थ है इसपर लगता कुल बल शून्य है। अतः, घर्षण का बल डोरी के तनाव के बराबर होगा जो पलड़े और बटखरे के सम्मिलित भार W के बराबर होगा। यह घर्षण का बल गतिज घर्षण बल है, क्योंकि वस्तु पटरे पर फिसल रही है। अभिलंब प्रतिक्रिया का बल वस्तु के भार के बराबर है। अतः, गतिज घर्षण गुणांक,

$$\mu_k = \frac{f}{\mathcal{N}} = \frac{W}{\mathcal{N}}.$$

यदि परिस्थिति (a) जैसी हो, तो पलड़े पर थोड़ा भार बढ़ाएँ और फिर वस्तु को थोड़ा खिसकाएँ।

यदि परिस्थिति (c) जैसी हो, तो पलड़े से थोड़ा भार कम करके कोशिश करें। आपको (b) जैसी परिस्थिति मिल ही जाएगी।

विधि 2

यह विधि पहले से भी सरल है, क्योंकि इसमें और भी कम उपकरणों की जरूरत है। पटरे को पहले क्षैतिज रखें और इसपर वस्तु B को एक किनारे के पास रखें। अब पटरे के इस किनारे को धीरे-धीरे ऊँचा करें जिससे पटरा तिरछा होता चला जाए। इस तरह पटरा एक आनत तल बन जाएगा। जैसे ही वस्तु खिसकने लगे, रुक जाएँ। ऐसी स्थिति प्राप्त करें जिससे पटरे का झुकाव जरा-सा बढ़ाने से वस्तु चलने लगे। ऐसी स्थिति में पटरे का झुकाव मालूम कर लें।

इसके लिए पटरे के किनारे से एक साहुल (plumb line) लटका दें और स्केल से ऊँचाई h तथा आधार D नाप लें। तब

$$\tan\theta = \frac{h}{D}.$$

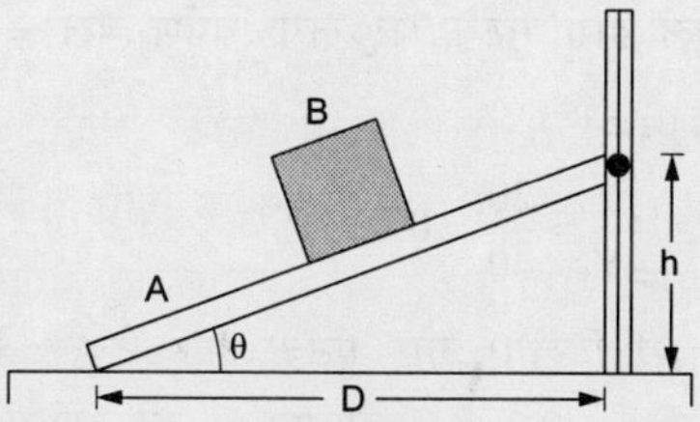

चित्र 9.9

चूँकि इस झुकाव पर वस्तु सीमांत संतुलन में है, अतः घर्षण का बल सीमांत मान $\mu_s \mathcal{N}$ के बराबर होगा। वस्तु पर निम्नांकित तीन बल लग रहे हैं,

(a) घर्षण बल $f = \mu_s \mathcal{N}$, पटरे के समानांतर;

(b) वस्तु का भार mg, ऊर्ध्वाधर दिशा में;

(c) अभिलंब बल $\mathcal{N}$, ऊर्ध्वाधर से θ कोण पर।

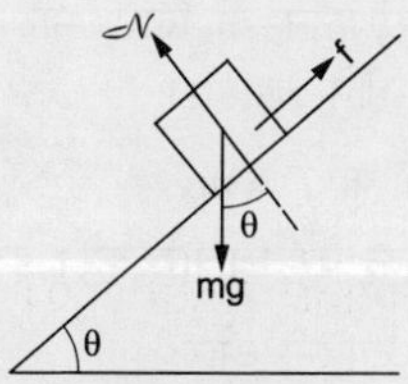

चित्र 9.10

उपर्युक्त सभी बल जुड़कर शून्य होंगे। पटरे के समानांतर घटक लेने पर, mg का घटक $mg\sin\theta$, $\mathcal{N}$ का घटक शून्य तथा f का घटक f होगा। अतः,

$$mg\sin\theta - f = 0$$

या $$f = mg\sin\theta. \quad \ldots \text{(i)}$$

$\mathcal{N}$ की दिशा में घटक लेने पर, f का घटक शून्य, $\mathcal{N}$ का घटक $\mathcal{N}$ तथा mg का घटक $-mg\cos\theta$ होगा। अतः,

$$\mathcal{N} - mg\cos\theta = 0$$

या $$\mathcal{N} = mg\cos\theta. \quad \ldots \text{(ii)}$$

अतः, स्थितिज घर्षण गुणांक,

$$\mu_s = \frac{f}{\mathcal{N}} = \frac{mg\sin\theta}{mg\cos\theta} = \tan\theta = \frac{h}{D}.$$

गतिज घर्षण गुणांक निकालने के लिए पटरे के झुकाव को बढ़ा दें और गुटके को उसपर फिसलने दें। यदि आप इस स्थिति में गुटके की गति को देखेंगे, तो पाएँगे कि पटरे पर फिसलते समय उसका वेग बढ़ रहा होगा। आप पटरे के झुकाव को थोड़ा कम करें। गुटके को पटरे के ऊपर के भाग पर रखें। वह नहीं फिसलेगा। आप गुटके को हलके से धक्का देकर चला दें। यदि वह थोड़ा फिसलकर रुक जाए, तो पटरे का झुकाव थोड़ा बढ़ाएँ और प्रयोग को दुहराएँ। यदि गुटके का वेग फिसलते समय बढ़ जाए, तो पटरे का झुकाव थोड़ा कम करें और प्रयोग को दुहराएँ। अर्थात, पटरे को ऐसे झुकाव पर रखें कि हलका खिसकाने पर गुटका धीरे-धीरे चलता रहे। इस समय

$$f = mg\sin\theta' \text{ तथा } N = mg\cos\theta'.$$

अतः, गतिज घर्षण गुणांक, $\mu_k = \tan\theta'$.

कई बार μ_s और μ_k का फर्क बहुत कम होता है और आपको θ तथा θ′ का फर्क भी कम ही दिख सकता है। वैसी हालत में $\mu_s \approx \mu_k$.

यदि आपको यह विधि समझ में आ गई हो, तो अपने रसोईघर के पटरे और एक कटोरी की सतहों के बीच घर्षण गुणांक का लगभग मान निकालें।

अभ्यास 9.5

पॉलिश किए हुए एक लकड़ी के पटरे पर लकड़ी का एक गुटका रखा है। पटरे को धीरे-धीरे तिरछा किया जाता है। जब क्षैतिज से पटरे का कोण 18° हो जाता है तो गुटका उसपर फिसलने लगता है। परंतु, यदि पटरे का क्षैतिज से कोण 15° हो और गुटके को हाथ से थोड़ा फिसलाकर छोड़ दिया जाए, तो गुटका एकसमान गति से चलता रहता है। पटरे और गुटके के बीच स्थितिज तथा गतिज घर्षण गुणांक निकालें।

हल इन स्थितियों का विश्लेषण ऊपर किया गया है।

स्थितिज घर्षण गुणांक, $\mu_s = \tan 18°$.

गतिज घर्षण गुणांक, $\mu_k = \tan 15°$.

9.7 लुंठन या लोटनी घर्षण (Rolling friction)

जब आप साइकिल चलाते हैं, तब सड़क की सतह पर चक्का आगे बढ़ता है। परंतु, चक्के की सतह (टायर) सड़क पर फिसलती नहीं है। हाँ, यदि साइकिल में ताला लगा हो और आप उसे खींच रहे हों, तो चक्का नहीं घूमता है और वह सड़क पर फिसलता हुआ चलता है। सामान्य अवस्था में जब साइकिल चलाते हैं तब चक्का घूमता भी है और आगे भी बढ़ता है। यह प्रक्रिया इस प्रकार होती है कि चक्के का निचला भाग सड़क के सापेक्ष विराम अवस्था में रहता है। इस प्रकार की गति **लुंठन** या **लोटनी गति** (rolling motion) कहलाती है। इस प्रकार की गति में घर्षण का मान बहुत कम हो जाता है। इसलिए बड़े-बड़े सूटकेसों में नीचे चक्के लगे होते हैं और यात्री उन्हें थोड़े-से बल लगाकर खींच पाते हैं। पर, यदि चक्के न लगे हों और यात्री सूटकेस को प्लेटफॉर्म पर घसीटते हुए ले जाने का प्रयास करें तो गतिज घर्षण के कारण काफी अधिक बल लगाना पड़ेगा। मशीनों आदि में घूमते हिस्सों के बीच छोटे-छोटे छर्रे या बॉल बेयरिंग (ball-bearing) लगा देते हैं। घूमनेवाले हिस्से इन छर्रों के संपर्क में रहते हैं तथा लुंठन गति होती है और सतहें एक-दूसरे को नहीं रगड़ती हैं। इससे घर्षण बहुत कम हो जाता है और हिस्से कम घिसते एवं कम खराब होते हैं।

लुंठन घर्षण स्थितिज घर्षण का ही एक प्रकार है। संपर्क की सतहों के बीच कोई आपेक्षिक गति नहीं होती और स्थितिज घर्षण की स्थिति बन जाती है। हम लुंठन गति की और अधिक चर्चा घूर्णन गति वाले अध्याय में करेंगे।

• हल किए गए प्रश्न •

1. *एक आनत तल तथा एक गुटके के बीच स्थितिज घर्षण गुणांक 0.3 है। (a) आनत तल को क्षैतिज से अधिकतम कितने कोण θ से झुकाया जा सकता है ताकि उसपर रखा गुटका न फिसले? (b) यदि आनत तल को क्षैतिज से $\frac{\theta}{2}$ कोण से झुकाकर उसपर गुटका रखकर छोड़ दिया जाए, तो तल द्वारा गुटके पर कितना घर्षण बल लगेगा?*

हल (a) प्रश्न में बताई गई परिस्थिति चित्र 9.W1 में दिखाई गई है। गुटके पर लगे बल हैं,

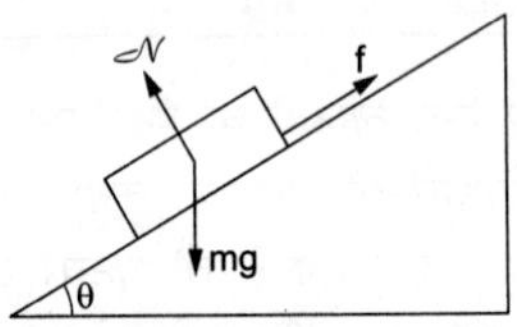

चित्र 9.W1

(i) धरती के कारण भार mg नीचे की ओर,
(ii) आनत तल द्वारा अभिलंब बल $\mathcal{N}$ तथा
(iii) आनत तल द्वारा घर्षण बल f, तल के समानांतर ऊपर की ओर।

चूँकि गुटका स्थिर है, इसपर लगते बलों का योग शून्य होगा। आनत तल के लंबवत तथा उसके समानांतर दिशाओं में घटक लेने पर, $\mathcal{N} = mg\cos\theta$ तथा $f = mg\sin\theta$.

चूँकि θ अधिकतम झुकाव है, $f = \mu_s\mathcal{N}$. अतः,

$$\tan\theta = \frac{f}{\mathcal{N}} = \mu_s = 0.3 \quad \text{या} \quad \theta = \tan^{-1}(0.3).$$

(b) चूँकि गुटका θ झुकाव तक स्थिर रह सकता है, वह θ/2 झुकाव वाले तल पर भी स्थिर रहेगा। इसपर लगते बलों के घटक लेने पर,

$$\mathcal{N} = mg\cos\left(\frac{\theta}{2}\right) \text{ तथा } f = mg\sin\left(\frac{\theta}{2}\right).$$

अतः, घर्षण बल $f = mg\sin\left[\frac{\tan^{-1}(0.3)}{2}\right]$.

2. *एक खुरदरी (rough) सतह वाली क्षैतिज टेबुल पर 4 kg का एक गुटका रखा है और उसपर 20 N का एक क्षैतिज बल लगाया जाता है। यदि गुटका टेबुल पर नहीं फिसलता, तो टेबुल गुटके पर कितना घर्षण बल लगाएगी? गुटके तथा टेबुल के बीच स्थितिज घर्षण गुणांक के बारे में क्या कहा जा सकता है?*

हल चित्र 9.W2 में गुटके पर लगते बल दिखाए गए हैं।

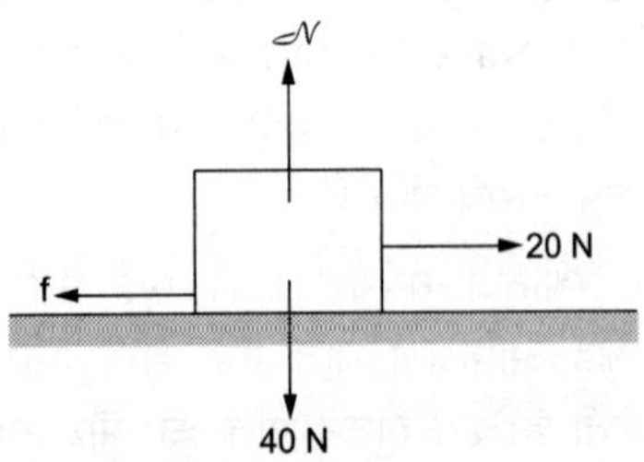

चित्र 9.W2

चूँकि गुटका संतुलन में है,

$$f = 20\text{ N तथा } \mathcal{N} = 40\text{ N}.$$

अतः, टेबुल द्वारा गुटके पर लगा घर्षण बल = 20 N.

$$f \le \mu_s\mathcal{N}.$$

अतः, $\mu_s \ge \frac{f}{\mathcal{N}} = \frac{20}{40} = 0.5.$

3. *चित्र 9.W3 में दिखाए गए गुटके और टेबुल के बीच स्थितिज घर्षण गुणांक $\mu_s = 0.2$ है। द्रव्यमान m का अधिकतम मान कितना हो सकता है ताकि गुटके गतिमान न हों? g का मान 10 m/s^2 लें तथा डोरी व घिरनी को घर्षणरहित और नगण्य भार वाली मानें।*

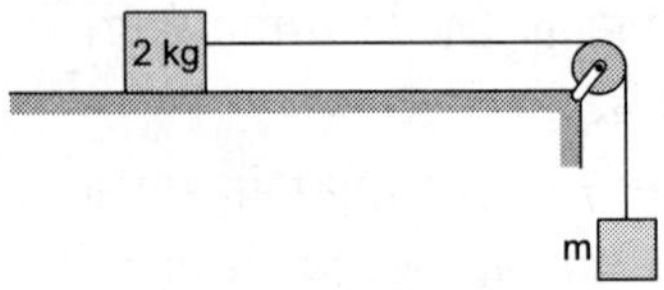

चित्र 9.W3

हल लटकते गुटके के संतुलन के लिए भार mg तथा डोरी में तनाव के परिमाण बराबर होने चाहिए।

$$T - mg = 0 \text{ या } T = mg. \qquad \ldots \text{(i)}$$

टेबुल पर रखे गुटके पर विचार करें। इसपर लगते बल हैं,

(i) डोरी द्वारा T, दाहिनी ओर;
(ii) टेबुल द्वारा घर्षण बल f, बायीं ओर;
(iii) धरती द्वारा भार $(2\text{ kg})\times(10\text{ m/s}^2) = 20\text{ N}$, नीचे की ओर;
(iv) टेबुल द्वारा अभिलंब बल, $\mathcal{N}$, ऊपर की ओर।

संतुलन के लिए, $\mathcal{N} = 20\text{ N}$ … (ii)

तथा $f = T$. … (iii)

चूँकि m का मान गुटके को टेबुल पर स्थिर रखने के लिए अधिकतम है, घर्षण का मान सीमांत घर्षण के बराबर होगा। अतः,

$$f = \mu_s\mathcal{N} = 0.2\times 20\text{ N} = 4\text{ N}.$$

समीकरण (iii) से, $T = 4\text{ N}$ तथा

समीकरण (i) से, $mg = 4\text{ N}$

या $m = \frac{4\text{ N}}{10\text{ m/s}^2} = 0.4\text{ kg}.$

4. *चित्र 9.W4 में दिखाए गए गुटकों के बीच घर्षण गुणांक μ है। टेबुल घर्षणरहित है। M द्रव्यमान वाले गुटके पर अधिकतम कितना क्षैतिज बल F लगाया जा सकता है ताकि दोनों गुटके साथ-साथ चल सकें?*

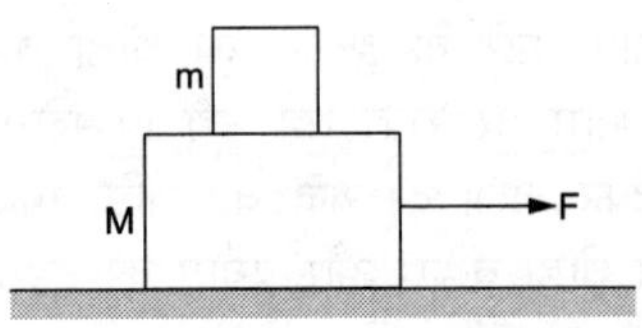

चित्र 9.W4

हल **पहली विधि**—दोनों गुटके साथ-साथ चलते हैं, इसलिए हम इन दोनों को मिलाकर एक संहति मान सकते हैं। इसपर लगते बल हैं,

(i) भार $(M+m)g$, नीचे की ओर;

(ii) टेबुल द्वारा अभिलंब बल $\mathscr{N}_1$, ऊपर की ओर;

(iii) मनुष्य द्वारा बल F, दाहिनी ओर।

चूँकि टेबुल घर्षणरहित है, टेबुल द्वारा इस संहति पर कोई घर्षण बल नहीं लगता। दोनों गुटके आपस में एक-दूसरे पर अभिलंब तथा घर्षण के बल लगा रहे हैं, पर इन बलों को हम बलों की सूची में नहीं रख रहे हैं, क्योंकि ये बल संहति के अंदर से एक-दूसरे पर लग रहे हैं। यदि दोनों गुटके a त्वरण से आगे की ओर चल रहे हों, तो न्यूटन के गति-नियम से,

$$F=(M+m)a$$

या $$a=\frac{F}{M+m}\cdot \quad \ldots \text{(i)}$$

अभिलंब बल $\mathscr{N}_1$ संहति के भार $(M+m)g$ के बराबर होगा, क्योंकि ऊर्ध्वाधर दिशा में कोई गति नहीं हो रही है।

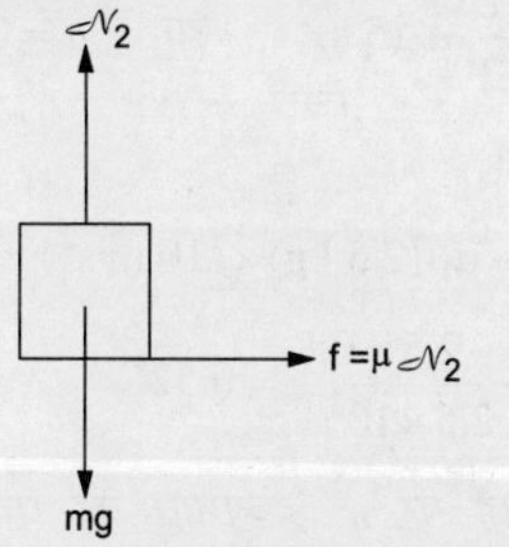

चित्र 9.W5

अब सिर्फ ऊपर वाले गुटके को अपनी संहति मानें। इसका द्रव्यमान m है तथा यह दाहिनी ओर a त्वरण से चल रहा है। इसपर लगते बल हैं (चित्र 9.W5),

(i) भार mg,

(ii) नीचे वाले गुटके द्वारा अभिलंब बल $\mathscr{N}_2$ तथा

(iii) नीचे वाले गुटके द्वारा क्षैतिज दिशा में घर्षण बल f.

यह घर्षण स्थितिज घर्षण है, क्योंकि गुटकों की सतहें एक-दूसरे पर नहीं फिसलतीं।

ऊर्ध्वाधर दिशा में गति-नियम लगाने पर,

$$\mathscr{N}_2=mg. \quad \ldots \text{(ii)}$$

क्षैतिज दिशा में गति-नियम लगाने पर,

$$f=ma=m\cdot\frac{F}{M+m}\cdot$$

चूँकि हम F के अधिकतम मान को लिख रहे हैं,

$$f=\mu\mathscr{N}_2$$

या $$\mu\mathscr{N}_2=\frac{mF}{M+m}\cdot$$

समीकरण (ii) का उपयोग करने पर,

$$\mu mg=\frac{mF}{M+m}$$

या $$F=\mu(M+m)g.$$

दूसरी विधि—यदि आप चाहें तो दोनों गुटकों को अलग-अलग संहति मानकर भी F का मान निकाल सकते हैं।

ऊपर वाले गुटके के लिए समीकरण हैं,

$$f=ma \quad \ldots \text{(i)}$$

तथा $$\mathscr{N}_2=mg. \quad \ldots \text{(ii)}$$

सीमांत घर्षण होने के कारण,

$$f=\mu\mathscr{N}_2=\mu mg. \quad \ldots \text{(iii)}$$

अब समीकरण (i) एवं (iii) से,

$$\mu mg=ma$$

या $$a=\mu g. \quad \ldots \text{(iv)}$$

अब नीचे वाले गुटके को संहति मानें।

चूँकि नीचे वाला गुटका ऊपर वाले पर दाहिनी ओर घर्षण बल f लगा रहा है, ऊपर वाला गुटका नीचे वाले पर घर्षण बल f बायीं ओर लगाएगा। यह न्यूटन के तीसरे गति-नियम के कारण है। इसी तरह ऊपर वाला गुटका इसपर नीचे की ओर $\mathscr{N}_2$ अभिलंब बल लगाएगा। नीचे वाले गुटके पर लगे बल चित्र 9.W6 में दिखाए गए हैं।

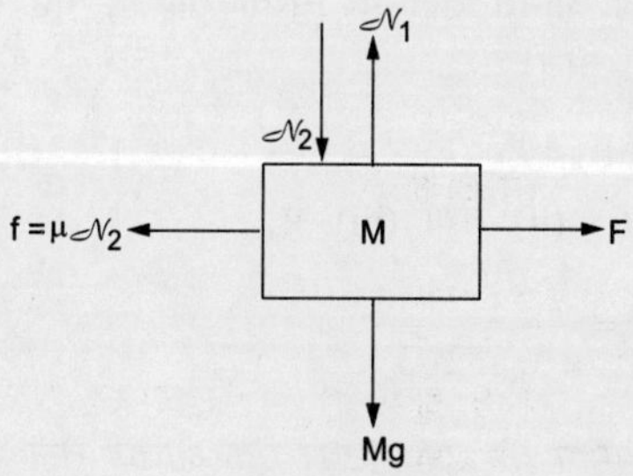

चित्र 9.W6

ये बल हैं,

(i) Mg नीचे की ओर;

(ii) $\mathscr{N}_2$ नीचे की ओर, दूसरे गुटके द्वारा अभिलंब बल;

(iii) $\mathscr{N}_1$ ऊपर की ओर, टेबुल के द्वारा;

(iv) $f=\mu\mathscr{N}_2$ बायीं ओर, ऊपर के गुटके द्वारा;

(v) F दाहिनी ओर, मनुष्य द्वारा।

न्यूटन के गति-नियम से,

$$F-\mu\mathscr{N}_2=Ma.$$

समीकरण (ii) से, $F-\mu mg=Ma.$

समीकरण (iv) से, $F-\mu mg=\mu Mg.$

अतः, $F=\mu(M+m)g.$

5. *30° झुकाव वाले एक आनत तल पर एक गुटके को फिसलने के लिए छोड़ दिया जाता है। इसका त्वरण g/4 पाया जाता है। दोनों के बीच गतिज घर्षण गुणांक निकालें।*

हल मान लें कि गुटके का द्रव्यमान m है। इसपर लगते बल चित्र 9.W7 में दिखाए गए हैं। ये बल हैं,

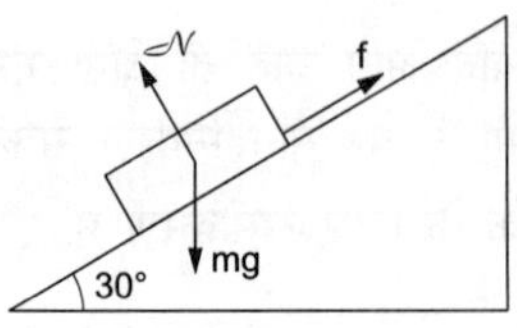

चित्र 9.W7

(i) वस्तु का भार mg, धरती द्वारा;

(ii) अभिलंब बल $\mathcal{N}$, आनत तल द्वारा;

(iii) घर्षण बल f, आनत तल द्वारा।

इन बलों के कारण वस्तु में तल के समानांतर नीचे की ओर $g/4$ त्वरण है। तल के समानांतर बलों के घटक लेकर न्यूटन का गति-नियम लगाने पर,

$$mg\sin 30° - f = \frac{mg}{4}$$

या $$f = \frac{mg}{2} - \frac{mg}{4} = \frac{mg}{4}. \quad \ldots \text{(i)}$$

तल के लंबवत कोई त्वरण नहीं है। इस दिशा में बलों के घटक लेकर न्यूटन का गति-नियम लगाने पर,

$$\mathcal{N} = mg\cos 30° = mg\frac{\sqrt{3}}{2}. \quad \ldots \text{(ii)}$$

चूँकि गुटका आनत तल पर सरक रहा है, यह गतिज घर्षण की अवस्था है। अतः,

$$f = \mu_k \mathcal{N}. \quad \ldots \text{(iii)}$$

समीकरण (i), (ii) तथा (iii) से,

$$\mu_k = \frac{f}{\mathcal{N}} = \frac{1}{2\sqrt{3}}.$$

6. *2.5 kg द्रव्यमान का एक गुटका एक क्षैतिज तल पर रखा हुआ है। यदि 15 N से कम परिमाण का क्षैतिज बल इसपर लगाया जाए तो यह नहीं खिसकता। यदि इस गुटके पर 15 N का क्षैतिज बल लगाया जाए और इसे हलका-सा धक्का देकर गति प्रारंभ करा दी जाए, तो पहले 5 s में यह 10 m चल लेता है, जबकि 15 N से अधिक का क्षैतिज बल लगाने पर गुटका स्वतः फिसलना प्रारंभ कर देता है। $g = 10\ \text{m/s}^2$ लेते हुए गुटके तथा तल के बीच स्थितिज एवं गतिज घर्षण गुणांक निकालें।*

हल चित्र 9.W8 में गुटके पर लगते बलों को दिखाया गया है। यहाँ $M = 2.5\ \text{kg}$ तथा $F = 15\ \text{N}$ है।

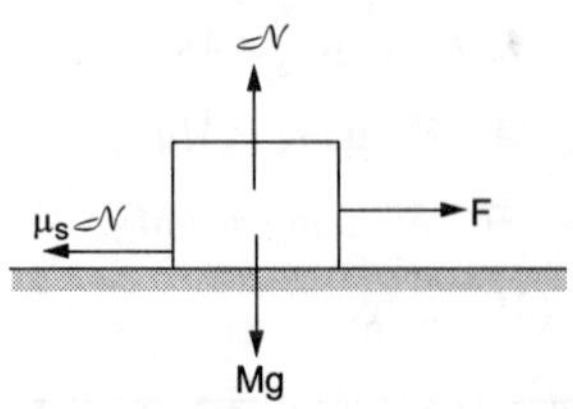

चित्र 9.W8

जब $F = 15\ \text{N}$ लगाया जाता है और धक्का नहीं दिया जाता है तब गुटका सीमांत संतुलन की स्थिति में रहता है। अर्थात, इस समय लगा घर्षण स्थितिज घर्षण के सीमांत मान के बराबर है। अतः, $f = \mu_s \mathcal{N}$.

न्यूटन का प्रथम गति-नियम लगाने पर,

$$F = \mu_s \mathcal{N} \quad \text{तथा} \quad \mathcal{N} = Mg.$$

अतः, $F = \mu_s Mg$

या $$\mu_s = \frac{F}{Mg} = \frac{15\ \text{N}}{(2.5\ \text{kg})(10\ \text{m/s}^2)} = 0.60.$$

जब गुटके को थोड़ा धक्का दिया जाता है और 15 N का बल लगाए रखा जाता है, तब वह 15 s में 10 m चलता है। इस समय का घर्षण गतिज घर्षण होगा। अतः, घर्षण बल

$$f = \mu_k \mathcal{N}.$$

न्यूटन के गति-नियम से,

$$F - \mu_k \mathcal{N} = Ma \quad \text{तथा} \quad \mathcal{N} = Mg.$$

अतः, $$F - \mu_k Mg = Ma. \quad \ldots \text{(i)}$$

चूँकि गुटका 5 s में 10 m चलता है, इसलिए

$$10\ \text{m} = \frac{1}{2}\cdot a\cdot(5\ \text{s})^2 \quad \text{या} \quad a = 0.8\ \text{m/s}^2.$$

समीकरण (i) से,

$$(15\ \text{N}) - \mu_k(2.5\ \text{kg}) \times (10\ \text{m/s}^2) = (2.5\ \text{kg})(0.8\ \text{m/s}^2)$$

या $$\mu_k = \frac{15 - 2.5 \times 0.8}{2.5 \times 10} = 0.52.$$

7. *एक क्षैतिज सतह पर m द्रव्यमान का एक गुटका रखा गया है और इसे एक बल F से धक्का दिया जा रहा है तो ऊर्ध्वाधर से θ कोण बनाता है। यदि सतहों के बीच घर्षण गुणांक μ हो, तो F का न्यूनतम मान बताएँ ताकि गुटका क्षैतिज सतह पर फिसलना प्रारंभ कर दे। क्या होगा, यदि $\tan\theta < \mu$ हो?*

हल दी गई परिस्थिति तथा गुटके पर लगते बल चित्र 9.W9 में दिखाए गए हैं। F के न्यूनतम मान की परिस्थिति में सीमांत घर्षण होगा। अतः, घर्षण बल $f = \mu\mathcal{N}$ होगा।

ऊर्ध्वाधर दिशा में बलों के घटक लेकर न्यूटन का नियम लगाने पर,

$$F\cos\theta + mg = \mathcal{N}. \quad \ldots \text{(i)}$$

क्षैतिज दिशा में बलों के घटक लेकर न्यूटन का नियम लगाने पर,

$$F\sin\theta = \mu\mathcal{N}. \quad \ldots \text{(ii)}$$

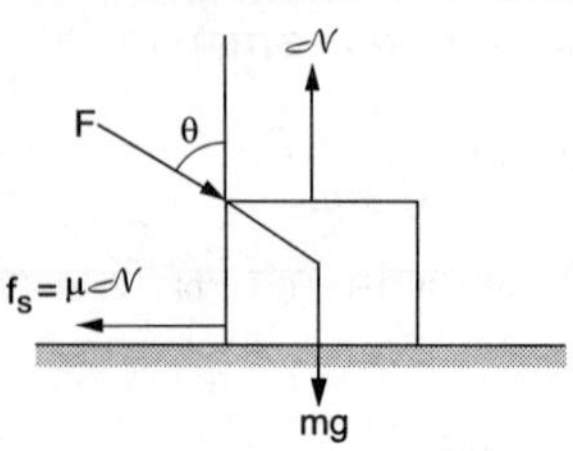

चित्र 9.W9

समीकरण (i) तथा (ii) से $\mathcal{N}$ हटाने पर,

$$F\sin\theta = \mu F\cos\theta + \mu mg$$

या $$F = \frac{\mu mg}{\sin\theta - \mu\cos\theta}.$$

यदि $\tan\theta < \mu$, तो $\sin\theta < \mu\cos\theta$ और F का मान ऋणात्मक होगा। अर्थात, ऐसी स्थिति में कितना भी ज्यादा बल लगाकर धक्का क्यों नहीं दिया जाए, गुटका आगे नहीं बढ़ेगा।

8. *चित्र 9.W10 में दिखाई स्थिति पर विचार करें। दोनों संपर्क सतहों पर घर्षण गुणांक μ है। M/m का अधिकतम मान बताएँ ताकि दोनों गुटके बिना त्वरण के फिसल सकें। $\tan\theta < \mu$ की स्थिति की विवेचना करें।*

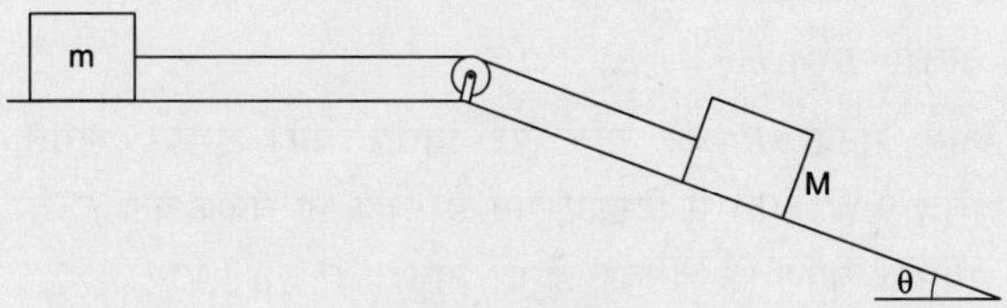

चित्र 9.W10

हल चित्र 9.W11 में दोनों गुटकों पर लगते बलों को दिखाया गया है। यदि दोनों गुटके बिना त्वरण के फिसल रहे हों, तो

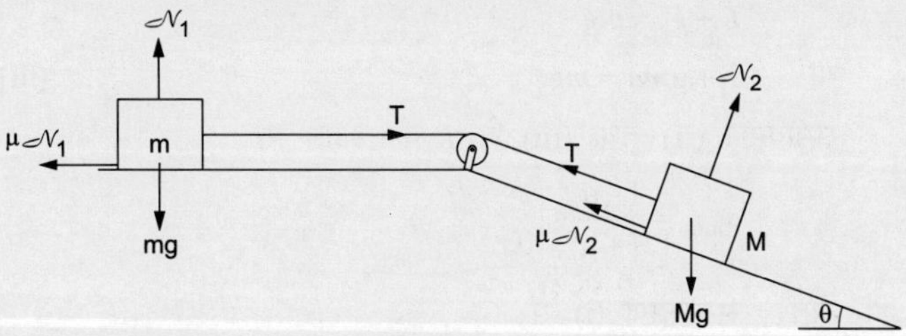

चित्र 9.W11

m द्रव्यमान वाले गुटके के लिए,

$$T = \mu\mathcal{N}_1 \text{ तथा } \mathcal{N}_1 = mg.$$

अतः, $T = \mu mg.$ … (i)

M द्रव्यमान वाले गुटके के लिए,

$$T + \mu\mathcal{N}_2 = Mg\sin\theta.$$

आनत तल के लंबवत घटक लेने पर,

$$\mathcal{N}_2 = Mg\cos\theta.$$

अतः, $T = Mg\sin\theta - \mu Mg\cos\theta.$ … (ii)

समीकरण (i) तथा (ii) से,

$$\mu mg = Mg(\sin\theta - \mu\cos\theta)$$

या $$\frac{M}{m} = \frac{\mu}{\sin\theta - \mu\cos\theta}.$$

यदि $\tan\theta < \mu$, तो $\frac{M}{m}$ का मान ऋणात्मक होगा, अर्थात ऐसी स्थिति में चाहे जितना भी भार रखें, गुटके एकसमान वेग से नहीं खिसकेंगे।

9. *एक क्षैतिज सतह पर m तथा M द्रव्यमान के दो गुटके विरामावस्था में स्थित हैं (चित्र 9.W12)। गुटके एक डोरी द्वारा बँधे हैं और दाहिने गुटके को क्षैतिज बल F द्वारा खींचा जा रहा है। m = 2 kg, M = 4 kg तथा $\mu_1 = \mu_2 = 0.4$ मानें। g का मान 10 m/s^2 मानें।*

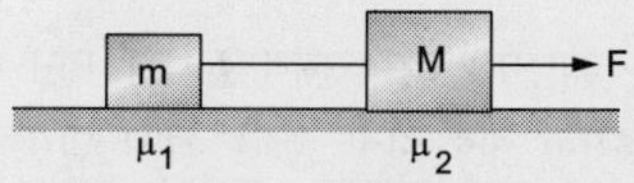

चित्र 9.W12

(a) यदि F का मान 4 N हो, तो क्या आप रस्सी का तनाव तथा दोनों गुटकों पर घर्षण बल का मान बता सकते हैं?

(b) मान लें, प्रारंभ में डोरी में तनाव शून्य है और F का मान शून्य से धीरे-धीरे बढ़ाया जाता है। द्रव्यमान M पर लगनेवाले घर्षण बल के मान और F के बीच ग्राफ खींचें। ऐसा ही ग्राफ m पर लगनेवाले घर्षण बल तथा F के बीच खींचें।

(c) F के किस मान के लिए गुटके फिसलने लगेंगे?

हल दी गई सूचनाओं के आधार पर हम निम्नांकित समीकरण लिख सकते हैं।

$$f_1 \le \mu mg = 0.4 \times 20\text{ N} = 8\text{ N}$$

$$f_2 \le \mu Mg = 0.4 \times 40\text{ N} = 16\text{ N}$$

(a) $f_1 = T$

$f_2 + T = 4$ N

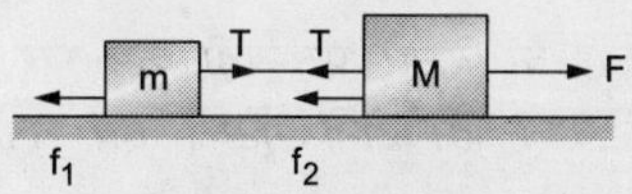

चित्र 9.W13

इन दो समीकरणों से तीन राशियों T, f_1 तथा f_2 के मान नहीं निकाले जा सकते। उदाहरण के लिए, $f_1 = T = 0$ तथा $f_2 = 4$ N भी एक संभव हल है, $f_1 = T = 1$ N तथा $f_2 = 3$ N भी एक संभव हल है।

अनेक अन्य हल लिए जा सकते हैं। प्रारंभ में डोरी कितनी तनी है, इस बात पर f_1, f_2 सुनिश्चित होंगे।

(b) प्रारंभ में डोरी का तनाव शून्य है। जब F शून्य है, f_1 तथा f_2 के मान शून्य होंगे, क्योंकि कहीं भी कोई क्षैतिज बल नहीं लग रहा है। जब F को थोड़ा बढ़ाते हैं, तो घर्षण के कारण M नहीं खिसकता और डोरी नहीं तनती है। अतः, T का मान शून्य ही बना रहता है। यह स्थिति F = 16 N तक होगी जबकि f_2 का मान भी 16 N हो जाएगा। जैसे ही F का मान 16 N से बढ़ाया जाएगा, M दाहिनी ओर थोड़ा-सा खिसकेगा तथा डोरी में भी उतनी ही लंबाई की वृद्धि होगी और उसका तनाव शून्य से बढ़ेगा। चूँकि डोरी की लंबाई में अत्यंत थोड़ी वृद्धि होने पर ही तनाव उत्पन्न हो जाता है, M के इस खिसकने को भी हम अत्यंत धीमा मान सकते हैं।

f_2 का मान 16 N बना रहेगा।

$$T + f_2 = F$$

या $$T = F - f_2 = F - 16\text{ N}.$$

रस्सी में तनाव के कारण m आगे की ओर सरकना चाहेगा, पर घर्षण f_1 उसे स्थिर रखेगा। f_1 का मान तनाव T के बराबर होगा। जब तनाव का मान 8 N हो जाएगा तब f_1 अपने सीमांत घर्षण

पर आ जाएगा। इस समय F का मान $(16+8)$ N = 24 N होगा। इसके बाद दोनों गुटके साथ-साथ दाहिनी ओर चलने लगेंगे और दोनों पर गतिज घर्षण लगेंगे। यदि घर्षण गुणांक μ स्थितिज एवं गतिज दोनों प्रकार के गुणांकों के लिए हैं, तो $f_1 = 8$ N तथा $f_2 = 16$ N बना रहेगा। F के बदलने से f_1 तथा f_2 के ग्राफ चित्र 9.W14 में दिखाए गए हैं।

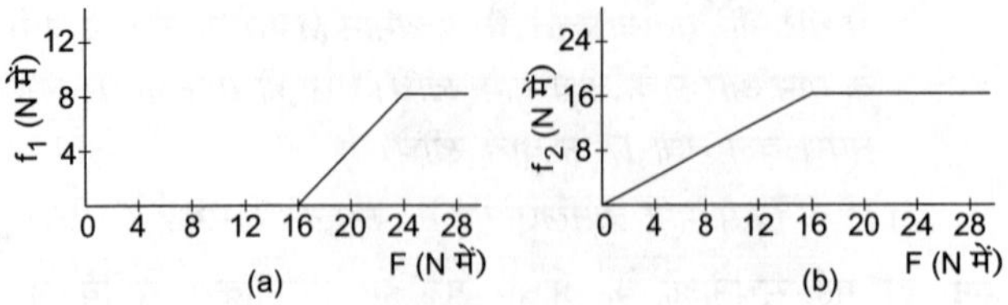

चित्र 9.W14

(c) जब दोनों गुटके फिसलने लगेंगे, तब $f_1 = 8$ N, $f_2 = 16$ N. अतः, $F = f_1 + f_2 = 24$ N. अत: 24 N का बल लगाने पर गुटके फिसलना प्रारंभ करेंगे।

10. *चित्र 9.W15 में एक बड़ा ब्लॉक C, घर्षणरहित क्षैतिज तल पर रखा हुआ है। चित्र में दिखाए अनुसार गुटके A तथा B एक डोरी से बँधे हैं जो C के किनारे पर जड़ी कम भार वाली और चिकनी घिरनी पर से जाती है। दोनों गुटकों एवं ब्लॉक के बीच घर्षण गुणांक μ है। बड़े ब्लॉक पर एक क्षैतिज बल F लगाकर पूरी संहति को दाहिनी ओर त्वरण दिया जाता है। F का न्यूनतम तथा अधिकतम मान निकालें ताकि छोटा गुटका बड़े ब्लॉक पर न फिसले। मान लें कि इन दोनों स्थितियों में सीमांत घर्षण लगे हैं।*

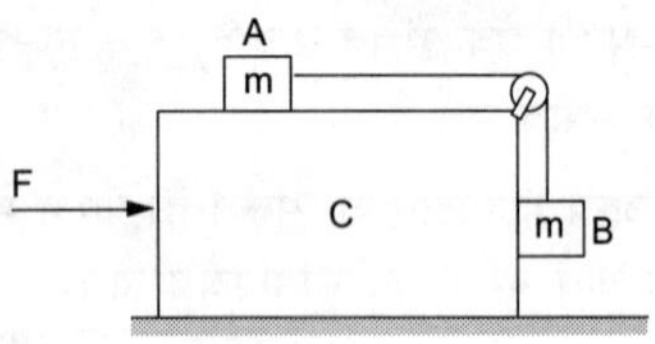

चित्र 9.W15

हल जब न्यूनतम आवश्यक बल F लगाया जाएगा, तब A, B तथा C सभी एक ही त्वरण से आगे बढ़ेंगे। इस पूरे को संहति मानकर न्यूटन का नियम लगाएँ।

$$a = \frac{F}{M+2m}. \qquad \ldots \text{(i)}$$

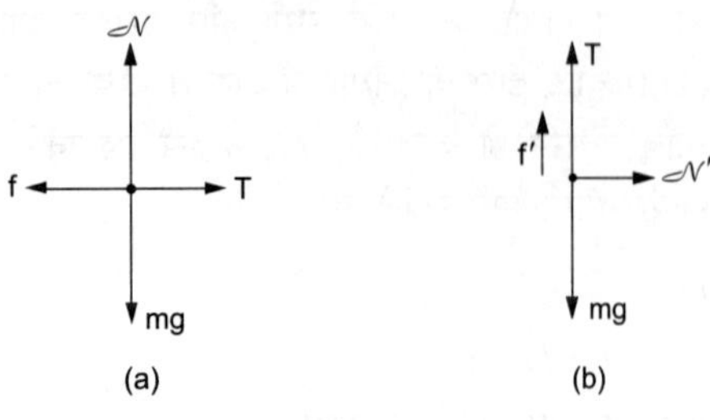

चित्र 9.W16

अब गुटके A की गति पर अलग से विचार करें। इसपर लगते बल चित्र 9.W16(a) में दिखाए गए हैं। चूँकि A की फिसलने की प्रवृत्ति दाहिनी ओर है, ब्लॉक C इसपर बायीं ओर एक घर्षण का बल f लगाएगा। इसके अतिरिक्त डोरी का तनाव, भार तथा ब्लॉक C द्वारा अभिलंब बल लगेंगे।

ऊर्ध्वाधर दिशा में संतुलन के लिए, $\mathcal{N} = mg$.

क्षैतिज दिशा में गति के लिए, $T - f = ma$.

चूँकि F अपने न्यूनतम मान पर है,

$$f = \mu\mathcal{N} = \mu mg.$$

अतः, $T - \mu mg = ma. \qquad \ldots$ (ii)

अब गुटके B की गति पर विचार करें। इसपर लगते बल चित्र 9.W16(b) में दिखाए गए हैं। यहाँ भी घर्षण बल f' का मान सीमांत घर्षण के बराबर होगा। अतः, $f' = \mu\mathcal{N}'$.

B की क्षैतिज गति के लिए

$$\mathcal{N}' = ma.$$

B के ऊर्ध्वाधर दिशा में संतुलन के लिए,

$$T + f' = mg$$

या $T + \mu ma = mg. \qquad \ldots$ (iii)

समीकरण (ii) तथा (iii) से T को हटाने पर,

$$a_{\min} = \frac{1-\mu}{1+\mu} g.$$

अतः, समीकरण (i) से,

$$F_{\min} = (M+2m)\frac{1-\mu}{1+\mu} g.$$

यदि C पर काफी बड़ा बल F लगा दिया जाए तो गुटका A बायीं ओर सरकने लगेगा तथा गुटका B ऊपर की ओर आने लगेगा। A पर घर्षण दाहिनी ओर तथा B पर नीचे की ओर लगा। ऊपर की तरह ही हल करने पर,

$$a_{\max} = \frac{1+\mu}{1-\mu} g \quad \text{तथा} \quad F_{\max} = (M+2m)\frac{1+\mu}{1-\mu} g.$$

यदि बल F का मान $F_{\min}$ तथा $F_{\max}$ के बीच में कुछ हो, तो f, f' तथा T का मान निश्चित तौर पर नहीं निकाला जा सकता।

11. *चित्र 9.W17 में एक अचल त्रिभुजाकार ब्लॉक पर दो गुटके स्थित हैं। ये गुटके ब्लॉक पर लगी एक घिरनी पर से होकर जाती डोरी से बँधे हैं। प्रत्येक गुटके तथा ब्लॉक के बीच स्थितिज घर्षण गुणांक 0.28 तथा गतिज घर्षण गुणांक 0.25 है।*

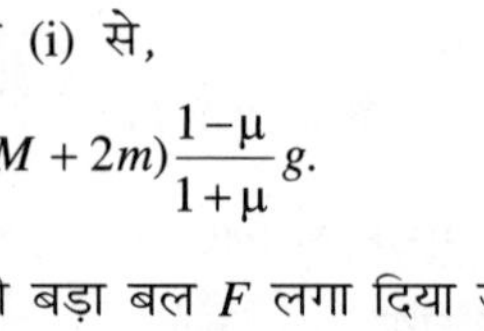

चित्र 9.W17

(a) द्रव्यमान m का न्यूनतम और अधिकतम मान निकालें ताकि गुटके स्थिर रहें। मान लें कि इन दोनों स्थितियों में दोनों गुटकों पर सीमांत घर्षण लग रहे हैं।

(b) यदि m का मान न्यूनतम के बराबर रखा जाए और 2 kg के गुटके को धीरे से सतह पर नीचे की ओर जरा-सा चलाकर छोड़ दिया जाए, तो गुटकों के त्वरण का परिमाण निकालें।

हल (a) जब m अपने न्यूनतम मान पर है तब 2 kg का गुटका नीचे की ओर तथा m द्रव्यमान वाला गुटका ऊपर की ओर फिसलने की प्रवृत्ति रखेगा।

2 kg के गुटके पर लगते बल चित्र 9.W18(a) में दिखाए गए हैं। यहाँ $M = 2$ kg है। चूँकि गुटका स्थिर है, उसपर लगनेवाले सभी बलों का योग शून्य होगा।

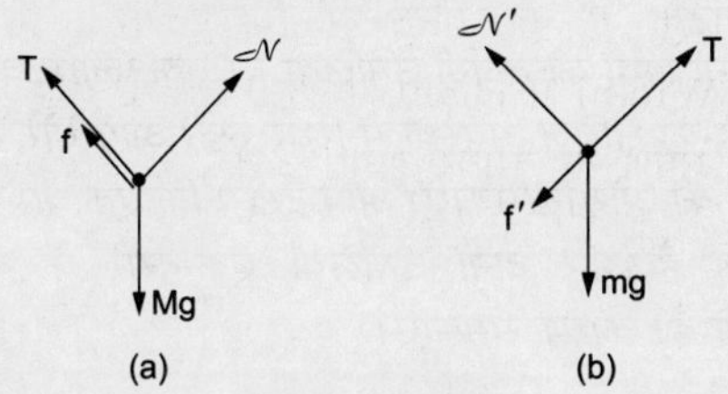

चित्र 9.W18

सतह के लंबवत घटक लेने पर,

$$\mathcal{N} = Mg\cos 45° = \frac{Mg}{\sqrt{2}}.$$

सतह के समानांतर घटक लेने पर,

$$T + f = Mg\sin 45° = \frac{Mg}{\sqrt{2}}$$

या $$T + \mu_s \mathcal{N} = \frac{Mg}{\sqrt{2}}$$

या $$T = \frac{Mg}{\sqrt{2}} - \mu_s \frac{Mg}{\sqrt{2}}$$

या $$T = \frac{Mg}{\sqrt{2}}(1 - \mu_s). \qquad \text{... (i)}$$

अब m द्रव्यमान वाले गुटके को देखें। इसपर लगते बल चित्र 9.W18(b) में दिखाए गए हैं।

सतह के लंबवत घटक लेने पर,

$$\mathcal{N}' = mg\cos 45° = \frac{mg}{\sqrt{2}}.$$

सतह के समानांतर घटक लेने पर,

$$T = mg\sin 45° + f' = \frac{mg}{\sqrt{2}} + \mu_s \mathcal{N}' = \frac{mg}{\sqrt{2}} + \mu_s \frac{mg}{\sqrt{2}}$$

या $$T = \frac{mg}{\sqrt{2}}(1 + \mu_s). \qquad \text{... (ii)}$$

समीकरण (i) तथा (ii) से,

$$m(1 + \mu_s) = M(1 - \mu_s) \qquad \text{... (iii)}$$

या $$m = \frac{1 - \mu_s}{1 + \mu_s} M = \frac{1 - 0.28}{1 + 0.28} \times 2 \text{ kg} = \frac{9}{8} \text{ kg}.$$

गुटकों को संतुलन में बनाए रखने के लिए तथा m का अधिकतम मान ज्ञात करने के लिए हम समीकरण (iii) में ही $\mu_s = -0.28$ रख सकते हैं। ऐसा इसलिए कि अधिकतम m रखने पर यह गुटका नीचे की ओर तथा 2 kg का गुटका ऊपर की ओर सरकने का प्रयास करेगा। अतः, दोनों जगह सीमांत घर्षण की दिशाएँ उलट जाएँगी। गणित करने में μ_s का चिह्न बदलने से इस स्थिति के समीकरण मिल जाते हैं।

अतः, $$m = \frac{1 + \mu_s}{1 - \mu_s} M = \frac{1 + 0.28}{1 - 0.28} \times 2 \text{ kg} = \frac{32}{9} \text{ kg}.$$

(b) अब $m = \frac{9}{8}$ kg लिया गया है और 2 kg के गुटके को नीचे की ओर चलाकर छोड़ दिया गया है। अब गतिज घर्षण काम करेंगे।

यदि त्वरण का मान a हो, तो चित्र 9.W18(a) से,

$$Mg\sin 45° - T - f = Ma$$

या $$\frac{Mg}{\sqrt{2}} - T - \frac{\mu_k Mg}{\sqrt{2}} = Ma \qquad \text{... (iv)}$$

तथा चित्र 9.W18(b) से,

$$T - mg\sin 45° - f' = ma$$

या $$T - \frac{mg}{\sqrt{2}} - \mu_k \frac{mg}{\sqrt{2}} = ma. \qquad \text{... (v)}$$

समीकरण (iv) तथा (v) को जोड़ने पर,

$$\frac{Mg}{\sqrt{2}}(1 - \mu_k) - \frac{mg}{\sqrt{2}}(1 + \mu_k) = (M + m)a$$

या $$a = \frac{M(1 - \mu_k) - m(1 + \mu_k)}{\sqrt{2}(M + m)} g$$

$$= \frac{2 \times 0.75 - \frac{9}{8} \times 1.25}{\sqrt{2}\left(2 + \frac{9}{8}\right)} g$$

$$= 0.31 \text{ m/s}^2.$$

• *विचार हेतु प्रश्न* •

1. *दैनिक जीवन में प्रयुक्त अधिकांश सतहों के बीच घर्षण गुणांक का मान 1 से कम होता है। क्या सदैव यह आवश्यक है कि घर्षण गुणांक का मान 1 से कम ही हो?*
2. *किसी भारी बॉक्स को ऊपर से दबाते हुए धक्का देकर खिसकाने की तुलना में पीछे से धक्का देकर खिसकाना अधिक आसान क्यों होता है?*
3. *एक व्यक्ति 1 km पैदल चलता है। धरती द्वारा पैरों पर औसत घर्षण बल कितना है?*
4. *जमी हुई बर्फ पर चलना मुश्किल क्यों होता है?*
5. *क्या आप घर्षणरहित क्षैतिज सड़क पर कार के इंजन में और अधिक पेट्रोल डालकर कार में त्वरण पैदा कर सकते हैं? क्या आप घर्षणरहित क्षैतिज सड़क पर गतिशील कार को ब्रेक लगाकर रोक सकते हैं?*
6. *स्प्रिंग लगे हुए दरवाजों को छोड़ने पर वे स्वतः ही बंद हो जाते हैं। आप दरवाजे को लंबे समय तक, जैसे कि एक घंटे के लिए, खुला रखना चाहते हैं। यदि आप खुले दरवाजे से सटाकर लगभग आधा*

किलोग्राम का पत्थर रखते हैं, तो काम नहीं बनता है। पत्थर दरवाजे के साथ फिसलता है और दरवाजा बंद हो जाता है। किंतु, यदि आप दरवाजे एवं फर्श के बीच की जगह में 20 g का छोटा-सा लकड़ी का टुकड़ा फँसा देते हैं, तो दरवाजा खुला रहता है। समझाएँ कि लकड़ी का इतना छोटा टुकड़ा दरवाजे को कैसे खुला रख पाता है, जबकि इतना भारी पत्थर नहीं।

7. *आपने यह प्रयोग तो देखा ही होगा एक गिलास को प्लास्टिक के कार्ड से ढँका जाता है और इस कार्ड पर एक सिक्का रख दिया जाता है। कार्ड को उँगलियों से एक तेज ठोकर मारी जाती है तथा सिक्का गिलास में गिर जाता है।*

(a) सिक्के एवं कार्ड के बीच में घर्षण गुणांक कैसा होना चाहिए, कम या अधिक?

(b) सिक्का कैसा होना चाहिए, हलका या भारी?

(c) यदि कार्ड को धीरे से धकेला जाए, तो यह प्रयोग असफल क्यों हो जाता है?

8. *क्या रस्सा-कशी का खेल घर्षणरहित सतह पर जीता जा सकता है?*

9. *आनत तल के सापेक्ष समतल सड़क पर टायर की पकड़ अधिक अच्छी क्यों होती है?*

10. *आप हाथों में अपना बैग लेकर तालाब के मध्य में जमी बर्फ पर खड़े हुए हैं। बर्फ पर इतनी फिसलन है कि इसके द्वारा कोई घर्षण नहीं लगता है। आप बर्फ के बाहर कैसे आ सकते हैं?*

11. *जब दो सतहों को चिकना किया जाता है, तो उनके बीच घर्षण गुणांक कम हो जाता है। किंतु, यदि सतहों को बहुत अधिक चिकना बना दिया जाए, तो घर्षण गुणांक बढ़ता है और बहुत अधिक हो जाता है। व्याख्या कीजिए।*

12. *अपने दोनों हाथों की तर्जनी उँगलियों पर एक प्लास्टिक स्केल या किसी लंबी छड़ को क्षैतिज अवस्था में स्थिर रखें। आप धीरे से दोनों उँगलियों को अंदर की ओर खिसकाएँ। आप देखेंगे कि एक बार में एक उँगली ही खिसकती है और दोनों उँगलियाँ एक-दूसरे के बाद रुक-रुककर खिसकती हैं। कारण समझाएँ।*

• सटीक उत्तरवाले प्रश्न I •

सही उत्तर का चयन करें।

1. एक क्षैतिज सतह पर रखी हुई वस्तु पर बाहरी बल ऐसे लगाया जाता है कि सतह द्वारा वस्तु पर लगाए गए संपर्क बल का परिमाण नहीं बदलता। यदि इस संपर्क बल का ऊर्ध्वाधर से कोण घट जाए तो सतह तथा वस्तु के बीच घर्षण बल का परिमाण

(a) बढ़ जाएगा (b) घट जाएगा

(c) अपरिवर्तित रहेगा (d) घट या बढ़ सकता है

2. बर्फ पर चलते समय, फिसलने से बचने के लिए छोटे-छोटे कदम उठाए जाते हैं। इसका कारण यह है कि छोटे कदमों से चलने पर सुनिश्चित होता है कि

(a) घर्षण अधिक होगा (b) घर्षण कम होगा

(c) अभिलंब बल अधिक होगा (d) अभिलंब बल कम होगा

3. एक खुरदरी क्षैतिज सतह पर M द्रव्यमान की वस्तु A रखी हुई है (घर्षण गुणांक $=\mu$)। एक व्यक्ति इस वस्तु पर क्षैतिज दिशा में बल लगाकर इसको खींचना चाहता है, किंतु वस्तु गतिशील नहीं होती है। यदि सतह के द्वारा A पर लगाया गया बल F हो, तो

(a) $F = Mg$ (b) $F = \mu Mg$

(c) $Mg \le F \le Mg\sqrt{1+\mu^2}$ (d) $Mg \ge F \ge Mg\sqrt{1-\mu^2}$

4. एक स्कूटर विरामावस्था से चलना प्रारंभ करता है। यह Δt_1 समय के लिए नियत त्वरण से चलता है, तत्पश्चात अगले Δt_2 समय तक नियत वेग से चलता है, एवं अंत में अगले Δt_3 समय में धीमा होता हुआ विरामावस्था में आ जाता है। स्कूटर ड्राइवर के पीछे 500 न्यूटन भार का व्यक्ति किसी अन्य भाग को पकड़े बिना स्वयं को स्कूटर के सापेक्ष विरामावस्था में बनाए रखता है। सीट द्वारा व्यक्ति पर लगाया गया बल है

(a) हर समय 500 न्यूटन

(b) हर समय 500 न्यूटन से कम

(c) हर समय 500 न्यूटन से अधिक

(d) Δt_1 तथा Δt_3 समय के लिए > 500 N तथा Δt_2 समय के लिए 500 N

5. चित्र 9.Q1 में प्रदर्शित स्थिति में दीवार चिकनी है, किंतु A तथा B की सतहों के बीच घर्षण है। सही कथन को चुनें।

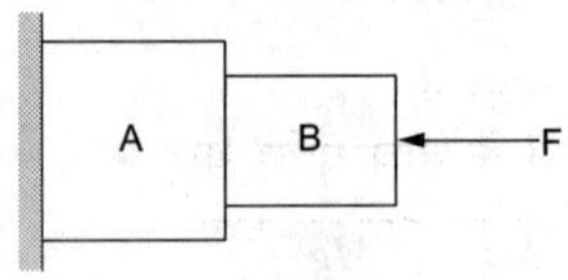

चित्र 9.Q1

(a) संतुलन की अवस्था में A के कारण B पर घर्षण बल ऊपर की ओर है।

(b) संतुलन की अवस्था में A के कारण B पर घर्षण बल नीचे की ओर है।

(c) संतुलन की अवस्था में A के कारण B पर घर्षण बल शून्य है।

(d) A तथा B संतुलन में नहीं रह सकते।

6. मान लें कि प्रश्न 5 में दिखाई गई सभी सतहें खुरदरी हैं। A के कारण B पर घर्षण बल की दिशा

(a) ऊपर की ओर है

(b) नीचे की ओर है

(c) शून्य है

(d) A तथा B के द्रव्यमान पर निर्भर करती है

7. असमान द्रव्यमान की दो कारों के टायर एक जैसे हैं। यदि दोनों के आरंभिक वेग बराबर हों, तो उनको रोकने की न्यूनतम दूरी

(a) भारी कार के लिए कम होगी

(b) कम भार वाली कार के लिए कम होगी

(c) दोनों कारों के लिए बराबर होगी

(d) कार के आयतन पर निर्भर करेगी

8. एक क्षैतिज सड़क पर कार को न्यूनतम दूरी में रोकने के लिए किसी व्यक्ति को

(a) ऐसे ब्रेक लगाने चाहिए कि पहिये घूमना बंद कर दें।
(b) इतना ही ब्रेक लगाना चाहिए जिससे कि टायर फिसलने से बचा रहे।
(c) ब्रेक पम्प करने चाहिए (दबाएँ एवं छोड़ें)।
(d) इंजन बंद कर देना चाहिए एवं ब्रेक नहीं लगाने चाहिए।

9. यदि एक आनत तल का झुकाव कोण 30° हो, तो इस तल पर रखा हुआ गुटका A फिसलना प्रारंभ कर देता है। इस गुटके की जगह एक दूसरा गुटका B रखने पर वह झुकाव कोण का मान 40° होने पर फिसलना प्रारंभ करता है। सही विकल्प चुनें।
(a) A का द्रव्यमान $>B$ का द्रव्यमान
(b) A का द्रव्यमान $<B$ का द्रव्यमान
(c) A का द्रव्यमान $=B$ का द्रव्यमान
(d) उपर्युक्त तीनों ही परिस्थितियाँ संभव हैं

10. एक खुरदरी क्षैतिज सतह पर रखे हुए M' द्रव्यमान के बॉक्स को खिसकाने के लिए M द्रव्यमान का एक लड़का उसपर एक क्षैतिज बल लगाता है। लड़के के जूतों तथा फर्श के बीच घर्षण गुणांक μ एवं बॉक्स तथा फर्श के बीच घर्षण गुणांक μ' है। निम्नांकित में किस परिस्थिति में बॉक्स को खिसकाना निश्चित रूप से संभव नहीं है?
(a) $\mu<\mu', M<M'$ (b) $\mu>\mu', M<M'$
(c) $\mu<\mu', M>M'$ (d) $\mu>\mu', M>M'$

• सटीक उत्तरवाले प्रश्न II •

सही उत्तर (उत्तरों) का चयन करें।

1. मान लें कि संपर्क में रखी हुई दो सतहों के लिए एक वस्तु द्वारा दूसरी वस्तु पर लगाए गए संपर्क बल, अभिलंब बल तथा घर्षण बल के परिमाण क्रमशः F, F_N एवं f हैं। यदि इनमें कोई भी शून्य नहीं है, तो
(a) $F>F_N$ (b) $F>f$
(c) $F_N>f$ (d) $F_N-f<F<F_N+f$

2. एक वस्तु A द्वारा दूसरी वस्तु B पर लगाए गए संपर्क बल का परिमाण दोनों वस्तुओं के बीच लग रहे अभिलंब बल के परिमाण के बराबर है। इसका तात्पर्य है कि
(a) सतहें घर्षणरहित हैं
(b) दोनों वस्तुओं के बीच घर्षण बल शून्य है
(c) अभिलंब बल का परिमाण घर्षण बल के परिमाण के बराबर है
(d) वस्तुएँ खुरदरी हो सकती हैं, किंतु वे एक-दूसरे पर फिसलती नहीं हैं

3. दो वस्तुओं के बीच लग रहे घर्षण के लिए सत्य कथनों को चिह्नित कीजिए।
(a) स्थितिज घर्षण सदैव गतिज घर्षण से अधिक होता है।
(b) स्थितिज घर्षण गुणांक सदैव गतिज घर्षण गुणांक से अधिक होता है।
(c) सीमांत घर्षण सदैव गतिज घर्षण से अधिक होता है।
(d) सीमांत घर्षण कभी भी स्थितिज घर्षण से कम नहीं होता है।

4. एक ब्लॉक क्षैतिज खुरदरे फर्श पर रखा हुआ है तथा इसपर एक क्षैतिज बल F लग रहा है। F के विभिन्न मानों के लिए फर्श द्वारा ब्लॉक पर लगाए गए घर्षण बल f को नापा जाता है और उनके बीच एक ग्राफ खींचा जाता है। सत्य कथनों को इंगित करें।
(a) यह ग्राफ 45° ढाल की एक सरल रेखा होगा।
(b) यह ग्राफ F-अक्ष के समानांतर रेखा होगा।
(c) ग्राफ F के छोटे मानों के लिए 45° झुकाव वाली रेखा तथा F के बड़े मानों के लिए F-अक्ष के समानांतर एक सरल रेखा होगा।
(d) ग्राफ में एक कोना निकला होगा।

5. क्षैतिज सड़क पर एक वाहन पूर्व दिशा की ओर जा रहा है। हवा के कारण लगते बल को नगण्य मानिए। सड़क के कारण वाहन पर लगनेवाला घर्षण बल
(a) पूर्व दिशा की ओर होगा, यदि वाहन की चाल बढ़ती जा रही हो।
(b) शून्य होगा, यदि वाहन एकसमान वेग से गतिशील हो।
(c) पूर्व दिशा की ओर ही होगा।
(d) पश्चिम दिशा की ओर ही होगा।

• अभ्यास के प्रश्न •

1. एक खुरदरे (rough) क्षैतिज तल पर फिसल रही वस्तु 4.0 m/s^2 अवमंदन से गतिशील है। वस्तु तथा तल के बीच गतिज घर्षण गुणांक का मान निकालें।

2. एक खुरदरी क्षैतिज सड़क के अनुदिश एक ब्लॉक को 10 m/s की चाल से गतिमान कर छोड़ दिया जाता है। यदि गतिज घर्षण गुणांक 0.10 हो, तो यह ब्लॉक विरामावस्था में आने से पूर्व कितनी दूरी तय करेगा?

3. m द्रव्यमान वाला एक गुटका एक क्षैतिज टेबुल पर रखा हुआ है। यदि स्थितिज घर्षण गुणांक μ हो, तो गुटके पर लगनेवाला घर्षण बल ज्ञात करें।

4. क्षैतिज से 30° झुकाव वाले आनत तल पर एक गुटका नीचे की ओर फिसलता है। स्थिर अवस्था से गति प्रारंभ करने के बाद दो सेकंड में यह 8 m दूरी तय करता है। दोनों सतहों के बीच गतिज घर्षण गुणांक ज्ञात करें।

5. प्रश्न 4 में वर्णित गुटका तल पर नीचे की ओर 4 N बल से धकेला जाता है। विरामावस्था से गति प्रारंभ करने के बाद दो सेकंड में यह कितनी दूरी चलेगा? गुटके का द्रव्यमान 4 kg है।

6. 30° झुकाव वाले एक खुरदरे आनत तल पर 2 kg द्रव्यमान की एक वस्तु स्थित है। स्थितिज घर्षण गुणांक = 0.2 है। वस्तु तल पर फिसले इसके लिए तल के समानांतर लगाए जानेवाले बल का न्यूनतम परिमाण ज्ञात करें, यदि
(a) वस्तु आनत तल पर ऊपर की ओर चलती है,
(b) वस्तु आनत तल पर नीचे की ओर चलती है।

7. प्रश्न 6 की परिस्थिति पर पुनः विचार करें। यदि वस्तु पर क्षैतिज बल लगाकर उसे तल पर ऊपर की ओर खिसकाना हो, तो बल का न्यूनतम परिमाण निकालें।

8. बच्चों के खेलने के पार्क में एक आनत तल इस प्रकार बनाया गया है कि इसके बीच के भाग में झुकाव कोण 45° है (चित्र 9.E1)। यदि कपड़ों तथा तल के बीच घर्षण गुणांक 0.6 तथा $g = 10\ m/s^2$ हो, तो बच्चा तल के इस भाग में कितने त्वरण के साथ फिसलेगा?

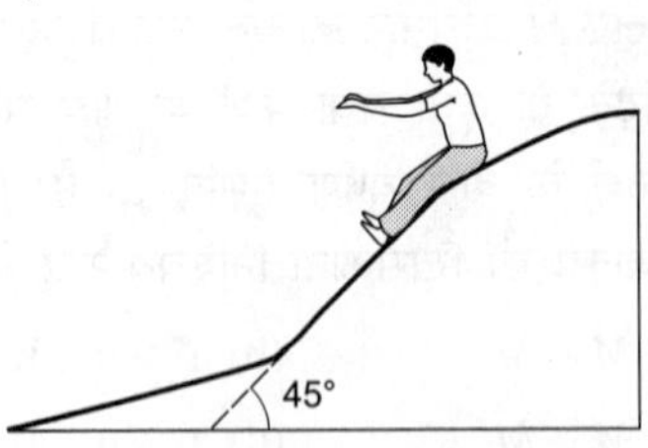

चित्र 9.E1

9. एक वस्तु एक आनत तल पर फिसलना प्रारंभ करती है और पहले आधे सेकंड में आधा मीटर दूरी तय करती है। अगली आधा मीटर दूरी तय करने में इसको कितना समय लगेगा?

10. एक वस्तु द्वारा दूसरी वस्तु पर लगाए गए अभिलंब बल तथा उसी वस्तु पर लगाए गए कुल संपर्क बल के बीच बने कोण को घर्षण कोण कहते हैं। यदि घर्षण कोण λ तथा स्थितिज घर्षण गुणांक μ हो, तो दिखाइए कि $\lambda \le \tan^{-1}\mu$.

11. चित्र 9.E2 में दिखाई गई स्थिति पर विचार करें। निकालें
   (a) 1.0 kg के गुटकों का त्वरण,
   (b) 1.0 kg के गुटकों को जोड़नेवाली डोरी में तनाव तथा
   (c) 0.5 kg के गुटके से जुड़ी हुई डोरी में तनाव।

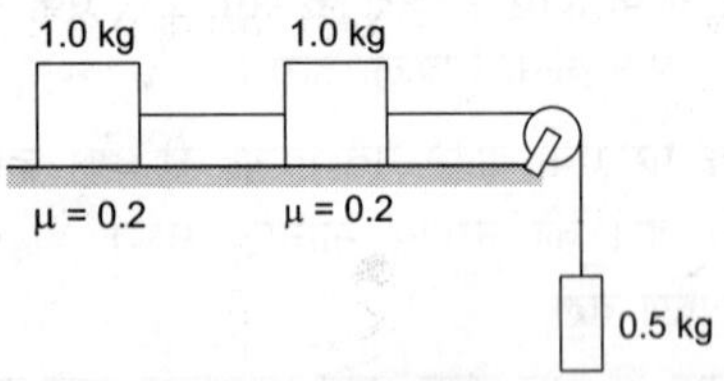

चित्र 9.E2

12. चित्र 9.E3 में डोरी का तनाव 16 न्यूटन है तथा प्रत्येक गुटके का त्वरण $0.5\ m/s^2$ है। गुटकों तथा उनके नीचे की सतहों के बीच घर्षण गुणांक ज्ञात करें।

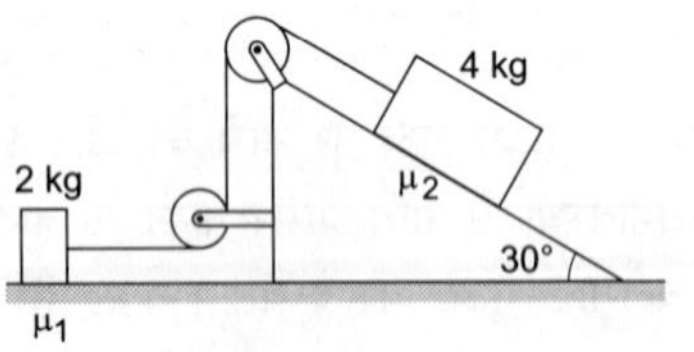

चित्र 9.E3

13. चित्र 9.E4 में दिखाई गई टेबुल तथा गुटके के बीच घर्षण गुणांक 0.2 है। दोनों डोरियों में तनावों के मान ज्ञात करें।

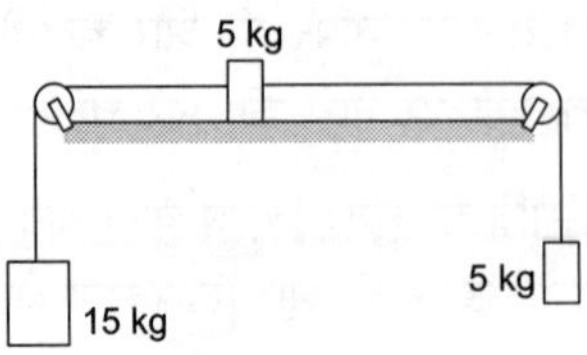

चित्र 9.E4

14. एक वाहन के टायरों तथा सड़क के बीच घर्षण गुणांक 4/3 है। सड़क में ढलान है और वाहन ढलान पर नीचे की ओर 36 km/h की चाल से जा रहा है। चालक जोर से ब्रेक लगाता है और टायर का घूमना बंद होकर वह सड़क पर फिसलने लगता है। सड़क की ढलान का क्षैतिज से अधिकतम झुकाव ज्ञात करें ताकि वाहन को 5 m दूरी तक में रोका जा सके।

15. एक धावक के जूतों तथा जमीन के बीच घर्षण गुणांक 0.90 है। मान लें कि एक सुपरमैन इन जूतों को पहनता है तथा 50 m दूरी दौड़ता है। उसके तेज गति से दौड़ने की कोई अधिकतम सीमा नहीं है।
   (a) विरामावस्था से दौड़ना प्रारंभ करके 50 m दूरी तय करने में उसे कितना न्यूनतम समय लगेगा?
   (b) मान लीजिए कि वह ठीक इतने समय में 50 m दूरी तय करता है तो वह रुकने में न्यूनतम कितना समय लगाएगा?

16. एक कार के सामने 12.8 m लंबा एवं 30° कोण का ढलान आता है। कार की चाल 21.6 km/h है (चित्र 9.E5)। सड़क तथा टायर के बीच घर्षण गुणांक $1/2\sqrt{3}$ है। दिखाइए कि ड्राइवर चाहे कितनी ही जोर का ब्रेक लगाए, कार नीचे 36 km/h से अधिक चाल से ही पहुँचेगी। ($g = 10\ m/s^2$)

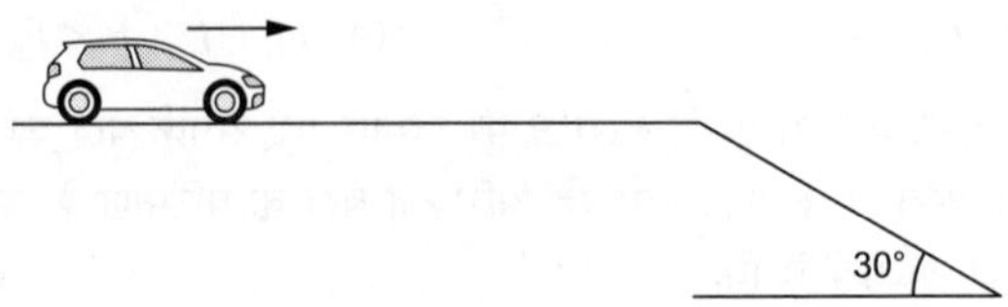

चित्र 9.E5

17. एक कार आधा किलोमीटर लंबे पुल पर विरामावस्था से चलना प्रारंभ करती है। टायरों तथा सड़क के बीच घर्षण गुणांक 1.0 है। दिखाइए कि कार पुल को 10 s से कम समय में पार नहीं कर सकती है।

18. चित्र 9.E6 में 30° झुकाव वाले आनत तल पर दो गुटके एक-दूसरे के संपर्क में रहते हुए फिसल रहे हैं। तल की सतह के साथ 2 kg एवं 4 kg द्रव्यमान वाले गुटकों के घर्षण गुणांक क्रमशः μ_1 तथा μ_2 हैं। 2 kg द्रव्यमान वाले गुटके का त्वरण ज्ञात कीजिए यदि
   (a) $\mu_1 = 0.20$ तथा $\mu_2 = 0.30$,
   (b) $\mu_1 = 0.30$ तथा $\mu_2 = 0.20$.

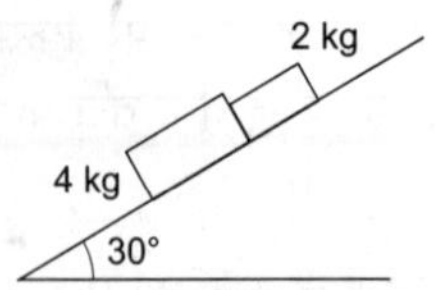

चित्र 9.E6

19. m तथा M के दो द्रव्यमान एक भारहीन छड़ के किनारों पर जड़े हैं। यह निकाय θ झुकाव के आनत तल पर फिसल रहा है। दोनों की संपर्क सतहों का घर्षण गुणांक μ है। इस संहति का त्वरण ज्ञात करें तथा एक द्रव्यमान पर छड़ द्वारा लगाया गया बल ज्ञात करें।

20. एक खुरदरी क्षैतिज सतह पर M द्रव्यमान का एक गुटका रखा हुआ है। गुटके तथा सतह के बीच स्थितिज घर्षण गुणांक μ है। गुटके को एक बल लगाकर खींचा जा रहा है। गुटके को खिसकाने के लिए न्यूनतम कितना बल आवश्यक है? यह बल किस दिशा में लगाया जाना चाहिए?

21. चित्र 9.E7 में दिखाए गए बोर्ड तथा फर्श के बीच घर्षण गुणांक μ है। व्यक्ति के द्वारा रस्सी पर अधिकतम कितना बल लगाया जा सकता है जिससे कि फर्श पर बोर्ड फिसलना प्रारंभ नहीं करे?

चित्र 9.E7

22. 4 kg द्रव्यमान वाले एक गुटके पर 2 kg द्रव्यमान वाला दूसरा गुटका रखा हुआ है तथा दोनों एक चिकने क्षैतिज टेबुल पर रखे हुए हैं। गुटकों के बीच घर्षण गुणांक 0.20 है। दोनों गुटकों का त्वरण ज्ञात कीजिए यदि 12 N का एक क्षैतिज बल (a) ऊपर वाले गुटके पर, (b) नीचे वाले गुटके पर लगाया जाता है। ($g = 10\ m/s^2$)

23. चित्र 9.E8 में प्रदर्शित तीन ब्लॉकों के त्वरण a_1, a_2, a_3 ज्ञात करें यदि 10 न्यूटन का एक क्षैतिज बल (a) 2 kg वाले ब्लॉक पर, (b) 3 kg वाले ब्लॉक पर, (c) 7 kg वाले ब्लॉक पर लगाया जाता है। ($g = 10\ m/s^2$)

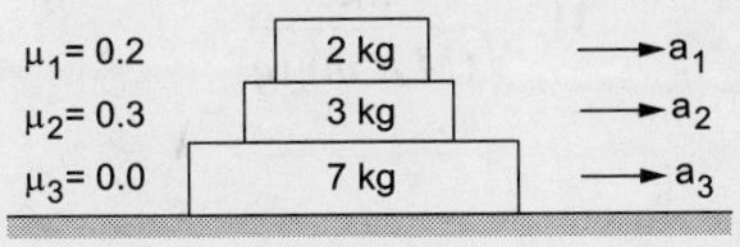

चित्र 9.E8

24. चित्र 9.E9 में प्रदर्शित ब्लॉकों के बीच घर्षण गुणांक μ है, किंतु फर्श घर्षणरहित है।

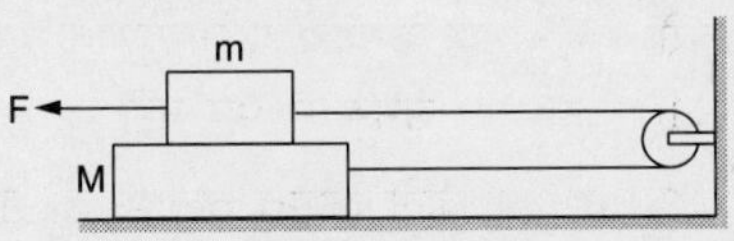

चित्र 9.E9

(a) क्षैतिज बल F का अधिकतम मान कितना हो सकता है ताकि दोनों गुटके क्षैतिज सतह पर स्थिर बने रहें?

(b) यदि F का मान भाग (a) में निकाले गए बल से दुगुना कर दिया जाए, तो दोनों ब्लॉकों के त्वरणों के मान ज्ञात करें।

25. मान लें कि प्रश्न 24 का संपूर्ण निकाय एक लिफ्ट में रख दिया जाता है, जो नीचे की ओर त्वरण $a (a < g)$ से आ रही है। भाग (a) तथा (b) को हल करें।

26. चित्र 9.E9 में दिखाई गई स्थिति पर पुनः विचार करें। मान लें कि ऊपर वाले ब्लॉक की ऊपरी सतह पर धनात्मक आवेश Q है तथा आसपास के क्षेत्र में ऊपर की ओर ऊर्ध्वाधर दिशा में एक कम परिमाण का विद्युत-क्षेत्र E है। दोनों ब्लॉकों के बीच घर्षण गुणांक μ है तथा फर्श चिकना है। गुटकों को स्थिर रखते हुए अधिकतम कितना क्षैतिज बल लगाया जा सकता है?

[**संकेत**—विद्युत-क्षेत्र E के कारण Q आवेश पर बल $F = QE$, E की दिशा में]

27. एक खुरदरी क्षैतिज मेज पर स्थित m द्रव्यमान वाले एक गुटके को क्षैतिज बल लगाकर चलाया जाता है। गुटके तथा मेज के बीच घर्षण गुणांक μ है। मेज फर्श पर गति नहीं करती है। फर्श के द्वारा मेज के पैरों पर लगाया गया कुल घर्षण बल ज्ञात करें। क्या आपको मेज तथा फर्श के बीच घर्षण गुणांक की या मेज के द्रव्यमान की जानकारी चाहिए?

28. चित्र 9.E10 में दिखाई गई स्थिति में M द्रव्यमान के ब्लॉक का त्वरण ज्ञात कीजिए। दोनों ब्लॉकों के बीच घर्षण गुणांक का मान μ_1 तथा बड़े ब्लॉक एवं जमीन के बीच घर्षण गुणांक μ_2 है।

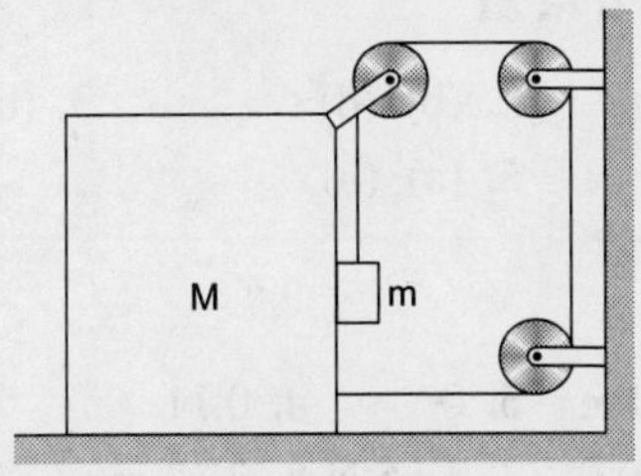

चित्र 9.E10

29. 2 kg द्रव्यमान का एक गुटका, एक ऊर्ध्वाधर दीवार पर 40 न्यूटन के बल से दबाया जा रहा है। इन दोनों के बीच स्थितिज घर्षण गुणांक 0.5 है। 15 न्यूटन का एक अन्य क्षैतिज बल दीवार के समानांतर दिशा में लगाया जा रहा है। क्या गुटका गति करेगा? यदि हाँ, तो किस दिशा में? यदि नहीं, तो दीवार द्वारा गुटके पर लगाया जा रहा घर्षण बल ज्ञात करें।

30. दो ऊर्ध्वाधर दीवारों A एवं B के बीच 40 kg का एक व्यक्ति दीवार A को हाथों एवं पैरों से तथा दीवार B को अपने पृष्ठ भाग से दबाकर, स्वयं को स्थिर बनाए रखता है (चित्र 9.E11)। मान लें कि उस व्यक्ति के शरीर तथा दीवारों के बीच घर्षण गुणांक 0.8 है, एवं संपर्क सतहों पर सीमांत घर्षण लग रहा है।

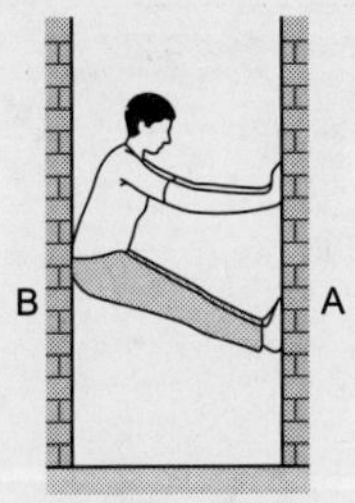

चित्र 9.E11

(a) दिखाएँ कि व्यक्ति दोनों दीवारों को समान बल से दबा रहा है।

(b) किसी एक दीवार द्वारा व्यक्ति पर लगाया जा रहा अभिलंब बल ज्ञात करें। g का मान $10\ m/s^2$ लें।

31. l लंबाई तथा M द्रव्यमान वाले एक बड़े ब्लॉक के बाएँ सिरे पर m द्रव्यमान का एक छोटा गुटका रखा हुआ है (चित्र 9.E12)। यह निकाय एक क्षैतिज सड़क पर फिसल सकता है। निकाय दाहिनी ओर आरंभिक वेग v से गति करना प्रारंभ करता है। बड़े ब्लॉक तथा सड़क के बीच घर्षण गुणांक μ तथा ब्लॉक एवं गुटके के बीच घर्षण गुणांक $\mu/2$ है। कितने समय के बाद छोटा ब्लॉक, बड़े ब्लॉक से अलग हो जाएगा?

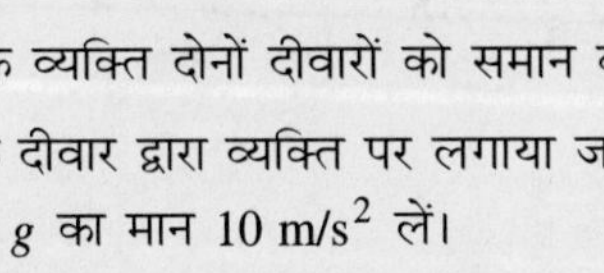

चित्र 9.E12

• उत्तर •

सटीक उत्तरवाले प्रश्न I

1. (b) **2.** (b) **3.** (c) **4.** (d) **5.** (d) **6.** (a)
7. (c) **8.** (b) **9.** (d) **10.** (a)

सटीक उत्तरवाले प्रश्न II

1. (a), (b), (d) **2.** (b), (d) **3.** (b), (c), (d)
4. (c), (d) **5.** (a), (b)

अभ्यास के प्रश्न

1. 0.4 **2.** 50 m **3.** 0 **4.** 0.11 **5.** 10 m
6. (a) 13 N (b) 0 **7.** 17.5 N **8.** $2\sqrt{2}$ m/s^2 **9.** 0.21 s
11. (a) 0.4 m/s^2 (b) 2.4 N (c) 4.8 N
12. $\mu_1 = 0.75, \mu_2 = 0.06$
13. 96 N बायीं डोरी में तथा 68 N दायीं डोरी में **14.** 16°
15. (a) $\frac{10}{3}$ s (b) $\frac{10}{3}$ s **18.** (a) 2.7 m/s^2 (b) 2.4 m/s^2
19. $a = g(\sin\theta - \mu\cos\theta)$, 0
20. $\frac{\mu mg}{\sqrt{1+\mu^2}}$, क्षैतिज दिशा से $\tan^{-1}\mu$ कोण पर **21.** $\frac{\mu(M+m)g}{1+\mu}$
22. (a) ऊपर के गुटके का 4 m/s^2, नीचे के गुटके का 1 m/s^2
(b) दोनों गुटकों का 2 m/s^2
23. (a) $a_1 = 3$ m/s^2, $a_2 = a_3 = 0.4$ m/s^2
(b) $a_1 = a_2 = a_3 = \frac{5}{6}$ m/s^2 (c) (b) के ही समान
24. (a) $2\mu mg$ (b) $\frac{2\mu mg}{M+m}$ विपरीत दिशा में
25. (a) $2\mu m(g-a)$ (b) $\frac{2\mu m(g-a)}{m+M}$
26. $2\mu(mg - QE)$ **27.** μmg **28.** $\frac{[2m - \mu_2(M+m)]g}{M + m[5 + 2(\mu_1 - \mu_2)]}$
29. 15 N बल के साथ 53° कोण पर गति करेगा
30. (b) 250 N **31.** $\sqrt{\frac{4Ml}{(M+m)\mu g}}$

❑

अध्याय 10

वृत्त में गति

हमारे जीवन में वस्तुओं के वृत्ताकार पथ पर चलने के उदाहरण भरे पड़े हैं। पृथ्वी सूर्य के चारों ओर लगभग वृत्ताकार पथ पर चलती है। हमारी छत से लटकता पंखा जहाँ गर्मी से हमें राहत देता है, वृत्ताकार गति का सुंदर-सा उदाहरण भी प्रस्तुत करता है। छोटे बच्चे के साथ आनंद लेने के लिए एक व्यक्ति उसके दोनों हाथ पकड़ता है, दूसरा व्यक्ति उसके दोनों पैर, और फिर 'हाथी घोड़ा पालकी, जय कन्हैया लाल की' ऐसा गाते हुए दोनों व्यक्ति उसे झुलाते हैं। इससे बच्चे को भरपूर आनंद आता है। बच्चे के शरीर का हर भाग वृत्तीय गति कर रहा होता है। किसी को नमस्कार करने के लिए जब हम हाथ जोड़कर झुकते हैं, तब सिर की गति लगभग वृत्तीय होती है। किसी मेले में जाएँ तो तरह-तरह के झूले आपको वृत्तीय गति में घुमाने के लिए प्रस्तुत होते हैं। इस अध्याय में हम वृत्ताकार पथ पर चलते हुए एक कण की गति का अध्ययन करेंगे।

10.1 कुछ परिभाषाएँ

मान लें कि एक कण चित्र 10.1 में दिखाए गए वृत्ताकार पथ पर चल रहा है। वृत्त की त्रिज्या R है। इसी समतल में वृत्त के केंद्र O को मूलबिंदु मानें तथा x- और y-अक्ष सुनिश्चित करें। किसी समय t पर वस्तु वृत्त के P बिंदु पर है तथा v चाल से चल रही है। रेखा OP, x-अक्ष से θ कोण बनाती है। हम वृत्त पर कण का स्थान बताने के लिए इस कोण θ का प्रयोग कर सकते हैं। जैसे-जैसे समय बीतता है, θ का मान भी बदलता है। समय t पर वस्तु P बिंदु पर है और अगले dt समय में यह P बिंदु से चलकर पास के P' बिंदु पर पहुँच जाती है और कोण θ से बढ़कर $\theta + d\theta$ हो जाता है।

$$\omega = \frac{d\theta}{dt} \qquad \dots (10.1)$$

को t समय पर कण का कोणीय वेग कहते हैं यद्यपि समीकरण (10.1) से सिर्फ ω का परिमाण मिलता है। हम कोणीय वेग के वेक्टर स्वरूप

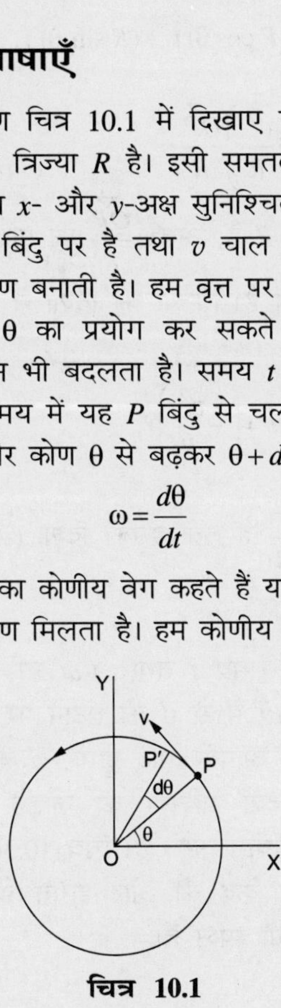

चित्र 10.1

की चर्चा बाद में करेंगे जहाँ इसकी दिशा के बारे में भी वर्णन होगा। यह कोणीय वेग ω समय के साथ बदल भी सकता है या अचर भी रह सकता है। यदि t समय पर कोणीय वेग ω हो तथा $t + dt$ समय पर यह $\omega + d\omega$ हो जाए, तो

$$\alpha = \frac{d\omega}{dt} \qquad \dots (10.2)$$

को कण का कोणीय त्वरण कहते हैं। आपको पता है कि सरल रेखा में गति करते कण के वेग एवं त्वरण के लिए,

$$v = \frac{dx}{dt},\ a = \frac{dv}{dt}\cdot$$

समीकरण (10.1) और (10.2) का गणितीय स्वरूप बिलकुल ऐसा ही है। इसलिए θ, ω, α में वैसे ही संबंध होंगे जैसे x, v, a में होते हैं। यदि कोणीय त्वरण α अचर हो, तो

$$\left.\begin{aligned} \omega &= \omega_0 + \alpha t \\ \theta &= \omega_0 t + \frac{1}{2}\alpha t^2 \\ \omega^2 &= \omega_0^2 + 2\alpha\theta. \end{aligned}\right] \qquad \dots (10.3)$$

यहाँ हमने समय $t = 0$ पर $\theta = 0$ तथा $\omega = \omega_0$ लिया है। कण समय t से $t + dt$ के अंतराल में P से चलकर P' पर पहुँचता है। अतः, dt समय में वह चाप PP' के बराबर दूरी चलता है। इसलिए इसकी चाल

$$v = \frac{PP'}{dt}\cdot$$

किंतु, $PP' = Rd\theta$.

अतः, $$v = R\frac{d\theta}{dt} = R\omega. \qquad \dots (10.4)$$

वृत्ताकार पथ पर गति की चर्चा करते समय v को 'रेखीय चाल' कहते हैं। कण का वेग t समय पर वृत्त पर खींची गई स्पर्शरेखा की ओर होता है, अतः v को 'स्पर्शरेखीय चाल' (tangential speed) भी कहते हैं।

यदि कण की चाल v समय के साथ नहीं बदलती, तो ऐसी गति को एकसमान वृत्तीय गति कहते हैं। ऐसी स्थिति में कोणीय वेग ω भी नहीं बदलता और कोणीय त्वरण α का मान शून्य होता है।

समीकरण (10.4) को अवकलित करने पर,

$$\frac{dv}{dt} = R\frac{d\omega}{dt} \qquad \text{या} \qquad a_t = R\alpha,$$

जहाँ a_t कण की चाल के बदलने की दर है। यह वस्तुतः चाल की दिशा में कण के त्वरण का घटक है। इसलिए इसे स्पर्शरेखीय त्वरण भी कहते हैं। यहाँ a के साथ t अक्षर का उपयोग tangential acceleration के लिए किया गया है।

अभ्यास 10.1

एक कण 20 cm त्रिज्या वाले वृत्त पर रेखीय वेग 10 m/s से चल रहा है। कण का कोणीय वेग निकालें।

हल कोणीय वेग $\omega = \dfrac{v}{r} = \dfrac{10 \text{ m/s}}{20 \text{ cm}} = 50 \text{ rad/s}.$

अभ्यास 10.2

एक कण 20 cm त्रिज्या के वृत्त पर चल रहा है। इसकी चाल एकसमान दर से बढ़ती जाती है। यदि चाल 2.0 s में 5.0 m/s से 6.0 m/s हो जाती है, तो कण का कोणीय त्वरण का मान बताएँ।

हल स्पर्शरेखीय त्वरण $a_t = \dfrac{dv}{dt} = \dfrac{v_2 - v_1}{t_2 - t_1}$

$$= \frac{6.0 - 5.0}{2.0} \text{ m/s}^2 = 0.5 \text{ m/s}^2.$$

कोणीय त्वरण $\alpha = \dfrac{a_t}{R} = \dfrac{0.5 \text{ m/s}^2}{20 \text{ cm}} = 2.5 \text{ rad/s}^2.$

10.2 वृत्त पर चलते कण का त्वरण

वृत्त पर चलते कण के वेग की दिशा कण के स्थान से वृत्त पर डाली गई स्पर्शरेखा की ओर होती है। जैसे-जैसे कण वृत्त पर चलता जाता है, स्पर्शरेखा की दिशा लगातार बदलती रहती है। अतः, वेग की दिशा भी लगातार बदलती रहती है। भले ही वेग का परिमाण (चाल) नहीं बदल रहा हो, दिशा बदलने के कारण वेग बदलता है और इसलिए वृत्त पर चलते कण का हमेशा कुछ-न-कुछ त्वरण होता है। चित्र 10.2 में एक कण को वृत्ताकार पथ पर चलता दिखाया गया है। समय $t = 0$ पर कण बिंदु A पर है। रेखा OA की दिशा में x-अक्ष तथा उसपर लंब दिशा में y-अक्ष लिया गया है। समय t पर कण बिंदु P पर पहुँच जाता है, जहाँ त्रिज्या OP, x-अक्ष से θ कोण बनाती है। बिंदु P पर वेग की दिशा OP पर लंब होगी। P बिंदु से x- तथा y-अक्ष के समानांतर रेखाएँ PX_1 तथा PY_1 खींचें। वेग $\vec{v}$ रेखा PY_1 से θ कोण बनाएगा। इसलिए x- तथा y-अक्ष की ओर इसके घटक होंगे,

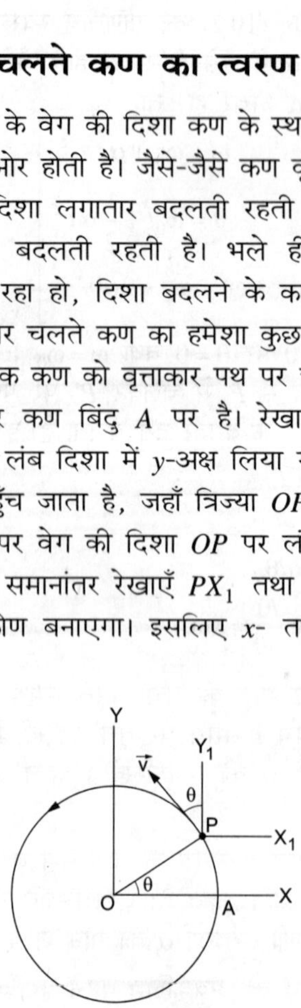

चित्र 10.2

$$v_x = -v \sin\theta \text{ तथा } v_y = v\cos\theta.$$

$$\text{अतः, } \vec{v} = -v\sin\theta\,\hat{i} + v\cos\theta\,\hat{j}. \qquad \ldots \text{(i)}$$

स्थिति 1. एकसमान चाल

यदि कण की चाल v, समय के साथ नहीं बदल रही हो, तो कोणीय वेग,

$$\omega = \frac{d\theta}{dt} = \frac{v}{R}$$

भी स्थिर रहेगा।

समीकरण (i) को समय के सापेक्ष अवकलित करने पर,

$$\vec{a} = \frac{d\vec{v}}{dt} = -v\cos\theta\frac{d\theta}{dt}\hat{i} - v\sin\theta\frac{d\theta}{dt}\hat{j}$$

$$= -v\omega\cos\theta\,\hat{i} - v\omega\sin\theta\,\hat{j}$$

$$= -v\left(\frac{v}{R}\right)(\cos\theta\,\hat{i} + \sin\theta\,\hat{j})$$

$$= \left(-\frac{v^2}{R}\right)\frac{R\cos\theta\,\hat{i} + R\sin\theta\,\hat{j}}{R}.$$

चित्र 10.2 से आप आसानी से देख सकते हैं कि

$$\overrightarrow{OP} = (R\cos\theta)\,\hat{i} + (R\sin\theta)\,\hat{j}.$$

$$\text{अतः, } \quad \vec{a} = \left(-\frac{v^2}{R}\right)\frac{\overrightarrow{OP}}{R}.$$

$\overrightarrow{OP}$ का परिमाण R है, अतः $\dfrac{\overrightarrow{OP}}{R}$ का परिमाण 1 होगा। अतः, यह एक इकाई सदिश है। त्रिज्या की दिशा में होने के कारण इसे $\hat{r}$ लिखते हैं। अतः,

$$\vec{a} = \left(-\frac{v^2}{R}\right)\hat{r}. \qquad \ldots (10.5)$$

त्वरण का परिमाण $\dfrac{v^2}{R}$ है तथा इसकी दिशा $(-\hat{r})$ की ओर, अर्थात केंद्र की ओर है।

चित्र 10.3(a) में समय t तथा $t + dt$ पर वेग $\vec{v}$ तथा $\vec{v} + d\vec{v}$ दिखाए गए हैं। $\vec{v} + d\vec{v}$ में से $\vec{v}$ को घटाने पर dt समय में वेग का परिवर्तन $d\vec{v}$ मिलेगा। आपको याद होगा, $\vec{v}$ को घटाने का अर्थ है $-\vec{v}$ को जोड़ना। सदिश राशियों को जोड़ने के लिए समानांतर चतुर्भुज नियम का उपयोग करते हैं। चित्र 10.3(b) से आप देख रहे हैं कि $d\vec{v}$ की दिशा केंद्र की ओर इंगित हो रही है, जैसा कि समीकरण (10.5) से भी स्पष्ट है।

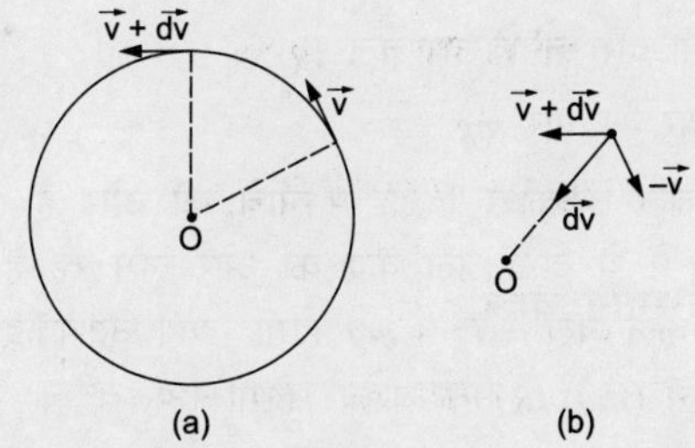

चित्र 10.3

स्थिति 2. परिवर्ती चाल

यदि कण की चाल v, समय के साथ बदल रही हो, तो ω भी समय के साथ बदलेगा। समीकरण (i) को अवकलित करने पर,

$$\vec{a} = \left(-v\cos\theta\frac{d\theta}{dt} - \frac{dv}{dt}\sin\theta\right)\hat{i} + \left(-v\sin\theta\frac{d\theta}{dt} + \frac{dv}{dt}\cos\theta\right)\hat{j}$$

$$= (-v\omega\cos\theta\,\hat{i} - v\omega\sin\theta\,\hat{j}) + \frac{dv}{dt}(-\sin\theta\,\hat{i} + \cos\theta\,\hat{j})$$

$$= \left[-\left(\frac{v^2}{R}\right)\left(\frac{\overrightarrow{OP}}{R}\right)\right] + \left[\frac{dv}{dt}\frac{(-v\sin\theta\,\hat{i} + v\cos\theta\,\hat{j})}{v}\right]. \quad \text{... (ii)}$$

समीकरण (i) का उपयोग करने से,

$$\vec{a} = \left[-\left(\frac{v^2}{R}\right)\frac{\overrightarrow{OP}}{R}\right] + \left[\frac{dv}{dt}\frac{\vec{v}}{v}\right].$$

हमने एकांक सदिश $\overrightarrow{OP}$ को $\hat{r}$ लिखा था। इसी तरह $\frac{\vec{v}}{v}$ को $\hat{\theta}$ लिखते हैं, अर्थात $\hat{\theta}$ उस दिशा में इकाई वेक्टर है जिसमें तनिक-सा चलने पर θ बढ़ता है। स्पष्ट है कि यह इकाई सदिश कण के वेग की दिशा में, अर्थात वृत्त पर स्पर्शरिखा की दिशा में है।

$$\text{अतः, } \vec{a} = \left(\frac{v^2}{r}\right)(-\hat{r}) + \left(\frac{dv}{dt}\right)\hat{\theta} = a_r(-\hat{r}) + a_t\,\hat{\theta},$$

$$\text{जहाँ } a_r = \frac{v^2}{r} \text{ तथा } a_t = \frac{dv}{dt}.$$

अतः, त्वरण के दो घटक हैं। पहला घटक केंद्र की ओर a_r है जिसका मान $\frac{v^2}{R}$ है। चूँकि v का मान समय के साथ बदलता है, इसलिए जिस समय त्वरण का मान लिखना हो, उसी समय का v लेकर $\frac{v^2}{R}$ निकालना होगा। केंद्र की ओर के इस त्वरण को त्रिज्यक त्वरण (radial acceleration) कहते हैं।

दूसरा घटक वेग की दिशा में है जिसका मान $a_t = \frac{dv}{dt}$ है। इसे स्पर्शरिखीय त्वरण (tangential acceleration) कहते हैं। जब कण की चाल एकसमान नहीं होती तब इसके त्वरण की दिशा भी केंद्र की ओर नहीं होती। चूँकि त्वरण के दो घटक हैं, एक केंद्र की ओर $\frac{v^2}{R}$ तथा दूसरा वेग की दिशा में $\frac{dv}{dt}$,

$$\text{त्वरण का परिमाण, } a = \sqrt{\left(\frac{v^2}{R}\right)^2 + \left(\frac{dv}{dt}\right)^2}$$

होगा तथा इसकी दिशा दोनों घटकों के बीच में से जाएगी। इसकी दिशा त्रिज्या से α कोण बनाएगी, जहाँ $\tan\alpha = \frac{dv/dt}{v^2/R}$.

आप $\frac{d\vec{v}}{dt}$ तथा $\frac{dv}{dt}$ के अंतर को ठीक से समझ लीजिए। **$\frac{d\vec{v}}{dt}$ जहाँ परिणामी त्वरण के लिए लिखते हैं, वहीं $\frac{dv}{dt}$ कण की 'चाल' के परिवर्तन की दर है।** यदि कण की चाल एकसमान हो, तो $\frac{dv}{dt}$ शून्य होगा, परंतु $\frac{d\vec{v}}{dt}$ का मान $\frac{v^2}{R}$ होगा।

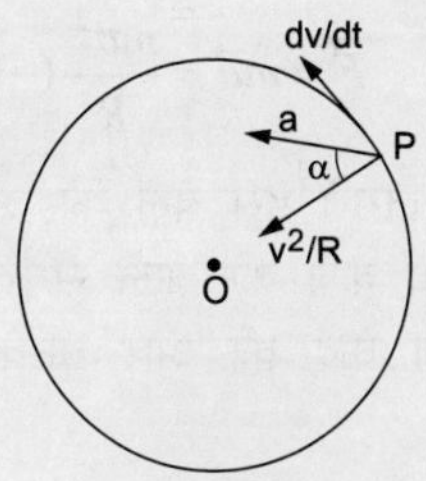

चित्र 10.4

आप त्वरण के घटकों को कोणीय वेग ω के पदों में भी लिख सकते हैं।

$$v = \omega R.$$

$$\text{अतः, } a_r = \frac{v^2}{r} = \omega^2 R \text{ तथा } a_t = \frac{dv}{dt} = R\frac{d\omega}{dt} = R\alpha.$$

अभ्यास 10.3

एकसमान चाल से 10 cm त्रिज्या के वृत्त पर चलता हुआ एक कण 4.0 s में एक चक्कर पूरा कर लेता है। कण का त्वरण बताएँ।

हल चूँकि कण एकसमान चाल से चल रहा है, अतः

$$\text{कण की चाल } v = \frac{2\pi R}{t} = \frac{2\times 3.14\times 10\text{ cm}}{4\text{ s}} = 15.7\text{ cm/s}.$$

कण का त्वरण केंद्र की दिशा में होगा और इसका परिमाण v^2/R के बराबर होगा। अतः,

$$a = \frac{v^2}{R} = \frac{15.7\times 15.7}{10\text{ cm}}(\text{cm/s})^2$$

$$\simeq 25\text{ cm/s}^2.$$

अभ्यास 10.4

20 cm त्रिज्या वाले एक वृत्त पर एक कण चाल $v = 2t$ के अनुसार चलता है, जहाँ t सेकंड में और v मीटर/सेकंड में हैं। समय $t = 3$ s पर कण का त्वरण त्रिज्या की ओर तथा स्पर्शरिखा की ओर निकालें।

हल $t = 3$ s पर बल की चाल $v = 2t = 6$ m/s.

अतः, त्रिज्या की ओर त्वरण,

$$a_r = \frac{v^2}{R} = \frac{36}{20 \times 10^{-2}} \text{ m/s}^2 = 180 \text{ m/s}^2.$$

स्पर्शरेखा की ओर त्वरण,

$$a_t = \frac{dv}{dt} = \frac{d}{dt}(2t) = 2 \text{ m/s}^2.$$

10.3 अभिकेंद्र बल (Centripetal force)

जब कोई कण वृत्ताकार पथ पर एकसमान चाल से चलता है, तब उसका त्वरण केंद्र की ओर होता है तथा उसका मान v^2/R होता है। परंतु, किसी कण में त्वरण तभी पैदा हो सकता है जब उसपर एक परिणामी बल लग रहा हो। अर्थात, इस कण पर लगते सभी बलों का योग,

$$\vec{F} = m\vec{a} = \frac{mv^2}{R}(-\hat{r})$$

होगा। केंद्र की ओर लगते इस बल को अभिकेंद्र बल (centripetal force) कहते हैं। यदि कण की चाल समय के साथ बदल रही हो, तो परिणामी बल का केंद्र की ओर घटक F_r तथा वेग की ओर घटक F_t होगा, जहाँ

$$F_r = ma_r = m\frac{v^2}{R} \text{ तथा } F_t = ma_t = m\frac{dv}{dt}$$

होगा। अभिकेंद्र बल अभी भी $\frac{mv^2}{R}$ है।

केंद्र की ओर लगने के कारण इसका नाम अभिकेंद्र बल रखा गया है। परंतु, यह कोई नया बल नहीं है। कण पर लगनेवाले बल अपने जाने-पहचाने बल ही होंगे, जैसे रस्सी का तनाव, स्प्रिंग का बल, घर्षण, अभिलंब प्रतिक्रिया, कूलम्ब बल आदि। इन्हीं का परिणामी बल या उसका घटक $m(v^2/R)$ के बराबर होगा।

अभ्यास 10.5

द्रव्यमान m वाले एक पत्थर को रस्सी से बाँधकर, R त्रिज्या के एक ऊर्ध्वाधर वृत्त में घुमाया जाता है। चित्र 10.5 में दिखाई गई स्थितियों A, B तथा C पर पत्थर के वेग क्रमशः v_A, v_B तथा v_C हैं। इन स्थितियों में रस्सी के तनाव ज्ञात करें।

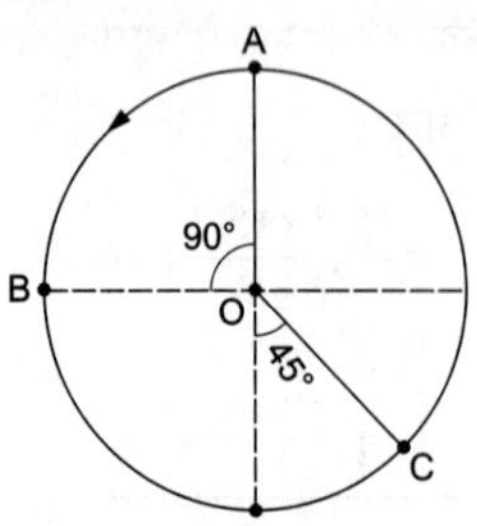

चित्र 10.5

हल स्थिति *A*.

पत्थर पर लगनेवाले बल हैं,

(a) रस्सी द्वारा तनाव का बल T_A

(b) पत्थर का भार mg.

ये दोनों बल ऊर्ध्वाधर दिशा में नीचे की ओर हैं (चित्र 10.6)। स्थिति *A* में ये दोनों बल केंद्र की ओर लग रहे हैं। अतः, केंद्र की ओर कुल बल $= T_A + mg$ होगा। यही अभिकेंद्र बल है और इसका मान (mv_A^2/R) के बराबर होगा। अतः,

$$T_A + mg = \frac{mv_A^2}{R} \text{ या } T_A = \frac{mv_A^2}{R} - mg.$$

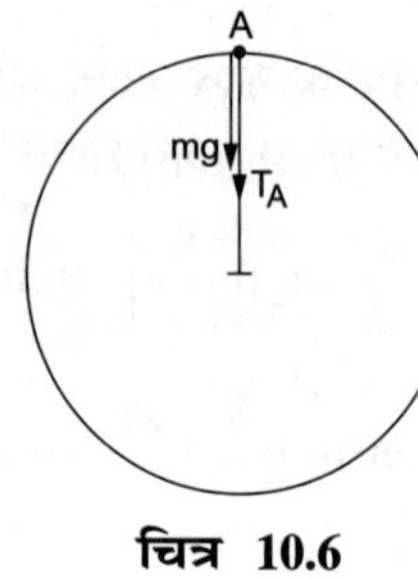

चित्र 10.6

स्थिति *B*.

यहाँ भी पत्थर पर दो ही बल लग रहे हैं, रस्सी का तनाव T_B तथा पत्थर का भार mg (चित्र 10.7)। केंद्र की ओर, अर्थात *BO* दिशा में mg का कोई घटक नहीं है और T_B केंद्र की ओर ही लग रहा है। अतः, केंद्र की दिशा में कुल घटक T_B होगा। यही अभिकेंद्र बल है जो $m(v_B^2/R)$ के बराबर होगा। अतः,

$$T_B = \frac{mv_B^2}{R}.$$

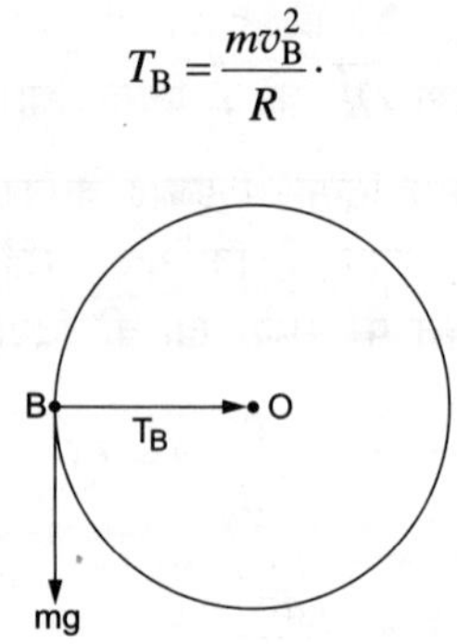

चित्र 10.7

स्थिति *C*.

इस स्थिति में T_C केंद्र की ओर, अर्थात *CO* दिशा में लग रहा है और पत्थर का भार नीचे की ओर लग रहा है (चित्र 10.8)। *CO* दिशा में mg का घटक $-mg\cos 45°$ होगा। केंद्र की ओर कुल बल का मान $T_C - mg\cos 45°$ हुआ। यही अभिकेंद्र बल है, जो mv_C^2/R के बराबर होगा। अतः,

$$T_C - mg\cos 45° = \frac{mv_C^2}{R}$$

या $$T_C = \frac{mv_C^2}{R} + \frac{mg}{\sqrt{2}}.$$

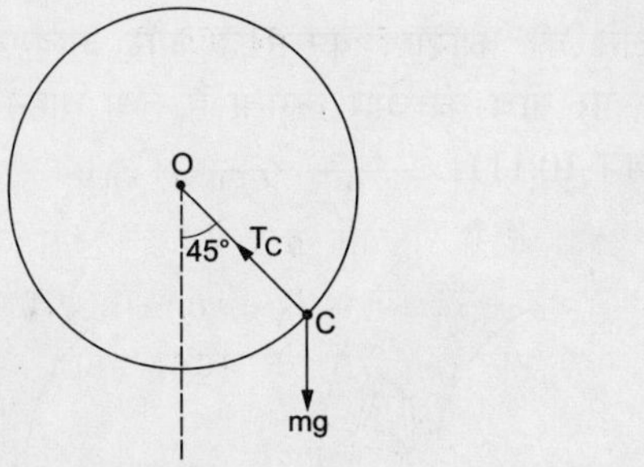

चित्र 10.8

अभ्यास 10.6

एक क्षैतिज सतह में 25 cm त्रिज्या वाला एक वृत्ताकार खाँचनुमा रास्ता बना हुआ है। द्रव्यमान 100 g का एक छोटा गुटका इस खाँच में एकसमान चाल से चलता है। गुटका 2.0 s में एक चक्कर पूरा करता है। बगल की ऊर्ध्वाधर दीवार से गुटके पर लगते अभिलंब बल का मान बताएँ।

हल गुटके की चाल,

$$v = \frac{2\pi \times (25\text{ cm})}{2.0\text{ s}} = 0.785\text{ m/s}.$$

चूँकि यह एकसमान चाल से चल रहा है, इसका त्वरण v^2/R केंद्र की ओर होगा। अतः,

$$a = \frac{v^2}{R} = \frac{(0.785\text{ m/s})^2}{0.25\text{ m}} = 2.5\text{ m/s}^2.$$

न्यूटन के गति-नियम से, केंद्र की ओर लगता परिणामी बल

$$F = ma = (0.100\text{ kg})(2.5\text{ m/s}^2) = 0.25\text{ N}.$$

यह बल गुटके पर खाँच की ऊर्ध्वाधर दीवार ही लगा सकती है। अतः, दीवार द्वारा गुटके पर लगा बल = 0.25 N.

10.4 मोड़ों पर सड़कों का झुकाव

जब कार, स्कूटर आदि वाहन मोड़ पर मुड़ते हैं, तो थोड़ी देर के लिए लगभग वृत्ताकार पथ पर चलते हैं। इसका अर्थ है कि उतनी देर के लिए वाहन पर वृत्त के केंद्र की ओर एक बल लगता है। यह बल कौन लगाता है? वाहन में केंद्र की ओर त्वरण पैदा करने के लिए उसपर उसके बाहर की वस्तुओं द्वारा परिणामी बल लगना चाहिए। वाहन पर उसके भार के अलावा सिर्फ सड़क ही बल लगा सकती है। यदि सड़क क्षैतिज हो, तो उसके द्वारा लगाया गया अभिलंब बल ऊर्ध्वाधर दिशा में होगा जिसका केंद्र की ओर कोई घटक नहीं होगा। इसलिए केंद्र की ओर लगनेवाला बल सड़क द्वारा घर्षण बल ही हो सकता है। यदि वाहन का द्रव्यमान m, उसका वेग v और मोड़ की त्रिज्या R हो, तो वाहन पर लगते बल होंगे,

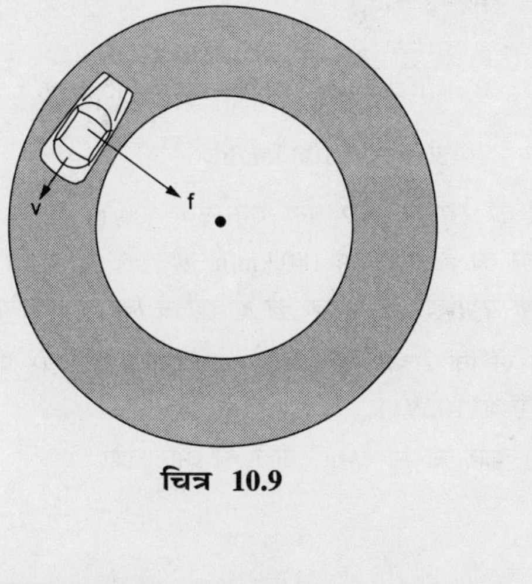

चित्र 10.9

(a) भार mg, नीचे की ओर;

(b) अभिलंब बल $\mathcal{N}$, ऊपर की ओर;

(c) घर्षण बल f, केंद्र की ओर।

आप आश्चर्य कर रहे होंगे कि वाहन चल रहा है सामने की ओर, परंतु घर्षण बल लग रहा है केंद्र की ओर, अर्थात घर्षण बल वाहन के वेग के लंबवत लग रहा है। इसका कारण यह है कि सभी वाहनों में पहिए होते हैं और जब पहिया सड़क पर घूमता हुआ चलता है तो सामान्यतः जो हिस्सा सड़क पर सटता है, वह सड़क पर आगे या पीछे फिसलता नहीं है। इसलिए यहाँ गतिज घर्षण के नियम नहीं लगते। घूमते समय वाहन का पहिया बाहर की ओर फिसलने की कोशिश करता है इसलिए घर्षण अंदर की ओर लगता है। यह स्थितिज घर्षण है और जितना आवश्यक है उतना ही लगता है।

ऊर्ध्वाधर दिशा के लिए वाहन संतुलन में है, अतः न्यूटन के प्रथम गति-नियम से,

$$\mathcal{N} = mg \qquad \text{... (i)}$$

तथा क्षैतिज दिशा में केंद्र की ओर v^2/R त्वरण है, अतः न्यूटन के द्वितीय गति-नियम से,

$$f = m\left(\frac{v^2}{R}\right). \qquad \text{... (ii)}$$

यदि सड़क और पहिये के बीच घर्षण गुणांक μ हो, तो अधिकतम घर्षण बल $f_{max} = \mu\mathcal{N} = \mu mg$ हो सकेगा। यदि वाहन को भलीभाँति घूमना है, तो वास्तविक घर्षण बल इस अधिकतम घर्षण से कम या इसके बराबर होना चाहिए।

अतः, $\frac{mv^2}{R} \le \mu mg$

या $v \le \sqrt{\mu g R}.$ ... (10.6)

यदि सड़क पर फिसलन हो, तो घर्षण गुणांक μ कम हो जाता है और हमें मुड़ने के समय अपनी गति काफी कम करनी पड़ती है जिससे समीकरण (10.6) सही रहे। प्रायः अच्छी सड़कों पर घर्षण गुणांक कुछ खास ज्यादा नहीं होता और वाहन इन सड़कों पर तेजी से चलना चाहते हैं। ऐसे में मोड़ों पर केंद्र की ओर बल लगाने के लिए सिर्फ घर्षण के सहारे काम नहीं चलता। प्रायः मोड़ों पर सड़क को क्षैतिज नहीं रखकर बाहर के हिस्से को थोड़ा ऊपर उठा देते हैं। क्षैतिज से सड़क का झुकाव θ वाहनों के औसत वेग v के अनुसार तय करते हैं जिससे घर्षण बल की आवश्यकता ही न पड़े। ऐसी झुकी हुई सड़क पर चलते वाहन पर लगते बल हैं,

(a) अभिलंब बल $\mathcal{N}$, ऊर्ध्वाधर से θ कोण पर;

(b) भार mg, ऊर्ध्वाधर से नीचे की ओर।

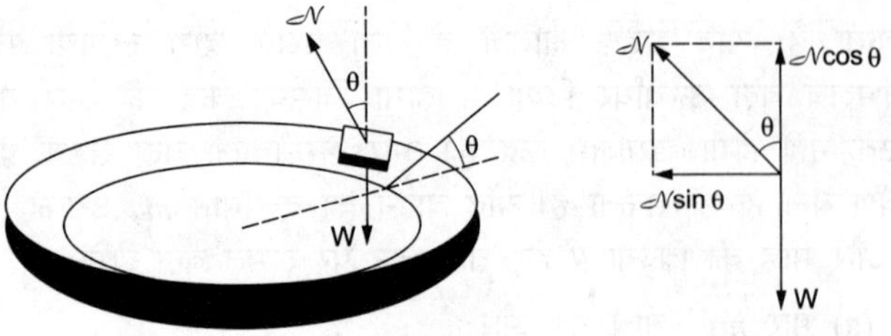

चित्र 10.10

ऊर्ध्वाधर दिशा में न्यूटन के प्रथम गति-नियम से,

$$\mathcal{N}\cos\theta = mg.$$

मोड़ के केंद्र की ओर क्षैतिज दिशा में, न्यूटन के द्वितीय गति-नियम से,

$$\mathcal{N}\sin\theta = m\left(\frac{v^2}{R}\right).$$

अतः, $\tan\theta = \dfrac{v^2}{Rg}$

या $\quad v = \sqrt{Rg\tan\theta}.$ … (10.7)

यदि वाहन इस वेग से चलता हुआ मोड़ पर घूम रहा हो, तो घर्षण बल की आवश्यकता नहीं है। आप जानते हैं कि स्थितिज घर्षण जब जरूरी हो तभी लगता है और जितना जरूरी हो उतना ही लगता है। यदि वाहन का वेग v से थोड़ा कम हो, तो वह तिरछी सड़क पर घूमते समय अंदर की ओर फिसलने की कोशिश करता है और घर्षण का बल सड़क के समानांतर ऊपर की ओर लगकर उसे वृत्ताकार पथ पर चलने में मदद करता है। इसी प्रकार यदि वाहन का वेग v से कुछ अधिक हो, तो वाहन सड़क पर बाहर की ओर फिसलने की कोशिश करता है और आवश्यकतानुसार घर्षण बल सड़क पर नीचे की ओर लगता है तथा वाहन मोड़ पर चलता रहता है (चित्र 10.11)।

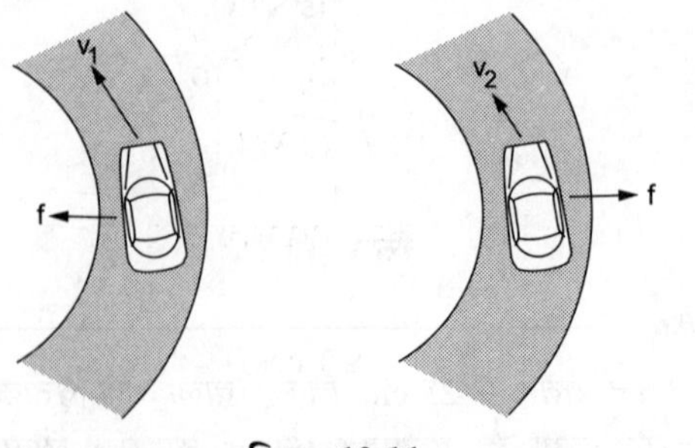

चित्र 10.11

वृत्ताकार पथ पर साइकिल चलाते समय साइकिल भी ऊर्ध्वाधर से झुक जाती है। यह झुकाव भी समीकरण (10.7) से ही मिलता है, पर हम इसकी और विवेचना घूर्णन के अध्याय में करेंगे।

अभ्यास 10.7

पहाड़ी रास्ते पर एक मोड़ पर सड़क 10 m के वृत्ताकार पथ में मुड़ी है और क्षैतिज से 10° पर झुकी है। किस चाल से एक वाहन इस मोड़ पर चले कि सड़क द्वारा लगे अभिलंब बल से ही अभिकेंद्र बल लगकर वाहन को वृत्ताकार पथ में चला सके?

हल यदि वाहन की सही चाल v हो, तो

$$v = \sqrt{Rg\tan\theta}$$

$$= \sqrt{(10\ \text{m})(9.8\ \text{m/s}^2)\tan(10°)}$$

$$\simeq 15\ \text{km/h}.$$

• हल किए गए प्रश्न •

1. *एक कार 45 m त्रिज्या के वृत्त पर मुड़ती हुई क्षैतिज सतह पर चल रही है। यदि कार के टायर तथा सड़क के बीच स्थितिज घर्षण गुणांक $\mu_s = 2.0$ हो, तो कार अधिकतम कितनी चाल से चल सकती है ताकि टायर सड़क पर बाहर की ओर न फिसले? ($g = 10$ m/s)*

हल मान लें कि कार का द्रव्यमान M है। कार पर लगते बल हैं,

(a) भार Mg, नीचे की ओर;

(b) सड़क द्वारा अभिलंब बल, ऊपर की ओर;

(c) सड़क द्वारा घर्षण का बल f_s, वृत्त के केंद्र की ओर।

यदि कार की चाल इस वृत्ताकार पथ पर v हो, तो त्वरण v^2/R केंद्र की ओर होगा, जहाँ $R = 45$ m त्रिज्या है। इस दिशा में न्यूटन का गति-नियम लगाने से,

$$f_s = M\frac{v^2}{R}.$$

ऊर्ध्वाधर दिशा में संतुलन के लिए,

$$\mathcal{N} = Mg.$$

चूँकि हम अधिकतम चाल की बात कर रहे हैं, घर्षण का मान सीमांत घर्षण के बराबर होगा। अतः,

$$f_s = \mu_s\mathcal{N}.$$

इन समीकरणों से,

$$\mu_s Mg = \frac{Mv^2}{R}$$

या $\quad v = \sqrt{\mu_s Rg} = \sqrt{2\times(10\ \text{m/s}^2)\times(45\ \text{m})}$

$$= 30\ \text{m/s} = 108\ \text{km/h}.$$

2. *कारों की रेस के लिए बना एक ट्रैक 600 m त्रिज्या वाले वृत्त के आकार का है। यदि इसे 180 km/h की चाल से चलती कारों के लिए बनाया गया हो, तो सड़क को क्षैतिज से कितना झुकाया गया होगा?*

हल मान लें कि सड़क के झुकाव का कोण θ है। कार पर लगते बल हैं (चित्र 10.W1),

(a) कार का भार Mg, नीचे की ओर तथा

(b) सड़क के द्वारा अभिलंब बल $\mathscr{N}$.

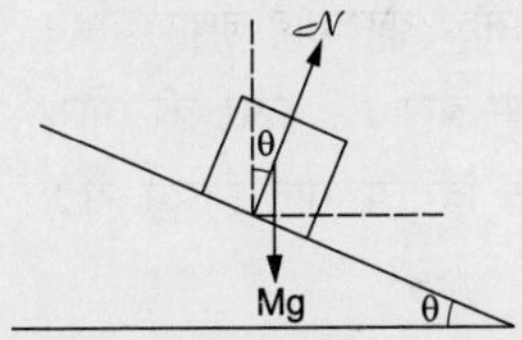

चित्र 10.W1

सही झुकाव होने पर घर्षण आवश्यक नहीं है। उर्ध्वाधिर दिशा में संतुलन के लिए,

$$\mathscr{N}\cos\theta = Mg. \qquad \dots \text{(i)}$$

क्षैतिज दिशा के लिए, त्वरण $\dfrac{v^2}{R}$ केंद्र की ओर है, अतः

$$\mathscr{N}\sin\theta = \frac{Mv^2}{R}. \qquad \dots \text{(ii)}$$

समीकरण (i) एवं (ii) से,

$$\tan\theta = \frac{v^2}{Rg}$$

या $$\tan\theta = \frac{(180\ \text{km/h})^2}{(600\ \text{m})(10\ \text{m/s}^2)} = 0.4167$$

या $$\theta = 22.6°.$$

3. *m द्रव्यमान का एक कण एक छत से L लंबाई के तार से लटकाया जाता है। कण, त्रिज्या r के क्षैतिज वृत्त में गति करता है। (a) कण की चाल तथा (b) तार में तनाव ज्ञात करें। ऐसे तंत्र को शंकु दोलक (conical pendulum) कहा जाता है।*

हल प्रश्न में बताई गई परिस्थिति चित्र 10.W2 में दिखाई गई है। यदि तार के द्वारा ऊर्ध्वाधर दिशा से बनाया गया कोण θ हो, तो

$$\sin\theta = \frac{r}{L}. \qquad \dots \text{(i)}$$

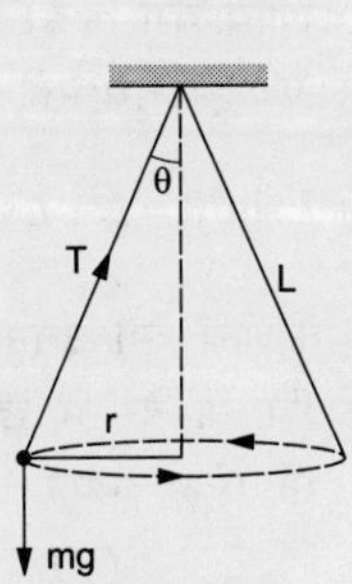

चित्र 10.W2

कण पर बल हैं,

(a) तार के अनुदिश तनाव T तथा

(b) भार mg, ऊर्ध्वाधर नीचे की ओर।

कण वृत्ताकार पथ में नियत चाल v से चल रहा है। अतः, त्वरण केंद्र की ओर होगा और इसका परिमाण v^2/r होगा। त्रिज्या की दिशा में बलों के घटक लेकर न्यूटन का द्वितीय नियम लगाने पर,

$$T\sin\theta = m(v^2/r). \qquad \dots \text{(ii)}$$

चूँकि ऊर्ध्वाधर दिशा में कोई त्वरण नहीं है, अतः न्यूटन के प्रथम नियम से,

$$T\cos\theta = mg. \qquad \dots \text{(iii)}$$

समीकरण (ii) में समीकरण (iii) से भाग देने पर,

$$\tan\theta = \frac{v^2}{rg} \quad \text{या} \quad v = \sqrt{rg\tan\theta}$$

और समीकरण (iii) से, $T = \dfrac{mg}{\cos\theta}$.

समीकरण (i) का उपयोग करने पर,

$$v = \frac{r\sqrt{g}}{(L^2 - r^2)^{1/4}} \quad \text{तथा} \quad T = \frac{mgL}{(L^2 - r^2)^{1/2}}.$$

4. *एक द्रव्यमानरहित स्प्रिंग का स्प्रिंग नियतांक 100 N/m है और स्वाभाविक लंबाई 0.5 m है। इसका एक सिरा एक घर्षणरहित क्षैतिज मेज के एक बिंदु पर स्थिर है और दूसरा सिरा 0.5 kg द्रव्यमान के कण से जुड़ा है। यह कण मेज पर 2 rad/s के कोणीय वेग से वृत्ताकार पथ पर है। लंबाई में वृद्धि ज्ञात करें।*

हल कण का त्वरण v^2/R, केंद्र की दिशा में होगा। यदि स्प्रिंग की लंबाई में वृद्धि l हो तथा इसकी स्वाभाविक लंबाई 0.5 m को l_0 लिखा जाए, तो वृत्त की त्रिज्या $R = l + l_0$ तथा स्प्रिंग के कारण केंद्र की ओर लगता हुआ बल $F = kl$.

अतः, $$kl = \frac{mv^2}{l + l_0}.$$

साथ ही, $$v = \omega R = \omega(l + l_0).$$

अतः, $$kl = m\omega^2(l + l_0)$$

या $$(k - m\omega^2)\,l = m\omega^2 l_0$$

या $$l = \frac{m\omega^2 l_0}{(k - m\omega^2)}.$$

मान रखने पर, $$l = \frac{0.5 \times 4 \times 0.5}{100 - 0.5 \times 4}\ \text{m} \approx \frac{1}{100}\ \text{m} = 1\ \text{cm}.$$

5. *लंबाई L के एक तार में m द्रव्यमान की एक छोटी वस्तु को बाँधकर एक सरल दोलक बनाया गया है। ऊपरी सिरे को स्थिर रखते हुए दोलक को ऊर्ध्वाधर तल में दोलन कराया जाता है। जिस समय तार ऊर्ध्वाधर से θ कोण बनाता है, उस समय वस्तु की चाल v है। इस क्षण पर तार में तनाव ज्ञात करें।*

हल लोलक पर लग रहे बल हैं (चित्र 10.W3),

(a) तनाव T तथा (b) भार mg.

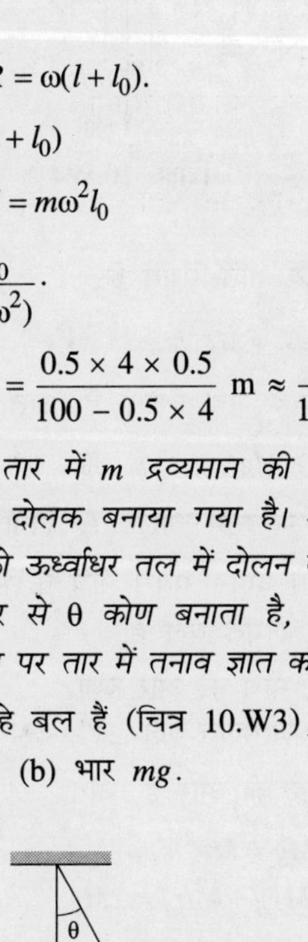

चित्र 10.W3

चूँकि वस्तु वृत्ताकार पथ में गति करती है, इसका त्वरण केंद्र की ओर v^2/L है। इस त्रिज्या के अनुदिश घटक लेकर, न्यूटन का द्वितीय गति-नियम लगाने पर,

$$T - mg\cos\theta = mv^2/L$$

या $$T = m\left(g\cos\theta + \frac{v^2}{L}\right).$$

6. *पानी से भरे एक छोटे, बेलनाकार पात्र को r त्रिज्या के ऊर्ध्व वृत्त में घुमाया जाता है। यदि पानी पात्र से बाहर नहीं गिरता हो, तो पथ के ऊपरी सिरे पर न्यूनतम गति क्या हो सकती है? यदि पात्र इसी गति से चलाया जाता रहे, तो पथ के निचले भाग पर पात्र द्वारा जल पर कितना अभिलंब बल लगाया जाएगा?*

हल पानी को संहति मानें। वृत्त के ऊपरी सिरे पर इसका त्वरण v^2/r ऊर्ध्वाधर, नीचे की ओर है। जल पर बल हैं (चित्र 10.W4),

(a) भार Mg, नीचे की ओर तथा

(b) पात्र द्वारा अभिलंब बल $\mathcal{N}$, नीचे की ओर।

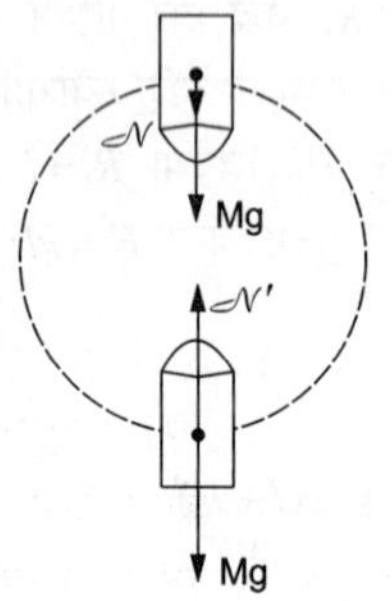

चित्र 10.W4

न्यूटन के द्वितीय गति-नियम से,

$$Mg + \mathcal{N} = Mv^2/r.$$

पात्र से जल बाहर नहीं गिरता है, अतः $\mathcal{N} \geq 0$.

अतः, $Mv^2/r \geq Mg$ या $v^2 \geq rg$.

ऊपरी सिरे पर न्यूनतम चाल $\sqrt{rg}$ होनी चाहिए।

जब पात्र वृत्त में अपने सबसे नीचे के भाग में आता है, तो उस समय पानी पर लगते बल हैं,

(a) भार Mg, नीचे की ओर तथा

(b) पात्र द्वारा अभिलंब बल $\mathcal{N}'$, ऊपर की ओर।

चूँकि त्वरण केंद्र की ओर है, अतः

$$\mathcal{N}' - Mg = Mv^2/r$$

या $$\mathcal{N}' = M(g + v^2/r) = 2Mg.$$

7. *एक लड़ाकू हवाई जहाज 900 km/h की चाल से गति करता है। किसी समय इसका पथ त्रिज्या 2000 m का ऊर्ध्व वृत्त है। इसका द्रव्यमान 16000 kg है। हवा के द्वारा पथ के निम्नतम बिंदु पर जहाज पर लगाया गया बल ज्ञात करें।* $g = 9.8\ \text{m/s}^2$ *लें।*

हल पथ के निम्नतम बिंदु पर हवाई जहाज का त्वरण ऊर्ध्वाधर, ऊपर की ओर है और इसका परिमाण v^2/r है।

हवाई जहाज पर लगते बल हैं,

(a) भार Mg, नीचे की ओर तथा

(b) हवा के द्वारा बल F, ऊपर की ओर।

अतः, न्यूटन के द्वितीय गति-नियम से,

$$F - Mg = \frac{Mv^2}{r}$$

या $$F = M\left(g + \frac{v^2}{r}\right).$$

यहाँ, $v = 900\ \text{km/h} = \frac{9\times10^5}{3600}\ \text{m/s} = 250\ \text{m/s}.$

अतः, $$F = 16000\left(9.8 + \frac{62500}{2000}\right)\text{N}$$

$$= 6.56\times10^5\ \text{N}$$ (ऊपर की ओर)।

8. *चित्र 10.W5 में 20 cm लंबाई की एक छड़ को एक सिरे के पास से क्लैम्प किया गया है और इसे एक नियत कोणीय चाल से क्षैतिज तल में घुमाया जाता है। द्रव्यमान m की एक गेंद एक तार से, जिसकी लंबाई भी 20 cm है, छड़ के दूसरे सिरे से लटकाई गई है। यदि ऊर्ध्वाधर से तार द्वारा बनाया गया कोण* $\theta = 30°$ *हो, तो छड़ का कोणीय वेग ज्ञात करें।* $g = 10\ \text{m/s}^2$ *लें।*

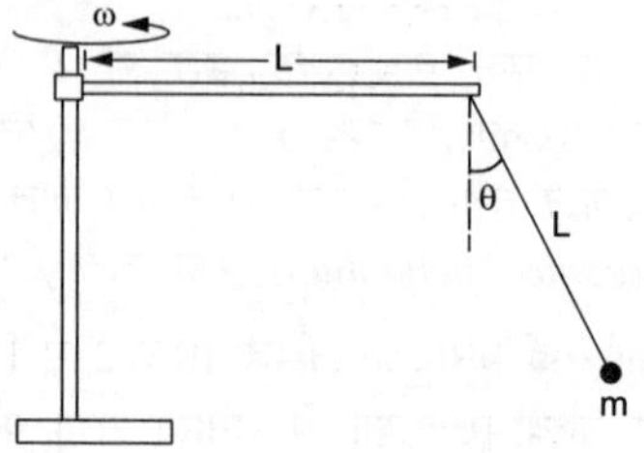

चित्र 10.W5

हल मान लें कि छड़ का कोणीय वेग ω है। चित्र से आप देख रहे होंगे कि गेंद एक वृत्ताकार पथ में घूम रही है जिसकी त्रिज्या

$$R = L + L\sin\theta = L + L\sin 30° = \frac{3L}{2}$$

है। गेंद के चलने का कोणीय वेग उतना ही होगा जितना छड़ का है। ऐसा इसलिए कि जितनी देर में छड़ एक चक्कर लगाती है उतनी ही देर में गेंद भी एक चक्कर लगाती है। गेंद का त्वरण

$$a_r = \omega^2\left(\frac{3L}{2}\right).$$

गेंद पर लगते बल हैं,

(a) डोरी में तनाव T तथा

(b) गेंद का भार mg.

त्रिज्या की ओर तथा ऊर्ध्वाधर दिशा में बलों का घटक लेकर न्यूटन के गति-नियम लगाने पर,

$$T\sin\theta = m\omega^2\left(\frac{3L}{2}\right) \quad \text{तथा} \quad T\cos\theta = mg.$$

अतः, $\tan\theta = \dfrac{3\omega^2 L}{2g}$

या $\omega^2 = \dfrac{2g\tan\theta}{3L} = \dfrac{2\times(10\ \text{m/s}^2)\times\left(\dfrac{1}{\sqrt{3}}\right)}{3\times(0.20\ \text{m})}$

या $\omega = 4.4\ \text{rad/s}.$

9. *M द्रव्यमान के दो ब्लॉक एक नगण्य भार वाले फ्रेम में लगी एक नगण्य भार वाली छड़ के किनारों पर जुड़े हैं (चित्र 10.W6)। फ्रेम को बीच की ऊर्ध्वाधर रेखा के परितः घुमाया जाता है। इस रेखा से प्रत्येक ब्लॉक की दूरी l है। यदि छड़ में तनाव T_0 से अधिक हो जाए तो छड़ टूट सकती है। फ्रेम को अधिकतम किस आवृत्ति से घुमाया जा सकता है कि छड़ के टूटने का खतरा न हो?*

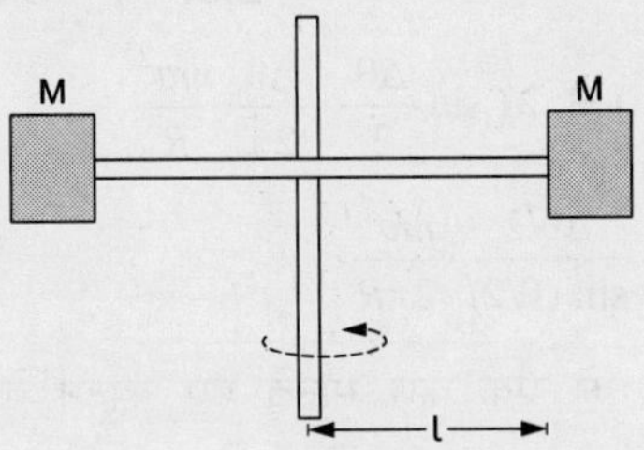

चित्र 10.W6

हल किसी एक ब्लॉक की गति पर विचार करें। यदि छड़ के घूमने की आवृत्ति f हो, तो कोणीय वेग $\omega = 2\pi f$ होगा। ब्लॉक का त्वरण केंद्र की ओर होगा एवं इसका परिमाण होगा,

$$a = \frac{v^2}{l} = \omega^2 l = 4\pi^2 f^2 l.$$

ब्लॉक पर क्षैतिज बल सिर्फ छड़ के तनाव के कारण लग रहा है। यदि छड़ में तनाव T_0 हो, तो

$$T_0 = M\,4\pi^2 f^2 l$$

या $f = \dfrac{1}{2\pi}\left[\dfrac{T_0}{Ml}\right]^{1/2}.$

यही वह अधिकतम आवृत्ति है, जिससे फ्रेम को घुमाया जा सकता है।

10. *रोटर नामक यंत्र में एक खोखली बेलनाकार संरचना अपने अक्ष के परितः घूमती है और एक मनुष्य उसकी भीतरी दीवार के सहारे संरचना के फर्श पर खड़ा होता है। संरचना का कोणीय वेग धीरे-धीरे बढ़ाया जाता है और जब यह वेग एक खास मान तक पहुँच जाता है तो नीचे से फर्श हटा लिया जाता है। ऐसे में मनुष्य दीवार के सहारे, पर बिना किसी फर्श के टिका रहता है। यदि रोटर की त्रिज्या 2 m तथा मनुष्य और दीवार के बीच घर्षण गुणांक 0.2 हो, तो रोटर का न्यूनतम कोणीय वेग ज्ञात करें जब फर्श हटाया जा सके। g का मान $10\ \text{m/s}^2$ है।*

हल प्रश्न में दी हुई परिस्थिति चित्र 10.W7 में दिखाई गई है। जब फर्श को हटा देते हैं तब मनुष्य पर लगते बल हैं,

(a) भार mg, नीचे की ओर;

(b) दीवार द्वारा मनुष्य पर अभिलंब बल $\mathcal{N}$, केंद्र की ओर तथा

(c) दीवार द्वारा मनुष्य पर घर्षण बल f_s, ऊपर की ओर।

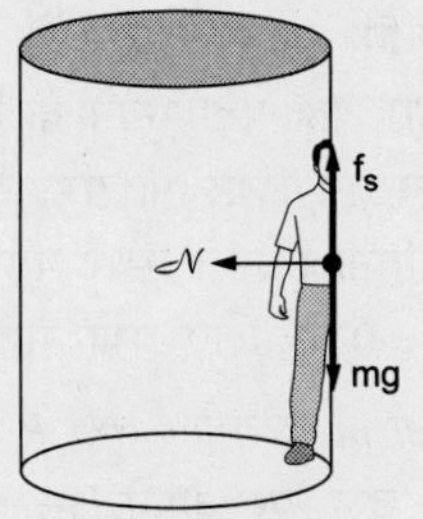

चित्र 10.W7

मनुष्य एक वृत्ताकार पथ पर $\omega^2 R$ त्वरण से चल रहा है। केंद्र की ओर तथा ऊपर की ओर बलों के घटक लेकर न्यूटन के गति-नियम लगाने पर,

$$\mathcal{N} = m\omega^2 r \quad \text{तथा} \quad f_s = mg.$$

रोटर के न्यूनतम वेग के लिए घर्षण का मान सीमांत घर्षण के बराबर होगा। अतः,

$$\mu_s = \frac{f_s}{\mathcal{N}} = \frac{g}{\omega^2 r}$$

या $\omega = \sqrt{\dfrac{g}{\mu_s r}} = \sqrt{\dfrac{10\ \text{m/s}^2}{0.20\times 2\ \text{m}}} = 5\ \text{rad/s}.$

11. *R त्रिज्या वाला अर्द्धगोलाकार आकार का एक बरतन अपने अक्ष के परितः घुमाया जाता है। यह अक्ष स्वयं एक ऊर्ध्वाधर रेखा पर स्थिर है। बरतन के अंदर एक छोटा गुटका रखा गया है जो उसकी सतह पर बिना फिसले एक जगह बना रहता है। बरतन की सतह घर्षणरहित है और गुटके से होकर जानेवाली त्रिज्या ऊर्ध्वाधर से θ कोण बनाती है। बरतन का कोणीय वेग निकालें।*

हल मान लें कि बरतन का कोणीय वेग ω है। गुटका भी उसी कोणीय वेग से चलता है। गुटके पर लगनेवाले बल हैं (चित्र 10.W8),

(a) बरतन की सतह द्वारा अभिलंब बल $\mathcal{N}$ तथा

(b) गुटके का भार mg.

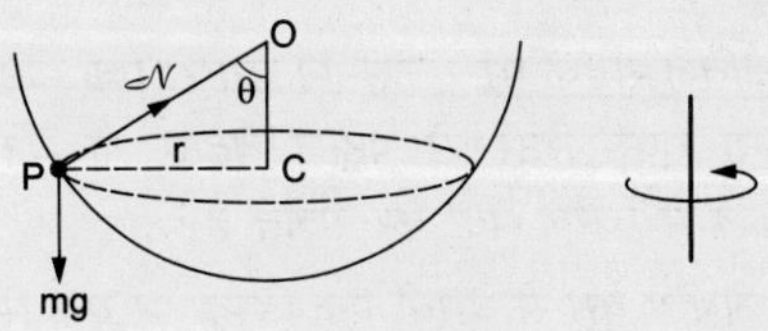

चित्र 10.W8

गुटका एक क्षैतिज तल पर वृत्ताकार पथ में चलता है। चित्र से आप देख रहे हैं कि उस वृत्ताकार पथ की त्रिज्या

$$r = R\sin\theta.$$

इस पथ की त्रिज्या तथा ऊर्ध्वाधर दिशा में बलों के घटक लेकर न्यूटन के गति-नियम लगाने पर,

$$\mathcal{N}\sin\theta = m\omega^2 R\sin\theta$$

या $\mathcal{N} = m\omega^2 R$ तथा $\mathcal{N}\cos\theta = mg.$

अतः, $m\omega^2 R\cos\theta = mg$ या $\omega = \sqrt{\dfrac{g}{R\cos\theta}}.$

यदि हम इस उत्तर में $\theta = 0$ रख दें, तो $\omega = \sqrt{g/R}$ आता है। पर, $\theta = 0$ का अर्थ है कि गुटका बरतन के सबसे निचले हिस्से पर पड़ा है। लेकिन, उसे यहाँ पड़ा रखने के लिए तो कोई भी कोणीय वेग नहीं चाहिए। बरतन स्थिर भी पड़ा रहे, तो भी गुटका सबसे नीचे के हिस्से पर बिना फिसले स्थिर पड़ा रह सकता है। पता करें कि हमारा उत्तर $\theta = 0$ के लिए क्यों सही नहीं है।

12. *धातु के तार का बना m द्रव्यमान तथा R त्रिज्या वाला एक छल्ला घर्षणरहित, क्षैतिज तल पर अपने अक्ष के परितः घूम रहा है। छल्ले के हर भाग की चाल v है। छल्ले के तार में तनाव बताएँ।*

हल चित्र 10.W9 में छल्ले का एक हिस्सा ACB दिखाया गया है, जो केंद्र पर $\Delta\theta$ (रेडियन में) कोण बना रहा है। मान लें कि तार में तनाव T है। ACB हिस्से पर लगते बल हैं,

(a) A के बायीं ओर के हिस्से के तार के द्वारा तनाव बल T, A पर स्पर्शरिखा की ओर;

(b) B के दाहिनी ओर के हिस्से के तार के द्वारा तनाव बल T, B पर स्पर्शरिखा की ओर;

(c) ACB का भार $(\Delta m)g$, नीचे की ओर तथा

(d) टेबुल द्वारा अभिलंब बल $\mathscr{N}$, ऊपर की ओर।

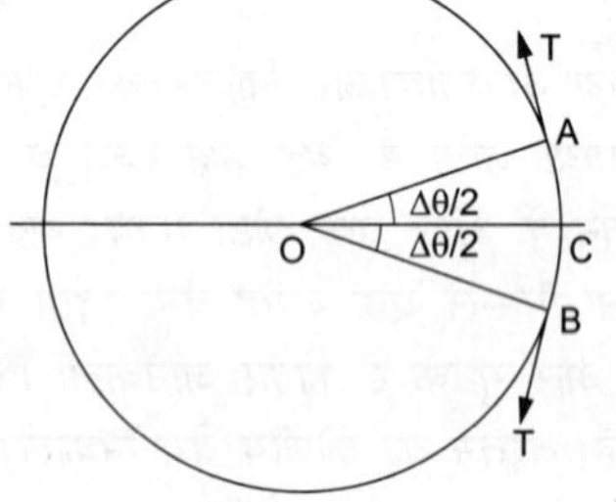

चित्र 10.W9

ACB भाग छल्ले के अनुदिश R त्रिज्या वाले वृत्त में एकसमान चाल से चल रहा है, अतः इसका त्वरण केंद्र की ओर v^2/R होगा। त्रिज्या CO की ओर सभी बलों के घटक लेकर न्यूटन के गति का दूसरा नियम लगाने पर,

$$T\cos\left(\frac{\pi}{2}-\frac{\Delta\theta}{2}\right)+T\cos\left(\frac{\pi}{2}-\frac{\Delta\theta}{2}\right)=(\Delta m)\frac{v^2}{R}$$

या $$2T\sin\frac{\Delta\theta}{2}=(\Delta m)\frac{v^2}{R}. \quad \ldots \text{(i)}$$

भाग ACB की लंबाई $= R\Delta\theta$.

पूरे छल्ले की लंबाई $= 2\pi R$ तथा उसका द्रव्यमान $= m$.

अतः, ACB का द्रव्यमान $\Delta m = \dfrac{(R\Delta\theta)}{2\pi R}\cdot m = \dfrac{\Delta\theta}{2\pi}m.$

समीकरण (i) से, $2T\sin\dfrac{\Delta\theta}{2} = \dfrac{\Delta\theta}{2\pi}\cdot\dfrac{mv^2}{R}$

या $$T = \frac{\Delta\theta/2}{\sin(\theta/2)}\cdot\frac{mv^2}{2\pi R}. \quad \ldots \text{(ii)}$$

हमने ACB को एक कण मानते हुए न्यूटन के गति का नियम लिखा है। किंतु ACB के सभी हिस्से एक ही वेग से नहीं चल रहे हैं। ACB को एक कण मानकर समीकरण लिखना पूरी तरह ठीक नहीं होगा। पर, यदि $\Delta\theta$ को बहुत छोटा लिया जाए, तो समीकरण (ii) से तनाव का मान मिल सकता है।

पर $\Delta\theta$ के बहुत छोटा होने पर, $\dfrac{\Delta\theta/2}{\sin(\Delta\theta/2)} \simeq 1.$

अतः, $T = \dfrac{mv^2}{2\pi R}.$

• विचार हेतु प्रश्न •

1. *आप एक क्षैतिज सड़क पर एकसमान वेग से एक मोटरसाइकिल चला रहे हैं। बिना एक्सलरेटर से पेट्रोल बढ़ाए या घटाए, क्या आप मोटरसाइकिल में त्वरण पैदा कर सकते हैं?*

2. *एकसमान कोणीय वेग से घूमती एक डिस्क पर एक सिक्का रखा हुआ है। सिक्का डिस्क पर नहीं फिसलता। उसे आवश्यक अभिकेंद्र बल कहाँ से मिलता है?*

3. *हवा में उड़ता एक पक्षी बायीं ओर घूम जाता है। उसे आवश्यक अभिकेंद्र बल कहाँ से मिलता है?*

4. *सूत्र $\omega = \omega_0 + \alpha t$ लिखते समय क्या सभी कोणों को रेडियन में लिखना आवश्यक है?*

5. *एक छोटा, चिकना गुटका एक क्षैतिज वृत्ताकार ट्यूब में थोड़ा ढीला-ढाला फिट होता है। यह एकसमान चाल से ट्यूब की लंबाई के अनुदिश चल रहा है। ट्यूब की कौन-सी सतह, भीतरी (केंद्र की ओर) सतह या बाहरी सतह, गुटके पर अभिलंब बल लगाएगी?*

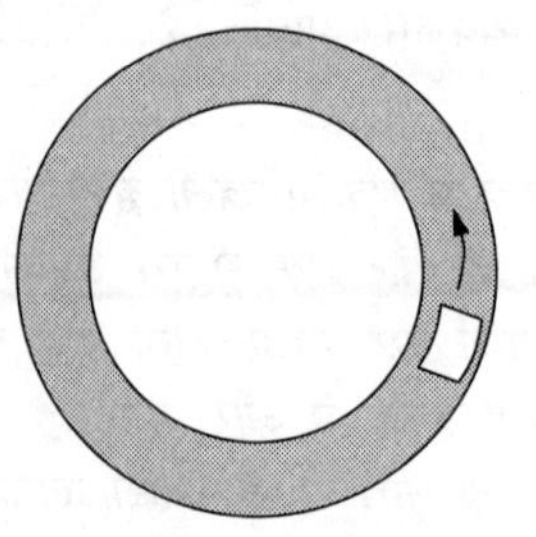

चित्र 10.C1

6. *धरती के सूर्य के चारों ओर वृत्ताकार (लगभग) पथ पर घूमने पर विचार करें। नीचे लिखे दो वक्तव्यों में से कौन-सा अधिक उपयुक्त है?*

(a) सूर्य द्वारा धरती पर लगा गुरुत्वाकर्षण बल अभिकेंद्र बल के बराबर है।

(b) सूर्य द्वारा धरती पर लगा गुरुत्वाकर्षण बल अभिकेंद्र बल है।

7. एक भारी वस्तु एक धागे द्वारा लटकाई गई है। यह देखा जाता है कि यदि वस्तु स्थिर अवस्था में लटकी है, तो धागा नहीं टूटता, पर यदि उसे दोलन कराया जाता है तो धागा टूट जाता है। व्याख्या करें।

8. एकसमान वेग v से चलती कार का चालक अचानक देखता है कि सामने r दूरी पर एक दीवार है। उसे ब्रेक लगाकर कार को रोकने की कोशिश करनी चाहिए, या इसे घुमाकर दीवार के समानांतर करने की कोशिश करनी चाहिए।

• सटीक उत्तरवाले प्रश्न I •

सही उत्तर का चयन करें।

1. जब एक कण एक वृत्त में एकसमान चाल से चलता है, तो
   (a) इसका वेग तथा त्वरण दोनों एकसमान होते हैं
   (b) इसका वेग एकसमान होता है, पर त्वरण एकसमान नहीं होता
   (c) इसका त्वरण एकसमान होता है, पर वेग एकसमान नहीं होता
   (d) इसका त्वरण एवं वेग दोनों समय के साथ बदलते हैं

2. m_1 तथा m_2 द्रव्यमान की दो कारें क्रमशः त्रिज्या r_1 तथा त्रिज्या r_2 के वृत्तों में एकसमान चालों से चलती हैं। यदि वे अपना एक चक्कर बराबर समय में पूरा करती हों, तो उनके कोणीय वेगों का अनुपात ω_1/ω_2 का मान होगा
   (a) $\frac{m_1}{m_2}$ (b) $\frac{r_1}{r_2}$ (c) $\frac{m_1 r_1}{m_2 r_2}$ (d) 1

3. एक कार एकसमान चाल से एक ऊँची-नीची होती सड़क पर चल रही है जिसका आकार चित्र 10.Q1 में दिखाए गए आकार जैसा है। जब कार बिंदु A पर पहुँचती है, तो सड़क द्वारा लगा अभिलंब बल N_A होता है और जब यह बिंदु B पर पहुँचती है, तो यह अभिलंब बल N_B होता है, तो
   (a) $N_A = N_B$
   (b) $N_A > N_B$
   (c) $N_A < N_B$
   (d) दी गई सूचनाएँ N_A, N_B का संबंध जानने को पर्याप्त नहीं हैं

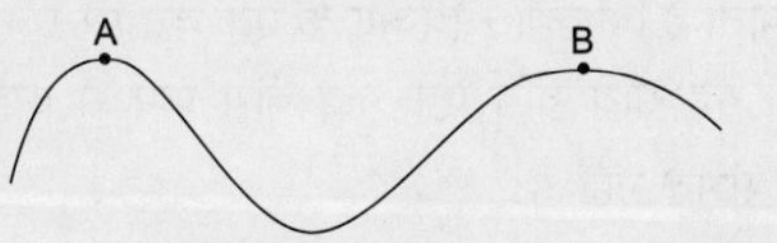

चित्र 10.Q1

4. एकसमान कोणीय वेग से घूमते हुए एक डिस्क पर एक कण रखा हुआ है। कण डिस्क पर बिना फिसले हुए इसके साथ-साथ घूम रहा है। कण की चाल 20 cm/s तथा त्वरण 20 cm/s^2 है। कण को अब उठाकर डिस्क पर ऐसी जगह रखा जाता है कि केंद्र से उसकी दूरी पहले से आधी हो जाती है। कण अभी भी डिस्क पर बिना फिसले घूमता है। अब कण की चाल एवं त्वरण होंगे
   (a) 10 cm/s, 10 cm/s^2 (b) 10 cm/s, 80 cm/s^2
   (c) 40 cm/s, 10 cm/s^2 (d) 40 cm/s, 40 cm/s^2

5. एक छोटी बालटी में थोड़ा-सा पानी भरकर एक रस्सी की सहायता से उसे ऊर्ध्वाधर वृत्त में घुमाया जाता है। जब बालटी सबसे ऊपर की स्थिति में पहुँचती है तब भी पानी नहीं गिरता। पानी का द्रव्यमान m तथा ऊपर की स्थिति में इसकी चाल v है। इतनी सूचना से हम निष्कर्ष निकाल सकते हैं कि
   (a) $mg = \frac{mv^2}{r}$ (b) $mg > \frac{mv^2}{r}$
   (c) mg, $\frac{mv^2}{r}$ से बड़ा नहीं है (d) mg, $\frac{mv^2}{r^2}$ से छोटा नहीं है

6. एक रस्सी के एक सिरे को पकड़कर इसके दूसरे सिरे पर बँधे एक पत्थर को वृत्ताकार पथ पर घुमाया जाता है। यदि रस्सी बीच से टूट जाए, तो पत्थर के जाने की दिशा होगी
   (a) केंद्र की ओर
   (b) केंद्र से दूर
   (c) स्पर्शरिखा की ओर
   (d) कहीं भी नहीं जाएगा, रुक जाएगा

7. एक घूमती चकती पर यदि केंद्र से 4 cm दूरी पर एक सिक्का रख दिया जाए तो वह फिसलने-फिसलने को हो जाता है। यदि घूमती चकती का कोणीय वेग दोगुना कर दिया जाए, तो फिसलने के लिए केंद्र से न्यूनतम दूरी होगी
   (a) 1 cm (b) 2 cm
   (c) 4 cm (d) 8 cm

8. R त्रिज्या वाले वृत्त के आकार में बने ओवरब्रिज पर एक मोटरसाइकिल एकसमान चाल से चल रही है। जब मोटरसाइकिल ब्रिज पर चढ़ रही है, उस समय ब्रिज द्वारा मोटरसाइकिल पर लगता अभिलंब बल
   (a) बढ़ता है (b) घटता है
   (c) बराबर रहता है (d) घटता-बढ़ता रहता है

9. एक-जैसी तीन कारें A, B तथा C अलग-अलग ब्रिजों पर समान चाल से चल रही हैं। कार A समतल ब्रिज पर, कार B उत्तल ब्रिज पर तथा कार C अवतल ब्रिज पर चल रही है। जब कारें ब्रिज के ठीक बीच में रहती हैं, तो उनपर अभिलंब बल F_A, F_B तथा F_C हैं, तो
   (a) F_A तीनों में अधिकतम है (b) F_B तीनों में अधिकतम है
   (c) F_C तीनों में अधिकतम है (d) $F_A = F_B = F_C$

10. L लंबाई की एक छड़ एक किनारे पर जड़ी हुई है और एकसमान कोणीय वेग से क्षैतिज तल में घुमाई जा रही है। यदि स्थिर किनारे से $L/4$ तथा $3L/4$ दूरी के बिंदुओं पर छड़ में तनाव क्रमशः T_1 तथा T_2 हों, तो
   (a) $T_1 > T_2$
   (b) $T_2 > T_1$
   (c) $T_1 = T_2$
   (d) T_1, T_2 में संबंध इस बात पर निर्भर करता है कि छड़ वामावर्ती घूम रही है या दक्षिणावर्ती

11. एक सरल दोलक ऊर्ध्वाधर तल में दोलन कर रहा है। लोलक का द्रव्यमान m है। ऊर्ध्वाधर से धागे के कोण को θ कहें। धागे में तनाव $mg\cos\theta$ होता है
   (a) हमेशा (b) कभी नहीं
   (c) पथ के किनारों पर (d) पथ के बीच में

12. एक चिकने एवं ऊर्ध्वाधर वृत्ताकार पथ पर m द्रव्यमान का गुटका नीचे की ओर फिसलता है। इस गति में गुटका है
    (a) ऊर्ध्वाधर साम्य में (b) क्षैतिज साम्य में
    (c) त्रिज्यीय साम्य में (d) इनमें कोई नहीं

• सटीक उत्तरवाले प्रश्न II •

सही उत्तर (उत्तरों) का चयन करें।

1. एक वस्तु वक्र पथ पर चल रही है। इनमें कौन-सी राशियाँ गति के दौरान अचर रह सकती हैं?
   (a) चाल (b) वेग
   (c) त्वरण (d) त्वरण का परिमाण
2. मान लें कि धरती सूर्य के चारों ओर वृत्ताकार पथ पर 30 km/s की चाल से चल रही है।
   (a) 1 जनवरी 2016 से 30 जून 2016 तक के अंतराल में धरती का औसत वेग शून्य है।
   (b) ऊपर बताई गई अवधि में धरती का औसत त्वरण 60 km/s^2 है।
   (c) 1 जनवरी 2016 से 31 दिसंबर 2016 तक के अंतराल में धरती की औसत चाल शून्य है।
   (d) किसी क्षण धरती का त्वरण सूर्य की ओर है।
3. मूलबिंदु पर केंद्र रखते हुए एक कण वृत्ताकार पथ में चल रहा है। इसका स्थान वेक्टर (position vector) बराबर समय अंतराल में बराबर क्षेत्रफल से गुजरता है।
   (a) कण का वेग अचर रहता है।
   (b) कण की चाल अचर रहती है।
   (c) कण का त्वरण अचर रहता है।
   (d) स्पर्शरेखीय त्वरण शून्य रहता है।
4. एक कण एकसमान चाल से चित्र 10.Q2 में दिखाए गए स्पाइरल आकार के पथ पर चल रहा है।

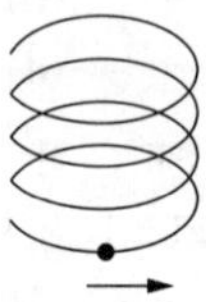

चित्र 10.Q2

   (a) कण का वेग अचर है।
   (b) कण का त्वरण अचर है।
   (c) त्वरण का परिमाण अचर है।
   (d) त्वरण का परिमाण लगातार घट रहा है।
5. M द्रव्यमान वाली एक कार एक क्षैतिज वृत्ताकार पथ पर चल रही है। पथ की त्रिज्या R है। किसी क्षण कार की चाल v है तथा यह a दर से बढ़ रही है।
   (a) कार का त्वरण पथ के केंद्र की ओर है।
   (b) कार पर घर्षण बल का परिमाण mv^2/r से अधिक है।
   (c) कार तथा सड़क के बीच घर्षण गुणांक a/g से छोटा नहीं है।
   (d) कार तथा सड़क के बीच घर्षण गुणांक $\mu = \tan^{-1}(v^2/rg)$ है।
6. r त्रिज्या वाला एक वृत्ताकार पथ 40 km/h की चाल से चलते वाहनों के लिए झुकाकर बनाया गया है। द्रव्यमान m की एक कार इस पथ पर चलने की कोशिश कर रही है। टायर तथा सड़क के बीच घर्षण नगण्य है।
   (a) बिना फिसले कार इस सड़क पर नहीं चल सकती।
   (b) यदि कार 40 km/h से कम की चाल से चल रही हो, तो वह सड़क पर नीचे की ओर फिसल जाएगी।
   (c) यदि कार 40 km/h की चाल से इस सड़क पर चलती है, तो सड़क द्वारा कार पर लगाए कुल बल का परिमाण mv^2/r के बराबर होगा।
   (d) यदि कार 40 km/h की चाल से इस सड़क पर चलती है, तो सड़क द्वारा कार पर लगाए कुल बल का परिमाण mg से भी और mv^2/r से भी अधिक होगा।
7. एक मनुष्य m द्रव्यमान के एक कण पर एक अचर बल $\vec{F}$ लगा रहा है और वह पाता है कि कण r त्रिज्या के एक वृत्त पर एकसमान चाल v से चलता है। यह सारी गति एक जड़त्वीय फ्रेम से देखी जा रही है।
   (a) यह संभव नहीं है।
   (b) कण पर दूसरे बल भी लग रहे हैं।
   (c) मनुष्य द्वारा लगाए गए बल के अलावा अन्य बलों का योग mv^2/r केंद्र की ओर है।
   (d) इन अन्य बलों का योग परिमाण तथा दिशा में बदलता रहता है ।

• अभ्यास के प्रश्न •

1. धरती और चंद्रमा के बीच की दूरी 3.85×10^5 km है तथा चंद्रमा को धरती का चक्कर लगाने में 27.3 दिन लगते हैं। इतनी जानकारी से चंद्रमा का त्वरण निकालें।
2. पृथ्वी का व्यास 12800 km है तथा इसे अपने अक्ष के परितः एक चक्कर पूरा करने में 24 घंटे लगते हैं। विषुवत रेखा पर स्थित किसी वस्तु का त्वरण बताएँ। यह त्वरण आप किस फ्रेम से देख रहे हैं?
3. एक कण 1.0 cm की त्रिज्या वाले एक वृत्ताकार पथ पर चल रहा है। इसकी चाल u समय के साथ बदल रही है। चाल का मान $u = 2.0\,t$ है, जहाँ t का मान सेकंड में तथा u का मान cm/s में है। (a) $t = 1$ s पर कण का त्रिज्या की ओर त्वरण निकालें। (b) $t = 1$ s पर कण का स्पर्शरेखा की ओर त्वरण निकालें। (c) $t = 1$ s पर कण के त्वरण का परिमाण निकालें।
4. चालकसहित एक स्कूटर का द्रव्यमान 150 kg है और वह 30 m त्रिज्या वाले वृत्ताकार मोड़ पर 36 km/h की चाल से जा रहा है। स्कूटर पर कितना क्षैतिज बल लग रहा है? यह बल किसके द्वारा लगाया जा रहा है?
5. ऊपर के प्रश्न 4 में यदि स्कूटर पर लगता क्षैतिज बल सड़क द्वारा लगते हुए अभिलंब बल से प्राप्त हो, तो सड़क का झुकाव कितना होना चाहिए?

6. एक पार्क की त्रिज्या 10 m है। यदि वाहन इस पार्क की परिक्रमा औसतन 18 km/h की चाल से करते हैं, तो इस सड़क का झुकाव कितना होना चाहिए?
7. यदि ऊपर के प्रश्न 6 में सड़क क्षैतिज हो, तो बिना फिसले 18 km/h की चाल से चलने के लिए टायर तथा सड़क के बीच कितना घर्षण गुणांक होना चाहिए?
8. एक घड़ी में सेकंड की सूई लगातार डायल पर चलती रहती है। यदि उसका किनारा केंद्र से 2.5 cm दूर हो, तो इस किनारे के त्वरण का परिमाण बताएँ।
9. हाइड्रोजन परमाणु के Bohr मॉडल में इलेक्ट्रॉन को एक कण के रूप में लिया जाता है, जो प्रोटॉन को केंद्र बनाकर वृत्ताकार पथ में एकसमान चाल से चलता है। प्रोटॉन को एक जड़त्वीय फ्रेम में स्थिर माना जाता है। प्रोटॉन द्वारा इलेक्ट्रॉन पर लगाया गया विद्युतीय बल इसे अभिकेंद्र बल प्रदान करता है। यदि इलेक्ट्रॉन के पथ की त्रिज्या 5.3×10^{-11} m हो, तो इलेक्ट्रॉन की चाल की गणना कीजिए। इलेक्ट्रॉन का द्रव्यमान $= 9.1 \times 10^{-31}$ kg तथा इलेक्ट्रॉन का आवेश $= 1.6 \times 10^{-19}$ C.
10. एक डोरी के एक सिरे पर m द्रव्यमान का एक पत्थर बाँधकर उसे R त्रिज्या के ऊर्ध्वाधर वृत्त में घुमाया जाता है। यदि सबसे ऊपर पहुँचने पर पत्थर का वेग $\sqrt{5gR}$ होता है, तो इस समय पर रस्सी का तनाव क्या होगा?
11. छत से लटके एवं पूरी तेजी से चलते हुए एक पंखे का व्यास 120 cm है और rpm (revolution per minute) 1500 है। इस पंखे के एक ब्लेड के किनारे पर सटे 1 g द्रव्यमान के एक धूलकण का विचार करें। इस कण पर केंद्र की ओर लगते बल का मान बताएँ। यह बल कौन लगा रहा है?
12. $33\frac{1}{3}$ rpm पर क्षैतिज तल में घूमते एक डिस्क पर केंद्र से 10 cm की दूरी पर एक मच्छर बैठा हुआ है। सिद्ध करें कि डिस्क तथा मच्छर के बीच का घर्षण गुणांक $\pi^2/81$ से अधिक है। $g = 10$ m/s^2 लें।
13. एक कार की छत से एक सरल दोलक लटक रहा है। कार 10 m त्रिज्या वाले वृत्ताकार पथ पर 36 km/h की चाल से चल रही है। g का मान 10 m/s^2 है। यदि दोलक के धागे का ऊर्ध्वाधर से कोण न बदल रहा हो, तो इस कोण का मान बताएँ।
14. 1 m लंबे धागे से बने एक सरल दोलक में बँधी गोली का द्रव्यमान 100 g है। अपने पथ के सबसे निचले बिंदु पर इसकी चाल 1.4 m/s है। इस समय धागे में तनाव बताएँ।
15. मान लें कि ऊपर के प्रश्न 14 में जब धागा ऊर्ध्वाधर से 0.20 रेडियन का कोण बनाता है तो गोली की चाल 1.4 m/s होती है। इस समय धागे में तनाव बताएँ। आप $\cos\theta$ के मान को $1-\frac{\theta^2}{2}$ तथा $\sin\theta$ के मान को θ ले सकते हैं।
16. जब एक सरल दोलक ऊर्ध्वाधर से अपने अधिकतम कोणीय विस्थापन पर रहता है उस समय धागे में तनाव T_0 होता है। उस अधिकतम कोणीय विस्थापन का मान बताएँ। दोलक का द्रव्यमान m है।
17. एक सरल दोलक के बॉब की अपनी न्यूनतम स्थिति में चाल $(\sqrt{Lg})/2$ है, जहाँ L दोलक की लंबाई है। इस स्थिति में दोलक की डोरी में तनाव निकालें।
18. 20 m त्रिज्या वाले एक वृत्ताकार मोड़ पर सड़क को 36 km/h की चाल से चलनेवाले वाहनों के हिसाब से झुकाया गया है। यदि टायर एवं सड़क के बीच स्थितिज घर्षण गुणांक 0.4 हो, तो वाहन की न्यूनतम एवं अधिकतम चाल बताएँ ताकि वाहन सड़क पर न तो ऊपर की ओर फिसले, न ही नीचे की ओर।
19. एक मोटरसाइकिल एक वृत्ताकार चाप के आकार के ओवरब्रिज पर चलती है। ब्रिज की त्रिज्या R तथा कुल लंबाई $\pi R/3$ है। टायर तथा सड़क के बीच घर्षण गुणांक $\mu = 1$ है। (a) ब्रिज के उच्चतम बिंदु पर मोटरसाइकिल की अधिकतम चाल v_0 क्या हो सकती है ताकि ब्रिज से उसका संपर्क न टूटे? (b) मोटरसाइकिल $v_0/\sqrt{2}$ चाल से उच्चतम बिंदु से चलती है और इतनी ही चाल से ब्रिज पर चलने की कोशिश करती है। ब्रिज पर कितनी दूर तक वह एकसमान चाल से चल सकती है? (c) वह किस अधिकतम एकसमान चाल से चलते हुए पूरे ओवरब्रिज को पार कर सकती है?
20. एक कार एक क्षैतिज वृत्ताकार सड़क पर चल रही है जिसकी त्रिज्या R है। इसकी चाल एकसमान दर $dv/dt = a$ से बढ़ रही है। टायर तथा सड़क के बीच घर्षण गुणांक μ है। कितनी चाल पर यह कार सड़क पर फिसलने लगेगी?
21. एक क्षैतिज, लंबी पट्टी पर m द्रव्यमान की एक वस्तु रखी हुई है। पट्टी और वस्तु के बीच घर्षण गुणांक μ है। पट्टी एक किनारे पर हिंज के साथ जुड़ी हुई है और वस्तु इस किनारे से L दूरी पर है। पट्टी को स्थिर सिरे के परितः एक क्षैतिज वृत्त में घुमाया जाता है। (a) कोणीय वेग का मान अधिकतम कितना हो सकता है ताकि वस्तु पट्टी पर न फिसले? (b) यदि पट्टी का कोणीय वेग शून्य से लगातार एकसमान दर $d\omega/dt = \alpha$ से बढ़ाया जाए, तो कितने कोणीय वेग पर वस्तु पट्टी पर फिसलने लगेगी?
22. एक रास्ता ABC तथा CDE भागों से बना है। ये दोनों भाग वृत्ताकार चाप के रूप में हैं जो अपने-अपने केंद्र पर 90° का कोण बनाते हैं तथा C पर सुचारु रूप से जुड़े हुए हैं (चित्र 10.E1)। एक साइकिल, जिसका सवारसहित द्रव्यमान 100 g है, इस रास्ते पर 18 km/h की एकसमान चाल से चलती है।

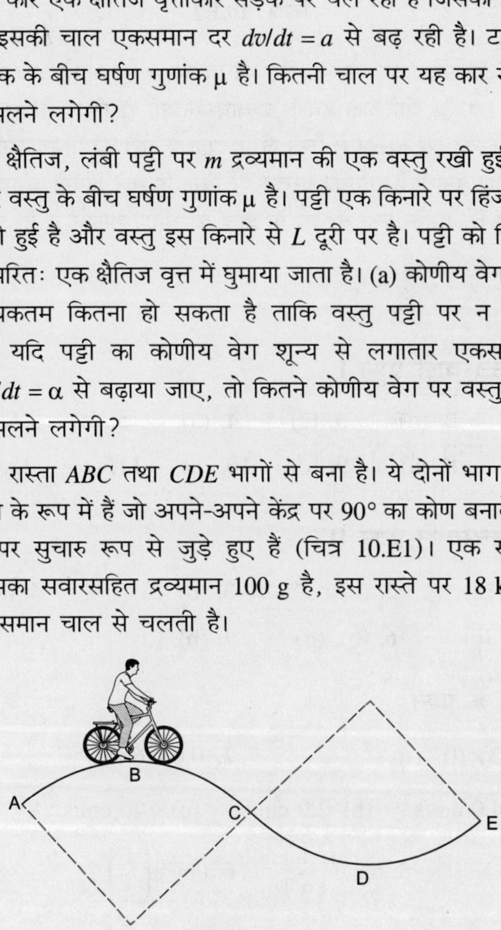

चित्र 10.E1

(a) जब साइकिल B पर या D पर होती है, उन समयों पर साइकिल पर सड़क द्वारा लगते अभिलंब बलों के मान बताएँ।
(b) जब साइकिल B, C या D पर होती है, उन समयों पर सड़क द्वारा इस पर लगाए गए घर्षण बलों के मान बताएँ।
(c) जब साइकिल जोड़ C के ठीक पहले या ठीक बाद में होती है, उन समयों पर सड़क द्वारा इसपर लगते अभिलंब बलों के मान बताएँ।
(d) सड़क तथा टायर के बीच कितना न्यूनतम घर्षण गुणांक होना चाहिए ताकि साइकिल पूरे रास्ते पर एकसमान चाल 18 km/h से चल सके?

23. बच्चों के एक पार्क में एक घूमनेवाला भारी डंडा लगा है। यह क्षैतिज तल में अपने केंद्र से जाती ऊर्ध्वाधर दिशा के परितः घूम सकता है। दो बच्चे डंडे के किनारों के पास लटके हुए हैं और डंडे के साथ-साथ घूम रहे हैं। प्रत्येक बच्चे का द्रव्यमान 15 kg है तथा उनके बीच की दूरी 3.0 m है। मान लें कि डंडा प्रतिमिनट 20 चक्कर की दर से घूम रहा है। डंडे द्वारा किसी एक बच्चे पर लगते घर्षण बल का परिमाण निकालें।

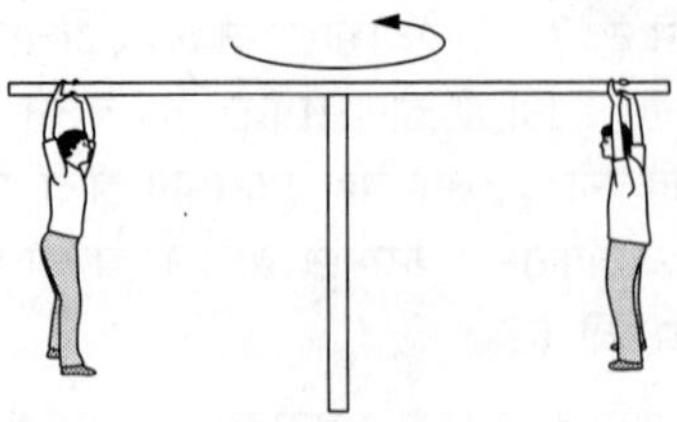

चित्र 10.E2

24. एक अर्द्धगोलाकार बरतन, जिसकी त्रिज्या R है, अपने अक्ष के परितः घूम रहा है। यह अक्ष स्वयं ऊर्ध्वाधर दिशा में स्थिर है। एक छोटा-सा गुटका इस बरतन में ऐसी जगह रखा है जहाँ की त्रिज्या ऊर्ध्वाधर से θ कोण बनाती है। गुटका बरतन पर बिना फिसले अपनी जगह पर बना रहता है। गुटके तथा बरतन के बीच का घर्षण गुणांक μ है। बरतन के कोणीय वेग के संभव मान बताएँ।

25. एक कण को u चाल से क्षैतिज से θ कोण बनाते हुए प्रक्षेपित किया गया है। इसके पथ के उच्चतम बिंदु के पास पथ के एक छोटे हिस्से का विचार करें और इसे लगभग वृत्ताकार चाप मानें। इस वृत्त की त्रिज्या निकालें। इस त्रिज्या को वक्र की वक्रता त्रिज्या (radius of curvature) कहते हैं।

26. ऊपर के प्रश्न 25 में जब कण के वेग की दिशा क्षैतिज से $\theta/2$ कोण बनाती है उस समय कण के पथ की वक्रता त्रिज्या निकालें।

27. एक बेलनाकार कमरे की दीवार से सटकर एक छोटा गुटका फर्श पर वृत्ताकार पथ में घूम रहा है। कमरे की त्रिज्या R तथा गुटके का द्रव्यमान m है। कमरे का फर्श घर्षणरहित मानें तथा दीवार तथा गुटके के बीच घर्षण गुणांक μ लें। गुटके को प्रारंभिक चाल v_0 देकर छोड़ दिया जाता है और वृत्ताकार पथ पर उसकी चाल घटती जाती है। गुटके की चाल के पदों में निकालें, (a) दीवार द्वारा गुटके पर लगाया गया अभिलंब बल, (b) दीवार द्वारा गुटके पर लगाया गया घर्षण बल, (c) गुटके का स्पर्शरेखीय त्वरण तथा (d) समीकरण $\frac{dv}{dt} = v\frac{dv}{ds}$ को अनुकलित (integrate) कर एक चक्कर के बाद गुटके की चाल।

• उत्तर •

सटीक उत्तरवाले प्रश्न I

1. (d) **2.** (d) **3.** (c) **4.** (a) **5.** (c) **6.** (c)
7. (a) **8.** (a) **9.** (c) **10.** (a) **11.** (c) **12.** (c)

सटीक उत्तरवाले प्रश्न II

1. (a), (d) **2.** (d) **3.** (b), (d) **4.** (c)
5. (b), (c) **6.** (b), (d) **7.** (b), (d)

अभ्यास के प्रश्न

1. 2.73×10^{-3} m/s^2 **2.** 0.0336 m/s^2

3. (a) 4.0 cm/s^2 (b) 2.0 cm/s^2 (c) $\sqrt{20}$ cm/s^2

4. 500 N **5.** $\tan^{-1}\left(\frac{1}{3}\right)$ **6.** $\tan^{-1}\left(\frac{1}{4}\right)$

7. 0.25 **8.** 0.027 cm/s^2 **9.** 2.2×10^6 m/s

10. $4mg$ **11.** 14.8 N, ब्लेड द्वारा घर्षण के कारण

13. 45° **14.** 1.2 N

15. 1.16 N **16.** $\cos^{-1}\left(\frac{T_0}{mg}\right)$

17. $\frac{5}{4}mg$, जहाँ m बॉब का द्रव्यमान है

18. 14.7 km/h और 54 km/h के बीच

19. (a) $\sqrt{gR}$ (b) $\left[\cos^{-1}\left(\frac{1}{2\sqrt{2}}\right)-\frac{\pi}{4}\right]R \approx 0.42R$

(c) $\left[\frac{\sqrt{3}-1}{2}gR\right]^{\frac{1}{2}}$

20. $[(\mu^2g^2-a^2)R^2]^{1/4}$ **21.** (a) $\sqrt{\frac{\mu g}{L}}$ (b) $\left[\left(\frac{\mu g}{L}\right)^2-\alpha^2\right]^{1/4}$

22. (a) 975 N, 1025 N (b) 0, 707 N, 0
(c) 682 N, 732 N (d) 1.037

23. $10\pi^2$ (N)

24. $\left[\frac{g(\sin\theta-\mu\cos\theta)}{R\sin\theta(\cos\theta+\mu\sin\theta)}\right]^{1/2}$ से

$\left[\frac{g(\sin\theta+\mu\cos\theta)}{R\sin\theta(\cos\theta-\mu\sin\theta)}\right]^{1/2}$ तक

25. $\frac{u^2\cos^2\theta}{g}$ **26.** $\frac{u^2\cos^2\theta}{g\cos^3\left(\frac{\theta}{2}\right)}$

27. (a) $\frac{mv^2}{R}$ (b) $\frac{\mu mv^2}{R}$

(c) $-\frac{\mu v^2}{R}$ (d) $v_0e^{-2\pi\mu}$

❑

अध्याय 11

अजड़त्वीय निर्देश तंत्र

कल्पना करें कि आप एक बस से यात्रा कर रहे हैं, आप आराम से एक सीट पर बैठे हैं, बगल में जगह खाली होने के कारण आपने अपनी डायरी वहाँ रखी है। बस एकसमान वेग से चल रही है और सब कुछ ठीक-ठाक है। अचानक ड्राइवर बस में ब्रेक लगाता है और आपकी डायरी आगे की ओर गिर जाती है। यदि आप बस में ही अपना फ्रेम बनाएँ, तो डायरी पहले स्थिर थी और ब्रेक लगने के समय आगे की ओर गतिमान हो गई, अर्थात उसमें आगे की ओर त्वरण हुआ। परंतु, डायरी पर आगे की ओर किसने बल लगाया? डायरी के साथ तो सिर्फ सीट संपर्क में थी और वह तो इसपर आगे बल लगा नहीं सकती। चूँकि डायरी सीट पर आगे की ओर फिसल रही है, सीट डायरी पर पीछे की ओर घर्षण का बल लगाएगी। तब बल पीछे की ओर लगा और त्वरण आगे की ओर उत्पन्न हो गया। इसमें आश्चर्य की कोई बात नहीं है, क्योंकि ब्रेक लगकर धीमी होती बस अजड़त्वीय फ्रेम (noninertial frame) है और इसमें न्यूटन के गति-नियम काम नहीं करते।

11.1 छद्म बल (Pseudo force)

पिछले अध्याय तक हमने जड़त्वीय फ्रेम के सापेक्ष गति का वर्णन किया है। जब हम अपने अक्ष जड़त्वीय फ्रेम में रखते हैं तभी न्यूटन के प्रथम एवं द्वितीय गति-नियमों का उपयोग कर सकते हैं। प्रायः हम अपना फ्रेम धरती के सापेक्ष स्थिर रखते हैं। यद्यपि धरती स्वयं पूरी तरह से जड़त्वीय फ्रेम नहीं है, पर इसको जड़त्वीय फ्रेम मानने पर होनेवाली गलती बहुत ज्यादा भी नहीं होती और हम अपने रोजमर्रा की भौतिकी के लिए धरती को जड़त्वीय फ्रेम मान लेते हैं। धरती के सापेक्ष एकसमान वेग से यदि कोई फ्रेम चल रहा हो, तो उसे भी हम जड़त्वीय तंत्र मानते हैं। जैसे यदि कोई ट्रेन एकसमान वेग से एक दिशा में चलती जा रही हो, तो ट्रेन के डिब्बे में हम अपने अक्ष ले सकते हैं और उन अक्षों के सापेक्ष किसी वस्तु की गति की जानकारी न्यूटन के गति-नियमों की सहायता से कर सकते हैं। परंतु, यदि ट्रेन में त्वरण हो, जैसा कि प्लेटफॉर्म से चलना शुरू करने के बाद थोड़ी देर तक या रुकने से पहले थोड़ी देर तक होता है, तो इसे हम जड़त्वीय फ्रेम नहीं मान सकते। ब्रेक लगाने से धीमी होती बस भी अजड़त्वीय फ्रेम है और इसीलिए इसमें न्यूटन का गति-नियम नहीं लगता। इसी प्रकार यदि कोई वाहन वृत्ताकार पथ पर चल रहा हो, तो वह वाहन जड़त्वीय फ्रेम नहीं हो सकता। यदि हम इस प्रकार के अजड़त्वीय फ्रेम में ही अपने अक्ष निर्धारित करते हैं और इन्हीं अक्षों के सापेक्ष किसी वस्तु का त्वरण मापते हैं तो यह त्वरण वस्तु पर लगते परिणामी बल को द्रव्यमान से भाग देकर नहीं निकाला जा सकता,

अर्थात $m\vec{a} \neq \vec{F}_{\text{resultant}}$.

यदि $m\vec{a}$ तथा $\vec{F}_{\text{resultant}}$ का अंतर $\vec{F}_{\text{pseudo}}$ लिखा जाए, तो

$$m\vec{a} = \vec{F}_{\text{resultant}} + \vec{F}_{\text{pseudo}}. \quad \dots (11.1)$$

यह समीकरण न्यूटन के द्वितीय गति-नियम जैसा ही है, यदि हम इस अतिरिक्त पद $\vec{F}_{\text{pseudo}}$ को भी एक बल की भाँति प्रयोग में लाएँ। वस्तु पर लगनेवाले सभी वास्तविक बल, जैसे रस्सी का तनाव, स्प्रिंग द्वारा बल, धरती द्वारा आकर्षण बल, अभिलंब प्रतिक्रिया, घर्षण आदि जोड़कर कुल परिणामी बल $\vec{F}_{\text{resultant}}$ है। पर, इन सभी बलों के अलावा हमें कुछ और जोड़ना पड़ता है तब वह द्रव्यमान और त्वरण के गुणनफल के बराबर होता है। इसी कुछ और को हम $\vec{F}_{\text{pseudo}}$ लिखते हैं और इसे छद्म बल (pseudo force) कहते हैं। आप अपने को अच्छी तरह समझा लीजिए कि यह कोई बल नहीं है। सभी बल जो वस्तु पर लग रहे हैं, $\vec{F}_{\text{resultant}}$ में शामिल हैं और $\vec{F}_{\text{pseudo}}$ सिर्फ नाम के लिए बल है जिसे हमें असली बलों के साथ जोड़ना पड़ता है ताकि वह द्रव्यमान और त्वरण के गुणनफल के बराबर हो जाए और हम न्यूटन के गति-नियमों के सारे तरीके प्रयोग में ला सकें।

11.2 जड़त्वीय फ्रेम के सापेक्ष एक ही दिशा में चलता अजड़त्वीय फ्रेम

चित्र 11.1 को देखें। मान लें कि फ्रेम S' दूसरे फ्रेम S के सापेक्ष एकसमान त्वरण $\vec{a}_0$ से चल रहा है। अर्थात,

$$\vec{a}_{S',S} = \vec{a}_0.$$

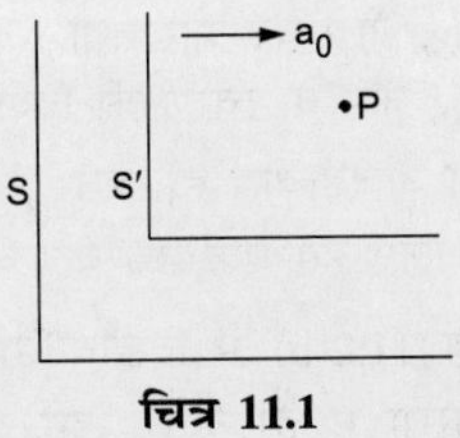

चित्र 11.1

अतः, $\vec{a}_{S,S'} = -\vec{a}_0$.

यह भी मान लें कि S एक जड़त्वीय फ्रेम है।

किसी कण P की गति को दोनों फ्रेमों से देखा जाता है। मान लें कि किसी क्षण कण का त्वरण S' के सापेक्ष $\vec{a}$ है तथा S के सापेक्ष $\vec{a}_{P,S}$ है। चूँकि S' की गति S के सापेक्ष स्थानांतरीय है,

$$\vec{a}_{P,S'} = \vec{a}_{P,S} + \vec{a}_{S,S'}$$

या $\quad \vec{a} = \vec{a}_{P,S} - \vec{a}_0$

या $\quad m\vec{a} = m\vec{a}_{P,S} - m\vec{a}_0. \qquad \ldots \text{(i)}$

चूँकि S एक जड़त्वीय फ्रेम है, इसलिए

$$m\vec{a}_{P,S} = \vec{F}_P, \qquad \ldots (11.2)$$

जहाँ $\vec{F}_P$, कण पर लगता कुल परिणामी बल है।

अब समीकरण (i) से,

$$m\vec{a} = \vec{F}_P - m\vec{a}_0.$$

यह न्यूटन के गति-नियम का संशोधित रूप है। कण पर लगते सभी बलों के परिणामी बल $\vec{F}_P$ के साथ एक अतिरिक्त पद $(-m\vec{a}_0)$ जोड़ने पर यह $m\vec{a}$ के बराबर होता है। यदि हम $\vec{F}_P + (-m\vec{a}_0) = \vec{F}$ लिखें, तो समीकरण (11.2) का रूप बिलकुल न्यूटन के गति-नियम जैसा हो जाता है। यद्यपि अजड़त्वीय फ्रेम में न्यूटन के नियम सत्य नहीं हैं, पर यदि हम $(-m\vec{a}_0)$ को भी एक बल का दर्जा देकर कण पर लगते वास्तविक बलों के साथ जोड़ दें, तो फिर न्यूटन के गति-नियमों के साथ सीखी हर पद्धति का उपयोग हम कर सकते हैं। अतः, हमारे उदाहरण में $(-m\vec{a}_0)$ एक छद्म बल है।

हम पुनः जोर देकर कहना चाहते हैं कि छद्म बल का कोई अस्तित्व नहीं है, यह सिर्फ एक गणितीय पद है जिसे हम संशोधित न्यूटन के नियम में लिखते हैं। यह पद एक तरह का लाइसेंस है जो हमें अजड़त्वीय फ्रेम में न्यूटन के नियमों के उपयोग की अनुमति देता है। ध्यान दें, इस पद $(-m\vec{a}_0)$ में m कण का द्रव्यमान तथा $\vec{a}_0$ फ्रेम S' का जड़त्वीय फ्रेम S के सापेक्ष त्वरण है।

अभ्यास 11.1

सीधी क्षैतिज सड़क पर a_0 त्वरण से जाती हुई एक कार की छत से एक दोलक लटकाया गया है। दोलक के धागे का ऊर्ध्वाधर से कोण ज्ञात करें जबकि दोलक कार के सापेक्ष स्थिर है।

हल प्रश्न में दी गई परिस्थिति चित्र 11.2(a) में दिखाई गई है। इस कार के फ्रेम से इस प्रश्न को हल करेंगे।

दोलक में लटके गोलक को संहति मानें। गोलक पर लग रहे बल हैं,

(a) धागे द्वारा तनाव T, धागे की दिशा में;

(b) धरती द्वारा mg, नीचे की ओर तथा

(c) छद्म बल ma_0, कार के त्वरण की दिशा के विपरीत।

चूँकि कार का फ्रेम अजड़त्वीय है, अतः न्यूटन के गति-नियमों का इस्तेमाल करने के लिए हमें एक छद्म बल का प्रयोग करना पड़ा है।

इन बलों को चित्र 11.2(b) में दिखाया गया है। कार के फ्रेम में गोलक स्थिर अवस्था में है। अतः, इन तीनों बलों का परिणामी शून्य होगा। त्वरण की दिशा [चित्र 11.2(b) में दाहिनी ओर] में घटक लेने पर,

$$T \sin\theta = ma_0. \qquad \ldots \text{(i)}$$

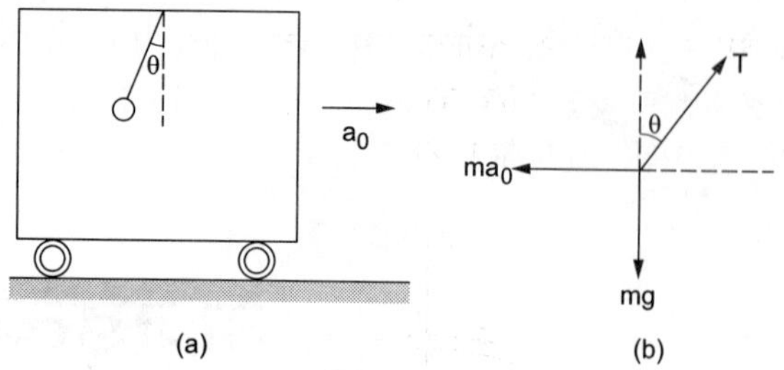

चित्र 11.2

ऊर्ध्वाधर दिशा में घटक लेने पर,

$$T \cos\theta = mg. \qquad \ldots \text{(ii)}$$

अतः, $\qquad \tan\theta = \dfrac{a_0}{g}.$

धागा ऊर्ध्वाधर से $\tan^{-1}(a_0/g)$ कोण बनाकर स्थिर रह सकता है।

अभ्यास 11.2

एक ट्रेन सीधी पटरियों पर a_0 के त्वरण से चल रही है। उसकी बेंच पर एक बैग रखा हुआ है, जो अपनी जगह से नहीं खिसकता। ट्रेन के फ्रेम का उपयोग करते हुए इस बैग पर लगनेवाले घर्षण बल की गणना करें।

हल ट्रेन के फ्रेम में बैग अपने स्थान पर स्थिर है। अतः, कुल परिणामी बल (छद्म बल को लेते हुए) शून्य होना चाहिए। ये बल चित्र 11.3 में दिखाए गए हैं। ट्रेन की गति दाहिनी ओर ली गई है। ये बल हैं,

(a) भार mg, नीचे की ओर;

(b) अभिलंब बल $\mathcal{N}$, ऊपर की ओर;

(c) छद्म बल ma_0, बायीं ओर तथा

(d) घर्षण f, दाहिनी ओर।

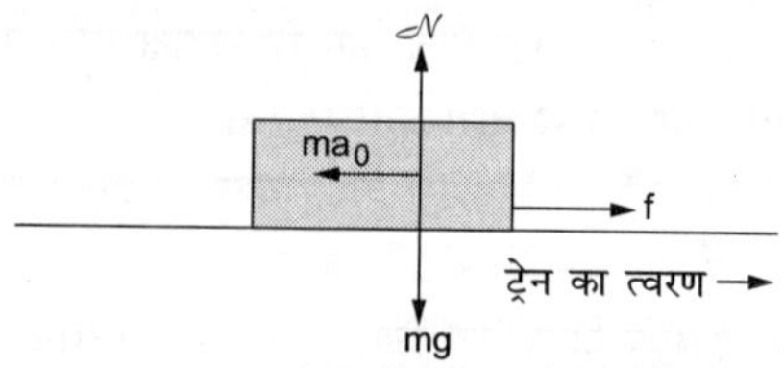

चित्र 11.3

छद्म बल लगा लेने के बाद हम ट्रेन के फ्रेम को जड़त्वीय फ्रेम की तरह मान सकते हैं। यदि घर्षण न होता तो क्षैतिज दिशा में एक ही बल होता, अर्थात ma_0 बायीं ओर तथा बैग बायीं ओर चल देता। इसलिए घर्षण बल दाहिनी ओर लगाया गया है।

चूँकि बैग ट्रेन के तंत्र में स्थिर है इसलिए क्षैतिज दिशा में बल संतुलित हैं। अतः, $f = ma_0$.

11.3 घूमती चकती का तंत्र

आपने कुम्हार के चाक को घूमते हुए देखा होगा। चाक के बीच से होकर जानेवाली ऊर्ध्वाधर रेखा इस घूमते चाक का घूर्णन अक्ष (axis of rotation) कहलाती है। चाक का हर बिंदु एक वृत्ताकार पथ पर चलता है। घूर्णन अक्ष से निकट के बिंदु कम त्रिज्या के वृत्त पर और घूर्णन अक्ष से दूर के बिंदु अधिक त्रिज्या के वृत्त पर चलते हैं। परंतु, हर बिंदु एक ही

कोणीय वेग से चलता है, क्योंकि सभी बिंदु बराबर समय में एक पूरा चक्कर लगाते हैं। इस प्रकार की घूर्णन गति के बारे में हम आगे के अध्यायों में विस्तारपूर्वक बातें करेंगे।

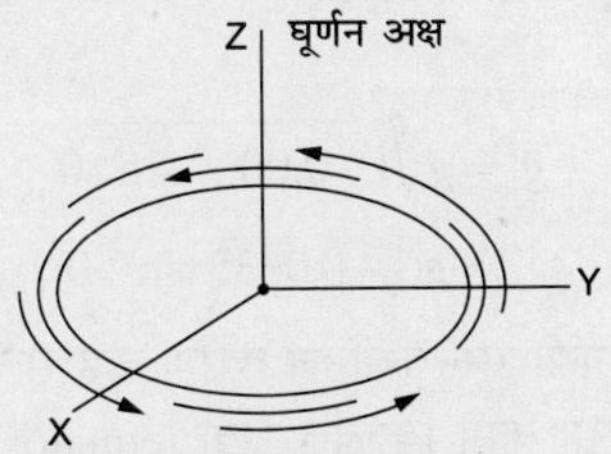

चित्र 11.4

यदि इस चाक पर अपने अक्ष बनाए जाएँ तो यह अजड़त्वीय फ्रेम का उदाहरण होगा। चित्र 11.4 में घूमती चकती पर x- तथा y-अक्ष बनाए गए हैं और घूर्णन अक्ष को z-अक्ष लिया गया है। इस फ्रेम से यदि किसी वस्तु का गति समीकरण लिखा जाए तो हमें कुछ छद्म बल लिखने होंगे।

यदि यह चाक एकसमान कोणीय वेग ω से घूम रहा हो, तो दो छद्म बल लिखने की आवश्यकता होती है। मान लें कि किसी क्षण वस्तु बिंदु P पर है और उसका वेग इस घूमते फ्रेम के सापेक्ष $\vec{v}$ है (चित्र 11.5)। P से घूर्णन अक्ष पर लंब PO डालें। इस क्षण चाक के फ्रेम में वस्तु का गति समीकरण लिखने के लिए छद्म बल इस प्रकार लिखते हैं,

$$\vec{F}_{\text{pseudo}} = m\omega^2\overrightarrow{OP} - 2m\omega\hat{k}\times\vec{v},$$

यहाँ $\hat{k}$ घूर्णन अक्ष की ओर एकांक सदिश (unit vector) है।

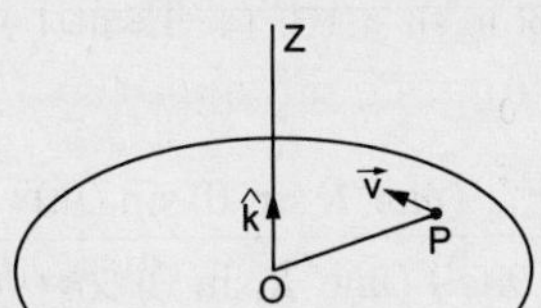

चित्र 11.5

पहला पद $(m\omega^2\overrightarrow{OP})$ अपकेंद्र बल (centrifugal force) कहलाता है और दूसरा पद $(-2m\omega\hat{k}\times\vec{v})$ कोरियोलिस बल (Coriolis force) कहलाता है।

अपकेंद्र बल

यदि घूर्णन अक्ष से वस्तु की दूरी OP को r लिखें, तो अपकेंद्र बल का परिमाण $m\omega^2 r$ होगा। चकती का बिंदु P, जहाँ इस क्षण वस्तु है, स्वयं जमीन के सापेक्ष एक वृत्त पर चल रहा है। इस बिंदु की चाल इस समय

$$v_P = \omega r$$

होगी। अतः, अपकेंद्र बल का परिमाण,

$$F_{\text{centrifugal}} = m\omega^2 r = \frac{mv_P^2}{r} \quad \dots (11.3)$$

होगा।

यदि m द्रव्यमान की वस्तु r त्रिज्या के वृत्त पर v चाल से चले, तो उसपर लगता अभिकेंद्र बल mv^2/r होता है। यह व्यंजक तथा समीकरण (11.3) में लिखा अपकेंद्र बल का व्यंजक बिलकुल एक-से हैं और इसके कारण विद्यार्थियों में काफी भ्रम रहता है। आप इस भ्रम के शिकार न हों, इसलिए इन दोनों की थोड़ी और तुलना कर लें।

(a) अभिकेंद्र बल mv^2/R एक वास्तविक बल का परिमाण है जो m द्रव्यमान की वस्तु पर लगता है जब वह R त्रिज्या वाले वृत्त पर v चाल से चलती है। यह बल किसी अन्य स्रोत, जैसे रस्सी, घर्षण, स्प्रिंग आदि के कारण होता है। अपकेंद्र बल एक छद्म बल है जो किसी के द्वारा नहीं लगाया जाता। यदि हम m द्रव्यमान की वस्तु की गति घूमते हुए निर्देश तंत्र से देखते हैं तभी इस छद्म बल को लिखने की आवश्यकता होती है।

(b) अभिकेंद्र बल के व्यंजक mv^2/R में v वस्तु की चाल है। अपकेंद्र बल के व्यंजक mv_P^2/R में v_P वस्तु की चाल नहीं, बल्कि घूमते हुए फ्रेम के उस बिंदु P की चाल है जहाँ वस्तु उस क्षण पर है। यह उस जड़त्वीय फ्रेम के सापेक्ष है जिसके सापेक्ष फ्रेम ω कोणीय चाल से घूम रहा है।

(c) अभिकेंद्र बल mv^2/R तब लिखते हैं जब वस्तु वृत्ताकार पथ में चल रही हो। अपकेंद्र बल लिखते समय वस्तु किसी भी पथ पर चल सकती है।

यदि आप वस्तु की गति का समीकरण जड़त्वीय फ्रेम से लिख रहे हैं तो आपको कोई छद्म बल लिखने की आवश्यकता नहीं है और अपकेंद्र बल को ध्यान में भी न लाएँ।

कोरियोलिस बल

कोरियोलिस बल $(-2m\omega\hat{k}\times\vec{v})$ तभी लिया जाता है जब वस्तु घूमते हुए फ्रेम के सापेक्ष चल रही हो तथा उसकी दिशा घूर्णन अक्ष के समानांतर न हो। सदिश गुणनफल के नियम के अनुसार इसकी दिशा घूर्णन अक्ष के भी और वस्तु के वेग के भी लंबवत होती है।

11.4 धरती के घूर्णन का प्रभाव

(a) आभासी भार

किसी वस्तु का भार धरती द्वारा उसपर लगाए गए गुरुत्वाकर्षण बल को कहते हैं। यदि वस्तु का द्रव्यमान m हो, तो यह भार $W = m\cdot GM/R^2 = mg$ होता है। इस बल की दिशा पृथ्वी के केंद्र की ओर होती है, जिसे हम ऊर्ध्वाधर दिशा कहते हैं। पर, हम यह भार नापते कैसे हैं? जब हम तौलने की मशीन पर खड़े होते हैं और मशीन की सूई घूमती है, तो हमारा भार कैसे मशीन पर दिख जाता है? वास्तव में हम मशीन को जितने बल से दबाते हैं, मशीन की सूई उसी के अनुसार घूमती है। इस अभिलंब बल $\mathcal{N}$ को ही हम मशीन पर पढ़ते हैं। इसी तरह स्प्रिंग तुला में जब हम किसी वस्तु को लटकाते हैं, तो स्प्रिंग में कुछ खिंचाव होता है जिससे हम वस्तु का भार पता करते हैं। यह खिंचाव स्प्रिंग में उत्पन्न तनाव के बल T को नापता है। जब हम कोई गठरी अपने सिर पर रखते हैं और कहते हैं कि यह बहुत भारी है, तो हम गठरी द्वारा सिर पर लगाए जानेवाले संपर्क बल $\mathcal{N}$ की चर्चा कर रहे होते हैं। न्यूटन के गति-नियमों का उपयोग कर हम गणना करते हैं कि यह $\mathcal{N}$ या T, वस्तु के भार mg के बराबर है, क्योंकि वस्तु के संतुलन के लिए सभी बलों का परिणामी शून्य होना चाहिए। इसी से हमें विश्वास

होता है कि जो बल हम $\mathscr{N}$ या T के द्वारा नापते हैं वह वस्तु के भार के बराबर है।

परंतु, यह गणना थोड़ी-सी अशुद्ध है, क्योंकि धरती पूरी तरह से जड़त्वीय फ्रेम नहीं होती। इस अशुद्धि का एक बड़ा भाग धरती के अपने अक्ष के परितः 24 घंटे में एक बार घूमने की गति के कारण होता है। धरती का फ्रेम घूमता हुआ होने के कारण न्यूटन के गति समीकरण लिखते समय हमें छद्म बलों, अर्थात अपकेंद्र बल एवं कोरियोलिस बल का ध्यान रखना होगा। यदि वस्तु पृथ्वी के सापेक्ष स्थिर है, तो केवल अपकेंद्र बल ही लेना काफी है। प्रश्न है कि वस्तु के नापे गए भार में इस अपकेंद्र बल के कारण कितना परिवर्तन आता है।

उत्तरी एवं दक्षिणी ध्रुवों को मिलानेवाली रेखा ही धरती का घूर्णन अक्ष होती है। हमलोग धरती की सतह पर बस्तियों में रहते हैं। मान लें कि m द्रव्यमान की एक वस्तु सतह पर स्थान P पर रखी है, जहाँ त्रिज्या OP अक्ष SN से θ कोण बनाती है (चित्र 11.6)। यह स्थान अक्ष से $CP = R\sin\theta$ दूरी पर है। वस्तु जमीन पर स्थिर पड़ी है। धरती के फ्रेम से हम इस वस्तु के स्थिर पड़े होने के लिए उचित समीकरण लिखना चाहते हैं। छद्म बलों को लेते हुए इस वस्तु पर बल हैं,

(a) धरती द्वारा आकर्षण बल $m\cdot GM/R^2 = mg$, PO दिशा में,
(b) जमीन द्वारा अभिलंब प्रतिक्रिया का बल $\mathscr{N}$ तथा
(c) अपकेंद्र बल $m\omega^2 r = m\omega^2 R\sin\theta$, CP दिशा में।

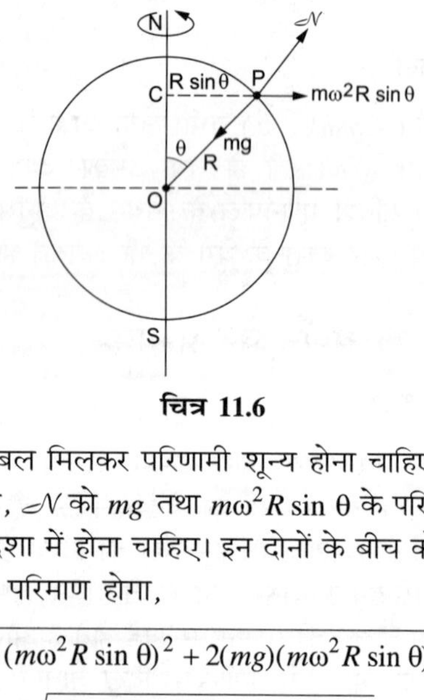

चित्र 11.6

यह तीनों बल मिलकर परिणामी शून्य होना चाहिए, क्योंकि वस्तु स्थिर है। अर्थात, $\mathscr{N}$ को mg तथा $m\omega^2 R\sin\theta$ के परिणामी के बराबर तथा विपरीत दिशा में होना चाहिए। इन दोनों के बीच कोण $90° + \theta$ है। अतः, $\mathscr{N}$ का परिमाण होगा,

$$\sqrt{(mg)^2 + (m\omega^2 R\sin\theta)^2 + 2(mg)(m\omega^2 R\sin\theta)\cos(90° + \theta)}$$

$$= m\sqrt{g^2 - \omega^2 R\sin^2\theta(2g - \omega^2 R)}. \qquad \ldots (11.4)$$

धरती 24 घंटे में एक चक्कर पूरा करती है। अतः,

$$\omega = \frac{2\pi}{T} = \frac{2\pi \text{ rad}}{24\times 60\times 60 \text{ s}} = 7.27\times 10^{-5} \text{ rad/s}$$

तथा $R = 6400$ km.

अतः, $\omega^2 R = 0.034$ m/s^2.

उपर्युक्त मान समीकरण (11.4) में रखने पर,

$$\mathscr{N} = mg\sqrt{1 - 0.0069\sin^2\theta}.$$

अतः, अभिलंब प्रतिक्रिया का बल $\mathscr{N}$, वस्तु के वास्तविक भार mg से कम होता है। चूँकि हमारे तौलने की मशीनें $\mathscr{N}$ को नापती हैं, अतः इनके द्वारा नापा गया भार वास्तविक भार से कम होता है। इसे हम आभासी भार (apparent weight) कहते हैं। यदि हम $\mathscr{N} = mg'$ लिखें, तो

$$g' = g\sqrt{1 - 0.0069\sin^2\theta} \qquad \ldots (11.5)$$
$$\approx g(1 - 0.0035\sin^2\theta).$$

यहाँ g' को हम आभासी गुरुत्वजनित त्वरण कह सकते हैं। g के मान में सबसे अधिक आभासी कमी विषुवत रेखा (equator) पर होती है, जहाँ θ का मान $90°$ होता है। यह अंतर भी सिर्फ 0.35% के करीब ही है। इसीलिए हम साधारणतः धरती के घूमने के प्रभाव को भुला देते हैं और इसे जड़त्वीय तंत्र की तरह प्रयोग में लाते हैं। समीकरण (11.4) से विषुवत रेखा पर,

$$\mathscr{N} = mg' = mg - m\omega^2 R \quad \text{या} \quad g' = g - \omega^2 R. \qquad \ldots (11.6)$$

(b) आभासी ऊर्ध्वाधर दिशा

हम ऊर्ध्वाधर दिशा का निर्धारण कैसे करते हैं? भवन निर्माण करनेवाले राजमिस्त्री दीवार बनाते समय साहुल सूत्र (plumb line) का सहारा लेते हैं। एक डोरी में शंकु के आकार का धातु का एक टुकड़ा बाँधकर लटका देते हैं। यही डोरी ऊर्ध्वाधर दिशा मानी जाती है और दीवार इसी के समानांतर बनाई जाती है। परंतु, डोरी का तनाव भी वस्तु के भार एवं अपकेंद्र बल के परिणामी को संतुलित करता है। अतः, डोरी की दिशा इस परिणामी के अनुदिश होगी। इन बलों की ज्यामिति चित्र 11.8 में दिखाई गई है। डोरी की दिशा वास्तविक ऊर्ध्वाधर PO से α कोण बनाती है, जहाँ

$$\tan\alpha = \frac{(m\omega^2 R\sin\theta)\sin(90° + \theta)}{mg + (m\omega^2 R\sin\theta)\cos(90° + \theta)}$$

$$= \frac{\omega^2 R\sin\theta\cdot\cos\theta}{g - \omega^2 R\sin^2\theta} \qquad \ldots (11.7)$$

जिसे हम सामान्यतः ऊर्ध्वाधर कहते हैं, यह वही दिशा होती है जो वास्तविक ऊर्ध्वाधर से α कोण बनाती है। घरों की दीवारें इसी दिशा के समानांतर बनाई जाती हैं। बीकर में रखे पानी की सतह इसी दिशा के लंबवत होती है।

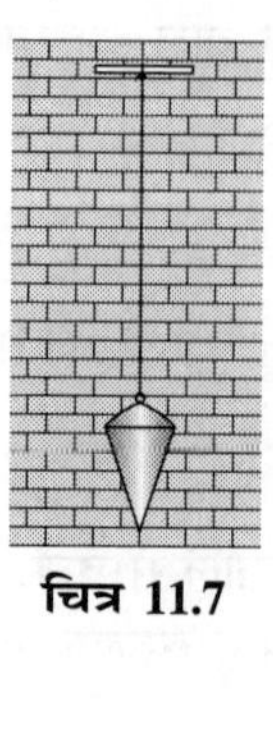

चित्र 11.7

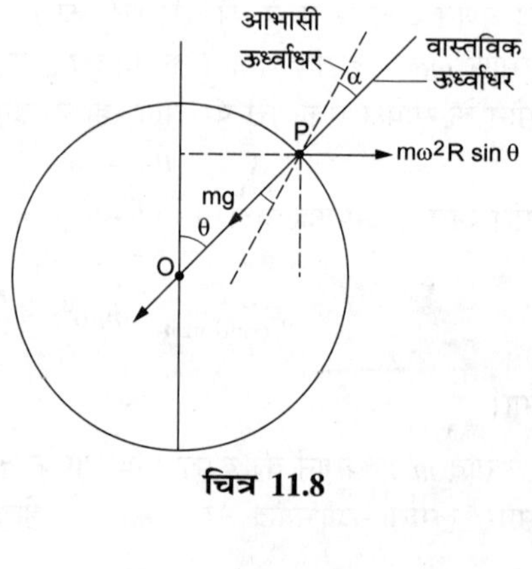

चित्र 11.8

समीकरण (11.7) के अनुसार $\theta = 0$ तथा $\theta = \pi/2$ पर α का मान शून्य है। अर्थात, विषुवत रेखा पर तथा ध्रुवों पर आभासी ऊर्ध्वाधर दिशा वास्तविक ऊर्ध्वाधर दिशा में ही होती है। आप जरा-सा भी प्रयास करें तो बिना अधिक गणित किए चित्र 11.9 से यह परिणाम प्राप्त कर सकते हैं। विषुवत रेखा (बिंदु P) पर वस्तु का भार mg तथा अपकेंद्र बल $m\omega^2 R$ एक ही रेखा में होते हैं। इसलिए परिणामी भी इसी दिशा में होता है। अतः, आभासी ऊर्ध्वाधर दिशा तथा वास्तविक ऊर्ध्वाधर दिशा एक ही होती हैं। ध्रुवों पर अपकेंद्र बल शून्य होता है, इसलिए वास्तविक ऊर्ध्वाधर दिशा और आभासी ऊर्ध्वाधर दिशा एक ही होती हैं।

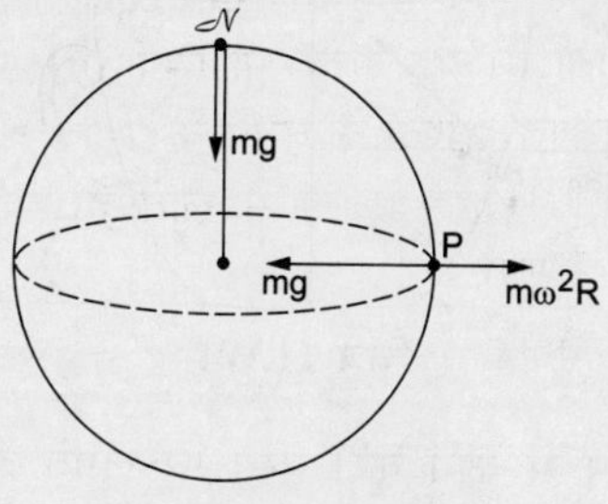

चित्र 11.9

अभ्यास 11.3

एक स्प्रिंग बैलेंस से लटकी एक वस्तु धरती के उत्तरी ध्रुव के पास 98 N पठन दिखाती है। यदि यही स्प्रिंग बैलेंस वस्तुसहित विषुवत रेखा के पास लाया जाए, तो बैलेंस का पठन कितना होगा? $g = GM/R^2 = 9.8\ \text{m/s}^2$ *तथा धरती की त्रिज्या = 6400 km मानें।*

हल ध्रुवों पर वस्तु का आभासी भार = वास्तविक भार $= mg$

अतः, $mg = 98\ \text{N}$ या $m = 10\ \text{kg}$.

विषुवत रेखा पर आभासी भार,

$$mg' = mg - m\omega^2 R.$$

धरती के घूमने का कोणीय वेग,

$$\omega = \frac{2\pi\ \text{rad}}{24 \times 60 \times 60\ \text{s}}$$

$$= 7.27 \times 10^{-5}\ \text{rad/s}$$

अतः, $mg' = 98\ \text{N} - (10\ \text{kg})(7.27 \times 10^{-5}\ \text{s}^{-1})^2 (6400\ \text{km})$

$$= 97.66\ \text{N}.$$

• *हल किए गए प्रश्न* •

1. *एक लिफ्ट a_0 त्वरण से ऊपर जा रही है। लिफ्ट में एक चिकना आनत तल जड़ा हुआ है जो क्षैतिज से θ कोण बनाता है (चित्र 11.W1)। आनत तल के आधार की लंबाई L है। यदि एक कण को आनत तल के ऊपरी सिरे से छोड़ दिया जाए, तो तल की तली तक आने में उसे कितना समय लगेगा?*

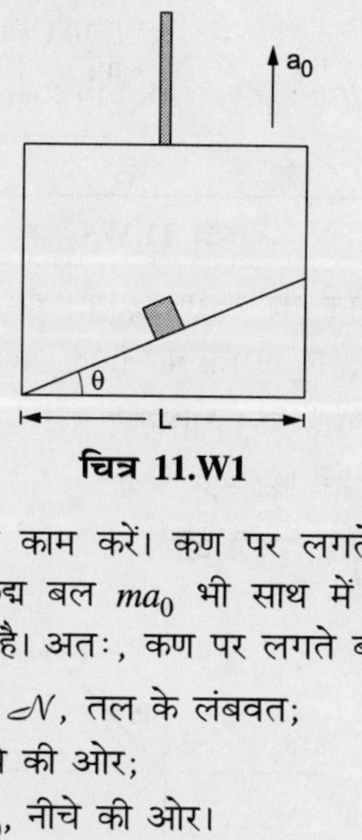

चित्र 11.W1

हल लिफ्ट के फ्रेम में काम करें। कण पर लगते वास्तविक बलों के अतिरिक्त एक छद्म बल ma_0 भी साथ में लेना होगा, जहाँ m कण का द्रव्यमान है। अतः, कण पर लगते बलों की सूची होगी,

(i) अभिलंब बल $\mathcal{N}$, तल के लंबवत;
(ii) भार mg, नीचे की ओर;
(iii) छद्म बल ma_0, नीचे की ओर।

मान लें कि इस फ्रेम में कण का त्वरण a है। यह तल के अनुदिश, नीचे की ओर होगा। इस दिशा में सभी बलों के घटक लिखकर न्यूटन का गति-नियम लगाने पर,

$$mg \sin\theta + ma_0 \sin\theta = ma$$

या $$a = (g + a_0)\sin\theta.$$

इस फ्रेम में तल के ऊपरी सिरे से नीचे तक आने में तय की गई दूरी $= L/\cos\theta$, अतः

$$\frac{L}{\cos\theta} = \frac{1}{2}(g + a_0)\sin\theta \cdot t^2$$

या $$t = \left[\frac{2L}{(g + a_0)\sin\theta\cos\theta}\right]^{1/2}.$$

यदि आप (ii) तथा (iii) में लिखे बलों को जोड़ दें, तो वह $m(g + a_0)$ नीचे की ओर होगा। इसका अर्थ है कि यदि छद्म बल न लगाकर हम यह कहें कि लिफ्ट में g का मान बदलकर $g + a_0$ हो गया है, तो भी हमें वही समीकरण मिलेंगे। अर्थात, ऊपर की ओर a_0 त्वरण में चलती लिफ्ट में आप g की जगह $g_{\text{eff}} = g + a_0$ ले लें, तो लिफ्ट को जड़त्वीय फ्रेम मानकर अपने समीकरण लिख सकते हैं।

इसी तरह, यदि लिफ्ट का त्वरण नीचे की ओर a_0 हो, तो $g_{\text{eff}} = g - a_0$ लेकर अपने समीकरण लिख सकते हैं।

2. *चित्र 11.W2 में एक घर्षणरहित क्षैतिज सतह पर त्रिभुजाकार ब्लॉक रखा हुआ है जिसका द्रव्यमान M है। इसकी तिरछी सतह भी घर्षणरहित है और इस सतह पर m द्रव्यमान का एक छोटा गुटका रखा हुआ है। इस पूरी संहति को विराम की अवस्था में छोड़ दिया जाता है। ब्लॉक के सापेक्ष गुटके का त्वरण ज्ञात करें।*

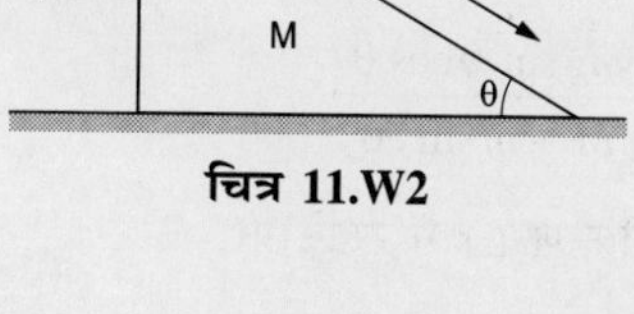

चित्र 11.W2

हल जब गुटका ब्लॉक पर नीचे की ओर फिसलेगा, तो ब्लॉक पीछे की तरफ जाएगा। मान लें कि ब्लॉक का त्वरण पीछे की ओर a_0 है। ब्लॉक के फ्रेम से गुटके की गति की विवेचना करें। चूँकि ब्लॉक अजड़त्वीय फ्रेम है, अतः यहाँ हमें एक छद्म बल लेना होगा। गुटके पर बलों की सूची होगी [चित्र 11.W3(a)],

(i) अभिलंब बल $\mathcal{N}$, सतह के लंबवत;

(ii) भार mg, नीचे की ओर तथा

(iii) छद्म बल ma_0, दाहिनी ओर।

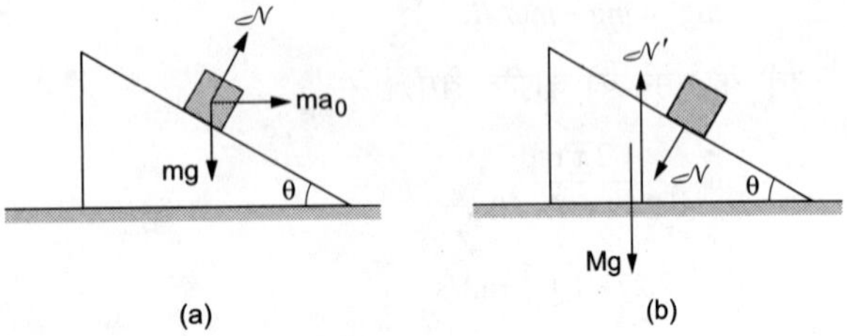

चित्र 11.W3

मान लें कि गुटका ब्लॉक के तल पर नीचे की ओर a त्वरण से चल रहा है। इस दिशा में बलों के घटक लेने पर,

$$ma_0 \cos\theta + mg \sin\theta = ma$$

या $$a = a_0 \cos\theta + g \sin\theta. \quad \text{... (i)}$$

a_0 का मान ज्ञात करने के लिए हमें और समीकरण चाहिए। तल की लंबवत दिशा में उपर्युक्त बलों के घटक लेने पर,

$$\mathcal{N} + ma_0 \sin\theta = mg \cos\theta. \quad \text{... (ii)}$$

अब ब्लॉक की गति को जमीन के फ्रेम से देखें। इस फ्रेम में कोई छद्म बल लगाने की जरूरत नहीं है। ब्लॉक पर बल हैं [चित्र 11.W3(b)],

(i) भार Mg, नीचे की ओर;

(ii) गुटके के द्वारा ब्लॉक पर अभिलंब बल $\mathcal{N}$, तल के लंबवत नीचे की ओर तथा

(iii) क्षैतिज सतह द्वारा ऊर्ध्वाधर दिशा में अभिलंब बल $\mathcal{N}'$, ऊपर की ओर।

हमने गुटके के द्वारा ब्लॉक पर तथा ब्लॉक के द्वारा गुटके पर एक ही परिमाण $\mathcal{N}$ के बल लिखे हैं, क्योंकि ये न्यूटन के तीसरे गति-नियम से संबंधित क्रिया-प्रतिक्रिया के बल हैं।

क्षैतिज दिशा में न्यूटन के गति-नियम लगाने पर,

$$\mathcal{N} \sin\theta = Ma_0$$

या $$\mathcal{N} = \frac{Ma_0}{\sin\theta}. \quad \text{... (iii)}$$

समीकरण (ii) तथा समीकरण (iii) से,

$$\frac{Ma_0}{\sin\theta} + ma_0 \sin\theta = mg \cos\theta$$

या $$a_0 = \frac{mg \sin\theta \cos\theta}{M + m \sin^2\theta}.$$

यह मान समीकरण (i) में रखने पर,

$$a = \frac{mg \sin\theta \cdot \cos^2\theta}{M + m \sin^2\theta} + g \sin\theta = \frac{(M+m)g \cdot \sin\theta}{M + m \sin^2\theta}.$$

3. *एक प्याले की तली तो सपाट है, पर उसकी दीवारें वक्र हैं। इस प्याले को दाहिनी ओर एक बल लगाकर क्षैतिज सतह पर a_0 त्वरण से चलाया जाता है। m द्रव्यमान की एक छोटी वस्तु प्याले की दीवार पर A बिंदु पर बिना फिसले बनी रहती है। दीवार को घर्षणरहित मानें। A बिंदु पर सतह पर अभिलंब क्षैतिज से कितना कोण बनाता है?*

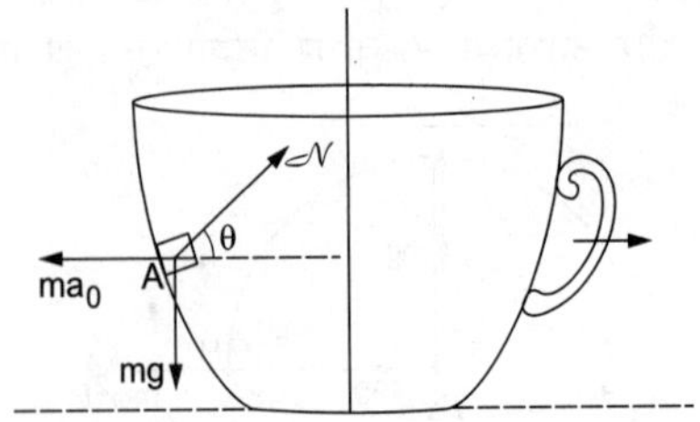

चित्र 11.W4

हल प्याले के फ्रेम से काम करें। वस्तु पर लगते बल तथा छद्म बल चित्र 11.W4 में दिखाए गए हैं। वस्तु इस फ्रेम में विराम अवस्था में है। क्षैतिज तथा ऊर्ध्वाधर दिशा में घटक लेने पर,

$$ma_0 = \mathcal{N} \cos\theta \quad \text{तथा} \quad mg = \mathcal{N} \sin\theta.$$

अतः, $\tan\theta = g/a_0$ या $\theta = \tan^{-1}(g/a_0)$.

4. *एक त्रिभुजाकार ब्लॉक क्षैतिज सतह पर एकसमान त्वरण से दाहिनी ओर खींचा जा रहा है (चित्र 11.W5)। दो गुटके, जिनके द्रव्यमान m_1 तथा m_2 हैं, इस ब्लॉक की सतह पर फिसल सकते हैं। सभी सतहों को घर्षणरहित मानें। यदि m_1 ब्लॉक पर नहीं फिसल रहा हो, तो ब्लॉक के सापेक्ष m_2 का त्वरण निकालें।*

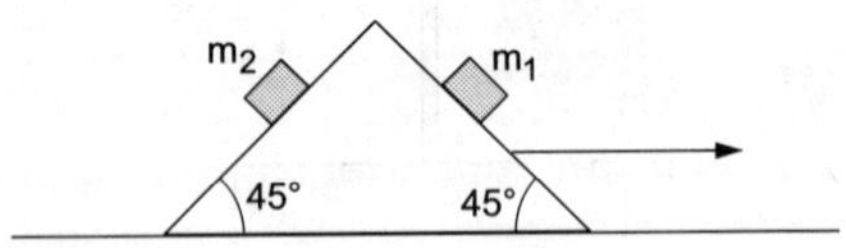

चित्र 11.W5

हल मान लें कि ब्लॉक का त्वरण a_0 है। हम इसी ब्लॉक के फ्रेम में काम करेंगे। m_1 पर लगते वास्तविक बल तथा छद्म बल हैं,

(i) ब्लॉक की सतह द्वारा अभिलंब बल $\mathcal{N}_1$, सतह पर लंबवत;

(ii) भार $m_1 g$, नीचे की ओर तथा

(iii) छद्म बल $m_1 a_0$, बायीं ओर।

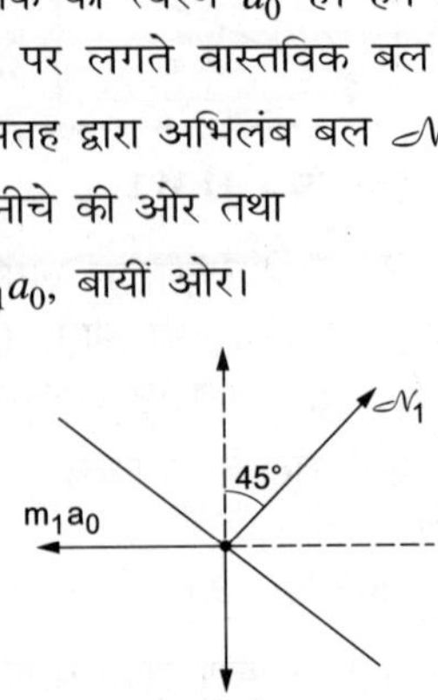

चित्र 11.W6

ब्लॉक के फ्रेम में यह गुटका स्थिर है। अतः,

$$\mathcal{N}_1 \cos 45° = m_1 g \quad \text{तथा} \quad \mathcal{N}_1 \sin 45° = m_1 a_0.$$

अतः, $a_0 = g \tan 45° = g$.

अब m_2 की गति पर विचार करें। इस गुटके पर लगते वास्तविक बल तथा छद्म बल हैं,

(i) ब्लॉक की सतह द्वारा अभिलंब बल $\mathcal{N}_2$, सतह के लंबवत;

(ii) भार m_2g, नीचे की ओर तथा

(iii) छद्म बल m_2a_0, बायीं ओर।

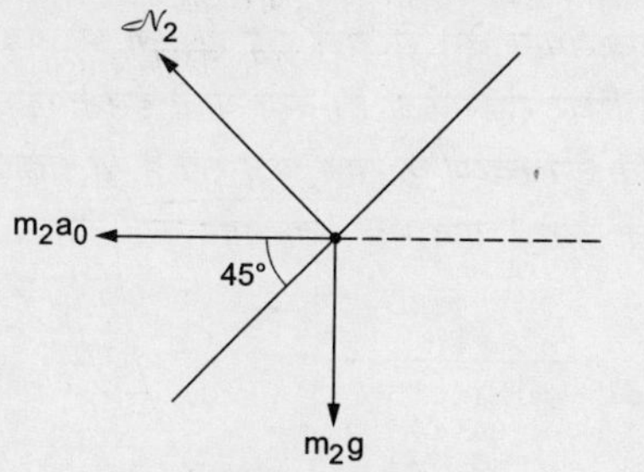

चित्र 11.W7

मान लें कि यह गुटका सतह पर a त्वरण से नीचे फिसल रहा है। इस दिशा में बलों के घटक लेकर न्यूटन का नियम लगाने पर,

$$m_2a_0 \cos 45° + m_2g \sin 45° = m_2a$$

या $$a = \frac{a_0}{\sqrt{2}} + \frac{g}{\sqrt{2}} = \frac{g}{\sqrt{2}} + \frac{g}{\sqrt{2}} = g\sqrt{2}.$$

5. *क्षैतिज सतह वाली एक वृत्ताकार टेबुल अपने अक्ष के परितः एकसमान कोणीय वेग ω से घूम रही है। इस टेबुल की सतह पर एक त्रिज्या के अनुदिश एक खाँच बनी हुई है। खाँच की दीवारों तथा तली को घर्षणरहित मानें। इस खाँच में एक कण को केंद्र से a दूरी पर धीरे से रख दिया जाता है। जब कण की केंद्र से दूरी L हो जाए, उस समय टेबुल की अपेक्षा कण की चाल निकालें।*

हल टेबुल के फ्रेम से काम करें। टेबुल की सतह के केंद्र पर मूलबिंदु तथा x-अक्ष को खाँच के अनुदिश लें (चित्र 11.W8)। y-अक्ष को सतह के समानांतर तथा z-अक्ष को ऊर्ध्वाधर ऊपर की ओर लें।

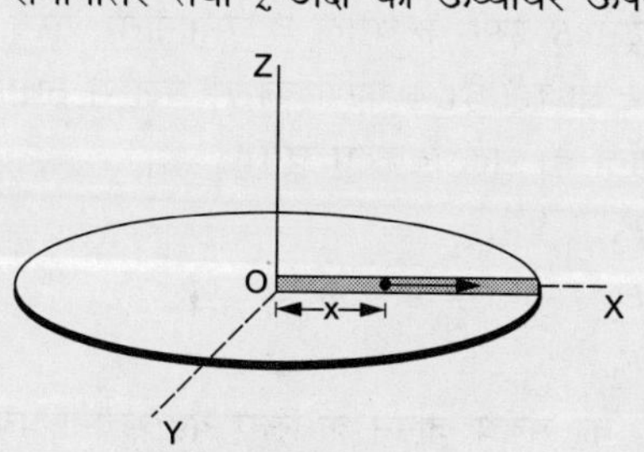

चित्र 11.W8

मान लें कि t समय पर कण की केंद्र से दूरी x है तथा इसका वेग x-दिशा में v है। छद्म बलों को लेते हुए, इस क्षण कण पर लगे बल हैं,

(i) भार mg, नीचे की ओर;

(ii) खाँच की तली द्वारा लगाया गया अभिलंब बल $\mathcal{N}_1$, ऊपर की ओर;

(iii) खाँच की दीवारों द्वारा लगाया गया कुल अभिलंब बल $\mathcal{N}_2$, y-अक्ष के समानांतर;

(iv) अपकेंद्र बल $m\omega^2x$, x-दिशा में तथा

(v) कोरियोलिस बल, y-दिशा में (घूर्णन अक्ष तथा वेग, दोनों के लंबवत)।

चूँकि कण खाँच में ही चलता है, y- तथा z-दिशा में इसमें कोई गति नहीं है। (याद रहे, हम टेबुल के फ्रेम से काम कर रहे हैं।)

x-दिशा में त्वरण,

$$a = \frac{F}{m} = \frac{m\omega^2 x}{m} = \omega^2 x$$

या $$\frac{dv}{dt} = \omega^2 x$$

या $$\frac{dv}{dx} \cdot \frac{dx}{dt} = \omega^2 x$$

या $$\frac{dv}{dx} \cdot v = \omega^2 x$$

या $$v\,dv = \omega^2 x\,dx$$

या $$\int_0^v v\,dv = \int_a^L \omega^2 x\,dx$$

या $$\left[\frac{1}{2}v^2\right]_0^v = \left[\frac{1}{2}\omega^2 x^2\right]_a^L$$

या $$\frac{v^2}{2} = \frac{1}{2}\omega^2(L^2 - a^2)$$

या $$v = \omega\sqrt{L^2 - a^2}.$$

6. *चित्र 11.W9 में एक बड़े बॉक्स को नीचे की ओर a त्वरण से गिरता हुआ दिखाया गया है। बॉक्स के अंदर M द्रव्यमान की एक वस्तु रखी है। त्वरण a का मान कितना होना चाहिए ताकि वस्तु बॉक्स के फर्श पर $Mg/4$ बल लगाए?*

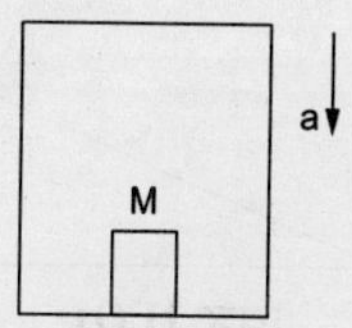

चित्र 11.W9

हल इस प्रश्न को अध्याय 8 में "हल किए गए प्रश्न" के अंतर्गत प्रश्न 8 में भी हल किया गया है। आप इस प्रश्न को बॉक्स के फ्रेम से भी हल कर सकते हैं। बॉक्स के फ्रेम में वस्तु स्थिर है। वस्तु पर लगते हुए वास्तविक बलों के अतिरिक्त यदि हम एक उपयुक्त छद्म बल भी जोड़ लें, तो हम न्यूटन के प्रथम गति-नियम का उपयोग कर सकेंगे। आवश्यक छद्म बल Ma ऊपर की ओर होगा। हमने वस्तु के द्रव्यमान तथा बॉक्स के त्वरण को गुणा किया है और दिशा को पलट दिया है। हमारे बलों की नई सूची इस प्रकार होगी,

(i) धरती के द्वारा Mg, नीचे की ओर;

(ii) फर्श के द्वारा $\mathcal{N}$, ऊपर की ओर तथा

(iii) छद्म बल Ma ऊपर की ओर।

ये तीनों मिलकर शून्य होंगे, क्योंकि वस्तु स्थिर है।

अतः, $$Mg = \mathcal{N} + Ma = \frac{Mg}{4} + Ma$$

या $$a = \frac{3}{4}g.$$

• विचार हेतु प्रश्न •

1. *एक मूँगफली बेचनेवाला अपने डंडी वाले तराजू से एक लिफ्ट में मूँगफली बेचता है। छद्म बलों के कारण लिफ्ट में g का प्रभावी मान लिफ्ट के त्वरण पर निर्भर करता है। यदि लिफ्ट में ऊपर की ओर त्वरण हो, तो मूँगफली वाले को लाभ होगा, हानि होगी या कोई फर्क नहीं पड़ेगा?*

2. *जब एक बस अचानक चलना शुरू करती है, तो यात्री का सिर पीछे की ओर सीट की दीवार से जा टकराता है। जमीन के फ्रेम से विवेचना करते हुए बताएँ कि क्या यात्री का सिर पीछे की ओर विस्थापित होता है।*

3. *एक ट्रेन के डिब्बे की छत से किसी यात्री ने एक सरल दोलक लटका रखा है। यदि ट्रेन a त्वरण से आगे जाती है तो दोलक डिब्बे में छत पर लंब दिशा से पीछे की ओर $\theta_0 = \tan^{-1}(a/g)$ कोण से विस्थापित होकर स्थिर रह सकता है। यदि ट्रेन की पटरियाँ क्षैतिज से θ_0 कोण बनाती हों और ट्रेन एकसमान वेग से चल रही हो, तो भी यह दोलक उतना ही पीछे होकर स्थिर रह सकता है। क्या यात्री इस दोलक को देखकर बता सकता है कि ट्रेन त्वरण के साथ चल रही है या चढ़ाई पर चढ़ रही है? यदि हाँ, तो कैसे? यदि नहीं, तो और कोई तरीका सुझाएँ।*

• सटीक उत्तरवाले प्रश्न I •

सही उत्तर का चयन करें।

1. एक बॉक्स एक रस्सी के सहारे छत से लटका हुआ है। बॉक्स के अंदर एक घर्षणरहित आनत तल जड़ा हुआ है। एक वस्तु को (चित्र 11.Q1) इस आनत तल के सबसे ऊपर के बिंदु से छोड़ दिया जाता है। इसे तल के नीचे के बिंदु तक आने में T समय लगता है। यदि वस्तु को पुनः ऊपर के बिंदु पर रखा जाए तथा रस्सी को काट दिया जाए, तो

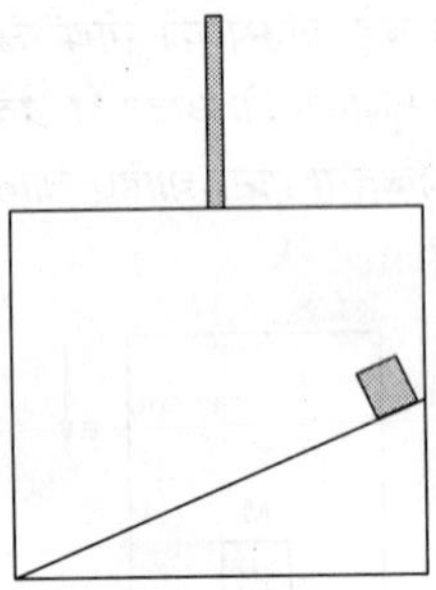

चित्र 11.Q1

   (a) वस्तु तल पर फिसलती हुई T से अधिक समय में तल के नीचे के बिंदु तक पहुँचेगी
   (b) वस्तु तल पर फिसलती हुई T से कम समय में तल के नीचे के बिंदु तक पहुँचेगी
   (c) वस्तु तल के ऊपरी बिंदु पर बनी रहेगी
   (d) वस्तु तल से उछलकर बाहर हो जाएगी

2. एक स्वतंत्र रूप से गिरते बॉक्स में एक आनत तल जड़ा हुआ है। इस पर m द्रव्यमान की एक वस्तु रखी हुई है। वस्तु तथा तल के बीच घर्षण गुणांक μ है तथा तल का क्षैतिज से झुकाव θ है। सही विकल्प चुनें।
   (a) तल द्वारा वस्तु पर लगा अभिलंब बल शून्य है।
   (b) तल द्वारा वस्तु पर ऊपर की ओर $\mu mg\cos\theta$ परिमाण का घर्षण बल लगाया जा रहा है।
   (c) वस्तु का भार शून्य है।
   (d) तल द्वारा वस्तु पर $mg\cos\theta$ परिमाण का अभिलंब बल लगाया जा रहा है।

3. m द्रव्यमान वाले एक कण को जड़त्वीय फ्रेम S से देखा जाता है। इस फ्रेम में वह एक r त्रिज्या के वृत्ताकार पथ में एकसमान चाल v से चलता हुआ पाया जाता है। इस फ्रेम में लिया जानेवाला अपकेंद्र बल होगा
   (a) $\frac{mv^2}{r}$, केंद्र की ओर
   (b) $\frac{mv^2}{r}$, केंद्र से दूर
   (c) $\frac{mv^2}{r}$, वृत्त की स्पर्शरेखा की ओर
   (d) शून्य

4. द्रव्यमान m का एक कण एक जड़त्वीय फ्रेम में कोणीय वेग ω से त्रिज्या a के एक वृत्त में घूम रहा है। इसे एक ऐसे फ्रेम से देखा जाता है, जो स्वयं वृत्त के अक्ष के परितः कोणीय वेग ω_0 से घूम रहा है। इस फ्रेम में कण पर लगता अपकेंद्र बल होगा
   (a) $m\omega^2 a$
   (b) $m\omega_0^2 a$
   (c) $m\left(\frac{\omega+\omega_0}{2}\right)^2 a$
   (d) $m\omega\omega_0 a$

5. एक ट्रेन A विषुवत रेखा (equator) के रास्ते पर पूर्व से पश्चिम की ओर तथा ट्रेन B इसी के बगल के समानांतर रास्ते पर पश्चिम से पूर्व की ओर जा रही है। A पटरी को F_1 बल से तथा B पटरी को F_2 बल से दबाती है। सही विकल्प चुनें।
   (a) $F_1 > F_2$
   (b) $F_1 < F_2$
   (c) $F_1 = F_2$
   (d) F_1, F_2 का संबंध जानने के लिए यह सूचना पर्याप्त नहीं है।

6. यदि धरती अपने अक्ष पर घूमना बंद कर दे, तो धरती की सतह पर g का प्रभावी मान
   (a) सभी जगह बढ़ जाएगा
   (b) सभी जगह घट जाएगा
   (c) सभी जगह अपने पहले के मान के बराबर होगा
   (d) कुछ जगहों पर बढ़ जाएगा और कुछ जगहों पर उतना ही रहेगा

7. स्टंट फिल्मों की शूटिंग में प्रयुक्त एक कार की छत से एक सरल दोलक लटकाया हुआ है। इसके बॉब का द्रव्यमान m है। यह कार एक पहाड़ी पर वेग v से चढ़ती हुई पहाड़ी की चोटी तक पहुँचती है और फिर पहाड़ी को छोड़ती हुई कुछ दूरी पर की जमीन पर कूद जाती है।

पहाड़ी की चोटी से कार की अधिकतम ऊँचाई R है। जब कार हवा में है, उस अवधि में डोरी का तनाव है

(a) mg (b) $mg - \frac{mv^2}{R}$

(c) $mg + \frac{mv^2}{R}$ (d) शून्य

8. फ्रेम S_2, S_1 के सापेक्ष त्वरण a से चल रहा है। एक कण की गति की व्याख्या के लिए आवश्यक छद्म बल S_1 फ्रेम में F_1 तथा S_2 फ्रेम में F_2 है। इनमें कौन-सा संभव नहीं है?

(a) $F_1 = 0, F_2 \neq 0$ (b) $F_1 \neq 0, F_2 = 0$

(c) $F_1 \neq 0, F_2 \neq 0$ (d) $F_1 = 0, F_2 = 0$

• सटीक उत्तरवाले प्रश्न II •

सही उत्तर (उत्तरों) का चयन करें।

1. एक जड़त्वीय फ्रेम के सापेक्ष फ्रेम S, x-दिशा में a_0 त्वरण से चल रहा है। इस फ्रेम से m द्रव्यमान के एक कण की गति का अध्ययन किया जा रहा है। इस फ्रेम में कण पर लिए जानेवाले
   (a) अपकेंद्र बल का मान शून्य है
   (b) कोरियोलिस बल का मान शून्य है
   (c) कुल छद्म बल का मान शून्य है
   (d) कुल छद्म बल की दिशा ऋणात्मक x-दिशा की ओर है
2. एक फ्रेम S से गणना करने पर एक कण पर लिया जानेवाला छद्म बल z-अक्ष से इसकी दूरी के समानुपाती पाया जाता है। निश्चित रूप से
   (a) फ्रेम S जड़त्वीय फ्रेम के सापेक्ष घूर्णन गति कर रहा है
   (b) फ्रेम S जड़त्वीय फ्रेम के सापेक्ष z-दिशा में गति कर रहा है
   (c) फ्रेम S में कण z-दिशा में गति कर रहा है
   (d) फ्रेम S में कण एक वृत्ताकार पथ में चल रहा है
3. ऊपर की ओर जाती लिफ्ट के फ्रेम में किसी कण पर लिया जानेवाला छद्म बल
   (a) अवश्य ही ऊपर की ओर होगा
   (b) अवश्य ही नीचे की ओर होगा
   (c) अवश्य ही ऊर्ध्वाधर दिशा में होगा
   (d) अवश्य ही शून्य होगा
4. धरती के फ्रेम से किसी कण की गति की विवेचना करने के लिए अपकेंद्र बल नहीं लगाना पड़ेगा यदि
   (a) कण उत्तरी ध्रुव पर हो और स्थिर हो
   (b) कण दक्षिणी ध्रुव पर हो और स्थिर हो
   (c) कण उत्तरी ध्रुव पर हो और धरती की सतह पर एक वेग से चल रहा हो
   (d) कण दक्षिणी ध्रुव पर हो और धरती की सतह पर एक वेग से चल रहा हो
5. धरती के फ्रेम से विषुवत रेखा पर स्थित किसी कण की गति की विवेचना करने के लिए कोरियोलिस बल नहीं लगाना पड़ेगा यदि धरती के सापेक्ष कण के वेग की दिशा
   (a) उत्तर की ओर हो (b) दक्षिण की ओर हो
   (c) पूर्व की ओर हो (d) पश्चिम की ओर हो
6. जड़त्वीय फ्रेम में स्थित एक प्रयोगशाला में डोरी से बाँधकर एक पत्थर को वृत्ताकार पथ पर घुमाया जाता है। प्रयोगशाला से विवेचना करने के लिए पत्थर पर
   (a) वृत्त के केंद्र की ओर अपकेंद्र बल लगाना होगा
   (b) वृत्त के केंद्र की विपरीत दिशा में अपकेंद्र बल लगाना होगा
   (c) अपकेंद्र बल नहीं लगाना होगा
   (d) कोई छद्म बल नहीं लगाना होगा

• अभ्यास के प्रश्न •

1. क्षैतिज सड़क पर एक कार a त्वरण से गति कर रही है।
   (i) कार की छत से धागे की सहायता से एक गेंद लटकाई गई है। यह धागा ऊर्ध्वाधर से एक नियत कोण बनाता है। यह कोण ज्ञात करें।
   (ii) कार में एक चिकना आनत तल जड़ा हुआ है जिसपर एक गुटका रखा हुआ है तथा यह गुटका उस तल पर फिसलता नहीं है। आनत तल का क्षैतिज से कोण ज्ञात करें।
2. एक लिफ्ट के फर्श पर एक गुटका विरामावस्था में रखा हुआ है। लिफ्ट $12\ m/s^2$ के त्वरण से नीचे उतरना प्रारंभ करती है। गति प्रारंभ होने के पश्चात प्रथम 0.2 s में, लिफ्ट के सापेक्ष गुटके का विस्थापन ज्ञात करें। ($g = 10\ m/s^2$)
3. घर्षणरहित सतह वाली एक टेबुल एक ऐसे केबिन में रखी हुई है जो एक ऊर्ध्वाधर अक्ष के परितः एकसमान कोणीय वेग ω से घूम रही है। अक्ष से टेबुल के केंद्र की दूरी R है। टेबुल की सतह पर केंद्र A से R दूरी पर L लंबाई की एक खाँच AB बनी हुई है। खाँच की सतहें भी घर्षणरहित हैं। A जिस वृत्त पर चल रहा है उसका केंद्र O है और AB द्वारा OA के साथ बनाया कोण θ है (चित्र 11.E1)। एक कण को खाँच में बिंदु A पर रखकर छोड़ दिया जाता है ताकि वह AB खाँच में चल सके। L को R के सापेक्ष बहुत छोटा मानते हुए, कण द्वारा खाँच को पार करने में लगा समय निकालें।

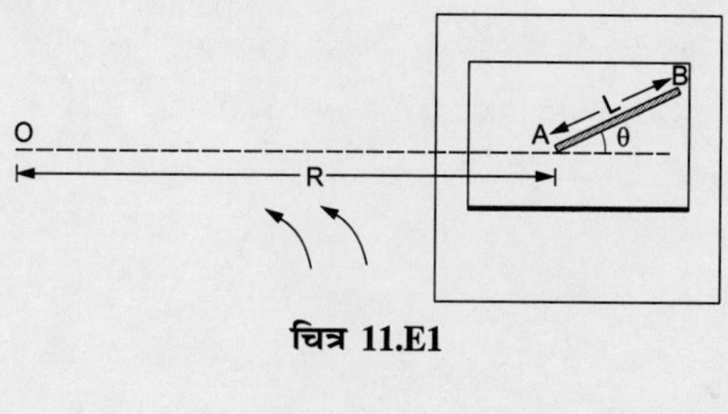

चित्र 11.E1

4. ऊपर के प्रश्न 3 में बताई गई घूमती हुई टेबुल पर A बिंदु पर एक नगण्य भार वाली, चिकनी घिरनी जड़ी हुई है। इस घिरनी पर से होकर जाती हुई एक डोरी के किनारों पर m तथा $2m$ द्रव्यमान की दो वस्तुएँ बँधी हैं (चित्र 11.E2)। प्रारंभ में वस्तुओं को पकड़कर टेबुल पर विरामावस्था में रखा गया है और डोरियाँ त्रिज्या R के समानांतर हैं। डोरियों की लंबाई R की तुलना में बहुत कम है। अब वस्तुओं को छोड़ दिया जाता है। (a) वस्तुओं के (टेबुल के सापेक्ष) प्रारंभिक त्वरणों का परिमाण बताएँ। (b) प्रारंभिक स्थिति में डोरी में तनाव ज्ञात करें।

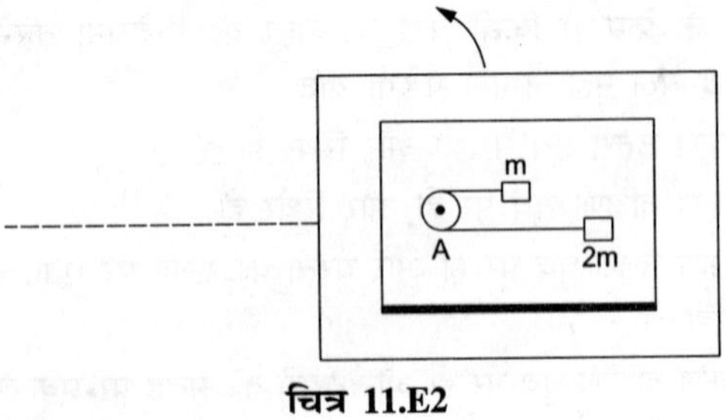

चित्र 11.E2

5. 36 km/h की एकसमान चाल से चलती हुई एक कार 50 m त्रिज्या वाली वृत्ताकार सड़क पर चल रही है (चित्र 11.E3)। एक छोटी,

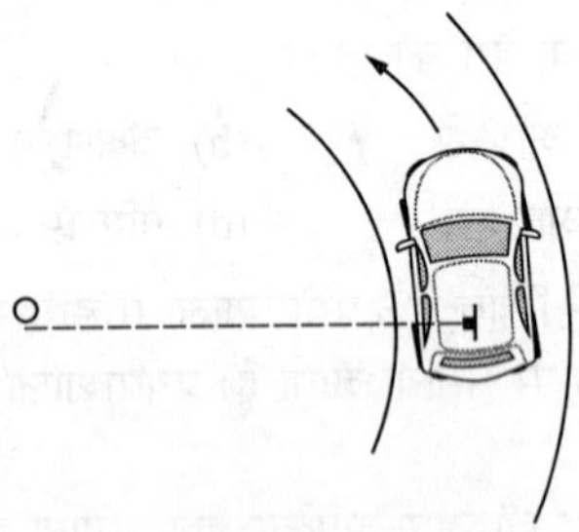

चित्र 11.E3

लकड़ी की पट्टी, कार की सीट पर टिकाकर रखी गई है। पट्टी की सतह सड़क की त्रिज्या के लंबवत है। 100 ग्राम का एक गुटका इस पट्टी की सतह से सटाकर रखा गया है। इन दोनों के बीच घर्षण गुणांक $\mu = 0.58$ है। (a) प्लेट द्वारा गुटके पर लगनेवाला अभिलंब बल निकालें। (b) पट्टी को धीरे-धीरे घुमाया जाता है ताकि इसपर लंब तथा त्रिज्या के बीच का कोण बढ़ता जाता है। जब गुटका पट्टी पर फिसलना प्रारंभ करे, उस समय इस कोण का मान निकालें।

6. एक चिकनी क्षैतिज सतह पर M द्रव्यमान तथा L लंबाई का एक ब्लॉक रखा है (चित्र 11.E4)। इस ब्लॉक के एक किनारे पर m द्रव्यमान का एक छोटा गुटका रखा हुआ है। दोनों के बीच घर्षण गुणांक μ है। गुटके को ब्लॉक पर v वेग देकर छोड़ दिया जाता है। (a) ब्लॉक के फ्रेम में गुटके का त्वरण निकालें। (b) लंबाई L का वह न्यूनतम मान निकालें जिसके लिए गुटका ब्लॉक पर से न गिरे।

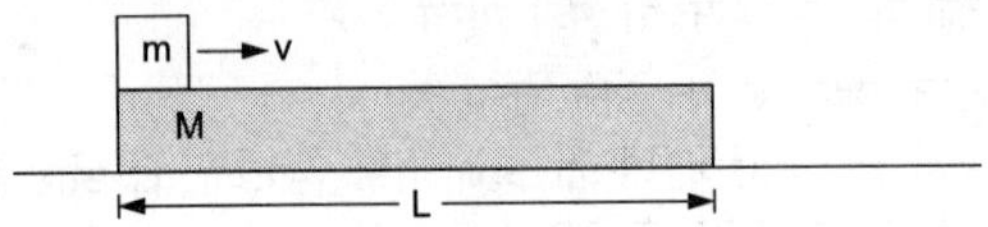

चित्र 11.E4

7. त्रिज्या R वाली एक वृत्ताकार चकती कमरे में एक क्षैतिज तल में अपने अक्ष के परितः ω कोणीय वेग से घूम रही है। चकती की परिधि पर m द्रव्यमान का एक कीड़ा ऐसे चलता है कि कमरे से देखने पर वह एक ही स्थान पर रहता है। चकती के फ्रेम से देखने पर कीड़े के लिए कितना (a) अपकेंद्र बल तथा (b) कोरियोलिस बल लेना पड़ेगा?

8. एक भारी वस्तु विषुवत रेखा पर एक स्प्रिंग बैलेंस से लटकी है। बैलेंस का पठन इसके वास्तविक भार से कितना प्रतिशत कम है?

• उत्तर •

सटीक उत्तरवाले प्रश्न I

1. (c) **2.** (a) **3.** (d) **4.** (b) **5.** (a) **6.** (d) **7.** (d) **8.** (d)

सटीक उत्तरवाले प्रश्न II

1. (a), (b), (d) **2.** (a) **3.** (c)
4. (a), (b), (c), (d) **5.** (a), (b) **6.** (c), (d)

अभ्यास के प्रश्न

1. $\tan^{-1}\left(\frac{a}{g}\right)$ दोनों स्थितियों में **2.** 4 cm

3. $\sqrt{\frac{2L}{\omega^2 R\cos\theta}}$

4. (a) $\frac{\omega^2 R}{3}$ (b) $\frac{4}{3}m\omega^2 R$

5. (a) 0.2 N (b) 30°

6. (a) $\mu g\left(1+\frac{m}{M}\right)$ (b) $\frac{Mv^2}{2\mu g(M+m)}$

7. (a) $m\omega^2 R$ (b) $2m\omega^2 R$, केंद्र की ओर

8. 0.34%

❑

अध्याय 12

कार्य, शक्ति एवं गतिज ऊर्जा

हमारी हिंदी भाषा में कार्य का अर्थ काम से है। आपको मुझसे क्या कार्य है? मेरा एक कार्य करेंगे क्या? यह बड़ा कठिन कार्य है। मैं शिक्षक के रूप में अनेक वर्षों से कार्य कर रहा हूँ। इस तरह के अनेक वाक्य आप दैनिक बोलचाल में सुनते होंगे। परंतु, भौतिकी में 'कार्य' शब्द एक अलग ही अर्थ में आता है और भौतिकी के 'कार्य' का हिंदी भाषा के कार्य से सिर्फ नाम का संबंध है। भौतिकी में कार्य एक भौतिक राशि है जिसे मापा जा सकता है। इसकी विमा ऊर्जा की विमा के बराबर है। भौतिकी में कार्य सिर्फ किसी बल के कारण किया जाता है यद्यपि हम कई बार यह श्रेय बल लगानेवाले को भी दे देते हैं। जैसे, यदि रस्सी के तनाव बल द्वारा कार्य किया जाता है, तो हम उसे रस्सी द्वारा किया गया कार्य भी कह देते हैं।

12.1 अपरिवर्ती बल द्वारा किया गया कार्य

यदि किसी वस्तु पर एक बल $\vec{F}$ लग रहा हो जिसका मान समय के साथ न बदल रहा हो और किसी अवधि में वस्तु का विस्थापन $\vec{d}$ हो, तो इस अवधि में बल $\vec{F}$ द्वारा वस्तु पर किया गया कार्य,

$$W = \vec{F} \cdot \vec{d} \qquad \dots (12.1)$$

होता है।

यदि बल $\vec{F}$ तथा विस्थापन $\vec{d}$ के बीच कोण θ हो, तो $\vec{F} \cdot \vec{d} = Fd \cos \theta$.

अतः, कार्य $W = Fd \cos \theta$. ... (12.2)

इस परिभाषा में बल $\vec{F}$ को पूरे विस्थापन के दौरान अपरिवर्तित माना गया है। वस्तु यदि बड़ी-सी हो, तो हम उस बिंदु का विस्थापन $\vec{d}$ लेते हैं जहाँ बल लग रहा हो।

इस परिभाषा में वस्तु का सरल रेखा में चलना आवश्यक नहीं है। किसी भी रास्ते से वस्तु A से B पर पहुँचे, उसका विस्थापन $\overrightarrow{AB} = \vec{d}$ समान ही होगा (चित्र 12.1) जिसका बल के साथ अदिश गुणनफल लेने से कार्य का मान मिलेगा।

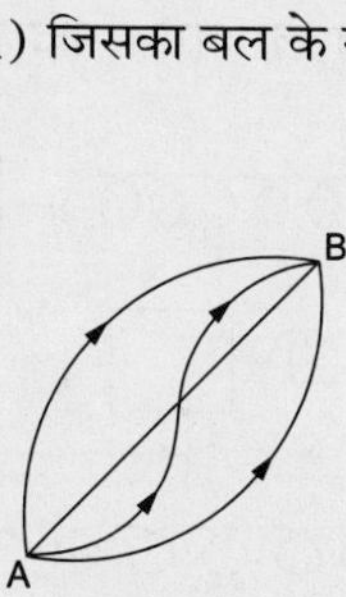

चित्र 12.1

इस परिभाषा में $\vec{F}$ के अलावा अन्य बलों के होने पर भी कोई आपत्ति नहीं है। यह आवश्यक नहीं कि विस्थापन इस बल $\vec{F}$ के कारण ही हो। एक साथ कई बल $\vec{F_1}, \vec{F_2}$ आदि लगे हों और वस्तु में विस्थापन $\vec{d}$ हो, तो $\vec{F_1}$ के कारण कार्य $\vec{F_1} \cdot \vec{d}, \vec{F_2}$ के कारण कार्य $\vec{F_2} \cdot \vec{d}$ आदि होगा।

समीकरण (12.2) से स्पष्ट है कि जब बल तथा विस्थापन दोनों एक ही दिशा में हों, तो बल द्वारा कार्य धनात्मक तथा जब ये दोनों विपरीत दिशा में हों, तो बल द्वारा कार्य ऋणात्मक होता है। मुख्य रूप से यदि बल तथा विस्थापन के बीच का कोण 90° से कम हो, तो कार्य धनात्मक; 90° तथा 180° के बीच हो, तो कार्य ऋणात्मक तथा 90° होने पर कार्य शून्य होता है।

वस्तु के भार के कारण कार्य

मान लें कि m द्रव्यमान की एक वस्तु धरती की सतह के आसपास किसी अवधि में बिंदु A से चलकर बिंदु B पर पहुँच जाती है (चित्र 12.2)। रेखा AB ऊर्ध्वाधर से θ कोण बनाती है। धरती द्वारा इसपर लगाया गया गुरुत्वाकर्षण का बल, अर्थात इसका भार mg नीचे की ओर होगा। वस्तु के भार $m\vec{g}$ के द्वारा इस अवधि में किया गया कार्य,

$$W = m\vec{g} \cdot \overrightarrow{AB} = mg \cdot AB \cos \theta = mgh,$$

जहाँ h वस्तु की ऊँचाई में कमी है। यदि वस्तु की ऊँचाई h दूरी से बढ़ जाए, तो इस अवधि में भार द्वारा किया गया कार्य $W = -mgh$ होगा।

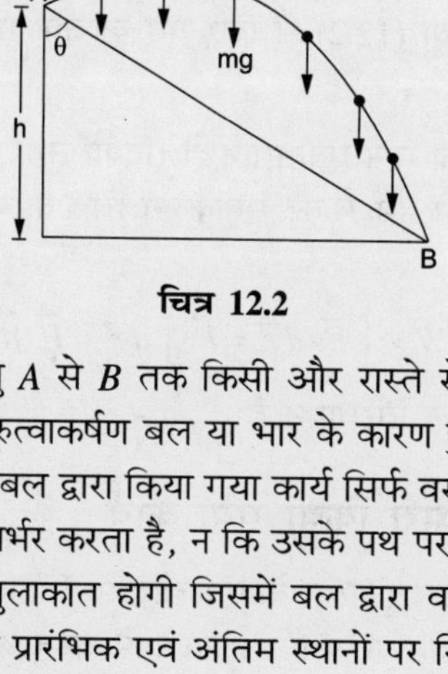

चित्र 12.2

यदि यह वस्तु A से B तक किसी और रास्ते से भी जाती तो भी उसपर धरती के गुरुत्वाकर्षण बल या भार के कारण हुआ कार्य mgh ही होता। अर्थात, इस बल द्वारा किया गया कार्य सिर्फ वस्तु के प्रारंभिक एवं अंतिम स्थान पर निर्भर करता है, न कि उसके पथ पर। हमें इस प्रकार के बलों से और भी मुलाकात होगी जिसमें बल द्वारा वस्तु पर किया गया कार्य सिर्फ वस्तु के प्रारंभिक एवं अंतिम स्थानों पर निर्भर करेगा, न कि उसके पथ पर।

अभ्यास 12.1

द्रव्यमान 20 g का एक कण ऊपर की ओर 10 m/s के वेग से फेंका गया है। धरती के गुरुत्वाकर्षण बल द्वारा कण पर उस अवधि में संपादित कार्य निकालें, जिसमें वह ऊपर की ओर जा रहा होता है।

हल मान लें कि कण h ऊँचाई तक जाता है। चूँकि उच्चतम बिंदु पर कण का वेग शून्य होगा, अतः

$$0 = u^2 - 2gh$$

या $$h = \frac{u^2}{2g},$$

जहाँ $u = 10$ m/s उसका प्रारंभिक वेग है।

धरती द्वारा कण पर इस अवधि में किया गया कार्य

$$W = -mgh = -mg\frac{u^2}{2g} = -\frac{1}{2}mu^2$$

$$= -\frac{1}{2}(0.02 \text{ kg}) \times (10 \text{ m/s})^2 = -1.0 \text{ J}.$$

12.2 परिवर्ती बल द्वारा किया गया कार्य

यदि किसी वस्तु पर लगते बल का मान या उसकी दिशा बदल रही हो, तो किसी अवधि में बल के द्वारा वस्तु पर किए गए कार्य का मान निकालने के लिए उस अवधि को छोटे-छोटे अंतरालों में बाँटते हैं या यों कहें कि उस विस्थापन को छोटे-छोटे हिस्सों में बाँट लेते हैं। किसी छोटे हिस्से $d\vec{r}$ के दौरान यदि बल $\vec{F}$ हो, तो इस अवधि में बल द्वारा किया गया कार्य

$$dW = \vec{F} \cdot d\vec{r}$$

होगा। अलग-अलग हिस्सों में बल $\vec{F}$ का मान अलग-अलग हो सकता है। अतः, पूरी अवधि में बल द्वारा किया गया कार्य होगा,

$$W = \int \vec{F} \cdot d\vec{r}, \qquad \ldots (12.3)$$

जहाँ समाकलन वस्तु की प्रारंभिक स्थिति से अंतिम स्थिति तक किया जाता है।

कार्य की यह परिभाषा सभी स्थितियों के लिए उपयुक्त है। समीकरण (12.1) या (12.2) में दिए गए व्यंजक भी इसी से प्राप्त हो सकते हैं।

यदि बल $\vec{F}$ का मान एकसमान हो (दिशा तथा परिमाण दोनों), तो समीकरण (12.3) में हम $\vec{F}$ को समाकलन चिह्न के बाहर निकाल सकते हैं। तब

$$W = \int \vec{F} \cdot d\vec{r} = \vec{F} \cdot \int d\vec{r} = \vec{F} \cdot \vec{d},$$

जहाँ $\vec{d} = \int d\vec{r}$ कुल विस्थापन है।

स्प्रिंग के बल द्वारा किया गया कार्य

चित्र 12.3 में एक वस्तु स्प्रिंग के एक छोर से बँधी दिखाई गई है। स्प्रिंग का दूसरा सिरा दीवार में बँधा है। प्रारंभ में वस्तु A स्थान पर है जहाँ स्प्रिंग अपनी स्वाभाविक लंबाई में है। इस स्थान को $x = 0$ कहें। वस्तु को खींचकर B स्थान तक पहुँचा दिया जाता है जहाँ स्प्रिंग की लंबाई X बढ़ जाती है। स्प्रिंग द्वारा लगाया गया बल स्प्रिंग की लंबाई पर निर्भर करता है। इसलिए पूरे विस्थापन की अवधि में वस्तु पर लगता बल बदलता रहता है। जब स्प्रिंग की लंबाई में वृद्धि x हो, तो उसके द्वारा लगाया बल $F = kx$ बायीं ओर होगा।

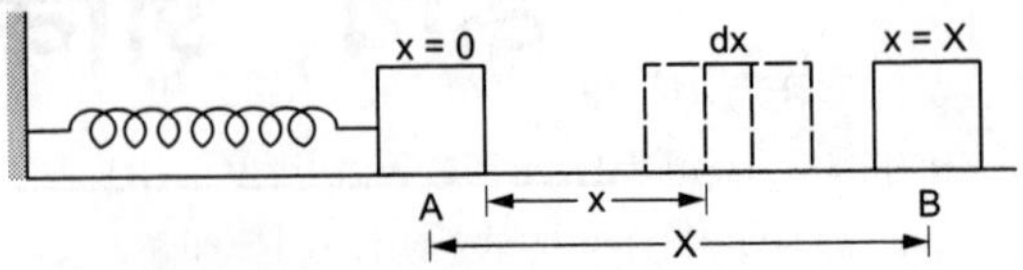

चित्र 12.3

x से $x + dx$ तक के विस्थापन में किया गया कार्य,

$$dW = -(kx)dx$$

होगा। ऋणात्मक चिह्न इसलिए है, क्योंकि बल बायीं ओर है और विस्थापन दाहिनी ओर, जिससे उनके बीच का कोण $\theta = 180°$ और $\cos\theta = -1$ है। पूरे विस्थापन में स्प्रिंग के बल द्वारा किया गया कार्य,

$$W = \int_0^X -kx\,dx = -\frac{1}{2}kX^2.$$

यदि प्रारंभ में स्प्रिंग की लंबाई स्वाभाविक लंबाई से x_1 अधिक हो और अंत में x_2 अधिक हो, तो

$$W = \int_{x_1}^{x_2} -kx\,dx = -\frac{1}{2}\left(kx_2^2 - \frac{1}{2}kx_1^2\right). \qquad \ldots (12.4)$$

यदि वस्तु प्रारंभ में $x = X$ पर हो, तो स्प्रिंग अपनी स्वाभाविक लंबाई से खिंचा हुआ होगा। अब यदि वह दीवार की ओर चलता हुआ $x = 0$ पर पहुँच जाए, तो स्प्रिंग द्वारा उसपर किया गया कार्य,

$$W = \int_X^0 -kx\,dx = \left(-\frac{1}{2}kx^2\right)_X^0 = \frac{1}{2}kX^2.$$

यह कार्य धनात्मक है, क्योंकि वस्तु भी बायीं ओर चल रही है और खिंचा स्प्रिंग इसपर बल भी बायीं ओर ही लगा रहा है।

यदि वस्तु को $x = 0$ से खींचकर $x = X$ पर ले जाएँ एवं पुनः $x = 0$ पर ले आएँ, तो इस पूरी अवधि में स्प्रिंग द्वारा वस्तु पर किया गया कार्य शून्य होगा। जाते समय कार्य ऋणात्मक तथा लौटते समय धनात्मक होगा।

यदि वस्तु को $x = 0$ से दीवार की ओर विस्थापित किया जाए, तो स्प्रिंग की लंबाई में कमी आएगी। यह दबा हुआ या compressed स्प्रिंग वस्तु पर दाहिनी ओर बल लगाएगा। यदि वस्तु को $x = -X$ तक ले

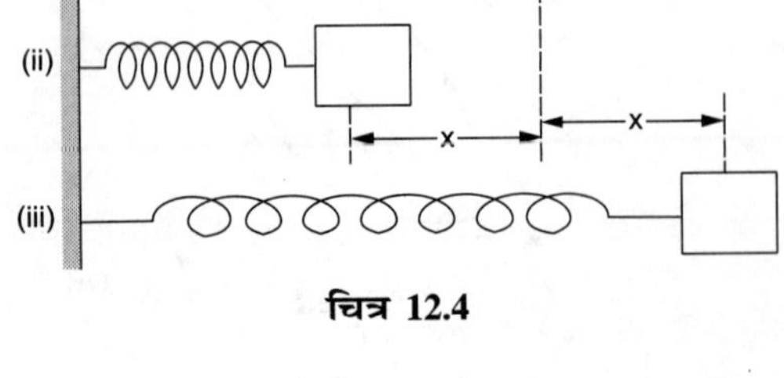

चित्र 12.4

जाया जाए, अर्थात स्प्रिंग की लंबाई अपनी स्वाभाविक लंबाई से X कम कर दी जाए, तो इस अवधि में स्प्रिंग द्वारा वस्तु पर किया गया कार्य

$$W = \int_0^{-X} -kx dx = -\frac{1}{2} kX^2$$

होगा।

चित्र 12.4 में वस्तु की तीन स्थितियाँ दिखाई गई हैं। स्थिति (i) में स्प्रिंग स्वाभाविक (natural) लंबाई में, स्थिति (ii) में दबी हुई (compressed) अवस्था में तथा स्थिति (iii) में खिंची हुई (elongated) अवस्था में है। (ii) तथा (iii) की स्थितियों में स्वाभाविक लंबाई से स्प्रिंग की लंबाई x कम या अधिक है। इन स्थितियों के बीच वस्तु के विभिन्न विस्थापनों के लिए स्प्रिंग द्वारा किए कार्य नीचे सारणी 12.1 में दिखाए गए हैं।

सारणी 12.1

स्प्रिंग की प्रारंभिक स्थिति	स्प्रिंग की अंतिम स्थिति	x_1	x_2	W
स्वाभाविक	दबी हुई	0	$-x$	$-\frac{1}{2}kx^2$
स्वाभाविक	खिंची हुई	0	x	$-\frac{1}{2}kx^2$
खिंची हुई	स्वाभाविक	x	0	$\frac{1}{2}kx^2$
दबी हुई	स्वाभाविक	$-x$	0	$\frac{1}{2}kx^2$
खिंची हुई	दबी हुई	x	$-x$	0
दबी हुई	खिंची हुई	$-x$	x	0

हमने चित्र 12.4 में स्प्रिंग के एक सिरे को दीवार में स्थिर कर रखा था तथा दूसरे सिरे को विस्थापित किया था। क्या होगा, यदि दोनों किनारों को विस्थापित किया जाए?

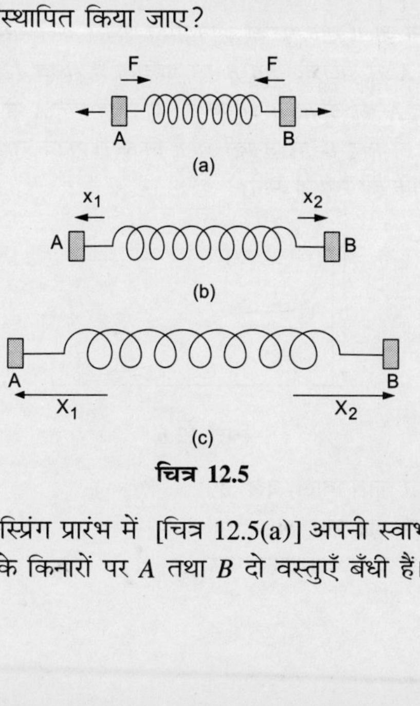

चित्र 12.5

मान लें, स्प्रिंग प्रारंभ में [चित्र 12.5(a)] अपनी स्वाभाविक लंबाई में है तथा इसके किनारों पर A तथा B दो वस्तुएँ बँधी हैं। वस्तुओं को खींचकर स्प्रिंग की लंबाई को बायीं ओर X_1 तथा दाहिनी ओर X_2 बढ़ा दिया जाता है [चित्र 12.5(c)]। स्प्रिंग की लंबाई में कुल वृद्धि $X_1 + X_2 = X$. स्प्रिंग द्वारा दोनों वस्तुओं पर कुल कार्य कैसे पता करेंगे?

मान लें, विस्थापन के दौरान किसी समय बायाँ किनारा x_1 तथा दाहिना किनारा x_2 दूरी चला है [चित्र 12.5(b)]। स्प्रिंग की लंबाई में कुल वृद्धि $= x_1 + x_2$.

अतः, स्प्रिंग द्वारा दोनों वस्तुओं पर लगते बल का परिमाण $F = k(x_1 + x_2)$ होगा। अगले छोटे समय अंतराल में ये किनारे क्रमशः dx_1 तथा dx_2 दूरी और खिसकते हैं, तो

बाएँ किनारे पर की वस्तु A पर स्प्रिंग द्वारा किया गया कार्य,

$$dW_1 = -k(x_1 + x_2)dx_1.$$

इसी अवधि में दाहिने किनारे पर बँधी वस्तु पर स्प्रिंग द्वारा किया गया कार्य,

$$dW_2 = -k(x_1 + x_2)dx_2.$$

अतः, स्प्रिंग द्वारा इस अवधि में किया गया कुल कार्य,

$$dW = dW_1 + dW_2 = -k(x_1 + x_2)(dx_1 + dx_2)$$
$$= -k(x_1 + x_2)d(x_1 + x_2).$$

यदि $x_1 + x_2$ को x लिखा जाए, तो

$$dW = -kxdx.$$

अतः, पूरे विस्थापन में स्प्रिंग द्वारा किया गया कार्य,

$$W = \int_0^{X_1 + X_2} - kx\,dx = -\frac{1}{2}k(X_1 + X_2)^2 = -\frac{1}{2}kX^2,$$

जहाँ X स्प्रिंग की लंबाई में कुल वृद्धि है। अतः, समीकरण (12.4) का उपयोग हम उस स्थिति में भी कर सकते हैं जब स्प्रिंग के दोनों किनारे विस्थापित किए जा रहे हों।

प्रायः आपको नीचे दी गई तीन परिस्थितियाँ मिलेंगी,

(a) बल वस्तु के वेग से सदा लंबवत रहता है। ऐसी परिस्थिति में बल द्वारा किया गया कार्य शून्य होगा। उदाहरण के लिए, डोरी में बाँधकर जब किसी वस्तु को वृत्ताकार पथ में घुमाया जाता है, तो डोरी के तनाव द्वारा वस्तु पर किया गया कार्य किसी भी अवधि में शून्य होता है।

(b) वस्तु पर लगते बल परिमाण और दिशा, दोनों अचर हैं। बल द्वारा किया गया कार्य $W = Fd\cos\theta$ होगा, जहाँ d कुल विस्थापन है तथा इस विस्थापन के साथ बल का कोण θ है। यह कार्य वस्तु के पथ पर निर्भर नहीं करता। धरती की सतह के आसपास इसके द्वारा लगाया गुरुत्वाकर्षण बल ऐसी परिस्थिति का उदाहरण है।

(c) बल $F = -kx$ है, जैसा कि एक स्प्रिंग में होता है। $x = 0$ से या $x = 0$ तक x विस्थापन के लिए इस बल द्वारा किए गए कार्य का परिमाण $\frac{1}{2}kx^2$ होता है। यह कार्य धनात्मक या ऋणात्मक हो सकता है। यदि बल तथा विस्थापन एक ही ओर हों, तो कार्य धनात्मक तथा यदि वे विपरीत दिशाओं में हों, तो कार्य ऋणात्मक हो सकता है।

अभ्यास 12.2

एक स्प्रिंग का स्प्रिंग स्थिरांक (spring constant) 50 N/m है। इसे अपनी स्वाभाविक लंबाई से 1 cm दबा दिया जाता है। स्प्रिंग द्वारा दबानेवाले व्यक्ति पर कितना कार्य किया गया है?

हल स्प्रिंग द्वारा किए गए कार्य का परिमाण,

$$W = \frac{1}{2}kx^2 = \frac{1}{2} \times (50 \text{ N/m}) \times (1 \text{ cm})^2$$

$$= (25 \text{ N/m}) \times (1 \times 10^{-2} \text{ m})^2$$

$$= 2.5 \times 10^{-3} \text{ J}.$$

चूँकि दबता हुआ स्प्रिंग व्यक्ति पर बाहर की ओर बल लगाएगा, यह बल किनारों के विस्थापन के विपरीत होगा। अतः, इस बल द्वारा किया गया कार्य ऋणात्मक होगा।

अतः, स्प्रिंग द्वारा व्यक्ति पर किया गया कार्य $= -2.5 \times 10^{-3}$ J.

12.3 कार्य-ऊर्जा सिद्धांत

मान लें कि किसी कण पर लगता हुआ परिणामी बल $\vec{F}$ है और यह समय t पर वेग $\vec{v}$ से चल रहा है। समय $t + dt$ पर इसका वेग $\vec{v} + d\vec{v}$ हो जाता है। इस अंतराल में उसका विस्थापन,

$$d\vec{r} = \vec{v}dt$$

होगा। परिणामी बल $\vec{F}$ द्वारा इस अवधि में किया गया कार्य

$$dW = \vec{F} \cdot d\vec{r} = \vec{F} \cdot \vec{v}dt \qquad \text{… (i)}$$

होगा। परंतु, चूँकि $\vec{F}$ परिणामी बल है, अतः न्यूटन के द्वितीय गति-नियम से,

$$\vec{F} = m\frac{d\vec{v}}{dt}.$$

समीकरण (i) से, $dW = \left(m\dfrac{d\vec{v}}{dt} \right) \cdot (\vec{v}\, dt) = m\vec{v} \cdot d\vec{v}$

$$= m(v_x dv_x + v_y dv_y + v_z dv_z).$$

यदि यह बल t_1 समय से t_2 समय तक लगा हो और कण का वेग $\vec{v}_{\rm i}$ से बदलकर $\vec{v}_{\rm f}$ हो गया हो, तो

$$W = \int_{\rm i}^{\rm f} m(v_x\, dv_x + v_y dv_y + v_z dv_z)$$

$$= \left[\frac{1}{2} m(v_x^2 + v_y^2 + v_z^2) \right]_{\rm i}^{\rm f} = \left[\frac{1}{2} mv^2 \right]_{\rm i}^{\rm f}$$

या $$W = \frac{1}{2} mv_{\rm f}^2 - \frac{1}{2} mv_{\rm i}^2. \qquad \text{… (12.5)}$$

राशि $\frac{1}{2}mv^2$ को उस कण की गतिज ऊर्जा कहते हैं। समीकरण (12.5) के अनुसार, परिणामी बल के द्वारा कण पर किया गया कार्य कण की गतिज ऊर्जा में परिवर्तन के बराबर होता है। यह सिद्धांत कार्य-ऊर्जा सिद्धांत कहलाता है।

कार्य-ऊर्जा सिद्धांत को हम इस प्रकार भी लिख सकते हैं,

किसी कण पर किसी अवधि में किया गया कुल कार्य उस अवधि में कण की गतिज ऊर्जा के परिवर्तन के बराबर होता है।

गतिज ऊर्जा में परिवर्तन निकालने के लिए अंतिम गतिज ऊर्जा में से प्रारंभिक गतिज ऊर्जा को घटाते हैं। यदि गतिज ऊर्जा कम हो जाए तो भी अंतिम गतिज ऊर्जा में से ही प्रारंभिक गतिज ऊर्जा को घटाएँगे। इस स्थिति में यह परिवर्तन ऋणात्मक होगा तथा परिणामी बल द्वारा किया गया कार्य भी ऋणात्मक होगा।

यह सिद्धांत एक कण के लिए लिखा गया है जिसपर परिणामी बल $\vec{F}$ लग रहा है। जैसा कि हम हमेशा करते आए हैं, कण के स्थान पर हम कोई बड़ी वस्तु भी ले सकते हैं बशर्ते कि वह स्थानांतरीय गति कर रही हो, अर्थात किसी भी क्षण उस वस्तु के सभी भागों के वेग परिमाण तथा दिशा में बराबर हों।

ध्यान रखें कि कार्य-ऊर्जा सिद्धांत का प्रयोग करते समय परिणामी बल का उपयोग करना होता है। साथ ही, यह जड़त्वीय निर्देश तंत्र के लिए निकाला गया है। यदि अजड़त्वीय तंत्र से काम करना हो, तो छद्म बलों को भी परिणामी बल में जोड़ना होगा।

परिणामी बल के द्वारा कार्य निकालने के लिए हम प्रत्येक बल के द्वारा अलग-अलग कार्य निकाल सकते हैं और इन सब को जोड़कर कुल कार्य निकाल सकते हैं। यदि कण पर $\vec{F}_1, \vec{F}_2, \vec{F}_3, \ldots$ बल लगे हों, तो परिणामी बल,

$$\vec{F} = \vec{F}_1 + \vec{F}_2 + \vec{F}_3 + \ldots.$$

परिणामी बल के द्वारा किया गया कार्य,

$$W = \int \vec{F} \cdot d\vec{r} = \int (\vec{F}_1 + \vec{F}_2 + \vec{F}_3 + \ldots) \cdot d\vec{r}$$

$$= \int \vec{F}_1 \cdot d\vec{r} + \int \vec{F}_2 \cdot d\vec{r} + \int \vec{F}_3 \cdot d\vec{r} + \ldots$$

$$= W_1 + W_2 + W_3 + \ldots,$$

जहाँ $W_1, W_2, W_3, \ldots$ अलग-अलग बलों के द्वारा किए गए कार्य हैं।

अभ्यास 12.3

m द्रव्यमान वाला एक गुटका अनियमित शक्ल वाले रास्ते पर फिसलता हुआ बिंदु A से चलकर बिंदु B पर पहुँचता है (चित्र 12.6)। बिंदु B के सापेक्ष बिंदु A की ऊँचाई h अधिक है। यदि वह बिंदु A से फिसलना प्रारंभ करता है, तो बिंदु B पर उसकी चाल निकालें। गुटके तथा रास्ते के बीच घर्षण गुणांक को नगण्य मानें।

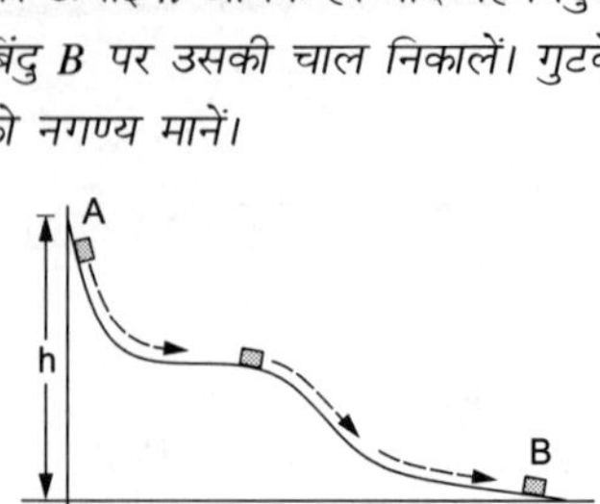

चित्र 12.6

हल गुटके पर लगनेवाले बल हैं,

(a) गुटके का भार mg तथा

(b) रास्ते द्वारा अभिलंब बल $\mathcal{N}$.

चूँकि वस्तु नीचे आ रही है, अतः mg द्वारा किया गया कार्य $= mgh$ होगा। बल $\mathcal{N}$ सदा रास्ते के लंबवत लगेगा और वस्तु के फिसलने की दिशा रास्ते के अनुदिश होगी। ये दोनों एक-दूसरे पर लंब होंगे। अतः, किसी भी छोटे अंतराल में $\mathcal{N}$ द्वारा किया गया कार्य शून्य होगा और इसलिए पूरे अंतराल में भी यह कार्य शून्य है।

इसलिए, गुटके पर किया गया कुल कार्य $= mgh$.

कार्य-ऊर्जा सिद्धांत से गुटके पर किया गया कुल कार्य उसकी गतिज ऊर्जा में परिवर्तन के बराबर होगा। बिंदु A पर गुटके की चाल शून्य है, इसलिए गतिज ऊर्जा भी शून्य होगी। यदि बिंदु B पर उसकी चाल v हो, तो अंतिम गतिज ऊर्जा $\frac{1}{2}mv^2$ होगी। अतः,

$$mgh = \frac{1}{2}mv^2 - 0 \quad \text{या} \quad v = \sqrt{2gh}.$$

12.4 एक-दूसरे पर बल लगाते हुए कणों के समूह के लिए कार्य-ऊर्जा का सिद्धांत

मान लें कि दो कण आपस में एक-दूसरे पर F बल लगा रहे हैं। इन कणों के समूह पर बाहर से कोई बल नहीं लग रहा है। दोनों बल न्यूटन के तृतीय गति-नियम के अनुसार बराबर परिमाण के तथा विपरीत दिशाओं में होंगे। इस प्रकार, दोनों कणों के समूह पर लगता कुल बल शून्य होगा। परंतु, इनके द्वारा किया गया कुल कार्य शून्य होना आवश्यक नहीं है। चित्र 12.7 में दिखाई गई परिस्थिति में कण A तथा B एक-दूसरे पर आकर्षण का बल लगा रहे हैं। इन बलों के कारण ये कण एक-दूसरे की ओर चलेंगे। प्रत्येक कण का विस्थापन उसपर लगते बल की दिशा में होगा और इसलिए प्रत्येक बल के द्वारा धनात्मक कार्य होगा। इसलिए कुल कार्य भी धनात्मक होगा। दोनों कणों की गतिज ऊर्जाएँ भी बढ़ेंगी। कार्य-ऊर्जा का सिद्धांत यहाँ भी लागू है। दोनों कणों पर किया गया कुल कार्य उनकी गतिज ऊर्जा में परिवर्तन के बराबर होगा।

चित्र 12.7

अतः, यदि हम ऐसी संहति (कणों का समूह) पर कार्य-ऊर्जा सिद्धांत का उपयोग करना चाहें तो ध्यान रखना होगा कि आंतरिक बलों के कारण भी कार्य की गणना कर लें। इस गणना में एक जानकारी आपकी मदद कर सकती है। यदि निकाय के कणों के बीच की आपसी दूरी न बदल रही हो, तो आंतरिक बलों के कारण कुल कार्य शून्य हो जाता है। इसलिए, जब हम किसी गुटके का विचार करते हैं तो गुटके के कणों के पारस्परिक बलों के द्वारा कार्य की गणना नहीं करते। जब तक गुटका टूटता-फूटता नहीं है या इसके आकार में विकृति नहीं आती है तब तक इसके आंतरिक बलों के कारण कुल कार्य शून्य होगा।

12.5 शक्ति (Power)

किसी बल द्वारा किए गए कार्य की दर को बल द्वारा प्रदत्त शक्ति (power) कहते हैं। यदि बल $\vec{F}$ किसी कण पर लगकर dt समय में उसके स्थान में $d\vec{r}$ विस्थापन लाए, तो बल द्वारा किया गया कार्य,

$$dW = \vec{F} \cdot d\vec{r}.$$

इस समय t पर बल द्वारा कण को प्रदत्त शक्ति,

$$P = \frac{dW}{dt} = \vec{F} \cdot \frac{d\vec{r}}{dt} = \vec{F} \cdot \vec{v}.$$

शक्ति की SI इकाई जूल/सेकंड होगी। इस इकाई को वाट (watt) भी कहते हैं। इसका संकेत W लिखते हैं।

बलों द्वारा किसी संहति पर किए गए कार्य से संहति की ऊर्जा में परिवर्तन होता है। इस ऊर्जा परिवर्तन की दर को भी हम शक्ति कह सकते हैं। बिजली के CFL, हीटर आदि पर उसकी शक्ति लिखी होती है। जब आप एक CFL खरीदने जाते हैं तो दुकानदार से उसके वाट के बारे में बताते हैं। यदि आपकी CFL 12 वाट की है तो इसका अर्थ है कि जब वह CFL जलेगी तो प्रतिसेकंड विद्युत स्रोत द्वारा उसे 12 जूल की ऊर्जा दी जाएगी।

शक्ति की एक अन्य इकाई **अश्वशक्ति** (horsepower) भी प्रचलित है। संक्षेप में इस इकाई को hp लिखते हैं। इस इकाई का वाट के साथ संबंध इस प्रकार है,

$$1\ \text{hp} = 746\ \text{W}.$$

पानी खींचने की मोटर आदि की शक्ति प्रायः hp में बताई जाती है। यदि आपने आधे hp की मोटर लगा रखी है, तो जब वह चलेगी तो आदर्श स्थिति में प्रतिसेकंड 746/2 = 373 जूल की ऊर्जा उसे देनी पड़ेगी।

• *हल किए गए प्रश्न* •

1. *एक कुली 20 kg भार का एक सूटकेस उठाकर अपने सिर पर रखता है। प्लेटफॉर्म से सिर की ऊँचाई 2.0 m है। कुली द्वारा सूटकेस पर किए गए कार्य की गणना कीजिए।*

हल जब सूटकेस प्लेटफॉर्म पर रखा था, तब इसकी गतिज ऊर्जा (सूटकेस की) शून्य थी। जब कुली सूटकेस सिर पर रखता है, यह पुनः शून्य हो जाती है। गतिज ऊर्जा में परिवर्तन शून्य है, इसलिए सूटकेस पर किया गया कुल कार्य भी शून्य है। सूटकेस पर दो बल कार्य करते हैं, एक गुरुत्वाकर्षण के कारण भार तथा दूसरा कुली के कारण। अतः, गुरुत्वीय बल द्वारा किए गए कार्य का मान कुली द्वारा किए गए कार्य के मान के बराबर है, लेकिन उनके चिह्न विपरीत हैं। सूटकेस के भार के द्वारा किया गया कार्य है,

$$W = -mgh = -(20\ \text{kg})(9.8\ \text{m/s}^2)(2\ \text{m}) = -392\ \text{J}.$$

अतः, कुली द्वारा सूटकेस पर किया गया कार्य

$$= 392\ \text{J} \approx 390\ \text{J}.$$

2. *500 kg की एक लिफ्ट को एकसमान वेग 0.20 m/s से ऊपर ले जाने के लिए न्यूनतम कितनी अश्वशक्ति के मोटर का प्रयोग करना पड़ेगा?*

हल जब लिफ्ट को एकसमान वेग से ऊपर ले जाया जाता है, तो किसी भी अवधि में कुल किया गया कार्य शून्य होता है। इसलिए, मोटर द्वारा किए गए कार्य एवं इस अवधि में गुरुत्वीय बल (भार) द्वारा किए गए कार्य के परिमाण बराबर होंगे। कार्य करने की दर ही शक्ति है। अतः,

शक्ति $P = Fv = mgv$

$$= (500\ \text{kg})(9.8\ \text{m/s}^2)(0.2\ \text{m/s}) = 980\ \text{W}.$$

इसमें यह माना गया है कि घर्षण आदि के द्वारा कोई कार्य नहीं हो रहा है। अतः, मोटर की न्यूनतम अश्वशक्ति होगी,

$$P = 980\ \text{W} = \frac{980}{746}\ \text{hp} = 1.3\ \text{hp}.$$

3. *2.0 kg की एक वस्तु को क्षैतिज से 30° का कोण बनाते हुए किसी एक आनत तल पर एक मोटर की सहायता से ऊपर खींचा जाता है। यदि वस्तु त्वरण $1.0\ \text{m/s}^2$ से गति करती है, तो मोटर के शुरू होने के 4.0 s पश्चात मोटर द्वारा प्रदत्त शक्ति की गणना कीजिए। मोटर शुरू होने से 4.0 s तक की अवधि में औसत शक्ति की गणना कीजिए।*

हल वस्तु पर लगनेवाले बल चित्र (12.W1) में दिखाए गए हैं। आनत तल के समांतर बलों के घटक लेने पर,

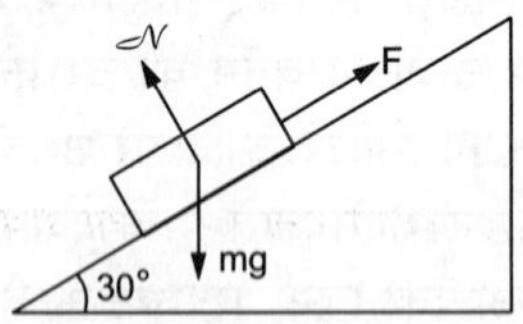

चित्र 12.W1

$$F - mg\sin\theta = ma$$

या $$F = mg\sin\theta + ma$$

$$= (2.0\ \text{kg})[(9.8\ \text{m/s}^2)(1/2) + 1.0\ \text{m/s}^2] = 11.8\ \text{N}.$$

$t = 4.0\ \text{s}$ पर वेग है,

$$v = at = (1.0\ \text{m/s}^2)(4.0\ \text{s}) = 4.0\ \text{m/s}.$$

$t = 4.0\ \text{s}$ पर प्रदान की गई शक्ति होगी,

$$P = F\cdot v = (11.8\ \text{N})(4.0\ \text{m/s}) \approx 47\ \text{W}.$$

गति प्रारंभ होने के बाद 4.0 s में विस्थापन होगा,

$$x = \frac{1}{2}at^2 = \frac{1}{2}(1.0\ \text{m/s}^2)(16\ \text{s}^2) = 8.0\ \text{m}.$$

इस अवधि में किया गया कार्य है,

$$W = \vec{F}\cdot\vec{d} = (11.8\ \text{N})(8.0\ \text{m}) = 94.4\ \text{J}.$$

इस अवधि में प्रदत्त औसत शक्ति

$$= \frac{94.4\ \text{J}}{4.0\ \text{s}} = 23.6\ \text{W} \approx 24\ \text{W}.$$

4. *x-दिशा में गतिशील किसी कण पर कार्यरत बल $F = (10 + 0.50x)$ है, जहाँ F न्यूटन एवं x मीटर में है। $x = 0$ से 2.0 m तक के विस्थापन के दौरान किए गए कार्य की गणना कीजिए।*

हल चूँकि बल अचर नहीं है, अतः विस्थापन x से $(x + dx)$ तक किए गए कार्य के लिए गणना करके समाकलन कर पूरे कार्य की गणना करनी होगी। इस छोटे विस्थापन में किया गया कार्य,

$$dW = Fdx = (10 + 0.5x)dx.$$

अतः, $$W = \int_0^{2.0}(10 + 0.5x)dx = \left[10x + 0.50\frac{x^2}{2}\right]_0^{2.0} = 21\ \text{J}.$$

5. *ऊँचाई h से किसी वस्तु को छोड़ा जाता है। यह जमीन पर $1.2\sqrt{gh}$ की चाल से पहुँचती है। वायु द्वारा किए गए कार्य की गणना कीजिए।*

हल वस्तु पर गुरुत्व तथा वायु के कारण बल हैं। कार्य-ऊर्जा सिद्धांत से, वस्तु पर किया गया कुल कार्य होगा,

$$W = \frac{1}{2}m(1.2\sqrt{gh})^2 - 0 = 0.72mgh.$$

चूँकि गुरुत्व बल द्वारा किया गया कार्य mgh है, इसलिए वायु द्वारा किया गया कार्य होगा,

$$0.72mgh - mgh = -0.28mgh.$$

6. *M द्रव्यमान वाली एक वस्तु को एक क्षैतिज तल पर क्षैतिज से θ कोण बनाते हुए एक बल द्वारा खींचा जाता है। वस्तु तथा तल के बीच घर्षण गुणांक μ है। यदि वस्तु एकसमान वेग से गति करती है, तो वस्तु के विस्थापन d के दौरान इस बल द्वारा किया गया कार्य निकालें।*

हल वस्तु पर बल हैं,

(i) Mg, भार;

(ii) $\mathcal{N}$, अभिलंब बल;

(iii) F, मनुष्य द्वारा लगाया बल तथा

(iv) $\mu\mathcal{N}$, गतिज घर्षण बल।

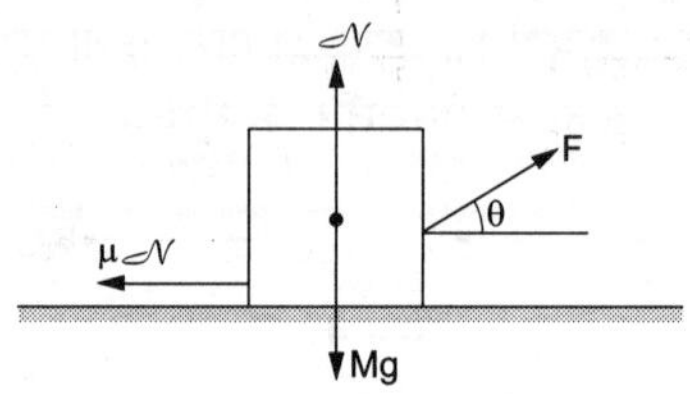

चित्र 12.W2

चित्र (12.W2) में ये बल दिखाए गए हैं। चूँकि वस्तु एकसमान वेग से गति करती है, बलों का योग शून्य है।

क्षैतिज एवं ऊर्ध्वाधर दिशाओं में घटक लेकर न्यूटन का गति-नियम लगाने पर,

$$F\cos\theta = \mu\mathcal{N} \text{ तथा } F\sin\theta + \mathcal{N} = Mg.$$

इन समीकरणों से $\mathcal{N}$ को विलुप्त करने पर,

$$F\cos\theta = \mu(Mg - F\sin\theta)$$

या $$F = \frac{\mu Mg}{\cos\theta + \mu\sin\theta}.$$

विस्थापन d के दौरान किया गया कार्य,

$$W = Fd\cos\theta = \frac{\mu Mgd\cos\theta}{\cos\theta + \mu\sin\theta}.$$

7. *दो बेलनाकार पात्रों के अनुप्रस्थ काटों का क्षेत्रफल A है जिनमें ऊँचाई h_1 एवं h_2 तक पानी भरा है। पात्रों को आपस में जोड़ दिया जाता है जिससे उनमें पानी का स्तर समान हो जाता है। इस अवधि में गुरुत्वीय बल द्वारा किए गए कार्य की गणना करें। पानी का घनत्व ρ है।*

हल चूँकि पानी का आयतन निश्चित है और दोनों बरतनों के अनुप्रस्थ काट के क्षेत्रफल बराबर हैं, पानी की ऊँचाइयों का योग नहीं बदलेगा। यदि दोनों बरतनों में समान ऊँचाई H हो, तो

$$H + H = h_1 + h_2$$

या $$H = \frac{h_1 + h_2}{2}.$$

चित्र 12.W3 को ध्यान से देखें। बायीं ओर के पात्र में पानी का स्तर A से घटकर C पर आ जाता है जबकि दाहिनी ओर के पात्र में यह B से उठकर D तक जाता है। कार्य की गणना के लिए, इस पूरी प्रक्रिया में आप कह सकते हैं कि AC भाग का पानी BD भाग में चला गया है। ऊर्ध्वाधर दिशा में इस पानी का विस्थापन AC या BD के बराबर हुआ।

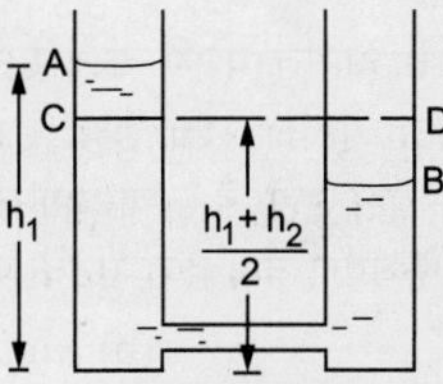

चित्र 12.W3

इस आयतन में पानी का द्रव्यमान है,

$$m = \rho A\left[h_1 - \frac{h_1 + h_2}{2}\right] = \rho A\left(\frac{h_1 - h_2}{2}\right).$$

पानी द्वारा चली गई दूरी $AC = \frac{(h_1 - h_2)}{2}.$

इस दौरान गुरुत्वीय बल द्वारा किया गया कार्य,

$$mg(AC) = \rho A\left(\frac{h_1 - h_2}{2}\right)^2 g.$$

• विचार हेतु प्रश्न •

1. *क्या स्थितिज घर्षण किसी वस्तु पर धनात्मक कार्य कर सकता है? यदि हाँ, तो एक उदाहरण दीजिए। यदि नहीं, तो कारण बताइए।*

2. *क्या किसी सतह द्वारा उसपर रखी वस्तु पर लगाया गया अभिलंब बल उस वस्तु पर धनात्मक (या ऋणात्मक) कार्य कर सकता है? यदि हाँ, तो एक उदाहरण दीजिए। यदि नहीं, तो कारण बताइए।*

3. *क्या किसी निकाय पर कोई बाह्य बल लगाए बिना, निकाय की गतिज ऊर्जा में वृद्धि हो सकती है?*

4. *क्या कार्य-ऊर्जा सिद्धांत का पालन अजड़त्वीय फ्रेमों में भी होता है?*

5. *एक भारी बॉक्स चिकने आनत तल पर रखा हुआ है और इसको तल के समानांतर एक बल F लगाकर ऊपर की ओर धकेला जा रहा है। क्या बॉक्स को A से B तक ले जाने में बल F द्वारा किया गया कार्य इसपर निर्भर करता है कि बॉक्स की चाल बिंदु A पर कितनी थी और बिंदु B पर कितनी थी? क्या गुरुत्व बल द्वारा किया गया कार्य इसपर निर्भर करता है?*

6. *एक व्यायाम में एक गेंद को दबाया और छोड़ा जाता है। इस व्यायाम से कलाई एवं उँगलियाँ मजबूत होती हैं। गेंद को दबाने के दौरान किया गया कार्य धनात्मक है, ऋणात्मक है अथवा शून्य है? गेंद के छोड़ने के दौरान यह कार्य कैसा है?*

7. *रस्सा-कशी के खेल में वह दल जीतता है जो जमीन पर क्षैतिज दिशा में अधिक बल लगाता है। उस समय अवधि के लिए विचार कीजिए, जब एक दल, जमीन पर अधिक क्षैतिज बल लगाकर विरोधी दल को खींच रहा है। निम्नलिखित कार्यों में से कौन-से कार्य धनात्मक हैं, कौन-से ऋणात्मक हैं और कौन-से शून्य हैं?*

(a) जीतनेवाले दल द्वारा हारनेवाले दल पर किया गया कार्य

(b) हारनेवाले दल द्वारा जीतनेवाले दल पर किया गया कार्य

(c) जमीन द्वारा जीतनेवाले दल पर किया गया कार्य

(d) जमीन द्वारा हारनेवाले दल पर किया गया कार्य

(e) दोनों दलों पर किया गया कुल बाह्य कार्य

8. *किसी आवेशित कण पर चुंबकीय बल सदैव इसके वेग के लंबवत रहता है। क्या चुंबकीय बल कण का वेग परिवर्तित कर सकता है? क्या यह कण की चाल परिवर्तित कर सकता है?*

9. *m द्रव्यमान वाले एक ब्लॉक को एक खुरदरी क्षैतिज सतह पर v_0 चाल प्रदान की गई है। ब्लॉक सतह पर l दूरी तय करके रुक जाता है।*

(a) ब्लॉक की प्रारंभिक एवं अंतिम गतिज ऊर्जाएँ कितनी हैं?

(b) इस अवधि में गतिज घर्षण द्वारा कितना कार्य किया गया है?

10. *ऊपर के प्रश्न 9 में बताई गई स्थिति का विचार करें। गेंद के प्रारंभिक वेग की दिशा में एकसमान चाल v_0 द्वारा गतिशील फ्रेम से इस गेंद की गति देखें।*

(a) गेंद की प्रारंभिक और अंतिम गतिज ऊर्जाएँ कितनी हैं?

(b) गतिज घर्षण द्वारा ऊपर की अवधि में गेंद पर कितना कार्य किया गया?

• सटीक उत्तरवाले प्रश्न I •

सही उत्तर का चयन करें।

1. स्प्रिंग नियतांक k के एक स्प्रिंग के दोनों सिरों से दो समान द्रव्यमान जुड़े हुए हैं। दोनों द्रव्यमानों को बराबर दूरी खींचकर स्प्रिंग को इसकी मूल लंबाई से x अधिक लंबाई तक खींचकर रखा गया है। खींचने के दौरान स्प्रिंग के द्वारा प्रत्येक द्रव्यमान पर किया गया कार्य है

(a) $\frac{1}{2}kx^2$ (b) $-\frac{1}{2}kx^2$

(c) $\frac{1}{4}kx^2$ (d) $-\frac{1}{4}kx^2$

2. एक लिफ्ट में स्थित θ आनत कोण वाले खुरदरे आनत तल पर m द्रव्यमान का एक छोटा गुटका रखा हुआ है। लिफ्ट ऊपर की ओर एकसमान वेग v से चल रही है तथा आनत तल पर गुटका नहीं फिसलता है। t समय में घर्षण बल द्वारा गुटके पर किया गया कार्य है
   (a) शून्य (b) $mgvt\cos^2\theta$
   (c) $mgvt\sin^2\theta$ (d) $mgvt\sin 2\theta$
3. 12 N का एक बल एक वस्तु पर लगा है। एक समय अंतराल में वस्तु 20 cm विस्थापित होती है। इस अवधि में बल द्वारा किया गया कार्य
   (a) अवश्य ही 2.4 N के बराबर होगा
   (b) अवश्य ही 2.4 N से कम होगा
   (c) अवश्य ही 2.4 N से अधिक होगा
   (d) 2.4 N से कम हो सकता है
4. एक कण को एक आनत तल पर एक वृत्ताकार पथ पर चलाया जाता है। एक पूरे चक्कर के दौरान कण पर लगते एक बल के द्वारा किया गया कार्य शून्य नहीं है। यह बल हो सकता है
   (a) कण का भार
   (b) तल द्वारा कण पर लगता घर्षण बल
   (c) तल द्वारा कण पर लगता अभिलंब बल
   (d) केंद्र की ओर लगता अभिलंब बल
5. एक बल द्वारा किसी वस्तु पर किया गया कार्य $\vec{F}\cdot\vec{d}$ सूत्र द्वारा प्राप्त किया जा सकता है। यह बल हो सकता है
   (a) स्प्रिंग द्वारा लगाया गया इससे बँधे गुटके का बल
   (b) एक आवेशित वस्तु पर कूलंब आकर्षण का बल
   (c) पृथ्वी की सतह के पास चलती वस्तु का भार
   (d) वृत्त में घूमते कण पर अभिकेंद्र बल
6. स्प्रिंग नियतांक k वाले एक स्प्रिंग का किनारा फिक्स करके रखा गया है। स्प्रिंग के दूसरे किनारे को हाथ से पकड़कर धीरे-धीरे खींचा जाता है जिससे स्प्रिंग की लंबाई स्वाभाविक लंबाई l_0 से बढ़कर $1.2l_0$ हो जाती है। हाथ द्वारा स्प्रिंग पर किया गया कार्य होगा
   (a) $0.02\,kl_0^2$ (b) $-0.02\,kl_0^2$
   (c) $0.1\,kl_0^2$ (d) $-0.1\,kl_0^2$
7. न्यूटन के तीसरे नियम से संबंधित बल F_1 तथा F_2 पर विचार करें। किसी अवधि में इनके द्वारा किए गए कार्य W_1 तथा W_2
   (a) का योग हमेशा शून्य होता है
   (b) शून्य हो सकता है
   (c) हमेशा एक ही चिह्न (+ या –) के होते हैं
   (d) हमेशा विपरीत चिह्न के होते हैं
8. कार्य-ऊर्जा का सिद्धांत सही है सिर्फ तभी जब वस्तु
   (a) एक कण की भाँति हो
   (b) स्थानांतरीय गति कर रही हो
   (c) पृथ्वी की सतह के आस-पास गति कर रही हो
   (d) के लिए जड़त्वीय फ्रेम का उपयोग किया जाए

• सटीक उत्तरवाले प्रश्न II •

सही उत्तर (उत्तरों) का चयन करें।

1. किसी कण पर किया गया कुल कार्य इसकी गतिज ऊर्जा में परिवर्तन के बराबर होता है
   (a) सदैव
   (b) केवल तब ही, जब सिर्फ घर्षण बल इसपर लग रहा होता है
   (c) केवल तब ही, जब सिर्फ गुरुत्वीय बल इसपर लग रहा होता है
   (d) केवल तब ही, जब सिर्फ प्रत्यास्थ बल इसपर लग रहा होता है
2. एक कण पर लगते परिणामी बल का परिमाण नियत रहता है तथा इसकी दिशा सदैव कण के वेग के लंबवत होती है। इससे निष्कर्ष निकलता है कि
   (a) इसका वेग नियत है
   (b) इसका त्वरण नियत है
   (c) इसकी गतिज ऊर्जा नियत है
   (d) यह वृत्ताकार पथ पर चल रहा है
3. एक सरल रेखा के अनुदिश दो प्रेक्षक एक-दूसरे के सापेक्ष v वेग से गतिशील हैं। ये प्रेक्षक m द्रव्यमान के एक गुटके को एक खुरदरी सतह पर बिंदु A से बिंदु B तक गति करता हुआ देखते हैं। नीचे दी गई राशियों में से किस राशि का मान दोनों प्रेक्षक बराबर बताएँगे?
   (a) समय t पर गुटके की गतिज ऊर्जा
   (b) घर्षण द्वारा गुटके पर किया गया कार्य
   (c) गुटके पर किया गया कुल कार्य
   (d) गुटके का त्वरण
4. आप एक सूटकेस को फर्श से उठाकर टेबुल पर रखते हैं। आपके द्वारा सूटकेस पर किया गया कार्य नीचे दी गई राशियों में से किन पर निर्भर नहीं करता है?
   (a) सूटकेस द्वारा तय किया गया पथ
   (b) आपके द्वारा यह कार्य करने में लगा समय
   (c) सूटकेस का भार
   (d) आपका भार
5. किसी वस्तु पर किसी बल द्वारा कोई कार्य नहीं किया जाएगा, यदि
   (a) बल सदैव वेग के लंबवत रहे
   (b) बल सदैव इसके त्वरण के लंबवत रहे
   (c) वस्तु स्थिर रहे, किंतु बल का क्रियाबिंदु वस्तु पर गति करे
   (d) वस्तु इस प्रकार गति करे कि बल का क्रियाबिंदु नियत रहे
6. किसी कण की गतिज ऊर्जा समय के साथ निरंतर बढ़ती जाती है।
   (a) कण पर लगनेवाला परिणामी बल हर समय वेग के समानांतर होना आवश्यक है
   (b) कण पर लगनेवाले परिणामी बल की दिशा हर समय वेग से 90° से कम कोण बनाएगी
   (c) जमीन से कण की ऊँचाई निरंतर कम हो रही है
   (d) कण के वेग का परिमाण निरंतर बढ़ रहा है
7. एक नगण्य भार वाले स्प्रिंग का एक सिरा दीवार से कसा हुआ है तथा दूसरे सिरे से एक गुटका जुड़ा हुआ है। गुटका एक क्षैतिज एवं चिकनी

सतह पर रखा हुआ है। स्प्रिंग का बल नियतांक k है। किसी विस्थापन में स्प्रिंग द्वारा गुटके पर किया गया कार्य $\frac{1}{2}kx^2$ है। ऐसा तब संभव है जब

(a) प्रारंभ में स्प्रिंग x दूरी तक संपीडित (compressed) था तथा अंतिम स्थिति में इसने अपनी स्वाभाविक लंबाई प्राप्त कर ली है

(b) स्प्रिंग की लंबाई प्रारंभ में x दूरी तक बढ़ी हुई थी तथा अंतिम स्थिति में इसने स्वाभाविक लंबाई प्राप्त कर ली है

(c) प्रारंभ में इसकी लंबाई स्वाभाविक लंबाई के बराबर थी तथा अंतिम स्थिति में यह x दूरी से संपीडित स्थिति में है

(d) प्रारंभ में इसकी लंबाई स्वाभाविक लंबाई के बराबर थी तथा अंत में यह x दूरी से बढ़ी हुई स्थिति में है

8. M द्रव्यमान का एक गुटका एक डोरी की सहायता से एक स्थिर, चिकनी घिरनी से लटकाया गया है। घिरनी पर से जाती डोरी का दूसरा सिरा एक नियत बल F द्वारा खींचा जा रहा है। एक सेकंड में गुटके की गतिज ऊर्जा 20 जूल बढ़ जाती है।

(a) डोरी में तनाव Mg है।

(b) डोरी में तनाव F है।

(c) उक्त 1 s में तनाव द्वारा गुटके पर किया गया कार्य 20 जूल है।

(d) उक्त 1 s में गुटका पर गुरुत्वाकर्षण बल द्वारा किया गया कार्य –20 जूल है।

• अभ्यास के प्रश्न •

1. एक साइकिलसवार का साइकिलसहित द्रव्यमान 90 kg है। यदि साइकिल की चाल 6 km/h से बढ़कर 12 km/h हो जाए, तो गतिज ऊर्जा में वृद्धि की गणना कीजिए।

2. 10 m/s की प्रारंभिक चाल से चलता हुआ 2.00 kg द्रव्यमान का एक गुटका 3.00 m/s^2 त्वरण से 5.0 s तक त्वरित होता है। इसकी अंतिम गतिज ऊर्जा निकालें।

3. एक फर्श पर एक बॉक्स 4.0 m दूरी तक धकेला जाता है। फर्श बॉक्स पर 100 N का प्रतिरोध बल लगाता है। प्रतिरोध बल द्वारा किया गया कार्य कितना है?

4. 10 m लंबाई वाले तथा 30° कोण पर झुके हुए आनत तल पर 5 kg द्रव्यमान का एक गुटका फिसलकर नीचे आता है। गुरुत्व बल द्वारा इस पर किया गया कार्य ज्ञात कीजिए।

5. 15 g द्रव्यमान वाले एक स्थिर कण को 2.50 N के बल द्वारा त्वरित करके 2.50 m तक विस्थापित किया जाता है। बल द्वारा किया गया कार्य तथा प्रदान की गई औसत शक्ति ज्ञात कीजिए।

6. एक कण पर लग रहे एक निश्चित बल $\vec{F} = (5\ \text{N})\hat{i} + (5\ \text{N})\hat{j}$ के कारण कण बिंदु $\vec{r_1} = (2\ \text{m})\hat{i} + (3\ \text{m})\hat{j}$ से बिंदु $\vec{r_2} = (3\ \text{m})\hat{i} + (2\ \text{m})\hat{j}$ तक गति करता है। इस विस्थापन में बल द्वारा कण पर किए गए कार्य का मान ज्ञात कीजिए।

7. एक व्यक्ति अपने सिर पर 2 kg द्रव्यमान का एक सामान रखकर क्षैतिज एवं समतल सड़क पर गति कर रहा है। यदि वह 0.5 m/s^2 के त्वरण से 40 m दूरी तय करता है, तो इस गति में व्यक्ति द्वारा सामान पर किया गया कार्य ज्ञात कीजिए।

8. एक कण पर x-दिशा में एक बल $F = a + bx$ लग रहा है, जहाँ a तथा b अचर राशियाँ हैं। $x = 0$ से $x = d$ तक विस्थापन के लिए इस बल द्वारा किया गया कार्य ज्ञात कीजिए।

9. 37° झुकाव वाले आनत तल पर 250 g द्रव्यमान का एक गुटका नियत चाल से नीचे की ओर फिसल रहा है। 1.0 m फिसलने में घर्षण बल के कारण किया गया कार्य ज्ञात कीजिए।

10. M द्रव्यमान के एक गुटके पर m द्रव्यमान का एक दूसरा गुटका रखा हुआ है। यह निकाय एक क्षैतिज सतह पर विरामावस्था में स्थित है (चित्र 12.E1)। नीचे वाले गुटके पर एकसमान क्षैतिज बल F लग रहा है। दोनों गुटके एक-दूसरे पर फिसलते नहीं हैं तथा $\frac{F}{2(m+M)}$ त्वरण से चलते हैं।

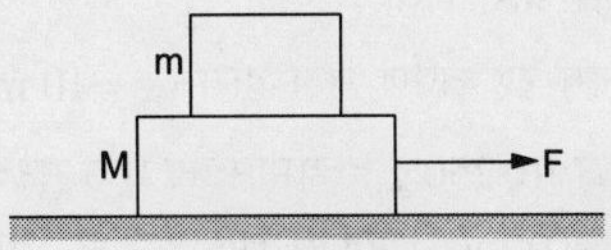

चित्र 12.E1

(a) क्षैतिज सतह तथा बड़े गुटके के बीच गतिज घर्षण गुणांक ज्ञात करें।

(b) छोटे गुटके पर लगनेवाला घर्षण बल ज्ञात करें।

(c) निकाय के d विस्थापन के लिए बड़े गुटके के द्वारा छोटे गुटके पर लगनेवाले घर्षण बल के द्वारा किया गया कार्य ज्ञात कीजिए।

11. एक बॉक्स का भार 2000 N है, इसको एक समतल सतह पर 20 m तक धीरे-धीरे खिसकाना है। सतह तथा गुटके के बीच घर्षण गुणांक 0.2 है। (a) एक व्यक्ति चेन की सहायता से गुटके को खींचकर यह विस्थापन देता है। यदि चेन क्षैतिज से θ कोण बनाती है, तो व्यक्ति द्वारा किया गया कार्य ज्ञात कीजिए। (b) यदि वह कोण θ का मान इस प्रकार रखता है कि बॉक्स को खींचने के लिए न्यूनतम बल की आवश्यकता होती है तो व्यक्ति द्वारा किया गया कार्य ज्ञात करें।

12. एक व्यक्ति 37° झुकाव वाले आनत तल पर 100 N भार वाले एक गुटके को धीरे-धीरे ऊपर धकेलता है। व्यक्ति के द्वारा गुटके को 2.0 m दूरी तक विस्थापित करने में किए गए कार्य की गणना कीजिए यदि उसके द्वारा लगाया बल (a) आनत तल के समानांतर है तथा (b) क्षैतिज दिशा में है।

13. कार्य-ऊर्जा सिद्धांत का उपयोग कर 72 km/h चाल से गतिशील 500 kg द्रव्यमान की एक कार को 25 m की दूरी में रोकने के लिए आवश्यक औसत घर्षण बल ज्ञात करें।

14. 500 kg द्रव्यमान की एक कार को विरामावस्था से प्रारंभ कर 25 m दूरी में 72 km/h की चाल तक त्वरित करना है। कार्य-ऊर्जा सिद्धांत का उपयोग कर आवश्यक औसत बल ज्ञात करें।

15. m द्रव्यमान का एक कण एक सरल रेखा के अनुदिश इस प्रकार चलता है कि इसका वेग समीकरण $v = a\sqrt{x}$ के अनुसार बदलता है। यहाँ a एक नियतांक है। $x = 0$ से $x = d$ तक विस्थापन में इस कण पर लगते परिणामी बल द्वारा किया गया कार्य ज्ञात करें।

16. 37° झुकाव वाले आनत तल पर 2.0 kg द्रव्यमान की एक वस्तु विरामावस्था में है। इस कण को तल के समानांतर 20 N बल लगाकर ऊपर की ओर खींचा जाता है। बल 1 s तक लगाया जाता है।
   (a) दिखाएँ कि इस बल द्वारा किया गया कार्य 40 J से अधिक नहीं होगा।
   (b) यदि इस बल द्वारा किया गया कार्य 40 J हो, तो इस एक सेकंड में गुरुत्वीय बल द्वारा किया गया कार्य ज्ञात कीजिए।
   (c) जिस समय बल लगना समाप्त होता है, उस क्षण पर वस्तु की गतिज ऊर्जा ज्ञात करें।

17. 37° झुकाव वाले आनत तल पर एक 2.0 kg द्रव्यमान की वस्तु, तल के समानांतर 20 N बल लगाकर नीचे की ओर धकेली जाती है। यह पाया जाता है कि वस्तु का त्वरण $10\ m/s^2$ है। यदि वस्तु विरामावस्था से गति प्रारंभ करती है, तो पहले 1 सेकंड में नीचे लिखे बलों द्वारा, कार्य निकालें,
   (a) लगाए गए 20 N बल द्वारा
   (b) वस्तु के भार द्वारा तथा
   (c) वस्तु पर लग रहे घर्षण बल द्वारा ($g = 10\ m/s^2$)।

18. एक क्षैतिज टेबुल पर 250 g द्रव्यमान का एक गुटका फिसलता है। यदि गुटका प्रारंभ में 40 cm/s चाल से चल रहा हो, तो इसको विरामावस्था में लाने तक घर्षण बल द्वारा किया गया कार्य ज्ञात करें। यदि टेबुल तथा गुटके के बीच घर्षण गुणांक का मान 0.1 हो, तो विरामावस्था में आने से पूर्व गुटका कितनी दूरी तय करेगा?

19. सियोल ओलंपिक 1988 में 200 m फ्री स्टाइल महिला तैराकी प्रतियोगिता का स्वर्ण पदक पूर्व जर्मनी की हाइक फ्रैंड्रिक ने 1 मिनट तथा 57.56 सेकंड में एक नया विश्व रिकॉर्ड बनाकर जीता। यदि यह माना जाए कि उन्होंने यह दूरी लगभग एकसमान चाल से तय की तथा अपनी चाल को बनाए रखने के लिए उनके द्वारा 460 W शक्ति का उपयोग किया गया, तो तैरने के दौरान जल द्वारा फ्रैंड्रिक पर लगाए गए औसत प्रतिरोध बल की गणना करें।

20. सियोल ओलंपिक 1988 में 100 m फर्राटा दौड़ का स्वर्ण पदक अमेरिका की फ्लोरेंस ग्रिफिथ जायनर ने 10.54 s का नया ओलंपिक रिकॉर्ड बनाकर जीता था। मान लें कि उन्होंने अपनी अधिकतम चाल बहुत ही अल्प समय में प्राप्त कर ली थी तथा इसके बाद इसी चाल से दौड़ते हुए वह अंतिम रेखा तक पहुँची। उनका द्रव्यमान 50 kg लें।
   (a) ग्रिफिथ जायनर की अधिकतम चाल के समय गतिज ऊर्जा निकालें।
   (b) यह मानते हुए कि ट्रैक तथा वायु प्रवाह आदि के द्वारा औसत प्रतिरोध बल उनके भार का दसवाँ भाग है, दौड़ के दौरान प्रतिरोध बल द्वारा किए गए कार्य की गणना करें।
   (c) अपनी चाल को एकसमान बनाए रखने के लिए ग्रिफिथ जायनर को कितनी शक्ति लगानी पड़ी?

21. एक पेड़ से आम तोड़ने की कोशिश में एक बालक जमीन से 200 g द्रव्यमान का एक पत्थर उठाकर आम की ओर फेंकता है। प्रक्षेपण के समय पत्थर जमीन से 150 cm ऊपर था तथा इसकी चाल 3.0 m/s थी। इस प्रक्रिया में बालक द्वारा किए गए कार्य की गणना करें। यदि पत्थर को जमीन से उठाकर फेंकने की कुल प्रक्रिया में बालक को एक सेकंड समय लगा, तो उसके द्वारा कितनी अश्वशक्ति प्रयुक्त की गई?

22. किसी फैक्टरी में 2000 kg धातु के एक ब्लॉक को 12 m ऊँचाई तक 1 मिनट में उठाना पड़ता है। इस काम के लिए लगे इंजन की न्यूनतम अश्वशक्ति ज्ञात करें।

23. एक स्कूटर कंपनी अपने उत्पाद की विशेषताओं के बारे में निम्नांकित सूचना प्रदान करती है,

स्कूटर का भार	—	95 kg
अधिकतम चाल	—	60 km/h
इंजन की अधिकतम शक्ति	—	3.5 अश्वशक्ति
अधिकतम चाल प्राप्त करने में लगा समय (पिकअप)	—	5 s

इन दावों की यथार्थता की जाँच करें।

24. 30.0 kg द्रव्यमान का एक गुटका एक चेन की सहायता से नीचे लाया जाना है। यदि नीचे आता हुआ गुटका 2 m दूरी चलने में 40 cm/s चाल प्राप्त करता है, तो इस अवधि में चेन द्वारा गुटके पर किए गए कार्य की गणना कीजिए।

25. एक एटवुड मशीन में घिरनी पर से जाती डोरी से बँधे गुटकों के द्रव्यमान क्रमशः 2.0 kg तथा 3.0 kg हैं। विरामावस्था से छोड़ने के बाद चौथे सेकंड में गुरुत्वाकर्षण बल द्वारा गुटकों पर किया गया कुल कार्य ज्ञात करें।

26. चित्र 12.E2 में दिखाई गई स्थिति पर विचार करें। निकाय को विरामावस्था से छोड़ने के बाद 1 m नीचे आने पर 1 kg द्रव्यमान के गुटके की चाल 0.3 m/s हो जाती है। गुटके तथा टेबुल के बीच गतिज घर्षण गुणांक का मान ज्ञात करें।

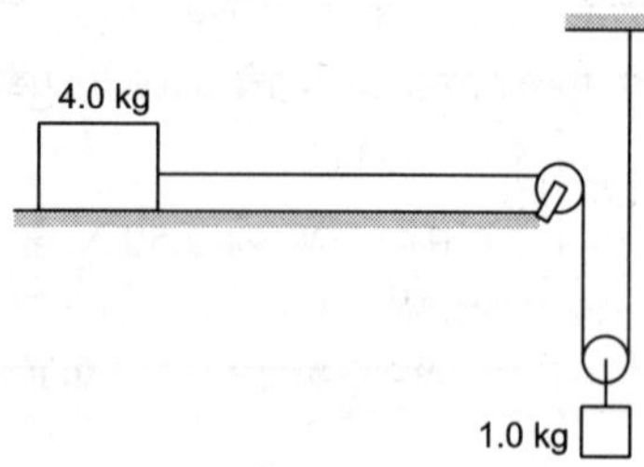

चित्र 12.E2

27. ऊर्ध्वाधर तल में रखी हुई 10 cm त्रिज्या वाली एक बंद वृत्ताकार नली में 100 g द्रव्यमान का एक गुटका रखा हुआ है। नली का अनुप्रस्थ काट इतना ही है कि गुटका उसमें ठीक-ठीक अँटता है। गुटके को नली के उच्चतम भाग पर रखकर इसे 5.0 m/s की चाल से चला दिया जाता है। गुटका नली में दोलन करता हुआ थोड़ी देर में अंतिम रूप से निम्नतम बिंदु पर रुक जाता है। इस प्रक्रिया में गुटके पर नली द्वारा किया गया कार्य ज्ञात करें।

28. एक घर्षणरहित आनत तल की लंबाई 10 m तथा ऊँचाई 3.2 m है। 200 g मात्रा वाले एक गुटके को जमीन से उठाकर इस तल के शीर्ष पर रखना है। निम्नलिखित परिस्थितियों में से प्रत्येक में मनुष्य द्वारा किया गया कार्य ज्ञात करें,
   (a) गुटके को उठाकर शीर्ष पर रखने में तथा
   (b) गुटके को नततल पर फिसलाते हुए शीर्ष पर ले जाने में।

29. ऊपर के प्रश्न 28 की परिस्थिति से गुटके को तल के शीर्ष से जमीन पर लाना है। जमीन पर आने में गुटके की चाल कितनी होगी यदि गुटका
   (a) नततल से ऊर्ध्वाधर दिशा में गिरता हुआ जमीन पर आता है?
   (b) नततल पर फिसलकर जमीन पर आता है ($g = 10\ m/s^2$)?

30. बच्चों के पार्क में एक फिसलनेवाली पट्टी लगी है जिसकी लंबाई 10 m तथा ऊँचाई 8.0 m है (चित्र 12.E3)। इसके शीर्ष तक पहुँचने के लिए एक ऊर्ध्वाधर सीढ़ी बनी हुई है। 200 N भार वाली एक बालिका सीढ़ी से चढ़कर शीर्ष तक पहुँचकर फिसलती हुई जमीन पर आती है। पट्टी द्वारा लगाया गया औसत घर्षण बल बालिका के भार का 3/10 गुना है। निम्नलिखित कार्यों की गणना करें।

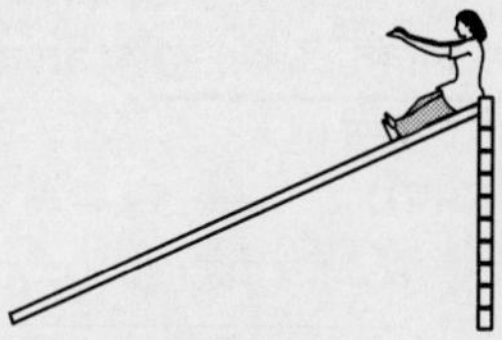

चित्र 12.E3

(a) जब बालिका ऊपर जाती है तो सीढ़ी द्वारा उसपर किया गया कार्य
(b) जब बालिका नीचे आती है तो पट्टी द्वारा उसपर किया गया कार्य
(c) चढ़ना तथा उतरना मिलाकर बालिका के शरीर के अंदर स्थित बलों द्वारा किया गया कार्य

31. चित्र 12.E4 में दिखाए गए एक स्प्रिंग की स्वाभाविक लंबाई l_0 है। इस स्प्रिंग का एक सिरा बिंदु A पर फिक्स किया गया है तथा दूसरे सिरे पर एक गुटका बँधा है। गुटका एक क्षैतिज सतह पर पकड़कर रखा गया है। प्रारंभ में स्प्रिंग ऊर्ध्वाधर से θ_0 कोण बनाता है। स्प्रिंग को सतह पर खिसकाकर बिंदु C पर ले जाया जाता है जहाँ स्प्रिंग अपनी स्वाभाविक लंबाई में आ जाता है। इस प्रक्रिया में स्प्रिंग द्वारा गुटके पर किए गए कार्य की गणना करें।

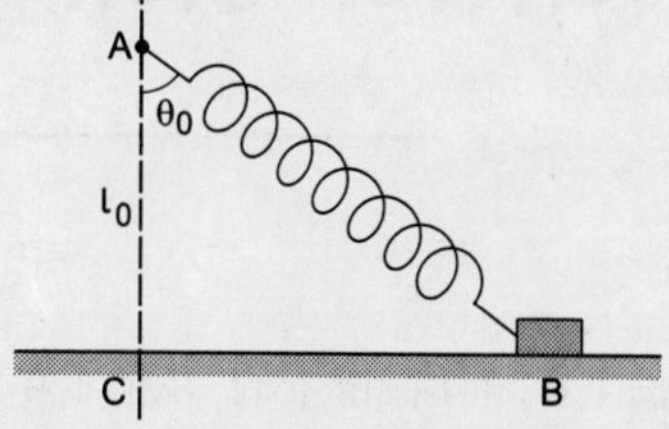

चित्र 12.E4

32. एक nonlinear स्प्रिंग द्वारा लगाया गया बल F इसकी लंबाई में वृद्धि x के साथ समीकरण $F = -k_1x^2 - k_2x^4$ के अनुसार बदलता है। इसके एक किनारे को स्थिर रखते हुए दूसरे किनारे पर बँधी वस्तु को धीरे-धीरे खींचा जाता है। स्प्रिंग की लंबाई उसकी स्वाभाविक लंबाई से x_0 बढ़ने तक में स्प्रिंग के बल द्वारा वस्तु पर किए गए कार्य की गणना करें।

• उत्तर •

सटीक उत्तरवाले प्रश्न I

1. (d) **2.** (c) **3.** (d) **4.** (b)
5. (c) **6.** (a) **7.** (b) **8.** (d)

सटीक उत्तरवाले प्रश्न II

1. (a) **2.** (c), (d) **3.** (d)
4. (a), (b), (d) **5.** (a), (c), (d) **6.** (b), (d)
7. (a), (b) **8.** (b)

अभ्यास के लिए प्रश्न

1. 375 J **2.** 625 J **3.** 400 J **4.** 245 J **5.** 6.25 J, 36.1 W
6. शून्य **7.** 40 J **8.** $\left(a+\frac{1}{2}bd\right)d$ **9.** –1.5 J
10. (a) $\frac{F}{2(M+m)g}$ (b) $\frac{mF}{2(M+m)}$ (c) $\frac{mFd}{2(M+m)}$
11. (a) $\frac{40000\text{ J}}{5+\tan\theta}$ (b) 7690 J **12.** (a) 120 J (b) 120 J
13. 4000 N **14.** 4000 N **15.** $\frac{ma^2d}{2}$
16. (b) –24 J (c) 16 J **17.** (a) 100 J (b) 60 J (c) –60 J
18. –0.02 J, 8.2 cm **19.** 270 N
20. (a) 2250 J (b) – 4900 J (c) 465 W
21. 3.84 J, 5.4×10^{-3} hp **22.** 5.3 hp
23. वास्तविक मान से अधिक का दावा किया गया लग रहा है।
24. –586 J **25.** 67 J **26.** 0.12 **27.** –1.45 J
28. (a) 6.4 J (b) 6.4 J **29.** (a) 8.0 m/s (b) 8.0 m/s
30. (a) 0 (b) –600 J (c) 1600 J
31. $\frac{1}{2}kl_0^2(\sec\theta-1)^2$ **32.** $\frac{1}{3}k_1x_0^3-\frac{1}{5}k_2x_0^5$

❑

अध्याय 13

स्थितिज ऊर्जा एवं ऊर्जा-संरक्षण का सिद्धांत

स्थितिज ऊर्जा के बारे में आपने पहले की कक्षाओं में पढ़ा होगा। अपनी विशेष स्थिति के कारण किसी वस्तु में जो अतिरिक्त ऊर्जा होती है उसे **स्थितिज ऊर्जा** कहते हैं। धरती की सतह से h ऊँचाई पर स्थित m द्रव्यमान की वस्तु की स्थितिज ऊर्जा mgh होती है यह भी आपने पढ़ा होगा। आज हम आपको स्थितिज ऊर्जा के बारे में और बारीकी से तथा विस्तार से बताने का प्रयास करेंगे।

13.1 संरक्षित (conservative) तथा असंरक्षित (nonconservative) बल

मान लें कि किसी कण पर कोई बल लग रहा है जिसका मान (परिमाण एवं दिशा) कण के स्थान पर निर्भर कर रहा है। जब कण (x, y, z) बिंदु पर हो, तो उसपर लगते बल को हम $\vec{F}(x, y, z)$ लिखेंगे। इस बल द्वारा कण को बिंदु A से B तक ले जाने में किया गया कार्य,

$$W = \int_A^B \vec{F}(x, y, z) \cdot d\vec{r}$$

होगा। परंतु, यह कार्य इस बात पर निर्भर कर सकता है कि A से B तक किस रास्ते से कण जाता है। कई बार ऐसा भी होता है कि यह कार्य A से B तक के रास्ते पर निर्भर नहीं करता।

यदि किसी बल $\vec{F}(x, y, z)$ के द्वारा दो दिए हुए बिंदुओं के बीच कण को ले जाने में किया गया कार्य बीच के रास्ते पर निर्भर न करे, तो वह बल **संरक्षित बल** (conservative force) कहलाता है। यदि बल $\vec{F}(x, y, z)$ द्वारा दो दिए हुए बिंदुओं के बीच कण को ले जाने में किया गया कार्य बीच के रास्ते पर निर्भर करता हो, तो वह बल **असंरक्षित बल** (nonconservative force) कहलाता है।

हमने पिछले अध्याय में देखा कि वस्तु के भार के कारण होनेवाला कार्य बीच के रास्ते पर निर्भर नहीं करता है। यह संरक्षित बल का उदाहरण है। स्प्रिंग का बल और कूलंब बल भी संरक्षित बल हैं। घर्षण का बल असंरक्षित बल है। यदि किसी टेबुल की क्षैतिज सतह पर एक गुटके को A से B तक ले जाया जाए तो उसपर μmg परिमाण का घर्षण बल लगेगा। यह बल सदा गुटके के वेग की विपरीत दिशा में होगा। अतः, यदि A से B तक के रास्ते की लंबाई l हो, तो घर्षण द्वारा किया गया कार्य $-\mu mgl$ होगा। यदि कण के रास्ते को बदलकर उसे कम या ज्यादा लंबा कर दें, तो घर्षण के कारण कार्य भी बदल जाता है (चित्र 13.1)।

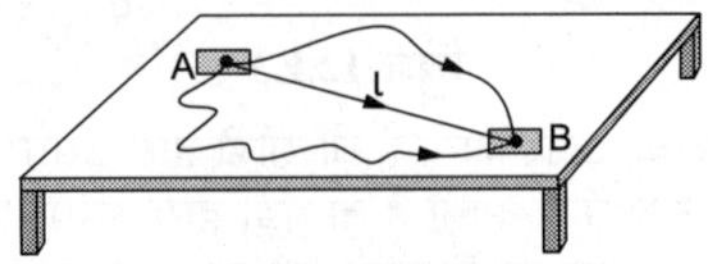

चित्र 13.1

यदि किसी बल द्वारा किसी कण पर किया गया कार्य सिर्फ प्रारंभिक और अंतिम स्थिति पर ही निर्भर करे और बीच के रास्ते पर निर्भर नहीं करे, तो किसी भी बंद वक्र पर कण को एक स्थान से चलाकर उसी स्थान तक वापस पहुँचाने में बल द्वारा किया गया कार्य शून्य होता है। क्योंकि, A बिंदु से A बिंदु तक कण को लाने का एक रास्ता तो यह भी है कि उसे चलाया ही न जाए। ऐसे में तो उसपर लगते बल द्वारा कार्य शून्य होगा ही। यदि बल द्वारा किया गया कार्य बीच के रास्ते पर निर्भर नहीं करता तो चाहे जिस भी रास्ते से कण को A बिंदु से A बिंदु पर ले जाएँ, बल द्वारा किया गया कार्य शून्य ही रहेगा। अतः, हम संरक्षित एवं असंरक्षित बल की परिभाषा ऐसे भी कर सकते हैं—**यदि किसी बल के द्वारा किया गया कार्य हर बंद वक्र के लिए शून्य हो, तो वह बल संरक्षित बल कहलाता है। यदि किसी बंद वक्र पर बल द्वारा किया गया कार्य शून्य नहीं हो, तो वह असंरक्षित बल कहलाता है।**

13.2 स्थितिज ऊर्जा

जब हम किसी गेंद को ऊपर फेंकते हैं तो ज्यों-ज्यों वह गेंद ऊपर जाती है, उसकी गतिज ऊर्जा $(mv^2/2)$ कम होती जाती है। परंतु, ऊर्जा में यह कमी सिर्फ थोड़ी देर के लिए होती है। जब गेंद वापस अपनी जगह पर आती है तो गतिज ऊर्जा फिर उतनी ही हो जाती है। ऐसा लगता है कि जितनी गतिज ऊर्जा कम हुई थी, वह कहीं और जमा हो गई थी और जब गेंद वापस आई तो वह जमा ऊर्जा भी वापस गतिज ऊर्जा में बदल गई। इन धारणाओं को ठीक प्रकार से समझने के लिए हम स्थितिज ऊर्जा नामक राशि को परिभाषित करते हैं। किसी वस्तु की स्थितिज ऊर्जा को हम वस्तु पर लगते बल के साथ संबद्ध करते हैं। वस्तु पर लगते गुरुत्वीय बल के कारण बनी स्थितिज ऊर्जा को गुरुत्वीय स्थितिज ऊर्जा कहेंगे, विद्युतीय बल के कारण बनी स्थितिज ऊर्जा को विद्युतीय स्थितिज ऊर्जा कहेंगे तथा स्प्रिंग या तार आदि में खिंचने या दबने के कारण बनी ऊर्जा को प्रत्यास्थ स्थितिज ऊर्जा (elastic potential energy) कहेंगे।

यदि वस्तु बिंदु A से बिंदु B तक जाए और इस दौरान उसपर लगते संरक्षित बल के कारण कार्य W_{AB} हो, तो बिंदु A पर स्थितिज ऊर्जा U_A तथा बिंदु B पर स्थितिज ऊर्जा U_B का अंतर समीकरण,

$$U_B - U_A = -W_{AB} \quad \ldots (13.1)$$

से परिभाषित किया जाता है।

किसी बल के कारण कण के दो स्थानों की स्थितिज ऊर्जाओं का अंतर $U_B - U_A$, उस बल के द्वारा कण को A बिंदु से B बिंदु तक जाने में किए गए कार्य का चिह्न (धन या ऋण) बदलने से मिलता है।

स्थितिज ऊर्जा की यह परिभाषा तभी सार्थक हो सकती है जब बल संरक्षित हो। असंरक्षित बलों के लिए कार्य W_{AB}, A से B तक के बीच के रास्ते पर निर्भर करेगा और तब इसे $U_B - U_A$ नहीं कहा जा सकेगा। इसलिए स्थितिज ऊर्जा सिर्फ संरक्षित बलों के लिए ही परिभाषित हो सकती है। हम कभी घर्षण की स्थितिज ऊर्जा की चर्चा नहीं करते।

मान लें कि किसी कण पर x-दिशा में एक बल $F(x)$ लग रहा है। बल F के कारण कण की स्थितिज ऊर्जा उसकी स्थिति x पर निर्भर करती है। यह भी मान लें कि कण के x पर होने से स्थितिज ऊर्जा U तथा $x + dx$ पर होने से स्थितिज ऊर्जा $U + dU$ हो जाती है। इस विस्थापन में बल द्वारा किया गया कार्य $dW = Fdx$ होगा। अतः, स्थितिज ऊर्जा में परिवर्तन,

$$dU = -dW = -Fdx \quad \text{या} \quad F = -\frac{dU}{dx}.$$

यदि स्थितिज ऊर्जा का व्यंजक (expression) पता हो, तो आप उससे संबंधित बल का व्यंजक इस समीकरण से प्राप्त कर सकते हैं।

13.3 किसी बिंदु पर स्थितिज ऊर्जा का मान

किसी संरक्षित बल से संबद्ध स्थितिज ऊर्जा की परिभाषा समीकरण (13.1) से दी जाती है। पर, इस समीकरण से हमें स्थितिज ऊर्जा में परिवर्तन का पता चलता है, न कि किसी बिंदु पर की स्थितिज ऊर्जा का। $U_B - U_A$ तो मिल जाएगा, पर U_B कितना है या U_A कितना है, यह इस समीकरण से पता नहीं चलता। वस्तुतः, हम स्थितिज ऊर्जा का परिवर्तन ही परिभाषित करते हैं। यह हमारा विशेषाधिकार है कि हम जिस बिंदु को चाहें उस बिंदु पर की स्थितिज ऊर्जा को शून्य मान लें। बाकी बिंदुओं की स्थितिज ऊर्जा समीकरण (13.1) से मिल जाएगी। जिस बिंदु पर स्थितिज ऊर्जा को हम शून्य मानते हैं उसे **संदर्भ बिंदु** (reference point) कहते हैं।

वह इसी प्रकार की स्थिति है जैसे हमें किसी बिंदु के निर्देशांक निर्धारित करने हों, तो हम अपने मनचाहे बिंदु को मूलबिंदु चुन लेते हैं और इसी तरह अपने मनचाहे अक्ष चुन लेते हैं। तब सभी बिंदुओं के निर्देशांक निर्धारित किए जा सकते हैं।

13.4 पृथ्वी की सतह के पास गुरुत्वीय स्थितिज ऊर्जा

पृथ्वी की सतह के पास रखी m द्रव्यमान की वस्तु पर पृथ्वी के गुरुत्वाकर्षण के कारण बल $\vec{F} = m\vec{g}$ लगता है। यदि m द्रव्यमान की कोई वस्तु बिंदु A से B तक जाती है जहाँ ऊँचाई में वृद्धि h हो, तो गुरुत्वीय बल द्वारा किया गया कार्य,

$$W_{AB} = -mgh$$

और गुरुत्वीय स्थितिज ऊर्जा में परिवर्तन,

$$U_B - U_A = -W_{AB} = mgh.$$

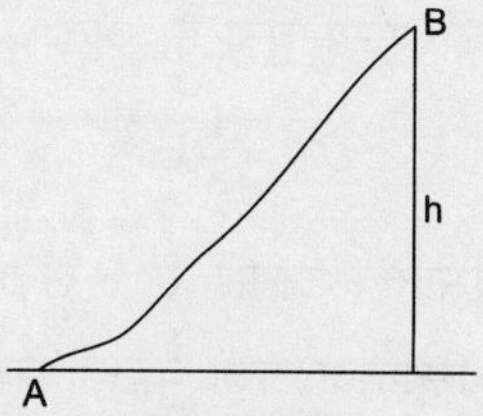

चित्र 13.2

ऊँचाई बढ़ने से गुरुत्वीय स्थितिज ऊर्जा बढ़ती है और ऊँचाई घटने से यह घटती है। जैसा कि हमने ऊपर कहा है, आप किसी भी बिंदु को अपनी इच्छा से चुन सकते हैं और वहाँ गुरुत्वीय स्थितिज ऊर्जा को शून्य कह सकते हैं। चूँकि गुरुत्वीय स्थितिज ऊर्जा ऊँचाई बढ़ने या घटने से ही बदलती है, इस संदर्भ बिंदु से जानेवाले क्षैतिज तल पर हर जगह स्थितिज ऊर्जा शून्य होगी। इस तल से h ऊँचाई पर के बिंदुओं पर गुरुत्वीय स्थितिज ऊर्जा mgh होगी।

यह ऊर्जा किसकी है? गतिज ऊर्जा $\frac{1}{2}mv^2$ के बारे में स्थिति बिलकुल स्पष्ट है। यह उस वस्तु की गतिज ऊर्जा है जिसका द्रव्यमान m है और चाल v है। परंतु, स्थितिज ऊर्जा mgh के बारे में विद्वानों के पास बहुत कुछ कहने को है। यह स्थितिज ऊर्जा कहाँ संचित होती है? जिस वस्तु पर बल द्वारा कार्य हुआ उस वस्तु में, या जिस वस्तु ने बल लगाया उसमें? या और कहीं? धरती से गेंद को ऊपर फेंका तो स्थितिज ऊर्जा में वृद्धि गेंद में जमा हुई, या पृथ्वी में, या गेंद और पृथ्वी के बीच की जगह में? इस प्रश्न का उत्तर निश्चित तौर पर देना एक जटिल कार्य है। सुरक्षित तो यही है कि इसे पृथ्वी व वस्तु की संयुक्त संहति की स्थितिज ऊर्जा कहें। पर, प्रायः सुविधा के लिए हम मानकर चलेंगे कि यह स्थितिज ऊर्जा उस वस्तु की ही है जो संदर्भ बिंदु से h ऊँचाई पर है।

13.5 स्प्रिंग के बल के कारण स्थितिज ऊर्जा

मान लें कि एक वस्तु स्प्रिंग नियतांक k वाले स्प्रिंग से बँधी है जिसका दूसरा सिरा दीवार से बँधा है (चित्र 13.3)। जब स्प्रिंग की लंबाई अपनी स्वाभाविक लंबाई के बराबर है उस समय वस्तु A पर है। इसी बिंदु को हम संदर्भ बिंदु मानते हैं और यहाँ स्थितिज ऊर्जा को शून्य कहते हैं। यदि वस्तु को x दूरी खींचकर बिंदु B पर ले जाएँ, तो स्प्रिंग द्वारा किया गया कार्य,

$$W_{AB} = \int_0^x -(kx)\,dx = -\frac{1}{2}kx^2.$$

यहाँ बल बायीं ओर तथा विस्थापन दाहिनी ओर है, इसलिए कार्य ऋणात्मक है।

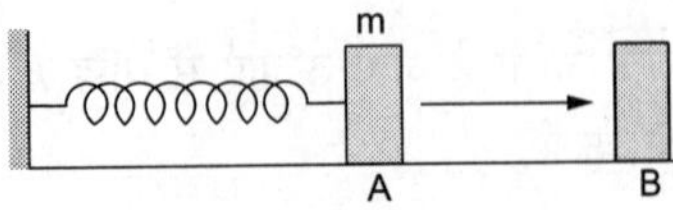

चित्र 13.3

इसलिए $U_B - U_A = -W_{AB} = \frac{1}{2}kx^2.$

चूँकि हमने U_A को शून्य चुना है, अतः

$$U_B = \frac{1}{2}kx^2. \quad \ldots (13.2)$$

स्प्रिंग जब अपनी स्वाभाविक लंबाई से x लंबाई खिंचा रहता है, तो स्प्रिंग बल से संबंधित स्थितिज ऊर्जा $\frac{1}{2}kx^2$ होती है। इसे हम प्रत्यास्थ स्थितिज ऊर्जा कहेंगे।

यदि स्प्रिंग की लंबाई अपनी स्वाभाविक लंबाई से x लंबाई कम कर दी जाए, तो वस्तु संदर्भ बिंदु A से चलकर C पर पहुँच जाएगी। इस विस्थापन में स्प्रिंग बल द्वारा किया गया कार्य,

$$W_{AC} = \int_0^x -(kx)\,dx = -\frac{1}{2}kx^2.$$

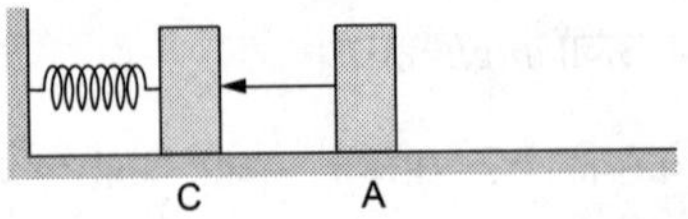

चित्र 13.4

यहाँ संपीडन (compression) के कारण बल दाहिनी ओर होगा और विस्थापन बायीं ओर, अतः कार्य ऋणात्मक है।

$$U_C - U_A = -W_{AC} = \frac{1}{2}kx^2. \quad \ldots (13.3)$$

यदि स्प्रिंग की लंबाई अपनी स्वाभाविक लंबाई से x लंबाई कम कर दी जाए तो भी प्रत्यास्थ स्थितिज ऊर्जा $\frac{1}{2}kx^2$ हो जाएगी।

यह स्थितिज ऊर्जा किसकी है? वस्तु की या स्प्रिंग की? सुरक्षित रूप से हम कह सकते हैं कि यह स्प्रिंग और वस्तु के समूह की स्थितिज ऊर्जा है। पर, प्रायः सुविधा होती है यदि हम यह मानें कि यह ऊर्जा स्प्रिंग की है। इसकी चर्चा हम आगे पुनः करेंगे।

13.6 दो कणों के समूह की गुरुत्वीय स्थितिज ऊर्जा

मान लें कि m_1 तथा m_2 द्रव्यमान के दो कण A तथा B एक-दूसरे से r_0 दूरी पर रखे हैं। कण A को पकड़कर स्थिर रखा जाता है और B को AB दिशा में खींचकर उनके बीच की दूरी r_0 से बढ़ाकर r_1 कर दी जाती है। कणों के बीच गुरुत्वाकर्षण के बल $\vec{F}_A$ तथा $\vec{F}_B$ लग रहे हैं। $\vec{F}_A$ के कारण कार्य शून्य होगा, क्योंकि A को स्थिर रखा है। $\vec{F}_B$ के कारण कार्य निकालने के लिए हमें समाकलन (integration) का सहारा लेना होगा, क्योंकि बल का मान दूरी के साथ बदलता है। जब B की दूरी A से r होती है तब F_B का परिमाण,

$$F_B = \frac{Gm_1m_2}{r^2}$$

होता है।

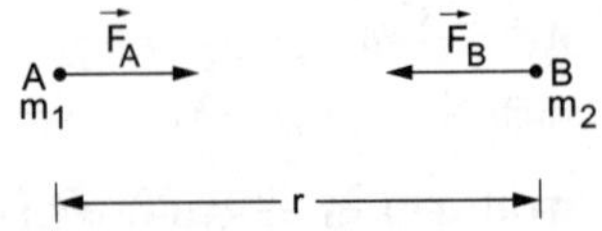

चित्र 13.5

यहाँ से दूरी को बढ़ाकर $r + dr$ करने में F_B द्वारा किया गया कार्य,

$$dW = -\frac{Gm_1m_2}{r^2}dr$$

होगा। आप तो समझ ही गए होंगे कि ऋण चिह्न क्यों लगा है। दूरी r_0 से बदलकर r करने में कुल कार्य,

$$W = \int_{r_0}^{r_1} -\frac{Gm_1m_2}{r^2}dr = Gm_1m_2\left[\frac{1}{r_1} - \frac{1}{r_0}\right].$$

दोनों कणों के समूह की स्थितिज ऊर्जा में परिवर्तन,

$$U(r_1) - U(r_0) = -Gm_1m_2\left[\frac{1}{r_1} - \frac{1}{r_0}\right]. \quad \ldots (13.4)$$

साधारणतः, दो कणों के समूह की स्थितिज ऊर्जा लिखने के लिए लोग संदर्भ स्थिति वह लेते हैं जब कणों के बीच की दूरी बहुत अधिक हो। अर्थात, यदि $r_0 = \infty$, तो स्थितिज ऊर्जा $U(r_0) = 0$. हम आपको यह संदर्भ स्थिति लेने को बाध्य नहीं करेंगे, क्योंकि संदर्भ स्थिति चुनने का अधिकार आपका है और कोई उसे चुनौती नहीं दे सकता। परंतु, हमारा सुझाव है कि आप इस संदर्भ स्थिति को स्वीकार कर लें ताकि आपकी बात समझने में अन्यों को विशेष सावधानी की जरूरत न हो। समीकरण (13.4) से,

$$U(r) - U(\infty) = -Gm_1m_2\left[\frac{1}{r} - \frac{1}{\infty}\right]$$

या $$U(r) = -\frac{Gm_1m_2}{r}. \quad \ldots (13.5)$$

हमने वस्तु A को स्थिर कर दिया था और B को सरल रेखा में चलाया था। यदि A और B दोनों चल रहे हों और दोनों किसी वक्र पथ पर भी चल रहे हों तो भी यही व्यंजक उनके बीच की स्थितिज ऊर्जा का मान देगा। ऐसा इसलिए है कि कणों पर लगनेवाले पारस्परिक बल कणों को मिलानेवाली रेखा के अनुदिश ही लग रहे हैं और इसका परिमाण भी कणों के बीच की दूरी पर निर्भर करता है। इसलिए दूरी इतनी ही रखते हुए यदि कणों का स्थान बदल दें तो स्थितिज ऊर्जा वही रहेगी। आप इस वक्तव्य को दोनों बलों द्वारा किए गए कार्य के आधार पर प्राप्त करें। दो कणों के समूह की स्थितिज ऊर्जा सिर्फ उनके बीच की दूरी पर निर्भर करती है, न कि इसपर कि उन्हें कैसे चलाया जाता है और कहाँ रखा जाता है।

यह कौन-सी स्थितिज ऊर्जा है? चूँकि यह गुरुत्वाकर्षण बल से संबंधित है, इसलिए यह गुरुत्वीय स्थितिज ऊर्जा (gravitational potential energy) है।

इसके पहले हमने गुरुत्वीय स्थितिज ऊर्जा को mgh दिखाया था। वह व्यंजक भी पृथ्वी एवं वस्तु के बीच लगते गुरुत्वाकर्षण के बल द्वारा किए गए कार्य से निकाला गया था। यह अलग-अलग व्यंजक क्यों मिले? इसलिए कि पहले हमने बल को mg, अर्थात GMm/R^2 लिया था, जहाँ R पृथ्वी की त्रिज्या है और यहाँ हमने यह बल Gm_1m_2/r^2 लिखा है। जब हम पृथ्वी की सतह के आसपास होते हैं, तो r का मान लगभग R के बराबर ही होता है और हम mgh वाले व्यंजक का इस्तेमाल कर सकते हैं। यदि वस्तु की ऊँचाई काफी ज्यादा बढ़ा दें तब mgh का प्रयोग उचित नहीं है।

दो स्थिर आवेशित कणों के बीच लगते विद्युतस्थैतिक बल का सूत्र $F = \dfrac{q_1q_2}{4\pi\epsilon_0 r^2}$ भी गुरुत्वाकर्षण के सूत्र जैसा ही है। इनकी विद्युतीय स्थितिज ऊर्जा को हम $U(r) = \dfrac{q_1q_2}{4\pi\epsilon_0 r^2}$ लिख सकते हैं जहाँ कणों के बीच अनंत दूरी होने पर स्थितिज ऊर्जा को शून्य लिया गया है।

13.7 आंतरिक ऊर्जा

आप इस पुस्तक को पढ़ रहे हैं। पुस्तक आपकी टेबुल पर स्थिर पड़ी है, अर्थात पुस्तक की गतिज ऊर्जा शून्य है। परंतु, इस पुस्तक के करोड़ों-अरबों अणु-परमाणु वास्तव में स्थिर नहीं हैं। यद्यपि हमें पूरी पुस्तक स्थिर नजर आती है, पर ये अणु साम्यावस्था के स्थान के आसपास कंपन करते रहते हैं। इसी प्रकार, हर वस्तु के सूक्ष्म कण वस्तु के अंदर-ही-अंदर गति करते रहते हैं। वस्तु का ताप जितना अधिक होगा, कणों की गति उतनी ही अधिक होगी। कणों की इस आंतरिक गति के कारण वस्तु के अंदर कुछ ऊर्जा संचित रहती है। इसके अतिरिक्त वस्तु के अणु एक-दूसरे को आकर्षित या विकर्षित भी कर सकते हैं। इन बलों के कारण भी कणों में कुछ ऊर्जा रहती है। इन सभी ऊर्जाओं के योग को हम वस्तु की आंतरिक ऊर्जा कहते हैं। प्रायः हम इस आंतरिक ऊर्जा को माप नहीं पाते।

13.8 क्षेत्र (field) की ऊर्जा

आपको ध्यान होगा कि संसार सिर्फ पदार्थों से ही नहीं बना है। पदार्थों के अतिरिक्त विद्युतीय क्षेत्र, चुंबकीय क्षेत्र जैसी हस्तियाँ भी हमारे संसार के अंग हैं। सूरज या अन्य स्रोतों से आता प्रकाश इन्हीं विद्युतीय एवं चुंबकीय क्षेत्रों से बना है। इन क्षेत्रों में भी ऊर्जा संचित रहती है।

13.9 ऊर्जा-संरक्षण का सिद्धांत

मान लें कि किसी निकाय की वस्तुओं के बीच पारस्परिक बल लग रहे हैं जो सभी संरक्षित प्रकृति के हैं और सभी की संगत स्थितिज ऊर्जाएँ परिभाषित हैं। इनके अलावा या तो कोई बल लग नहीं रहे या उनके कारण किया गया कार्य शून्य है। ऐसी स्थिति में जब निकाय की स्थिति बदलती है तो उसकी कुल स्थितिज ऊर्जा एवं गतिज ऊर्जा का योग स्थिर रहता है। कुल स्थितिज ऊर्जा एवं गतिज ऊर्जा के योग को निकाय की **यांत्रिक ऊर्जा** कहते हैं। अतः, हम ऊर्जा-संरक्षण के सिद्धांत को इस प्रकार भी लिख सकते हैं,

यदि किसी निकाय पर कोई बाहरी बल नहीं लग रहे हों (या उनके कारण कोई कार्य न हो रहा हो), न ही उसके भागों के बीच कोई असंरक्षित बल लग रहा हो, तो उस निकाय की यांत्रिक ऊर्जा स्थिर रहती है।

यदि निकाय पर बाहरी बल लगे हों और वे कार्य भी कर रहे हों, तो किसी अवधि में इन बलों द्वारा किया गया कार्य कुल यांत्रिक ऊर्जा में परिवर्तन के बराबर होता है। इसे हम आसानी से दिखा सकते हैं। बाहरी बलों द्वारा किए गए कार्य को W_{ext} तथा निकाय के विभिन्न भागों के बीच लगते बलों के कारण किए गए कार्य को W_{int} कहें। कार्य-ऊर्जा सिद्धांत से सभी बलों के कारण कुल कार्य गतिज ऊर्जा में परिवर्तन के बराबर होता है। अतः,

$$W_{ext} + W_{int} = K_f - K_i,$$

परंतु, $W_{int} = -(U_f - U_i)$.

अतः, $W_{ext} = (K_f - K_i) + (U_f - U_i)$

$$= (K_f + U_f) - (K_i + U_i)$$

या $W_{ext} = E_f - E_i,$ … (13.6)

जहाँ E_i तथा E_f प्रारंभिक एवं अंतिम स्थितियों में निकाय की यांत्रिक ऊर्जाएँ हैं। आप निम्नलिखित तीन समीकरणों में ठीक से विभेद कर लीजिए, क्योंकि ये देखने में मिलते-जुलते हैं और आपकी स्मरण-शक्ति को चुनौती दे सकते हैं।

सभी बलों के कारण कार्य $= K_f - K_i$.

संरक्षित आंतरिक बलों के कारण कार्य $= -(U_f - U_i)$.

बाहरी बलों के कारण कार्य $= E_f - E_i$.

बीच के समीकरण का प्रयोग करते समय ध्यान रखें कि ये आंतरिक बल संरक्षित प्रकृति के हैं। यदि ऐसा न हो तो असंरक्षित प्रकृति वाले बलों को आप बाहरी बल की तरह उपयोग में लाकर अन्य समीकरणों का उपयोग कर सकते हैं।

इस बात का भी ध्यान रखें कि जब हम संरक्षित आंतरिक बलों की बात कर रहे हैं, तो वह अणुओं के बीच लग रहे बलों के बारे में नहीं हैं। जिन भागों की गति हम देख सकते हैं उन्हीं के बीच की यह चर्चा है। जैसे सूर्य और धरती को मिलाकर हम निकाय मानें, तो सूर्य और धरती के बीच लगनेवाले गुरुत्वाकर्षण बल के कारण कार्य W_{int} में शामिल हैं। धरती के अपने अणुओं के बीच लगनेवाले बल इस W_{int} में कोई योगदान नहीं देते।

अभ्यास 13.1

दो आवेशित कण A तथा B एक-दूसरे को k/r^2 बल से प्रतिकर्षित करते हैं, जहाँ k एक अचर राशि है तथा r उनके बीच की दूरी है। कण A को एक स्थान पर जड़कर रखा गया है। कण B, जिसका द्रव्यमान m है, A से r_0 दूरी से स्थिर अवस्था से छोड़ दिया जाता है। कणों पर सिर्फ उनके बीच के प्रतिकर्षण बल को प्रभावी मानें। (a) इन कणों की विद्युतीय स्थितिज ऊर्जा में परिवर्तन ज्ञात करें जब कण B की दूरी A से काफी अधिक हो जाती है। (b) इस स्थिति में B की चाल बताएँ।

हल (a) A तथा B कणों के समूह पर सिर्फ आंतरिक बलों के कारण कार्य हो रहा है। A को स्थिर रखने के लिए जो बल लगाना पड़ता

है उसके कारण कोई कार्य नहीं होता। अतः, कणों की स्थितिज एवं गतिज ऊर्जा का योग अचर रहेगा।

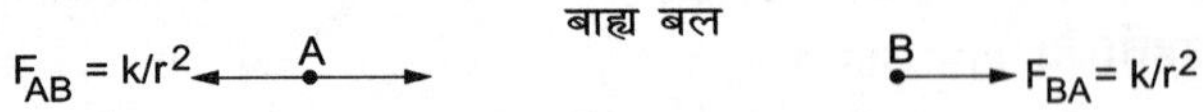

चित्र 13.6

प्रतिकर्षण बल के कारण कण B पर हुआ है कार्य,

$$W = \int \vec{F} \cdot d\vec{r} = \int_{r_0}^{\infty} \frac{k}{r^2} dr = \frac{k}{r_0}. \quad \text{... (i)}$$

अतः, स्थितिज ऊर्जा में परिवर्तन,

$$U_f - U_i = -W = -\frac{k}{r_0}.$$

(b) $K_f + U_f = K_i + U_i$

अतः, $K_f = K_i - (U_f - U_i)$

या $\frac{1}{2}mv_B^2 = 0 + \frac{k}{r_0}$

या $v_B = \sqrt{\frac{2k}{mr_0}}.$

अभ्यास 13.2

m द्रव्यमान का एक गुटका एक घर्षणरहित वक्र पथ पर फिसलता है (चित्र 13.7)। यदि गुटके को A बिंदु से फिसलने के लिए छोड़ दिया जाए तो B बिंदु पर उसकी चाल कितनी होगी?

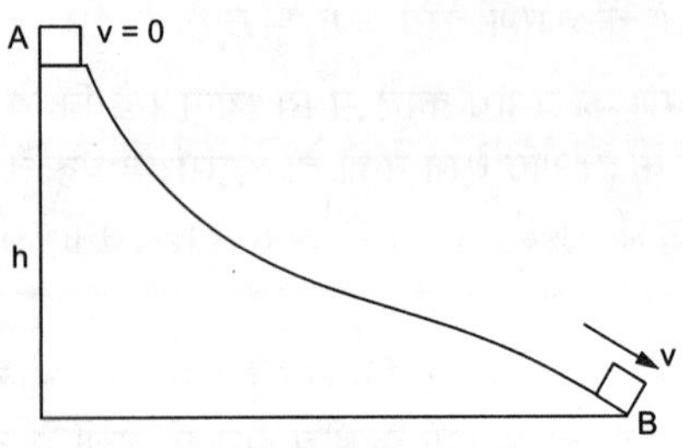

चित्र 13.7

हल जब गुटका h दूरी नीचे आता है तो गुरुत्वीय स्थितिज ऊर्जा में कमी = mgh. गुरुत्वीय बल के अतिरिक्त इस गुटके पर अभिलंब बल $\mathcal{N}$ लग रहा है, पर उसके कारण कोई कार्य नहीं हो रहा है। अतः, गतिज ऊर्जा में वृद्धि = स्थितिज ऊर्जा में कमी। अर्थात,

$$\frac{1}{2}mv^2 = mgh \quad \text{या} \quad v = \sqrt{2gh}.$$

13.10 कुछ विशेष परिस्थितियाँ

(a) स्प्रिंग की स्थितिज ऊर्जा

दीवार के एक सिरे पर बँधे एक स्प्रिंग पर विचार करें। इसके दूसरे सिरे पर एक गुटका बँधा हुआ है और उसे हम आवश्यक बल लगाकर किसी क्षैतिज तल पर धीरे-धीरे दाहिनी ओर खींच रहे हैं। जब स्प्रिंग की लंबाई में वृद्धि x हो, तो स्प्रिंग गुटके पर kx बल बायीं तरफ अंदर की ओर लगाएगा। गुटका भी स्प्रिंग पर kx परिमाण का बल दाहिनी ओर लगाएगा।

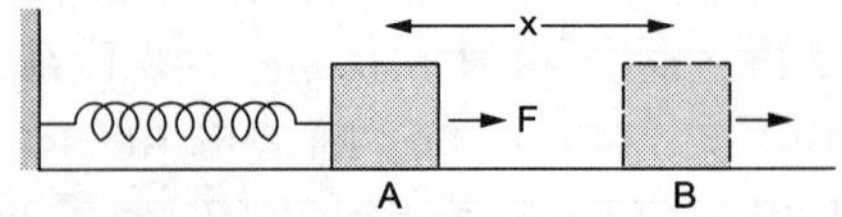

चित्र 13.8

आप स्प्रिंग को अपना निकाय मानें। गुटके द्वारा लगाया बल अब बाहरी बल हो गया। इस बल द्वारा x दूरी तक स्प्रिंग को खींचने में किया गया कार्य $= \frac{1}{2}kx^2$, अर्थात स्प्रिंग की कुल यांत्रिक ऊर्जा में वृद्धि $= \frac{1}{2}kx^2$. चूँकि स्प्रिंग प्रारंभ में तथा अंत में, दोनों समय स्थिर है, इसकी गतिज ऊर्जा शून्य है और इसमें कोई बढ़ोतरी नहीं हुई है। अतः, x दूरी से खिंचे स्प्रिंग की स्थितिज ऊर्जा $\frac{1}{2}kx^2$ है। यह ऊर्जा किन आंतरिक बलों से संबद्ध है? स्प्रिंग के अलग-अलग हिस्से आपस में जो बल लगा रहे हैं, उनसे ही संबंधित यह स्थितिज ऊर्जा है।

अभ्यास 13.3

एक चिकनी क्षैतिज सतह वाली टेबुल पर एक ब्लॉक एक स्प्रिंग से बँधकर आगे-पीछे दोलन करता है। स्प्रिंग का दूसरा किनारा टेबुल के एक बिंदु पर बाँधकर रखा गया है। स्प्रिंग का स्प्रिंग-नियतांक k है। जिस समय स्प्रिंग अपनी स्वाभाविक लंबाई में होता है, ब्लॉक की चाल v है। ब्लॉक टेबुल पर रुकने के पहले इस स्थिति से अधिकतम कितनी दूरी तक चलेगा?

हल 'ब्लॉक + स्प्रिंग' की संहति पर विचार करें। इसपर लगनेवाले बाहरी बल हैं, (a) गुरुत्वीय बल, (b) टेबुल के द्वारा अभिलंब बल तथा (c) जोड़ द्वारा स्प्रिंग के स्थिर किनारे पर लगा बल। इनमें से किसी भी बल द्वारा कार्य नहीं होता। अतः, ब्लॉक तथा स्प्रिंग की कुल यांत्रिक ऊर्जा नहीं बदलेगी। मान लें ब्लॉक रुकने के पहले x दूरी चलता है।

जब स्प्रिंग अपनी स्वाभाविक लंबाई में है, तब

यांत्रिक ऊर्जा = स्प्रिंग की स्थितिज ऊर्जा + ब्लॉक की गतिज ऊर्जा

$$= 0 + \frac{1}{2}mv^2.$$

जब ब्लॉक सबसे दूर की स्थिति में है, तब

यांत्रिक ऊर्जा = स्प्रिंग की स्थितिज ऊर्जा + ब्लॉक की गतिज ऊर्जा

$$= \frac{1}{2}kx^2 + 0.$$

अतः, $\frac{1}{2}mv^2 = \frac{1}{2}kx^2$ या $x = \sqrt{\frac{m}{k}}v.$

अभ्यास 13.4

स्प्रिंग नियतांक k वाले एक ऊर्ध्वाधर स्प्रिंग से m द्रव्यमान की एक वस्तु लटकी है। स्प्रिंग का दूसरा सिरा एक दृढ़ छत में बँधा है। जब वस्तु स्थिर अवस्था में है, तब नीचे से वस्तु को एक झटका देकर उसे नीचे की ओर v_0 वेग दिया जाता है। इस स्थिति से कितना नीचे जाकर वस्तु क्षणिक विराम में आएगी?

हल प्रारंभ में जब वस्तु साम्य अवस्था A में है, तो उसपर भार का बल mg नीचे की ओर तथा स्प्रिंग का बल kx_0 ऊपर की ओर लगता है। यहाँ x_0, स्प्रिंग की स्वाभाविक लंबाई l_0 में वृद्धि है।

अतः, $kx_0 = mg$ या $x_0 = \frac{mg}{k}$.

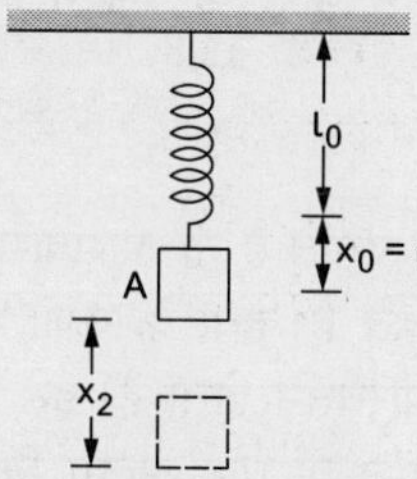

चित्र 13.9

वस्तु की गुरुत्वीय स्थितिज ऊर्जा को इस स्थिति में शून्य मानें। यहीं वस्तु को नीचे की ओर v_0 वेग दिया जाता है। इस समय वस्तु + स्प्रिंग + धरती की कुल यांत्रिक ऊर्जा,

$$E_i = \frac{1}{2}mv_0^2 + \frac{1}{2}kx_0^2 + 0. \quad \text{... (i)}$$

अब इस निकाय पर कोई बाहरी बल नहीं लग रहा है। अतः, यह यांत्रिक ऊर्जा अचर रहेगी।

मान लें कि जब वस्तु अपनी साम्यावस्था से x_2 दूरी नीचे आती है तब वह क्षणिक रूप से विरामावस्था में आती है। इस स्थिति में स्प्रिंग की लंबाई में स्वाभाविक लंबाई से वृद्धि $= x_0 + x_2$.

अतः, स्प्रिंग की स्थितिज ऊर्जा $= \frac{1}{2}k(x_0 + x_2)^2$.

इस समय वस्तु की गुरुत्वीय स्थितिज ऊर्जा $= -mgx_2$ तथा वस्तु की गतिज ऊर्जा = 0.

अतः, इस स्थिति में कुल यांत्रिक ऊर्जा,

$$E_f = \frac{1}{2}k(x_0 + x_2)^2 - mgx_2. \quad \text{... (ii)}$$

समीकरण (i) तथा (ii) से,

$$\frac{1}{2}mv_0^2 + \frac{1}{2}kx_0^2 = \frac{1}{2}k(x_0 + x_2)^2 - mgx_2$$

या
$$\frac{1}{2}mv_0^2 = kx_0x_2 + \frac{1}{2}kx_2^2 - mgx_2$$

$$= mgx_2 + \frac{1}{2}kx_2^2 - mgx_2 = \frac{1}{2}kx_2^2.$$

अतः, $x_2 = \sqrt{\frac{m}{k}}v_0$.

(b) डोरी से जुड़ी हुई वस्तुओं की गति

चित्र 13.10 में दो वस्तुएँ A तथा B एक डोरी से बँधी हैं जो एक घिरनी C पर से होकर जा रही है। A का विस्थापन AC दिशा में है और B का CB दिशा में। यदि किसी समय अंतराल में वस्तु A, dl दूरी चले तो B भी अपने रास्ते पर dl दूरी चलेगी जिससे डोरी की लंबाई l स्थिर रहे। यदि डोरी में तनाव T हो, तो डोरी द्वारा A पर लगे बल के कारण इस समय अंतराल में किया गया कार्य Tdl होगा। रस्सी A को अपनी ओर खींच रही है और A का विस्थापन भी इसी ओर है, इसलिए कार्य धनात्मक है। वस्तु B को भी डोरी उतने ही बल T से खींच रही है। परंतु, वस्तु B इसकी विपरीत दिशा में खिसक रही है। इसलिए डोरी द्वारा B पर किया गया कार्य $-Tdl$ होगा। डोरी द्वारा $A + B$ निकाय पर किया गया कुल कार्य शून्य होगा।

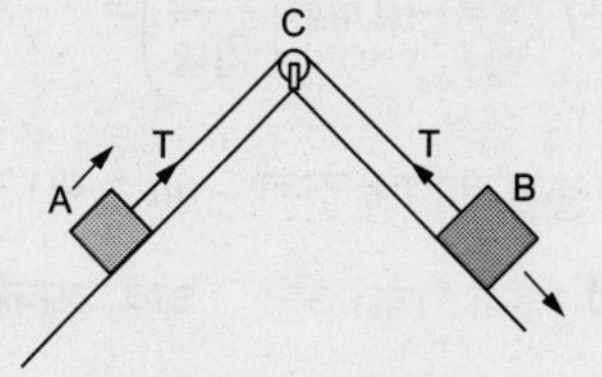

चित्र 13.10

डोरियों द्वारा बँधी वस्तुओं की गति के लिए वह एक सामान्य नियम है। प्रायः डोरियों द्वारा किया गया कुल कार्य शून्य हो जाता है।

(c) अभिलंब प्रतिक्रिया

जब कोई वस्तु किसी सतह पर पड़ी होती है, तो सतह द्वारा उसपर अभिलंब प्रतिक्रिया का बल $\mathcal{N}$ लगाया जाता है। जब वस्तु सतह पर चलती है तो प्रायः उसकी गति सतह के अनुदिश होती है। ऐसी स्थिति में $\vec{\mathcal{N}}$ तथा $\vec{v}$ एक-दूसरे पर लंब होते हैं और $\vec{\mathcal{N}}$ द्वारा किया गया कार्य शून्य हो जाता है। यदि सतह स्वयं भी गतिमान हो, तो वस्तु के चलने की दिशा $\mathcal{N}$ पर लंब होना आवश्यक नहीं है और $\mathcal{N}$ द्वारा कुछ कार्य हो सकता है।

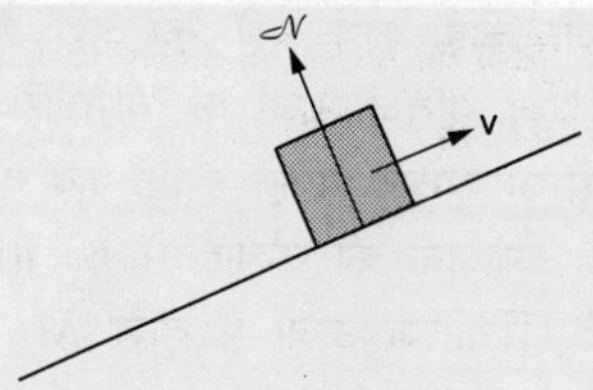

चित्र 13.11

(d) घर्षण द्वारा किया गया कार्य

मान लें कि एक टेबुल की सतह पर m द्रव्यमान का एक गुटका रखा गया है। इस गुटके को एक वेग v_0 देकर टेबुल पर चला दिया जाता है। टेबुल तथा गुटके के बीच घर्षण के बल लग रहे हैं जिसके कारण गुटका कुछ दूर चलकर रुक जाता है।

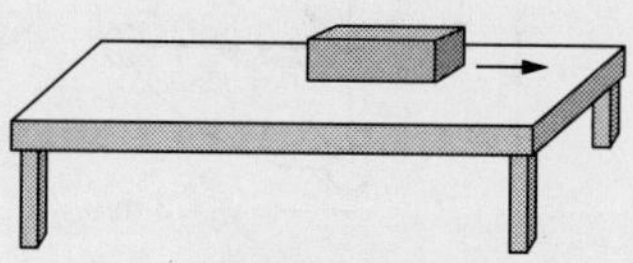

चित्र 13.12

यदि टेबुल तथा गुटके के बीच घर्षण गुणांक μ हो, तो गुटके पर लगता घर्षण बल $f = \mu\mathcal{N} = \mu mg$. अतः, उसका त्वरण $\frac{f}{m} = \mu g$ वेग के विपरीत दिशा में होगा। यदि गुटके द्वारा तय की गई दूरी x हो, तो

सूत्र $v^2 = u^2 + 2ax$ से,

$$0 = v_0^2 - 2\mu gx$$

या $\quad x = \frac{v_0^2}{2\mu g}$.

घर्षण बल द्वारा गुटके पर किया गया कार्य

$$= -f \cdot x = -(\mu mg)\left(\frac{v_0^2}{2\mu g}\right) = -\frac{1}{2}mv_0^2.$$

प्रारंभ में, गुटके की कुल यांत्रिक ऊर्जा $\frac{1}{2}mv_0^2$ थी। गुटके पर बाहरी बल द्वारा $-\frac{1}{2}mv_0^2$ कार्य किया गया। अतः, अब उसकी कुल यांत्रिक ऊर्जा शून्य हो गई।

ऊर्जा-संरक्षण के दृष्टिकोण से आप पूछ सकते हैं कि यह ऊर्जा $\frac{1}{2}mv_0^2$ कहाँ गई। आप जानते हैं कि घर्षण की उपस्थिति में जब वस्तुएँ एक-दूसरे पर चलती हैं तो वे गर्म हो जाती हैं, अर्थात उनकी आंतरिक ऊर्जा बढ़ जाती है। गतिज ऊर्जा का यह ह्रास आंतरिक ऊर्जा में बढ़ोतरी के रूप में प्रकट हो रहा है। यदि आप टेबुल + गुटके को निकाय मानें तो घर्षण बल के कारण ऊर्जा में हानि नहीं होगी। गतिज ऊर्जा $\frac{1}{2}mv_0^2$ अब निकाय की आंतरिक ऊर्जा में वृद्धि के रूप में आ गई है।

(e) ध्वनि

जब हम खुश होकर ठहाके लगाते हैं तो आसपास की हवा में कंपन पैदा होते हैं जिसे हम ध्वनि कहते हैं। हवा के कणों में विस्थापन के कारण उसकी आंतरिक ऊर्जा में परिवर्तन होता है। इसे हम प्रायः ध्वनि ऊर्जा कहते हैं। पर, जहाँ प्रकाश ऊर्जा एक अलग किस्म की ऊर्जा है, वहीं ध्वनि ऊर्जा हवा के कणों की आंतरिक ऊर्जा है।

• *हल किए गए प्रश्न* •

1. *एक सरल दोलक बड़े आयाम के साथ दोलन कर रहा है। जब वह अपनी साम्यावस्था से गुजरता है तब उसके गोलक की चाल 3 m/s होती है। जब दोलक ऊर्ध्वाधर से 60° का कोण बनाएगा, उस समय उसके गोलक की चाल कितनी होगी? दोलक की लंबाई $l = 0.5$ m तथा $g = 10\,\text{m/s}^2$ लें।*

हल गुरुत्वीय बल के अतिरिक्त दोलक पर सिर्फ लटकन-बिंदु से बल लग रहा है जो कोई कार्य नहीं कर रहा है। अतः, गुरुत्वीय स्थितिज ऊर्जा एवं गतिज ऊर्जा का योग स्थिर होगा।

चित्र 13.W1 से आप देख सकते हैं कि जब दोलक ऊर्ध्वाधर से θ कोण बनाता है, गोलक की ऊँचाई में $h = l(1-\cos\theta)$ की वृद्धि होती है। अतः, स्थितिज ऊर्जा में वृद्धि $\Delta U = mgl(1-\cos\theta)$.

यह वृद्धि गतिज ऊर्जा में हुई कमी के बराबर होगी।

अतः, $\frac{1}{2}mv_0^2 - \frac{1}{2}mv^2 = mgl(1-\cos\theta)$, ... (i)

यहाँ, $v_0 = 3\,\text{m/s}$.

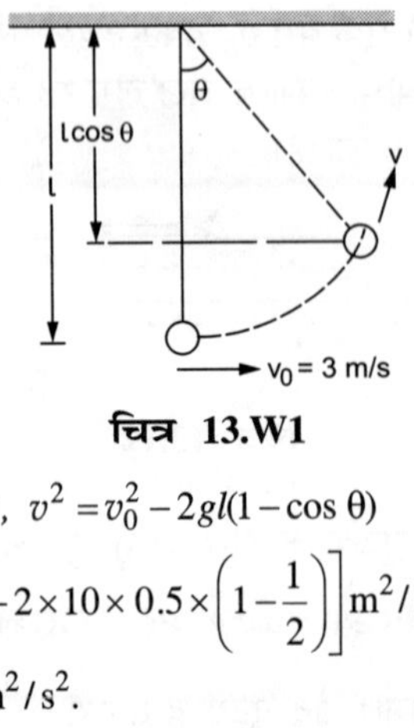

चित्र 13.W1

समीकरण (i) से, $v^2 = v_0^2 - 2gl(1-\cos\theta)$

$$= \left[9 - 2\times 10\times 0.5\times\left(1-\frac{1}{2}\right)\right]\text{m}^2/\text{s}^2$$

$$= 4\,\text{m}^2/\text{s}^2.$$

अतः, $v = 2$ m/s.

2. *लंबाई l के एक सरल दोलक के बॉब को अपने सबसे निचले बिंदु पर कितनी न्यूनतम क्षैतिज गति देनी पड़ेगी जिससे वह एक पूर्ण वृत्त बना सके?*

हल जिस समय बॉब सबसे निचले बिंदु पर है (चित्र 13.W2), उस समय उसका वेग v_0 तथा स्थितिज ऊर्जा शून्य मानें। मान लें कि वृत्त पूरा करते समय उच्चतम बिंदु पर उसका वेग v हो जाता है। ऊर्जा-संरक्षण के सिद्धांत से,

$$\frac{1}{2}mv_0^2 = \frac{1}{2}mv^2 + 2mgl$$

या $\quad mv^2 = mv_0^2 - 4mgl$ ... (i)

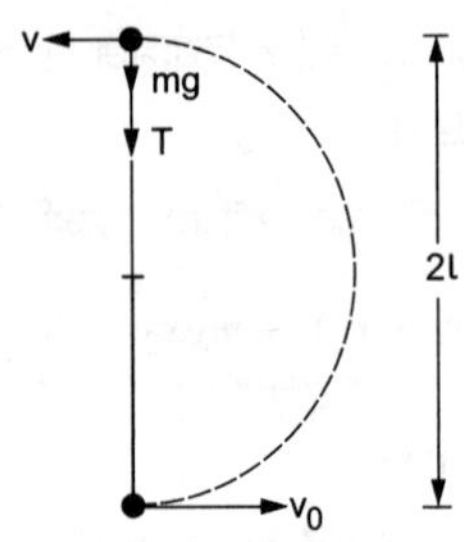

चित्र 13.W2

ऊपर के बिंदु पर बॉब पर लगता कुल बल $mg + T$ केंद्र की ओर होगा। न्यूटन के द्वितीय गति-नियम एवं समीकरण (i) का प्रयोग करने पर,

$$mg + T = m\frac{v^2}{l} = \frac{1}{l}(mv_0^2 - 4mgl)$$

या $\quad mv_0^2 = 5mgl + Tl.$

न्यूनतम v_0 के लिए T को भी न्यूनतम होना चाहिए। चूँकि T का न्यूनतम मान शून्य हो सकता है, अतः न्यूनतम v_0 के लिए,

$$mv_0^2 = 5mgl \quad \text{या} \quad v_0 = \sqrt{5gl}.$$

3. *लंबाई l के एक एकसमान रस्से का द्रव्यमान m है। इसका दो-तिहाई भाग एक घर्षणरहित मेज पर है तथा शेष भाग नीचे लटका हुआ है। जब रस्सा मेज से पूरी तरह अलग हो जाता है उस समय उसकी गतिज ऊर्जा की गणना करें।*

हल प्रारंभिक स्थिति में रस्से की स्थितिज ऊर्जा पर विचार करें। मेज की सतह पर स्थितिज ऊर्जा का स्तर शून्य मानें। रस्से के भाग dx पर विचार करें जो मेज की सतह से x दूरी नीचे है। इस भाग का द्रव्यमान $dm = (m/l)dx$ तथा स्थितिज ऊर्जा $= -(m/l)dxgx$ है।

चित्र 13.W3

पूरे रस्से की स्थितिज ऊर्जा,

$$U_1 = \int_0^{l/3} -\frac{m}{l} gx\,dx = -\left[\frac{m}{l} g\left(\frac{x^2}{2}\right)\right]_0^{l/3} = -\frac{1}{18} mgl.$$

यह आरंभिक स्थिति में रस्से की स्थितिज ऊर्जा है, क्योंकि मेज पर रखे रस्से के भाग की स्थितिज ऊर्जा शून्य है। मेज से जब रस्सा पूरी तरह फिसल जाता है उस समय स्थितिज ऊर्जा होगी,

$$U_2 = \int_0^{l} -\frac{m}{l} gx\,dx = -\frac{1}{2} mgl.$$

स्थितिज ऊर्जा में कमी $= \left(-\frac{1}{18} mgl\right) - \left(-\frac{1}{2} mgl\right) = \frac{4}{9} mgl.$

ऊर्जा-संरक्षण के सिद्धांत के अनुसार, यह गतिज ऊर्जा में वृद्धि के बराबर होगी। परंतु रस्से की प्रारंभिक गतिज ऊर्जा शून्य है। इसलिए जब रस्सा मेज से पूरी तरह फिसल जाता है तो उसकी गतिज ऊर्जा $\frac{4}{9} mgl$ होगी।

4. *m द्रव्यमान के एक गुटके से एक स्प्रिंग को दबाकर रखा जाता है। इस स्प्रिंग का स्प्रिंग स्थिरांक k है तथा स्प्रिंग का दूसरा सिरा दीवार में बँधा है (चित्र 13.W4)। गुटका घर्षणरहित टेबुल पर फिसल सकता है। स्प्रिंग की स्वाभाविक लंबाई L_0 है तथा उसे स्वाभाविक लंबाई के आधे तक दबाकर छोड़ा जाता है। दीवार से गुटके की दूरी के फलन के रूप में वेग का व्यंजक निकालें।*

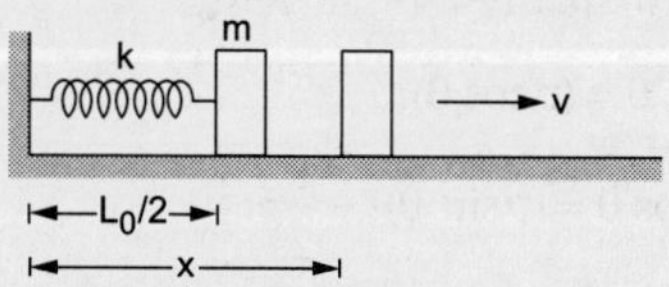

चित्र 13.W4

हल जब गुटके को छोड़ा जाता है उस समय स्प्रिंग दबा हुआ है और इसलिए यह गुटके को दाहिनी ओर धक्का देता है। स्प्रिंग जब तक अपनी स्वाभाविक लंबाई में नहीं आ जाता है तब तक वह गुटके को धक्का देता रहेगा और गुटके का वेग बढ़ता रहेगा। इसके बाद, गुटके का स्प्रिंग से संपर्क टूट जाएगा और वह एकसमान वेग से गति करेगा।

स्प्रिंग के संपर्क की अवधि में, जब गुटके की दीवार से दूरी x होती है, तो स्प्रिंग की लंबाई में कमी $(L_0 - x)$ है। मान लें कि इस समय गुटके का वेग v है। प्रारंभ में यह कमी $L_0/2$ थी और वेग शून्य था। ऊर्जा-संरक्षण के सिद्धांत से,

$$\frac{1}{2} k\left(\frac{L_0}{2}\right)^2 = \frac{1}{2} k(L_0 - x)^2 + \frac{1}{2} mv^2$$

या $$v = \sqrt{\frac{k}{m}}\left[\frac{L_0^2}{4} - (L_0 - x)^2\right]^{1/2}.$$

जब स्प्रिंग अपनी स्वाभाविक लंबाई प्राप्त कर लेता है, तो $x = L_0$ तथा $v = \sqrt{\frac{k}{m}} \cdot \frac{L_0}{2}$ होगा। इसके बाद गुटका इस वेग से लगातार गति करता रहेगा।

5. *चित्र 13.W5 में दिखाए गए अनुसार एक वस्तु को एक घर्षणरहित पथ ABC के बिंदु A पर रखा गया है। इसे धीरे से दाहिनी ओर धक्का दिया जाता है। जब यह पिंड बिंदु B पर पहुँचता है, तो इसकी चाल निकालें। ($g = 10\ \mathrm{m/s^2}$)*

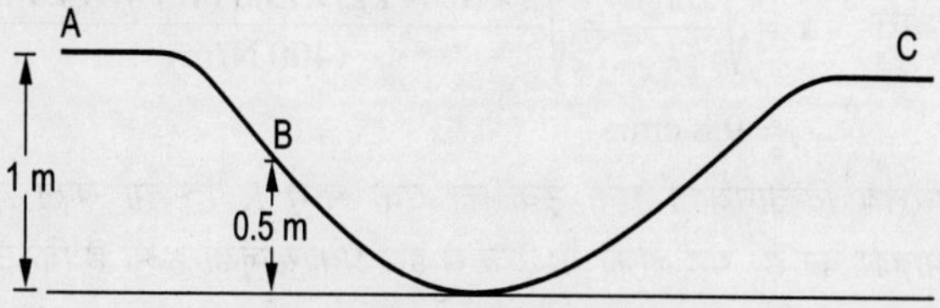

चित्र 13.W5

हल चित्र में दिखाए गए क्षैतिज तल पर गुरुत्वीय स्थितिज ऊर्जा को शून्य मानें। बिंदु A तथा B पर वस्तु की स्थितिज ऊर्जा है,

$$U_A = mg(1\ \mathrm{m})$$
$$U_B = mg(0.5\ \mathrm{m}).$$

बिंदु A पर गतिज ऊर्जा शून्य है। चूँकि पथ घर्षणरहित है, अतः घर्षण के कारण कोई कार्य नहीं होता। वस्तु पर अभिलंब बल भी कोई कार्य नहीं करता है। ऊर्जा-संरक्षण के सिद्धांत से,

$$U_A + K_A = U_B + K_B$$

या $$mg(1\ \mathrm{m}) = mg(0.5\ \mathrm{m}) + \frac{1}{2} mv_B^2$$

या $$\frac{1}{2} v_B^2 = g(1\ \mathrm{m} - 0.5\ \mathrm{m})$$
$$= (10\ \mathrm{m/s^2}) \times 0.5\ \mathrm{m} = 5\ \mathrm{m^2/s^2}$$

या $$v_B = \sqrt{10}\ \mathrm{m/s}.$$

6. *चित्र 13.W6 में एक घर्षणरहित वक्र पथ दिखाया गया है जिसके आगे का भाग क्षैतिज है। इस क्षैतिज भाग के किनारे पर एक छोटा दृढ़ स्तंभ जड़ा है। स्प्रिंग स्थिरांक 400 N/m वाले एक स्प्रिंग के एक सिरे को इस स्तंभ में बाँधकर रखा गया है। वक्र पथ पर ऊँचाई 4.9 m से द्रव्यमान 40 g के एक गुटके को छोड़ा जाता है। स्प्रिंग में अधिकतम संपीडन ज्ञात करें।*

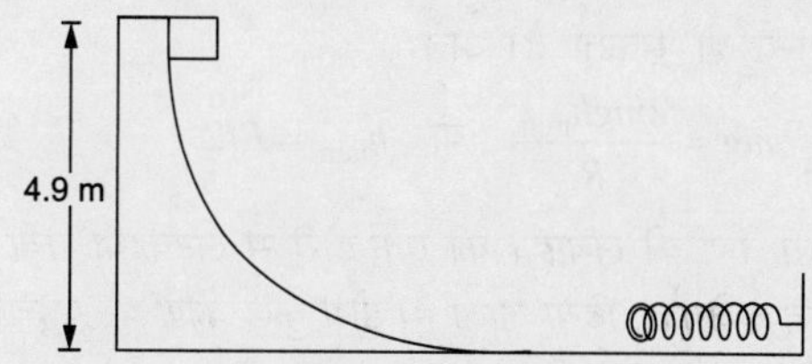

चित्र 13.W6

हल जब गुटका फिसलकर क्षैतिज भाग पर पहुँचेगा तो इसका कुछ वेग हो जाएगा और यह स्प्रिंग को दबाएगा। दबा हुआ स्प्रिंग गुटके को धक्का देगा और उसकी चाल कम होती जाएगी। स्प्रिंग में अधिकतम संपीडन तब होगा जब गुटके की चाल घटकर शून्य हो जाए। यदि अधिकतम संपीडन x हो, तो इस समय स्प्रिंग की ऊर्जा $\frac{1}{2}kx^2$ होगी। प्रारंभ की स्थिति तथा अधिकतम संपीडन की स्थिति में ऊर्जा की तुलना करें। क्षैतिज भाग पर गुरुत्वीय ऊर्जा शून्य लें।

ऊर्जा-संरक्षण के सिद्धांत से,

$$mgh = \frac{1}{2}kx^2,$$

जहाँ $m = 0.04$ kg, $h = 4.9$ m, $k = 400$ N/m तथा x अधिकतम संपीडन है।

अतः $x = \sqrt{\frac{2mgh}{k}} = \sqrt{\frac{2\times(0.04 \text{ kg})\times(9.8 \text{ m/s}^2)\times(4.9 \text{ m})}{(400 \text{ N/m})}}$

$= 9.8$ cm.

7. *करतब दिखानेवाले एक ट्रैक का एक भाग R त्रिज्या वाले वृत्त के आकार का है। यह बाकी के ट्रैक से इस प्रकार जुड़ा हुआ है कि ट्रैक पर आती गाड़ी इस वृत्ताकार पथ के अंदर की दीवार पर चल सके (चित्र 13.W7)। वृत्त के उच्चतम बिंदु से h ऊँचाई पर एक प्लैटफॉर्म है। एक कार इस प्लैटफॉर्म से (बिना इंजन के) चलना शुरू करती है और वृत्ताकार पथ पर घूम जाती है। h का न्यूनतम मान निकालें जिससे कार सफलतापूर्वक वृत्ताकार पथ में पूरा चल सके। घर्षण को नगण्य मानें।*

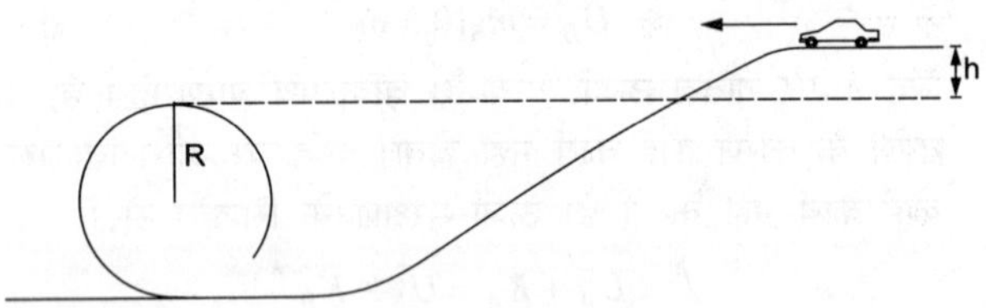

चित्र 13.W7

हल मान लें कि वृत्ताकार हिस्से के उच्चतम बिंदु पर कार की चाल v है। प्लैटफॉर्म पर गुरुत्वीय स्थितिज ऊर्जा को शून्य लें तथा मान लें कि कार नगण्य चाल से शुरू होती है। ऊर्जा-संरक्षण के सिद्धांत के अनुसार,

$$0 = -mgh + \frac{1}{2}mv^2 \quad \text{या} \quad mv^2 = 2mgh, \qquad \ldots \text{(i)}$$

जहाँ m कार का द्रव्यमान है। वृत्ताकार पथ के उच्चतम बिंदु पर कार पर लगते बल हैं, (a) भार mg नीचे की ओर तथा (b) अभिलंब बल $\mathcal{N}$ नीचे की ओर। अतः, न्यूटन के गति के नियम से,

$$mg + \mathcal{N} = \frac{mv^2}{R} \quad \text{या} \quad mg + \mathcal{N} = 2mgh/R.$$

h के न्यूनतम मान के लिए $\mathcal{N}$ को भी न्यूनतम होना चाहिए जो कि शून्य हो सकता है। अतः,

$$mg = \frac{2mgh_{\text{min}}}{R} \quad \text{या} \quad h_{\text{min}} = R/2.$$

8. *एक भारी कण को लंबाई l की एक डोरी से लटकाया गया है। कण को एक क्षैतिज वेग v_0 दिया जाता है। डोरी कुछ कोण पर पहुँचकर ढीली हो जाती है तथा कण सिर्फ गुरुत्व के प्रभाव में परवलय पथ में बढ़ता है। यदि कण डोरी के स्थिर किनारे पर जा टकराता है, तो v_0 का मान g तथा l के पदों में निकालें।*

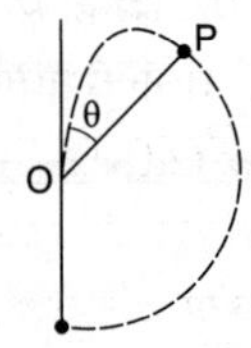

चित्र 13.W8

हल मान लें कि कण जब बिंदु P पर पहुँचता है तो डोरी ढीली हो जाती है (चित्र 13.W8)। इस समय ऊर्ध्वाधर से डोरी OP कोण θ बनाती है। बिंदु P पर कण के भार mg का OP की ओर घटक $mg\cos\theta$ होगा। इस समय रस्सी का तनाव शून्य है, इसलिए केंद्र की ओर कुल बल $= mg\cos\theta$ होगा। चूँकि कण वृत्त में बिंदु P तक गति करता है,

$$mg\cos\theta = m\left(\frac{v^2}{l}\right)$$

या $\quad v^2 = gl\cos\theta, \qquad \ldots$ (i)

जहाँ v बिंदु P पर इसकी चाल है।

ऊर्जा-संरक्षण के सिद्धांत से,

$$\frac{1}{2}mv_0^2 = \frac{1}{2}mv^2 + mgl(1+\cos\theta)$$

या $\quad v^2 = v_0^2 - 2gl(1+\cos\theta). \qquad \ldots$ (ii)

समीकरण (i) एवं (ii) से,

$$v_0^2 - 2gl(1+\cos\theta) = gl\cos\theta \qquad \ldots \text{(iii)}$$

या $\quad v_0^2 = gl(2+3\cos\theta).$

अब जब कण परवलय के पथ में जाता है तब वह सिर्फ गुरुत्वीय बल के प्रभाव में रहता है। P बिंदु पर उसका वेग v, रेखा OP के लंबवत है। अतः, वेग का क्षैतिज घटक $= v\cos\theta$ तथा ऊर्ध्वाधर घटक $= v_0\sin\theta$.

P से O तक के विस्थापन के लिए,

$$l\sin\theta = (v\cos\theta)t$$

तथा $\quad -l\cos\theta = (v\sin\theta)t - \frac{1}{2}gt^2$

या $\quad -l\cos\theta = (v\sin\theta)\left(\frac{l\sin\theta}{v\cos\theta}\right) - \frac{1}{2}g\left(\frac{l\sin\theta}{v\cos\theta}\right)^2$

या $\quad -\cos^2\theta = \sin^2\theta - \frac{1}{2}g\frac{l\sin^2\theta}{v^2\cos\theta}$

या $\quad -\cos^2\theta = 1 - \cos^2\theta - \frac{1}{2}\frac{gl\sin^2\theta}{gl\cos^2\theta} \qquad$ [समीकरण (i) से]

या $\quad 1 = \frac{1}{2}\tan^2\theta \quad$ या $\quad \tan\theta = \sqrt{2}.$

समीकरण (iii) से, $v_0 = [gl(2+\sqrt{3})]^{1/2}.$

• विचार हेतु प्रश्न •

1. *जब आप जमीन से एक बॉक्स उठाकर आलमारी में रखते हैं तो बॉक्स की स्थितिज ऊर्जा में वृद्धि होती है, किंतु इसकी गतिज ऊर्जा में कोई परिवर्तन नहीं होता। क्या यह ऊर्जा-संरक्षण के सिद्धांत का उल्लंघन नहीं है?*

2. *h ऊँचाई वाले एक आनत तल के शीर्ष से एक कण को फिसलने के लिए छोड़ दिया जाता है। क्या तल के निचले हिस्से पर कण की गतिज ऊर्जा तल के क्षैतिज से कोण पर निर्भर करती है? क्या आप इस प्रश्न का उत्तर देने के लिए और जानकारी चाहते हैं?*

3. *एक व्यक्ति कहता है कि आलमारी में रखी हुई पुस्तक की स्थितिज ऊर्जा 20 J है, और दूसरा कहता है कि यह 30 J है। क्या इनमें से कोई एक अवश्य ही गलत है?*

4. *एक पुस्तक को फर्श से उठाकर आलमारी में रखा जाता है। एक व्यक्ति कहता है कि पुस्तक की स्थितिज ऊर्जा में 20 J की वृद्धि हुई और दूसरा कहता है कि यह वृद्धि 30 J है। क्या इनमें से कोई एक अवश्य ही गलत है?*

5. *जब एक सेब पेड़ से जमीन पर गिरता है, तो इसकी स्थितिज ऊर्जा का क्या होता है? (a) इसके जमीन पर पहुँचने के समय और (b) इसके जमीन से टकराने के पश्चात?*

6. *जब आप अपनी साइकिल को एक आनत तल पर धकेलते हुए ऊपर चढ़ते हैं, तो साइकिल एवं आपकी स्थितिज ऊर्जा में वृद्धि होती है। यह ऊर्जा कहाँ से आती है?*

• सटीक उत्तरवाले प्रश्न I •

सही उत्तर का चयन करें।

1. एक ऊँची चट्टान से एक भारी पत्थर v चाल से फेंका जाता है। जमीन से टकराते समय पत्थर की चाल अधिकतम होगी यदि इसको फेंका जाए
   (a) ऊर्ध्वाधर, नीचे की ओर
   (b) ऊर्ध्वाधर, ऊपर की ओर
   (c) क्षैतिज दिशा में
   (d) यह चाल फेंकने की आरंभिक दिशा पर निर्भर नहीं करती है।

2. दो स्प्रिंगों A तथा $B(k_A = 2k_B)$ को किनारों पर समान परिमाण के बल लगाकर, खींचकर रखा गया है। यदि A में संचित ऊर्जा E हो, तो B में संचित ऊर्जा होगी
   (a) $\frac{E}{2}$ (b) $2E$ (c) E (d) $\frac{E}{4}$

3. किसी निकाय पर संरक्षी आंतरिक बलों के द्वारा किए गए कार्य का चिह्न बदलने से मिलेगा
   (a) कुल ऊर्जा में परिवर्तन (b) गतिज ऊर्जा में परिवर्तन
   (c) स्थितिज ऊर्जा में परिवर्तन (d) इनमें कोई नहीं

4. किसी निकाय पर बाह्य बलों द्वारा किया गया कार्य बराबर होता है
   (a) कुल ऊर्जा में परिवर्तन के (b) गतिज ऊर्जा में परिवर्तन के
   (c) स्थितिज ऊर्जा में परिवर्तन के (d) इनमें कोई नहीं

5. किसी निकाय पर सभी बलों (बाह्य एवं आंतरिक) द्वारा किया गया कुल कार्य बराबर होता है
   (a) कुल ऊर्जा में परिवर्तन के
   (b) गतिज ऊर्जा में परिवर्तन के
   (c) स्थितिज ऊर्जा में परिवर्तन के
   (d) इनमें कोई नहीं

6. "दो कणों के समूह की ⋯⋯ केवल कणों के बीच की दूरी पर निर्भर करती है।" उक्त वाक्य में रिक्त स्थान की पूर्ति के लिए सर्वाधिक सटीक चयन है
   (a) गतिज ऊर्जा (b) कुल यांत्रिक ऊर्जा
   (c) स्थितिज ऊर्जा (d) कुल ऊर्जा

7. एक कण को l लंबाई की डोरी के एक सिरे से बाँधकर ऊर्ध्वाधर तल में घुमाया जाता है तथा डोरी का दूसरा सिरा स्थिर रहता है। जब डोरी क्षैतिज हो उस समय कण की न्यूनतम चाल कितनी होनी चाहिए कि कण वृत्त पूरा कर ले?
   (a) $\sqrt{gl}$ (b) $\sqrt{2gl}$
   (c) $\sqrt{3gl}$ (d) $\sqrt{5gl}$

• सटीक उत्तरवाले प्रश्न II •

सही उत्तर (उत्तरों) का चयन करें।

1. h ऊँचाई की एक चट्टान से एक भारी पत्थर फेंका जाता है। जमीन से टकराते समय कण की चाल
   (a) प्रक्षेपण चाल पर अवश्य ही निर्भर करती है।
   (b) प्रक्षेपण चाल से अवश्य ही अधिक होती है।
   (c) प्रक्षेपण चाल पर निर्भर नहीं करती है।
   (d) प्रक्षेपण चाल से कम हो सकती है।

2. l लंबाई की एक नगण्य भार वाली डोरी के एक सिरे से m द्रव्यमान का एक कण जुड़ा हुआ है तथा इसका दूसरा सिरा एक स्थिर कील से बँधा हुआ है। प्रारंभ में डोरी को क्षैतिज रखा जाता है तथा कण को ऊर्ध्वाधर दिशा में ऊपर की ओर v वेग प्रदान किया जाता है। यह वेग इतना ही है ताकि कण वृत्त को पूरा कर सके। सही कथन को चुनें।
   (a) जब कण उच्चतम बिंदु पर पहुँचेगा, तो डोरी ढीली पड़ जाएगी।
   (b) उच्चतम बिंदु पर कण का वेग शून्य हो जाएगा।
   (c) कण की प्रारंभिक गतिज ऊर्जा $\frac{1}{2}mv^2 = mgl$ थी।
   (d) कण पुनः प्रारंभिक स्थिति से गुजरेगा।

3. एक कण एक बल $F(x)$ के प्रभाव में x-अक्ष पर चलता है। इस बल की संगत स्थितिज ऊर्जा का x के साथ संबंध चित्र 13.Q1 में दिखाया गया

है। यह $x = x_2$ पर न्यूनतम है तथा और कहीं भी इसका अधिकतम या न्यूनतम नहीं है। कण की कुल यांत्रिक ऊर्जा शून्य है।

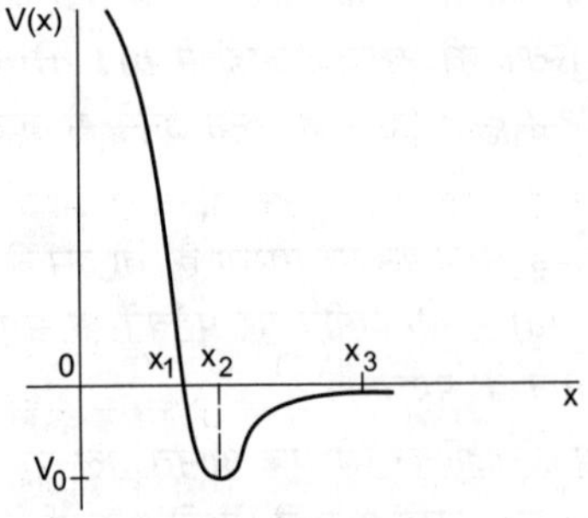

चित्र 13.Q1

(a) कण की स्थिति x का मान कभी भी x_1 से कम नहीं हो सकता।

(b) कण की गतिज ऊर्जा कभी भी V_0 से अधिक नहीं हो सकती।

(c) $x = x_2$ पर आने पर कण का वेग शून्य होगा।

(d) $x = x_2$ पर कण का त्वरण शून्य होगा।

4. धरती सूर्य के चारों ओर दीर्घवृत्तीय (elliptical) कक्षा में चलती है। सूर्य को स्थिर मानते हुए

   (a) पृथ्वी की स्थितिज ऊर्जा स्थिर रहती है।

   (b) पृथ्वी की गतिज ऊर्जा स्थिर रहती है।

   (c) पृथ्वी की यांत्रिक ऊर्जा स्थिर रहती है।

   (d) पृथ्वी की कुल ऊर्जा स्थिर रहती है।

5. किसी बल F के कारण स्थितिज ऊर्जा V है।

   (a) जहाँ V अधिकतम होगा वहाँ F अधिकतम होगा।

   (b) जहाँ V अधिकतम होगा वहाँ F न्यूनतम होगा।

   (c) जहाँ V अधिकतम होगा वहाँ F शून्य होगा।

   (d) जहाँ V न्यूनतम होगा वहाँ F शून्य होगा।

6. एक चिकने एवं क्षैतिज समतल पर $\vec{v}$ वेग से गतिशील m द्रव्यमान का एक गुटका एक सिरे पर फिक्स स्प्रिंग से टकराता है (चित्र 13.Q2)। स्प्रिंग का बल नियतांक k है। जब यह गुटका चित्र में दिखाई गई स्थिति में लौटकर आएगा, तो

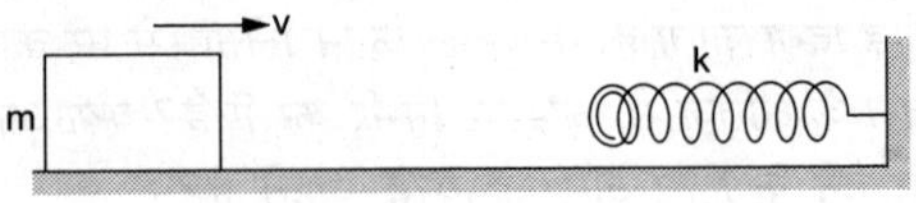

चित्र 13.Q2

   (a) गुटके की गतिज ऊर्जा $\frac{1}{2}mv^2$ होगी।

   (b) गुटके की गतिज ऊर्जा शून्य होगी।

   (c) गुटके का वेग $\vec{v}$ होगा।

   (d) गुटके का रेखीय संवेग $m\vec{v}$ होगा।

7. कोण θ वाले एक आनत तल पर एक गुटका स्थिर अवस्था में पड़ा है। इसे एक ऐसे फ्रेम से देखा जाता है जिसमें आनत तल क्षैतिज दिशा में एकसमान वेग v से चल रहा है। दूरी L चलने में,

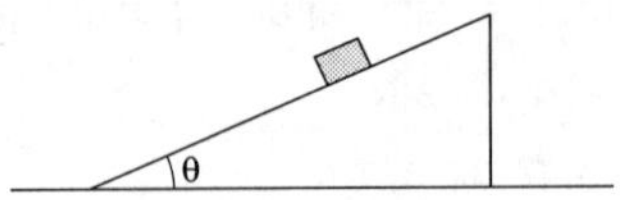

चित्र 13.Q3

   (a) घर्षण बल के कारण गुटके पर कार्य शून्य होगा।

   (b) गुटके पर अभिलंब बल के कारण कार्य शून्य होगा।

   (c) गुटके के भार के कारण कार्य शून्य होगा।

   (d) गुटके पर लगते सभी बलों के कारण कुल कार्य शून्य होगा।

• अभ्यास के प्रश्न •

1. एक संयंत्र में 50 m ऊँचाई से गिरनेवाले जल का उपयोग विद्युत-ऊर्जा उत्पादन के लिए किया जाता है। यदि प्रतिघंटा 1.8×10^5 kg जल गिरता है तथा इसकी गुरुत्वीय स्थितिज ऊर्जा का आधा भाग विद्युत ऊर्जा में परिवर्तित किया जा सकता है, तो इससे 100 W के कितने बल्ब जलाए जा सकते हैं?

2. एक व्यक्ति अपने मकान की दीवारें पोत रहा है। वह एक सीढ़ी पर खड़ा है, उसके एक हाथ में डोल तथा दूसरे हाथ में ब्रश है। अचानक उसके हाथ से डोल छूटकर फर्श पर गिर जाता है। यदि डोल तथा पेंट का कुल द्रव्यमान 6.0 kg तथा यह 2.0 m ऊँचाई से गिरा हो, तो कुल कितनी गुरुत्वीय स्थितिज ऊर्जा की हानि हुई?

3. 40 m ऊँची पहाड़ी से एक प्रक्षेप्य 50 m/s की प्रारंभिक चाल से प्रक्षेपित किया गया। जमीन पर टकराते समय इसकी चाल ज्ञात करें।

4. पानी का एक पंप जमीन से 10 m गहराई से पानी खींचता है। पंप द्वारा 30 kg/min की दर से पानी खींचा जाता है। इस कार्य को करने के लिए पंप की न्यूनतम अश्वशक्ति (हॉर्सपावर) कितनी होनी चाहिए? पानी में वेग उत्पन्न करने के लिए आवश्यक ऊर्जा इसके अतिरिक्त होगी।

5. एक पहाड़ी पर 54 km/h की चाल से ऊपर की ओर जाती हुई एक कार का इंजन बंद कर दिया जाता है और वह पहाड़ी पर 10 m ऊँचाई (दूरी नहीं) तक जाकर रुक जाती है। कार का द्रव्यमान 1400 kg मानते हुए घर्षण बल के विरुद्ध किए गए कार्य की गणना कीजिए (घर्षण द्वारा किए गए कार्य का ऋणात्मक)।

6. 10 N भार वाला एक गुटका A से B को मिलानेवाले एक चिकने एवं वक्राकार पथ पर फिसलता है (चित्र 13.E1)। पथ का अंतिम सिरा एक क्षैतिज सतह से मिलता है जिसके साथ गुटके का घर्षण गुणांक 0.20 है। यदि गुटका पथ पर क्षैतिज सतह से 1.0 m ऊँचाई से फिसलना प्रारंभ करे, तो यह क्षैतिज सतह पर कितनी दूरी तक गति करेगा?

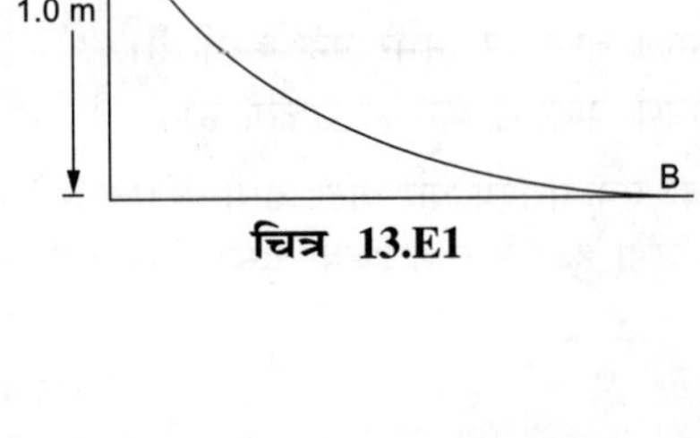

चित्र 13.E1

7. एक टेबुल पर m द्रव्यमान तथा l लंबाई की एक समांग चेन पड़ी है जिसका दो-तिहाई भाग टेबुल पर है। एक व्यक्ति चेन के लटके हुए भाग को उठाकर पुनः टेबुल पर रख देता है। इस प्रक्रिया में चेन की स्थितिज ऊर्जा में वृद्धि ज्ञात करें।

8. ऊपर के प्रश्न 7 की स्थिति पर विचार करें। मान लें कि टेबुल तथा चेन के बीच घर्षण गुणांक का मान μ है। टेबुल पर का भाग भी सीधा रहता है जिससे चेन के सभी भाग समान चाल से गति करते हैं। पूरी चेन के टेबुल से फिसलकर गिरने तक घर्षण बल द्वारा चेन पर किया गया कार्य ज्ञात करें।

9. चित्र 13.E2 में गुटके को एक घर्षणरहित पथ पर फिसलते हुए दिखाया गया है। पथ का अंतिम भाग क्षैतिज है। यदि गुटका बिंदु A से फिसलना प्रारंभ करता है, तो यह जमीन पर पथ से कितनी दूर गिरेगा?

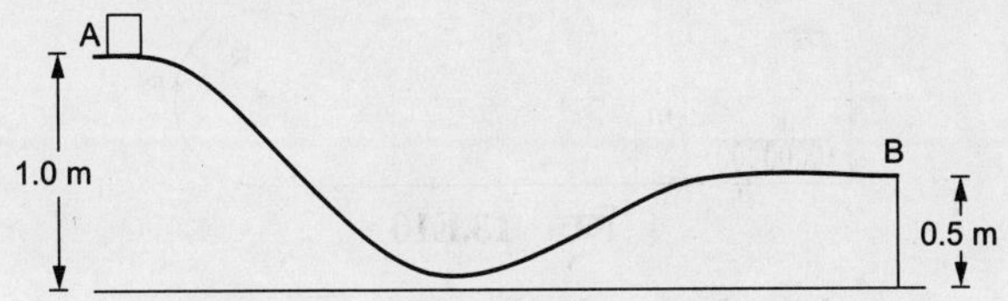

चित्र 13.E2

10. चित्र 13.E2 में दिखाई स्थिति पर पुनः विचार करें। मान लें कि गुटके का द्रव्यमान 1 kg है तथा वक्रपथ घर्षणरहित नहीं है। यदि गुटके को धीरे से दाहिनी ओर खिसकाकर छोड़ दिया जाए, तो यह पथ के बिंदु B पर जाकर रुक जाता है। A से B तक विस्थापित होने में गुटके पर घर्षण बल द्वारा किए गए कार्य की गणना करें।

11. एक ऊर्ध्वाधर स्प्रिंग से 5 kg द्रव्यमान का एक गुटका लटकाया जाता है जिससे स्प्रिंग 10 cm खिंच जाता है। एक हथौड़े द्वारा गुटके पर ऊपर की ओर झटका दिया जाता है जिससे यह गुटका ऊपर की ओर 2.0 m/s की चाल प्राप्त कर लेता है। गुटका कितनी ऊँचाई तक ऊपर उठेगा? ($g = 10\ m/s^2$)

12. 100 N/m बल नियतांक (force constant या spring constant) वाले एक ऊर्ध्वाधर स्प्रिंग के एक सिरे को फर्श पर जड़ा गया है। इस स्प्रिंग पर 250 g द्रव्यमान का एक गुटका रखा हुआ है। इस गुटके को इतना दबाया जाता है कि स्प्रिंग की लंबाई अपनी स्वाभाविक लंबाई से 10 cm कम हो जाती है। इस स्थिति से गुटके को छोड़ दिया जाता है। गुटका कितनी ऊँचाई तक ऊपर जाएगा? ($g = 10\ m/s^2$)

13. 37° पर झुके हुए एक आनत तल के निचले किनारे पर एक स्प्रिंग फिक्स किया गया है (चित्र 13.E3)। स्प्रिंग से 4.8 m दूरी से 2 kg द्रव्यमान का एक छोटा गुटका आनत तल पर फिसलना प्रारंभ करता है। गुटका स्प्रिंग को 20 cm संपीडित करके क्षणभर के लिए रुकता है तथा पुनः स्प्रिंग द्वारा पीछे की ओर धकेल दिया जाता है। यह आनत तल पर ऊपर की ओर 1 m तक दूरी तय करता है। (a) गुटके तथा आनत तल के बीच घर्षण गुणांक एवं (b) स्प्रिंग का स्प्रिंग नियतांक निकालें। ($g = 10\ m/s^2$)

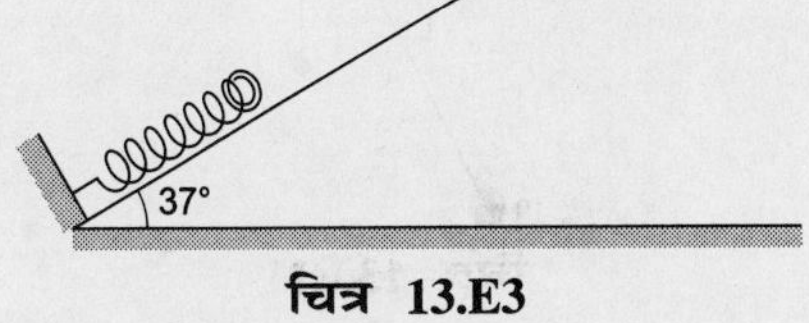

चित्र 13.E3

14. एक क्षैतिज सतह पर v चाल से गतिशील m द्रव्यमान का एक गुटका एक स्प्रिंग को दबाता है। स्प्रिंग का एक किनारा स्थिर है। जब स्प्रिंग x लंबाई से दबता है, उस समय गुटके की चाल आधी रह जाती है। स्प्रिंग का स्प्रिंग नियतांक निकालें।

15. चित्र 13.E4 में दिखाई गई परिस्थिति पर विचार करें। स्प्रिंग को अपनी स्वाभाविक लंबाई में रखते हुए, गुटके को गिरने के लिए छोड़ दिया जाता है। घर्षण को नजरअंदाज करते हुए स्प्रिंग की लंबाई में अधिकतम वृद्धि ज्ञात करें।

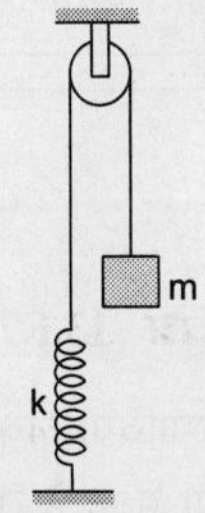

चित्र 13.E4

16. m द्रव्यमान का एक गुटका k_1 तथा k_2 बल नियतांक वाले दो स्प्रिंगों से चित्रानुसार जुड़ा हुआ है (चित्र 13.E5)। प्रारंभ में दोनों स्प्रिंग अपनी स्वाभाविक लंबाई में हैं। गुटके को दाहिनी ओर x दूरी तक विस्थापित करके छोड़ दिया जाता है। जिस समय गुटका पुनः प्रारंभ वाली स्थिति में आ जाता है, उस समय इसकी चाल ज्ञात कीजिए।

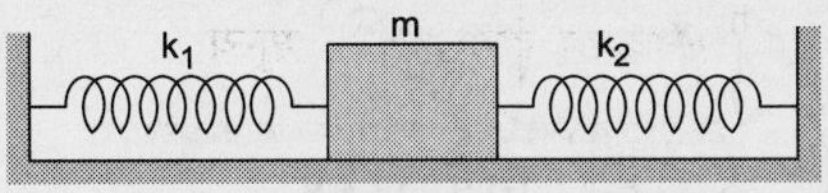

चित्र 13.E5

17. 100 g द्रव्यमान के एक छोटे गुटके ने एक सिरे पर जड़े (fixed) एक क्षैतिज स्प्रिंग को 5.0 cm संपीडित कर रखा है (चित्र 13.E6)। स्प्रिंग का स्प्रिंग नियतांक 100 N/m है। जब गुटके को छोड़ दिया जाता है, तब वह स्प्रिंग के धक्के से बाहर की ओर चलता हुआ स्प्रिंग को छोड़ देता है। छोड़ने के बाद वह स्प्रिंग से 2 m नीचे स्थित जमीन पर कहाँ टकराएगा?

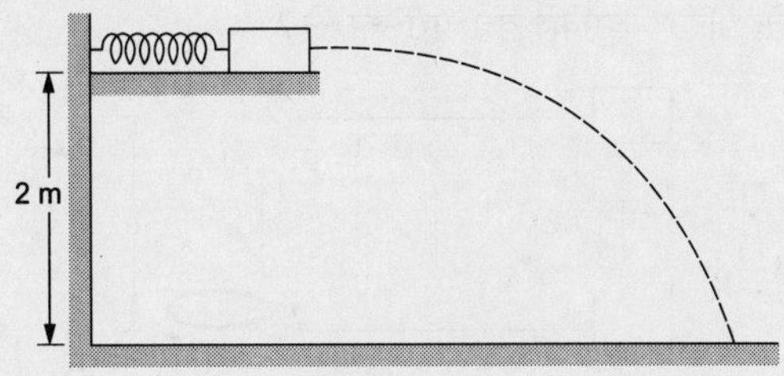

चित्र 13.E6

18. l लंबाई की एक नगण्य भार वाली छड़ के निचले सिरे से एक छोटा, पर भारी कण जुड़ा हुआ है। छड़ अपने ऊपरी सिरे के परितः घूम सकती है। कण को न्यूनतम कितना क्षैतिज वेग दिया जाए कि वह ऊर्ध्वाधर वृत्त पूरा कर ले?

19. चित्र 13.E7 में दो गुटके A एवं B दिखाए गए हैं जिनमें प्रत्येक का द्रव्यमान 320 g है। इनको एक घिरनी से गुजरनेवाली नगण्य भार वाली डोरी से जोड़ा गया है। गुटके A तथा इसके नीचे की क्षैतिज सतह के बीच घर्षण नगण्य है। गुटका A एक स्प्रिंग से जुड़ा हुआ है, जिसका स्प्रिंग नियतांक 40 N/m है तथा इस स्प्रिंग का दूसरा सिरा क्षैतिज सतह से 40 cm ऊपर जड़ा हुआ (fixed) है। प्रारंभ में स्प्रिंग ऊर्ध्वाधर है तथा अपनी स्वाभाविक लंबाई में है। अब गुटके B को गिरने के लिए छोड़ दिया जाता है। जब गुटके A का संपर्क इसके नीचे स्थित सतह से छूट जाता है, उस क्षण उसकी चाल निकालें। ($g = 10\ m/s^2$)

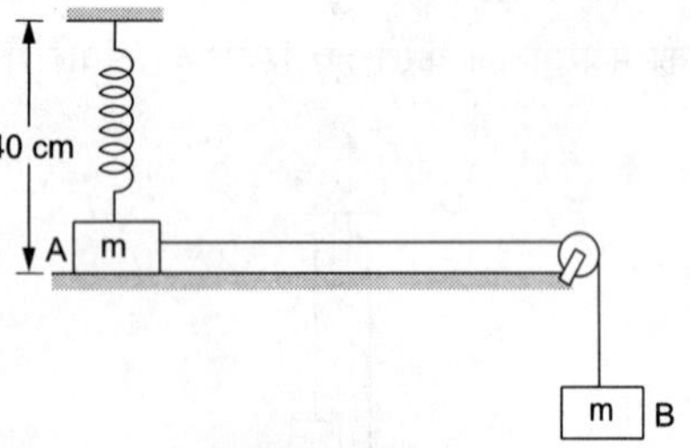

चित्र 13.E7

20. स्प्रिंग नियतांक k तथा स्वाभाविक लंबाई h वाले एक स्प्रिंग का एक सिरा जमीन पर फिक्स किया हुआ है तथा दूसरा सिरा m द्रव्यमान की एक चिकनी रिंग से जुड़ा हुआ है (चित्र 13.E8)। यह रिंग h ऊँचाई पर स्थित क्षैतिज छड़ में फिसलने के लिए स्वतंत्र है। प्रारंभ में, यह निकाय विरामावस्था से छोड़ा जाता है तथा उस समय स्प्रिंग ऊर्ध्वाधर से 37° का कोण बनाता है। जब स्प्रिंग ऊर्ध्वाधर हो जाए, तब रिंग का वेग ज्ञात कीजिए।

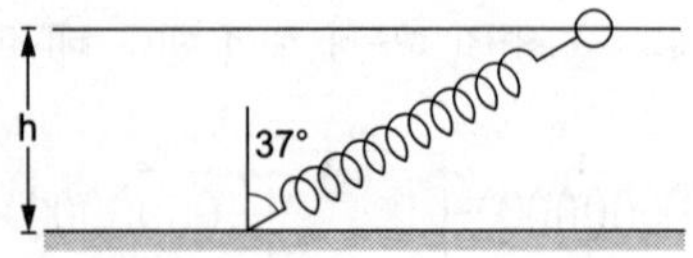

चित्र 13.E8

21. चित्र (13.E9) में l लंबाई की एक नगण्य भार वाली छड़ दिखाई गई है, जिसके एक सिरे से एक छोटा, पर भारी ब्लॉक जुड़ा हुआ है तथा दूसरे सिरे पर एक हुक है। इस निकाय को विरामावस्था से, छड़ को क्षैतिज रखते हुए छोड़ दिया जाता है। हुक की प्रारंभिक स्थिति से h गहराई पर एक रिंग है। जब छड़ यहाँ तक पहुँचती है तब हुक रिंग में फँस जाता है। h का न्यूनतम मान कितना होना चाहिए ताकि ब्लॉक, रिंग के परितः घूमकर वृत्त पूरा कर ले?

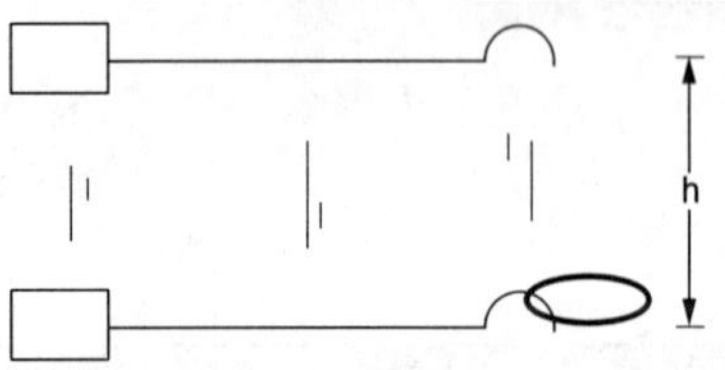

चित्र 13.E9

22. एक दोलक की लंबाई l और इसके बॉब का द्रव्यमान m है। यह विरामावस्था में लटक रहा है। इसके बॉब को एक क्षैतिज वेग $\sqrt{10gl}$ दिया जाता है। डोरी में तनाव ज्ञात कीजिए जब
   (a) डोरी क्षैतिज हो जाए
   (b) बॉब उच्चतम बिंदु पर पहुँच जाए
   (c) डोरी ऊपर की ओर की ऊर्ध्वाधर दिशा से 60° का कोण बनाती हो।

23. 50 cm लंबी एक डोरी से 100 g द्रव्यमान की गेंद बाँधकर सरल दोलक बनाया गया है। गेंद को एक ओर इतना खींचा जाता है कि डोरी ऊर्ध्वाधर से 37° कोण बनाती है। इस स्थिति से गेंद को छोड़ दिया जाता है। जब गेंद निम्नतम बिंदु पर पहुँचती है तब डोरी में तनाव ज्ञात कीजिए।

24. चित्र 13.E10 में एक चिकना पथ दिखाया गया है, जिसका एक भाग R त्रिज्या के वृत्त के आकार का है। k बल नियतांक वाले एक स्प्रिंग का बायाँ सिरा एक स्तंभ में जड़ा हुआ है। m द्रव्यमान का एक गुटका इस स्प्रिंग के विरुद्ध दबाकर छोड़ दिया जाता है। जब गुटका बिंदु P पर पहुँचता है, जहाँ पथ की त्रिज्या क्षैतिज है, तो वह पथ को mg बल से दबाता है। स्प्रिंग का प्रारंभिक संपीडन ज्ञात कीजिए।

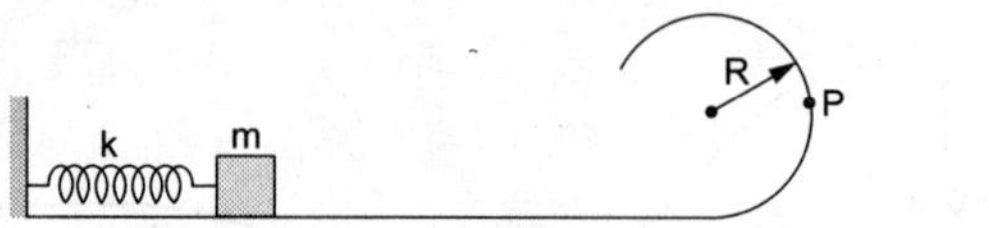

चित्र 13.E10

25. एक सरल दोलक के बॉब को क्षैतिज वेग $\sqrt{3gl}$ दिया गया है। डोरी का ऊर्ध्वाधर से कोण ज्ञात कीजिए जब वह ढीली पड़ जाती है।

26. 1.5 m लंबी डोरी से एक भारी कण लटकाया गया है। इसको $\sqrt{57}$ m/s का क्षैतिज वेग प्रदान किया गया है।
   (a) डोरी के द्वारा ऊपर की ओर ऊर्ध्वाधर से बनाया गया कोण ज्ञात कीजिए जब डोरी ढीली पड़ जाती है।
   (b) इस क्षण पर कण की चाल ज्ञात कीजिए।
   (c) निलंबन-बिंदु से कण की अधिकतम ऊँचाई ज्ञात कीजिए। ($g = 10\ m/s^2$)

27. L लंबाई वाले एक सरल दोलक के बॉब का द्रव्यमान m है। निलंबन-बिंदु से x दूरी नीचे एक कील जड़ी है। दोलक को विराम स्थिति से θ कोण तक विस्थापित करके छोड़ दिया जाता है (चित्र 13.E11)। डोरी उस कील से टकराती है और बॉब एक वृत्ताकार पथ तय करने लगता है जिसका केंद्र कील है।
   (a) यह मानते हुए कि प्रारंभ में बॉब की ऊँचाई कील से कम थी, दिखाइए कि बॉब को प्राप्त होनेवाली अधिकतम ऊँचाई इसकी प्रारंभिक ऊँचाई के बराबर होगी।
   (b) मान लें कि बॉब को $\theta = 90°$ से छोड़ा जाता है तथा $x = L/2$ है। डोरी के ढीली पड़ने के समय बॉब द्वारा अपनी निम्नतम स्थिति की तुलना में प्राप्त ऊँचाई निकालें।
   (c) यदि बॉब को $\theta = 90°$ से छोड़ा जाए, तो x/L का वह न्यूनतम मान बताएँ जिसके लिए बॉब, कील के परितः एक वृत्त पूरा कर ले।

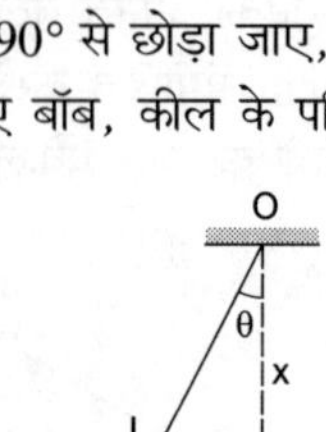

चित्र 13.E11

28. एक स्थिर एवं चिकने गोले के उच्चतम बिंदु से एक कण इसकी सतह पर फिसलना प्रारंभ करता है। जब इस कण का गोले की सतह से संपर्क छूट जाता है, उस समय कण से गुजरती हुई त्रिज्या का ऊपर की ओर के ऊर्ध्वाधर से बनाया गया कोण ज्ञात कीजिए।

29. R त्रिज्या के एक स्थिर एवं चिकने गोले पर m द्रव्यमान का एक कण पकड़कर रखा गया है। कण से गुजरनेवाली त्रिज्या ऊर्ध्वाधर से 30° कोण बनाती है। कण को इस स्थिति से छोड़ दिया जाता है।
   (a) छोड़ने के तुरंत बाद गोले द्वारा कण पर लगाया गया बल ज्ञात करें।
   (b) कण का गोले से संपर्क छूटने तक में कण द्वारा गोले पर तय की गई दूरी ज्ञात करें।

30. R त्रिज्या वाले एक स्थिर गोले के उच्चतम बिंदु पर m द्रव्यमान का एक कण रखा हुआ है। इसको एक क्षैतिज वेग v दिया जाता है जिससे वह गोले पर फिसलना प्रारंभ कर देता है।
   (a) यह क्षैतिज वेग देने के तुरंत बाद गोले द्वारा कण पर लगा अभिलंब बल निकालें।
   (b) v का न्यूनतम मान कितना होना चाहिए ताकि कण, गोले पर फिसले ही नहीं?
   (c) मान लें कि वेग v का मान भाग (b) में प्राप्त न्यूनतम मान का आधा है। जब कण का गोले से संपर्क छूटता है, उस समय कण से गुजरनेवाली त्रिज्या द्वारा ऊर्ध्वाधर से बनाया गया कोण ज्ञात कीजिए।

31. चित्र 13.E12 में एक चिकना पथ दिखाया गया है। इसका एक भाग l लंबाई का एक आनत तल है जो दूसरी ओर R त्रिज्या के एक वृत्ताकार भाग से जुड़ा हुआ है। जोड़ पर आनत तल वृत्ताकार भाग पर स्पर्श तल है। तल के निचले सिरे से m द्रव्यमान का एक कण तल पर ऊपर की ओर चला दिया गया है।
   (a) कण की प्रारंभिक चाल का न्यूनतम मान v_0 ज्ञात कीजिए ताकि कण पथ के उच्चतम बिंदु पर पहुँच सके।
   (b) यह मानते हुए कि कण की प्रारंभिक चाल $2v_0$ है तथा कण पथ के उच्चतम बिंदु तक पहुँचने से पूर्व पथ से संपर्क नहीं छोड़ता है, उच्चतम बिंदु पर इसपर लगनेवाला परिणामी बल ज्ञात कीजिए।
   (c) यदि प्रारंभिक चाल v_0 से जरा-सी अधिक हो, तो वृत्ताकार पथ के किस स्थान पर कण का पथ से संपर्क छूट जाएगा?

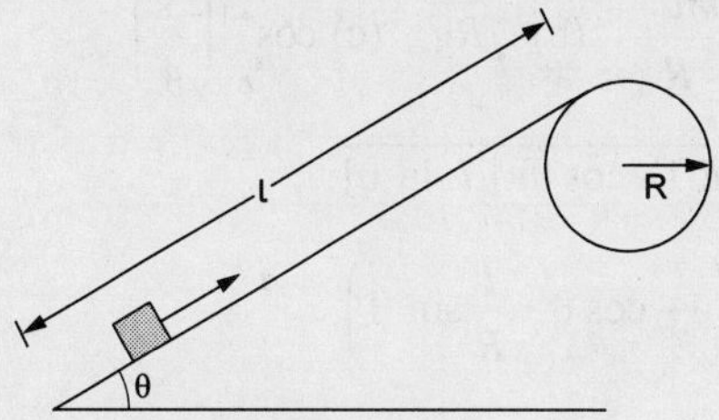

चित्र 13.E12

32. m द्रव्यमान तथा l लंबाई की एक चेन R त्रिज्या के चिकने गोले की सतह पर रखी हुई है, चेन का एक सिरा गोले के उच्चतम बिंदु पर पकड़कर रखा हुआ है। R का मान l से अधिक है।
   (a) गोले के केंद्र पर स्थितिज ऊर्जा को शून्य मानते हुए दी गई स्थिति में चेन की गुरुत्वीय स्थितिज ऊर्जा ज्ञात करें।
   (b) मान लीजिए कि चेन छोड़ दी जाती है तथा यह गोले पर नीचे की ओर फिसलने लगती है। जब यह θ कोण फिसल जाती है, तो चेन की गतिज ऊर्जा ज्ञात करें।
   (c) जब चेन फिसलना प्रारंभ करती है, उस समय चेन का स्पर्शरेखीय त्वरण dv/dt ज्ञात कीजिए।

33. R त्रिज्या का एक चिकना गोला एक सरल रेखा के अनुदिश a त्वरण से बिना घूमे चल रहा है। गोले के उच्चतम बिंदु पर रखे हुए एक कण को गोले के सापेक्ष शून्य वेग से छोड़ दिया जाता है। जिस समय कण से गुजरती हुई त्रिज्या ऊर्ध्वाधर से θ कोण बनाए उस समय गोले के सापेक्ष कण की चाल निकालें।

• उत्तर •

सटीक उत्तरवाले प्रश्न I

1. (d) **2.** (b) **3.** (c) **4.** (a)
5. (b) **6.** (c) **7.** (a)

सटीक उत्तरवाले प्रश्न II

1. (a), (b) **2.** (a), (d) **3.** (a), (b, (d)
4. (c), (d) **5.** (c), (d) **6.** (a)
7. (c), (d)

अभ्यास के प्रश्न

1. 122 **2.** 118 J **3.** 58 m/s
4. 6.6×10^{-2} hp **5.** 20300 J
6. 5.0 m **7.** $\frac{mgl}{18}$ **8.** $\frac{-2\mu mgl}{9}$
9. पथ के अंतिम सिरे से 1 m क्षैतिज दूरी पर
10. –2 J **11.** 20 cm **12.** 20 cm
13. (a) 0.5 (b) 1000 N/m **14.** $\frac{3mv^2}{4x^2}$
15. $\frac{2mg}{k}$ **16.** $\sqrt{\frac{k_1+k_2}{m}}x$
17. मुक्त सिरे से 1 m क्षैतिज दूरी पर **18.** $2\sqrt{gl}$
19. 1.5 m/s **20.** $\frac{h}{4}\sqrt{\frac{k}{m}}$ **21.** l
22. (a) $8mg$ (b) $5mg$ (c) $6.5mg$ **23.** 1.4 N
24. $\sqrt{\frac{3mgR}{k}}$ **25.** $\cos^{-1}\left(-\frac{1}{3}\right)$
26. (a) 53° (b) 3.0 m/s (c) 1.2 m

27. (b) निम्नतम बिंदु से $\frac{5L}{6}$ ऊपर (c) 0.6

28. $\cos^{-1}\left(\frac{2}{3}\right)$ **29.** (a) $\frac{\sqrt{3}mg}{2}$ (b) $0.43R$

30. (a) $mg-\frac{mv^2}{R}$ (b) $\sqrt{Rg}$ (c) $\cos^{-1}\left(\frac{3}{4}\right)$

31. (a) $\sqrt{2g[R(1-\cos\theta)+l\sin\theta]}$

(b) $6mg\left(1-\cos\theta+\frac{l}{R}\sin\theta\right)$

(c) कण से गुजरनेवाली त्रिज्या ऊर्ध्वाधर से कोण $\cos^{-1}\left(\frac{2}{3}\right)$ बनाती है।

32. (a) $\frac{mR^2g}{l}\sin\left(\frac{l}{R}\right)$

(b) $\frac{mR^2g}{l}\left[\sin\left(\frac{l}{R}\right)+\sin\theta-\sin\left(\theta+\frac{l}{R}\right)\right]$

(c) $\frac{Rg}{l}\left[1-\cos\left(\frac{l}{R}\right)\right]$

33. $[2R(a\sin\theta+g-g\cos\theta)]^{1/2}$

❑

अध्याय 14

द्रव्यमान केंद्र

क्रिकेट के खेल में स्पिन गेंदबाज गेंद फेंकने के लिए दौड़ने के पहले प्रायः अपनी उँगलियों से गेंद को स्पिन कराते हुए ऊपर की ओर उछालते हैं और फिर उसे पकड़ लेते हैं। ऊपर जाते एवं वापस आते इस गेंद की सतह के किसी बिंदु के बारे में सोचें। उसका पथ सरल नहीं है। चूँकि गेंद घूम रही है और ऊपर भी जा रही है, गेंद की सतह का यह बिंदु एक वक्र में जा रहा होगा जिसका समीकरण लिखना अपने-आप में एक जटिल कार्य हो सकता है। किंतु, गेंद का केंद्र बिलकुल सीधी रेखा में चलता हुआ ऊपर की ओर जाता है और फिर वापस आ जाता है।

चित्र 14.1

इसी तरह यदि कोई खिलाड़ी गेंद को स्पिन कराते हुए पास के दूसरे खिलाड़ी की ओर फेंके, तो गेंद की सतह के बिंदु जटिल पथों पर चलते हैं, पर उसका केंद्र एक सरल पथ पर चलता है। यदि हवा के कारण गेंद की गति में होनेवाले परिवर्तन को भूल जाएँ, तो गेंद का केंद्र वैसे ही परवलीय (parabolic) पथ पर चलेगा, जैसा कि किसी भारी कण को फेंकने पर उसकी प्रक्षेप्य गति में होता है।

गेंद का केंद्र गेंद के बाकी सारे बिंदुओं के सापेक्ष कुछ विशेष है। इसकी गति अपेक्षाकृत आसानी से निकाली एवं समझी जा सकती है। यह गेंद का 'द्रव्यमान केंद्र' है। क्या होता है यह द्रव्यमान केंद्र? इसे हम इस अध्याय में विस्तार से जानेंगे।

14.1 परिभाषा

मान लें कि कुछ कण जिनके द्रव्यमान $m_1, m_2, m_3, \ldots$ हैं, क्रमशः स्थान (x_1, y_1, z_1), (x_2, y_2, z_2), $(x_3, y_3, z_3), \ldots$ पर रखे गए हैं (चित्र 14.2)। नीचे समीकरण (14.1) में दी गई तीन राशियों की गणना करें।

$$X = \frac{\sum_i m_i x_i}{M}, Y = \frac{\sum_i m_i y_i}{M}, Z = \frac{\sum_i m_i z_i}{M}, \quad \ldots (14.1)$$

यहाँ $M = \sum_i m_i$ कुल द्रव्यमान है।

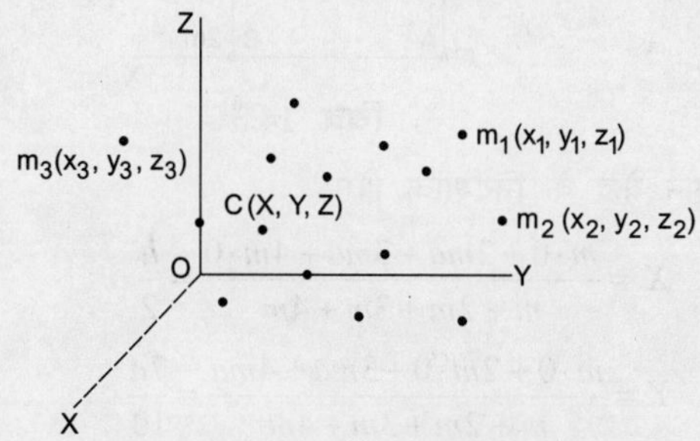

चित्र 14.2

X का मान निकालने के लिए प्रत्येक कण के द्रव्यमान को उसके x-निर्देशांक से गुणा करके जोड़ दें और योगफल को कुल द्रव्यमान से भाग लगा दें।

इसी प्रकार Y तथा Z की गणना करें।

अब उस बिंदु C को ढूँढ़ें जिसके निर्देशांक (X, Y, Z) हैं। यही बिंदु C उन कणों के समूह का द्रव्यमान केंद्र है।

यह कैसी विचित्र परिभाषा है? इतनी लंबी गणना सिर्फ परिभाषा के लिए! पर, यह सबसे सरल परिभाषा है। इस बिंदु के विशेष गुणों की चर्चा तो हम करेंगे ही, पर पहले इस परिभाषा पर थोड़ी-सी वार्ता कर लें।

हमने द्रव्यमान केंद्र की परिभाषा करने के लिए निर्देशांकों का सहारा लिया है। परंतु, निर्देशांक तो अक्षों के चुनाव पर निर्भर करते हैं। यदि हम अक्ष दूसरे चुनें, तो सभी कणों के निर्देशांक बदल जाएँगे और X, Y, Z के मान भी बदल जाएँगे। पर, आनंद की बात यह है कि नए अक्षों के अनुसार भी जब हम (X, Y, Z) का बिंदु निर्धारित करेंगे तो वह वहीं मिलेगा जहाँ पहले वाले अक्षों के हिसाब से मिला था। भले ही जड़त्व केंद्र के निर्देशांक अक्षों पर निर्भर कर रहे हों, परंतु इसका स्थान अक्षों पर निर्भर नहीं करता।

द्रव्यमान केंद्र C का स्थान सदिश $\overrightarrow{OC} = \overrightarrow{R}_{CM}$ के द्वारा बताया जा सकता है, जहाँ

$$\overrightarrow{R}_{CM} = X\hat{i} + Y\hat{j} + Z\hat{k} = \frac{\sum_i m_i x_i}{M}\hat{i} + \frac{\sum_i m_i y_i}{M}\hat{j} + \frac{\sum_i m_i z_i}{M}\hat{k}$$

$$= \frac{1}{M}\sum_i m_i (x_i\hat{i} + y_i\hat{j} + z_i\hat{k})$$

या $$\overrightarrow{R}_{CM} = \frac{1}{M}\sum_i m_i \vec{r}_i. \quad \ldots (14.2)$$

अभ्यास 14.1

चार कण A, B, C तथा D इसी क्रम में a लंबाई की भुजाओं वाले एक वर्ग के कोनों पर रखे गए हैं। AB को x-अक्ष तथा AD को y-अक्ष लें। कणों के द्रव्यमान क्रमशः m, $2m$, $3m$ तथा $4m$ हैं। द्रव्यमान केंद्र की स्थिति ज्ञात करें।

हल चित्र 14.3 को देखें। कणों के निर्देशांक हैं,

A(0, 0), B(a, 0), C(a, a) तथा D(0, a).

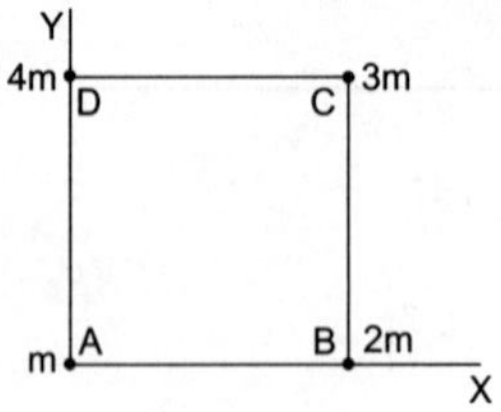

चित्र 14.3

द्रव्यमान केंद्र के निर्देशांक होंगे,

$$X = \frac{m \cdot 0 + 2ma + 3ma + 4m \cdot 0}{m + 2m + 3m + 4m} = \frac{a}{2}$$

तथा $$Y = \frac{m \cdot 0 + 2m \cdot 0 + 3ma + 4ma}{m + 2m + 3m + 4m} = \frac{7a}{10}.$$

अतः, द्रव्यमान केंद्र $\left(\frac{a}{2}, \frac{7a}{10}\right)$ पर होगा।

14.2 दो कणों के समूह का द्रव्यमान केंद्र

मान लें कि m_1 तथा m_2 द्रव्यमान वाले दो कण क्रमशः A तथा B बिंदुओं पर रखे गए हैं (चित्र 14.4)। दोनों के बीच की दूरी d है। इस समूह का द्रव्यमान केंद्र मालूम करना है। बिंदु A को मूलबिंदु तथा रेखा AB को x-अक्ष मानें।

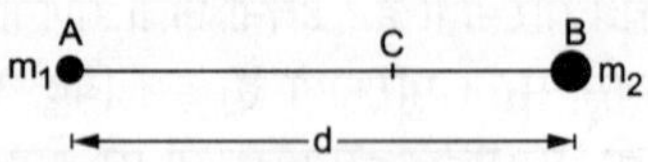

चित्र 14.4

A पर रखे कण के निर्देशांक (0, 0, 0) तथा B पर रखे कण के निर्देशांक (d, 0, 0) हैं।

द्रव्यमान केंद्र के निर्देशांक होंगे,

$$X = \frac{m_1 x_1 + m_2 x_2}{m_1 + m_2} = \frac{m_2 d}{m_1 + m_2}$$

$$Y = \frac{m_1 y_1 + m_2 y_2}{m_1 + m_2} = 0$$

$$Z = \frac{m_1 z_1 + m_2 z_2}{m_1 + m_2} = 0,$$

अर्थात द्रव्यमान केंद्र AB रेखा पर ही बिंदु C पर होगा, जहाँ

$$\text{AC} = \frac{m_2 d}{m_1 + m_2}.$$

बिंदु B से द्रव्यमान केंद्र की दूरी होगी,

$$\text{BC} = d - \frac{m_2 d}{m_1 + m_2} = \frac{m_1 d}{m_1 + m_2}.$$

अतः, $m_1 \times \text{AC} = m_2 \times \text{BC}.$ … (14.3)

दो कणों के समूह का द्रव्यमान केंद्र उनको मिलानेवाली रेखा पर होता है और उनके बीच की दूरी को द्रव्यमानों के उलटे अनुपात में बाँटता है।

दो बड़ी वस्तुओं के समूह का द्रव्यमान केंद्र

चित्र 14.5 में M_1 तथा M_2 द्रव्यमान की दो वस्तुएँ दिखाई गई हैं जिनके द्रव्यमान केंद्र A तथा B पर हैं। पहली वस्तु में N_1 कण हैं तथा दूसरी वस्तु में N_2 कण हैं। हम इन दोनों वस्तुओं के समूह के द्रव्यमान केंद्र का स्थान जानना चाहते हैं। इस द्रव्यमान केंद्र का X-निर्देशांक होगा,

$$X = \frac{\sum_{i=1}^{N_1+N_2} m_i x_i}{M_1 + M_2}. \quad \text{… (i)}$$

अब $\sum_{i=1}^{N_1} m_i x_i = M_1 X_1$ तथा $\sum_{i=N_1+1}^{N_1+N_2} m_i x_i = M_2 X_2$, जहाँ X_1 तथा X_2 क्रमशः A तथा B के x-निर्देशांक हैं।

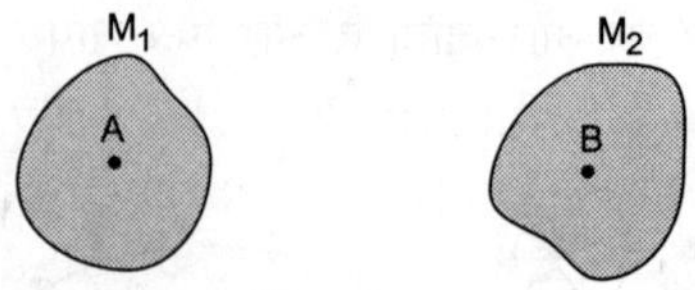

चित्र 14.5

अतः, समीकरण (i) से,

$$X = \frac{M_1 X_1 + M_2 X_2}{M_1 + M_2}.$$

इसी तरह, $$Y = \frac{M_1 Y_1 + M_2 Y_2}{M_1 + M_2}$$

तथा $$Z = \frac{M_1 Z_1 + M_2 Z_2}{M_1 + M_2}.$$

यदि M_1 तथा M_2 द्रव्यमान के दो कण A तथा B बिंदुओं पर रखे जाएँ, तो उनका द्रव्यमान केंद्र भी इन्हीं समीकरण से मिलेगा।

अतः, यदि किसी समूह के विभिन्न भागों के द्रव्यमान तथा उनके द्रव्यमान केंद्र पता हों, तो समूह का द्रव्यमान केंद्र निकालने के लिए प्रत्येक भाग को अपने द्रव्यमान केंद्र पर उतने ही द्रव्यमान के कण के रूप में माना जा सकता है।

अभ्यास 14.2

एक जैसी दो छड़ों, AB तथा CD, को जोड़कर T अक्षर की आकृति बनाई गई है (चित्र 14.6)। प्रत्येक छड़ की लंबाई L है। इस पूरी संहति का द्रव्यमान केंद्र निकालें।

हल मान लें कि प्रत्येक छड़ का द्रव्यमान m है। छड़ AB का द्रव्यमान केंद्र उसके मध्यबिंदु C पर होगा। इसी तरह छड़ CD का द्रव्यमान केंद्र उसके मध्यबिंदु E पर होगा। इस पूरी संहति का द्रव्यमान केंद्र निकालने के लिए AB को C पर रखा हुआ m द्रव्यमान का कण तथा CD को E पर रखा हुआ m द्रव्यमान का कण मान सकते हैं। ऐसे दो कणों का द्रव्यमान केंद्र CE के मध्यबिंदु F पर होगा। यही F छड़ों से बनी T-आकार की संहति का द्रव्यमान केंद्र होगा।

अतः, यह द्रव्यमान केंद्र *CD* छड़ पर, *C* से *L/4* दूरी पर होगा।

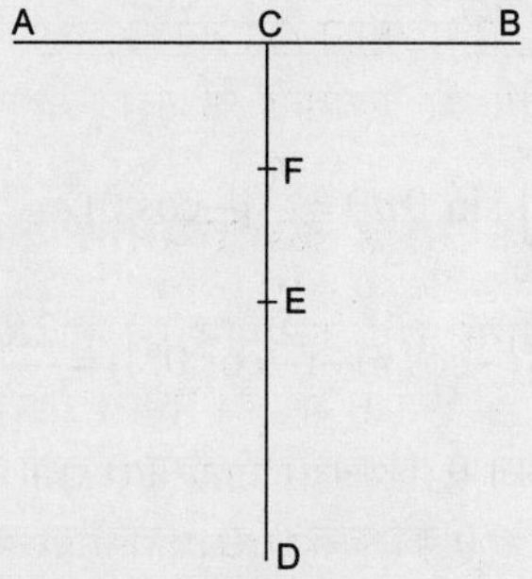

चित्र 14.6

14.3 सतत वस्तुओं (continuous bodies) का द्रव्यमान केंद्र

कई बार हम वस्तुओं का विवरण कणों के समूह के रूप में करने के बजाय सतत वस्तु के रूप में करते हैं। जैसे लोहे की एक छड़ को लें। इसमें करोड़ों-करोड़ कण होंगे। इसमें से एक-एक कण का विचार करना बहुत ही जटिल एवं अनावश्यक प्रक्रिया है। ऐसे में हम यह मान लेते हैं कि छड़ में द्रव्यमान पूरे आयतन में समान रूप में बँटा है। इस प्रकार के विवरण में वस्तु सतत (continuous) कहलाती है, क्योंकि हम कण से कण के बीच के रिक्त स्थानों को भुला देते हैं। ऐसी वस्तु का द्रव्यमान केंद्र निकालने के लिए प्रायः हमें समाकलन (integration) का सहारा लेना पड़ता है। हम वस्तु के एक छोटे हिस्से को लेते हैं जिसका द्रव्यमान *dm* तथा स्थान (*x, y, z*) मानते हैं। समीकरण (14.1) में हमने सभी कणों के लिए उनके द्रव्यमान तथा निर्देशांक को गुणा करके जोड़ा था। यहाँ भी हम यही काम करते हैं, बस जोड़ने की प्रक्रिया समाकलन के द्वारा होती है। अतः, द्रव्यमान केंद्र के निर्देशांक होंगे,

$$X = \frac{\int x\,dm}{M},\; Y = \frac{\int y\,dm}{M},\; Z = \frac{\int z\,dm}{M}.$$

समाकलन की सीमाएँ इस प्रकार से ली जाती हैं कि पूरी वस्तु के लिए यह जोड़ हो जाए।

इस विधि का अभ्यास करने के पहले हम कुछ सममित (symmetric) वस्तुओं के द्रव्यमान केंद्रों के बारे में जान लें।

(a) सममित (symmetric) वस्तुओं के द्रव्यमान केंद्र

इस शीर्षक के अंतर्गत हम ऐसी वस्तुओं का विचार कर रहे हैं जिसके लिए

(i) घनत्व सभी जगह एकसमान है, अर्थात द्रव्यमान वस्तु के पूरे आयतन में समान रूप से बँटा है।

(ii) एक ऐसा मूलबिंदु चुना जा सकता है कि यदि बिंदु (*x, y, z*) पर द्रव्यमान है, तो (–*x*, –*y*, –*z*) पर भी द्रव्यमान है।

ऐसी स्थिति में मूलबिंदु ही उस वस्तु का द्रव्यमान केंद्र होगा।

उदाहरण के लिए, एक एकसमान घनत्व वाली आयताकार पट्टिका का विचार करें। पट्टिका की भुजाओं को समद्विभाग करती हुई रेखाएँ खींचें (चित्र 14.7)। ये जहाँ कटती हैं उसे मूलबिंदु कहें। इन समद्विभाजक रेखाओं को *x*-अक्ष तथा *y*-अक्ष मान लें। पट्टिका में कोई बिंदु (*x, y*) लें। यहाँ कुछ द्रव्यमान हैं। अब (–*x*, –*y*) बिंदु को देखें। यह बिंदु भी पट्टिका के अंदर होगा और यहाँ भी द्रव्यमान होगा। अतः, यह हमारी शर्तों (i) तथा (ii) के अनुसार है। यह मूलबिंदु *O* ही इस पट्टिका का द्रव्यमान केंद्र होगा।

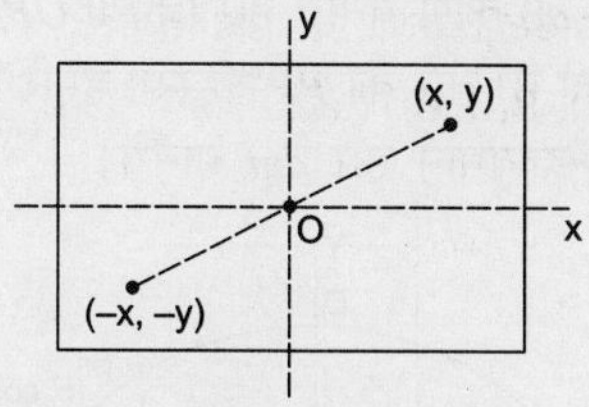

चित्र 14.7

इसी तरह एक एकसमान छड़ का द्रव्यमान केंद्र उसके मध्यबिंदु पर होगा। एक वलय, चकती, खोखले या ठोस गोले का द्रव्यमान केंद्र उसके केंद्र पर होगा बशर्ते कि घनत्व एकसमान हो।

(b) त्रिभुजाकार पटल का द्रव्यमान केंद्र

मान लें कि *ABC* एक एकसमान घनत्व का त्रिभुजाकार पटल है (चित्र 14.8)। *BC* के मध्यबिंदु *D* से सामने के शीर्ष *A* को मिलाएँ। *BC* के समांतर रेखाएँ खींचकर त्रिभुज को अनेक पतली-पतली छड़ों के रूप में बाँट लें। ज्यामिति से यह सिद्ध कर सकते हैं कि *AD* इन सभी रेखाओं को समद्विभाजित करती है।

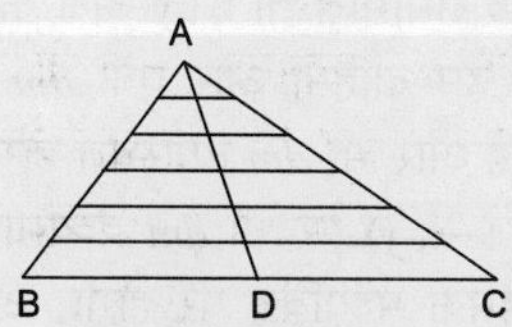

चित्र 14.8

इन रेखाओं के द्वारा त्रिभुज पतली-पतली छड़ों में बाँटा गया है। इनमें से प्रत्येक छड़ का द्रव्यमान केंद्र अपने मध्यबिंदु पर होने के कारण रेखा *AD* पर होगा। अतः, पूरे त्रिभुज का द्रव्यमान केंद्र *AD* पर होगा।

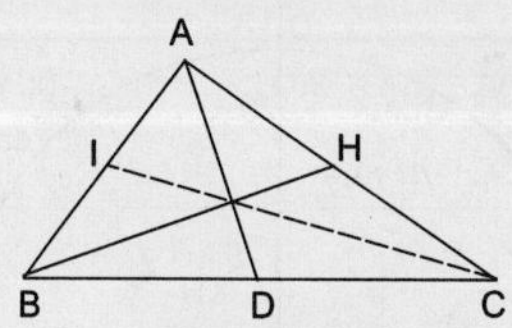

चित्र 14.9

इसी तरह हम *B* से *AC* के मध्यबिंदु को मिलानेवाली रेखा *BH* खींच सकते हैं और ऊपर की जैसी ही प्रक्रिया से सिद्ध कर सकते हैं कि त्रिभुज का द्रव्यमान केंद्र इस रेखा पर होगा। अतः, यह *AD* तथा *BH* के कटान-बिंदु पर होगा। शीर्ष *C* से *AB* के मध्यबिंदु को मिलानेवाली रेखा भी *AD* तथा *BH* को उसी बिंदु पर काटती है। यह बिंदु त्रिभुज का द्रव्यमान केंद्र होगा।

(c) अर्धवृत्ताकार तार का द्रव्यमान केंद्र

मान लें कि *ADB* एक एकसमान तार है जो *R* त्रिज्या के अर्धवृत्त के आकार में बना है (चित्र 14.10)। वृत्त के केंद्र को मूलबिंदु, व्यास *AOB*

को x-अक्ष तथा लंब OD को y-अक्ष लें। तार का द्रव्यमान केंद्र निकालने के लिए हमें तार का एक छोटा हिस्सा लेना है जिसके द्रव्यमान को हम dm कहेंगे। इस छोटे हिस्से को लेने के लिए हम x-अक्ष से θ कोण बनाते हुए एक त्रिज्या OP खींचते हैं जो तार के P बिंदु पर मिलती है। इसी प्रकार x-अक्ष से $\theta + d\theta$ कोण बनाते हुए त्रिज्या OP' खींचते हैं जो तार के P' बिंदु पर मिलती है। तार का PP' हिस्सा हमारे लिए छोटे हिस्से का काम करेगा जिसका द्रव्यमान हम dm मानेंगे।

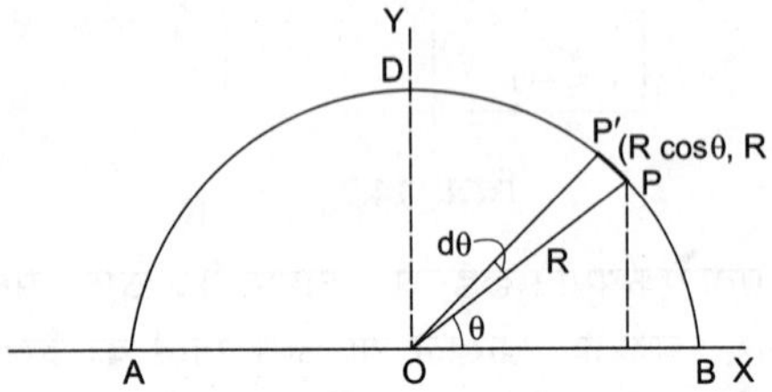

चित्र 14.10

आप सोच रहे होंगे कि तार पर एक छोटा टुकड़ा लेने के लिए हमने इतना परिश्रम क्यों किया। कोण θ और $\theta + d\theta$ को बीच में लाने की क्या जरूरत थी। हमें पूरे तार को ऐसे टुकड़ों में बाँटकर समाकलन की क्रिया करनी है। जब हम $\theta = 0$ लेंगे तो PP' तार के दाहिने किनारे पर बनेगा। जैसे-जैसे हम θ को बढ़ाते जाएँगे यह टुकड़ा तार के अन्य भागों पर बनेगा और जब $\theta = 180°$ या π रेडियन पहुँच जाएगा तो पूरा तार इन टुकड़ों से बन जाएगा।

इस तार में कुछ सममिति तो है। y-अक्ष के दोनों ओर तार की रचना एक जैसी है। यदि हम दाहिनी ओर एक dm टुकड़ा लें, तो उतने ही y-निर्देशांक पर बायीं ओर भी dm उपस्थित होगा, अर्थात यदि (x, y) पर dm द्रव्यमान है तो $(-x, y)$ पर भी dm द्रव्यमान होगा। इन दोनों टुकड़ों का द्रव्यमान केंद्र इनके मध्यबिंदु पर होगा, अर्थात उसका x-निर्देशांक शून्य होगा। पूरे तार को इस प्रकार के जोड़ों (pairs) में बाँटकर सोचें। हर जोड़े के द्रव्यमान केंद्र का x-निर्देशांक शून्य है, अतः पूरे तार के द्रव्यमान केंद्र का x-निर्देशांक भी शून्य होगा। अतः, तार का द्रव्यमान केंद्र त्रिज्या OD पर ही कहीं होगा।

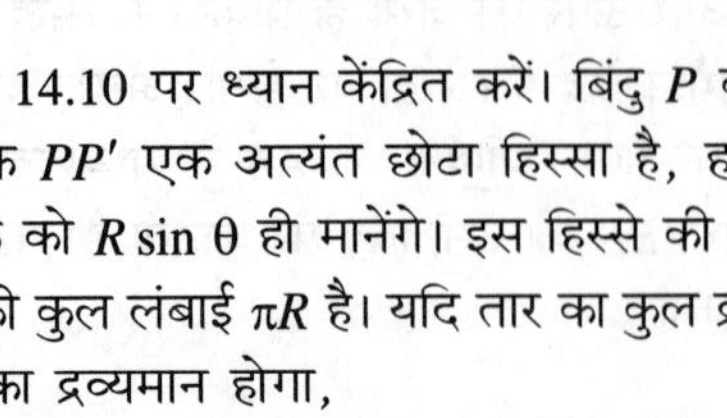

चित्र 14.11

पुनः, चित्र 14.10 पर ध्यान केंद्रित करें। बिंदु P का y-निर्देशांक $R \sin\theta$ है। चूँकि PP' एक अत्यंत छोटा हिस्सा है, हम पूरे PP' के लिए y-निर्देशांक को $R\sin\theta$ ही मानेंगे। इस हिस्से की लंबाई $Rd\theta$ के बराबर है। तार की कुल लंबाई πR है। यदि तार का कुल द्रव्यमान M हो, तो PP' हिस्से का द्रव्यमान होगा,

$$dm = M\frac{Rd\theta}{\pi R} = \frac{M}{\pi}\,d\theta.$$

अतः, तार के द्रव्यमान केंद्र का y-निर्देशांक है,

$$Y = \frac{\int y\,dm}{M} = \frac{\int_0^\pi (R\sin\theta)\left(\frac{M}{\pi}d\theta\right)}{M}$$

$$= \frac{R}{\pi}\int_0^\pi \sin\theta\,d\theta = \frac{R}{\pi}[-\cos\theta]_0^\pi$$

$$= \frac{R}{\pi}[(-\cos\pi) - (-\cos 0°)] = \frac{2R}{\pi}.$$

समाकलन में हमने θ की निचली सीमा 0 तथा ऊपरी सीमा π ली है। ऐसा इसलिए किया कि θ को जब 0 से π तक ले जाते हैं, तो PP' जैसे हिस्सों से पूरा तार बन जाएगा।

अतः, तार का द्रव्यमान केंद्र रेखा OD पर O बिंदु से $2R/\pi$ दूरी पर होगा।

ध्यान दीजिए, इस बिंदु पर तार का कोई कण मौजूद नहीं है। द्रव्यमान केंद्र को वस्तु के किसी कण पर होना आवश्यक नहीं है।

(d) अर्धवृत्ताकार चकती का द्रव्यमान केंद्र

मान लें कि ADB एक अर्धवृत्ताकार चकती है जिसका घनत्व एकसमान है एवं त्रिज्या R है (चित्र 14.12)। केंद्र O को हम मूलबिंदु, व्यास AB को x-अक्ष तथा लंब-त्रिज्या OD को y-अक्ष लेंगे। यह चकती y-अक्ष के दोनों ओर एक जैसी है, इसलिए इसके द्रव्यमान केंद्र का x-निर्देशांक शून्य होगा। इसका कारण भी वैसा ही है जैसा हमने अर्धवृत्ताकार तार के समय समझा था। यदि (x, y) पर कोई द्रव्यमान dm है, तो $(-x, y)$ पर भी वैसा ही द्रव्यमान dm है। अतः, जब xdm को पूरी चकती के लिए जोड़ेंगे, तो वह जोड़ शून्य हो जाएगा। इस चकती का केंद्र y-अक्ष पर, अर्थात रेखा OD पर होगा।

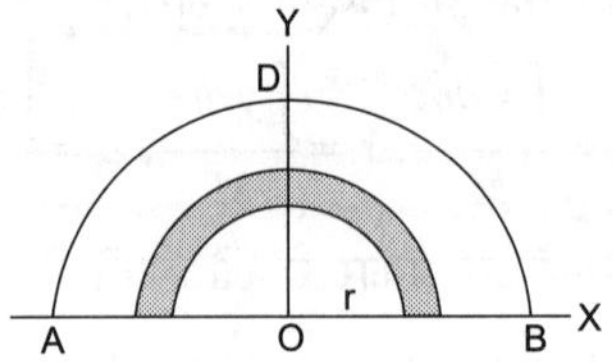

चित्र 14.12

द्रव्यमान केंद्र का y-निर्देशांक निकालने के लिए हम r तथा $r + dr$ त्रिज्या के दो अर्धवृत्त खींचते हैं। इन अर्धवृत्तों के बीच चकती का जो भाग आ गया, उसपर विचार करें। यह एक अर्धवृत्ताकार तार की तरह है। इसका द्रव्यमान केंद्र OD रेखा पर O से $2r/\pi$ दूरी पर होगा। अर्थात, इस तारनुमा हिस्से के द्रव्यमान केंद्र का y-निर्देशांक $2r/\pi$ है। इस हिस्से का द्रव्यमान dm मानें। इस हिस्से का द्रव्यमान निकालने के लिए इसके क्षेत्रफल पर विचार करें। यह एक पट्टी के रूप में सोची जा सकती है जिसकी लंबाई πr है तथा चौड़ाई dr है। इसका क्षेत्रफल $\pi r dr$ हुआ। पूरी चकती का क्षेत्रफल $\pi R^2/2$ है। यदि चकती का द्रव्यमान M हो, तो इस हिस्से का द्रव्यमान,

$$dm = M\frac{(\pi r dr)}{(\pi R^2/2)} = \frac{2M}{R^2}rdr.$$

चकती के द्रव्यमान केंद्र को निकालने के लिए हम इस हिस्से को dm द्रव्यमान का एक कण मान सकते हैं जो बिंदु $(0, 2r/\pi)$ पर रखा है।

यदि हम $r = 0$ लें, तो हम चकती के केंद्र के पास एक छोटा-सा हिस्सा बनाएँगे। जैसे-जैसे हम r को बड़ा करते जाएँगे, ऐसे हिस्से चकती के अन्य भागों पर बनते जाएँगे। जब हम r का मान शून्य से बढ़ाते हुए R तक ले जाएँगे तो ये अर्धवृत्ताकार तार जैसे हिस्से मिलकर पूरी चकती को भर देंगे।

चकती के द्रव्यमान केंद्र का y-निर्देशांक,

$$Y = \frac{\int y\,dm}{M} = \frac{1}{M}\int \frac{2r}{\pi}\,dm$$

$$= \frac{1}{M}\int_0^R \left(\frac{2r}{\pi}\right)\left(\frac{2M}{R^2}\,r dr\right)$$

$$= \frac{4}{\pi R^2}\int_0^R r^2 dr = \frac{4R}{3\pi}.$$

अतः, अर्धवृत्ताकार चकती का द्रव्यमान केंद्र रेखा OD पर केंद्र O से $\frac{4R}{3\pi}$ दूरी पर होता है।

14.4 द्रव्यमान केंद्र की गति

कल्पना करें कि आपके हाथ में स्टील की एक तश्तरी है जिसे आपने घुमाकर फेंक दिया है। हवा में चलती हुई तश्तरी गोल-गोल भी घूम रही है और आगे भी बढ़ रही है। तश्तरी के किनारे के किसी एक कण की गति की कल्पना कीजिए। हो सकता है कि इस कण के रास्ते को आप आसानी से अपने मस्तिष्क में न सोच पाएँ। पर, यह एक सुखद तथ्य है कि तश्तरी का द्रव्यमान केंद्र प्रक्षेप्य गति के अनुसार परवलयीय पथ पर चलता है और अब हम यह तथ्य स्थापित करने की स्थिति में हैं।

किसी वस्तु या कणों के समूह पर विचार करें। प्रत्येक कण गति कर रहा है। किसी समय t_1 पर हर कण एक निश्चित स्थान पर है और हम उस समय इन कणों के समूह का द्रव्यमान केंद्र C_1 निकाल सकते हैं। कुछ समय बाद समय t_2 पर प्रत्येक कण का स्थान बदल जाता है। यदि इस समय पर सभी कणों का स्थान देखकर द्रव्यमान केंद्र निकालें, तो वह कहीं और C_2 पर निकल सकता है। हम कहेंगे कि द्रव्यमान केंद्र समय t_1 से समय t_2 तक में C_1 से चलकर C_2 पर पहुँच गया।

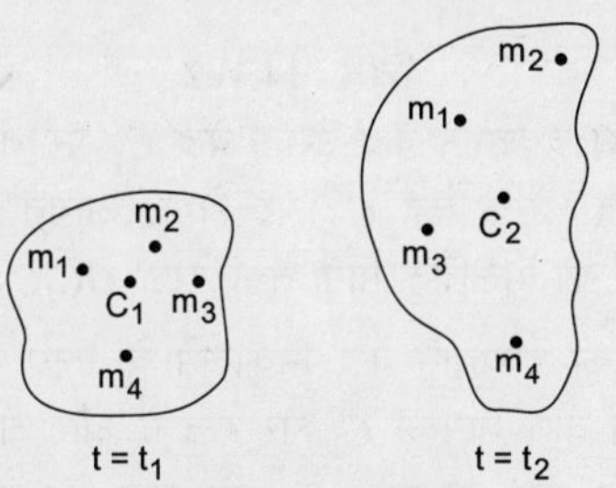

चित्र 14.13

यदि समय t पर m_i द्रव्यमान वाले कण की स्थिति $\vec{r_i}$ हो, तो इस समय द्रव्यमान केंद्र की स्थिति होगी,

$$\vec{R}_{CM} = \frac{1}{M}\sum_i m_i \vec{r_i}.$$

हमने R के नीचे CM लिखा है। यह द्रव्यमान केंद्र (centre of mass) का छोटा रूप है। द्रव्यमान केंद्र का वेग होगा,

$$\vec{v}_{CM} = \frac{d}{dt}\vec{R}_{CM} = \frac{d}{dt}\left[\frac{1}{M}\sum_i m_i \vec{r_i}\right]$$

$$= \frac{1}{M}\sum_i \left[m_i \frac{d}{dt}\vec{r_i}\right] = \frac{1}{M}\sum_i m_i \vec{v_i}.$$

यहाँ $\vec{v_i}$, m_i द्रव्यमान वाले कण का वेग है। द्रव्यमान केंद्र का त्वरण होगा,

$$\vec{a}_{CM} = \frac{d}{dt}\vec{v}_{CM} = \frac{d}{dt}\left[\frac{1}{M}\sum_i m_i \vec{v_i}\right]$$

$$= \frac{1}{M}\sum_i \left[m_i \frac{d}{dt}\vec{v_i}\right] = \frac{1}{M}\sum_i m_i \vec{a_i},$$

जहाँ $\vec{a_i}$, iवें कण का त्वरण है। परंतु $m_i \vec{a_i}$, इस कण पर लगते परिणामी बल के बराबर है (बशर्ते हम जड़त्वीय निर्देश तंत्र से काम कर रहे हों)। इस बल को $\vec{F_i}$ लिखें, तो

$$\vec{a}_{CM} = \frac{1}{M}\sum_i \vec{F_i}. \qquad \ldots \text{(i)}$$

iवें कण पर लगते परिणामी बल $\vec{F_i}$ को हम दो भागों में बाँट सकते हैं। अपने समूह के बाकी के कण iवें कण पर कुछ बल लगा सकते हैं और इस समूह के बाहर से कोई वस्तु इस iवें कण पर कोई बल लगा सकती है। iवें कण पर समूह के दूसरे कणों द्वारा लगाए गए बलों के योग को हम $\vec{F_i}^{\text{internal}}$ तथा इस कण पर बाहर से लगाए गए बलों के योग को $\vec{F_i}^{\text{external}}$ लिखेंगे। तब,

$$\sum \vec{F_i} = \sum_i [\vec{F_i}^{\text{internal}} + \vec{F_i}^{\text{external}}]$$

$$= \left[\sum_i \vec{F_i}^{\text{internal}}\right] + \vec{F}^{\text{external}}.$$

यहाँ $\vec{F}^{\text{external}}$ सभी कणों पर लगनेवाले सभी बाहरी बलों का जोड़ है। पहला पद सभी कणों पर लगनेवाले आंतरिक बलों का जोड़ है। इस जोड़ में iवें कण के द्वारा jवें कण पर लगनेवाला बल भी शामिल है और jवें कण के द्वारा iवें कण पर लगनेवाला बल भी शामिल है। परंतु, ये तो क्रिया-प्रतिक्रिया के बल हो गए और न्यूटन के तृतीय गति-नियम के अनुसार ये बराबर परिमाण के होंगे तथा विपरीत दिशा में लगेंगे। अतः, इनका जोड़ शून्य होगा। सभी आंतरिक बल इसी प्रकार के क्रिया-प्रतिक्रिया जोड़ों के रूप में लिखे जा सकते हैं और इसलिए सभी आंतरिक बलों का कुल योग शून्य होगा।

अतः, समीकरण (i) से,

$$\vec{a}_{CM} = \frac{\vec{F}^{\text{external}}}{M}. \qquad \ldots (14.4)$$

यह समीकरण ठीक वैसा ही है जैसा कि हम एक कण के लिए न्यूटन के द्वितीय गति का नियम लिखते हैं। यदि M द्रव्यमान का एक अकेला कण हो, और उसपर $\vec{F}^{\text{external}}$ बल लगा दिया जाए, तो वह कण किस प्रकार की गति करेगा यह पता करने के लिए हम यही समीकरण लिखते हैं। अतः, हमें निम्नलिखित महत्त्वपूर्ण जानकारी मिलती है।

मान लें कि किसी कण समूह में बहुत सारे कण हैं जो एक-दूसरे पर बल लगा रहे हैं और उनपर समूह के बाहर से भी बल लग रहे हैं। ऐसे में प्रत्येक कण की गति अलग-अलग प्रकार की हो सकती है। परंतु, उनके द्रव्यमान केंद्र की गति निकालने के लिए पूरे समूह को एक कण के बराबर मान लें जिसका द्रव्यमान पूरे समूह के द्रव्यमान के बराबर है। इसे समूह के द्रव्यमान केंद्र पर रखा हुआ मान लें। कणों द्वारा आपस में एक-दूसरे पर लगाए जानेवाले बलों को भूल जाएँ। समूह के बाहर से लगनेवाले सभी बलों को जोड़कर कुल बाहरी बल का मान निकाल लें। M द्रव्यमान के अकेले कण पर यह बल लग रहा है, ऐसा मानकर इस काल्पनिक कण की गति का निर्धारण करें। यही गति समूह के द्रव्यमान केंद्र की गति होगी।

यदि किसी वस्तु समूह या निकाय पर कोई बाहरी बल न लग रहा हो, तो समीकरण 14.4 से $\vec{a}_{CM} = 0$ होगा। भले ही उसके विभिन्न भागों में त्वरण हो, पर उसका द्रव्यमान केंद्र या तो स्थिर रहेगा या सरल रेखा में एकसमान वेग से चलता रहेगा।

अभ्यास 14.3

द्रव्यमान m तथा $2m$ के दो आवेशित कण A तथा B एक घर्षणरहित टेबुल पर d दूरी पर रखे गए हैं। अपने पारस्परिक आकर्षण के कारण ये कण एक-दूसरे की ओर चलते हुए टकरा जाते हैं। यह टक्कर A बिंदु से कितनी दूरी पर होगी?

हल चूँकि दोनों कण पारस्परिक आकर्षण बलों के कारण एक-दूसरे की ओर चल रहे हैं, इन कणों के समूह पर कोई परिणामी बाहरी बल नहीं लग रहा है। चूँकि प्रारंभ में दोनों कण स्थिर हैं, इनका द्रव्यमान केंद्र भी स्थिर है। जब पारस्परिक बलों के कारण ये कण गतिमान होते हैं, तो भी उनका द्रव्यमान केंद्र अपनी जगह पर स्थिर रहेगा।

जब दोनों कण टकराते हैं तो वे एक ही स्थान पर होते हैं और इसलिए द्रव्यमान केंद्र भी वहीं पर होगा। दूसरे शब्दों में, यह टक्कर वहीं होगी जहाँ प्रारंभ में द्रव्यमान केंद्र था।

कण A से द्रव्यमान केंद्र की दूरी

$$= \frac{(2m)d}{2m + m} = \frac{2}{3}d.$$

अतः, टक्कर AB रेखा पर A से $\frac{2}{3}d$ दूरी पर तथा B से $\frac{d}{3}$ दूरी पर होगी।

• हल किए गए प्रश्न •

1. *एक समकोण त्रिभुज की भुजाएँ 3.0 cm, 4.0 cm तथा 5.0 cm हैं। इसके शीर्षों पर 50 g, 100 g तथा 150 g द्रव्यमान की छोटी वस्तुएँ रखी हैं (चित्र 14.W1)। इस निकाय का द्रव्यमान केंद्र निकालें।*

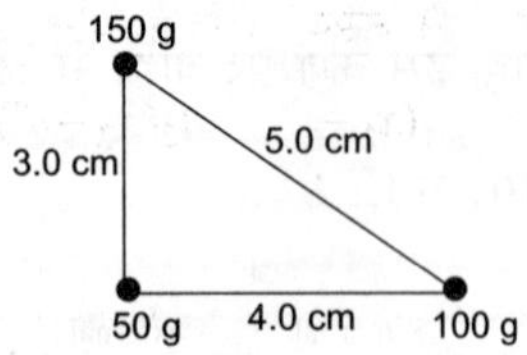

चित्र 14.W1

हल 4.0 cm वाली रेखा को x-अक्ष तथा 3.0 cm वाली रेखा को y-अक्ष लें। तीनों वस्तुओं के द्रव्यमान तथा निर्देशांक इस प्रकार हैं,

$$m_1 = 50 \text{ g}, x_1 = 0, y_1 = 0$$
$$m_2 = 100 \text{ g}, x_2 = 4.0 \text{ cm}, y_2 = 0$$
$$m_3 = 150 \text{ g}, x_3 = 0, y_3 = 3.0 \text{ cm}.$$

द्रव्यमान केंद्र का x-निर्देशांक,

$$X = \frac{m_1x_1 + m_2x_2 + m_3x_3}{m_1 + m_2 + m_3}$$
$$= \frac{50 \times 0 + 100 \times (4.0) + 150 \times 0}{50 + 100 + 150} \text{ cm} = 1.3 \text{ cm}$$

और इसका y-निर्देशांक,

$$Y = \frac{m_1y_1 + m_2y_2 + m_3y_3}{m_1 + m_2 + m_3}$$
$$= \frac{50 \times 0 + 100 \times 0 + 150 \times 3.0}{50 + 100 + 150} \text{ cm} = 1.5 \text{ cm}.$$

2. *एक आयताकार प्लेट की लंबाई L है। इसका आधा भाग (लंबाई $= L/2$) घनत्व ρ_1 वाले पदार्थ से तथा दूसरा आधा भाग घनत्व ρ_2 वाले पदार्थ से बना है। इसके द्रव्यमान केंद्र की स्थिति निकालें।*

हल प्रश्न में दी गई परिस्थिति चित्र 14.W2 में दिखाई गई है। दोनों भागों के क्षेत्रफल समान हैं, अतः इनके द्रव्यमान इनके घनत्व के समानुपाती होंगे। बायीं ओर के भाग का द्रव्यमान $k\rho_1$ तथा दाहिनी ओर के भाग का द्रव्यमान $k\rho_2$ मानें।

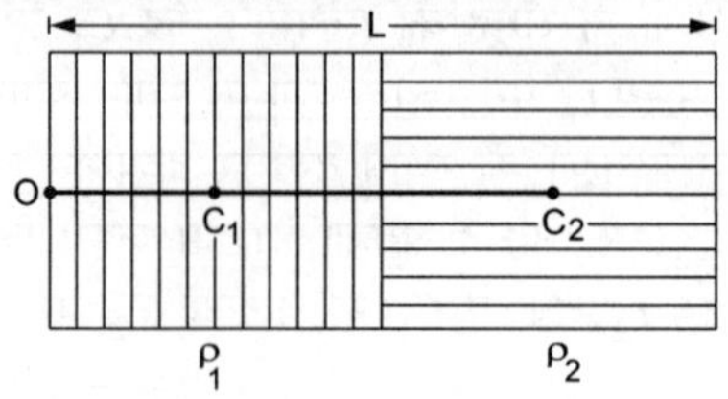

चित्र 14.W2

बाएँ भाग का द्रव्यमान केंद्र उसके केंद्र C_1 पर तथा दाहिने भाग का द्रव्यमान केंद्र उसके केंद्र C_2 पर होगा। आयत के बाएँ किनारे के मध्यबिंदु O को मूलबिंदु मानें तथा रेखा OC_1C_2 को x-अक्ष मानें। पूरे आयत का द्रव्यमान केंद्र निकालने के लिए बाएँ भाग को $k\rho_1$ द्रव्यमान का कण मानकर C_1 पर रख दें और दाहिने भाग को $k\rho_2$ द्रव्यमान का कण मानकर C_2 पर रख दें। इन दोनों कणों का द्रव्यमान केंद्र जहाँ होगा वहीं इस दिए हुए आयत का द्रव्यमान केंद्र होगा। इस बिंदु का x-निर्देशांक,

$$X = \frac{(k\rho_1)\frac{L}{4} + (k\rho_2)\frac{3L}{4}}{k\rho_1 + k\rho_2} = \frac{\rho_1 + 3\rho_2}{4(\rho_1 + \rho_2)}L.$$

स्पष्ट है कि इसके y- तथा z-निर्देशांक शून्य होंगे।

आयत के बाएँ किनारे के मध्यबिंदु से $\frac{\rho_1 + 3\rho_2}{4(\rho_1 + \rho_2)} L$ दूरी दाहिनी ओर इसका द्रव्यमान केंद्र होगा।

3. *एक छड़ के पदार्थ का घनत्व $\rho = A + Bx$ के अनुसार बदलता है, जहाँ A, B अचर हैं तथा x, छड़ में बाएँ किनारे से दूरी है। छड़ की पूरी लंबाई L है। इसके द्रव्यमान केंद्र की स्थिति ज्ञात करें।*

चित्र 14.W3

हल मान लें कि छड़ के अनुप्रस्थ काट का क्षेत्रफल α है। छड़ के बाएँ किनारे से x दूरी पर dx लंबाई का एक छोटा हिस्सा लें।

इस हिस्से का आयतन αdx तथा द्रव्यमान,

$$dm = (A + Bx)\alpha dx$$

होगा। बाएँ किनारे से द्रव्यमान केंद्र की दूरी,

$$X_{CM} = \frac{\int x\, dm}{\int dm} = \frac{\int_0^L x(A + Bx)\,\alpha\, dx}{\int_0^L (A + Bx)\,\alpha\, dx}$$

$$= \frac{A\frac{L^2}{2} + B\frac{L^3}{3}}{AL + B\frac{L^2}{2}} = \frac{3AL + 2BL^2}{3(2A + BL)}.$$

4. *द्रव्यमान M वाली एक बड़ी-सी ट्रे के ठीक बीच में बर्फ का एक छोटा-सा घनाकार टुकड़ा रखा है। इस टुकड़े का द्रव्यमान m तथा इसके किनारों की लंबाई L है। यदि यह पूरी बर्फ पिघल जाए तो 'ट्रे + बर्फ' संहति का द्रव्यमान केंद्र कितना नीचे खिसक जाएगा?*

हल चित्र 14.W4 के अनुसार मूलबिंदु O तथा x-अक्ष लें। मान लें कि प्रारंभ में ट्रे का द्रव्यमान केंद्र, O से x_1 दूरी पर तथा बर्फ का द्रव्यमान केंद्र, O से x_2 दूरी पर है। तब O से इस संहति के द्रव्यमान केंद्र की दूरी,

$$X = \frac{Mx_1 + mx_2}{M + m}$$

होगी। जब पूरी बर्फ पिघल जाती है तब यह पानी ट्रे में फैल जाएगा। चूँकि ट्रे काफी बड़ी है, इसलिए ट्रे में पानी की अपनी ऊँचाई नगण्य होगी।

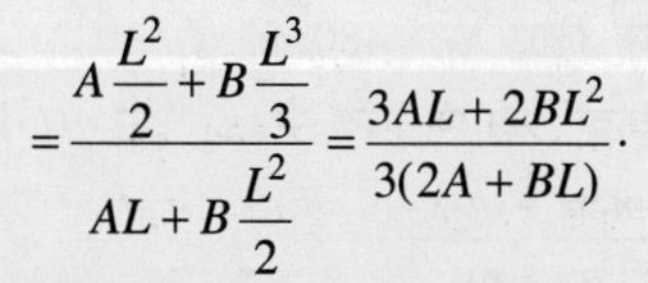

चित्र 14.W4

अतः, इस पानी का द्रव्यमान केंद्र ट्रे की सतह पर ही होगा जो बर्फ के द्रव्यमान केंद्र से $\frac{L}{2}$ दूरी नीचे होगा। अर्थात, पानी का द्रव्यमान केंद्र O से $x_2 - \frac{L}{2}$ दूरी पर होगा। अब 'पानी + ट्रे' संहति के द्रव्यमान केंद्र की O से दूरी होगी,

$$X' = \frac{Mx_1 + m\left(x_2 - \frac{L}{2}\right)}{m + M}.$$

अतः, द्रव्यमान केंद्र का विस्थापन

$$= X - X' = \frac{mL}{2(m + M)}.$$

5. *m_1 तथा m_2 द्रव्यमान वाले दो कणों की संहति पर विचार करें। यदि पहले कण को दूसरे कण की ओर d दूरी से खिसका दिया जाए, तो दूसरे कण को पहले की ओर कितनी दूरी से खिसकाना पड़ेगा ताकि इस संहति का द्रव्यमान केंद्र न बदले?*

हल चित्र 14.W5 देखें। खाली वृत्त कणों की प्रारंभिक स्थिति को तथा भरे वृत्त इनकी अंतिम स्थिति को दिखा रहे हैं। मान लें कि प्रारंभ में द्रव्यमान केंद्र से पहले कण की दूरी x_1 तथा दूसरे कण की दूरी x_2 थी। तब

$$m_1x_1 = m_2x_2. \qquad \text{... (i)}$$

जब पहले कण को दूसरे की ओर d दूरी से खिसका दिया जाता है तब द्रव्यमान केंद्र से उसकी दूरी $x_1 - d$ हो जाती है।

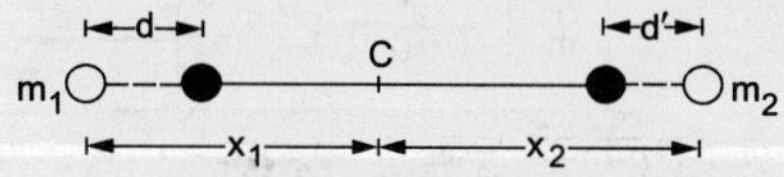

चित्र 14.W5

यदि दूसरे कण को पहले की ओर d' दूरी से खिसकाया गया हो, तो द्रव्यमान केंद्र से उसकी दूरी $x_2 - d'$ हो जाएगी। अतः,

$$m_1(x_1 - d) = m_2(x_2 - d'). \qquad \text{... (ii)}$$

समीकरण (i) तथा (ii) से,

$$m_1d = m_2d' \qquad \text{या} \qquad d' = \frac{m_1}{m_2}d.$$

6. *चित्र 14.W6 में 2.5 kg द्रव्यमान की एक वस्तु पर लगते बलों को दिखाया गया है। इस वस्तु के द्रव्यमान केंद्र का त्वरण बताएँ।*

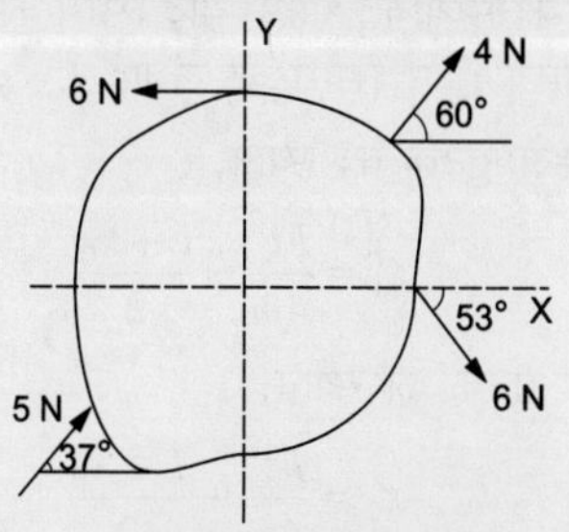

चित्र 14.W6

हल चित्र में x- तथा y-अक्ष दिखाए गए हैं। परिणामी बल का x-घटक होगा,

$$F_x = -6\text{ N} + (5\text{ N})\cos 37° + (6\text{ N})\cos 53° + (4\text{ N})\cos 60°$$

$$= -6\text{ N} + (5\text{ N})\cdot\left(\frac{4}{5}\right) + (6\text{ N})\cdot\left(\frac{3}{5}\right) + (4\text{ N})\cdot\left(\frac{1}{2}\right)$$

$$= 3.6\text{ N}.$$

इसी तरह परिणामी बल का y-घटक होगा,

$$F_y = 5\text{ N}\sin 37° - (6\text{ N})\sin 53° + 4\text{ N}\sin 60°$$
$$= (5\text{ N})\cdot\left(\frac{3}{5}\right) - (6\text{ N})\cdot\left(\frac{4}{5}\right) + (4\text{ N})\cdot\left(\frac{\sqrt{3}}{2}\right) = 1.7\text{ N}.$$

परिणामी बल का परिमाण होगा,

$$F = \sqrt{F_x^2 + F_y^2} = \sqrt{(3.6\text{ N})^2 + (1.7\text{ N})^2} = 4.0\text{ N}.$$

परिणामी बल की दिशा x-अक्ष से θ कोण बनाएगी, जहाँ

$$\tan\theta = \frac{F_y}{F_x} = \frac{1.7}{3.6} = 0.47.$$

द्रव्यमान केंद्र का त्वरण इसी दिशा में होगा, जिसका परिमाण होगा,

$$a = \frac{F}{M} = \frac{4.0\text{ N}}{2.5\text{ kg}} = 1.6\text{ m/s}^2.$$

7. *बराबर द्रव्यमान m के दो गुटके एक स्प्रिंग के दोनों किनारों से जुड़े हैं। गुटके एक घर्षणरहित क्षैतिज सतह पर रखे गए हैं। स्प्रिंग अपनी स्वाभाविक लंबाई में है। $t=0$ समय के बाद एक गुटके पर एकसमान बल F लगाकर उसे दूसरे गुटके से दूर की दिशा में खींचा जाता है (चित्र 14.W7)। (a) समय t पर द्रव्यमान केंद्र का स्थान बताएँ। (b) इसी समय t पर स्प्रिंग की लंबाई में वृद्धि x_0 है। इस समय तक में गुटकों में हुए विस्थापनों के मान बताएँ।*

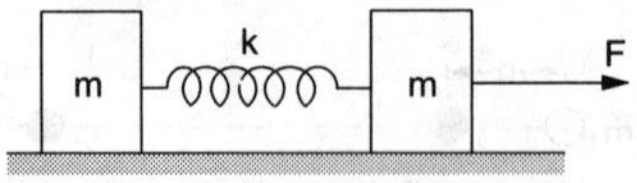

चित्र 14.W7

हल (a) द्रव्यमान केंद्र के प्रारंभिक स्थान को $x=0$ मानें। किसी भी समय द्रव्यमान केंद्र गुटकों को मिलानेवाली रेखा पर मध्यबिंदु पर होगा।

द्रव्यमान केंद्र का त्वरण $a_{CM} = \dfrac{F}{2m}$.

अतः, समय t पर इसका स्थान,

$$x = \frac{1}{2}a_{CM}\cdot t^2 = \frac{Ft^2}{4m}.$$

(b) समय t पर गुटकों का द्रव्यमान केंद्र $x = \dfrac{Ft^2}{4m}$ पर है। यह खिंचे हुए स्प्रिंग का मध्यबिंदु भी है। यदि स्प्रिंग की स्वाभाविक लंबाई L हो, तो समय t पर स्प्रिंग की लंबाई $L + x_0$ होगी।

अतः, पहले गुटके का स्थान,

$$x_1' = \frac{Ft^2}{4m} - \frac{L+x_0}{2}$$

तथा दूसरे गुटके का स्थान,

$$x_2' = \frac{Ft^2}{4m} + \frac{L+x_0}{2}$$

होगा। $t=0$ पर स्प्रिंग की लंबाई L थी तथा उसका मध्यबिंदु $x=0$ पर था। अतः, गुटकों के स्थान थे,

$$x_1'' = -\frac{L}{2} \text{ तथा } x_2'' = +\frac{L}{2}.$$

अतः, इनके विस्थापन होंगे,

$$x_1 = x_1' - x_1'' = \frac{Ft^2}{4m} - \frac{x_0}{2} \text{ तथा } x_2 = x_2' - x_2'' = \frac{Ft^2}{4m} + \frac{x_0}{2}.$$

8. *एक वस्तु को 100 m/s के वेग से क्षैतिज से 37° का कोण बनाते हुए फेंका जाता है। उच्चतम बिंदु पर पहुँचने पर यह वस्तु दो भागों में टूट जाता है जिनके द्रव्यमान 1 : 3 अनुपात में हैं। टूटने के तुरंत बाद छोटा वाला टुकड़ा स्थिर हो जाता है तथा दूसरा सीधा आगे बढ़ता है। प्रक्षेपण के बिंदु से बड़े टुकड़े के जमीन पर गिरने के बिंदु तक की दूरी निकालें।*

हल चित्र 14.W8 में प्रश्न में दी गई परिस्थिति दिखाई गई है। उच्चतम बिंदु पर टूटने के बाद छोटा टुकड़ा क्षणिक रूप से स्थिर हो जाता है। इसके बाद वह g त्वरण से नीचे गिरेगा। बड़ा टुकड़ा क्षैतिज दिशा में आगे बढ़ता है। ऊर्ध्वाधर दिशा में इसका भी घटक इस समय शून्य है। अतः, यह भी जमीन पर उसी समय गिरेगा जब छोटा टुकड़ा जमीन पर पहुँचेगा।

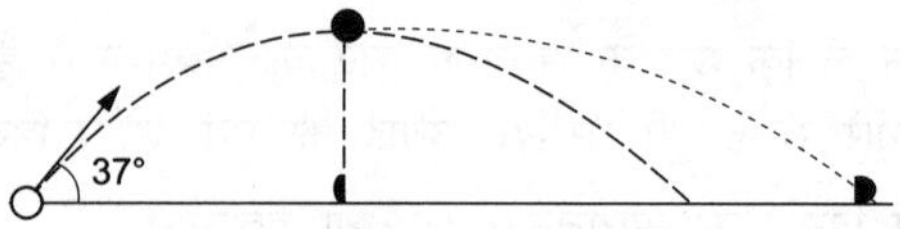

चित्र 14.W8

चूँकि टूटने के दौरान या उसके बाद भी बाहरी बल सिर्फ वस्तु का भार है, पूरी वस्तु का द्रव्यमान केंद्र उसी पथ पर चलेगा जिसपर बिना टूटे वस्तु चलती। अतः, जमीन पर द्रव्यमान केंद्र के पहुँचने का स्थान

$$X = R = \frac{2u^2\sin\theta\cos\theta}{g} = \frac{2\times10^4\times\frac{3}{5}\times\frac{4}{5}}{10}\text{ m} = 960\text{ m}.$$

छोटा टुकड़ा इसकी आधी दूरी पर गिरेगा। अतः, गिरने के समय छोटे टुकड़े के लिए $x_1 = 480$ m.

यदि बड़ा टुकड़ा प्रक्षेपण-बिंदु से x_2 दूरी पर गिरे, तो

$$X = \frac{m_1x_1 + m_2x_2}{m_1 + m_2}$$

या $\quad 960\text{ m} = \dfrac{1\times480\text{ m} + 3\times x_2}{1+3} \quad$ या $\quad x_2 = 1120$ m.

9. *चित्र 14.W9 में दिखाए अनुसार, एक स्थिर क्षैतिज सतह पर 10M द्रव्यमान का एक त्रिकोणीय ब्लॉक रखा गया है। इसके शीर्ष पर M द्रव्यमान का एक छोटा गुटका रखा गया है। सभी सतहों को घर्षणरहित मानें। इस स्थिति से इस निकाय को छोड़ दिया जाता है। जब गुटका जमीन पर पहुँचेगा उस समय ब्लॉक कितना विस्थापित हो चुका होगा?*

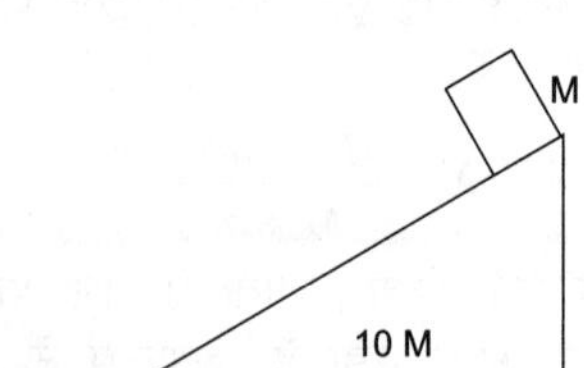

चित्र 14.W9

हल ब्लॉक की चौड़ाई 2.2 m है। यदि गुटके के जमीन तक पहुँचने में ब्लॉक X दूरी दाहिने खिसकता है, तो गुटके का बायीं ओर विस्थापन $x_1 = (2.2\text{ m} - X)$ होगा। इन दोनों को एक निकाय मानने पर क्षैतिज दिशा में इनपर कोई बाहरी बल नहीं लग रहा है। अतः, निकाय का द्रव्यमान केंद्र अपने स्थान पर स्थिर रहेगा।

अतः, $M(2.2\text{ m} - X) = 10MX$

या $\quad 2.2\text{ m} = 11X \quad$ या $\quad X = 0.2$ m.

• विचार हेतु प्रश्न •

1. *क्या किसी वस्तु का द्रव्यमान केंद्र वस्तु के बाहर हो सकता है?*

2. *यदि किसी वस्तु के सभी कण xy-तल में हों, तो क्या उस वस्तु का द्रव्यमान केंद्र xy-तल के बाहर हो सकता है?*

3. *यदि किसी वस्तु के सभी कण $x^2 + y^2 = a^2$ वृत्त के अंदर हों, तो क्या उसका द्रव्यमान केंद्र इस वृत्त के बाहर हो सकता है?*

4. *यदि किसी वस्तु के सभी कण $x^2 + y^2 = a^2$ वृत्त के बाहर हों, तो क्या उसका द्रव्यमान केंद्र इस वृत्त के अंदर हो सकता है?*

5. *यदि किसी वस्तु के सभी कण एक घन के अंदर हों, तो क्या उसका द्रव्यमान केंद्र उस घन के बाहर हो सकता है?*

6. *द्रव्यमान केंद्र की परिभाषा $\vec{R} = \frac{\sum_i m_i \vec{r_i}}{M}$ होती है। मान लें कि हम किसी निकाय का आवेश केंद्र परिभाषित करते हैं, $\vec{R_C} = \frac{\sum_i q_i \vec{r_i}}{Q}$, जहाँ $\vec{r_i}$, iवें कण का स्थिति वेक्टर; q_i उसका आवेश और Q निकाय का कुल आवेश है।*

(a) *क्या दो आवेशित कणों के समूह का आवेश केंद्र उनको मिलाने वाले रेखाखंड से बाहर हो सकता है?*

(b) *यदि किसी निकाय के सभी आवेशित कण xy-तल में हों, तो क्या उनका आवेश केंद्र xy-तल से बाहर हो सकता है?*

(c) *यदि किसी निकाय के सभी आवेशित कण एक घन के अंदर हों, तो क्या उनका आवेश केंद्र उस घन के बाहर हो सकता है?*

7. *कहा जाता है कि किसी वस्तु का भार उसके द्रव्यमान केंद्र पर लगता है, तो क्या धरती बाकी के कणों को आकर्षित नहीं करती?*

8. *एक एकसमान घनत्व की अर्धगोलाकार वस्तु के द्रव्यमान केंद्र की स्थिति के बारे में बिना कोई गणना किए आप क्या बता सकते हैं? क्या यह गोले के केंद्र से R/2 से कम दूरी पर होगा, R/2 दूरी पर होगा, या R/2 दूरी से भी अधिक दूरी पर होगा?*

9. *एक मोटा-सा व्यक्ति एक कम भार वाली परंतु मजबूत नाव पर एक छोर पर खड़ा है। वह नाव पर धीरे-धीरे चलता हुआ उसके दूसरे छोर पर पहुँच जाता है। नदी के किनारे बैठा उसका मित्र देखता है कि उस व्यक्ति ने बहुत ही थोड़ी दूरी तय की है, क्योंकि नाव लगभग पूरी-पूरी पीछे चली गई है। समझाएँ कि ऐसा क्यों है।*

10. *ऊँची कूद के खेल में खिलाड़ी एक ऊँचाई पर बँधे बाँस को पार करता है। क्या यह संभव है कि खिलाड़ी का द्रव्यमान केंद्र हमेशा बाँस के नीचे ही रहा हो? उपयुक्त चित्र बनाकर प्रयास करें।*

11. *किसी कार की चाल बढ़ाने के लिए उसके इंजन में और ज्यादा पेट्रोल भेजते हैं। पर, किसी वस्तु में त्वरण सिर्फ बाहरी बल ही पैदा कर सकते हैं। इस संदर्भ में क्या ऐसा कहना उचित है कि "पेट्रोल के बल द्वारा कार की चाल बढ़ी"?*

12. *एक वैन एक सड़क पर खड़ी है। सड़क पर घर्षण बहुत कम है। वैन को स्टार्ट करने के लिए उसे थोड़ा आगे की ओर चलाना आवश्यक है। क्या वैन के अंदर बैठे व्यक्ति बिना वैन से बाहर आए वैन को आगे की ओर चला सकते हैं?*

13. *पृथ्वी से दूर किसी स्थान पर एक हॉल में गुरुत्वाकर्षण बल नगण्य है। इस हॉल में M द्रव्यमान की एक ट्रे में L लंबाई और m द्रव्यमान का एक बर्फ का घन बीच में रखा हुआ है। यदि यह बर्फ पिघल जाए, तो 'ट्रे एवं बर्फ' संहति के द्रव्यमान की स्थिति में क्या परिवर्तन होगा?*

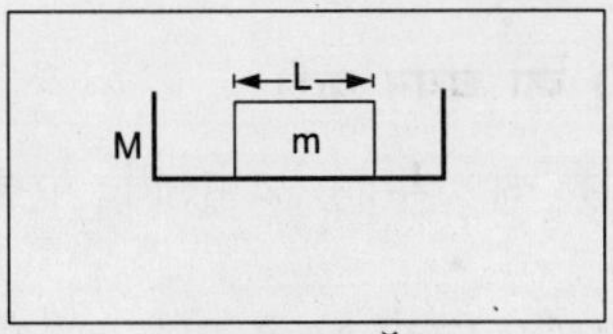

गुरुत्वमुक्त हॉल

चित्र 14.C1

• सटीक उत्तरवाले प्रश्न I •

सही उत्तर का चयन करें।

1. निम्नलिखित दो समीकरणों को देखें,

(A) $\vec{R} = \frac{1}{M}\sum_i m_i \vec{r_i}$ (B) $\vec{a}_{CM} = \frac{\vec{F}^{ext}}{M}$

एक अजड़त्वीय फ्रेम में,

(a) A एवं B दोनों सही हैं। (b) दोनों गलत हैं।
(c) A सही है, पर B गलत है। (d) B सही है, पर A गलत है।

2. एक निकाय के सभी कण मूलबिंदु से R दूरी पर हैं। इसके द्रव्यमान केंद्र की मूलबिंदु से दूरी d के लिए सही कथन क्या है?

(a) $d = R$ (b) $d \leq R$
(c) $d > R$ (d) $d \geq R$

3. d व्यास की एक वृत्ताकार डिस्क, d लंबाई की एक वर्गाकार प्लेट के साथ सटाकर एक समतल में रखी है। दोनों के घनत्व तथा मोटाइयाँ बराबर हैं। इस समूह का द्रव्यमान केंद्र होगा

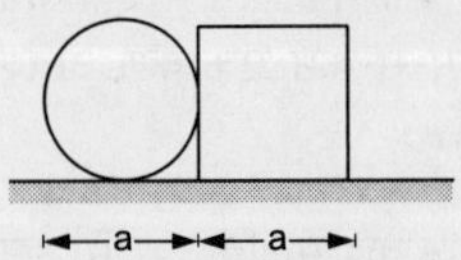

चित्र 14.Q1

(a) वृत्ताकार डिस्क के अंदर (b) वर्गाकार प्लेट के अंदर
(c) दोनों के जोड़ पर (d) इस निकाय के बाहर

4. एक जैसे दो कणों के समूह पर विचार करें। इनमें से एक कण स्थिर है तथा दूसरा $\vec{a}$ त्वरण से चल रहा है। इस समूह के द्रव्यमान केंद्र का त्वरण होगा

(a) शून्य (b) $\vec{a}/2$ (c) $\vec{a}$ (d) $2\vec{a}$

5. एक एकसमान गोला एक घर्षणरहित क्षैतिज सतह पर रखा हुआ है। सतह से h ऊँचाई के एक बिंदु पर एक क्षैतिज बल F लगाया जाता है। गोले के केंद्र का त्वरण

(a) अधिकतम होगा जब $h = 0$
(b) अधिकतम होगा जब $h = R$

(c) अधिकतम होगा जब $h = 2R$
(d) h के मान पर निर्भर नहीं करेगा

6. पृथ्वी की सतह के पास ऊर्ध्वाधर दिशा में गिरती हुई एक वस्तु दो असमान भागों में टूट जाती है। इस प्रक्रिया में
(a) द्रव्यमान केंद्र अधिक भार वाले टुकड़े की ओर खिसक जाएगा।
(b) द्रव्यमान केंद्र कम भार वाले टुकड़े की ओर खिसक जाएगा।
(c) द्रव्यमान केंद्र ऊर्ध्वाधर रेखा पर ही बना रहेगा।
(d) द्रव्यमान केंद्र के खिसकने की दिशा वस्तु के वेग पर निर्भर करेगी।

7. एक बॉक्स एक घर्षणरहित क्षैतिज सतह पर रखा हुआ है और उसके अंदर एक गेंद है। गेंद विभिन्न दीवारों से टकराती हुई बॉक्स के अंदर चल रही है। सही कथन चुनें।
(a) बॉक्स के द्रव्यमान केंद्र का वेग अचर है।
(b) बॉक्स + गेंद, इस संहति के द्रव्यमान केंद्र का वेग अचर है।
(c) गेंद के द्रव्यमान केंद्र का वेग अचर है।
(d) बॉक्स के सापेक्ष गेंद के द्रव्यमान केंद्र का वेग अचर है।

8. एक वस्तु अपने आंतरिक बलों के कारण दो बराबर भागों में टूट जाती है। टूटने के तुरंत बाद ये भाग गति करेंगे
(a) एक ही दिशा में
(b) अलग-अलग रेखाओं पर
(c) विपरीत दिशाओं में बराबर चालों से
(d) विपरीत दिशाओं में कम एवं अधिक चालों से

9. एक नगण्य भार वाली वृत्ताकार डिस्क की परिधि पर m द्रव्यमान की एक एकसमान रिंग चढ़ाई हुई है। डिस्क के केंद्र पर m द्रव्यमान का ही एक कण जड़ा हुआ है। इस पूरी संहति को एक समतल में इस तरह घुमाया जाता है कि केंद्र r त्रिज्या वाले वृत्त में v चाल से चलता है। इससे पता चलता है कि
(a) केंद्र पर के कण पर एक बाहरी बल $\frac{mv^2}{r}$ अवश्य ही लग रहा है।
(b) केंद्र पर के कण पर एक बाहरी बल $\frac{2mv^2}{r}$ अवश्य ही लग रहा है।
(c) इस संहति पर एक बाहरी बल $\frac{2mv^2}{r}$ अवश्य ही लग रहा है।
(d) रिंग पर एक बाहरी बल $\frac{2mv^2}{r}$ अवश्य ही लग रहा है।

10. एक तोप से गोले को v चाल से क्षैतिज से θ कोण बनाते हुए दागा जाता है। उच्चतम बिंदु पर विस्फोट के कारण यह गोला दो बराबर भागों में टूट जाता है। एक हिस्सा विपरीत दिशा में चलते हुए गोले के प्रारंभिक पथ पर गति करने लगता है। विस्फोट के तुरंत बाद दूसरे हिस्से की चाल होगी
(a) $3v\cos\theta$ (b) $2v\cos\theta$
(c) $\frac{3}{2}v\cos\theta$ (d) $v\cos\theta$

• सटीक उत्तरवाले प्रश्न II •

सही उत्तर (उत्तरों) का चयन करें।

1. कणों के एक समूह का द्रव्यमान केंद्र मूलबिंदु पर है। इससे यह निष्कर्ष निकलता है कि
(a) मूलबिंदु के दाहिने जितने कण हैं, उसके बाएँ भी उतने ही कण हैं।
(b) मूलबिंदु से दाहिने जितना कुल द्रव्यमान है उसके बाएँ भी उतना ही द्रव्यमान है।
(c) x-अक्ष पर स्थित कणों की संख्या, y-अक्ष पर स्थित कणों की संख्या के बराबर होगी।
(d) यदि x-अक्ष के धनात्मक भाग में एक कण हो, तो उसके ऋणात्मक भाग में भी कम-से-कम एक कण अवश्य होगा।
(e) इनमें कोई नहीं

2. एक वस्तु का द्रव्यमान केंद्र मूलबिंदु पर है। इसके कणों के x-निर्देशांक
(a) सभी धनात्मक हो सकते हैं।
(b) सभी ऋणात्मक हो सकते हैं।
(c) सभी शून्य से भिन्न हो सकते हैं।
(d) कुछ कणों के लिए धनात्मक तथा कुछ के लिए ऋणात्मक हो सकते हैं।

3. इनमें से किन परिस्थितियों में एक छड़ का द्रव्यमान केंद्र उसके मध्यबिंदु पर नहीं हो सकता?
(a) छड़ का घनत्व बाएँ से दाहिने जाने पर लगातार बढ़ता जाता है।
(b) छड़ का घनत्व बाएँ से दाहिने जाने पर लगातार घटता जाता है।
(c) छड़ का घनत्व बाएँ से दाहिने जाने पर पहले बढ़ता है और कुछ दूरी के बाद घटता जाता है।
(d) छड़ का घनत्व बाएँ से दाहिने जाने पर पहले घटता है और कुछ दूरी के बाद बढ़ता जाता है।

4. यदि किसी निकाय पर कुल बाहरी बल शून्य हो, तो उसके द्रव्यमान केंद्र में
(a) वेग नहीं हो सकता है। (b) त्वरण नहीं हो सकता है।
(c) वेग हो सकता है। (d) त्वरण हो सकता है।

5. एक कणों के समूह पर एक परिणामी बाहरी बल लग रहा है। किसी समय इसके द्रव्यमान केंद्र का वेग v_0 तथा त्वरण a_0 है। यह संभव है कि
(a) $v_0 = 0, a_0 = 0$ (b) $v_0 = 0, a_0 \neq 0$
(c) $v_0 \neq 0, a_0 = 0$ (d) $v_0 \neq 0, a_0 \neq 0$

6. दो गेंदें अलग-अलग चालों से एवं अलग-अलग दिशाओं में, पर एक ही समय पर फेंकी गई हैं। जब तक ये दोनों गेंदें हवा में हैं, इस समूह के द्रव्यमान केंद्र का त्वरण
(a) गेंदों की दिशा पर निर्भर करेगा।
(b) गेंदों के द्रव्यमान पर निर्भर करेगा।
(c) गेंदों की चालों पर निर्भर करेगा।
(d) g के बराबर होगा।

• अभ्यास के प्रश्न •

1. 10 g, 20 g तथा 30 g के तीन कण एक समबाहु त्रिभुज ABC के शीर्षों पर इसी क्रम से रखे गए हैं। त्रिभुज की प्रत्येक भुजा की लंबाई 1 m है। इस संहति का द्रव्यमान केंद्र निकालें।

2. पानी के अणु की संरचना चित्र 14.E1 में दिखाई गई है। ऑक्सीजन परमाणु के केंद्र से इस अणु के द्रव्यमान केंद्र की दूरी निकालें।

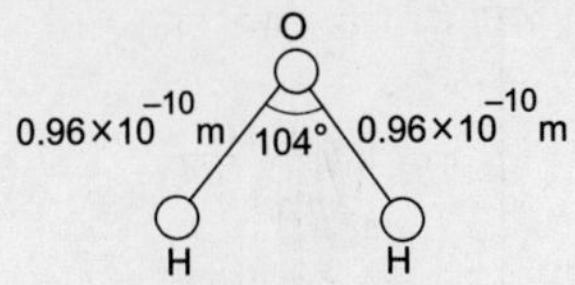

चित्र 14.E1

3. सात समांगी (homogeneous) ईंटें, जिनमें से प्रत्येक की लंबाई L है, चित्र 14.E2 में दिखाए अनुसार सजाकर रखी गई हैं। प्रत्येक ईंट अपने नीचे की ईंट से $L/10$ दूरी खिसकाकर रखी गई है। चित्र में दिखाए गए मूलबिंदु O के अनुसार इस संहति के द्रव्यमान केंद्र का x-निर्देशांक बताएँ।

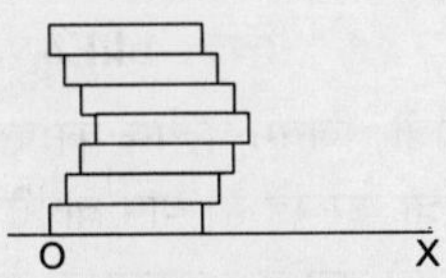

चित्र 14.E2

4. आरती की एक थाली की त्रिज्या 12 cm तथा द्रव्यमान 200 g है। इसमें केंद्र से 8 cm पर दीपक रखा हुआ है जिसका द्रव्यमान 100 g है। थाली एवं दीपक की संहति का द्रव्यमान थाली के केंद्र से कितनी दूरी पर होगा?

5. एक समांगी वृत्ताकार डिस्क का द्रव्यमान M तथा त्रिज्या R है। यह डिस्क एक ऊर्ध्वाधर तल में रखी हुई है। इसकी परिधि के एक बिंदु A से m द्रव्यमान तथा l लंबाई की छोटी-छोटी पट्टियाँ एक-दूसरे में चिपकाकर लटकाई गई हैं। कम-से-कम ऐसी कितनी पट्टियाँ लगाई जाएँ ताकि पूरी संहति का द्रव्यमान केंद्र डिस्क से बाहर आ जाए?

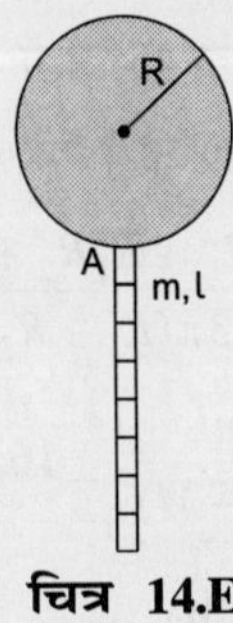

चित्र 14.E3

6. त्रिज्या $2R$ की एक समांगी डिस्क पर उसी मोटाई एवं घनत्व की, परंतु त्रिज्या R की एक दूसरी डिस्क रखी है। दोनों डिस्कों की परिधियाँ एक-दूसरे को स्पर्श करती हैं। इस संहति के द्रव्यमान केंद्र की स्थिति बताएँ।

7. एक वृत्ताकार समांगी डिस्क की त्रिज्या $2R$ है। इससे त्रिज्या R का एक वृत्ताकार टुकड़ा काटकर हटा दिया गया है। छेद की परिधि वृत्त की परिधि को छूती है। इस छेदयुक्त डिस्क का द्रव्यमान केंद्र ज्ञात करें।

8. L लंबाई की एक वर्गाकार प्लेट तथा L व्यास की एक डिस्क एक ही तल में रखी गई हैं। डिस्क प्लेट के एक किनारे को उसके मध्यबिंदु पर स्पर्श करती है। दोनों के प्रतिइकाई क्षेत्रफल के द्रव्यमान बराबर हैं। इस संहति का द्रव्यमान केंद्र ज्ञात करें।

9. चित्र 14.E4 में कुछ कणों के वेग दिखाए गए हैं। इस क्षण कणों के इस समूह के द्रव्यमान केंद्र का वेग निकालें।

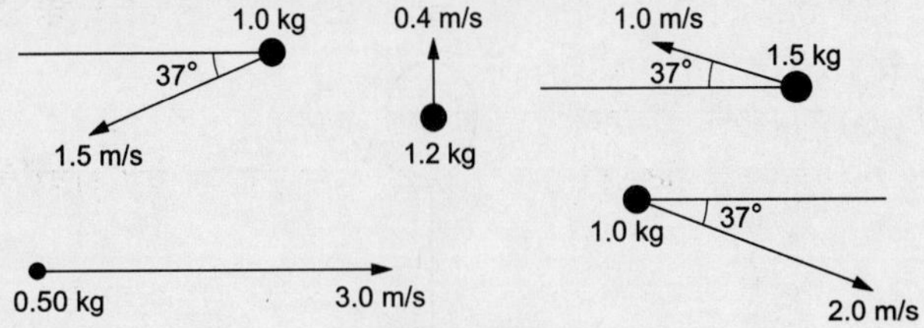

चित्र 14.E4

10. 10 kg तथा 20 kg की दो वस्तुएँ x-अक्ष पर रखी हुई हैं। पहली वस्तु इस अक्ष पर 2 cm की दूरी से खिसका दी जाती है। दूसरी वस्तु को कितनी दूरी से खिसकाया जाए ताकि इस जोड़े के द्रव्यमान केंद्र न बदले?

11. 100 g तथा 300 g की दो वस्तुएँ एक ऊर्ध्वाधर नगण्य भार वाली छड़ में फँसाकर रखी गई हैं। पहली वस्तु छड़ पर 7 cm ऊपर खिसका दी जाती है। दूसरी वस्तु को कितनी दूरी से खिसकाया जाए ताकि इनका द्रव्यमान केंद्र 1 cm से ऊपर खिसक जाए?

12. 20 kg द्रव्यमान के एक विद्यार्थी के बस्ते का द्रव्यमान 2 kg है। पीठ पर लादने पर बस्ते का द्रव्यमान केंद्र विद्यार्थी के द्रव्यमान केंद्र से 10 cm ऊपर रहता है। बताएँ कि बस्तेसहित विद्यार्थी का द्रव्यमान केंद्र, सिर्फ विद्यार्थी के द्रव्यमान केंद्र से कितना ऊपर है।

13. वृत्त के चाप के आकार में बनी एक समांग पट्टी की भीतरी एवं बाहरी त्रिज्याएँ क्रमशः R_1 तथा R_2 हैं। इसके द्रव्यमान केंद्र की स्थिति ज्ञात करें।

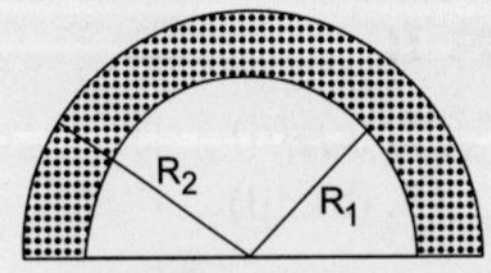

चित्र 14.E5

14. एक 4 m लंबी नाव (40 kg) पर वर्माजी (50 kg) तथा माथुरजी (60 kg) दोनों किनारों पर बैठे हैं। भौतिकी के एक प्रश्न पर विचार-विमर्श करने के लिए दोनों नाव के बीच में आ जाते हैं। पानी के घर्षण को नजरअंदाज कर बताएँ कि इस प्रक्रिया में नाव कितनी खिसकेगी।

15. एक घर्षणरहित क्षैतिज सतह पर M द्रव्यमान की एक गाड़ी स्थिर रखी गई है। इस गाड़ी की छत से m द्रव्यमान का एक दोलक लटका हुआ है (चित्र 14.E6)। दोलक की डोरी टूट जाती है, इसका बॉब गाड़ी के फर्श पर गिरता है और कई टक्करों के बाद फर्श पर बनी एक खाँच में जाकर रुक जाता है। दोलक की प्रारंभिक स्थिति से खाँच की क्षैतिज दूरी L है। इस प्रक्रिया में गाड़ी कितनी दूर खिसकेगी?

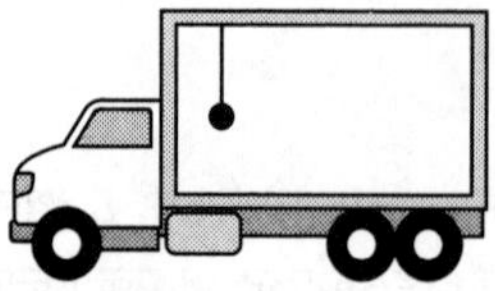

चित्र 14.E6

16. चित्र 14.E7 में दिखाए गए बैलून, रस्सी एवं बंदर, सभी स्थिर हैं। बैलून का द्रव्यमान M, बंदर का द्रव्यमान m तथा रस्सी का द्रव्यमान नगण्य है। प्रारंभ में बैलून तथा बंदर के बीच रस्सी की लंबाई L है। यदि बंदर रस्सी पर चढ़ता हुआ बैलून तक पहुँच जाए, तो बैलून कितना दूर नीचे उतरेगा?

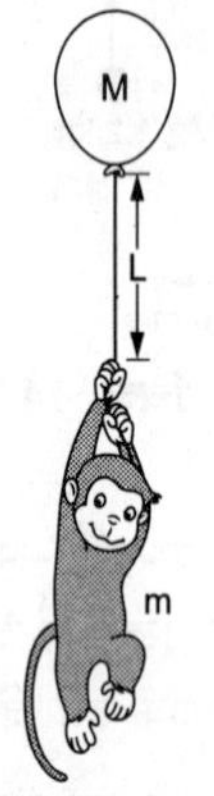

चित्र 14.E7

17. M द्रव्यमान का एक मनुष्य जिसके हाथ में m द्रव्यमान का एक बैग है, एक ऊँची इमारत के छज्जे से फिसल जाता है और ऊर्ध्वाधर दिशा में गिरने लगता है (चित्र 14.E8)। इमारत की ऊँचाई H है। जब वह जमीन से h दूरी पर है, तब वह देखता है कि नीचे की जमीन बहुत कठोर है, परंतु उससे क्षैतिज दूरी x पर एक तालाब है। अपने को कठोर जमीन पर गिरने से बचाने के लिए मनुष्य अपने बैग को, अपनी अपेक्षा क्षैतिज दिशा में, तालाब से विपरीत दिशा में फेंकता है। वह बैग को न्यूनतम कितना क्षैतिज वेग दे ताकि वह (मनुष्य) पानी में गिरे। यदि वह पानी में बिलकुल कठोर जमीन के पास में ही गिरता है तो बैग जमीन पर कहाँ गिरेगा?

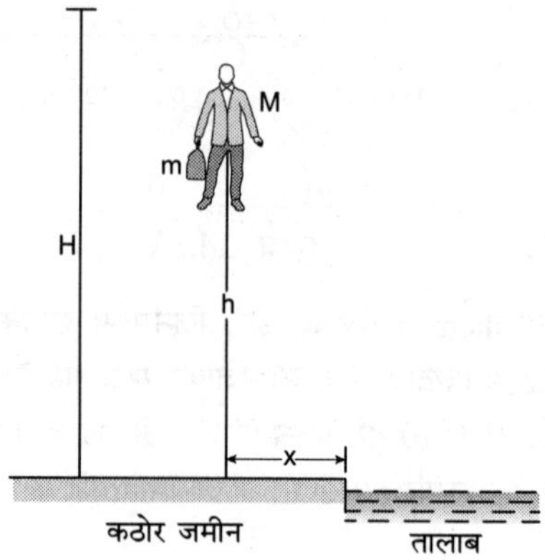

चित्र 14.E8

18. दो मोटे अंतरिक्ष-यात्री, जिनमें प्रत्येक का द्रव्यमान 120 kg है, एक बंद अंतरिक्ष यान में यात्रा कर रहे हैं। यान बाहरी अंतरिक्ष में सभी पदार्थों से दूर, बिना किसी बाहरी बल के, एकसमान वेग 15 km/s से चल रहा है। यात्रियोंसहित यान का कुल द्रव्यमान 600 kg है। यदि यात्री यान में व्यायाम आदि करके अपना द्रव्यमान 90 kg कर लेते हैं, तो यान किस वेग से चलेगा?

• उत्तर •

सटीक उत्तरवाले प्रश्न I

1. (c) **2.** (b) **3.** (b) **4.** (b) **5.** (d)
6. (c) **7.** (b) **8.** (c) **9.** (c) **10.** (a)

सटीक उत्तरवाले प्रश्न II

1. (e) **2.** (c), (d) **3.** (a), (b)
4. (b), (c) **5.** (b), (d) **6.** (d)

अभ्यास के प्रश्न

1. AB को x-अक्ष मानते हुए और A को मूलबिंदु मानते हुए द्रव्यमान केंद्र $\left(\frac{7}{12}\text{ m}, \frac{\sqrt{3}}{4}\text{ m}\right)$ पर स्थित है।

2. 6.6×10^{-12} m **3.** $\frac{22L}{35}$

4. $\frac{8}{3}$ cm **5.** $\sqrt{\frac{2MR}{ml}}$ के बाद वाला पूर्णांक

6. बड़े डिस्क के केंद्र से छोटी डिस्क के केंद्र की दिशा में $R/5$ दूरी पर

7. डिस्क के केंद्र से $R/3$ दूरी पर छेद के केंद्र की विपरीत दिशा में

8. $\frac{4L}{(4+\pi)}$ डिस्क के केंद्र से दाहिनी दिशा में

9. 0.20 m/s दाहिनी दिशा के 45° नीचे

10. 1 cm **11.** 1 cm नीचे की ओर

12. $\frac{10}{11}$ cm **13.** $\frac{4(R_1^2+R_1R_2+R_2^2)}{3\pi(R_1+R_2)}$ केंद्र से ऊपर

14. 13 cm **15.** $\frac{mL}{(m+M)}$ **16.** $\frac{mL}{m+M}$

17. $\frac{Mx\sqrt{g}}{M[\sqrt{2H}-\sqrt{2H-h}]}$, $\frac{Mx}{m}$ गिरने की दिशा से बायीं ओर

18. 15 km/s

❑

अध्याय 15

संवेग-संरक्षण का सिद्धांत, टक्कर

भौतिकी के अति प्रतिष्ठित कुछ सिद्धांतों में से एक है 'संवेग-संरक्षण का सिद्धांत'। यूँ तो यह बड़ी आसानी से न्यूटन के द्वितीय तथा तृतीय नियमों से निकाला जा सकता है और हम जल्द ही यह काम करेंगे भी, पर जहाँ न्यूटन के गति-नियम अति सूक्ष्म कणों के लिए या अति तीव्र गति से चलते कणों के लिए उपयोगी नहीं रहते, वहाँ भी संवेग-संरक्षण का नियम अपनी उपयोगिता बनाए रखता है। इस अध्याय में हम इसी सिद्धांत को समझने का प्रयास करेंगे।

15.1 संवेग (Momentum)

किसी कण का संवेग उसके द्रव्यमान एवं वेग के गुणनफल को कहते हैं। यह एक वेक्टर राशि है और इसकी दिशा वही होती है जो वेग की दिशा होती है। इसे सामान्यतः $\vec{p}$ संकेत द्वारा लिखा जाता है।

$$\vec{p} = m\vec{v}. \quad \ldots (15.1)$$

संवेग की SI इकाई kg m/s होती है।

संवेग को प्रायः रेखीय संवेग (linear momentum) भी कहा जाता है।

यदि हम किसी बड़ी वस्तु या कणों के समूह की बात करते हैं, तो किसी क्षण उसका संवेग मालूम करने के लिए उस क्षण प्रत्येक कण का संवेग निकालकर उन्हें वेक्टर राशियों के नियम के अनुसार जोड़ देते हैं। यदि समूह के कणों के द्रव्यमान $m_1, m_2, m_3, \ldots$ हों और किसी क्षण उनके वेग $\vec{v}_1, \vec{v}_2, \vec{v}_3, \ldots$ हों, तो उस क्षण समूह का कुल संवेग होगा,

$$\vec{P} = m_1\vec{v}_1 + m_2\vec{v}_2 + m_3\vec{v}_3 + \ldots$$

$$= \sum_i m_i\vec{v}_i.$$

आपको पता है कि इस क्षण इस समूह के द्रव्यमान केंद्र का वेग होगा,

$$\vec{v}_{CM} = \frac{\sum_i m_i\vec{v}_i}{M},$$

जहाँ M वस्तु का कुल द्रव्यमान है। अतः, वस्तु का संवेग

$$\vec{P} = \sum_i m_i\vec{v}_i = M\vec{v}_{CM} \quad \ldots (15.2)$$

होगा। समूह के विभिन्न कण विभिन्न वेगों से चल सकते हैं। परंतु, यदि द्रव्यमान केंद्र का वेग पता हो, तो पूरे समूह का संवेग समीकरण (15.2) से तुरंत निकाला जा सकता है।

पिछले अध्याय में आपने सीखा था

$$\vec{F}^{\text{external}} = M\vec{a}_{CM}, \quad \ldots (15.3)$$

जहाँ $\vec{F}^{\text{external}}$ उस पूरे निकाय पर निकाय के बाहर से लगते सभी बलों का परिणामी है।

समीकरण (15.2) से,

$$\frac{d\vec{P}}{dt} = \frac{d}{dt}(M\vec{v}_{CM}) = M\frac{d\vec{v}_{CM}}{dt} = M\vec{a}_{CM}.$$

पर $M\vec{a}_{CM} = \vec{F}^{\text{external}}$, अतः समीकरण (15.3) से,

$$\vec{F}^{\text{external}} = \frac{d\vec{P}}{dt}. \quad \ldots (15.4)$$

यदि यही समीकरण एक कण के लिए लिखा जाए, तो कण पर लगता कुल परिणामी बल $\vec{F}$ ही $\vec{F}^{\text{external}}$ है। अतः, एक कण के लिए,

$$\vec{F} = \frac{d\vec{p}}{dt}. \quad \ldots (15.5)$$

न्यूटन के द्वितीय गति-नियम को हम समीकरण (15.5) के अनुसार ऐसा भी लिख सकते हैं— "किसी कण के संवेग के परिवर्तन की दर उसपर लगते कुल परिणामी बल के समानुपाती होती है।" न्यूटन की मूल रचना में गति-नियम का उल्लेख इस वक्तव्य के करीब है। SI पद्धति में इकाइयों का चुनाव ऐसा किया गया है कि समानुपात का गुणक 1 हो जाता है।

15.2 संवेग-संरक्षण का सिद्धांत

पिछले अध्याय में आपने सीखा कि यदि किसी वस्तु या वस्तुओं के समूह पर कोई बाहरी बल न लग रहा हो, तो उसका द्रव्यमान केंद्र या तो स्थिर रहता है या एकसमान वेग से एक सरल रेखा पर चलता रहता है। समूह के भाग एक-दूसरे पर जो बल लगाते हैं उनके कारण द्रव्यमान केंद्र के वेग पर कोई प्रभाव नहीं पड़ता। ऐसी स्थिति में समीकरण (15.2) के अनुसार समूह का कुल संवेग भी नहीं बदलता।

अतः, यदि किसी वस्तु या समूह पर लगता कुल बाहरी बल शून्य हो, तो उसका संवेग समय बदलने के साथ नहीं बदलता।

इसे ही 'संवेग-संरक्षण का सिद्धांत' कहते हैं। संकेतों में इसे हम इस प्रकार लिख सकते हैं,

यदि $\vec{F}^{\text{external}} = 0$ हो, तो $\vec{P} = \text{constant}$.

यह एक वेक्टर समीकरण है तथा हम इसे घटकों के रूप में भी इस प्रकार लिख सकते हैं,

यदि $F_x^{\text{external}} = 0$, तो $P_x = \text{constant}$.

यदि $F_y^{\text{external}} = 0$, तो $P_y = \text{constant}$.

यदि $F_z^{\text{external}} = 0$, तो $P_z = \text{constant}$.

15.3 प्रक्षेप्य गति में संवेग-संरक्षण

जब किसी कण को क्षैतिज दिशा से θ कोण बनाते हुए एक छोटे वेग u से फेंका जाता है तो वह परवलयाकार पथ पर चलता है। कण के वेग का मान तथा दिशा दोनों लगातार बदलते रहते हैं। अतः, वस्तु का संवेग $\vec{p} = m\vec{v}$ भी लगातार बदलता रहता है। वस्तु पर धरती के कारण बल $\vec{F} = m\vec{g}$ लगता है। इस बाहरी बल की उपस्थिति में संवेग अचर नहीं रहता, बल्कि उसका मान बदलता है। परंतु, यह बल ऊर्ध्वाधर दिशा में ही लगता है। क्षैतिज दिशा में इसका कोई घटक नहीं है। क्षैतिज दिशा में x-अक्ष लें, तो $F_x = 0$ है। इसलिए, कण के संवेग का क्षैतिज घटक हमेशा बराबर रहेगा।

अतः, $p_x = mv_x = mv\cos\alpha = mu\cos\theta$

होगा। आप जानते हैं कि वेग का क्षैतिज घटक v_x हमेशा प्रारंभिक मान $u\cos\theta$ के बराबर ही होता है।

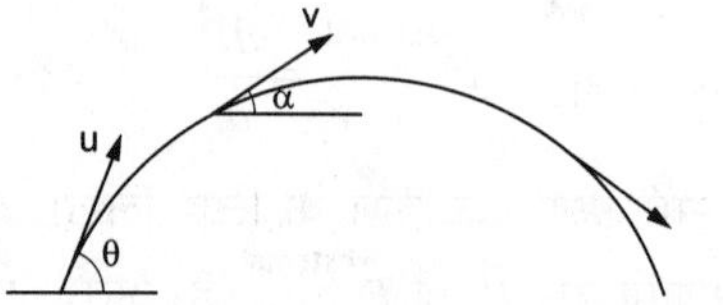

चित्र 15.1

y-दिशा में कण का वेग बदलता है और इसलिए संवेग का y-घटक भी बदलता है। y-दिशा में लगता बल ही इस संवेग परिवर्तन का कारण है।

अभ्यास 15.1

द्रव्यमान m_1 तथा m_2 वाली दो वस्तुएँ एक चिकने क्षैतिज तल पर रखी हैं। $t = 0$ समय पर प्रत्येक वस्तु पर F परिमाण का एक बल लगने लगता है। दोनों बलों की दिशाएँ एक-दूसरे के विपरीत हैं। दिखाएँ कि दोनों वस्तुओं के समूह का संवेग संरक्षित है।

हल मान लें कि m_1 द्रव्यमान वाली वस्तु पर लगता बल $F\hat{i}$ है, तो प्रश्न के अनुसार द्रव्यमान m_2 वाली वस्तु पर लगता बल $-F\hat{i}$ होगा।

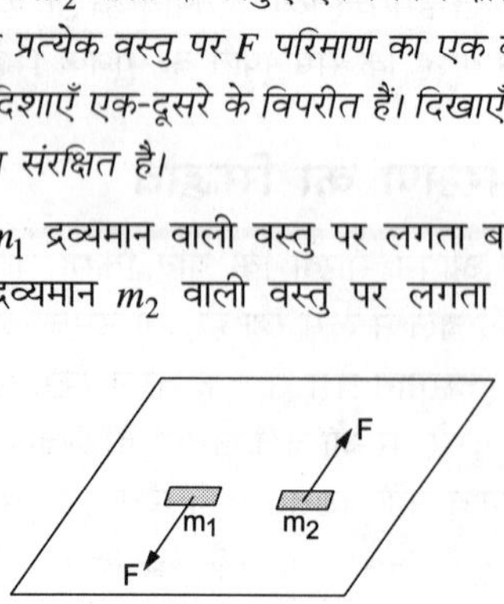

चित्र 15.2

वस्तु m_1 का त्वरण $= (F/m_1)\hat{i}$ तथा t समय पर उसका वेग

$$\vec{v}_1 = \left(\frac{F}{m_1}\hat{i}\right)t. \qquad \text{... (i)}$$

वस्तु m_2 का त्वरण $= \left(\frac{F}{m_2}\right)(-\hat{i})$ तथा t समय पर उसका वेग

$$\vec{v}_2 = \frac{F}{m_2}(-\hat{i})t. \qquad \text{... (ii)}$$

अतः, t समय पर समूह का संवेग,

$$\vec{P} = m_1\vec{v}_1 + m_2\vec{v}_2$$

$$= m_1\left(\frac{F}{m_1}\hat{i}\right)t + m_2\frac{F}{m_2}(-\hat{i})t = 0.$$

दोनों वस्तुओं पर बाहरी बल लग रहे हैं। परंतु, कुल बाहरी बल शून्य है, अतः कुल संवेग नहीं बदलता है।

15.4 आवेग (Impulse)

मान लें कि एक बल $\vec{F}$ किसी कण पर समय t_1 से t_2 तक लगता है। यह बल एकसमान हो, आवश्यक नहीं है।

$$\vec{I} = \int_{t_1}^{t_2} \vec{F}\,dt$$

को समय अवधि t_1 से t_2 में, बल $\vec{F}$ का आवेग कहते हैं। यदि $\vec{F}$ एकसमान हो, तो इसे समाकलन से बाहर निकाल सकते हैं। तब

$$\vec{I} = \vec{F}\int_{t_1}^{t_2} dt = \vec{F}(t_2 - t_1) = \vec{F}\Delta t.$$

यदि बल $\vec{F}$ एक कण पर लगता हुआ परिणामी बल हो, तो

$$\vec{F} = \frac{d\vec{p}}{dt}$$

या $\quad \vec{F}\,dt = d\vec{p}$

या $\quad \int_{t_1}^{t_2} \vec{F}\,dt = \vec{p}_2 - \vec{p}_1$

या $\quad \vec{I} = \vec{p}_2 - \vec{p}_1.$

किसी समय अवधि में कण पर लगते परिणामी बल का आवेग उसके संवेग में परिवर्तन के बराबर होता है।

15.5 एक सरल रेखा पर चलती हुई दो वस्तुओं के बीच टक्कर

आप दो वस्तुओं में टक्कर लगते हुए प्रायः देखते हैं। कभी यह टक्कर अनजाने में होती है और कभी जान-बूझकर लगाई जाती है। कभी सड़क पर दो वाहन टकरा जाते हैं तो कभी क्रिकेट खेलते समय बल्ले से गेंद टकराती है। कैरम बोर्ड के खेल में आप निशाना साधकर स्ट्राइकर से गोटी में टक्कर लगवाते हैं। टक्कर के दौरान वस्तुएँ एक-दूसरे को दबाती हैं, अर्थात बल लगाती हैं। प्रत्येक वस्तु पर दूसरी वस्तु के कारण बल लगता है और इस बल के कारण उसका संवेग बदलता है। परंतु, यदि हम दोनों वस्तुओं के समूह का विचार करें, तो ये बल आंतरिक बल हैं और ये समूह के संवेग को नहीं बदल सकते।

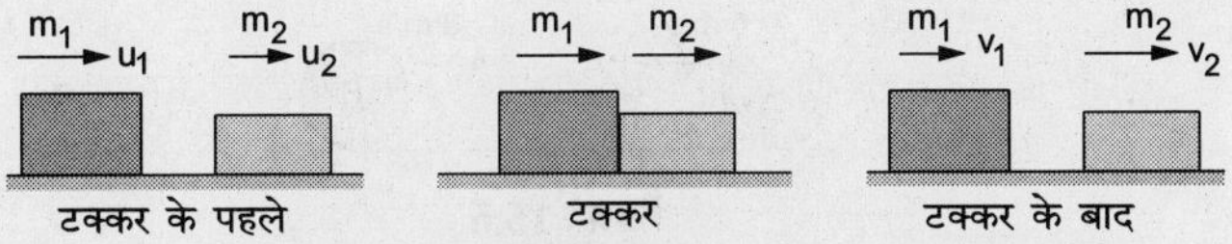

चित्र 15.3

चित्र 15.3 में एक ही रेखा पर चलती दो वस्तुएँ दिखाई गई हैं। इन वस्तुओं में टक्कर होती है और टक्कर के कारण उनमें से प्रत्येक वस्तु का वेग बदल जाता है। द्रव्यमान m_1 वाली वस्तु का वेग टक्कर के पहले u_1 था जो टक्कर के बाद v_1 हो गया। इसी तरह, द्रव्यमान m_2 वाली वस्तु का वेग u_2 से बदलकर v_2 हो गया। टक्कर के पहले दोनों वस्तुओं के समूह का संवेग $m_1u_1 + m_2u_2$ था तथा टक्कर के बाद $m_1v_1 + m_2v_2$ हो गया। चूँकि टक्कर में दोनों वस्तुओं को मिलाकर संवेग नहीं बदलता, अतः

$$m_1u_1 + m_2u_2 = m_1v_1 + m_2v_2. \qquad \dots (15.6)$$

चित्र 15.3 में सभी वेग दाहिनी ओर दिखाए गए हैं तथा उक्त समीकरण इसी के अनुसार लिखा गया है। यदि कोई वस्तु उलटी दिशा में चल रही हो, तो उसका वेग ऋणात्मक होगा। संवेगों को जोड़ते समय उनकी दिशा का भी ध्यान रखना होता है। जैसे यदि वस्तु m_1 दायीं ओर u_1 वेग से तथा वस्तु m_2 बायीं ओर u_2 वेग से चल रही हो (चित्र 15.4), तो दोनों का कुल संवेग $m_1u_1 - m_2u_2$ दायीं ओर होगा।

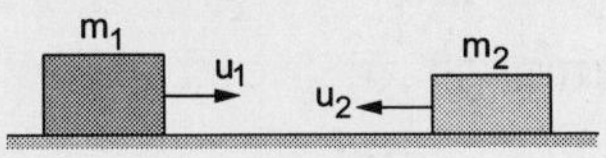

चित्र 15.4

भौतिकीवेत्ता अपने समीकरणों के आधार पर भविष्यवाणियाँ करने में रुचि रखते हैं। प्रारंभिक स्थितियाँ पता हों, तो समीकरणों से बाद की स्थितियाँ पता करने की कोशिश करते हैं। टक्कर की स्थिति में प्रारंभिक वेग u_1 तथा u_2 हैं। यदि ये पता हो, तो हम v_1 तथा v_2 कैसे मालूम करें? समीकरण (15.6) से यह काम पूरा नहीं हो सकता, क्योंकि v_1 तथा v_2 दो अज्ञात राशियाँ हैं तथा इनको पता करने के लिए दो समीकरण चाहिए। वास्तव में अंतिम वेगों को निर्धारित करने में वस्तुओं की प्रकृति का भी असर रहता है। टक्कर के दौरान वस्तुएँ सतह पर विरूपित होती हैं, अर्थात उनकी शक्ल थोड़ी बिगड़ती है। इस विरूपण के दौरान वस्तु की गतिज ऊर्जा का कुछ भाग आंतरिक ऊर्जा के रूप में खर्च हो जाता है। कुछ वस्तुएँ ऐसी होती हैं जो टक्कर के बाद वापस अपनी पुरानी शक्ल में आ जाती हैं, अर्थात उनका विरूपण पूरी तरह ठीक हो जाता है। ऐसी वस्तुओं को 'प्रत्यास्थ वस्तुएँ' तथा ऐसी वस्तुओं की टक्कर को 'प्रत्यास्थ टक्कर' कहते हैं। इस प्रकार की टक्कर में टक्कर के पहले की कुल गतिज ऊर्जा टक्कर के बाद की कुल गतिज ऊर्जा के बराबर होती है। कुछ वस्तुएँ ऐसी होती हैं जो एक बार विरूपित हो जाने के बाद विरूपित ही बनी रहती हैं। ऐसी वस्तुएँ अप्रत्यास्थ कहलाती हैं तथा इनकी टक्कर अप्रत्यास्थ टक्कर कहलाती है। इस प्रकार की टक्कर में दोनों वस्तुएँ टक्कर के बाद एक साथ जुड़ जाती हैं और एक साथ एक ही वेग से चलती हैं। ऐसी स्थिति में अंतिम गतिज ऊर्जा प्रारंभिक गतिज ऊर्जा से कम होती है। ऊर्जा का यह अंतर इसलिए होता है, क्योंकि विरूपित अवस्था में कुछ ऊर्जा वस्तु की आंतरिक ऊर्जा के रूप में चली जाती है।

प्रायः वस्तुएँ इन दोनों प्रकारों से अलग प्रकार की होती हैं। टक्कर के समय विरूपित होने के बाद वस्तुएँ कुछ हद तक अपनी पुरानी स्थिति में वापस आती हैं, पर विरूपण पूरी तरह ठीक नहीं हो पाता। ऐसी वस्तुओं को हम आंशिक रूप से प्रत्यास्थ या आंशिक रूप से अप्रत्यास्थ कह सकते हैं।

अभ्यास 15.2

चित्र 15.5 में एक घर्षणरहित टेबुल पर 1 kg द्रव्यमान के दो गुटके दिखाए गए हैं। दाहिनी ओर के गुटके में एक स्प्रिंग लगा है। दाहिना गुटका स्थिर है तथा बाएँ गुटके को इसकी ओर 2 m/s के वेग से चलाकर छोड़ दिया गया है। यदि स्प्रिंग नियतांक 50 N/m हो, तो इसका अधिकतम संपीडन निकालें।

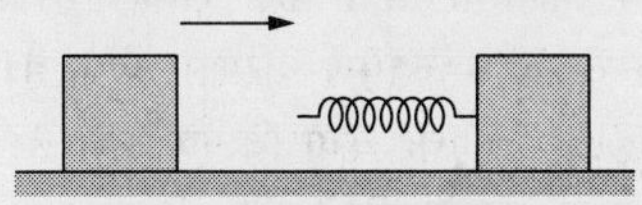

चित्र 15.5

हल टक्कर के बाद अधिकतम संपीडन तब होगा जब दोनों गुटकों के वेग बराबर होंगे। यदि यह वेग v हो, तो संवेग-संरक्षण के सिद्धांत से,

$$(1 \text{ kg})(2 \text{ m/s}) = (1 \text{ kg})v + (1 \text{ kg})v$$

या $$v = 1 \text{ m/s}.$$

दोनों गुटकों एवं स्प्रिंग के निकाय की कुल प्रारंभिक ऊर्जा,

$$U_1 = \frac{1}{2}(1 \text{ kg})(2 \text{ m/s})^2 = 2 \text{ J}.$$

कुल अंतिम ऊर्जा,

$$U_2 = \frac{1}{2}(1 \text{ kg})(1 \text{ m/s})^2 + \frac{1}{2}(1 \text{ kg})(1 \text{ m/s})^2 + \frac{1}{2}(50 \text{ N/m})x^2,$$

जहाँ x स्प्रिंग का अधिकतम संपीडन है।

चूँकि इस निकाय पर कोई बाहरी बल नहीं लग रहा है तथा आंतरिक बलों के संगत स्थितिज ऊर्जा लिख ली गई है,

$$U_1 = U_2$$

या $$2 \text{ J} = \frac{1}{2} \text{ J} + \frac{1}{2} \text{ J} + (25 \text{ N/m})x^2$$

या $$x = \frac{1}{5} \text{ m} = 0.2 \text{ m}.$$

15.6 सरल रेखा पर चलती वस्तुओं के बीच पूर्ण प्रत्यास्थ टक्कर

चित्र 15.3 में दिखाई स्थिति को लें। संवेग-संरक्षण के सिद्धांत के अनुसार,

$$m_1u_1 + m_2u_2 = m_1v_1 + m_2v_2. \qquad \dots \text{(i)}$$

पूर्ण प्रत्यास्थ टक्कर होने के कारण

$$\frac{1}{2}m_1u_1^2 + \frac{1}{2}m_2u_2^2 = \frac{1}{2}m_1v_1^2 + \frac{1}{2}m_2v_2^2. \qquad \dots \text{(ii)}$$

समीकरण (i) से,

$$m_1(u_1 - v_1) = m_2(v_2 - u_2) \qquad \dots \text{(iii)}$$

तथा समीकरण (ii) से,

$$m_1(u_1^2 - v_1^2) = m_2(v_2^2 - u_2^2). \qquad \dots \text{(iv)}$$

समीकरण (iv) में समीकरण (iii) से भाग देने पर,

$$u_1+v_1=v_2+u_2$$

या $$v_2-v_1=u_1-u_2. \quad \ldots (15.7)$$

इस समीकरण को प्राप्त करने के दो फायदे हैं। एक तो यह है कि गतिज ऊर्जा का समीकरण एक द्विघाती समीकरण था। उसमें v_1 तथा v_2 (जिनके मान हम निकालना चाहते हैं) के वर्ग आ रहे थे। द्विघाती समीकरण को हल करना थोड़ा कठिन तो होता ही है। समीकरण (15.7) एक घात वाला समीकरण है और समीकरण (i) के साथ हल करने से v_1 तथा v_2 के मान आसानी से निकल सकते हैं। इसके अतिरिक्त इस समीकरण में एक अन्य महत्त्वपूर्ण परिणाम छुपा है। चित्र 15.3 पर ध्यान दें और देखें कि $v_2 - v_1$ का क्या विशेष अर्थ है। टक्कर के बाद आगे वाली वस्तु v_2 वेग से जा रही है और पिछली वस्तु v_1 वेग से उसके पीछे चल रही है। v_2 का मान इस चित्र की स्थिति में v_1 से अधिक है, क्योंकि टक्कर के बाद आगे वाली वस्तु तेज भागती है और दोनों के बीच की दूरी बढ़ती जाती है। अतः, $v_2 - v_1$ दोनों के बीच की दूरी के बढ़ने की दर है। टक्कर के पहले पिछली वस्तु तेज तथा अगली धीमी थी। अर्थात, u_1 अधिक है u_2 से। तभी तो टक्कर संभव है। $u_1 - u_2$ उनके बीच की दूरी के घटने की दर है। समीकरण (15.7) बताता है कि टक्कर के बाद दोनों वस्तुओं के बीच की दूरी उसी दर से बढ़ती है जिस दर से टक्कर के पहले उनके बीच की दूरी घट रही थी।

अलग होने की दर = नजदीक आने की दर। ... (15.8)

यह परिणाम हमने चित्र 15.3 की ज्यामिति को लेकर निकाला है। चूँकि हमने वेगों की दिशाओं आदि का ठीक-ठीक ध्यान रखा है, इसलिए यह सरल रेखा पर चलते हुए टक्कर करनेवाली हर स्थिति के लिए सही है। यदि दोनों वस्तुएँ आमने-सामने से आकर टक्कर मारें, या कोई वस्तु टक्कर मारकर अपनी दिशा पलट ले तो भी समीकरण (15.8) सही रहेगा।

एक विशेष परिस्थिति को हम अलग से बताना चाहेंगे। यदि मान लें कि पूर्ण प्रत्यास्थ टक्कर करती दो वस्तुओं के द्रव्यमान बराबर हैं। तब समीकरण (i) से,

$$u_1 + u_2 = v_1 + v_2$$

तथा समीकरण (15.7) से,

$$u_1 - u_2 = v_2 - v_1.$$

इन समीकरणों को जोड़ने तथा घटाने पर,

$$v_2 = u_1 \quad \text{तथा} \quad v_1 = u_2,$$

अर्थात टक्कर के पहले जो पहली वस्तु का वेग था वह टक्कर के बाद दूसरी वस्तु का वेग हो गया और टक्कर के पहले जो दूसरी वस्तु का वेग था वह टक्कर के बाद पहली वस्तु का वेग हो गया।

बराबर द्रव्यमान वाली वस्तुएँ एक सरल रेखा पर चलती हुई जब पूर्ण प्रत्यास्थ टक्कर करती हैं तब उनके वेग आपस में एक-दूसरे से बदल जाते हैं।

अभ्यास 15.3

दो गेंदें A तथा B एक क्षैतिज सतह पर एक-दूसरे की ओर चल रही हैं। इनके द्रव्यमान क्रमशः 100 g तथा 200 g हैं। टकराने के ठीक पहले इनकी चालें क्रमशः 5 m/s तथा 8 m/s हैं। पूर्ण प्रत्यास्थ टक्कर मानते हुए टकराने के तुरंत बाद इनकी चालें क्या होंगी?

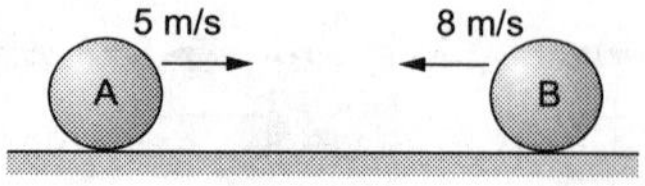

चित्र 15.6

हल टकराने के ठीक पहले दोनों का कुल संवेग (दाहिनी ओर धनात्मक),

$$P_1 = (100\text{ g})(5\text{ m/s}) - (200\text{ g})(8\text{ m/s})$$
$$= -1100\text{ g}\cdot\text{m/s}.$$

यदि टकराने के तुरंत बाद A की चाल v_1 (बायीं ओर) तथा B की v_2 (दाहिनी ओर) हो, तो कुल संवेग,

$$P_2 = (100\text{ g})(-v_1) + (200\text{ g})(v_2).$$

चूँकि टक्कर के समय दोनों गेंदें आपस में ही बल लगाती हैं, संवेग में परिवर्तन नहीं होगा। अतः,

$$-1100\text{ m/s} = -100v_1 + 200v_2$$

या $$v_1 - 2v_2 = 11\text{ m/s}. \quad \ldots (i)$$

टक्कर के पहले दोनों गेंदें एक-दूसरे की ओर $(5+8)$ m/s, अर्थात 13 m/s की दर से नजदीक आ रही थीं। टक्कर के बाद दोनों (v_1+v_2) दर से एक-दूसरे से दूर जाएँगी। चूँकि टक्कर पूर्ण प्रत्यास्थ है,

$$v_1 + v_2 = 13\text{ m/s}. \quad \ldots (ii)$$

समीकरण (i) तथा (ii) से,

$$v_1 = \frac{37}{3}\text{ m/s}, v_2 = \frac{2}{3}\text{ m/s}.$$

ध्यान रहे कि समीकरण (15.8) का प्रयोग तभी कर सकते हैं जब टक्कर एक रेखा पर हो तथा टक्कर पूर्ण प्रत्यास्थ हो।

15.7 एक सरल रेखा पर चलती हुई दो वस्तुओं के बीच पूर्ण अप्रत्यास्थ टक्कर

पूर्ण अप्रत्यास्थ टक्कर में दोनों वस्तुएँ एक-दूसरे के साथ जुड़ जाती हैं और समान वेग से चलने लगती हैं। चित्र 15.7 की स्थिति में, संवेग-संरक्षण के सिद्धांत से,

$$m_1u_1 + m_2u_2 = m_1v + m_2v$$

जहाँ v टक्कर के बाद दोनों का वेग है।

$$\text{अतः}, v = \frac{m_1u_1 + m_2u_2}{m_1 + m_2}. \quad \ldots (i)$$

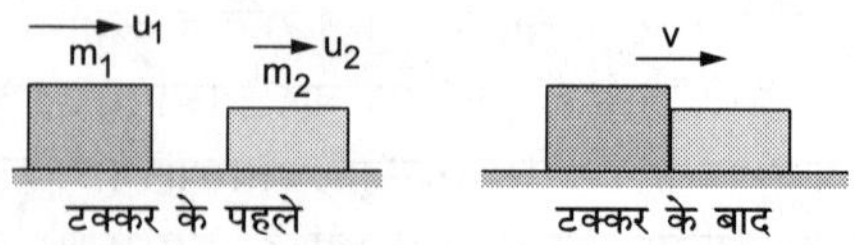

चित्र 15.7

चूँकि यहाँ टक्कर के बाद दोनों वस्तुएँ साथ-साथ चलती हैं, अतः टक्कर के बाद अलग होने की दर = 0.

अभ्यास 15.4

500 g की एक वस्तु 20 km/h के वेग से चल रही है। सामने से 200 g की एक वस्तु 10 km/h के वेग से उसकी ओर आ रही है। ये दोनों वस्तुएँ टकराकर एक-दूसरे में जुड़ जाती हैं। इस जुड़े हुए द्रव्यमान की चाल निकालें।

हल टक्कर से पहले दोनों वस्तुओं का कुल संवेग,

$$P_i = (500\text{ g})(20\text{ km/h}) - (200\text{ g})(10\text{ km/h})$$
$$= 8000\text{ g}\cdot\text{km/h}$$

टक्कर के बाद यदि दोनों वस्तुएँ जुड़कर v वेग से चलें, तो उनका संवेग $P_f = (700\text{ g})v$.

अतः, $8000\text{ g}\cdot\text{km/h} = (700\text{ g})v$

या $v = \frac{80}{7}\text{ km/h}.$

जैसा कि हमने पहले लिखा था, अप्रत्यास्थ टक्कर में वस्तुएँ विरूपित रह जाती हैं और गतिज ऊर्जा का एक भाग वस्तुओं की आंतरिक ऊर्जा में परिवर्तित हो जाता है। टक्कर के बाद की गतिज ऊर्जा टक्कर के पहले की गतिज ऊर्जा से कम होती है। हम अंतिम वेग के व्यंजक (i) का उपयोग कर गतिज ऊर्जा में आई कमी की गणना करेंगे।

प्रारंभिक गतिज ऊर्जा $K_1 = \frac{1}{2}m_1u_1^2 + \frac{1}{2}m_2u_2^2$

अंतिम गतिज ऊर्जा $K_2 = \frac{1}{2}m_1v^2 + \frac{1}{2}m_2v^2$

गतिज ऊर्जा में कमी,

$$K_1 - K_2 = \frac{1}{2}[m_1u_1^2 + m_2u_2^2 - m_1v^2 - m_2v^2]$$
$$= \frac{1}{2}\left[m_1u_1^2 + m_2u_2^2 - (m_1+m_2)\left(\frac{m_1u_1 + m_2u_2}{m_1+m_2}\right)^2\right]$$
$$= \frac{1}{2}\left[\frac{(m_1+m_2)(m_1u_1^2 + m_2u_2^2) - (m_1u_1 + m_2u_2)^2}{m_1+m_2}\right]$$
$$= \frac{1}{2}\cdot\frac{m_1m_2}{m_1+m_2}(u_2 - u_1)^2. \quad \ldots \text{(ii)}$$

यह निश्चित रूप से एक धनात्मक राशि है, अर्थात इस प्रकार की टक्कर में गतिज ऊर्जा में अवश्य ही कमी आएगी। पूर्ण प्रत्यास्थ टक्करों में गतिज ऊर्जा में कोई कमी नहीं आती, पूर्ण अप्रत्यास्थ टक्कर में गतिज ऊर्जा में अधिकतम कमी आती है जो समीकरण (ii) में प्राप्त मान के बराबर होती है। आंशिक रूप में प्रत्यास्थ टक्कर में गतिज ऊर्जा में कमी समीकरण (ii) में दिए गए व्यंजक से कम होती है।

15.8 आंशिक प्रत्यास्थ टक्कर

आंशिक प्रत्यास्थ टक्कर की स्थिति पूर्ण प्रत्यास्थ एवं पूर्ण अप्रत्यास्थ स्थितियों के बीच की होती है। इसे हम टक्कर के बाद वस्तुओं के अलग होने की दर से संबंधित कर सकते हैं। पूर्ण प्रत्यास्थ टक्कर में यह दर टक्कर के पहले वस्तुओं के निकट आने की दर के बराबर होती है। पूर्ण अप्रत्यास्थ टक्कर में यह दर शून्य हो जाती है। आंशिक प्रत्यास्थ टक्कर में वस्तुएँ टक्कर के बाद अलग तो होती हैं, पर अलग होने की दर टक्कर के पहले उनके नजदीक आने की दर से कम होती है। तीनों स्थितियों के लिए हम लिख सकते हैं,

अलग होने की दर $= e$ (नजदीक आने की दर), ... (15.9)

जहाँ पूर्ण प्रत्यास्थ टक्कर के लिए $e = 1$,

पूर्ण अप्रत्यास्थ टक्कर के लिए $e = 0$

तथा आंशिक प्रत्यास्थ टक्कर के लिए $0 < e < 1$.

इस राशि e को **प्रत्यवस्थान गुणांक** (coefficient of restitution) कहते हैं। e का मान जितना कम होगा, गतिज ऊर्जा में उतनी ही अधिक कमी आएगी। आंशिक प्रत्यास्थ टक्कर में अंतिम वेग निकालने के लिए संवेग-संरक्षण का समीकरण (15.6) एवं समीकरण (15.9) का उपयोग करते हैं।

अभ्यास 15.5

m द्रव्यमान की एक वस्तु A, v चाल से चलती हुई $2m$ द्रव्यमान की दूसरी वस्तु B से जा टकराती है। टक्कर के पहले B स्थिर थी तथा टक्कर के बाद A स्थिर हो जाती है। इन दोनों वस्तुओं के बीच प्रत्यवस्थान गुणांक निकालें।

हल मान लें कि वस्तु B टक्कर के बाद v' वेग से चलने लगती है। संवेग-संरक्षण के सिद्धांत से,

$$mv = 2mv'$$

या $v' = \frac{v}{2}\cdot$

अतः, वस्तुओं के नजदीक आने की दर $= v$

तथा वस्तुओं के दूर जाने की दर $= \frac{v}{2}\cdot$

अतः, प्रत्यवस्थान गुणांक $e = \frac{v/2}{v} = \frac{1}{2}\cdot$

15.9 एक दीवार से गेंद की टक्कर

जब हम किसी दीवार पर एक गेंद को फेंकते हैं, तो गेंद हमारी ओर लौटती है, पर दीवार अपने स्थान पर ही खड़ी रहती है। दीवार भवन के अन्य हिस्सों के साथ जुड़ी होती है और वे जमीन के अंदर नींव या खंभों से जुड़े होते हैं। इस तरह यह संपूर्ण पिंड गेंद के साथ टकराता है। अतः, हम इसके द्रव्यमान को अनंत मानकर अपनी गणना करेंगे।

अनंत मान होने के कारण दीवार का वेग शून्य रहेगा, क्योंकि यदि यह शून्य न हो, तो दीवार का संवेग (mv) अनंत हो जाएगा। पर, गेंद दीवार को अनंत संवेग नहीं दे सकता, क्योंकि उसका अपना संवेग तो सीमित है। अनंत द्रव्यमान एवं शून्य वेग के गुणनफल से दीवार का संवेग निकालना गणितीय पहेली है जिसका हल सरल नहीं है। अतः, हम संवेग-संरक्षण के समीकरण का प्रयोग यहाँ नहीं करेंगे। परंतु, प्रत्यास्थ टक्कर के दूसरे समीकरण का प्रयोग हम आसानी से कर सकते हैं।

चित्र 15.8

अलग होने की दर = पास आने की दर।

चूँकि दीवार अपने स्थान पर स्थिर रहती है, अतः गेंद जिस वेग से दीवार की ओर जाता है, उतने ही वेग से वह वापस भी लौटता है।

यदि यह टक्कर प्रत्यास्थ न हो, बल्कि प्रत्यवस्थान गुणांक e हो, तो

अलग होने की दर $= e$ (पास आने की दर)।

यदि गेंद u वेग से दीवार की ओर जा रहा था, तो वह eu वेग से वापस लौटेगा।

यहाँ हमने माना है कि गेंद दीवार से टकराने के ठीक पहले दीवार पर लंबवत दिशा में चल रही थी। यदि यह दीवार पर तिरछी दिशा से टक्कर मारे तो टक्कर के बाद गेंद भी किसी और दिशा में लौटेगी।

इस परिस्थिति की चर्चा हम पुनः आगे करेंगे।

15.10 एक समतल में चलती हुई वस्तुओं में टक्कर

मान लें कि m_1 तथा m_2 द्रव्यमान की दो वस्तुएँ xy-तल में $\vec{u_1}$ तथा $\vec{u_2}$ वेग से चलती हुई एक-दूसरे को टक्कर मारती हैं। यह भी मान लें कि टक्कर के बाद वे क्रमशः $\vec{v_1}$ तथा $\vec{v_2}$ वेग से उसी तल में चलने लगती हैं।

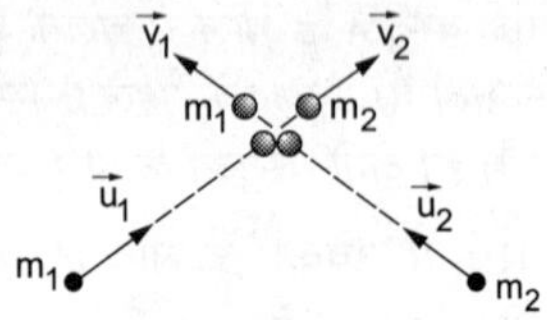

चित्र 15.9

संवेग-संरक्षण के सिद्धांत से,

$$m_1\vec{u_1} + m_2\vec{u_2} = m_1\vec{v_1} + m_2\vec{v_2}$$

x- तथा y-अक्ष के अनुदिश घटक लेने पर,

$$m_1u_{1x} + m_2u_{2x} = m_1v_{1x} + m_2v_{2x}, \qquad \ldots \text{(i)}$$

$$m_1u_{1y} + m_2u_{2y} = m_1v_{1y} + m_2v_{2y}. \qquad \ldots \text{(ii)}$$

यदि टक्कर पूर्णतः प्रत्यास्थ हो, तो

$$m_1(u_{1x}^2 + u_{1y}^2) + m_2(u_{2x}^2 + u_{2y}^2)$$
$$= m_1(v_{1x}^2 + v_{1y}^2) + m_2(v_{2x}^2 + v_{2y}^2) \qquad \ldots \text{(iii)}$$

यदि हम टक्कर के पहले के वेग जानते हों और टक्कर के बाद के वेग जानने की इच्छा रखते हों, तो हमें चार अज्ञात राशियों v_{1x}, v_{1y}, v_{2x}, v_{2y} के मान निकालने होंगे। पर, हमारे पास तीन ही समीकरण हैं। वस्तुतः, आरंभिक वेग निश्चित कर देने से ही अंतिम वेग निश्चित नहीं हो जाते। दोनों वस्तुओं में टक्कर सतह के किन बिंदुओं पर हुई है उससे भी अंतिम दिशाएँ प्रभावित होती हैं।

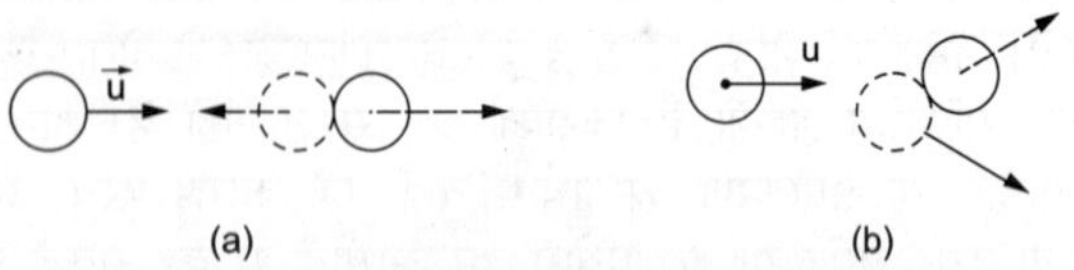

चित्र 15.10

उदाहरण के लिए, चित्र 15.10 में एक गोला स्थिर पड़ा है और दूसरा उसे टक्कर मार रहा है। दो स्थितियाँ दिखाई गई हैं, दोनों में आरंभिक वेग एक-से हैं। पहला गोला u वेग से चल रहा है और दूसरा स्थिर है, परंतु सतहों पर टक्कर के बिंदु भिन्न हैं। टक्कर के बाद की दिशाएँ दोनों स्थितियों में बिलकुल भिन्न हैं।

15.11 एक स्थिर समतल पर वस्तु की तिरछी टक्कर

मान लें कि हम किसी गेंद को एक क्षैतिज फर्श पर तिरछा फेंकते हैं। गेंद फर्श से टकराकर दूसरी ओर चली जाती है। चित्र 15.11 में यह स्थिति दिखाई गई है। गेंद AB दिशा में u वेग से चलती हुई फर्श से B बिंदु पर टकराती है और टक्कर के बाद BC दिशा में v वेग से लौट जाती है। फर्श के बिंदु B पर BD लंब है, AB इस लंब से θ_1 कोण बनाती है और BC इससे θ_2 कोण बनाती है।

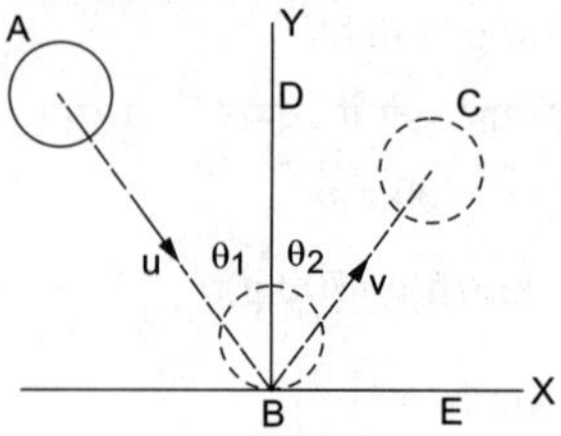

चित्र 15.11

फर्श को हम अनंत द्रव्यमान का मानकर चलेंगे, क्योंकि यह अपने स्थान पर स्थिर रहता है। गेंद के साथ फर्श के घर्षण को भी हम नगण्य मानेंगे। जिस समय गेंद फर्श के साथ टक्कर कर रही है, गेंद पर फर्श के द्वारा बल BD दिशा में लगाया जाएगा। अतः, गेंद के संवेग में जो भी परिवर्तन होगा वह BD दिशा में होगा। फर्श के अनुदिश BE दिशा में गेंद के वेग में कोई परिवर्तन नहीं होगा। अतः,

$$u \sin \theta_1 = v \sin \theta_2. \qquad \ldots \text{(i)}$$

BD दिशा में वेग में कितना परिवर्तन होगा यह गेंद एवं फर्श के प्रत्यास्थ गुणों पर निर्भर करेगा।

प्रत्यास्थ टक्कर

यदि गेंद एवं फर्श ऐसे हों कि उनकी टक्कर पूर्ण प्रत्यास्थ हो, तो

आरंभिक गतिज ऊर्जा = अंतिम गतिज ऊर्जा।

परंतु, फर्श में तो गतिज ऊर्जा है ही नहीं, अतः

$$\frac{1}{2}mu^2 = \frac{1}{2}mv^2$$

या $$u = v. \qquad \ldots \text{(ii)}$$

समीकरण (i) एवं (ii) से,

$$\sin \theta_1 = \sin \theta_2$$

या $$\theta_1 = \theta_2.$$

आपको अवश्य ही प्रकाश के परावर्तन के नियमों की याद आ रही होगी। आपतित कोण = परावर्तन का कोण तथा आपतित दिशा, परावर्तित दिशा एवं अभिलंब एक ही तल में। न्यूटन ने प्रत्यास्थ टक्कर की इसी प्रकृति को देखते हुए यह विचार दिया था कि प्रकाश भी इसी प्रकार के छोटे-छोटे कणों का समूह है और दर्पण की सतह के साथ प्रत्यास्थ टक्कर कर परावर्तित हो जाता है।

अप्रत्यास्थ टक्कर

फर्श के अनुदिश BE दिशा में गेंद पर कोई बल नहीं लगता। अतः, इस दिशा में गेंद के वेग में कोई परिवर्तन नहीं होगा और समीकरण (i) सत्य होगा। BD दिशा में लगते बल के कारण गेंद की ऊर्ध्वाधिर गति प्रभावित होगी। इस दिशा में गेंद के वेग का घटक $u \cos \theta_1$ फर्श की ओर है, अर्थात गेंद $u \cos \theta_1$ वेग से फर्श के पास आ रहा है। पूर्ण अप्रत्यास्थ टक्कर में गेंद फर्श से टकराकर उससे अलग नहीं होता और BD दिशा में उसका अंतिम वेग शून्य होगा। अतः, गेंद फर्श की सतह पर ही v वेग से चलेगी। ऐसी स्थिति में $u \sin \theta_1 = v$ एवं $\theta_2 = 90°$.

किंतु, यदि टक्कर आंशिक प्रत्यास्थ हो, तो गेंद फर्श को छोड़ उससे दूर जाएगी। वेग में परिवर्तन BD दिशा में ही होगा, क्योंकि फर्श द्वारा गेंद पर बल इसी दिशा में लगाया जा रहा है। टक्कर से पहले गेंद फर्श की ओर (ऊर्ध्वाधर दिशा में) $u\cos\theta_1$ वेग से पास आ रही थी और टक्कर के बाद यह $v\cos\theta_2$ वेग से दूर जा रही है। यदि प्रत्यवस्थान गुणांक e हो, तो

$$v\cos\theta_2 = e(u\cos\theta_1). \quad \ldots \text{(iii)}$$

समीकरण (i) तथा (iii) से,

$$\frac{u\sin\theta_1}{eu\cos\theta_1} = \frac{v\sin\theta_2}{v\cos\theta_2}$$

या
$$\frac{\tan\theta_1}{e} = \tan\theta_2. \quad \ldots (15.10)$$

गेंद के अंतिम वेग की दिशा θ_2 समीकरण (15.10) से मिलती है। पूर्ण प्रत्यास्थ टक्कर की स्थिति में $e=1$ तथा $\theta_2=\theta_1$ होगा। पूर्ण अप्रत्यास्थ टक्कर की स्थिति में $e=0$ तथा $\theta_2 = 90°$ होगा।

15.12 द्रव्यमान केंद्र के फ्रेम में दो कणों के बीच प्रत्यास्थ टक्कर

मान लें कि m_1 तथा m_2 द्रव्यमान के दो कण $\vec{v}_1$ तथा $\vec{v}_2$ वेग से चलते हुए एक-दूसरे से टकराते हैं। इनके द्रव्यमान केंद्र का वेग होगा,

$$\vec{v}_{\text{CM}} = \frac{m_1\vec{v}_1 + m_2\vec{v}_2}{m_1+m_2}.$$

चित्र 15.12

इन कणों को आप उस फ्रेम से देखें जिसका मूलबिंदु द्रव्यमान केंद्र पर है और जो पुराने फ्रेम के सापेक्ष $\vec{v}_{\text{CM}}$ वेग से चल रहा है। चूँकि दो वस्तुओं की टक्कर में उनके द्रव्यमान केंद्र के वेग में कोई परिवर्तन नहीं होता, यह फ्रेम भी पुराने फ्रेम की तरह जड़त्वीय फ्रेम होगा। इस फ्रेम को प्रायः COM फ्रेम (centre of mass frame) कहते हैं।

इस फ्रेम में, पहले कण का वेग,

$$\vec{v}_{1C} = \vec{v}_1 - \vec{v}_{\text{CM}} = \vec{v}_1 - \frac{m_1\vec{v}_1 + m_2\vec{v}_2}{m_1+m_2}$$

$$= \frac{m_2(\vec{v}_1 - \vec{v}_2)}{m_1+m_2} \quad \ldots \text{(i)}$$

तथा दूसरे कण का वेग,

$$\vec{v}_{2C} = \vec{v}_2 - \vec{v}_{\text{CM}} = \vec{v}_2 - \frac{m_1\vec{v}_1 + m_2\vec{v}_2}{m_1+m_2}$$

$$= \frac{m_1(\vec{v}_2 - \vec{v}_1)}{m_1+m_2}. \quad \ldots \text{(ii)}$$

समीकरण (i) और (ii) से आप देखते हैं कि COM फ्रेम में दोनों कण एक-दूसरे की ओर एक सरल रेखा में चल रहे हैं। यदि द्रव्यमान केंद्र स्थिर हो, तो दोनों कणों को एक सरल रेखा पर विपरीत दिशाओं में चलना ही होगा।

चित्र 15.13 में दो कण v_{1C} तथा v_{2C} वेगों से COM फ्रेम में एक-दूसरे की ओर चलते हुए दिखाए गए हैं। टक्कर के बाद वे v'_{1C} तथा v'_{2C} वेगों से एक-दूसरे से दूर जाने लगते हैं। टक्कर से पहले इनके संवेग $\vec{p}_1$ तथा $\vec{p}_2$ थे और टक्कर के बाद से संवेग $\vec{p}'_1$ तथा $\vec{p}'_2$ हो जाते हैं। COM फ्रेम में द्रव्यमान केंद्र का वेग शून्य है, अतः इस फ्रेम में कणों का कुल संवेग शून्य होगा। संवेग-संरक्षण के सिद्धांत से टक्कर के बाद भी कुल संवेग शून्य ही होगा।

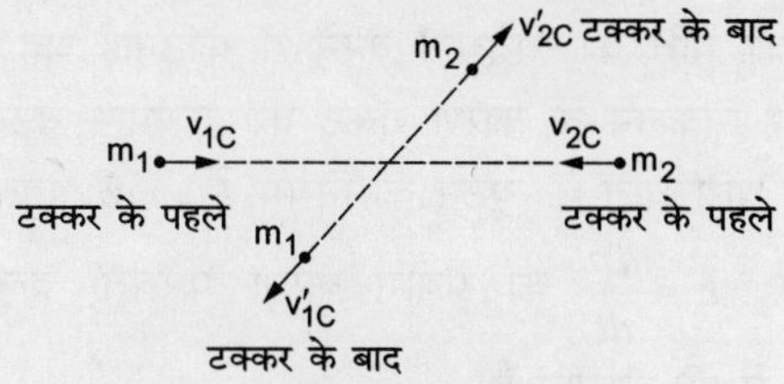

चित्र 15.13

अतः, $\vec{p}_1 + \vec{p}_2 = 0 \quad \ldots$ (i)

तथा $\vec{p}'_1 + \vec{p}'_2 = 0. \quad \ldots$ (ii)

परिमाणों की तुलना करने पर, $p_1 = p_2$ तथा $p'_1 = p'_2$.

यदि टक्कर पूर्ण प्रत्यास्थ हो, तो कणों की प्रारंभिक गतिज ऊर्जा तथा अंतिम गतिज ऊर्जा बराबर होंगी।

गतिज ऊर्जा $= \frac{1}{2}mv^2 = \frac{m^2v^2}{2m} = \frac{p^2}{2m}$.

अतः, $\frac{p_1^2}{2m_1} + \frac{p_2^2}{2m_2} = \frac{p_1'^2}{2m_1} + \frac{p_2'^2}{2m_2}$

या $\frac{1}{2m_1}(p_1^2 - p_1'^2) + \frac{1}{2m_2}(p_2^2 - p_2'^2) = 0 \quad \ldots$ (iii)

या $\frac{1}{2m_1}(p_1^2 - p_1'^2) + \frac{1}{2m_2}(p_1^2 - p_1'^2) = 0$

या $\left(\frac{1}{2m_1} + \frac{1}{2m_2}\right)(p_1^2 - p_1'^2) = 0$

या $p_1^2 - p_1'^2 = 0$

या $p_1 = p'_1$

या $m_1 v_{1C} = m_1 v'_{1C}$

या $v_{1C} = v'_{1C}$.

इसी तरह, $v_{2C} = v'_{2C}$.

अर्थात, COM फ्रेम में प्रत्यास्थ टक्कर में कणों के चलने की दिशा में परिवर्तन हो सकता है, पर कणों की चालों में कोई परिवर्तन नहीं होता।

15.13 रॉकेट का सिद्धांत

आपने ISRO द्वारा अंतरिक्ष में भेजे जानेवाले यानों के प्रक्षेपण को टीवी पर देखा होगा। यान में अनेक रॉकेट लगे होते हैं। उलटी गिनती गिनते हुए जब प्रक्षेपण होता है, तो इन रॉकेटों से नीचे की ओर आग-सी निकलती है और यान तेजी से ऊपर की ओर उठने लगता है।

रॉकेट में ज्वलनशील ईंधन का प्रयोग होता है जो जलकर गैस बनाता है। ये गैसें रॉकेट के पिछले भाग से बाहर निकलती हैं जिससे रॉकेट में आगे की ओर त्वरण पैदा होता है। जिस यान को हमें अंतरिक्ष में अपने प्रयोगों के लिए ले जाना होता है उसके साथ इन रॉकेटों को जोड़ दिया जाता है। इसे पेलोड (payload) कहते हैं। जब रॉकेट आगे की ओर चलता है तो साथ में यह पेलोड भी आगे चलता है। आगे जब 'रॉकेट' शब्द आएगा तो वह रॉकेट तथा उसके साथ लगे पेलोड को मिलाकर निरूपित करेगा।

रॉकेट की गति की विवेचना करने में कठिनाई यह है कि ईंधन जलकर बाहर निकलने के कारण रॉकेट का द्रव्यमान घटता जाता है। इस तरह की परिस्थिति में न्यूटन का नियम $\vec{F}=m\vec{a}$ बहुत लाभदायक नहीं है। पर, $\vec{F}=\dfrac{d\vec{p}}{dt}$ का प्रयोग करना परिवर्ती द्रव्यमान वाली परिस्थितियों में भी आसान है।

अब एक रॉकेट के बारे में विचार करें जो बाहरी अंतरिक्ष में चल रहा है और उसपर लगनेवाले बाहरी बल (गुरुत्वाकर्षण आदि) नगण्य हैं।

मान लें कि समय t पर रॉकेट का कुल द्रव्यमान M है, ईंधन के जलकर बाहर निकलने की दर m है तथा बाहर निकलती गैस की रॉकेट के सापेक्ष चाल u है। रॉकेट चलने की दिशा को x-दिशा कहें। चूँकि ईंधन के दहन की क्रिया रॉकेट के अंदर हो रही है, रॉकेट के सापेक्ष ही निकलती गैस की चाल का एक निश्चित मान हो सकता है, इसलिए हमने इस चाल u की चर्चा की है।

मान लें कि समय $t=0$ पर रॉकेट का द्रव्यमान M_0 है तथा उसकी चाल u है और गैसें इस दिशा की विपरीत दिशा (ऋणात्मक x-दिशा) में निकल रही हैं। हम बाद के किसी समय पर रॉकेट की चाल जानना चाहते हैं।

मान लें कि हमारे फ्रेम में समय t पर रॉकेट की चाल v है तथा उसका द्रव्यमान M है। समय $t+dt$ पर रॉकेट की चाल $v+dv$ हो जाती है और उसका द्रव्यमान $M+dM$ हो जाता है। दी गई परिस्थितियों में dv धनात्मक तथा dM ऋणात्मक होगा, पर कलनशास्त्र का प्रयोग करने के लिए हमें राशियों के छोटे परिवर्तनों को इसी तरह लिखना होता है।

$$dM=-mdt.$$

समय t पर इस द्रव्यमान M का संवेग,

$$\vec{P_i}=Mv\hat{i}.$$

समय $t+dt$ पर रॉकेट का द्रव्यमान $M+dM$ है तथा उसकी चाल $v+dv$ है। अतः, इसका संवेग,

$$\vec{P_{f_1}}=(M+dM)(v+dv)\hat{i}$$

होगा। परंतु, इसी निकाय का एक भाग (गैस), जिसका द्रव्यमान mdt है, रॉकेट के सापेक्ष u वेग से ऋणात्मक x-अक्ष की दिशा में चल रहा है। हमारे फ्रेम S में इस भाग की चाल,

$$\vec{v}_{\text{gas}, S}=\vec{v}_{\text{gas, rocket}}+\vec{v}_{\text{rocket}, S}$$

या $$\vec{v}_{\text{gas}, S}=-u\hat{i}+v\hat{i}=(v-u)\hat{i}.$$

अतः, इस भाग का संवेग,

$$\vec{P_{f_2}}=(mdt)(v-u)\hat{i}.$$

अतः, द्रव्यमान M के हमारे निकाय का संवेग, समय $t+dt$ पर,

$$\vec{P_f}=\vec{P_{f_1}}+\vec{P_{f_2}}=(M+dM)(v+dv)\hat{i}+(mdt)(v-u)\hat{i}.$$

संवेग-संरक्षण के सिद्धांत के अनुसार,

$$Mv\hat{i}=(M+dM)(v+dv)\hat{i}+mdt(v-u)\hat{i}$$

या $$0=Mdv+vdM+(dM)(dv)+m(v-u)dt.$$

$(dM)(dv)$ दो छोटी संख्याओं का गुणनफल होने के कारण बाकी पदों की तुलना में नगण्य मानी जा सकती है। साथ ही $M=M_0-mt$.

अतः, $$0=(M_0-mt)dv+v(-mdt)+m(v-u)dt$$

या $$(M_0-mt)dv=mudt$$

या $$dv=mu\frac{dt}{M_0-mt}$$

या $$\int_u^v dv=mu\int_0^t\frac{dt}{M_0-mt}$$

या $$v-u=mu\left[-\frac{1}{m}\ln\frac{M_0-mt}{M_0}\right]$$

$$=u\ln\frac{M_0}{M_0-mt}$$

या $$v=u\left[1+\ln\frac{M_0}{M_0-mt}\right].$$

• हल किए गए प्रश्न •

1. *एक स्टंट फिल्म का हीरो एक मशीनगन से 50 g की गोलियाँ दागता है। प्रत्येक गोली का वेग 1.0 km/s है। यदि वह चार सेकंड में 20 गोलियाँ दागता है, तो मशीनगन को पकड़कर रखने के लिए उसे कितना औसत बल लगाना पड़ेगा?*

हल एक गोली का संवेग = (0.050 kg)(1000 m/s) = 50 kg · m/s.

प्रत्येक बार जब गोली चलती है, तो गोली इतना संवेग मशीनगन को देती है।

अतः, मशीनगन के संवेग परिवर्तन की दर

$$=\frac{(50\text{ kg}\cdot\text{m/s})\times 20}{4\text{ s}}=250\text{ N}.$$

गोलियों द्वारा मशीनगन पर पीछे की ओर इतना ही औसत बल लगाया जा रहा है। मशीनगन को पकड़े रहने के लिए हीरो को भी उसपर आगे की ओर इतना ही औसत बल लगाना पड़ेगा।

2. *एक घर्षणरहित क्षैतिज सतह पर 20 m/s के वेग से चलती हुई एक वस्तु दो भागों में टूट जाती है। दोनों भागों के द्रव्यमान समान हैं और उनमें से एक अविभाजित वस्तु के वेग की दिशा में 30 m/s की चाल से चलती है। (a) दूसरे भाग का वेग निकालें। (b) वस्तु की कुल गतिज ऊर्जा में प्रतिइकाई परिवर्तन (fractional change, $\Delta K/K$) निकालें।*

हल (a) चूँकि वस्तु आंतरिक बलों के कारण टूटी है, इसका संवेग नहीं बदलेगा। चूँकि पहला भाग वस्तु के प्रारंभिक वेग की दिशा में

चलता है, दूसरा भाग भी इसी रेखा के अनुदिश चलेगा। यदि उसका वेग v मानें, तो

$$M(20\ \text{m/s}) = \frac{M}{2}(30\ \text{m/s}) + \frac{M}{2}v$$

या $v = 10\ \text{m/s}$.

(b) वस्तु की प्रारंभिक गतिज ऊर्जा,

$$K_1 = \frac{1}{2} \cdot M(20\ \text{m/s})^2.$$

टूटने के बाद दोनों भागों की सम्मिलित गतिज ऊर्जा,

$$K_2 = \frac{1}{2} \cdot \frac{M}{2}(30\ \text{m/s})^2 + \frac{1}{2} \cdot \frac{M}{2}(10\ \text{m/s})^2.$$

अतः, गतिज ऊर्जा में प्रतिइकाई परिवर्तन,

$$\frac{K_2 - K_1}{K_1} = \frac{1}{4}.$$

3. *M द्रव्यमान की एक कार एक क्षैतिज सड़क पर v चाल से चल रही है। तभी पेड़ पर लटका एक हिंदी फिल्म का हीरो पेड़ छोड़कर ऊर्ध्वाधिर दिशा में गिरता हुआ कार की छत को पकड़कर लटक जाता है। हीरो का द्रव्यमान m मानते हुए कार का नया वेग निकालें।*

हल कार तथा हीरो के निकाय पर विचार करें। हीरो के कार पर कूदने के पहले क्षैतिज दिशा में कुल संवेग

$$P_i = Mv + m \times (0) = Mv.$$

कूदने के बाद दोनों एक ही नए वेग v' से चलते हैं, अतः अब कुल संवेग

$$P_f = (M + m)v'.$$

चूँकि क्षैतिज दिशा में कुल बल शून्य है, अतः

$$(M + m)v' = Mv \quad \text{या} \quad v' = \frac{Mv}{M + m}.$$

4. *M द्रव्यमान का एक स्पेसयान 4000 km/h की चाल से धरती से दूर जा रहा है। इस स्पेसयान से $M/6$ द्रव्यमान का एक भाग पीछे की ओर एक वेग से अलग कर दिया जाता है। इस भाग का वेग स्पेसयान की प्रारंभिक स्थिति के सापेक्ष 100 km/h है। बचे हुए स्पेसयान का वेग निकालें।*

हल प्रारंभिक स्थिति में स्पेसयान का संवेग,

$$P_i = M(4000\ \text{km/h}).$$

अलग हुए द्रव्यमान हिस्से का धरती के सापेक्ष वेग

$$\vec{v}_{\text{part, earth}} = \vec{v}_{\text{part, space vehicle}} + \vec{v}_{\text{space vehicle, earth}}$$

$$v_{\text{part, earth}} = -100\ \text{km/h} + 4000\ \text{km/h} = 3900\ \text{km/h}.$$

अब दोनों हिस्सों को मिलाकर संवेग,

$$P_f = \frac{M}{6}(3900\ \text{km/h}) + \frac{5M}{6}v,$$

जहाँ v बचे हुए स्पेसयान का आगे की ओर वेग है।

संवेग-संरक्षण के सिद्धांत के अनुसार,

$$M(4000\ \text{km/h}) = \frac{M}{6}(3900\ \text{km/h}) + \frac{5M}{6}v$$

या $v = 4020\ \text{km/h}$.

अतः, बचे हुए स्पेसयान का वेग v = 4020 km/h.

5. *25 kg द्रव्यमान का एक बालक 10 kg द्रव्यमान के तख्ते पर खड़ा है। यह तख्ता बर्फ की घर्षण रहित क्षैतिज सतह पर रखा है। बालक बर्फ के सापेक्ष 5 m/s के वेग से तख्ते पर से एक ओर कूद जाता है। तख्ता विपरीत दिशा में कितने वेग से चलेगा? बालक तथा तख्ता एक-दूसरे से किस वेग से दूर जा रहे हैं?*

हल तख्ते तथा बालक को मिलाकर निकाय मानें। बर्फ घर्षणरहित मानी गई है। अतः, क्षैतिज दिशा में इस निकाय पर कोई बल नहीं लग रहा है। अतः, क्षैतिज दिशा में कुल संवेग नहीं बदलेगा। यदि तख्ते का वेग v हो, तो

$$0 = (25\ \text{kg}) \times (5\ \text{m/s}) - (10\ \text{kg})v$$

या $v = 12.5\ \text{m/s}$.

बालक तथा तख्ते के बीच की दूरी बदलने की दर

$$V = 12.5\ \text{m/s} + 5.0\ \text{m/s} = 17.5\ \text{m/s}.$$

6. *घर्षण रहित बर्फ की सतह पर M द्रव्यमान का एक पटरा रखा है और उसपर m द्रव्यमान का एक मनुष्य खड़ा है। मनुष्य पटरे पर चलना प्रारंभ करता है। यदि मनुष्य का वेग पटरे के सापेक्ष v हो, तो बर्फ के सापेक्ष पटरे का वेग क्या होगा?*

हल यदि बर्फ के सापेक्ष मनुष्य का वेग v' और पटरे का वेग V हो,

तो $\vec{v}_{\text{man, ice}} = \vec{v}_{\text{man, plank}} + \vec{v}_{\text{plank, ice}}$

या $v' = v + V$.

चलना प्रारंभ करने के पहले मनुष्य तथा पटरे का कुल संवेग $= 0$.

बाद में दोनों का कुल संवेग $= mv' + MV$.

अतः, $mv' + MV = 0$

या $m(v + V) + MV = 0$

या $V = -\dfrac{mv}{M + m}$.

अतः, पटरा बर्फ पर मनुष्य के चलने की विपरीत दिशा में $\dfrac{mv}{M + m}$ चाल से चलेगा।

7. *x-अक्ष पर v वेग से चलता हुआ m द्रव्यमान का एक गोला, मूलबिंदु पर स्थिर रखे $2m$ द्रव्यमान के दूसरे गोले से टकराता है। टक्कर के कारण पहला गोला स्थिर हो जाता है और दूसरे गोले के दो बराबर टुकड़े हो जाते हैं। इनमें से एक टुकड़ा y-अक्ष पर v_1 वेग से चलने लगता है। दूसरे टुकड़े का वेग क्या होगा?*

हल मान लें कि दूसरे टुकड़े का वेग $\vec{v}_2$ है। टक्कर के पहले पूरे निकाय का संवेग $mv\hat{i}$ था। टक्कर के बाद पहले गोले का संवेग शून्य, दूसरे गोले के पहले टुकड़े का संवेग $mv_1\hat{j}$ तथा दूसरे टुकड़े का संवेग $m\vec{v}_2$ होगा।

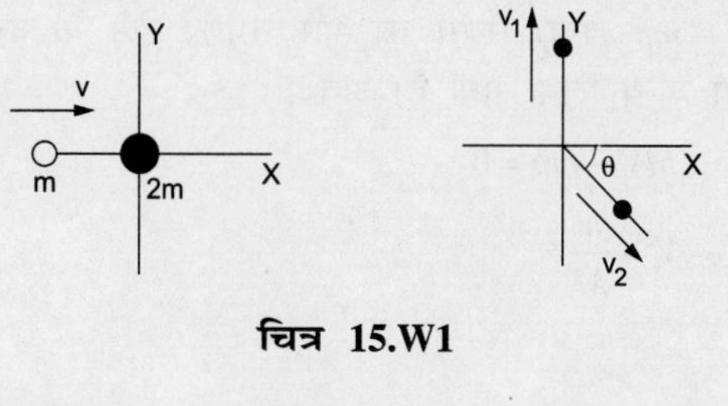

चित्र 15.W1

अतः, संवेग-संरक्षण के सिद्धांत से,

$$mv\hat{i} = mv_1\hat{j} + m\vec{v}_2$$

या $\quad \vec{v}_2 = v\hat{i} - v_1\hat{j}.$

$$|\vec{v}_2| = \sqrt{v^2 + v_1^2} \quad \text{तथा} \quad \tan\theta = \frac{v_1}{v}.$$

8. *एक लंबे सरल दोलक में बँधे बॉब का द्रव्यमान 450 g है। नीचे से इस बॉब पर 50 g की एक गोली दागी जाती है। गोली इस बॉब के अंदर ही रह जाती है और बॉब 1.8 m ऊँचाई तक उठ जाता है। $g = 10\ \mathrm{m/s^2}$ लेते हुए गोली का प्रारंभिक वेग बताएँ।*

हल मान लें कि गोली का प्रारंभिक वेग v है। गोली जब बॉब में घुस जाती है तो दोनों एक ही वेग से ऊपर चलते हैं। संवेग-संरक्षण के सिद्धांत से यह वेग

$$V = \frac{(50\ \mathrm{g})v}{450\ \mathrm{g} + 50\ \mathrm{g}} = \frac{v}{10}.$$

ज्योंही बॉब (+ गोली) ऊपर की ओर चलना प्रारंभ करेगा, डोरी ढीली पड़ जाएगी और वह गुरुत्वीय बल के अधीन धीमा होता हुआ ऊपर जाकर रुक जाएगा। प्रश्न के अनुसार, ऊपर की ओर चली हुई यह दूरी 1.8 m है।

अतः, $v^2 = u^2 + 2ax$ सूत्र से,

$$0 = \left(\frac{v}{10}\right)^2 + 2(-10\ \mathrm{m/s^2})(1.8\ \mathrm{m})$$

या $\quad v = 60\ \mathrm{m/s}.$

9. *एक चिकने क्षैतिज तल पर m तथा M द्रव्यमान के दो गुटके पकड़कर रखे गए हैं। इन गुटकों के बीच एक नगण्य भार वाला स्प्रिंग दबाकर रखा गया है (चित्र 15.W2)। जब गुटकों को छोड़ दिया जाता है, तो वे विपरीत दिशाओं में गति करने लगते हैं और जब स्प्रिंग अपनी स्वाभाविक स्थिति में आ जाता है, तो गुटके उससे संपर्क छोड़ देते हैं। यदि स्प्रिंग का प्रारंभिक संपीडन x तथा स्प्रिंग नियतांक k हो, तो गुटकों के अंतिम वेग क्या होंगे?*

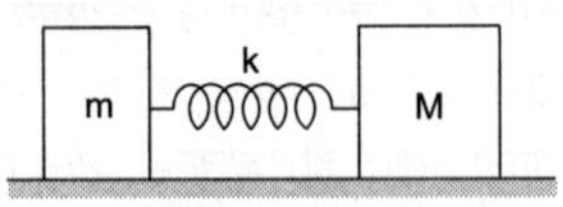

चित्र 15.W2

हल दोनों गुटकों तथा स्प्रिंग को मिलाकर निकाय मानें। इस निकाय पर क्षैतिज दिशा में कोई बाहरी बल नहीं लग रहा है। अतः, इसका संवेग स्थिर रहेगा। प्रारंभ में गुटके तथा स्प्रिंग स्थिर हैं, अतः कुल संवेग शून्य है। अंत में यदि M द्रव्यमान का गुटका V वेग से तथा m द्रव्यमान का गुटका v वेग से चले, तो कुल संवेग $MV - mv$ होगा। स्प्रिंग का भार नगण्य होने के कारण उसका संवेग शून्य लिया गया है। अतः,

$$MV - mv = 0$$

या $\quad V = \dfrac{m}{M}v. \qquad \text{… (i)}$

प्रारंभ में निकाय की कुल यांत्रिक ऊर्जा $= \dfrac{1}{2}kx^2.$

अंत में निकाय की कुल यांत्रिक ऊर्जा $= \dfrac{1}{2}mv^2 + \dfrac{1}{2}MV^2.$

चूँकि निकाय पर कोई बाहरी बल कार्य नहीं कर रहा है, इसलिए यांत्रिक ऊर्जा में कोई परिवर्तन नहीं होगा।

अतः, $\quad \dfrac{1}{2}kx^2 = \dfrac{1}{2}mv^2 + \dfrac{1}{2}MV^2. \qquad \text{… (ii)}$

समीकरण (i) का उपयोग करने पर,

$$\frac{1}{2}kx^2 = \frac{1}{2}mv^2 + \frac{1}{2}\frac{m^2}{M}v^2$$

$$kx^2 = mv^2\left(1 + \frac{m}{M}\right).$$

अतः, $\quad v = \sqrt{\dfrac{kM}{m(M+m)}}\,x$

तथा $\quad V = \sqrt{\dfrac{km}{M(M+m)}}\,x.$

10. *चित्र 15.W3 में दो गुटके दिखाए गए हैं जिनके द्रव्यमान m तथा M हैं। ये गुटके एक घर्षणरहित क्षैतिज सतह पर रखे हैं तथा k स्प्रिंग नियतांक वाले एक स्प्रिंग से जुड़े हैं। प्रारंभ में स्प्रिंग अपनी स्वाभाविक लंबाई में है तथा गुटके स्थिर हैं। अब एक अचर बल F, द्रव्यमान M वाले गुटके पर लगना प्रारंभ करता है। स्प्रिंग की लंबाई में अधिकतम वृद्धि निकालें।*

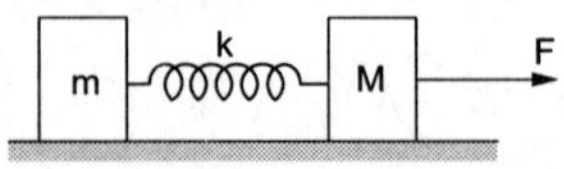

चित्र 15.W3

हल जब तक दाहिना गुटका अधिक वेग से तथा बायाँ गुटका कम वेग से चलता रहेगा, तब तक स्प्रिंग की लंबाई बढ़ती रहेगी। स्प्रिंग की लंबाई अधिकतम तब होगी, जब दोनों गुटकों के वेग बराबर हो जाएँगे।

मान लें कि t समय में बायाँ गुटका x_1 दूरी विस्थापित होता है और दाहिना गुटका x_2 दूरी विस्थापित होता है। तब स्प्रिंग की लंबाई में $x_2 - x_1$ वृद्धि होगी। स्प्रिंग में तनाव $k(x_2 - x_1)$ होगा। अतः, t समय पर दाहिने गुटके पर बल $= F - k(x_2 - x_1)$ तथा बाएँ गुटके पर बल $= k(x_2 - x_1)$ होगा।

अतः, उनकी गति के समीकरण होंगे,

$$F - k(x_2 - x_1) = M\frac{dv_2}{dt} \qquad \text{… (i)}$$

तथा $\quad k(x_2 - x_1) = m\dfrac{dv_1}{dt}. \qquad \text{… (ii)}$

समीकरण (i) को m से तथा समीकरण (ii) को M से गुणा करके घटाने पर,

$$mF - (m+M)k(x_2 - x_1) = Mm\frac{d}{dt}(v_2 - v_1).$$

$x_2 - x_1$ को x तथा $v_2 - v_1$ को v लिखें। तब, इस समीकरण को इस प्रकार लिख सकते हैं,

$$mF - (m+M)kx = Mm\frac{dv}{dt} = Mm\frac{dv}{dx}\cdot\frac{dx}{dt} = Mm\frac{vdv}{dx}$$

या $\quad [mF - (m+M)kx]dx = Mmvdv.$

प्रारंभ में, $x_1 = 0, x_2 = 0,$ अतः $x = x_2 - x_1 = 0.$

साथ ही, $v_1 = 0,\ v_2 = 0,$ अतः $v = v_2 - v_1 = 0.$

अतः, $\int_0^x [mF - (m+M)kx]dx = Mm\int_0^v vdv$

या $\quad mFx - (m+M)k\frac{x^2}{2} = \frac{1}{2}Mmv^2.$

स्प्रिंग की अधिकतम लंबाई के लिए $v = 0$

या $\quad \left[mF - (m+M)k\frac{x}{2}\right]x = 0$

या $\quad x = \frac{2mF}{(m+M)k}.$

यही स्प्रिंग की लंबाई में अधिकतम वृद्धि हुई।

11. *चित्र 15.W4 में एक चिकनी क्षैतिज सतह पर समान द्रव्यमान के दो गोले दिखाए गए हैं। सामने की दीवार स्थिर है। प्रारंभ में गोला A, v वेग से दाहिनी ओर चल रहा है और B स्थिर है। सभी टक्करों को प्रत्यास्थ मानते हुए दिखाएँ कि अंत में किसी गोले की चाल नहीं बदलेगी।*

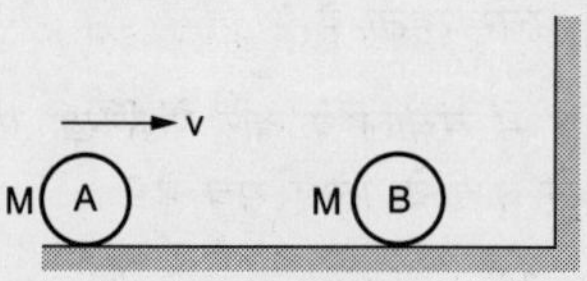

चित्र 15.W4

हल पहली टक्कर—चूँकि दोनों गोलों के द्रव्यमान बराबर हैं और टक्कर प्रत्यास्थ है, गोले के वेग आपस में बदल जाएँगे। अतः, पहली टक्कर के बाद A स्थिर हो जाएगा और B, v वेग से दाहिनी ओर चलना प्रारंभ करेगा।

दूसरी टक्कर—गोला B, v वेग से चलता हुआ दीवार से टकराएगा। यह टक्कर भी प्रत्यास्थ है। अतः, टक्कर के बाद दीवार से गोले B के दूर होने की दर, टक्कर से पहले उनके नजदीक आने की दर के बराबर होगी। चूँकि दीवार स्थिर है, अतः गोला B टक्कर के बाद बायीं तरफ v वेग से चलेगा।

तीसरी टक्कर—गोला B, बायीं ओर v वेग से चलता हुआ गोले A से टकराएगा। चूँकि टक्कर प्रत्यास्थ है, गोलों के वेग आपस में बदल जाएँगे। चूँकि गोला A टक्कर के पहले स्थिर था, टक्कर के बाद गोला B स्थिर हो जाएगा तथा गोला A बायीं ओर v वेग से चलने लगेगा। यही सभी टक्करों के बाद की स्थिति है।

अतः, दोनों गोलों की चालें पहले जितनी ही हैं।

12. 1.2 kg *द्रव्यमान का एक ब्लॉक A,* 20 cm/s *के वेग से चलता हुआ इसी द्रव्यमान के एक दूसरे ब्लॉक B से सीधा (head-on) टकराता है। टक्कर के पहले B स्थिर था। इस टक्कर में प्रत्यवस्थान गुणांक 3/5 है। टक्कर में हुई गतिज ऊर्जा के ह्रास की गणना करें।*

हल मान लें कि टक्कर के बाद ब्लॉक A का वेग v_1 तथा B का वेग v_2 हो जाता है। संवेग-संरक्षण के सिद्धांत के अनुसार,

$$(1.2\text{ kg})(20\text{ cm/s}) = (1.2\text{ kg})v_1 + (1.2\text{ kg})v_2$$

या $\quad v_1 + v_2 = 20\text{ cm/s}. \quad \ldots\text{(i)}$

टक्कर के पहले गुटकों के पास आने की दर = 20 cm/s.

टक्कर के बाद गुटकों के दूर होने की दर $= v_2 - v_1$.

चूँकि प्रत्यवस्थान गुणांक 3/5 है,

$$v_2 - v_1 = \frac{3}{5}(20\text{ cm/s}) = 12\text{ cm/s}. \quad \ldots\text{(ii)}$$

समीकरण (i) तथा (ii) से, $v_1 = 4\text{ cm/s}, v_2 = 16\text{ cm/s}.$

प्रारंभिक गतिज ऊर्जा $= \frac{1}{2}\times(1.2\text{ kg})\times(20\text{ cm/s})^2$

$$= 0.6\times 400\times 10^{-4}\text{ kg m}^2/\text{s}^2$$

$$= 24\times 10^{-3}\text{ kg m}^2/\text{s}^2 = 24\times 10^{-3}\text{ J}.$$

अंतिम गतिज ऊर्जा

$$= \frac{1}{2}\times(1.2\text{ kg})\times(4\text{ cm/s})^2 + \frac{1}{2}\times(1.2\text{ kg})\times(16\text{ cm/s})^2$$

$$= 0.6\text{ kg}\times 272\text{ kg cm}^2/\text{s}^2$$

$$= 16.32\times 10^{-3}\text{ kg m}^2/\text{s}^2 = 16.32\times 10^{-3}\text{ J}.$$

अतः, गतिज ऊर्जा में ह्रास 7.7×10^{-3} J.

13. *m द्रव्यमान का एक गुटका तथा उतने ही द्रव्यमान का एक पलड़ा एक डोरी से बँधे हैं। डोरी एक स्थिर, चिकनी घिरनी पर से होकर जाती है (चित्र 15.W5)। प्रारंभ में पूरा निकाय स्थिर है। m द्रव्यमान का एक कण ऊर्ध्वधिर दिशा में v वेग से चलता हुआ पलड़े पर गिरता है और उसी में चिपक जाता है। टक्कर के तुरंत बाद पलड़े का वेग कितना होगा?*

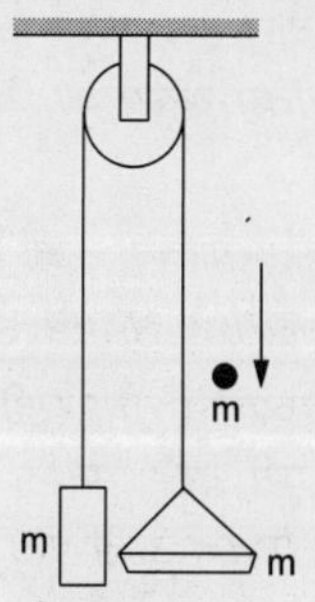

चित्र 15.W5

हल मान लें कि टक्कर के तुरंत बाद पलड़े का वेग $= V$ है। पलड़े तथा कण के बीच पूर्ण अप्रत्यास्थ टक्कर हो रही है। पर, इस निकाय पर टक्कर के दौरान दो बाहरी बल लग रहे हैं, भार तथा दाहिनी ओर की डोरी द्वारा ऊपर की ओर बल। भार का बल एक निश्चित मान का है और चूँकि टक्कर बहुत कम समय में संपन्न होती है, भार के कारण टक्कर के दौरान संवेग में परिवर्तन नगण्य है। टक्कर के कारण अति अल्प समय में गुटका भी V वेग प्राप्त कर लेता है, अर्थात इस अल्प काल में गुटके का त्वरण बहुत अधिक है और इसलिए रस्सी का तनाव भी बहुत अधिक है। अतः, तनाव के कारण संवेग परिवर्तन को नगण्य नहीं माना जा सकता।

टक्कर के कारण कण, पलड़े तथा गुटके, प्रत्येक के संवेग में परिवर्तन की गणना करें।

मान लें कि टक्कर के दौरान डोरी का तनाव $=T$ तथा कण पर पलड़े द्वारा अभिलंब बल $\mathscr{N}$ है। टक्कर की अवधि $t=0$ से $t=\Delta t$ तक है। इन अवधि में T तथा $\mathscr{N}$ के मान भी बदलेंगे।

कण के संवेग में परिवर्तन $= \int_0^{\Delta t} \mathscr{N}dt.$

अतः, $\int_0^{\Delta t} \mathscr{N}dt = mv - mV.$ ... (i)

गुटके के संवेग में परिवर्तन $= \int_0^{\Delta t} Tdt.$

अतः, $\int_0^{\Delta t} Tdt = mV.$ ... (ii)

पलड़े के संवेग में परिवर्तन $= \int_0^{\Delta t} (\mathscr{N} - T)\, dt = mV.$ ... (iii)

हमने चिह्न इस तरह लिखे हैं कि $\mathscr{N}$ तथा T के धनात्मक मान उपयोग में आ रहे हैं।

अतः, समीकरण (i), (ii) तथा (iii) से,

$$(mv - mV) - mV = mV$$

या $V = \frac{v}{3}\cdot$

• विचार हेतु प्रश्न •

1. *आप किसी रेलवे स्टेशन पर ट्रेन की प्रतीक्षा कर रहे हैं। आपका 3 साल का छोटा भाई प्लैटफॉर्म पर रखे एक संदूक पर चढ़कर प्लैटफॉर्म पर कूद रहा है। संवेग-संरक्षण के अनुसार संदूक पीछे क्यों नहीं जाती?*
2. *दो वस्तुओं के बीच सीधी टक्कर होने पर क्या यह आवश्यक है कि कम-से-कम एक क्षण पर दोनों वस्तुओं के वेग बराबर हो जाएँ?*
3. *एक क्षैतिज टेबुल एक लिफ्ट में रखी है। इस टेबुल पर टक्कर का प्रयोग किया जाता रहा है। क्या आप अंतिम वेगों के मान में बदलाव के सापेक्ष करते हैं यदि लिफ्ट ऊपर या नीचे की ओर त्वरण के साथ चल रही हो?*
4. *एक क्षैतिज टेबुल एक सीधी सड़क पर चलते वाहन में रखी है। इसपर दो वस्तुएँ एक ही सीध में प्रत्यास्थ टक्कर कर रही हैं। क्या अंतिम वेग वाहन के त्वरण पर निर्भर करेगा? क्या निकट आने की दर = दूर जाने की दर का सिद्धांत इस त्वरण वाले वाहन में लागू होगा? क्या प्रारंभिक संवेग = अंतिम संवेग का सिद्धांत इस त्वरण वाले वाहन में लागू होगा?*
5. *यदि किसी कण की कुल यांत्रिक ऊर्जा शून्य हो, तो क्या उसका रेखीय संवेग अवश्य शून्य होगा? अवश्य ही शून्य नहीं होगा?*
6. *यदि किसी कण का द्रव्यमान तथा रेखीय संवेग पता हो, तो क्या आप उसकी गतिज ऊर्जा पूरी तरह निकाल सकते हैं? यदि किसी कण का द्रव्यमान तथा उसकी गतिज ऊर्जा पता हो, तो क्या आप उसका रेखीय संवेग पूरी तरह निकाल सकते हैं?*
7. *आप एक पिंजरे को पकड़े हुए हैं जिसमें एक पक्षी है। यदि वह पक्षी उड़कर पिंजरे के मध्य में बना रहता है, तो क्या आपको पिंजरे को उठाए रखने में कम बल लगाना पड़ेगा? यदि एक स्थिति में पिंजरा पूरी तरह बंद हो और दूसरी स्थिति में उसमें छड़ लगी हों, तो क्या आपके उत्तर में अंतर आएगा?*
8. *मान लें हम 'रेखीय संचाल' नाम की एक राशि परिभाषित करें—*

   रेखीय संचाल = द्रव्यमान × चाल

   कणों के किसी समूह का कुल रेखीय संचाल, सभी कणों के अलग-अलग संचालों के योगफल द्वारा परिभाषित करें। क्या इस संचाल के लिए नीचे दिए गए रूप में संरक्षण का सिद्धांत लिखा जा सकता है?

   "यदि किसी निकाय पर कोई बाहरी बल न लग रहा हो, तो उसका रेखीय संचाल अचर रहता है।"
9. *ऊपर के प्रश्न 8 में संचाल के बारे में लिखा गया संरक्षण का सिद्धांत क्या एक अकेले कण के लिए सच है?*
10. *एक टेबुल की क्षैतिज सतह पर लुढ़कती गेंद कुछ दूर चलकर रुक जाती है। इसके रेखीय संवेग में परिवर्तन किस बाहरी बल के कारण से होता है?*
11. *ऊपर के प्रश्न 10 की परिस्थिति पर विचार करें। टेबुल तथा गेंद को मिलाकर निकाय लें। टेबुल द्वारा गेंद पर तथा गेंद द्वारा टेबुल पर लगता घर्षण बल अब आंतरिक बल है। गेंद के धीमा होने के साथ टेबुल + गेंद निकाय के रेखीय संवेग में भी कमी होती है। इस संवेग में परिवर्तन किस बाहरी बल के कारण से होता है?*
12. *जब स्थिर पड़ा एक नाभिक बीटा कण उत्सर्जित करता है तो ऐसा पाया जाता है कि नया नाभिक तथा बीटा कण अलग-अलग रेखाओं पर चलते हैं। संवेग-संरक्षण के आलोक में ऐसा कैसे हो सकता है?*
13. *बराबर द्रव्यमान की दो वस्तुएँ जब एक ही रेखा पर चलती हुई सीधी प्रत्यास्थ टक्कर करती है, तो उनके वेग आपस में बदल जाते हैं। यदि वस्तुओं के द्रव्यमान बराबर न हों, तो भी क्या उनके वेग प्रत्यास्थ सीधी टक्कर में बदल जाएँगे?*

• सटीक उत्तरवाले प्रश्न I •

सही उत्तर का चयन करें।

1. निम्नलिखित दो वक्तव्यों को देखें,

   (A) एक निकाय का रेखीय संवेग अचर रहता है।

   (B) एक निकाय का द्रव्यमान केंद्र स्थिर रहता है।

   (a) यदि A सही हो, तो B अवश्य ही सही होगा तथा यदि B सही हो, तो A अवश्य ही सही होगा।

(b) यदि A सही हो, तो B का सही होना आवश्यक नहीं है तथा यदि B सही हो, तो A का सही होना आवश्यक नहीं है।

(c) यदि A सही हो, तो B अवश्य ही सही होगा, पर यदि B सही हो, तो A का सही होना आवश्यक नहीं है।

(d) यदि B सही हो, तो A अवश्य ही सही होगा, पर यदि A सही हो, तो B का सही होना आवश्यक नहीं है।

2. किसी निकाय के लिए निम्नलिखित दो वक्तव्यों को देखें।
(A) निकाय का रेखीय संवेग शून्य है।
(B) निकाय की गतिज ऊर्जा शून्य है।
(a) यदि A सही हो, तो B अवश्य ही सही होगा तथा यदि B सही हो, तो A अवश्य ही सही होगा।
(b) यदि A सही हो, तो B का सही होना आवश्यक नहीं है तथा यदि B सही हो, तो A का सही होना आवश्यक नहीं है।
(c) यदि A सही हो, तो B अवश्य ही सही होगा, पर यदि B सही हो, तो A का सही होना आवश्यक नहीं है।
(d) यदि B सही हो, तो A अवश्य ही सही होगा, पर यदि A सही हो, तो B का सही होना आवश्यक नहीं है।

3. निम्नलिखित दो वक्तव्यों को देखें।
(A) किसी कण का रेखीय संवेग फ्रेम से स्वतंत्र है।
(B) किसी कण की गतिज ऊर्जा फ्रेम से स्वतंत्र है।
(a) A तथा B दोनों सत्य हैं।
(b) A सही है, पर B गलत है।
(c) A गलत है, पर B सही है।
(d) A तथा B दोनों गलत हैं।

4. किसी निकाय में लगते आंतरिक बल बदल सकते हैं
(a) रेखीय संवेग, पर नहीं बदल सकते गतिज ऊर्जा
(b) गतिज ऊर्जा, पर नहीं बदल सकते रेखीय संवेग
(c) गतिज ऊर्जा भी तथा रेखीय संवेग भी
(d) न तो रेखीय संवेग, न ही गतिज ऊर्जा

5. एक चिकनी क्षैतिज सतह पर एक गुटका रखा है। एक गोली गुटके पर दागी जाती है जो गुटके के अंदर कहीं धँस जाती है। इनमें से क्या नहीं बदलता?
(a) गुटके का रेखीय संवेग
(b) गुटके की गतिज ऊर्जा
(c) गुटके की गुरुत्वीय स्थितिज ऊर्जा
(d) गुटके का ताप

6. दो वस्तुओं की टक्कर में सदा अचर रहते हैं
(a) संवेग, गतिज ऊर्जा तथा ताप
(b) संवेग तथा गतिज ऊर्जा, पर ताप नहीं
(c) संवेग तथा ताप, पर गतिज ऊर्जा नहीं
(d) संवेग, पर न तो गतिज ऊर्जा, न ही ताप

7. वेग $\vec{v}$ से चलता हुआ एक नाभिक α-कण उत्सर्जित करता है। मान लें कि α-कण तथा बचे हुए नाभिक के द्रव्यमान क्रमशः m_1 तथा m_2 हैं तथा उनके वेग $\vec{v}_1$ तथा $\vec{v}_2$ हैं।
(a) $\vec{v}, \vec{v}, \vec{v}_1$ तथा $\vec{v}_2$ को एक-दूसरे के समानांतर होना आवश्यक है।
(b) तीनों वेगों में कोई भी दो, एक-दूसरे के समानांतर नहीं हो सकते।
(c) $\vec{v}_1 + \vec{v}_2$ को $\vec{v}$ के समानांतर होना आवश्यक है।
(d) $m_1\vec{v}_1 + m_2\vec{v}_2$ को $\vec{v}$ के समानांतर होना आवश्यक है।

8. प्रत्यास्थ टक्कर में
(a) प्रारंभिक गतिज ऊर्जा = अंतिम गतिज ऊर्जा
(b) अंतिम गतिज ऊर्जा < प्रारंभिक गतिज ऊर्जा
(c) गतिज ऊर्जा टक्कर के दौरान अचर रहती है।
(d) गतिज ऊर्जा पहले बढ़ती है फिर घटती है।

9. एक अप्रत्यास्थ टक्कर में
(a) प्रारंभिक गतिज ऊर्जा = अंतिम गतिज ऊर्जा
(b) अंतिम गतिज ऊर्जा < प्रारंभिक गतिज ऊर्जा
(c) गतिज ऊर्जा टक्कर के दौरान अचर रहती है।
(d) गतिज ऊर्जा पहले बढ़ती है फिर घटती है।

10. द्रव्यमान m वाली एक छोटी वस्तु को l लंबाई की एक डोरी में बाँधकर ऊर्ध्वाधर वृत्त में घुमाया जाता है। वृत्त के सबसे नीचे के बिंदु पर वस्तु की चाल $\sqrt{6gl}$ है। वृत्त के सबसे ऊपरी बिंदु पर वस्तु के संवेग का परिमाण होगा
(a) $m\sqrt{2gl}$ (b) $m\sqrt{3gl}$ (c) $m\sqrt{4gl}$ (d) $m\sqrt{5gl}$

11. किसी समय-अंतराल में एक कण पर लगा परिणामी बल इसके संवेग में परिवर्तन करता है। इसी समय-अंतराल में इस बल का कुछ आवेग है।
(a) आवेग = संवेग में परिवर्तन
(b) आवेग = संवेग में परिवर्तन की दर
(c) संवेग = आवेग में परिवर्तन
(d) संवेग = आवेग में परिवर्तन की दर

• सटीक उत्तरवाले प्रश्न II •

सही उत्तर (उत्तरों) का चयन करें।

1. हवा में चलता एक ब्लॉक दो भागों में टूट जाता है और दोनों हिस्से अलग-अलग वेगों से चलने लगते हैं। फलस्वरूप
(a) कुल रेखीय संवेग अवश्य बराबर रहेगा।
(b) कुल गतिज ऊर्जा अवश्य बराबर रहेगी।
(c) कुल रेखीय संवेग अवश्य बदलेगा।
(d) कुल गतिज ऊर्जा अवश्य बदलेगी।

2. एक प्रत्यास्थ टक्कर में
(a) गतिज ऊर्जा अचर रहती है।
(b) रेखीय संवेग अचर रहता है।
(c) अंतिम गतिज ऊर्जा प्रारंभिक गतिज ऊर्जा के बराबर होती है।
(d) अंतिम रेखीय संवेग प्रारंभिक रेखीय संवेग के बराबर होता है।

3. ऊर्ध्वाधर दिशा में चलती एक गेंद फर्श पर गिरकर अप्रत्यास्थ टक्कर कर वापस लौटती है। इस प्रक्रिया में
(a) टक्कर के ठीक पहले तथा ठीक बाद में, गेंद का संवेग बराबर होता है।
(b) टक्कर के दौरान गेंद की यांत्रिक ऊर्जा समान होती है।

(c) गेंद तथा धरती का कुल संवेग संरक्षित रहता है।

(d) गेंद तथा धरती की कुल ऊर्जा संरक्षित रहती है।

4. m_1 द्रव्यमान की एक वस्तु, स्थिर पड़ी m_2 द्रव्यमान की दूसरी वस्तु से टकराती है। ऐसा हो सकता है कि

(a) दोनों वस्तुएँ विराम अवस्था में आ जाएँ।

(b) दोनों वस्तुएँ टक्कर के बाद चलती रहें।

(c) पहली वस्तु स्थिर हो जाए और दूसरी चलती रहे।

(d) दूसरी वस्तु स्थिर बनी रहे और पहली का वेग बदल जाए।

5. बराबर द्रव्यमान की दो वस्तुओं की सीधी प्रत्यास्थ टक्कर में

(a) वेग आपस में बदल जाते हैं।

(b) चालें आपस में बदल जाती हैं।

(c) संवेग आपस में बदल जाते हैं।

(d) तेज चलनेवाली वस्तु धीमी हो जाती है और धीमी चलनेवाली वस्तु तेज हो जाती है।

6. आपने भोजन की थाली से कौर उठाया और उसे मुँह में रखा। इस प्रक्रिया में

(a) प्रारंभिक संवेग = अंतिम संवेग

(b) प्रारंभिक गतिज ऊर्जा = अंतिम गतिज ऊर्जा

(c) पूरे समय संवेग संरक्षित रहा

(d) गतिज ऊर्जा संरक्षित रही

7. दो कणों के बीच हो रही टक्कर को इनके द्रव्यमान केंद्र के फ्रेम से देखा जाता है। टक्कर के बाद कणों का कुल संवेग शून्य होगा

(a) तभी जब टक्कर पूर्ण प्रत्यास्थ हो

(b) तभी जब टक्कर पूर्ण अप्रत्यास्थ हो

(c) तभी जब दोनों कणों के द्रव्यमान बराबर हों

(d) तभी जब टक्कर के बाद कण पहले वाली रेखा पर ही चलते रहें

(e) इनमें कोई नहीं

8. एक गेंद एक दीवार पर अभिलंब से θ_1 कोण बनाते हुए किसी वेग से टकराती है और इससे θ_2 कोण बनाते हुए वापस लौटती है। यदि टक्कर पूर्ण प्रत्यास्थ हो, तो

(a) $\theta_1 = \theta_2$

(b) प्रारंभिक संवेग = अंतिम संवेग

(c) प्रारंभिक गतिज ऊर्जा = अंतिम गतिज ऊर्जा

(d) प्रारंभिक वेग = अंतिम वेग

• अभ्यास के प्रश्न •

1. 1.0 kg तथा 4.0 kg द्रव्यमानों के दो कणों की गतिज ऊर्जाएँ बराबर हैं। इनके रैखिक संवेगों का अनुपात ज्ञात कीजिए।

2. स्थिर अवस्था में स्थित U-238 नाभिक 1.4×10^7 m/s की चाल से चलता एक α-कण उत्सर्जित करता है। शेष बचे Th-234 नाभिक की चाल ज्ञात कीजिए। नाभिक का द्रव्यमान, उसकी द्रव्यमान संख्या के समानुपाती मानें।

3. 50 kg द्रव्यमान का एक व्यक्ति पृथ्वी पर चलना शुरू करता है तथा 1.8 m/s की चाल प्राप्त कर लेता है। पृथ्वी किस चाल से पीछे की ओर चलेगी? पृथ्वी का द्रव्यमान $= 6 \times 10^{24}$ kg.

4. प्रारंभ में विरामावस्था में स्थित एक न्यूट्रॉन विखंडित होकर एक प्रोटॉन, एक इलेक्ट्रॉन एवं एक antineutrino उत्सर्जित करता है। उत्सर्जित इलेक्ट्रॉन का संवेग 1.4×10^{-26} kg m/s तथा antineutrino का संवेग 6.4×10^{-27} kg m/s है। प्रोटॉन की चाल ज्ञात कीजिए यदि (a) इलेक्ट्रॉन तथा antineutrino एक ही दिशा में चलते हैं तथा (b) वे परस्पर लंबवत दिशा में चलते हैं।

प्रोटॉन का द्रव्यमान $= 1.67 \times 10^{-27}$ kg.

5. 2.0 m/s चाल से चलती हुई 50 g द्रव्यमान की एक गेंद एक समतल सतह से 45° कोण पर टकराती है। गेंद सतह से समान कोण बनाती हुई तथा समान चाल से चलती हुई परावर्तित होती है। निकालें,

(a) गेंद के संवेग में परिवर्तन का परिमाण

(b) गेंद के संवेग के परिमाण में परिवर्तन

6. कुछ परिस्थितियों में प्रकाश को कणों का पुंज माना जा सकता है, जिन्हें फोटोन कहते हैं। प्रत्येक फोटोन का रैखिक संवेग h/λ होता है, जहाँ h प्लांक नियतांक तथा λ प्रकाश का तरंगदैर्घ्य (wavelength) है। एक समतल दर्पण पर λ तरंगदैर्घ्य वाला प्रकाश का पुंज θ कोण पर आपतित होता है। दर्पण से परावर्तन के कारण फोटोन के रैखिक संवेग में परिवर्तन ज्ञात करें।

7. विरामावस्था में रखा हुआ एक गुटका तीन समान भागों में विस्फोटित हो जाता है। दो भाग 10 m/s की समान चाल से x- तथा y-अक्ष की धनात्मक दिशाओं के अनुदिश गति करना प्रारंभ करते हैं। तीसरे भाग का प्रारंभिक वेग ज्ञात करें।

8. भारी बरसात में एक दिन 1.0 cm औसत व्यास के ओले, 20 m/s की औसत चाल से गिरते हैं। मान लें कि 10 m × 10 m क्षेत्रफल वाली एक छत पर प्रतिवर्गमीटर 2000 ओले प्रतिसेकंड गिरते हैं। यह भी मान लें कि वे छत से परावर्तित नहीं होते हैं। ओलों के कारण छत पर लगनेवाले औसत बल की गणना करें। ओलों का घनत्व 900 kg/m^3 मानें।

9. किसी निश्चित ऊँचाई से m द्रव्यमान की एक गेंद फर्श पर गिराई जाती है। टक्कर पूर्णतया प्रत्यास्थ होती है तथा गेंद वापस उसी ऊँचाई तक उठकर पुनः गिरती है। लंबे समय अंतराल में गेंद द्वारा फर्श पर लगाया गया औसत बल ज्ञात कीजिए।

10. M द्रव्यमान की एक लंबी रेल कार घर्षणरहित रेलपथ पर स्थिर खड़ी है। रेल कार में m द्रव्यमान का एक व्यक्ति इंजन की ओर चलना प्रारंभ करता है। इसके कारण रेल कार रेलपथ पर पीछे की ओर v चाल से चलने लगती है। व्यक्ति तथा इंजन के पास आने का वेग निकालें।

11. एक रेल कार में एक तोप लगी हुई है। रेल कार, तोप, गोलों तथा चालक का कुल द्रव्यमान $50m$ है, जहाँ m एक गोले का द्रव्यमान है। प्रारंभ में तोप स्थिर है तथा इससे गोले एक-एक कर छोड़े जाते हैं। यदि पहले गोले का वेग 200 m/s हो, तो दूसरा गोला छोड़ने के पश्चात रेल कार की पीछे की ओर चाल कितनी होगी? घर्षण बल को नगण्य मानें।

12. एक चिकने रेलपथ पर स्थिर खड़ी हुई M द्रव्यमान की एक रेल कार के दोनों किनारों पर m द्रव्यमान के दो व्यक्ति खड़े हैं (चित्र 15.E1)। बायीं ओर खड़ा व्यक्ति बायीं ओर, इस स्थिर रेल कार के सापेक्ष क्षैतिज चाल u से कूद जाता है। इस कारण कार दाहिनी ओर चलने लगती है। इसके पश्चात दूसरा व्यक्ति दाहिनी ओर, पुनः इस चलती रेल कार के सापेक्ष u चाल से कूद जाता है। दोनों व्यक्तियों के बाहर कूदने के पश्चात रेल कार का वेग ज्ञात करें।

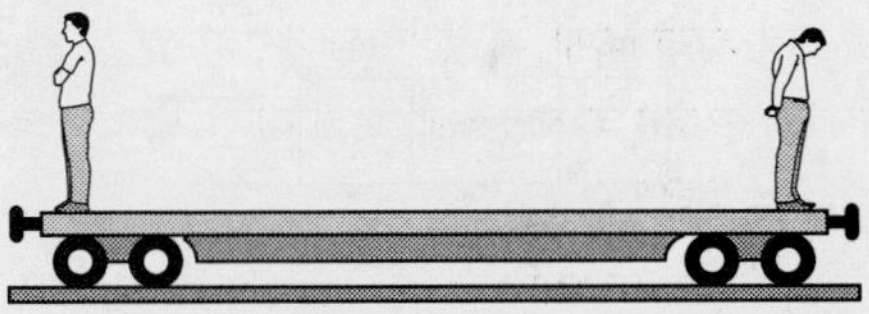

चित्र 15.E1

13. चित्र 15.E2 में एक M द्रव्यमान का बड़ा गुटका एक क्षैतिज सतह पर रखा हुआ दिखाया गया है। इसके क्षैतिज भाग पर m द्रव्यमान का एक छोटा गुटका v चाल से गति करना प्रारंभ करता है। चित्र 15.E2 में प्रदर्शित सतह का वक्राकार भाग अर्द्धवृत्ताकार है। सभी सतहों को घर्षणरहित मानें। जब छोटा गुटका सतह के बिंदु A पर पहुँचता है उस समय बड़े गुटके की चाल ज्ञात करें।

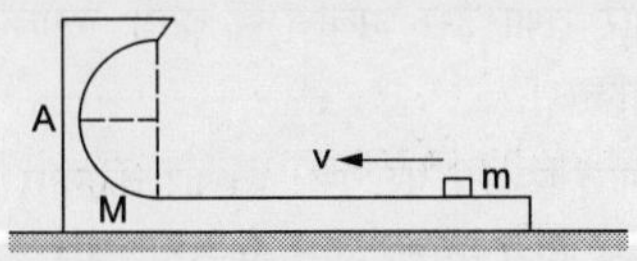

चित्र 15.E2

14. किसी-किसी बग्घी में पीछे की ओर लकड़ी की एक प्लेट लगी होती है, जिसपर कोई सवार बैठ सकता है। 200 kg द्रव्यमान की एक ऐसी ही बग्घी 10 km/h की चाल से चल रही है। जैसे ही यह बग्घी 4 km/h चाल से जा रहे एक स्कूल विद्यार्थी को पार करती है, वह लकड़ी की प्लेट पर बैठ जाता है। यदि विद्यार्थी का द्रव्यमान 25 kg हो, तो बग्घी का वेग कितना हो जाएगा?

15. 5.0 m/s की चाल से चलती हुई 0.50 kg द्रव्यमान की एक गेंद, 1.0 kg द्रव्यमान वाली एक अन्य गेंद से टकराती है। टक्कर के पश्चात दोनों गेंदें आपस में चिपक जाती हैं तथा दोनों विराम में आ जाती हैं। टक्कर से पूर्व 1.0 kg द्रव्यमान वाली गेंद की चाल कितनी थी?

16. 10 m/s की चाल से स्केटिंग कर रहा 60 kg द्रव्यमान वाला एक व्यक्ति, 40 kg द्रव्यमान वाले स्थिर स्केटर से टकराता है। दोनों स्केटर एक-दूसरे को पकड़ लेते हैं। इस टक्कर में गतिज ऊर्जा में हुई कमी ज्ञात करें।

17. m_1 तथा m_2 द्रव्यमान वाले दो कणों में सीधी प्रत्यास्थ टक्कर होती है। कणों की प्रारंभिक चालें u_1 तथा u_2 एक ही दिशा में हैं। टक्कर $t = 0$ पर प्रारंभ होती है तथा Δt समयांतराल तक होती रहती है। टक्कर के दौरान प्रथम कण की चाल नीचे दिए गए समीकरण के अनुसार परिवर्तित होती है,

$$v(t) = u_1 + \frac{t}{\Delta t}(v_1 - u_1).$$

टक्कर के दौरान दूसरे कण की चाल समय के फलन के रूप में ज्ञात कीजिए।

18. v चाल से चलती हुई m द्रव्यमान की एक गोली M द्रव्यमान के स्थिर ब्लॉक से टकराती है। ब्लॉक से m' द्रव्यमान का एक छोटा टुकड़ा अलग होकर गोली से चिपक जाता है। शेष ब्लॉक v_1 चाल से गोली की दिशा में गतिशील हो जाता है। टक्कर के पश्चात गोली का वेग ज्ञात करें।

19. v चाल से चलती हुई m द्रव्यमान की एक गेंद, इसी प्रकार की स्थिर गेंद से सीधी टक्कर करती है। टक्कर के पश्चात गेंद की गतिज ऊर्जा पहले की तीन-चौथाई रह जाती है। प्रत्यवस्थान गुणांक ज्ञात करें।

20. एक गेंद 2.0 m की ऊँचाई से जमीन पर गिरती है तथा टकराकर 1.5 m ऊँचाई तक पुनः लौटती है। प्रत्यवस्थान गुणांक ज्ञात करें।

21. 2.0 m/s की चाल से चलता हुआ 2.0 kg द्रव्यमान का एक गुटका, समान द्रव्यमान के स्थिर गुटके से सीधी टक्कर करता है।
    (a) टक्कर के कारण गतिज ऊर्जा में अधिकतम संभव हानि ज्ञात करें।
    (b) यदि गतिज ऊर्जा की वास्तविक हानि, इस अधिकतम मान की आधी है, तो प्रत्यवस्थान गुणांक ज्ञात करें।

22. u चाल से गतिशील 100 g द्रव्यमान की एक छोटी वस्तु समान द्रव्यमान वाली स्थिर अवस्था में रखी वैसी ही वस्तु से टकराती है। टक्कर के पश्चात कुल गतिज ऊर्जा 0.2 J हो जाती है। u का न्यूनतम एवं अधिकतम मान कितना हो सकता है?

23. दो मित्र A तथा B, जिनमें प्रत्येक का भार 40 kg है, एक घर्षणरहित प्लैटफॉर्म पर d दूरी पर बैठे हुए हैं। A, 4 kg द्रव्यमान की एक गेंद B की ओर लुढ़काता है, जिसे B पकड़ लेता है। तत्पश्चात B, A की ओर उसी गेंद को लुढ़काता है, जिसे A पकड़ता है। इसी प्रकार A एवं B के मध्य गेंद गति करती रहती है। प्लैटफॉर्म पर गेंद की चाल 5 m/s के मान पर नियत रहती है।
    (a) पहली बार गेंद लुढ़काने के बाद A की चाल ज्ञात करें।
    (b) पहली बार गेंद पकड़ने के पश्चात A की चाल ज्ञात करें।
    (c) 5 फेरे करने के बाद जब गेंद A के पास है, तो A तथा B की चालें ज्ञात करें।
    (d) A गेंद को कितनी बार लुढ़का सकता है?
    (e) nवें फेरे की समाप्ति पर 'A + B + गेंद' निकाय का द्रव्यमान केंद्र कहाँ पर होगा?

24. γ-विखंडन की प्रक्रिया में, M द्रव्यमान वाले नाभिक की आंतरिक ऊर्जा कम होती है, E ऊर्जा एवं E/c संवेग वाला एक γ-फोटोन उत्सर्जित होता है तथा नाभिक पीछे की ओर चलना आरंभ करता है। नाभिक की आंतरिक ऊर्जा में कमी ज्ञात करें।

25. 2.0 kg द्रव्यमान का एक गुटका एक घर्षणरहित सतह पर, विरामावस्था में स्थित समान द्रव्यमान वाले एक अन्य गुटके की ओर 1.0 m/s के वेग से चल रहा है (चित्र 15.E3)। दाहिने गुटके के एक सिरे पर स्प्रिंग नियतांक 100 N/m वाला एक स्प्रिंग लगा है। (a) संहति के द्रव्यमान

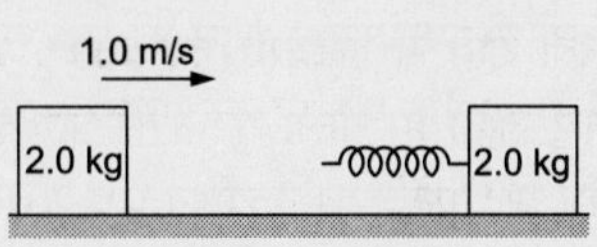

चित्र 15.E3

केंद्र (COM) के फ्रेम में दोनों गुटकों के वेग निकालें। (b) जब स्प्रिंग अधिकतम संपीडन की स्थिति में आता है, उस समय COM फ्रेम में गुटकों के वेग बताएँ। (c) गतिज ऊर्जा में ह्रास तथा स्प्रिंग की ऊर्जा में वृद्धि को बराबर कर स्प्रिंग का अधिकतम संपीडन ज्ञात करें।

26. क्षैतिज दिशा में 500 m/s की चाल से चलती हुई 20 g द्रव्यमान की एक गोली, समतल सतह पर स्थिर रखे हुए 10.0 kg द्रव्यमान के गुटके को पार करती हुई बाहर निकल जाती है। गोली 100 m/s की चाल से बाहर निकलती है तथा विरामावस्था में आने से पूर्व गुटका समतल सतह पर 20 cm दूरी तय करता है। गुटके तथा सतह के बीच घर्षण गुणांक ज्ञात करें (चित्र 15.E4)।

चित्र 15.E4

27. एक मैदान में क्षैतिज दिशा से θ कोण बनाते हुए u चाल से एक प्रक्षेप्य प्रक्षेपित किया गया है। मैदान तथा प्रक्षेप्य के बीच प्रत्यवस्थान गुणांक e है। प्रारंभिक बिंदु से कितनी दूर प्रक्षेप्य मैदान के साथ दूसरी बार टकराएगा?

28. आनत कोण θ वाले नत तल पर एक गेंद ऊर्ध्वाधर दिशा से चलती हुई गिरती है तथा पूर्ण प्रत्यास्थ टक्कर करती है। यदि वह तल पर h ऊँचाई से गिरी हो, तो नत तल पर टक्कर-बिंदु से कितनी दूरी पर वह दुबारा तल से टकराएगी?

29. प्रश्न 28 की परिस्थिति को फिर से देखें। यदि प्रत्यवस्थान गुणांक $e = 3/4$, $\theta = 45°$ तथा $h = 5$ m हो, तो नत तल पर दूसरी बार टक्कर का स्थान निकालें।

30. 200 g द्रव्यमान का एक ब्लॉक एक ऊर्ध्वाधर स्प्रिंग से लटकाया गया है। जब ब्लॉक साम्यावस्था में है, स्प्रिंग अपनी स्वाभाविक लंबाई से 1 cm खिंचा है। 45 cm ऊँचाई से 120 g द्रव्यमान का एक भारी कण ब्लॉक पर गिराया जाता है। टक्कर के पश्चात कण, ब्लॉक से चिपक जाता है। स्प्रिंग का अधिकतम खिंचाव ज्ञात करें। $g = 10 \text{ m/s}^2$ लें।

31. 5.0 kg द्रव्यमान वाले एक ब्लॉक को दो डोरियों की सहायता से लटकाया गया है (चित्र 15.E5)। 25 g द्रव्यमान की एक गोली इस ब्लॉक की ओर चलाई जाती है जो ब्लॉक में फँसी रह जाती है। यदि ब्लॉक का केंद्र 10 cm ऊँचा उठता है, तो गोली की चाल ज्ञात कीजिए।

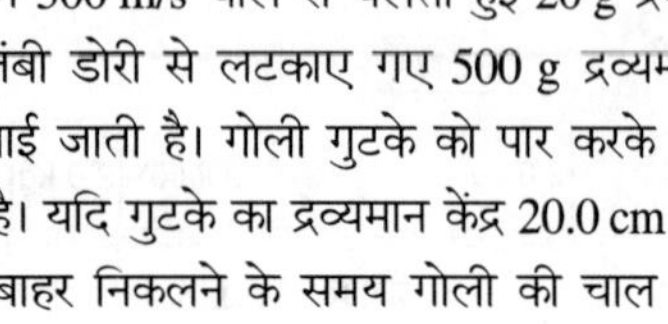

चित्र 15.E5

32. क्षैतिज दिशा में 300 m/s चाल से चलती हुई 20 g द्रव्यमान की बंदूक की एक गोली, लंबी डोरी से लटकाए गए 500 g द्रव्यमान वाले लकड़ी के गुटके पर चलाई जाती है। गोली गुटके को पार करके दूसरी ओर से बाहर निकल जाती है। यदि गुटके का द्रव्यमान केंद्र 20.0 cm ऊपर उठ जाता है, तो गुटके के बाहर निकलने के समय गोली की चाल ज्ञात कीजिए।

33. एक घर्षणरहित क्षैतिज सतह पर दो द्रव्यमान m_1 तथा m_2 एक स्प्रिंग से जोड़कर रखे गए हैं। स्प्रिंग का नियतांक k है। प्रारंभ में निकाय विराम में है तथा स्प्रिंग अपनी स्वाभाविक लंबाई से x_0 दूरी तक खिंचा हुआ है। इस निकाय को छोड़ दिया जाता है। दोनों द्रव्यमानों के पुनः विरामावस्था में आने तक उनके द्वारा तय की गई दूरियाँ ज्ञात करें।

34. m_1 तथा m_2 द्रव्यमान वाले दो ब्लॉक k बल-नियतांक वाले स्प्रिंग से जोड़े गए हैं (चित्र 15.E6)।

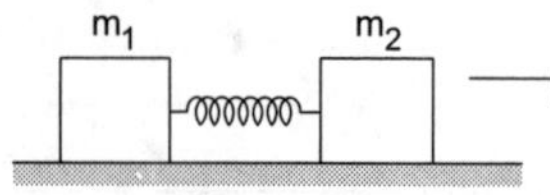

चित्र 15.E6

m_2 द्रव्यमान वाले ब्लॉक को एक तेज झटका दिया जाता है जिसके कारण यह दाहिनी ओर v_0 वेग से चलने लगता है। ज्ञात करें,
(a) इस निकाय के द्रव्यमान केंद्र का वेग
(b) स्प्रिंग की स्वाभाविक लंबाई से अधिकतम वृद्धि

35. प्रश्न 34 में स्प्रिंग की स्वाभाविक लंबाई की स्थिति पर विचार करें। मान लें कि किसी ब्लॉक को झटका नहीं दिया जाता। प्रत्येक ब्लॉक को एक अचर बल F लगाकर खींचा जाता है। स्प्रिंग में उत्पन्न होनेवाला अधिकतम प्रसार तथा इस अवधि में दोनों ब्लॉकों द्वारा तय की गई दूरियाँ ज्ञात कीजिए।

36. प्रश्न 34 में वर्णित स्थिति पर पुनः विचार कीजिए। मानें कि ब्लॉक m_1 को नियत बल F_1 द्वारा खींचा जाता है तथा दूसरे ब्लॉक को नियत बल F_2 द्वारा खींचा जाता है। स्प्रिंग में उत्पन्न होनेवाला अधिकतम प्रसार निकालें।

37. एक ऊँचे गुरुत्वविहीन हॉल में 50 kg द्रव्यमान का एक मनुष्य हॉल के फर्श से 5 फुट ऊपर एक 5 kg वाले तकिये पर आराम कर रहा है। वह तकिये को धक्का देता है, जिससे तकिया 8 ft/s की चाल से फर्श की ओर गिरने लगता है। तकिया फर्श से पूर्णतया प्रत्यास्थ टक्कर करता है, और परावर्तित होकर पुनः प्रयोगकर्ता के सिर तक पहुँचता है। इस प्रक्रिया में लगनेवाला समय ज्ञात करें।

38. चित्र 15.E7 में एक घर्षणरहित पथ दिखाया गया है। $2m$ द्रव्यमान का एक ब्लॉक B इस पथ पर स्थिर रखा हुआ है तथा m द्रव्यमान का एक ब्लॉक A इस पथ पर दाहिनी ओर गतिशील कर दिया गया है। A तथा B में होनेवाली टक्कर पूर्णतया प्रत्यास्थ है। ब्लॉक A को कम-से-कम किस चाल से चलना प्रारंभ करना चाहिए ताकि सोया हुआ व्यक्ति जाग जाए?

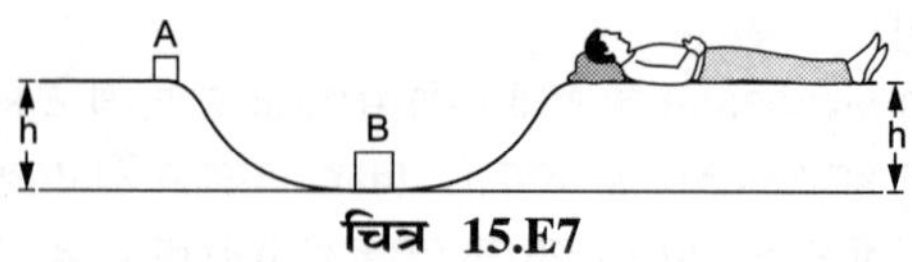

चित्र 15.E7

39. क्षैतिज दिशा में $50\sqrt{7}$ m/s चाल से गतिशील 10 g द्रव्यमान वाली बंदूक की एक गोली, चित्र 15.E8 में दिखाई गई घर्षणरहित सतह पर स्थित 490 g द्रव्यमान के गुटके से टकराती है। गोली, गुटके में फँसी रह जाती है तथा यह गुटका 0.2 m त्रिज्या वाले अर्द्धवृत्ताकार पथ की ओर चलने लगता है। अर्द्धवृत्ताकार पथ को छोड़ने के पश्चात गुटका क्षैतिज पथ पर कहाँ टकराएगा?

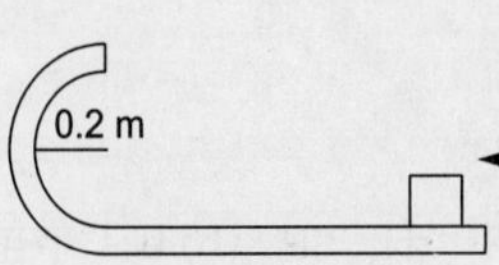

चित्र 15.E8

40. m तथा $2m$ द्रव्यमान की दो गेंदें, l लंबाई वाली दो नगण्य भार वाली डोरियों से बाँधी गई हैं (चित्र 15.E9)।

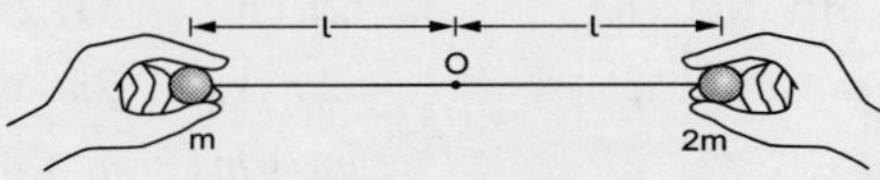

चित्र 15.E9

दोनों डोरियों के दूसरे सिरे बिंदु O पर बाँधकर स्थिर रखे गए हैं। गेंदों को भी इस तरह पकड़कर रखा गया है कि दोनों डोरियाँ एक ही क्षैतिज रेखा में रहें। इस स्थिति से निकाय को विरामावस्था से छोड़ा जाता है। गेंदों के बीच होनेवाली टक्कर पूर्णतया प्रत्यास्थ है।

(a) टक्कर के तुरंत पश्चात गेंदों के वेग ज्ञात करें।

(b) टक्कर के पश्चात गेंदें कितनी ऊँचाई तक ऊपर उठेंगी?

41. M द्रव्यमान तथा L लंबाई की एकसमान चेन ऊर्ध्वाधर स्थिति में इस प्रकार लटकाई हुई है कि इसका निचला सिरा क्षैतिज फर्श को छू रहा है। चेन स्थिर अवस्था में छोड़ दी जाती है। मान लें कि चेन का जो हिस्सा फर्श से टकराता है, वहीं स्थिर हो जाता है। मान लीजिए कि चेन फर्श पर फैल जाती है और इकट्ठी नहीं होती है। जब इसकी x लंबाई फर्श पर पहुँच जाती है, उस समय चेन द्वारा फर्श पर लगाया गया बल ज्ञात कीजिए।

42. चित्र 15.E10 में दर्शाए गए दोनों ब्लॉकों का द्रव्यमान समान है। A की सतह चिकनी है, किंतु B की सतह का क्षैतिज सतह के साथ घर्षण गुणांक 0.10 है। प्रारंभ में B स्थिर है तथा A इसकी ओर 10 m/s चाल से चल रहा है। टक्कर के बाद रुकने के पहले B के द्वारा तय की गई दूरी निकालें यदि

(a) टक्कर पूर्णतया प्रत्यास्थ है

(b) टक्कर पूर्णतया अप्रत्यास्थ है

$g = 10\ m/s^2$ लें।

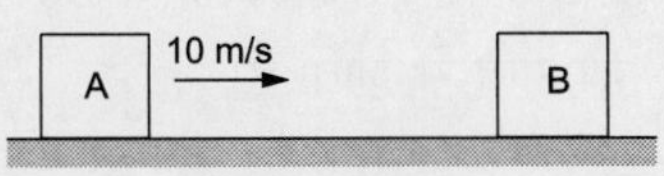

चित्र 15.E10

43. चित्र 15.E11 में दिखाए गए गुटकों तथा क्षैतिज सतह के बीच घर्षण गुणांक 0.20 है। गुटकों के बीच टक्कर पूर्णतया प्रत्यास्थ है। जब दोनों गुटके टक्कर के बाद अपनी-अपनी विराम अवस्था में आ जाते हैं, तब इनके बीच की दूरी ज्ञात करें। $g = 10\ m/s^2$ लें।

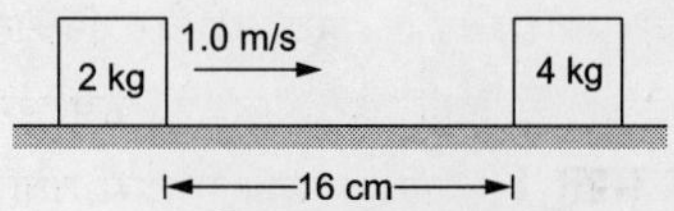

चित्र 15.E11

44. m द्रव्यमान का एक गुटका M द्रव्यमान के एक त्रिभुजाकार गुटके पर रखा हुआ है, जो स्वयं एक क्षैतिज सतह पर रखा गया है (चित्र 15.E12)।

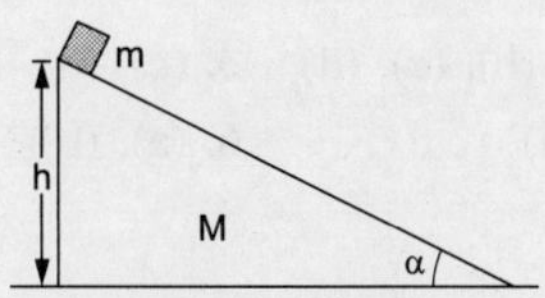

चित्र 15.E12

जब छोटा गुटका क्षैतिज सतह पर पहुँचता है, उस समय त्रिभुजाकार गुटके का वेग ज्ञात करें। सभी सतहों को घर्षणरहित मानें।

45. m द्रव्यमान का एक छोटा गुटका M द्रव्यमान के एक बड़े गुटके पर रखा हुआ है। इस बड़े गुटके की सतह दाहिने किनारे के पास क्षैतिज है तथा धीरे-धीरे मुड़ती हुई ऊर्ध्वाधर हो जाती है। बड़ा गुटका एक क्षैतिज सतह पर फिसल सकता है। छोटे गुटके को बड़े गुटके पर v चाल से चलाकर निकाय को स्वतंत्र छोड़ दिया जाता है। सभी सतहों को घर्षणरहित मानें।

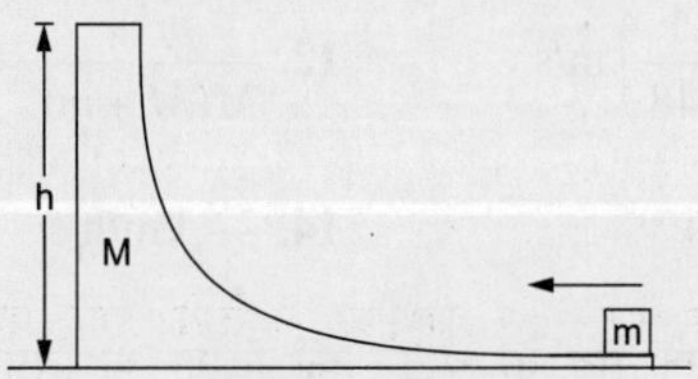

चित्र 15.E13

(a) जब छोटा गुटका ऊर्ध्वाधर भाग पर पहुँचकर फिसल रहा हो, उस समय बड़े गुटके की चाल ज्ञात करें।

(b) जब छोटा गुटका h ऊँचाई पर पहुँचकर बड़े गुटके को छोड़ता है, उस समय छोटे गुटके की चाल ज्ञात कीजिए।

(c) छोटे गुटके द्वारा तय की गई अधिकतम ऊँचाई ज्ञात कीजिए।

(d) दिखाइए कि छोटा गुटका, बड़े गुटके पर ही गिरेगा।

(e) जितनी देर छोटा गुटका गुरुत्व के प्रभाव में हवा में चलता है उतनी देर में बड़े गुटके द्वारा तय की गई दूरी ज्ञात कीजिए।

46. m द्रव्यमान की एक वस्तु इतने ही द्रव्यमान की एक स्थिर वस्तु से प्रत्यास्थ टक्कर करती है। सिद्ध करें कि यदि टक्कर सीधी नहीं है, तो टक्कर के पश्चात वस्तुओं के वेग आपस में 90° का कोण बनाएँगे।

47. v वेग से चलता हुआ एक छोटा कण, प्रारंभ में स्थिर, समान द्रव्यमान एवं r त्रिज्या वाली एक गोलाकार वस्तु से प्रत्यास्थ टक्कर करता है। इस गोलाकार वस्तु का केंद्र, कण की गति की दिशा से $\rho(<r)$ दूरी पर स्थित है (चित्र 15.E14)। दोनों के अंतिम वेग ज्ञात करें।

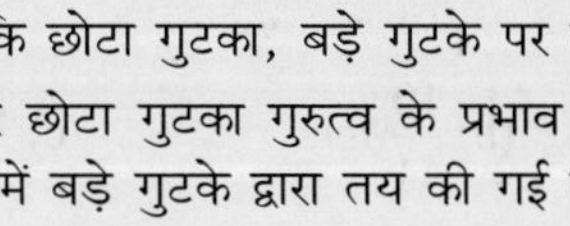

चित्र 15.E14

• उत्तर •

सटीक उत्तरवाले प्रश्न I

1. (d) **2.** (d) **3.** (d) **4.** (b) **5.** (c) **6.** (d)
7. (d) **8.** (a) **9.** (b) **10.** (a) **11.** (a)

सटीक उत्तरवाले प्रश्न II

1. (a), (d) **2.** (b), (c), (d) **3.** (c), (d) **4.** (b), (c)
5. (a), (b), (c), (d) **6.** (a), (b) **7.** (e)
8. (a), (c)

अभ्यास के प्रश्न

1. 1 : 2 **2.** 2.4×10^5 m/s **3.** 1.5×10^{-23} m/s

4. (a) 12.2 m/s (b) 9.2 m/s **5.** (a) 0.14 kg m/s (b) 0

6. $\frac{2h\cos\theta}{\lambda}$ **7.** $10\sqrt{2}$ m/s x-अक्ष से 135° नीचे

8. 1900 N **9.** mg **10.** $\left(1+\frac{M}{m}\right)v$

11. $200\left(\frac{1}{49}+\frac{1}{48}\right)$ m/s **12.** $\frac{m^2u}{M(M+m)}$ बायीं ओर

13. $\frac{mv}{M+m}$ **14.** $\frac{28}{3}$ km/h

15. 2.5 m/s पहले गेंद के चलने की दिशा के विपरीत ओर

16. 1200 J **17.** $u_2-\frac{m_1}{m_2}\frac{t}{\Delta t}(v_1-u_1)$

18. $\frac{mv-(M-m')v_1}{m+m'}$ प्रारंभिक दिशा में **19.** $\frac{1}{\sqrt{2}}$

20. $\frac{\sqrt{3}}{2}$ **21.** (a) 2J (b) $\frac{1}{\sqrt{2}}$ **22.** 2 m/s, $2\sqrt{2}$ m/s

23. (a) 0.5 m/s (b) $\frac{10}{11}$ m/s (c) $\frac{50}{11}$ m/s, 5 m/s

(d) 6 (e) $\frac{10}{21}d$, A की प्रारंभिक स्थिति से B की ओर

24. $E+\frac{E^2}{2Mc^2}$

25. (a) 0.5 m/s एक-दूसरे की ओर (b) 0 (शून्य) (c) 10 cm

26. 0.16 **27.** $\frac{(1+e)u^2\sin 2\theta}{g}$

28. $8h\sin\theta$ नत तल पर

29. 18.5 m नत तल पर **30.** 6.1 cm **31.** 280 m/s

32. 250 m/s **33.** $\frac{2m_2x_0}{m_1+m_2}$, $\frac{2m_1x_0}{m_1+m_2}$

34. (a) $\frac{m_2v_0}{m_1+m_2}$ (b) $v_0\left[\frac{m_1m_2}{(m_1+m_2)k}\right]^{1/2}$

35. $\frac{2F}{k}$, $\frac{2Fm_2}{k(m_1+m_2)}$, $\frac{2Fm_1}{k(m_1+m_2)}$ **36.** $\frac{2(m_1F_2+m_2F_1)}{k(m_1+m_2)}$

37. 2.22 s **38.** $\sqrt{2.5gh}$ से ज्यादा

39. सीधे और अर्द्धवृत्ताकार पथ के संगम पर

40. (a) कम भार वाली गेंद $\frac{\sqrt{50gl}}{3}$ बायीं दिशा की ओर,

भारी गेंद $\frac{\sqrt{2gl}}{3}$ दाहिनी दिशा की ओर

(b) कम भार वाली गेंद $2l$ और भारी गेंद $\frac{l}{9}$

41. $\frac{3Mgx}{L}$ **42.** (a) 50 m (b) 25 m

43. 5 cm **44.** $\left[\frac{2m^2gh\cos^2\alpha}{(M+m)(M+m\sin^2\alpha)}\right]^{1/2}$

45. (a) $\frac{mv}{M+m}$ (b) $\left[\frac{(M^2+Mm+m^2)}{(M+m)^2}v^2-2gh\right]^{1/2}$

(c) $\frac{Mv^2}{2g(M+m)}$ (e) $\frac{2mv[Mv^2-2(M+m)gh]^{1/2}}{g(M+m)^{3/2}}$

47. छोटा कण स्पर्शरिखा की दिशा में $v\rho/r$ की गति से जाता है और गोलाकार वस्तु छोटे कण की दिशा से 90° कोण बनाते हुए $\frac{v}{r}\sqrt{r^2-\rho^2}$ की गति से जाता है।

❑

अध्याय 16

घूर्णन गति

चलता हुआ पंखा, घूमती हुई घड़ी की सूई, खुलता और बंद होता हुआ दरवाजा, झपकती हुई पलकें, नाचता लट्टू, मेले में ऊपर-नीचे जाता झूला, घूमर नृत्य करती नृत्यांगना, यह सब घूर्णन गति (rotational motion) के उदाहरण हैं। घूर्णन गति को हम कैसे परिभाषित करते हैं? सबसे पहली बात यह जान लें कि घूर्णन गति की बात तब उठती है जब हम किसी बड़ी वस्तु की गति का विचार करते हैं। अभी तक के अध्यायों में हमने एक छोटे कण की गति का विज्ञान पढ़ा था। यदि हमने गुटका, गेंद आदि बड़ी वस्तुओं की चर्चा की भी तो उसके विभिन्न हिस्सों की अलग-अलग चिंता कभी नहीं की। अर्थात, उसे भी हमने एक कण ही माना। परंतु इस अध्याय में हम बड़ी वस्तु की गति का विचार करने जा रहे हैं। हम सामान्यतः ऐसी वस्तुओं पर अपना ध्यान केंद्रित करेंगे जो मुड़-तुड़ नहीं सकती। ऐसी वस्तुओं को सुदृढ़ वस्तुएँ (rigid bodies) कहते हैं। यों तो संसार में कोई भी वस्तु पूरी तरह से सुदृढ़ नहीं होती, और पर्याप्त बल लगाकर किसी भी वस्तु को तोड़ा-मरोड़ा जा सकता है। पर, हम यह मानेंगे कि जिन वस्तुओं की चर्चा हम करेंगे और उन वस्तुओं पर जिन बलों की हम चर्चा करेंगे, उन बलों से उन वस्तुओं की आकृति में कोई परिवर्तन नहीं आनेवाला है और इसलिए हम उन्हें सुदृढ़ वस्तुएँ मान सकते हैं। ऐसी सुदृढ़ वस्तुओं में हम तीन प्रकार की गतियों की कल्पना कर सकते हैं—स्थानांतरीय गति (translational motion), शुद्ध घूर्णन गति और मिश्र स्थानांतरीय घूर्णन गति। पहले इन गतियों के बारे में हम थोड़ी-थोड़ी जानकारी लेंगे और फिर इस अध्याय में हम शुद्ध घूर्णन गति के बारे में थोड़ा और विस्तार से जानेंगे।

16.1 स्थानांतरीय गति

यदि कोई वस्तु इस प्रकार गति करे कि किसी समय अंतराल में जितना विस्थापन एक कण का हो (परिमाण एवं दिशा में) उतना ही विस्थापन सभी कणों का हो, तो उस गति को स्थानांतरीय गति कहते हैं।

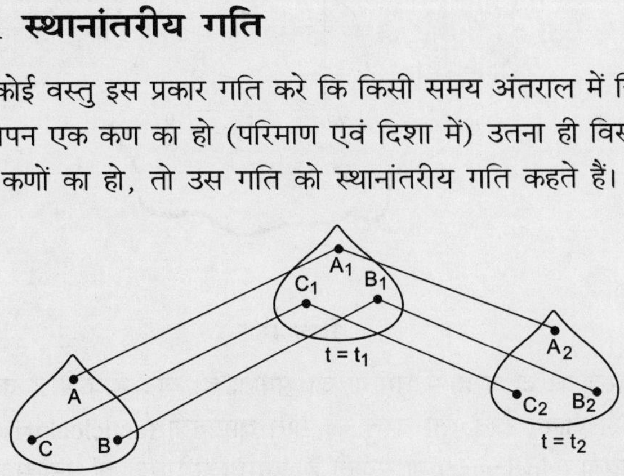

चित्र 16.1

चित्र 16.1 में, गति करती हुई एक वस्तु की तीन समयों पर स्थितियाँ दिखाई गई हैं। $t = 0$ समय से $t = t_1$ समय तक में वस्तु के कण A का विस्थापन $\overrightarrow{AA_1}$, B का विस्थापन $\overrightarrow{BB_1}$ तथा C का विस्थापन $\overrightarrow{CC_1}$ हुआ है। ये सभी विस्थापन एक ही दिशा में हैं और इनके मान भी समान हैं। इसी प्रकार, समय t_1 से t_2 के बीच सभी कणों का विस्थापन समान है। वस्तु ने सिर्फ स्थान परिवर्तन किया है, वह घूमी नहीं है। $t = 0$ समय पर वस्तु का नुकीला सिरा ऊपर की ओर था, $t = t_1$ पर भी यह ऊपर की ओर है और $t = t_2$ पर भी वह ऊपर की ओर है। नीचे का आधार पहले भी क्षैतिज था और बाद में भी क्षैतिज है। यही स्थानांतरीय गति की पहचान है।

यह न सोचें कि स्थानांतरीय गति का अर्थ सरल रेखा में गति है। थाली में दीपक रखकर जब कोई महिला अपनी पुत्रवधू की आरती उतारकर उसका स्वागत करती है, तब थाली वृत्ताकार पथ पर घूमती है। परंतु, यह भी स्थानांतरीय गति है। थाली के एक दीपक का जिधर और जितना विस्थापन होता है, सभी दीपकों का उतना ही और उधर ही विस्थापन होता है।

चित्र 16.2

16.2 एक अक्ष के प्रति शुद्ध घूर्णन गति

कमरे का दरवाजा खोलें एवं दरवाजे की गति का अध्ययन करें (चित्र 16.3)। दरवाजे के किसी एक कण A पर ध्यान केंद्रित करें। इसका पथ कैसा है? यह एक वृत्तीय पथ पर घूम रहा है। यह वृत्त क्षैतिज तल में बन रहा है। इस वृत्त का केंद्र कहाँ है? इसका केंद्र चौखट पर है या और बारीकी से कहें तो दरवाजे के कब्जों से जानेवाली ऊर्ध्वाधर रेखा PQ पर है। A से PQ पर लंब डालें। जिस बिंदु O_1 पर यह लंब पड़ेगा वही बिंदु कण A के वृत्तीय पथ का केंद्र होगा तथा O_1A उसकी त्रिज्या होगी।

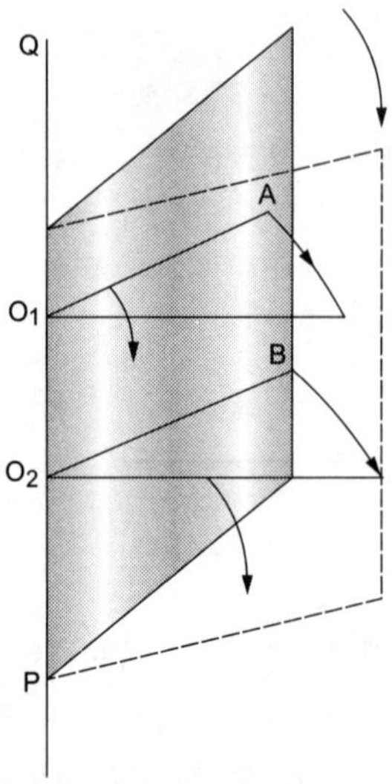

चित्र 16.3

दरवाजे के किसी दूसरे बिंदु B को देखें। यह भी एक वृत्तीय पथ पर जा रहा है। इस वृत्त का तल भी क्षैतिज है। इसका केंद्र O_2 भी PQ पर है और B से PQ पर खींचा गया लंब PQ से जिस बिंदु पर मिलता है, वहाँ इस वृत्तीय पथ का केंद्र है और इस वृत्त की त्रिज्या O_2B है।

दरवाजे के सभी कण वृत्तीय पथों पर चल रहे हैं। इन सभी वृत्तीय पथों के तल समानांतर हैं। सबके केंद्र एक रेखा PQ पर हैं, जहाँ कण से PQ पर खींचा गया लंब मिलता है। PQ से जो कण जितना दूर है, उस कण के वृत्तीय पथ की त्रिज्या उतनी ही अधिक है। दरवाजे की यह गति एक अक्ष के प्रति शुद्ध घूर्णन गति का उदाहरण है। रेखा PQ को घूर्णन अक्ष (axis of rotation) कहते हैं।

एक अक्ष के प्रति शुद्ध घूर्णन गति में वस्तु के सभी कण वृत्तीय पथों पर चलते हैं। सभी वृत्तों के तल एक-दूसरे के समानांतर होते हैं। सभी वृत्तों के केंद्र एक सरल रेखा पर स्थित होते हैं जिसे घूर्णन अक्ष कहते हैं। वस्तु इस अक्ष के परितः घूमती है, ऐसा भी कहा जाता है।

गति करती हुई विभिन्न वस्तुओं पर विचार करें। क्या यह शुद्ध घूर्णन गति है? यदि है, तो घूर्णन अक्ष का पता करें। छत से लटके सीलिंग फैन (पंखे) को जब चलाते हैं तो क्या यह शुद्ध घूर्णन गति है? इसका अक्ष कहाँ है? पंखे के विभिन्न भागों के पथ किन वृत्तों पर चल रहे हैं? दरवाजे के हैंडिल की गति को देखें, घूर्णन अक्ष कहाँ है? गैस के चूल्हे पर बने स्विच की गति को देखें, घूर्णन अक्ष कहाँ है? बिजली के स्विच की गति को देखें, घूर्णन अक्ष कहाँ है?

नियत अक्ष के प्रति घूर्णन कराने के लिए प्रायः वस्तु के किसी छोटे हिस्से को एक या अधिक हिंज (कब्जा) द्वारा फिक्स कर देते हैं। चौखट में लगे दरवाजे के पल्ले को देखें। इसमें दो स्थानों पर हिंज लगाते हैं, हिंजों से गुजरनेवाली ऊर्ध्वाधर दिशा ही अक्ष हो जाती है।

कई बार छड़ आदि को एक सिरे पर हिंज द्वारा फिक्स कर देते हैं। हिंज पर छड़ को किसी भी दिशा में चलाया जा सकता है। ऐसी स्थिति में हम कह सकते हैं कि वस्तु का घूर्णन अक्ष उस हिंज से तो गुजरता है, पर उसकी दिशा समय के साथ बदल सकती है। इस अध्याय में "शुद्ध घूर्णन गति" का अर्थ एक स्थिर अक्ष के प्रति घूर्णन लिया जाएगा।

16.3 मिश्र स्थानांतरीय घूर्णन गति

कई बार वस्तु की गति न तो स्थानांतरीय होती है और न ही शुद्ध घूर्णन। ऐसी स्थिति में वस्तु के विस्थापन को दो भागों में सोचा जा सकता है, पहले उसका स्थानांतरण और फिर किसी अक्ष के प्रति शुद्ध घूर्णन। उदाहरण के लिए, जमीन पर घिसटकर चलता हुआ पहिया (चित्र 16.4)। $t = 0$ समय से t_1 समय के बीच पहिया आगे भी बढ़ा है और घूम भी गया है। इसके कणों की गति वृत्तीय नहीं है। यह शुद्ध घूर्णन नहीं है। यह शुद्ध स्थानांतरण भी नहीं है, बिंदु O का विस्थापन तथा बिंदु A का विस्थापन बराबर नहीं है। पर, हम इसे दो भागों में बाँट सकते हैं—पहले पहिए को स्थानांतरित करें जिससे बिंदु O नए स्थान O' पर आ जाए, A नए स्थान A' पर आ जाए। अब O' से जानेवाली लंब रेखा को घूर्णन अक्ष बनाकर पहिए को घुमा दें जिससे पहिए का केंद्र तो O' पर ही रह जाए, पर पहिये के घूमने के कारण बिंदु A, A' से A_1 पर आ जाए। ऐसी गति को हम मिश्र स्थानांतरीय घूर्णन गति कहते हैं।

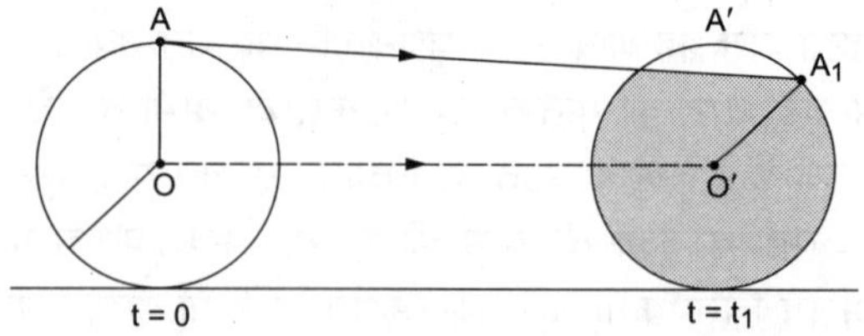

चित्र 16.4

16.4 स्थिर अक्ष के परितः घूर्णन में चर राशियाँ

कोणीय स्थिति एवं कोणीय विस्थापन

मान लें कि कोई सुदृढ़ वस्तु एक अक्ष के परितः घूम रही है (चित्र 16.5)। इस अक्ष को z-अक्ष कहें। समय बीतने पर भी अक्ष की स्थिति में कोई परिवर्तन नहीं होता, अर्थात अक्ष अपने स्थान पर स्थिर है। वस्तु के किसी कण P को देखें, $t = 0$ पर यह P_0 बिंदु पर स्थित है। चित्र में P_0 से z-अक्ष पर लंब खींचा गया है जो बिंदु Q पर मिलता है। कण P एक वृत्त पर चलेगा जिसका केंद्र Q, त्रिज्या QP तथा तल z-अक्ष के लंबवत होगा।

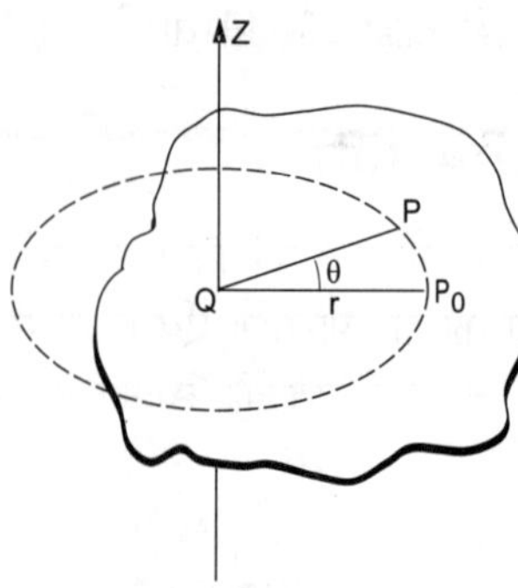

चित्र 16.5

वस्तु को दो तरह से घुमाया जा सकता है। यदि चित्र में Z के पास आँख ले जाकर देखें, तो वस्तु की गति वामावर्ती (anticlockwise) या दक्षिणावर्ती (clockwise) हो सकती है। इनमें किसी एक को धनात्मक तथा दूसरे को ऋणात्मक कहें। मान लें कि वस्तु धनात्मक दिशा में घूम रही है।

$t=0$ समय पर त्रिज्या QP का स्थान QP_0 है जो बदलकर t समय पर QP हो जाता है। PQP_0 को θ कहें। त्रिज्या QP_0 कोण θ से घूम गई है या कहें कि कण P अपने वृत्तीय पथ पर θ कोण से घूम गया है। यदि हम वस्तु के किसी दूसरे कण पर विचार करें, तो $t=0$ समय से $t=t$ समय तक में वह भी अपने वृत्तीय पथ पर उतना ही कोण θ घूमेगा, इसलिए हम कहते हैं कि पूरी वस्तु इस समय में θ कोण से घूम गई। कोण θ को t समय में वस्तु का कोणीय विस्थापन (angular displacement) कहते हैं।

यदि वस्तु की किसी विशेष स्थिति को $\theta=0$ मान लिया जाए, तो वहाँ से कोणीय विस्थापन को कोणीय स्थिति (angular position) कहते हैं।

यदि वस्तु ऋणात्मक दिशा में घूम रही हो, तो कोणीय विस्थापन भी ऋणात्मक होगा। यदि वस्तु $\pi/6$ रेडियन से ऋणात्मक दिशा में घूमे तो कोणीय विस्थापन $\Delta\theta=-\pi/6$ कहा जाएगा। याद रहे, धनात्मक या ऋणात्मक दिशा का चुनाव करना हमारा अधिकार है। यदि वस्तु एक ही दिशा में (वामावर्ती या दक्षिणावर्ती) घूम रही हो, तो स्वाभाविक रूप से हम इसी दिशा को धनात्मक लेंगे। पर, यदि वस्तु कभी इधर और कभी उधर दोनों प्रकार से घूम रही हो, तब हमें किसी एक दिशा को धनात्मक कहना होगा। यहाँ दिशा से हमारा मतलब वामावर्ती या दक्षिणावर्ती है न कि पूर्व, पश्चिम आदि।

कोणीय वेग

यदि एक समय अंतराल t से $t+\Delta t$ में वस्तु का कोणीय विस्थापन $\Delta\theta$ हो, तो $\omega_{av}=\dfrac{\Delta\theta}{\Delta t}$ को इस अवधि में उसका औसत कोणीय वेग कहते हैं। यदि Δt को अति सूक्ष्म लें तो यही राशि t समय पर वस्तु का कोणीय वेग कहलाती है। इसे साधारणतः ω अक्षर से बताया जाता है जिसे 'ओमेगा' पढ़ते हैं।

$$\omega=\frac{d\theta}{dt}\cdot \qquad \dots (16.1)$$

वस्तु का कोणीय वेग यह बताता है कि उस समय वस्तु कितनी तेजी से घूम रही है। इसकी SI इकाई रेडियन प्रति सेकंड अर्थात rad/s लिखी जाती है।

यदि आप एक ऐसे वेक्टर की रचना करें जिसका परिमाण ω के बराबर हो, जिसकी दिशा घूर्णन अक्ष की ओर इस प्रकार हो कि अक्ष की दिशा से देखने पर वस्तु वामावर्ती दिशा में घूम रही हो, तो उस वेक्टर को कोणीय वेग वेक्टर (angular velocity vector) कहते हैं तथा उसे $\vec{\omega}$ द्वारा दिखाते हैं।

कोणीय त्वरण

किसी वस्तु का कोणीय वेग समय बदलने के साथ स्थिर रह सकता है या बदल सकता है। जब हम पंखे का स्विच ऑन करते हैं तो पंखा धीरे-धीरे घूमना प्रारंभ करता है और क्रमशः तेज होता जाता है। इस अवधि में उसका कोणीय वेग बढ़ता जाता है। थोड़ी देर के बाद घूमने की दर एकसमान हो जाती है और पंखा घंटों एक ही कोणीय वेग से चलता रहता है। जब हम स्विच ऑफ करते हैं, तो पंखे का कोणीय वेग घटता जाता है और थोड़ी देर में शून्य हो जाता है। यदि t समय पर किसी वस्तु का कोणीय वेग ω तथा $t+\Delta t$ समय पर $\omega+\Delta\omega$ हो, तो

$$\alpha_{av}=\frac{\Delta\omega}{\Delta t}$$

को इस अवधि में वस्तु का औसत कोणीय त्वरण कहा जाता है। यदि Δt को अति सूक्ष्म लें तो यही राशि समय t पर वस्तु का कोणीय त्वरण (angular acceleration) कहलाती है। इसे साधारणतः α अक्षर से जाना जाता है, जिसे 'अल्फा' पढ़ते हैं।

$$\alpha=\frac{d\omega}{dt}\cdot \qquad \dots (16.2)$$

यदि वस्तु धनात्मक दिशा में घूम रही हो और धीमी होती जा रही हो, तो $d\omega$ ऋणात्मक होगा। याद रहे, t समय पर कोणीय वेग ω तथा $t+dt$ पर $\omega+d\omega$ लिखा जाता है। ऐसी स्थिति में कोणीय त्वरण α ऋणात्मक होगा। इसे कभी-कभी कोणीय मंदन (angular deceleration) भी कहते हैं।

समीकरण (16.1) एवं (16.2) से आपको सरल रेखीय गति के समीकरण याद आ रहे होंगे। वेग एवं त्वरण की परिभाषाएँ

$$v=\frac{dx}{dt} \qquad \dots (i)$$

तथा

$$a=\frac{dv}{dt} \qquad \dots (ii)$$

से दी जाती हैं और यदि त्वरण एकसमान हो, तो

$$v=u+at,\ x=ut+\frac{1}{2}at^2 \text{ तथा } v^2=u^2+2ax$$

होते हैं। समीकरण (16.1) एवं (16.2) की गणितीय रचना ठीक उसी प्रकार की है जैसी समीकरण (i) तथा (ii) की हैं। अतः, यदि कोणीय त्वरण α एकसमान हो, तो

$$\left.\begin{aligned}&\omega=\omega_0+\alpha t,\\&\theta=\omega_0 t+\frac{1}{2}\alpha t^2\\ \text{तथा}\quad &\omega^2=\omega_0^2+2\alpha\theta\end{aligned}\right\} \qquad \dots (16.3)$$

होंगे। यहाँ, ω_0 वस्तु का आरंभिक ($t=0$ समय पर) कोणीय वेग है। θ का मान $t=0$ समय पर शून्य माना गया है और α का मान एकसमान है।

एक उदाहरण के तौर पर अपने कमरे के सीलिंग फैन पर विचार करें। जब आप इसका स्विच ऑन करते हैं, तो यह एक ऊर्ध्वाधर अक्ष के परितः घूमने लगता है। पंखे द्वारा घूमा गया कोण पहले सेकंड में कम होता है, दूसरे सेकंड में अधिक होता है, तीसरे सेकंड में और भी अधिक होता है। समय के साथ पंखे का कोणीय वेग बढ़ता जाता है। अर्थात, पंखे में कोणीय त्वरण है। थोड़ी देर बाद पंखे का कोणीय वेग इतना अधिक हो जाता है कि उसके पंख (blades) अलग-अलग दिखाई ही नहीं देते। पंखा अपनी अधिकतम 'स्पीड' से चलने लगता है। अब पंखे की कोणीय गति एकसमान हो गई है और कोणीय त्वरण शून्य हो गया है। अब पंखे का स्विच ऑफ कर दें। किसी समय अंतराल में पंखा जितना कोण घूमता है, बाद के उतने ही अंतराल में उससे कम कोण घूमता है। पंखे का कोणीय वेग घटता जा रहा है। पंखे में पुनः कोणीय त्वरण आ गया है। यदि स्विच ऑन करने के बाद का त्वरण वामावर्ती था तो स्विच ऑफ करने के बाद का त्वरण दक्षिणावर्ती होगा। जब पंखा पूरी

तरह रुक जाता है तो उसका कोणीय वेग तथा कोणीय त्वरण दोनों शून्य हो जाते हैं।

अभ्यास 16.1

एक इंजन की मोटर अपने अक्ष पर 100 चक्कर/मिनट के कोणीय वेग से घूम रही है। जब मोटर का स्विच ऑफ कर दिया जाता है तब वह 15 सेकंड में पूरी तरह रुक जाती है। मोटर का कोणीय त्वरण एकसमान मानते हुए इस 15 सेकंड में इसके द्वारा घूमा हुआ कोण ज्ञात करें।

हल प्रारंभिक कोणीय वेग $\omega_0 = 100$ चक्कर/मिनट

$$= \frac{100 \times 2\pi}{60} \text{ rad/s} = \frac{10\pi}{3} \text{ rad/s.}$$

अंतिम कोणीय वेग $\omega = 0$, समय $t = 15$ s.

अब $\omega = \omega_0 + \alpha t$ से,

$$0 = \frac{10\pi}{3} \text{rad/s} + \alpha\ (15 \text{ s})$$

या $$\alpha = -\frac{10\pi}{3 \times 15} \text{ rad/s}^2 = -\frac{2\pi}{9} \text{ rad/s}^2.$$

पुनः, $\omega^2 = \omega_0^2 + 2\alpha\theta$ से,

$$0 = \left[\frac{10\pi}{3} \text{rad/s}\right]^2 + 2\left[-\frac{2\pi}{9} \text{rad/s}^2\right]\theta$$

या $$\theta = \frac{100\pi^2 \times 9}{9 \times 4\pi} \text{ rad} = 25\pi \text{ rad} = 12.5 \text{ चक्कर।}$$

अर्थात, मोटर रुकने के पहले 12.5 चक्कर घूम चुकी होगी।

अभ्यास 16.2

एक पंखा स्विच ऑन होने के बाद 5 s में 400 चक्कर/मिनट की गति प्राप्त कर लेता है। किस समय उसका कोणीय वेग 200 चक्कर/मिनट रहा होगा?

हल $\omega = \omega_0 + \alpha t$ से,

$$400 \text{ चक्कर/मिनट} = 0 + \alpha \cdot (5 \text{ s})$$

या $$\alpha = \frac{80 \text{ चक्कर}}{60 \text{ s}^2} = \frac{4}{3} \text{ चक्कर/s}^2.$$

यदि $\omega = 200$ चक्कर/मिनट का कोणीय वेग प्राप्त करने में t समय लगे, तो $\omega = \omega_0 + \alpha t$ से,

$$200 \text{ चक्कर/मिनट} = 0 + \left(\frac{4}{3} \text{ चक्कर/s}^2\right) t$$

$$t = \frac{200 \text{ चक्कर}}{60 \text{ s} \times \frac{4}{3} \cdot \frac{\text{चक्कर}}{\text{s}^2}} = 2.5 \text{ s.}$$

16.5 रेखीय राशियों एवं कोणीय राशियों में संबंध

शुद्ध घूर्णन गति को बताने के लिए हम वस्तु के कोणीय वेग ω एवं कोणीय त्वरण α का उपयोग करते हैं। यदि हम वस्तु के किसी कण A को देखें तो वह एक वृत्त पर चल रहा होगा (चित्र 16.6)। हम उसकी चाल v तथा वेग की दिशा में उसका त्वरण a_t भी जान सकते हैं। यदि कण A, घूर्णन अक्ष PQ से r दूरी पर हो, तो वह r त्रिज्या के वृत्त में घूमेगा। यदि वस्तु $d\theta$ कोण से घूम जाए, तो त्रिज्या OA भी $d\theta$ कोण से घूमेगी। वृत्त पर कण द्वारा चली गई दूरी,

$$AA' = r d\theta$$

होगी। अतः, $$\frac{AA'}{dt} = r \frac{d\theta}{dt}.$$

परंतु AA'/dt कण की रेखीय चाल v है, क्योंकि यह dt समय में AA' दूरी (वृत्त पर) चलता है। दूसरी ओर $d\theta/dt$ वस्तु का कोणीय वेग ω है। अतः,

$$v = r\omega. \qquad \text{... (16.4)}$$

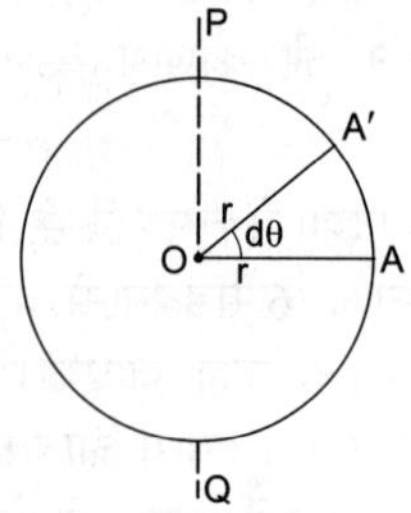

चित्र 16.6

वस्तु के विभिन्न कण अक्ष PQ से अलग-अलग दूरी पर होंगे। अतः, r का मान भी अलग-अलग होगा। जो कण अक्ष पर होंगे उनके लिए r का मान शून्य होगा, जो अक्ष के पास होंगे उनके लिए r का मान कम होगा, और जो अक्ष से दूर होंगे उनके लिए r का मान अधिक होगा। परंतु, ω का मान सभी के लिए एक ही होगा, क्योंकि यह पूरी वस्तु का कोणीय वेग है। अतः, v का मान अलग-अलग कणों के लिए अलग-अलग होगा। अक्ष से दूर के कण तेज गति (रेखीय) से चलेंगे और अक्ष से नजदीक के कण धीमी गति से चलेंगे।

यदि वस्तु में कोणीय त्वरण हो, तो उसका कोणीय वेग ω भी बदलेगा। तब किसी कण की चाल v भी उसी अनुपात में बदलेगी। वृत्त पर चलते कण की चाल बदलती है, तो इसका अर्थ होता है कि वृत्त की स्पर्शरिखा की दिशा में कण के त्वरण का एक घटक है। यह त्वरण a_t संकेत द्वारा बताया जाता है।

$$a_t = \frac{dv}{dt} = \frac{d}{dt}(r\omega) = r\frac{d\omega}{dt}$$

या $$a_t = r\alpha. \qquad \text{... (16.5)}$$

अभ्यास 16.3

एक कुएँ से पानी निकालने के लिए 10 cm त्रिज्या की एक घिरनी लगी है। घिरनी पर से होकर एक रस्सी जाती है जिसके एक किनारे पर डोल (bucket) बँधा है और दूसरी ओर से मनुष्य रस्सी को खींचकर डोल को ऊपर या नीचे करता है। डोल कुएँ में नीचे की ओर जा रहा है और किसी क्षण उसकी चाल 20 cm/s है तथा त्वरण 4.0 m/s^2 है। यह मानते हुए कि रस्सी घिरनी पर फिसलती नहीं है, इस क्षण घिरनी का कोणीय वेग तथा कोणीय त्वरण निकालें।

हल चूँकि रस्सी घिरनी पर फिसलती नहीं है, स्पर्शबिंदुओं पर रस्सी तथा घिरनी के वेग आपस में बराबर होंगे। साथ ही, उनके त्वरण भी आपस में बराबर होंगे। अतः, घिरनी की परिधि के बिंदुओं के लिए, दिए गए क्षण पर,

$$v = 20 \text{ cm/s.}$$

घिरनी का कोणीय वेग, $$\omega = \frac{v}{R} = \frac{20 \text{ cm/s}}{10 \text{ cm}} = 2 \text{ rad/s.}$$

घिरनी का कोणीय त्वरण, $\alpha = \frac{a_t}{R} = \frac{4.0 \text{ m/s}^2}{10 \text{ cm}}$

$$= \frac{4.0 \text{ m/s}^2}{0.1 \text{ m}} = 40 \text{ rad/s}^2.$$

16.6 कोणीय संवेग (Angular momentum)

द्रव्यमान m वाली वस्तु यदि $\vec{v}$ वेग से चले, तो उसका रेखीय संवेग $\vec{p} = m\vec{v}$ होता है। रेखीय गति में इस संवेग की महत्त्वपूर्ण भूमिका है। इसी प्रकार वस्तुओं की कोणीय गति में कोणीय संवेग का बड़ा महत्त्व है। क्या होता है कोणीय संवेग? पहले परिभाषा एक अकेले कण के कोणीय संवेग की। किसी कण का कोणीय संवेग किसी निश्चित बिंदु O के प्रति परिभाषित करते हैं। यदि कण का द्रव्यमान m हो, किसी समय पर वह बिंदु P पर हो और $\vec{v}$ वेग से चल रहा हो, तो उस समय बिंदु O के प्रति कण का कोणीय संवेग होता है (चित्र 16.7),

$$\vec{l} = \overrightarrow{OP} \times m\vec{v}.$$

O से P के स्थान वेक्टर $\overrightarrow{OP}$ को $\vec{r}$ तथा $m\vec{v}$ को $\vec{p}$ लिखने पर,

$$\vec{l} = \vec{r} \times \vec{p}. \qquad \text{... (16.6)}$$

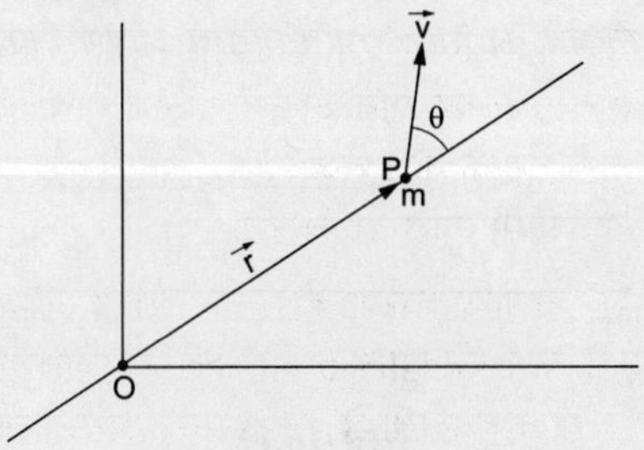

चित्र 16.7

कोणीय संवेग $\vec{l}$ एक वेक्टर राशि है जिसकी दिशा OP तथा वस्तु के वेग के तल के लंबवत है। इसका परिमाण $mvr \sin\theta$ है, जहाँ θ उस कण के वेग तथा OP के बीच बना कोण है।

अभ्यास 16.4

एक कण जिसका द्रव्यमान 20 g है बिंदु (2 m, 8 m) से, विरामावस्था से गिराया जाता है। यहाँ y-अक्ष ऊपर की ओर ऊर्ध्वाधर दिशा में लिया गया है (चित्र 16.8)। एक सेकंड बाद मूलबिंदु के प्रति कण का कोणीय संवेग निकालें। $g = 10 \text{ m/s}^2$ लें।

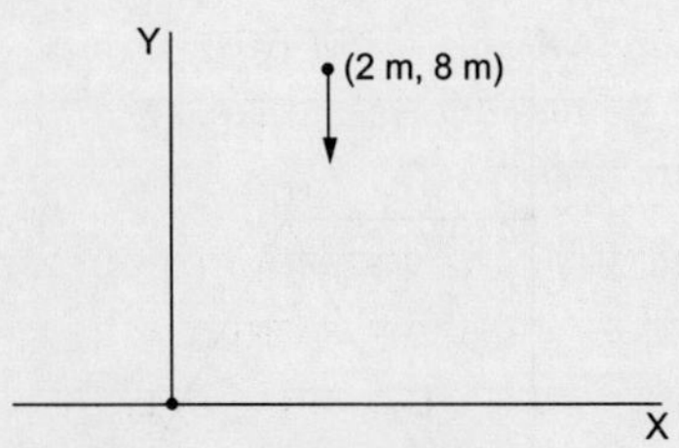

चित्र 16.8

हल कण द्वारा 1 s में चली दूरी, $h = \frac{1}{2}gt^2 = 5 \text{ m}$.

अतः, इस समय उसका स्थान (2 m, 3 m) पर होगा। मूलबिंदु से उसका स्थान वेक्टर,

$$\vec{r} = (2 \text{ m})\hat{i} + (3 \text{ m})\hat{j}.$$

इस समय कण का वेग,

$$\vec{v} = gt(-\hat{j}) = (-10 \text{ m/s})\hat{j}.$$

अतः, कण का कोणीय संवेग,

$$\vec{l} = \vec{r} \times \vec{p}$$

$$= (2 \text{ m}\hat{i} + 3 \text{ m}\hat{j}) \times (20 \text{ g})(-10 \text{ m/s})\hat{j}$$

$$= (2 \text{ m}) \times (20 \times 10^{-3} \text{ kg})(-10 \text{ m/s})\hat{k}$$

$$= -(0.4 \text{ kg} \cdot \text{m/s})\hat{k}.$$

कोणीय संवेग की परिभाषा से स्पष्ट है कि यह राशि न केवल कण के वेग तथा द्रव्यमान पर निर्भर करती है, बल्कि उस बिंदु पर भी निर्भर करती है जिसके प्रति यह कोणीय संवेग निकाला जा रहा है।

आप किसी कण समूह का कोणीय संवेग किसी बिंदु के प्रति आसानी से लिख सकते हैं। यदि किसी क्षण पर iवें कण का स्थान वेक्टर इस बिंदु से $\vec{r}_i$ हो तथा इसका रेखीय संवेग $\vec{p}_i$ हो, तो समूह का कोणीय संवेग,

$$\vec{L} = \sum_i (\vec{r}_i \times \vec{p}_i).$$

वृत्त पर घूमते कण का अक्ष के किसी बिंदु के प्रति कोणीय संवेग

आप जानते हैं कि शुद्ध घूर्णन करनेवाली किसी वस्तु का हर कण एक वृत्तीय पथ पर चलता है। मान लें कि कण A के वृत्तीय पथ का केंद्रबिंदु O है। किसी समय कण v वेग से चल रहा है। बिंदु O के प्रति कण A का कोणीय संवेग होगा,

$$\vec{l} = m\vec{r} \times \vec{v}.$$

पहले इसकी दिशा का पता करें। मान लें कि PQ ऊर्ध्वाधर दिशा में है। वृत्त क्षैतिज तल में होगा। वेक्टर $\vec{r}$ त्रिज्या की ओर तथा $\vec{v}$ वृत्त पर स्पर्शरिखा की ओर होंगे। ये दोनों ही वृत्त के तल में, अर्थात क्षैतिज तल में होंगे। अतः, $\vec{r} \times \vec{v}$ की दिशा ऊर्ध्वाधर दिशा में होगी। यह PQ की दिशा में होगी या QP की दिशा में, यह कण के वेग की दिशा पर निर्भर करेगा। अब कोणीय संवेग के परिमाण को देखें। $\vec{r}$ तथा $\vec{v}$ परस्पर लंब दिशाओं में हैं, क्योंकि ये त्रिज्या और स्पर्शरिखा की ओर हैं। अतः, कोणीय संवेग का परिमाण mvr है।

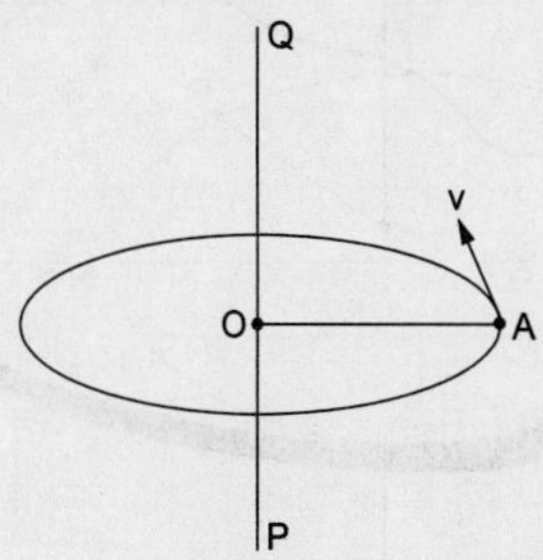

चित्र 16.9

अतः, वृत्तीय पथ पर घूमते एक कण का उसके केंद्र के प्रति कोणीय संवेग mvr के बराबर होता है और उसकी दिशा अक्ष के समानांतर होती है।

अब मान लें कि हम कण A का कोणीय संवेग एक ऐसे बिंदु O_1 के प्रति चाहते हैं, जो अक्ष पर तो है, पर वृत्त के केंद्र पर नहीं है (चित्र 16.10)।

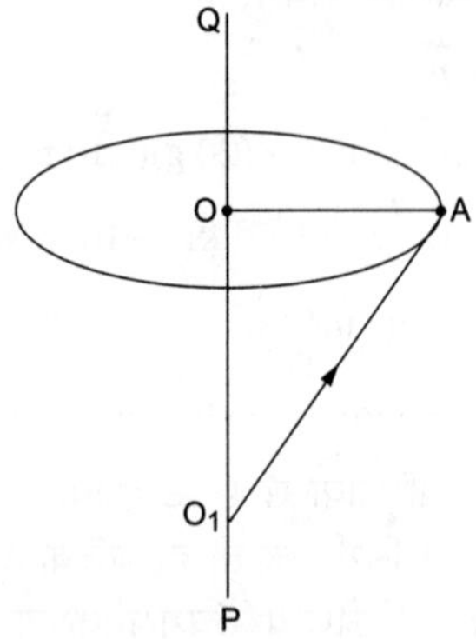

चित्र 16.10

$$\vec{l} = m\vec{r} \times \vec{v} = m(\overrightarrow{O_1A}) \times \vec{v}$$
$$= m(\overrightarrow{O_1O} + \overrightarrow{OA}) \times \vec{v}$$
$$= m\overrightarrow{O_1O} \times \vec{v} + m\,\overrightarrow{OA} \times \vec{v}.$$

पहले पद के वेक्टर की दिशा O_1O के लंबवत है। अतः, अक्ष OP की ओर इस वेक्टर का घटक शून्य होगा। दूसरा पद वही है जो चित्र 16.9 की स्थिति में था। अतः, O_1 के प्रति कण के कोणीय संवेग का अक्ष की ओर घटक mvr के बराबर होता है। अक्ष की ओर कोणीय संवेग के घटक को 'अक्ष के प्रति कोणीय संवेग' भी कहते हैं।

यदि अक्ष की दिशा को z-अक्ष लिया जाए, तो अक्ष के प्रति कोणीय संवेग $l_z = mvr.$

16.7 $L_z = I\omega$

मान लें कि कोई वस्तु एक स्थिर अक्ष के परितः घूर्णन गति कर रही है। इस वस्तु को कणों के समूह के रूप में मानें। अक्ष को z-अक्ष मानें। वस्तु के iवें कण पर विचार करें। यदि इसका द्रव्यमान m_i हो, यह अक्ष से r_i दूरी पर हो और अपने वृत्तीय पथ पर इसका वेग v_i हो, तो अक्ष के प्रति इस कण का कोणीय संवेग $l_z = m_i v_i r_i$ होगा।

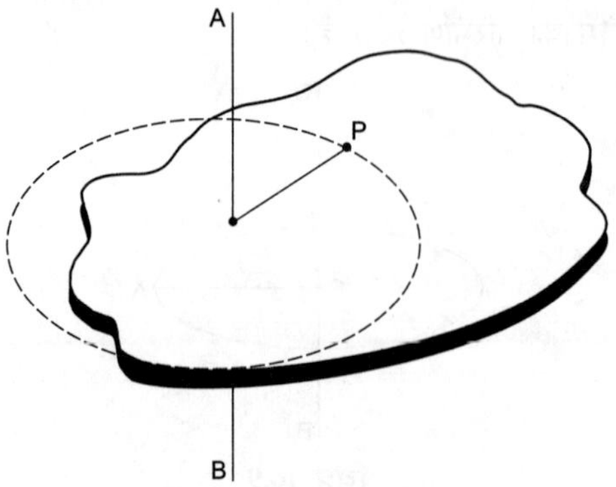

चित्र 16.11

पूरी वस्तु का अक्ष के प्रति कोणीय संवेग,

$$L_z = \sum_i m_i v_i r_i. \qquad \text{... (i)}$$

यदि इस समय वस्तु का कोणीय वेग ω हो, तो iवें कण का वेग,

$$v_i = \omega r_i.$$

अतः, समीकरण (i) से,

$$L_z = \sum_i m_i \omega r_i^2 = \left(\sum_i m_i r_i^2\right)\omega$$

या $$L_z = I\omega, \qquad \text{... (16.7)}$$

जहाँ $$I = \sum_i m_i r_i^2. \qquad \text{... (16.8)}$$

यह राशि वस्तु की गति पर निर्भर नहीं करती, परंतु अक्ष पर निर्भर करती है और वस्तु का द्रव्यमान किस तरह पूरी वस्तु में बँटा है इसपर निर्भर करती है। इस राशि को भी भौतिकशास्त्री अलग नाम से पुकारते हैं और यह नाम है **जड़त्व आघूर्ण** (moment of inertia)।

अभ्यास 16.5

एक नगण्य भार वाली छड़ के दोनों किनारों पर भारी परंतु छोटी वस्तुएँ जुड़ी हैं। चित्र 16.12 में दिखाए अनुसार एक रेखा AB लें जो छड़ के लंबवत है। वस्तुओं के द्रव्यमान तथा AB से इनकी दूरियाँ चित्र में दिखाई गई हैं। इस निकाय का AB के प्रति जड़त्व आघूर्ण निकालें।

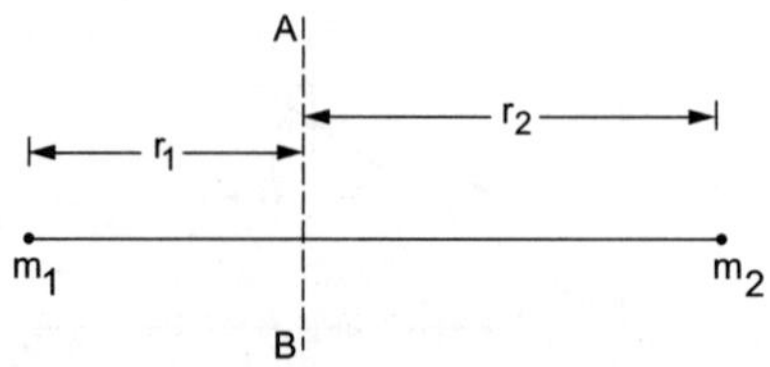

चित्र 16.12

हल बायीं ओर के कण का AB के प्रति जड़त्व आघूर्ण $= m_1 r_1^2$.

दायीं ओर के कण का AB के प्रति जड़त्व आघूर्ण $= m_2 r_2^2$.

चूँकि छड़ नगण्य भार वाली है, इसका जड़त्व आघूर्ण नगण्य मानें। अतः, पूरे निकाय का AB के प्रति जड़त्व आघूर्ण $= m_1 r_1^2 + m_2 r_2^2$.

अभ्यास 16.6

चित्र 16.13 में समान द्रव्यमान m के तीन कण, L भुजा वाले समबाहु त्रिभुज ABC के शीर्षों पर रखे हुए दिखाए गए हैं। इसी तल में AB पर लंब रेखा AX के प्रति इन कणों के समूह का जड़त्व आघूर्ण निकालें।

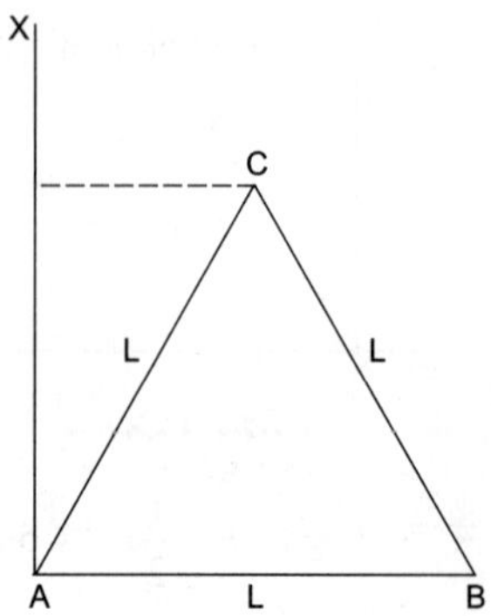

चित्र 16.13

हल AX से A की लंबवत दूरी $= 0$.

AX से B की लंबवत दूरी $= L$.

AX से C की लंबवत दूरी $= \frac{L}{2}$.

अतः, AX के प्रति समूह का जड़त्व आघूर्ण,

$$I = \sum_i m_i r_i^2 = m \times 0 + m \times L^2 + m \times \left(\frac{L}{2}\right)^2$$

$$= \frac{5\,mL^2}{4}.$$

16.8 घूर्णन गति करती वस्तु की गतिज ऊर्जा

मान लें कि कोई वस्तु किसी अक्ष के परितः घूम रही है। किसी समय उस वस्तु का कोणीय वेग ω है। वस्तु के i वें कण का द्रव्यमान m_i तथा अक्ष से उसकी दूरी r_i मानें।

इस कण का वेग $v_i = \omega r_i$.

अतः, इस कण की गतिज ऊर्जा $= \frac{1}{2} m_i v_i^2 = \frac{1}{2} m_i \omega^2 r_i^2$.

पूरी वस्तु की गतिज ऊर्जा $K = \sum_i \left(\frac{1}{2} m_i \omega^2 r_i^2\right)$

$$= \frac{1}{2}\left(\sum_i m_i r_i^2\right)\omega^2$$

$$= \frac{1}{2} I \omega^2,$$

जहाँ $I = \sum_i m_i r_i^2$ अक्ष के प्रति वस्तु का जड़त्व आघूर्ण है। गतिज ऊर्जा को K लिखते हैं। अतः,

$$K = \frac{1}{2} I \omega^2. \qquad \ldots (16.9)$$

अभ्यास 16.7

r त्रिज्या का एक पहिया एक स्थिर अक्ष के परितः घूर्णन करने को स्वतंत्र है। अक्ष के प्रति उसका जड़त्व आघूर्ण I है। इस पहिये पर एक रस्सी लिपटी है जिसके एक सिरे से m द्रव्यमान का एक गुटका बँधा है (चित्र 16.14)। प्रारंभ में गुटके को किसी ऊँचाई पर पकड़कर रखा गया है और फिर छोड़ दिया जाता है। जब गुटका h दूरी नीचे गिर जाता है, उस समय उसकी चाल निकालें। मान कर चलें कि रस्सी पहिये पर नहीं फिसलती।

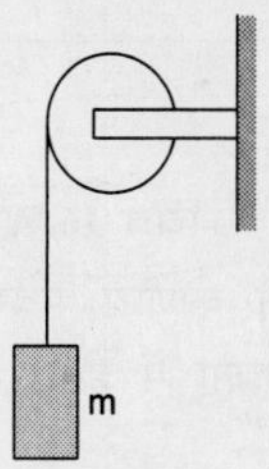

चित्र 16.14

हल मान लें कि h दूरी गिरने पर गुटके की चाल v हो जाती है। पहिये की परिधि के बिंदुओं की भी यही चाल होगी। अतः, पहिये का कोणीय वेग $\omega = \frac{v}{r}$ होगा तथा इस क्षण इसकी गतिज ऊर्जा

$$K = \frac{1}{2} I \left(\frac{v}{r}\right)^2$$

होगी। पहिये, रस्सी तथा गुटके की यांत्रिक ऊर्जा (गुरुत्वीय स्थितिज ऊर्जा एवं गतिज ऊर्जा) पूरी गति में बराबर होगी, क्योंकि इसपर बाहरी बलों द्वारा कोई कार्य नहीं हो रहा है। अतः,

$$mgh = \frac{1}{2} mv^2 + \frac{1}{2} I \frac{v^2}{r^2}$$

या $$v = \left[\frac{2mgh}{m + (I/r^2)}\right]^{1/2}.$$

• हल किए गए प्रश्न •

1. *एक चक्का एकसमान त्वरण $2.0\ \mathrm{rad/s^2}$ से अपने अक्ष के प्रति घूमता है। विरामावस्था से घूमना प्रारंभ कर पहले 10 s में वह कितने कोण से घूम जाएगा? इतने में पहिये के कितने चक्कर हो जाएँगे?*

हल $\theta = \omega_0 t + \frac{1}{2}\alpha t^2 = 0 + \frac{1}{2} \times (2.0\ \mathrm{rad/s^2}) \times 100\ \mathrm{s^2} = 100\ \mathrm{rad}$.

चूँकि 1 चक्कर में 2π रेडियन कोण होते हैं,

अतः, चक्करों की संख्या $= \frac{100}{2\pi} \approx 16$ चक्कर।

2. *विरामावस्था से प्रारंभ होकर एकसमान कोणीय वेग से घूमता हुआ एक पहिया अपने अक्ष के प्रति पहले सेकंड में 2.5 रेडियन घूम जाता है। अगले 1 s में वह कितना कोण घूमेगा?*

हल $\theta = \omega_0 t + \frac{1}{2}\alpha t^2$ से,

$$2.5\ \mathrm{rad} = 0 + \frac{1}{2}\alpha(1\ \mathrm{s^2})$$

या $\alpha = 5\ \mathrm{rad/s^2}$.

पहले 2 s में पहिये द्वारा घूमा कोण

$$\theta_1 = \omega_0 t + \frac{1}{2}\alpha t^2 = 0 + \frac{1}{2}(5\ \mathrm{rad/s^2})(4\ \mathrm{s^2}) = 10\ \mathrm{rad}.$$

अतः, दूसरे 1 s में पहिये द्वारा घूमा कोण

$$= 10\ \mathrm{rad} - 2.5\ \mathrm{rad} = 7.5\ \mathrm{rad}.$$

3. दो छोटी गेंदें A तथा B, जिनमें से प्रत्येक का द्रव्यमान m है, d लंबाई की एक नगण्य भार वाली, पर मजबूत छड़ के दोनों सिरों पर बाँध दी गई हैं। यह छड़ अपने लंब समद्विभाजक अक्ष के प्रति घूमती है। किसी क्षण छड़ तथा गेंदों के निकाय का कोणीय वेग ω है। इस क्षण घूर्णन अक्ष के प्रति निकाय का कोणीय संवेग निकालें।

हल चित्र 16.W1 में दिखाई गई स्थिति पर विचार करें। गेंद A का अक्ष के प्रति कोणीय संवेग,

$$mvr = m\left(\omega\frac{d}{2}\right)\frac{d}{2} = \frac{m\omega d^2}{4}\cdot$$

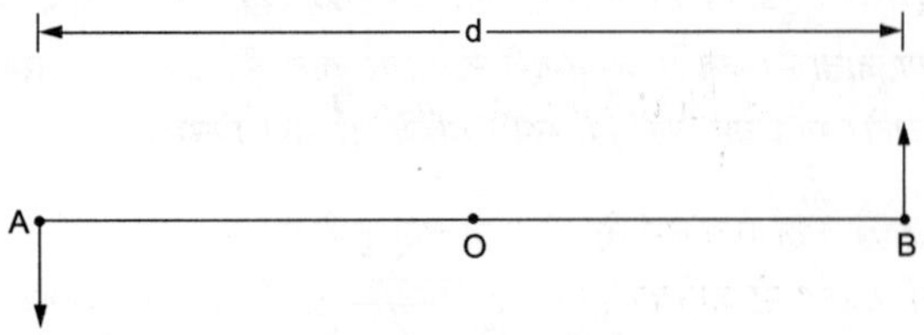

चित्र 16.W1

दूसरे गेंद B का भी कोणीय संवेग इतना ही होगा। चित्र में ये दोनों ही वामावर्ती दिशा में होंगे। अतः, कुल कोणीय संवेग

$$= 2\times\frac{1}{4}m\,\omega\,d^2 = \frac{1}{2}m\,\omega\,d^2.$$

4. *एक प्रयोगशाला में d लंबाई की एक नगण्य भार वाली छड़ अपने एक किनारे O के प्रति एक तल में कोणीय वेग ω से घूम रही है (चित्र 16.W2)। छड़ के केंद्र A पर तथा दूसरे सिरे B पर, m द्रव्यमान के दो कण जुड़े हैं। A को मूलबिंदु मानकर उस फ्रेम S की कल्पना करें जिसके अक्ष प्रयोगशाला के फ्रेम के अक्षों के समानांतर हों। इस फ्रेम में B पर के कण का A पर के कण के सापेक्ष कोणीय संवेग निकालें।*

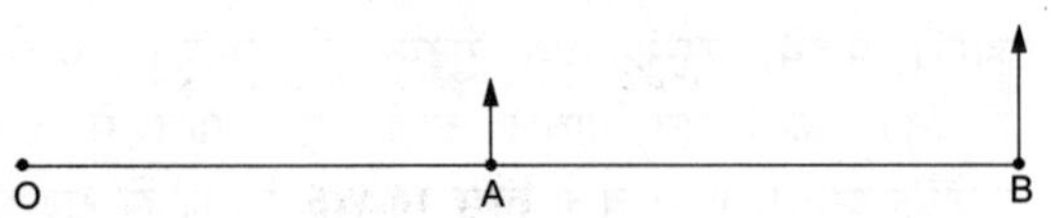

चित्र 16.W2

हल प्रयोगशाला के फ्रेम में कण A का वेग $= \omega\left(\frac{d}{2}\right)$ तथा कण B का वेग $= \omega d$.

ये दोनों एक ही दिशा में हैं (छड़ के लंबवत)।

चूँकि फ्रेम S प्रयोगशाला के फ्रेम के सापेक्ष स्थानांतरीय गति कर रहा है, B का A के सापेक्ष वेग $= \omega d - \frac{\omega d}{2} = \frac{\omega d}{2}\cdot$

अतः, B का A के सापेक्ष कोणीय संवेग,

$$mvr = m\cdot\frac{\omega d}{2}\cdot\frac{d}{2} = \frac{1}{4}m\omega d^2.$$

5. *एक बिंदु P से एक कण को $t = 0$ समय पर क्षैतिज से $45°$ का कोण बनाते हुए v_0 चाल से प्रक्षेपित किया जाता है। समय $t = v_0/g$ पर कण का बिंदु P के प्रति कोणीय संवेग निकालें।*

हल चित्र 16.W3 में दिखाई परिस्थिति पर विचार करें।

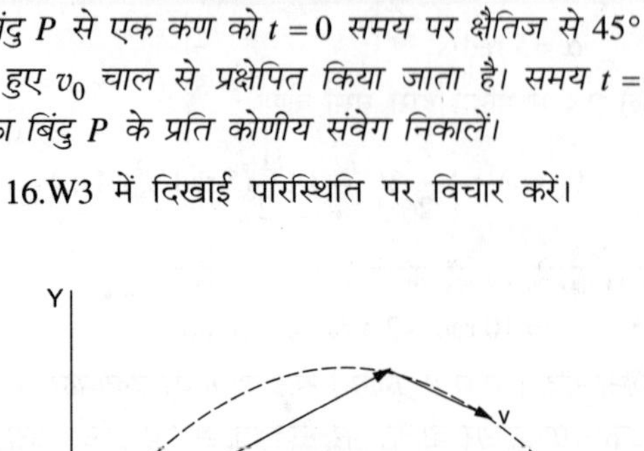

चित्र 16.W3

$t = \frac{v_0}{g}$ समय पर,

$$v_x = v_0\cos 45° = \frac{v_0}{\sqrt{2}}$$

तथा $$v_y = v_0\sin 45° - g\left(\frac{v_0}{g}\right) = v_0\left(\frac{1}{\sqrt{2}} - 1\right)\cdot$$

अतः, $\vec{v} = \frac{v_0}{\sqrt{2}}\hat{i} - \left(\frac{\sqrt{2}-1}{\sqrt{2}}\right)v_0\hat{j}.$

$t = \frac{v_0}{g}$ समय पर,

$$x = \frac{v_0}{\sqrt{2}}\cdot\frac{v_0}{g} = \frac{v_0^2}{\sqrt{2}g}$$

तथा $$y = (v_0\sin 45°)t - \frac{1}{2}gt^2$$

$$= \frac{v_0}{\sqrt{2}}\left(\frac{v_0}{g}\right) - \frac{1}{2}g\left(\frac{v_0}{g}\right)^2 = \frac{v_0^2}{2g}(\sqrt{2}-1).$$

अतः, कण का स्थान वेक्टर,

$$\vec{r} = \frac{v_0^2}{\sqrt{2}g}\hat{i} + \frac{v_0^2}{2g}(\sqrt{2}-1)\hat{j}.$$

समय $t = \frac{v_0}{g}$ पर कण का P के प्रति कोणीय संवेग,

$$\vec{L} = \vec{r}\times\vec{p} = m\vec{r}\times\vec{v}$$

$$= m\left[\frac{v_0^2}{\sqrt{2}g}\hat{i} + \frac{v_0^2}{2g}(\sqrt{2}-1)\hat{j}\right]\times\left[\frac{v_0}{\sqrt{2}}\hat{i} - \frac{\sqrt{2}-1}{\sqrt{2}}v_0\hat{j}\right]$$

$$= -\frac{mv_0^3}{2\sqrt{2}g}\hat{k}.$$

6. *दो द्रव्यमान m तथा M एक नगण्य भार वाली डोरी से बँधे हैं जो एक स्थिर घिरनी पर से होकर जाती है। घिरनी का अक्ष क्षैतिज है, इसकी त्रिज्या r है तथा अक्ष के प्रति इसका जड़त्व आघूर्ण I है। घिरनी की धुरी पर कोई घर्षण नहीं है तथा डोरी घिरनी पर फिसलती नहीं है। इस पूरे निकाय को स्वतंत्र रूप से गति करने के लिए छोड़ दिया जाता है। जब द्रव्यमान M, h दूरी नीचे आता है, उस समय घूर्णन अक्ष के प्रति निकाय का कोणीय संवेग ज्ञात करें।*

हल प्रश्न में दी गई स्थिति चित्र 16.W4 में दिखाई गई है। मान लें कि t समय पर द्रव्यमानों की चाल v है। घिरनी की परिधि के बिंदुओं का रेखीय वेग भी इस समय v होगा। अतः, घिरनी का कोणीय वेग $\omega = v/r$ होगा। कोणीय संवेग निकालने के लिए हमें ω तथा v का मान जानना होगा।

जब द्रव्यमान M, h दूरी से नीचे आता है, तो उसकी गुरुत्वीय स्थितिज ऊर्जा Mgh मान से घट जाती है। इस अवधि में द्रव्यमान m, h दूरी ऊपर जाएगा।

अतः, स्थितिज ऊर्जा में कुल कमी,

$$\Delta U = (M - m)gh$$

होगी।

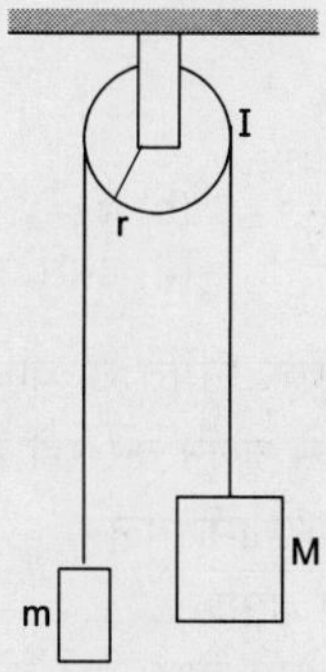

चित्र 16.W4

इस समय निकाय की गतिज ऊर्जा,

$$\Delta K = \frac{1}{2}Mv^2 + \frac{1}{2}mv^2 + \frac{1}{2}I\left(\frac{v}{r}\right)^2.$$

चूँकि निकाय पर कोई बाहरी बल नहीं लग रहा, कुल यांत्रिक ऊर्जा नहीं बदलेगी। अतः,

$$(M-m)gh = \frac{1}{2}(M+m)v^2 + \frac{1}{2}\left(\frac{I}{r^2}\right)v^2$$

या $$v = \sqrt{\frac{2(M-m)gh}{M+m+\frac{I}{r^2}}}.$$

M का कोणीय संवेग Mvr, m का कोणीय संवेग mvr तथा घिरनी का कोणीय संवेग $I\omega = \frac{I}{r}v$ है। ये सभी कोणीय संवेग एक ही दिशा में हैं (चित्र 16.W4 में दक्षिणावर्ती)। अतः, अक्ष के प्रति निकाय का कुल कोणीय संवेग

$$L = \left[Mr + mr + \frac{I}{r}\right]\sqrt{\frac{2(M-m)gh}{M+m+\frac{I}{r^2}}}$$

$$= \sqrt{2(M-m)\left(M+m+\frac{I}{r^2}\right)r^2gh}.$$

7. *भुजा a वाले एक वर्ग के हर कोने पर m द्रव्यमान का एक कण रखा है। वर्ग के केंद्र से जानेवाली, वर्ग के तल पर लंब रेखा के प्रति इस निकाय का जड़त्व आघूर्ण निकालें।*

हल प्रत्येक कण की दूरी दी गई लंब रेखा से $a/\sqrt{2}$ है। अतः, इस रेखा के प्रति निकाय का जड़त्व आघूर्ण होगा

$$I = 4 \times m\left(\frac{a}{\sqrt{2}}\right)^2 = 2ma^2.$$

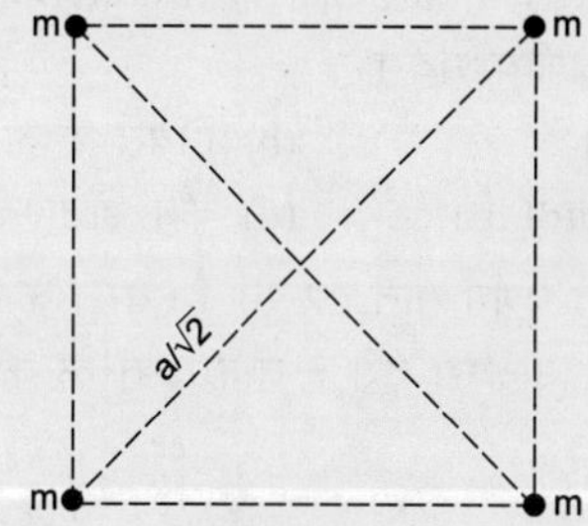

चित्र 16.W5

• विचार हेतु प्रश्न •

1. *क्या कोई वस्तु शुद्ध स्थानांतरीय गति के साथ शुद्ध घूर्णन गति भी कर सकती है?*

2. *सरल दोलक में एक भारी पर छोटी वस्तु को नगण्य भार वाले धागे द्वारा एक स्थिर बिंदु से लटकाया जाता है। वस्तु को एक ओर विस्थापित करके छोड़ दिया जाता है और वह दोलन करने लगती है। क्या इस गति को शुद्ध घूर्णन गति कह सकते हैं? यदि हाँ, तो घूर्णन अक्ष कहाँ पर है?*

3. *घूर्णन कर रही एक वस्तु में, $a = \alpha r$, और $v = \omega r$ होता है। फलतः $\frac{a}{\alpha} = \frac{v}{\omega}$ है। क्या हम बीजगणित के अनुपात एवं समानुपात का उपयोग कर लिख सकते हैं कि*

$$\frac{a+\alpha}{a-\alpha} = \frac{v+\omega}{v-\omega}.$$

4. *एक गेंद को किसी धागे से बाँधकर एक स्थिर बिंदु के परितः वृत्ताकार पथ में घुमाया जाता है। क्या इस गति में गेंद का उसके अपने केंद्र के परितः कोई कोणीय घूर्णन है? यदि हाँ, तो क्या वह कोणीय वेग, वृत्त के केंद्र के परितः कोणीय वेग के बराबर है?*

5. *चंद्रमा पृथ्वी के चारों ओर इस प्रकार घूमता है कि चंद्रमा का केवल एक निश्चित आधा हिस्सा ही सदैव पृथ्वी के सामने रहता है (चित्र 16.C1)। क्या हम पृथ्वी से चंद्रमा के दूसरे भाग को कभी नहीं देख सकते हैं। क्या चंद्रमा पर स्थित कोई व्यक्ति पृथ्वी के सभी भागों को कभी-न-कभी देख सकता है?*

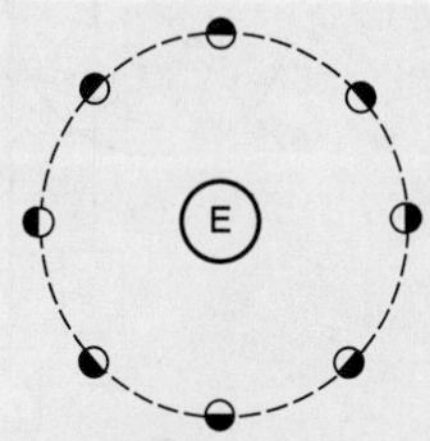

चित्र 16.C1

6. *यदि किसी वस्तु का किसी बिंदु के परितः कोणीय संवेग शून्य हो, तो क्या यह आवश्यक है कि यह किसी अन्य बिंदु के परितः भी शून्य होगा?*

• सटीक उत्तरवाले प्रश्न I •

सही उत्तर का चयन करें।

1. शुद्ध घूर्णन गति कर रही एक वस्तु के घूर्णन अक्ष की दिशा में एकांक सदिश $\vec{A}$ है। घूर्णन अक्ष से दूर स्थित, वस्तु के एक कण P के वेग की दिशा में एकांक सदिश $\vec{B}$ है। $\vec{A}\cdot\vec{B}$ का मान होगा

   (a) 1 (b) –1
   (c) 0 (d) इनमें कोई नहीं

2. एक निश्चित अक्ष के परितः एक वस्तु एकसमान घूर्णन गति कर रही है। घूर्णन अक्ष के अनुदिश एकांक सदिश $\vec{A}$ लें तथा घूर्णन अक्ष से दूर स्थित वस्तु के कण P पर परिणामी बल के अनुदिश एकांक सदिश $\vec{B}$ लें। $\vec{A}\cdot\vec{B}$ का मान होगा

   (a) 1 (b) –1
   (c) 0 (d) इनमें कोई नहीं

3. एक कण नियत वेग से x-अक्ष के समानांतर चल रहा है। मूलबिंदु के प्रति इसका कोणीय संवेग

   (a) शून्य है। (b) नियत रहता है।
   (c) बढ़ता जाता है। (d) कम होता जाता है।

4. एक वस्तु शुद्ध घूर्णन गति कर रही है। वस्तु के किसी कण की चाल v, कण की घूर्णन अक्ष से दूरी r तथा वस्तु के कोणीय वेग ω में संबंध $\omega=\frac{v}{r}$ है। अतः,

   (a) $\omega\propto\frac{1}{r}$ (b) $\omega\propto r$
   (c) $\omega=0$ (d) ω, r पर निर्भर नहीं करता है।

5. चित्र 16.Q1 में एक छोटी घिरनी, दुगुनी त्रिज्या की एक बड़ी घिरनी के साथ जुड़ी है। दोनों के अक्ष एक ही हैं। यह निकाय उभयनिष्ठ अक्ष के परितः घूर्णन करता है। गुटकों A तथा B से जुड़ी डोरियाँ घिरनियों पर से जाती हैं तथा उनपर फिसलती नहीं हैं। यदि समान समय अवधि में A तथा B द्वारा चली गई दूरियाँ क्रमशः x तथा y हों, तो

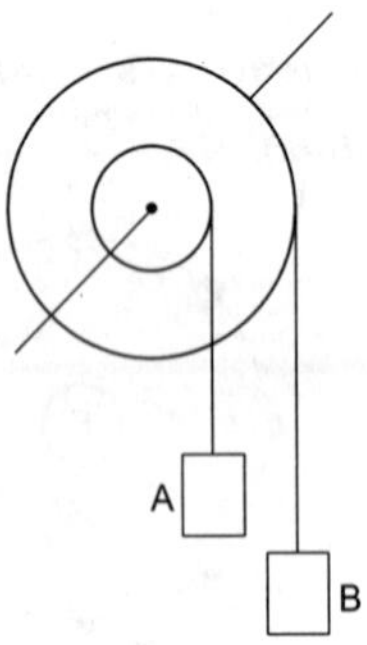

चित्र 16.Q1

   (a) $x=2y$ (b) $x=y$
   (c) $y=2x$ (d) इनमें कोई नहीं

6. एक जड़त्वीय फ्रेम में एक नियत ऊर्ध्वाधर अक्ष के परितः एक वस्तु एकसमान कोणीय वेग से घूर्णन कर रही है। वस्तु के एक ऐसे कण पर जो अक्ष पर नहीं है, परिणामी बल

   (a) ऊर्ध्वाधर दिशा में होगा
   (b) क्षैतिज दिशा में होगा तथा अक्ष को नहीं काटेगा
   (c) क्षैतिज दिशा में होगा तथा अक्ष को काटेगा
   (d) इनमें कोई नहीं

7. एक जड़त्वीय फ्रेम में स्थित ऊर्ध्वाधर, स्थिर घूर्णन अक्ष के परितः एक वस्तु असमान कोणीय वेग से घूर्णन गति कर रही है। वस्तु के एक ऐसे कण पर जो अक्ष पर स्थित नहीं है, परिणामी बल

   (a) ऊर्ध्वाधर दिशा में होगा
   (b) क्षैतिज होगा तथा अक्ष को नहीं काटेगा
   (c) क्षैतिज होगा तथा अक्ष को काटेगा
   (d) इनमें कोई नहीं

8. m द्रव्यमान तथा l लंबाई की एक समरूप (uniform) छड़ का एक सिरा हिंज किया हुआ है। छड़ एक क्षैतिज एवं चिकनी सतह पर स्थित है तथा हिंज किए गए सिरे के परितः एकसमान कोणीय वेग ω से घूम रही है। हिंज द्वारा छड़ पर लगाए गए बल का क्षैतिज घटक है

   (a) $m\omega^2 l$ (b) शून्य
   (c) mg (d) $\frac{1}{2}m\omega^2 l$

9. एक क्षैतिज एवं चिकनी सतह के बिंदु O पर एक एकसमान छड़ ऊर्ध्वाधर दिशा में रखी हुई है। बिंदु O को स्थिर रखते हुए छड़ को थोड़ा-सा झुकाकर छोड़ दिया जाता है जिससे यह क्षैतिज सतह पर गिर जाता है। इसका निचला सिरा रहेगा

   (a) O पर (b) O से $\frac{l}{2}$ दूरी से कम पर
   (c) O से $\frac{l}{2}$ दूरी पर (d) O से $\frac{l}{2}$ से अधिक दूरी पर

10. एक कण को किसी बिंदु O से क्षैतिज से θ कोण बनाते हुए v चाल से प्रक्षेपित किया जाता है। O के प्रति कण का कोणीय संवेग

   (a) शून्य होगा
   (b) स्थिर रहेगा
   (c) (परिमाण) लगातार बढ़ता जाएगा
   (d) लगातार घटता जाएगा

• सटीक उत्तरवाले प्रश्न II •

सही उत्तर (उत्तरों) का चयन करें।

1. शुद्ध घूर्णन कर रही वस्तु का घूर्णन अक्ष

   (a) निश्चित रूप से उसके द्रव्यमान केंद्र से गुजरता है।
   (b) उसके द्रव्यमान केंद्र से गुजर सकता है।
   (c) निश्चित रूप से वस्तु के किसी कण से गुजरेगा।
   (d) वस्तु के किसी कण से गुजर सकता है।

2. एक कण एक सरल रेखा पर एकसमान वेग से चल रहा है। इसका कोणीय संवेग
   (a) सदैव शून्य होता है।
   (b) सरल रेखा पर स्थित किसी बिंदु के परितः शून्य होता है।
   (c) सरल रेखा से दूर स्थित किसी बिंदु के परितः शून्य नहीं होता है।
   (d) दिए गए किसी बिंदु के परितः नियत रहता है।

3. एक गोला अपने व्यास के परितः घूर्णन गति कर रहा है।
   (a) गोले की सतह पर स्थित कणों में कोई रेखीय त्वरण नहीं है।
   (b) उक्त वर्णित व्यास पर स्थित कणों का कोई रेखीय त्वरण नहीं है।
   (c) सतह पर स्थित भिन्न-भिन्न कणों की कोणीय चालें भिन्न-भिन्न हैं।
   (d) सतह पर स्थित सभी कणों की रेखीय चालें बराबर हैं।

4. एक दृढ़ वस्तु एक स्थिर अक्ष के परितः शुद्ध घूर्णन कर रही है। इसका कोणीय वेग एक निश्चित दर से समय के साथ बढ़ता जाता है।
   (a) वस्तु के कोणीय वेग में परिवर्तन उसके कोणीय विस्थापन के समानुपाती होता है।
   (b) वस्तु के कोणीय वेग में परिवर्तन समय के अंतराल के समानुपाती होता है।
   (c) वस्तु के कोणीय संवेग में परिवर्तन इसके कोणीय विस्थापन के समानुपाती होता है।
   (d) वस्तु के कोणीय संवेग में परिवर्तन समय के अंतराल के समानुपाती होता है।

5. एक स्थिर अक्ष के प्रति शुद्ध घूर्णन करती एक वस्तु के किसी कण की गतिज ऊर्जा निकालने के लिए
   (a) $\frac{1}{2}mv^2$ सूत्र का प्रयोग किया जा सकता है।
   (b) $\frac{1}{2}I\omega^2$ सूत्र का प्रयोग किया जा सकता है।
   (c) $\frac{1}{2}mv^2$ का प्रयोग नहीं किया जा सकता है।
   (d) $\frac{1}{2}I\omega^2$ सूत्र का प्रयोग नहीं किया जा सकता है।

6. z-अक्ष के परितः एक वृत्त पर घूमते कण का कोणीय संवेग $\vec{l}$ अक्ष के किसी बिंदु O के प्रति लिखा जाता है।
   (a) यदि O वृत्त का केंद्र हो तो $\vec{l}$ की दिशा z-अक्ष की ओर होगी।
   (b) O की स्थिति कहीं भी हो, $\vec{l}$ की दिशा z-अक्ष की ओर होगी।
   (c) यदि O वृत्त का केंद्र हो, तो $\vec{l}$ का परिमाण न्यूनतम होगा।
   (d) यदि O वृत्त का केंद्र हो, तो $\vec{l}$ का परिमाण अधिकतम होगा।

• अभ्यास के प्रश्न •

1. एक पहिया अपने अक्ष के परितः एकसमान कोणीय त्वरण से घूर्णन कर रहा है। विरामावस्था से प्रारंभ करके यह 4 s में 100 चक्कर/सेकंड चाल प्राप्त कर लेता है। पहिये का कोणीय त्वरण ज्ञात करें। इन चार सेकंडों में पहिये द्वारा तय किया गया कोण भी ज्ञात करें।

2. एक पहिया नियत कोणीय त्वरण से घूर्णन कर रहा है। घूर्णन प्रारंभ करने के पश्चात पहले 5 s में यह 50 चक्कर पूरे कर लेता है। कोणीय त्वरण तथा 5 s के अंत में कोणीय वेग ज्ञात करें।

3. एक पहिया विरामावस्था से गति प्रारंभ करने के पश्चात 10 s तक $4\ \text{rad/s}^2$ के एकसमान त्वरण से चलता है। अगले 10 s तक यह एकसमान कोणीय वेग से गति करता है। इसके पश्चात अगले 10 s में यह समान त्वरण से स्थिरावस्था में लाया जाता है। पहिये के द्वारा घूमा गया कुल कोण ज्ञात कीजिए।

4. एक वस्तु एक स्थिर अक्ष के परितः $1\ \text{rad/s}^2$ के कोणीय त्वरण से घूर्णन कर रही है। कोणीय वेग 5 rad/s से 15 rad/s होने के दौरान वस्तु कितने कोण से घूम जाएगी?

5. एक वस्तु 2 चक्कर/सेकंड^2 के त्वरण से घूम रही है। विरामावस्था से प्रारंभ कर 5वाँ चक्कर पूरा करने पर इसका कोणीय वेग ज्ञात करें।

6. 10 cm त्रिज्या की एक चकती अपने अक्ष के परितः 20 rad/s की कोणीय चाल से घूम रही है। रैखिक चाल ज्ञात करें,
   (a) परिधि पर स्थित किसी बिंदु की
   (b) एक त्रिज्या के ठीक बीच में स्थित बिंदु की

7. एक चकती अपने अक्ष के परितः नियत कोणीय त्वरण $4\ \text{rad/s}^2$ से घूम रही है। चकती के घूमना प्रारंभ करने के 1 s बाद अक्ष से 1 cm दूर स्थित कण का त्रिज्या की ओर (radial) तथा स्पर्शरेखा की ओर (tangential) त्वरण ज्ञात करें।

8. एक चकती क्षैतिज दिशा में स्थित अपने अक्ष के परितः घूर्णन कर सकती है। इसकी परिधि पर खाँच बनी है जिसमें लिपटी हुई डोरी से एक ब्लॉक लटकाया गया है। चकती की त्रिज्या 20 cm है। यदि किसी क्षण चकती की कोणीय चाल 10 rad/s हो, तो इस क्षण ब्लॉक किस रेखीय चाल से नीचे जा रहा है? मान कर चलें कि चकती पर डोरी फिसलती नहीं है।

9. पृथ्वी के अपने अक्ष के परितः घूर्णन के कारण विषुवत रेखा (equator) के किसी कण की रेखीय गति की गणना कीजिए। पृथ्वी की त्रिज्या = 6400 km.

10. m_1 तथा m_2 द्रव्यमान के दो कण एक नगण्य भार वाली दृढ़ छड़ द्वारा जुड़े हुए हैं। यह निकाय, द्रव्यमान केंद्र से गुजरनेवाले छड़ के लंबवत अक्ष के परितः कोणीय चाल ω से घूर्णन कर रहा है। दिखाएँ कि घूर्णन अक्ष के परितः निकाय का कोणीय संवेग $L = \mu r^2 \omega$ है, जहाँ $\mu = \frac{m_1 m_2}{m_1 + m_2}$.

11. द्रव्यमान m का एक कण एक वृत्त पर चल रहा है जिसका तल xy-तल के समानांतर है, जिसका केंद्र $(0, 0, z_0)$ पर है तथा जिसकी त्रिज्या R है। जिस क्षण कण (x, y, z_0) पर हो उस क्षण इसका कोणीय वेग ω है। इस क्षण पर मूलबिंदु के प्रति कण का कोणीय संवेग निकालें।

12. एक स्थिर अक्ष के प्रति जड़त्व आघूर्ण $1.2 \times 10^{-3}\ \text{kg·m}^2$ वाली एक वस्तु का अक्ष के प्रति कोणीय संवेग 1.8 J·s है। वस्तु की गतिज ऊर्जा निकालें।

• उत्तर •

सटीक उत्तरवाले प्रश्न I

1. (c) **2.** (c) **3.** (b) **4.** (d) **5.** (c)
6. (c) **7.** (b) **8.** (d) **9.** (c) **10.** (c)

सटीक उत्तरवाले प्रश्न II

1. (b), (d) **2.** (b), (c), (d) **3.** (b)
4. (b), (d) **5.** (a), (b) **6.** (a), (c)

अभ्यास के प्रश्न

1. 25 चक्कर/सेकंड^2, 400π rad

2. 4 चक्कर/सेकंड^2, 20 चक्कर/सेकंड

3. 800 rad

4. 100 rad

5. $2\sqrt{5}$ चक्कर/सेकंड

6. (a) 2 m/s (b) 1 m/s

7. 16 cm/s^2, 4 cm/s^2

8. 2 m/s

9. 465 m/s

11. $-mz_0\omega(x\,\hat{i}+y\,\hat{j})+mR\omega^2\,\hat{k}$

12. 2700 J

❑

अध्याय 17

जड़त्व आघूर्ण

पिछले अध्याय में हमने स्थिर अक्ष के परितः घूमती हुई सुदृढ़ वस्तु की गति के बारे में चर्चा की। यह चर्चा अगले अध्याय में भी जारी रहेगी। कोणीय संवेग एवं गतिज ऊर्जा के लिए व्यंजक निकालते समय हमने वस्तु के जड़त्व आघूर्ण को परिभाषित किया था। इस अध्याय में हम किसी दी गई वस्तु का दिए गए अक्ष के प्रति कैसे जड़त्व आघूर्ण निकाला जा सकता है, उन विधियों की जानकारी प्राप्त करेंगे।

17.1 सतत (continuous) वस्तुओं का जड़त्व आघूर्ण

पिछले अध्याय में हमने वस्तु को कणों के समूह के रूप में माना था और जड़त्व आघूर्ण निकालने के लिए,

$$I = \sum_i m_i r_i^2 \qquad \ldots \text{(i)}$$

का उपयोग किया था। प्रत्येक कण के द्रव्यमान एवं अक्ष से उसकी लंबवत दूरी से $m_i r_i^2$ की गणना कर उन्हें जोड़ देने से उस वस्तु का अक्ष के प्रति जड़त्व आघूर्ण बनता है। पर, हमारी रुचि तो सुदृढ़ वस्तुओं में है और कोई भी सुदृढ़ वस्तु का दो, चार या दस कणों से बनना कठिन है। यदि हम लोहे की एक कील ले लें, तो इसे हम कितने कणों में बाँटेंगे। अच्छी-सी गणना करने के लिए हमें इसे सैकड़ों कणों में बाँटना होगा। साथ ही, ये कण एक-दूसरे से सटे-सटे होंगे। इसलिए, समीकरण (i) में बताया गया जोड़ लगाना प्रायः बुद्धिमता का काम नहीं होता। यदि हमारी वस्तु कुछ विशेष ज्यामितीय आकार की हो और अक्ष भी ऐसा हो जो हमारी पसंद का हो, तो हम वस्तु का जड़त्व आघूर्ण निकालने के लिए समाकलन का प्रयोग कर सकते हैं। इस विधि में हम वस्तु को छोटे-छोटे हिस्सों में बाँटते हैं तथा प्रत्येक हिस्से के द्रव्यमान को dm लिखते हैं। इस छोटे हिस्से से अक्ष की लंबवत दूरी को r लिखते हैं। जिस तरह समीकरण (i) में कण-i के लिए $m_i r_i^2$ लिखा गया था, उसी तरह यहाँ एक हिस्से के लिए r^2 तथा dm का गुणनफल $r^2 dm$ लिखते हैं। पूरी वस्तु का जड़त्व आघूर्ण लिखने के लिए समीकरण (i) में सभी

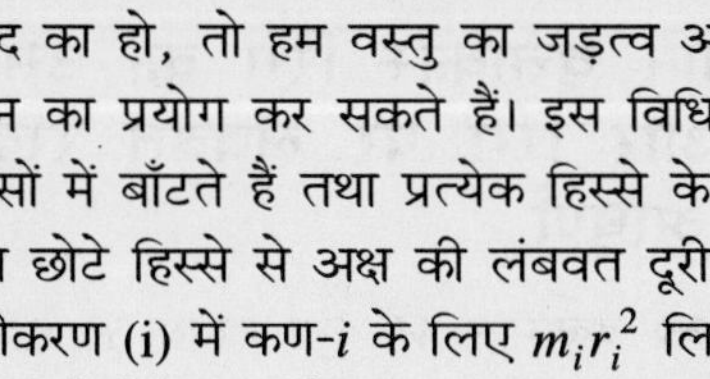

चित्र 17.1

कणों के लिए $m_i r_i^2$ पर जोड़ लगाया गया था। यहाँ हम जोड़ के स्थान पर समाकलन करते हैं। अतः, जड़त्व आघूर्ण का व्यंजक हुआ

$$I = \int r^2 dm. \qquad \ldots (17.1)$$

अब ऐसा लिखकर हमने क्या बड़ा काम किया? वहाँ अलग-अलग कण थे तो यहाँ अलग-अलग हिस्से। परंतु, सारा आनंद हिस्से चुनने की विधि में है। हम छोटा हिस्सा उसे कहते हैं जिसके किसी भी बिंदु से अक्ष पर लंब डालें तो लंब की लंबाई में बहुत थोड़ा अंतर ही आ पाए। साथ ही हिस्सा चुनने की प्रक्रिया किसी चर राशि जैसे x, θ आदि की सहायता से की जाए ताकि इस चर राशि का मान थोड़ा-सा बदलने से यह छोटा हिस्सा बन जाए। r^2 तथा dm का मान भी इसी चर राशि के रूप में लिखा जाए। इस चर राशि की उपयुक्त ऊपरी व निचली सीमाओं के बीच समीकरण (17.1) के व्यंजक का समाकलन करने से जड़त्व आघूर्ण का मान निकल आएगा।

पिछले अनुच्छेद को आप एक बार पुनः पढ़ लीजिए और अगले उदाहरणों में देखिए कि इस विधि का कैसे प्रयोग करते हैं।

17.2 एकसमान छड़ का उसके लंबवत अर्द्धक अक्ष के प्रति जड़त्व आघूर्ण

मान लें कि AB एक एकसमान छड़ है जिसका द्रव्यमान M तथा लंबाई L है (चित्र 17.2)। इसके मध्यबिंदु O से होकर एक लंबरेखा PQ खींची गई है। हम इसी रेखा के प्रति छड़ AB का जड़त्व आघूर्ण निकालेंगे।

बिंदु O से दाहिनी ओर x दूरी पर छड़ का अनुप्रस्थ काट लें। अब $x + dx$ दूरी पर दूसरा काट लें। इन दोनों के बीच छड़ का जितना भाग आया उसे छोटा हिस्सा बोलें।

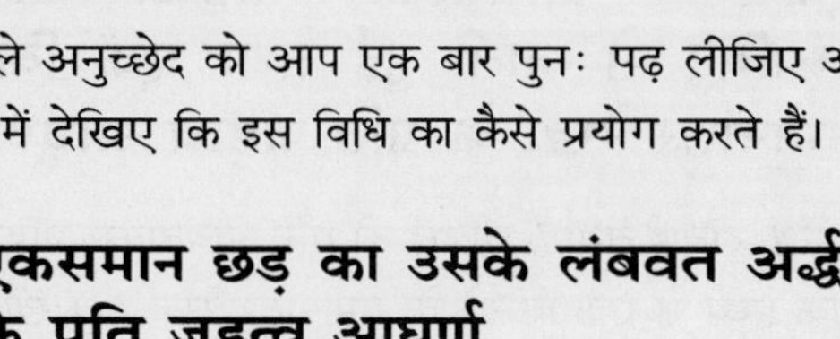

चित्र 17.2

यदि हम $x = 0$ लें और ऊपर बताई गई विधि से हिस्सा बनाएँ, तो यह हिस्सा छड़ के मध्य में बिंदु O के पास बनेगा। यदि x को बढ़ाते हुए 0 से $L/2$ बना दें और प्रत्येक x पर हिस्सा बनाते चलें, तो ऐसे सभी

हिस्से मिलकर छड़ का दाहिना आधा भाग पूरा कर देंगे। छड़ के बाएँ आधे भाग को भी हम इसी तरह के हिस्सों से पूरा कर सकते हैं। $x = -L/2$ लें और ऊपर बताई गई विधि से x तथा $x + dx$ के बीच हिस्सा बनाएँ। यह हिस्सा छड़ के बाएँ किनारे पर बनेगा। x को $-L/2$ से बढ़ाते हुए 0 तक ले आएँ, तो ये हिस्से छड़ के बाएँ आधे भाग को पूरा कर देंगे। अर्थात, x का मान $-L/2$ से $L/2$ तक ले जाने पर पूरी छड़ इन हिस्सों से बन जाएगी।

प्रत्येक हिस्सा dx लंबाई का है। समाकलन की प्रक्रिया में dx का मान शून्य के पास खिसकता जाएगा। अतः, dx लंबाई के कारण किसी अशुद्धि की चिंता करने की जरूरत नहीं है। अक्ष PQ से छोटे हिस्से की दूरी x है। चूँकि छड़ एकसमान है और पूरी L लंबाई का द्रव्यमान M है, इसलिए dx लंबाई के हिस्से का द्रव्यमान होगा,

$$dm = \frac{M}{L}\,dx.$$

अतः, $I = \int r^2 dm = \int_{-L/2}^{L/2} x^2 \frac{M}{L}\,dx.$

अतः, $I = \frac{M}{L}\int_{-L/2}^{L/2} x^2 dx = \frac{M}{L}\left[\frac{x^3}{3}\right]_{-L/2}^{L/2}$

$$= \frac{ML^2}{12}. \qquad \ldots (17.2)$$

17.3 एकसमान आयताकार पट्टिका का उसके मध्यबिंदु से जाती हुई तथा एक किनारे के समानांतर रेखा के प्रति जड़त्व आघूर्ण

चित्र 17.3 में L लंबाई तथा b चौड़ाई की एक आयताकार पट्टिका दिखाई गई है। इसके मध्य से एक किनारे के समानांतर रेखा PQ खींची गई है। PQ के प्रति पट्टिका का जड़त्व आघूर्ण निकालना है।

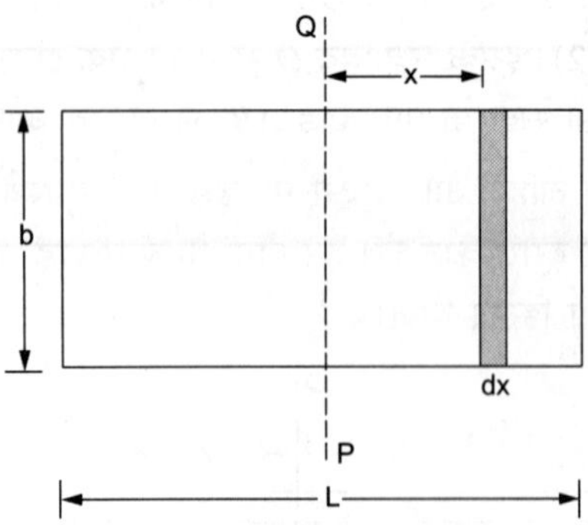

चित्र 17.3

PQ से x तथा $x + dx$ दूरियों पर PQ के समानांतर रेखाएँ खींचें। इन रेखाओं के बीच पट्टिका का जितना भाग आ गया, उसे 'छोटा हिस्सा' मानें। यह हिस्सा चित्र 17.3 में छायांकित किया गया है। आप सोच रहे होंगे कि इस हिस्से की लंबाई तो b है, फिर भी हम इसे छोटा हिस्सा क्यों कह रहे हैं। इस हिस्से के किसी भी बिंदु से आप PQ पर लंब खींचेंगे, तो उसकी लंबाई x और $x + dx$ के बीच ही रहेगी। इसलिए हम इसे 'छोटा हिस्सा' मान सकते हैं। बाकी सारी गणना छड़ के समान है।

अतः, छोटे हिस्से का द्रव्यमान $dm = \frac{M}{L}\,dx$

और पट्टिका का जड़त्व आघूर्ण $= \int_{-L/2}^{L/2} x^2\left(\frac{M}{L}\,dx\right) = \frac{ML^2}{12}.$

यदि अक्ष PQ पट्टिका की लंबाई वाले किनारे के समानांतर होता, तो जड़त्व आघूर्ण $I = Mb^2/12$ होता।

अभ्यास 17.1

चौड़ाई b तथा लंबाई $3b$ की M द्रव्यमान की दो आयताकार पट्टिकाएँ एक-दूसरे पर चित्र में दिखाए अनुसार जड़ी गई हैं। रेखा IJ दोनों पट्टिकाओं को समद्विभाजित कर रही है। रेखा IJ के प्रति इस संहति का जड़त्व आघूर्ण निकालें।

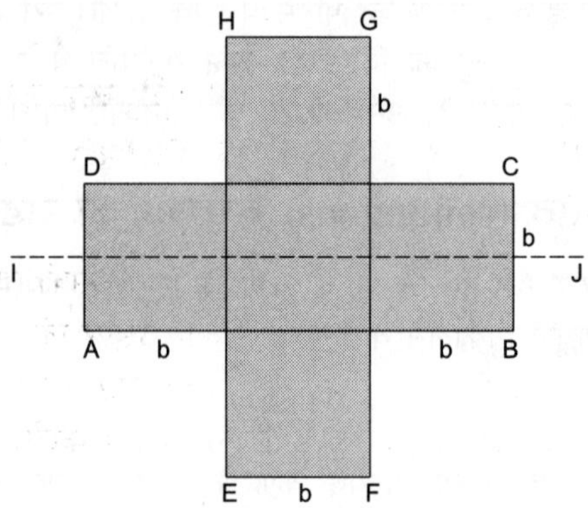

चित्र 17.4

हल पट्टिका $ABCD$ का IJ के प्रति जड़त्व आघूर्ण $= \frac{Mb^2}{12}.$

पट्टिका $EFGH$ का IJ के प्रति जड़त्व आघूर्ण $= \frac{M(3b)^2}{12}.$

अतः, IJ के प्रति संहति का जड़त्व आघूर्ण

$$= \frac{Mb^2}{12} + \frac{M(3b)^2}{12} = \frac{5Mb^2}{6}.$$

17.4 एकसमान वृत्ताकार रिंग का उसके केंद्र से जाती और रिंग पर लंबवत रेखा के प्रति जड़त्व आघूर्ण

मान लें कि रिंग का द्रव्यमान M तथा त्रिज्या R है। केंद्र से होकर जानेवाली और रिंग पर लंब रेखा PQ है। रिंग का कोई छोटा हिस्सा लें

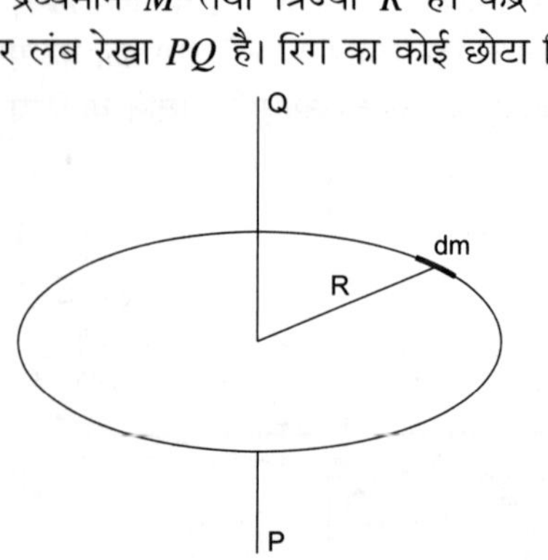

चित्र 17.5

जिसका द्रव्यमान dm है। यह PQ से R दूरी पर होगा, अतः जड़त्व आघूर्ण,

$$I = \int R^2 dm.$$

परंतु, सभी हिस्सों के लिए R का मान एक ही है। अतः, इसे समाकलन से बाहर किया जा सकता है।

$$I = R^2 \int dm.$$

$\int dm$ सभी हिस्सों के द्रव्यमानों का जोड़ है। अतः, यह पूरी रिंग के द्रव्यमान M के बराबर है। अतः, जड़त्व आघूर्ण,

$$I = MR^2. \quad \ldots (17.3)$$

वास्तव में हमें किसी समाकलन की जरूरत नहीं थी। चूँकि पूरी रिंग PQ से R दूरी पर है, पूरे रिंग को ही 'छोटा हिस्सा' कहा जा सकता है जिसका जड़त्व आघूर्ण MR^2 है।

17.5 एकसमान वृत्ताकार चकती का उसके केंद्र से जाती और चकती पर लंबवत रेखा के प्रति जड़त्व आघूर्ण

मान लें कि चकती (disc) का द्रव्यमान M तथा उसकी त्रिज्या R है। PQ रेखा चकती के केंद्र से होकर जाती है और उसपर लंब है। PQ के प्रति चकती का जड़त्व आघूर्ण निकालना है। इस बार हम चकती का 'छोटा हिस्सा' बनाने की एक विशेष पद्धति का प्रयोग करेंगे।

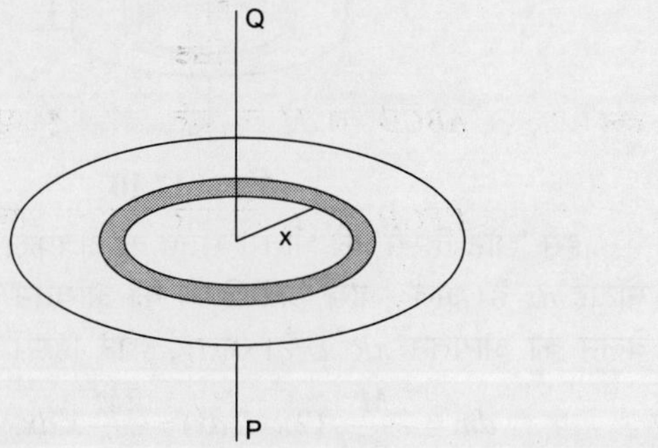

चित्र 17.6

चकती के केंद्र को केंद्र बनाकर x त्रिज्या का एक वृत्त चकती पर खींचें। अब $x + dx$ त्रिज्या का दूसरा वृत्त खींचें। इन दोनों वृत्तों के बीच चकती का जितना हिस्सा आ गया वही हमारे लिए चकती का 'छोटा हिस्सा' है। यह dx चौड़ाई की एक रिंग के आकार का है। इसके किसी भी बिंदु से PQ पर लंब खींचें तो उसकी लंबाई x और $x + dx$ के बीच ही आएगी। इसलिए यह हमारे लिए 'छोटा हिस्सा' है। यदि हम $x = 0$ लें, तो छोटा हिस्सा केंद्र पर बनेगा। यदि x को लगातार बढ़ाते हुए 0 से R कर दें तो ये छोटे हिस्से मिलकर पूरी चकती बना डालेंगे। अतः, समाकलन की सीमा 0 से R होगी।

x तथा $x + dx$ त्रिज्याओं वाले वृत्तों के बीच बने इस रिंग की भीतरी परिधि $2\pi x$ के बराबर है और रिंग की चौड़ाई dx के बराबर है। अतः, इसका क्षेत्रफल $2\pi x\, dx$ के बराबर हुआ। आप इस बात के लिए चिंता न करें कि हमने भीतरी परिधि क्यों ली, बाहरी या बीच की क्यों नहीं। समाकलन करने की प्रक्रिया में dx का मान शून्य के समीप होनेवाला है, इसलिए इनमें कोई फर्क नहीं है।

चूँकि चकती का क्षेत्रफल πR^2 है और यह एकसमान है, अतः छोटे हिस्से का द्रव्यमान,

$$dM = \frac{M}{\pi R^2}(2\pi x\, dx) = \frac{2M}{R^2} x\, dx$$

होगा। PQ से इस छोटे हिस्से की दूरी x है। अतः, चकती का PQ के प्रति जड़त्व आघूर्ण,

$$I = \int r^2 dm = \int_0^R x^2 \left(\frac{2M}{R^2} x\, dx \right)$$

$$= \frac{2M}{R^2} \int_0^R x^3 dx = \frac{2M}{R^2} \left[\frac{x^4}{4} \right]_0^R$$

$$= \frac{1}{2} MR^2. \quad \ldots (17.4)$$

अभ्यास 17.2

चित्र 17.7 में एक एकसमान रिंग दिखाई गई है जिसकी आंतरिक त्रिज्या R_1 तथा बाहरी त्रिज्या R_2 है। इस रिंग का द्रव्यमान M है। रिंग का केंद्र O है तथा OA रिंग के तल के लंबवत रेखा है। OA के प्रति इस रिंग का जड़त्व आघूर्ण निकालें।

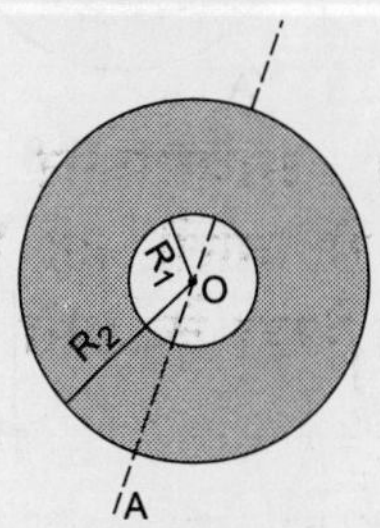

चित्र 17.7

हल पहली विधि—

प्रति इकाई क्षेत्रफल का द्रव्यमान $\sigma = \dfrac{M}{\pi(R_2^2 - R_1^2)}$.

यदि बीच का खाली स्थान भी उसी पदार्थ से बना होता तो यह रिंग एक एकसमान डिस्क (चकती) हो जाती। इसका द्रव्यमान,

$$M' = \frac{M}{\pi(R_2^2 - R_1^2)} \pi R_2^2 = \frac{MR_2^2}{R_2^2 - R_1^2}$$

तथा OA के प्रति इसका जड़त्व आघूर्ण $I_1 = \dfrac{1}{2} M' R_2^2$ होता।

खाली स्थान में भरे पदार्थ का द्रव्यमान,

$$M'' = \frac{M}{\pi(R_2^2 - R_1^2)} \pi R_1^2$$

$$= \frac{MR_1^2}{R_2^2 - R_1^2}$$

तथा OA के प्रति इसका जड़त्व आघूर्ण $I_2 = \dfrac{1}{2} M'' R_1^2$.

अतः, OA के प्रति दी गई रिंग का जड़त्व आघूर्ण

$$= I_1 - I_2 = \frac{1}{2}M'R_2^2 - \frac{1}{2}M''R_1^2$$

$$= \frac{1}{2}\left(\frac{MR_2^2}{R_2^2 - R_1^2}\right)R_2^2 - \frac{1}{2}\left(\frac{MR_1^2}{R_2^2 - R_1^2}\right)R_1^2$$

$$= \frac{1}{2}\frac{M}{R_2^2 - R_1^2}(R_2^4 - R_1^4) = \frac{1}{2}M(R_2^2 + R_1^2).$$

दूसरी विधि–

प्रति इकाई द्रव्यमान $\sigma = \frac{M}{\pi(R_2^2 - R_1^2)}$.

दी गई रिंग पर O बिंदु को केंद्र मानकर x त्रिज्या का एक वृत्त खींचें। अब x को बढ़ाकर $x + dx$ कर दें। x तथा $x + dx$ त्रिज्याओं के बीच रिंग का जितना भाग आ गया, उसे रिंग का एक छोटा भाग मानें। OA से इस भाग की दूरी x तथा $x + dx$ के बीच ही होगी। इस पतली रिंग का द्रव्यमान $dm = \sigma 2\pi x dx$ तथा OA के प्रति इसका जड़त्व आघूर्ण $dI = x^2 dm = 2\pi\sigma x^3 dx$ होगा। दी गई रिंग का OA के प्रति जड़त्व आघूर्ण,

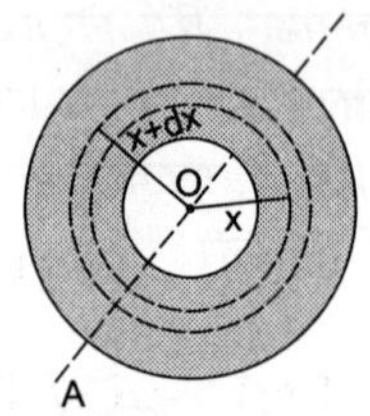

चित्र 17.8

$$I = 2\pi\sigma\int_{R_1}^{R_2} x^3 dx = 2\pi\sigma\left[\frac{x^4}{4}\right]_{R_1}^{R_2} = \frac{2\pi\sigma}{4}(R_2^4 - R_1^4)$$

$$= \frac{2\pi M(R_2^4 - R_1^4)}{4\pi(R_2^2 - R_1^2)} = \frac{1}{2}M(R_2^2 + R_1^2).$$

17.6 एकसमान खोखले बेलन का उसके अक्ष के प्रति जड़त्व आघूर्ण

यदि खोखले बेलन की त्रिज्या R हो और अक्ष PQ हो, तो बेलन का प्रत्येक भाग PQ से समान दूरी R पर होगा।

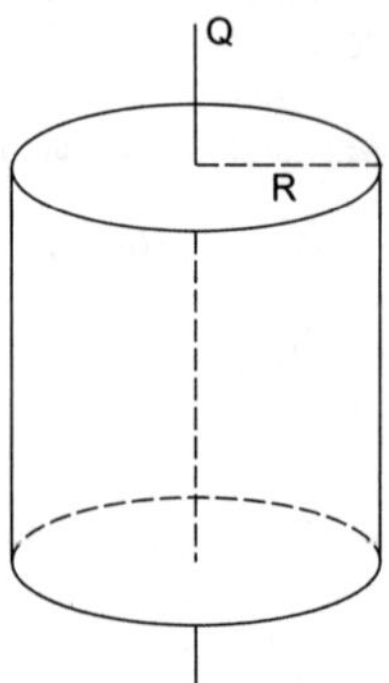

चित्र 17.9

अतः, PQ के प्रति बेलन का जड़त्व आघूर्ण,

$$I = MR^2, \quad \ldots (17.5)$$

जहाँ M बेलन का द्रव्यमान है।

17.7 एकसमान ठोस बेलन का उसके अक्ष के प्रति जड़त्व आघूर्ण

पहली विधि–

मान लें कि बेलन का द्रव्यमान M, त्रिज्या R, लंबाई L तथा अक्ष PQ है। बेलन के अक्ष को अक्ष बनाकर x त्रिज्या तथा L लंबाई का एक खोखला बेलन खींचें। इसी प्रकार, अब $x + dx$ त्रिज्या तथा L लंबाई का एक दूसरा खोखला बेलन खींचें। दिए गए बेलन का जो हिस्सा इन दोनों के बीच आ गया उसे 'छोटा हिस्सा' मानें। चित्र 17.10 में यह हिस्सा छायांकित किया गया है। इसके किसी भी बिंदु से PQ पर लंब डालें, तो उसकी लंबाई x और $x + dx$ के बीच होगी। साथ ही, जब हम x को 0 से बढ़ाते हुए R तक ले जाएँगे, तो पूरा बेलन बन जाएगा।

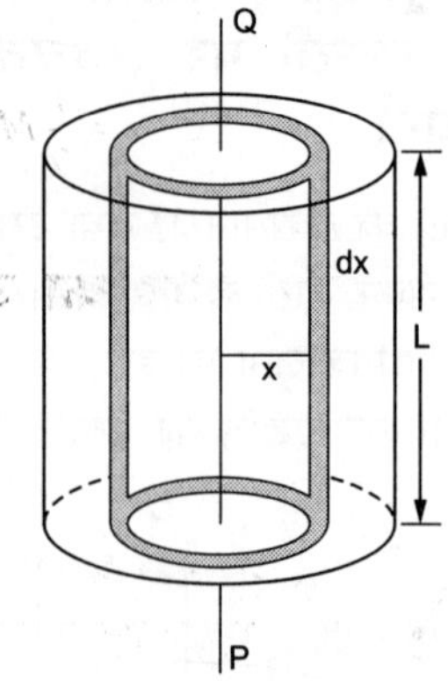

चित्र 17.10

इस 'छोटे हिस्से' की भीतरी सतह का क्षेत्रफल $2\pi xL$ है तथा इसकी मोटाई dx है। अतः, इस छोटे हिस्से का आयतन $(2\pi xL)dx$ होगा। पूरे बेलन का आयतन $\pi R^2 L$ है। अतः, छोटे हिस्से का द्रव्यमान,

$$dm = \frac{M}{\pi R^2 L}(2\pi x L\, dx) = \frac{2M}{R^2}x\, dx.$$

अतः, बेलन का जड़त्व आघूर्ण,

$$I = \int_0^R x^2\left(\frac{2M}{R^2}x\, dx\right) = \frac{1}{2}MR^2. \quad \ldots (17.6)$$

दूसरी विधि–

बेलन के केंद्र से x ऊँचाई (अक्ष की ओर) पर एक तल खींचें। अब $x + dx$ ऊँचाई पर दूसरा तल खींचें। बेलन का जो भाग इन दोनों तलों के बीच आ जाए उसपर विचार करें। यह एक चकती के आकार का है जिसकी त्रिज्या R एवं मोटाई dx है। क्या इसे हम बेलन का छोटा हिस्सा मान सकते हैं? नहीं, क्योंकि यदि हम इसके विभिन्न हिस्सों से PQ पर लंब खींचें तो उसकी लंबाई 0 से R तक कुछ भी हो सकती है। पर, हम एक चकती के अक्ष के प्रति उसका जड़त्व आघूर्ण समीकरण (17.4) से जानते हैं। यदि चकती का द्रव्यमान dm हो, तो यह जड़त्व आघूर्ण $\frac{1}{2}(dm)R^2$ होगा। पूरे बेलन को ऐसी ही चकतियों में बाँटा जा सकता है।

अतः, पूरे बेलन का जड़त्व आघूर्ण,

$$I = \int \frac{1}{2} R^2 dm.$$

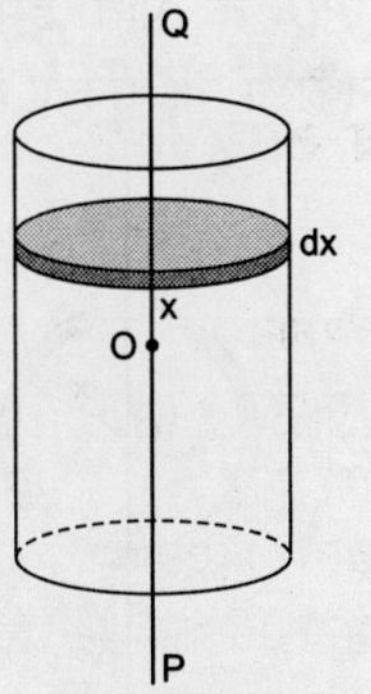

चित्र 17.11

परंतु, ऐसी प्रत्येक चकती के लिए R का मान वही है। अतः, हम R^2 को समाकलन के बाहर कर सकते हैं।

$$I = \frac{1}{2} R^2 \int dm = \frac{1}{2} R^2 M = \frac{1}{2} MR^2.$$

17.8 एकसमान खोखले गोले का उसके व्यास के प्रति जड़त्व आघूर्ण

पहली विधि–

मान लें कि एक खोखले गोले का द्रव्यमान M तथा उसकी त्रिज्या R है। गोले का द्रव्यमान उसकी सतह पर एकसमान रूप से वितरित है। उसके व्यास PQ के प्रति गोले का जड़त्व आघूर्ण निकालना है। गोले की सतह पर 'छोटा हिस्सा' बनाने की प्रक्रिया थोड़ी अलग है। ध्यान से आगे पढ़ें।

PQ से कोण θ बनाते हुए एक त्रिज्या OA खींचें। अब कोण θ को स्थिर रखते हुए OA को PQ के चारों ओर घुमाएँ। बिंदु A गोले पर घूमता हुआ एक वृत्त बनाएगा। इस वृत्त का केंद्र चित्र 17.12 में B बिंदु पर दिखाया गया है। अब PQ से $\theta + d\theta$ कोण बनाती हुई दूसरी त्रिज्या खींचें। इसे भी उसी तरह PQ के चारों ओर घुमाएँ। गोले पर एक दूसरा वृत्त बनेगा। इन दोनों वृत्तों के बीच गोले की सतह का जो भाग आ गया वह हमारा 'छोटा हिस्सा' है। चित्र 17.12 में इसे छायांकित कर दिखाया गया है और यह एक पट्टे की भाँति है।

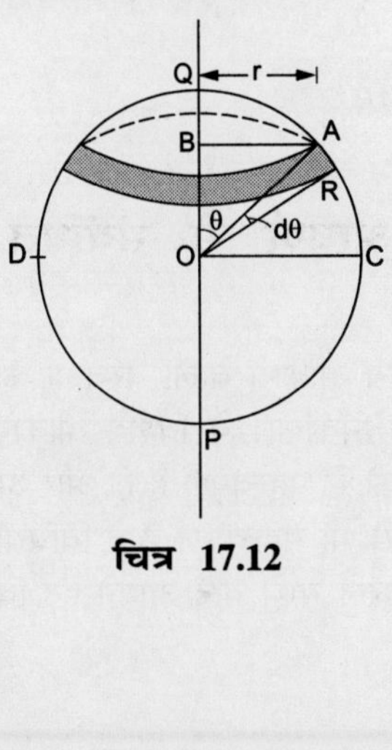

चित्र 17.12

बिंदु A से PQ पर लंब की लंबाई,

$$r = AB = R \sin \theta.$$

पट्टे के किसी भाग से PQ पर लंब डालें, तो उसकी लंबाई में बहुत थोड़ा अंतर ही आएगा। इसलिए, इसे छोटा हिस्सा कहा जा सकता है।

यदि $\theta = 0$ लें, तो यह पट्टा गोले के सबसे ऊपरी भाग पर (चित्र 17.12 में) बनेगा। θ को जैसे-जैसे बढ़ाया जाएगा, पट्टा गोले के दूसरे भागों पर बनेगा। $\theta = \pi/2$ रेडियन होने पर पट्टा गोले के CD हिस्से पर बनेगा। θ को $\pi/2$ से भी बढ़ा दें तो पट्टा CD से नीचे बनेगा। θ को π कर देने पर यह गोले के सबसे निचले हिस्से पर बनेगा। अतः, जब θ को 0 से π तक ले जाएँगे तो गोले की पूरी सतह आ जाएगी। समाकलन के लिए θ को 0 से π तक बदलना होगा।

चित्र 17.12 में दिखाए गए पट्टे का द्रव्यमान निकालें।

पट्टे की परिधि (अंदर वाले हिस्से की) $= 2\pi(AB) = 2\pi R \sin \theta$,

पट्टे की चौड़ाई $= R d\theta$.

अतः, पट्टे का क्षेत्रफल $= (2\pi R \sin \theta)(R d\theta)$

$$= 2\pi R^2 \sin \theta \, d\theta.$$

पूरे गोले का क्षेत्रफल $= 4\pi R^2$.

अतः, पट्टे का द्रव्यमान $dm = \dfrac{M}{4\pi R^2}(2\pi R^2 \sin \theta \, d\theta)$

$$= \frac{M}{2} \sin \theta \, d\theta.$$

पट्टे की PQ से लंबवत दूरी $r = R \sin \theta$.

अतः, गोले का PQ के प्रति जड़त्व आघूर्ण,

$$I = \int r^2 dm = \int_0^{\pi} (R^2 \sin^2 \theta) \left(\frac{M}{2} \sin \theta \, d\theta \right)$$

$$= \frac{MR^2}{2} \int_0^{\pi} \sin^3 \theta \, d\theta. \qquad \text{... (i)}$$

$\int \sin^3 \theta \, d\theta$ का मान निकालने के लिए मान लें कि $\cos \theta = x$.

तब $(-\sin \theta) d\theta = dx$

या $\sin \theta \, d\theta = -dx$

$$\int \sin^3 \theta \, d\theta = \int (1 - \cos^2 \theta)(\sin \theta \, d\theta)$$

$$= -\int (1 - x^2) \, dx = -\left(x - \frac{x^3}{3} \right)$$

$$= -\cos \theta + \frac{\cos^3 \theta}{3}.$$

समीकरण (i) से,

$$I = \frac{MR^2}{2} \left[-\cos \theta + \frac{\cos^3 \theta}{3} \right]_0^{\pi}$$

$$= \frac{MR^2}{2} \left[\left(-\cos \pi + \frac{\cos^3 \pi}{3} \right) - \left(-\cos 0 + \frac{\cos^3 0}{3} \right) \right]$$

$$= \frac{2}{3} MR^2. \qquad \text{... (17.7)}$$

दूसरी विधि–

गोले के व्यास PQ को z-अक्ष मानें तथा गोले के केंद्र O को मूल-बिंदु मानें।

गोले की सतह पर एक बिंदु A लें। मान लें कि इसके निर्देशांक (x, y, z) हैं। इस बिंदु A से z-अक्ष पर लंब AB डालें। मूलबिंदु से B तक की दूरी $OB = z$ होगी।

$$AB^2 = OA^2 - OB^2 = R^2 - z^2.$$

यदि बिंदु A पर dm द्रव्यमान का एक छोटा-सा क्षेत्र लें, तो

$$r^2 dm = (R^2 - z^2) dm.$$

गोले का z-अक्ष के प्रति जड़त्व आघूर्ण,

$$I_z = \int r^2 dm = \int (R^2 - z^2)\, dm. \qquad \text{... (i)}$$

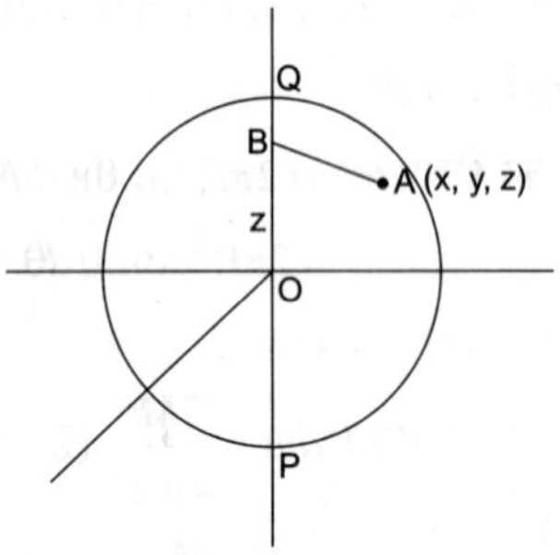

चित्र 17.13

इसी तरह, इस गोले का जड़त्व आघूर्ण x-अक्ष के प्रति,

$$I_x = \int (R^2 - x^2) dm \qquad \text{... (ii)}$$

तथा y-अक्ष के प्रति,

$$I_y = \int (R^2 - y^2) dm \qquad \text{... (iii)}$$

होगा। पर, गोले का द्रव्यमान सभी तरफ एकसमान रूप से वितरित है। अतः, गोले के सभी व्यास इस द्रव्यमान वितरण के लिए एक-से हैं। अतः, $I_x = I_y = I_z$.

यदि हम इस मान को I कहें, तो समीकरण (i), (ii) तथा (iii) से,

$$3I = I_x + I_y + I_z = \int [3R^2 - (x^2 + y^2 + z^2)]\, dm$$
$$= \int (3R^2 - R^2)\, dm = 2R^2 \int dm = 2MR^2,$$

जहाँ M पूरे गोले का द्रव्यमान है।

अतः, $I = \frac{2}{3} MR^2.$

17.9 एकसमान ठोस गोले का उसके व्यास के प्रति जड़त्व आघूर्ण

हमेशा की तरह मान लें कि ठोस गोले का द्रव्यमान M तथा उसकी त्रिज्या R है। द्रव्यमान गोले के पूरे आयतन में एकसमान रूप से बँटा है। व्यास PQ के प्रति इसका जड़त्व आघूर्ण निकालना है।

गोले के केंद्र को केंद्र बनाकर x त्रिज्या की एक गोलीय सतह खींचें। अब $x + dx$ त्रिज्या की दूसरी गोलीय सतह इसी प्रकार खींचें। इन दोनों सतहों के बीच ठोस गोले का जो भाग आ गया उसपर विचार करें।

यह हमारे लिए 'छोटा हिस्सा' नहीं है। यदि इसके विभिन्न भागों से PQ पर लंब खींचें, तो उनकी लंबाई 0 से x तक कुछ भी हो सकती है। परंतु, यह भाग एक खोखले गोले की तरह है और PQ उसके व्यास के अनुदिश है। अतः, PQ के प्रति इस भाग का जड़त्व आघूर्ण समीकरण (17.7) से निकाला जा सकता है।

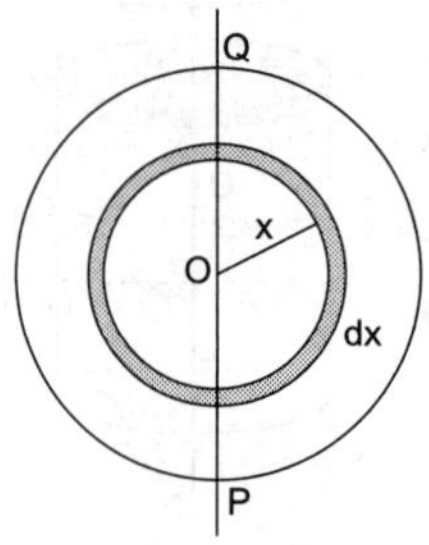

चित्र 17.14

इस खोखले गोले की भीतरी सतह का क्षेत्रफल $= 4\pi x^2$

तथा इसकी मोटाई $= dx$.

अतः, इसका आयतन $= (4\pi x^2) dx$.

पूरे ठोस गोले का आयतन $= \frac{4}{3}\pi R^3$.

अतः, इस खोखले गोले का द्रव्यमान,

$$dM = \frac{M}{\frac{4}{3}\pi R^3}(4\pi x^2 dx) = \frac{3M}{R^3} x^2 dx$$

तथा इसकी त्रिज्या $= x$.

अतः, समीकरण (17.7) से इस भाग का PQ के प्रति जड़त्व आघूर्ण

$$= \frac{2}{3}\left(\frac{3M}{R^3} x^2 dx\right) x^2.$$

यदि x को 0 से R तक बढ़ाते जाएँ, तो ये खोखले गोले मिलकर पूरा ठोस गोला बना लेंगे। अतः, पूरे गोले का PQ के प्रति जड़त्व आघूर्ण,

$$I = \int_0^R \frac{2}{3}\left(\frac{3M}{R^3} x^2 dx\right) x^2$$
$$= \frac{2M}{R^3} \int_0^R x^4 dx = \frac{2M}{R^3} \frac{R^5}{5}$$
$$= \frac{2}{5} MR^2. \qquad \text{... (17.8)}$$

17.10 जड़त्व आघूर्ण से संबंधित दो महत्त्वपूर्ण प्रमेय

हमने अनेक ज्यामितीय आकारों वाली वस्तुओं का जड़त्व आघूर्ण कुछ विशेष अक्षों के प्रति निकाला। ये विशेष आकार की वस्तुएँ और ये विशेष अक्ष तो भौतिकी में महत्त्वपूर्ण हैं ही और आपको ये सूत्र याद भी रहने चाहिए, पर उससे भी महत्त्वपूर्ण हैं वे विधियाँ जिनका उपयोग कर ये जड़त्व आघूर्ण निकाले गए। यदि आपने इन विधियों को ठीक प्रकार

से समझ लिया है, तो अनेक दूसरे आकारों वाली वस्तुओं का या दूसरे अक्षों के प्रति जड़त्व आघूर्ण आप निकाल पाएँगे। इसके अतिरिक्त बहुत-सी परिस्थितियों में जड़त्व आघूर्ण निकालने में आगे दिए गए दो प्रमेय बहुत सहायता करते हैं।

17.10.1 समानांतर अक्ष का प्रमेय

मान लें कि किसी वस्तु का जड़त्व आघूर्ण एक दी हुई रेखा PQ के प्रति I है। वस्तु का द्रव्यमान केंद्र C है। C से PQ की लंबवत दूरी d है। C से PQ के समानांतर एक रेखा P_1Q_1 खींची गई है। वस्तु का द्रव्यमान M है तथा P_1Q_1 के प्रति वस्तु का जड़त्व आघूर्ण I_0 है, तो समानांतर अक्ष के प्रमेय के अनुसार,

$$I = I_0 + Md^2. \qquad \dots (17.9)$$

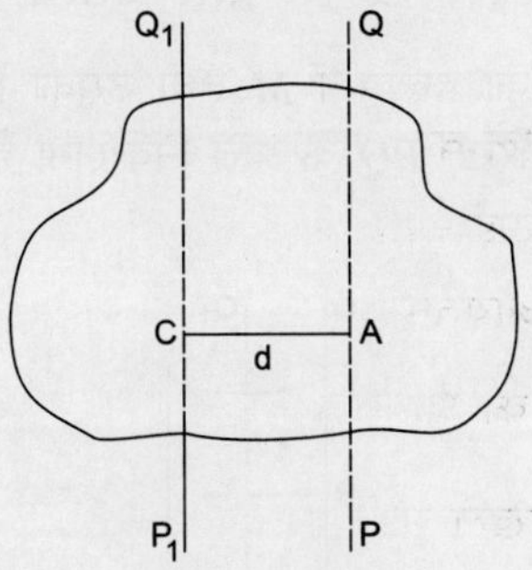

चित्र 17.15

इस समीकरण में आनेवाले सभी संकेतों I, I_0, M, d के अर्थ अच्छी तरह समझ लें। विशेषकर यह ध्यान दें कि I_0 क्या है और I क्या है। इसमें उलटा अर्थ लेने की गलती होने की संभावना रहती है।

चित्र 17.16 में हमने निर्देशांक अक्ष बनाए हैं। जड़त्व केंद्र C को मूलबिंदु लिया गया है तथा P_1Q_1 को z-अक्ष लिया गया है। C से PQ पर लंब CA को x-अक्ष लिया गया है। बिंदु A के निर्देशांक $(d, 0, 0)$ होंगे। हम जड़त्व आघूर्ण की परिभाषा $I = \sum_i m_i r_i^2$ का प्रयोग करेंगे। वस्तु का कोई कण B लें जिसे हम कण-i कहेंगे। इसका द्रव्यमान m_i तथा निर्देशांक (x_i, y_i, z_i) मानें।

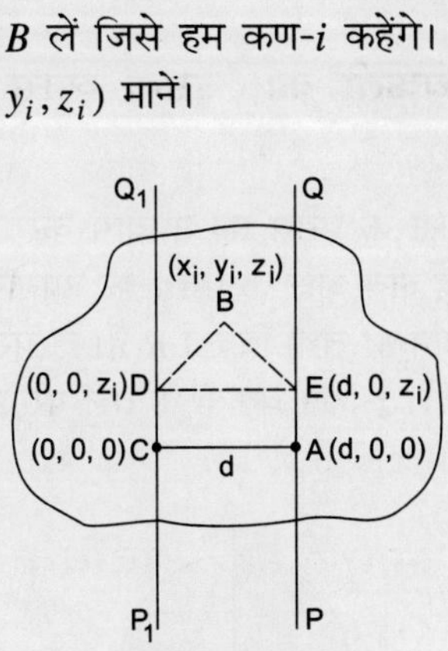

चित्र 17.16

B से z-अक्ष पर BD लंब डालें। CD की लंबाई z_i होगी। यही z-निर्देशांक की परिभाषा है। B से PQ पर लंब BE डालें। चूँकि PQ z-अक्ष के समानांतर है, अत: $AE = CD = z_i$ होगा। ध्यान रहे कि वस्तु की आकृति समतल होना आवश्यक नहीं है।

चित्र 17.16 में बिंदु B को PQ तथा P_1Q_1 के तल में होना आवश्यक नहीं है। इसलिए आपको रेखा BD, P_1Q_1 पर लंब जैसी नहीं दिख रही होगी या BE, PQ पर लंब जैसी नहीं दिख रही होगी।

आप मस्तिष्क में चित्र सोचें और सुनिश्चित करें कि DE, CA के समानांतर है और $CAED$ एक आयत है। अतः, बिंदु E के निर्देशांक $(d, 0, z_i)$ होंगे।

PQ के प्रति वस्तु का जड़त्व आघूर्ण,

$$\begin{aligned}
I &= \sum_i m_i (BE)^2 \\
&= \sum_i m_i [(x_i - d)^2 + y_i^2 + (z_i - z_i)^2] \\
&= \sum_i m_i [x_i^2 - 2x_i d + d^2 + y_i^2] \\
&= \sum_i m_i [x_i^2 + y_i^2] + \sum_i m_i d^2 - \sum_i m_i (2x_i d) \\
&= \sum_i m_i (x_i^2 + y_i^2) + d^2\left(\sum_i m_i\right) - 2d\sum_i m_i x_i. \qquad \dots (\text{i})
\end{aligned}$$

आपको द्रव्यमान केंद्र के निर्देशांक निकालने के सूत्र याद होंगे। यदि द्रव्यमान केंद्र का x-निर्देशांक X हो, तो

$$X = \frac{\sum_i m_i x_i}{M} \quad \text{या} \quad \sum_i m_i x_i = MX.$$

यहाँ द्रव्यमान केंद्र ही मूलबिंदु लिया गया है, अत: $X = 0$.

इसलिए $\sum_i m_i x_i = 0$.

साथ ही $\sum_i m_i$ का मान पूरी वस्तु के द्रव्यमान M के बराबर है।

अतः समीकरण (i) से,

$$I = \sum_i m_i (x_i^2 + y_i^2) + Md^2. \qquad \dots (\text{ii})$$

रेखा P_1Q_1 के प्रति वस्तु का जड़त्व आघूर्ण

$$\begin{aligned}
&= \sum_i m_i (BD)^2 \\
&= \sum_i m_i [(x_i - 0)^2 + (y_i - 0)^2 + (z_i - z_i)^2] \\
&= \sum_i m_i (x_i^2 + y_i^2) = I_0.
\end{aligned}$$

अतः, समीकरण (ii) से,

$$I = I_0 + Md^2.$$

17.10.2 लंब अक्ष का प्रमेय

समानांतर अक्ष प्रमेय किसी भी आकार की वस्तुओं के लिए सही है। पर, लंब अक्ष प्रमेय, जिसकी चर्चा हम अब करने जा रहे हैं, सिर्फ एक तल में रहनेवाली वस्तुओं के लिए सही है। चकती, रिंग, छड़, आयताकार पट्टिका आदि इसी प्रकार की वस्तुएँ हैं, अर्थात इनमें मोटाई नहीं के बराबर होनी चाहिए और सारा पदार्थ एक तल में ही रहना चाहिए।

मान लें कि वस्तु xy-तल में स्थित हैं। z-अक्ष वस्तु के तल के लंबवत होगा। लंब अक्ष के प्रमेय के अनुसार, यदि I_x, I_y और I_z क्रमशः x-, y- तथा z-अक्ष के प्रति वस्तु के जड़त्व आघूर्ण हों, तो

$$I_z = I_x + I_y.$$

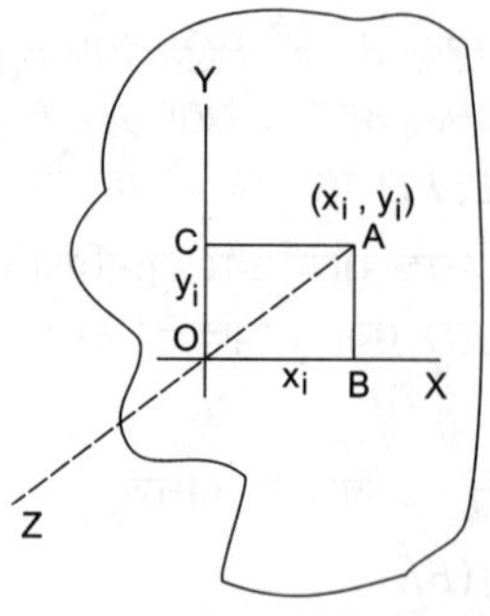

चित्र 17.17

इसे सिद्ध करने के लिए हम वस्तु के किसी कण A का विचार करते हैं। इसे हम कण-i कहेंगे तथा इसके द्रव्यमान को m_i कहेंगे। चूँकि पूरी वस्तु x-y तल में है, कण-i भी इसी तल में होगा। इसके निर्देशांक (x_i, y_i) लिखें। बिंदु A से z-अक्ष पर लंब डालें। यह लंब z-अक्ष पर कहाँ मिलेगा? यह मूलबिंदु पर मिलेगा। x-y तल के किसी भी बिंदु से z-अक्ष पर खींचा गया लंब मूलबिंदु पर ही मिलता है। A से x-अक्ष पर लंब AB तथा y-अक्ष पर लंब AC खींचें, तो $AC = OB = x_i$ तथा $AB = OC = y_i$ होगा।

x-अक्ष के प्रति वस्तु का जड़त्व आघूर्ण,

$$I_x = \sum_i m_i (AB)^2 = \sum_i m_i y_i^2, \qquad \text{... (i)}$$

y-अक्ष के प्रति जड़त्व आघूर्ण,

$$I_y = \sum_i m_i (AC)^2 = \sum_i m_i x_i^2 \qquad \text{... (ii)}$$

तथा z-अक्ष के प्रति जड़त्व आघूर्ण,

$$I_z = \sum_i m_i (AO)^2 = \sum_i m_i (x_i^2 + y_i^2) \qquad \text{... (iii)}$$

होगा।

समीकरण (i), (ii) तथा (iii) से.

$$I_z = I_x + I_y. \qquad \text{... (17.10)}$$

17.11 जड़त्व आघूर्ण प्रमेयों के कुछ उपयोग

(A) एकसमान छड़ का, इसके एक सिरे से जानेवाली लंब रेखा के प्रति जड़त्व आघूर्ण

मान लें कि छड़ का द्रव्यमान M तथा लंबाई L है। चित्र 17.18 में अक्ष PQ की स्थिति दिखाई गई है। हम समाकलन द्वारा अनुच्छेद 17.2 की विधि से यह जड़त्व आघूर्ण आसानी से निकाल सकते हैं। परंतु, यहाँ हम समानांतर अक्ष प्रमेय का प्रयोग करेंगे।

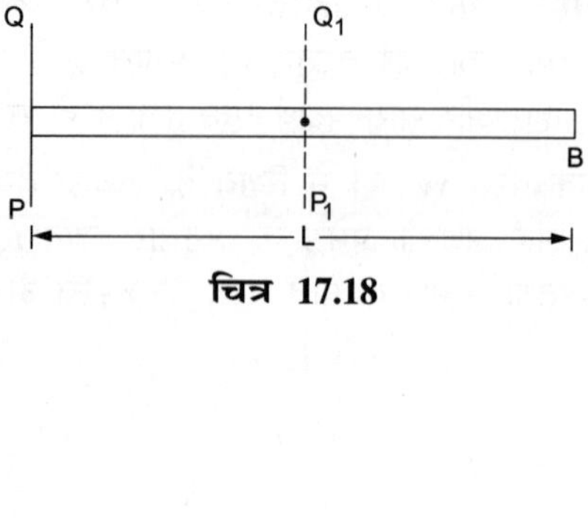

चित्र 17.18

छड़ के केंद्र से PQ के समानांतर रेखा P_1Q_1 खींचें। इसके प्रति छड़ का जड़त्व आघूर्ण समीकरण (17.2) से,

$$I_0 = \frac{ML^2}{12}$$

होगा। PQ से P_1Q_1 की दूरी $L/2$ है। अतः, समानांतर अक्ष प्रमेय से PQ के प्रति छड़ का जड़त्व आघूर्ण,

$$I = I_0 + Md^2 = \frac{ML^2}{12} + \frac{ML^2}{4} = \frac{ML^2}{3}$$

होगा।

(B) एकसमान खोखले बेलन का उसके अक्ष के समानांतर स्पर्शरेखा के प्रति जड़त्व आघूर्ण

मान लें कि बेलन का द्रव्यमान M तथा उसकी त्रिज्या R है। इसका जड़त्व आघूर्ण स्पर्शरेखा PQ के प्रति निकालना है जो अक्ष P_1Q_1 के समानांतर है।

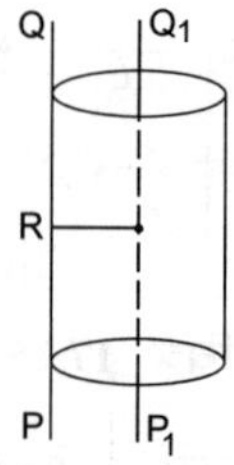

चित्र 17.19

P_1Q_1 के प्रति जड़त्व आघूर्ण समीकरण (17.5) से,

$$I_0 = MR^2$$

तथा PQ की P_1Q_1 से दूरी $= R$.

अतः, समानांतर अक्ष के प्रमेय से,

$$I = I_0 + Md^2 = MR^2 + MR^2 = 2MR^2.$$

(C) एकसमान चकती का, उसके व्यास के प्रति जड़त्व आघूर्ण

इस बार हम लंब अक्ष के प्रमेय का उपयोग करेंगे। चकती एकतलीय वस्तु है और इसलिए लंब अक्ष के प्रमेय का उपयोग संभव है। मान लें कि चकती का द्रव्यमान M तथा त्रिज्या R है। दो परस्पर लंब व्यासों को x-अक्ष तथा y-अक्ष लें। z-अक्ष चकती के तल पर लंब होगा तथा उसके केंद्र से जाएगा।

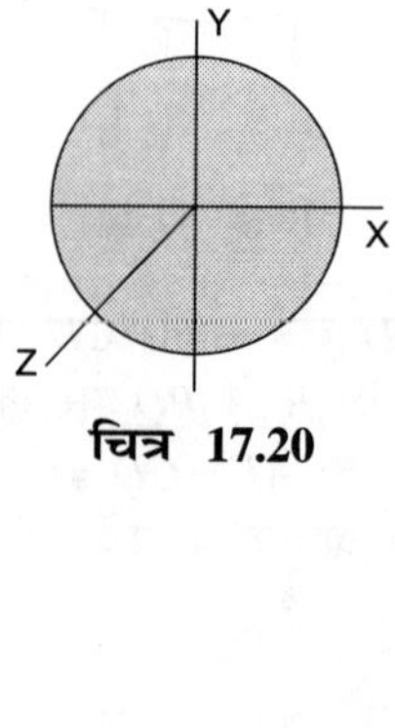

चित्र 17.20

लंब अक्ष के प्रमेय से,

$$I_z = I_x + I_y. \quad \ldots \text{(i)}$$

परंतु, I_z का मान हमें समीकरण (17.4) से पता है। यह मान $\frac{1}{2}MR^2$ है। चूँकि चकती एकसमान है, अतः जितना जड़त्व आघूर्ण एक व्यास के प्रति होगा, उतना ही किसी अन्य व्यास के प्रति होगा। अतः, $I_x = I_y$.

अब समीकरण (i) से,

$$\frac{1}{2}MR^2 = I_x + I_x \quad \text{या} \quad I_x = \frac{1}{4}MR^2.$$

(D) एकसमान चकती का, उसके व्यास के समानांतर स्पर्शरेखा के प्रति जड़त्व आघूर्ण

चकती का जड़त्व आघूर्ण उसके व्यास के प्रति $\frac{1}{4}MR^2$ है, जहाँ M चकती का द्रव्यमान और R उसकी त्रिज्या है। समानांतर अक्ष के प्रमेय से स्पर्शरेखा के प्रति जड़त्व आघूर्ण,

$$I = I_0 + Md^2 = \frac{1}{4}MR^2 + MR^2 = \frac{5}{4}MR^2.$$

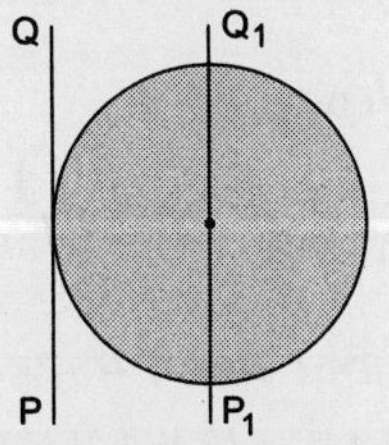

चित्र 17.21

अभ्यास 17.3

L लंबाई तथा m द्रव्यमान की एक छड़ OA के A सिरे पर एक पतली, गोल चकती जड़कर एक दोलक बनाया गया है (चित्र 17.22)। चकती की त्रिज्या R तथा द्रव्यमान M है। बिंदु O से चित्र के तल के लंबवत रेखा OB के प्रति यह दोलक दोलन कर सकता है। OB के प्रति दोलक का जड़त्व आघूर्ण निकालें।

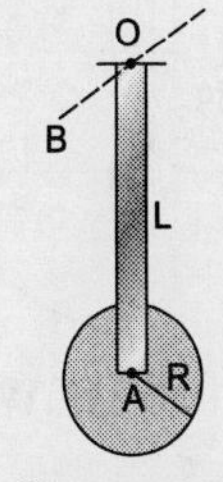

चित्र 17.22

हल छड़ OA का OB के प्रति जड़त्व आघूर्ण

$$= \frac{mL^2}{3}.$$

OB के समानांतर बिंदु A से एक रेखा खींचें। यह रेखा चकती का अक्ष होगी। उसके प्रति चकती का जड़त्व आघूर्ण

$$= \frac{MR^2}{2}.$$

अतः, OB के प्रति चकती का जड़त्व आघूर्ण

$$= \frac{MR^2}{2} + ML^2.$$

अतः, OB के प्रति दोलक का जड़त्व आघूर्ण

$$= \frac{mL^2}{3} + \frac{MR^2}{2} + ML^2.$$

17.12 परिभ्रमण त्रिज्या

मान लें कि एक वस्तु का जड़त्व आघूर्ण एक अक्ष के प्रति I है तथा उसका द्रव्यमान M है। यदि यह सारा द्रव्यमान एक बिंदु के रूप में होता और अक्ष से R दूरी पर रखा जाता, तो उसका जड़त्व आघूर्ण MR^2 होता। यदि R का मान ऐसा चुना जाए कि $I = MR^2$ हो, तो इस R को इस अक्ष के प्रति वस्तु की **परिभ्रमण त्रिज्या** (radius of gyration) कहते हैं।

• *हल किए गए प्रश्न* •

1. *200 g द्रव्यमान तथा 4.0 cm त्रिज्या की एक एकसमान वृत्ताकार चकती अपने व्यास के परितः घूम रही है। किसी क्षण इसका कोणीय वेग 10 rad/s है। (a) चकती की गतिज ऊर्जा निकालें। (b) इस व्यास के प्रति चकती का कोणीय संवेग निकालें।*

हल व्यास के प्रति वृत्ताकार चकती का जड़त्व आघूर्ण,

$$I = \frac{1}{4}MR^2 = \frac{1}{4}(0.200\ \text{kg})(0.04\ \text{m})^2 = 8.0\times10^{-5}\ \text{kg}\cdot\text{m}^2.$$

(a) गतिज ऊर्जा $K = \frac{1}{2}I\omega^2 = \frac{1}{2}(8.0\times10^{-5}\ \text{kg}\cdot\text{m}^2)(10\ \text{rad/s})^2$

$$= 4.0\times10^{-3}\ \text{J}.$$

(b) कोणीय संवेग $L_z = I\omega = (8.0\times10^{-5}\ \text{kg}\cdot\text{m}^2)(10\ \text{rad/s})$

$$= 8.0\times10^{-4}\ \text{J}\cdot\text{s}.$$

2. *द्रव्यमान m तथा लंबाई l की एक समरूप छड़ ऊर्ध्वाधर स्थिति में अपने निचले छोर पर क्लैंप की गई है। यह छड़ एक ऊर्ध्वाधर तल में मुक्त रूप में घूम सकती है। प्रारंभ में छड़ को ऊपरी सिरे से पकड़कर रखा जाता है तथा इस स्थिति से इसे थोड़ा-सा घुमाकर छोड़ दिया जाता है। जब छड़ अपने सबसे नीचे की स्थिति में आए, उस समय छड़ का कोणीय वेग एवं उसके दूसरे सिरे पर रेखीय वेग निकालें।*

हल दी गई परिस्थिति चित्र 17.W1 में दिखाई गई है। जब छड़ अपनी सबसे नीचे की स्थिति में पहुँचती है, तब उसका द्रव्यमान केंद्र l दूरी नीचे आ जाता है। अतः, इसकी गुरुत्वीय स्थितिज ऊर्जा में mgl की कमी आ जाती है। यदि इस समय कोणीय वेग ω हो, तो छड़ की गतिज ऊर्जा $= \frac{1}{2}I\omega^2$.

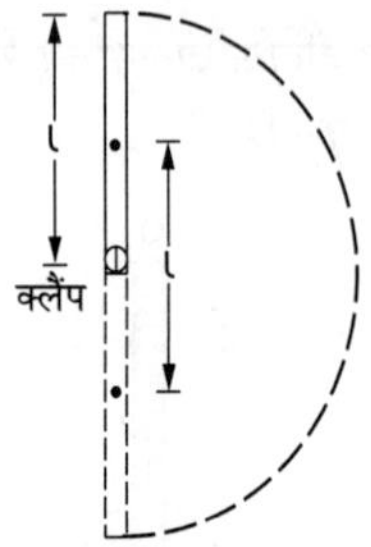

चित्र 17.W1

ऊर्जा-संरक्षण के सिद्धांत से,

$$\frac{1}{2}I\omega^2 = mgl \quad \text{या} \quad \frac{1}{2}\left(\frac{ml^2}{3}\right)\omega^2 = mgl$$

या $\omega = \sqrt{\frac{6g}{l}}$.

छड़ के दूसरे सिरे का रेखीय वेग $v = l\omega = \sqrt{6gl}$.

3. *एक नगण्य भार वाली छड़ के किनारों पर 10.0 cm त्रिज्या, 1.20 kg द्रव्यमान तथा एकसमान घनत्व के दो गोले जुड़े हुए हैं। गोलों के केंद्रों के बीच दूरी 50.0 cm है। छड़ की लंब समद्विभाजक रेखा के प्रति इस निकाय का जड़त्व आघूर्ण निकालें।*

हल प्रश्न में दी गई परिस्थिति चित्र 17.W2 में दिखाई गई है। बाएँ गोले के उस व्यास का अध्ययन करें जो प्रश्न में दिए गए लंब समद्विभाजक के समानांतर हो। इस व्यास के प्रति गोले का जड़त्व आघूर्ण,

$$I_1 = \frac{2}{5}mR^2 = \frac{2}{5}(1.20\text{ kg})(0.1\text{ m})^2 = 4.8\times10^{-3}\text{ kg}\cdot\text{m}^2.$$

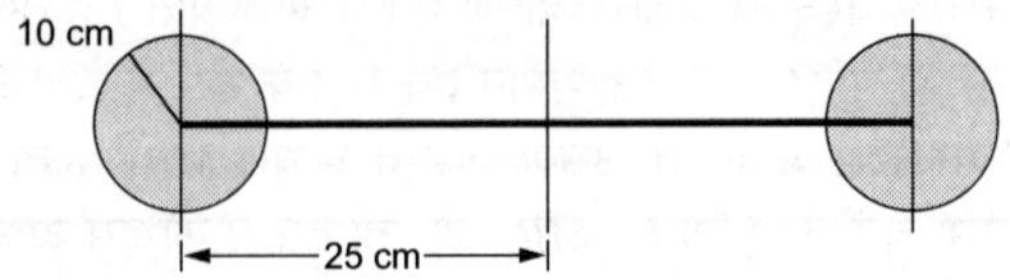

चित्र 17.W2

दिए गए अक्ष से इस व्यास की दूरी $= 25\text{ cm} = 0.25\text{ m}$.

जड़त्व आघूर्ण के समानांतर अक्ष प्रमेय से, दिए गए अक्ष के प्रति इस गोले का जड़त्व आघूर्ण,

$$\begin{aligned} I_2 &= I_1 + md^2 \\ &= 4.8\times10^{-3}\text{ kg}\cdot\text{m}^2 + (1.20\text{ kg})(0.25\text{ m})^2 \\ &= 4.8\times10^{-3}\text{ kg}\cdot\text{m}^2 + 0.075\text{ kg}\cdot\text{m}^2 \\ &= 79.8\times10^{-3}\text{ kg}\cdot\text{m}^2. \end{aligned}$$

दूसरे गोले का भी दिए गए अक्ष के प्रति जड़त्व आघूर्ण इतना ही होगा। अतः, निकाय का कुल जड़त्व आघूर्ण,

$$I = 2\times79.8\times10^{-3}\text{ kg}\cdot\text{m}^2 = 0.160\text{ kg}\cdot\text{m}^2.$$

4. *द्रव्यमान M तथा लंबाई L की दो समरूप पतली छड़ों को अपने केंद्रों पर जोड़कर गणित के 'जोड़' का चिह्न बनाया गया है (चित्र 17.W3)। रेखा AB दोनों छड़ों से बराबर कोण बनाती है। इस रेखा के प्रति इस निकाय का जड़त्व आघूर्ण निकालें।*

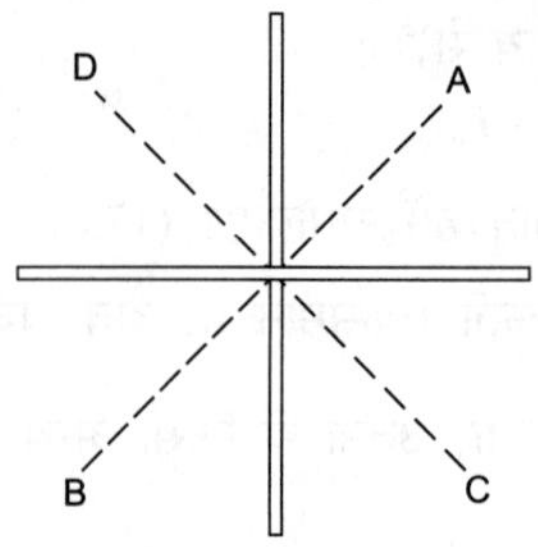

चित्र 17.W3

हल AB की भाँति रेखा CD भी छड़ों से समान कोण बनाती है। चित्र की सममिति (symmetry) से स्पष्ट है कि AB के प्रति इस निकाय का जड़त्व आघूर्ण I_{AB} तथा CD के प्रति इसका जड़त्व आघूर्ण I_{CD} बराबर होंगे।

निकाय के केंद्र से इसके तल के लंबवत एक रेखा का विचार करें। इसके प्रति प्रत्येक छड़ का जड़त्व आघूर्ण $\frac{ML^2}{12}$ है। अतः, इस निकाय का जड़त्व आघूर्ण इस रेखा के प्रति,

$$I_0 = \frac{ML^2}{12} + \frac{ML^2}{12} = \frac{ML^2}{6}$$

है। जड़त्व आघूर्ण के लंब अक्ष के प्रमेय से,

$$I_0 = I_{AB} + I_{CD}.$$

अतः, $\frac{ML^2}{6} = I_{AB} + I_{AB}$ या $I_{AB} = \frac{ML^2}{12}$.

5. *कुत्ते अपनी पूँछ को विभिन्न आकारों में मोड़ते एवं हिलाते रहते हैं। एक कुत्ते की पूँछ की आकृति चित्र 17.W4 में दिखाई गई है। इस पूँछ के बारे में निम्नलिखित बातें मानें।*

पूँछ की कुल लंबाई = 30 cm, पूँछ के सीधे भाग की लंबाई = 15 cm, पूँछ की मोटाई = 2 cm, पूँछ का द्रव्यमान = 250 ग्राम। पूँछ के घनत्व तथा अनुप्रस्थ काट को एकसमान मानें। पूँछ के मुड़े भाग को अर्द्धवृत्त मानें। इस अर्द्धवृत्त के व्यास के प्रति पूँछ का जड़त्व आघूर्ण निकालें। पूँछ की मोटाई के प्रभाव को छोड़ दें।

हल चित्र 17.W4 में पूँछ की ज्यामिति दिखाई गई है। PQ अर्द्धवृत्ताकार भाग का व्यास है जिसके प्रति पूँछ का जड़त्व आघूर्ण निकालना है।

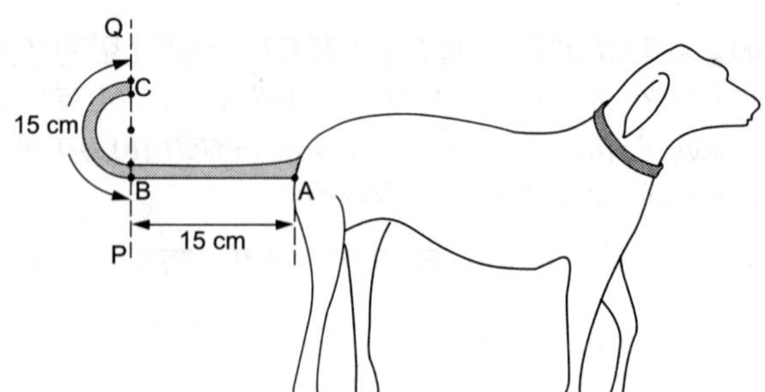

चित्र 17.W4

<u>AB भाग का जड़त्व आघूर्ण</u>

AB भाग का द्रव्यमान $m = 125\text{ g}$.

PQ के प्रति इसका जड़त्व आघूर्ण,

$$I_1 = \frac{ml^2}{3} = \frac{125\text{ g} \times 225\text{ cm}^2}{3} = 9375\text{ g}\cdot\text{cm}^2.$$

BC भाग का जड़त्व आघूर्ण

यदि इस अर्द्धवृत्त की त्रिज्या R हो, तो $\pi R = 15$ cm.

अतः, $R = \frac{15}{\pi}$ cm.

यदि BC भाग में ऐसा ही भाग जोड़कर पूर्ण वृत्त बना लिया जाए तो PQ के प्रति उस पूर्ण वृत्त का जड़त्व आघूर्ण $I' = \frac{(2m)R^2}{2} = mR^2$ होगा। चूँकि PQ के प्रति दोनों भागों के जड़त्व आघूर्ण समान होंगे, अतः भाग BC का जड़त्व आघूर्ण,

$$I_2 = \frac{I'}{2} = \frac{mR^2}{2}$$

$$= \frac{(125\text{ g}) \times (225\text{ cm}^2)}{2 \times (3.14)^2}$$

$$= 1426\text{ g}\cdot\text{cm}^2.$$

पूरी पूँछ का जड़त्व आघूर्ण,

$$I = I_1 + I_2 = 9375\text{ g}\cdot\text{cm}^2 + 1426\text{ g}\cdot\text{cm}^2$$

$$= 10801\text{ g}\cdot\text{cm}^2.$$

• विचार हेतु प्रश्न •

1. इस अध्याय में हमने विभिन्न ज्यामितीय आकार की वस्तुओं का जड़त्व आघूर्ण निकालने के लिए $\int r^2 dm$ का उपयोग किया है। उन सभी वस्तुओं को हमने एकसमान घनत्व का माना था। यदि वस्तु का घनत्व एक समान न हो, तो क्या इस सूत्र का उपयोग किया जा सकता है?

2. यदि किसी वस्तु का जड़त्व आघूर्ण x-अक्ष के प्रति I_x, y-अक्ष के प्रति I_y तथा z-अक्ष के प्रति I_z हो, तो क्या $\vec{I} = \hat{i}I_x + \hat{j}I_y + \hat{k}I_z$ को वेक्टर कहा जा सकता है? क्या यह वेक्टरों के योग के नियम का पालन करेगा?

3. प्रश्न 2 की परिस्थिति में क्या $I_z = I_x + I_y$ होना आवश्यक है?

4. क्या किसी वस्तु का जड़त्व आघूर्ण किसी अक्ष के प्रति शून्य हो सकता है?

• सटीक उत्तरवाले प्रश्न I •

सही उत्तर का चयन करें।

1. एक समरूप छड़ $x = 0$ से $x = L$ के बीच रखी गई है। इसका जड़त्व आघूर्ण छड़ की लंबवत रेखा के प्रति निकाला जाता है। यह रेखा $x = 0$ से $x = L$ तक सरकाई जाती है। जड़त्व आघूर्ण में परिवर्तन नीचे दिए गए चित्रों में से किसके द्वारा सबसे अच्छी तरह निरूपित होता है?

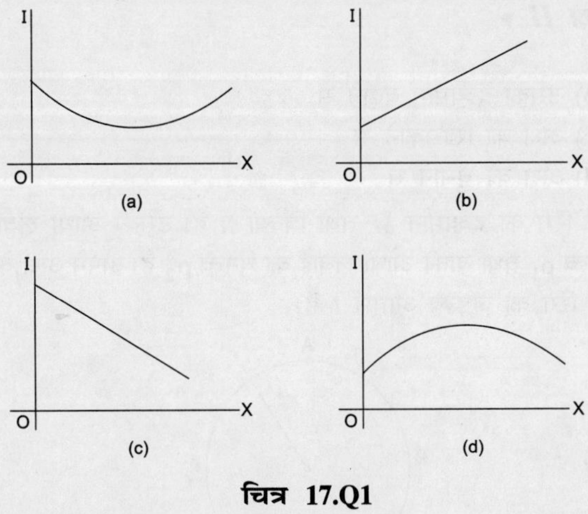

चित्र 17.Q1

2. एक समरूप छड़ के मध्यबिंदु O से इसपर लंब रेखा खींची गई है। O बिंदु को स्थिर रखते हुए इस रेखा को धीरे-धीरे छड़ की ओर घुमाया जाता है और अंत में यह रेखा छड़ के अनुदिश हो जाती है। इस अवधि में रेखा के प्रति छड़ का जड़त्व आघूर्ण
(a) लगातार बढ़ेगा।
(b) लगातार घटेगा।
(c) पहले बढ़ेगा फिर घटेगा।
(d) पहले घटेगा फिर बढ़ेगा।

3. एक छड़ का जड़त्व आघूर्ण अपने एक लंब समद्विभाजक के प्रति I_1 है। इस छड़ को मोड़कर एक वृत्ताकार रिंग बना दी जाती है जिसका जड़त्व आघूर्ण अपने एक व्यास के प्रति I_2 हो जाता है। I_1/I_2 का मान है
(a) 1 (b) 3 (c) $\frac{2\pi^2}{3}$ (d) $\frac{3}{2\pi^2}$

4. चौड़ाई a, लंबाई $2a$ तथा द्रव्यमान m वाली दो एकसमान आयताकार पट्टिकाएँ A तथा B कोणीय वेग ω से घूर्णन कर रही हैं। दोनों ही घूर्णन अक्ष पट्टिका के केंद्र से गुजरते हैं, पर A का घूर्णन अक्ष पट्टिका की लंबाई के समानांतर है जबकि B का घूर्णन अक्ष पट्टिका की चौड़ाई के समानांतर है। पट्टिकाओं की गतिज ऊर्जाओं के अनुपात K_A/K_B का मान होगा
(a) $\frac{1}{4}$ (b) $\frac{1}{2}$ (c) 2 (d) 4

5. पृथ्वी को सामान्यतः core, mantle तथा crust, ऐसे तीन भागों में बाँटा जाता है। Core केंद्र के पास है तथा उसका घनत्व सबसे अधिक है। Crust पृथ्वी की सतह के पास है और इसका घनत्व सबसे कम है। पाठ्यपुस्तकों में प्रायः पृथ्वी का घनत्व एकसमान मान लिया जाता है। मान लें कि पृथ्वी के किसी व्यास के प्रति इसका वास्तविक जड़त्व आघूर्ण I_0 है तथा इसे एकसमान घनत्व का गोला मानने से इसका जड़त्व आघूर्ण I आता है। तब I/I_0 का मान

(a) 1 से कम होगा।
(b) 1 से अधिक होगा।
(c) 1 होगा।
(d) लिए गए व्यास को बदलने से बदलेगा।

6. पानी के 1 लीटर के बेलनाकार बरतन का अपना द्रव्यमान 50 g है तथा बेलन के अक्ष के प्रति इसका जड़त्व आघूर्ण I_0 है। बेलन की पेंदी काफी हल्की है। जब इसे पानी से भर दिया जाता है तो उसी अक्ष के प्रति इसका जड़त्व आघूर्ण I हो जाता है। पानी का घनत्व 1000 kg/m^3 मानें। I/I_0 का मान होगा

(a) 1 (b) 10 (c) 11 (d) 121

7. लोहे की एक वृत्ताकार चकती A की त्रिज्या r तथा मोटाई t है। लोहे की एक अन्य वृत्ताकार चकती B की त्रिज्या $4r$ तथा मोटाई $t/4$ है। अपने-अपने अक्षों के प्रति इनके जड़त्व आघूर्णों I_A तथा I_B में संबंध होगा
(a) $I_A > I_B$
(b) $I_A = I_B$
(c) $I_A < I_B$
(d) t तथा r के वास्तविक मानों पर निर्भर

8. एक बंद बेलनाकार नली में कुछ पानी भरा हुआ है। यह नली एक क्षैतिज तल में रखी हुई है। यदि नली को उसके एक लंबवत अर्द्धक के परितः घुमाया जाए, तो अक्ष के परितः पानी का जड़त्व आघूर्ण
(a) बढ़ेगा।
(b) कम होगा।
(c) नियत रहेगा।
(d) यदि घूर्णन दक्षिणावर्ती होगा तो बढ़ेगा तथा यदि वामावर्ती होगा तो कम होगा।

9. M द्रव्यमान तथा r त्रिज्या वाले एक एकसमान अर्द्धवृत्ताकार तार का तल के लंबवत तथा केंद्र से गुजरनेवाले अक्ष के परितः जड़त्व आघूर्ण होगा

(a) Mr^2 (b) $\frac{1}{2}Mr^2$ (c) $\frac{1}{4}Mr^2$ (d) $\frac{2}{5}Mr^2$

10. एक जैसी ज्यामितीय आकृतियों वाली दो वस्तुओं के जड़त्व आघूर्ण I_1 तथा I_2 हैं। पहली वस्तु ऐलुमिनियम की तथा दूसरी लोहे की बनी हुई है। इनमें सही कथन बताएँ।
(a) $I_1 < I_2$.
(b) $I_1 = I_2$.
(c) $I_1 > I_2$.
(d) I_1 एवं I_2 के बीच संबंध वस्तु की वास्तविक आकृति पर निर्भर करेगा।

11. एक वस्तु का द्रव्यमान केंद्र मूलबिंदु पर है। इसके कणों में से तीन कण $(a, 0, 0), (0, a, 0), (0, 0, a)$ पर स्थित हैं। x- तथा y-अक्ष में से प्रत्येक के प्रति वस्तु का जड़त्व आघूर्ण 0.20 kg m^2 है। z-अक्ष के परितः इसका जड़त्व आघूर्ण
(a) 0.20 kg·m^2 होगा।
(b) 0.40 kg·m^2 होगा।
(c) $0.20\sqrt{2}$ kg·m^2 होगा।
(d) इतनी सूचना से प्राप्त नहीं किया जा सकता है।

12. किसी वस्तु का जड़त्व आघूर्ण दो रेखाओं A तथा B के प्रति निकाला जाता है। इनके मान क्रमशः I_A तथा I_B हैं। रेखा A वस्तु के द्रव्यमान केंद्र से गुजरती है, किंतु B द्रव्यमान केंद्र से नहीं गुजरती। इनमें सही कथन का चयन करें।
(a) $I_A < I_B$.
(b) यदि $I_A < I_B$ है, तो रेखाएँ समानांतर हैं।
(c) यदि रेखाएँ समानांतर हैं, तो $I_A < I_B$.
(d) यदि रेखाएँ समानांतर नहीं हैं, तो $I_A \geq I_B$.

• सटीक उत्तरवाले प्रश्न II •

सही उत्तर (उत्तरों) का चयन करें।

1. रबर की बनी एक वृत्ताकार चकती को किनारों से खींचकर बड़ा किया जाता है। इनमें सही कथन क्या है?
(a) अपने अक्ष के प्रति इसका जड़त्व आघूर्ण बढ़ेगा।
(b) अपने किसी व्यास के प्रति इसका जड़त्व आघूर्ण बढ़ेगा।
(c) चकती के तल में स्थित एक स्पर्शरेखा के प्रति इसका जड़त्व आघूर्ण बढ़ेगा।
(d) चकती के तल के लंबवत एक स्पर्शरेखा के प्रति इसका जड़त्व आघूर्ण बढ़ेगा।

2. किसी वस्तु का जड़त्व आघूर्ण अधिक हो सकता है
(a) उसका ज्यामितीय आकार बदलने से
(b) उसका द्रव्यमान बढ़ाने से
(c) अक्ष को खिसकाने से
(d) अक्ष को घुमाने से

3. किसी वस्तु का जड़त्व आघूर्ण कम हो सकता है
(a) उसका ज्यामितीय आकार बदलने से
(b) उसका द्रव्यमान बढ़ाने से
(c) अक्ष को खिसकाने से
(d) अक्ष को घुमाने से

4. एक रिंग का द्रव्यमान M तथा त्रिज्या R है। उसकी आधी लंबाई का घनत्व ρ_1 तथा बाकी आधी लंबाई का घनत्व ρ_2 है। अपने अक्ष के प्रति इस रिंग का जड़त्व आघूर्ण I है।

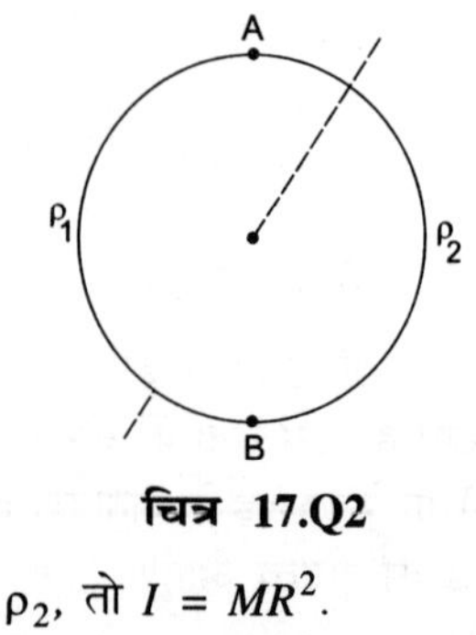

चित्र 17.Q2

(a) यदि $\rho_1 = \rho_2$, तो $I = MR^2$.
(b) यदि $\rho_1 \neq \rho_2$, तो $I = MR^2$.

(c) यदि $\rho_1 = \rho_2$, तो $I \neq MR^2$.

(d) यदि $\rho_1 \neq \rho_2$, तो $I \neq MR^2$.

5. ऊपर के प्रश्न 4 की स्थिति पर विचार करें। व्यास AB के प्रति इस रिंग का जड़त्व आघूर्ण I है।

(a) यदि $\rho_1 = \rho_2$, तो $I = MR^2/2$.

(b) यदि $\rho_1 \neq \rho_2$, तो $I = MR^2/2$.

(c) यदि $\rho_1 = \rho_2$, तो $I \neq MR^2/2$.

(d) यदि $\rho_1 \neq \rho_2$, तो $I \neq MR^2/2$.

• अभ्यास के प्रश्न •

1. एकसमान घनत्व से बने एक मोटे खोखले गोले की आंतरिक एवं बाहरी त्रिज्याएँ क्रमशः R तथा $2R$ हैं तथा इसका द्रव्यमान M है। किसी व्यास के प्रति इस गोले का जड़त्व आघूर्ण निकालें।

2. 10 cm भुजा के समबाहु त्रिभुज के कोनों पर समान द्रव्यमान 20 ग्राम के तीन कण रखे गए हैं। निकाय का जड़त्व आघूर्ण उस अक्ष के परितः ज्ञात करें, जो
   (a) किन्हीं दो कणों को मिलाती है।
   (b) किसी एक कण से गुजरती है तथा कणों के तल के लंबवत है।

3. 10 mg, 20 mg, 30 mg, ..., 1000 mg द्रव्यमान के कण एक नगण्य भार वाले मीटर स्केल के क्रमशः 1 cm, 2 cm, 3 cm, ..., 100 cm वाले निशानों पर रखे गए हैं। मीटर स्केल के लंबअर्द्धक के प्रति इस निकाय का जड़त्व आघूर्ण ज्ञात करें।

4. m द्रव्यमान तथा r त्रिज्या वाले दो गोले परस्पर संपर्क में रखे गए हैं। इनके संपर्क-बिंदु से गुजरनेवाली स्पर्शरेखा के प्रति निकाय का जड़त्व आघूर्ण ज्ञात करें।

5. एक समरूप छड़ की लंबाई 1 m तथा द्रव्यमान 0.50 kg है। किसी लंबवत रेखा के परितः छड़ का जड़त्व आघूर्ण $0.10\ \mathrm{kg \cdot m^2}$ है। छड़ के मध्यबिंदु से इस रेखा की दूरी ज्ञात कीजिए।

6. r त्रिज्या के वृत्ताकार वलय के किसी एक कण से गुजरनेवाली तथा वलय के तल के लंबवत अक्ष के प्रति परिभ्रमण त्रिज्या का मान ज्ञात कीजिए।

7. एक समरूप चकती के लंबवत एक रेखा के प्रति परिभ्रमण त्रिज्या का मान चकती की त्रिज्या के बराबर है। इस रेखा की केंद्र से दूरी ज्ञात करें।

8. एक समरूप वर्गाकार पट्टिका का द्रव्यमान m तथा इसकी भुजा की लंबाई a है। इसके किसी एक विकर्ण (diagonal) के प्रति जड़त्व आघूर्ण ज्ञात करें।

9. a त्रिज्या वाली एक वृत्ताकार चकती का पृष्ठ-घनत्व (द्रव्यमान/क्षेत्रफल) केंद्र से दूरी के साथ $\rho(r) = A + Br$ के अनुसार परिवर्तित होता है। चकती के केंद्र से गुजरनेवाली तथा तल के लंबवत रेखा के प्रति इसका जड़त्व आघूर्ण ज्ञात कीजिए।

10. एक समरूप छड़ का द्रव्यमान 300 g तथा लंबाई 50 cm है। यह छड़ एक किनारे से गुजरनेवाले तथा लंबवत अक्ष के परितः 2 rad/s की एकसमान कोणीय चाल से घूर्णन कर रही है। गणना करें,
    (a) घूर्णन अक्ष के परितः छड़ का कोणीय संवेग,
    (b) छड़ के केंद्र की चाल तथा
    (c) छड़ की गतिज ऊर्जा।

11. एक खुरदरे फर्श पर 1 m की एक छड़ ऊर्ध्वाधर स्थिति में पकड़कर रखी गई है। इसको धीरे से फर्श पर गिरने दिया जाता है। यह मानते हुए कि फर्श पर टिका हुआ इसका सिरा फिसलता नहीं है, जब छड़ फर्श से टकराती है तब इसकी कोणीय चाल निकालें।

12. एक-जैसी तीन गेंदें एक-दूसरे से सटाकर एक क्षैतिज सतह पर रखी गई हैं। प्रत्येक गेंद का द्रव्यमान M तथा इसकी त्रिज्या R है। गेंदों के ठीक बीच से जाते ऊर्ध्वाधर अक्ष के प्रति इस संहति का जड़त्व आघूर्ण निकालें।

13. एक डोल (bucket) की तली की त्रिज्या 25 cm तथा ऊपर की परिधि की त्रिज्या 30 cm है। डोल की ऊँचाई 20 cm है। इसे पानी से पूरा भर दिया गया है। डोल के अक्ष के प्रति इस पानी का जड़त्व आघूर्ण निकालें।

14. एकसमान घनत्व वाली एक बेलनाकार वस्तु का जड़त्व आघूर्ण उसके केंद्र से जानेवाली तथा अक्ष पर लंब रेखा के प्रति निकालें। वस्तु का द्रव्यमान M, लंबाई L तथा त्रिज्या R है।

15. द्रव्यमान M के एक ठोस शंकु के आधार की त्रिज्या R तथा शीर्ष का कोण (semivertical angle) θ है। अपने अक्ष के प्रति इस ठोस शंकु का जड़त्व आघूर्ण निकालें।

16. द्रव्यमान M तथा त्रिज्या R की एक अर्द्धगोलाकार ठोस वस्तु का घनत्व सभी जगह बराबर है। गोले के केंद्र O से वस्तु की समतल सतह के समानांतर तथा लंबवत रेखाएँ OA तथा OB खींची गई हैं। प्रत्येक के प्रति वस्तु का जड़त्व आघूर्ण निकालें।

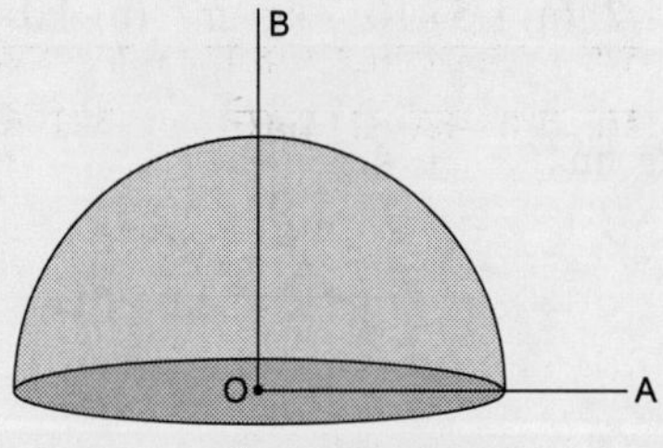

चित्र 17.E1

17. काँच के एक प्रिज्म का द्रव्यमान M तथा ऊँचाई h है। प्रिज्म का अनुप्रस्थ काट समबाहु त्रिभुज के आकार का है जिसकी भुजा a है। प्रिज्म के किसी खड़े किनारे (edge) के प्रति इसका जड़त्व आघूर्ण ज्ञात करें।

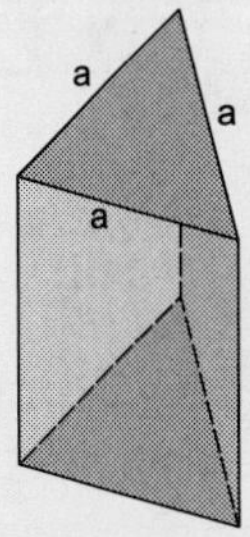

चित्र 17.E2

18. U-ट्यूब के आकार में बने एक बरतन में कुछ ऊँचाई तक पानी भरा है। विभिन्न ज्यामितीय लंबाइयाँ चित्र 17.E3 में दी गई हैं। AB रेखा के प्रति इस पानी का जड़त्व आघूर्ण निकालें।

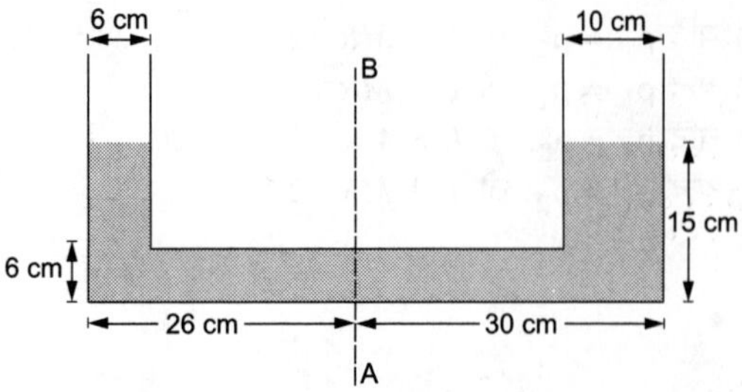

चित्र 17.E3

19. 1 m लंबाई की एक छड़ को मध्य में हिंज किया गया है। छड़ का द्रव्यमान 1 kg है जो इसकी पूरी लंबाई पर एकसमान रूप से वितरित है। इसके दोनों सिरों पर क्रमशः 2 kg तथा 5 kg के दो द्रव्यमान लटकाए गए हैं (चित्र 17.E4)।

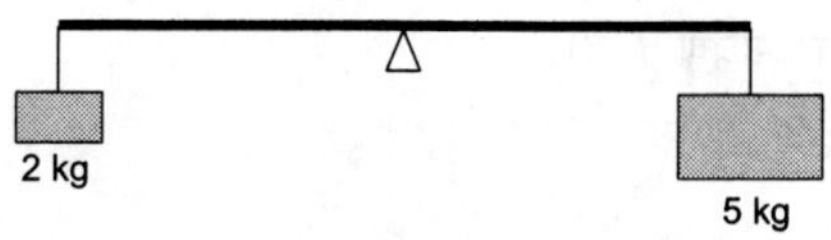

चित्र 17.E4

(a) छड़ का प्रारंभिक कोणीय त्वरण ज्ञात करें।

(b) 2 kg तथा 5 kg द्रव्यमान जिन डोरियों से लटके हैं, उनके तनाव ज्ञात करें।

• उत्तर •

सटीक उत्तरवाले प्रश्न I

1. (a) **2.** (b) **3.** (c) **4.** (a) **5.** (b) **6.** (c)

7. (c) **8.** (a) **9.** (a) **10.** (a) **11.** (d) **12.** (c)

सटीक उत्तरवाले प्रश्न II

1. (a), (b), (c), (d) **2.** (a), (b), (c), (d) **3.** (a), (c), (d)

4. (a), (b) **5.** (a), (b)

अभ्यास के प्रश्न

1. $\frac{62}{35}MR^2$ **2.** (a) 1.5×10^{-4} kg · m^2 (b) 4.0×10^{-4} kg · m^2

3. 4.3×10^{-3} kg · m^2 **4.** $\frac{14mr^2}{5}$

5. 0.34 m **6.** $\sqrt{2}r$

7. $\frac{r}{\sqrt{2}}$ **8.** $\frac{ma^2}{12}$ **9.** $2\pi\left(\frac{Aa^4}{4}+\frac{Ba^5}{5}\right)$

10. (a) 0.05 kg · m^2/s (b) 50 cm/s (c) 0.05 J

11. 5.4 rad/s **12.** $6MR^2$ **13.** 1.83 kg · m^2

14. $\frac{M}{12}(6R^2+L^2)$ **15.** $\frac{3}{10}MR^2$

16. दोनों स्थितियों में $\frac{2}{5}MR^2$ **17.** $\frac{5}{12}Ma^2$

18. 0.081 kg m^2

19. (a) 8.0 rad/s^2 (b) 27.6 N, 29 N

❑

अध्याय 18

बल-आघूर्ण

जब हम दरवाजे को खोलते या बंद करते हैं तब हाथ द्वारा उसपर बल लगाते हैं। कुम्हार अपने चाक को घुमाने के लिए हाथ द्वारा या डंडे द्वारा उसपर बल लगाता है। गैस चूल्हे के स्विच को घुमाने के लिए हमें उँगलियों द्वारा उसपर बल लगाना होता है। साइकिल चलाते समय पैडलों पर बल लगाकर हम चक्के को घुमाते हैं। जब साइकिल में ब्रेक लगाते हैं तब चक्के की घूर्णन गति धीमी हो जाती है एवं थोड़ी देर में चक्का रुक जाता है। ब्रेक लगाने पर उसका गुटका चक्के के रिम के साथ रगड़कर उसपर घर्षण का बल लगाता है जो चक्के की घूर्णन गति को कम करता है।

किसी वस्तु में कोणीय त्वरण पैदा करने के लिए बल लगाने की जरूरत है। यह भी सत्य है कि ज्यादा बल लगाने पर ज्यादा और कम बल लगाने से कम कोणीय त्वरण पैदा होता है। परंतु, बल और कोणीय त्वरण का नाता इतना सरल भी नहीं है।

जब आप पंखे का स्विच ऑन करते हैं तो पंखा घूमना प्रारंभ कर देता है। परंतु, यदि आप पंखे के द्रव्यमान केंद्र की कल्पना करें, तो वह अपने स्थान पर ही रहता है। चूँकि पंखे का द्रव्यमान केंद्र विरामावस्था में बना रहता है, पंखे पर लगता कुल बल शून्य होगा। अर्थात, बिना कोई परिणामी बल लगे हुए ही पंखे में कोणीय गति उत्पन्न हो जाती है। फिर, हमें स्विच ऑन करना ही क्यों पड़ता है? जब बिना परिणामी बल के ही वस्तुएँ घूमना शुरू कर सकती हैं तो कुम्हार को अपना चाक चलाने के लिए क्यों परिश्रम करना पड़ता है।

दूसरी ओर कई बार बल लगाने से भी वस्तुएँ नहीं घूमतीं। यदि आप दरवाजे पर चौखट की ओर बल लगाएँ तो दरवाजा घूमना प्रारंभ नहीं करता। आप दरवाजे पर ऐसी दिशा में बल लगाते हैं जो चौखट से नहीं मिलती। और, आप प्रायः दरवाजे के किनारे के पास से ही बल क्यों लगाते हैं? यदि आप चौखट के पास के हिस्से पर बल लगाएँगे तो उतना ही कोणीय त्वरण पैदा करने के लिए आपको बहुत अधिक बल लगाने की जरूरत पड़ेगी। किसी वस्तु का कोणीय त्वरण बल पर आश्रित जरूर है, पर उसका सीधा संबंध एक अन्य भौतिक राशि से है जिसे हम बल-आघूर्ण या torque कहते हैं।

18.1 बल-आघूर्ण (torque) की परिभाषा

बल-आघूर्ण की परिभाषा काफी हद तक कोणीय संवेग की परिभाषा से मिलती-जुलती है। किसी बल का बल-आघूर्ण किसी दिए हुए बिंदु के प्रति परिभाषित करते हैं। मान लें कि किसी कण A पर एक बल $\vec{F}$ लग रहा है। O एक दिया गया बिंदु है, जहाँ से A तक खींचा गया वेक्टर $\overrightarrow{OA} = \vec{r}$ है, तो वेक्टर

$$\vec{\tau} = \vec{r} \times \vec{F} \qquad \dots (18.1)$$

को बल $\vec{F}$ का O के प्रति या O के परितः बल-आघूर्ण कहते हैं। इसकी दिशा $\vec{r}$ तथा $\vec{F}$ से बने तल के लंबवत है तथा इसका परिमाण $rF \sin \theta$ है, जहाँ θ वेक्टर $\vec{r}$ तथा $\vec{F}$ के बीच का कोण है। यदि बल की दिशा O की ओर या O से दूर जाती हुई हो, तो θ का मान 0 या π होगा और $\sin \theta$ का मान शून्य होगा। ऐसी हालत में बल तो लगेगा, पर O के प्रति उसका बल-आघूर्ण नहीं होगा।

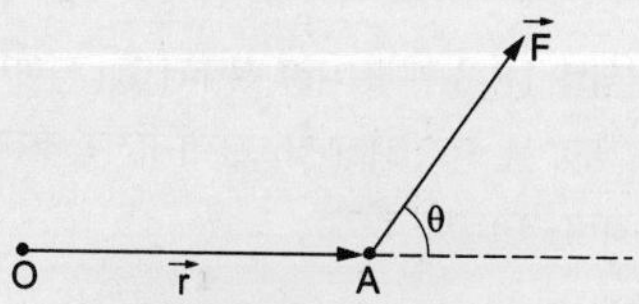

चित्र 18.1

परंतु, हमें अधिक रुचि एक अक्ष के परितः घूमती वस्तु में है। वस्तु पर लगनेवाले बलों का बल-आघूर्ण इस घूर्णन गति को नियंत्रित करता है और उसमें भी घूर्णन अक्ष की दिशा में बल-आघूर्ण का घटक सबसे महत्त्वपूर्ण है। इस घटक को अक्ष के प्रति बल का बल-आघूर्ण भी कहते हैं। इसकी गणना के लिए बिंदु O को अक्ष के किसी बिंदु पर लेते हैं।

18.2 किसी अक्ष के प्रति बल-आघूर्ण की गणना

मान लें कि PQ एक सरल रेखा है और इसपर O एक बिंदु है। बिंदु A पर एक कण है और उसपर $\vec{F}$ बल लगा है। O बिंदु के प्रति $\vec{F}$ का बल-आघूर्ण,

$$\vec{\tau} = \overrightarrow{OA} \times \vec{F}$$

तथा PQ के ही दूसरे बिंदु O_1 के प्रति $\vec{F}$ का बल-आघूर्ण,

$$\vec{\tau}_1 = \overrightarrow{O_1A} \times \vec{F}.$$

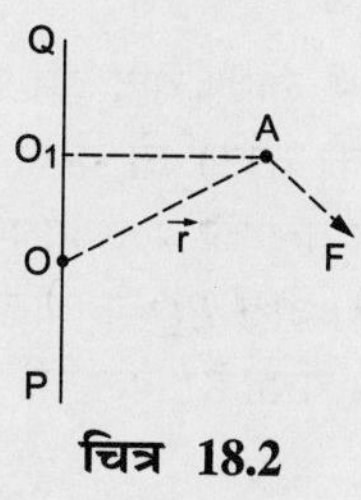

चित्र 18.2

PQ की ओर $\vec{\tau}$ का घटक,

$$\tau_z = [\overrightarrow{OA} \times \vec{F}]_z = [(\overrightarrow{OO_1} + \overrightarrow{O_1A}) \times \vec{F}]_z$$
$$= (\overrightarrow{OO_1} \times \vec{F})_z + (\overrightarrow{O_1A} \times \vec{F})_z.$$

परंतु, $\overrightarrow{OO_1}$ खुद ही PQ रेखा पर है। इसलिए, $\overrightarrow{OO_1} \times \vec{F}$ की दिशा PQ पर लंबवत होगी। अतः,

$$(\overrightarrow{OO_1} \times \vec{F})_z = 0.$$

अतः, $\tau_z = (\overrightarrow{O_1A} \times \vec{F})_z = \tau_{1z}$.

यद्यपि बल $\vec{F}$ का बल-आघूर्ण PQ पर बिंदु O की स्थिति पर निर्भर करता है, उसका PQ की ओर घटक बिंदु O की स्थिति पर निर्भर नहीं करता। इसी घटक τ_z को हम बल $\vec{F}$ का PQ के प्रति बल-आघूर्ण कहते हैं।

I. घूर्णन अक्ष के समानांतर बल

कमरे के दरवाजे को ध्यान में लाएँ। जब यह घूमता है तब इसका घूर्णन अक्ष कहाँ होता है? कब्जों से होकर जानेवाली ऊर्ध्वाधर रेखा इसका घूर्णन अक्ष है। यदि अक्ष के समानांतर, अर्थात ऊर्ध्वाधर दिशा में बल लगाएँगे तो क्या दरवाजा घूमेगा? नहीं। क्योंकि, अक्ष के समानांतर लगते बल का अक्ष के प्रति बल-आघूर्ण शून्य होता है।

इसे हम चित्र 18.3 से समझ सकते हैं। घूर्णन अक्ष पर मूलबिंदु O है और वस्तु के कण A पर अक्ष के समानांतर बल F लगा है। O के प्रति इस बल का बल-आघूर्ण होगा,

$$\vec{\tau} = \vec{r} \times \vec{F}.$$

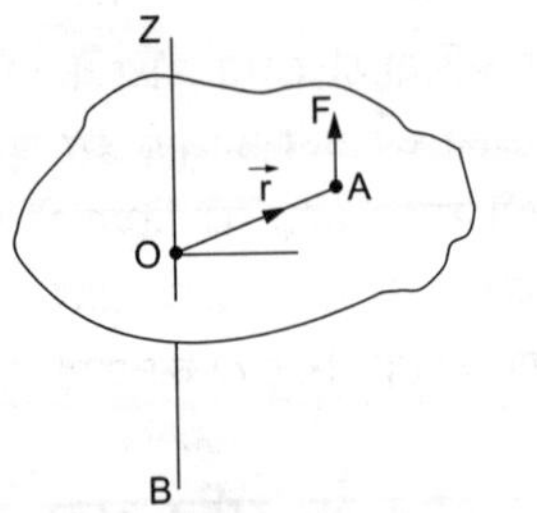

चित्र 18.3

यह बल-आघूर्ण वेक्टर गुणनफल के नियमों के अनुसार $\vec{F}$ के (तथा $\vec{r}$ के) लंबवत होगा। चूँकि घूर्णन अक्ष $\vec{F}$ के समानांतर है, अतः $\vec{\tau}$ घूर्णन अक्ष के भी लंबवत होगा और इसलिए बल-आघूर्ण का अक्ष की ओर कोई घटक नहीं होगा। अर्थात, घूर्णन अक्ष के प्रति $\vec{F}$ का बल-आघूर्ण शून्य होगा।

II. अक्ष को काटता हुआ बल

दरवाजे को पुनः ध्यान में लाएँ। यदि हम दरवाजे पर बल लगाएँ जो अक्ष की ओर हो (अक्ष को काटे) तो दरवाजा नहीं घूमेगा, क्योंकि इस हालत में भी अक्ष के प्रति बल का बल-आघूर्ण शून्य होगा। चित्र 18.4 में हम यह बात दिखा रहे हैं। अक्ष PQ के प्रति घूमती हुई वस्तु के बिंदु A पर एक बल $\vec{F}$ लगाया गया है। बल की दिशा PQ को B बिंदु पर काटती है।

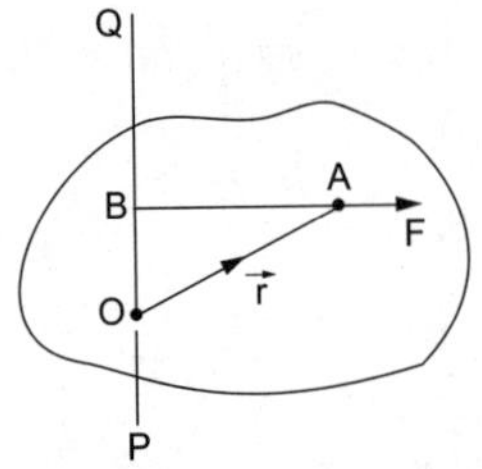

चित्र 18.4

चूँकि अक्ष के प्रति बल-आघूर्ण निकालने के लिए हम अक्ष के किसी भी बिंदु पर अपना मूलबिंदु ले सकते हैं, हम B बिंदु को ही मूलबिंदु ले लेते हैं। तब $\vec{r}$ तथा $\vec{F}$ एक ही दिशा में होंगे और $\vec{r} \times \vec{F} = 0$ होगा। स्वाभाविक है कि $\vec{r} \times \vec{F}$ का PQ की ओर भी घटक शून्य होगा।

अतः, यदि किसी बल की दिशा अक्ष को काटती हो, तो अक्ष के प्रति उस बल का बल-आघूर्ण शून्य होगा।

ऊपर की व्याख्याओं से स्पष्ट है कि किसी बल का घूर्णन अक्ष के प्रति बल-आघूर्ण तभी होगा जब बल की दिशा न तो अक्ष के समानांतर हो, न ही वह अक्ष को काटे।

जब हम दरवाजे को खोलने के लिए धक्का देते हैं तो हम दरवाजे के लंबवत बल लगाते हैं। यह दिशा कब्जों से जानेवाली ऊर्ध्वाधर रेखा के न तो समानांतर है और न ही उसे काटती है। इसलिए, इस बल का अक्ष के प्रति बल-आघूर्ण होता है और दरवाजा घूमना प्रारंभ करता है।

III. अक्ष के लंबवत, परंतु इसको न काटता हुआ बल

क्या ऐसा हो सकता है कि दो रेखाएँ एक-दूसरे पर लंब हों, परंतु एक-दूसरे को कभी न काटें। कमरे की एक दीवार पर एक ऊर्ध्वाधर रेखा की कल्पना करें एवं इस दीवार के सामने वाली दीवार पर एक क्षैतिज रेखा की कल्पना करें। ये एक-दूसरे पर लंब हैं, पर एक-दूसरे को काटती नहीं। जो रेखाएँ न तो एक-दूसरे के समानांतर होती हैं और न ही एक-दूसरे को काटती हैं, skew lines या विषमतलीय (कुटिल) रेखाएँ कहलाती हैं।

चित्र 18.5 में AB अक्ष के परितः घूमती एक वस्तु का एक भाग दिखाया गया है। AB घूर्णन अक्ष है और वस्तु के कण P से AB पर लंब तल डाला गया है। बिंदु P पर इसी तल में लगता बल $\vec{F}$ दिखाया गया है। मान लें कि यह तल AB को बिंदु O पर काटता है। बल $\vec{F}$ की क्रिया-रेखा तथा AB एक-दूसरे पर लंब हैं; परंतु कटती नहीं हैं। अक्ष के प्रति बल-आघूर्ण निकालने के लिए हम इसी बिंदु O को अपना मूलबिंदु लेंगे।

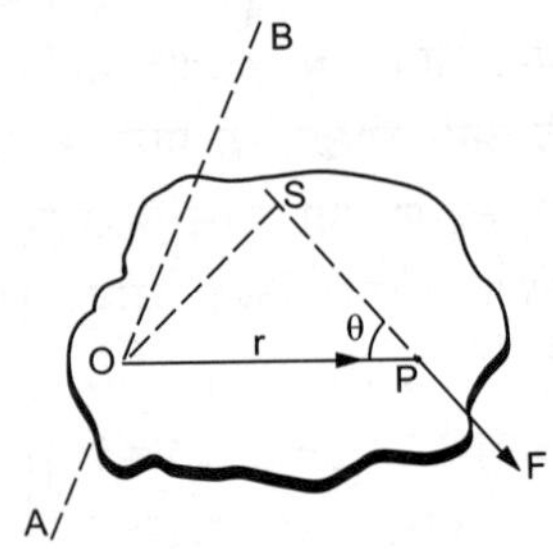

चित्र 18.5

यदि बल $\vec{F}$ रेखा OP से θ कोण पर हो, तो बिंदु O के प्रति बल-आघूर्ण का परिमाण,

$$\tau = |\vec{r} \times \vec{F}| = rF \sin\theta. \qquad \ldots (18.2)$$

यदि बिंदु O से F की क्रियारेखा पर एक लंब OS खींचा जाए, तो $OS = r \sin \theta$ होगा।

समीकरण (18.2) से, $\tau = F \times OS$.

चित्र 18.5 से आप देख सकते हैं कि रेखा OS अक्ष AB पर भी लंब है। आप यह भी देख सकते हैं कि $\vec{F}$ तथा AB के बीच की न्यूनतम दूरी भी OS ही है। अर्थात, अक्ष AB के प्रति $\vec{F}$ के बल-आघूर्ण का मान निकालने के लिए आप अक्ष तथा बल की क्रियारेखा, दोनों पर लंब रेखाखंड OS का मान निकालें (जो इन दोनों के बीच की न्यूनतम दूरी भी है) तथा बल के परिमाण को इससे गुणा करें।

इस बल-आघूर्ण $\vec{r} \times \vec{F}$ की दिशा क्या होगी? चूँकि अक्ष AB, वेक्टर $\vec{r}$ तथा $\vec{F}$, दोनों पर लंब है, यह दिशा AB के समानांतर होगी। पर, यह AB की ओर या BA की ओर हो सकती है। यदि अक्ष के ऊपर आँख लाकर देखें तो इन दो दिशाओं को आप वामावर्ती (anticlockwise) और दक्षिणावर्ती (clockwise) के रूप में सोच सकते हैं। यह बल वस्तु को वामावर्ती या दक्षिणावर्ती दिशा में घुमाने की कोशिश करेगा। आप चाहें तो किसी एक को धनात्मक तथा दूसरे को ऋणात्मक कह सकते हैं।

बल-आघूर्ण की दिशा अक्ष के समानांतर है। अतः, अक्ष के प्रति बल का बल-आघूर्ण $= rF \sin \theta$.

एक बार पुनः आप इस सूत्र को ठीक से समझ लें। यदि बल घूर्णन अक्ष के लंबवत हो, तो वस्तु के जिस बिंदु P पर बल लग रहा है उससे अक्ष पर लंब डालें। लंब जिस बिंदु O पर पड़े वहाँ से P को मिलाएँ। OP के मान को r तथा OP से बल $\vec{F}$ के कोण को θ कहें, तो अक्ष के प्रति बल का बल-आघूर्ण $rF \sin \theta$ होगा। यदि बल OP के लंबवत हो, तो $\theta = \pi/2$ तथा बल-आघूर्ण $= rF$ होगा।

IV. बल की क्रियारेखा अक्ष के साथ विषमतलीय (skew) पर लंबवत नहीं

ऐसी स्थिति में बल के घटक बनाएँ, एक अक्ष के समानांतर तथा दूसरा उसके लंबवत। अक्ष के समानांतर घटक का अक्ष के प्रति बल-आघूर्ण शून्य होगा (I. से)। अक्ष के लंबवत घटक का अक्ष के प्रति बल-आघूर्ण ऊपर III. में दी गई विधि से निकालें।

अभ्यास 18.1

द्रव्यमान M वाली एक घिरनी को मध्य में क्लैंप करके रखा गया है जो अपने अक्ष के प्रति (जो क्षैतिज दिशा में स्थिर है) स्वतंत्रतापूर्वक घूम सकती है (चित्र 18.6)। एक नगण्य भार वाली रस्सी को इस घिरनी पर कई लपेटन देकर लटकाया गया है और इसके लटकते सिरे से एक ब्लॉक लटकाया गया है। रस्सी में तनाव T है। (a) घिरनी पर लगते बलों को लिखें तथा इनके बीच संबंध बताएँ। (b) घूर्णन अक्ष के प्रति प्रत्येक बल का बल-आघूर्ण लिखें।

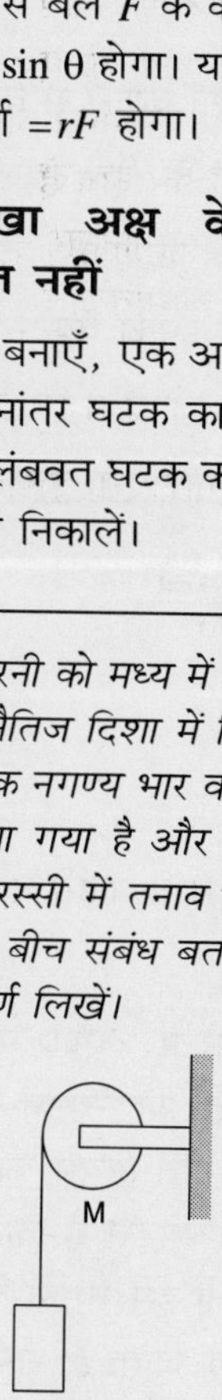

चित्र 18.6

हल (a) घिरनी पर लगते बल हैं,

(i) इसका भार Mg, नीचे की ओर;

(ii) रस्सी द्वारा T, रस्सी के अनुदिश तथा

(iii) क्लैंप द्वारा $\mathscr{N}$.

चूँकि घिरनी के द्रव्यमान केंद्र में कोई त्वरण नहीं है, इन सबका परिणामी शून्य होगा। अतः,

$$\vec{\mathscr{N}} + \vec{Mg} + \vec{T} = 0$$

या $\mathscr{N} = Mg + T$. यह बल ऊपर की ओर होगा।

(b) घिरनी का घूर्णन अक्ष इसके केंद्र से होकर जा रहा है। $\mathscr{N}$ तथा Mg भी इस केंद्र से होकर जा रहे हैं। चूँकि ये बल अक्ष को काट रहे हैं, अतः अक्ष के प्रति इनका बल-आघूर्ण शून्य होगा। रस्सी द्वारा लगाया गया बल घिरनी पर स्पर्शरेखा की ओर नीचे की दिशा में है। यह अक्ष (जो कि क्षैतिज दिशा में है) पर लंब तो है, परंतु उसे काटता नहीं है। अतः, यह ऊपर बताई गई III. की स्थिति है। जिस बिंदु पर रस्सी घिरनी को छोड़ती है, वहाँ से घिरनी के केंद्र को मिलाएँ। यह त्रिज्या बल T तथा अक्ष, दोनों पर लंब है। अतः, T का अक्ष के प्रति बल-आघूर्ण $T \cdot r$ होगा।

अभ्यास 18.2

एक छड़ OAB चित्र में दिखाए गए तल में बिंदु O के परितः घूम सकती है। इसपर लगते बल भी चित्र में दिखाए गए हैं। दोनों स्थितियों में घूर्णन अक्ष के प्रति छड़ पर लगते कुल बल-आघूर्ण की गणना करें।

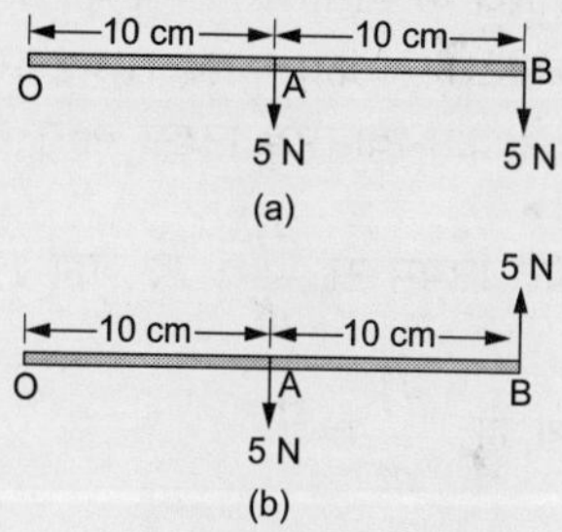

चित्र 18.7

हल यहाँ घूर्णन अक्ष O से होकर चित्र के तल के लंबवत है।

भाग (a) दोनों बल छड़ को दक्षिणावर्ती दिशा में घुमाने का प्रयास करेंगे। बिंदु A पर लगते बल को देखें। यह घूर्णन अक्ष के लंबवत है। A से घूर्णन अक्ष पर खींचा गया लंब बिंदु O पर मिलता है। OA से भी बल लंबवत है। अतः, इसका बल-आघूर्ण $= rF = (10\text{ cm}) \times (5\text{ N}) = (0.1\text{ m}) \times (5\text{ N}) = 0.5\text{ N m}$ होगा।

इसी प्रकार, B पर लगे बल का बल-आघूर्ण $= (20\text{ cm}) \times (5\text{ N}) = 1.0\text{ N m}$ होगा।

चूँकि दोनों बल-आघूर्ण दक्षिणावर्ती हैं, अतः कुल बल-आघूर्ण $= 1.5\text{ N m}$ (दक्षिणावर्ती) हुआ।

भाग (b) यहाँ बिंदु A पर लगते बल का बल-आघूर्ण दक्षिणावर्ती और बिंदु B पर लगते बल का बल-आघूर्ण वामावर्ती है। इनके परिमाण उतने ही हैं (0.5 N m तथा 1.0 N m) जितने भाग (a) में थे।

अतः, कुल बल-आघूर्ण

$= (1.0\text{ N m}) - (0.5\text{ N m}) = 0.5\text{ N m}$ (वामावर्ती)।

क्या आपने ध्यान दिया कि भाग (b) में छड़ पर लगते इन दोनों बलों का जोड़ शून्य है। दोनों के मान बराबर, पर दिशाएँ विपरीत हैं। परंतु, बलों का जोड़ शून्य होने पर भी बल-आघूर्णों का योग शून्य नहीं है।

यदि किसी वस्तु पर अनेक बल लग रहे हों, तो किसी बिंदु के प्रति कुल बल-आघूर्ण,

$$\vec{\tau} = \vec{r}_1 \times \vec{F}_1 + \vec{r}_2 \times \vec{F}_2 + \ldots$$

होगा, अर्थात प्रत्येक बल का बल-आघूर्ण निकालकर उन्हें जोड़ने से कुल बल-आघूर्ण मिलेगा। पहले बलों को जोड़कर परिणामी बल का बल-आघूर्ण निकालने से गलत परिणाम मिल सकते हैं। यदि सारे बल एक ही बिंदु पर लगे हों, तो आप ऐसा कर सकते हैं।

18.3 कोणीय संवेग एवं बल-आघूर्ण में संबंध

पहले हम एक कण की गति पर विचार करें। मान लें किसी क्षण एक दिए गए बिंदु O से कण तक का वेक्टर $\vec{r}$, उसका रेखीय संवेग $\vec{p}$ तथा उसपर लगता बल $\vec{F}$ है, तो O के प्रति कण का कोणीय संवेग,

$$\vec{l} = \vec{r} \times \vec{p}.$$

अतः, $$\frac{d\vec{l}}{dt} = \frac{d}{dt}(\vec{r} \times \vec{p})$$

या $$\frac{d\vec{l}}{dt} = \vec{r} \times \frac{d\vec{p}}{dt} + \frac{d\vec{r}}{dt} \times \vec{p}. \quad \ldots \text{(i)}$$

यहाँ हमने कलनशास्त्र के सामान्य नियमों का उपयोग किया है, पर यह ध्यान रखा है कि वेक्टरों का क्रम न बदले। यह इसलिए जरूरी है क्योंकि वेक्टर गुणनफल में क्रम-विनिमेय नियम लागू नहीं होता।

न्यूटन के गति-नियम से $\frac{d\vec{p}}{dt} = \vec{F}$, जहाँ $\vec{F}$ कण पर लगता हुआ कुल बल है। साथ ही, $\frac{d\vec{r}}{dt} = \vec{v}$.

अतः, समीकरण (i) से,

$$\frac{d\vec{l}}{dt} = \vec{r} \times \vec{F} + \vec{v} \times \vec{p} = \vec{r} \times \vec{F} + m\vec{v} \times \vec{v}$$

$$= \vec{r} \times \vec{F} = \vec{\tau}.$$

अतः, $$\vec{\tau} = \frac{d\vec{l}}{dt}. \quad \ldots (18.3)$$

किसी कण पर लगते परिणामी बल का बल-आघूर्ण उसके कोणीय संवेग के परिवर्तन की दर के बराबर होता है।

अब हम किसी अक्ष के परितः घूमती वस्तु के लिए कोणीय संवेग एवं बल-आघूर्ण में संबंध स्थापित करेंगे। वस्तु का कोणीय संवेग उसके सभी कणों के कोणीय संवेगों के जोड़ के बराबर है।

अतः, $\vec{L} = \sum_i \vec{l}_i$.

अतः, $$\frac{d\vec{L}}{dt} = \sum_i \frac{d\vec{l}_i}{dt} = \sum_i \vec{\tau}_i = \sum_i (\vec{r}_i \times \vec{F}_i),$$

जहाँ $\vec{F}_i$ कण-i पर लगता परिणामी बल है। इसमें वस्तु के विभिन्न कणों द्वारा कण-i पर लगते आंतरिक बल भी हैं और वस्तु के बाहर से लगते बल भी हैं।

$$\sum_i (\vec{r}_i \times \vec{F}_i) = \sum_i (\vec{r}_i \times \vec{F}_i^{\text{int}}) + \sum_i (\vec{r}_i \times \vec{F}_i^{\text{ext}}), \quad \ldots \text{(i)}$$

जहाँ $\vec{F}_i^{\text{int}}$, iवें कण पर बाकी के सभी कणों के कारण लगते बलों का जोड़ है। यदि jवें कण के द्वारा iवें कण पर लगते बल को $\vec{F}_{ij}$ लिखा जाए, तो

$$\sum_i (\vec{r}_i \times \vec{F}_i^{\text{int}}) = \sum_i \left[\vec{r}_i \times \sum_{j \neq i} \vec{F}_{ij} \right]$$

या $$\sum_i (\vec{r}_i \times \vec{F}_i^{\text{int}}) = \sum_i \left[\sum_{j \neq i} (\vec{r}_i \times \vec{F}_{ij}) \right]. \quad \ldots \text{(ii)}$$

इस व्यंजक में i तथा j के सभी समूह आने हैं। इनमें से दो पदों $\vec{r}_i \times \vec{F}_{ij}$ तथा $\vec{r}_j \times \vec{F}_{ji}$ पर विचार करें।

न्यूटन के तृतीय गति-नियम से,

$$\vec{F}_{ij} = -\vec{F}_{ji}.$$

अतः, $$\vec{r}_i \times \vec{F}_{ij} + \vec{r}_j \times \vec{F}_{ji}$$

$$= \vec{r}_i \times \vec{F}_{ij} - \vec{r}_j \times \vec{F}_{ij}$$

$$= (\vec{r}_i - \vec{r}_j) \times \vec{F}_{ij}.$$

वेक्टर $\vec{r}_i - \vec{r}_j$ की दिशा कण-j से कण-i को मिलानेवाली रेखा के अनुदिश है। यदि दोनों कणों के बीच लगता आंतरिक बल $\vec{F}_{ij}$ भी कणों को मिलानेवाली रेखा के अनुदिश हो, तो $(\vec{r}_i - \vec{r}_j)$ तथा $\vec{F}_{ij}$ एक ही रेखा के अनुदिश होंगे और इनका वेक्टर गुणनफल शून्य होगा। (i) के सभी पदों को इसी प्रकार के जोड़ों में लिखा जा सकता है। इसलिए, यह पूरा व्यंजक शून्य हो जाएगा। ऐसी हालत में

$$\frac{d\vec{L}}{dt} = \sum_i \vec{r}_i \times \vec{F}_i^{\text{ext}}$$

या $$\frac{d\vec{L}}{dt} = \vec{\tau}^{\text{ext}}, \quad \ldots (18.4)$$

जहाँ $\vec{\tau}^{\text{ext}}$ वस्तु पर लगते सभी बाहरी बलों के बल-आघूर्णों के जोड़ के बराबर है।

दो कणों द्वारा एक-दूसरे पर लगाए गए बल परिमाण में बराबर तथा दिशाओं में विपरीत होते हैं। यह न्यूटन का तीसरा गति-नियम है। कई बार इसे न्यूटन के तीसरे गति-नियम का हल्का स्वरूप (weak form) कहते हैं। जब हम यह भी जोड़ते हैं कि ये बल कणों को मिलानेवाली रेखा के अनुदिश होते हैं तो इसे न्यूटन के तीसरे गति-नियम का प्रबल स्वरूप (strong form) कहा जाता है। समीकरण (18.4) न्यूटन के तीसरे गति-नियम के प्रबल स्वरूप से मिलता है।

18.4 कोणीय संवेग के संरक्षण का सिद्धांत

यदि किसी वस्तु पर लगते सभी बाहरी बलों के बल-आघूर्ण का कुल योग शून्य हो, तो समीकरण (18.4) से,

$$\frac{d\vec{L}}{dt}=0$$

या $\vec{L}=$ अचर,

अर्थात ऐसी स्थिति में वस्तु का कोणीय संवेग नहीं बदलेगा। यही कोणीय संवेग के संरक्षण का सिद्धांत कहलाता है।

इस सिद्धांत की महत्त्वपूर्ण बात यह है कि हमें सिर्फ बाहरी बलों के बल-आघूर्ण की चिंता करनी है। यदि कुल बाहरी बल-आघूर्ण शून्य हो जाए, तो कोणीय संवेग नहीं बदलेगा। यदि दो वस्तुएँ एक-दूसरे पर बल लगा रही हों और इन बलों के बल-आघूर्ण हों, तो दोनों वस्तुओं का अलग-अलग कोणीय संवेग बदल सकता है, पर दोनों को मिलाकर कुल कोणीय संवेग इन आंतरिक बल-आघूर्णों द्वारा नहीं बदलेगा। परंतु, एक बात अच्छी तरह समझ लीजिए। यदि आप दो वस्तुओं के कोणीय संवेगों को जोड़ना चाहते हैं तो दोनों संवेगों को एक ही बिंदु के प्रति या एक ही अक्ष के प्रति होना चाहिए।

अभ्यास 18.3

एक चक्का अपने अक्ष के परितः ω_1 कोणीय वेग से घूम रहा है। अक्ष के प्रति चक्के का जड़त्व आघूर्ण I_1 है। अक्ष से x दूरी पर m द्रव्यमान का एक छोटा गुटका चक्के पर रख दिया जाता है और चक्के के साथ चिपककर घूमने लगता है। चक्के का नया कोणीय वेग कितना होगा?

हल हम चक्के एवं गुटके को मिलाकर विचार करें। पहले चक्का ω_1 कोणीय वेग से घूम रहा था, इसलिए चक्के का कोणीय संवेग,

$$L_1=I_1\omega_1$$

था। इस समय गुटका हाथ में पकड़ा हुआ था, अतः स्थिर होने के कारण उसका कोणीय संवेग शून्य था। अतः, गुटके एवं चक्के का कुल आरंभिक कोणीय संवेग $=I_1\omega_1$.

अब गुटके को चक्के पर रख दिया जाता है और वह चक्के के साथ घूमने लगता है। मान लें कि इस समय चक्के का कोणीय वेग ω_2 हो गया।

चक्के का नया कोणीय संवेग $L_2=I_1\omega_2$.

गुटका भी उसी अक्ष के परितः ω_2 कोणीय वेग से घूम रहा है। चूँकि गुटका छोटा है, इसलिए इसे हम एक कण के रूप में मान सकते हैं। घूर्णन अक्ष के प्रति गुटके का जड़त्व आघूर्ण $I_2=mx^2$ होगा। अतः, अक्ष के प्रति गुटके का कोणीय संवेग $L_3=(mx^2)\omega_2$ होगा। अतः, चक्के एवं गुटके का कुल कोणीय संवेग $=I_1\omega_2+mx^2\omega_2$ होगा।

चूँकि चक्के एवं गुटके पर कोई बाहरी बल-आघूर्ण नहीं लग रहा है, अतः दिए गए अक्ष के प्रति इनका कुल कोणीय संवेग स्थिर रहेगा। अतः,

$$I_1\omega_1=I_1\omega_2+mx^2\omega_2$$

या $$\omega_2=\frac{I_1\omega_1}{I_1+mx^2}.$$

अभ्यास 18.3 में हमने कहा कि चक्के एवं गुटके पर कोई बाहरी बल-आघूर्ण नहीं लगता। क्या इनपर कोई आंतरिक बल लगता है? यदि हाँ, तो क्या उन आंतरिक बलों का बल-आघूर्ण है? यदि है तो उसका क्या असर है? जिस समय गुटका चक्के पर रखा जाता है गुटका स्थिर तथा चक्का घूमता हुआ होता है। अतः, दोनों की सतहें एक-दूसरे को रगड़ती हैं और दोनों के बीच घर्षण का बल लगता है। गुटके पर लगते घर्षण बल का अक्ष के प्रति एक बल-आघूर्ण होता है जिसके कारण गुटके का कोणीय वेग 0 से बढ़कर ω_2 हो जाता है। इसी प्रकार चक्के पर लगते घर्षण बल का अक्ष के प्रति बल-आघूर्ण होता है जिससे उसका कोणीय वेग ω_1 से घटकर ω_2 हो जाता है।

18.5 बल-आघूर्ण एवं कोणीय त्वरण में संबंध

मान लें कि एक वस्तु किसी दिए हुए स्थिर अक्ष (z-axis) के प्रति कोणीय वेग ω से घूम रही है, तो अक्ष के प्रति उसका कोणीय संवेग,

$$L_z=I\omega,$$

जहाँ I वस्तु का अक्ष के प्रति जड़त्व आघूर्ण है। यदि वस्तु का आकार-प्रकार नहीं बदलता है, तो उसका जड़त्व आघूर्ण I भी नहीं बदलेगा। यदि वस्तु पर घूर्णन अक्ष के प्रति कोई बाहरी बल-आघूर्ण τ^{ext} लग रहा हो, तो वह कोणीय संवेग में परिवर्तन लाएगा।

$$\tau^{ext}=\frac{dL_z}{dt}=\frac{d}{dt}(I\omega)=I\frac{d\omega}{dt}$$

या $$\tau^{ext}=I\alpha. \qquad \text{... (18.5)}$$

अक्ष के प्रति कुल बाहरी बल-आघूर्ण τ^{ext} वस्तु में α त्वरण पैदा करता है, जहाँ

$$\alpha=\frac{\tau^{ext}}{I}. \qquad \text{... (18.6)}$$

अभ्यास 18.4

एक चक्का एक स्थिर क्षैतिज अक्ष के परितः घूम सकता है। इसपर एक रस्सी लपेटकर रस्सी को F बल से नीचे की ओर खींचा जाता है। चक्के का द्रव्यमान = 2 kg, त्रिज्या = 20 cm तथा F = 10 N मानें। चक्के को एकसमान चकती के रूप में मानें। 10 s तक खींचने पर चक्के का कोणीय वेग कितना हो जाएगा?

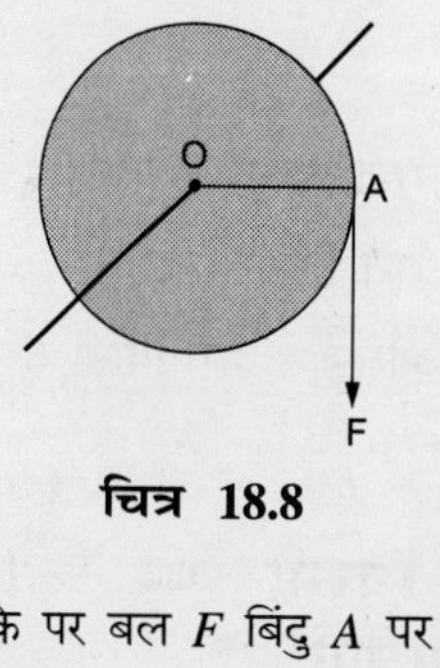

चित्र 18.8

हल चित्र 18.8 को देखें। चक्के पर बल F बिंदु A पर लग रहा है, जहाँ रस्सी चक्के को छोड़ रही है। A से घूर्णन अक्ष पर डाला गया लंब बिंदु O पर मिलता है।

ऊर्ध्वाधर बल F का अक्ष के प्रति बल-आघूर्ण,

$$\tau_z=RF=(0.20\text{ m})(10\text{ N})=2\text{ N m}.$$

चक्के का जड़त्व आघूर्ण,

$$I = \frac{1}{2}MR^2 = \frac{1}{2}(2\ \text{kg})(0.20\ \text{m})^2 = 0.04\ \text{kg}\cdot\text{m}^2.$$

अतः, कोणीय त्वरण $\alpha = \frac{\tau_z}{I} = \frac{(2\ \text{N m})}{(0.04\ \text{kg}\cdot\text{m}^2)} = 50\ \text{rad/s}^2.$

आरंभिक कोणीय वेग $= 0.$

अतः, 10 s बाद कोणीय वेग,

$$\omega = \omega_0 + \alpha t = (50\ \text{rad/s}^2)\times(10\ \text{s}) = 500\ \text{rad/s}.$$

18.6 बल-आघूर्ण द्वारा किया गया कार्य

बल-आघूर्ण किसी बल के कारण से होता है। यदि कोई वस्तु किसी अक्ष के परितः घूर्णन कर रही हो और उसपर कुछ बल-आघूर्ण लगे हों, तो ऐसा संभव है कि बलों के क्रिया-बिंदु भी गतिमान हों। ऐसी स्थिति में इन बलों द्वारा कुछ कार्य हो सकता है। इसे ही हम बल-आघूर्ण द्वारा किया गया कार्य कहेंगे।

मान लें कि एक वस्तु t समय पर किसी नियत अक्ष के परितः ω कोणीय वेग से घूम रही है। इसपर अक्ष के प्रति एक बल-आघूर्ण τ लगा है। वस्तु में कोणीय त्वरण $\alpha = \frac{\tau}{I}$, जहाँ I वस्तु का अक्ष के प्रति जड़त्व आघूर्ण है।

अतः, dt समय बाद उसका कोणीय वेग ω से बदलकर $\omega + d\omega$ हो जाएगा, जहाँ $d\omega = \alpha dt$.

t समय पर वस्तु की गतिज ऊर्जा $K = \frac{1}{2}I\omega^2.$

$t + dt$ समय पर वस्तु की गतिज ऊर्जा $K + dK = \frac{1}{2}I(\omega + d\omega)^2.$

अतः, dt समय में गतिज ऊर्जा में वृद्धि,

$$dK = \frac{1}{2}I(\omega + d\omega)^2 - \frac{1}{2}I\omega^2 \simeq I\omega d\omega$$

$$= I\cdot\omega\alpha dt = \tau\omega dt = \tau d\theta.$$

यहाँ, $d\omega$ के अतिसूक्ष्म होने के कारण $\frac{1}{2}I(d\omega)^2$ को नगण्य माना गया है।

कार्य-ऊर्जा सिद्धांत के अनुसार,

बल-आघूर्ण द्वारा किया गया कार्य = गतिज ऊर्जा में वृद्धि

अतः, बल-आघूर्ण τ द्वारा किसी वस्तु के कोणीय विस्थापन $d\theta$ में किया गया कार्य $= \tau d\theta$.

18.7 भारी घिरनी पर जाती हुई रस्सी द्वारा बल-आघूर्ण

मान लें कि एक घिरनी पर से एक रस्सी जा रही है जो दोनों ओर तनी हुई है। रस्सी घिरनी पर नहीं फिसलती और रस्सी के चलने के साथ घिरनी भी घूमती है। यदि घिरनी में कोणीय त्वरण हो, घिरनी भारी हो और उसमें कुछ जड़त्व आघूर्ण हो, तो रस्सी द्वारा उसपर एक बल-आघूर्ण लगना आवश्यक होगा। ऐसी स्थितियों में घिरनी के दोनों ओर की रस्सियों में तनाव अलग-अलग होंगे।

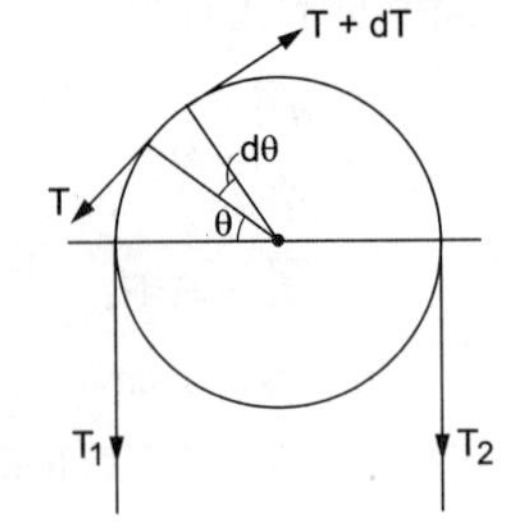

चित्र 18.9

चित्र 18.9 में हमने घिरनी का एक व्यास दिखाया है। इससे θ तथा $\theta + d\theta$ कोण बनाती हुई दो त्रिज्याएँ भी खींची गई हैं। इनके बीच रस्सी का जो हिस्सा है उसके द्वारा घिरनी पर लगते बल-आघूर्ण पर विचार करें। यदि इस हिस्से के किनारों पर तनाव T तथा $T + dT$ हो, तो इनके कारण अक्ष के प्रति बल-आघूर्ण (दक्षिणावर्ती दिशा में),

$$d\tau = (T + dT)R - TR = (dT)R.$$

अतः, रस्सी द्वारा कुल बल-आघूर्ण,

$$\tau = \int_{T_1}^{T_2} (dT)R = R(T_2 - T_1).$$

18.8 संतुलन में वस्तु

किसी कण के संतुलन में होने का अर्थ है उसमें त्वरण का न होना। या तो वह स्थिर हो या एकसमान वेग से सरल रेखा पर चले। इसके लिए आवश्यक शर्त यह है कि कण पर लगते सभी बलों का योग शून्य हो। परंतु यदि हम एक बड़ी वस्तु के संतुलन पर विचार करते हैं, तो न केवल उसपर लगते सभी बाहरी बलों का योग शून्य होना चाहिए, बल्कि किसी भी बिंदु के प्रति उन सभी बलों के बल-आघूर्णों का योग भी शून्य होना चाहिए। तभी वह स्थानांतरीय तथा घूर्णीय (rotational), दोनों प्रकार से संतुलन में होगी।

हमें प्रायः ऐसी स्थितियाँ मिलती हैं जहाँ वस्तु पर लगते सभी बल एक ही तल में होते हैं। इस तल को हम xy-तल कहेंगे। इस तल में कोई बिंदु O लें तथा O से x-अक्ष एवं y-अक्ष इस तल में बनाएँ। z-अक्ष तल के लंबवत होगा।

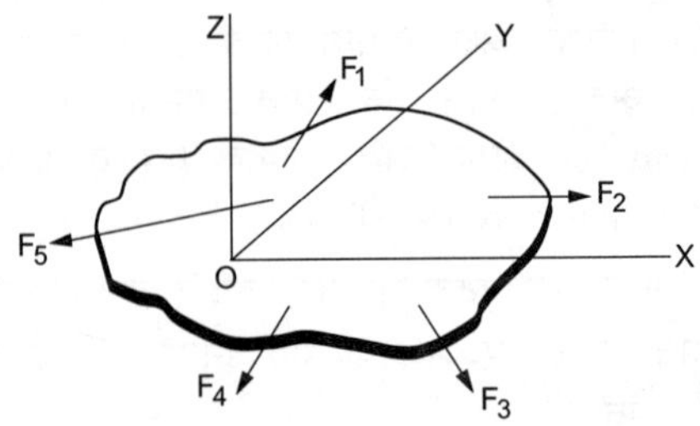

चित्र 18.10

संतुलन के लिए सभी बलों का योग शून्य होना चाहिए। अतः,

$$\sum F_x = 0 \qquad \text{... (i)}$$

तथा $$\sum F_y = 0. \qquad \text{... (ii)}$$

हमें बलों के z-घटकों की चिंता करने की जरूरत नहीं है, क्योंकि हमने माना है कि सभी बल xy-तल में हैं और सबके z-घटक शून्य हैं।

चूँकि वस्तु घूमने की दृष्टि से भी संतुलन में है, अतः किसी भी बिंदु के प्रति सभी बलों का कुल बल-आघूर्ण भी शून्य होना चाहिए। O बिंदु के प्रति यदि हम सभी बल-आघूर्ण लें, तो $\vec{r}$ तथा $\vec{F}$ दोनों xy-तल में होने के कारण यह बल-आघूर्ण z-दिशा में होगा। अतः, इस शर्त को हम इस प्रकार लिखते हैं,

$$\sum \tau_z = 0. \qquad \text{... (iii)}$$

τ_z की गणना करने में क्या बिंदु O के स्थान का कोई प्रभाव है? सामान्यतः, τ_z का मान O बिंदु की स्थिति पर निर्भर करता है। परंतु, यदि सभी बलों का परिणामी शून्य हो, तो τ_z का मान O की स्थिति पर निर्भर नहीं करता। इसे आप अभ्यास के रूप में लें तथा सिद्ध करने का प्रयास करें। इस परिणाम के कारण यदि बलों के तल में किसी एक बिंदु O से जाते लंबवत अक्ष के लिए $\tau_z = 0$ सुनिश्चित कर लिया जाए, तो अन्य सभी बिंदुओं से जानेवाले अक्षों के प्रति भी $\tau_z = 0$ सुनिश्चित हो जाता है।

समीकरण (i), (ii) और (iii) वस्तु के पूरे संतुलन के लिए आवश्यक एवं पर्याप्त शर्तें हैं।

• हल किए गए प्रश्न •

1. *एक पहिये का अपने अक्ष के प्रति जड़त्व आघूर्ण $2\ \text{kg}\cdot\text{m}^2$ है। यह अपने अक्ष के परितः 50 चक्कर/मिनट के कोणीय वेग से घूम रहा है। एक बाहरी बल-आघूर्ण लगाकर इस चक्के को 1 मिनट में रोक लिया जाता है। बल-आघूर्ण का परिमाण निकालें।*

हल प्रारंभिक वेग $\omega_0 = 50\ \text{rpm} = \dfrac{50\times 2\pi\ \text{rad}}{60\ \text{s}} = \dfrac{5\pi}{3}\ \text{rad/s}.$

चूँकि यह 1 मिनट में रुक जाता है, एकसमान कोणीय त्वरण मानते हुए,

$$0 = \frac{5\pi}{3}\cdot\frac{\text{rad}}{\text{s}} + \alpha(60\ \text{s})$$

या $\alpha = -\dfrac{\pi}{36}\ \text{rad/s}^2.$

बाहरी बल-आघूर्ण $= I\alpha = (2\ \text{kg}\cdot\text{m}^2)\left(-\dfrac{\pi}{36}\ \text{rad/s}^2\right) = -\dfrac{\pi}{18}\ \text{N m}.$

बल-आघूर्ण का परिमाण $= \dfrac{\pi}{18}\ \text{N m}.$

2. *एक पहिये की त्रिज्या 20 cm तथा अपने अक्ष के प्रति उसका जड़त्व आघूर्ण $0.20\ \text{kg}\cdot\text{m}^2$ है। इसकी परिधि पर बनी खाँच में एक लंबी रस्सी लपेटी गई है। पहिया अपने अक्ष के परितः घूमने के लिए स्वतंत्र है। प्रारंभ में पहिया विरामावस्था में है। अब रस्सी को 20 N के बल से पहिये पर स्पर्शरिखा की दिशा में खींचा जाता है। 5.0 s के बाद पहिये का कोणीय वेग निकालें।*

हल पहिये पर लगाए गए बाहरी बल का अक्ष के प्रति बल-आघूर्ण,

$$\tau = F\cdot r = (20\ \text{N})(20\ \text{cm}) = 4.0\ \text{N m}.$$

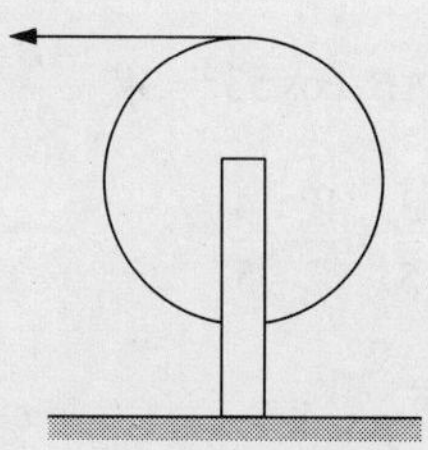

चित्र 18.W1

अतः, कोणीय त्वरण,

$$\alpha = \frac{\tau}{I} = \frac{4.0\ \text{N m}}{0.20\ \text{kg}\cdot\text{m}^2} = 20\ \text{rad/s}^2.$$

5.0 s बाद पहिये का कोणीय वेग,

$$\omega = \omega_0 + \alpha t = (20\ \text{rad/s}^2)(5.0\ \text{s}) = 100\ \text{rad/s}.$$

3. *एक पहिये की त्रिज्या r तथा अपने अक्ष के प्रति जड़त्व आघूर्ण I है। इसे आनत कोण θ वाले आनत तल के ऊपरी सिरे पर क्लैंप कर दिया गया है (चित्र 18.W2)। पहिये की परिधि पर बनी खाँच में एक लंबी रस्सी लपेट दी गई है, जिसके दूसरे सिरे से M द्रव्यमान का एक गुटका बँधा है। गुटका आनत तल पर बिना घर्षण के फिसल सकता है। $t = 0$ समय पर पहिये को कोणीय वेग ω देकर छोड़ दिया जाता है तथा वह चित्र में दिखाए अनुसार दक्षिणावर्ती दिशा में घूमने लगता है। परिणामतः, गुटका आनत तल पर ऊपर की ओर फिसलता है। रुकने के पहले गुटका कितनी दूरी तय करेगा? मानें कि रस्सी पहिये पर नहीं फिसलती है।*

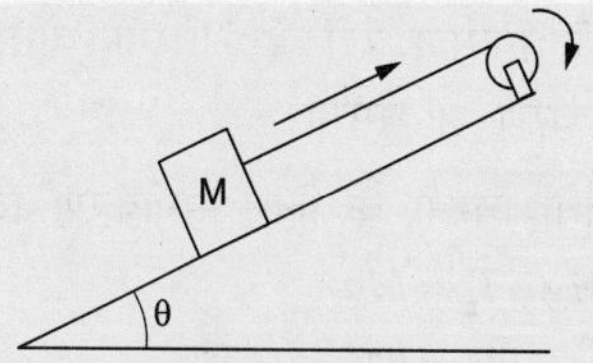

चित्र 18.W2

हल मान लें कि किसी क्षण रस्सी का तनाव T है।

पहिये पर रस्सी द्वारा लगते बल का बल-आघूर्ण $\tau = T\cdot r$ वामावर्ती दिशा में होगा तथा उसका कोणीय त्वरण $\alpha = \dfrac{\tau}{I} = \dfrac{Tr}{I}$ भी वामावर्ती दिशा में होगा।

अतः, $T = \dfrac{I}{r}\alpha. \qquad \text{... (i)}$

चूँकि रस्सी पहिये पर नहीं फिसलती है, इसका (तथा गुटके का) रेखीय त्वरण $a = \alpha R$.

अतः, समीकरण (i) से,

$$T = \frac{Ia}{r^2}. \qquad \text{... (ii)}$$

गुटके के लिए न्यूटन के द्वितीय गति-नियम से,

$$Mg\sin\theta - T = Ma.$$

यहाँ तल पर नीचे की ओर धनात्मक दिशा ली गई है।

समीकरण (ii) से,

$$Mg\sin\theta - \frac{Ia}{r^2} = Ma.$$

या $$a = \frac{Mg\sin\theta}{M + I/r^2}.$$

यह त्वरण नीचे की ओर है।

यदि गुटका तल पर x दूरी चलकर रुके, तो

$$x = \frac{v^2}{2a} = \frac{\omega^2 r^2}{2a} = \frac{(I + Mr^2)\omega^2}{2Mg\sin\theta}.$$

4. *चित्र 18.W3 में दिखाई गई घिरनी की त्रिज्या R तथा अपने अक्ष के प्रति जड़त्व आघूर्ण I है। रस्सी नगण्य भार वाली है और घिरनी पर नहीं फिसलती है। दोनों गुटकों के त्वरण का परिमाण निकालें।*

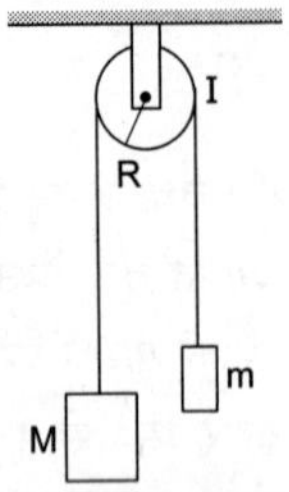

चित्र 18.W3

हल मान लें कि घिरनी की बायीं ओर वाली रस्सी के हिस्से में तनाव T_1 तथा दाहिनी ओर वाली रस्सी के हिस्से में तनाव T_2 है। यह भी मान लें कि M द्रव्यमान का त्वरण नीचे की ओर a है तथा दूसरा द्रव्यमान m, इतने ही त्वरण से ऊपर जा रहा है। चूँकि घिरनी पर रस्सी नहीं फिसल रही है, घिरनी वामावर्ती दिशा में $\alpha = a/R$ कोणीय त्वरण से घूमेगी।

M, m तथा घिरनी के लिए समीकरण लिखने पर,

$$Mg - T_1 = Ma \qquad \dots \text{(i)}$$

$$T_2 - mg = ma \qquad \dots \text{(ii)}$$

$$(T_1 - T_2)R = I\alpha = \frac{Ia}{R} \qquad \dots \text{(iii)}$$

समीकरण (iii) में समीकरण (i) तथा (ii) से T_1 तथा T_2 के व्यंजक रखने पर,

$$[M(g-a) - m(g+a)]R = I\frac{a}{R}$$

या $$a = \frac{(M-m)gR^2}{I + (M+m)R^2}.$$

5. *चित्र 18.W4 में 10 kg तथा 15 kg द्रव्यमान के दो बच्चे एक झूले को संतुलित रखते हुए बैठे हैं। झूले की लंबाई 5.0 m है तथा उसका आलंब मध्यबिंदु पर है। यदि एक बच्चा झूले के एक सिरे पर हो, तो दूसरा केंद्र से कितनी दूरी पर होगा?*

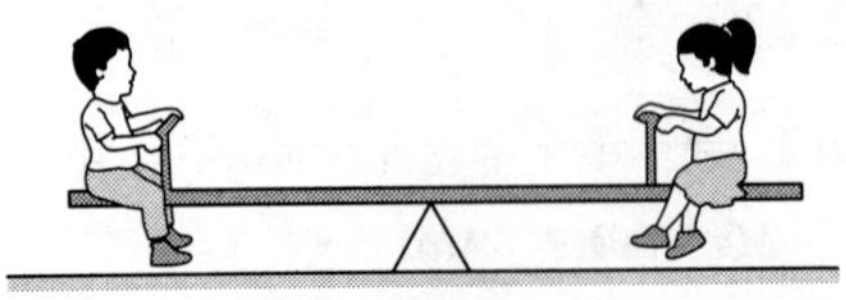

चित्र 18.W4

हल स्पष्ट है कि 10 kg वाला बच्चा झूले के किनारे पर बैठेगा। झूले पर लगते बल हैं,

(a) (10 kg)g, नीचे की ओर;

(b) (15 kg)g, नीचे की ओर;

(c) झूले का भार, नीचे की ओर तथा

(d) आलंब द्वारा लगाया गया बल, ऊपर की ओर

आलंब के प्रति सभी बलों का कुल बल-आघूर्ण शून्य होना चाहिए। झूले के भार तथा आलंब द्वारा बल, आलंब के प्रति कोई बल-आघूर्ण नहीं लगाएँगे। अतः,

$$(15\ \text{kg})gx = (10\ \text{kg})g(2.5\ \text{m})$$

या $x = 1.7$ m.

15 kg वाले बच्चे को आलंब से 1.7 m दूरी पर बैठना होगा।

6. *10 kg द्रव्यमान की एक छड़ एक चिकनी ऊर्ध्वाधर दीवार के सहारे टेढ़ी खड़ी है। यह ऊर्ध्वाधर से 53° का कोण बनाती है। छड़ का दूसरा सिरा फर्श पर टिका है। फर्श द्वारा छड़ पर लगता अभिलंब बल तथा घर्षण बल निकालें।*

हल छड़ पर लगनेवाले बल हैं,

(a) इसका भार W,

(b) दीवार द्वारा अभिलंब बल $\mathcal{N}_1$,

(c) फर्श द्वारा अभिलंब बल $\mathcal{N}_2$ तथा

(d) फर्श द्वारा घर्षण बल f.

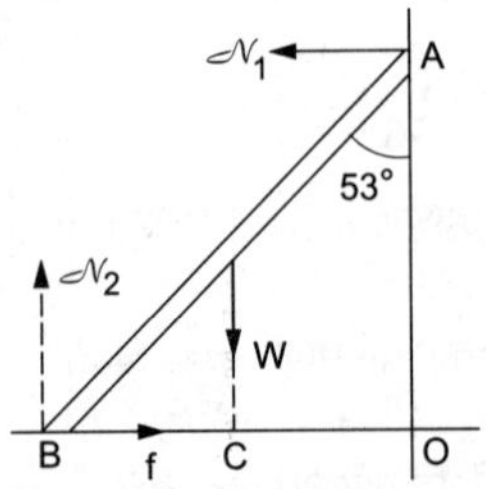

चित्र 18.W5

क्षैतिज तथा ऊर्ध्वाधर दिशाओं में इनके घटक लेकर संतुलन के समीकरण लिखने पर,

$$\mathcal{N}_1 = f \qquad \dots \text{(i)}$$

$$\mathcal{N}_2 = W \qquad \dots \text{(ii)}$$

अब बिंदु B के प्रति बल-आघूर्ण लेने पर,

$$\mathcal{N}_1(AO) = W(CB)$$

या $$\mathcal{N}_1(AB)\cos 53° = W\cdot\frac{AB}{2}\sin 53°$$

या $$\mathcal{N}_1\cdot\frac{3}{5} = \frac{W}{2}\cdot\frac{4}{5}$$

या $$\mathcal{N}_1 = \frac{2}{3}W. \qquad \dots \text{(iii)}$$

फर्श द्वारा छड़ पर लगता अभिलंब बल,

$$\mathcal{N}_2 = W = (10\ \text{kg})(10\ \text{m/s}^2) = 100\ \text{N}.$$

फर्श द्वारा छड़ पर लगता घर्षण बल,

$$f = \mathcal{N}_1 = \frac{2}{3}W = \frac{2}{3}\times 100\ \text{N} = 67\ \text{N}.$$

7. *चित्र 18.W6 में एक सीढ़ी दिखाई गई है जो एक चिकनी क्षैतिज सतह पर रखी है। सीढ़ी के दो हिस्से 60° के कोण पर हैं और बीच में एक क्षैतिज पट्टी से जुड़े हैं। यह पट्टी क्षैतिज सतह से 1 m की ऊँचाई पर है। सीढ़ी का अपना भार काफी कम है। सीढ़ी के ऊपर बने हिस्से पर 80 kg द्रव्यमान का एक मनुष्य बैठा है। (a) फर्श द्वारा सीढ़ी के प्रत्येक हिस्से पर लगाए गए अभिलंब बल का मान ज्ञात करें। (b) सीढ़ी के बीच लगी पट्टी द्वारा सीढ़ी के दोनों हिस्सों पर लगते बलों के परिमाण निकालें। $g = 10\ \text{m/s}^2$ लें।*

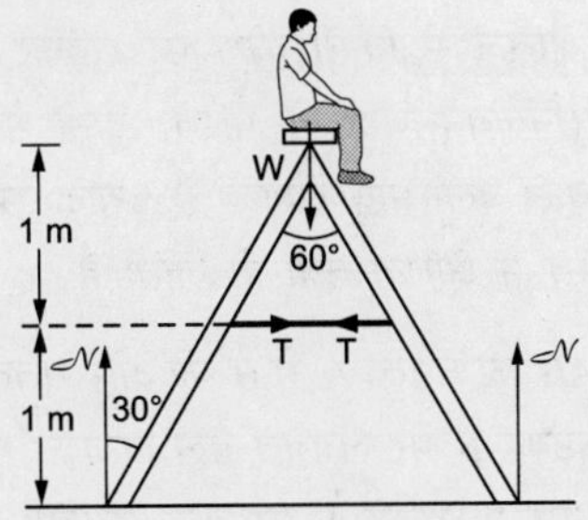

चित्र 18.W6

हल (a) चित्र 18.W6 में सीढ़ी एवं मनुष्य पर इनके बाहर से लगते बल भी दिखाए गए हैं। हम सीढ़ी तथा मनुष्य को मिलाकर बने निकाय पर विचार करेंगे।

ऊर्ध्वाधर संतुलन के लिए,

$$(80\ \text{kg})g = \mathcal{N} + \mathcal{N}$$

या $\mathcal{N} = 400\ \text{N}.$

अतः, फर्श द्वारा सीढ़ी के प्रत्येक हिस्से पर लगाए गए अभिलंब बल का परिमाण = 400 N.

(b) अब सीढ़ी के बाएँ हिस्से के कोणीय संतुलन पर विचार करें। इसपर लगते सभी बलों का सीढ़ी के ऊपरी सिरे के प्रति बल-आघूर्ण लें। संतुलन के लिए,

$$\mathcal{N}\cdot(2\ \text{m})\cdot\tan 30° = T(1\ \text{m})$$

या $(400\ \text{N})\times 2\times\frac{1}{\sqrt{3}} = T$ या $T = 450\ \text{N}.$

8. *अपने अक्ष के प्रति $0.2\ \text{kg}\cdot\text{m}^2$ जड़त्व आघूर्ण वाला एक पहिया किसी समय 20 rad/s के कोणीय वेग से इस अक्ष के प्रति घूम रहा है। एक नियत बल-आघूर्ण लगाकर इसे 4.0 s में विरामावस्था में लाया जाता है। पहले 2 s में बल-आघूर्ण द्वारा किया गया कार्य निकालें।*

हल यदि पहिये का त्वरण α हो, तो

$$0 = (20\ \text{rad/s}) + \alpha(4.0\ \text{s})$$

या $\alpha = -5.0\ \text{rad/s}^2.$

$t = 2.0\ \text{s}$ पर पहिये का कोणीय वेग,

$$\omega = (20\ \text{rad/s}) + (-5.0\ \text{rad/s})(2.0\ \text{s}) = 10\ \text{rad/s}.$$

गतिज ऊर्जा में कमी,

$$\Delta K = \frac{1}{2}(0.2\ \text{kg m}^2)(20\ \text{rad/s})^2 - \frac{1}{2}(0.2\ \text{kg m}^2)(10\ \text{rad/s})^2$$

$$= 30\ \text{J}.$$

अतः, बल-आघूर्ण द्वारा किया गया कार्य = –30 J.

9. *एक चिकनी क्षैतिज टेबुल पर m द्रव्यमान की एक वस्तु रखी है। टेबुल में स्थित एक छेद से एक रस्सी जा रही है जिसका एक सिरा इस वस्तु से बँधा है और दूसरा सिरा एक व्यक्ति द्वारा पकड़ा हुआ है (चित्र 18.W7)। प्रारंभ में वस्तु टेबुल की सतह पर r_0 त्रिज्या के एक वृत्त में v_0 चाल से चल रही है। व्यक्ति रस्सी को धीरे-धीरे नीचे खींचता है जिससे वस्तु का पथ बदलता जाता है। अंत में वस्तु r त्रिज्या के वृत्त में घूमने लगती है। (a) अंतिम स्थिति में रस्सी का तनाव तथा (b) वस्तु की गतिज ऊर्जा में परिवर्तन का मान ज्ञात करें।*

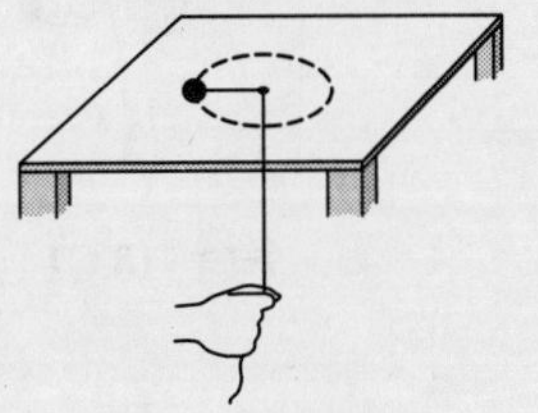

चित्र 18.W7

हल वस्तु पर रस्सी द्वारा छेद की ओर तनाव बल लगाया जा रहा है। टेबुल पर बने छेद से जानेवाली ऊर्ध्वाधर रेखा के प्रति इस बल का बल-आघूर्ण शून्य है। अन्य बल, भार तथा टेबुल द्वारा अभिलंब बल, आपस में संतुलित हैं और इनका सम्मिलित बल-आघूर्ण शून्य है। अतः, इस रेखा के प्रति वस्तु का कोणीय संवेग अचर रहेगा।

अतः, $mv_0 r_0 = mvr$ या $v = \frac{v_0 r_0}{r}.$

(a) रस्सी में तनाव $T = \frac{mv^2}{r} = \frac{mr_0^2 v_0^2}{r^3}.$

(b) गतिज ऊर्जा में परिवर्तन $= \frac{1}{2}mv^2 - \frac{1}{2}mv_0^2$

$$= \frac{1}{2}m\left(\frac{v_0 r_0}{r}\right)^2 - \frac{1}{2}mv_0^2 = \frac{1}{2}mv_0^2\left(\frac{r_0^2}{r^2} - 1\right).$$

• विचार हेतु प्रश्न •

1. *किसी वस्तु के भार का किसी भी ऊर्ध्व अक्ष के परितः बल-आघूर्ण शून्य होता है। क्या यह कथन सदैव सत्य है?*

2. *बिंदु $\vec{r}$ पर लगे बल $\vec{F}$ का मूलबिंदु के प्रति बल-आघूर्ण $\vec{\tau}$ है। मान लीजिए कि $\vec{r}, \vec{F}$ तथा $\vec{\tau}$ में से कोई भी शून्य नहीं है, तो क्या $(\vec{r}\times\vec{\tau}) \parallel \vec{F}$ सदैव सत्य रहेगा? क्या यह कभी सत्य होगा?*

3. *m द्रव्यमान का एक भारी कण पृथ्वी की सतह के समीप स्वतंत्र रूप से गिर रहा है। क्या इसकी गति की रेखा से 50 cm पूर्व की ओर स्थित एक बिंदु के परितः इस कण पर लगनेवाला बल-आघूर्ण शून्य है? यदि नहीं, तो क्या यह बल-आघूर्ण कण में कोई कोणीय त्वरण उत्पन्न कर रहा है?*

4. *यदि किसी कण पर कई बल लग रहे हों, तो कण पर कुल बल-आघूर्ण परिणामी बल के बल-आघूर्ण के बराबर होता है। इसको सिद्ध करें। क्या यह परिणाम किसी बड़ी वस्तु के भिन्न-भिन्न कणों पर लगनेवाले उन बलों के लिए भी सत्य है, जिनकी क्रियारेखाएँ एक बिंदु पर कटती हैं?*

5. *यदि किसी वस्तु पर लग रहे सभी बलों का योग शून्य हो, तो क्या यह निश्चित रूप से साम्यावस्था में होगी? यदि किसी कण पर लग रहे*

सभी बलों के बल-आघूर्णों का योग शून्य हो, तो क्या वह निश्चित रूप से साम्यावस्था में होगी?

6. *एक वस्तु पर लग रहे सभी बल एक तल में हैं और वस्तु के द्रव्यमान केंद्र में कोई त्वरण नहीं है। यदि इन बलों का किसी बिंदु के परितः बल-आघूर्ण शून्य हो, तो क्या यह आवश्यक है कि वह किसी अन्य बिंदु के परितः भी शून्य ही होगा?*

7. *एक टेबुल पर रखी एक आयताकार ईंट की लंबाई का एक भाग टेबुल से बाहर निकला हुआ है। यदि इसकी बाहर निकली हुई लंबाई इसकी कुल लंबाई की आधी से थोड़ी-सी कम है तो यह स्थिर अवस्था में रहती है, किंतु बाहर निकली हुई लंबाई कुल लंबाई की आधी से थोड़ी-सी अधिक हो, तो यह गिर जाती है। व्याख्या करें।*

8. *जब एक मोटा व्यक्ति अपने पैरों को सीधा रखते हुए, अपने पैर के अँगूठों को छूने का प्रयास करता है तो वह सामान्यतया गिर जाता है। चित्र 18.C1 के संदर्भ में इसकी व्याख्या कीजिए।*

चित्र 18.C1

9. *एक सीढ़ी इस प्रकार रखी गई है कि इसका एक सिरा एक ऊर्ध्वाधर दीवार के सहारे है तथा दूसरा सिरा क्षैतिज फर्श पर है। यदि कोई व्यक्ति इस सीढ़ी पर खड़ा हो, तो सीढ़ी के फिसलने की संभावना कब अधिक होगी, जब व्यक्ति इसके निचले सिरे के पास हो या ऊपरी सिरे के पास?*

10. *एक साधारण तुला की भुजा क्षैतिज हो जाती है, यदि दोनों पलड़ों पर भार बराबर हों। मान लीजिए कि पलड़ों में बराबर भार रखे गए हैं, और भुजा को क्षैतिज से किसी कोण पर रखकर छोड़ दिया गया है। क्या मध्यबिंदु (निलंबन-बिंदु) के परितः दोनों भारों का बल-आघूर्ण शून्य है? क्या कुल बल-आघूर्ण शून्य है? यदि ऐसा है तो भुजा घूमती क्यों है और अंत में क्षैतिज क्यों हो जाती है?*

11. *एक छड़ AB का घनत्व A से B की ओर सतत रूप से बढ़ता है। इसको A पर पकड़कर B पर लंबवत बल लगाकर घुमाना अधिक सरल होगा अथवा B पर पकड़कर A पर बल लगाकर घुमाना?*

12. *जब पृथ्वी पर कोई ऊँची इमारत बनाई जाती है, तब दिन-रात का समय थोड़ा-सा बढ़ जाता है। क्या यह सत्य है?*

13. *यदि ध्रुवों की समस्त बर्फ पिघलकर भूमध्यरेखा की ओर बह जाए, तो यह दिन-रात के समय को किस प्रकार प्रभावित करेगी?*

• सटीक उत्तरवाले प्रश्न I •

सही उत्तर का चयन करें।

1. एक कण का स्थिति वेक्टर $\vec{r}$ है और उसपर एक बल $\vec{F}$ लग रहा है। मूलबिंदु के परितः इस बल का आघूर्ण $\vec{\tau}$ है, तब
   (a) $\vec{r}\cdot\vec{\tau}=0$ तथा $\vec{F}\cdot\vec{\tau}=0$
   (b) $\vec{r}\cdot\vec{\tau}=0$, किंतु $\vec{F}\cdot\vec{\tau}\neq 0$
   (c) $\vec{r}\cdot\vec{\tau}\neq 0$, किंतु $\vec{F}\cdot\vec{\tau}=0$
   (d) $\vec{r}\cdot\vec{\tau}\neq 0$ तथा $\vec{F}\cdot\vec{\tau}\neq 0$

2. किसी धातु से दो चकतियाँ A तथा B बनाई जाती हैं। A की त्रिज्या r तथा मोटाई t है जबकि B की त्रिज्या $4r$ तथा मोटाई $t/4$ है। इन चकतियों पर समान बल-आघूर्ण लगते हैं। प्रारंभ में दोनों स्थिर अवस्था में हैं। कुछ समय पश्चात A तथा B की परिधियों पर स्थित बिंदुओं की रेखीय चालें क्रमशः v_A तथा v_B हो जाती हैं। इनमें संबंध है
   (a) $v_A > v_B$.
   (b) $v_A = v_B$.
   (c) $v_A < v_B$.
   (d) यह संबंध बल-आघूर्णों के वास्तविक मान पर निर्भर करेगा।

3. M द्रव्यमान तथा a भुजा वाला एक घनाकार गुटका θ झुकाव वाले खुरदरे नत तल पर नियत वेग से नीचे की ओर फिसल रहा है। गुटके के केंद्र के परितः इसपर लगते अभिलंब बल के बल-आघूर्ण का परिमाण है
   (a) 0 (b) Mga (c) $Mga\sin\theta$ (d) $\frac{1}{2}Mga\sin\theta$

4. M द्रव्यमान तथा r त्रिज्या वाला एक पतला वृत्ताकार वलय, अपने अक्ष के परितः ω कोणीय चाल से घूम रहा है। अब m द्रव्यमान के दो कण इसके एक व्यास के विपरीत किनारों पर जुड़ जाते हैं। वलय की कोणीय चाल हो जाएगी
   (a) $\frac{\omega M}{M+m}$ (b) $\frac{\omega M}{M+2m}$
   (c) $\frac{\omega(M-2m)}{M+2m}$ (d) $\frac{\omega(M+2m)}{M}$

5. घूर्णन कर रहे स्टूल पर एक व्यक्ति अपनी भुजाओं को पूरी तरह फैलाकर बैठा हुआ है। यदि वह अपनी भुजाओं को समेट ले, तो घूर्णन अक्ष के परितः उसका कोणीय संवेग
   (a) बढ़ जाएगा। (b) कम हो जाएगा।
   (c) अपरिवर्तित रहेगा। (d) दुगुना हो जाएगा।

6. निम्नलिखित दो समीकरणों पर विचार करें—

   (A) $L = I\omega$ (B) $\frac{dL}{dt} = \tau$

   अजड़त्वीय निर्देश तंत्र में
   (a) A एवं B दोनों सत्य हैं।
   (b) A सत्य है, पर B सत्य नहीं है।
   (c) B सत्य है, पर A सत्य नहीं है।
   (d) A एवं B दोनों में कोई भी सत्य नहीं है।

7. एक वस्तु के एक कण पर लगते बल का मूलबिंदु के प्रति बल-आघूर्ण

$20\sqrt{3}$ N cm है। यह कण बिंदु (20 cm, 20 cm, 20 cm) पर स्थित हैं। इस बल का परिमाण

(a) अवश्य ही 1 N होगा।
(b) 1 न्यूटन या उससे अधिक होगा।
(c) 1 न्यूटन या उससे कम होगा।
(d) 1 न्यूटन नहीं हो सकता।

8. एक वस्तु एक निश्चित अक्ष के परितः घूम सकती है। इस अक्ष के प्रति इस वस्तु पर τ परिमाण का बल-आघूर्ण लग रहा है। किसी क्षण पर वस्तु का कोणीय संवेग L, कोणीय वेग ω तथा कोणीय त्वरण α है। सही विकल्प चुनें।
(a) $L\tau = \omega\alpha$ (b) $L\alpha = \omega\tau$
(c) $L\omega = \tau\alpha$ (d) इनमें कोई नहीं

• सटीक उत्तरवाले प्रश्न II •

सही उत्तर (उत्तरों) का चयन करें।

1. किसी वस्तु पर कोई बाह्य बल कार्यरत नहीं है। वस्तु के विभिन्न हिस्सों के बीच की दूरियाँ बदल सकती हैं। निम्नांकित में कौन-सी राशियाँ नियत रहेंगी?
(a) कोणीय संवेग (b) रेखीय संवेग
(c) गतिज ऊर्जा (d) जड़त्व आघूर्ण

2. एक छड़ के एक सिरे से दूसरे सिरे की ओर जाने पर छड़ का घनत्व कम होता जाता है। यह एक सिरे पर इस प्रकार हिंज की गई है कि यह ऊर्ध्वाधर अक्ष के परितः गति कर सकती है। छड़ के मुक्त सिरे पर, छड़ के लंबवत एक क्षैतिज बल लगाया जाता है। वह राशि जो इसपर निर्भर नहीं करती है कि छड़ का कौन-सा सिरा हिंज किया गया है, होगी
(a) कोणीय त्वरण
(b) एक घूर्णन पूर्ण कर लेने पर छड़ का कोणीय वेग
(c) एक घूर्णन पूर्ण कर लेने पर छड़ का कोणीय संवेग
(d) लगाए गए बल के आघूर्ण का परिमाण

3. xy-तल में लगते एक बल F का बल-आघूर्ण z-अक्ष के प्रति शून्य है। F की क्रियारेखा का समीकरण हो सकता है
(a) $x = 2y$ (b) $y = 2x$
(c) $y = 4x + 3$ (d) $x = 4y + 3$

4. जड़त्व आघूर्ण I की एक वस्तु एक निश्चित अक्ष के परितः कोणीय त्वरण α के साथ घूम रही है। इसपर लगते कुल बल-आघूर्ण का मान
(a) $I\alpha$ से अधिक हो सकता है।
(b) $I\alpha$ के बराबर हो सकता है।
(c) $I\alpha$ से कम हो सकता है।
(d) $I\alpha$ से कम नहीं हो सकता है।

5. एक अक्ष के परितः एक वस्तु घूम सकती है। इस वस्तु के किसी बिंदु पर एक बल F लग रहा है जिसकी दिशा अक्ष के लंबवत है। अक्ष से कण की दूरी r है। अक्ष के प्रति बल का बल-आघूर्ण
(a) Fr हो सकता है।
(b) Fr से कम हो सकता है।
(c) Fr से अधिक हो सकता है।
(d) Fr से अधिक नहीं हो सकता।

6. एक वस्तु पर लगता बल सदा एक निश्चित बिंदु O की ओर लगता है। गति के दौरान O के प्रति इस वस्तु का
(a) बल-आघूर्ण शून्य होगा।
(b) कोणीय संवेग शून्य ही होगा।
(c) बल-आघूर्ण शून्य नहीं होगा, पर स्थिर रहेगा।
(d) कोणीय संवेग नहीं बदल सकता।

• अभ्यास के प्रश्न •

1. m द्रव्यमान का एक कण u चाल से क्षैतिज से θ कोण पर प्रक्षेपित किया गया है। जब कण उच्चतम बिंदु पर है, उस समय प्रक्षेपण-बिंदु के परितः इसके भार का बल-आघूर्ण ज्ञात कीजिए।

2. l लंबाई का एक सरल दोलक एक ओर इतना खींचा गया है कि उसकी डोरी ऊर्ध्वाधर से θ कोण बनाए। निलंबन-बिंदु के परितः बॉब के भार W के बल-आघूर्ण का परिमाण ज्ञात कीजिए। यह बल-आघूर्ण कब शून्य होगा?

3. जब एक रिंच पर नट से 8 cm दूरी पर 6.0 N बल 30° कोण पर लगाया जाता है, तो यह नट को ढीला करने में सक्षम हो जाता है (चित्र 18.E1)। रिंच के लंबवत तथा नट से 16 cm पर कम-से-कम कितने परिमाण का बल लगाया जाए कि यह नट को ढीला कर सके?

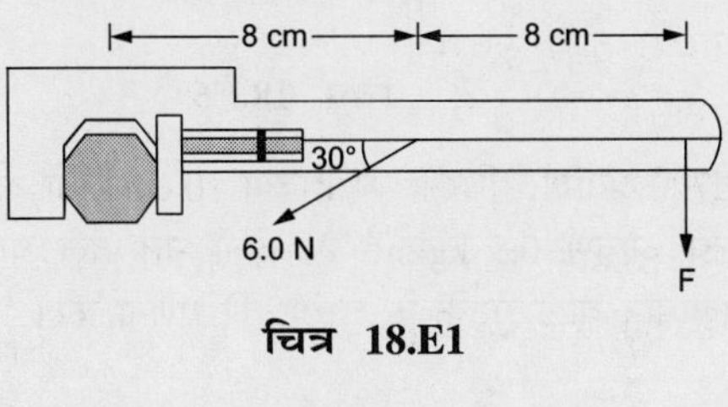

चित्र 18.E1

4. चित्र 18.E2 में प्रदर्शित वस्तु पर O के परितः कुल बल-आघूर्ण की गणना करें।

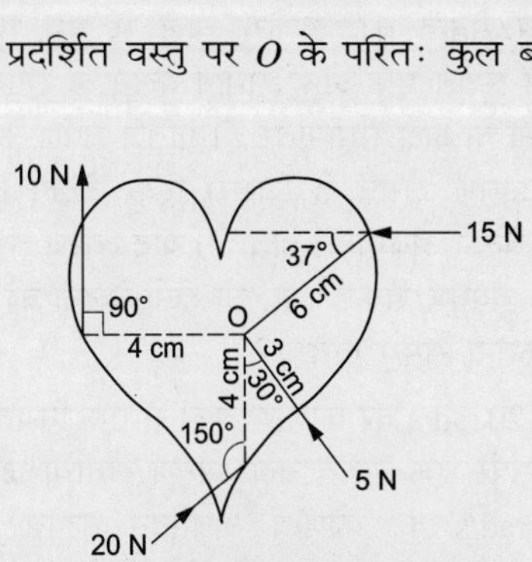

चित्र 18.E2

5. m द्रव्यमान तथा a भुजा वाला एक घनाकार गुटका, θ आनति वाले आनत तल पर एकसमान चाल से नीचे की ओर फिसल रहा है। गुटके के केंद्र के परितः इस पर लगनेवाले घर्षण बल का बल-आघूर्ण ज्ञात करें।

6. m द्रव्यमान तथा L लंबाई की एक छड़ क्षैतिज दिशा में रखी हुई है। यह अपने केंद्र से गुजरनेवाले तथा ऊर्ध्वाधर दिशा में स्थित अक्ष के परितः

घूर्णन के लिए स्वतंत्र है। छड़ के केंद्र से $L/4$ दूरी पर नियत परिमाण का एक क्षैतिज बल F लग रहा है जो सदैव छड़ के लंबवत रहता है। गति प्रारंभ होने के t समय पश्चात छड़ द्वारा तय किया गया कोण ज्ञात करें।

7. एक वर्गाकार प्लेट का द्रव्यमान 120 g तथा भुजा 5.0 cm है, यह एक भुजा के परितः घूर्णन कर रही है। इसका कोणीय त्वरण $0.2\ \text{rad/s}^2$ है। इस अक्ष के प्रति प्लेट पर लगते बल-आघूर्ण का मान निकालें।
8. प्रश्न 7 की वर्गाकार प्लेट यदि अपने विकर्ण (diagonal) के परितः कोणीय त्वरण $0.2\ \text{rad/s}^2$ से घूम रही हो, तो इस विकर्ण के प्रति प्लेट पर लग रहे बल-आघूर्ण की गणना करें।
9. अपने अक्ष के प्रति $5.0\ \text{kg}\cdot\text{m}^2$ जड़त्व आघूर्ण वाला एक चक्का 60 rad/s की चाल से अपने अक्ष के प्रति घूर्णन कर रहा है। अपनी धुरी पर घर्षण के कारण यह 5.0 मिनट में विरामावस्था में आ जाता है। ज्ञात करें,
   (a) घर्षण का औसत बल-आघूर्ण,
   (b) घर्षण द्वारा किया गया कुल कार्य तथा
   (c) घूर्णन रुकने से 1 मिनट पहले चक्के का कोणीय संवेग
10. समुद्र के जल तथा पृथ्वी की सतह के मध्य घर्षण के कारण पृथ्वी की घूर्णन गतिज ऊर्जा निरंतर कम हो रही है। यदि 100 वर्ष में पृथ्वी की कोणीय चाल 0.0016 rad/day कम हो जाती है, तो पृथ्वी पर घर्षण के कारण औसत बल-आघूर्ण ज्ञात कीजिए। पृथ्वी की त्रिज्या 6400 km तथा द्रव्यमान 6.0×10^{24} kg लें तथा इसे एकसमान घनत्व का गोला मानें।
11. अपने अक्ष के परितः 600 rpm (चक्कर/मिनट) की चाल से घूर्णन कर रहे पहिये पर 10 s तक नियत बल-आघूर्ण लगाकर उसे विरामावस्था में लाया जाता है। (a) कोणीय अवमंदन (deceleration) तथा (b) बल-आघूर्ण लगाना प्रारंभ करने के 5 s बाद कोणीय वेग ज्ञात करें।
12. 10 kg द्रव्यमान तथा 20 cm त्रिज्या वाला एक पहिया अपने अक्ष के परितः 100 चक्कर/मिनट के कोणीय वेग से घूम रहा है। इसकी परिधि के एक बिंदु पर स्पर्शरेखा की ओर एक नियत बल लगाकर इस पहिये को 10 चक्करों में रोक दिया जाता है। पहिये को एक समरूप डिस्क मानते हुए बल के परिमाण की गणना करें।
13. 50 चक्कर/सेकंड की कोणीय चाल से घूम रहा एक बेलन स्थिर अवस्था में स्थित एक अन्य समान बेलन के संपर्क में लाया जाता है। दोनों बेलनों के अक्ष समानांतर हैं। गतिज घर्षण के कारण, दोनों बेलनों पर बल-आघूर्ण लगते हैं जिससे स्थिर बेलन त्वरित होता है तथा गतिशील बेलन अवमंदित होता है। यदि त्वरण तथा अवमंदन दोनों का परिमाण 1 चक्कर/सेकंड^2 हो, तो दोनों बेलनों की कोणीय चाल बराबर होने में कितना समय लगेगा?
14. एक वस्तु 20 rad/s की कोणीय चाल से एक नियत अक्ष के परितः घूम रही है। इसपर एक नियत बल-आघूर्ण लगाया जाता है जिसके कारण इसमें 2 rad/s का कोणीय अवमंदन उत्पन्न होता है। यदि यह बल-आघूर्ण निरंतर लगता रहे, तो कितने समय पश्चात वस्तु की गतिज ऊर्जा का वही मान हो जाएगा जो प्रारंभ में था?
15. 1 m लंबाई की एक नगण्य भार वाली छड़ मध्य में हिंज की गई है तथा इसके दोनों सिरों पर चित्र 18.E3 के अनुसार 5 kg तथा 2 kg के दो छोटे द्रव्यमान लटकाए गए हैं। छड़ को क्षैतिज अवस्था में लाकर छोड़ दिया जाता है। इसका प्रारंभिक कोणीय त्वरण ज्ञात करें।

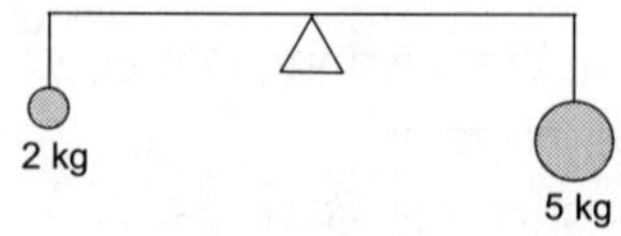

चित्र 18.E3

16. दो द्रव्यमान m तथा M एक घिरनी पर से होकर गुजर रही एक रस्सी से जुड़े हुए हैं (चित्र 18.E4)। द्रव्यमान m चिकनी क्षैतिज टेबुल पर फिसलता है। घिरनी की त्रिज्या r है तथा अक्ष के परितः इसका जड़त्व आघूर्ण I है। यह अपने अक्ष के परितः मुक्त रूप से घूर्णन कर सकती है। यह मानते हुए कि घिरनी पर रस्सी फिसलती नहीं है, द्रव्यमान M का त्वरण ज्ञात करें।

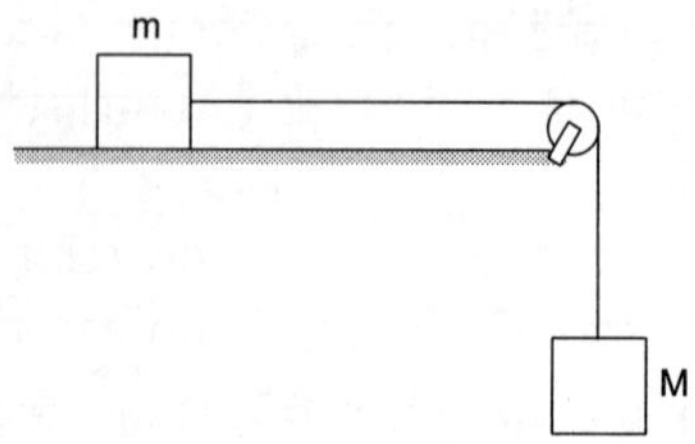

चित्र 18.E4

17. एक पहिये की त्रिज्या 10 cm तथा अपने अक्ष के प्रति जड़त्व आघूर्ण $0.20\ \text{kg m}^2$ है। पहिये पर रस्सी लिपटी हुई है जो एक नगण्य भार वाली घर्षणरहित घिरनी पर से होकर गुजर रही है। इस रस्सी के मुक्त सिरे पर चित्र 18.E5 के अनुसार 2.0 kg द्रव्यमान का गुटका जुड़ा हुआ है। गुटके का त्वरण ज्ञात करें।

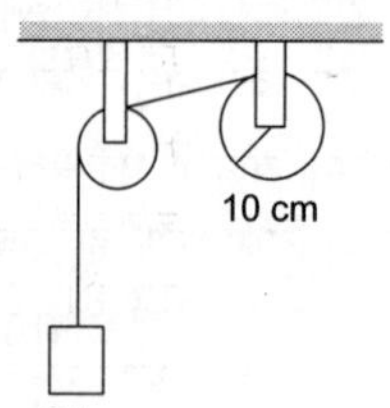

चित्र 18.E5

18. मान लें कि प्रश्न 17 में वर्णित घिरनी की त्रिज्या 5.0 cm तथा अपने अक्ष के प्रति जड़त्व आघूर्ण $0.10\ \text{kg m}^2$ है। दोनों घिरनियों के बीच में स्थित रस्सी के भाग में तनाव ज्ञात करें।
19. चित्र 18.E6 में प्रदर्शित घिरनियाँ एक जैसी हैं, प्रत्येक की त्रिज्या R है तथा अपने अक्ष के प्रति जड़त्व आघूर्ण I है। गुटके M का त्वरण ज्ञात कीजिए। कहीं भी रस्सी घिरनी पर फिसलती नहीं है।

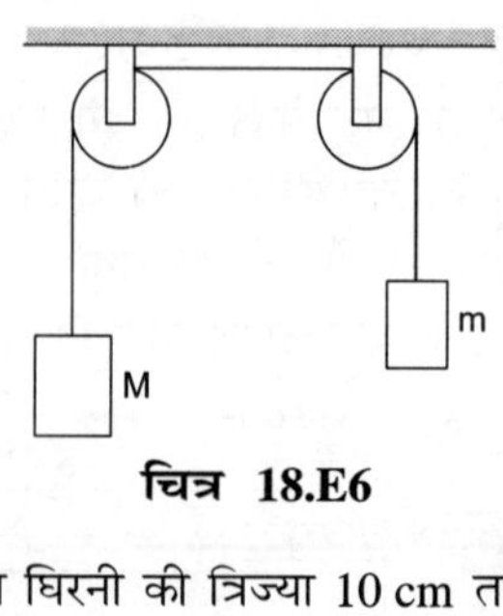

चित्र 18.E6

20. चित्र 18.E7 में प्रदर्शित घिरनी की त्रिज्या 10 cm तथा अपने अक्ष के प्रति जड़त्व आघूर्ण $0.5\ \text{kg m}^2$ है। दोनों नत तल घर्षणरहित हैं। 4.0 kg द्रव्यमान वाले गुटके के त्वरण की गणना करें।

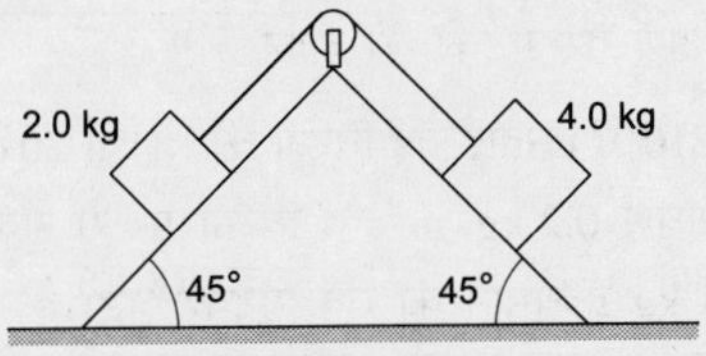

चित्र 18.E7

21. मान लें कि प्रश्न 20 में 2.0 kg द्रव्यमान वाले गुटके तथा इसके नीचे वाले तल के बीच घर्षण गुणांक 0.5 है तथा 4.0 kg द्रव्यमान वाले गुटके के नीचे वाला तल घर्षणरहित है। 4.0 kg द्रव्यमान वाले गुटके का त्वरण निकालें।

22. एक एकसमान मीटर स्केल का द्रव्यमान 200 g है। समान लंबाई की ऊर्ध्वाधर डोरियों की सहायता से इस स्केल को किनारों पर बाँधकर छत से लटकाया गया है। स्केल के बाएँ सिरे से 70 cm दूर एक 20 g की वस्तु स्केल पर रखी हुई है। दोनों डोरियों में तनाव ज्ञात करें।

23. एक सीढ़ी की लंबाई 10.0 m तथा द्रव्यमान 16.0 kg है। यह एक ऊर्ध्वाधर दीवार के सहारे 37° का कोण बनाते हुए रखी हुई है। ऊर्ध्वाधर दीवार घर्षणरहित है, किंतु जमीन में घर्षण है। एक 60.0 kg भार वाला विद्युतकर्मी सीढ़ी पर निचले सिरे से 8.00 m दूरी पर खड़ा है। जमीन के द्वारा सीढ़ी पर कितना अभिलंब बल तथा कितना घर्षण बल लगाया जा रहा है? विद्युतकर्मी सुरक्षित रहे इसके लिए जमीन तथा सीढ़ी के बीच घर्षण गुणांक का न्यूनतम मान कितना होना चाहिए?

24. मान लें कि प्रश्न 23 में सीढ़ी तथा जमीन के बीच घर्षण गुणांक 0.540 है। किसी विद्युतकर्मी का अधिकतम भार ज्ञात कीजिए, जो सीढ़ी पर उसी ऊँचाई तक जा सके एवं सुरक्षित रहकर कार्य कर सके।

25. एक ऊर्ध्वाधर दीवार के सहारे 6.5 m लंबी सीढ़ी रखी हुई है। यह दीवार पर 6.0 m ऊँचाई तक पहुँचती है। सीढ़ी की आधी दूरी पर 60 kg द्रव्यमान का एक मनुष्य खड़ा है।
   (a) सीढ़ी के ऊपरी सिरे के प्रति मनुष्य द्वारा सीढ़ी पर लगाए गए बल का बल-आघूर्ण ज्ञात करें।
   (b) व्यक्ति की तुलना में सीढ़ी का भार नगण्य मानते हुए तथा दीवार को चिकनी मानते हुए जमीन द्वारा सीढ़ी पर लगाए गए बल के ऊर्ध्वाधर तथा क्षैतिज घटक निकालें।

26. एक आलमारी का दरवाजा 6 फीट ऊँचा, 1.5 फीट चौड़ा है तथा इसका द्रव्यमान 8 kg है। दरवाजा किनारों से 1 फीट दूरी पर स्थित दो कब्जों द्वारा आलमारी से जुड़ा है। यदि कब्जों द्वारा दरवाजे पर लगाए गए बलों का परिमाण समान हो, तो वह परिमाण ज्ञात करें।

27. L लंबाई की एक समरूप छड़ एक चिकने रोलर पर चित्र 18.E8 में दिखाए अनुसार रखी हुई है। यदि संतुलन की स्थिति में रहने के लिए छड़ का क्षैतिज से न्यूनतम कोण θ हो, तो छड़ के निचले सिरे तथा जमीन के बीच घर्षण गुणांक ज्ञात कीजिए।

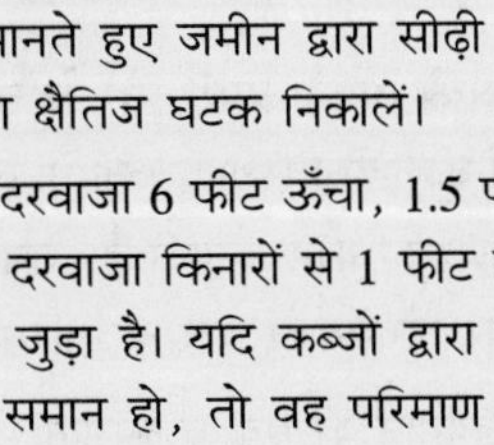

चित्र 18.E8

28. एकसमान घनत्व वाली एक वर्गाकार पट्टिका का द्रव्यमान 2.0 kg तथा इसकी भुजा की लंबाई 10 cm है। यह 0.10 N m के नियत बल-आघूर्ण के प्रभाव में अपने एक विकर्ण के परितः घूम रही है। विरामावस्था से प्रारंभ कर पाँचवें सेकंड के अंत में गतिज ऊर्जा तथा घूर्णन अक्ष के परितः पट्टिका के कोणीय संवेग की गणना करें।

29. एक 50 cm लंबी किसी नगण्य भार वाली छड़ के सिरों पर दो छोटी गेंदों को जोड़ा गया है। प्रत्येक गेंद का द्रव्यमान 0.5 kg है। यह निकाय छड़ के केंद्र से गुजरने वाले तथा इसके लंबवत स्थिर अक्ष के परितः 10.0 rad/s की कोणीय चाल से घूम रहा है। किसी एक गेंद पर 0.10 s के लिए घूर्णन तल में छड़ के लंबवत 5.0 N औसत परिमाण का बल लगता है। निकाय की नई कोणीय चाल ज्ञात करें।

30. एक पहिये का अपने अक्ष के प्रति जड़त्व आघूर्ण 0.500 kg m^2 तथा त्रिज्या 20.0 cm है। यह अपने अक्ष के परितः 20.0 rad/s कोणीय चाल से घूम रहा है। इसके किनारे पर 200 g द्रव्यमान की एक छोटी वस्तु चिपक जाती है। पहिये की नई कोणीय चाल ज्ञात करें।

31. अपने द्रव्यमान केंद्र से गुजरनेवाले किसी अक्ष के परितः एक गोताखोर का जड़त्व आघूर्ण 6.0 kg m^2 है। वह इस अक्ष के परितः 2.0 rad/s कोणीय चाल से घूम रहा है। यदि वह अपने हाथ-पैरों को मोड़ लेता है तो उसका जड़त्व आघूर्ण कम होकर 5.0 kg m^2 रह जाता है। नई कोणीय चाल कितनी होगी?

32. घूमनेवाली कुर्सी पर बैठा हुआ एक बालक 120 चक्कर/मिनट की कोणीय चाल से घूम रहा है। दो भारी गेंदें घूमनेवाले निकाय के भाग हैं तथा बालक इनको अपने समीप खींच सकता है या दूर धकेल सकता है। यदि इनको समीप खींचकर, बालक अक्ष के प्रति निकाय का जड़त्व आघूर्ण 6 kg m^2 से घटाकर 2 kg m^2 कर दे, तो नई कोणीय चाल कितनी होगी?

33. एक ऊर्ध्वाधर स्थिर अक्ष के परितः घूमते हुए एक मंच पर एक बालक खड़ा है। बालक के हाथ में एक खुला हुआ भारी छाता है। छाते का अक्ष तथा मंच का अक्ष एक ही है। मंच तथा बालक के इस निकाय का जड़त्व आघूर्ण 0.50 kg m^2 है तथा छाते का जड़त्व आघूर्ण 0.05 kg m^2 है। प्रारंभ में मंच तथा छाता सभी स्थिर हैं। बालक छाते को अक्ष के परितः स्वयं के सापेक्ष 2.2 चक्कर/सेकंड की कोणीय चाल से घुमाना प्रारंभ करता है। मंच का कोणीय वेग ज्ञात करें।

34. एक पहिये का एक धुरी के प्रति जड़त्व आघूर्ण 0.10 kg m^2 है। यह इस धुरी के परितः 160 चक्कर/मिनट की चाल से घूम रहा है। एक दूसरे पहिये को 300 चक्कर/मिनट की चाल से घुमाकर इसी धुरी पर जोड़ दिया जाता है। अंत में दोनों पहिये 200 चक्कर/मिनट की कोणीय चाल से घूमने लगते हैं। दूसरे पहिये का धुरी के प्रति जड़त्व आघूर्ण ज्ञात करें।

35. M द्रव्यमान का एक बच्चा R त्रिज्या वाले एक मंच के किनारे पर खड़ा है, जो अपने अक्ष के परितः घूर्णन कर सकता है। मंच का जड़त्व आघूर्ण I है। जमीन पर खड़ा एक दोस्त m द्रव्यमान की गेंद फेंकता है तथा बच्चा इसको पकड़ लेता है। प्रारंभ में निकाय विरामावस्था में था। बच्चे के पकड़ने से ठीक पहले गेंद का वेग v था तथा उसकी दिशा क्षैतिज एवं मंच के किनारे पर स्पर्शरिखा की ओर थी। गेंद पकड़ने के बाद मंच की कोणीय चाल ज्ञात करें।

36. मान लें कि प्रश्न 35 में किनारे पर खड़े बच्चे द्वारा गेंद पकड़ने के बाद मंच को स्थिर अवस्था में लाया जाता है। बच्चा गेंद को क्षैतिज दिशा में

एवं मंच के किनारे पर स्पर्शरेखा की ओर अपने दोस्त की ओर फेंकता है। गेंद की चाल v है। गेंद फेंकने के बाद मंच की कोणीय चाल निकालें।

37. मान लें कि प्रश्न 35 में वर्णित मंच बच्चेसहित ω कोणीय चाल से वामावर्ती दिशा में घूर्णन कर रहा है। अब बच्चा मंच के सापेक्ष किनारे पर v चाल से वामावर्ती दिशा में चलना प्रारंभ कर देता है। मंच की नई कोणीय चाल ज्ञात करें।

38. L लंबाई की एक नगण्य भार वाली क्षैतिज छड़ के दोनों सिरों पर m द्रव्यमान वाली दो छोटी गेंदें दृढ़तापूर्वक जोड़ी गई हैं। छड़ अपने केंद्र से गुजरनेवाले ऊर्ध्वाधर अक्ष के परितः स्वतंत्र रूप से घूम सकती है। निकाय को अक्ष के परितः ω कोणीय चाल से घुमाया जाता है। स्थिर अवस्था में रखा हुआ m द्रव्यमान का एक कण P एक गेंद से टकरा जाता है और उसमें चिपक जाता है। छड़ की नई कोणीय चाल ज्ञात करें।

39. L लंबाई की एक नगण्य भार वाली छड़ के दोनों सिरों पर दो छोटी गेंदें A एवं B दृढ़तापूर्वक जोड़ी गई हैं। प्रत्येक गेंद का द्रव्यमान m है (चित्र 18.E9)। यह निकाय एक घर्षणरहित क्षैतिज सतह पर छड़ की लंबवत दिशा में v_0 वेग से चल रहा है। क्षैतिज सतह पर पड़ा हुआ m द्रव्यमान का एक कण P गेंद A से टकराता है और उससे चिपक जाता है। ज्ञात करें,
   (a) टक्कर के पश्चात गेंदों A तथा B की रेखीय चालें,
   (b) $A + B + P$ निकाय के द्रव्यमान केंद्र C का वेग तथा
   (c) टक्कर के पश्चात C के परितः निकाय की कोणीय चाल

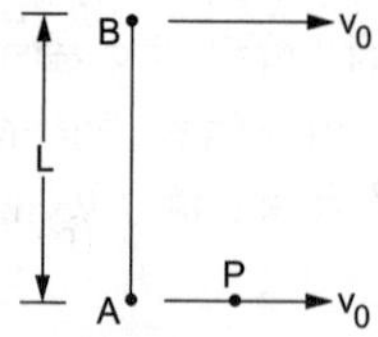

चित्र 18.E9

[**संकेत**— नगण्य भार वाली छड़ गेंद B पर केवल अपनी लंबाई की दिशा में ही बल लगाएगी।]

40. L लंबाई की एक एकसमान छड़ के दोनों किनारों पर m द्रव्यमान की गेंदें लगी हैं। यह छड़ अपने मध्यबिंदु से जाते लंबवत अक्ष के परितः स्वतंत्र रूप से घूम सकती है। यह अक्ष क्षैतिज अवस्था में रहता है। प्रारंभ में निकाय को क्षैतिज अवस्था में रखा गया है। गेंद B पर h ऊँचाई से समान द्रव्यमान m का एक कण P गिराया जाता है। कण गेंद B से टकराकर चिपक जाता है।
   (a) टक्कर के तुरंत बाद निकाय का कोणीय संवेग तथा कोणीय चाल ज्ञात करें।
   (b) h का न्यूनतम मान कितना होना चाहिए ताकि टक्कर के बाद निकाय एक पूरा चक्कर लगा पाए?

41. एक घिरनी अपने अक्ष के परितः घूमने के लिए स्वतंत्र है। इसपर से गुजर रही रस्सी से 400 g तथा 200 g द्रव्यमान के दो गुटके लटकाए गए हैं। अपने अक्ष के प्रति घिरनी का जड़त्व आघूर्ण 1.6×10^{-4} kg m^2 तथा त्रिज्या 2.0 cm है। ज्ञात करें,
   (a) निकाय की गतिज ऊर्जा, जब 400 g वाला द्रव्यमान 50 cm गिर जाता है
   (b) इस क्षण पर गुटकों की चाल

42. चित्र 18.E10 में दिखाई गई घिरनी की त्रिज्या 20 cm तथा अक्ष के प्रति जड़त्व आघूर्ण 0.2 kg $\cdot$ m^2 है। घिरनी पर से गुजर रही रस्सी के एक सिरे पर 1 kg द्रव्यमान का एक गुटका जुड़ा हुआ है तथा दूसरा सिरा एक ऊर्ध्वाधर स्प्रिंग से जुड़ा है जिसका निचला सिरा स्थिर अवस्था में रखा गया है। स्प्रिंग का बल नियतांक 50 N/m है। जब स्प्रिंग अपनी स्वाभाविक लंबाई में है, उस समय निकाय को विरामावस्था से छोड़ा जाता है। जब गुटका 10 cm नीचे उतर जाता है, उस समय उसकी चाल ज्ञात करें। ($g = 10$ m/s^2)

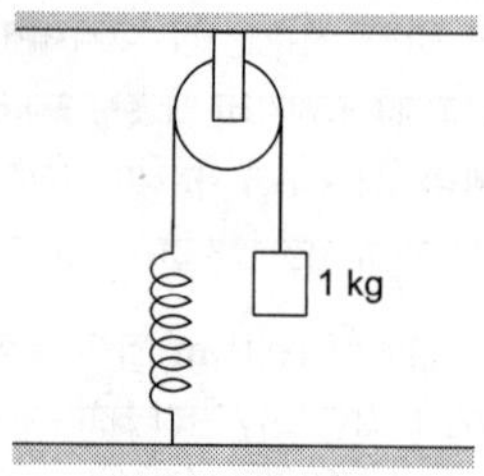

चित्र 18.E10

43. 240 g द्रव्यमान की 1 m लंबी छड़ अपने ऊपरी सिरे से लटकाई गई है। यह इस सिरे के परितः ऊर्ध्वाधर तल में स्वतंत्र रूप से घूम सकती है (चित्र 18.E11)। छड़ के ऊपरी सिरे से 1 m लंबी रस्सी की सहायता से 100 g द्रव्यमान का एक कण जुड़ा हुआ है। प्रारंभ में छड़ ऊर्ध्वाधर है तथा रस्सी को क्षैतिज दिशा में तानकर रखा गया है। अब निकाय को स्थिरावस्था से छोड़ दिया जाता है। कण छड़ के निचले सिरे से टकराकर वहाँ चिपक जाता है। छड़ कितने अधिकतम कोण से दूसरी ओर ऊपर उठेगी?

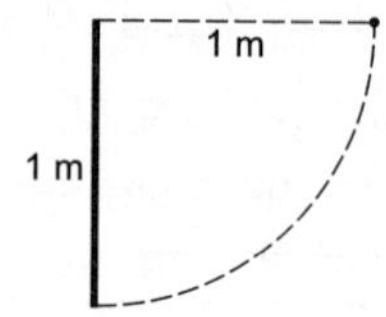

चित्र 18.E11

44. एक एकसमान छड़ को अपने ऊपरी सिरे से लटकाया गया है। इसको ऊर्ध्वाधर से 60° के कोण से विस्थापित करके छोड़ दिया जाता है। जब छड़ ऊर्ध्वाधर से 37° का कोण बनाती है, तब इसके सिरे पर के dm द्रव्यमान के कण पर लगनेवाले बल का परिमाण ज्ञात करें।

45. L लंबाई तथा m द्रव्यमान की एक एकसमान छड़ अपने ऊपरी सिरे O पर हिंज की गई है। यह ऊर्ध्वाधर से θ कोण बनाते हुए एकसमान कोणीय वेग ω से एक शंकु की तरह घूम रही है। हिंज द्वारा इसपर कोई बल-आघूर्ण नहीं लगाया जा रहा है। (a) छड़ के भार का O बिंदु के प्रति बल-आघूर्ण निकालें। क्या O बिंदु के प्रति छड़ का कोणीय संवेग समय के साथ बदल रहा है? (b) अब उस फ्रेम का विचार करें जिसका z-अक्ष ऊर्ध्वाधर है, पर xy-अक्ष ω वेग से z-अक्ष के परितः घूम रहे हैं। इस फ्रेम में छड़ स्थिर है। इस फ्रेम में छड़ पर लिए जानेवाले कुल छद्म बल का मान बताएँ। (c) इसी फ्रेम से छड़ पर लगनेवाले छद्म बलों का O के प्रति बल-आघूर्ण निकालें। (d) छड़ के कोणीय वेग ω तथा ऊर्ध्वाधर से इसके कोण θ के बीच संबंध प्राप्त करें।

• उत्तर •

सटीक उत्तरवाले प्रश्न I

1. (a) **2.** (a) **3.** (d) **4.** (b) **5.** (c) **6.** (b) **7.** (b) **8.** (b)

सटीक उत्तरवाले प्रश्न II

1. (a), (b) **2.** (d) **3.** (a), (b)

4. (a), (b), (d) **5.** (a), (b), (d) **6.** (a), (d)

अभ्यास के प्रश्न

1. $mu^2 \sin\theta \cos\theta$ गति के तल के लंबवत

2. $Wl \sin\theta$, जब बॉब निम्नतम बिंदु पर है

3. 1.5 N **4.** 0.54 N m

5. $\frac{1}{2} mga \sin\theta$ **6.** $\frac{3Ft^2}{2mL}$

7. 2.0×10^{-5} N m **8.** 0.5×10^{-5} N m

9. (a) 1.0 N m (b) 9.0 kJ (c) 60 kg m^2/s

10. 5.8×10^{20} N m **11.** (a) 1 चक्कर/सेकंड^2, (b) 5 चक्कर/सेकंड

12. 0.87 N **13.** 25 s **14.** 20 s

15. 8.4 rad/s^2 **16.** $\frac{Mg}{M+m+I/r^2}$ **17.** 0.89 m/s^2

18. 6.3 N **19.** $\frac{(M-m)g}{M+m+2I/R^2}$ **20.** 0.25 m/s^2

21. 0.125 m/s^2

22. बाएँ वाली डोरी में 1.04 N और दाएँ वाली डोरी में 1.12 N

23. 745 N, 412 N, 0.553 **24.** 44.0 kg

25. (a) 740 N m (b) 590 N ऊर्ध्वाधर और 120 N क्षैतिज

26. 43 N **27.** $\frac{L\cos\theta \sin^2\theta}{2h - L\cos^2\theta \sin\theta}$

28. 75 J, 0.5 kg m^2/s **29.** 12 rad/s

30. 19.7 rad/s **31.** 2.4 rad/s **32.** 360 rev/min

33. 0.2 rev/s **34.** 0.04 kg m^2 **35.** $\frac{mvR}{I+(M+m)R^2}$

36. $\frac{mvR}{I+MR^2}$ **37.** $\omega - \frac{mvR}{I+MR^2}$ **38.** $\frac{2\omega}{3}$

39. (a) $\frac{v_0}{2}, v_0$ (b) छड़ की आरंभिक गति के अनुदिश $\frac{2}{3}v_0$

(c) $\frac{v_0}{2L}$

40. (a) $\frac{mL\sqrt{gh}}{\sqrt{2}}, \frac{\sqrt{8gh}}{3L}$ (b) $\frac{3}{2}L$

41. (a) 0.98 J (b) 1.4 m/s

42. 0.5 m/s **43.** 41°

44. $0.9\sqrt{2}\, dmg$

45. (a) $\frac{mgL\sin\theta}{2}$ (b) $\frac{m\omega^2 L \sin\theta}{2}$

(c) $\frac{m^2\omega^2 L^2 \sin\theta\cos\theta}{3}$ (d) $\omega^2 = \frac{3g}{2L\cos\theta}$

❑

अध्याय 19

मिश्र स्थानांतरीय-घूर्णन गति

अब तक हमने स्थानांतरीय गति करती वस्तु एवं एक स्थिर अक्ष के परितः घूमती वस्तु की गति का अध्ययन किया है। जहाँ स्थानांतरीय गति के लिए न्यूटन के गति-नियम $F = ma$ का सहारा लिया जाता है, वहीं किसी स्थिर अक्ष के परितः शुद्ध घूर्णन गति के लिए $\tau_z = I\alpha$ की जरूरत होती है। पर, कई बार हमें ऐसी गति पर विचार करना होता है जो एक ही समय पर स्थानांतरण भी कराती है और घूर्णन भी। ऐसी गति को हम मिश्र स्थानांतरीय-घूर्णन गति कहते हैं। ऐसा भी हो सकता है कि जो एक फ्रेम में शुद्ध घूर्णन गति हो, वही किसी दूसरे फ्रेम में मिश्र स्थानांतरीय-घूर्णन गति हो।

पेड़ से गिरते किसी छोटे पत्ते की गति को देखें। यह पत्ता नीचे भी आ रहा है और घूम भी रहा है। कागज की पतली-सी लंबी पट्टी को गिरने के लिए छोड़ दें। देखें कि यह कितनी तेजी से घूमती हुई गिरती है। फुटबॉल के खेल में हवा में जाते फुटबॉल को देखें। यह भी न तो शुद्ध स्थानांतरीय गति कर रहा होगा, न ही शुद्ध घूर्णन गति। कीचड़ भरे रास्ते पर चलते समय यदि आप फिसलकर गिर जाएँ तो गिरते समय आप थोड़ा आगे भी खिसक जाते हैं और घूम भी जाते हैं। ये सब मिश्र स्थानांतरीय-घूर्णन गति के उदाहरण हैं।

19.1 द्रव्यमान केंद्र के फ्रेम में गति

अनेक बार ऐसा होता है कि दिए गए फ्रेम में वस्तु मिश्र स्थानांतरीय घूर्णन करती है, पर यदि आप एक उपयुक्त फ्रेम A चुन लें, तो इस फ्रेम में वस्तु की गति शुद्ध घूर्णन गति हो जाती है। एक बार यदि इस फ्रेम A में वस्तु की गति की पूरी विवेचना हो जाए, तो इस गति में फ्रेम A की गति को सही प्रकार से जोड़कर दिए गए प्रारंभिक फ्रेम में A की गति को जाना जा सकता है।

यद्यपि फ्रेम A में वस्तु की गति शुद्ध घूर्णन गति है और आपको घूर्णन अक्ष भी पता है, फिर भी क्या आप फ्रेम A में वस्तु की गति को पूरी तरह जानने के लिए अपने चिर-परिचित समीकरण,

$$\tau_z^{\text{ext}} = I\alpha \qquad \text{... (i)}$$

का प्रयोग कर सकते हैं? निस्संदेह, बशर्ते कि फ्रेम A स्वयं एक जड़त्वीय फ्रेम (inertial frame) हो। परंतु, यदि ऐसा न हो तो वस्तु के हर छोटे भाग पर आपको छद्म बल (pseudoforces) लगाने होंगे और उनके बल-आघूर्ण भी τ_z^{ext} के साथ जोड़ने होंगे। यदि फ्रेम A दिए हुए जड़त्वीय फ्रेम के सापेक्ष एक निश्चित दिशा में $\vec{a}$ त्वरण के साथ गति कर रहा हो, तो वस्तु के iवें कण पर $(-m_i\vec{a})$ छद्म बल लगाना होगा, जहाँ m_i उस कण का द्रव्यमान है। इनके बल-आघूर्ण भी समीकरण (i) में लेने होंगे।

मजे की बात यह है कि एक ऐसा भी फ्रेम होता है जो जड़त्वीय नहीं होने पर भी समीकरण (i) के प्रयोग की अनुमति देता है, वह भी बिना किसी छद्म बल के प्रयोग के। और, यह वह फ्रेम है जिसमें वस्तु का द्रव्यमान केंद्र स्थिर है। ऐसे में आप द्रव्यमान केंद्र को ही फ्रेम A का मूलबिंदु मान लें। चूँकि घूर्णन अक्ष पर के सभी कण स्थिर होते हैं तथा इसके अलावा वस्तु के सभी कण वृत्ताकार पथों में चलते हैं, घूर्णन अक्ष अवश्य ही द्रव्यमान केंद्र से गुजरेगा।

छद्म बलों का कुल बल-आघूर्ण,

$$\vec{\tau}^{\,\text{pseudo}} = \sum_i \vec{r}_i \times (-m_i\vec{a}) = -(\sum_i m_i\vec{r}_i)\times\vec{a}$$

$$= -M\left(\frac{\sum_i m_i\vec{r}_i}{M}\right)\times\vec{a} = -M\vec{r}_{\text{CM}}\times\vec{a},$$

जहाँ $\vec{r}_{\text{CM}}$ वस्तु के द्रव्यमान केंद्र का स्थिति वेक्टर (position vector) है। परंतु, हमारे फ्रेम में द्रव्यमान केंद्र स्थिर है और उसे ही हमने मूलबिंदु माना है। अतः, $\vec{r}_{\text{CM}} = 0$ होगा और इसीलिए छद्म बलों का कुल बल-आघूर्ण भी शून्य होगा।

अतः, मिश्र स्थानांतरीय-घूर्णन करती वस्तु की गति को जानने के लिए एक उपयोगी प्रक्रिया निम्न प्रकार से अपनाई जा सकती है।

1. वस्तु पर लगते सभी बाहरी बलों को लिख लें। इन्हें जोड़कर समीकरण $\vec{F}^{\text{ext}} = M\vec{a}_{\text{CM}}$ की सहायता से वस्तु के द्रव्यमान केंद्र का त्वरण $\vec{a}_{\text{CM}}$ निकालें।
2. वस्तु के किसी कण के चलने के पथ को देखें। यदि यह एक समतल हो, तो द्रव्यमान केंद्र से इस तल पर लंब दिशा में रेखा का विचार करें। द्रव्यमान केंद्र के फ्रेम (centre of mass frame) से वस्तु इसी घूर्णन अक्ष के परितः घूम रही होगी। इस अध्याय में हम ऐसी ही गतियों की चर्चा करेंगे जिसमें ऐसा घूर्णन अक्ष मिल जाए।
3. इस घूर्णन अक्ष के प्रति वस्तु पर लगते बाहरी (वास्तविक) बलों का बल-आघूर्ण निकालें। समीकरण (i) की सहायता से इस फ्रेम में वस्तु की गति निकालें।
4. CM फ्रेम की स्थानांतरीय गति को CM फ्रेम में वस्तु की गति में जोड़कर दिए गए फ्रेम में वस्तु की गति निकालें।

19.2 लुंठन गति या लोटनी गति (Rolling motion)

पटरियों पर दौड़ती रेलगाड़ियाँ, सड़कों पर भागती मोटरें, स्कूटर एवं साइकिलें, घरों में चलती बच्चों की गाड़ियाँ, फर्श पर लुढ़कता सिक्का ये सब लोटनी गति के उदाहरण हैं। इनमें से प्रत्येक में एक गोल परिधि (periphery) वाली वस्तु (पहिया) किसी सतह पर मिश्र स्थानांतरीय-घूर्णन गति करती है। सड़क पर सामान्य गति से चलती साइकिल के पहिये पर ध्यान दें। पहिया सड़क पर आगे भी बढ़ रहा है और घूम भी रहा है। जो स्पोक (spoke) अभी ऊर्ध्वाधर है वह थोड़ी देर में क्षैतिज हो जाएगा। अर्थात, स्पोक 90° से घूम गया और पूरा पहिया भी 90° से घूम गया। परंतु, सबसे प्रमुख बात यह है कि पहिया सड़क को रगड़ नहीं रहा है। यदि साइकिल में ताला लगा हो और फिर भी उसे सड़क पर खींचकर ले जा रहे हों, तो पहिये का टायर सड़क पर रगड़ेगा। या किसी ने साइकिल को आगे से जोर से पकड़ रखा हो और जबरदस्ती पैडल चलाकर पिछले पहिये को घुमा रहे हों, तो भी टायर सड़क पर रगड़ेगा। पर, सामान्य गति में टायर का जो भाग सड़क से सटा रहता है वह अगले क्षण धीरे से ऊपर उठ जाता है, सड़क को आगे या पीछे रगड़ता नहीं। ऐसी गति को ही लुंठन गति या लोटनी गति (rolling motion) कहते हैं।

जब कोई गोल सीमा वाली वस्तु एक सतह पर इस प्रकार मिश्र स्थानांतरीय-घूर्णन गति करती है कि सतह के संपर्क में आया भाग सतह पर न तो आगे और न ही पीछे फिसलता है तो इस प्रकार की गति को लोटनी गति या **शुद्ध लोटनी गति** (pure rolling motion) कहते हैं। अर्थात, संपर्क में आए भाग का वेग $v = 0$ होता है।

19.2.1 $v_{CM} = R\omega$

यद्यपि लोटनी गति में सतह के संपर्क में आई वस्तु का भाग क्षणिक रूप में स्थिर रहता है, पर वस्तु का केंद्र एक वेग से आगे बढ़ता है। फिर से सड़क पर चलती साइकिल के पहिये के बारे में सोचें। पहिये का केंद्र एक निश्चित वेग v_{CM} से आगे बढ़ रहा है। यही वेग साइकिल का भी वेग है। यदि साइकिल एक घंटे में 10 km चलती है, तो पहिये का केंद्र भी उतना ही चलता है। वास्तव में आप ध्यान से सोचें तो पहिये का केंद्र सीधी रेखा में चलता रहता है (यदि साइकिल सीधी रेखा में चल रही है)। इसी वेग को हम v_{CM} कहते हैं। पूरी साइकिल के साथ पहिये का हर भाग भी इस वेग से चलता है। यह पहिये की स्थानांतरीय गति है।

मान लें आपकी साइकिल के एक चक्के के एक स्पोक पर एक रंग पुता है जिससे आप इस स्पोक को पहचान सकते हैं। मान लें किसी समय यह स्पोक ऊर्ध्वाधर दिशा में ऊपर की ओर है। जब चक्का सड़क पर थोड़ा आगे बढ़ता है तो यह स्पोक ऊर्ध्वाधर से कुछ कोण θ बनाने लगता है। थोड़ी देर में यह स्पोक घूमता हुआ क्षैतिज स्थिति में आ जाता है, अर्थात $\theta = \pi/2$ हो जाता है। सड़क पर साइकिल थोड़ा और आगे बढ़ जाती है। इसी प्रकार थोड़ी देर में वह स्पोक नीचे की ओर ऊर्ध्वाधर दिशा में आ जाता है। इस समय $\theta = \pi$ हो चुका है। इसी प्रकार साइकिल सड़क पर आगे बढ़ती जाती है और θ का मान बढ़ता जाता है। जब वह स्पोक फिर से ऊपर की ओर हो जाता है तो कहते हैं कि चक्के ने एक चक्कर पूरा कर लिया, अर्थात उसका कोणीय विस्थापन $\theta = 2\pi$ हो गया है। इस अवधि में चक्के के केंद्र ने कितनी दूरी तय की है? या कहें साइकिल सड़क पर कितनी आगे बढ़ी है? यदि चक्का सड़क पर फिसल नहीं रहा है तो यह दूरी $2\pi R$ है।

अतः, केंद्र की चाल,

$$v_{CM} = \frac{2\pi R}{\Delta t} \qquad \text{... (i)}$$

जबकि चक्के का कोणीय वेग,

$$\omega = \frac{2\pi}{\Delta t}. \qquad \text{... (ii)}$$

अब समीकरण (i) एवं (ii) से,

$$v_{CM} = R\omega. \qquad \text{... (19.1)}$$

चक्के का जो भाग सड़क से सटा है उसकी चाल शून्य है। चक्के के केंद्र की चाल $R\omega$ है। चक्के के सबसे ऊपरी भाग की चाल क्या होगी? चित्र 19.1 में चक्के द्वारा एक चक्कर पूरा करने की परिस्थिति दिखाई गई है।

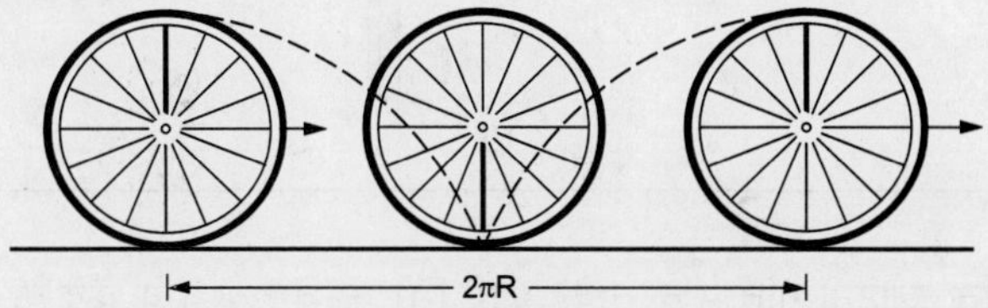

चित्र 19.1

प्रारंभ में चक्के के ऊपरी सिरे पर के बिंदु का पथ भी इस चित्र में दिखाया गया है। आप देख रहे हैं कि इस पथ की लंबाई $2\pi R$ से कहीं अधिक है। इस पथ के कुछ हिस्सों में इस कण की चाल अवश्य ही v_{CM} से अधिक होगी। चक्के के विभिन्न भागों की चाल प्राप्त करने के लिए आप चक्के की गति को दो भागों में सोच सकते हैं। सड़क के फ्रेम में स्थानांतरीय गति तथा CM फ्रेम में घूर्णन गति। स्थानांतरीय गति के लिए मान लें कि चक्के का हर भाग $v_{CM} (= R\omega)$ वेग से आगे की ओर बढ़ रहा है। इस दिशा को यदि x-अक्ष कहें तो स्थानांतरीय गति के कारण चक्के के हर भाग का वेग $\vec{v}_1 = R\omega\hat{i}$ होगा। CM फ्रेम में, चक्के का केंद्र स्थिर है तथा यह केंद्र से होकर जाते अक्ष के प्रति शुद्ध घूर्णन कर रहा है। इस गति के कारण चक्के का प्रत्येक कण एक वृत्त पर चल रहा है। उसका वेग ωr होगा, जहाँ r अक्ष से उस कण की दूरी है। इस वेग की दिशा वृत्त की स्पर्शरेखा के अनुदिश होगी।

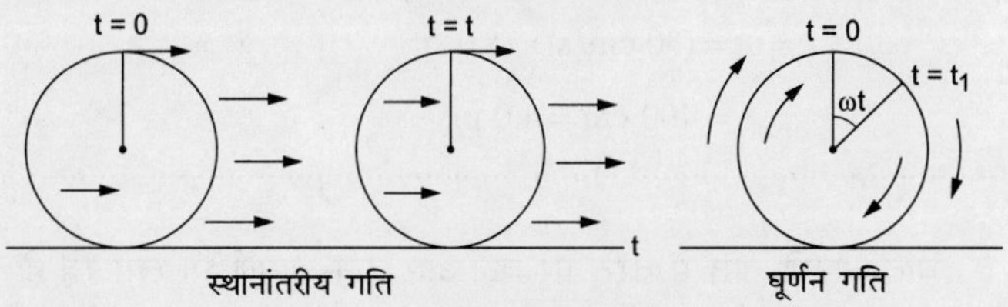

चित्र 19.2

चक्के के सबसे ऊपर के हिस्से को देखें। अक्ष से इसकी दूरी R है। इसलिए घूर्णन गति के कारण इसका वेग $\vec{v}_2 = R\omega\hat{i}$ होगा। सड़क के फ्रेम से इस कण का कुल वेग,

$$\vec{v} = \vec{v}_1 + \vec{v}_2 = R\omega\hat{i} + R\omega\hat{i}$$
$$= 2R\omega\hat{i} = 2v_{CM}\hat{i}.$$

एक रोचक प्रयोग

अपनी हथेली को फैलाकर एक टेबुल पर रखें। उसपर पेंसिल (या अन्य बेलनाकार वस्तु) को कलाई के पास रखें। अब दूसरे हाथ की हथेली को उलटकर ऐसे रखें कि उँगलियों का किनारा पेंसिल को छूए [चित्र 19.3(a)]। अब ऊपर की हथेली से पेंसिल को दबाते हुए आगे की ओर ले जाएँ। ध्यान रहे कि नीचे की हथेली स्थिर रहे एवं पेंसिल न तो नीचे की हथेली पर, न ही ऊपर की हथेली पर फिसले। जब पेंसिल नीचे की हथेली की उँगलियों के किनारे तक पहुँच जाए [चित्र 19.3(b)], तो रुक जाएँ।

आपकी ऊपरी हथेली इस प्रक्रिया में कितनी दूर चली? आप पाएँगे कि यह दूरी पेंसिल द्वारा चली गई दूरी की दोगुनी है।

ऊपर की हथेली पेंसिल के ऊपरी हिस्से से सटी है और वहाँ वह पेंसिल की सतह के सापेक्ष स्थिर है (फिसल नहीं रही है)। इसलिए, इसका वेग पेंसिल की ऊपरी सतह के वेग के बराबर है। चूँकि ऊपरी सतह का वेग पेंसिल के केंद्र के वेग का दोगुना है, ऊपर की हथेली पेंसिल से दोगुनी दूरी चलती है।

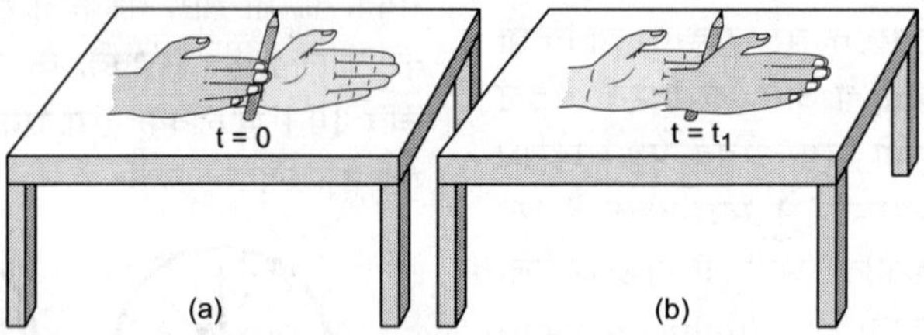

चित्र 19.3

अर्थात, लोटनी गति में वस्तु के ऊपरी सिरे का वेग वस्तु के केंद्र के वेग से दोगुना होता है। यदि आप चक्के के सबसे नीचे के भाग को देखें, तो घूर्णन गति के कारण इसका वेग $\vec{v}_2 = -R\omega\hat{i}$ होगा। सड़क के फ्रेम से इस हिस्से का कुल वेग,

$$\vec{v} = \vec{v}_1 + \vec{v}_2 = (R\omega\hat{i}) + (-R\omega\hat{i}) = 0$$

जैसा कि लोटनी गति में होना ही चाहिए।

अभ्यास 19.1

10 cm त्रिज्या का एक बेलन एक समतल सतह पर एकसमान वेग से शुद्ध लोटनी गति कर रहा है। यदि इसका कोणीय वेग 5.0 rad/s हो, तो 8.0 सेकंड में यह बेलन कितनी दूर जाएगा?

हल बेलन के केंद्र की चाल,

$$v = R\omega = (10 \text{ cm}) \times (5.0 \text{ rad/s}) = 50 \text{ cm/s}.$$

8.0 सेकंड में चली दूरी,

$$x = vt = (50 \text{ cm/s}) \times (8.0 \text{ s})$$

$$= 400 \text{ cm} = 4.0 \text{ m}.$$

....

यदि लोटनी गति में वस्तु पर बल और बल-आघूर्ण भी लग रहे हों, तो v_{CM} तथा ω दोनों बदलेंगे। समीकरण (19.1) को अवकलित करने पर,

$$\frac{dv_{CM}}{dt} = R\frac{d\omega}{dt}$$

या $$a_{CM} = R\alpha. \quad \ldots (19.2)$$

बलों और बल-आघूर्णों को इस प्रकार लगना चाहिए कि समीकरण (19.2) का पालन हो, तभी लोटनी गति चालू रह सकती है अन्यथा वस्तु सतह पर फिसलना प्रारंभ कर देगी।

19.2.2 आनत तल पर लोटनी गति करते हुए गोले की गति

जब एक गुटके को एक घर्षणरहित आनत तल पर फिसलने को छोड़ देते हैं, तो वह $g \sin\theta$ त्वरण के साथ नत तल पर चलता है। यदि घर्षण हो, तो यह त्वरण कम हो जाता है और त्वरण का मान घर्षण गुणांक पर निर्भर करता है। गुटके के स्थान पर यदि हम एक आनत तल पर एक गोला रखकर छोड़ दें तो वह किस तरह गति करेगा? आप सबने ऐसा काम किया होगा और देखा होगा कि गोला घूमता हुआ नीचे की ओर आता है। गोले पर कौन से बल लग रहे हैं जो उसे नीचे भी ला रहे हैं और उसमें घूर्णन गति भी पैदा कर रहे हैं? और, ये बल गोले में कितना त्वरण पैदा करते हैं?

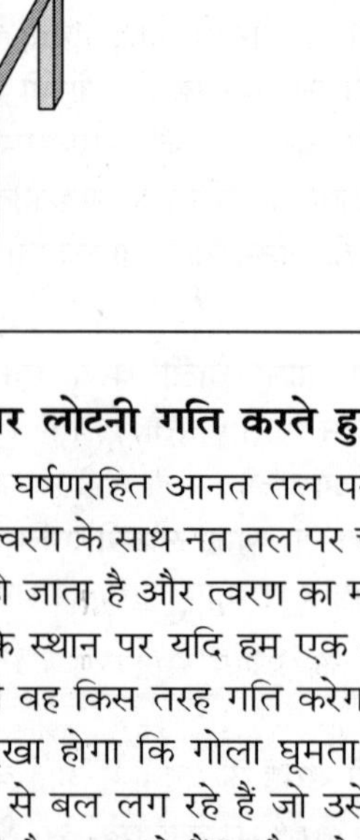

चित्र 19.4

गोले के केंद्र का त्वरण

गोले पर लगनेवाले बल हैं,

(i) इसका भार *mg*, नीचे की ओर;

(ii) संपर्क बिंदु पर तल के कारण घर्षण बल *f*, तल के समानांतर ऊपर की ओर तथा

(iii) अभिलंब बल $\mathcal{N}$, तल के लंबवत।

mg का एक घटक $mg\sin\theta$ तल के समानांतर और दूसरा घटक $mg\cos\theta$ तल के लंबवत होगा।

आनत तल के समानांतर गति के लिए,

$$mg\sin\theta - f = ma_{CM} \quad \ldots \text{(i)}$$

तथा आनत तल के लंबवत गति के लिए,

$$mg\cos\theta = \mathcal{N}. \quad \ldots \text{(ii)}$$

गोले की घूर्णन गति के लिए हमें गोले के केंद्र से जानेवाले अक्ष के प्रति बल-आघूर्ण एवं जड़त्व आघूर्ण चाहिए। चूँकि $\mathcal{N}$ और mg गोले के केंद्र से होकर गुजर रहे हैं, इस अक्ष के प्रति इन बलों का बल-आघूर्ण शून्य होगा। परंतु, घर्षण बल f का बल-आघूर्ण,

$$\tau_{CM} = fR$$

होगा, जहाँ R इस गोले की त्रिज्या है। ध्यान रहे कि हम गोले के केंद्र, जो उसका द्रव्यमान केंद्र भी है, के फ्रेम से घूर्णन गति को देख रहे हैं। चित्र 19.4 में घूर्णन अक्ष गोले के केंद्र से होकर गुजर रहा है तथा चित्र के तल के लंबवत है। यह गोले का व्यास भी है, अतः अक्ष के प्रति गोले का जड़त्व आघूर्ण,

$$I_{CM} = \frac{2}{5}mR^2.$$

अतः, $\tau_{CM} = I_{CM}\alpha$ से,

$$fR = \frac{2}{5}mR^2\alpha$$

या $$f = \frac{2}{5}mR\alpha. \quad \ldots \text{(iii)}$$

यदि गोला बिना फिसले लोटनी गति करता हुआ आ रहा है, तो

$$a_{CM} = \alpha R. \quad \ldots \text{(iv)}$$

समीकरण (iii) का प्रयोग समीकरण (i) में करने पर,

$$mg\sin\theta - \frac{2}{5}mR\alpha = ma_{CM}$$

या $$mg\sin\theta - \frac{2}{5}ma_{CM} = ma_{CM}$$

या $$mg\sin\theta = \frac{7}{5}ma_{CM}$$

या $$a_{CM} = \frac{5}{7}g\sin\theta. \quad \ldots \text{(19.3)}$$

गोले का केंद्र $\frac{5}{7}g\sin\theta$ त्वरण से नीचे आता है।

घर्षण का मान

समीकरण (i) से,

$$mg\sin\theta - f = m\left(\frac{5}{7}g\sin\theta\right)$$

या $$f = \frac{2}{7}mg\sin\theta. \quad \ldots \text{(19.4)}$$

घर्षण गुणांक चाहे जितना भी हो बिना फिसले लोटनी गति से गोले को नीचे आने के लिए घर्षण बल का मान $\frac{2}{7}mg\sin\theta$ होना चाहिए। भलीभाँति अपने को विश्वास दिलाइए कि यह स्थितिज घर्षण है, गतिज घर्षण नहीं। यद्यपि गोला आनत तल पर स्थिर नहीं है और नीचे आ रहा है, पर गोले का जो हिस्सा आनत तल के संपर्क में है, वह क्षणिक रूप से स्थिर है और आनत तल पर फिसल नहीं रहा, बल्कि धीरे से उठ जा रहा है। घर्षण का बल संपर्क सतहों के बीच लगता है और यदि यहाँ कोई गति नहीं है, तो गतिज घर्षण नहीं लगेगा।

यदि गोले और आनत तल के बीच स्थितिज घर्षण गुणांक μ_s हो तो अधिकतम घर्षण बल जो तल गोले पर लगा सकता है, वह है

$$f_{max} = \mu_s\mathcal{N} = \mu_s mg\cos\theta.$$

वास्तविक घर्षण इससे अधिक नहीं हो सकता, इसलिए

$$\mu_s mg\cos\theta \geq \frac{2}{7}mg\sin\theta$$

या $$\mu_s \geq \frac{2}{7}\tan\theta. \quad \ldots \text{(19.5)}$$

यदि घर्षण गुणांक इससे कम रहा, तो गोला बिना फिसले सिर्फ लोटनी गति करता हुआ आनत तल पर नीचे नहीं आ सकता। आनत तल पर लोटनी गति के लिए घर्षण का होना जरूरी है।

अभ्यास 19.2

एक आनत तल पर एक गोला बिना फिसले नीचे आ रहा है। यदि आनत तल का क्षैतिज से कोण 37° हो, तो विराम अवस्था से प्रारंभ कर 2.1 m नीचे आने में गोले को कितना समय लगेगा?

हल गोले के बिना फिसले नीचे आने का अर्थ है कि वह शुद्ध लोटनी गति कर रहा है। इसका रेखीय त्वरण,

$$a = \frac{5}{7}g\sin\theta = \frac{5}{7}\times 9.8\times\sin 37°\ \text{m/s}^2$$

$$= \frac{5}{7}\times 9.8\times\frac{3}{5}\ \text{m/s}^2 = 4.2\ \text{m/s}^2.$$

$$x = \frac{1}{2}at^2$$

अतः, $t = \sqrt{\frac{2x}{a}} = \sqrt{\frac{2\times(2.1\ \text{m})}{4.2\ \text{m/s}^2}} = 1.0\ \text{s}.$

ऊर्जा-संरक्षण

आपको यह जानकर भी अच्छा लगेगा कि यद्यपि घर्षण का बल गोले पर लग रहा है, परंतु उसके द्वारा कोई कार्य नहीं हो रहा है। ऐसा इसलिए कि संपर्क में आए भाग का वेग शून्य है और सतहें एक-दूसरे को नहीं रगड़ रहीं। अतः, गतिज ऊर्जा और स्थितिज ऊर्जा का योग लोटनी गति में स्थिर रहता है।

19.3 फिसलने के साथ लोटनी गति (Rolling with slipping)

चक्के, गोले, बेलन आदि वस्तुएँ जब किसी समतल पर शुद्ध लोटनी गति करती हुई चलती हैं, तब समतल से संपर्क में आए भाग का वेग शून्य होता है। वस्तु के केंद्र का वेग v_{CM}, उसकी त्रिज्या R तथा कोणीय वेग ω, समीकरण $v_{CM} = R\omega$ के अनुसार संबंधित होते हैं। पर, ऐसी भी गति हो सकती है, जिसमें स्थानांतरीय गति भी हो, घूर्णन गति भी हो,

परंतु संपर्क के भाग का वेग शून्य न हो। ऐसी गति rolling with slipping कहलाती है। ऐसे में संपर्क का भाग समतल को रगड़ता हुआ या दूसरे शब्दों में समतल पर फिसलता हुआ चलता है। संपर्क के इस भाग का वेग आगे की ओर (जिधर वस्तु का केंद्र चल रहा है) भी हो सकता है या पीछे की ओर भी हो सकता है। यदि संपर्क पर का भाग समतल पर आगे की ओर फिसल रहा हो, तो इसे rolling with forward slipping कहते हैं। इसी तरह, यदि संपर्क पर का भाग समतल पर पीछे की ओर फिसल रहा हो, तो इसे rolling with backward slipping कहते हैं।

एक चूड़ी (बिना डिजाइन वाली) को टेबुल की सतह पर उँगलियों की सहायता से खड़ा करके रखें (चित्र 19.5)। आप आगे की ओर बल लगाकर चूड़ी को आगे भी बढ़ा सकते हैं और उँगलियों की सहायता से इसे घुमा भी सकते हैं। आप चूड़ी को तेजी से आगे बढ़ाएँ और उँगलियों को थोड़ा-थोड़ा घुमाएँ। चूड़ी का कोणीय वेग ω काफी कम होगा और इसलिए $v_{\text{CM}} > R\omega$ होगा। यदि आप चूड़ी को पूरा एक चक्कर घुमा दें, तो चूड़ी द्वारा आगे की ओर चली हुई दूरी $2\pi R$ से अधिक होगी। चूड़ी का निचला सिरा टेबुल पर आगे की ओर फिसलेगा। यह rolling with forward slipping का उदाहरण है। ऐसी ही गति तब होती है जब फिसलन भरी सड़क पर चलती साइकिल में आप ब्रेक लगाते हैं। साइकिल काफी दूर जाकर रुकती है और उसके चक्के थोड़ा-सा ही घूमते हैं।

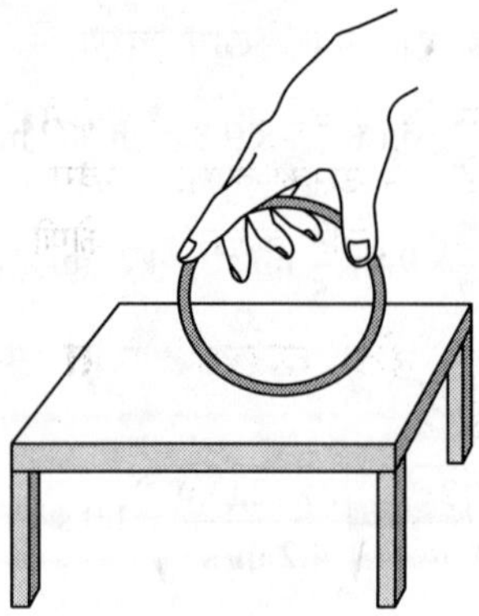

चित्र 19.5

चित्र 19.5 में दिखाई गई चूड़ी को उँगलियों की सहायता से तेजी से घुमाएँ और आगे की ओर थोड़ा-सा बल लगाकर खिसकाएँ। ऐसे में चूड़ी का कोणीय वेग ω काफी अधिक होगा और $v_{\text{CM}} < R\omega$ होगा। चूड़ी को पूरा एक चक्कर घुमाने से उसके द्वारा चली हुई दूरी $2\pi R$ से कम होगी। यह rolling with backward slipping का उदाहरण है। ऐसी ही गति तब होती है जब कीचड़ भरे रास्ते पर आप पैडल चलाकर साइकिल को आगे बढ़ाने की कोशिश करते हैं। प्रायः चक्का कीचड़ में तेजी से घूम जाता है और थोड़ा-सा ही आगे बढ़ पाता है।

19.4 मिश्र स्थानांतरीय-घूर्णन गति में गतिज ऊर्जा

मिश्र स्थानांतरीय-घूर्णन गति को हमने दो भागों में बाँटकर देखना सीखा। स्थानांतरीय गति, जो वस्तु के द्रव्यमान केंद्र की गति है, और द्रव्यमान केंद्र के फ्रेम में वस्तु की घूर्णन गति। किसी समय वस्तु के किसी कण के वेग को भी हम दो भागों में लिख सकते हैं,

$$\vec{v}_i = \vec{v}_{\text{CM}} + \vec{v}_{i,\,\text{CM}},$$

जहाँ $\vec{v}_{\text{CM}}$ द्रव्यमान केंद्र का वेग है और $\vec{v}_{i,\,\text{CM}}$ द्रव्यमान केंद्र के फ्रेम में कण-i का घूर्णन गति के कारण वेग है।

इस कण की गतिज ऊर्जा,

$$K_i = \frac{1}{2}mv_i^2 = \frac{1}{2}m\vec{v}_i\cdot\vec{v}_i$$
$$= \frac{1}{2}m_i(\vec{v}_{\text{CM}} + \vec{v}_{i,\,\text{CM}})\cdot(\vec{v}_{\text{CM}} + \vec{v}_{i,\,\text{CM}})$$
$$= \frac{1}{2}m_i[v_{\text{CM}}^2 + v_{i,\,\text{CM}}^2 + 2\vec{v}_{\text{CM}}\cdot\vec{v}_{i,\,\text{CM}}].$$

पूरी वस्तु की गतिज ऊर्जा,

$$K = \sum K_i$$
$$= \sum_i \frac{1}{2}m_i v_{\text{CM}}^2 + \sum \frac{1}{2}m_i v_{i,\,\text{CM}}^2 + \sum_i m_i\vec{v}_{\text{CM}}\cdot\vec{v}_{i,\,\text{CM}}$$
$$= \frac{1}{2}\left(\sum_i m_i\right)v_{\text{CM}}^2 + \sum_i \frac{1}{2}m_i v_{i,\,\text{CM}}^2 + \left(\sum_i m_i\vec{v}_{i,\,\text{CM}}\right)\cdot\vec{v}_{\text{CM}}. \quad \ldots \text{(i)}$$

v_{CM} सभी कणों के लिए समान है, अतः योगफल से बाहर निकाल लिया गया है।

समीकरण (i) में पहला पद $\frac{1}{2}Mv_{\text{CM}}^2$ है, जहाँ M पूरी वस्तु का द्रव्यमान है। यदि पूरी वस्तु v_{CM} वेग से स्थानांतरीय गति करती, तो यही उसकी गतिज ऊर्जा होती। दूसरे पद में द्रव्यमान केंद्र के फ्रेम में कणों की गतिज ऊर्जा लिखी हुई है। अतः, यह पद इस फ्रेम में पूरी वस्तु की गतिज ऊर्जा के बराबर है। पर द्रव्यमान केंद्र के फ्रेम में वस्तु शुद्ध घूर्णन गति कर रही है। अतः, उसकी गतिज ऊर्जा $\frac{1}{2}I_{\text{CM}}\omega^2$ होगी, जहाँ ω वस्तु का कोणीय वेग और I_{CM} द्रव्यमान केंद्र से जानेवाले अक्ष के प्रति वस्तु का जड़त्व आघूर्ण है।

तीसरे पद की कथा और रोचक है। आपको द्रव्यमान केंद्र के वेग का व्यंजक याद होगा।

$$\vec{V}_{\text{CM}} = \frac{\sum_i m_i\vec{v}_i}{M}.$$

अतः, $\sum_i m_i\vec{v}_i = M\vec{V}_{\text{CM}}$.

समीकरण (i) के तीसरे पद में कोष्ठक में लिखा व्यंजक भी इसी प्रकार का है, बस सभी कणों के वेग द्रव्यमान केंद्र के फ्रेम से लिखे गए हैं। अतः, यह $M\vec{V}_{\text{CM, CM}}$ के बराबर होगा, जहाँ $\vec{V}_{\text{CM, CM}}$ द्रव्यमान केंद्र का द्रव्यमान केंद्र के फ्रेम में वेग है। परंतु, द्रव्यमान केंद्र का फ्रेम तो कहते उसी को हैं जिसमें द्रव्यमान केंद्र स्थिर हो। अतः $\vec{V}_{\text{CM, CM}} = 0$, और इसलिए समीकरण (i) का तीसरा पद भी शून्य है।

$$\text{अतः, } K = \frac{1}{2}Mv_{\text{CM}}^2 + \frac{1}{2}I_{\text{CM}}\omega^2. \quad \ldots (19.6)$$

अभ्यास 19.3

बच्चों के खेलने का एक बॉल स्पिन करता हुआ हवा में आगे बढ़ रहा है। किसी क्षण उसके केंद्र की चाल 90 km/h है और कोणीय वेग 200 rad/s है। यदि बॉल का द्रव्यमान 200 ग्राम तथा अपने व्यास के प्रति उसका जड़त्व आघूर्ण 5×10^{-4} kg/m² हो, तो इस क्षण उसकी गतिज ऊर्जा निकालें।

हल $v_{CM} = 90 \text{ km/h} = 25 \text{ m/s}$.

द्रव्यमान केंद्र के फ्रेम में घूर्णन अक्ष अवश्य ही किसी व्यास के अनुदिश होगा। अतः, गतिज ऊर्जा,

$$K = \frac{1}{2}Mv_{CM}^2 + \frac{1}{2}I\omega^2$$

$$= \frac{1}{2} \times (0.2 \text{ kg}) \times (25 \text{ m/s})^2 + \frac{1}{2} \times (5 \times 10^{-4} \text{ kg} \cdot \text{m}^2) \times (200 \text{ rad/s})^2$$

$$= 72.5 \text{ J.}$$

19.5 मिश्र स्थानांतरीय-घूर्णन गति में कोणीय संवेग

मान लें कि M द्रव्यमान वाली कोई वस्तु एक दिए गए फ्रेम S में गति कर रही है। इस फ्रेम में स्थित एक बिंदु O के प्रति हमें वस्तु का कोणीय संवेग (angular momentum) चाहिए। हम पुनः वस्तु की गति को दो भागों में बाँटकर सोचेंगे, द्रव्यमान केंद्र की गति तथा द्रव्यमान केंद्र के फ्रेम S_1 में वस्तु की गति। चित्र 19.6 में वस्तु के द्रव्यमान केंद्र का S फ्रेम में स्थिति वेक्टर $\vec{R}_{CM}$ दिखाया गया है। वस्तु के iवें कण P का स्थिति वेक्टर द्रव्यमान केंद्र के फ्रेम में $\vec{r}_{i,CM}$ तथा S फ्रेम में $\vec{r}_i$ है। चित्र 19.6 से,

$$\vec{r}_i = \vec{R}_{CM} + \vec{r}_{i,CM}.$$

इस कण के वेग के लिए,

$$\vec{v}_i = \vec{V}_{CM} + \vec{v}_{i,CM},$$

जहाँ $\vec{v}_i$ कण का S फ्रेम में वेग, $\vec{V}_{CM}$ द्रव्यमान केंद्र का S फ्रेम में वेग तथा $\vec{v}_{i,CM}$ कण का द्रव्यमान केंद्र के फ्रेम S_1 में वेग है।

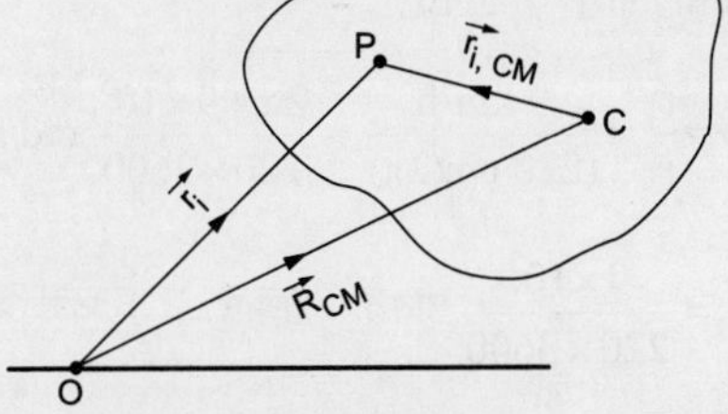

चित्र 19.6

यदि iवें कण का द्रव्यमान m_i हो, तो इस कण का O के प्रति कोणीय संवेग,

$$\vec{l}_i = \vec{r}_i \times \vec{p}_i = m_i \vec{r}_i \times \vec{v}_i.$$

पूरी वस्तु का कोणीय संवेग,

$$\vec{L} = \sum_i [m_i \vec{r}_i \times \vec{v}_i] = \sum_i [m_i \vec{r}_i \times (\vec{V}_{CM} + \vec{v}_{i,CM})]$$

$$= \left(\sum_i m_i \vec{r}_i\right) \times \vec{V}_{CM} + \sum_i [m_i \vec{r}_i \times \vec{v}_{i,CM}]$$

$$= M\vec{R}_{CM} \times \vec{V}_{CM} + \sum_i [m_i (\vec{R}_{CM} + \vec{r}_{i,CM}) \times \vec{v}_{i,CM}]$$

$$= \vec{L}_0 + \vec{R}_{CM} \times \sum_i m_i \vec{v}_{i,CM} + \sum_i m_i (\vec{r}_{i,CM} \times \vec{v}_{i,CM}). \quad \text{... (i)}$$

यदि पूरी वस्तु को उसके द्रव्यमान केंद्र पर एक कण की भाँति मान लें और वह कण उसी वेग $\vec{V}_{CM}$ से चले जिससे द्रव्यमान केंद्र चल रहा हो, तो उस कण का कोणीय संवेग $\vec{L}_0 = M\vec{R}_{CM} \times \vec{V}_{CM}$ होगा। ऊपर के समीकरण (i) में $\vec{L}_0$ यही है। अब समीकरण (i) के दूसरे पद को देखें। अनुच्छेद 19.4 में गतिज ऊर्जा की गणना के समय हमने इसे शून्य दिखाया था। समीकरण (i) का तीसरा पद द्रव्यमान केंद्र के फ्रेम में वस्तु का कोणीय संवेग है। यदि इसे $\vec{L}_{CM}$ लिखें, तो

$$\vec{L} = \vec{L}_0 + \vec{L}_{CM}. \quad \text{... (19.7)}$$

यदि द्रव्यमान केंद्र के फ्रेम में यह वस्तु z-अक्ष के प्रति शुद्ध घूर्णन कर रही हो, तो इस दिशा में सभी के घटक लेने पर,

$$L_z = L_{z,0} + L_{z,CM} = L_{z,0} + I_{CM}\omega,$$

जहाँ I_{CM} वस्तु का z-अक्ष के प्रति जड़त्व आघूर्ण है और ω उसका कोणीय वेग।

अतः, मिश्र स्थानांतरीय-घूर्णन करती वस्तु के किसी दिए गए बिंदु के प्रति कोणीय संवेग $\vec{L}$ को भी दो भागों में बाँटा जा सकता है—द्रव्यमान केंद्र के फ्रेम में उसका कोणीय संवेग $\vec{L}_{CM}$ तथा पूरी वस्तु को द्रव्यमान केंद्र पर स्थित मान कर उसका कोणीय संवेग $\vec{L}_0$.

19.6 लोटनी गति करता हुआ गोला क्यों रुक जाता है?

एक गेंद को फर्श पर लुढ़काकर छोड़ दें। गेंद लोटनी गति (rolling motion) करता हुआ आगे बढ़ता है। पर, जैसे-जैसे वह आगे बढ़ता है, उसकी स्थानांतरीय गति तथा घूर्णन गति, दोनों ही धीमी होती जाती है और थोड़ी दूर जाकर गेंद रुक जाता है। चित्र 19.7 में हमने यह स्थिति दिखाई है।

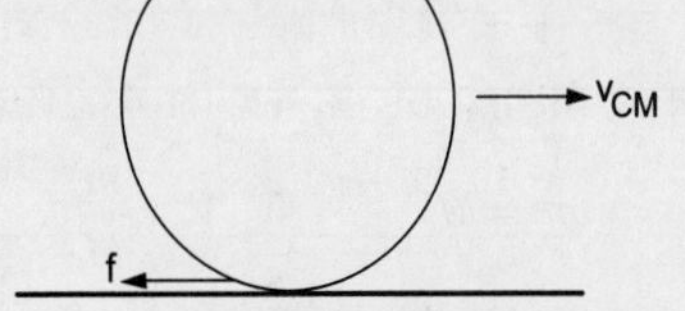

चित्र 19.7

गेंद पर तीन बल लग रहे हैं—

(a) इसका भार Mg,

(b) फर्श द्वारा अभिलंब बल तथा

(c) फर्श द्वारा घर्षण बल f.

पहले दोनों बल ऊर्ध्वाधर दिशा में हैं जबकि घर्षण बल क्षैतिज दिशा में है। चूँकि गेंद के द्रव्यमान केंद्र के वेग v_{CM} में कमी आ रही है, घर्षण बल वेग के विपरीत, अर्थात चित्र 19.7 में बायीं ओर लग रहा होगा।

गेंद के केंद्र के प्रति घर्षण बल के बल-आघूर्ण की दिशा का विचार करें। चित्र से स्पष्ट है कि यह बल-आघूर्ण दक्षिणावर्ती दिशा में होगा। परंतु, इस बल-आघूर्ण के कारण तो कोणीय वेग ω को और बढ़ना चाहिए था जबकि ω का मान भी घटता जा रहा है।

गेंद के कोणीय वेग के घटने का अर्थ है, इसपर लगता कुल बल-आघूर्ण वामावर्ती होना चाहिए। कौन-सा बल यह वामावर्ती बल-आघूर्ण पैदा कर रहा है? गेंद का भार Mg तो इसके केंद्र से ही जाएगा और केंद्र के प्रति इसका बल-आघूर्ण शून्य होगा। क्या फर्श द्वारा लगाया जा रहा अभिलंब बल यह वामावर्ती बल-आघूर्ण पैदा कर रहा है? अभिलंब बल गेंद व फर्श के संपर्क बिंदु से लगता है और चित्र 19.7 में यदि संपर्क बिंदु से फर्श पर अभिलंब खीचें तो वह भी केंद्र से होकर जाएगा और उसका बल-आघूर्ण भी शून्य होगा। फिर यह कोणीय वेग कम कैसे हो रहा है?

वस्तुतः, जब गेंद फर्श को दबाती है, तो दोनों में संपर्क के स्थान पर थोड़ा विरूपण (deformation) होता है और दोनों में संपर्क एक बिंदु पर नहीं होकर थोड़े-से क्षेत्रफल पर होता है। इस क्षेत्रफल में गेंद के पीछे का हिस्सा फर्श पर से उठ रहा होता है जबकि आगे का हिस्सा फर्श को और अधिक बल से दबा रहा होता है। इस कारण परिणामी अभिलंब बल की क्रियारेखा थोड़ा आगे खिसक जाती है। गेंद के केंद्र के प्रति इस अभिलंब बल का बल-आघूर्ण वामावर्ती दिशा में होता है और इस कारण परिणामी बल-आघूर्ण भी वामावर्ती दिशा में होता है और कोणीय वेग भी कम होता जाता है।

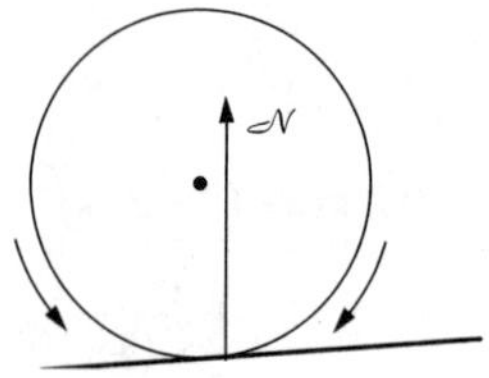

चित्र 19.8

• *हल किए गए प्रश्न* •

1. *एक चिकने क्षैतिज तल पर M द्रव्यमान तथा a लंबाई की एक समरूप छड़ रखी गई है। द्रव्यमान m वाला एक कण तल पर छड़ के लंबवत v चाल से चलता हुआ इस छड़ के केंद्र से $a/4$ दूरी पर टकराता है। टक्कर के बाद कण स्थिर हो जाता है। टक्कर के तुरंत बाद (a) छड़ के केंद्र का वेग निकालें, (b) छड़ के केंद्र के प्रति छड़ का कोणीय वेग निकालें।*

हल प्रश्न में दी गई परिस्थिति चित्र 19.W1 में दिखाई गई है। चूँकि छड़ तथा कण के निकाय पर कोई परिणामी बाहरी बल नहीं है, इसका रेखीय संवेग अचर रहेगा।

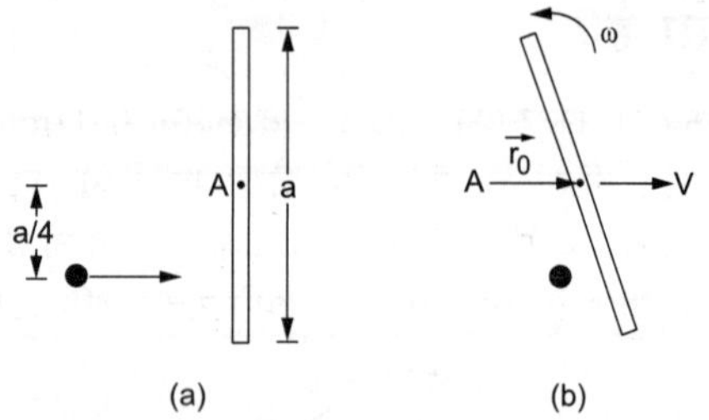

चित्र 19.W1

(a) यदि टक्कर के बाद छड़ के केंद्र का वेग V हो जाता है, तो

$$mv = MV \quad \text{या} \quad V = \frac{m}{M}v.$$

(b) मान लें कि छड़ का केंद्र A है। A से ऊर्ध्वाधर रेखा AB लें। कण का इस रेखा के प्रति कोणीय संवेग,

$$L = mv\left(\frac{a}{4}\right).$$

यही कण और छड़ के निकाय का भी कोणीय संवेग है। टक्कर के तुरंत बाद कण विरामावस्था में आ जाता है। अतः, उसका कोणीय संवेग शून्य है। छड़ आगे की ओर V वेग से चलने लगती है तथा अपने केंद्र से जानेवाली ऊर्ध्वाधर रेखा (जो टक्कर के बाद AB के समानांतर V वेग से चल रही है) के परितः ω कोणीय वेग से घूमती है। बिंदु A के प्रति इस छड़ का कोणीय संवेग,

$$\vec{L} = \vec{L}_{CM} + M\vec{r_0} \times \vec{V},$$

जहाँ $\vec{r_0}$ चलती छड़ के केंद्र का A के सापेक्ष स्थिति वेक्टर है। पर, $\vec{r_0} \parallel \vec{V}$, अतः $\vec{L} = \vec{L}_{CM}$.

अतः, छड़ का अपने केंद्र से जानेवाली ऊर्ध्वाधर रेखा के प्रति कोणीय संवेग वही होगा जो AB के प्रति होगा। यह कोणीय संवेग,

$$L_z = I\omega = \frac{Ma^2}{12}\omega.$$

AB के प्रति कोणीय संवेग के संरक्षण से,

$$mv\left(\frac{a}{4}\right) = \frac{Ma^2}{12}\omega \quad \text{या} \quad \omega = \frac{3mv}{Ma}.$$

2. 220 cm *परिधि का एक पहिया एक समतल सड़क पर शुद्ध लोटनी गति करता हुआ* 9 km/h *के वेग से चल रहा है। पहिया प्रति सेकंड कितने चक्कर लगा रहा है?*

हल शुद्ध लोटनी गति के लिए,

$$\omega = \frac{v}{r} = \frac{9 \text{ km/h}}{(220 \text{ cm}/2\pi)} = \frac{2\pi \times 9 \times 10^5}{220 \times 3600} \text{ rad/s}$$

$$= \frac{9 \times 10^5}{220 \times 3600} \text{ चक्कर/सेकंड} = \frac{25}{22} \text{ चक्कर/सेकंड।}$$

3. *एक समरूप बेलन को θ आनत कोण वाले नत तल पर लोटनी गति करने के लिए छोड़ दिया जाता है। बेलन तल पर बिना फिसले लुढ़कता है। तल पर बेलन के l लंबाई चलने पर उसके केंद्र की चाल कितनी होगी?*

हल चूँकि बेलन तल पर नहीं फिसल रहा है, तल द्वारा इसपर लगे घर्षण बल के कारण कोई कार्य नहीं हो रहा है। अतः, इसकी यांत्रिक ऊर्जा नहीं बदलेगी। यदि l दूरी चलने पर इसके केंद्र की

चाल v हो, तो इस समय बेलन की गतिज ऊर्जा,

$$K = \frac{1}{2}I\omega^2 + \frac{1}{2}mv^2 = \frac{1}{2}\left(\frac{1}{2}mr^2\right)\omega^2 + \frac{1}{2}mv^2$$

$$= \frac{1}{4}mv^2 + \frac{1}{2}mv^2 = \frac{3}{4}mv^2.$$

स्थितिज ऊर्जा में ह्रास $= mgl\sin\theta$.

अतः, $\frac{3}{4}mv^2 = mgl\sin\theta$

या $\quad v = \sqrt{\frac{4}{3}gl\sin\theta}.$

4. *एक समरूप बेलन, θ आनत कोण वाले नत तल पर बिना फिसले लुढ़क रहा है। बेलन तथा तल के बीच घर्षण गुणांक का न्यूनतम मान निकालें।*

हल मान लें कि बेलन का द्रव्यमान m तथा उसकी त्रिज्या r है। बेलन पर लगते बल हैं, (a) भार mg, नीचे की ओर; (b) अभिलंब बल $\mathcal{N}$ तथा (c) घर्षण बल f.

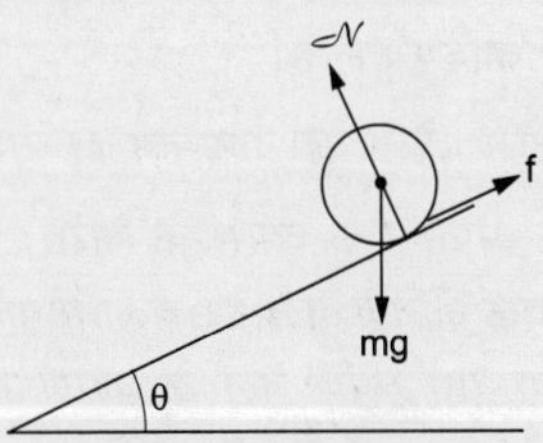

चित्र 19.W2

मान लें कि बेलन का रेखीय त्वरण, नीचे की ओर a है। तब बेलन की स्थानांतरीय गति के लिए,

$$mg\sin\theta - f = ma. \qquad \ldots \text{(i)}$$

बेलन पर लगते बल $\mathcal{N}$ का तथा mg का बल-आघूर्ण शून्य है। अतः, कुल बल-आघूर्ण घर्षण बल के बल-आघूर्ण fr के बराबर होगा। बेलन का कोणीय त्वरण $\alpha = \frac{a}{R}\cdot$ इस कोणीय गति के लिए,

$$fr = \left(\frac{1}{2}mr^2\right)\left(\frac{a}{r}\right). \qquad \ldots \text{(ii)}$$

समीकरण (i) तथा समीकरण (ii) से,

$$a = \frac{2}{3}g\sin\theta \text{ तथा } f = \frac{1}{3}mg\sin\theta.$$

अभिलंब बल $\mathcal{N} = mg\cos\theta$.

चूँकि $\quad f \le \mu\mathcal{N}$,

$$\text{अतः}\quad \mu \ge \frac{f}{\mathcal{N}} = \frac{\frac{1}{3}mg\sin\theta}{mg\cos\theta} = \frac{1}{3}\tan\theta.$$

5. *दो बेलनाकार वस्तुएँ अपने-अपने अक्ष के परितः ω_1 तथा ω_2 कोणीय वेग से घूर्णन कर रही हैं। इनकी त्रिज्याएँ r_1 तथा r_2 हैं और अपने अक्षों के प्रति इनके जड़त्व आघूर्ण I_1 तथा I_2 हैं। अब दोनों वस्तुओं को अपने अक्ष के समानांतर खिसकाते हुए पास-पास लाया जाता है, ताकि उनकी सतहें एक-दूसरे को स्पर्श करें (चित्र 19.W3)। संपर्क के स्थान पर वस्तुएँ एक-दूसरे पर फिसलती हैं और अंत में यह फिसलना बंद हो जाता है। इस समय वस्तुओं के कोणीय वेग निकालें।*

चित्र 19.W3

हल चूँकि दोनों बेलन अलग-अलग अक्षों के प्रति घूम रहे हैं, कोणीय संवेग संरक्षण का उपयोग करना कठिन है। जब फिसलना बंद होगा, तब संपर्क पर स्थित दोनों सतहों के रेखीय वेग बराबर होंगे।

जिस समय वस्तुएँ एक-दूसरे से सटती हैं, पहली वस्तु के संपर्क भाग का वेग $v_1 = \omega_1 r_1$ तथा दूसरी वस्तु के संपर्क भाग का वेग $v_2 = \omega_2 r_2$ होगा। मान लें कि $v_1 > v_2$ है। ऐसी स्थिति में पहले वस्तु की संपर्क सतह दूसरे वस्तु की संपर्क सतह पर (चित्र 19.W4) ऊपर की ओर फिसलेगी। इसलिए, पहली वस्तु पर घर्षण का बल f नीचे की ओर लगेगा। इस बल का पहले बेलन के अक्ष के प्रति बल-आघूर्ण fr_1 होगा जो इसके कोणीय वेग ω_1 को कम करेगा।

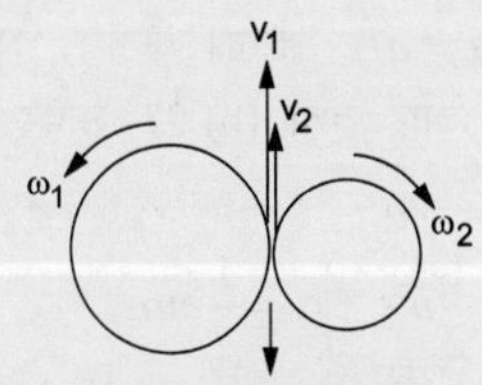

चित्र 19.W4

दूसरी वस्तु पर घर्षण बल ऊपर की ओर लगेगा (चित्र 19.W4) तथा इसका परिमाण f ही होगा। इस बल का दूसरे बेलन के अक्ष के प्रति बल-आघूर्ण fr_2 होगा जो इसके कोणीय वेग ω_2 को बढ़ाएगा। यह प्रक्रिया तब तक चलती रहेगी जब तक कि संपर्क सतहों पर दोनों वस्तुओं के रेखीय वेग बराबर न हो जाएँ। मान लें कि इस स्थिति में इनके कोणीय वेग ω_1' तथा ω_2' हो जाते हैं और इस स्थिति तक आने में t समय लगता है।

तब पहली वस्तु के लिए,

$$fr_1 = I_1\frac{\omega_1 - \omega_1'}{t} \qquad \ldots \text{(i)}$$

तथा दूसरी वस्तु के लिए,

$$fr_2 = I_2\frac{\omega_2' - \omega_2}{t}. \qquad \ldots \text{(ii)}$$

साथ ही, $\qquad \omega_1' r_1 = \omega_2' r_2. \qquad \ldots$ (iii)

समीकरण (i) तथा समीकरण (ii) से f को विलुप्त करने पर,

$$\frac{r_1}{r_2} = \frac{I_1(\omega_1 - \omega_1')}{I_2(\omega_2' - \omega_2)}. \qquad \ldots \text{(iv)}$$

समीकरण (iii) तथा समीकरण (iv) को हल करने पर,

$$\omega_1' = \frac{I_1\omega_1 r_2 + I_2\omega_2 r_1}{I_2 r_1^2 + I_1 r_2^2}r_2 \text{ तथा } \omega_2' = \frac{I_1\omega_1 r_2 + I_2\omega_2 r_1}{I_2 r_1^2 + I_1 r_2^2}r_1.$$

6. *एक बेलन को सिरों के पास दो रस्सियों से लपेटकर एक छत से लटकाया गया है (चित्र 19.W5)। रस्सियाँ खुलती जाती हैं और बेलन नीचे आता है। जब बेलन h दूरी नीचे आ जाए, उस समय उसके केंद्र का वेग निकालें।*

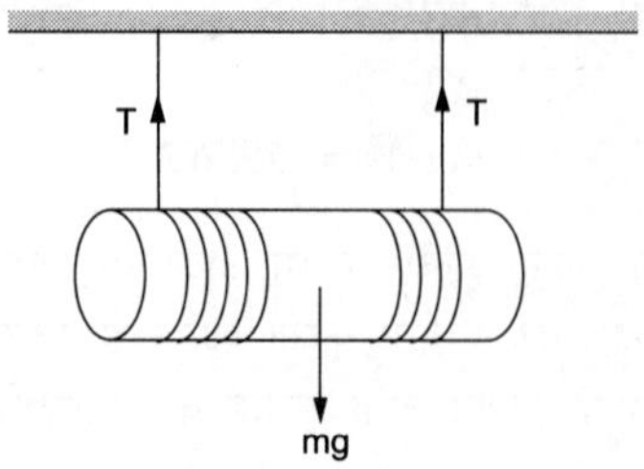

चित्र 19.W5

हल किसी भी क्षण छत तथा बेलन के बीच की रस्सी विरामावस्था में है। अतः, बेलन की सतह का जो हिस्सा रस्सी के इस ऊर्ध्वाधर हिस्से के साथ संपर्क में है, उसका वेग भी शून्य है। अतः, बेलन की गति शुद्ध लोटनी गति है और वह दोनों रस्सियों से बने ऊर्ध्वाधर तल पर बिना फिसले नीचे लुढ़कते हुए आ रहा है।

यदि बेलन के केंद्र का रेखीय त्वरण a हो, तो बेलन के घूमने का कोणीय त्वरण $\alpha = a/r$ होगा। बेलन पर लगनेवाले बल हैं, (a) mg नीचे की ओर तथा (b) $2T$ ऊपर की ओर।

अतः, $mg - 2T = ma$

तथा $(2T)r = \left(\frac{1}{2}mr^2\right)\alpha = \frac{1}{2}mra.$

उपर्युक्त दोनों समीकरणों से, $a = \frac{2}{3}g.$

यदि h दूरी तक नीचे आने पर बेलन के केंद्र का वेग v हो, तो

$$v^2 = 2 \times a \times h = 2 \times \frac{2}{3}g \times h$$

या $v = \sqrt{\frac{4}{3}gh}.$

7. *एक क्षैतिज तल पर m द्रव्यमान का एक समरूप ठोस गोला रखा है। इसके उच्चतम बिंदु पर F परिमाण का एक बल क्षैतिज दिशा में लगाया जाता है। यदि गोला बिना फिसले तल पर गति करे तो गोले के केंद्र का त्वरण निकालें।*

हल प्रश्न में दी गई परिस्थिति चित्र 19.W6 में दिखाई गई है। बिना फिसले लुढ़कने के लिए क्षैतिज तल द्वारा गोले पर कुछ घर्षण का बल लगना आवश्यक है। यह बात आगे के समीकरणों से स्पष्ट हो जाएगी। मान लें कि तल गोले पर f परिमाण का घर्षण बल आगे की ओर लगाता है।

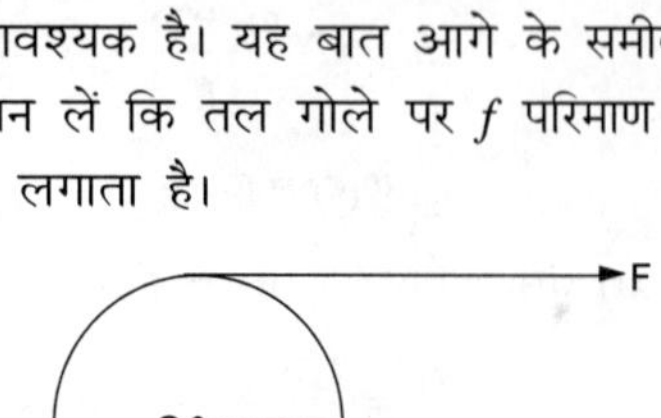

चित्र 19.W6

वस्तु पर कुल क्षैतिज बल $= F + f$.

अतः, केंद्र का त्वरण $a = \frac{F+f}{m}$

या $F + f = ma.$ ... (i)

यदि गोले की त्रिज्या r हो, तो अक्ष के प्रति (चित्र के तल के लंबवत, केंद्र से जाता हुआ) इसपर लगता कुल बल-आघूर्ण

$= Fr - fr.$

अतः, कोणीय त्वरण के लिए,

$$(F - f)r = \left(\frac{2}{5}mr^2\right)\alpha$$

या $F - f = \frac{2}{5}mr\alpha = \frac{2}{5}ma.$ ... (ii)

समीकरण (i) तथा समीकरण (ii) से,

$$a = \frac{10F}{7m}.$$

इन्हीं समीकरणों से, $f = \frac{3}{7}F.$

अतः, बिना फिसले लुढ़कने के लिए गोले पर आगे की ओर घर्षण लगना आवश्यक है।

8. *एक समरूप ठोस गोले का द्रव्यमान M तथा त्रिज्या r है। इसे $\frac{v_0}{2r}$ कोणीय वेग से अपने एक व्यास के परितः घुमाया जाता है तथा v_0 रेखीय वेग से एक क्षैतिज तल पर चला दिया जाता है (चित्र 19.W7)। तल द्वारा लगाए गए घर्षण बल के कारण गोले का रेखीय वेग तथा इसके कोणीय वेग बदलते हैं और अंत में वह शुद्ध लोटनी गति करने लगता है। इस अवस्था में गोले का रेखीय वेग निकालें। सतहों के विरूपण को अनदेखा करें।*

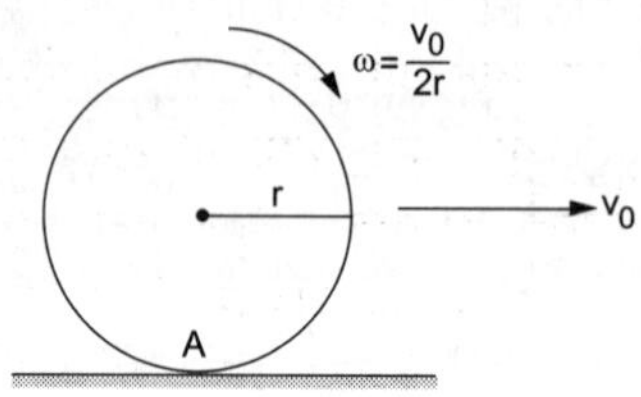

चित्र 19.W7

हल **पहली विधि—**

प्रारंभ में गोले का कोणीय वेग,

$$\omega_0 = \frac{v_0}{2r}$$

या $\omega_0 r = \frac{v_0}{2} < v_0.$

अतः, संपर्क पर गोले की सतह क्षैतिज सतह पर आगे की ओर फिसलेगी और गोले पर घर्षण पीछे की ओर लगेगा। चूँकि यह गतिज घर्षण है,

$$f = \mu \mathcal{N} = \mu Mg.$$

अतः, गोले के केंद्र का त्वरण $a = \frac{f}{M} = \mu g.$

समय t पर गोले के केंद्र का वेग,

$$v(t) = v_0 - \mu gt. \quad \text{... (i)}$$

इस घर्षण बल का बल-आघूर्ण $=\mu Mgr$ तथा गोले का जड़त्व आघूर्ण $=\frac{2}{5}Mr^2$.

अतः, गोले का कोणीय त्वरण,

$$\alpha=\frac{\tau}{I}=\frac{\mu Mgr}{\frac{2}{5}Mr^2}=\frac{5\mu g}{2r}\cdot$$

यह कोणीय त्वरण गोले के कोणीय वेग को बढ़ाएगा। t समय में गोले का कोणीय वेग,

$$\omega(t)=\omega_0+\alpha t=\frac{v_0}{2r}+\frac{5\mu g}{2r}t$$

या $$r\,\omega(t)=\frac{v_0}{2}+\frac{5\mu gt}{2}\cdot \qquad \text{... (ii)}$$

गोले का फिसलना तब बंद होगा, जब $v(t)=r\,\omega(t)$.

समीकरण (i) तथा समीकरण (ii) से,

$$v_0-\mu gt=\frac{v_0}{2}+\frac{5\mu g}{2}t$$

या $$\mu gt=\frac{v_0}{7}\cdot$$

समीकरण (i) से,

$$v(t)=v_0-\frac{v_0}{7}=\frac{6}{7}v_0.$$

दूसरी विधि—

प्रारंभ में क्षैतिज तल पर गोले के संपर्क-बिंदु A के प्रति बल-आघूर्ण पर विचार करें। किसी भी समय घर्षण की क्रियारेखा इस बिंदु से गुजरती है। अतः, घर्षण बल का बल-आघूर्ण A के प्रति शून्य है। भार तथा अभिलंब बल, एक ही रेखा पर, बराबर तथा विपरीत दिशा में हैं, अतः उनका भी कुल बल-आघूर्ण A के प्रति शून्य है। अतः, बिंदु A के प्रति गोले का कोणीय संवेग गति के दौरान नहीं बदलेगा। A से जानेवाली चित्र के तल के लंबवत रेखा के प्रति कोणीय संवेग की गणना करें।

$$\vec{L}=\vec{L}_{CM}+M\vec{R}\times\vec{v}.$$

प्रारंभिक कोणीय संवेग,

$$L_z=I_{CM}\omega_0+Mrv_0$$
$$=\left(\frac{2}{5}Mr^2\right)\left(\frac{v_0}{2r}\right)+Mrv_0=\frac{6}{5}Mrv_0.$$

जब गोले का फिसलना बंद हो जाता है तब उसका वेग v तथा कोणीय वेग v/r हो जाता है। इसी रेखा के प्रति अंतिम कोणीय संवेग

$$=\left(\frac{2}{5}Mr^2\right)\left(\frac{v}{r}\right)+Mrv=\frac{7}{5}Mrv.$$

चूँकि इस रेखा के प्रति संवेग नहीं बदलता, अतः

$$\frac{6}{5}Mrv_0=\frac{7}{5}Mrv \quad \text{या} \quad v=\frac{6}{7}v_0.$$

9. *R त्रिज्या तथा M द्रव्यमान का एक समरूप ठोस गोला एक क्षैतिज तल पर रखा है (चित्र 19.W8)। m द्रव्यमान का एक कण सतह से h ऊँचाई पर v_0 वेग से क्षैतिज दिशा में चलता हुआ गोले से टकराता है। टक्कर के बाद कण गोले में चिपक जाता है। $M>>m$ मानें ताकि चिपकने के बाद गोले तथा कण का संयुक्त द्रव्यमान केंद्र गोले का केंद्र ही माना जा सके। टक्कर के तुरत बाद (a) निकाय की रेखीय चाल, (b) गोले के केंद्र के सापेक्ष निकाय की कोणीय चाल तथा (c) h का मान, जिसके लिए गोला बिना फिसले सतह पर बढ़ सके, निकालें।*

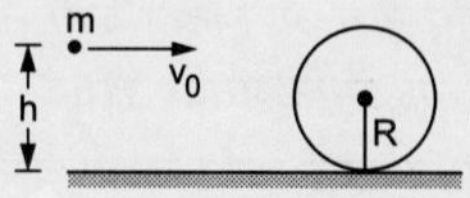

चित्र 19.W8

हल (a) गोले तथा कण के निकाय पर टक्कर के समय कुल बाहरी बल शून्य ले सकते हैं। घर्षण का बल एक निश्चित परिमाण का है और यदि टक्कर में बहुत कम समय लगता है तो इसके कारण संवेग में परिवर्तन नगण्य होगा। अतः, रेखीय संवेग के संरक्षण से,

$$mv_0=(M+m)v$$

या $$v=\frac{mv_0}{M+m}\cdot$$

(b) चूँकि $M>>m$, गोले का केंद्र पूरी संहति के द्रव्यमान केंद्र के स्थान पर ही माना जा सकता है। अतः, गोले के केंद्र से होकर चित्र के तल के लंबवत रेखा के प्रति कोणीय संवेग पर विचार करें।

टक्कर के ठीक पहले कोणीय संवेग $=mv_0(h-R)$

टक्कर के बाद इस रेखा के प्रति कोणीय संवेग

$$=\left(\frac{2}{5}MR^2+mR^2\right)\omega.$$

ध्यान दें कि अक्ष से कण की दूरी R के ही बराबर है।

कोणीय संवेग के संरक्षण के लिए,

$$mv_0(h-R)=\left(\frac{2}{5}MR^2+mR^2\right)\omega$$

या $$\omega=\frac{mv_0(h-R)}{\left(\frac{2}{5}M+m\right)R^2}\cdot$$

(c) यदि गोला बिना फिसले लुढ़कना प्रारंभ करता है, तो

$$v=\omega R$$

या $$\frac{mv_0}{M+m}=\frac{mv_0(h-R)}{\left(\frac{2}{5}M+m\right)R}\cdot$$

अतः, $$h=\left(\frac{\frac{7}{5}M+2m}{M+m}\right)R\approx\frac{7}{5}R.$$

• विचार हेतु प्रश्न •

1. *वस्तु की जो गति एक फ्रेम में शुद्ध स्थानांतरीय है, क्या वह किसी दूसरे फ्रेम में शुद्ध घूर्णन गति हो सकती है? क्या यह किसी दूसरे फ्रेम में मिश्र स्थानांतरीय घूर्णन गति हो सकती है?*

2. *एक गोला क्षैतिज सतह पर लुढ़क रहा है। क्या गोले पर कोई बिंदु ऐसा है, जिसका वेग ऊर्ध्वाधिर दिशा में होगा?*

3. *एक बेलनाकार बरतन में सेब का रस भरा है। यह बरतन एक आनत तल पर लोटनी गति करता हुआ a त्वरण से नीचे आता है। यदि इस बरतन का सारा रस पी लिया जाए और तब बरतन को इसी तल पर लोटनी गति करते हुए नीचे आने दिया जाए तो इसका त्वरण a से कम होगा, अधिक होगा या इसके बराबर होगा?*

4. *एक स्थिर अक्ष के प्रति शुद्ध घूर्णन करती वस्तु के लिए $v = \omega r$ सूत्र का प्रयोग करते हैं। एक समतल पर लोटनी गति करती हुई वस्तु के लिए $v = \omega r$ सूत्र का उपयोग करते हैं। इन दोनों परिस्थितियों में v के अर्थ किस प्रकार अलग हैं?*

5. *एक वस्तु एक क्षैतिज सतह पर आगे की ओर फिसलती हुई लुढ़कती (rolling with forward slipping) है। इसके केंद्र का वेग v_c तथा सबसे ऊपर के बिंदु का वेग v_t है। तब क्या $v_t > 2v_c$ या $v_t < 2v_c$ या $v_t = 2v_c$ होगा?*

6. *जमीन के फ्रेम में एक वस्तु मिश्र स्थानांतरीय-घूर्णन गति कर रही है। वस्तु की गतिज ऊर्जा इस फ्रेम में तथा वस्तु के द्रव्यमान केंद्र के फ्रेम में नापी जाती है। किस फ्रेम में गतिज ऊर्जा अधिक होगी?*

• सटीक उत्तरवाले प्रश्न I •

सही उत्तर का चयन करें।

1. समतल सतह पर शुद्ध लोटनी गति कर रहे एक वलय (ring) का केंद्र v_0 चाल से गतिशील है। वलय की परिधि पर स्थित उन कणों पर विचार करें जिनकी ऊँचाई सतह से उतनी ही है, जितनी वलय के केंद्र की है। इन कणों की चाल होगी

   (a) 0 (b) v_0
   (c) $\sqrt{2}v_0$ (d) $2v_0$

2. 20 cm त्रिज्या वाले एक पहिये को एक खुरदरी क्षैतिज सतह पर चलाने के लिए धकेला जाता है। यह देखा जाता है कि जितने समय में पहिया केंद्र के परितः एक चक्कर पूरा करता है, उतने समय में यह जमीन पर 60 cm दूरी तय करता है। रेखीय तथा कोणीय त्वरणों को समरूप मानें। सतह के द्वारा पहिये पर लगाया गया घर्षण बल होगा

   (a) पहिये के वेग के अनुदिश
   (b) पहिये के वेग के विपरीत
   (c) पहिये के वेग के लंबवत
   (d) शून्य

3. स्कूटर के इंजन की कोणीय चाल (जो चक्कों की कोणीय चाल के बराबर है) प्रति सेकंड इस्तेमाल होते पेट्रोल के द्रव्यमान के समानुपाती होती है। मान लें कि एक स्कूटर एक अत्यंत कम घर्षण वाली सड़क पर एकसमान चाल से चल रहा है। यदि इंजन में पेट्रोल जाने की दर 10% बढ़ाई जाए, तो स्कूटर के वेग में वृद्धि होगी, लगभग

   (a) 50% (b) 10%
   (c) 20% (d) 0%

4. एक ठोस गोला, एक खोखला गोला तथा एक चकती के द्रव्यमान तथा त्रिज्याएँ समान हैं। इनको एक चिकने नत तल के शीर्ष पर रखकर छोड़ा गया है। नीचे तक पहुँचने में न्यूनतम समय लगेगा

   (a) ठोस गोले को
   (b) खोखले गोले को
   (c) चकती को
   (d) सबको एकसमान समय लगेगा

5. एक ठोस गोला, एक खोखला गोला तथा एक चकती के द्रव्यमान तथा त्रिज्याएँ समान हैं। इनको एक नत तल के शीर्ष पर रखकर छोड़ा गया है। नत तल तथा इन वस्तुओं के बीच घर्षण गुणांक समान है तथा इतना पर्याप्त नहीं है कि शुद्ध लोटनी गति हो सके। नीचे तक पहुँचने में न्यूनतम समय लगेगा

   (a) ठोस गोले को
   (b) खोखले गोले को
   (c) चकती को
   (d) सबको एकसमान समय लगेगा

6. पिछले प्रश्न में नीचे पहुँचने पर न्यूनतम गतिज ऊर्जा होगी

   (a) ठोस गोले की
   (b) खोखले गोले की
   (c) चकती की
   (d) सबको एकसमान समय लगेगा

7. खुरदरी क्षैतिज सतह पर रखे हुए एक एकसमान बेलन पर नगण्य द्रव्यमान की डोरी के कुछ फेरे लपेटे गए हैं। बेलन से l दूरी पर खड़ा हुआ एक व्यक्ति डोरी का एक सिरा पकड़कर अपनी ओर खींचता है (चित्र 19.Q1)। किसी सतह पर कोई वस्तु फिसलती नहीं है। बेलन व्यक्ति के हाथ तक पहुँचने तक डोरी की लंबाई जो उसके हाथ से गुजरेगी, होगी

   (a) l (b) $2l$
   (c) $3l$ (d) $4l$

चित्र 19.Q1

• सटीक उत्तरवाले प्रश्न II •

सही उत्तर (उत्तरों) का चयन करें।

1. चित्र 19.Q2 में एक समतल सड़क पर एकसमान रेखीय चाल v_0 से गतिशील साइकिल का पहिया दिखाया गया है।

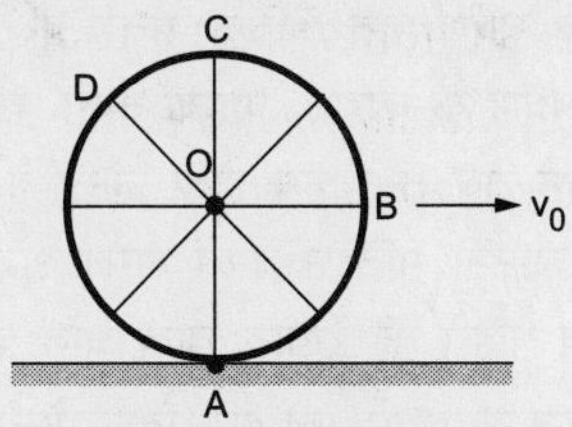

चित्र 19.Q2

(a) कण A की रेखीय चाल शून्य है।
(b) B, C तथा D में से प्रत्येक की चाल v_0 के बराबर है।
(c) C की चाल $2v_0$ है।
(d) B की चाल O की चाल से अधिक है।

2. दो अलग-अलग पदार्थों से बने दो एकसमान गोलों के द्रव्यमान तथा त्रिज्याएँ असमान हैं। इनको एक खुरदरे नत तल पर समान ऊँचाई से स्थिर अवस्था से छोड़ा जाता है। यदि गोले बिना फिसले लुढ़कते हैं, तो
(a) भारी गोला पहले नीचे पहुँचता है।
(b) बड़ा गोला पहले नीचे पहुँचता है।
(c) दोनों गोले एक साथ नीचे पहुँचते हैं।
(d) दी गई सूचना यह जानकारी प्राप्त करने के लिए पर्याप्त नहीं है कि कौन-सा गोला पहले नीचे पहुँचेगा।

3. समान द्रव्यमान तथा समान त्रिज्या वाला एक खोखला गोला तथा एक ठोस गोला एक खुरदरे नत तल से नीचे लुढ़कते हैं, तो
(a) खोखला गोला पहले नीचे पहुँचेगा।
(b) ठोस गोला अधिक चाल से नीचे पहुँचेगा।
(c) ठोस गोला अधिक गतिज ऊर्जा के साथ नीचे पहुँचेगा।
(d) दोनों गोले एकसमान रेखीय संवेग से नीचे पहुँचेंगे।

4. नीचे दी गई सतहों में से किस सतह पर एक गोला बिना फिसले नहीं लुढ़क सकता है?
(a) चिकनी क्षैतिज सतह पर (b) चिकनी नत सतह पर
(c) खुरदरी क्षैतिज सतह पर (d) खुरदरी नत सतह पर

5. पिछले पहियों से चालित कार में, इंजन पिछले पहियों को घुमाता है तथा अगले पहिये कार के चलने के कारण घूमते हैं। यदि ऐसी कार क्षैतिज सड़क पर आगे की ओर धनात्मक त्वरण के साथ चल रही हो, तो
(a) पिछले पहियों पर घर्षण आगे की दिशा में होगा।
(b) अगले पहियों पर घर्षण पीछे की दिशा में होगा।
(c) अगले पहियों पर घर्षण की तुलना में पिछले पहियों पर घर्षण अधिक परिमाण में होगा।
(d) कार पर कुल घर्षण पीछे की दिशा में होगा।

6. θ कोण वाले नत तल पर बिना फिसले किसी गोले को लुढ़कने के लिए घर्षण गुणांक $\frac{2}{7} g \tan\theta$ से अधिक होना चाहिए। एक नत तल तथा एक गोले के बीच घर्षण गुणांक $\frac{1}{7} g \tan\theta$ है। यदि नत तल पर ऊपर से गोला स्थिरावस्था से छोड़ा जाए, तो
(a) वह विरामावस्था में ही रहेगा।
(b) वह शुद्ध स्थानांतरीय गति करेगा।
(c) वह स्थानांतरीय गति भी करेगा तथा केंद्र के परितः घूर्णन गति भी करेगा।
(d) गोले के केंद्र के परितः इसका कोणीय संवेग नियत रहेगा।

7. एक गोला घर्षणयुक्त क्षैतिज सतह पर लुढ़क रहा है। यह धीरे-धीरे धीमा होकर रुक जाता है। घर्षण बल चेष्टा कर रहा है
(a) रेखीय वेग कम करने की (b) कोणीय वेग बढ़ाने की
(c) रेखीय संवेग बढ़ाने की (d) कोणीय वेग कम करने की

8. चित्र 19.Q3 में एक क्षैतिज सड़क पर चलती कार में रखा हुआ चिकना नत तल प्रदर्शित किया गया है। कार का त्वरण a है। नत तल का आनत कोण θ तथा कार के त्वरण a में संबंध $a = g\tan\theta$ है। यदि एक गोले को इस नत तल पर शुद्ध लोटनी गति कराकर छोड़ दिया जाए, तो
(a) यह शुद्ध लोटनी गति करता रहेगा।
(b) यह नत तल पर नीचे की ओर फिसलेगा।
(c) इसका रेखीय वेग बढ़ेगा।
(d) इसका रेखीय वेग धीरे-धीरे कम होगा।

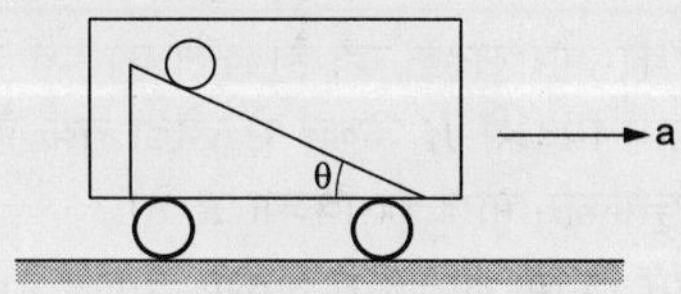

चित्र 19.Q3

• अभ्यास के प्रश्न •

1. एक बेलन एक क्षैतिज तल पर बिना फिसले लुढ़क रहा है। यदि द्रव्यमान केंद्र की चाल 25 m/s हो, तो शीर्षतम बिंदु की चाल कितनी होगी?

2. m द्रव्यमान का एक गोला एक समतल सतह पर बिना फिसले लुढ़क रहा है। जिस क्षण गोले का केंद्र v चाल से गतिशील है, उस क्षण गोले की गतिज ऊर्जा ज्ञात करें।

3. एक समरूप चकती की परिधि में खाँच बनी है तथा इसमें एक लंबी डोरी लिपटी हुई है। डोरी का दूसरा सिरा छत पर बँधा हुआ है। चकती एक ऊर्ध्वाधर तल में पकड़कर रखी गई है ताकि छत तथा चकती के बीच की डोरी ऊर्ध्वाधर रहे। इस स्थिति से चकती को छोड़ दिया जाता है। डोरी के खुलने से चकती घूमती हुई नीचे की ओर आती है। चकती का नीचे की ओर त्वरण ज्ञात करें।

4. चित्र 19.E1 में प्रदर्शित खुरदरे पथ पर h ऊँचाई पर स्थित बिंदु से एक छोटा गोलाकार बॉल छोड़ा जाता है। यह मान लें कि यह कहीं भी फिसलता नहीं है। जब यह पथ के क्षैतिज भाग पर आता है तब इसकी रेखीय चाल ज्ञात करें।

चित्र 19.E1

5. प्रश्न 4 में दिखाए गए पथ को सोचें। पथ के क्षैतिज भाग पर दायीं ओर से बायीं ओर एक छोटी चकती v चाल से लुढ़काकर छोड़ दी जाती है। यह भी पथ पर कहीं फिसलती नहीं है। यह पथ के वक्र भाग पर किस ऊँचाई तक चढ़ेगी?
6. θ आनत कोण वाले नत तल पर एक ठोस गोला नीचे की ओर लुढ़कना प्रारंभ करता है। जब यह नत तल पर l दूरी तय कर लेता है, इसके केंद्र की चाल ज्ञात करें।
7. θ आनत कोण वाले नत तल के शीर्ष से एक खोखला गोला छोड़ा जाता है। (a) फिसलने से बचाने के लिए गोले तथा तल के बीच घर्षण गुणांक का न्यूनतम मान कितना होना चाहिए? (b) यदि घर्षण गुणांक का मान भाग (a) में की गई गणना से प्राप्त मान का आधा हो, तो नत तल पर नीचे की ओर l दूरी तय करने के पश्चात गोले की गतिज ऊर्जा कितनी होगी?
8. एक अर्धगोलाकार स्थिर प्याले के किनारे के एक बिंदु से m द्रव्यमान का एक ठोस गोला गिरने को छोड़ दिया जाता है। यह गोला सतह पर लुढ़कता हुआ नीचे की ओर आता है। प्याले का किनारा क्षैतिज है। जब गोला प्याले के सबसे नीचे के बिंदु पर पहुँचता है, उस समय इसपर प्याले द्वारा लगाया गया अभिलंब बल ज्ञात करें।
9. चित्र 19.E2 में प्रदर्शित पथ का वक्र भाग बेलनाकार आकृति का है, जिसकी त्रिज्या R है। इसके क्षैतिज भाग पर r त्रिज्या वाले एक गोले को किस न्यूनतम रेखीय चाल से लुढ़कते हुए छोड़ा जाए कि यह बेलनाकार भाग में वृत्ताकार पथ पर पूरा चक्कर लगा सके?

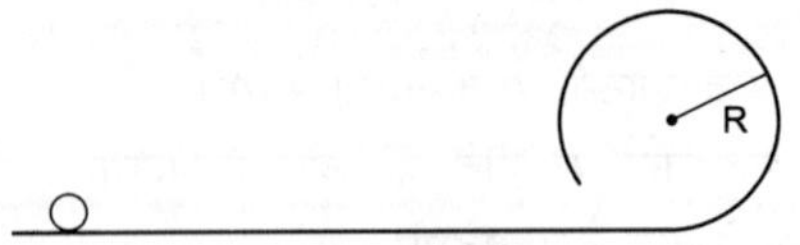

चित्र 19.E2

10. चित्र 19.E3 में m द्रव्यमान का एक गोलाकार बॉल लूप आकृति के पथ पर नीचे की ओर लुढ़क रहा है। बॉल को पथ के रेखीय भाग पर पथ के निम्नतम बिंदु से H ऊँचाई से छोड़ा गया है। चित्र में दिखाए गए पथ के वृत्ताकार भाग की त्रिज्या R है।
    (a) बिंदु A पर त्रिज्या क्षैतिज से θ कोण बनाती है। बॉल जब बिंदु A पर पहुँचता है तब उसकी गतिज ऊर्जा ज्ञात करें।
    (b) जब बॉल A पर है, उस समय इसके त्रिज्यीय तथा स्पर्शरेखीय त्वरण ज्ञात करें।
    (c) यदि $H = 60\ \text{cm}, R = 10\ \text{cm}, \theta = 0°$ तथा $m = 70\ \text{g}$ हो, तो बॉल पर लगनेवाले अभिलंब बल तथा घर्षण बल के मान ज्ञात करें।

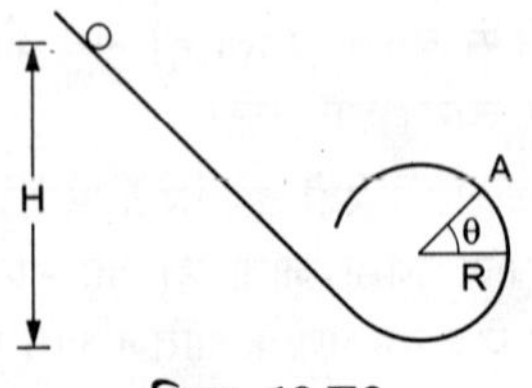

चित्र 19.E3

11. एक क्षैतिज सतह पर रखे हुए R त्रिज्या के पतले गोलीय कोश (shell) को क्षैतिज दिशा में छड़ी द्वारा एक तेज टक्कर मारी जाती है। इसको किस स्थान पर टक्कर मारी जाए कि यह सतह पर बिना फिसले गति कर सके?
12. R त्रिज्या का एक समरूप वलयाकार पहिया अपने अक्ष के परितः ω कोणीय चाल से घुमाया जाता है। अक्ष को क्षैतिज रखते हुए यह घूमता हुआ पहिया एक घर्षणयुक्त क्षैतिज सतह पर छोड़ दिया जाता है। संपर्क बिंदु पर घर्षण के कारण, पहिया आगे की ओर त्वरित होता है तथा इसका घूर्णन तब तक कम होता जाता है जब तक कि पहिया सतह पर शुद्ध लोटनी गति न करने लगे। शुद्ध लोटनी गति प्रारंभ करने के पश्चात पहिये की रेखीय चाल ज्ञात करें।
13. एक खुरदरी क्षैतिज सतह पर रखे हुए पतले गोलीय कोश को एक छड़ी द्वारा इस प्रकार टक्कर मारी जाती है कि टक्कर की क्रियारेखा कोश के केंद्र से गुजरती है। कोश बिना किसी प्रारंभिक कोणीय चाल के रेखीय चाल v से गति करना प्रारंभ कर देता है। जब कोश सतह पर शुद्ध लोटनी गति प्रारंभ करने लगता है तब इसकी रेखीय चाल ज्ञात करें।
14. एक चिकनी क्षैतिज सतह पर R त्रिज्या का एक खोखला गोला स्थित है। इसको शीर्षतम बिंदु पर एक स्पर्शरेखीय बल लगाकर खींचा जाता है। गोले के द्वारा एक पूर्ण परिक्रमा तय करने में लगे समय में इसके द्वारा तय की गई दूरी ज्ञात कीजिए।
15. एक क्षैतिज सतह पर 0.50 kg द्रव्यमान वाला एक ठोस गोला रखा हुआ है। संपर्क सतहों के बीच घर्षण गुणांक का मान 2/7 है। शीर्षतम बिंदु पर क्षैतिज दिशा में अधिकतम कितना बल लगाया जा सकता है कि गोला सतह पर नहीं फिसले?
16. एक घर्षणयुक्त क्षैतिज सतह पर R त्रिज्या का एक गोला आगे की ओर रेखीय चाल v तथा वामावर्ती दिशा में v/R कोणीय चाल से चलाकर छोड़ दिया जाता है (चित्र 19.E4)।

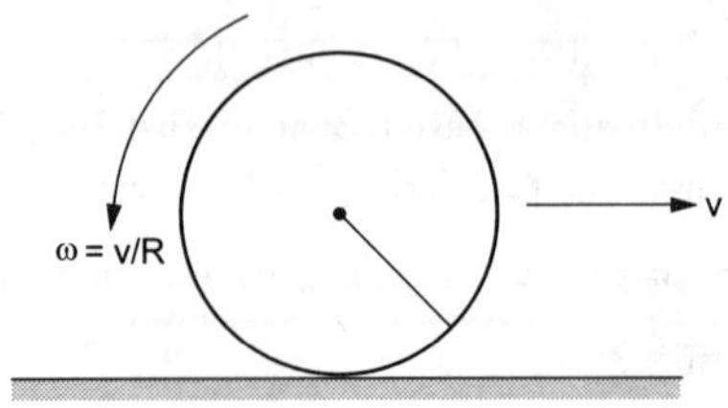

चित्र 19.E4

    (a) दिखाएँ कि थोड़ी देर बाद गोला घूमना बंद कर देगा। इस क्षण गोले की रेखीय चाल प्राप्त करें।
    (b) जब अंतिम रूप से फिसलना बंद हो जाए तथा शुद्ध लोटनी गति प्रारंभ हो जाए, उस समय गोले की रेखीय चाल प्राप्त करें।
17. एक घर्षणयुक्त क्षैतिज सतह पर रेखीय चाल v से एक ठोस गोला चल रहा है। यह गोला एक चिकनी, ऊर्ध्वाधर, स्थिर दीवार से प्रत्यास्थ टक्कर करता है। पीछे की दिशा में लौटते हुए गोले के शुद्ध लोटनी गति प्रारंभ करने पर रेखीय चाल ज्ञात कीजिए।
18. चित्र 19.E5 में प्रदर्शित नीचे की ओर जा रही घिरनी की त्रिज्या 20 cm तथा अपने अक्ष के प्रति जड़त्व आघूर्ण $0.20\ \text{kg}\cdot\text{m}^2$ है। टेबुल से जुड़ी स्थिर घिरनी के भार तथा टेबुल के घर्षण को अनदेखा करें। गुटके का द्रव्यमान 1.0 kg है। गुटके का त्वरण ज्ञात करें।

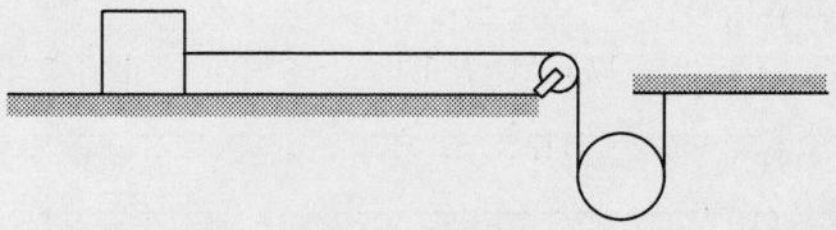

चित्र 19.E5

19. m द्रव्यमान तथा l लंबाई की एकसमान घनत्व वाली एक छड़ एक घर्षणरहित क्षैतिज सतह पर पड़ी है। इसके एक किनारे पर एक बल F समय अंतराल t के लिए छड़ के लंबवत लगाया जाता है। मान लें कि t इतना अल्प है कि इस अंतराल में छड़ की दिशा में कोई विशेष परिवर्तन नहीं होता है। बल लगना बंद होने के पश्चात (a) द्रव्यमान केंद्र की चाल, (b) द्रव्यमान केंद्र के परितः छड़ की कोणीय चाल, (c) छड़ की गतिज ऊर्जा तथा (d) द्रव्यमान केंद्र के परितः छड़ का कोणीय संवेग निकालें।

20. L लंबाई की एकसमान घनत्व वाली एक छड़ एक चिकने क्षैतिज टेबुल पर रखी हुई है। टेबुल पर छड़ के लंबवत गति करता हुआ एक कण, छड़ के एक किनारे पर टकराकर रुक जाता है। छड़ के 90° से घूमने के दौरान छड़ के द्रव्यमान केंद्र द्वारा तय की गई दूरी ज्ञात करें। दिखाएँ कि यदि छड़ का द्रव्यमान कण के द्रव्यमान का चार गुना हो, तो टक्कर प्रत्यास्थ होगी।

21. मान लें कि प्रश्न 20 में कण का द्रव्यमान m तथा टक्कर से पूर्व इसकी चाल v है तथा टक्कर के पश्चात यह छड़ से चिपक जाता है। छड़ का द्रव्यमान M है।
(a) 'छड़ एवं कण', इस निकाय के द्रव्यमान केंद्र C का वेग ज्ञात करें।
(b) टक्कर से पूर्व C के सापेक्ष कण का वेग ज्ञात करें।
(c) टक्कर से पूर्व C के सापेक्ष छड़ का वेग ज्ञात करें।
(d) टक्कर से पूर्व द्रव्यमान केंद्र C के सापेक्ष कण तथा छड़ के कोणीय संवेग ज्ञात कीजिए।
(e) टक्कर के पश्चात द्रव्यमान केंद्र C से गुजरनेवाले ऊर्ध्वाधर अक्ष के परितः निकाय का जड़त्व आघूर्ण ज्ञात कीजिए।
(f) टक्कर के पश्चात द्रव्यमान केंद्र C का वेग तथा द्रव्यमान केंद्र के परितः निकाय का कोणीय वेग ज्ञात करें।

• उत्तर •

सटीक उत्तरवाले प्रश्न I

1. (c) **2.** (a) **3.** (d) **4.** (d) **5.** (d) **6.** (b) **7.** (b)

सटीक उत्तरवाले प्रश्न II

1. (a), (c), (d) **2.** (c) **3.** (b) **4.** (b)
5. (a), (b), (c) **6.** (c) **7.** (a), (b) **8.** (a)

अभ्यास के प्रश्न

1. 50 m/s **2.** $\frac{7}{10}mv^2$ **3.** $\frac{2}{3}g$ **4.** $\sqrt{\frac{10gh}{7}}$

5. $\frac{3v^2}{4g}$ **6.** $\sqrt{\frac{10}{7}gl\sin\theta}$ **7.** (a) $\frac{2}{5}\tan\theta$ (b) $\frac{7}{8}mgl\sin\theta$

8. $\frac{17mg}{7}$ **9.** $\sqrt{\frac{27}{7}g(R-r)}$

10. (a) $mg(H-R-R\sin\theta)$ (b) $\frac{10}{7}g\left(\frac{H}{R}-1-\sin\theta\right), -\frac{5}{7}g\cos\theta$
(c) 4.9 N, 0.196 N ऊपर

11. $\frac{2R}{3}$ केंद्र के ऊपर **12.** $\frac{\omega R}{3}$ **13.** $\frac{3v}{5}$

14. $\frac{4\pi R}{3}$ **15.** 3.3 N

16. (a) $\frac{3v}{5}$ (b) $\frac{3v}{7}$

17. $\frac{3v}{7}$

18. 10 m/s^2

19. (a) $\frac{Ft}{m}$ (b) $\frac{6Ft}{ml}$ (c) $\frac{2F^2t^2}{m}$ (d) $\frac{Flt}{2}$

20. $\frac{\pi L}{12}$

21. (a) $\frac{mv}{M+m}$ (b) $\frac{Mv}{M+m}$ (c) $-\frac{mv}{M+m}$
(d) $\frac{M^2mvL}{2(M+m)^2}, \frac{Mm^2vL}{2(M+m)^2}$ (e) $\frac{M(M+4m)L^2}{12(M+m)}$
(f) $\frac{mv}{M+m}, \frac{6mv}{(M+4m)L}$

❑

अध्याय 20

गुरुत्वाकर्षण

20.1 ऐतिहासिक पृष्ठभूमि

कहते हैं कि न्यूटन ने वर्ष 1666 में एक पेड़ से सेब गिरते हुए देखा और उनके मस्तिष्क में यह ज्ञान कौंधा कि धरती सभी वस्तुओं को अपनी ओर खींचती है। यह कथा न्यूटन के साथ भी न्याय नहीं करती है और उनसे सैकड़ों वर्ष पहले के वैज्ञानिकों के साथ भी न्याय नहीं करती जिन्होंने पृथ्वी के गुरुत्वाकर्षण से संबंधित कई सिद्धांत विकसित किए थे। न्यूटन के काल से कोई 500 वर्ष पहले भास्कराचार्य ने अपने द्वारा रचित 'सिद्धांत शिरोमणि' नामक ग्रंथ में आकाशीय पिंडों के बारे में बहुत कुछ लिखा है। इस ग्रंथ के गोलाध्याय खंड के भुवनकोश के श्लोक 6 में वे लिखते हैं (आनंदाश्रम संस्कृत ग्रंथावलि 122, प्रकाशित 1943),

आकृष्टि शक्तिश्च मह्यी तथा यत्,
स्वस्थं गुरु स्वाभिमुखं स्वशक्त्या।
आकृष्यते तत्पततीव भाति,
समे समंतात्क्व पतत्वियं खे।।

इसका अर्थ है कि धरती में आकर्षण शक्ति है जिससे वह हर वस्तु को अपनी ओर खींचती है। इसी आकर्षण की शक्ति के कारण हर वस्तु धरती की ओर गिरती है।

न्यूटन की महानता सेब गिरना देखकर धरती के आकर्षण के बारे में जानने में नहीं है। 'सेब का गिरना' और 'चंद्रमा का पृथ्वी के चारों ओर लगभग वृत्तीय कक्षा में चलना', ये प्रकृति के एक ही नियम के प्रतिफल हैं, ऐसा सिद्धांत स्थापित करना न्यूटन की महानता है।

चंद्रमा पृथ्वी के चारों ओर $R=3.85\times10^5$ km की त्रिज्या के लगभग वृत्ताकार पथ में चलता है और एक चक्कर 27.3 दिनों में पूरा करता है। वृत्ताकार पथ में चलती वस्तु का त्वरण केंद्र की ओर होता है, इसलिए चंद्रमा पर पृथ्वी के केंद्र की ओर एक बल लगना चाहिए। यह स्वाभाविक-सी बात है कि यह बल पृथ्वी द्वारा लगाया जा रहा है।

चित्र 20.1

$$\text{चंद्रमा का त्वरण} = \omega^2 R = \frac{4\pi^2\times(3.85\times10^5\ \text{km})}{(27.3\ \text{days})^2} = 0.0027\ \text{m/s}^2.$$

दूसरी ओर पृथ्वी की सतह के आसपास की सेब आदि वस्तुएँ $9.8\ \text{m/s}^2$ के त्वरण से नीचे गिरती हैं।

$$\text{अतः},\ \frac{a_{\text{सेब}}}{a_{\text{चंद्रमा}}} = \frac{9.8\ \text{m/s}^2}{0.0027\ \text{m/s}^2} = 3600. \qquad \text{... (i)}$$

$$\text{पुनः},\ \frac{\text{चंद्रमा की पृथ्वी के केंद्र से दूरी}}{\text{सेब की पृथ्वी के केंद्र से दूरी}} = \frac{d_{\text{चंद्रमा}}}{d_{\text{सेब}}} = \frac{3.85\times10^5\ \text{km}}{6400\ \text{km}} = 60. \qquad \text{... (ii)}$$

समीकरण (i) तथा समीकरण (ii) से,

$$\frac{a_{\text{सेब}}}{a_{\text{चंद्रमा}}} = \left(\frac{d_{\text{चंद्रमा}}}{d_{\text{सेब}}}\right)^2. \qquad \text{... (iii)}$$

न्यूटन ने यह माना कि चाहे पृथ्वी के सतह के पास की सेब जैसी वस्तुएँ हों या चंद्रमा-जैसा आकाशीय पिंड, पृथ्वी हर वस्तु पर एक ही नियम के अनुसार बल लगाती है। अपने समय का यह अत्यंत साहसिक फैसला था। प्राचीनकाल के पश्चिमी विज्ञान में यह धारणा प्रबल थी कि धरती पर की घटनाओं के नियम अलग होते हैं और आकाशीय पिंडों के अलग। न्यूटन ने इस अवधारणा से परे हटकर "संपूर्ण ब्रह्मांड में भौतिकी के एक ही प्रकार के नियम होते हैं"—इस अवधारणा की स्थापना की।

समीकरण (iii) से न्यूटन ने निष्कर्ष निकाला कि

$$a \propto \frac{1}{d^2}.$$

चूँकि बल त्वरण तथा द्रव्यमान के गुणनफल के बराबर होता है,

$$F \propto \frac{m}{d^2}.$$

चूँकि न्यूटन के तीसरे गति-नियम से धरती जितना बल किसी वस्तु पर लगाती है, उतना ही बल वस्तु भी धरती पर लगाती है, अतः यह बल धरती के द्रव्यमान के भी समानुपाती होना चाहिए।

अतः, धरती तथा किसी अन्य वस्तु के बीच बल,

$$F \propto \frac{Mm}{d^2}$$

या $$F = \frac{GMm}{d^2}. \qquad \dots (20.1)$$

यह समीकरण ही गुरुत्वाकर्षण का नियम कहलाता है।

न्यूटन ने समीकरण (20.1) को सिर्फ धरती द्वारा आकर्षण तक ही सीमित नहीं रखा, बल्कि यह स्थापित किया कि संसार की हर दो वस्तुएँ, जिनमें द्रव्यमान हों, एक-दूसरे को समीकरण (20.1) के अनुसार आकर्षित करती हैं। इतना ही नहीं न्यूटन ने यह भी माना कि G का मान भी पूरे संसार की सभी वस्तुओं के लिए समान है। आज हम जानते हैं कि G एक सार्वत्रिक (universal) स्थिरांक है और इसका मान 6.67×10^{-11} N m^2/kg^2 होता है।

न्यूटन ने गुरुत्वाकर्षण के बल का समीकरण इसी प्रकार निकाला हो, यह आवश्यक नहीं है। न्यूटन से पहले टाइको ब्राहे नामक खगोलवेत्ता ने वर्षों तक ग्रहों की स्थितियों का अध्ययन किया था और इस डाटा का उपयोग कर केपलर ने ग्रहों की गति के तीन नियम स्थापित किए थे। ये नियम हैं,

1. प्रत्येक ग्रह एक दीर्घवृत्ताकार (elliptical) पथ में चलता है जिसके एक फोकस पर सूर्य स्थित होता है।
2. सूर्य से ग्रह तक का वेक्टर बराबर समय में बराबर क्षेत्रफल से गुजरता है।
3. ग्रह की गति के आवर्तकाल का वर्ग, उसके पथ के बड़े अक्ष (major axis) के घन के समानुपाती होता है।

हो सकता है कि इन नियमों ने भी न्यूटन को समीकरण (20.1) तक पहुँचने में सहायता की हो।

धरती के आकर्षण बल की गणना करने में पृथ्वी के केंद्र से वस्तु की दूरी नापी गई है। इसका अर्थ है कि पृथ्वी द्वारा उसके बाहर की किसी वस्तु पर आकर्षण बल की गणना करने के लिए धरती को केंद्र पर रखा गया उतने ही द्रव्यमान का एक अकेला कण माना जा सकता है। यह परिणाम हम कलनशास्त्र के नियमों के आधार पर निकाल सकते हैं।

अब हम यह अच्छी तरह जानते हैं कि संसार के किसी भी दो कणों के बीच लगनेवाले गुरुत्वाकर्षण बल को समीकरण (20.1) द्वारा प्राप्त किया जा सकता है। बड़ी वस्तुओं के बीच लगते गुरुत्वाकर्षण बल की गणना आपके गणित के ज्ञान की कड़ी परीक्षा ले सकती हैं। पर, यदि वस्तु का आकार उनके बीच की दूरी d के सापेक्ष बहुत छोटा हो, तो हम उसे कण की भाँति ही ले सकते हैं और समीकरण (20.1) का प्रयोग कर सकते हैं। यदि वस्तु गोलाकार हो और उसका घनत्व वस्तु के अंदर दिशा पर निर्भर नहीं करता हो, तो उसके द्वारा उसके बाहर की वस्तु पर गुरुत्वाकर्षण बल की गणना के लिए उसके पूरे द्रव्यमान को उसके केंद्र पर मान सकते हैं।

अभ्यास 20.1

1.0 kg तथा 2.0 kg की दो छोटी वस्तुएँ एक-दूसरे से 100 cm की दूरी पर रखी हैं। यह मानते हुए कि इन वस्तुओं पर उनके गुरुत्वाकर्षण के अलावा और कोई बल नहीं लग रहा है, उनके प्रारंभिक त्वरण निकालें।

हल वस्तुओं के बीच लगनेवाले गुरुत्वाकर्षण बल का परिमाण,

$$F = \frac{Gm_1m_2}{r^2}$$

$$= \frac{6.67 \times 10^{-11}\ \text{N m}^2/\text{kg}^2 \times (1.0\ \text{kg}) \times (2.0\ \text{kg})}{(1.0\ \text{m})^2}$$

$$= 1.3 \times 10^{-10}\ \text{N}.$$

1.0 kg वाली वस्तु का त्वरण,

$$a_1 = \frac{F}{m_1} = \frac{1.3 \times 10^{-10}\ \text{N}}{1.0\ \text{kg}}$$

$$= 1.3 \times 10^{-10}\ \text{m s}^{-2}.$$

यह त्वरण 2.0 kg वाली वस्तु की ओर है। 2.0 kg वाली वस्तु का त्वरण,

$$a_2 = \frac{F}{m_2} = \frac{1.3 \times 10^{-10}\ \text{N}}{2.0\ \text{kg}}$$

$$= 6.5 \times 10^{-11}\ \text{m s}^{-2}.$$

यह त्वरण 1.0 kg वाली वस्तु की ओर होगा।

20.2 गुरुत्वाकर्षण स्थिरांक G का मापन

गुरुत्वाकर्षण स्थिरांक एक अत्यंत छोटी संख्या है। धरती के बल के कारण सतह के आसपास की वस्तु का त्वरण $g = 9.8$ m/s^2 होता है और इसे आसानी से नापा भी जा सकता है। यदि धरती की त्रिज्या R तथा उसका द्रव्यमान M हो, तो

$$g = \frac{F}{m} = \frac{GMm}{mR^2} = \frac{GM}{R^2}$$

से हम आसानी से G का मान प्राप्त कर सकते हैं। पर, न्यूटन के युग में, और उसके बाद भी लंबे समय तक वैज्ञानिकों को धरती के द्रव्यमान के बारे में जानकारी नहीं थी। हेनरी कैवेंडिश ने पहली बार 1798 में अपने प्रयोग द्वारा पृथ्वी के औसत घनत्व का मान निकाला था जिससे धरती का द्रव्यमान भी निकाला जा सकता है और G का मान भी। उसी प्रयोग को आधुनिक काल में 'कैवेंडिश का G मापने का प्रयोग' के नाम से जाना जाता है। हम इस महान प्रयोग का पूरा वर्णन तो नहीं करेंगे, पर इसके मूल चरणों का वर्णन अवश्य करेंगे।

दो वस्तुओं के बीच लगते बल को मापने के लिए बहुत ही सुग्राही यंत्र की आवश्यकता होगी। कूलंब ने दो आवेशित वस्तुओं के बीच लगने वाले बल का अध्ययन करने के लिए मरोड़ी तुला या ऐंठन तुला (torsional balance) की पद्धति का निर्माण किया था। उसी विधि का प्रयोग कर कैवेंडिश ने 1797 में; अर्थात न्यूटन द्वारा इस नियम के प्रतिपादन के एक शताब्दी से अधिक समय के बाद, प्रयोगशाला में दो गोलों के बीच लगते गुरुत्वाकर्षण बल को मापा।

इस विधि में धातु के दो छोटे गोले एक कम भार वाली छड़ के किनारों पर जोड़ दिए जाते हैं। इस छड़ को अपने मध्यबिंदु से क्वार्ट्ज के एक पतले एवं लंबे तार द्वारा लटका दिया जाता है। धातु के दो बड़े एवं भारी गोले इन छोटे गोलों के पास रख दिए जाते हैं जिससे सभी चार गोले एक

वृत्त की परिधि पर आ जाएँ (चित्र 20.2) तथा दोनों बड़े गोले छोटे गोलों की विपरीत दिशा में बराबर दूरी पर हों।

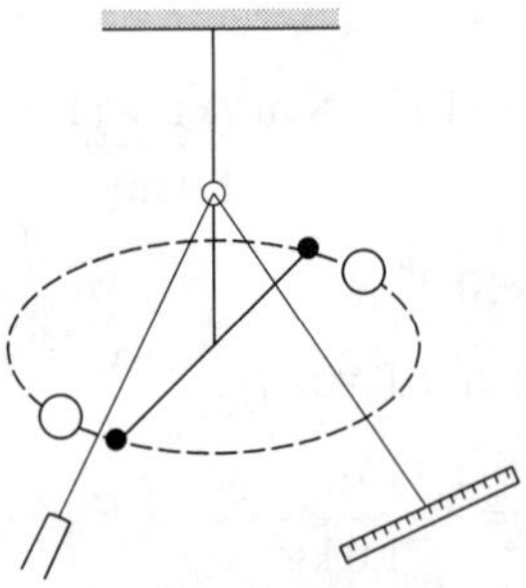

चित्र 20.2

क्वाट्‌र्ज के ऊर्ध्वाधर तार पर छड़ के पास एक छोटा-सा समतल दर्पण लगा देते हैं। प्रकाश की एक पतली बीम निश्चित दिशा से इस दर्पण पर डाली जाती है जो परावर्तन के बाद दूर रखे एक स्केल पर पड़ती है। यदि नीचे लगी छड़ जरा-सी भी घूम जाए तो साथ में दर्पण भी घूम जाएगा और परावर्तित किरण भी घूम जाएगी। यदि दर्पण θ कोण से घूमे तो परावर्तित किरण 2θ कोण से घूमेगी और स्केल पर पड़ता प्रकाश का स्पॉट स्केल पर खिसक जाएगा। इस दूरी को तथा दर्पण से स्केल की दूरी को नापकर दर्पण द्वारा घूमे हुए कोण θ का मान ज्ञात किया जा सकता है। यदि दर्पण तार के निचले सिरे के पास लगा हो, तो यही θ छड़ द्वारा घूमे हुए कोण का भी मान होगा।

जब बड़े गोले छोटे गोलों के पास लाए जाते हैं तो प्रत्येक बड़ा गोला अपने पास के छोटे गोले पर गुरुत्वाकर्षण का बल लगाता है। दूर वाले छोटे गोले पर लगाया गया बल अत्यंत छोटा होने के कारण प्रभावी नहीं होता। इन बलों के कारण छड़ थोड़ी घूमती है और तार में ऐंठन (twist) पैदा होती है। इस कारण तार छड़ पर उलटी दिशा में बल-आघूर्ण लगाता है और इसे घूमने से रोकने का प्रयास करता है। संतुलन की स्थिति तब आती है जब तार द्वारा लगाए गए बल-आघूर्ण का परिमाण बड़े गोलों द्वारा लगाए गए बल-आघूर्ण के परिमाण के बराबर हो जाता है।

ऐंठनयुक्त तार द्वारा नीचे जुड़े छड़ पर लगाया गया बल-आघूर्ण छड़ के घूमने के कोण θ के समानुपाती होता है। अर्थात, $\tau = k\theta$. इस k को तार का **ऐंठन स्थिरांक** (torsional constant) कहते हैं।

मान लें कि बड़े गोले का द्रव्यमान $= M$,

छोटे गोले का द्रव्यमान $= m$,

छड़ की लंबाई $= l$,

संतुलन की स्थिति में एक बड़े गोले की बगल के छोटे गोले से दूरी $= r$,

संतुलन की स्थिति में छड़ द्वारा घूमा हुआ कोण $= \theta$,

तार का ऐंठन स्थिरांक $= k$,

प्रत्येक बड़े गोले द्वारा बगल के छोटे गोले पर लगा बल $F = \frac{GMm}{r^2}$

तथा इसका बल-आघूर्ण $= F(l/2)$.

छड़ पर दोनों गोलों द्वारा कुल बल-आघूर्ण $\tau = 2\times(Fl/2) = Fl$.

तार द्वारा लगाया गया बल-आघूर्ण $= k\theta$.

संतुलन के लिए, $Fl = k\theta$

या $$\frac{GMm}{r^2}l = k\theta$$

या $$G = \frac{k\theta r^2}{Mml}. \qquad \text{... (i)}$$

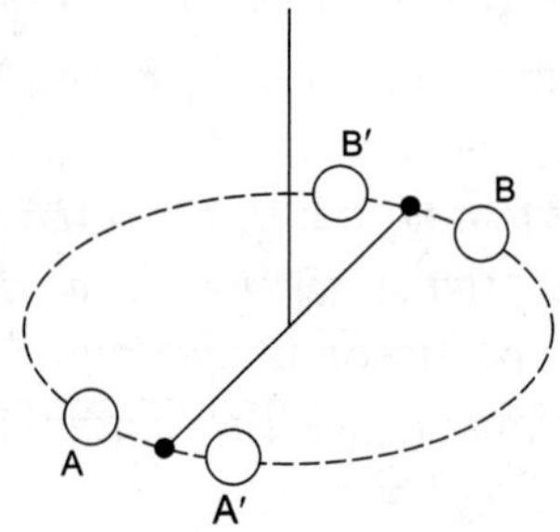

चित्र 20.3

छड़ के घूमने का कोण θ भी बहुत छोटा होता है और इसका मापन कठिन होता है। इसको थोड़ा और बढ़ाने के लिए कैवेंडिश ने पहले गोलों को रखकर छड़ को संतुलित होने दिया तथा प्रकाश की बीम तार पर लगे दर्पण से परावर्तित होकर जहाँ स्केल पर पड़ी, उसे चिह्नित कर दिया। यह प्रारंभिक पठन हुआ। अब गोलों को उसी वृत्त पर, छोटे गोलों से पहली जितनी दूरी पर ही, पर पहले के सापेक्ष उलटी तरफ (चित्र 20.3) रख दिया। अतः, छड़ अब सामान्य अवस्था की दूसरी ओर उतने ही विक्षेप पर संतुलित होगी। इस प्रक्रिया में चूँकि दर्पण 2θ कोण घूमा है, परावर्तित बीम 4θ कोण से घूम जाएगी। यदि स्केल पर प्रकाश का विस्थापन d और दर्पण से स्केल की दूरी D हो ($D >> d$), तो चित्र 20.4 से,

$$4\theta = \frac{d}{D}$$

या $$\theta = \frac{d}{4D}.$$

समीकरण (i) में θ का मान रखने पर,

$$G = \frac{kdr^2}{4MmlD}.$$

दाहिनी ओर की सभी राशियाँ नापी हुई हैं और इसलिए यहाँ से G का मान निकाला जा सकता है।

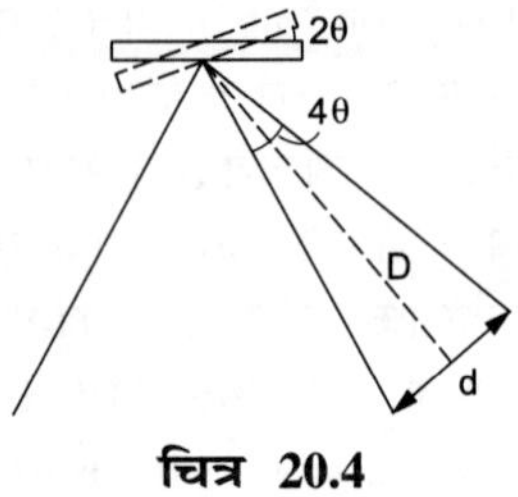

चित्र 20.4

कैवेंडिश के मूल प्रयोग में इस गुरुत्वाकर्षण बल को मापकर पृथ्वी के घनत्व का मान निकाला गया था। उस समय पृथ्वी की त्रिज्या पता थी पर द्रव्यमान पता नहीं था। कैवेंडिश ने कई बार अपने प्रयोग को दोहराया और घनत्व का औसत मान 5.48 g/cm^3 प्राप्त किया। यह आज के हमारे स्वीकृत मान 5.52 g/cm^3 के बहुत करीब है।

20.3 गुरुत्वीय स्थितिज ऊर्जा (Gravitational Potential Energy)

एक संरक्षित बल (conservative force) के कारण स्थितिज ऊर्जा के बारे में हम आपको पहले बता चुके हैं। किसी निकाय पर लगते संरक्षित बल $\vec{F}$ से संबद्धित स्थितिज ऊर्जा U के लिए,

$$U_f - U_i = -\int_i^f \vec{F} \cdot d\vec{r},$$

जहाँ $d\vec{r}$, अंतराल के सूक्ष्म भाग में बल के क्रिया-बिंदु का विस्थापन है तथा i और f, प्रारंभिक (initial) तथा अंतिम (final) स्थिति को निरूपित करते हैं। हमने धरती की सतह के पास किसी वस्तु को h ऊँचाई से उठा देने पर होने वाली गुरुत्वीय स्थितिज ऊर्जा में परिवर्तन के लिए भी व्यंजक प्राप्त किया था,

$$U_f - U_i = mgh.$$

इस व्यंजक को प्राप्त करने के लिए हमने वस्तु पर लगते बल mg को अचर मान लिया था। अब हम दो वस्तुओं के बीच लगनेवाले गुरुत्वाकर्षण बल के कारण गुरुत्वीय स्थितिज ऊर्जा के लिए और व्यापक व्यंजक प्राप्त करेंगे।

मान लें कि m_1 द्रव्यमान का एक कण किसी बिंदु A पर स्थिर रखा गया है (चित्र 20.5)। m_2 द्रव्यमान का दूसरा कण बिंदु A से r_1 दूरी पर स्थित बिंदु B से विस्थापित कर, A से r_2 दूरी पर स्थित बिंदु C पर ले जाया जाता है। A, B, C एक ही रेखा में हैं। इस प्रक्रिया में इन दोनों कणों के निकाय की गुरुत्वीय स्थितिज ऊर्जा में कितना परिवर्तन हुआ? इस प्रक्रिया में एक छोटे अंतराल का विचार करें जब कण की A से दूरी r से बढ़कर $r + dr$ हो जाती है। यह विस्थापन चित्र 20.5 में D से E तक दिखाया गया है। इस समय कण पर लगता बल $F = \frac{Gm_1 m_2}{r^2}$, A की ओर होगा।

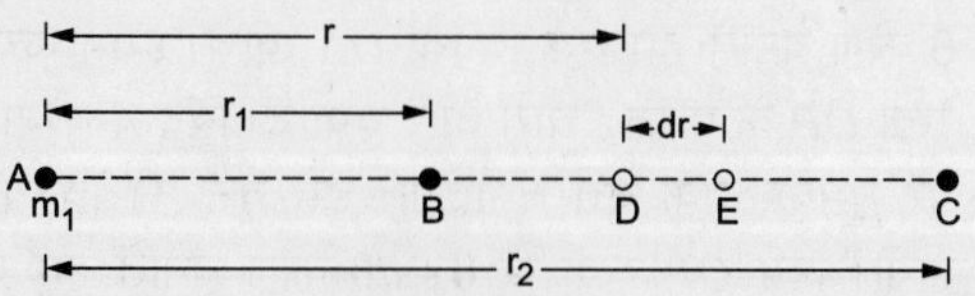

चित्र 20.5

इस बल द्वारा किया गया कार्य, $dW = -\frac{Gm_1 m_2}{r^2} dr.$

स्थितिज ऊर्जा में परिवर्तन, $dU = -dW = \frac{Gm_1 m_2}{r^2} dr.$

दोनों कणों के बीच की दूरी r_1 से बदलकर r_2 होने में स्थितिज ऊर्जा में परिवर्तन,

$$U(r_2) - U(r_1) = \int dU = \int_{r_1}^{r_2} \frac{Gm_1 m_2}{r^2} dr = Gm_1 m_2 \int_{r_1}^{r_2} \frac{1}{r^2} dr$$

$$= Gm_1 m_2 \left[-\frac{1}{r} \right]_{r_1}^{r_2}$$

$$= Gm_1 m_2 \left(\frac{1}{r_1} - \frac{1}{r_2} \right). \quad \text{... (20.2)}$$

जब दोनों कणों के बीच दूरी बहुत अधिक हो (अनंत) तब इस निकाय की स्थितिज ऊर्जा को हम शून्य मानते हैं। अर्थात, हम $U(\infty) = 0$ लेते हैं। समीकरण (20.2) से,

$$U(r) = U(r) - U(\infty) = Gm_1 m_2 \left[\frac{1}{\infty} - \frac{1}{r} \right] = -\frac{Gm_1 m_2}{r}.$$

अतः, यदि m_1, m_2 द्रव्यमान के दो कणों के बीच की दूरी r हो, तो उनकी गुरुत्वीय स्थितिज ऊर्जा,

$$U(r) = -\frac{Gm_1 m_2}{r}. \quad \text{... (20.3)}$$

इस समीकरण को प्राप्त करने के लिए हमने एक कण को स्थिर माना था। पर, स्थितिज ऊर्जा सिर्फ कणों के बीच की दूरी पर निर्भर करती है, न कि उनके स्थानों पर। इसलिए, किसी भी प्रकार से यदि कणों के बीच की दूरी r हो, तो गुरुत्वीय स्थितिज ऊर्जा समीकरण (20.3) से ही दी जाएगी।

यदि हम दो से अधिक कणों का निकाय लें तो दो-दो कणों के जितने जोड़े बनें उन सबकी स्थितिज ऊर्जाएँ समीकरण (20.3) से निकालकर जोड़ दें। यही निकाय की गुरुत्वीय स्थितिज ऊर्जा होगी।

अभ्यास 20.2

तीन कणों को, जिनमें से प्रत्येक का द्रव्यमान 100 g है, दूर से लाकर 20 cm भुजा वाले समबाहु त्रिभुज के शीर्षबिंदुओं पर रखा जाता है। इस प्रक्रिया में किया जानेवाला कार्य ज्ञात करें।

हल जब कणों के बीच की दूरी बहुत अधिक है तब उन तीन कणों की गुरुत्वीय स्थितिज ऊर्जा शून्य है। जब इन कणों को समबाहु त्रिभुज के शीर्षबिंदुओं पर रखेंगे, तो तीन कणों से तीन जोड़े बनेंगे जिनमें से प्रत्येक के बीच की दूरी 20 cm होगी। अतः, कुल गुरुत्वीय स्थितिज ऊर्जा,

$$U = 3 \times \left[-\frac{Gm_1 m_2}{r} \right].$$

यहाँ $m_1 = m_2 = 100$ g तथा $r = 20$ cm.

$$\text{अतः}, U = 3 \times \left[-\frac{6.67 \times 10^{-11} \text{ N m}^2/\text{kg}^2 \times (0.1 \text{ kg}) \times (0.1 \text{ kg})}{0.20 \text{ m}} \right]$$

$$= -1.0 \times 10^{-11} \text{ J}.$$

कणों को त्रिभुज के कोनों तक लाकर रखने में बाहरी बलों द्वारा किया गया कार्य,

$$W = -1.0 \times 10^{-11} \text{ J}.$$

20.4 गुरुत्वीय विभव (Gravitational Potential)

मान लें हमें द्रव्यमानों का एक निकाय दिया गया है। यदि इस निकाय के सभी द्रव्यमानों को अपनी-अपनी जगह स्थिर रखते हुए एक अन्य द्रव्यमान m को बिंदु A से बिंदु B तक ले जाएँ तो कुल गुरुत्वीय स्थितिज ऊर्जा U_A से बदलकर U_B हो जाएगी। हम बिंदु A तथा B के बीच 'गुरुत्वीय विभव में परिवर्तन' $V_B - V_A$, नीचे दिए समीकरण द्वारा परिभाषित करते हैं।

$$V_B - V_A = \frac{U_B - U_A}{m}. \quad \text{... (20.4)}$$

समीकरण (20.4) से हमने दो बिंदुओं पर के गुरुत्वीय विभव का अंतर परिभाषित किया है, पर प्रत्येक बिंदु पर विभव क्या है यह परिभाषित नहीं किया; अर्थात हमने $V_B - V_A$ तो बता दिया, पर V_B और V_A क्या हैं, यह नहीं बताया है।

आप किसी भी बिंदु को चुनकर उस बिंदु का विभव शून्य मान सकते हैं। यह शुद्ध रूप से आपका चुनाव है और आप जिस बिंदु को चाहें उस बिंदु पर $V = 0$ ले सकते हैं। तब समीकरण (20.4) से सभी बिंदुओं के विभव निश्चित हो जाएँगे। साधारणतः, लोग दिए गए निकाय से बहुत दूर के किसी बिंदु पर शून्य विभव मानते हैं। ऐसे सभी दूरस्थ बिंदुओं पर विभव बराबर ही होगा। इसी को हम कहते हैं कि अनंत पर हमने विभव को शून्य लिया है। जिस बिंदु पर $V = 0$ लिया जाता है, उसे संदर्भ-बिंदु (reference point) कहते हैं। यदि A संदर्भ-बिंदु है, तो $V_A = 0$ तथा समीकरण (20.4) से,

$$V_B = \frac{U_B - U_A}{m}. \quad \ldots (20.5)$$

अतः, किसी निकाय के कारण किसी बिंदु B पर गुरुत्वीय विभव जानने के लिए आप एक कण को संदर्भ-बिंदु A से B तक लाएँ। इस प्रक्रिया में प्रति इकाई द्रव्यमान कुल गुरुत्वीय स्थितिज ऊर्जा में आया परिवर्तन B बिंदु पर निकाय के कारण गुरुत्वीय विभव है। मान लें, कोई व्यक्ति इस द्रव्यमान को धीरे-धीरे, बिना गतिज ऊर्जा में परिवर्तन लाए संदर्भ-बिंदु से दिए गए बिंदु तक लाता है, तो उस व्यक्ति द्वारा किया गया कार्य गुरुत्वीय स्थितिज ऊर्जा में परिवर्तन के बराबर होगा। अतः, किसी बिंदु पर विभव की परिभाषा इस प्रकार दी जा सकती है,

"संदर्भ-बिंदु से प्रति एकांक द्रव्यमान को किसी निकाय के गुरुत्वाकर्षण बल की उपस्थिति में धीरे-धीरे किसी बिंदु तक लाने में किया गया कार्य उस बिंदु पर, निकाय के कारण, **गुरुत्वीय विभव** कहलाता है।"

गुरुत्वीय विभव की SI इकाई जूल प्रति किलोग्राम, अर्थात J/kg है।

20.5 कुछ विशिष्ट निकायों के कारण गुरुत्वीय विभव की गणना

नीचे दी गई सभी परिस्थितियों में संदर्भ-बिंदु अनंत पर लिया गया है।

(a) एक कण के कारण विभव

मान लें कि M द्रव्यमान का एक कण बिंदु A पर रखा है और इससे r दूरी पर एक बिंदु P है। P बिंदु पर द्रव्यमान m के कारण विभव,

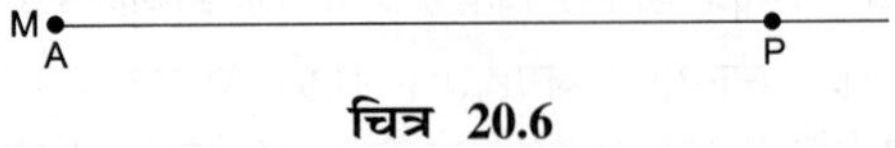

चित्र 20.6

$$V(r) = \frac{U(r) - U(\infty)}{m}$$

$$= -\frac{GMm}{rm} = -\frac{GM}{r}. \quad \ldots (20.6)$$

(b) एक समरूप रिंग के कारण इसके अक्ष के किसी बिंदु पर विभव

मान लें कि रिंग का द्रव्यमान M तथा इसकी त्रिज्या R है। रिंग के अक्ष पर इसके केंद्र O से r दूरी पर एक बिंदु P है जहाँ विभव का मान निकालना है।

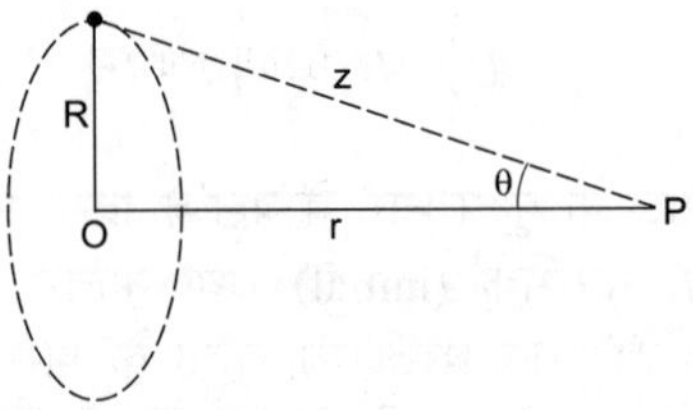

चित्र 20.7

इस रिंग का कोई छोटा हिस्सा लें जिसका द्रव्यमान dm हो। यहाँ से P बिंदु की दूरी $z = \sqrt{R^2 + r^2}$ होगी।

dm के कारण P बिंदु पर गुरुत्वीय विभव,

$$dV = -\frac{Gdm}{z} = -\frac{Gdm}{\sqrt{R^2 + r^2}}.$$

पूरी रिंग के कारण P बिंदु पर विभव,

$$V = \int -\frac{Gdm}{\sqrt{R^2 + r^2}} = -\frac{G}{\sqrt{R^2 + r^2}} \int dm$$

$$= -\frac{GM}{\sqrt{R^2 + r^2}}. \quad \ldots (20.7)$$

(c) समरूप पतले गोलाकार कोश (shell) के कारण विभव

मान लें कि गोलाकार कोश का द्रव्यमान M तथा त्रिज्या R है। इसके केंद्र O से r दूरी पर कोश के बाहर एक बिंदु P है जहाँ इस कोश के कारण गुरुत्वीय विभव निकालना है। OP रेखा से θ कोण बनाते हुए एक त्रिज्या OA खींचें। इस त्रिज्या OA को रेखा OP के परितः चारों ओर घुमा दें। बिंदु A कोश की सतह पर घूमकर एक वृत्त बनाएगा। इस वृत्त की त्रिज्या $R \sin\theta$ होगी। अब OP रेखा से $\theta + d\theta$ कोण बनाते हुए एक दूसरी त्रिज्या खींचें। इसे भी OP के परितः चारों ओर घुमा दें। यह कोश पर एक दूसरा वृत्त बनाएगा। इन दोनों वृत्तों के बीच कोश की सतह का जो पट्टे जैसा हिस्सा आ गया, उस पर विचार करें। चित्र 20.8 में यह हिस्सा छायांकित करके दिखाया गया है। इस पट्टे की चौड़ाई $Rd\theta$ होगी तथा इसका क्षेत्रफल $(2\pi R \sin\theta)(Rd\theta)$ के बराबर होगा।

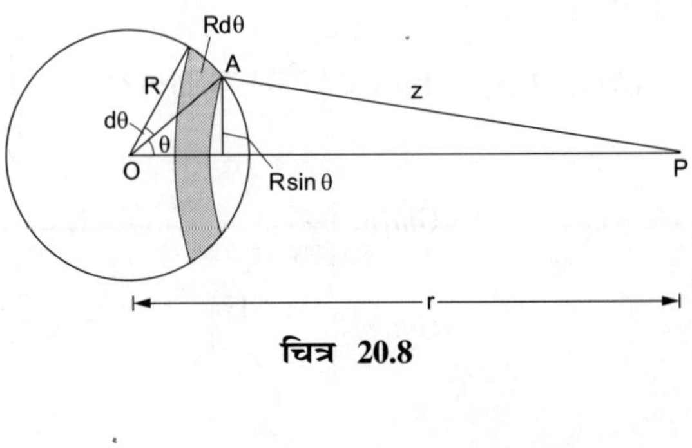

चित्र 20.8

चूँकि $Rd\theta$ चौड़ाई बहुत छोटी है, इस पट्टे को एक पतली रिंग माना जा सकता है। बिंदु P इस रिंग के अक्ष पर है तथा रिंग के केंद्र से $r - R\cos\theta$ दूरी पर है। रिंग का द्रव्यमान,

$$dm = \frac{M}{4\pi R^2}(2\pi R^2 \sin\theta\, d\theta)$$

$$= \frac{M}{2}\sin\theta\, d\theta$$

होगा। रिंग के कारण विभव के लिए समीकरण (20.7) का प्रयोग करने पर, इस रिंग के कारण P बिंदु पर विभव,

$$dV = -\frac{Gdm}{\sqrt{(r - R\cos\theta)^2 + (R\sin\theta)^2}}$$

$$= -\frac{G\left(\frac{M}{2}\sin\theta\, d\theta\right)}{\sqrt{r^2 + R^2 - 2rR\cos\theta}}.$$

यदि हम $\theta = 0$ लें, तो कोश पर यह रिंगनुमा पट्टा P के बिलकुल सामने के हिस्से पर बनेगा। जैसे-जैसे θ को शून्य से बढ़ाकर π तक ले जाते हैं, यह पट्टा कोश की सतह को पूरा आच्छादित कर लेगा। अतः, P बिंदु पर पूरे कोश के कारण विभव,

$$V = -\int_{\theta=0}^{\pi} \frac{GM}{2} \frac{\sin\theta\, d\theta}{\sqrt{R^2 + r^2 - 2Rr\cos\theta}}. \quad \text{... (i)}$$

मान लें कि $AP = z$,

तब $\quad z^2 = R^2 + r^2 - 2Rr\cos\theta$

या $\quad 2z\, dz = 2Rr\sin\theta\, d\theta$

या $\quad \sin\theta\, d\theta = \frac{zdz}{Rr}. \quad$ ... (ii)

साथ ही, जब $\theta = 0$ तब $z = AP = r - R$ तथा जब $\theta = \pi$ तब $z = AP = r + R$.

अतः, समीकरण (i) से,

$$V = -\int_{z=r-R}^{r+R} \frac{GM}{2Rr} \cdot \frac{zdz}{z} \quad \text{... (iii)}$$

$$= -\frac{GM}{2Rr}[(r+R) - (r-R)]$$

$$= -\frac{GM}{r}. \quad \text{... (20.8)}$$

यह एक अत्यंत महत्त्वपूर्ण परिणाम है। एक समरूप खोखले गोलाकार कोश के कारण कोश के बाहर के किसी बिंदु पर उतना ही गुरुत्वीय विभव होता है, जितना उतने ही द्रव्यमान के एक कण को कोश के केंद्र पर रखने से होता। दूसरे शब्दों में, कोश के बाहर के किसी बिंदु पर गुरुत्वीय विभव निकालने के लिए पूरे कोश को उसके केंद्र पर रखा माना जा सकता है।

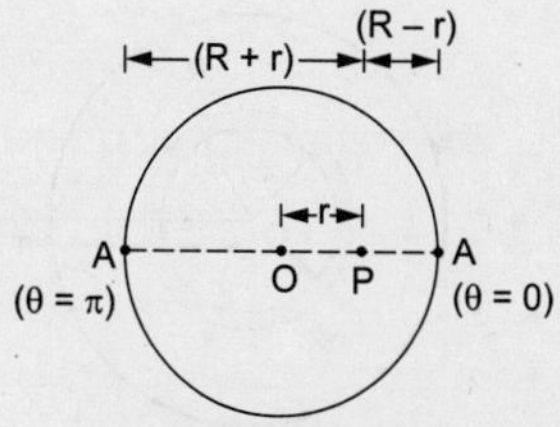

चित्र 20.9

क्या होगा यदि P बिंदु कोश के अंदर लिया जाए? हमारा सारा गणित समीकरण (ii) तक ऐसे ही चलेगा। परंतु, इस समाकलन की ऊपरी और निचली सीमाएँ फिर से देखनी होंगी। चित्र 20.9 में P बिंदु को गोलाकार कोश के अंदर दिखाया गया है।

जब $\theta = 0$ तब A बिंदु कोश के सबसे दायीं ओर होगा। इस स्थिति में,

$$z = AP = R - r$$

तथा जब $\theta = \pi$, तब A बिंदु कोश के सबसे बायीं ओर होगा। इस स्थिति में,

$$z = AP = R + r.$$

अतः, $\quad V = -\int_{z=R-r}^{R+r} \frac{GM}{2Rr} \cdot \frac{zdz}{z}$

$$= \frac{-GM}{2Rr}[(R+r) - (R-r)]$$

$$= -\frac{GM}{R}. \quad \text{... (20.9)}$$

यह व्यंजक r पर निर्भर नहीं करता, अर्थात कोश के अंदर सभी बिंदुओं पर कोश के कारण गुरुत्वीय विभव समान है। चित्र 20.10 में कोश से केंद्र की दूरी के साथ गुरुत्वीय विभव के परिवर्तन को दिखाया गया है।

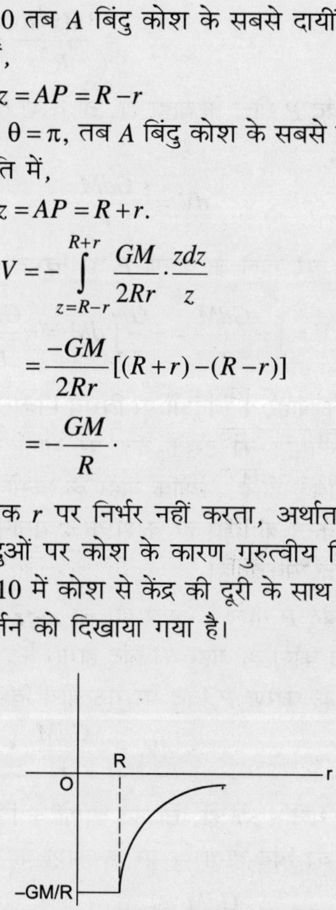

चित्र 20.10

(d) एकसमान घनत्व के ठोस गोले के कारण गुरुत्वीय विभव

मान लें कि गोले का द्रव्यमान M, त्रिज्या R तथा केंद्र O है। हमें केंद्र से r दूरी पर स्थित बिंदु P पर गोले के कारण गुरुत्वीय विभव निकालना है। चित्र 20.11 में x तथा $x + dx$ त्रिज्या की दो गोलीय सतहें दिखाई गई हैं जिनके केंद्र भी O पर हैं। इन दोनों गोलीय सतहों के बीच दिए गए गोले का जितना हिस्सा आ रहा है, उसपर विचार करें। यह एक पतले गोलाकार कोश की तरह है जिसकी त्रिज्या x है तथा द्रव्यमान dm है। यदि x का मान शून्य से लगातार बढ़ाते हुए R तक ले जाएँ, तो ये कोश मिलकर पूरा गोला बना लेंगे।

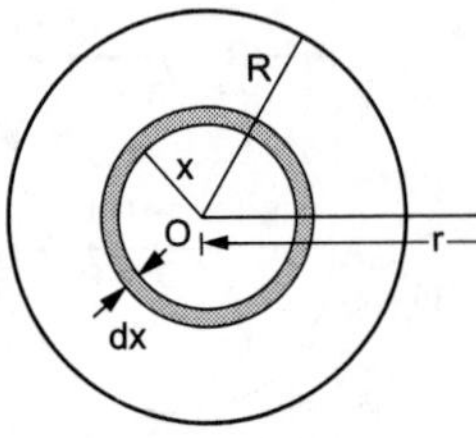

चित्र 20.11

इस कोश का आयतन $=(4\pi x^2)dx.$

अतः, इसका द्रव्यमान $dM = \frac{M}{\frac{4}{3}\pi R^3}\cdot 4\pi x^2 dx$

$$= \frac{3Mx^2 dx}{R^3}.$$

यदि बिंदु P गोले के बाहर हो, तो कोश के कारण P बिंदु पर विभव,

$$dV = -\frac{GdM}{r}.$$

अतः, पूरे गोले के कारण P पर विभव,

$$V = \int -\frac{GdM}{r} = -\frac{G}{r}\int dM = -\frac{GM}{r}. \quad \dots (20.10)$$

गोले के बाहर के बिंदुओं पर विभव निकालने के लिए गोले के पूरे द्रव्यमान को इसके केंद्र पर माना जा सकता है। यह स्वाभाविक ही है, क्योंकि बाहर के किसी भी बिंदु पर विभव प्राप्त करने के लिए हर कोश के द्रव्यमान को अपने केंद्र पर रखा जा सकता है।

यदि बिंदु P गोले के अंदर हो, तो $x<r$ वाले कोशों के लिए P बिंदु कोश के बाहर का बिंदु होगा। केंद्र से x दूरी पर स्थित कोश के कारण P बिंदु पर गुरुत्वीय विभव,

$$dV_1 = -\frac{GdM}{r}$$

होगा। यदि $x>r$ हो, तो उन कोशों के लिए P बिंदु कोश के अंदर का बिंदु होगा। x पर के कोश के कारण P पर विभव

$$dV_2 = -\frac{GdM}{x}$$

होगा। पूरे गोले के कारण P पर विभव,

$$V = \int_{x=0}^{r} dV_1 + \int_{x=r}^{R} dV_2$$

$$= \int_{x=0}^{r} -\frac{GdM}{r} + \int_{x=r}^{R} -\frac{GdM}{x}$$

$$= -\frac{G}{r}\int_{x=0}^{r} dM + \int_{x=r}^{R} -\frac{G\frac{3Mx^2}{R^3}dx}{x}$$

$$= -\frac{G}{r}\int_{x=0}^{r}\frac{3Mx^2}{R^3}dx - \frac{3GM}{R^3}\int_{x=r}^{R} x\,dx$$

$$= -\frac{3GM}{R^3 r}\left|\frac{x^3}{3}\right|_0^r - \frac{3GM}{R^3}\left|\frac{x^2}{2}\right|_{x=r}^{R}$$

$$= -\frac{GMr^2}{R^3} - \frac{3GM}{2R^3}(R^2 - r^2)$$

$$= -\frac{GM}{2R^3}(3R^2 - r^2).$$

गोले के केंद्र पर गोले के कारण विभव

$$= -\frac{3GM}{2R}. \quad \dots (20.11)$$

20.6 गुरुत्वीय क्षेत्र (Gravitational Field)

हम हमेशा कहते आए हैं कि एक कण अपने द्रव्यमान के कारण दूसरे कण पर गुरुत्वाकर्षण का बल लगाता है। इस दृष्टिकोण को action at a distance कहते हैं। इसमें हम यह सोचते हैं कि कोई कण किसी दूर रखे कण पर सीधा बल लगा सकता है। इस दृष्टिकोण में अनेक कठिनाइयाँ हैं और अब भौतिकशास्त्री इस दृष्टिकोण को नकार चुके हैं। एक द्रव्यमान m_1 द्वारा दूसरे द्रव्यमान m_2 पर लगनेवाले बल को हम दो चरणों की प्रक्रिया मानते हैं। पहले चरण में हम कहते हैं कि प्रत्येक द्रव्यमान अपने चारों ओर एक 'गुरुत्वीय क्षेत्र' नामक भौतिक राशि उत्पन्न करता है। यह राशि एक सदिश राशि है। अर्थात, हर बिंदु पर गुरुत्वीय क्षेत्र का एक परिमाण है और उसकी एक दिशा है। इस राशि को साधारणतः हम वेक्टर $\vec{E}$ लिखते हैं। इस राशि को कई बार गुरुत्वीय क्षेत्र की तीव्रता भी कहते हैं।

दूसरे चरण में हम कहते हैं कि यदि कोई द्रव्यमान एक गुरुत्वीय क्षेत्र में रखा हो, तो वह क्षेत्र द्रव्यमान पर बल लगाता है। अर्थात, जहाँ यह द्रव्यमान है, वहाँ पर जो क्षेत्र है वही उस कण पर बल लगाता है। गुरुत्वीय क्षेत्र $\vec{E}$ के परिमाण एवं दिशा की परिभाषा भी हम इसी बल द्वारा देते हैं। क्षेत्र $\vec{E}$ में रखे द्रव्यमान m पर क्षेत्र के द्वारा लगा बल,

$$\vec{F} = m\vec{E} \quad \text{या} \quad \vec{E} = \frac{\vec{F}}{m}.$$

गुरुत्वीय क्षेत्र को गुरुत्वाकर्षण क्षेत्र भी कहते हैं।

गुरुत्वीय क्षेत्र की SI इकाई N/kg होगी जो त्वरण की इकाई m/s^2 के समतुल्य है।

20.7 गुरुत्वीय क्षेत्र तथा गुरुत्वीय विभव में संबंध

मान लें, किसी द्रव्यमान वितरण के कारण किसी बिंदु $\vec{r}$ पर गुरुत्वीय क्षेत्र $\vec{E}$ है। इस क्षेत्र में m द्रव्यमान का एक कण $\vec{r}$ स्थिति वेक्टर वाले बिंदु पर रखा है। कण पर लगता गुरुत्वीय बल,

$$\vec{F} = m\vec{E}.$$

यदि इस कण को $\vec{r}$ से $\vec{r}+d\vec{r}$ तक विस्थापित कर दिया जाए, तो गुरुत्वीय बल के कारण इसपर किया गया कार्य,

$$dW = \vec{F}\cdot d\vec{r} = m\vec{E}\cdot d\vec{r}$$

होगा। गुरुत्वीय स्थितिज ऊर्जा में परिवर्तन,

$$dU = -dW = -m\vec{E}\cdot d\vec{r}.$$

$\vec{r}$ से $\vec{r}+d\vec{r}$ के बीच गुरुत्वीय विभव में परिवर्तन,

$$dV = \frac{dU}{m} = -\vec{E}\cdot d\vec{r} \quad \ldots (20.12)$$

या $$V(\vec{r_2}) - V(\vec{r_1}) = -\int_{\vec{r_1}}^{\vec{r_2}} \vec{E}\cdot d\vec{r}. \quad \ldots (20.13)$$

यदि $\vec{r_1}$ को संदर्भ-बिंदु लें, तो $V(\vec{r_1}) = 0$. अतः, किसी बिंदु $\vec{r}$ के लिए,

$$V(\vec{r}) = -\int_{\vec{r_0}}^{\vec{r}} \vec{E}\cdot d\vec{r}. \quad \ldots (20.14)$$

यदि हम समीकरण (20.12) में $\vec{E}$ तथा $d\vec{r}$ को x, y, z घटकों के रूप में लिखें, तो

$$dV = -(E_x\,\hat{i} + E_y\,\hat{j} + E_z\,\hat{k})\cdot(dx\,\hat{i} + dy\,\hat{j} + dz\,\hat{k})$$
$$= -E_x\,dx - E_y\,dy - E_z dz.$$

यदि y तथा z को स्थिर रखते हुए सिर्फ x को बदला जाए, तो $dy = dz = 0$ होगा। अतः,

$$E_x = -\frac{\partial V}{\partial x}. \quad \ldots (20.15)$$

इसी तरह, $$E_y = -\frac{\partial V}{\partial y} \quad \ldots (20.16)$$

तथा $$E_z = -\frac{\partial V}{\partial z}. \quad \ldots (20.17)$$

संकेत $\frac{\partial}{\partial x}$ बताता है कि अवकलन के समय सिर्फ x को चर राशि के रूप में लेना है, अन्य राशियों को अचर मानना है। इसी प्रकार $\frac{\partial}{\partial y}, \frac{\partial}{\partial z}$ के अर्थ हैं।

यदि $\vec{E}$ का किसी खास दिशा में घटक लेना हो, तो उस दिशा में एक छोटी दूरी dl चलें तथा विभव में परिवर्तन का मान देखें। $\left(-\frac{dV}{dl}\right)$ ही $\vec{E}$ का उस दिशा में घटक होगा।

अभ्यास 20.3

एक द्रव्यमान वितरण के कारण किसी सीमित क्षेत्र में गुरुत्वीय क्षेत्र $\vec{E} = \frac{k}{x^3}\hat{i}$ है। अनंत पर विभव को शून्य लेते हुए बिंदु (x, y, z) पर विभव का मान निकालें।

हल चूँकि क्षेत्र सिर्फ x पर निर्भर करता है, विभव भी सिर्फ x पर ही निर्भर करेगा। अतः, $(x, 0, 0)$ पर जो विभव होगा वही (x, y, z) पर होगा।

x से $x + dx$ तक आने में विभव का परिवर्तन,

$$dV = -\vec{E}\cdot d\vec{r} = -\left(\frac{k}{x^3}\hat{i}\right)\cdot(dx\,\hat{i})$$

$(x, 0, 0)$ पर विभव, $$V(x, 0, 0) = -\int_{\infty}^{(x,0,0)} \left(\frac{k}{x^3}\hat{i}\right)\cdot(dx\,\hat{i})$$

$$= -\int_{\infty}^{x} \frac{k}{x^3}\,dx = \left(\frac{k}{2x^2}\right).$$

अतः, $$V(x, y, z) = \frac{k}{2x^2}.$$

अभ्यास 20.4

एक द्रव्यमान वितरण के कारण गुरुत्वीय विभव $V = \frac{A}{\sqrt{x^2 + a^2}}$ होता है। गुरुत्वीय क्षेत्र के लिए व्यंजक प्राप्त करें।

हल $$V = \frac{A}{\sqrt{x^2 + a^2}} = A(x^2 + a^2)^{-1/2}.$$

यदि गुरुत्वीय क्षेत्र E हो, तो

$$E_x = -\frac{\partial V}{\partial x} = -A\left(-\frac{1}{2}\right)(x^2 + a^2)^{-3/2}(2x)$$

$$= \frac{Ax}{(x^2 + a^2)^{3/2}},$$

$$E_y = -\frac{\partial V}{\partial y} = 0$$

तथा $$E_z = -\frac{\partial V}{\partial x} = 0.$$

अतः, $$\vec{E} = \frac{Ax}{(x^2 + a^2)^{3/2}}\hat{i}.$$

20.8 कुछ विशिष्ट निकायों के लिए गुरुत्वीय क्षेत्र की गणना

(a) एक कण के कारण गुरुत्वीय क्षेत्र

मान लें कि M द्रव्यमान का एक कण मूलबिंदु पर रखा है। इसके कारण हमें $\vec{r}$ बिंदु पर गुरुत्वीय क्षेत्र का मान निकालना है। यदि हम $\vec{r}$ बिंदु पर एक अन्य द्रव्यमान रख दें, तो उसपर M के कारण गुरुत्वीय बल,

$$\vec{F} = \frac{GMm}{r^2}(-\hat{r})$$

होगा, जहाँ $\hat{r}$, $\vec{r}$ की दिशा में एकांक वेक्टर है।

अतः, $\vec{r}$ बिंदु पर गुरुत्वीय क्षेत्र,

$$E(\vec{r}) = \frac{\vec{F}}{m} = -\frac{GM}{r^2}\hat{r}. \quad \ldots (20.18)$$

(b) एक समरूप रिंग के कारण इसके अक्ष के किसी बिंदु पर गुरुत्वीय क्षेत्र

चित्र 20.12 को देखें। इसमें एक रिंग दिखाई गई है जिसकी त्रिज्या R है। रिंग के अक्ष को z-अक्ष तथा इसके केंद्र को मूलबिंदु मानें, तो समीकरण (20.7) से, अक्ष पर z दूरी पर स्थित बिंदु पर गुरुत्वीय विभव,

$$V(r) = -\frac{GM}{\sqrt{R^2 + z^2}}. \quad \ldots (i)$$

गुरुत्वीय क्षेत्र का z-घटक,

$$E_z = -\frac{\partial V}{\partial z} = -\frac{GMz}{(R^2+z^2)^{3/2}}.$$

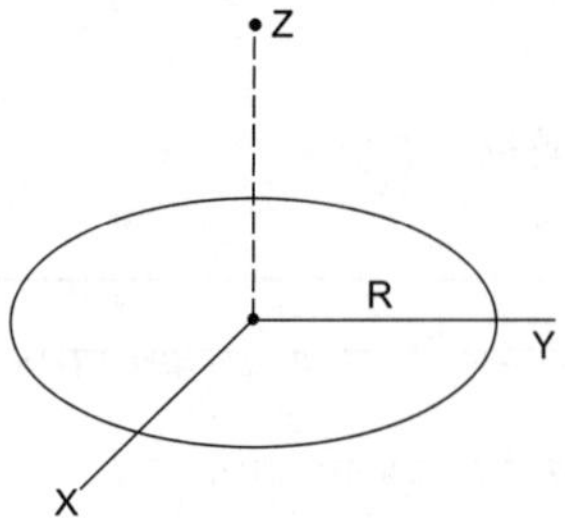

चित्र 20.12

क्या गुरुत्वीय क्षेत्र का x- या y-घटक हो सकता है? चूँकि रिंग समरूप है और हम अक्ष पर के किसी बिंदु की चर्चा कर रहे हैं, z-अक्ष के लंबवत सभी दिशाएँ बिलकुल एकसमान हैं। यदि क्षेत्र का x-दिशा में कोई घटक हो, तो उतना ही घटक xy-तल की हर दिशा में होना चाहिए। पर ऐसा तो हो नहीं सकता। अतः, x, y या इस तल की किसी भी अन्य दिशा में यह घटक शून्य होगा।

$$\text{अतः, } \vec{E} = -\frac{GMz}{(R^2+z^2)^{3/2}}\hat{k}. \quad \ldots (20.19)$$

समीकरण (i) में V के व्यंजक में, x या y नहीं है। क्या हम $E_x = -\frac{\partial V}{\partial x}$ तथा $E_y = -\frac{\partial V}{\partial y}$ का प्रयोग कर कह सकते थे कि $E_x = E_y = 0$? ऐसा कहना ठीक नहीं होगा। समीकरण (i) लिखते समय हमने पहले से ही $x = 0, y = 0$ ले लिया है। अब इस व्यंजक को x तथा y के सापेक्ष अवकलित करने का कोई अर्थ नहीं है।

(c) पतले समरूप गोलाकार कोश के कारण गुरुत्वीय क्षेत्र

चित्र 20.13 में एक गोले की आकृति दिखाई गई है। इस गोले की त्रिज्या R है। इसके कारण किसी बिंदु P पर गुरुत्वीय क्षेत्र का मान ज्ञात करना है। चित्र में P बिंदु को गोले से बाहर लिया गया है।

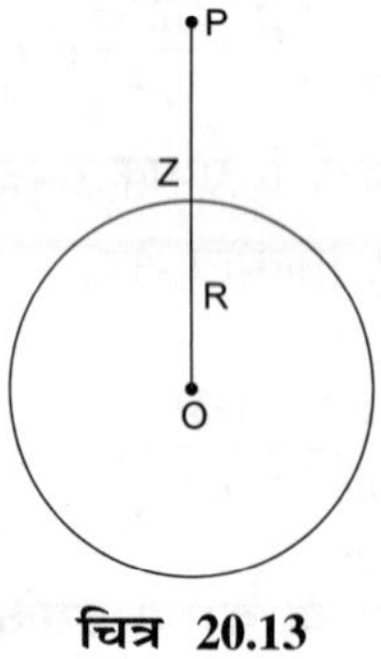

चित्र 20.13

गोले के केंद्र O को मूलबिंदु तथा OP को z-अक्ष मानें। $OP = z$. यदि P बिंदु कोश के बाहर हो, तो विभव,

$$V = -\frac{GM}{z}.$$

$$\text{अतः, } E_z = -\frac{\partial V}{\partial z} = -\frac{GM}{z^2}.$$

चूँकि कोश पर द्रव्यमान वितरण समरूप है, अतः चित्र की सममिति (symmetry) से गुरुत्वीय क्षेत्र का कोई x-, y-घटक नहीं होगा।

$$\text{अतः, } \vec{E} = -\frac{GM}{z^2}\hat{k}. \quad \ldots (20.20)$$

पुनः, बाहर के किसी बिंदु पर गुरुत्वीय क्षेत्र निकालने के लिए पूरे कोश को केंद्र पर रखे बराबर द्रव्यमान के एक कण की तरह मान सकते हैं।

यदि P बिंदु कोश के अंदर हो, तो विभव,

$$V = -\frac{GM}{R}.$$

$$\text{अतः, } E_z = -\frac{\partial V}{\partial z} = 0.$$

वस्तुतः, कोश के अंदर के सभी बिंदुओं पर V का मान समान है। किसी भी दिशा में खिसकने पर V का मान नहीं बदलता, इसलिए गुरुत्वीय क्षेत्र सभी जगह शून्य होगा।

$$\text{अतः, } \vec{E} = 0.$$

(d) एक समरूप ठोस गोले के कारण गुरुत्वीय क्षेत्र

चित्र 20.13 को ही दुबारा देखें और मान लें कि वह ठोस गोले की आकृति को निरूपित करता है। बिंदु P पर हमें क्षेत्र का मान ज्ञात करना है। पुनः O को मूलबिंदु तथा OP को z-अक्ष मानें। गोले को संकेंद्री (concentric) कोशों के रूप में बाँटकर सोचें।

यदि P बिंदु गोले के बाहर हो, तो समीकरण (20.20) से हर कोश के कारण यह क्षेत्र,

$$d\vec{E} = -\frac{Gdm}{z^2}\hat{k}$$

होगा, जहाँ dm कोश का द्रव्यमान है।

पूरे ठोस गोले के कारण P पर गुरुत्वीय क्षेत्र,

$$\vec{E} = \int -\frac{Gdm}{z^2}\hat{k} = -\frac{G\hat{k}}{z^2}\int dm$$

$$\text{या} \quad \vec{E} = -\frac{GM}{z^2}\hat{k}. \quad \ldots (20.21)$$

अर्थात, बाहर के किसी बिंदु पर गुरुत्वीय क्षेत्र निकालने के लिए पूरे ठोस गोले को अपने केंद्र पर रखा मान सकते हैं।

यदि P बिंदु गोले के अंदर हो तो उन सभी कोशों के लिए जिनकी त्रिज्या z से कम है, P बिंदु कोश के बाहर का बिंदु होगा (चित्र 20.14)। अतः, P पर गुरुत्वीय क्षेत्र की गणना करने के लिए इन सभी कोशों को अपने केंद्र पर रखे एक कण की तरह माना जा सकता है।

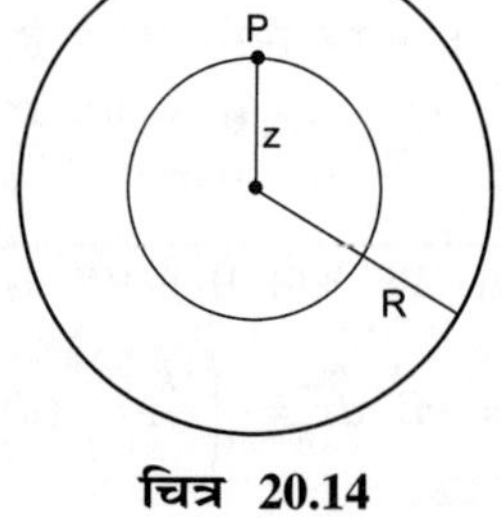

चित्र 20.14

इन सभी कोशों का कुल द्रव्यमान,

$$M_1 = \frac{M}{\frac{4}{3}\pi R^3}\left(\frac{4}{3}\pi z^3\right) = \frac{Mz^3}{R^3}.$$

अतः, इन कोशों के कारण P बिंदु पर कुल गुरुत्वीय क्षेत्र,

$$\vec{E}_1 = -\frac{G\left(M\frac{z^3}{R^3}\right)}{z^2}\hat{k} = -\frac{GMz}{R^3}\hat{k}.$$

अब उन कोशों का विचार करें जिनकी त्रिज्या z से अधिक है। इन सभी कोशों के लिए P कोश के अंदर का बिंदु है और इसलिए इनके कारण P पर गुरुत्वीय क्षेत्र शून्य होगा। अतः, $\vec{E}_1$ ही P बिंदु पर कुल गुरुत्वीय क्षेत्र होगा। अतः,

$$\vec{E} = -\frac{GMz}{R^3}\hat{k}. \quad \dots (20.22)$$

एक समरूप गोले के अंदर गुरुत्वीय क्षेत्र का मान, केंद्र से बिंदु की दूरी (चित्र में z) के समानुपाती होता है। गोले के केंद्र पर $z=0$ तथा गुरुत्वीय क्षेत्र भी शून्य है। जैसे-जैसे हम केंद्र से दूर जाते हैं, क्षेत्र का मान बढ़ता जाता है और गोले की सतह पर यह अधिकतम हो जाता है। जब हम केंद्र से और दूर जाते हैं तब क्षेत्र का मान समीकरण (20.21) के अनुसार घटने लगता है। क्षेत्र के परिणाम का यह बदलाव चित्र 20.15 में दिखाया गया है। क्षेत्र की दिशा हमेशा केंद्र की ओर होती है।

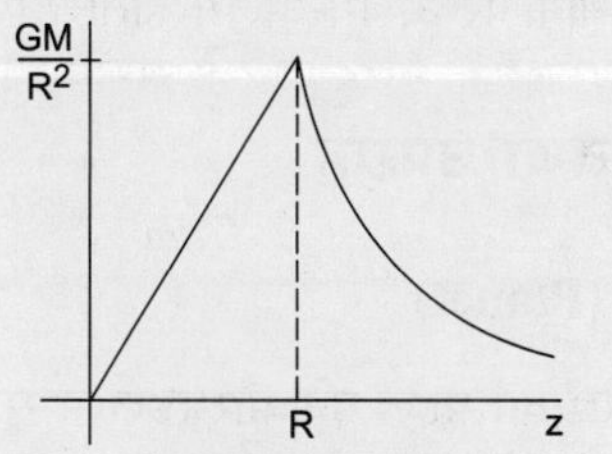

चित्र 20.15

अभ्यास 20.5

चंद्रमा की सतह पर चंद्रमा के कारण गुरुत्वीय क्षेत्र की गणना करें। चंद्रमा का द्रव्यमान 7.36×10^{22} kg तथा उसकी त्रिज्या 1.74×10^6 m मानें। साथ ही इसे समरूप ठोस गोले की तरह मानें।

हल सतह पर गुरुत्वीय क्षेत्र का मान,

$$E = \frac{GM}{R^2} = \frac{6.67\times10^{-11}\ \text{N m}^2/\text{kg}^2 \times 7.36\times10^{22}\ \text{kg}}{(1.74\times10^6\ \text{m})^2}$$

$$= 1.62\ \text{N kg}^{-1}.$$

पृथ्वी की सतह पर E का मान 9.8 N/kg होता है। अतः, चंद्रमा की सतह पर गुरुत्वीय क्षेत्र पृथ्वी की सतह पर के क्षेत्र का लगभग 1/6 होता है।

20.9 g के मान में परिवर्तन

पृथ्वी के गुरुत्वाकर्षण के कारण किसी वस्तु में जो त्वरण उत्पन्न होता है, उसे g लिखते हैं। आप जानते हैं कि पृथ्वी की सतह के पास यह त्वरण लगभग 9.8 m/s^2 के बराबर होता है। यह मान कैसे प्राप्त होता है यह भी आप जानते हैं। यदि वस्तु का द्रव्यमान m हो, तो पृथ्वी के द्वारा इसपर बल,

$$F = \frac{GMm}{R^2}.$$

अतः, त्वरण $g = \frac{F}{m} = \frac{GM}{R^2}$,

जहाँ M पृथ्वी का द्रव्यमान तथा R उसकी त्रिज्या है। $G = 6.67\times10^{-11}$ N m^2/kg^2, $M = 6\times10^{24}$ kg तथा $R = 6400$ km रखने पर g का मान लगभग 9.8 m/s^2 आता है।

पृथ्वी की सतह पर गुरुत्वीय क्षेत्र का मान भी $E = \frac{GM}{R^2}$ होगा। पर, हम $g = E$ लिखना पसंद नहीं करेंगे; क्योंकि ये दोनों बिलकुल अलग-अलग किस्म की राशियाँ हैं। यहाँ g त्वरण है जो सतह के पास गिरती वस्तु के वेग में परिवर्तन की दर है, तो E एक क्षेत्र है जिसका अपना स्वतंत्र अस्तित्व है जो वहाँ रखे द्रव्यमान पर बल लगाता है।

g का मान अनेक कारणों से ऊपर निकाले गए मान से अलग हो सकता है। अब हम ऐसे कारणों तथा उनके कारण g के मान में परिवर्तन की चर्चा करेंगे।

(a) पृथ्वी की सतह से ऊँचाई के कारण

आजकल मानव समाज की अनेक गतिविधियाँ धरती की सतह से काफी ऊँचाई पर होती हैं। ISRO तथा विदेशों की अनेक अंतरिक्ष संस्थाएँ प्रतिवर्ष दर्जनों सैटेलाइट अंतरिक्ष में भेजती हैं जो वर्षों तक धरती का चक्कर लगाते हैं और अपने यंत्रों द्वारा पृथ्वी पर भाँति-भाँति की जानकारियाँ भेजते हैं। हवाई यात्रा के दौरान विमान भी धरती की सतह से कई किलोमीटर की ऊँचाई पर उड़ते हैं। सतह से ऊँचाई बढ़ने पर g का मान कम होता जाता है।

यदि हम धरती की सतह से h ऊँचाई पर चले जाएँ तो पृथ्वी के केंद्र से हमारी दूरी $R+h$ हो जाएगी और g का मान होगा,

$$g = \frac{GM}{(R+h)^2}.$$

यदि सतह पर g के मान $\frac{GM}{R^2}$ को g_0 लिखा जाए, तो

$$g = \frac{GM}{R^2\left(1+\frac{h}{R}\right)^2} = \frac{g_0}{\left(1+\frac{h}{R}\right)^2}. \quad \dots (20.23)$$

$\frac{h}{R}$ के साथ g के परिवर्तन को चित्र 20.16 में दिखाया गया है।

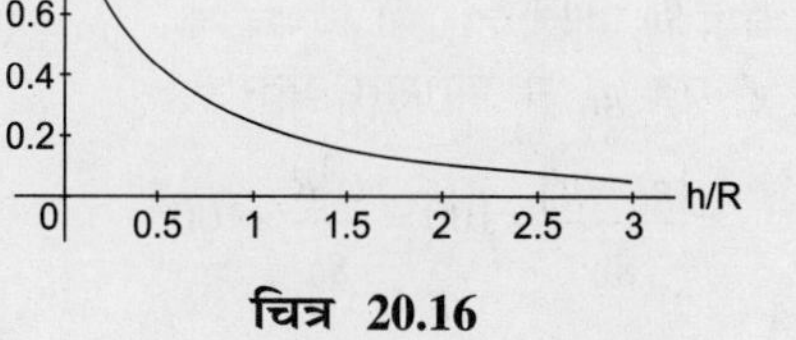

चित्र 20.16

यदि $\frac{h}{R} << 1$, तो

$$g = g_0\left(1+\frac{h}{R}\right)^{-2} = g_0\left(1-\frac{2h}{R}\right). \quad \dots (20.24)$$

(b) पृथ्वी की सतह से गहराई के कारण

ईंधन के लिए तेल या गैस प्राप्त करने के लिए कई बार काफी गहरे कुएँ खोदने पड़ते हैं। कोयले तथा अनेक अन्य पदार्थों की खदानें भी धरती के अंदर काफी गहराई पर होती हैं। जब हम धरती की सतह के नीचे जाते हैं तब भी गुरुत्वीय त्वरण g का मान बदलता है।

यदि धरती को समान घनत्व का गोला मान लिया जाए, तो सतह के अंदर g का मान निकालना कठिन नहीं है। हम समीकरण (20.22) का उपयोग कर सकते हैं। पृथ्वी के लिए E तथा g के मान आपस में बराबर होते हैं। अतः, सतह से h गहराई पर जाने पर,

$$g = \frac{GM(R-h)}{R^3} = \frac{GM}{R^2}\left(1-\frac{h}{R}\right) \quad \dots (20.25)$$

अर्थात, यदि धरती को एक समरूप ठोस गोला मान लिया जाए, तो g का मान धरती की सतह पर अधिकतम $g_0 = \frac{GM}{R^2} (\approx 9.8 \text{ m/s}^2)$ होता है। ऊपर जाने पर भी यह समीकरण (20.23) या (20.24) के अनुसार घटता है तथा नीचे जाने पर वह समीकरण (20.25) के अनुसार घटता है।

परंतु, पृथ्वी समरूप ठोस गोले की तरह नहीं है। पृथ्वी के केंद्र पर घनत्व सबसे अधिक है तथा जैसे-जैसे केंद्र से दूर जाते हैं, घनत्व घटता जाता है। पृथ्वी के अंदरूनी भाग, जिसे core कहते हैं, का घनत्व 12.2 g/cm^3 के आसपास है जबकि 30–35 km तक की पृथ्वी की ऊपरी सतह जिसे crust कहा जाता है, में यह घनत्व 3.2 g/cm^3 के आसपास है। इस कारण धरती के अंदर g का मान समीकरण (20.25) से काफी अलग होता है। वस्तुतः, धरती की सतह से कई किलोमीटर नीचे तक g का औसत मान सतह पर के मान के सापेक्ष बढ़ता जाता है।

(c) धरती के घूर्णन के कारण

हमने अध्याय 11 में चर्चा की थी कि धरती के घूमने के कारण गुरुत्वीय त्वरण का आभासी मान g के वास्तविक मान से अलग होता है। इसे ही हम g के मान में परिवर्तन के रूप में देखते हैं। आपने देखा था कि ध्रुवों पर इस आभासी गुरुत्वीय त्वरण का मान अधिकतम तथा विषुवत रेखा पर न्यूनतम होता है।

अभ्यास 20.6

विषुवत रेखा के किसी बिंदु पर प्रभावी गुरुत्वीय त्वरण तथा $g_0 = \frac{GM}{R^2}$ में प्रतिशत अंतर बताएँ।

हल विषुवत रेखा पर प्रभावी गुरुत्वीय त्वरण,

$$g' = g_0 - \omega^2 R.$$

अतः, g' एवं g_0 में प्रतिशत अंतर

$$= \frac{|g_0 - g'|}{g_0} \times 100 = \frac{\omega^2 R}{g_0} \times 100.$$

$$\omega = \frac{2\pi}{T} = \frac{2\times 3.14 \text{ rad}}{24\times 60\times 60 \text{ s}} = 7.3\times 10^{-5} \text{ rad/s}$$

तथा $R = 6.4\times 10^6$ m.

अतः, प्रतिशत अंतर $= \frac{7.3\times 7.3\times 10^{-10}\times 6.4\times 10^6}{9.8}\times 100$

$= 0.35.$

घूर्णन के कारण g में परिवर्तन बहुत ही कम है।

(d) धरती के गोलाकार न होने के कारण

यूँ तो धरती को 6400 km त्रिज्या का एक गोला माना गया है, पर धरती ध्रुवों के पास थोड़ी-सी दबी हुई है और विषुवत रेखा के पास थोड़ी-सी फूली हुई है। ध्रुवों से होकर जानेवाला व्यास, विषुवत रेखा पर के व्यास से लगभग 42 km कम है। इस कारण भी ध्रुवों पर g का मान विषुवत रेखा पर g के मान से अधिक होता है।

(e) धरती के एकसमान न होने के कारण

धरती के core से crust तक का घनत्व तो अलग है ही, crust पर भी धरती एकसमान नहीं है। सतह के नीचे कहीं खदानें हैं, कहीं पानी है, कहीं तेल है, तो कहीं गैस है। सतह के ऊपर भी कहीं पहाड़ है, तो कहीं समुद्र। इन सबके कारण g का मान स्थानीय भूगोल के कारण अलग-अलग स्थान पर अलग-अलग होता है।

20.10 ग्रह तथा उपग्रह

20.10.1 ग्रह (Planet)

लगभग 4.6 अरब वर्ष पहले बने सौरमंडल में सूर्य के अलावा आठ ग्रह और बहुत-से अन्य छोटे पिंड हैं। पृथ्वी भी इन आठ ग्रहों में से एक है। ये सभी ग्रह एवं अन्य पिंड सूर्य के चारों ओर लगभग वृत्तीय कक्षाओं में चक्कर लगाते हैं। यद्यपि इनके पथ दीर्घवृत्तीय (elliptical) होते हैं पर उस दीर्घवृत्त के बड़े अक्ष (major axis) तथा छोटे अक्ष (minor axis) में बहुत कम का अंतर होता है। पृथ्वी की कक्षा के लिए यह अंतर सिर्फ 0.014% का है। अतः, ग्रहों के बारे में बहुत-सा ज्ञान इनकी कक्षाओं को वृत्ताकार मानकर प्राप्त किया जा सकता है। हम ग्रहों की गति के कई आयामों को उनकी कक्षा की त्रिज्या a के पदों में निकालेंगे। सूर्य के फ्रेम को हम जड़त्वीय फ्रेम मानेंगे।

चाल

मान लें कि सूर्य का द्रव्यमान M, ग्रह का द्रव्यमान m तथा ग्रह की कक्षा की त्रिज्या a है। यदि ग्रह की चाल v हो, तो न्यूटन के द्वितीय गति-नियम से,

$$m\left(\frac{v^2}{a}\right) = \frac{GMm}{a^2}$$

या

$$v = \sqrt{\frac{GM}{a}}. \quad \dots (20.26)$$

ग्रहों की चाल, सूर्य से उनकी दूरी के वर्गमूल के व्युत्क्रमानुपाती (inversely proportional) होती है। पृथ्वी के लिए यह चाल लगभग 30 km/s होती है। हम सभी सूर्य के चारों ओर 30 km/s की चाल से लगातार यात्रा कर रहे हैं।

आवर्तकाल (Time period)

ग्रह अपनी कक्षा का एक चक्कर लगाने में जो समय लेता है उसे आवर्त-काल कहते हैं।

$$T = \frac{2\pi a}{v} = \frac{2\pi a^{3/2}}{\sqrt{GM}}$$

या $$T^2 = \left(\frac{4\pi^2}{GM}\right)a^3. \quad \ldots (20.27)$$

ग्रहों के आवर्तकाल का वर्ग उनकी कक्षा की त्रिज्या के घन के समानुपाती होता है। यह केपलर द्वारा ग्रहों की गति के प्रेक्षणों (टाइको ब्राहे के प्रेक्षण) पर आधारित तृतीय नियम का ही रूप है।

यांत्रिक ऊर्जा (Mechanical energy)

ग्रह की गतिज ऊर्जा $K = \frac{1}{2}mv^2$. ... (20.28)

समीकरण (20.26) का उपयोग करने से,

$$K = \frac{1}{2}m\left(\frac{GM}{a}\right) = \frac{GMm}{2a}$$

सूर्य-ग्रह निकाय की गुरुत्वीय स्थितिज ऊर्जा,

$$V = -\frac{GMm}{a}.$$

अतः, इस निकाय की कुल यांत्रिक ऊर्जा,

$$E = U + K = -\frac{GMm}{a} + \frac{GMm}{2a} = -\frac{GMm}{2a}.$$

कुल यांत्रिक ऊर्जा ऋणात्मक है। यदि कोई भी निकाय अपने आकर्षण बलों के कारण एक निश्चित क्षेत्र में बना रहता है (bound in a finite region) और यदि अनंत दूरियों पर स्थितिज ऊर्जा शून्य ली जाती है, तो उसकी कुल यांत्रिक ऊर्जा ऋणात्मक होती है।

20.10.2 उपग्रह (Satellite)

कई ग्रहों के साथ ऐसे पिंड जुड़े होते हैं जो उस ग्रह के चारों ओर चक्कर लगाते हैं। हमारा प्यारा चंद्रमा ऐसा ही एक पिंड है। यह धरती के चारों ओर चक्कर लगाता है तथा धरती के साथ-साथ चलता हुआ सूर्य का भी चक्कर लगाता है। किसी ग्रह के चारों ओर चक्कर लगानेवाले पिंड को उस ग्रह का उपग्रह कहते हैं। ग्रह के फ्रेम से उपग्रह की गति वैसी ही होती है जैसी सूर्य के फ्रेम से ग्रह की गति।

कृत्रिम उपग्रह (Artificial satellite)

चंद्रमा जहाँ पृथ्वी का प्राकृतिक उपग्रह है, वैज्ञानिक अपने अनुसंधान केंद्रों में उपग्रह बनाकर पृथ्वी के चारों ओर घूमने के लिए उन्हें कक्षाओं में स्थापित कर देते हैं। अपने देश में ISRO (Indian Space Research Organization) ऐसा ही अनुसंधान केंद्र है। अमेरिका का NASA इसी प्रकार का संस्थान है। हर कृत्रिम उपग्रह का एक निश्चित उद्देश्य होता है। हमारे मोबाइल फोन, टेलीविजन आदि अनेक उपकरण इन उपग्रहों से अपने सिगनल पाते हैं। इसके अतिरिक्त कई उपग्रह पृथ्वी पर के संसाधनों के बारे में जानकारी इकट्ठा करने के लिए पृथ्वी की कक्षाओं में स्थापित किए जाते हैं। धरती से इनकी ऊँचाई अपेक्षाकृत कम होती है।

भूस्थैतिक उपग्रह (Geostationary satellite)

धरती अपने अक्ष पर 24 घंटों में एक बार घूम जाती है। यदि कोई उपग्रह विषुवत रेखा के तल में एक वृत्ताकार पथ में इस प्रकार घूमे कि उसका भी आवर्तकाल उतना ही हो जितना धरती के घूमने का है और उसके घूमने की दिशा भी वही हो जो धरती की है, तो वह उपग्रह धरती पर से देखने पर स्थिर नजर आएगा। ऐसे उपग्रह **भूस्थैतिक उपग्रह** कहलाते हैं। संचार के लिए इसी प्रकार के उपग्रहों का प्रयोग होता है। यदि भूस्थैतिक उपग्रह के पथ की त्रिज्या a हो, तो

समीकरण (20.27) से,

$$T^2 = \frac{4\pi^2}{GM}a^3$$

या $$a = \left[\frac{GMT^2}{4\pi^2}\right]^{1/3},$$

जहाँ M धरती का द्रव्यमान तथा T उसका आवर्तकाल है।

G, M एवं T के मान रखने पर, $a = 4.2\times10^4$ km.

धरती की सतह से उस उपग्रह की ऊँचाई

$$= 4.2\times10^4 \text{ km} - 6.4\times10^3 \text{ km}$$
$$\simeq 3.6\times10^4 \text{ km} \simeq 36000 \text{ km}.$$

सभी भूस्थैतिक उपग्रह इसी त्रिज्या के वृत्ताकार पथ पर चलते हैं। अंतरिक्ष में खगोलशास्त्र की प्रयोगशाला के रूप में भारत द्वारा 28 सितंबर 2015 को प्रक्षेपित Astrosat भी इसी वृत्त पर चल रहा है।

कृत्रिम उपग्रह में भारहीनता

प्रत्येक कृत्रिम उपग्रह धरती के गुरुत्वाकर्षण बल के कारण धरती के चारों ओर चक्कर लगाता है। यदि धरती का द्रव्यमान M तथा उपग्रह की कक्षा की त्रिज्या R हो, तो उपग्रह का त्वरण, धरती के केंद्र की ओर

$$a = \frac{GM}{R^2}$$

होगा। मान लें उपग्रह में m द्रव्यमान की कोई वस्तु किसी सतह पर रखी है। सतह उपग्रह की कक्षा की त्रिज्या के लंबवत है। इस वस्तु पर लगने वाले बल हैं,

(a) धरती के कारण वस्तु पर गुरुत्वाकर्षण बल $\frac{GMm}{R^2}$ तथा

(b) सतह के कारण अभिलंब बल $\mathcal{N}$.

न्यूटन के गति-नियम से,

$$\frac{GMm}{R^2} - \mathcal{N} = m\left(\frac{GM}{R^2}\right) \quad \text{या} \quad \mathcal{N} = 0.$$

m द्रव्यमान की वस्तु एक सतह पर रखी है और सतह उसपर कोई बल नहीं लगा रही है। ऐसा प्रतीत होता है जैसे वस्तु में भार ही न हो। आपको ध्यान होगा हम भार का अनुभव इस प्रकार के संपर्क बलों से ही करते हैं।

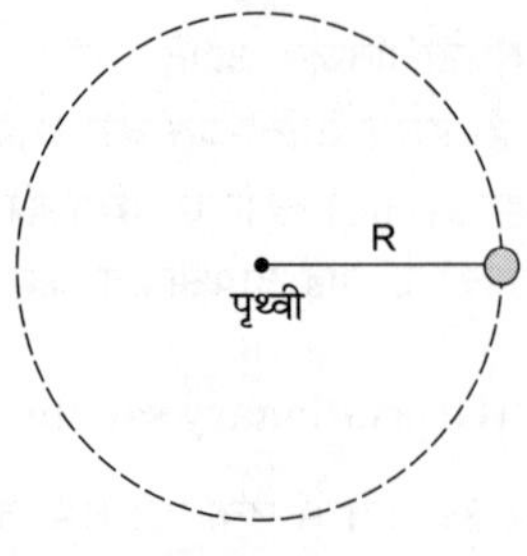

चित्र 20.17

वस्तुतः, यदि हम उपग्रह के फ्रेम से काम करें तो हमें एक अपकेंद्र बल लगाना होगा। उपग्रह एक कोणीय वेग ω से धरती से होकर जानेवाले अक्ष के परितः घूम रहा है। उपग्रह का अपना आकार (size) उसकी कक्षा की त्रिज्या की तुलना में बहुत कम होता है, अतः उपग्रह में स्थित वस्तुओं की दूरी भी हम अक्ष से R ही मान सकते हैं। अतः, m द्रव्यमान की वस्तु पर लगाया जानेवाला अपकेंद्र बल,

$$F_C = m\omega^2 R \qquad \ldots \text{(i)}$$

होगा। पर, इस वस्तु पर धरती द्वारा लगनेवाला गुरुत्वाकर्षण बल, अर्थात वस्तु का भार,

$$W = \frac{GMm}{R^2} \qquad \ldots \text{(ii)}$$

चूँकि उपग्रह की कक्षा की त्रिज्या R है, समीकरण (20.26) से उसकी चाल,

$$v = \sqrt{\frac{GM}{R}}$$

तथा कोणीय वेग $\omega = \frac{v}{R}$ होगा।

अतः, $\omega^2 R = \frac{v^2}{R} = \frac{GM}{R^2}$.

अतः, समीकरण (ii) से वस्तु का भार,

$$W = m\omega^2 R$$

होगा। पर, उपग्रह के फ्रेम से काम करने पर उसपर लगनेवाला अपकेंद्र बल $m\omega^2 R$ केंद्र से बाहर की ओर लगाना होगा। अतः, यह बल तथा वस्तु का भार W, दोनों बल बराबर परिमाण के हैं। अतः, वस्तु का भार अपकेंद्र बल से संतुलित हो जाता है और इस फ्रेम में वस्तु भार रहित प्रतीत होती है। उपग्रह में यदि यात्री हों, तो उन्हें भी अपने भार का कोई आभास नहीं होगा। चित्र 20.18 में दिखाई हुई सभी स्थितियाँ उस यात्री के लिए एक-सी आरामदेह होंगी। यदि वे पानी भरे गिलास को पलट दें तो पानी उसमें से नहीं गिरेगा। भारी-भरकम व्यक्ति भी इस फ्रेम में कागज से बनी कुर्सी पर आराम से बैठ सकता है। इस फ्रेम में भार के सभी प्रभाव शून्य हो जाते हैं। ऐसी स्थिति को ही हम **भारहीनता** कहते हैं।

चित्र 20.18

धरती की सतह पर भी धरती के गुरुत्वाकर्षण के प्रभाव में गतिशील वस्तुओं के फ्रेम में इस भारहीनता का अनुभव किया जा सकता है। एक कागज के गिलास में छेद कर उसमें पानी भरकर गिलास को स्वतंत्र रूप से गिरने दें। जब तक गिलास गिर रहा होगा, तब तक छेद में से पानी नहीं गिरेगा।

20.11 पलायन चाल (Escape Speed)

जब हम एक पत्थर को ऊपर की ओर प्रक्षेपित करते हैं, तो एक अधिकतम ऊँचाई तक जाकर वह वापस नीचे आने लगता है। यदि हम किसी वस्तु को बहुत बड़ी-सी प्रारंभिक चाल दें, तो वह काफी अधिक ऊँचाई तक जा सकती है। वैसी हालत में g के मान को अचर मानना ठीक नहीं होगा और प्रक्षेप गति के हमारे सामान्य समीकरण काम नहीं करेंगे। अधिकतम ऊँचाई का मान प्राप्त करने के लिए हम ऊर्जा-संरक्षण के सिद्धांत का उपयोग कर सकते हैं।

मान लें कि m द्रव्यमान की एक वस्तु पृथ्वी की सतह से u चाल से ऊर्ध्वाधर दिशा में ऊपर की ओर फेंकी गई है। इसकी कुल ऊर्जा,

$$U_1 = \frac{1}{2}mu^2 - \frac{GMm}{R}.$$

मान लें कि जब यह H ऊँचाई पर पहुँचती है, तो इसकी चाल v हो जाती है। इस समय इसकी कुल ऊर्जा,

$$U_2 = \frac{1}{2}mv^2 - \frac{GMm}{R+H}.$$

अतः, $$\frac{1}{2}mu^2 - \frac{GMm}{R} = \frac{1}{2}mv^2 - \frac{GMm}{R+H}$$

या $$\frac{1}{2}mv^2 = \left[\frac{1}{2}mu^2 - \frac{GMm}{R}\right] + \frac{GMm}{R+H}.$$

जैसे-जैसे वस्तु ऊपर जाएगी, H का मान बढ़ेगा और $\frac{1}{2}mv^2$ या v का मान घटता जाएगा। अब यदि कोष्ठक के अंदर की राशि शून्य या धनात्मक हो, तो $\frac{1}{2}mv^2$ कभी भी शून्य नहीं होगा। अर्थात, ऊपर जाती इस वस्तु की चाल कभी भी शून्य नहीं होगी। ऐसी स्थिति में वस्तु कभी भी वापस नीचे की ओर आना प्रारंभ नहीं करेगी, अर्थात वह धरती पर लौटकर नहीं आएगी। इसे हम धरती से पलायन कहते हैं। इस स्थिति के लिए,

$$\frac{1}{2}mu^2 - \frac{GMm}{R} \geq 0 \quad \text{या} \quad u \geq \sqrt{\frac{2GM}{R}}.$$

यदि आप किसी वस्तु को धरती की सतह से $\sqrt{\frac{2GM}{R}}$ या उससे अधिक चाल से फेंकें तो वह धरती से पलायन कर जाएगी। पलायन के लिए आवश्यक न्यूनतम चाल को **पलायन चाल** कहते हैं।

$$u_{\text{escape}} = \sqrt{\frac{2GM}{R}} \qquad \ldots (20.29)$$

धरती के द्रव्यमान M तथा त्रिज्या R का मान रखने पर इस पलायन वेग का मान 11.2 km/s आता है।

इस विवेचना में हमने वस्तु को ऊर्ध्वाधर दिशा में ऊपर की ओर फेंका हुआ माना था। यदि वस्तु को ऊर्ध्वाधर से किसी कोण पर भी फेंका जाए, तो भी वह पृथ्वी से पलायन कर सकती है। हमने अंतरिक्ष में स्थित अन्य आकाशीय पिंडों की उपस्थिति का भी संज्ञान नहीं लिया है। ऐसा भी हो सकता है कि हम वस्तु को 11.2 km/s से कम के वेग से फेंकें और वह उच्चतम बिंदु तक पहुँचने के पहले किसी अन्य आकाशीय पिंड के गुरुत्वाकर्षण के कारण उसकी ओर जाकर उसकी सतह पर टकराए और धरती पर वापस नहीं आए।

समीकरण (20.29) को किसी भी आकाशीय पिंड के लिए उपयोग में ला सकते हैं। उदाहरण के लिए, यदि चंद्रमा की सतह से किसी वस्तु को ऊपर की ओर $\sqrt{\frac{2GM}{R}}$ वेग से फेंका जाए, जहाँ M तथा R क्रमशः चंद्रमा का द्रव्यमान तथा उसकी त्रिज्या हैं, तो वह चंद्रमा से पलायन कर जाएगी।

अभ्यास 20.7

चंद्रमा का द्रव्यमान 7.4×10^{22} kg *तथा उसकी त्रिज्या* 1740 km *है। चंद्रमा से पलायन के लिए पलायन वेग निकालें।*

हल पलायन वेग,

$$v = \sqrt{\frac{2GM}{R}}$$

$$= \sqrt{\frac{2 \times 6.67 \times 10^{-11} \text{ N m}^2/\text{kg}^2 \times 7.4 \times 10^{22} \text{ kg}}{1740 \times 10^3 \text{ m}}}$$

$$= 2.4 \text{ km s}^{-1}.$$

20.12 गुरुत्वीय बंधन ऊर्जा (Gravitational Binding Energy)

यदि दो पिंड गुरुत्वाकर्षण बल के कारण एक-दूसरे से कुछ सीमित दूरी पर बने रहते हैं तो वे एक बद्ध संहति (bound system) बनाते हैं। यदि हम उन्हें अतिरिक्त ऊर्जा प्रदान करें तो हो सकता है कि वे एक-दूसरे से सदा के लिए अलग हो जाएँ और उनके बीच की दूरी बढ़ती ही चली जाए। पृथ्वी की सतह पर की वस्तुएँ पृथ्वी के साथ गुरुत्वाकर्षण के कारण एक बद्ध संहति (bound system) बनाती हैं। यदि हम वस्तु को $\frac{1}{2}mu^2 = \frac{GMm}{R}$ या उससे अधिक की गतिज ऊर्जा प्रदान कर दें, तो वह पृथ्वी से सदा के लिए दूर होती चली जाती है।

गुरुत्वाकर्षण के कारण बने किसी बद्ध संहति को सदा के लिए अलग करने के लिए न्यूनतम जितनी ऊर्जा देने की आवश्यकता हो, उसे उस संहति के लिए **गुरुत्वीय बंधन ऊर्जा** कहते हैं। अतः, R दूरी पर स्थिर रखी M तथा m द्रव्यमान की दो वस्तुओं की संहति के लिए गुरुत्वीय बंधन ऊर्जा $= \frac{GMm}{R}$.

20.13 ब्लैक होल (Black hole)

एक ठोस गोलाकार पिंड की कल्पना करें जिसका द्रव्यमान M तथा त्रिज्या R हो। इस पिंड से पलायन के लिए पलायन वेग का मान $\sqrt{\frac{2GM}{R}}$ होगा। मान लें कि किसी कारण से इस पिंड की त्रिज्या घटती जाती है, पर द्रव्यमान वही रहता है। एक स्थिति में त्रिज्या इतनी कम हो जाती है कि

$$\sqrt{\frac{2GM}{R}} \geq c$$

हो जाता है, जहाँ c निर्वात में प्रकाश का वेग है। भौतिकी का एक अत्यंत महत्त्वपूर्ण सिद्धांत है कि किसी भी पदार्थ को किसी भी फ्रेम में c से अधिक चाल नहीं दी जा सकती। अतः, इस पिंड से चलनेवाली किसी भी वस्तु का पिंड से पलायन नहीं हो सकता और वह वापस उसी पिंड पर जा गिरेगी। साथ ही, उस तरह के अत्यधिक घनत्व वाले पिंड के आसपास यदि कोई वस्तु पहुँच जाए, तो पिंड के गुरुत्वाकर्षण के कारण वह वस्तु भी इस पिंड की ओर खिंचकर इसमें समाहित हो जाएगी। ब्लैक होल कुछ इसी श्रेणी में आनेवाले पिंड हैं।

अपने ब्रह्मांड में इस प्रकार के अनेक ब्लैक होल उपस्थित हैं और उनमें सन्निहित भौतिकी के सिद्धांतों पर शोधवेत्ता जोर-शोर से शोध कर रहे हैं। ऐसे ब्लैक होलों की उत्पत्ति बड़े-बड़े तारों के अपना जीवनकाल समाप्त होने पर होनेवाले परिवर्तनों के कारण होती है। जब बड़े तारों के अंदर नाभिकीय ऊर्जा का बनना समाप्त हो जाता है, तो अनेक प्रक्रियाओं से गुजरकर अपने ही गुरुत्वीय आकर्षण के कारण वह तारा केंद्र की ओर संकुचित होने लगता है और प्रचलित सिद्धांतों के अनुसार उसका सारा द्रव्यमान संकुचित होकर एक बिंदुमात्र में समा जाता है। इस बिंदु को **ब्लैक होल की सिंगुलैरिटी** (singularity) कहते हैं। यदि आप घनत्व की बात करें तो यहाँ ब्लैक होल का घनत्व अनंत कह सकते हैं। ब्लैक होल के अंदर सीधा प्रेक्षण तो संभव नहीं है, इसलिए ये सभी परिणाम भौतिकी के विभिन्न नियमों, सिद्धांतों से निकाले गए हैं।

ब्लैक होल की सिंगुलैरिटी के बाहर कुछ खास त्रिज्या का एक क्षेत्र होगा जहाँ गुरुत्वीय क्षेत्र इतना अधिक होगा कि वहाँ से भी कोई पदार्थ या प्रकाश या अन्य किसी प्रकार का विकिरण बाहर नहीं आ पाएगा। इस क्षेत्र की सतह को हम **इवेंट हॉरिजन** (event horizon) कहते हैं। इस सतह के अंदर होनेवाली घटनाएँ हमारे लिए अप्राप्य हैं अर्थात उनका प्रेक्षण हम नहीं कर सकते।

ब्लैक होल का द्रव्यमान सूर्य के द्रव्यमान का कुछ गुना से लेकर लाखों-करोड़ों गुना तक हो सकता है। समझा जाता है कि हर नीहारिका (galaxy) में कम-से-कम एक इस तरह का भारी-भरकम (supermassive) ब्लैक होल है।

20.14 न्यूटन के नियमों से केपलर के नियमों की व्याख्या

जोहानेस केपलर (Johannes Kepler) ने ग्रहों की स्थितियों के प्रेक्षण के आधार पर तीन नियमों का प्रतिपादन किया था। ये प्रेक्षण टाइको ब्राहे ने धरती पर से लिए थे। यह केपलर की गणितीय क्षमता का ही द्योतक है कि उन्होंने देखा कि यदि इन्हीं प्रेक्षणों को सूर्य के फ्रेम में बदल दें, तो ग्रहों के पथ दीर्घवृत्त हो जाते हैं तथा उन्होंने इस फ्रेम से इन गतियों की विवेचना की। आज के समय में हम न्यूटन के गुरुत्वाकर्षण एवं गति-नियमों की सहायता से इन तीनों नियमों का भलीभाँति प्रतिपादन

कर सकते हैं। यद्यपि इसकी पूरी विवेचना के लिए जितना गणित चाहिए उसकी तैयारी इस पुस्तक में नहीं की गई है, तथापि हम इस विषय की थोड़ी चर्चा यहाँ करेंगे। ये परिणाम न केवल ग्रहों या उपग्रहों के लिए सत्य है, बल्कि धरती से प्रेक्षित किए जानेवाले अंतरिक्ष-यानों के लिए भी सही हैं।

गुरुत्वाकर्षण बल के अधीन चलते पिंड का कोणीय संवेग

मान लें कि m द्रव्यमान का एक पिंड काफी बड़े द्रव्यमान M के गुरुत्वाकर्षण के प्रभाव में गति कर रहा है। इन पिंडों पर आपस के गुरुत्वाकर्षण के अतिरिक्त अन्य किसी बल को नगण्य मानें। यदि $M >> m$ हो, तो M का त्वरण बहुत कम होगा और हम M के फ्रेम को जड़त्वीय फ्रेम मान सकते हैं। मान लें कि इस फ्रेम में द्रव्यमान M का केंद्र बिंदु O पर स्थिर है। m द्रव्यमान का पिंड अपने पथ पर गति करता किसी क्षण बिंदु P पर है। पिंड पर लगता बल $\vec{F}$, $\overrightarrow{PO}$ की दिशा में होगा। इस बल का बल-आघूर्ण,

$$\vec{\tau} = \vec{r} \times \vec{F} = \overrightarrow{OP} \times \vec{F}.$$

चूँकि $\overrightarrow{OP}$ तथा $\vec{F}$ एक ही रेखा के अनुदिश हैं; $\overrightarrow{OP} \times \vec{F}$ का मान शून्य होगा। अतः, पिंड पर O के प्रति कोई बल-आघूर्ण नहीं लग रहा है। इससे यह निष्कर्ष निकलता है कि पिंड का कोणीय संवेग $\vec{L} = \vec{r} \times \vec{p}$ पूरी गति के दौरान कभी नहीं बदलेगा।

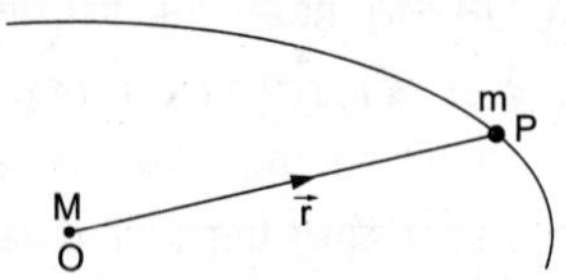

चित्र 20.19

पिंड के पथ के प्रकार

चूँकि $\vec{L} = \vec{r} \times \vec{p}$ है, $\vec{r} = \overrightarrow{OP}$ पूरी गति के दौरान $\vec{L}$ पर लंब रहेगा। चूँकि $\vec{L}$ की दिशा पूरी गति में निश्चित है; $\overrightarrow{OP}$ वेक्टर सदा एक ही समतल में होगा जो O बिंदु से $\vec{L}$ पर लंब तल होगा। अर्थात, पिंड का पथ एक निश्चित समतल में ही होगा। गति के समीकरण $\vec{F} = m\vec{a}$ का प्रयोग कर यह दिखाया जा सकता है कि $F = \frac{GMm}{r^2}$ जैसे बलों के लिए, जहाँ बल $\frac{1}{r^2}$ के समानुपाती हो, यह पथ दीर्घवृत्त (ellipse), परवलय (parabola), या अतिपरवलय (hyperbola) ही हो सकता है। इनमें दीर्घवृत्त ही एक बंद वक्र है जिसपर पिंड आवर्ती गति कर सकता है और इसलिए ग्रहों के पथ सदा दीर्घवृत्त होते हैं। बिंदु O इस दीर्घवृत्त का एक फोकस होता है।

केंद्र से पिंड तक के वेक्टर द्वारा बनाया क्षेत्रफल

मान लें कि किसी समय t पर पिंड बिंदु P पर है और अगले dt समय बाद यह P' पर पहुँच गया (चित्र 20.20)। पिंड का स्थिति वेक्टर, जिसे radius vector भी कहते हैं, $\overrightarrow{OP}$ से बदलकर $\overrightarrow{OP'}$ हो जाता है। इस अवधि में वह क्षेत्रफल $dA = OPP'$ से गुजरता है। यह क्षेत्रफल,

$$dA = \frac{1}{2}|\overrightarrow{OP} \times \overrightarrow{PP'}| = \frac{1}{2}|\vec{r} \times \vec{v}\, dt|$$

$$= \frac{1}{2m}|\vec{r} \times \vec{p}|\, dt = \left|\frac{\vec{L}}{2m}\right| dt$$

या
$$\frac{dA}{dt} = \left|\frac{\vec{L}}{2m}\right|, \qquad \text{... (20.30)}$$

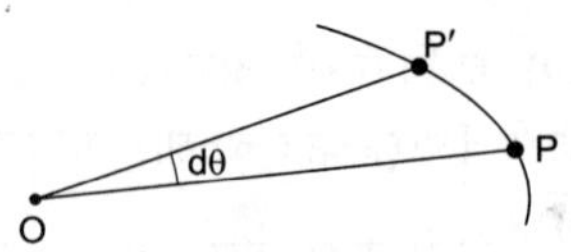

चित्र 20.20

परंतु, $\vec{L}$ का मान पूरे पथ में बराबर रहता है। अतः, $\overrightarrow{OP}$ वेक्टर पूरे पथ में बराबर समय में बराबर क्षेत्रफल से गुजरता है।

पिंड की गति का आवर्तकाल

दीर्घवृत्त का क्षेत्रफल $= \pi ab$, जहाँ a तथा b दीर्घवृत्त के semimajor axis तथा semiminor axis हैं। एक पूरे चक्कर में ग्रह का स्थिति वेक्टर इस पूरे क्षेत्रफल से गुजरता है।

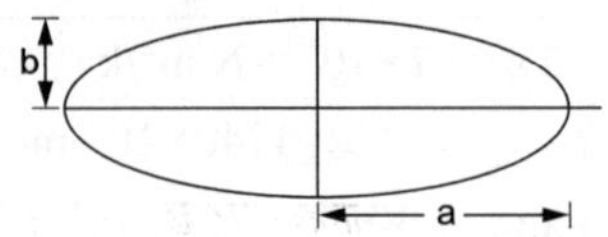

चित्र 20.21

समीकरण (20.30) से, पूरे चक्कर में लगा समय,

$$T = \frac{\pi ab}{\left(\frac{dA}{dt}\right)} = \frac{2\pi abm}{L}.$$

गति के समीकरणों को विस्तारपूर्वक हल करने से इस व्यंजक का मान

$$\sqrt{\frac{4\pi^2}{Gm}}a^{3/2}$$

आता है, जो समीकरण (20.27) में प्राप्त किया गया था।

20.15 जड़त्वीय एवं गुरुत्वीय द्रव्यमान

हमने द्रव्यमान को अभी तक परिभाषित करने की आवश्यकता महसूस नहीं की है। हमने एक मानक वस्तु का द्रव्यमान 1 kg परिभाषित किया हुआ है। किसी अन्य वस्तु का द्रव्यमान इस मानक वस्तु के द्रव्यमान से कितना गुना है, उसे ही हम उस वस्तु का द्रव्यमान kg में कहते हैं। पर यह कैसे पता किया जाए कि दो वस्तुओं के द्रव्यमान का अनुपात कितना है?

आप एक बीम को एक बिंदु-आलंब पर टिकाकर दोनों द्रव्यमानों को बीम पर O के दोनों ओर लटका सकते हैं। संतुलन के लिए,

$$m_1 g \times (OA) = m_2 g \times (OB)$$

अतः,
$$\frac{m_1}{m_2} = \frac{OB}{OA} \quad \text{या} \quad m_2 = \frac{OA}{OB} m_1. \qquad \text{... (20.31)}$$

यदि आपको m_1 का मान पता हो जैसे, यदि यह मानक वस्तु हो, तो आप m_2 का मान निकाल सकते हैं। इस विवेचना में हमने एक तथ्य का उपयोग किया है कि धरती m_1 द्रव्यमान की वस्तु को $m_1 g$ बल से तथा m_2 द्रव्यमान की वस्तु को $m_2 g$ बल से आकर्षित करती है, अर्थात हमने न्यूटन के गुरुत्वाकर्षण नियम का उपयोग किया है। इस प्रकार से प्राप्त हुए द्रव्यमान को **गुरुत्वीय द्रव्यमान** (gravitational mass) कहते हैं।

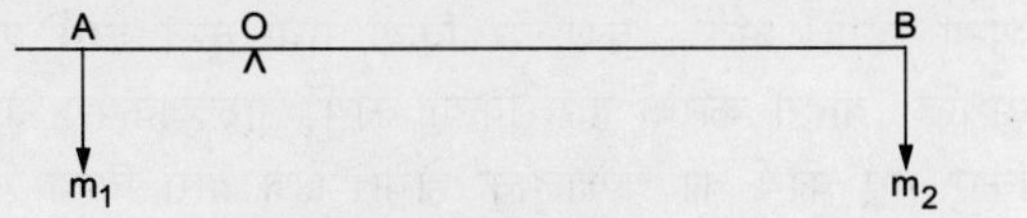

चित्र 20.22

द्रव्यमानों की तुलना करने के लिए आप न्यूटन के द्वितीय गति-नियम का भी प्रयोग कर सकते हैं। मान लें कि आपके पास दो वस्तुएँ हैं जिनमें से एक का द्रव्यमान m_1 पता है और दूसरे का द्रव्यमान m_2 आप जानना चाहते हैं। कल्पना करें आपके पास ऐसी व्यवस्था है कि आप किसी वस्तु पर ज्ञात परिमाण का परिणामी बल लगा सकते हैं और उसका त्वरण भी नाप सकते हैं। आप दोनों वस्तुओं पर समान बल F लगाकर उनके त्वरण नापें, तो

पहली वस्तु का त्वरण $a_1 = \dfrac{F}{m_1}$

तथा दूसरी वस्तु का त्वरण $a_2 = \dfrac{F}{m_2}$.

अतः, $\dfrac{a_1}{a_2} = \dfrac{m_2}{m_1}$ या $m_2 = \dfrac{a_1}{a_2} m_1$. ... (20.32)

इस प्रकार से प्राप्त द्रव्यमान के मान को जड़त्वीय द्रव्यमान कहते हैं। परंतु, m_2 के ये दोनों मान बराबर क्यों होने चाहिए? एक बार हमने गुरुत्वाकर्षण के नियम के आधार पर m_2 का मान निकाला है और दूसरी बार गति-नियमों का उपयोग कर m_2 का मान निकाला है। इन दोनों प्रकार के मानों में अंतर का पता लगाने के लिए कई प्रयोग किए गए, पर दोनों में कोई अंतर कभी भी नहीं मिला। स्पष्ट रूप से इस बात का कोई कारण नहीं कि दो अलग-अलग प्रकृति के नियमों के आधार पर निकलनेवाले द्रव्यमानों के मान बिलकुल बराबर हों, पर प्रकृति में ऐसा होता है।

आइंस्टीन ने जड़त्वीय द्रव्यमान तथा गुरुत्वीय द्रव्यमान के बराबर होने को भौतिकी का एक नवीन सिद्धांत माना और इसे मुख्य आधार बनाते हुए general relativity के सिद्धांत का प्रतिपादन किया।

• *हल किए गए प्रश्न* •

1. *तीन कण A, B तथा C, जिनमें प्रत्येक का द्रव्यमान m है, एक रेखा ABC पर रखे जाते हैं। AB = BC = d. उतने ही द्रव्यमान m के एक कण P को रेखा AC के लंबवत समद्विभाजक पर B कण से d दूरी पर रखा जाता है। इस कण पर बाकी तीनों कणों के कारण कुल गुरुत्वाकर्षण का बल निकालें।*

हल A के कारण P पर बल,

$$F_A = \frac{Gm^2}{(AP)^2} = \frac{Gm^2}{2d^2}, \text{ } PA \text{ के अनुदिश है।}$$

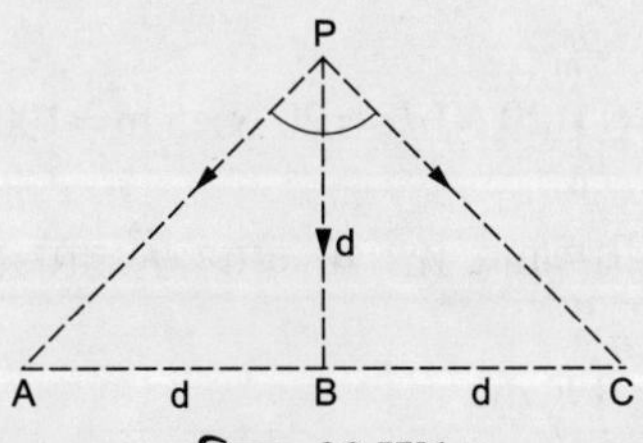

चित्र 20.W1

C के कारण P पर बल,

$$F_C = \frac{Fm^2}{(CP)^2} = \frac{Gm^2}{2d^2}, \text{ } PC \text{ के अनुदिश है।}$$

B के कारण P पर बल,

$$F_B = \frac{Gm^2}{d^2}, \text{ } PB \text{ के अनुदिश है।}$$

चित्र से स्पष्ट है कि $\vec{F_A}, \vec{F_B}$ एवं $\vec{F_C}$ का परिणामी PB के अनुदिश होगा।

साथ ही, $\angle APB = \angle BPC = 45°$.

PB के अनुदिश F_A का घटक $= F_A \cos 45° = \dfrac{Gm^2}{2\sqrt{2}d^2}$.

PB के अनुदिश F_C का घटक $= F_C \cos 45° = \dfrac{Gm^2}{2\sqrt{2}d^2}$.

PB के अनुदिश F_B का घटक $= \dfrac{Gm^2}{d^2}$.

अतः, तीनों बलों का परिणामी

$$= \frac{Gm^2}{d^2}\left(\frac{1}{2\sqrt{2}} + \frac{1}{2\sqrt{2}} + 1\right) = \frac{Gm^2}{d^2}\left(1 + \frac{1}{\sqrt{2}}\right)$$

PB के अनुदिश है।

2. *पृथ्वी के केंद्र से उस बिंदु की दूरी ज्ञात करें जहाँ पृथ्वी एवं चंद्रमा के कारण परिणामी गुरुत्वीय क्षेत्र का मान शून्य है। पृथ्वी का द्रव्यमान 6.0×10^{24} kg और चंद्रमा का द्रव्यमान 7.4×10^{22} kg लें। पृथ्वी एवं चंद्रमा के बीच की दूरी 4.0×10^5 km लें।*

हल वह बिंदु, पृथ्वी व चंद्रमा को जोड़नेवाली रेखा पर ही कहीं होना चाहिए। यदि पृथ्वी से उस बिंदु की दूरी x हो, तो चंद्रमा से दूरी $(4.0 \times 10^5 \text{ km} - x)$ होगी। पृथ्वी के कारण इस बिंदु पर गुरुत्वाकर्षण क्षेत्र का परिमाण है,

$$E_1 = \frac{GM_e}{x^2} = \frac{G \times 6 \times 10^{24} \text{ kg}}{x^2}$$

और चंद्रमा के कारण इस बिंदु पर गुरुत्वीय क्षेत्र का परिमाण है,

$$E_2 = \frac{GM_m}{(4.0 \times 10^5 \text{ km} - x)^2} = \frac{G \times 7.4 \times 10^{22} \text{ kg}}{(4.0 \times 10^5 \text{ km} - x)^2}.$$

ये क्षेत्र विपरीत दिशाओं में होंगे। परिणामी क्षेत्र शून्य होने के लिए,

$$E_1 = E_2$$

या $$\frac{6 \times 10^{24} \text{ kg}}{x^2} = \frac{7.4 \times 10^{22} \text{ kg}}{(4.0 \times 10^5 \text{ km} - x)^2}$$

या $$\frac{x}{4.0\times10^5\ \text{km}-x}=\sqrt{\frac{6\times10^{24}}{7.4\times10^{22}}}=9$$

या $x=3.6\times10^5$ km.

3. *समान द्रव्यमान के दो कण, R त्रिज्या के वृत्त पर अपने पारस्परिक गुरुत्वाकर्षण के प्रभाव में घूमते हैं। प्रत्येक कण की चाल ज्ञात करें।*

हल कणों को हर समय वृत्त के किसी व्यास के किनारों पर होना जरूरी है, तभी प्रत्येक कण पर बल त्रिज्या के अनुदिश होगा और वह वृत्तीय पथ पर चल सकेगा। एक कण की गति पर विचार करें। इस कण पर दूसरे कण के द्वारा बल $F=\frac{Gm^2}{4R^2}$ है। यदि कण की चाल v हो, तो इसका त्वरण $\frac{v^2}{R}$ होगा।

अतः, न्यूटन के गति-नियम से,

$$\frac{Gm^2}{4R^2}=\frac{mv^2}{R} \quad \text{या} \quad v=\sqrt{\frac{Gm}{4R}}.$$

प्रत्येक कण इसी चाल से चलेगा।

4. *दो कण A तथा B, जिनके द्रव्यमान क्रमशः 1 kg एवं 2 kg हैं, एक-दूसरे से 1 m दूर रखे जाते हैं और पारस्परिक आकर्षण के अंतर्गत गति करने के लिए विराम अवस्था से छोड़ दिए जाते हैं। A की चाल ज्ञात करें जब B की चाल 3.6 cm/h हो। इस क्षण पर कणों के बीच की दूरी निकालें।*

हल प्रारंभ में दोनों कण स्थिर हैं। अतः, निकाय $A+B$ का रेखीय संवेग प्रारंभ में शून्य है। चूँकि पारस्परिक आकर्षण आंतरिक बल हैं, निकाय का रेखीय संवेग शून्य रहेगा। आकर्षण के कारण दोनों कण विपरीत दिशाओं में गति करते हैं।

मान लें कि जब B की चाल 3.6 cm/h है, उस समय A की चाल v है।

इन दोनों कणों के संवेगों के परिमाण आपस में बराबर होंगे। अतः,

$$(1\ \text{kg})v=(2\ \text{kg})\times(3.6\ \text{cm/h})=(2\ \text{kg})\times(10^{-5}\ \text{m/s})$$

या $v=2\times10^{-5}$ m/s.

इस निकाय की कुल यांत्रिक ऊर्जा भी अचर रहेगी। निकाय की प्रारंभिक स्थितिज ऊर्जा

$$=-\frac{Gm_Am_B}{R}=-\frac{6.67\times10^{-11}\ \text{N m}^2/\text{kg}^2\times2\ \text{kg}\times1\ \text{kg}}{1\ \text{m}}$$

$$=-13.34\times10^{-11}\ \text{J}.$$

प्रारंभिक गतिज ऊर्जा $=0$,

अतः, प्रारंभिक यांत्रिक ऊर्जा $=-13.34\times10^{-11}$ J.

यदि दिए गए क्षण पर कणों के बीच की दूरी d हो, तो निकाय की स्थितिज ऊर्जा

$$=-\frac{Gm_1m_2}{d}=-\frac{13.34\times10^{-11}}{d}\ \text{J m}.$$

ऊर्जा-संरक्षण के सिद्धांत से,

$$-13.34\times10^{-11}\ \text{J}+0$$
$$=-\frac{13.34\times10^{-11}\ \text{J m}}{d}+\frac{1}{2}(2\ \text{kg})(10^{-5}\ \text{m s}^{-1})^2+\frac{1}{2}(1\ \text{kg})(2\times10^{-5}\ \text{m s}^{-1})^2.$$

हल करने पर, $d=0.31$ m $=31$ cm.

5. *किसी स्थान पर गुरुत्वाकर्षण क्षेत्र $\vec{E}=(10\ \text{N kg}^{-1})(\hat{i}+\hat{j})$ है। 2 kg द्रव्यमान की एक वस्तु को इस क्षेत्र में धीरे-धीरे बिंदु (0, 0) से बिंदु (5 m, 4 m) तक विस्थापित करने में बाहरी बल द्वारा किया गया कार्य, ज्ञात करें।*

हल चूँकि कण धीरे-धीरे विस्थापित किया जाता है, इसकी गतिज ऊर्जा शून्य रहेगी। अतः, कण पर किया गया कुल कार्य शून्य होगा। अर्थात, बाहरी कारक द्वारा किया कार्य, गुरुत्वाकर्षण क्षेत्र के द्वारा किए गए कार्य का ऋणात्मक होगा। क्षेत्र द्वारा किया गया कार्य,

$$W=\int_i^f \vec{F}\cdot d\vec{r}.$$

$$\vec{F}=m\vec{E}=(2\ \text{kg})(10\ \text{N kg}^{-1})(\hat{i}+\hat{j})=(20\ \text{N})(\hat{i}+\hat{j}).$$

चूँकि गुरुत्वाकर्षण का बल संरक्षित (conservative) बल है, क्षेत्र $\vec{F}$ का समाकलन पथ से स्वतंत्र होगा और सिर्फ प्रारंभिक एवं अंतिम बिंदुओं की स्थिति पर निर्भर करेगा।

चित्र 20.W2 में कण O से A और फिर A से B तक ले जाया गया है।

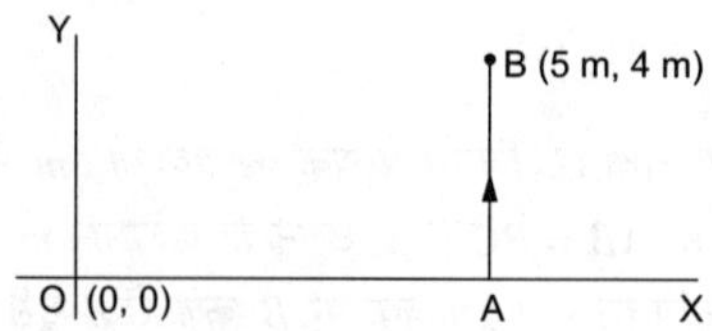

चित्र 20.W2

विस्थापन OA के दौरान $\vec{F}$ द्वारा किया गया कार्य,

$$W_1=\int_0^{5\ \text{m}} F_x\,dx$$
$$=\int_0^{5\ \text{m}}(20\ \text{N})\,dx=20\ \text{N}\times5\ \text{m}=100\ \text{J}.$$

इसी प्रकार, विस्थापन AB के दौरान $\vec{F}$ द्वारा किया गया कार्य,

$$W_2=\int_0^{4\ \text{m}} F_y\,dy$$
$$=\int_0^{4\ \text{m}}(20\ \text{N})\,dy$$
$$=(20\ \text{N})(4\ \text{m})=80\ \text{J}.$$

अतः, गुरुत्वाकर्षण क्षेत्र द्वारा कण को O से B तक विस्थापित करने में किया गया कुल कार्य 180 J है। बाहरी बल द्वारा किया गया कार्य –180 J है।

6. *त्रिज्या a तथा द्रव्यमान M का एक समरूप ठोस गोला, एक पतले समरूप गोलीय कोश के द्वारा घिरा है। कोश का द्रव्यमान भी M है, उसकी त्रिज्या 2a है तथा वह ठोस गोले के साथ संकेंद्रीय है।*

(a) केंद्र से $\frac{3}{2}a$ दूरी पर तथा (b) केंद्र से $\frac{5}{2}a$ दूरी पर गुरुत्वाकर्षण क्षेत्र ज्ञात करें।

हल चित्र 20.W3 में दी गई स्थिति दर्शाई गई है। बिंदु P_1, केंद्र से $\frac{3}{2}a$ दूरी पर है, और P_2, केंद्र से $\frac{5}{2}a$ दूरी पर है। चूँकि P_1 कोश के भीतर है, अतः यहाँ कोश के कारण क्षेत्र शून्य होगा। ठोस गोले के कारण क्षेत्र,

$$E = \frac{GM}{\left(\frac{3}{2}a\right)^2} = \frac{4GM}{9a^2}.$$

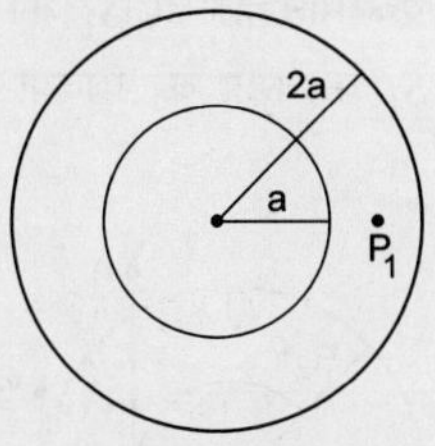

चित्र 20.W3

यही परिणामी क्षेत्र है और इसकी दिशा केंद्र की ओर है।

बिंदु P_2 गोले एवं कोश, दोनों से बाहर है। अतः, दोनों को केंद्र पर समान द्रव्यमान के कणों द्वारा प्रतिस्थापित किया जा सकता है। प्रत्येक के कारण क्षेत्र,

$$E' = \frac{GM}{\left(\frac{5}{2}a\right)^2} = \frac{4GM}{25a^2}.$$

अतः, परिणामी क्षेत्र, $E = 2E' = \frac{8GM}{25a^2}$ केंद्र की ओर होगा।

7. *एक ठोस गोले में पदार्थ का घनत्व $\rho = \rho_0 \frac{a}{r}$ से दिया जाता है, जहाँ ρ_0 सतह पर घनत्व है और r केंद्र से दूरी दर्शाता है। गोले की त्रिज्या a है। केंद्र से $2a$ दूरी पर इस गोले के कारण गुरुत्वाकर्षण क्षेत्र निकालें।*

हल दिया गया बिंदु गोले के बाहर है। गोले को संकेंद्रीय कोशों में विभाजित करने पर, प्रत्येक कोश को इसके केंद्र पर स्थित एक बिंदु कण द्वारा प्रतिस्थापित कर सकते हैं जिसका द्रव्यमान कोश के द्रव्यमान के बराबर हो। अतः, संपूर्ण गोला एक बिंदु कण द्वारा इसके केंद्र पर प्रतिस्थापित किया जा सकता है जिसका द्रव्यमान दिए गए गोले के द्रव्यमान के बराबर हो। यदि गोले का कुल द्रव्यमान M हो, तो दिए गए बिंदु पर गुरुत्वाकर्षण क्षेत्र,

$$E = \frac{GM}{(2a)^2} = \frac{GM}{4a^2} \qquad \ldots \text{(i)}$$

होगा, जिसकी दिशा केंद्र की ओर होगी। गोले का द्रव्यमान निकालने के लिए हमें समाकलन का सहारा लेना होगा। त्रिज्या r तथा $r + dr$ की संकेंद्रीय गोलाकार सतहों के बीच जो भाग आ गया उसपर विचार करें।

इसका आयतन $dV = (4\pi r^2)dr$

और इसका द्रव्यमान $dM = \rho dV = \left(\rho_0 \frac{a}{r}\right)(4\pi r^2 dr)$

$$= 4\pi\rho_0 ar\, dr$$

होगा। अतः, संपूर्ण गोले का द्रव्यमान,

$$M = \int_0^a 4\pi\rho_0 ar\, dr = 2\pi\rho_0 a^3.$$

समीकरण (i) से गुरुत्वाकर्षण क्षेत्र,

$$E = \frac{2\pi G\rho_0 a^3}{4a^2} = \frac{1}{2}\pi G\rho_0 a.$$

8. *द्रव्यमान m एवं त्रिज्या a का एक समरूप वलय, M द्रव्यमान के एक समरूप समान त्रिज्या के गोले के ऊपर रखा जाता है। वलय का केंद्र, गोले के केंद्र से $\sqrt{3}a$ दूरी पर है। वलय का तल केंद्रों को मिलाने वाली रेखा के लंबवत है। वलय पर गोले द्वारा लगाया गया गुरुत्वाकर्षण बल ज्ञात करें।*

हल गोले के कारण वलय के किसी बिंदु पर गुरुत्वाकर्षण क्षेत्र, गोले के केंद्र पर रखे M द्रव्यमान के अकेले कण के कारण क्षेत्र के बराबर होता है। अतः, गोले के कारण वलय पर बल, गोले के केंद्र पर रखे M द्रव्यमान के कण द्वारा इसपर लगाए बल के बराबर है। न्यूटन के तृतीय गति-नियम से बल का परिमाण उतना ही होगा जितना वलय द्वारा गोले के केंद्र पर रखे M द्रव्यमान के कण पर लगते बल का परिमाण होगा। वलय के कारण इसके अक्ष पर $d = \sqrt{3}a$ दूरी पर गुरुत्वाकर्षण क्षेत्र,

$$E = \frac{Gmd}{(a^2 + d^2)^{3/2}} = \frac{\sqrt{3}Gm}{8a^2}.$$

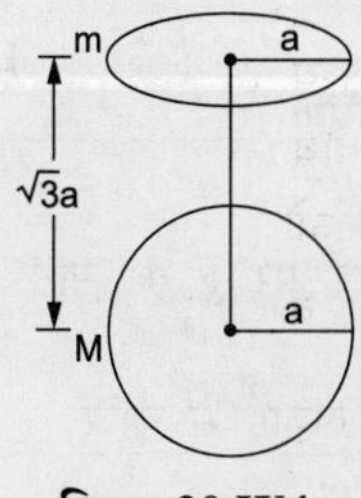

चित्र 20.W4

यहाँ रखे M द्रव्यमान के कण पर बल होगा,

$$F = ME = \frac{\sqrt{3}GMm}{8a^2}.$$

यही वलय पर गोले के कारण बल है।

9. *एक वस्तु ऊर्ध्वाधर दिशा में ऊपर की ओर 9.8 km/s की चाल से भेजी जाती है। कण द्वारा प्राप्त अधिकतम ऊँचाई ज्ञात कीजिए। पृथ्वी की त्रिज्या = 6400 km और सतह पर $g = 9.8\ \text{m/s}^2$ लें। केवल पृथ्वी के गुरुत्वाकर्षण पर विचार करें।*

हल पृथ्वी की सतह पर, पृथ्वी तथा वस्तु के निकाय की स्थितिज ऊर्जा $-\frac{GMm}{R}$ (सामान्य संकेतों सहित) है। प्रारंभिक गतिज ऊर्जा $\frac{1}{2}mv_0^2$ है, जहाँ $v_0 = 9.8\ \text{km/s}$ है। अधिकतम ऊँचाई पर गतिज ऊर्जा शून्य है। यदि तय की गई अधिकतम ऊँचाई H हो, तो इस क्षण पृथ्वी तथा वस्तु के निकाय की स्थितिज ऊर्जा $-\frac{GMm}{R+H}$ होगी।

ऊर्जा के संरक्षण सिद्धांत से,

$$-\frac{GMm}{R} + \frac{1}{2}mv_0^2 = -\frac{GMm}{R+H}.$$

$GM = gR^2$ लिखकर, m द्वारा भाग देने पर,

$$-gR + \frac{v_0^2}{2} = \frac{-gR^2}{R+H}$$

या $\frac{R^2}{R+H} = R - \frac{v_0^2}{2g}$ या $R + H = \frac{R^2}{R - \frac{v_0^2}{2g}}$.

दाहिने पक्ष में, R, v_0 और g का मान रखने पर,

$$R + H = \frac{(6400 \text{ km})^2}{6400 \text{ km} - \frac{(9.8 \text{ km/s})^2}{2 \times 9.8 \text{ m/s}^2}}$$

$$= \frac{(6400 \text{ km})^2}{1500 \text{ km}} = 27300 \text{ km}$$

या $H = (27300 - 6400) \text{ km} = 20900 \text{ km}$.

10. *एक स्प्रिंग से लटकती एक वस्तु के कारण पृथ्वी की सतह पर स्प्रिंग 1 cm खिंच जाता है। पृथ्वी की सतह से 800 km ऊपर वही वस्तु स्प्रिंग को कितना खींचेगी? पृथ्वी की त्रिज्या = 6400 km.*

हल मान लें कि कण का द्रव्यमान m है और स्प्रिंग का स्प्रिंग नियतांक k है। पृथ्वी की सतह पर गुरुत्वाकर्षण के कारण त्वरण $g = \frac{GM}{R^2}$.

वस्तु को स्प्रिंग से लटकाने पर स्प्रिंग की लंबाई में mg/k की वृद्धि होती है।

अतः, $1 \text{ cm} = \frac{GMm}{kR^2}$. ... (i)

$h = 800$ km ऊँचाई पर g का मान $= \frac{GM}{(R+h)^2}$.

अतः, स्प्रिंग की लंबाई में वृद्धि,

$$x = \frac{GMm}{k(R+h)^2}. \quad \text{... (ii)}$$

समीकरण (i) तथा (ii) से,

$$\frac{x}{1 \text{ cm}} = \frac{R^2}{(R+h)^2} = \frac{(6400 \text{ km})^2}{(7200 \text{ km})^2} = 0.79.$$

अतः, $x = 0.79$ cm.

11. *एक उपग्रह 8000 km त्रिज्या के वृत्त में पृथ्वी के चारों ओर चक्कर लगाने के लिए भेजा जाता है। कक्षा में किस चाल से इस उपग्रह को स्थापित किया जाना चाहिए? इस कक्षा में उपग्रह का आवर्तकाल क्या होगा? सतह पर $g = 9.8 \text{ m/s}^2$ और पृथ्वी की त्रिज्या = 6400 km.*

हल माना कि उपग्रह की चाल v है। उपग्रह का त्वरण v^2/r है, जहाँ r कक्षा की त्रिज्या है।

न्यूटन के द्वितीय गति-नियम का प्रयोग करने पर,

$$\frac{GMm}{r^2} = \frac{mv^2}{r}$$

या $v^2 = \frac{GM}{r} = \frac{gR^2}{r} = \frac{(9.8 \text{ m/s}^2)(6400 \text{ km})^2}{8000 \text{ km}}$

या $v = 7.08$ km/s.

आवर्तकाल $\frac{2\pi r}{v} = \frac{2\pi \times (8000 \text{ km})}{(7.08 \text{ km/s})} \approx 118$ min.

12. *दो उपग्रह S_1 तथा S_2 एक ही समतल में वृत्तीय कक्षाओं में एक ग्रह के चारों ओर चक्कर लगाते हैं। घूर्णन के आवर्तकाल क्रमशः 1 h एवं 8 h हैं। S_1 की कक्षा की त्रिज्या 10^4 km है। जब S_2, S_1 के सबसे अधिक नजदीक हो उस समय ज्ञात करें (a) S_1 के सापेक्ष S_2 की चाल (b) S_1 में उपस्थित एक अंतरिक्षविज्ञानी द्वारा देखी गई S_2 की कोणीय चाल।*

हल मान लें कि ग्रह का द्रव्यमान M है, S_1 का द्रव्यमान m_1 तथा S_2 का द्रव्यमान m_2 है। S_1 के कक्षा की त्रिज्या $R_1 = 10^4$ km और S_2 की R_2 है।

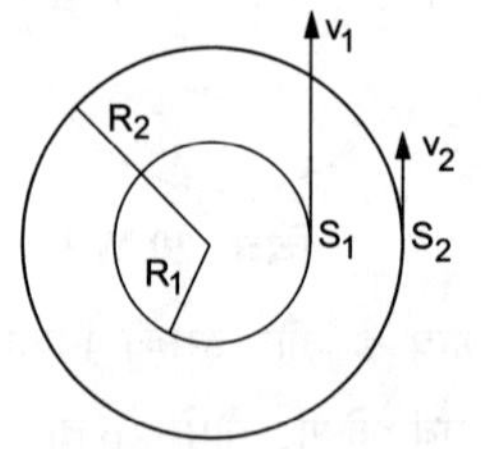

चित्र 20.W5

चूँकि आवर्तकाल का वर्ग, त्रिज्या के घन के समानुपाती होता है,

$$\left(\frac{R_2}{R_1}\right)^3 = \left(\frac{T_2}{T_1}\right)^2 = \left(\frac{8 \text{ h}}{1 \text{ h}}\right)^2 = 64$$

या $\frac{R_2}{R_1} = 4$

या $R_2 = 4R_1 = 4 \times 10^4$ km.

चूँकि S_1 का आवर्तकाल 1 h है, इसलिए

$$\frac{2\pi R_1}{v_1} = 1 \text{ h}$$

या $v_1 = \frac{2\pi R_1}{1 \text{ h}} = 2\pi \times 10^4 \text{ km h}^{-1}$.

इसी प्रकार, $v_2 = \frac{2\pi R_2}{8 \text{ h}} = \pi \times 10^4 \text{ km h}^{-1}$.

(a) जब S_1 तथा S_2 सबसे नजदीक होंगे तो वे समान दिशा में गति कर रहे होंगे।

अतः, S_1 के सापेक्ष में S_2 की चाल,

$$|v_2 - v_1| = \pi \times 10^4 \text{ km h}^{-1}.$$

(b) S_1 से देखने पर उपग्रह S_2 इस समय $R_2 - R_1 = 3 \times 10^4$ km दूरी पर है। साथ ही, S_2 उनको जोड़नेवाली रेखा के लंबवत दिशा में $\pi \times 10^4 \text{ km h}^{-1}$ पर गति कर रहा है।

अतः, S_1 से देखने पर S_2 की कोणीय चाल,

$$\omega = \frac{\pi \times 10^4 \text{ km h}^{-1}}{3 \times 10^4 \text{ km}}$$

$$= \frac{\pi}{3} \text{ rad/h}.$$

• *विचार हेतु प्रश्न* •

1. *क्या दो कण आपस के गुरुत्वाकर्षण बल के प्रभाव में साम्यावस्था में रह सकते हैं? क्या तीन कण आपसी गुरुत्वाकर्षण के प्रभाव में साम्यावस्था में रह सकते हैं? क्या तीन कणों में कोई एक कण आपसी गुरुत्वाकर्षण के प्रभाव में साम्यावस्था में रह सकता है?*

2. *क्या 'पृथ्वी के भार' का कोई अर्थ है?*

3. *यदि पृथ्वी द्वारा भारी वस्तुएँ अधिक प्रबलता से आकर्षित की जाती हैं, तो वे कम भार वाली वस्तुओं की तुलना में अधिक तेजी से क्यों नहीं गिरती हैं?*

4. *क्या आप दो ऐसे कणों के बारे में सोच सकते हैं जो एक-दूसरे पर गुरुत्वाकर्षण बल नहीं लगाते हैं?*

5. *पृथ्वी सूर्य के चारों ओर परिक्रमा करती है, क्योंकि सूर्य पृथ्वी को आकर्षित करता है। सूर्य चंद्रमा को भी आकर्षित करता है, और यह बल पृथ्वी द्वारा चंद्रमा पर लगाए गए आकर्षण बल का दुगुना है। चंद्रमा सूर्य की परिक्रमा क्यों नहीं करता है? या क्या वह सूर्य की परिक्रमा करता है?*

6. *दोपहर में पृथ्वी की सतह पर स्थित वस्तुओं को सूर्य एवं पृथ्वी परस्पर विपरीत दिशा में खींचते हैं। मध्य रात्रि में सूर्य एवं पृथ्वी इन वस्तुओं को एक ही दिशा में खींचते हैं। यदि पृथ्वी की सतह पर किसी वस्तु का भार स्प्रिंग तुला द्वारा मापा जाए तो क्या इसका भार दोपहर की तुलना में मध्य रात्रि में अधिक होगा?*

7. *पेड़ से एक सेब गिरता है। सेब में स्थित एक कीड़ा यह महसूस करता है कि पृथ्वी उसकी ओर g त्वरण से गिर रही है। कीड़े के मन में प्रश्न है कि पृथ्वी को इस त्वरण g से त्वरित करने के लिए आवश्यक बल कौन लगा रहा है? क्या आप कीड़े के प्रश्न का उत्तर दे सकते हैं?*

8. *मान लीजिए कि किसी अन्य लोक में एक छोटे निकाय के कारण इससे r दूरी पर गुरुत्वीय विभव $\frac{k}{r^2}$ है। गुरुत्वीय क्षेत्र के लिए क्या व्यंजक होगा? क्या आप ऐसे किसी निकाय के बारे में सोच सकते हैं? यदि ऋणात्मक द्रव्यमान होता तो क्या आप ऐसे निकाय के बारे में सोच सकते हैं?*

9. इस अध्याय में दो कणों के निकाय की गुरुत्वीय स्थितिज ऊर्जा $U = -\frac{Gm_1m_2}{r}$ बताई गई है। क्या इस समीकरण से यह सिद्ध होता है *कि $r = \infty$ के लिए स्थितिज ऊर्जा शून्य होगी? क्या हम $r = \infty$ के लिए स्थितिज ऊर्जा 20 J मानकर भी इस सूत्र का उपयोग कर सकते हैं? यदि नहीं, तो स्थितिज ऊर्जा के लिए किस सूत्र का उपयोग किया जाएगा?*

10. *किसी वस्तु का भार, भूमध्य रेखा की तुलना में ध्रुवों पर अधिक होता है। क्या भूमध्य रेखा पर वस्तुएँ क्रय करके, ध्रुवों पर विक्रय करना लाभदायक रहेगा? क्या यह महत्त्वपूर्ण होगा कि स्प्रिंग तुला प्रयुक्त की जा रही है या समान-दंड तुला (beam balance) प्रयुक्त की जा रही है?*

11. *किसी वस्तु का भार भूमध्य रेखा की तुलना में ध्रुवों पर अधिक होता है। हम जिस भार पर चर्चा कर रहे हैं, वह वास्तविक भार है या आभासी भार? क्या आपका उत्तर इसपर निर्भर करेगा कि आप केवल पृथ्वी का घूर्णन ही प्रभावी मान रहे हैं या पृथ्वी का ध्रुवों पर चपटा होना भी प्रभावी मान रहे हैं?*

12. *यदि पृथ्वी का द्रव्यमान अपरिवर्तित रखते हुए इसकी त्रिज्या में 1% की कमी कर दी जाए तो पृथ्वी की सतह पर गुरुत्वीय त्वरण घटेगा या बढ़ेगा? यदि ऐसा होगा तो कितने प्रतिशत?*

13. *पृथ्वी के परितः परिक्रमा कर रहे एक उपग्रह से एक नट ढीला होकर अलग हो जाता है। क्या यह नट पृथ्वी पर गिरेगा? यदि हाँ, तो यह कहाँ पर गिरेगा? यदि नहीं, तो उपग्रह में स्थित कोई यात्री इसको पृथ्वी पर कैसे गिरा सकता है?*

14. *क्या यह आवश्यक है कि उपग्रह की कक्षा का तल पृथ्वी के केंद्र से गुजरे?*

15. *वृत्ताकार कक्षा में पृथ्वी की परिक्रमा कर रहे उपग्रहों पर विचार करें। भूस्थैतिक उपग्रह की पृथ्वी की सतह से ऊँचाई 36,000 km होनी चाहिए। क्या कोई भी उपग्रह जो इस ऊँचाई पर गतिशील हो, भूस्थैतिक उपग्रह होगा? क्या इस ऊँचाई पर गतिशील किसी भी उपग्रह का आवर्तकाल 24 घंटे ही होगा?*

16. *भारत का कोई भी भाग भूमध्य रेखा पर नहीं है। क्या कोई भूस्थैतिक उपग्रह सदैव नई दिल्ली के ऊपर रह सकता है?*

17. *पृथ्वी अपने अक्ष के परितः घूमती है। इसके साथ ही भूमध्य रेखा पर स्थित अपने मकान में रहनेवाला व्यक्ति भी पृथ्वी की त्रिज्या के बराबर त्रिज्या वाली वृत्ताकार कक्षा में परिक्रमा करता है। वह उपग्रह के यात्री की भाँति भारहीनता का अनुभव क्यों नहीं करता?*

18. *विषुवत तल में पृथ्वी का चक्कर लगाते दो उपग्रहों की कक्षाओं की त्रिज्याएँ लगभग समान हैं। पृथ्वी से देखने पर एक पूर्व से पश्चिम की ओर तथा दूसरा पश्चिम से पूर्व की ओर गतिशील दिखाई देता है। क्या पृथ्वी से देखने पर उनके आवर्तकाल समान हैं? यदि नहीं, तो किसका आवर्तकाल कम है?*

19. *एक अंतरिक्ष-यान पृथ्वी से चंद्रमा की ओर जाने में, अपनी वापसी यात्रा की तुलना में अधिक ईंधन व्यय करता है। इस कथन की विवेचना कीजिए।*

• *सटीक उत्तरवाले प्रश्न I* •

सही उत्तर का चयन करें।

1. पृथ्वी के सापेक्ष चंद्रमा का त्वरण 0.0027 m/s^2 है तथा पृथ्वी की सतह पर गिरते हुए सेब का त्वरण लगभग 10 m/s^2 है। मान लें कि चंद्रमा की त्रिज्या, पृथ्वी की त्रिज्या की एक-चौथाई है। यदि चंद्रमा को एक क्षण के लिए रोक दिया जाए तथा फिर छोड़ दिया जाए, तो वह पृथ्वी की ओर गिरने लगेगा। चंद्रमा का पृथ्वी की ओर आरंभिक त्वरण होगा
   (a) 10 m/s^2 (b) 0.0027 m/s^2
   (c) 6.4 m/s^2 (d) 5.0 m/s^2

2. पिछले प्रश्न में पृथ्वी से टकराने से तुरंत पहले चंद्रमा का त्वरण होगा
   (a) 10 m/s^2 (b) 0.0027 m/s^2
   (c) 6.4 m/s^2 (d) 5.0 m/s^2

3. मान लें कि पृथ्वी की सतह पर गुरुत्वीय त्वरण 10 m/s^2 है तथा मंगल की सतह पर इसका मान 4.0 m/s^2 है। एक 60 kg द्रव्यमान वाला अंतरिक्ष-यात्री नियत चाल से गतिशील अंतरिक्ष-यान में पृथ्वी से मंगल की ओर जाता है। आकाश के अन्य पिंडों के प्रभाव को नगण्य मान लें। नीचे दिए गए चित्र का कौन-सा भाग अंतरिक्ष-यात्री के भार

(कुल गुरुत्वाकर्षण बल) को समय के फलन के रूप में सबसे सटीक ढंग से निरूपित करता है?

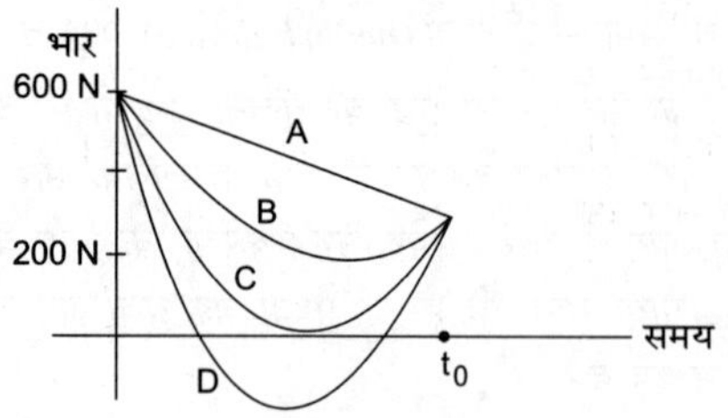

चित्र 20.Q1

(a) A (b) B (c) C (d) D

4. किसी सौर परिवार में एक ग्रह है जिसका द्रव्यमान पृथ्वी के द्रव्यमान का दुगुना तथा घनत्व पृथ्वी के औसत घनत्व के बराबर है। पृथ्वी पर W भार वाली वस्तु का उस ग्रह पर भार होगा

(a) W (b) $2W$ (c) $\frac{W}{2}$ (d) $2^{1/3}W$

5. पृथ्वी की सतह पर गुरुत्वीय त्वरण g है। m द्रव्यमान की वस्तु को पृथ्वी की सतह से पृथ्वी की त्रिज्या R के बराबर ऊँचाई तक उठाने में किया गया कार्य होगा

(a) $\frac{1}{2}mgR$ (b) $2mgR$ (c) mgR (d) $\frac{1}{4}mgR$

6. एक व्यक्ति अनंत से 1 kg द्रव्यमान को बिंदु A तक लाता है। प्रारंभ में द्रव्यमान विरामावस्था में था, किंतु जब यह बिंदु A पर पहुँचता है तो उसकी चाल 2 m/s हो जाती है। व्यक्ति द्वारा द्रव्यमान पर किया गया कार्य –3 J है। अनंत पर विभव को शून्य मानते हुए A पर विभव होगा

(a) –3 J/kg (b) –2 J/kg
(c) –5 J/kg (d) इनमें कोई नहीं

7. एक समरूप गोलाकार कोश के केंद्र से r दूरी पर गुरुत्वीय विभव तथा गुरुत्वीय क्षेत्र क्रमशः V तथा E हैं। निम्नांकित दो कथनों पर विचार करें।

(A) V तथा r के बीच का ग्राफ असंतत (discontinuous) है।
(B) E तथा r के बीच का ग्राफ असंतत है।
(a) A एवं B दोनों सत्य हैं।
(b) A सत्य है, किंतु B असत्य है।
(c) B सत्य है, किंतु A असत्य है।
(d) A एवं B दोनों असत्य हैं।

8. एक समरूप ठोस गोले के केंद्र से r दूरी पर गुरुत्वीय विभव तथा क्षेत्र क्रमशः V तथा E हैं। निम्नांकित दो कथनों पर विचार करें।

(A) V तथा r के बीच का ग्राफ असंतत (discontinuous) है।
(B) E तथा r के बीच का ग्राफ असंतत है।
(a) A एवं B दोनों सत्य हैं।
(b) A सत्य है, किंतु B असत्य है।
(c) B सत्य है, किंतु A असत्य है।
(d) A एवं B दोनों असत्य हैं।

9. विषुवत रेखा से ध्रुवों तक जाने में पृथ्वी की त्रिज्या घटती जाती है। इसको तथा पृथ्वी के घूर्णन को प्रभावी मानते हुए निम्नांकित दो कथनों पर विचार कीजिए।

(A) पृथ्वी के बाहर ऐसे बिंदु हैं जहाँ g का मान इसके विषुवत रेखा पर के मान के बराबर है।
(B) पृथ्वी के बाहर ऐसे बिंदु हैं जहाँ g का मान इसके ध्रुवों पर के मान के बराबर है।
(a) A एवं B दोनों सत्य हैं।
(b) A सत्य है, किंतु B असत्य है।
(c) B सत्य है, किंतु A असत्य है।
(d) A एवं B दोनों असत्य हैं।

10. पृथ्वी के चारों ओर वृत्तीय कक्षा में स्थापित उपग्रह का आवर्तकाल
(a) उपग्रह के द्रव्यमान पर निर्भर नहीं करता है।
(b) कक्षा की त्रिज्या पर निर्भर नहीं करता है।
(c) उपग्रह के द्रव्यमान पर तथा कक्षा की त्रिज्या पर निर्भर करता है।
(d) न तो उपग्रह के द्रव्यमान पर, न ही कक्षा की त्रिज्या पर निर्भर करता है।

11. अनंत दूरी पर स्थितिज ऊर्जा को शून्य मानते हुए पृथ्वी एवं चंद्रमा के निकाय की गुरुत्वीय स्थितिज ऊर्जा का परिमाण U है। पृथ्वी के सापेक्ष चंद्रमा की गतिज ऊर्जा K है, तो

(a) $|U| < K$ (b) $|U| > K$ (c) $U = K$ (d) $|U| = |K|$

12. सूर्य के चारों ओर घूमते एक ग्रह की दीर्घवृत्ताकार कक्षा चित्र 20.Q2 में दिखाई गई है। दोनों छायांकित भागों का क्षेत्रफल बराबर है। यदि ग्रह को a से b तक तथा c से d तक जाने में लगे समय क्रमशः t_1 तथा t_2 हों, तो

(a) $t_1 < t_2$
(b) $t_1 = t_2$
(c) $t_1 > t_2$
(d) दी गई सूचना t_1 तथा t_2 के बीच संबंध स्थापित करने के लिए पर्याप्त नहीं है।

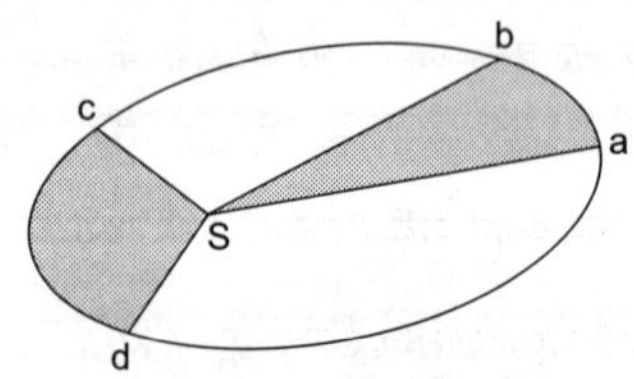

चित्र 20.Q2

13. उपग्रह में कुर्सी पर बैठा हुआ व्यक्ति भारहीनता का अनुभव करता है, क्योंकि
(a) पृथ्वी, उपग्रह में स्थित वस्तुओं को आकर्षित नहीं करती है।
(b) कुर्सी के कारण व्यक्ति पर लगनेवाला अभिलंब बल, पृथ्वी के आकर्षण बल से संतुलित हो जाता है।
(c) अभिलंब बल शून्य होता है।
(d) उपग्रह में स्थित व्यक्ति में त्वरण नहीं होता है।

14. एक उपग्रह की छत से बंधे एक स्प्रिंग बैलेंस को पकड़कर एक व्यक्ति लटका है। जब उपग्रह R त्रिज्या की कक्षा में चल रहा है, बैलेंस का पठन W_1 होता है। यदि यही उपग्रह $2R$ त्रिज्या की कक्षा में चलता है, तो इसका पठन W_2 होता है। सही विकल्प चुनें।

(a) $W_1 = W_2$ (b) $W_1 < W_2$
(c) $W_1 > W_2$ (d) $W_1 \neq W_2$

15. m द्रव्यमान की एक वस्तु को पृथ्वी की सतह से अनंत तक प्रक्षेपित करने के लिए आवश्यक गतिज ऊर्जा है

(a) $\frac{1}{4}mgR$ (b) $\frac{1}{2}mgR$

(c) mgR (d) $2mgR$

16. पृथ्वी की सतह से R (पृथ्वी की त्रिज्या) ऊँचाई पर एक कण स्थिर अवस्था में रखा गया है। इसको कितनी न्यूनतम चाल से पृथ्वी से दूर प्रक्षेपित किया जाए ताकि यह पुनः लौटकर नहीं आए?

(a) $\sqrt{\frac{GM}{4R}}$ (b) $\sqrt{\frac{GM}{2R}}$ (c) $\sqrt{\frac{GM}{R}}$ (d) $\sqrt{\frac{2GM}{R}}$

17. पृथ्वी की सतह के समीप एक उपग्रह परिक्रमा कर रहा है। इस उपग्रह से एक कण को पृथ्वी से पलायन करने के लिए आवश्यक न्यूनतम चाल से प्रक्षेपित किया जाता है। पृथ्वी से पलायन चाल v_e है। उपग्रह के सापेक्ष कण की चाल

(a) v_e से कम है। (b) v_e से अधिक है।

(c) v_e के बराबर है। (d) प्रक्षेपण की दिशा पर निर्भर करेगी।

• सटीक उत्तरवाले प्रश्न II •

सही उत्तर (उत्तरों) का चयन करें।

1. किसी बिंदु पर गुरुत्वीय विभव एवं गुरुत्वीय क्षेत्र क्रमशः V तथा E हैं। ऐसा हो सकता है कि

(a) $V=0$ तथा $E=0$ (b) $V=0$ तथा $E\neq 0$

(c) $V\neq 0$ तथा $E=0$ (d) $V\neq 0$ तथा $E\neq 0$

2. समरूप गोलीय कोश के अंदर

(a) गुरुत्वीय विभव शून्य होता है।

(b) गुरुत्वीय क्षेत्र शून्य होता है।

(c) प्रत्येक स्थान पर गुरुत्वीय विभव एकसमान होता है।

(d) प्रत्येक स्थान पर गुरुत्वीय क्षेत्र एकसमान होता है।

3. एक समरूप गोलीय कोश अपनी आकृति अपरिवर्तित रखते हुए सिकुड़ना प्रारंभ करता है। केंद्र पर गुरुत्वीय विभव

(a) बढ़ेगा।

(b) घटेगा।

(c) नहीं बदलेगा।

(d) पहले घटेगा फिर बढ़ेगा।

4. एक ग्रह सूर्य के चारों ओर दीर्घवृत्ताकार कक्षा में परिक्रमा कर रहा है। सूर्य के गुरुत्वाकर्षण बल द्वारा ग्रह पर किया गया कार्य

(a) कक्षा के किसी भी अल्प भाग में शून्य होता है।

(b) कक्षा के कुछ भागों में शून्य होता है।

(c) एक संपूर्ण परिक्रमा में शून्य होता है।

(d) किसी भी भाग में शून्य नहीं होता है।

5. दो उपग्रह A तथा B पृथ्वी के चारों ओर एक ही कक्षा में घूम रहे हैं। B का द्रव्यमान, A के द्रव्यमान का दुगुना है, तो

(a) A तथा B की चालें बराबर हैं।

(b) पृथ्वी + A की स्थितिज ऊर्जा, पृथ्वी + B की स्थितिज ऊर्जा के बराबर है।

(c) A तथा B की गतिज ऊर्जाएँ बराबर हैं।

(d) पृथ्वी + A की कुल ऊर्जा, पृथ्वी + B की कुल ऊर्जा के बराबर है।

6. सूर्य से देखने पर दीर्घवृत्ताकार कक्षाओं में घूमते ग्रहों की गति में निम्नांकित में कौन-सी राशि नियत रहती है?

(a) चाल (b) कोणीय चाल

(c) गतिज ऊर्जा (d) कोणीय संवेग

• अभ्यास के प्रश्न •

1. 10 kg द्रव्यमान की दो गोलाकार गेंदें एक-दूसरे से 10 cm दूर रखी हुई हैं। इनके बीच लगनेवाला गुरुत्वीय बल ज्ञात करें।

2. a भुजा वाले एक वर्ग के चारों कोनों पर $m, 2m, 3m$ तथा $4m$ द्रव्यमान वाले चार कण रखे हुए हैं। इस वर्ग के केंद्र पर m द्रव्यमान का एक कण रखा है। इस कण पर बाकी चारों कणों के कारण लगनेवाला गुरुत्वीय बल ज्ञात करें।

3. a भुजा वाले समबाहु त्रिभुज के तीनों कोनों पर तीन कण रखे गए हैं जिनमें प्रत्येक का द्रव्यमान m है। इस निकाय के कारण m द्रव्यमान के एक अन्य कण पर लगनेवाला बल ज्ञात कीजिए जो (a) एक भुजा के मध्यबिंदु पर रखा गया है, (b) त्रिभुज के केंद्र पर रखा गया है।

4. तीन एकसमान गोलों में से प्रत्येक का द्रव्यमान M तथा त्रिज्या R है। इनको इस प्रकार रखा गया है कि प्रत्येक गोला अन्य दो गोलों को स्पर्श करता है। किसी भी एक गोले पर अन्य दो गोलों के कारण लगनेवाला गुरुत्वीय बल ज्ञात करें।

5. समान द्रव्यमान M वाले चार कण पारस्परिक गुरुत्वाकर्षण बल के प्रभाव में R त्रिज्या के वृत्ताकार पथ पर गतिशील हैं। प्रत्येक कण की चाल ज्ञात करें।

6. चंद्रमा की सतह से 1000 km ऊपर चंद्रमा के कारण गुरुत्वीय त्वरण का मान ज्ञात करें। चंद्रमा का द्रव्यमान 7.4×10^{22} kg तथा इसकी त्रिज्या 1740 km है।

7. 1 m की दूरी पर रखी हुई 0.4 kg तथा 0.8 kg द्रव्यमानों वाली दो छोटी वस्तुएँ विरामावस्था से चलने के लिए छोड़ दी जाती हैं। मान लें कि वस्तुओं पर केवल पारस्परिक गुरुत्वाकर्षण के ही बल लग रहे हैं। जब वस्तुओं के बीच की दूरी 0.5 m रह जाती है, उस समय इनकी चालों के मान ज्ञात करें।

8. एक अर्धवृत्ताकार तार की लंबाई L तथा द्रव्यमान M है। वृत्त के केंद्र पर m द्रव्यमान का एक कण रखा गया है। तार के कारण कण पर लगनेवाला गुरुत्वाकर्षण बल ज्ञात करें।

9. L लंबाई एवं M द्रव्यमान वाले एक समरूप छड़ के कारण इसके लंब अर्द्धक पर छड़ के केंद्र से d दूरी पर स्थित बिंदु पर गुरुत्वीय क्षेत्र के लिए व्यंजक प्राप्त करें।

10. दो संकेंद्रीय गोलीय कोशों के द्रव्यमान M_1, M_2 एवं त्रिज्याएँ R_1, R_2 $(R_1 < R_2)$ हैं। केंद्र से $\left(\frac{R_1+R_2}{2}\right)$ दूरी पर m द्रव्यमान का एक कण रखा है, इस कण पर गोलों के कारण लगनेवाला कुल बल कितना होगा?

11. एकसमान घनत्व वाले एक ठोस गोले के व्यास के अनुदिश एक पतली-सी नलीनुमा जगह खाली कर ली जाती है। गोले का द्रव्यमान M तथा त्रिज्या R है। इस जगह में गोले के केंद्र से x दूरी पर रखे हुए m द्रव्यमान के कण पर गोले के कारण बल ज्ञात करें।

12. एकसमान घनत्व वाले एक गोले की जीवा (chord) के अनुदिश एक पतली-सी नलीनुमा जगह खाली कर ली जाती है। गोले का द्रव्यमान M तथा त्रिज्या R है। गोले के केंद्र से इस जीवा की लंबवत दूरी $R/2$ है। छेद की दीवार घर्षणरहित मानी जा सकती है। m द्रव्यमान का एक कण छेद के केंद्र से x दूरी पर है, इसपर दीवार द्वारा लगाया गया बल ज्ञात कीजिए।

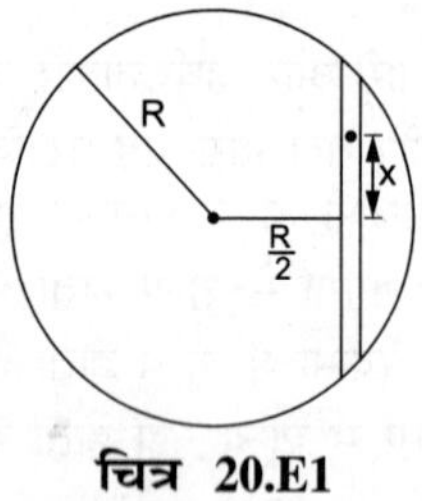

चित्र 20.E1

13. चित्र 20.E2 में m द्रव्यमान एवं r त्रिज्या का एक ठोस गोला, M द्रव्यमान एवं R त्रिज्या वाले एक पतले गोलीय कोश में रखा हुआ है। दोनों के केंद्रों को मिलानेवाली रेखा पर एवं गोले तथा कोश के संपर्क-बिंदु से x दूरी पर m' द्रव्यमान का एक कण रखा गया है। इस कण पर गोले तथा कोश के कारण लगनेवाले परिणामी गुरुत्वीय बल का परिमाण ज्ञात करें यदि

(a) $r < x < 2r$, (b) $2r < x < 2R$ तथा (c) $x > 2R$.

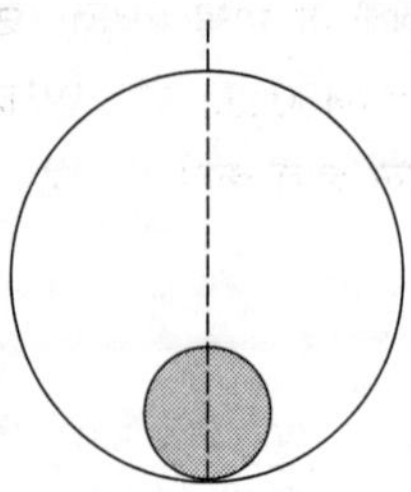

चित्र 20.E2

14. M द्रव्यमान तथा a त्रिज्या का धातु का एक समरूप गोला, समान द्रव्यमान एवं $4a$ त्रिज्या वाले पतले एवं समरूप गोलीय कोश के अंदर रखा है (चित्र 20.E3)। कोश का केंद्र, अंदर वाले गोले की सतह पर स्थित है। चित्र में प्रदर्शित बिंदुओं P_1 तथा P_2 को मिलानेवाली रेखा गोले तथा कोश के केंद्रों से गुजरती है, तथा कोश के सबसे निचले बिंदु से इनकी दूरियाँ a के बराबर हैं। इन बिंदुओं पर गुरुत्वीय क्षेत्र ज्ञात करें।

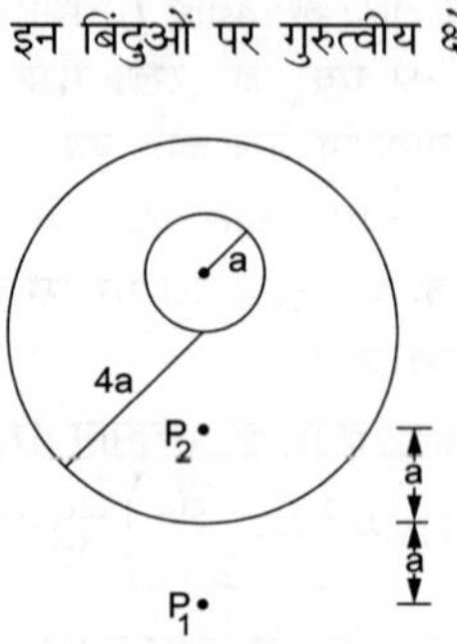

चित्र 20.E3

15. एक पतला एवं समरूप घनत्व वाला गोलीय कोश, एक समतल द्वारा दो भागों में काटकर चित्रानुसार रखा गया है। प्रथम भाग के समतल काट का केंद्र A तथा द्वितीय भाग के समतल काट का केंद्र B है। दिखाएँ कि प्रथम भाग के कारण बिंदु A पर गुरुत्वीय क्षेत्र का परिमाण द्वितीय भाग के कारण बिंदु B पर क्षेत्र के परिमाण के बराबर होगा।

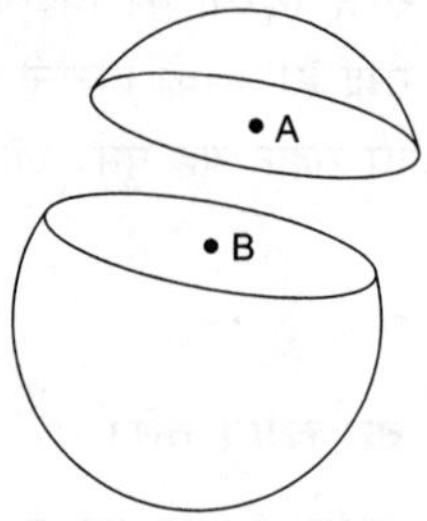

चित्र 20.E4

16. एक समरूप ठोस के दो भागों पर विचार करें। भाग 2 का द्रव्यमान केंद्र C है जो गोले के केंद्र O से x दूरी पर स्थित है (चित्र 20.E5)। गोले का पूरा द्रव्यमान M तथा भाग 2 का द्रव्यमान m है। भाग 1 द्वारा भाग 2 पर लगाए गए गुरुत्वाकर्षण बल का मान निकालें।

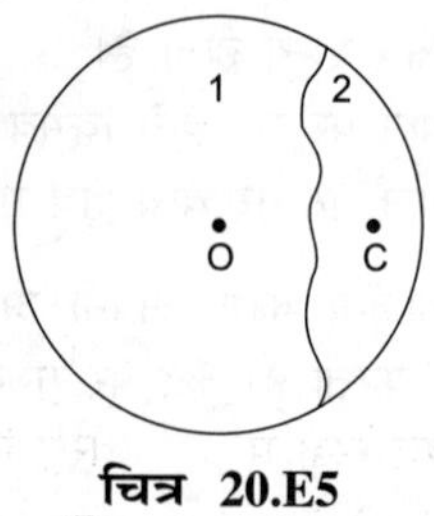

चित्र 20.E5

17. 2.00 kg तथा 4.00 kg द्रव्यमान वाली दो छोटी वस्तुएँ आपस में 2.0 m की दूरी पर स्थिर अवस्था में रखी हुई हैं। 0.10 kg द्रव्यमान का एक छोटा कण कहाँ पर रखा जाए कि इसपर इन वस्तुओं के कारण कुल गुरुत्वीय बल शून्य हो? कण इस बिंदु पर रख दिया जाता है। इन तीनों कणों के निकाय की गुरुत्वीय स्थितिज ऊर्जा कितनी होगी?

18. a भुजा वाले समबाहु त्रिभुज के तीनों कोनों पर एक-एक कण रखे गए हैं जिनमें से प्रत्येक का द्रव्यमान m है। त्रिभुज की भुजाएँ बढ़ाकर $2a$ करने के लिए इस निकाय पर कितना कार्य करना होगा?

19. 100 g द्रव्यमान का एक कण 10 kg द्रव्यमान तथा 10 cm त्रिज्या वाले एक गोले की सतह पर रखा हुआ है। कण को इस गोले से बहुत दूर ले जाने के लिए इनके बीच लगते गुरुत्वाकर्षण बल के विरुद्ध कितना कार्य करना होगा?

20. किसी स्थान में गुरुत्वीय क्षेत्र $\vec{E} = (5\hat{i} + 12\hat{j})$ N/kg है।

(a) मूलबिंदु पर रखे हुए 2 kg द्रव्यमान के कण पर लगनेवाले गुरुत्वीय बल का परिमाण ज्ञात कीजिए।

(b) यदि मूलबिंदु पर गुरुत्वीय विभव शून्य माना जाए तो बिंदुओं (12 m, 0) तथा (0, 5 m) पर विभव ज्ञात कीजिए।

(c) यदि 2 kg द्रव्यमान वाला कण मूलबिंदु से विस्थापित करके बिंदु (12 m, 5 m) पर ले जाया जाए, तो गुरुत्वीय स्थितिज ऊर्जा में परिवर्तन ज्ञात कीजिए।

(d) यदि कण को (12 m, 0) से (0, 5 m) तक ले जाया जाए, तो गुरुत्वीय स्थितिज ऊर्जा में परिवर्तन ज्ञात कीजिए।

21. किसी क्षेत्र में गुरुत्वीय विभव $V = (20 \text{ N/kg})(x + y)$ द्वारा व्यक्त किया जाता है।
    (a) दिखाएँ कि समीकरण विमीय रूप से सही है।
    (b) बिंदु (x, y) पर गुरुत्वीय क्षेत्र ज्ञात करें। अपना उत्तर एकांक सदिशों $\hat{i}, \hat{j}, \hat{k}$ के पदों में लिखें।
    (c) मूलबिंदु पर रखे हुए 5 g द्रव्यमान के एक कण पर गुरुत्वीय बल के परिमाण की गणना करें।

22. किसी स्थान में गुरुत्वीय क्षेत्र $\vec{E} = (2\hat{i} + 3\hat{j})$ N/kg द्वारा निरूपित किया जाता है। दिखाएँ कि जब कोई कण रेखा $3y = 2x + 5$ के अनुदिश विस्थापित किया जाता है, तो गुरुत्वीय क्षेत्र द्वारा कोई कार्य नहीं किया जाता है।

23. पृथ्वी की सतह से वह ऊँचाई ज्ञात कीजिए, जहाँ वस्तु का भार, सतह पर इसके भार का आधा रह जाए।

24. माउंट एवरेस्ट के शीर्ष पर गुरुत्वीय त्वरण का मान कितना है? माउंट एवरेस्ट संसार की उच्चतम चोटी है, जिसकी ऊँचाई 8848 m है। समुद्र की सतह पर g का मान 9.80 m/s^2 है। केवल पृथ्वी के केंद्र से दूरी का विचार करें।

25. उत्तरी ध्रुव पर स्प्रिंग बैलेंस से किसी वस्तु का भार 1.000 kg मापा जाता है। विषुवत रेखा (equator) पर इसका भार कितना मापा जाएगा? केवल पृथ्वी के घूर्णन का प्रभाव लें।

26. पृथ्वी की विषुवत रेखा पर एक वस्तु किसी स्प्रिंग को किसी विशिष्ट लंबाई तक खींचती है। दक्षिणी ध्रुव से कितनी ऊँचाई पर यह इसी स्प्रिंग को इतनी ही लंबाई तक खींचेगी? पृथ्वी को गोलाकार मानें।

27. पृथ्वी किस दर से घूर्णन करे कि विषुवत रेखा पर स्थित वस्तु का आभासी भार शून्य हो जाए? इस परिस्थिति में दिन की अवधि कितनी हो जाएगी?

28. विषुवत रेखा के अनुदिश पूर्व से पश्चिम की ओर गतिशील जहाज में एक लोलक लटक रहा है, जिसके बॉब का द्रव्यमान m है। जब जहाज पानी के सापेक्ष स्थिर है, डोरी में तनाव T_0 है।
    (a) पृथ्वी के अपने अक्ष पर घूर्णन के कारण जहाज की चाल ज्ञात करें।
    (b) गोलक पर पृथ्वी के आकर्षण बल एवं T_0 के बीच अंतर ज्ञात करें।
    (c) यदि जहाज v चाल से चल रहा है, तो डोरी में तनाव कितना है?

    पृथ्वी के घूर्णन की कोणीय चाल ω है तथा पृथ्वी की त्रिज्या R है।

29. मंगल ग्रह को सूर्य के चारों ओर परिक्रमा करने में 1.88 वर्ष लगते हैं। मंगल से सूर्य की औसत दूरी तथा पृथ्वी की सूर्य से औसत दूरी का अनुपात ज्ञात करें।

30. पृथ्वी के चारों ओर 3.84×10^5 km त्रिज्या की लगभग वृत्ताकार कक्षा में एक परिक्रमा पूरी करने में चंद्रमा को लगभग 27.3 दिन लगते हैं। इन आँकड़ों के आधार पर पृथ्वी के द्रव्यमान की गणना करें।

31. मंगल का एक उपग्रह 9.4×10^3 km त्रिज्या की कक्षा में एक परिक्रमा पूरी करने में 27540 s लगाता है। मंगल के द्रव्यमान की गणना करें।

32. 1000 kg द्रव्यमान का एक उपग्रह, पृथ्वी की सतह से 2000 km ऊपर स्थित कक्षा में घूम रहा है। ज्ञात करें,
    (a) कक्षा में इसकी चाल,
    (b) इसकी गतिज ऊर्जा,
    (c) पृथ्वी तथा उपग्रह के निकाय की स्थितिज ऊर्जा,
    (d) इसका आवर्तकाल।

    पृथ्वी का द्रव्यमान $= 6 \times 10^{24}$ kg.

33. पृथ्वी की घूर्णन चाल के बराबर घूर्णन चाल से घूम रहे पृथ्वी के उपग्रह पर विचार करें।
    यदि किसी क्षण उपग्रह ठीक उत्तरी ध्रुव के ऊपर है, तो इसको भूमध्यरेखीय तल (equatorial plane) में आने में लगा समय ज्ञात करें। पृथ्वी का द्रव्यमान $= 6 \times 10^{24}$ kg.

34. किसी वस्तु का उत्तरी ध्रुव पर भार 10.0 N है, भूस्थैतिक उपग्रह में इसका वास्तविक भार कितना होगा?

35. एक ग्रह की त्रिज्या R_1 है तथा एक उपग्रह इसके चारों ओर R_2 त्रिज्या की वृत्ताकार कक्षा में घूम रहा है। इसका आवर्तकाल T है। ग्रह की सतह पर ग्रह के कारण गुरुत्वीय त्वरण ज्ञात करें।

36. एक भूस्थैतिक उपग्रह से सीधे संकेत प्राप्त करने के लिए उस स्थान का न्यूनतम colatitude (पृथ्वी की त्रिज्या तथा घूर्णन अक्ष के बीच कोण) ज्ञात कीजिए।

37. एक वस्तु को पृथ्वी की सतह से ठीक ऊर्ध्वाधर दिशा में प्रक्षेपित किया जाता है तथा यह 6400 km की अधिकतम ऊँचाई तक जाती है। वस्तु की प्रारंभिक चाल ज्ञात करें।

38. एक मॉड्यूल ऊर्ध्वाधर दिशा में ऊपर की ओर 15 km/s की चाल से प्रक्षेपित किया जाता है। अंतरिक्ष में पृथ्वी से बहुत दूर यह किस चाल से गति करेगा? केवल पृथ्वी के गुरुत्वीय क्षेत्र का विचार करें।

39. मान लें कि 6×10^{24} kg द्रव्यमान (पृथ्वी के द्रव्यमान के बराबर) की एक गोलाकार वस्तु को इतना संपीडित किया जाता है कि इसकी सतह से पलायन वेग 3×10^8 m/s हो जाता है। संपीडन के बाद इस गोले की त्रिज्या कितनी होगी?

40. मान लें कि धरती के घनत्व ρ तथा केंद्र से दूरी r के बीच संबंध $\rho = \rho_0 - kr$ है, जहाँ k एक अचर है। धरती के केंद्र से कितनी दूरी पर g का मान अधिकतम होगा?

41. एक अति उच्च घनत्व वाले पदार्थ के गुटके का द्रव्यमान 3×10^{24} kg है। यह पृथ्वी की सतह से h ऊँचाई पर स्थित है। h का मान पृथ्वी की त्रिज्या से बहुत कम है। यहाँ से यह पृथ्वी की सतह पर गिरता है। जब पृथ्वी की सतह से इसकी ऊँचाई कम होकर $h/2$ हो जाती है, इसकी चाल ज्ञात कीजिए। पृथ्वी का द्रव्यमान 6×10^{24} kg है।

• उत्तर •

सटीक उत्तरवाले प्रश्न I

1. (b) **2.** (c) **3.** (c) **4.** (d) **5.** (a) **6.** (c)
7. (c) **8.** (d) **9.** (b) **10.** (a) **11.** (b) **12.** (b)
13. (c) **14.** (a) **15.** (c) **16.** (c) **17.** (d)

सटीक उत्तरवाले प्रश्न II

1. (a), (b), (c), (d) **2.** (b), (c), (d) **3.** (b)
4. (b), (c) **5.** (a) **6.** (d)

अभ्यास के प्रश्न

1. 6.67×10^{-7} N **2.** $\dfrac{4\sqrt{2}Gm^2}{a^2}$

3. (a) $\dfrac{4Gm^2}{3a^2}$ (b) zero

4. $\dfrac{\sqrt{3}GM^2}{4R^2}$ **5.** $\sqrt{\dfrac{GM}{R}\left(\dfrac{2\sqrt{2}+1}{4}\right)}$

6. 0.65 m/s^2

7. 8.4×10^{-6} m/s एवं 4.3×10^{-6} m/s **8.** $\dfrac{2\pi GMm}{L^2}$

9. $\dfrac{2GM}{d\sqrt{L^2+4d^2}}$ **10.** $\dfrac{4GM_1m}{(R_1+R_2)^2}$

11. $\dfrac{GMm}{R^3}x$ **12.** $\dfrac{GMm}{2R^2}$

13. (a) $\dfrac{Gmm'(x-r)}{r^3}$ (b) $\dfrac{Gmm'}{(x-r)^2}$ (c) $\dfrac{GMm'}{(x-R)^2}+\dfrac{Gmm'}{(x-r)^2}$

14. $\dfrac{GM}{16a^2}, \dfrac{61GM}{900a^2}$ **16.** $\dfrac{GMx}{R^3}$

17. 0.83 m, 2.0 kg वाले वस्तु से दूसरी वस्तु की तरफ; -3.06×10^{-10} J

18. $\dfrac{3Gm^2}{2a}$ **19.** 6.67×10^{-10} J

20. (a) 26 N (b) –60 J/kg, –60 J/kg (c) –240 J (d) 0

21. (b) $-20(\hat{i}+\hat{j})$ N/kg (c) $\sqrt{2}/10$ N

23. $(\sqrt{2}-1)R$, जहाँ $R =$ पृथ्वी की त्रिज्या **24.** 9.77 m/s^2

25. 0.997 kg **26.** लगभग 10 km

27. 1.237×10^{-3} rad/s, 1.41 h

28. (a) ωR (b) $m\omega^2R$ (c) $T_0+2m\omega v$ लगभग

29. 1.52 **30.** 6.02×10^{24} kg

31. 6.5×10^{23} kg

32. (a) 6.90 km/s (b) 2.38×10^{20} J
(c) -4.76×10^{10} J (d) 2.01 h

33. 6 h

34. 0.23 N **35.** $\dfrac{4\pi^2R_2^3}{T^2R_1^2}$ **36.** $\sin^{-1}(0.15)$

37. 7.9 km/s **38.** 10.0 km/s **39.** ≈ 9 mm

40. $\dfrac{2\rho_0}{3k}$ **41.** $\sqrt{\dfrac{2gh}{3}}$

❑

अध्याय 21

सरल आवर्त गति

21.1 परिभाषा

जब कोई वस्तु अपनी गति को निश्चित समय अंतराल के बाद लगातार दुहराती रहती है, तो उसे हम आवर्त गति (periodic motion) कहते हैं। गति को दुहराने का अर्थ है कि वस्तु का स्थान तथा उसका वेग पुनः पहले जितना हो जाना। पृथ्वी का सूर्य की परिक्रमा करना आवर्त गति का उदाहरण है। यदि सूर्य पर हम अपना फ्रेम बनाएँ, तो अभी पृथ्वी का जो स्थान और वेग है, एक वर्ष बाद पुनः पृथ्वी का वही स्थान और वही वेग होगा। जितने समय बाद वस्तु अपनी गति को दुहराती है, वह उसका आवर्तकाल कहलाता है।

आवर्त गति का एक और उदाहरण सरल दोलक है। दोलक के बॉब को जब एक ओर खींचकर छोड़ देते हैं, तो वह एक छोर से दूसरे छोर तथा दूसरे छोर से पहले छोर तक आता-जाता है। यह भी एक निश्चित आवर्तकाल से अपनी गति को दुहराता है। यह भी सत्य है कि विभिन्न कारणों से यह बॉब धीरे-धीरे अपनी ऊर्जा खोता जाता है और इसलिए यह सच्चे अर्थों में आवर्त गति नहीं है, पर यदि थोड़ी देर तक प्रेक्षण करें तो यह काफी हद तक आवर्त गति कहलाने के लायक है।

सरल आवर्त गति (simple harmonic motion) एक विशेष प्रकार की आवर्त गति है जिसमें कोई कण (a) एक सरल रेखा पर दो बिंदुओं के बीच आवर्त गति करता है, (b) उसका त्वरण हमेशा उस रेखा के एक निश्चित बिंदु की ओर होता है तथा (c) त्वरण का परिमाण उस निश्चित बिंदु से कण की दूरी के समानुपाती होता है। यदि उस निश्चित बिंदु को मूलबिंदु कहें, और उस रेखा को x-अक्ष कहें तो सरल आवर्त गति होने के लिए त्वरण,

$$a = -\omega^2 x, \qquad \ldots (21.1)$$

जहाँ ω एक अचर राशि है।

इस समीकरण में ω^2 का उपयोग करने के दो कारण हैं—एक तो यह कि ω^2 लिखने से यह सुनिश्चित हो जाता है कि यह एक धनात्मक संख्या है (साधारणतः हम काल्पनिक संख्याओं का उपयोग नहीं करते) और दूसरा यह कि आगे के समीकरणों में ω स्वाभाविक रूप से आता है। यदि हम समीकरण (21.1) में ω^2 के स्थान पर ω लिखते तो आगे के समीकरणों में हमें बार-बार $\sqrt{\omega}$ लिखना पड़ता।

यदि हम जड़त्वीय फ्रेम से काम कर रहे हों, तो न्यूटन के दूसरे गति-नियम से, कण पर लगता परिणामी बल,

$$F = ma$$

या $\quad F = -m\omega^2 x$

या $\quad F = -kx, \qquad \ldots (21.2)$

जहाँ k एक धनात्मक अचर राशि है। इस राशि को इस गति के लिए बल स्थिरांक या बल नियतांक (force constant) कहते हैं। सरल आवर्त गति में कण पर लगता परिणामी बल गति की रेखा के निश्चित बिंदु की ओर होता है तथा इस निश्चित बिंदु से कण की दूरी के समानुपाती होता है। इस समीकरण को भी आप सरल आवर्त गति की परिभाषा के रूप में ले सकते हैं।

अभ्यास 21.1

सरल आवर्त गति करता कण जब अपने पथ के केंद्र से 5 cm दूरी पर होता है, उस समय उसपर लगे परिणामी बल का परिमाण 4 N होता है। इस गति के लिए बल नियतांक निकालें।

हल सरल आवर्त गति के लिए,

$$F = -kx$$

या $\quad k = \left|\frac{F}{x}\right| = \frac{4\ \text{N}}{5\ \text{cm}} = 80\ \text{N/m}.$

21.2 सरल आवर्त गति का स्वरूप

एक मुलायम स्प्रिंग को किसी आलंब से लटका दें एवं उसके निचले सिरे पर m द्रव्यमान की एक वस्तु बाँध दें। वस्तु को ऐसी जगह छोड़ें कि वह स्थिर रहे। चित्र 21.1(a) में यह स्थिति दिखाई गई है तथा वस्तु की स्थिति O है। इस स्थिति में वस्तु पर लगता कुल बल शून्य है। वस्तु का भार mg तथा स्प्रिंग द्वारा लगाया गया बल kx_0 एक-दूसरे को संतुलित कर लेते हैं। O को मूलबिंदु मानें। अब वस्तु को थोड़ा नीचे खींचकर A बिंदु पर लाएँ और छोड़ दें [चित्र 21.1(b)]। वस्तु अब सरल आवर्त गति करने लगेगी।

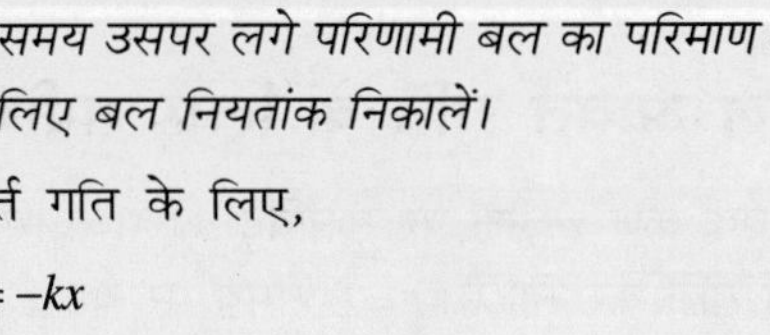

चित्र 21.1

बिंदु O पर वस्तु पर लगता कुल बल शून्य है। जब वस्तु A बिंदु पर है, तो स्प्रिंग का खिंचाव बढ़ गया है और इसलिए कुल परिणामी बल ऊपर की ओर लगेगा। इसलिए वस्तु ऊपर की ओर गतिशील होगी। जब तक वह O बिंदु से नीचे रहेगी, उसपर परिणामी बल ऊपर की ओर लगता रहेगा और वस्तु की चाल बढ़ती रहेगी। जब वह O बिंदु पर पहुँचेगी, उसकी चाल अधिकतम हो जाएगी [चित्र 21.1(c)]। अब वस्तु O से ऊपर की ओर बढ़ेगी। जब वस्तु O से ऊपर होगी तो स्प्रिंग की लंबाई प्रारंभिक लंबाई से कम हो जाएगी और परिणामी बल नीचे की ओर होगा। अतः, वस्तु की चाल घटने लगेगी। जैसे-जैसे वह और ऊपर जाएगी, चाल धीमी होती जाएगी और B बिंदु पर पहुँचने पर उसकी चाल शून्य हो जाएगी। चूँकि स्प्रिंग एवं गुरुत्वाकर्षण का परिणामी बल अभी भी नीचे की ओर है, अतः वस्तु मध्यबिंदु O की ओर चलना प्रारंभ करेगी। जब तक वह O से ऊपर है, बल नीचे की ओर ही लगेगा और इसकी चाल बढ़ती जाएगी। O बिंदु पर पहुँचकर फिर इसकी चाल अधिकतम हो जाएगी। O से नीचे आने पर परिणामी बल ऊपर की ओर लगेगा और इसकी चाल फिर घटने लगेगी और A बिंदु पर यह पुनः क्षणिक रूप से विरामावस्था में आ जाएगी। यह प्रक्रिया बारंबार चलती रहेगी।

सरल आवर्त गति में वस्तु अपनी साम्यावस्था के बिंदु के दोनों ओर बराबर-बराबर दूरी तक के पथ में एक किनारे से दूसरे किनारे तथा फिर दूसरे किनारे से पहले किनारे तक चलती रहती है। किनारों पर उसकी चाल शून्य तथा मध्यबिंदु पर अधिकतम होती है।

21.3 सरल आवर्त गति के लिए समीकरण

मान लें कि एक कण x-अक्ष पर मूलबिंदु को मध्य स्थिति में रखते हुए सरल आवर्त गति कर रहा है। $t=0$ समय पर यह $x=x_0$ स्थान पर है तथा इसका वेग $v=v_0$ है। जब इसका स्थान x पर हो जाता है तो इसपर लगता बल $F=-kx$ है, जहाँ k एक धनात्मक अचर राशि है। हम t समय पर कण के स्थान x तथा वेग v के लिए समीकरण निकालना चाहते हैं।

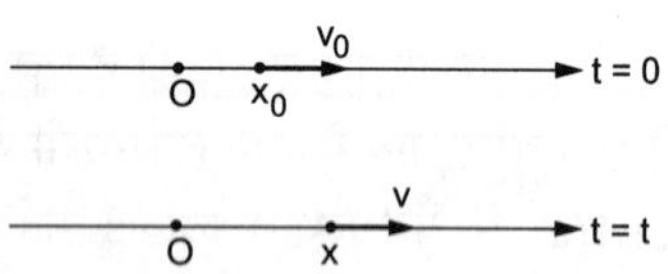

चित्र 21.2

त्वरण $a=\dfrac{F}{m}=-\dfrac{k}{m}x=-\omega^2 x$, जहाँ $\omega=\sqrt{\dfrac{k}{m}}\cdot$

पर, $a=\dfrac{dv}{dt}=\dfrac{dv}{dx}\cdot\dfrac{dx}{dt}=v\dfrac{dv}{dx}\cdot$

अतः, $v\dfrac{dv}{dx}=-\omega^2 x$

या $v\,dv=-\omega^2 x\,dx.$ ... (i)

जब $x=x_0$ है तब $v=v_0$ है ($t=0$ पर)। जब कण स्थान x पर होता है (t समय पर) तब वेग v हो जाता है। इन सीमाओं के बीच समाकलित करने पर,

$$\int_{v_0}^{v} v\,dv=\int_{x_0}^{x}-\omega^2 x\,dx=-\omega^2\int_{x_0}^{x} x\,dx$$

या $\left[\dfrac{v^2}{2}\right]_{v_0}^{v}=-\omega^2\left[\dfrac{x^2}{2}\right]_{x_0}^{x}$

या $v^2-v_0^2=\omega^2(x_0^2-x^2)$

या $v=\sqrt{v_0^2+\omega^2 x_0^2-\omega^2 x^2}$

या $v=\omega\sqrt{\left(\dfrac{v_0}{\omega}\right)^2+x_0^2-x^2}.$

$\left(\dfrac{v_0}{\omega}\right)^2+x_0^2$ एक धनात्मक अचर राशि है जो t, x या v पर निर्भर नहीं करती। यह सिर्फ प्रारंभिक समय $(t=0)$ पर कण के स्थान, वेग आदि पर निर्भर करती है। इस राशि को A^2 लिखने पर,

$v=\omega\sqrt{A^2-x^2}$

या $\dfrac{dx}{dt}=\omega\sqrt{A^2-x^2}$

या $\dfrac{dx}{\sqrt{A^2-x^2}}=\omega dt.$

$t=0$ समय पर कण $x=x_0$ पर है, तथा t समय पर यह x पर है। अतः,

$$\int_{x_0}^{x}\frac{dx}{\sqrt{A^2-x^2}}=\int_0^t \omega dt$$

या $\left[\sin^{-1}\dfrac{x}{A}\right]_{x_0}^{x}=\omega[t]_0^t$

या $\sin^{-1}\left(\dfrac{x}{A}\right)-\sin^{-1}\left(\dfrac{x_0}{A}\right)=\omega t$

या $\sin^{-1}\left(\dfrac{x}{A}\right)=\omega t+\sin^{-1}\left(\dfrac{x_0}{A}\right)$

या $\sin^{-1}\left(\dfrac{x}{A}\right)=\omega t+\delta$

या $x=A\sin(\omega t+\delta),$ ... (21.3)

जहाँ $\delta=\sin^{-1}\left(\dfrac{x_0}{A}\right)$ भी एक अचर राशि है।

t समय पर कण का वेग,

$$v=\frac{dx}{dt}=\frac{d}{dt}[A\sin(\omega t+\delta)]$$

या $v=A\omega\cos(\omega t+\delta).$ ... (21.4)

इसमें तीन अचर राशियाँ ω, A तथा δ आ रही हैं। $\omega=\sqrt{k/m}$ इस संहति (system) पर निर्भर करता है, जबकि δ का मान $t=0$ के चुनाव पर निर्भर करता है। इन अचर राशियों के साथ गति के संबंधों को हम अगले चरण में और अच्छी तरह समझेंगे।

21.4 सरल आवर्त गति से संबंधित कुछ पद

(a) आयाम

सरल आवर्त गति करते कण के स्थान का समीकरण,

$$x = A\sin(\omega t + \delta)$$

लिखा जाता है। समय t के बढ़ने से $\sin(\omega t + \delta)$ का मान बदलता है, पर यह मान सदा +1 तथा –1 के बीच ही रहता है। अतः, x का मान A तथा $-A$ के बीच ही रहेगा। अर्थात, मध्यबिंदु से कण की अधिकतम दूरी A है। इसे सरल आवर्त गति करते कण का **आयाम** (amplitude) कहते हैं।

(b) आवर्तकाल

सरल आवर्त गति करता कण अपनी गति को निश्चित समय अंतराल के बाद लगातार दुहराता है। गति के दुहराने का तात्पर्य है कि स्थान x तथा वेग v, दोनों के मान फिर से उतने ही हो जाते हैं। एक किनारे पर $x = -A$ तथा $v = 0$ होता है। जब कण पुनः उसी किनारे पर आता है, तो फिर $x = -A$ तथा $v = 0$ हो जाता है। कण ने अपनी गति को दुहरा लिया है। इतनी गति को एक पूर्ण दोलन (complete oscillation) या एक पूर्ण कंपन कहते हैं। इसी प्रकार यदि कण किसी समय $x = 0$ पर है और धनात्मक दिशा में चल रहा है, तो वह $x = A$ वाले किनारे तक जाएगा और फिर वापस लौटकर $x = 0$ पर आएगा। पर, इस समय उसका वेग ऋणात्मक दिशा में होगा। अभी पूर्ण दोलन नहीं हुआ है। यह $x = -A$ वाले किनारे पर जाकर फिर से $x = 0$ पर आएगा तब इसका वेग भी धनात्मक होगा और हम कहेंगे कि कण ने एक पूर्ण दोलन किया।

चित्र 21.3 में सरल आवर्त गति करते एक कण का पथ दिखाया गया है। मान लें कि किसी क्षण कण R बिंदु पर है और किनारे P की ओर चल रहा है। R से P तक जाने, फिर P से Q तक आने तथा फिर Q से R तक आने, को मिलाकर एक पूर्ण दोलन कहेंगे। आप गति के दौरान किसी भी क्षण से प्रारंभ करें, एक पूर्ण दोलन करने में एक निश्चित समय अंतराल ही लगता है। इस समय अंतराल को कण का **आवर्तकाल** (time period) कहते हैं। इसे साधारणतः T अक्षर द्वारा निरूपित करते हैं।

चित्र 21.3

आवर्तकाल T सरल आवर्त गति के समीकरण में प्रयुक्त ω पर निर्भर करता है।

$$x = A\sin(\omega t + \delta)$$

तथा $$v = A\omega\cos(\omega t + \delta).$$

यदि आवर्तकाल T हो, तो $t + T$ समय पर x तथा v के मान उतने ही होंगे जितने t समय पर हैं। अतः,

$$x = A\sin(\omega t + \omega T + \delta)$$

तथा $$v = A\omega\cos(\omega t + \omega T + \delta).$$

अतः, $$\sin(\omega t + \delta) = \sin(\omega t + \delta + \omega T)$$

तथा $$\cos(\omega t + \delta) = \cos(\omega t + \delta + \omega T).$$

उक्त दोनों समीकरण तभी सही हो सकते हैं, जब

$$\omega T = 0, \pm 2\pi, \pm 4\pi, \pm 6\pi \ldots$$

आदि हों, अतः यदि गति प्रत्येक T समय बाद दुहराई जाती है, तो

$$\omega T = 2\pi \quad \text{या} \quad T = \frac{2\pi}{\omega}. \qquad \ldots (21.5)$$

यदि बल नियतांक k तथा कण का द्रव्यमान m हो, तो

$$\omega = \sqrt{\frac{k}{m}}$$

या $$T = 2\pi\sqrt{\frac{m}{k}}. \qquad \ldots (21.6)$$

इस समीकरण से स्पष्ट है कि आवर्तकाल का मान गति कैसे प्रारंभ करते हैं, इसपर निर्भर नहीं करता। आप कण को प्रारंभ में कितना विस्थापित करते हैं या कितना वेग देते हैं, इन स्थितियों से T नहीं बदलता और न ही आवर्तकाल कण के आयाम पर निर्भर करता है।

यह सारी विवेचना यह मानकर की जा रही है कि पूरी गति में बल, साम्यावस्था से विस्थापन के समानुपाती रहता है। प्रायः, साम्यस्थिति से विस्थापन का मान एक सीमा से अधिक हो जाने पर बल विस्थापन के समानुपाती नहीं रह पाता। ऐसी स्थिति में गति में आवर्तकाल तो होगा, पर वह आयाम पर निर्भर करेगा।

अभ्यास 21.2

एक वस्तु जिसका द्रव्यमान 200 g है, 80 N/m स्प्रिंग नियतांक वाले स्प्रिंग के प्रभाव में सरल आवर्त गति कर रही है। इसका आवर्तकाल निकालें।

हल आवर्तकाल, $T = 2\pi\sqrt{\frac{m}{k}}$

$$= 2\pi\sqrt{\frac{200 \times 10^{-3}\ \text{kg}}{80\ \text{N/m}}} = 0.31\ \text{s}.$$

(c) आवृत्ति तथा कोणीय आवृत्ति

हमने सरल आवर्त गति की चर्चा के लगभग प्रारंभ से ही ω राशि का उपयोग किया है। यही राशि ω कोणीय आवृत्ति (angular frequency) कहलाती है। आवर्तकाल का व्युत्क्रम, अर्थात $1/T$ आवृत्ति (frequency) कहलाता है।

आवृत्ति को यदि ν लिखें, तो

$$\nu = \frac{1}{T} \qquad \ldots (21.7)$$

या $$\nu = \frac{\omega}{2\pi}. \qquad \ldots (21.8)$$

आवर्तकाल T, एक कंपन में लगे समय को कहते हैं। इसलिए $1/T$ अर्थात ν, इकाई समय में संपन्न कंपनों की संख्या होगी। यदि समय की इकाई सेकंड ली जाए तो आवृत्ति का अर्थ होगा, प्रति सेकंड संपन्न किए जानेवाले कंपनों की संख्या। इसकी SI इकाई कंपन प्रति सेकंड होगी जिसे हर्ट्ज कहते हैं और संकेत Hz द्वारा लिखते हैं। यह नाम जर्मन भौतिकी शोधकर्ता Heinrich Hertz के नाम पर है, जिन्होंने विद्युत-चुंबकीय तरंगों के अस्तित्व को पहली बार प्रयोगशाला में स्थापित किया था।

(d) कला

चंद्रमा प्रतिदिन अपना आकार बदलता रहता है। पूर्णिमा से अमावस्या तक सोलह अलग-अलग रूपों में वह अपने को प्रस्तुत करता है। इन्हें चंद्रमा की कलाएँ (phases of moon) कहते हैं। सरल आवर्त गति में गति करता कण भी अपने स्थान एवं वेग को बदलता रहता है। यदि हम कण का स्थान, उसका वेग (गति की दिशा सहित) बता दें, तो हमने उस कण की गति को पूरी तरह से बता दिया। इसे ही हम कहते हैं कि हमने कण की गति की कला (phase) बता दी। यदि कण की गति $x = A\sin(\omega t + \delta)$ समीकरण द्वारा निरूपित हो, तो उसका स्थान x तथा वेग v, दोनों ही $\omega t + \delta$ से निर्धारित हो जाएँगे। यदि $\omega t + \delta$ का मान शून्य हो, तो वस्तु अपने मध्यबिंदु पर होगी और धनात्मक x-दिशा में चल रही होगी। यह कण की सरल आवर्त गति की एक कला है। यदि $\omega t + \delta = \pi$ हो, तो कण अपने मध्यबिंदु पर होगा और ऋणात्मक x-अक्ष की ओर चल रहा होगा। यह कण की गति की एक अलग कला है। कई बार इस कोण $\omega t + \delta$ को भी कला या कला-कोण (phase angle) के नाम से जाना जाता है। चित्र 21.4 में सरल आवर्त गति करते एक कण की विभिन्न कलाओं को दिखाया गया है।

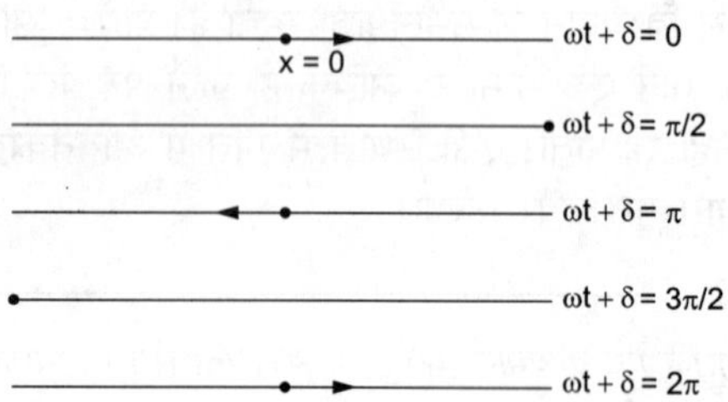

चित्र 21.4

(e) कला नियतांक

सरल आवर्त गति करते कण की कला $\omega t + \delta$ पर निर्भर करती है। यहाँ δ एक ऐसा नियतांक है जो कण की गति पर नहीं, बल्कि हमारे द्वारा परिभाषित $t = 0$ के क्षण पर निर्भर करता है। इस δ को कला नियतांक या phase constant कहते हैं। $x = 0$ तो कण के पथ के मध्यबिंदु पर लेते ही हैं, जब कण पर लगता बल शून्य है। पर $t = 0$ के क्षण को चुनने का अवसर फिर भी खुला है। मान लें कि जिस समय कण अपने पथ के मध्यबिंदु पर है तथा धनात्मक दिशा में जा रहा है, उसे हम $t = 0$ कहते हैं। अतः,

$$x = A\sin(\omega t + \delta) \text{ से, } 0 = A\sin\delta.$$

$\delta = 0$ या π हो सकता है। δ का मान $2\pi, 3\pi$ आदि भी हो सकता है, पर $\delta = 2\pi + \phi$ से भी वही मान मिलेंगे जो $\delta = \phi$ से। अतः, δ का मान 2π या उससे अधिक नहीं लेते। अब

$$v = A\omega\cos(\omega t + \delta).$$

$t = 0$ समय पर, $v = A\omega\cos\delta$.

यदि v का मान धनात्मक है, तो $\delta = 0$ ही लेना होगा, $\delta = \pi$ नहीं ले सकते।

अतः, यदि $t = 0$ उस क्षण को चुना गया है जब कण मध्यबिंदु से गुजर रहा है और धनात्मक x-दिशा में जा रहा है तो $\delta = 0$ होगा।

आप कण की गति की एक दूसरी कला को देखें। मान लें कि $t = 0$ ऐसे क्षण को लिया गया है जब कण $x = A$ पर, अर्थात धनात्मक दिशा में मध्यबिंदु से सबसे दूर के स्थान पर है। इस समय $v = 0$ होगा।

अतः, $x = A\sin(\omega t + \delta)$ से,

$$A = A\sin\delta \quad \text{... (i)}$$

तथा $v = A\omega\cos(\omega t + \delta)$ से,

$$0 = A\cos\delta. \quad \text{... (ii)}$$

ये दोनों समीकरण बताते हैं कि $\delta = \frac{\pi}{2}\cdot$

अतः, $x = A\sin\left(\omega t + \frac{\pi}{2}\right)$

या $x = A\cos\omega t.$

आप देख रहे हैं कि इसी गति को हम $x = A\sin\omega t$ के रूप में भी लिख सकते हैं और $x = A\cos\omega t$ के रूप में भी लिख सकते हैं। इन दोनों वर्णनों में $t = 0$ का क्षण हमने अलग-अलग चुना है।

अभ्यास 21.3

x-अक्ष पर सरल आवर्त गति करते हुए एक कण का मूलबिंदु से विस्थापन $x = A\sin(\omega t + \delta)$ द्वारा प्राप्त होता है। समय $t = 0$ पर यह कण $x = A/2$ पर है और धनात्मक x-दिशा में जा रहा है। कोण δ का मान निकालें।

हल $x = A\sin(\omega t + \delta)$

$t = 0$ पर $x = \frac{A}{2}\cdot$ अतः,

$$\frac{A}{2} = A\sin\delta$$

या $\sin\delta = \frac{1}{2},$

अतः $\delta = \frac{\pi}{6}$ या $\frac{5\pi}{6}$ (0 से 2π के बीच).

कण का वेग, $v = A\omega\cos(\omega t + \delta)$

तथा $t = 0$ पर वेग, $v = A\omega\cos\delta.$

दिया गया है कि इस समय कण धनात्मक x-दिशा में जा रहा है। अतः, $\cos\theta$ का मान धनात्मक होगा। अतः, $\delta = \frac{5\pi}{6}$ नहीं हो सकता।

अतः, $\delta = \frac{\pi}{6}\cdot$

21.5 सरल आवर्त गति में यांत्रिक ऊर्जा

मान लें, m द्रव्यमान की एक वस्तु k बल नियतांक वाले एक स्प्रिंग के एक किनारे पर बँधी है। स्प्रिंग का दूसरा सिरा एक दीवार में बँधा हुआ है। वस्तु एक घर्षणरहित क्षैतिज सतह पर गति करने के लिए स्वतंत्र है (चित्र 21.5)। जब स्प्रिंग अपनी स्वाभाविक लंबाई में है, तो वस्तु O बिंदु पर है जिसे हम $x = 0$ लेंगे। अब यदि इसे थोड़ा खींचकर छोड़ दिया जाए तो वह गति करने लगेगी। किसी समय यदि वह P बिंदु पर हो, जहाँ O से उसका विस्थापन x है, तो उसपर लगता बल,

$$F = -kx \quad \text{... (i)}$$

होगा। यदि x धनात्मक है तो स्प्रिंग की लंबाई में वृद्धि हुई है, और वह वस्तु को O की ओर खींचेगा, अर्थात, बल F ऋणात्मक होगा। यदि x

ऋणात्मक है तो स्प्रिंग की लंबाई में कमी होगी और वह वस्तु को O की ओर धकेलेगा (चित्र 21.5)। दोनों ही परिस्थितियों में समीकरण (i) बल का सही परिमाण तथा सही दिशा देता है।

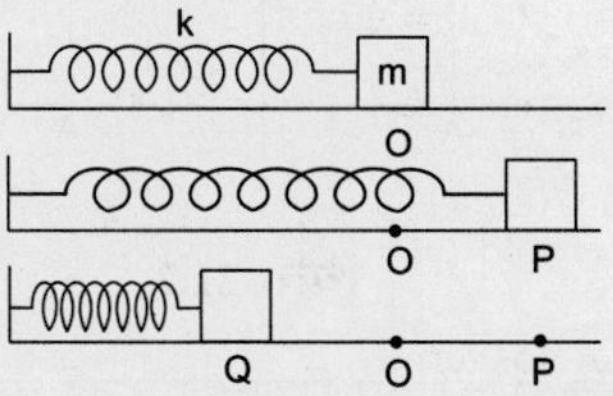

चित्र 21.5

स्पष्ट है कि वस्तु सरल आवर्त गति करेगी। मान लें कि इसका आयाम A है। तब हम लिख सकते हैं,

$$x = A \sin \omega t, \quad \ldots \text{(ii)}$$

जहाँ $\omega = \sqrt{\dfrac{k}{m}}$. ... (iii)

t समय पर स्प्रिंग की स्थितिज ऊर्जा,

$$U = \frac{1}{2}kx^2 = \frac{1}{2}m\omega^2 x^2$$

$$= \frac{1}{2}m\omega^2 (A \sin \omega t)^2$$

$$= \frac{1}{2}m\omega^2 A^2 \sin^2 \omega t$$

तथा इस समय वस्तु की गतिज ऊर्जा,

$$K = \frac{1}{2}mv^2$$

$$= \frac{1}{2}m(A\omega \cos \omega t)^2$$

$$= \frac{1}{2}m\omega^2 A^2 \cos^2 \omega t.$$

स्प्रिंग तथा वस्तु की संहति की कुल यांत्रिक ऊर्जा,

$$E = U + K$$

$$= \frac{1}{2}m\omega^2 A^2 \sin^2 \omega t + \frac{1}{2}m\omega^2 A^2 \cos^2 \omega t$$

$$= \frac{1}{2}m\omega^2 A^2.$$

आप देख रहे हैं कि t समय पर संहति की कुल यांत्रिक ऊर्जा t पर निर्भर नहीं करती। अतः, सरल आवर्त गति में कुल यांत्रिक ऊर्जा स्थिर रहती है। यह स्वाभाविक ही है, क्योंकि निश्चित आयाम की सरल आवर्त गति में कोई असंरक्षित बल (nonconservative force) नहीं है।

हमने यहाँ स्प्रिंग-वस्तु का उपयोग उदाहरण के रूप में किया है। स्प्रिंग के अतिरिक्त भी कई परिस्थितियाँ हो सकती हैं जब किसी वस्तु पर $F = -kx$ के अनुसार परिणामी बल लगे। ऐसी हर परिस्थिति में वस्तु सरल आवर्त गति करेगी और संहति की कुल यांत्रिक ऊर्जा संरक्षित (conserved) होगी।

चित्र 21.6 में ऊपर के उदाहरण में प्रयुक्त स्प्रिंग-वस्तु की गति के विभिन्न चरण दिखाए गए हैं। जब वस्तु पथ के मध्यबिंदु पर होती है, तो $x = 0$ तथा स्थितिज ऊर्जा शून्य होती है। इस समय की गतिज ऊर्जा $K = \frac{1}{2}mv^2$ अधिकतम होती है तथा संहति की कुल यांत्रिक ऊर्जा के बराबर होती है। यदि मध्यबिंदु पर वस्तु की चाल v_0 हो, तो

$$K = \frac{1}{2}mv_0^2 = \frac{1}{2}m\omega^2 A^2.$$

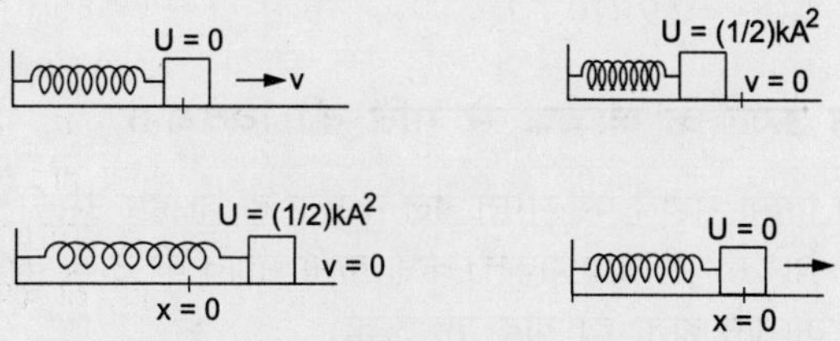

चित्र 21.6

जैसे-जैसे वस्तु माध्य स्थिति से दूर होती जाती है, x^2 का मान बढ़ता जाता है। साथ ही, स्थितिज ऊर्जा $U = \frac{1}{2}kx^2 = \frac{1}{2}m\omega^2 x^2$ का मान भी बढ़ता जाता है। परंतु, वस्तु की गतिज ऊर्जा घटती जाती है ताकि कुल यांत्रिक ऊर्जा स्थिर रहे। जब वस्तु मध्यबिंदु से अधिकतम दूरी पर पहुँच जाए, अर्थात $x = A$ या $-A$ हो जाए, तो यहाँ उसका वेग शून्य हो जाता है और गतिज ऊर्जा भी शून्य हो जाती है। इस समय स्थितिज ऊर्जा का मान $\frac{1}{2}m\omega^2 A^2$, अर्थात कुल यांत्रिक ऊर्जा के बराबर हो जाता है।

सरल आवर्त गति में लगातार स्थितिज ऊर्जा एवं गतिज ऊर्जा का आपस में रूपांतरण होता रहता है, परंतु कुल यांत्रिक ऊर्जा स्थिर रहती है।

अभ्यास 21.4

0.50 kg की एक वस्तु बल $\vec{F} = -(50\ \text{N/m})x\hat{i}$ के प्रभाव में सरल आवर्त गति कर रही है। यदि वह अपने पथ के मध्यबिंदु को 2 m/s की चाल से पार करती है, तो इस गति का आयाम बताएँ।

हल मध्यबिंदु पर स्थितिज ऊर्जा = 0.

अतः, कुल यांत्रिक ऊर्जा = गतिज ऊर्जा

$$= \frac{1}{2} \times (0.50\ \text{kg}) \times (2\ \text{m/s})^2 = 1\ \text{J}.$$

जब वस्तु पथ के छोर पर पहुँचती है तो गतिज ऊर्जा शून्य हो जाती है। अतः, कुल यांत्रिक ऊर्जा = स्थितिज ऊर्जा = $\frac{1}{2}kA^2$ हो जाती है।

अतः, $\frac{1}{2}kA^2 = 1\ \text{J}$

या $\frac{1}{2}(50\ \text{N/m})A^2 = 1\ \text{J}$

या $A = 20\ \text{cm}.$

अभ्यास 21.5

40 g द्रव्यमान का एक कण 2.0 cm आयाम के साथ सरल आवर्त गति कर रहा है। यदि इसका आवर्तकाल 0.20 s हो, तो संहति की कुल यांत्रिक ऊर्जा निकालें।

हल कुल यांत्रिक ऊर्जा,

$$E = \frac{1}{2}m\omega^2 A^2 = \frac{1}{2}m\left(\frac{2\pi}{T}\right)^2 A^2$$

$$= \frac{2\pi^2 m A^2}{T^2} = \frac{2\pi^2(40\times10^{-3}\text{ kg})(2.0\times10^{-2}\text{ m})^2}{(0.20\text{ s})^2}$$

$$= 7.9\times10^{-3}\text{ J}.$$

यांत्रिक ऊर्जा के व्यंजक से गति की विवेचना

यदि हमें किसी संहति पर लगते बल न पता हों तो हम उसकी गति के प्रकार के बारे में नहीं बता सकते। कभी-कभी संहति की ऊर्जा का व्यंजक लिखना आसान होता है। यदि यह ऊर्जा

$$U = Ax^2 + Bv^2 \qquad \text{... (i)}$$

के रूप में लिखी जा सके जहाँ A तथा B धनात्मक हैं, तो x का समय के साथ परिवर्तन सरल आवर्त गति के रूप में होगा।

इसे दिखाने के लिए समीकरण (i) को समय के सापेक्ष अवकलित (differentiate) करें।

$$\frac{dU}{dt} = 2Ax\frac{dx}{dt} + 2Bv\frac{dv}{dt}$$

$$= 2Axv + 2Bv\frac{dv}{dt}$$

$$= 2v\left(Ax + B\frac{dv}{dt}\right).$$

ऊर्जा-संरक्षण से, $\frac{dU}{dt} = 0$. अतः,

$$B\frac{dv}{dt} + Ax = 0$$

या $$\frac{dv}{dt} = -\frac{A}{B}x$$

या $$a = -\omega^2 x,$$

जहाँ $\omega = \sqrt{\frac{A}{B}}$.

अतः, यह सरल आवर्त गति है।

21.6 ऊर्जा के आधार पर गति की ज्यामितीय व्याख्या

सरल आवर्त गति करते कण की स्थितिज ऊर्जा $U(x) = \frac{1}{2}kx^2$ होती है। इस व्यंजक को लिखने में $x = 0$ पर कण को साम्य अवस्था (equilibrium) में माना गया है तथा इसी बिंदु पर स्थितिज ऊर्जा को शून्य माना गया है। चित्र 21.7 में $U(x)$ का x के साथ ग्राफ दिखाया गया है। यह एक परवलय (parabola) के आकार का है। यदि कण की कुल यांत्रिक ऊर्जा E हो, तो आप $U(x)$ के अक्ष को E मान पर काटती हुई सरल रेखा खींचें जो x-अक्ष के समानांतर है। यह रेखा $U(x)$ के ग्राफ को दो बिंदुओं a तथा b पर काटेगी। इन बिंदुओं से x-अक्ष पर लंब खींचें जो x-अक्ष को $x = -A$ तथा $x = A$ पर काटेंगे।

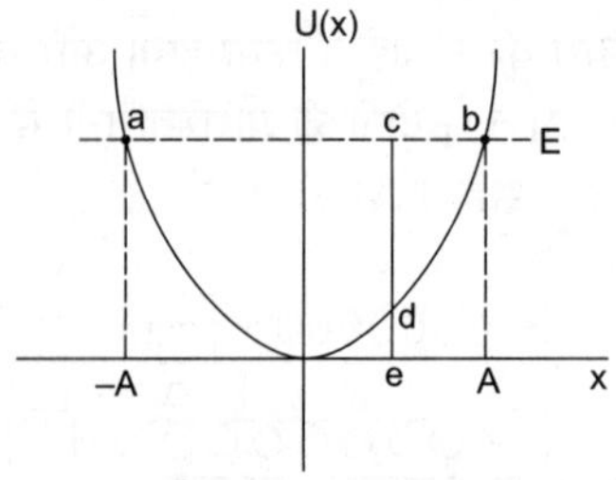

चित्र 21.7

a तथा b बिंदुओं को इस स्थितिज ऊर्जा वक्र (potential energy curve) पर classical turning points कहते हैं। इन बिंदुओं पर कण की स्थितिज ऊर्जा $U(x) = E$ और इसलिए गतिज ऊर्जा $= 0$ होगी। x-अक्ष पर ये बिंदु $x = -A$ तथा $x = A$ को निरूपित करते हैं जहाँ से सरल आवर्त गति करता हुआ कण अपनी दिशा बदलता है।

मान लें कि गति के दौरान किसी क्षण पर कण x-अक्ष के बिंदु e पर है। यहाँ से यदि आप चित्र में ऊर्ध्वाधर रेखा खींचें तो वह स्थितिज ऊर्जा के वक्र को d बिंदु पर तथा ab रेखा को c बिंदु पर काटेगी। ed इस स्थान पर स्थितिज ऊर्जा का मान है, dc इस स्थान पर गतिज ऊर्जा का मान है; तथा $ec = ed + dc = E$, कुल यांत्रिक ऊर्जा का मान है। यदि कण दाहिनी ओर चल रहा हो तो cd का मान घटता जाएगा एवं ed का मान बढ़ता जाएगा। अर्थात, कण की गतिज ऊर्जा घटती जाएगी और स्थितिज ऊर्जा बढ़ती जाएगी। Turning point b पर cd का मान शून्य हो जाएगा, अर्थात गतिज ऊर्जा शून्य हो जाएगी। कण यहाँ क्षणिक विराम अवस्था में आएगा और पुनः उलटी दिशा में अपनी यात्रा प्रारंभ करेगा। इसी प्रकार आप पूरी गति की व्याख्या कर सकते हैं।

21.7 द्विपरमाणुक अणु

हवा में स्थित दोनों प्रमुख गैसें, नाइट्रोजन एवं ऑक्सीजन द्विपरमाणुक (diatomic) हैं। हमारी प्राणवायु ऑक्सीजन के दो परमाणुओं के बीच की दूरी r कितनी होती है? दरअसल यह दूरी समय के साथ आवर्ती (periodic) रूप से एक अधिकतम तथा एक न्यूनतम के बीच बदलती रहती है। इस अणु के दोनों परमाणु कंपन करते रहते हैं जिससे इनके बीच की दूरी बदलती रहती है। इस कंपन के उत्तरदायी बल कौन-से हैं? परमाणु आपस में एक-दूसरे पर विद्युतीय बल लगाते हैं और यही विद्युतीय बल इन्हें कंपन कराता है। इस विद्युतीय बल के संगत स्थितिज

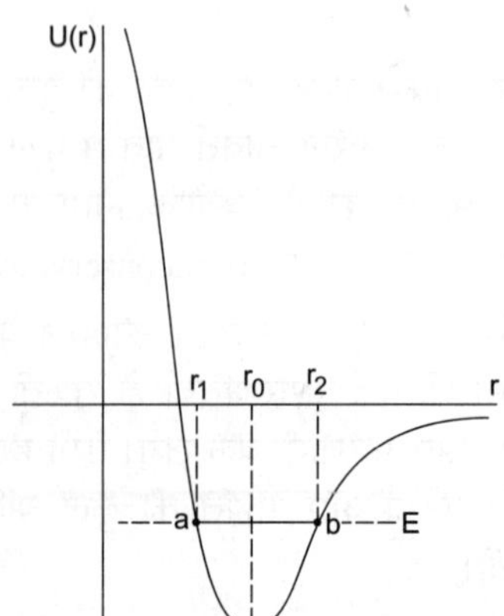

चित्र 21.8

ऊर्जा $U(r)$ का परमाणुओं के बीच की दूरी r के साथ परिवर्तन चित्र 21.8 में दिखाया गया है। जब परमाणुओं के बीच r का मान बहुत बड़ा है (उनके बीच की दूरी की तुलना में), तो स्थितिज ऊर्जा का मान शून्य लिया गया है। जब वे अपने आकर्षण के कारण एक-दूसरे से बँध जाते हैं (bound system), तो उनकी स्थितिज ऊर्जा कम हो जाती है। इसीलिए r का मान घटने पर स्थितिज ऊर्जा ऋणात्मक दिखाई गई है।

$r = r_0$ पर $U(r)$ का मान न्यूनतम है। यह परमाणुओं के बीच की साम्यावस्था की दूरी है। जब $r = r_0$ हो उस समय परमाणुओं पर लगता बल शून्य है। यदि उनके बीच की दूरी r_0 से बढ़ जाए तो परमाणु एक-दूसरे को आकर्षित करेंगे तथा यदि यह दूरी r_0 से घट जाए तो वे एक-दूसरे को प्रतिकर्षित (repel) करेंगे।

चित्र 21.8 में दिखाया गया वक्र किसी भी तरह परवलय जैसा नहीं है। परंतु, यदि कुल ऊर्जा का मान न्यूनतम ऊर्जा से थोड़ा ही अधिक हो, तो classical turning points a तथा b, साम्य दूरी r_0 के आस-पास ही होंगे और वक्र के नीचे का थोड़ा हिस्सा ही गति को नियंत्रित करेगा। इस थोड़े हिस्से को लगभग परवलयाकार (parabolic) माना जा सकता है और इस मान्यता के अंतर्गत परमाणुओं का कंपन लगभग सरल आवर्त गति जैसा माना जा सकता है।

• हल किए गए प्रश्न •

1. *सरल आवर्त गति करते एक कण का समीकरण*

$$x = (5\text{ m})\sin\left[(\pi\text{ s}^{-1})t + \frac{\pi}{3}\right].$$

है। इस कण के लिए आयाम, आवर्तकाल और अधिकतम चाल निकालें। $t = 1$ s पर कण का वेग भी निकालें।

हल प्रश्न में दिए गए समीकरण की समीकरण $x = A\sin(\omega t + \delta)$ से तुलना करने पर, हम देखते हैं कि $A = 5$ m, $\omega = \pi\text{ s}^{-1}$ तथा $\delta = \frac{\pi}{3}$.

अतः, आयाम = 5 m,

$$\text{आवर्तकाल} = \frac{2\pi}{\omega} = \frac{2\pi}{\pi\text{ s}^{-1}} = 2\text{ s}$$

तथा अधिकतम चाल $= A\omega = 5\text{ m}\times\pi\text{ s}^{-1} = 5\pi\text{ m s}^{-1}$.

t समय पर वेग $v = \frac{dx}{dt} = A\omega\cos(\omega t + \delta)$.

$\therefore$ $t = 1$ s पर वेग $v = (5\text{ m})(\pi\text{ s}^{-1})\cos\left(\pi + \frac{\pi}{3}\right) = -\frac{5\pi}{2}\text{ m s}^{-1}$.

2. *एक स्प्रिंग के प्रभाव में द्रव्यमान 5 kg का एक पिंड सरल आवर्त गति करता है। इस गति का आयाम एवं आवर्तकाल क्रमशः 1.0 m एवं 3.14 s हैं। स्प्रिंग द्वारा पिंड पर लगाया गया अधिकतम बल निकालें।*

हल पिंड पर स्प्रिंग द्वारा अधिकतम बल तब लगेगा जब पिंड $x = A$ पर (या $x = -A$) पर होगा, जहाँ A उसका आयाम है। अतः, अधिकतम बल $= kA$.

कोणीय आवृत्ति $\omega = \frac{2\pi}{T} = \frac{2\pi}{3.14\text{ s}} = 2\text{ s}^{-1}$.

स्प्रिंग नियतांक $k = m\omega^2 = (5\text{ kg})(4\text{ s}^{-2}) = 20$ N/m.

अतः, अधिकतम बल $= kA = (20\text{ N/m})(1.0\text{ m}) = 20$ N.

3. *एक कण सरल आवर्त गति कर रहा है। $t = 0$ समय पर कण अपने पथ के किनारे $x = A$ पर है। उसकी कोणीय आवृत्ति 6.28 s^{-1} तथा आयाम 10 cm है। निम्नांकित राशियों के मान ज्ञात करें, (a) आवर्तकाल, (b) अधिकतम चाल, (c) अधिकतम त्वरण, (d) जब मध्य स्थिति से विस्थापन 6 cm है तब उस समय चाल, (e) समय = 1/6 s पर चाल।*

हल (a) आवर्तकाल $= \frac{2\pi}{\omega} = \frac{2\pi}{6.28}$ s = 1 s.

(b) अधिकतम चाल $= A\omega = (10\text{ cm})(6.28\text{ s}^{-1}) = 62.8$ cm/s.

(c) अधिकतम त्वरण $= \omega^2 A = (6.28\text{ s}^{-1})^2(10\text{ cm}) \approx 4\text{ m/s}^2$.

(d) $v = \omega\sqrt{A^2 - x^2} = (6.28\text{ s}^{-1})\sqrt{(10\text{ cm})^2 - (6\text{ cm})^2}$
$= 50.2$ cm/s.

(e) $t = 0$ समय पर $x = A$ तथा $v = 0$ है। अतः,

$x = A\cos\omega t$ तथा वेग $v = -A\omega\sin\omega t$.

$\therefore$ $t = \frac{1}{6}$ s पर,

$$v = -(10\text{ cm})(6.28\text{ s}^{-1})\sin\left(\frac{6.28}{6}\right)$$

$$= (-62.8\text{ cm/s})\sin\frac{\pi}{3} = -54.4\text{ cm/s}.$$

4. *सरल आवर्त गति करते एक कण का आवर्तकाल T है। मध्य स्थिति से चलकर अपने आधे आयाम तक पहुँचने के लिए कण द्वारा लिए गए समय की गणना करें।*

हल मान लें कि कण की गति का समीकरण $x = A\sin\omega t$ है। अर्थात, $t = 0$ समय पर कण मध्य स्थिति में है और वह धनात्मक x दिशा में चल रहा है।

मान लें, $x = \frac{A}{2}$ तक पहुँचने में कण को t समय लगता है। तब,

$$\frac{A}{2} = A\sin\omega t$$

या $\sin\omega t = \frac{1}{2}$

या $\omega t = \frac{\pi}{6}$

$$\therefore \quad t = \frac{\pi}{6\omega} = \frac{\pi}{6\left(\frac{2\pi}{T}\right)} = \frac{T}{12}.$$

यह t का न्यूनतम मान है जब कण $\frac{A}{2}$ पर पहली बार पहुँचता है।

5. *स्प्रिंग नियतांक k वाले स्प्रिंग से द्रव्यमान m की एक वस्तु लटकाई गई है। यदि इसे साम्यावस्था से नीचे खींचकर छोड़ दिया जाए, तो उसकी गति का आवर्तकाल निकालें।*

हल जब स्प्रिंग की लंबाई स्वाभाविक लंबाई से l अधिक हो, तो स्प्रिंग द्वारा ऊपर की ओर लगाया गया बल $= kl$ होगा।

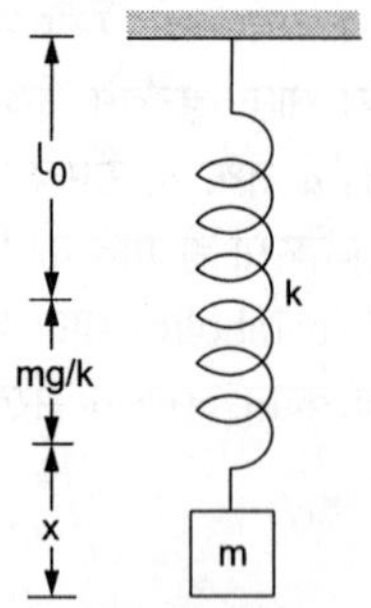

चित्र 21.W1

साम्यावस्था के लिए वस्तु का भार स्प्रिंग के बल से संतुलित होगा। अतः, $mg = kl$ या $l = mg/k$. वस्तु की इस स्थिति को $x = 0$ कहें। अब यदि वस्तु का विस्थापन नीचे की ओर x हो, तो स्प्रिंग की स्वाभाविक लंबाई से वृद्धि $= \frac{mg}{k} + x$ होगी।

अतः, वस्तु पर लगता कुल परिणामी बल,

$$F = k\left(\frac{mg}{k} + x\right) - mg = kx.$$

अतः, यह एक सरल आवर्त गति होगी जिसका बल नियतांक k है। अतः यह सरल आवर्त गति करेगा तथा इसका आवर्तकाल होगा,

$$T = 2\pi\sqrt{\frac{m}{k}}.$$

आप देख रहे हैं कि वस्तु के भार का ऊर्ध्वाधर दिशा में स्प्रिंग-वस्तु की सरल आवर्त गति पर कोई प्रभाव नहीं पड़ता है। सिर्फ उसकी माध्य स्थिति स्प्रिंग की स्वाभाविक लंबाई से mg/k दूरी नीचे खिसक जाती है।

6. *एक वस्तु एक ऊर्ध्वाधर स्प्रिंग से लटकी हुई है और प्रतिसेकंड 10 दोलन करती है। दोलन के उच्चतम बिंदु पर स्प्रिंग की लंबाई अपनी स्वाभाविक लंबाई के बराबर है। (a) वस्तु की अधिकतम चाल ज्ञात कीजिए। (b) जब स्प्रिंग 0.20 cm खिंचा हुआ है उस समय वस्तु की चाल ज्ञात कीजिए। ($g = \pi^2$ m/s^2 लें)*

हल (a) उच्चतम बिंदु पर स्प्रिंग अपनी स्वाभाविक लंबाई में हैं। परंतु, वस्तु की साम्यावस्था के समय स्प्रिंग में खिंचाव mg/k है।

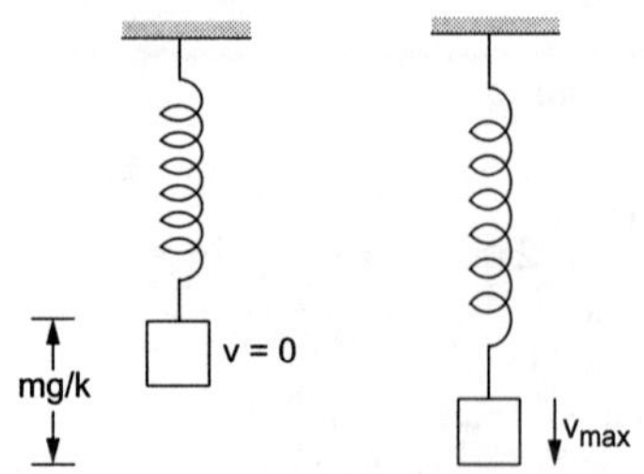

चित्र 21.W2

अतः, इस गति का आयाम,

$$A = \frac{mg}{k} \quad \ldots \text{(i)}$$

होगा। कोणीय आवृत्ति,

$$\omega = \sqrt{\frac{k}{m}} = 2\pi\nu = (20\pi)\ \text{s}^{-1} \quad \ldots \text{(ii)}$$

या $\frac{m}{k} = \frac{1}{400\pi^2}$ s^2.

उपर्युक्त मान समीकरण (i) में रखने पर,

$$A = \left[\frac{1}{400\pi^2}\ \text{s}^2\right]\left[\pi^2\ \frac{\text{m}}{\text{s}^2}\right]$$

$$= \frac{1}{400}\ \text{m} = 0.25\ \text{cm}.$$

वस्तु की अधिकतम चाल $= A\omega = (0.25\ \text{cm})(20\pi\ \text{s}^{-1})$

$$= 5\pi\ \text{cm/s}.$$

(b) जब स्प्रिंग 0.20 cm से खिंचा हुआ है, तो माध्य स्थिति से पिंड की दूरी 0.25 cm – 0.20 cm = 0.05 cm ऊपर है।

इस स्थिति में वस्तु की चाल,

$$v = \omega\sqrt{A^2 - x^2}$$

$$= (20\pi\ \text{s}^{-1})\sqrt{(0.25\ \text{cm})^2 - (0.05\ \text{cm})^2}$$

$$\approx 15.4\ \text{cm/s}.$$

7. *चित्र 21.W3 में एक घिरनी दिखाई गई है जिसका द्रव्यमान m है तथा अपने अक्ष के प्रति जड़त्व आघूर्ण I है। घिरनी पर से एक डोरी जा रही है जिसका एक सिरा छत से और दूसरा सिरा एक स्प्रिंग से बँधा हुआ है। स्प्रिंग का दूसरा सिरा छत में जड़ा हुआ है। घिरनी के केंद्र की सरल आवर्त गति का आवर्तकाल ज्ञात कीजिए। स्प्रिंग का स्प्रिंग नियतांक k है तथा डोरी घिरनी पर नहीं फिसलती है।*

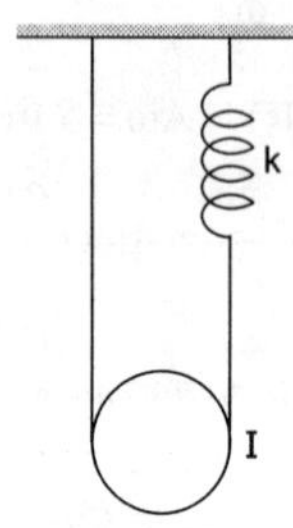

चित्र 21.W3

हल सबसे पहले हम साम्यावस्था में स्प्रिंग का तनाव ज्ञात करते हैं। घिरनी की घूर्णन साम्यावस्था के लिए घिरनी के दोनों ओर की डोरियों में तनाव समान होना चाहिए। केवल तभी घिरनी पर बल आघूर्ण शून्य होगा।

मान लें कि तनाव T है। स्प्रिंग में भी तनाव उतना ही होगा जितना डोरी में है। अतः, साम्यावस्था के लिए स्प्रिंग की लंबाई में वृद्धि $y = \frac{T}{k}$.

घिरनी की स्थानांतरीय साम्यावस्था के लिए,

$$2T = mg \quad \text{या} \quad 2ky = mg \quad \text{या} \quad y = \frac{mg}{2k}.$$

अतः, जब घिरनी साम्यावस्था में होती है, उस समय स्प्रिंग अपनी स्वाभाविक लंबाई वाली स्थिति से $\frac{mg}{2k}$ लंबाई नीचे रहता है।

अब मान लें कि किसी क्षण घिरनी का केंद्र साम्यावस्था से नीचे की ओर दूरी x पर है। ऐसी स्थिति में डोरी + स्प्रिंग की कुल लंबाई में वृद्धि $2x$ है (घिरनी की दायीं ओर x तथा बायीं ओर x)। चूँकि डोरी की लंबाई स्थिर है, अतः स्प्रिंग की लंबाई में वृद्धि $2x$ है। इस क्षण निकाय की ऊर्जा है,

$$U = \frac{1}{2}I\omega^2 + \frac{1}{2}mv^2 - mgx + \frac{1}{2}k\left(\frac{mg}{2k} + 2x\right)^2$$

$$= \frac{1}{2}\left(\frac{I}{r^2} + m\right)v^2 + \frac{m^2g^2}{8k} + 2kx^2.$$

चूँकि इस पूरी संहति में कहीं भी ऊर्जा का क्षय नहीं हो रहा है,

$$\frac{dU}{dt} = 0.$$

अतः, $0 = \left(\frac{1}{r^2} + m\right)v\frac{dv}{dt} + 4kxv$

या $\frac{dv}{dt} = -\frac{4kx}{\left(\frac{I}{r^2} + m\right)}$

या $a = -\omega^2 x$, जहाँ $\omega^2 = \frac{4k}{\left(\frac{I}{r^2} + m\right)}$.

अतः, घिरनी का द्रव्यमान केंद्र एक सरल आवर्त गति करता है जिसका आवर्तकाल,

$$T = 2\pi\sqrt{\left(\frac{I}{r^2} + m\right)/(4k)} \text{ है।}$$

8. *चित्र 21.W4 में दिखाए गए दो ब्लॉकों के बीच घर्षण गुणांक μ है जबकि क्षैतिज सतह घर्षण रहित है। (a) यदि दोनों ब्लॉकों को एक साथ थोड़ा विस्थापित कर छोड़ दिया जाए तो ब्लॉकों की गति का आवर्तकाल ज्ञात करें। (b) जिस समय ब्लॉकों का मध्य स्थिति से विस्थापन 'x' है उस समय ब्लॉकों के बीच के घर्षण बल का परिमाण ज्ञात करें। (c) अधिकतम आयाम कितना हो सकता है ताकि ऊपर वाला ब्लॉक नीचे वाले ब्लॉक पर ना फिसले।*

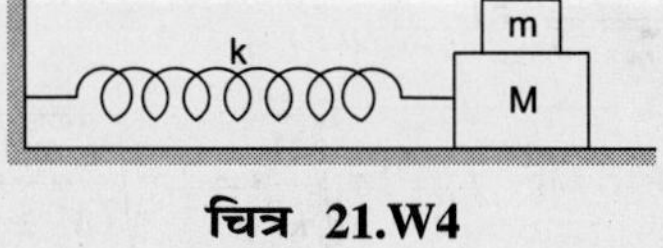

चित्र 21.W4

हल (a) छोटे आयाम के लिए दोनों ब्लॉक एक साथ गति करते हैं। दोनों को $M + m$ द्रव्यमान की एक वस्तु की तरह माना जा सकता है। इस गति के लिए कोणीय आवृत्ति,

$$\omega = \sqrt{\frac{k}{M + m}}$$

तथा आवर्तकाल,

$$T = 2\pi\sqrt{\frac{M + m}{k}}.$$

(b) जब मध्य स्थिति से विस्थापन x है, तब निकाय का त्वरण है

$$a = -\omega^2 x = -\frac{kx}{M + m}.$$

अतः, ऊपर वाले ब्लॉक पर परिणामी बल होगा,

$$ma = -\frac{mkx}{M + m}.$$

क्षैतिज दिशा में लगता यह बल नीचे वाले ब्लॉक के घर्षण द्वारा ही उत्पन्न होता है, इसलिए घर्षण बल का परिमाण होगा,

$$\frac{mk|x|}{M + m}.$$

(c) सीमांत स्थिति में ऊपर वाले ब्लॉक की सरल आवर्त गति के लिए आवश्यक अधिकतम घर्षण बल $\frac{mkA}{M + m}$ है। परंतु, अधिकतम घर्षण बल μmg होता है। अतः,

$$\frac{mkA}{M + m} = \mu mg \text{ या } A = \frac{\mu(M + m)g}{k}.$$

9. *चित्र 21.W5 में बायीं ओर का ब्लॉक दाहिनी ओर के ब्लॉक से अप्रत्यास्थ टक्कर मारता है और उसी के साथ चिपक जाता है। इसके बाद उत्पन्न सरल आवर्त गति का परिणामी आयाम ज्ञात करें।*

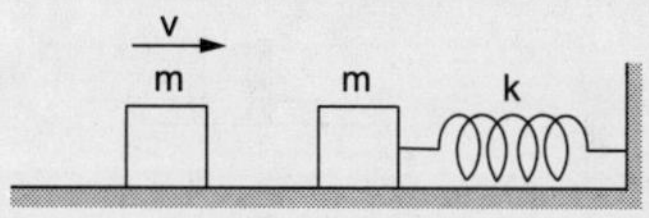

चित्र 21.W5

हल हम मानेंगे कि टक्कर अत्यंत अल्प समय अंतराल के लिए है और हम संवेग संरक्षण नियम का प्रयोग कर सकते हैं। चूँकि दोनों ब्लॉकों के द्रव्यमान समान हैं, टक्कर के पश्चात जब वे चिपक जाएँगे, तब उनके निकाय का वेग $\frac{v}{2}$ होगा। इस समय गतिज ऊर्जा $= \frac{1}{2}(2\text{ m})\left(\frac{v}{2}\right)^2 = \frac{1}{4}mv^2$ है। चूँकि इस समय स्प्रिंग अपनी स्वाभाविक लंबाई में है, यह ऊर्जा इस सरल आवर्त गति की पूर्ण यांत्रिक ऊर्जा भी है। यदि आयाम 'A' हो, तो यांत्रिक ऊर्जा $= \frac{1}{2}kA^2$.

अतः, $\frac{1}{2}kA^2 = \frac{1}{4}mv^2$ या $A = \sqrt{\frac{m}{2k}}v.$

10. *चित्र 21.W6 में m द्रव्यमान की एक वस्तु v वेग से चलती हुई स्प्रिंग से टकराती है। इस गति का वर्णन करें। ब्लॉक तथा दीवार को प्रत्यास्थ मानें।*

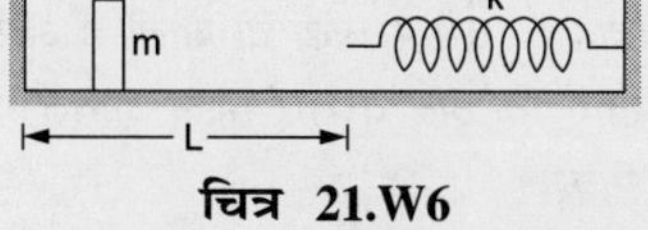

चित्र 21.W6

हल ब्लॉक v चाल से चलता हुआ स्प्रिंग के पास पहुँचता है। अब यह स्प्रिंग को संपीडित करेगा तथा ब्लॉक की चाल स्प्रिंग के बल के कारण कम होने लगेगी। जब $\frac{1}{2}mv^2 = \frac{1}{2}kx^2$ हो जाएगा तब ब्लॉक विराम अवस्था में आएगा तथा पुनः वापस पीछे आने लगेगा। यह तब तक होता रहेगा जब तक कि स्प्रिंग अपनी मूल अवस्था में नहीं आ जाए। अब ब्लॉक का स्प्रिंग से संपर्क टूट जाएगा और ब्लॉक बायीं ओर पुनः चाल v से चलने लगेगा। यह

पूरी प्रकिया स्प्रिंग-वस्तु की सरल आवर्त गति के एक दोलन का आधा है। अतः, इसमें लगा समय आवर्तकाल का आधा होगा। अतः, इतने में $\pi\sqrt{m/k}$ समय लगेगा। इसके बाद ब्लॉक v चाल से बायीं ओर चलता हुआ दीवार से L/v समय के बाद टकराएगा। यहाँ टक्कर प्रत्यास्थ है, अतः ब्लॉक पुनः चाल v से स्प्रिंग की ओर चलेगा और समय L/v के पश्चात पुनः स्प्रिंग के पास पहुँचेगा। यह प्रक्रिया पुनः लगातार चलती रहेगी। इस प्रकार ब्लॉक आवर्त गति करेगा तथा आवर्तकाल $\pi\sqrt{m/k}+\dfrac{2L}{v}$ होगा।

11. *द्रव्यमान m का एक पिंड स्प्रिंग नियतांक k वाले एक स्प्रिंग के एक सिरे से बँधा है। स्प्रिंग का दूसरा सिरा एक लिफ्ट की छत से जुड़ा है। यह लिफ्ट एक केबुल की सहायता से एक छत से लटकी है। प्रारंभ में लिफ्ट स्थिर अवस्था में थी, तभी केबुल अचानक टूट जाता है। सिद्ध करें कि पिंड लिफ्ट के फ्रेम में एक सरल आवर्त गति करता है तथा उसका आयाम mg/k है।*

हल जब लिफ्ट स्थिर है तो साम्यावस्था में स्प्रिंग में खिंचाव $=\dfrac{mg}{k}\cdot$

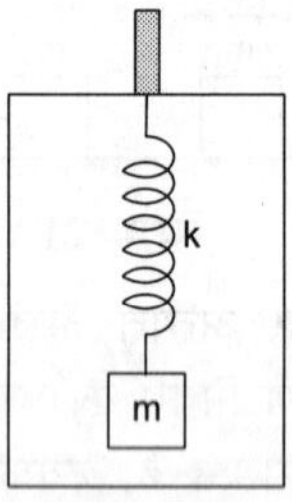

चित्र 21.W7

जैसे ही केबुल टूटता है लिफ्ट त्वरण 'g' से नीचे गिरना प्रारंभ कर देती है। हम लिफ्ट के फ्रेम से काम करेंगे। इस फ्रेम में हमें पिंड पर ऊपर की ओर एक छद्म बल mg का प्रयोग करना पड़ेगा। यह बल भार को संतुलित करता है। अतः, जब स्प्रिंग अपनी स्वाभाविक लंबाई से x दूरी खिंचा हो, तब पिंड पर बल $F=-kx$ लगेगा। इसलिए लिफ्ट के फ्रेम में पिंड एक सरल आवर्त गति करेगा। प्रारंभ में केबुल टूटने के समय स्प्रिंग में खिंचाव $x=mg/k$ था और पिंड का वेग शून्य था। अतः, इस सरल आवर्त गति का परिणामी आयाम mg/k है।

12. *एक स्प्रिंग के किनारों पर m तथा M द्रव्यमान की दो वस्तुएँ जुड़ी हैं। स्प्रिंग का स्प्रिंग नियतांक k है। यह पूरा निकाय एक घर्षणरहित क्षैतिज टेबुल पर रखा गया है। प्रारंभ में वस्तुओं को बाहर की ओर खींचकर स्प्रिंग की लंबाई x_0 दूरी से बढ़ा दी जाती है और फिर उन्हें छोड़ दिया जाता है। दिखाएँ कि अब वस्तुएँ सरल आवर्त गति करेंगी और उनका आवर्तकाल निकालें।*

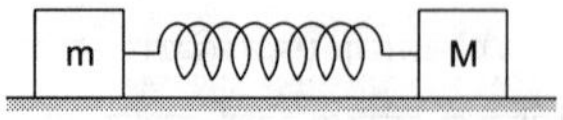

चित्र 21.W8

हल स्प्रिंग तथा दोनों वस्तुओं को मिलाकर निकाय मानें। चूँकि इस निकाय पर बाहर से कोई बल नहीं लग रहा, इसका द्रव्यमान केंद्र C स्थिर बना रहेगा। चित्र 21.W9 में द्रव्यमान C को स्थिर रखते हुए गति के दौरान निकाय की दो स्थितियाँ दिखाई गई हैं। पहले भाग में स्प्रिंग अपनी स्वाभाविक लंबाई में है। इस समय m के स्थान को $x=0$ मानें तथा M के स्थान को $X=0$ मानें। चित्र के दूसरे भाग में $m, x=0$ से x दूरी बायीं ओर विस्थापित है और $M, X=0$ से X दूरी दाहिनी ओर विस्थापित है। चूँकि द्रव्यमान केंद्र C नहीं बदलता, अतः

$$mx=MX.$$

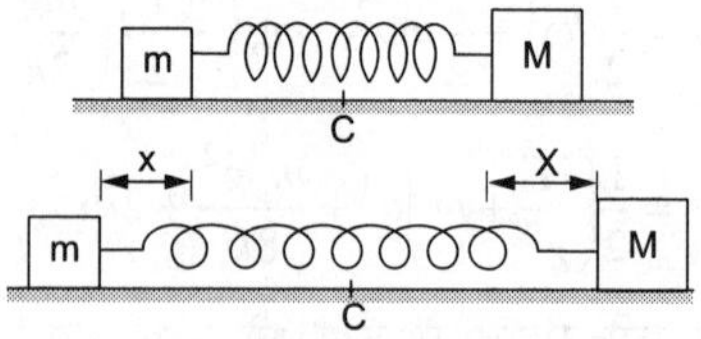

चित्र 21.W9

स्प्रिंग की लंबाई में वृद्धि $=x+X$

$$=x\left(1+\frac{m}{M}\right)=\frac{M+m}{M}x.$$

अतः, इस क्षण m पर दाहिनी ओर लगता बल,

$$F_1=kx\left(\frac{M+m}{M}\right)=k'x,\ \text{जहाँ } k'=k\frac{(M+m)}{M}\cdot$$

यह बल विस्थापन की विपरीत दिशा में है। अतः, m सरल आवर्त गति करेगा जिसका बल नियतांक k' है। इस गति का आवर्तकाल,

$$T=2\pi\sqrt{\frac{m}{k'}}=2\pi\sqrt{\frac{mM}{(M+m)k}}\cdot$$

इसी प्रकार M के लिए भी समीकरण लिख सकते हैं।

स्प्रिंग की लंबाई में वृद्धि $=x+X$

$$=X\left(1+\frac{M}{m}\right)=\frac{M+m}{m}X.$$

अतः, M पर बायीं ओर लगता बल $F_2=k\dfrac{M+m}{m}X.$

अतः, M भी सरल आवर्त गति करता है जिसका बल नियतांक $k''=\dfrac{k(M+m)}{m}$ है।

इसका आवर्तकाल $T=2\pi\sqrt{\dfrac{M}{k''}}=2\pi\sqrt{\dfrac{mM}{(M+m)k}}\cdot$

दोनों वस्तुएँ एक ही आवृत्ति से गति करती हैं।

13. *एकसमान घनत्व तथा a त्रिज्या के एक गोलाकार पिंड में उसके एक व्यास के अनुदिश आर-पार एक पतला छेद कर दिया जाता है। व्यास के एक किनारे से एक छोटी वस्तु को छेद में गिरा दिया जाता है। यदि वस्तु पर सिर्फ पिंड का गुरुत्वाकर्षण बल लगे, तो दिखाएँ कि वस्तु सरल आवर्त गति करेगी और इस गति का आवर्तकाल निकालें।*

हल पिंड के केंद्र को मूलबिंदु तथा दिए गए व्यास को x-अक्ष मानें (चित्र 21.W10)। मान लें कि किसी समय वस्तु स्थान x पर है। आप जानते हैं कि एकसमान घनत्व वाले गोले के कारण उसके अंदर केंद्र से x दूरी पर गुरुत्वीय क्षेत्र का परिमाण $\dfrac{GMx}{a^3}$ होता है

तथा यह केंद्र की ओर होता है। यदि वस्तु का द्रव्यमान m हो, तो इसपर लगता बल,

$$F = -\frac{GMmx}{a^3}$$

होगा। ऋण चिह्न बताता है कि बल केंद्र से वस्तु के विस्थापन के विपरीत है।

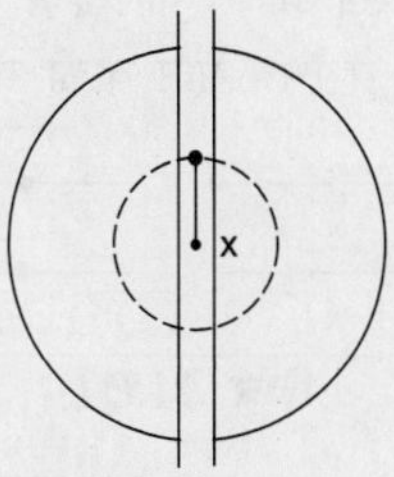

चित्र 21.W10

चूँकि बल विस्थापन के समानुपाती तथा उसकी विपरीत दिशा में है, वस्तु की गति सरल आवर्त गति होगी। यहाँ बल नियतांक $k = \frac{GMm}{a^3}$.

अतः, आवर्तकाल,

$$T = 2\pi\sqrt{\frac{m}{k}} = 2\pi\sqrt{\frac{a^3}{GM}}.$$

14. *उत्तरी ध्रुव पर बनी प्रयोगशाला में एक सरल दोलक का आवर्तकाल ठीक 2 s है। इस दोलक का आवर्तकाल क्या होगा यदि वह भूमध्य रेखा पर बनी प्रयोगशाला में उपयोग में लाया जाए। पृथ्वी के घूर्णन का ही विचार करें।* $g = 9.8 \text{ m/s}^2$ *और पृथ्वी की त्रिज्या* $= 6400$ km.

हल ध्रुवों पर पृथ्वी के घूर्णन का कोई प्रभाव नहीं होता। अतः, ध्रुव पर आवर्तकाल,

$$t = 2\pi\sqrt{\frac{l}{g}}. \qquad \text{... (i)}$$

भूमध्य रेखा पर बनी प्रयोगशाला में गुरुत्वीय त्वरण का प्रभावी मान है,

$$g' = g - \omega^2 R,$$

जहाँ ω पृथ्वी के घूमने का कोणीय वेग है।

अतः, यहाँ उसी दोलक का आवर्तकाल,

$$t' = 2\pi\sqrt{\frac{l}{g - \omega^2 R}}. \qquad \text{... (ii)}$$

समीकरण (i) एवं (ii) से,

$$\frac{t'}{t} = \sqrt{\frac{g}{g - \omega^2 R}} = \left(1 - \frac{\omega^2 R}{g}\right)^{-1/2}$$

या $$t' \approx t\left(1 + \frac{\omega^2 R}{2g}\right).$$

मान रखने पर, $t' = 2.004$ s.

• विचार हेतु प्रश्न •

1. *एक व्यक्ति दिन भर काम करके प्रतिदिन ठीक रात्रि 10 बजे बिस्तर पर सो जाता है। क्या यह आवर्ती गति का उदाहरण है? यदि हाँ, तो आवर्तकाल कितना है? यदि नहीं, तो क्यों?*

2. *सरल आवर्ती गति कर रहा एक कण किनारों पर विरामावस्था में आ जाता है। क्या इन स्थितियों पर, न्यूटन के प्रथम नियमानुसार कण पर लगता परिणामी बल शून्य है?*

3. *क्या किसी अजड़त्वीय निर्देश तंत्र में सरल आवर्त गति संभव है? यदि हाँ, तो क्या लगाए गए बल तथा विस्थापन का अनुपात नियत रहेगा?*

4. *एक कण सरल आवर्त गति कर रहा है। यदि आपको बताया जाए कि इस क्षण पर कण का वेग शून्य है, तो क्या आप बता सकते हैं कि मध्यबिंदु से इसका विस्थापन कितना है? यदि आपको बताया जाए कि इस क्षण पर इसका वेग अधिकतम है, तो क्या आप मध्यबिंदु से इसका विस्थापन बता सकते हैं?*

5. *एक छोटा कीड़ा, धूप में एक ऊर्ध्व वृत्त में निश्चित चाल से चल रहा है। क्या क्षैतिज तल में बननेवाली इसकी छाया की गति सरल आवर्त गति होगी? यदि सूर्य सिर के ठीक ऊपर हो, तो क्या कीड़े की छाया की गति सरल आवर्त गति होगी?*

6. *एक कण सरल आवर्त गति कर रहा है। मान लें कि मध्य स्थिति के समीप एक बिंदु P है तथा चरम स्थिति के समीप एक बिंदु Q है। P पर कण की चाल, Q पर कण की चाल से अधिक है। फिर भी, किसी समय अंतराल में कण P एवं Q बिंदुओं को समान बार पार करता है। क्या यह कुछ विचित्र नहीं है?*

7. *सरल आवर्त गति करते कण के लिए पूर्ण दोलनों की संख्या गिनने के लिए मध्यस्थिति से कण के गुजरने को देखना चाहिए, न कि किनारे से गुजरने को। ऐसा करने से समय अंतराल के मापन में अशुद्धि की संभावना कम होती है। व्याख्या करें।*

8. *एक कण को एक बाह्य बल लगाकर एक खुरदरी क्षैतिज सतह पर सरल आवर्त गति करवाना है। बाह्य बल तथा कण की स्थिति के बीच ग्राफ बनाएँ। ध्यान दें कि कण की एक ही स्थिति के लिए आरोपित बल के दो मान हैं।*

9. *क्या किसी सरल आवर्त गति में स्थितिज ऊर्जा ऋणात्मक हो सकती है? यदि मध्य स्थिति के अतिरिक्त किसी अन्य बिंदु पर स्थितिज ऊर्जा शून्य मान लें तो क्या ऐसा हो सकता है?*

10. *सरल आवर्त गति में किसी निकाय की ऊर्जा* $U = \frac{1}{2}m\omega^2 A^2$ *होती है। निम्नांकित दो कथनों में से कौन-सा अधिक उचित है?*

(a) *ऊर्जा में वृद्धि इसलिए हुई है, क्योंकि आयाम में वृद्धि हुई है।*

(b) *आयाम में वृद्धि इसलिए हुई है, क्योंकि ऊर्जा में वृद्धि हुई है।*

11. *ज्ञात द्रव्यमान का एक ब्लॉक, एक नगण्य भार वाले स्प्रिंग द्वारा स्थिर आधार से लटकाया गया है। क्या आप ब्लॉक की साम्य स्थिति में स्प्रिंग की लंबाई में वृद्धि नापकर ऊर्ध्व दोलनों का आवर्तकाल ज्ञात कर सकते हैं?*

12. *x-अक्ष पर चलते एक कण पर लग रहा बल* $F = -k(x - v_0 t)$ *है, जहाँ k एक धनात्मक नियतांक है। x-अक्ष के समानांतर* v_0 *वेग से गतिशील एक प्रेक्षक कण को देखता है। उसके लिए कण की गति किस प्रकार की है?*

• सटीक उत्तरवाले प्रश्न I •

सही उत्तर का चयन करें।

1. एक विद्यार्थी दावा करता है कि उसने किसी कण पर $F = -k\sqrt{x}$ बल लगाया है तथा कण सरल आवर्त गति कर रहा है। वह यह बताने से मना कर रहा है कि k नियत है या नहीं। मान लें कि उसका वक्तव्य x के केवल धनात्मक मानों के लिए ही है तथा कण पर अन्य कोई बल कार्यरत नहीं है, तो
   (a) x बढ़ने के साथ k बढ़ता है।
   (b) x बढ़ने के साथ k कम होता है।
   (c) x बढ़ने के साथ k नियत रहता है।
   (d) गति सरल आवर्ती नहीं हो सकती है।

2. सरल आवर्त गति करते हुए कण का आवर्तकाल निकालने के लिए एक विद्यार्थी कण की एक स्थिति को चुनता है तथा जब भी कण वहाँ से गुजरता है, वह दोलन गिन लेता है। यह बिंदु हो सकता है
   (a) मध्य स्थिति पर
   (b) अधिकतम विस्थापन की स्थिति पर
   (c) धनात्मक अधिकतम विस्थापन तथा मध्य स्थिति के बीच कहीं
   (d) ऋणात्मक अधिकतम विस्थापन तथा मध्य स्थिति के बीच कहीं

3. x-अक्ष पर सरल आवर्त गति में चलते एक कण का आवर्तकाल उस न्यूनतम समय के बराबर होता है, जिसमें कण पुनः एक विशिष्ट वेग $v\hat{i}$ प्राप्त करता है। इस v का मान हो सकता है
   (a) v_{max} (b) 0
   (c) 0 एवं v_{max} के बीच (d) 0 एवं $-v_{max}$ के बीच

4. सरल आवर्त गति में एक आवर्तकाल में कण का विस्थापन होता है
   (a) A (b) $2A$ (c) $4A$ (d) 0

5. सरल आवर्त गति में चलते कण के द्वारा एक आवर्तकाल में तय की गई दूरी होती है
   (a) A (b) $2A$ (c) $4A$ (d) 0

6. सरल आवर्त गति में चलते कण का एक आवर्तकाल में औसत त्वरण होता है
   (a) $A\omega^2$ (b) $\frac{A\omega^2}{2}$ (c) $\frac{A\omega^2}{\sqrt{2}}$ (d) 0

7. किसी कण का विस्थापन $x = A\sin\omega t + B\cos\omega t$ द्वारा व्यक्त किया जाता है। कण की गति
   (a) सरल आवर्त गति नहीं है।
   (b) सरल आवर्त गति है जिसका आयाम $A + B$ है।
   (c) सरल आवर्त गति है जिसका आयाम $\frac{A+B}{2}$ है।
   (d) सरल आवर्त गति है जिसका आयाम $\sqrt{A^2+B^2}$ है।

8. सरल आवर्त गति में कोणीय आवृत्ति का मान आवृत्ति
   (a) के मान से सदा अधिक होता है।
   (b) के मान के सदा बराबर होता है।
   (c) के मान से सदा कम होता है।
   (d) के मान के बराबर या उससे अधिक होता है।

9. एक कण x-अक्ष के अनुदिश समीकरण $x = A + B\sin\omega t$ के अनुसार चल रहा है। यह सरल आवर्त गति है, जिसका आयाम है
   (a) A (b) B (c) $A + B$ (d) $\sqrt{A^2+B^2}$

10. चित्र 21.Q1 में दो सरल आवर्त गतियाँ A तथा B दर्शाई गई हैं। दोनों सरल आवर्त गतियों में भिन्न मान वाली राशि है

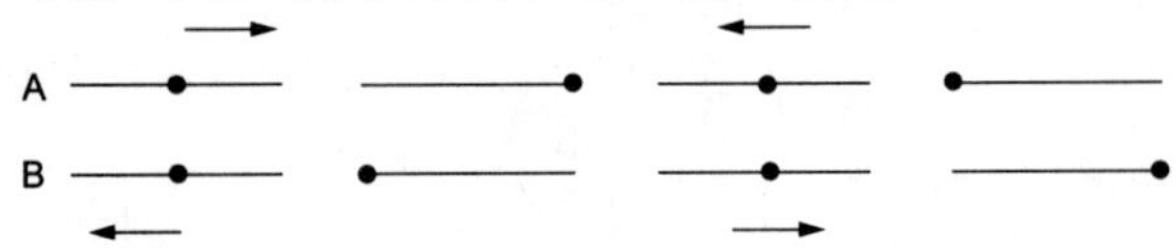

चित्र 21.Q1

   (a) आयाम (b) आवृत्ति
   (c) कला (d) अधिकतम वेग

11. ऊर्ध्व सरल आवर्त गति करते एक स्प्रिंग-द्रव्यमान निकाय की कुल यांत्रिक ऊर्जा $E = \frac{1}{2}m\omega^2A^2$ है। मान लीजिए कि स्प्रिंग से बँधी वस्तु की जगह दुगुने द्रव्यमान वाली वस्तु को जोड़ दिया जाता है, पर उसका आयाम A अपरिवर्तित रखा जाता है। नई यांत्रिक ऊर्जा
   (a) $2E$ हो जाएगी। (b) $\frac{E}{2}$ हो जाएगी।
   (c) $\sqrt{2}\cdot E$ हो जाएगी। (d) E ही रहेगी।

12. सरल आवर्त गति में चलते कण की एक आवर्तकाल में औसत यांत्रिक ऊर्जा होती है
   (a) $\frac{1}{2}m\omega^2A^2$ (b) $\frac{1}{4}m\omega^2A^2$ (c) $m\omega^2A^2$ (d) 0

13. एक कण ν आवृत्ति के साथ सरल आवर्त गति कर रहा है। इसकी गतिज ऊर्जा जिस आवृत्ति से दोलन कर रही है, वह है
   (a) $\frac{\nu}{2}$ (b) ν (c) 2ν (d) 0

14. एक स्प्रिंग द्वारा लगाए गए बल के प्रभाव में एक कण सरल आवर्त गति कर रहा है। गति का आवर्तकाल T है। यदि स्प्रिंग को दो बराबर भागों में विभाजित करके, एक भाग का उपयोग कर उसी कण को सरल आवर्त गति दी जाए, तो आवर्तकाल
   (a) T रहेगा। (b) $2T$ हो जाएगा।
   (c) $\frac{T}{2}$ हो जाएगा। (d) $\frac{T}{\sqrt{2}}$ हो जाएगा।

15. समान द्रव्यमान वाली दो वस्तुएँ A तथा B दो अलग-अलग स्प्रिंगों से लटकाई जाती हैं, जिनके स्प्रिंग नियतांक क्रमशः k_1 तथा k_2 हैं। दोनों वस्तुओं को खींचकर छोड़ दिया जाता है ताकि वे ऊर्ध्व दिशा में सरल आवर्त गति करती रहें। दोनों वस्तुओं के अधिकतम वेग बराबर हैं। यदि A का आयाम A_1 तथा B का आयाम B_1 हो, तो A_1/B_1 का मान होगा
   (a) $\frac{k_1}{k_2}$ (b) $\sqrt{\frac{k_1}{k_2}}$ (c) $\frac{k_2}{k_1}$ (d) $\sqrt{\frac{k_2}{k_1}}$

16. एक स्प्रिंग-द्रव्यमान निकाय ν आवृत्ति से दोलन कर रहा है। इसे ऊपर की ओर त्वरण से जाती लिफ्ट में ले जाया जाए, तो इसकी आवृत्ति
   (a) बढ़ जाएगी। (b) कम हो जाएगी।
   (c) अपरिवर्तित रहेगी। (d) शून्य हो जाएगी।

17. एक स्प्रिंग-द्रव्यमान निकाय एक कार में दोलन कर रहा है। यदि कार एक क्षैतिज सड़क पर त्वरण के साथ चले, तो आवर्तकाल
   (a) बढ़ जाएगा। (b) कम हो जाएगा।
   (c) अपरिवर्तित रहेगा। (d) शून्य हो जाएगा।
18. एक दीवार घड़ी में समय बताने के लिए ऊर्ध्वाधर स्प्रिंग-द्रव्यमान निकाय का उपयोग किया जाता है। प्रत्येक बार द्रव्यमान जब चरम स्थिति तक पहुँचता है, तो घड़ी 1 s आगे बढ़ती है। यह घड़ी विषुवत रेखा पर सही समय दर्शाती है। यदि इस घड़ी को ध्रुवों पर ले जाया जाए, तो यह
   (a) धीमी चलेगी। (b) तेज चलेगी।
   (c) काम करना बंद कर देगी। (d) सही समय दिखाएगी।

• सटीक उत्तरवाले प्रश्न II •

सही उत्तर (उत्तरों) का चयन करें।

1. (a) सरल आवर्त गति निश्चित रूप से आवर्त गति होती है।
   (b) सरल आवर्त गति निश्चित रूप से दोलन (oscillation) की गति होती है।
   (c) दोलन की गति निश्चित रूप से आवर्त गति होती है।
   (d) आवर्त गति निश्चित रूप से दोलन की गति होती है।
2. x-अक्ष पर चलते एक कण की कुल यांत्रिक ऊर्जा $E = E_0 + a(x - x_0)^2 + bv^2$ है।
   (a) यह कण सरल आवर्त गति कर रहा है।
   (b) यह कण आवर्त गति कर रहा है जिसका मध्यबिंदु $x = x_0$ है।
   (c) इस कण की स्थितिज ऊर्जा E_0 से कम नहीं हो सकती
   (d) इस कण की गतिज ऊर्जा $E_0 + bv^2$ है।
3. दो विद्यार्थी A तथा B सरल आवर्त गति में चलते एक कण का समीकरण लिखते हैं। A इसे $x = A\sin\omega t$ लिखता है जबकि B इसे $x = A\cos\omega t$ लिखता है।
   (a) इन दोनों ने अलग-अलग क्षणों को $t = 0$ लिया है
   (b) इन दोनों ने अलग-अलग स्थानों को $x = 0$ लिया है
   (c) जिस क्षण A कण को अपनी मध्यस्थिति पर पाता है, उसी क्षण B उसे एक किनारे पर पाता है।
   (d) जिस क्षण A के अनुसार कण की चाल शून्य है उसी क्षण B के अनुसार उसकी चाल अधिकतम है।
4. कोणीय आवृत्ति ω से सरल आवर्त गति करते एक कण की स्थिति व चाल किसी समय t पर x_0 तथा v_0 हैं। समय $t + \pi/\omega$ पर इस कण की स्थिति व चाल होंगी, क्रमशः
   (a) x_0 तथा v_0 (b) $-x_0$ तथा $-v_0$
   (c) $-x_0$ तथा v_0 (d) x_0 तथा $-v_0$
5. x-अक्ष पर चलते एक कण की यांत्रिक ऊर्जा $E = ax^2 + bv^2$ है, जहाँ a तथा b अचर हैं। कण की गति
   (a) सरल आवर्त गति नहीं है।
   (b) कोणीय आवृति $\sqrt{a/b}$ की सरल आवर्त गति है।
   (c) आयाम $\sqrt{E_0/a}$ की सरल आवर्त गति है।
   (d) अधिकतम चाल $\sqrt{E/b}$ की सरल आवर्त गति है।
6. किसी सरल आवर्त गति में निम्नांकित राशियों में कौन-सी राशियाँ सदैव ऋणात्मक होंगी?
   (a) $\vec{F}\cdot\vec{a}$ (b) $\vec{v}\cdot\vec{r}$ (c) $\vec{a}\cdot\vec{r}$ (d) $\vec{F}\cdot\vec{r}$
7. किसी सरल आवर्त गति में निम्नांकित में कौन-सी राशियाँ सदैव धनात्मक होंगी?
   (a) $\vec{F}\cdot\vec{a}$ (b) $\vec{v}\cdot\vec{r}$ (c) $\vec{a}\cdot\vec{r}$ (d) $\vec{F}\cdot\vec{r}$
8. किसी सरल आवर्त गति में निम्नांकित में कौन-सी राशियाँ सदैव शून्य होंगी?
   (a) $\vec{F}\times\vec{a}$ (b) $\vec{v}\times\vec{r}$ (c) $\vec{a}\times\vec{r}$ (d) $\vec{F}\times\vec{r}$
9. एक समान घनत्व वाले एक गोले के व्यास के अनुदिश एक घर्षणरहित नली फिट की गई है (चित्र 21.Q2)। इस नली में गोले की सतह से दूर, नली के एक किनारे के पास एक कण को रखकर छोड़ दिया जाता है। यह संपूर्ण संहति एक ऐसे स्थान पर है, जहाँ सिर्फ गोले का गुरुत्वाकर्षण क्षेत्र है। गोले के फ्रेम से देखने पर कण की गति दिखाई देगी

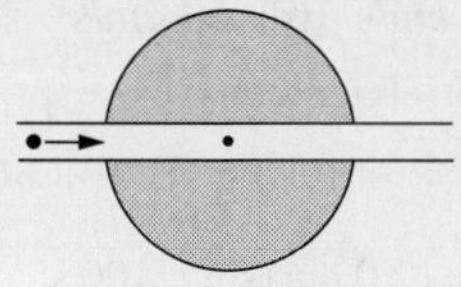

चित्र 21.Q2

   (a) सरल आवर्ती (b) परवलयिक
   (c) सरल रेखा के अनुदिश (d) आवर्ती
10. सरल आवर्त गति कर रहे किसी कण के लिए, त्वरण समानुपाती होता है
   (a) मध्य स्थिति से विस्थापन के
   (b) मध्य स्थिति से दूरी के
   (c) $t = 0$ से तय की गई दूरी के
   (d) चाल के
11. xy-तल में गति कर रहे एक कण का विस्थापन है, $\vec{r} = (\hat{i} + 2\hat{j})A\cos\omega t$. तो, कण की गति है
   (a) एक सरल रेखा में (b) एक दीर्घवृत्त पर
   (c) आवर्ती (d) सरल आवर्ती
12. एक कण समीकरण $x = x_0 \sin^2 \omega t$ के अनुसार x-अक्ष के अनुदिश गतिशील है। गति सरल आवर्त गति है जिसका
   (a) आयाम x_0 है। (b) आयाम $2x_0$ है।
   (c) आवर्तकाल $\frac{2\pi}{\omega}$ है। (d) आवर्तकाल $\frac{\pi}{\omega}$ है।
13. सरल आवर्त गति में
   (a) प्रत्येक क्षण स्थितिज ऊर्जा गतिज ऊर्जा के बराबर होती है।
   (b) स्थितिज ऊर्जा कभी भी गतिज ऊर्जा के बराबर नहीं होती है।
   (c) किसी समयांतराल में औसत स्थितिज ऊर्जा उस समयांतराल में औसत गतिज ऊर्जा के बराबर होती है।
   (d) एक आवर्तकाल में औसत स्थितिज ऊर्जा इसी आवर्तकाल में औसत गतिज ऊर्जा के बराबर होती है।

14. सरल आवर्त गति में
    (a) अधिकतम स्थितिज ऊर्जा, अधिकतम गतिज ऊर्जा के बराबर होती है।
    (b) न्यूनतम स्थितिज ऊर्जा, न्यूनतम गतिज ऊर्जा के बराबर होती है।
    (c) न्यूनतम स्थितिज ऊर्जा, अधिकतम गतिज ऊर्जा के बराबर होती है।
    (d) अधिकतम स्थितिज ऊर्जा, न्यूनतम गतिज ऊर्जा के बराबर होती है।

• अभ्यास के प्रश्न •

1. मूलबिंदु को मध्यबिंदु बनाकर x-अक्ष पर सरल आवर्त गति करते एक कण का आयाम 10 cm तथा आवर्तकाल 6 s है। $t = 0$ समय पर इसकी स्थिति $x = 5$ cm है तथा यह x-अक्ष की धनात्मक दिशा में चल रहा है। t समय पर इसके विस्थापन x के लिए समीकरण लिखें। $t = 4$ s समय पर कण के त्वरण का परिमाण निकालें।
2. किसी क्षण सरल आवर्त गति करते एक कण की स्थिति, उसके वेग एवं उसके त्वरण के परिमाण क्रमशः 2 cm, 1 m/s तथा 10 m/s^2 हैं। इस कण का आयाम तथा इसका आवर्तकाल निकालें।
3. एक कण 10 cm आयाम के साथ सरल आवर्त गति कर रहा है। मध्यबिंदु से कितनी दूरी पर कण की गतिज ऊर्जा तथा स्थितिज ऊर्जा के मान बराबर होंगे।
4. सरल आवर्त गति करते एक कण की अधिकतम चाल तथा अधिकतम त्वरण क्रमशः 10 cm/s तथा 50 cm/s^2 हैं। कण की वे स्थितियाँ बताएँ, जहाँ उसकी चाल 8 cm/s है।
5. एक कण जिसका द्रव्यमान 10 g है, समीकरण
$$x = (2.0 \text{ cm}) \sin\left[(100 \text{ s}^{-1})t + \frac{\pi}{6}\right]$$
के अनुसार कंपन कर रहा है। (a) इस गति के लिए आयाम, आवर्तकाल तथा बल नियतांक ज्ञात करें। (b) $t = 0$ समय पर इस कण की स्थिति, इसका वेग तथा इसका त्वरण ज्ञात करें।
6. एक कण को $t = 0$ पर $x = 5\sin\left(20t + \frac{\pi}{3}\right)$ समीकरण के अनुसार गति प्रदान की जाती है। यहाँ x का मान सेंटीमीटर में तथा t सेकंड में है। किस समय पर कण (a) पहली बार विराम में आता है, (b) पहली बार शून्य त्वरण प्राप्त करता है, (c) पहली बार अधिकतम चाल की स्थिति में आता है?
7. x-अक्ष पर चलते एक कण की स्थिति का समीकरण है, $x = 2.0\cos[50\pi t + \tan^{-1}(0.75)]$, जहाँ x सेंटीमीटर में तथा t सेकंड में है। गति $t = 0$ समय पर प्रारंभ की जाती है। किस समय पर (a) कण पहली बार विराम में आता है, (b) पहली बार कण के त्वरण का मान अधिकतम होता है, (c) कण दूसरी बार विराम की स्थिति में आता है?
8. एक कण आवर्तकाल T तथा आयाम A के साथ सरल आवर्त गति कर रहा है। $x = \frac{A}{2}$ से $x = A$ तक जाने में लगा समय निकालें।
9. एक दोलन घड़ी में दोलक की जगह स्प्रिंग-द्रव्यमान संहति लगाने की योजना बनती है। यदि स्प्रिंग का बल नियतांक 0.1 N/m लिया जाए तो कितना द्रव्यमान लगाना होगा?
10. स्वाभाविक लंबाई 5.0 cm वाले एक स्प्रिंग को ऊर्ध्वाधर स्थिति में लटकाया गया है। इसके निचले सिरे पर एक छोटे ब्लॉक को बाँधकर उसे ऊर्ध्व कंपन कराया जाता है। स्प्रिंग के ऊपरी सिरे से कण के विस्थापन का समीकरण $y = 5.4$ cm + (0.3 cm)sin ωt है। कोणीय आवृत्ति ω का मान निकालें।
11. एक ऊर्ध्वाधर स्प्रिंग से लटकता 0.5 kg का गुटका सरल आवर्त गति कर रहा है। इस गति का आयाम 0.1 m तथा इसका आवर्तकाल 0.314 s है। स्प्रिंग द्वारा गुटके पर लगाए गए बल का अधिकतम मान निकालें।
12. 2 kg द्रव्यमान का एक ब्लॉक एक ऊर्ध्वाधर स्प्रिंग से लटककर 4 s आवर्तकाल की सरल आवर्त गति करता है। यदि इसकी गति को रोक दिया जाए और इसे संतुलन में लटकने दिया जाए, तो स्प्रिंग की स्थितिज ऊर्जा निकालें।
13. जब एक स्प्रिंग को अपनी स्वाभाविक लंबाई से 25 cm खींच दिया जाता है तो उसमें 5 J की स्थितिज ऊर्जा संचित होती है। इस स्प्रिंग के एक सिरे को फर्श पर जड़कर रखा जाता है। स्प्रिंग के ऊपरी सिरे पर एक ब्लॉक को बाँध दिया जाता है और इसे छोटे दोलन करने को छोड़ दिया जाता है। यदि यह ब्लॉक प्रतिसेकंड 5 दोलन करे, तो इसका द्रव्यमान कितना होगा?
14. एक स्प्रिंग को ऊर्ध्वाधर स्थिति में एक फर्श पर जड़कर रखा गया है (चित्र 21.E1) तथा इसपर M द्रव्यमान का एक ब्लॉक जड़ा हुआ है। इस ब्लॉक पर m द्रव्यमान का एक दूसरा ब्लॉक रखा हुआ है। स्प्रिंग का स्प्रिंग-नियतांक k है। यह निकाय ऊर्ध्वाधर दोलन करता है। (a) जब ब्लॉक अपनी साम्यावस्था से x दूरी ऊपर है उस समय ऊपर वाले ब्लॉक पर परिणामी बल निकालें। (b) इस स्थिति में ऊपर वाले ब्लॉक पर नीचे वाले ब्लॉक द्वारा लगाया गया लंबवत बल निकालें। इस लंबवत बल का परिमाण किस स्थिति में न्यूनतम होगा? (c) दोनों ब्लॉकों को साथ-साथ दोलन करते रहने के लिए अधिकतम आयाम कितना हो सकता है?

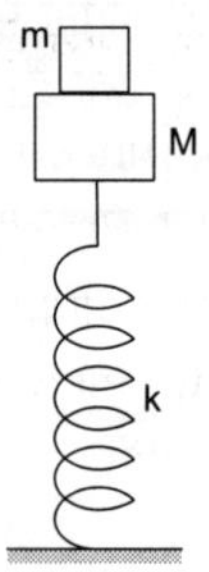

चित्र 21.E1

15. चित्र 21.E2 में दिखाया गया द्रव्यमान m_1 स्प्रिंग के साथ जुड़ा हुआ है और m_2 उससे सटाकर तल पर ऊपर रखा हुआ है। (a) साम्यावस्था में स्प्रिंग का संपीडन (स्वाभाविक लंबाई से कमी) निकालें। (b) दोनों द्रव्यमानों को $[2(m_1 + m_2)g\sin\theta]/k$ दूरी से तल पर नीचे की ओर विस्थापित कर छोड़ दिया जाता है। उस स्थिति का पता करें जब द्रव्यमान एक-दूसरे से अलग हो जाते हैं। (c) अलग होने के समय दोनों द्रव्यमानों की उभयनिष्ठ चाल (common speed) कितनी होगी?

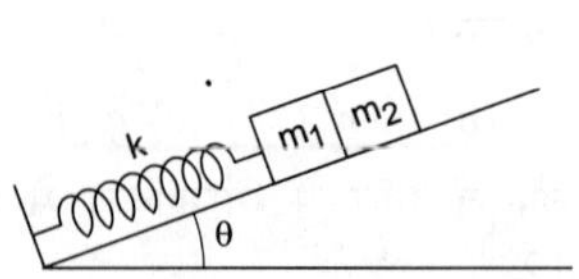

चित्र 21.E2

16. चित्र 21.E3 में $k = 100$ N/m, $M = 1$ kg तथा $F = 10$ N है। (a) साम्यावस्था में स्प्रिंग का संपीडन निकालें। (b) एक क्षणिक टक्कर के कारण M द्रव्यमान वाली पट्टी बायीं ओर 2 m/s की चाल प्राप्त कर लेती है। इस समय स्प्रिंग की स्थितिज ऊर्जा एवं पट्टी की गतिज ऊर्जा का जोड़ निकालें। (c) टक्कर के बाद होनेवाली सरल आवर्त गति का आवर्तकाल निकालें। (d) इस गति का आयाम निकालें। (e) गति के दौरान यह पट्टी जिस समय बायीं ओर अधिकतम विस्थापन पर है उस समय स्प्रिंग की स्थितिज ऊर्जा निकालें एवं (f) गति के दौरान यह पट्टी जिस समय दाहिनी ओर अधिकतम विस्थापन पर है उस समय स्प्रिंग की स्थितिज ऊर्जा निकालें।

भाग (b), (e) तथा (f) के उत्तर एक-दूसरे से अलग हैं। बताएँ कि यह ऊर्जा के संरक्षण सिद्धांत का उल्लंघन क्यों नहीं है।

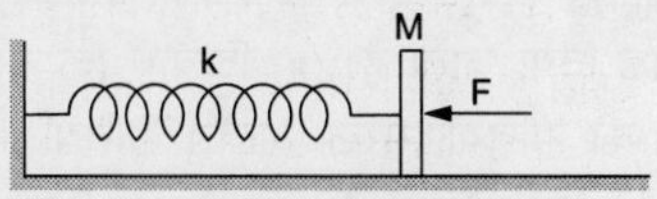

चित्र 21.E3

17. चित्र 21.E4 में दिखाई गई स्थितियों में द्रव्यमान m की गति के आवर्तकाल निकालें। प्रत्येक स्थिति में समतुल्य स्प्रिंग-नियतांक का मान निकालें।

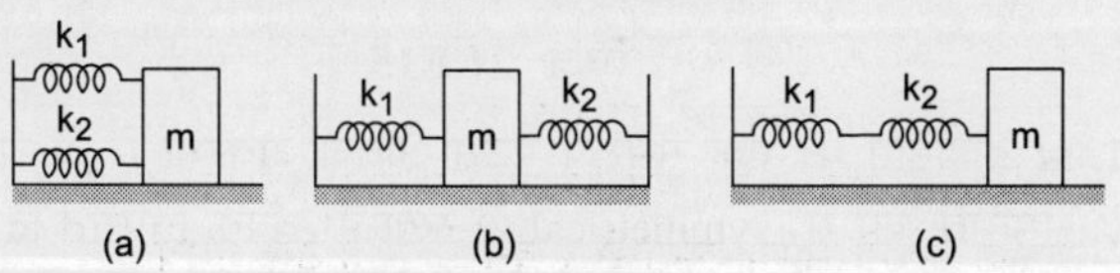

चित्र 21.E4

18. चित्र 21.E5 में दिखाए गए ब्लॉक के दाहिनी ओर एक डोरी बँधी है और बायीं ओर इसे एक स्प्रिंग के साथ जोड़कर रखा हुआ है। स्प्रिंग का दूसरा सिरा दीवार से जुड़ा है। प्रारंभ में स्प्रिंग अपनी स्वाभाविक लंबाई में है और फिर एक मनुष्य डोरी को दाहिनी ओर क्षैतिज दिशा में F बल से खींचने लगता है। ज्ञात करें—(a) ब्लॉक की गति का आयाम तथा आवर्तकाल, (b) जब ब्लॉक अपनी साम्यावस्था से गुजर रहा हो, उस समय स्प्रिंग में संचित स्थितिज ऊर्जा, एवं (c) इस स्थिति में ब्लॉक की गतिज ऊर्जा।

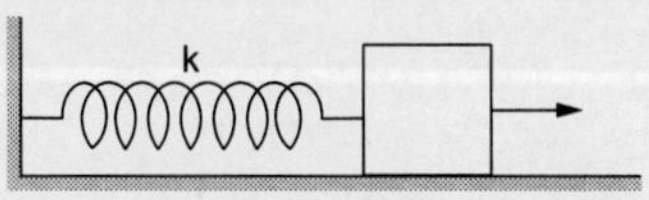

चित्र 21.E5

19. m द्रव्यमान के एक कण को समान स्प्रिंग-नियतांक k वाले तीन स्प्रिंगों A, B तथा C से जोड़कर रखा गया है (चित्र 21.E6)। यदि कण को स्प्रिंग C की ओर थोड़ा-सा विस्थापित कर छोड़ दें तो इसकी गति का आवर्तकाल निकालें।

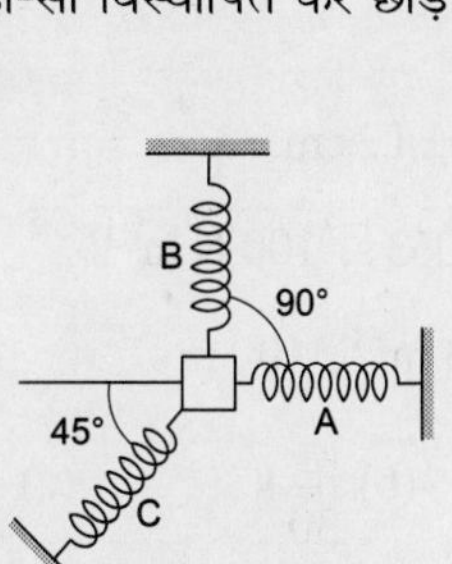

चित्र 21.E6

20. प्रश्न 19 में यदि तीनों स्प्रिंग एक-दूसरे से 120° का कोण बनाएँ, तो आवर्तकाल क्या होगा?

21. चित्र 21.E7 में दिखाए गए तीनों स्प्रिंग प्रारंभ में अपनी-अपनी स्वाभाविक स्थिति में हैं। अब एक मनुष्य ब्लॉक पर एकसमान बल F लगाता है। गति के आयाम तथा आवृत्ति निकालें।

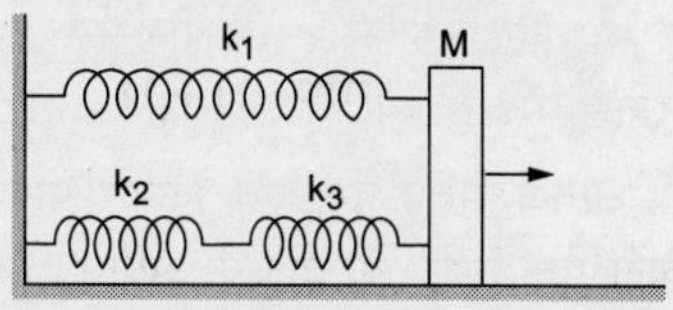

चित्र 21.E7

22. चित्र 21.E8 में दिखाए गए तीनों स्प्रिंगों की स्थितिज ऊर्जाएँ बताएँ, यदि ब्लॉक साम्यावस्था में हो। यदि यह ब्लॉक ऊर्ध्वाधर कंपन करे, तो इसका आवर्तकाल निकालें।

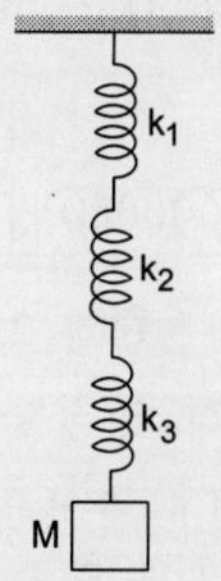

चित्र 21.E8

23. चित्र 21.E9 में दिखाई गई डोरी, स्प्रिंग तथा घिरनी सभी नगण्य द्रव्यमान के हैं। ब्लॉक m के ऊर्ध्व दोलन का आवर्तकाल ज्ञात करें।

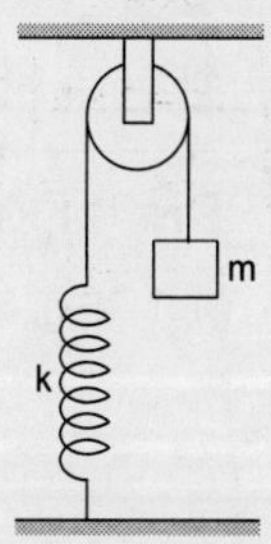

चित्र 21.E9

24. यदि प्रश्न 23 में घिरनी का जड़त्व आघूर्ण I हो तथा डोरी इसपर न फिसल रही हो, तो ब्लॉक के ऊर्ध्व दोलन का आवर्तकाल निकालें।

25. चित्र 21.E10 में दिखाई गई परिस्थिति पर विचार करें। दिखाएँ कि यदि दोनों ब्लॉकों को विपरीत दिशाओं में खींचकर छोड़ दिया जाए, तो वे सरल आवर्त गति करेंगे। प्रत्येक ब्लॉक की सरल आवर्त गति का आयाम निकालें।

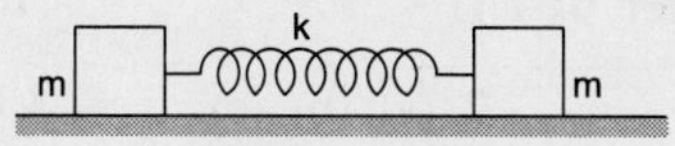

चित्र 21.E10

26. दो मजबूत पर नगण्य भार वाली डोरियों की सहायता से एक प्लेट को छत से लटकाया गया है (चित्र 21.E11)। प्रत्येक डोरी की लंबाई L है। डोरियों के बीच की दूरी d है। डोरियों को तना हुआ रखते हुए प्लेट को अपने तल में थोड़ा विस्थापित किया जाता है और फिर छोड़ दिया

जाता है । सिद्ध करें कि प्लेट की गति सरल आवर्त गति होगी तथा इसका आवर्तकाल निकालें।

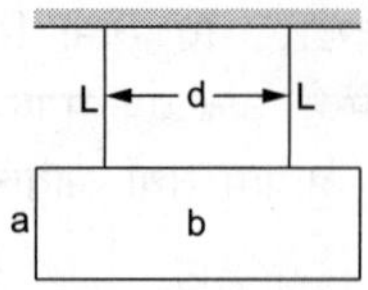

चित्र 21.E11

27. एक चिकनी क्षैतिज सतह पर, एक किनारे पर बँधे 100 N/m स्प्रिंग नियतांक वाले एक स्प्रिंग के बल के अधीन, 1 kg द्रव्यमान का एक ब्लॉक सरल आवर्त गति कर रहा है। ब्लॉक की गति का आयाम 0.1 m है। जब यह ब्लॉक अपनी मध्य स्थिति से गुजर रहा होता है, 3 kg का दूसरा ब्लॉक धीरे से इसपर रख दिया जाता है (चित्र 21.E12)। यह मानते हुए कि दोनों साथ-साथ गति करते हैं, इस नई गति की आवृत्ति तथा इसका आयाम निकालें।

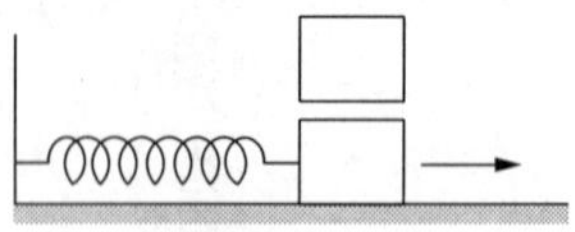

चित्र 21.E12

28. चित्र 21.E13 में m द्रव्यमान के दो ब्लॉक एक चिकनी क्षैतिज सतह पर दो दीवारों के बीच गति करते हैं। प्रारंभ में स्प्रिंग से जुड़ा ब्लॉक साम्यावस्था में है तथा बायीं ओर की दीवार से L दूरी पर है। बायीं तरफ का ब्लॉक एकसमान वेग v से चलकर दूसरे ब्लॉक पर टक्कर करता है। सभी टक्करों को प्रत्यास्थ मानें। स्प्रिंग का स्प्रिंग-नियतांक k है। दिखाएँ कि प्रत्येक ब्लॉक की गति आवर्ती है और इन गतियों के आवर्तकाल निकालें।

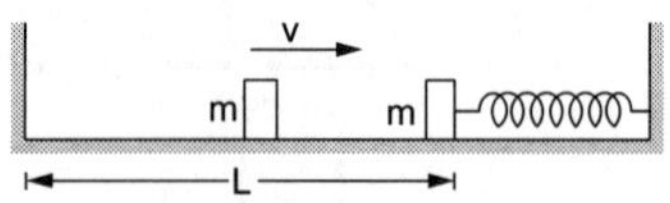

चित्र 21.E13

29. चित्र 21.E14 में एक छोटी वस्तु दो आनत तलों पर गति करती दिखाई गई है। तलों के घर्षण तथा तलों के जोड़ पर लगनेवाले समय को नगण्य मानें। क्या वस्तु की गति सरल आवर्त गति है? इसकी गति का आवर्तकाल निकालें।

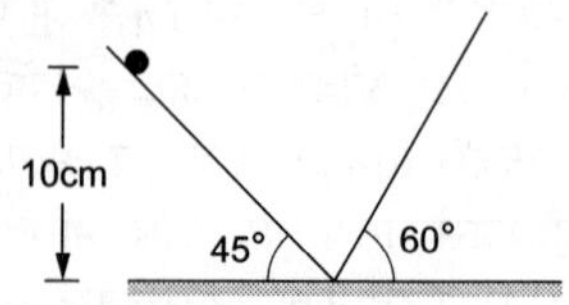

चित्र 21.E14

30. चित्र 21.E15 में दिखाई गई सभी सतहें घर्षणरहित हैं, कार का द्रव्यमान M है, ब्लॉक का द्रव्यमान m है तथा स्प्रिंग नियतांक k है। प्रारंभ में कार तथा ब्लॉक विराम में हैं तथा स्प्रिंग अपनी स्वाभाविक लंबाई से x_0 दूरी खिंचा हुआ है। इस स्थिति से निकाय को गति करने के लिए छोड़ दिया जाता है। (a) दिखाएँ कि सड़क के फ्रेम से ब्लॉक तथा गाड़ी की गतियाँ सरल आवर्त गतियाँ हैं तथा इनके आयाम निकालें। (b) दोनों गतियों के आवर्तकाल निकालें।

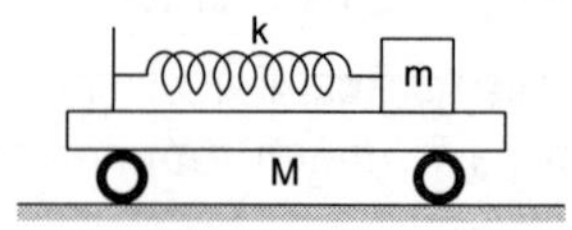

चित्र 21.E15

31. M द्रव्यमान का एक समरूप पटरा क्षैतिज अवस्था में दो चक्कों पर सममित रूप से (symmetrically) रखा है। चक्के विपरीत दिशाओं में समान कोणीय वेग से घूम रहे हैं। दोनों चक्कों के बीच की दूरी L है तथा चक्कों के साथ प्लेट का घर्षण गुणांक M है। यदि प्लेट को साम्यावस्था से थोड़ा विस्थापित कर छोड़ दिया जाए, तो उसकी सरल आवर्त गति का आवर्तकाल निकालें।

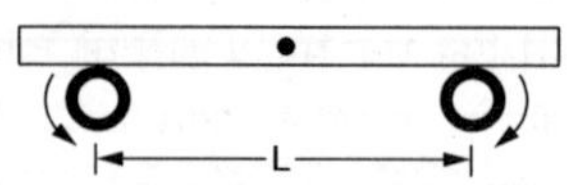

चित्र 21.E16

• उत्तर •

सटीक उत्तरवाले प्रश्न I

1. (a)	**2.** (b)	**3.** (a)	**4.** (d)	**5.** (c)
6. (d)	**7.** (d)	**8.** (a)	**9.** (b)	**10.** (c)
11. (d)	**12.** (a)	**13.** (c)	**14.** (d)	**15.** (d)
16. (c)	**17.** (c)	**18.** (d)		

सटीक उत्तरवाले प्रश्न II

1. (a), (b)	**2.** (a), (b), (c)	**3.** (a)
4. (b)	**5.** (b), (c), (d)	**6.** (c), (d)
7. (a)	**8.** (a), (b), (c), (d)	**9.** (c), (d)
10. (a)	**11.** (a), (c), (d)	**12.** (d)
13. (d)	**14.** (a), (b)	

अभ्यास के प्रश्न

1. $x = (10\text{ cm})\sin\left(\frac{2\pi}{6\text{ s}}t + \frac{\pi}{6}\right)$, $\approx 11\text{ cm s}^{-2}$

2. 4.9 cm, 0.28 s

3. $5\sqrt{2}$ cm

4. मध्य स्थिति से ± 1.2 cm

5. (a) 2.0 cm, 0.063 s, 100 N m^{-1}

(b) 1.0 cm, 1.73 m^{-1}, 100 m s^{-2}

6. (a) $\frac{\pi}{120}$ s (b) $\frac{\pi}{30}$ s (c) $\frac{\pi}{30}$ s

7. (a) 1.6×10^{-2} s (b) 1.6×10^{-2} s (c) 3.6×10^{-2} s

8. $\frac{T}{6}$ **9.** ≈ 10 g **10.** 50 s^{-1}

11. 25 N **12.** 40 J **13.** 0.16 kg

14. (a) $\frac{mkx}{M+m}$ (b) $mg - \frac{mkx}{M+m}$, उच्चतम बिंदु पर

(c) $g\frac{(M+m)}{k}$

15. (a) $\frac{(m_1+m_2)g\sin\theta}{k}$

(b) जब स्प्रिग अपनी स्वाभाविक लंबाई में है

(c) $\sqrt{\frac{3}{k}}(m_1+m_2)\, g\sin\theta$

16. (a) 10 cm (b) 2.5 J (c) $\frac{\pi}{5}$ s

(d) 20 cm (e) 4.5 J (f) 0.5 J

17. (a) $2\pi\sqrt{\frac{m}{k_1+k_2}}$ (b) $2\pi\sqrt{\frac{m}{k_1+k_2}}$ (c) $2\pi\sqrt{\frac{m(k_1+k_2)}{k_1k_2}}$

18. (a) $\frac{F}{k}, 2\pi\sqrt{\frac{M}{k}}$ (b) $\frac{F^2}{2k}$ (c) $\frac{F^2}{2k}$

19. $2\pi\sqrt{\frac{m}{2k}}$ **20.** $2\pi\sqrt{\frac{2m}{3k}}$

21. $\frac{F(k_2+k_3)}{k_1k_2+k_2k_3+k_3k_1}, \frac{1}{2\pi}\sqrt{\frac{k_1k_2+k_2k_3+k_3k_1}{M(k_2+k_3)}}$

22. $\frac{M^2g^2}{2k_1}, \frac{M^2g^2}{2k_2}$ तथा $\frac{M^2g^2}{2k_3}$

आवर्तकाल $= 2\pi\sqrt{M\left(\frac{1}{k_1}+\frac{1}{k_2}+\frac{1}{k_3}\right)}$

23. $2\pi\sqrt{\frac{m}{k}}$ **24.** $2\pi\sqrt{\frac{(m+I/r^2)}{k}}$

25. $2\pi\sqrt{\frac{m}{2k}}$ **26.** $2\pi\sqrt{\frac{l}{g}}$

27. $\frac{5}{2\pi}$ Hz, 5 cm **28.** $\left(\pi\sqrt{\frac{m}{k}}+\frac{2l}{v}\right)$

29. ≈ 0.73 s

30. (a) $\frac{Mx_0}{M+m}, \frac{mx_0}{M+m}$

(b) $2\pi\sqrt{\frac{mM}{k(M+m)}}$

31. $2\pi\sqrt{\frac{l}{2\mu g}}$

❑

अध्याय 22

कोणीय सरल आवर्त गति

हम अपने घरों में प्रायः दीवार पर लगी कील से चीजों को लटकाकर रखते हैं। कपड़े, छाते, ताले, फोटोफ्रेम, सजावट के बंदनवार प्रायः लटकते हुए दिखते हैं। लटकते बंदनवार को एक ओर खींचकर छोड़ दें। वह एक ओर से दूसरी ओर और पुनः दूसरी ओर से पहली ओर, कई दोलन कर थोड़ी देर में रुक जाता है। फर्श पर रखे भोजन बनानेवाले भगोने या गोल पेंदी के कटोरे को एक ओर थोड़ा झुकाकर छोड़ दें। वह अनेक बार एक ओर से दूसरी ओर तथा दूसरी ओर से पहली ओर दोलन करता है। मेलों में मिलनेवाले लकड़ी के गुड्डे-गुड्डियों में प्रायः सिर के नीचे स्प्रिंग लगे होते हैं। सिर को एक ओर खींचकर छोड़ दें। गुड्डा अनेक बार अपने सिर का दोलन कर बच्चों को प्रफुल्लित करता है। यह सब लगभग कोणीय सरल आवर्त गति के उदाहरण हैं।

22.1 कोणीय सरल आवर्त गति के समीकरण

पिछले अध्याय में हमने एक ऐसे कण की गति का अध्ययन किया जिसपर लगता परिणामी बल F तथा उसकी स्थिति x,

$$F = -kx$$

समीकरण से संबंधित है।

इस समीकरण को हम ऐसे भी लिख सकते हैं,

$$m\frac{d^2x}{dt^2} = -kx$$

या $$\frac{d^2x}{dt^2} = -\omega^2 x, \qquad \text{... (22.1)}$$

जहाँ $\omega = \sqrt{\frac{k}{m}}$.

सरल आवर्त गति में

- कण एक सरल रेखा पर चलता है।
- $x = 0$ पर कण पर लगता बल शून्य है ($x = 0$ हम ऐसे ही बिंदु को चुनते हैं)।
- किसी अन्य बिंदु पर जब कण होता है, तो उसपर लगता परिणामी बल $x = 0$ की ओर होता है, तथा
- कण पर लगता बल F, x के समानुपाती होता है।

ऐसे कण की स्थिति के लिए समीकरण होता है,

$$x = A\sin(\omega t + \delta),$$

जहाँ A उसका आयाम है तथा δ का मान $t = 0$ क्षण के चुनाव पर निर्भर करता है।

अब आप एक ऐसी वस्तु की गति की कल्पना करें, जो

- एक निश्चित अक्ष के परितः शुद्ध घूर्णन गति कर रही है।
- एक विशेष स्थिति $\theta = 0$ पर कण पर लगता परिणामी बल आघूर्ण शून्य है।
- वस्तु की किसी अन्य स्थिति के लिए उसपर लगता हुआ परिणामी बल आघूर्ण (अक्ष के प्रति) उसे $\theta = 0$ की ओर ले जाने की दिशा में है, तथा
- वस्तु पर लगता हुआ बल आघूर्ण उसकी कोणीय स्थिति θ के समानुपाती है। तो

इसका समीकरण होगा,

$$\Gamma = -k\theta$$

या $$I\alpha = -k\theta$$

या $$\alpha = -\frac{k}{I}\theta$$

या $$\frac{d^2\theta}{dt^2} = -\omega^2\theta, \qquad \text{... (22.2)}$$

जहाँ $\omega = \sqrt{\frac{k}{I}}$.

समीकरण (22.1) तथा समीकरण (22.2) के गणितीय स्वरूप बिलकुल एक से हैं। अतः, यह गति भी सरल आवर्त गति की ही तरह होगी, बस रैखिक विस्थापन की जगह कोणीय विस्थापन होगा, रेखीय वेग की जगह कोणीय वेग होगा, रेखीय त्वरण की जगह कोणीय त्वरण होगा। अतः, θ तथा t का संबंध होगा,

$$\theta = \theta_0 \sin(\omega t + \delta), \qquad \text{... (22.3)}$$

जहाँ θ_0 उसका कोणीय आयाम (angular amplitude) होगा तथा δ का मान $t = 0$ क्षण के चुनाव पर निर्भर करेगा।

कोणीय वेग का मान,

$$\Omega = \frac{d\theta}{dt} = \theta_0\omega\cos(\omega t + \delta) \qquad \text{... (22.4)}$$

तथा कोणीय त्वरण का मान $\alpha = \frac{d\Omega}{dt} = \theta_0 \omega^2 \sin^2(\omega t + \delta)$ होगा।

वस्तु एक किनारे $\theta = \theta_0$ से दूसरे किनारे $\theta = -\theta_0$ के बीच दोलन करेगी।

इस दोलन का आवर्तकाल $T = \frac{2\pi}{\omega}$ तथा आवृत्ति $\nu = \frac{1}{T} = \frac{\omega}{2\pi}$ होगी।

हमने कोणीय वेग $\frac{d\theta}{dt}$ को Ω लिखा है, क्योंकि संकेत ω कोणीय आवृत्ति के लिए प्रयोग किया जा रहा है।

अभ्यास 22.1

एक वस्तु कोणीय सरल आवर्त गति करती है जिसका कोणीय आयाम $\frac{\pi}{10}$ रेडियन तथा आवर्तकाल 0.05 सेकंड है। यदि $t = 0$ समय पर उसकी कोणीय स्थिति $\theta = \frac{\pi}{10}$ रेडियन हो, तो समय t के फलन के रूप में स्थिति θ के लिए समीकरण लिखें।

हल मान लें कि θ तथा t में संबंध है,

$$\theta = \theta_0 \sin(\omega t + \delta).$$

अब प्रश्न के अनुसार,

आयाम $\theta_0 = \frac{\pi}{10}$ रेडियन,

$$\omega = \frac{2\pi}{T} = \frac{2\pi}{0.05\ \text{s}} = 40\pi\ \text{s}^{-1}.$$

अतः, $\theta = \left(\frac{\pi}{10}\ \text{rad}\right) \sin[40\pi\ \text{s}^{-1} + \delta]$. ... (i)

अब $t = 0$ समय पर $\theta = \frac{\pi}{10}$ rad है, अतः

$$\left(\frac{\pi}{10}\text{rad}\right) = \left(\frac{\pi}{10}\text{rad}\right)\sin\delta$$

या $\sin\delta = 1$,

अतः $\delta = \frac{\pi}{2}$.

(i) से, $\theta = \left(\frac{\pi}{10}\text{rad}\right)\sin\left[(40\ \pi\ \text{s}^{-1})t + \frac{\pi}{2}\right]$

$$= \left(\frac{\pi}{10}\text{rad}\right)\cos[(40\ \pi\ \text{s}^{-1})t].$$

उपर्युक्त वर्णित समीकरण एक निश्चित आयाम से कोणीय दोलन करती हुई वस्तुओं के लिए है। व्यावहारिक जीवन में घर्षण आदि के कारण दोलन करती हुई वस्तुओं का आयाम घटता जाता है और थोड़ी देर बाद वह रुक जाती है। इस प्रकार के मंदन पर आगे और बातें करेंगे।

22.2 कोणीय सरल आवर्त गति में ऊर्जा

इस प्रकार की गति में वस्तु किसी निश्चित अक्ष के परितः शुद्ध घूर्णन गति करती है। यदि वस्तु पर लगता बल आघूर्ण Γ हो, तो $\Gamma = -k\theta$ होगा। इस बल आघूर्ण द्वारा $\theta = 0$ से θ तक जाने में किया गया कुल कार्य,

$$W = \int_0^\theta -k\theta d\theta = -\frac{1}{2}k\theta^2.$$

संहति की स्थितिज ऊर्जा में वृद्धि $U = -W = \frac{1}{2}k\theta^2$. परंतु $k = I\omega^2$, अतः $\theta = 0$ पर स्थितिज ऊर्जा को शून्य मानते हुए

$$U = \frac{1}{2}k\theta^2 = \frac{1}{2}I\omega^2\theta^2. \quad \text{... (i)}$$

इस समय वस्तु की गतिज ऊर्जा,

$$K = \frac{1}{2}I\Omega^2.$$

अतः, संहति की कुल ऊर्जा,

$$E = U + K = \frac{1}{2}I\omega^2\theta^2 + \frac{1}{2}I\Omega^2.$$

समीकरण (22.3) एवं (22.4) का उपयोग करने पर,

$$E = \frac{1}{2}I\omega^2\theta_0^2\sin^2(\omega t + \delta) + \frac{1}{2}I\theta_0^2\omega^2\cos^2(\omega t + \delta)$$

$$= \frac{1}{2}I\omega^2\theta_0^2. \quad \text{... (22.5)}$$

यह राशि θ पर निर्भर नहीं करती। अतः, पूरी गति में संहति की कुल ऊर्जा का मान नहीं बदलता।

22.3 सरल दोलक

सरल दोलक सचमुच एक सरल संरचना वाली संहति है। इसमें एक भारी, पर छोटी वस्तु को एक धागे से बाँध दिया जाता है। धागे के दूसरे सिरे को किसी स्थिर आलंब O से बाँध दिया जाता है। इस तरह यह वस्तु O बिंदु से लटकती है। इस लटकनेवाली वस्तु को प्रायः बॉब (bob) कहा जाता है। यदि इस वस्तु को एक ओर खींचकर छोड़ दिया जाए, तो यह एक ऊर्ध्वाधर तल में एक वृत्त के चाप पर दोलन करेगी (चित्र 22.1)।

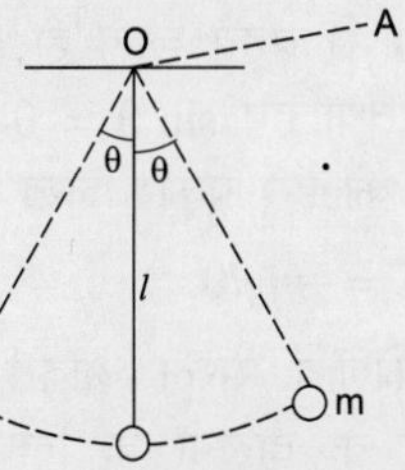

चित्र 22.1

धागे तथा उससे बँधी वस्तु को मिलाकर आप संहति मानें। यह संहति बिंदु O से जाते हुए अक्ष OA के परितः शुद्ध घूर्णन गति करती है। OA दोलन के तल के लंबवत क्षैतिज रेखा है।

जब धागा ऊर्ध्वाधर हो, उस स्थिति को $\theta = 0$ कहें। इससे एक ओर की दिशा को धनात्मक तथा दूसरी ओर की दिशा को ऋणात्मक कहें। चित्र 22.2 में OP द्वारा t समय पर धागे की स्थिति दिखाई गई

है। OP का ऊर्ध्वाधर से कोण θ है। P बिंदु पर वह छोटी वस्तु बँधी है। इस वस्तु का द्रव्यमान m है। धागे तथा वस्तु की संहति पर दो बल लग रहे हैं—

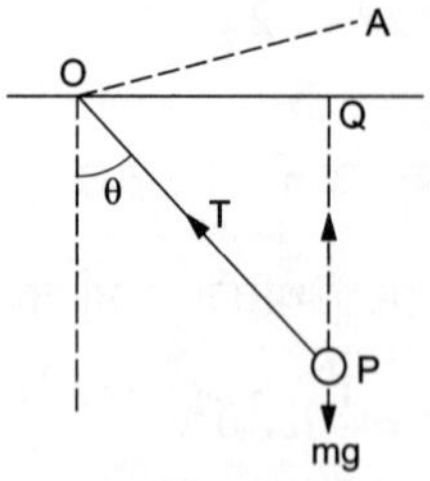

चित्र 22.2

(a) धरती द्वारा mg, P बिंदु पर नीचे की ओर

(b) आलंब द्वारा F, O बिंदु पर

बिंदु O के प्रति आघूर्ण लेने पर,

F का बल आघूर्ण $= 0$

तथा mg के बल आघूर्ण का परिमाण,

$$|\Gamma| = mg(OP)\sin\theta = mgl\sin\theta,$$

जहाँ $l = OP$ धागे की लंबाई है। यह बल आघूर्ण दोलक पर लगता परिणामी बल आघूर्ण भी है। यह बल आघूर्ण इस संहति को वापस $\theta = 0$ की ओर लाने का प्रयास करेगा, अर्थात कोणीय विस्थापन θ तथा बल आघूर्ण Γ विपरीत दिशाओं में होंगे। अतः,

$$\Gamma = -mgl\sin\theta. \qquad \text{... (22.6)}$$

आप देख रहे हैं कि दोलक पर लगा परिणामी बल आघूर्ण विस्थापन θ के समानुपाती नहीं है। अतः, सरल दोलक की गति कोणीय सरल आवर्त गति नहीं है।

आप यह भी जानते होंगे कि यदि θ को रेडियन में नापा जाए और θ का मान बहुत छोटा हो, तो $\sin\theta$ और θ के मान लगभग बराबर होते हैं। वस्तुतः, $\sin\theta$ को θ के पदों में एक अनंत श्रेणी के रूप में इस प्रकार लिखा जा सकता है

$$\sin\theta = \theta - \frac{\theta^3}{3!} + \frac{\theta^5}{5!} - \frac{\theta^7}{7!} + \dots.$$

यदि θ का मान 1 से बहुत छोटा हो, तो θ की तुलना में अन्य सभी पद नगण्य होंगे तथा हम $\sin\theta = \theta$ लिख सकेंगे। ऐसी स्थिति में, समीकरण (22.6) को इस प्रकार लिख सकते हैं

$$\Gamma = -mgl\theta. \qquad \text{... (22.7)}$$

यह समीकरण कोणीय सरल आवर्त गति का समीकरण है। अर्थात, छोटे आयाम के दोलनों के लिए सरल दोलक की गति कोणीय सरल आवर्त गति मानी जा सकती है।

इस सरल दोलक का OA के प्रति जड़त्व आघूर्ण $I = ml^2$.

अतः, समीकरण (22.7) से कोणीय त्वरण,

$$\alpha = \frac{\Gamma}{I} = -\frac{mgl\,\theta}{ml^2} = -\frac{g}{l}\theta$$

या $\alpha = -\omega^2\theta,$

जहाँ $\omega = \sqrt{\dfrac{g}{l}}$.

$$\text{आवर्तकाल } T = \frac{2\pi}{\omega} = 2\pi\sqrt{\frac{l}{g}}. \qquad \text{... (22.8)}$$

अभ्यास 22.2

लंबाई l तथा द्रव्यमान m वाले एक सरल दोलक को 30° आयाम के साथ दोलन कराया जाता है। यदि दोलक के अधिकतम विस्थापन के समय इसपर लगते बल आघूर्ण को $mgl\theta$ (θ रेडियन में) माना जाए, तो कितनी प्रतिशत अशुद्धि होगी?

हल बल आघूर्ण $= mgl\sin 30° = \dfrac{mgl}{2} = 0.5\,mgl.$

$\theta = 30° = \dfrac{\pi}{6}$ रेडियन।

अतः, $mgl\theta = mgl\dfrac{\pi}{6} = \dfrac{3.14}{6}mgl = 0.523\,mgl.$

अतः, प्रतिशत अशुद्धि

$$= \left|\frac{0.5\,mgl - 0.523\,mgl}{0.5\,mgl} \times 100\right| = 4.6\%.$$

अभ्यास 22.3

g का मान $\pi^2 \text{m/s}^2$ मानते हुए छोटे आयामों के लिए 1.0 m लंबे सरल दोलक का आवर्तकाल निकालें।

हल आवर्तकाल $T = 2\pi\sqrt{\dfrac{l}{g}}$

$$= 2\pi\sqrt{\frac{1.0\text{ m}}{\pi^2\text{ms}^{-2}}} = 2.0\text{ s}.$$

22.3.1 बॉब की रेखीय गति के लिए समीकरण

हमने धागे तथा वस्तु को मिलाकर एक संहति माना था और इसकी घूर्णन गति के आधार पर गति के समीकरण लिखे थे। आप सिर्फ बॉब को भी अपनी संहति मान सकते हैं और उसपर लगते बलों के आधार पर उसकी गति का वर्णन कर सकते हैं।

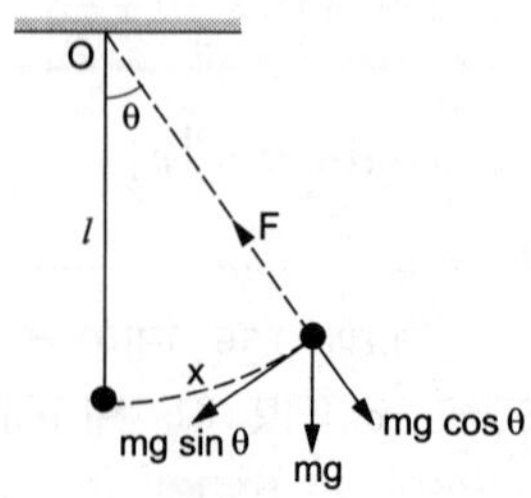

चित्र 22.3

चित्र 22.3 में दोलक के बॉब पर लगते हुए बलों को दिखाया गया है। चित्र में धागा अपनी साम्य स्थिति, अर्थात ऊर्ध्वाधर दिशा से θ कोण बना रहा है। बॉब पर लगते बल हैं,

(a) पृथ्वी द्वारा भार mg, नीचे की ओर

(b) धागे द्वारा तनाव F, धागे के अनुदिश

धागे के अनुदिश परिणामी घटक $= F - mg\cos\theta$ तथा धागे की लंबवत दिशा में परिणामी घटक $= -mg\sin\theta$.

बॉब एक वृत्ताकार पथ में चल रहा है। यदि इस समय इसकी चाल v हो, तो केंद्र की ओर, अर्थात धागे के अनुदिश त्वरण,

$$a_r = \frac{v^2}{l}\cdot$$

अतः, $F - mg\cos\theta = m\dfrac{v^2}{l}$ ... (i)

तथा $mg\sin\theta = -m\dfrac{dv}{dt}\cdot$ ... (ii)

वृत्त के चाप के अनुदिश, साम्य स्थिति से बॉब की दूरी

$$x = l\theta \text{ तथा } v = \frac{dx}{dt}\cdot$$

(ii) से, $mg\sin\left(\dfrac{x}{l}\right) = -m\dfrac{d^2x}{dt^2}$

या $\dfrac{d^2x}{dt^2} = -g\sin\left(\dfrac{x}{l}\right).$

यदि बॉब का आयाम बहुत छोटा हो, तो $\dfrac{x}{l} << 1$ तथा $\sin\left(\dfrac{x}{l}\right) \approx \dfrac{x}{l}\cdot$

तब $\dfrac{d^2x}{dt^2} = -g\dfrac{x}{l}$

या $\dfrac{d^2x}{dt^2} = -\omega^2 x,$ ... (22.9)

जहाँ $\omega = \sqrt{\dfrac{g}{l}}\cdot$

पर, आप इस समीकरण का हल जानते हैं,

$$x = A\sin(\omega t + \delta).$$

यदि आयाम बहुत कम हो, तो बॉब वृत्त के एक छोटे से चाप पर चलेगा जिसे आप लगभग एक सरल रेखा मान सकते हैं। अर्थात, छोटे आयाम के लिए बॉब की गति लगभग सरल आवर्त गति होती है।

$$\text{आवर्तकाल } = \frac{2\pi}{\omega} = 2\pi\sqrt{\frac{l}{g}}\cdot$$

22.4 भौतिक दोलक

सरल दोलक में दोलक का सारा द्रव्यमान दोलक के सबसे नीचे के एक बिंदु पर (छोटी वस्तु) माना जाता है। पर, यदि कोई लटकी हुई वस्तु धरती के आकर्षण के अंतर्गत दोलन करे तथा उसका द्रव्यमान एक जगह केंद्रित न होकर बँटा हुआ हो, तो उसे हम भौतिक दोलक (physical pendulum) कहते हैं। लोहे की एक रिंग को दीवार पर लगी काँटी से लटका दें। इसे जरा-सा हिलाकर छोड़ दें, यह दोलन करने लगेगी। यह भौतिक दोलक का उदाहरण है। एक लंबे स्केल में केंद्र से हटकर कहीं छेद कर दें तथा इस छेद से स्केल को किसी कील से लटका दें, यह भी भौतिक दोलक का एक उदाहरण है।

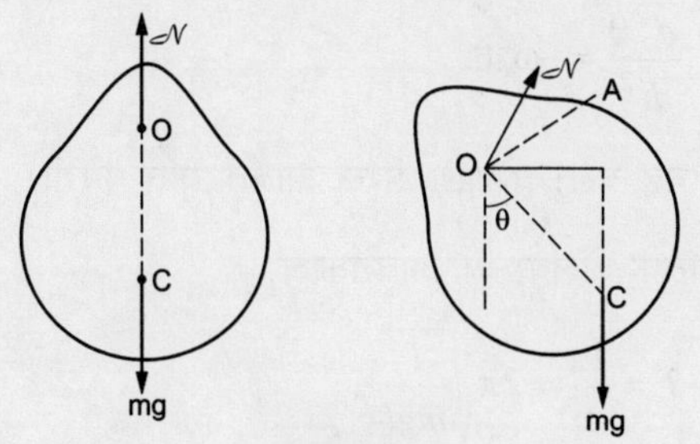

चित्र 22.4

चित्र 22.4 में एक दृढ़ वस्तु (rigid body) को O बिंदु से लटकाया गया है। वस्तु का द्रव्यमान केंद्र C बिंदु पर है। यदि बिंदु C बिंदु O के ठीक नीचे हो, तो वस्तु स्थिर अवस्था में लटक सकती है। इसे हम $\theta = 0$ की स्थिति कहेंगे। यदि वस्तु को एक ओर खींचकर छोड़ दिया जाए, तो वह दोलन करने लगेगी। यदि आप चित्र में दिखाए तल के लंबवत रेखा OA खींचें, तो यही घूर्णन अक्ष होगा।

मान लें कि किसी क्षण t पर इसका कोणीय विस्थापन θ है। रेखा OC ऊर्ध्वाधर दिशा से θ कोण बनाती है। इस समय वस्तु पर लगते बल हैं,

(a) वस्तु का भार mg तथा

(b) लटकन-बिंदु पर संपर्क बल $\mathcal{N}$

यह वस्तु बिंदु O से जानेवाले अक्ष OA के प्रति घूर्णन कर सकती है। इस अक्ष के प्रति $\mathcal{N}$ का बल आघूर्ण शून्य होगा, क्योंकि बल $\mathcal{N}$ की क्रिया रेखा एवं अक्ष, O बिंदु पर एक-दूसरे को काटते हैं।

बिंदु O के प्रति mg का बल आघूर्ण,

$$\vec{\Gamma} = \vec{r} \times \vec{F} = \overrightarrow{OC} \times m\vec{g}$$

$$|\vec{\Gamma}| = (OC)(mg)(\sin\theta) = mgl\sin\theta,$$

जहाँ $l = OC$ लटकन-बिंदु से द्रव्यमान केंद्र C की दूरी है। mg का यह बल आघूर्ण वस्तु को वापस $\theta = 0$ की ओर लाने का प्रयास करेगा। अतः, OA के प्रति mg का बल आघूर्ण $(\Gamma) = -mgl\sin\theta$ होगा। यह वही समीकरण है जो हमने सरल दोलक के लिए प्राप्त किया था [समीकरण (22.6)]। यदि अक्ष OA के प्रति वस्तु का जड़त्व आघूर्ण I हो, तो कोणीय त्वरण,

$$\alpha = \frac{\Gamma}{I} = -\frac{mgl}{I}\sin\theta$$

कोणीय त्वरण α, विस्थापन θ के समानुपाती न होकर $\sin\theta$ के समानुपाती है। सरल दोलक की ही तरह यहाँ भी यह गति कोणीय सरल आवर्त गति नहीं है। परंतु, छोटे आयाम के लिए $\sin\theta \approx \theta$ ले सकते है, जहाँ θ रेडियन में मापा गया कोणीय विस्थापन है।

ऐसी स्थिति में,

$$\alpha \simeq -\frac{mgl}{I}\theta.$$

$\frac{mgl}{I}$ को ω^2 लिखने पर,

$$\alpha = -\omega^2\theta$$

या $$\frac{d^2\theta}{dt^2} = -\omega^2\theta.$$

अतः, यह वस्तु कोणीय सरल आवर्त गति करेगी।

इस भौतिक दोलक का आवर्तकाल,

$$T = \frac{2\pi}{\omega} = 2\pi\sqrt{\frac{I}{mgl}}. \quad \text{... (22.10)}$$

सरल दोलक के लिए $I = ml^2$. अतः, इस मान को समीकरण (22.10) में रखने पर,

$$T = 2\pi\sqrt{\frac{l}{g}}$$

जैसा कि हमने समीकरण (22.8) में निकाला था।

22.5 मरोड़ी दोलक (Torsional pendulum)

आप कपड़े धोने के बाद उसको सुखाने के पहले निचोड़ते होंगे या आपने लोगों को कपड़े निचोड़ते देखा होगा। कपड़े की पूरी लंबाई अपनी जगह पर ही रहती है, पर एक सिरे के सापेक्ष बाकी का कपड़ा घूम जाता है। मरोड़ना इसी प्रकार की क्रिया है। किसी का हाथ मरोड़ने में उसकी कोहनी अपनी स्थिति में बनी रहती है और कलाई घुमा दी जाती है। एक धातु के तार, प्लास्टिक का धागा आदि ऐसे पदार्थ हैं जिन्हें हम मरोड़ सकते हैं।

चित्र 22.5 में हमने एक तार दिखाया है जिसका ऊपरी सिरा एक दृढ़ आधार के साथ अच्छी तरह जड़ा हुआ है। इस तार से एक चकती अपने केंद्र पर जुड़ी है। प्रारंभ में तार में कोई मरोड़ नहीं है और चकती स्थिर अवस्था में बनी हुई है। अब मान लें कि आप इस चकती को सावधानी से पकड़कर तार को अक्ष बनाते हुए अपने स्थान पर ही एक कोण θ से घुमा देते हैं। अब तार के नीचे का हिस्सा θ कोण से घूम गया है, पर ऊपर का सिरा ज्यों-का-त्यों है। अर्थात, तार में मरोड़ आ गई है। यदि आप चकती को इस स्थिति से छोड़ दें, तो चकती वापस घूमकर पुरानी स्थिति में आने लगती है। अर्थात, मरोड़युक्त तार मरोड़ की उलटी दिशा में चकती पर बल आघूर्ण लगाता है। चकती के वापस घूमने से θ कम होता है, अर्थात मरोड़ भी कम हो जाती है। इस दौरान चकती की कोणीय चाल बढ़ती जाती है। $\theta = 0$ आने पर तार की मरोड़ तो शून्य हो जाती है, पर चकती की कोणीय चाल के कारण वह घूमना जारी रखती है और तार में उलटी दिशा में मरोड़ पैदा होती है। पुनः यह मरोड़युक्त तार चकती पर उलटी दिशा में बल आघूर्ण लगाता है और उसकी कोणीय चाल को कम करता है। किसी स्थिति में चकती स्थिर अवस्था में आ जाएगी तथा तार द्वारा लगाए गए बल आघूर्ण के कारण फिर $\theta = 0$ की ओर घूमने लगेगी। इस प्रकार यह चकती तार को अक्ष बनाकर एक कोणीय दोलन करेगी। ऐसे दोलन को 'मरोड़ी दोलन (torsional oscillation)' कहते हैं तथा ऐसे दोलक को 'मरोड़ी 'दोलक (torsional pendulum)' कहते हैं।

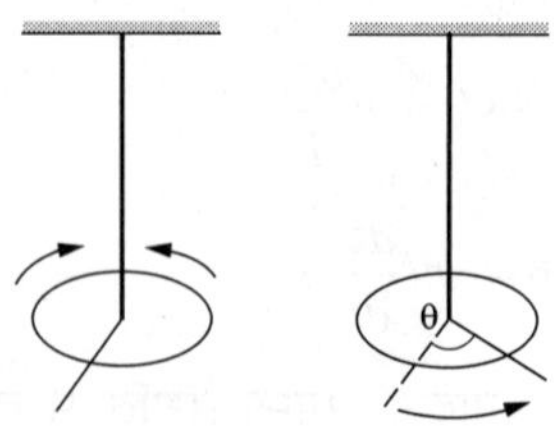

चित्र 22.5

किसी दिए हुए तार के एक सिरे को स्थिर रखकर यदि दूसरे सिरे को θ कोण से मरोड़ दिया जाए, तो तार इस दूसरे सिरे से लगी वस्तु पर उलटी तरफ बल आघूर्ण Γ लगाएगा। इस बल आघूर्ण का परिमाण प्रायः मरोड़ के कोण θ के समानुपाती होता है। अतः, हम लिख सकते हैं कि

$$\Gamma = -k\theta. \quad \text{... (22.11)}$$

इस स्थिरांक k को इस तार का 'मरोड़ी स्थिरांक (torsional constant)' या 'ऐंठन स्थिरांक' कहते हैं। यदि तार के प्रति चकती का जड़त्व आघूर्ण I हो, तो कोणीय त्वरण,

$$\alpha = \frac{\Gamma}{I} = -\frac{k}{I}\theta$$

या $$\frac{d^2\theta}{dt^2} = -\omega^2\theta, \text{ जहाँ } \omega = \sqrt{\frac{k}{I}} \text{ है।}$$

दोलन का आवर्तकाल $T = \frac{2\pi}{\omega}$

या $$T = 2\pi\sqrt{\frac{I}{k}}. \quad \text{... (22.12)}$$

मरोड़ी दोलक बनाने के लिए नीचे चकती ही लगाना आवश्यक नहीं है। कोई भी वस्तु यहाँ बाँधी जा सकती है। पर, इसे तार को अक्ष बनाकर ही घुमाना होगा।

बाजार में कपड़े सीने के धागे मिलते हैं। ये धागे कई और पतले धागों से मिलाकर बँटकर बनाए जाते हैं। इसमें पहले से ही मरोड़ उपस्थित होती है। यदि आप इस धागे में कोई वस्तु बाँधकर लटका दें, तो आप देखेंगे कि वह वस्तु स्वतः घूमने लगती है। ऐसा इसलिए होता है, क्योंकि मरोड़युक्त धागा वस्तु पर बल आघूर्ण लगाता है जिससे वस्तु में कोणीय त्वरण पैदा हो जाता है। आप इसे करके देखें कि कितनी देर तक यह वस्तु घूमती है और क्या यह मरोड़ी दोलन करती है? यदि हाँ, तो इस दोलन का कोणीय आयाम कितना है।

• हल किए गए प्रश्न •

1. *एक सरल दोलक की लंबाई 40 cm है तथा वह 0.04 rad के कोणीय आयाम के साथ दोलन कर रहा है। इस गति के लिए (a) आवर्तकाल, (b) रेखीय आयाम, (c) डोरी के ऊर्ध्वाधर से 0.02 rad कोण बनाने के समय बॉब की चाल एवं (d) किनारे पर पहुँचने पर बॉब का कोणीय त्वरण निकालें।*

हल (a) कोणीय आवृत्ति,

$$\omega = \sqrt{\frac{g}{l}} = \sqrt{\frac{10\ \text{m/s}^2}{0.4\ \text{m}}} = 5\ \text{s}^{-1}.$$

अतः, आवर्तकाल, $T = \frac{2\pi}{\omega} = \frac{2\pi}{5\ \text{s}^{-1}} = 1.26$ s.

(b) रेखीय आयाम = 40 cm × 0.04 = 1.6 cm.

(c) ऊर्ध्वाधर से 0.02 rad के कोणीय विस्थापन पर कोणीय चाल,

$$\Omega = \omega\sqrt{\theta_0^2 - \theta^2} = (5\ \text{s}^{-1})\sqrt{(0.04)^2 - (0.02)^2}\ \text{rad}$$

$$= 0.17\ \text{rad/s}.$$

इस क्षण बॉब की रेखीय चाल

$$= (40\ \text{cm}) \times 0.17\ \text{s}^{-1} = 6.8\ \text{cm/s}.$$

(d) कोणीय त्वरण, $\alpha = -\omega^2\theta$

$$= (-25\ \text{s}^{-2})(0.04\ \text{rad})$$

$$= 1.0\ \text{rad/s}^2.$$

2. *एक सरल दोलक के बॉब का द्रव्यमान m है तथा वह आयाम θ_0 के साथ दोलन कर रहा है। (a) जब ऊर्ध्वाधर से कोणीय विस्थापन θ है उस समय डोरी में तनाव T ज्ञात करें। (b) डोरी में अधिकतम तथा न्यूनतम तनाव के मान निकालें।*

हल (a) मान लें कि कोण θ पर बॉब की चाल v है। सीमांत स्थिति (extreme position) एवं कोणीय विस्थापन θ पर ऊर्जा संरक्षण नियम का उपयोग करने पर,

$$\frac{1}{2}mv^2 = mgl(\cos\theta - \cos\theta_0). \quad \text{... (i)}$$

चूँकि बॉब वृत्ताकार पथ में गति करता है, अतः केंद्र की ओर लगा बल $\frac{mv^2}{l}$ के बराबर होगा।

अतः, $T - mg\cos\theta = \frac{mv^2}{l}$.

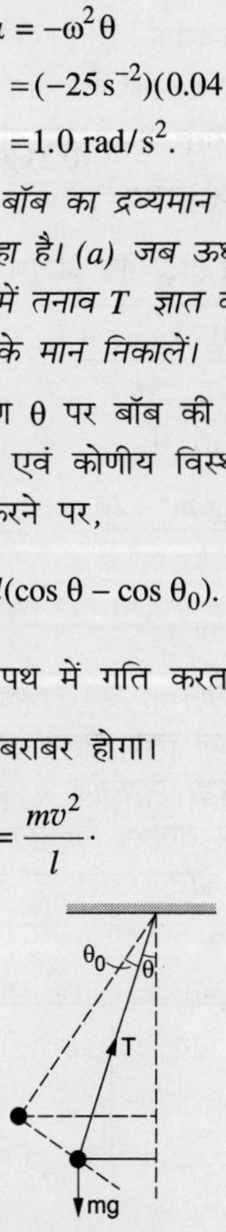

चित्र 22.W1

समीकरण (i) से,

$$T - mg\cos\theta = 2mg(\cos\theta - \cos\theta_0)$$

या $$T = mg\cos\theta + 2mg(\cos\theta - \cos\theta_0)$$

$$= 3mg\cos\theta - 2mg\cos\theta_0.$$

(b) T के अधिकतम मान के लिए θ = 0. अतः,

$$T_{max} = 3mg - 2mg\cos\theta_0.$$

T के न्यूनतम मान के लिए $\theta = \theta_0$. अतः,

$$T_{min} = 3mg\cos\theta_0 - 2mg\cos\theta_0 = mg\cos\theta_0.$$

3. *कल्पना करें कि 1.0 m लंबा एक सरल दोलक पृथ्वी की सतह से R ऊँचाई पर ले जाया गया है, जहाँ R पृथ्वी की त्रिज्या है। छोटे दोलनों के लिए इसका आवर्तकाल ज्ञात करें। $g = \pi^2\ \text{m/s}^2$ मानें।*

हल ऊँचाई R पर गुरुत्वीय त्वरण,

$$g' = \frac{GM}{(R+R)^2} = \frac{1}{4}\cdot\frac{GM}{R^2} = \frac{g}{4}.$$

सरल दोलक का आवर्तकाल,

$$T = 2\pi\sqrt{\frac{l}{g'}} = 2\pi\sqrt{\frac{1.0\ \text{m}}{\frac{1}{4}\times\pi^2\ \text{m/s}^2}} = 2\pi\left(\frac{2}{\pi}\ \text{s}\right) = 4\ \text{s}.$$

4. *क्षैतिज सड़क पर a_0 त्वरण से जाती एक कार की छत से l लंबाई का एक सरल दोलक लटकाया गया है। अपनी मध्यस्थिति के प्रति छोटे दोलनों के लिए इसका आवर्तकाल निकालें।*

हल कार के फ्रेम से इस दोलक की गति की विवेचना करें। भार mg तथा डोरी के तनाव T के अतिरिक्त बॉब पर पीछे की ओर ma_0 परिमाण का छद्म बल भी हमें लेना होगा। बॉब पर लगते इन सभी बलों को चित्र 22.W2 में दिखाया गया है।

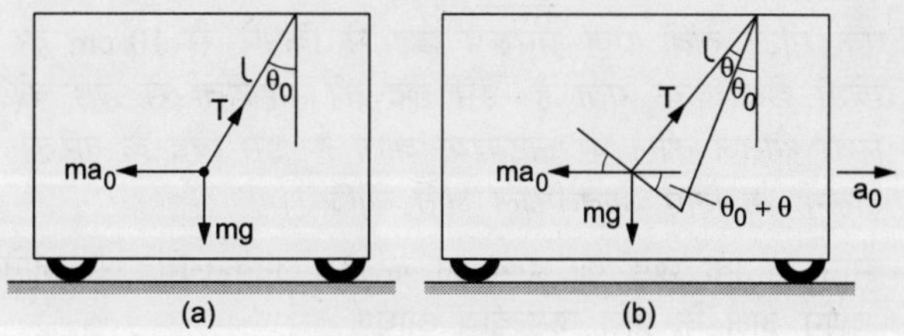

चित्र 22.W2

मान लें कि साम्यावस्था में डोरी ऊर्ध्वाधर से θ_0 कोण बनाती है [चित्र 22.W2(a)। लटकन-बिंदु के प्रति बल आघूर्ण लेने पर, कुल बल आघूर्ण,

$$mgl\sin\theta_0 - ma_0l\cos\theta_0 = 0 \quad \text{... (i)}$$

या $$\tan\theta_0 = \frac{a_0}{g}. \quad \text{... (ii)}$$

यदि डोरी को इस साम्यावस्था से एक छोटा कोणीय विस्थापन θ दिया जाए, तो डोरी का ऊर्ध्वाधर से कोण $\theta_0 + \theta$ हो जाएगा [चित्र 22.W2(b)]। ऐसी स्थिति में कुल बल आघूर्ण,

$$\tau = mgl\sin(\theta_0 + \theta) - ma_0l\cos(\theta_0 + \theta)$$

$$= mgl(\sin\theta_0\cos\theta + \sin\theta\cos\theta_0)$$

$$- ma_0l(\cos\theta_0\cos\theta - \sin\theta_0\sin\theta).$$

θ के छोटे मानों के लिए $\sin\theta \simeq \theta$ तथा $\cos\theta \simeq 1$ ले सकते हैं। अतः,

$$\tau = mgl\sin\theta_0 + mgl\theta\cos\theta_0 - ma_0 l\cos\theta_0 + ma_0 l\theta\sin\theta_0.$$

समीकरण (i) का उपयोग करने पर,

$$\tau = (mgl\cos\theta_0 + ma_0 l\sin\theta_0)\theta,$$

कोणीय त्वरण $\alpha = \frac{\tau}{I} = \frac{1}{ml^2}(mgl\cos\theta_0 + ma_0 l\sin\theta_0)\theta$

$$= \omega^2\theta,$$

जहाँ $\omega^2 = \frac{g\cos\theta_0 + a_0\sin\theta_0}{l}$

$$= \frac{\sqrt{g^2 + a_0^2}}{l} \quad [(ii) \text{ से}].$$

यह बल आघूर्ण कोणीय विस्थापन के विपरीत है तथा इसके समानुपाती है। अतः, दोलक कार के फ्रेम से कोणीय सरल आवर्त गति करेगा, जिसका आवर्तकाल

$$= \frac{2\pi}{\omega} = 2\pi\left[\frac{l}{\sqrt{g^2 + a_0^2}}\right]^{1/2}.$$

इसे हम एक और प्रकार से भी समझ सकते हैं। कार के फ्रेम में mg तथा ma_0 का परिणामी ही प्रभावी भार mg_{eff} की तरह काम करेगा। अतः, आवर्तकाल,

$$T = 2\pi\sqrt{\frac{l}{g_{\text{eff}}}} = 2\pi\left[\frac{l}{\sqrt{g^2 + a_0^2}}\right]^{1/2}.$$

5. *एक मीटर लंबी एक समरूप छड़ में किनारे से 10 cm दूर एक छोटा छेद किया गया है। इस छेद की सहायता से छड़ को एक स्थिर क्षैतिज कील पर लटकाया जाता है। इस बिंदु के परितः छोटे दोलनों के लिए आवर्तकाल ज्ञात कीजिए।*

हल मान लें कि छड़ का द्रव्यमान m है। लटकन-बिंदु से जानेवाले घूर्णन अक्ष के प्रति जड़त्वीय आघूर्ण,

$$I = \frac{ml^2}{12} + md^2,$$

जहाँ $l = 1$ m तथा $d = 40$ cm.

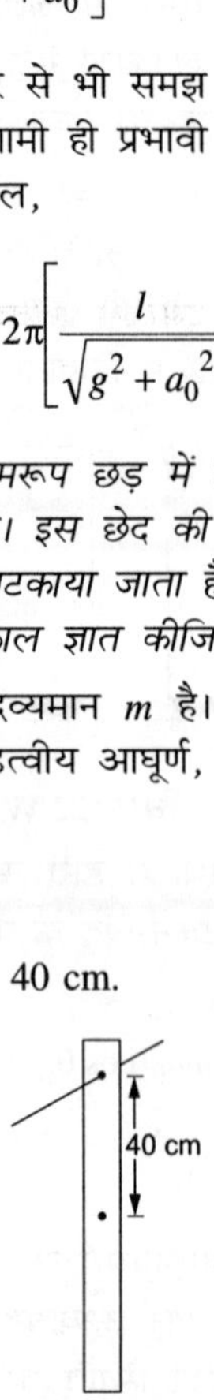

चित्र 22.W3

द्रव्यमान केंद्र एवं लटकन-बिंदु के मध्य दूरी $d = 40$ cm है। इस भौतिक दोलक का आवर्तकाल,

$$T = 2\pi\sqrt{\frac{I}{mgd}} = 2\pi\sqrt{\left(\frac{ml^2}{12} + md^2\right)/(mgd)}$$

$$= 2\pi\left[\sqrt{\left(\frac{1}{12} + 0.16\right)/4}\right] = 1.55\,\text{s}.$$

6. *किसी मरोड़ी दोलक की चकती का, निलंबन तार के सापेक्ष जड़त्वीय आघूर्ण 0.2 kg m² है। तार के प्रति मरोड़ी दोलनों का आवर्तकाल 2 s है। यदि कोई अन्य चकती इस चकती पर इस प्रकार रखी जाए कि वह पहले वाली चकती को पूर्ण रूप से ढक ले, तो इस निकाय का आवर्तकाल 2.5 s हो जाता है। दूसरी चकती का तार के प्रति जड़त्वीय आघूर्ण ज्ञात करें।*

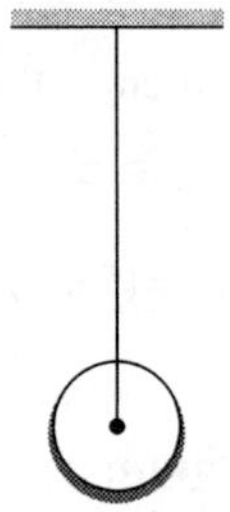

चित्र 22.W4

हल मान लें कि मरोड़ी स्थिरांक k है। पहली चकती का तार के प्रति जड़त्वीय आघूर्ण 0.2 kg-m² है। अतः,

$$\text{आवर्तकाल } 2\,\text{s} = 2\pi\sqrt{\frac{I}{k}} = 2\pi\sqrt{\frac{0.2\,\text{kg m}^2}{k}}. \quad \text{... (i)}$$

यदि दूसरी चकती का जड़त्वीय आघूर्ण I_1 हो, तो आवर्तकाल,

$$2.5\,\text{s} = 2\pi\sqrt{\frac{0.2\,\text{kg m}^2 + I_1}{k}}. \quad \text{... (ii)}$$

समीकरण (i) तथा (ii) से,

$$\frac{6.25}{4} = \frac{0.2\,\text{kg m}^2 + I_1}{0.2\,\text{kg m}^2}$$

या $\quad I_1 \approx 0.11\,\text{kg m}^2.$

7. *चित्र 22.W5 में द्रव्यमान m एवं लंबाई l वाली एक समरूप छड़ को लंबाई l वाले पतले तथा नगण्य भार वाले तार द्वारा लटकाया गया है। तार का मरोड़ी नियतांक k है। आवर्तकाल ज्ञात कीजिए यदि (a) छड़ ऊर्ध्वाधर तल में निलंबन-बिंदु के परितः छोटे दोलन करती है। (b) छड़ क्षैतिज तल में अपने केंद्र के परितः छोटे दोलन करती है।*

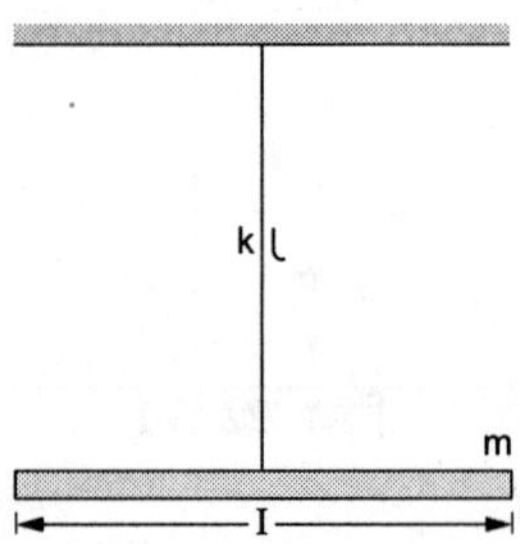

चित्र 22.W5

हल (a) इस स्थिति में घूर्णन अक्ष चित्र के तल से लंबवत, निलंबन बिंदु से जाती हुई रेखा है। इस रेखा के प्रति छड़ का जड़त्वीय आघूर्ण है,

$$I = \frac{ml^2}{12} + ml^2 = \frac{13}{12} ml^2.$$

अतः, आवर्तकाल,

$$T = 2\pi\sqrt{\frac{I}{mgl}} = 2\pi\sqrt{\frac{13\,ml^2}{12mgl}}$$

या $\quad T = 2\pi\sqrt{\frac{13l}{12g}}$.

(b) इस स्थिति में घूर्णन अक्ष तार के ही अनुदिश है। इस रेखा के प्रति जड़त्वीय आघूर्ण $I = \frac{ml^2}{12}$ है।

अतः, $T = 2\pi\sqrt{\frac{I}{k}} = 2\pi\sqrt{\frac{ml^2}{12k}}$.

• विचार हेतु प्रश्न •

1. *यदि किसी दोलक का आयाम छोटा न हो, तो आवर्तकाल का मान $2\pi\sqrt{l/g}$ से कम होगा या अधिक?*
2. *एक दोलक घड़ी भूमध्य रेखा पर सही समय दर्शाती है। यह ध्रुवों पर धीमी चलेगी या तेज?*
3. *क्या पृथ्वी के उपग्रह में दोलक घड़ी प्रयुक्त की जा सकती है?*
4. *एक खोखले गोले में पानी भरकर दोलक का बॉब बनाया गया है। मान लें कि निलंबन-बिंदु एवं बॉब के द्रव्यमान केंद्र के बीच दूरी l है तथा इस दोलक का आवर्तकाल $T = 2\pi\sqrt{l/g}$ से मिलता है। यदि बॉब से पानी धीरे-धीरे बाहर निकल रहा हो, तो आवर्तकाल किस प्रकार परिवर्तित होगा?*
5. *यदि सरल दोलक की डोरी का भार नगण्य न हो, तो आवर्तकाल पर क्या असर होगा?*

• सटीक उत्तरवाले प्रश्न I •

सही उत्तर का चयन करें।

1. सही समय दिखानेवाली एक दोलक घड़ी ऊँचे पहाड़ पर ले जाई जाती है। निम्नांकित में कौन सही है?
   (a) यह सही समय दिखाएगी।
   (b) सही समय दिखाने के लिए इसकी लंबाई बढ़ानी पड़ेगी।
   (c) सही समय दिखाने के लिए इसकी लंबाई कम करनी पड़ेगी।
   (d) लंबाई में परिवर्तन करने पर भी यह सही समय नहीं दिखाएगी।
2. यदि पृथ्वी पर सही समय से चलनेवाली दोलक घड़ी चंद्रमा पर ले जाई जाए, तो वह
   (a) सही दर से चलेगी। (b) 6 गुना तेज चलेगी।
   (c) $\sqrt{6}$ गुना तेज चलेगी। (d) $\sqrt{6}$ गुना धीमी चलेगी।
3. एक सरल दोलक को एक बॉक्स में लगे हुक से लटकाया गया है। बॉक्स को किसी ऊँचाई पर ले जाया जाता है तथा दोलक को छोटे आयाम के साथ दोलन करने दिया जाता है। जब बॉब अपने दोलन के निम्नतम बिंदु पर आता है तो बॉक्स को छोड़ दिया जाता है जिससे वह मुक्त रूप से गिरने लगता है। बॉक्स के फ्रेम से देखने पर इस काल में बॉब
   (a) पहले की भाँति ही दोलन करता रहता है।
   (b) रुक जाता है।
   (c) वृत्ताकार पथ पर गति करता है।
   (d) सरल रेखा के अनुदिश गति करता है।
4. कोणीय सरल आवर्त गति करते एक कण का कोणीय आयाम θ_0 तथा कोणीय आवृत्ति ω है, तो
   (a) $\omega = \frac{\theta_0}{t}$
   (b) $\omega = \frac{d\theta_0}{dt}$
   (c) ω तथा θ_0 एक-दूसरे से स्वतंत्र हैं
   (d) $\theta_0 = \frac{1}{\omega}$
5. सरल दोलक में धागे की लंबाई की तुलना में दोलक के बॉब का व्यास होना चाहिए
   (a) बहुत कम (b) बहुत ज्यादा
   (c) थोड़ा कम (d) थोड़ा ज्यादा
6. यदि एक सरल दोलक के बॉब के व्यास को दुगुना कर दिया जाए, तो आवर्तकाल
   (a) दुगुना हो जाएगा (b) आधा हो जाएगा
   (c) $\sqrt{2}$ गुना हो जाएगा (d) इनमें कोई नहीं
7. समीकरण $T = 2\pi\sqrt{\frac{I}{mgl}}$ से आवर्तकाल मिलता है
   (a) मरोड़ी दोलक का (b) स्प्रिंग द्रव्यमान संहति का
   (c) सरल दोलक का (d) भौतिक दोलक का
8. एकसमान घनत्व वाली एक पतली छड़ एक किनारे के परितः छोटे दोलन करती हैं। इसका आवर्तकाल T_0 है। यदि दोगुनी लंबाई की ऐसी ही छड़ को दोलन करने दें, तो आवर्तकाल होगा
   (a) T_0 (b) $2T_0$
   (c) $T_0\sqrt{2}$ (d) $\frac{T_0}{\sqrt{2}}$

• सटीक उत्तरवाले प्रश्न II •

सही उत्तर (उत्तरों) का चयन करें।

1. एक वृत्ताकार पथ पर एक कण नियत चाल से चल रहा है। इसकी गति है
   (a) आवर्ती (periodic) (b) दोलनी (oscillatory)
   (c) सरल आवर्ती (d) कोणीय सरल आवर्ती
2. एक डोरी के एक सिरे पर एक कण चिपकाया गया है तथा डोरी के दूसरे सिरे को स्थिर रखते हुए इसे ऊर्ध्वाधर वृत्त में घुमाया जाता है। कण की गति है
   (a) आवर्ती (b) दोलनी
   (c) सरल आवर्ती (d) कोणीय सरल आवर्ती
3. वृत्ताकार पथ पर एक कण निरंतर बढ़ती हुई चाल से चल रहा है। इसकी गति है
   (a) आवर्ती (b) दोलनी
   (c) सरल आवर्ती (d) इनमें कोई नहीं
4. मरोड़ी दोलक की गति होती है
   (a) आवर्त गति (b) दोलनी गति
   (c) सरल आवर्त गति (d) कोणीय सरल आवर्त गति
5. एक वस्तु विरामावस्था से गिराई जाती है। h दूरी तक गिरने में लगा समय तथा इसी दूरी तक गिरने पर प्राप्त चाल का मापन एक दोलक घड़ी द्वारा किया जाता है। यदि संपूर्ण उपकरणों को चाँद पर ले जाएँ तथा इन प्रयोगों को दोहराया जाए, तो
   (a) मापे गए समय समान होंगे।
   (b) मापी गई चालें समान होंगी।
   (c) गिरने में लगे वास्तविक समय समान होंगे।
   (d) h दूरी गिरने पर वास्तविक चालें समान होंगी।
6. चंद्रमा पर ले जाने पर निम्नांकित में किसके आवर्तकाल बदल जाएँगे?
   (a) सरल दोलक (b) भौतिक दोलक
   (c) मरोड़ी दोलक (d) स्प्रिंग-द्रव्यमान निकाय
7. कोणीय सरल आवर्त गति में समय के साथ बदलने वाली राशि हैं
   (a) कोणीय स्थिति (b) कोणीय चाल
   (c) कोणीय त्वरण (d) कोणीय आयाम
8. कोणीय सरल आवर्त गति में कुल ऊर्जा निर्भर करती है
   (a) समय पर (b) कोणीय आयाम पर
   (c) कोणीय आवृत्ति पर (d) जड़त्व आघूर्ण पर

• अभ्यास के प्रश्न •

1. जिस दोलक का आवर्तकाल 2 सेकंड हो, तो उसे सेकंड दोलक कहते हैं। पहले के जमाने में बहुत-सी घड़ियाँ इसी प्रकार के दोलकों से बनती थी। यदि g का मान $\pi^2 m/s^2$ हो, तो सेकंड दोलक की लंबाई निकालें।
2. एक सरल दोलक के धागे का ऊर्ध्वाधर से कोण θ, समीकरण $\theta = \frac{\pi}{90} \sin[(\pi\, s^{-1})\, t]$ से दिया जाता है। यदि g का मान $\pi^2 m/s^2$ हो, तो दोलक की लंबाई निकालें।
3. एक दोलक घड़ी के बॉब का आवर्तकाल 2.04 s है। यह घड़ी 24 घंटे में कितनी तेज या कितनी धीमी चलेगी?
4. एक दोलक घड़ी उस स्थान के लिए बनी है, जहाँ $g = 9.800\ m/s^2$ है। जब इसे एक दूसरे स्थान पर ले जाया जाता है, तब यह 24 घंटे में 24 सेकंड धीमी चलती है। इस स्थान पर g का मान निकालें।
5. 5.0 m लंबी डोरी से एक भारी वस्तु को बाँधकर एक दोलक बनाया गया है और इसे छोटे आयाम के साथ दोलन कराया जाता है। (a) प्रतिसेकंड यह कितने दोलन करेगा? (b) यदि यह दोलक चंद्रमा पर ले जाया जाए जहाँ गुरुत्व-जनित त्वरण (g) 1.67 m/s^2 है, तो वहाँ आवृत्ति कितनी होगी?
6. एक दोलन करते सरल दोलक के धागे का अधिकतम तनाव इसके न्यूनतम तनाव का दोगुना है। इसका कोणीय आयाम निकालें।
7. एक छोटा ब्लॉक एक चिकनी अवतल सतह पर फिसलता हुआ छोटे आयाम के साथ दोलन कर रहा है। इस सतह की वक्रता त्रिज्या R है (चित्र 22.E1)। इस दोलन के आवर्तकाल के बराबर आवर्तकाल वाले सरल दोलक की लंबाई निकालें।

चित्र 22.E1

8. एक गोलाकार बॉल का द्रव्यमान m तथा त्रिज्या r है। यह एक घर्षणयुक्त अवतल सतह पर लोटन गति (rolling) करता हुआ दोलन कर रहा है। इस अवतल सतह की वक्रता त्रिज्या R है ($R >> r$)। दोलन का कोणीय आयाम बहुत छोटा है। इस दोलन का आवर्तकाल निकालें।
9. 40 cm लंबी डोरी से बना एक सरल दोलक एक गहरी खदान में ले जाया गया है। सिर्फ प्रश्न को हल करने के लिए मान लें कि खदान की गहराई 1600 km है तथा धरती एकसमान घनत्व का गोला है। यहाँ इस सरल दोलक का आवर्तकाल निकालें। धरती की त्रिज्या = 6400 km.
10. लंबाई L का एक सरल दोलक एक लिफ्ट की छत से लटकाया गया है। इस दोलक के छोटे आयाम के दोलन का आवर्तकाल निकालें, यदि लिफ्ट (a) ऊपर की ओर a_0 त्वरण से चल रही हो, (b) नीचे की ओर a_0 त्वरण से चल रही हो, (c) एकसमान वेग से चल रही हो।
11. एक लिफ्ट की छत से 1 फुट लंबा एक सरल दोलक लटका है। जब उसे दोलन कराया जाता है तो उसका आवर्तकाल $\pi/3$ सेकंड होता है। लिफ्ट का त्वरण निकालें।
12. एकसमान वेग से एक क्षैतिज सड़क पर चलती हुई एक कार की छत से लटका हुआ एक सरल दोलक 4.00 सेकंड के आवर्तकाल से दोलन करता है। जब कार को एक त्वरण दिया जाता है, तो आवर्तकाल 3.99 सेकंड हो जाता है। कार के त्वरण का मान निकालें। आवश्यकतानुसार धारणाएँ (assumptions) मानें।

13. एक वृत्ताकार पथ पर एकसमान चाल v से चलती हुई एक कार की छत से l लंबाई का एक सरल दोलक लटका हुआ है। पथ की त्रिज्या r है। दोलक को छोटे आयाम के साथ दोलन कराया जाता है। (a) जिस क्षण कार के फ्रेम में बॉब विरामावस्था में आता है उस क्षण डोरी में तनाव निकालें। (b) दोलन का आवर्तकाल निकालें।
14. एक महिला के कान की बाली 3 cm लंबे नगण्य भार वाले तार में एक भारी मोती लगाकर बनी है (चित्र 22.E2)। (a) यदि महिला स्थिर खड़ी हो, तो इस बाली के दोलन का आवर्तकाल निकालें। (b) यह महिला 2 m त्रिज्या के क्षैतिज वृत्त में 4 m/s की चाल से चलती हुई कुर्सी में बैठ जाती है। यदि बाली को यहाँ दोलन कराया जाए तो उसका आवर्तकाल निकालें।

चित्र 22.E2

15. निम्नलिखित संहतियों के छोटे दोलन के लिए आवर्तकाल निकालें। (a) एक मीटर-स्केल जिसके 20 cm पर के बिंदु पर छेद कर उसे लटकाया हुआ है। (b) द्रव्यमान m तथा त्रिज्या r की एक रिंग जो परिधि के एक बिंदु से लटकाई हुई है। (c) भुजा a वाला एकसमान वर्गाकार प्लेट जिसे एक कोने पर लटकाया गया है। (d) द्रव्यमान m तथा त्रिज्या r का एक वृत्ताकार डिस्क जिसे केंद्र से $r/2$ दूरी के एक बिंदु से लटकाया गया है।
16. l लंबाई की एकसमान छड़ अपने एक किनारे से लटकाई गई है और इसे छोटे दोलन दिए जाते हैं। उस सरल दोलक की लंबाई निकालें जिसका आवर्तकाल इस छड़ के आवर्तकाल के बराबर हो।
17. त्रिज्या r वाले एक समरूप डिस्क में एक छेद कर इसे एक कील पर लटकाना है। केंद्र से कितनी दूरी पर यह छेद किया जाए ताकि डिस्क के छोटे दोलनों का आवर्तकाल न्यूनतम हो? यह न्यूनतम आवर्तकाल कितना होगा?
18. 2 cm त्रिज्या के एक समरूप खोखले गोले को 18 cm लंबी डोरी से बाँधकर इसे छोटे दोलन दिए जाते हैं। इसका आवर्तकाल निकालें। यदि सरल दोलक के सूत्र से आवर्तकाल निकालें, तो वास्तविक आवर्तकाल उससे कितने प्रतिशत कम या अधिक होगा?
19. एक वृत्ताकार रिंग दीवार में लगी एक कील से लटक रही है। एक ओर 2° कोण से विस्थापित कर छोड़ देने पर यह 2 s आवर्तकाल के साथ दोलन करती है। ज्ञात करें—(a) रिंग की त्रिज्या, (b) लटकन-बिंदु से अधिकतम दूरी पर के बिंदु की चाल जब वह अपने पथ के मध्यबिंदु से गुजर रहा हो, (c) इसी क्षण पर इस बिंदु का त्वरण तथा (d) इस बिंदु का त्वरण जब यह अपने पथ के एक किनारे पर हो।
20. एक ऊर्ध्वाधर स्प्रिंग से एक गुटका लटकाया गया है जो संतुलन में है। संतुलन की अवस्था में स्प्रिंग की लंबाई अपनी स्वाभाविक लंबाई से l_0 अधिक है। दिखाएँ कि l_0 लंबाई के सरल दोलब की आवृति इस गुटके के दोलन की आवृत्ति के बराबर है।
21. एक समरूप डिस्क के केंद्र से एक तार बाँधकर इसे किसी बिंदु से लटकाया गया है। डिस्क की त्रिज्या r तथा द्रव्यमान m है और यह क्षैतिज तल में रहती है। इसे मरोड़ी दोलन (torsional oscillations) देने पर इसका आवर्तकाल T होता है। तार का मरोड़ी स्थिरांक निकालें।
22. दो छोटे गोले, जिनमें से प्रत्येक का द्रव्यमान m है, L लंबाई की एक नगण्य भार वाली छड़ के किनारों पर जुड़े हुए हैं। यह संहति अपने मध्यबिंदु से एक पतले तार द्वारा लटकाई गई है जिसका मरोड़ी स्थिरांक k है (चित्र 22.E3)। छड़ को तार के परितः θ_0 कोण से घुमाकर छोड़ दिया गया है। छड़ पर किसी एक गोले द्वारा लगाए गए बल का परिमाण निकालें जब संहति अपनी मध्यस्थिति से गुजर रही हो।

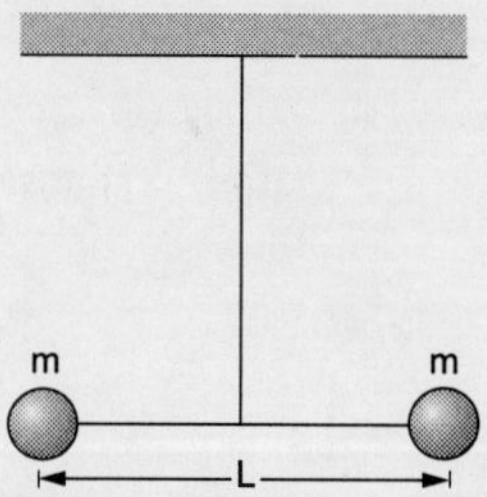

चित्र 22.E3

• उत्तर •

सटीक उत्तरवाले प्रश्न I

1. (c) **2.** (c) **3.** (c) **4.** (c)
5. (a) **6.** (d) **7.** (d) **8.** (c)

सटीक उत्तरवाले प्रश्न II

1. (a) **2.** (a) **3.** (d) **4.** (a), (b), (d)
5. (a), (b) **6.** (a), (b), (d) **7.** (a), (b), (c) **8.** (b), (c), (d)

अभ्यास के प्रश्न

1. 1 m **2.** 1 m **3.** 28.3 मिनट धीमी

4. 9.795 m/s^2 **5.** (a) $\frac{0.70}{\pi}$ (b) $\frac{1}{2\pi\sqrt{3}}$ Hz **6.** $\cos^{-1}\left(\frac{3}{4}\right)$

7. $2\pi\sqrt{\frac{R}{g}}$ **8.** $2\pi\sqrt{\frac{7(R-r)}{5g}}$ **9.** 1.47 s

10. (a) $2\pi\sqrt{\frac{l}{g+a_0}}$ (b) $2\pi\sqrt{\frac{l}{g-a_0}}$ (c) $2\pi\sqrt{\frac{l}{g}}$

11. 4 feet/s^2 ऊपर की ओर **12.** $\frac{g}{10}$

13. (a) ma (b) $2\pi\sqrt{\frac{l}{a}}$, जहाँ $a=\left[g^2+\frac{v^4}{r^2}\right]^{1/2}$

14. (a) 0.34 s (b) 0.30 s

15. (a) 1.51 s (b) $2\pi\sqrt{\frac{2r}{g}}$ (c) $2\pi\sqrt{\frac{\sqrt{8}a}{3g}}$ (d) $2\pi\sqrt{\frac{3r}{2g}}$

16. $\frac{2l}{3}$ **17.** $\frac{r}{\sqrt{2}}$, $2\pi\sqrt{\frac{r\sqrt{2}}{2g}}$

18. 0.89 s, लगभग 0.3% अधिक

19. (a) 50 cm (b) 11 cm s^{-1}

(c) 1.2 cm/s^2 लटकन बिंदु की ओर

(d) 34 cm/s^2 मध्यस्थिति की ओर

21. $\frac{2\pi^2 mr^2}{T^2}$ **22.** $\left[\frac{k^2\theta_0^4}{L^2}+m^2g^2\right]^{1/2}$

❑

अध्याय 23

सरल आवर्त गति पर आधारित अन्य गतियाँ

23.1 एक सरल रेखा पर समान आवृत्ति वाली दो सरल आवर्त गतियों का संयोजन

एक सरल रेखा पर चलनेवाली कोई वस्तु सरल आवर्त गति करती है जब उसपर एक परिणामी बल F लगता है जो किसी निश्चित बिंदु से उसके विस्थापन के समानुपाती होता है और उस बिंदु की ओर लगता है।

यदि किसी वस्तु पर दो बल F_1 और F_2 लग रहे हों तथा F_1 और F_2 दोनों बल उपर्युक्त शर्तों को पूरा करते हों, तब वस्तु की गति दो सरल आवर्त गतियों का संयोजन कहलाती है।

मान लें कि किसी कण पर दो बल कार्य कर रहे हैं। एक के कारण उसका विस्थापन $x_1 = A_1 \sin \omega t$ तथा दूसरे के कारण उसका विस्थापन $x_2 = A_2 \sin(\omega t + \delta)$ है। यह भी मान लें कि वस्तु का कुल विस्थापन x, दोनों विस्थापनों x_1 तथा x_2 के जोड़ के बराबर हैं। अतः,

$$x = A_1 \sin \omega t + A_2 \sin(\omega t + \delta). \qquad \text{... (i)}$$

यहाँ हम मान रहे हैं कि दोनों विस्थापनों, x_1 तथा x_2 की आवृत्ति समान हैं। इनके आयाम A_1 तथा A_2 अलग-अलग हो सकते हैं तथा कला (phase) के कोण भी अलग-अलग हो सकते हैं। इसलिए हमने कला नियतांक का मान x_1 के लिए शून्य लिया है और x_2 के लिए δ लिया है।

क्या यह सरल आवर्त गति होगी? यदि होगी तो क्या आयाम $A_1 + A_2$ के बराबर होगा या δ पर निर्भर करेगा?

समीकरण (i) के दोनों पदों को जोड़ने के लिए आप त्रिकोणमिति के सूत्रों का प्रयोग कर सकते हैं।

$$\begin{aligned} x &= A_1 \sin \omega t + A_2(\sin \omega t \cos \delta + \cos \omega t \sin \delta) \\ &= (A_1 + A_2 \cos \delta) \sin \omega t + (A_2 \sin \delta) \cos \omega t \\ &= C \sin \omega t + D \cos \omega t, \end{aligned}$$

जहाँ $C = A_1 + A_2 \cos \delta$ तथा $D = A_2 \sin \delta$.

$$x = \sqrt{C^2 + D^2}\left[\frac{C}{\sqrt{C^2+D^2}} \sin \omega t + \frac{D}{\sqrt{C^2+D^2}} \cos \omega t\right]$$

$$= A\left[\frac{C}{A} \sin \omega t + \frac{D}{A} \cos \omega t\right],$$

जहाँ $A = \sqrt{C^2 + D^2}$.

अब $\left(\frac{C}{A}\right)^2 + \left(\frac{D}{A}\right)^2 = 1.$

अतः, O से 2π के बीच आपको एक कोण $\in$ जरूर मिल जाएगा जिसके लिए

$$\frac{C}{A} = \cos \in \quad \text{तथा} \quad \frac{D}{A} = \sin \in$$

या $\quad \tan \in = \frac{D}{C}.$

तब $\quad x = A[\sin \omega t \cos \in + \cos \omega t \sin \in]$

$$= A \sin(\omega t + \in).$$

अर्थात, कण की परिणामी गति उसी आवृत्ति के साथ सरल आवर्त गति होगी। इस गति का आयाम A होगा तथा इसका कला कोण $\in$ होगा।

आयाम

$$\begin{aligned} A &= \sqrt{C^2 + D^2} = \sqrt{(A_1 + A_2 \cos \delta)^2 + (A_2 \sin \delta)^2} \\ &= \sqrt{A_1^2 + A_2^2 + 2A_1A_2 \cos \delta}. \qquad \text{... (23.1)} \end{aligned}$$

यदि $\delta = 0$, तो $A = A_1 + A_2$.

यदि $\delta = \pi$, तो $A = |A_1 - A_2|$.

δ के अन्य मानों के लिए परिणामी आयाम $|A_1 - A_2|$ से $A_1 + A_2$ के बीच ही होगा।

कला कोण

$$\tan \in = \frac{D}{C} = \frac{A_2 \sin \delta}{A_1 + A_2 \cos \delta}. \qquad \text{... (23.2)}$$

आयामों के संबंधों, समीकरण (23.1) तथा (23.2) को देखकर आपको वेक्टरों के जोड़ने के समानांतर चतुर्भुज नियम की याद आ रही होगी। x_1 के आयाम A_1 के बराबर एक वेक्टर खींचें तथा उसी बिंदु से x_2 के आयाम A_2 के बराबर का दूसरा वेक्टर खींचें, जो A_1 वाले वेक्टर से δ कोण बनाता हो। अर्थात, हम सरल आवर्त गति के आयाम को एक वेक्टर से दिखा रहे हैं जिसका परिमाण आयाम के

बराबर है तथा जिसकी दिशा उस सरल आवर्त गति के कला कोण पर निर्भर करती है। ऐसा मत सोचें कि आयाम एक वेक्टर राशि है। हमने आयाम के संगत एक वेक्टर बनाया है। इन वेक्टरों का परिणामी ही परिणामी गति x के आयाम को दिखाएगा। इस परिणामी वेक्टर की दिशा A_1 वाले वेक्टर से $\in$ कोण बनाएगी (चित्र 23.1)।

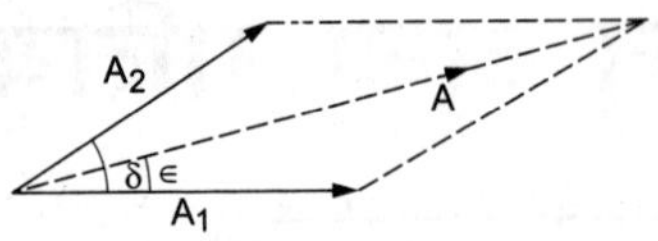

चित्र 23.1

अभ्यास 23.1

एक कण को दो विस्थापन दिए गए हैं जिनके समीकरण $x_1 = A\cos\omega t$ तथा $x_2 = 2A\cos(\omega t + \pi/3)$ है। इनके परिणामी विस्थापन का समीकरण निकालें।

हल परिणामी विस्थापन $x = A'\cos(\omega t + \in)$ होगा, जहाँ

$$A' = \sqrt{(A)^2 + (2A)^2 + 2(A)(2A)\cos\frac{\pi}{3}} = \sqrt{7}A$$

$$\text{तथा } \tan \in = \frac{2A\sin\left(\frac{\pi}{3}\right)}{A + 2A\cos\left(\frac{\pi}{3}\right)} = \frac{\sqrt{3}}{2}.$$

$$\text{अतः, } x = \sqrt{7}A\cos\left[\omega t + \tan^{-1}\left(\frac{\sqrt{3}}{2}\right)\right].$$

23.2 एक सरल रेखा पर असमान आवृत्ति वाली दो सरल आवर्त गतियों का संयोजन

मान लें कि एक कण को एकसाथ दो विस्थापन x_1 तथा x_2 दिए जाते हैं जो एक ही रेखा पर हैं। यह भी मान लें कि x_1 तथा x_2 सरल आवर्त गतियों को निरूपित करते हैं जिनके आयाम तो बराबर हैं, पर आवृत्तियाँ अलग-अलग हैं।

$$x_1 = A\sin\omega_1 t$$

$$\text{तथा } x_2 = A\sin\omega_2 t.$$

अतः, कण का परिणामी विस्थापन,

$$x = x_1 + x_2 = A[\sin\omega_1 t + \sin\omega_2 t]$$

$$= 2A\sin\frac{\omega_1 + \omega_2}{2}t\cos\frac{\omega_1 - \omega_2}{2}t$$

$$= A_1(t)\cdot A_2(t), \qquad \text{... (23.3)}$$

जहाँ $A_1(t) = 2A\sin\frac{\omega_1 + \omega_2}{2}t$ तथा $A_2(t) = \cos\frac{\omega_1 - \omega_2}{2}t$.

समय के सापेक्ष x का यह परिवर्तन कैसा होगा? कण की गति कैसी दिखेगी? मान लें कि ω_1 तथा ω_2 में बहुत अंतर नहीं है, अर्थात $\frac{\omega_1 - \omega_2}{2} << \frac{\omega_1 + \omega_2}{2}$.

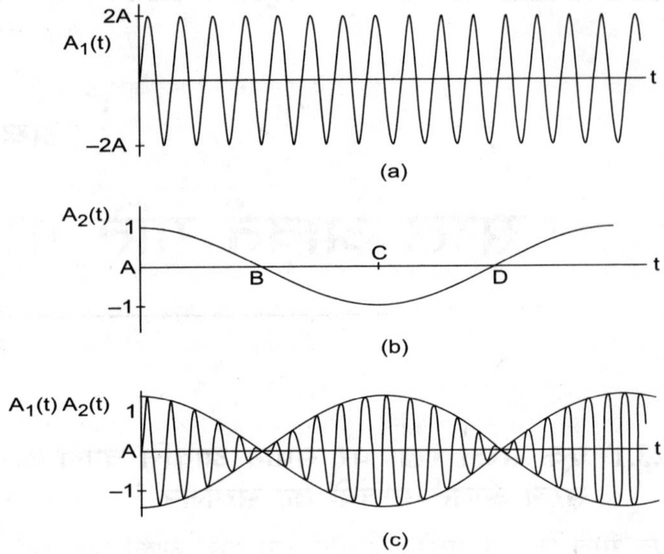

चित्र 23.2

x के परिवर्तन को समझने के लिए हमने चित्र 23.2(a) तथा 23.2(b) में t के सापेक्ष $A_1(t)$ तथा $A_2(t)$ के अलग-अलग ग्राफ दिखाए हैं। $A_1(t)\,A_2(t)$ का ग्राफ चित्र 23.2(c) में दिखाया है। पहले $A_2(t)$ के ग्राफ में A से B तक के हिस्से पर विचार करें। A के पास के क्षेत्र में $A_2(t)$ का मान 1 के आसपास है। अतः, $A_1(t)$ तथा $A_2(t)$ गुणनफल लगभग वैसा ही होगा जैसा कि $A_1(t)$ है। जैसे-जैसे t का मान बढ़ाएँगे, $A_2(t)$ का मान 1 से कम होता जाएगा तथा $A_1(t)\,A_2(t)$ का अधिकतम मान $2A$ से कम होता जाएगा। B के पास के क्षेत्र में $A_2(t)$ का मान शून्य के करीब हो रहा है, इसलिए $A_1(t)\,A_2(t)$ का अधिकतम मान भी बहुत कम हो जाएगा। इसी प्रकार B से C तक जाने में $A_1(t)\,A_2(t)$ का अधिकतम मान धीरे-धीरे बढ़ता जाएगा और C के पास यह पुनः $2A$ के लगभग बराबर हो जाएगा। $A_2(t)$ के ऋणात्मक होने के कारण जहाँ $A_1(t)$ का मान अधिकतम है वहाँ $A_2(t)$ का मान न्यूनतम होगा। इसी के अनुसार आप $A_1(t)\,A_2(t)$ के पूरे ग्राफ की रचना कर सकते हैं।

इस कण की गति सरल आवर्त गति जैसी लगेगी जिसका आयाम समय के साथ घटता-बढ़ता रहता है। यदि ω_1 तथा ω_2 एक दूसरे से बहुत अलग न हों, तो आयाम का यह परिवर्तन धीरे-धीरे होगा। पर, यदि ω_1 तथा ω_2 में काफी अंतर हो, तो यह परिवर्तन भी जल्दी-जल्दी होगा।

चित्र 23.2(b) तथा 23.2(c) से आप देख सकते हैं कि परिणामी गति का आयाम अधिकतम तब होता है जब $A_2(t)$ का मान अधिकतम या न्यूनतम होता है। जितने समय में $A_2(t)$ का आधा आवर्त पूरा होता है, परिणामी गति का आयाम अधिकतम से पुनः अधिकतम हो जाता है। अतः, आयाम बदलने की आवृत्ति $A_2(t)$ की आवृत्ति से दोगुनी होगी। परंतु, $A_2(t)$ की कोणीय आवृत्ति $\frac{\omega_1 - \omega_2}{2}$ है, अतः आयाम बदलने की कोणीय आवृत्ति $= \omega_1 - \omega_2$ तथा आवृत्ति $= \nu_1 - \nu_2$.

एक रोचक प्रयोग

एक हेक्सा ब्लेड को एक स्टैंड में एक किनारे पर जड़ दें ताकि ब्लेड ऊर्ध्वाधर दिशा में रहे। यदि आप दूसरे सिरे को एक ओर खींचकर छोड़ दें, तो यह काफी देर तक कंपन करता रहता है। ऐसे दो स्टैंड A तथा B तैयार करें। एक हेक्सा में एक टॉर्च बल्ब या LED फिक्स कर दें तथा दूसरे में एक उत्तल लेंस। एक बड़े स्क्रीन को उत्तल लेंस के दूसरी ओर रखें। दूरियाँ इस प्रकार व्यवस्थित करें कि बल्ब का प्रतिबिंब स्क्रीन पर बने। लेंस को एक ओर थोड़ा-सा खींचकर छोड़ दें। लेंस लगभग सरल आवर्त गति करने लगेगा। स्क्रीन पर बने प्रतिबिंब को देखें।

यह भी उसी आवृत्ति से लगभग सरल आवर्त गति करेगा। इस गति की दिशा लेंस के कंपन की दिशा पर निर्भर करेगी।

अब लेंस को स्थिर कर दें और बल्ब को एक ओर थोड़ा-सा खींचकर छोड़ दें। बल्ब लगभग सरल आवर्त गति करेगा। स्क्रीन पर बनता प्रतिबिंब भी इसी आवृत्ति से लगभग सरल आवर्त गति करेगा। इस गति की दिशा बल्ब के कंपन की दिशा पर निर्भर करेगी।

आप हेक्सा ब्लेडों को इस प्रकार रखें कि दोनों स्थितियों में प्रतिबिंब का कंपन एक ही रेखा के अनुदिश हो। हेक्सा ब्लेड के कंपन की आवृत्ति उसकी लंबाई, द्रव्यमान, प्रत्यास्थता गुणांक आदि के साथ उससे जुड़े बल्ब या लेंस के द्रव्यमान पर निर्भर करेगी। सामान्यतः जब आप यह सारी व्यवस्था करेंगे तो दोनों कंपनों की आवृत्तियों में अंतर होगा।

अब आप दोनों हेक्सा ब्लेडों को एक साथ कंपन करा दें। अब प्रतिबिंब को दोनों सरल आवर्त गतियाँ एकसाथ मिल रही हैं। आप स्क्रीन पर प्रतिबिंब की गति को देखें। आप सेक्शन 23.2 में बताए अनुसार इस गति को पाएँगे। प्रतिबिंब कंपन करेगा, पर उसका आयाम कम होता हुआ न्यूनतम पर पहुँच जाएगा तथा फिर बढ़ता हुआ अधिकतम हो जाएगा। ऐसा ही लगातार कुछ देर तक होता रहेगा। धीरे-धीरे ब्लेडों के कंपन भी बंद हो जाएँगे और प्रतिबिंब भी रुक जाएगा।

आप दोनों ब्लेडों की लंबाइयों तथा दोनों की आवृत्तियों को बदल सकते हैं। फिर, दोनों ब्लेडों को विभिन्न दिशाओं में और विभिन्न प्रकार से कंपन कराकर अन्य कई स्थितियों को प्राप्त कर सकते हैं।

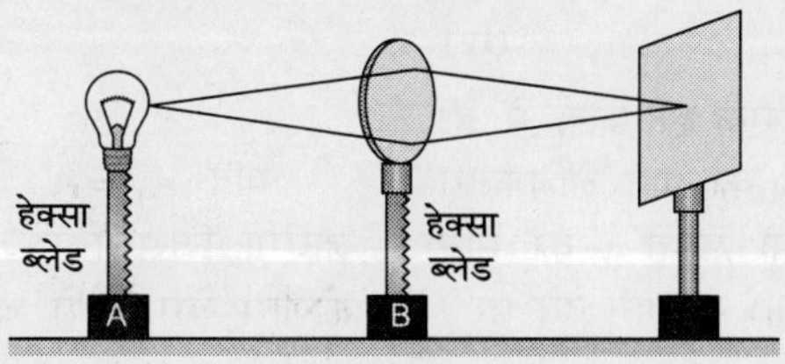

चित्र 23.3

23.3 लंब दिशाओं में समान आवृत्ति वाली दो सरल आवर्त गतियों का संयोजन

मान लें कि कण को एक साथ x-दिशा में तथा y-दिशा में सरल आवर्त गति करने के लिए बाध्य किया गया है। यह भी मान लें कि x-दिशा में उसकी गति,

$$x = A_1 \sin \omega t \qquad \text{... (i)}$$

तथा y-दिशा में उसकी गति

$$y = A_2 \sin(\omega t + \delta) \qquad \text{... (ii)}$$

है। x तथा y दिशाओं में कण की गतियों की आवृत्तियाँ समान ली गई हैं, पर आयाम अलग-अलग हो सकते हैं।

कण की गति xy-तल में होगी तथा समीकरण (i) और (ii), t समय पर उसके निर्देशांक बताएँगे। सबसे पहले हम आपको इस कण के पथ से परिचित कराएँगे। पथ का समीकरण प्राप्त करने के लिए समीकरण (i) तथा (ii) से t को विलुप्त कर x तथा y में संबंध स्थापित करना होगा।

समीकरण (i) से, $\sin \omega t = \dfrac{x}{A_1}\cdot$

अतः, $\cos \omega t = \sqrt{1 - \dfrac{x^2}{A_1^2}}\cdot$

इस मान को समीकरण (ii) में रखने पर,

$$y = A_2[\sin \omega t \cos \delta + \cos \omega t \sin \delta]$$

$$= A_2\left[\frac{x}{A_1}\cos\delta + \sqrt{1 - \frac{x^2}{A_1^2}}\sin\delta\right]$$

या $$\left(\frac{y}{A_2} - \frac{x}{A_1}\cos\delta\right)^2 = \left(1 - \frac{x^2}{A_1^2}\right)\sin^2\delta$$

या $$\frac{y^2}{{A_2}^2} - \frac{2xy}{A_1A_2}\cos\delta + \frac{x^2}{A_1^2}\cos^2\delta = \sin^2\delta - \frac{x^2}{A_1^2}\sin^2\delta$$

या $$\frac{x^2}{{A_1}^2} + \frac{y^2}{{A_2}^2} - \frac{2xy\cos\delta}{A_1A_2} = \sin^2\delta. \qquad \text{... (23.4)}$$

यह एक दीर्घवृत्त (ellipse) का समीकरण है। अतः, कण एक दीर्घवृत्त के पथ पर चलता है। समीकरण (i) से आप देख सकते हैं कि x का मान A_1 तथा $-A_1$ के बीच रहता है। समीकरण (ii) के अनुसार y का मान A_2 से $-A_2$ के बीच रहता है। अतः, यदि हम $x = \pm A_1$ तथा $y = \pm A_2$, ऐसी चार रेखाओं से एक आयत बनाएँ तो दीर्घवृत्त इसी आयत के अंदर रहेगा (चित्र 23.4)। यह दीर्घवृत्त इस आयत की चारों भुजाओं को स्पर्श करता हुआ स्थित होगा। कण इसी दीर्घवृत्त पर लगातार चलता रहेगा।

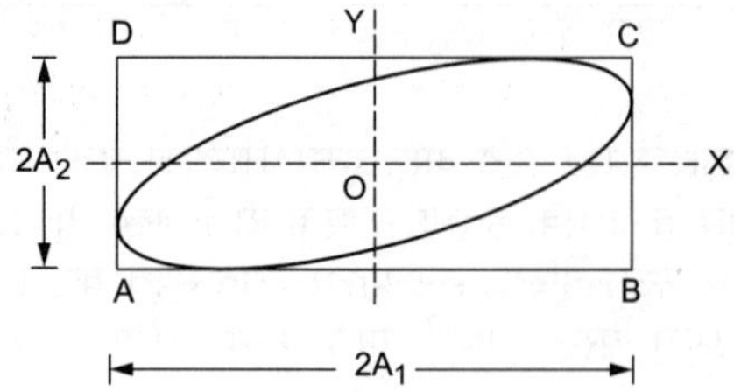

चित्र 23.4

इसके घूमने की दिशा वामावर्ती होगी या दक्षिणावर्ती?

मान लें कि δ का मान 0 से $\pi/2$ के बीच है। समय $t = 0$ पर $x = 0$ तथा y धनात्मक है। चित्र 23.4 में इस बिंदु को दीर्घवृत्त पर खोजें। अब थोड़े समय बाद $t = \delta t$ पर विचार करें। समीकरण (i) तथा (ii) से x तथा y, दोनों के मान थोड़े बढ़ जाएँगे। चित्र 23.4 में इस बिंदु को खोजें। $t = 0$ से $t = \delta t$ तक की गति को देखें तब आपको स्पष्ट हो जाएगा कि कण इस दीर्घवृत्त पर दक्षिणावर्ती दिशा में चल रहा है या वामावर्ती दिशा में।

(a) $\delta = 0$

इस स्थिति में,

$$x = A_1 \sin \omega t \qquad \text{... (iii)}$$

$$y = A_2 \sin \omega t. \qquad \text{... (iv)}$$

ऐसी स्थिति में दोनों सरल आवर्त गतियाँ एक ही कला में हैं। जब x का मान अधिकतम होता है उसी समय y का मान अधिकतम होता है। जब x का मान न्यूनतम होता है उसी समय y का मान न्यूनतम होता है। समीकरण (iv) में समीकरण (iii) से भाग देने पर

$$\frac{y}{x} = \frac{A_2}{A_1} \quad \text{या} \quad y = \frac{A_2}{A_1}x.$$

यह एक सरल रेखा का समीकरण है, अर्थात कण एक सरल रेखा पर चलता है। यह पथ भी $x = \pm A_1$, $y = \pm A_2$ द्वारा बने आयत में ही होगा। वस्तुतः, यह उस आयत का विकर्ण (diagonal) होगा (चित्र 23.5)। आप यह परिणाम समीकरण (23.4) से भी प्राप्त कर सकते हैं।

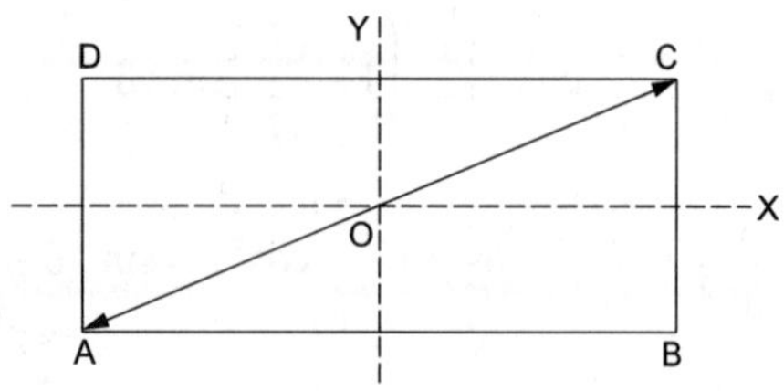

चित्र 23.5

यदि t समय पर मूलबिंदु से कण की दूरी r लिखी जाए,

$$r^2 = x^2 + y^2 = (A_1 \sin \omega t)^2 + (A_2 \sin \omega t)^2$$
$$= (A^2 + A_2^2) \sin^2 \omega t$$

या $\quad r = \sqrt{A_1^2 + A_2^2} \sin \omega t$

या $\quad r = A_0 \sin \omega t$, जहाँ $A_0 = \sqrt{A_1^2 + A_2^2}$.

अतः, कण इस सरल रेखा पर $\sqrt{A_1^2 + A_2^2}$ आयाम के साथ सरल आवर्त गति करेगा।

(b) $\delta = \dfrac{\pi}{2}$

यदि x तथा y दिशाओं की सरल आवर्त गतियों के बीच $\pi/2$ का कलांतर हो, तो इनके समीकरण होंगे,

$$x = A_1 \sin \omega t,$$
$$y = A_2 \sin\left(\omega t + \frac{\pi}{2}\right) = A_2 \cos \omega t.$$

अतः, $\quad \left(\dfrac{x}{A_1}\right)^2 + \left(\dfrac{y}{A_2}\right)^2 = 1.$

यह दीर्घवृत्त का समीकरण है जिसके अक्ष x तथा y अक्षों पर ही है (चित्र 23.6)। इस समीकरण के अनुसार यह कण दीर्घवृत्त पर दक्षिणावर्ती दिशा में चल रहा है।

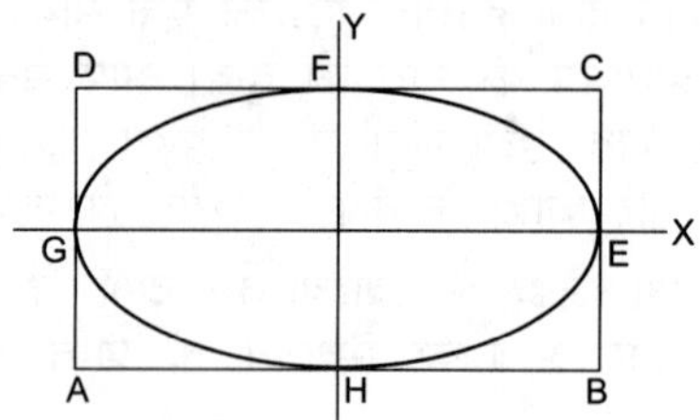

चित्र 23.6

यदि $A_1 = A_2 = A$ हो जाए, तो यही दीर्घवृत्त एक वृत्त हो जाएगा जिसकी त्रिज्या भी A होगी। कण इस वृत्त पर एकसमान कोणीय वेग ω से चलता रहेगा।

यह परिणाम रोचक तथा महत्त्वपूर्ण है। एकसमान कोणीय वेग से एक वृत्त पर चलते कण की गति को आप दो सरल आवर्त गतियों के संयोजन के रूप में देख सकते हैं। ये घटक गतियाँ दो परस्पर लंब व्यासों के अनुदिश होंगी और इसके आयाम बराबर होंगे।

(c) $\delta = \pi$

समीकरण (i) तथा (ii) में $\delta = \pi$ लेने पर,

$$x = A_1 \sin \omega t,$$
$$y = A_2 \sin(\omega t + \pi) = -A_2 \sin \omega t.$$

अतः, $\quad \dfrac{y}{x} = -\dfrac{A_2}{A_1} \quad$ या $\quad y = -\dfrac{A_2}{A_1}x.$

यह भी एक सरल रेखा का समीकरण है जो x-अक्ष से $\tan^{-1}\left(-\dfrac{A_2}{A_1}\right)$ का कोण बनाती है।

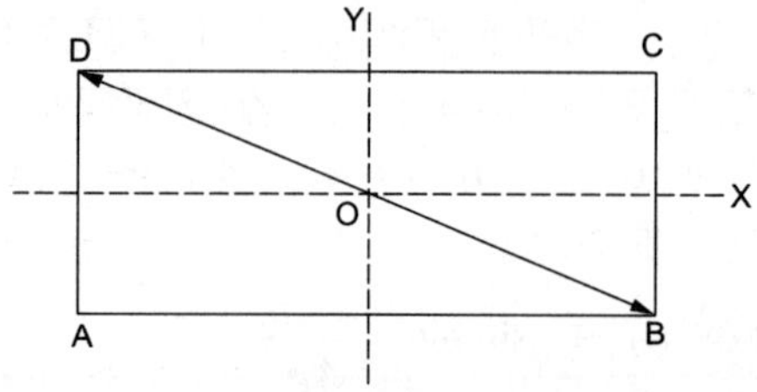

चित्र 23.7

यह रेखा आयत के दूसरे विकर्ण BD के अनुदिश है। कण इस विकर्ण के अनुदिश सरल आवर्त गति करता है।

(d) $\delta = \frac{3\pi}{2}$

ऐसी स्थिति में, $x = A_1 \sin \omega t,$

$$y = A_2 \sin\left(\omega t + \frac{3\pi}{2}\right) = -A_2 \cos \omega t.$$

इससे भी दीर्घवृत्त का वही समीकरण मिलता है

$$\left(\frac{x}{A_1}\right)^2 + \left(\frac{y}{A_2}\right)^2 = 1.$$

अतः, अभी भी कण उसी दीर्घवृत्त पर चलेगा और यदि $A_1 = A_2$ हो, तो यह वृत्ताकार पथ पर होगा।

$\delta = \pi/2$ तथा $\delta = 3\pi/2$ की स्थितियों में कण की गति में क्या अंतर है? कण का पथ तो वही है पर कण में घूमने की दिशा $\delta = 3\pi/2$ की स्थिति में वामावर्ती होगी। यदि आप $t = 0$ पर देखें तो $x = 0$ तथा $y = -A_2$ होगा। चित्र 23.6 में यह बिंदु H होगा। अब t को थोड़ा बढ़ाकर $t + \delta t$ लें। x का मान धनात्मक हो जाएगा, अर्थात कण H बिंदु से दाहिनी ओर बढ़ेगा। स्पष्ट है कि उसके घूमने की दिशा वामावर्ती है।

अभ्यास 23.2

एक कण को x- तथा y-अक्ष की दिशा में दो सरल आवर्त गतियाँ दी गई हैं जिनके संयोजन से वह एक वृत्ताकार पथ पर चल रहा है। x-अक्ष की गति में कितना अतिरिक्त कलांतर उत्पन्न किया जाए कि कण एक सरल रेखा पर आवर्त गति करे।

हल कण वृत्ताकार पथ पर चल रहा है। अतः x- तथा y-अक्ष की गतियों के बीच कलांतर $\pi/2$ होगा। कण सरल रेखा पर सरल आवर्त गति करेगा यदि इन दोनों गतियों के बीच कलांतर 0 या π हो। x-अक्ष की गति में $\pi/2$ अतिरिक्त कलांतर देने से यह स्थिति प्राप्त होगी।

23.4 अवमंदित आवर्त गति

हमने आपसे हेक्सा ब्लेड के कंपन की बात की थी। जब इसे एक ओर खींचकर छोड़ देते हैं तो इसका किनारा लगभग सरल आवर्त गति करने लगता है। पर, थोड़ी देर में यह गति रुक जाती है। पानी में तैरती वस्तु को थोड़ा-सा दबाकर छोड़ दें तब वह ऊपर-नीचे दोलन करने लगती है। परंतु, इसका आयाम धीरे-धीरे कम होता जाता है और कुछ समय बाद वस्तु रुक जाती है। एक दोलक को कंपन कराकर छोड़ दें। एक घंटे बाद आप उस दोलक को देखें तो शायद आप उसे रुका हुआ पाएँगे।

प्रायः जब हवा या अन्य किसी तरल पदार्थ में कोई वस्तु चलती है तो यह माध्यम वस्तु पर वेग की विपरीत दिशा में बल लगाता है। इस प्रकार के बल को हम मंदन बल (damping force) कहते हैं। माध्यम के अतिरिक्त अनेक कारणों से मंदन बल लग सकते हैं। मान लें कि किसी वस्तु पर $F = -kx$ बल (प्रत्यानयन बल या restoring force) के अतिरिक्त एक मंदन बल F_d लग रहा है। $F = -kx$ के कारण वस्तु सरल आवर्त गति करेगी, परंतु F_d के कारण उसका आयाम घटता जाएगा। ऐसी गति को हम अवमंदित आवर्त गति (damped harmonic motion) कहते हैं।

यदि कोई ठोस वस्तु किसी द्रव या गैस में धीमी गति से चलती है तो उसपर लगता मंदन बल वस्तु के वेग के समानुपाती होता है। यदि वस्तु एक सरल रेखा पर चल रही हो, तो हम मंदन बल को $F_d = -bv$ लिख सकते हैं जहाँ b एक धनात्मक राशि है। मंदनयुक्त सरल आवर्त गति करते कण के लिए कुल बल $F = -kx - bv$ लिखा जा सकता है।

अतः, $$m\frac{dv}{dt} = -kx - bv$$

या $$\frac{dv}{dt} = -\frac{k}{m}x - \frac{b}{m}v$$

या $$\frac{dv}{dt} = -\omega_0{}^2 x - \frac{b}{m}v.$$

इस समीकरण से x का व्यंजक प्राप्त करने के अपने तरीके हैं। प्रमुख रूप से जहाँ $-kx$ बल के कारण वस्तु कंपन करती है, $-bv$ बल के कारण इसका आयाम घटता जाता है। यदि मंदन बल का मान बहुत अधिक नहीं हो, तो वस्तु का विस्थापन

$$x = A_0 e^{-bt/2m} \sin(\omega' t + \delta) \qquad \text{... (23.5)}$$

के रूप में लिखा जा सकता है, जहाँ

$$\omega' = \sqrt{\frac{k}{m} - \left(\frac{b}{2m}\right)^2} = \sqrt{\omega_0{}^2 - \left(\frac{b}{2m}\right)^2}$$

है। यदि मंदन का बल नहीं होता, तो $\omega = \omega_0 = \sqrt{k/m}$ होता। मंदन बल के कारण वस्तु के कंपन की आवृत्ति में भी थोड़ा परिवर्तन आता है। A_0 तथा δ, गति के प्रारंभ करने की स्थिति पर निर्भर करते हैं। यह गति आवर्त गति जैसी है जिसका आयाम $A = A_0 e^{-bt/2m}$ है। जैसे-जैसे समय बीतता है आयाम घटता जाता है। यदि आप x का t के सापेक्ष ग्राफ खींचेंगे, तो वह चित्र 23.8 जैसा होगा।

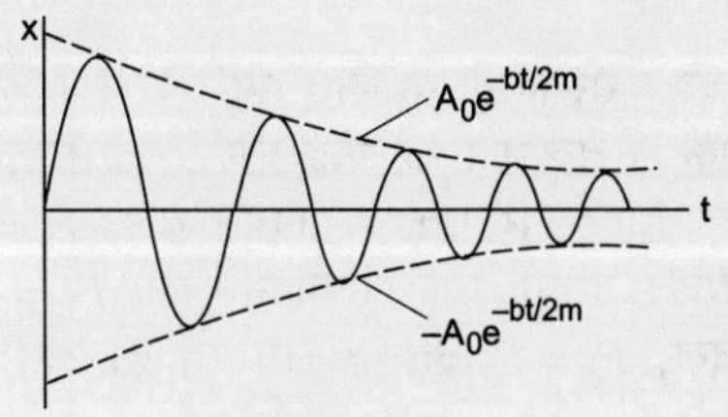

चित्र 23.8

प्रत्यानयन बल ($-kx$) संरक्षी (conservative) बल है परंतु मंदन बल ($-bv$) असंरक्षी (nonconservative) है। इस मंदन बल के कारण यांत्रिक ऊर्जा का निरंतर ह्रास होता जाता है और ऊर्जा आंतरिक ऊर्जा के रूप में परिवर्तित होती जाती है। इसलिए वस्तु के कंपन का आयाम घटता जाता है।

यदि मंदन का बल बहुत अधिक हो, तो ऐसा भी हो सकता है कि वस्तु दोलन करे ही नहीं। यदि उसे खींचकर एक ओर लाकर छोड़ दिया जाए, तो वह धीरे-धीरे सरककर साम्य अवस्था पर जाकर रुक जा सकती है। आपने कुछ स्प्रिंग वाले दरवाजों में इस प्रकार का व्यवहार देखा होगा जिसे खींचकर छोड़ने पर वह दोलन नहीं करता और एक बार में ही जाकर रुक जाता है।

अभ्यास 23.3

सरल आवर्त गति करते 10 g द्रव्यमान के एक कण पर $(-0.2\ \text{kg/s})v$ अवमंदन बल लगा है। कितने समय में इसका आयाम $(1/e)$ के गुणक (factor) से घट जाएगा?

हल आयाम $A = A_0 e^{-bt/2m}$.

यदि t_0 समय में आयाम $1/e$ के गुणक से घट जाए, तो

$$\frac{A_0}{e} = A_0 e^{-bt_0/2m}$$

अतः $e = e^{bt_0/2m}$

या $\dfrac{bt_0}{2m} = 1$ या $t_0 = \dfrac{2m}{b} = \dfrac{2\times10\times10^{-3}}{0.02}\ \text{s} = 1.0\ \text{s}.$

23.5 प्रणोदित दोलन एवं अनुनाद

छोटे बच्चे जब झूला झूलते हैं, तो कोई व्यक्ति एक ओर खड़ा होकर झूले को थोड़ी-थोड़ी देर पर धक्का देता रहता है। यदि वह धक्का देना छोड़ दे तो झूले का आयाम कम होता जाएगा और झूला कुछ समय बाद रुक जाएगा। व्यक्ति द्वारा लगाया जानेवाला बल भी आवर्ती है। जब झूला एक किनारे पर आता है तब उसे धक्का दिया जाता है। अर्थात, निश्चित समय अंतराल पर धक्के का बल लगाया जा रहा है।

झूले पर लगनेवाले बलों को आप निम्नांकित तीन भागों में बाँट सकते हैं। झूले के आयाम को छोटा मानते हुए

(a) गुरुत्व के बल, रस्सियों के तनाव आदि के कारण झूले के विस्थापन के विपरीत प्रत्यानयन बल, $F = -kx$.

(b) हवा के प्रतिरोध तथा रस्सियों के जोड़ों पर घर्षण आदि के कारण अवमंदन का बल

(c) धक्कों के रूप में आरोपित (applied) आवर्ती बल

अवमंदन बल के कारण झूले की ऊर्जा में ह्रास होता है, पर आरोपित आवर्ती बल के कारण झूले को अतिरिक्त ऊर्जा दी जाती है। यदि ये मान आपस में बराबर हों, तो झूला एक निश्चित आयाम से चलता रहता है।

इस प्रकार की परिस्थितियों के लिए हम एक कण की गति का वर्णन करेंगे। मान लें कि m द्रव्यमान का कोई कण एक सरल रेखा (x-अक्ष) पर गति कर रहा है। इसपर एक प्रत्यानयन बल, $F_1 = -kx$ लग रहा है। इसके अतिरिक्त इसपर एक अवमंदन बल, $F_2 = -bv$ तथा एक बाहरी आवर्ती बल, $F_e = F_0 \sin \omega t$ लग रहे हैं। अतः,

$$ma = -kx - bv + F_0 \sin \omega t$$

या $$m\frac{dv}{dt} = -kx - bv + F_0 \sin \omega t$$

या $$\frac{dv}{dt} = -\frac{k}{m}x - \frac{b}{m}v + \frac{F_0}{m}\sin \omega t$$

या $$\frac{dv}{dt} = -\omega_0^2 x - \frac{b}{m}v + \frac{F_0}{m}\sin \omega t,$$

जहाँ $\omega_0 = \sqrt{\dfrac{k}{m}}$ इस कण की स्वाभाविक आवृत्ति है।

इस समीकरण के साथ थोड़ी गणना करने पर x का मान समय के फलन के रूप में लिखा जा सकता है। प्रारंभ में x का व्यंजक कण की प्रारंभिक स्थिति एवं वेग पर निर्भर करता है। पर थोड़े समय बाद कण की गति,

$$x = A \sin(\omega t + \phi) \qquad \text{... (23.6)}$$

व्यंजक से दी जाती है, जहाँ

$$A = \frac{F_0/m}{\sqrt{(\omega^2 - \omega_0^2)^2 + (b\omega/m)^2}}. \qquad \text{... (23.7)}$$

आप कण की गति को चाहे जैसे प्रारंभ करें, कण का आयाम समीकरण (23.7) से ही दिया जाएगा। ऐसे दोलन को प्रणोदित दोलन (forced oscillation) कहते हैं।

यदि बाहरी बल की आवृत्ति ω को बदला जाए, तो कण का आयाम भी बदलेगा। A को अधिकतम होने के लिए,

$$D = (\omega^2 - \omega_0^2)^2 + \frac{b^2\omega^2}{m^2}$$

को न्यूनतम होना होगा तथा A को न्यूनतम होने के लिए D को अधिकतम होना होगा। इन दोनों परिस्थितियों के लिए,

$$\frac{dD}{d\omega} = 0$$

या $$4(\omega^2 - \omega_0^2)\omega + \frac{2b^2\omega}{m^2} = 0$$

या $$\omega = \omega_r = \sqrt{\omega_0^2 - \frac{b^2}{2m^2}}.$$

इस आवृत्ति पर कण अधिकतम आयाम के साथ दोलन करेगा।

अधिकतम आयाम वाली इस स्थिति को अनुनाद (resonance) कहते हैं। इस आवृत्ति ω_r को अनुनाद की आवृत्ति कहते हैं। ω के नीचे r अक्षर अनुनाद के लिए लिखा गया है।

आयाम के मान की ω पर निर्भरता चित्र 23.9(a) में दिखाई गई है।

यदि अवमंदन का बल काफी कम हो, तो $\omega_r \approx \omega_0$, अर्थात बाहरी बल की आवृत्ति जब कण की स्वाभाविक आवृत्ति के बराबर हो जाती है, तो अनुनाद होता है। $\omega_r \approx \omega_0$ की स्थिति में आयाम

$$A = \frac{\dfrac{F_0}{m}}{\left(\dfrac{b\omega_0}{m}\right)} = \frac{F_0}{b\omega_0}.$$

यदि अवमंदन को कम कर दें तो अनुनाद के समय आयाम अधिक हो जाएगा। चित्र 23.9(a) एवं (b) में दो अलग-अलग अवमंदनों के लिए आयाम के ग्राफ दिखाए गए हैं। चित्र से आप देख सकते है कि यदि अवमंदन कम हो, और आरोपित बल की आवृत्ति को अनुनाद आवृत्ति ω_r से थोड़ा कम या अधिक कर दिया जाए तो आयाम काफी कम हो जाता है। परंतु, अधिक अवमंदन वाले वक्र में आरोपित आवृत्ति को अनुनाद आवृत्ति से थोड़ा कम या ज्यादा किया जाए, तो आयाम उतनी तेजी से नहीं घटता है। हम कहते हैं कि कम अवमंदन पर अनुनाद (resonance) अधिक तीक्ष्ण (sharp) है।

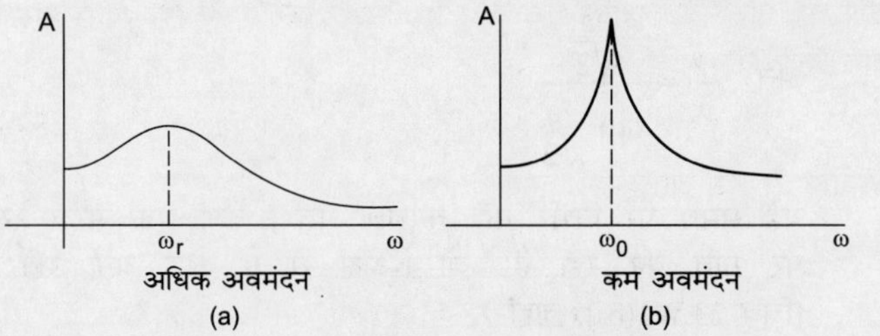

चित्र 23.9

यदि अवमंदन कम हो और आरोपित बल की आवृत्ति स्वाभाविक आवृत्ति के बहुत करीब हो, तो आयाम बहुत ज्यादा हो जा सकता है। यह बात पुलों एवं अन्य इमारतें के बनाने में महत्त्वपूर्ण है। आपने सुना होगा कि भूकंप या अन्य प्राकृतिक आपदाओं के समय कोई विशेष मंदिर बिना किसी बड़े नुकसान के बचा रहा जब कि आसपास की अनेक इमारतें पूरी तरह ढह गईं। कई बार ऐसा होता है कि भूकंप के समय छोटी इमारतें गिर जाती हैं, पर ऊँची-ऊँची गगनचुंबी इमारतें थोड़ा हिल-डुलकर खड़ी रह जाती हैं। अनेक कारणों में एक कारण यह भी है कि हर इमारत की अपनी एक स्वाभाविक आवृत्ति होती है और जिन इमारतों की स्वाभाविक आवृत्ति भूकंप द्वारा आरोपित आवृत्ति से काफी अलग होती है, उनके कंपन का आयाम बहुत कम हो जाता है और वे भूकंप को सहन कर लेती हैं।

कहा जाता है कि 1940 में अमेरिका के वाशिंगटन में बना एक पुल बनने के 4 महीने बाद ही मंद हवा के झोकों से अनुनाद की स्थिति में आ गया और कंपन के आयाम को न सहन कर पाने से पुल का एक हिस्सा टूटकर नीचे पानी में जा गिरा।

आयाम के अलावा प्रणोदित दोलन में कण के दोलन तथा आरोपित आवर्ती बल के बीच कलांतर (phase difference) का व्यवहार भी बड़ा रोचक है। समीकरण (23.6) में कला कोण ϕ इस कलांतर को दिखाता है। इसका मान,

$$\tan\phi = \frac{\omega b}{m(\omega_0^2 - \omega^2)}$$

द्वारा दिया जाता है। यदि आरोपित बल की आवृत्ति ω स्वाभाविक आवृत्ति ω_0 से काफी छोटी हो, तो कण के दोलन की कला एवं आरोपित बल की कला लगभग समान होती है। अर्थात, यदि $\omega << \omega_0$ तथा $F = F_0 \sin \omega t$ हो, तो $x = A \sin \omega t$ परंतु, यदि $\omega >> \omega_0$ हो, तो कण के दोलन की कला एवं आरोपित बल की कला में लगभग π का अंतर होता है, या दूसरे शब्दों में उनकी कलाएँ विपरीत होती हैं। $F = F_0 \sin \omega t$ के लिए, $x = -A \sin \omega t$.

अवमंदन जितना कम होगा, कलांतर का 0 से π होना उतना ही तीक्ष्ण होगा, अर्थात ω का मान ω_0 से थोड़ा भी इधर-उधर होने से कला तेजी से बदल जाएगी।

• *हल किए गए प्रश्न* •

1. *एक कण को एक साथ दो सरल आवर्त गतियाँ दी गई हैं जिनके समीकरण हैं,* $x_1 = A_1 \sin \omega t$ *तथा* $x_2 = A_2 \sin\left(\omega t + \frac{\pi}{3}\right)$, *इसका परिणामी विस्थापन* $x = x_1 + x_2$ *है। (a)* $t = 0$ *पर कण का विस्थापन, (b) कण की अधिकतम चाल तथा (c) कण का अधिकतम त्वरण ज्ञात करें।*

हल (a) $t = 0$ पर, $x_1 = A_1 \sin \omega t = 0$

तथा $x_2 = A_2 \sin\left(\omega t + \frac{\pi}{3}\right) = A_2 \sin\frac{\pi}{3} = A_2 \frac{\sqrt{3}}{2}\cdot$

अतः, $t = 0$ पर परिणामी विस्थापन $x = x_1 + x_2 = A_2 \frac{\sqrt{3}}{2}\cdot$

(b) दो समान कोणीय आवृत्तियों वाली सरल आवर्त गतियों का परिणामी एक सरल आवर्त गति होता है जिसकी आवृत्ति उतनी ही रहती है। इस कण का परिणामी आयाम,

$$A = \sqrt{A_1^2 + A_2^2 + 2A_1A_2 \cos\left(\frac{\pi}{3}\right)} = \sqrt{A_1^2 + A_2^2 + A_1A_2}.$$

अतः, कण की अधिकतम चाल,

$$v_{max} = A\omega = \omega\sqrt{A_1^2 + A_2^2 + A_1A_2}.$$

(c) अधिकतम त्वरण,

$$a_{max} = A\omega^2 = \omega^2\sqrt{A_1^2 + A_2^2 + A_1A_2}.$$

2. *एक कण को एक साथ दो सरल आवर्त गतियाँ दी जाती हैं जिनकी दिशाएँ, आयाम तथा आवृत्ति समान हैं। यदि परिणामी आयाम प्रत्येक गतियों के आयाम के समान हो, तो दोनों पृथक गतियों के बीच कलांतर ज्ञात कीजिए।*

हल मान लें कि प्रत्येक गति का आयाम A है तथा परिणामी आयाम भी A है। यदि दोनों गतियों के मध्य कलांतर δ हो, तो

$$A = \sqrt{A^2 + A^2 + 2AA\cos\delta}$$

या $A = A\sqrt{2(1+\cos\delta)}$ या $A = 2A\cos\frac{\delta}{2}\cdot$

या $\cos\frac{\delta}{2} = \frac{1}{2}$ या $\delta = \frac{2\pi}{3}\cdot$

3. *एक कण को दो सरल आवर्त गतियाँ* $x_1 = A\sin\omega t$ *तथा* $x_2 = \frac{A}{2}\sin(\omega t + \delta)$ *दी गई हैं। जिस समय* x_1 *का मान शून्य तथा* v_1 *का मान* $A\omega$ *होता है उस समय परिणामी विस्थापन धनात्मक दिशा में अधिकतम होता है। कोण* δ *का मान निकालें।*

हल परिणामी गति का समीकरण $x = B\sin(\omega t + \in)$, जहाँ

$$\tan \in = \frac{A\sin\delta}{\frac{A}{2} + A\cos\delta} \quad \text{... (i)}$$

होगा।

$x_1 = 0$ तथा $v_1 = A\omega$ होने के लिए t का मान 0 ले सकते हैं। प्रश्न के अनुसार इस समय $x = B$ है। अतः,

$$\sin \in = 1 \quad \text{या} \quad \in = \frac{\pi}{2}\cdot$$

समीकरण (i) से, $\tan\frac{\pi}{2} = \frac{\sin\delta}{\frac{1}{2}+\cos\delta}$

या $\cos\delta = -\frac{1}{2}$ या $\delta = \frac{2\pi}{3}$.

4. *एक कण को x तथा y दिशा में क्रमशः (5.0 cm)sin ωt तथा –Asin ωt गति दी जाती है। परिणामी गति x-अक्ष से 120° का कोण बनाती रेखा पर होती है। A का मान निकालें।*

हल $\frac{y}{x} = \frac{-A\sin\omega t}{(5.0\text{ cm})\sin\omega t} = \frac{-A}{5.0\text{ cm}}$.

अतः, $\tan 120° = \frac{-A}{5.0\text{ cm}}$

या $A = -(5.0\text{ cm})\tan 120°$

$= \sqrt{3}\times 5.0\text{ cm} = 8.7\text{ cm}.$

5. *एक कण पर दो सरल आवर्त गतियाँ आरोपित की गई हैं, जिनमें से एक x-अक्ष की ओर तथा दूसरी x-अक्ष से 45° कोण बनाती दिशा में हैं। इन दो गतियों के समीकरण $x = x_0\sin\omega t$ तथा $s = s_0\sin\omega t$ हैं, तो परिणामी गति का आयाम निकालें।*

हल कण की गति के तल को xy-तल मानें।

पहली गति के कारण t समय पर कण की स्थिति, $\vec{r_1} = \hat{i}x_0\sin\omega t$

तथा दूसरी गति के कारण t समय पर कण की स्थिति,

$\vec{r_2} = \hat{i}(s_0\cos 45°)\sin\omega t + \hat{j}(s_0\sin 45°)\sin\omega t$ होगी।

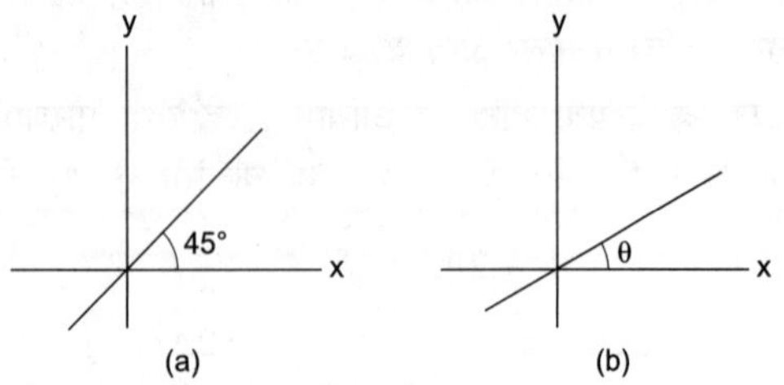

चित्र 23.W1

अतः, कण की परिणामी गति,

$$\vec{r} = \vec{r_1} + \vec{r_2} = \hat{i}\left(x_0 + \frac{s_0}{\sqrt{2}}\right)\sin\omega t + \hat{j}\left(\frac{s_0}{\sqrt{2}}\right)\sin\omega t.$$

अतः, $x = \left(x_0 + \frac{s_0}{\sqrt{2}}\right)\sin\omega t$ तथा $y = \frac{s_0}{\sqrt{2}}\sin\omega t$.

अतः, $\frac{y}{x} = \frac{\frac{s_0}{\sqrt{2}}}{x_0 + \frac{s_0}{\sqrt{2}}}$.

यह समय पर निर्भर नहीं करता। अतः, कण एक सरल रेखा पर गति कर रहा है, जो x-अक्ष से θ कोण बना रही है [चित्र 23.W1(b)], जहाँ

$$\tan\theta = \frac{y}{x} = \frac{s_0}{\sqrt{2}x_0 + s_0}.$$

t समय पर कण की मूलबिंदु से दूरी,

$$r = \sqrt{x^2+y^2} = \sqrt{\left(x_0 + \frac{s_0}{\sqrt{2}}\right)^2 + \left(\frac{s_0}{\sqrt{2}}\right)^2}\sin\omega t$$

$$= \sqrt{x_0^2 + s_0^2 + \sqrt{2}x_0s_0}\sin\omega t.$$

अतः, कण का आयाम $= \sqrt{x_0^2 + s_0^2 + \sqrt{2}x_0s_0}$.

6. *एक कण को एक ही दिशा में दो सरल आवर्त गतियाँ प्रदान की गई हैं जिनके आयाम बराबर हैं तथा आवृत्तियाँ 150 Hz तथा 152 Hz हैं। प्रतिसेकंड कितनी बार परिणामी गति का आयाम अधिकतम होगा?*

हल आयाम परिवर्तन की आवृत्ति, $\nu_A = |\nu_1 - \nu_2| = 2\text{ Hz}$.

अतः, प्रतिसेकंड आयाम 2 बार अधिकतम होगा।

7. *द्रव्यमान 200 g तथा लंबाई 50 cm का एक सरल दोलक हवा में दोलन कर रहा है। हवा द्वारा इसपर अवमंदन का बल $f = (0.10\text{ kg s}^{-1})v$ है, जहाँ v बॉब की चाल है। किसी समय पर बॉब का आयाम 1 cm है। कितने समय बाद यह घटकर $\frac{1}{e}$ cm रह जाएगा?*

हल यदि अवमंदन बल bv हो, तो आयाम का परिवर्तन $A = A_0e^{-\frac{bt}{2m}}$ के अनुसार होता है।

यदि t_0 समय पर आयाम 1 cm तथा $t_0 + t_1$ समय पर $\frac{1}{e}$ cm हो, तो

$$1\text{ cm} = A_0e^{-\frac{b}{2m}t_0} \text{ तथा } \frac{1}{e}\text{ cm} = A_0e^{-\frac{b}{2m}(t_0+t_1)}.$$

अतः, $e = e^{\frac{bt_1}{2m}}$ या $\frac{bt_1}{2m} = 1$

या $t_1 = \frac{2m}{b} = \frac{(2\times 0.20\text{ kg})}{0.10\text{ kg s}^{-1}} = 4\text{ s}.$

• विचार हेतु प्रश्न •

1. *दो सरलरेखीय आवर्त गतियों का संयोजन कर एक वृत्ताकार गति प्राप्त की जा सकती है। क्या दो वृत्ताकार गतियों का संयोजन कर एक सरलरेखीय आवर्त गति प्राप्त की जा सकती है?*

2. *एक कण को दो सरल आवर्त गतियाँ $x = A\cos\omega t$ तथा $y = A\cos(\omega t + \delta)$ दी गई हैं। यदि δ का मान यादृच्छिक (randomly), अर्थात बेतरतीब ढंग से तेजी से बदलता रहे, तो परिणामी गति कैसी होगी?*

3. *एक सरल दोलक की आवृत्ति $2\pi\sqrt{l/g}$ कही जाती है। परंतु, हवा द्वारा गोलक पर लगते अवमंदन के कारण दोलक की वास्तविक आवृत्ति इससे कुछ भिन्न होती है। यह वास्तविक आवृत्ति सूत्र द्वारा दी गई आवृत्ति से कम होगी या अधिक?*

4. *सैनिकों की एक टुकड़ी मार्चिंग बैंड की ध्वनि के आधार पर सड़क पर मार्च कर रही है। किसी पुलिया को पार करते समय बैंड बजाना बंद कर दिया जाता है तथा सैनिकों को अपने कदमों का क्रम तोड़ने के लिए कहा जाता है। क्यों?*

5. *एक गति में अनुनाद के समय कण की स्थिति एवं आरोपित बल के बीच कलांतर $\pi/2$ होता है। इस समय आरोपित बल तथा वेग के बीच कलांतर कितना होता है?*

• सटीक उत्तरवाले प्रश्न I •

सही उत्तर का चयन करें।

1. दो सरल आवर्त गतियों के संयोजन से
   (a) सदा एक सरल आवर्त गति मिलती है।
   (b) कभी सरल आवर्त गति नहीं मिलती है।
   (c) सरल आवर्त गति मिल सकती है।
   (d) हमेशा वृत्तीय गति मिलती है।

2. एक कण को एक ही दिशा में दो सरल आवर्त गतियाँ दी जाती है जिनकी आवृत्तियाँ लगभग बराबर हैं। प्रत्येक सरल आवर्त गति का आयाम A है। परिणामी गति का आयाम
   (a) A होगा। (b) 2A होगा।
   (c) 0 होगा।
   (d) $2A$ से शून्य के बीच बदलता रहेगा।

3. लंब दिशा की दो सरल आवर्त गतियाँ संयोजन कर वृत्तीय गति बनाती हैं। इन गतियों के बीच कलांतर (phase difference) होगा
   (a) 0 (b) $\frac{\pi}{4}$ (c) $\frac{\pi}{2}$ (d) $\frac{3\pi}{4}$

4. एक कण को एक ही दिशा में दो सरल आवर्त गतियाँ प्रदान की जाती हैं जिनकी आवृत्तियाँ ν_1 एवं ν_2 हैं। ये आवृत्तियाँ लगभग बराबर है। कण की परिणामी आवृत्ति होगी, लगभग
   (a) $\nu_1+\nu_2$ (b) $\nu_1-\nu_2$ (c) $\frac{\nu_1-\nu_2}{2}$ (d) $\frac{\nu_1+\nu_2}{2}$

5. परस्पर लंब दिशाओं में दो सरल आवर्त गतियों का संयोजन एक दीर्घवृत्त (वृत्त नहीं) में गति उत्पन्न करता है। दोनों मूल गतियों के
   (a) आयाम अवश्य ही असमान होंगे।
   (b) आयाम अवश्य ही समान होंगे।
   (c) बीच कलांतर शून्य नहीं हो सकता।
   (d) बीच कलांतर $\frac{\pi}{2}$ नहीं हो सकता।

6. दो सरल आवर्त गतियों का संयोजन भी एक सरल आवर्त गति है। दोनों मूल गतियों के
   (a) आयाम अवश्य ही असमान होंगे।
   (b) आयाम अवश्य ही समान होंगे।
   (c) बीच कलांतर $\frac{\pi}{2}$ नहीं हो सकता।
   (d) बीच कलांतर अवश्य ही $\frac{\pi}{2}$ होगा।

7. अवमंदित आवर्त गति करते हुए एक कण की स्थिति, वेग एवं उसपर लगता अवमंदन का बल क्रमशः $\vec{r}, \vec{v}$ तथा $\vec{F}$ हैं। इनमें कौन कभी ऋणात्मक नहीं होगा?
   (a) $\vec{r}\cdot\vec{v}$ (b) $\vec{r}\cdot\vec{F}$ (c) $\vec{F}\cdot\vec{v}$ (d) $-\vec{F}\cdot\vec{v}$

8. हवा में छोटे आयाम की अवमंदित आवर्त गति करती एक वस्तु में अवमंदन के लिए उत्तरदायी बल समानुपाती होता है
   (a) विस्थापन के (b) चाल के
   (c) त्वरण के (d) आयाम के

9. स्थिरांक k वाले एक स्प्रिंग द्वारा लटकी द्रव्यमान m की वस्तु को बाहरी आवर्ती बल $F_0 \cos \omega t$ लगाकर प्रणोदित दोलन कराया जा रहा है। वस्तु का आयाम A है। अवमंदन बल काफी कम है। अब इस वस्तु को बदलकर $2m$ द्रव्यमान की वस्तु इस स्प्रिंग से लटका दी जाती है और इसी बाहरी बल से इसे प्रणोदित दोलन कराया जाता है। अब आयाम का मान होगा
   (a) A (b) $A\sqrt{2}$
   (c) $2A$ (d) $A/2$

10. किसी कण का विस्थापन $\vec{r}=A(\hat{i}\cos\omega t+\hat{j}\sin\omega t)$ द्वारा व्यक्त किया जाता है। कण की गति है
    (a) सरल आवर्त गति
    (b) एक सरल रेखा के अनुदिश
    (c) एक वृत्तीय पथ पर
    (d) एक नियत त्वरण के साथ

• सटीक उत्तरवाले प्रश्न II •

सही उत्तर (उत्तरों) का चयन करें।

1. एक कण को आरोपित बल $F_0\cos(\omega t+\delta)$ लगाकर प्रणोदित दोलन कराया जा रहा है। इसकी स्वाभाविक (कोणीय) आवृत्ति ω_0 है तथा अवमंदन बल $(-bv)$ है। दोलन प्रारंभ होने के काफी देर बाद उसका आयाम निर्भर करेगा
   (a) F_0 पर (b) δ पर
   (c) ω पर (d) b पर

2. एक ही दिशा की समान आवृत्ति वाली दो सरल आवर्त गतियों का संयोजन किया जाता है। इनके आयाम 5 cm तथा 7 cm हैं। परिणामी गति का आयाम हो सकता है
   (a) 12 cm (b) 10 cm (c) 5 cm (d) 2 cm

3. परस्पर लंब दिशाओं की सरल आवर्त गतियों के संयोजन से बन सकती है
   (a) वृत्तीय गति (b) रेखीय गति
   (c) एकसमान वेग की गति (d) एकसमान त्वरण की गति

4. प्रणोदित दोलन में बाहरी आवृत्ति ω संहति की स्वाभाविक आवृत्ति ω_0 से बड़ी है। अवमंदन का बल काफी छोटा है। वस्तु का आयाम घट जाएगा, यदि
   (a) बाहरी बल की आवृत्ति को थोड़ा कम कर दिया जाए।
   (b) बाहरी बल की आवृत्ति को थोड़ा बढ़ा दिया जाए।
   (c) अवमंदन स्थिरांक को बढ़ा दिया जाए।
   (d) अवमंदन स्थिरांक को घटा दिया जाए।
5. एक ही दिशा में एक ही आवृत्ति की दो सरल आवर्त गतियों का संयोजन किया जाता है। परिणामी गति का आयाम निर्भर नहीं करता है मूल गतियों
   (a) के आयामों पर
   (b) की आवृत्ति पर
   (c) के बीच कलांतर पर
   (d) की दिशा के x-अक्ष के साथ कोण पर
6. अवमंदित आवर्त गति में समय के साथ बदलता है
   (a) कण का आयाम
   (b) कण का संवेग
   (c) कण का त्वरण
   (d) मध्यबिंदु पर कण की चाल

• अभ्यास के प्रश्न •

1. एक कण को एकसाथ दो सरल आवर्त गतियाँ प्रदान की जाती हैं जिसकी दिशाएँ समान हैं तथा आवर्तकाल भी समान हैं। एक का आयाम 3.0 cm तथा दूसरे का आयाम 4.0 cm है। परिणामी गति का आवर्तकाल निकालें यदि दोनों के बीच का कलांतर (a) 0°, (b) 60° तथा (c) 90° हो।
2. एक ही दिशा, एक ही आयाम A तथा एक ही आवर्तकाल की तीन सरल आवर्त गतियों का संयोजन हो रहा है। दूसरी गति पहली से 60° कलांतर से आगे है तथा तीसरी गति दूसरी गति से 60° के कलांतर से आगे है। परिणामी गति का आयाम निकालें।
3. एक कण को एकसाथ x-दिशा में दो सरल आवर्त गतियाँ दी गई हैं, जिनके समीकरण $x_1 = 2.0 \sin (100 \pi t)$ तथा $x_2 = 2.0 \sin\left(120\pi t + \frac{\pi}{3}\right)$ हैं, जहाँ x सेंटीमीटर में तथा t सेकंड में है। मूलबिंदु से कण का विस्थापन (a) $t = 0.0125$ s तथा (b) $t = 0.025$ s पर निकालें।
4. x-अक्ष पर गति करते एक कण का समीकरण
$$x = A_1 \cos \omega t + A_2 \sin (\omega t + \delta)$$
है। दिखाएँ कि यह एक सरल आवर्त गति है और इसका आयाम निकालें।
5. एक कण को x- तथा y-अक्ष की दिशाओं में एक साथ निम्नलिखित गतियाँ प्रदान की गई हैं—
$$x = A(\cos \omega t + \sin \omega t),\ y = A(\cos \omega t - \sin \omega t).$$
दिखाएँ कि कण एक वृत्त पर एकसमान चाल से चलता है। इस वृत्त की त्रिज्या निकालें। z-अक्ष की ओर से देखने पर यह गति वामावर्ती (anticlockwise) है या दक्षिणावर्ती (clockwise)?
6. एक कण को एकसाथ दो सरल आवर्त गतियाँ दी गई हैं जिनमें से एक x-अक्ष की दिशा में है तथा दूसरी x-अक्ष से 45° का कोण बनाती रेखा पर है। दोनों गतियों के मध्यबिंदु मूलबिंदु पर हैं। दोनों गतियों के समीकरण क्रमशः $s_1 = x_0 \sin \omega t$ तथा $s_2 = x_0 \sqrt{2} \cos \omega t$ हैं, जहाँ s_1 तथा s_2 अपने-अपने पथ पर मूलबिंदु से विस्थापन को बताते हैं। कण के पथ का समीकरण निकालें। यह कैसा पथ है?
7. यदि एक छोटे चुंबक को धागे से बाँधकर सरल दोलक बनाया जाए तथा इसे क्षैतिज तल में रखे एक ऐलुमिनियम की प्लेट से थोड़ा ऊपर रखकर दोलन कराया जाए, तो ये दोलन अवमंदित हो जाते हैं। ऐसे ही एक दोलक का द्रव्यमान 80 g है तथा उसका आयाम 2 सेकंड में 1 cm से घटकर 0.5 cm हो जाता है। प्लेट द्वारा चुंबक पर लगाए गए बल को चुंबक के वेग के समानुपाती मानते हुए, इसका मान निकालें, जब चुंबक की चाल 2 cm/s है।
8. एक किनारे पर बँधे एक स्प्रिंग से एक वस्तु लटक रही है और ऊर्ध्वाधर दोलन कर रही है। स्प्रिंग का स्प्रिंग-नियतांक 25 N/m तथा वस्तु का द्रव्यमान 40 ग्राम है। इस वस्तु पर ऊर्ध्वाधर दिशा में ही एक बाहरी बल 0.12 N cos $[(30\ \text{s}^{-1})t]$ लगाया जा रहा है। हवा के कारण इस वस्तु पर बहुत थोड़ा अवमंदन बल लगता है। इस वस्तु की सरल आवर्त गति का आयाम निकालें।

• उत्तर •

सटीक उत्तरवाले प्रश्न I

1. (c) **2.** (d) **3.** (c) **4.** (d) **5.** (c)
6. (c) **7.** (d) **8.** (b) **9.** (d) **10.** (c)

सटीक उत्तरवाले प्रश्न II

1. (a), (c), (d) **2.** (a), (b), (c), (d)
3. (a), (b) **4.** (b), (c)
5. (b), (d) **6.** (a), (b), (c), (d)

अभ्यास के प्रश्न

1. (a) 7 cm (b) $\sqrt{37}$ cm (c) 5 cm **2.** $2A$
3. (a) –2.41 cm (b) 0.27 cm **4.** $\sqrt{A_1^2 + A_2^2 - 2A_1A_2 \cos \delta}$
5. $2A$; वामावर्ती
6. $x^2 + 2y^2 - 2xy = x_0^2$; दीर्घवृत्त
7. 1.1×10^{-3} N **8.** $\frac{12}{11}$ cm

❑

अध्याय 24

तरल पदार्थों की भौतिकी

जब सड़क पर एक रिक्शा जा रहा होता है, तो हम कहते हैं कि रिक्शा चल रहा है। पर जब नदी में पानी जा रहा होता है, तो हम कहते हैं कि पानी बह रहा है। रिक्शा बह रहा है हम कभी नहीं बोलते। पानी, दूध, तेल, हवा आदि ऐसे पदार्थ हैं जो आसानी से अपना स्वरूप बदल लेते हैं और जिस बरतन में रखे जाते हैं वैसा ही आकार बना लेते हैं। इस तरह की वस्तुएँ जब गतिमान होती हैं तो हम उसे 'बहना' कहते हैं। ऐसे पदार्थ तरल पदार्थ कहलाते हैं।

कुछ पदार्थ आसानी से अपना स्वरूप बदल लेते हैं और कुछ नहीं। पानी जिस गिलास में रखा जाता है उसका आकार वैसा ही हो जाता है, पर शीशे का कंचा गिलास में रखें या कटोरी में, एक-सा ही रहता है। रबर का गेंद दबाने पर अपना आकार बदल लेता है, पर लोहे का गोला दबाने पर भी गोलाकार ही रहता है। चादर को आप कभी पूरा फैला देते हैं और कभी तह करके छोटा कर देते हैं। ऐलुमिनियम के फ्वायल (foil) में भोजन रखते समय इसे जैसा चाहें मोड़ देते हैं, पर ऐलुमिनियम के बने दरवाजे, खिड़कियाँ, आदि को आप वैसा नहीं मोड़ सकते। कपड़े धोने के बाद उसे आप निचोड़ने के लिए मरोड़ (मचोड़) देते हैं, पर आप पानी को मरोड़ नहीं सकते।

पदार्थों के ये गुण उनके अणुओं के बीच लगनेवाले बलों के कारण होते हैं। पदार्थों को मुख्य रूप से तीन भागों में बाँटते हैं जिन्हें ठोस, द्रव तथा गैस कहते हैं। ठोसों में अणुओं के बीच आकर्षण बल अधिक होता है और उसके अणु एक-दूसरे से बँधे रहते हैं। प्रत्येक अणु के अपने स्थायी पड़ोसी अणु होते हैं जो थोड़ा-बहुत तो इधर-उधर होते हैं, पर पड़ोस छोड़कर भाग नहीं जाते। द्रव में अणुओं के बीच आकर्षण बल अपेक्षाकृत कम होता है और अणु पूरे द्रव में यहाँ-वहाँ घूम सकते हैं। गैसों में यह बल बहुत कम होता है और अणु स्वतंत्र रूप से, जब तक बरतन की दीवारें न मिलें या किसी अणु से न टकराएँ, भ्रमण कर सकते हैं।

इन गुणों के कारण द्रव तथा गैस बहते हुए गतिमान हो सकते हैं और अपना स्वरूप या आकार बदल सकते हैं। इस अध्याय में हम सामान्यतः द्रवों की बात करेंगे, पर इनमें से अनेक विवरण गैसों के बारे में भी सही होंगे।

24.1 द्रव में दाब

चित्र 24.1(a) में एक बरतन में एक द्रव की कल्पना की गई है। मान लें कि इस द्रव में एक बिंदु A है। बिंदु A को लेते हुए एक छोटा-सा समतल क्षेत्र लें तथा इसका क्षेत्रफल ΔS मानें।

ΔS के एक ओर का द्रव तथा उसके दूसरी ओर का द्रव, दोनों ΔS पर संपर्क में हैं तथा एक-दूसरे पर संपर्क बल लगाते हैं। इन बलों के परिमाण बराबर तथा दिशाएँ विपरीत होंगी। सामान्यतः, ये बल ΔS सतह के लंबवत होंगे तथा दोनों तरफ के द्रव एक-दूसरे को धक्का देंगे, अर्थात अपने से दूर बल लगाएँगे। मान लें कि ΔS के लंबवत लगते दोनों बलों में से प्रत्येक का परिमाण F है। यदि हम A बिंदु से ही होकर एक दूसरा ΔS क्षेत्र लें जो किसी अन्य दिशा में घूमा हुआ हो [चित्र 24.1(b)], तो क्या F का मान बदल जाएगा? सामान्यतः, F का मान ΔS की दिशा पर निर्भर नहीं करता। हम ऐसे ही द्रवों की चर्चा करेंगे जिसमें F का मान ΔS की दिशा पर निर्भर नहीं करता।

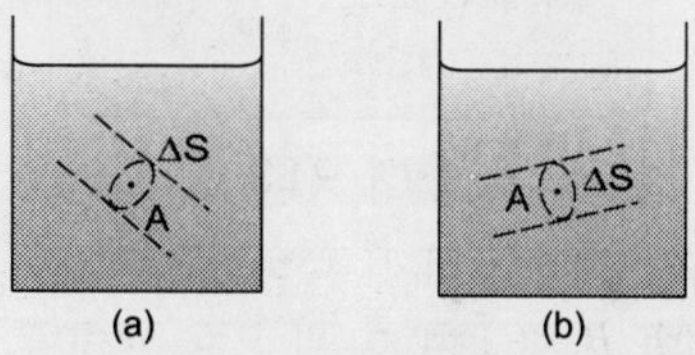

चित्र 24.1

हम "बिंदु A पर द्रव का दाब" p इस प्रकार परिभाषित करते हैं,

$$p = \lim_{\Delta S \to 0} \frac{F}{\Delta S}.$$

यहाँ $\lim\limits_{\Delta S \to 0}$ का इतना ही अर्थ लें कि ΔS एक छोटा क्षेत्र है।

दाब की कोई दिशा नहीं होती। आप ΔS को जिधर चाहें घुमा सकते हैं। ΔS के दोनों ओर के द्रव एक-दूसरे को उतने ही बल, F से दबाएँगे। F की दिशा जरूर बदल जाएगी, पर उसका परिमाण नहीं। दाब सिर्फ F के परिमाण से संबंधित है, इसलिए यह एक अदिश (scalar) राशि है। "हवा चारों ओर से दाब डालती है" जैसे वक्तव्य भौतिकी के व्याकरण के अनुसार शुद्ध नहीं है।

चित्र 24.2 में बरतन की दीवार पर या उसके पेंदे पर एक छोटा क्षेत्र ΔS दिखाया गया है। यहाँ ΔS के एक ओर बरतन का पदार्थ है तथा दूसरी ओर द्रव है। यहाँ भी ये दोनों एक-दूसरे पर बल लगा रहे हैं। द्रव बरतन के पदार्थ पर तथा बरतन का पदार्थ द्रव पर बल लगा रहा है। इन बलों के परिमाण F को ΔS से भाग देने पर आपको बरतन के इस स्थान पर द्रव का दाब p मिलेगा। बल का मान $F = p\Delta S$ होगा।

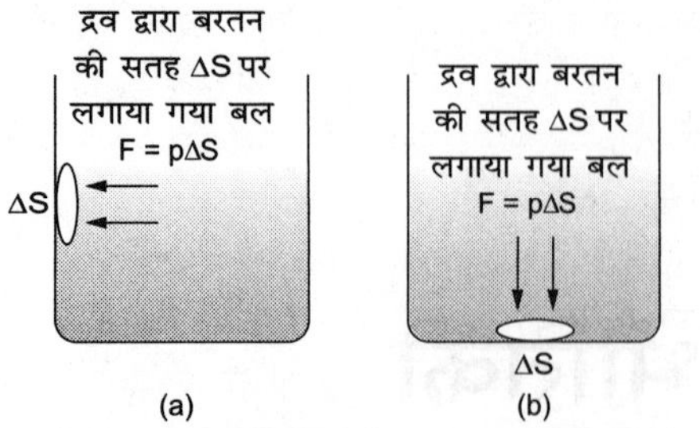

चित्र 24.2

इसी प्रकार यदि द्रव में आपने कोई वस्तु डुबा रखी है, तो द्रव वस्तु की सतह के हर हिस्से पर बल लगाएगा। यदि आप किसी खास हिस्से ΔS का विचार कर रहे हैं तो द्रव द्वारा उसपर लगता बल द्रव में उस स्थान के दाब p तथा ΔS के गुणनफल $p\Delta S$ के बराबर होगा तथा ΔS के लंबवत होगा।

चूँकि दाब = $\frac{\text{बल}}{\text{क्षेत्रफल}}$, दाब की SI इकाई N/m^2 होगी। इस इकाई को पास्कल भी कहते हैं और Pa लिखते हैं।

24.2 द्रव के दो बिंदुओं के बीच दाब का अंतर

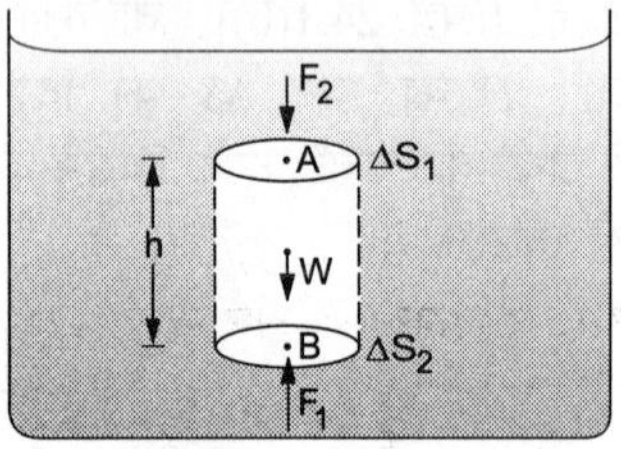

चित्र 24.3

चित्र 24.3 में एक बरतन में एक द्रव के रखे होने की कल्पना की गई है। A तथा B दो बिंदु हैं जो एक ऊर्ध्वाधर रेखा पर h दूरी पर स्थित हैं। A से होकर एक क्षैतिज सतह ΔS_1 तथा B से होकर बराबर क्षेत्रफल की वैसी ही क्षैतिज सतह ΔS_2 की कल्पना करें। इन सतहों का क्षेत्रफल $\Delta S_1 = \Delta S_2 = \Delta S$ मानें। सतह ΔS_1 के बिंदुओं से ऊर्ध्वाधर रेखाएँ खींचकर ΔS_2 तक ले जाएँ। इन सब रेखाओं से मिलकर क्या बना? द्रव के अंदर एक बेलनाकार आयतन बन गया, जिसकी ऊँचाई h तथा अनुप्रस्थ काट (cross section) ΔS है। इस आयतन में स्थित द्रव के संतुलन पर विचार करें। इस द्रव पर लगते बल हैं,

(a) F_1, ऊपर की ओर, बेलन के नीचे के द्रव के द्वारा

(b) F_2, नीचे की ओर, बेलन के ऊपर के द्रव के द्वारा

(c) W, भार नीचे की ओर, पृथ्वी के द्वारा

(d) बेलन की वक्र सतह पर बाहर के द्रव द्वारा विभिन्न दिशाओं में

भाग (d) में वर्णित बल क्षैतिज दिशाओं में हैं तथा वक्र सतह के अलग-अलग भागों पर ये अलग-अलग परिमाण के हैं और अलग-अलग दिशाओं में हैं। क्षैतिज दिशा में द्रव के संतुलन के लिए इन सभी बलों का योग शून्य होगा।

अब आप ऊर्ध्वाधर दिशा में इस द्रव के संतुलन का विचार करें। भाग (a), (b) तथा (c) में लिखे तीनों बल ऊर्ध्वाधर दिशा में हैं। संतुलन के लिए इनका योग शून्य होना चाहिए।

F_2 तथा W बल नीचे की ओर लग रहे हैं तथा F_1 ऊपर की ओर। अतः,

$$F_1 = F_2 + W. \qquad \text{... (i)}$$

यदि बिंदु A पर द्रव का दाब p_A तथा B पर यह दाब p_B हो, तो $F_1 = p_B\Delta S$ तथा $F_2 = p_A\Delta S$.

बेलन का आयतन = $(\Delta S)h$. यदि द्रव का घनत्व ρ पूरे आयतन में समान हो, तो बेलन में स्थित द्रव का द्रव्यमान $= (\Delta S)h\rho$, तथा इसका भार,

$$W = (\Delta S)h\rho g.$$

अतः, समीकरण (i) से,

$$p_B\Delta S = p_A\Delta S + (\Delta S)h\rho g$$

या

$$p_B - p_A = h\rho g. \qquad \text{... (24.1)}$$

आप जैसे-जैसे द्रव में नीचे जाएँगे, द्रव का दाब बढ़ता जाएगा तथा h दूरी नीचे जाने पर दाब $h\rho g$ बढ़ जाएगा।

क्या होगा यदि घनत्व ρ का मान पूरी दूरी में बराबर न होकर बदल रहा हो? तब $p_B - p_A$ का मान निकालने के लिए आपको समाकलन का सहारा लेना पड़ेगा। वस्तुतः, किसी भी द्रव में गहराई के साथ घनत्व में थोड़ी वृद्धि होती है, पर कुछ सेंटीमीटर में यह वृद्धि नगण्य होगी।

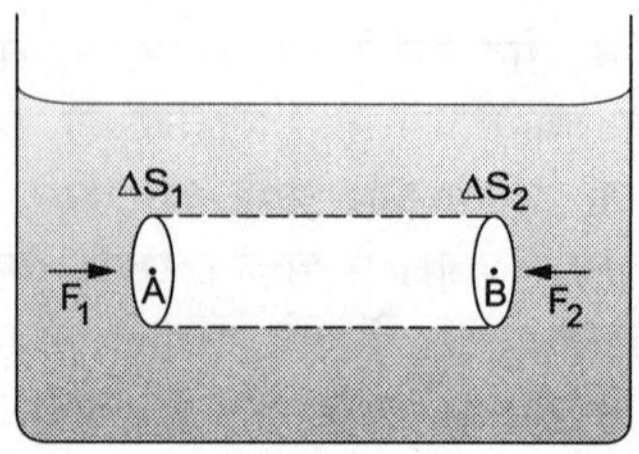

चित्र 24.4

अब आप द्रव में दो बिंदु A तथा B लें जो एक ही क्षैतिज तल में हों। A से होकर एक छोटा ऊर्ध्वाधर क्षेत्रफल ΔS_1 तथा B से होकर ठीक वैसा ही ऊर्ध्वाधर क्षेत्रफल ΔS_2 लें। $\Delta S_1 = \Delta S_2 = \Delta S$ मानें। ΔS_1 तथा ΔS_2 के बिंदुओं को क्षैतिज रेखाओं से मिला दें और इस प्रकार बने बेलनाकार आयतन में स्थित द्रव के संतुलन पर विचार करें। इस द्रव पर लगनेवाले बल हैं,

(a) F_1, AB दिशा में, ΔS_1 के बायीं ओर के द्रव द्वारा

(b) F_2, BA दिशा में, ΔS_2 के दाहिनी ओर के द्रव द्वारा

(c) बेलन की वक्र सतह के बाहर के द्रव द्वारा विभिन्न दिशाओं में

(d) W, नीचे की ओर द्रव का भार

भाग (c) में वर्णित बल वक्र सतह के प्रत्येक स्थानों पर सतह के लंबवत, अर्थात AB की लंब दिशा में होगा।

अब आप AB दिशा में इस द्रव के संतुलन का विचार करें। भाग (c) तथा (d) में वर्णित बलों का AB की दिशा में कोई घटक नहीं होगा। अतः, AB दिशा में संतुलन के लिए $F_1 = F_2$. यदि बिंदु A पर द्रव का दाब p_A तथा बिंदु B पर यह दाब p_B हो, तो

$$F_1 = p_A\Delta S \text{ तथा } F_2 = p_B\Delta S.$$

अतः, $p_A = p_B$. ... (24.2)

किसी द्रव में एक ही क्षैतिज तल में स्थित सभी बिंदुओं पर दाब बराबर होते हैं।

अभ्यास 24.1

पानी पीने के एक गिलास में 15 cm ऊँचाई तक पानी भरा है। पानी की ऊपरी सतह तथा पेंदे से लगी सतह पर के दाबों का अंतर बताएँ। पानी का घनत्व = $1000\ kg/m^3$ तथा $g = 10\ m/s^2$.

हल दाबों का अंतर,

$$\Delta p = h\rho g$$
$$= (15\ cm)(1000\ kg/m^3)(10\ m/s^2)$$
$$= (0.15\ m)\ (1000\ kg/m^3)(10\ m/s^2)$$
$$= 1500\ N/m^2 \text{ या } 1500 \text{ पास्कल।}$$

24.3 पास्कल का नियम

मान लें कि किसी प्लास्टिक की बोतल में पानी भरा है, उसका ढक्कन बंद है और आप बोतल को बीच से पकड़कर जोर से दबाते हैं। बोतल की दीवार के एक छोटे हिस्से का विचार करें जिसे आप अंदर की ओर दबा रहे हैं। यह भाग अभी भी संतुलन में है। इससे स्पष्ट है कि बोतल की दीवार पर अंदर से पानी द्वारा लगाया गया बल भी बढ़ गया है। अर्थात, जहाँ आपने बोतल को पकड़ा है उसके सामने द्रव का दाब बढ़ गया है।

पर, पूरा द्रव अभी भी संतुलन में है। अतः, समीकरण (24.1) तथा (24.2) अभी भी पूरे द्रव में लागू हैं। इसका अर्थ यह हुआ कि यदि आपने बोतल को दबाकर बिंदु A पर दाब बढ़ा दिया, तो बोतल के अंदर के पानी में किसी भी बिंदु पर दाब उतना ही बढ़ जाएगा ताकि $p_A - p_B$ का मान सिर्फ A तथा B के बीच की ऊर्ध्वाधर दूरी h पर निर्भर करे।

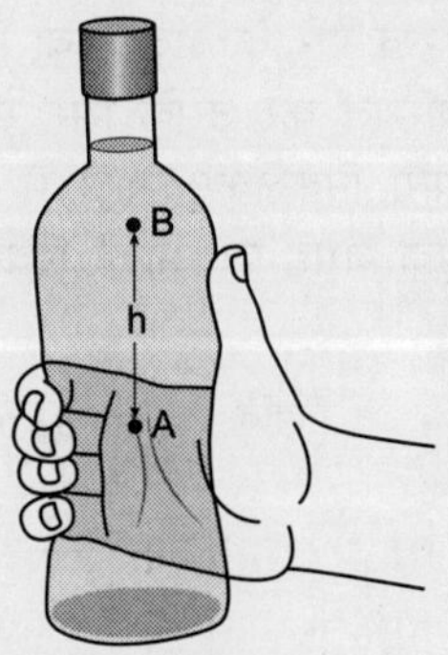

चित्र 24.5

संभवतः, यह ज्ञान फ्रांस के ब्लेज पास्कल ने अपने प्रयोगों के आधार पर सत्रहवीं शताब्दी के पूर्वार्द्ध में खोज निकाला था। इसे हम आज के युग में पास्कल के नियम के रूप में कहते हैं जिसके अनुसार यदि द्रव के किसी बिंदु पर दाब बदल दिया जाए तो यह बदलाव पूरे द्रव में बिना घटे संचरित हो जाता है।

पास्कल के नियम (या कहें $p_A - p_B = h\rho g$) का उपयोग व्यापक स्तर पर उद्योग जगत में किया जाता है। कार की धुलाई एवं मरम्मत के लिए प्रायः सर्विस सेंटरों पर हाइड्रॉलिक लिफ्ट लगी होती है। इस लिफ्ट के प्लैटफॉर्म पर कार खड़ी कर दी जाती है और इस लिफ्ट के एक दूसरे हिस्से पर अपेक्षाकृत काफी कम बल लगाने पर भी कार उठ जाती है। इसके सिद्धांत को समझने के लिए आप चित्र 24.6 की सहायता ले सकते हैं। इसमें दो बेलनाकार बरतन हैं जो आपस में जुड़े हैं। इस पूरे बेलनाकार बरतन में तेल भरा है और दोनों बेलनाकार हिस्सों पर पिस्टन लगे हैं जिनसे होकर तेल लीक नहीं कर सकता। मान लें कि अधिक क्षेत्रफल वाले हिस्से पर कार या अन्य कोई भार रखा है, जिसे ऊपर उठाना है। अब इसके कम क्षेत्रफल वाले पहले हिस्से के पिस्टन पर बल F_1 लगाकर उसे दबाया जाता है।

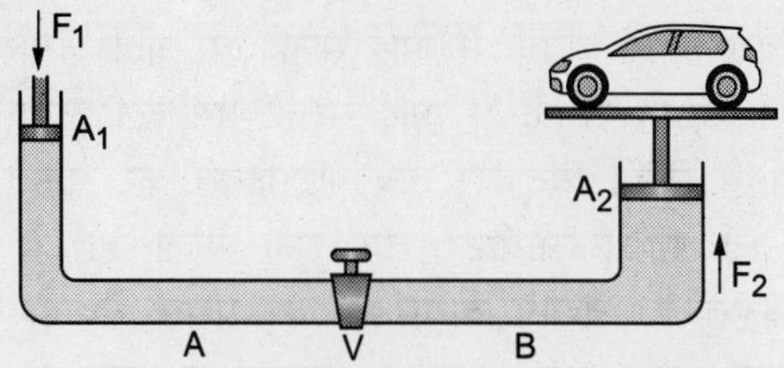

चित्र 24.6

यदि इस पतले हिस्से के अनुप्रस्थ काट का क्षेत्रफल A_1 हो तो बल F_1 के कारण इस पिस्टन के पास के द्रव के दाब में $\Delta p = F_1/A_1$ की वृद्धि हो जाएगी। और अगर यहाँ के द्रव के दाब में इतनी वृद्धि हुई है तो द्रव के हर भाग में इतनी ही वृद्धि होगी। बड़े पिस्टन के नीचे के द्रव में भी Δp की वृद्धि होगी और इसलिए द्रव द्वारा बड़े पिस्टन पर ऊपर की ओर बल,

$$F_2 = \left(\frac{F_1}{A_1}\right)A_2$$

लगेगा। अर्थात A_2 का मान A_1 से जितना गुना अधिक होगा, F_2 का मान भी F_1 से इतने ही गुना अधिक होगा। अतः, कार आदि को उठाने के लिए आपको उसके भार से काफी कम बल लगाना पड़ेगा।

आपने किसी-किसी कार के पीछे हाइड्रॉलिक ब्रेक लिखा देखा होगा। ये ब्रेक भी पास्कल के सिद्धांत पर ही काम करते हैं। वाहन-चालक पैर रखकर जिस ब्रेक को दबाते हैं वह वास्तव में एक बेलनाकार बरतन, जिसे मास्टर सिलिंडर (master cylinder) कहते हैं, में लगे पिस्टन से जुड़ा होता है। इस मास्टर सिलिंडर से पहियों के पास लगे अन्य सिलिंडर नलियों द्वारा जुड़े होते हैं। इन सिलिंडरों में भी पिस्टन लगे होते हैं और इन पिस्टनों से ब्रेक जुड़े होते हैं जो आवश्यकतानुसार पहिये में सटकर घर्षण बल उत्पन्न करते हैं।

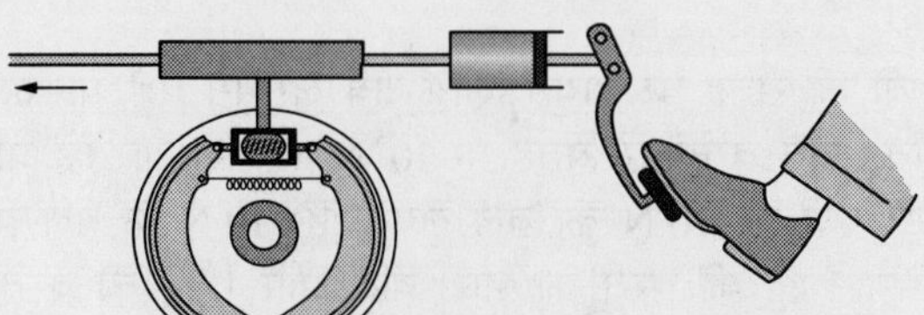
चित्र 24.7

मास्टर सिलिंडर से बाकी सिलिंडरों तक पूरे आयतन में तेल भरा होता है। जब वाहन-चालक ब्रेक को पैर से दबाता है तब यह ब्रेक मास्टर सिलिंडर में लगे पिस्टन पर एक बल F लगाता है।

इसके कारण तेल का दाब Δp से बढ़ जाता है। पहिये के पास के सिलिंडर में लगे पिस्टन को वहाँ का तेल इस अतिरिक्त दाब Δp के साथ धक्का देता है। चूँकि इस पिस्टन का अनुप्रस्थ क्षेत्रफल ज्यादा होता है, इसलिए तेल द्वारा पिस्टन पर लगा बल भी उसी अनुपात में बढ़ जाता है जो पहिये के पास वाले ब्रेक को पहियों से सटा देता है।

सामान उठाने की क्रेन, बुलडोजर आदि भी प्रायः इसी सिद्धांत पर काम करते हैं।

24.4 वायुमंडलीय दाब

जिस तरह द्रव अपने संपर्क में आई सतहों पर बल लगाता है, उसी तरह गैसें भी अपने संपर्क में आई सतहों पर बल लगाती हैं। यहाँ भी हम गैस में किसी बिंदु पर दाब परिभाषित कर सकते हैं। हमारी धरती पर कई सौ किलोमीटर तक हवा फैली हुई है जिसे हम वायुमंडल कहते हैं। यद्यपि वायुमंडल का प्रसार सैकड़ों किलोमीटर तक है, 75% हवा मात्र 10–15 किलोमीटर तक में स्थित है। जैसे-जैसे हम ऊपर की ओर जाते हैं, हवा का घनत्व घटता जाता है; पर उसका विस्तार दूर-दूर तक रहता है। यह वायुमंडल हमारे जीवन का बहुत ही महत्त्वपूर्ण साथी है। इसी वायुमंडल की हवा को हम साँसों द्वारा शरीर में ले जाते हैं और रक्त प्रवाह द्वारा शरीर की प्रत्येक कोशिका को ऑक्सीजन मिलता है। यही वायुमंडल धरती के ताप को नियंत्रित करता है और जीवन के लिए उपयुक्त ताप बनाकर रखता है। यही वायुमंडल आकाशी उल्काओं से धरती की रक्षा करता है। इसी वायुमंडल का एक भाग ओजोन स्तर है जो सूर्य से आते पराबैंगनी विकिरण से हमारी रक्षा करता है। हमारा शरीर व अन्य सभी वस्तुएँ जिनका हम दैनिक जीवन में उपयोग करते हैं, इस वायुमंडल के संपर्क में रहती हैं। वायुमंडल की हवा अपने संपर्क में आई हर सतह पर लंब दिशा में बल लगाती है। किसी बिंदु पर इस हवा का दाब भी हम उसी प्रकार से परिभाषित करते हैं जैसा हमने द्रव के साथ किया था। किसी बिंदु A पर हवा के (या किसी भी गैस के) दाब को परिभाषित करने के लिए A से होकर एक छोटी-सी सतह ΔS बनाएँ।

यदि इस सतह पर लंबवत लगता बल F हो, तो

$$p = \lim_{\Delta S \to 0} \frac{F}{\Delta S}$$

को हम A बिंदु पर हवा का दाब कहते हैं। इसे वायुमंडलीय दाब भी कहते हैं।

पृथ्वी की सतह पर वायुमंडलीय दाब लगभग 10^5 पास्कल होता है अर्थात, प्रति वर्गमीटर सतह पर 10^5 N का बल या कहें प्रति वर्ग सेंटीमीटर क्षेत्र पर 10 N का बल लगता है। 10 N के बल का अर्थ है लगभग 1 kg की वस्तु का भार। यदि आप 1 kg की वस्तु अपने हाथ पर रखें तो वह वस्तु लगभग 10 N बल से आपके हाथ को दबाएगी। उतना बल हर समय हमारे शरीर के हर 1 cm^2 पर लग रहा है। फिर भी, हमें इसके कारण कोई परेशानी होती, बल्कि यदि किसी कारण से यह बल कम हो जाए, जैसा कि ऊँचे पहाड़ों पर होता है, तो हमें परेशानी होने लगती है। एक पतले कागज पर भी हर एक वर्ग सेंटीमीटर क्षेत्र पर 1 kg के भार का बल वायुमंडलीय हवा द्वारा लगाया जाता है और इस कागज को भी इसके कारण कोई परेशानी नहीं होती है।

वायुमंडलीय दाब भी ऊँचाई के साथ बदलता है और इसके लिए भी

$$p_A = p_B + \rho g h$$

सूत्र का प्रयोग कर सकते हैं। पृथ्वी की सतह के पास वायु का घनत्व $\rho = 1.225$ kg/m^3 है जबकि पानी का घनत्व 1000 kg/m^3 होता है। अतः, कुछ सेंटीमीटर या कुछ मीटर जाने में हम हवा के दाब के परिवर्तन को अनदेखा कर देते हैं। जब हम कहते हैं कि पटना में वायुमंडलीय दाब p_0 है तब हम मानते हैं कि गाँधी मैदान में भी यह दाब p_0 है और गोलघर के शिखर पर भी यह p_0 है। परंतु यदि कई किलोमीटर की ऊँचाई से दाब की तुलना करनी हो, तो घनत्व के परिवर्तन का भी ध्यान रखना होगा।

बैरोमीटर

वायुमंडलीय दाब नापने के लिए विभिन्न प्रकार के यंत्रों का प्रयोग होता है। इनमें से एक है बैरोमीटर। इसका इतिहास भी करीब 400 वर्ष पुराना है। 1640 के दशक में अनेक शोधकर्ताओं ने इस विषय पर काम किया और गैलीलियो के विद्यार्थी टॉरिसेली ने मान्यताओं से हटकर यह प्रतिपादित किया कि हवा में भार होता है और वायुमंडल की हवा अपने भार के कारण सतहों को दबाती है। टॉरिसेली के द्वारा बनाए गए बैरोमीटर की डिजाइन को अब भी प्रमुखता से प्रयुक्त किया जाता है।

इसमें लगभग 1 m लंबी शीशे की एक नली (एक सिरे पर बंद) को पारे से पूरा भर दिया जाता है। इस नली के खुले सिरे को किसी टेप या अन्य प्रकार से बंद कर दिया जाता है। एक प्याले या शीशे के किसी बरतन में पारा रखा जाता है। नली को उलटा कर उसके टेप लगे सिरे को प्याले में रखे पारे के अंदर डुबा दिया जाता है। नली को ऊर्ध्वाधर दिशा में व्यवस्थित कर उसके सिरे से टेप हटा लिया जाता है। नली में से थोड़ा पारा निकलकर प्याले में आ जाता है और फिर नली में पारे का स्तर एक जगह पर आकर स्थिर हो जाता है।

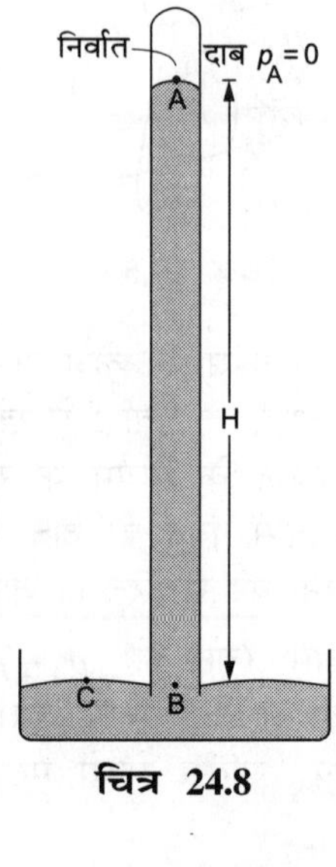

चित्र 24.8

यह परिस्थिति चित्र 24.8 में दिखाई गई है। नली में पारे के ऊपर के आयतन में निर्वात है। यहाँ से पारा जा चुका है और कहीं से भी हवा को घुसने नहीं दिया गया है। इसलिए, यहाँ का दाब $p_A = 0$ है। प्याले में रखे पारे की सतह पर एक बिंदु C तथा नली के अंदर उसी क्षैतिज तल पर एक बिंदु B लें। C पर वायु का दाब वायुमंडलीय दाब p_0 के बराबर है। उसी क्षैतिज तल में होने के कारण B पर भी दाब p_0 के बराबर है। यदि A तथा B के बीच की दूरी H हो, तो

$$p_B - p_A = H\rho g$$

या $$p_0 - 0 = H\rho g$$

या $$p_0 = H\rho g.$$

यहाँ, $\rho = 13600\ \text{kg/m}^3$ पारे का घनत्व है। अतः, H का मान नापकर वायुमंडलीय दाब p_0 का मान निकाला जा सकता है। वायुमंडलीय दाब प्रायः पारे के स्तंभ की लंबाई के रूप में बताया जाता है। यदि बैरोमीटर में पारे के स्तंभ की ऊँचाई 76 cm हो, तो वहाँ पर वायुमंडलीय दाब,

$$\begin{aligned} p_0 &= (76\ \text{cm})(13600\ \text{kg/m}^3)(9.8\ \text{m/s}^2) \\ &= (0.76\ \text{m})\ (13600\ \text{kg/m}^3)(9.8\ \text{m/s}^2) \\ &= 1.01 \times 10^5\ \text{Pa}. \end{aligned}$$

इस दाब को 1 atm (one atmosphere) लिखा जाता है। सामान्यतः, धरती की सतह के आसपास औसत वायुमंडलीय दाब 1 atm के करीब होता है।

क्या होगा यदि हम बैरोमीटर बनाने का प्रयास करें और नली की लंबाई 76 cm से भी छोटी लें। ऐसी स्थिति में नली को प्याले में पलटने पर भी पारा नीचे नहीं आएगा। नली में पारे की सतह ऊपर के बंद हिस्से पर ऊपर की ओर धक्का देगी। वहाँ का दाब p_A होगा जहाँ $p_B - p_A = H\rho g$ होगा, यहाँ H नली की लंबाई है।

अभ्यास 24.2

एक फ्लास्क की पेंदी 10 cm त्रिज्या की वृत्ताकार चकती के रूप में है (चित्र 24.9)। इसमें पेंदी से 20 cm की ऊँचाई तक पानी भरा है। पानी द्वारा पेंदी पर लगाए जानेवाले बल की गणना करें। वायुमंडलीय दाब = 1.01×10^5 Pa.

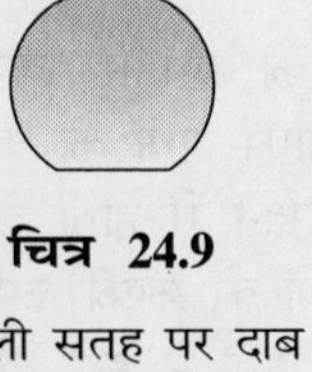

चित्र 24.9

हल फ्लास्क में पानी की खुली सतह पर दाब = वायुमंडलीय दाब p_0

$$= 1.01 \times 10^5\ \text{Pa}.$$

फ्लास्क की पेंदी पर के पानी का दाब,

$$\begin{aligned} p &= p_0 + h\rho g \\ &= 1.01\times10^5\ \text{Pa} + (0.20\ \text{m})(1000\ \text{kg m}^{-3})(10\ \text{m s}^{-2}) \\ &= 1.01\times10^5\ \text{Pa} + 0.02\times10^5\ \text{Pa} \\ &= 1.03\times10^5\ \text{Pa}. \end{aligned}$$

पेंदी का क्षेत्रफल $= \pi r^2 = 3.14\times(10\ \text{cm})^2 = 0.0314\ \text{m}^2$.

अतः, पेंदी पर पानी द्वारा लगता बल,

$$\begin{aligned} F &= p\pi r^2 \\ &= (1.03\times10^5\ \text{Pa})\times(0.0314\ \text{m}^2) \\ &= 3230\ \text{N}. \end{aligned}$$

आपका घरेलू बैरोमीटर

आप बिना पारे के अपना एक बैरोमीटर बना सकते हैं जो वायुमंडलीय दाब का एक अनुमानित मान तो दे ही सकता है।

डॉक्टरों द्वारा प्रयोग किए जानेवाले 20 mL के सिरिंज को लें। इसमें सूई न लगाएँ। इसके पिस्टन को पूरी तरह अंदर कर दें ताकि सिरिंज की सारी हवा बाहर निकल जाए। अब इसके खुले मुँह (जहाँ सूई को लगाया जाता है) को किसी अच्छे एढेसिव से पूरी तरह बंद कर दें। सिरिंज को ऊर्ध्वाधर दिशा में रखते हुए इसे किसी क्लैंप से कस दें।

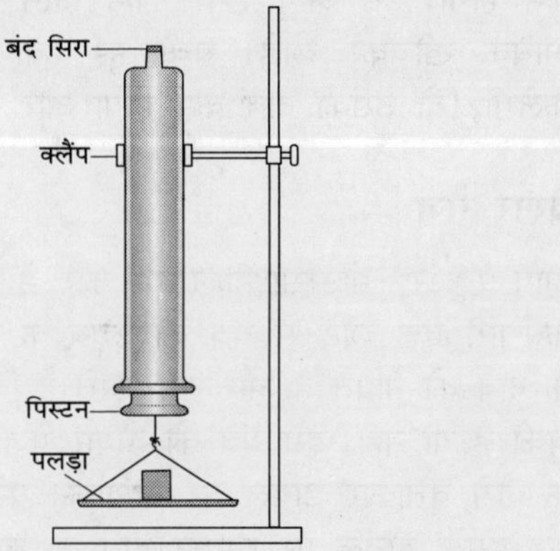

चित्र 24.10

सिरिंज के नीचे के सिरे पर पिस्टन के हैंडिल में एक तार फँसाकर उसमें एक पलड़ा लगा दें। अब पलड़े पर 1 kg का बटखरा रख दें और पिस्टन को थोड़ा नीचे खींचकर छोड़ दें। आप पाएँगे कि पिस्टन वापस ऊपर की ओर जाकर सिरिंज के ऊपरी भाग से सट जाएगा।

पिस्टन पर बाहर से वायुमंडल के कारण ऊपर की ओर p_0A बल लगता है और पलड़े तथा उसपर रखे बटखरे के कारण उनके भार के बराबर बल W लगता है। यहाँ A सिरिंज के अंदर वाले अनुप्रस्थ काट का क्षेत्रफल है। यदि $p_0A > W$ हो, तो पिस्टन ऊपर की ओर जाकर सिरिंज में सट जाएगा। आप पलड़े के भार को बढ़ाते चलें और हर बार पिस्टन को थोड़ा खींचकर छोड़ें। यदि पिस्टन ऊपर की ओर जाता है, तो W का मान और बढ़ाएँ। यदि छोड़ने के बाद पिस्टन नीचे की ओर जाता है, तो W के मान को कम करें। W के मान को इतना रखें ताकि पिस्टन को खींचकर जहाँ छोड़ दिया जाए वह वहीं रह जाए। ऐसे में

$$p_0A = W. \quad \text{... (i)}$$

पलड़े को हटाकर पिस्टन को भी पूरी तरह बाहर निकाल दें। सिरिंज की नली के अंदर वाले व्यास को नाप लें। यहाँ से A का मान निकाल लें। A तथा W के मान से समीकरण (i) की सहायता से p_0 का मान निकालें।

इस विधि में पिस्टन तथा सिरिंज की दीवारों के बीच का घर्षण एक अवांछनीय तत्त्व है। इस कारण यदि पलड़े पर $p_0 A$ से थोड़ा कम या थोड़ा अधिक भार भी रख दिया जाए तो भी पिस्टन जहाँ से छोड़ेंगे वहीं रुक सकता है। इस स्थिति से निपटने के लिए आप न्यूनतम भार W_1 तथा अधिकतम भार W_2 को खोज सकते हैं जिसके लिए पिस्टन खींचकर छोड़ने के बाद अपने स्थान पर बना रह सकता है। इनके औसत

$$W = \frac{W_1 + W_2}{2}$$

को समीकरण (i) में रखकर आप p_0 का मान निकाल सकते हैं। आपके इस स्वनिर्मित बैरोमीटर में अशुद्धि का दूसरा कारण सिरिंज में कैद थोड़ी-सी हवा है। आप पिस्टन को सिरिंज में सबसे ऊपर सटा भी दें, तो भी सिरिंज के मुँह के पास थोड़ी सी हवा रह ही जाती है। ऐसी स्थिति में W का मान वास्तविक मान से कुछ कम होगा। अतः, समीकरण (i) से प्राप्त मान वायुमंडलीय दाब से थोड़ा कम होगा। इस अशुद्धि को कम करने के लिए आप पिस्टन को अधिक खींचकर छोड़ें। बची हुई हवा जब अधिक आयतन में फैलेगी, तो उसका दाब कम होगा और अशुद्धि भी कम होगी।

प्रेशर गेज

आप स्कूटर, मोटरसाइकिल या कार में हवा भरवाने जाते हैं, तो कर्मचारी एक छोटे से यंत्र को ट्यूब के वॉल्वपिन में लगाकर अंदर के दाब को नापते हैं और तय करते हैं कि पर्याप्त हवा ट्यूब में जा चुकी है या नहीं। इस यंत्र को 'प्रेशर गेज' कहते हैं। इसमें एक घड़ी के जैसे वृत्ताकार डायल पर अंशांकन बने होते हैं और एक सूचक सूई इसके डायल पर घूमकर दाब को बताती है। इस घड़ी से एक नली लगी होती है जिसे उस आयतन में जोड़ देते हैं जिसके अंदर का दाब हमें पता करना होता है। बरतन में स्थित हवा या गैस के दाब के कारण डायल की सूई घूमती है।

चित्र 24.11

प्रेशर गेज द्वारा पढ़ा गया मान उस आयतन में स्थित गैस के दाब तथा वायुमंडलीय दाब के अंतर के बराबर होता है। यदि किसी बरतन की गैस का दाब वायुमंडलीय दाब के बराबर हो तथा उस आयतन को प्रेशर गेज से जोड़ दिया जाए, तो उसकी सूई शून्य ही दिखाएगी।

प्रेशर गेज के डायल का अंशांकन सामान्यतः पाउंड-फोर्स प्रति वर्ग इंच (pound-force per square inch) में होता है जिसे psi कहते हैं। 1 psi का अर्थ है प्रति वर्ग इंच सतह पर 1 पाउंड (1 kg = 2.202 pounds) के भार के बराबर बल लग रहा है।

$$\text{अतः,} \quad 1\,\text{psi} = \frac{\left(\dfrac{1}{2.202}\,\text{kg}\right)(9.8\,\text{m/s}^2)}{(2.54\,\text{cm})^2}$$

$$= \frac{9.8 \times 10^4}{2.202 \times 2.54 \times 2.54}\,\text{N/m}^2$$

$$\approx 7000\,\text{N/m}^2.$$

वायुमंडलीय दाब से बरतन की गैस के दाब का अंतर बरतन का गेज प्रेशर कहलाता है।

मैनोमीटर

किसी बंद बरतन में स्थित गैस का गेज प्रेशर नापने के लिए हम एक बहुत ही सरल यंत्र का उपयोग कर सकते हैं जिसे मैनोमीटर कहा जाता है। इसे हर कोई अपने घर में आसानी से बना सकता है। इसमें एक पारदर्शी नली में किसी द्रव का कुछ आयतन भर देते हैं। नली को U-आकार का मोड़कर इसके दोनों हिस्सों को ऊर्ध्वाधर स्थिति में रखा जाता है। नली का एक सिरा वायुमंडल में खुला होता है और दूसरे सिरे को उस बरतन में जोड़ देते हैं जिसका दाब नापना होता है। चित्र 24.12 में इस रचना को दिखाया गया है। इस चित्र में A तथा C द्रव के तल हैं तथा B बिंदु A के क्षैतिज तल में है।

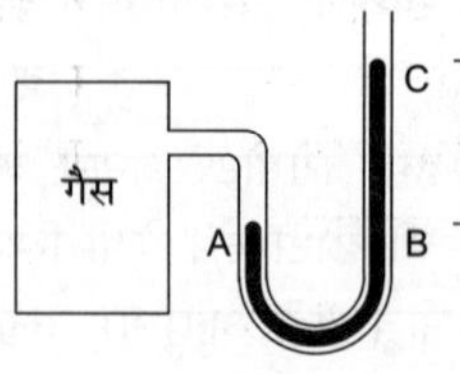

चित्र 24.12

बरतन की गैस का दाब,

$$p = p_A = p_B$$
$$= p_C + h\rho g$$
$$= p_0 + h\rho g. \text{ (जहाँ } p_0 = \text{वायुमंडलीय दाब)}$$

द्रव के स्तंभों की ऊँचाई में अंतर h, उसके घनत्व (ρ) तथा g का उपयोग कर आप बरतन में रखी गैस का गेज प्रेशर $(p - p_0)$ निकाल सकते हैं।

24.5 आर्किमीडीज का सिद्धांत

पानी से भरे एक लोटे को हाथ में पकड़ें। इसे धीरे-धीरे एक टब में रखे पानी में नीचे ले जाएँ। हाथों को कैसा महसूस होता है? टब के बाहर लोटे को उठाए रखने में हाथों को ज्यादा बल लगाना पड़ता है, पर टब के अंदर हाथों को काफी कम बल लगाना पड़ता है। ऐसा लगता है जैसे लोटे को पानी में डुबो देने पर उसके (तथा उसमें रखे पानी के) भार में कमी आ गई है। आप अच्छी तरह जानते हैं कि वस्तु का भार पृथ्वी द्वारा उसपर लगे गुरुत्वाकर्षण बल को कहते हैं और इसमें कोई कमी नहीं आई है। लोटे के भार में यह आभासी

कमी इसलिए आई है कि टब में रखा पानी लोटे की सतह पर ऊपर की ओर बल लगा रहा है। इसलिए लोटे को संतुलन में बनाए रखने के लिए हमें कम बल लगाना पड़ रहा है।

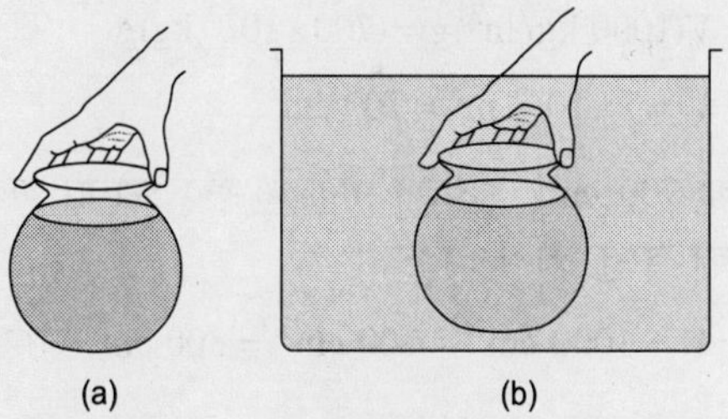

चित्र 24.13

किसी द्रव या गैस द्वारा उसमें डूबी हुई वस्तु पर ऊपर की ओर जो बल लगाया जाता है उसे उत्प्लावन बल (buoyancy force) कहते हैं। वस्तु के भार में आई आभासी कमी इसी उत्प्लावन बल के बराबर होती है। उत्प्लावन बल के परिमाण को जानने के लिए आर्किमीडीज ने हमें एक सिद्धांत दिया जिसे हम 'आर्किमीडीज के सिद्धांत' के नाम से जानते हैं। इसके अनुसार, "जब किसी ठोस को किसी द्रव में पूर्णतः या आंशिक रूप में डुबोया जाता है, तो उसके भार में एक आभासी कमी आ जाती है जो वस्तु द्वारा हटाए गए द्रव के भार के बराबर होती है।"

मान लें कि V आयतन की एक वस्तु किसी द्रव में डुबोई गई है। जहाँ अब वस्तु है वहाँ पहले द्रव था जिसे हटाकर वस्तु ने अपने लिए जगह बनाई है। अर्थात, वस्तु ने V आयतन का द्रव हटाया है। आर्किमीडीज के सिद्धांत के अनुसार, द्रव द्वारा वस्तु पर लगाया गया उत्प्लावन बल V आयतन के द्रव के भार के बराबर होगा। यदि द्रव का घनत्व ρ हो, तो उत्प्लावन बल,

$$B = V\rho g \qquad \text{... (24.3)}$$

होगा। यदि वस्तु आंशिक रूप में द्रव में डूबी हो, तो जितना आयतन द्रव में डूबा है, उतने ही आयतन V के द्रव के भार के बराबर उत्प्लावन बल होगा।

आर्किमीडीज के सिद्धांत को हम न्यूटन के प्रथम गति-नियम के आधार पर आसानी से समझ सकते हैं। चित्र 24.14 में द्रव में डूबी हुई V आयतन की एक वस्तु दिखाई गई है। इसकी सतह पर हर तरफ से द्रव द्वारा बल लगाए जा रहे हैं। नीचे के हिस्सों पर द्रव का दाब अधिक है, इसलिए प्रतिइकाई क्षेत्रफल यहाँ अधिक बल लगेंगे, जबकि ऊपर के हिस्सों पर कम। नीचे के हिस्सों पर बलों के ऊर्ध्वाधर घटक ऊपर की ओर होंगे जबकि ऊपर के हिस्सों पर ये घटक नीचे की ओर होंगे। अतः, इन सबका परिणामी बल ऊपर की ओर होगा। इसीलिए, उत्प्लावन बल ऊपर की ओर होता है।

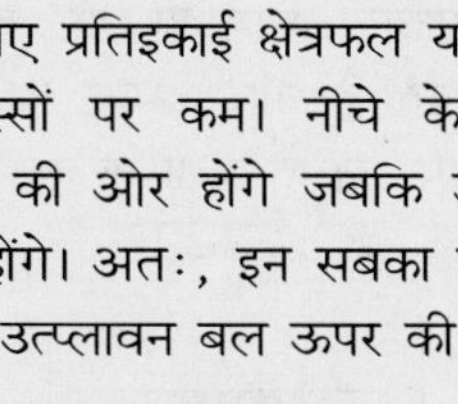

चित्र 24.14

कल्पना करें कि जहाँ अभी ठोस वस्तु डूबी हुई है, वहाँ पर वस्तु न होकर वही द्रव होता। अर्थात, हमने अपनी कल्पना में ठोस के बाहर के द्रव को बिना छेड़े ठोस को हटाकर उसकी जगह V आयतन का वही द्रव भर दिया है। अब बरतन में सिर्फ द्रव ही द्रव है, पर उसकी ऊपरी सतह ज्यों-की-त्यों है।

चित्र 24.14 को फिर से देखें और कल्पना करें कि यहाँ जो आकृति बनी है वह डूबे हुए ठोस की नहीं, बल्कि पूरे द्रव के अंदर ही एक हिस्से की आकृति है। इस हिस्से के बाहर का द्रव इस हिस्से पर दाब के कारण बल लगाएगा। ये बल भी उन्हीं तीरों के द्वारा प्रदर्शित होंगे जो चित्र 24.14 में दिखाए गए हैं। द्रव का यह भाग संतुलन में है। इसपर लगते बल हैं,

(a) द्रव के इस भाग का भार Mg,

(b) इस भाग के बाहर के द्रव द्वारा इसके विभिन्न हिस्सों पर लगाए जानेवाले सभी बलों का परिणामी B.

संतुलन के लिए $B = Mg$.

जब इसी स्थान पर इसी आकृति का ठोस डूबा हुआ था, तब भी दाब के कारण ठोस की सतह पर विभिन्न हिस्सों पर उतने ही बल लग रहे थे। अर्थात, ठोस पर भी उत्प्लावन बल उतना ही, $B = Mg$ होगा। अर्थात, द्रव में डूबे हुए ठोस पर द्रव द्वारा उत्प्लावन बल हटाए गए द्रव के भार के बराबर होता है।

आर्किमीडीज का सिद्धांत न्यूटन के प्रथम गति-नियम का ही अनुप्रयोग (application) है। इसलिए यह जड़त्वीय फ्रेमों में ही लागू होगा। यदि हम अजड़त्वीय फ्रेम में काम कर रहे हों, तो उत्प्लावन बल हटाए गए द्रव के भार से भिन्न भी हो सकता है।

तैरना और डूबना

मनुष्य नदी या तालाब में तैर भी सकता है और डूब भी सकता है। तैरने की अपनी एक विधि है। जिसे तैरने की विधि आती है वह तैर लेता है तथा जिसे तैरने की विधि नहीं आती है वह नदी-तालाब में दूर तक जाने की सोचता भी नहीं। परंतु, रबर का गेंद बिना किसी प्रयास के पानी पर आसानी से तैरता है। वहीं स्टील की चम्मच पानी में डालते ही डूब जाता है। यदि हम किसी ठोस वस्तु को किसी द्रव में पूरी तरह डुबोकर छोड़ दें, तो उसपर ऊर्ध्वाधर दिशा में दो बल लगते हैं, (a) उसका भार W नीचे की ओर तथा (b) द्रव द्वारा उत्प्लावन बल B ऊपर की ओर। यदि वस्तु का आयतन V_0 हो, तो उत्प्लावन बल $B = V_0\rho g$, जहाँ ρ द्रव का घनत्व है।

स्थिति 1. $B = V_0\rho g > W$

ऐसी स्थिति में वस्तु ऊपर की ओर आएगी। द्रव की सतह से जब वह बाहर निकलने लगेगी, तो उसपर लगने वाले उत्प्लावन बल का मान घटने लगेगा। ठोस का जितना भाग द्रव के अंदर है उतने ही आयतन का द्रव वह हटाएगा और उत्प्लावन बल का मान उतने ही आयतन के द्रव के भार के बराबर होगा। एक स्थिति ऐसी भी होगी जब उत्प्लावन बल का मान घटकर वस्तु के भार के बराबर हो जाए। यहाँ वस्तु विराम अवस्था में रह सकती है। इसे ही हम वस्तु का तैरना कहते हैं। यदि वस्तु में कुछ वेग भी हो, तो द्रव के घर्षण

के कारण थोड़ी ही देर में यह वस्तु स्थिर हो जाएगी।

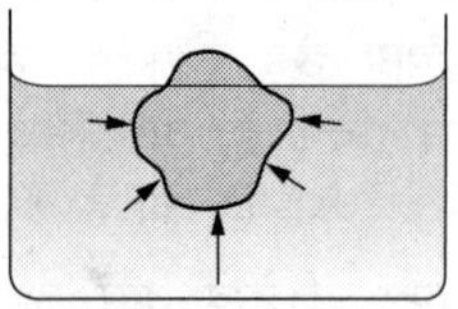

चित्र 24.15

यदि वस्तु का भार W हो, उसका V आयतन पानी के अंदर हो तथा द्रव का घनत्व ρ हो, तो तैरने के लिए

$$W = V\rho g. \qquad \text{... (i)}$$

स्थिति 2. $V_0\rho g < W$

इस अवस्था में वस्तु द्रव में पूरी तरह अंदर है और उसपर लगता उत्प्लावन बल उसके भार से कम है। वस्तु पर नीचे की ओर एक परिणामी बल लगेगा तथा वह नीचे की ओर आने लगेगी। जब वह बरतन की पेंदी पर पहुँच जाएगी तब पेंदी द्वारा उपयुक्त परिमाण का संपर्क बल लगेगा तथा वस्तु पेंदे पर रुकी रहेगी। प्रारंभिक वेग के कारण हो सकता है कि वस्तु पेंदे से टकराकर वापस आए और कुछ गति करे। परंतु, द्रव के घर्षण के कारण शीघ्र ही यह गति समाप्त हो जाएगी और वस्तु द्रव में डूबी रहेगी।

स्थिति 3. $V_0\rho g = W$

ऐसी स्थिति को प्राप्त करना अत्यंत कठिन है, पर यदि ऐसा हो जाए तो वस्तु को द्रव में जहाँ छोड़ देंगे, वहीं रुकी रहेगी।

स्वयं करें

होमियोपैथी की दवाएँ प्रायः शीशे की छोटी बेलनाकार शीशियों में दी जाती हैं। शीशी में एक ढक्कन लगा होता है। आप एक शीशी लेकर इसमें थोड़ा पानी डाल दें तथा ढक्कन बंद कर दें। पानी सहित यह शीशी ही हमारी वस्तु है। अब इस शीशी को शीशे के एक बड़े बरतन में रखे पानी में डालकर छोड़ दें। चूँकि शीशी का बाहरी आयतन निश्चित है, तो उत्प्लावन बल B का मान निश्चित होगा। शीशी के अंदर के पानी की मात्रा के अनुसार इस वस्तु का भार W आप बदल सकते हैं। यदि आप इतना पानी डालें कि $W > B$ हो, तो शीशी नीचे डूब जाएगी और यदि $W < B$ हो, तो वह ऊपर आकर सतह पर तैरने लगेगी। आप प्रयास करें कि शीशी में ठीक उतना ही पानी डालें जिससे $W = B$ हो जाए और शीशी को आप पानी में जहाँ छोड़ें, वह वहीं रह जाए। यह मुश्किल तो होगा, पर शीशी के ऊपर आने या नीचे जाने की गति को आप काफी कम कर सकते हैं। शीशी को इस प्रकार धीमी गति से चलते देखने में आपको आनंद आएगा।

अभ्यास 24.3

700 g द्रव्यमान की एक वस्तु 10 cm लंबाई वाले घन के आकार में है। इसे पानी में तैराने पर इसका कितना आयतन पानी के बाहर होगा? पानी का घनत्व = 1000 kg/m³.

हल यदि घन का V आयतन पानी के अंदर हो, तो उसपर लगता उत्प्लावन बल,

$$B = V(1000\ \text{kg/m}^3)g.$$

तैरने की स्थिति में यह उत्प्लावन बल वस्तु के भार के बराबर होगा। अतः,

$$V(1000\ \text{kg/m}^3)g = (700\times10^{-3}\ \text{kg})g$$

या $$V = 7\times10^{-4}\ \text{m}^3 = 700\ \text{cm}^3.$$

वस्तु का 700 cm³ आयतन पानी के अंदर होगा। अतः, पानी के बाहर का वस्तु का आयतन,

V = 1000 cm³ − 700 cm³ = 300 cm³ होगा।

उत्प्लावन केंद्र

आप अपनी पेंसिल को पानी भरे एक टब में डाल दें। वह पानी के ऊपर लेट कर तैरती रहती है। पर, वह पानी में खड़ी रहकर क्यों नहीं तैरती? लकड़ी या प्लास्टिक की घनाकार वस्तु को पानी में तैरने दें। क्या इसकी सतहें क्षैतिज एवं ऊर्ध्वाधर रहती हैं? घन घूमकर एक विशिष्ट आकृति में आकर रुकता है। यह ऐसा क्यों घूम जाता है? एक खाली भगोने को पानी पर तैरने दें। यह सीधा तैरता है। अब इसमें थोड़ा पानी डाल दें, यह घूमकर टेढ़ा हो जाता है। क्यों? यह सब जानने के लिए आपको उत्प्लावन केंद्र की परिकल्पना को जानना होगा।

चित्र 24.16 में एक बरतन में रखे द्रव में एक वस्तु संतुलन की अवस्था में तैरती हुई दिखाई गई है। वस्तु का जो हिस्सा द्रव में है, उसे छायांकित कर दिया गया है। यदि इस छायांकित हिस्से में वही द्रव होता, तो उसका जो द्रव्यमान केंद्र होता वही इस तैरती वस्तु का उत्प्लावन केंद्र होता है। चित्र में हमने इसे B बिंदु से दिखाया है। यदि वस्तु का घनत्व सभी जगह समान हो, तो वस्तु के इस भाग का द्रव्यमान केंद्र भी वहीं होगा, जहाँ यदि इसमें द्रव होता तो उसका द्रव्यमान केंद्र होता। अतः, समांग (uniform) वस्तुओं के लिए उनका उत्प्लावन केंद्र वही होगा जो उनके डूबे भाग का द्रव्यमान केंद्र है।

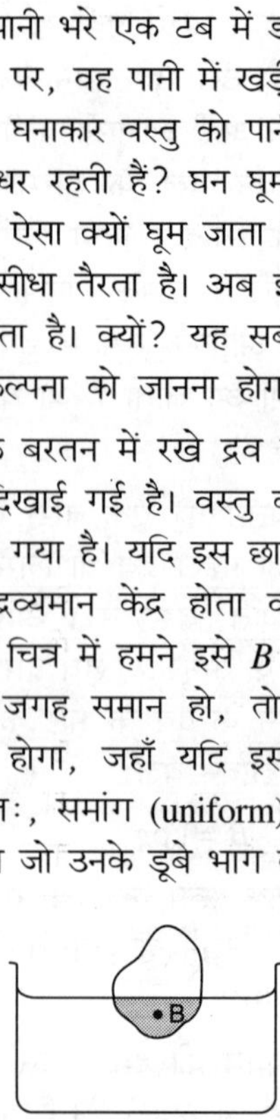

चित्र 24.16

कल्पना करें कि बरतन में वस्तु के बाहर के द्रव को बिना छेड़े, वस्तु को हटाकर छायांकित भाग में हम वही द्रव भर देते हैं। अब बरतन में सिर्फ द्रव है और इसका हर भाग संतुलन में है। छायांकित भाग के द्रव पर लगते बलों के बल-आघूर्ण पर विचार करें (चित्र 24.17)।

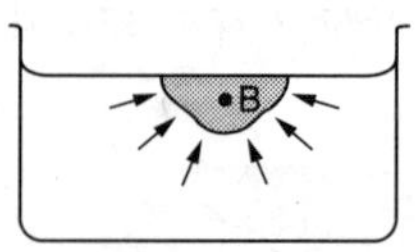

चित्र 24.17

इसपर लगते बल हैं,

(a) भार के कारण mg नीचे की ओर, जहाँ m छायांकित भाग के द्रव का द्रव्यमान है।

(b) बाहर के द्रव के दाब के कारण $p\Delta S$, सतह के लंबवत सभी भागों पर, जिनका परिणामी उत्प्लावन बल है।

चूँकि वस्तु संतुलन में है, अतः किसी भी बिंदु के प्रति इन बलों का कुल बल-आघूर्ण शून्य होगा। छायांकित द्रव के भार mg को B बिंदु से नीचे की ओर लगता माना जा सकता है। पूर्ण संतुलन के लिए सभी $p\Delta S$ वाले बलों के परिणामी को भी B बिंदु से ऊपर की ओर लगना होगा। तभी इनका बल-आघूर्ण, भार के बल-आघूर्ण के साथ मिलकर शून्य होगा।

अतः, हमने एक महत्त्वपूर्ण परिणाम का प्रतिपादन किया है। किसी तैरती हुई वस्तु पर लगते हुए उत्प्लावन बल को उसके उत्प्लावन केंद्र से होकर जाता हुआ माना जा सकता है।

अब हम पुनः तैरती हुई वस्तु के संतुलन की बात करते हैं। वस्तु का भार Mg उसके द्रव्यमान केंद्र C से होकर नीचे की ओर जाता हुआ माना जा सकता है और उत्प्लावन बल F_B उसके उत्प्लावन केंद्र B से ऊपर की ओर जाता हुआ माना जा सकता है। घूर्णन के संतुलन की पहली शर्त तो यह होगी कि C तथा B एक ही ऊर्ध्वाधर रेखा पर हों, ताकि किसी भी बिंदु के प्रति उनके बल-आघूर्ण मिलकर शून्य हो सके। पर, उससे भी महत्त्वपूर्ण प्रश्न यह है कि यह स्थायी संतुलन (stable equilibrium) है या अस्थायी? क्या होगा, यदि हम वस्तु को एक ओर जरा-सा घुमाकर छोड़ देंगे? यह अपनी पुरानी स्थिति की ओर वापस घूमेगी या हमने जिस ओर घुमाया था, उसी ओर और ज्यादा घूम जाएगी?

यदि तैरती वस्तु का द्रव्यमान केंद्र उसके उत्प्लावन केंद्र से नीचे हो, तो वस्तु स्थायी संतुलन में तैरेगी। परंतु, तैरती वस्तु का द्रव्यमान केंद्र C, उसके उत्प्लावन केंद्र B से ऊपर हो सकता है। चित्र 24.18 में यह स्थिति दिखाई गई है। यदि आप वस्तु को वामावर्ती दिशा में थोड़ा घुमाकर C को बायें खिसका दें, तो B दाहिने खिसक जाएगा और भार W तथा उत्प्लावन बल F_B का परिणामी बल आघूर्ण उसे और भी वामावर्ती दिशा में ले जाएगा। पर, ऐसा नहीं होता। तैरती हुई वस्तु अपने लिए स्थायी संतुलन की स्थिति खोज लेती है। कैसे?

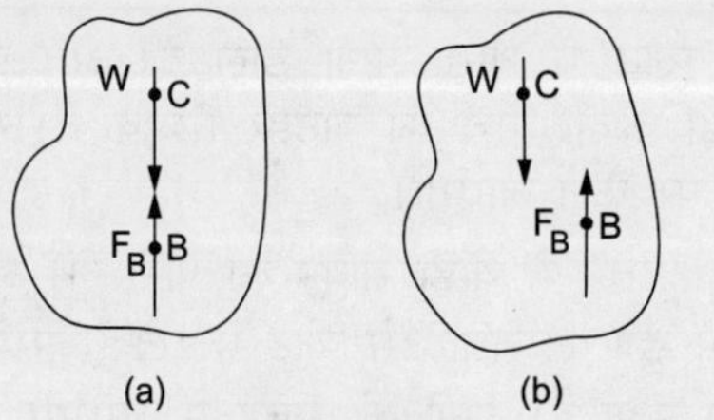

चित्र 24.18

यदि आप द्रव में तैरती हुई किसी वस्तु को थोड़ा घुमा दें तो अंदर के भाग की आकृति भी बदल जा सकती है। कल्पना करें कि आप प्लास्टिक के एक खाली बॉक्स को पानी पर तैरा रहे हैं। सामान्यतः, इस बॉक्स की सतहें क्षैतिज एवं ऊर्ध्वाधर होंगी। पानी के अंदर के भाग की सतहें भी क्षैतिज व ऊर्ध्वाधर होंगी। अतः, हटाया गया पानी एक आयताकार पट्टी के रूप में होगा जिसका अपना एक द्रव्यमान केंद्र होगा। अब यदि इस बॉक्स को थोड़ा घुमा दिया जाए तो विस्थापित पानी की आकृति आयताकार पट्टी की तरह नहीं रह जाएगी। इस नयी पट्टी का द्रव्यमान केंद्र बिलकुल अलग जगह पर होगा। अर्थात, तैरती वस्तु का उत्प्लावन केंद्र उस वस्तु में एक निश्चित बिंदु न होकर उसकी कोणीय स्थिति (orientation) पर निर्भर करता है।

चित्र 24.19 में एक बरतन पानी में संतुलन की स्थिति में तैर रहा है। बरतन का द्रव्यमान केंद्र C उत्प्लावन केंद्र B से ऊपर है। मान लें इसे थोड़ा-सा घुमा दिया जाता है। पानी के अंदर के बरतन का आकार बदल गया है और बायीं ओर अधिक आयतन है जबकि दाहिनी ओर कम [चित्र 24.19(b)]। अतः, इस नई स्थिति में उत्प्लावन केंद्र का स्थान बायीं ओर सरक जाएगा। ऐसी हालत में भार तथा उत्प्लावन बलों का परिणामी बल-आघूर्ण इसे दक्षिणावर्ती स्थिति में ले जाने का प्रयास करेगा। अर्थात, चित्र 24.19(a) में दिखाई स्थिति स्थायी संतुलन की स्थिति है।

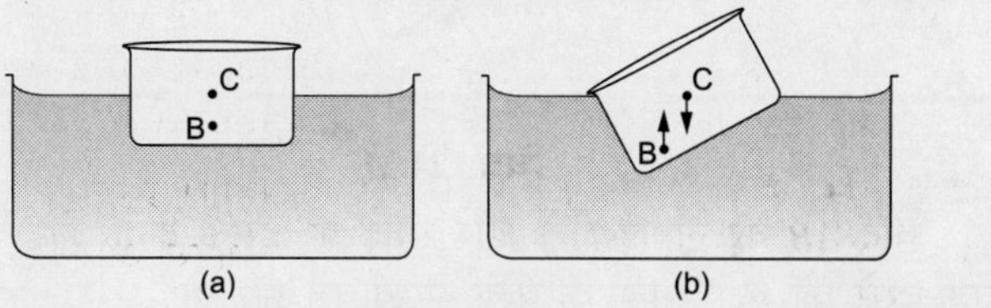

चित्र 24.19

प्रायः ऐसे स्थायी संतुलन की स्थिति की गणना करना एक जटिल गणितीय प्रक्रिया होती है।

24.6 पृष्ठ-तनाव

स्टील से बने ब्लेड को पानी भरे बीकर में अंदर तक डुबाकर छोड़ दें। ब्लेड डूबकर बीकर की पेंदी पर पहुँच जाता है। उसी ब्लेड को बाहर निकालकर क्षैतिज अवस्था में रखते हुए धीरे से पानी की सतह पर छोड़ दें। वह पानी पर मजे से तैरता रहता है। यहाँ आर्किमीडीज का सिद्धांत क्यों नहीं काम करता? स्टील का घनत्व पानी से कई गुना अधिक होता है। फिर विस्थापित पानी का भार ब्लेड के भार के बराबर कैसे हो सकता है? ऐसा इसलिए होता है, क्योंकि पानी की सतह बिलकुल अलग प्रकार से व्यवहार करती है।

जब हम द्रव की सतह की बात करते हैं तो हमारा मतलब 10–15 अणुओं की परतों की मोटाई से होता है। द्रव के अंदर अणुओं के बीच का आकर्षण बल उनके बीच की दूरी पर निर्भर करता है और दूरी बढ़ने पर कम होता जाता है।

इसलिए, द्रव के किसी अणु पर एक विशेष दूरी तक के ही अणु प्रभावी रूप से बल लगा पाते हैं। द्रव के अंदर के किसी अणु पर चारों ओर से अन्य अणु अपनी-अपनी ओर बल लगाते हैं और परिणामी बल शून्य हो जाता है। यदि आप सतह के किसी अणु पर विचार करें, तो उसके ऊपर हवा के अणु हैं और नीचे द्रव के।

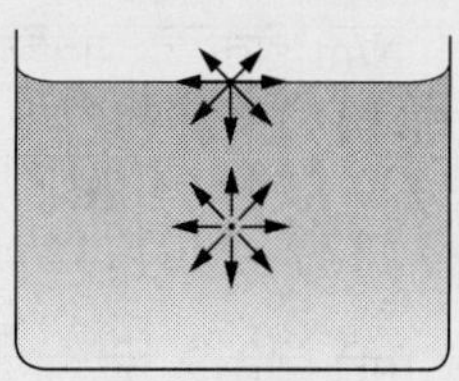

चित्र 24.20

इसलिए इस अणु के प्रभाव क्षेत्र में नीचे अधिक तथा ऊपर कम अणु होंगे (चित्र 24.20)। इसलिए, नीचे की ओर से इसपर अधिक बल लगेगा और ऊपर की ओर से कम। यानी सतह के अणुओं पर द्रव नीचे की ओर एक बल लगाता है जबकि अंदर के अणुओं पर ऐसा कोई बल नहीं लगता। इस कारण सतह के अणुओं के बीच अतिरिक्त आंतरिक बल पैदा हो जाते हैं और यह सतह एक रबर की तनी हुई शीट की तरह व्यवहार करती है। यदि आप द्रव की सतह पर एक रेखा *AB* की कल्पना करें तो *AB* के दोनों ओर के द्रव एक-दूसरे पर बल लगाकर अपनी-अपनी ओर खींचते हैं (चित्र 24.21)। ये बल *AB* रेखा के लंबवत तथा इस लंबाई के समानुपाती होते हैं। स्वाभाविक रूप से ये बल पानी की सतह के समानांतर होते हैं।

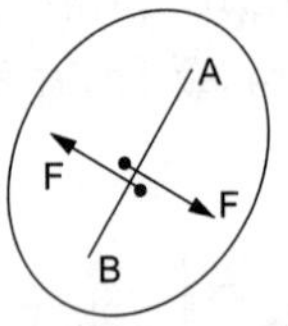

चित्र 24.21

यदि *AB* की लंबाई l हो और सतह पर इसके दोनों ओर के द्रव एक-दूसरे को F परिमाण के बलों से खींचते हों, तो

$$S = \frac{F}{l}$$

को उस द्रव का पृष्ठ-तनाव (surface tension) कहते हैं। इसका SI मात्रक N/m होता है।

पृष्ठ-तनाव का सीधा संबंध द्रव के संसंजक बल (cohesive force) से है। पानी के अणुओं के बीच के संसंजक बल का मान अधिकांश द्रवों के सापेक्ष काफी अधिक होता है। इसलिए, पानी का पृष्ठ-तनाव काफी अधिक होता है। सारणी 24.1 में हवा में खुली सतहों वाले कुछ द्रवों के पृष्ठ-तनाव 10–20 °C के आसपास के ताप के लिए दिए गए हैं।

सारणी 24.1: पृष्ठ-तनाव

द्रव	पृष्ठ-तनाव $N\,m^{-1}$	द्रव	पृष्ठ-तनाव $N\,m^{-1}$
पारा	0.465	ग्लिसरीन	0.063
जल	0.075	कार्बन टेट्राक्लोराइड	0.027
साबुन का घोल	0.030	एथिल ऐल्कोहॉल	0.022

ताप का प्रभाव

जब किसी द्रव का ताप बढ़ा दिया जाता है तो उसके अणुओं की औसत चाल बढ़ जाती है। इस कारण अणुओं के बीच लगते संसंजक बल का प्रभाव घट जाता है और इसलिए पृष्ठ-तनाव भी कम हो जाता है। पानी का पृष्ठ-तनाव 30 °C (कमरे के ताप के आसपास) 0.071 N/m होता है जबकि 80 °C पर यह घटकर 0.061 N/m रह जाता है।

साबुन का प्रभाव

साबुन में ऐसे पदार्थ मिले होते हैं जो पानी के अणुओं के बीच के संसंजक बलों को कमजोर कर देते हैं। इसलिए पानी में थोड़ा-सा साबुन मिला देने से पानी का पृष्ठ-तनाव कई गुना कम हो जाता है। यह तथ्य भी धूल के कणों आदि को हटाने में सहायता करता है।

सतह का क्षेत्रफल कम करने की प्रवृत्ति

पृष्ठ-तनाव के कारण द्रव की सतह पर के अणुओं की स्थितिज ऊर्जा अंदर के अणुओं की अपेक्षा अधिक होती है। अपनी कुल ऊर्जा को न्यूनतम करने के प्रयास में द्रव की सतह अपने क्षेत्रफल को कम करने का प्रयास करती है। पृष्ठ-तनाव का यह प्रभाव आसानी से दैनिक जीवन में देखा जा सकता है।

(a) पेंटिंग करनेवाले ब्रश को पानी के अंदर डुबोकर रखें। इसके सारे रेशे अलग-अलग रहते हैं। अब इस ब्रश को पानी से बाहर निकालें। सभी रेशे एक-दूसरे में चिपक जाते हैं। इन रेशों के बीच पानी की सतहें बन जाती हैं और रेशे चिपककर इन सतहों का क्षेत्रफल कम कर लेते हैं।

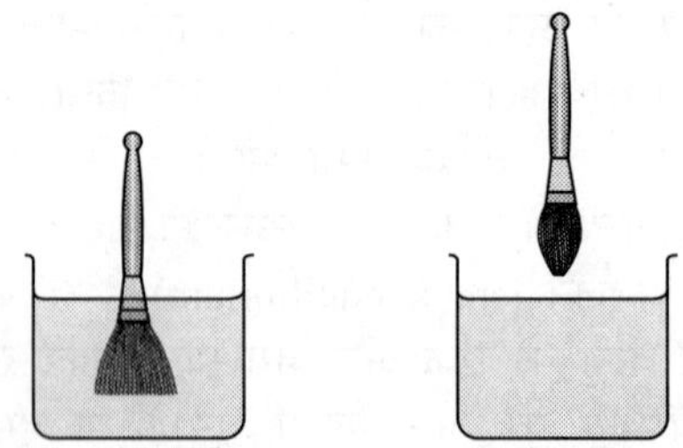

पानी के अंदर ब्रश — पानी से बाहर निकालने पर ब्रश

चित्र 24.22

(b) यदि आपने कभी थर्मामीटर को टूटते देखा हो, तो फर्श पर पारे की छोटी-छोटी गोल-गोल बूँदों को इधर-उधर भागते जरूर देखा होगा। ये बूँदें लगभग पूरी तरह गोलाकार दिखती हैं। पानी की छोटी बूँदें भी लगभग गोलाकार होती हैं। किसी दिए हुए आयतन के लिए गोले की सतह न्यूनतम होती है। इसीलिए, द्रव की छोटी बूँदें गोलाकार होने का प्रयास करती हैं। गुरुत्वाकर्षण या अन्य बलों के कारण इनकी आकृति गोलाकार से बदल सकती है, पर आंतरिक बलों के प्रभाव में यह अपनी सतह का क्षेत्रफल कम करने के लिए गोलाकार आकृति ग्रहण करने का प्रयास करती है।

(c) एक प्लेट में थोड़ा पानी डाल दें। अब इसकी सतह पर चुटकी से थोड़ी काली मिर्च का पाउडर छिड़क दें। यह पाउडर पानी की पूरी सतह पर फैल जाएगा।

एक दूसरे बरतन में थोड़ा साबुन का पानी लें। अपनी एक उँगली को इस पानी में डुबा लें तथा उसे प्लेट में रखे (जिसमें काली मिर्च का पाउडर छिड़का हुआ है) पानी की सतह में लगभग बीच में छुआकर हटा लें। आप क्या देखते हैं? अचानक काली मिर्च का पाउडर बीच से

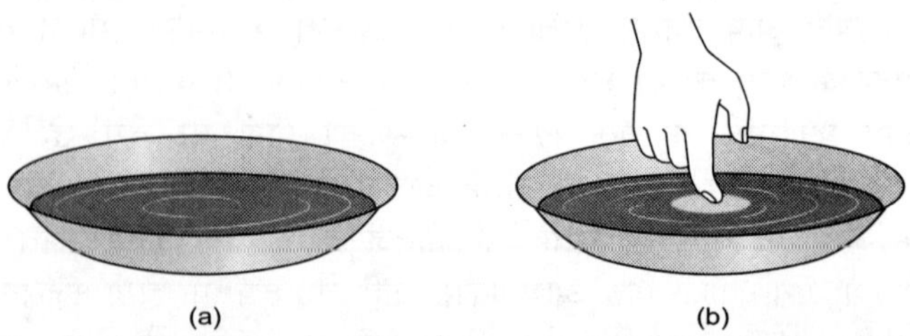

(a) (b)

चित्र 24.23 (a) प्लेट में पानी पर काली मिर्च, (b) उँगली से छूने के बाद

हट जाता है। ऐसा इसलिए होता है, क्योंकि साबुन का पानी मिलने से बीच के पानी का पृष्ठ-तनाव कम हो गया और वहाँ के पानी के कारण मिर्च पाउडर पर अंदर की ओर लगनेवाला बल कम हो गया। परंतु, बाहरी क्षेत्रों में पानी का पृष्ठ-तनाव अधिक है और वह पानी मिर्च पाउडर को बाहर की ओर अधिक बल से खींच रहा है।

(d) तार का एक चौकोर या गोल फ्रेम बना लें। इसे साबुन के पानी में डुबाकर बाहर निकाल लें। फ्रेम पर पानी की एक झिल्ली आ जाएगी। इस पानी की दो सतहें होंगी तथा दोनों के बीच पानी होगा। इनकी सतहों की आकृति फ्रेम की आकृति की ही जैसी होगी। धागे का एक छोटा सा लूप बनाकर पानी की इस झिल्ली पर धीरे से रख दें। यह लूप अनियमित आकार में पानी की झिल्ली पर पड़ा होगा। अब एक सूई लेकर उसे लूप के भीतर वाले हिस्से में तेजी से, पर सावधानी से चुभा दें ताकि झिल्ली के उस हिस्से में छेद हो जाए। आप पाएँगे कि लूप अचानक फैलकर वृत्ताकार हो गया है। छेद हो जाने के बाद धागे का यह लूप अपनी पुरानी अवस्था में ही क्यों नहीं पड़ा रहा? क्योंकि उसने लूप के अंदर का क्षेत्रफल अधिकतम किया है ताकि फ्रेम तथा लूप के बीच की झिल्ली की सतह का क्षेत्रफल न्यूनतम किया जा सके।

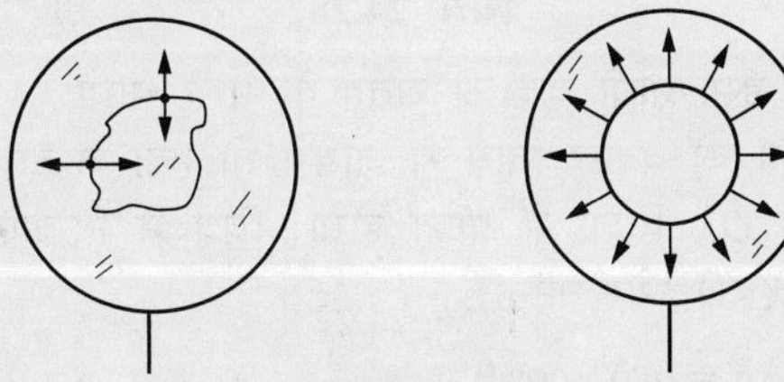

चित्र 24.24

अभ्यास 24.4

V आयतन के घन की सतह के कुल क्षेत्रफल तथा उतने ही आयतन के एक गोले की सतह के कुल क्षेत्रफल का अनुपात निकालें।

हल यदि घन के एक किनारे की लंबाई L हो, तो

$$V = L^3$$

तथा सतह का क्षेत्रफल,

$$S_1 = 6L^2 = 6V^{2/3}.$$

यदि इसी आयतन के गोले की त्रिज्या R हो, तो

$$V = \frac{4}{3}\pi R^3$$

तथा सतह का क्षेत्रफल,

$$S_2 = 4\pi R^2 = 4\pi\left(\frac{3V}{4\pi}\right)^{2/3} = (4\pi)^{1/3}\cdot 3^{2/3}\cdot V^{2/3}.$$

अतः, $\dfrac{S_1}{S_2} = \dfrac{6}{(4\pi)^{1/3}\cdot 3^{2/3}} = 1.24.$

घन की सतह गोले की सतह से 1.24 गुना अधिक होगी।

24.6.1 पृष्ठ ऊर्जा

द्रव की सतह के अणुओं की ऊर्जा अंदर के अणुओं की ऊर्जा के सापेक्ष अधिक होती है। सतह की यह अतिरिक्त ऊर्जा पृष्ठ ऊर्जा कहलाती है। पृष्ठ ऊर्जा तथा पृष्ठ-तनाव में बहुत ही सीधा-सरल संबंध है। एक U-आकार का फ्रेम लें तथा उसपर एक तार लगा दें जिसे आगे-पीछे खिसकाया जा सके। इस फ्रेम को साबुन के पानी में डुबाकर बाहर निकालें तथा क्षैतिज स्थिति में रखें (चित्र 24.25)। फ्रेम में लगे पानी की झिल्ली की दो सतहें हैं और ये दोनों सतहें खिसकनेवाले तार को अंदर की ओर खींचेंगी। तार को अपने स्थान पर रखने के लिए बाहर की ओर एक बल F लगाना पड़ेगा। यदि इस तार की लंबाई l और साबुन के पानी का पृष्ठ-तनाव S हो तो प्रत्येक सतह तार पर अंदर की ओर Sl बल लगाएगी। अतः,

$$F = 2Sl.$$

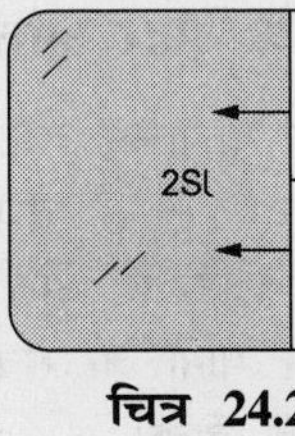

चित्र 24.25

अब मान लें कि इस तार को बाहर की ओर धीरे-धीरे खींचकर dx दूरी तक खिसका दिया जाता है। प्रत्येक सतह का क्षेत्रफल ldx से बढ़ जाएगा, अर्थात $2ldx$ क्षेत्रफल की नई सतह पैदा हो जाएगी। अर्थात, अंदर वाले कुछ अणु सतह पर आ गए हैं जिससे सतह का क्षेत्रफल बढ़ गया है। इस नई सतह में ऊर्जा U संचित हो गई है। यह ऊर्जा कहाँ से आई है? बाहरी बल F ने जो कार्य किया है, वही इस द्रव में ऊर्जा के रूप में संचित होगा। अतः,

$$dU = Fdx = 2Sldx = S\Delta A$$

या $$\frac{dU}{\Delta A} = S. \quad \text{... (24.4)}$$

अर्थात, प्रतिइकाई क्षेत्रफल सतह में संचित पृष्ठ ऊर्जा का मान द्रव के पृष्ठ-तनाव के मान के बराबर होता है। इस संदर्भ में पृष्ठ-तनाव की SI इकाई J/m^2 लिखी जाती है।

अभ्यास 24.5

पानी की एक गोलाकार बूँद की त्रिज्या 1 mm है। यह 1000 बराबर आयतन की बूँदों में टूट जाती है। इसकी पृष्ठ ऊर्जा में वृद्धि ज्ञात करें। पानी का पृष्ठ-तनाव = 0.075 N/m.

हल प्रारंभिक बूँद का आयतन $V = \frac{4}{3}\pi R^3$,

जहाँ $R = 1\ \text{mm} = 10^{-3}\ \text{m}$.

यदि टूटने के बाद बनी हर छोटी बूँद की त्रिज्या r हो, तो

$$V = 1000 \times \frac{4}{3}\pi r^3.$$

अतः, $\frac{4}{3}\pi R^3 = 1000 \times \frac{4}{3}\pi r^3$

या $r = \frac{R}{10} = 10^{-4}\ \text{m}.$

प्रारंभिक बूँद की सतह का क्षेत्रफल $A_1 = 4\pi R^2$ तथा टूटने के बाद सभी बूँदों की सतहों का मिलकर क्षेत्रफल,

$$A_2 = 1000 \times 4\pi r^2 = 40\pi R^2.$$

सतह के क्षेत्रफल में वृद्धि,

$$\Delta A = A_2 - A_1 = 40\pi R^2 - 4\pi R^2 = 36\pi R^2.$$

अतः, पृष्ठ ऊर्जा में परिवर्तन,

$$\Delta U = (\Delta A)S = 36\pi R^2 S$$

$$= 36 \times 3.14 \times (10^{-6}\ \text{m}^2) \times (0.075\ \text{N/m})$$

$$= 8.5 \times 10^{-6}\ \text{J}.$$

24.6.2 बूँद तथा बुलबुले के अंदर अतिरिक्त दाब

मान लें कि किसी द्रव की एक गोलाकार छोटी बूँद की त्रिज्या R है। बूँद के बाहर हवा है जिसका दाब p_1 है तथा बूँद के अंदर द्रव है जिसका दाब p_2 है। चूँकि बूँद छोटी है, अतः बूँद के अंदर के द्रव का दाब सभी जगह एकसमान माना जा सकता है। पृष्ठ-तनाव के कारण p_1 तथा p_2 बराबर नहीं होता।

चित्र 24.26 में एक बूँद के व्यास से जाता अनुप्रस्थ परिच्छेद $ABCD$ दिखाया गया है। आधी बूँद इस परिच्छेद के बाएँ है और बाकी आधी दाहिने। बायीं तरफ के भाग $ABCDE$ के संतुलन पर विचार करें। इस पर लगते बल हैं,

(a) दाहिनी तरफ के भाग $ABCDG$ की सतह द्वारा बायीं भाग की सतह के $ABCD$ वक्र पर पृष्ठ-तनाव के कारण बल।

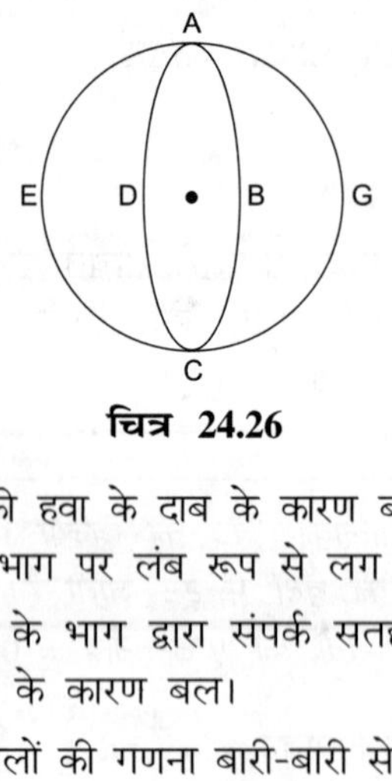

चित्र 24.26

(b) इसके बाहर की हवा के दाब के कारण बल, जो अर्द्धगोलाकार सतह के हर भाग पर लंब रूप से लग रहा है।

(c) दाहिनी तरफ के भाग द्वारा संपर्क सतह $ABCD$ डिस्क पर पानी के दाब के कारण बल।

अब इन तीनों बलों की गणना बारी-बारी से करें।

(a) मान लें OX रेखा तल $ABCD$ के लंब है। दोनों आधी बूँदें वृत्त $ABCD$ पर एक-दूसरे से साथ संपर्क में हैं। इस वृत्त पर कोई छोटा भाग dl लें (चित्र 24.27)। इस dl के एक ओर हमारी आधी बूँद $ABCDE$ की सतह है तो दूसरी ओर दूसरी आधी बूँद की सतह है। ये सतहें एक-दूसरे पर सतह के समानांतर तथा dl की लंब दिशाओं में Sdl बल लगाएँगी। दाहिनी तरफ की सतह द्वारा dl लंबाई पर लगता बल Sdl, OX की ओर होगा। पूरी $ABCD$ लंबाई पर दाहिनी आधी बूँद द्वारा लगता बल (OX की ओर),

$$F_1 = S \cdot \Sigma dl = 2\pi RS.$$

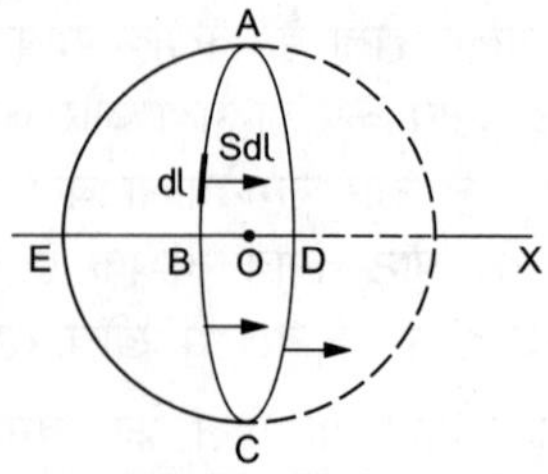

चित्र 24.27

(b) मान लें कि बाहर की हवा का दाब p_1 है। सतह $ABCDE$ पर ΔS क्षेत्रफल का एक कोई छोटा भाग लें (चित्र 24.28)। हवा के द्वारा इस भाग पर लगता बल = $p_1 \Delta S$ (ΔS पर लंब दिशा में)।

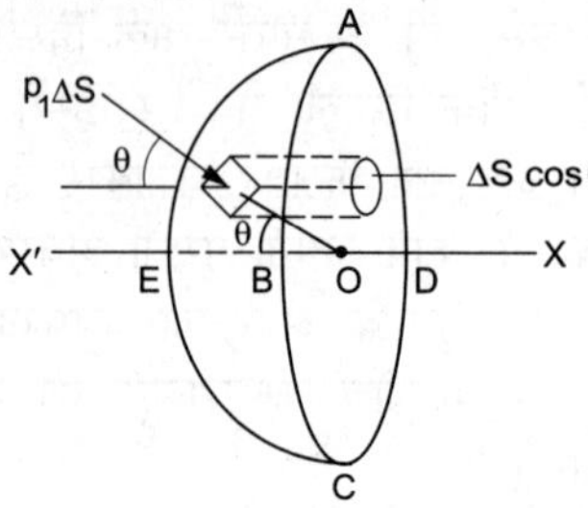

चित्र 24.28

जब हम इस आधी बूँद की सतह के सभी भागों पर इस प्रकार के $p_1 \Delta S$ बलों को वेक्टर विधि से जोड़ेंगे तो हवा के दाब के कारण परिणामी बल OX दिशा में प्राप्त होगा। चित्र में दिखाए गए बल $p_1 \Delta S$ का OX की ओर घटक,

$$\Delta F = p_1 \Delta S \cos\theta, \qquad \text{... (i)}$$

जहाँ θ, ΔS पर लंब तथा OX के बीच का कोण है। मान लें कि हम ΔS के हर बिंदु से $ABCD$ तल पर एक लंब खींचते हैं, तो हमें इस तल पर एक क्षेत्र मिलेगा जिसका क्षेत्रफल $\Delta S \cos\theta$ है। इसे हम ΔS का तल $ABCD$ पर प्रक्षेपण (projection) कहते हैं।

समीकरण (i) से, $p_1 \Delta S$ का OX की ओर घटक,

$$\Delta F = p_1 \Delta S \cos\theta$$

$$= p_1 \times (\Delta S \text{ का } ABCD \text{ पर प्रक्षेपण})।$$

यदि हम आधी बूँद के सभी ΔS क्षेत्रों पर लगनेवाले सभी $p\Delta S$ के घटकों को जोड़ दें, तो हमें हवा द्वारा इस आधी बूँद पर लगता परिणामी बल मिल जाएगा। यह बल,

$$F_2 = \Sigma \Delta F$$

$$= \Sigma p_1 \times (\Delta S \text{ का } ABCD \text{ पर प्रक्षेपण})$$

$$= p_1 \times \Sigma(\Delta S \text{ का } ABCD \text{ पर प्रक्षेपण})$$

$$= p_1 \times (ABCD \text{ का क्षेत्रफल})$$

$$= p_1 \times \pi R^2.$$

(c) यदि बूँद के अंदर पानी का दाब p_2 हो, तो बायीं आधी बूँद पर डिस्क $ABCD$ पर से दूसरी ओर की आधी बूँद के द्वारा लगता बल,

$$F_3 = \pi R^2 p_2 \quad (OX \text{ की विपरीत दिशा में})।$$

संतुलन के लिए,

$$F_1 + F_2 = F_3$$

या $$2\pi RS + \pi R^2 p_1 = \pi R^2 p_2$$

या $$p_2 - p_1 = \frac{2S}{R}. \quad \text{... (24.5)}$$

बूँद के अंदर का दाब बाहर के दाब से $2S/R$ अधिक होता है। बूँद तथा हवा के बीच की सतह गोलाकार है। इस सतह के अवतल वाली तरफ (जिधर गोले का केंद्र है) द्रव है जिसका दाब अधिक है और उत्तल वाली तरफ हवा है जिसका दाब कम है। किसी भी वक्र सतह के अवतल वाली तरफ दाब दूसरी ओर के दाब से अधिक होता है।

यदि बूँद गोलाकार न भी हो या वह बूँद भी न हो, तो भी यदि द्रव की सतह वक्राकार हो, तो उसके दोनों ओर के दाब अलग-अलग होते हैं। वक्र को यदि स्थानीय रूप से एक गोले के छोटे हिस्से के रूप में समझा जा सके तो आप समीकरण (24.5) का प्रयोग कर सकते हैं।

अभ्यास 24.6

2.0 mm त्रिज्यावाली पारे की बूँद के अंदर का दाब बाहर की हवा के दाब से कितना अधिक होगा?

हल बूँद के अंदर अतिरिक्त दाब,

$$\Delta p = \frac{2S}{R} = \frac{2 \times 0.464\,\text{Nm}^{-1}}{2.0 \times 10^{-3}\,\text{m}} = 464\ \text{N/m}^2.$$

द्रव में स्थित बुलबुले के अंदर अतिरिक्त दाब

कई बार द्रव के अंदर हवा या अन्य किसी गैस के बुलबुले बन जाते हैं। पानी के खौलने के पहले बरतन की पेंदी पर भाप के छोटे-छोटे बुलबुले बनते हैं जो पानी में चलकर ऊपरी सतह तक आकर हवा में मिल जाते हैं। यदि आप गिलास में कोई ठंडा पेय पदार्थ डाल दें, तो प्रायः आपको गैस (सामान्यतः CO_2) के बुलबुले ऊपर आते हुए दिखाई देंगे।

द्रव में स्थित बुलबुले के अंदर और बाहर के दाबों का विचार करें। बुलबुले की सतह वास्तव में द्रव की भी सतह है। इस सतह के अवतल वाली तरफ हवा है और उत्तल वाली तरफ द्रव है। अवतल वाली तरफ, अर्थात बुलबुले के अंदर का दाब p_2, बुलबुले के बाहर के द्रव के दाब p_1 से अधिक होगा तथा यह अंतर समीकरण (24.5) के अनुसार $2S/R$ के बराबर होगा, जहाँ R बुलबुले की त्रिज्या है।

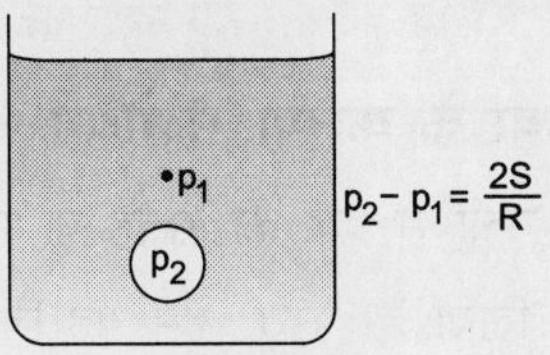

चित्र 24.29

साबुन के बुलबुले के अंदर अतिरिक्त दाब

आपने साबुन के पानी से बुलबुले बनाकर उन्हें हवा में उड़ाया होगा। यह बहुत ही आसान है। शीशे की एक नली लेकर उसका एक सिरा साबुन के पानी में डुबाकर निकाल लें। फिर नली के दूसरे सिरे से धीरे-धीरे फूँकें। छोटे-बड़े बुलबुले हवा में तैरते नजर आएँगे।

साबुन के बुलबुले में दो गोलीय सतहें होती हैं और इन दोनों सतहों के बीच साबुन के पानी का कोश (shell) रहता है। देखने में भले ही इस बुलबुले की मोटाई बहुत कम नजर आती है, पर इस मोटाई में भी हजारों-लाखों अणु स्थापित हो सकते हैं। अतः, इसकी दीवारों में भी 'अंदर के' और 'सतह के' अणु हैं।

मान लें कि बुलबुले के बाहर की हवा का दाब p_1, उसकी दीवार के अंदर के द्रव का दाब p' तथा बुलबुले के अंदर की हवा का दाब p_2 है। बुलबुले की बाहरी सतह के बाहर (उत्तल की ओर) हवा तथा अंदर (अवतल की ओर) द्रव है।

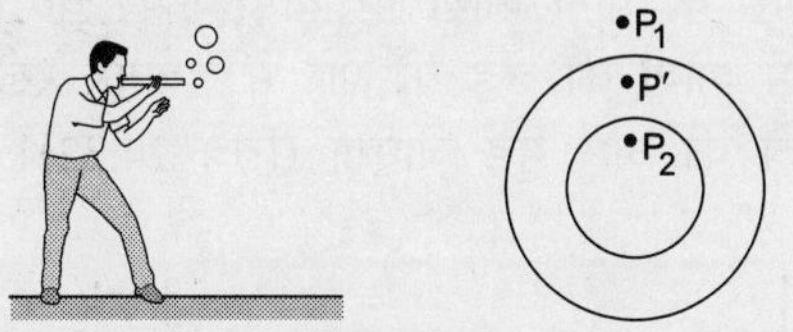

चित्र 24.30

$$\text{अतः, } p' - p_1 = \frac{2S}{R}, \quad \text{... (i)}$$

जहाँ R बुलबुले की त्रिज्या है। बुलबुले की त्रिज्या के सापेक्ष बुलबुले की दीवार की मोटाई बहुत कम है, अतः दोनों सतहों की त्रिज्याओं के अंतर को अनदेखा कर सकते हैं।

बुलबुले के अंदरवाली सतह के बाहर (उत्तल की ओर) द्रव है और अंदर (अवतल की ओर) हवा है। अतः,

$$p_2 - p' = \frac{2S}{R}. \quad \text{... (ii)}$$

समीकरण (i) तथा (ii) से,

$$p_2 - p_1 = \frac{4S}{R}. \quad \text{... (24.6)}$$

साबुन के बुलबुले के अंदर की हवा का दाब उसके बाहर की हवा के दाब से $4S/R$ अधिक होता है।

अभ्यास 24.7

एक साबुन के बुलबुले को एक मैनोमीटर के साथ जोड़ा गया है। किसी क्षण बुलबुले की त्रिज्या 4.8 mm है तथा मैनोमीटर में द्रव की सतहों के बीच अंतर 0.2 mm है। मैनोमीटर में इस्तेमाल हुए द्रव का घनत्व निकालें। साबुन के पानी का पृष्ठ-तनाव 0.03 N/m है।

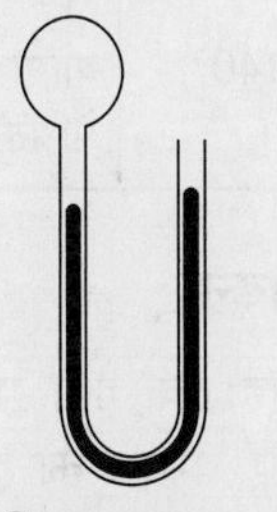

चित्र 24.31

हल बुलबुले के अंदर का अतिरिक्त दाब,

$$\Delta p = \frac{4S}{R} = \frac{4 \times 0.03\,\text{N m}^{-1}}{4.8 \times 10^{-3}\,\text{m}} = 25\,\text{N m}^{-2}$$

तथा 0.2 mm ऊँचाई के अंतर के कारण दाब,

$$\Delta p = h\rho g = (0.2\times10^{-3}\ \text{m})\times\rho\times(9.8\ \text{m s}^{-2}).$$

अतः, $25\ \text{N m}^{-2} = 1.96\times10^{-3}\ \text{m}^2\,\text{s}^{-2}\rho$

या $\rho = 13.0\times10^3\ \text{kg m}^{-3}$.

24.6.3 संपर्क कोण

शीशे के गिलास में रखे पानी की सतह को ध्यान से देखें। विशेषकर गिलास की भीतरी दीवार पर जहाँ पानी सट रहा है, उस हिस्से को देखें। आप पाएँगे कि पानी सतह के पास मुड़कर वक्र सतह बना रहा है। यदि आप पानी में एक शीशे की छड़ को थोड़ा डुबोकर रखें तो छड़ के पास का पानी शीशे पर थोड़ा ऊपर चढ़ जाएगा। दूसरी ओर यदि आप शीशे की छड़ को पारे में डुबोकर रखें तो शीशे के पास पारा नीचे की ओर मुड़ जाएगा (चित्र 24.32)।

चित्र 24.32

जब भी एक ठोस सतह एक द्रव सतह के साथ संपर्क में आती है, तो वहाँ द्रव की सतह वक्र हो जाती है। ठोस सतह के स्पर्श तल एवं द्रव सतह पर स्पर्श तल के बीच के कोण को उन पदार्थों के बीच संपर्क कोण कहते हैं। इस परिभाषा में ठोस सतह पर खींचा जानेवाला स्पर्श तल (tangent plane) द्रव के अंदर की ओर खींचना है और द्रव की सतह पर खींचा जानेवाला स्पर्श तल ठोस की सतह से दूर जाते हुए खींचना है। चित्र 24.32 में यह रचना पानी-शीशे तथा पारे-शीशे के लिए दिखाई गई है। जो द्रव किसी ठोस के संपर्क में आकर ऊपर उठते हैं, उनके लिए संपर्क कोण 90° से कम होता है। जो द्रव किसी ठोस के संपर्क में आकर नीचे दबते हैं उनके लिए संपर्क कोण 90° से अधिक होता है। सारणी 24.2 में कुछ द्रवों के कुछ ठोसों के साथ संपर्क कोण दिए गए हैं।

सारणी 24.2: संपर्क कोण

पदार्थ	संपर्क कोण	पदार्थ	संपर्क कोण
शीशे के साथ जल	0°	पैराफिन के साथ जल	107°
शीशे के साथ पारा	140°	शीशे के साथ मेथिलीन आयोडाइड	29°

केशनली में द्रव का चढ़ना

दीपक का तेल बत्ती के मुँह तक कैसे पहुँच जाता है? गणेशजी की मूर्ति के मुँह पर लगाए गए चम्मच का दूध मूर्ति पर कैसे फैल जाता है? इन सभी प्रश्नों के उत्तर में द्रवों की एक ही प्रवृत्ति है, पतली नलियों में द्रव का ऊँचा चढ़ जाना। इस प्रवृत्ति को समझने के लिए हम एक पतली बेलनाकार नली की कल्पना करते हैं जो ऊर्ध्वाधर स्थिति में रखी गई है और जिसका निचला सिरा किसी बरतन में रखे द्रव में डुबाया हुआ है। चित्र 24.33 में यह स्थिति दिखाई गई है। नली के अंदर कुछ ऊँचाई तक द्रव चढ़ गया है। द्रव तथा नली के पदार्थ के बीच संपर्क कोण θ माना गया है। चूँकि नली की त्रिज्या r काफी कम मानी गई है, इसलिए नली के अंदर पानी की सतह को एक गोले के भाग के रूप में माना जा सकता है। यह सतह नली की सतह से θ कोण बनाती है। यदि आप द्रव की सतह पर किनारों पर लंब खींचें तो ये उस गोले के केंद्र पर मिलेंगे। चित्र 24.33 में यह रचना दिखाई गई है। यदि गोले की सतह की त्रिज्या R तथा नली की त्रिज्या r हो, तो

$$r = R\cos\theta$$

या $$R = \frac{r}{\cos\theta}. \quad \text{... (i)}$$

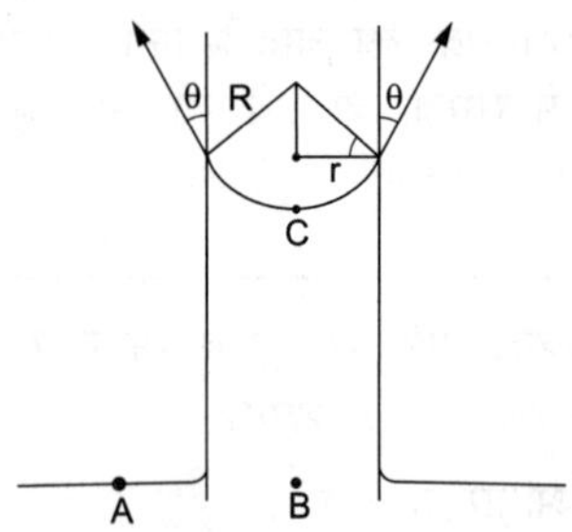

चित्र 24.33

अब द्रव में बिंदु A, B तथा C लें। A बिंदु नली से बाहर तथा इससे दूर, द्रव की सतह का बिंदु है। यहाँ का दाब वायुमंडलीय दाब p_0 के बराबर है। इसी क्षैतिज तल में B नली के अंदर का बिंदु है। चूँकि A तथा B एक ही क्षैतिज तल में हैं, B पर भी दाब p_0 है। C बिंदु नली में द्रव की सतह के ठीक नीचे का बिंदु है। चूँकि यहाँ सतह वक्र है, इस बिंदु पर दाब वायुमंडलीय दाब से $2S/R$ कम होगा। ध्यान रहे कि C बिंदु वक्र के उत्तल भाग की ओर है और बाहर की हवा अवतल भाग की ओर है।

अतः, $$p_C = p_0 - \frac{2S}{R} = p_0 - \frac{2S\cos\theta}{r}.$$

यदि $BC = h$ हो, तो

$$p_B = p_C + h\rho g \qquad (\rho = \text{द्रव का घनत्व})$$

या $$p_B = p_0 - \frac{2S\cos\theta}{r} + h\rho g$$

या $$h = \frac{2S\cos\theta}{r\rho g}. \quad \text{... (24.7)}$$

केशनली की त्रिज्या के कारण संशोधन

इस गणना में हमने नली में द्रव की सतह के मध्यबिंदु के दाब का मान $p_C = p_0 - \frac{2S}{R}$ लिया है। परंतु, हम यह बिंदु C पर नहीं लेकर और कहीं भी ले सकते थे। यदि हम नली के बिलकुल पास द्रव की सतह में बिंदु D लें (चित्र 24.34), तो हम $p_D = p_0 - \frac{2S}{R}$ लिख सकते हैं। पर, C तथा D तो एक ही क्षैतिज तल में नहीं हैं और इसलिए दाब बराबर नहीं होंगे। वास्तव में केशनली में द्रव की सतह

गोलीय नहीं होती और इस सतह की वक्रता त्रिज्या अलग-अलग स्थानों पर अलग-अलग होती है। C पर द्रव का दाब D पर के दाब से कुछ कम होगा और इसलिए h का मान भी समीकरण (24.7) द्वारा दिए गए मान से कम होगा। यदि नली की त्रिज्या r बहुत छोटी हो, तो यह अंतर भी नगण्य होता है। पर, आप चाहें तो इसके कारण समीकरण (24.7) में एक मामूली-सा संशोधन कर सकते हैं।

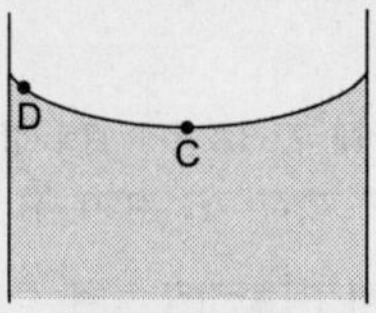

चित्र 24.34

इस संशोधन के लिए केशनली में बीच के बिंदु C से ऊपर के द्रव के भार की गणना करें तथा उसे πr^2 से भाग दें। यह एक प्रकार का औसत दाब होगा जो सतह के विभिन्न भागों के दाबों के अंतर को निरूपित करेगा। यदि यह p' हो, तो

$$p_C = p_D - p' = p_0 - \frac{2S\cos\theta}{R} - p'$$

लेकर आप अपनी गणनाएँ कर सकते हैं। भार की यह गणना शीशे एवं पानी के बीच आसान होती है और यहाँ हम उसी का वर्णन करेंगे।

चित्र 24.35 को देखें। यदि केशनली तथा द्रव के बीच का संपर्क कोण शून्य हो तथा नली की त्रिज्या r काफी कम हो, तो नली में द्रव की सतह अर्धगोले (hemisphere) के आकार की मानी जा सकती है।

चित्र 24.35

छायांकित भाग के द्रव का आयतन

$$= (\pi r^2)r - \frac{1}{2}\left(\frac{4}{3}\pi r^3\right) = \frac{1}{3}\pi r^3.$$

इस द्रव का भार $= \frac{1}{3}\pi r^3 \rho g$

तथा इसके कारण औसत दाब,

$$p' = \frac{\frac{1}{3}\pi r^3 \rho g}{\pi r^2} = \frac{1}{3} r\rho g.$$

सतह के न्यूनतम बिंदु पर प्रभावी दाब,

$$p_C = p_0 - \frac{2S}{r} + \frac{1}{3} r\rho g.$$

अतः, $p_B = p_C + h\rho g = p_0 - \frac{2S}{r} + \frac{1}{3} r\rho g + h\rho g.$

परंतु, $p_B = p_0.$

अतः, $h\rho g = \frac{2S}{r} - \frac{1}{3} r\rho g$ या $h = \frac{2S}{r\rho g} - \frac{r}{3}.$ ... (24.8)

केशनली की त्रिज्या के कारण इसमें पानी के स्तंभ की ऊँचाई h में संशोधन बहुत ही कम है। इसलिए, इसकी गणना में यदि कुछ धारणाएँ बिल्कुल सही नहीं भी हों तो उससे अधिक फर्क नहीं पड़ेगा।

अभ्यास 24.8

शीशे की एक केशनली जिसकी त्रिज्या 0.20 mm है, एक सिरे पर पानी में ऊर्ध्वाधर रूप से डुबोकर रखी गई है। केशनली में पानी कितना चढ़ेगा? पानी का पृष्ठ-तनाव 0.075 N/m, पानी का घनत्व = 1000 kg/m³ तथा $g = 10$ m/s² लें। पानी का शीशे के साथ संपर्क कोण = 0 लें। केशनली की त्रिज्या के कारण इस ऊँचाई में कितना परिवर्तन होगा?

हल $h = \frac{2S\cos\theta}{r\rho g} = \frac{2 \times 0.075\,\text{N m}^{-1} \times 1}{(0.20 \times 10^{-3}\,\text{m}) \times (1000\,\text{kg m}^{-3})(10\,\text{m s}^{-2})}$

$= 0.075\,\text{m} = 7.5\,\text{cm}.$

केशनली की त्रिज्या के कारण संशोधन $= \frac{r}{3} = 0.067$ mm, जो 7.5 cm की तुलना में बहुत कम है।

अपर्याप्त लंबाई की केशनली

ऊपर के अभ्यास में आपने देखा कि पानी केशनली में 7.5 cm तक ऊपर चढ़ता है। पर, यदि केशनली की लंबाई ही 7.5 cm से कम हो, तो क्या होगा? क्या पानी केशनली में ऊपर तक चढ़कर फिर नली के बाहर से गिरने लगेगा? ऐसा कुछ नहीं होगा। पानी के साथ शीशे का संपर्क कोण शून्य होता है। इसलिए, पानी की सतह शीशे की सतह के समानांतर हो जाती है। पर, यह बात तभी सत्य है जब शीशा पानी की सतह के बाहर तक फैला हो। परंतु, यदि शीशा पानी की सतह से तनिक-सा ही बाहर निकला हो और पृष्ठ-तनाव के कारण पानी किनारे तक आ जाए, तो संपर्क कोण की अवधारणा ही नष्ट हो जाती है। ऐसी स्थितियाँ चित्र 24.36 में दिखाई गई है। अपर्याप्त लंबाई की केशनली में भी पानी की सतह नली की सतह से ऐसा कोण θ बनाएगी कि समीकरण (24.7) सही बना रहे। अर्थात,

$$\cos\theta = \frac{r\rho g h}{2S}.$$

आप ज्यों-ज्यों h का मान (केशनली की लंबाई) कम करते जाएँगे, θ का मान बढ़ता जाएगा।

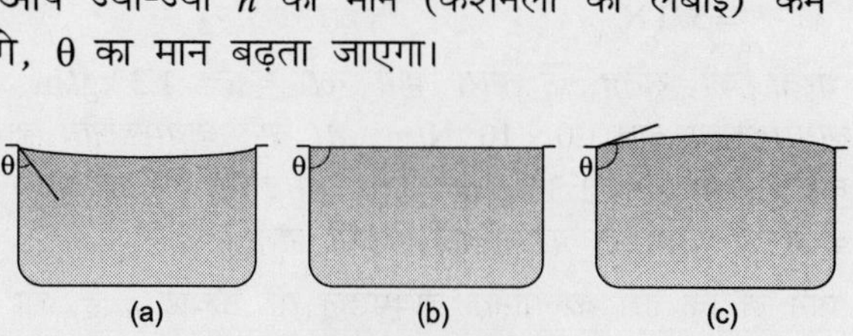

चित्र 24.36

यदि h का मान बहुत छोटा कर दें तो cos θ का मान भी बहुत छोटा हो जाएगा। अर्थात, θ का मान 90° के करीब हो जाएगा। इसका अर्थ यह है कि आप चाहे जितनी छोटी केशनली लें, पानी कभी भी नली से बाहर नहीं आएगा।

पृष्ठ-तनाव पर आधारित एक रोचक प्रयोग

शीशे के एक गिलास में लगभग ऊपर तक पानी भर लें। बोतलों में लगनेवाला प्लास्टिक का एक ढक्कन लें तथा धीरे से उसे पानी की सतह पर बीच में रख दें। ढक्कन पानी पर तैरेगा। परंतु, कुछ ही समय में ढक्कन पानी पर तैरता हुआ किनारे पर आकर गिलास की दीवार से सट जाएगा। आप कितना भी इसे बीच में रखने का प्रयास करें, यह स्वयं चलकर किनारे पहुँच ही जाएगा।

अब आप गिलास में ऊपर तक पानी भर दें। ताकि पानी किनारों से भी ऊपर आ जाए। अब आप ढक्कन को इस पानी पर रखें। यह पानी के बीचोबीच आकर टिका रहेगा। आप ढक्कन को थोड़ा किनारे की ओर भी रखकर छोड़ेंगे तो भी यह स्वयं चलकर बीच में पहुँच जाएगा।

इस प्रयोग के पीछे की भौतिकी को समझने के लिए आप यह समझें कि गिलास में पानी की सतह की वक्रता त्रिज्या अलग-अलग स्थानों पर अलग-अलग हैं। दीवारों से दूर की सतह लगभग क्षैतिज होगी, जबकि दीवार के पास के भाग में यह तेजी से मुड़ेगी। चित्र 24.37(a) की स्थिति में सतह के ठीक नीचे के पानी का दाब $p_0 - \frac{2S}{r}$ होगा, जहाँ p_0 वायुमंडलीय दाब है तथा r उस स्थान पर सतह की वक्रता त्रिज्या है। अब आप ढक्कन पर पानी के कारण लगते बलों की समीक्षा करें, तो आप समझ जाएँगे कि ढक्कन गिलास की दीवार की ओर क्यों चलने लगता है। ऐसे ही आप चित्र 24.37(b) की स्थिति की भी व्याख्या कर सकते हैं।

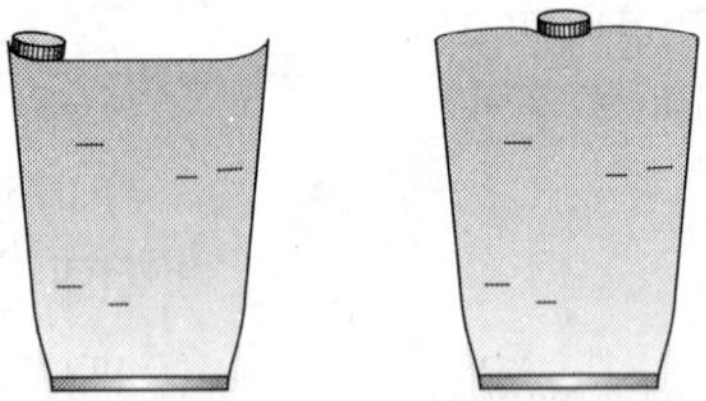

चित्र 24.37

• हल किए गए प्रश्न •

1. *वृत्ताकार अनुप्रस्थ परिच्छेद वाले एक बीकर की त्रिज्या 4 cm है तथा इसे पारे से 10 cm ऊँचाई तक भरा गया है। बीकर की पेंदी पर पारे के कारण लगते बल का मान निकालें। वायुमंडलीय दाब $= 10^5 \text{ N m}^{-2}$, पारे का घनत्व 13600 kg m^{-3} तथा $g = 10 \text{ m s}^{-2}$.*

हल पारे की सतह पर दाब = वायुमंडलीय दाब $= 10^5 \text{ N m}^{-2}$.

बीकर की पेंदी पर पारे का दाब

$$= 10^5 \text{ N m}^{-2} + h\rho g$$

$$= 10^5 \text{ N m}^{-2} + (0.1 \text{ m})(13600 \text{ kg m}^{-3})(10 \text{ m s}^{-2})$$

$$= 10^5 \text{ N m}^{-2} + 13600 \text{ N m}^{-2} = 1.136\times 10^5 \text{ N m}^{-2}.$$

पारे द्वारा पेंदी पर लगाया गया बल

$$= (1.136\times 10^5 \text{ N m}^{-2})\times(3.14\times 0.04 \text{ m}\times 0.04 \text{ m})$$

$$= 571 \text{ N}.$$

2. *धरती की सतह के पास हवा का घनत्व 1.3 kg/m^3 तथा वायुमंडलीय दाब $1.0\times 10^5 \text{ N/m}^2$ है। यदि वायुमंडलीय हवा का घनत्व सभी जगह 1.3 kg/m^3 होता, तो इतना ही दाब प्राप्त करने के लिए वायुमंडल की ऊँचाई कितनी होती?*

हल मान लें कि इस काल्पनिक वायुमंडल की ऊँचाई h है, तो

$$p = \rho g h$$

या $$1.0\times 10^5 \text{ N m}^{-2} = (1.3 \text{ kg m}^{-3})(9.8 \text{ m s}^{-2})h$$

या $$h = \frac{1.0\times 10^5 \text{ N m}^{-2}}{(1.3 \text{ kg m}^{-3})(9.8 \text{ m s}^{-2})} = 7850 \text{ m}.$$

हमारा एवरेस्ट (8848 m) भी वायुमंडल के बाहर होता।

3. *चित्र 24.W1 में दिखाए अनुसार एक U-नली में पानी तथा पारा भरा है। यदि पारे के स्तंभों की ऊँचाइयों का अंतर 2 cm हो, तो पानी के स्तंभ की ऊँचाई ज्ञात करें।*

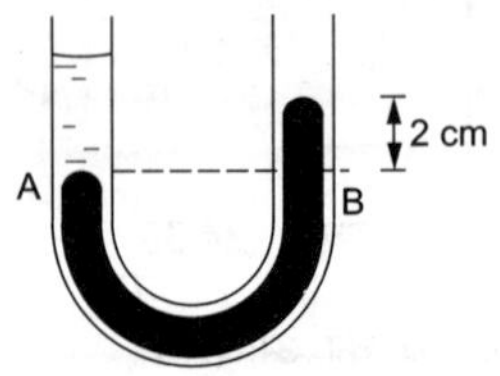

चित्र 24.W1

हल मान लें कि पानी के स्तंभ की ऊँचाई h है।

बिंदु A पर दाब $= p_0 + h(1000 \text{ kg/m}^3)g$.

A तथा B एक ही क्षैतिज तल के बिंदु हैं और वे एक ही द्रव में स्थित हैं। अतः, इन दोनों बिंदुओं पर दाब बराबर होंगे। अर्थात,

$$h(1000) = (0.02 \text{ m})(13600)$$

या $$h = 0.27 \text{ m} \simeq 27 \text{ cm}.$$

4. *त्रिज्या R वाले एक बेलनाकार बरतन में एक द्रव रखा गया है। इस द्रव के ऊपर बरतन में m द्रव्यमान का एक पिस्टन फिट है जो बरतन की दीवारों से वायुरुद्ध प्रकार से सटा है, पर वहाँ किसी प्रकार का घर्षण नहीं है। यदि बरतन में द्रव की ऊँचाई h तथा उसका घनत्व ρ हो, तो बरतन की पेंदी पर द्रव का दाब निकालें।*

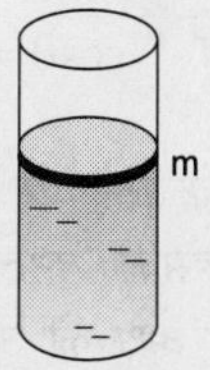

चित्र 24.W2

हल मान लें कि वायुमंडलीय दाब p_0 है तथा पिस्टन के ठीक नीचे द्रव का दाब p_1 है। पिस्टन के संतुलन पर विचार करें। इसपर लगते हुए बल हैं,

(a) इसका भार mg, नीचे की ओर

(b) ऊपर की हवा के कारण बल p_0A, नीचे की ओर

(c) पिस्टन के नीचे के द्रव के कारण बल p_1A, ऊपर की ओर

संतुलन के लिए $p_0A + mg = p_1A = p_1\pi R^2$.

अतः, $p_1 = p_0 + \frac{mg}{\pi R^2}$.

बरतन की पेंदी पर द्रव का दाब,

$$p = p_1 + h\rho g = p_0 + \frac{mg}{\pi R^2} + h\rho g.$$

5. *एक हाइड्रॉलिक प्रेस की दो भुजाओं के अनुप्रस्थ परिच्छेद* $1\ cm^2$ *तथा* $10\ cm^2$ *क्षेत्रफल के हैं (चित्र 24.W3)। इसमें तेल भरा हुआ है। इसकी पतली भुजा के तेल पर* 5 N *का बल लगाया गया है। तेल का संतुलन बनाए रखने के लिए चौड़ी भुजा के तेल पर कितना बल लगाना पड़ेगा?*

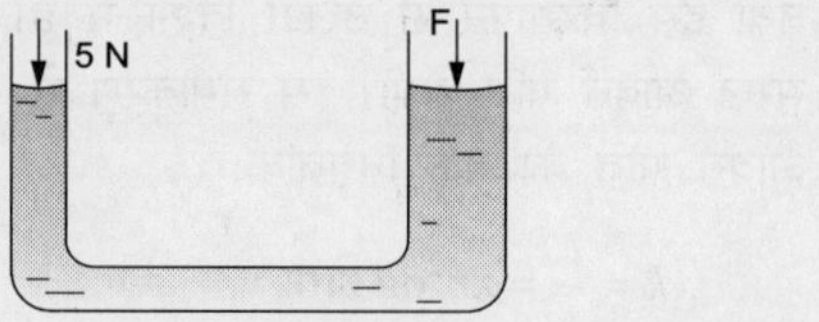

चित्र 24.W3

हल संतुलन की अवस्था में दोनों भुजाओं में तेल की सतहों पर बराबर दाब होगा। यदि वायुमंडलीय दाब p_0 हो, तो पतली भुजा में तेल की सतह पर दाब

$$= p_0 + \frac{5\ N}{1\ cm^2}.$$

यदि चौड़ी भुजा में तेल पर F बल लगाया गया हो, तो इस भुजा में तेल की सतह पर दाब

$$= p_0 + \frac{F}{10\ cm^2}.$$

अतः, $p_0 + \frac{5\ N}{1\ cm^2} = p_0 + \frac{F}{10\ cm^2}$

या $F = 50$ N.

6. *एक ऊर्ध्वाधर स्प्रिंग में ताँबे का* 100 g *द्रव्यमान का एक ब्लॉक बाँधकर लटकाया गया है। स्प्रिंग अपनी स्वाभाविक लंबाई से* 1 cm *खिंच जाता है। पानी से भरे एक बीकर को इस ब्लॉक के नीचे लाया जाता है ताकि ब्लॉक पूरी तरह पानी में डूब जाए। अब स्वाभाविक लंबाई से स्प्रिंग का खिंचाव निकालें। ताँबे का घनत्व* $= 9000\ kg/m^3$ *तथा* $g = 10\ m/s^2$.

हल मान लें कि स्प्रिंग का स्प्रिंग नियतांक k है। जब ब्लॉक हवा में हो तो उसके संतुलन के लिए,

$$k(1\ cm) = (0.1\ kg)\ (10\ m/s^2) = 1\ N$$

या $k = 1\ N/cm$.

ताँबे के ब्लॉक का आयतन

$$= \frac{0.1 kg}{9000\ kg/m^3} = \frac{1}{9} \times 10^{-4}\ m^3.$$

जब ब्लॉक पानी में डुबा दिया जाता है तो उसके द्वारा विस्थापित पानी का आयतन भी इतना ही होगा। अतः, विस्थापित पानी का भार या उत्प्लावन बल

$$= \left(\frac{1}{9} \times 10^{-4}\ m^3\right) \times (1000\ kg/m^3) \times (10\ m/s^2) = 0.11\ N.$$

यदि अब स्प्रिंग की लंबाई में वृद्धि x हो, तो ब्लॉक के संतुलन के लिए,

$$kx + 0.11\ N = 1\ N \quad \text{या} \quad x = \frac{(1 - 0.11)\ N}{k} = 0.89\ cm.$$

7. 3 cm *किनारे वाली लकड़ी का एक घन एक बरतन में रखे पानी में तैरता है। यह घन बरतन में रखे दो प्लेटों के बीच में है (चित्र 24.W4) जिसके कारण इसकी सतहें क्षैतिज तथा ऊर्ध्वाधर तलों में रहती हैं। इस बरतन की पेंदी में एक ऊर्ध्वाधर स्प्रिंग जुड़ा है। घन की निचली सतह स्प्रिंग के ऊपरी सिरे को छूती है। इस घन के ऊपर अधिकतम कितने भार की वस्तु रखी जा सकती है ताकि वह पानी में न भीगे? लकड़ी का घनत्व* $= 800\ kg/m^3$, *स्प्रिंग नियतांक* $= 50$ N/m, $g = 10\ m/s^2$.

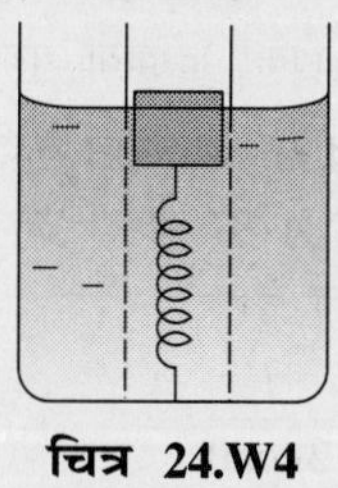

चित्र 24.W4

हल प्रारंभ में घन द्वारा विस्थापित पानी का भार = घन का भार। यदि इसकी h ऊँचाई पानी में हो, तो

$$h \times L^2 \times \rho_{water} \times g = L^3 \times \rho_{wood} \times g$$

या $$h = L \times \frac{\rho_{wood}}{\rho_{water}} = (3\ cm) \times \frac{800}{1000} = 2.4\ cm.$$

घन का भार $= (3\ cm)^3 \times 800 \frac{kg}{m^3} \times 10 \frac{m}{s^2} = 0.22$ N.

जब अधिकतम भार रख दिया जाए तो घन पूरी तरह पानी में चला जाएगा। अर्थात, घन $x = (3 - 2.4)\ cm = 0.6\ cm$ नीचे जाएगा और स्प्रिंग भी इतनी लंबाई से दब जाएगा।

इस स्थिति में घन तथा उसपर रखे भार पर लगते बलों को सोचें। ये बल हैं,

(a) कुल भार W, नीचे की ओर

(b) स्प्रिंग द्वारा बल F_1, ऊपर की ओर

(c) उत्प्लावन बल F_2, ऊपर की ओर

$$W = 0.22\ \text{N} + W',$$

जहाँ W' घन के ऊपर रखी गई वस्तु का भार है।

$$F_1 = kx = \left(50\ \frac{\text{N}}{\text{m}}\right) \times (0.6\ \text{cm}) = 0.3\ \text{N}$$

तथा $F_2 = (3\ \text{cm})^3 \times 1000\ \frac{\text{kg}}{\text{m}^3} \times 10\ \frac{\text{m}}{\text{s}^2} = 0.27\ \text{N}.$

संतुलन के लिए,

$$W = F_1 + F_2$$

या $0.22\ \text{N} + W' = 0.3\ \text{N} + 0.27\ \text{N}$

या $W' = 0.35\ \text{N}.$

अतः, अधिकतम 35 g की वस्तु घन पर रखी जा सकती है।

8. *एक टैंक के एक किनारे से एकसमान अनुप्रस्थ परिच्छेद वाला 1.0 m लंबाई का एक पटरा हिंज (hinge) किया गया है (चित्र 24.W5)। टैंक में 0.5 m ऊँचाई तक पानी भरा है। पटरे का विशिष्ट घनत्व 0.5 है। संतुलन की स्थिति में ऊर्ध्वाधिर के साथ पटरे का कोण θ निकालें।*

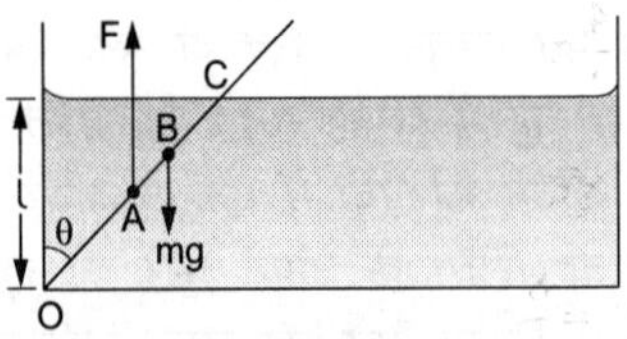

चित्र 24.W5

हल पटरे पर लगते बल चित्र 24.W5 में दिखाए गए हैं। पानी की ऊँचाई $l = 0.5$ m है। पटरे की लंबाई $2l = 1.0$ m है। पटरे का भार mg उसके मध्यबिंदु B से होकर दिखाया गया है। अतः, $OB = l.$

चित्र में दिखाई स्थिति में उत्प्लावन केंद्र पटरे के पानी के अंदर के भाग AC के मध्यबिंदु A पर होगा। उत्प्लावन बल F इसी बिंदु A से दिखाया जा सकता है।

$$OA = \frac{OC}{2} = \frac{l}{2\cos\theta}.$$

मान लें कि पटरे का प्रति इकाई लंबाई द्रव्यमान ρ है।

पटरे का भार $mg = 2l\rho g$.

OC भाग का भार $= \left(\frac{l}{\cos\theta}\right)\rho g$.

चूँकि पटरे का विशिष्ट घनत्व 0.5 है,

इतने ही भाग पानी का भार

$$= \frac{1}{0.5}\left(\frac{l}{\cos\theta}\right)\rho g = \frac{2l\rho g}{\cos\theta}.$$

अतः, उत्प्लावन बल $F = \frac{2l\rho g}{\cos\theta}$.

बिंदु O के प्रति सभी बलों के बल-आघूर्ण मिलकर शून्य होने चाहिए।

mg का O के प्रति बल-आघूर्ण = $mg\ (OB)\sin\theta$

तथा F का O के प्रति बल-आघूर्ण = $F(OA)\sin\theta$.

अतः, $(2l\rho g)l = \left(\frac{2l\rho g}{\cos\theta}\right)\left(\frac{l}{2\cos\theta}\right)$

या $\cos^2\theta = \frac{1}{2}$ या $\cos\theta = \frac{1}{\sqrt{2}}$ या $\theta = 45°.$

9. *एक बेलनाकार पिंड के एक सिरे पर लोहे की एक पतली प्लेट जड़ी है। पिंड की त्रिज्या r, इसका घनत्व ρ तथा प्लेटसहित पिंड का द्रव्यमान M है। यह अपने अक्ष को ऊर्ध्वाधिर रखते हुए पानी में तैरता है। इसे थोड़ा दबाकर छोड़ दिया जाता है। दिखाएँ कि यदि पानी द्वारा अवमंदन बल को अनदेखा कर दिया जाए तो पिंड की गति सरल आवर्त गति होगी तथा इसकी आवृत्ति निकालें।*

हल मान लें कि संतुलन की अवस्था में पिंड की h ऊँचाई पानी में डूबी हुई है। विस्थापित पानी का आयतन $\pi r^2 h$ होगा। संतुलन की स्थिति में,

$$\pi r^2 h\rho g = Mg, \qquad \text{... (i)}$$

जहाँ ρ पानी का घनत्व है।

मान लें कि गति के दौरान किसी क्षण पर यह पिंड संतुलन की अवस्था से x नीचे है। इस क्षण विस्थापित पानी का भार

$$= \pi r^2 (h + x)\rho g.$$

यही उत्प्लावन बल का मान होगा।

पिंड पर लगता परिणामी बल,

$$F = \pi r^2 (h + x)\rho g - Mg$$
$$= Mg + \pi r^2 x\rho g - Mg \qquad \text{[समीकरण (i) से]}$$
$$= (\pi r^2 \rho g)x.$$

यह बल संतुलन की अवस्था से विस्थापन x के समानुपाती है तथा इस विस्थापन से उलटी दिशा में है। अतः, पिंड की गति सरल आवर्त गति होगी। इस समीकरण से स्पष्ट है कि इस सरल आवर्त गति का बल नियतांक,

$$k = \frac{F}{x} = \pi r^2 \rho g \text{ होगा}$$

तथा आवृत्ति $\nu = \frac{\omega}{2\pi} = \frac{1}{2\pi}\sqrt{\frac{k}{M}} = \frac{1}{2\pi}\sqrt{\frac{\pi r^2 \rho g}{M}}$ होगी।

10. *पानी से भरे एक बरतन में किसी क्षण मुक्त सतह से 10 cm नीचे 1.0 mm त्रिज्या का एक हवा का बुलबुला है। बुलबुले के अंदर की हवा का वायुमंडलीय दाब से अंतर निकालें। पानी का घनत्व = 1000 kg/m³, पृष्ठ-तनाव = 0.075 N/m तथा g = 9.8 m/s².*

हल वायुमंडलीय दाब को p_0 मानें। बुलबुले के ठीक बाहर पानी का दाब,

$$p' = p_0 + h\rho g$$

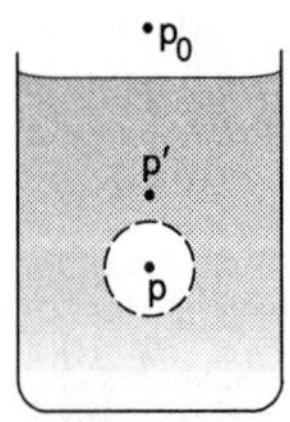

चित्र 24.W6

बुलबुले के अंदर की हवा का दाब,

$$p = p' + \frac{2S}{r} = p_0 + h\rho g + \frac{2S}{r}$$

या $p - p_0 = h\rho g + \dfrac{2S}{r}$

$$= (10\text{ cm})(1000\text{ kg m}^{-3})(9.8\text{ m/s}^2) + \frac{2 \times 0.075\text{ N/m}}{1.0 \times 10^{-3}\text{ m}}$$

$$= 980\text{ N/m}^2 + 150\text{ N/m}^2 = 1130\text{ N/m}^2.$$

11. *एक नगण्य भार वाला तार AB, जिसकी लंबाई 10 cm है, एक ऊर्ध्वाधर फ्रेम पर बिना घर्षण के फिसल सकता है। फ्रेम तथा तार के बीच साबुन के घोल की एक फिल्म बन रखी है। इस तार पर कितना द्रव्यमान लटकाया जाए ताकि यह संतुलन में रह सके? घोल का पृष्ठ-तनाव = 0.025 N/m, g = 10 m/s².*

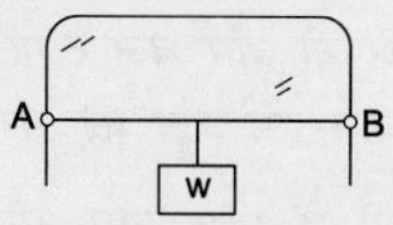

चित्र 24.W7

हल साबुन के घोल की दो सतहें फ्रेम पर होंगी जो तार *AB* के साथ संपर्क में होंगी। प्रत्येक सतह तार को $S \cdot (AB)$ बल से ऊपर की ओर खींचेगी। फिल्म द्वारा तार पर लगा कुल बल

$$= 2 \times (10\text{ cm}) \times (0.025\text{ N/m}) = 0.005\text{ N}.$$

यदि लटकाया गया द्रव्यमान *M* हो, तो संतुलन के लिए,

$$Mg = 0.005\text{ N}$$

या $M = \dfrac{0.005}{10}\text{ kg} = 0.5\text{ g}.$

12. *एक केशनली को ऊर्ध्वाधर स्थिति में रखते हुए इसके निचले सिरे को पानी में डुबाया जाता है। केशनली में पानी 6.0 cm तक चढ़ जाता है। केशनली की त्रिज्या ज्ञात करें। पानी का घनत्व = 1000 kg/m³ पृष्ठ-तनाव = 0.075 N/m, केशनली के साथ संपर्क कोण = 0, g = 10 m/s².*

हल $h = \dfrac{2S\cos\theta}{r\rho g}$

या $r = \dfrac{2S\cos\theta}{h\rho g}$

$$= \frac{2 \times 0.075 \times 1}{(6.0 \times 10^{-2}) \times 1000 \times 10}\text{ m}$$

$$= 0.25\text{ mm}.$$

13. *त्रिज्या r वाली पारे की दो बूँदें मिलकर एक बड़ी बूँद बना लेती हैं। सभी बूँदों को गोलाकार मानते हुए पृष्ठ ऊर्जा में परिवर्तन निकालें। पारे का पृष्ठ-तनाव = S.*

हल मिलने के पहले प्रत्येक बूँद की सतह का क्षेत्रफल $= 4\pi r^2$.

दोनों बूँदों को मिलाकर कुल सतह का क्षेत्रफल $= 8\pi r^2$.

अतः, कुल पृष्ठ ऊर्जा $= 8\pi r^2 S$.

जब दोनों बूँदें मिल जाती हैं, तो परिणामी बड़ी बूँद का आयतन

$$= 2 \times \frac{4}{3}\pi r^3 = \frac{8}{3}\pi r^3.$$

यदि इस नई बूँद की त्रिज्या *R* हो, तो

$$\frac{4}{3}\pi R^3 = \frac{8}{3}\pi r^3.$$

या $R = 2^{1/3} r$.

इसकी सतह का क्षेत्रफल $4\pi R^2 = 4 \times 2^{2/3} \times \pi r^2$.

अतः, पृष्ठ ऊर्जा $= 4 \times 2^{2/3} \times \pi r^2 S$.

पृष्ठ ऊर्जा में कमी $= (8 - 4 \times 2^{2/3})\pi r^2 S \simeq 1.65\pi r^2 S$.

• विचार हेतु प्रश्न •

1. *क्या अधिक घनत्व वाले द्रवों के अणु कम घनत्व वाले द्रवों के अणुओं से सदैव भारी होते हैं?*
2. *जब कोई आपको नुकीली सूई चुभाता है, तब आपको बहुत दर्द होता है। पर, यदि वह आपको उतने ही बल से एक डंडा चुभाए, तो आप आसानी से उसे सह जाते हैं। ऐसा क्यों? दर्द होने का दाब से क्या संबंध है?*
3. *$p_1 - p_2 = h\rho g$ की व्युत्पत्ति में माना गया था कि द्रव का घनत्व सभी जगह एक जैसा है, अर्थात द्रव को दबाकर उसका घनत्व नहीं बदला जा सकता। यही समीकरण गैसों के लिए क्यों सही नहीं होता?*
4. *मान लें कि चेन्नई में हवा का घनत्व ρ_0 तथा वायुमंडलीय दाब p_0 है। यदि आप ऊपर जाते हैं तो हवा का घनत्व घटता जाता है। मान लें कि आपको चेन्नई से 10 km ऊपर के स्थान पर वायुमंडलीय दाब p निकालना है। यदि आप $p_0 - p = \rho_0 gh$ सूत्र का प्रयोग कर p के मान की गणना करें तो यह मान वास्तविक वायुमंडलीय दाब p के मान से कम होगा, अधिक होगा या बराबर होगा?*
5. *एक बैरोमीटर की नली 76 cm का पठन दे रही है। यदि इसे ऊर्ध्वाधर से थोड़ा झुका दिया जाए, तो यह 76 cm से ज्यादा पठन देगी, कम पठन देगी या 76 cm ही पठन देगी?*
6. *एक मीटर लंबी एक नली के दोनों सिरे खुले हैं। इसे ऊर्ध्वाधर रखते हुए एक किनारे को प्याले में रखे पारे में डुबो दिया जाता है। इसके ऊपरी सिरे को एक पंप के साथ जोड़कर नली की हवा को बाहर निकाला जाता है। क्या इस विधि से पारा नली से होता हुआ पंप तक पहुँच सकता है?*
7. *धरती के चारों ओर घूमते हुए एक कृत्रिम उपग्रह में हवा का दाब 76 cm पारे के बराबर रखा जाता है। इसमें एक बैरोमीटर रखा गया है जिसमें एक मीटर लंबी नली में पारे के चढ़ाव के अनुसार दाब नापा जाता है। इस नली में पारे की दूरी प्याले में पारे की सतह से कितनी होगी?*
8. *चित्र 24.C1 में दिखाए गए बैरोमीटर पर विचार करें। यदि P बिंदु पर नली में एक छोटा छेद कर दिया जाए तो क्या पारा इसमें से बाहर गिरेगा?*

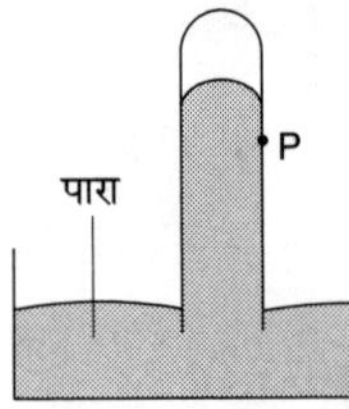

चित्र 24.C1

9. लोग कहते हैं कि समुद्र में तैरना नदी में तैरने से आसान होता है। ऐसा होना क्यों अपेक्षित है?

10. एक गिलास में पानी रखा हुआ है और इसमें बर्फ का एक टुकड़ा तैर रहा है। पानी की सतह गिलास के किनारे तक है। यदि यह बर्फ पिघल जाए तो क्या पानी गिलास से बाहर गिरने लगेगा?

11. एक नदी में पत्थरों से भरी एक चलती नाव एक पुल के नीचे से जाती है। पत्थरों के ढेर की अधिकतम ऊँचाई पुल की ऊँचाई से थोड़ी-सी अधिक है। नाव को पुल के नीचे से ले जाने के लिए क्या कुछ पत्थरों को नाव से हटा देना चाहिए या इसपर कुछ और पत्थर रख देने चाहिए?

12. जब किसी कपड़े पर थोड़ा मोम रगड़ दिया जाता है, तो इसमें से पानी पार नहीं करता। क्यों?

13. शुद्ध चाँदी तथा शुद्ध पानी के बीच संपर्क कोण 90° है। यदि चाँदी की एक केशनली बनाकर पानी में डुबाई जाए तो क्या इसमें पानी चढ़ेगा?

14. ऐसा कहते हैं कि केशनली में द्रव का चढ़ना उसके पृष्ठ-तनाव पर निर्भर करता है। किसी प्रयोग में ऐसा पाया जाए कि प्रयुक्त द्रव प्रयुक्त केशनली में न तो चढ़ता है, न ही उतरता है। तो, क्या यह निष्कर्ष निकाला जाए कि उस द्रव का पृष्ठ-तनाव शून्य है?

15. पानी तथा शीशे के बीच का संपर्क कोण शून्य है। जब शीशे के गिलास में अधिकतम पानी अँटा देते हैं, तो उसकी सतह उत्तल हो जाती है। ऐसे में पानी की सतह का गिलास की सतह से कोण 90° से भी अधिक हो जाता है। समझाएँ।

16. एक ऊर्ध्वाधर परखनली में लगभग आधी ऊँचाई तक एक द्रव भरा है। द्रव का परखनली के साथ संपर्क कोण 90° है जिससे इसमें द्रव की सतह हर जगह क्षैतिज है। इस सतह पर एक व्यास की कल्पना करें। पृष्ठ-तनाव के कारण इस व्यास की एक ओर की सतह दूसरी ओर की सतह पर अपनी ओर बल लगाती है। इस दूसरी ओर की सतह पर कौन-सा बल इस बल को संतुलित करता है?

17. यदि एक मच्छर पानी में भींग जाए और फिर उड़ने की कोशिश करे तो वह तब तक नहीं उड़ पाता जब तक कि उसका पूरा शरीर सूख न जाए। ऐसा क्यों?

18. पृष्ठ-तनाव का बल सतह के समानांतर लगता है जबकि दाब का बल सतह के लंबवत लगता है। फिर, बूँद के किसी हिस्से पर भीतर के अतिरिक्त दाब के कारण बल, पृष्ठ-तनाव के कारण बल सें कैसे संतुलित हो जाता है?

19. जब आप साबुन के बुलबुले में और हवा फूँककर उसे बड़ा कर देते हैं तो बुलबुले की सतह का क्षेत्रफल बढ़ जाता है। क्या इसका अर्थ यह हुआ कि सतह के अणुओं के बीच की औसत दूरी बढ़ गई है?

• सटीक उत्तरवाले प्रश्न I •

सही उत्तर का चयन करें।

1. चित्र 24.Q1 में दिखाए गए तीनों बरतनों की पेंदी के क्षेत्रफल समान हैं। बराबर आयतन के द्रव इन तीनों में डाले जाते हैं। पेंदी पर बल

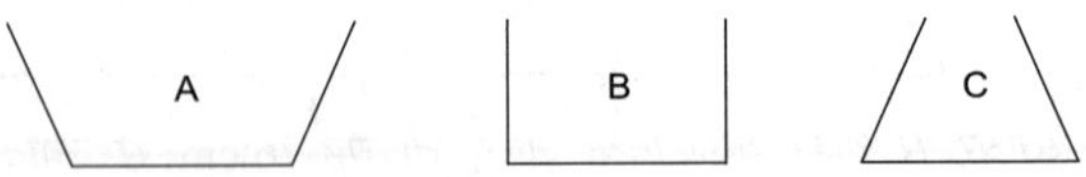

चित्र 24.Q1

(a) A में अधिकतम होगा।
(b) B में अधिकतम होगा।
(c) C में अधिकतम होगा।
(d) तीनों में बराबर होगा।

2. बराबर द्रव्यमान के तीन द्रव तीन एक जैसे बेलनाकार बरतनों A, B तथा C में रखे गए हैं। इनके घनत्व क्रमशः ρ_A, ρ_B तथा ρ_C हैं तथा $\rho_A > \rho_B > \rho_C$ है। बरतनों की पेंदी पर लगते बलों में

(a) अधिकतम होगा A में (b) अधिकतम होगा B में
(c) अधिकतम होगा C में (d) किसी में अधिकतम नहीं होगा

3. चित्र 24.Q2 में एक साइफन दिखाया गया है जिसमें पानी भरा है। बिंदुओं A तथा B के बीच दाब का अंतर $p_B - p_A$ का मान होगा

(a) 400 N/m^2 (b) 3000 N/m^2
(c) 1000 N/m^2 (d) 0 (शून्य)

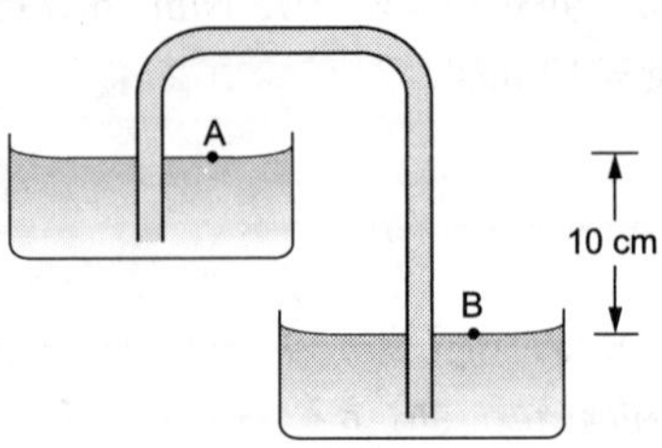

चित्र 24.Q2

4. एक बीकर में कोई द्रव रखा हुआ है और इस बीकर को एक बड़े बरतन में रखा गया है। इस बड़े बरतन की हवा को धीरे-धीरे एक पंप द्वारा निकाला जाता है। बीकर की पेंदी के पास के द्रव का दाब

(a) बढ़ता जाएगा। (b) घटता जाएगा।
(c) नहीं बदलेगा। (d) पहले घटेगा, फिर बढ़ेगा।

5. पारे के एक बैरोमीटर की नली में पारे की सतह पर दाब p_1 तथा प्याले में पारे की सतह पर दाब p_2 है। पारे के वाष्प को नगण्य मानें।

(a) $p_1 = 0$, $p_2 =$ वायुमंडलीय दाब
(b) $p_1 =$ वायुमंडलीय दाब, $p_2 = 0$
(c) $p_1 = p_2 =$ वायुमंडलीय दाब
(d) $p_1 = p_2 = 0$

6. एक बैरोमीटर 76 cm का पठन दिखा रहा है। एक मीटर लंबी एक नली में 76 cm तक पारा भरकर इसके खुले सिरे को कॉर्क द्वारा बंद कर दिया जाता है। अब इस नली को उलटकर पारे से भरे एक प्याले में ले जाते हैं। अब कॉर्क को हटाकर नली के खुले सिरे को प्याले में पारे की सतह के नजदीक तक ले आते हैं। नली में पारे की स्तंभ की ऊँचाई होगी

   (a) 0 (b) 76 cm (c) > 76 cm (d) < 76 cm

7. एक स्प्रिंग बैलेंस के द्वारा एक धातु का 2.0 N का ब्लॉक लटका हुआ है। एक इलेक्ट्रॉनिक तुला के प्लैटफॉर्म पर एक बीकर रखा जाता है जिसमें कुछ पानी भरा है। तुला का पठन 4.0 N है। स्प्रिंग बैलेंस को नीचे कर धातु के इस ब्लॉक को पानी में डुबा दिया जाता है जिससे स्प्रिंग बैलेंस का पठन 1.6 N हो जाता है। इस समय इलेक्ट्रॉनिक तुला का पठन होगा

   (a) 3.6 N (b) 6.0 N
   (c) 4.4 N (d) 5.6 N

8. एक बोतल में रखे पानी में लकड़ी का एक गुटका तैर रहा है। बोतल का ढक्कन बंद कर एक पंप की सहायता से बोतल में थोड़ी अतिरिक्त हवा भर दी जाती है। अब लकड़ी का गुटका

   (a) पानी में अधिक डूबकर तैरेगा।
   (b) पानी में कम डूबकर तैरेगा।
   (c) पहले की तरह तैरता रहेगा।
   (d) डूब जाएगा।

9. एक बीकर में रखे गए पानी में प्लास्टिक का एक ढक्कन तैर रहा है। वह बीकर के मध्य से एक ओर खिसका हुआ है। चित्र 24.Q3 में बीकर की पेंदी पर तीन बिंदु *A*, *B*, *C* दिखाए गए हैं, जहाँ दाब क्रमशः p_A, p_B तथा p_C हैं, तो

   (a) $p_1 = p_2 = p_3$ (b) $p_1 < p_2 < p_3$
   (c) $p_1 > p_2 > p_3$ (d) $p_1 \neq p_2 = p_3$

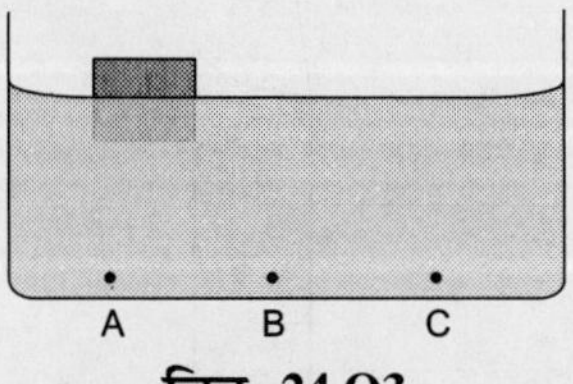

चित्र 24.Q3

10. किसी द्रव की सतह से हमारा मतलब होता है

    (a) ज्यामितीय तल, जैसे $z = 0$.
    (b) वे सभी अणु जो वायुमंडल के साथ संपर्क में हैं।
    (c) एक परत जिसकी मोटाई 10^{-8}m के आसपास की है।
    (d) एक परत जिसकी मोटाई 10^{-4}m के आसपास है।

11. एक गुरुत्वरहित स्थान पर निर्वात में बर्फ का एक घनाकार टुकड़ा पिघल जाता है। पिघला हुआ पानी

    (a) घनाकार आकृति में बना रहेगा।
    (b) गोलीय आकृति में हो जाएगा।
    (c) नीचे की ओर गिर जाएगा।
    (d) ऊपर की ओर उड़ जाएगा।

12. जब पानी की छोटी-छोटी बूँदें जुड़कर एक बड़ी बूँद बनाती हैं तब ऊर्जा

    (a) उत्सर्जित होती है।
    (b) अवशोषित होती है।
    (c) न तो उत्सर्जित होती है, न ही अवशोषित होती है।
    (d) द्रव की प्रकृति के अनुसार उत्सर्जित या अवशोषित हो सकती है।

13. साबुन के एक बुलबुले में हवा डालकर इसकी त्रिज्या *r* से बढ़ाकर 2*r* कर दी जाती है। यदि पृष्ठ-तनाव *S* हो, तो इस प्रक्रिया में किया गया कार्य होगा

    (a) $8\pi r^2 S$ (b) $12\pi r^2 S$
    (c) $16\pi r^2 S$ (d) $24\pi r^2 S$

14. यदि साबुन के बुलबुले में और हवा डाल दी जाए, तो इसके अंदर का दाब

    (a) घट जाएगा। (b) बढ़ जाएगा।
    (c) उतना ही रहेगा। (d) शून्य हो जाएगा।

15. यदि विभिन्न त्रिज्याओंवाले साबुन के दो बुलबुले एक नली द्वारा जोड़ दिए जाएँ, तो

    (a) बड़े बुलबुले से छोटे बुलबुले की ओर हवा जाएगी, जब तक कि उनकी त्रिज्याएँ बराबर न हो जाएँ
    (b) बड़े बुलबुले से छोटे बुलबुले की ओर हवा जाएगी, जब तक कि उनकी त्रिज्याएँ एक-दूसरे से बदल न जाएँ।
    (c) छोटे बुलबुले से बड़े बुलबुले की ओर हवा जाएगी।
    (d) हवा का कोई प्रवाह नहीं होगा।

16. चित्र 24.Q4 में *r* त्रिज्या की एक केशनली पानी में दिखाई गई है। यदि पानी का पृष्ठ-तनाव *S* तथा वायुमंडलीय दाब p_0 हो, तो *A* बिंदु पर दाब होगा

    (a) p_0 (b) $p_0 + \frac{2S}{r}$
    (c) $p_0 - \frac{2S}{r}$ (d) $p_0 - \frac{4S}{r}$

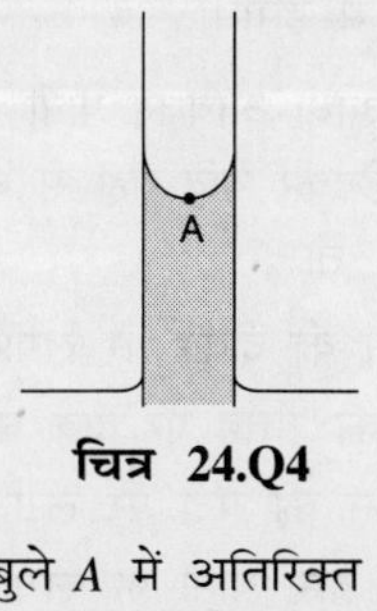

चित्र 24.Q4

17. साबुन के एक बुलबुले *A* में अतिरिक्त दाब, उसी घोल के एक अन्य बुलबुले *B* में के अतिरिक्त दाब का दोगुना है। यदि *A* का आयतन *B* के आयतन का *n* गुना हो, तो *n* का मान होगा

    (a) 4 (b) 2
    (c) 1 (d) 0.125

18. चित्र 24.Q5 में *h* तथा *r* के बीच चार प्रकार के वक्र दिखाए गए हैं। यदि *h* केशनली में किसी द्रव के चढ़ने की ऊँचाई हो और *r*

केशनली की त्रिज्या हो, तो इसमें कौन-सा वक्र h तथा r के सही संबंध को निरूपित कर सकता है?

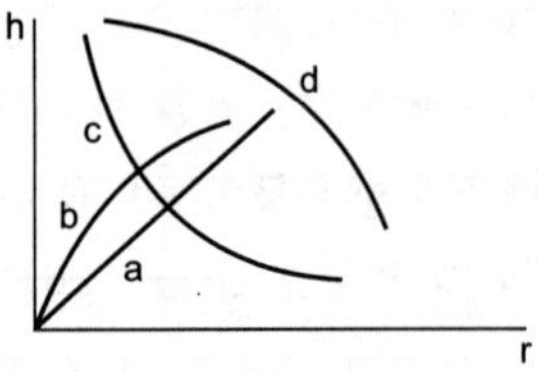

चित्र 24.Q5

(a) वक्र a (b) वक्र b

(c) वक्र c (d) वक्र d

19. एक ऊर्ध्वाधर केशनली में पानी 10 cm तक चढ़ जाता है। यदि पानी के बरतन में रखी इस केशनली को 45° के कोण से झुका दिया जाए, तो नली में पानी की लंबाई होगी

(a) 10 cm (b) $10\sqrt{2}$ cm

(c) $\frac{10}{\sqrt{2}}$ cm (d) 5 cm

• सटीक उत्तरवाले प्रश्न II •

सही उत्तर (उत्तरों) का चयन करें।

1. एक ठोस किसी द्रव में आंशिक रूप से डूबकर तैर रहा है।
   (a) ठोस द्रव पर अपने भार के बराबर बल लगाता है।
   (b) द्रव ठोस पर उसके भार के बराबर बल लगाता है।
   (c) विस्थापित द्रव का भार ठोस के भार के बराबर है।
   (d) पानी में डूबे ठोस के हिस्से का भार विस्थापित द्रव के भार के बराबर है।

2. एक बिना फुलाए बैलून तथा डोरी का भार स्प्रिंग बैलेंस पर नापने से W_1 मिलता है। इस बैलून को जब फुलाकर डोरी से बाँधकर तौला जाता है तो वह भार W_2 आता है। बैलून में डाली हुई हवा का भार W है। बैलून की सतह की मोटाई को नगण्य मानें। बैलून के अंदर तथा बाहर की हवा के घनत्वों को बराबर मानें, तो
   (a) $W_2 = W_1$ (b) $W_2 = W_1 + W$
   (c) $W_2 < W_1 + W$ (d) $W_2 > W_1$

3. एक ठोस वस्तु को एक द्रव में पूरी तरह डुबाकर पकड़ा हुआ है। द्रव द्वारा ठोस पर लगाया गया बल
   (a) बढ़ेगा, यदि वस्तु को द्रव में और नीचे ले जाया जाए।
   (b) बदल जाएगा, यदि वस्तु को अपने स्थान पर घुमा दिया जाए।
   (c) घट जाएगा यदि वस्तु को द्रव से थोड़ा बाहर निकाल दिया जाए।
   (d) ऊर्ध्वाधर दिशा में होगा।

4. एक बंद बरतन में आधा आयतन पानी भरा है। बरतन की ऊपरी सतह के पास एक छेदकर यदि वहाँ से थोड़ी हवा बरतन से बाहर निकाल दी जाती है, तो
   (a) पानी द्वारा बरतन की दीवार पर लगा बल बढ़ जाएगा।
   (b) बरतन में द्रव की सतह पर दाब घट जाएगा।
   (c) पानी द्वारा बरतन की पेंदी पर लगा बल घट जाएगा।
   (d) बरतन की पेंदी द्वारा पानी पर लगा बल बढ़ जाएगा।

5. किसी द्रव की सतह के गुण अंदर के द्रव के गुणों से भिन्न होते हैं। इसका कारण यह है कि सतह पर के अणु
   (a) अंदर के अणुओं से छोटे होते हैं।
   (b) हवा के अणुओं से टकराकर विद्युत-आवेश ग्रहण कर लेते हैं।
   (c) अपने प्रभाव क्षेत्र में अलग-अलग किस्म के अणु पाते हैं।
   (d) अंदर के अणुओं से एक परिणामी बल का अनुभव करते हैं।

6. केशनली में द्रव के चढ़ने की ऊँचाई निर्भर करती है
   (a) केशनली के पदार्थ पर
   (b) केशनली की लंबाई पर
   (c) केशनली की बाहरी त्रिज्या पर
   (d) केशनली की भीतरी त्रिज्या पर

7. एक ठोस तथा एक द्रव के बीच का संपर्क कोण निर्भर करता है
   (a) ठोस के पदार्थ पर
   (b) द्रव के पदार्थ पर
   (c) ठोस के आकार पर
   (d) ठोस के द्रव्यमान पर

8. एक ऊर्ध्वाधर नली का अनुप्रस्थ परिच्छेद अर्धवृत्ताकार है (चित्र 24.Q6)। इसमें कुछ दूर तक पानी भरा है। नली तथा पानी के बीच संपर्क कोण शून्य है। नली में पानी के संपर्क वाले वक्र भाग पर लगते पृष्ठ-तनाव के बल तथा सीधे भाग पर लगते पृष्ठ-तनाव वाले बल का अनुपात है

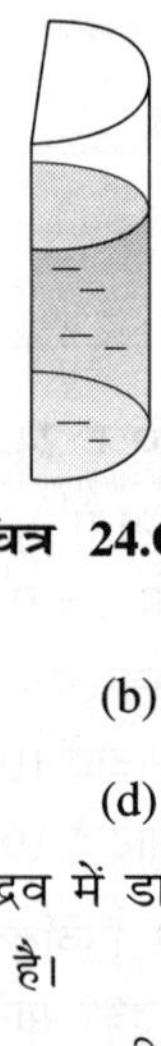

चित्र 24.Q6

   (a) 1 : 1 (b) 1 : 2
   (c) $\pi : 2$ (d) $2 : \pi$

9. जब एक केशनली को एक द्रव में डाला जाता है तो नली में द्रव न तो चढ़ता है, न ही दबता है।
   (a) द्रव का पृष्ठ-तनाव अवश्य ही शून्य होगा।
   (b) संपर्क कोण अवश्य ही 90° होगा।
   (c) पृष्ठ-तनाव शून्य हो सकता है।
   (d) संपर्क कोण 90° हो सकता है।

• अभ्यास के प्रश्न •

1. एक घर की छत पर रखे पानी के टैंक में पानी की सतह नल की सतह से 4 m ऊपर है। नल के पानी का दाब (वायुमंडलीय दाब के सापेक्ष) निकालें जब वह बंद हो। क्या यह कहना आवश्यक है कि नल बंद हो? $g = 10\ \text{m/s}^2$ लें।

2. चित्र 24.E1 में दिखाए गए मैनोमीटर की भुजाओं में पारे की ऊँचाइयाँ 2 cm तथा 8 cm हैं। वायुमंडलीय दाब $1.01 \times 10^5\ \text{N/m}^2$ है। ज्ञात करें, (a) सिलिंडर में स्थित गैस का दाब तथा (b) U-नली के निम्नतम बिंदु पर पारे का दाब।

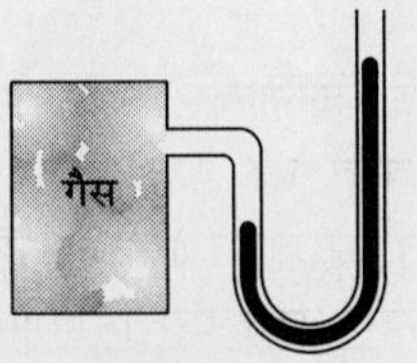

चित्र 24.E1

3. चित्र 24.E2 में दिखाई गई चौड़ी नली के अनुप्रस्थ काट का क्षेत्रफल $900\ \text{cm}^2$ है। इसके पिस्टन पर खड़े बालक का द्रव्यमान 45 kg है। दोनों नलियों में पानी की सतहों का अंतर निकालें।

चित्र 24.E2

4. पानी से भरे एक बरतन की पेंदी का क्षेत्रफल $20\ \text{cm}^2$, इसके ऊपर के भाग का क्षेत्रफल $20\ \text{cm}^2$, ऊँचाई 20 cm तथा आयतन आधा लीटर है (चित्र 24.E3)। निकालें,

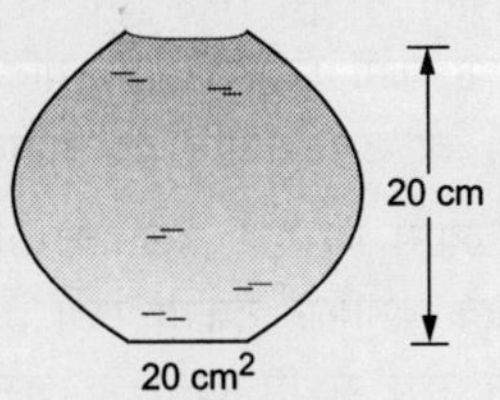

चित्र 24.E3

(a) बरतन की पेंदी पर पानी द्वारा लगाया गया बल

(b) बरतन की दीवारों द्वारा पानी पर लगाया गया परिणामी बल। वायुमंडलीय दाब $= 1.0 \times 10^5\ \text{N/m}^2$, पानी का घनत्व $= 1000\ \text{kg/m}^3$ तथा $g = 10\ \text{m/s}^2$. सभी संख्याओं को बिलकुल सही मानें।

5. मान लें कि प्रश्न 4 में बरतन को एक जार से ढक दिया जाता है और इस जार के भीतर की पूरी हवा निकाल दी जाती है। तब, (a) प्रश्न 4 के प्रश्नों के उत्तर क्या होंगे? (b) दिखाएँ कि ये उत्तर बरतन के आकार पर निर्भर नहीं करते, बशर्ते कि उसकी ऊँचाई, पेंदी का क्षेत्रफल तथा आयतन नहीं बदले।

6. यदि बैरोमीटर में पारे की जगह पानी का प्रयोग किया जाए, तो 76 cm पारे की वायुमंडलीय दाब पर पानी के स्तंभ की ऊँचाई कितनी होगी?

7. 500 m गहरे एक समुद्र की तली पर एक बड़ा-सा पत्थर पड़ा है। इसकी एक सतह समतल है और इसका क्षेत्रफल $2\ \text{m}^2$ है। समुद्र के पानी का घनत्व $1030\ \text{kg/m}^3$ तथा वायुमंडलीय दाब $1.0 \times 10^5\ \text{N/m}^2$ मानें। पानी द्वारा इस सतह पर लगते बल का परिमाण बताएँ। क्या यह पत्थर की कोणीय स्थिति (orientation) पर निर्भर करेगा?

8. $3\ \text{m} \times 2\ \text{m} \times 1\ \text{m}$ आकार के एक आयताकार हौज में ऊपर तक पानी भरा है। (a) पानी द्वारा हौज के फर्श पर लगता कुल बल बताएँ। (b) हौज की $2\ \text{m} \times 1\ \text{m}$ वाली एक दीवार पर सतह से x गहराई पर δx चौड़ाई की एक क्षैतिज पट्टी लें। पानी द्वारा इस पट्टी पर लगनेवाला बल निकालें। (c) पिछले भाग में प्राप्त बल का इस दीवार के सबसे निचले किनारे के प्रति बल-आघूर्ण निकालें। (d) पानी द्वारा इस दीवार पर लगता कुल बल निकालें। (e) पानी द्वारा इस दीवार पर लगता कुल बल आघूर्ण निकालें।

वायुमंडलीय दाब को गणना में शामिल न करें और g का मान $10\ \text{m/s}^2$ लें।

9. एक गहने का हवा में भार एक स्प्रिंग बैलेंस द्वारा 36 g दिखाया जाता है। इसे पानी में डुबाकर तौलने से भार 34 g आता है। यह मानते हुए कि गहना बनाने में सोने के साथ थोड़ा ताँबा भी मिलाया गया है, गहने में ताँबे का द्रव्यमान निकालें। सोने तथा ताँबे के विशिष्ट घनत्व क्रमशः 19.3 तथा 8.9 हैं।

10. ऊपर के प्रश्न 9 पर विचार करें। मान लें कि गहना बनानेवाला कारीगर कहता है कि उसने गहना बनाने में सोने के अलावा कोई और धातु नहीं मिलाई है, पर बनाने में गहने के अंदर कुछ खाली जगह (cavity) छूट गई होगी। यद्यपि गहना बनाने के लिए सोने में कुछ अन्य धातुएँ मिलानी ही पड़ती हैं, परंतु कारीगर की बात मानते हुए गहने के अंदर छूटी खाली जगह का आयतन निकालें।

11. 160 ग्राम द्रव्यमान का एक धातु का टुकड़ा पानी से भरे गिलास में पेंदी पर संतुलन में रखा है। यह टुकड़ा पेंदी के कुछ बिंदुओं पर ही टिका है। धातु का घनत्व $8000\ \text{kg/m}^3$ है। गिलास की पेंदी द्वारा इस टुकड़े पर लगते बल का मान बताएँ।

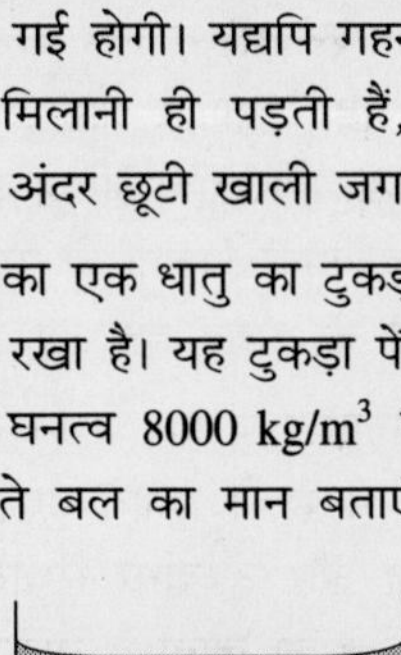

चित्र 24.E4

12. एक नाव का आंतरिक आयतन 1 m^3 तथा द्रव्यमान 50 kg है।
   (a) नाव की लकड़ी की मोटाई को नगण्य मानते हुए बताएँ कि नाव के आयतन का कितना भाग पानी के अंदर डूबा है।
   (b) यदि नाव की पेंदी में एक छेद हो जाए और वहाँ से पानी अंदर आने लगे तो नाव के किनारों से पानी आना प्रारंभ होने के पहले नाव के आयतन का कितना भाग पानी से भर जाएगा?

13. बर्फ का एक घनाकार ब्लॉक पानी पर तैर रहा है। किनारों से सहारा देकर इस ब्लॉक की ऊपरी सतह क्षैतिज रखी जाती है। इसके ऊपर 0.5 kg द्रव्यमान का एक धातु का टुकड़ा रखा जाना है। घनाकार ब्लॉक के किनारे की लंबाई कम-से-कम कितनी होनी चाहिए ताकि धातु का टुकड़ा पानी में न जाए? बर्फ का विशिष्ट घनत्व = 0.9.

14. बर्फ का एक ब्लॉक अंशतः पानी में और अंशतः किरोसिन में तैर रहा है (चित्र 24.E5)। इस ब्लॉक के पानी में डूबे आयतन तथा तेल में डूबे आयतन का अनुपात निकालें। किरोसिन एवं बर्फ के विशिष्ट घनत्व क्रमशः 0.8 तथा 0.9 हैं।

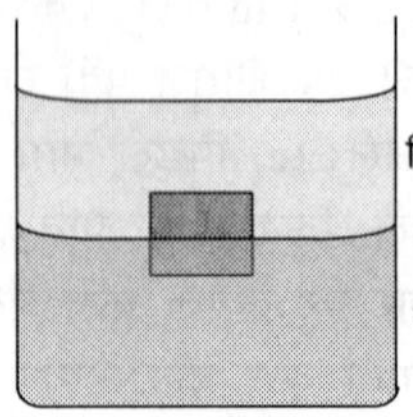

चित्र 24.E5

15. 1 mm मोटाई वाली लोहे की चादरों से एक घनाकार बॉक्स बनाना है। इस बॉक्स के बाहरी किनारे की न्यूनतम लंबाई कितनी होनी चाहिए ताकि यह पानी में नहीं डूबे? लोहे का घनत्व = 8000 kg/m^3 तथा पानी का घनत्व = 1000 kg/m^3.

16. लकड़ी के एक घनाकार ब्लॉक का द्रव्यमान 200 g है तथा इसके नीचे लेड (Pb) का एक टुकड़ा जड़ा हुआ है। इस टुकड़े का अधिकतम द्रव्यमान कितना हो सकता है ताकि लकड़ी का यह ब्लॉक पानी में न डूबे? लकड़ी का विशिष्ट घनत्व 0.8 तथा लेड का विशिष्ट घनत्व 11.3 है।

17. मान लें कि ऊपर के प्रश्न 16 में लेड के टुकड़े को घनाकार ब्लॉक की ऊपरी सतह पर जड़ा जाता है और ऊर्ध्वाधर प्लेटों की सहायता से इसकी सतहों को ऊर्ध्वाधर एवं क्षैतिज अवस्था में रखा जाता है। लेड का अधिकतम द्रव्यमान कितना हो सकता है ताकि इस ब्लॉक की ऊपरी सतह पानी की सतह तक आ जाए?

18. धातु से बने एक घनाकार ब्लॉक के किनारे की लंबाई 12 cm है और वह अपने 1/5 भाग को डुबोते हुए पारे में तैरता है। ब्लॉक की सतहों को क्षैतिज और ऊर्ध्वाधर स्थिति में रखा जाता है। इस बरतन में इतना पानी डाला जाता है ताकि इस घनाकार ब्लॉक की ऊपरी सतह पानी की सतह पर आ जाए। पारे के ऊपर पानी की ऊँचाई निकालें। पारे का विशिष्ट घनत्व = 13.6.

19. एक गोलाकार कोश की भीतरी तथा बाहरी त्रिज्याएँ क्रमशः 6 cm तथा 8 cm हैं। यह पानी में आधा डूबकर तैरता है। इस कोश के पदार्थ का घनत्व निकालें।

20. 5 cm त्रिज्या का एक ठोस गोला पानी में तैर रहा है। यदि इस गोले पर अधिकतम 100 g का भार, बिना उसे भिगोए हुए रखा जा सकता हो, तो गोले के पदार्थ का घनत्व निकालें।

21. एक अत्यंत सुग्राही (sensitive) स्प्रिंग बैलेंस द्वारा नापे गए 1 kg द्रव्यमान के लोहे के ब्लॉक तथा उतने ही द्रव्यमान के लकड़ी के ब्लॉक के भारों का अनुपात निकालें। लोहे का घनत्व = 7800 kg/m^3, लकड़ी का घनत्व = 800 kg/m^3 तथा हवा का घनत्व = 1.293 kg/m^3.

22. प्लास्टिक का एक ठोस एकसमान गोला एक टंकी में रखे पानी में आधा डूबकर तैर रहा है। गोले की त्रिज्या 7.5 cm है। इस गोले को थोड़ा-सा और डुबोकर छोड़ दिया जाता है। इसके बाद गोले की गति की आवृत्ति निकालें।

23. चित्र 24.E6 में एक बेलनाकार वस्तु को स्प्रिंग से लटकता हुआ दिखाया गया है। वस्तु का कुछ भाग पानी में तथा कुछ भाग हवा में है। इस वस्तु का व्यास 10 cm, ऊँचाई 20 cm तथा घनत्व 8000 kg/m^3 है। स्प्रिंग का स्प्रिंग नियतांक 500 N/m है। वस्तु का अक्ष सदा ऊर्ध्वाधर दिशा में रहता है।

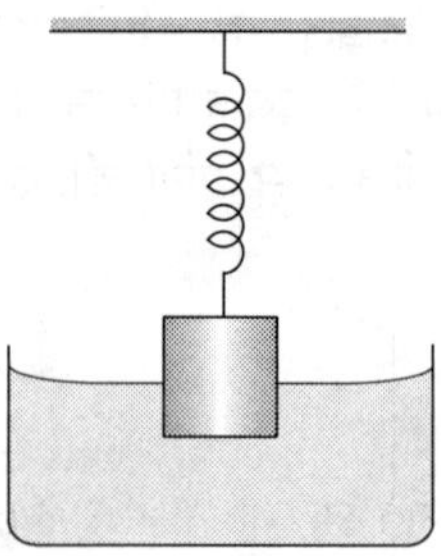

चित्र 24.E6

   (a) संतुलन की स्थिति में स्प्रिंग की लंबाई में वृद्धि निकालें।
   (b) यदि इस वस्तु को नीचे की ओर थोड़ा दबाकर छोड़ दिया जाए, तो उसकी गति की आवृत्ति निकालें।

24. एक ऊर्ध्वाधर स्प्रिंग (स्प्रिंग-नियतांक 50 N/m) का निचला सिरा पानी से भरे एक बरतन की पेंदी पर जड़ा हुआ है। स्प्रिंग के ऊपरी सिरे पर 0.5 kg द्रव्यमान तथा 800 kg/m^3 घनत्व की एक वस्तु बँधी है। यह पूरी संहति पानी में पूरी तरह डुबो दी जाती है। (a) स्प्रिंग की लंबाई में वृद्धि या कमी निकालें। (b) यदि वस्तु को थोड़ा दबाकर छोड़ दिया जाए, तो उसकी गति का आवर्तकाल निकालें।

25. 6 cm आंतरिक व्यास के एक बेलनाकार गिलास में 4 cm किनारे वाला बर्फ का एक घनाकार टुकड़ा रखा है। मान लें कि बर्फ सभी सतहों पर समान रूप से पिघलती है जिससे उसकी आकृति सदा घनाकार बनी रहती है। इस घन के किनारे की लंबाई बताएँ जब गिलास की पेंदी द्वारा इसपर लगनेवाला संपर्क बल शून्य हो जाए।

26. प्लास्टिक का 5.0 cm लंबा एक तार पानी की सतह पर रखा है। तार के एक ओर का पानी इसे कितने बल से खींच रहा होगा? पानी का पृष्ठ-तनाव = 0.075 N/m.

27. पारे, साबुन के घोल तथा पानी के पृष्ठ-तनाव क्रमशः 0.465 N/m, 0.03 N/m तथा 0.076 N/m हैं। निम्नलिखित के लिए बाहर के दाब की अपेक्षा अंदर का अतिरिक्त दाब निकालें—
   (a) पारे की 2 mm त्रिज्या की एक बूँद

(b) 4 mm त्रिज्या का साबुन का एक बुलबुला

(c) पानी के एक टैंक में 4 mm त्रिज्या का हवा का एक बुलबुला

28. पारे की 4.0 mm त्रिज्या की एक बूँद के सबसे ऊपर के भाग में 1 mm^2 की एक छोटी-सी सतह का विचार करें। इस सतह पर लगनेवाले (a) ऊपर की हवा के कारण बल, (b) इसके नीचे के पारे के कारण बल तथा (c) संपर्क में स्थित पारे की सतह के कारण बल निकालें। वायु का दाब $= 1.0 \times 10^5$ Pa, पारे का पृष्ठ-तनाव = 0.465 N/m. भार के प्रभाव को नगण्य मानें।

29. चित्र 24.E7 में दिखाई गई केशनलियों *A, B, C* की आंतरिक त्रिज्याएँ क्रमश 0.5 mm, 1.0 mm तथा 1.5 mm हैं। बीकर में दिखाया गया द्रव पानी है जिसका पृष्ठ-तनाव 7.5×10^{-2} N/m है। तीनों केशनलियों में पानी की ऊँचाइयाँ निकालें।

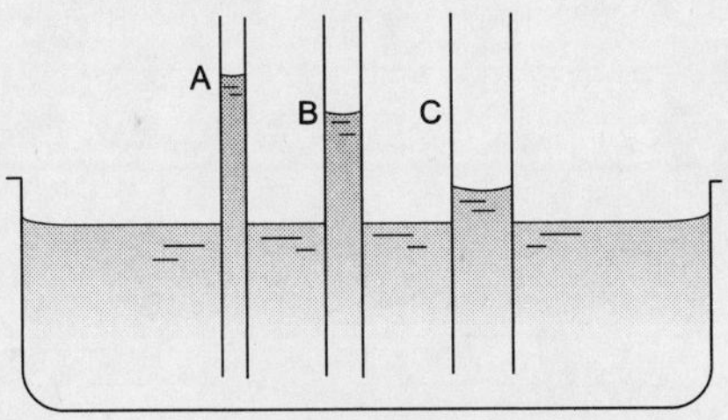

चित्र 24.E7

30. एक केशनली का निचला सिरा पारे में डुबोया गया है। नली में पारा बाहर की सतह से 2 cm नीचे चला जाता है। यदि इसी केशनली को पानी में डुबोया जाए तो पानी कितनी ऊँचाई तक चढ़ेगा? पारे तथा पानी का पृष्ठ-तनाव क्रमशः 0.465 N/m तथा 0.075 N/m हैं।

31. एक बैरोमीटर की नली शीशे से बनी है और उसकी त्रिज्या 1.0 mm है। मान लें कि नली में पारे की सतह गोलाकार है। यदि वायुमंडलीय दाब 76 cm पारे के बराबर हो, तो बैरोमीटर में पारे की अधिकतम ऊँचाई कितनी होगी? पारे का शीशे के साथ संपर्क कोण = 135°, पारे का पृष्ठ-तनाव = 0.465 N/m तथा पारे का घनत्व 13600 kg/m^3 हैं।

32. काँच की बनी 0.50 mm त्रिज्या की एक केशनली ऊर्ध्वाधर स्थिति में पानी से भरे एक बरतन में डुबोयी गई है। केशनली में पानी की सतह से 5.0 cm नीचे के बिंदु पर पानी के दाब तथा वायुमंडलीय दाब का अंतर निकालें। पानी का पृष्ठ-तनाव = 0.075 N/m.

33. 6.0 cm त्रिज्या के एक बेलनाकार बरतन में रखे पानी की पृष्ठ ऊर्जा निकालें। पानी का पृष्ठ-तनाव = 0.075 N/m.

34. पारे की 2 mm त्रिज्या की एक बूँद 8 बराबर बूँदों में बँट जाती है। इसकी पृष्ठ ऊर्जा में वृद्धि निकालें। पारे का पृष्ठ-तनाव = 0.465 N/m.

35. एक ऊर्ध्वाधर केशनली जिसकी त्रिज्या 1 mm है, एक सिरे पर पानी में डुबोकर रखी गई है। (a) केशनली में पानी की सतह की ऊँचाई बताएँ। (b) यदि केशनली की लंबाई पिछले भाग के उत्तर की आधी हो, तो केशनली के ऊपरी छोर पर पानी की सतह द्वारा नली की सतह से बना कोण ज्ञात करें।

36. एक ऊर्ध्वाधर केशनली जिसकी त्रिज्या 1 mm है, एक सिरे पर पारे में डुबोकर रखी गई है। (a) केशनली में पारा कितनी लंबाई *h* नीचे चला जाएगा? (b) यदि केशनली को ऊपर उठाकर उसके निचले सिरे को पारे की सतह से $h/2$ नीचे रखा जाए, तो केशनली के छोर पर पारे की सतह द्वारा नली की सतह के साथ कितना कोण बनाएगी? पारे का पृष्ठ-तनाव = 0.465 N/m, शीशे के साथ इसका संपर्क कोण = 135°.

37. शीशे की दो बड़ी प्लेटें एक-दूसरे के समानांतर तथा ऊर्ध्वाधर स्थिति में पानी के एक टैंक में रखी हैं। प्लेटों के बीच दूरी 1 mm है। प्लेटों के बीच पानी कितनी ऊँचाई तक चढ़ जाएगा? पानी का पृष्ठ-तनाव = 0.075 N/m.

38. बर्फ का एक घनाकार टुकड़ा ऐसे स्थान पर ले जाया गया है जहाँ गुरुत्वाकर्षण नहीं है। यदि इसका आयतन 40π cm^3 हो और यह पूरी तरह पिघल जाए, तो इस प्रकार बने पानी की पृष्ठ ऊर्जा निकालें। बर्फ का घनत्व = 900 kg/m^3 तथा पानी का पृष्ठ-तनाव = 0.075 N/m.

39. तार से बने एक फ्रेम को साबुन के घोल में डुबोकर बाहर निकाल लिया जाता है जिससे उसपर घोल की एक फिल्म बन जाती है। 6.28 cm लंबाई के धागे का लूप इस फिल्म पर धीरे से रख दिया जाता है और इसके बीच से फिल्म में छेद कर दिया जाता है। धागे का लूप वृत्ताकार हो जाता है। इस वृत्ताकार लूप में धागे का तनाव निकालें। साबुन के घोल का पृष्ठ-तनाव = 0.03 N/m.

• उत्तर •

सटीक उत्तरवाले प्रश्न I

1. (c)	**2.** (d)	**3.** (d)	**4.** (b)	**5.** (a)
6. (d)	**7.** (c)	**8.** (c)	**9.** (a)	**10.** (c)
11. (b)	**12.** (a)	**13.** (d)	**14.** (a)	**15.** (c)
16. (c)	**17.** (d)	**18.** (c)	**19.** (b)	

सटीक उत्तरवाले प्रश्न II

1. (a), (b), (c)	**2.** (a), (c)	**3.** (c), (d)
4. (b), (c)	**5.** (c), (d)	**6.** (a), (b), (d)
7. (a), (b)	**8.** (c)	**9.** (c), (d)

अभ्यास के प्रश्न

1. 40000 N/m^2, हाँ

2. (a) 1.09×10^5 N/m^2 (b) 1.12×10^5 N/m^2

3. 50 cm **4.** (a) 204 N (b) 1 N ऊपर

5. 4 N, 1 N ऊपर **6.** 1033.6 cm **7.** 1.04×10^7 N, नहीं

8. (a) 60000 N (b) $20000 \times \delta x$ N (c) $20000 \times (1-x)\delta x$ N–m

(d) 10000 N (e) $\frac{10000}{3}$ N–m.

9. 2.2 g **10.** 0.112 cm^3 **11.** 1.4 N

12. (a) $\frac{1}{20}$ (b) $\frac{19}{20}$ **13.** 17 cm **14.** 1 : 1

15. 4.8 cm **16.** 54.8 g **17.** 50 g

18. 10.4 cm **19.** 865 kg/m^3 **20.** 0.8

21. 1.0015 **22.** $7/\pi\ s^{-1}$

23. (a) 23.5 cm (b) 0.93 s **24.** (a) 2.5 cm (b) $\frac{\pi}{5}$ s

25. 2.26 cm **26.** 3.8×10^{-3} N

27. (a) 465 N/m^2 (b) 30 N/m^2 (c) 38 N/m^2

28. (a) 0.1 N (b) 6.10023 N (c) 0.00023 N

29. A में 3 cm, B में 1.5 cm, C में 1.0 cm

30. 5.73 cm **31.** 75.5 cm **32.** 190 N/m^2

33. 8.5×10^{-4} J **34.** 23.4 μJ

35. (a) 1.5 cm (b) 60°

36. (a) 4.93 mm (b) 111° **37.** 1.5 cm

38. $(36\pi)^{1/3}$ cm^2 **39.** 6×10^{-4} N

❑

अध्याय 25

द्रवों का प्रवाह

कलकल बहती नदी हो या पहाड़ों पर से गिरते झरने, घरों के नलों में चलता पानी हो या हमारी धमनियों में बहता रक्त, झमझम करती वर्षा हो या आँखों से बहते आँसू, द्रवों का प्रवाह इस संसार का एक अभिन्न अंग है। हमने कणों एवं ठोस वस्तुओं की गति को न्यूटन के गति-नियमों की सहायता से समझा है। यद्यपि द्रव भी कणों से ही बने हैं और कणों की गति न्यूटन के गति-नियमों से ही नियंत्रित होती है, पर व्यवहार में द्रवों की गति को समझने के लिए न्यूटन के गति-नियमों का सीधा प्रयोग संभव नहीं होता।

आपने हिमाचल प्रदेश के मनाली का 'राल्हा फॉल' या उत्तराखंड के केमटी का 'केमटी फॉल' देखा होगा। यह मनोहारी दृश्य ऊँचाई से गिरकर, पत्थरों से टकराकर विभिन्न प्रकार की ध्वनियाँ उत्पन्न करते हुए बहते पानी से बनता है। पर, यदि आप पानी के हर कण पर $F = ma$ की सहायता से उसका वेग एवं विस्थापन निकालकर इस फॉल के पूरे परिदृश्य को समझना चाहें तो यह अत्यंत ही दुष्कर कार्य है। द्रवों की गति को समझने के लिए हमें कुछ विशेष समीकरणों की आवश्यकता होती है। इस अध्याय में द्रवों की गति के कुछ ऐसे ही विशेष पहलुओं की चर्चा करेंगे।

25.1 स्थैतिक तथा प्रक्षुब्ध प्रवाह

किसी पाइप से बहते एक द्रव की कल्पना करें (चित्र 25.1)। इस पाइप में किसी विशेष बिंदु A पर ध्यान केंद्रित करें तथा वहाँ आते द्रव के कणों के बारे में सोचें। मान लें कि कोई कण किसी क्षण बिंदु A पर है और उसका वेग $\vec{v}_A$ है। यदि द्रव का प्रवाह धीमा हो, तो A पर आनेवाले हर कण की (A पर) एक ही दिशा होती है और एक ही चाल होती है। अर्थात, कोई दूसरा कण भी जब A पर आएगा, तो उसका वेग $\vec{v}_A$ ही होगा। जब कोई कण बिंदु A से चलकर किसी दूसरे बिंदु B पर पहुँचता है, तो उसकी चाल तथा दिशा दोनों ही बदल सकती हैं। B पर इसका वेग $\vec{v}_B$ हो जाता है जो $\vec{v}_A$ से भिन्न हो सकता है। परंतु, A पर जब भी कोई कण आएगा, तो उसका वेग $\vec{v}_A$ ही होगा और B पर जब भी कोई कण आएगा, तो उसका वेग $\vec{v}_B$ ही होगा। पूरे प्रवाह पथ में आप कोई बिंदु (x, y, z) लें, तो यहाँ पर आनेवाले हर कण का वेग समान ही होगा। ऐसे में A बिंदु से गुजरते किसी एक कण का जो पथ होगा वहाँ से गुजरते हर कण का वही पथ होगा। ऐसे प्रवाह को स्थैतिक प्रवाह (steady flow) या धारारेखीय प्रवाह (streamline flow) कहते हैं।

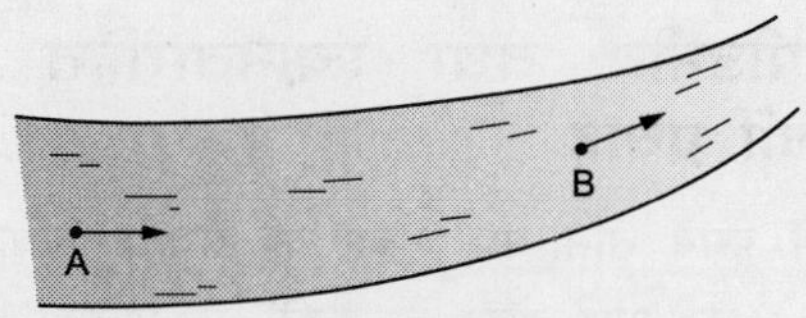

चित्र 25.1

यदि पाइप में द्रव को तेजी से भेजा जाए तो कणों का प्रवाह अनियमित हो जाता है। एक कण का पथ देखकर आप नहीं कह सकते कि वहाँ से गुजरनेवाले किसी अन्य कण का पथ क्या होगा। ऐसे प्रवाह को प्रक्षुब्ध प्रवाह (turbulent flow) कहते हैं। आप स्थैतिक प्रवाह तथा प्रक्षुब्ध प्रवाह का अनुभव अपने घर में सिंक पर लगे नल से आसानी से कर सकते हैं। नल को थोड़ा-सा खोलें। पानी की एक पतली-सी धार नल से निकलकर गिरती दिखाई देगी। आप अनुभव कर सकते हैं कि किसी खास बिंदु पर आनेवाले सभी कण एक ही वेग से चल रहे हैं। पानी की धार एक पारदर्शी माध्यम की तरह दीखेगी। अब नल को थोड़ा-थोड़ा तेज करते जाएँ। एक स्थिति के बाद पानी के कण बेतरतीब ढंग से कोई इधर तो कोई उधर जाते हुए नजर आएँगे और धारा भी पहले की भाँति एक पारदर्शी नली की तरह नहीं रह जाएगी। यह प्रक्षुब्ध प्रवाह का उदाहरण है। इस अध्याय में हम सिर्फ स्थैतिक प्रवाह (steady flow) की चर्चा करेंगे।

धारा रेखा या प्रवाह रेखा (streamline or flow line)

द्रव के किसी कण द्वारा चले गए पथ को प्रवाह रेखा कहते हैं। स्थैतिक प्रवाह में किसी बिंदु से होकर जानेवाले सभी कण एक ही पथ लेते हैं। अतः, हर बिंदु से एक निश्चित प्रवाह रेखा जाती है। ऐसी स्थिति में प्रवाह रेखा को धारा रेखा भी कहते हैं। प्रवाह रेखा के किसी बिंदु पर उसके तल में खींची गई स्पर्शरेखा उस बिंदु पर आने वाले कण के वेग की दिशा बताती है। स्पष्ट है कि स्थैतिक प्रवाह में दो प्रवाह रेखाएँ आपस में कट नहीं सकतीं, अन्यथा ऐसे कटान-बिंदु पर पहुँचनेवाले कणों के दो-दो वेग हो जाएँगे।

प्रवाह-नली

प्रवाह में स्थित द्रव में कोई सतह S चुनें (चित्र 25.2)। इस सतह की परिधि के हर बिंदु से एक प्रवाह रेखा खींचें। इन सभी प्रवाह रेखाओं से मिलकर एक काल्पनिक नली बन गई। इस नली को प्रवाह-नली (tube of flow) कहते हैं। चूँकि प्रवाह रेखाएँ एक-दूसरे

को काट नहीं सकतीं, जो द्रव एक प्रवाह नली के अंदर है उसे उसी प्रवाह नली में बहना है। दो अलग-अलग प्रवाह-नलियों में बहते द्रव आपस में मिल नहीं सकते यद्यपि उनके बीच कोई वास्तविक दीवार नहीं है। जब कोई द्रव धीमी गति से किसी पाइप से बहता है तो पाइप स्वयं भी एक प्रवाह-नली होती है।

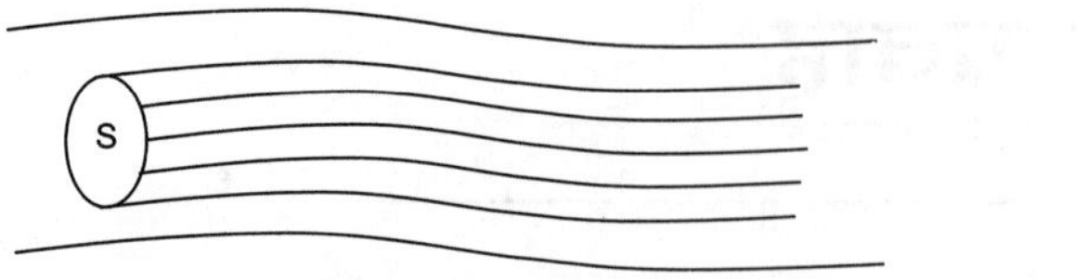

चित्र 25.2

25.2 असंपीडनीय तथा श्यानतारहित द्रवों का अघूर्णी प्रवाह

इस शीर्षक में हमने तीन नए शब्दों का प्रयोग किया है। संपीडन (compression) का अर्थ होता है 'दबने की प्रक्रिया'। असंपीडनीय (incompressible) द्रव का अर्थ है 'ऐसा द्रव जिसे दबाया नहीं जा सके', अर्थात जिसका घनत्व नहीं बदला जा सके। यदि आप बहुत अधिक बल लगाकर किसी बंद बरतन में रखे द्रव को दबाएँ तो उसके घनत्व में थोड़ी वृद्धि हो सकती है, पर हम मानेंगे कि जिस प्रकार की परिस्थितियों की हम इस अध्याय में चर्चा करेंगे उनमें लगनेवाले बलों के कारण द्रव के घनत्व में अत्यंत अल्प परिवर्तन ही आ सकता है जिसे हम नगण्य मानेंगे। ऐसे द्रव असंपीडनीय कहे जा सकते हैं।

जब कोई द्रव किसी ठोस सतह पर फिसलता है तो वह सतह के समानांतर एक बल लगाता है। ठोस की सतह भी द्रव पर इसकी विपरीत दिशा में बल लगाती है। ये बल द्रव तथा ठोस के बीच की आपेक्षिक गति को कम करने का प्रयास करते हैं। अर्थात, ये बल घर्षण की प्रकृति के हैं जो सतहों के समानांतर लगते हैं और आपेक्षिक गति का विरोध करते हैं। द्रव के आयतन में यदि उसकी विभिन्न परतें (layers) विभिन्न वेगों से चल रही हों, तो उन परतों के बीच भी ऐसा ही बल लगता है। द्रव का यह गुण श्यानता (viscosity) कहलाता है। श्यानतारहित (nonviscous) द्रव का अर्थ है कि ऐसे द्रव की परतें एक-दूसरे पर या संपर्क में आई किसी ठोस सतह पर सतह की समानांतर दिशाओं में बल नहीं लगातीं। हम श्यानता के बारे में थोड़ा और विस्तार से इसी अध्याय में आगे के अनुच्छेदों में बात करेंगे। परंतु, अभी हम ऐसे ही द्रवों के प्रवाह की बात करेंगे जो श्यानतारहित हों। ऐसे द्रवों में यांत्रिक ऊर्जा संरक्षित रहती है।

आपने कपड़े धोने के लिए टब में रखे पानी में वाशिंग पाउडर मिलाया होगा। प्रायः लोग वाशिंग पाउडर डालने के बाद हाथ को पानी में घुमा-घुमाकर पानी में पाउडर मिलाते हैं। हाथ निकालने के बाद टब में पानी गोल-गोल घूमता नजर आता है। आप टब में वृत्ताकार वक्रों की कल्पना कर सकते हैं जिनपर पानी के कण घूम रहे हैं। ऐसे किसी वृत्त पर आप छोटे-छोटे वेक्टर $\vec{dl}$ बनाएँ जो वृत्त की स्पर्शरिखा की दिशा में हों। अब आप हर जगह $\vec{v} \cdot \vec{dl}$ का मान निकालकर जोड़ दें। हर जगह $\vec{v} \cdot \vec{dl}$ धनात्मक होगा और इसलिए पूरे वृत्त पर जब हम इन्हें जोड़ेंगे, तो वह शून्य नहीं होगा।

$$\oint \vec{v} \cdot \vec{dl} \neq 0.$$

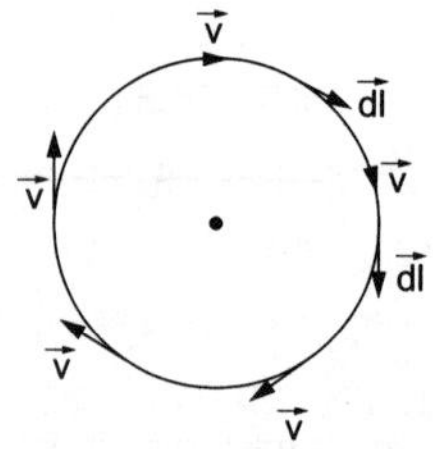

चित्र 25.3

समाकलन के चिह्न के बीच में एक छोटा-सा वृत्त बना है। यह बताता है कि $\vec{v} \cdot \vec{dl}$ को पूरे वृत्त पर, अर्थात एक बंद वक्र पर समाकलित करना है। यदि कोई प्रवाह ऐसा हो कि प्रत्येक बंद वक्र पर $\oint \vec{v} \cdot \vec{dl}$ का मान शून्य हो, तो ऐसे प्रवाह को अघूर्णी प्रवाह (irrotational flow) कहते हैं। ऊपर के उदाहरण में टब में घूमते पानी का प्रवाह घूर्णी (rotational) है।

यदि आप एक नली में बहते हुए द्रव को देखें और उसमें एक बंद वक्र बनाएँ, तो $\oint \vec{v} \cdot \vec{dl}$ के मान के बारे में क्या कह सकते हैं? चित्र 25.4 में ऐसा एक वक्र दिखाया गया है।

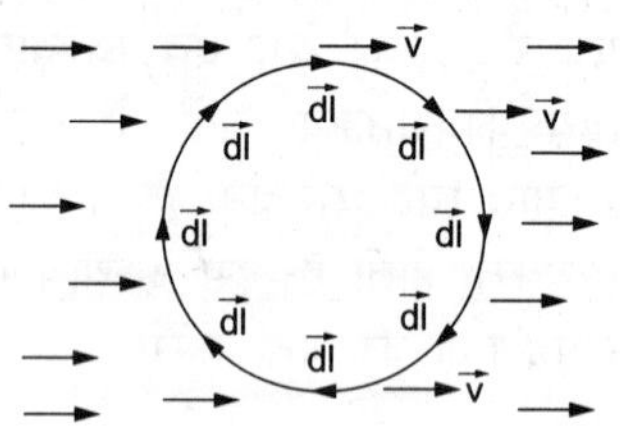

चित्र 25.4

$\vec{dl}$ की दिशा वक्र पर लगातार बदलती रहती है। अनेक स्थानों पर $\vec{v}$ तथा $\vec{dl}$ न्यूनकोण बना रहे हैं तथा अनेक स्थानों पर ये अधिककोण बनाते हैं। अतः, $\vec{v} \cdot \vec{dl}$ कभी धनात्मक और कभी ऋणात्मक होंगे। आप पूरे वक्र पर $\oint \vec{v} \cdot \vec{dl}$ का मान निकालें, तो वह शून्य हो जाएगा। यह अघूर्णी प्रवाह का एक उदाहरण है।

इस अध्याय में हम अघूर्णी प्रवाहों की ही चर्चा करेंगे।

25.3 सातत्य-समीकरण

मान लें कि कोई द्रव स्थैतिक प्रवाह (steady flow) में है। इस प्रवाह में एक प्रवाह-नली का विचार करें। आपने देखा कि एक प्रवाह-नली में जाता हुआ द्रव किसी दूसरी प्रवाह-नली के द्रव के साथ मिलता नहीं है। अतः, यदि हम प्रवाह-नली के दो अनुप्रस्थ परिच्छेद लें, तो एक परिच्छेद से जितना द्रव प्रवाह-नली में प्रवेश कर रहा होगा, दूसरे परिच्छेद से उतना ही द्रव प्रवाह-नली से बाहर निकलेगा। यहाँ यह माना जा रहा है कि दोनों परिच्छेदों के बीच नली में द्रव का

कोई स्रोत नहीं है, जहाँ से द्रव नली में डाला जा रहा हो या कोई ऐसा छिद्र नहीं है जहाँ से द्रव निकल जा रहा हो।

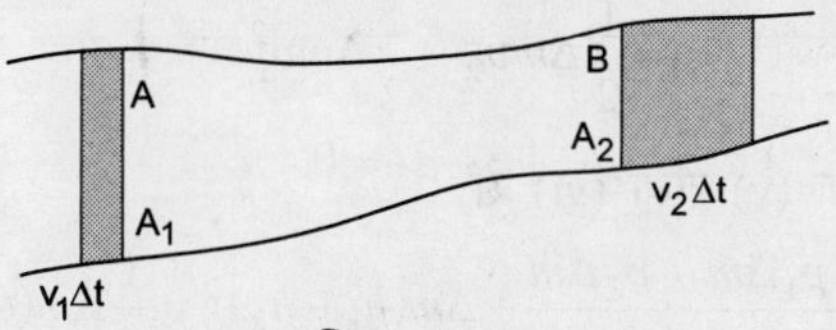

चित्र 25.5

चित्र 25.5 में एक प्रवाह-नली के दो अनुप्रस्थ परिच्छेद एक A पर तथा दूसरा B पर दिखाए गए हैं। A पर के परिच्छेद का क्षेत्रफल A_1 तथा B पर के परिच्छेद का क्षेत्रफल A_2 मानें। A पर द्रव की चाल को v_1 तथा B पर द्रव की चाल को v_2 मानें। द्रव के वेग प्रवाह-नली के समानांतर हैं और इसलिए इन अनुप्रस्थ परिच्छेदों के लंबवत हैं। A तथा B के बीच के आयतन पर विचार करें।

Δt समय में A से होकर कितना आयतन दाहिने जा रहा है, यह जानने के लिए A के समानांतर $v_1\Delta t$ दूरी पीछे हटकर एक और परिच्छेद लें तथा t समय पर इन दोनों परिच्छेदों के बीच के बेलनाकार आयतन में स्थित द्रव का विचार करें। चित्र में यह भाग छायांकित कर दिखाया गया है। t समय पर द्रव का जो भाग पीछे वाली सतह पर है, अगले Δt समय में $v_1\Delta t$ दूरी चलकर वह A पर पहुँच गया है। इसका अर्थ यह हुआ कि छायांकित आयतन का सारा द्रव Δt समय में A परिच्छेद से दाहिने प्रवेश कर गया है। यह आयतन $(v_1\Delta t)A$ होगा।

इसी प्रकार, परिच्छेद B के आगे की ओर $v_2\Delta t$ दूरी बढ़कर एक समानांतर परिच्छेद बनाएँ तथा दोनों के बीच के भाग (छायांकित) के द्रव का विचार करें। इसका आयतन $(v_2\Delta t)A$ है और परिच्छेद B से Δt समय में निकला द्रव इसी आयतन में है।

चूँकि द्रव का घनत्व समान है तथा A और B के बीच में कहीं द्रव के प्रवेश करने या निकलने की कोई व्यवस्था नहीं है, जितना द्रव Δt समय में A से होकर इस आयतन में प्रवेश करेगा, उतना ही द्रव B से होकर इस आयतन से बाहर जाएगा। अतः,

$$(v_1\Delta t)A_1 = (v_2\Delta t)A_2 \quad \text{या} \quad v_1A_1 = v_2A_2. \quad \text{... (25.1)}$$

किसी प्रवाह-नली के अनुप्रस्थ काट का क्षेत्रफल तथा वहाँ के द्रव की चाल का गुणनफल प्रवाह-नली के सभी बिंदुओं पर समान होता है। इसे द्रवों के प्रवाह का सातत्य-समीकरण (equation of continuity) कहते हैं।

अभ्यास 25.1

चित्र 25.6 में एक असमान काटवाली नली से पानी बहता हुआ दिखाया गया है। एक सिरे पर लगे पिस्टन को आगे खिसकाकर इस प्रवाह को चालू रखा जा रहा है। पिस्टन का क्षेत्रफल 1.0 cm^2 है तथा दूसरे सिरे पर नली की काट का क्षेत्रफल 20 mm^2 है। यदि पिस्टन को 2 cm/s की चाल से चलाया जा रहा हो, तो नली से किस चाल से पानी बाहर निकलेगा?

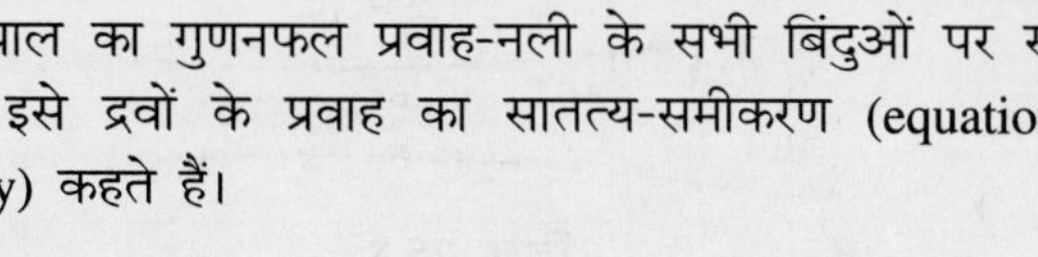

चित्र 25.6

हल सातत्य-समीकरण से,

$$A_1v_1 = A_2v_2$$

या $$(1.0\ \text{cm}^2)\times 2\ \text{cm s}^{-1} = (20\ \text{mm}^2)v_2$$

या $$v_2 = \left(\frac{1.0\ \text{cm}^2}{20\times 10^{-2}\ \text{cm}^2}\right)\times 2\ \text{cm s}^{-1} = 10\ \text{cm/s}.$$

25.4 बरनॉली का सिद्धांत

अठारहवीं शताब्दी के स्विस वैज्ञानिक डेनियल बरनॉली को कौन नहीं जानता? सैकड़ों किलोमीटर प्रतिघंटा की चाल से उड़ते हमारे वायुयान कैसे धरती के आकर्षण को धत्ता बताकर घंटों हवा में बने रहते हैं, यह बरनॉली के सिद्धांत से आसानी से समझा जा सकता है। गणित एवं भौतिकी में इतने योगदान करनेवाले बरनॉली ने मेडिकल साइंस में पी-एच॰डी॰ किया था, यह भी एक रोचक तथ्य है।

बरनॉली का सिद्धांत वस्तुतः बहते हुए द्रवों (या गैसों) के लिए ऊर्जा संरक्षण के सिद्धांत का एक रूप है। यहाँ हम असंपीडनीय, श्यानतारहित तथा अघूर्णी प्रवाह के लिए ही इस सिद्धांत की चर्चा करेंगे।

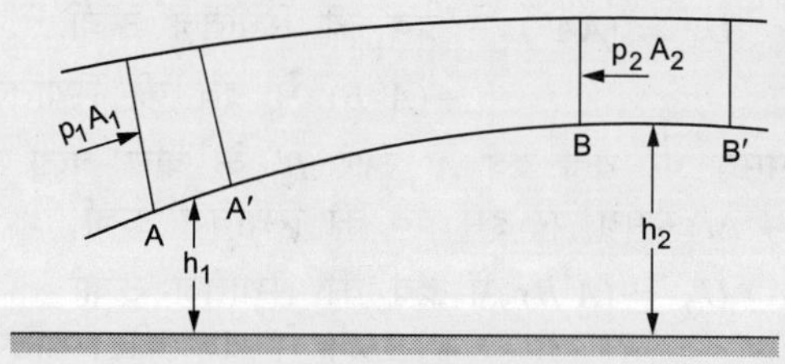

चित्र 25.7

चित्र 25.7 में एक पतली प्रवाह-नली दिखाई गई है जिससे होकर द्रव बह रहा है। इस प्रवाह-नली की अनुप्रस्थ काट असमान क्षेत्रफल की हो सकती है तथा किसी क्षैतिज तल से इसकी ऊँचाई भी अलग-अलग जगहों पर अलग-अलग हो सकती है। इस प्रवाह-नली की अनुप्रस्थ काट A तथा B के बीच के द्रव पर विचार करें। मान लें कि

A पर काट का क्षेत्रफल = A_1, B पर काट का क्षेत्रफल = A_2,

A पर द्रव की चाल = v_1, B पर द्रव की चाल = v_2,

A पर द्रव का दाब = p_1, B पर द्रव का दाब = p_2,

किसी क्षैतिज तल से A की ऊँचाई = h_1,

उसी क्षैतिज तल से B की ऊँचाई = h_2.

मान लें कि Δt समय में यह द्रव आगे बढ़कर काट A' तथा B' के बीच पहुँच जाता है, तो

$$AA' = v_1\Delta t \text{ तथा } BB' = v_2\Delta t.$$

A से A' के बीच के द्रव का आयतन $= A_1\cdot v_1\Delta t$ तथा

B से B' के बीच के द्रव का आयतन $= A_2\cdot v_2\Delta t$.

सातत्य-समीकरण से, $A_1v_1\Delta t = A_2v_2\Delta t = \Delta V$.

यदि द्रव का घनत्व ρ हो, तो इस द्रव का द्रव्यमान होगा,

$$\Delta m = \rho\Delta V = \rho A_1v_1\Delta t = \rho A_2v_2\Delta t. \quad \text{... (i)}$$

A से B तक में स्थित द्रव पर Δt समय में किए गए कुल कार्य की गणना करें।

इस द्रव पर लगते बल हैं,

(a) p_1A_1, A के बायीं ओर के द्रव द्वारा;

(b) p_2A_2, B के दाहिनी ओर के द्रव द्वारा;

(c) $(\Delta m)g$, द्रव का भार तथा

(d) $\mathscr{N}$, नली की दीवारों पर संपर्क बल।

समय Δt में p_1A_1 का क्रियाबिंदु A से A' पर पहुँच जाता है। यह बल तथा विस्थापन एक ही दिशा में हैं।

अतः, इस बल द्वारा किया गया कार्य,

$$W_1 = p_1A_1v_1\Delta t. \quad \text{... (ii)}$$

बल p_2A_2 बायीं ओर है जबकि विस्थापन $v_2\Delta t$ दाहिनी ओर है। अतः, इस बल द्वारा द्रव पर किया गया कार्य,

$$W_2 = -p_2A_2v_2\Delta t. \quad \text{... (iii)}$$

भार के कारण Δt समय में कार्य निकालने के लिए हम गुरुत्वीय स्थितिज ऊर्जा की गणना करते हैं। स्थितिज ऊर्जा में ह्रास भार द्वारा किए गए कार्य के बराबर होगा।

t समय पर A तथा B के बीच के द्रव की स्थितिज ऊर्जा,

$U_1 = (AA')$ में द्रव की स्थितिज ऊर्जा
$+(A'B)$ में द्रव की स्थितिज ऊर्जा।

$t + \Delta t$ समय पर यही द्रव A' और B' के बीच चला जाता है। अतः, $t + \Delta t$ समय पर इस द्रव की स्थितिज ऊर्जा,

$U_2 = (A'B)$ में द्रव की स्थितिज ऊर्जा
$+(BB')$ में द्रव की स्थितिज ऊर्जा।

अतः, गुरुत्वीय स्थितिज ऊर्जा में ह्रास

$= U_1 - U_2 = (AA')$ में द्रव की स्थितिज ऊर्जा
$-(BB')$ में द्रव की स्थितिज ऊर्जा

या $$W_3 = (\Delta m)h_1g - (\Delta m)h_2g. \quad \text{... (iv)}$$

नली की प्रवाह दीवार पर के संपर्क बल के कारण इस गति में किया गया कार्य शून्य होगा, क्योंकि ये बल दीवार की सतह के लंबवत लगेंगे जबकि विस्थापन दीवारों के समानांतर हैं।

अतः, समीकरण (ii), (iii) तथा (iv) से Δt समय में इस द्रव पर कुल कार्य,

$$W = p_1A_1v_1\Delta t - p_2A_2v_2\Delta t + (\Delta m)h_1g - (\Delta m)h_2g.$$

समीकरण (i) का उपयोग करने से,

$$W = \frac{p_1\Delta m}{\rho} - p_2\frac{\Delta m}{\rho} + \Delta m(h_1 - h_2)g. \quad \text{... (v)}$$

चूँकि इस द्रव में आंतरिक बलों द्वारा कोई परिणामी कार्य नहीं हो रहा है, अतः कार्य-ऊर्जा सिद्धांत से इस संहति पर किया गया कुल कार्य इसकी गतिज ऊर्जा में परिवर्तन के बराबर होगा।

t समय पर गतिज ऊर्जा,

$K_1 = (AA')$ में द्रव की गतिज ऊर्जा
$+(A'B)$ में द्रव की गतिज ऊर्जा,

$t + \Delta t$ समय पर गतिज ऊर्जा,

$K_2 = (A'B)$ में द्रव की गतिज ऊर्जा
$+(BB')$ में द्रव की गतिज ऊर्जा।

अतः, $K_2 - K_1 = (BB')$ में द्रव की गतिज ऊर्जा
$-(AA')$ में द्रव की गतिज ऊर्जा

$$= \frac{1}{2}\Delta m v_2^2 - \frac{1}{2}\Delta m v_1^2. \quad \text{... (vi)}$$

समीकरण (v) तथा (vi) से,

$$\frac{p_1\Delta m}{\rho} - \frac{p_2\Delta m}{\rho} + \Delta m(h_1 - h_2)g = \frac{1}{2}\Delta m(v_2^2 - v_1^2)$$

या $$p_1 + \rho g h_1 + \frac{1}{2}\rho v_1^2 = p_2 + \rho g h_2 + \frac{1}{2}\rho v_2^2 \quad \text{... (25.2)}$$

या $$p + \rho g h + \frac{1}{2}\rho v^2 = \text{स्थिरांक (constant)}. \quad \text{... (25.3)}$$

किसी प्रवाह-रेखा पर दाब p, ρgh तथा $\frac{1}{2}\rho v^2$ का योगफल हर जगह बराबर होता है। यह बरनॉली का सिद्धांत कहा जाता है।

ρgh को आप प्रतिइकाई आयतन की गुरुत्वीय स्थितिज ऊर्जा तथा $\frac{1}{2}\rho v^2$ को प्रतिइकाई आयतन की गतिज ऊर्जा कह सकते हैं। यदि आप दाब p को प्रतिइकाई आयतन की दाब ऊर्जा कहें, तो समीकरण (25.2) से हमें ऊर्जा के बारे में दो महत्त्वपूर्ण परिणाम मिलते हैं। एक तो यह कि किसी प्रवाह रेखा के हर बिंदु पर प्रतिइकाई आयतन गुरुत्वीय स्थितिज ऊर्जा, गतिज ऊर्जा तथा दाब ऊर्जा का योग समान होता है। दूसरा यह कि समय बीतने के साथ द्रव के किसी हिस्से की कुल ऊर्जा नहीं बदलती। यह दूसरा परिणाम इसलिए है कि द्रव का कोई भी छोटा भाग एक प्रवाह रेखा के अनुदिश ही चलेगा और उस प्रवाह रेखा के हर बिंदु पर उसकी ऊर्जा बराबर होगी।

अभ्यास 25.2

चित्र 25.8 में 1200 kg/m^3 घनत्व वाले एक द्रव को असमान अनुप्रस्थ काट वाली एक नली में प्रवाहित होता दिखाया गया है। नली के बिंदु A पर अनुप्रस्थ काट का क्षेत्रफल 1.0 cm^2 है तथा B पर यह 20 mm^2 है। बिंदु A तथा B एक ही क्षैतिज तल में हैं। बिंदु A पर द्रव की चाल 10 cm/s है। A तथा B के बीच दाब का अंतर निकालें।

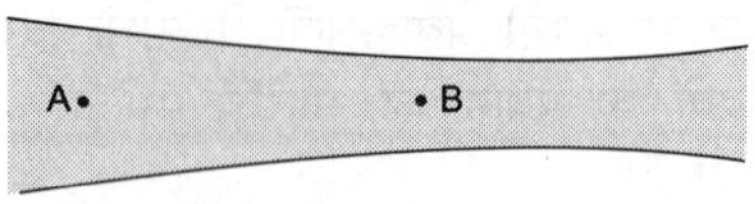

चित्र 25.8

हल सातत्य-समीकरण से,

$$A_1v_1 = A_2v_2$$

या $$(1.0\ \text{cm}^2)(10\ \text{cm s}^{-1}) = (20\ \text{mm}^2)v_2$$

या $$v_2 = \frac{1.0\ \text{cm}^2}{\frac{20}{100}\ \text{cm}^2} \times 10\ \text{cm s}^{-1} = 50\ \text{cm s}^{-1}.$$

बरनॉली के सिद्धांत से,

$$p_1 + \rho g h_1 + \frac{1}{2}\rho v_1^2 = p_2 + \rho g h_2 + \frac{1}{2}\rho v_2^2.$$

यहाँ $h_1 = h_2$ है। अतः,

$$p_1 - p_2 = \frac{1}{2}\rho v_2^2 - \frac{1}{2}\rho v_1^2 = \frac{1}{2}\rho(v_2^2 - v_1^2)$$

$$= \frac{1}{2} \times (1200\ \text{kg m}^{-3})(2500\ \text{cm}^2\ \text{s}^{-2} - 100\ \text{cm}^2\ \text{s}^{-2})$$

$$= 600\ \text{kg m}^{-3} \times 2400\ \text{cm}^2\ \text{s}^{-2} = 144\ \text{Pa}.$$

ऊपर के अभ्यास में आपने देखा कि A तथा B के एक ही क्षैतिज तल में होने के बावजूद इनके दाब बराबर नहीं हैं। प्रवाह में द्रवों के परिणाम स्थिर द्रवों के परिणाम से भिन्न होते हैं। यदि बरनॉली के समीकरण (25.2) में ही $v_1 = v_2 = 0$ रख दें, तो $p_1 - p_2 = \rho g(h_2 - h_1)$ हो जाएगा जो स्थिर द्रव के लिए सत्य है जैसा कि आप जानते हैं।

25.4.1 बरनॉली के सिद्धांत के अनुप्रयोग

(a) वायुयान के डैनों का विशिष्ट आकार

यदि आप किसी वायुयान को नजदीक से देखें, तो दोनों ओर बड़े-बड़े डैनों की ऊपरी सतह तथा निचली सतह के विशिष्ट आकार दिखाई देंगे। वायुयान जब हवा में तेज गति से चलता है तो हवा के द्वारा उसपर ऊपर की ओर एक बल लगाया जाता है जो उसे गिरने नहीं देता। वायुयान के फ्रेम से यदि देखें तो हवा वायुयान के विभिन्न भागों के संपर्क में आकर उसकी सतह पर फिसलती हुई दूसरी ओर निकल जाती है। ठोस सतह पर से फिसलती हवा के वेग का परिमाण एवं दिशा उस सतह की आकृति पर निर्भर करती है। डैनों की ऊपरी तथा निचली सतहें ऐसी बनाई जाती हैं, ताकि ऊपर वाली सतह पर से जाती हुई हवा की चाल अधिक हो और नीचे वाली सतह से जाती हुई हवा की चाल कम। यद्यपि डैनों के दोनों ओर की हवा एक ही प्रवाह रेखा या प्रवाह-नली के अनुदिश नहीं है, पर आप फिर भी बरनॉली के सिद्धांत का प्रयोग कर इनके दाबों की तुलना कर सकते हैं। चित्र 25.9 में ABC एक प्रवाह रेखा दिखाई गई है जो डैने के ऊपर से जा रही है और DEF दूसरी प्रवाह रेखा है जो डैने के नीचे से जा रही है। A तथा D डैने से दूर के स्थान हैं और यहाँ के दाब बराबर हैं। ऐसे ही, C तथा F के दाब बराबर हैं। डैनों के ऊपरी तथा निचले भागों के विशिष्ट आकारों के कारण ऊपरी भाग B पर हवा की चाल निचले भाग E पर हवा की चाल से अधिक होती है। A तथा B पर हवा के दाबों का अंतर, और D तथा E के दाबों का अंतर भी अलग-अलग होता है। यद्यपि A तथा D पर दाब बराबर हैं, E पर दाब B पर के दाब से अधिक होता है जिससे हवा द्वारा डैने पर ऊपर की ओर परिणामी बल लगता है।

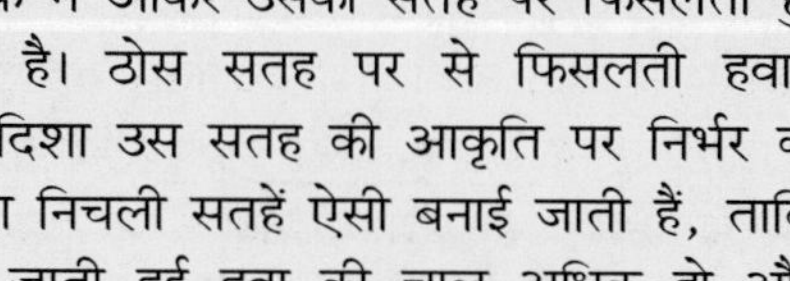

चित्र 25.9

(b) वेंचुरी ट्यूब

किसी द्रव के प्रवाह का वेग निकालने के लिए वेंचुरी ट्यूब प्रयोग में लाया जाता है। इसमें एक नली होती है जो बीच में सँकरी रहती है (चित्र 25.10)। इसकी अनुप्रस्थ काट A_1 तथा A_2 के मान मालूम होते हैं।

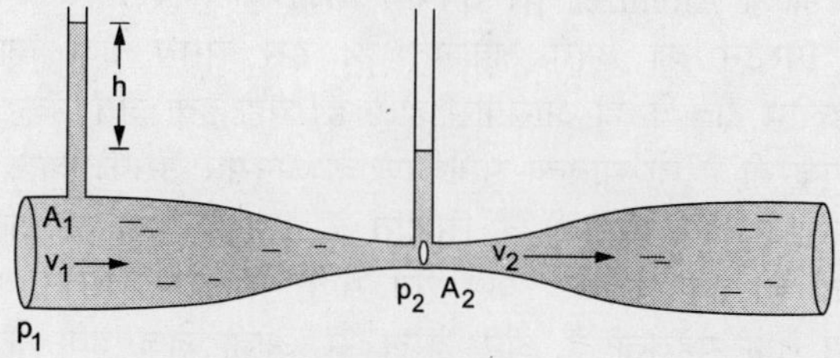

चित्र 25.10

इसके एक किनारे के चौड़े भाग तथा बीच के सँकरे भाग में दो पतली नलियाँ जुड़ी होती हैं जो वेंचुरी ट्यूब की लंबाई के लंबवत होती हैं।

मान लें कि किसी चौड़ी जगह (जैसे एक नदी में) द्रव का प्रवाह हो रहा है और आप उसकी चाल जानना चाहते हैं। इस प्रवाह में वेंचुरी ट्यूब को प्रवाह की दिशा में रख दें जिससे द्रव इस ट्यूब के एक सिरे में प्रवेश करे तथा दूसरे सिरे से निकल जाए। प्रवेश के समय द्रव की चाल v_1 है, पर वेंचुरी ट्यूब के अंदर सँकरे भाग पर पहुँचने पर इसकी चाल बढ़कर v_2 हो जाती है। इस कारण ट्यूब के बीच में द्रव का दाब कम हो जाता है। ट्यूब से जुड़ी ऊर्ध्वाधर नलियों में द्रव की सतहें भिन्न-भिन्न ऊँचाइयों तक चढ़ती हैं। चित्र 25.10 की परिस्थिति में,

सातत्य-समीकरण से,

$$A_1 v_1 = A_2 v_2. \qquad \text{... (i)}$$

बरनॉली के सिद्धांत से,

$$p_1 + \frac{1}{2}\rho v_1^2 = p_2 + \frac{1}{2}\rho v_2^2$$

या
$$p_1 - p_2 = \frac{1}{2}\rho(v_2^2 - v_1^2). \qquad \text{... (ii)}$$

यदि दोनों ऊर्ध्वाधर नलियों में द्रव की सतहों का अंतर h हो, तो

$$p_1 - p_2 = h\rho g. \qquad \text{... (iii)}$$

अब समीकरण (ii) एवं (iii) से,

$$v_2^2 - v_1^2 = 2gh. \qquad \text{... (iv)}$$

चूँकि A_1, A_2, h के मान ज्ञात हैं, अतः समीकरण (i) तथा (iv) से v_1 का मान आसानी से निकाला जा सकता है।

(c) कणित्र

कणित्र (atomizer) किसी बरतन में रखे द्रव को फुहार की तरह निकालने के काम आता है। यद्यपि विभिन्न अनुप्रयोगों में इसकी विभिन्न प्रकार की डिजाइनें काम में आती हैं, इसकी मुख्य कार्यपद्धति चित्र 25.11 से समझी जा सकती है। इसमें एक चौड़ा-सा बैरल है, जिसमें एक पिस्टन A लगा है। यह बैरल आगे जाकर एक पतली नली B से जुड़ा है। जिस बरतन में द्रव रखा गया है उसे इस नली B से एक तीसरी नली C द्वारा जोड़ा गया है। पिस्टन के पास एक वाल्व लगा होता है ताकि यदि पिस्टन को पीछे खींचा जाए तो

वाल्व खुलकर बैरल में हवा भर जाए, पर यदि पिस्टन को आगे ठेला जाए तो वाल्व बंद हो जाए और हवा आगे की ओर धकेली जाए। Atomizer का उपयोग करने के लिए, बैरल में हवा भरकर पिस्टन को आगे धकेलते हैं। इस समय हवा का दाब वायुमंडलीय दाब के ही आसपास होता है। यही हवा जब सँकरी नली B से गुजरती है तो सातत्य-समीकरण के अनुसार उसकी चाल काफी बढ़ जाती है और बरनॉली के सिद्धांत के अनुसार हवा का दाब कम हो जाता है। हवा का दाब कम होने से C से होकर बरतन का द्रव नली B तक पहुँचता है और बैरल से आती तेज हवा के साथ मिलकर फुहार के रूप में नली से बाहर निकल जाता है।

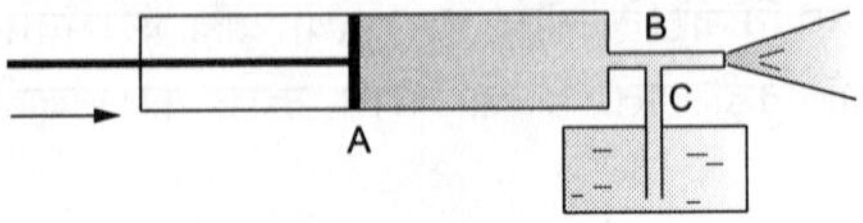

चित्र 25.11

इस सिद्धांत का उपयोग कर प्रायः परफ्यूम की बोतलों से स्प्रे किया जाता है। मच्छर भगाने के लिए दवा के छिड़काव में भी प्रायः इसी प्रकार के यंत्रों का इस्तेमाल किया जाता है।

(d) स्पिन करती हुई गेंद के गति तल में परिवर्तन

क्रिकेट के खेल में स्पिन गेंदबाज जब गेंद फेंकते हैं, तो उसे ऊर्ध्वाधर अक्ष के प्रति घूर्णन गति भी दे देते हैं। जब गेंद पिच की दिशा में बढ़ती है तो इस घूर्णन गति के कारण उसके चलने के तल में परिवर्तन हो जाता है। हवा में गति के तल में यह परिवर्तन गेंदबाजों के लिए एक महत्त्वपूर्ण हथियार होता है। इस तरह की घटना 'मैगनस प्रभाव' कहलाती है। इसे भी हम बरनॉली के सिद्धांत की सहायता से समझ सकते हैं। इसे समझने के लिए गेंद के केंद्र पर अपना मूलबिंदु लें। इस फ्रेम में गेंद अपने स्थान पर ही घूर्णन करती है।

चित्र 25.12 में गेंद ऊर्ध्वाधर अक्ष के प्रति घूर्णन करती हुई दिखाई गई है। चित्र में दिखाया गया तल क्षैतिज तल है। इस फ्रेम में हवा दाएँ से बाएँ v_{air} चाल से आती हुई दिखाई गई है। चित्र में गेंद के ऊपर के हिस्से में हवा के वेग की वही दिशा है जो गेंद की सतह के वेग की है। घूमती हुई गेंद की सतह हवा को अपने साथ खींचती है और उसकी चाल बढ़ जाती है। दूसरी ओर चित्र में गेंद के नीचे के हिस्से में गेंद की सतह के वेग की दिशा, हवा के आने की दिशा के विपरीत है। अतः, गेंद की सतह की गति हवा की चाल को कम कर देती है।

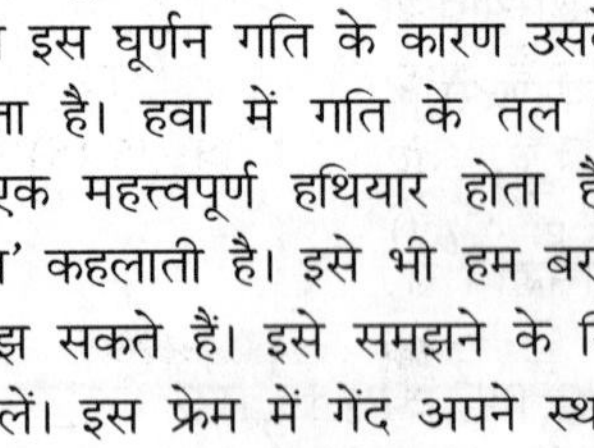

चित्र 25.12

अतः, बरनॉली के सिद्धांत के अनुसार A की ओर हवा का दाब कम तथा B की ओर हवा का दाब अधिक होगा। इस कारण हवा द्वारा गेंद पर BA दिशा में एक बल लगेगा जो इसे पिच की दिशा से लंबवत विस्थापित करेगा। पिच के फ्रेम से देखने पर गेंद हवा में पिच की ओर आगे बढ़ती है और हवा में ही दाएँ या बाएँ विस्थापित होती जाती है।

(e) बहि:स्राव की चाल

बहुमंजिली इमारतों में छत के ऊपर पानी का टैंक बना होता है और पाइपों की सहायता से पानी हर मंजिल पर पहुँचता है। नल से निकले पानी की चाल टैंक की नल से ऊँचाई पर कैसे निर्भर करती है? शौचालयों में फ्लश करने के लिए कुछ ऊँचाई पर पानी इकट्ठा किया जाता है। फ्लश चला देने पर यह पानी धड़धड़ाकर पैन में गिरता है। इस पानी की चाल ऊँचाई पर कैसे निर्भर करती है? यात्रा के समय या पिकनिक जाते समय पानी ले जाने के लिए कई बार लोग नीचे टोंटी लगा बरतन प्रयोग में लाते हैं। टोंटी खोलने पर पानी किस वेग से निकलेगा? ऐसी ही एक परिस्थिति में हम पानी या द्रव का वेग निकाल रहे हैं।

मान लें कि एक चौड़े मुँह वाले बरतन में ρ घनत्व वाला एक द्रव भरा है। बरतन के नीचे एक छेद है जिससे द्रव बाहर आ रहा है। मान लें कि बरतन में द्रव की सतह का क्षेत्रफल A_1 तथा छेद का क्षेत्रफल A_2 है। किसी क्षण द्रव की सतह छेद से h ऊँचाई पर है, और द्रव की चाल सतह पर v_1 तथा छेद पर v_2 है। ये दोनों ही वायुमंडल में खुले हैं और इसलिए यहाँ दाब वायुमंडलीय दाब p_0 के बराबर है।

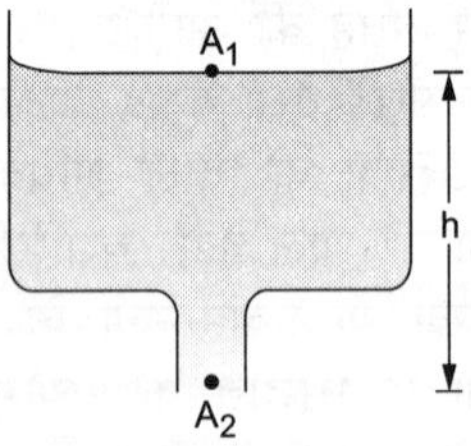

चित्र 25.13

द्रव की खुली सतह तथा छेद के लिए बरनॉली के सिद्धांत का प्रयोग करने पर,

$$p_0 + \frac{1}{2}\rho v_1^2 + \rho gh = p_0 + \frac{1}{2}\rho v_2^2$$

या $$v_1^2 + 2gh = v_2^2. \quad \text{... (i)}$$

सातत्य-समीकरण से,

$$A_1 v_1 = A_2 v_2$$

या $$v_1 = \frac{A_2}{A_1} v_2.$$

अब v_1 का मान समीकरण (i) में रखने पर,

$$\left(\frac{A_2}{A_1}\right)^2 v_2^2 + 2gh = v_2^2$$

या $$v_2 = \sqrt{\frac{2gh}{1-\left(\frac{A_2}{A_1}\right)^2}}.$$

यदि छेद का क्षेत्रफल खुली सतह के क्षेत्रफल के सापेक्ष बहुत कम हो, तो

$$\frac{A_2}{A_1} << 1 \text{ तथा } v_2 = \sqrt{2gh}. \qquad \text{... (25.4)}$$

यह एक रोचक परिणाम है।

द्रव की सतह से h गहराई पर बने छोटे छिद्र से निकलते हुए द्रव की चाल उतनी ही होती है जितनी h ऊँचाई से स्वतंत्र रूप से गिरती हुई वस्तु की होती है।

इसे टॉरिसेली का प्रमेय कहते हैं और छेद से निकलते द्रव की चाल को बहि:स्राव की चाल (speed of efflux) कहते हैं।

अभ्यास 25.3

एक इमारत की छत पर पानी का टैंक लगाया गया है। टैंक में पानी की सतह के 6.0 m नीचे एक नल पूरा खोल दिया गया है। नल से आते हुए पानी की चाल क्या होगी?

हल टॉरिसेली के प्रमेय से नल से निकलते पानी की चाल होगी,

$$v = \sqrt{2gh} = \sqrt{2 \times (9.8 \text{ m/s}^2) \times (6.0 \text{ m})} \approx 11 \text{ m/s}.$$

समीकरण (25.4) बताता है कि यदि द्रव की खुली सतह के क्षेत्रफल A_1 के सापेक्ष छेद का क्षेत्रफल A_2 बहुत छोटा हो, तो छेद से पानी $\sqrt{2gh}$ चाल से निकलेगा और यह छेद के आकार पर निर्भर नहीं करेगा। परंतु, यदि छेद को बहुत छोटा या बहुत बड़ा कर दें, तो यह नियम लागू नहीं हो पाएगा। यदि छेद को ज्यादा बड़ा कर दें (फिर भी $A_2 >> A_1$ हो सकता है), तो द्रव का प्रवाह स्थैतिक प्रवाह न होकर प्रक्षुब्ध प्रवाह हो जाएगा और समीकरण (25.4) लागू नहीं होगा। यदि छेद को बहुत छोटा कर दें, तो हो सकता है कि पृष्ठ-तनाव के कारण पानी छेद से निकले ही नहीं, अथवा छेद पर द्रव की एक बूँद लटकी रहे और बूँद के अंदर का अतिरिक्त दाब $2S/r$ द्रव स्तंभ के दाब $h\rho g$ के बराबर हो जाए (चित्र 25.14)।

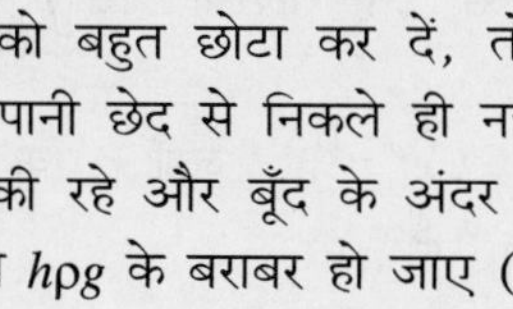

चित्र 25.14

आपने अस्पतालों में मरीजों के शरीर में पानी चढ़ते हुए देखा होगा। ऐसी स्थिति में दवायुक्त पानी की एक बोतल को कुछ ऊँचाई पर टाँग दिया जाता है और एक नली द्वारा यह पानी बिस्तर पर लेटे हुए मनुष्य के शरीर तक पहुँचाया जाता है। आपने देखा होगा कि नली से पानी अत्यंत धीमी गति से चलता है और नली के बीच में लगे एक नियंत्रक के पास बूँद-बूँद कर आता हुआ दीखता है। नियंत्रक से नली को दबाकर उसकी काट का क्षेत्रफल छोटा या बड़ा करने से पानी के चलने का वेग नियंत्रित किया जाता है। यहाँ टॉरिसेली का प्रमेय बिलकुल ही अलग उत्तर देगा। पतली नली से द्रव के प्रवाह को द्रव का एक और गुण प्रभावित करता है जिसे द्रव की श्यानता कहते हैं।

25.5 द्रवों की श्यानता

जब किसी द्रव की एक परत दूसरी परत के साथ संपर्क में रहती है और एक-दूसरे पर फिसलने की प्रवृत्ति रखती है, तब उनके बीच बल उत्पन्न होते हैं जो इस आपेक्षिक गति का विरोध करते हैं। द्रव के इस गुण को श्यानता कहते हैं।

यदि द्रव के संपर्क में कोई ठोस सतह होती है और द्रव इस ठोस सतह पर गति करता है तो द्रव श्यानता के कारण ठोस सतह पर बल लगाता है और ठोस सतह भी द्रव पर बल लगाती है। ठोस द्वारा द्रव पर बल, ठोस के सापेक्ष द्रव के वेग की विपरीत दिशा में होता है, जबकि द्रव ठोस पर अपने वेग की दिशा में बल लगाता है। जब किसी नली से होकर द्रव प्रवाहित होता है, तो नली अपने संपर्क के द्रव को रोकने की दिशा में बल लगाती है और संपर्क का द्रव नली पर अपने वेग की दिशा में बल लगाता है। प्रायः नली की दीवारों के साथ लगा द्रव इन बलों के कारण स्थिर ही बना रहता है और बीच का द्रव ही आगे प्रवाह करता है।

जब कोई नाव शांत जल में बिना पतवार चलाए धीरे-धीरे चलती है तो श्यानता के कारण नाव के संपर्क का पानी नाव के साथ-साथ चलता है। परंतु, नदी की तली का पानी स्थिर रहता है। तली से नाव की सतह तक पानी की विभिन्न परतों के वेग भिन्न-भिन्न होते हैं और लगातार बढ़ते जाते हैं। यदि तली से z ऊँचाई पर पानी का वेग v तथा $z + dz$ ऊँचाई पर $v + dv$ हो (चित्र 25.15), तो dv/dz को वेग प्रवणता (velocity gradient) कहते हैं।

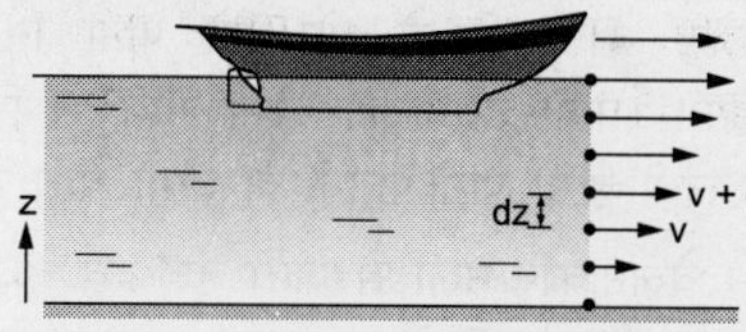

चित्र 25.15

द्रवों की श्यानता के कारण लगा बल इसी वेग प्रवणता पर निर्भर करता है।

यदि द्रव की विभिन्न परतों के वेग भिन्न-भिन्न हों और dz दूरी पर स्थित परतों के वेग dv से बदल जाएँ, तो द्रव में प्रत्येक परत अपने संपर्क की परत पर श्यानता का बल लगाती है। यदि हम परत के क्षेत्रफल A के द्वारा लगाए गए बल की बात करें तो यह बल होता है,

$$F = -\eta A \frac{dv}{dz}, \qquad \text{... (25.5)}$$

जहाँ η उस द्रव की प्रकृति पर निर्भर करता है। इसी η को द्रव का श्यानता गुणांक कहते हैं।

समीकरण (25.5) से श्यानता गुणांक की SI इकाई आसानी से निकाली जा सकती है, जो N s/m^2 होती है। यदि हम CGS पद्धति में काम करें तो η की इकाई dyne s/cm^2 आएगी जिसे पॉइज (poise) कहते हैं। यह नाम फ्रेंच वैज्ञानिक Poiseuille के सम्मान में

रखा गया है जिन्होंने द्रवों के प्रवाह पर काफी शोध किया था।

$$1 \text{ poise} = 0.1 \text{ N s/m}^2.$$

अधिकतर व्यवहार में श्यानता गुणांक को पॉइज (poise) में ही व्यक्त किया जाता है। द्रव की भाँति ही गैसों में भी श्यानता होती है और वह भी समीकरण (25.5) से ही दी जाती है।

श्यानता गुणांक द्रव के ताप पर निर्भर करता है और ताप बढ़ाने पर तेजी से घटता है। सारणी 25.1 में अंडी के तेल, जल तथा हवा के श्यानता गुणांक विभिन्न तापों पर दिए गए हैं।

सारणी 25.1 : श्यानता गुणांक

ताप °C	अंडी के तेल का श्यानता गुणांक, poise	जल का श्यानता गुणांक, centipoise	हवा का श्यानता गुणांक, micropoise
0	53	1.792	171
20	9.86	1.005	181
40	2.31	0.656	190
60	0.80	0.469	200
80	0.30	0.357	209
100	0.17	0.284	218

25.5.1 पतली नलियों से द्रव का प्रवाह : प्वाइसिली का समीकरण

प्लास्टिक की 1 लीटर वाली एक बोतल लें। सुई से इसकी दीवार में एक छेद कर दें। इसमें पतले छेद वाली एक नली घुसा दें। रिफिल वाली कलम में स्याही समाप्त होने पर आप उस रिफिल को भी नली के रूप में इस्तेमाल कर सकते हैं। बोतल में पानी भर दें और ढक्कन खुला छोड़ दें। नली से धीरे-धीरे पानी निकलेगा। नली जितनी पतली होगी, पानी उतनी ही धीमी गति से निकलेगा। ऐसे ही, नली जितनी लंबी होगी पानी उतनी ही धीमी गति से निकलेगा।

प्वाइसिली ने बेलनाकार नली से जाते हुए द्रव के प्रवाह की दर के लिए सूत्र स्थापित किया जिसे प्वाइसिली का सूत्र कहते हैं। हम इस सूत्र के स्वरूप को विमीय विधि से निकालेंगे।

मान लें कि श्यानता गुणांक η वाला एक द्रव, r त्रिज्या और l लंबाई की एक क्षैतिज नली से बहता है। नली के दोनों सिरों के दाब का अंतर p है। यदि t समय में द्रव का V आयतन नली से बहता हो, तो द्रव के प्रवाह की दर $\frac{V}{t}$, दाब प्रवणता $\frac{p}{l}$, त्रिज्या r तथा श्यानता गुणांक η पर निर्भर करती है।

हम इस सूत्र को

$$\frac{V}{t} = k\left(\frac{p}{l}\right)^a \eta^b r^c \qquad \text{... (i)}$$

लिख सकते है, जहाँ k एक विमारहित स्थिरांक है। विमाएँ लेने पर,

$$L^3 T^{-1} = \left(\frac{ML^{-1}T^{-2}}{L}\right)^a (ML^{-1}T^{-1})^b L^c$$

या $$L^3 T^{-1} = M^{a+b} L^{-2a-b+c} T^{-2a-b}.$$

M, L तथा T के घात बराबर करने पर,

$$0 = a + b, 3 = -2a - b + c, -1 = -2a - b.$$

इन समीकरणों को हल करने पर $a = 1, b = -1$ तथा $c = 4$.

अतः, $\frac{V}{t} = k\frac{pr^4}{\eta l}$.

विमाओं की सहायता से k का मान ज्ञात नहीं किया जा सकता। प्रवाह के समीकरणों से k का मान $\pi/8$ मिलता है। अतः, पतली नलियों से द्रव के प्रवाह दर का समीकरण होता है

$$\frac{V}{t} = \frac{\pi pr^4}{8\eta l}. \qquad \text{... (25.6)}$$

इसे ही प्वाइसिली का सूत्र (Poiseuille's formula) या प्वाइसिली का समीकरण (Poiseuille's equation) कहते हैं।

25.5.2 द्रव में ठोसों की गति के लिए स्टोक्स का नियम

यदि कोई ठोस वस्तु एक द्रव (या गैस) में से होकर चल रही हो, तो ठोस की सतह के आसपास का द्रव इस सतह के सापेक्ष वेग प्राप्त कर लेगा या करने की प्रवृत्ति रखेगा। श्यानता के कारण वहाँ का द्रव ठोस की सतह पर उसके वेग की विपरीत दिशा में बल लगाएगा। श्यानता के कारण यह बल द्रव के श्यानता गुणांक के अलावा ठोस के आकार (shape) एवं विस्तार (size) तथा द्रव में उसके वेग पर भी निर्भर करेगा।

मान लें कि r त्रिज्या वाली एक गोलाकार वस्तु η श्यानता गुणांक वाले द्रव में v चाल से चल रही है। वस्तु पर द्रव द्वारा लगाया गया बल F इन तीनों राशियों r, η तथा v पर निर्भर करेगा। हम विमीय विधि से इन राशियों पर F की निर्भरता का सूत्र निकालेंगे।

मान लें कि $F = k r^a v^b \eta^c$, जहाँ k एक विमारहित राशि है।

दोनों ओर विमाएँ लेने पर,

$$MLT^{-2} = L^a(LT^{-1})^b(ML^{-1}T^{-1})^c.$$

M, L, T की विमाओं की तुलना करने पर,

$$1 = c, 1 = a + b - c \text{ तथा } -2 = -b - c.$$

इन्हें हल करने पर $a = 1, b = 1, c = 1$.

अतः, श्यानता के कारण गोले पर लगता बल

$$F = k\eta rv.$$

वेग के सामान्य मानों के लिए k का मान गणनाओं से 6π पाया जाता है। अतः,

$$F = 6\pi\eta rv. \qquad \text{... (25.7)}$$

इस समीकरण को 'स्टोक्स का नियम (Stokes' law)' कहते हैं।

यह समीकरण द्रवों में ठोस की गति के लिए तो लागू है ही, कई अन्य परिस्थितियों में भी सही है। जब वर्षा की छोटी-छोटी बूँदें हवा से होकर गिरती हैं, तो हवा के द्वारा उनपर श्यानता के कारण गति की विपरीत दिशा में बल लगता है। इसी कारण वर्षा की बूँदें

कई सौ मीटर ऊपर से गिरने के बावजूद हमारे शरीर पर पड़कर हमें घायल नहीं करतीं। इसी प्रकार, यदि हवा का बुलबुला पानी में ऊपर की ओर आता है तो पानी की श्यानता के कारण उसपर नीचे की ओर बल लगता है। जब भी किसी गैस या द्रव में कोई गोलाकार वस्तु चल रही हो, तो आप समीकरण (25.7) का उपयोग कर सकते हैं।

अभ्यास 25.4

हवा का एक बुलबुला जिसका व्यास 2 mm है, 1750 kg/m³ घनत्व वाले एक द्रव में एकसमान वेग 1.05 cm/s से ऊपर आ रहा है। हवा के घनत्व को बहुत कम मानते हुए द्रव के श्यानता गुणांक की गणना करें।

हल हवा के बुलबुले पर लगता उत्प्लावन बल हटाए गए द्रव के भार बराबर होगा।

अतः, $B = \frac{4}{3}\pi r^3 \rho g.$

यह बल ऊपर की ओर है। श्यानता का बल नीचे की ओर होगा और इसका मान होगा $F = 6\pi\eta r v.$

हवा का अपना भार नगण्य होगा। चूँकि बुलबुला एकसमान वेग से चल रहा है, इसपर लगनेवाला परिणामी बल शून्य होगा। अतः,

$$6\pi\eta r v = \frac{4}{3}\pi r^3 \rho g$$

या $$\eta = \frac{2r^2 \rho g}{9v}$$

$$= \frac{2\times(1\times10^{-3}\text{ m})^2\times(1750\text{ kg m}^{-3})(9.8\text{ m s}^{-2})}{9\times(1.05\times10^{-2}\text{ m s}^{-1})}$$

$$\approx 3.7\text{ poise.}$$

25.5.3 सीमांत वेग

स्टोक्स के नियम से आपने देखा कि जब कोई ठोस किसी द्रव से होकर चलता है तो उसपर द्रव की श्यानता के कारण लगता बल वेग v के समानुपाती होता है। मान लें कि आप एक ठोस वस्तु को एक द्रव में अंदर ले जाकर छोड़ देते हैं। जब वस्तु द्रव के अंदर चलती है तो उसपर लगनेवाले बल हैं,

(a) भार W, नीचे की ओर;

(b) उत्प्लावन बल B, ऊपर की ओर तथा

(c) श्यानता बल F, गति की दिशा के विपरीत।

W तथा B के मान निश्चित हैं, पर F का मान v के समानुपाती है। प्रारंभ में v का मान शून्य है, अतः वस्तु भार तथा उत्प्लावन बल के प्रभाव में गति प्रारंभ करेगी। यदि वस्तु का घनत्व द्रव के घनत्व से अधिक हुआ, तो वह नीचे की ओर चलना प्रारंभ करेगी और यदि वस्तु का घनत्व द्रव के घनत्व से कम हुआ तो वह ऊपर की ओर चलना प्रारंभ करेगी। अभी मान लें कि वस्तु का घनत्व ρ_s द्रव के घनत्व ρ_l से अधिक है और वह नीचे की ओर चलना प्रारंभ करती है। जब वस्तु चलने लगेगी, तो श्यानता बल ऊपर की ओर लगेगा। नीचे की ओर कुल परिणामी बल $W - B - F$ होगा।

अतः, वस्तु का त्वरण नीचे की ओर,

$$a = \frac{W - B - F}{m}$$

होगा। इस त्वरण के कारण वस्तु की चाल बढ़ेगी और श्यानता बल F का मान भी बढ़ेगा। इस कारण त्वरण a का मान घटता जाएगा। एक ऐसी स्थिति आएगी जब F का मान $W - B$ के बराबर हो जाएगा और त्वरण $a = 0$ हो जाएगा। इसके बाद वस्तु एक निश्चित वेग v_0 से गिरती रहेगी। इस वेग को सीमांत वेग (terminal velocity) कहते हैं।

मान लें कि गिराई जानेवाली वस्तु गोलाकार है, उसकी त्रिज्या r है, उसका घनत्व ρ_s है और द्रव का घनत्व ρ_l है।

वस्तु का भार $W = \frac{4}{3}\pi r^3 \rho_s g,$

उत्प्लावन बल $B = \frac{4}{3}\pi r^3 \rho_l g$

तथा श्यानता बल $F = 6\pi\eta r v_0.$

सीमांत वेग के लिए,

$$F = W - B$$

या $$6\pi\eta r v_0 = \frac{4}{3}\pi r^3(\rho_s - \rho_l)g$$

या $$v_0 = \frac{2r^2(\rho_s - \rho_l)g}{9\eta}. \qquad \text{... (25.8)}$$

25.6 रेनल्ड्स संख्या

जब किसी नली से कोई द्रव धीमी गति से चलता है तब उसका प्रवाह स्थैतिक प्रवाह (steady flow) होता है। यदि उसकी चाल धीरे-धीरे बढ़ाई जाए तो एक मान के बाद प्रवाह स्थैतिक नहीं रह जाएगा, बल्कि प्रक्षुब्ध (turbulent) हो जाएगा। वह अधिकतम चाल जिससे कम होने पर प्रवाह स्थैतिक हो, क्रांतिक वेग (critical velocity) कहलाती है।

प्रवाह स्थैतिक होगा या प्रक्षुब्ध, यह सिर्फ चाल पर ही नहीं, बल्कि द्रव के घनत्व, उसकी श्यानता एवं नली के व्यास पर भी निर्भर करता है। यदि आप इन राशियों से एक व्यंजक,

$$N = \frac{\rho v D}{\eta} \qquad \text{... (25.9)}$$

बनाएँ, तो यह विमारहित संख्या होगी। इस संख्या को रेनल्ड्स संख्या (Reynolds number) कहते हैं। प्रवाह स्थैतिक या धारारेखीय होने का थोड़ा ज्ञान इस संख्या से मिलता है। सामान्यतः, नलियों में द्रव के प्रवाह के लिए यदि यह संख्या 2000 से कम हो, तो प्रवाह स्थैतिक तथा यदि यह 3000 से अधिक हो, तो प्रवाह प्रक्षुब्ध होता है। यदि यह 2000 से 3000 के बीच हो, तो प्रवाह के बारे में निश्चित तौर पर कुछ नहीं कहा जा सकता।

25.7 त्वरणयुक्त फ्रेम में रखे द्रव

(a) ऊर्ध्वाधर दिशा में त्वरण

दाब में अंतर

मान लें कि किसी बरतन में एक द्रव रखा हुआ है और बरतन एक लिफ्ट में रखा हुआ है (चित्र 25.16)। मान लें कि लिफ्ट का ऊपर की ओर त्वरण a_0 है। तब द्रव का भी ऊपर की ओर त्वरण a_0 होगा। क्या हमारे समीकरण इस तरह की गति के लिए लागू होंगे?

क्षैतिज दिशा में द्रव में कोई त्वरण नहीं है, अतः हमारे समीकरण सही होंगे। क्षैतिज दिशा में कोई वेग भी नहीं है, अतः क्षैतिज तल में स्थित सभी बिंदुओं पर दाब बराबर होगा।

किंतु, ऊर्ध्वाधर दिशा में द्रव में त्वरण है, अतः यहाँ के समीकरण अलग हो सकते हैं। चित्र 25.16 में द्रव A तथा B दो बिंदु लिए गए हैं जहाँ B की A से ऊर्ध्वाधर दूरी h है। A को लेते हुए ΔS क्षेत्रफल का एक छोटा क्षैतिज क्षेत्र लें। वैसा ही क्षेत्र B को लेते हुए भी बनाएँ। इन दोनों की समतल सतहें लेकर एक ऊर्ध्वाधर बेलनाकार आयतन बनाएँ। इस आयतन में स्थित द्रव की गति का विचार करें। मान लें कि द्रव का घनत्व ρ है, A पर द्रव का दाब p_1 है तथा B पर यह दाब p_2 है।

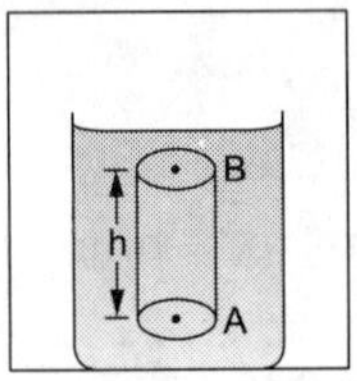

चित्र 25.16

उर्ध्वाधर दिशा में इस द्रव पर लगते बल हैं,

(a) $p_1\Delta S$, ऊपर की ओर, बेलन के नीचे के द्रव के कारण;

(b) $p_2\Delta S$, नीचे की ओर, बेलन के ऊपर के द्रव के कारण;

(c) द्रव का भार, $mg = (\Delta S)h\rho g$, नीचे की ओर।

इन बलों के प्रभाव में द्रव में ऊपर की ओर त्वरण a_0 है। अतः,

$$p_1\Delta S - P_2\Delta S - mg = ma_0$$

या $$(p_1 - p_2)\Delta S = m(g + a_0) = (\Delta S)h\rho(g + a_0)$$

या $$p_1 - p_2 = h\rho(g + a_0). \quad \text{... (25.10)}$$

लिफ्ट में g का प्रभावी मान $g + a_0$ हो जाता है।

उत्प्लावन बल

मान लें कि कोई ठोस वस्तु ρ घनत्व वाले एक द्रव में डुबाकर रखी जाती है। द्रव स्वयं ऊपर की ओर त्वरण a_0 वाली लिफ्ट में रखा गया है। इस वस्तु पर उत्प्लावन बल की गणना करें। कल्पना करें कि बाहर के द्रव को बिना छेड़े, वस्तु को हटाकर उसके स्थान को भी उसी द्रव से भर दिया जाता है। अब बरतन में सिर्फ द्रव ही है और इसका यह नया लाया हुआ द्रव भी बरतन के साथ ऊपर की ओर a_0 त्वरण से गति करेगा। इस द्रव पर लगते बल होंगे,

(a) शेष द्रव के दाब के कारण उत्प्लावन बल F_B तथा

(b) लाए गए द्रव का भार mg.

न्यूटन के गति-नियम से, $F_B - mg = ma_0$

या $$F_B = m(g + a_0), \quad \text{... (25.11)}$$

जहाँ m हटाए गए द्रव का द्रव्यमान है। यह परिणाम भी आर्किमीडीज के सिद्धांत जैसा है, पर हटाए गए द्रव के भार की गणना करते समय g के स्थान पर $g + a_0$ लेना होगा।

(b) क्षैतिज दिशा में त्वरण

मान लें कि एक बरतन में एक द्रव रखा हुआ है तथा बरतन को क्षैतिज दिशा में a_0 त्वरण से ले जाया जा रहा है। चित्र 25.17 में यह स्थिति दिखाई गई है। मान लें कि A तथा B एक ही क्षैतिज रेखा में L दूरी पर स्थित बिंदु हैं।

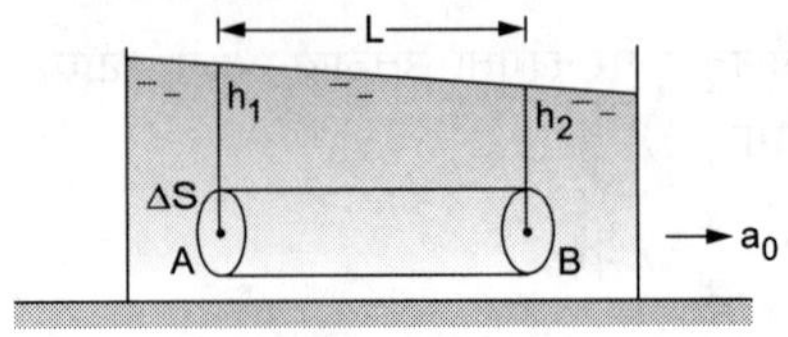

चित्र 25.17

A को लेते हुए ΔS क्षेत्रफल का एक छोटा ऊर्ध्वाधर क्षेत्र लें। ऐसा ही एक क्षेत्र B को लेते हुए बनाएँ। इन दोनों की समतल सतहें लेते हुए द्रव के अंदर बेलनाकार आयतन की कल्पना करें तथा इस आयतन में स्थित द्रव की गति का विचार करें। AB की दिशा में लगते बल हैं,

(a) $p_1\Delta S$, AB की ओर, बायीं तरफ के द्रव द्वारा तथा

(b) $p_2\Delta S$, BA की ओर, दाहिनी तरफ के द्रव द्वारा।

इन बलों के प्रभाव में यह द्रव AB की दिशा में a_0 त्वरण से चलता है।

अतः, $$p_1\Delta S - p_2\Delta S = ma_0$$

या $$(p_1 - p_2)\Delta S = (\Delta S)L\rho a_0$$

या $$p_1 - p_2 = L\rho a_0. \quad \text{... (25.12)}$$

एक ही क्षैतिज तल के बिंदुओं पर द्रव की दाब बराबर नहीं हैं।

चूँकि ऊर्ध्वाधर दिशा में कोई त्वरण नहीं है, ऊर्ध्वाधर दिशा में द्रव का दाब $h\rho g$ के सूत्र से ही निकाला जाएगा। मुक्त सतह पर द्रव का दाब वायुमंडलीय दाब p_0 के बराबर है। यदि मुक्त सतह से A की गहराई h_1 हो, तो A पर दाब $p_1 = p_0 + h_1\rho g$.

इसी तरह यदि मुक्त सतह से B की गहराई h_2 हो, तो B पर दाब $p_2 = p_0 + h_2\rho g$.

p_1 तथा p_2 के ये व्यंजक समीकरण (25.12) में रखने पर,

$$(h_1 - h_2)\rho g = l\rho a_0$$

या $$\frac{h_1 - h_2}{L} = \frac{a_0}{g}. \quad \text{... (25.13)}$$

आप देख रहे हैं कि h_1 का मान h_2 से बड़ा है। चूँकि A तथा B एक ही क्षैतिज तल में हैं, मुक्त सतह A की तरफ ऊँची तथा B की तरफ नीची है (चित्र 25.17)। यदि मुक्त सतह क्षैतिज से θ कोण बनाए,

तो $$\tan\theta = \frac{h_1 - h_2}{L} = \frac{a_0}{g}.$$

• हल किए गए प्रश्न •

1. *चित्र 25.W1 में एक क्षैतिज नली से पानी को प्रवाहित होता हुआ दिखाया गया है। A पर नली की अनुप्रस्थ काट* 30 cm² *है और B पर* 15 cm² *है। A से B तक जाने में पानी का दाब* 600 N/m² *कम हो जाता है। द्रव के प्रवाह की आयतन दर निकालें। पानी का घनत्व* = 1000 kg/m³.

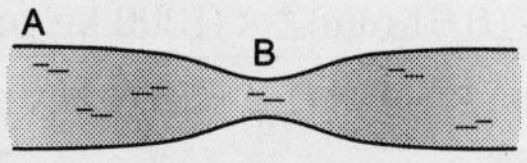

चित्र 25.W1

हल मान लें कि A पर द्रव की चाल v_1 तथा B पर v_2 है। सातत्य-समीकरण से,

$$\frac{v_2}{v_1} = \frac{30 \text{ cm}^2}{15 \text{ cm}^2} = 2$$

या $\quad v_2 = 2v_1.$

बरनॉली के सिद्धांत से,

$$p_A + \frac{1}{2}\rho v_1^2 = p_B + \frac{1}{2}\rho v_2^2$$

या $\quad p_A - p_B = \frac{1}{2}\rho(v_2^2 - v_1^2) = \frac{1}{2}\rho[(2v_1)^2 - v_1^2] = \frac{3}{2}\rho v_1^2$

या $\quad 600 \text{ N/m}^2 = \frac{3}{2} \times \left(1000 \frac{\text{kg}}{\text{m}^3}\right) v_1^2$

या $\quad v_1 = \sqrt{0.4 \text{ m}^2/\text{s}^2} = 0.63 \text{ m/s}.$

द्रव के प्रवाह की आयतन दर

$$= (30 \text{ cm}^2) \times (0.63 \text{ m/s}) = 1890 \text{ cm}^3/\text{s}.$$

2. *एक बड़े-से टैंक की अनुप्रस्थ काट* 0.5 m² *है। इसकी दीवार में पेंदी के पास पानी निकलने के लिए* 1 cm² *अनुप्रस्थ काट का छेद है। टैंक में पानी की सतह को एक जलरुद्ध (water tight) पिस्टन पर* 20 kg *का भार रखकर दबाया जाता है। जब पानी की सतह छेद से* 50 cm *ऊपर हो, उस समय छेद से निकलते पानी का वेग निकालें।* $g = 10 \text{ m/s}^2$ *लें।*

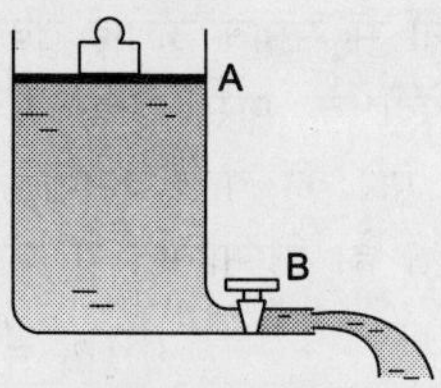

चित्र 25.W2

हल टैंक की अनुप्रस्थ काट का क्षेत्रफल छेद के क्षेत्रफल से 5000 गुना अधिक है। अतः, सतह पर पानी का वेग काफी कम होगा और उसे आप शून्य मान सकते हैं। ऊपरी सतह पर पानी का दाब,

$$p_1 = p_0 + \frac{(20 \text{ kg})(10 \text{ m/s}^2)}{(0.5 \text{ m}^2)}$$
$$= p_0 + 400 \text{ N/m}^2,$$

जहाँ p_0 वायुमंडलीय दाब है। नीचे के छेद पर पानी का दाब p_2 वायुमंडलीय दाब के बराबर है।

बरनॉली के सिद्धांत के अनुसार,

$$p_1 + \rho g h + \frac{1}{2}\rho v_1^2 = p_2 + \frac{1}{2}\rho v_2^2$$

या $\quad (p_0 + 400 \text{ N/m}^2) + \rho g h = p_0 + \frac{1}{2}\rho v_2^2$

या $\quad (400 \text{ N/m}^2) + (1000 \text{ kg/m}^3 \times 10 \text{ m/s}^2) \times (0.5 \text{ m})$
$$= \frac{1}{2} \times (1000 \text{ kg/m}^3) v_2^2$$

या $\quad v_2 = 3.3 \text{ m/s}.$

3. *एक नदी के पानी पर* 10 m² *क्षेत्रफल का बड़ा-सा लकड़ी का पटरा* 2 m/s *के वेग से चलाया जा रहा है। पटरे के संपर्क का पानी भी पटरे के साथ-साथ इसी वेग से चलता है। यदि नदी* 1 m *गहरी हो और नदी की तली में सटा पानी स्थिर हो, तो पटरे को चलाए रखने के लिए कितना बल लगाना पड़ेगा? पानी का श्यानता गुणांक* = 10^{-2} poise *तथा वेग प्रवणता को एकसमान मानें।*

हल पानी का वेग पटरे के तुरंत नीचे 2 m/s तथा 1 m नीचे शून्य है। अतः, वेग प्रवणता,

$$\frac{dv}{dz} = \frac{2 \text{ m/s}}{1 \text{ m}} = 2 \text{ s}^{-1}.$$

पटरे पर पानी द्वारा श्यानता का बल,

$$F = -\eta A \frac{dv}{dz} = -(10^{-2} \text{ poise}) \times (10 \text{ m}^2) \times (2 \text{ s}^{-1})$$
$$= -(10^{-3} \text{ N s/m}^2) \times (10 \text{ m}^2) \times (2 \text{ s}^{-1})$$
$$= -0.02 \text{ N}.$$

पटरे को एकसमान वेग से चलाए रखने के लिए 0.02 N का बल गति की दिशा में लगाए रखना पड़ेगा।

4. *एक नदी में सतह के पास पानी का वेग* 18 km/h *है। यदि नदी* 5.0 m *गहरी हो, तो पानी की क्षैतिज परतों के बीच अपरूपक प्रतिबल (shearing stress) निकालें। पानी का श्यानता गुणांक* 10^{-3} N s/m².

हल ऊर्ध्वाधर दिशा में वेग प्रवणता,

$$\frac{dv}{dz} = \frac{18 \text{ km/h}}{5 \text{ m}} = 1.0 \text{ s}^{-1}.$$

श्यानता बल का परिमाण,

$$F = \eta A \frac{dv}{dz}.$$

पानी की प्रत्येक परत अपने संपर्क में आयी सतह के A क्षेत्रफल पर परत के समानांतर इतना बल लगाएगी।

अतः, अपरूपक प्रतिबल है,

$$\frac{F}{A} = \eta \frac{dv}{dz} = (10^{-3} \text{ N}\cdot\text{s/m}^2) \times (1.0 \text{ s}^{-1}) = 10^{-3} \text{ N/m}^2.$$

5. *लगभग गोलाकार 0.01 mm त्रिज्या वाली वर्षा की बूँदें हवा में ऊर्ध्वाधर दिशा में गिर रही हैं। इन बूँदों की सीमांत चाल निकालें। हवा का घनत्व* $= 1.2\ \text{kg/m}^3$, *हवा का श्यानता गुणांक* $= 1.8 \times 10^{-5} \text{N s/m}^2$, *पानी का घनत्व* $= 1000\ \text{kg/m}^3$.

हल किसी एक बूँद पर लगते बल हैं,

(a) भार $\frac{4}{3}\pi r^3 \rho_w g$, नीचे की ओर;

(b) उत्प्लावन बल $\frac{4}{3}\pi r^3 \rho_a g$, ऊपर की ओर तथा

(c) श्यानता का बल $6\pi\eta r v$, ऊपर की ओर।

चूँकि हवा का घनत्व पानी के घनत्व से बहुत कम है, अतः उत्प्लावन बल को अनदेखा कर सकते हैं। सीमांत वेग के समय बूँद पर कुल बल शून्य होना चाहिए।

अतः, $6\pi\eta r v = \frac{4}{3}\pi r^3 \rho_w g$

या $$v = \frac{2r^2 \rho_w g}{9\eta}.$$

$$= \frac{2 \times (0.01\ \text{mm})^2 \times (1000\ \text{kg m}^{-3})(10\ \text{m s}^{-2})}{9 \times (1.8 \times 10^{-5}\ \text{N s m}^{-2})}$$

$$\approx 1.2\ \text{cm s}^{-1}.$$

• विचार हेतु प्रश्न •

1. *नल से ऊर्ध्वाधिर गिरते हुए पानी की धार नीचे आने से पतली हो जाती है। क्यों?*
2. *बागीचे में पानी पटाते समय माली दूर के पौधे तक पानी पहुँचाने के लिए पाइप के खुले मुँह को उँगली से थोड़ा बंद कर देता है। ऐसा करने से पानी का वेग क्यों बढ़ जाता है?*
3. *जब तेज आँधी आती है तो कई बार दीवारों पर पड़ी टीन की छत उड़ जाती है। क्यों?*
4. *ठोसों की सतहों के बीच स्थैतिक तथा गतिज दो प्रकार के घर्षण होते हैं। क्या द्रवों में श्यानता के बल भी स्थैतिक एवं गतिज दो प्रकार के होते हैं। यदि नहीं, तो श्यानता के बल को स्थैतिक कहना चाहिए या गतिज?*
5. *आपके कमरे में टब में पानी रखा है। क्या इस सतह पर लंब रेखा धरती के केंद्र से होकर जाएगी? इस प्रश्न का उत्तर तीन स्थितियों में सोचें, (a) कमरा धरती की विषुवत रेखा पर हो, (b) ध्रुव पर हो एवं (c) अन्य कहीं भी हो।*
6. *क्या आर्किमीडीज का सिद्धांत ऊपर जाती लिफ्ट के फ्रेम में लागू होगा? क्या सीधी सड़क पर त्वरण के साथ चलती कार के फ्रेम में लागू होगा?*
7. *दो परिदृश्यों की परिकल्पना करें। (a) पंद्रह अगस्त के समारोह में NCC द्वारा दिखाई जा रही परेड, (b) किसी दुर्घटना के बाद अनियंत्रित हुई भीड़। क्या इनमें मनुष्यों की गति की तुलना कुछ हद तक स्थैतिक प्रवाह से की जा सकती है? क्या किसी की तुलना प्रक्षुब्ध प्रवाह से की जा सकती है?*

• सटीक उत्तरवाले प्रश्न I •

सही उत्तर का चयन करें।

1. एक बेलनाकार नली के AB हिस्से में पानी के बहने की दिशा A से B की ओर है। A पर पानी की चाल v_1 है तथा B पर v_2 है। नली हमेशा पानी से पूरी तरह भरी रहती है। प्रयोग I में नली को क्षैतिज रखा जाता है, प्रयोग II में A को ऊपर रखते हुए नली को ऊर्ध्वाधर रखा जाता है तथा प्रयोग III में A को नीचे रखते हुए नली को ऊर्ध्वाधर रखा जाता है। $v_1 = v_2$ होगा
   (a) सिर्फ प्रयोग I में (b) सिर्फ प्रयोग II में
   (c) सिर्फ प्रयोग III में (d) इन तीनों प्रयोगों में
2. बरनॉली का सिद्धांत आधारित है
   (a) संवेग संरक्षण पर (b) द्रव्यमान संरक्षण पर
   (c) ऊर्जा संरक्षण पर (d) कोणीय संवेग संरक्षण पर
3. सातत्य-समीकरण आधारित है
   (a) संवेग संरक्षण पर (b) द्रव्यमान संरक्षण पर
   (c) ऊर्जा संरक्षण पर (d) कोणीय संवेग संरक्षण पर
4. एक लंबी, क्षैतिज नली से पानी जा रहा है। इसके दो बिंदुओं A तथा B पर पानी के दाब के मान p_A तथा p_B हैं। निम्नांकित में कौन सही है?
   (a) $p_A = p_B$ अवश्य होगा।
   (b) $p_A > p_B$ अवश्य होगा।
   (c) $p_A < p_B$ अवश्य होगा।
   (d) $p_A = p_B$ तभी होगा जब A तथा B पर नली की अनुप्रस्थ काटों का क्षेत्रफल बराबर हो।
5. दो बेलनाकार बरतनों में समान ऊँचाई तक पानी तथा पारे भरे हैं। दोनों बरतनों की पेंदी के पास दीवार में एक छेद है। छेदों से निकलते पानी तथा पारे की चालें क्रमशः v_1 तथा v_2 हैं। पारे का विशिष्ट घनत्व 13.6 है। निम्नांकित में कौन सही है?
   (a) $v_1 = v_2$ (b) $v_1 = 13.6 v_2$
   (c) $v_1 = \frac{v_2}{13.6}$ (d) $v_1 = \sqrt{13.6}\, v_2$
6. एक बड़े बेलनाकार टैंक की पेंदी के पास दीवार में एक नल लगा है। नल खुला है और नल के व्यास के बराबर व्यास वाली एक पाइप से टैंक में पानी डाला जा रहा है। इस पाइप से निकलते पानी की चाल v है। निम्नांकित में कौन सही है?
   (a) टैंक में पानी का तल बढ़ता जाएगा।
   (b) टैंक में पानी पेंदी पर ही रह जाएगा।

(c) टैंक में पानी का तल $v^2/2g$ ऊँचाई तक चढ़ेगा और वहीं बना रहेगा।
(d) पानी का तल टैंक में दोलन करेगा।

7. श्यानता गुण है
(a) केवल द्रवों का
(b) केवल ठोसों का
(c) केवल ठोसों तथा द्रवों का
(d) केवल द्रवों एवं गैसों का

8. श्यानता का बल है
(a) विद्युत-चुंबकीय बल (b) गुरुत्वीय बल
(c) strong force (d) weak force

9. वर्षा की बूँदें धरती की सतह के पास लगभग एकसमान वेग से गिरती हैं। इसका मुख्य कारण क्या है?
(a) इनका भार नगण्य होता है।
(b) पृष्ठ-तनाव के कारण बल उनके भार को संतुलित कर देता है।
(c) हवा की श्यानता के कारण बल इनके भार को संतुलित कर देता है।
(d) बूँदें आवेशित होती हैं और वायुमंडल के कारण विद्युतीय बल इनके भार को संतुलित कर देता है।

10. एक ठोस गोलाकार छोटी वस्तु हवा में 20 m/s की सीमांत चाल से गिरती है। यदि इसे निर्वात में गिराया जाए, तो उसकी
(a) सीमांत चाल 20 m/s होगी।
(b) सीमांत चाल 20 m/s से कम होगी।
(c) सीमांत चाल 20 m/s से अधिक होगी।
(d) कोई सीमांत चाल नहीं होगी।

11. एक गोलाकार वस्तु किसी द्रव में गिरने के लिए छोड़ दी जाती है। नीचे दिए गए ग्राफों में से कौन-सा वस्तु के वेग के समय के साथ परिवर्तन को सबसे सही ढंग से निरूपित करेगा?

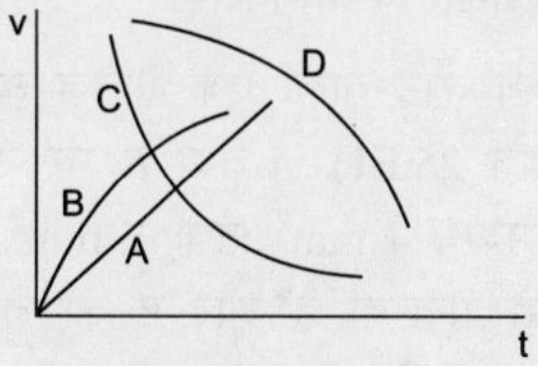

चित्र 25.Q1

(a) A (b) B (c) C (d) D

12. 20 cm लंबी एक केशनली के एक सिरे को पानी में डुबाया गया है। इसमें पानी 8 cm तक चढ़ता है। यदि इस पूरी व्यवस्था को एक बक्स में रख दिया जाए और उसे स्वतंत्र रूप से गिरने दिया जाए, तो केशनली में पानी की ऊँचाई होगी
(a) 8 cm (b) 6 cm
(c) 10 cm (d) 20 cm

• सटीक उत्तरवाले प्रश्न II •

सही उत्तर (उत्तरों) का चयन करें।

1. द्रवों के स्थैतिक प्रवाह में
(a) किसी कण की चाल सदा एकसमान रहती है।
(b) किसी कण का वेग सदा एकसमान रहता है।
(c) किसी दिए गए बिंदु पर पहुँचने पर सभी कणों की गतिज ऊर्जा समान होती है।
(d) किसी दिए गए बिंदु पर पहुँचने पर सभी कणों का रेखीय संवेग समान होता है।

2. दो एकसमान नलियों A तथा B से पानी बहाया जा रहा है। एक निश्चित समय में A से होकर V_0 आयतन पानी गुजरता है जबकि B से होकर $2V_0$ आयतन पानी गुजरता है। इनमें कौन-से कथन सही हो सकते हैं?
(a) दोनों नलियों में प्रवाह स्थैतिक है।
(b) दोनों नलियों में प्रवाह प्रक्षुब्ध है।
(c) A में प्रवाह स्थैतिक है पर B में प्रवाह प्रक्षुब्ध है।
(d) A में प्रवाह प्रक्षुब्ध है पर B में प्रवाह स्थैतिक है।

3. क्षैतिज अक्ष वाली एक नली में एक द्रव स्थैतिक प्रवाह कर रहा है। अक्ष पर दो बिंदुओं A तथा B पर दाब p_A तथा p_B है। निम्नांकित में कौन सही है?
(a) हर प्रकार की नली के लिए $p_A = p_B$.
(b) p_A कभी भी p_B के बराबर नहीं हो सकता है।
(c) यदि नली की अनुप्रस्थ काट हर जगह बराबर हो, तो $p_A = p_B$.
(d) यदि नली की अनुप्रस्थ काट हर जगह बराबर न हो, तो भी $p_A = p_B$ संभव है।

4. एक द्रव से भरे और ऊपर से खुले एक बड़े टैंक की पेंदी के पास एक छोटा-सा छेद है। पृष्ठ-तनाव तथा श्यानता को अनदेखा करें। छेद से निकलते पानी की चाल निर्भर नहीं करती है
(a) छेद के क्षेत्रफल पर
(b) द्रव के घनत्व पर
(c) द्रव की सतह की छेद से ऊँचाई पर
(d) गुरुत्वीय त्वरण पर

5. एक वस्तु हवा में 20 m/s की सीमांत चाल से चलती है, जहाँ पर $g = 9.8\ m/s^2$ है। इसे एक बड़े बंद बरतन में रख दिया जाता है। बरतन की हवा का दाब बाहर की वायुमंडलीय हवा के दाब के बराबर है। बरतन को ऐसी जगह ले जाया जाता है जहाँ गुरुत्वीय त्वरण शून्य है। यदि बरतन के अंदर इस वस्तु को नीचे की ओर 20 m/s की चाल देकर छोड़ दिया जाए, तो
(a) इसका प्रारंभिक त्वरण $9.8\ m/s^2$ नीचे की ओर होगा।
(b) इसका प्रारंभिक त्वरण $9.8\ m/s^2$ ऊपर की ओर होगा।
(c) वस्तु के त्वरण का परिमाण लगातार घटता जाएगा।
(d) यह वस्तु अंततः रुक जाएगी।

6. निम्नांकित में कौन विमारहित राशियाँ हैं? संकेतों के अर्थ सामान्य हैं।
(a) $\frac{\rho v D}{\eta}$ (b) $\frac{p v t^4 t}{\eta l V}$ (c) $\frac{F}{\eta r v}$ (d) $\frac{\rho g r^2}{\eta v}$

• अभ्यास के प्रश्न •

1. उत्तराखंड प्रांत के देवप्रयाग में अलकनंदा और भागीरथी नदियाँ आपस में मिलकर गंगा नदी बनकर आगे बढ़ती हैं। मान लें कि अलकनंदा की चौड़ाई 12 m, भागीरथी की चौड़ाई 8 m तथा गंगा की चौड़ाई वहाँ 16 m है। अलकनंदा तथा भागीरथी नदियों में पानी के औसत वेगों को क्रमशः 20 km/h तथा 16 km/h मानें। नदियों की गहराई को समान मानते हुए तथा श्यानता को अनदेखा करते हुए गंगा का औसत वेग निकालें।

2. असमान अनुप्रस्थ काट वाली एक क्षैतिज अक्ष वाली नली से पानी बह रहा है (चित्र 25.E1)। A तथा B पर नली की अनुप्रस्थ काटों के क्षेत्रफल क्रमशः 4 mm^2 तथा 2 mm^2 हैं। यदि 1 cm^3 पानी प्रतिसेकंड A से गुजरता है और B की तरफ जाता है, तो ज्ञात करें, (a) A पर पानी की चाल (b) B पर पानी की चाल तथा (c) दाब का अंतर $p_A - p_B$.

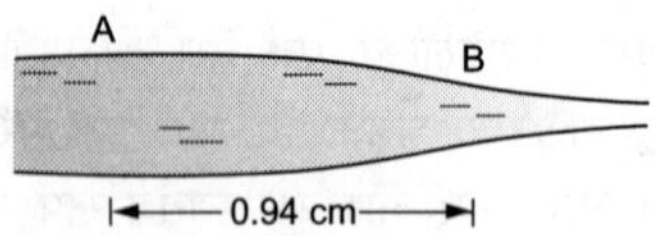

चित्र 25.E1

3. मान लें कि प्रश्न 2 में नली को ऊर्ध्वाधर अवस्था में रखा गया है। A सिरा ऊपर है। A तथा B के बीच की दूरी 15/16 cm है। अन्य सभी मान समान हैं। $g = 10\ m/s^2$ लेते हुए (a), (b) तथा (c) भागों के उत्तर निकालें।

4. मान लें कि प्रश्न 2 की नली को उलट दिया जाता है जिससे B ऊपर और A नीचे हो जाता है। पानी B से A की ओर बहता है। (a), (b) तथा (c) भागों के उत्तर दें। ध्यान दें कि पानी का वेग नीचे आने पर घट जाता है।

5. चित्र 25.E2 में एक नली से होकर पानी बहता हुआ दिखाया गया है। A तथा B पर अनुप्रस्थ काट के क्षेत्रफल क्रमशः 1 cm^2 तथा 0.5 cm^2 हैं। A तथा B के बीच ऊँचाई का अंतर 5 cm है। यदि A पर पानी की चाल 10 cm/s हो, तो ज्ञात करें, (a) B पर पानी की चाल, (b) A तथा B के बीच दाब का अंतर।

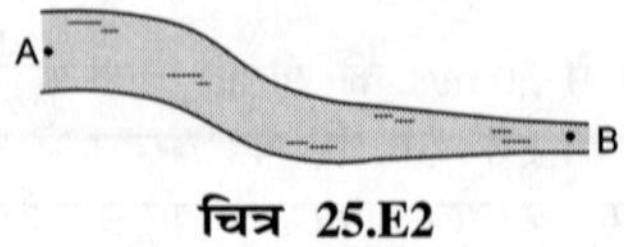

चित्र 25.E2

6. चित्र 25.E3 में एक क्षैतिज नली से पानी बहता हुआ दिखाया जा रहा है। A तथा B पर अनुप्रस्थ काटों के क्षेत्रफल क्रमशः 4 cm^2 तथा 2 cm^2 हैं और यहाँ पतली उर्ध्वाधर नलियाँ मूल नली से जुड़ी हैं। दोनों में पानी की खुली सतहों का अंतर 2 cm है। नली में पानी के प्रवाह की दर बताएँ।

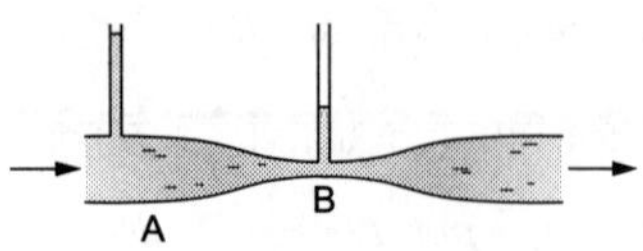

चित्र 25.E3

7. चित्र 25.E4 में एक क्षैतिज नली से पानी बहता हुआ दिखाया जा रहा है। इस नली में दो स्थानों से एक U-नली जुड़ी है जिसमें पारा भरा है। इन स्थानों पर मूल नली की अनुप्रस्थ काटों के क्षेत्रफल 5 cm^2 तथा 2 cm^2 हैं। नली से पानी 500 cm^3/s की दर से बह रहा है। U-नली की दोनों भुजाओं में पारे के तल का अंतर बताएँ।

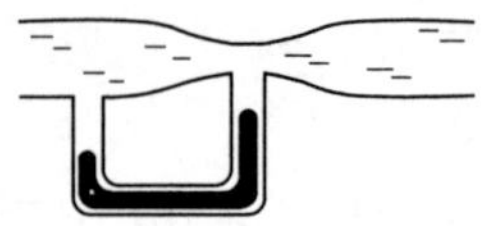
चित्र 25.E4

8. एक बड़े खुले टैंक की दीवार में पेंदी के पास 2 mm^2 क्षेत्रफल का एक छोटा छेद है। इस टैंक में 80 cm की ऊँचाई तक पानी भर दिया गया है। पानी की सतह का क्षेत्रफल 0.4 m^2 है।
   (a) प्रारंभ में छेद से निकलते पानी की चाल बताएँ।
   (b) जब टैंक से आधा पानी निकल चुका हो, उस समय छेद से निकलते पानी की चाल बताएँ।
   (c) समय t पर द्रव की सतह की ऊँचाई h है। इस समय से अगले dt समय में छेद से निकलनेवाले पानी का आयतन निकालें। इतने पानी निकलने से सतह की ऊँचाई में कमी dh निकालें।
   (d) प्रारंभिक स्थिति से आधा पानी निकल जाने में कितना समय लगेगा?

9. एक बेलनाकार बरतन को एक क्षैतिज तल पर रखा गया है। इसमें पेंदी से h ऊँचाई पर एक छेद है। बेलन में पानी की सतह को पेंदी से H ऊँचाई पर बनाए रखा जाता है। h का मान निकालें जिसके लिए छेद से निकलता पानी क्षैतिज तल पर अधिकतम दूरी पर गिरे।

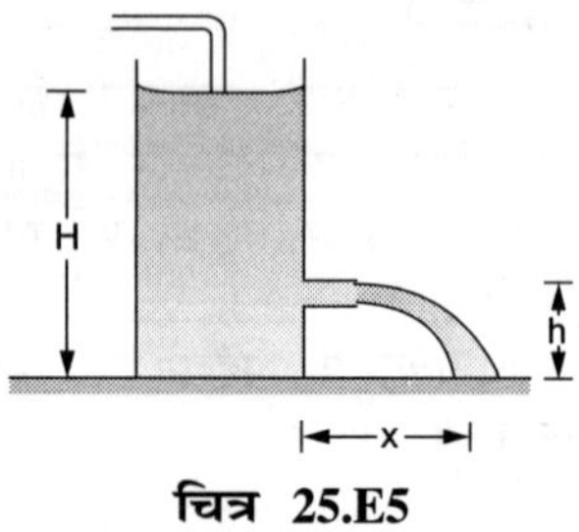

चित्र 25.E5

10. एक स्थान पर पानी के कणों का वेग

$$\vec{v} = v_0\left[\frac{x}{\sqrt{x^2+y^2}}\hat{j} - \frac{y}{\sqrt{x^2+y^2}}\hat{i}\right]$$

से दिया जाता है। चित्र 25.E6 में दिखाए गए R त्रिज्या के वृत्त पर $\oint \vec{v}\cdot d\vec{l}$ का मान निकालें। यह प्रवाह अघूर्णी (irrotational) है या नहीं?

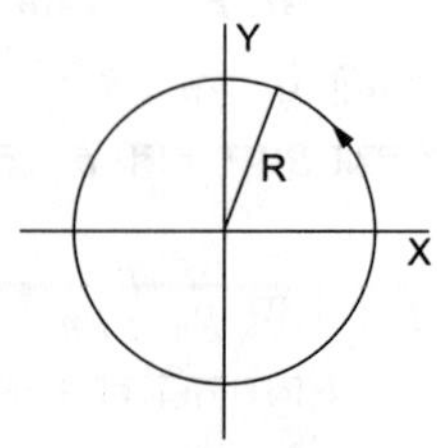

चित्र 25.E6

11. 1 mm त्रिज्या तथा 50 mg द्रव्यमान वाली धातु की एक गोलाकार वस्तु ग्लिसरीन में ऊर्ध्वाधर गिराई जाती है। ग्लिसरीन का घनत्व 1260 kg/m^3 तथा उसका श्यानता गुणांक 3.0 poise है।
   (a) जब वस्तु की चाल 1 cm/s हो, उस समय ग्लिसरीन द्वारा उस पर लगाया गया श्यानता बल निकालें।
   (b) ग्लिसरीन द्वारा वस्तु पर लगा उत्प्लावन बल निकालें।
   (c) ग्लिसरीन में वस्तु की सीमांत चाल निकालें।

12. ऊर्ध्वाधर दिशा में गिरती वर्षा की बूँदों की सीमांत चाल की गणना करें। बूँद की त्रिज्या $= 0.02$ cm, हवा का श्यानता गुणांक $= 1.8 \times 10^{-5} N s/m^2$, $g = 9.9 m/s^2$ तथा पानी का घनत्व $= 1000 \; kg/m^3$ लें।

13. 1 cm त्रिज्या वाले एक पाइप से 6 cm/s की चाल से पानी बह रहा है। पानी का श्यानता गुणांक 0.01 poise है। रेनल्ड्स संख्या की गणना करें। क्या यह प्रवाह स्थैतिक है?

• उत्तर •

सटीक उत्तरवाले प्रश्न I

1. (d) **2.** (c) **3.** (b) **4.** (d) **5.** (a) **6.** (c)
7. (d) **8.** (a) **9.** (c) **10.** (d) **11.** (b) **12.** (d)

सटीक उत्तरवाले प्रश्न II

1. (c), (d) **2.** (a), (b), (c) **3.** (c), (d)
4. (a), (b) **5.** (b), (c), (d) **6.** (a), (b), (c), (d)

अभ्यास के प्रश्न

1. 23 km/h **2.** (a) 25 cm/s (b) 50 cm/s (c) 94 N/m^2
3. (a) 25 cm/s (b) 50 cm/s (c) 0
4. (a) 25 cm/s (b) 50 cm/s (c) 188 N/m^2
5. (a) 20 cm/s (b) 485 N/m^2
6. 146 cc/s **7.** 1.97 cm
8. (a) 4 m/s (b) $\sqrt{8}$ m/s
(c) $(2\,mm^2)\sqrt{2gh}\,dt$, $\sqrt{2gh} \times 5 \times 10^{-6}\,dt$
(d) 6.5 h
9. $\frac{H}{2}$ **10.** $2\pi R v_0$, नहीं
11. (a) 1.5×10^{-4} N (b) 5.2×10^{-5} N (c) 2.9 cm/s
12. 5 m/s **13.** 1200, हाँ

❑

अध्याय 26

प्रत्यास्थता

कहा जाता है कि ठोस वे वस्तुएँ होती हैं जिनका आयतन तथा आकार दोनों सुनिश्चित होते हैं। पर, बलों के प्रभाव में ठोस वस्तुएँ भी अपना आकार बदलती हैं। रबर का गुब्बारा हवा भरने के पहले कैसा होता है और हवा भरने के बाद कैसा हो जाता है? कपड़े सुखाने की रस्सी प्रारंभ में सीधी तनी रहती है, पर जब उसपर गीले कपड़े डाल देते हैं तो वह वक्राकार हो जाती है। लोहे के टुकड़े को पीट-पीटकर लोहार विभिन्न आकारों के औजार बना देते हैं। पेड़ पर से फल तोड़ने के लिए हम डाली के एक सिरे को पकड़कर खींचते हैं तो पूरी डाली का आकार बदल जाता है और फल हमारे हाथ की पहुँच में आ जाता है। बल लगाने से ठोस वस्तुओं के आकार में परिवर्तन, न केवल संभव है, बल्कि स्वाभाविक भी है।

मिठाई बेचनेवाले दुकानदार मिठाई के डिब्बे पर रबर बैंड को खींचकर लगा देते हैं जिससे डिब्बे का ढक्कन खुले नहीं। रबर बैंड की लंबाई अपनी स्वाभाविक लंबाई से कहीं ज्यादा बढ़ जाती है और वह काफी तन जाता है। जब आप डिब्बे को खोलने के लिए रबर बैंड हटाते हैं तो वह पुनः सिकुड़कर अपनी पुरानी स्थिति में आ जाता है। लोहार जब हथौड़े से लोहे के टुकड़े पर वार करते हैं तो लोहे का टुकड़ा चपटा हो जाता है, परंतु जब वे हथौड़े को हटा लेते हैं तब भी लोहे का टुकड़ा वापस अपनी पुरानी शक्ल में नहीं आ पाता। बढ़ई अपनी आरी से लकड़ी के पटरों पर बल लगाकर (काटकर) उसके अलग-अलग भाग कर देते हैं जो फिर पुरानी शक्ल में कभी नहीं आते।

विभिन्न प्रकार की वस्तुएँ, विभिन्न परिमाणों के बलों के प्रभाव में, विभिन्न प्रकार से विरूपित (deformed) होती हैं। बाहरी बल हटा लेने पर कुछ वस्तुएँ पुनः पुराने आकार में आ जाती हैं और कुछ स्थायी रूप से विरूपित हो जाती हैं।

ठोस के अंदर उसके अणु या परमाणु या आयन एक-दूसरे के साथ विद्युतीय बलों के कारण जुड़े रहते हैं। सामान्यतः, ठोस में ये कण अपने स्थान पर अगल-बगल के कणों के बलों के कारण संतुलन में रहते हैं। बाहरी बलों के प्रभाव में कणों का यह संतुलन गड़बड़ा जाता है तथा आकार बदलकर, कणों के बीच की दूरियाँ बदलकर ठोस पुनः कणों के संतुलन की स्थिति प्राप्त कर लेता है। अर्थात, बाहरी बल लगने से ठोस के अंदर आंतरिक बल उत्पन्न होते हैं जो उसके आकार में परिवर्तन को निर्धारित करते हैं।

मोटे तौर पर वस्तुओं का वह गुण जिसके कारण बाहरी बल हटा लेने पर वस्तु का विरूपण भी समाप्त हो जाता है, **प्रत्यास्थता** (elasticity) कहलाता है। प्रत्यास्थता के शीर्षक के तहत हम वस्तुओं के विरूपण तथा उसके अंदर उत्पन्न हुए आंतरिक बलों के संबंध की चर्चा करेंगे।

बाहरी बल हटा लेने पर वस्तु के अंदर के कणों की स्थिति पुराने संतुलन की अवस्था में वापस लौट सकती है, परंतु इस क्रम में यदि कणों को संतुलन की कोई और स्थिति मिल जाए तो वस्तु पुराने आकार में नहीं भी लौट सकती है।

26.1 प्रतिबल (Stress)

किसी वस्तु के अंदर एक समतल परंतु छोटे क्षेत्र ΔS की कल्पना करें। इस ΔS के दोनों ओर के पदार्थ एक दूसरे पर बल लगा रहे हों तो हम कहते हैं कि वस्तु में प्रतिबल अर्थात stress लग रहा है।

अनुदैर्घ्य एवं अपरूपण प्रतिबल (Longitudinal and Shearing Stress)

चित्र 26.1 में एक व्यक्ति ने किसी ठोस छड़ को एक किनारे के पास पकड़कर उसे उर्ध्वाधर स्थिति में रखा हुआ है। इस छड़ का एक अनुप्रस्थ काट ΔS लें तथा इस काट के नीचे के भाग को a तथा यहाँ ऊपर के भाग को b कहें। नीचे के भाग a पर विचार करें। यह भाग संतुलित है और इसलिए इस पर लगते सभी बलों का परिणामी शून्य होगा। a का भार W_1 नीचे की ओर लग रहा है। इसलिए इस पर ऊपर की ओर भी इतना ही बल लग रहा होगा। यह बल कौन लगा रहा है? निश्चय ही यह बल ΔS के ऊपर वाले छड़ के हिस्से b द्वारा लगाया जा रहा है। और यदि ΔS के ऊपर वाला हिस्सा ΔS के नीचे वाले हिस्से पर $F(= W_1)$ बल लगा रहा है तो नीचे वाला हिस्सा भी ऊपर वाले हिस्से पर इतना ही बल विपरीत दिशा में लगा रहा होगा। ये बल ΔS की लंबवत दिशा में लग रहे हैं।

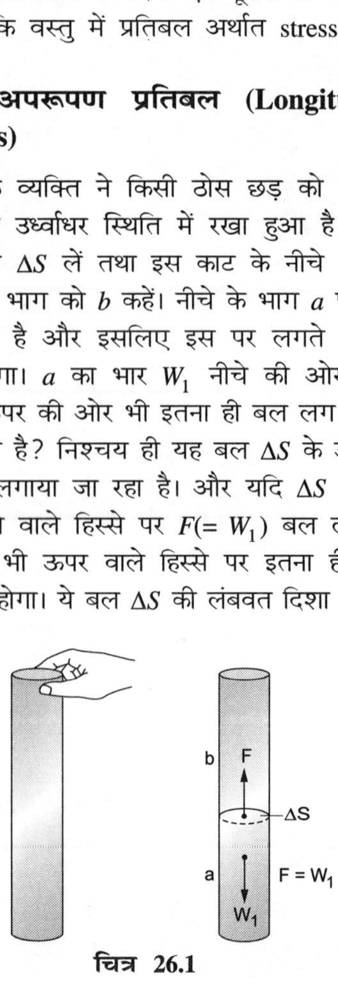

चित्र 26.1

यदि किसी वस्तु में किसी क्षेत्रफल ΔS के दोनों ओर के हिस्से एक दूसरे पर इस ΔS की लंबवत दिशा में बल F लगायें तो राशि

$$\tau_n = \frac{F_n}{\Delta S} \quad \text{... (26.1)}$$

को इस सतह पर, अनुदैर्घ्य प्रतिबल (longitudinal stress) कहते हैं।

अनुदैर्घ्य प्रतिबल भी दो प्रकार के हो सकते हैं। ΔS के दोनों ओर के भाग एक-दूसरे को अपनी-अपनी ओर खींच सकते हैं या एक-दूसरे को दबा सकते हैं। यदि वे एक-दूसरे को खींच रहे हों, तो इस प्रतिबल को **तनन प्रतिबल** (tensile stress) कहते हैं। यदि एक छत से बँधी रस्सी से आप लटक जाएँ तो रस्सी में तनन प्रतिबल पैदा होता है।

यदि ΔS के दोनों ओर के भाग एक-दूसरे को धक्का दे रहे हों, तो इस प्रतिबल को **संपीडन प्रतिबल** (compressive stress) कहते हैं। यदि आप जमीन में गड़े खंभे के ऊपर बैठ जाएँ तो खंभे में संपीडन प्रतिबल पैदा होगा।

अभ्यास 26.1

4.0 kg की एक वस्तु छत से बँधे स्टील के तार से लटक रही है। तार की त्रिज्या 2.0 mm है। संतुलन की स्थिति में तार में उत्पन्न अनुदैर्घ्य प्रतिबल का मान ज्ञात करें। यह तनन प्रतिबल होगा या संपीडन प्रतिबल? $g = 3.1\,\pi$ m/s^2 *लें।*

हल स्टील के तार में तनाव $T = mg = (4.0 \text{ kg}) \times (3.1\,\pi \text{ m/s}^2)$.

यदि तार का कोई अनुप्रस्थ परिच्छेद लें, तो उसके दोनों ओर के तार के हिस्से एक-दूसरे को इतने बल से ही खींच रहे हैं।

तार के अनुप्रस्थ परिच्छेद का क्षेत्रफल,

$$A = \pi \times (2.0 \times 10^{-3} \text{ m})^2 = 4.0 \times 10^{-6} \pi \text{ m}^2.$$

तनाव के बल की दिशा इस अनुप्रस्थ काट के लंबवत है।

अतः, अनुदैर्घ्य प्रतिबल $= \dfrac{F}{A} = \dfrac{T}{A}$

$$= \frac{(4.0 \text{ kg}) \times (3.1\pi \text{ m/s}^2)}{4.0 \times 10^{-6} \times \pi \text{m}^2}$$

$$= 3.1 \times 10^6 \text{ N/m}^2.$$

चूँकि तार के भाग एक-दूसरे को अपनी-अपनी ओर खींच रहे हैं, इसलिए यह प्रतिबल तनन प्रतिबल होगा।

एक छड़ को एक किनारे से पकड़कर क्षैतिज दिशा में स्थिर अवस्था में रखें (चित्र 26.2)। छड़ की एक अनुप्रस्थ काट ΔS लें।

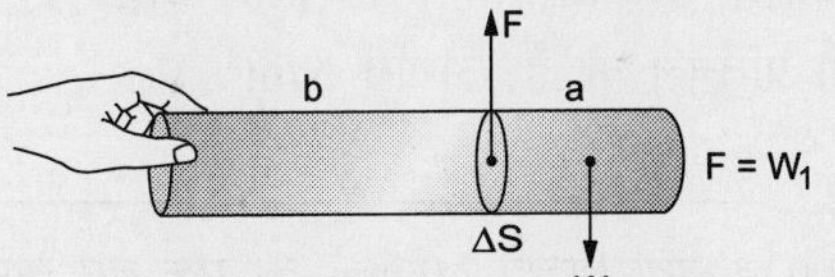

चित्र 26.2

इस काट ΔS के दाहिने वाले छड़ के हिस्से को a तथा बाएँ वाले हिस्से को b कहें। भाग a के संतुलन पर विचार करें। इस भाग का भार W_1 इसके द्रव्यमान केंद्र से नीचे की ओर लग रहा है। इस बल को कौन संतुलित कर रहा है? निश्चित ही छड़ का भाग b संपर्क सतह ΔS पर ऊपर की ओर बल $F = W_1$ लगा रहा होगा।

यदि किसी वस्तु में किसी क्षेत्रफल ΔS के दोनों ओर के हिस्से एक-दूसरे पर इस ΔS की समानांतर दिशाओं में बल F लगाएँ, तो

$$\tau_t = \frac{F}{\Delta S} \quad \text{... (26.2)}$$

को अपरूपण या विरूपण प्रतिबल कहते हैं।

चित्र 26.2 में किसी बिंदु के प्रति F तथा W_1 का कुछ बल-आघूर्ण होगा। इस बल-आघूर्ण को कौन संतुलित कर रहा है? विचार करें।

आयतन प्रतिबल (Volume stress)

जब आप किसी तार को दोनों ओर से खींचकर रखते हैं तो उसमें अनुदैर्घ्य प्रतिबल (longitudinal stress) पैदा होता है। आप तार के अंदर कोई भी सतह ΔS लें, उसके दोनों ओर के भाग तार की लंबाई के अनुदिश ही बल लगाते हैं। परंतु, यदि आप किसी छोटी वस्तु को गहरे पानी में ले जाएँ, तो उस वस्तु की सतह के किसी भी भाग पर पानी द्वारा वहाँ की सतह के लंबवत बल लगेगा। वस्तु के अंदर भी यदि आप किसी सतह ΔS की कल्पना करें, तो उसके दोनों ओर के भाग एक-दूसरे पर ΔS के लंबवत बल लगाएँगे। ऐसी परिस्थिति में यदि आप वस्तु के अंदर कोई छोटा आयतन लें तो बाकी का पदार्थ या तो उसे हर ओर से दबाएगा या हर ओर से खींचेगा।

यदि वस्तु के अंदर उत्पन्न बल ऐसे हों कि किसी छोटी सतह पर लगने वाले बल (a) सतह के लंबवत हों तथा (b) सतह के क्षेत्रफल के समानुपाती हों तो प्रतिइकाई क्षेत्रफल लगनेवाला ऐसा बल आयतन प्रतिबल कहलाता है।

द्रव के अंदर का दाब भी आयतन प्रतिबल ही है, क्योंकि द्रव के अंदर आप कोई भी क्षेत्रफल ΔS लें तो उसके एक ओर का द्रव दूसरे ओर के द्रव पर लंब दिशा में बल लगाता है।

26.2 विकृति (Strain)

प्रतिबल वस्तु में हुए विरूपण (deformation) के कारण उत्पन्न आंतरिक बलों को निरूपित करता है। स्वयं विरूपण को निरूपित करने के लिए भौतिकशास्त्री विकृति नामक राशि को परिभाषित करते हैं। हर प्रकार के प्रतिबल से संबंधित उसी वर्ग की विकृति भी है।

अनुदैर्घ्य विकृति (Longitudinal strain)

यदि किसी तार या छड़ को इसकी लंबाई की दिशा में दोनों ओर से खींचा या दबाया जाता है, तो इसकी लंबाई में परिवर्तन होता है। छड़ में पास-पास की दो अनुप्रस्थ काट लें एवं उनके बीच की स्वाभाविक लंबाई को L मानें (चित्र 26.3)। विरूपण के कारण इस लंबाई में वृद्धि को ΔL कहें। छड़ के इस स्थान पर

$$\text{अनुदैर्घ्य विकृति} = \frac{\Delta L}{L}. \quad \text{... (26.3)}$$

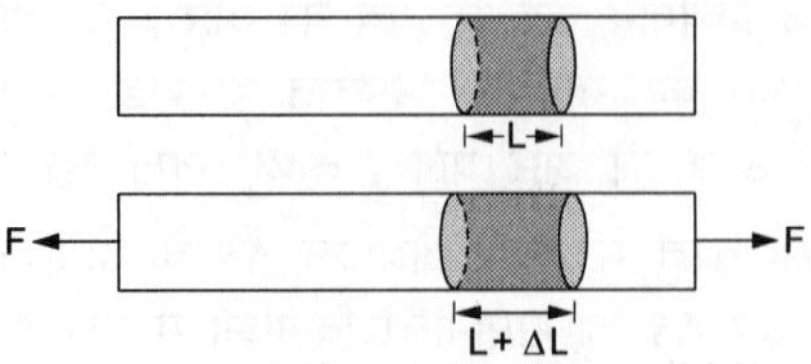

चित्र 26.3

यदि छड़ में सभी स्थानों पर अनुदैर्घ्य विकृति एकसमान हो, तो आप L को बड़ा भी ले सकते हैं, बल्कि पूरे छड़ की लंबाई को भी L कह सकते हैं और विरूपण के कारण इस लंबाई में हुई वृद्धि को ΔL कह सकते हैं। समीकरण (26.3) से आपको अनुदैर्घ्य विकृति मिल जाएगी।

यदि यह छड़ (या तार) अपनी स्वाभाविक लंबाई से खिंची हुई हो, तो विकृति को **तनन विकृति** (tensile strain) कहते हैं और यदि यह छड़ अपनी स्वाभाविक लंबाई से दबी हुई हो, तो इसे **संपीडन विकृति** (compressive strain) कहते हैं।

अपरूपण विकृति (Shearing strain)

यह विकृति वस्तु के ज्यामितीय आकार में परिवर्तन लाती है और तब उत्पन्न होती है जब वस्तु पर अपरूपण प्रतिबल लगा हो। उदाहरण के लिए, एक वर्गाकार अनुप्रस्थ परिच्छेद वाली वस्तु की कल्पना करें। चित्र 26.4(a) में दिखाए अनुसार वस्तु की सतहों के समानांतर बल लगाएँ। आप देख सकते हैं कि इन बलों का परिणामी बल तथा परिणामी बल-आघूर्ण शून्य हैं और वस्तु पूरी तरह संतुलन में है। सतहों के समानांतर लगे बलों के कारण ये सतहें विस्थापित होती हैं और वर्गाकार अनुप्रस्थ परिच्छेद विरूपित हो समानांतर चतुर्भुजाकार हो जाता है। विरूपण का मान जानने के लिए हम $A'B'C'D'$ को थोड़ा घुमाकर फिर से बनाते हैं, जिससे $A'B'$ भुजा AB के साथ मिल जाए। नई रचना चित्र 26.4(b) में दिखाई गई है। इस प्रकार के विरूपण में आप कह सकते हैं कि वस्तु की समतल सतहें एक-दूसरे के सापेक्ष खिसक गई हैं।

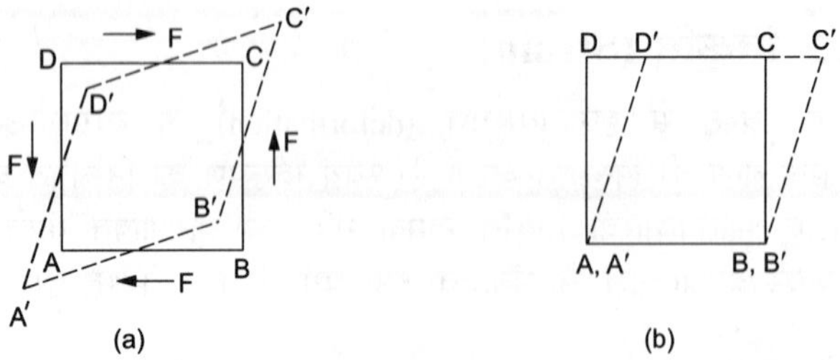

चित्र 26.4

यदि वस्तु की निचली सतह AB को किसी दृढ़ आधार के साथ क्लैंप (clamp) कर दिया जाए और ऊपरी सतह पर सतह के समानांतर बल लगाया जाए, तो भी ऐसी ही स्थिति उत्पन्न होगी।

अपरूपण विकृति की परिभाषा इस प्रकार की जाती है,

$$\text{अपरूपण विकृति} = \frac{\text{किसी सतह } S \text{ का अपने तल में विस्थापन}}{\text{स्थिर सतह से सतह } S \text{ की दूरी}}।$$

चित्र 26.4 की स्थिति में AB को हम स्थिर सतह मान सकते हैं। तब, अपरूपण विकृति $= \dfrac{DD'}{DA}\cdot$

आयतन विकृति (Volume strain)

जब किसी वस्तु पर आयतन प्रतिबल लगता है, तब उसके किसी भी छोटे भाग के आयतन में परिवर्तन होता है। यदि आप वस्तु में कोई आयतन V लें और उसमें ΔV आयतन की वृद्धि हो, तो आयतन विकृति $= \dfrac{\Delta V}{V}\cdot$

26.3 हुक का नियम तथा प्रत्यास्थता स्थिरांक

यदि विरूपण कम हो, तो वस्तु में उत्पन्न प्रतिबल उस स्थान पर संगत विकृति के समानुपाती होता है।

यह वक्तव्य हुक का नियम (Hooke's law) कहलाता है। सत्रहवीं शताब्दी के वैज्ञानिक रॉबर्ट हुक ने इसको प्रतिपादित किया था। इसी आधार पर अनेक प्रकार के स्प्रिंगों के खिंचाव एवं उनके तनाव के बीच संबंध स्थापित किया गया था। इन्हीं प्रयोगों के आधार पर उन्होंने स्प्रिंगयुक्त घड़ी बनाई थी जो शायद उस समय की पहली घड़ी थी जिसे लेकर लोग इधर-उधर जा सकते थे।

यंग मॉड्युलस (Young modulus)

यदि एक तार को दोनों ओर से F बल लगाकर खींचा गया हो और उसकी अनुप्रस्थ काट का क्षेत्रफल A हो, तो

$$\text{अनुदैर्घ्य प्रतिबल} = \frac{F}{A}\cdot$$

इस स्थिति में यदि तार की लंबाई L से बढ़कर $L + \Delta L$ हो जाए, तो

$$\text{अनुदैर्घ्य विकृति} = \frac{\Delta L}{L}\cdot$$

हुक के नियम के अनुसार छोटे विरूपण के लिए,

$$\frac{\text{अनुदैर्घ्य प्रतिबल}}{\text{अनुदैर्घ्य विकृति}} = Y$$

$$\text{या} \quad \frac{F/A}{\Delta L/L} = Y, \qquad \text{... (26.4)}$$

जहाँ Y उस पदार्थ के लिए स्थिरांक है। इस स्थिरांक को यंग मॉड्युलस (Young modulus) कहते हैं। अतः, ऊपर की परिस्थिति में

$$Y = \frac{FL}{A\Delta L}\cdot$$

चूँकि विकृति एक विमारहित राशि है, अतः Y की SI इकाई वही होगी जो प्रतिबल की है, अर्थात N/m^2.

अभ्यास 26.2

लंबाई 2.0 m तथा त्रिज्या 2.0 mm का एक तार ऊपर के बिंदु पर बँधा है और इसके निचले सिरे से 4.0 kg का एक भार लटका है। संतुलन की स्थिति में तार की लंबाई में 0.031 mm की वृद्धि पाई जाती है। $g = 3.1\pi\, m/s^2$ मानते हुए तार के पदार्थ का यंग मॉड्युलस निकालें।

हल अनुदैर्घ्य प्रतिबल $= \dfrac{(4.0\ \text{kg})(3.1\pi\ \text{m/s}^2)}{\pi(2.0\times10^{-3}\ \text{m})^2} = 3.1\times10^6\ \text{N/m}^2$

अनुदैर्घ्य विकृति $= \dfrac{0.031\times10^{-3}\ \text{m}}{2.0\ \text{m}}$

$= 0.0155\times10^{-3}.$

अतः, यंग मॉड्युलस $Y = \dfrac{3.1\times10^6\ \text{N/m}^2}{0.0155\times10^{-3}}$

$= 2.0\times10^{11}\ \text{N/m}^2.$

ऊपर के अभ्यास में हमने तार के भार को अनदेखा किया है। ऐसा इसलिए कि तार से लटका भार तार के भार की तुलना में बहुत अधिक है। पर यदि भारी बीम आदि ऊर्ध्वाधर स्थिति में लटकी हो, तो अपने भार के कारण भी उनकी विकृति महत्त्वपूर्ण हो सकती है। ऐसी स्थिति में बीम के अलग-अलग भागों में प्रतिबल तथा विकृति भी अलग-अलग होंगे। आगे ऐसा एक अभ्यास दिया गया है।

अभ्यास 26.3

एक समरूप छड़ का द्रव्यमान M, अनुप्रस्थ काट का क्षेत्रफल A तथा लंबाई L है। इसे एक सिरे से क्लैंप कर ऊर्ध्वाधर स्थिति में लटकाया गया है। यदि इस छड़ के पदार्थ का यंग गुणांक Y हो, तो अपने भार के कारण छड़ की लंबाई में वृद्धि निकालें।

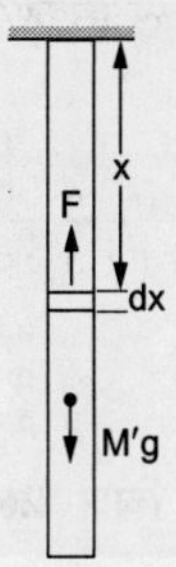

चित्र 26.5

हल ऊपर के किनारे से x दूरी पर छड़ की एक अनुप्रस्थ काट लें। इस काट के नीचे की छड़ का भार,

$$M'g = \frac{M}{L}(L-x)\,g.$$

इस भाग के संतुलन के लिए छड़ के ऊपर का भाग इसपर इतने ही परिमाण का बल $F = M'g$ ऊपर की ओर लगाएगा। अतः, इस स्थान पर,

$$\text{प्रतिबल} = \frac{F}{A} = \frac{Mg}{LA}(L-x).$$

अतः, यहाँ विकृति $= \dfrac{\text{प्रतिबल}}{Y} = \dfrac{Mg}{LAY}(L-x).$

इस काट के नीचे dx लंबाई के छड़ के हिस्से का विचार करें। यदि स्वाभाविक लंबाई से इस भाग की लंबाई में वृद्धि को δx कहें, तो विकृति,

$$\frac{Mg}{LAY}(L-x) = \frac{\delta x}{dx}.$$

अतः, लंबाई में वृद्धि $\delta x = \dfrac{Mg}{LAY}(L-x)\,dx$

पूरे तार की लंबाई में वृद्धि $\Delta L = \int_0^L \dfrac{Mg}{LAY}(L-x)\,dx = \dfrac{MgL}{2AY}\cdot$

अपरूपण मॉड्युलस (Shear modulus)

यदि किसी वस्तु की सतह के समानांतर लगते बलों के कारण उसमें अपरूपण प्रतिबल तथा अपरूपण विकृति उत्पन्न हो, तो हुक के नियम से, छोटे विरूपण के लिए,

$$\frac{\text{अपरूपण प्रतिबल}}{\text{अपरूपण विकृति}} = \eta \qquad \text{... (26.5)}$$

उस पदार्थ के लिए स्थिरांक होगा। इस स्थिरांक को अपरूपण स्थिरांक (shear modulus), दृढ़ता गुणांक (modulus of rigidity) या ऐंठन स्थिरांक या मरोड़ी स्थिरांक (torsional modulus) कहते हैं।

बल्क मॉड्युलस (Bulk modulus)

यदि किसी वस्तु पर हर तरफ से सतह के लंबवत और क्षेत्रफल के समानुपाती बल लगाया जाए, तो वस्तु में आयतन प्रतिबल तथा आयतन विकृति उत्पन्न होती है। इस आयतन प्रतिबल को आप दाब भी कह सकते हैं। वास्तव में द्रव या गैस का दाब उसका आयतन प्रतिबल ही है।

एक तार की एक स्वाभाविक लंबाई होती है जब उसमें कोई तनाव या प्रतिबल नहीं होता। परंतु, द्रव या गैस के स्वाभाविक आयतन का कोई अर्थ नहीं है, क्योंकि हर अवस्था में कुछ-न-कुछ तो दाब होता ही है। मान लें किसी द्रव या गैस का दाब किसी स्थान पर p है और वहाँ आप एक आयतन V लेते हैं। अब यदि इस दाब को p से बढ़ाकर $p+\Delta p$ कर दिया जाए और उसका आयतन V से बढ़कर $V+\Delta V$ हो जाए (ΔV ऋणात्मक होगा), तो अतिरिक्त प्रतिबल Δp के कारण आयतन V में ΔV का परिवर्तन होगा। छोटे परिवर्तनों के लिए,

$$-\frac{\Delta p}{\Delta V/V} = B. \qquad \text{... (26.6)}$$

एक स्थिरांक होता है।

इस स्थिरांक को bulk modulus कहते हैं। आयतन प्रतिबल (volume stress) बढ़ाने पर वस्तु का आयतन घटता है। अतः, यदि Δp धनात्मक हो, तो ΔV ऋणात्मक होगा। समीकरण (26.6) में ऋण चिह्न लगाने से B का मान धनात्मक हो जाता है।

यदि आपको P तथा V के बीच संबंध पता हो, तो आप लिख सकते हैं,

$$B = -V\frac{dP}{dV}\cdot \qquad \text{... (26.7)}$$

Bulk modulus के व्युत्क्रम को संपीड्यता (compressibility) कहते हैं। सामान्यतः, इसे κ (kappa) अक्षर द्वारा दिखाते हैं।

$$\kappa = -\frac{1}{V}\cdot\frac{dV}{dP}\cdot \qquad \text{... (26.8)}$$

प्वॉसों अनुपात (Poisson ratio)

यदि किसी तार या छड़ के किनारों पर बल लगाकर उसे खींचा जाए, तो उसकी लंबाई बढ़ जाती है। परंतु, इसके साथ ही तार की त्रिज्या में कमी आ जाती है। इसी प्रकार, यदि किसी छड़ के दोनों किनारों पर बल लगाकर उसे दबाया जाए, तो उसकी लंबाई में कमी हो जाती है। साथ ही, उसकी त्रिज्या में वृद्धि हो जाती है। अर्थात, अनुदैर्ध्य प्रतिबल के कारण अनुदैर्ध्य दिशा में तो विकृति होती ही है, अनुप्रस्थ दिशाओं में भी विकृति होती है। यदि अनुदैर्ध्य दिशा में विकृति $\frac{\Delta L}{L}$ हो और अनुप्रस्थ दिशा में विकृति $\frac{\Delta r}{r}$ हो, तो अनुपात

$$-\frac{\Delta r/r}{\Delta L/L} = \sigma \qquad \text{... (26.9)}$$

को **प्वासों अनुपात** कहते हैं और किसी दिए हुए पदार्थ के लिए वह अचर रहता है। इस समीकरण में ऋण चिह्न σ को धनात्मक बनाने के लिए है।

प्रतिबल तथा विकृति के विभिन्न प्रकार के अनुपातों को प्रत्यास्थता स्थिरांक कहते हैं। सारणी 26.1 में कुछ पदार्थों के प्रत्यास्थता स्थिरांक दिए गए हैं तथा सारणी 26.2 में कुछ द्रवों की संपीड्यता दी गई है।

सारणी 26.1: प्रत्यास्थता स्थिरांक

पदार्थ	यंग मॉड्युलस 10^{11} N m^{-2}	अपरूपण मॉड्युलस η 10^{11} N m^{-2}	आयतन मॉड्युलस 10^{11} N m^{2}	प्वॉसों का अनुपात σ
ऐलुमिनियम	0.70	0.30	0.70	0.16
पीतल	0.91	0.36	0.61	0.26
ताँबा	1.1	0.42	1.4	0.32
लोहा	1.9	0.70	1.0	0.27
स्टील	2.0	0.84	1.6	0.19
टंग्स्टन	3.6	1.5	2.0	0.20

सारणी 26.2: द्रवों की संपीड्यता

द्रव	संपीड्यता κ 10^{-11} m^{2} N^{-1}
कार्बन डाइसल्फाइड	64
एथिल ऐल्कोहॉल	110
ग्लिसरीन	21
पारा	3.7
जल	49

26.4 अनुदैर्ध्य प्रतिबल तथा विकृति में संबंध

छोटे विरूपण के लिए अनुदैर्ध्य प्रतिबल अनुदैर्ध्य विकृति के समानुपाती होता है, पर यदि विरूपण उतना भी छोटा न हो, तो इन दोनों राशियों के बीच कैसा संबंध होगा? ऐसे में प्रतिबल तथा विकृति में संबंध सरल नहीं होता और वह वस्तु के पदार्थ पर निर्भर करता है। यहाँ हम दो प्रकार के पदार्थों के लिए प्रतिबल तथा विकृति के संबंध का वर्णन करेंगे, (a) धातु का एक तार तथा (b) रबर की एक नली।

धातु का तार

मान लें, धातु के एक तार को किनारों पर बराबर बल लगाकर खींचा जाता है, जिससे उसकी लंबाई अपनी स्वाभाविक लंबाई से बढ़ जाती है। जैसे-जैसे विरूपण बढ़ता है, प्रतिबल तथा विकृति के परिवर्तन का प्रकार भी बदलता जाता है। चित्र 26.6 में यह संबंध दिखाया गया है।

जब विकृति कम रहती है, तो प्रतिबल तथा विकृति एक-दूसरे के समानुपाती होते हैं। चित्र में यह भाग बिंदु a तक दिखाया गया है। इसी भाग में हुक के नियम का इस्तेमाल किया जा सकता है और इसी भाग में यंग मॉड्युलस को परिभाषित किया जा सकता है। इस बिंदु a को समानुपाती सीमा (proportional limit) कहते हैं।

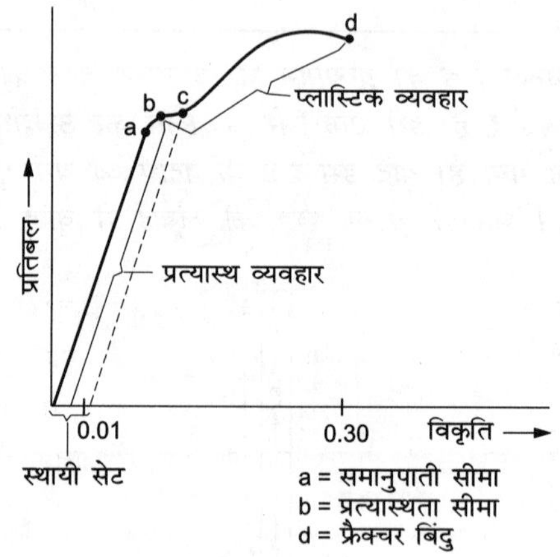

चित्र 26.6

यदि विरूपण थोड़ा और बढ़ाया जाए, अर्थात तार को थोड़ा और खींचा जाए तो प्रतिबल तथा विकृति समानुपाती नहीं रहते। तार को और खींचने के लिए अब कम बल लगाना पड़ रहा है। परंतु, तार अभी भी प्रत्यास्थ व्यवहार दिखाता है। अर्थात, यदि हम उसपर से बल हटा लें तो वह वापस अपनी पुरानी लंबाई में आ जाता है। यह स्थिति एक खास विकृति तक ही रहती है। चित्र में यह स्थिति बिंदु b द्वारा दिखाई गई है। इस सीमा को प्रत्यास्थता सीमा (elastic limit) कहते हैं। यदि तार को इससे भी ज्यादा खींच दिया जाए और बल हटा लिया जाए तो तार अपनी पुरानी अवस्था में पूरी तरह नहीं आ पाता, क्योंकि उसकी स्वाभाविक लंबाई ही अब बढ़ गई है। प्रत्यास्थता सीमा b के बाद से थोड़ा-सा ही प्रतिबल बढ़ाने पर काफी विकृति आने लगती है। एक सीमा c के बाद तार और भी तेजी से विरूपित होता है और फिर टूट जाता है। प्रतिबल—विकृति ग्राफ पर यह बिंदु d फ्रैक्चर प्वाइंट (fracture point) कहलाता है। जिस प्रतिबल पर तार टूट जाता है, उसे ब्रेकिंग प्रतिबल (breaking stress) कहते हैं।

प्रत्यास्थता सीमा से फ्रैक्चर प्वाइंट के बीच यदि काफी अधिक विकृति की जा सकती है, तो ऐसे पदार्थ तन्य (ductile) कहलाते हैं। ऐसे पदार्थों के तार खींचे जा सकते हैं। दूसरी ओर, यदि प्रत्यास्थता सीमा के बाद जल्दी ही फ्रैक्चर प्वाइंट आ जाए, तो ऐसे पदार्थों को भुरभुरा या भंगुर (brittle) कहते हैं।

रबर

रबर की नली या रस्सी के लिए प्रतिबल—विकृति का संबंध धातु के तारों से बिलकुल अलग है। आप थोड़ा-सा बल लगाकर रबर बैंड को अपनी स्वाभाविक लंबाई से कई गुना तक खींच सकते हैं और बल हटाकर उसे पुनः अपनी पुरानी अवस्था में ला सकते हैं। धातु के तारों की लंबाई सिर्फ कुछ प्रतिशत बढ़ने पर तार में स्थायी विरूपण हो जाता है पर रबर की लंबाई बहुत आराम से 5–10 गुना बढ़ाने पर भी वह न तो टूटता है और कई बार उसमें स्थायी विरूपण भी नहीं आता है।

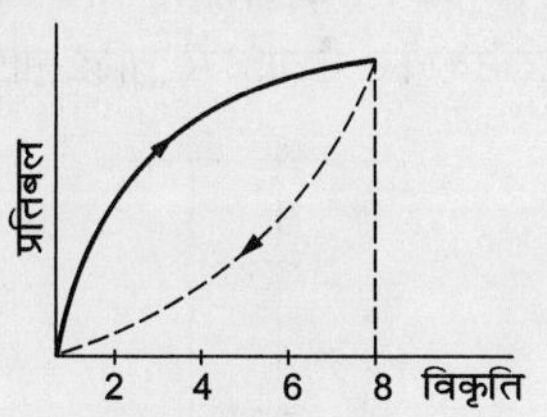

चित्र 26.7

इस अर्थ में रबर धातुओं से अधिक प्रत्यास्थ कहा जा सकता है। परंतु, रबर में विरूपण करने पर उत्पन्न प्रतिबल का मान धातु के सापेक्ष बहुत कम है। अर्थात, धातु अपने आकार में परिवर्तन का कहीं अधिक पुरजोर विरोध करते हैं। इस अर्थ में धातुओं को रबर के सापेक्ष अधिक प्रत्यास्थ कहा जा सकता है।

चित्र 26.7 में रबर की एक नली के लिए प्रतिबल तथा विकृति का ग्राफ दिखाया गया है। इस चित्र से आप रबर के दो महत्त्वपूर्ण गुणों को देख सकते हैं। पहले तो इस ग्राफ के किसी भी हिस्से में प्रतिबल विकृति के समानुपाती नहीं है। प्रारंभ से ही यह ग्राफ एक वक्र का आकार ले लेता है। यहाँ समानुपाती सीमा या तो है ही नहीं या बहुत ही छोटी है। दूसरी महत्त्वपूर्ण बात यह है कि यदि विरूपण के बाद आप नली के सिरों पर लगाए बलों को धीरे-धीरे कम करते चलें तो विकृति भी कम होती जाएगी, पर प्रतिबल—विकृति में वही संबंध नहीं होगा जो नली को खींचते समय था। चित्र 26.7 में बलों को घटाते हुए नली की लंबाई के परिवर्तन को डैश वाले वक्र से दिखाया गया है।

आप देख रहे हैं कि एक ही विकृति के लिए प्रतिबल के दो मान हैं। नली की लंबाई बढ़ाते समय प्रतिबल का मान अधिक है और लंबाई घटाते समय प्रतिबल का मान कम है। यद्यपि प्रतिबल पूरी तरह से हटा लेने पर नली अपनी पुरानी लंबाई में लौट आती है, पर प्रतिबल—विकृति के संबंध के संदर्भ में यह एक दूसरा रास्ता अपनाती है। नली को खींचते समय आरोपित बल द्वारा किया गया कार्य धनात्मक तथा अधिक परिमाण का है, जबकि लौटते समय यह कार्य ऋणात्मक तथा कम परिमाण का है। अतः, पूरे चक्र में आरोपित बल द्वारा नली पर कुछ धनात्मक कार्य किया गया है जिससे उसकी आंतरिक ऊर्जा बढ़ जाती है। यह ऊर्जा ऊष्मा के रूप में प्रकट होकर वायुमंडल में मिल जाती है। इस प्रक्रिया को **शैथिल्य** (hysteresis) कहते हैं।

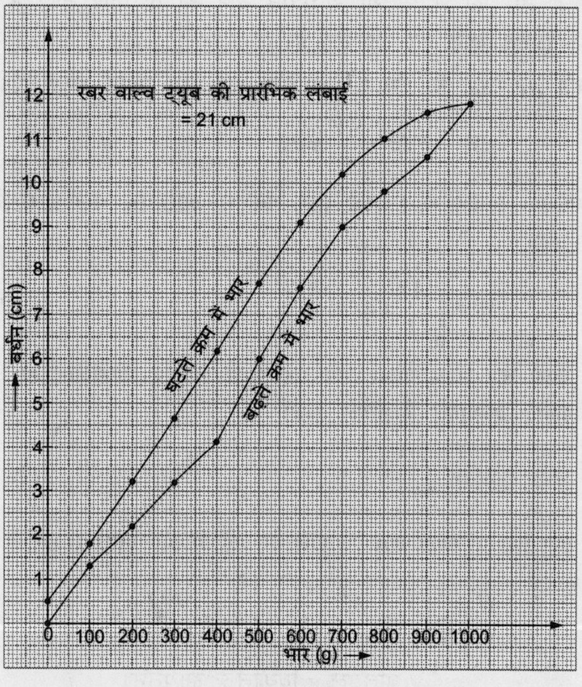

चित्र 26.8

चित्र 26.8 में साइकिल में हवा भरनेवाली 21 cm लंबी वाल्व ट्यूब पर एक विद्यार्थी द्वारा किए गए प्रयोग के परिणाम दिखाए गए हैं।

26.5 विरूपित वस्तु की प्रत्यास्थ स्थितिज ऊर्जा

जब कोई वस्तु अपने स्वाभाविक आकार में होती है तो उसकी आंतरिक स्थितिज ऊर्जा स्थानीय रूप से न्यूनतम होती है। यह स्थितिज ऊर्जा उस वस्तु के अणुओं/परमाणुओं/आयनों के बीच लगते बलों के कारण है। इस न्यूनतम स्थितिज ऊर्जा को संदर्भ (reference) मानते हुए इसे शून्य मान लें। वस्तु को विरूपित करने के लिए आरोपित बलों द्वारा कुछ कार्य करना पड़ता है, जो इस आंतरिक स्थितिज ऊर्जा को बढ़ा देता है। इस अतिरिक्त ऊर्जा को प्रत्यास्थ स्थितिज ऊर्जा (elastic potential energy) कहते हैं। हम एक तार की लंबाई में वृद्धि के कारण बनी प्रत्यास्थ स्थितिज ऊर्जा का व्यंजक निकालकर आपको दिखाएँगे।

मान लें कि स्वाभाविक लंबाई L का एक तार एक सिरे पर फिक्स करके रखा गया है और दूसरे सिरे पर एक बल लगाकर उसे खींचा जाता है। तार के किसी हिस्से में कोई त्वरण न हो इसलिए इस आरोपित बल को धीरे-धीरे बढ़ाया जाता है। इस स्थिति में किसी क्षण हम तार में तनाव को परिभाषित कर सकते हैं और वह तनाव आरोपित बल के परिमाण के बराबर होगा।

जब तार की लंबाई में x की वृद्धि हुई, तो उस समय विकृति $= \frac{x}{L}\cdot$

$$\therefore \quad \text{प्रतिबल} = Y\left(\frac{x}{L}\right) = \frac{F}{A}$$

या $$F = \frac{AY}{L}x,$$

जहाँ F तार का तनाव या आरोपित बल का परिमाण तथा A तार की अनुप्रस्थ काट का क्षेत्रफल है।

अगली dx वृद्धि के दौरान आरोपित बल द्वारा किया गया कार्य,

$$dW = F dx = \frac{AY}{L} x\, dx.$$

स्वाभाविक लंबाई से l वृद्धि होने तक में आरोपित बल द्वारा किया गया कार्य,

$$W = \int_0^l \frac{AY}{L} x\, dx = \frac{AYl^2}{2L}\cdot$$

यही कार्य तार में प्रत्यास्थ स्थितिज ऊर्जा के रूप में संचित हो जाता है। अतः, प्रत्यास्थ स्थितिज ऊर्जा,

$$U = \frac{AYl^2}{2L}\cdot \qquad \text{... (26.10)}$$

इसे हम प्रतिबल तथा विकृति के पदों में भी लिख सकते हैं।

$$U = \frac{1}{2}\left(Y\frac{l}{L}\right)Al = \frac{1}{2}\left(Y\frac{l}{L}\right)\left(\frac{l}{L}\right)(AL)$$

$$= \frac{1}{2} \times \text{प्रतिबल} \times \text{विकृति} \times \text{आयतन।}$$

समीकरण (26.10) को हम अधिकतम आरोपित बल तथा उसके क्रियाबिंदु के विस्थापन के पदों में भी लिख सकते हैं।

$$U = \frac{1}{2}\cdot\left(YA\frac{l}{L}\right)l \qquad \text{... (26.11)}$$

$$= \frac{1}{2} \times \text{अधिकतम आरोपित बल} \times \text{विस्थापन।}$$

अभ्यास 26.4

2.0 m लंबे तथा 4.0 mm² अनुप्रस्थ काट वाले स्टील के तार को खींचकर इसकी लंबाई 2.0 mm बढ़ा दी गई है। इस स्थिति में तार में संचित प्रत्यास्थ स्थितिज ऊर्जा का मान ज्ञात करें। स्टील का यंग मॉड्युलस $= 2.0 \times 10^{11} \text{N/m}^2$.

हल तार में विकृति $= \frac{\Delta l}{L} = \frac{2.0 \text{ mm}}{2.0 \text{ m}} = 10^{-3}$.

तार में प्रतिबल $= Y \times$ विकृति

$$= (2.0 \times 10^{11} \text{ N/m}^2) \times 10^{-3} = 2.0 \times 10^8 \text{ N/m}^2.$$

तार का आयतन $= A.L = (4.0 \text{ mm}^2) \times (2.0 \text{ m})$

$$= 8.0 \times 10^{-6} \text{ m}^3.$$

संचित प्रत्यास्थ ऊर्जा $= \frac{1}{2} \times$ प्रतिबल $\times$ विकृति $\times$ आयतन

$$= \frac{1}{2} \times 2.0 \times 10^8 \text{ N/m}^2 \times 10^{-3} \times 8.0 \times 10^{-6} \text{m}^3$$

$$= 0.8 \text{ J}.$$

26.6 प्रयोगशाला में एक तार का यंग मॉड्युलस निकालना

प्रयोगशाला में धातु के तार का यंग मॉड्युलस निकालने के लिए एक आसान-सी विधि का प्रयोग किया जाता है। इसमें प्रयुक्त यंत्र हम चित्र 26.9 में दिखा रहे हैं। धातु का 2 से 3 मीटर लंबा तार A ऊपर किसी स्थिर आधार से जुड़ा है। इस तार के निचले सिरे पर कुछ भार लटका है जिससे यह सीधा रह सके। इस सिरे के पास तार के साथ एक अंशांकित पैमाना जुड़ा है जिसमें सामान्यतः हर मिलीमीटर पर अशांकन बने होते हैं। यह तार सिर्फ संदर्भ के लिए इस्तेमाल किया जाता है। जिस तार का यंग मॉड्युलस निकालना है वह B है और इसे A के बगल में ही लटकाया जाता है। B पर एक वर्नियर स्केल जुड़ा रहता है, जो A में जुड़े अंशांकित स्केल से सटकर उसपर फिसल सकता है। ये दोनों स्केल मिलकर वर्नियर के सिद्धांत के अनुसार 0.1 mm तक का विस्थापन शुद्ध-शुद्ध नाप सकते हैं। इस तार पर भी एक भारी हैंगर लटकाकर इसे सीधा रखा जाता है। इस स्थिति में स्केल पर पठन पढ़ लें। यह प्रारंभिक स्थिति है और इसके बाद अतिरिक्त भार लटकाकर लंबाई में वृद्धि नापी जाती है।

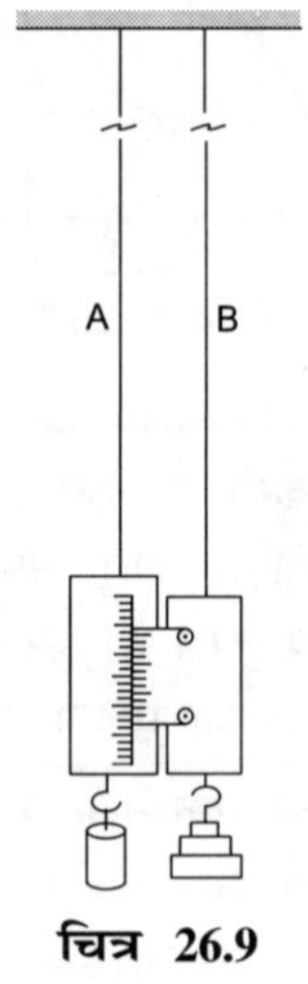

चित्र 26.9

तार की पूरी लंबाई का मान सामान्यतः ज्ञात होता है। अन्यथा, तार B का उपयोग करने के पहले ही इसे माप लें।

स्क्रूगेज की सहायता से तार का व्यास दो या तीन स्थानों पर नापकर उसकी औसत त्रिज्या निकालें।

B से जुड़े हैंगर में 0.5 kg का एक भार लटका दें। लगभग 1 मिनट तक प्रतीक्षा करें ताकि तार को जितना खिंचना हो उतना खिंच जाए। अब स्केल पर वर्नियर का पठन ले लें। इस तरह आपको एक बल Mg लगाने से तार की लंबाई में वृद्धि l का मान मिल जाएगा। इसी प्रकार आधा-आधा किलोग्राम के कई भार एक-एक कर हैंगर में लटकाएँ और संगत l का मान निकालें। ध्यान रहे कि भार इतना न हो कि तार प्रत्यास्थता सीमा के बाहर हो जाए। 1 mm जैसी त्रिज्या के तारों के लिए 5 kg तक के भार बिलकुल सुरक्षित हैं।

अधिकतम भार पर पठन लेने के बाद भार एक-एक कर उतारते जाएँ। हर बार उचित समय (लगभग 1 मिनट) प्रतीक्षा करने के बाद

स्केल का पठन लें। किसी भार के लिए भार बढ़ाते समय तथा घटाते समय की लंबाई में वृद्धि का औसत निकाल लें। इसे ही उस आरोपित बल के लिए लंबाई में वृद्धि मानें।

लटकाए गए अतिरिक्त द्रव्यमान M को x-अक्ष की ओर तथा लंबाई में वृद्धि को y-अक्ष की ओर लेकर ग्राफ बनाएँ। यदि भार को Mg, लंबाई में वृद्धि को l, प्रारंभिक लंबाई को L तथा तार की अनुप्रस्थ काट के क्षेत्रफल को A कहें, तो

प्रतिबल = $Y \times$ विकृति

या $\dfrac{Mg}{A} = Y\dfrac{l}{L}$

या $l = \dfrac{Lg}{AY} M.$

अतः, l तथा M के बीच का ग्राफ एक सरल रेखा होगा। अपने पठनों के अनुसार प्राप्त मानों को ग्राफ पर अंकित करें तथा उनमें से या उनके आसपास से जानेवाली सबसे अच्छी सरल रेखा खींचें। ऐसा ही एक संभावित ग्राफ चित्र 26.10 में दिखाया गया है। इस रेखा की प्रवणता (slope) को निकालें जो $m = \dfrac{Lg}{AY}$ का मान देगी।

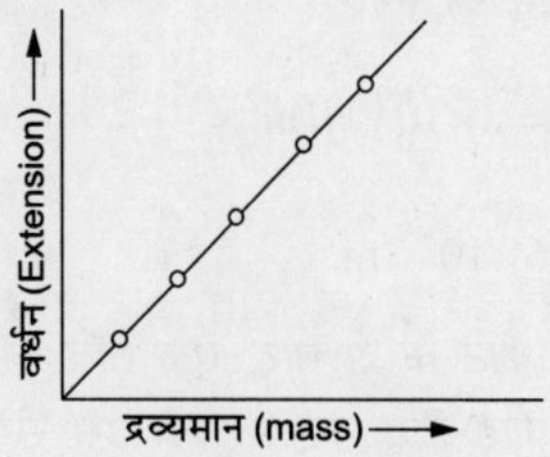

चित्र 26.10

L, g तथा A के मान इस राशि में रखने से आपको $Y = \dfrac{Lg}{mA}$ का मान मिल जाएगा।

• हल किए गए प्रश्न •

1. *2 मीटर लंबे तथा 0.2 cm^2 अनुप्रस्थ काट वाले एक तार को छत से बाँधकर लटकाया गया है। इसके निचले सिरे पर 4.8 kg का भार लटकाया गया है। तार की लंबाई में वृद्धि निकालें। स्टील का यंग मॉड्युलस = $2.0 \times 10^{11}\ N/m^2$ तथा $g = 10\ m/s^2$.*

हल $Y = \dfrac{\text{प्रतिबल}}{\text{विकृति}} = \dfrac{T/A}{l/L}$

या $l = \dfrac{TL}{AY}$.

चूँकि वृद्धि के बाद तार संतुलन की स्थिति में है, तार के भार को अनदेखा करते हुए, तनाव T आरोपित भार Mg के बराबर होगा।

अतः, $l = \dfrac{(4.8\ kg) \times (10\ m/s^2) \times (2.0\ m)}{(0.2 \times 10^{-4}\ m^2) \times (2.0 \times 10^{11}\ N/m^2)}$

$= 2.4 \times 10^{-5}\ m = 0.024\ mm.$

2. *एक नाइलॉन की रस्सी की लंबाई 4.5 m तथा व्यास 6 mm है। इसका एक सिरा एक पेड़ की डाली में बँधा है। 100 N भार का एक बंदर इसके मुक्त सिरे को पकड़कर लटक जाता है। संतुलन की अवस्था में रस्सी की लंबाई में वृद्धि तथा इसके व्यास में कमी ज्ञात करें। नाइलॉन का यंग मॉड्युलस = $4.8 \times 10^{11}\ N/m^2$ तथा प्वॉसों अनुपात = 0.2.*

हल चूँकि बंदर संतुलन में है, रस्सी के भार को अनदेखा करते हुए, रस्सी में तनाव T = बंदर का भार = 100 N.

रस्सी की लंबाई में वृद्धि,

$$l = \frac{TL}{AY} = \frac{(100\ N) \times (4.5\ m)}{3.14 \times (3\ mm)^2 \times (4.8 \times 10^{11}\ N/m^2)}$$

$= 3.32 \times 10^{-5}\ m.$

प्वॉसों अनुपात $\sigma = -\dfrac{\Delta d/d}{l/L}$

अतः, $(-\Delta d) = \dfrac{\sigma l d}{L}$

$$= \frac{(0.2) \times (3.32 \times 10^{-5}\ m) \times (6\ mm)}{4.5\ m}$$

$= 8.8 \times 10^{-9}\ m = 8.8\ nm.$

यह सिर्फ कुछ अणुओं के बीच की दूरी के बराबर है और सामान्यतः इतनी छोटी दूरियों को देखा नहीं जा सकता।

3. *चित्र 26.W1 में एक चिकनी घिरनी दिखाई गई है जिसपर से एक धातु का तार जा रहा है। तार के सिरों पर 1 kg तथा 2 kg के द्रव्यमान बँधे हैं। इस धातु का breaking stress $2 \times 10^9\ N/m^2$ है। इस तार की न्यूनतम त्रिज्या कितनी हो सकती है कि तार न टूटे? g का मान 10 m/s^2 लें तथा तार के भार को नगण्य मानें।*

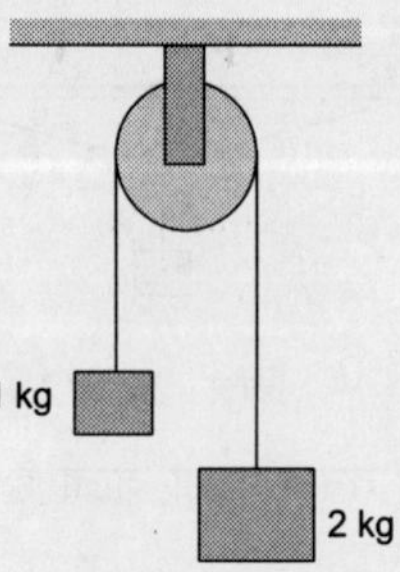

चित्र 26.W1

हल चूँकि घिरनी चिकनी है और तार के भार को भी नगण्य माना गया है, तार में हर जगह तनाव एक जितना होगा। मान लें कि तार में तनाव T है। दोनों द्रव्यमान समान त्वरण के साथ गति करेंगे। यदि त्वरण का मान a हो, तो

$T - 10\ N = (1\ kg)a$

तथा $20\ N - T = (2\ kg)a.$

इन समीकरणों से, $T = \frac{40}{3}$ N.

अतः, तार में प्रतिबल $= \frac{T}{A} = \frac{40\text{ N}}{3\pi r^2}$.

तार के न टूटने के लिए,

$$\frac{40\text{ N}}{3\pi r^2} = 2\times10^9\text{ N/m}^2.$$

या $r = 4.6\times10^{-5}$ m.

4. *समान अनुप्रस्थ काट के दो तार, एक ताँबे का तथा दूसरा स्टील का, एक स्थान पर जोड़ दिए गए हैं। जब इस संयुक्त तार को दोनों ओर से खींचा जाता है तो दोनों तारों में वृद्धि बराबर होती है। दोनों तारों की लंबाइयों का अनुपात निकालें। स्टील तथा ताँबे के यंग मॉड्युलस क्रमशः 2.0×10^{11} N/m² तथा 1.1×10^{11} N/m² हैं।*

हल चूँकि दोनों तारों में तनाव समान है तथा उनकी अनुप्रस्थ काट का क्षेत्रफल भी बराबर है, उनमें उत्पन्न प्रतिबल भी बराबर होंगे। यदि ताँबे तथा स्टील के तारों की लंबाई L_C तथा L_S हो तथा प्रत्येक में वृद्धि l हो, तो

$$\frac{l}{L_S} = \frac{\text{प्रतिबल}}{2.0\times10^{11}\text{ N/m}^2}$$

तथा $$\frac{l}{L_C} = \frac{\text{प्रतिबल}}{1.1\times10^{11}\text{ N/m}^2}.$$

अतः, $$\frac{L_S}{L_C} = \frac{2.0}{1.1} = \frac{20}{11}.$$

5. *एक क्षैतिज तल में एक-दूसरे से L दूरी पर दो बिंदुओं A तथा B के बीच एक मोटा तार बँधा है। तार में कोई तनाव नहीं है। तार की अनुप्रस्थ काट का क्षेत्रफल A है तथा उसके पदार्थ का यंग मॉड्युलस Y है। इस तार के मध्यबिंदु C से W भार की एक वस्तु लटकाई गई है, जिससे वह बिंदु कुछ नीचे आ जाता है (चित्र 26.W2)। संतुलन की अवस्था में तार के दोनों हिस्सों का AB के साथ कोण θ निकालें।*

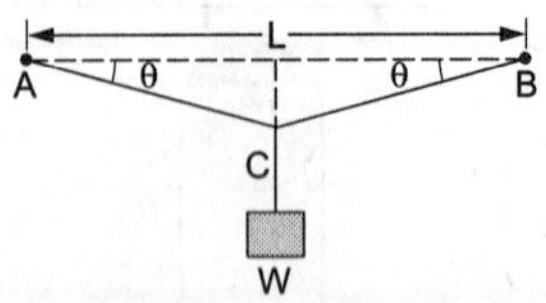

चित्र 26.W2

हल मान लें कि तार में तनाव T हो जाता है। तार के मध्यबिंदु के कण के संतुलन के लिए,

$$2T\sin\theta = W,$$

$$\text{प्रतिबल} = \frac{T}{A} = \frac{W}{2A\sin\theta}. \quad \text{... (i)}$$

तार की बढ़ी हुई लंबाई $= 2\cdot AC = 2\cdot\left(\frac{L}{2}\right)\frac{1}{\cos\theta} = \frac{L}{\cos\theta}$.

तार की लंबाई में वृद्धि $= \frac{L}{\cos\theta} - L = L\frac{(1-\cos\theta)}{\cos\theta}$.

अतः, विकृति $= \frac{1-\cos\theta}{\cos\theta}$. ... (ii)

चूँकि प्रतिबल $= Y \times$ विकृति,

$$\frac{W}{2A\sin\theta} = Y\times\frac{1-\cos\theta}{\cos\theta} \quad \text{[समीकरण (i) एवं (ii) से]}$$

या $$\frac{W}{2AY} = \frac{\sin\theta(1-\cos\theta)}{\cos\theta}.$$

चूँकि तार मोटा है, अतः तार का क्षैतिज से झुकाव θ भी छोटा होगा। $\sin\theta \approx \theta$ तथा $\cos\theta \approx 1 - \frac{\theta^2}{2}$ का उपयोग करने पर,

$$\frac{W}{2AY} \approx \frac{\frac{\theta^3}{2}}{1-\frac{\theta^2}{2}} = \frac{\theta^3}{2}\left(1-\frac{\theta^2}{2}\right)^{-1}$$

$$\approx \frac{\theta^3}{2}\left(1+\frac{\theta^2}{2}\right) \approx \frac{\theta^3}{2}.$$

अतः, $\theta = \left(\frac{W}{AY}\right)^{1/3}$ रेडियन।

6. *एक तार का एक छोर छत में बँधा है तथा दूसरे छोर से 2 kg की एक वस्तु लटक रही है। ठीक उसी प्रकार का एक दूसरा तार इस वस्तु के निचले सिरे से बँधा है और उससे 1 kg की वस्तु लटक रही है। प्रत्येक तार में अनुदैर्घ्य विकृति निकालें। प्रत्येक तार के अनुप्रस्थ परिच्छेद का क्षेत्रफल 0.005 cm² है तथा यंग मॉड्युलस 2.0×10^{11} N/m² है। $g = 10$ m/s² लें।*

हल प्रश्न में दी गई परिस्थिति चित्र 26.W3 में दिखाई गई है। चूँकि 1 kg की वस्तु संतुलन की अवस्था में है, नीचे वाले तार में तनाव $T_1 = 10$ N होगा।

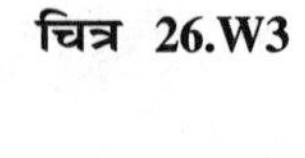

चित्र 26.W3

इस तार में प्रतिबल

$$= \frac{10\text{ N}}{0.005\text{ cm}^2} = 2\times10^7\text{ N/m}^2.$$

अतः, इस तार में अनुदैर्घ्य विकृति

$$= \frac{\text{प्रतिबल}}{Y} = \frac{2\times10^7\text{ N/m}^2}{2.0\times10^{11}\text{ N/m}^2} = 10^{-4}.$$

2 kg वाली वस्तु के संतुलन के लिए,

$$T_2 = (20\text{ N}) + T_1 = 30\text{ N}.$$

इस तार में प्रतिबल $= \dfrac{30 \text{ N}}{0.005 \text{ cm}^2} = 6\times10^7 \text{N/m}^2$.

अतः, इस तार में अनुदैर्घ्य विकृति

$$= \frac{6\times10^7 \text{ N/m}^2}{2\times10^{11} \text{ N/m}^2} = 3\times10^{-4}.$$

7. *चित्र 26.W4 में तीन ब्लॉक P, Q तथा R एक जैसे तार से जुड़े हैं और गति कर रहे हैं। प्रत्येक ब्लॉक का द्रव्यमान 3.0 kg है, तार के अनुप्रस्थ परिच्छेद का क्षेत्रफल 0.005 cm^2 है तथा उसका यंग मॉड्युलस 2×10^{11} N/m^2 है। घर्षण को अनदेखा करते हुए प्रत्येक तार में उत्पन्न अनुदैर्घ्य विकृति निकालें। g = 10 m/s^2 लें।*

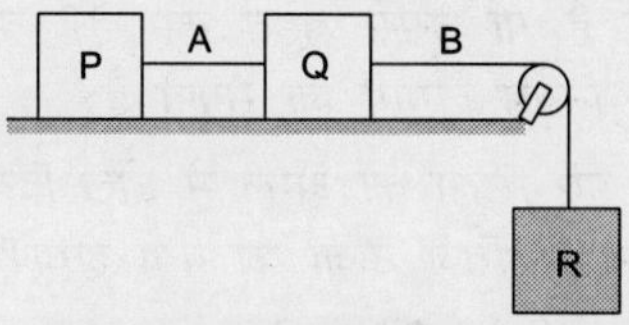

चित्र 26.W4

हल मान लें कि तीनों ब्लॉकों के त्वरण का परिमाण a है। तार A तथा B में तनाव क्रमशः T_1 तथा T_2 मानें। P, Q तथा R के लिए न्यूटन के दूसरे गति-नियम का प्रयोग करने पर,

$$T_1 = (3 \text{ kg})a \quad \text{... (i)}$$

$$T_2 - T_1 = (3 \text{ kg})a, \quad \text{... (ii)}$$

तथा $(3 \text{ kg})g - T_2 = (3 \text{ kg})a$ ... (iii)

समीकरण (i) तथा (ii) से, $T_2 = 2T_1$.

समीकरण (ii) तथा (iii) से, $2T_2 - T_1 = (3 \text{ kg})g$.

अतः, $4T_1 - T_1 = (3 \text{ kg})g$

या $T_1 = (1 \text{ kg})g = 10 \text{ N}$.

अतः, $T_2 = 20$ N.

अनुदैर्घ्य विकृति $= \dfrac{\text{अनुदैर्घ्य प्रतिबल}}{Y}$.

तार A में अनुदैर्घ्य विकृति $= \dfrac{\dfrac{10 \text{ N}}{0.005 \text{ cm}^2}}{2\times10^{11} \text{ N/m}^2} = 10^{-4}$

तथा तार B में अनुदैर्घ्य विकृति $= \dfrac{\dfrac{20 \text{ N}}{0.005 \text{ cm}^2}}{2\times10^{11} \text{ N/m}^2} = 2\times10^{-4}$.

8. *स्वाभाविक लंबाई 50 cm तथा अनुप्रस्थ काट 3.0 mm^2 वाला एक ऊर्ध्वाधर तार एक किनारे पर बँधा है तथा दूसरे किनारे पर इससे 2.1 kg की एक वस्तु लटकी है। संतुलन की अवस्था में तार में संचित प्रत्यास्थ स्थितिज ऊर्जा का मान निकालें। तार के पदार्थ का यंग मॉड्युलस 1.9×10^{11} N/m^2 है। g को 10 m/s^2 मानें।*

हल तार का आयतन $V = (3.0 \text{ mm}^2)\times(50 \text{ cm})$

$$= (3.0\times10^{-6} \text{ m}^2)\times(0.50 \text{ m})$$

$$= 1.5\times10^{-6} \text{ m}^3.$$

तार में तनाव $T = mg = (2.1 \text{ kg})\times(10 \text{ m/s}^2) = 21$ N.

प्रतिबल $= \dfrac{T}{A} = \dfrac{21 \text{ N}}{3.0 \text{ mm}^2} = 7.0\times10^6 \text{ N/m}^2$.

विकृति $= \dfrac{\text{प्रतिबल}}{Y} = \dfrac{7.0\times10^6 \text{ N/m}^2}{1.9\times10^{11} \text{ N/m}^2} = 3.7\times10^{-5}$.

संचित प्रत्यास्थ स्थितिज ऊर्जा,

$$U = \frac{1}{2}\times \text{प्रतिबल} \times \text{विकृति} \times \text{आयतन}$$

$$= \frac{1}{2}(7.0\times10^6 \text{ N/m}^2)\times(3.7\times10^{-5})\times(1.5\times10^{-6} \text{ m}^3)$$

$$\approx 1.9\times10^{-4} \text{ J}.$$

9. *अनुप्रस्थ काट 3 mm^2 वाले एक तार के एक किनारे से 10 N भार की एक वस्तु को बाँधकर उसे 20 cm दूरी से पकड़कर एक ऊर्ध्वाधर वृत्त में घुमाने का प्रयास किया जाता है। वृत्त के निम्नतम बिंदु पर वस्तु की चाल 2 m/s है। जब वस्तु वृत्त के निम्नतम बिंदु पर पहुँचती है, उस समय तार की लंबाई में वृद्धि निकालें। क्या वस्तु की गति को वृत्ताकार कहना उचित है? तार के लिए* $Y = 2.0\times10^{11}$ N/m^2.

हल वृत्त के निम्नतम बिंदु पर लगते बल हैं (चित्र 26.W5),

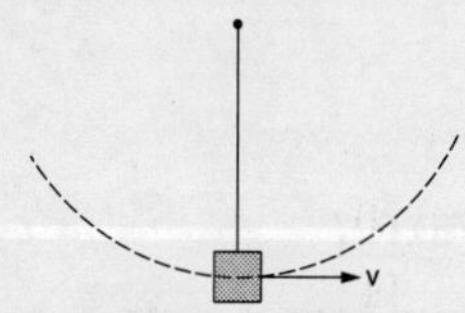

चित्र 26.W5

(a) वस्तु का भार $W = 10$ N, नीचे की ओर तथा (b) तार द्वारा तनाव बल T, ऊपर की ओर। वस्तु का त्वरण $\dfrac{v^2}{L}$ ऊपर की ओर होगा। अतः,

$$T - W = \frac{mv^2}{L}$$

या $$T = W + \frac{mv^2}{L} = 10 \text{ N} + \frac{(1 \text{ kg})\times(2 \text{ m/s})^2}{0.2 \text{ m}} = 30 \text{ N}.$$

$$Y = \frac{T/A}{l/L}$$

या $$l = \frac{TL}{AY} = \frac{(30 \text{ N})\times(20 \text{ cm})}{(3\times10^{-6} \text{ m}^2)(2\times10^{11} \text{ N/m}^2)}$$

$$= 5\times10^{-5}\times 20 \text{ cm} = 10^{-3} \text{ cm}.$$

चूँकि 20 cm लंबाई की तुलना में 10^{-3}cm अत्यंत छोटा है, निम्नतम बिंदु के आसपास हम इस गति को वृत्ताकार मान सकते हैं। परंतु, इस वस्तु का पूरा पथ वृत्ताकार नहीं है।

10. *एक बरतन में 1000 cm^3 पानी भरा है और उसे एक पिस्टन से दबाया जाता है जिससे उसका दाब 1.0×10^5 N/m^2 से बढ़कर 1.0×10^6 N/m^2 हो जाता है। पानी की संपीड्यता (compressibility) 5.0×10^{-10} m^2/N है। पानी के आयतन में कमी निकालें।*

हल $\Delta P = 1.0\times10^6\ \text{N/m}^2 - 1.0\times10^5\ \text{N/m}^2$

$= 9.0\times10^5\ \text{N/m}^2.$

संपीड्यता $(\kappa) = -\dfrac{\Delta V/V}{\Delta P}$

अतः, $-\Delta V = V\cdot\kappa\cdot\Delta P$

$= (1000\ \text{cm}^3)\times(5.0\times10^{-10}\ \text{m}^2/\text{N}) \times(9.0\times10^5\ \text{N/m}^2)$

$= 0.45\ \text{cm}^3.$

• विचार हेतु प्रश्न •

1. *एक धातु के तार के कम विरूपण के लिए प्रतिबल/विकृति का मान अचर होता है। यदि विरूपण अधिक कर दिया जाए, तो यह अनुपात बढ़ेगा या घटेगा?*
2. *ऊर्ध्वाधर लटकते एक तार के निचले सिरे पर M द्रव्यमान की एक वस्तु लटका देने पर उसकी लंबाई में l वृद्धि हो जाती है। तार की प्रत्यास्थ स्थितिज ऊर्जा में $Mgl/2$ की वृद्धि होती है, पर द्रव्यमान की गुरुत्वीय स्थितिज ऊर्जा में Mgl की कमी आ जाती है। यह अतिरिक्त $Mgl/2$ ऊर्जा कहाँ गई?*
3. *एक चूहे और एक हाथी के कंकालों के समान आकार के मॉडल बनाने में हाथी के पैरों की हड्डियाँ चूहे के पैरों की हड्डियों से मोटी बनाई जाती है, क्यों?*
4. *ठोसों की प्रत्यास्थता सीमा लगभग 1% विकृति पर आ जाती है। आप जमीन पर लेटे हों, दो लोग आपके हाथों को और दो आपके पैरों को खींच रहे हों, तो 1% विकृति के लिए आपके शरीर की लंबाई में कितनी वृद्धि हो जाएगी? क्या आपकी प्रत्यास्थता सीमा 1% के करीब है या उससे बहुत कम है? क्या शरीर के लिए प्रत्यास्थता के नियम लगाए जा सकते हैं?*
5. *यदि एक दबे हुए स्प्रिंग को अम्ल में घोल दिया जाए, तो उसकी संचित प्रत्यास्थ स्थितिज ऊर्जा का क्या होगा?*
6. *किसी द्रव में h गहराई नीचे जाने पर दाब $h\rho g$ बढ़ जाता है। क्या दाब बढ़ने के कारण उसमें आयतन विकृति पैदा होती है? क्या इस कारण उसका घनत्व बढ़ जाता है? क्या ऐसी हालत में $h\rho g$ व्यंजक में ρ को स्थिर मानना उचित है?*

• सटीक उत्तरवाले प्रश्न I •

सही उत्तर का चयन करें।

1. 1 cm त्रिज्या वाली एक रस्सी में तनाव 500 N से ज्यादा करने से वह टूट जाती है। उसी प्रकार की 2 cm त्रिज्या वाली रस्सी में अधिकतम कितना तनाव उत्पन्न किया जा सकता है, ताकि वह नहीं टूटे?
   (a) 500 N (b) 250 N (c) 1000 N (d) 2000 N
2. किसी तार का ब्रेकिंग प्रतिबल निर्भर करता है
   (a) तार के पदार्थ पर
   (b) तार की लंबाई पर
   (c) तार की त्रिज्या पर
   (d) तार की अनुप्रस्थ काट के आकार (shape) पर
3. एक तार टूटने के पहले 20 kg तक की वस्तु को लटका सकता है। यदि इस तार को दो बराबर हिस्सों में काट दिया जाए, तो प्रत्येक हिस्से से कितने द्रव्यमान की वस्तु लटकाई जा सकेगी?
   (a) 10 kg (b) 20 kg (c) 40 kg (d) 80 kg
4. दो तार, A तथा B, एक ही पदार्थ के बने हैं। तार A की लंबाई l तथा त्रिज्या r है, जबकि तार B की लंबाई $2l$ तथा त्रिज्या $r/2$ है। यदि दोनों तारों को समान बलों से खींचा जाए तो अनुपात (A की लंबाई में वृद्धि)/(B की लंबाई में वृद्धि) का मान होगा
   (a) $\frac{1}{8}$ (b) $\frac{1}{4}$ (c) 4 (d) 8
5. यदि एक तार से W भार की वस्तु लटकाई जाती है तो उसकी लंबाई में 1.0 mm की वृद्धि होती है। यदि इसी तार को एक चिकनी घिरनी पर से जाने दिया जाए और दोनों सिरों से W भार की वस्तुएँ लटका दी जाएँ, तो तार की लंबाई में वृद्धि होगी
   (a) 0.5 mm (b) 1.0 mm
   (c) 2.0 mm (d) 4.0 mm
6. एक भारी समांग छड़ को एक दृढ़ आधार से ऊर्ध्वाधर स्थिति में लटकाया गया है। अपने भार के प्रभाव के कारण इस छड़ का व्यास
   (a) सबसे ऊपर सबसे कम होगा तथा नीचे आने पर बढ़ता जाएगा।
   (b) सबसे ऊपर सबसे अधिक होगा तथा नीचे आने पर घटता जाएगा।
   (c) सभी जगह एकसमान होगा।
   (d) छड़ के मध्यबिंदु पर अधिकतम होगा।
7. जब धातु के l लंबाई के एक तार को एक भार लटकाकर खींचा जाता है, तो उसके आयतन में आनुपातिक परिवर्तन (fractional change) $\Delta V/V$ समानुपाती होगा
   (a) $\frac{\Delta l}{l}$ के (b) $\left(\frac{\Delta l}{l}\right)^2$ के
   (c) $\sqrt{\frac{\Delta l}{l}}$ के (d) $\left(\frac{\Delta l}{l}\right)^3$ के
8. जब किसी तार में तनाव T_1 हो, तो उसकी लंबाई l_1 तथा जब तनाव T_2 हो, तो उसकी लंबाई l_2 होती है। इस तार की स्वाभाविक लंबाई होगी
   (a) $\frac{l_1 + l_2}{2}$ (b) $\sqrt{l_1 l_2}$
   (c) $\frac{l_1T_2 - l_2T_1}{T_2 - T_1}$ (d) $\frac{l_1T_2 + l_2T_1}{T_2 + T_1}$

9. एक भारी वस्तु को एक पतले तार से जोड़कर एक ऊर्ध्वाधर तल में वृत्त में घुमाया जाता है। तार के टूटने की अधिकतम संभावना होगी जब
   (a) वस्तु पथ के उच्चतम बिंदु पर है।
   (b) वस्तु पथ के निम्नतम बिंदु पर है।
   (c) तार क्षैतिज है।
   (d) तार ऊपर की ऊर्ध्वाधर दिशा से $\cos^{-1}\left(\frac{1}{3}\right)$ का कोण बनाता है।

10. जब धातु के एक तार में भार लटकाए जाने से लंबाई की वृद्धि होती है, तब गुरुत्वीय स्थितिज ऊर्जा घट जाती है। यह ऊर्जा
   (a) पूरी तरह भार की गतिज ऊर्जा में बदल जाती है।
   (b) पूरी तरह प्रत्यास्थ स्थितिज ऊर्जा में बदल जाती है।
   (c) पूरी तरह ऊष्मा में बदल जाती है।
   (d) इनमें कोई नहीं

11. श्यानता का बल $F = -\eta A\frac{dv}{dz}$ कहा जा सकता है
   (a) दाब
   (b) अनुदैर्घ्य प्रतिबल (longitudinal stress)
   (c) अपरूपक प्रतिबल (shearing stress)
   (d) आयतन प्रतिबल

• सटीक उत्तरवाले प्रश्न II •

सही उत्तर (उत्तरों) का चयन करें।

1. एक विद्यार्थी एक तार का यंग मॉड्युलस निकालने के लिए प्रयोग करता है और अपने पठनों से ग्राफ खींचता है। वह ग्राफ के अक्षों पर राशियों का नाम लिखना भूल जाता है। ग्राफ चित्र 26.Q1 में दिखाया गया है। *x*-अक्ष तथा *y*-अक्ष पर ये राशियाँ क्रमशः हो सकती हैं

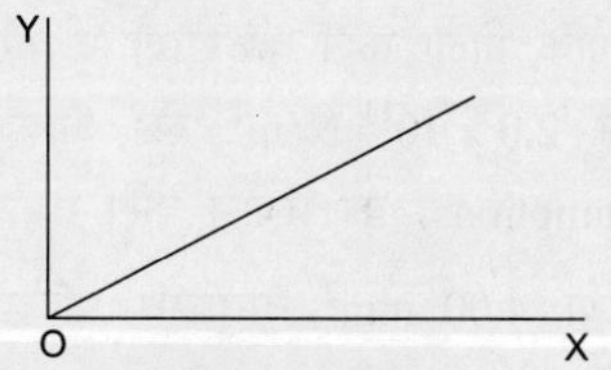

चित्र 26.Q1

   (a) लटकाया गया भार तथा लंबाई में वृद्धि
   (b) प्रतिबल एवं लंबाई में वृद्धि
   (c) प्रतिबल तथा विकृति
   (d) लंबाई में वृद्धि तथा लटकाया गया भार

2. इनमें से किस राशि (या राशियों) की SI इकाई N/m^2 है?
   (a) यंग मॉड्युलस (b) दाब (c) प्रतिबल (d) विकृति

3. इनमें कौन-सी राशि (या राशियाँ) विमाविहीन है?
   (a) यंग मॉड्युलस (b) दाब (c) प्रतिबल (d) विकृति

4. लोहे के सापेक्ष स्टील का यंग मॉड्युलस अधिक है। इनमें कौन-सा कथन इस आधार पर सत्य है? लोहे एवं स्टील के समान ज्यामिति वाले तारों पर विचार करें।
   (a) समान, किंतु छोटे विरूपण के लिए आवश्यक प्रतिबल लोहे के तार में स्टील के तार की अपेक्षा अधिक होगा।
   (b) समान, किंतु छोटे विरूपण के लिए आवश्यक प्रतिबल लोहे के तार में स्टील के तार की अपेक्षा कम होगा।
   (c) लंबाई में समान वृद्धि करने के लिए लोहे के तार को स्टील के तार की अपेक्षा अधिक परिमाण के बलों से खींचना पड़ेगा।
   (d) लंबाई में समान वृद्धि करने के लिए लोहे के तार को स्टील के तार की अपेक्षा कम परिमाण के बलों से खींचना पड़ेगा।

5. एक तार पर थोड़ा-सा बल लगाकर विरूपित किया जाता है और फिर बल हटा लिया जाता है। इस प्रक्रिया में तार द्वारा ऊर्जा
   (a) अवशोषित की जाएगी यदि वह धातु का बना हो।
   (b) उत्सर्जित की जाएगी यदि वह धातु का बना हो।
   (c) अवशोषित की जाएगी यदि वह रबर का बना हो।
   (d) उत्सर्जित की जाएगी यदि वह रबर का बना हो।

6. एक धातु के तार की लंबाई Δl बढ़ती है तथा व्यास Δr लंबाई से घट जाता है। धातु का प्वॉसों अनुपात 0.2 है। इस प्रक्रिया में तार के आयतन में
   (a) कोई परिवर्तन नहीं होगा
   (b) वृद्धि हो जाएगी
   (c) कमी हो जाएगी
   (d) परिवर्तन होगा

7. इनमें से सही कथन कौन-से हैं?
   (a) रबर की प्रत्यास्थता सीमा (elastic limit) स्टील की प्रत्यास्थता सीमा से अधिक है।
   (b) रबर की समानुपातिक सीमा (proportional limit) स्टील की समानुपातिक सीमा से अधिक है।
   (c) रबर का ब्रेकिंग प्रतिबल (breaking stress) स्टील के ब्रेकिंग प्रतिबल (breaking stress) से अधिक है।
   (d) रबर में शैथिल्य (hysteresis) की घटना स्टील की तुलना में अधिक देखी जाती है।

• अभ्यास के प्रश्न •

1. अनुप्रस्थ परिच्छेद $4\ mm^2$ तथा लंबाई 3 m वाले एक धातु के तार से 10 kg की वस्तु लटकाई गई है। तार के पदार्थ का यंग मॉड्युलस $2.0 \times 10^{11}\ N/m^2$ है। ज्ञात करें, (a) प्रतिबल, (b) अनुदैर्घ्य विकृति तथा (c) लंबाई में वृद्धि।

2. धातु का बना 2 cm त्रिज्या तथा 1.0 m ऊँचाई का एक बेलन फर्श पर रखा है। बेलन का अक्ष ऊर्ध्वाधर है। इसे ऊपर से 1000 N के बल से दबाया जाता है। धातु का यंग मॉड्युलस $2.0 \times 10^{11}\ N/m^2$ है। ज्ञात करें, (a) प्रतिबल, (b) विकृति तथा (c) बेलन की ऊँचाई में कमी।

3. स्टील के लिए प्रत्यास्थता सीमा 8×10^8 N/m^2 और इसका यंग मॉड्युलस 2×10^{11} N/m^2 है। प्रत्यास्थता सीमा के अंदर रखते हुए 50 cm लंबे तार की लंबाई में अधिकतम कितनी वृद्धि की जा सकती है?

4. बराबर लंबाई तथा बराबर अनुप्रस्थ परिच्छेद वाले ताँबे एवं स्टील के तारों को एक किनारे पर जोड़ दिया गया है। इस संयुक्त तार के खुले किनारों पर खींचकर इसे एक तनाव प्रदान किया गया है। दोनों तारों में उत्पन्न प्रतिबलों का अनुपात ज्ञात करें। स्टील तथा ताँबे के यंग मॉड्युलस क्रमशः 2.0×10^{11} N/m^2 तथा 1.3×10^{11} N/m^2 है।

5. ऊपर के प्रश्न 4 में वर्णित तार से एक भार लटकाया गया है (चित्र 26.E1)। दोनों तारों में उत्पन्न अनुदैर्घ्य विकृतियों का अनुपात बताएँ।

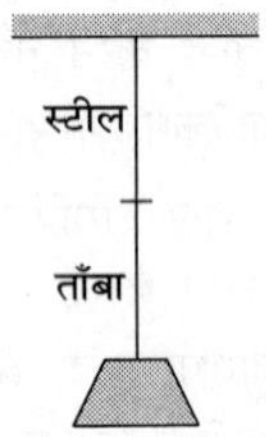

चित्र 26.E1

6. चित्र 26.E2 में दिखाए दोनों तार एक ही पदार्थ के बने हैं, जिनका ब्रेकिंग प्रतिबल (breaking stress) 8×10^8 N/m^2 है। ऊपर के तार के अनुप्रस्थ परिच्छेद का क्षेत्रफल 0.006 cm^2 है जबकि नीचे वाले के लिए यह मान 0.003 cm^2 है। द्रव्यमान $m_1 = 10$ kg, $m_2 = 20$ kg है। नीचे लटकते हैंगर का भार नगण्य मानें। (a) हैंगर पर कितना अधिकतम भार रखा जाए कि कोई भी तार न टूटे? यदि इस भार को धीरे-धीरे बढ़ाया जाए, तो कौन-सा तार टूटेगा? (b) ऊपर के प्रश्न को पुनः हल करें, यदि $m_1 = 10$ kg तथा $m_2 = 36$ kg हो।

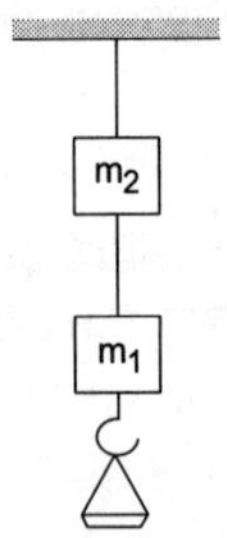

चित्र 26.E2

7. दो मनुष्य 2.0 m लंबे एक रस्से को अपनी-अपनी ओर 100 N का बल लगाकर खींच रहे हैं। रस्से की अनुप्रस्थ काट का क्षेत्रफल 2 cm^2 है। यदि रस्से की लंबाई में 1 cm की वृद्धि हो, तो रस्से के पदार्थ का यंग मॉड्युलस ज्ञात करें।

8. स्टील के एक छड़ की लंबाई 2 m तथा अनुप्रस्थ काट का क्षेत्रफल 4 cm^2 है। रात्रि में ताप घटने पर इसकी लंबाई में 0.1 cm की कमी आ जाती है। यदि दिन के समय इस छड़ के किनारों को क्लैंप कर दिया जाए, तो रात के समय इसमें कितना तनाव उत्पन्न हो जाएगा? स्टील का यंग मॉड्युलस 1.9×10^{11} N/m^2.

9. चित्र 26.E3 में दिखाई परिस्थिति में बल F का मान $m_2 g/2$ है। यदि डोरी के अनुप्रस्थ परिच्छेद का क्षेत्रफल A हो तथा उसके पदार्थ का यंग मॉड्युलस Y हो, तो इसमें उत्पन्न विकृति का मान ज्ञात करें। डोरी नगण्य भारवाली है और कहीं भी घर्षण नहीं है।

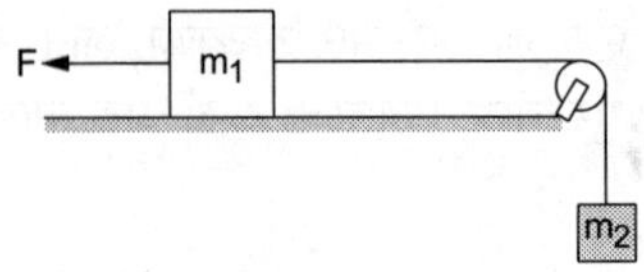

चित्र 26.E3

10. स्वाभाविक लंबाई 4 m तथा व्यास 1 mm के एक तार से 20 kg का एक गोला लटकाया गया है। जब यह संतुलन की स्थिति में रहता है, तो गोले तथा फर्श के बीच 2 mm की जगह होती है। गोले को धीरे से एक तरफ खींचा जाता है ताकि तार ऊर्ध्वाधर से θ कोण बनाए और फिर इसे धीरे से छोड़ दिया जाता है। θ का अधिकतम मान निकालें ताकि गोला फर्श को स्पर्श न करे। तार के पदार्थ का यंग मॉड्युलस 2.0×10^{11} N/m^2 लें। आवश्यकता के अनुसार अनुमानों (assumptions) का प्रयोग करें।

11. 1 m लंबे तथा 4.00 mm^2 अनुप्रस्थ परिच्छेद वाले स्टील के एक तार को किनारों पर क्लैंप कर दिया गया है। तार क्षैतिज दिशा में है और इस समय उसमें कोई तनाव नहीं है। यदि 2.16 kg द्रव्यमान की एक वस्तु इसके मध्यबिंदु से लटकाई जाए, तो वहाँ तार ऊर्ध्वाधर दिशा में कितना नीचे आ जाएगा? स्टील का यंग मॉड्युलस 2.0×10^{11} N/m^2, g का मान 10 m/s^2 लें।

12. ताँबे के एक तने हुए तार में तनाव का मान 20 N है। यदि इसके अनुप्रस्थ परिच्छेद का प्रारंभिक क्षेत्रफल 0.01 cm^2 हो, तो तनाव के कारण इसमें कितनी कमी आ जाएगी? ताँबे का यंग मॉड्युलस $= 1.1 \times 10^{11}$ N/m^2 तथा प्वॉसों अनुपात = 0.32 है। (आप $\Delta A/A = 2\Delta r/r$ का प्रयोग कर सकते हैं।)

13. पानी का बल्क मॉड्युलस (bulk modulus) 2×10^9 N/m^2 है। पानी के आयतन को 0.01% से कम करने के लिए दाब को कितना बढ़ाना पड़ेगा?

14. समुद्र के अंदर 400 m गहराई पर पानी के घनत्व में परिवर्तन का मान निकालें। सतह पर पानी का घनत्व = 1030 kg/m^3 है।

15. स्टील की एक आयताकार पट्टिका की निचली सतह को एक क्षैतिज सतह पर मजबूती से जड़ दिया गया है और ऊपरी सतह पर 10 N का बल वितरित रूप से (distributed) सतह पर क्षैतिज दिशा में लगाया जा रहा है। पट्टिका की ऊँचाई 0.5 cm है तथा प्रत्येक क्षैतिज सतह का क्षेत्रफल 4 cm^2 है। ऊपरी सतह का पार्श्विक विस्थापन (lateral displacement) ज्ञात करें। स्टील का दृढ़ता गुणांक $= 8.4 \times 10^{10}$ N/m^2.

• उत्तर •

सटीक उत्तरवाले प्रश्न I

1. (d) **2.** (a) **3.** (b) **4.** (a) **5.** (b) **6.** (a)
7. (a) **8.** (c) **9.** (b) **10.** (d) **11.** (c)

सटीक उत्तरवाले प्रश्न II

1. (a), (b), (c), (d) **2.** (a), (b), (c) **3.** (d) **4.** (b), (c)
5. (c) **6.** (b), (d) **7.** (a), (c), (d)

अभ्यास के प्रश्न

1. (a) $2.5\times10^7 \text{ N/m}^2$ (b) 1.25×10^{-4} (c) 3.75×10^{-4} m

2. (a) $7.96\times10^5 \text{ N/m}^2$ (b) 4×10^{-6} (c) 4×10^{-6} m

3. 2 mm

4. $\dfrac{\text{ताँबे के तार में प्रतिबल}}{\text{स्टील के तार में प्रतिबल}} = \dfrac{20}{13}$

5. $\dfrac{\text{ताँबे के तार में विकृति}}{\text{स्टील के तार में विकृति}} = 1.54$

6. (a) 14 kg, नीचे वाला (b) 2 kg, ऊपर वाला

7. $1\times10^8 \text{ N/m}^2$ **8.** 3.8×10^4 N

9. $\dfrac{m_2 g(2m_1 + m_2)}{2AY(m_1 + m_2)}$ **10.** 36.4°

11. 1.5 cm **12.** $1.164\times10^{-6} \text{ cm}^2$

13. $2.1\times10^6 \text{ N/m}^2$ **14.** 2 kg/m^3

15. 1.5×10^{-9} m

❑

अध्याय 27

डोरियों पर जाती तरंगें

अपने राष्ट्रगान में एक पद आता है "उच्छल-जलधि-तरंग"। जलधि (समुद्र) में आती-जाती तरंगें सैलानियों के मन में भी उत्साह उत्पन्न कर देती हैं और वे घंटों प्रकृति की अनोखी अदा को निहारते रहते हैं। सरसों के लहलहाते खेतों को देखकर किसका मन नहीं झूम उठता। हवा के हर झोंके के साथ पौधों का कभी दाहिनी ओर तो कभी बायीं ओर झुकने का सिलसिला खेत के एक छोर से दूसरे छोर तक जाता हुआ दिखता है। क्या चलता है पानी की सतह पर जब दूर से पानी में कोई उठान किनारे की ओर आता नजर आता है? क्या चलता है उन पौधों पर जब एक के बाद दूसरा पौधा झुकता चला जाता है? न तो समुद्र के बीच का पानी उस उठान के साथ किनारे पर आता है, न ही पौधे या पत्ते खेत में एक किनारे से दूसरे किनारे पहुँचते हैं। फिर भी, कुछ तो चलता हुआ दिखता है। ये सब तरंगों के चलने के उदाहरण हैं।

जब आप अपने मित्र को देखकर नमस्ते बोलते हैं, तो आपके मुँह से मित्र के कान तक क्या चलकर पहुँचता है? एक सेकंड के सौवें भाग से भी कम में आपकी आवाज कई मीटर दूर खड़े मित्र तक पहुँच जाती है। हवा तो इतनी तेज चल नहीं सकती। भयंकर-से-भयंकर तूफान के समय भी हवा इतनी तेज नहीं चलती। जब आप बोलते हैं तो अपने मुँह के पास की हवा अपनी बगल की हवा के दाब में कुछ परिवर्तन लाती है और फिर वह हवा अपनी बगल वाली हवा में वही परिवर्तन लाती है। ऐसा करते हुए मित्र के कान के पास की हवा में भी वह परिवर्तन होता है जिसे उनका कान समझ लेता है। यह भी तरंग गति का एक उदाहरण है।

बिना पदार्थों के एक स्थान से दूसरे स्थान पर गए हुए, किसी प्रकार के परिवर्तन के (जिसे विक्षोभ या disturbance भी कहते हैं), पहले स्थान से दूसरे स्थान तक चलने की प्रक्रिया तरंग गति कही जाती है। पदार्थों के माध्यम से, परिवर्तन के चलने के अन्य उदाहरण के रूप में मान लें कि वोट देने के लिए मतदान केंद्र के सामने लोगों की लंबी कतार लगी है और लोग बेसब्री से अपनी बारी की प्रतीक्षा कर रहे हैं। एकाएक पीछे का कोई मनुष्य ज्यादा ही बेसब्र हो जाता है और वह आगे की ओर झुकता है जिसके कारण आगे वाले को धक्का लग जाता है। आगे वाला मनुष्य सँभलने के पहले अपने आगे वाले को धक्का लगा देता है और फिर वह अपने आगे वाले को। हर कोई अपने पीछे वाले को डाँटता है कि धक्का क्यों दिया और वह कहता है कि मैं क्या करूँ मेरे पीछे वाले ने धक्का दिया। ऐसा होते हुए धक्का लगने की प्रक्रिया कतार में आगे तक पहुँच जाती है।

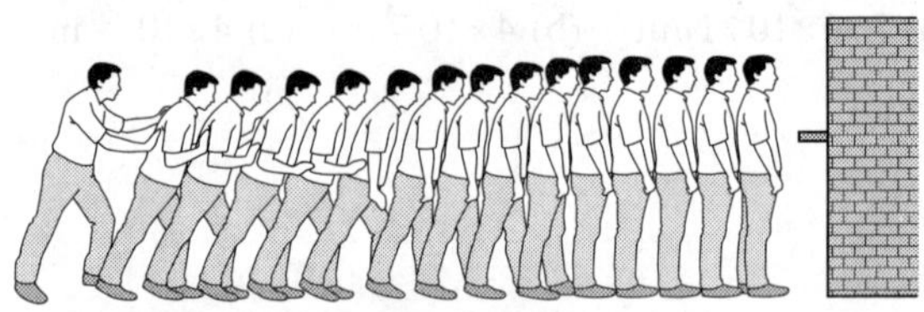

चित्र 27.1

संसार ऐसे उदाहरणों से भरा पड़ा है। आप एक लंबे स्प्रिंग को जमीन पर खींचकर रखें और एक किनारे को एक ओर एक झटका दे दें। देखिए किस तरह स्प्रिंग पर बनी आकृति स्प्रिंग के दूसरे छोर तक पहुँच जाती है।

प्रकाश स्वयं एक तरंग है। एक स्थान पर विद्युत व चुंबकीय क्षेत्र में कुछ परिवर्तन होता है और यह परिवर्तन आसपास की जगहों में विद्युत व चुंबकीय क्षेत्रों में वैसा ही परिवर्तन ला देता है। प्रकाश की तरंगों को चलने के लिए तो पदार्थ की आवश्यकता ही नहीं होती। तभी तो सूर्य से चलकर करोड़ों किलोमीटर के निर्वात से होकर भी प्रकाश धरती तक पहुँच जाता है। जिन तरंगों को चलने के लिए पदार्थ, अर्थात कणों की आवश्यकता होती है उन्हें यांत्रिक तरंग (mechanical wave) कहते हैं। जिन तरंगों को चलने के लिए पदार्थ की आवश्यकता नहीं होती है उन्हें अयांत्रिक (nonmechanical wave) तरंग कहते हैं।

इस अध्याय में हम आपको एक डोरी पर उसके कणों के विस्थापन के रूप में चलती तरंगों के बारे में जानकारी देंगे। सभी प्रकार की तरंगों के लिए आवश्यक मूलभूत धारणाओं तथा उनके गणितीय स्वरूप का भी, आपको डोरी पर की तरंगों के माध्यम से ज्ञान होगा।

27.1 डोरी पर तरंगिका (Wave Pulse)

मान लें कि आपके पास एक लंबी डोरी है जिसके एक किनारे को आपने कहीं बाँध दिया है और दूसरे किनारे को हाथ में पकड़कर रखा है। डोरी तनी हुई और क्षैतिज अवस्था में है। आप अपने हाथ को झटके से थोड़ा ऊपर ले जाएँ और फिर पुराने स्थान पर ले आएँ। आप पाएँगे कि आपने डोरी पर एक कूबड़ बना दिया है और

यह कूबड़ डोरी पर आगे बढ़ता जा रहा है। चित्र 27.2 में इस डोरी की तीन लगातार स्थितियाँ दिखाई गई हैं। यदि आपकी डोरी एकसमान हो, तो यह कूबड़ एकसमान वेग से डोरी पर जाएगा। संभव है कि कूबड़ की ऊँचाई आगे बढ़ने के साथ कम हो जाए, पर इसका आकार मूलतः नहीं बदलेगा। आगे की विवेचना के लिए आप इस कूबड़ की ऊँचाई में कमी को अनदेखा कर दें।

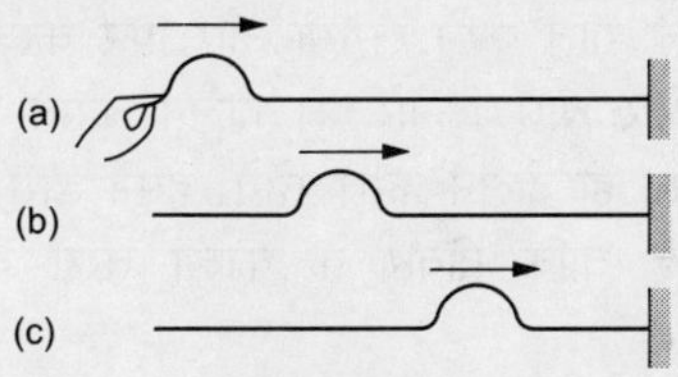

चित्र 27.2

ध्यान दें कि कूबड़ स्पष्ट रूप से दाहिनी ओर चलता दिख रहा होगा, पर डोरी का कोई भी भाग बाएँ से दाहिने नहीं गया है। डोरी में किसी समय जहाँ पर कूबड़ है वहाँ की डोरी का भाग ऊपर या नीचे की ओर गतिशील है, न कि दाहिनी ओर। फिर, यह दाहिनी ओर चल क्या रहा है? आपने अपने हाथ से डोरी के एक किनारे के भाग पर बल लगाकर कार्य किया जिससे इस भाग को ऊर्जा मिली और उसमें ऊपर या नीचे की ओर गति उत्पन्न हुई। साथ ही, डोरी की लंबाई में खिंचाव के कारण इसकी प्रत्यास्थ स्थितिज ऊर्जा में कुछ परिवर्तन हुआ। इस भाग ने अपने से सटी डोरी के दाहिने भाग पर बल लगाकर उसे ऊर्जा प्रदान कर दी और स्वयं पूर्व स्थिति में आ गया। इस तरह यह कूबड़ दाहिने खिसक गया यद्यपि डोरी का कोई भी भाग दाहिने नहीं गया। इसी प्रक्रिया से हाथ द्वारा डोरी के एक भाग को दी हुई ऊर्जा डोरी पर चलती हुई दूसरे किनारे तक पहुँच गई।

यदि डोरी की स्थिर अवस्था में परिवर्तन किसी क्षण पर सिर्फ एक छोटे भाग में सीमित रहता है, तो उसे हम wave pulse या तरंगिका या तरंग-स्पंद कहते हैं। ऐसा तब होता है जब परिवर्तन उत्पन्न करने वाला स्रोत बहुत थोड़े समय के लिए सक्रिय रहता है। यदि यह स्रोत और लंबे समय तक सक्रिय रहे तथा परिवर्तन के किसी पैटर्न को अनेक बार दुहराए तो हमें लंबी तरंग मिलेगी, जिसे तरंगावलि कहते हैं। ऊपर के प्रयोग में आप अपने हाथ को 10 बार ऊपर-नीचे करके रुकें (और डोरी पर्याप्त लंबी हो) तो डोरी पर दस लूपों की एक तरंगावलि चलती दिखाई देगी। तरंगिका हो या तरंगावलि, उन सभी को हम तरंग या wave ही कहेंगे। तनी हुई डोरी के कणों का विस्थापन डोरी की लंब दिशाओं में होता है, परंतु तरंग की गति डोरी के अनुदिश है। ऐसी तरंगों को **अनुप्रस्थ तरंग** (transverse wave) कहते हैं। तार, छड़ आदि में ऐसी तरंगें भी उत्पन्न की जा सकती हैं जिनमें कणों का विस्थापन उसी दिशा में हो जिधर तरंग जा रही है। ऐसी तरंगों को **अनुदैर्घ्य तरंग** (longitudinal wave) कहते हैं।

27.2 प्रगामी तरंग एवं उसका समीकरण

चित्र 27.2 में दिखाई गई परिस्थिति पर पुनः विचार करें। डोरी के बाएँ किनारे को $x = 0$ तथा डोरी की अनुदिश दिशा को x-अक्ष कहें। डोरी के किसी कण को उसके x-निर्देशांक से पहचाना जा सकता है। यदि यह कूबड़ एक निश्चित वेग से दाहिनी ओर (अर्थात x-दिशा में) बढ़ रहा है, तो डोरी के किसी भाग में डोरी के कणों में ऊर्ध्वाधर दिशा में (y-दिशा में) जो विस्थापन हो रहा है उस विस्थापन को हम y कहेंगे।

यदि आपसे पूछा जाए कि डोरी के कण का y-विस्थापन कितना है, तो आप क्या उत्तर देंगे? स्वाभाविक रूप से आप पूछेंगे कि डोरी के किस कण के विस्थापन की बात हो रही है। अर्थात, y का मान x पर निर्भर करता है। परंतु, इतने से ही काम पूरा नहीं होता। डोरी के प्रत्येक कण का विस्थापन समय पर भी निर्भर करता है। जो कण प्रारंभ में x-अक्ष पर स्थिर अवस्था में $(y = 0)$ पड़ा रहता है कूबड़ के वहाँ पहुँचने पर ऊपर की ओर विस्थापित होने लगता है और कुछ देर बाद पुनः x-अक्ष पर लौट आता है। अर्थात, y का मान x तथा t दोनों पर निर्भर करता है। इस प्रकार के फलन (function) को हम $y(x, t)$ लिखते हैं। $y(x, t)$ का अर्थ है x-निर्देशांक वाले कण का t समय पर विस्थापन।

मान लें कि डोरी लंबी है और हम डोरी के बीच के हिस्सों की बात कर रहे हैं। डोरी पर तरंगिका v वेग से x-दिशा में चल रही है। तरंगिका t समय में vt दूरी आगे बढ़ती है। इसका अर्थ है कि जो विस्थापन t समय पर डोरी के x-निर्देशांक वाले कण पर है, वही $t = 0$ पर $x - vt$ निर्देशांक वाले कण पर था।

अर्थात, $y(x,t) = y(x - vt, 0)$. ... (27.1)

इस समीकरण से पता चलता है कि $y(x, t)$ के व्यंजक में x तथा t हमेशा $x - vt$ के रूप में आएँगे। उदाहरण के लिए,

$$y = A\sin[k(x - vt)], \quad y = Ae^{-\frac{(x-vt)}{x_0}},$$

$$y = \frac{A}{1+\left(\dfrac{x-vt}{a}\right)^2}$$

आदि v वेग से डोरी पर x-अक्ष की दिशा में जाती तरंग का समीकरण हो सकते हैं। पर $y = A(x^2 - v^2t^2)$, x-दिशा में v वेग से चलती तरंग का समीकरण नहीं हो सकता; क्योंकि इसमें x तथा t, $(x - vt)$ के रूप में नहीं आ रहे हैं।

किसी दिशा में एक निश्चित वेग से जाती तरंग को प्रगामी तरंग (travelling wave) कहते हैं।

x तथा t के इस गणितीय व्यंजक को $f(x, t)$ लिखते हैं, अतः तरंग का समीकरण,

$$y = f(x - vt)$$

लिखा जाता है। f संकेत सिर्फ यह बताता है कि y का मान $x - vt$ के किसी फलन के रूप में है। यह कौन-सा फलन है, यह इस बात पर निर्भर करेगा कि स्रोत ने किस प्रकार डोरी को विस्थापित किया है।

यदि कोई तरंग डोरी पर ऋणात्मक x-अक्ष की दिशा में v वेग से चल रही हो तो उसका समीकरण कैसे लिखेंगे? बस v की जगह $-v$ रख दें। निर्देशांक x वाले कण का t समय में विस्थापन,

$$y = f(x + vt) \quad \text{... (27.2)}$$

के द्वारा दिया जाएगा।

अभ्यास 27.1

एक लंबी तनी हुई डोरी पर एक तरंग धनात्मक x-दिशा में चल रही है। इसका समीकरण है

$$y = y_0 e^{-\left(\frac{x}{\lambda} - \frac{t}{T}\right)^2},$$

जहाँ $y_0 = 4$ mm, $T = 1.0$ s *तथा* $\lambda = 4$ cm *है। (a) तरंग की चाल बताएँ। (b) समय t के साथ x = 0 के कण के विस्थापन के लिए फलन f(t) बताएँ। (c) t = 0 पर डोरी के विभिन्न कणों के विस्थापन के लिए फलन g(x) बताएँ। (d) t = 0 पर डोरी की शक्ल बताने के लिए ग्राफ खींचें तथा (e) t = 5 s पर डोरी की शक्ल बताने के लिए ग्राफ खींचें।*

हल (a) $y = y_0 e^{-\left(\frac{t}{T} - \frac{x}{\lambda}\right)^2} = y_0 e^{-\frac{1}{\lambda^2}\left(x - \frac{\lambda t}{T}\right)^2}$.

$y = f(x - vt)$ से तुलना करने पर,

$$v = \frac{\lambda}{T} = \frac{4\,\text{cm}}{1.0\,\text{s}} = 4\ \text{cm/s}.$$

(b) $x = 0$ रखने पर,

$$y = y_0 e^{-\left(\frac{t}{T}\right)^2} = (4\ \text{mm})e^{-\left(\frac{t}{1.0\,\text{s}}\right)^2}.$$

(c) $t = 0$ रखने पर,

$$y = y_0 e^{-\left(\frac{x}{\lambda}\right)^2} = (4\ \text{mm})e^{-\left(\frac{x}{4\,\text{cm}}\right)^2}.$$

(d) $t = 0$ पर डोरी की शक्ल नीचे चित्र 27.3 में दिखाए गए ग्राफ से मिलेगी।

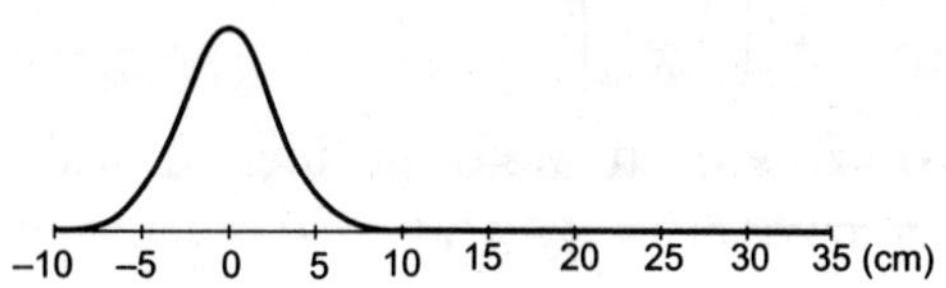

चित्र 27.3

(e) $t = 5$ s पर,

$$y = y_0 e^{-\left(\frac{t}{T} - \frac{x}{\lambda}\right)^2} = (4\,\text{mm})e^{-\left(\frac{x}{4\,\text{cm}} - \frac{5\,\text{s}}{1\,\text{s}}\right)^2}$$

$$= (4\,\text{mm})e^{-\left(\frac{x - 20\,\text{cm}}{4\,\text{cm}}\right)^2}.$$

डोरी की यह शक्ल चित्र 27.4 में दिखाई गई है। यह ठीक वैसी ही है जैसी $t = 0$ पर थी। अंतर सिर्फ इतना है कि $t = 0$ पर यह शक्ल $x = 0$ पर केंद्रित है, जबकि $t = 5$ s पर यह $x = 20$ cm पर केंद्रित है। तरंग 5 s में 20 cm आगे बढ़ गई है।

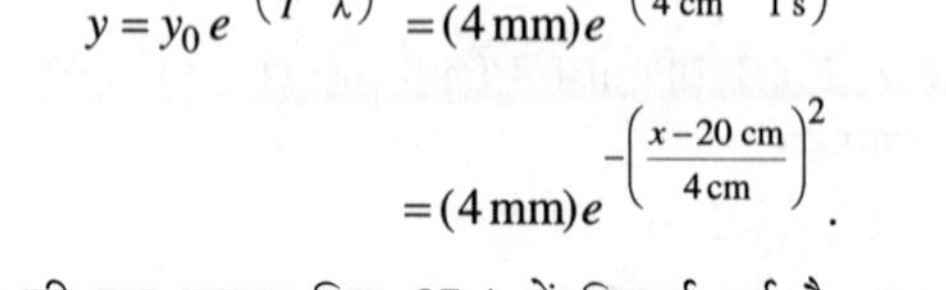

चित्र 27.4

27.3 डोरी पर जाती ज्यावक्रीय तरंग (Sinusoidal Wave)

क्या हो यदि चित्र 27.2 की स्थिति में आप डोरी के बाएँ किनारे को लगातार ऊपर-नीचे करते रहें। आप लगातार डोरी को ऊर्जा प्रदान कर रहे हैं और यह ऊर्जा दाहिनी ओर प्रेषित की जा रही है। डोरी का कोई हिस्सा जैसे ही अपने बाएँ वाले हिस्से के कारण गति में आएगा, वह लगातार ऊपर-नीचे गति करने लगेगा और फिर करता ही रहेगा। यदि आप थकें नहीं और बाएँ किनारे को दोलन कराते रहें, तो डोरी के अन्य भाग भी ऐसा ही दोलन करते रहेंगे। हमने डोरी के दूसरे सिरे को बहुत दूर माना है ताकि दीवार के कारण तरंग की गति में कोई व्यवधान न आए।

मान लें कि आप $x = 0$ के सिरे को सरल आवर्त गति कराते हैं। यह तरंग डोरी पर x-दिशा में बढ़ेगी और डोरी के अन्य कण भी उसी आयाम तथा आवृत्ति की सरल आवर्त गति करेंगे। ऐसी तरंग को ज्यावक्रीय तरंग (sinusoidal wave) या ज्यातरंग (sine wave) कहते हैं।

सरल आवर्त गति में विस्थापन का समीकरण sine या cosine के रूप में लिखा जाता है। x-अक्ष पर v वेग से जाती हुई तरंग के लिए विस्थापन के समीकरण में $x - vt$ एक साथ आना चाहिए। पर हम sine या cosine सिर्फ विमारहित राशि के लिए ही लिख सकते हैं। अतः, x पर स्थित कण के t समय पर विस्थापन के लिए निम्न समीकरण लिख सकते हैं,

$$y = A\cos[k(x - vt) + \delta], \qquad \text{... (27.3)}$$

जहाँ k एक राशि है जिसकी विमा L^{-1} है तथा δ एक अचर राशि है।

समीकरण (27.3) को आप इस प्रकार भी लिख सकते हैं,

$$y = A\cos[kx - \omega t + \delta], \qquad \text{... (27.4)}$$

जहाँ

$$\omega = kv. \qquad \text{... (27.5)}$$

δ का मान इस बात पर निर्भर करेगा कि आप डोरी के किस बिंदु को $x = 0$ कहते हैं, और किस क्षण को $t = 0$ कहते हैं। आप तरंग का समीकरण sine के रूप में भी लिख सकते हैं,

$$y = A\sin(kx - \omega t + \delta).$$

आप किसी एक कण की गति का विचार करें। इस कण के लिए x का निश्चित मान है, अतः kx एक अचर राशि है। अतः,

$$y = A\cos(-\omega t + \epsilon_1)$$
$$= A\cos(\omega t - \epsilon_1). \qquad \text{... (i)}$$

यह एक सरल आवर्त गति है जिसका आयाम A है तथा आवर्तकाल

$$T = \frac{2\pi}{\omega}. \qquad \text{... (27.6)}$$

कणों की गति की आवृत्ति,

$$\nu = \frac{1}{T} = \frac{\omega}{2\pi}. \qquad \text{... (27.7)}$$

आप किसी भी कण की गति को देखें, उसकी गति का समीकरण, (i) जैसा ही होगा, सिर्फ ϵ_1 का मान अलग-अलग होगा।

अतः, प्रत्येक कण A आयाम तथा T आवर्तकाल की सरल आवर्त गति करेगा। ϵ_1 का मान अलग-अलग कणों के लिए अलग-अलग होने का अर्थ है कि अलग-अलग कणों की सरल आवर्त गति की कलाएँ अलग-अलग हैं।

किसी एक क्षण पर डोरी के विभिन्न बिंदुओं के विस्थापनों में क्या संबंध होगा? दूसरे शब्दों में किसी एक क्षण पर डोरी की शक्ल क्या होगी? इसके लिए आप समीकरण (27.4) में t का वह मान रख दें। तब ωt अचर होगा और यह समीकरण होगा,

$$y = A\cos(kx - \epsilon_2). \qquad \text{... (ii)}$$

x के साथ y का ग्राफ चित्र 27.5 में दिखाया गया है। यही उस क्षण पर डोरी की शक्ल होगी।

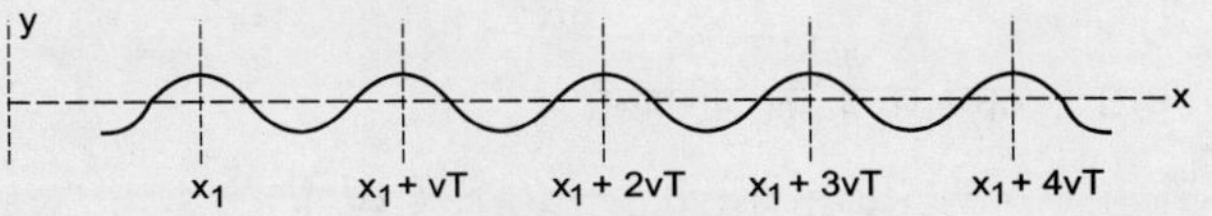

चित्र 27.5

आप जानते हैं कि sine या cosine के ग्राफ में x के बदलने के साथ y के मान तथा उसकी प्रवणता dy/dx निश्चित अंतराल के बाद अपने मान को दुहराते हैं। चित्र 27.5 में आप ऐसा ही देख रहे हैं। कितनी दूरी पर के कणों के लिए y तथा dy/dx के मान दुहराए जाएँगे।

$$y = A\cos(kx - \epsilon_2)$$

तथा $$\frac{dy}{dx} = -Ak\sin(kx - \epsilon_2).$$

ये दोनों अपने मान दुहराएँगे यदि $(kx - \epsilon_2)$ का मान $2\pi, 4\pi, 6\pi$ आदि से बदल जाए। अर्थात, प्रत्येक

$$\Delta x = \frac{2\pi}{k}$$

दूरी पर y तथा dy/dx के मान दुहराए जाएँगे। इस दूरी को इस तरंग का तरंगदैर्घ्य (wavelength) कहते हैं और सामान्यतः इसे λ अक्षर से निरूपित करते हैं। अर्थात,

$$\lambda = \frac{2\pi}{k}. \qquad \text{... (27.8)}$$

राशि $k = \frac{2\pi}{\lambda}$ को wave number या तरंग संख्या कहते हैं।

समीकरण (27.5) से,

$$\omega = kv$$

या $$\frac{2\pi}{T} = \frac{2\pi}{\lambda}v$$

या $$\lambda = vT. \qquad \text{... (27.9)}$$

चित्र 27.5 में डोरी के कुछ हिस्सों में y का मान धनात्मक है और कुछ में ऋणात्मक। sine wave में जहाँ विस्थापन धनात्मक होता है उस हिस्से को crest तथा जहाँ विस्थापन ऋणात्मक होता है उस हिस्से को trough कहते हैं।

यदि आपने किसी समय पर डोरी की शक्ल बनाने को y और x के बीच ग्राफ खींच रखा है, तो Δt समय बाद उसकी शक्ल जानने के लिए इस पूरे पैटर्न को $v \cdot \Delta t$ दूरी से दाहिनी ओर खिसका दें। चित्र 27.6 में $T/4$ अंतराल पर डोरी की शक्ल में परिवर्तन दिखाए गए हैं।

समय t के ग्राफ पर P, Q तथा R तीन बिंदु दिखाए गए हैं। इस क्षण P बिंदु पर का कण अपने अधिकतम विस्थापन पर है। इसके जरा-सा पहले का कण R थोड़ी ही देर पहले अधिकतम विस्थापन की स्थिति से गुजर चुका है और अब नीचे जा रहा है। P से जरा-सा दाहिने का कण Q अभी ऊपर की ओर आ रहा है और जरा-सी देर में अपने अधिकतम विस्थापन की स्थिति में आनेवाला है। डोरी के विभिन्न कणों की सरल आवर्त गति में कलांतर है। पर जिन कणों के बीच की दूरी λ (जैसे P तथा W), 2λ, 3λ, आदि है, वे समान कला में कंपन कर रहे हैं। सबसे ऊपर तथा सबसे नीचे के ग्राफ बिलकुल एक-जैसे हैं, क्योंकि ये T समय अंतराल के ग्राफ हैं और इतने समय में तरंग $vT = \lambda$ दूरी तय करती है। पर, λ दूरी पर पहले से ही y तथा dy/dx अपने मान दुहराते हैं। इसलिए, ये पैटर्न बिलकुल एक-जैसे हैं।

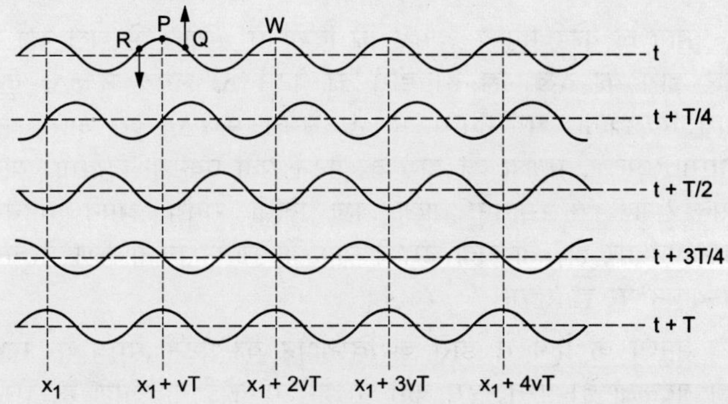

चित्र 27.6

भले ही हमने तरंग का समीकरण (27.3), (27.4) आदि cosine फलन के रूप में लिखा है, लेकिन इस प्रकार सरल आवर्त गति करते कणों की तरंगें sine wave ही कहलाती हैं।

अभ्यास 27.2

एक डोरी पर जाती ज्यातरंग (sine wave) का समीकरण है

$$y = (5\text{ mm})\cos[(1\text{ cm}^{-1})x - (60\text{ s}^{-1})t].$$

ज्ञात करें (a) कणों का आयाम, (b) तरंगदैर्घ्य, (c) आवृत्ति, (d) आवर्तकाल, (e) तरंग की चाल।

हल $y = A\cos(kx - \omega t)$ से तुलना करने पर,

$$A = 5\text{ mm},\ k = 1\text{ cm}^{-1} \text{ तथा } \omega = 60\text{ s}^{-1}.$$

(a) आयाम $= A = 5$ mm.

(b) तरंगदैर्घ्य $\lambda = \frac{2\pi}{k} = \frac{6.28}{1\text{ cm}^{-1}} = 6.28$ cm.

(c) आवृत्ति $\nu = \frac{\omega}{2\pi} = \frac{60\text{ s}^{-1}}{6.28} = 9.55$ Hz.

(d) आवर्तकाल $T = \frac{1}{\nu} = \frac{1}{9.55}\text{ s} = 0.10$ s.

(e) तरंग की चाल $v = \frac{\omega}{k} = \frac{60\text{ s}^{-1}}{1\text{ cm}^{-1}} = 60$ cm/s.

27.4 डोरी पर जाती तरंग की चाल

किसी डोरी पर तरंग की चाल उसके तनाव F तथा रेखीय द्रव्यमान घनत्व (द्रव्यमान/लंबाई) μ पर निर्भर करती है। चाल v का मान F तथा μ के पदों में निकालने के लिए हम एक तनी हुई डोरी पर x-दिशा में जाती एक तरंगिका का विचार करते हैं। चित्र 27.7 में हमने डोरी के कणों का विस्थापन किसी खास समय t_0 पर दिखाया है। डोरी का तनाव F तथा रेखीय द्रव्यमान घनत्व (linear mass density) μ है। Δt समय बाद यह पैटर्न $v\Delta t$ दूरी दाहिने खिसक जाएगा।

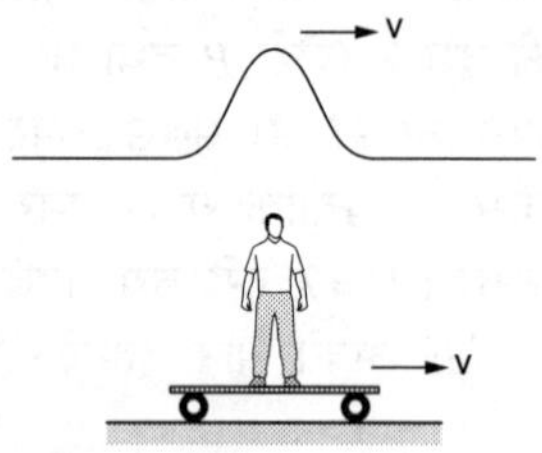

चित्र 27.7

मान लें कोई मनुष्य x-अक्ष की दिशा में v चाल से चल रहा है और डोरी को देख रहा है। डोरी का पैटर्न Δt समय में $v\Delta t$ दूरी आगे खिसकेगा, पर मनुष्य भी Δt समय में $v\Delta t$ दूरी आगे बढ़ जाएगा। अतः, मनुष्य को डोरी का पैटर्न सदा एक-सा दिखेगा। यदि उसकी नाक के सामने वाला कण किसी समय अपने महत्तम विस्थापन पर हो, तो सदा उसकी नाक के सामने वाला कण महत्तम विस्थापन पर ही रहेगा।

मनुष्य के फ्रेम में डोरी के विस्थापन का पैटर्न समय के साथ नहीं बदलता है। परंतु, इस फ्रेम में डोरी में कोई गति नहीं है, ऐसी बात नहीं है। अपने पुराने फ्रेम में डोरी के अनेक हिस्सों में कोई गति नहीं है। तरंगिका डोरी के जिस हिस्से में पहुँचती है वहाँ के कण y-दिशा में चलते हैं। यदि कणों का कुल विस्थापन कम हो, तो y-दिशा की चाल भी कम ही होगी।

मनुष्य के फ्रेम में यह पूरी डोरी ऋणात्मक x-दिशा में v चाल से चल रही होगी। अर्थात, डोरी का पैटर्न वैसा ही रहेगा पर पूरी डोरी साँप की तरह इस पैटर्न पर सरकती हुई बायीं ओर जा रही होगी।

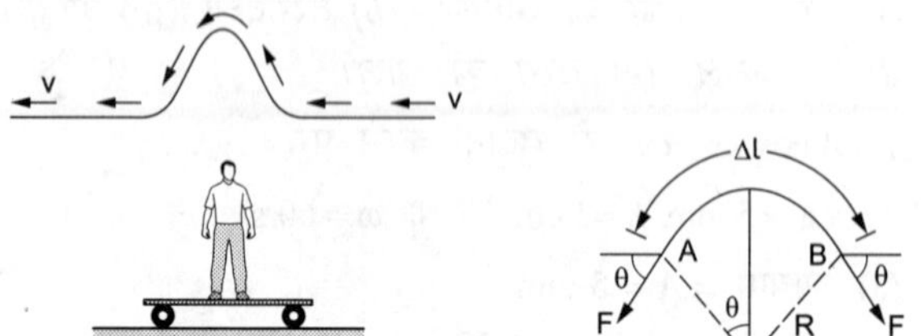

मनुष्य के फ्रेम में डोरी की गति

(a) (b)

चित्र 27.8

जहाँ डोरी सीधी है, (तरंगिका से दूर) वहाँ की डोरी के कण सिर्फ ऋण x-दिशा में v चाल से चल रहे हैं। जहाँ तरंगिका का कूबड़ बना है, वहाँ के कणों के वेग का x-दिशा में तो घटक $(-v)$ रहेगा ही, y-दिशा में भी वेग का घटक होगा। परंतु, छोटे विस्थापनों के लिए v की तुलना में वेग का y-घटक बहुत छोटा होगा और आप मान सकते हैं कि पूरी डोरी v चाल से इस पैटर्न पर सरक रही है। मनुष्य के फ्रेम में ही डोरी के महत्तम विस्थापन के पास डोरी का एक छोटा हिस्सा AB लें जिसकी लंबाई Δl है [चित्र 27.8(b)]। किसी वक्र के एक छोटे हिस्से को आप एक वृत्त का भाग मान सकते हैं। मान लें AB जिस वृत्त का हिस्सा माना जा सकता है, उसकी त्रिज्या R है। AB हिस्से के कण इस वृत्तीय पथ पर v चाल से चल रहे हैं। इस स्थिति को बड़ा कर चित्र 27.8(b) में दिखाया गया है। चित्र में AB हिस्से पर लगते बल भी दिखाए गए हैं। यदि डोरी के कणों का विस्थापन कम हो, तो पूरी डोरी में तनाव F को समान माना जा सकता है। इस स्थिति में AB के दोनों ओर की डोरी के हिस्से उसे अपनी-अपनी ओर F बलों से खींचेंगे।

AB द्वारा केंद्र पर बना कोण,

$$2\theta = \frac{\Delta l}{R}\cdot$$

अतः, दोनों बलों का परिणामी,

$$F' = 2F\sin\theta = 2F\sin\left(\frac{\Delta l}{2R}\right)$$

नीचे की ओर होगा। चूँकि Δl, R की तुलना में छोटा है, अतः

$$F' = 2F\left(\frac{\Delta l}{2R}\right) = \frac{F\Delta l}{R}\cdot$$

AB भाग का द्रव्यमान $m = \mu\Delta l$ है। चूँकि AB, R त्रिज्या वाले एक वृत्तीय पथ में v चाल से चल रहा है, उसका त्वरण v^2/R केंद्र की ओर होगा। न्यूटन के नियम से,

$$F' = m\left(\frac{v^2}{R}\right)$$

या $$\frac{F\Delta l}{R} = (\mu\Delta l)\frac{v^2}{R}$$

या $$v = \sqrt{\frac{F}{\mu}} \qquad \text{... (27.10)}$$

इस सूत्र को प्राप्त करने में हमने मुख्य रूप से दो समझौते किए हैं। एक तो कि हमने कणों के y-दिशा में विस्थापन को छोटा माना है ताकि पूरी डोरी में तनाव समान माना जा सके। साथ ही, हमने तनाव को इतना अधिक माना है कि भार आदि दूसरे बलों का प्रभाव नगण्य हो जाए।

अभ्यास 27.3

चित्र 27.9 में एक चिकनी घिरनी पर से जाती एक डोरी दिखाई गई है जिससे 1 kg द्रव्यमान की एक वस्तु लटकी है। डोरी के क्षैतिज भाग पर एक तरंगिका घिरनी की ओर जा रही है। इस तरंगिका द्वारा डोरी पर 50 cm की दूरी तय करने में कितना समय लगेगा? डोरी का रेखीय द्रव्यमान घनत्व = 1.0 g/cm.

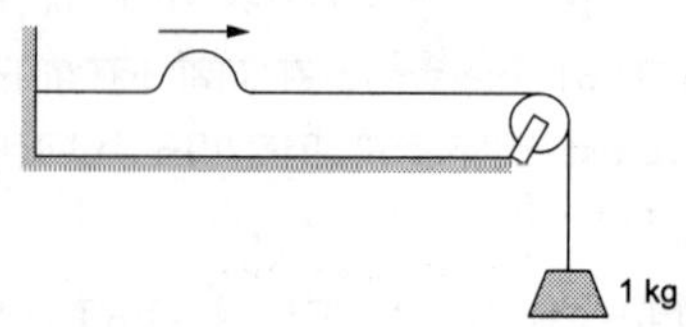

चित्र 27.9

हल डोरी में तनाव $F = mg = 10$ N.

रेखीय द्रव्यमान घनत्व $\mu = 1.0$ g/cm $= 0.1$ kg/m.

तरंग की गति $v = \sqrt{\frac{F}{\mu}} = \sqrt{\frac{10 \text{ N}}{0.1 \text{ kg/m}}} = 10$ m/s.

50 cm चलने में तरंगिका द्वारा लिया गया समय,

$$t = \frac{50 \text{ cm}}{10 \text{ m/s}} = \frac{0.5 \text{ m}}{10 \text{ m/s}} = 0.05 \text{ s}.$$

27.5 डोरी पर जाती ज्यातरंग (sine wave) द्वारा ऊर्जा का स्थानांतरण

मान लें कि एक डोरी पर जाती तरंग का समीकरण है,

$$y = A\cos(kx - \omega t).$$

यह तरंग डोरी पर धनात्मक x-दिशा में जा रही है और इसी दिशा में ऊर्जा का भी प्रवाह हो रहा है। डोरी का हर भाग धनात्मक x-दिशा में अपने से सटे भाग को ऊर्जा स्थानांतरित करता है। प्रतिइकाई समय में कितनी ऊर्जा डोरी के किसी बिंदु से होकर जा रही है?

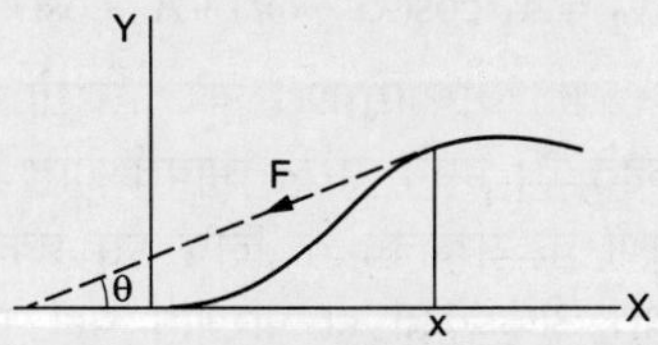

चित्र 27.10

यह निकालने के लिए चित्र 27.10 का सहारा लें। इसमें t समय पर डोरी का एक हिस्सा दिखाया गया है। हम डोरी के निर्देशांक x वाले बिंदु पर ऊर्जा के बाएँ से दाहिने जाने की दर निकालेंगे। डोरी का बायाँ हिस्सा, दाहिने हिस्से के साथ x बिंदु पर मिलता है। बायाँ हिस्सा दाहिने हिस्से पर तनाव के कारण बल $\vec{F}$ लगाता है, जो वहाँ डोरी पर स्पर्शरिखा की ओर होगा। साथ ही, इस बिंदु का y-दिशा में एक वेग $\vec{v}$ होगा। $\vec{F}$ द्वारा सूक्ष्म अंतराल dt में किया गया कार्य $= \vec{F} \cdot \vec{v}\, dt$. यही कार्य x के दाहिने हिस्से को ऊर्जा के रूप में स्थानांतरित हो जाता है। अतः, x पर ऊर्जा के प्रवाह की दर,

$$P = \vec{F} \cdot \vec{v} = F_y v,$$

जहाँ F_y बल $\vec{F}$ का y दिशा में घटक है।

चित्र में $\tan\theta = \frac{\partial y}{\partial x}$

$$= \frac{\partial}{\partial x}[A\cos(kx - \omega t)]$$

$$= -Ak\sin(kx - \omega t).$$

$$F_y = -F\sin\theta \simeq -F\tan\theta = FAk\sin(kx - \omega t).$$

x पर के कण का वेग,

$$v = \frac{\partial y}{\partial t} = \frac{\partial}{\partial t}[A\cos(kx - \omega t)]$$

$$= A\omega\sin(kx - \omega t).$$

अतः, ऊर्जा के प्रवाह की दर,

$$P = FA^2\omega k\sin^2(kx - \omega t).$$

किसी खास बिंदु x से जाती ऊर्जा की दर समय t पर निर्भर करती है। $\sin^2(kx - \omega t)$ का मान 0 से 1 तक बदलता है और इसका औसत मान 1/2 होता है। अतः, डोरी के किसी बिंदु से जाती ऊर्जा की औसत दर,

$$P_{\text{av}} = \frac{1}{2}FA^2\omega k = \frac{1}{2}(\mu v^2)A^2\omega\left(\frac{\omega}{v}\right)$$

$$= \frac{1}{2}\mu v A^2\omega^2 = 2\pi^2\mu v A^2\nu^2. \quad \ldots (27.11)$$

ऊर्जा के प्रवाह की दर आयाम A के वर्ग के तथा आवृत्ति के वर्ग के समानुपाती होती है।

अभ्यास 27.4

एक डोरी पर जाती ज्यातरंग (sine wave) के कारण ऊर्जा प्रवाह की औसत दर 0.20 W है। तरंग का आयाम 2.0 mm है। यदि इसी तरंग का आयाम 3 mm हो जाए, तो ऊर्जा प्रवाह की औसत दर क्या होगी?

हल चूँकि अन्य सभी राशि समान हैं, इसलिए

$$\frac{P_1}{P_2} = \frac{A_1^2}{A_2^2}$$

या $$P_2 = \frac{A_2^2}{A_1^2}P_1 = \frac{9}{4} \times 0.20 \text{ W} = 0.45 \text{ W}.$$

27.6 तरंगों के अध्यारोपण का सिद्धांत

मान लें कि दो लोगों ने एक डोरी को दो किनारों से पकड़ रखा है, और दोनों अपने-अपने हाथों को झटका देकर डोरी पर तरंगें बनाते हैं। ये तरंगें डोरी पर एक-दूसरे की ओर चलेंगी। चित्र 27.11 के ऊपरी भाग में ऐसी दो तरंगें दिखाई गई हैं। चित्र 27.11(a) में दोनों लोगों ने डोरी को ऊपर की ओर ही झटका दिया है, जबकि चित्र 27.11(b) में एक ने ऊपर की ओर तो दूसरे ने नीचे की ओर झटका दिया है।

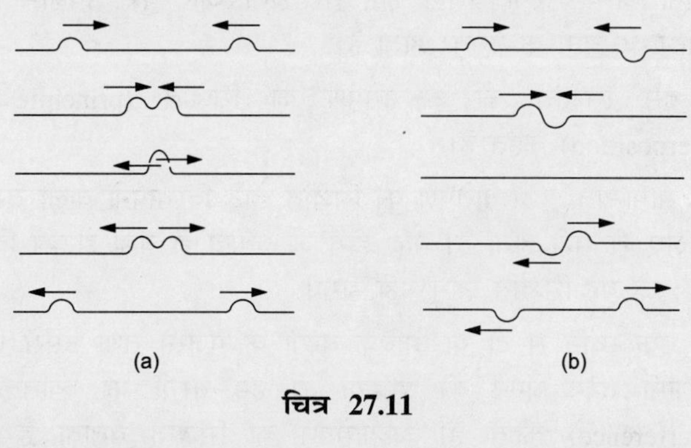

चित्र 27.11

समय बीतने के साथ इनकी स्थितियाँ चित्र 27.11 के अन्य भागों में दिखाई गई हैं। ये तरंगें एक-दूसरे की तरफ आती हैं, एक-दूसरे के साथ घुल-मिल जाती हैं और फिर एक-दूसरे से दूर जाने

लगती हैं। सबसे मजेदार बात यह है कि अंत में जब वे एक-दूसरे से दूर जा रही हैं, तो उनकी शक्लें वैसी ही हैं जैसी प्रारंभ में थीं। उन्होंने डोरी पर एक-दूसरे को इतने आराम से पार किया है जैसे एक का दूसरे पर कोई असर ही नहीं हुआ हो। जब वे दोनों डोरी के एक ही भाग में पहुँची थीं, उस समय डोरी की शक्ल बिलकुल अलग हो गई थी, परंतु इसके कारण उनकी अपनी व्यक्तिगत पहचान पर कोई फर्क नहीं पड़ा। उदाहरण के लिए, चित्र 27.11(b) में आनेवाली तरंगें एक-दूसरे की विपरीत दिशा में अपना कूबड़ बना रही हैं और चित्र के तीसरे भाग में पूरी डोरी सीधी हो गई है। पर, कुछ ही समय बाद दोनों तरंगें अपनी-अपनी मूल दिशा में मूल शक्ल के साथ प्रकट हो जाती हैं, जैसे उन्हें दूसरे ने कुछ किया ही न हो। तरंगों का यह एक अनूठा गुण है। दो कण यदि एक-दूसरे से टकराएँ तो वे एक-दूसरे के अंदर से गुजर नहीं सकते, या तो उनकी गति की दिशाएँ बदल जाएँगी या अन्य परिवर्तन हो जाएँगे। पर, तरंगें एक-दूसरे के अंदर से बिना अपने में परिवर्तन लाए गुजर सकती हैं। इसीलिए, हम स्टेशन पर इतने प्रकार के शोर-शराबे के बीच भी ट्रेन के आने-जाने की उद्घोषणाएँ साफ-साफ सुन पाते हैं।

जिस समय डोरी पर दोनों तरंगें एक ही स्थान पर हैं, उस समय हम डोरी के कणों का विस्थापन कैसे निकालें? यदि दो या अधिक तरंगें डोरी के किसी स्थान पर एक ही समय पर हों, तो उस समय पर डोरी के उस हिस्से का विस्थापन निकालने की विधि अत्यंत सरल है। प्रत्येक तरंग के कारण, दूसरों को पूरी तरह भूलकर, कण का विस्थापन लिखें। फिर, इन सभी विस्थापनों को जोड़ दें, तो कण का परिणामी विस्थापन निकल जाएगा।

तरंगों का यह गुण केवल डोरी पर चलती तरंगों के लिए ही सत्य हो ऐसी बात नहीं है। तरंगें किसी भी प्रकार की हों तथा कैसा भी विक्षोभ, अर्थात disturbance पैदा कर रही हों, जब वे किसी स्थान से एक ही समय गुजरती हैं, तो दूसरे से प्रभावित हुए बिना अपना-अपना विक्षोभ पैदा करती हैं। डोरी पर चलती तरंग के कारण उसके कणों में हुआ विस्थापन एक प्रकार का विक्षोभ है जिसका वर्णन हम इस अध्याय में कर रहे हैं।

जब दो या अधिक तरंगें किसी स्थान से एक ही समय पर गुजरती हैं, तो प्रत्येक के कारण उतना ही विक्षोभ उत्पन्न होता है जितना अन्य तरंगों के न होने पर होता और कुल विक्षोभ इन विक्षोभों के योग के बराबर होता है।

इस सिद्धांत को अध्यारोपण का सिद्धांत (principle of superposition) कहते हैं।

सामान्यतः, अध्यारोपण का सिद्धांत छोटे विस्थापनों वाली तरंगों के लिए ही सही होता है। यदि डोरी को ज्यादा ही बड़ा झटका दिया जाए, तो यह सिद्धांत लागू नहीं होगा।

एक स्थान से दो या अधिक तरंगों के गुजरने तथा उससे एक परिणामी तरंग बनने की प्रक्रिया को हम तरंगों का व्यतिकरण (interference) कहते हैं। अध्यारोपण का सिद्धांत बताता है कि व्यतिकरण की प्रक्रिया अत्यंत सरल है। व्यतिकरण के दौरान प्रत्येक तरंग अपना योगदान स्वतंत्र रूप से करती है, बिना इस बात से प्रभावित हुए कि अन्य तरंगें भी वहाँ उपस्थित हैं।

27.7 एक ही दिशा में जाती हुई समान आवृत्ति की दो तरंगों का अध्यारोपण

मान लें दो एक-जैसे स्रोत किसी माध्यम (डोरी) में समान कोणीय आवृत्ति ω से x-अक्ष की दिशा में जाती ज्यातरंग (sine waves) भेज रहे हैं। एक ही माध्यम होने से तरंगों की चाल भी समान है और इसलिए k का मान भी समान होगा।

परंतु, ऐसा हो सकता है कि एक स्रोत दूसरे के सापेक्ष कुछ समय अंतराल बाद प्रारंभ किया गया हो या वे एक-दूसरे से कुछ दूरी पर स्थित हो सकते हैं। ऐसी स्थिति में इन दोनों तरंगों में कुछ कलांतर (phase difference) हो सकता है। इन तरंगों के आयाम A_1 तथा A_2 भी अलग-अलग हो सकते हैं। इन दोनों तरंगों के समीकरण लिखे जा सकते हैं,

$$y_1 = A_1 \cos(kx - \omega t)$$

तथा $$y_2 = A_2 \cos(kx - \omega t + \delta).$$

अध्यारोपण के सिद्धांत के अनुसार, परिणामी विस्थापन का समीकरण होगा,

$$y = y_1 + y_2 = A_1 \cos(kx - \omega t) + A_2 \cos(kx - \omega t + \delta).$$

ऐसी दो तरंगों के अध्यारोपण को तरंगों का व्यतिकरण (interference) कहते हैं। हमने सरल आवर्त गति के अध्याय में दो सरल आवर्त गतियों के संयोजन के लिए इस प्रकार के व्यंजक का परिकलन किया था। ठीक वैसा ही परिणाम यहाँ भी मिलेगा।

परिणामी विस्थापन,

$$\begin{aligned} y &= A_1 \cos(kx - \omega t) \\ &\quad + A_2[\cos(kx - \omega t)\cos\delta - \sin(kx - \omega t)\sin\delta] \\ &= \cos(kx - \omega t)[A_1 + A_2\cos\delta] - \sin(kx - \omega t)[A_2 \sin\delta]. \end{aligned}$$

मान लें, $A_1 + A_2 \cos\delta = A\cos\in$ ... (i)

तथा $A_2 \sin\delta = A \sin\in$ ... (ii)

तो $$y = A\cos(kx - \omega t)\cos\in - A\sin(kx - \omega t)\sin\in$$

या $$y = A\cos(kx - \omega t + \in).$$

यह एक ज्यातरंग है, जिसका आयाम A है तथा y_1 वाली तरंग से कलांतर $\in$ है। A तथा $\in$ के मान आप समीकरण (i) तथा (ii) से निकाल सकते हैं।

$$\begin{aligned} A^2 &= (A\cos\in)^2 + (A\sin\in)^2 \\ &= (A_1 + A_2\cos\delta)^2 + (A_2\sin\delta)^2 \\ &= A_1^2 + A_2^2 + 2A_1A_2\cos\delta \end{aligned}$$

या $$A = \sqrt{A_1^2 + A_2^2 + 2A_1A_2\cos\delta} \qquad \text{... (27.12)}$$

तथा $$\tan\in = \frac{A\sin\in}{A\cos\in} = \frac{A_2\sin\delta}{A_1 + A_2\cos\delta}. \qquad \text{... (27.13)}$$

संपोषी (constructive) तथा विनाशकारी (destructive) व्यतिकरण (interference)

समीकरण (27.12) से आप देख सकते हैं कि परिणामी तरंग के

आयाम का मान अधिकतम होगा यदि $\cos\delta = 1$ हो अर्थात δ का मान शून्य, 2π या 2π का कोई और पूर्णांक अपवर्त्य (integral multiple) हो, अर्थात दोनों तरंगें एक ही कला में हों। ऐसी स्थिति में

$$A = A_1 + A_2.$$

व्यतिकरण के बाद परिणामी तरंगों का आयाम घटक तरंगों के आयामों के योगफल के बराबर होता है।

परिणामी तरंग का आयाम न्यूनतम होगा यदि $\cos\delta = -1$ हो अर्थात δ का मान π, 3π या π का कोई और विषम अपवर्त्य हो। ऐसी स्थिति में घटक तरंगें विपरीत कलाओं में होंगी और परिणामी तरंग के आयाम का मान $A = |A_1 - A_2|$ होगा। अर्थात, परिणामी तरंग का आयाम घटक तरंगों के आयामों के अंतर के बराबर होगा।

जब परिणामी तरंग के आयाम का मान घटक तरंगों के आयामों के योगफल के बराबर होता है, तो ऐसे व्यतिकरण को संपोषी व्यतिकरण (constructive interference) कहते हैं और जब परिणामी तरंग का आयाम घटक तरंगों के आयामों के अंतर के बराबर होता है, तब उसे विनाशकारी व्यतिकरण (destructive interference) कहते हैं। इनकी शर्तों को लिखा जा सकता है,

$$\left.\begin{array}{ll} \text{संपोषी व्यतिकरण} & \delta = 2n\pi \\ \text{विनाशकारी व्यतिकरण} & \delta = (2n+1)\pi, \end{array}\right| \quad \ldots (27.14)$$

जहाँ n एक पूर्णांक है।

अभ्यास 27.5

एक तनी हुई डोरी पर दो प्रगामी तरंगें एक साथ भेजी जाती हैं। इन तरंगों के समीकरण हैं,

$$y_1 = A_1 \sin k(x - vt) \quad \textit{तथा} \quad y_2 = A_2 \sin k(x - vt + x_0);$$

जहाँ $k = 6.28\ \text{cm}^{-1}$, $x_0 = 1.50\ \text{cm}$, $A_1 = 5.0\ \text{mm}$ *तथा* $A_2 = 4.0\ \text{mm}$. *इन दोनों तरंगों के बीच कलांतर निकालें तथा परिणामी तरंग का आयाम निकालें।* $\pi = 3.14$ *लें।*

हल कलांतर $\delta = k(x - vt + x_0) - k(x - vt) = kx_0$

$$= (6.28\ \text{cm}^{-1})(1.50\ \text{cm})$$

$$= 2\pi \times 1.5 = 3\pi.$$

यह विनाशकारी व्यतिकरण की स्थिति है।

अतः, परिणामी तरंग का आयाम,

$$A = |A_1 - A_2| = 5.0\ \text{mm} - 4.0\ \text{mm} = 1.0\ \text{mm}.$$

27.8 तरंगों का परावर्तन

एक डोरी के एक सिरे को किसी दीवार के कुंडे या खिड़की की छड़ से बाँध दें तथा दूसरे सिरे से पकड़कर इसमें थोड़ा-सा तनाव दें। अब हाथ द्वारा ऊपर की ओर झटका देकर इसमें एक तरंगिका (wave pulse) पैदा करें। तरंगिका डोरी पर दीवार की ओर बढ़ेगी। अब लगातार इस तरंगिका को देखते रहें। आप पाएँगे कि दूसरे किनारे पर पहुँचने के बाद यह तरंगिका वापस आपके हाथ की ओर आने लगेगी। इसके साथ खास बात यह होगी कि यदि जाते समय की तरंगिका डोरी के ऊपर की ओर हो, तो लौटते समय की तरंगिका डोरी के नीचे की ओर होगी।

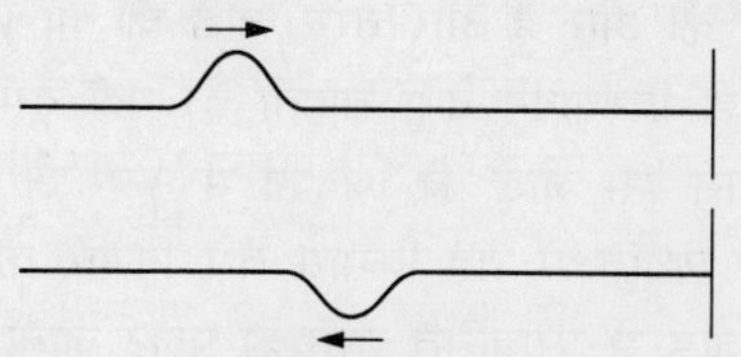

चित्र 27.12

जब डोरी पर स्थायी रूप में स्थिर किनारे पर कोई तरंग पहुँचती है, तो वह किनारे से परावर्तित हो जाती है। इसमें तरंग की गति की दिशा तो उलट ही जाती है, कणों के विस्थापन की दिशा भी उलट जाती है। हम कहते हैं कि स्थिर किनारे ने परावर्तित तरंग में π का कलांतर (phase difference) उत्पन्न किया।

यदि डोरी का दूसरा किनारा y-दिशा में चलने को स्वतंत्र होता, तो स्थिति दूसरी होती। चित्र 27.13 में एक डोरी के एक किनारे पर एक रिंग लगी है जो एक छड़ पर लगभग बिना घर्षण के फिसल सकती है। चित्र 27.12 की परिस्थिति में डोरी के किनारे का y-दिशा में चलना पूरी तरह से वर्जित था जबकि चित्र 27.13 की परिस्थिति में यह किनारा y-दिशा में चलने के लिए पूरी तरह स्वतंत्र है। इस अर्थ में ऐसे किनारे को स्वतंत्र किनारा (free end) कहते हैं।

यद्यपि ऐसी घर्षणरहित परिस्थिति बहुत आसानी से आप नहीं बना पाएँगे, परंतु यदि ऐसी परिस्थिति हो तो भी तरंगिका इस किनारे से परावर्तित हो जाएगी। इस बार तरंगिका की शक्ल में कोई भी परिवर्तन नहीं होगा। यदि जानेवाली तरंग के कारण कणों का विस्थापन धनात्मक y-दिशा में हो, तो लौटनेवाली तरंग के कारण भी कणों का विस्थापन धनात्मक y-दिशा में ही होगा। स्वतंत्र किनारे पर परावर्तन के कारण तरंग में कोई कलांतर नहीं आता।

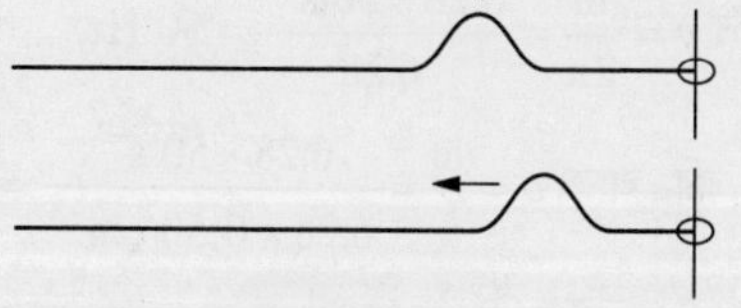

चित्र 27.13

ऐसी भी परिस्थितियाँ होती हैं जिनमें किनारे की ओर जाती तरंग न तो किनारे को पूरी तरह बँधा महसूस करती है न ही पूरी तरह से स्वतंत्र।

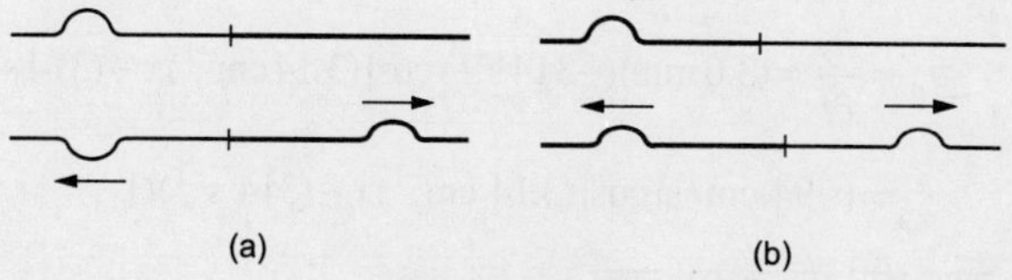

चित्र 27.14

चित्र 27.14 में असमान घनत्व वाली दो डोरियाँ आपस में जुड़ी हुई दिखाई गई हैं। चित्र 27.14 के भाग (a) में एक तरंगिका कम घनत्व वाली डोरी की तरफ से चलती हुई दोनों डोरियों के जोड़ पर पहुँच रही है (चित्र में ऊपर का भाग)। इस तरंगिका के कारण

विस्थापन ऊपर की ओर है और तरंग जोड़ को भी y-दिशा में ऊपर की ओर वैसा ही विस्थापन देना चाहती है। यहाँ दूसरी ओर अधिक घनत्व वाली डोरी इस जोड़ को y-दिशा में ऊपर ले जाने का विरोध करती है। ऐसी स्थिति में यह किनारा बँधे किनारे की तरह व्यवहार करता है और जोड़ से परावर्तित तरंगिका पलट जाती है।

चित्र 27.14 के भाग (b) में एक तरंगिका अधिक घनत्व वाली डोरी पर चलती हुई जोड़ की ओर जाती है (चित्र में ऊपर का भाग)। यह जोड़ को धनात्मक y-दिशा में विस्थापित करना चाहती है। दूसरी ओर कम घनत्व वाली डोरी है जो तरंगिका के इस प्रयास में विशेष बाधा नहीं पहुँचा सकती। इसलिए, यह एक स्वतंत्र सिरे की तरह व्यवहार करती है और परावर्तित तरंगिका भी धनात्मक y-दिशाओं में ही कणों को विस्थापित करती है।

परावर्तन के समय तरंग के पलट जाने (inversion) या न पलट जाने संबंधी तथ्य, दोनों ओर की डोरियों में तरंग की चाल v के पदों में लिखे जा सकते हैं। ऊपर के उदाहरण में दोनों डोरियों के तनाव F समान हैं। अतः, अधिक घनत्व वाली डोरी में तरंग का वेग $v(=\sqrt{F/\mu})$ कम होगा तथा कम घनत्व डोरी में अधिक होगा। परावर्तन व संचरण में तरंग के परिवर्तन से संबंधित नियम इस प्रकार लिखे जा सकते हैं,

यदि तरंग एक ऐसे जोड़ पर पड़े जिसके आगे के माध्यम में तरंग की चाल कम हो, तो परावर्तित तरंग पलट जाती है। यदि तरंग एक ऐसे जोड़ पर पड़े जिसके आगे के माध्यम में तरंग की चाल अधिक हो, तो परावर्तित तरंग नहीं पलटती। संचरित तरंग कभी नहीं पलटती।

• हल किए गए प्रश्न •

1. *एक डोरी पर जाती प्रगामी तरंग का समीकरण है*

$$y = (3.0\ \text{mm})\sin[6.28(0.50x - 50t)],$$

जहाँ x सेंटीमीटर में तथा t सेकंड में हैं। ज्ञात करें (a) आयाम, (b) तरंगदैर्घ्य, (c) आवृत्ति, (d) तरंग की चाल।

हल $y = A\sin(kx - \omega t)$ से तुलना करने पर,

$$A = 3.0\ \text{mm},\ k = 6.28\times 0.50\ \text{cm}^{-1},\ \omega = 6.28\times 50\ \text{s}^{-1}.$$

हमने k की इकाई cm^{-1} लिखी है, क्योंकि kx विमारहित है और x का मान cm में है। इसी तरह ω की इकाई s^{-1} लिखी है।

(a) आयाम $= A = 3.0$ mm.

(b) तरंगदैर्घ्य $\lambda = \dfrac{2\pi}{k} = \dfrac{6.28}{6.28\times 0.50\ \text{cm}^{-1}} = 2$ cm.

(c) आवृत्ति $\nu = \dfrac{\omega}{2\pi} = \dfrac{6.28\times 50\ \text{s}^{-1}}{6.28} = 50$ Hz.

(d) तरंग की चाल $v = \dfrac{\omega}{k} = \dfrac{6.28\times 50\ \text{s}^{-1}}{6.28\times 0.50\ \text{cm}^{-1}} = 100$ cm/s.

2. *x-दिशा में एक डोरी पर चलती एक तरंग का समीकरण है*

$$y = (3.0\ \text{mm})\sin[(3.14\ \text{cm}^{-1})x - (314\ \text{s}^{-1})t].$$

(a) डोरी के किसी कण की अधिकतम चाल निकालें।

(b) $x = 6.0$ cm पर स्थित कण का $t = 0.11$ s पर त्वरण निकालें।

हल (a) t समय पर स्थान x पर स्थित डोरी के कण का वेग,

$$v_p = \frac{\partial y}{\partial t} = (3.0\ \text{mm})(-314\ \text{s}^{-1})\cos[(3.14\ \text{cm}^{-1})x - (314\ \text{s}^{-1})t]$$

$$= (-94\ \text{cm/s})\cos[(3.14\ \text{cm}^{-1})x - (314\ \text{s}^{-1})t].$$

कण की अधिकतम चाल $= 94$ cm/s.

(b) t समय पर x पर स्थित कण का त्वरण,

$$a = \frac{\partial v_p}{\partial t} = -(94\ \text{cm/s})(3.14\ \text{s}^{-1})\sin[(3.14\ \text{cm}^{-1})x - (314\ \text{s}^{-1})t]$$

$$= -(295\ \text{cm/s}^2)\sin[(3.14\ \text{cm}^{-1})x - (314\ \text{s}^{-1})t].$$

$x = 6.0$ cm तथा $t = 0.11$ s रखने पर,

$$a = -[295\ \text{cm/s}^2]\sin[3.14\times 6 - 314\times 0.11]$$

$$= [-295\ \text{cm/s}^2]\sin[3.14(6-11)]$$

$$= (-295\ \text{cm/s}^2)\sin(-5\pi) = 0.$$

3. *एक लंबी डोरी को 64 N का तनाव देकर x-अक्ष के अनुदिश रखा गया है। इसकी अनुप्रस्थ काट का क्षेत्रफल $0.80\ \text{mm}^2$ तथा इसका घनत्व $12.5\ \text{g/cm}^3$ है। इसके एक किनारे को y-अक्ष के अनुदिश 20 Hz से कंपन करती एक कील से जोड़ दिया गया है। $t = 0$ पर कील अपने अधिकतम विस्थापन $y = 1.0$ cm पर है। (a) डोरी पर चलती तरंग की चाल बताएँ। (b) इस तरंग का समीकरण लिखें। (c) $x = 50$ cm पर स्थित कण का $t = 0.05$ s पर विस्थापन निकालें। (d) इस क्षण इस कण का वेग निकालें।*

हल (a) डोरी के 1 m लंबे भाग का द्रव्यमान

$$= (0.80\ \text{mm}^2)\times(1\ \text{m})\times 12.5\ \text{g/cm}^3$$

$$= (0.80\times 10^{-6}\ \text{m}^3)\times(12.5\times 10^3\ \text{kg/m}^3)$$

$$= 0.01\ \text{kg}.$$

अतः, रेखीय द्रव्यमान घनत्व $\mu = 0.01$ kg/m, तरंग की चाल

$$v = \sqrt{\frac{F}{\mu}} = \sqrt{\frac{64\ \text{N}}{0.01\ \text{kg/m}}} = 80\ \text{m/s}.$$

(b) तरंग का आयाम $A = 1.0$ cm तथा आवृत्ति $\nu = 20$ Hz, कोणीय आवृत्ति $\omega = 2\pi\nu = 40\pi\ \text{s}^{-1}$.

मान लें कि तरंग का समीकरण,

$$y = A\cos(kx - \omega t + \delta) \qquad \text{... (i)}$$

है। चूँकि $t = 0$ तथा $x = 0$ की स्थितियाँ प्रश्न में दी गई हैं, इसलिए δ का मान आप अपनी इच्छा से नहीं चुन सकते। इसलिए, हमने इस समीकरण में δ को रखा है जिसका मान हम दी हुई सूचनाओं से प्राप्त करेंगे।

प्रश्न के अनुसार $t = 0$ समय पर $x = 0$ का कण (जो कील से जुड़ा है) अपने अधिकतम विस्थापन, अर्थात $y = A$ पर, है।

(i) से, $A = A\cos\delta$ या $\delta = 0$.

अतः, $y = A\cos(kx - \omega t)$.

इस समीकरण में हमें A तथा ω का मान पता है। k का मान निकालने के लिए हम तरंग की चाल का उपयोग कर सकते हैं।

$$k = \frac{\omega}{v} = \frac{40\pi\,\text{s}^{-1}}{80\ \text{ms}^{-1}} = \frac{\pi}{2}\ \text{m}^{-1}.$$

अतः, तरंग का समीकरण है,

$$y = (1.0\ \text{cm})\cos\left[\left(\frac{\pi}{2}\ \text{m}^{-1}\right)x - (40\pi\ \text{s}^{-1})t\right].$$

(c) $x = 50$ cm, $t = 0.05$ s.

विस्थापन,

$$y = (1.0\ \text{cm})\cos\left[\left(\frac{\pi}{2}\ \text{m}^{-1}\right)(0.5\ \text{m}) - (40\pi\ \text{s}^{-1})(0.05\ \text{s})\right]$$

$$= (1.0\ \text{cm})\cos\left(\frac{\pi}{4} - 2\pi\right)$$

$$= (1.0\ \text{cm})\cos\frac{\pi}{4} = 0.71\ \text{cm}.$$

(d) x पर स्थित कण का समय t पर वेग,

$$v_p = \frac{\partial y}{\partial t} = (1.0\ \text{cm})(40\ \pi\ \text{s}^{-1})\sin\left[\left(\frac{\pi}{2}\text{m}^{-1}\right)x - (40\pi\text{s}^{-1})t\right]$$

$$= (40\pi\ \text{cm/s})\sin\left(\frac{\pi}{4} - 2\pi\right)$$

$$= \frac{40\pi}{\sqrt{2}}\ \text{cm/s} = 89\ \text{cm/s}.$$

4. *एक लंबे तार पर 80 m/s की चाल से एक अनुप्रस्थ तरंग जा रही है। तार के 50 cm लंबे भाग का द्रव्यमान 5.0 g है। तार की अनुप्रस्थ काट का क्षेत्रफल 1.0 mm^2 है तथा इसका यंग मॉड्युलस 16×10^{11} N/m^2 है। तार की स्वाभाविक लंबाई से यह कितना खिंचा हुआ है?*

हल लंबाई में वृद्धि जानने के लिए हमें तार में तनाव जानना होगा जिसे हम तरंग की चाल की सहायता से जान सकते हैं।

तार का रेखीय द्रव्यमान घनत्व,

$$\mu = \frac{5 \times 10^{-3}\ \text{kg}}{50 \times 10^{-2}\ \text{m}} = 1.0 \times 10^{-2}\text{kg/m}.$$

तरंग गति $v = \sqrt{\frac{F}{\mu}}$

या $F = \mu v^2$

$$= (1.0 \times 10^{-2}\ \text{kg/m}) \times (80\ \text{m/s})^2$$

$$= 64\,\text{N}.$$

$$Y = \frac{F/A}{\Delta L/L}$$

या $\Delta L = \frac{FL}{AY}$

$$= \frac{(64\ \text{N})(0{\cdot}50\,\text{m})}{(1{\cdot}0 \times 10^{-6}\,\text{m}^2) \times (16 \times 10^{11}\,\text{N m}^{-2})}$$

$$= 0.02\,\text{mm}.$$

5. *12 m लंबा और 6 kg द्रव्यमान का एक एकसमान रस्सा एक पेड़ की ऊँची डाली से लटक रहा है। रस्से के मुक्त सिरे पर 2 kg द्रव्यमान की वस्तु लटक रही है। 0.06 m तरंगदैर्घ्य की एक अनुप्रस्थ तरंग रस्से के निचले सिरे पर उत्पन्न की गई है। जब यह रस्से के ऊपरी हिस्से के पास पहुँचेगी तो इसका तरंगदैर्घ्य कितना होगा?*

हल रस्सा भारी है तथा ऊर्ध्वाधर स्थिति में लटक रहा है। अतः, इसका तनाव अलग-अलग स्थानों पर अलग-अलग होगा।

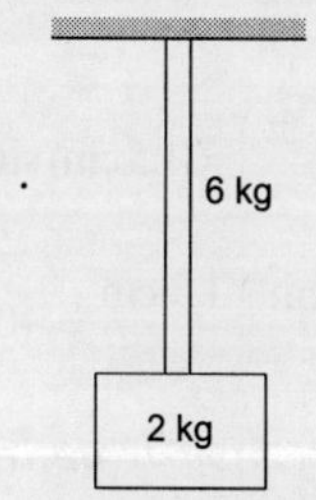

चित्र 27.W1

नीचे के सिरे पर यह तनाव (2 kg)g तथा ऊपर के सिरे पर (8 kg)g होगा।

$$v = \frac{\lambda}{T} = \lambda\nu$$

या $\sqrt{\frac{F}{\mu}} = \lambda\nu$

या $\lambda = \frac{1}{\nu\sqrt{\mu}}\sqrt{F}.$

तरंग की आवृत्ति रस्से पर सभी जगह समान होगी। इसका रेखीय द्रव्यमान घनत्व भी सभी जगह समान होगा। अतः,

$$\lambda_1 = \frac{1}{\nu\sqrt{\mu}}\sqrt{F_1}\ \text{तथा}\ \lambda_2 = \frac{1}{\nu\sqrt{\mu}}\sqrt{F_2}.$$

अतः, $\frac{\lambda_2}{\lambda_1} = \sqrt{\frac{F_2}{F_1}}$

या $\frac{\lambda_2}{0.06\ \text{m}} = \sqrt{\frac{(8\ \text{kg})g}{(2\ \text{kg})g}}$

या $\lambda_2 = 0.12\ \text{m}.$

ऊपरी सिरे के पास तरंगदैर्घ्य 0.12 m हो जाएगा।

6. *एक डोरी पर दो तरंगें एक साथ भेजी जा रही हैं। इनके अलग-अलग समीकरण,*

$$y = (1.0\ \text{cm}) \sin[(\pi\,\text{cm}^{-1})x - (50\pi\,\text{s}^{-1})t]$$

तथा $$y = (1.5\ \text{cm}) \sin\left[\left(\frac{\pi}{2}\,\text{cm}^{-1}\right)x - (100\,\pi\,\text{s}^{-1})t\right]$$

हैं। डोरी के $x = 4.5$ cm पर के कण का $t = 5.0$ ms पर विस्थापन बताएँ।

हल अध्यारोपण के सिद्धांत से कण का कुल विस्थापन दोनों तरंगों द्वारा उत्पन्न विस्थापनों के जोड़ के बराबर होगा।

पहली तरंग के कारण विस्थापन,

$$y_1 = (1.0\ \text{cm}) \sin[(\pi\ \text{cm}^{-1})(4.5\,\text{cm}) - (50\pi\,\text{s}^{-1})(5.0 \times 10^{-3}\ \text{s})]$$

$$= (1.0\,\text{cm}) \sin\left(\frac{9}{2}\pi - \frac{\pi}{4}\right) = (1.0\,\text{cm}) \sin\left(4\pi + \frac{\pi}{4}\right) = \frac{1.0\ \text{cm}}{\sqrt{2}}\cdot$$

दूसरी तरंग के कारण विस्थापन,

$$y_2 = (1.5\ \text{cm}) \sin\left[\left(\frac{\pi}{2}\ \text{cm}^{-1}\right)(4.5\,\text{cm}) - (100\pi\text{s}^{-1})(5.0 \times 10^{-3}\ \text{s})\right]$$

$$= (1.5\,\text{cm}) \sin\left(\frac{9\pi}{4} - \frac{\pi}{2}\right) = (1.5\,\text{cm}) \sin\left(2\pi - \frac{\pi}{4}\right) = \left(-\frac{1.5\ \text{cm}}{\sqrt{2}}\right)\cdot$$

$$\text{कुल विस्थापन} = \frac{1.0\ \text{cm}}{\sqrt{2}} - \frac{1.5\ \text{cm}}{\sqrt{2}} = -0.35\ \text{cm.}$$

7. *एक डोरी पर धनात्मक x-दिशा में एक तरंग चाल v से जा रही है। इसके $x = x_0$ वाले कण का विस्थापन $y(x_0, t) = A\sin\omega t$ से दिया जाता है। पूरी तरंग के लिए विस्थापन का समीकरण लिखें।*

हल पहले $x > x_0$ वाले कणों पर विचार करें। जो विस्थापन निर्देशांक x वाले कण का समय t पर है, वही विस्थापन x_0 वाले कण का $t - \frac{x - x_0}{v}$ समय पर रहा होगा। ऐसा इसलिए, क्योंकि तरंग को x_0 से x तक आने पर $\frac{x - x_0}{v}$ समय लगता है। अतः,

$$y(x,t) = y\left(x_0, t - \frac{x - x_0}{v}\right)\cdot$$

पर, $y(x_0, t) = A\sin\omega t.$

$$\text{अतः, } y(x, t) = A\sin\left[\omega\left(t - \frac{x - x_0}{v}\right)\right]$$

$$= A\sin\left(\omega t - kx + \frac{\omega x_0}{v}\right), \text{ जहाँ } k = \frac{\omega}{v}\cdot$$

अब $x < x_0$ वाले कणों का विचार करें। जो विस्थापन निर्देशांक x वाले कण का t समय पर है वह x_0 पर $t + \frac{x_0 - x}{v}$ समय पर पहुँचेगा।

$$\text{अतः, } y(x,t) = y\left(x_0, t + \frac{x_0 - x}{v}\right)$$

$$= A\sin\left[\omega\left(t + \frac{x_0 - x}{v}\right)\right]$$

$$= A\sin\left(\omega t - kx + \frac{\omega x_0}{v}\right), \text{ जहाँ } k = \frac{\omega}{v}\cdot$$

अतः, पूरी तरंग के लिए,

$$y = A\sin\left(\omega t - kx + \frac{\omega x_0}{v}\right) \text{ जहाँ } k = \frac{\omega}{v}\cdot$$

• विचार हेतु प्रश्न •

1. *आप नदी किनारे टहल रहे हैं और शीतल मंद सुगंधित हवा बह रही है। क्या हवा की यह गति तरंग गति है?*

2. *टेलीविजन के कार्यक्रम स्टूडियो से प्रसारित किए जाते हैं और तरंग के रूप में हमारे घरों के ऐंटेना तक पहुँचते हैं। ये तरंगें यांत्रिक हैं या अयांत्रिक?*

3. *एक तरंग का समीकरण $y = c_1\sin(c_2x + c_3t)$ है जिसमें c_1, c_2, c_3 सभी धनात्मक अचर राशियाँ हैं। यह तरंग धनात्मक x-दिशा में जा रही है या ऋणात्मक x-दिशा में जा रही है?*

4. *एक डोरी पर एक ज्यातरंग जा रही है। इसका आयाम तरंगदैर्घ्य के आठवें भाग ($\lambda/8$) के बराबर है। क्या इस डोरी के किसी भी कण की, किसी भी क्षण पर चाल तरंग की चाल के बराबर हो सकती है?*

5. *एक तनी हुई डोरी पर विपरीत दिशाओं से दो तरंगिकाएँ चल रही हैं। ये दोनों एक ही शक्ल की हैं, पर एक तरंगिका दूसरे के सापेक्ष उलटी दिशा में है। जब ये डोरी के एक ही स्थान पर पहुँचती हैं, तब डोरी के सभी कणों का विस्थापन शून्य हो जाता है। इस समय डोरी की ऊर्जा का क्या होता है?*

6. *एक डोरी पर जाते sine wave के लिए*

$$\frac{y_{\text{max}}}{v_{\text{max}}} = \frac{v_{\text{max}}}{a_{\text{max}}}.$$

जहाँ y, v तथा a एक क्षण पर डोरी के किसी एक कण के विस्थापन, वेग तथा त्वरण हैं। क्या हम अनुपात-समानुपात के गणितीय सूत्रों का प्रयोग कर

$$\frac{y_{\text{max}} + v_{\text{max}}}{y_{\text{max}} - v_{\text{max}}} = \frac{v_{\text{max}} + a_{\text{max}}}{v_{\text{max}} - a_{\text{max}}}$$

लिख सकते हैं?

7. *मान लें किसी डोरी पर दो तरंगिकाएँ एक-दूसरे की ओर चल रही हैं। किसी क्षण इनके कारण कणों के विस्थापन के समीकरण $y_1 = A\sin kx$ तथा $y_2 = -A\sin kx$ हैं। इस समय परिणामी विस्थापन सभी स्थानों पर शून्य होगा। यह स्थिति उस स्थिति से कैसे भिन्न है जिसमें डोरी पर कोई तरंग जा ही नहीं रही?*

8. *हमने संपोषी (constructive) तथा विनाशकारी व्यतिकरण की बात की। क्या इनके अलावा भी किसी किस्म का व्यतिकरण हो सकता है?*

• सटीक उत्तरवाले प्रश्न I •

सही उत्तर का चयन करें।

1. एक माध्यम में एक ज्यातरंग चल रही है। इसका तरंगदैर्ध्य λ है। दो बिंदुओं, जिनकी चालें हमेशा बराबर होती हैं, के बीच की न्यूनतम दूरी होगी

(a) $\frac{\lambda}{4}$ (b) $\frac{\lambda}{3}$ (c) $\frac{\lambda}{2}$ (d) λ

2. एक माध्यम में λ तरंगदैर्ध्य वाली ज्यातरंग चल रही है। किसी क्षण एक कण का विस्थापन शून्य है। इस क्षण पर इस कण के सबसे नजदीक जिस कण का विस्थापन शून्य है, उसकी न्यूनतम दूरी होगी

(a) $\frac{\lambda}{4}$ (b) $\frac{\lambda}{3}$ (c) $\frac{\lambda}{2}$ (d) λ

3. इनमें कौन-सा समीकरण y-अक्ष की ओर जाती तरंग को निरूपित करता है?

(a) $x = A\sin(ky - \omega t)$ (b) $y = A\sin(kx - \omega t)$

(c) $y = A\sin ky\cos\omega t$ (d) $y = A\cos ky\sin\omega t$

4. समीकरण $y = A\sin^2(kx - \omega t)$ एक तरंग गति को निरूपित करता है जिसके आयाम एवं आवृत्ति हैं, क्रमशः

(a) A तथा $\frac{\omega}{2\pi}$ (b) $\frac{A}{2}$ तथा $\frac{\omega}{\pi}$

(c) $2A$ तथा $\frac{\omega}{4\pi}$ (d) $\frac{A}{2}$ तथा $\frac{\omega}{4\pi}$

5. इनमें कौन-सी यांत्रिक तरंग है?

(a) रेडियो तरंग (b) X-ray

(c) प्रकाश तरंग (d) ध्वनि तरंग

6. तालाब के शांत जल में एक कॉर्क तैर रहा है। जब पानी पर से जाती तरंग यहाँ पहुँचती है, तो कॉर्क ν आवृत्ति के साथ सरल आवर्त गति करने लगता है। तरंग की आवृत्ति होगी

(a) ν (b) $\frac{\nu}{2}$ (c) 2ν (d) $\sqrt{2}\nu$

7. दो डोरियाँ A तथा B एक ही पदार्थ की बनी हैं तथा उनमें तनाव भी एक जितना ही है। A की त्रिज्या B की त्रिज्या से दोगुनी है। एक अनुप्रस्थ तरंग, A पर v_A चाल से तथा B पर v_B चाल से चलती है। v_A/v_B का मान होगा

(a) $\frac{1}{2}$ (b) 2 (c) $\sqrt{2}$ (d) $\frac{1}{\sqrt{2}}$

8. चित्र 27-Q1 में दो डोरियाँ दिखाई गई हैं। घिरनी C का भार नगण्य मानें। दोनों डोरियाँ AB तथा CD एक ही पदार्थ की बनी हैं और इनकी अनुप्रस्थ काटें भी समान हैं। यदि एक तरंग AB में चलाई जाए तो उसकी चाल v_1 होती है और यदि तरंग CD में चलाई जाए तो उसकी चाल v_2 होती है। v_1/v_2 का मान होगा

(a) 1 (b) 2

(c) $\sqrt{2}$ (d) $1/\sqrt{2}$

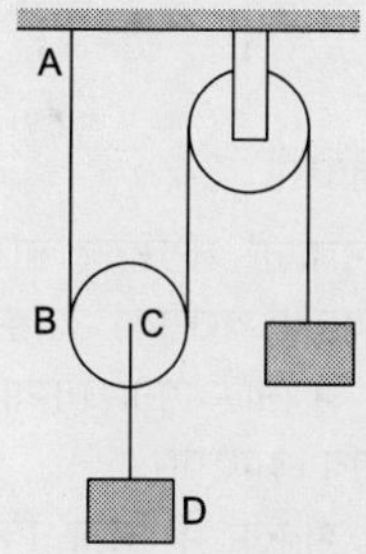

चित्र 27.Q1

9. समीकरण $y = y_0 e^{-\left(\frac{t}{\tau} - \frac{x}{1}\right)^2}$ द्वारा निरूपित तरंग पर विचार करें। इसमें ऊर्जा का प्रवाह हो रहा है

(a) धनात्मक x-दिशा की ओर (b) ऋणात्मक x-दिशा की ओर

(c) धनात्मक y-दिशा की ओर (d) ऋणात्मक y-दिशा की ओर

10. दो डोरियों को जोड़कर एक लंबी डोरी बनाई गई है। इसे खींचकर रखा जाता है और इसपर एक ओर से एक तरंग भेजी जाती है। जोड़ से परावर्तित तरंग आपतित तरंग के सापेक्ष पलट जाती है। यदि आपतित तरंग का तरंगदैर्ध्य λ तथा संचरित तरंग का तरंगदैर्ध्य λ' हो, तो

(a) $\lambda' > \lambda$

(b) $\lambda' = \lambda$

(c) $\lambda' < \lambda$

(d) इनका संबंध बताने के लिए सूचना अपर्याप्त है।

11. एक-जैसी ज्यामितीय रचना वाले दो तार A तथा B अपनी स्वाभाविक लंबाई से बराबर किंतु छोटे बल से खींचे गए हैं। इन तारों के यंग मॉड्युलस Y_A तथा Y_B हैं, जहाँ $Y_A > Y_B$। इन तारों के घनत्व ρ_A तथा ρ_B हैं, जहाँ $\rho_A > \rho_B$। एक अनुप्रस्थ तरंगिका को तार A के एक किनारे से दूसरे किनारे तक पहुँचने में t_1 समय लगता है और तार B के एक किनारे से दूसरे किनारे तक पहुँचने में t_2 समय लगता है, तो

(a) $t_1 < t_2$

(b) $t_1 = t_2$

(c) $t_1 > t_2$

(d) t_1 तथा t_2 में संबंध स्थापित करने के लिए सूचनाएँ अपर्याप्त हैं।

12. एक डोरी में जाती दो तरंगों के कारण किसी कण के विस्थापन के लिए अध्यारोपण का सिद्धांत काम करता है। ऐसा ही सिद्धांत यदि हम कण के वेग तथा गतिज ऊर्जा के अध्यारोपण के लिए भी लिखें, तो वह सही होगा

(a) वेग के लिए भी और गतिज ऊर्जा के लिए भी

(b) वेग के लिए, पर गतिज ऊर्जा के लिए नहीं

(c) गतिज ऊर्जा के लिए, पर वेग के लिए नहीं

(d) न तो वेग के लिए, न ही गतिज ऊर्जा के लिए

13. दो तरंगिकाएँ एक डोरी पर एक-दूसरे की ओर बढ़ रही हैं। दोनों एक-जैसी ही शक्ल की हैं पर दोनों की दिशाएँ एक-दूसरे से विपरीत हैं। दोनों तरंगिकाएँ जब डोरी पर एक जगह पहुँचेंगी, उसके बाद
   (a) वे समाप्त हो जाएँगी।
   (b) दाहिनी ओर जानेवाली तरंगिका बायीं ओर जाने लगेगी और बायीं ओर जानेवाली तरंगिका दाहिनी ओर जाने लगेगी।
   (c) दोनों तरंगिकाएँ अपनी-अपनी दिशा में ही बढ़ेंगी, पर उनकी शक्लों में बदलाव आएगा।
   (d) दोनों तरंगिकाएँ शक्ल में बिना किसी प्रकार के बदलाव के अपनी-अपनी दिशा में बढ़ेंगी।

14. समान आवृत्ति वाली दो प्रगामी तरंगें, जिनके आयाम क्रमशः A_1 तथा A_2 हैं, एक ही डोरी पर, एक ही दिशा में जा रही हैं। यदि $A_1 > A_2$ हो, तो अधिकतम संभव आयाम तथा न्यूनतम संभव आयाम का अंतर होगा
   (a) $2A_1$ (b) $2A_2$
   (c) $A_1 + A_2$ (d) $A_1 - A_2$

15. बराबर आयाम A तथा बराबर आवृत्ति वाली दो तरंगें एक ही दिशा में एक माध्यम में चल रही हैं। परिणामी तरंग का आयाम होगा
   (a) 0 (b) A
   (c) $2A$ (d) 0 एवं $2A$ के बीच

16. समान आवृत्ति वाली दो sine waves एक माध्यम में, एक ही दिशा में चल रही हैं। इनमें से प्रत्येक का आयाम A है। दोनों तरंगों के बीच कलांतर 120° है। परिणामी तरंग का आयाम होगा
   (a) A (b) $2A$ (c) $4A$ (d) $\sqrt{2}A$

• सटीक उत्तरवाले प्रश्न II •

सही उत्तर (उत्तरों) का चयन करें।

1. एक अनुप्रस्थ यांत्रिक तरंग किसी माध्यम में z-अक्ष की ओर चल रही है। माध्यम के कण अवश्य ही
   (a) z-दिशा में चल रहे होंगे
   (b) x-दिशा में चल रहे होंगे
   (c) y-दिशा में चल रहे होंगे
   (d) xy-तल में चल रहे होंगे

2. एक डोरी पर एक sine wave चल रही है। इस डोरी के कणों की सरल आवर्त गतियों पर विचार करें।
   (a) इनके आयाम बराबर हैं।
   (b) इनकी कोणीय आवृत्तियाँ बराबर हैं।
   (c) किसी क्षण इनकी गतिज ऊर्जाएँ बराबर हैं।
   (d) किसी क्षण इनकी स्थितिज ऊर्जाएँ बराबर हैं।

3. एक डोरी पर एक sine wave जा रही है। डोरी के दो बिंदुओं A एवं B की गतियों में π का कलांतर है। इसका अर्थ है
   (a) A की गति की आवृत्ति B की गति की आवृत्ति से आधी है।
   (b) A तथा B विपरीत दिशाओं में चलते हैं।
   (c) A तथा B के बीच की दूरी अवश्य ही तरंगदैर्घ्य की आधी होगी।
   (d) A तथा B के विस्थापनों के परिमाण बराबर होंगे।

4. एक sine wave का समीकरण है,
$$y = (0.001 \text{ m}) \sin[(50 \text{ s}^{-1})t + (2.0 \text{ m}^{-1})x].$$
   (a) तरंग की चाल 100 m/s है।
   (b) तरंगदैर्घ्य 2.0 m है।
   (c) आवृत्ति $25/\pi$ Hz है।
   (d) आयाम 0.001 m है।

5. इनमें से कौन प्रगामी तरंग का समीकरण है?
   (a) $A \sin kx \cos \omega t$
   (b) $A \cos kx \sin \omega t$
   (c) $A[\sin kx \cos \omega t - \cos kx \sin \omega t]$
   (d) $A[\sin kx \cos \omega t + \cos kx \sin \omega t]$

6. एक प्रयोगशाला में एक विद्यार्थी एक लंबे तार पर A_1 आयाम तथा ν_1 आवृत्ति की प्रगामी तरंग उत्पन्न करता है। अगले दिन एक दूसरा विद्यार्थी इसी तार पर A_2 आयाम तथा ν_2 आवृत्ति की प्रगामी तरंग पैदा करता है। इन दोनों प्रयोगों में तरंग द्वारा ऊर्जा प्रवाह की दर अवश्य ही बराबर होगी यदि
   (a) $A_1 = A_2$ (b) $\nu_1 = \nu_2$
   (c) $A_1\nu_1 = A_2\nu_2$ (d) $\frac{A_1}{\nu_1} = \frac{A_2}{\nu_2}$

7. दो तरंगें $y = A_1 \sin(kx - \omega t)$ तथा $y = A_2 \cos(kx - \omega t)$ आपस में व्यतिकरण कर रही हैं। परिणामी तरंग का आयाम होगा
   (a) $A_1 + A_2$
   (b) $|A_2 - A_1|$
   (c) A_1 तथा A_2 में से प्रत्येक से छोटा
   (d) A_1 तथा A_2 में से प्रत्येक से बड़ा

• अभ्यास के प्रश्न •

1. एक डोरी पर 40 cm/s की चाल से एक तरंगिका जा रही है। $t = 0$ पर इस तरंगिका का महत्तम बिंदु $x = 0$ पर है। यह महत्तम बिंदु $t = 5$ s पर कहाँ पर होगा?

2. x-अक्ष के अनुदिश तनी एक डोरी पर एक तरंगिका चल रही है। इसके विस्थापन का समीकरण,
$$y = Ae^{-\left(\frac{x}{a}+\frac{t}{T}\right)^2}$$

है। (a) A, a तथा T की विमाएँ निकालें, (b) तरंगिका की चाल निकालें, (c) यह तरंगिका किस दिशा में चल रही है? (d) इस तरंगिका का महत्तम $t = T$ पर कहाँ होगा? $t = 2T$ पर कहाँ होगा?

3. चित्र 27.E1 में एक डोरी पर एक तरंगिका दिखाई गई है। यह स्थिति $t = 0$ की है और तरंगिका 10 cm/s की चाल से धनात्मक x-दिशा में चल रही है। डोरी की शक्ल $t = 1$ s, 2 s तथा 3 s पर बनाएँ।

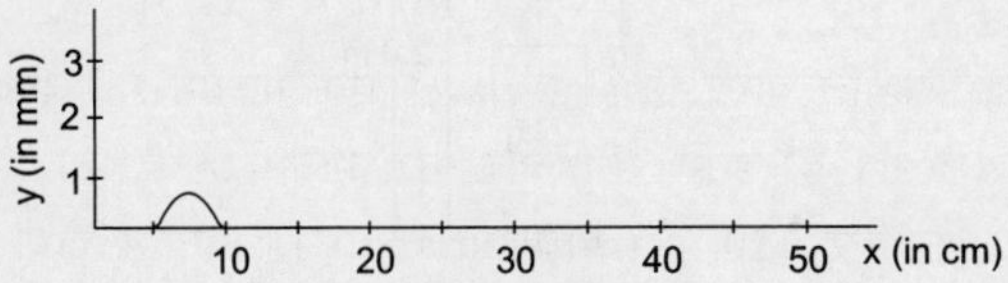

चित्र 27.E1

4. एक डोरी पर जाती एक तरंगिका निम्नलिखित समीकरण से निरूपित होती है।

$$y = \frac{a^3}{(x - vt)^2 + a^2},$$

जहाँ $a = 5$ mm तथा $v = 20$ cm/s है। डोरी की शक्ल $t = 0$, 1 s तथा 2 s पर बनाएँ। $x = 0$ को डोरी के मध्य में कहीं लें।

5. एक डोरी पर एक तरंग धनात्मक x-दिशा में v चाल से चल रही है। $x = 0$ पर स्थित डोरी के कण की गति $y = A \sin \frac{t}{T}$ से दी जाती है, जहाँ A तथा T अचर राशियाँ हैं। तरंग का समीकरण लिखें।

6. एक डोरी पर एक तरंगिका धनात्मक x-दिशा में v चाल से चल रही है। समय $t = 0$ पर डोरी की शक्ल $y = A\sin\left(\frac{x}{a}\right)$ से दी जाती है, जहाँ A तथा a अचर राशियाँ हैं। इस तरंगिका के लिए विस्थापन का समीकरण लिखें।

7. एक डोरी पर एक तरंगिका ऋणात्मक y-दिशा में v चाल से चल रही है। समय $t = t_0$ पर डोरी की शक्ल $y = A\sin\left(\frac{x}{a}\right)$ है, जहाँ A तथा a अचर राशियाँ हैं। तरंगिका का समीकरण निकालें।

8. एक डोरी पर चलती तरंग का समीकरण है,

$$y = (0.10 \text{ mm}) \sin [(31.4 \text{ m}^{-1})x + (314 \text{ s}^{-1})t].$$

(a) तरंग किस दिशा में चल रही है? (b) तरंग की चाल, तरंगदैर्घ्य तथा आवृत्ति निकालें। (c) डोरी के किसी कण का अधिकतम विस्थापन तथा उसकी अधिकतम चाल निकालें।

9. एक तरंग धनात्मक x-दिशा में 20 m/s की चाल से चल रही है। तरंग का आयाम 0.20 cm तथा तरंगदैर्घ्य 2.0 cm है। (a) इस तरंग के लिए एक संभव समीकरण लिखें। (b) इस समीकरण के अनुसार $x = 2.0$ cm पर स्थित कण का $t = 0$ पर विस्थापन तथा इसी क्षण उसकी चाल निकालें। क्या आप दी हुई सूचनाओं के आधार पर तरंग का कोई और समीकरण लिख सकते हैं जिससे इस कण के विस्थापन और चाल के भिन्न मान आएँ?

10. एक तरंग का समीकरण,

$$y = (1.0 \text{ mm}) \sin\left[\pi\left(\frac{x}{2.0 \text{ cm}} - \frac{t}{0.01 \text{ s}}\right)\right]$$

है। (a) तरंग का आवर्तकाल तथा तरंगदैर्घ्य निकालें। (b) समय $t = 0.01$ s पर 1.0 cm, 3.0 cm, 5.0 cm तथा 7.0 cm पर स्थित कणों के वेग निकालें। (c) $x = 1.0$ cm पर स्थित कण के वेग समय $t = 0.011$ s, $t = 0.012$ s, तथा $t = 0.013$ s पर निकालें।

11. एक तनी हुई डोरी पर एक तरंग जा रही है। इसका कोई कण अपने अधिकतम विस्थापन की स्थिति से मध्य स्थिति तक पहुँचने में 5.0 ms का समय लेता है। अपनी मध्य स्थिति पर स्थित सबसे नजदीक वाले दो कणों के बीच की दूरी 2.0 cm है। तरंग की आवृत्ति, तरंगदैर्घ्य तथा तरंग की चाल निकालें।

12. x-अक्ष के अनुदिश तनी हुई एक डोरी पर 20 cm/s की चाल से एक तरंग धनात्मक x-दिशा में चल रही है। चित्र 27.E2 में समय $t = 0$ पर इस डोरी के कणों के विस्थापन दिखाए गए हैं। ज्ञात करें (a) आयाम (b) तरंगदैर्घ्य तथा (c) तरंग संख्या (wave number $1/\lambda$) (d) तरंग की आवृत्ति।

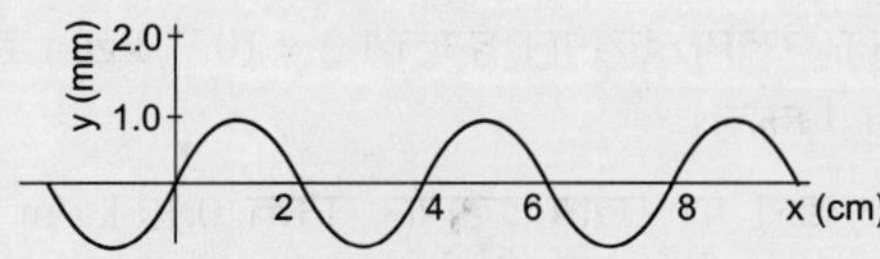

चित्र 27.E2

13. एक तनी हुई डोरी पर 10 m/s की चाल से जाती तरंग के कारण इसके कण 20 ms आवर्तकाल के साथ सरल आवर्त गति करते हैं। (a) इस तरंग का तरंगदैर्घ्य कितना है? (b) यदि किसी क्षण किसी कण का विस्थापन 1.5 mm है, तो उसी क्षण इससे 10 cm दूर वाले कण का विस्थापन कितना होगा?

14. स्टील के एक तार की लंबाई 64 cm तथा इसका द्रव्यमान 5 g है। यदि इसके किनारों पर 8 N का बल लगाकर इसे खींचा जाए तो इसपर जाती एक अनुप्रस्थ तरंग की चाल कितनी होगी?

15. अपने दोनों किनारों पर बँधी एक डोरी की लंबाई 20 cm, इसका रेखीय द्रव्यमान घनत्व 0.40 g/cm तथा तनाव 16 N है। समय $t = 0$ पर इसके एक किनारे पर एक छोटी-सी तरंगिका पैदा की जाती है जो दूसरे किनारे की ओर चलती है (चित्र 27.E3)। कितने समय बाद डोरी की शक्ल फिर से वैसी ही हो जाएगी जैसी $t = 0$ पर चित्र में दिखाई गई है?

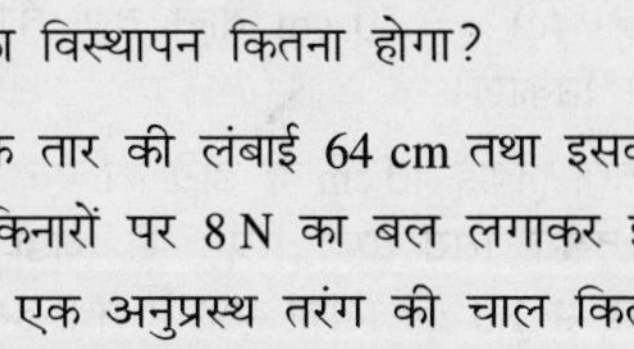

चित्र 27.E3

16. रेखीय द्रव्यमान घनत्व 0.5 g/cm वाली 30 cm लंबी एक डोरी का एक सिरा एक दीवार से बँधा है और दूसरे सिरे पर एक घर्षणरहित रिंग लगी है। यह रिंग एक स्थिर छड़ में पहनाई हुई है (चित्र 27.E4)। इस डोरी पर एक तरंगिका उत्पन्न की जाती है जो

रिंग की ओर 2 m/s की चाल से चलती है। तरंगिका अपने अधिकतम विस्थापन वाले बिंदु के दोनों ओर एक-जैसी (symmetric) है। प्रारंभ में यह बिंदु रिंग से 20 cm दूरी पर है। (a) डोरी का तनाव निकालें। (b) किसी प्रकार के ऊर्जा अवशोषण को नगण्य मानते हुए यह बताएँ कि कितने समय बाद तरंगिका पुनः चित्र में दिखाई शक्ल को पा लेगी। (c) तरंगिका की डोरी पर गति आवर्ती है। इस गति का आवर्तकाल निकालें।

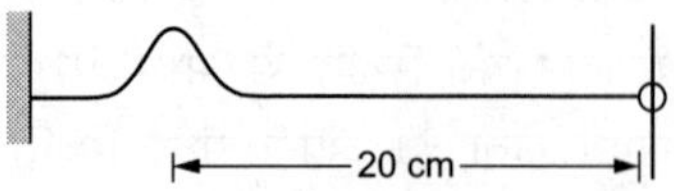

चित्र 27-E4

17. समान अनुप्रस्थ काट परंतु असमान घनत्व वाले दो तार एक किनारे पर आपस में जोड़ दिए गए हैं और इस संयुक्त तार को T तनाव में रखा गया है। पहले तार में एक अनुप्रस्थ तरंग की चाल v_0 है और दूसरे में $v_0/2$ है। पहले तार तथा दूसरे तार के घनत्वों का अनुपात निकालें।

18. एक तनी हुई डोरी पर जाती प्रगामी तरंग का समीकरण है,

$$y = (0.02\text{ m})\cos[(1.0\text{ m}^{-1})x + (30\text{ s}^{-1})t].$$

यदि इसका रेखीय द्रव्यमान घनत्व 1.2×10^{-4} kg/m हो, तो डोरी में तनाव निकालें।

19. एक लंबी डोरी का रेखीय द्रव्यमान घनत्व 0.10 kg/m है तथा इसे 90 N के तनाव में रखा गया है। इसपर एक ज्यातरंग भेजी जाती है, जिससे इसके कण 1.0 cm के आयाम के साथ सरल आवर्त गति करते हैं। किसी कण का विस्थापन प्रतिसेकंड 200 बार शून्य हो जाता है। (a) तरंग की चाल तथा तरंगदैर्ध्य निकालें। (b) मान लें कि तरंग धनात्मक x-दिशा में चल रही है, तथा $t = 0$ पर $x = 0$ वाला कण अपने महत्तम (धनात्मक) विस्थापन पर है। इस तरंग का समीकरण लिखें। (c) x = 50 cm वाले कण का वेग तथा त्वरण t = 10 ms पर निकालें।

20. द्रव्यमान 10 g तथा लंबाई 40 cm की डोरी का एक सिरा एक दीवार से बँधा है और दूसरा सिरा एक स्प्रिंग से जुड़ा है। स्प्रिंग अपनी स्वाभाविक लंबाई से 1.0 cm खिंचा हुआ है तथा इसका स्प्रिंग नियतांक 160 N/m है। यदि इस डोरी पर दीवार के पास एक तरंगिका उत्पन्न की जाए तो उसे स्प्रिंग तक पहुँचने में कितना समय लगेगा?

21. दो ब्लॉक जिनमें से प्रत्येक का द्रव्यमान 3.2 kg है, एक तार CD से जुड़े हैं और यह पूरी संहति एक तार AB द्वारा छत से लटकाई हुई है (चित्र 27.E5)। तार AB तथा CD के रेखीय द्रव्यमान घनत्व क्रमशः 10 g/m तथा 8 g/m है। AB तथा CD तारों में संभावित अनुप्रस्थ तरंगों की चालें बताएँ।

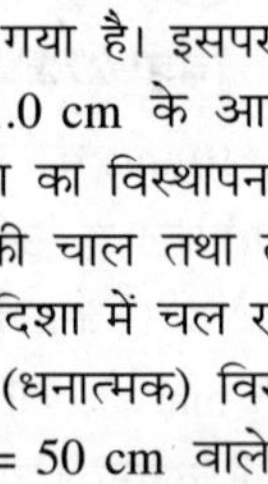

चित्र 27.E5

22. चित्र 27.E6 में 2 kg का एक ब्लॉक एक चिकनी घिरनी पर से जाती डोरी द्वारा फर्श से जुड़ा है। डोरी का द्रव्यमान 4.5 g है तथा लंबाई 2.25 m है (घिरनी का व्यास बहुत छोटा है)। डोरी में फर्श के पास उत्पन्न किए गए तरंगिका को घिरनी तक पहुँचने में कितना समय लगेगा?

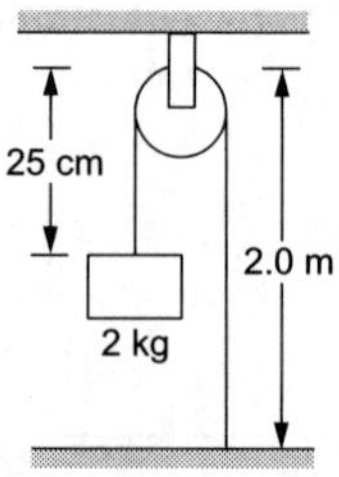

चित्र 27.E6

23. 4.0 kg द्रव्यमान के एक ब्लॉक को 19.2×10^{-3} kg/m रेखीय द्रव्यमान घनत्व वाली डोरी की सहायता से एक लिफ्ट की छत से लटकाया गया है। यदि लिफ्ट ऊपर की ओर 2.0 m/s² के त्वरण से चल रही हो, तो इस डोरी पर उत्पन्न तरंगिका की चाल (लिफ्ट के फ्रेम में) कितनी होगी?

24. एक मोटर कार की छत से एक डोरी द्वारा एक भारी ब्लॉक लटकाया हुआ है। जब कार स्थिर होती है, तो इस डोरी पर उत्पन्न तरंगिका 60 cm/s की चाल से चलती है। जब कार क्षैतिज सड़क पर एक त्वरण के साथ चलती है तो डोरी पर उत्पन्न तरंगिका 62 cm/s की चाल से चलती है। कार का त्वरण निकालें।

25. तार का बना एक वृत्ताकार लूप एक घर्षणरहित क्षैतिज सतह पर अपने अक्ष के प्रति एकसमान कोणीय वेग से घूम रहा है। तार के किसी कण की रेखीय चाल v है। यदि इस तार पर अनुप्रस्थ दिशा में एक तरंगिका उत्पन्न की जाए, तो वह तार पर किस चाल से (तार के फ्रेम में) चलेगी?

26. एकसमान घनत्व वाली L लंबाई की एक भारी डोरी छत से लटकी है। (a) डोरी के निचले सिरे से दूरी के फलन के रूप में डोरी पर जाती अनुप्रस्थ तरंग की चाल निकालें। (b) यदि डोरी के निचले सिरे पर एक अनुप्रस्थ तरंगिका उत्पन्न की जाए, तो इसे छत तक पहुँचने में कितना समय लगेगा? (c) जिस समय डोरी के निचले सिरे पर तरंगिका उत्पन्न की जाती है, उसी समय डोरी के ऊपरी सिरे के पास से एक भारी कण गिराया जाता है। ये दोनों, डोरी पर कहाँ मिलेंगे?

27. दो लंबी डोरियाँ, A तथा B, जिनमें से प्रत्येक का रेखीय द्रव्यमान घनत्व 12 g/m है, क्रमशः 4.8 N तथा 7.5 N के तनाव के साथ x-अक्ष के समानांतर रखी गई हैं। डोरी A पर $t = 0$ पर तथा डोरी B पर t = 20 ms पर x = 0 पर तरंगिकाएँ उत्पन्न की जाती हैं, जो धनात्मक x-दिशा में चलती हैं। कब और कहाँ, B पर की तरंगिका A पर की तरंगिका को पार करेगी?

28. आयाम 0.50 mm तथा आवृत्ति 100 Hz की एक अनुप्रस्थ प्रगामी तरंग 100 N तनाव वाले एक तार में 100 m/s की चाल से चल रही है। तरंग का स्रोत तार को किस औसत दर से ऊर्जा प्रदान कर रहा है?

29. रेखीय द्रव्यमान घनत्व 6 g/m तथा 60 N तनाव वाली एक डोरी पर 1 mm आयाम तथा 200 Hz आवृत्ति वाली एक तरंग चल रही है। (a) डोरी के किसी बिंदु से जाती ऊर्जा की औसत दर निकालें। (b) डोरी की 2.0 m लंबाई की तरंग में कुल कितनी ऊर्जा स्थित है?

30. आवृत्ति 440 Hz वाला एक स्वरित्र द्विभुज (tuning fork) एक तनी हुई लंबी डोरी से जुड़ा है। डोरी का रेखीय द्रव्यमान घनत्व 0.01 kg/m है तथा इसमें तनाव 49 N है। यह द्विभुज डोरी पर 0.50 mm आयाम की अनुप्रस्थ प्रगामी तरंग पैदा करता है जिसकी आवृत्ति द्विभुज की आवृत्ति के बराबर है। (a) तरंग की चाल तथा तरंगदैर्घ्य निकालें। (b) डोरी के किसी कण की अधिकतम चाल तथा उसका अधिकतम त्वरण निकालें। (c) किस औसत दर से स्वरित्र द्विभुज डोरी को ऊर्जा प्रदान कर रहा है?

31. किसी माध्यम में एक ही दिशा में चलती दो तरंगों की आवृत्ति तथा उनका तरंगदैर्घ्य बराबर हैं। यदि प्रत्येक तरंग का आयाम 4 mm और उनके बीच का कलांतर 90° हो, तो परिणामी आयाम क्या होगा?

32. चित्र 27.E7 में एक तनी हुई डोरी पर दो तरंगिकाएँ समय $t = 0$ पर विपरीत दिशाओं में चलती हुई दिखाई गई हैं। प्रत्येक तरंगिका की चाल 50 cm/s है। समय $T = 4$ ms, 6 ms तथा 12 ms पर डोरी की शक्ल दर्शाने वाला ग्राफ खींचें।

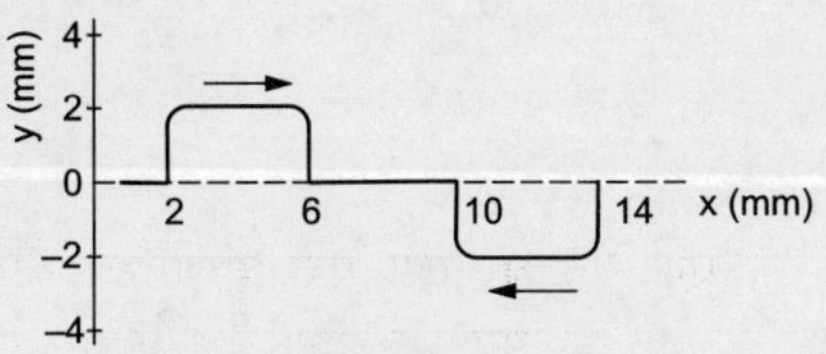

चित्र 27.E7

33. एक डोरी पर दो प्रगामी तरंगें एक ही दिशा में चल रही हैं। प्रत्येक की आवृत्ति 100 Hz तथा तरंगदैर्घ्य 2.0 cm हैं। (a) यदि दूसरी तरंग पहली से 0.015 s बाद, परंतु एक ही बिंदु से प्रारंभ की गई हो, तो उनके बीच कलांतर कितना होगा? (b) यदि दोनों तरंगें एक ही क्षण प्रारंभ की गई हों, पर दूसरी तरंग के स्रोत का स्थान पहली तरंग के स्रोत के स्थान से 4.0 cm पीछे हो तो उनके बीच कलांतर कितना होगा? (c) यदि प्रत्येक तरंग का आयाम 2.0 mm हो, तो (a) तथा (b) की स्थितियों में परिणामी तरंग के आयाम क्या होंगे?

34. तनाव T तथा रेखीय द्रव्यमान घनत्व μ वाली एक डोरी की स्थिति किसी समय $y = A\sin kx$ द्वारा दी जाती है। यह स्थिति चित्र 27.E8 में दिखाई गई है। डोरी के कण अपने तनाव बलों के कारण ही गति करते हैं। x तथा $x + dx$ के बीच में आई डोरी के भाग AB का विचार करें। A बिंदु से डोरी पर खींची गई स्पर्शरिखा x-अक्ष से θ कोण बना रही है तथा B बिंदु से खींची स्पर्शरिखा $\theta + d\theta$ कोण बना रही है। छोटे आयाम A के लिए θ का मान भी छोटा होगा और आप $\sin\theta \approx \theta$ तथा $\cos\theta \approx 1$ का प्रयोग कर सकते हैं। (a) AB पर दोनों ओर से लगते तनाव के बलों के x- तथा y-घटक लिखें। दिखाएँ कि कुल परिणामी बल का x-घटक शून्य तथा y-घटक $Td\theta$ है। (b) दिखाएँ कि $d\theta = -k^2 y dx$ है तथा कुल परिणामी बल को k, T, y तथा dx के पदों में व्यक्त करें। (c) न्यूटन के द्वितीय गति-नियम का प्रयोग कर दिखाएँ कि AB भाग का त्वरण x-अक्ष से इसके विस्थापन y के समानुपाती है तथा x-अक्ष की ओर है। इस परिणाम से इसकी सरल आवर्त गति की कोणीय आवृत्ति ω निकालें। दिखाएँ कि $\omega = kv$ है, जहाँ $v = \sqrt{F/\mu}$ डोरी पर तरंग की चाल है।

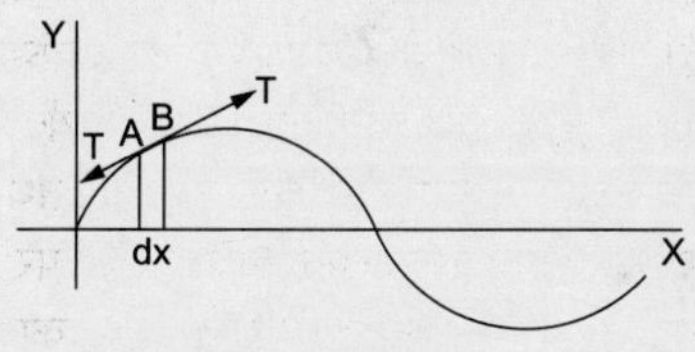

चित्र 27.E8

• उत्तर •

सटीक उत्तरवाले प्रश्न I

1. (c)	**2.** (c)	**3.** (a)	**4.** (b)
5. (d)	**6.** (a)	**7.** (a)	**8.** (d)
9. (a)	**10.** (c)	**11.** (d)	**12.** (b)
13. (d)	**14.** (b)	**15.** (d)	**16.** (a)

सटीक उत्तरवाले प्रश्न II

1. (d)	**2.** (a), (b)	**3.** (b), (c), (d)	**4.** (c), (d)
5. (c), (d)	**6.** (c)	**7.** (d)	

अभ्यास के प्रश्न

1. $x = -2$ m पर

2. (a) L, L, T (b) $\frac{a}{T}$ (c) ऋणात्मक x-दिशा में

(d) $x = -a$ और $x = -2a$

5. $f(x,t) = A \sin\left(\frac{t}{T} - \frac{x}{vT}\right)$ **6.** $f(x,t) = A \sin \frac{x - vt}{a}$

7. $f(x,t) = A \sin \frac{x - v(t - t_0)}{a}$

8. (a) ऋणात्मक x-दिशा में (b) 10 m/s, 20 cm, 50 Hz

(c) 0.10 mm, 3.14 cm/s

9. एक संभव उत्तर

(a) $y = (0.20\text{ cm}) \sin[(\pi\text{ cm}^{-1})x - (2\pi \times 10^3\text{ s}^{-1})t]$

(b) 0, 4π m/s, हो सकता है

10. (a) 20 ms, 4.0 cm (b) 0

(c) 9.7 cm/s, 18 cm/s, 25 cm/s

11. 50 Hz, 4.0 cm, 2.0 m/s

12. (a) 1.0 mm (b) 4 cm (c) 0.25 cm^{-1} (d) 5 Hz

13. (a) 20 cm (b) –1.5 mm **14.** 32 m/s
15. 0.02 s **16.** (a) 2×10^{-3} N (b) 2 s (c) 3 s
17. 0.25 **18.** 0.108 N
19. (a) 30 m/s, 30 cm (b) $y=(1.0\text{ cm})\cos 2\pi\left[\frac{x}{30\text{ cm}}-\frac{t}{0.01\text{ s}}\right]$
(c) –5.4 m/s, 2.0 km/s^2
20. 0.05 s **21.** 79 m/s और 63 m/s **22.** 0.02 s
23. 50 m/s **24.** 3.7 m/s^2 **25.** v
26. (a) $\sqrt{gx}$ (b) $\sqrt{\frac{4L}{g}}$ (c) नीचे से $\frac{L}{3}$ दूरी पर
27. $x=2.0$ m और $t=100$ ms पर
28. 49 mW **29.** (a) 0.47 W (b) 9.4 mJ
30. (a) 70 m/s, 16 cm (b) 1.4 m/s, 3.8 km/s^2 (c) 0.67 W
31. $4\sqrt{2}$ mm **33.** (a) 3π (b) 4π (c) 0, 4.0 mm

❑

अध्याय 28

डोरियों पर अप्रगामी तरंगें

सितार, गिटार, वायलिन आदि ऐसे वाद्ययंत्र हैं जिनमें तने हुए तारों को कंपित कर संगीत उत्पन्न किया जाता है। आपने भी ऐसे यंत्रों का उपयोग किया होगा। इन सभी वाद्ययंत्रों में लगे तारों को कसने के लिए पेंच लगे होते हैं और वादक अपना कार्यक्रम प्रारंभ करने के पहले इन पेंचों से तारों के तनाव को व्यवस्थित करते हैं। संगीतयंत्र के तार को अलग-अलग स्थानों पर रगड़ने या खींचकर छोड़ने से अलग-अलग प्रकार की ध्वनियाँ निकलती हैं। ये ध्वनियाँ भी तरंग गति हैं और आवृत्ति के अनुसार यह कानों को अलग-अलग प्रकार का अनुभव देती हैं। संगीतयंत्र के तार से उत्पन्न ध्वनि की आवृत्ति उतनी ही होती है, जितनी तार के कंपन की आवृत्ति। संगीतवादक कैसे तारों के कंपन की आवृत्तियों को नियंत्रित करते हैं? इसका सीधा-सा उत्तर तने हुए तार पर चलनेवाली तरंगों के अध्यारोपण में निहित है। वादक तार को खींचकर या रगड़कर उसमें तरंगों का निर्माण करते हैं और ये तरंगें स्थिर किनारों पर बार-बार परावर्तित होती हैं। इन विभिन्न दिशाओं में जाती तरंगों के अध्यारोपण से ही विभिन्न प्रकार की आवृत्तियों के कंपन उत्पन्न होते हैं। इस अध्याय में हम तनी हुई, सीमित लंबाई की डोरी या तार में कंपन के नियमों का अध्ययन करेंगे।

28.1 अप्रगामी तरंग

मान लें कि एक लंबी, तनी हुई डोरी पर समान आयाम तथा समान आवृत्ति की दो ज्यातरंगें (sine waves) विपरीत दिशाओं में चल रही हैं। डोरी के एक विशेष स्थान को $x = 0$ तथा एक विशेष क्षण को $t = 0$ कहने पर हम इन तरंगों के समीकरण इस प्रकार लिख सकते हैं,

$$y_1 = A\cos(kx - \omega t)$$

तथा $$y_2 = A\cos(kx + \omega t + \delta).$$

चूँकि हम $x = 0$, $t = 0$ का अपने अनुसार चुनाव कर एक ही तरंग के समीकरण में कला-कोण को शून्य बना सकते हैं, हमने y_1 में कला कोण को शून्य माना है और y_2 में इसे δ लिखा है।

अध्यारोपण के सिद्धांत के अनुसार, डोरी में किसी कण का कुल विस्थापन,

$$\begin{aligned} y &= y_1 + y_2 \\ &= A\cos(kx - \omega t) + A\cos(kx + \omega t + \delta) \\ &= 2A\cos\left(kx + \frac{\delta}{2}\right)\cos\left(\omega t + \frac{\delta}{2}\right). \qquad \dots (28.1) \end{aligned}$$

डोरी पर के किसी एक कण का विचार करें। इसके लिए x अचर है। अतः,

$$A_x = 2A\cos\left(kx + \frac{\delta}{2}\right)$$

का मान भी अचर है।

अतः, $y = A_x \cos\left(\omega t + \frac{\delta}{2}\right).$

अतः, यह कण $|A_x|$ आयाम के साथ सरल आवर्त गति कर रहा है। चूँकि A_x का मान x पर निर्भर करता है, डोरी के अलग-अलग कणों के लिए इस आयाम का मान भी अलग-अलग होगा। विशेषकर डोरी के उन कणों का विचार करें जिनके लिए

$$\cos\left(kx + \frac{\delta}{2}\right) = 0$$

या $$kx + \frac{\delta}{2} = \left(n + \frac{1}{2}\right)\pi, \text{ जहाँ } n \text{ एक पूर्णांक है}$$

या $$x = \left(n + \frac{1}{2}\right)\frac{\pi}{k} - \frac{\delta}{2k} = \frac{n\pi}{k} + \left(\frac{\pi - \delta}{2k}\right) = \frac{n\lambda}{2} + \delta',$$

यहाँ $n = 0, 1, 2, \dots$ रखने पर ये कण $x = \delta', \frac{\lambda}{2} + \delta', \lambda + \delta', \frac{3\lambda}{2} + \delta' \dots$, पर स्थित होंगे। अर्थात, प्रत्येक $\frac{\lambda}{2}$ दूरी पर एक कण ऐसा होगा जिसके लिए आयाम $A_x = 2A\cos\left(kx + \frac{\delta}{2}\right) = 0$ होगा। अर्थात, ये कण अपनी जगह पर ही स्थिर रहेंगे और समय बीतने के साथ कोई गति नहीं करेंगे। ऐसे कणों के स्थान को निस्पंद (node) कहते हैं।

इन निस्पंद वाले बिंदुओं के मध्य में वे बिंदु होंगे जिनके लिए

$$\left(kx + \frac{\delta}{2}\right) = n\pi$$

या $$A_x = 2A\cos\left(kx + \frac{\delta}{2}\right) = \pm 2A,$$

ये सभी कण अधिकतम आयाम $2A$ के साथ कंपन करेंगे। ऐसे कणों के स्थान को प्रस्पंद (antinode) कहते हैं।

चित्र 28.1 में किसी क्षण t पर समीकरण (28.1) के अनुसार y तथा x के बीच खींचा गया ग्राफ दिखाया गया है। मान लें कि हमने उस क्षण को चुना है जब $\cos\left(\omega t + \dfrac{\delta}{2}\right) = 1$ हो।

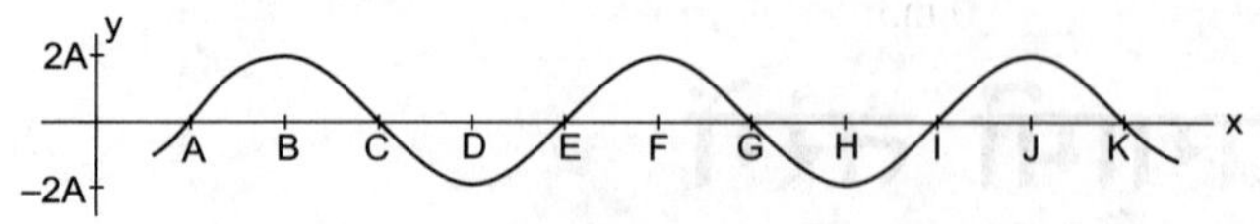

चित्र 28.1

यह ग्राफ देखने में वैसा ही लगता है जैसे प्रगामी तरंग के लिए हमने दिखाया था, पर यह गति प्रगामी तरंग की गति से बिलकुल अलग है। यहाँ A, C, E, G, I, K आदि निस्पंद वाले बिंदु हैं जहाँ के कण समय बीतने के साथ हिलते तक नहीं। B, F, J आदि बिंदु प्रस्पंद के बिंदु हैं जहाँ के कण धनात्मक दिशा में अपने आयाम वाले स्थान पर हैं। इसी तरह D, H आदि प्रस्पंद के बिंदु हैं, जहाँ के कण ऋणात्मक दिशा में अपने आयाम पर हैं।

चित्र 28.1 में दिखाई गई स्थिति में न केवल प्रस्पंद वाले सभी कण अपने आयामों पर हैं, बल्कि इस क्षण डोरी के सभी कण अपने-अपने (धनात्मक या ऋणात्मक दिशा में) आयामों पर हैं।

किसी भी कण के लिए,

$$y = 2A\cos\left(kx + \frac{\delta}{2}\right)\cos\left(\omega t + \frac{\delta}{2}\right)$$

$$= 2A\cos\left(kx + \frac{\delta}{2}\right) = A_x.$$

परंतु, $|A_x|$ तो उस कण के आयाम के बराबर है। अर्थात, इस समय t पर सभी कण या तो धनात्मक दिशा में या ऋणात्मक दिशा में अपने-अपने आयाम पर होंगे। A से C तक के सारे कण धनात्मक दिशा में अपने आयाम पर हैं, जबकि C से E तक के सारे कण ऋणात्मक दिशा में अपने आयाम पर हैं। A से C तक के सारे कण समान कला (phase) के साथ सरल आवर्त गति कर रहे हैं। C से E तक के सारे कण समान कला के साथ सरल आवर्त गति कर रहे हैं। A से C के बीच के किसी कण की गति तथा C से E के बीच के किसी कण की गति के बीच π का कलांतर है।

अब उस क्षण t पर विचार करें जिसके लिए $\cos\left(\omega t + \dfrac{\delta}{2}\right) = 0$ हो, तब सभी कणों के विस्थापन $y = 0$ हो जाएँगे, अर्थात डोरी के सभी कण अपनी-अपनी विरामावस्था से गुजर रहे होंगे। A से C तक के कणों के वेग ऋणात्मक y-दिशा में होंगे तो C से E तक के कणों के वेग धनात्मक y-दिशा में होंगे।

चित्र 28.2 में डोरी की शक्ल एक पूरे आवर्तकाल T में $T/8$ के समय अंतराल पर खींची गई है। चित्र 28.2 में यदि आवृत्ति इतनी अधिक हो कि आप डोरी की विभिन्न स्थितियों को अलग-अलग न देख पाएँ तो आपको डोरी एक फैले हुए पंखे की तरह लगेगी। यह स्थिति चित्र 28.3 में दिखाई गई है।

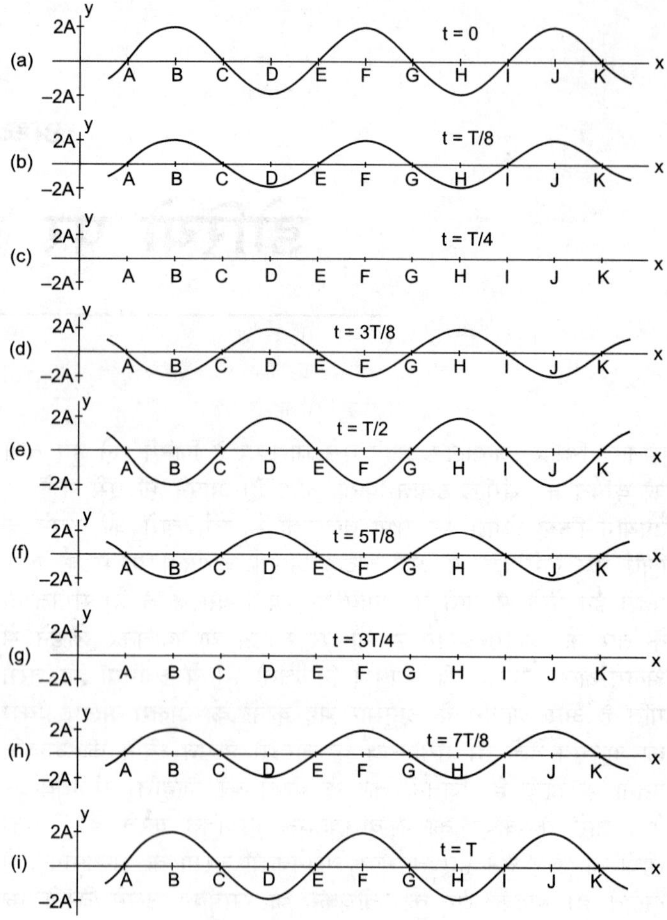

चित्र 28.2

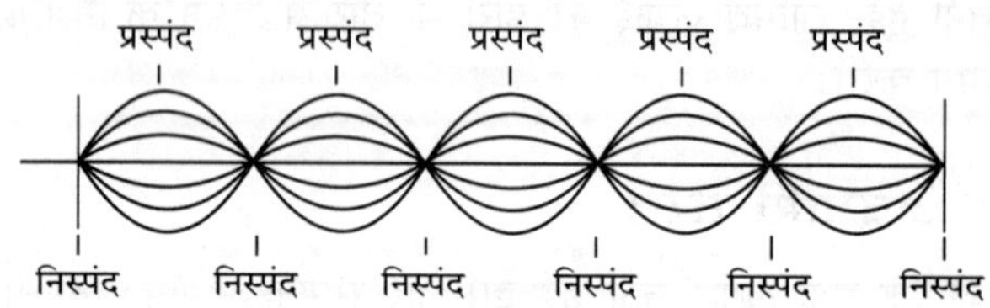

चित्र 28.3

चूँकि निस्पंद पर कणों का विस्थापन सदा शून्य है, इसलिए इससे ऊर्जा का स्थानांतरण नहीं हो सकता।

प्रगामी तरंग तथा अप्रगामी तरंगों की गतियों के प्रकार में बहुत अंतर है। हम इन गतियों के प्रमुख अंतरों को नीचे सूचीबद्ध कर रहे हैं।

प्रगामी तथा अप्रगामी तरंगों में अंतर

1. प्रगामी तरंगों में माध्यम में उत्पन्न विक्षोभ (disturbance) तरंग की दिशा में आगे बढ़ता है, पर अप्रगामी तरंगों में यह विक्षोभ माध्यम में सीमित स्थान पर ही रहता है।
2. प्रगामी तरंगों में सभी कणों की गति एकसमान होती है, यद्यपि दो कणों की गतियों में कलांतर होता है। पर, अप्रगामी तरंगों में अलग-अलग कण अलग-अलग आयाम की सरल आवर्त गतियाँ करते हैं।

3. अप्रगामी तरंगों में निस्पंद होते हैं जहाँ के कण कोई भी गति नहीं करते। प्रगामी तरंगों में ऐसा कोई कण नहीं होता।
4. अप्रगामी तरंगों में सभी कण अपनी मध्य स्थितियों से एक साथ गुजरते हैं। प्रगामी तरंगों में ऐसा कोई क्षण नहीं होता जब सारे कण अपनी मध्य स्थिति में हों।
5. अप्रगामी तरंगों में क्रमागत निस्पंदों के बीच के सारे कण एक ही कला के साथ सरल आवर्त गति करते हैं। प्रगामी तरंगों में आसपास के कणों की कलाएँ कभी बराबर नहीं होतीं।
6. प्रगामी तरंगों में ऊर्जा का निरंतर प्रवाह तरंग की गति की दिशा में होता है। अप्रगामी तरंगों में दो निस्पंदों के बीच की ऊर्जा उसी क्षेत्र में सीमित रहती है।

अभ्यास 28.1

बराबर आयाम तथा आवृत्ति की दो प्रगामी तरंगें एक तनी हुई डोरी पर उलटी दिशाओं में चल रही हैं। इनके अध्यारोपण के कारण डोरी पर अप्रगामी तरंग बनती है, जिसका समीकरण है

$$y = A\cos kx \cdot \sin \omega t,$$

जहाँ $A = 1.0$ mm, $k = 1.57$ cm^{-1} *तथा* $\omega = 78.5$ s^{-1}.

(a) दोनों घटक प्रगामी तरंगों की चाल निकालें।

(b) $x > 0$ *क्षेत्र में मूलबिंदु के सबसे नजदीक के निस्पंद की स्थिति निकालें।*

(c) $x > 0$ *क्षेत्र में मूलबिंदु के सबसे नजदीक के प्रस्पंद की स्थिति निकालें।*

(d) $x = 2.33$ cm *पर स्थित कण की गति का आयाम निकालें।*

हल (a) $A\cos kx \sin \omega t = \dfrac{A}{2}[\sin(\omega t - kx) + \sin(\omega t + kx)]$.

अतः, इसकी घटक प्रगामी तरंगें हैं,

$$y = \frac{A}{2}\sin(\omega t - kx) \text{ तथा } y = \frac{A}{2}\sin(\omega t + kx).$$

इन तरंगों की चाल है,

$$v = \frac{\omega}{k} = \frac{78.5\,\text{s}^{-1}}{1.57\,\text{cm}^{-1}} = 50\ \text{cm/s}.$$

(b) निस्पंद के लिए, $\cos kx = 0$.

अतः, $kx = \pm\dfrac{\pi}{2}, \pm\dfrac{3\pi}{2}, \ldots$.

$x > 0$ क्षेत्र में $x = 0$ के सबसे नजदीक के निस्पंद के लिए,

$$x = \frac{\pi}{2k} = \frac{\pi}{2 \times 1.57\ \text{cm}^{-1}} = 1\ \text{cm}.$$

(c) प्रस्पंद के लिए $\cos kx = \pm 1$.

अतः, $kx = 0, \pm\pi, \pm 2\pi, \ldots$.

$x > 0$ क्षेत्र में $x = 0$ के सबसे नजदीक के प्रस्पंद के लिए,

$$kx = \pi$$

या $$x = \frac{\pi}{k} = \frac{\pi}{1.57\ \text{cm}^{-1}} = 2\ \text{cm}.$$

(d) $x = 2.33$ cm के कण के लिए आयाम

$$= |A\cos kx|$$
$$= |(1.0\ \text{mm}) \times \cos(1.57\ \text{cm}^{-1} \times 2.33\ \text{cm})|$$
$$= \left|(1.0\ \text{mm}) \times \cos\left(\pi + \frac{\pi}{6}\right)\right| = \frac{\sqrt{3}}{2}\ \text{mm} = 0.87\ \text{mm}.$$

समीकरण (28.1) ही अप्रगामी तरंग का व्यापक समीकरण नहीं है। हमने x-अक्ष की ओर जाती तरंग को $y = A\cos(kx - \omega t)$ माना है। अर्थात, हमने $x = 0$ तथा $t = 0$ का एक विशिष्ट चुनाव कर लिया है। यदि $x = 0$ तथा $t = 0$ के दूसरे चुनाव किए जाएँ, तो समीकरण (28.1) का कोई और रूप भी मिल सकता है।

28.2 दोनों किनारों पर स्थिर डोरी पर अप्रगामी तरंग

मान लें कि एक तनी हुई लंबी डोरी एक किनारे पर बाँधकर रखी गई है तथा दूसरे किनारे को एक **स्वरित्र द्विभुज** (tuning fork) की एक भुजा में बाँध दिया गया है। द्विभुज की आवृत्ति ν तथा इसका आवर्तकाल $T = 1/\nu$ है। दोनों सिरों के बीच की दूरी L है। स्वरित्र द्विभुज को एक छोटे आयाम के साथ कंपित कराया जाता है। डोरी से बँधी भुजा के कंपन के कारण डोरी पर दाहिनी ओर आवृत्ति ν की एक प्रगामी तरंग भेजी जाती है (चित्र 28.4)। मान लें कि इस तरंग की चाल v तथा इसका आयाम A है। यह तरंग आगे जाकर बँधे किनारे से परावर्तित होगी और स्वरित्र द्विभुज की ओर चलना प्रारंभ करेगी। बँधे सिरे से परावर्तन के समय तरंग में π का कलांतर आ जाएगा, अर्थात crest, trough बनकर परावर्तित होगा और trough, crest बनकर परावर्तित होगा। यह तरंग स्वरित्र द्विभुज तक पहुँचकर वहाँ से पुनः परावर्तित हो जाएगी। द्विभुज की भुजा भारी है और उसके विस्थापन का मान भी बहुत कम है। अतः, यह भी बँधे सिरे की तरह तरंग को π कलांतर के साथ परावर्तित करेगी। यह तरंग दो बार परावर्तित होकर $2L/v$ समय बाद उसी कला में आ जाएगी जिस कला से यह द्विभुज से चली थी।

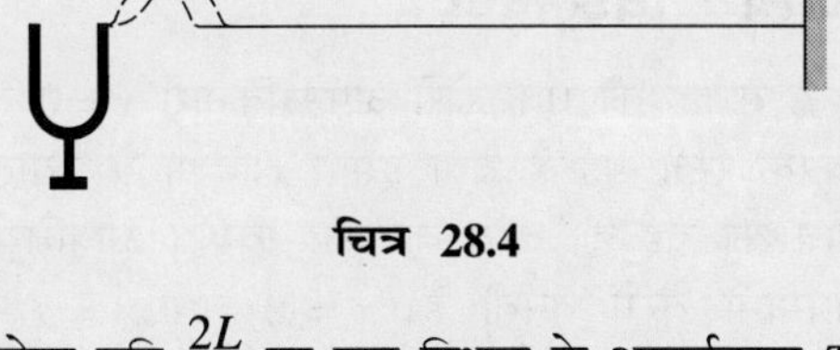

चित्र 28.4

क्या होगा यदि $\dfrac{2L}{v}$ का मान द्विभुज के आवर्तकाल T के बराबर हो? इतने समय बाद द्विभुज से पुनः उसी कला में अगली तरंग निकलेगी। अर्थात, दो बार परावर्तित होकर दाहिनी ओर जाती तरंग तथा द्विभुज द्वारा दाहिनी ओर भेजी गई अगली तरंग एक ही कला में होंगी। यदि आप ऊर्जा के क्षय को नगण्य मानें, तो अध्यारोपण के कारण इनके आयाम जुड़ जाएँगे और नई तरंग $2A$ आयाम के साथ दाहिनी ओर चलने लगेगी। यह तरंग दो बार परावर्तित होकर $\dfrac{2L}{v} = T$ समय में पुनः दाहिनी ओर चलेगी। इसी समय इसी कला

के साथ द्विभुज नई तरंग भेजेगा। इन दोनों तरंगों के अध्यारोपण से $3A$ आयाम की तरंग दाहिनी ओर चलेगी।

इसी प्रकार, हर परावर्तन के साथ तरंग का आयाम बढ़ता जाएगा। वास्तविक परिस्थितियों में विभिन्न कारणों से ऊर्जा का क्षय होता है और ऊर्जा के क्षय होने की दर आयाम के बढ़ने के साथ बढ़ती जाती है। अतः, आयाम बढ़ने का सिलसिला देर तक जारी नहीं रह पाता। जब स्वरित्र द्विभुज द्वारा डोरी को दी जानेवाली ऊर्जा की दर, ऊर्जा के क्षय की दर के बराबर हो जाती है तब आयाम का बढ़ना रुक जाता है। अतः, अब डोरी में एक निश्चित आयाम की तरंग दाहिनी ओर तथा उतने ही आयाम की तरंग बायीं ओर चल रही होगी। इन दोनों के कारण डोरी पर एक बड़े आयाम के साथ अप्रगामी तरंग उत्पन्न होगी।

यदि $\frac{2L}{v}$ का मान T न होकर T का कोई अपवर्त्य हो (nT, जहाँ n एक पूर्णांक संख्या है), तो भी ऊपर के सभी वर्णन वही होंगे और अप्रगामी तरंगें बनेंगी।

यदि $\frac{2L}{v}$ का मान nT के बराबर न हो तो स्वरित्र द्विभुज से उत्पन्न तरंग, परावर्तित तरंग के साथ समान कला में नहीं मिलेंगी। वास्तव में यह कलांतर भी प्रत्येक परावर्तन के बाद बदलता रहेगा। इसलिए, आयाम आपस में नहीं जुड़ेंगे और डोरी पर सिर्फ छोटे आयामों की ही तरंगें पैदा होंगी। जब $\frac{2L}{v} = nT$ होता है, तो कहा जाता है कि डोरी के कंपन स्वर द्विभुज के साथ अनुनाद (resonance) कर रहे हैं। $\frac{2L}{v} = nT$ को अनुनाद की शर्त कहते हैं। इस स्थिति में,

$$\nu = \frac{1}{T} = \frac{nv}{2L}$$

या $$\nu = \frac{n}{2L}\sqrt{\frac{F}{\mu}}, \quad \text{... (28.2)}$$

जहाँ F डोरी में तनाव तथा μ उसका रेखीय द्रव्यमान घनत्व है।

28.3 दोनों किनारों पर बँधी डोरी के कंपन का गणितीय विश्लेषण

मान लें कि L लंबाई की एक डोरी अपने किनारों $x = 0$ तथा $x = L$ पर क्लैंप करके रखी गई है तथा इसपर x-दिशा में ज्यातरंग (sine wave) उत्पन्न की गई है। तरंग की कुछ विशेष आवृत्तियों के लिए डोरी में अप्रगामी तरंगें बनती हैं। $x = 0$ तथा $x = L$ किनारों से बार-बार परावर्तन तथा विभिन्न कारणों से होनेवाले ऊर्जा क्षय के कारण धनात्मक x-दिशा में जाती तरंगें व्यतिकरण कर एक परिणामी तरंग बनाती हैं। उचित क्षण को $t = 0$ लेकर इसका समीकरण $y_1 = A\sin(kx - \omega t)$ लें। इसी प्रकार, ऋणात्मक x-दिशा में जाती तरंगें व्यतिकरण कर उसी आयाम की एक परिणामी तरंग $y_2 = A\sin(kx + \omega t + \delta)$ बनाती हैं। डोरी के किसी कण (जो x-अक्ष पर स्थित है) का विस्थापन,

$$y = y_1 + y_2 = A[\sin(kx - \omega t) + \sin(kx + \omega t + \delta)]$$

या $$y = 2A\sin\left(kx + \frac{\delta}{2}\right)\cos\left(\omega t + \frac{\delta}{2}\right)$$

$$= A_0 \sin\left(kx + \frac{\delta}{2}\right)\cos\left(\omega t + \frac{\delta}{2}\right). \quad \text{... (i)}$$

हम इस प्रकार की अप्रगामी तरंगों की प्रकृति की विस्तार से चर्चा कर चुके हैं। डोरी पर प्रस्पंद और निस्पंद बनेंगे। यहाँ डोरी में $x = 0$ तथा $x = L$ पर के कण स्थिर अवस्था में हैं और इसीलिए समय बदलने के साथ इनका कोई विस्थापन नहीं हो रहा है। अर्थात, ये दोनों किनारे निस्पंद हैं।

$x = 0$ पर निस्पंद होने के लिए समीकरण (i) में $x = 0$ रखने पर प्रत्येक t के लिए $y = 0$ होना चाहिए।

अतः, $\sin\frac{\delta}{2} = 0$ या $\delta = 0, \pm 2\pi$ आदि।

$\delta = 0$ लेने पर,

$$y = A_0 \sin kx \cos\omega t. \quad \text{... (ii)}$$

यहाँ $x = L$ भी एक निस्पंद है। अतः, समीकरण (ii) में $x = L$ रखने पर भी प्रत्येक t के लिए y का मान 0 होना चाहिए। अतः,

$$\sin kL = 0$$

या $$kL = n\pi, \text{ जहाँ } n = 1, 2, 3, \ldots$$

या $$k = \frac{n\pi}{L} \quad \text{... (iii)}$$

या $$\frac{\omega}{v}L = n\pi$$

या $$2\pi\nu = \frac{v}{L}n\pi$$

या $$\nu = n\frac{v}{2L}$$

या $$\nu = \frac{n}{2L}\sqrt{\frac{F}{\mu}},$$

जो हम समीकरण (28.2) में पहले ही प्राप्त कर चुके हैं।

तनी हुई डोरियों या तारों का यह गुण तार वाले वाद्ययंत्रों से कर्णप्रिय मधुर ध्वनि उत्पन्न करने में प्रमुख भूमिका अदा करता है।

समीकरण (28.2) से आप देखते हैं कि दोनों किनारों पर बँधी एक तनी हुई डोरी को कुछ विशेष आवृत्तियाँ से ही प्रभावशाली ढंग से कंपन कराया जा सकता है। यदि कंपन कराने के स्रोत की आवृत्ति समीकरण (28.2) से प्राप्त आवृत्तियों से अलग हो, तो संपोषी व्यतिकरण नहीं होंगे और कंपन के आयाम बहुत छोटे होंगे। दूसरे शब्दों में डोरी स्रोत के साथ अनुनाद नहीं कर पाएगी।

समीकरण (28.2) से प्राप्त आवृत्तियों को डोरी की स्वाभाविक आवृत्तियाँ (natural frequencies) या अनुनादी आवृत्तियाँ (resonant frequencies) कहते हैं। सबसे छोटी आवृत्ति जिसके साथ यह डोरी अनुनादी कंपन कर सकती है, डोरी की मूल आवृत्ति (fundamental frequency) कहलाती है। मूल आवृत्ति,

$$\nu_0 = \frac{v}{2L} = \frac{1}{2L}\sqrt{\frac{F}{\mu}}, \quad \text{... (28.3)}$$

अन्य सभी आवृत्तियाँ अधिस्वरक आवृत्तियाँ (overtone frequencies) कहलाती हैं। मूल आवृत्ति के बाद पहली अधिस्वरक आवृत्ति $\nu_1 = 2\nu_0$, दूसरी अधिस्वरक आवृत्ति $\nu_2 = 3\nu_0$ आदि होंगी।

किसी आवृत्ति के अपवर्त्य (integral multiples) उसके harmonics या संनादी कहलाते हैं। समीकरण (28.3) से आप देख सकते हैं कि दोनों किनारों पर बँधी डोरी के कंपन के लिए सभी अधिस्वरक आवृत्तियाँ, मूल आवृत्ति की संनादी हैं और मूल आवृत्ति की सभी संनादियाँ अधिस्वरक आवृत्तियाँ हैं।

कंपन की प्रसामान्य विधाएँ (Normal modes of vibration)

जब किनारों से बँधी कोई तनी हुई डोरी (या तना हुआ तार) अपनी किसी स्वाभाविक आवृत्ति के साथ कंपन करती है, तो उस गति को कंपन की प्रसामान्य विधा कहते हैं। $n = 1$ लेने से कंपन का जो प्रकार बनता है वह कंपन की मूल विधा (fundamental mode of vibration), $n = 2$ लेने से बननेवाला कंपन का प्रकार कंपन की प्रथम अधिस्वरक विधा (first overtone mode of vibration), $n = 3$ लेने से बननेवाला कंपन का प्रकार कंपन की द्वितीय अधिस्वरक विधा (second overtone mode of vibration) आदि कहा जाता है। अब हम कंपन की कुछ प्रारंभिक प्रसामान्य विधाओं (normal modes of vibration) का वर्णन करेंगे।

डोरी के कणों के विस्थापन के लिए समीकरण है,

$$y = A_0 \sin kx \cos \omega t.$$

यदि कंपन की आवृत्ति $n\nu_0$ हो, तो

$$k = \frac{n\pi}{L} \text{ तथा } \omega = 2\pi n\nu_0. \quad \text{... (28.4)}$$

अतः, $y = A_0 \sin \dfrac{n\pi x}{L} \cos(2\pi n\nu_0 t)$.

मूल विधा (Fundamental mode)

यदि $n = 1$ हो, तो

$$y = A_0 \sin \frac{\pi x}{L} \cos(2\pi\nu_0 t)$$

x पर स्थित कण का आयाम $= A_0 \left|\sin \dfrac{\pi x}{L}\right|$.

$x = 0$ पर $\dfrac{\pi x}{L} = 0$ तथा $x = L$ पर $\dfrac{\pi x}{L} = \pi$ है। अर्थात, डोरी के एक किनारे से दूसरे किनारे तक जाने में $\dfrac{\pi x}{L}$ का मान 0 से π तक जाता है। स्पष्ट है कि $\left|\sin \dfrac{\pi x}{L}\right|$ का मान शून्य से बढ़ता हुआ $x = \dfrac{L}{2}$ पर अधिकतम, अर्थात, 1 हो जाएगा तथा फिर घटता हुआ $x = L$ पर शून्य हो जाएगा। अर्थात $x = 0$ तथा $x = L$ के अलावा डोरी पर कोई भी और निस्पंद नहीं है। $x = \dfrac{L}{2}$ पर डोरी का एकमात्र प्रस्पंद है। कंपन के समय डोरी की शक्ल चित्र 28.5(a) में दिखाई गई है। यदि आवृत्ति पर्याप्त हो, तो बाहर से देखने पर इसकी आकृति एक आँख जैसी नजर आएगी।

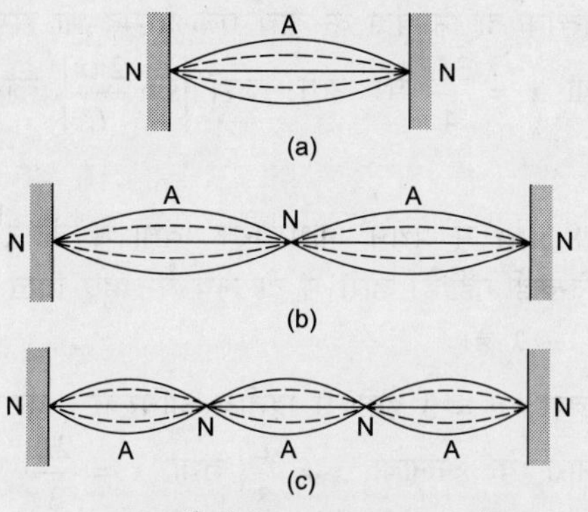

N = node (निस्पंद), A = antinode (प्रस्पंद)

चित्र 28.5

इसे 1-लूप का कंपन भी कहते हैं।

मूल विधा के कंपनों की अनुभूति करना बहुत सरल है। आप एक मजबूत रबर बैंड लेकर उसे कुर्सी की पीठ में बने खूँटों में पहना दें। इससे वह अच्छी तरह तन जाएगा। अब उसकी एक भुजा को बीच से खींचकर छोड़ दें। आपको इस भुजा का कंपन चित्र 28.5(a) में दिखाई गई आकृति जैसा दिखेगा। समय के साथ यह अधिकतम आयाम कम होता जाएगा, पर आपको मूल विधा की अनुभूति तो हो ही जाएगी।

आप जानते हैं कि यदि घटक तरंगों का तरंगदैर्ध्य λ हो, तो अप्रगामी तरंगों के क्रमागत निस्पंदों या क्रमागत प्रस्पंदों के बीच की दूरी $\dfrac{\lambda}{2}$ होती है।

अतः, मूल विधा के कंपन में $L = \dfrac{\lambda}{2}$ ·

अधिस्वरक विधाएँ (Overtone modes)

यदि $n = 2$ हो, तो डोरी प्रथम अधिस्वरक विधा (first overtone mode) में कंपन करती है। समीकरण (28.4) से इस अवस्था में, $k = \dfrac{2\pi}{L}$ तथा $\omega = 4\pi\nu_0$ होगा।

कणों के विस्थापन का समीकरण होगा,

$$y = A_0 \sin \frac{2\pi x}{L} \cos(4\pi\nu_0 t).$$

x पर स्थित कण का आयाम $= A_0 \left|\sin \dfrac{2\pi x}{L}\right|$.

$x = 0$ पर $\dfrac{2\pi x}{L}$ का मान 0 तथा $x = L$ पर 2π है, अर्थात डोरी के एक किनारे से दूसरे किनारे तक जाने में $\dfrac{2\pi x}{L}$ का मान 0 से 2π तक

जाता है। स्पष्ट है कि आयाम $A_0\left|\sin\frac{2\pi x}{L}\right|$ का मान $x = 0$ तथा $x = L$ के अलावा $x = \frac{L}{2}$ पर भी शून्य होगा, जहाँ $\frac{2\pi x}{L}$ का मान π है। अतः, इस विधा में किनारों के अलावा एक और निस्पंद $x = \frac{L}{2}$ पर होगा। प्रत्येक दो निस्पंदों के बीच एक प्रस्पंद भी होगा। ये प्रस्पंद $x = \frac{L}{4}$ तथा $x = \frac{3L}{4}$ पर होंगे, जहाँ $\left|\sin\frac{2\pi x}{L}\right|$ का मान 1 हो जाता है।

चित्र 28.5(b) में प्रथम अधिस्वरक विधा में कंपन करती डोरी की शक्ल दिखाई गई है। डोरी में दो लूप बने हुए दिख रहे हैं। डोरी की लंबाई $L = \lambda$ है।

इसी प्रकार, $n = 3$ होने से द्वितीय अधिस्वरक का कंपन बनेगा जिसमें किनारों के अलावा $x = \frac{L}{3}$ तथा $x = \frac{2L}{3}$ पर दो और निस्पंद होंगे और प्रत्येक दो निस्पंदों के बीच प्रस्पंद बनेंगे। चित्र 28.5(c) में द्वितीय अधिस्वरक विधा में कंपन करती डोरी की शक्ल दिखाई गई है। डोरी पर तीन लूप दिखाई देंगे। डोरी की लंबाई $\frac{3\lambda}{2}$ होगी।

अन्य अधिस्वरक भी इसी प्रकार से वर्णित किए जा सकते हैं।

जब वाद्ययंत्र बजाने के लिए वादक तार के किसी हिस्से को दबाता, खींचता या रगड़ता है, तो तार इन कंपन की प्रसामान्य विधाओं में से किसी विधा में कंपन नहीं करता है। वादक द्वारा दी गई गति में कई कंपनों का समावेश होता है। इस कारण इस तार से भी अनेक आवृत्तियों का समूह एक साथ उत्पन्न होता है तथा ध्वनि उसी अनुसार सुनाई देती है।

अभ्यास 28.2

कुल 50 cm लंबा 20 g का तार एक किनारे पर एक दृढ़ आधार से बँधा है और एक चिकनी घिरनी पर जाते हुए 1.6 kg के एक ब्लॉक को लटकती हुई अवस्था में संतुलित रखता है (चित्र 28.6)। आधार तथा घिरनी के बीच के तार की मूल आवृत्ति निकालें। $g = 10\ \text{m/s}^2$ लें।

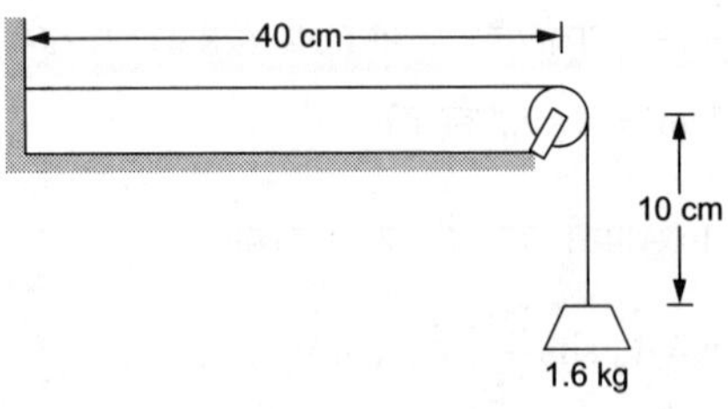

चित्र 28.6

हल तार में तनाव,

$$F = (1.6\ \text{kg}) \times (10\ \text{m/s}^2) = 16\ \text{N}.$$

रेखीय द्रव्यमान घनत्व,

$$\mu = \frac{20\ \text{g}}{50\ \text{cm}} = 0.04\ \text{kg/m}.$$

अतः, मूल आवृत्ति

$$= \frac{1}{2L}\sqrt{\frac{F}{\mu}} = \frac{1}{2\times(0.4\ \text{m})}\sqrt{\frac{16\text{N}}{0.04\ \text{kg/m}}} = 25\,\text{Hz}.$$

28.4 एक छोर पर स्वतंत्र डोरी के कंपन

यदि एक तनी हुई डोरी का एक किनारा फिक्स करके रखा हो और दूसरा किनारा डोरी की लंब दिशा में चलने को स्वतंत्र हो, तो उसपर भी अप्रगामी तरंग उत्पन्न की जा सकती है। यदि एक डोरी को एक किनारे पर बाँधकर दूसरे किनारे को एक नगण्य भार वाले धागे से बाँधकर खींचकर रखा जाए, तो इस प्रकार की स्थिति काफी हद तक प्राप्त की जा सकती है।

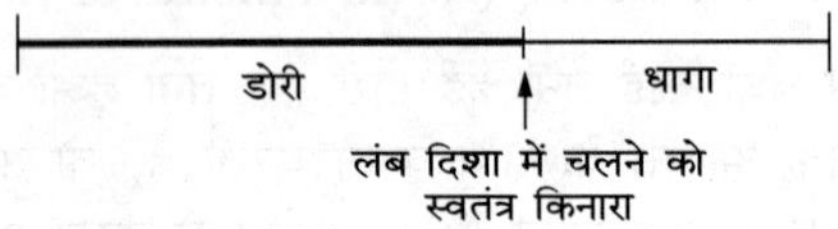

चित्र 28.7

यदि इस प्रकार की डोरी में उपयुक्त आवृत्ति के स्रोत से तरंगें भेजी जाएँ तो स्थिर किनारे व स्वतंत्र किनारे से बार-बार परावर्तन के कारण डोरी में दोनों दिशाओं में जाती तरंगें पैदा होंगी। यदि इन तरंगों के समीकरण,

$$y_1 = A\sin(kx - \omega t) \text{ तथा } y_2 = A\sin(kx + \omega t + \delta)$$

लिखे जाएँ, तो $y = y_1 + y_2 = 2A\sin\left(kx + \frac{\delta}{2}\right)\cos\left(\omega t + \frac{\delta}{2}\right)$ होगा।

$x = 0$ पर निस्पंद के लिए $\delta = 0$ ले सकते हैं। तब

$$y = A_0 \sin kx \cos \omega t \quad \text{... (i)}$$

$x = L$ का किनारा लंब दिशा में चलने को स्वतंत्र है, इसलिए यहाँ एक प्रस्पंद बनेगा। खुले सिरे से परावर्तन के कारण तरंग की कला में परिवर्तन नहीं होता। इसलिए, तरंगों के अध्यारोपण से यहाँ का आयाम अधिकतम हो जाता है।

समीकरण (i) में x पर के कण का आयाम,

$$A(x) = A_0 \sin kx$$

$x = L$ पर प्रस्पंद बनने के लिए,

$$|\sin kL| = 1$$

या $$kL = \left(n + \frac{1}{2}\right)\pi$$

या $$\frac{\omega}{v}L = \left(n + \frac{1}{2}\right)\pi$$

या $$\frac{2\pi\nu}{v}L = \left(n + \frac{1}{2}\right)\pi$$

या $$\nu = \left(n + \frac{1}{2}\right)\frac{v}{2L}.$$

सबसे कम आवृत्ति के लिए $n = 0$,

अतः $\nu_0 = \frac{v}{4L} = \frac{1}{4L}\sqrt{\frac{F}{\mu}}$ ... (28.5)

यह इस डोरी की मूल आवृत्ति कहलाती है।

n = 1, 2, 3, ... रखने से अधिस्वरक विधाओं (overtone modes) के कंपन की आवृत्तियाँ,

$$\nu_1 = \frac{3v}{4L} = 3\nu_0,\ \nu_2 = \frac{5v}{4L} = 5\nu_0,\ \nu_3 = \frac{7v}{4L} = 7\nu_0,\ \dots .$$

आप देख रहे हैं कि मूल आवृत्ति के सभी संनादी, अधिस्वरक नहीं हैं। $2\nu_0$, $4\nu_0$, $6\nu_0$, ... मूल आवृत्ति के संनादी तो हैं, पर ये अधिस्वरक आवृत्तियाँ नहीं हैं। चित्र 28.8 में मूल तथा प्रथम दो अधिस्वरकों में डोरी की शक्लें दिखाई गई हैं।

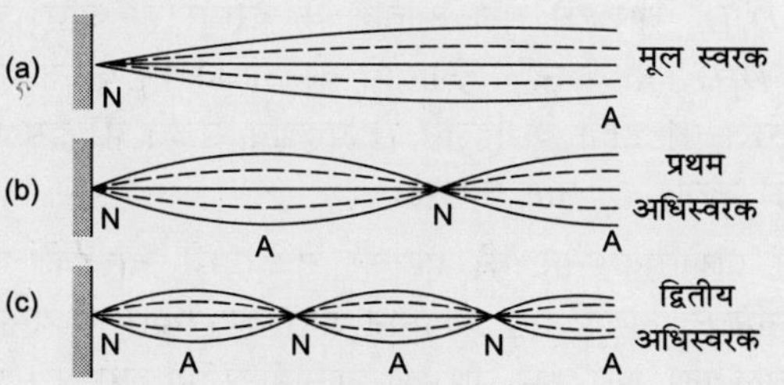

चित्र 28.8

28.5 डोरियों के अनुप्रस्थ कंपनों के नियम तथा सोनोमीटर

दोनों किनारों पर क्लैंप की हुई डोरी के कंपन की मूल आवृत्ति समीकरण (28.3) द्वारा दी जाती है। इस समीकरण से आप डोरी से संबद्ध विभिन्न राशियों पर मूल आवृत्ति की निर्भरता के लिए निम्नलिखित वक्तव्य लिख सकते हैं जिन्हें डोरियों के अनुप्रस्थ कंपन के नियम कहते हैं।

(a) लंबाई का नियम—यदि डोरी का तनाव तथा रेखीय द्रव्यमान घनत्व न बदले, तो उसकी मूल आवृत्ति उसकी लंबाई के व्युत्क्रमानुपाती होती है। अर्थात,

$$\nu_0 \propto \frac{1}{L}, \text{ जब } F \text{ तथा } \mu \text{ अचर हों।}$$

(b) तनाव का नियम—यदि डोरी की लंबाई तथा रेखीय द्रव्यमान घनत्व न बदले, तो उसकी मूल आवृत्ति उसके तनाव के वर्गमूल के समानुपाती होती है। अर्थात,

$$\nu_0 \propto \sqrt{F}, \text{ जब } L \text{ तथा } \mu \text{ अचर हों।}$$

(c) द्रव्यमान का नियम—यदि डोरी की लंबाई तथा उसका तनाव स्थिर हो, तो उसकी मूल आवृत्ति उसके रेखीय द्रव्यमान घनत्व के वर्गमूल के व्युत्क्रमानुपाती होती है। अर्थात,

$$\nu_0 \propto \frac{1}{\sqrt{\mu}}, \text{ जब } L \text{ तथा } F \text{ अचर हों।}$$

प्रयोगशाला में इन नियमों के सत्यापन के लिए सामान्यतः एक विशेष व्यवस्था का उपयोग किया जाता है, जिसे सोनोमीटर कहते हैं।

सोनोमीटर में लकड़ी का एक लंबा बक्स (1 से 1.5 मीटर) टेबुल पर लगा होता है। इसमें दो त्रिभुजाकार सेतु (bridge) A तथा B किनारों पर लगे होते हैं। इन सेतुओं का ऊपरी किनारा धातु की मोटी पत्ती के रूप में रहता है। जिस तार के साथ मुख्य रूप से प्रयोग करना होता है उसका एक सिरा सेतु A में लगाया जाता है। यह तार सेतु B पर से होता हुआ बक्से के दूसरी ओर लटकता है जहाँ उसके किनारे पर एक पलड़ा लगा होता है जिसमें आप विभिन्न भार रख सकते हैं।

दो अन्य त्रिभुजाकार सेतुओं D_1 एवं D_2 को इस तने हुए तार के नीचे घुसाकर कहीं पर भी रख सकते हैं और इन्हें इच्छानुसार सरका सकते हैं। तार इन सेतुओं को जोर से दबाता है। सेतुओं के कारण इनसे सटे तार का भाग ऊपर-नीचे गति नहीं कर पाता है। D_1से D_2 तक का तार ही "दोनों किनारों पर क्लैप किए हुए तार" की तरह प्रयुक्त होता है। एक दूसरा तार तनी हुई अवस्था में A तथा B सेतुओं से लगा होता है। इस तार को सहायक तार कहते हैं। इस तार के नीचे भी दो सेतु C_1 तथा C_2 घुसाकर रखे जा सकते हैं तथा ये इच्छानुसार खिसकाए जा सकते हैं।

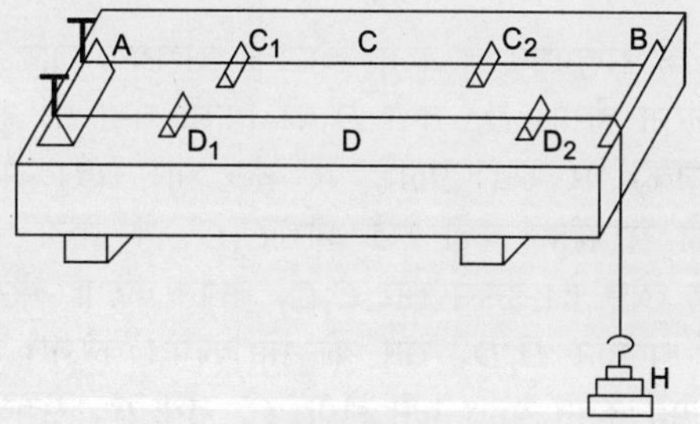

चित्र 28.9

लंबाई का नियम

लंबाई के नियम $\nu_0 \propto \frac{1}{L}$ की जाँच करना इस उपयोग का सरलतम भाग है और इसमें सिर्फ प्रायोगिक तार का प्रयोग करना पड़ता है। इसमें दो स्वरित्र द्विभुज जिनकी आवृत्तियाँ ν_1 तथा ν_2 पता हों, प्रयोग में लाए जाते हैं। स्वर द्विभुज सामान्यतः निश्चित आवृत्तियों; जैसे 256 Hz, 384 Hz आदि के उपलब्ध होते हैं।

पलड़े पर कुछ भार (2–3 kg) रखकर तार को तनी अवस्था में रखें। सेतु D_1 तथा D_2 को पास-पास (10–15 cm तक) रखें। एक स्वरित्र द्विभुज के हैंडिल को पकड़कर रबर के पैड पर ठोकें और इसके हैंडिल के निचले सिरे को बॉक्स के D_1D_2 के बीच के भाग पर दबाते हुए रखें। द्विभुज के कंपन, बॉक्स से और सेतुओं से होकर तार तक पहुँचते हैं और तार को कंपित करते हैं। D_1D_2 दूरी कम होने के कारण तार की स्वाभाविक आवृत्ति बहुत अधिक होगी और सामान्यतः यह द्विभुज के साथ अनुनाद नहीं करेगा। अनुनाद की स्थिति को जाँचने के लिए कागज के एक छोटे-से टुकड़े से एक टोपी बना लें और उसे D_1D_2 के लगभग बीच में तार पर टिकाकर रख दें। द्विभुज को कंपित कराकर बॉक्स पर खड़ा करने से इस टोपी पर कोई विशेष असर नहीं दिखेगा। यह इस बात का द्योतक है कि तार के मध्य भाग के कंपन का आयाम बहुत कम है।

सेतुओं को सरकाकर D_1D_2 के बीच की दूरी को थोड़ा बढ़ाएँ तथा यही प्रकिया दुहराएँ। धीरे-धीरे यदि आप लंबाई को बढ़ाते

जाएँगे, तो एक स्थिति ऐसी आएगी जब कंपित द्विभुज को बॉक्स पर रखने से टोपी हिलने-डुलने लगेगी। इसका अर्थ यह है कि D_1D_2 की लंबाई इतनी हो गई है कि उसकी मूल आवृत्ति द्विभुज की आवृत्ति के आसपास है। अब इस लंबाई को थोड़ा-थोड़ा बदलें और प्रयोग दुहराएँ। यदि आपने लंबाई को बिलकुल सही व्यवस्थित कर लिया है, तो द्विभुज को बॉक्स पर रखते ही कागज की टोपी ऊँची छलाँग लगाती हुई उड़ जाएगी। इस समय तार की मूल आवृत्ति द्विभुज की आवृत्ति के बराबर होती है। यहाँ द्विभुज की आवृत्ति ν_1 तथा तार की यह लंबाई L_1 नोट कर लें।

अब यही प्रयोग दूसरे द्विभुज के साथ करें जिसकी आवृत्ति ν_2 है। तार की वह लंबाई L_2 ज्ञात करें जिसके लिए तार की मूल आवृत्ति द्विभुज की आवृत्ति के बराबर है। आप पाएँगे कि प्रायोगिक अनिश्चितताओं के अंदर $\nu_1 L_1 = \nu_2 L_2$, अर्थात $\nu \propto \frac{1}{L}$ ·

तनाव का नियम

इस नियम के सत्यापन के लिए आपको सहायक तार AB का भी इस्तेमाल करना होगा। D_1 तथा D_2 को किसी बड़ी-सी दूरी (80 cm से 90 cm तक) पर रखें। पलड़े पर कुछ भार रखें। अब सेतु C_1 तथा C_2 को सरकाकर कहीं रखें और C_1C_2 के मध्य भाग में तार को खींचकर छोड़ दें। इससे तार C_1C_2 कंपन करेगा और यह कंपन बॉक्स द्वारा चलकर D_1D_2 तार को भी कंपित करेगा। सामान्यतः, D_1D_2 का यह कंपन बहुत कम होगा। C_1 तथा C_2 सेतुओं को ऐसी जगह व्यवस्थित करें ताकि D_1D_2 तार में कंपन के आयाम अधिकतम हों। ऐसा तब होगा जब C_1C_2 की कंपन आवृत्ति D_1D_2 की मूल आवृत्ति के बराबर होगी। इस स्थिति में C_1C_2 की लंबाई L_1 को नाप लें। पलड़े तथा उसपर रखे भारों से D_1D_2 तार का तनाव F_1 ज्ञात कर लें। अब तनाव को बदलने के लिए पलड़े पर कुछ और भार रख दें। इस नए तनाव F_2 का मान नोट कर लें। D_1 तथा D_2 को बिना छेड़े हुए C_1 तथा C_2 सेतु को ऐसे व्यवस्थित करें ताकि C_1C_2 तार के कंपन की आवृत्ति D_1D_2 तार की नई मूल आवृत्ति के बराबर हो जाए। मान लें कि इस समय $C_1C_2 = L_2$.

पहली स्थिति में D_1D_2 की मूल आवृत्ति

$= L_1$ लंबाई के C_1C_2 तार की मूल आवृत्ति ν_1.

दूसरी स्थिति में D_1D_2 की मूल आवृत्ति

$= L_2$ लंबाई के C_1C_2 तार की मूल आवृत्ति ν_2.

परंतु, C_1C_2 तार का तनाव दोनों स्थितियों में समान हैं, इसलिए लंबाई के नियम के अनुसार,

$$\frac{\nu_1}{\nu_2} = \frac{L_2}{L_1}.$$

अतः, $\frac{\nu_1}{\nu_2}$ का मान इस प्रयोग से ज्ञात हो गया। यदि प्रयोग सावधानीपूर्वक किया गया हो, तो आप पाएँगे कि

$$\frac{F_1}{F_2} = \sqrt{\frac{L_2}{L_1}}.$$

अतः, $\frac{F_1}{F_2} = \sqrt{\frac{\nu_1}{\nu_2}},$

अर्थात $F \propto \sqrt{\nu}$, जब L एवं μ अचर हों।

द्रव्यमान का नियम

इसके लिए भी आप सहायक तार का प्रयोग करेंगे। प्रयोगों में लाए जानेवाले तार को सोनोमीटर में लगाने से पहले तार की निश्चित लंबाई एवं उसका द्रव्यमान निकाल लें। इससे उसका रेखीय द्रव्यमान घनत्व μ_1 निकाल लें। इस तार को सोनोमीटर में लगाकर पलड़े पर भार रखकर इसमें एक तनाव F पैदा करें। D_1 तथा D_2 सेतुओं को एक निश्चित दूरी L पर रखें। अब सहायक तार के सेतुओं C_1 तथा C_2 को इस प्रकार व्यवस्थित करें ताकि C_1C_2 तार के कंपन की आवृत्ति D_1D_2 तार की मूल आवृत्ति के बराबर हो जाए। इसे ढूँढ़ने के लिए D_1D_2 के कंपन के आयाम को अधिकतम करना होगा जिसे आप कागज की टोपी के हिलने से पहचान सकते हैं। इस स्थिति में C_1C_2 की लंबाई L_1 नोट कर लें।

अब प्रायोगिक तार को हटाकर एक दूसरे तार को लें। पहले इसकी निश्चित लंबाई एवं द्रव्यमान ज्ञात कर रेखीय द्रव्यमान घनत्व μ_2 निकाल लें। अब इस तार को सोनोमीटर में लगा दें। पलड़े पर पहले जितना ही भार रखें ताकि इस तार में तनाव F उतना ही रहे जितना पहले तार के साथ था। D_1 तथा D_2 सेतुओं को भी ठीक उतनी ही दूरी पर रखें जितनी दूरी पर पहले तार के समय इन्हें रखा गया था। अर्थात, $D_1D_2 = L$ हो।

अब सहायक तार के नीचे C_1 तथा C_2 को पुनः ऐसी जगह व्यवस्थित करें जिससे C_1C_2 तार में कंपन की आवृत्ति उतनी ही हो जितनी D_1D_2 तार की मूल आवृत्ति है। मान लें कि इस स्थिति में $C_1C_2 = L_2$.

पहले तार के साथ D_1D_2 की मूल आवृत्ति

$= L_1$ लंबाई के C_1C_2 की मूल आवृत्ति $= \nu_1$.

दूसरे तार के साथ D_1D_2 की मूल आवृत्ति

$= L_2$ लंबाई के C_1C_2 की मूल आवृत्ति $= \nu_2$.

परंतु, C_1C_2 तार का तनाव तथा रेखीय द्रव्यमान घनत्व दोनों स्थितियों में समान है। अतः,

$$\frac{\nu_1}{\nu_2} = \frac{L_2}{L_1}.$$

इस तरह, आपको दोनों प्रायोगिक तारों की निश्चित लंबाई तथा निश्चित तनाव F के लिए $\frac{\nu_1}{\nu_2}$ का मान पता हो जाएगा। यदि प्रयोग सावधानीपूर्वक किया गया हो, तो आप पाएँगे कि

$$\sqrt{\frac{\mu_1}{\mu_2}} = \frac{L_1}{L_2}$$

या $$\sqrt{\frac{\mu_1}{\mu_2}} = \frac{\nu_2}{\nu_1}$$

अर्थात, $\nu \propto \frac{1}{\mu}$, जब L तथा F अचर हों।

अभ्यास 28.3

सोनोमीटर के एक प्रयोग में 256 Hz के स्वरित्र द्विभुज का प्रयोग किया जाता है। जब प्रयोगात्मक तार के नीचे के सेतुओं के बीच की दूरी 21 cm होती है तब यह द्विभुज के साथ मूल विधा में अनुनाद करता है। यदि 384 Hz आवृत्ति का स्वरित्र द्विभुज प्रयोग में लाया जाए, तो तार की लंबाई कितनी करनी होगी ताकि वह मूल विधा में स्वरित्र द्विभुज के साथ अनुनाद कर सके?

हल लंबाई के नियम के अनुसार,

$$l_1 \nu_1 = l_2 \nu_2$$

अतः, $l_2 = l_1 \dfrac{\nu_1}{\nu_2} = 21\ \text{cm} \times \dfrac{256\,\text{Hz}}{384\,\text{Hz}} = 14\ \text{cm}.$

28.6 मेल्डी का प्रयोग

अप्रगामी तरंगों का अँगरेजी नाम standing waves है और यह नाम जर्मन भौतिकशास्त्री मेल्डी ने वर्ष 1859 में दिया था जब उन्होंने तने हुए तार पर स्वरित्र द्विभुज की सहायता से अप्रगामी तरंगें बनाई थी। यह प्रयोग कुछ संशोधित रूप में कॉलेजों में अब भी कराया जाता है। इसमें भी सोनोमीटर की तरह तार में स्वर द्विभुज की सहायता से कंपन कराते हैं तथा उसकी मूल तथा अधिस्वरक विधा का अध्ययन करते हैं।

मेल्डी के प्रयोग में तार का एक किनारा सीधे स्वरित्र द्विभुज की एक भुजा के साथ बाँध देते हैं तथा दूसरा किनारा एक घिरनी पर से जाता है जिससे किसी भार को लटकाया जाता है। स्वरित्र द्विभुज को कंपन कराने के लिए सामान्यतः विद्युतीय सर्किटों का प्रयोग किया जाता है।

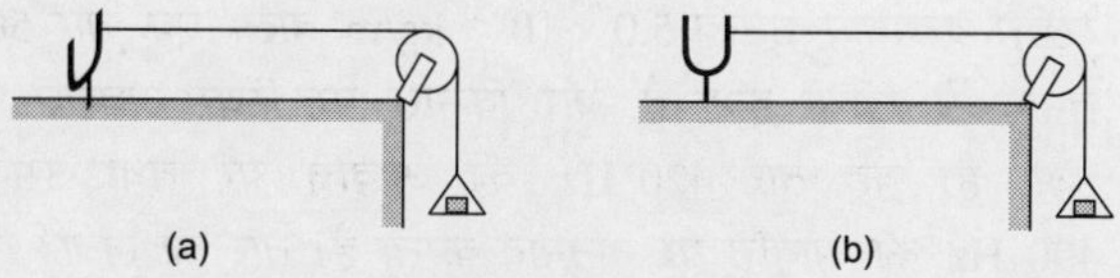

चित्र 28.10

मेल्डी का प्रयोग करने के लिए स्वरित्र द्विभुज को दो प्रकार से तार के साथ जोड़ा जा सकता है। चित्र 28.10(a) में द्विभुज की भुजाओं का तल तार की लंबाई के लंबवत है। इस स्थिति में तार के कंपन की आवृत्ति द्विभुज की आवृत्ति के बराबर होती है। चित्र 28.10(b) में द्विभुज की भुजा जिस तल में कंपन कर रही है, तार भी उसी तल में स्थित है। अर्थात, भुजा के कंपन की दिशा तार की लंबाई के अनुदिश है। ऐसी स्थिति में तार में कंपन की आवृत्ति स्वरित्र द्विभुज की आवृत्ति की आधी होती है। मगर क्यों?

इसे समझने के लिए चित्र 28.11 को देखें। मान लें कि तार का *B* किनारा स्थिर है और *A* किनारा द्विभुज की भुजा के साथ चल रहा है। यह भी मान लें कि तार अपनी मूल आवृत्ति के साथ 1 लूप में गति कर रहा है। जब स्वरित्र द्विभुज कंपन करता है तब उसकी भुजाएँ दूर जाती हैं और नजदीक आती हैं।

मान लें किसी क्षण भुजा सर्वाधिक फैली है जैसा कि चित्र 28.11(a) में दिखाया गया है। इस स्थिति में *AB* की सीधी दूरी न्यूनतम है। परंतु, तार की लंबाई तो निश्चित है। अतः, तार को सबसे अधिक मुड़ना होगा। अर्थात, यह या तो *ACB* स्थिति में या *ADB* स्थिति में रहेगा।

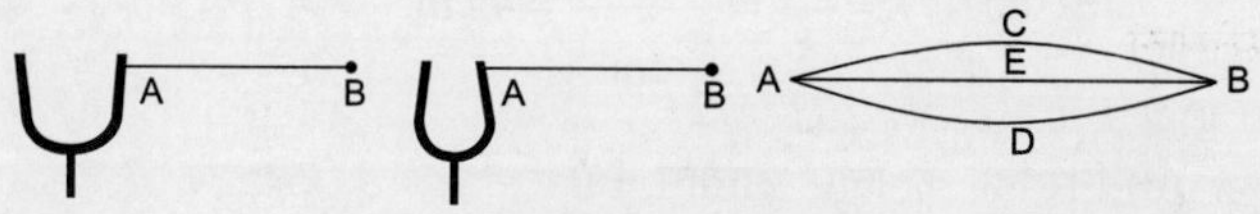

चित्र 28.11

मान लें कि यह *ACB* स्थिति में है। आधे आवर्तकाल के बाद द्विभुज की स्थिति चित्र 28.11(b) जैसी हो जाती है। ऐसे में *AB* की सीधी लंबाई अधिकतम है। अतः, तार को सीधा रहना होगा, अर्थात यह *AEB* स्थिति में है। आप देख सकते हैं कि जितने समय में द्विभुज का आधा दोलन हुआ है, तार का सिर्फ एक चौथाई दोलन हुआ है। अर्थात, तार के दोलन की आवृत्ति द्विभुज के दोलन की आवृत्ति से आधी है।

टेबुल पर द्विभुज का स्थान बदलकर तार की लंबाई *L* को बदल सकते हैं और लटकने वाले भार को बदलकर तनाव को बदल सकते हैं। इस राशियों को उपयुक्त ढंग से बदलकर तार में अप्रगामी तरंग उत्पन्न करते हैं और उनके नियमों का अध्ययन करते हैं।

• *हल किए गए प्रश्न* •

1. *दोनों किनारों पर बँधी एक डोरी के कंपनों का समीकरण है,*

$$y = (5.0\ \text{mm}) \sin\left[\left(\frac{\pi}{2}\ \text{cm}^{-1}\right)x\right] \sin[(100\pi\,\text{s}^{-1})t].$$

(a) x = 5.67 cm पर स्थित कण का महत्तम विस्थापन निकालें।

(b) x = 5.67 cm पर स्थित कण का t = 2.00 s पर वेग निकालें।

(c) जिन दो प्रगामी तरंगों के संयोजन से यह अप्रगामी तरंग बनी है, उन तरंगों की चाल तथा तरंगदैर्घ्य निकालें।

(d) यदि डोरी की लंबाई 10 cm हो, तो निस्पंदों तथा स्पंदों के स्थान निकालें। इस कंपन में डोरी पर कितने लूप बने हैं?

हल (a) x = 5.67 cm पर के कण का महत्तम विस्थापन

$$= \left|(5.0\,\text{mm}) \sin\left[\left(\frac{\pi}{2}\ \text{cm}^{-1}\right)x\right]\right|$$

$$= \left|(5.0\ \text{mm}) \sin\left[\left(\frac{\pi}{2}\ \text{cm}^{-1}\right) \times (5.67\ \text{cm})\right]\right|$$

$$= \left|(5.0\ \text{mm}) \sin\left(\frac{\pi}{2} \times \frac{17}{3}\right)\right| = \left|(5.0\ \text{mm}) \sin\left(3\pi - \frac{\pi}{6}\right)\right|$$

$$= \left|(5.0\ \text{mm}) \sin\frac{\pi}{6}\right| = 2.5\ \text{mm}.$$

(b) $x = 5.67$ cm पर स्थित कण का $t = 2.00$ s समय पर वेग,

$$v_p = \frac{\partial y}{\partial t} = (5.00 \text{ mm}) \sin\left[\left(\frac{\pi}{2}\text{ cm}^{-1}\right)x\right] \times [100\pi \text{ s}^{-1} \cos(100\pi \text{ s}^{-1})t]$$

$$= (157 \text{ cm s}^{-1}) \sin\left[\left(\frac{\pi}{2}\text{ cm}^{-1}\right)x\right] \cos(100\pi \text{ s}^{-1})t.$$

$$= (157 \text{ cm s}^{-1}) \sin\left(\frac{17\pi}{6}\right) \cos(200\,\pi)$$

$$= (157 \text{ cm s}^{-1}) \times \sin\frac{\pi}{6} \times 1 = 78.5 \text{ cm s}^{-1}.$$

(c) दिए गए समीकरण से स्पष्ट है कि $k = \frac{\pi}{2}$ cm^{-1} तथा $\omega = 100\pi \text{s}^{-1}$.

अतः, घटक तरंगों की चाल,

$$v = \frac{\omega}{k} = \frac{100\,\pi \text{ s}^{-1}}{\frac{\pi}{2}\text{ cm}^{-1}} = 200 \text{ cm/s}.$$

तरंगदैर्घ्य $\lambda = \frac{2\pi}{k} = \frac{2\pi}{\frac{\pi}{2}\text{ cm}^{-1}} = 4$ cm.

(d) निस्पंदों के लिए आयाम = 0

या $\sin\left[\left(\frac{\pi}{2}\text{ cm}^{-1}\right)x\right] = 0$

या $\left(\frac{\pi}{2}\text{ cm}^{-1}\right)x = n\pi;$ जहाँ $n = 0, 1, 2, \ldots$

या $x = 2n$ cm.

अतः, निस्पंदों के स्थान हैं, $x = 0$, 2 cm, 4 cm, 6 cm, 8 cm तथा 10 cm. प्रस्पंद निस्पंदों के बीच में पड़ते हैं। अतः, प्रस्पंद के स्थान हैं, $x = 1$ cm, 3 cm, 5 cm, 7 cm तथा 9 cm.

2. *एक गिटार का तार 90 cm लंबा है तथा पूरी लंबाई का प्रयोग करने पर इसकी मूल आवृत्ति 124 Hz है। इसे किनारे से कितनी दूरी पर पकड़ा जाए ताकि इसकी मूल आवृत्ति 186 Hz हो जाए।*

हल दोनों किनारों पर क्लैंप किए हुए तार की मूल आवृत्ति

$$\nu_0 = \frac{1}{2L}\sqrt{\frac{F}{\mu}},$$

यहाँ F तथा μ नहीं बदलते हैं। अतः,

$$124 \text{ Hz} = \frac{1}{2 \times 90 \text{ cm}}\sqrt{\frac{F}{\mu}}$$

तथा $186 \text{ Hz} = \frac{1}{2L}\sqrt{\frac{F}{\mu}}.$

अतः, $\frac{124}{186} = \frac{2L}{2 \times 90 \text{ cm}}$

या $L = \frac{124}{186} \times 90 \text{ cm} = 60 \text{ cm}.$

3. *एक सोनोमीटर पर लगे तार की कुल लंबाई 1 m है। इस तार के नीचे दो सेतुओं को कहाँ पर रखा जाए ताकि तार के तीनों भागों की मूल आवृत्तियों का अनुपात 1 : 2 : 3 हो?*

हल मान लें कि तीनों भागों की लंबाइयाँ क्रमशः L_1, L_2 तथा L_3 हैं। इनकी मूल आवृत्तियाँ होंगी,

$$\nu_1 = \frac{1}{2L_1}\sqrt{\frac{F}{\mu}},\ \nu_2 = \frac{1}{2L_2}\sqrt{\frac{F}{\mu}},\ \nu_3 = \frac{1}{2L_3}\sqrt{\frac{F}{\mu}}.$$

अतः, $\nu_1 L_1 = \nu_2 L_2 = \nu_3 L_3.$

यदि $\nu_1 : \nu_2 : \nu_3 = 1 : 2 : 3,$

तो $\nu_2 = 2\nu_1$ तथा $\nu_3 = 3\nu_1.$

$\nu_2 = 2\nu_1$

या $\frac{1}{2L_2}\sqrt{\frac{F}{\mu}} = 2 \cdot \frac{1}{2L_1}\sqrt{\frac{F}{\mu}}$

या $L_2 = \frac{L_1}{2}.$

इसी तरह, $\nu_3 = 3\nu_1$

या $\frac{1}{2L_3}\sqrt{\frac{F}{\mu}} = 3 \cdot \frac{1}{2L_1}\sqrt{\frac{F}{\mu}}$

या $L_3 = \frac{L_1}{3}.$

पूरे तार की लंबाई $L_1 + L_2 + L_3 = 1 \text{ m} = 100 \text{ cm},$

अतः $L_1 + \frac{L_1}{2} + \frac{L_1}{3} = 100 \text{ cm}$

या $L_1 = \frac{600}{11}$ cm.

अतः, $L_2 = \frac{L_1}{2} = \frac{300}{11}$ cm तथा $L_3 = \frac{L_1}{3} = \frac{200}{11}$ cm.

4. *रेखीय द्रव्यमान घनत्व 5.0×10^{-3} kg/m वाला एक तार 50 N के तनाव से खींचा हुआ है और किनारों पर स्थिर अवस्था में रखा हुआ है। यह तार 420 Hz की आवृत्ति पर तथा उसके बाद 490 Hz की आवृत्ति पर अनुनाद करता है। तार की लंबाई निकालें।*

हल मान लें कि 420 Hz की आवृत्ति इसकी मूल आवृत्ति की n गुनी है। तब 490 Hz की आवृत्ति इसकी मूल आवृत्ति की $(n + 1)$ गुनी होगी। अतः,

$$420 \text{ Hz} = \frac{n}{2L}\sqrt{\frac{F}{\mu}} \qquad \ldots \text{(i)}$$

तथा $$490 \text{ Hz} = \frac{n+1}{2L}\sqrt{\frac{F}{\mu}} \qquad \ldots \text{(ii)}$$

समीकरण (i) एवं (ii) से,

या $\frac{420}{490} = \frac{n}{n+1}$

या $n = 6.$

समीकरण (i) से, $420 \text{ Hz} = \frac{6}{2L}\sqrt{\frac{50 \text{ N}}{5.0 \times 10^{-3} \text{ kg/m}}}$

या $L = \frac{6}{(840 \text{ s}^{-1})} \times 100 \text{ m/s} = 71.4 \text{ cm}.$

• विचार हेतु प्रश्न •

1. *दोनों किनारों पर बँधी एक डोरी अपनी मूल आवृत्ति में कंपन कर रही है। किनारों के अलावा डोरी पर क्या कोई ऐसा बिंदु है जहाँ डोरी को पकड़ लिया जाए तो डोरी के कंपन पर कोई असर न पड़े? यदि डोरी पहली अधिस्वरक विधा (overtone mode) में कंपन कर रही हो, तो क्या ऐसा बिंदु मिल सकता है?*

2. *x-अक्ष के अनुदिश तनी हुई एक डोरी पर चलती तरंग का किसी क्षण y–x ग्राफ दिया गया है। क्या इस ग्राफ को देखकर आप बता सकते हैं कि यह तरंग प्रगामी है या अप्रगामी? यदि कुछ क्षण बाद का y–x ग्राफ भी आपको दे दिया जाए, तो क्या आप बता सकते हैं कि तरंग प्रगामी है या अप्रगामी?*

3. *क्या किनारों पर बँधी डोरी पर जाती अप्रगामी तरंग के लिए प्रस्पंदों तथा निस्पंदों की संख्याओं का जोड़ सदा विषम होता है?*

4. *एक प्रस्पंद से अगले निस्पंद की दूरी $\lambda/4$ होती है। क्या अप्रगामी तरंग वाली किसी डोरी पर $\lambda/4$ दूरी पर दो ऐसे बिंदु हो सकते हैं जिनके आयाम बराबर हों? क्या $\lambda/2$ दूरी पर ऐसे दो बिंदु हो सकते हैं जिनके आयाम बराबर न हों?*

5. *एक डोरी पर अप्रगामी तरंग स्थित है। क्या इसपर आपस में $\lambda/4$ दूरी पर ऐसे दो बिंदु मिल सकते हैं जिनके कंपन एक ही कला में हों? क्या आपस में $\lambda/2$ दूरी पर ऐसे दो बिंदु मिल सकते हैं जिनके कंपनों की कलाएँ असमान हों?*

6. *दोनों किनारों पर बँधी एक डोरी की एक स्वाभाविक आवृत्ति ν है। क्या 2ν अवश्य ही इसकी एक स्वाभाविक आवृत्ति होगी? क्या ν/2 अवश्य ही इसकी एक स्वाभाविक आवृत्ति होगी?*

7. *अप्रगामी तरंग में किसी प्रस्पंद पर ध्यान दें। जिस समय यह कण अपने अधिकतम विस्थापन पर है, क्या इसका वेग न्यूनतम है? आप जानते हैं कि v के न्यूनतम या अधिकतम होने के लिए dv/dt को शून्य होना पड़ता है। क्या इस आधार पर यह कहा जा सकता है कि अधिकतम विस्थापन के समय कण का त्वरण शून्य है?*

• सटीक उत्तरवाले प्रश्न I •

सही उत्तर का चयन करें।

1. किसी डोरी के कंपन की मूल आवृत्ति समानुपाती होती है
   (a) लंबाई के व्युत्क्रम के (b) व्यास के
   (c) तनाव के (d) घनत्व के

2. एक सोनोमीटर के तार की एक स्वाभाविक आवृत्ति 240 Hz है। इसे 480 Hz के स्वरित्र द्विभुज द्वारा कंपित कराया जाता है। तार के कंपन की आवृत्ति होगी
   (a) 240 Hz (b) 480 Hz (c) 720 Hz (d) शून्य

3. एक सोनोमीटर के तार की स्वाभाविक आवृत्ति 410 Hz है और इसे 480 Hz के स्वर द्विभुज द्वारा कंपित कराया जाता है। तार के कंपन की आवृत्ति होगी
   (a) 410 Hz (b) 480 Hz (c) 820 Hz (d) 960 Hz

4. एक सोनोमीटर के तार की लंबाई L है और यह 416 Hz वाले स्वरित्र द्विभुज के साथ अपनी मूल आवृत्ति में कंपन कर रहा है। यदि इसकी लंबाई को दुगुना कर दिया जाए (तनाव को बराबर रखते हुए) और उसी स्वरित्र द्विभुज से उसे कंपित कराया जाए, तो उसके कंपन की आवृत्ति होगी
   (a) 416 Hz (b) 208 Hz (c) 832 Hz (d) शून्य

5. एक सोनोमीटर के तार से 4 kg का भार लटका है और यह 416 Hz के स्वरित्र द्विभुज के द्वारा मूल आवृत्ति में कंपन कराया जा रहा है। तार के नीचे के सेतुओं को सरकाकर तार की लंबाई दुगुनी कर दी जाती है। मूल आवृत्ति में अनुनाद बनाए रखने के लिए तार से लटके भार को करना होगा
   (a) 1 kg (b) 2 kg (c) 8 kg (d) 16 kg

6. दोनों किनारों पर बँधी एक डोरी एक लूप में ν आवृत्ति से कंपन कर रही है। डोरी की लंबाई L है तथा उसपर जानेवाली तरंग की चाल v है। $2L\nu/v$ का मान होगा
   (a) 1 (b) 2 (c) $\frac{1}{2}$ (d) $\frac{1}{\sqrt{2}}$

7. अप्रगामी तरंग में कणों का त्वरण सदा शून्य होता है
   (a) प्रस्पंदों पर, परंतु निस्पंदों पर नहीं
   (b) निस्पंदों पर, परंतु प्रस्पंदों पर नहीं
   (c) प्रस्पंदों पर भी और निस्पंदों पर भी
   (d) न तो प्रस्पंदों पर, न ही निस्पंदों पर

8. दोनों किनारों पर बँधी L लंबाई की डोरी अप्रगामी तरंग $y = A_0 \sin kx \cos \omega t$ के अनुसार दो लूप में कंपन कर रही है। k का मान होगा
   (a) $\frac{\pi}{L}$ (b) $\frac{\pi}{2L}$
   (c) $\frac{2\pi}{L}$ (d) $\frac{4\pi}{L}$

9. दोनों किनारों पर बँधी L लंबाई की डोरी अप्रगामी तरंग $y = A_0 \sin kx \cos \omega t$ के अनुसार कंपन कर रही है। k का मान
   (a) $\frac{\pi}{L}$ से छोटा नहीं हो सकता।
   (b) $\frac{\pi}{L}$ से बड़ा नहीं हो सकता।
   (c) $\frac{\pi}{L}$ के बराबर नहीं हो सकता।
   (d) अवश्य ही $\frac{\pi}{L}$ के बराबर होगा।

• सटीक उत्तरवाले प्रश्न II •

सही उत्तर (उत्तरों) का चयन करें।

1. एक तार एक किनारे पर दृढ़ आधार में बँधा है और दूसरा सिरा लंबवत दिशा में चलने को स्वतंत्र है। इस तार पर तरंगदैर्घ्य λ वाली अप्रगामी तरंग चल रही है। तार की लंबाई
   (a) अवश्य ही $\lambda/4$ का पूर्णांक अपवर्त्य होगी।
   (b) अवश्य ही $\lambda/2$ का पूर्णांक अपवर्त्य होगी।
   (c) अवश्य ही λ का पूर्णांक अपवर्त्य होगी।
   (d) $\lambda/2$ का पूर्णांक अपवर्त्य हो सकती है।
2. एक अप्रगामी तरंग में
   (a) माध्यम के सभी कण समान कला में कंपन करते हैं।
   (b) प्रस्पंदों पर स्थित सभी कण समान कला में कंपन करते हैं।
   (c) एक छोड़कर एक, ऐसे प्रस्पंदों पर स्थित सभी कण समान कला में कंपन करते हैं।
   (d) क्रमागत निस्पंदों के बीच के सभी कण समान कला में कंपन करते हैं।
3. इनमें से कौन-से समीकरण किनारों पर बँधी डोरी पर अप्रगामी तरंग को निरूपित करते हैं? ($x = 0$, $t = 0$ का चुनाव आप स्वयं कर सकते हैं)
   (a) $y = A \sin kx \cos \omega t$ (b) $y = A \sin kx \sin \omega t$
   (c) $y = A \cos kx \sin \omega t$ (d) $y = A \cos kx \cos \omega t$
4. अप्रगामी तरंग बनने का कारण है
   (a) तरंगों का अध्यारोपण
   (b) तरंगों की ऊर्जा का अवशोषण
   (c) तरंगों का परावर्तन
   (d) तरंगों का अपवर्तन
5. दोनों किनारों पर बँधी एक डोरी तीन लूप में कंपन कर रही है।
   (a) इसकी कंपन आवृत्ति मूल आवृत्ति की तीन गुनी है।
   (b) इसमें तीन प्रस्पंद हैं।
   (c) इसमें तीन निस्पंद हैं।
   (d) डोरी की लंबाई घटक तरंगों के तरंगदैर्घ्य की तीन गुनी है।
6. चार प्रगामी तरंगों W_1, W_2, W_3 एवं W_4 के समीकरण हैं, क्रमशः $y = A_0 \sin(kx - \omega t)$, $y = A_0 \sin(kx + \omega t)$, $y = A_0 \cos(kx - \omega t)$ तथा $y = A_0 \cos(kx + \omega t)$। अप्रगामी तरंग बन सकती है
   (a) $W_1 + W_2$ से (b) $W_1 + W_3$ से
   (c) $W_1 + W_4$ से (d) $W_2 + W_3$ से
7. एक तनी हुई डोरी अप्रगामी तरंग $y = A_0 \sin kx \cos \omega t$ के अनुसार कंपन कर रही है। बिंदु A एक निस्पंद है, B अगला प्रस्पंद है और C इन दोनों के बीच का बिंदु है। A बिंदु से पहले की डोरी इसके आगे की डोरी पर t से $t + dt$ समय के बीच dW_A कार्य करती है। इसी प्रकार dW_B तथा dW_C परिभाषित किए गए हैं।
   (a) dW_A हमेशा शून्य रहेगा।
   (b) dW_B हमेशा शून्य रहेगा।
   (c) dW_C हमेशा शून्य रहेगा।
   (d) इनमें से कोई भी कभी भी शून्य नहीं होगा।

• अभ्यास के प्रश्न •

1. यदि 1 m लंबी रस्सी पर अनुप्रस्थ तरंगिका की चाल 60 m/s हो और इसे दोनों किनारों पर बाँधकर रखा जाए, तो इसकी मूल आवृत्ति कितनी होगी?
2. 2.00 m लंबा एक तार अपने दोनों किनारों पर बँधा है और इसमें 160 N का तनाव है। यदि इसकी मूल आवृत्ति 100 Hz हो, तो इसका रेखीय द्रव्यमान घनत्व निकालें।
3. एक स्टील का तार, जिसका द्रव्यमान 4.0 g तथा लंबाई 8.0 cm है, अपने दोनों किनारों पर क्लैंप कर रखा गया है। तार में तनाव 50 N है। यह मूल आवृत्ति के चौथे संनादी (harmonic) वाली आवृत्ति से कंपन कर रहा है। इस अप्रगामी तरंग की आवृत्ति तथा तरंगदैर्घ्य निकालें।
4. एक वाद्ययंत्र के एक तार का द्रव्यमान 6.00 g तथा उसकी लंबाई 90 cm है। इसके द्वारा उत्पन्न मूल आवृत्ति 'Middle C' (ν = 261.63 Hz) के करीब है। तार में तनाव का मान ज्ञात करें।
5. एक सोनोमीटर का तार 256 Hz आवृत्ति वाले स्वरित्र द्विभुज के साथ अनुनाद में है। सेतुओं के बीच तार की लंबाई 1.0 m है तथा यह तार दो लूपों में कंपन करता है। इस तार पर यदि अनुप्रस्थ तरंगिका भेजी जाए, तो इसकी चाल कितनी होगी?
6. चित्र 28.E1 में दिखाई गई घिरनियों के बीच तार की लंबाई 1.5 m है तथा इसका द्रव्यमान 12.0 g है। यदि इस तार को दो लूपों में कंपित कराया जाए, तो उसकी कंपन आवृत्ति क्या होगी?

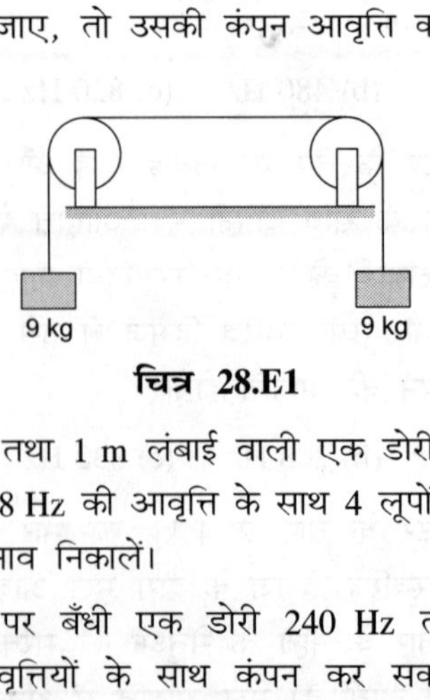

चित्र 28.E1

7. 40 g द्रव्यमान तथा 1 m लंबाई वाली एक डोरी दोनों किनारों पर बँधी है एवं 128 Hz की आवृत्ति के साथ 4 लूपों में कंपन कर रही है। डोरी में तनाव निकालें।
8. दोनों किनारों पर बँधी एक डोरी 240 Hz तथा 320 Hz की स्वाभाविक आवृत्तियों के साथ कंपन कर सकती है। (a) मूल आवृत्ति का अधिकतम मान कितना हो सकता है? (b) यदि इस तार पर एक अनुप्रस्थ तरंगिका 40 m/s की चाल से चल सकती हो, तो इस तार की लंबाई निकालें।

9. 660 Hz के एक स्वरित्र द्विभुज के द्वारा दोनों किनारों पर बँधी एक डोरी में कंपन कराया जाता है। डोरी अपनी एक स्वाभाविक आवृत्ति के साथ 3 लूपों में कंपन करती है। इसी डोरी पर यदि एक अनुप्रस्थ तरंगिका भेजी जाए तो वह 220 m/s की चाल से चलती है। (a) डोरी की लंबाई निकालें। (b) यदि 3 लूपों में कंपन करती इस डोरी के कणों का अधिकतम विस्थापन 0.5 cm हो, तो इस कंपन के लिए उपयुक्त समीकरण (विस्थापन, स्थान तथा समय के पदों में) लिखें।

10. एक गिटारवादक किसी क्षण गिटार के तार को 30.0 cm पर दबाते हैं जिससे 196 Hz की आवृत्ति के कंपन पैदा होते हैं। अगली आवृत्तियाँ जो उन्हें उत्पन्न करनी हैं, वे हैं 220 Hz, 247 Hz, 262 Hz तथा 294 Hz। उन्हें तार को किन-किन दूरियों पर दबाना होगा?

11. दोनों सिरों पर क्लैंप किया हुआ स्टील का एक तार 200 Hz की मूल आवृत्ति के साथ कंपन कर सकता है। एक मनुष्य 14 kHz तक की अधिकतम आवृत्ति की ध्वनि सुन सकता है। मूल आवृत्ति का अधिकतम कौन-सा संनादी (harmonic) इस तार पर पैदा किया जा सकता है ताकि मनुष्य उससे उत्पन्न ध्वनि को सुन सके?

12. दोनों सिरों पर बँधी एक डोरी 90 Hz, 150 Hz तथा 210 Hz की आवृत्तियों के साथ कंपन कर सकती है। (a) इस डोरी की महत्तम संभव मूल आवृत्ति बताएँ। (b) ये तीन आवृत्तियाँ मूल आवृत्ति की कौन-सी संनादी (harmonic) हैं? (c) ये आवृत्तियाँ कौन-से अधिस्वरक (overtones) है? (d) यदि इस डोरी की लंबाई 80 cm हो, तो इसपर चलती अनुप्रस्थ तरंगिका की चाल क्या होगी?

13. एक टेबुल पर लगे दो दृढ़ आधारों के बीच दो तारों को तानकर फिक्स किया गया है। उनके तनावों का अनुपात 2 : 1, त्रिज्याओं का अनुपात 3 : 1 तथा घनत्वों का अनुपात 1 : 2 है। इनकी मूल आवृत्तियों का अनुपात निकालें।

14. द्रव्यमान 1.2 kg तथा लंबाई 40 cm वाली एक छड़ दो एक-जैसे तारों से लटकाकर क्षैतिज अवस्था में रखी गई है (चित्र 28.E2)। इस छड़ पर 1.2 kg का एक भार कहाँ रखा जाए ताकि एक ही स्वरित्र द्विभुज बायें तार में मूल आवृत्ति का तथा दाहिने तार में पहली अधिस्वरक (overtone) आवृत्ति का कंपन पैदा कर सके?

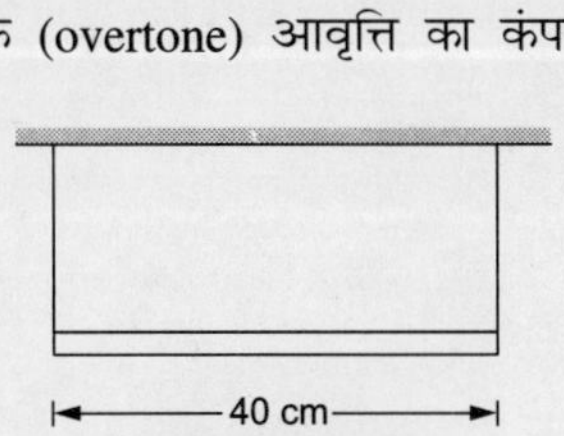

चित्र 28.E2

15. चित्र 28.E3 में 60 cm लंबे एक ऐलुमिनियम के तार को 80 cm लंबे एक स्टील के तार के साथ जुड़ा हुआ दिखाया गया है। यह संयुक्त तार दो दृढ़ आधारों के बीच तानकर रखा गया है। तार में तनाव का मान 40 N है। स्टील के तार की अनुप्रस्थ काट का क्षेत्रफल 1.0 mm^2 है जबकि ऐलुमिनियम के तार के लिए यह 3.0 mm^2 है। किस न्यूनतम आवृत्ति का स्वरित्र द्विभुज इस संयुक्त तार में ऐसा कंपन पैदा कर सकता है कि तारों का जोड़ एक निस्पंद हो? ऐलुमिनियम का घनत्व = 2.6 g/cm^3 तथा स्टील का घनत्व 7.8 g/cm^3 है।

चित्र 28.E3

16. दोनों किनारों पर बँधी L लंबाई की एक डोरी अपनी मूल आवृत्ति तथा महत्तम आयाम A के साथ कंपन कर रही है। (a) तरंगदैर्घ्य λ तथा स्थिरांक k का मान निकालें। (b) डोरी के एक किनारे को $x = 0$ तथा डोरी की लंबाई के अनुदिश x-अक्ष लें। विस्थापन की दिशा में y-अक्ष लें। जिस क्षण डोरी का मध्यबिंदु अपनी मध्य अवस्था में है और धनात्मक y-दिशा में जा रहा है, उस क्षण को $t = 0$ कहें। डोरी के कंपन के लिए समीकरण लिखें।

17. किनारों पर बँधी 2 m लंबी एक डोरी अपने प्रथम अधिस्वरक में कंपन कर रही है। कंपन के दौरान महत्तम आयाम 0.5 cm है। इस डोरी पर अनुप्रस्थ तरंग की चाल 200 m/s है। (a) घटक तरंगों की आवृत्ति तथा तरंगदैर्घ्य बताएँ। (b) कणों के विस्थापन के लिए समीकरण लिखें। डोरी के एक किनारे को $x = 0$ मानें और जिस क्षण $x = 50$ cm का कण अपने महत्तम विस्थापन पर हो, उस क्षण को $t = 0$ मानें।

18. दोनों किनारों पर बँधी एक डोरी अपनी तीसरी संनादी (harmonic) में कंपन कर रही है। इसके विस्थापन का समीकरण है,

$$y = (0.4 \text{ cm}) \sin\left[\left(\frac{\pi}{10} \text{ cm}^{-1}\right)x\right] \cos[(600\pi \text{ s}^{-1})t].$$

(a) कंपनों की आवृत्ति कितनी है?
(b) निस्पंदों के स्थान कहाँ हैं?
(c) डोरी की लंबाई कितनी है?
(d) उन घटक तरंगों का तरंगदैर्घ्य एवं चाल बताएँ, जिनके अध्यारोपण से ये कंपन बने हैं?

19. दोनों किनारों पर बँधी एक डोरी पर अप्रगामी तरंग स्थित है। इसका समीकरण है,

$$y = (0.4 \text{ cm}) \sin\left[\left(\frac{\pi}{10} \text{ cm}^{-1}\right)x\right] \cos[(600\pi \text{ s}^{-1})t].$$

इस डोरी की न्यूनतम संभव लंबाई कितनी है?

20. एक तार की स्वाभाविक लंबाई 40.00 cm है तथा इसका द्रव्यमान 3.2 g है। इसे 40.05 cm दूरी पर के दो दृढ़ आधारों के बीच तान कर फिक्स किया गया है। इसके कंपन की मूल आवृत्ति 220 Hz है। यदि तार की अनुप्रस्थ काट का क्षेत्रफल 1.0 mm^2 हो, तो इसका यंग गुणांक (Young modulus) निकालें।

21. चित्र 28.E4 में घिरनी पर से जाती एक डोरी एक ब्लॉक को संतुलित रख रही है। डोरी का क्षैतिज भाग एक विशेष स्वर द्विभुज के साथ अपनी 10वीं संनादी (harmonic) आवृत्ति में कंपन कर रहा है। जब पानी से भरे एक बीकर को ब्लॉक के नीचे इस तरह रखते हैं कि ब्लॉक पूरी तरह पानी में डूब जाए, तो डोरी का क्षैतिज भाग उसी स्वर द्विभुज के साथ 11वीं संनादी (harmonic) में कंपन करने लगता है। ब्लॉक के पदार्थ का घनत्व निकालें।

चित्र 28.E4

22. द्रव्यमान 80 g तथा लंबाई 2.00 m वाली एक मोटी रस्सी एक किनारे पर फिक्स है तथा दूसरे किनारे पर एक नगण्य भार वाले लेकिन मजबूत तार से बँधी है। इसे क्षैतिज दिशा में 256 N के तनाव के साथ खींचकर रखा जाता है। (a) रस्सी के कंपन की मूल आवृत्ति तथा प्रथम दो अधिस्वरक आवृत्तियाँ निकालें। (b) मूल आवृत्ति से तथा प्रथम दो अधिस्वरक आवृत्तियों से कंपन की स्थितियों में घटक तरंगों का तरंगदैर्घ्य निकालें।

23. एक भारी रस्सी का एक सिरा एक भारी ब्लॉक से तथा दूसरा सिरा एक नगण्य भार वाली, लेकिन मजबूत डोरी से बँधा है (चित्र 28.E5)। धागा एक चिकनी घिरनी पर से जाता है तथा इसके दूसरे किनारे से एक ब्लॉक लटका है। क्षैतिज सतह पर पर्याप्त घर्षण है जिससे उसपर रखा ब्लॉक स्थिर है। भारी रस्सी के अनुनादी (resonant) कंपन की न्यूनतम आवृत्ति (अर्थात मूल आवृत्ति) 120 Hz है। यदि क्षैतिज सतह के ब्लॉक को दाहिनी ओर 10 cm खिसका दिया जाए ताकि जोड़ घिरनी पर आ जाए, तो रस्सी की मूल आवृत्ति कितनी होगी?

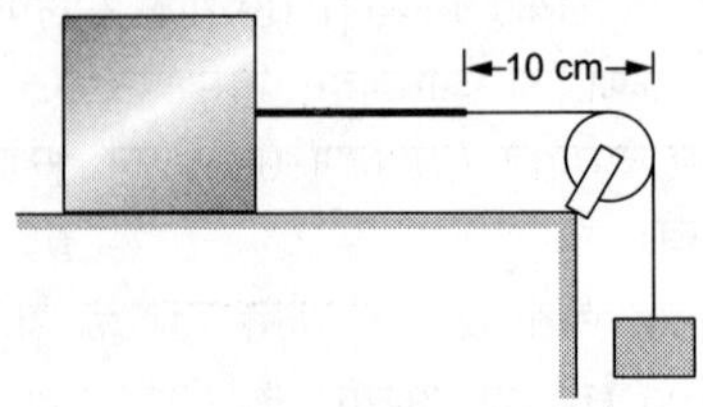

चित्र 28.E5

• उत्तर •

सटीक उत्तरवाले प्रश्न I

1. (a) **2.** (b) **3.** (b) **4.** (a) **5.** (d)
6. (a) **7.** (b) **8.** (c) **9.** (a)

सटीक उत्तरवाले प्रश्न II

1. (a) **2.** (c), (d) **3.** (a), (b), (c), (d)
4. (a), (c) **5.** (a), (b) **6.** (a), (c), (d)
7. (a), (b)

अभ्यास के प्रश्न

1. 30 Hz **2.** $1.00\ \text{gm}^{-1}$ **3.** 250 Hz, 40 cm

4. 1480 N **5.** $384\ \text{m s}^{-1}$ **6.** 70 Hz **7.** 164 N

8. (a) 80 Hz (b) 25 cm

9. (a) 50 cm
(b) $(0.5\ \text{cm})\sin[(0.06\pi\ \text{cm}^{-1})x]\times\cos[(1320\pi\ \text{s}^{-1})t]$

10. 26.7 cm, 23.8 cm, 22.4 cm और 20.0 cm **11.** 70

12. (a) 30 Hz (b) 3rd, 5th and 7th
(c) 2nd, 4th and 6th (d) $48\ \text{m s}^{-1}$

13. 2 : 3 **14.** बायें किनारे से 5 cm **15.** 180 Hz

16. (a) $2L, \dfrac{\pi}{L}$ (b) $y = A\sin\left(\dfrac{\pi x}{L}\right)\sin(2\pi\nu t)$

17. (a) 2 m, 100 Hz
(b) $(0.5\ \text{cm})\sin[(\pi\ \text{m}^{-1})x]\cos[(200\pi\ s^{-1})t]$

18. (a) 300 Hz (b) 0, 10 cm, 20 cm, 30 cm
(c) 30 cm (d) 20 cm, 60 m/s

19. 10 cm **20.** $1.98\times10^{11}\ \text{N/m}^2$ **21.** $5.8\times10^{3}\ \text{kg m}^{-3}$

22. (a) 10 Hz, 30 Hz, 50 Hz (b) 8.00 m, 2.67 m, 1.60 m

23. 240 Hz

❑

अध्याय 29

ध्वनि तरंगें

मनुष्य जब संसार में सर्वप्रथम आता है, तो उससे पहली अपेक्षा होती है कि वह अपने गले से ध्वनि उत्पन्न करे। उसके रुदन को सुनते ही सभी परिवारजनों में खुशी की लहर दौड़ जाती है। खुशी के हर अवसर पर हम प्रायः बैंड-बाजे बजाते हैं, पटाखें फोड़ते हैं, गाना-बजाना करते हैं। कभी बच्चों की उन्मुक्त किलकारियाँ, तो कभी शिक्षकों के लंबे व्याख्यान, कभी तालियों की गूँज, तो कभी भीड़-भाड़ वाली सड़क पर मोटर कारों की पों-पों। ध्वनि का हमारे सारे जीवन में महत्त्वपूर्ण स्थान है।

यह ध्वनि अपने-आप में होती क्या है? ध्वनि वस्तुतः हवा या किसी अन्य माध्यम में चलती तरंगें हैं। दैनिक जीवन में हम ध्वनि को सुनने के लिए अपने कानों का उपयोग करते हैं। हमारे कान अपने पास की हवा के दबाव में क्रमिक बढ़ोतरी और कमी को पहचानते हैं। हवा के दबाव में यह लगातार कमी-बेशी रूपी परिवर्तन ही ध्वनि है। ध्वनि ठोस या द्रव माध्यम में भी चलती है। इस अध्याय में हम सामान्यतः हवा या अन्य तरल पदार्थों में ध्वनि तरंगों की बात करेंगे।

29.1 हवा में ध्वनि का संचरण

हवा में ध्वनि उत्पन्न तभी होती है, जब कोई स्रोत कंपन करता है। चित्र 29.1 में एक स्वर द्विभुज के कारण उत्पन्न ध्वनि का चित्रण किया गया है।

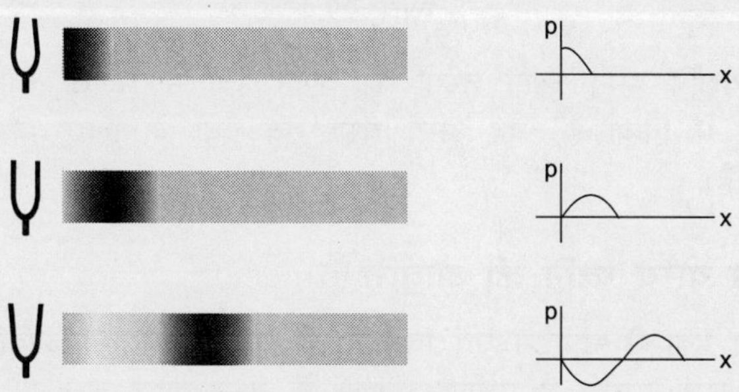

चित्र 29.1

द्विभुज की भुजाएँ सरल आवर्त गति करती हैं। जब ये भुजाएँ फैलती हैं, तो ये अपने संपर्क की हवा को दबाती हैं। इस कारण हवा की इस परत का घनत्व बढ़ जाता है और इस कारण वहाँ का दाब बढ़ जाता है। हवा की यह परत अपने संपर्क की हवा को दबाती है जिससे उसका दाब बढ़ता है। इस तरह, हवा के संपीडन (compression or higher density) की एक तरंग बनती है जो हवा में आगे संचरित होती है। द्विभुज की भुजाएँ जब सिकुड़ती हैं, तब साथ में अपने संपर्क की हवा को पीछे की ओर खींचती हैं। इस कारण वहाँ की हवा का घनत्व तथा दाब कम हो जाता है। इस तरह हवा में एक विरलन (rarefaction or lower density) की परत बनती है। यह कम दाब की परत अपने संपर्क की हवा को अपनी ओर खींचती है और वहाँ भी विरलन पैदा होता है। इस तरह, संपीडन के पीछे विरलन की तरंग हवा में आगे चलती है। द्विभुज अपने पास की हवा में लगातार संपीडन और विरलन पैदा करता है और यह विक्षोभ तरंग गति के माध्यम से हवा में दूर-दूर तक फैल जाता है। जब हमारे कान के पास की हवा के दाब में भी यह परिवर्तन होने लगता है, तब हमें स्वर द्विभुज की ध्वनि सुनाई देती है।

मान लें कि वायुमंडलीय दाब P_0 है और किसी क्षण t पर किसी स्थान (x, y, z) पर ध्वनि तरंग के संचरण के कारण दाब P हो गया है। अंतर $P - P_0$ को हम p लिखेंगे। यदि यहाँ संपीडन है, तो p का मान धनात्मक होगा और यदि विरलन है, तो p का मान ऋणात्मक होगा। साम्यावस्था में, जबकि हवा अपने स्वाभाविक दाब पर है, $p = 0$ होगा। हवा में ध्वनि की तरंग इसी p के परिवर्तन के रूप में लिखी जाएगी। चित्र 29.1 में विभिन्न क्षणों पर स्वरित्र द्विभुज के सामने p के x के साथ परिवर्तन को दिखाया गया है।

जब हम चुटकी बजाते हैं, तब एक छोटे-से समय के लिए (शायद 1 सेकंड के दसवें भाग के लिए) अपनी उँगलियों के पास की हवा को संपीडित तथा विरलित करते हैं। यदि समय के साथ $p = P - P_0$ का ग्राफ खींचा जाए, तो शायद वह चित्र 29.2 जैसा होगा।

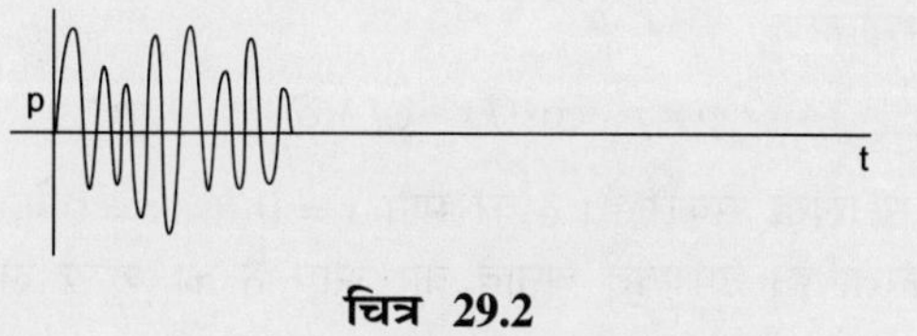

चित्र 29.2

यदि ध्वनि तरंग v वेग से हवा में चलती हो, तो t_0 समय बाद ऐसा ही परिवर्तन vt_0 दूरी के बिंदुओं पर होगा, यद्यपि दूरी के साथ परिवर्तन के आयाम भी घटते जाएँगे। किसी एक दिशा में हवा में p के परिवर्तन का प्रकार दूरी बढ़ने के साथ चित्र 29.3 में दिखाया गया है।

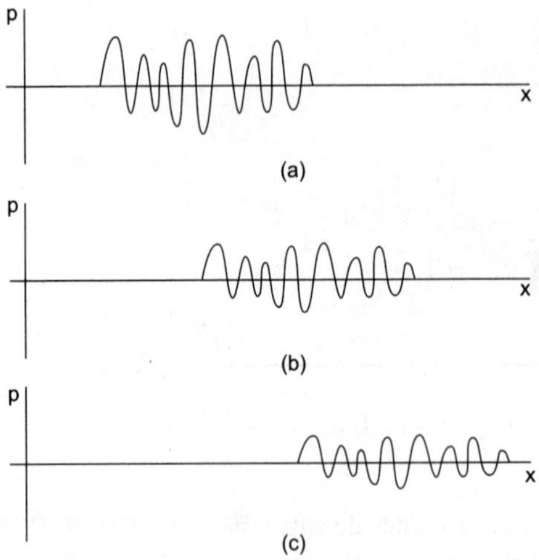

चित्र 29.3

एक स्रोत द्वारा उत्पन्न ध्वनि सामान्यतः हवा में सभी ओर संचरित होती है। फिर भी, स्रोत की प्रकृति के अनुसार ध्वनि किसी एक दिशा में अधिक तथा अन्य दिशाओं में कम हो सकती है। रेलवे स्टेशन पर उद्घोषणाएँ प्रसारित करने के लिए स्थान-स्थान पर स्पीकर लगे होते हैं। यदि शोर-गुल में उद्घोषणा साफ-साफ न सुनाई दे रही हो, तो आप स्पीकर के सामने वाले भाग में खड़े होते हैं। स्रोत से दूरी के साथ ध्वनि की तीव्रता भी कम होती जाती है। ध्वनि तरंगों के गणितीय स्वरूप को समझने के लिए हम ऐसा मानेंगे कि ध्वनि x-दिशा में ही संचरित हो रही है और दूरी के साथ इसकी तीव्रता में कोई परिवर्तन नहीं हो रहा है।

यदि तरंग धनात्मक x-दिशा में v चाल से चल रही हो, तो तरंग का समीकरण,

$$p = f(x - vt)$$

तथा यदि यह ऋणात्मक x-दिशा में चल रही हो, तो तरंग का समीकरण,

$$p = f(x + vt)$$

के रूप का होगा।

यदि स्रोत सरल आवर्त गति में हो, जैसा कि स्वरित्र द्विभुज के साथ माना जा सकता है, तो दाब का परिवर्तन भी इसी प्रकार का होगा। ऐसी तरंग को ज्यावक्रीय तरंग (sinusoidal wave) या ज्यातरंग (sine wave) कहेंगे। यदि यह x-दिशा में चल रही हो, तो इसका समीकरण,

$$p = p_0 \cos(kx - \omega t + \delta)$$

के रूप में लिख सकते हैं। δ का मान $x = 0$ तथा $t = 0$ के चुनाव पर निर्भर करता है। उपयुक्त चुनाव कर आप δ को शून्य ले सकते हैं जिससे

$$p = p_0 \cos(kx - \omega t). \qquad \text{... (29.1)}$$

आप $x = 0,\ t = 0$ का चुनाव ऐसे भी कर सकते हैं जिससे कि $\delta = -\pi/2$ हो जाए, तब तरंग का समीकरण होगा,

$$p = p_0 \sin(kx - \omega t).$$

यदि आप δ को $\frac{\pi}{2}$ बना लें, तो

$$p = p_0 \sin(\omega t - kx).$$

ध्वनि तरंगों का वर्णन करने के लिए आप स्वयं $x = 0,\ t = 0$ का चुनाव कर सकते हैं और इनमें से किसी भी समीकरण का इस्तेमाल कर सकते हैं। परंतु, यदि एक ही साथ दो तरंगों पर विचार करना हो, तो आप केवल एक तरंग के लिए δ का मान स्वेच्छा से ले सकते हैं और दूसरे तरंग के लिए यह मान परिस्थिति के अनुसार निर्धारित होगा।

ये सारी परिस्थितियाँ डोरी पर जाती sine wave के समान हैं तथा संकेतों के अर्थ भी समान हैं। अतः, तरंग के समीकरण में $k = \frac{2\pi}{\lambda},\ \omega = \frac{2\pi}{T} = 2\pi\nu,\ v = \frac{\omega}{k}$ आदि होंगे।

ध्वनि तरंगों की अनुदैर्घ्य (longitudinal) प्रकृति

हमने डोरी पर चलती तरंगों एवं हवा या अन्य तरल पदार्थों में चलती ध्वनि तरंगों में कई समानताएँ बनाई हैं। लेकिन, एक अर्थ में ध्वनि तरंगें डोरी पर की तरंगों से बिलकुल अलग हैं। जहाँ डोरी के कणों का विस्थापन तरंग के चलने की दिशा के लंबवत होता है, वहाँ ध्वनि तरंगों में हवा की परतों का विस्थापन तरंग के चलने की दिशा में ही होता है। इस कारण डोरी पर चलनेवाली तरंगों को अनुप्रस्थ तरंगें तथा हवा में चलनेवाली तरंगों को अनुदैर्घ्य तरंगें कहते हैं। अनुदैर्घ्य तरंगों में जिस दिशा में तरंग चलती है, उसी दिशा में कणों का विस्थापन भी होता है। इसलिए, इस दिशा के लंबवत सारी दिशाएँ एकसमान होती हैं। यदि आप एक कार्डबोर्ड पर बड़ी-सी दरार काटकर इसे ध्वनि तरंगों के रास्ते में रख दें, तो कार्डबोर्ड को अपने तल में घुमाने पर दूसरी ओर ध्वनि की तीव्रता पर कोई असर नहीं पड़ेगा।

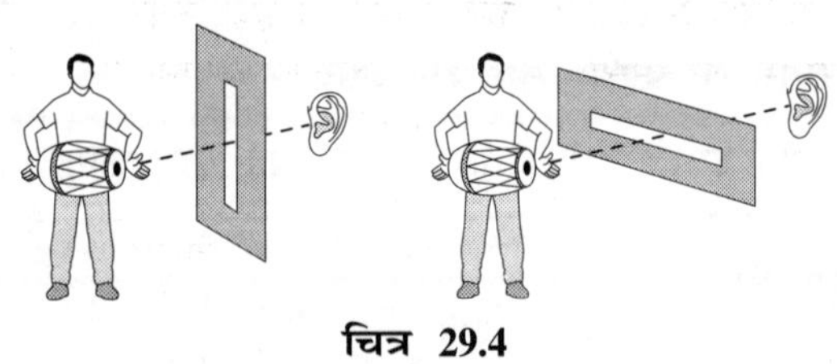

चित्र 29.4

यद्यपि हमने ध्वनि तरंगों का वर्णन हवा में चलती ध्वनि के संदर्भ में किया है, यह अन्य गैसों एवं द्रवों के लिए भी लागू होता है।

सुनने योग्य ध्वनि की आवृत्ति

यद्यपि हवा में संपीडन एवं विरलन की तरंगें किसी भी आवृत्ति के साथ चल सकती हैं तथापि मनुष्यों के कान बहुत कम या बहुत ज्यादा आवृत्ति की तरंगों को नहीं सुन पाते हैं। सामान्यतः, मनुष्य के लिए सुनने का दायरा 20 Hz से 20 kHz तक माना जाता है। 20 kHz से अधिक आवृत्ति वाली तरंगों को अल्ट्रासाउंड कहते हैं और इसका भी अपना बहुत बड़ा योगदान है। 20 Hz से कम आवृत्ति की तरंगें इन्फ्रासाउंड कही जाती हैं, पर ये उतनी उपयोगी नहीं हैं।

कहते हैं कि कई जानवरों के सुनने का आवृत्ति दायरा मनुष्यों के दायरे से काफी ज्यादा है। कई कुत्ते 50 kHz तक की ध्वनि तरंगों को सुन लेते हैं और चमगादड़ तो 100 kHz की तरंगों को भी सुन सकते हैं।

अभ्यास 29.1

हवा में एक ध्वनि तरंग पैदा की जाती है जिसका तरंगदैर्घ्य 0.60 cm है। यह 354 m/s की चाल से चलती है। क्या यह मनुष्य को सुनाई देगी?

हल $v = \nu\lambda$

या $\nu = \frac{v}{\lambda} = \frac{354 \text{ m/s}}{0.60 \text{ cm}} = 59000 \text{ Hz}.$

यह मनुष्य के सुनने के दायरे से बहुत ज्यादा है, अतः उसे यह ध्वनि सुनाई नहीं देगी।

29.2 ध्वनि तरंगों का विस्थापन के पदों में निरूपण

हवा (या अन्य तरल पदार्थों) की परतों में दाब के घटने-बढ़ने के कारण ध्वनि तरंगें आगे बढ़ती हैं। इस दाब के बढ़ने या घटने का कारण हवा की परतों का विस्थापन है। जब स्वरित्र द्विभुज की भुजा आगे बढ़ती है, तो यह अपने संपर्क की हवा को आगे ठेलती है और जब यह भुजा पीछे आती है, तो अपने संपर्क की हवा को पीछे खींचती है। आप सोच सकते हैं कि हवा की परत भी द्विभुज की भुजा के साथ सरल आवर्त गति करती है। संपीडन तथा विरलन की यह तरंग हवा में जहाँ भी पहुँचेगी, वहाँ की परतों में इस प्रकार की सरल आवर्त गति पैदा होगी। परंतु, हवा के अणु तो लगातार विभिन्न दिशाओं में गति करते रहते हैं, तो फिर इन्हें सरल आवर्त गति में जाता हुआ कैसे माना जा सकता है? यह सत्य है कि कभी भी हवा के अणु स्थिर नहीं रहते हैं और वे इधर-उधर चलते रहते हैं। ये आपस में या अन्य सतहों से टकराकर अपनी गति की दिशा बदलते रहते हैं। जब ध्वनि तरंग हवा में चलती है, तो इस अनियमित (random) गति के साथ तरंग की दिशा में एक गति अध्यारोपित होती है। हम सिर्फ इस गति पर विचार करेंगे।

मान लें कि x-दिशा में हवा (या किसी तरल माध्यम) में एक ज्यातरंग (sine wave) चल रही है। स्थान x पर की परत के कण समय t पर s दूरी से विस्थापित होते हैं। उपयुक्त ढंग से $x = 0$, $t = 0$ लेने पर इन विस्थापनों का समीकरण होगा,

$$s = s_0 \cos(kx - \omega t). \qquad \text{... (i)}$$

साम्यावस्था में, इस माध्यम में x तथा $x + \Delta x$ पर दो परतें लें (चित्र 29.5)। यहाँ क्षेत्रफल A की अनुप्रस्थ काट बनाएँ तथा इनके बीच घिरे बेलनाकार आयतन का विचार करें। इसमें स्थित हवा का आयतन $V = A\Delta x$ होगा तथा द्रव्यमान $M = \rho A \Delta x$ होगा।

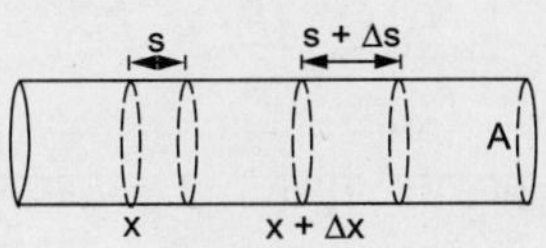

चित्र 29.5

तरंग के कारण x पर की परत t समय में s दूरी विस्थापित होती है जबकि इतने ही समय में $x + \Delta x$ की परत $s + \Delta s$ दूरी विस्थापित होती है। इसलिए, इसमें स्थित हवा का आयतन $V + \Delta V$ हो जाता है, जहाँ

$$\Delta V = A\Delta s = A \frac{\partial s}{\partial x} \Delta x$$
$$= A[-s_0 k \sin(kx - \omega t)]\Delta x.$$

इस तरह हवा में एक आयतन विकृति (volume strain) भी पैदा हो जाती है, जो

$$\frac{\Delta V}{V} = \frac{-As_0 k \sin(kx - \omega t)\Delta x}{A\Delta x}$$
$$= -s_0 k \sin(kx - \omega t)$$

है। यदि हवा का आयतन प्रत्यास्थता गुणांक (bulk modulus) B हो, तो इस समय अतिरिक्त दबाव, अर्थात आयतन प्रतिबल (volume stress) पैदा होगा, जिसका मान होगा

$$\Delta P = p = B \cdot \left(-\frac{\Delta V}{V}\right)$$

या $$p = Bs_0 k \sin(kx - \omega t)$$

या $$p = p_0 \sin(kx - \omega t). \qquad \text{... (ii)}$$

आप ध्वनि तरंग को समीकरण (i) के अनुसार विस्थापन की तरंग की तरह मान सकते हैं या समीकरण (ii) के अनुसार दाब की तरंग की तरह मान सकते हैं। विस्थापन तरंग का आयाम s_0 तथा दाब तरंग का आयाम p_0 निम्नांकित समीकरण से जुड़े हैं।

$$p_0 = (Bk)s_0. \qquad \text{... (29.2)}$$

इसके अतिरिक्त एक महत्त्वपूर्ण बात यह है कि विस्थापन तरंग समीकरण (i) तथा दाब तरंग समीकरण (ii) के बीच $\pi/2$ का कलांतर है। जिस समय s का मान कहीं पर अधिकतम होगा [$(\cos(kx - \omega t) = 1$], उस समय वहाँ p का मान शून्य होगा [$(\sin(kx - \omega t) = 0$]। इसी तरह, जिस समय s का मान कहीं पर शून्य होगा [$\cos(kx - \omega t) = 0$], उस समय वहाँ p का मान अधिकतम (धनात्मक या ऋणात्मक) होगा।

अभ्यास 29.2

तरंगदैर्घ्य 40 cm की ध्वनि तरंग हवा में चल रही है। यदि किसी स्थान पर हवा के अधिकतम तथा न्यूनतम दाब का अंतर 1.0 N/m^2 हो, तो वहाँ की हवा की परत के कंपन का आयाम निकालें। हवा का आयतन प्रत्यास्थता गुणांक $(B) = 1.4 \times 10^5 \text{ N/m}^2$.

हल दाब का आयाम,

$$p_0 = \frac{1.0 \text{ N/m}^2}{2} = 0.5 \text{ N/m}^2$$

तथा विस्थापन का आयाम,

$$s_0 = \frac{p_0}{Bk} = \frac{p_0 \lambda}{2\pi B}$$
$$= \frac{(0.5 \text{ N/m}^2) \times (40 \times 10^{-2} \text{ m})}{2 \times 3.14 \times 1.4 \times 10^5 \text{ N/m}^2}$$
$$= 2.2 \times 10^{-7} \text{ m}.$$

29.3 किसी माध्यम में ध्वनि का वेग

मान लें कि हवा में एक ज्यातरंग (sine wave) x-दिशा में जा रही है। परतों के विस्थापन के रूप में हम इस तरंग को लिख सकते हैं,

$$s = s_0 \cos(kx - \omega t) \qquad \text{... (i)}$$

तथा दाब के पदों में इसे लिख सकते हैं,

$$p = p_0 \sin(kx - \omega t) = Bs_0 k \sin(kx - \omega t). \qquad \text{... (ii)}$$

स्थान x तथा $x + \Delta x$ पर A क्षेत्रफल की दो अनुप्रस्थ काट लें तथा इनसे बने बेलनाकार आयतन में स्थित हवा का विचार करें (चित्र 29.6)। इस हवा पर t समय पर लगते बल तथा उसके त्वरण के मानों से हम हवा में ध्वनि तरंगों की चाल निकाल सकते हैं।

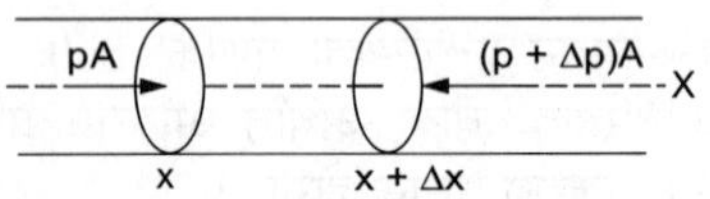

चित्र 29.6

t समय पर इस आयतन में स्थित हवा पर बल,

$$\Delta F = Ap - A(p + \Delta p) = -A\Delta p = -A\frac{\partial p}{\partial x}\Delta x$$

$$= -ABs_0 k^2 \cos(kx - \omega t)\Delta x.$$

अतः, इसका त्वरण, $a = \dfrac{\Delta F}{\rho A \Delta x}$

$$= -\frac{Bs_0 k^2}{\rho}\cos(kx - \omega t), \qquad \text{... (iii)}$$

जहाँ ρ हवा का सामान्य घनत्व है।

परंतु, x पर की परत का त्वरण आप समीकरण (i) से सीधे प्राप्त कर सकते हैं,

$$a = \frac{\partial^2 s}{\partial t^2} = -s_0 \omega^2 \cos(kx - \omega t). \qquad \text{... (iv)}$$

समीकरण (iii) तथा (iv) की तुलना करने पर,

$$\frac{Bk^2}{\rho} = \omega^2 \qquad \text{या} \qquad \frac{\omega^2}{k^2} = \frac{B}{\rho}$$

$$\text{या} \qquad v = \frac{\omega}{k} = \sqrt{\frac{B}{\rho}}. \qquad \text{... (29.3)}$$

हवा में ध्वनि का वेग उसकी प्रत्यास्थता के गुण तथा जड़त्व के गुण पर निर्भर करता है। आयतन प्रत्यास्थता गुणांक B प्रत्यास्थता के गुण को बताता है तथा घनत्व ρ उसके जड़त्व के गुण को बताता है। सभी यांत्रिक तरंगों में प्रत्यास्थता तथा जड़त्व, तरंग की चाल निर्धारित करते हैं।

ठोस पदार्थों में ध्वनि का संचरण

अनुदैर्घ्य तरंगें न केवल तरल पदार्थों में चल सकती हैं, बल्कि ठोस पदार्थों में भी चल सकती हैं। जब किसी तार से किसी भार को लटकाते हैं, तब पूरे तार में तनाव बढ़ जाता है। एक किनारे पर की गई क्रिया का असर तार के दूसरे हिस्सों में कैसे पहुँच जाता है? जिस समय आप भार को लटकाते हैं, वह तार के निचले हिस्से को तार की लंबाई की दिशा में विस्थापित करता है। यही विस्थापन तार में एक अनुदैर्घ्य तरंग पैदा करता है जो तार के दूसरे हिस्सों में पहुँच जाती है। चूँकि तार के प्रत्येक भाग में विस्थापन उसी दिशा में (तार की लंबाई की दिशा में) है जिस दिशा में तरंग जा रही है, यह अनुदैर्घ्य तरंग है। ठोस पदार्थों में अनुदैर्घ्य तरंगें भी पैदा की जा सकती हैं और अनुप्रस्थ तरंगें भी।

यदि अनुदैर्घ्य तरंगों की आवृत्ति सुनने योग्य हो, तो वह ध्वनि है। अतः, ठोस माध्यमों से ध्वनि का संचरण हो सकता है। ठोस माध्यमों में ध्वनि का वेग सामान्यतः,

$$v = \sqrt{\frac{Y}{\rho}}$$

सूत्र से दिया जाता है, जहाँ Y उस पदार्थ का यंग प्रत्यास्थता गुणांक (Young modulus) तथा ρ इसका घनत्व है।

नीचे दी गई सारणी में कुछ माध्यमों में नापी गई ध्वनि के वेग दिए गए हैं।

सारणी : 29.1

माध्यम	वेग (m/s)	माध्यम	वेग (m/s)
सूखी हवा (0°C)	331	ताँबा	3569
हाइड्रोजन (0°C)	1286	ऐलुमिनियम	5100
पानी (25°C)	1493	स्टील	5200

स्रोत— hyperphysics.phy–astr.gsu-edu से

29.3.1 न्यूटन का सूत्र तथा लाप्लास का संशोधन

हवा में ध्वनि के वेग का विषय गैसों के ताप तथा ऊष्मा से गहराई से जुड़ा है। आयतन प्रत्यास्थता गुणांक B का सूत्र, $B = -V\dfrac{\Delta P}{\Delta V}$ है।

आयतन में बदलाव लाने से दाब का मान कितना बदलेगा, यह परिस्थितियों पर निर्भर करेगा। यदि हम एक बंद बरतन में रखी हवा को गर्म करेंगे, तो आयतन में न के बराबर वृद्धि होगी, पर दाब काफी बढ़ सकता है। यदि साइकिल की ट्यूब में अच्छी तरह हवा भरकर उसे कड़ी धूप में देर तक छोड़ दिया जाए, तो कभी-कभी ट्यूब फट जाती है। ऐसा दाब के बढ़ने के कारण ही होता है जबकि आयतन में मामूली वृद्धि ही होती है। इसी प्रकार, यदि गैस को फैलने की सुविधा हो, तो गर्म करने पर उसका आयतन तो बढ़ जाता है, पर दाब में मामूली ही वृद्धि होती है।

सत्रहवीं शताब्दी में न्यूटन ने हवा में ध्वनि के वेग के लिए निम्नांकित सूत्र स्थापित किया—

$$v = \sqrt{\frac{p}{\rho}}. \qquad \text{... (29.4)}$$

अर्थात, आयतन प्रत्यास्थता गुणांक B के स्थान पर दाब p किया गया। यदि यह माना जाए कि ध्वनि के संचरण के कारण हवा की परतों का ताप स्थिर रहता है, तो यह परिणाम आसानी से सत्यापित

किया जा सकता है। हम गैसों के बारे में विस्तारपूर्वक आगे के अध्यायों में चर्चा करेंगे। आपको $pV = nRT$ सूत्र की जानकारी तो होगी ही। इसमें n गैस के मोलों की संख्या तथा p, V, T क्रमशः उसके दाब, आयतन तथा ताप हैं। R एक सार्वत्रिक स्थिरांक हैं, जिसका मान किसी परिस्थिति पर निर्भर नहीं करता।

यदि यह मान लें कि संपीडन तथा विरलन के दौरान ताप T का मान नहीं बदलता है, तो

$$pV = nRT$$

इन्हें दोनों ओर V के सापेक्ष अवकलित करने पर,

$$p\frac{\Delta V}{\Delta V} + V\frac{\Delta p}{\Delta V} = 0$$

या $$p = -V\frac{\Delta p}{\Delta V}$$

या $$B = p.$$

यह परिणाम समीकरण (29.3) में इस्तेमाल करने से, हवा में (या किसी गैस में) ध्वनि का वेग $v = \sqrt{\frac{p}{\rho}}$ होगा जैसा कि न्यूटन ने स्थापित किया था। अर्थात, न्यूटन के सूत्र में यह धारणा निहित है कि जब ध्वनि तरंगों के कारण हवा की किसी परत में संपीडन या विरलन होता है, तो उसका ताप नहीं बदलता है।

0°C तथा 1 atm दाब पर हवा का घनत्व 1.293 kg/m^3 होता है। यह मान न्यूटन के सूत्र में रखने पर, हवा में ध्वनि की चाल 280 m/s आती है, जो वास्तविक मान 332 m/s से काफी कम है।

न्यूटन के काल में ध्वनि का वेग निकालने की विधियों में प्रायोगिक त्रुटियाँ बहुत थीं और इस सूत्र का सत्यापन ठीक प्रकार से संभव नहीं हुआ। परंतु, प्रायोगिक क्षमताओं के विकास के साथ ही यह स्पष्ट हो गया कि न्यूटन के सूत्र से प्राप्त ध्वनि का वेग वास्तविक वेग से कम है। लगभग डेढ़ शताब्दी तक वैज्ञानिक इस समस्या से जूझते रहे। स्वयं लाप्लास ने अनेक बार अलग-अलग ढंग से इस सूत्र को संशोधित कर अपने परिणाम प्रकाशित किए। इन अनिश्चितताओं का कारण यह था कि उस समय गैस की विशिष्ट ऊष्मा से संबंधित जानकारियाँ बहुत सीमित थीं।

लाप्लास का संशोधन

अनेक दशकों के शोध के बाद लाप्लास ने यह धारणा रखी कि ध्वनि के संचरण में किसी परत में उत्पन्न संपीडन तथा विरलन इतनी तेजी से होते हैं कि बाहर की हवा से इस परत को न तो ऊष्मा मिल पाती है और न ही यहाँ से ऊष्मा बाहर जा पाती है। इस कारण परत का ताप बाहर के ताप के सापेक्ष संपीडन के दौरान बढ़ जाता है और विरलन के दौरान घट जाता है। इस प्रकार की प्रक्रियाओं को हम रुद्धोष्म प्रक्रिया (adiabatic process) कहते हैं। जिन प्रक्रियाओं में हवा (या गैस) की किसी दी गई मात्रा का ताप स्थिर रहता है, भले ही उसमें ऊष्मा का आदान-प्रदान हो, ऐसी प्रक्रियाओं को समतापीय प्रक्रिया (isothermal process) कहते हैं। न्यूटन के सूत्र के निगमन में हवा की परतों में परिवर्तन को समतापीय परिवर्तन माना गया था।

रुद्धोष्म प्रक्रियाओं के लिए $pV = nRT$ के साथ-साथ एक अन्य समीकरण $pV^\gamma = C$ (अचर) का भी पालन होता है। यहाँ γ किसी दी हुई गैस के लिए अचर है और हवा तथा अन्य द्विपरमाण्विक गैसों के लिए इसका मान 1.4 होता है। इसके बारे में हम विस्तारपूर्वक चर्चा यथास्थान करेंगे।

$$pV^\gamma = C$$

इन्हें दोनों ओर V के सापेक्ष अवकलित करने पर,

$$p\cdot\gamma V^{\gamma-1} + V^\gamma\frac{\Delta p}{\Delta V} = 0$$

या $$-V\frac{\Delta p}{\Delta V} = \gamma p$$

या $$B = \gamma p.$$

अब समीकरण (29.3) से, ध्वनि में हवा का वेग,

$$v = \sqrt{\frac{B}{\rho}} = \sqrt{\frac{\gamma p}{\rho}}. \quad \text{... (29.5)}$$

हवा के लिए γ का मान 1.4 रखने पर इस समीकरण से ध्वनि का वेग 332 m/s के बहुत करीब आता है।

ध्यान रहे यह p हवा का सामान्य दाब है, दाबांतर नहीं। इसी तरह ρ हवा का सामान्य घनत्व है न कि संपीडन या विरलन के समय का घनत्व।

29.3.2 हवा के दाब, ताप तथा उसकी आर्द्रता का ध्वनि की चाल पर प्रभाव

हवा में ध्वनि की चाल के लिए, $v = \sqrt{\frac{\gamma p}{\rho}}$.

दाब $p = \frac{nRT}{V}$ तथा घनत्व $\rho = \frac{\text{मात्रा}}{\text{आयतन}} = \frac{nM}{V}$,

जहाँ M हवा के एक मोल का द्रव्यमान है। अतः,

$$v = \sqrt{\frac{\gamma\left(\frac{nRT}{V}\right)}{\frac{nM}{V}}} = \sqrt{\frac{\gamma RT}{M}}. \quad \text{... (29.6)}$$

दाब

समीकरण (29.6) से स्पष्ट है कि यदि हवा का ताप स्थिर रहे, तो दाब बढ़ने या घटने से ध्वनि के वेग पर असर नहीं पड़ेगा। अतः, यदि किसी दिन शिमला और कोलकाता, दोनों का ताप 20°C हो, तो दोनों जगह ध्वनि की चाल बराबर होगी भले ही शिमला में ऊँचाई के कारण हवा का दाब कोलकाता में हवा के दाब से कम हो।

दाब p के बदलने से घनत्व ρ भी उसी अनुपात में बदल जाता है और p/ρ का मान नहीं बदलता। इसीलिए, ध्वनि की चाल v भी नहीं बदलती।

ताप

समीकरण (29.6) के अनुसार, $v \propto \sqrt{T}$. ध्यान रहे इस समीकरण में T परम ताप, अर्थात केल्विन में नापा गया ताप है। यदि सेल्सियस में यह ताप t हो, तो

$$T = (t + 273.16)\ \text{K}.$$

यदि हवा में ध्वनि की चाल 0°C पर v_0 हो तथा t °C पर v हो, तो

$$\frac{v}{v_0} = \frac{\sqrt{t + 273.16}}{\sqrt{273.16}}$$

या $$v = v_0\left[1 + \frac{t}{273.16}\right]^{1/2}.$$

यदि t का मान 273.16 से बहुत कम हो, तो यह समीकरण

$$v = v_0\left[1 + \frac{t}{546.32}\right]$$

लिखा जा सकता है। सामान्य गणनाओं में आप 273.16 के स्थान पर 273 ले सकते हैं।

अभ्यास 29.3

गर्मी के एक दिन जोधपुर की हवा का तापमान 48°C है। यदि 0°C पर हवा में ध्वनि की चाल 332 m/s हो, तो इस दिन जोधपुर में हवा में ध्वनि की चाल कितनी होगी?

हल $v = v_0\sqrt{\frac{273 + 48}{273}} = v_0 \times 1.084 = 360\ \text{m/s}.$

आर्द्रता

जलवाष्प का घनत्व वायु के घनत्व से कम होता है। अतः, आर्द्र हवा के 1 मोल का द्रव्यमान M, सूखी हवा के 1 मोल के द्रव्यमान से कम होगा। समीकरण (29.6) से आर्द्र हवा में ध्वनि की चाल सूखी हवा में ध्वनि की चाल से अधिक होगी।

29.4 ध्वनि तरंगों की तीव्रता

जब एक प्रगामी ध्वनि तरंग किसी माध्यम में चलती है, तो उसके साथ ऊर्जा भी उस दिशा में चलती है। तरंग के लंबवत ली गई किसी सतह से प्रतिइकाई क्षेत्रफल प्रतिसेकंड जानेवाली औसत ऊर्जा को ध्वनि तरंग की तीव्रता कहते हैं। यदि आप तरंग की दिशा के लंबवत एक छोटा क्षेत्रफल ΔA लें और Δt समय में इस क्षेत्रफल से कुल ΔU ऊर्जा एक ओर से दूसरी ओर जाए, तो

$$I = \left\langle \frac{\Delta U}{(\Delta A)(\Delta t)} \right\rangle.$$

इस परिभाषा में कोणीय कोष्ठक औसत के लिए प्रयोग में लाए गए हैं।

किसी स्थान पर ध्वनि तरंग की तीव्रता तरंग के दाब के परिवर्तन के आयाम के वर्ग के समानुपाती होती है। इसका व्यंजक प्राप्त करने के लिए पुनः x-दिशा में जाती हुई एक ध्वनि तरंग की कल्पना करें।

मान लें कि विस्थापन s तथा दाबांतर p के लिए तरंग के समीकरण हैं,

$$s = s_0\cos(kx - \omega t) \text{ तथा } p = p_0\sin(kx - \omega t),$$

जहाँ $p_0 = Bs_0k$.

स्थान x पर x-दिशा के लंबवत एक क्षेत्रफल ΔA बनाएँ। इसके बाईं ओर की हवा (छोटे x की ओर) इसके दाईं ओर की हवा (बड़े x की ओर) पर $F = p\Delta A$ बल दाहिनी ओर लगाएगी। यदि Δt अत्यंत सूक्ष्म हो, तो अगले Δt समय में यह परत $v\Delta t$ स्थान आगे सरक जाएगी। अतः, बाईं ओर की हवा द्वारा दाईं ओर की हवा पर Δt समय में किया गया कार्य,

$$\begin{aligned}\Delta U &= F \cdot v\Delta t = (p\Delta A)v\Delta t \\ &= p_0\sin(kx - \omega t)(\Delta A)\frac{\partial s}{\partial t}\Delta t \\ &= (\Delta A)p_0\sin(kx - \omega t)\,[s_0\omega\sin(kx - \omega t)]\Delta t \\ &= (\Delta A)p_0s_0\omega\sin^2(kx - \omega t)\Delta t \\ &= (\Delta A)p_0\left(\frac{p_0}{Bk}\right)\omega\sin^2(kx - \omega t)\Delta t.\end{aligned}$$

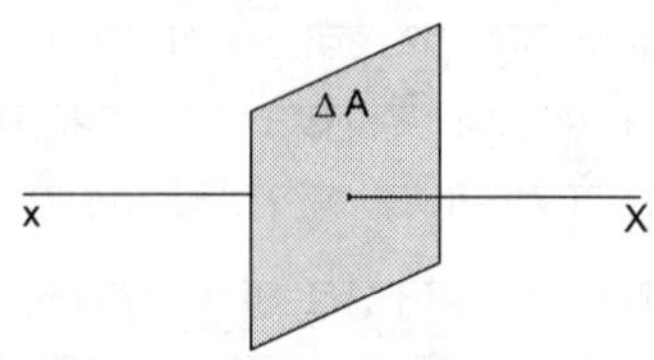

चित्र 29.7

परंतु, समीकरण (29.3) से, $B = \rho v^2$.

अतः, $$\Delta U = (\Delta A)\frac{p_0^2}{\rho v^2}\left(\frac{\omega}{k}\right)\sin^2(kx - \omega t)\Delta t.$$

ध्वनि की तीव्रता, $$I = \left\langle \frac{\Delta U}{(\Delta A)(\Delta t)} \right\rangle = \left\langle \frac{p_0^2}{\rho v}\sin^2(kx - \omega t) \right\rangle.$$

कोणीय कोष्ठक के अंदर की राशि समय के साथ बदलती रहती है। $\sin^2(kx - \omega t)$ का मान 0 से 1 तक बदलता है और इसका लंबे समय का औसत मान $\frac{1}{2}$ होता है।

अतः, ध्वनि की तीव्रता $$I = \frac{p_0^2}{2\rho v}. \qquad \text{... (29.7)}$$

किसी स्थान पर ध्वनि की तीव्रता दाबांतर के आयाम के वर्ग के समानुपाती होती है।

ध्वनि की तीव्रता जो कानों को सुनाई देती है वह इस तीव्रता I के साथ संबंधित तो है, पर इनमें सीधा समानुपात का संबंध नहीं है। अर्थात, I के दुगुना होने से हमें दुगुनी जोर से आवाज सुनाई देगी, ऐसा नहीं है।

अभ्यास 29.4

रेडियो से आती एक ध्वनि में किसी स्थान पर दाबांतर का आयाम $2.0 \times 10^{-2}\ N/m^2$ है तथा वहाँ ध्वनि की तीव्रता $5.0 \times 10^{-7}\ W/m^2$ है। रेडियो का 'volume' बढ़ाकर दाबांतर के आयाम को $3.0 \times 10^{-2}\ N/m^2$ कर दिया जाता है। ध्वनि की तीव्रता अब कितनी हो जाएगी?

हल $\frac{I_2}{I_1} = \left(\frac{p_0'}{p_0}\right)^2 = \left(\frac{3.0 \times 10^{-2}\ N/m^2}{2.0 \times 10^{-2}\ N/m^2}\right)^2 = 2.25.$

अतः, $I_2 = I_1 \times 2.25 = (5.0 \times 10^{-7}\ W/m^2) \times 2.25$

$= 11.25 \times 10^{-7}\ W/m^2.$

29.5 कानों को प्रतीत होनेवाली ध्वनि की प्रकृति

कोई ध्वनि हमें कर्णप्रिय लगती है, तो कोई कर्कश; कोई बहुत तेज लगती है, तो कोई मुश्किल से सुनाई पड़ती है। किसी आवाज को हम भारी आवाज कहते हैं और किसी को पतली। ध्वनि के विभिन्न प्रकार, जो हमारे कानों को अलग-अलग अनुभव देते हैं, मुख्यतः तीन गुणों पर आधारित होते हैं। ये गुण हैं—(a) स्वर या पिच (pitch) (b) प्रबलता (loudness) एवं (c) गुणता (quality)। स्वर या पिच का मुख्य संबंध आवृत्ति से है, प्रबलता का ध्वनि की तीव्रता से है और गुणता का संबंध आवृत्तियों के वितरण से है।

पिच तथा आवृत्ति

पिच हमारे कानों का वह अनुभव है, जिससे हम मोटी तथा पतली आवाज में फर्क करते हैं। हम कहते हैं कि भैंस की आवाज का पिच कम है और पुरुषों की आवाज का पिच अधिक है। स्त्रियों की आवाज का पिच पुरुषों की आवाज के पिच से अधिक कहा जाता है। पिच का यह अनुभव ध्वनि में उपस्थित सबसे प्रभावी (dominant) आवृत्ति पर निर्भर करता है। भैंस की आवाज में प्रभावी आवृत्ति छोटी होती है जबकि पुरुषों की आवाज की प्रभावी आवृत्ति उससे अधिक होती है और स्त्रियों की आवाज की प्रभावी आवृत्ति उससे भी अधिक होती है।

ध्वनि की प्रबलता (loudness) तथा तीव्रता

हमारे कानों को ध्वनि तेज या धीमी सुनाई देती है। यह अनुभव ध्वनि की तीव्रता से संबंधित है। इस संबंध का सही प्रकार से वर्णन करने के लिए हमें ध्वनि स्तर (sound level) परिभाषित करना होगा।

यदि कानों के पास ध्वनि की तीव्रता औसतन $10^{-12}\ W/m^2$ के आसपास हो, तो कानों को यह ध्वनि बस किसी तरह सुनाई देती है। $10^{-12}\ W/m^2$ को ध्वनि स्तर (sound level) के लिए संदर्भ तीव्रता (reference intensity) कहते हैं और इसे I_0 लिखते हैं।

$$I_0 = 10^{-12}\ W/m^2.$$

यदि कहीं पर ध्वनि की तीव्रता I हो, तो वहाँ ध्वनि स्तर,

$$\beta = 10 \log_{10}\left(\frac{I}{I_0}\right) \qquad \text{... (29.8)}$$

परिभाषित किया जाता है। यद्यपि यह एक विमारहित राशि है, लेकिन इसकी इकाई डेसीबेल या dB कही जाती है। यदि $I = I_0$ हो, तो $\beta = 0$ होगा। सारणी 29.2 में कुछ विशेष स्थितियों में ध्वनि का ध्वनि स्तर अनुमानतः दिया गया है।

सारणी : 29.2

न्यूनतम सुनने योग्य ध्वनि	0 dB
1 m की दूरी पर फुसफुसाकर की जानेवाली बातें	10 dB
1 m की दूरी पर सामान्य ढंग से की जानेवाली बातें	60 dB
कानों को बर्दाश्त होने लायक अधिकतम तेज ध्वनि	120 dB

अभ्यास 29.5

यदि ध्वनि की तीव्रता 20 गुनी बढ़ा दी जाए, तो ध्वनि स्तर कितना बढ़ जाएगा?

हल मान लें कि प्रारंभिक तीव्रता I_1 तथा ध्वनि स्तर β_1 है।

दूसरी स्थिति में ध्वनि की तीव्रता $20I_1$ और ध्वनि स्तर β_2 हो जाता है, तो

$$\beta_1 = 10 \log_{10}\left(\frac{I_1}{I_0}\right)$$

तथा $\beta_2 = 10 \log_{10}\left(\frac{20 I_1}{I_0}\right).$

अतः, $\beta_2 - \beta_1 = 10\left[\log_{10}\left(\frac{20 I_1}{I_0}\right) - \log_{10}\left(\frac{I_1}{I_0}\right)\right]$

$$= 10 \log_{10} \frac{20 I_1 / I_0}{I_1 / I_0} = 10 \log_{10} 20 = 13\ dB.$$

ध्वनि की गुणता तथा तरंग प्रारूप (waveform)

जब हम किसी ध्वनि को उत्पन्न करते हैं, तो उसमें अनेक आवृत्तियों का मिश्रण होता है। अलग-अलग आवृत्तियों की घटक तरंगें अलग-अलग आयामों के साथ एक-दूसरे से अध्यारोपित होकर परिणामी तरंग का निर्माण करती हैं। समय के साथ दाब के परिवर्तन का पैटर्न इन घटक आवृत्तियों तथा इनके आयामों पर निर्भर करता है। चित्र 29.8 में तीन waveform दिखाए गए हैं। सबसे ऊपर के चित्र 29.8(a) में एक स्वर द्विभुज के कारण उत्पन्न ध्वनि में दाबांतर का समय के साथ परिवर्तन दिखाया गया है। इसमें एक ही आवृत्ति है और यह परिवर्तन एक sine function की तरह है। चित्र 29.8(b) में एक क्लैरिनेट के कारण तथा चित्र 29.8(c) में कॉरनेट (cornet) के कारण उत्पन्न तरंग का एक लगभग प्रारूप दिखाया गया है। ये तीनों ही 440 Hz की प्रभावी आवृत्ति पर उत्पन्न किए जा रहे हैं। इनमें ध्वनि की तीव्रता या ध्वनि स्तर एक-जैसे ही हैं। परंतु, स्वरित्र द्विभुज, क्लैरिनेट एवं कॉरनेट से उत्पन्न संगीत का अनुभव अलग किस्म का होता है। यद्यपि चित्र 29.3 में दिखाई गई ध्वनियों में प्रभावी आवृत्ति एक ही है, इसके साथ अन्य आवृत्तियों का मिश्रण

अलग-अलग प्रकार का है। सामान्यतः, यदि प्रभावी आवृत्ति के संनादी (harmonic) भी छोटे आयामों के साथ तरंग में उपस्थित हों, तो वह ध्वनि अधिक मधुर लगती है। जिसे हम शोर कहते हैं, उसमें भी बहुत-सी आवृत्तियों का मिश्रण होता है, पर इन आवृत्तियों में कोई विशेष संबंध नहीं होता।

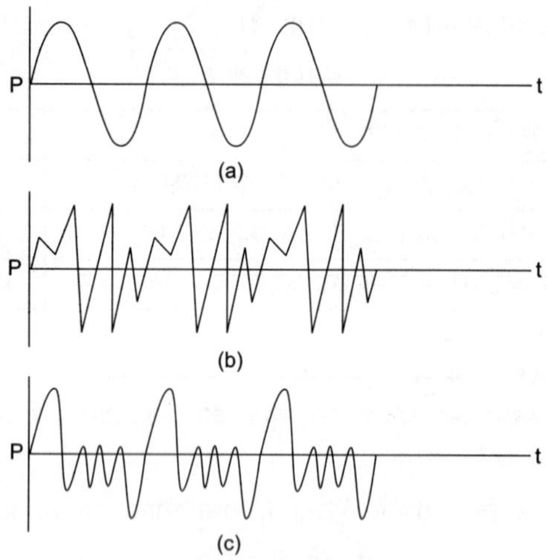

चित्र 29.8

29.6 डॉप्लर प्रभाव (Doppler Effect)

मान लें कि एक स्वर द्विभुज कंपन कर रहा है तथा उससे कुछ दूरी पर खड़ा एक मनुष्य उससे निकलती ध्वनि को सुन रहा है। हर बार जब द्विभुज फैलता है, तो संपीडन उत्पन्न होता है तथा जब वह सिकुड़ता है, तो विरलन उत्पन्न होता है। तरंग गति के कारण ये परिवर्तन मनुष्य के कानों तक पहुँचते हैं। कानों पर भी संपीडन तथा विरलन क्रमिक रूप से पहुँचते हैं। यदि द्विभुज एवं कान, दोनों ही हवा के सापेक्ष स्थिर हों, तो प्रत्येक संपीडन व विरलन को द्विभुज से कानों तक पहुँचने में बराबर समय लगेगा। अतः, प्रतिसेकंड द्विभुज जितने कंपन करेगा, कान के पास की हवा भी उतनी ही बार संपीडन तथा विरलन के चक्र से गुजरेगी। दूसरे शब्दों में, श्रोता द्वारा उसी आवृत्ति की तरंगें प्राप्त की जाएँगी, जिस आवृत्ति से स्रोत ध्वनि तरंगें उत्सर्जित करेगा।

परंतु, यदि स्रोत या श्रोता या दोनों हवा के सापेक्ष चल रहे हों, तो श्रोता द्वारा प्राप्त तरंगों की आवृत्ति स्रोत द्वारा उत्सर्जित तरंगों की आवृत्ति से भिन्न हो सकती है। श्रोता या स्रोत की गति के कारण तरंग की आवृत्ति में आया परिवर्तन डॉप्लर प्रभाव (Doppler effect) कहलाता है।

(a) श्रोता स्थिर और स्रोत गतिमान

मान लें कि एक श्रोता हवा में किसी स्थान पर विराम अवस्था में है। एक स्रोत ν_0 आवृत्ति के साथ तरंगें पैदा कर रहा है और श्रोता की ओर u वेग से चल रहा है। मान लें कि u का मान माध्यम में तरंग की गति v से कम है। चित्र 29.9 को इन परिस्थितियों के संदर्भ में देखें।

स्रोत की आवृत्ति ν_0 है, अर्थात उसके कंपन का आवर्तकाल $T = 1/\nu_0$ है। मान लें कि किसी क्षण t_0 पर स्रोत तथा श्रोता के बीच की दूरी x है और इस क्षण स्रोत एक संपीडन की तरंगिका प्रेषित करता है। अगली संपीडन की तरंगिका यह $t = t_0 + T$ पर प्रेषित करेगा। इतने समय T में स्रोत uT दूरी चलेगा और इसलिए अगली तरंगिका प्रेषित करते समय स्रोत की श्रोता से दूरी $x - uT$ होगी।

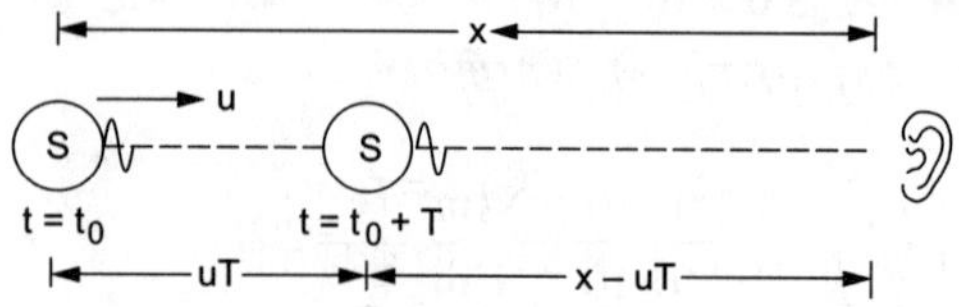

चित्र 29.9

पहली संपीडन तरंगिका को स्रोत से श्रोता तक आने में $\frac{x}{v}$ समय लगेगा जबकि दूसरी तरंगिका को $\frac{x-ut}{v}$ समय लगेगा। अतः, पहली तरंगिका श्रोता को $t_1 = t_0 + \frac{x}{v}$ समय पर मिलेगी और अगली तरंगिका $t_2 = (t_0 + T) + \frac{x-uT}{v}$ समय पर मिलेगी। श्रोता को क्रमागत तरंगिकाओं के मिलने के बीच का समय अंतराल,

$$T' = t_2 - t_1$$

$$= \left[(t_0 + T) + \frac{x-uT}{v}\right] - \left[t_0 + \frac{x}{v}\right]$$

$$= T - \frac{uT}{v} = T\left(\frac{v-u}{v}\right).$$

अतः, श्रोता को ये तरंगें आवृत्ति ν' से आती प्रतीत होंगी, जहाँ

$$\nu' = \frac{1}{T'} = \frac{v}{v-u}\nu_0. \qquad \text{... (29.9)}$$

यदि स्रोत श्रोता की ओर नहीं आकर v वेग से श्रोता से दूर जा रहा हो, तो समीकरण (29.9) में u के स्थान पर $-u$ रखने में आवृत्ति ν' मिलेगी।

इस स्थिति में $\nu' = \frac{v}{v+u}\nu_0.$ ... (29.10)

(b) स्रोत स्थिर और श्रोता गतिमान

अब मान लें कि ध्वनि का स्रोत हवा के सापेक्ष स्थिर है और श्रोता स्रोत की ओर v वेग से चल रहा है। मान लें कि किसी क्षण t_0 पर दोनों के बीच की दूरी x है तथा स्रोत एक संपीडन तरंगिका उत्पन्न करता है। यह तरंगिका श्रोता की ओर v वेग से चलेगी और श्रोता तरंगिका की ओर u वेग से चल रहा होगा। यदि श्रोता तरंगिका को t_1 समय पर मिले, तो $(t_1 - t_0)$ समय में तरंगिका $v(t_1 - t_0)$ तथा श्रोता $u(t_1 - t_0)$ दूरी तय करेंगे (चित्र 29.10)। अतः,

$$x = v(t_1 - t_0) + u(t_1 - t_0) = (v+u)(t - t_0).$$

अतः, तरंगिका के उत्पन्न होने के बाद श्रोता तक पहुँचने का समय,

$$t_1 - t_0 = \frac{x}{v+u} \qquad \text{... (i)}$$

या $$t_1 = t_0 + \frac{x}{v+u}.$$

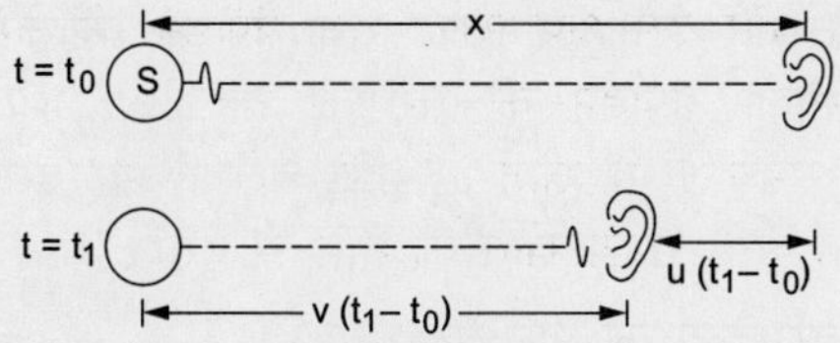

चित्र 29.10

स्रोत अगली संपीडन तरंगिका $t = t_0 + T$ पर उत्पन्न करेगा। इस T समय में श्रोता uT दूरी निकट आ चुका होगा। अतः, स्रोत तथा श्रोता की दूरी इस समय $x - uT$ होगी। अतः, इस तरंगिका के उत्पन्न होने के बाद श्रोता तक पहुँचने का समय,

$$t_2 - (t_0 + T) = \frac{x - uT}{v + u}. \quad \text{... (ii)}$$

यह व्यंजक हमने समीकरण (i) की सहायता से ही लिखा है। चूँकि यह तरंगिका $t_0 + T$ पर उत्पन्न हुई है, अतः समीकरण (i) में t_0 के स्थान पर $t_0 + T$ लिखा गया है तथा इस समय श्रोता और स्रोत के बीच की दूरी $x - uT$ है। इसलिए, x के स्थान पर $x - uT$ लिखा गया है। अतः, समीकरण (ii) से,

$$t_2 = t_0 + T + \frac{x - uT}{v + u}.$$

इसलिए, श्रोता को क्रमागत संपीडन तरंगिकाएँ T' समय अंतराल पर मिलेंगी, जहाँ

$$T' = t_2 - t_1 = \left[t_0 + T + \frac{x - uT}{v + u}\right] - \left[t_0 + \frac{x}{v + u}\right]$$

$$= T - \frac{uT}{v + u} = T\left[\frac{v}{u + v}\right].$$

श्रोता के लिए इस तरंग की आवृत्ति,

$$\nu' = \frac{1}{T'} = \frac{v + u}{v}\nu_0. \quad \text{... (29.11)}$$

यदि श्रोता u वेग से स्रोत से दूर जा रहा हो, तो इसी समीकरण में u के स्थान पर $-u$ रखने से आवृत्ति का मान मिलेगा। इस स्थिति में,

$$\nu' = \frac{v - u}{v}\nu_0. \quad \text{... (29.12)}$$

इन समीकरणों (29.9 से 29.12 तक) से आप देख सकते हैं कि यदि स्रोत एवं श्रोता एक-दूसरे के नजदीक आ रहे होते हैं, तब श्रोता के लिए ध्वनि की आवृत्ति बढ़ जाती है। जब वे एक-दूसरे से दूर जा रहे होते हैं, तो श्रोता के लिए यह आवृत्ति घट जाती है।

इन चारों समीकरणों को मिलाकर आप एक संयुक्त समीकरण लिख सकते हैं,

$$\nu = \frac{v + u_o}{v - u_s}\nu'_0, \quad \text{.... (29.13)}$$

जहाँ v = माध्यम के सापेक्ष ध्वनि की चाल

u_o = हवा के सापेक्ष श्रोता (observer) की चाल, यदि श्रोता स्रोत की ओर जा रहा हो, तो धनात्मक

u_s = हवा के सापेक्ष स्रोत (source) की चाल, यदि स्रोत श्रोता की ओर जा रहा हो, तो धनात्मक

ये सभी समीकरण हवा के फ्रेम से लिखे गए हैं। यदि आप ऐसे फ्रेम से काम कर रहे हैं जिसमें हवा का भी अपना वेग है, तो आप हवा के फ्रेम के वेगों का मान लिख लें, तब इन सूत्रों का प्रयोग करें।

अभ्यास 29.6

एक रेलवे स्टेशन पर एक ध्वनिसूचक यंत्र लगा है। स्टेशन की ओर 36 km/h की चाल से आती हुई एक ट्रेन सीटी बजाती है। यंत्र इस ध्वनि की प्रभावी आवृत्ति को 12.0 kHz पढ़ता है। ट्रेन स्टेशन पर आती है तथा चलने के पहले दुबारा सीटी बजाती है। यंत्र इस ध्वनि की प्रभावी आवृत्ति को क्या पढ़ेगा? [*हवा में ध्वनि की चाल* = 340 m/s.]

हल जब ट्रेन स्टेशन पर खड़ी है तब यंत्र वही आवृत्ति ν_0 पढ़ेगा, जो इंजन द्वारा उत्पन्न की गई है। जब ट्रेन (स्रोत) स्टेशन की ओर आ रही थी, उस समय यंत्र (श्रोता) द्वारा प्राप्त आवृत्ति,

$$\nu' = \frac{v}{v - u_s}\nu_0.$$

ट्रेन की चाल, $u_s = 36\ \text{km/h} = 10\ \text{m/s}$. अतः,

$$\nu' = \frac{340}{340 - 10}\nu_0$$

या $$12.0\ \text{kHz} = \frac{34}{33}\nu_0$$

या $$\nu_0 = 11.6\ \text{kHz}.$$

डॉप्लर प्रभाव के कारण आवृत्ति में परिवर्तन के समीकरण को निकालते समय हमने स्रोत या श्रोता के वेग को उनसे मिलनेवाली रेखा के अनुदिश माना है। यदि ये वेग किसी अन्य दिशा में हों, तो उनके घटक स्रोत व श्रोता को मिलानेवाली रेखा के अनुदिश लेने होंगे और उन्हें u_o या u_s की जगह काम में लाना होगा।

ऊपर के सूत्र हवा में ध्वनि के संचरण के संदर्भ में लिखे गए हैं। ये किसी भी माध्यम में चलती यांत्रिक तरंगों के लिए सत्य हैं। पर प्रकाश जैसी तरंगें, जिन्हें माध्यम की आवश्यता नहीं है, इन सूत्रों का पालन नहीं करतीं और इनके लिए डॉप्लर प्रभाव के सूत्र कुछ अलग होते हैं।

तरंगदैर्घ्य में परिवर्तन

मान लें कि एक स्रोत माध्यम में स्थिर रखा हुआ है और सभी दिशाओं में संपीडन व विरलन की तरंगें भेज रहा है। स्रोत की आवृत्ति ν है और आवर्तकाल $T = 1/\nu$ है। मान लें कि यह किसी समय पर एक संपीडन पैदा करता है। यह संपीडन सभी दिशाओं में तरंग की चाल v से संचरित होगा तथा t समय बाद vt दूरी पर पहुँच जाएगा। अर्थात, यदि आप स्रोत को केंद्र बनाकर vt त्रिज्या की एक गोलाकार सतह (spherical surface) बनाएँ, तो इस सतह के सभी बिंदुओं पर संपीडन होगा। ऐसी सतह जिसके सभी बिंदुओं पर तरंग एक ही कला में हो, तरंगाग्र (wavefront) कहलाता है।

स्रोत द्वारा समय t_0, t_0+T, t_0+2T, t_0+3T तथा t_0+4T पर उत्पन्न संपीडनों पर विचार करें। मान लें आप $t=t_0+4T$ पर उन तरंगाग्रों को देख रहे हैं। t_0 पर उत्पन्न संपीडन $4vT$ त्रिज्या की गोलाकार सतह पर पहुँच चुका होगा, t_0+T पर उत्पन्न संपीडन $3vT$ त्रिज्या की सतह पर होगा, t_0+2T पर उत्पन्न संपीडन $2vT$ त्रिज्या की सतह पर होगा, t_0+3T पर उत्पन्न संपीडन vT त्रिज्या की सतह पर होगा और t_0+4T पर उत्पन्न संपीडन अभी स्रोत पर ही होगा। चित्र 29.11(a) में ये सतहें दिखाई गई हैं। इन सभी का केंद्र स्रोत पर है। एक सतह से दूसरी सतह की न्यूनतम दूरी तरंगदैर्घ्य λ है। आपको मालूम है कि तरंग की दिशा में क्रमागत संपीडनों के बीच की दूरी तरंगदैर्घ्य होती है।

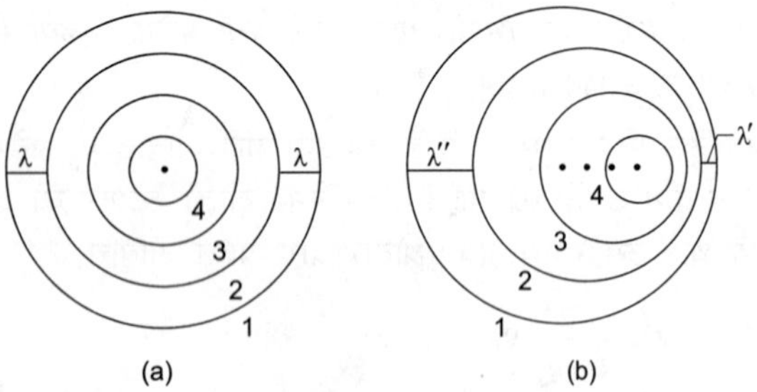

चित्र 29.11

अब उस परिस्थिति पर विचार करें जब स्रोत माध्यम के सापेक्ष u_s वेग से एक विशेष दिशा में चल रहा है। पुनः स्रोत द्वारा समय $t_0, t_0+T, t_0+2T, t_0+3T$ तथा t_0+4T पर उत्पन्न संपीडनों का विचार करें। t_0+4T समय पर इन सभी तरंगाग्रों को देखें। अभी भी t_0 पर उत्पन्न संपीडन $4vT$ त्रिज्या की गोलाकार सतह पर पहुँचा होगा, t_0+T पर उत्पन्न संपीडन $3vT$ त्रिज्या की गोलाकार सतह पर पहुँचा होगा, $t+2T$ पर उत्पन्न संपीडन $2vT$ त्रिज्या की गोलाकार सतह पर पहुँचा होगा, $t+3T$ पर उत्पन्न संपीडन vT त्रिज्या की गोलाकार सतह पर पहुँचा होगा और $t+4T$ पर उत्पन्न संपीडन अभी स्रोत पर ही होगा।

परंतु, इन गोलाकार सतहों के केंद्र लगातार दाहिनी ओर खिसके हुए होंगे, क्योंकि ये संपीडन, स्रोत के अलग-अलग स्थानों से उत्सर्जित हुए हैं। चित्र 29.11(b) में ये स्थितियाँ दिखाई गई हैं।

स्पष्ट है कि जब स्रोत चल रहा होता है तब स्रोत के चलने की दिशा में तरंगाग्र नजदीक आ जाते हैं और उसकी विपरीत दिशा में ये दूर हो जाते हैं। अतः, स्रोत के चलने की दिशा में तरंगदैर्घ्य घट जाता है तथा इसकी विपरीत दिशा में तरंगदैर्घ्य बढ़ जाता है।

तरंगदैर्घ्य के परिवर्तन को हम आवृत्ति के परिवर्तन के साथ जोड़कर देख सकते हैं।

$$\lambda = vT = \frac{v}{\nu}\cdot$$

यदि स्रोत श्रोता की ओर आ रहा हो, तो आवृत्ति,

$$\nu' = \nu_0 \frac{v}{v-u_s}\cdot$$

अतः, $\lambda' = \dfrac{v}{\nu'} = \dfrac{v}{\nu_0}\cdot\dfrac{v-u_s}{v} = \lambda_0\cdot\dfrac{v-u_s}{v}\cdot$

अतः, तरंगदैर्घ्य का मान घट गया है। यदि स्रोत श्रोता से दूर जा रहा हो, तो

$$\lambda' = \lambda_0 \cdot \frac{v+u_s}{v}\cdot$$

अतः, तरंगदैर्घ्य का मान घट गया है।

सोनिक बूम

स्रोत की गति के कारण डॉप्लर प्रभाव का सूत्र स्थापित करने में हमने स्रोत की चाल हवा में ध्वनि की चाल से कम ली थी। यदि स्रोत की चाल ध्वनि की चाल से अधिक हो, तो एक दूसरे प्रकार की घटना घटती है। सुपरसोनिक विमान ध्वनि की चाल से अधिक चाल से चलते हैं और जब वे गुजरते हैं तो जमीन पर लोगों को भयंकर-सी ध्वनि सुनाई पड़ती है जिसे 'सोनिक बूम' कहते हैं। इस ध्वनि की तीव्रता कई बार इतनी होती है कि खिड़कियों के शीशे टूट जाते हैं और कभी-कभी ये इमारतों को भी नुकसान पहुँचा सकते हैं।

सोनिक बूम को समझने के लिए हम चित्र 29.11 की तर्ज पर ही T समय अंतराल पर संपीडन के तरंगाग्र (wavefront) खींचते हैं (देखें, चित्र 29.12)।

$u_s > v$ होने के कारण बाद वाले गोले पुराने गोलों को काटते हुए या उनसे बाहर निकल गए हैं। आप देख रहे हैं कि ये सारे गोले एक शंकु (cone) की सतह को स्पर्श कर रहे हैं जिसका शीर्ष स्रोत स्वयं है। इस शंकु की सतह पर एक ही कला की तरंगिकाएँ एक समय में पहुँचती हैं और इसलिए इनके अध्यारोपण से अत्यधिक तीव्रता वाली तरंगें बनाती हैं। इन्हें ही हम प्रघाती तरंग (shock wave) कहते हैं।

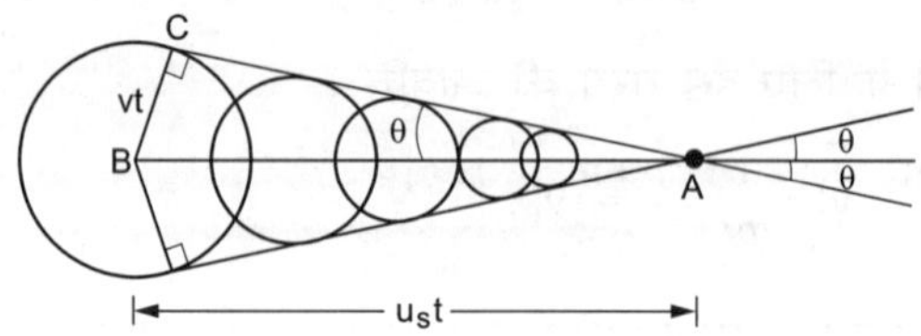

चित्र 29.12

चित्र 29.12 से इस शंकु का अर्धशीर्ष कोण (semivertical angle) θ होगा, जहाँ

$$\sin\theta = \frac{vt}{u_s t} = \frac{v}{u_s}\cdot$$

इस संख्या को mach number कहा जाता है।

जब यह स्रोत आगे बढ़ता है, तो अपने साथ इस शंकु को आगे खींचता है। जमीन पर के प्रेक्षकों से जब यह शंकु की सतह गुजरती है, तो उन्हें बूम सुनाई देता है।

बहुधा लोगों में यह भ्रम रहता है कि जिस समय कोई विमान त्वरण के कारण ध्वनि की चाल से ज्यादा चाल प्राप्त करता है, उसी समय वह सोनिक बूम उत्पन्न करता है और एक बार सुपरसोनिक गति प्राप्त कर लेने के बाद वह बूम पैदा नहीं करता। मगर ऐसा नहीं है। जब तक विमान की चाल ध्वनि की चाल से अधिक रहेगी, वह बूम पैदा करता रहेगा।

• हल किए गए प्रश्न •

1. *50 kHz आवृत्ति का एक अल्ट्रासाउंड सिग्नल समुद्र में ऊर्ध्वाधर दिशा में भेजा जाता है। यह सिग्नल समुद्र के तल से परावर्तित होकर 0.8 s में वापस सतह पर आ जाता है। समुद्र के पानी में ध्वनि का वेग = 1500 m/s है। (a) समुद्र की गहराई तथा (b) सिग्नल का पानी में तरंगदैर्घ्य निकालें।*

हल (a) सिग्नल द्वारा 0.8 s में तय की गई दूरी,

$$d = 0.8\ \text{s} \times 1500\ \text{m/s} = 1200\ \text{m}.$$

अतः, समुद्र की गहराई = 600 m.

(b) $\lambda = \dfrac{v}{\nu} = \dfrac{1500\ \text{m/s}}{50 \times 10^3\ \text{Hz}} = 3.0\ \text{cm}.$

2. *एक विमान जमीन से 2000 m की ऊँचाई पर 510 km/h की चाल से पूर्व दिशा में जा रहा है। किसी क्षण जमीन पर खड़े एक व्यक्ति को विमान की ध्वनि ऊर्ध्वाधर दिशा से आती प्रतीत होती है। इस समय विमान का स्थान बताएँ। हवा में ध्वनि की चाल = 340 m/s.*

हल व्यक्ति ऊर्ध्वाधर दिशा से आती हुई ध्वनि को सुन रहा है। इसका अर्थ है कि यह ध्वनि उस समय उत्पन्न की गई थी जब विमान व्यक्ति के ठीक ऊपर पर था। अतः, ध्वनि को 2000 m की दूरी चलकर व्यक्ति तक पहुँचने में लगा समय,

$$t = \frac{2000\ \text{m}}{340\ \text{m/s}} = \frac{100}{17}\ \text{s}$$

होगा। इतने समय में विमान,

$$d = \left(\frac{100}{17}\ \text{s}\right)(510\ \text{km/h}) = 833\ \text{m}$$

दूरी आगे बढ़ जाएगा।

अतः, जिस क्षण व्यक्ति ऊर्ध्वाधर दिशा से आती ध्वनि को सुनेगा, उस क्षण विमान व्यक्ति से 833 m पूर्व तथा 2000 m ऊँचाई पर होगा।

3. *हवा में चलती एक ध्वनि तरंग का समीकरण है*

$$p = (0.01\ \text{N/m}^2)\sin[(1000\ \text{s}^{-1})t - (3.0\ \text{m}^{-1})x].$$

(a) इस तरंग की आवृत्ति, तरंगदैर्घ्य तथा चाल निकालें। (b) यदि साम्यावस्था में वायुदाब $1.0 \times 10^5\ \text{N/m}^2$ हो, तो किसी स्थान पर अधिकतम तथा न्यूनतम वायुदाब निकालें।

हल (a) दिए हुए समीकरण से,

$$\omega = 1000\ \text{s}^{-1},\ \text{अतः}\ \nu = \frac{\omega}{2\pi} = \frac{1000}{2 \times 3.14}\ \text{Hz} \simeq 160\ \text{Hz}$$

$$k = 3.0\ \text{m}^{-1},\ \text{अतः}\ \lambda = \frac{2\pi}{k} = \frac{2 \times 3.14}{3.0\ \text{m}^{-1}} = 2.1\ \text{m}.$$

$$v = \frac{\omega}{k} = \frac{1000\ \text{s}^{-1}}{3.0\ \text{m}^{-1}} = 333\ \text{m/s}.$$

(b) दाब में परिवर्तन का आयाम = $0.01\ \text{N/m}^2$.

अतः, अधिकतम तथा न्यूनतम दाब = $(1.0 \times 10^5 \pm 0.01)\ \text{N/m}^2$.

4. *हवा में चलती एक ध्वनि तरंग की आवृत्ति 10 kHz तथा चाल 340 m/s है। उन दो बिंदुओं के बीच की न्यूनतम दूरी निकालें, जिनके बीच कलांतर 60° है।*

हल $\omega = 2\pi\nu = 2\pi \times 10^4\ \text{s}^{-1}$

तथा $k = \dfrac{\omega}{v} = \dfrac{2\pi \times 10^4\ \text{s}^{-1}}{340\ \text{ms}^{-1}} = \dfrac{2\pi \times 10^3}{34}\ \text{m}^{-1}.$

तरंग में कला को $kx - \omega t$ से निकाला जाता है। यदि x_1 तथा x_2 ऐसे बिंदु हों जहाँ किसी क्षण कलांतर $\pi/3$ हो, तो

$$(kx_2 - \omega t) - (kx_1 - \omega t) = \frac{\pi}{3}$$

या $$k(x_2 - x_1) = \frac{\pi}{3}$$

या $$\left(\frac{2\pi \times 10^3}{34}\ \text{m}^{-1}\right)(x_2 - x_1) = \frac{\pi}{3}$$

या $$(x_2 - x_1) = \frac{34}{3 \times 2 \times 10^3}\ \text{m} = 0.57\ \text{cm}.$$

5. *सर्दियों के मौसम में पटना के गाँधी मैदान में ध्वनि का वेग 336 m/s है। गाँधी मैदान की हवा का ताप बताएँ। 0°C पर हवा में ध्वनि का वेग = 332 m/s.*

हल $v \propto \sqrt{T}$.

अतः, $$\frac{v}{v_0} = \sqrt{\frac{T}{273\ \text{K}}}$$

या $$\frac{336}{332} = \sqrt{\frac{T}{273\ \text{K}}}$$

या $$T = (273\ \text{K})\left(\frac{336}{332}\right)^2 = 280\ \text{K}.$$

अतः, $t = (280 - 273)°\text{C} = 7°\text{C}.$

6. *ऑक्सीजन तथा हाइड्रोजन, दोनों के लिए ही $C_p/C_V = \gamma$ का मान 1.4 है। यदि ऑक्सीजन में ध्वनि का वेग 470 m/s हो, तो उसी दाब एवं ताप पर हाइड्रोजन में ध्वनि का वेग क्या होगा?*

हल $v = \sqrt{\dfrac{\gamma RT}{M}}$, जहाँ M गैस के 1 मोल का द्रव्यमान है।

ऑक्सीजन (O_2) के 1 मोल का द्रव्यमान 32 g तथा हाइड्रोजन (H_2) के 1 मोल का द्रव्यमान 2 g है। अतः,

$$\frac{v_{\text{oxygen}}}{v_{\text{hydrogen}}} = \sqrt{\frac{M_{\text{hydrogen}}}{M_{\text{oxygen}}}} = \sqrt{\frac{2}{32}} = \frac{1}{4}$$

या $$v_{\text{hydrogen}} = 4 \times v_{\text{oxygen}} = 4 \times 470\ \text{m/s} = 1880\ \text{m/s}.$$

7. *एक छोटा स्पीकर 3.0 W की दर से ध्वनि उत्पन्न कर रहा है। स्पीकर से 2.0 m की दूरी पर 0.80 cm² अनुप्रस्थ काट वाला एक माइक्रोफोन रखा है। यह मानते हुए कि स्पीकर से निकली ध्वनि सभी दिशाओं में बराबर रूप से फैलती है, 5.0 s में माइक्रोफोन पर पड़ती ऊर्जा का मान निकालें।*

हल प्रतिसेकंड स्पीकर से निकलती ऊर्जा = 3.0 J. यदि स्पीकर को केंद्र मानकर 2.0 m त्रिज्या की गोलाकार सतह बनाई जाए तो प्रतिसेकंड 3.0 J ऊर्जा उस सतह पर पड़ती है। अतः, 0.8 cm^2 क्षेत्रफल वाले माइक्रोफोन पर प्रतिसेकंड पड़ती ऊर्जा

$$= \frac{0.8\ cm^2}{4\pi(2.0\ m)^2} \times 3.0\ J = 4.8 \times 10^{-6}\ J.$$

5.0 सेकंड में माइक्रोफोन पर पड़ती ऊर्जा

$$= 4.8 \times 10^{-6}\ J \times 5 = 24\ \mu J.$$

8. *हवा से होकर 1.0 kHz आवृत्ति तथा $2.0 \times 10^{-6}\ W/m^2$ तीव्रता वाली एक ध्वनि तरंग जा रही है। हवा की परतों के कंपन का आयाम निकालें। हवा का घनत्व = 1.2 kg/m^3 तथा हवा में ध्वनि की चाल = 330 m/s लें।*

हल ध्वनि की तीव्रता,

$$I = \frac{p_0^2}{2\rho v} = \frac{(Bks_0)^2}{2\rho v} = \frac{(\rho v^2 k s_0)^2}{2\rho v}$$

$$= \frac{(\rho v \omega s_0)^2}{2\rho v} = \frac{1}{2}\rho v \omega^2 s_0^2 = 2\pi^2 \nu^2 \rho v s_0^2.$$

अतः, $s_0^2 = \frac{I}{2\pi^2 \nu^2 \rho v}$

$$= \frac{2.0 \times 10^{-6}\ W\ m^{-2}}{2\pi^2 \times (1.0 \times 10^6\ s^{-2}) \times (1.2\ kg\ m^{-3}) \times (330\ m\ s^{-1})}$$

$$= 2.53 \times 10^{-16}\ m^2$$

या $s_0 = 1.6 \times 10^{-8}$ m.

9. *एक स्थान पर ध्वनि स्तर (sound level) 30 dB से बढ़ा दिया जाता है। दाब का आयाम कितने गुना बढ़ जाएगा?*

हल ध्वनि का स्तर,

$$\beta = 10 \log_{10}\left(\frac{I}{I_0}\right)$$

$$\beta_2 - \beta_1 = 10\left[\log_{10}\left(\frac{I_2}{I_0}\right) - \log_{10}\left(\frac{I_1}{I_0}\right)\right] = 10\log_{10}\left(\frac{I_2}{I_1}\right).$$

यदि $\beta_2 - \beta_1 = 30$ dB हो, तो

$$\log_{10}\left(\frac{I_2}{I_1}\right) = 3 \quad \text{या} \quad I_2 = (10^3) I_1.$$

ध्वनि की तीव्रता 1000 गुना बढ़ गई है। चूँकि $I \propto p_0^2$, अतः दाब का आयाम $\sqrt{1000}$ = 32 गुना बढ़ जाएगा।

10. *एक कार सीधी सड़क पर 36 km/h की चाल से जा रही है। सड़क एक T-junction पर खत्म होती है, जहाँ एक दीवार बनी है। कार एक साइरन बजाती हुई चलती है। साइरन 500 Hz की प्रमुख आवृत्ति से ध्वनि उत्पन्न करता है। कार के पीछे की ओर सड़क पर खड़े व्यक्ति को साइरन की आवाज कार से सीधे भी सुनाई देती है और दीवार से परावर्तित होने के बाद भी। इन दोनों ध्वनियों के लिए व्यक्ति द्वारा अनुभव की जानेवाली आवृत्तियाँ निकालें। हवा में ध्वनि की चाल = 340 m/s.*

हल कार की चाल 36 km/h = 10 m/s.

पहली ध्वनि के लिए श्रोता (व्यक्ति) स्थिर है तथा स्रोत 10 m/s की चाल से उससे दूर जा रहा है। अतः, श्रोता के लिए आवृत्ति,

$$\nu_1 = \frac{v}{v + u_s}\nu_0 = \frac{340}{340 + 10} \times 500\ Hz = 486\ Hz.$$

चित्र 29.W1

दीवार द्वारा प्राप्त ध्वनि तरंगों के लिए श्रोता (दीवार) स्थिर है तथा स्रोत उसकी ओर 10 m/s की चाल से आ रहा है। अतः, दीवार के लिए ध्वनि की आवृत्ति,

$$\nu_2 = \frac{v}{v - u_s}\nu_0 = \frac{340}{340 - 10} \times 500\ Hz = 515\ Hz.$$

दीवार इसी ध्वनि को बिना आवृत्ति में परिवर्तन किए लौटा देती है। व्यक्ति इसी ध्वनि को प्राप्त करता है। अतः, व्यक्ति द्वारा प्राप्त परावर्तित ध्वनि की आवृत्ति = 515 Hz.

11. *दो ट्रेनें समानांतर, किंतु अगल-बगल की पटरियों पर एक-दूसरे की ओर 72 km/h तथा 54 km/h की चालों से आ रही हैं। पहली ट्रेन 600 Hz की प्रमुख आवृत्ति की सीटी बजाती है। दूसरी ट्रेन में बैठे यात्री के लिए इस सीटी की प्रमुख आवृत्ति, ट्रेनों के एक-दूसरे को (a) पार करने के पहले तथा (b) पार करने के बाद निकालें। हवा में ध्वनि की चाल = 340 m/s.*

हल पहली ट्रेन की चाल = 72 km/h = 20 m/s तथा दूसरी ट्रेन की चाल = 54 km/h = 15 m/s.

यहाँ, स्रोत तथा श्रोता दोनों ही माध्यम के सापेक्ष चल रहे हैं। जब ट्रेनें एक-दूसरे की ओर जा रही हैं, तब स्रोत श्रोता की ओर चल रहा है जिससे आवृत्ति बढ़ेगी और श्रोता स्रोत की ओर चल रहा है इससे भी आवृत्ति बढ़ेगी।

अतः, $\nu' = \frac{v + u_0}{v - u_s}\nu_0 = \frac{340 + 15}{340 - 20} \times 600\ Hz = 666\ Hz.$

जब ट्रेनें एक-दूसरे को पार कर जाती हैं, तब स्रोत श्रोता से दूर जा रहा है तथा श्रोता स्रोत से दूर जा रहा है।

दोनों ही कारणों से आवृत्ति घटेगी। अतः,

$$\nu' = \frac{v - u_0}{v + u_s}\nu_0 = \frac{340 - 15}{340 + 20} \times 600\ Hz = 542\ Hz.$$

12. *एक व्यक्ति 36 km/h की चाल से स्कूटर चलाकर एक सीधी सड़क पर चल रहा है। सड़क पर 36 km/h की चाल से ही हवा भी उसी दिशा में बह रही है। पीछे से उसे सड़क किनारे की एक फैक्टरी के साइरन की ध्वनि सुनाई देती है। साइरन की प्रमुख आवृत्ति 600 Hz है। उस व्यक्ति को साइरन की प्रमुख आवृत्ति कितनी सुनाई देगी? हवा में ध्वनि का वेग = 340 m/s.*

हल हवा के फ्रेम में व्यक्ति स्थिर है और फैक्टरी उलटी दिशा में 36 km/h = 10 m/s की चाल से व्यक्ति से दूर जा रही है। अतः,

श्रोता स्थिर है तथा स्रोत 10 m/s की चाल से उससे दूर जा रहा है। अतः,

$$\nu' = \frac{v}{v+u_s}\nu_0 = \frac{340}{340+10}\times 600\text{ Hz} = 583\text{ Hz}.$$

13. *एक स्रोत तथा श्रोता एक-दूसरे से दूर जा रहे हैं। जमीन के सापेक्ष दोनों की चाल 10 m/s है तथा हवा नहीं बह रही है। यदि स्रोत द्वारा उत्पन्न ध्वनि की आवृत्ति श्रोता को 1950 Hz सुनाई देती है, तो इसकी प्रारंभिक आवृत्ति क्या होगी? हवा में ध्वनि की चाल = 340 m/s.*

हल यदि स्रोत द्वारा उत्पन्न आवृत्ति ν_0 हो, तो श्रोता द्वारा सुनी गई आवृत्ति होगी,

$$\nu' = \frac{v-u_0}{v+u_s}\nu_0$$

या $$1950\text{ Hz} = \frac{340-10}{340+10}\nu_0$$

या $$\nu_0 = \frac{35}{33}\times 1950\text{ Hz} = 2070\text{ Hz (लगभग)।}$$

14. *एक ऊर्ध्वाधर दीवार की ओर जाते एक कार चालक को लगता है कि उसके द्वारा बजाए गए हॉर्न की आवृत्ति 440 Hz से बदलकर 480 Hz हो जाती है जब हॉर्न की आवाज दीवार से परावर्तित होकर उस तक लौटती है। यदि हवा में ध्वनि की चाल 330 m/s हो, तो कार की चाल निकालें।*

हल मान लें कि कार u चाल से दीवार की ओर चल रही है। दीवार कार से प्राप्त ध्वनि को परावर्तित करती है, जिसे कार चालक प्राप्त करता है।

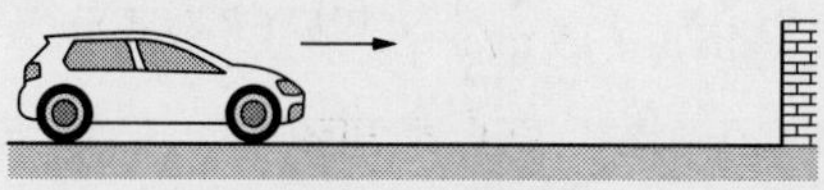

चित्र 29.W2

दीवार पर आती ध्वनि तरंगों के लिए दीवार श्रोता है और कार स्रोत। श्रोता स्थिर है तथा स्रोत उसकी ओर u चाल से आ रहा है। अतः, दीवार द्वारा प्राप्त ध्वनि की आवृत्ति होगी

$$\nu_1 = \frac{v}{v-u}\nu_0.$$

दीवार इसी आवृत्ति ν_1 के साथ ध्वनि को परावर्तित कर देती है। इसी ध्वनि को कार चालक ग्रहण करता है। इस भाग के लिए दीवार स्रोत है, जो स्थिर है और कार चालक श्रोता है, जो स्रोत की ओर u चाल से जा रहा है। अतः, इनके द्वारा प्राप्त ध्वनि की आवृत्ति होगी,

$$\nu' = \frac{v+u}{v}\nu_1 = \frac{v+u}{v}\cdot\frac{v}{v-u}\nu_0 = \frac{v+u}{v-u}\nu_0$$

अतः, $$480\text{ Hz} = \frac{(330\text{ m/s})+u}{(330\text{ m/s})-u}\times 440\text{ Hz}.$$

हल करने पर, u = 14.3 m/s = 52 km/h.

15. *एक ट्रेन रेलवे क्रॉसिंग की ओर 120 km/h की चाल से चल रही है। जब यह क्रॉसिंग से 300 m की दूरी पर है, ट्रेन का इंजन 640 Hz की आवृत्ति वाली छोटी-सी सीटी बजाता है। हवा में ध्वनि का वेग 340 m/s है। पटरियों पर लंबवत क्रॉसिंग की ओर जाती सड़क पर एक व्यक्ति क्रॉसिंग से 400 m की दूरी पर है। उसे इस सीटी की आवृत्ति कितनी सुनाई देगी?*

हल श्रोता (व्यक्ति) A स्थिर है और स्रोत (ट्रेन) चल रहा है। A द्वारा प्राप्त सीटी की तरंग इंजन से व्यक्ति को मिलानेवाली रेखा BA की ओर होगी। ट्रेन का वेग (120 km/h) BC दिशा में है। इस वेग का BA दिशा में घटक,

$$u_s = (120\text{ km/h})\times\cos\theta = \left(\frac{100}{3}\text{ m/s}\right)\times\frac{3}{5} = 20\text{ m/s}.$$

डॉप्लर प्रभाव में यही वेग सूत्र में रखा जाएगा। अतः, व्यक्ति द्वारा सुनी गई सीटी की आवृत्ति,

$$\nu = \frac{v}{v-u_s}\nu_0 = \frac{340}{340-20}\times(640\text{ Hz}) = 680\text{ Hz}.$$

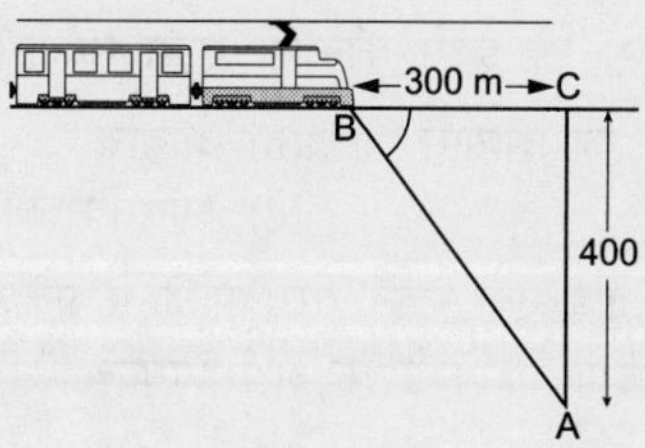

चित्र 29.W3

• विचार हेतु प्रश्न •

1. *20 जुलाई 1969 के दिन नील आर्मस्ट्रांग ने चंद्रमा की सतह पर पहला मानव कदम रखा था। जब वे चल रहे थे तो क्या उन्हें पीछे हो रही खड़-बड़ की आवाज सुनाई दे रही होगी? क्या उन्हें अपने बूटों की आवाज सुनाई दे रही होगी?*

2. *क्या आप अपने द्वारा बोले हुए शब्द सुन सकते हैं, यदि आप निर्वात में हों (ऑक्सीजन मास्क आदि लगाकर)? क्या इसी स्थिति में आप अपने मित्र की आवाज सुन सकते हैं?*

3. *एक ऊर्ध्वाधर छड़ को एक किनारे पर टक्कर मारी जाती है। छड़ में किस प्रकार की (अनुप्रस्थ, अनुदैर्ध्य या मिश्रित) तरंग उत्पन्न होगी, यदि यह टक्कर (a) ऊर्ध्वाधर दिशा में (b) क्षैतिज दिशा में लगाई जाए?*

4. *दो लाउडस्पीकर एक-दूसरे की ओर मुँह कर कुछ दूरी पर रखे हैं। क्या एक लाउडस्पीकर के पीछे खड़ा व्यक्ति दूसरे लाउडस्पीकर की आवाज को साफ-साफ सुन सकेगा? या फिर पहले लाउडस्पीकर की आवाज से 'टक्कर' के कारण दूसरे लाउडस्पीकर की आवाज अच्छी खासी नष्ट हो जाएगी?*

5. *कई बार डॉप्लर प्रभाव के कारण श्रोता द्वारा अनुभव की गई आवृत्ति को 'आभासी आवृत्ति' कहा जाता है। क्या यह ध्वनि तरंगों की वास्तविक आवृत्ति नहीं है?*

• सटीक उत्तरवाले प्रश्न I •

सही उत्तर का चयन करें।

1. एक गैस से गुजरती ध्वनि तरंगों के लिए निम्नलिखित वक्तव्यों को देखें—

   (A) किसी बिंदु पर गैस का दाब समय के साथ दोलन करता है।

   (B) गैस की किसी छोटी-सी परत का स्थान समय के साथ दोलन करता है।

   (a) A तथा B दोनों सही हैं।

   (b) A सही है, पर B गलत है।

   (c) B सही है, पर A गलत है।

   (d) A तथा B दोनों गलत हैं।

2. जब हम हाथों से ताली बजाते हैं, तो उससे उत्पन्न ध्वनि तरंग का समीकरण इनमें से किसके द्वारा सबसे अच्छी तरह दर्शाया जा सकता है?

   (a) $p = p_0 \sin(kx - \omega t)$ (b) $p = p_0 \sin kx \cos \omega t$

   (c) $p = p_0 \cos kx \sin \omega t$ (d) $p = \sum_i p_{0i} \sin(k_i x - \omega_i t)$

3. पानी का आयतन प्रत्यास्थता गुणांक (bulk modulus) तथा घनत्व वायु के लिए इन राशियों से अधिक हैं। इतनी सूचना के आधार पर हवा में ध्वनि की चाल u_a तथा पानी में इसकी चाल u_w के बारे में कहा जा सकता है कि

   (a) $u_a > u_w$

   (b) $u_a < u_w$

   (c) $u_a = u_w$

   (d) u_a तथा u_w की तुलना नहीं की जा सकती

4. एक स्वरित्र द्विभुज हवा में तरंगें भेज रहा है। यदि वायु का ताप अधिक हो जाए, तो इनमें कौन-सी राशि बदलेगी?

   (a) विस्थापन का आयाम (b) आवृत्ति

   (c) तरंगदैर्घ्य (d) आवर्तकाल

5. हवा में चलती हुई एक ध्वनि तरंग पानी में प्रवेश करती है। इनमें कौन नहीं बदलेगा? संकेतों के अर्थ सामान्य हैं।

   (a) k (b) λ (c) v (d) ν

6. किसी माध्यम में ध्वनि की चाल निर्भर करती है

   (a) उसकी प्रत्यास्थता के गुण पर, पर जड़त्व के गुण पर नहीं।

   (b) उसके जड़त्व के गुण पर, पर प्रत्यास्थता के गुण पर नहीं।

   (c) उसके जड़त्व के गुण पर भी और प्रत्यास्थता के गुण पर भी।

   (d) न तो उसके जड़त्व के गुण पर और न ही प्रत्यास्थता के गुण पर।

7. दो तरंगें एक माध्यम में अलग-अलग समय पर चल रही हैं। दोनों के दाब आयाम (p_0) समान हैं, परंतु पहली तरंग का तरंगदैर्घ्य दूसरी तरंग के तरंगदैर्घ्य से दुगुना है। किसी अनुप्रस्थ काट से जाती ऊर्जा की औसत दर पहली तरंग के लिए P_1 तथा दूसरी के लिए P_2 है, तो

   (a) $P_1 = P_2$ (b) $P_1 = 4P_2$

   (c) $P_2 = 2P_1$ (d) $P_2 = 4P_1$

8. एक ट्रेन का इंजन ν आवृत्ति की सीटी बजा रहा है। ट्रेन में बैठे एक यात्री को सीटी की आवृत्ति ν' सुनाई देगी, जहाँ

   (a) $\nu' > \nu$ (b) $\nu' < \nu$

   (c) $\nu' \neq \nu$ (d) $\nu' = \nu$

9. डॉप्लर प्रभाव के कारण आवृत्ति में परिवर्तन निर्भर नहीं करता है

   (a) स्रोत की चाल पर (b) श्रोता की चाल पर

   (c) स्रोत की आवृत्ति पर (d) श्रोता एवं स्रोत की दूरी पर

10. एक छोटा ध्वनि-स्रोत वृत्ताकार पथ पर एकसमान चाल से चलाया जा रहा है (चित्र 29.Q1)। कुछ ही दूरी पर एक श्रोता O पर बैठकर इस ध्वनि को सुन रहा है। जब स्रोत A, B एवं C पर है उन समयों पर श्रोता द्वारा सुनी हुई आवृत्ति क्रमशः ν_1, ν_2, ν_3 है, तो

    (a) $\nu_1 > \nu_2 > \nu_3$ (b) $\nu_1 = \nu_2 > \nu_3$

    (c) $\nu_2 > \nu_3 > \nu_1$ (d) $\nu_1 > \nu_3 > \nu_2$

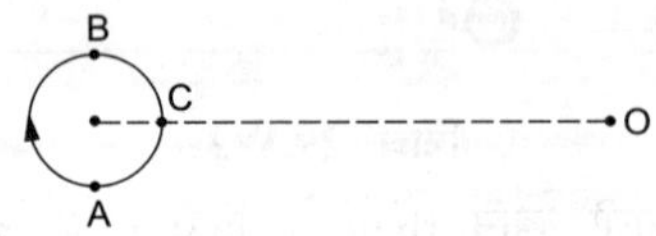

चित्र 29.Q1

11. हवा में ध्वनि तरंगों का वेग 332 m/s है। निर्वात में ध्वनि तरंगों का वेग होगा

    (a) > 332 m/s (b) = 332 m/s

    (c) < 332 m/s (d) इनमें कोई नहीं

• सटीक उत्तरवाले प्रश्न II •

सही उत्तर (उत्तरों) का चयन करें।

1. जब आप अपने मित्र से बात करते हैं, तो उत्पन्न ध्वनि में कौन-सी राशियों का एक निश्चित मान होता है?

   (a) आवृत्ति (b) तरंगदैर्घ्य

   (c) आयाम (d) तरंग की चाल

2. विद्युत सर्किट द्वारा एक स्वरित्र द्विभुज को निश्चित आयाम तथा निश्चित आवृत्ति के साथ कंपित कराया जाता है। यदि दाब को स्थिर रखते हुए हवा के ताप को बढ़ाया जाए, तो द्विभुज द्वारा उत्पन्न ध्वनि

   (a) का तरंगदैर्घ्य अधिक हो जाएगा।

   (b) की आवृत्ति अधिक हो जाएगी।

   (c) तरंगों की चाल बढ़ जाएगी।

   (d) का आवर्तकाल बढ़ जाएगा।

3. यदि ध्वनि का एक स्रोत एक प्रेक्षक की ओर बढ़ रहा हो, तो

   (a) स्रोत की आवृत्ति बढ़ जाएगी।

   (b) माध्यम में ध्वनि की चाल बढ़ जाएगी।

   (c) माध्यम में प्रेक्षक की ओर के क्षेत्र में तरंगदैर्घ्य बढ़ जाएगा।

   (d) माध्यम के कणों का आयाम बढ़ जाएगा।

4. एक ध्वनि के स्रोत के सापेक्ष एक श्रोता स्थिर अवस्था में है। स्रोत से श्रोता की ओर की दिशा में हवा बहने लगती है। श्रोता द्वारा प्राप्त ध्वनि तरंगों में इनमें कौन-सी राशि या राशियाँ नहीं बदलेंगी?
(a) आवृत्ति (b) तरंग की चाल
(c) तरंगदैर्घ्य (d) आवर्तकाल

5. एक यांत्रिक तरंग किसी माध्यम में x-दिशा में चल रही है। माध्यम के कण
(a) x-अक्ष पर ही चल रहे होंगे।
(b) y-अक्ष पर ही चल रहे होंगे।
(c) x-दिशा में चल सकते हैं।
(d) y-दिशा में चल सकते हैं।

6. किसी ठोस माध्यम से जाती तरंगें
(a) अनुदैर्घ्य ही होंगी। (b) अनुदैर्घ्य हो सकती हैं।
(c) अनुप्रस्थ ही होंगी। (d) अनुप्रस्थ हो सकती हैं।

• अभ्यास के प्रश्न •

1. एक स्टील की नली की लंबाई 1.00 m है। नली के एक किनारे पर एक तीक्ष्ण टक्कर दी जाती है। नली के दूसरे किनारे पर कान लगाकर कोई इस टक्कर की ध्वनि को सुन रहा है। उसे दो आवाजें सुनाई देती हैं, एक जो नली के पदार्थ से होकर आ रही है और दूसरी जो नली की हवा से होकर आ रही है। अध्याय में दी गई सारणी के डाटा का उपयोग कर इन दोनों ध्वनियों के कान तक पहुँचने के समयों के बीच अंतराल ज्ञात करें।

2. एक प्रार्थना-स्थल पर लोग एक जगह खड़े होकर जय-राम जय-राम का जाप कर रहे हैं। एक लाउडस्पीकर द्वारा उनकी आवाज को आवर्धित किया जाता है। 85 m दूरी पर स्थित एक बिल्डिंग से टकराकर यह ध्वनि वापस लोगों तक पहुँचती है। एक जय-राम से अगले जय-राम के बीच अधिकतम कितना समय अंतराल रखा जा सकता है ताकि पहले जय-राम की प्रतिध्वनि अगले जय-राम के साथ न मिले? हवा में ध्वनि का वेग 340 m/s है।

3. एक मनुष्य एक दीवार से 50.0 m की दूरी पर खड़े होकर बराबर समय अंतराल पर ताली बजाता है। प्रारंभ में यह समय अंतराल बहुत ज्यादा है। मनुष्य धीरे-धीरे इस समय अंतराल को कम करता जाता है और ऐसी स्थिति में ले आता है जिससे एक ताली की प्रतिध्वनि अगली ताली के साथ मैच कर जाए। यदि 3 सेकंड में 10 बार ताली बजाने से यह स्थिति आती हो, तो हवा में ध्वनि का वेग निकालें।

4. एक मनुष्य 40 Hz से 15 kHz तक की आवृत्तियों की ध्वनि सुन सकता है। हवा में ध्वनि की चाल 360 m/s है। इस मनुष्य के लिए सुनने योग्य ध्वनि का न्यूनतम तथा अधिकतम तरंगदैर्घ्य निकालें।

5. पानी में ध्वनि का वेग 1450 m/s है। पानी में चलती ध्वनि के लिए मनुष्य के सुनने योग्य ध्वनि (20 Hz से 20 kHz) का न्यूनतम तथा अधिकतम तरंगदैर्घ्य निकालें।

6. यदि एक लाउडस्पीकर से निकलती ध्वनि का तरंगदैर्घ्य लाउडस्पीकर के व्यास से कई गुना अधिक हो, तो यह ध्वनि सामान्यतः सभी दिशाओं में बराबर फैलती है। एक लाउडस्पीकर का व्यास 20 cm है। (a) उस ध्वनि की आवृत्ति निकालें जिसके लिए तरंगदैर्घ्य का मान लाउडस्पीकर के व्यास से 10 गुना हो। (b) लाउडस्पीकर से आती अधिकतर ध्वनि सामने की दिशा में जाती है, यदि ध्वनि का तरंगदैर्घ्य लाउडस्पीकर के व्यास से बहुत छोटा हो। उस ध्वनि की आवृत्ति निकालें जिसके लिए तरंगदैर्घ्य का मान लाउडस्पीकर के व्यास का दसवाँ भाग हो। हवा में ध्वनि का वेग 340 m/s लें।

7. 4.5 MHz का अल्ट्रासाउंड कुछ विशेष तंतुओं में ट्यूमर का पता लगाने के लिए इस्तेमाल किया जाता है। ध्वनि का वेग हवा में 340 m/s तथा तंतुओं में 1.5 km/s होता है। इस अल्ट्रासाउंड का तरंगदैर्घ्य हवा तथा तंतुओं में निकालें।

8. एक प्रगामी ध्वनि तरंग का समीकरण है $y = 6.0 \sin(600\,t - 1.8x)$ जहाँ y, 10^{-5} मीटर की इकाई में है, x मीटर में तथा t सेकंड में हैं। (a) कणों के विस्थापन आयाम तथा तरंग के तरंगदैर्घ्य का अनुपात निकालें। (b) कणों के वेग के आयाम तथा तरंग की चाल का अनुपात निकालें।

9. 100 Hz आवृत्ति की एक ध्वनि तरंग 350 m/s की चाल से हवा में चल रही है। (a) किसी दिए हुए बिंदु पर 2.5 ms में कला में कितना अंतर आएगा? (b) किसी खास क्षण पर तरंग के चलने की दिशा में 10.0 cm दूरी पर स्थित कणों की कलाओं में कितना अंतर होगा?

10. ध्वनि के दो बिंदु सरीखे स्रोत 10 cm की दूरी पर रखे हैं। वे एक ही कला में कंपन करते हैं और 5 cm तरंगदैर्घ्य की तरंगें उत्पन्न करते हैं। इसमें से एक स्रोत से 20 cm की दूरी पर स्थित बिंदु पर दोनों स्रोतों से आती तरंगों का कलांतर कितना होगा, यदि यह बिंदु (a) स्रोतों को मिलानेवाली रेखा पर हो (b) स्रोतों से बराबर दूरी पर हो?

11. निम्नलिखित सूचनाओं का प्रयोग कर ऑक्सीजन में ध्वनि की चाल निकालें। STP (0 °C तथा 1 atm) पर 22.4 लीटर ऑक्सीजन का द्रव्यमान = 32 g, $C_V = 2.5R$, $C_p = 3.5R$ तथा $\gamma = C_p / C_V$.

12. एक विद्यार्थी सर्दियों के समय ध्वनि की चाल 340 m/s नापता है जबकि कमरे का ताप 17 °C है। एक अन्य विद्यार्थी इस प्रयोगशाला में गर्मियों के समय ध्वनि का वेग निकालता है जबकि कमरे का ताप 32 °C है। उसे ध्वनि की चाल कितनी मिलेगी?

13. किस ताप पर ध्वनि की चाल 0 °C पर की ध्वनि की चाल की दोगुनी होगी?

14. एक चौड़ी सुरंग में ताप लंबाई के साथ बदलता है और d लंबाई में समान दर से बदलता हुआ परम ताप T_1 से परम ताप T_2 हो जाता है। 273 K पर ध्वनि का वेग v_0 है। ध्वनि को इस d दूरी तय करने

में लगे समय को T_1, T_2, d तथा v_0 के पदों में निकालें। T_1 = 280 K, T_2 = 310 K, $v_0 = 330 \text{ m s}^{-1}$ तथा d = 33 m के लिए इस समय की गणना करें।

15. किरोसिन के 1 लीटर आयतन में $2.0 \times 10^5 \text{ N/m}^2$ का अतिरिक्त दाब लगाने पर इसके आयतन में आई कमी का मान निम्न सूचनाओं के आधार पर निकालें। किरोसिन का घनत्व = 800 kg/m^3 तथा इसमें ध्वनि का वेग = 1330 m/s.

16. एक ध्वनि तरंग हवा में चल रही है। इसका तरंगदैर्घ्य 35 cm है तथा परतों के विस्थापन का आयाम 5.5×10^{-6} m है। दाब $(1.0 \times 10^5 \pm 14)$ पास्कल के बीच बदलता है। हवा का आयतन प्रत्यास्थता गुणांक B निकालें।

17. 2.0 kHz आवृत्ति वाला एक ध्वनि स्रोत 20 W की दर से सभी ओर एकसमान रूप से ध्वनि भेज रहा है। हवा में ध्वनि की चाल 340 m/s है तथा हवा का घनत्व 1.2 kg/m है। (a) स्रोत से 6.0 m दूरी पर ध्वनि की तीव्रता निकालें। (b) इस स्थान पर दाब आयाम कितना होगा? (c) इस स्थान पर विस्थापन आयाम कितना होगा?

18. एक बिंदुनुमा स्रोत के कारण 5.0 m दूरी पर ध्वनि की तीव्रता $1.0 \times 10^{-8} \text{ W/m}^2$ है। स्रोत से 25 m दूरी पर ध्वनि की तीव्रता क्या होगी?

19. एक बिंदुनुमा स्रोत से 5.0 m की दूरी पर ध्वनि स्तर 40 dB है। स्रोत से 50 m की दूरी पर ध्वनि स्तर क्या होगा?

20. यदि ध्वनि की तीव्रता दोगुनी कर दी जाए, तो ध्वनि स्तर कितना डेसीबेल बढ़ जाएगा?

21. एक व्यक्ति 120 dB से अधिक की ध्वनि सहन नहीं कर पाता। एक छोटा स्पीकर 2.0 W की दर से ध्वनि ऊर्जा उत्पन्न करता है। व्यक्ति इस स्रोत के कितना नजदीक तक जा सकता है?

22. यदि किसी कमरे में ध्वनि स्तर 50 dB से बढ़ाकर 60 dB कर दिया जाए, तो दाबांतर के आयाम में कितनी गुनी वृद्धि हो जाएगी?

23. एक कक्षा में 50 विद्यार्थी उपस्थित हैं। शिक्षक की अनुपस्थिति में इस कक्षा का ध्वनि स्तर 50 dB है। यह मानते हुए कि औसतन हर विद्यार्थी प्रतिसेकंड बराबर ध्वनि ऊर्जा उत्पन्न करता है, यदि कक्षा में 100 विद्यार्थी हों, तो ध्वनि स्तर का मान निकालें।

24. एक ट्रैफिक पुलिस सड़क पर बने कक्ष में खड़ा होकर 2.0 kHz की प्रमुख आवृत्ति वाली सीटी बजाता है। एक बाइक सवार जो 36 km/h की चाल से उसकी ओर आ रहा है, इस सीटी की आवृत्ति कितनी सुनेगा? हवा में ध्वनि का वेग = 340 m/s.

25. एक चौराहे की ओर 18 km/h की चाल से जाती एक कार का हॉर्न 2400 Hz की प्रमुख आवृत्ति वाली ध्वनि तरंग पैदा करता है। यदि कोई व्यक्ति चौराहे पर खड़ा हो, तो उसे इस हॉर्न की प्रमुख आवृत्ति क्या सुनाई देगी? हवा में ध्वनि का वेग = 340 m/s.

26. 72 km/h की चाल से चलती एक कार में बैठा एक मनुष्य सीटी बजाता है जिसकी प्रमुख आवृत्ति 1250 Hz है। सड़क के किनारे दूर खड़े एक व्यक्ति को इस सीटी की प्रमुख आवृत्ति कितनी सुनाई देगी, यदि वह (a) कार के आगे खड़ा हो (b) कार के पीछे खड़ा हो?

27. 54 km/h की चाल से प्लैटफॉर्म पर आती एक ट्रेन सीटी बजाती है। प्लैटफॉर्म पर खड़ा एक यात्री इस सीटी की प्रमुख आवृत्ति 1620 Hz पाता है। ट्रेन बिना रुके सीटी बजाती हुई प्लेटफॉर्म से गुजर जाती है। अब यह यात्री सीटी की प्रमुख आवृत्ति कितनी सुनेगा? हवा में ध्वनि का वेग = 332 m/s.

28. एक कल्पित कथा (fiction) मूवी में सीटी बजाती 220 m/s की चाल से चलती हुई एक गाड़ी एक मनुष्य के पास से निकलती है। गाड़ी के चलने के कारण उत्पन्न ध्वनि की आवृत्ति में मनुष्य कितना आंशिक परिवर्तन (fractional change) $\Delta\nu/\nu$ पाएगा? हवा में ध्वनि की चाल = 330 m/s.

29. दो ट्रेनें एक ही ट्रैक पर एक ही दिशा में 72 km/h की चाल से चल रही हैं। उनके बीच की दूरी 2.4 km है। दोनों ट्रेनें एकसाथ छोटी-सी सीटी बजाती हैं। इस क्षण एक मनुष्य ट्रैक से 500 m दूरी पर तथा दोनों ट्रेनों से बराबर दूरी पर खड़ा है। मनुष्य को दोनों ट्रेनों की सीटियों की आवृत्तियाँ कितनी सुनाई देंगी?

30. एक छोटा ध्वनि-स्रोत 500 Hz की आवृत्ति की ध्वनि उत्पन्न करता है। इसे $(100/\pi)$cm की त्रिज्या के वृत्त पर 5.0 चक्कर/सेकंड की एकसमान कोणीय चाल से चलाया जा रहा है। एक ध्वनि-मापक यंत्र इसी तल में वृत्त से कुछ दूरी पर रखा गया है। यंत्र द्वारा प्राप्त न्यूनतम एवं अधिकतम आवृत्ति का मान निकालें। हवा में ध्वनि की चाल = 332 m/s.

31. दो ट्रेनें अगल-बगल की पटरियों पर 90 km/h की चाल से एक-दूसरी की ओर चल रही हैं। यदि इनमें एक ट्रेन 500 Hz आवृत्ति की सीटी बजाती है, तो दूसरी ट्रेन का यात्री इस सीटी की आवृत्ति कितनी सुनेगा? हवा में ध्वनि की चाल = 350 m/s.

32. एक ट्रैफिक ऑफिसर सीटी बजाकर अपनी ओर आती एक कार को रोकने की कोशिश करता है। कार चालक कार को नहीं रोकता। बाद में मुकदमें की सुनवाई के दौरान उसका वकील यह तर्क देता है कि संभवतः डॉप्लर प्रभाव के कारण सीटी की ध्वनि की आवृत्ति 20 kHz से अधिक हो गई होगी जिससे चालक को यह ध्वनि सुनाई नहीं दी। सीटी की जाँच करने पर उसकी आवृत्ति 16 kHz पाई गई। यदि वकील के तर्क को सही मान लिया जाए, तो कार की चाल उस समय क्या रही होगी? कोर्ट को क्या फैसला सुनाना चाहिए?

33. 108 km/h की रफ्तार से जाती एक कार अपने आगे 72 km/h की रफ्तार से उसी दिशा में जाती कार को देखती है। पहली कार का चालक रास्ता माँगने के लिए 800 Hz की प्रमुख आवृत्ति वाला हॉर्न बजाता है। अगली कार का चालक इस हॉर्न की प्रमुख आवृत्ति कितनी पाएगा?

34. दो पनडुब्बियाँ एक समुद्र के अंदर शांत जल में एक-दूसरे की ओर चल रही हैं। पानी के सापेक्ष पहली पनडुब्बी की चाल 36 km/h तथा दूसरी की चाल 54 km/h है। पहली पनडुब्बी 2000 Hz आवृत्ति वाला एक ध्वनि सिग्नल भेजती है। (a) दूसरी पनडुब्बी इस सिग्नल को किस आवृत्ति के साथ प्राप्त करेगी? (b) दूसरी पनडुब्बी से परावर्तित होकर आ रहे सिग्नल को पहली पनडुब्बी किस आवृत्ति के साथ प्राप्त करेगी? पानी में ध्वनि का वेग 1500 m/s है।

35. ध्वनि का एक छोटा स्रोत 17 cm आयाम की सरल आवर्त गति कर रहा है। इसी रेखा पर एक ध्वनि संसूचक (detector) रखा है। स्रोत 800 Hz आवृत्ति की ध्वनि उत्पन्न करता है। संसूचक द्वारा प्राप्त महत्तम तथा न्यूनतम आवृत्तियों का अंतर 8 Hz है। हवा में ध्वनि की चाल 340 m/s लेते हुए स्रोत की सरल आवर्त गति का आवर्तकाल बताएँ।

36. एक बालक अपनी साइकिल से पूर्व दिशा में $4\sqrt{2}$ m/s की चाल से चल रहा है। किसी क्षण वह अपने एक मित्र को पूर्व से 45° दक्षिण की ओर खड़ा देखता है और उसका ध्यान आकर्षित करने को 1650 Hz आवृत्ति की एक छोटी ध्वनि उत्पन्न करता है जो हवा में 334 m/s की चाल से चलती है। इस मित्र द्वारा प्राप्त ध्वनि की आवृत्ति निकालें।

37. ध्वनि का एक छोटा स्रोत हवा के फ्रेम में मूलबिंदु पर स्थिर अवस्था में रखा गया है और यह लगातार 660 Hz की ध्वनि उत्पन्न कर रहा है। यह ध्वनि हवा में 330 m/s की चाल से चलती है। एक मनुष्य $x = 336$ m की रेखा पर 26 m/s की एकसमान चाल से चल रहा है। मनुष्य द्वारा प्राप्त ध्वनि की आवृत्ति बताएँ जब वह (a) $y = -140$ m पर है, (b) $y = 0$ पर है और (c) $y = 140$ m पर है।

38. पूर्व दिशा में 108 km/h की चाल से चलती एक ट्रेन 500 Hz की प्रमुख आवृत्ति की सीटी बजाती है। ध्वनि का हवा में वेग 340 m/s है। (a) खिड़की के पास बैठा एक यात्री इस सीटी की आवृत्ति क्या सुनेगा? (b) प्लैटफॉर्म पर खड़ा एक यात्री इस सीटी की आवृत्ति क्या सुनेगा यदि ट्रेन प्लैटफॉर्म से अभी-अभी गुजरी हो? (c) पूर्व की ओर हवा 36 km/h की चाल से बहने लगती है। ट्रेन में बैठे यात्री के लिए तथा प्लैटफॉर्म पर खड़े यात्री के लिए सीटी की आवृत्ति निकालें।

39. 12 km/h की चाल से एक ऊँची दीवार की ओर जाती एक साइकिल पर बैठा बालक सीटी बजाता है। सीटी की प्रमुख आवृत्ति 1600 Hz है। (a) दीवार पर बैठे एक कौए को इस सीटी की आवाज की आवृत्ति कितनी सुनाई देगी? (b) दीवार से परावर्तित होकर आती हुई सीटी की आवाज की आवृत्ति बालक को कितनी सुनाई देगी?

40. सड़क पर खड़ा एक मनुष्य अपने से दूर 72 km/h की रफ्तार से जाती एक कार को ध्वनि सिग्नल भेजता है। यह सिग्नल मुख्यतः 1600 Hz आवृत्ति का है और 330 m/s की चाल से हवा में चलता है। यह कार से टकराकर वापस मनुष्य को मिलता है। मनुष्य द्वारा प्राप्त इस परावर्तित सिग्नल की मुख्य आवृत्ति क्या होगी?

41. अपने आधार कैंप में बैठा एक सुरक्षाकर्मी 400 Hz का ध्वनि सिग्नल अपनी ओर आती एक कार की ओर भेजता है। कार से टकराकर आए सिग्नल की आवृत्ति 410 Hz पाई जाती है। यदि हवा में ध्वनि का वेग 324 m/s हो, तो कार की चाल निकालें।

42. चित्र 29.E1 में ध्वनि का एक स्रोत S 2.0 kHz की ध्वनि उत्पन्न करता हुआ x-अक्ष पर 22 m/s की चाल से चलता हुआ दिखाया गया है। हवा में ध्वनि की चाल 330 m/s है। एक श्रोता y-अक्ष पर मूलबिंदु P से 330 m दूरी पर खड़ा है। $t = 0$ पर स्रोत मूलबिंदु P को पार करता है। (a) बिंदु P पर स्रोत द्वारा उत्पन्न ध्वनि Q को कब मिलेगी? (b) इस ध्वनि की आवृत्ति Q को कितनी प्रतीत होगी? (c) इस क्षण स्रोत कहाँ पर होगा?

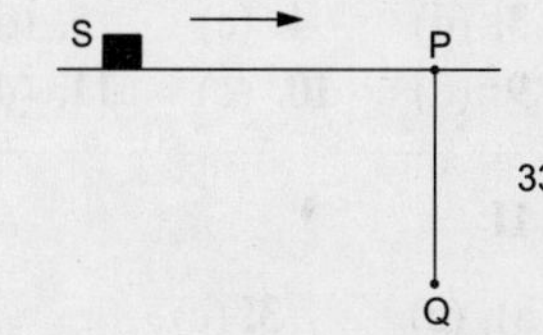

चित्र 29.E1

43. y-अक्ष पर 22 m/s की चाल से चलता हुआ एक ध्वनि-स्रोत 4000 Hz आवृत्ति की ध्वनि उत्पन्न करता है। एक श्रोता (660 m, 0) पर स्थिर अवस्था में रहकर ध्वनि को प्राप्त कर रहा है। जिस क्षण स्रोत मूलबिंदु पर है, उस क्षण श्रोता द्वारा प्राप्त ध्वनि की आवृत्ति निकालें। हवा में ध्वनि की चाल = 330 m/s.

44. एक बुलेट ट्रेन 396 km/h की चाल से सीधी पटरी पर 1200 Hz की आवृत्ति की ध्वनि उत्पन्न करती हुई चल रही है। एक ध्वनि संसूचक स्रोत की गति रेखा से 1000 m की दूरी पर स्थित है। (a) जिस समय स्रोत संसूचक से न्यूनतम दूरी पर है, उस समय संसूचक द्वारा प्राप्त ध्वनि की आवृत्ति निकालें। (b) जिस समय संसूचक 1200 Hz की आवृत्ति की ध्वनि प्राप्त करता है, उस समय स्रोत एवं संसूचक के बीच की दूरी निकालें। हवा में ध्वनि की चाल 340 m/s लें।

45. ध्वनि के एक छोटे स्रोत को एक रस्सी के किनारे से बाँधकर 1.6 m की त्रिज्या के ऊर्ध्वाधर वृत्त में घुमाया जा रहा है। जब स्रोत अपने उच्चतम बिंदु पर हो तब रस्सी का तनाव लगभग शून्य हो जाता है। स्रोत 500 Hz की आवृत्ति की ध्वनि उत्पन्न करता है। उसी ऊर्ध्वाधर तल में वृत्त के पास ही A तथा B दो बिंदु हैं। बिंदु A तथा वृत्त का सबसे नीचे का बिंदु एक ही क्षैतिज रेखा में हैं तथा बिंदु B तथा वृत्त का सबसे दाहिने का बिंदु एक ही उर्ध्वाधर दिशा में हैं। इन दोनों बिंदुओं पर ध्वनि संसूचक लगे हैं (चित्र 29.E2)। हवा में ध्वनि की चाल 330 m/s तथा g का मान 10 m/s^2 लें। (a) संसूचक A द्वारा प्राप्त अधिकतम आवृत्ति का मान निकालें। (b) स्रोत जिस समय संसूचक B के ठीक नीचे हो उस समय यह संसूचक किस आवृत्ति के साथ स्रोत की ध्वनि को ग्रहण करेगा?

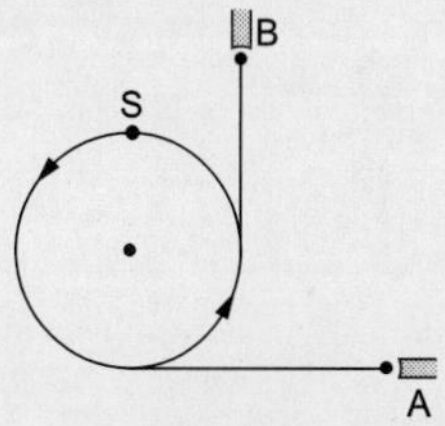

चित्र 29.E2

46. आवृत्ति ν की ध्वनि उत्पन्न करता एक स्रोत एक श्रोता से बहुत दूर रखा है। किसी समय स्रोत a त्वरण के साथ श्रोता की ओर चलना शुरू कर देता है। इस समय उत्पन्न ध्वनि तरंगों की आवृत्ति श्रोता को कितनी सुनाई देगी? हवा में ध्वनि का वेग v है।

• उत्तर •

सटीक उत्तरवाले प्रश्न I

1. (a) **2.** (d) **3.** (d) **4.** (c) **5.** (d) **6.** (c)
7. (a) **8.** (d) **9.** (d) **10.** (c) **11.** (d)

सटीक उत्तरवाले प्रश्न II

1. (d) **2.** (a), (c) **3.** (c) **4.** (a), (d)
5. (c), (d) **6.** (b), (d)

अभ्यास के प्रश्न

1. 2.75 ms **2.** 0.5 s **3.** 333 m/s
4. 24 mm, 9 m **5.** 7.25 cm, 72.5 m
6. (a) 170 Hz (b) 17 kHz **7.** 7.6×10^{-5} m, 3.3×10^{-4} m
8. (a) 1.7×10^{-5} (b) 1.1×10^{-4} **9.** (a) $\frac{\pi}{2}$ (b) $\frac{2\pi}{35}$
10. (a) 0 (b) 0 **11.** 310 m/s **12.** 349 m/s
13. 819°C **14.** $\frac{2d}{v}\cdot\frac{\sqrt{273}}{\sqrt{T_1}+\sqrt{T_2}}$, 96 m/s
15. 0.14 cm^3 **16.** 1.4×10^5 N/m^2
17. (a) 44 mW/m^2 (b) 6.0 Pa (c) 1.2×10^{-6} m
18. 4.0×10^{-10} W/m^2 **19.** 20 dB **20.** 3 dB **21.** 40 cm
22. $\sqrt{10}$ **23.** 53 dB **24.** 2.06 kHz
25. 2436 Hz **26.** (a) 1328 Hz (b) 1181 Hz
27. 1480 Hz **28.** 0.8 **29.** 529 Hz, 474 Hz
30. 485 Hz और 515 Hz **31.** 577 Hz **32.** 300 km/h
33. 827 Hz **34.** (a) 2034 Hz (b) 2068 Hz
35. 0.63 s **36.** 1670 Hz
37. (a) 680 Hz (b) 660 Hz (c) 640 Hz
38. (a) 500 Hz
(b) 459 Hz
(c) 500 Hz यात्री के द्वारा और 458 Hz प्लैटफॉर्म पर खड़े यात्री के द्वारा
39. (a) 1616 Hz (b) 1632 Hz **40.** 1417 Hz
41. 4 m/s **42.** (a) $t=1$ s (b) 2.0 kHz (c) $x=22$ m पर
43. 4018 Hz **44.** (a) 1350 Hz (b) 1054 m
45. (a) 514 Hz (b) 511 Hz **46.** $\frac{2v\nu^2}{2v\nu-a}$

अध्याय 30

ध्वनि तरंगों का अध्यारोपण

महान बाँसुरीवादक हरि प्रसाद चौरसिया की उँगलियों के जादू से कौन सम्मोहित नहीं होता? बाँसुरी के एक किनारे से फूँक और उसके विभिन्न छिद्रों पर नाचती उँगलियाँ, संगीत का कैसा मोहक स्वरूप प्रस्तुत करती हैं। आज बिस्मिल्ला खाँ साहब हमारे बीच नहीं हैं, पर उनकी शहनाई की गूँज प्रायः संगीत प्रेमियों के कानों में गूँजती रहती है। शादी-विवाह के अवसर पर बारात में बाजेवालों में बड़ी संख्या में वे बाजे होते हैं जिन्हें मुँह से फूँककर और उँगलियों से बटनों को दबाकर एक-से-एक गानों की धुनें निकाली जाती हैं जिसपर बाराती घंटों तक नाचते रहते हैं।

इन सभी वाद्ययंत्रों में हवा में चलती ध्वनि तरंगों का अध्यारोपण (superposition) होता है और विशेष प्रकार की आवृत्तियाँ उत्पन्न होती हैं। इस अध्याय में हम कुछ विशेष परिस्थितियों में ध्वनि तरंगों के अध्यारोपण से आपका परिचय कराएँगे।

30.1 एक ही दिशा में जाती दो ध्वनि तरंगों का व्यतिकरण

तरंगों के अध्यारोपण का सिद्धांत ध्वनि तरंगों के लिए भी लागू है। यदि एक से अधिक ध्वनि तरंगें एक ही समय पर एक ही स्थान से जा रही हों, तो माध्यम में उत्पन्न कुल विक्षोभ (दाबांतर) अलग-अलग तरंगों द्वारा उत्पन्न विक्षोभों के योग के बराबर होता है। यदि किसी स्थान से एक ही आवृत्ति की दो ध्वनि तरंगें जा रही हों जिनके बीच का कलांतर समय के साथ न बदलता हो, तो उनके अध्यारोपण से आयाम में वृद्धि या कमी हो सकती है। इसे हम तरंगों का व्यतिकरण (interference) कहते हैं। यदि आयाम में वृद्धि होती है, तो इसे संपोषी व्यतिकरण (constructive interference) और कमी होती है, तो विनाशी व्यतिकरण (destructive interference) कहते हैं।

चित्र 30.1 में एक जैसे दो स्वरित्र द्विभुज पास-पास रखे हुए हैं। ये एक ही आवृत्ति $\nu = \omega/2\pi$ से कंपित कराए गए हैं तथा इनके कंपनों में आपस में कोई कलांतर नहीं है। इन कंपनों के अपने आयाम अलग-अलग हो सकते हैं।

मान लें कि द्विभुज S_1 के कारण उत्पन्न ध्वनि तरंग में इससे x दूरी पर t समय पर दाबांतर (दाब का वायुमंडलीय दाब से अंतर) $p_1 = p_{01}\cos(kx - \omega t)$ है जबकि दूसरे द्विभुज के कारण उससे x दूरी पर t समय पर दाबांतर $p_2 = p_{02}\cos(kx - \omega t)$ है।

चूँकि द्विभुजों के विस्थापन के आयाम अलग-अलग हो सकते हैं, इसलिए इनके द्वारा उत्पन्न दाबांतर के आयाम भी अलग-अलग हो सकते हैं। अतः, हम p_{01} तथा p_{02} का उपयोग कर रहे हैं। द्विभुजों की आवृत्ति एक ही है, अतः हमने दोनों तरंगों के लिए एक ही ω लिखा है। साथ ही, हवा में ध्वनि तरंगों की चाल दोनों द्विभुजों के लिए एक जैसी होगी। अतः, $k = \omega/v$ का मान भी दोनों द्विभुजों के लिए एक ही होगा।

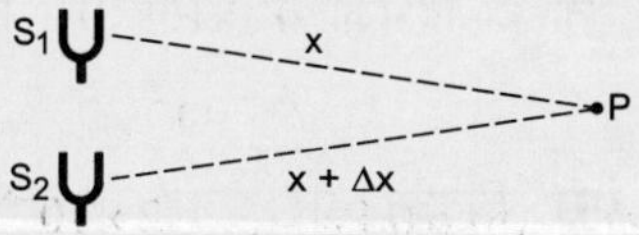

चित्र 30.1

चित्र 30.1 में एक बिंदु P दिखाया गया है जिसकी दूरी S_1 से x तथा S_2 से $x + \Delta x$ है। t समय पर S_1 तथा S_2 के कारण यहाँ दाबांतर होंगे,

$$p_1 = p_{01}\cos(kx - \omega t)$$

तथा $$p_2 = p_{02}\cos[k(x + \Delta x) - \omega t]$$

या $$p_2 = p_{02}\cos(kx - \omega t + \delta),$$

जहाँ $$\delta = k\Delta x$$

या $$\delta = \frac{2\pi}{\lambda}\Delta x. \quad \text{... (i)}$$

t समय पर बिंदु P पर कुल दाबांतर,

$$p = p_1 + p_2 = p_{01}\cos(kx - \omega t) + p_{02}\cos(kx - \omega t + \delta).$$

यह समीकरण ठीक वैसा ही है जैसा हमने अध्याय 27 में डोरियों पर जाती तरंगों के लिए लिखा है। ठीक वही गणित यहाँ करने पर,

$$p = p_0\cos(kx - \omega t + \epsilon),$$

जहाँ $$p_0 = \sqrt{p_{01}^2 + p_{02}^2 + 2p_{01}p_{02}\cos\delta}$$

तथा $$\tan\epsilon = \frac{p_{02}\sin\delta}{p_{01} + p_{02}\cos\delta}.$$

परिणामी आयाम p_0 अधिकतम $(p_0 = p_{01} + p_{02})$ होगा जब

$\delta = 2n\pi$, जहाँ n एक पूर्णांक है

या $k\Delta x = 2n\pi$

या $\Delta x = n \cdot \frac{2\pi}{k} = n\lambda.$

Δx को P बिंदु पर दोनों तरंगों का पथांतर (path difference) कहा जाता है। यदि यह पथांतर तरंगदैर्घ्य का अपवर्त्य (integral multiple) हो, तो आयाम आपस में जुड़ जाते हैं। इसे ही हम संपोषी व्यतिकरण (constructive interference) कहते हैं।

परिणामी आयाम $p_0 = |p_{01} - p_{02}|$ न्यूनतम होगा, जब

$\delta = (2n+1)\pi.$

इस स्थिति में पथांतर $\Delta x = \left(n + \frac{1}{2}\right)\lambda$ होगा। इसे ही विनाशी व्यतिकरण (destructive interference) कहते हैं।

क्या होगा यदि दोनों द्विभुजों के आयाम भी बराबर हों। तब दाबांतर के आयाम p_{01} तथा p_{02} भी बराबर होंगे। यदि $\Delta x = n\lambda$ हो, तो P बिंदु पर परिणामी दाबांतर $p_0 = p_{01} + p_{02} = 2p_{02}$ हो जाएगा। चूँकि ध्वनि की तीव्रता दाबांतर के आयाम के वर्ग के समानुपाती होती है, अतः यहाँ दो स्वरित्र द्विभुज होने से ध्वनि की तीव्रता 4 गुनी हो जाएगी। यदि एक स्वरित्र द्विभुज के कारण ध्वनि की तीव्रता I_0 हो, तो दो द्विभुजों के कारण ऐसे बिंदुओं पर तीव्रता $4I_0$ हो जाएगी।

दूसरी ओर ऐसे बिंदुओं पर, जहाँ $\Delta x = \left(n + \frac{1}{2}\right)\lambda$ है, परिणामी दाबांतर का आयाम $p_0 = |p_{01} - p_{02}|$ शून्य हो जाएगा। अर्थात यहाँ ध्वनि की तीव्रता शून्य होगी। यदि एक द्विभुज होता, तो यहाँ ध्वनि सुनाई देती, लेकिन दो द्विभुज होने से तरंगें एक-दूसरे को निष्प्रभावी कर देती हैं।

यदि स्वरित्र द्विभुजों का उपयोग न कर हम दो ड्रम मास्टरों को पास-पास खड़ा कर दें और वे ड्रम बजाएँ, तो क्या हमें ऐसे स्थान मिलेंगे जहाँ ध्वनि की तीव्रता शून्य हो, या फिर अकेले ड्रम के कारण जितनी तीव्रता हो उसकी चार गुनी तीव्रता हो? ऐसा नहीं होगा, क्योंकि दोनों ड्रम एक ही कला में कंपन नहीं करेंगे और उनके बीच कलांतर का मान समय के साथ बिना किसी नियम या आधार के अधिक या कम होता रहेगा, ऐसी स्थिति में किसी भी बिंदु पर आनेवाली तरंगों के बीच का कलांतर भी बदलता रहेगा और तीव्रता 0 से $4I_0$ के बीच बेतरतीब ढंग से (randomly) बदलती रहेगी तथा ध्वनि की औसत तीव्रता प्रत्येक स्थान पर $2I_0$ ही बनी रहेगी।

ऐसे स्रोत जिनके बीच का कलांतर समय के साथ बेतरतीब तरीके से बदलता रहता है, आपस में कला-असंबद्ध स्रोत (incoherent sources) कहलाते हैं। जिन स्रोतों के बीच का कलांतर समय के साथ नहीं बदलता, वे आपस में कलासंबद्ध स्रोत (coherent sources) कहलाते हैं। ध्वनि के दो कलासंबद्ध (coherent) स्रोत बनाने की एक विधि यह है कि आप एक ही ध्वनि स्रोत का प्रयोग करें तथा उस ध्वनि को दो अलग-अलग लंबाई के रास्तों से भेजकर फिर उन्हें एक जगह मिलाएँ। दोनों रास्तों से आती ध्वनियाँ दो कलासंबद्ध स्रोतों से आती ध्वनियों की तरह होंगी, क्योंकि इनके बीच का कलांतर दोनों पथों के अंतर पर निर्भर करेगा। चित्र 30.2 में ऐसी ही व्यवस्था दिखाई गई है जिसे क्विंक का उपकरण (Quincke's apparatus) कहा जाता है।

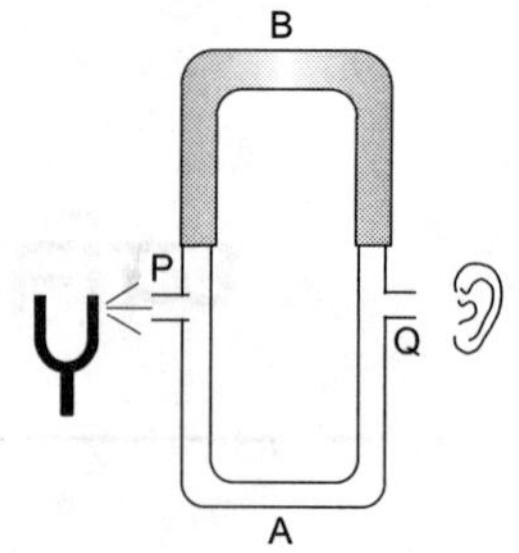

चित्र 30.2

इसमें एक ध्वनि स्रोत द्वारा उत्पन्न ध्वनि, नली P से जाने के बाद दो भागों में बँट जाती है। एक भाग नली A से होकर जाता है तथा दूसरा नली B से। ये दोनों पुनः Q पर अध्यारोपित होकर एक परिणामी ध्वनि तरंग बनाते हैं जो Q पर रखे ध्वनि संसूचक पर पड़ती है। नली B को खिसकाकर ध्वनि द्वारा इस ओर चली दूरी को कम या अधिक किया जा सकता है। यदि ध्वनि स्रोत की आवृत्ति निश्चित हो, तो तरंगदैर्घ्य λ का मान भी निश्चित होगा। B को खिसकाकर यदि दोनों ओर की दूरियों का अंतर λ का पूर्णांक गुणक (अपवर्त्य) कर दिया जाए, तो Q पर ध्वनि की तीव्रता अधिकतम तथा यदि इसे $\lambda/2$ का विषम गुणक (odd multiple) कर दिया जाए, तो ध्वनि की तीव्रता न्यूनतम होगी।

इस उपकरण की सहायता से आप ध्वनि तरंग का तरंगदैर्घ्य निकाल सकते हैं और यदि स्रोत की आवृत्ति पता हो, तो ध्वनि की चाल निकाल सकते हैं।

अभ्यास 30.1

दो ध्वनि तरंगें एक ही स्रोत द्वारा उत्पन्न की जाती हैं और अलग-अलग रास्तों पर चलकर एक जगह मिलती हैं। यदि स्रोत के कंपन की आवृत्ति 1.0 kHz हो और एक रास्ता दूसरे से 83 cm लंबा हो, तो व्यतिकरण के समय दोनों के बीच का कलांतर कितना होगा? व्यतिकरण किस प्रकार का होगा? हवा में ध्वनि की चाल = 332 m/s.

हल तरंगदैर्घ्य, $\lambda = \frac{v}{\nu} = \frac{332 \text{ m/s}}{1.0 \times 10^3 \text{ Hz}} = 33.2 \text{ cm}.$

व्यतिकरण के समय दोनों तरंगों के बीच कलांतर,

$$\delta = \frac{2\pi}{\lambda}\Delta x = \frac{2\pi}{33.2 \text{ cm}} \times 83 \text{ cm} = 2\pi \times 2.5 = 5\pi.$$

यह π का विषम गुणक है। अतः, यह विनाशी व्यतिकरण है।

30.2 ध्वनि तरंगों का परावर्तन

ध्वनि जब किसी सतह से टकराती है, तो वहाँ से परावर्तित होकर वापस लौटती है। बहुधा जब किसी मैदान में लाउडस्पीकर लगाकर कोई भाषण हो रहा होता है, तो पास की बिल्डिंग से टकराकर वही शब्द दुबारा सुनाई देते हैं। जब ध्वनि तरंगें किसी दृढ़ सतह से टकराती हैं, तो वहाँ पर दाबांतर का आयाम बढ़ जाता है। सामान्य रूप से जब तरंग माध्यम में चलती है और किसी परत पर बायें से संपीडन की तरंगिका (pulse) आती है, तो परत दाहिनी ओर की

परत को थोड़ा धकेल देती है। परंतु, यदि दाहिनी ओर दृढ़ सतह हो, तो दाहिनी ओर धकेले जाने की सुविधा नहीं होती। अतः, संपीडित तरंगिका के कारण सामान्य अवस्था में परत में जितना दाब बढ़ता, दृढ़ सतह होने के कारण उससे ज्यादा दाब बढ़ जाता है। इसी प्रकार सामान्य रूप से माध्यम में चलती तरंग में यदि विरलन की तरंगिका बायें से आए और परत का घनत्व घटने लगे, तो दाहिनी ओर की हवा उस ओर आ सकती है। पर, यदि दाहिनी ओर दृढ़ सतह हो, तो ऐसी कोई सुविधा नहीं होगी और विरलन भी इस परत में पहले के सापेक्ष अधिक होगा। आप ऐसा सोच सकते हैं कि दृढ़ सतह एक परावर्तित तरंग भेज रही है और संपीडन की तरंगिका संपीडन के रूप में और विरलन की तरंगिका विरलन के रूप में लौट रही है। इन संपीडनों व विरलनों के अध्यारोपण के कारण सतह के पास का आयाम अधिक हो जाता है, अर्थात दृढ़ सतहों से ध्वनि का परावर्तन बिना किसी कलांतर के होता है।

ध्वनि तरंगों को आप माध्यम की परतों के विस्थापन के रूप में भी लिख सकते हैं। आप जानते हैं कि यदि एक तरंग $p = p_0 \sin(kx - \omega t)$ के रूप में लिखी जा सकती है, तो उसी तरंग को $s = s_0 \cos(kx - \omega t)$ के रूप में लिख सकते हैं, जहाँ s माध्यम की परत का विस्थापन है। दाबांतर के आयाम p_0 तथा विस्थापन के आयाम s_0 के बीच के संबंध $p_0 = Bs_0k$ से भी आप परिचित हैं। यदि एक तरंग दृढ़ सतह की ओर जा रही हो, तो दृढ़ सतह पर परतों का विस्थापन शून्य होगा। अर्थात, आपतित एवं परावर्तित तरंगें अध्यारोपित होकर यहाँ शून्य विस्थापन पैदा कर रही हैं। इसका अर्थ यह हुआ कि विस्थापन के रूप में लिखी तरंग दृढ़ सतहों से परावर्तन के समय अचानक π कलांतर प्राप्त कर लेती है और इसके अध्यारोपण से कुल विस्थापन आयाम यहाँ शून्य हो जाता है।

ध्वनि तरंगों का परावर्तन न केवल दृढ़ सतहों से होता है, बल्कि माध्यम की ज्यामिति में किसी प्रकार के परिवर्तन से भी यह परावर्तन हो सकता है। यदि आप एक बेलनाकार नली में नली के अक्ष की दिशा में ध्वनि तरंग भेजते हैं, तो नली के किनारे पर माध्यम की ज्यामिति में अचानक परिवर्तन होता है और तरंग यहाँ से परावर्तित होती है। इस प्रक्रिया को समझने के लिए चित्र 30.3(a) में एक बेलनाकार नली में एक संपीडित तरंगिका दाहिनी ओर चलती हुई दिखाई गई है। जब यह नली के किनारे पर पहुँचती है, तो इसे आगे खुली जगह मिलती है [चित्र 30.3(b)] और यह संपीडित हवा सभी दिशाओं में फैल जाती है [चित्र 30.3(c)]। बाहर निकलती यह

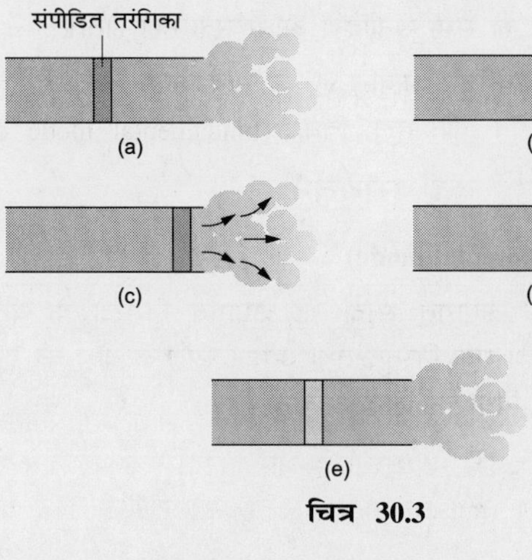

चित्र 30.3

हवा अपने साथ नली के किनारे की अपने ठीक पीछे की हवा को भी खींच लेती है जिससे वहाँ विरलन पैदा हो जाता है। इस निम्न दाब वाले क्षेत्र को भरने के लिए बायीं तरफ की हवा दाहिने आती है, अर्थात विरलन बायीं ओर चलने लगता है [चित्र 30.3(d) तथा (e)]। इस तरह संपीडन की तरंगिका खुले सिरे से विरलन की तरंगिका बनकर परावर्तित हो जाती है।

इसी प्रकार, यदि किसी नली में चलती विरलन की तरंगिका खुले सिरे पर पहुँचती है, तो बाहर की हवा सभी ओर से उस विरलन के स्थान पर घुसती है और वहाँ हवा का दाब बढ़ जाता है। फलतः, एक संपीडन की तरंगिका बनती है जो परावर्तित तरंगिका के रूप में वापस लौटती है। आप इन घटनाओं से निम्नलिखित नियम बना सकते हैं।

किसी नली में चलती ध्वनि तरंग यदि नली के खुले किनारे पर पहुँचे, तो वह π के अचानक कलांतर के साथ परावर्तित हो जाती है। परंतु, यदि वह नली के बंद किनारे पर पहुँचे, तो वह बिना किसी अचानक कलांतर के परावर्तित हो जाती है।

यदि आप तरंग को परतों के विस्थापन के रूप में लिखें, तो ये परिणाम उलटे हो जाएँगे। खुले किनारों से बिना कलांतर के तथा बंद किनारों से π कलांतर के साथ परावर्तन होगा। किंतु, मनुष्य के कान सहित ध्वनि संसूचक दाब के अंतर से ध्वनि की सूचना ग्रहण करते हैं, इसलिए ध्वनि तरंगों को दाबांतर के रूप में ही लिखना उचित है।

30.3 नलियों में अप्रगामी तरंग : वायु स्तंभों का कंपन

एक बोतल को नल के नीचे रखकर नल चला दें। जैसे-जैसे बोतल में पानी भरता जाता है उससे आती आवाज की प्रकृति बदलती जाती है। वास्तव में बोतल में पानी की सतह एवं बोतल के खुले मुँह के बीच हवा के स्तंभ में अप्रगामी तरंग बनती हैं और निश्चित पैटर्नों के साथ यह वायुस्तंभ कंपन करता है और विशेष प्रकार की ध्वनि उत्पन्न होती है। पानी भरने के साथ इस वायुस्तंभ की लंबाई घटती जाती है और कंपन का पैटर्न भी बदलता जाता है जिससे ध्वनि की प्रकृति भी बदलती जाती है। पानी की सतह एक बंद सिरे तथा बोतल का मुँह खुले सिरे की तरह ध्वनि तरंगों को परावर्तित करते हैं जिनसे ये अप्रगामी तरंगें बनती हैं।

अप्रगामी ध्वनि तरंग (Standing sound waves)

मान लें किसी माध्यम में समान आवृत्ति तथा समान आयाम की दो ध्वनि तरंगें विपरीत दिशाओं में चल रही हैं। मान लें कि दाबांतर के पदों में इन तरंगों के समीकरण हैं,

$$p_1 = p_0 \cos(kx - \omega t) \text{ तथा } p_2 = p_0 \cos(kx + \omega t + \delta).$$

तो परिणामी तरंग का समीकरण होगा,

$$p = p_1 + p_2 = p_0[\cos(kx - \omega t) + \cos(kx + \omega t + \delta)]$$

$$= 2p_0 \cos\left(kx + \frac{\delta}{2}\right) \cos\left(\omega t + \frac{\delta}{2}\right). \quad \text{... (30.1)}$$

यह स्थिति ठीक वैसी ही है जैसी डोरी पर बनी अप्रगामी तरंगों के लिए हमने अध्याय 28 में चर्चा की थी। अतः, अप्रगामी तरंगों के वे सभी परिणाम जो डोरी के लिए अध्याय 28 में प्राप्त किए गए थे, ध्वनि तरंगों के लिए भी लागू होंगे। माध्यम की विभिन्न परतें अलग-अलग दाबांतर के आयाम $2p_0\cos\left(kx+\frac{\delta}{2}\right)$ के साथ कंपन करेंगी। माध्यम में कुछ ऐसे स्थान होंगे जहाँ दाबांतर का आयाम सर्वाधिक होगा, जिन्हें प्रस्पंद (antinode) कहा जाता है। कुछ ऐसे भी स्थान होंगे जहाँ दाब सदा अपने औसत मान पर बना रहेगा, अर्थात दाबांतर का आयाम शून्य होगा। इन्हें निस्पंद (node) कहते हैं। क्रमागत निस्पंदों के बीच या क्रमागत प्रस्पंदों के बीच की दूरी आधे तरंगदैर्घ्य $\lambda/2$ के बराबर होगी।

अब हम एक किनारे पर बंद एवं दूसरे किनारे पर खुली तथा दोनों किनारों पर खुली बेलनाकार नलियों में अप्रगामी तरंगों की चर्चा करेंगे। फूँककर बजाए जानेवाले अधिकतर वाद्ययंत्रों का आधार मुख्यतः ऐसी ही संरचना होती है।

(A) एक किनारे पर बंद एवं दूसरे किनारे पर खुली नली

मान लें कि L लंबाई की एक नली एक किनारे A पर बंद है तथा दूसरे किनारे B पर खुली है। खुले किनारे B पर स्थित निश्चित आवृत्ति ν के एक ध्वनि स्रोत से इस नली में ध्वनि तरंग भेजी जाती है।

यह तरंग बंद किनारे A से परावर्तित होकर वापस B की ओर लौटती है। B पर वापस आने में इसे $\Delta t = \frac{2L}{v}$ समय लगेगा, जहाँ v तरंग की चाल है। B पर पहुँचकर यह तरंग पुनः परावर्तित होकर A की ओर चलती है। A पर परावर्तन से कला में कोई परिवर्तन नहीं आता, परंतु B पर परावर्तन से उसमें π का कलांतर आ जाता है। दो बार परावर्तित होकर A की ओर चलनेवाली तरंग तथा उसी समय स्रोत से A की ओर चलनेवाली तरंग के बीच कितना कलांतर है?

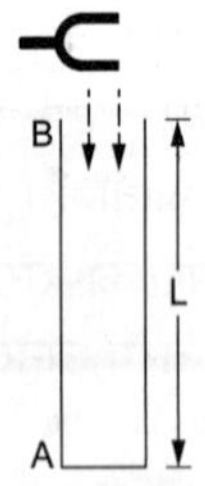

चित्र 30.4

दूसरी तरंग जो स्रोत से अब निकल रही है, उसकी कला में इतने समय में $\omega\Delta t = \omega\cdot\frac{2L}{v}$ परिवर्तन आएगा।

अतः, इस दूसरी तरंग तथा दो बार परावर्तित तरंग के बीच कलांतर,

$$\delta = \frac{\omega.2L}{v} - \pi \qquad \text{... (i)}$$

होगा। यदि यह कलांतर δ, 2π का अपवर्त्य हो, तो स्रोत द्वारा भेजी तरंग एवं दो बार परावर्तित तरंग समान कला में होंगी और उनके आयाम जुड़ जाएँगे। इस तरह, पाइप में A से B की ओर जानेवाली और B से A की ओर जानेवाली तरंगों का आयाम लगातार बढ़ता जाएगा जब तक विभिन्न कारणों से ऊर्जा के क्षय की दर स्रोत द्वारा प्रेषित ऊर्जा की दर के बराबर न हो जाए। इन दोनों तरंगों के अध्यारोपण के कारण इस वायुस्तंभ में अप्रगामी तरंगें बनेंगी। नली के अंदर दाबांतर के प्रस्पंद एवं निस्पंद बनेंगे। खुले सिरे पर दाबांतर के निस्पंद तथा बंद सिरे पर प्रस्पंद बनेंगे। नली में हवा का स्तंभ ऐसी स्थिति में स्रोत के साथ अनुनाद करता हुआ कहा जाता है। ऐसे अनुनाद के लिए,

$$\delta = 2n\pi; \quad \text{जहाँ } n = 0, 1, 2, \ldots$$

समीकरण (i) से,

$$\frac{2L\omega}{v} = (2n+1)\pi$$

या
$$\frac{2L}{v}\cdot 2\pi\nu = (2n+1)\pi$$

या
$$\nu = (2n+1)\frac{v}{4L}\cdot \qquad \text{... (30.2)}$$

$n = 0, 1, 2, \ldots$ रखने पर,

$$\nu_0 = \frac{v}{4L}$$

$$\nu_1 = 3\nu_0 = 3\cdot\frac{v}{4L}$$

$$\nu_2 = 5\nu_0 = 5\cdot\frac{v}{4L}$$

आदि। ये आवृत्तियाँ इस वायुस्तंभ की स्वाभाविक आवृत्तियाँ (natural frequencies) या अनुनाद आवृत्तियाँ (resonant frequencies) कहलाती हैं। सबसे छोटी स्वाभाविक आवृत्ति ν_0 को स्तंभ की मूल आवृत्ति, ν_1 को प्रथम अधिस्वरक (overtone) आवृत्ति, ν_2 को द्वितीय अधिस्वरक (overtone) आवृत्ति आदि कहते हैं।

एक ओर से बंद वायुस्तंभ के लिए अधिस्वरक (overtone) आवृत्तियाँ मूल आवृत्ति की विषम अपवर्त्य होती हैं। सभी अधिस्वरक (overtone) आवृत्तियाँ मूल आवृत्ति की संनादी (harmonic) होती हैं, लेकिन मूल आवृत्ति की सभी संनादियाँ अधिस्वरक नहीं होतीं।

जब वायुस्तंभ न्यूनतम आवृत्ति ν_0 के साथ कंपन करता है, तो इस कंपन को कंपन की मूल विधा (fundamental mode of vibration) कहते हैं।

मूल विधा (Fundamental mode)

आप जानते हैं कि क्रमागत स्पंदों या क्रमागत निस्पंदों के बीच की दूरी $\lambda/2$ होती है। एक निस्पंद तथा अगले स्पंद के बीच की दूरी $\lambda/4$ होती है। मूल विधा के लिए आवृत्ति,

$$\nu = \nu_0 = \frac{v}{4L}\cdot$$

अतः, तरंगदैर्घ्य, $\lambda = \frac{v}{\nu} = 4L$

या $L = \frac{\lambda}{4}$.

ऐसी स्थिति में वायुस्तंभ के खुले सिरे पर निस्पंद एवं बंद सिरे पर प्रस्पंद के अलावा नली में कोई भी प्रस्पंद या निस्पंद नहीं बनेगा। चित्र 30.5(a) में यह स्थिति दिखाई गई है। खुले सिरे के पास लिखा अक्षर *N* निस्पंद (node) की स्थिति दिखाता है और बंद सिरे के पास लिखा अक्षर *A* प्रस्पंद (antinode) की स्थिति दिखाता है। नली में खींचा गया वक्र दबांतर का आयाम दिखाता है।

प्रथम अधिस्वरक विधा (First overtone mode)

इस विधा में आवृत्ति,

$$\nu = \nu_1 = 3 \cdot \frac{v}{4L} \quad \text{या} \quad \lambda = \frac{v}{\nu} = \frac{4L}{3}$$

या $\frac{\lambda}{4} = \frac{L}{3}$.

ऐसी स्थिति में नली में खुले सिरे पर निस्पंद, उससे *L*/3 दूरी पर प्रस्पंद, 2*L*/3 दूरी पर निस्पंद तथा *L* दूरी पर (बंद सिरे पर) प्रस्पंद बनेंगे। अर्थात, किनारों के अलावा एक अतिरिक्त प्रस्पंद एवं एक अतिरिक्त निस्पंद बनता है। यह स्थिति चित्र 30.5(b) में दिखाई गई है। निस्पंदों के स्थानों को *N* अक्षर से तथा प्रस्पंदों के स्थानों को *A* अक्षर से दिखाया गया है।

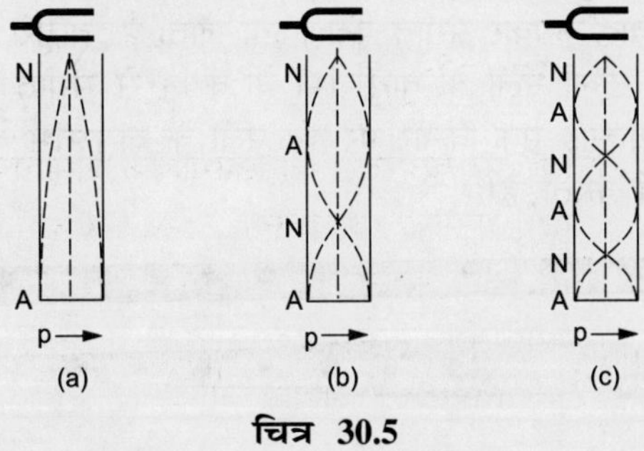

चित्र 30.5

द्वितीय अधिस्वरक विधा (Second overtone mode)

इस विधा में आवृत्ति,

$$\nu = 5\frac{v}{4L} \quad \text{या} \quad \lambda = \frac{v}{\nu} = \frac{4L}{5}.$$

अतः, प्रत्येक *L*/5 दूरी पर प्रस्पंद व निस्पंद बनेंगे। खुले सिरे पर निस्पंद, *L*/5 दूरी पर प्रस्पंद , 2*L*/5 दूरी पर निस्पंद, 3*L*/5 दूरी पर प्रस्पंद, 4*L*/5 दूरी पर निस्पंद तथा *L* दूरी पर (बंद सिरे पर) प्रस्पंद बनेंगे। सिरों के अलावा 2 प्रस्पंद तथा 2 निस्पंद नली में और बनेंगे। यह स्थिति चित्र 30.5(c) में दिखाई गई है।

इसी प्रकार, आप अन्य अधिस्वरक विधाओं की विवेचना कर सकते हैं।

खुले सिरे पर दाबांतर अचानक शून्य नहीं होता, बल्कि किनारे के बाहर भी कुछ दूरी तक इसका प्रभाव जाता है। इसलिए, खुले सिरे पर का निस्पंद नली से थोड़ा बाहर बनता हुआ माना जा सकता है। यह अशुद्धि चौड़ी नलियों के लिए अधिक तथा पतली नलियों के लिए कम होती है। सामान्यतः, नली की लंबाई *L* के स्थान पर $L + 0.6r$ लेने से इस अशुद्धि का काफी हद तक निराकरण हो सकता है। यहाँ *r* नली की त्रिज्या है। इस संशोधन को अंत्य संशोधन (end correction) कहते हैं। हम अपनी व्याख्याओं में इस अशुद्धि को अनदेखा करेंगे।

(B) दोनों किनारों पर खुली नलियाँ

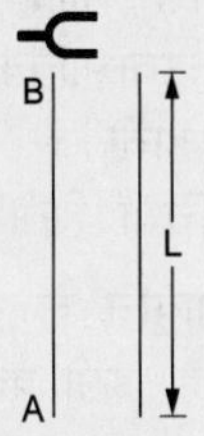

चित्र 30.6

दोनों किनारों पर खुली नलियों में भी अप्रगामी तरंगें बनाई जा सकती हैं। यदि आप *L* लंबाई की ऐसी नली *AB* में एक ध्वनि स्रोत से ν आवृत्ति की तरंगें भेजें (चित्र 30.6), तो वह सिरे से परावर्तित होकर लौटेगी। यहाँ इसकी कला में π का परिवर्तन आ जाएगा, अर्थात संपीडन की तरंगिका विरलन बनकर और विरलन की तरंगिका संपीडन बनकर लौटेगी। यह तरंग जब सिरे *B* पर पहुँचेगी, तो पुनः इसका परावर्तन होगा और फिर से इसकी कला में π का परिवर्तन आ जाएगा। अतः, दो परावर्तन के बाद इस तरंग की कला वही होगी जो (2*L*/*v*) समय पहले स्रोत से उत्पन्न होते समय थी। जबकि इतने समय में स्रोत से उत्पन्न होनेवाली नई तरंग में $\omega(\Delta t) = \omega\left(\frac{2L}{v}\right)$ का परिवर्तन आएगा। यदि

$$\omega\left(\frac{2L}{v}\right) = 2n\pi \qquad \text{... (i)}$$

हो, जहाँ $n = 1, 2, 3, \ldots$, तो दो बार परावर्तित तरंग उस समय स्रोत द्वारा उत्पन्न तरंग के साथ समान कला में होगी और इनके आयाम जुड़ जाएँगे। ऐसे में *A* से *B* की ओर तथा *B* से *A* की ओर जानेवाली दोनों तरंगों के आयाम बढ़ते जाएँगे जब तक कि विभिन्न कारणों से होनेवाली ऊर्जा क्षय की दर स्रोत द्वारा प्रदान की जाने वाली ऊर्जा की दर के बराबर न हो जाए। इन विपरीत दिशाओं में जाती तरंगों के अध्यारोपण से नली के वायुस्तंभ में अप्रगामी तरंग बनती है जिसमें दाबांतर का आयाम काफी ज्यादा हो जाता है। ऐसे अनुनाद की स्थिति के लिए उपर्युक्त समीकरण (i) से,

$$\omega = (2n\pi)\frac{v}{2L}$$

या $$\nu = n \cdot \frac{v}{2L}. \qquad \text{... (30.3)}$$

$n = 1, 2, 3, \ldots$ रखने पर,

$$\nu_0 = \frac{v}{2L}$$

$$\nu_1 = 2\nu_0 = 2 \cdot \frac{v}{2L}$$

$$\nu_2 = 3\nu_0 = 3 \cdot \frac{v}{2L}$$

आदि। ये आवृत्तियाँ इस वायुस्तंभ की स्वाभाविक आवृत्तियाँ या अनुनाद आवृत्तियाँ कहलाती हैं। सबसे छोटी स्वाभाविक आवृत्ति $\nu_0 = \frac{v}{2L}$ को मूल आवृत्ति, $\nu_1 = 2 \cdot \frac{v}{2L}$ को प्रथम अधिस्वरक आवृत्ति, $\nu_2 = 3 \cdot \frac{v}{2L}$ को दूसरी अधिस्वरक आवृत्ति आदि कहते हैं। दोनों ओर से खुले वायुस्तंभों के लिए सभी स्वाभाविक आवृत्तियाँ मूल आवृत्ति के अपवर्त्य, अर्थात संनादी होती हैं तथा मूल आवृत्ति की सभी संनादियाँ, स्वाभाविक आवृत्तियाँ होती हैं।

जब वायुस्तंभ मूल आवृत्ति के साथ कंपन करता है, तो उसे कंपन की मूल विधा कहते हैं। इसी प्रकार, किसी अधिस्वरक आवृत्ति के साथ कंपनों को कंपन की अधिस्वरक विधा कहते हैं।

मूल विधा

इस विधा के लिए आवृत्ति, $\nu = \frac{v}{2L}$.

अतः, तरंगदैर्घ्य, $\lambda = \frac{v}{\nu} = 2L$

या $L = \frac{\lambda}{2}$.

नली के दोनों खुले सिरों पर दाबांतर के निस्पंद बनते हैं और क्रमागत निस्पंदों के बीच $\lambda/2$ की दूरी होती है। चूँकि $L = \lambda/2$, इन निस्पंदों के अलावा और कोई निस्पंद नली में नहीं होगा। दो निस्पंदों के बीच एक प्रस्पंद नली के बीच में होगा। यह स्थिति चित्र 30.7(a) में दिखाई गई है।

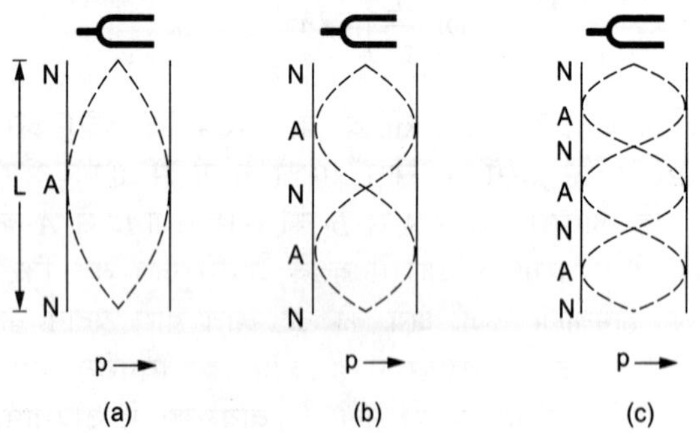

चित्र 30.7

प्रथम अधिस्वरक विधा (First overtone mode)

प्रथम अधिस्वरक विधा में आवृत्ति, $\nu_1 = 2\nu_0 = \frac{v}{L}$.

अतः, $\lambda = \frac{v}{\nu} = L.$

अतः, खुले सिरों पर बने निस्पंदों के अलावा नली के बीच में एक और निस्पंद होगा। क्रमागत निस्पंदों के बीच एक प्रस्पंद होना भी आवश्यक है। अतः, इस वायुस्तंभ में सिरों के अलावा एक निस्पंद तथा दो प्रस्पंद होंगे। यह स्थिति चित्र 30.7(b) में दिखाई गई है। यदि आप ऊपर के किनारे को $x = 0$ तथा नीचे के किनारे को $x = L$ कहें, तो $x = 0$, $L/2$ तथा L पर निस्पंद एवं $x = L/4$ तथा $3L/4$ पर प्रस्पंद बनेंगे।

द्वितीय अधिस्वरक विधा (Second overtone mode)

द्वितीय अधिस्वरक विधा में आवृत्ति, $\nu_2 = 3\nu_0 = \frac{3v}{2L}$.

अतः, $\lambda = \frac{v}{\nu} = \frac{2L}{3}$.

चूँकि क्रमागत निस्पंदों के बीच की दूरी $\lambda/2$ होती है, अतः दूसरी अधिस्वरक विधा में प्रत्येक $L/3$ दूरी पर निस्पंद बनेंगे। अतः, निस्पंद $x = 0$, $L/3$, $2L/3$ तथा L पर बनेंगे। इनके बीच प्रस्पंद $x = L/6$, $L/2$ तथा $5L/6$ पर बनेंगे। यह स्थिति चित्र 30.7(c) में दिखाई गई है।

इसी तरह, आप अन्य अधिस्वरक विधाओं की विवेचना कर सकते हैं। दोनों सिरों पर खुली नलियों में मूल आवृत्ति के सभी संनादी अधिस्वरक के रूप में हो सकते हैं, जबकि एक सिरे पर बंद नली में मूल आवृत्ति के सभी सम संनादी अनुपस्थित होते हैं। इस कारण खुली नली से आती ध्वनि एक सिरे पर बंद नली की ध्वनि से अलग अनुभूति देती है।

वाद्ययंत्र

अनेक वाद्ययंत्र हवा में स्तंभों के कंपन के आधार पर कार्य करते हैं। Organ pipe खुली या बंद नलियों का समूह होता है जिसमें हवा का नियंत्रित प्रवाह कराकर संगीत पैदा किया जाता है। बाँसुरी स्वयं दोनों किनारों पर खुली नली के वायुस्तंभों के कंपन से संगीत पैदा करती है जबकि शहनाई एक किनारे पर बंद नली के वायुस्तंभ के कंपन से अपना कार्य करती है।

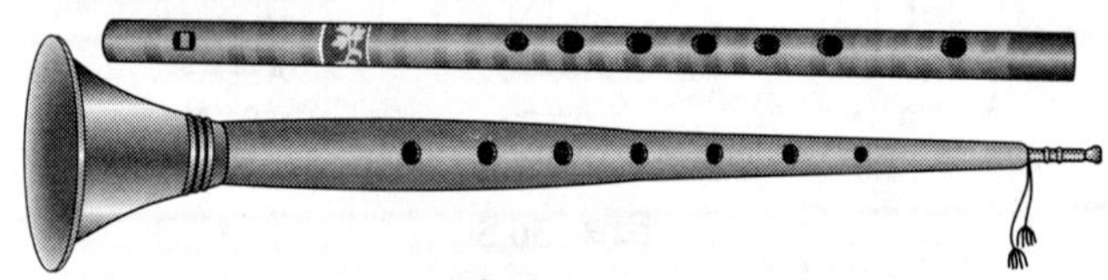

चित्र 30.8

अभ्यास 30.2

एक लंबे पाइप में पिस्टन लगाकर एक सिरे पर बंद वायुस्तंभ बनाया गया है। इसमें 416 Hz की आवृत्ति वाले स्वरित्र द्विभुज से अनुदैर्घ्य (longitudinal) तरंगें भेजी जाती हैं। खुले सिरे से कितनी दूरी पर पिस्टन को रखा जाए ताकि पाइप में वायुस्तंभ पहली अधिस्वरक विधा में कंपन करे। हवा में ध्वनि का वेग = 333 m/s

हल पिस्टन वायुस्तंभ का बंद सिरा है और यहाँ दाबांतर का प्रस्पंद बनेगा। खुले सिरे पर निस्पंद होगा। प्रथम अधिस्वरक के लिए इनके बीच एक और प्रस्पंद तथा निस्पंद बनेंगे। यह स्थिति चित्र 30.9 में दिखाई गई है। स्तंभ की लंबाई $L = 3\lambda/4$ होगी।

तरंगों की आवृत्ति, $\nu = 416$ Hz.

अतः, $\lambda = \frac{v}{\nu} = \frac{333 \text{ m/s}}{416 \text{ Hz}} = 0.8$ m.

चित्र 30.9

वायुस्तंभ की लंबाई, $L = \frac{3\lambda}{4} = \frac{3}{4} \times 0.8 \text{ m} = 0.6 \text{ m} = 60 \text{ cm}.$

पिस्टन को खुले सिरे से 60 cm दूर होना चाहिए।

30.4 हवा में ध्वनि की चाल का मापन

वायुस्तंभों के अनुनाद के आधार पर प्रयोगशाला में ध्वनि की चाल सरलता से निकाली जा सकती है। सामान्यतः, प्रयोगशालाओं में इसके लिए अनुनाद नली उपकरण (resonance tube apparatus) का प्रयोग करते हैं। चित्र 30.10 में इस उपकरण के मुख्य भाग दिखाए गए हैं। लगभग 1 मीटर लंबी शीशे की एक नली एक ऊर्ध्वाधर लकड़ी के फ्रेम में जुड़ी होती है। इस नली के निचले सिरे से एक रबर की नली जुड़ी होती है जिसका दूसरा सिरा एक बरतन से जुड़ा होता है। इस बरतन को इसी फ्रेम पर ऊपर या नीचे खिसकाया जा सकता है। शीशे की नली के पास ही फ्रेम पर एक मीटर स्केल जड़ा होता है। शीशे की इस नली को अनुनाद नली कहते हैं।

बरतन को किसी ऊँचाई पर रखकर उसमें पानी भर देते हैं। यह पानी रबर की नली से होकर अनुनाद नली में भी पहुँच जाता है। अनुनाद नली में पानी उसी ऊँचाई तक जाता है जिस ऊँचाई पर बरतन में पानी की सतह है। बरतन को इच्छानुसार ऊपर या नीचे कर अनुनाद नली में भी पानी की सतह को ऊपर या नीचे किया जा सकता है। एक स्वरित्र द्विभुज (आवृत्ति 256 Hz या अधिक) को रबर पैड पर ठोककर कंपित कराया जाता है और अनुनाद नली के खुले सिरे के ठीक ऊपर इस तरह रखा जाता है कि इसकी भुजाएँ नली की लंबाई के अनुदिश कंपन करें।

प्रारंभ में बरतन को ऊपर रखकर नली में पानी की सतह को भी काफी ऊँचा रखें जिससे वायुस्तंभ की लंबाई कम हो। द्विभुज को कंपित कराकर नली के ऊपर लाएँ और उत्पन्न ध्वनि को सुनें। अब बरतन थोड़ा नीचे खिसका दें जिससे नली में वायुस्तंभ की लंबाई थोड़ी बढ़ जाए। पुनः, द्विभुज को रबर पैड पर ठोककर नली के ऊपर लाएँ और उत्पन्न ध्वनि को सुनें। इस बार ध्वनि पहले के सापेक्ष कुछ तेज सुनाई देगी। यह प्रक्रिया बार-बार दुहराकर ऐसी स्थिति प्राप्त करें जब सबसे तेज ध्वनि सुनाई दे। इस समय नली का वायुस्तंभ स्वरित्र द्विभुज के साथ अनुनाद में हैं तथा यह स्तंभ अपनी मूल आवृत्ति के साथ कंपन कर रहा है। नली के खुले सिरे पर दाबांतर का निस्पंद तथा पानी की सतह पर प्रस्पंद बना है। मीटर स्केल से आप इस वायुस्तंभ की लंबाई l_1 माप सकते हैं।

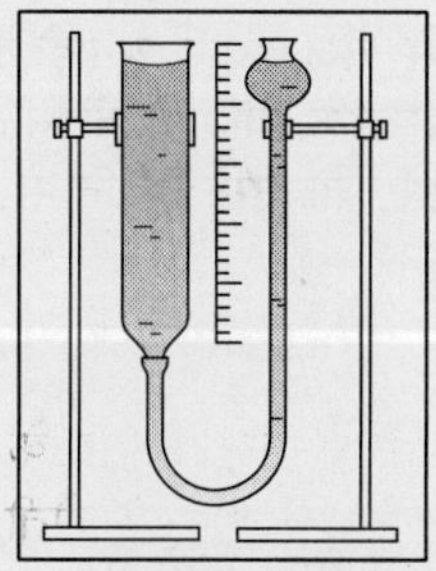

चित्र 30.10

एक रोचक प्रयोग

शीतल पेय पीने के लिए उपयोग में आनेवाली एक स्ट्रॉ (straw) लें। इसके एक किनारे पर कैंची से काट कर जीभ जैसी आकृति बना लें। इस सिरे को दबाकर थोड़ा चिपटा कर लें।

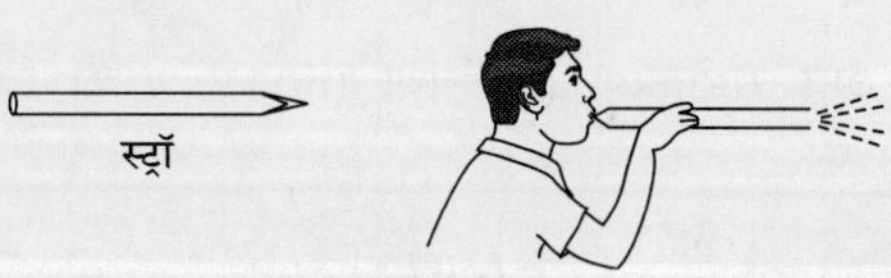

चित्र 30.11

इस सिरे को मुँह के अंदर लेकर होठों के बीच दबाकर रखें। अब इस नली में लंबी फूँक मारें। फूँक की गति, होठों द्वारा स्ट्रॉ पर डाला गया दाब आदि को समुचित ढंग से बदलें। थोड़े अभ्यास से आप फूँककर इस स्ट्रॉ से एक तेज ध्वनि निकाल पाएँगे।

कैंची से स्ट्रॉ के पीछे के हिस्से से कुछ लंबाई का भाग काट दें। पुनः, जीभ वाले हिस्से को मुँह में लेकर फूँकें। अब स्ट्रॉ से निकलती ध्वनि के पिच (pitch) का अनुभव करें। यह पहले से अधिक पिच की, अर्थात अधिक पतली ध्वनि होगी। स्ट्रॉ को काटकर और छोटा कर दें जिससे और भी अधिक पिच की ध्वनि मिलेगी।

ये तेज ध्वनियाँ स्ट्रॉ में वायुस्तंभों के कंपन के कारण मिलती हैं। यद्यपि हमारे फूँकने से हवा स्ट्रॉ में से प्रवाहित होकर लगातार बाहर जा रही है, इस हवा में किनारों से परावर्तन के कारण दाबांतर की अप्रगामी तरंगें बनती हैं। स्ट्रॉ की जीभ के दोनों भाग फूँकने के साथ-साथ कंपन करते हैं और यही कंपन स्ट्रॉ में दाबांतर की तरंग भेजता है जिससे अप्रगामी तरंगें बनती हैं।

स्ट्रॉ की लंबाई के अनुरूप उसकी मूल स्वाभाविक आवृत्ति होती है। छोटे स्ट्रॉ की मूल आवृत्ति अधिक तथा बड़े स्ट्रॉ की मूल आवृत्ति कम होगी। इसीलिए, छोटे स्ट्रॉ से आती ध्वनि का पिच अधिक और बड़े स्ट्रॉ से आती ध्वनि का पिच कम होता है।

यहाँ एक प्रश्न उपस्थित होता है। कंपन की आवृत्ति उसके स्रोत की आवृत्ति पर निर्भर करती है। यहाँ स्ट्रॉ छोटा हो या बड़ा, हम उसे फूँकते तो एक ही प्रकार से हैं। जब स्रोत नहीं बदल रहा है, तो नली से निकली ध्वनि की आवृत्ति कैसे बदल रही है? यह प्रश्न हम आपके विचार हेतु छोड़ जाते हैं।

यदि अंत्य संशोधन को अनदेखा कर दिया जाए, तो इस स्थिति में

$$\nu = \frac{v}{4l_1}$$

या $\quad v = 4l_1\nu.$ ... (i)

स्वरित्र द्विभुज की आवृत्ति ही वायुस्तंभ के कंपन की आवृत्ति है। अतः, आप समीकरण (i) से हवा में ध्वनि का वेग v निकाल सकते हैं।

यदि अंत्य संशोधन का ध्यान रखना चाहते हैं तो प्रयोग को थोड़ा और आगे बढ़ाना होगा और तब समीकरण (i) का संशोधित रूप होगा,

$$v = 4(l_1 + d)\nu$$

या $\quad \frac{v}{4\nu} = l_1 + d,$ ... (ii)

जहाँ d लंबाई में अंत्य संशोधन है।

आप बरतन को नीचे लाकर अनुनाद नली में वायुस्तंभ की लंबाई को लगभग तीन गुना कर दें। पुनः, इसके आसपास में बरतन को ऐसी जगह रखें ताकि कंपन करते स्वरित्र द्विभुज को नली के ऊपर लाने से सबसे तेज ध्वनि सुनाई दे। इस समय हवा का स्तंभ अपनी प्रथम अधिस्वरक विधा में कंपन कर रहा है। यदि अंत्य संशोधन का अनदेखा करें, तो ऐसी स्थिति में,

$$\nu = 3 \cdot \frac{v}{4l_2}$$

या $\quad v = \frac{4\nu l_2}{3}.$

अंत्य संशोधन को शामिल करने पर,

$$v = \frac{4\nu}{3}(l_2 + d)$$

या $\quad \frac{3v}{4\nu} = l_2 + d.$ ... (iii)

अब समीकरण (ii) तथा (iii) से d को विलुप्त (eliminate) करने पर,

$$\frac{3v}{4\nu} - \frac{v}{4\nu} = l_2 - l_1$$

या $\quad v = 2\nu(l_2 - l_1).$ ... (iv)

अब समीकरण (iv) में l_1, l_2 तथा ν के मान रखकर ध्वनि की चाल v ज्ञात कर लें।

30.5 धातु की छड़ों में अप्रगामी अनुदैर्घ्य तरंगें

जिस प्रकार नलियों में बने वायुस्तंभों में ध्वनि की अप्रगामी तरंगें बनाई जा सकती हैं उसी प्रकार धातु की छड़ों में भी अनुदैर्घ्य अप्रगामी तरंगें बनाई जा सकती हैं। छड़ को किनारे या बीच में क्लैंप (clamp) किया जा सकता है जहाँ विस्थापन का निस्पंद बनना आवश्यक होगा। छड़ के मुक्त किनारे खुली सतह की तरह काम करेंगे। अनुदैर्घ्य तरंगों की चाल वही होगी जो उस छड़ में ध्वनि की चाल होगी।

कुंड्स नली उपकरण (Kundt's tube apparatus)

कुंड्स नली उपकरण में धातु की छड़ में बनती अप्रगामी तरंगों का उपयोग कर दोनों सिरों पर बंद नली के वायुस्तंभ में अप्रगामी तरंगें बनाई जाती हैं। चित्र 30.12 में इस उपकरण की मुख्य संरचना दिखाई गई है। काँच एक चौड़ी नली का एक किनारा एक डिस्क D द्वारा बंद रहता है। इस डिस्क में धातु की एक छड़ स्थायी रूप से डिस्क के मध्यबिंदु पर क्लैंप करके रखी जाती है। नली में एक पिस्टन लगा होता है जिसे नली के अंदर सरकाया जा सकता है। नली के अंदर कॉर्क का चूरा या अन्य आपस में न चिपकनेवाला पाउडर पूरी लंबाई में फैला दिया जाता है।

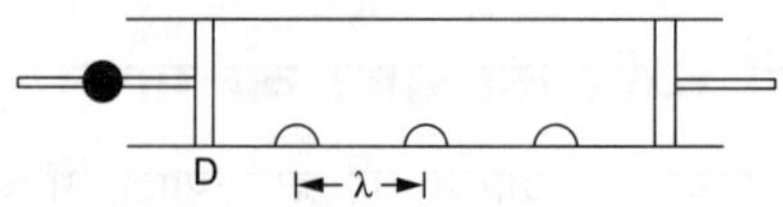

चित्र 30.12

छड़ को विद्युतीय परिपथ द्वारा या किसी रेजिन कपड़े से रगड़कर कंपित कराया जाता है। चूँकि यह बीचों-बीच क्लैंप की हुई है, इसलिए यहाँ विस्थापन तरंग का निस्पंद तथा किनारों पर विस्थापन तरंग के प्रस्पंद बनेंगे। यदि छड़ की लंबाई L हो तथा इसमें अनुदैर्घ्य तरंगों की चाल (ध्वनि की चाल) v_s हो, तो इसकी मूल आवृत्ति $v_s/2L$ होगी।

कंपन करती हुई यह छड़ अपने साथ डिस्क D को भी उसी आवृत्ति से कंपित कराती है। इस कारण नली के अंदर के वायुस्तंभ में कंपन प्रारंभ हो जाता है। पिस्टन के स्थान को बदलकर आप नली के अंदर के वायुस्तंभ की लंबाई बदल सकते हैं। उचित लंबाई पर यह वायुस्तंभ पिस्टन की कंपन आवृत्ति (जो छड़ की भी आवृत्ति है) के साथ अनुनादित कंपन करने लगता है। इस समय इस वायुस्तंभ में अप्रगामी तरंगें बनती हैं तथा निस्पंद एवं प्रस्पंद बनते हैं। जहाँ विस्थापन के प्रस्पंद बनते हैं वहाँ से पाउडर हट जाता है तथा जहाँ विस्थापन के निस्पंद बनते हैं वहाँ पाउडर जमा हो जाता है। इस तरह, पाउडर के इकट्ठा होने के स्थानों को देखकर व उनके बीच की दूरी नापकर आप वायुस्तंभ में स्थित तरंग का तरंगदैर्घ्य λ निकाल सकते हैं। यदि आप विद्युत-परिपथ द्वारा छड़ को कंपित करा रहे हों, तो आपको इस कंपन की आवृत्ति पता हो सकती है। तब आप $v = \nu\lambda$ का उपयोग कर वायुस्तंभ की हवा में ध्वनि की चाल निकाल सकते हैं।

इस उपकरण का एक लाभ यह है कि नली दोनों ओर से बंद है और आप इसमें हवा की जगह दूसरी गैस भी भर सकते हैं। यदि छड़ की कंपन आवृत्ति नहीं भी मालूम हो, तो आप हवा तथा गैस के साथ प्रयोग को दुहराकर दोनों में ध्वनि की चालों का अनुपात निकाल सकते हैं।

30.6 विस्पंद (Beats)

अब तक हमने समान आवृत्ति की दो ध्वनि तरंगों के अध्यारोपण की चर्चा की है। दो ऐसी ध्वनि तरंगों के अध्यारोपण पर विचार करें जिनके आयाम बराबर हों और वे एक ही दिशा में चल रहीं हों, लेकिन जिनकी आवृत्तियों में थोड़ा अंतर हो। इनके समीकरण इस प्रकार लिखे जा सकते हैं,

$$y_1 = p_0 \cos(k_1 x - \omega_1 t) \quad \text{तथा} \quad y_2 = p_0 \cos(k_2 x - \omega_2 t).$$

चूँकि हवा में ध्वनि तरंगों की चाल उनकी आवृत्तियों पर निर्भर नहीं करती हैं, इसलिए

$$\frac{\omega_1}{k_1} = \frac{\omega_2}{k_2} = v.$$

हमने $x = 0$ तथा $t = 0$ पर दोनों तरंगों की कलाओं को बराबर माना है। $\omega_1 > \omega_2$ लें।

स्थान x तथा समय t पर कुल दाबांतर,

$$p = p_1 + p_2 = p_0[\cos(k_1 x - \omega_1 t) + \cos(k_2 x - \omega_2 t)]$$

$$= 2p_0 \cos\left[\left(\frac{k_1 + k_2}{2}\right)x - \left(\frac{\omega_1 + \omega_2}{2}\right)t\right]$$

$$\cos\left[\frac{(k_1 - k_2)}{2}x - \frac{\omega_1 - \omega_2}{2}t\right].$$

किसी विशेष स्थान x पर दाबांतर p में समय के साथ कैसा परिवर्तन हो रहा है? यह जानने के लिए हम $p = A_1(t) \cdot A_2(t)$ लिखते हैं, जहाँ

$$A_1(t) = 2p_0 \cos\left[\frac{(k_1 + k_2)}{2}x - \frac{\omega_1 + \omega_2}{2}t\right]$$

$$= 2p_0 \cos[\bar{k}x - \overline{\omega}t]$$

तथा $$A_2(t) = \cos\left[\frac{(k_1 - k_2)}{2}x - \frac{\omega_1 - \omega_2}{2}t\right]$$

$$= \cos\left[\frac{\Delta k}{2}x - \frac{\Delta\omega}{2}t\right],$$

जहाँ $\overline{\omega}$ दोनों तरंगों की आवृत्तियों का औसत है तथा $\Delta\omega$ इन आवृत्तियों का अंतर है। $\bar{k}x$ तथा $(\Delta k)x$ हमारी विवेचना के लिए अचर संख्याएँ हैं। चित्र 30.13 में हमने $A_1(t)$, $A_2(t)$ तथा $p = A_1(t) \cdot A_2(t)$ के समय के साथ ग्राफ दिखाए हैं। यदि

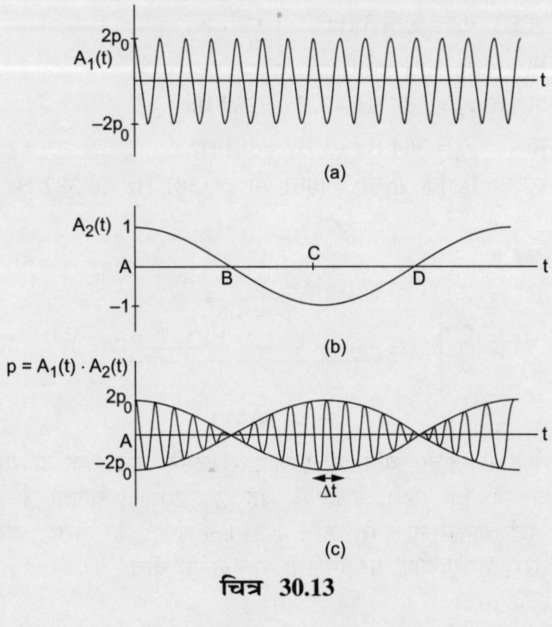

चित्र 30.13

$\Delta\omega << \overline{\omega}$ तो $A_2(t)$ के लिए आवर्तकाल $A_1(t)$ के लिए आवर्तकाल से बहुत बड़ा होगा। सरल आवर्त गतियों के संयोजन के अध्याय में हमने कुछ ऐसी ही परिस्थिति का वर्णन किया है। यहाँ भी उसी प्रकार के समीकरण एवं उसी प्रकार के परिणाम प्राप्त होते हैं।

t समय पर एक समय अंतराल Δt पर विचार करें जिस अवधि में $A_2(t)$ के मान में कोई खास परिवर्तन न हो, लेकिन $A_1(t)$ के कई दोलन हो जाएँ। चित्र 30.13(c) में ऐसी परिस्थिति दिखाई गई है। आप देख सकते हैं कि इस अंतराल Δt में दाबांतर p के परिवर्तन को $|2p_0 \cdot A_2(t)|$ आयाम तथा $\overline{\omega}$ कोणीय आवृत्ति से होती हुई आवर्त गति के रूप में माना जा सकता है।

आप किसी दिए गए स्थान पर दाबांतर के तात्कालिक आयाम के लिए लिख सकते हैं,

$$A = |2p_0 A_2(t)|$$

$$= \left|2p_0 \cos\left(\frac{\Delta k}{2}x - \frac{\Delta\omega}{2}t\right)\right|.$$

चित्र 30.14 में $X = 2p_0 \cos\left(\frac{\Delta k}{2}x - \frac{\Delta\omega}{2}t\right)$ तथा $|X|$ का ग्राफ समय के साथ दिखाया गया है। तरंग का आयाम, अर्थात $|X|$ समय के साथ 0 से $2p_0$ तक आवर्ती ढंग से बदलता है। $|X|$ की आवृत्ति X की आवृत्ति से दुगुनी है। X की आवृत्ति $= 2\pi\left(\frac{\Delta\omega}{2}\right)$ है, अतः $|X|$ की आवृत्ति $\Delta\nu = 2\pi\Delta\omega = 2\pi(\omega_1 - \omega_2) = \nu_1 - \nu_2$ होगी।

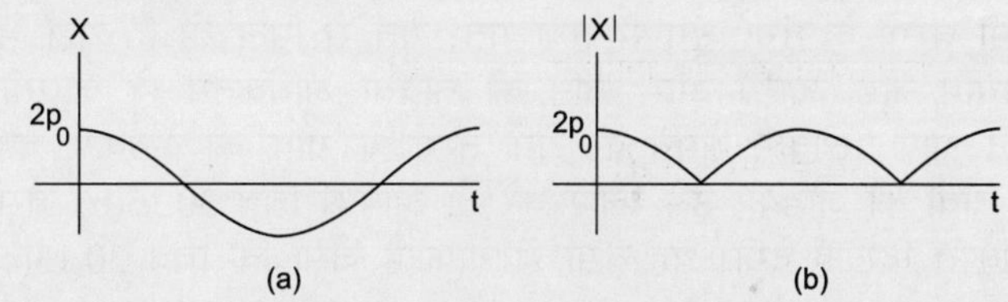

चित्र 30.14

किसी स्थान पर ध्वनि की तीव्रता उस स्थान पर दाबांतर के आयाम के वर्ग के समानुपाती होती है। अतः, समय बीतने के साथ यहाँ ध्वनि की तीव्रता भी 0 से I_0 तक $\nu_1 - \nu_2$ आवृत्ति के साथ बदलेगी।

हमने अपनी गणना में $\omega_1 > \omega_2$ या $\nu_1 > \nu_2$ लिया था। यदि आप $\nu_2 > \nu_1$ लेकर ये गणनाएँ करें, तो यह आवृत्ति $\Delta\nu = \nu_2 - \nu_1$ आएगी। इन सब चर्चाओं से आप निम्नलिखित निष्कर्ष निकाल सकते हैं।

यदि दो ध्वनि तरंगें जिनकी आवृत्ति बराबर न हों, किसी स्थान से गुजरें, तो उनके अध्यारोपण के कारण वहाँ ध्वनि की तीव्रता में आवर्ती परिवर्तन होता है। इस परिवर्तन की आवृत्ति मूल तरंगों की आवृत्तियों के अंतर के बराबर होती है।

किसी तरंग की तीव्रता का इस प्रकार लगातार कम होना तथा अधिक होना **विस्पंद** (beats) कहलाता है। प्रति इकाई समय यह तीव्रता जितनी बार धीमी व तेज होने का चक्र पूरा करती है, उसे विस्पंद आवृत्ति कहते हैं।

चित्र 30.15 में विस्पंद बनने की प्रक्रिया को ग्राफ के माध्यम से समझाया गया है। चित्र 30.15 (a) में किसी स्थान पर दोनों तरंगों के कारण दाबांतर p का समय के साथ परिवर्तन दिखाया गया है। समय $t = 0$ पर दोनों तरंगें एक ही कला में हैं और इसलिए यहाँ आयाम जुड़ जाते हैं। इसलिए, परिणामी तीव्रता अधिक होती है। परंतु, दोनों तरंगों की आवृत्ति (तथा आवर्तकाल) में थोड़ा फर्क है। अतः, जैसे-जैसे आप ग्राफ में दाहिने बढ़ेंगे, दोनों वक्र अलग होते जाएँगे। समय t_1 पर एक तरंग का शृंग (crest) दूसरे के गर्त (trough) के सामने आ गया है।

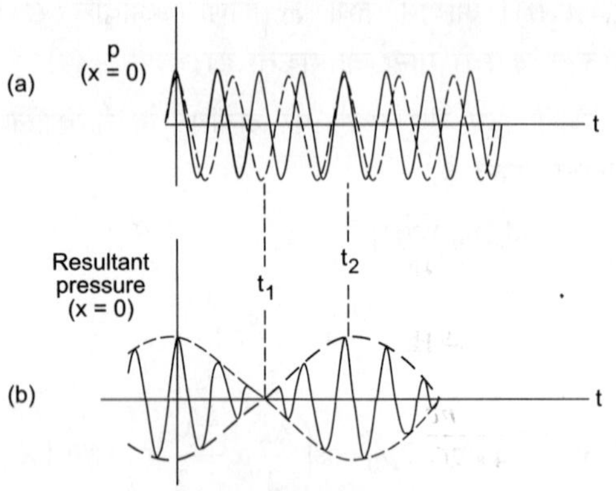

चित्र 30.15

इस समय दोनों तरंगों के अध्यारोपण से शून्य या बहुत कम आयाम बनेगा। इस समय पर ध्वनि की तीव्रता न्यूनतम होगी। इस समय दोनों तरंगों के बीच कलांतर π हो जाएगा। समय बीतने पर दोनों तरंगों का कलांतर और अधिक बढ़ता जाएगा तथा t_2 समय पर यह 2π हो जाएगा। आप देख रहे हैं कि इस समय पर पुनः दोनों तरंगों के शृंग, शृंग से तथा गर्त, गर्त से मिल रहे हैं। यहाँ भी आयाम जुड़ जाएँगे और ध्वनि की तीव्रता अधिकतम हो जाएगी। यदि आप प्रत्येक t समय पर दोनों तरंगों के ग्राफ को देखकर, वहाँ के दाबों को जोड़कर उसे प्लॉट करें तो आपको चित्र 30.15(b) जैसी आकृति दिखाई देगी। यह वैसा ही ग्राफ है जैसा कि चित्र 30.13(c) में दिखाया गया है।

विस्पंद बनने का अनुभव करने के लिए आप एकसमान आवृत्ति वाले दो स्वरित्र द्विभुज ले सकते हैं। इनमें से एक द्विभुज की भुजाओं पर थोड़ा मोम चढ़ा दें। इसके लिए आप इन्हें पिघले मोम में डालकर निकाल ले सकते हैं। द्रव्यमान बढ़ जाने के कारण द्विभुज की आवृत्ति थोड़ी कम हो जाती है। अब दोनों द्विभुजों को रबर के पैड पर ठोक कर कंपित करें और पास-पास रखें। आपको ध्वनि की तीव्रता में उतार-चढ़ाव सुनाई देगा।

आजकल मोबाइल फोन में ऐसे App. आ गए हैं जिनसे आप मनचाही आवृत्ति की ध्वनि सुन सकते हैं। दो फोनों में ऐसे App. डाउनलोड कर लें। इन्हें पास-पास रखें तथा दोनों पर App. में आवृत्ति को 1 के अंतर पर सेट करें। उदाहरण के लिए एक आवृत्ति 500 Hz लें तो दूसरी 501 Hz लें। पहले प्रत्येक फोन पर App. को चालू कर अलग-अलग उनकी ध्वनियाँ सुनें। आपको इनमें कोई विशेष अंतर नहीं लगेगा। अब दोनों फोनों पर App. चालू कर दें। ध्वनि की तीव्रता में होने वाले आवर्त्ती परिवर्तन को महसूस करें। आवृत्तियों के अंतर को 2Hz, 3Hz आदि करें एवं विस्पंदों का आनंद लें।

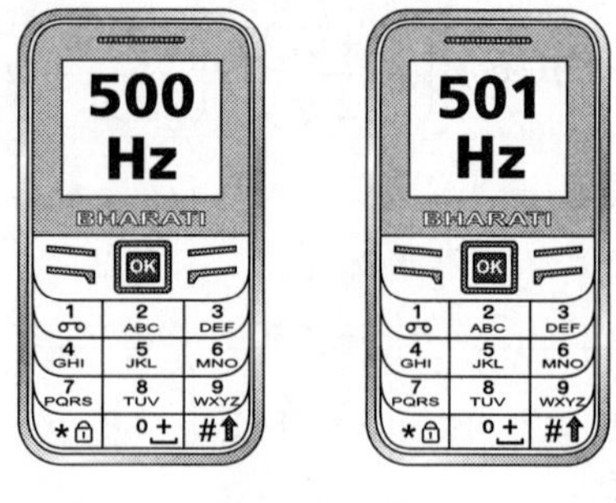

चित्र 30.16

विस्पंद को सुनने के लिए उसकी आवृत्ति $|\nu_2 - \nu_1|$ बहुत अधिक नहीं होनी चाहिए। एक सामान्य मनुष्य प्रतिसेकंड 16 से ज्यादा बार ध्वनि की तीव्रता के परिवर्तन को नहीं समझ पाता और उसे औसत तीव्रता ही सुनाई देती है। अतः, विस्पंद को सुनने के लिए $|\nu_2 - \nu_1|$ को 16 से कम ही होना चाहिए।

उदाहरण 30.3

एक स्वरित्र द्विभुज A की आवृत्ति 384 Hz है। जब इसे एक दूसरे द्विभुज B के साथ कंपित किया जाता है, तो 2 सेकंड में 6 विस्पंद सुनाई देते हैं। B की आवृत्ति क्या होगी?

हल प्रश्न के अनुसार, $|\nu_A - \nu_B| = 3$ Hz.

अतः, $\nu_B - \nu_A = 3$ Hz

या $\nu_A - \nu_B = 3$ Hz.

अतः, $\nu_B = \nu_A + 3$ Hz

या $\nu_B = \nu_A - 3$ Hz

अर्थात $\nu_B = 384\text{ Hz} + 3\text{ Hz} = 387\text{ Hz}$

या $\nu_B = 384\text{ Hz} - 3\text{ Hz} = 381\text{ Hz}$.

स्वरित्र द्विभुज B की आवृत्ति या तो 381 Hz या 387 Hz होगी।

• हल किए गए प्रश्न •

1. *चित्र 30.W1 में एक नली की रचना दिखाई गई है। नली का वक्र भाग एक अर्द्धवृत्त के आकार का है जिसकी त्रिज्या 20.00 cm है। इस नली के एक सिरे से ध्वनि तरंगें नली में भेजी जाती हैं तथा दूसरे सिरे पर एक ध्वनि संसूचक ध्वनि की तीव्रता मापता है। ध्वनि की आवृत्ति को एक विद्युत-परिपथ द्वारा 1000 Hz से 4000 Hz तक के रेंज में बदला जा सकता है। उन आवृत्तियों को बताएँ जिनके लिए संसूचक (आसपास की आवृत्तियों में) अधिकतम तीव्रता बताता है। हवा में ध्वनि की चाल = 340 m/s.*

चित्र 30.W1

हल नली में जाती ध्वनि पहले जोड़ से दूसरे जोड़ तक दो रास्तों से चलती है। सीधी नली में यह 2×20 cm चलती है जबकि अर्द्धवृत्ताकार नली में यह $\pi \times 20$ cm चलती है। अतः, जब दोनों तरंगें दूसरे जोड़ पर मिलेंगी, तो उनके बीच

$$\Delta x = \pi \times 20\text{ cm} - 2 \times 20\text{ cm}$$
$$= 22.8\text{ cm} = 0.228\text{ m}$$

का पथांतर होगा। यदि इस तरंग की आवृत्ति ν हो, तो तरंगदैर्घ्य

$$\lambda = \frac{v}{\nu}.$$

रचनात्मक व्यतिकरण के लिए,

$$\Delta x = n\lambda$$

या $$0.228\text{ m} = \frac{nv}{\nu}$$

या $$\nu = \frac{nv}{0.228\text{ m}} = n \times \frac{340\text{ m/s}}{0.228\text{ m}} \approx n1491\text{ Hz}.$$

1000 Hz से 4000 Hz के बीच ν के संभव मान $n = 1$ तथा $n = 2$ रखने से मिलेंगे। अतः, अधिकतम तीव्रता के लिए $\nu = 1491$ Hz या 2982 Hz

2. *एक दीवार से 2 m की दूरी पर 180 Hz आवृत्ति का एक ध्वनि स्रोत रखा गया है। एक ध्वनि संसूचक भी दीवार के सामने 2 m की ही दूरी पर रखा गया है। स्रोत तथा संसूचक के बीच दूरी कितनी होगी जिसके लिए संसूचक ध्वनि की अधिकतम तीव्रता दिखाएगा तथा उस तक पहुँचती तरंगों के बीच पथांतर न्यूनतम होगा? हवा में ध्वनि की चाल = 360 m/s.*

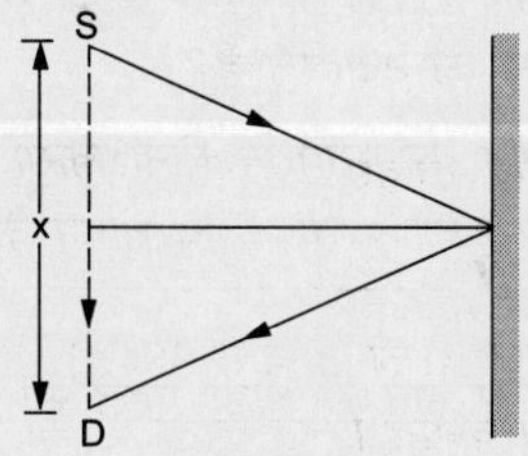

चित्र 30.W2

हल प्रश्न में दी गई परिस्थिति चित्र 30.W2 में दिखाई गई है। मान लें कि संसूचक D, स्रोत S से x मीटर की दूरी पर रखा है। स्रोत से आती सीधी तरंग x मीटर की दूरी तय कर संसूचक तक पहुँचती है जबकि दीवार से परावर्तित होकर आती तरंग को

$$2\left[(2\text{ m})^2 + \left(\frac{x}{2}\text{ m}\right)^2\right]^{1/2}$$

दूरी तय करनी पड़ती है। संसूचक तक पहुँचती दोनों तरंगों के बीच पथांतर,

$$\Delta x = \left\{2\left[2^2 + \frac{x^2}{4}\right]^{1/2} - x\right\}\text{ m}. \quad \text{... (i)}$$

संपोषी व्यतिकरण के लिए $\Delta x = n\lambda$, जहाँ $n = 1, 2, 3, \ldots$.
Δx के न्यूनतम मान के लिए $n = 1$ तथा $\Delta x = \lambda$.

तरंगदैर्घ्य, $$\lambda = \frac{v}{\nu} = \frac{360\text{ m/s}}{180\text{ s}^{-1}} = 2\text{ m}.$$

अतः, (i) से, $$2\left[(2)^2 + \frac{x^2}{4}\right]^{1/2} - x = 2$$

या $$\left[4 + \frac{x^2}{4}\right]^{1/2} = 1 + \frac{x}{2}$$

या $$4 + \frac{x^2}{4} = 1 + \frac{x^2}{4} + x$$

या $$x = 3.$$

अतः, संसूचक को स्रोत से 3 m की दूरी पर रखना होगा। ध्यान दें, परावर्तन के कारण कोई अचानक कलांतर नहीं हुआ है।

3. *एक स्वरित्र द्विभुज 264 Hz की आवृत्ति से कंपन कर रहा है। एक सिरे पर बंद नली की न्यूनतम लंबाई बताएँ जो इस द्विभुज के साथ अनुनाद कर सके। हवा में ध्वनि की चाल = 350 m/s.*

हल एक सिरे पर बंद नली के लिए अनुनाद आवृत्तियाँ $\frac{nv}{4L}$ होती हैं, जहाँ L नली की लंबाई तथा n एक विषम पूर्णांक है। 264 Hz के स्वरित्र द्विभुज के साथ अनुनाद करने के लिए,

$$\frac{nv}{4L} = 264\text{ Hz}$$

या $$L = \frac{nv}{4 \times 264\text{ Hz}} = \frac{n \times 350\text{ m/s}}{4 \times 264\text{ Hz}} = \frac{n \times 350}{4 \times 264}\text{ m}.$$

L के न्यूनतम मान के लिए $n = 1$ रखने पर,

$$L = \frac{350}{4 \times 264}\text{ m} = 33\text{ cm}.$$

4. *एक सिरे पर बंद एक नली की मूल आवृत्ति दोनों सिरों पर खुली एक दूसरी नली की पहली अधिस्वरक आवृत्ति के बराबर है। यदि इस दूसरी नली की लंबाई 60 cm हो, तो पहली नली की लंबाई कितनी होगी?*

हल बंद नली की मूल आवृत्ति $= \frac{v}{4L_1}$

तथा खुली नली की प्रथम अधिस्वरक आवृत्ति $= 2 \times \frac{v}{2L_2}$.

प्रश्न से, $$\frac{v}{4L_1} = 2 \times \frac{v}{2L_2}$$

या $$L_1 = \frac{L_2}{4} = \frac{60\text{ cm}}{4} = 15\text{ cm}.$$

5. *एक अनुनाद नली का ऊपरी सिरा खुला है और इसमें पानी भरा है जिसकी सतह को बदलकर वायुस्तंभ की लंबाई बदली जा सकती है। 800 Hz आवृत्ति के स्वरित्र द्विभुज के साथ यह नली अनुनाद करती है जब इसमें वायुस्तंभ की लंबाई क्रम से 9.75 cm, 31.25 cm या 52.75 cm है। इन सूचनाओं के आधार पर हवा में ध्वनि के वेग की गणना करें।*

हल एक सिरे पर खुली नली के लिए अनुनाद आवृत्तियाँ $nv/4l$ होती हैं, जहाँ n एक विषम पूर्णांक हैं। यदि तीन क्रमागत अनुनादों के लिए नली की लंबाई l_1, l_2 तथा l_3 हो, तो स्वरित्र द्विभुज की आवृत्ति,

$$\nu = \frac{nv}{4l_1} = \frac{(n+2)v}{4l_2} = \frac{(n+4)v}{4l_3}.$$

अर्थात, $$l_3 - l_2 = l_2 - l_1 = \frac{2v}{4\nu} = \frac{v}{2\nu}.$$

प्रश्न में दी गई सूचनाओं से,

$$l_3 - l_2 = 52.75 - 31.25 \text{ cm} = 21.50 \text{ cm}$$

तथा $l_2 - l_1 = 31.25 - 9.75 \text{ cm} = 21.50 \text{ cm}.$

अतः, $\frac{v}{2\nu} = 21.50 \text{ cm}$

या $v = 2\nu \times 21.50 \text{ cm} = 2 \times (800 \text{ s}^{-1}) \times (21.50 \text{ cm})$
$= 344 \text{ m/s}.$

6. *हवा में एक पाइप की मूल आवृत्ति 500 Hz है। यदि इसे इतने ही दाब एवं ताप पर हाइड्रोजन से भरे कक्ष में रख दिया जाए, तो इसकी मूल आवृत्ति क्या होगी? हवा का घनत्व 1.2 kg/m^3 तथा हाइड्रोजन का घनत्व = 0.089 kg/m^3.*

हल मान लें कि हवा में ध्वनि की चाल v_a तथा हाइड्रोजन में ध्वनि की चाल v_h है। किसी पाइप की मूल आवृत्ति उसके अंदर की गैस में ध्वनि की चाल के समानुपाती होती है। साथ ही, गैस में ध्वनि की चाल $v = \sqrt{\frac{\gamma p}{\rho}}$ · हाइड्रोजन तथा हवा के लिए γ के मान समान हैं। प्रश्न के अनुसार दाब p भी समान है। यदि इस पाइप में हाइड्रोजन के स्तंभ की मूल आवृत्ति ν हो, तो $\frac{\nu}{500 \text{ Hz}} = \frac{v_h}{v_a} = \sqrt{\frac{\rho_a}{\rho_h}}$

या $\nu = 500 \text{ Hz} \times \sqrt{\frac{1.2}{0.089}}$

$= 500 \text{ Hz} \times 3.67 = 1835 \text{ Hz}.$

7. *एक वायलिन का तार 440 Hz की मूल आवृत्ति से कंपन करता है। जब इस तार को थोड़ा और कस दिया जाता है, तो यह 440 Hz के स्वरित्र द्विभुज के साथ प्रतिसेकंड 4 विस्पंद पैदा करता है। इस स्थिति में तार की मूल आवृत्ति क्या होगी?*

हल तार का तनाव बढ़ाने से तार से होकर जानेवाली अनुप्रस्थ तरंग की चाल बढ़ती है। तार की स्वाभाविक आवृत्ति इस चाल के समानुपाती होती है। अतः, तनाव बढ़ाने से आवृत्ति 440 Hz से अधिक हो जाएगी। चूँकि यह 440 Hz के स्वरित्र द्विभुज के साथ प्रतिसेकंड 4 विस्पंद पैदा करता है, अतः इसके कंपन की आवृत्ति 444 Hz होगी।

• विचार हेतु प्रश्न •

1. *एक मनुष्य गलती से थोड़ा हीलियम भी श्वास के साथ अंदर ले जाता है। इस कारण उसकी आवाज बहुत अधिक पिच की हो जाती है। बोलने की नली की स्वाभाविक आवृत्ति पर उसमें भरी गैस के प्रभाव के आधार पर इस बात की व्याख्या करें।*
2. *एक खुली नली के लिए तीसरी अधिस्वरक विधा के लिए दाबांतर के निस्पंद व प्रस्पंद दिखाते हुए चित्र बनाएँ।*
3. *दो स्वरित्र द्विभुज समान आयाम के साथ कंपन कर रहे हैं। पहले की आवृत्ति दूसरे की आवृत्ति से दुगुनी है। किस द्विभुज से अधिक तीव्रता वाली ध्वनि निकलेगी।*
4. *टेलीविजन पर बहस के समय कई बार दो वक्ता एक ही समय पर बोलते रहते हैं और दर्शकों को कुछ समझ में नहीं आता। क्या यह विनाशी व्यतिकरण का उदाहरण है?*
5. *दृढ़ सतहों से ध्वनि का परावर्तन बिना किसी नए कलांतर के होता है। यदि ध्वनि तरंग को परतों के विस्थापन के पदों में लिखा जाए, तो क्या यह कथन सही है?*
6. *पानी खौलना प्रारंभ होने से थोड़ा पहले सीं-सीं की आवाजें आती हैं जो खौलना प्रारंभ होने के बाद बंद हो जाती है, क्यों?*
7. *क्या दो अलग-अलग आवृत्तियों वाले ध्वनि स्रोत कलासंबद्ध (coherent) हो सकते हैं?*

• सटीक उत्तरवाले प्रश्न I •

सही उत्तर का चयन करें।

1. जब एक ही आवृत्ति की दो ध्वनि तरंगें, जिनके बीच एक निश्चित कलांतर है, व्यतिकरण करती हैं तो
   (a) ऊर्जा उत्पन्न होती है।
   (b) ऊर्जा का क्षय होता है।
   (c) ऊर्जा का पुनर्वितरण होता है और यह वितरण समय के साथ नहीं बदलता है।
   (d) ऊर्जा का पुनर्वितरण होता है और यह वितरण समय के साथ बदलता है।
2. दोनों ओर से खुली L लंबाई की एक नली में वायुस्तंभ अपनी मूल आवृत्ति के साथ कंपन कर रहा है। दाबांतर का परिवर्तन अधिकतम होगा
   (a) दोनों किनारों पर (b) नली के ठीक बीच में
   (c) किनारों से $\frac{L}{4}$ दूरियों पर (d) किनारों से $\frac{L}{8}$ दूरियों पर
3. दोनों किनारों पर खुले पाइप में होती है
   (a) अनुदैर्घ्य अप्रगामी तरंग (b) अनुदैर्घ्य प्रगामी तरंग
   (c) अनुप्रस्थ अप्रगामी तरंग (d) अनुप्रस्थ प्रगामी तरंग
4. दोनों ओर से खुली एक बेलनाकार नली की मूल आवृत्ति ν है। इस नली को ऊर्ध्वाधर रखते हुए पानी में डुबाया गया है ताकि इसकी आधी लंबाई पानी में डूब जाए। अब इसकी मूल आवृत्ति हो जाएगी
   (a) $\frac{\nu}{4}$ (b) $\frac{\nu}{2}$ (c) ν (d) 2ν
5. विस्पंद (beats) का होना संभव है
   (a) केवल अनुदैर्घ्य तरंगों में
   (b) केवल अनुप्रस्थ तरंगों में
   (c) अनुदैर्घ्य तरंगों में भी तथा अनुप्रस्थ तरंगों में भी
   (d) केवल ध्वनि तरंगों में

6. एक स्वरित्र द्विभुज की आवृत्ति 512 Hz है और यह एक सोनोमीटर के तार के कंपन के साथ प्रति सेकंड 6 विस्पंद उत्पन्न कर रहा है। यदि तार में तनाव को थोड़ा-सा बढ़ा दिया जाता है तो विस्पंद की आवृत्ति घट जाती है। तार के कंपन की मूल आवृत्ति थी
(a) 506 Hz (b) 512 Hz
(c) 518 Hz (d) 524 Hz

• सटीक उत्तरवाले प्रश्न II •

सही उत्तर (उत्तरों) का चयन करें।

1. कंपन करते एक वायुस्तंभ की मूल आवृत्ति 200 Hz है। इसकी
   (a) प्रथम अधिस्वरक आवृत्ति 400 Hz होगी।
   (b) प्रथम अधिस्वरक आवृत्ति 400 Hz हो सकती है।
   (c) प्रथम अधिस्वरक आवृत्ति 600 Hz हो सकती है।
   (d) 600 Hz इसकी एक अधिस्वरक आवृत्ति है।
2. दो तरंगें किसी स्थान पर एक-दूसरे के साथ विनाशी व्यतिकरण कर शून्य आयाम उत्पन्न कर रही हैं और यह स्थिति समय के साथ नहीं बदलती।
   (a) इन दोनों तरंगों के आयाम बराबर हैं।
   (b) इन तरंगों की आवृत्तियाँ बराबर हैं।
   (c) इस स्थान पर इन दोनों तरंगों का कलांतर अवश्य ही π का विषम अपवर्त्य है।
   (d) स्रोतों से इस स्थान तक आने में दोनों तरंगों का पथांतर अवश्य ही $\lambda/2$ का विषम अपवर्त्य है।
3. समान आवृत्ति की दो ध्वनि तरंगों में से प्रत्येक की तीव्रता I_0 हैं। ये व्यतिकरण कर किसी स्थान पर I_0 तीव्रता की ही परिणामी तरंग उत्पन्न कर रही है। इस स्थान पर इनके बीच कलांतर होगा
   (a) 0 से $\frac{\pi}{4}$ के बीच (b) $\frac{\pi}{8}$ से $\frac{\pi}{2}$ के बीच
   (c) $\frac{\pi}{3}$ से π के बीच (d) $\frac{\pi}{2}$ से π के बीच
4. एक सिरे पर खुली एक नली में ध्वनि तरंग भेजी जाती है। ध्वनि तरंगों का परावर्तन हो सकता है
   (a) नली के बंद सिरे से
   (b) नली के खुले सिरे से
   (c) नली के खुले सिरे से भी और बंद सिरे से भी
   (d) न तो नली के बंद सिरे से और न ही उसके खुले सिरे से
5. 300 Hz मूल आवृत्ति वाली एक नली में 256 Hz आवृत्ति के स्वरित्र द्विभुज से अनुदैर्घ्य ध्वनि तरंगें भेजी जाती हैं। नली में
   (a) 256 HZ की प्रगामी तरंग चलेगी।
   (b) 300 Hz की प्रगामी तरंग चलेगी।
   (c) 256 Hz की अप्रगामी तरंग बनेगी।
   (d) इनमें कोई नहीं।

• अभ्यास के प्रश्न •

1. क्विंक के उपकरण में जब खिसकनेवाली नली को 2.50 cm खिसका दिया जाता है तो ध्वनि की तीव्रता अधिकतम से न्यूनतम हो जाती है। ध्वनि की आवृत्ति निकालें। हवा में ध्वनि की चाल = 340 m/s.
2. क्विंक के उपकरण में किसी समय ध्वनि की तीव्रता न्यूनतम है और इसका मान I है। जब खिसकनेवाली नली को 16.5 mm खींच दिया जाता है, तो यह तीव्रता अधिकतम हो जाती है और इसका मान $9I$ हो जाता है। हवा में ध्वनि की चाल 330 m/s लें। (a) ध्वनि स्रोत की आवृत्ति निकालें। (b) संसूचक के स्थान पर आती तरंगों के आयामों का अनुपात निकालें। मान लें कि नली के 16.5 mm खींचने से आयामों में आया परिवर्तन नगण्य है।
3. दो ध्वनि स्पीकर कुछ दूरी पर रखे हुए हैं और एक ही विद्युत-यंत्र द्वारा बजाए जा रहे हैं। यह विद्युत-यंत्र एक निश्चित आवृत्ति से स्पीकर को कंपित करा सकता है। एक मनुष्य ऐसी जगह बैठा है जहाँ उसकी दूरी एक स्पीकर से 6.0 m तथा दूसरे से 6.4 m है। यदि इनके कंपन की आवृत्ति को 500 Hz से धीरे-धीरे बढ़ाकर 5000 Hz तक ले जाया जाए तो किन-किन आवृत्तियों पर उस मनुष्य को विनाशी व्यतिकरण का अनुभव होगा। हवा में ध्वनि की चाल 320 m/s.
4. ध्वनि का एक स्रोत S तथा एक संसूचक D एक-दूसरे से कुछ दूरी पर रखे हुए हैं। जैसा कि चित्र 30.E1 में दिखाया गया है, एक बड़ा-सा कार्डबोर्ड SD रेखा के लंबवत संसूचक D के पास रखा गया है। इसे धीरे-धीरे संसूचक से दूर खिसकाया जाता है और पाया जाता है कि इसे 20 cm खिसकाने से ध्वनि की तीव्रता अधिकतम से न्यूनतम हो जाती है। यदि हवा में ध्वनि की चाल 336 m/s हो, तो ध्वनि की आवृत्ति निकालें।

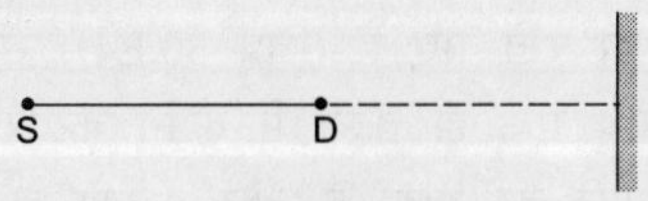

चित्र 30.E1

5. एक ध्वनि स्रोत S तथा संसूचक D एक-दूसरे से d दूरी पर हैं। एक बड़ा-सा कार्डबोर्ड SD के समानांतर इससे $\sqrt{2}d$ दूरी पर रखा गया है (चित्र 30.E2)। स्रोत $d/2$ तरंगदैर्घ्य की ध्वनि उत्पन्न करता

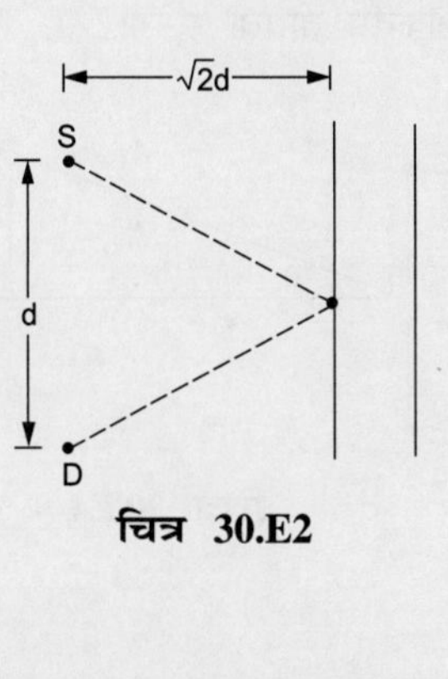

चित्र 30.E2

है। ऐसा पाया जाता है कि संसूचक द्वारा स्रोत से सीधी प्राप्त ध्वनि तरंग तथा बोर्ड द्वारा परावर्तित ध्वनि तरंग एक ही कला में हैं। बोर्ड को न्यूनतम कितनी दूरी से दूर खिसकाया जाए ताकि ये दोनों तरंगें विपरीत कलाओं में हों?

6. हल किए गए प्रश्नों में प्रश्न 2 को देखें। संसूचक को स्रोत से 3 m की दूरी पर रखने से संसूचक पर संपोषी व्यतिकरण ($\Delta x = n\lambda$) होता है। दिखाएँ कि इसके अतिरिक्त संसूचक के स्रोत के बिल्कुल पास लाने पर ही संपोषी व्यतिकरण की शर्त पूरी होती है।

7. दो स्टीरियो स्पीकर एक-दूसरे से 2.40 m की दूरी पर हैं। एक व्यक्ति एक स्पीकर के ठीक सामने 3.20 m की दूरी पर खड़ा है (चित्र 30.E3)। उन आवृत्तियों की गणना करें जिनके लिए मनुष्य ध्वनि की न्यूनतम तीव्रताओं को सुनेगा। हवा में ध्वनि की चाल 320 m/s तथा सुनने की आवृत्ति का रेंज 20 Hz–20 kHz है।

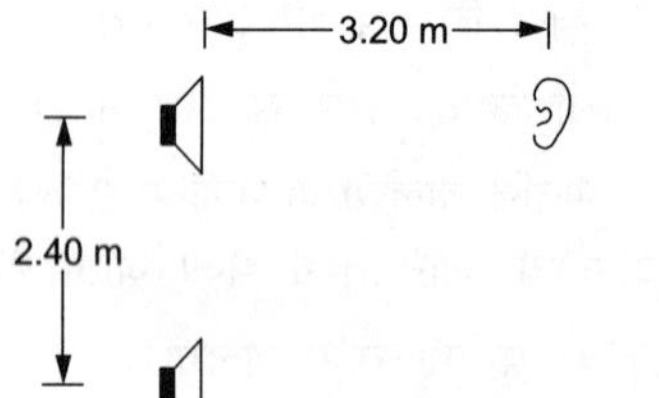

चित्र 30.E3

8. ध्वनि के दो स्रोत S_1 एवं S_2 एक-दूसरे से 20.0 cm की दूरी पर रखे हुए हैं तथा दोनों ही हवा में 20.0 cm तरंगदैर्घ्य की ध्वनि तरंगें उत्पन्न करते हैं। एक संसूचक को S_1S_2 रेखा के समानांतर तथा उससे 20.0 cm की दूरी पर की रेखा पर खिसकाया जा सकता है। प्रारंभ में संसूचक दोनों स्रोतों से बराबर दूरी पर है। दोनों स्रोतों से निकलती तरंगों को एक ही कला में मानते हुए बताएँ कि संसूचक को कितना खिसकाया जाए ताकि वह न्यूनतम ध्वनि सूचित करे।

9. एक ही परिपथ से संचालित दो स्पीकर S_1 तथा S_2, $y = 1.0$ m तथा $y = -1.0$ m पर रखे गए हैं (चित्र 30.E4)। स्पीकर 600 Hz की आवृत्ति के साथ एक ही कला में कंपन कर रहे हैं। एक मनुष्य x-अक्ष पर काफी दूर खड़ा है और y-अक्ष के समानांतर चलना प्रारंभ करता है। हवा में ध्वनि की चाल 330 m/s है। (a) θ के किस मान के लिए पहली बार ध्वनि की तीव्रता न्यूनतम होगी? (b) θ के किस मान के लिए पहली बार ध्वनि की तीव्रता अधिकतम होगी? (c) यदि वह चलना जारी रखे, तो कितनी और बार वह अधिकतम तीव्रता सुनेगा?

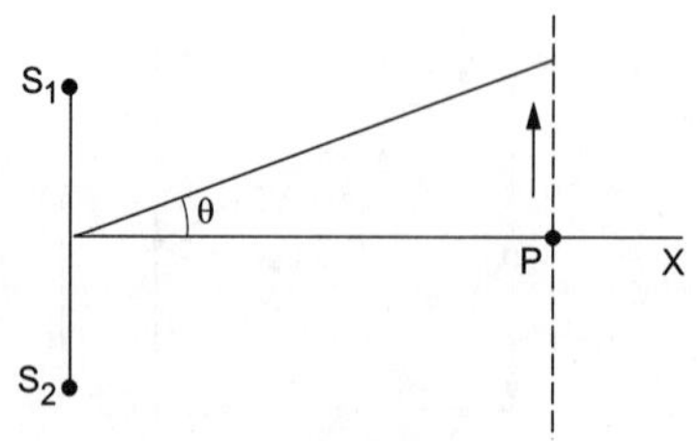

चित्र 30.E4

10. ध्वनि के तीन स्रोत S_1, S_2 तथा S_3 एक ही रेखा में रखे हुए हैं (चित्र 30.E5)। $S_1S_2 = S_2S_3$ है और तीनों एक ही तीव्रता की ध्वनि उत्पन्न कर रहे हैं। इसी रेखा पर इन स्रोतों से बहुत दूर के एक बिंदु P पर S_2 से आती तरंग, S_1 से आती तरंग से 120° आगे की कला पर है तथा S_3 से आती तरंग, S_2 से आती तरंग से 120° आगे की कला पर है। P बिंदु पर ध्वनि की परिणामी तीव्रता क्या होगी?

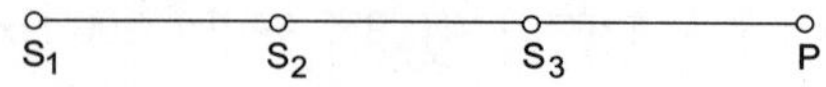

चित्र 30.E5

11. दो कलासंबद्ध (coherent) लंबे छिद्र (long slits) समान कला में λ तरंगदैर्घ्य की ध्वनियाँ उत्पन्न करते हैं। ये एक-दूसरे के समानांतर, 2λ दूरी पर रखे हुए हैं। एक संसूचक S_1S_2 तल के लंबवत तल में D दूरी पर रखे एक स्क्रीन पर चलाया जाता है (चित्र 30.E6)। $D >> \lambda$ लें। दूरी x की गणना करें जिसके लिए ध्वनि की तीव्रता उतनी ही हो जितनी O पर है।

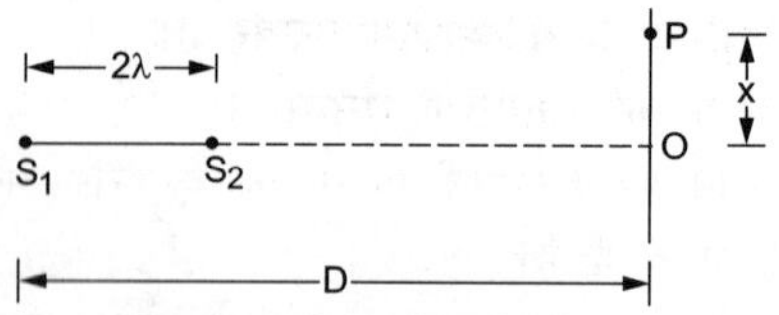

चित्र 30.E6

12. चित्र 30.E7 में दो स्रोत S_1 तथा S_2 दिखाए गए हैं जो एक ही कला में λ तरंगदैर्घ्य की ध्वनि तरंगें उत्पन्न करते हैं। स्रोतों के बीच की दूरी 3λ के बराबर है। एक बहुत बड़ी त्रिज्या का वृत्ताकार तार इस प्रकार रखा गया है (चित्र 30.E7) कि S_1S_2 इसके तल में हो तथा S_1S_2 का मध्यबिंदु इसका केंद्र हो। कोण θ के उन मानों को निकालें जिनके लिए तार पर S_1 तथा S_2 से आती ध्वनियों के बीच संपोषी व्यतिकरण हो।

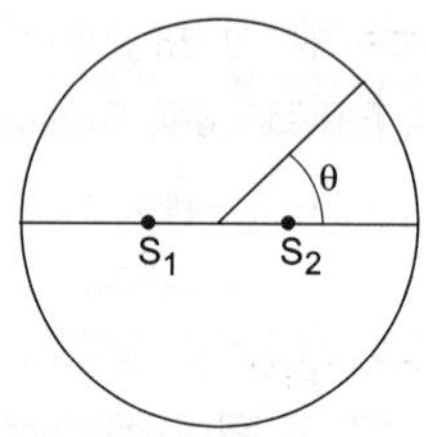

चित्र 30.E7

13. ध्वनि के दो स्रोत S_1 तथा S_2 एक ही आवृत्ति से एक ही कला में कंपन कर रहे हैं (चित्र 30.E8)। S_1S_2 के लंबअर्द्धक पर के बिंदु P पर ध्वनि की तीव्रता I_0 है। (a) यदि $\theta = 45°$ हो तथा दोनों में से एक स्रोत को बंद कर दिया जाए, तो P बिंदु पर तीव्रता I_0 से बदलकर क्या हो जाएगी? (b) यदि $\theta = 60°$ हो तथा दोनों में से एक स्रोत को बंद कर दिया जाए, तो P बिंदु पर तीव्रता I_0 से बदलकर क्या हो जाएगी?

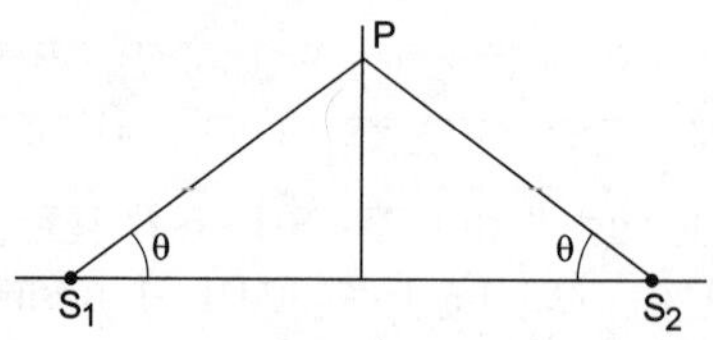

चित्र 30.E8

14. दोनों ओर खुले 20 cm लंबे पाइप की सबसे छोटी तीन स्वाभाविक आवृत्तियाँ निकालें। हवा में ध्वनि की चाल 340 m/s है।

15. एक ओर से बंद वायुस्तंभ न्यूनतम 500 Hz की आवृत्ति से कंपन कर सकता है। वायुस्तंभ की लंबाई बताएँ। हवा में ध्वनि का वेग 340 m/s है।

16. एक वायुस्तंभ में अप्रगामी तरंग बनी है और क्रमागत निस्पंदों के बीच दूरी 4.0 cm है। यदि हवा में ध्वनि का वेग 328 m/s हो, तो अप्रगामी तरंग की आवृत्ति निकालें।

17. एक वायुस्तंभ में अप्रगामी तरंग बनी है। एक निस्पंद तथा अगले प्रस्पंद के बीच की दूरी 25 cm है। यदि वायु में ध्वनि की चाल 340 m/s हो, तो वायुस्तंभ की कंपन आवृत्ति निकालें।

18. धातु की बनी एक पाइप की लंबाई 50 cm है और यह दोनों किनारों पर खुली है। 1000 Hz तथा 2000 Hz के बीच उन आवृत्तियों को निकालें जिनपर इस पाइप में वायुस्तंभ अनुनादित (resonating) कंपन कर सकता है। हवा में ध्वनि का वेग 340 m/s है।

19. हवा में ध्वनि की चाल निकालने के लिए एक अनुनाद नली का प्रयोग 400 Hz के स्वरित्र द्विभुज के साथ किया जाता है। पहला अनुनाद 20.0 cm की लंबाई पर और दूसरा अनुनाद 62.0 cm की लंबाई पर मिलता है। (a) हवा में ध्वनि का वेग निकालें। (b) नली के खुले किनारे से कितना ऊपर निस्पंद बन रहा है?

20. एक सिरे पर बंद एक ऑर्गन पाइप P_1 की प्रथम अधिस्वरक आवृत्ति, दूसरे ऑर्गन पाइप P_2, जो दोनों सिरे पर खुली है, की मूल आवृत्ति के बराबर है। यदि P_1 की लंबाई 30 cm है, तो P_2 की लंबाई कितनी होगी?

21. ताँबे की 1.0 m लंबी एक छड़ अपने बीच के हिस्से पर क्लैंप की हुई है। 20 Hz से 20000 Hz के बीच की वे आवृत्तियाँ बताएँ जिनपर इस छड़ में अनुदैर्घ्य अप्रगामी तरंगें बनाई जा सकती हैं। ताँबे में ध्वनि की चाल = 3.8 km/s.

22. दोनों सिरों पर खुले पाइप की अधिकतम लंबाई बताएँ जिसके लिए उसकी मूल आवृत्ति 20–20,000 Hz के रेंज में हो। हवा में ध्वनि की चाल = 340 m/s.

23. दोनों ओर से खुली एक पाइप की लंबाई 5 cm है। हवा में ध्वनि की चाल 340 m/s लें। (a) इस पाइप के वायुस्तंभ की मूल आवृत्ति निकालें। (b) इस पाइप के लिए मूल आवृत्ति की सबसे बड़ी संनादी आवृत्ति क्या होगी जो 20–20,000 Hz के रेंज में पड़े।

24. एक अनुनाद नली उपकरण के सिरे पर विद्युत-परिपथ द्वारा संचालित एक स्पीकर रखा गया है। नली में वायुस्तंभ की लंबाई 80 cm है। स्पीकर की आवृत्ति 20 Hz से 2 kHz के बीच बदली जा सकती है। उन आवृत्तियों के मान निकालें जिनपर यह वायुस्तंभ अनुनाद कर सकता है। हवा में ध्वनि की चाल = 320 m/s.

25. एक सिरे पर खुली एक नली के अंदर के वायुस्तंभ की दो क्रमागत अनुनाद आवृत्तियाँ 1620 Hz तथा 2268 Hz हैं। हवा में ध्वनि की चाल 324 m/s लेते हुए नली की लंबाई निकालें।

26. एक पतली नली में एक पिस्टन लगा है। नली एक ओर से खुली है। यह नली 512 Hz के स्वरित्र द्विभुज के साथ अनुनाद करती है। पिस्टन को धीरे-धीरे बाहर की ओर खींचा जाता है और ऐसा पाया जाता है कि 32.0 cm बाहर खींचने पर नली पुनः इस स्वरित्र द्विभुज के साथ अनुनाद करती है। नली की हवा में ध्वनि की चाल निकालें।

27. असमान लंबाई की एक U-नली में थोडा पानी भरा है। 440 Hz का एक स्वरित्र द्विभुज नली की छोटी भुजा में मूल आवृत्ति का अनुनाद पैदा करता है। यही द्विभुज नली की बड़ी भुजा में पहले अधिस्वरक का अनुनाद पैदा करता है। हवा में ध्वनि की चाल 330 m/s मानकर U-नली की दोनों भुजाओं में हवा के स्तंभों की लंबाइयाँ निकालें।

28. एक अनुनाद नली के ऊपर 40 cm लंबाई तथा 4.00 g द्रव्यमान का एक तार अपने दोनों किनारों पर स्थिर अवस्था में रखा गया है (चित्र 30.E9)। तार अपने दूसरे संनादी में कंपन कर अनुनाद नली में स्थित 1.0 m लंबे वायुस्तंभ को अपनी मूल विधा (fundamental mode) में अनुनादित कर देता है। हवा में ध्वनि की चाल को 340 m/s मानते हुए तार में तनाव निकालें।

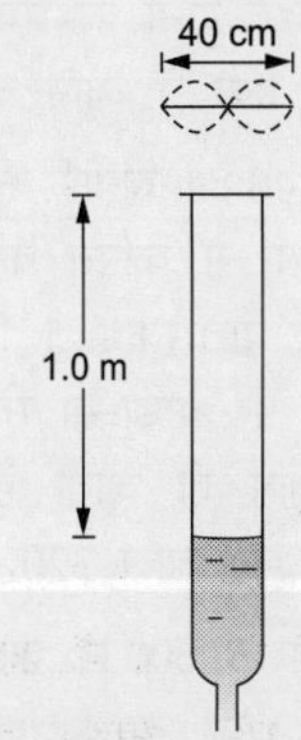

चित्र 30.E9

29. लंबाई 30.0 cm तथा द्रव्यमान 10.0 g का एक तार अपने दोनों किनारों पर स्थिर अवस्था में रखा गया है तथा मूल विधा (fundamental mode) में कंपित कराया जा रहा है। 50.0 cm लंबी एक सिरे पर बंद नली के खुले सिरे को इस तार के पास लाया जाता है। कंपन करते तार के कारण नली का वायुस्तंभ भी अपनी मूल विधा में कंपन करने लगता है। तार में तनाव ज्ञात करें। हवा में ध्वनि की चाल 340 m/s लें।

30. जब कमरे का ताप T से बढ़कर $T + \Delta T$ (केल्विन स्केल पर) हो जाता है, तो किसी पाइप की मूल आवृत्ति ν से बढ़कर $\nu + \Delta\nu$ हो जाती है। सिद्ध करें कि $\frac{\Delta\nu}{\nu} = \frac{1}{2}\frac{\Delta T}{T}$.

31. एक सिरे पर बंद एक वायुस्तंभ की मूल आवृत्ति 293 Hz है जबकि कमरे का ताप 20°C है। यदि कमरे का ताप 22°C हो जाए, तो इस स्तंभ की मूल आवृत्ति कितनी हो जाएगी?

32. एक कुंड्स (Kundt's) नली उपकरण में ताँबे की 1.0 m लंबी छड़ का प्रयोग किया गया है। इसे एक किनारे से 25 cm दूरी पर क्लैंप करके रखा गया है। मुख्य नली में हवा भरी है जिसमें ध्वनि की चाल 340 m/s है। प्रयोग करने पर नली में पाउडर 5.0 cm की दूरियों पर इकट्ठा हो जाता है। छड़ न्यूनतम संभव आवृत्ति के साथ कंपन कर रही है ऐसा मानकर ताँबे में ध्वनि के वेग की गणना करें।

33. कुंड्स (Kundt's) नली उपकरण में 1.0 m लंबी स्टील की छड़ का प्रयोग किया गया है जो अपने मध्यबिंदु पर क्लैंप की हुई है। इस छड़ को अपनी मूल आवृत्ति 2600 Hz के साथ कंपित कराया गया है। इस नली में छिड़का गया लाइकोपोडियम पाउडर 6.5 cm की दूरियों पर इकट्ठा हो जाता है। स्टील तथा हवा में ध्वनि की चाल निकालें।

34. ध्वनि के एक स्रोत की आवृत्ति बदली जा सकती है। जब इसे 476 Hz या 480 Hz पर बजाया जाता है, तो दोनों स्थितियों में यह एक स्वरित्र द्विभुज के साथ प्रतिसेकंड 2 विस्पंद बनाता है। स्वरित्र द्विभुज की आवृत्ति बताएँ।

35. एक स्वरित्र द्विभुज *A*, 256 Hz के दूसरे स्वरित्र द्विभुज *B* के साथ प्रतिसेकंड 4 विस्पंद उत्पन्न करता है। *A* की भुजाओं पर थोड़ा मोम लगा दिया जाता है, जिसके बाद वह *B* के साथ 6 विस्पंद पैदा करता है। मोम लगाने से पहले *A* की आवृत्ति कितनी थी?

36. ध्वनि के दो स्रोत हवा में 32.0 cm तथा 32.2 cm तरंगदैर्घ्य की तरंगें उत्पन्न करते हैं। इन दोनों को एक साथ बजाने पर प्रतिसेकंड कितने विस्पंद बनेंगे? हवा में ध्वनि की चाल 350 m/s लें।

37. एक स्वरित्र द्विभुज *A*, 40 cm लंबाई की एक सिरे पर बंद नली के वायुस्तंभ को मूल विधा में कंपित करा सकता है। दूसरा स्वरित्र द्विभुज *B* इसके साथ प्रतिसेकंड 5 विस्पंद पैदा करता है। जब द्विभुज *B* की भुजाओं पर थोड़ा-सा मोम लगा दिया जाता है, तो विस्पंद की आवृत्ति कम हो जाती है। *B* की प्रारंभिक आवृत्ति निकालें। हवा में ध्वनि की चाल 320 m/s लें।

38. दो एक जैसे तार *A* तथा *B*, 600 Hz की मूल आवृत्ति के साथ कंपन कर रहे हैं। जब तार *A* का तनाव थोड़ा बढ़ा दिया जाता है, तो इनके कंपन से प्रतिसेकंड 6 विस्पंद उत्पन्न होते हैं। इस समय *A* तथा *B* के तनावों का अनुपात निकालें।

39. 256 Hz आवृत्ति का एक स्वरित्र द्विभुज मूल विधा में कंपन करते हुए 25 cm के एक तार के साथ 4 विस्पंद प्रतिसेकंड पैदा करता है। तार की लंबाई को थोड़ा-सा कम कर देने से विस्पंद की आवृत्ति कम हो जाती है। तार की लंबाई को कितना छोटा कर दिया जाए कि स्वरित्र द्विभुज के साथ यह कोई विस्पंद पैदा न करे?

40. एक चमगादड़ 4.5×10^4 Hz आवृत्ति की अल्ट्रासोनिक तरंगें उत्पन्न करता हुआ दो समानांतर दीवारों के बीच 6 m/s की चाल से उड़ रहा है। चमगादड़ द्वारा दीवारों से परावर्तित दोनों आवृत्तियाँ तथा उसके द्वारा सुने गए विस्पंद की आवृत्ति निकालें।

41. धीमी गति से चलती एक ट्रेन में एक वायलिनवादक 440 Hz की धुन बजाता है। पटरियों के पास खड़ा एक दूसरा वायलिनवादक भी वही धुन बजा रहा है। जब दोनों पास-पास होते हैं और ट्रेन वाला वादक पटरी के पास खड़े वादक की ओर जा रहा होता है तो खड़ा वादक प्रतिसेकंड 4 विस्पंद सुनता है। (a) ट्रेन की चाल बताएँ। (b) ट्रेन वाला वादक प्रतिसेकंड कितने विस्पंद सुन रहा होगा? हवा में ध्वनि की चाल 340 m/s लें।

42. कुछ दूरी पर रखे एक-जैसे दो स्वरित्र द्विभुज 256 Hz की आवृत्ति से कंपन कर रहे हैं (चित्र 30.E10)। एक बालक इन दोनों द्विभुजों के बीच 3.0 m/s की चाल से दौड़ रहा है। बालक द्वारा सुने गए विस्पंद की आवृत्ति निकालें।

चित्र 30.E10

43. चित्र 30.E11 में एक मनुष्य को दो स्वरित्र द्विभुजों के बीच खड़ा हुआ दिखाया गया है। प्रत्येक द्विभुज 256 Hz की आवृत्ति से कंपन कर रहा है तथा 5.5 m/s की चाल से दाहिनी ओर चल रहा है। हवा में ध्वनि की चाल 330 m/s है। दोनों द्विभुजों से आ रही ध्वनि के कारण उत्पन्न विस्पंद की आवृत्ति बताएँ।

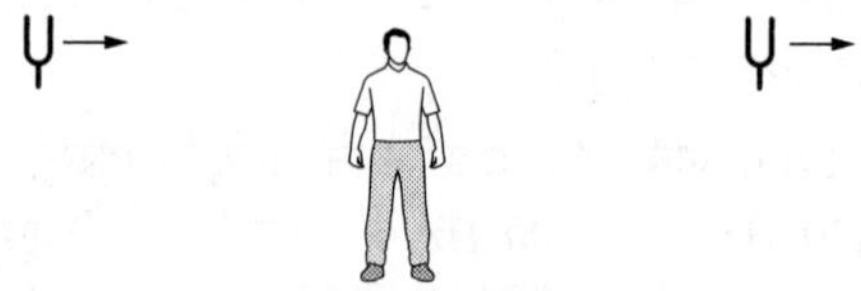

चित्र 30.E11

44. एक कार के हॉर्न की ध्वनि की आवृत्ति 400 Hz तथा हवा में चाल 335 m/s है। यह कार 54 km/h की रफ्तार से एक चट्टान की ओर चल रही है। (a) कार के सामने की हवा में हॉर्न द्वारा उत्सर्जित ध्वनि का तरंगदैर्घ्य निकालें। (b) चट्टान से लौटकर आती ध्वनि तरंग का तरंगदैर्घ्य निकालें। (c) कार में बैठा व्यक्ति चट्टान से परावर्तित ध्वनि की आवृत्ति कितनी पाएगा? (d) 10 सेकंड में वह कितने विस्पंद सुनेगा?

• उत्तर •

सटीक उत्तरवाले प्रश्न I

1. (d) **2.** (b) **3.** (a) **4.** (c) **5.** (c) **6.** (a)

सटीक उत्तरवाले प्रश्न II

1. (b), (c), (d) **2.** (a), (b), (c), (d) **3.** (c), (d)

4. (a), (b), (c) **5.** (d)

अभ्यास के प्रश्न

1. 3.4 kHz **2.** (a) 5.0 kHz (b) 2

3. 1200 Hz, 2000 Hz, 2800 Hz, 3600 Hz तथा 4400 Hz

4. 420 Hz **5.** $0.13d$

7. $200(2n+1)$ Hz, जहाँ $n = 0, 1, 2, \ldots, 49$

8. 12.6 cm **9.** (a) 7.9° (b) 16° (c) 2 **10.** शून्य **11.** $\sqrt{3}D$

12. प्रथम पाद में 0°, 48.2°, 70.5°, 90° तथा अन्य पादों में इसी प्रकार के बिंदु

13. (a) $\frac{I_0}{4}$ (b) $\frac{I_0}{4}$ **14.** 850 Hz, 1700 Hz तथा 2550 Hz

15. 17 cm **16.** 4.1 kHz **17.** 340 Hz

18. 1020 Hz, 1360 Hz तथा 1700 Hz

19. (a) 336 m/s (b) 1 cm **20.** 20 cm

21. $1.9n$ kHz, जहाँ $n = 1, 2, 3, \ldots, 10$

22. 8.5 m **23.** (a) 3.4 kHz (b) 5

24. $100(2n+1)$ Hz, जहाँ $n = 0, 1, 2, \ldots, 9$

25. 25 cm **26.** 328 m/s **27.** 18.8 cm, 56.3 cm

28. 11.6 N **29.** 347 N **31.** 294 Hz **32.** 3400 m/s

33. 5200 m/s, 338 m/s **34.** 478 Hz **35.** 252 Hz

36. 7 प्रति सेकंड **37.** 205 Hz

38. 1.02 **39.** 0.39 cm

40. 4.67×10^4 Hz, 4.34×10^4 Hz, 3270 Hz (सुनना कठिन होगा)

41. (a) 11 km/h (b) 4 विस्पंद/सेकंड से थोड़ा कम

42. 4.6 Hz

43. 17.5 Hz शायद अलग से सुन ना पाए

44. (a) 80 cm (b) 80 cm (c) 437 Hz (d) विस्पंद सुनाई नहीं देगी

❑

अध्याय 31

प्रकाश की तरंगें

प्रकाश, रोशनी या उजाला—इसे आप जिस नाम से पुकारें, यह हमारे जीवन का अनमोल साथी है। चाहे तितलियों के रंग-बिरंगे पंखों की खूबसूरती हो या फूलों की सुंदरता; सोने, चाँदी, हीरों के गहने हों या फिर मनमोहक पोशाकें; प्रकाश के बिना इनका कोई महत्त्व नहीं। जब तक हम जगे रहते हैं तब तक प्रकाश के माध्यम से ही हम इस संसार की हर गतिविधि में भाग लेते हैं। हमारी पृथ्वी के लिए प्रकाश का सबसे बड़ा स्रोत सूर्य है। पिछले साढ़े चार अरब वर्षों से सूर्य प्रकाश उत्पन्न कर लगातार सभी दिशाओं में भेज रहा है और लगभग इतने ही समय तक भविष्य में भी यह इसी तरह सबको प्रकाश पहुँचाता रहेगा। सूर्य से चला प्रकाश करोड़ों किलोमीटर की दूरी, निर्वात में चलकर, पृथ्वी पर पहुँचता है, लेकिन धरती की सतह को भेदकर आगे नहीं बढ़ पाता। इसी कारण रात में हमें सूर्य की रोशनी सीधी नहीं मिलती है और हमें रोशनी के लिए LED, CFL या ट्यूबलाइट का उपयोग करना पड़ता है। क्या है इस प्रकाश की संरचना? कैसे होता है एक स्थान से दूसरे स्थान तक इसका संचरण? क्या रिश्ता है प्रकाश का रंगों से? कैसे बनता है आकाश में इन्द्रधनुष? ऐसे बहुत-से प्रश्न हैं, जो भौतिक विज्ञान के प्रेमियों को हमेशा उत्साहित करते हैं।

31.1 प्रकाश की प्रकृति : तरंग या कण

प्रकाश एक तरंग है या कणों का समूह, इस प्रश्न का भी एक रोचक तथा लंबा इतिहास है। इस प्रश्न के उत्तर की खोज में ही क्वांटम भौतिकी की उत्पत्ति के बीज अंकुरित हुए, जिसने न केवल दुनिया को देखने का हमारा दृष्टिकोण ही बदला, बल्कि अर्द्धचालक (semiconductor) जैसी वस्तुओं के आविष्कार में प्रमुख भूमिका भी निभाई, जो आज के सारे इलेक्ट्रॉनिक उपकरणों के केंद्र में है।

अपने समय के महान वैज्ञानिक Sir Isaac Newton का विश्वास था कि प्रकाश कणों का एक समूह है। वर्ष 1704 में प्रकाशित अपनी पुस्तक *Optiks* में उन्होंने प्रकाश पर किए अपने अनेक अध्ययनों का वर्णन किया है। उनका मानना था कि प्रकाश के स्रोत से प्रकाश की छोटी-छोटी कणिकाएँ उत्सर्जित होती हैं और वे सरल रेखाओं में चलती हैं। इनकी चाल बहुत अधिक होने के कारण गुरुत्वाकर्षण, घर्षण आदि बलों का प्रभाव छोटी दूरियों में नहीं दिखता। प्रकाश सीधी रेखाओं में चलता है और रास्ते में पड़ती वस्तुओं की छाया बनाता है, यह कणिका सिद्धांत (corpuscular theory) के समर्थन में एक बड़ा तथ्य है। प्रकाश के परावर्तन को भी कणिकाओं के रूप में आसानी से समझा जा सकता है। प्रत्यास्थ टक्करों में यदि कोई गेंद एक दृढ़ सतह पर टकराती है, तो वह उसी तरह परावर्तित होती है जैसे कि प्रकाश की किरणें दर्पण की सतह से परावर्तित होती हैं। प्रकाश के अपवर्तन को भी न्यूटन ने प्रकाश की कणिकाओं पर दोनों माध्यमों द्वारा लगाए गए बलों के आधार पर समझ लिया। उदाहरण के लिए, यदि प्रकाश की कोई कणिका हवा में चलती हुई पानी की सतह पर तिरछी पड़े, तो पानी का घनत्व हवा के घनत्व से अधिक होने के कारण उसपर नीचे की ओर एक परिणामी बल लगाता है। इस बल के कारण वह कणिका अभिलंब की ओर मुड़ जाएगी। एक बार पानी के अंदर घुस जाने पर सभी ओर से पानी द्वारा बल लगेंगे और परिणामी शून्य हो जाएगा और यह कणिका सीधी रेखा में चलने लगेगी। इस सिद्धांत के अनुसार, पानी में प्रकाश की चाल हवा में प्रकाश की चाल की अपेक्षा अधिक होगी, क्योंकि बल द्वारा कणिका पर धनात्मक कार्य किया गया है। अलग-अलग रंगों की व्याख्या करने के लिए न्यूटन ने हर रंग के लिए एक अलग प्रकार की कणिका की कल्पना की थी।

न्यूटन के ही काल में डच वैज्ञानिक Christian Huygens का प्रस्ताव था कि प्रकाश एक तरंग गति है और प्रकाश सीधी रेखाओं में चलता हुआ इसलिए प्रतीत होता है, क्योंकि उसकी तरंगों का तरंगदैर्घ्य सामान्य वस्तुओं की तुलना में बहुत छोटा होता है। Huygens ने यह प्रतिपादित किया कि तरंगों के रूप में चलता प्रकाश भी सतहों से परावर्तित और अपवर्तित हो सकता है। यह सब 1690 में प्रकाशित उनकी पुस्तक में वर्णित है।

सत्रहवीं शताब्दी तक प्रकाश के बारे में जितनी जानकारियाँ उपलब्ध थीं, वे न्यूटन के कणिका सिद्धांत से भी समझी जा सकती थी और Huygens के तरंग सिद्धांत से भी। अधिकतर विज्ञान जगत न्यूटन के सिद्धांतों पर विश्वास करता था जिसके कारण तरंग सिद्धांत को बहुत प्रमुखता नहीं मिली। परंतु, 1801 में जब Thomas Young ने प्रकाश के व्यतिकरण के प्रयोगों का प्रदर्शन किया, तो कणिका सिद्धांत की कमियाँ स्पष्ट रूप से सामने आ गईं। इसके बाद के अनेक अध्ययनों, जैसे Augustin Jean Fresnel (1788–1827) द्वारा प्रकाश के विवर्तन (diffraction) का प्रयोग, J B L Foucault द्वारा 1850 में पानी में प्रकाश की चाल का मापन, J C Maxwell द्वारा 1860 में विद्युत-चुंबकीय सिद्धांत का प्रतिपादन, जिससे विद्युत-चुंबकीय तरंगों की चाल की गणना हो सकी और जो प्रकाश की चाल के बिलकुल बराबर थी, ने यह पूर्णरूप से स्थापित

कर दिया कि प्रकाश एक तरंग गति है कणों का समूह नहीं; जिनपर यांत्रिकी के नियम लगाए जा सकें।

परंतु, यह कहानी यहीं खत्म नहीं हुई। 1902 में जर्मन वैज्ञानिक Philipp E A Lenard ने अपने प्रयोगों में पराबैंगनी किरणों द्वारा धातुओं से उत्सर्जित इलेक्ट्रॉनों का अध्ययन किया और कई महत्त्वपूर्ण परिणाम स्थापित किए। इस प्रभाव को प्रकाशविद्युत प्रभाव (photoelectric effect) कहते हैं। इन इलेक्ट्रॉनों की गतिज ऊर्जा एवं पराबैंगनी किरणों के तरंगदैर्घ्य के साथ संबंध को तरंग सिद्धांत के द्वारा भली प्रकार नहीं समझा जा सका। इस समस्या का समाधान Albert Einstein ने 1905 में प्रकाशित अपने शोधपत्र में किया, जहाँ उन्होंने दिखाया कि Lenard के सारे प्रायोगिक परिणाम तभी समझे जा सकते हैं जब प्रकाश की ऊर्जा को तरंग की तरह लगातार आती हुई न मानकर अलग-अलग पैकेटों में आती हुई मानी जाए। ये अलग-अलग पैकेट एक प्रकार से न्यूटन की कणिकाओं की तरह ही हैं, जो गिने जा सकते हैं तथा जो इलेक्ट्रॉन से टक्करों में यांत्रिकी के नियमों का पालन करते हैं। व्यतिकरण (interference) तथा विवर्तन (diffraction) के प्रयोगों से प्रकाश की तरंग प्रकृति निर्विवाद रूप से स्थापित थी और उसे नकारा नहीं जा सकता था। अतः, धीरे-धीरे विज्ञान जगत ने यह मान लिया कि प्रकाश में तरंगों की तथा कणों की, दोनों ही प्रकृतियाँ अंतर्निहित हैं और विभिन्न परिस्थितियों में दोनों प्रकृतियों में से एक मुखर हो जाती है। बाद में यह स्थापित हुआ कि यह दोहरी प्रकृति केवल प्रकाश का ही गुण नहीं है, बल्कि इलेक्ट्रॉन तथा अन्य स्थापित कणों में भी यह दोहरी प्रकृति (dual nature) होती है।

प्रकाश की कण प्रकृति के बारे में बाद के किसी अध्याय में आपसे चर्चा होगी। इस अध्याय में हम प्रकाश की तरंग प्रकृति के बारे में चर्चा करेंगे।

31.2 प्रकाश तरंगों की प्रकृति

हर तरंग में कोई ऐसी राशि होती है जो समय तथा स्थान के साथ बदलती रहती है। डोरी पर तरंग के लिए 'लंब दिशा में डोरी के कण का विस्थापन' वह राशि है जो x तथा t के साथ बदलती है। ध्वनि तरंग के लिए 'हवा का दाब' वह राशि है जो समय तथा स्थान के साथ बदलती है। डोरी या ध्वनि के लिए माध्यम की प्रत्यास्थता तथा उसके जड़त्व के गुणों के कारण तरंग आगे बढ़ती है और यही दोनों गुण माध्यम में तरंग की चाल को निर्धारित करते हैं।

प्रकाश की तरंगों के साथ स्थिति बिलकुल भिन्न है। यह एक अयांत्रिक (nonmechanical) तरंग है जिसे किसी प्रकार के माध्यम की जरूरत नहीं है। बिना माध्यम के तरंगों का संचरण उस काल के वैज्ञानिकों के लिए बहुत ही अविश्वसनीय बात थी और सूर्य से धरती तक करोड़ों किलोमीटर के निर्वात में प्रकाश की गति का माध्यम लंबे समय तक वैज्ञानिकों के लिए चुनौती बना रहा। मैक्सवेल समेत सभी भौतिकशास्त्री यह मानते थे कि इस पूरे विश्व में कोई ऐसा माध्यम है जिसकी प्रत्यास्थता बहुत ही ज्यादा है तथा जिसका घनत्व बहुत ही कम है। इसका नाम लोगों ने ईथर (ether) रखा था। ईथर को प्रयोगों द्वारा ढूँढ़ने के सभी प्रयास निष्फल रहे तथा अब सभी मानते हैं कि ऐसा कोई माध्यम नहीं है और प्रकाश की तरंगें बिना किसी माध्यम के चलती हैं।

प्रकाश की तरंगों में जो भौतिक राशि समय एवं स्थान के साथ बदलती है, वह है विद्युतीय क्षेत्र तथा चुंबकीय क्षेत्र। इन राशियों के बारे में आप पहले से कुछ जानते होंगे और हम बाद के कई अध्यायों में इन क्षेत्रों की विस्तार से चर्चा करेंगे। इस अध्याय में हमें इतना ही याद रखना आवश्यक है कि ये क्षेत्र वेक्टर राशियाँ हैं और इनमें परिमाण तथा दिशाएँ होती हैं। प्रकाश की तरंगों में विद्युतीय तथा चुंबकीय क्षेत्र एक-दूसरे से संबंधित होते हैं और एक की जानकारी रहने पर दूसरे का मान निर्धारित हो जाता है। इसलिए, हम सिर्फ विद्युतीय क्षेत्र को ही तरंग की राशि के रूप में लिखेंगे।

निर्वात में, हवा में या किसी अन्य पारदर्शी (transparent) तथा समांगी (homogeneous) माध्यम में, प्रकाश का विद्युतीय क्षेत्र, चुंबकीय क्षेत्र एवं तरंग के चलने की दिशा, एक-दूसरे के लंबवत होती हैं। अतः, प्रकाश की तरंगें अनुप्रस्थ तरंगें हैं। x-अक्ष की ओर जाते प्रकाश के sine wave का समीकरण निम्नांकित प्रकार से लिखा जा सकता है,

$$\vec{E} = \vec{E}_0 \cos(kx - \omega t), \qquad \text{... (31.1)}$$

जहाँ $\vec{E}_0$ तरंग का आयाम है। चूँकि तरंग x-दिशा में चल रही है, अतः यह वेक्टर yz-तल में होगा।

समीकरण (31.1) में ω/k तरंग की चाल है। निर्वात में इसका मान एक सार्वत्रिक स्थिरांक (universal constant) है और इसका मान 299792458 मीटर प्रतिसेकंड है। हम इस चाल का मान प्रायः $3.0 \times 10^8 \text{ m/s}$ लेंगे। इसे सामान्यतः c अक्षर से निरूपित किया जाता है। प्रकाश तरंग की यह चाल न तो स्रोत की गति पर निर्भर करती है और न ही प्रेक्षक की गति पर। दो फ्रेमों में किसी वस्तु के वेगों के जो संबंध आपने पढ़े होंगे, यह तथ्य उन संबंधों से बिलकुल अलग है और यह भी समय और स्थान की हमारी मूल अवधारणाओं को बदलने को मजबूर करता है। आइंस्टीन द्वारा स्थापित सापेक्षता के सिद्धांत का यह एक बड़ा स्तंभ है। इस विषय में भी हम आगे के एक अध्याय में विशद चर्चा करेंगे।

यद्यपि प्रकाश को चलने के लिए माध्यम की आवश्कता नहीं होती है, फिर भी वह कुछ विशेष माध्यमों में आसानी से चल सकता है। ऐसे माध्यम पारदर्शी (transparent) कहलाते हैं। पानी, शीशा, साफ प्लास्टिक आदि पारदर्शी माध्यमों के उदाहरण हैं। सभी प्रकार की गैसें पारदर्शी माध्यम होती हैं। किसी पारदर्शी माध्यम में जाते sine wave का समीकरण भी समीकरण (31.1) के रूप में लिखा जा सकता है। दूसरे माध्यम में जाने पर तरंग की आवृत्ति में परिवर्तन नहीं होता, किंतु तरंगदैर्घ्य में परिवर्तन हो जाता है। अर्थात, ω तो वही रहता है, लेकिन k बदल जाता है। तरंग की चाल $v = \frac{\omega}{k}$ का मान हर माध्यम में c से कम होता है। अनुपात $n = \frac{c}{v}$ को उस माध्यम का अपवर्तनांक (refractive index) कहते हैं। किसी माध्यम में प्रकाश की चाल उसकी आवृत्ति पर भी निर्भर करती है। हवा का अपवर्तनांक 1 के लगभग ही होता है।

एक बिंदु से सभी दिशाओं में एकसमान रूप से फैलती तरंगें गोलीय तरंगें (spherical waves) कहलाती हैं और इनका आयाम स्रोत से दूरी का व्युत्क्रमानुपाती होता है। अतः, इसका समीकरण,

$$E = \frac{\alpha E_0}{r}\cos(kr - \omega t)$$

लिखा जा सकता है, जहाँ r स्रोत से बिंदु की दूरी है तथा α, E_0 अचर राशियाँ हैं।

अभ्यास 31.1

शीशे का अपवर्तनांक 1.5 है। शीशे में प्रकाश की चाल निकालें।

हल $n = \frac{c}{v}$.

अतः, $v = \frac{c}{n} = \frac{3 \times 10^8 \text{ m/s}}{1.5} = 2 \times 10^8 \text{ m/s}.$

मनुष्य द्वारा जिस प्रकाश का उपयोग वस्तुओं को देखने के लिए किया जाता है उसकी आवृत्ति लगभग 3.8×10^{14} Hz से 7.8×10^{14} Hz के बीच में होती है। हवा में इस प्रकाश के तरंगदैर्घ्य का रेंज लगभग 380 nm से 780 nm तक होता है। विभिन्न प्रकार के रंगों का अनुभव हवा (या निर्वात) में प्रकाश के तरंगदैर्घ्य के मानों से संबंधित है। सारणी 31.1 में तरंगदैर्घ्यों तथा मनुष्यों द्वारा अनुभव किए जानेवाले रंगों का विवरण दिया गया है। इस सारणी से आपको एक लगभग कल्पना मिलेगी कि कौन-से तरंगदैर्घ्य का प्रकाश आँखों में कैसे रंग की अनुभूति देगा।

सारणी : 31.1

रंग	हवा में तरंगदैर्घ्य
बैंगनी	380–450 nm
नीला	450–500 nm
हरा	500–570 nm
पीला	570–590 nm
नारंगी	590–620 nm
लाल	620–780 nm

सामान्यतः, जो प्रकाश आप सूर्य, बल्व, मोमबती आदि से प्राप्त करते हैं वह अनेक तरंगदैर्घ्यों के प्रकाशों का मिश्रण होता है। यदि किसी प्रकाश में एक ही तरंगदैर्घ्य हो, तो उसे एकवर्णी प्रकाश (monochromatic light) कहते हैं। तरंगदैर्घ्यों के विभिन्न प्रकार के मिश्रणों से अनेकों प्रकार के रंग बनते हैं जो सारणी 31.1 में वर्णित रंगों से अलग हो सकते हैं।

शुद्ध एकवर्णी तरंग प्राप्त करना संभव नहीं होता है। लेसर प्रकाश (laser light) लगभग एकवर्णी कहलाता है। सड़कों पर लगे पीले रंग के बल्ब में बहुधा सोडियम का वाष्प भरा होता है। ये भी कुछ हद तक एकवर्णी प्रकाश उत्सर्जित करते हैं। समीकरण (31.1) एक शुद्ध एकवर्णी प्रकाश तरंग का ही समीकरण है। जब हम इस अध्याय में एकवर्णी तरंग का उल्लेख करेंगे तो आप यह मानेंगे कि इस प्रकाश में एक तरंगदैर्घ्य सबसे प्रभावी है तथा इसके आसपास के तरंगदैर्घ्य इस प्रकाश में बहुत कम अनुपात में ही उपस्थित हैं।

यद्यपि प्रकाश के परावर्तन, अपवर्तन तथा अनेक अन्य गुणों को विद्युतीय एवं चुंबकीय क्षेत्रों के सिद्धांतों से अच्छी तरह समझा जा सकता है। फिर भी हम आपको Huygens द्वारा प्रकाश तरंगों के संबंध में प्रस्तावित मान्यताओं और विधियों के बारे में यहाँ बताएँगे, जिससे उन्होंने इन गुणों की व्याख्या की थी।

31.3 Huygens का सिद्धांत

यद्यपि Huygens ने प्रकाश के लिए तरंग सिद्धांत का प्रतिपादन किया, उन्होंने इन तरंगों को माध्यम में विक्षोभ के रूप में ही प्रस्तुत किया था।

मान लें कि किसी माध्यम में एक बिंदु सरीखा स्रोत S तरंगें उत्पन्न कर रहा है जो सभी दिशाओं में समान रूप से फैल रही हैं। माध्यम में जिस बिंदु पर तरंग पहुँचती है वहाँ का कण कंपन करने लगता है। कहा जाता है कि यहाँ विक्षोभ पहुँच गया। यदि आप S को केंद्र बनाकर एक गोलाकार सतह Σ_1 खींचें, तो इस सतह के सभी बिंदुओं पर के कण एक समय पर एक ही कला में कंपन कर रहे होंगे। ऐसी सतह जिसके सभी बिंदुओं पर एक क्षण पर एक ही कला में विक्षोभ हों, तरंगाग्र (wavefront) कहलाती है। तरंग के चलने की दिशा सदा तरंगाग्रों पर लंबवत होती है। प्रकाश के संदर्भ में यह दिशा प्रकाश की किरण को दिखाती है। यदि आप t समय बाद की स्थिति को सोचें, तो ऐसी ही कला के कंपन गोलाकार सतह Σ_2 पर पहुँच जाएँगे, जिसकी त्रिज्या पहले वृत्त की त्रिज्या से vt अधिक होगी। अतः, हम कहेंगे कि तरंगाग्र पहली सतह Σ_1 से दूसरी सतह Σ_2 पर पहुँच गया है। चित्र 31.1 में ये स्थितियाँ दिखाई गई हैं।

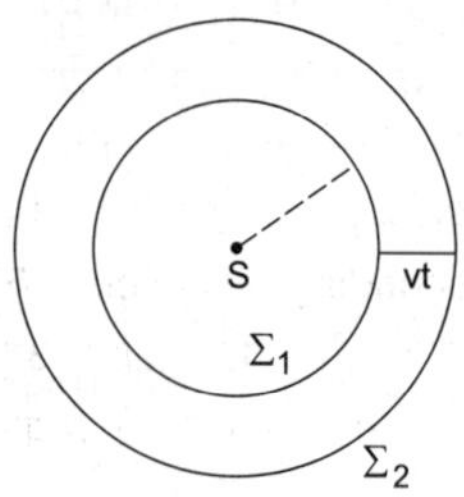

चित्र 31.1

तरंगाग्र Σ_2 का बनना Σ_1 पर के कणों के कंपन के कारण हीं हुआ है। एक अर्थ में आप सोच सकते हैं कि तरंगाग्र Σ_2 के बनने के लिए Σ_1 सतह पर के कण ही तरंगों के स्रोत हैं। Huygens ने इसी मूल धारणा को सिद्धांत का रूप दिया। इस सिद्धांत के अनुसार, जब किसी सतह के किसी बिंदु पर एक तरंगाग्र पहुँचता है, तो वह बिंदु एक द्वितीयक (secondary) स्रोत की तरह व्यवहार करने लगता है तथा उस बिंदु से गोलाकार द्वितीयक तरंगिकाएँ (secondary wavelets) निकलने लगती है। बाद के किसी समय पर इन द्वितीयक तरंगिकाओं को स्पर्श करती हुई आगे की दिशा की सतह ही मूल तरंगाग्र की नई स्थिति होगी।

इस क्लिष्ट प्रतीत होती भाषा को समझने के लिए हम एक सरल उदाहरण देंगे। मान लें एक बिंदु-स्रोत S सभी दिशाओं में तरंग भेज रहा है और Σ_1 एक गोलाकार सतह है, जिसका केंद्र S है (चित्र 31.2)। किसी समय $t = 0$ पर तरंग Σ_1 पर पहुँचती है और Σ_1 एक तरंगाग्र बन जाता है। Huygens के सिद्धांत के अनुसार, Σ_1 के बिंदु S_1, S_2, S_3 आदि द्वितीयक स्रोत (secondary source) बन जाते हैं और गोलाकार तरंगिकाएँ (spherical wavelets) उत्पन्न करते हैं। चित्र 31.2 में $t = 0$ से $t = t$ तक की कई तरंगिकाएँ (wavelets) दिखाई गई हैं। मोटे वक्र crest को निरूपित कर रहे हैं

तथा डैश से बने वक्र trough को निरूपित कर रहे हैं। t समय पर S_1, S_2, S_3 से निकली तरंगिकाएँ (wavelets) vt त्रिज्या की गोलाकार सतहें बनाती हैं। अब इन गोलाकार सतहों पर, तरंग के आगे बढ़ने की दिशा में, स्पर्श करती हुई दूसरी सतह खींचें। यह स्पर्श सतह एक बड़ी गोलाकार सतह Σ_2 होगी जिसका केंद्र S पर होगा। यही बड़ी गोलाकार सतह t समय पर नया तरंगाग्र होगा।

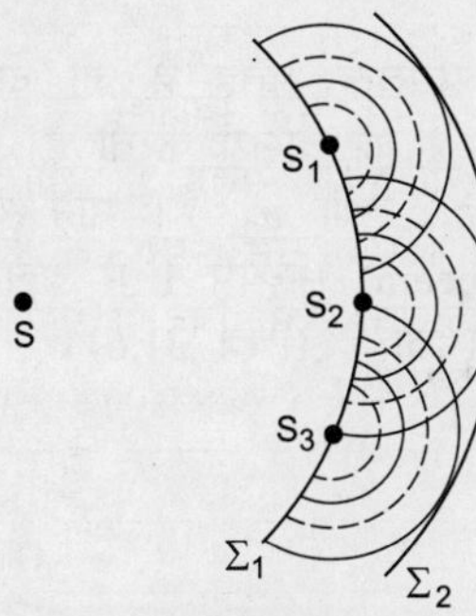

चित्र 31.2

Huygens का सिद्धांत वस्तुतः एक विधि है, जिससे आप एक तरंगाग्र (wavefront) से बाद के समय का तरंगाग्र बना सकते हैं। ऊपर के उदाहरण में हमने पहली सतह Σ_1 ऐसी ली थी कि S से चलता तरंगाग्र एक साथ Σ_1 के सभी बिंदुओं पर पहुँचा था, अर्थात Σ_1 स्वयं एक तरंगाग्र था। यह आवश्यक नहीं है। आप कोई भी सतह लेकर उसे Σ_1 की तरह इस्तेमाल कर सकते हैं। मूल तरंगाग्र अलग-अलग समय पर Σ_1 के विभिन्न बिंदुओं पर पहुँचेगा और द्वितीयक तरंगिकाएँ (secondary wavelets) अलग-अलग समय पर इन स्थानों से उत्पन्न होंगी। फिर भी, आप आगे के किसी समय पर इनपर स्पर्श सतह बनाकर नए तरंगाग्र की स्थिति पता कर सकते हैं।

अभ्यास 31.2

चित्र 31.3 में एक तरंग दाहिनी ओर v चाल से चलती हुई दिखाई गई है। AB किसी समय इसका एक तरंगाग्र है। Σ_1 एक दूसरी सतह है जो AB पर लंब है। तरंगाग्र AB, समय $t = 0$ पर Σ_1 के बाएँ किनारे पर पहुँचता है। समय $t = t_0$ पर AB तरंगाग्र की नई स्थिति क्या होगी?

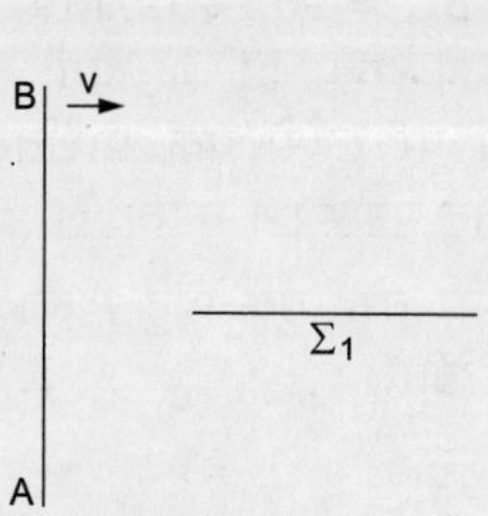

चित्र 31.3

हल चित्र 31.4 को देखें। यहाँ Σ_1 सतह पर चार बिंदु P, Q, R, T दिखाए गए हैं। $PQ = QR = RT = \frac{vt_0}{3}$ लिया गया है।

मान लें कि $t = 0$ पर तरंगाग्र Σ_1 के बाएँ किनारे, अर्थात P बिंदु पर पहुँचता है। इसी समय यहाँ से एक गोलाकार द्वितीयक तरंगिका (secondary wavelet) चलना प्रारंभ करेगी। $t = t_0$ पर इस तरंगिका (wavelet) की त्रिज्या vt_0 हो जाएगी। चित्र 31.4 में यह तरंगिका W_1 है जिसकी त्रिज्या PT के बराबर है।

मूल तरंगाग्र AB बिंदु Q पर $t = \frac{t_0}{3}$ समय पर पहुँचेगा। इस समय पर यह बिंदु द्वितीयक तरंगिका उत्पन्न करना प्रारंभ करेगा। $t = t_0$ पर इस तरंगिका को उत्पन्न हुए $\frac{2t_0}{3}$ समय बीत चुका होगा तथा इसकी त्रिज्या $\frac{2vt_0}{3}$ हो जाएगी। यह तरंगिका चित्र में W_2 से दिखाई गई है। इसकी त्रिज्या QT के बराबर है।

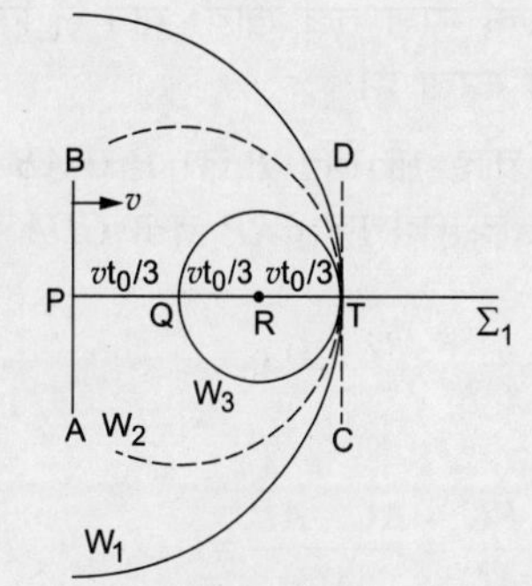

चित्र 31.4

तरंगाग्र AB बिंदु R पर $t_0 = \frac{2t_0}{3}$ पर पहुँचेगा। इस समय यह द्वितीयक तरंगिका उत्पन्न करना प्रारंभ करेगा। $t = t_0$ पर इस तरंगिका को उत्पन्न हुए $\frac{t_0}{3}$ समय बीत चुका होगा तथा इसकी त्रिज्या $\frac{v_0 t}{3}$ हो चुकी होगी। चित्र में यह तरंगिका W_3 से दिखाई गई है तथा इसकी त्रिज्या RT के बराबर है। इसी प्रकार आप Σ_1 के किसी भी बिंदु से उत्पन्न तरंगिका को $t = t_0$ समय पर खींचें तो वह T बिंदु से गुजरेगी। इन सभी गोलाकार सतहों पर आगे की दिशा में एक स्पर्श सतह खींचेंगे तो वह CD होगी। यही CD सतह $t = t_0$ पर AB तरंगाग्र का नया स्थान है।

31.4 Huygens के सिद्धांत से प्रकाश के परावर्तन की व्याख्या

मान लें कि प्रकाश का एक समानांतर किरणपुंज (beam) किसी समतल परावर्तक सतह पर किसी कोण पर पड़ता है। चित्र 31.5 में APC द्वारा इस सतह को दिखाया गया है। इस आपतित प्रकाश का एक तरंगाग्र AB भी चित्र में दिखाया गया है। आपतित प्रकाश की किरणें इसपर लंब, अर्थात BC, QP आदि दिशाओं में हैं।

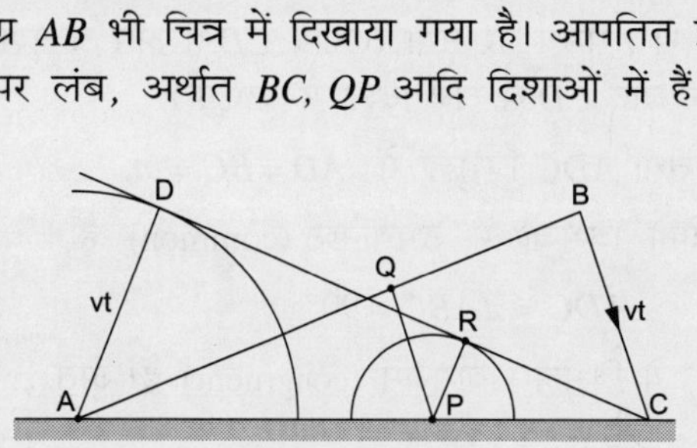

चित्र 31.5

परावर्तन के बाद प्रकाश की दिशा बदल जाती है। परावर्तन के बाद तरंगाग्र की स्थिति निकालने के लिए हम APC सतह का उपयोग करते हुए Huygens की विधि का प्रयोग करेंगे।

मान लें कि तरंगाग्र AB, $t = 0$ समय पर परावर्तक सतह APC के बिंदु A पर पहुँचता है। इसी समय यहाँ से द्वितीयक तरंगिका निकलनी शुरू होती है। समय t पर यह तरंगिका vt त्रिज्या की गोलाकार सतह बन जाएगी, जहाँ v इस माध्यम में प्रकाश की चाल है। चूँकि हम परावर्तन के लिए तरंगाग्र बना रहे हैं, इसलिए पहले माध्यम की ओर ही तरंगिका खींचेंगे। मान लें कि APC सतह पर C वह बिंदु है जहाँ मूल तरंगाग्र AB समय t पर पहुँचती है। अतः, t समय पर C बिंदु से तरंगिका निकलनी प्रारंभ हो जाती है। A द्वारा उत्पन्न vt त्रिज्या की तरंगिका पर C से एक स्पर्श तल खींचें। मान लें कि यह इस तरंगिका को D बिंदु पर स्पर्श करता है।

अब APC पर कोई भी बिंदु P लें। P से AB पर लंब PQ तथा CD पर लंब PR खींचें। त्रिभुज CRP तथा CDA समरूप (similar) त्रिभुज हैं। मान लें

$$\frac{AP}{AC} = x$$

तो $$\frac{PR}{AD} = \frac{PC}{AC} = \frac{AC - AP}{AC} = 1 - x$$

या $$PR = AD(1-x) = vt(1-x). \quad \text{... (i)}$$

साथ ही, त्रिभुज APQ तथा ACB समरूप हैं। अतः,

$$\frac{QP}{BC} = \frac{AP}{AC} = x$$

या $$QP = x \cdot BC = xvt.$$

तरंगाग्र AB के बिंदु P पर पहुँचने का समय,

$$t_1 = \frac{QP}{v} = \frac{xvt}{v} = xt.$$

चूँकि P बिंदु समय $t = t_1$ पर द्वितीयक तरंगिका का स्रोत बना है, अतः इसके द्वारा उत्पन्न तरंगिका की t समय पर त्रिज्या

$$r = v(t - t_1) = v(t - xt) = vt(1-x). \quad \text{... (ii)}$$

समीकरण (i) तथा (ii) से आप देख सकते हैं कि PR इस तरंगिका की त्रिज्या है। CD, PR पर लंब है, अतः यह तल CD, P द्वारा उत्पन्न तरंगिका पर स्पर्शतल है। चूँकि APC के किसी भी बिंदु P के लिए यह कथन सत्य है, इसलिए तल CD समय t पर, सतह APC से उत्पन्न सभी तरंगिकाओं पर स्पर्श तल है। अतः, Huygens के सिद्धांत से t समय पर नया तरंगाग्र CD है और प्रकाश की किरणें परावर्तन के बाद CD से लंब दिशा में जाएँगी।

ABC तथा ADC त्रिभुजों में, $AD = BC = vt$.

AC दोनों त्रिभुजों में उभयनिष्ठ (common) है

तथा $\angle ADC = \angle ABC = 90°$.

अतः, ये त्रिभुज सर्वांगसम (congruent) हैं। अतः,

$$\angle BAC = \angle DCA, \quad \text{... (iii)}$$

अर्थात AB तथा CD, सतह APC से बराबर कोण बनाते हैं। अतः, इनपर लंब रेखाएँ APC पर अभिलंब से बराबर कोण बनाएँगी। अतः, आपतित किरण और परावर्तित किरण अभिलंब से बराबर कोण बनाएगी।

चित्र की ज्यामिति से स्पष्ट है कि आपतित किरण, परावर्तित किरण तथा अभिलंब एक ही तल (चित्र के तल) में हैं।

इस प्रकार Huygens के सिद्धांत से प्रकाश को तरंगों के रूप में लेकर भी परावर्तन के नियमों की व्याख्या की जा सकती है।

31.5 Huygens के सिद्धांत से प्रकाश के अपवर्तन की व्याख्या

मान लें APC एक समतल सतह है जो दो पारदर्शी माध्यमों, माध्यम 1 तथा माध्यम 2 को अलग करती है। प्रकाश की चाल इन माध्यमों में क्रमशः v_1 तथा v_2 है। मान लें प्रकाश का एक समानांतर किरणपुंज (beam) माध्यम 1 में चलता हुआ किसी कोण पर सतह APC पर पड़ता है (चित्र 31.6)।

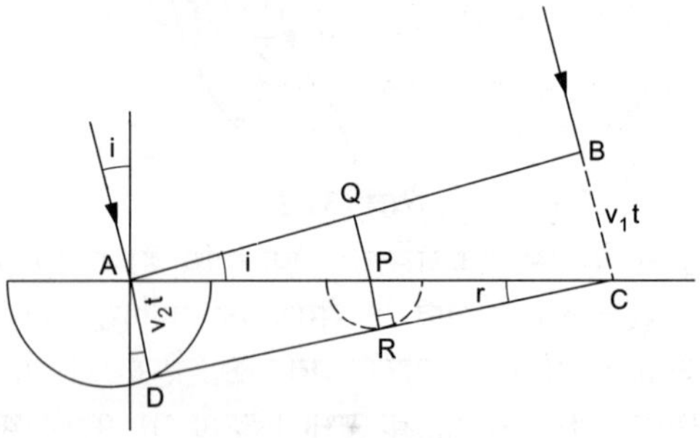

चित्र 31.6

किसी समय इस प्रकाश का एक तरंगाग्र AB है। प्रकाश की किरणों की दिशा इसके लंबवत होगी। इस प्रकाश का एक भाग माध्यम 2 में अपवर्तित हो जाता है। हम Huygens के सिद्धांत का उपयोग कर इस नए तरंगाग्र का स्थान निर्धारित करेंगे।

मान लें कि $t = 0$ समय पर तरंगाग्र AB सतह APC के A बिंदु पर पहुँचता है। इसी समय यहाँ से द्वितीयक तरंगिका निकलनी शुरू होती है। माध्यम 2 में t समय पर यह एक अर्धगोलाकार सतह होगी, जिसकी त्रिज्या v_2t होगी।

मान लें कि सतह APC पर C वह बिंदु है जहाँ प्रारंभिक तरंगाग्र AB समय t पर पहुँचता है। चूँकि माध्यम 1 में प्रकाश की चाल v_1 है, अतः $BC = v_1t$. इस समय C बिंदु से तरंगिका निकलनी प्रारंभ ही हो रही है। A द्वारा बनी v_2t त्रिज्या की अर्द्धगोलाकार तरंगिका पर C से एक स्पर्शतल खींचें। मान लें कि यह तरंगिका को D बिंदु पर स्पर्श करता है।

अब सतह APC पर कोई एक बिंदु P लें। P से AB पर लंब PQ तथा CD पर लंब PR खींचें।

मान लें कि $\frac{AP}{AC} = x.$

अतः, $$\frac{PR}{AD} = \frac{PC}{AC} = \frac{AC - AP}{AC} = 1 - x$$

या $$PR = AD(1-x) = v_2t(1-x). \quad \text{... (i)}$$

साथ ही, $$\frac{QP}{BC} = \frac{AP}{AC} = x$$

या $$QP = xBC = xv_1t.$$

तरंगाग्र AB के P बिंदु पर पहुँचने का समय,

$$t_1 = \frac{QP}{v_1} = xt.$$

चूँकि बिंदु P, t_1 समय पर द्वितीयक तरंगिका का स्रोत बना है, अतः इसके द्वारा उत्पन्न तरंगिका की t समय पर त्रिज्या,

$$r = v_2(t - t_1) = v_2(t - xt) = v_2 t(1 - x). \quad \text{... (ii)}$$

समीकरण (i) और (ii) से आप देख रहे हैं कि PR इस तरंगिका की त्रिज्या है। चूँकि CD, PR पर लंब है, इसलिए यह तल CD, P द्वारा उत्पन्न तरंगिका को स्पर्श करता है।

चूँकि APC के किसी भी बिंदु P के लिए यह कथन सत्य है, समय t पर तल CD, APC सतह से उत्पन्न सभी तरंगिकाओं पर स्पर्श तल है। अतः, Huygens के सिद्धांत से CD ही t समय पर नया तरंगाग्र है। प्रकाश की किरणें अपवर्तन के बाद CD पर लंब दिशा में जाएँगी।

चित्र 31.6 से आप देख रहे हैं कि AB पर लंब (अर्थात आपतित किरण की दिशा) तथा APC पर लंब के बीच का कोण, आपतन का कोण i है। अतः, $\angle BAC$ भी i के बराबर होगा। इसी प्रकार, $\angle ACD$ अपवर्तन के कोण r के बराबर होगा।

$$\Delta ABC \text{ से, } \sin i = \frac{BC}{AC} \quad \text{तथा} \quad \Delta CAD \text{ से, } \sin r = \frac{AD}{AC}.$$

$$\text{अतः, } \quad \frac{\sin i}{\sin r} = \frac{BC}{AD} = \frac{v_1 t}{v_2 t}$$

$$\text{या} \quad \frac{\sin i}{\sin r} = \frac{v_1}{v_2} = n, \quad \text{... (iii)}$$

जो अपवर्तन के लिए स्नेल का नियम (Snell's law) है। अनुपात v_1/v_2 को पहले माध्यम की अपेक्षा दूसरे माध्यम का अपवर्तनांक कहा जाता है। चित्र 31.6 से यह स्पष्ट है कि आपतित किरण, अपवर्तित किरण तथा अभिलंब तीनों एक ही तल में हैं।

आप देखते हैं कि एक माध्यम में प्रकाश का सीधी रेखा में चलना, चिकनी सतहों से परावर्तित होना एवं पारदर्शी माध्यमों में अपवर्तित होना, इन सभी घटनाओं की व्याख्या तरंग सिद्धांत के आधार पर की जा सकती है।

जब प्रकाश हवा से चलकर पानी में जाता है, तो वह लंब की ओर मुड़ जाता है, अर्थात $i > r$ और $\sin i > \sin r$. अतः, प्रकाश के तरंग सिद्धांत से,

$$\frac{v_1}{v_2} = \frac{\sin i}{\sin r} > 1,$$

अर्थात, हवा में प्रकाश का वेग v_1 पानी में उसके वेग v_2 से अधिक होगा। न्यूटन के कणिका सिद्धांत के अनुसार, प्रकाश की चाल पानी में हवा की चाल की अपेक्षा अधिक होनी चाहिए। जब पानी में प्रकाश की चाल नापने की तकनीक विकसित हुई, तो तरंग व्याख्या की ही पुष्टि हुई।

31.6 प्रकाश के लिए Fermat का सिद्धांत

Pierre de Fermat सत्रहवीं सदी के फ्रांस के गणितज्ञ थे, जो पेशे से वकील थे। न्यूटन के कणिका सिद्धांत एवं Huygens के तरंग सिद्धांत से अलग 1662 में ही उन्होंने प्रकाश के संचरण के संबंध में न्यूनतम समय के सिद्धांत (principle of least time) का प्रतिपादन किया जिससे प्रकाश के सरल रेखीय गमन, परावर्तन तथा अपवर्तन के नियमों की भली-भाँति व्याख्या हो सकी। इस सिद्धांत के अनुसार, प्रकाश किसी बिंदु A से B तक जाने के लिए, जिसमें परावर्तन एवं अपवर्तन भी शामिल हो सकते हैं, वही रास्ता चुनता है जिसमें उसे सबसे कम समय लगे।

प्रकाश का सीधी रेखा में चलना

यदि प्रकाश बिना किसी अवरोध के एक ही माध्यम में चलता है, तो उसकी चाल v हर जगह एक ही होगी। अतः, बिंदु A से B तक जाने का समय न्यूनतम होने के लिए A से B तक के रास्ते की लंबाई को न्यूनतम होना होगा। परंतु, A से B तक के रास्ते की न्यूनतम लंबाई तो तभी होगी जब यह रास्ता A से B तक सरल रेखा में हो। इसलिए, एक ही माध्यम में प्रकाश सरल रेखाओं में चलता है।

प्रकाश के परावर्तन के नियम

मान लें कि एक समतल दर्पण से h दूरी पर A तथा B दो बिंदु हैं जिनके बीच की दूरी d है (चित्र 31.7)। दर्पण पर कोई एक बिंदु C लें। यदि प्रकाश को A से चलकर दर्पण के C बिंदु द्वारा परावर्तित होकर B पर पहुँचना है, तो Fermat के सिद्धांत के अनुसार न्यूनतम समय लगने के लिए $AC + CB$ की लंबाई को न्यूनतम होना होगा। इसके लिए पहली आवश्यकता तो यह है कि यदि A तथा B से दर्पण पर लंब खींचे जाएँ, तो C बिंदु को इन लंबों के तल में होना होगा।

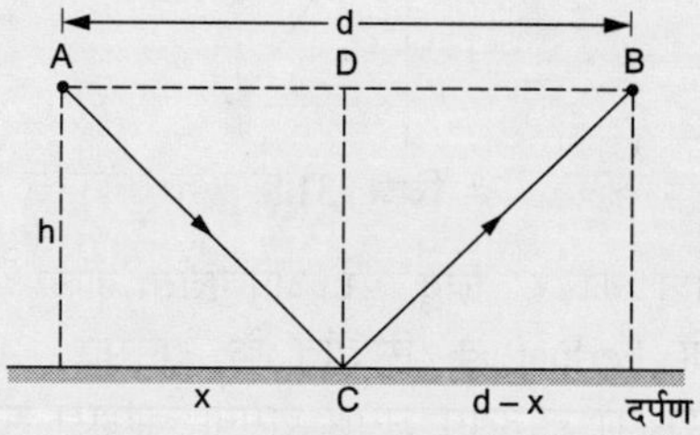

चित्र 31.7

यदि आप C बिंदु को चित्र के तल से थोड़ा बाहर या थोड़ा अंदर लें, तो AC तथा CB दोनों की लंबाइयाँ बढ़ जाएँगी और प्रकाश को ज्यादा समय लगेगा। इससे यह निष्कर्ष निकलता है कि आपतित किरण AC, परावर्तित किरण CB तथा C से दर्पण पर खींचा गया अभिलंब CD एक ही समतल पर होंगे।

चित्र 31.7 से,

$$s = AC + CB = \sqrt{h^2 + x^2} + \sqrt{h^2 + (d - x)^2}.$$

$AC + CB$ को न्यूनतम (या अधिकतम) होने के लिए,

$$\frac{ds}{dx} = 0$$

$$\text{या} \quad \frac{2x}{2\sqrt{h^2 + x^2}} - \frac{2(d - x)}{2\sqrt{h^2 + (d - x)^2}} = 0$$

$$\text{या} \quad x^2[h^2 + (d - x)^2] = (d - x)^2(h^2 + x^2)$$

$$\text{या} \quad x^2 h^2 + x^2(d - x)^2 = (d - x)^2 h^2 + (d - x)^2 x^2$$

या $x = (d - x)$

या $x = \frac{d}{2}$

या $AD = DB = \frac{d}{2}$.

अर्थात, ΔACD तथा ΔBCD सर्वांगसम हैं।

अर्थात, $\angle ACD = \angle BCD$.

अतः, आपतन कोण = परावर्तन कोण।

प्रकाश के अपवर्तन के नियम

चित्र 31.8 में दो पारदर्शी माध्यम दिखाए गए हैं जिनमें प्रकाश की चालें v_1 तथा v_2 हैं। पहले माध्यम में बिंदु A तथा दूसरे माध्यम में बिंदु B लिए गए हैं जो माध्यमों को अलग करने वाली सतह XY से h दूरी पर हैं। A तथा B से सतह XY पर लंब डालें। ये लंब सतह XY से क्रमशः D तथा E बिंदु पर मिलते हैं। मान लें कि $DE = d$ है।

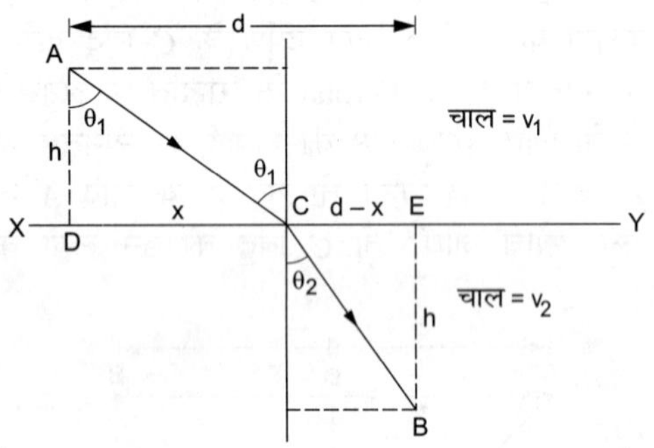

चित्र 31.8

यदि प्रकाश को C बिंदु पर अपवर्तित होकर A से B तक पहुँचना है, तो Fermat के सिद्धांत के अनुसार, $AC + CB$ दूरी चलने में प्रकाश को न्यूनतम समय लगना चाहिए। यदि C बिंदु को चित्र के तल से थोड़ा अंदर या बाहर लिया जाए, तो आप देख सकते हैं कि AC तथा CB दोनों की लंबाइयाँ बढ़ जाएँगी और प्रकाश को ज्यादा समय लगेगा। अतः, आपतित किरण AC, अपवर्तित किरण CB तथा C पर अभिलंब तीनों एक ही तल में होंगे।

चित्र 31.8 से, प्रकाश को ACB तक रास्ता तय करने में लगा समय,

$$t = \frac{AC}{v_1} + \frac{CB}{v_2} = \frac{h}{v_1 \cos\theta_1} + \frac{h}{v_2 \cos\theta_2}$$

या $$\frac{dt}{d\theta_1} = \frac{h \sin\theta_1}{v_1 \cos^2\theta_1} + \frac{h \sin\theta_2}{v_2 \cos^2\theta_2} \cdot \frac{d\theta_2}{d\theta_1}$$

न्यूनतम समय के लिए, $\frac{dt}{d\theta_1} = 0$, अतः

$$\frac{\sin\theta_1}{v_1 \cos^2\theta_1} = -\frac{\sin\theta_2}{v_2 \cos^2\theta_2} \cdot \frac{d\theta_2}{d\theta_1}, \quad \text{... (i)}$$

यहाँ $DC = h \tan\theta_1$ तथा $CE = h \tan\theta_2$.

अतः, $d = DC + CE = h \tan\theta_1 + h \tan\theta_2$.

चूँकि θ_1 बदलने से d का मान नहीं बदलता है, अतः

$$\frac{d}{d\theta_1}(d) = 0$$

या $$0 = \sec^2\theta_1 + \sec^2\theta_2 \frac{d\theta_2}{d\theta_1}$$

या $$\sec^2\theta_1 = -\sec^2\theta_2 \frac{d\theta_2}{d\theta_1}. \quad \text{... (ii)}$$

समीकरण (i) में (ii) से भाग देने पर,

$$\frac{\sin\theta_1}{v_1 \cos^2\theta_1} \times \frac{1}{\sec^2\theta_1} = \frac{\sin\theta_2}{v_2 \cos^2\theta_2} \times \frac{1}{\sec^2\theta_2}$$

या $$\frac{\sin\theta_1}{v_1} = \frac{\sin\theta_2}{v_2}$$ या $$\frac{\sin\theta_1}{\sin\theta_2} = \frac{v_1}{v_2}.$$

Fermat का न्यूनतम समय का सिद्धांत Huygens की रचना द्वारा प्राप्त किया जा सकता है।

31.7 प्रकाश तरंगों का ध्रुवण (Polarization)

यदि आप बाजार में धूपचश्मा खरीदने जाएँगे, तो आपको कई ब्रांड के धूपचश्में मिलेंगे जिसमें ध्रुवित (polarized) लेंस लगे होते हैं। ये चश्में बिना ध्रुवित लेंस वाले चश्में से महँगे भी मिलते हैं। यदि आप ऐसे दो ध्रुवित चश्में लें और एक के शीशे के सामने दूसरे के शीशे को एक-दूसरे पर लंब स्थिति में लाएँ, तो आपको इसके आरपार शायद कुछ भी नहीं दिखेगा। लेकिन, यदि आप इन शीशों को एक-दूसरे के समानांतर रख दें तो उसके आरपार साफ-साफ दिखेगा।

ऐसी क्या खास बात है, जो ध्रुवित शीशे इस प्रकार का व्यवहार करते हैं? क्या बात है इन शीशों में, जिसके कारण लोग इन्हें धूपचश्मों के रूप में ज्यादा पसंद करते हैं? इन सबके मूल में प्रकाश तरंगों का एक विशेष गुण है जिसे हम ध्रुवण (polarization) कहते हैं।

प्रकाश की तरंगें अनुप्रस्थ होती हैं। सामान्यतः, इन तरंगों में विद्युतीय क्षेत्र E तथा चुंबकीय क्षेत्र B, तरंग के चलने की दिशा के लंबवत होते हैं और आपस में भी लंबवत होते हैं। हम यहाँ विद्युतीय क्षेत्र E की ही बात करेंगे। यदि प्रकाश की तरंग x-दिशा में चल रही हो, तो विद्युतीय क्षेत्र yz-तल में कहीं भी हो सकता है। यदि वह क्षेत्र y-दिशा में हो, तो हम तरंग का समीकरण निम्नांकित प्रकार लिख सकते हैं,

$$\vec{E} = E_0 \hat{j} \cos(kx - \omega t). \quad \text{... (i)}$$

जब हम कह रहे हैं कि समीकरण (i) द्वारा दिया गया विद्युतीय क्षेत्र y-दिशा में है, तो वह y की धनात्मक या ऋणात्मक, किसी भी दिशा में हो सकता है।

यदि यह क्षेत्र z-दिशा में हो, तो हम तरंग का समीकरण निम्न प्रकार लिख सकते हैं,

$$\vec{E} = E_0 \hat{k} \cos(kx - \omega t). \qquad \text{... (ii)}$$

प्रकाश का विद्युतीय क्षेत्र yz-तल में और किसी दिशा में भी हो सकता है।

यदि विद्युतीय क्षेत्र की दिशा समय बदलने के साथ एक ही रेखा के अनुदिश बनी रहे, तो ऐसे प्रकाश को रेखीय ध्रुवित (linearly polarized) प्रकाश कहते हैं। प्रकाश के विद्युतीय क्षेत्र (electric field) की दिशा ध्रुवण की दिशा कहलाती है। समीकरण (i) से निरूपित प्रकाश को y-दिशा में ध्रुवित प्रकाश (polarized in z-direction) कहते हैं। इसी प्रकार, समीकरण (ii) से निरूपित प्रकाश को z-दिशा में ध्रुवित प्रकाश (polarized in y-direction) कहते हैं। किसी बिंदु पर विद्युतीय क्षेत्र की दिशा तथा वहाँ प्रकाश के चलने की दिशा से बननेवाले तल को ध्रुवण का तल (plane of polarization) कहते हैं। सूर्य, टॉर्च, ट्यूबलाइट, मोमबत्ती आदि सामान्य स्रोतों से आता प्रकाश ध्रुवित नहीं होता। यदि प्रकाश x-दिशा में आ रहा हो, तो उसका विद्युतीय क्षेत्र yz-तल में बिना किसी तारतम्य के कभी भी किधर भी बदल सकता है। यदि आप किसी बिंदु पर विद्युतीय क्षेत्र की बात करें, तो वह प्रतिसेकंड अरबों-खरबों बार अपनी दिशा बदल लेगा। ऐसे प्रकाश को अध्रुवित प्रकाश (unpolarized light) कहते हैं।

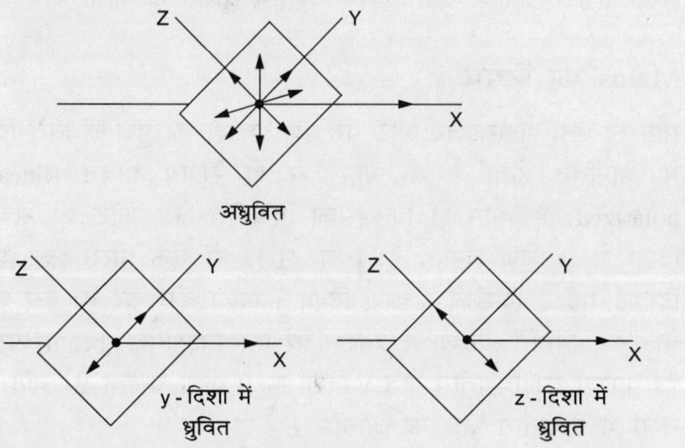

चित्र 31.9

सामान्य स्रोतों से आनेवाला प्रकाश अध्रुवित क्यों होता है? वास्तव में प्रकाश के उत्सर्जित होने की प्रकिया परमाणुओं में इलेक्ट्रॉनों की गति से संबंधित है। जब इस गति में विशेष प्रकार का परिवर्तन होता है, तो प्रकाश का एक छोटा-सा पुंज उत्सर्जित होता है। किसी एक परमाणु के कारण उत्पन्न प्रकाश में विद्युतीय क्षेत्र की दिशा निश्चित होती है, परंतु जो प्रकाश हम इस्तेमाल करते हैं वह करोड़ों-अरबों परमाणुओं द्वारा उत्सर्जित प्रकाशपुंजों का समूह होता है। अलग-अलग परमाणुओं द्वारा उत्सर्जित प्रकाश का विद्युतीय क्षेत्र अलग-अलग दिशाओं में हो सकता है। इसीलिए, सामान्य स्रोतों से आता प्रकाश अध्रुवित होता है।

LASER एक विशेष प्रकार की प्रक्रिया से उत्सर्जित प्रकाश है जो काफी हद तक एकवर्णी तथा ध्रुवित (monochromatic and polarized) होता है। सामान्य गुणवत्ता का लेसर बाजार में लेसर प्वाइंटर (laser pointer) के नाम से आसानी से कम कीमत में मिल जाता है। इसे भी आप ध्रुवित प्रकाश के स्रोत के रूप में इस्तेमाल कर सकते हैं।

कभी-कभी आपको ऐसा भी प्रकाश मिल सकता है जिसमें विद्युतीय क्षेत्र की दिशा एक निश्चित पैटर्न में बदलती हो। ऐसे ही एक पैटर्न के विद्युतीय क्षेत्र के साथ आते प्रकाश को वृत्तीय ध्रुवित प्रकाश (circularly polarized light) कहते हैं। इसमें यदि किसी दिए गए बिंदु से विद्युतीय क्षेत्र का वेक्टर खींचेंगे तो उसका सिरा समय के साथ एक वृत्त पर घूमेगा। एक दूसरे प्रकार के ध्रुवित प्रकाश में विद्युतीय क्षेत्र के वेक्टर का सिरा एक दीर्घवृत्त में घूमता है। ऐसे प्रकाश को दीर्घवृत्तीय ध्रुवित प्रकाश (elliptically polarized light) कहते हैं।

मान लें, एक अध्रुवित प्रकाश x-अक्ष की दिशा में चल रहा है। किसी बिंदु पर किसी क्षण इसके विद्युतीय क्षेत्र की दिशा yz-तल में कहीं होगी। इस क्षेत्र का घटक y-दिशा में E_y तथा z-दिशा में E_z लिख सकते हैं। ये घटक भी स्थान एवं समय के साथ बदल सकते हैं। यदि प्रकाश अध्रुवित हो, तो उसकी दिशा बदलती रहेगी तथा E_y और E_z के मान भी बदलते रहेंगे। साथ ही उनके बीच का कलांतर भी समय के साथ बेतरतीब ढंग से (randomly) बदलता रहेगा। अतः, आप लिख सकते हैं

$$E_y = E_1 \cos(kx - \omega t + \delta) \qquad \text{... (iii)}$$

तथा $$E_z = E_2 \cos(kx - \omega t), \qquad \text{... (iv)}$$

जहाँ δ का मान समय के साथ बदलता रहता है।

मान लें कि आपके पास एक ऐसा स्रोत है जिससे x-दिशा में प्रकाश आ रहा है। इसके विद्युतीय क्षेत्र के घटक E_y और E_z समीकरण (iii) तथा (iv) से दिए जाते हैं। यह भी मान लें कि E_1 तथा E_2 के मान निश्चित हैं। यदि δ का मान निश्चित हो, तो यह प्रकाश ध्रुवित होगा। मान लें कि $\delta = 0$ है। तब,

$$E_y = E_1 \cos(kx - \omega t)$$

तथा $$E_z = E_2 \cos(kx - \omega t).$$

यदि परिणामी विद्युतीय क्षेत्र की दिशा y-अक्ष से θ कोण बनाती हो, तो

$$\tan\theta = \frac{E_z}{E_y} = \frac{E_2}{E_1}.$$

यहाँ θ का मान निश्चित है। विद्युतीय क्षेत्र हमेशा एक निश्चित रेखा के अनुदिश है। यह रेखीय ध्रुवित प्रकाश (linearly polarized light) की स्थिति है।

यदि $\delta = \pi$ हो, तो भी यही स्थिति रहेगी। तब

$$E_y = -E_1 \cos(kx - \omega t)$$

तथा $$E_z = E_2 \cos(kx - \omega t).$$

अतः, $\tan\theta = -\frac{E_2}{E_1}$.

यहाँ भी θ का मान निश्चित है और प्रकाश रेखीय ध्रुवित है।

यदि $\delta = \frac{\pi}{2}$ तथा $E_1 = E_2 = E_0$ हो, तो

$$E_y = E_1 \cos\left(kx - \omega t + \frac{\pi}{2}\right) = -E_0 \sin(kx - \omega t)$$

तथा $E_z = E_0 \cos(kx - \omega t)$.

अतः, $\left(\frac{E_y}{E_0}\right)^2 + \left(\frac{E_z}{E_0}\right)^2 = 1.$

यदि आप E_z तथा E_y का ग्राफ बनाएँगे, तो वह एक वृत्त होगा जिसकी त्रिज्या E_0 होगी। अर्थात, विद्युतीय क्षेत्र के वेक्टर का सिरा वृत्त पर घूमेगा। ऐसे प्रकाश को वृत्तीय ध्रुवित प्रकाश (circularly polarized light) कहते हैं।

यदि $\delta = \frac{\pi}{2}$ तथा $E_1 \neq E_2$ हो, तो

$$E_y = E_1 \cos\left(kx - \omega t + \frac{\pi}{2}\right) = -E_1 \sin(kx - \omega t)$$

तथा $E_z = E_2 \cos(kx - \omega t)$.

अतः, $\frac{E_y^2}{E_1^2} + \frac{E_z^2}{E_2^2} = 1.$

$E_y - E_z$ ग्राफ में यह एक दीर्घवृत्त (ellipse) का समीकरण है। ऐसे प्रकाश को दीर्घवृत्तीय ध्रुवित प्रकाश (elliptically polarized light) कहते हैं।

यदि δ का मान 0 तथा π के अतिरिक्त और कुछ भी हो, पर निश्चित हो, तो प्रकाश दीर्घवृत्तीय ध्रुवित होगा।

ध्रुवक (Polarizer)

ऐसे उपकरण जो अध्रुवित (unpolarized) प्रकाश से रेखीय ध्रुवित प्रकाश (linearly polarized light) बनाते हैं, ध्रुवक (polarizer) कहलाते हैं। विशेष प्रकार से निर्मित प्लास्टिक के पतले शीट में ऐसा गुण होता है कि उनमें से जब अध्रुवित प्रकाश गुजरता है, तो दूसरी ओर से निकलता प्रकाश रेखीय ध्रुवित हो जाता है। इसे हम पोलराइज़र शीट कहेंगे। यदि प्रकाश x-दिशा में चल रहा हो, तो विद्युतीय क्षेत्र के y-दिशा में और z-दिशा में घटक लगातार बदलते रहते हैं। परंतु, इस शीट से निकलने के बाद विद्युतीय क्षेत्र सिर्फ एक ही दिशा में हो जाता है। चित्र 31.10 में पोलराइज़र शीट का यह गुण दिखाया गया है। शीट से गुजरते समय विद्युतीय क्षेत्र का z-घटक अवशोषित हो गया है जबकि y-घटक आसानी से बाहर निकल गया है। शीट की बनावट के अनुसार, उसकी एक दिशा ऐसी होती है जिधर क्षेत्र का घटक अवशोषित हो जाता है। इसे हम अवशोषण की दिशा (absorption direction) कह सकते हैं। इस दिशा के लंबवत दिशा को हम संचरण की दिशा (transmission direction) कहते हैं।

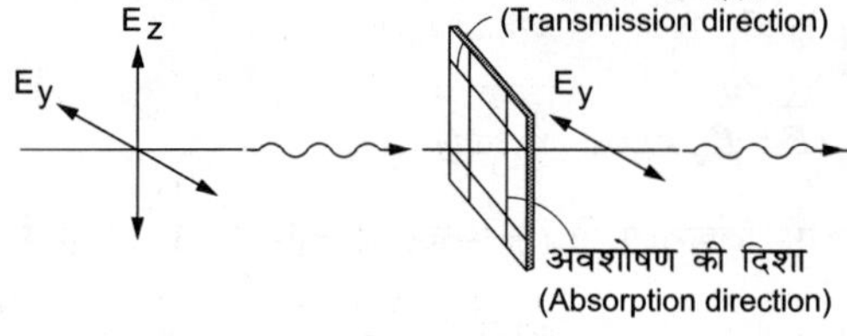

चित्र 31.10

पोलराइज़र शीट बनाने के लिए सामान्यतः पॉलिविनाइल ऐल्कोहॉल (PVA) का इस्तेमाल करते हैं। PVA के अणु एक लंबी श्रृंखला की तरह होते हैं। शीट बनाने की प्रक्रिया ऐसी होती है कि PVA के श्रृंखला सरीखे अणु एक खास दिशा में सज जाते हैं। इसके साथ ही इसमें थोड़े आयोडीन का डोपिंग किया जाता है जो PVA के अणुओं की श्रृंखला के साथ बंध (bond) बना लेते हैं जिससे PVA की श्रृंखला में थोड़ी विद्युत-चालकता आ जाती है।

जब प्रकाश इस तरह की शीट पर पड़ता है, तो श्रृंखलाओं के समानांतर का विद्युतीय क्षेत्र इन श्रृंखलाओं के इलेक्ट्रॉनों में कंपन पैदा करता है। दूसरे शब्दों में इन श्रृंखलाओं में अपनी लंबाई की ओर एक विद्युत-धारा का निर्माण होता है जो प्रकाश की आवृत्ति से ही बदलती रहती है। इस तरह, इस दिशा का विद्युतीय क्षेत्र शीट में अवशोषित हो जाता है। परंतु, इन श्रृंखलाओं की दिशा के लंबवत विद्युतीय क्षेत्र इन इलेक्ट्रॉनों को कंपित नहीं करा पाता और यह प्रकाश शीट से बाहर आ पाता है। इस तरह पोलराइजर शीट से संचरित होता प्रकाश एक विशेष दिशा में ध्रुवित हो जाता है।

Malus का नियम

मान लें एक पोलराइज़र शीट पर एक प्रकाश का पुंज लंबवत दिशा में आपतित होता है जो पहले से ही रेखीय ध्रुवित (linearly polarized) है। मान लें कि इसका विद्युतीय क्षेत्र शीट की संचरण दिशा से θ कोण बनाता है। चित्र 31.11 में एक पोलराइज़र शीट दिखाई गई है जिसकी संचरण दिशा y-दिशा की ओर है। इस शीट पर लंब, अर्थात x-दिशा में प्रकाश का एक किरणपुंज (beam) पड़ता है। प्रकाश का विद्युतीय क्षेत्र y-दिशा से θ कोण बनाता है। यदि इस तरंग में विद्युतीय क्षेत्र का आयाम E_0 हो, तो

$$\vec{E}_0 = E_0 \cos\theta\,\hat{j} + E_0 \sin\theta\,\hat{k}.$$

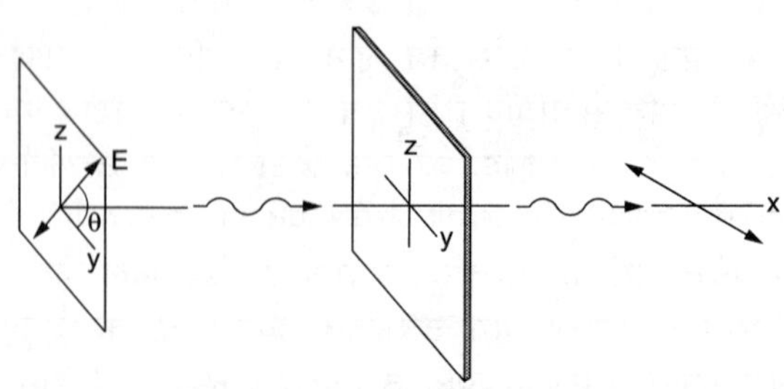

चित्र 31.11

शीट से गुजरते समय z-दिशा का घटक अवशोषित हो जाएगा तथा y-दिशा का घटक बाहर निकलेगा (शीट के सामान्य अवशोषण को

अनदेखा करते हुए)। शीट से संचरित प्रकाश का विद्युतीय क्षेत्र y-दिशा में होगा तथा इसका आयाम $E = E_0 \cos\theta$ होगा। चूँकि प्रकाश की तीव्रता उसके विद्युतीय क्षेत्र के आयाम के वर्ग के समानुपाती होती है, अतः आपतित प्रकाश की तीव्रता एवं संचरित प्रकाश की तीव्रता के बीच संबंध होगा,

$$I = I_0 \cos^2 \theta. \qquad \text{... (31.2)}$$

यदि $\theta = 0$ हो, तो $I = I_0$ और यदि $\theta = 90°$ हो, तो $I = 0$ होगा।

यदि आप एक रेखीय ध्रुवित (linearly polarized) प्रकाश को पोलराइज़र शीट से गुजारें और शीट को अपने ही तल में घुमाएँ, तो शीट की संचरण दिशा तथा प्रकाश के विद्युतीय क्षेत्र के बीच के कोण θ का मान लगातार बदलता जाएगा। इस कारण संचरित प्रकाश की तीव्रता क्रमिक रूप से न्यूनतम एवं अधिकतम होगी। $\theta = 0$ या π पर यह अधिकतम होगी तथा $\theta = \pi/2$ या $3\pi/2$ पर यह न्यूनतम होगी। इस संदर्भ में समीकरण (31.2) को Malus का नियम कहते हैं।

परावर्तन के कारण ध्रुवण

मान लें कि हवा में चलते प्रकाश का एक समानांतर किरणपुंज किसी पारदर्शी माध्यम की सतह पर आपतन कोण i बनाते हुए पड़ता है। इस किरणपुंज का एक भाग सतह से परावर्तित हो जाता है तथा दूसरा भाग माध्यम में अपवर्तित हो जाता है। चित्र 31.12 में इस किरणपुंज की एक किरण AB, संगत परावर्तित किरण BC और अपवर्तित किरण BD दिखाई गई है। आपतित किरण, परावर्तित किरण तथा सतह पर अभिलंब एक ही तल में होंगे जिसे हम आपतन का तल (plane of incidence) कहते हैं। चित्र 31.12 में इस तल को xy-तल के रूप में दिखाया गया है।

आपतित किरण AB के संगत विद्युतीय क्षेत्र $\vec{E}$, AB के लंबवत होंगे। यदि यह प्रकाश अध्रुवित हो, तो इस विद्युतीय क्षेत्र की दिशा AB के लंब तल में बदलती रहेगी। इस विद्युतीय क्षेत्र को हम दो घटकों में बाँट सकते हैं—एक घटक xy-तल में तथा दूसरा z-दिशा में। चित्र 31.12 में xy-तल में विद्युतीय क्षेत्र के घटक को दोहरे तीर के द्वारा दिखाया गया है और z-दिशा के घटक को मोटे, काले डॉट के द्वारा दिखाया गया है।

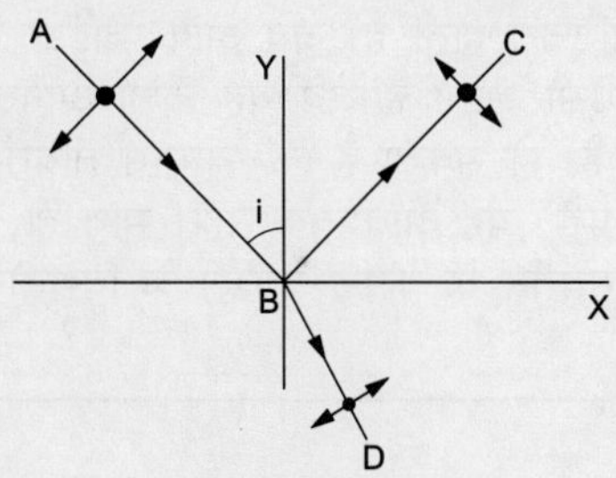

चित्र 31.12

मान लें कि आपतित प्रकाश की तीव्रता I_0, परावर्तित प्रकाश की तीव्रता I_R तथा अपवर्तित प्रकाश की तीव्रता I_T हैं। प्रकाश के अवशोषण को अनदेखा करते हुए

$$I_0 = I_R + I_T,$$

अनुपात $R = \frac{I_R}{I_0}$ को परावर्तकता (reflectance) तथा $T = \frac{I_T}{I_0}$ को पारगम्यता (transmittance) कहते हैं। इन अनुपातों का मान अपवर्तनांक तथा विद्युतीय क्षेत्र की दिशा पर निर्भर करता है। चित्र 31.13 में हवा ($n = 1$) से शीशे ($n = 1.5$) पर पड़ते प्रकाश के लिए परावर्तकता R का ग्राफ आपतन कोण के साथ दिखाया गया है। मोटी रेखा उस स्थिति के लिए है जब विद्युतीय क्षेत्र आपतन तल में हो और टूटी रेखा उस स्थिति के लिए है जब विद्युतीय क्षेत्र आपतन तल के लंबवत हो।

आप देखते हैं कि यदि विद्युतीय क्षेत्र आपतन तल के लंबवत हो (टूटी रेखा), तो परावर्तकता R का मान आपतन कोण बढ़ने के साथ बढ़ता जाता है। परंतु, यदि विद्युतीय क्षेत्र आपतन तल में हो (मोटी रेखा), तो आपतन कोण के बढ़ने से R का मान पहले घटता है, तथा एक विशेष कोण पर इसका मान शून्य हो जाता है लेकिन आपतन कोण को और बढ़ाने पर R का मान पुनः बढ़ जाता है। जिस कोण पर R का मान शून्य हो जाता है, उसे Brewster का कोण कहते हैं। David Brewster ने 1800 के आसपास इस तथ्य को उजागर किया था कि एक विशेष कोण पर आपतित प्रकाश परावर्तन के बाद ध्रुवित हो जाता है।

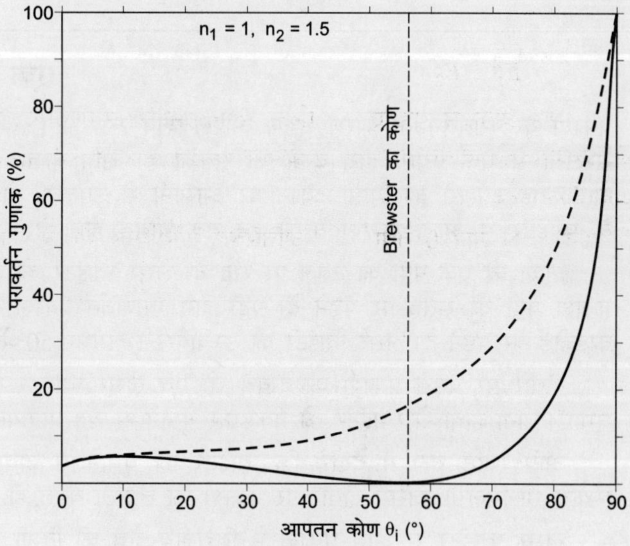

चित्र 31.13

Brewster के कोण का मान,

$$i_p = \tan^{-1}(n) \qquad \text{... (31.3)}$$

होता है, जहाँ n इस माध्यम का अपवर्तनांक है।

यदि प्रकाश हवा से न आकर और किसी माध्यम से आ रहा हो, तो भी समीकरण (31.3) सत्य है। तब n का अर्थ दूसरे माध्यम का पहले माध्यम की अपेक्षा अपवर्तनांक होगा। यदि पहले माध्यम का अपवर्तनांक n_1 और दूसरे माध्यम का अपवर्तनांक n_2 हो, तो $n = \frac{n_2}{n_1}$.

क्या होगा यदि अध्रुवित प्रकाश पारदर्शी माध्यम पर Brewster के कोण i_p पर आपतित हो? इसका वह घटक जिसके लिए विद्युतीय क्षेत्र आपतन तल में हो, बिलकुल भी परावर्तित नहीं होगा और पूरा-का-पूरा अपवर्तित हो जाएगा। परंतु, वह घटक जिसके लिए विद्युतीय क्षेत्र आपतन कोण के लंबवत हो, उसका कुछ भाग परावर्तित होगा तथा कुछ अपवर्तित होगा। अतः, परावर्तित प्रकाश में सिर्फ आपतन तल के लंबवत विद्युतीय क्षेत्र रहेगा, अर्थात यह प्रकाश रेखीय ध्रुवित (linearly polarized) हो जाएगा। चित्र 31.14 में यह स्थिति दिखाई गई है। आपतित प्रकाश में दोहरे तीर तथा मोटे डॉट दोनों हैं, लेकिन परावर्तित प्रकाश में सिर्फ मोटा डॉट है।

अपवर्तित प्रकाश में दोनों प्रकार के विद्युतीय क्षेत्र के घटक होंगे, परंतु आपतन तल के समानांतर घटक पहले अधिक प्रभावी होंगे। यह प्रकाश आंशिक रूप से ध्रुवित होगा।

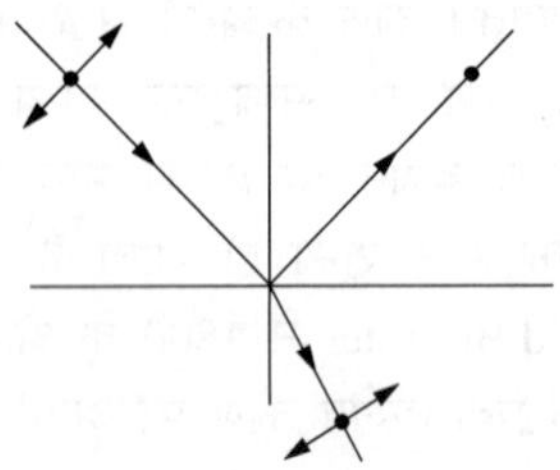

चित्र 31.14

पोलरॉयड वाले धूपचश्में इसी सिद्धांत के कारण सड़क से आते प्रकाश की चौंध को कम कर देते हैं। सड़क से परावर्तन के बाद आता प्रकाश आंशिक रूप से ध्रुवित हो जाता है। आंशिक इसलिए, क्योंकि इस प्रकाश के ठीक Brewster के कोण पर आने की संभावना नगण्य है। पोलराइज़र शीशे में संचरण अक्ष ऐसा बनाया जाता है कि इस ध्रुवित प्रकाश का विद्युतीय क्षेत्र शीशे के संचरण अक्ष के लगभग लंबवत हो। इसलिए सड़क से परावर्तित होकर आते प्रकाश का बड़ा भाग आँखों तक नहीं पहुँच पाता है।

प्रकीर्णन (scattering) के कारण ध्रुवण

जब अध्रुवित प्रकाश का छोटे-छोटे कणों द्वारा प्रकीर्णन (scattering) होता है, तो यह प्रकाश भी आंशिक रूप से ध्रुवित हो जाता है। इस कारण आकाश से आती नीली रोशनी भी आंशिक रूप से ध्रुवित होती है। मनुष्य की आँखें अध्रुवित एवं ध्रुवित प्रकाश में भेद नहीं कर पाती हैं, लेकिन कुछ मधुमक्खियों की आँखों में यह क्षमता होती है। ऑस्ट्रिया के नोबेल पुरस्कार विजेता वैज्ञानिक Karl von Frisch ने मधुमक्खियों पर वर्षों प्रयोग किए थे और यह निष्कर्ष निकाला था कि मधुमक्खियाँ न केवल ध्रुवित व अध्रुवित प्रकाश में अंतर कर सकती हैं, बल्कि उनके ध्रुवण की दिशा का निर्धारण भी कर सकती हैं।

एक रोचक प्रयोग

प्रकाश के परावर्तन के कारण ध्रुवण और विशेष रूप से Law of Malus को बहुत सरलता से एक प्रयोग द्वारा देखा जा सकता है। आप बाजार से लेसर प्वाइंटर ले जाएँ। यह उपहारों की किसी दुकान पर आसानी से उपलब्ध हो जाता है। इस प्रकार के प्वाइंटर से आता प्रकाश काफी हद तक ध्रुवित होता है।

शीशे की एक पट्टी को टेबुल पर रख दें। लेसर प्वाइंटर को हाथ में पकड़कर इसका प्रकाश पट्टी की सतह पर पड़ने दें। पट्टी द्वारा परावर्तित प्रकाश किसी सफेद दीवार या कार्डबोर्ड पर पड़ने दें। लेसर प्वाइंटर को ऊर्ध्वाधर से लगभग 50°–60° पर रखें।

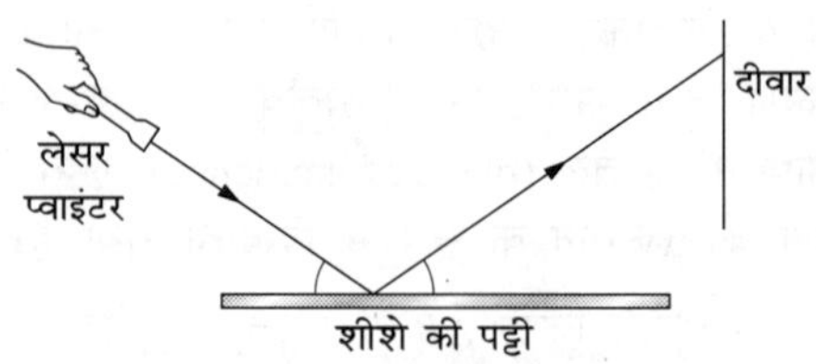

चित्र 31.15

दीवार पर पड़ते प्रकाश को देखते रहें एवं लेसर प्वाइंटर का ऊर्ध्वाधर से कोण बिना बदले हुए उसे अपने अक्ष के प्रति धीरे-धीरे घुमाएँ। दोनों हाथों से प्वाइंटर को पकड़कर घुमाने से यह प्रक्रिया अधिक सुगमता से होती है।

आप स्पष्ट रूप में देखेंगे कि प्वाइंटर को घुमाने से दीवार पर पड़ते प्रकार की तीव्रता में परिवर्तन होता है। प्वाइंटर की ऐसी स्थिति भी मिलेगी जिसमें दीवार पर प्रकाश की तीव्रता बहुत ही कम हो जाएगी।

लेसर प्वाइंटर से आते प्रकाश में विद्युतीय क्षेत्र की दिशा प्वाइंटर की अपेक्षा निश्चित होती है। जब आप प्वाइंटर को अपने अक्ष के प्रति घुमाते हैं, तो विद्युतीय-क्षेत्र की दिशा भी साथ-साथ घूमती है। एक स्थिति ऐसी आती है जब यह दिशा आपतन तल में आ जाती है। तब चित्र 31.13 के अनुसार परावर्तित प्रकाश की तीव्रता न्यूनतम हो जाती है। हो सकता है कि न्यूनतम तीव्रता की स्थिति में भी कुछ तीव्रता दिखाई दे। एक तो आपतित प्रकाश ठीक-ठीक Brewster कोण पर पड़े, यह आवश्यक नहीं। साथ ही, लेसर प्वाइंटर का प्रकाश पूरी तरह रेखीय ध्रुवित हो, यह भी आवश्यक नहीं है। फिर भी, आप परावर्तन के कारण प्रकाश के विद्युतीय क्षेत्र के एक घटक में परिवर्तन का अनुभव कर सकते हैं।

• *हल किए गए प्रश्न* •

1. *श्वेत प्रकाश में तरंगदैर्घ्य 400 nm से 700 nm तक होता है। यही प्रकाश यदि पानी में चले ($n = 1.33$), तो तरंगदैर्घ्य की सीमाएँ क्या होंगी?*

हल $\lambda = \frac{v}{\nu} = \frac{c}{n\nu} = \frac{\lambda_0}{n}$,

जहाँ λ_0 हवा (या निर्वात) में तरंगदैर्घ्य है।

अतः, हवा में जिस प्रकाश का तरंगदैर्घ्य 400 nm हो उसका पानी में तरंगदैर्घ्य

$$= \frac{\lambda_0}{n} = \frac{400 \text{ nm}}{1.33} = 300 \text{ nm}$$

तथा हवा में जिस प्रकाश का तरंगदैर्घ्य 700 nm हो उसका पानी में तरंगदैर्घ्य

$$= \frac{\lambda_0}{n} = \frac{700 \text{ nm}}{1.33} = 526 \text{ nm}.$$

अतः, पानी में तरंगदैर्घ्य की सीमाएँ 300 nm तथा 526 nm होंगी।

2. *अनेक प्रयोगों में प्रकाश कणों के समूह के रूप में व्यवहार करता है जिन्हें फोटॉन कहा जाता है। 400 nm के प्रकाश के फोटॉन की ऊर्जा लगभग 3 eV ($1 \text{ eV} = 1.6 \times 10^{-19}$ J) होती है। यदि इसे न्यूटन के जमाने के प्रकाश की कणिका माना जाए तथा फोटॉन की ऊर्जा को कणिका की गतिज ऊर्जा माना जाए तो कणिका का द्रव्यमान कितना होगा? इलेक्ट्रॉन के द्रव्यमान से इसका अनुपात क्या होगा?*

हल यदि कणिका का द्रव्यमान m हो, तो

$$\frac{1}{2}mv^2 = 3 \times 1.6 \times 10^{-19} \text{ J}$$

या $$m = \frac{2 \times 3 \times 1.6 \times 10^{-19} \text{ J}}{(3 \times 10^8 \text{ m/s})^2} = 1.07 \times 10^{-35} \text{ kg}.$$

इलेक्ट्रॉन का द्रव्यमान, $m_e = 9.1 \times 10^{-31}$ kg.

अतः, $$\frac{m}{m_e} = \frac{1.07 \times 10^{-35}}{9.1 \times 10^{-31}} \approx 1.2 \times 10^{-5}.$$

3. *प्रश्न 2 के आधार पर मान लें कि न्यूटन की प्रकाश-कणिका का द्रव्यमान 1.07×10^{-35} kg है और यह हवा में 3×10^8 m/s की चाल से चलती है। (a) इस कणिका का रेखीय संवेग सूत्र $p = mv$ से निकालें। (b) यह कणिका हवा में चलकर एक पारदर्शी माध्यम की सतह पर आपतन कोण 60° बनाती हुई पड़ती है। अपवर्तन के बाद यह कणिका अभिलंब से 45° का कोण बनाती हुई चलती है। इन आँकड़ों के आधार पर माध्यम में प्रकाश की चाल की गणना करें।*

हल (a) रेखीय संवेग, $p_1 = mv$

$$= 1.07 \times 10^{-35} \times 3 \times 10^8 \text{ kg m/s}$$
$$= 3.2 \times 10^{-27} \text{ kg m/s}.$$

(b) कणिका सिद्धांत के अनुसार, कणिका के पथ में परिवर्तन सतह पर टक्कर के दौरान इसपर लगे लंब दिशा में बल के कारण है। अतः, सतह की समानांतर दिशा में रेखीय संवेग के घटक में परिवर्तन नहीं होगा।

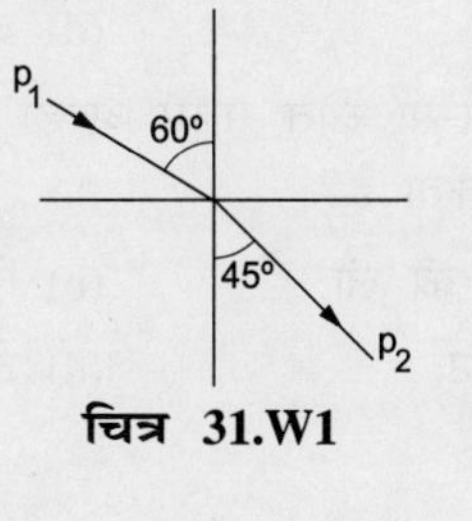

चित्र **31.W1**

यदि माध्यम में कणिका का रेखीय संवेग p_2 हो, तो

$$p_1 \sin 60° = p_2 \sin 45°$$

या $$p_2 = p_1 \frac{\sin 60°}{\sin 45°} = p_1 \sqrt{\frac{3}{2}}.$$

कणिका की माध्यम में चाल,

$$v_2 = \frac{p_2}{m} = \frac{p_1 \sqrt{\frac{3}{2}}}{m} = (3 \times 10^8 \text{ m/s}) \sqrt{\frac{3}{2}}$$
$$= 3.67 \times 10^8 \text{ m/s}.$$

4. *तरंग सिद्धांत के अनुसार, आपतन कोण व अपवर्तन कोण में संबंध $\frac{\sin i}{\sin r} = \frac{v_1}{v_2}$ होता है। प्रश्न 3 के अनुसार आयतन कोण 60° तथा अपवर्तन कोण 45° लेकर माध्यम में प्रकाश की चाल निकालें।*

हल प्रश्न के अनुसार,

$$\frac{\sin 60°}{\sin 45°} = \frac{3 \times 10^8 \text{ m/s}}{v_2}$$

या $$v_2 = 3 \times 10^8 \text{ m/s} \times \frac{\sin 45°}{\sin 60°} = 2.45 \times 10^8 \text{ m/s}.$$

अतः, माध्यम में प्रकाश की चाल = 2.45×10^8 m/s.

5. *प्रकाश की एक तरंग x-दिशा में जा रही है और y- तथा z-अक्षों से 45° का कोण बनाती दिशा में ध्रुवित है। इसके विद्युतीय क्षेत्र का आयाम E_0, तरंगदैर्घ्य λ तथा आवृत्ति ν है। विद्युतीय क्षेत्र के पदों में इस तरंग का समीकरण लिखें।*

हल $x = 0$ तथा $t = 0$ का उचित चुनाव करने पर,

तरंग का समीकरण, $\vec{E} = \vec{E_0} \cos(kx - \omega t)$.

चूँकि तरंग x दिशा में जा रही है, विद्युतीय क्षेत्र की दिशा yz-तल में होगी। yz-तल में यह y- तथा z-अक्षों से 45° का कोण बना रही है। अतः,

$$\vec{E_0} = E_0 \cos 45° \hat{j} + E_0 \cos 45° \hat{k} = \frac{E_0}{\sqrt{2}}(\hat{j} + \hat{k}),$$

यहाँ $k = \frac{2\pi}{\lambda}$ तथा $\omega = 2\pi\nu$.

अतः, तरंग का समीकरण,

$$\vec{E} = \frac{E_0}{\sqrt{2}}(\hat{j} + \hat{k}) \cos\left(\frac{2\pi}{\lambda}x - 2\pi\nu t\right).$$

6. *दो पोलराइजिंग शीट एक-दूसरे के समानांतर रखी गई हैं। एक की संचरण दिशा दूसरे से 30° का कोण बना रही है। I_0 तीव्रता वाला एक अध्रुवित प्रकाशपुंज इन शीटों के लंबवत चलता हुआ एक शीट पर पड़ता है। (a) जब यह पहली शीट से बाहर निकलता है, तो उसकी तीव्रता निकालें। (b) जब यह दोनों शीटों से बाहर निकल जाता है तो उसकी तीव्रता निकालें। यह मानें कि संचरण की दिशा में विद्युतीय क्षेत्र का कोई अवशोषण नहीं होता है तथा इसकी लंब-दिशा के विद्युतीय क्षेत्र का पूर्ण अवशोषण हो जाता है।*

हल (a) प्रारंभ में प्रकाश अध्रुवित है, अतः पहली शीट से पड़ने पर संचरण अक्ष की ओर तथा अवशोषण अक्षों की ओर आयाम बराबर होंगे। अतः, पहली शीट से निकलने के बाद प्रकाशपुंज की तीव्रता $I_0/2$ होगी।

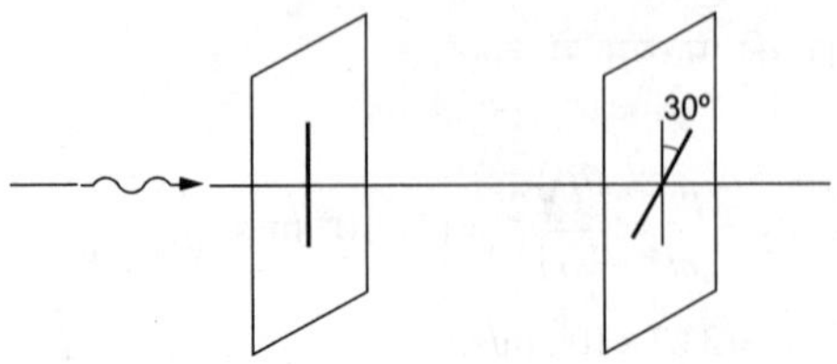

चित्र 31.W2

(b) जब प्रकाशपुंज पहले शीट से बाहर आता है, तो उसका विद्युतीय क्षेत्र पहली शीट के संचरण अक्ष के समानांतर होगा। दूसरी शीट का संचरण अक्ष पहली शीट के संचरण अक्ष से 30° का कोण बनाता है। अतः, दूसरी शीट पर पड़ते प्रकाश का विद्युतीय क्षेत्र इस शीट के संचरण अक्ष से 30° का कोण बना रहा है। अतः, Malus के नियम के अनुसार, दूसरी शीट से बाहर आते प्रकाश की तीव्रता I होगी। अतः,

$$I = \left(\frac{I_0}{2}\right)\cos^2 30° = \frac{3}{8}I_0.$$

7. *पानी से हवा में आते प्रकाश के लिए Brewster कोण का मान निकालें। पानी में प्रकाश की चाल = 2.25×10^8 m/s.*

हल पानी का अपवर्तनांक $= \dfrac{3.0\times10^8 \text{ m/s}}{2.25\times10^8 \text{ m/s}} = \dfrac{4}{3}.$

पानी की अपेक्षा हवा का अपवर्तनांक,

$$n = \frac{\text{हवा का अपवर्तनांक}}{\text{पानी का अपवर्तनांक}} = \frac{3}{4}.$$

पानी से हवा में जानेवाले प्रकाश के लिए Brewster का कोण

$$= \tan^{-1}(n) = \tan^{-1}\left(\frac{3}{4}\right) = 37°.$$

• विचार हेतु प्रश्न •

1. *क्या 620 nm के प्रकाश का रंग और 780 nm के प्रकाश का रंग एक ही है? क्या 620 nm के प्रकाश का रंग और 621 nm प्रकाश का रंग एक ही है? श्वेत प्रकाश में कितने रंग होते हैं?*

2. *लाल रंग (720 nm) का प्रकाश पानी में प्रवेश करता है। पानी में इस प्रकाश का तरंगदैर्घ्य $\lambda = \frac{\lambda_0}{n}$ = 540 nm हो जाता है। क्या पानी के अंदर स्थित एक व्यक्ति इसे हरे रंग का प्रकाश देखेगा?*

3. *क्या किसी पारदर्शी माध्यम का अपवर्तनांक 1 से कम हो सकता है?*

4. *जब हम कहते हैं कि पानी का अपवर्तनांक 1.33 है, तो क्या हम यह घोषणा नहीं करते कि सभी तरंगदैर्घ्यों के प्रकाश पानी में एक ही चाल से चलते हैं?*

5. *रेखीय संवेग तरंग प्रकृति का द्योतक है या कण प्रकृति का?*

6. *चौराहे पर दो लंब सड़कों से आती दो कारों के हेडलाइट के प्रकाश का विचार करें। ये प्रकाश चौराहे पर एक-दूसरे को क्रॉस करते हुए सामने की सड़क पर पड़ते हैं, न कि अगल-बगल की दुकानों पर। यह बात कणिका सिद्धांत के पक्ष में है या तरंग सिद्धांत के पक्ष में?*

• सटीक उत्तरवाले प्रश्न I •

सही उत्तर का चयन करें।

1. प्रकाश की प्रकृति
   (a) एक तरंग की भाँति है, पर कणों की भाँति नहीं है
   (b) कणों की भाँति है, पर तरंग की भाँति नहीं है
   (c) तरंग तथा कण दोनों की भाँति है
   (d) न तो तरंग की भाँति है, न ही कण की भाँति

2. निर्वात में प्रकाश की चाल निर्भर करती है
   (a) स्रोत की चाल पर, परंतु देखनेवाले की चाल पर नहीं
   (b) देखनेवाले की चाल पर, परंतु स्रोत की चाल पर नहीं
   (c) स्रोत की चाल पर भी तथा देखनेवाले की चाल पर भी
   (d) न तो स्रोत की चाल पर, न ही देखनेवाले की चाल पर

3. प्रकाश की एक तरंग का समीकरण $y = A\cos(kx - \omega t)$ है। यहाँ y निरूपित करता है
   (a) ईथर के कणों के विस्थापन को
   (b) माध्यम में दाब को
   (c) माध्यम के घनत्व को
   (d) विद्युतीय क्षेत्र को

4. जब प्रकाश हवा से चलकर दूसरे माध्यम में पहुँचता है, तो
   (a) इसकी आवृत्ति एवं तरंगदैर्घ्य दोनों बढ़ जाते हैं
   (b) इसका तरंगदैर्घ्य बढ़ जाता है, परंतु आवृत्ति नहीं बदलती
   (c) इसका तरंगदैर्घ्य घटता है, परंतु आवृत्ति नहीं बदलती
   (d) इसका तरंगदैर्घ्य एवं आवृत्ति दोनों घट जाते हैं

5. जब प्रकाश का अपवर्तन होता है, तो इनमें से क्या नहीं बदलता?
   (a) तरंगदैर्घ्य (b) आवृत्ति
   (c) चाल (d) आयाम

6. इनमें से कौन-सा स्रोत सबसे अच्छा एकवर्णी (monochromatic) प्रकाश दे सकता है?
   (a) मोमबत्ती की लौ (b) फिलामेंट वाला बल्ब
   (c) ट्यूबलाइट (d) लेसर

7. प्रकाश तरंग का एक तरंगाग्र $x + y + z = c$ समीकरण से निरूपित होता है। प्रकाश के चलने की दिशा का x-अक्ष से कोण है

(a) 0° (b) 45°

(c) 90° (d) $\cos^{-1}\left(\frac{1}{\sqrt{3}}\right)$

8. दूर से आते प्रकाश का तरंगाग्र होगा, लगभग

(a) समतल के आकार का
(b) दीर्घवृत्तजीय (ellipsoidal) के आकार का
(c) बेलन के आकार का
(d) शंकु के आकार का

9. तरंग की तीव्रता दूरी के वर्ग के व्युत्क्रमानुपाती होती है $\left(I \propto \frac{1}{r^2}\right)$, यह नियम सत्य है

(a) बिंदु-स्रोत के लिए (b) रेखीय स्रोत के लिए
(c) समतल स्रोत के लिए (d) बेलनाकार स्रोत के लिए

10. Huygens के सिद्धांत का उपयोग होता है

(a) प्रकाश की चाल निकालने में
(b) प्रकाश के तरंगाग्र की स्थिति निकालने में
(c) किसी माध्यम का अपवर्तनांक निकालने में
(d) किसी माध्यम की प्रत्यास्थता निकालने में

11. Huygens के सिद्धांत में द्वितीयक स्रोत

(a) वास्तव में प्रकाश के स्रोत होते हैं
(b) से बेलनाकार तरंगिकाएँ निकलती हुई मानी जाती हैं
(c) से समतल तरंगिकाएँ निकलती हुई मानी जाती हैं
(d) से गोलाकार तरंगिकाएँ निकलती हुई मानी जाती हैं

12. रेखीय ध्रुवित (linearly polarized) प्रकाश में

(a) विद्युतीय क्षेत्र की दिशा एक ही रेखा के अनुदिश होती है, पर चुंबकीय क्षेत्र की दिशा बेतरतीब ढंग से (randomly) बदलती रहती है।
(b) चुंबकीय क्षेत्र की दिशा एक ही रेखा के अनुदिश होती है, पर विद्युतीय क्षेत्र की दिशा बेतरतीब ढंग से बदलती रहती है।
(c) विद्युतीय क्षेत्र की दिशा एक ही सरल रेखा के अनुदिश होती है और चुंबकीय क्षेत्र की दिशा भी एक ही सरल रेखा के अनुदिश होती है।
(d) विद्युतीय क्षेत्र एवं चुंबकीय क्षेत्र की दिशाएँ बेतरतीब ढंग से बदलती रहती हैं।

13. Brewster का कोण निर्भर करता है

(a) आपतन कोण पर (b) अपवर्तन कोण पर
(c) अपवर्तनांक पर (d) विद्युत क्षेत्र के आयाम पर

• सटीक उत्तरवाले प्रश्न II •

सही उत्तर (उत्तरों) का चयन करें।

1. प्रकाश की तरंग चल सकती है

(a) निर्वात में
(b) निर्वात में ही
(c) किसी पदार्थ के माध्यम में
(d) किसी पदार्थ के माध्यम में ही

2. इनमें कौन-से तथ्य प्रकाश की तरंग गति को निश्चित रूप से साबित करते हैं?

(a) प्रकाश परावर्तन के नियमों का पालन करता है।
(b) पानी में प्रकाश की चाल हवा में प्रकाश की चाल से कम होती है।
(c) प्रकाश व्यतिकरण प्रदर्शित करता है।
(d) प्रकाश फोटोइलेक्ट्रिक प्रभाव प्रदर्शित करता है।

3. निर्वात में जब प्रकाश चलता है तो विद्युतीय तथा चुंबकीय क्षेत्र

(a) के मान समय के साथ नहीं बदलते हैं
(b) के मान शून्य होते हैं
(c) की दिशाएँ प्रकाश के चलने की दिशा के लंबवत होती हैं
(d) आपस में लंबवत होते हैं

4. निर्वात में प्रकाश का एक पुंज x-दिशा में चल रहा है। इनमें कौन इसके तरंगाग्र को निरूपित कर सकता है?

(a) $x = K$ (b) $y = K$
(c) $z = K$ (d) $x + y + z = K$

5. एक माध्यम में जाता प्रकाश दूसरे माध्यम पर Brewster के कोण पर आपतित होता है। इस प्रकाश का एक भाग सतह से परावर्तित होगा, यदि आपतित प्रकाश

(a) अध्रुवित हो
(b) ध्रुवित हो और उसका विद्युतीय क्षेत्र आपतन तल में हो
(c) ध्रुवित हो और उसका विद्युतीय क्षेत्र आपतन तल के लंबवत हो
(d) ध्रुवित हो और उसका विद्युतीय क्षेत्र आपतन तल से 30° का कोण बनाता हो

6. हवा में चलती प्रकाश की एक तरंग का समीकरण है,

$$\vec{E} = \vec{E}_0 \cos[k(x - ct)].$$

(a) यह श्वेत प्रकाश का समीकरण हो सकता है।
(b) यह ध्रुवित प्रकाश (polarized light) का समीकरण हो सकता है।
(c) इस तरंग के चलने की दिशा $\vec{E}_0$ की दिशा है।
(d) यह एकवर्णी (monochromatic) प्रकाश का समीकरण है।

7. प्रकाश के अपवर्तन के नियमों को समझा जा सकता है

(a) Huygens के सिद्धांत से
(b) Fermat के सिद्धांत से
(c) गुरुत्वाकर्षण के सिद्धांत से
(d) आर्किमीडीज के सिद्धांत से

• अभ्यास के प्रश्न •

1. एक मनुष्य सामान्यतः देखने के लिए 400 nm से 700 nm तक का प्रकाश इस्तेमाल करता है। इस प्रकाश के लिए आवृत्ति का विस्तार निकालें।

2. सोडियम के वाष्प से उत्सर्जित प्रकाश का हवा में तरंगदैर्घ्य 589 nm है। (a) हवा में इस प्रकाश की आवृत्ति निकालें। (b) पानी (n = 1.33) में इसका तरंगदैर्घ्य निकालें। (c) पानी में इस प्रकाश की आवृत्ति निकालें। (d) पानी में इस प्रकाश की चाल निकालें।

3. क्वार्ट्ज का अपवर्तनांक 400 nm के प्रकाश के लिए 1.472 तथा 760 nm के प्रकाश के लिए 1.452 है। इन तरंगदैर्घ्यों वाले प्रकाश के वेग क्वार्ट्ज में निकालें।

4. एक द्रव में पीले प्रकाश की चाल 2.4×10^8 m/s है। पीले प्रकाश के लिए इस द्रव का अपवर्तनांक निकालें।

5. दो पोलराइज़र शीट एक-दूसरे के समानांतर रखे हुए हैं। इनके संचरण अक्ष एक दूसरे से 60° का कोण बना रहे हैं। तीव्रता I_0 का एक अध्रुवित, समानांतर प्रकाश किरणपुंज इन शीटों से गुजरता है। (a) दोनों से संचरित प्रकाश की तीव्रता निकालें। (b) दोनों शीटों के बीच एक तीसरा पोलराइज़र शीट उनके समानांतर रख दिया जाता है जिसका संचरण अक्ष इन दोनों से 30° का कोण बनाता है। तीनों शीटों से निकलते प्रकाश की तीव्रता निकालें।

6. अपवर्तनांक 1.40 वाले एक प्लास्टिक की सतह पर हवा से चलता प्रकाश पड़ता है। Brewster के कोण का मान बताएँ।

7. एक माध्यम में x-अक्ष के समानांतर चलते प्रकाश की एक तरंग का समीकरण,

$$\vec{E} = (1.0 \times 10^{-3}\ \mathrm{V/m})\,\hat{j}\cos[(5\times10^5\ \mathrm{m^{-1}})x - (10^{14}\ \mathrm{s^{-1}})t]$$ है।

इस माध्यम का अपवर्तनांक निकालें।

8. प्रकाश का एक पतला किरणपुंज हवा से चलता हुआ 1.52 अपवर्तनांक वाले काँच की सतह पर पड़ता है। यह सतह $z = 0$ द्वारा दी जाती है। प्रकाश के चलने की दिशा yz-तल में अभिलंब (z-अक्ष) से θ कोण बना रही है। इस किरणपुंज में विद्युतीय क्षेत्र,

$$\vec{E_0} = \left(\frac{3}{5}E_0\,\hat{i} + \frac{4}{5}E_0\cos\theta\,\hat{j} + \frac{4}{5}\sin\theta\,\hat{k}\right)$$

है। यदि θ = 56.7° हो, तो परावर्तित किरणपुंज में विद्युतीय क्षेत्र का आयाम निकालें। [tan 56.7° = 1.52]

9. वर्ष 1964 में वैज्ञानिकों (Cranshaw और Schiffer) ने यह स्थापित किया कि धरती की सतह के पास ऊर्ध्वाधर दिशा में नीचे आने पर फोटॉनों की ऊर्जा में कमी आती है। यदि फोटॉन को m द्रव्यमान की एक कणिका माना जाए, तो h ऊँचाई से नीचे आने पर इसकी गुरुत्वीय ऊर्जा में mgh की कमी आएगी। ऊपर वर्णित प्रयोग में 22.5 m नीचे आने पर E = 14.4 keV के फोटॉनों (गामा किरणें) की ऊर्जा में अंतर ΔE नापा गया। इस कल्पित कणिका का द्रव्यमान $m = \frac{E}{c^2}$ मानते हुए इस प्रयोग में अपेक्षित $\frac{\Delta E}{E}$ का मान निकालें। प्रयोग में प्राप्त मान इस परिणाम के काफी करीब पाया गया।

• उत्तर •

सटीक उत्तरवाले प्रश्न I

1. (c) **2.** (d) **3.** (d) **4.** (c) **5.** (b)
6. (d) **7.** (d) **8.** (a) **9.** (a) **10.** (b)
11. (d) **12.** (d) **13.** (c)

सटीक उत्तरवाले प्रश्न II

1. (a), (c) **2.** (b), (c) **3.** (c), (d)
4. (a) **5.** (a), (c), (d) **6.** (b), (d)
7. (a), (b)

अभ्यास के प्रश्न

1. 4.3×10^{14} Hz – 7.5×10^{14} Hz

2. (a) 5.09×10^{14} Hz (b) 443 nm
(c) 5.09×10^{14} Hz (d) 2.25×10^8 m/s

3. 2.04×10^8 m/s, 2.07×10^8 m/s **4.** 1.25

5. $\frac{9I_0}{32}$ **6.** 54.5° **7.** 1.5 **8.** $\frac{3}{5}I_0$ **9.** 2.5×10^{-15}

❑

अध्याय 32

प्रकाश तरंगों का व्यतिकरण

आपने कभी वर्षा से भीगी सड़क पर मोबिल बिखरा देखा है? पानी की सतह पर तेल की एक बूँद को फैलते देखा है? आपने साबुन के पानी के बुलबुले तो बनाए ही होंगे। हवा में उड़ते इन बुलबुलों को ध्यान से देखा है? ये सभी रंग-बिरंगे दिखाई देते हैं। न तो मोबिल में ऐसे रंग होते हैं, न तेल में और न ही साबुन के घोल में। परंतु, ये सभी तरह-तरह के रंग दिखाते हैं और यदि आप अपनी आँखों को थोड़ा इधर-उधर करें, तो ये रंग बदलते हुए भी नजर आते हैं। कैसे आते हैं ये रंग? इनके रंग, देखनेवाले द्वारा अपने सिर को जरा-सा इधर-उधर करने पर क्यों बदल जाते हैं? यह सब प्रकाश तरंगों के व्यतिकरण (interference) के कारण होता है। आप एक CD की डाटा रखनेवाली सतह को देखें। यह भी आपको कई बार रंग-बिरंगी दिखेगी। यह प्रकाश तरंगों के अध्यारोपण के एक और प्रकार, 'विवर्तन' (diffraction) के कारण होता है। इस अध्याय में हम प्रकाश के व्यतिकरण तथा विवर्तन की कुछ स्थितियों की चर्चा करेंगे।

प्रकाश के व्यतिकरण से संबंधित अपने प्रयोगों के निष्कर्ष को Thomas Young ने वर्ष 1802 में रॉयल सोसाइटी के समक्ष प्रस्तुत किया। इस पेपर के प्रकाशन ने प्रकाश के तरंग सिद्धांत को स्थापित करने में महत्त्वपूर्ण भूमिका निभाई। रॉयल सोसाइटी में दिए व्याख्यान में यंग ने यह प्रतिपादित किया कि यदि प्रकाश किसी एक स्रोत से निकलकर दो अलग-अलग रास्तों से चलकर एक ही स्थान पर पहुँचे, तो व्यतिकरण के कारण उसकी तीव्रता में क्रमिक उतार-चढ़ाव आता है। अपने पहले प्रयोग में यंग ने सूर्य के प्रकाश के एक पतले किरणपुंज के रास्ते में एक पतला-सा कार्ड रखा और कार्ड के दोनों ओर से जाते प्रकाश को सामने की दीवार पर देखा। इस दीवार पर विभिन्न रंगों के कम व अधिक तीव्रता के प्रकाश दिखे। यंग ने प्रकाश के व्यतिकरण के आधार पर इसकी व्याख्या की। इसी प्रयोग के परिष्कृत रूप को आज लाखों-करोड़ों विद्यार्थी स्कूलों, कॉलेजों में यंग के double slit प्रयोग (Young's double slit experiment) के नाम से करते हैं।

32.1 यंग का double slit प्रयोग

यह प्रयोग आजकल अनेक प्रयोगशालाओं में लेसर (laser) स्रोत से किया जाता है। इसे सोडियम लैंप से भी किया जाता है जो पीले रंग का प्रकाश उत्सर्जित करता है जिसका औसत तरंगदैर्घ्य 589.3 nm होता है। चित्र 32.1(a) में यंग के double slit प्रयोग के मुख्य भाग दिखाए गए हैं।

जैसा कि प्रयोग के नाम में निहित है, इसमें एक अपारदर्शी पट्टिका में पास-पास दो पतले रेखाछिद्र (slits) काट लिए जाते हैं। इन दोनों रेखाछिद्रों के समूह को हम double slit कहते हैं। ये रेखाछिद्र जितने पतले और नजदीक होंगे, प्रयोग के परिणाम उतने ही अच्छे होंगे।

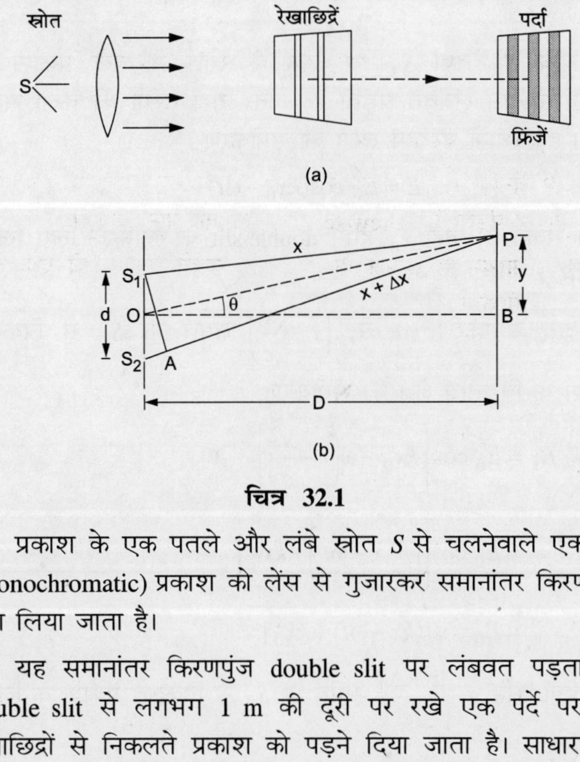

चित्र 32.1

प्रकाश के एक पतले और लंबे स्रोत S से चलनेवाले एकवर्णी (monochromatic) प्रकाश को लेंस से गुजारकर समानांतर किरणपुंज बना लिया जाता है।

यह समानांतर किरणपुंज double slit पर लंबवत पड़ता है। double slit से लगभग 1 m की दूरी पर रखे एक पर्दे पर इन रेखाछिद्रों से निकलते प्रकाश को पड़ने दिया जाता है। साधारणतः यह पर्दा प्रकाश की तीव्रता मापने का कोई यंत्र होता है या फिर टेलीस्कोप का लेंस होता है, जिसके माध्यम से हम प्रकाश की तीव्रता के परिवर्तन को देख सकते हैं। यदि आप लेसर का प्रयोग कर रहे हों, तो लेसर बीम सीधे ही double slit पर लंबवत डाल सकते हैं।

चित्र 32.1(b) में इस प्रायोगिक व्यवस्था की एक अनुप्रस्थ काट दिखाई गई है। S_1 तथा S_2 दो रेखाछिद्र हैं जिनके बीच की दूरी d है। इससे D दूरी पर पर्दा रखा गया है जहाँ इन रेखाछिद्रों से निकलकर प्रकाश पड़ रहा है। पर्दे का B बिंदु S_1 तथा S_2 से बराबर दूरी पर है। P, पर्दे पर एक दूसरा बिंदु है जो B से y दूरी पर है।

S_1S_2 के मध्यबिंदु O से P को मिलानेवाली रेखा OP, OB से θ कोण बनाती है। चूँकि यह चित्र सिर्फ एक अनुप्रस्थ काट का है, इसलिए चित्र में जो बिंदु हैं, वे वास्तव में इस तल पर लंब लकीरें हैं। P बिंदु पर S_1 से प्रकाश की तरंग $x = S_1P$ दूरी तय कर पहुँचती है, तो S_2 से $x + \Delta x = S_2P$ दूरी तय करके पहुँचती है।

यद्यपि रेखाछिद्रों पर आनेवाला प्रकाश एक ही दिशा में (चित्र में बाएँ से दाएँ) चल रहा है, लेकिन प्रत्येक रेखाछिद्र से गुजरने के बाद यह विभिन्न दिशाओं में फैल जाता है। यदि रेखाछिद्र बहुत पतला हो, तो सभी दिशाओं में इस प्रकाश के आयाम भी लगभग बराबर होंगे। इस फैलाव का कारण प्रकाश का विवर्तन है जिसकी चर्चा हम इसी अध्याय में बाद में करेंगे।

P बिंदु पर S_1 तथा S_2 से आते प्रकाश के विद्युतीय क्षेत्र किसी खास समय t पर क्या होंगे? जो प्रकाश S_1 से चलकर P बिंदु पर t समय पर पहुँचा है, वह S_1 से $t - \frac{x}{c}$ समय पर चला होगा। इसी तरह, जो प्रकाश S_2 से चलकर P बिंदु पर t समय पर पहुँचा है, वह S_2 से $t - \frac{x + \Delta x}{c}$ समय पर चला होगा।

चूँकि S_1 तथा S_2 पर एक ही स्रोत से चले प्रकाश की समानांतर बीम लंबवत पड़ती है, अतः यहाँ तरंगों की कला समान होगी। इन स्थानों पर हम तरंग का समीकरण,

$$E = E_0 \cos(kx_0 - \omega t) \qquad \text{... (i)}$$

लिख सकते हैं, जहाँ x_0 हमने double slit के स्थान के लिए लिखा है और t समय है।

अब समीकरण (i) से, $\left(t - \frac{x}{c}\right)$ समय पर S_1 से निकलते प्रकाश के विद्युतीय क्षेत्र का समीकरण,

$$E_1 = E_0 \cos\left[kx_0 - \omega\left(t - \frac{x}{c}\right)\right]$$

$$= E_0 \cos\left[\left(\frac{\omega}{c}x - \omega t\right) + kx_0\right]$$

$$= E_0 \cos[(kx - \omega t) + kx_0].$$

इसी तरह, $t - \frac{x + \Delta x}{c}$ समय पर S_2 से निकलते प्रकाश के लिए,

$$E_2 = E_0 \cos[kx - \omega t + k(x_0 + \Delta x)]$$

$$= E_0 \cos[kx - \omega t + kx_0 + \delta],$$

जहाँ $$\delta = k\Delta x = \frac{2\pi}{\lambda}\Delta x. \qquad \text{... (32.1)}$$

ये ही तरंगें t समय पर बिंदु P पर पहुँचेंगी। चूँकि S_1 तथा S_2 से निकलती बीम फैल रही है, इसलिए इनमें विद्युतीय क्षेत्र के आयाम दूरी के साथ कम हो जाएँगे। यदि P बिंदु पर बीम के इन आयामों को E_1 लिखें, तो इस बिंदु पर t समय पर कुल विद्युतीय क्षेत्र,

$$E = E_1 \cos[kx - \omega t + kx_0] + E_1 \cos[kx - \omega t + kx_0 + \delta]$$

या $$E = 2E_1 \cos\frac{\delta}{2} \cos\left[kx - \omega t + kx_0 + \frac{\delta}{2}\right] \qquad \text{... (ii)}$$

आप देख रहे हैं कि P बिंदु पर परिणामी तरंग का आयाम $2E_1 \cos\frac{\delta}{2}$ है, जिसकी कला S_1 से आती तरंग की कला से $\frac{\delta}{2}$ अधिक है। यहाँ, $\delta = \frac{2\pi}{\lambda}\Delta x$ का मान समय के साथ नहीं बदलता है, इसलिए P बिंदु पर प्रकाश की तीव्रता भी समय के साथ नहीं बदलती है। यदि हम P बिंदु परदे पर कहीं और लें, तो Δx का मान बदल जाएगा जिससे δ का मान भी बदल जाएगा और परिणामी आयाम तथा प्रकाश की तीव्रता भी बदल जाएगी।

यदि हम दोनों में से एक रेखाछिद्र को बंद कर दें, तो P बिंदु पर प्रकाश के विद्युतीय क्षेत्र का आयाम E_1 होगा और उसकी तीव्रता I_0 होगी। दोनों रेखाछिद्र रहने पर आयाम $2E_1 \cos\frac{\delta}{2}$ है। चूँकि तरंग की तीव्रता इसके आयाम के वर्ग के समानुपाती होती है, अतः दोनों रेखाछिद्रों के खुले रहने पर P बिंदु पर तीव्रता,

$$I = 4I_0 \cos^2\left(\frac{\delta}{2}\right) \qquad \text{... (32.2)}$$

होगी। जिन स्थानों पर δ का मान π का सम अपवर्त्य (even multiple) है, वहाँ $\cos^2\left(\frac{\delta}{2}\right) = 1$ और $I = 4I_0$ होगा तथा जहाँ δ का मान π का विषम अपवर्त्य (odd multiple) है, वहाँ $\cos^2\frac{\delta}{2} = 0$ और $I = 0$ होगा।

जैसा कि आप पहले से जानते हैं कि इन स्थितियों को क्रमशः संपोषी (constructive) व्यतिकरण तथा विनाशी (destructive) व्यतिकरण कहते हैं।

$\delta = 2n\pi$: संपोषी व्यतिकरण तथा अधिकतम तीव्रता
$\delta = (2n + 1)\pi$: विनाशी व्यतिकरण तथा न्यूनतम तीव्रता, ... (32.3)

जहाँ, n एक पूर्णांक है।

पर्दे पर भिन्न-भिन्न तीव्रता वाली पट्टियाँ फ्रिंज कहलाती हैं। जहाँ प्रकाश की तीव्रता अधिक होती है उसे bright fringe या दीप्त फ्रिंज तथा जहाँ तीव्रता कम होती है उसे dark fringe या अदीप्त फ्रिंज कहते हैं।

संपोषी तथा विनाशी व्यतिकरण की शर्तों को आप पथांतर Δx, के पदों में भी लिख सकते हैं। समीकरण (32.1) का उपयोग करने पर,

$\Delta x = n\lambda$: संपोषी व्यतिकरण
$\Delta x = \left(n + \frac{1}{2}\right)\lambda$: विनाशी व्यतिकरण. ... (32.4)

फ्रिंज की चौड़ाई (Fringe-width)

किसी अधिकतम तीव्रता के स्थान से अगली अधिकतम तीव्रता के स्थान के बीच की दूरी को फ्रिंज की चौड़ाई (fringe-width) कहते

हैं। क्रमागत (consecutive) न्यूनतम तीव्रता के स्थानों के बीच की दूरी भी वही होगी।

चित्र 32.1(b) में,

$$S_1P = \left[D^2 + \left(y - \frac{d}{2}\right)^2\right]^{1/2}$$

तथा $$S_2P = \left[D^2 + \left(y + \frac{d}{2}\right)^2\right]^{1/2}.$$

अतः, $\Delta x = S_2P - S_1P$

$$= \left[D^2 + \left(y + \frac{d}{2}\right)^2\right]^{1/2} - \left[D^2 + \left(y - \frac{d}{2}\right)^2\right]^{1/2}$$

$$= D\left[1 + \frac{(y + d/2)^2}{D^2}\right]^{1/2} - D\left[1 + \frac{(y - d/2)^2}{D^2}\right]^{1/2}.$$

हम यह मान रहे हैं कि पर्दे की दूरी D का मान d की तुलना में बहुत बड़ा है। जहाँ सामान्यतः d का मान एक मिलिमीटर का एक छोटा भाग होता है, D का मान मीटर में होता है। साथ ही, पर्दे पर फ्रिंजें केंद्र से थोड़ी दूर तक ही होती हैं। अतः, हम D का मान y की तुलना में भी काफी अधिक मानेंगे। ऐसी हालत में,

$$\Delta x \simeq D\left[1 + \frac{(y + d/2)^2}{2D^2}\right] - D\left[1 + \frac{(y - d/2)^2}{2D^2}\right]$$

$$= \frac{1}{2D}\left[\left(y + \frac{d}{2}\right)^2 - \left(y - \frac{d}{2}\right)^2\right] = y\frac{d}{D}.$$

अधिकतम तीव्रता वाले स्थानों के लिए,

$$\Delta x = y\frac{d}{D} = n\lambda$$

या $$y = n\frac{D\lambda}{d}$$

या $$y = 0,\ \pm\frac{D\lambda}{d},\ \pm\frac{2D\lambda}{d},\ \pm\frac{3D\lambda}{d},\ \ldots.$$

इसी प्रकार, न्यूनतम तीव्रता वाले स्थानों के लिए,

$$\Delta x = y\frac{d}{D} = \left(n + \frac{1}{2}\right)\lambda$$

या $$y = \pm\frac{D\lambda}{2d},\ \pm\frac{3D\lambda}{2d},\ \pm\frac{5D\lambda}{2d}, \ldots.$$

स्पष्ट है कि फ्रिंज की चौड़ाई, अर्थात एक अधिकतम तीव्रता के स्थान से अगले अधिकतम तीव्रता के स्थान की दूरी,

$$w = \frac{D\lambda}{d}. \qquad \ldots (32.5)$$

इस समीकरण से आप देखते हैं कि यदि रेखाछिद्रों के बीच की दूरी d को बढ़ा दिया जाए, तो फ्रिंजों की चौड़ाई घटती है, अर्थात अधिकतम तथा न्यूनतम तीव्रता वाली फ्रिंजें एक-दूसरे के नजदीक आती हैं। यदि d को λ की तुलना में बहुत ज्यादा बढ़ा दिया जाए, तो अधिकतम और न्यूनतम तीव्रता वाली फ्रिंजें इतनी नजदीक हो जाएँगी कि उनमें भेद करना कठिन हो जाएगा। ऐसी हालत में पूरे पर्दे पर एकसमान तीव्रता दिखाई देगी।

जब तरंगाग्र को सीमित किया जाता है, तो उसकी तरंग प्रकृति मुखर होती है। पर, यदि सीमित करनेवाली वस्तुओं का आकार तरंगदैर्घ्य से बहुत बड़ा हो जाता है, तो तरंग प्रकृति का प्रभाव देखना कठिन हो जाता है। रेखाछिद्रों के बीच की दूरी बढ़ने से फ्रिंज पैटर्न का अस्पष्ट हो जाना इसी का उदाहरण है।

अभ्यास 32.1

यंग के double slit के प्रयोग में रेखाछिद्रों के बीच की दूरी 0.10 mm है, प्रकाश का तरंगदैर्घ्य 600 nm है, तथा व्यतिकरण का पैटर्न 1.0 m दूर रखे पर्दे पर देखा जा रहा है। क्रमागत दीप्त (bright) फ्रिंजों के बीच की दूरी निकालें।

हल क्रमागत दीप्त फ्रिंजों के बीच की दूरी, अर्थात फ्रिंज की चौड़ाई

$$= \frac{D\lambda}{d} = \frac{(1.0\,\text{m}) \times (600 \times 10^{-9}\,\text{m})}{(0.10 \times 10^{-3}\,\text{m})} = 6.0\ \text{mm}.$$

यंग के double slit प्रयोग की गणनाओं में हमने प्रारंभ में दोनों रेखाछिद्रों पर विद्युतीय क्षेत्र का आयाम समान मान लिया था। यह तभी सत्य होगा जब दोनों रेखाछिद्रों की अपनी चौड़ाइयाँ (जिन्हें हमने बहुत कम माना था) आपस में बराबर हों। परंतु, यदि रेखाछिद्रों की चौड़ाइयाँ कम-ज्यादा हों या किसी एक पथ में प्रकाश का अवशोषण करनेवाला कोई पदार्थ हो, तो P बिंदु पर S_1 तथा S_2 से आनेवाले प्रकाश के विद्युतीय क्षेत्रों के आयाम भी कम-ज्यादा हो सकते हैं।

यदि S_1 तथा S_2 से आते प्रकाश के लिए यह आयाम क्रमशः E_1 तथा E_2 हों, तो परिणामी विद्युतीय क्षेत्र,

$$E = E_1 \cos(kx - \omega t + kx_0) + E_2 \cos(kx - \omega t + kx_0 + \delta)$$

होगा।

अब इसे सरल करने पर,

$$E = E_0 \cos(kx - \omega t + kx_0 + \epsilon),$$

जहाँ $$E_0^2 = E_1^2 + E_2^2 + 2E_1E_2 \cos\delta \qquad \ldots (32.6)$$

तथा $$\tan\epsilon = \frac{E_2 \sin\delta}{E_1 + E_2 \cos\delta}. \qquad \ldots (32.7)$$

यदि सिर्फ S_1 के कारण P पर तीव्रता I_1 तथा सिर्फ S_2 के कारण P पर तीव्रता I_2 हो, तो समीकरण (32.6) से यहाँ परिणामी तीव्रता,

$$I = I_1 + I_2 + 2\sqrt{I_1 I_2} \cos\delta \qquad \ldots (32.8)$$

अधिकतम तथा न्यूनतम तीव्रता के स्थान अभी भी समीकरण (32.3) के अनुसार ही होंगे। संपोषी व्यतिकरण के स्थानों पर $E_0 = E_1 + E_2$ तथा विनाशी व्यतिकरण के स्थानों पर $E_0 = E_1 - E_2$ होगा। अतः, न्यूनतम तीव्रता शून्य नहीं होगी।

32.2 प्रकाशीय पथ

मान लें कि एकवर्णी प्रकाश की कोई तरंग x-दिशा में अपवर्तनांक n वाले एक माध्यम में चल रही है तथा इसका समीकरण,

$$\vec{E} = \vec{E_0} \cos(kx - \omega t)$$

है। यदि इसके पथ पर s दूरी पर दो बिंदु लें, तो किसी समय t पर इन दोनों बिंदुओं पर तरंग का कलांतर,

$$\delta = [k(x+s) - \omega t] - [kx - \omega t] = ks$$

होगा।

चूँकि $k = \dfrac{\omega}{v} = \dfrac{n\omega}{c}$,

अतः $\delta = \dfrac{n\omega}{c} s.$ ... (i)

यदि यही तरंग निर्वात में (या हवा में) चलती और हम इस तरंग के चलने की दिशा में ns दूरी पर दो बिंदु लेते, तो किसी समय t पर इन दोनों बिंदुओं के बीच कलांतर,

$$\delta_1 = [k(x+ns) - \omega t] - [kx - \omega t]$$
$$= nks$$

होता। परंतु, निर्वात के लिए $k = \dfrac{\omega}{c}\cdot$

अतः, $\delta_1 = ns\dfrac{\omega}{c}\cdot$ ... (ii)

समीकरण (i) तथा (ii) से आप देखते हैं कि अपवर्तनांक n वाले माध्यम में किसी क्षण प्रकाश के पथ पर s दूरी के बिंदुओं के बीच उतना ही कलांतर होता है जितना कि निर्वात में चलते प्रकाश के पथ पर ns दूरी के बिंदुओं के बीच होता है।

अतः, इस माध्यम में प्रकाश द्वारा चली s दूरी निर्वात में चली ns दूरी के समतुल्य (equivalent) मानी जा सकती है। इस दूरी को प्रकाशीय पथ (optical path) कहते हैं। s को ज्यामितीय पथ भी कह सकते हैं।

अतः, किसी माध्यम में चला हुआ ज्यामितीय पथ s समतुल्य है प्रकाशीय पथ ns के, जहाँ n उस माध्यम का अपवर्तनांक है। जब कभी आप तरंग की कला का अंतर निकालने के लिए पथ का अंतर निकालें, तो आपको प्रकाशीय पथ का ही उपयोग करना चाहिए।

प्रकाशीय पथ की एक और व्याख्या महत्त्वपूर्ण है। तरंग द्वारा n अपवर्तनांक वाले माध्यम में Δx दूरी चलने में लगा समय $\Delta t = \dfrac{\Delta x}{(c/n)} = \dfrac{n\Delta x}{c}$ होगा। साथ ही, निर्वात में $n\Delta x$ दूरी चलने में लगा समय भी $\Delta t = \dfrac{n\Delta x}{c}$ होगा। अतः, तरंग द्वारा माध्यम में चली दूरी Δx निर्वात में उसके द्वारा चली $n\Delta x$ दूरी के समतुल्य है।

अतः, प्रकाश के चलने के रास्ते पर दो बिंदुओं A और B के बीच प्रकाशीय पथ निकालने के लिए आप प्रकाश द्वारा A से B तक जाने में लगे समय Δt की गणना करें। इतने समय में प्रकाश निर्वात में जितनी दूरी तय करता (अर्थात $c\Delta t$) वही A से B तक के प्रकाश का प्रकाशीय पथ है।

अभ्यास 32.2

एक बिंदुस्रोत A से चला प्रकाश एक उत्तल लेंस से गुजरकर बिंदु B पर उसका प्रतिबिंब बनाता है चित्र (32.2)। A से चलनेवाली तीन किरणें चित्र में दिखाई गई हैं। तीनों में से कौन-सी किरण का प्रकाशीय पथ सबसे लंबा है?

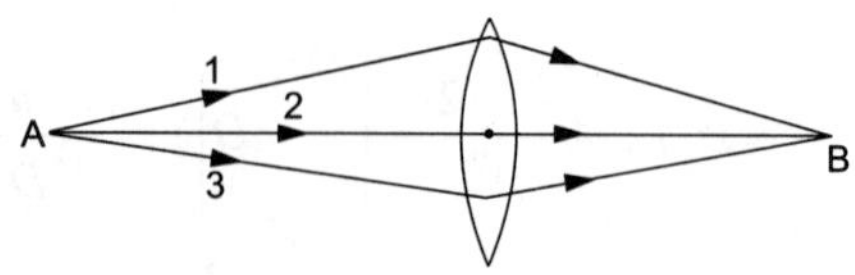

चित्र 32.2

हल A से B तक जाने में प्रकाश वह रास्ता चुनता है जिसमें उसे सबसे कम समय लगता है। यहाँ प्रकाश A से B तक जाने के लिए तीनों रास्ते अपना रहा है, इसका अर्थ है कि इसमें से किसी भी रास्ते में दूसरे से अधिक समय नहीं लग सकता। क्योंकि, एक जैसी अपवर्तक सतहों से गुजरने के लिए प्रकाश ऐसा रास्ता नहीं ले सकता जिसमें उसे किसी दूसरे रास्ते से ज्यादा समय लगे।

अतः, तीनों रास्तों में प्रकाश को बराबर समय Δt लगेगा। अतः, तीनों रास्तों के प्रकाशीय पथ $c\Delta t$ भी आपस में बराबर होंगे। यदि A बिंदु लेंस से बहुत दूर हो, तो लेंस पर पड़ता प्रकाश एक समानांतर बीम की भाँति होगा। आप इस बीम में यदि एक लंब सतह लें, तो इसके सभी बिदुओं से B तक के प्रकाशीय पथ बराबर होंगे। इस वक्तव्य का भाव स्वयं सिद्ध करें।

32.3 पतली पारदर्शी फिल्म से व्यतिकरण

चित्र 32.3 में एक पारदर्शी माध्यम की d मोटाई की एक फिल्म दिखाई गई है। इस माध्यम का अपवर्तनांक n है तथा यह हवा में (n = 1) रखी गई है। मान लें, अभिलंब से i कोण बनाते हुए प्रकाश इस फिल्म पर पड़ता है। यहाँ प्रकाश का एक भाग फिल्म

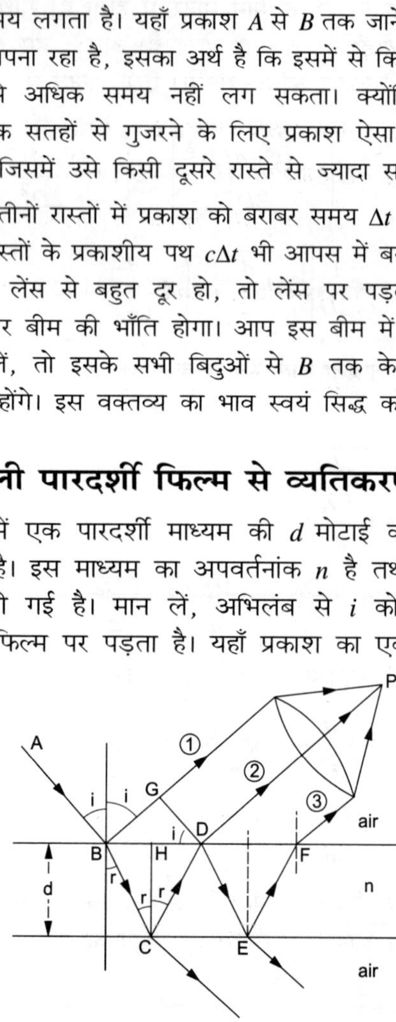

चित्र 32.3

की सतह से परावर्तित तथा बाकी भाग अपवर्तित हो जाता है। यह अपवर्तित प्रकाश फिल्म की दूसरी सतह पर पुनः बँट जाता है और एक भाग परावर्तित तथा दूसरा अपवर्तित होकर फिल्म के दूसरी ओर निकल जाता है। ऐसा ही सिलसिला बार-बार दोनों सतहों पर होता है। पहले माध्यम की ओर आनेवाली सभी प्रकाश तरंगें समानांतर रास्तों पर चलेंगी। चित्र 32.3 में इन तरंगों को एक उत्तल लेंस के द्वारा P बिंदु पर केंद्रित होता दिखाया गया है। यह लेंस आँख का लेंस भी हो सकता है, जो आँख की रेटिना पर प्रतिबिंब बनाता है और हम फिल्म को देख पाते हैं।

प्रत्येक परावर्तन और अपवर्तन के साथ प्रकाश की तीव्रता घटती जाती है। मुख्य रूप में पहली एवं दूसरी तरंगों का व्यतिकरण ही अधिक प्रभावी होता है। इसीलिए, हम चित्र 32.3 में दिखाई गई प्रकाश तरंगों ① तथा ② के बीच का कलांतर या प्रकाशीय पथ का अंतर निकालेंगे।

A से B तक ये तरंगें साथ-साथ चलती हैं। B पर ये तरंगें अलग-अलग होकर पहली तरंग BGP पथ से तथा दूसरी तरंग $BCDP$ पथ से चलकर P पर मिलती हैं। चित्र की रचना में DG पहली परावर्तित किरणा BG पर लंब डाला गया है। G से P तथा D से P पथ के प्रकाशीय पथ Fermat के सिद्धांत के अनुसार बराबर होंगे। इसलिए, P पर पहुँचती इन दोनों तरंगों के बीच प्रकाशीय पथों का अंतर उतना ही होगा जितना BG तथा BCD के बीच प्रकाशीय पथ का अंतर है।

चित्र 32.3 में कोण $GBD = 90° - i$ है, अतः कोण $GDB = i$.

अतः, BG का प्रकाशीय पथ

$$= BD \sin i = 2(BH) \sin i = 2d \tan r \sin i$$

$$= 2d \tan r (n \sin r) = 2nd \frac{\sin^2 r}{\cos r}\cdot$$

BCD का प्रकाशीय पथ $= n(BC + CD) = \dfrac{2nd}{\cos r}\cdot$

अतः, प्रकाशीय पथों का अंतर,

$$\Delta x = \frac{2nd}{\cos r} - \frac{2nd \sin^2 r}{\cos r}$$

$$= 2nd \frac{(1-\sin^2 r)}{\cos r}$$

$$= 2nd \cos r. \qquad \text{... (32.9)}$$

यदि हम फिल्म को लगभग लंब दिशा में पड़ते प्रकाश के परावर्तन के कारण आते प्रकाश से देखें, तो $i \approx 0$ तथा $r \approx 0$. ऐसी स्थिति में पहली दो परावर्तित तरंगों के बीच प्रकाशीय पथ का अंतर $\Delta x = 2nd$ तथा इनके बीच पथांतर के कारण कलांतर,

$$= \frac{2\pi}{\lambda} \Delta x = \frac{2\pi}{\lambda} \cdot 2nd = 4\pi n \frac{d}{\lambda}\cdot$$

पहले परावर्तन (AB के परावर्तन) के समय प्रकाश हवा से फिल्म पर पड़ता है। फिल्म का अपवर्तनांक हवा के अपवर्तनांक से अधिक है। जब प्रकाश की तरंग विरल माध्यम से चलकर सघन माध्यम की सतह पर पड़ती है, तो परावर्तन के समय उसकी कला में π का कलांतर हो जाता है। कलांतर का ऐसा परिवर्तन आपने डोरी पर चलती तरंगों के लिए तथा ध्वनि तरंगों के लिए पहले भी देखा है।

दूसरी तरंग BC का परावर्तन C बिंदु पर होता है। यहाँ प्रकाश सघन माध्यम से चलकर विरल माध्यम की सतह पर पड़ रहा है। अतः, यहाँ परावर्तन के समय कोई अचानक कलांतर नहीं होगा।

अतः, P पर पहुँचनेवाली पहली दो तरंगों के बीच कलांतर

$$= 4n\pi \frac{d}{\lambda} - \pi.$$

संपोषी व्यतिकरण के लिए,

$$\left[4n\pi \frac{d}{\lambda} - \pi\right] = 2m\pi, \text{ जहाँ } m \text{ एक पूर्णांक है।}$$

या $\quad 4n\pi \dfrac{d}{\lambda} = (2m+1)\pi$

या $$2nd = \left(m + \frac{1}{2}\right)\lambda. \qquad \text{... (32.10)}$$

विनाशी व्यतिकरण के लिए,

$$2nd = m\lambda. \qquad \text{... (32.11)}$$

क्या होगा यदि इस फिल्म पर श्वेत प्रकाश पड़ रहा हो और उसके परावर्तन से हम फिल्म को देखें? तरंगदैर्घ्य λ का मान लगभग 400 nm से 780 nm तक हो सकता है। तरंगदैर्घ्य के इस रेंज में जो तरंगदैर्घ्य m के किसी पूर्णांक मान के लिए समीकरण (32.10) को सही करेंगे, उन तरंगदैर्घ्यों का प्रकाश अधिक मात्रा में परावर्तित होगा। इसके विपरीत तरंगदैर्घ्यों के वे मान जो m के किसी पूर्णांक मान के लिए समीकरण (32.11) को सही करेंगे, उन तरंगदैर्घ्यों का प्रकाश कम मात्रा में परावर्तित होगा। ऐसी हालत में फिल्म पर कई प्रकार के रंग नजर आएँगे।

वस्तुतः, हम फिल्म को देखने के लिए सिर्फ लंबवत प्रकाश का ही उपयोग नहीं करते, इसलिए i तथा r के मान के अनुसार प्रकाशीय पथ [समीकरण (32.9)] के अंतर का मान बदलेगा। अतः, अलग-अलग कोणों से फिल्म को देखने पर अलग-अलग तरंगदैर्घ्य संपोषी एवं विनाशी व्यतिकरण करेंगे और फिल्म का रंग बदलता हुआ दिखाई देगा।

ऐसा ही कुछ होता है जब हम पानी पर तैरते तेल की फिल्म को या साबुन के बुलबुले को देखते हैं।

जिन परिस्थितियों में पहले माध्यम में लौटती तरंगों में, अर्थात फिल्म द्वारा परावर्तित प्रकाश में, संपोषी व्यतिकरण होता है, उन्हीं परिस्थितियों में फिल्म द्वारा संचरित प्रकाश में विनाशी व्यतिकरण होता है। और, जब परावर्तन में विनाशी व्यतिकरण होता है तब संचरित प्रकाश में संपोषी व्यतिकरण होता है। अर्थात, फिल्म कुछ तरंगदैर्घ्यों को काफी हद तक परावर्तित कर देती है और कुछ को काफी हद तक संचरित कर देती है।

अभ्यास 32.3

उस फिल्म की न्यूनतम मोटाई कितनी होगी जो श्वेत प्रकाश के 780 nm वाले घटक के बड़े अंश को परावर्तित न कर पाए। फिल्म के माध्यम का अपवर्तनांक 1.65 लें।

हल प्रश्न के अनुसार, 780 nm की परावर्तित तरंगों के बीच विनाशी व्यतिकरण होना चाहिए। इस तरह के विनाशी व्यतिकरण के लिए,

$$2nd = m\lambda,$$

जहाँ m एक पूर्णांक है। न्यूनतम मोटाई के लिए $m = 1$ होगा। अतः,

$$2 \times 1.65 \times d = 780 \text{ nm}$$

या $$d = \frac{780}{2 \times 1.65} \text{ nm} = 236 \text{ nm}.$$

इतनी कम मोटाई की फिल्म स्वतंत्र रूप में रख पाना कठिन है परंतु यदि शीशे की प्लेट पर इस मोटाई की फिल्म चढ़ा दी जाए तो वह 780 nm के प्रकाश के अधिकांश भाग को शीशे के पार ले जाएगी।

32.4 कला-संबद्ध एवं कला-असंबद्ध स्रोत

जब आप अपनी खिड़कियों पर लगे शीशे को बाहर से देखते हैं, तो श्वेत प्रकाश के परावर्तन का ही प्रयोग करते हैं। क्या वे आपको रंग-बिरंगे दिखते हैं? क्या अपने सिर को इधर-उधर करने से उनके रंग बदलते हैं? ऐसा नहीं होता है, लेकिन समीकरण (32.10) और (32.11) के अनुसार तो ऐसा होना चाहिए था।

इसको समझने के लिए आपको प्रकाश स्रोत द्वारा प्रकाश के उत्सर्जन की प्रक्रिया पर जाना होगा। हम इसकी थोड़ी चर्चा पिछले अध्याय में कर चुके हैं। प्रकाश का उत्सर्जन तब होता है जब स्रोत के परमाणु किन्हीं कारणों से अधिक ऊर्जा के स्तर पर होते हैं और उस स्थिति से कम ऊर्जा वाले स्तर पर लौटते हैं। कम ऊर्जा के स्तर पर आने के बाद ये तब तक प्रकाश उत्सर्जित नहीं कर सकते जब तक पुनः कहीं से ऊर्जा प्राप्त कर वे अधिक ऊर्जा वाले स्तर में नहीं पहुँच जाते। इस कारण अलग-अलग क्षणों में अलग-अलग परमाणुओं के समूह सक्रिय होते हैं और अल्पकाल के लिए प्रकाश की तरंग की एक छोटी लंबाई भेजते हैं। इसे हम तरंगावलि या wave train कहेंगे।

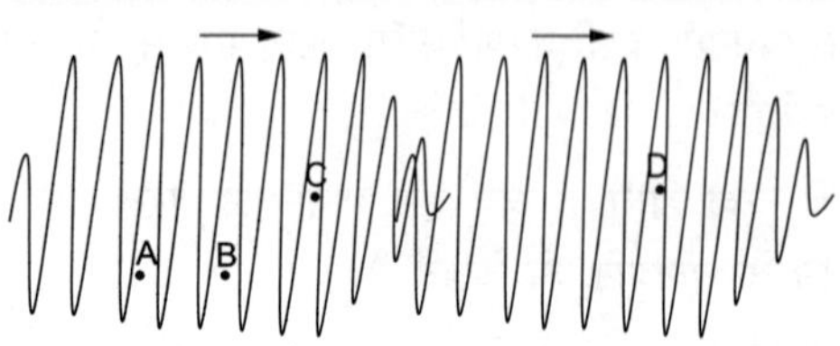

चित्र 32.4

एक परमाणु या परमाणु समूहों द्वारा भेजी गई तरंगावलि में भी कई करोड़ आवर्तकाल हो सकते हैं। अतः, हम यहाँ तरंग समीकरणों का प्रयोग कर सकते हैं। तरंग की कला का सूत्र $kx - \omega t + \delta$ होता है और इसके अनुसार किसी क्षण दो बिंदुओं के बीच का कलांतर $k\Delta x$ होगा। इसी प्रकार, किसी स्थान पर Δt समय अंतराल पर आती तरंगों के बीच का कलांतर $\omega\Delta t$ होगा। एक तरंगावलि से दूसरी तरंगावलि के बीच कला का कोई संबंध नहीं होता है, क्योंकि ये अलग-अलग परमाणु समूहों द्वारा उत्सर्जित हैं। कहा जा सकता है कि $kx - \omega t + \delta$ में δ का मान अलग-अलग तरंगावलि के लिए अलग-अलग है और इसका कोई निश्चित मान नहीं दिया जा सकता है।

यदि तरंग के चलने की दिशा में दो बिंदु A तथा B लिए जाएँ जो पास-पास हों (चित्र 32.4 में A तथा B), तो संभवतः वे एक ही तरंगावलि पर स्थित होंगे और इनके बीच का कलांतर $k\Delta x$ द्वारा दिया जा सकेगा। किंतु, यदि ये बिंदु दूर-दूर हों (चित्र 32.4 में C तथा D) तो वे अलग-अलग तरंगावलियों पर होंगे और उनके बीच कलांतर का कोई संबंध नहीं दिया जा सकेगा।

इसी प्रकार, किसी स्थान पर Δt समय के अंतराल पर आती तरंगों के बीच कलांतर $\omega\Delta t$ होगा, यदि Δt बहुत छोटा हो। यदि Δt बड़ा हो, तो वहाँ अलग-अलग तरंगावलियों की तरंगें आ रही होंगी जिनके बीच कोई कला का संबंध स्थापित नहीं किया जा सकता।

चित्र 32.3 में दिखाई गई फिल्म में BGP तथा $BCDP$ के बीच कलांतर की गणना की गई थी। चूँकि इन्हें P बिंदु पर एक साथ पहुँचना है, अतः BGP तरंग B बिंदु से बाद में चली होगी जबकि $BCDP$ तरंग पहले चली होगी। अर्थात, B बिंदु पर ये तरंगें Δt समय के अंतराल पर पहुँच रही हैं। चूँकि प्रकाशीय पथ का अंतर $\Delta x = 2nd\cos r$ पाया गया था, अतः समय का अंतराल $\Delta t = \frac{\Delta x}{c} = \frac{2nd\cos r}{c}$ होगा। यदि फिल्म की मोटाई d अधिक हो, तो यह Δt भी अधिक हो जाएगा और P बिंदु पर पहुँचती तरंगें अलग-अलग तरंगावलियों से आ रही होंगी। इस कारण इनके बीच का कलांतर बेतरतीब ढंग से (randomly) बदल रहा होगा। इस स्थिति में हमें संपोषी एवं विनाशी व्यतिकरण नहीं मिलेंगे। इसलिए, हमें अपनी खिड़कियों के शीशों से रंग-बिरंगी व्यतिकरण फ्रिंजें नहीं मिलतीं।

जब किसी स्थान पर पहुँचती दो तरंगों के बीच का कलांतर समय के साथ नहीं बदलता है तब वे तरंगें कला-संबद्ध (coherent) कही जाती हैं। यदि यह कलांतर समय के साथ बेतरतीब ढंग से बदलता रहे, तो ये तरंगें कला-असंबद्ध (incoherent) कही जाती हैं। व्यतिकरण के लिए तरंगों का कला-संबद्ध होना आवश्यक है। ध्वनि तरंगों के संदर्भ में हम यह चर्चा पहले भी कर चुके हैं।

यदि प्रकाश स्रोत आकार में बड़ा हो, तो किसी भी समय उसके विभिन्न भाग जो तरंगावलि भेजते हैं, उनके बीच भी कला-संबद्धता का अभाव हो सकता है। ये अलग-अलग स्वतंत्र रूप से अपनी-अपनी तरंगावलियाँ भेज सकते हैं। ऐसी परिस्थिति में Δx या Δt के छोटे होने पर भी व्यतिकरण नष्ट हो जा सकता है। इसीलिए, double slit के प्रयोग में स्रोत से निकले प्रकाश को पहले एक सूक्ष्म रेखाछिद्र से गुजार लेते हैं और फिर double slit पर डालते हैं।

यदि हमारी प्रकाश तरंगें अलग-अलग तरंगावलियों पर हों, तो न केवल उनके बीच कला-संबद्धता नहीं होती, बल्कि उनके विद्युतीय क्षेत्र की दिशाएँ भी बिलकुल अलग हो सकती हैं। ऐसी परिस्थिति में तरंगों के विद्युत-क्षेत्रों को परिमाण के आधार पर जोड़ना भी संभव नहीं होगा।

• हल किए गए प्रश्न •

1. *एकवर्णीय प्रकाश यदि पानी में 2.25 cm चलता है, तो उसका प्रकाशीय पथ उतना ही होता है जितना काँच में 2.00 cm चलने पर। यदि पानी का अपवर्तनांक 1.33 हो, तो काँच का अपवर्तनांक निकालें।*

हल पानी में प्रकाशीय पथ = (1.33)(2.25 cm),

काँच में प्रकाशीय पथ = n(2.00 cm),

जहाँ काँच का अपवर्तनांक n है। चूँकि ये प्रकाशीय पथ बराबर हैं, अतः

$$(1.33)\ (2.25\text{ cm}) = n(2.00\text{ cm})$$

या $$n = \frac{1.33 \times 2.25}{2.00} = 1.50.$$

2. *एक double slit से श्वेत प्रकाश भेजा जाता है और व्यतिकरण का पैटर्न 2.5 m दूरी पर रखे पर्दे पर देखा जाता है। रेखाछिद्रों के बीच की दूरी 0.5 mm है। पैटर्न के केंद्र पर बनी श्वेत फ्रिंज के बाद इससे 2.0 mm पर पहली बैंगनी दीप्त फ्रिंज बनती है और 3.5 mm दूरी पर पहली लाल दीप्त फ्रिंज बनती है। इन दोनों रंगों का तरंगदैर्घ्य निकालें।*

हल पहली दीप्त फ्रिंज के लिए पैटर्न के केंद्र से दूरी, $y = \frac{D\lambda}{d}\cdot$

बैंगनी प्रकाश के लिए, y = 2.00 mm.

अतः, $$2.0\text{ mm} = \frac{(2.5\text{ m}) \times \lambda}{0.5\text{ mm}}$$

या $$\lambda = \frac{(0.5\text{ mm}) \times (2.0\text{ mm})}{2.5\text{ m}} = 400\text{ nm}.$$

इसी प्रकार, लाल प्रकाश के लिए y = 3.5 mm.

अतः, $$3.5\text{ mm} = \frac{(2.5\text{ m}) \times \lambda}{0.5\text{ mm}}$$

या $$\lambda = \frac{(3.5\text{ mm}) \times (0.5\text{ mm})}{2.5\text{ m}} = 700\text{ nm}.$$

3. *एक double slit प्रयोग में सोडियम लैंप से निकलते 589.3 nm तरंगदैर्घ्य की पीली रोशनी का इस्तेमाल किया जाता है। व्यतिकरण का पैटर्न 100 cm दूरी पर स्थित एक दीवार पर प्राप्त किया जाता है। यदि पैटर्न के केंद्र से 5वीं दीप्त फ्रिंज की दूरी 6 mm हो, तो रेखाछिद्रों के बीच की दूरी निकालें।*

हल पैटर्न के केंद्र से nवीं दीप्त फ्रिंज की दूरी,

$$y = \frac{n\lambda D}{d}\cdot$$

प्रश्न के अनुसार, $n = 5$ एवं $y = 6$ mm.

$$\therefore \quad d = \frac{n\lambda D}{y} = \frac{5 \times (589.3\text{ nm}) \times (100\text{ cm})}{6\text{ mm}}$$

$$= 0.49\text{ mm}.$$

4. *यंग के double slit उपकरण के एक रेखाछिद्र से आते प्रकाश की तीव्रता दूसरे रेखाछिद्र से आते प्रकाश की तीव्रता से दोगुनी है। इस double slit से बने व्यतिकरण पैटर्न में अधिकतम तथा न्यूनतम तीव्रता का अनुपात निकालें।*

हल तीव्रता आयाम के वर्ग के समानुपाती होती है। अतः, प्रश्नानुसार यहाँ दोनों रेखाछिद्रों से आती प्रकाश तरंगों के आयामों का अनुपात $\sqrt{2}:1$ है। यदि एक का आयाम A हो, तो दूसरी का $\sqrt{2}A$ होगा।

अधिकतम तीव्रता के स्थान पर तरंगों के आयाम जुड़ जाते हैं। अतः, वहाँ परिणामी आयाम $= (\sqrt{2}+1)A$. न्यूनतम तीव्रता के स्थान पर परिणामी आयाम दोनों आयामों के अंतर के बराबर होता है। अतः, यहाँ परिणामी आयाम $= (\sqrt{2}-1)A$.

अतः, $$\frac{\text{अधिकतम तीव्रता}}{\text{न्यूनतम तीव्रता}} = \frac{(\sqrt{2}+1)^2}{(\sqrt{2}-1)^2} = 34.$$

अर्थात, अधिकतम तीव्रता एवं निम्नतम तीव्रता का अनुपात = 34 :1.

5. *एक double slit में एक रेखाछिद्र की चौड़ाई दूसरी से दोगुनी है। रेखाछिद्र से आती तरंग का आयाम रेखाछिद्र की चौड़ाई के समानुपाती मानते हुए व्यतिकरण पैटर्न में अधिकतम तीव्रता एवं न्यूनतम तीव्रता का अनुपात निकालें।*

हल यदि एक रेखाछिद्र से आती तरंग का आयाम A हो, तो प्रश्नानुसार दूसरी रेखाछिद्र से आती तरंग का आयाम $2A$ होगा। संपोषी व्यतिकरण के स्थान पर परिणामी आयाम $= 2A + A = 3A$ होगा तथा विनाशी व्यतिकरण के स्थान पर परिणामी आयाम $= 2A - A = A$ होगा।

अतः, $$\frac{\text{अधिकतम तीव्रता}}{\text{न्यूनतम तीव्रता}} = \frac{(3A)^2}{(A)^2} = 9.$$

6. *दो कला-संबद्ध स्रोत S_1 तथा S_2 एक-दूसरे से 1.0×10^{-2} cm की दूरी पर हैं तथा 600 nm का प्रकाश उत्सर्जित कर रहे हैं। प्रकाश का एक संसूचक S_1S_2 पर लंबरेखा S_1P पर चलाया जा सकता है। (a) संसूचक को न्यूनतम तथा अधिकतम पथांतर (path difference) कितना मिलेगा? (b) स्रोतों से सर्वाधिक दूर न्यूनतम तीव्रता का स्थान पता करें।*

हल (a) प्रश्न में दी गई परिस्थिति चित्र 32.W1 से दिखाई जा सकती है। दोनों स्रोतों से आती तरंगों के बीच अधिकतम पथांतर तब होगा जब संसूचक S_1 के बिलकुल पास हो। इस स्थिति में पथांतर, $d = 1.0 \times 10^{-2}$ cm होगा। जब संसूचक S_1P रेखा पर बहुत दूर चला जाएगा, तो पथांतर नगण्य हो जाएगा। अतः, न्यूनतम पथांतर = 0.

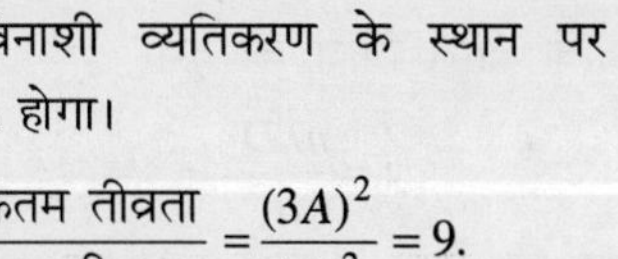

चित्र 32.W1

(b) सबसे दूर की न्यूनतम तीव्रता का स्थान वहाँ होगा, जहाँ $S_2P - S_1P = \frac{\lambda}{2}$ हो।

यदि $S_1P = D$ हो, तो $S_2P = \sqrt{D^2 + d^2}$,
जहाँ $d = 1.0 \times 10^{-2}$ cm.

अतः, $\sqrt{D^2+d^2}-D=\frac{\lambda}{2}$

या $D^2+d^2=\left(D+\frac{\lambda}{2}\right)^2$

या $d^2=D\lambda+\frac{\lambda^2}{4}$

या $D=\frac{d^2}{\lambda}-\frac{\lambda}{4}$

$$=\frac{(1.0\times10^{-4}\text{ m})^2}{600\times10^{-9}\text{ m}}-150\times10^{-9}\text{ m}$$

$$=1.7\text{ cm}.$$

7. *प्रकाश की एक बीम में मुख्यतः 6500 Å तथा 5200 Å तरंगदैर्घ्य के प्रकाश हैं। इस बीम से एक double slit को प्रकाशित किया जाता है। रेखाछिद्रों के बीच की दूरी 0.2 mm है तथा पर्दे एवं रेखाछिद्रों के बीच की दूरी 120 cm है। (a) तरंगदैर्घ्य 6500 Å के लिए पैटर्न के केंद्र से तीसरी दीप्त फ्रिंज की दूरी निकालें। (b) पैटर्न के केंद्र से वह न्यूनतम दूरी क्या होगी, जहाँ तरंगदैर्घ्य 6500 Å तथा 5200 Å की दो दीप्त फ्रिंजें एक ही स्थान पर बन रही हों?*

हल (a) केंद्र से nवीं दीप्त फ्रिंज की दूरी,

$$y=\frac{n\lambda D}{d}.$$

6500 Å के प्रकाश के लिए तीसरी दीप्त फ्रिंज की दूरी,

$$y=\frac{3\times6500\times10^{-10}\text{ m}\times1.2\text{ m}}{0.2\times10^{-3}\text{ m}}$$

$$=1.17\text{ cm}.$$

(b) मान लें कि केंद्र से y दूरी पर 6500 Å वाले प्रकाश की mवीं दीप्त फ्रिंज तथा 5200 Å वाले प्रकाश की nवीं दीप्त फ्रिंज बनती हैं। अतः,

$$\frac{m\times6500\text{ Å}\times D}{d}=\frac{n\times5200\text{ Å}\times D}{d}$$

या $\frac{m}{n}=\frac{5200}{6500}=\frac{4}{5}.$

इन न्यूनतम दूरी को ज्ञात करने के लिए m तथा n के मान भी न्यूनतम होने चाहिए। अतः, $m=4$ तथा $n=5$ होगा।

अतः, केंद्र से दूरी,

$$y=\frac{4\times6500\times10^{-10}\text{ m}\times1.2\text{ m}}{0.2\times10^{-3}\text{ m}}=1.56\text{ cm}.$$

8. *एक double slit के प्रयोग में 600 nm के प्रकाश का उपयोग किया जा रहा है। एक रेखाछिद्र के सामने 1.6 अपवर्तनांक वाले पदार्थ से बनी 1.8×10^{-5} m की फिल्म रख दी गई है। इस फिल्म को रखने से कितनी फ्रिंजें सरक जाएँगी?*

हल जब प्रकाश d मोटाई की फिल्म में चलेगा, तो उसके द्वारा तय किया हुआ प्रकाशीय पथ nd होगा, जहाँ n फिल्म के पदार्थ का अपवर्तनांक है। जब फिल्म नहीं थी तब वहाँ हवा थी और प्रकाश की तरंग का प्रकाशीय पथ d था। अतः, फिल्म रखने से प्रकाशीय पथ में $(n-1)d$ की वृद्धि हो गई है। चूँकि दूसरे रेखाछिद्र से जाती तरंग के प्रकाशीय पथ में कोई अंतर नहीं आया है, इसलिए फिल्म को रखने पर पर्दे पर पहुँचती दोनों तरंगों के प्रकाशीय पथों का अंतर $(n-1)d$ से बदल जाएगा। यदि यह अंतर λ से बदल जाए, तो एक फ्रिंज सरक जाएगी। अतः, सरकने वाली फ्रिंजों की संख्या

$$=\frac{(n-1)d}{\lambda}$$

$$=\frac{(1.6-1)\times(1.8\times10^{-5}\text{ m})}{600\text{ nm}}=18.$$

अतः, फिल्म लगा देने से 18 फ्रिंजें सरक जाएँगी।

9. *0.50×10^{-6} m मोटाई की एक काँच की पतली शीट पर श्वेत प्रकाश लंबवत पड़ रहा है। काँच का अपवर्तनांक 1.50 है। श्वेत प्रकाश के तरंगदैर्घ्य रेंज 400–700 nm में कौन-से तरंगदैर्घ्यों के प्रकाश का अधिकतम परावर्तन होगा?*

हल अधिकतम परावर्तन के लिए,

$$2nd=\left(p+\frac{1}{2}\right)\lambda, \quad \text{... (i)}$$

जहाँ $p=0, 1, 2, \ldots$ आदि तथा n अपवर्तनांक है।

या $\left(p+\frac{1}{2}\right)=\frac{2nd}{\lambda}$

$$=\frac{2\times1.5\times0.50\times10^{-6}\text{ m}}{\lambda}$$

$$=\frac{1.5\times10^{-6}\text{ m}}{\lambda}.$$

λ को 400 nm रखने से,

$$p+\frac{1}{2}=\frac{1.5\times10^{-6}\text{ m}}{400\text{ nm}}=3.75$$

या $p=3.25.$

λ को 700 nm रखने से,

$$p+\frac{1}{2}=\frac{1.5\times10^{-6}\text{ m}}{700\text{ nm}}=2.14$$

या $p=1.64.$

अतः, 400 nm से 700 nm के बीच p के पूर्णांक मान 2 तथा 3 होंगे। p के ये मान रखने पर तरंगदैर्घ्य के मान, जिनके लिए अधिकतम परावर्तन होगा, होंगे

$$\lambda=\frac{2nd}{p+\frac{1}{2}}=600\text{ nm तथा }429\text{ nm}.$$

• विचार हेतु प्रश्न •

1. *क्या हम ध्वनि के साथ यंग का double slit प्रयोग कर सकते हैं? स्पष्ट व्यतिकरण पैटर्न प्राप्त करने के लिए स्लिटों के बीच की दूरी का मान लगभग कितना होना चाहिए? "दीप्त" एवं "अदीप्त" फ्रिंजों का पता कैसे लगाया जा सकता है?*

2. *क्या double slit के प्रयोग में दोनों तरंगों की तीव्रताओं का मान समान होना आवश्यक है? यदि ये तीव्रताएँ बराबर न हों, तो फ्रिंजों की स्पष्टता पर क्या असर पड़ेगा?*

3. *क्या व्यतिकरण के प्रयोग से यह जाना जा सकता है कि प्रकाश की तरंगें अनुप्रस्थ हैं या अनुदैर्घ्य?*

4. *जब दो मोमबत्तियों को जलाकर पास-पास रखते हैं और दूर दीवार पर उनके प्रकाश को देखते हैं, तो हमें व्यतिकरण पैटर्न क्यों नहीं मिलता? यदि मोमबत्तियों की जगह दो लेसर स्रोत रख दिए जाएँ तो क्या व्यतिकरण पैटर्न मिलेगा?*

5. *यदि double slit के प्रयोग में स्लिटों के बीच की दूरी बढ़ा दी जाए, तो फ्रिंज की चौड़ाई पर क्या असर पड़ेगा? यदि यह दूरी बहुत ज्यादा बढ़ा दी जाए, तो क्या यह पैटर्न दिखने योग्य रहेगा?*

6. *मान लें कि श्वेत प्रकाश एक double slit पर पड़ता है, परंतु एक रेखाछिद्र के सामने एक फिल्टर लगा है जो सिर्फ बैंगनी रंग के प्रकाश ($\lambda = 400$ nm) को निकलने देता है। फ्रिंज पैटर्न की प्रकृति का वर्णन करें।*

• सटीक उत्तरवाले प्रश्न I •

सही उत्तर का चयन करें।

1. प्रकाश के दो स्रोत कला-संबद्ध कहलाते हैं यदि
   (a) उनकी तरंगों के तरंगदैर्घ्य समान हों।
   (b) उनकी तरंगों की चालें समान हों।
   (c) उनकी तरंगों के तरंगाग्र एक ही आकार के हों।
   (d) किसी स्थान पर पहुँचती उनकी तरंगों के बीच कलांतर समान हों।

2. यदि तेल की बूँद पानी की सतह पर फैला दी जाए, तो दिन की रोशनी में यह सुंदर रंग प्रदर्शित करती है। इसका सबसे प्रमुख कारण है
   (a) अपवर्तन (b) परावर्तन (c) ध्रुवण (d) व्यतिकरण

3. दो कला-संबद्ध स्रोत अलग-अलग तीव्रताओं की तरंगें भेजते हैं। उनके व्यतिकरण से बनी फ्रिंजों की अधिकतम तथा न्यूनतम तीव्रताओं का अनुपात 25 : 1 है। स्रोतों द्वारा भेजी गई तरंगों की तीव्रताओं का अनुपात होगा
   (a) 25 : 1 (b) 5 : 1 (c) 9 : 4 (d) 625 : 1

4. Double slit प्रयोग में दोनों स्लिट एक-से हैं और स्रोत इनसे बराबर दूरी पर रखा है। केंद्रीय फ्रिंज की तीव्रता I_0 है। यदि एक रेखाछिद्र को बंद कर दिया जाए, तो केंद्रीय फ्रिंज के स्थान पर तीव्रता हो जाएगी
   (a) I_0 (b) $\frac{I_0}{4}$
   (c) $\frac{I_0}{2}$ (d) $4I_0$

5. Double slit प्रयोग में एक स्लिट के सामने एक पतली पारदर्शी शीट रख दी जाती है। फ्रिंजों की चौड़ाई
   (a) बढ़ जाएगी। (b) घट जाएगी।
   (c) नहीं बदलेगी। (d) अनियमित हो जाएगी।

6. यदि पूरे double slit उपकरण को पानी में डुबा दिया जाए, तो
   (a) फ्रिंजों की चौड़ाई घट जाएगी।
   (b) फ्रिंजों की चौड़ाई बढ़ जाएगी।
   (c) फ्रिंजों की चौड़ाई नहीं बदलेगी।
   (d) फ्रिंज पैटर्न समाप्त हो जाएगा।

• सटीक उत्तरवाले प्रश्न II •

सही उत्तर (उत्तरों) का चयन करें।

1. यंग के double slit प्रयोग में प्रकाश स्रोत लाल रंग का प्रकाश दे रहा है। यदि स्रोत बदलकर नीले रंग का प्रकाश उपयोग में लाया जाए, तो
   (a) फ्रिंजें और चमकीली हो जाएँगी।
   (b) क्रमागत फ्रिंजें नजदीक आ जाएँगी।
   (c) अदीप्त फ्रिंजों की तीव्रता बढ़ जाएँगी।
   (d) केंद्रीय दीप्त फ्रिंज की जगह अदीप्त फ्रिंज आ जाएगी।

2. यदि यंग का double slit प्रयोग श्वेत प्रकाश से किया जाए, तो
   (a) केंद्रीय फ्रिंज श्वेत होगी।
   (b) शून्य तीव्रता वाली कोई फ्रिंज नहीं होगी।
   (c) केंद्रीय फ्रिंज की बगल वाली फ्रिंज लाल होगी।
   (d) केंद्रीय फ्रिंज की बगल वाली फ्रिंज बैंगनी होगी।

3. चार प्रकाश तरंगों के समीकरण नीचे दिए गए हैं
   (i) $y = a_1 \sin(kx - \omega t)$ (ii) $y = a_2 \sin(kx - \omega t + \epsilon)$
   (iii) $y = a_1 \sin 2(kx - \omega t)$ (iv) $y = a_2 \sin 2(kx - \omega t + \epsilon)$
   व्यतिकरण की फ्रिंजें बनने के लिए अध्यारोपण हो सकता है
   (a) (i) और (ii) का (b) (i) और (iii) का
   (c) (ii) और (iv) का (d) (iii) और (iv) का

4. एक double slit प्रयोग में एकवर्णीय प्रकाश रेखाछिद्रों S_1 तथा S_2 पर लंबवत पड़ रहा है। पर्दे के किन स्थानों पर S_1 तथा S_2 से एक ही समय चली तरंगें एक साथ पहुँचती हैं?
   (a) केंद्रीय दीप्त फ्रिंज
   (b) सभी दीप्त फ्रिंजें
   (c) सभी अदीप्त फ्रिंजें
   (d) पूरा व्यतिकरण पैटर्न

5. Double slit प्रयोग में किसी बिंदु पर व्यतिकरण करनेवाली दोनों तरंगों के
   (a) विद्युतीय क्षेत्र एक ही रेखा के अनुदिश होंगे।
   (b) चुंबकीय क्षेत्र एक ही रेखा के अनुदिश होंगे।
   (c) बीच कलांतर समय के साथ नहीं बदलता।
   (d) तरंगदैर्घ्य समान होंगे।

6. एक विद्यार्थी double slit प्रयोग करता है, पर पर्दे पर उसे फ्रिंजें नहीं मिलतीं। इसके संभव कारण हो सकते हैं
   (a) S_1 तथा S_2 रेखाछिद्रों से आती तरंगें कला-संबद्ध नहीं हैं।
   (b) S_1 तथा S_2 के बीच की दूरी जरूरत से ज्यादा है।
   (c) रेखाछिद्रों की चौड़ाइयाँ बराबर नहीं हैं।
   (d) परदा रेखाछिद्रों के तल के ठीक समानांतर नहीं है।

7. चित्र 32.Q1 में दो पारदर्शी पट्टिकाएँ एक के ऊपर दूसरी दिखाई गई है। इस संयुक्त पट्टिका से परावर्तित होती चार किरणें ①, ②, ③ तथा ④ दिखाई गई हैं। इनमें से किस किरण की कला में π का अचानक परिवर्तन हुआ है?
   (a) 1 (b) 2
   (c) 3 (d) 4

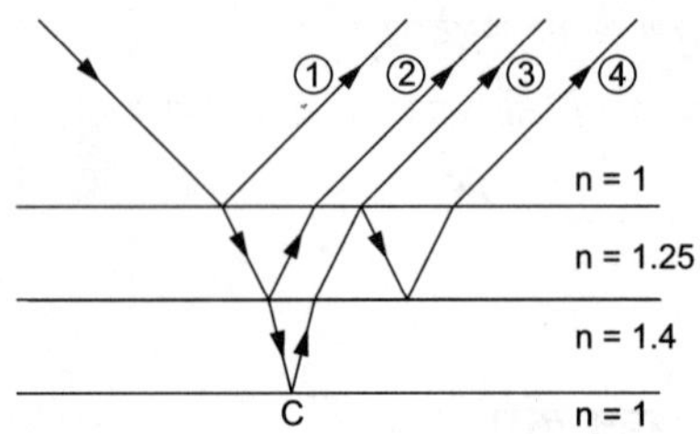

चित्र 32.Q1

• अभ्यास के प्रश्न •

1. दो स्लिट 1.0 cm की दूरी पर रखे गए हैं तथा इनसे कला-संबद्ध प्रकाश की तरंगें निकल रही हैं। इनके व्यतिकरण पैटर्न को 1.0 m की दूरी पर रखे पर्दे पर देखा जाता है। प्रकाश का तरंगदैर्घ्य 5.0×10^{-7} m है। (a) क्रमागत दीप्त फ्रिंजों के बीच की दूरी निकालें। क्या आप इनको अलग-अलग देख पाने की आशा करते हैं? (b) स्लिटों के बीच की दूरी क्या हो, ताकि क्रमागत दीप्त फ्रिंजों के बीच की दूरी 1.0 mm हो?

2. Double slit के एक प्रयोग में क्रमागत अदीप्त फ्रिंजों के बीच की दूरी 1.0 mm है। स्लिटों के बीच की दूरी 1.0 mm है तथा पर्दे को स्लिटों से 2.5 m की दूरी पर रखा गया है। प्रयोग में लाए गए प्रकाश का तरंगदैर्घ्य निकालें।

3. Double slit के एक प्रयोग में रेखाछिद्रों के बीच की दूरी 1.0 mm, प्रकाश का तरंगदैर्घ्य 500 nm तथा रेखाछिद्रों से पर्दे की दूरी 1.0 m है। (a) केंद्रीय दीप्त फ्रिंज के केंद्र से अगली अदीप्त फ्रिंज के केंद्र के बीच की दूरी निकालें। (b) पर्दे की 0.5 cm चौड़ाई में कितनी दीप्त फ्रिंजें बनेंगी?

4. यंग के double slit प्रयोग में 0.800 mm दूरी पर रखी दो पतली स्लिटों पर 589 nm का पीला प्रकाश लंबवत डाला जाता है। 2.00 m की दूरी रखे पर्दे पर क्रमागत दीप्त फ्रिंजें कितनी दूरी पर होंगी?

5. Double slit प्रयोग में रेखाछिद्रों के बीच की दूरी 2.0 mm है तथा 500 nm का बैंगनी-नीला प्रकाश उपयोग में लाया जा रहा है। क्रमागत दीप्त फ्रिंजों के बीच कोणीय दूरी निकालें।

6. एक प्रकाश स्रोत 480 nm तथा 600 nm का प्रकाश उत्सर्जित करता है। इसे double slit पर डालते हैं जिसमें स्लिटों के बीच की दूरी 0.25 mm है तथा व्यतिकरण पैटर्न 150 cm दूर रखे पर्दे पर प्राप्त किया जाता है। पैटर्न में केंद्रीय फ्रिंज के बाद दोनों तरंगदैर्घ्यों के लिए बननेवाली पहली दीप्त फ्रिंजों के बीच की दूरी निकालें।

7. यंग के double slit प्रयोग में श्वेत प्रकाश का उपयोग किया जाता है। केंद्रीय फ्रिंज के बाद कौन-सी पहली बैंगनी फ्रिंज (400 nm) वहीं बनेगी, जहाँ कोई लाल फ्रिंज (700 nm) बन रही है?

8. उस पारदर्शी फिल्म की मोटाई बताएँ जो लंबवत जाते प्रकाश के प्रकाशीय पथ में $\lambda/2$ का परिवर्तन ले आए, जहाँ λ प्रकाश का तरंगदैर्घ्य है। फिल्म का अपवर्तनांक n है।

9. Double slit प्रयोग में एक स्लिट के सामने n अपवर्तनांक तथा t मोटाई की एक फिल्म रख दी जाती है। (a) फिल्म रखने के कारण आए प्रकाशीय पथ में परिवर्तन का मान निकालें। (b) मोटाई t का न्यूनतम मान कितना होना चाहिए ताकि व्यतिकरण पैटर्न के केंद्र पर अदीप्त फ्रिंज बने? प्रकाश का तरंगदैर्घ्य λ लें।

10. एक double slit उपकरण में एक स्लिट पर 0.02 mm मोटाई का एक पारदर्शी पन्ना लगा दिया गया है। पन्ने का अपवर्तनांक 1.45 है। उपयोग में लाए गए प्रकाश का तरंगदैर्घ्य 620 nm है। यदि इस पन्ने को हटा लिया जाए, तो पैटर्न के केंद्र से कितनी फ्रिंजें गुजरेंगी?

11. एकवर्णी प्रकाश के साथ किए जा रहे यंग double slit प्रयोग में जब 1.6 अपवर्तनांक एवं 1.964 μm मोटाई की एक माइका फिल्म एक स्लिट के सामने लगा दी जाती है, तब फ्रिंज पैटर्न एक खास दूरी से खिसक जाता है। अब माइका फिल्म हटा ली जाती है और पर्दे की दूरी को दुगुना कर दिया जाता है। यह पाया जाता है कि अब क्रमागत दीप्त फ्रिंजों के बीच की दूरी उतनी ही है जितनी दूरी से पहला फ्रिंज पैटर्न खिसका था। इस प्रयोग में इस्तेमाल प्रकाश का तरंगदैर्घ्य निकालें।

12. एक double slit उपकरण के एक स्लिट पर माइका तथा दूसरे रेखाछिद्र पर पॉलिस्टरीन की फिल्में चिपकाई हुई हैं। दोनों ही फिल्मों की मोटाई 0.50 mm है तथा स्लिटों के बीच की दूरी 0.12 cm है। प्रयोग में प्रयुक्त 590 nm के प्रकाश के लिए माइका तथा पॉलिस्टरीन के अपवर्तनांक क्रमशः 1.58 तथा 1.55 हैं। व्यतिकरण 1.0 m दूर रखे पर्दे पर देखा जाता है। (a) फ्रिंजों की चौड़ाई कितनी होगी? (b) केंद्र से कितनी दूरी पर पहली दीप्त फ्रिंज मिलेगी?

13. एक double slit उपकरण की एक स्लिट पर n_1 अपवर्तनांक तथा दूसरी स्लिट पर n_2 अपवर्तनांक की बराबर मोटाई की फिल्में चिपकाई गई हैं। प्रयोग में तरंगदैर्घ्य λ का प्रकाश स्लिटों पर लंबवत पड़ता है। फिल्मों की न्यूनतम मोटाई बताएँ जिसके लिए पैटर्न के केंद्र पर अदीप्त फ्रिंज बने।

14. एक पतला कागज जिसकी मोटाई 0.02 mm तथा अपवर्तनांक 1.45 है, एक double slit की एक स्लिट के सामने चिपका दिया गया है। कागज पर पड़नेवाले प्रकाश का 4/9 भाग ही संचरित हो पाता है। (a) व्यतिकरण पैटर्न में अधिकतम एवं न्यूनतम तीव्रता का अनुपात निकालें। (b) यदि ऐसा ही एक कागज दूसरे स्लिट पर भी चिपका दिया जाए, तो कितनी फ्रिंजें सरक जाएँगी? प्रकाश का तरंगदैर्घ्य 600 nm लें।

15. एक double slit उपकरण में स्लिटों के बीच की दूरी 0.28 mm है तथा पर्दे को स्लिटों से 48 cm की दूरी पर रखा गया है। इस पूरे उपकरण को पानी में डुबा दिया जाता है और 700 nm (निर्वात में) तरंगदैर्घ्य वाले लाल प्रकाश से व्यतिकरण उत्पन्न किया जाता है। व्यतिकरण पैटर्न में फ्रिंजों की चौड़ाई ज्ञात करें। पानी का अपवर्तनांक = 4/3.

16. प्रकाश का एक समानांतर किरणपुंज यंग के double slit उपकरण पर, उसके तल से $\sin^{-1}(\lambda/2d)$ कोण बनाते हुए गिरता है। पर्दा स्लिटों के तल के समानांतर है। सिद्ध करें कि स्लिटों से बराबर दूरी वाले केंद्रीय स्थान पर अदीप्त फ्रिंज बनेगी।

17. तरंगदैर्घ्य λ का प्रकाश संचरित करती एक स्लिट S एक समतल दर्पण से d ऊँचाई पर रखी है (चित्र 32.E1)। स्लिट से सीधी आती एवं दर्पण से परावर्तन के बाद आती प्रकाश तरंगें व्यतिकरण कर रेखाछिद्र से D दूरी पर रखे पर्दे Σ पर फ्रिंज पैटर्न बनाती हैं। (a) पर्दे पर दर्पण के ठीक ऊपर के बिंदु O पर तीव्रता कितनी होगी? (b) बिंदु O से कितना ऊपर पहली दीप्त फ्रिंज बनेगी?

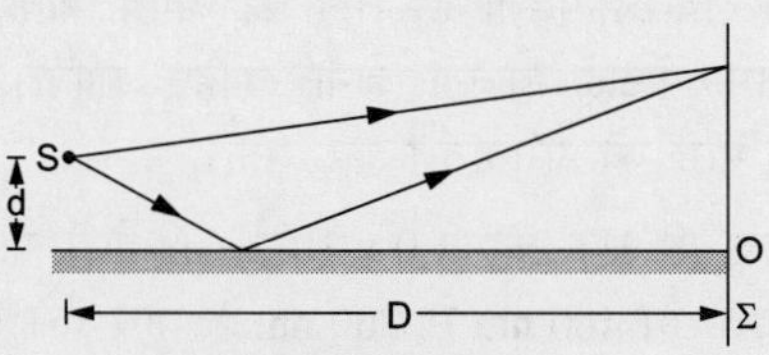

चित्र 32.E1

18. एक पतली स्लिट एक क्षैतिज समतल दर्पण से 1.0 mm ऊपर रखी गई है। रेखाछिद्र से सीधी आती तथा दर्पण से परावर्तित होकर आती प्रकाश तरंगें व्यतिकरण कर स्लिट से 1.0 m दूरी पर रखे पर्दे पर फ्रिंज पैटर्न बनाती हैं। यदि प्रकाश का तरंगदैर्घ्य 700 nm हो, तो फ्रिंजों की चौड़ाई बताएँ।

19. प्रश्न 17 की स्थिति को लें। यदि दर्पण अपने ऊपर पड़ते प्रकाश का 64% ही परावर्तित करता हो, तो O के पास के फ्रिंज पैटर्न में अधिकतम एवं न्यूनतम तीव्रता का अनुपात निकालें।

20. एक double slit S_1, S_2 तरंगदैर्घ्य λ के कला-संबद्ध प्रकाश से प्रकाशित हो रहा है। S_1 तथा S_2 के बीच की दूरी d है। स्लिटों से D_1 दूरी पर सामने की ओर एक समतल दर्पण रखा है और पीछे की ओर D_2 दूरी पर एक पर्दा Σ रखा है (चित्र 32.E2)। इस पर्दे पर दर्पण से परावर्तित प्रकाश ही आ पाता है। पर्दे पर प्राप्त फ्रिंजों की चौड़ाई निकालें।

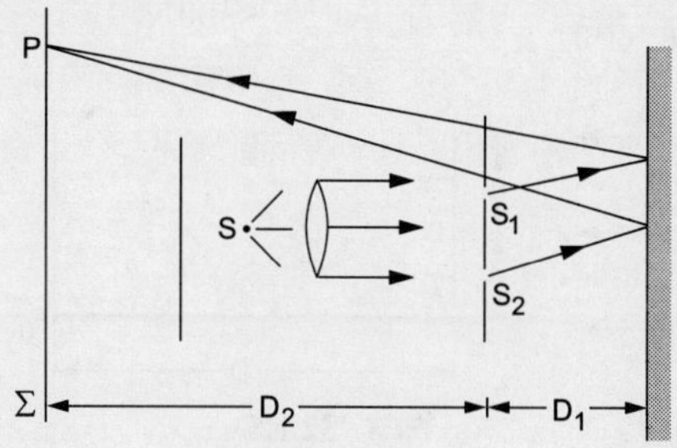

चित्र 32.E2

21. श्वेत कला-संबद्ध प्रकाश (400 nm से 780 nm) एक double slit से भेजा जा रहा है (चित्र 32.E3)। स्लिटों के बीच की दूरी 0.5 mm है तथा उनसे 50 cm की दूरी पर एक पर्दा रखा गया है। पर्दे में केंद्रीय स्थान से 1.0 mm दूरी पर एक छोटा छिद्र है। छिद्र से आते प्रकाश में (a) कौन-से तरंगदैर्घ्य नहीं होंगे? (b) कौन-से तरंगदैर्घ्य के प्रकाश अधिक तीव्रता वाले होंगे?

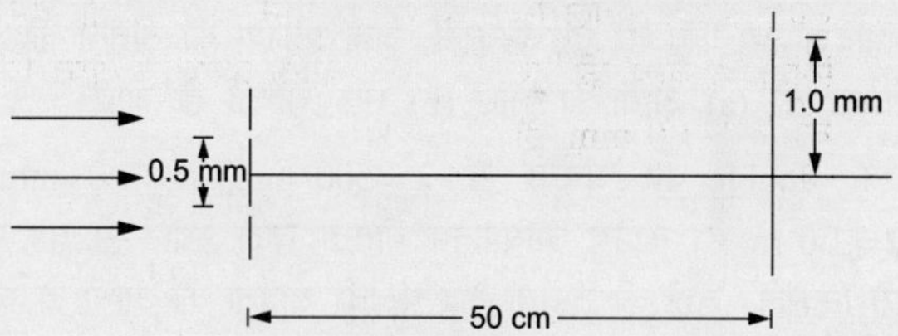

चित्र 32.E3

22. चित्र 32.E4 में λ तरंगदैर्घ्य की एक समानांतर बीम एक पतली स्लिट पर पड़कर इसके दूसरी ओर लगभग बराबर तीव्रता के साथ फैलती हैं। d दूरी वाले double slit की एक स्लिट इस पहले स्लिट की सीध में है। पहली स्लिट से double slit की दूरी D तथा double slit से पर्दे की दूरी भी D हीं है जो d से बहुत अधिक है। (a) d का न्यूनतम मान (D तथा λ के पदों में) बताएँ ताकि केंद्रीय बिंदु O पर अदीप्त फ्रिंज बने। (b) मान लें कि d का मान उतना ही है जितना पिछले भाग में निकाला गया है। पर्दे पर दूरी x निकालें, जहाँ पहली दीप्त फ्रिंज बनती है। (c) फ्रिंजों की चौड़ाई निकालें।

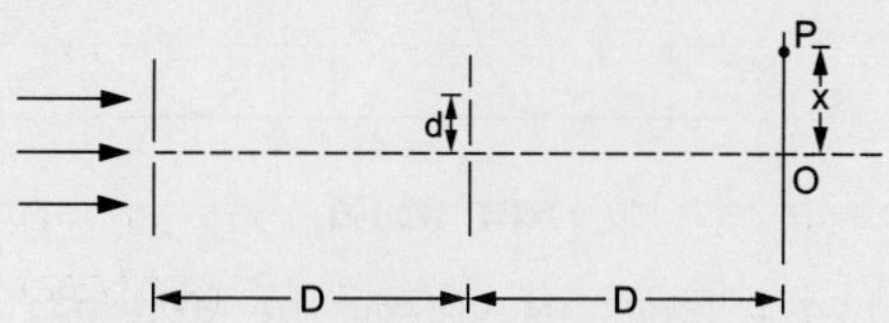

चित्र 32.E4

23. दो कला-संबद्ध स्रोत S_1 तथा S_2 एक ही कला में तरंगदैर्घ्य λ की प्रकाश तरंगें उत्पन्न करते हैं तथा उनके बीच की दूरी 2λ है। S_2 से गुजरती और S_1S_2 पर लंबरेखा के बिंदुओं पर विचार करें। S_2 से वह न्यूनतम दूरी निकालें जहाँ तीव्रता न्यूनतम हो।

24. चित्र 32.E5 में तीन स्लिट A, B तथा C दिखाए गए हैं जहाँ $AB = BC$ है। स्लिटों से D दूरी पर बिंदु P_0 है, जहाँ AP_0 स्लिटों पर लंब है। λ तरंगदैर्घ्य का कला-संबद्ध समानांतर प्रकाश इन सभी स्लिटों पर पड़ता है। मान लें कि $BP_0 - AP_0 = \lambda/3$ तथा $D >> \lambda$. (a) सिद्ध करें कि $d = \sqrt{2\lambda D/3}$. (b) सिद्ध करें कि P_0 पर प्रकाश की तीव्रता, किसी अकेली स्लिट द्वारा उत्पन्न तीव्रता की तीन गुनी होगी।

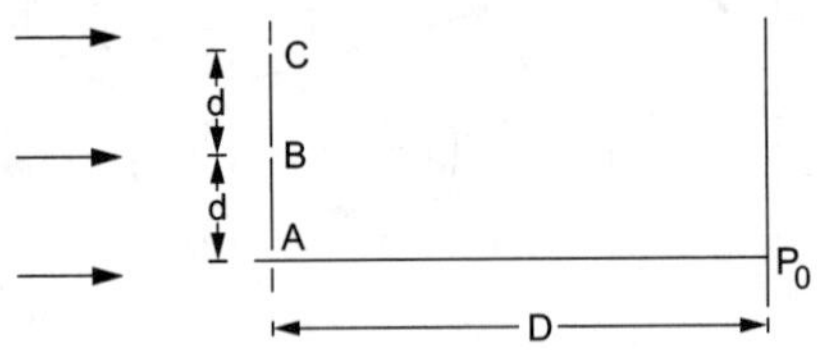

चित्र 32.E5

25. यंग के double slit प्रयोग में स्लिटों के बीच की दूरी 2.0 mm है, प्रकाश का तरंगदैर्घ्य 600 nm है तथा पर्दे की स्लिटों से दूरी 2.0 m है। यदि केंद्रीय दीप्त फ्रिंज के केंद्र में प्रकाश की तीव्रता 0.20 W/m^2 हो, तो फ्रिंजों की चौड़ाई के अनुदिश केंद्र से 0.5 cm की दूरी पर प्रकाश की तीव्रता निकालें।

26. λ तरंगदैर्घ्य वाले प्रकाश द्वारा एक double slit को प्रकाशित कर D दूरी पर रखे पर्दे पर व्यतिकरण का पैटर्न प्राप्त किया जाता है। स्लिटों के बीच की दूरी d है। केंद्रीय फ्रिंज के केंद्र से फ्रिंज की चौड़ाई के अनुदिश उस बिंदु की दूरी निकालें, जहाँ प्रकाश की तीव्रता केंद्र पर की तीव्रता की (a) आधी हो जाए (b) एक चौथाई हो जाए।

27. एक double slit प्रयोग में $\lambda = 500$ nm, $d = 1.0$ mm तथा $D = 1.0$ m है। केंद्रीय अधिकतम तीव्रता वाले स्थान से वह न्यूनतम दूरी निकालें, जहाँ की तीव्रता केंद्र पर की तीव्रता की आधी हो जाए।

28. Double slit के प्रयोग में किसी फ्रिंज में प्रकाश की तीव्रता I को y के साथ प्लॉट करें तो वह ग्राफ एक वक्र रेखा होगा। इस रेखा पर उन दो बिंदुओं को चिह्नित करें जहाँ तीव्रता का मान अपने अधिकतम मान I_0 का आधा हो जाता है। इन बिंदुओं के संगत y के दोनों मानों के अंतर Δy को FWHM (Full Width at Half Maximum) कहते हैं। एक double slit के व्यतिकरण पैटर्न में किसी दीप्त फ्रिंज का FWHM λ, D तथा d के पदों में निकालें।

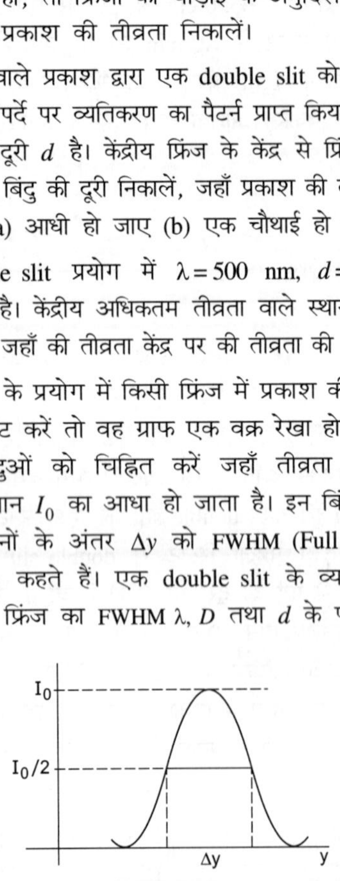

चित्र 32.E6

29. चित्र 32.E7 में दिखाई गई परिस्थिति पर विचार करें। क्षैतिज रेखा के दोनों ओर बराबर दूरी पर S_1 तथा S_2 स्लिट रखे हैं। इन स्लिटों के बीच की दूरी d है तथा ये λ तरंगदैर्घ्य के एकवर्णी प्रकाश से प्रकाशित किए जा रहे हैं। स्लिटों से D दूरी पर एक पर्दा Σ_1 रखा हुआ है जिसमें क्षैतिज रेखा के स्थान पर स्लिट S_3 तथा उससे z दूरी पर ऊपर की ओर स्लिट S_4 बनी हैं। इस पर्दे से D दूरी पर ही एक दूसरा पर्दा Σ_2 है, जहाँ व्यतिकरण का पैटर्न देखा जाता है। Σ_2 पर प्राप्त अधिकतम एवं न्यूनतम तीव्रता का अनुपात निकालें जब z का मान (a) $\frac{\lambda D}{2d}$, (b) $\frac{\lambda D}{d}$, (c) $\frac{\lambda D}{4d}$ हो।

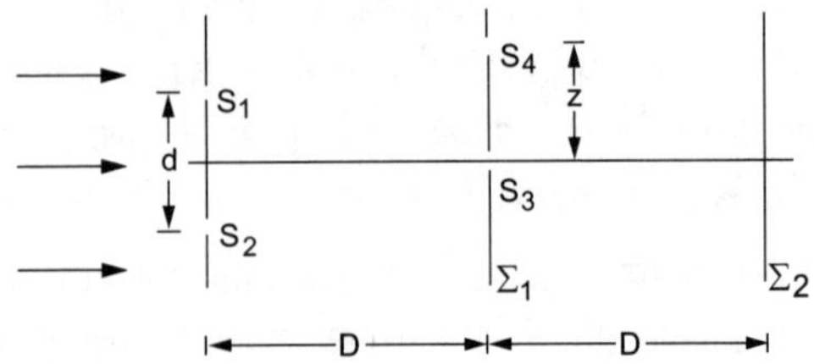

चित्र 32.E7

30. चित्र 32.E8 में दिखाई गई परिस्थिति पर विचार करें। रेखाछिद्र S_1, S_2 तथा S_3, S_4 सममित रूप (symmetrically) से रखे गए हैं, ताकि S_1S_2 तथा S_3S_4 का एक ही लंबअर्द्धक हो जिसपर एक बिंदु P है। S_3 तथा S_4 के बीच की दूरी z को बदला जा सकता है। जब z का मान $D\lambda/2d$ होता है, तो बिंदु P पर प्रकाश की तीव्रता I है। P बिंदु पर प्रकाश की तीव्रता का मान ज्ञात करें जब z का मान (a) $\frac{D\lambda}{d}$, (b) $\frac{3D\lambda}{2d}$ तथा (c) $\frac{2D\lambda}{d}$ हो।

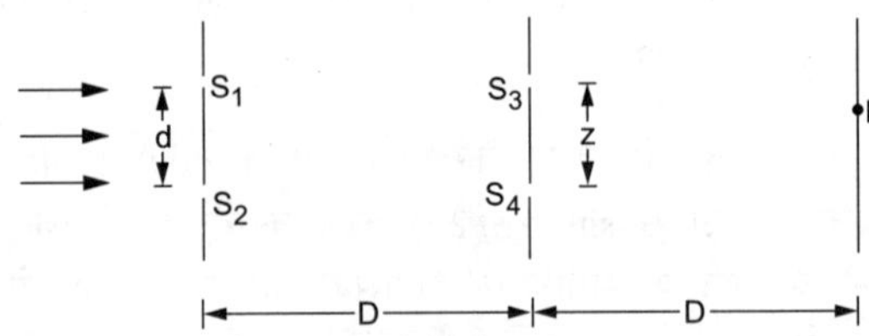

चित्र 32.E8

31. साबुन के पानी के एक बुलबुले में फिल्म की मोटाई 0.0011 mm है तथा इसका अपवर्तनांक 1.2 से 1.5 के बीच है। 580 nm का प्रकाश इस बुलबुले के एक हिस्से पर लगभग लंब दिशा में पड़ता है। परावर्तित प्रकाश से देखने पर बुलबुले का यह हिस्सा दिखना लगभग बंद हो जाता है। साबुन के पानी का अपवर्तनांक निकालें।

32. 560 nm तरंगदैर्घ्य के प्रकाश की एक समानांतर बीम तेल की एक फिल्म पर लंबवत पड़ती है। तेल का अपवर्तनांक 1.4 है। फिल्म की न्यूनतम मोटाई कितनी होनी चाहिए ताकि वह प्रकाश के अधिकतर भाग को परावर्तित कर सके?

33. श्वेत प्रकाश की एक बीम 1.0×10^{-4} cm मोटी पानी की परत पर लंबवत पड़ती है। 400 nm से 700 nm के बीच वैसे तरंगदैर्घ्य निकालें जिनके प्रकाश का अधिकतर भाग फिल्म द्वारा संचरित हो जाता है।

34. काँच की एक सतह पर तेल की एक 1.00×10^{-4} cm मोटी फिल्म फैली है। तेल का अपवर्तनांक 1.25 तथा काँच का अपवर्तनांक 1.50 है। 400 nm से 700 nm के बीच के ऐसे तरंगदैर्घ्य निकालें जो तेल की सतह पर लंबवत आपतित होने के बाद लगभग पूरी तरह काँच में संचरित हो जाते हैं।

• उत्तर •

सटीक उत्तरवाले प्रश्न I

1. (d) **2.** (d) **3.** (c) **4.** (b) **5.** (c) **6.** (a)

सटीक उत्तरवाले प्रश्न II

1. (b) **2.** (a), (b), (d) **3.** (a), (d)
4. (a) **5.** (a), (b), (c), (d) **6.** (a), (b)
7. (a), (b), (d)

अभ्यास के प्रश्न

1. (a) 0.05 mm (b) 0.50 mm **2.** 400 nm

3. (a) 0.25 mm (b) 10 **4.** 1.47 mm

5. 0.014 degree **6.** 0.72 mm **7.** 7

8. $\frac{\lambda}{2(\mu-1)}$ **9.** (a) $(\mu-1)t$ (b) $\frac{\lambda}{2(\mu-1)}$

10. 14.5 **11.** 590 nm

12. (a) 4.9×10^{-4} m

(b) 0.021 cm एक ओर तथा 0.028 cm दूसरी ओर

13. $\frac{\lambda}{2|\mu_1-\mu_2|}$ **14.** (a) 25 (b) 15 **15.** 0.9 mm

17. (a) शून्य (b) $\frac{D\lambda}{4d}$ **18.** 0.35 mm

19. 81 : 1 **20.** $\frac{\lambda(2D_1+D_2)}{d}$

21. (a) 400 nm, 667 nm (b) 500 nm

22. (a) $\sqrt{\frac{\lambda D}{2}}$ (b) d (c) $2d$ **23.** $\frac{7\lambda}{12}$

25. 0.05 Wm^{-2} **26.** (a) $\frac{D\lambda}{4d}$ (b) $\frac{D\lambda}{3d}$

27. 1.25×10^{-4} m **28.** $\frac{D\lambda}{2d}$

29. (a) 1 (b) ∞ (c) 34 **30.** (a) zero (b) I (c) $2I$

31. 1.32 **32.** 100 nm

33. 443 nm, 532 nm तथा 666 nm

34. 455 nm, 556 nm, 714 nm

❑

अध्याय 33

प्रकाश का विवर्तन

यदि आप एक कार्डबोर्ड को अपने मुँह के सामने रखकर कोई गीत गाते हैं, तो कार्डबोर्ड के दूसरी ओर खड़े आपके मित्र को वह गीत आसानी से सुनाई देता है। यदि एक कमरे में लोग कुछ बातें कर रहे हों और आप कमरे के खुले दरवाजे के बाहर खड़े हों, तो भले ही आप बात करनेवालों को न देख पाएँ, पर उनकी बातें सुन सकते हैं। किसी भी माध्यम में ध्वनि तरंगें सीधी रेखाओं में चलती हैं, लेकिन जब वे किसी वस्तु के किनारों के पास से गुजरती हैं, तो वे वहाँ मुड़ जाती हैं। दरवाजे के किनारों से मुड़कर फैलती ध्वनि के कारण ही आप कमरे के अंदर की बातें सुन पाते हैं या फिर कार्डबोर्ड के एक ओर उत्पन्न ध्वनि इसके किनारों से मुड़कर ही दूसरी ओर के श्रोता तक पहुँच पाती है। तरंगों के इस प्रकार वस्तुओं के किनारों से मुड़कर फैलने की क्रिया को बहुधा तरंगों का विवर्तन (diffraction of wave) कहते हैं। परंतु, विवर्तन इससे कहीं अधिक रोचक घटना (phenomenon) है। ध्वनि की तरह ही प्रकाश भी वस्तुओं के किनारों से विवर्तन करता है। इस अध्याय में हम प्रकाश के विवर्तन के अद्भुत परिणामों का वर्णन करेंगे।

33.1 विवर्तन की प्रकृति

तरंगों के आगे बढ़ने की प्रक्रिया का निर्धारण Huygens के सिद्धांत के आधार पर किया जा सकता है। किसी स्थान पर तरंग के चलने की दिशा उस स्थान पर बने तरंगाग्र (wavefront) की सतह के लंबवत होती है। एक तरंगाग्र से बाद के समय के तरंगाग्र की रचना करने के लिए आप तरंगाग्र के प्रत्येक बिंदु को द्वितीयक स्रोत (secondary source) मान सकते हैं और यहाँ से गोलाकार तरंगिकाएँ (wavelets) निकलती हुई मान सकते हैं। Huygens ने इन्हीं द्वितीयक तरंगिकाओं के ज्यामितीय स्पर्शतल को अगले तरंगाग्र के रूप में स्थापित किया। बाद में फ्रांस के Augustin Jean Fresnel ने यह स्थापित किया कि यह स्पर्शतल वस्तुतः द्वितीयक तरंगिकाओं के रचनात्मक अध्यारोपण का स्थान है। अर्थात, बाद का तरंगाग्र पहले के तरंगाग्र से निकली सभी द्वितीयक तरंगिकाओं के अध्यारोपण से बनता है।

x-दिशा में चलती प्रकाश की एक तरंग का विचार करें। किसी समय इसका तरंगाग्र Σ_1, y-z तल के समानांतर एक समतल होगा [चित्र 33.1(a)]। इसके विभिन्न बिंदुओं से उत्पन्न द्वितीयक तरंगिकाएँ अध्यारोपण कर आगे का समतल तरंगाग्र Σ_2 बनाती हैं और प्रकाश x-दिशा में आगे बढ़ता है।

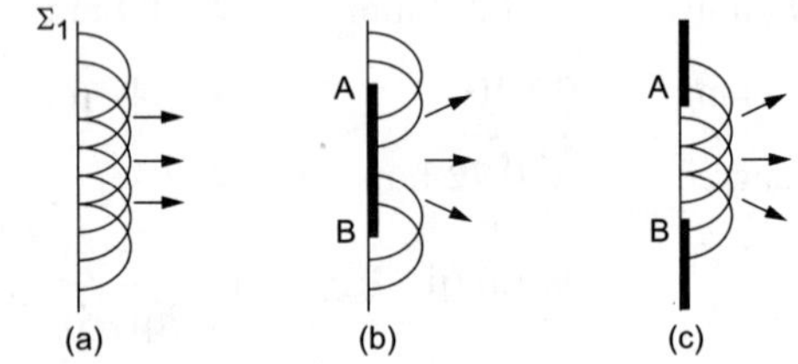

चित्र 33.1

अब यदि इस तरंग के पथ में कोई अपारदर्शी पट्टिका AB रख दी जाए [चित्र 33.1(b)], तो Σ_1 के जो बिंदु AB के सामने पड़ रहे हैं, वहाँ से द्वितीयक तरंगिकाएँ आगे नहीं जा पाएँगी। तरंगाग्र Σ_1 का अब जितना भाग AB के बाहर है वहीं से निकली द्वितीयक तरंगिकाएँ अध्यारोपित होंगी। स्वाभाविक रूप में इस अध्यारोपण के कारण जो नया तरंगाग्र Σ'_2 बनेगा वह समतल न होकर कुछ अन्य ज्यामितीय आकार का होगा। तरंगों के चलने की दिशाएँ इस तरंगाग्र की सतह के लंबवत होंगी, अतः अब वे सिर्फ x-दिशा में न चलकर अन्य दिशाओं में भी चलेंगी।

इसी प्रकार, यदि x-दिशा में चलते हुए प्रकाश के अधिकांश भाग को एक अपारदर्शी पट्टी द्वारा रोक दिया जाए और सिर्फ एक छोटा भाग AB खुला रखा जाए [चित्र 33.1(c)], तो तरंगाग्र Σ_1 के सिर्फ उन बिंदुओं से ही निकली द्वितीयक तरंगिकाएँ अध्यारोपित होंगी जो AB पर पड़ रही हों। इनसे बने नये तरंगाग्र Σ'_2 का अलग ही ज्यामितीय आकार होगा और प्रकाश के चलने की दिशाएँ उसके अनुसार बनेंगी।

न केवल प्रकाश के चलने की दिशा, बल्कि उसकी तीव्रता भी इन तरंगिकाओं के अध्यारोपण पर निर्भर करती है। अतः, प्रकाश के तरंगाग्र को सीमित कर देने से विभिन्न दिशाओं में जाते प्रकाश की तीव्रता भी अलग-अलग हो सकती हैं।

33.2 Fraunhofer तथा Fresnel विवर्तन

प्रकाश के विवर्तन (diffraction) का अध्ययन करने के लिए आवश्यक व्यवस्था चित्र 33.2 में दिखाई गई है। एक पतली स्लिट S_0 से निकलता प्रकाश एक विवर्तनकर्ता (diffracting element) G पर पड़ता है। यह G एक अपारदर्शी पट्टी में बनी एक पतली स्लिट हो सकती है। या फिर स्वयं ही एक पतली अपारदर्शी पट्टिका हो सकती है, या फिर इस प्रकार की अनेक स्लिटों, पट्टिकाओं या छिद्रों

का समूह हो सकता है। चित्र 33.2 में इसे एक स्लिट के रूप में दिखाया गया है। G के दूसरी ओर निकलते प्रकाश को एक पर्दे S पर प्राप्त किया जा रहा है। पर्दे के विभिन्न स्थानों पर आनेवाले प्रकाश की तीव्रता में विशिष्ट प्रकार का परिवर्तन विवर्तन के गुण को प्रदर्शित करता है। व्यतिकरण की तरह ही यहाँ भी दीप्त तथा अदीप्त फ्रिंजें बन सकती हैं।

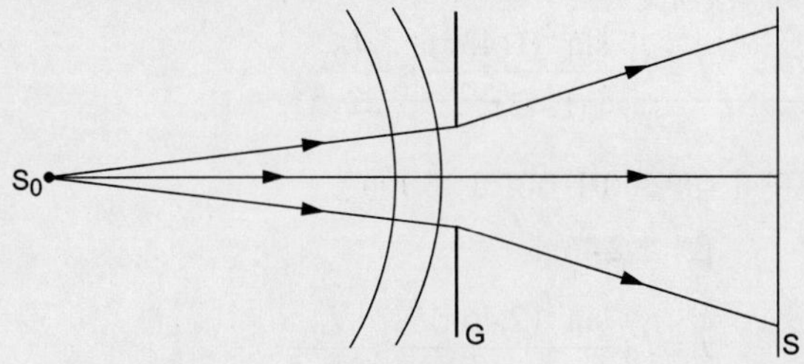

चित्र 33.2

चित्र 33.2 में दिखाई गई विवर्तन की इस व्यवस्था में स्रोत S_0 तथा पर्दा S, विवर्तनकर्ता G से कुछ ही दूरी पर (at finite distances) हैं। ऐसी स्थिति में हुए विवर्तन को Fresnel diffraction कहते हैं। यदि स्रोत S_0 तथा पर्दा S विवर्तनकर्ता से बहुत अधिक दूरी पर हो, तो इस प्रकार के विवर्तन को Fraunhofer diffraction कहते हैं। प्रयोगशाला में Fraunhofer diffraction की स्थिति प्राप्त करने के लिए विवर्तनकर्ता के आगे एक उत्तल लेंस लगा देते हैं और पर्दे को इस लेंस के फोकल-तल में रखते हैं। पर्दे के किसी एक बिंदु पर पहुँचनेवाला प्रकाश विवर्तनकर्ता G से एक ही दिशा में चलता है और इसलिए प्रभावी तौर पर स्रोत से पर्दे की दूरी अनंत जैसी हो जाती है। इसी प्रकार, स्रोत से आनेवाले प्रकाश को भी उत्तल लेंस से भेजकर समानांतर कर दिया जाता है।

Josef von Fraunhofer जर्मनी के एक अतिदरिद्र परिवार में जन्मे विलक्षण प्रतिभा के व्यक्ति थे जिन्होंने बड़े संघर्ष के साथ समाज में अपना स्थान बनाया था। उनके सम्मान में ही विवर्तन की एक शाखा का नाम Fraunhofer diffraction रखा गया है। यह एक संयोग की बात है कि प्रकाश के विवर्तन से जुड़े ये दो बड़े वैज्ञानिक Fresnel तथा Fraunhofer 39 वर्षों की अल्पायु तक ही जीवित रह पाए।

33.3 एक स्लिट से Fraunhofer विवर्तन

चित्र 33.3 में दिखाई गई स्थिति पर विचार करें। AB एक स्लिट है जिसकी चौड़ाई b है। इसपर बायीं ओर से प्रकाश की एक कला-संबद्ध समानांतर बीम लंबवत पड़ रही है। AB से विवर्तन के बाद यह विभिन्न दिशाओं में फैल जाती है। लेंस द्वारा इस प्रकाश को इसके फोकल-तल में रखे पर्दे पर इकट्ठा किया जाता है। पर्दे के किसी एक बिंदु P पर आती सभी प्रकाश किरणें स्लिट से समानांतर दिशाओं में चली होंगी। साथ ही, यह भी मान लें कि ये किरणें स्लिट पर लंब की दिशा से θ कोण बनाती हुई चली थीं।

हम P बिंदु पर पहुँचनेवाले प्रकाश की तीव्रता की गणना करेंगे और इस प्रकार विवर्तित (diffracted) प्रकाश की तीव्रता की कोण θ पर निर्भरता का व्यंजक प्राप्त करेंगे।

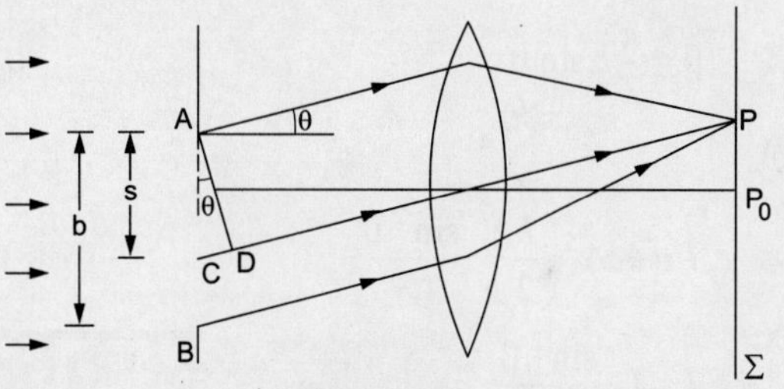

चित्र 33.3

मान लें कि A से चलकर P तक पहुँचनेवाली प्रकाश तरंग का प्रकाशीय पथ x है। उचित क्षण को $t = 0$ लेने पर, समय t पर P बिंदु पर पहुँचनेवाली तरंग की कला $kx - \omega t$ लिखी जा सकती है।

बिंदु A के नीचे s दूरी पर C बिंदु पर स्लिट की ds चौड़ाई लें। इससे चलती तरंग का आयाम चौड़ाई ds के समानुपाती होगा तथा P बिंदु पर t समय पर इसकी कला $k(x+\Delta x) - \omega t$ होगी; जहाँ $x + \Delta x$, C से P तक का प्रकाशीय पथ है। A से इस तरंग की दिशा पर AD लंब डालें। Fermat के सिद्धांत से, A से P तक का प्रकाशीय पथ उतना ही होगा जितना D से P तक का है। अतः, अतिरिक्त प्रकाशीय पथ,

$$\Delta x = CD = s \sin\theta.$$

अतः, C बिंदु पर की ds चौड़ाई के हिस्से से t समय पर P पर पहुँचनेवाले विद्युतीय क्षेत्र का मान,

$$dE = (A\,ds)\cos[k(x + s\sin\theta) - \omega t].$$

अतः, पूरे स्लिट से t समय पर P पर पहुँचनेवाले विद्युतीय क्षेत्र का मान,

$$E = \int_0^b A\cos[k(x + s\sin\theta) - \omega t]\,ds$$

$$= A\left[\frac{\sin[k(x + s\sin\theta) - \omega t]}{k\sin\theta}\right]_0^b$$

$$= \frac{A}{k\sin\theta}[\sin(kx + kb\sin\theta - \omega t) - \sin(kx - \omega t)]$$

$$= \frac{2A}{k\sin\theta}\sin\frac{kb\sin\theta}{2}\cos\left(kx - \omega t + \frac{kb\sin\theta}{2}\right).$$

अतः, P बिंदु पर अध्यारोपित सभी तरंगों के कारण परिणामी आयाम $= \dfrac{2A}{k\sin\theta}\sin\dfrac{kb\sin\theta}{2}.$

अतः, यदि प्रकाश की तीव्रता एवं आयाम का संबंध $I = cA^2$ हो तो P बिंदु पर प्रकाश की तीव्रता,

$$I = 4cA^2\frac{\left(\sin\dfrac{kb\sin\theta}{2}\right)^2}{(k\sin\theta)^2} = 4cA^2\frac{\sin\left(\dfrac{\pi}{\lambda}b\sin\theta\right)^2}{\left(\dfrac{2\pi}{\lambda}\sin\theta\right)^2}.$$

यदि $$\beta = \frac{\pi}{\lambda} b \sin\theta \qquad \text{... (33.1)}$$

लिखें तो,

$$I = 4cA^2 \left(\frac{b}{2}\right)^2 \frac{\sin^2\beta}{\beta^2}$$

या $$I = I_0 \frac{\sin^2\beta}{\beta^2}. \qquad \text{... (33.2)}$$

चित्र 33.4 में समीकरण (33.2) के अनुसार तीव्रता I का $\sin\theta$ के साथ ग्राफ दिखाया गया है। जब $\theta = 0$, तो $\beta = 0$. ऐसे में

$$\frac{\sin\beta}{\beta} \to 1 \quad \text{या} \quad I \to I_0.$$

पैटर्न के केंद्र पर प्रकाश की तीव्रता I_0 अधिकतम होती है।

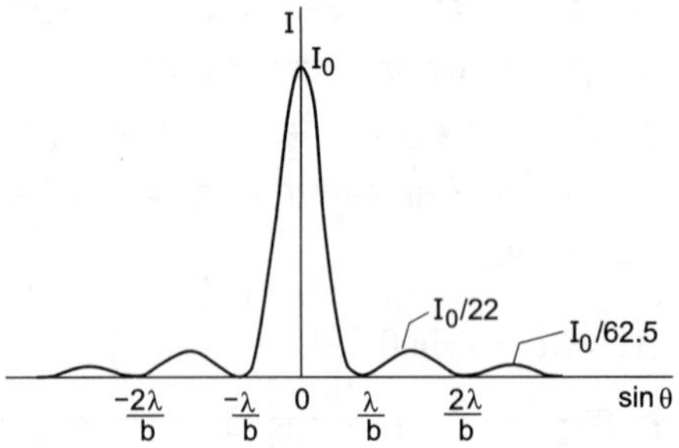

चित्र 33.4

जिन स्थानों पर $\beta = n\pi$ हो और जहाँ n शून्य के अतिरिक्त और कोई पूर्णांक हो, तो $\sin\beta = 0$ और इसलिए यहाँ तीव्रता शून्य होगी। ऐसे स्थानों के लिए,

$$\frac{\pi}{\lambda} b \sin\theta = n\pi$$

या $$\sin\theta = n\frac{\lambda}{d}. \qquad \text{... (33.3)}$$

$\sin\theta = 0$ के दोनों ओर पहली बार जब तीव्रता शून्य होती है, तब

$$\sin\theta = \pm\frac{\lambda}{b}.$$

इसी तरह, $\sin\theta = \pm\frac{2\lambda}{b}, \pm\frac{3\lambda}{b}$ आदि पर तीव्रता शून्य होगी।

अधिकतम तीव्रता के स्थान के लिए,

$$\frac{dI}{d\beta} = 0$$

या $$\frac{d}{d\beta}\left(\frac{\sin\beta}{\beta}\right) = 0$$

या $$\frac{\beta\cos\beta - \sin\beta}{\beta^2} = 0$$

या $$\tan\beta = \beta.$$

इस समीकरण को हल करने पर β के मान लगभग इस प्रकार आते हैं,

$$\beta = \pm 1.43\pi, \pm 2.46\pi, \pm 3.47\pi, \ldots.$$

या $$\sin\theta = \pm 1.43\frac{\lambda}{b}, \pm 2.46\frac{\lambda}{b}, \pm 3.47\frac{\lambda}{b}, \ldots.$$

सामान्य गणनाओं के लिए β के मान 1.5π, 2.5π, 3.5π आदि लिए जा सकते हैं।

केंद्रीय अधिकतम तीव्रता के बाद पहली अधिकतम तीव्रता के लिए,

$$\beta = \pm 1.43\pi$$

अतः, $$I = I_0 \frac{\sin^2(1.43\pi)}{(1.43\pi)^2} \approx \frac{I_0}{22.5}.$$

अगली अधिकतम तीव्रता के लिए,

$$\beta = \pm 2.46\pi.$$

अतः, $$I = I_0 \frac{\sin^2(2.46\pi)^2}{(2.46\pi)^2} \approx \frac{I_0}{62.5}.$$

क्रमागत दीप्त फ्रिंजों की अधिकतम तीव्रता तेजी से घटती जाती है।

आप देख रहे हैं कि प्रकाश न केवल स्लिट के किनारों से मुड़ रहा है, बल्कि विशिष्ट दिशाओं में अधिकतम तीव्रता एवं कुछ अन्य विशिष्ट दिशाओं में न्यूनतम तीव्रता के साथ चलता है। अधिकतर प्रकाश $\sin\theta = \pm\lambda/b$ के बीच (range) में विवर्तित होता है। यदि स्लिट की चौड़ाई d का मान बढ़ाएँ, तो यह दूरी सिकुड़ जाती है और यदि स्लिट की चौड़ाई कम कर दी जाए, तो दूरी का मान बढ़ जाता है। यंग के double slit प्रयोग में हमने स्लिटों की चौड़ाई बहुत कम रखने की बात कही थी। ऐसा इसीलिए था कि व्यतिकरण के पैटर्न में प्रत्येक स्लिट से आते हुए प्रकाश की तीव्रता हर दिशा में लगभग एकसमान हो और पैटर्न की फ्रिंजों की तीव्रता सिर्फ स्लिटों से दूरी में अंतर के कारण निर्धारित हो।

यदि स्लिट की चौड़ाई b प्रकाश के तरंगदैर्घ्य से बहुत अधिक हो, तो $\sin\theta = \lambda/b \approx 0$, अर्थात लगभग सारा प्रकाश स्लिट से $\theta = 0$ दिशा में ही चलता रहेगा तथा विवर्तन का प्रभाव दिखाई नहीं पड़ेगा। यह एक शाश्वत तथ्य है कि यदि प्रकाश के रास्ते में कोई ऐसे अवरोध या स्लिट आदि हों जिनका आकार (size) तरंगदैर्घ्य से बहुत अधिक हो, तो विवर्तन के प्रभाव नगण्य होते हैं। दृश्य प्रकाश (visible light) का तरंगदैर्घ्य 400–700 nm होने के कारण सामान्य जीवन में उपयोग होनेवाले अवरोध या स्लिट या छिद्र आदि तरंगदैर्घ्य से बहुत बड़े होते हैं और हमें विवर्तन के प्रभाव आसानी से नहीं दिखते हैं। ध्वनि की तरंगों के तरंगदैर्घ्य कई सेंटीमीटर के होते हैं और अवरोध आदि बहुधा तरंगदैर्घ्य से बहुत बड़े नहीं होते। इसीलिए, विवर्तन प्रभावी होता है और एक कार्डबोर्ड के पीछे बोलने पर भी आगे का व्यक्ति उस ध्वनि को आसानी से सुन लेता है।

33.3.1 एक स्लिट से विवर्तन में प्रथम न्यूनतम तीव्रता के स्थानों का सरल निर्धारण

चित्र 33.3 में दिखाई गई परिस्थिति पर विचार करें। $\theta = 0$ के संगत P_0 बिंदु पर AB के हर हिस्से से आती प्रकाश तरंगें double slit से लंब दिशा में ही चलेंगी और इसलिए P_0 तक पहुँचनेवाली सभी

तरंगें बराबर प्रकाशीय पथ तय करती हैं। अतः, ये सभी प्रकाश तरंगें P_0 पर समान कला पर पहुँचेंगी और इनमें संपोषी व्यतिकरण होगा। अतः, $\theta = 0$ पर हमें अधिकतम तीव्रता मिलेगी।

अब θ कोण पर आती हुई प्रकाश तरंगों पर विचार करें। ये तरंगें लेंस से जाने के बाद P बिंदु पर मिलती हैं। स्लिट के ऊपरी किनारे A से चलनेवाली तथा स्लिट के मध्यबिंदु C से चलनेवाली तरंगों का विचार करें। चित्र 33.5 में ये तरंगें दिखाई गई हैं। स्लिट के ऊपरी किनारे A से, मध्यबिंदु C से चलनेवाली प्रकाश किरण पर AD लंब डाला गया है।

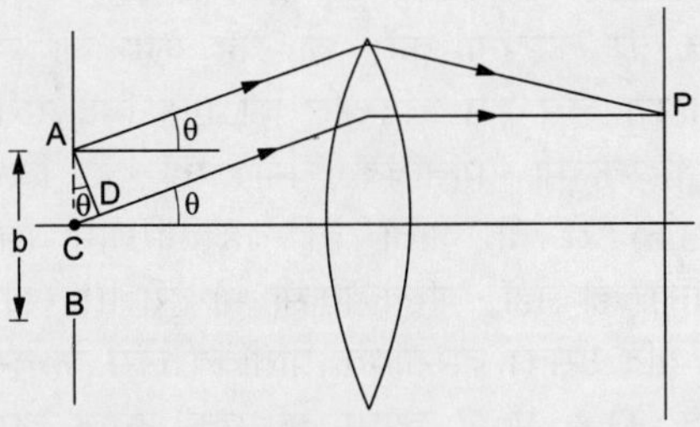

चित्र 33.5

A से P तक तथा D से P तक के प्रकाशीय पथ बराबर हैं। अतः, इन दोनों तरंगों के बीच प्रकाशीय पथ का अंतर,

$$CD = (AC)\sin\theta = \frac{b}{2}\sin\theta.$$

अब आप कोण θ का विचार करें। जब $\sin\theta = \dfrac{\lambda}{b}$ हो, तब इस कोण के लिए A तथा C से चलती तरंगों के बीच प्रकाशीय पथ का अंतर,

$$\Delta x = \frac{b}{2}\sin\theta = \frac{b}{2}\cdot\frac{\lambda}{b} = \frac{\lambda}{2}$$

तथा इसके बीच कलांतर, $\delta = \dfrac{2\pi}{\lambda}\Delta x = \pi$

होगा। अतः, इन दो तरंगों का अध्यारोपण विनाशी होगा और ये शून्य तीव्रता उत्पन्न करेंगे। स्लिट के ऊपरी आधे भाग में कोई भी बिंदु लेने पर, उससे θ कोण पर जाती तरंग, अपने से $b/2$ नीचे के बिंदु से जाती तरंग के साथ इतने ही कलांतर के साथ P बिंदु पर पहुँचेगी और विनाशी अध्यारोपण करेगी। पूरे स्लिट को इसी प्रकार के जोड़ों में बाँटकर तरंगों को जोड़ने से यह स्पष्ट है कि P बिंदु पर कुल तीव्रता शून्य होगी। अतः, केंद्र के बाद दोनों ओर पहली अदीप्त फ्रिंज (शून्य तीव्रता) के लिए,

$$\sin\theta = \pm\frac{\lambda}{b}.$$

इसी तरह, स्लिट को अधिक भागों में बाँटकर आप दिखा सकते हैं कि अन्य अदीप्त फ्रिंजें $\sin\theta = \pm\dfrac{2\lambda}{b}, \pm\dfrac{3\lambda}{b}, \ldots$ स्थानों पर बनेंगी।

अभ्यास 33.1

450 nm तरंगदैर्घ्य का प्रकाश 0.2 mm चौड़े स्लिट पर लंबवत पड़ रहा है। वह कोणीय विस्तार बताएँ जिसमें अधिकतर प्रकाश विवर्तित होता है।

हल अधिकतर प्रकाश $\theta = 0$ से दोनों ओर प्रथम न्यूनतमों के बीच विवर्तित होता है। ये न्यूनतम $\sin\theta = \pm\lambda/b$ पर बनते हैं।

$$\sin\theta = \pm\frac{\lambda}{b} = \pm\frac{450\times10^{-9}\ \text{m}}{0.2\times10^{-3}\ \text{m}} = \pm2.25\times10^{-3}$$

या $\quad \theta = \pm2.25\times10^{-3}$ rad.

अतः, कोणीय विस्तार $= 4.5\times10^{-3}$ rad.

33.4 एक वृत्ताकार छेद से Fraunhofer विवर्तन

जब प्रकाश की एक समानांतर बीम किसी अपारदर्शी बोर्ड में बने एक वृत्ताकार छेद से होकर गुजरती है, तो छेद के कारण प्रकाश का विवर्तन होता है। यदि इस प्रकाश को छेद के दूसरी ओर छेद के तल के समानांतर किसी पर्दे पर आने दिया जाए, तो पर्दे पर एक प्रकाशित डिस्क बनता है और डिस्क के बाद किनारे पर एक अंधेरी रिंग बनती है। इसके बाद क्रम से घटती तीव्रताओं के साथ दीप्त तथा अदीप्त फ्रिंजें बनती हैं। यह पैटर्न चित्र 33.6 में दिखाया गया है।

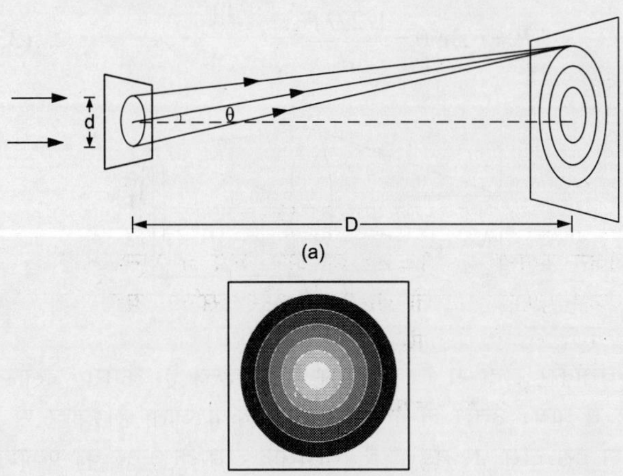

चित्र 33.6

आपतित प्रकाश का तरंगाग्र अपारदर्शी बोर्ड द्वारा बाधित हो जाता है और सिर्फ छिद्र पर पड़ता भाग ही द्वितीयक तरंगिकाएँ उत्पन्न करता है। दीप्त व अदीप्त फ्रिंजें इन्हीं तरंगिकाओं के संपोषी एवं विनाशी अध्यारोपण के कारण बनती हैं। इसकी तीव्रता का व्यंजक प्राप्त करना गणितीय दृष्टि से थोड़ा कठिन है। फिर भी, इस गणना से यह पता चलता है कि

(a) छिद्र के ठीक सामने ($\theta = 0$) के स्थान पर अधिकतम तीव्रता होती है।

(b) जैसे-जैसे θ का मान बढ़ाते हैं, इस कोण पर अपसृत (diverging) प्रकाश की तीव्रता घटती जाती है। जब θ का मान ऐसा हो जाता है कि

$$\sin\theta = \frac{1.22\lambda}{d} \qquad \ldots (33.4)$$

हो जाए, तो प्रकाश की तीव्रता पहली बार शून्य हो जाती है।

(c) θ का मान और बढ़ाने पर क्रमशः दीप्त व अदीप्त फ्रिंजें मिलती हैं पर दीप्त फ्रिंजों की तीव्रता घटती जाती है।

यहाँ, d छिद्र का व्यास है तथा λ प्रकाश का तरंगदैर्घ्य है। यदि छेद से पर्दे की दूरी D हो, तो पर्दे पर बनती पहली अदीप्त फ्रिंज की त्रिज्या $R = D\tan\theta$ होगी।

यदि λ/d एक छोटी संख्या हो, तो $\sin\theta \approx \tan\theta$ तथा

$$R = \frac{1.22\lambda D}{d}. \qquad \text{... (33.5)}$$

चूँकि छेद से आता अधिकांश प्रकाश इस त्रिज्या के अंदर के डिस्क में पहुँचता है, इसलिए इस डिस्क को विवर्तन डिस्क (diffraction disk) भी कहते हैं।

Fraunhofer विवर्तन के लिए हम छेद के सामने एक उत्तल लेंस लगा सकते हैं और पर्दे को उसके फोकल-तल में रख सकते हैं (चित्र 33.7)। ऐसी स्थिति में,

$$\sin\theta \approx \tan\theta = \frac{R}{f},$$

जहाँ R पर्दे पर विवर्तन डिस्क की त्रिज्या है।

ऐसी स्थिति में,

$$R = f\sin\theta = \frac{1.22\lambda f}{d}. \qquad \text{... (33.6)}$$

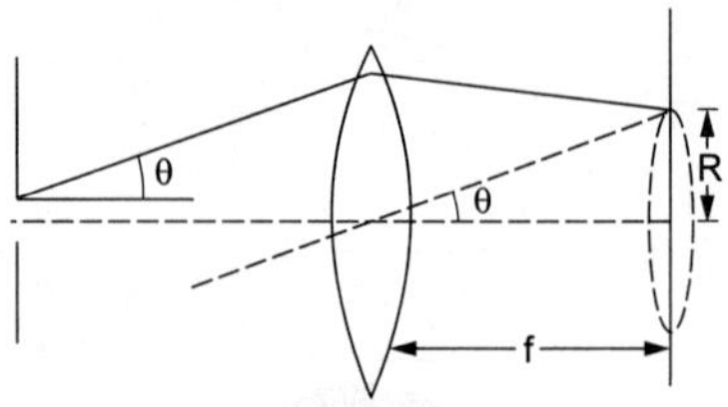

चित्र 33.7

वृत्ताकार छेदों से विवर्तन का बड़ा महत्त्व है। कैमरा, टेलीस्कोप आदि में प्रायः उत्तल लेंसों का उपयोग किया जाता है। बाहर से जब प्रकाश इस लेंस पर पड़ता है, तो सिर्फ लेंस के अंदर का प्रकाश ही आगे प्रतिबिंब बनाने के लिए उपयोग में आता है। अर्थात, लेंस स्वयं आपतित प्रकाश के तरंगाग्र को सीमित कर देता है और इसलिए वैसा ही विवर्तन करता है जैसा उतने ही व्यास का एक छेद करता। यही लेंस विवर्तित प्रकाश को अपने फोकल-तल में पर्दे पर इकट्ठा भी करता है। अतः, समानांतर प्रकाश का किरणपुंज (beam) लेंस से गुजरने के बाद एक बिंदु पर संसृत (converge) नहीं होगा, बल्कि वहाँ एक विवर्तन डिस्क तथा उसके बाहर क्रमशः दीप्त तथा अदीप्त रिंगें बनेंगी। विवर्तन डिस्क की त्रिज्या समीकरण (33.6) से दी जाएगी, जहाँ d लेंस का व्यास होगा। यदि आप विवर्तन डिस्क के बाहर की रिंगों को अनदेखा कर दें तथा लेंस से बहुत दूर रखे एक बिंदुस्रोत की कल्पना करें, तो यह कहा जा सकता है कि विवर्तन के कारण लेंस इस बिंदुस्रोत का एक बिंदु सरीखा प्रतिबिंब न बनाकर डिस्कनुमा प्रतिबिंब बना रहा है जिसकी त्रिज्या समीकरण (33.6) से दी जाती है। यह परिणाम सिर्फ दूर रखे बिंदुस्रोत के लिए ही नहीं, बल्कि किसी भी दूरी पर रखे बिंदुस्रोत के लिए लागू है यदि उसका वास्तविक प्रतिबिंब लेंस के दूसरी ओर बन रहा हो। चित्र 33.8 में d व्यास के एक उत्तल लेंस द्वारा एक बिंदुस्रोत के प्रतिबिंब का बनना दिखाया जा रहा है। यदि प्रतिबिंब की लेंस से दूरी D हो, तो प्रतिबिंब एक विवर्तन डिस्क सरीखा बनेगा जिसकी त्रिज्या $R = \frac{1.22\lambda D}{d}$ होगी।

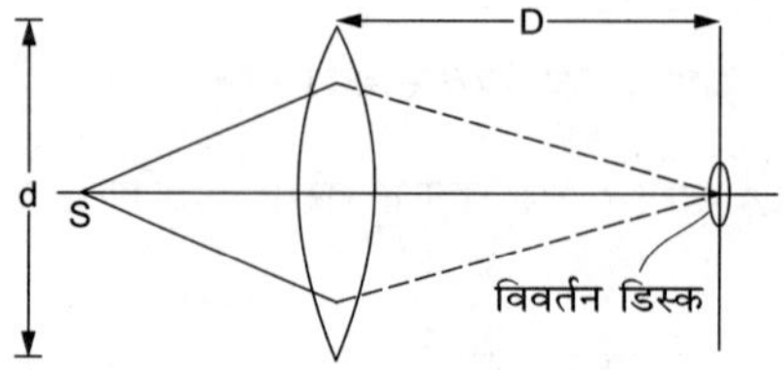

चित्र 33.8

एक रोचक प्रयोग

एक कार्डबोर्ड या मोटे चार्ट पेपर का आयताकार टुकड़ा लें। इसमें अंदर का एक आयताकार भाग काटकर हटा दें जिससे यह एक फ्रेम जैसा बन जाए। फ्रेम की चौड़ाई 10 cm के लगभग रखें एवं खाली भाग की चौड़ाई 5 cm के लगभग रखें। बिजली के कामों में प्रयुक्त होनेवाले ताँबे के पतले तार (#30) का लगभग 10 cm लंबा टुकड़ा लें। इसे फ्रेम पर तनी हुई अवस्था में रखें तथा सेलोफेन टेप द्वारा अच्छी तरह फिक्स कर दें। आप चाहें तो अपने सिर का एक बाल निकालकर तार की जगह इसे ही टेप से फिक्स कर सकते हैं। यही आपका विवर्तनकर्ता है (चित्र 33.9)।

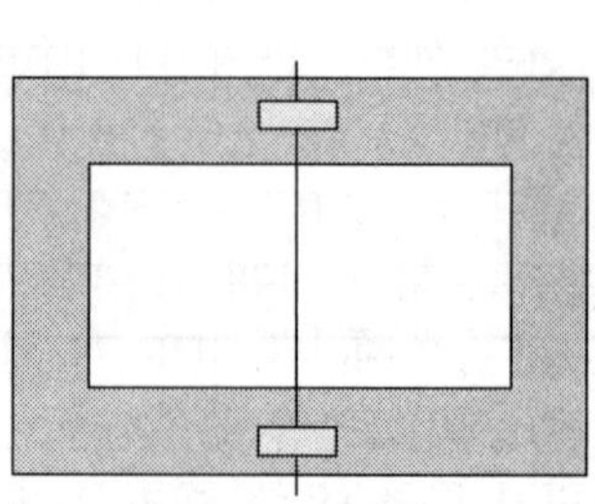

चित्र 33.9

इस फ्रेम को किसी क्लैंप की सहायता से या अन्य किसी प्रकार फिक्स कर दें ताकि तार ऊर्ध्वाधर स्थिति में रहे तथा यह फ्रेम सामने की दीवार से 2–3 मीटर की दूरी पर हो। एक लेसर प्वाइंटर से फ्रेम पर लंब दिशा में तार के ऊपर लेसर की बीम डालें।

दीवार पर पड़ते लेसर प्रकाश को देखें। तार के ठीक सामने, जहाँ शायद आप तार की छाया की आशा करते हैं, अधिकतम तीव्रता का स्पॉट दिखेगा। फिर क्रमशः आपको शून्य तीव्रता तथा अधिकतम तीव्रता के कई बैंड दिखेंगे। चित्र 33.10 में ऐसे ही विवर्तन के पैटर्न का फोटो दिखाया गया है।

चित्र 33.10

ठीक ऐसा ही विवर्तन पैटर्न एक स्लिट से होकर जाते प्रकाश का होता है। यह मजे की बात है कि यदि समान ज्यामितीय रचना के स्लिट एवं अवरोध हों, तो दोनों के विवर्तन पैटर्न एक जैसे होते हैं।

अभ्यास 33.2

तरंगदैर्ध्य 590 nm के प्रकाश की एक बीम 10 cm व्यास वाले उत्तल लेंस से संसृत की जाती है। लेंस से 20 cm की दूरी पर सर्वोत्तम फोकसिंग होती है। इस तरह बने प्रतिबिंब का व्यास निकालें।

हल विवर्तन डिस्क की त्रिज्या,

$$R = \frac{1.22\lambda D}{d} = \frac{1.22 \times (590\ \text{nm}) \times (20\ \text{cm})}{(10\ \text{cm})}$$

$$= 1.4 \times 10^{-4}\ \text{cm}.$$

बाहर की फ्रिंजों को अनदेखा करने पर यह डिस्क ही प्रतिबिंब होगा। अतः, प्रतिबिंब का व्यास,

$$d = 2 \times 1.4 \times 10^{-4}\ \text{cm} = 2.8 \times 10^{-4}\ \text{cm}.$$

33.5 एक तीक्ष्ण किनारे से Fresnel विवर्तन

चित्र 33.11 में S एक लंबी पतली स्लिट है, जहाँ से एकवर्णी प्रकाश बेलनाकार तरंगाग्रों के माध्यम से फैल रहा है। इसके आगे एक अपारदर्शी प्लेट रखी हुई है जिसका किनारा A अत्यंत तीक्ष्ण (sharp edge) है। प्लेट के आगे एक पर्दा Σ है जिसपर प्रकाश पड़ रहा है। चित्र में S तथा A को मिलानेवाली रेखा पर्दे को P_0 बिंदु पर काटती है।

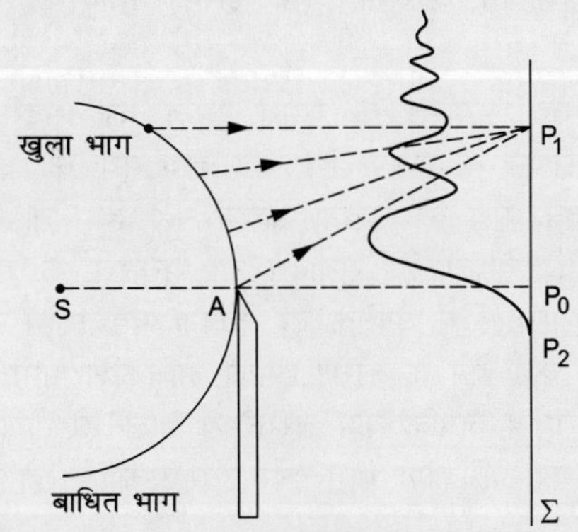

चित्र 33.11

यदि प्रकाश का विवर्तन न होता, तो P_0 के नीचे पर्दे पर तीव्रता शून्य होती तथा P_0 के ऊपर एकसमान तीव्रता होती। परंतु, प्लेट तरंगाग्र के एक हिस्से को रोक लेती है और सिर्फ बचे हुए हिस्से से ही द्वितीयक तरंगिकाएँ आगे अध्यारोपित होती हैं। इस प्रकार, विवर्तन के कारण प्रकाश की तीव्रता में विशिष्ट प्रकार का परिवर्तन होता है, जिसे चित्र 33.11 में एक ग्राफ के रूप में दिखाया गया है। P_0 बिंदु पर कुछ तीव्रता है और आप जैसे-जैसे P_0 से नीचे जाएँगे, यह तीव्रता क्रमशः घटती हुई शून्य हो जाएगी। यदि आप P_0 से ऊपर जाएँगे, तो प्रकाश की तीव्रता में क्रमशः उतार-चढ़ाव होंगे। अधिकतम तीव्रता एवं न्यूनतम तीव्रता का अंतर दूरी के साथ घटता जाता है और अंत में तीव्रता एकसमान हो जाती है।

33.6 विभेदन-सीमा (Limit of Resolution)

विवर्तन के कारण एक लेंस के द्वारा किसी बिंदुस्रोत का सर्वोत्तम प्रतिबिंब भी एक डिस्क-जैसा होता है। इस कारण लेंस के द्वारा बहुत नजदीक रखे दो बिंदुस्रोतों के प्रतिबिंबों में विभेद कर पाना कई बार संभव नहीं होता। अर्थात, प्रत्येक लेंस के लिए बिंदुओं के बीच की दूरी की एक न्यूनतम सीमा होती है जिससे कम दूरी पर के बिंदुओं में उस लेंस से बने प्रतिबिंबों के माध्यम से विभेद नहीं किया जा सकता। इसी न्यूनतम दूरी को उस लेंस के लिए विभेदन सीमा कहते हैं।

चित्र 33.12 में S_1 तथा S_2 दो बिंदुस्रोत दिखाए गए हैं। जिनके प्रतिबिंब एक लेंस के द्वारा बनाए जा रहे हैं। इनमें से प्रत्येक प्रतिबिंब एक विवर्तन डिस्क होगा जिसका केंद्र स्रोत के स्थान के अनुसार निर्धारित होगा। यदि S_1 तथा S_2 बहुत निकट हो, तो विवर्तन डिस्कों के केंद्रों के बीच की दूरी उनकी त्रिज्याओं की तुलना में बहुत कम होगी। ऐसी स्थिति में डिस्कों का अधिकतर भाग एक-दूसरे के ऊपर पड़ जाएगा और सब मिलकर एक डिस्क जैसा दिखेगा। ऐसी स्थिति में प्रतिबिंबों को देखकर S_1 तथा S_2 को अलग-अलग नहीं पहचाना जा सकेगा, अर्थात उनमें विभेद नहीं हो सकेगा [चित्र 33.12(a)]।

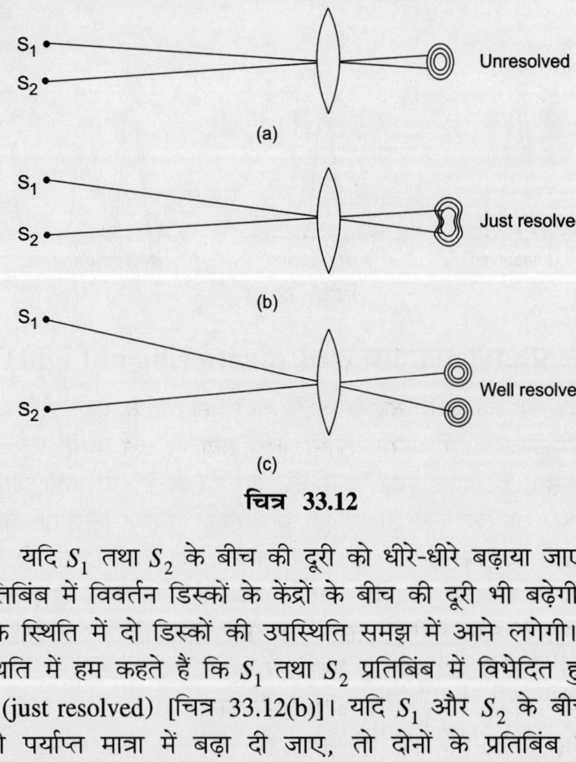

चित्र 33.12

यदि S_1 तथा S_2 के बीच की दूरी को धीरे-धीरे बढ़ाया जाए, तो प्रतिबिंब में विवर्तन डिस्कों के केंद्रों के बीच की दूरी भी बढ़ेगी और एक स्थिति में दो डिस्कों की उपस्थिति समझ में आने लगेगी। ऐसी स्थिति में हम कहते हैं कि S_1 तथा S_2 प्रतिबिंब में विभेदित हुए ही हैं (just resolved) [चित्र 33.12(b)]। यदि S_1 और S_2 के बीच की दूरी पर्याप्त मात्रा में बढ़ा दी जाए, तो दोनों के प्रतिबिंब डिस्क एक-दूसरे से अलग-अलग बनेंगे और दोनों अच्छी तरह विभेदित (well resolved) हो सकेंगे [चित्र 33.12(c)]।

यदि हम लेंस का इस्तेमाल करें ही नहीं तो क्या बहुत नजदीक के बिंदुओं में विभेद कर सकते हैं? कम-से-कम आँखों से देखकर तो नहीं, क्योंकि आँख में तो स्वयं ही लेंस होता है जो वस्तुओं का प्रतिबिंब रेटिना पर बनाता है।

स्पष्ट है कि विवर्तन डिस्क की त्रिज्या जितनी ही छोटी होगी, विभेदन उतना ही आसान होगा। विभेदन-सीमा छोटी होगी तो नजदीक रखी वस्तुओं में विभेदन हो सकेगा। चूँकि लेंस द्वारा बने विवर्तन डिस्क की त्रिज्या लेंस के व्यास की व्युत्क्रमानुपाती होती है, इसीलिए टेलीस्कोप आदि के लेंस, जो वस्तु से आते प्रकाश को ग्रहण करते हैं, बड़े व्यास के बनाए जाते हैं।

विभेदन के लिए Rayleigh का मापदंड

पास-पास रखे दो बिंदुओं के डिस्क रूपी प्रतिबिंब एक-दूसरे से विभेदित किए जा सकते हैं या नहीं, यह देखनेवाले मनुष्य पर भी निर्भर कर सकता है। Lord Rayleigh ने ठीक-ठीक विभेदन (just resolution) के लिए एक सुनिश्चित परिभाषा दी जिसे Rayleigh का मापदंड कहते हैं। इसके अनुसार, दो प्रतिबिंब ठीक-ठीक विभेदित (just resolved) तब कहे जाते हैं जब एक विवर्तन डिस्क का केंद्र दूसरे विवर्तन डिस्क की परिधि पर पड़े। अर्थात, जब विवर्तन डिस्कों के केंद्रों के बीच की दूरी उनकी त्रिज्या के बराबर हो जाएँ। इस स्थिति में भी डिस्क का काफी भाग एक-दूसरे पर पड़ता है, परंतु इस पूरे प्रतिबिंब क्षेत्र के बीच की तीव्रता केंद्रों पर की तीव्रता से लगभग 14% कम होती है जिसे सामान्यतः आँखें अनुभव कर पाती हैं। चित्र 33.13 में दोनों प्रतिबिंब डिस्कों के उभयनिष्ठ व्यास के अनुदिश प्रकाश की तीव्रता का ग्राफ दिखाया गया है। टूटी-रेखा से परिणामी तीव्रता को प्रदर्शित किया गया है।

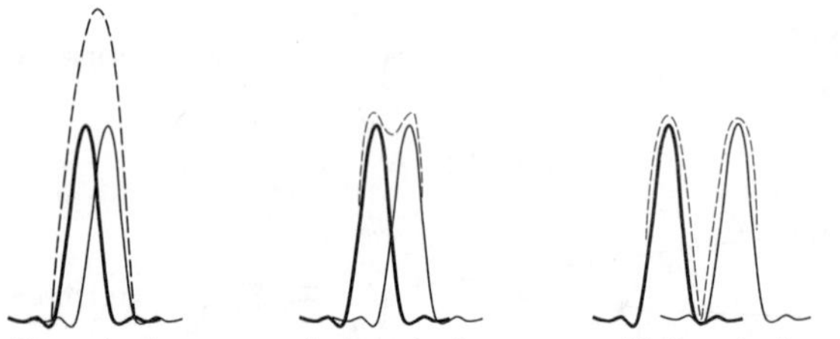

चित्र 33.13

33.7 प्रकाश का प्रकीर्णन (Scattering of Light)

कल्पना करें कि सबेरे का समय है और आप एक खुले मैदान में व्यायाम कर रहे हैं। आपका चेहरा कभी पश्चिम, तो कभी उत्तर की ओर घूमता है, कभी आप ऊपर की ओर देखते हैं, तो कभी जमीन की ओर। आपका रुख किधर भी हो आपको कुछ-न-कुछ तो जरूर दीखता है। आपकी आँखों में प्रकाश तो आ रहा है। निश्चित ही इस प्रकाश का स्रोत सूर्य ही है। सूर्य के उदय होने के पहले ही उजाला हो जाता है और हमें हर तरफ की चीजें स्पष्ट दीखने लगती हैं। सूर्योदय होने के बाद भी, हो सकता है हमारे कमरे में धूप न आ रही हो, हो सकता है पूर्व की ओर हमारे कमरे में कोई खिड़की या दरवाजा न हो, फिर भी हमें कमरे की हर वस्तु स्पष्ट दीखती है। सूर्य से चला प्रकाश, सभी दिशाओं से कैसे मिलता है?

यह वस्तुतः धरती के वायुमंडल में स्थित विभिन्न अणुओं व कणों के कारण होता है। प्रकाश के विद्युतीय क्षेत्र के कारण ऐसे कण अपने ऊपर पड़ती प्रकाश की ऊर्जा के एक भाग को अवशोषित कर लेते हैं और उन कणों के कुछ इलेक्ट्रॉन इस विद्युतीय क्षेत्र की आवृत्ति के साथ कंपन करने लगते हैं। इस कारण ये कण विभिन्न दिशाओं में प्रकाश उत्सर्जित करते हैं और पूर्व दिशा से आते प्रकाश का एक भाग हमें अन्य सभी दिशाओं से आता हुआ प्राप्त होता है।

पदार्थों के कणों द्वारा प्रकाश के एक भाग का अवशोषण (absorption) तथा विभिन्न दिशाओं में इसका पुनः उत्सर्जन (emission), यह प्रक्रिया प्रकीर्णन या scattering कहलाती है और इस प्रकार आता प्रकाश प्रकीर्णित (scattered) प्रकाश कहलाता है।

जब प्रकाश को प्रकीर्णित करनेवाले कणों का आकार (size) उनके तरंगदैर्घ्य की तुलना में काफी कम हो, तो ऐसे प्रकीर्णन को Rayleigh प्रकीर्णन कहते हैं। इस प्रकार के प्रकीर्णन के लिए प्रकाश ऊर्जा का जो भाग प्रकीर्णन के कारण आपतित प्रकाश से अलग हो जाता है, उसकी दर

$$u \propto \frac{D^6}{\lambda^4}$$

होती है, जहाँ D कणों का औसत व्यास तथा λ प्रकाश का तरंगदैर्घ्य है।

गैसों से होकर चलते प्रकाश का प्रकीर्णन इसी सूत्र के अनुसार होता है, क्योंकि गैसों के अणुओं के आकार तरंगदैर्घ्य से बहुत कम होते हैं। तरंगदैर्घ्य पर निर्भरता से स्पष्ट है कि दृश्य प्रकाश (visible light) में लाल रंग का प्रकीर्णन सबसे कम तथा बैंगनी रंग का प्रकीर्णन सबसे अधिक होगा। खतरे के सिग्नल बहुधा लाल रंग के बनाए जाते हैं ताकि प्रकीर्णन के कारण प्रकाश-ऊर्जा का क्षय न्यूनतम हो और इनका प्रकाश दूर तक जा सके।

दिन में आसमान का नीला दिखना भी Rayleigh प्रकीर्णन के नियम से समझा जा सकता है। जब हम आसमान की ओर देखते हैं, तो ज्यादातर वायुमंडल की हवा के अणुओं द्वारा प्रकीर्णित प्रकाश ही हमारी आँखों तक पहुँचता है। इस प्रकीर्णित प्रकाश में लाल, नारंगी आदि का अंश कम रहता है और हरे-नीले बैंगनी प्रकाश का अधिक। इन सबका संयोजन आसमान को इसका विशिष्ट नीला-सा रंग देता है।

सूर्योदय एवं सूर्यास्त के समय सूरज का सिंदूरी दिखना भी Rayleigh प्रकीर्णन के कारण है। यदि हम सूर्य की ओर देखते हैं (अधिक देर तक सूर्य को देखना उचित नहीं है), तो सूर्य से आते सीधे प्रकाश को देखते हैं। सूर्योदय या सूर्यास्त के समय सूर्य के प्रकाश को वायुमंडल में अधिक दूर चलना पड़ता है। लाल रंग का प्रकीर्णन सबसे कम होने के कारण इसका अधिकांश भाग हमारी आँखों तक पहुँच जाता है जबकि कम तरंगदैर्घ्य वाले हरे-नीले-बैंगनी आदि रंग के प्रकाश का अधिकांश भाग इधर-उधर प्रकीर्णित हो जाता है।

Rayleigh प्रकीर्णन का ध्रुवण (polarisation) से भी संबंध है। यदि अध्रुवित प्रकाश कणों से प्रकीर्णित होता है, तो विशिष्ट दिशाओं में प्रकीर्णित प्रकाश आंशिक रूप से ध्रुवित हो जाता है।

यदि धरती पर वायुमंडल न होता, तो सूर्य के प्रकाश का प्रकीर्णन भी न होता। आसमान पूरी तरह काला नजर आता और दिन में तारे दिखने का मुहावरा यथार्थ रूप में चरितार्थ होता। वस्तुतः, धरती की सतह से 20 km या अधिक ऊँचाई पर चले जाएँ तो हवा का घनत्व काफी कम हो जाता है और दिन में तारे दिखते हैं।

जब आप आसमान में बादलों को देखते हैं, तो वे नीले दिखाई नहीं देते, बल्कि सफेद या मटमैले रंग के दिखते हैं। ऐसा इसलिए कि बादलों में पानी के कण होते हैं जो बहुधा प्रकाश के तरंगदैर्घ्य से बड़े होते हैं। यहाँ Rayleigh के सिद्धांत के अनुसार प्रकीर्णन नहीं होता। सभी तरंगदैर्घ्यों के प्रकाश लगभग बराबर अंश में प्रकीर्णित होते हैं। बड़े-बड़े शहरों में बहुत सारे वाहन वायुमंडल में धुआँ डालते रहते हैं, कारखाने आदि भी वायुमंडल में तरह-तरह के कण उत्सर्जित करते हैं, इसलिए आसमान सुंदर नीलवर्ण का नहीं दिखकर मटमैला-सा दिखता है। इस प्रकार का प्रकीर्णन Mie प्रकीर्णन कहलाता है।

• हल किए गए प्रश्न •

1. 546 nm *तरंगदैर्घ्य का एकवर्णी प्रकाश* 0.40 mm *चौड़ी स्लिट पर लंबवत पड़ता है। स्लिट से निकलनेवाला प्रकाश* 4.0 m *दूर रखे पर्दे पर पड़ता है। केंद्रीय स्थान के एक ओर क्रमागत अदीप्त फ्रिंजों के बीच की दूरी निकालें।*

हल प्रथम अदीप्त फ्रिंज के लिए, $\sin\theta = \frac{\lambda}{b}\cdot$ अतः, पर्दे पर केंद्र से इसकी दूरी $y = D\tan\theta \approx D\sin\theta = \frac{D\lambda}{b}\cdot$ इसी तरह, दूसरी अदीप्त फ्रिंज के लिए, $\sin\theta = \frac{2\lambda}{b}\cdot$ अतः, पर्दे पर केंद्र से इसकी दूरी $y = \frac{2\lambda D}{b}\cdot$

अतः, इन दोनों के बीच दूरी $\frac{\lambda D}{b} = \frac{(546\ \text{nm})\times(400\ \text{cm}))}{(0.40\ \text{mm})}$

$= 5.5$ mm.

2. *एक स्लिट की चौड़ाई* 20 μm *है जिससे Fraunhofer विवर्तन हो रहा है। केंद्रीय दीप्त फ्रिंज की तीव्रता* I_0 *है। इस फ्रिंज के बाद तीसरी दीप्त फ्रिंज की तीव्रता निकालें।*

हल तीसरी दीप्त फ्रिंज के स्थान के लिए,

$$\beta = 3.5\,\pi$$

या $$\frac{\sin^2\beta}{\beta^2} = \frac{\sin^2(3.5\pi)}{(3.5\pi)^2} = \frac{1}{(3.5\pi)^2} = 0.0083.$$

अतः, यहाँ प्रकाश की तीव्रता = $0.0083\, I_0$.

3. *एक लेसर टॉर्च लाल रंग का प्रकाश पैदा कर रहा है। यह प्रकाश* 0.10 mm *चौड़े स्लिट से विवर्तित होकर* 2.0 m *दूर रखे पर्दे पर फ्रिंज पैटर्न बनाता है। यदि केंद्रीय फ्रिंज के बाद पहली दीप्त फ्रिंज केंद्र से* 1.9 cm *दूरी पर बनती है, तो लेसर प्रकाश का तरंगदैर्घ्य निकालें।*

हल पहली दीप्त फ्रिंज के लिए, $\beta = 1.5\,\pi$

या $\frac{\pi}{\lambda}d\sin\theta = 1.5\pi$ या $\sin\theta = \frac{1.5\lambda}{d}\cdot$

पर्दे पर पैटर्न के केंद्र से दूरी,

$$y = D\tan\theta \approx D\sin\theta = \frac{1.5\lambda D}{d}\cdot$$

अतः, $1.9\ \text{cm} = \frac{1.5\times\lambda\times 2.0\ \text{m}}{0.10\ \text{mm}}$

या $$\lambda = \frac{(1.9\times10^{-2}\ \text{m})\times(0.10\times10^{-3}\ \text{m})}{(1.5\times 2.0\ \text{m})}$$

$= 633$ nm.

4. *एक double slit के प्रयोग में स्लिटों के केंद्रों के बीच की दूरी* d *है और प्रत्येक स्लिट की चौड़ाई* $d/3$ *है। इसमें प्रयुक्त प्रकाश का तरंगदैर्घ्य* λ *है। केंद्रीय फ्रिंज की अधिकतम तीव्रता* I_0 *है। पहली दीप्त फ्रिंज की तीव्रता निकालें।*

हल Double slit के कारण, पहली दीप्त फ्रिंज बनने के लिए,

$$d\sin\theta = \lambda$$

या $$\sin\theta = \frac{\lambda}{d}\cdot \qquad \text{... (i)}$$

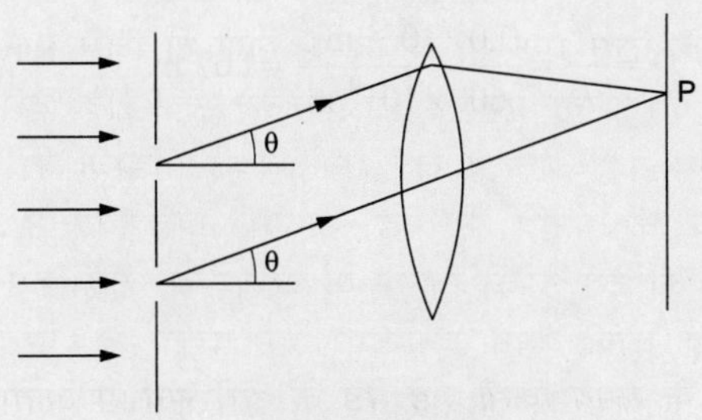

चित्र 33.W1

प्रत्येक स्लिट की चौड़ाई $b = \frac{d}{3}$ है।

इस स्लिट के कारण यदि $\theta = 0$ में भेजे गए प्रकाश की तीव्रता I_1 हो, तो θ कोण पर भेजे गए प्रकाश की तीव्रता,

$$I_2 = I_1\frac{\sin^2\beta}{\beta^2}$$

होगी। यहाँ, $\beta = \frac{\pi}{\lambda}b\sin\theta.$

समीकरण (i) से,

$$\beta = \frac{\pi}{\lambda}\cdot\frac{d}{3}\cdot\frac{\lambda}{d} = \frac{\pi}{3}\cdot$$

अतः, $$I_2 = I_1\frac{\sin^2\frac{\pi}{3}}{\left(\frac{\pi}{3}\right)^2} = \frac{27}{4\pi^2}I_1 \qquad \text{... (ii)}$$

$\theta = 0$ दिशा में प्रत्येक स्लिट I_1 तीव्रता का प्रकाश भेजती है। अतः, दोनों स्लिटों से आती प्रकाश तरंगों के संपोषी व्यतिकरण से यहाँ तीव्रता = $4I_1$ अर्थात $I_0 = 4I_1$.

$\theta = \sin^{-1}\left(\frac{\lambda}{d}\right)$ दिशा में प्रत्येक स्लिट I_2 तीव्रता का प्रकाश भेजती है। इनके संपोषी व्यतिकरण से बनी दीप्त फ्रिंज की तीव्रता,

$$I' = 4I_2 = \frac{27}{\pi^2}I_1 = \frac{27}{4\pi^2}I_0 \approx 0.61I_0.$$

5. *चौड़ाई* 0.1 mm *के दो स्लिट एक-दूसरे से* 1.0 mm *दूर रखे हैं। दोनों को तेज, परंतु कला-असंबद्ध (incoherent)* 600 nm *तरंगदैर्घ्य के अलग-अलग स्रोतों से प्रकाशित किया जाता है। इनसे कितनी दूरी पर एक पर्दा रखा जाए कि उसपर पड़ते प्रकाश से दोनों स्लिटों का ठीक-ठीक विभेदन हो सके?*

हल चूँकि प्रकाश के स्रोत कला-असंबद्ध हैं, अतः दोनों स्लिटों से आती प्रकाश तरंगें आपस में व्यतिकरण नहीं करेंगी और उनकी तीव्रताएँ आपस में जुड़ जाएँगी। परंतु, प्रत्येक स्लिट अपना विवर्तन पैटर्न बनाएगा, जैसा कि चित्र 33.W2 में दिखाया गया है। प्रत्येक की केंद्रीय फ्रिंज की कुल चौड़ाई $2\lambda D/d$ है। ठीक-ठीक

विभेदन के लिए एक फ्रिंज की अधिकतम तीव्रता का बिंदु वहीं होना चाहिए जहाँ दूसरी फ्रिंज का न्यूनतम है। अर्थात,

$$d = \frac{\lambda D}{d}$$

या $$D = \frac{d^2}{\lambda} = \frac{(1.0 \times 10^{-3}\text{ m})^2}{600 \times 10^{-9}\text{ m}} = 1.67\text{ m.}$$

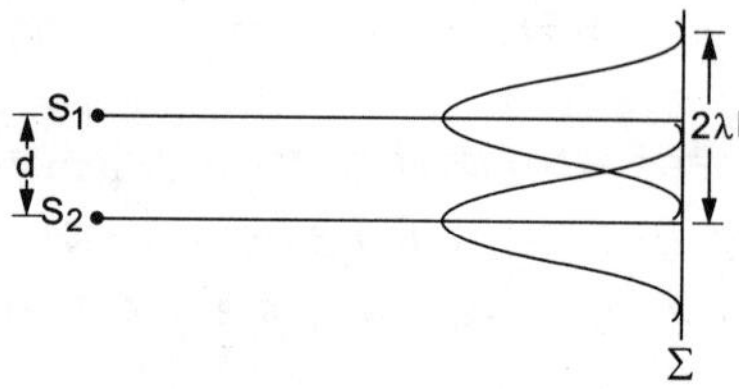

चित्र 33.W2

• विचार हेतु प्रश्न •

1. *दोपहर के समय किसी बड़े पेड़ के नीचे सूर्य से आते हुए प्रकाश को देखें। यद्यपि पत्तों के बीच बने छिद्र अलग-अलग आकारों के हैं, आपको जमीन पर धूप के लगभग वृत्ताकार डिस्क ही दिखाई देंगे। क्या इसमें पत्तों के किनारों से विवर्तन की प्रमुख भूमिका है?*
2. *प्रकाश के सीधी रेखा में चलने को दिखाने के लिए एक प्रसिद्ध प्रयोग में तीन दफ्तियों में छिद्र कर देते हैं और उन्हें एक-दूसरे के समानांतर रख देते हैं। दफ्तियों के एक ओर एक मोमबत्ती जला देते हैं और दूसरी ओर से उसे देखने का प्रयास करते हैं। मोमबत्ती की लौ तभी दिखाई देती है जब तीनों छिद्र एक ही सरल रेखा में हों। यदि छिद्रों के आकार (size) बहुत छोटे (≈ 0.05 mm) कर दिए जाएँ , तो क्या यह प्रयोग सफल होगा?*
3. *दिल्ली टेलीविजन स्टूडियो से प्रसारित सिग्नल सीधा पटना नहीं पहुँच पाता जो कि लगभग 1000 किलोमीटर दूर है। परंतु, वही सिग्नल 36000 किलोमीटर दूर के सैटेलाइट तक पहुँच जाता है और वहाँ से पुनः लगभग उतनी ही दूरी चलकर पटना के ऐंटेना द्वारा प्राप्त कर लिया जाता है। व्याख्या करें।*
4. *एक पतली स्लिट की लंबाई x-दिशा में तथा चौड़ाई y-दिशा में है। इसपर प्रकाश की एक बीम z-दिशा में चलती हुई पड़ती है। फ्रिंजों की चौड़ाई किस दिशा में होगी?*
5. *दूर समुद्र का पानी प्रायः नीलिमा लिए होता है, पर हमारे गिलास में रखा पानी रंगहीन होता है। क्यों?*
6. *हमने एक लंबी स्लिट एवं वृत्ताकार छेद के कारण विवर्तन के पैटर्न की चर्चा की। एक वर्गाकार छेद से बना विवर्तन पैटर्न किस आकृति का होगा?*
7. *हमलोग अपने चश्में में लेंसों का प्रयोग करते हैं। लेंसों से प्रकाश के विवर्तन के कारण हमें वस्तुओं को देखने में परेशानी क्यों नहीं होती?*

• सटीक उत्तरवाले प्रश्न I •

सही उत्तर का चयन करें।

1. प्रकाश के विवर्तन की घटना को समझा जा सकता है
   (a) परावर्तन के नियमों से
   (b) अपवर्तन के नियम से
   (c) Fermat के सिद्धांत से
   (d) Huygens के द्वितीयक तरंगिका सिद्धांत से
2. विवर्तन होता है जब प्रकाश का तरंगाग्र
   (a) गोलीय होता है।
   (b) बेलनाकार होता है।
   (c) समतल होता है।
   (d) आंशिक रूप से अवरोधित होता है।
3. एक स्लिट से प्रकाश के Fraunhofer विवर्तन में जहाँ पहली अदीप्त फ्रिंज बनती है उस स्थान पर, स्लिट के किनारों से आती तरंगों के प्रकाशीय पथ का अंतर होता है
   (a) λ (b) $\frac{\lambda}{2}$
   (c) $\frac{\lambda}{4}$ (d) $\frac{\lambda}{8}$
4. एक स्लिट से प्रकाश के Fraunhofer विवर्तन में
   (a) सभी फ्रिंजों की चौड़ाइयाँ बराबर होती हैं।
   (b) केंद्रीय फ्रिंज की चौड़ाई सबसे अधिक होती है।
   (c) केंद्रीय फ्रिंज की चौड़ाई सबसे कम होती है।
   (d) सभी दीप्त फ्रिंजों की तीव्रता बराबर होती है।
5. विवर्तन की घटना से प्रकाश की प्रकृति के बारे में कहा जा सकता है कि
   (a) यह कणिकाओं के रूप में आता है।
   (b) यह तरंगों के रूप में आता है।
   (c) यह अनुप्रस्थ तरंगों के रूप में आता है।
   (d) यह अनुदैर्घ्य तरंगों के रूप में आता है।
6. $1\text{ m} \times 1\text{ m}$ के बोर्ड के किनारों से AM रेडियो तरंगें काफी कुछ मुड़ जाती हैं, पर FM रेडियो तरंगें अपेक्षाकृत बहुत कम मुड़ती हैं। यदि AM एवं FM तरंगों के औसत तरंगदैर्घ्य λ_a तथा λ_f हों, तो
   (a) $\lambda_a > \lambda_f$
   (b) $\lambda_a = \lambda_f$
   (c) $\lambda_a < \lambda_f$
   (d) इनके संबंध जानने के लिए सूचना पर्याप्त नहीं है।

7. Fraunhofer विवर्तन के लिए विवर्तनकर्ता का आकार (size) A तथा Fresnel विवर्तन के लिए यह आकार (size) B है। सही कथन है
   (a) A को B से बड़ा होना चाहिए।
   (b) A को B से छोटा होना चाहिए।
   (c) A को B के बराबर होना चाहिए।
   (d) A तथा B में कोई संबंध नहीं है।
8. दो स्रोतों के विवर्तन डिस्क एक पर्दे पर प्राप्त किए जा रहे हैं एवं वे एक-दूसरे को आंशिक रूप से आच्छादित कर रहे हैं। ये एक-दूसरे से विभेदित नहीं हो रहे हैं। इन्हें विभेदित करने के लिए
   (a) पर्दे को बड़ा कर देना चाहिए।
   (b) पर्दे को विवर्तनकर्ता के पास लाना चाहिए।
   (c) पर्दे को विवर्तनकर्ता से दूर ले जाना चाहिए।
   (d) विवर्तनकर्ता को स्रोतों के पास लाना चाहिए।
9. वायुमंडल में सूर्य के प्रकाश का सर्वाधिक प्रकीर्णित होनेवाला घटक है
   (a) हरा (b) नीला
   (c) पीला (d) लाल

• सटीक उत्तरवाले प्रश्न II •

सही उत्तर (उत्तरों) का चयन करें।

1. यंग के double slit प्रयोग में आवश्यक रूप से शामिल है
   (a) विवर्तन (b) व्यतिकरण
   (c) परावर्तन (d) अपवर्तन
2. आकाश के नीले रंग का कारण है
   (a) व्यतिकरण (b) विवर्तन
   (c) प्रकीर्णन (d) प्रकाश की तरंग प्रकृति
3. विवर्तन का विस्तारपूर्वक प्रायोगिक अध्ययन करनेवाले प्रमुख वैज्ञानिक थे
   (a) Newton (b) Huygens (c) Fraunhofer (d) Fresnel
4. टेलीस्कोप का अभिदृश्यक लेंस (जो प्रेक्षण की वस्तुओं की ओर होता है) बड़ा रखने का कारण है
   (a) छोटे लेंस बनाना कठिन होता है।
   (b) बड़े लेंस से अधिक प्रकाश टेलीस्कोप में जाता है।
   (c) बड़े लेंस से विवर्तन डिस्क छोटा बनता है।
   (d) बड़े लेंस मजबूत होते हैं।
5. विवर्तन के कारण इनमें से किसमें बदलाव नहीं होता?
   (a) तरंग की आवृत्ति
   (b) तरंग की दिशा
   (c) किसी दिशा में तरंग की तीव्रता
   (d) तरंगाग्र की आकृति

• अभ्यास के प्रश्न •

1. 5.0 cm चौड़ाई की एक लंबी स्लिट पर माइक्रोवेव तरंगें लंबवत पड़ रही हैं। यदि पहली अदीप्त फ्रिंज $\theta = 30°$ पर बन रही हो, तो माइक्रोवेव का तरंगदैर्घ्य निकालें।
2. 560 nm तरंगदैर्घ्य का प्रकाश 0.20 mm त्रिज्या के छेद से गुजरता है। छेद से 2 m दूर की दीवार पर बननेवाले विवर्तन डिस्क की त्रिज्या निकालें।
3. 620 nm तरंगदैर्घ्य की एक चौड़ी समानांतर बीम 8.0 cm व्यास के उत्तल लेंस पर पड़ती है। यदि लेंस द्वारा यह बीम 20 cm दूरी के पर्दे पर फोकस होती हो, तो यहाँ बननेवाले विवर्तन डिस्क की त्रिज्या निकालें।
4. एक स्लिट से Fraunhofer विवर्तन के लिए पर्दे को स्लिट से D दूरी पर रखा गया है। स्लिट की चौड़ाई d है तथा प्रकाश का तरंगदैर्घ्य λ है। पहली न्यूनतम तीव्रता (शून्य) का स्थान पैटर्न के केंद्र से y दूरी पर है। सिर्फ इतनी जानकारी उपलब्ध है कि स्लिट की चौड़ाई d घटाने से y का मान बढ़ता है और पर्दे की दूरी D बढ़ाने पर भी y का मान बढ़ता है। y का मान λ, D तथा d के पदों में निकालें।
5. सोडियम लैंप से आता 589 nm तरंगदैर्घ्य का पीला प्रकाश 0.10 mm चौड़ी स्लिट पर लंबवत पड़ रहा है। 30° पर विवर्तित प्रकाश तरंगें एक लेंस द्वारा पर्दे के किसी बिंदु P पर संसृत हो रही है। स्लिट के किनारों से चलती द्वितीयक तरंगिकाओं के P पर पहुँचने पर उनमें कलांतर निकालें।
6. लाल रंग के लेसर प्वाइंटर से चलते 632 nm के प्रकाश का उपयोग 0.2 mm चौड़ाई की स्लिट से Fraunhofer विवर्तन के लिए किया जाता है। शून्य से 1° के कोणीय रेंज में कितनी अदीप्त फ्रिंजें होंगी?

• उत्तर •

सटीक उत्तरवाले प्रश्न I

1. (d) **2.** (d) **3.** (a) **4.** (b) **5.** (b)
6. (a) **7.** (d) **8.** (d) **9.** (b)

सटीक उत्तरवाले प्रश्न II

1. (a), (b) **2.** (c), (d) **3.** (c), (d) **4.** (b), (c) **5.** (a)

अभ्यास के प्रश्न

1. 2.5 cm **2.** 6.85 mm **3.** 1.9×10^{-6} m

4. $\frac{\lambda D}{d}$ **5.** 533 rad **6.** 5

❑

अध्याय 34

ज्यामितीय प्रकाशिकी

यूँ तो प्रकाश तरंगों की बहुत-सी अभिव्यक्ति हमने ज्यामिति के माध्यम से की है, पर 'ज्यामितीय प्रकाशिकी' शीर्षक का उपयोग हम तब करते हैं जब तरंग प्रकृति के प्रभाव को अनदेखा (neglect) किया जा सकता है। चूँकि प्रकाश का तरंगदैर्घ्य सामान्य व्यवहार में आने वाली वस्तुओं के आकार से बहुत छोटा होता है, अतः अनेक परिस्थितियों में प्रकाश के तरंग होने के प्रभाव नगण्य होते हैं। ऐसे में तरंगाग्र आदि को गणना में लाना आवश्यक नहीं होता है और हर दिशा में चलनेवाले प्रकाश की अति सूक्ष्म मोटाई का किरणपुंज (beam) अपने-आप में स्वतंत्र माना जा सकता है। इसे ही हम प्रकाश की किरण कहते हैं तथा किरण की लंब दिशा में इस किरण में चलते प्रकाश के किसी सरोकार को नगण्य मान सकते हैं। सिर्फ प्रकाश किरणों की गति के आधार पर प्रकाश के जो नियम, जो वर्णन हम स्थापित करेंगे उसे ही ज्यामितीय प्रकाशिकी कहते हैं। इस अध्याय में हम ज्यामितीय प्रकाशिकी की परिस्थितियों में प्रकाश का परावर्तन एवं समतल सतहों पर इसके अपवर्तन का अध्ययन करेंगे।

34.1 चिकनी सतहों से परावर्तन (reflection)

चिकनी सतहों से प्रकाश के परावर्तन के नियम आप जानते हैं। चित्र 34.1 में AB सतह से प्रकाश की किरणों के परावर्तन को दिखाया गया है। किरण SB इस सतह के बिंदु B पर पड़कर BC दिशा में परावर्तित हो जाती है। इस तरह B बिंदु पर आपतित किरण SB अभिलंब से कोण i बनाती है तथा परावर्तित किरण BC इस अभिलंब से कोण r बनाती है। इन कोणों को क्रमशः आपतन कोण एवं परावर्तन कोण कहते हैं। प्रकाश के परावर्तन के नियम निम्नलिखित हैं।

(a) आपतित किरण, परावर्तित किरण एवं परावर्तक सतह पर आपतन बिंदु से खींचा गया अभिलंब, तीनों एक ही तल में होते हैं।

(b) आपतन कोण का मान परावर्तन कोण के मान के बराबर होता है।

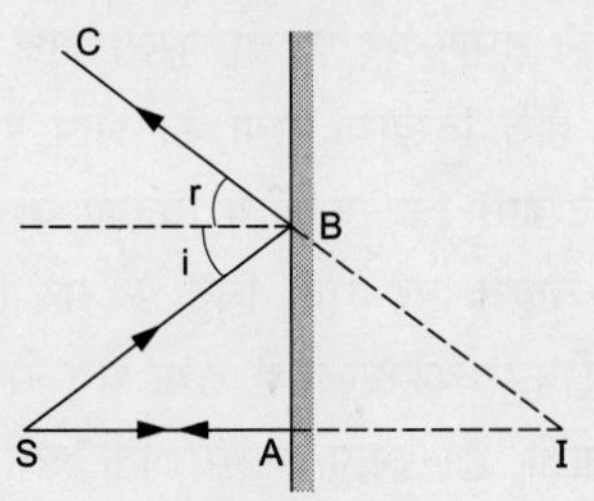

चित्र 34.1

परावर्तन के कारण एक वस्तु का प्रतिबिंब कहीं दूसरी जगह बन सकता है। चित्र 34.1 में आप S को एक बिंदु समान वस्तु मान सकते हैं जहाँ से प्रकाश की किरणें सभी दिशाओं में चल रही हैं। इनमें से दो किरणें, SA तथा SB, चित्र में दिखाई गई हैं। परावर्तन के बाद SA किरण वापस AS दिशा में लौटती है तथा SB किरण BC दिशा में। AS तथा BC को पीछे बढ़ाएँ तो वे दर्पण के पीछे I बिंदु पर मिलती हैं। आप S से किसी भी दिशा में चलती किरण के संगत परावर्तित किरण को देखें, वह पीछे बढ़ाने पर I पर ही मिलेगी। अर्थात, परावर्तन के बाद किरणें I बिंदु से अपसृत (diverge) होती हुई दिखेंगी। यदि इन किरणों को आँखों में आने दें, तो आँख को S पर की वस्तु I पर दिखेगी। यही I, वस्तु S का प्रतिबिंब कहलाता है। आप कह सकते हैं कि एक बिंदुरूपी वस्तु से चलनेवाली किरणें यदि किसी सतह से परावर्तित हों, तो परावर्तित किरणों के कटान-बिंदु को उस वस्तु का प्रतिबिंब कहा जाएगा। यहाँ परावर्तित किरणों का कटान-बिंदु प्राप्त करने के लिए उन्हें सतह के दूसरी ओर बढ़ाना पड़ता है। अर्थात, परावर्तित किरणें वास्तव में एक-दूसरे को नहीं काटतीं, पर पीछे बढ़ाकर उनका कटान-बिंदु निकालना पड़ता है। इस प्रकार बने प्रतिबिंब को आभासी प्रतिबिंब (virtual image) कहते हैं। यदि परावर्तित किरणें आगे चलते हुए ही किसी बिंदु पर वास्तव में मिले, तो इस प्रकार बने प्रतिबिंब को वास्तविक प्रतिबिंब (real image) कहते हैं।

वस्तु S स्वयं आपतित किरणों के कटान-बिंदु पर है। कई बार दर्पणों, लेंसों आदि से प्रतिबिंब निर्धारण के लिए वस्तु की परिभाषा भी आपतित किरणों के कटान-बिंदु के रूप में करना उपयोगी रहता है। यदि आपतित किरणें आपस में न कट रही हों और पीछे बढ़ाने पर कटें, तो इस कटान-बिंदु को हम आभासी वस्तु (virtual object) कह सकते हैं।

वक्र सतहों से परावर्तन के नियम भी वही हैं जो समतल सतह के लिए हैं। आपतन बिंदु पर आप इस वक्र सतह पर एक स्पर्श तल खींच सकते हैं और इस स्पर्श तल पर अभिलंब भी खींच सकते हैं। आपतित किरण, परावर्तित किरण तथा आपतन बिंदु पर खींचा गया अभिलंब तीनों एक ही समतल में होंगे तथा आपतन का कोण परावर्तन के कोण के बराबर होगा (चित्र 34.2)।

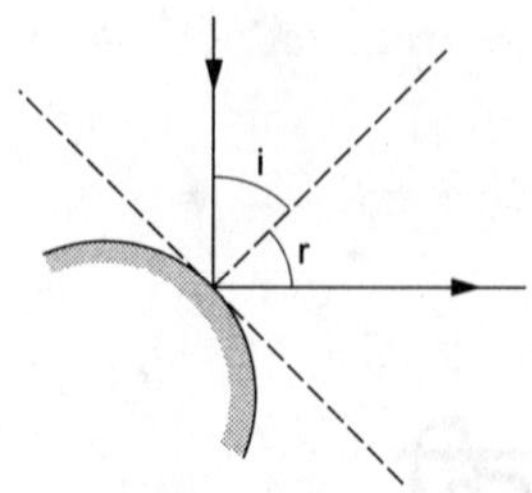

चित्र 34.2

34.2 गोलीय दर्पण से प्रतिबिंब का बनना

स्कूटर, मोटरसाइकिल या मोटरकारों में चालक के पास लगे दर्पणों की सतह गोलीय (spherical) होती है। इसमें वाहन चालक को पीछे से आते हुए दूसरे वाहनों का प्रतिबिंब दिखाई देता है। ये प्रतिबिंब वास्तविक वाहन से छोटे होते हैं। यदि आपने दाँतों के डॉक्टर को दाँतों की जाँच करते हुए देखा हो, तो वे एक छड़ या डंडी में लगे छोटे से दर्पण को पीड़ित दाँतों के पास ले जाते हैं और इस दर्पण में दाँतों के प्रतिबिंब को देखकर दाँतों के रोग की जानकारी लेते हैं। इस दर्पण की सतह भी गोलीय होती है और प्रायः दाँतों का बड़ा प्रतिबिंब इसमें दीखता है।

गोलीय दर्पण को आप काँच के एक गोलाकार कोश (spherical shell) का हिस्सा मान सकते हैं। इस कोश का जो केंद्र है उसे दर्पण का वक्रता-केंद्र (centre of curvature) कहते हैं और इस कोश की त्रिज्या को दर्पण की वक्रता-त्रिज्या (radius of curvature) कहते हैं। दर्पण की एक सतह को पॉलिश कर अपारदर्शी बना दिया जाता है। चित्रों में गोलीय दर्पण की एक सतह पर छोटे-छोटे डैश बनाए जाते हैं जो इसी पॉलिश को दर्शाते हैं। यदि दर्पण का वक्रता-केंद्र पॉलिश वाली सतह की तरफ हो, तो दर्पण उत्तल दर्पण कहलाता है और यदि उसका वक्रता-केंद्र काँच की चिकनी सतह की तरफ हो, तो वह अवतल दर्पण कहलाता है।

दर्पण के संदर्भ में कुछ पद

चित्र 34.3 में एक अवतल दर्पण दिखाया गया है। दर्पण की सतह पर उसके ठीक मध्य में एक बिंदु P है। इसे दर्पण का ध्रुव (pole) कहा जाता है। दर्पण के वक्रता-केंद्र C को ध्रुव P से मिलानेवाली रेखा CP दर्पण का मुख्य अक्ष (principal axis) कहलाती है। दर्पण की कुल सतह उसका आमुख (aperture) कहलाती है। इस अध्याय में हम मानेंगे कि दर्पण का आमुख छोटा है तथा किरणें मुख्य अक्ष से छोटे कोण बनाती हुई ध्रुव के आस-पास ही आपतित होती है।

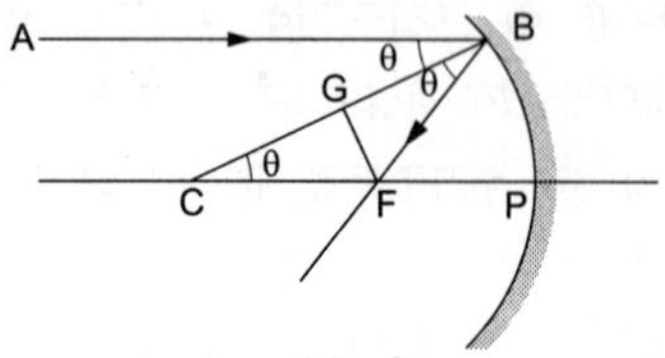

चित्र 34.3

मुख्य अक्ष के समानांतर एक प्रकाश-किरण AB दिखाई गई है जो दर्पण के B बिंदु पर आपतित होती है। रेखा BC दर्पण के बिंदु B पर अभिलंब है। $\angle ABC = \theta$ आपतन का कोण है। यह किरण परावर्तित होकर BF दिशा में चलती है जो मुख्य अक्ष से बिंदु F पर कटती है। यह बिंदु F ध्रुव P से कितनी दूरी पर है?

AB तथा CP समानांतर हैं, अतः $\angle PCB = \angle ABC = \theta$। परावर्तन के नियम से, $\angle FBC = \angle ABC = \theta$. F से CB पर लंब FG खींचें। त्रिभुज CFG से,

$$CF = \frac{CG}{\cos\theta} = \frac{r}{2\cos\theta}\cdot$$

$$\text{अतः}, \ PF = PC - FC = r - \frac{r}{2\cos\theta} = r\left(1 - \frac{1}{2\cos\theta}\right)\cdot \quad \dots \text{(i)}$$

अतः, F का स्थान θ पर निर्भर करता है। मुख्य अक्ष के समानांतर चलनेवाली प्रकाश-किरणें परावर्तन के बाद एक बिंदु पर नहीं मिलतीं।

परंतु, यदि θ का मान छोटा हो (रेडियन में $\theta << 1$), तो F का स्थान लगभग निश्चित हो जाता है। आप जानते होंगे कि

$$\cos\theta = 1 - \frac{\theta^2}{2!} + \frac{\theta^4}{4!} - \dots .$$

θ के छोटे मानों के लिए $\cos\theta \approx 1$.

अतः, समीकरण (i) से,

$$PF \simeq \frac{r}{2}\cdot \quad \dots \text{(ii)}$$

यदि प्रकाश की आपतित किरणें हमेशा मुख्य अक्ष के पास रहें, तो उन्हें उपाक्षीय (paraxial) किरणें कहते हैं।

अतः, यदि हम अवतल दर्पण के सिर्फ छोटे हिस्से का उपयोग करें, तो मुख्य अक्ष के समानांतर चलती उपाक्षीय किरणें मुख्य अक्ष के एक बिंदु F पर मिलेंगी। यह बिंदु F अवतल दर्पण का फोकस कहलाता है। फोकस F की दर्पण के ध्रुव से दूरी फोकस-दूरी कहलाती है। समीकरण (ii) के अनुसार,

$$\text{फोकस-दूरी} = \frac{\text{वक्रता-त्रिज्या}}{2}\cdot \quad \dots (34.1)$$

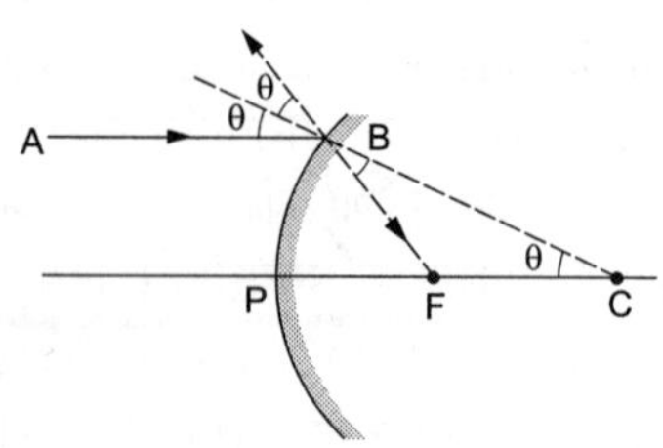

चित्र 34.4

हमने यह परिणाम अवतल दर्पण के लिए निकाला है। चित्र 33.4 में उत्तल दर्पण पर पड़ती मुख्य अक्ष के समानांतर, किरण AB को परावर्तित होते दिखाया गया है। आप इस चित्र की ज्यामिति का उपयोग कर दिखाएँ कि उपाक्षीय किरणों के लिए सभी परावर्तित किरणों को पीछे बढ़ाने पर एक बिंदु F पर मिलेंगी। यह बिंदु F उत्तल दर्पण का फोकस कहलाता है तथा ध्रुव से फोकस तक की दूरी फोकस-दूरी कहलाती है। आप पाएँगे कि समीकरण (34.1) उत्तल लेंस के लिए भी सही है।

दर्पण के मुख्य अक्ष पर लंब तथा फोकस से गुजरनेवाला तल दर्पण का फोकस तल (focal plane) कहलाता है।

चिह्नों की परिपाटी

दर्पणों से प्रतिबिंब बनने की ज्यामिति में कई प्रमुख बिंदु होते हैं जिनके स्थान निर्धारित करने होते हैं। इसके लिए एक बहुत ही सरल परिपाटी का पालन किया जाता है।

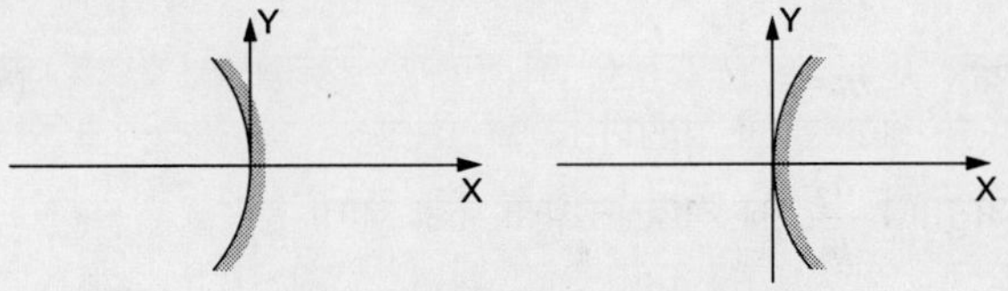

चित्र 34.5

इस परिपाटी में दर्पण के ध्रुव को मूलबिंदु तथा उसके मुख्य अक्ष को x-अक्ष लिया जाता है। आपतित किरणों की दिशा में x-अक्ष की धनात्मक दिशा ली जाती है। मुख्य अक्ष की लंब दिशा में y-अक्ष लिया जाता है (चित्र 34.5)। अब आप तीर लगाकर तय कर लें कि x-अक्ष की धनात्मक दिशा किस ओर है और ऋणात्मक दिशा किस ओर। इसी तरह y-अक्ष पर तीर लगाकर y-अक्ष की धनात्मक दिशा तय कर लें। सामान्यतः, चित्र बनाते समय ऐसा प्रयास किया जाता है कि मुख्य अक्ष क्षैतिज दिशा में खींचा जाए तथा प्रकाश की किरणें बायीं ओर से आकर दर्पण पर पड़ें। इसी दिशा में आप x-अक्ष की धनात्मक दिशा लें। इसी प्रकार, मुख्य अक्ष के ऊपर की दिशा में y-अक्ष की धनात्मक दिशा लें।

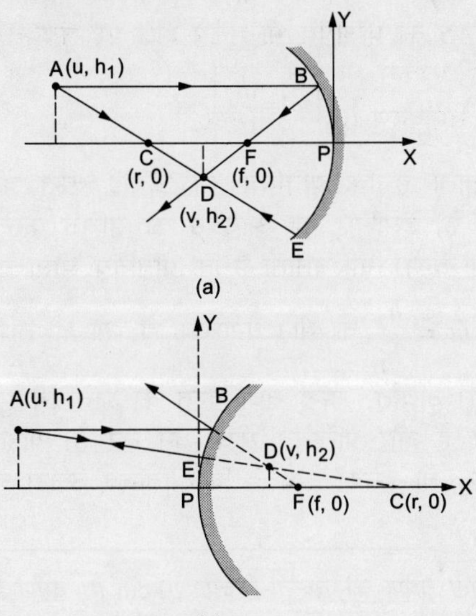

चित्र 34.6

चित्र 34.6(a) में एक अवतल दर्पण से बिंदु सरीखी वस्तु A का प्रतिबिंब D पर बनता हुआ दिखाया गया है। वस्तु A के निर्देशांक (u, h_1), प्रतिबिंब D के निर्देशांक (v, h_2), वक्रता-केंद्र C के निर्देशांक $(r, 0)$ तथा फोकस F के निर्देशांक $(f, 0)$ हैं।

उत्तल दर्पण के लिए ऐसी ही रचना चित्र 34.6(b) में दिखाई गई है।

A से चलनेवाली सभी उपाक्षीय किरणें परावर्तन के बाद बिंदु D पर कटती हैं (लगभग)। इसीलिए D को A का प्रतिबिंब कहा गया है। इसका स्थान प्राप्त करने के लिए आप A से चलती कोई दो किरणें ले सकते हैं और परावर्तन के बाद उनके कटान-बिंदु को निर्धारित कर सकते हैं। चित्र में हमने एक किरण मुख्य अक्ष के समानांतर खींची है जो परावर्तन के बाद दर्पण के फोकस से होकर जाएगी और दूसरी AC दिशा में ली है जो परावर्तन के बाद अपने ही रास्ते पर वापस लौट जाएगी।

u, v, f, r, h_1, h_2 के ये अर्थ आप अच्छी तरह समझ लें। ये दर्पण के संदर्भ में विशिष्ट बिंदुओं के निर्देशांक हैं। चित्र 34.6(a) में u, v, f तथा r के मान ऋणात्मक होंगे। अतः, यदि $PF = 12$ cm हो, तो $f = -12$ cm होगा। इसी तरह, h_1 का मान धनात्मक तथा h_2 का मान ऋणात्मक होगा।

चित्र 34.6(b) में u का मान ऋणात्मक है जबकि v, r तथा f के मान धनात्मक हैं। h_1 तथा h_2 दोनों धनात्मक हैं।

f के परिमाण, अर्थात $|f|$ को सामान्यतः दर्पण की फोकस-दूरी कहते हैं।

34.3 गोलीय दर्पण में u, v तथा f के बीच एवं h_1, h_2 के बीच संबंध

चित्र 34.6(a) के संदर्भ में गणना करें। चूँकि हम उपाक्षीय किरणों की ही बात करते हैं, इसलिए बिंदु B को ध्रुव P के अत्यंत समीप ले सकते हैं और B के निर्देशांक $(0, h_1)$ मान सकते हैं।

प्रतिबिंब D परावर्तित किरणों BD तथा EA का कटान-बिंदु है। BD रेखा बिंदु $B(0, h_1)$ तथा बिंदु $F(f, 0)$ से गुजरती है। अतः, इसका समीकरण होगा,

$$(y-0)=\frac{0-h_1}{f-0}(x-f)$$

या $$y=-\frac{h_1}{f}(x-f).$$

चूँकि बिंदु D इस रेखा पर है, इसलिए

$$h_2=-\frac{h_1}{f}(v-f). \qquad \text{... (i)}$$

EA रेखा बिंदु $C(r, 0)$ तथा बिंदु $A(u, h_1)$ से गुजरती है। अतः, इसका समीकरण होगा,

$$(y-0)=\frac{h_1-0}{u-r}(x-r).$$

गोलीय दर्पणों के लिए $r = 2f$ होता है। अतः,

$$y=\frac{h_1}{u-2f}(x-2f).$$

प्रतिबिंब D इस रेखा पर भी है, इसलिए

$$h_2=\frac{h_1}{u-2f}(v-2f). \qquad \text{... (ii)}$$

समीकरण (i) तथा (ii) से,

$$-\frac{h_1}{f}(v-f)=\frac{h_1}{u-2f}(v-2f)$$

या $$\frac{f-v}{f}=\frac{v-2f}{u-2f}$$

या $$(f-v)(u-2f)=f(v-2f)$$

या $$f(u-2f)+2f^2=v(u-2f+f)$$

या $$uf=v(u-f) \quad \text{... (iii)}$$

या $$\frac{1}{v}=\frac{u-f}{uf}=\frac{1}{f}-\frac{1}{u}$$

या $$\frac{1}{v}+\frac{1}{u}=\frac{1}{f}. \quad \text{... (34.2)}$$

ध्यान दें कि उपर्युक्त सभी गणनाएँ व वक्तव्य चित्र 34.6(a) के संदर्भ में भी सही हैं तथा चित्र 34.6(b) के संदर्भ में भी सही है। अतः, समीकरण (34.2) उत्तल दर्पण के लिए भी सही है और अवतल दर्पण के लिए भी। इतना ही नहीं, वस्तु A के स्थान के कारण प्रतिबिंब की ज्यामिति बिलकुल अलग दिख सकती है, पर समीकरण (34.2) फिर भी सही होगा। चित्र 34.7 में ऐसी ही एक ज्यामिति दिखाई गई है।

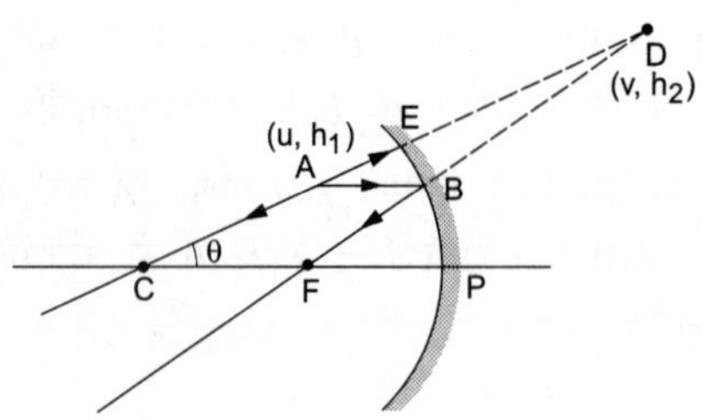

चित्र 34.7

समीकरण (iii) से v का मान समीकरण (i) में रखने पर,

$$h_2=-\frac{h_1}{f}\left[\frac{uf}{u-f}-f\right]$$

या $$h_2=-\frac{h_1}{f}\cdot\frac{f^2}{u-f}$$

या $$\frac{h_2}{h_1}=\frac{f}{f-u}.$$

$\frac{h_2}{h_1}$ को आवर्धन (magnification) m कहा जाता है। अतः,

$$m=\frac{f}{f-u}. \quad \text{... (34.3)}$$

आवर्धन के व्यंजक को आप u तथा v के पदों में भी लिख सकते हैं।

$$\frac{1}{v}+\frac{1}{u}=\frac{1}{f}$$

या $$\frac{u}{v}+1=\frac{u}{f}$$

या $$1-\frac{u}{f}=-\frac{u}{v}$$

या $$\frac{f-u}{f}=-\frac{u}{v}$$

या $$\frac{f}{f-u}=-\frac{v}{u}$$

या $$m=-\frac{v}{u}. \quad \text{... (34.4)}$$

अनुपात $\frac{h_2}{h_1}$ को आवर्धन क्यों कहा जाता है?

मान लें कि दर्पण के सामने h_1 ऊँचाई की एक वस्तु AB रखी है। AB मुख्य अक्ष पर लंबवत है तथा बिंदु B मुख्य अक्ष पर ही है (चित्र 34.8)।

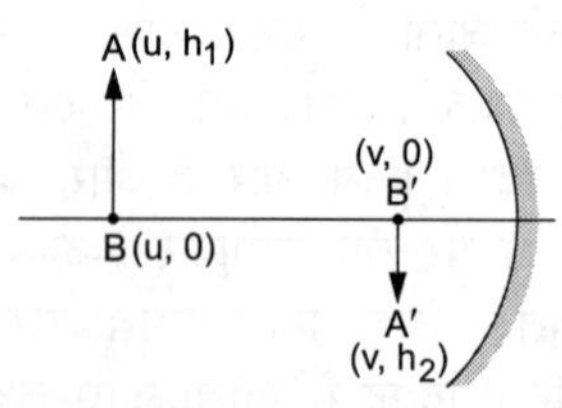

चित्र 34.8

$A(u, h_1)$ का प्रतिबिंब $A'(v, h_2)$ पर बनता है जबकि $B(u, 0)$ का प्रतिबिंब $B'(v, 0)$ पर बनेगा। ध्यान दें कि समीकरण (34.2) के अनुसार, v का मान सिर्फ u तथा f पर निर्भर करता है न कि h_1 पर। अतः, AB का प्रतिबिंब भी मुख्य अक्ष पर लंबवत होगा।

$$|m|=\left|\frac{h_2}{h_1}\right|.$$

यह बताता है कि प्रतिबिंब की ऊँचाई वस्तु की ऊँचाई से कितनी गुनी है, इसलिए यह आवर्धन को सूचित करता है। m का चिह्न (धन या ऋण) यह बताता है कि प्रतिबिंब सीधा बन रहा है या उलटा। यदि $m = \frac{h_2}{h_1}$ का मान धनात्मक हो, तो h_1 तथा h_2 के एक ही चिह्न होंगे। अर्थात, वस्तु तथा वस्तु का प्रतिबिंब मुख्य अक्ष के एक ही ओर हैं और प्रतिबिंब सीधा बन रहा है। यदि m का मान ऋणात्मक हो, तो इसका अर्थ है कि प्रतिबिंब उलटा बन रहा है।

अभ्यास 34.1

एक उत्तल दर्पण की वक्रता-त्रिज्या 20 cm है। दर्पण से 12 cm पर रखी एक वस्तु का प्रतिबिंब कहाँ बनेगा?

हल चित्र 34.9 में दी गई परिस्थिति दिखाई गई है।

यहाँ, $u = -12$ cm तथा $r = +20$ cm, अतः $f = +10$ cm.

अब सूत्र $\frac{1}{v}+\frac{1}{u}=\frac{1}{f}$ से,

या $$\frac{1}{v}=\frac{1}{f}-\frac{1}{u}=\frac{1}{10\text{ cm}}-\frac{1}{(-12\text{ cm})}=\frac{11}{(60\text{ cm})}$$

या $$v=\frac{60}{11}\text{ cm}.$$

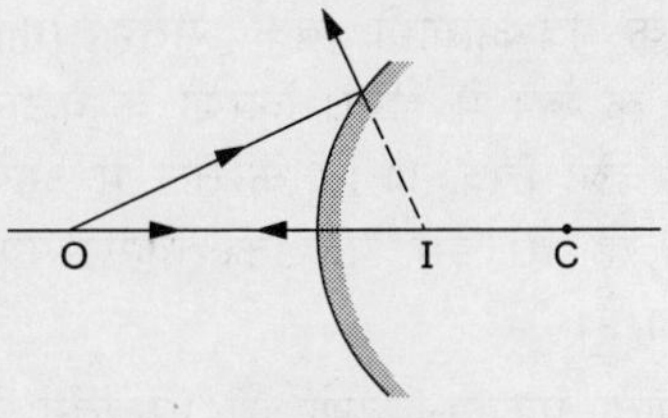

चित्र 34.9

v का मान धनात्मक है, जो बताता है कि प्रतिबिंब दर्पण के ध्रुव से दाहिनी ओर बन रहा है। चूँकि इस क्षेत्र में प्रकाश की किरणें नहीं जा सकतीं, इसलिए यह प्रतिबिंब आभासी है।

अभ्यास 34.2

एक अवतल दर्पण की फोकस-दूरी f_0 है तथा इससे $1.5 f_0$ दूरी पर 2.5 cm लंबी एक वस्तु रखी है। वस्तु की लंबाई मुख्य अक्ष के लंबवत है। प्रतिबिंब की लंबाई ज्ञात करें। यह प्रतिबिंब सीधा है या उलटा?

हल दी गई परिस्थिति चित्र 34.10 में दिखाई गई है।

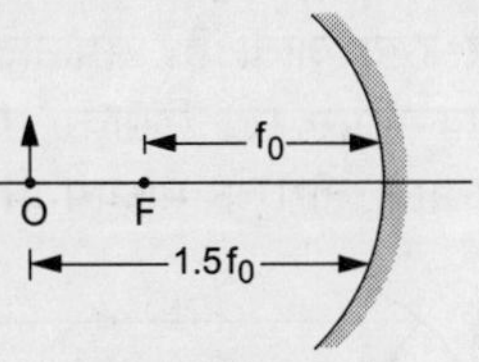

चित्र 34.10

आवर्धन, $m = \dfrac{h_2}{h_1} = \dfrac{f}{f-u}$

$$= \frac{-f_0}{-f_0-(-1.5f_0)} = -2.$$

अतः, $h_2 = -2h_1 = -5.0$ cm.

अतः, प्रतिबिंब की लंबाई 5.0 cm है और यह उलटा बना है।

समीकरण $\dfrac{1}{v} + \dfrac{1}{u} = \dfrac{1}{f}$ से आप देख सकते हैं कि उत्तल दर्पण से किसी वास्तविक वस्तु का प्रतिबिंब सदा आभासी, सीधा एवं छोटा बनता है। अवतल दर्पण में यदि वस्तु दर्पण से वक्रता-त्रिज्या के बराबर दूरी पर हो, तो प्रतिबिंब उतनी ही दूरी पर उतना ही बड़ा तथा उलटा बनता है। वस्तु को दर्पण से दूर ले जाने पर प्रतिबिंब छोटा होता जाएगा। वस्तु को वक्रता-त्रिज्या से कम दूरी पर रखने से प्रतिबिंब बड़ा होता जाता है। परंतु, यदि वस्तु को दर्पण के ध्रुव एवं फोकस के बीच रखा जाए, तो प्रतिबिंब आभासी एवं सीधा बनता है।

u, v, f के बीच संबंध प्राप्त करने की वैकल्पिक विधि

चित्र 34.11 में दिखाई गई स्थिति पर विचार करें। एक अवतल दर्पण के मुख्य अक्ष पर एक वस्तु O रखी है। वस्तु O से चलकर प्रकाश की एक किरण OA दर्पण के बिंदु A पर पड़ती है। यह किरण दर्पण से परावर्तित होकर AI दिशा में जाती है। दर्पण के वक्रता-केंद्र C से A को मिलानेवाली रेखा AC ही दर्पण के A बिंदु पर अभिलंब है।

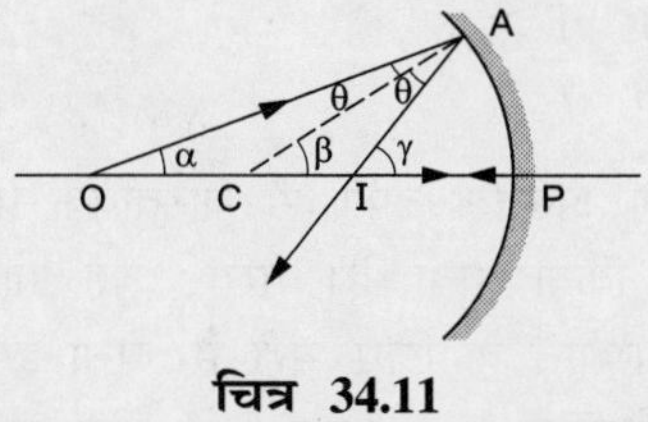

चित्र 34.11

आपतित किरण OA तथा परावर्तित किरण AI अभिलंब AC से बराबर कोण बनाती है। वस्तु O से एक और किरण मुख्य अक्ष की दिशा में ही चलकर दर्पण के ध्रुव P पर पड़ती है। चूँकि यह किरण दर्पण पर लंबवत पड़ती है, अतः यह किरण परावर्तित होकर अपने पुराने रास्ते पर, यानी PO दिशा में लौट आती है। दोनों परावर्तित किरणें AI तथा PO, बिंदु I पर कटती हैं। अतः, बिंदु I ही प्रतिबिंब है।

मान लें कि

$$\angle OAC = \angle CAI = \theta,$$
$$\angle AOP = \alpha,$$
$$\angle ACP = \beta$$
तथा $$\angle AIP = \gamma.$$

त्रिभुज OAC से, $\beta = \alpha + \theta$ ... (i)

तथा त्रिभुज OAI से, $\gamma = \alpha + 2\theta.$ ... (ii)

समीकरण (i) तथा (ii) से, $2\beta = \alpha + \gamma$ ... (iii)

हम मानकर चलते हैं कि दर्पण की कुल सतह छोटी है तथा सभी किरणें ध्रुव P के आस-पास ही आपतित होती हैं। अर्थात बिंदु A ध्रुव P के करीब ही है। अतः, हम लिख सकते हैं,

$$\alpha = \frac{AP}{PO},\ \beta = \frac{AP}{PC} \text{ तथा } \gamma = \frac{AP}{PI},$$

जहाँ AP चित्र में दिखाए वक्र के अनुदिश है। इसमें β का समीकरण पूरी तरह सही है जबकि α, γ के समीकरण लगभग सही हैं।

समीकरण (iii) में α, β, γ के ये मान रखने पर,

$$2\frac{AP}{PC} = \frac{AP}{PO} + \frac{AP}{PI}$$

या $$\frac{1}{PI} + \frac{1}{PO} = \frac{2}{PC}.$$ ... (iv)

ध्रुव P को मूलबिंदु तथा मुख्य अक्ष को x-अक्ष लें। आपतित किरणों की ओर, अर्थात बायीं से दाहिनी ओर की दिशा को x-अक्ष की धनात्मक दिशा लें। वस्तु O, प्रतिबिंब I तथा वक्रता-केंद्र C सभी मूलबिंदु P के बायीं ओर हैं। अतः, u, v, f तथा r सभी ऋणात्मक होंगे। चूँकि दूरियाँ सदा धनात्मक होती हैं,

अतः $PO = -u, PI = -v$ तथा $PC = -r$.

यह मान समीकरण (iv) में रखने पर,

$$\frac{1}{v} + \frac{1}{u} = \frac{2}{r}$$

या $\quad \frac{1}{u}+\frac{1}{v}=\frac{1}{f}\cdot$

यह समीकरण अवतल दर्पण से वास्तविक प्रतिबिंब बनने की स्थिति में प्राप्त किया गया है। परंतु, यह गोलीय दर्पण द्वारा परावर्तन की हर स्थिति के लिए सही है। ऐसा इसलिए है, क्योंकि यह समीकरण निर्देशांकों u, v तथा f के बीच का संबंध है न कि ज्यामितीय दूरियों के बीच का संबंध।

34.4 परावर्तन में गोलीय विपथन

गोलीय दर्पण से प्रतिबिंब के स्थान निर्धारण में हमने सदा माना है कि वस्तु से आई प्रकाश की किरणें दर्पण के एक छोटे हिस्से पर ही पड़ती हैं। दूसरे शब्दों में, हमने सिर्फ उपाक्षीय (paraxial) किरणों का उपयोग किया तभी हमें एक बिंदु का प्रतिबिंब एक बिंदु के रूप में मिला। परंतु, यदि हम दर्पण के विभिन्न भागों से होनेवाले परावर्तन पर विचार करें, तो एक बिंदु से चलनेवाली सभी किरणें परावर्तन के बाद एक बिंदु पर नहीं कटतीं और प्रतिबिंब धुंधला-सा हो जाता है। दर्पण के फोकस को परिभाषित करने में भी हमने दर्पण के छोटे भाग का ही उपयोग किया था। चित्र 34.12 में एक बड़े अवतल दर्पण पर आती समानांतर किरणों को दिखाया गया है। प्रत्येक किरण के लिए परावर्तन के नियम $i = r$ का पालन करते हुए परावर्तित किरण खींची गई है। आप देख रहे हैं कि मुख्य अक्ष के पास की किरणें लगभग एक स्थान पर मिल रही हैं जिसे हम सामान्यतः फोकस (F) कहते हैं। यही किरणें उपाक्षीय किरणें कहलाती हैं। यदि आप दर्पण के दोनों किनारों के पास की दो किरणों को देखें, तो वे फोकस तथा दर्पण के ध्रुव के बीच में कहीं F' पर मिलती हैं। मुख्य अक्ष से दूर की ये किरणें सीमांत किरणें (marginal rays) कहलाती हैं। उपाक्षीय व सीमांत किरणों के बीच की किरणें जो मुख्य अक्ष से बराबर दूरी पर हों (अक्ष के दोनों ओर) वे F तथा F' के बीच के बिंदुओं पर मिलती हैं। यदि आप अक्ष के एक ही ओर की किरणें लें, तो इन्हें आप अक्ष के बाहर के बिंदुओं पर कटती हुई देख सकते हैं। समानांतर आती किरणों को आप अनंत पर रखी वस्तु से आती हुई मान सकते हैं। यदि वस्तु दर्पण से सीमित दूरी पर भी हो, तो भी कुछ ऐसा ही नजारा मिलेगा।

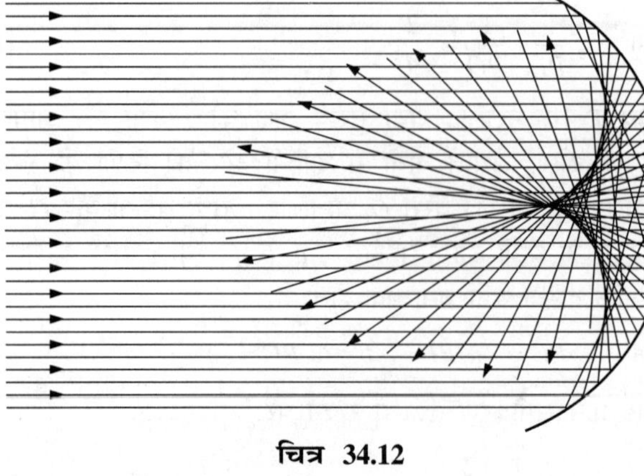

चित्र 34.12

इस प्रकार, एक बड़े गोलीय दर्पण से एक बिंदु-सरीखी वस्तु का प्रतिबिंब एक त्रि-आयामी वक्र सतह (three-dimensional curved surface) के रूप में होगा। किरणों के कटान-बिंदुओं से बनी इस सतह का परिच्छेद चित्र 34.12 के तल में आप गहरे काले वक्र के रूप में देख रहे हैं। इस वक्र को किरणस्पर्शी वक्र (caustic curve) कहा जाता है।

समानांतर आती प्रकाश-किरणों को परावर्तन के बाद एक बिंदु पर फोकस करने के लिए परवलयिक (parabolic) दर्पण का इस्तेमाल किया जा सकता है। परवलय का अपना एक ज्यामितीय फोकस होता है और इसके अक्ष के समानांतर आती सभी किरणें परावर्तन के बाद इस बिंदु पर मिलती है (चित्र 34.13)। इसी प्रकार, फोकस से चली सभी किरणें परावर्तन के बाद अक्ष के समानांतर हो जाती हैं। मोटरकारों की हेडलाइट में इसी प्रकार के परवलयिक परावर्तक लगाए जाते हैं और बल्ब को इसके फोकस पर रखने का प्रयास किया जाता है। इससे परावर्तित प्रकाश काफी हद तक समानांतर हो जाता है और दूर तक उच्च तीव्रता के साथ पहुँच पाता है। आपने घरों की छत पर सैटेलाइट टेलीविजन के ऐंटेना देखे होंगे। इसमें भी जो डिस्क होता है, वह परवलयिक होता है और रिसीवर को इसके फोकस पर रखा जाता है। समानांतर विद्युत-चुंबकीय तरंगें परावर्तन के बाद फोकस पर रखे रिसीवर पर पड़ती हैं, जहाँ से वे हमारे टेलीविजन सेट तक तारों के माध्यम से पहुँचाई जाती हैं।

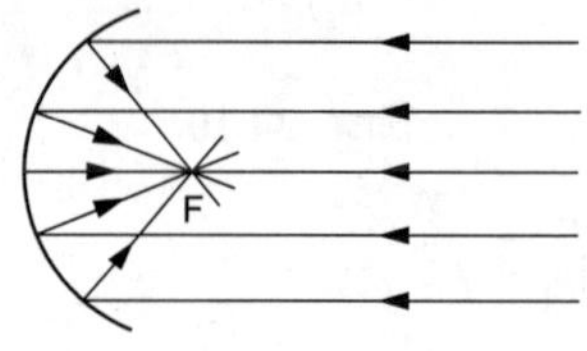

चित्र 34.13

34.5 समतल सतह पर अपवर्तन (refraction) के कारण प्रतिबिंब

अपवर्तन के नियमों की चर्चा भी हम पहले कर चुके हैं।

(a) आपतित किरण, अपवर्तित किरण एवं आपतन बिंदु से अपर्वतक सतह पर खींचा गया अभिलंब, तीनों एक ही तल में होते हैं।

(b) आपतन कोण i एवं अपवर्तन कोण r के बीच संबंध होता है,

$$\frac{\sin i}{\sin r}=\frac{n_2}{n_1},$$

जहाँ n_1 तथा n_2 क्रमशः पहले और दूसरे माध्यम के अपवर्तनांक हैं। इसे ही स्नेल (Snell) का नियम कहते हैं।

प्रतिबिंब

मान लें कि n_1 अपवर्तनांक वाले एक पारदर्शी माध्यम में एक बिंदु सरीखी वस्तु O रखी है। यह माध्यम एक अन्य माध्यम से, जिसका अपवर्तनांक n_2 है, एक समतल सतह पर मिलता है। O से चलने वाले प्रकाश का कुछ भाग समतल सतह से अपवर्तित होकर दूसरे माध्यम में प्रवेश करता है। यदि इस अपवर्तित प्रकाश की किरणें एक ही बिंदु पर कटें, तो वह बिंदु अपवर्तन के कारण A बिंदु का प्रतिबिंब होगा।

चित्र 34.14 में यह स्थिति दिखाई गई है। इसके भाग (a) में $n_2 < n_1$ तथा भाग (b) में $n_2 > n_1$ लिया गया है। सिर्फ उन किरणों पर विचार करें जो सतह पर लगभग लंबवत पड़ रही हैं, अर्थात जिनके लिए आपतन कोण i का मान बहुत छोटा है। ऐसी स्थिति में अपवर्तन कोण r का मान भी बहुत छोटा होगा। किरण OP सतह पर लंबवत पड़ती है और बिना मुड़े अपवर्तित हो जाती है। O से एक दूसरी किरण OA का विचार करें जो अभिलंब से एक छोटा कोण i बनाकर सतह पर गिरती है और दूसरे माध्यम में इसी अभिलंब से कोण r बनाकर अपवर्तित हो जाती है। ये दोनों अपवर्तित किरणें पीछे बढ़ाने पर बिंदु I पर मिलती हैं। दूसरे माध्यम से यदि कोई इन किरणों को देखें तो उसे O का प्रतिबिंब I पर दिखेगा। आप देख रहे हैं कि चित्र 34.14(a) की स्थिति में जहाँ प्रकाश सघन (larger refractive index) से विरल (smaller refractive index) माध्यम में आ रहा है, प्रतिबिंब प्रेक्षक की ओर खिसका हुआ है। चित्र 34.14(b) की स्थिति में जहाँ प्रकाश विरल से सघन माध्यम में आ रहा है, प्रतिबिंब प्रेक्षक से दूर खिसक गया है।

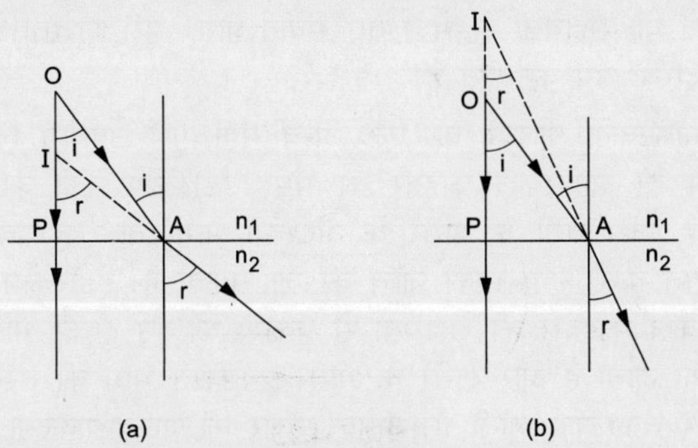

चित्र 34.14

चूँकि i तथा r छोटे कोण हैं, इसलिए

$$\sin i \approx \tan i = \frac{PA}{PO}$$

तथा $$\sin r \approx \tan r = \frac{PA}{PI}.$$

अतः, $$\frac{n_2}{n_1} = \frac{\sin i}{\sin r} = \frac{PI}{PO}. \quad \text{... (i)}$$

प्रायः हमारी आँखें हवा में होती हैं और वस्तु पानी या काँच में। ऐसी परिस्थितियों में $n_2 = 1$ तथा $n_1 = n$.

अब समीकरण (i) से, $$\frac{1}{n} = \frac{PI}{PO}$$

या $$n = \frac{PO}{PI} = \frac{\text{अपवर्तक सतह से वस्तु की वास्तविक दूरी}}{\text{अपवर्तक सतह से वस्तु की आभासी दूरी}}.$$

वस्तु तथा प्रतिबिंब के बीच की दूरी,

$$OI = PO - PI = \left(1 - \frac{PI}{PO}\right)PO$$

या $$\Delta t = \left(1 - \frac{1}{n}\right)t, \quad \text{... (34.5)}$$

जहाँ t अपवर्तक सतह से वस्तु की दूरी है तथा Δt प्रतिबिंब की वस्तु से दूरी। अर्थात वस्तु का आभासी प्रतिबिंब प्रेक्षक की ओर $(1 - 1/n)t$ दूरी खिसक कर बनेगा।

अभ्यास 34.3

एक पत्रिका के पन्ने पर 6.0 cm किनारे का एक काँच का घन रखा है। काँच का अपवर्तनांक 1.5 है। ऊपर से देखने पर पन्ने के अक्षर कितनी ऊँचाई पर दिखाई देंगे?

हल काँच के घन की ऊँचाई, $t = 6.0$ cm है। प्रकाश को काँच में इतनी दूरी चलकर आँखों तक पहुँचना है। अतः, इसके स्थान में परिवर्तन,

$$\Delta t = \left(1 - \frac{1}{n}\right)t = \left(1 - \frac{1}{1.5}\right) \times 6.0 \text{ cm} = 2.0 \text{ cm}.$$

34.6 क्रांतिक कोण

सामान्यतः जब प्रकाश एक पारदर्शी माध्यम में चलता हुआ किसी दूसरे पारदर्शी माध्यम की सतह पर पड़ता है, तब उस सतह पर प्रकाश के परावर्तन व अपवर्तन दोनों होते हैं। चित्र 34.15 में ऐसा ही परावर्तन तथा अपवर्तन दिखाया गया है। यह ज्यामिति $n_1 > n_2$ के लिए है, अर्थात प्रकाश सघन माध्यम से चलता हुआ विरल माध्यम में प्रवेश कर रहा है।

$$\frac{\sin i}{\sin r} = \frac{n_2}{n_1} < 1.$$

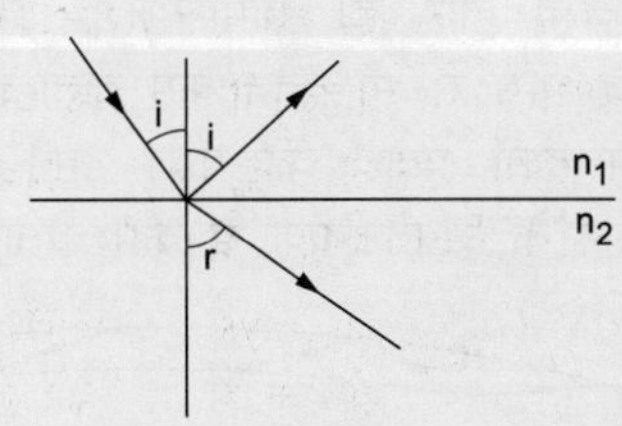

चित्र 34.15

यदि आप कोण i को लगातार बढ़ाते जाएँ, तो r भी बढ़ता जाएगा और i के एक विशेष मान के लिए $r = 90°$ हो जाएगा। i के इस मान को माध्यमों के इस जोड़े के लिए क्रांतिक कोण कहते हैं।

क्रांतिक कोण i_c के लिए,

$$\frac{\sin i_c}{\sin 90°} = \frac{n_2}{n_1}$$

या $$i_c = \sin^{-1}\left[\frac{n_2}{n_1}\right]. \quad \text{... (34.6)}$$

क्या हो यदि सघन माध्यम से विरल माध्यम में जाती प्रकाश की किरण सतह पर क्रांतिक कोण i_c से अधिक कोण बनाती हुई आपतित हो? तब कोई भी ऐसा कोण नहीं मिलेगा जिसके लिए,

$$\frac{\sin i}{\sin r} = \frac{n_2}{n_1}$$

हो सके। ऐसी स्थिति में प्रकाश दूसरे माध्यम से अपवर्तित नहीं हो सकेगा और पूरा-का-पूरा पहले माध्यम में ही परावर्तित हो जाएगा। इस प्रकार के परावर्तन को पूर्ण आंतरिक परावर्तन कहते हैं।

यद्यपि ज्यामितीय प्रकाशिकी के समीकरणों से हमें पता चलता

है कि क्रांतिक कोण से अधिक आपतन कोण होने से प्रकाश का पूर्ण आंतरिक परावर्तन हो जाता है, परंतु ऐसी स्थिति में प्रकाश की विद्युत-चुंबकीय तरंग प्रकृति के प्रभाव को पूर्णतया अनदेखा नहीं किया जा सकता। यह सत्य है कि ऐसी परिस्थिति में अपवर्तित किरण नहीं होती, पर सतह के समानांतर एक तरंग बनती है जिसका आयाम सतह से दूरी के साथ घटता जाता है। इस प्रकार की तरंगों को शीघ्रलोपी तरंगें (evanescent waves) कहा जाता है। आप मान सकते हैं कि आपतित प्रकाश विरल माध्यम में थोड़ा-सा अंदर जाता है और फिर वापस सघन माध्यम में लौट आता है।

अभ्यास 34.4

पानी के लिए (हवा के सापेक्ष) क्रांतिक कोण 48.2° है। पानी का अपवर्तनांक निकालें।

हल $\sin i_c = \frac{n_2}{n_1} = \frac{1}{n}$.

अतः, $n = \frac{1}{\sin i_c} = \frac{1}{\sin 48.2°} = 1.34$.

ऑप्टिकल फाइबर

ऑप्टिकल फाइबर प्रकाश को मनचाहे पथ पर ले जाने का एक उपकरण है जो प्रकाश के पूर्ण आंतरिक परावर्तन के सिद्धांत पर आधारित है। यह काँच या विशेष प्लास्टिक का बना पतला, लचीला (flexible) धागे जैसा तार है। सामान्यतः, इसकी मोटाई एक मिलीमीटर के दसवें भाग से भी बहुत कम होती है। इस फाइबर के चारों ओर एक पारदर्शी पदार्थ की परत लगी होती है जिसका अपवर्तनांक इस तार के अपवर्तनांक से कम होता हैं।

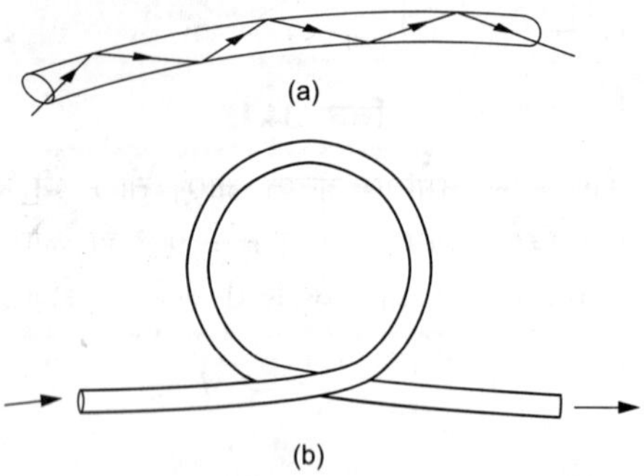

चित्र 34.16

अंदर के तार को कोर (core) तथा उसपर की पारदर्शी परत को क्लैडिंग (cladding) कहते हैं। क्लैडिंग के ऊपर भी पोलिमर पदार्थ का एक लेप-सा लगा होता है जिसे कोटिंग (coating) कहते हैं।

चित्र 34.16(a) में ऑप्टिकल फाइबर का सिद्धांत समझाया गया है। छोटी त्रिज्या होने के कारण प्रकाश इसके अंदर प्रायः सतह से बहुत छोटा कोण बनाता हुआ जाता है। हर परावर्तन पर इसका आपतन कोण कोर-क्लैडिंग के लिए क्रांतिक कोण से अधिक होता है और यह पूर्ण आंतरिक परावर्तन करता जाता है। इस फाइबर के किसी भी प्रकार से मुड़े हुए रहने पर भी प्रकाश बिना क्लैडिंग में या बाहर गए, फाइबर में चलता हुआ दूसरे किनारे पर पहुँच जाता है।

ऑप्टिकल फाइबर के बहुत सारे उपयोग हैं। आज हम टेलीफोन, इंटरनेट आदि के सिग्नलों को एक स्थान से दूसरे स्थान तक भेजने के लिए इन्हीं फाइबरों का उपयोग करते हैं।

इनमें फाइबर की मोटाई तो केवल कुछ माइक्रोमीटर ($< 10\ \mu m$) होती है, पर क्लैडिंग, कोटिंग आदि मिलकर फाइबर-केबुल भी बिजली के प्लास्टिक कोटेड तारों के केबुल जैसा ही दिखता है। फाइबरों की सहायता से भेजे गए संकेत प्रायः पूरी शुद्धता के साथ लंबी दूरियाँ तय कर लेते हैं।

ऑप्टिकल फाइबर का एक अन्य महत्त्वपूर्ण उपयोग चिकित्सा क्षेत्र में है। ऑप्टिकल फाइबर का समूह इंडोस्कोप नली का प्रमुख भाग है जिसे रोगी के शरीर के अंदरूनी भागों तक पहुँचाकर उन्हें प्रकाशित करते हुए उनकी जाँच की जा सकती है। इंडोस्कोप में इन ऑप्टिकल फाइबरों की सहायता से प्रकाश को इन दुष्कर भागों तक पहुँचाया जाता है और शरीर के भीतर प्रकाशित भाग की तस्वीर भी कंप्यूटर तक लाई जाती है। अनेक प्रकार की शल्यचिकित्सा में यह विधि अत्यंत कारगर होती है।

34.7 प्रिज्म

किसी कोण पर मिलती दो समतल सतहों के बीच यदि कोई पारदर्शी पदार्थ उपस्थित हो, तो प्रकाश के लिए वह एक प्रिज्म कहा जा सकता है। ज्यामिति में प्रिज्म एक ऐसी आकृति को कहते हैं जो दो समानांतर सतहों एवं उनपर लंब तीन या अधिक सतहों से घिरी हो।

परंतु, जब हम प्रकाश के संदर्भ में प्रिज्म की बात करते हैं तो समानांतर सतहों के बीच तीन लंब सतहों से बने प्रिज्म की ही बात होती है। ऐसे में दोनों समानांतर सतहें त्रिभुजाकार तथा तीन अन्य सतहें

एक रोचक प्रयोग

काँच की एक बोतल में लगभग आधी ऊँचाई तक पानी भरें। यदि बोतल की सतह चपटी हो, तो और अच्छा। साबुन को अलग से थोड़े पानी में घोलकर घोल की कुछ बूँदें बोतल के पानी में डाल दें। इतनी ही बूँदें डालें जिससे कि पानी का रंग बहुत ही मामूली सफेद हो जाए। एक अगरबत्ती जलाकर उसके थोड़े-से धुएँ को बोतल में जाने दें। बोतल का ढक्कन बंद कर दें और अच्छी तरह हिला दें।

एक लेसर टॉर्च को ऑन करके उसकी बीम को बोतल के बाहर से पानी में इस तरह डालें कि वह पानी से होकर पानी की सतह पर पड़े। टॉर्च की दिशा को बदल-बदलकर बोतल में अपवर्तित तथा परावर्तित बीम को देखें। यदि आपने आपतन कोण को एक विशेष कोण से अधिक रखा है, तो आपको पानी की सतह के ऊपर हवा में कोई अपवर्तित बीम नहीं दिखेगी; लेकिन यदि आपतन कोण कम है, तो आपको अपवर्तित तथा परावर्तित दोनों बीमें दिखेंगी।

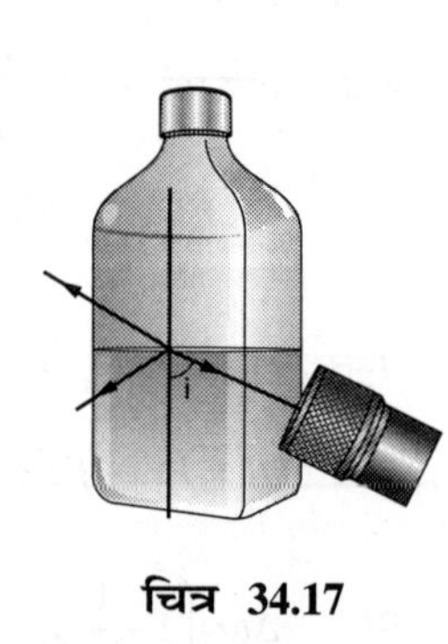

चित्र 34.17

आयताकार होंगी। प्रकाश के प्रयोगों के लिए प्रिज्म की एक त्रिभुजाकार सतह को टेबुल या कागज पर रखा जाता है। प्रकाश एक आयताकार सतह से प्रिज्म के अंदर घुसता है एवं बगल की आयताकार सतह से बाहर निकलता है [चित्र 34.18(a)]। चित्र में एक टेबुल पर प्रिज्म को रखा गया है और प्रकाश की किरणें टेबुल के समानांतर चलती हुई दिखाई गई हैं। इन किरणों के तल से प्रिज्म की एक अनुप्रस्थ काट बनती है और हमारी सारी गणनाएँ इसी तल में होती हैं।

चित्र 34.18(b) में एक प्रिज्म की अनुप्रस्थ काट ABC दिखाई गई है। रेखाएँ AB तथा AC अपवर्तक सतह को दिखा रहीं हैं जबकि $\angle BAC$, जिसे A भी कहते हैं, प्रिज्म का कोण कहलाता है।

मान लें कि प्रिज्म हवा में रखा गया है और प्रकाश की एक किरण PQ सतह AB पर आपतन कोण i बनाती हुई पड़ती है। अपवर्तन कोण r बनाते हुए अपवर्तित किरण सतह AC पर पड़ती है और अपवर्तित होकर RS दिशा में हवा में बाहर निकल जाती है। यदि किरण QR द्वारा सतह AC पर बनाया आपतन कोण r', क्रांतिक कोण से बड़ा न हो, तो इस किरण का AC सतह से अपवर्तन के साथ आंशिक परावर्तन भी होगा। यहाँ हम इन परावर्तित किरणों की चर्चा नहीं कर रहे हैं। इसी प्रकार AB सतह पर भी PQ किरण का आंशिक परावर्तन होगा। हम इसकी भी चर्चा यहाँ नहीं कर रहे हैं।

सतह AC पर के अभिलंब के साथ किरण RS द्वारा बना कोण इस सतह के लिए अपवर्तन कोण है। इसे निर्गमन का कोण (angle of emergence) भी कहते हैं।

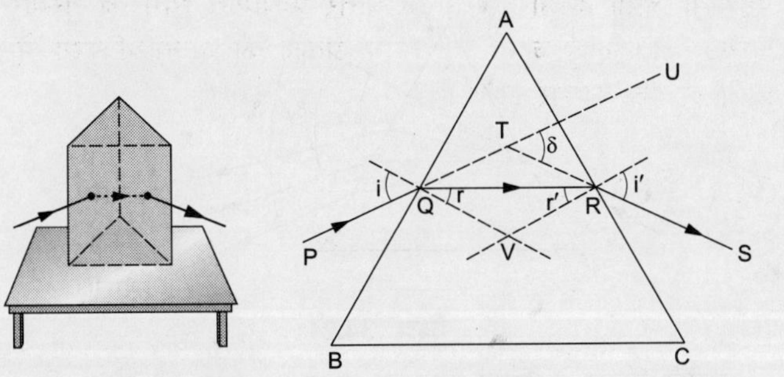

(a) (b)

चित्र 34.18

यदि प्रिज्म न होता, तो किरण PQ बिना विचलित हुए $PQTU$ दिशा में चली जाती, परंतु प्रिज्म के कारण यह RS दिशा में जाती है। $\angle UTS = \delta$ को विचलन का कोण कहते हैं। अब ΔTQR से,

$$\angle UTS = \angle TQR + \angle TRQ$$

या

$$\delta = (\angle TQV - \angle RQV) + (\angle TRV - \angle QRV)$$
$$= (i - r) + (i' - r')$$
$$= (i + i') - (r + r'). \qquad \text{... (i)}$$

अब चतुर्भुज $AQVR$ के चारों कोण जुड़कर 360° हैं। कोण $\angle AQV$ तथा $\angle ARV$ में प्रत्येक 90° हैं।

अतः, $A + \angle QVR = 180°$. ... (ii)

त्रिभुज QRV से,

$$r + r' + \angle QVR = 180°. \qquad \text{... (iii)}$$

अब समीकरण (ii) एवं (iii) से,

$$r + r' = A. \qquad \text{... (34.7)}$$

इसका उपयोग समीकरण (i) में करने पर,

$$\delta = i + i' - A. \qquad \text{... (34.8)}$$

न्यूनतम विचलन का कोण

विचलन कोण δ का मान आपतन के कोण i पर निर्भर करता है। i के एक विशिष्ट मान के लिए विचलन कोण δ का मान न्यूनतम होता है। यह न्यूनतम विचलन का कोण प्रिज्म के पदार्थ के अपवर्तनांक n तथा प्रिज्म के कोण A से सीधे तौर पर संबंधित होता है।

हम यह मानेंगे कि एक स्थिति ऐसी होती है जब विचलन न्यूनतम होता है तथा यह स्थापित करेंगे कि न्यूनतम विचलन की स्थिति में आपतन कोण i तथा निर्गमन कोण i' के मान बराबर होते हैं। यदि ऐसा नहीं है, तो मान लें कि न्यूनतम विचलन की स्थिति में आपतन कोण निर्गमन कोण से बड़ा है।

मान लें कि चित्र 34.19 की स्थिति न्यूनतम विचलन की स्थिति है और इसलिए इस चित्र में,

$$i > i'. \qquad \text{... (i)}$$

अब मान लें कि एक प्रकाश-किरण SR दिशा में चलती हुई AC सतह पर पड़ती है (चित्र 34.19)। Fermat के सिद्धांत के अनुसार, प्रकाश की किरण P बिंदु से S तक जाने में वही पथ लेगी जिसमें उसे सबसे कम समय लगे। स्पष्ट है कि S से P तक जाने के लिए भी उसे वही पथ लेना होगा ताकि वह न्यूनतम समय में वहाँ पहुँच जाए। अब भी विचलन का कोण वही है और इसलिए न्यूनतम है। यहाँ आपतन कोण i' तथा निर्गमन कोण i है। हमारी मान्यता के अनुसार,

$$i' > i. \qquad \text{... (ii)}$$

अब समीकरण (i) और (ii) दोनों एक साथ तो सही नहीं हो सकते। अतः, हमारी मान्यता गलत है। इसी तरह, यदि आप यह मानें कि न्यूनतम विचलन के समय आपतन कोण निर्गमन कोण से कम होता है, तो भी आपको ऐसा ही विरोधाभास मिलेगा। अतः, न्यूनतम विचलन के लिए आपतन कोण एवं निर्गमन कोण बराबर होते हैं। अर्थात, $i = i'$ तथा $r = r'$.

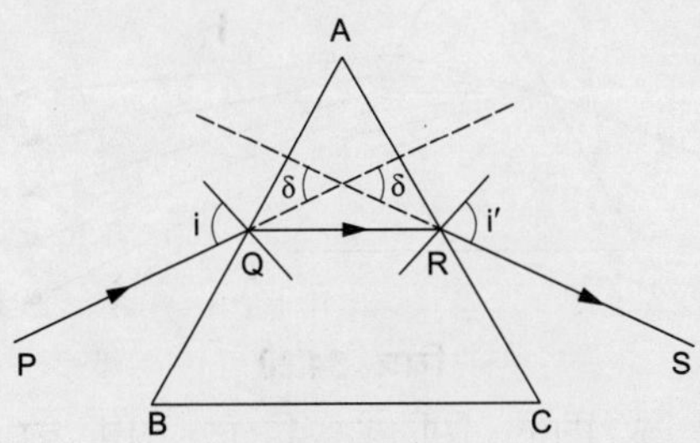

चित्र 34.19

अतः, $\delta_m = i + i' - A = 2i - A$

या $i = \dfrac{A + \delta_m}{2}$.

साथ ही, $r + r' = A$.

चूँकि $r = r'$, अतः $r = \frac{A}{2}$.

अपवर्तनांक, $n = \frac{\sin i}{\sin r}$

$$\text{या} \quad n = \frac{\sin \frac{A+\delta_m}{2}}{\sin \frac{A}{2}}. \qquad \text{... (34.9)}$$

अभ्यास 34.5

एक प्रिज्म के लिए न्यूनतम विचलन का कोण 37° है। यदि प्रिज्म का कोण 53° हो, तो उसके पदार्थ का अपवर्तनांक निकालें।

हल $n = \frac{\sin \frac{A+\delta_m}{2}}{\sin \frac{A}{2}} = \frac{\sin \frac{53^\circ + 37^\circ}{2}}{\sin \frac{53^\circ}{2}} = \frac{\sin 45^\circ}{\sin 26.5^\circ} = 1.58.$

34.8 वर्ण-विक्षेपण (Dispersion)

कहते हैं श्वेत प्रकाश में अनेक रंग होते हैं, पर इस तथ्य की पुष्टि के लिए हमें श्वेत प्रकाश के विभिन्न रंगों को अलग करना पड़ेगा। इसका एक सरल-सा तरीका है अपवर्तन। जब एक माध्यम में चलती प्रकाश की कोई बीम दूसरे माध्यम की सतह पर तिरछी पड़ती है तो वह अपने पथ से विचलित हो जाती है। यह विचलन अपवर्तनांक n के मान पर निर्भर करता है।

अपवर्तनांक n माध्यम की प्रकृति के अलावा प्रकाश के तरंगदैर्घ्य (या आवृत्ति) पर भी निर्भर करता है। अर्थात, एक ही माध्यम का अपवर्तनांक अलग-अलग तरंगदैर्घ्य के प्रकाश के लिए अलग-अलग होता है। अतः, यदि श्वेत प्रकाश की एक पतली बीम किसी दूसरे माध्यम में अपवर्तित हो, तो अलग-अलग तरंगदैर्घ्यों के घटक अलग-अलग कोणों से विचलित होंगे और श्वेत प्रकाश की प्रारंभिक बीम अलग-अलग रंगों की बीमों में बँट जाएगी। श्वेत प्रकाश के विभिन्न तरंगदैर्घ्यों में बँट जाने की प्रक्रिया को 'वर्ण-विक्षेपण' कहते हैं।

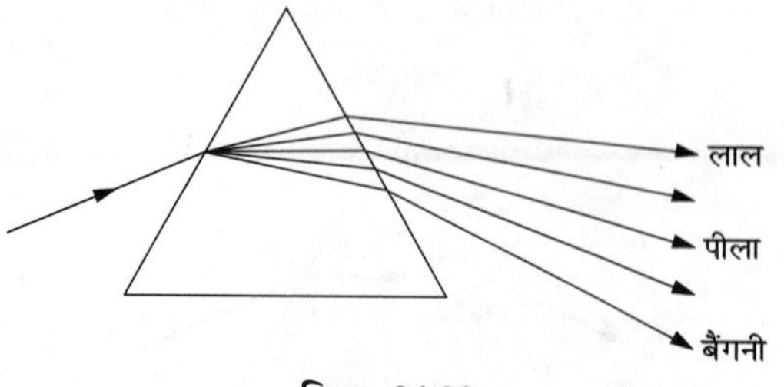

चित्र 34.20

उदाहरण के लिए, सिलिकेट फ्लिंट काँच का अपवर्तनांक 400 nm पर लगभग 1.66 है जबकि 700 nm पर यह 1.61 रह जाता है। तरंगदैर्घ्य के इसी परिवर्तन से पानी का अपवर्तनांक 1.344 से घटकर 1.331 हो जाता है। अपवर्तनांक का तरंगदैर्घ्य के साथ परिवर्तन काफी हद तक समीकरण,

$$n = n_0 + \frac{A}{\lambda^2} \qquad \text{... (34.10)}$$

से दिया जाता है। इसे Cauchy का समीकरण कहते हैं और A को Cauchy का स्थिरांक कहते हैं जिसका मान अलग-अलग पदार्थों के लिए अलग-अलग होता है।

वर्ण-विक्षेपण प्राप्त करने का सबसे सरल उपकरण प्रिज्म है। इसकी दो सतहों पर अपवर्तनों से किरणों के विचलन आपस में जुड़ जाते हैं और वर्ण-विक्षेपण अधिक प्रभावी ढंग से दिखता है। चित्र 34.20 में इस प्रक्रिया को समझने का प्रयास किया गया है।

सामान्यतः प्रकाश की बीम में कुछ मोटाई होती है और प्रिज्म के कारण बननेवाला पैटर्न साफ तौर पर रंगों को अलग नहीं कर पाता। इसलिए प्रकाश को एक पतली स्लिट से गुजारना लाभदायी होता है। यदि आप प्रिज्म के आगे एक उत्तल लेंस रख दें और उचित स्थान पर पर्दा रखें तो रंग और भी अच्छी तरह दिखेंगे।

विक्षेपण-क्षमता

चित्र 34.21 में एक प्रिज्म पर पड़ते श्वेत प्रकाश के तीन तरंगदैर्घ्यों की किरणों का विक्षेपण दिखाया गया है। लाल, पीले तथा बैगनी रंग के प्रकाश की किरणों के विक्षेपण क्रमशः δ_r, δ_y तथा δ_v लिखे गए हैं। $\delta_v - \delta_r$ को कोणीय विक्षेपण तथा मध्य तरंगदैर्घ्य (पीली) की किरण के विचलन δ_y को औसत विचलन कहते हैं। यदि एक पारदर्शी माध्यम के पतले प्रिज्म पर श्वेत प्रकाश की बीम ऐसे डाली जाए कि मध्य तरंगदैर्घ्य (पीले प्रकाश) के लिए वह न्यूनतम विचलन की स्थिति में हो, तो कोणीय विक्षेपण एवं औसत विचलन के अनुपात को उस माध्यम की विक्षेपण-क्षमता कहते हैं।

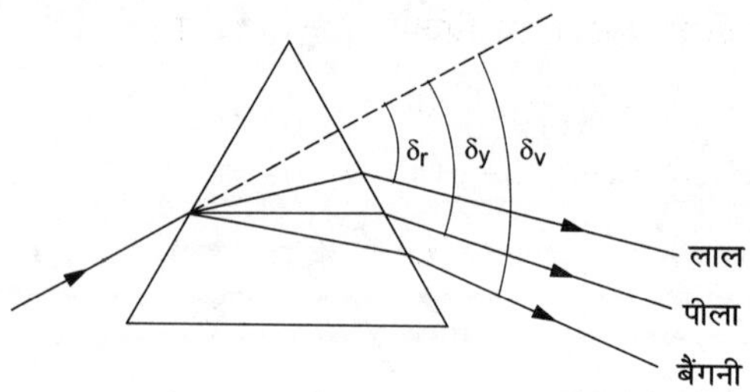

चित्र 34.21

पतले प्रिज्म के लिए विचलन कोण का मान भी छोटा ही होगा तथा विभिन्न रंगों के बीच विक्षेपण भी कम ही होगा। अतः, यदि पीली किरण के लिए प्रिज्म न्यूनतम विचलन की स्थिति में हो, तो बाकी रंगों की किरणों के लिए भी वह लगभग न्यूनतम विचलन की स्थिति में ही होगा।

यदि प्रिज्म का कोण A छोटा हो, तो

$$n = \frac{\sin \frac{A+\delta_m}{2}}{\sin \frac{A}{2}} \approx \frac{\frac{A+\delta_m}{2}}{\frac{A}{2}} = 1 + \frac{\delta_m}{A}$$

या $\quad \delta_m = A(n-1).$

तीनों किरणों के लिए इस समीकरण का प्रयोग करने पर,

$$\delta_r = A(n_r - 1),$$
$$\delta_y = A(n_y - 1),$$
$$\delta_v = A(n_v - 1).$$

अतः, विक्षेपण क्षमता

$$\omega = \frac{\delta_v - \delta_r}{\delta_y} = \frac{n_v - n_r}{n_y - 1}. \quad \text{... (34.11)}$$

दो प्रिज्मों का संयोजन

चित्र 34.22 में दो प्रिज्मों को उलटी दिशाओं में सटाकर रखा हुआ दिखाया जा रहा है। इस प्रकार के संयोजन से हम वर्ण-विक्षेपण को न्यूनतम करके विचलन प्राप्त कर सकते हैं या विचलन को न्यूनतम करके वर्ण-विक्षेपण प्राप्त कर सकते हैं।

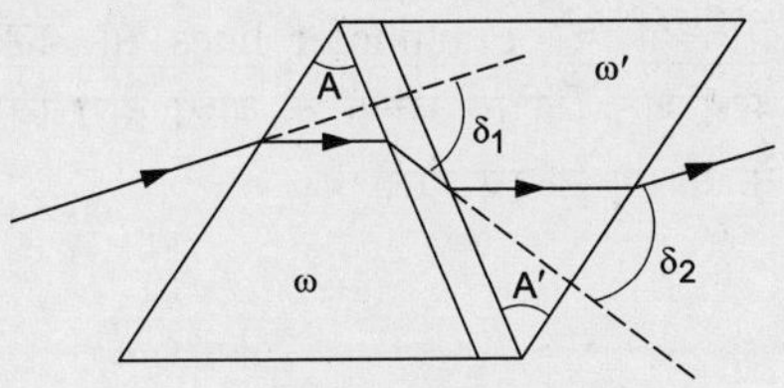

चित्र 34.22

मान लें कि मध्य तरंगदैर्घ्य के लिए प्रिज्मों के पदार्थों के अपवर्तनांक क्रमशः n एवं n', इनकी विक्षेपण क्षमताएँ क्रमशः ω तथा ω' और इनके कोण क्रमशः A तथा A' हैं।

मध्य तरंगदैर्घ्य की किरण के लिए प्रिज्मों से विचलन,

$$\delta_1 = (n-1)A \text{ तथा } \delta_2 = (n'-1)A'.$$

कुल विचलन $\delta = \delta_1 - \delta_2 = (n-1)A - (n'-1)A'$. ... (i)

यदि श्वेत प्रकाश इन प्रिज्मों से जा रहा हो, तो

$$\delta_v = (n_v - 1)A - (n'_v - 1)A'$$

तथा $\delta_r = (n_r - 1)A - (n'_r - 1)A'$.

अतः, $\delta_v - \delta_r = (n_v - n_r)A - (n'_v - n'_r)A'$

$$= (n-1)\omega A - (n'-1)\omega' A'. \quad \text{... (ii)}$$

समीकरण (i) से, मध्य तरंगदैर्घ्य के प्रकाश के लिए विचलन,

$$\delta = (n-1)A - (n'-1)A'. \quad \text{... (iii)}$$

बिना वर्ण विक्षेपण के विचलन

यदि प्रिज्मों का ऐसा संयोजन बनाना हो कि यह वर्ण-विक्षेपण उत्पन्न न करे, तो समीकरण (ii) से,

$$0 = (n-1)\omega A - (n'-1)\omega' A'. \quad \text{... (34.12)}$$

अतः, A, A' का ऐसा मान चुनें कि यह समीकरण सही हो।

इस परिस्थिति में कुल विचलन,

$$\delta = (n-1)A - (n'-1)A'$$

$$= (n-1)A\left[1 - \frac{n'-1}{n-1} \cdot \frac{A'}{A}\right] = (n-1)A\left(1 - \frac{\omega}{\omega'}\right).$$

बिना औसत विचलन के वर्ण-विक्षेपण

यदि इस संयोजन से बीम का विचलन न्यूनतम करना हो, तो मध्य तरंगदैर्घ्य के लिए आप विचलन को शून्य कर सकते हैं।

ऐसी स्थिति के लिए,

$$(n-1)A - (n'-1)A' = 0. \quad \text{... (34.13)}$$

इस स्थिति में कोणीय विक्षेपण

$$\delta_v - \delta_r = (n-1)\,A(\omega - \omega'). \quad \text{... (34.14)}$$

34.9 स्पेक्ट्रम या वर्णक्रम

जब किसी प्रकाश में स्थित अलग-अलग तरंगदैर्घ्यों के भागों को बाँटकर अलग-अलग स्थानों पर इकट्ठा करते हैं, तो उसे स्पेक्ट्रम या वर्णक्रम कहते हैं। प्रिज्म से श्वेत प्रकाश के घटक तरंगदैर्घ्यों को अलग कर यदि एक पर्दे पर प्राप्त किया जाए, तो वह उस श्वेत प्रकाश का स्पेक्ट्रम होता है।

स्पेक्ट्रम जितना सरल-सा लगता है, वह उससे कहीं अधिक महत्त्वपूर्ण है और विज्ञान के विकास में इसने बहुत महत्त्वपूर्ण भूमिका निभाई है। क्वांटम भौतिकी का प्रारंभ विभिन्न तापों पर की वस्तुओं से निकलते प्रकाश के स्पेक्ट्रम से ही हुई थी। आज भी हजारों प्रकाश-वर्ष दूर के तारों की सतह के ताप का अनुमान उससे आते प्रकाश के स्पेक्ट्रम से किया जाता है। स्पेक्ट्रम से ही हमें सूर्य की सतह पर के बहुत से तत्त्वों के बारे में जानकारी मिलती है।

स्पेक्ट्रम दो प्रकार के हो सकते हैं—उत्सर्जन स्पेक्ट्रम तथा अवशोषण स्पेक्ट्रम।

उत्सर्जन स्पेक्ट्रम (Emission Spectrum)

जब किसी वस्तु से प्रकाश उत्सर्जित होता है और उस प्रकाश का स्पेक्ट्रम लिया जाता है, तो उसे उत्सर्जन स्पेक्ट्रम कहते हैं। यह स्पेक्ट्रम उत्सर्जक स्रोत के पदार्थ के गुणों को प्रदर्शित करता है। उत्सर्जन स्पेक्ट्रम भी तीन प्रकार के होते हैं।

(a) सतत स्पेक्ट्रम (Continuous spectrum)—फिलामेंट बल्ब, मोमबत्ती या गर्म हीटर की कुंडली से उत्सर्जित प्रकाश में एक रेंज में सभी तरंगदैर्घ्य मौजूद होते हैं। इसे आप सतत तरंगदैर्घ्य (continuous wavelength) वाला प्रकाश कह सकते हैं। इसका स्पेक्ट्रम भी लगातार बदलते रंग के एक पट्टे की तरह होता है जिसके बीच किसी तरह की विभाजक रेखाएँ नहीं होतीं।

(b) रेखीय स्पेक्ट्रम (Linear spectrum)—यदि आप किसी खास एकपरमाणुक (monoatomic) गैस में विद्युत-धारा बहाकर उससे प्रकाश उत्पन्न करें और उसका स्पेक्ट्रम लें, तो आपको कुछ विशेष तरंगदैर्घ्य की रेखाएँ ही मिलेंगी और बीच के सभी तरंगदैर्घ्य अनुपस्थित होंगे। इस तरह के लैंप को डिस्चार्ज ट्यूब भी कहते हैं। उदाहरण के लिए, पारे के वाष्प से भरी डिस्चार्ज ट्यूब से आते प्रकाश में मुख्यतः 404.7 nm, 435.8 nm, 546.1 nm तथा 578.2 nm या उसके आस-पास के तरंगदैर्घ्यों के प्रकाश निकलते हैं और स्पेक्ट्रम में इन तरंगदैर्घ्यों के संगत प्रकाश की पतली-पतली रेखाएँ दिखती हैं। इस प्रकार के स्पेक्ट्रम को रेखीय स्पेक्ट्रम कहते हैं।

(c) बैंड स्पेक्ट्रम (Band spectrum)—यदि आप ऐसे स्रोत से प्रकाश उत्सर्जित करा रहे हैं जो दो या दो से अधिक परमाणुओं वाले

अणुओं से बना हो, तो उससे निकलनेवाले प्रकाश का स्पेक्ट्रम तरंगदैर्घ्य के कुछ बैंड के रूप में मिलता है। एक बैंड में तरंगदैर्घ्य सतत रूप से बदलता है, परंतु अलग-अलग बैंड में बीच के तरंगदैर्घ्य अनुपस्थित होते हैं।

अवशोषण स्पेक्ट्रम (Absorption Spectrum)

यदि सतत तरंगदैर्घ्य वाला प्रकाश गैस, घोल या किसी अन्य पारदर्शी पदार्थ से गुजरे, तो वह पदार्थ कुछ विशेष तरंगदैर्घ्यों के प्रकाश को अधिक मात्रा में अवशोषित कर लेता है। इन पदार्थों से निकलते प्रकाश का स्पेक्ट्रम लेने पर एक सतत स्पेक्ट्रम मिलता है जिसमें बीच-बीच में कुछ तरंगदैर्घ्यों के स्थान पर अंधेरा रहता है। ऐसा स्पेक्ट्रम अवशोषण स्पेक्ट्रम कहलाता है और यह अवशोषित करनेवाले पदार्थ के गुण को प्रदर्शित करता है (चित्र 34.23)।

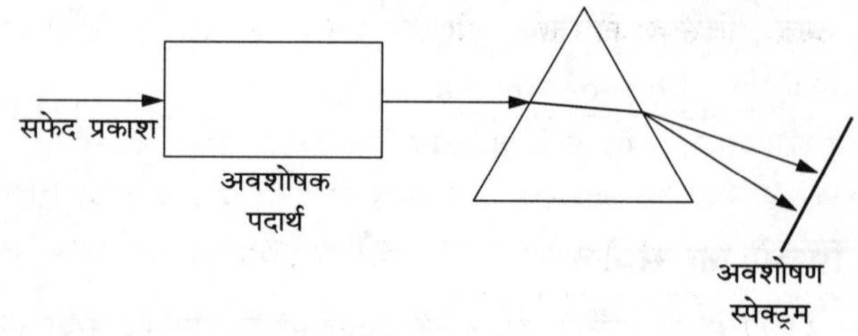

चित्र 34.23

अवशोषण स्पेक्ट्रम भी रेखीय स्पेक्ट्रम या बैंड स्पेक्ट्रम हो सकते हैं। सूर्य से आते प्रकाश का स्पेक्ट्रम भी अवशोषण स्पेक्ट्रम है, क्योंकि इसमें बहुत से तरंगदैर्घ्य अनुपस्थित होते हैं। इन अनुपस्थित तरंगदैर्घ्यों को Fraunhofer lines भी कहते हैं और ये सूर्य की सतह में स्थित विभिन्न तत्त्वों के वाष्प द्वारा विशेष तरंगदैर्घ्यों के अवशोषण के कारण उत्पन्न होती हैं।

• *हल किए गए प्रश्न* •

1. *एक अवतल दर्पण के मुख्य अक्ष पर इसके ध्रुव से 6.0 cm पर एक वस्तु रखी है। दर्पण की फोकस-दूरी 10 cm है। परावर्तन के कारण बने प्रतिबिंब का स्थान व प्रकृति बताएँ।*

हल चित्र 34.W1 को देखें।

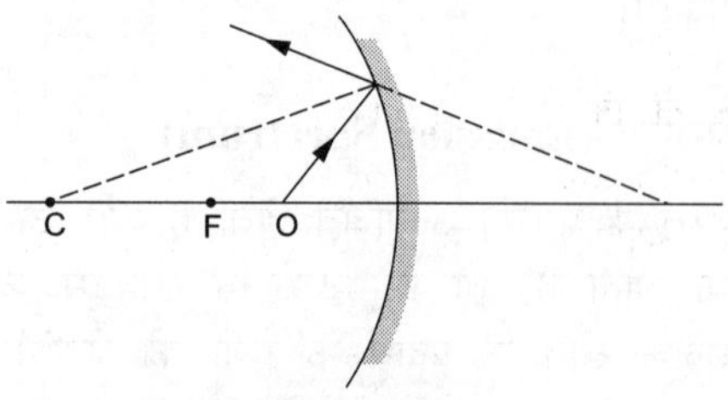

चित्र 34.W1

यहाँ $u = -6.0$ cm तथा $f = -10$ cm.

अब सूत्र $\frac{1}{v} + \frac{1}{u} = \frac{1}{f}$ से,

$$\frac{1}{v} = \frac{1}{f} - \frac{1}{u} = \frac{1}{-10\text{ cm}} - \frac{1}{-6.0\text{ cm}} = \frac{1}{15\text{ cm}}.$$

अतः, $v = 15$ cm.

v के धनात्मक होने का अर्थ है कि प्रतिबिंब दर्पण की दाहिनी ओर (चित्र 34.W1 के अनुसार) ध्रुव से 15 cm की दूरी पर बन रहा है। चूँकि परावर्तित किरणें इस ओर नहीं पहुँचतीं, यह प्रतिबिंब परावर्तित किरणों को पीछे बढ़ाने से बना है, इसलिए यह आभासी प्रतिबिंब होगा।

2. *एक अवतल दर्पण के मुख्य अक्ष के अनुदिश एक 10 cm लंबी छड़ रखी है। दर्पण की फोकस-दूरी भी 10 cm है। यदि दर्पण से छड़ का नजदीकी किनारा 20 cm की दूरी पर हो, तो प्रतिबिंब की लंबाई बताएँ।*

हल प्रश्न में दी गई परिस्थिति चित्र 34.W2 में दिखाई गई है। छड़ AB का नजदीकी सिरा B दर्पण के ध्रुव से 20 cm पर है। दर्पण की वक्रता-त्रिज्या भी $2 \times 10\text{ cm} = 20\text{ cm}$ ही है। अतः, बिंदु B दर्पण के वक्रता-केंद्र पर है और उसका प्रतिबिंब वहीं पर बनेगा।

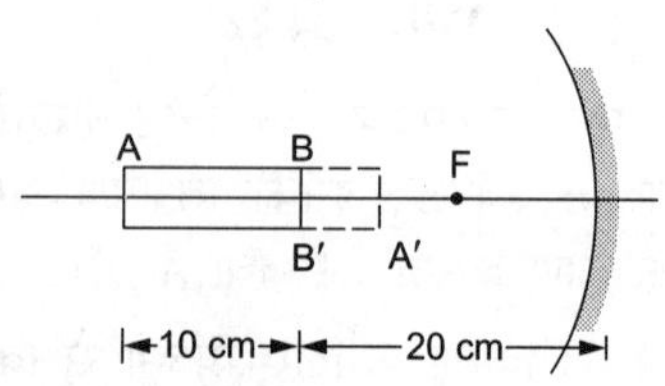

चित्र 34.W2

A के प्रतिबिंब के लिए, $u = -30$ cm, $f = -10$ cm.

अतः, $$\frac{1}{v} = \frac{1}{f} - \frac{1}{u} = \frac{1}{(-10\text{ cm})} - \frac{1}{(-30\text{ cm})}$$

या $$\frac{1}{v} = -\frac{1}{15\text{ cm}}$$

या $v = -15$ cm.

A का प्रतिबिंब A' ध्रुव से 15 cm की दूरी पर ध्रुव के बायीं ओर बनेगा। अतः, प्रतिबिंब की लंबाई

$$A'B' = 20\text{ cm} - 15\text{ cm} = 5\text{ cm}.$$

3. *एक उत्तल दर्पण की फोकस-दूरी 2.5 m है। एक बालक इससे कितनी दूरी पर खड़ा हो ताकि उसके प्रतिबिंब की ऊँचाई उसकी ऊँचाई की आधी हो? बालक की ऊँचाई मुख्य अक्ष के लंबवत है।*

हल उत्तल दर्पण में प्रतिबिंब सदैव आभासी व सीधा बनता है। अतः, प्रश्न के अनुसार, $m = \frac{1}{2}$.

या $$-\frac{v}{u} = \frac{1}{2}$$

या $$v = -\frac{u}{2}.$$

उत्तल दर्पण के लिए, $f = +2.5$ m.

अतः, $\frac{1}{v} + \frac{1}{u} = \frac{1}{f}$ से,

$$\frac{2}{-u} + \frac{1}{u} = \frac{1}{2.5\text{ m}} \quad \text{या} \quad u = -2.5\text{ m}.$$

अतः, बालक को उत्तल दर्पण से 2.5 m की दूरी पर खड़ा होना चाहिए।

4. *एक अवतल दर्पण के मुख्य अक्ष के लंबवत, उसके ध्रुव से 12 cm की दूरी पर 2.0 cm ऊँची एक वस्तु रखी है। यदि प्रतिबिंब उलटा, वास्तविक तथा 5.0 cm ऊँचा बने, तो प्रतिबिंब का स्थान तथा दर्पण की फोकस-दूरी निकालें।*

हल प्रश्न में दी गई स्थिति चित्र 34.W3 में दिखाई गई है।

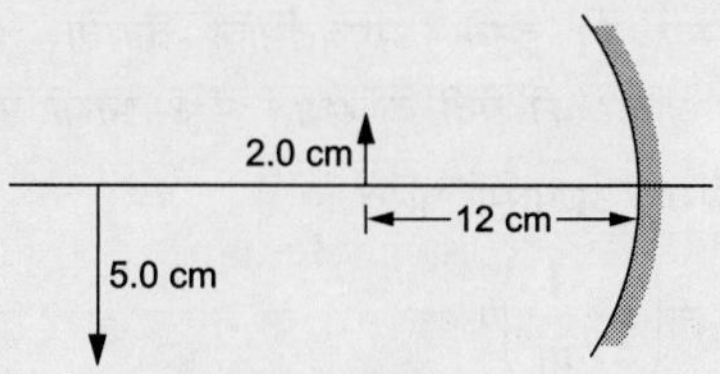

चित्र 34.W3

यहाँ, $m = \frac{h_2}{h_1} = \frac{-5.0}{2.0} = -2.5.$

अतः, $-\frac{v}{u} = -2.5$

या $v = (2.5) \times u = (2.5) \times (-12 \text{ cm}) = -30 \text{ cm}.$

प्रतिबिंब दर्पण के ध्रुव से 30 cm दूरी पर बनेगा।

अब सूत्र $\frac{1}{v} + \frac{1}{u} = \frac{1}{f}$ से,

$$\frac{1}{f} = \frac{1}{-30 \text{ cm}} + \frac{1}{-12 \text{ cm}} = -\frac{7}{60 \text{ cm}}$$

या $f = -8.6 \text{ cm}.$

5. *चित्र 34.W4 में दिखाई परिस्थिति पर विचार करें। कोण θ का अधिकतम मान ज्ञात करें जिसके लिए ऊर्ध्वाधर सतह पर प्रकाश की किरण का पूर्ण आंतरिक परावर्तन हो सके।*

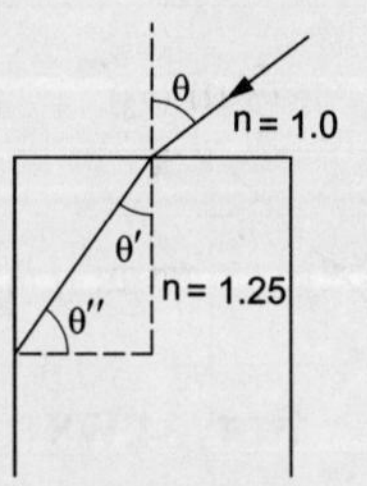

चित्र 34.W4

हल θ का मान अधिकतम होगा यदि θ″ का मान क्रांतिक कोण के बराबर हो। ऊर्ध्वाधर सतह के लिए क्रांतिक कोण,

$$\theta'' = \sin^{-1}\left(\frac{1}{1.25}\right) = \sin^{-1}\left(\frac{4}{5}\right)$$

या $\sin\theta'' = \frac{4}{5}.$

चूँकि $\theta' + \theta'' = \frac{\pi}{2},$

$$\sin\theta' = \cos\theta'' = \sqrt{1 - \left(\frac{4}{5}\right)^2} = \frac{3}{5}.$$

स्नेल के नियम के अनुसार,

$$\frac{\sin\theta}{\sin\theta'} = n = 1.25$$

या $\sin\theta = 1.25 \times \sin\theta' = 1.25 \times \frac{3}{5} = \frac{3}{4}.$

या $\theta = \sin^{-1}\left(\frac{3}{4}\right).$

6. *चित्र 34.W5(a) में दिखाए अनुसार एक समकोण त्रिभुजाकार आधार ABC का एक प्रिज्म बनाना है ताकि प्रकाश की कोई किरण जो AB सतह पर लंबवत पड़े, AC तथा CB सतहों पर पूर्ण आंतरिक परावर्तन कर सके। (a) इस आवश्यकता की पूर्ति के लिए प्रिज्म के पदार्थ का न्यूनतम अपवर्तनांक कितना होना चाहिए? (b) यदि प्रिज्म के पदार्थ का अपवर्तनांक 5/3 और A = 60° हो, तो क्या इस आवश्यकता की पूर्ति हो सकती है?*

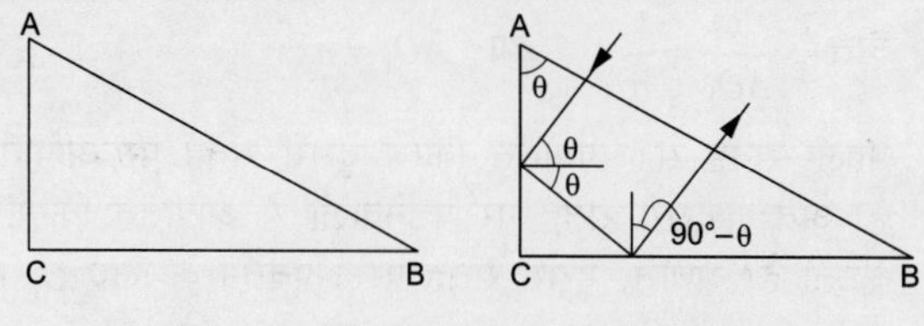

चित्र 34.W5

हल (a) मान लें कि कोण $A = \theta$ है [चित्र 34.W5(b)]। *AB* पर लंबवत पड़ती किरण सीधी चलती हुई *AC* सतह पर पड़ती है। चित्र की ज्यामिति से यहाँ आपतन कोण θ है। यहाँ से परावर्तन के बाद यह किरण सतह *CB* पर पड़ती है। यहाँ पर आपतन का कोण 90°−θ है। चूँकि दोनों सतहों पर पूर्ण आंतरिक परावर्तन होना है इसलिए θ तथा 90°−θ दोनों को क्रांतिक कोण θ_c से बड़ा होना चाहिए। ऐसी हालत में θ_c का मान 45° से बड़ा नहीं हो सकता, अन्यथा θ या 90° − θ में से किसी एक को θ_c से छोटा होना पड़ेगा। अतः,

$$\theta_c \le 45°$$

या $\sin\theta_c \le \frac{1}{\sqrt{2}}$

या $\frac{1}{n} \le \frac{1}{\sqrt{2}}$

या $n \ge \sqrt{2}.$

अतः, अपवर्तनांक का न्यूनतम मान $\sqrt{2}$ होगा।

(b) $n = \frac{5}{3},\ \sin\theta_c = \frac{3}{5}$ या $\theta_c = 37°.$

60° तो क्रांतिक कोण 37° से बड़ा है, लेकिन 30° क्रांतिक कोण से छोटा है। अतः, पहली सतह पर पूर्ण आंतरिक परावर्तन होगा, लेकिन दूसरी सतह पर पूर्ण आंतरिक परावर्तन नहीं होगा।

7. *एक पारदर्शी प्लेट के सामने एक बिंदु-सरीखा स्रोत O रखा है। प्लेट की नजदीकी सतह से स्रोत की दूरी x है। इस स्रोत को प्लेट की दूसरी ओर से लगभग लंबवत आते प्रकाश की सहायता से*

देखा जाता है। प्लेट की मोटाई t तथा इसके पदार्थ का अपवर्तनांक n है। दिखाएँ कि स्रोत की स्थिति में आभासी परिवर्तन, x पर निर्भर नहीं करता है और आभासी परिवर्तन का मान भी निकालें।

हल प्रश्न में दी गई परिस्थिति चित्र 34.W6 में दिखाई गई है। पहले अपवर्तन के कारण O का प्रतिबिंब O_1 पर बनता है। इस अपवर्तन के लिए, वास्तविक गहराई $AO = x$ तथा आभासी गहराई AO_1 है। इस अपवर्तन के लिए पहला माध्यम हवा है तथा दूसरा प्लेट।

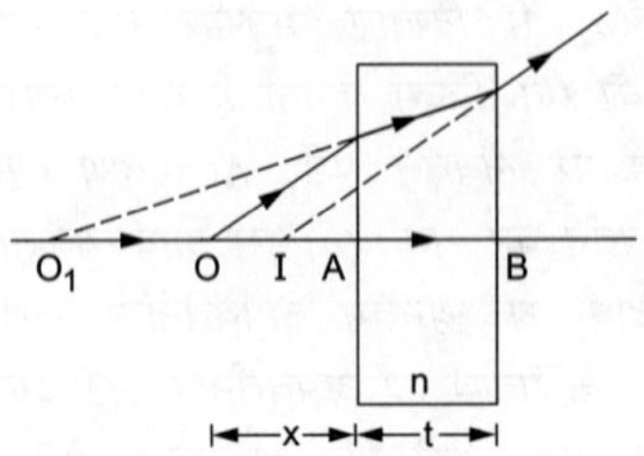

चित्र 34.W6

अतः, $\dfrac{x}{AO_1} = \dfrac{1}{n}$ या $AO_1 = nx$.

पहली सतह से अपवर्तित किरणें दूसरी सतह पर आपतित होती हैं। अतः, दूसरी सतह पर पड़नेवाली ये आपतित किरणें O_1 पर कटती हैं। अर्थात, दूसरी सतह पर अपवर्तन के लिए O_1 स्रोत है। यदि O_1 का प्रतिबिंब I पर बने, तो

$$\frac{BO_1}{BI} = \frac{n}{1}$$

या $$\frac{AB + AO_1}{BI} = n$$

या $$\frac{t + nx}{BI} = n$$

या $$BI = x + \frac{t}{n}\cdot$$

अतः, स्रोत O की स्थिति में आभासी परिवर्तन,

$$OI = OB - BI = (x+t) - \left(x + \frac{t}{n}\right) = t\left(1 - \frac{1}{n}\right).$$

यह आभासी परिवर्तन x से स्वतंत्र है।

8. *चित्र 34.W7 में एक बीकर की पेंदी से h ऊँचाई पर एक समतल दर्पण दिखाया गया है। बीकर में n अपवर्तनांक का एक द्रव d ऊँचाई तक भरा है। दर्पण द्वारा बने बीकर की पेंदी के प्रतिबिंब का स्थान ज्ञात करें।*

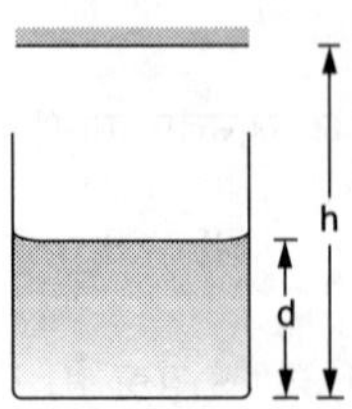

चित्र 34.W7

हल अपवर्तन के कारण द्रव के ऊपर निकलती किरणों के लिए बीकर की पेंदी के स्थान में आभासी परिवर्तन,

$$\Delta t = \left(1 - \frac{1}{n}\right)d$$

ये ही किरणें दर्पण पर आपतित होंगी।

अतः, दर्पण के लिए वस्तु की प्रभावी दूरी

$$= h - \left(1 - \frac{1}{n}\right)d = h - d + \frac{1}{n}d.$$

परावर्तन के कारण प्रतिबिंब दर्पण के पीछे $h - d + \frac{1}{n}d$ दूरी पर बनेगा।

9. *एक बीकर में h_1 ऊँचाई तक पानी और उसके ऊपर h_2 ऊँचाई तक किरोसिन रखा है। इनके अपवर्तनांक क्रमशः n_1 तथा n_2 हैं $(n_2 > n_1)$। बीकर की पेंदी के स्थान में आभासी परिवर्तन निकालें।*

हल पानी के कारण आभासी परिवर्तन,

$$\Delta t_1 = \left(1 - \frac{1}{n_1}\right)h_1.$$

तेल के कारण आभासी परिवर्तन,

$$\Delta t_2 = \left(1 - \frac{1}{n_2}\right)h_2.$$

अतः, कुल आभासी परिवर्तन, $\Delta t = \Delta t_1 + \Delta t_2$

$$= \left(1 - \frac{1}{n_1}\right)h_1 + \left(1 - \frac{1}{n_2}\right)h_2.$$

10. *पारदर्शी माध्यम I तथा II समतल सतह AB पर मिलते हैं। इसके अपवर्तनांक n_1 तथा n_2 हैं $(n_2 > n_1)$। माध्यम II में चलती प्रकाश की एक किरण सतह AB पर आपतन कोण θ बनाती हुए गिरती है। θ का मान क्रांतिक कोण से जरा-सा ज्यादा है, जिससे पूर्ण आंतरिक परावर्तन होता है। अब माध्यम I तथा II के बीच एक आयताकार लंबी पट्टिका DEFG रख दी जाती है (माध्यम III) जिसका अपवर्तनांक n_3 है (चित्र 34.W8)। दिखाएँ कि n_3 का कुछ भी मान हो, माध्यम II से चली यह किरण अंत में पूरी-की-पूरी माध्यम II में ही लौट जाएगी।*

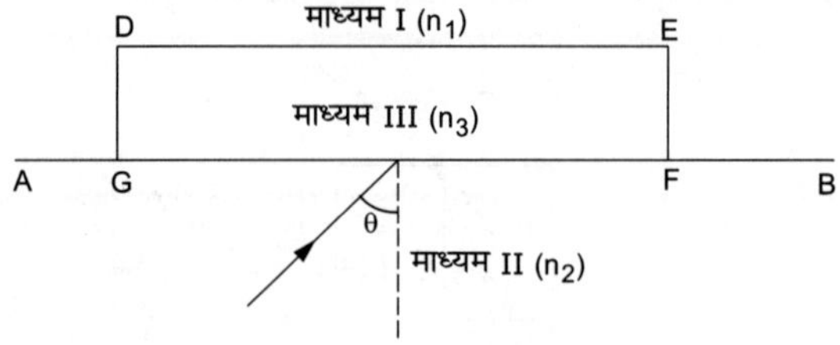

चित्र 34.W8

हल 'जरा-सा ज्यादा' के लिए हम $\gtrsim$ संकेत का प्रयोग करेंगे। जब पट्टिका नहीं रखी गई है, तो

$$\theta \gtrsim \theta_c = \sin^{-1}\left(\frac{n_1}{n_2}\right)$$

या $$\sin\theta \gtrsim \frac{n_1}{n_2}.$$

जब पट्टिका रख दी जाती है तब दो परिस्थितियाँ हो सकती हैं $n_3 \le n_1$ तथा $n_3 > n_1$.

परिस्थिति 1. $n_3 \le n_1$.

ऐसी स्थिति में, $\sin\theta \gtrsim \dfrac{n_1}{n_2} \ge \dfrac{n_3}{n_2}.$

अतः, प्रकाश माध्यम II तथा माध्यम III की सतह पर क्रांतिक कोण से अधिक कोण पर आपतित होगा और पूर्ण आंतरिक परावर्तन कर माध्यम I में लौट जाएगा।

परिस्थिति 2. $n_3 > n_1$.

ऐसी स्थिति में, $\sin\theta \gtrless \frac{n_1}{n_2} < \frac{n_3}{n_2}$.

अतः, $\sin\theta$ का मान $\frac{n_3}{n_2}$ से कम हो सकता है। यदि ऐसा हो, तो *FG* सतह पर पड़ते प्रकाश का एक भाग माध्यम III में अपवर्तित हो सकता है (चित्र 34.W9)। यदि अपवर्तन का कोण θ' हो, तो

$$\frac{\sin\theta}{\sin\theta'} = \frac{n_3}{n_2}$$

या $$\sin\theta' = \frac{n_2}{n_3}\sin\theta \gtrless \frac{n_2}{n_3}\cdot\frac{n_1}{n_2}.$$

अतः, $$\sin\theta' \gtrless \frac{n_1}{n_3}. \quad \text{... (i)}$$

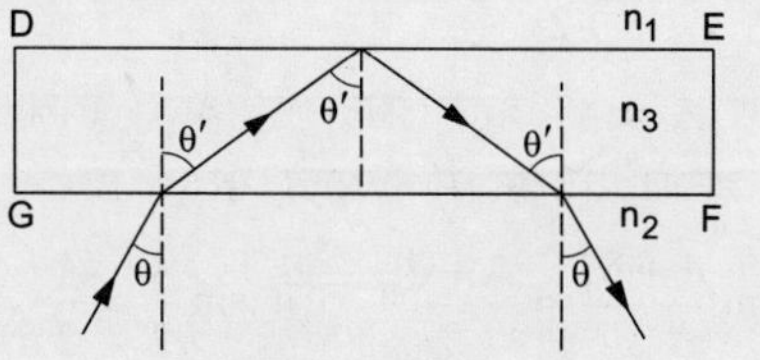

चित्र 34.W9

चूँकि पट्टिका की सतहें समानांतर हैं, अतः पट्टिका में चलती यह अपवर्तित किरण सामने की सतह *DE* पर इसी कोण θ' पर आपतित होगी। समीकरण (i) के अनुसार, यह आपतन कोण माध्यम III तथा I के लिए क्रांतिक कोण से बड़ा होगा और प्रकाश का कोई भी भाग माध्यम I में नहीं जा पाएगा। यहाँ पूर्ण परावर्तन के बाद यह किरण पुनः *FG* सतह पर पड़ेगी। इसका कुछ भाग माध्यम II में चला जाएगा और कुछ परावर्तित होकर पुनः *DE* सतह पर पड़ेगा। लेकिन, यहाँ भी आपतन कोण θ' ही होगा और इस किरण का भी पूर्ण आंतरिक परावर्तन होगा। अर्थात, अनेक परावर्तन, अपवर्तन होने के बाद भी माध्यम I में प्रकाश का कोई भाग नहीं निकलेगा और अतंतः सारा प्रकाश माध्यम II में ही लौट जाएगा।

11. *एक क्षैतिज टेबुल पर 40 cm वक्रता-त्रिज्या का एक अवतल दर्पण रखा है। इसमें अधिकतम ऊँचाई 5.00 cm तक पानी भरा है। (चित्र 34.W10)। धूल का एक छोटा कण पानी की सतह पर, दर्पण के टेबुल से सटे हिस्से के ठीक ऊपर P बिंदु पर तैर रहा है। कण को ठीक ऊपर से देखने पर इसके प्रतिबिंब का स्थान निर्धारित करें। पानी का अपवर्तनांक 1.33 है।*

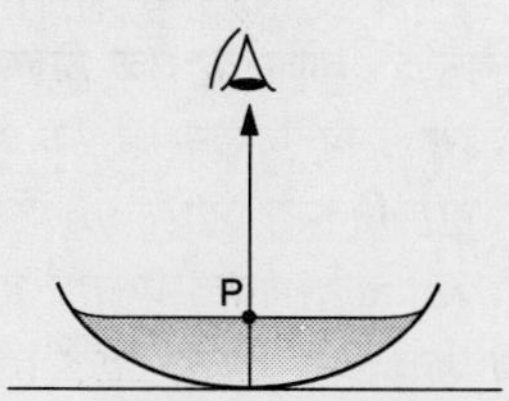

चित्र 34.W10

हल बिंदु *P* से पानी में चलनेवाली प्रकाश-किरणें दर्पण पर गिरकर परावर्तित होती हैं। ये परावर्तित किरणें पानी की सतह पर पड़ती हैं जहाँ से इनका प्रमुख भाग अपवर्तित होकर हवा में निकलता है (चित्र 34.W11)। इन्हीं अपवर्तित किरणों से बाहर का व्यक्ति प्रतिबिंब को देखता है। यद्यपि चित्र में किरणें काफी फैलाकर दिखाई गई हैं, लेकिन प्रश्न के अनुसार ये सभी *P* बिंदु के आस-पास से जा रही हैं ताकि *P* के ठीक ऊपर से प्रतिबिंब को देखा जा सके।

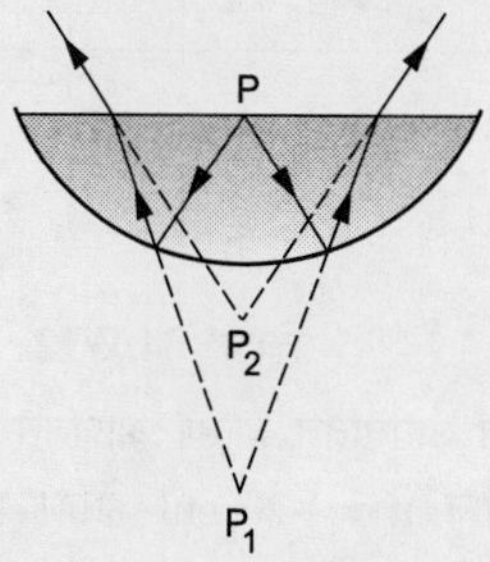

चित्र 34.W11

पहले अवतल दर्पण द्वारा बने प्रतिबिंब का स्थान निर्धारित करें। दर्पण के ध्रुव को मूलबिंदु तथा नीचे की दिशा में *x*-अक्ष मानें, तब

$$R = -40 \text{ cm}, \; u = -5 \text{ cm}.$$

दर्पण के समीकरण से, $\frac{1}{v} + \frac{1}{u} = \frac{1}{f} = \frac{2}{R}$

या $$\frac{1}{v} + \frac{1}{-5\text{ cm}} = \frac{2}{-40\text{ cm}}$$

या $$\frac{1}{v} = \frac{1}{-20\text{ cm}} + \frac{1}{5\text{ cm}} = \frac{3}{20\text{ cm}}$$

या $$v = \frac{20\text{ cm}}{3} = 6.67\text{ cm}.$$

v का धनात्मक मान बताता है कि प्रतिबिंब P_1 दर्पण के नीचे बना है (आभासी प्रतिबिंब)।

पानी की सतह पर अपवर्तन के लिए आपतित किरणें P_1 बिंदु पर कट रही हैं। अतः, इस अपवर्तन के लिए P_1 ही वस्तु (स्रोत) का काम करेगा। पानी की सतह से P_1 की दूरी

$$= 6.67\text{ cm} + 5.00\text{ cm} = 11.67\text{ cm}.$$

अपवर्तन के कारण P_1 के प्रतिबिंब में आभासी विस्थापन,

$$\Delta t = (11.67\text{ cm})\left(1 - \frac{1}{1.33}\right) = 2.92\text{ cm}.$$

अतः, अंतिम प्रतिबिंब P_2 पानी की सतह से, 11.67 cm – 2.92 cm = 8.75 cm नीचे बनेगा।

12. *एक वस्तु 20 cm वक्रता-त्रिज्या वाले अवतल दर्पण के सामने 21 cm की दूरी पर रखी है। अपवर्तनांक 1.5 तथा मोटाई 3 cm वाली एक पारदर्शी पट्टिका को दर्पण के पास वस्तु तथा दर्पण के बीच रखा जाता है। पट्टिका की दर्पण के पास वाली सतह दर्पण से 10 cm की दूरी पर है। अंतिम प्रतिबिंब की स्थिति निकालें।*

हल प्रश्न में दी गई परिस्थिति चित्र 34.W12 में दिखाई गई है। वस्तु P बिंदु पर रखी है। वहाँ से चलनेवाली प्रकाश की किरणें पट्टिका की दोनों सतहों से अपवर्तन के बाद P का प्रतिबिंब P_1 पर बनाएगी, जहाँ

$$PP_1 = t\left(1-\frac{1}{n}\right) = (3\text{ cm})\left(1-\frac{1}{1.5}\right) = 1\text{ cm}.$$

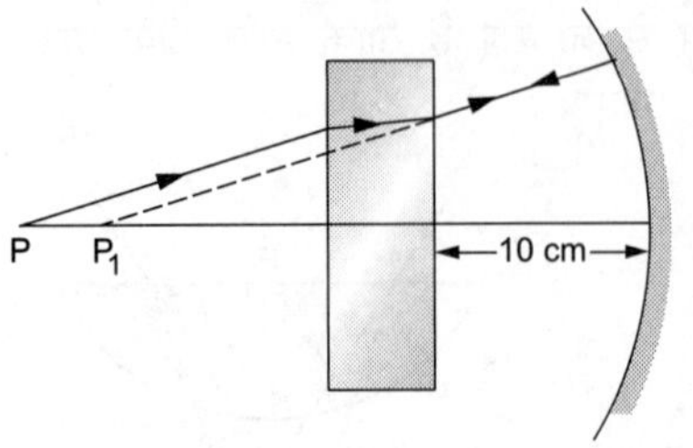

चित्र 34.W12

दर्पण पर यही अपवर्तित किरणें आपतित होंगी। अतः, दर्पण के लिए वस्तु का स्थान $u = -20$ cm होगा। परंतु, 20 cm ही दर्पण की वक्रता-त्रिज्या है। अर्थात, P_1 बिंदु दर्पण के वक्रता-केंद्र पर है और ये किरणें दर्पण पर लंबवत आपतित हो रही है। इसलिए ये किरणें अपने ही पथ पर लौट जाएँगी और पट्टिका से अपवर्तन के बाद P बिंदु पर ही मिलेंगी। अर्थात, अंतिम प्रतिबिंब वस्तु के स्थान P पर ही बनेगा।

13. 400 nm *तथा* 700 nm *तरंगदैर्घ्य के प्रकाश के लिए सिलिकेट फ्लिंट काँच के अपवर्तनांक क्रमशः* 1.66 *तथा* 1.61 *हैं। इन तरंगदैर्घ्यों के प्रकाश के लिए एक समबाहु प्रिज्म के न्यूनतम विचलन कोणों के मान ज्ञात करें।*

हल समबाहु प्रिज्म के लिए प्रिज्म का कोण $A = 60°$ तथा न्यूनतम विचलन कोण δ_m के लिए,

$$n = \frac{\sin\frac{A+\delta_m}{2}}{\sin\frac{A}{2}}$$

$$= \frac{\sin\left(30°+\frac{\delta_m}{2}\right)}{\sin 30°} = 2\sin\left(30°+\frac{\delta_m}{2}\right).$$

400 nm के प्रकाश के लिए, $n = 1.66$.

अतः, $1.66 = 2\sin\left(30°+\frac{\delta_m}{2}\right)$

या $\sin\left(30°+\frac{\delta_m}{2}\right) = 0.83$

या $30°+\frac{\delta_m}{2} = 56°$

या $\delta_m = 52°$.

इसी प्रकार, 700 nm के प्रकाश के लिए,

$$1.61 = 2\sin\left(30°+\frac{\delta_m}{2}\right)$$

या $\delta_m = 48°$.

14. *एक बिंदु स्रोत S से चलता प्रकाश एक उत्तल लेंस से निकलकर एक क्षैतिज बीम के रूप में आगे बढ़ता है (चित्र 34.W13)। यह बीम एक 88°-88°-4° कोण वाले प्रिज्म पर सममित रूप से पड़ती है और अपवर्तन के पश्चात यह बीम एक समतल दर्पण पर पड़ती है जिसका तल लेंस से निकलती बीम के लंबवत है। दर्पण को कितने कोण से घुमा दिया जाए ताकि S का अंतिम प्रतिबिंब S पर ही बने?*

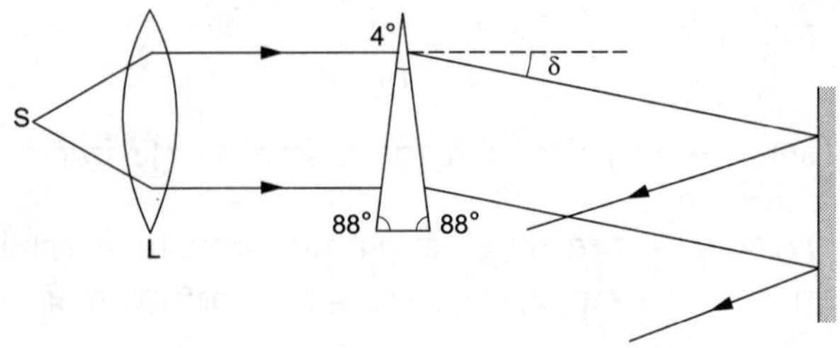

चित्र 34.W13

हल प्रकाश की किरणपुंज प्रिज्म पर सममित रूप से गिरती है। अतः, प्रिज्म इसमें न्यूनतम विचलन पैदा करेगा।

$$n = \frac{\sin\frac{A+\delta_m}{2}}{\sin\frac{A}{2}}.$$

चूँकि कोण $A = 4°$ बहुत छोटा है, अतः विचलन का कोण भी छोटा ही होगा। रेडियन में लिखने पर,

$$\sin\frac{A+\delta_m}{2} \approx \frac{A+\delta_m}{2} \text{ तथा } \sin\frac{A}{2} \approx \frac{A}{2}.$$

अतः, $n = \dfrac{\frac{A+\delta_m}{2}}{\frac{A}{2}} = 1+\dfrac{\delta_m}{A}$

या $\delta_m = A(n-1)$.

δ_m तथा A दोनों को डिग्री में बदलने पर भी यही संबंध बना रहेगा। अतः,

$$\delta_m = 4°(1.5-1) = 2°.$$

S का प्रतिबिंब S पर ही बनाने के लिए प्रकाश-किरणों को अपने पथ पर ही लौट जाना होगा। इसके लिए दर्पण पर पड़ती किरणें दर्पण पर लंबवत होनी चाहिए। अतः, दर्पण को वर्तमान स्थिति से 2° चित्र में दक्षिणावर्ती दिशा में घुमाना होगा।

15. *एक फ्लिंट काँच के लिए लाल तथा बैंगनी प्रकाश के अपवर्तनांक क्रमशः* 1.613 *तथा* 1.632 *हैं। इस काँच के बने* 5° *कोण वाले एक प्रिज्म के कारण श्वेत प्रकाश में कोणीय विक्षेपण ज्ञात करें।*

हल लाल रंग के लिए विक्षेपण, $\delta_r = (\mu_i - 1)A$ तथा बैंगनी रंग के लिए विक्षेपण, $\delta_v = (\mu_v - 1)A$.

अतः, कोणीय विक्षेपण $= \delta_v - \delta_r = (\mu_v - \mu_r)A$

$$= (1.632 - 1.613) \times 5° = 0.095°.$$

16. *क्राउन काँच के बने* 5° *कोण के एक प्रिज्म को फ्लिंट काँच के एक प्रिज्म के साथ इस तरह जोड़ना है कि मध्य तरंगदैर्घ्य की किरणें बिना विचलित हुए निकल जाएँ। (a) फ्लिंट काँच की प्रिज्म का कोण ज्ञात करें। (b) यदि श्वेत प्रकाश इस संयोजन से जाए, तो कोणीय विक्षेपण ज्ञात करें। लाल, पीले तथा बैंगनी प्रकाश के लिए क्राउन काँच के अपवर्तनांक क्रमशः* 1.514, 1.517 *तथा* 1.523 *हैं*

जबकि फ्लिंट काँच के लिए ये अपवर्तनांक क्रमशः 1.613, 1.620 तथा 1.632 हैं।

हल क्राउन काँच के प्रिज्म के कारण विचलन, $\delta = (n-1)A$.

फ्लिंट काँच के प्रिज्म के कारण विचलन, $\delta' = (n'-1)A'$.

प्रिज्मों को उलटाकर जोड़ा जाएगा, अतः कुल विचलन,

$$D = \delta - \delta' = (n-1)A - (n'-1)A'.$$

(a) मध्य किरण, अर्थात पीले प्रकाश के लिए विचलन शून्य होना चाहिए। अतः,

$$0 = (n_y - 1)A - (n'_y - 1)A'$$

या $$A' = \frac{n_y - 1}{n'_y - 1}A = \frac{1.517 - 1}{1.620 - 1} \times 5° = 4.2°.$$

(b) क्राउन काँच के कारण कोणीय विक्षेपण,

$$\delta_v - \delta_r = (n_v - n_r)A$$

तथा फ्लिंट काँच के कारण कोणीय विक्षेपण,

$$\delta'_v - \delta'_r = (n'_v - n'_r).$$

अतः, कुल कोणीय विक्षेपण

$$= (n_v - n_r)A - (n'_v - n'_r)A'$$

$$= (1.523 - 1.514) \times 5° - (1.632 - 1.613) \times 4.2°$$

$$= -0.0348°.$$

अतः, कोणीय विक्षेपण का मान = 0.0348°.

17. *क्राउन तथा फ्लिंट काँचों की विक्षेपण-क्षमताएँ क्रमशः 0.03 तथा 0.05 हैं। पीले प्रकाश के लिए इन काँचों के अपवर्तनांक क्रमशः 1.517 तथा 1.621 हैं। इन काँचों से बने प्रिज्मों का एक विक्षेपण-रहित (achromatic) संयोजन बनाना है जो पीले प्रकाश में 1° का विचलन पैदा कर सके। दोनों प्रिज्मों के कोण निकालें।*

हल मान लें कि क्राउन काँच के प्रिज्म का कोण A तथा फ्लिंट काँच के प्रिज्म का कोण A' है। अतः, विक्षेपण-क्षमता,

$$\omega = \frac{n_v - n_r}{n - 1}$$

या $$(n_v - n_r) = (n-1)\omega.$$

क्राउन काँच के प्रिज्म के कारण कोणीय विक्षेपण,

$$(n_v - n_r)A = (n-1)\omega A$$

तथा फ्लिंट काँच के प्रिज्म के कारण कोणीय विक्षेपण,

$$(n'_v - n'_r)A' = (n'-1)\omega' A'.$$

विक्षेपणरहित संयोजन के लिए,

$$(n-1)\omega A = (n'-1)\omega' A'$$

या $$\frac{A'}{A} = \frac{(n-1)\omega}{(n'-1)\omega'} = \frac{0.517 \times 0.03}{0.621 \times 0.05} = 0.50. \quad \text{... (i)}$$

पीले प्रकाश में क्राउन काँच के प्रिज्म द्वारा विचलन, $\delta = (n-1)A$ तथा फ्लिंट काँच के प्रकाश में विचलन, $\delta' = (n'-1)A'$ है। अतः, कुल विचलन,

$$\delta - \delta' = (n-1)A - (n'-1)A'$$

या $$1° = 0.51A - 0.621A'. \quad \text{... (ii)}$$

अब समीकरण (i) तथा (ii) को हल करने पर, $A = 4.8°$ तथा $A' = 2.4°$.

अतः, क्राउन काँच के प्रिज्म का कोण 4.8° तथा फ्लिंट काँच के प्रिज्म का कोण 2.4° होना चाहिए।

• विचार हेतु प्रश्न •

1. *क्या* $n = \dfrac{\text{वास्तविक गहराई}}{\text{आभासी गहराई}}$ *सूत्र अभिलंब के पास से ही देखने पर सही है या उससे हटकर देखने पर भी सही है?*

2. *क्या ऐसी कोई परिस्थिति हो सकती है जिसमें प्रकाश की एक किरण एक प्रिज्म से होकर बिना अपना रास्ता बदले चली जाए?*

3. *एक ही जैसा कटा हुआ काँच का टुकड़ा उतना नहीं चमकता जितना हीरे का टुकड़ा। क्यों?*

4. *प्रकाश की एक पतली बीम काँच की एक आयताकार पट्टिका पर तिरछी गिरती है (चित्र 34.C1)। पट्टिका से निकलती बीम को आँख द्वारा देखा जाता है। यदि पट्टिका के अंदर के पदार्थ का अपवर्तनांक धीरे-धीरे बदलता जाए, तो आँखों को प्रकाश कैसा दिखेगा? तारों के टिमटिमाने का कारण कुछ-कुछ ऐसा ही बताया जाता है।*

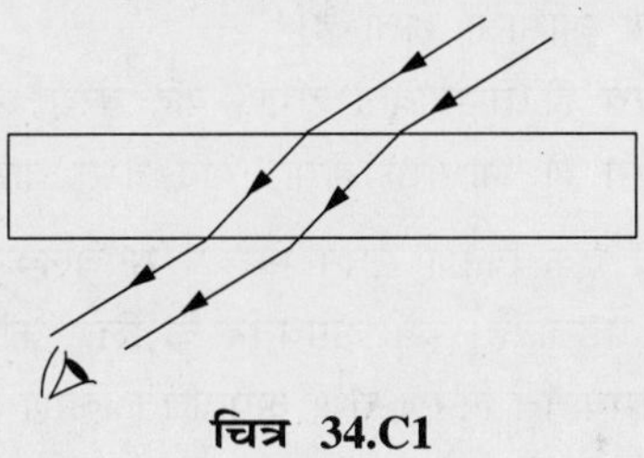

चित्र 34.C1

5. *क्या समतल दर्पण से परावर्तित किरणों द्वारा कभी भी वास्तविक प्रतिबिंब बन सकता है?*

6. *यदि तेज प्रकाश के परावर्तन के कारण एक आभासी प्रतिबिंब बने और इस प्रतिबिंब के स्थान पर कागज का एक टुकड़ा रख दिया जाए, तो क्या यह इस प्रकाश के कारण गर्म हो सकता है? यदि परावर्तन के बाद वास्तविक प्रतिबिंब बने और इस प्रतिबिंब के पास कागज का एक टुकड़ा रख दिया जाए, तो क्या यह इस प्रकाश के कारण गर्म हो सकता है?*

7. *क्या समतल दर्पण को अनंत वक्रता-त्रिज्या का अवतल दर्पण माना जा सकता है? क्या इसे अनंत वक्रता-त्रिज्या का उत्तल दर्पण माना जा सकता है? क्या इसके लिए* $\frac{1}{v} + \frac{1}{u} = \frac{1}{f}$ *सूत्र का प्रयोग किया जा सकता है?*

8. *क्या कैमरे के द्वारा एक आभासी प्रतिबिंब का फोटो लिया जा सकता है?*

9. *कार चालक के पास खिड़की से बाहर की ओर एक उत्तल दर्पण लगाया जाता है। इस दर्पण का ऐसा कौन-सा विशेष प्रभाव है जो वहाँ एक समतल दर्पण लगाने से नहीं मिल सकता?*

10. *यदि एक वस्तु को धीरे-धीरे एक उत्तल दर्पण के नजदीक लाया जाए, तो उसके प्रतिबिंब का स्थान भी लगातार बदलता है। वस्तु की तुलना में प्रतिबिंब तेजी से चलता है, धीमे चलता है या उतनी ही चाल से चलता है?*

11. *कल्पना करें कि आप एक स्विमिंग पूल में किनारे के पास तैर रहे हैं और किसी क्षण पूरी तरह पानी के अंदर हैं। किनारे पर खड़ा आपका मित्र आपको सामान्य से लंबा नजर आएगा, छोटा नजर आएगा या सामान्य ही नजर आएगा?*

12. *दो माध्यमों को अलग करती R त्रिज्यावाली गोलीय सतह पर अपवर्तन के लिए,* $\frac{n_2}{v}-\frac{n_1}{u}=\frac{n_2-n_1}{R}$ *होता है। इसका उपयोग कर समतल सतह से अपवर्तन के लिए वास्तविक गहराई तथा आभासी गहराई के बीच संबंध निकालें।*

13. *समीकरण* $\omega=\frac{n_v-n_r}{n-1}$ *एक छोटे कोण वाले प्रिज्म के लिए निकाला गया था। क्या यह बड़े कोण के प्रिज्मों के लिए भी सही होगा? क्या यह काँच की पट्टिका या गोले के लिए भी सही होगा?*

14. *क्या विक्षेपण-क्षमता* $\frac{n_v-n_r}{n-1}$ *ऋणात्मक हो सकती है? यदि एक खोखले प्रिज्म को पानी में डुबा दिया जाए तो विक्षेपण-क्षमता का चिह्न क्या होगा?*

15. *क्या तीन एक जैसे प्रिज्मों को जोड़कर ऐसा संयोजन बनाया जा सकता है जिससे मध्य किरण का कुल विचलन शून्य हो? या जिससे कुल वर्ण-विक्षेपण शून्य हो?*

16. *"शुद्ध स्पेक्ट्रम प्राप्त करने के लिए एकवर्णी प्रकाश का उपयोग करना चाहिए"। इस वक्तव्य पर टिप्पणी करें।*

• सटीक उत्तरवाले प्रश्न I •

सही उत्तर का चयन करें।

1. प्रकाश का एक बिंदु स्रोत एक समतल दर्पण के सामने रखा है।
   (a) सभी परावर्तित किरणें पीछे बढ़ाने पर एक बिंदु पर मिलती हैं।
   (b) सिर्फ अभिलंब के पास की किरणें पीछे बढ़ाने पर एक बिंदु पर मिलती हैं।
   (c) सिर्फ वे किरणें जो दर्पण की सतह से छोटा कोण बनाती हैं, परावर्तन के बाद पीछे बढ़ाने पर एक बिंदु पर मिलती हैं।
   (d) अलग-अलग रंग की किरणें अलग-अलग प्रतिबिंब बनाती हैं।

2. मान लें आपतन कोण, परावर्तन कोण एवं अपवर्तन कोण परावर्तक सतह पर अभिलंब से नहीं नापकर, आपतन के तल में परावर्तक या अपवर्तक सतह पर खींची रेखा से नापे जाते हैं। परावर्तन के नियम, $i = r$ को R_1 तथा अपवर्तन के नियम, $\frac{\sin i}{\sin r}=\frac{n_2}{n_1}$ को R_2 कहें
   (a) R_1 सत्य है, पर R_2 नहीं।
   (b) R_2 सत्य है, पर R_1 नहीं।
   (c) R_1 तथा R_2 दोनों सत्य हैं।
   (d) R_1 तथा R_2 दोनों गलत हैं।

3. पूर्ण आंतरिक परावर्तन तभी हो सकता है जब
   (a) प्रकाश विरल माध्यम (कम अपवर्तनांक) से सघन माध्यम (अधिक अपवर्तनांक) की ओर जाने का प्रयास करता है
   (b) प्रकाश सघन माध्यम से विरल माध्यम की ओर जाने का प्रयास करता है
   (c) दोनों माध्यमों के अपवर्तनांक लगभग बराबर हों
   (d) दोनों माध्यमों के अपवर्तनांक एक-दूसरे से काफी भिन्न हों

4. गोलीय दर्पणों से प्रतिबिंब की गणना के लिए सिर्फ उपाक्षीय किरणें ली जाती हैं। इसका कारण है
   (a) इनकी ज्यामिति आसान होती है
   (b) इनमें प्रकाश की अधिकांश ऊर्जा समाहित होती है
   (c) इनसे बिंदु स्रोत का प्रतिबिंब लगभग एक ही बिंदु पर बनता है
   (d) इनमें वर्ण-विक्षेपण नहीं होता है

5. 30 cm फोकस-दूरी वाले एक उत्तल दर्पण से 30 cm दूरी पर एक वस्तु रखी है। इसका प्रतिबिंब बनेगा
   (a) अनंत पर
   (b) ध्रुव पर
   (c) फोकस पर
   (d) दर्पण के पीछे 15 cm पर

6. चित्र 34.Q1 में दो किरणें A तथा B एक दर्पण से परावर्तन के बाद A' तथा B' दिशाओं में जाती हुई दिखाई गई हैं। यह दर्पण
   (a) समतल है।
   (b) उत्तल है।
   (c) अवतल है।
   (d) कोई भी गोलीय दर्पण हो सकता है

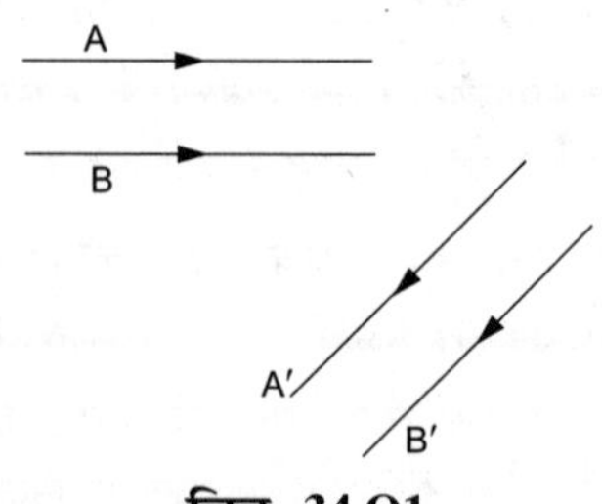

चित्र 34.Q1

7. अवतल दर्पण से बना प्रतिबिंब
   (a) हमेशा वास्तविक होता है।
   (b) हमेशा आभासी होता है।
   (c) अवश्य ही वास्तविक होगा, यदि वस्तु आभासी हो।
   (d) अवश्य ही आभासी होगा, यदि वस्तु वास्तविक हो।

8. प्रकाश की एक किरण सघन माध्यम से चलकर विरल माध्यम की सतह पर पड़ती है। इस अपवर्तन के लिए क्रांतिक कोण का मान 42° है। परावर्तित किरण तथा अपवर्तित किरण के बीच कोण θ है।

(a) $\theta < 42°$ (b) $\theta = 42°$

(c) $\theta \leq 48°$ (d) $\theta \geq 48°$

9. एक माध्यम में जाती प्रकाश की बीम का पूर्ण आंतरिक परावर्तन कराया जाता है। क्रांतिक कोण का मान 48° है। इस प्रक्रिया में विचलन कोण का मान
   (a) 48° ही होगा।
   (b) 84° ही होगा।
   (c) 84° या इससे कम होगा।
   (d) 84° या इससे अधिक होगा।

10. मध्य तरंगदैर्घ्य वाले प्रकाश (पीले) के लिए किसी प्रिज्म के पदार्थ का अपवर्तनांक n है। इसके द्वारा उत्पन्न कोणीय विक्षेपण
   (a) बढ़ेगा, यदि n अधिक लिया जाए
   (b) बढ़ेगा, यदि n कम लिया जाए
   (c) उतना ही रहेगा, चाहे n कुछ भी हो
   (d) का n से कोई संबंध नहीं होगा

11. यदि कोण A वाले काँच के एक प्रिज्म को पानी में डुबा दें, तो उसकी विक्षेपण-क्षमता
   (a) बढ़ जाएगी।
   (b) घट जाएगी।
   (c) नहीं बदलेगी।
   (d) बढ़ जाएगी, यदि $A < 60°$ तथा घट जाएगी, यदि $A > 60°$.

12. एक प्रिज्म एकवर्णी प्रकाश की एक बीम में न्यूनतम विचलन δ पैदा कर सकता है। यदि तीन ऐसे प्रिज्मों का संयोजन बनाया जाए, तो वह निम्नलिखित में कौन-सा न्यूनतम विचलन पैदा कर सकता है?

(a) 0 (b) δ (c) 2δ (d) 3δ

• सटीक उत्तरवाले प्रश्न II •

सही उत्तर (उत्तरों) का चयन करें।

1. सरल रेखा में चलती प्रकाश की एक किरण एक छोटे, पर निश्चित कोण से मुड़ जाती है। इसका कारण हो सकता है

(a) परावर्तन (b) अपवर्तन

(c) विवर्तन (d) वर्ण-विक्षेपण

2. सही वक्तव्य चुनें।
   (a) यदि आपतित किरणें संसृत (converge) हो रही हों, तो वस्तु वास्तविक होगी।
   (b) यदि अंतिम किरणें संसृत हो रही हों, तो प्रतिबिंब वास्तविक होगा।
   (c) आभासी वस्तु के प्रतिबिंब को आभासी प्रतिबिंब कहते हैं।
   (d) यदि प्रतिबिंब आभासी हो, तो वस्तु को आभासी वस्तु कहते हैं।

3. गोलीय दर्पणों के संदर्भ में इनमें से कौन इस बात पर निर्भर नहीं करता कि किरणें उपाक्षीय हैं या नहीं?
   (a) ध्रुव
   (b) प्रतिबिंब का स्थान
   (c) वक्रता-त्रिज्या
   (d) मुख्य अक्ष

4. एक गोलीय दर्पण के मुख्य अक्ष के लंबवत एक वस्तु रखी है, इसका प्रतिबिंब सीधा बनेगा यदि
   (a) प्रतिबिंब वास्तविक हो
   (b) प्रतिबिंब आभासी हो
   (c) प्रतिबिंब वस्तु से बड़ा हो
   (d) प्रतिबिंब वस्तु से छोटा हो

5. एक विद्यार्थी एक अवतल दर्पण के समाने एक छोटी वस्तु को रखकर उसके प्रतिबिंब का अध्ययन करता है। सामान्य संकेतों u, v का उपयोग करते हुए वह दो राशियों के बीच एक ग्राफ बनाता है जो चित्र 34.Q2 में दिखाया गया है। विद्यार्थी ने अक्षों पर की राशि नहीं लिखी है। क्षैतिज व ऊर्ध्वाधर अक्षों की राशियाँ हो सकती हैं, क्रमशः

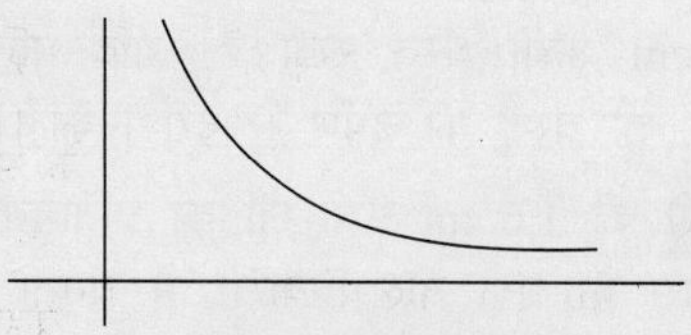

चित्र 34.Q2

(a) u तथा v (b) v तथा u

(c) $u+v$ तथा u (d) $\frac{v}{u}$ तथा u

6. प्रकाश से संबंधित एक प्रयोग में आपतित प्रकाश की बीम की दिशा बदलने से विचलन कोण का मान 20° से 40° तक बदलता हुआ पाया गया। एक-दूसरे प्रयोग में आपतित प्रकाश की बीम की दिशा बदलने से विचलन का कोण 80° से 110° तक बदलता हुआ पाया गया।
   (a) पहला प्रयोग परावर्तन हो सकता है।
   (b) पहला प्रयोग अपवर्तन का हो सकता है।
   (c) दूसरा प्रयोग परावर्तन का हो सकता है।
   (d) दूसरा प्रयोग अपवर्तन का हो सकता है।

7. अपवर्तन में विचलन कोण δ, आपतन कोण i तथा अपवर्तन कोण r से संबंध हो सकता है

(a) $\delta = i - r$ (b) $\delta = r - i$ (c) $\delta = 2i - r$ (d) $\delta = 2r - i$

8. श्वेत प्रकाश की एक पतली बीम एक आयताकार पट्टिका पर तिरछी पड़ती है।
   (a) प्रकाश कभी भी अलग-अलग रंगों में विभाजित नहीं होता।
   (b) पट्टिका से निकली बीम मुख्यतः श्वेत प्रकाश की होती है।
   (c) पट्टिका के अंदर बीम रंगों में विभाजित होती है।
   (d) पट्टिका के अंदर बीम श्वेत है।

9. वर्ण-विक्षेपण हो सकता है
   (a) समतल सतह पर परावर्तन के कारण
   (b) समतल सतह पर अपवर्तन के कारण
   (c) गोलीय सतह पर परावर्तन के कारण
   (d) गोलीय सतह पर अपवर्तन के कारण

10. दो विभिन्न अपवर्तनांक वाले पदार्थों से बने प्रिज्मों के संयोग द्वारा मध्य तरंगदैर्घ्य के प्रकाश के विचलन को δ तथा विक्षेपण को Δ कहें, तो
(a) $\delta = 0, \Delta \neq 0$ हो सकता है।
(b) $\Delta = 0, \delta \neq 0$ हो सकता है।
(c) $\delta \neq 0, \Delta \neq 0$ हो सकता है।
(d) $\delta = 0, \Delta = 0$ हो सकता है।

• अभ्यास के प्रश्न •

1. एक अवतल दर्पण की वक्रता-त्रिज्या 40 cm है। इससे 30 cm पर प्रकाश का एक बिंदुस्रोत रखा हुआ है। प्रतिबिंब की स्थिति ज्ञात करें।
2. एक अवतल दर्पण के कारण एक 20 cm ऊँची वस्तु का प्रतिबिंब दर्पण से 5.0 m दूरी पर रखे पर्दे पर बनता है। प्रतिबिंब की ऊँचाई 50 cm है। दर्पण की फोकस-दूरी तथा दर्पण से वस्तु की दूरी निकालें।
3. एक अवतल दर्पण की फोकस-दूरी 20 cm है। दर्पण से उस दूरी या उन दूरियों को बताएँ, जहाँ वस्तु को रखने से प्रतिबिंब का आकार वस्तु के आकार से दोगुना हो जाए।
4. 7.5 cm फोकस-दूरी वाले एक अवतल दर्पण के मुख्य अक्ष के लंबवत 1 cm ऊँची वस्तु रखी है। यदि प्रतिबिंब की ऊँचाई 0.6 cm हो, तो वस्तु की दर्पण से दूरी निकालें।
5. एक मोमबत्ती की 1.6 cm ऊँची लौ का प्रतिबिंब 20 cm दूर रखे 0.4 cm व्यास के एक बॉल-बियरिंग में बनता है। प्रतिबिंब का स्थान व ऊँचाई ज्ञात करें।
6. एक उत्तल दर्पण की फोकस-दूरी 6 cm है और उससे 7.5 cm की दूरी पर 3 cm ऊँची एक वस्तु रखी है। प्रतिबिंब का स्थान, ऊँचाई एवं उसकी प्रकृति ज्ञात करें।
7. एक U-आकार के 30 cm लंबे तार को 20 cm वक्रता-त्रिज्या वाले अवतल दर्पण के सामने चित्र 34.E1 में दिखाए अनुसार रखा गया है। प्रतिबिंब की कुल लंबाई बताएँ।

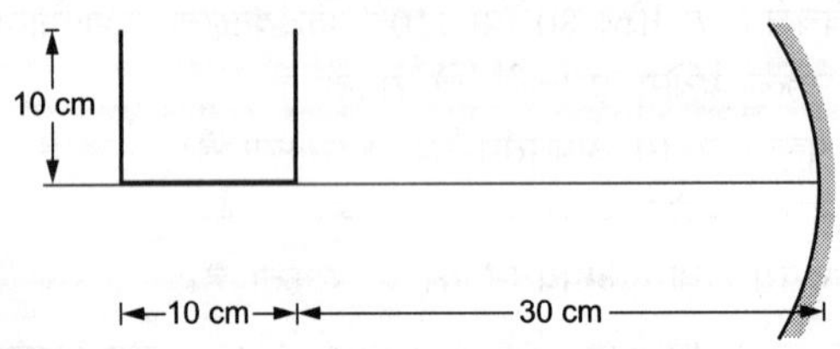

चित्र 34.E1

8. एक मनुष्य दाढ़ी बनाने के लिए अवतल दर्पण का प्रयोग करता है। दर्पण को अपने चेहरे से 25 cm की दूरी पर रखने से वह चेहरे का 1.4 गुना प्रतिबिंब पाता है। दर्पण की फोकस-दूरी निकालें।
9. एक अवतल दर्पण की फोकस-दूरी 7.6 m है। इसके द्वारा बने चंद्रमा के प्रतिबिंब का व्यास निकालें। चंद्रमा का व्यास 3450 km है तथा धरती से इसकी दूरी 3.8×10^5 km है।
10. एक कण 2.0 cm के वृत्ताकार पथ पर चल रहा है। एक अवतल दर्पण जिसकी फोकस-दूरी 20 cm है, इस प्रकार रखा गया है कि इसका मुख्य अक्ष उस वृत्त के केंद्र से होकर जाए तथा वृत्त के तल पर लंबवत हो। दर्पण के ध्रुव से वृत्त के केंद्र की दूरी 30 cm है। प्रतिबिंब में बने वृत्त की त्रिज्या निकालें।
11. चित्र 34.E2 में दिखाए अनुसार R वक्रता-त्रिज्या का एक अवतल दर्पण एक क्षैतिज टेबुल पर रखा है। इसमें h ऊँचाई तक पानी (अपवर्तनांक $= n$) भर दिया गया है। पानी की सतह से कितनी ऊँचाई पर एक वस्तु रखी जाए ताकि इसका प्रतिबिंब भी उसी स्थान पर बने।

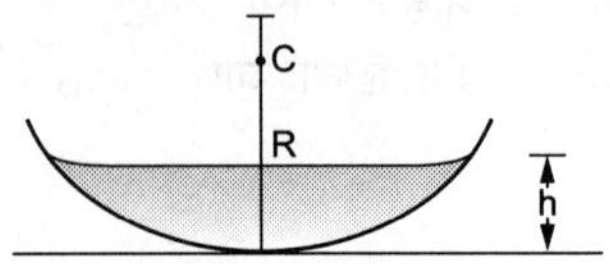

चित्र 34.E2

12. जैसा कि चित्र 34.E3 में दिखाया गया है, f फोकस-दूरी वाले दो एक-जैसे अवतल दर्पण आमने-सामने d दूरी पर रखे हैं और उनके ठीक बीच में एक बिंदुस्रोत S रखा है। d के वे मान बताएँ जिसके लिए वस्तु का सिर्फ एक ही प्रतिबिंब बने।

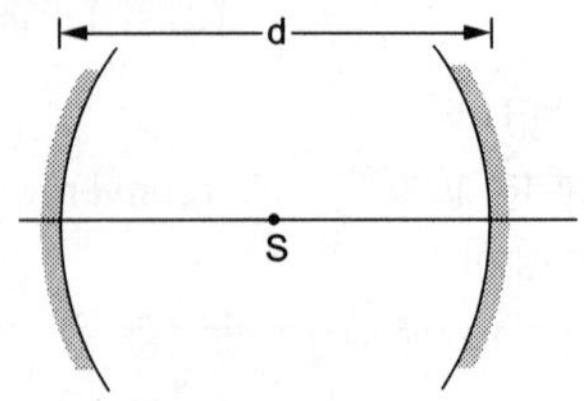

चित्र 34.E3

13. एक अवतल दर्पण M_1, एक बिंदुस्रोत S तथा एक उत्तल दर्पण M_2 चित्र 34.E4 के अनुसार रखे गए हैं। स्रोत की M_1 से दूरी 30 cm है। प्रत्येक दर्पण की फोकस-दूरी 20 cm है। उन्हीं प्रतिबिंबों का विचार करें जो अधिकतम दो परावर्तनों से बने हों। यह पाया जाता है कि एक प्रतिबिंब स्रोत पर ही बनता है। (a) दोनों दर्पणों के बीच की दूरी निकालें। (b) M_2 के द्वारा पहले परावर्तन के कारण बने प्रतिबिंब का स्थान निर्धारित करें।

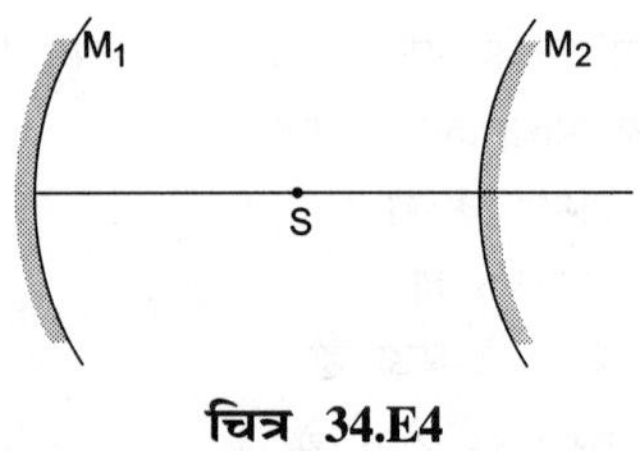

चित्र 34.E4

14. फोकस-दूरी f वाले एक गोलीय दर्पण के लिए $u + v$ का अधिकतम मान निकालें।
15. Fermat के सिद्धांत का उपयोग कर गोलीय अवतल दर्पण के लिए $\frac{1}{v}+\frac{1}{u}=\frac{1}{f}$ सूत्र स्थापित करें। मुख्य अक्ष पर एक बिंदुस्रोत A लें

तथा अक्ष से θ कोण बनाते हुए एक प्रकाश की किरण AP लें, जो परावर्तन के बाद अक्ष से I बिंदु पर मिले। यदि I को A का प्रतिबिंब होना है, तो API पथ में प्रकाश द्वारा लिया गया समय θ से स्वतंत्र होना चाहिए ताकि A से चलनेवाली सभी किरणें I पर मिल सकें। θ के छोटे मानों के लिए ऐसा संभव है।

16. शीशे के एक टब में 1.00 m ऊँचाई तक एक द्रव भरा है। एक प्रकाश की किरण इस द्रव की सतह पर 45° का कोण बनाती हुई आपतित होती है। द्रव में इसका अपवर्तन कोण 30° होता है। इस प्रकाश की किरण को इस द्रव को पार करने में कितना समय लगेगा? निर्वात में प्रकाश का वेग $= 3 \times 10^8$ m/s.

17. एक स्विमिंग पूल में 50.00 cm ऊँचाई तक पानी भरा है और इसमें 1.00 m ऊँचा एक पोल सीधा खड़ा कर रखा गया है। सूर्य की धूप ऊर्ध्वाधर से 45° का कोण बनाती हुई आ रही है। पानी का अपवर्तनांक 1.33 है। स्विमिंग पूल की तली पर बननेवाली पोल की छाया की लंबाई बताएँ।

18. एक झील की गहराई 2.5 m है और इसकी सतह पर लकड़ी का एक छोटा टुकड़ा तैर रहा है। जिस समय ठीक-ठीक सूर्यास्त हो रहा है, इस टुकड़े की छाया झील की तली पर कहाँ बनेगी? पानी का अपवर्तनांक = 4/3.

19. एक छोटे कण P को एक सूक्ष्मदर्शी (microscope) M से फोकस किया जाता है। काँच की 2.1 cm मोटी प्लेट P तथा M के बीच रख दी जाती है। सूक्ष्मदर्शी को कितनी दूर खिसकाना होगा ताकि P को फिर से फोकस किया जा सके।

20. एक बरतन में 20 cm ऊँचाई तक पानी भरा है तथा उसके ऊपर 20 cm तक एक तेल भरा है। पानी तथा तेल के अपवर्तनांक क्रमशः 1.33 तथा 1.40 हैं। ऊपर से देखने पर बरतन की तली तेल की सतह से कितनी गहराई पर प्रतीत होगी?

21. चित्र 34.E5 में दिखाई परिस्थिति में आँख द्वारा देखे जानेवाले P के प्रतिबिंब का स्थान निर्धारित करें।

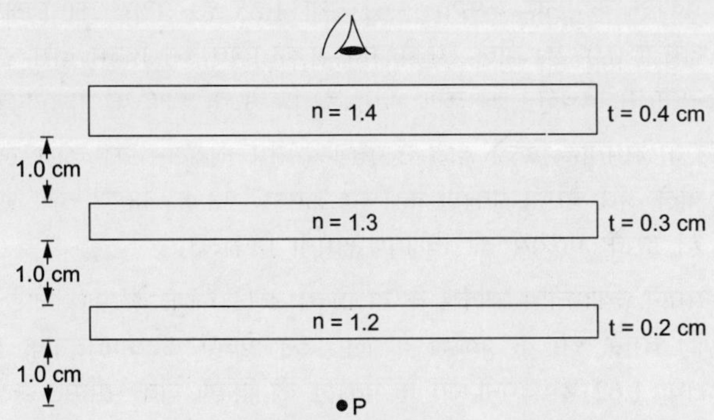

चित्र 34.E5

22. पारदर्शी पदार्थों की बनी k पट्टिकाएँ एक के ऊपर एक रखी गई हैं। इनके अपवर्तनांक $n_1, n_2, \ldots, n_k$ तथा इनकी मोटाइयाँ $t_1, t_2, \ldots, t_k$ हैं। एक वस्तु इस संयोजन के एक ओर रखी है और दूसरी ओर से इसे लगभग लंबवत आते प्रकाश से देखा जाता है। इस संयोजन का तुल्य अपवर्तनांक बताएँ जिस अपवर्तनांक की इतनी ही मोटी एक अकेली पट्टिका वस्तु का प्रतिबिंब उसी स्थान पर बनाए, जहाँ अभी बन रहा है।

23. एक बेलनाकार बरतन का व्यास 12 cm है तथा इसमें 800π cm^3 पानी भरा है। काँच का बना 8.0 cm व्यास तथा 8.0 cm ऊँचा एक बेलनाकार ब्लॉक बरतन में रखा है (चित्र 34.E6)। यदि ब्लॉक के नीचे वाली बरतन की तली को ऊपर से देखा जाए, तो इसके प्रतिबिंब का स्थान बताएँ। काँच का अपवर्तनांक 1.50 तथा पानी का अपवर्तनांक 1.33 लें।

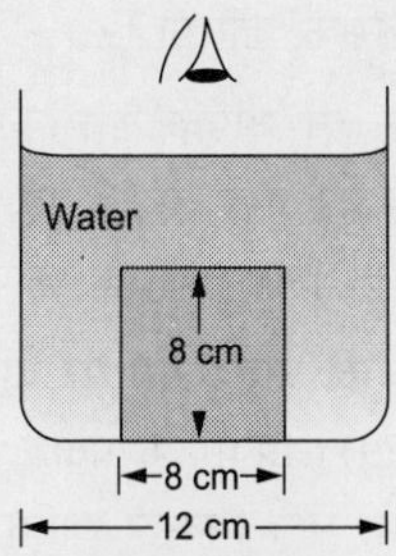

चित्र 34.E6

24. चित्र 34.E7 में दिखाई परिस्थिति पर विचार करें। बरतन की पूरी तली पर एक समतल दर्पण रखा है। S एक छोटी मछली है तथा T एक मनुष्य की आँख है। पानी का अपवर्तनांक n है। (a) अपने से कितनी दूरी पर मछली मनुष्य की आँख का प्रतिबिंब देखेगी? (b) अपने से कितनी दूरी पर मनुष्य की आँख मछली का प्रतिबिंब देखेगी?

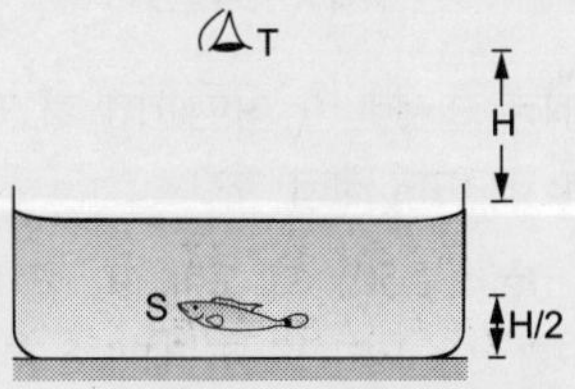

चित्र 34.E7

25. एक बेलनाकार बरतन की त्रिज्या 3 cm तथा ऊँचाई 4 cm है और यह पानी से पूरा भरा हुआ है। इस बरतन की पेंदी के ठीक मध्य-बिंदु पर एक छोटी-सी वस्तु रखी है। इस वस्तु से चलती उस प्रकाश-किरण का विचार करें जो बरतन के किनारे से होकर जाती है। मान लें कि इस किरण तथा वस्तु से चलती ऊर्ध्वाधर दिशा की किरण के कटान-बिंदु से प्रतिबिंब का निर्धारण किया जाता है। इस प्रतिबिंब का उपयोग कर वस्तु की आभासी गहराई निकालें। वास्तविक गहराई तथा आभासी गहराई का अनुपात निकालें। पानी का अपवर्तनांक = 1.33 है।

26. एक बेलनाकार बरतन का व्यास तथा ऊँचाई दोनों 30 cm है। यह एक क्षैतिज टेबुल पर रखा है। एक छोटी वस्तु P इसकी पेंदी पर, मध्यबिंदु से 5 cm दूरी पर रखी है (चित्र 34.E8)। एक मनुष्य अपनी आँख को इस प्रकार व्यवस्थित करता है कि बरतन की पेंदी का किनारा उसे दिखाई देना प्रारंभ करे (चित्र देखें)। पेंदी का

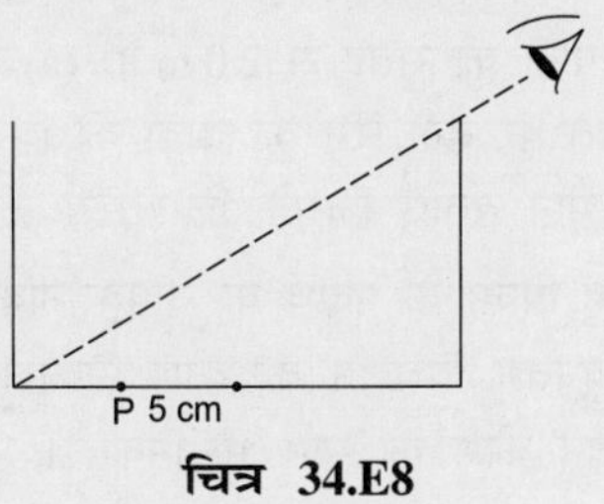

चित्र 34.E8

किनारा, वस्तु P तथा बरतन का दूरस्थ किनारा एक ही तल में हैं। बरतन में कम-से-कम कितना पानी भरा जाए ताकि आँख की इसी स्थिति के लिए वस्तु P दिखने लगे?

27. एक पारदर्शी पट्टिका की मोटाई $\sqrt{2}$ cm है तथा इसका अपवर्तनांक 2.0 है। इस पट्टिका पर प्रकाश की एक पतली बीम 45° कोण बनाकर पड़ती है। पट्टिका से निकलनेवाली बीम प्रारंभिक बीम की तुलना में कितनी खिसक जाएगी?

28. एक फाइबर के कोर का अपवर्तनांक 1.72 है और इसपर 1.50 अपवर्तनांक के पदार्थ की परत चढ़ाई हुई है। कोर से परत की ओर जाती प्रकाश-किरण के लिए क्रांतिक कोण निकालें।

29. एक समकोण प्रिज्म की सतह AB पर एक प्रकाश-किरण लंबवत पड़ती है (चित्र 34.E9)। प्रिज्म के पदार्थ का अपवर्तनांक 1.50 है। कोण C का अधिकतम मान निकालें ताकि किरण सतह AC पर पूर्ण आंतरिक परावर्तन कर सके।

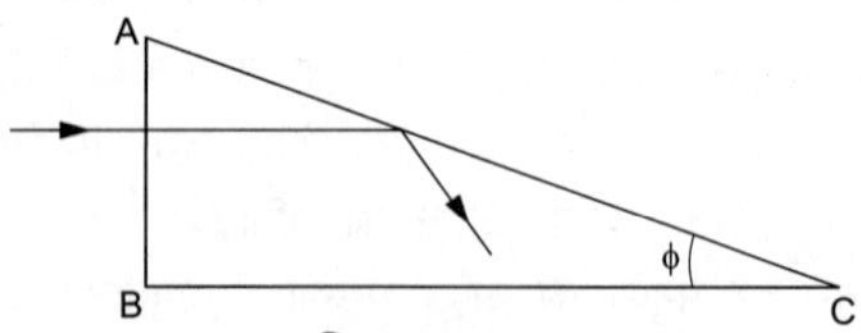

चित्र 34.E9

30. यदि प्रकाश काँच से हवा में अपवर्तित हो रहा हो, तो अधिकतम अपवर्तन कोण का मान ज्ञात करें।

31. प्रकाश काँच (n = 1.50) से हवा में आपतन कोण i के साथ अपवर्तित हो रहा है। विचलन के कोण δ के परिवर्तन के ग्राफ की आकृति $0 < i < 90°$ के लिए खींचें।

32. प्रकाश काँच (n = 1.50) से पानी (n = 1.33) में अपवर्तित हो रहा है। विचलन कोण δ का वह रेंज बताएँ जिसमें प्रत्येक δ के लिए आपतन कोण i के दो मान हों।

33. प्रकाश काँच (n = 1.50) से हवा की ओर चल रहा है। काँच की सतह पर आपतन कोण का वह मान निकालें जिसके लिए विचलन के कोण δ का मान 90° हो।

34. पानी (अपवर्तनांक = n) की सतह से h गहराई पर एक बिंदु स्रोत रखा है। (a) दिखाएँ कि प्रकाश पानी की सतह पर एक वृत्ताकार क्षेत्र से ही हवा में निकलता है। (b) इस वृत्ताकार क्षेत्र की त्रिज्या द्वारा स्रोत पर बने कोण का मान निकालें।

35. एक बरतन में 20 cm ऊँचाई तक पानी (अपवर्तनांक = 4/3) भरा है और इसकी पेंदी के केंद्र पर प्रकाश का एक बिंदुस्रोत रखा है। रबर की बनी त्रिज्या r की एक रिंग पानी की सतह पर तैर रही है। रिंग का केंद्र तथा बिंदुस्रोत एक ही ऊर्ध्वाधर रेखा पर है। कमरे की छत की ऊँचाई पानी की सतह से 2.0 m है। (a) यदि r = 15 cm हो, तो कमरे के छत पर बनी रिंग की छाया की त्रिज्या निकालें। (b) r का अधिकतम मान बताएँ जिसके लिए रिंग की छाया छत पर बने।

36. एक समबाहु प्रिज्म के पदार्थ का अपवर्तनांक 1.732 है। इस प्रिज्म के लिए न्यूनतम विचलन का कोण निकालें। न्यूनतम विचलन के लिए आपतन कोण का मान भी निकालें।

37. चित्र 34.E10 में दिखाई परिस्थिति में प्रकाश की किरण का विचलन कोण निकालें। प्रिज्म के पदार्थ का अपवर्तनांक = 1.5 है।

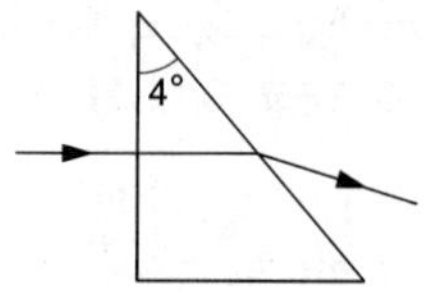

चित्र 34.E10

38. एक प्रकाश की किरण $A = 60°$ कोण वाले प्रिज्म से गुजरती है और इसका विचलन कोण 30° है। इस सूचना के आधार पर प्रिज्म के पदार्थ के अपवर्तनांक के बारे में क्या बताया जा सकता है?

39. क्राउन काँच तथा फ्लिंट काँच के बने दो प्रिज्मों का ऐसा संयोजन करना है कि मध्य तरंगदैर्घ्य की किरणों के लिए विचलन शून्य हो। इन किरणों के लिए क्राउन तथा फ्लिंट काँच के अपवर्तनांक क्रमशः 1.620 तथा 1.518 हैं। यदि फ्लिंट काँच के प्रिज्म का कोण 60° हो, तो क्राउन काँच के प्रिज्म का कोण कितना होना चाहिए?

40. एक पदार्थ का अपवर्तनांक लाल, पीले तथा बैंगनी प्रकाश के लिए क्रमशः 1.56, 1.60 तथा 1.68 हैं। (a) इस पदार्थ की विक्षेपण-क्षमता निकालें। (b) इस पदार्थ से बने 6° कोण वाले प्रिज्म के कारण कोणीय विक्षेपण निकालें।

41. एक पदार्थ का अपवर्तनांक 0.014 बदल जाता है यदि प्रकाश का रंग लाल से बदलकर बैंगनी कर दिया जाए। इस पदार्थ की बनी 2.00 cm मोटाई की एक पट्टिका समाचारपत्र के एक पन्ने पर रखी है। पीले लैंप के प्रकाश में जब इस पट्टिका के ऊपर से समाचारपत्र के लेखन को देखा जाता है तब इसके अक्षर पट्टिका की सतह से 1.32 cm नीचे नजर आते हैं। पट्टिका के पदार्थ की विक्षेपण-क्षमता निकालें।

42. एक प्रिज्म के पदार्थ का अपवर्तनांक लाल तथा बैंगनी रंग के प्रकाश के लिए क्रमशः 1.61 तथा 1.65 हैं। पदार्थ की विक्षेपण-क्षमता 0.07 है। पीले रंग के प्रकाश के लिए इस प्रिज्म द्वारा उत्पन्न न्यूनतम विचलन का कोण 4.0° है। प्रिज्म के कोण की गणना करें।

43. एक समबाहु प्रिज्म द्वारा उत्पन्न न्यूनतम विचलन का कोण लाल, पीले और बैंगनी प्रकाश के लिए क्रमशः 38.4°, 38.7° तथा 39.2° है। इसके माध्यम की विक्षेपण-क्षमता निकालें।

44. समान ज्यामितीय आकार के दो प्रिज्म उलटे कोणों के साथ जोड़े गए हैं। बैंगनी रंग के प्रकाश के लिए इन प्रिज्मों के अपवर्तनांक 1.52 तथा 1.62 हैं। बैंगनी रंग के प्रकाश की किरण जब सममित रूप से (symmetrically) इस संयोजन से गुजरती है, तो इसमें 1° का विचलन होता है। प्रिज्मों के अपवर्तक कोण का मान निकालें।

45. तीन पतले प्रिज्मों को चित्र 34.E11 के अनुसार जोड़ा गया है। लाल, पीले एवं बैंगनी प्रकाश के लिए क्राउन काँच के अपवर्तनांक क्रमशः n_r, n_y तथा n_v हैं तथा फ्लिंट काँच के अपवर्तनांक n'_r, n'_y तथा n'_v हैं। अनुपात A'/A का मान निकालें जिसके लिए (a) कुल विक्षेपण शून्य हो, (b) पीले रंग के प्रकाश की किरणों में कुल विचलन शून्य हो।

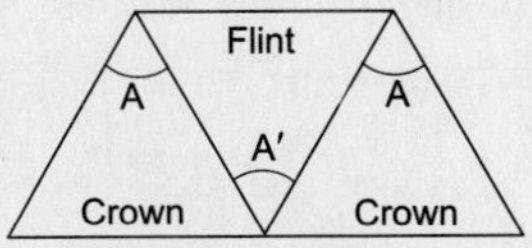

चित्र 34.E11

46. क्राउन काँच (n_r = 1.515, n_v = 1.525) का एक पतला प्रिज्म तथा फ्लिंट काँच (n_r = 1.612, n_v = 1.632) का एक पतला प्रिज्म इस प्रकार संयोजित हैं कि उनके अपवर्तक कोण एक ही ओर हैं। दोनों के अपवर्तक कोण 5° हैं। इस संयोजन द्वारा उत्पन्न विक्षेपण का मान निकालें।

47. एक पतले प्रिज्म के लिए $A = 6°$, $\omega = 0.07$ तथा n_y = 1.50 है। इसे एक दूसरे प्रिज्म के साथ संयोजित किया जाता है जिसके लिए $\omega = 0.08$ तथा n_y = 1.60 है। यह संयोजन पीले प्रकाश में कोई विचलन उत्पन्न नहीं करता है। (a) दूसरे प्रिज्म का कोण निकालें। (b) यदि इस संयोजन से श्वेत प्रकाश भेजा जाए, तो कुल विक्षेपण कितना होगा? (c) यदि प्रिज्मों के अपवर्तक कोण एक ही ओर रखकर संयोजन बनाया जाए, तो पीली किरण में कितना विचलन उत्पन्न होगा? (d) भाग (c) की स्थिति में कितना विक्षेपण उत्पन्न होगा?

48. माध्यम M_1 के अपवर्तनांक में 0.014 का तथा माध्यम M_2 के अपवर्तनांक में 0.024 का अंतर आता है जब प्रकाश का रंग लाल से बदलकर बैंगनी कर दिया जाता है। अपवर्तक कोणों को विपरीत दिशाओं में रखकर इन पदार्थों के बने दो पतले प्रिज्म जोड़ दिए जाते हैं। M_1 वाले प्रिज्म का कोण 5.3° तथा M_2 वाले प्रिज्म का कोण 3.7° लिया जाता है। (a) इस संयोजन द्वारा श्वेत प्रकाश में कोणीय विक्षेपण निकालें। (b) अब इन्हीं प्रिज्मों के अपवर्तक कोणों को एक ही ओर रखकर जोड़ दिया जाता है। श्वेत प्रकाश में इस संयोजन द्वारा विक्षेपण का मान निकालें।

• उत्तर •

सटीक उत्तरवाले प्रश्न I

1. (a) **2.** (a) **3.** (b) **4.** (c) **5.** (d) **6.** (a)
7. (c) **8.** (d) **9.** (c) **10.** (a) **11.** (b) **12.** (b)

सटीक उत्तरवाले प्रश्न II

1. (a), (b) **2.** (b) **3.** (a), (c), (d)
4. (b) **5.** (a), (b), (d) **6.** (a), (b), (c)
7. (a), (b) **8.** (b), (c) **9.** (b), (d)
10. (a), (b), (c)

अभ्यास के प्रश्न

1. दर्पण से वस्तु की ओर 60 cm की दूरी पर **2.** 1.43 m, 2.0 m
3. 10 cm or 30 cm **4.** 5 cm
5. बियरिंग के अंदर 1.0 mm की दूरी पर, 0.08 m
6. दर्पण के पीछे, उससे $\frac{10}{3}$ cm की दूरी पर, 1.33 cm, आभासी एवं सीधा
7. 10 cm **8.** 87.5 cm **9.** 6.9 cm
10. 4.0 cm **11.** पानी की सतह से $\frac{R-h}{n}$ ऊपर **12.** $2f$, $4f$
13. (a) 50 cm (b) उत्तल दर्पण के पीछे 10 cm की दूरी पर
14. $4f$ **16.** 5.44 ns **17.** 81.5 cm
18. टुकड़े से जानेवाली ऊर्ध्वाधर रेखा से 2.83 m हटकर
19. 0.70 cm **20.** 29.3 cm
21. P बिंदु से 0.2 cm ऊपर
22. $\dfrac{\sum_{i=1}^{k} t_i}{\sum_{i=1}^{k}\left(\frac{t_i}{n_i}\right)}$
23. तली से 7.1 cm ऊपर
24. (a) अपने से $H\left(n+\frac{1}{2}\right)$ ऊपर तथा अपने से $H\left(n+\frac{3}{2}\right)$ नीचे
(b) अपने से $H\left(1+\frac{1}{2n}\right)$ ऊपर तथा अपने से $H\left(1+\frac{3}{2n}\right)$ नीचे
25. 2.25 cm, 1.78 **26.** 26.7 cm **27.** 0.62 cm
28. $\sin^{-1}\frac{75}{86}$ **29.** $\cos^{-1}\frac{2}{3}$ **30.** 90°
32. 0 to $\cos^{-1}\left(\frac{8}{9}\right)$ **33.** 45° **34.** $\sin^{-1}\left(\frac{1}{n}\right)$
35. (a) 2.8 m (b) 22.6 cm **36.** 60°, 60°
37. 2° **38.** $n \le \sqrt{2}$ **39.** 7.2°
40. (a) 0.2 (b) 0.72° **41.** 0.026
42. 7° **43.** 0.0206 **44.** 10°
45. (a) $\frac{2(n_y-1)}{n'_y-1}$ (b) $\frac{2(n_v-n_r)}{n'_v-n'_r}$ **46.** 0.15°
47. (a) 5° (b) 0.03° (c) 6° (d) 0.45°
48. (a) 0.0146° (b) 0.163°

❑

अध्याय 35

गोलीय सतहों पर अपवर्तन

वक्र सतहें हमारे त्रिआयामी संसार को और भी सुंदर बनाती हैं। वर्षा की छोटी-छोटी बूँदें गोलाकार होती हैं और इस गोलाकार सतह से अपवर्तन के कारण ही हमें इंद्रधनुष जैसा विलक्षण उपहार प्रकृति से मिलता है। इस खूबसूरत दुनिया के खूबसूरत दृश्य हम अपनी आँखों से देखते हैं और इसमें महत्त्वपूर्ण भूमिका होती है हमारी आँखों में स्थित लेंसों की। अपनी सुनहरी यादों के पल हम कैमरे में कैद कर लेते हैं और इसमें भी महत्त्वपूर्ण भूमिका होती है लेंसों की। दूरबीन से हम दूर की वस्तुओं को भी साफ-साफ देख पाते हैं और इसमें भी महत्त्वपूर्ण भूमिका होती है लेंसों की। लेंस में भी गोलीय सतहें होती हैं, जहाँ से अपवर्तन के कारण लेंस ऐसे अद्‌भुत प्रतिबिंब बनाता है। इस अध्याय में हम गोलीय सतहों पर अपवर्तन के समीकरण प्रतिपादित करेंगे और उनसे लेंसों के बारे में जानेंगे।

35.1 गोलीय सतह पर अपवर्तन (Refraction)

यदि दो पारदर्शी माध्यम एक गोलाकार सतह के द्वारा अलग हो रहे हों और प्रकाश एक माध्यम से दूसरे माध्यम में जा रहा हो, तो भी अपवर्तन के नियम वही रहते हैं जो समतल सतह के लिए होते हैं। आपतन बिंदु से गोलीय सतह के वक्रता-केंद्र को मिलानेवाली रेखा ही उस बिंदु से सतह पर अभिलंब होती है। इस अभिलंब के साथ आपतित किरण के कोण को आपतन कोण i तथा अपवर्तित किरण के कोण को r लिखते हैं।

स्नेल के नियम का उपयोग आप इन कोणों के साथ कर सकते हैं।

प्रतिबिंब

चित्र 35.1 में n_1 तथा n_2 अपवर्तनांक वाले दो माध्यमों को अलग करती एक गोलीय सतह दिखाई गई है। इस सतह का वक्रता-केंद्र C तथा वक्रता-त्रिज्या R है। केंद्र C से जाती हुई एक रेखा PC को x-अक्ष लें। यह गोलीय सतह को जिस बिंदु P पर काटती है, उसे मूलबिंदु मानें तथा x-अक्ष के लंबवत y-अक्ष खींचें।

मान लें कि माध्यम 1 में x-अक्ष के निकट बिंदु-सरीखी एक वस्तु A रखी है जिसके निर्देशांक (u, h_1) हैं। वक्रता-केंद्र के निर्देशांक $(R, 0)$ हैं।

h_1 का मान गोलीय सतह की त्रिज्या की तुलना में बहुत कम है। हम इन परिस्थितियों में अपवर्तन के कारण बिंदु A का प्रतिबिंब निर्धारित करेंगे तथा u, v और R में संबंध स्थापित करेंगे।

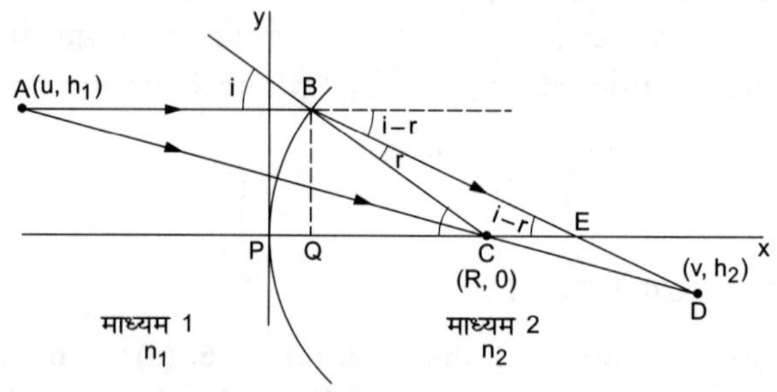

चित्र 35.1

A से चलनेवाली दो प्रकाश-किरणें चित्र 35.1 में दिखाई गई हैं। एक AC दिशा में चलती है और गोलीय सतह पर लंबवत पड़ती है। यह बिना विचलित हुए सीधे आगे बढ़ जाती है। इसका एक अंश सतह से परावर्तित भी होगा, पर वह हमारी चर्चा में शामिल नहीं है। दूसरी किरण AB, x-अक्ष के समानांतर ली गई है जो सतह के B बिंदु पर आपतित होती है। यहाँ CB रेखा सतह पर अभिलंब है। आपतन का कोण i है। स्नेल के नियम के अनुसार, अपवर्तित होकर यह किरण BED दिशा में जाएगी। ये दोनों अपवर्तित किरणें किसी बिंदु D पर मिलेंगी।

चूँकि h_1 का मान बहुत कम है, अतः बिंदु B बिंदु P के काफी करीब होगा। ऐसी स्थिति में A से चलनेवाली सभी किरणें, जिनके लिए i का मान बहुत छोटा हो, अपवर्तन के बाद (लगभग) इसी बिंदु D पर मिलेंगी। इसलिए D ही A का प्रतिबिंब है। हमें बिंदु D का स्थान पता करना है, अर्थात इसके निर्देशांक v तथा h_2 के मान ज्ञात करने हैं।

चित्र 35.1 से आप देख सकते हैं कि

$$\sin i = \frac{BQ}{BC} = \frac{h_1}{R}$$

साथ ही, $\sin r = \dfrac{n_1}{n_2} \sin i = \dfrac{n_1}{n_2} \cdot \dfrac{h_1}{R}$.

रेखा ACD बिंदु $A(u, h_1)$ तथा $C(R, 0)$ से गुजरती है। अतः, इसका समीकरण है,

$$y - 0 = \frac{h_1 - 0}{u - R}(x - R)$$

या $$y = \frac{h_1}{u - R}(x - R).$$

चूँकि बिंदु $D(v, h_2)$ इसी रेखा पर है, अतः

$$h_2 = \frac{h_1(v-R)}{u-R}. \quad \text{... (i)}$$

चूँकि बिंदु B बिंदु P के बहुत करीब माना गया है, आप कह सकते हैं कि B बिंदु के निर्देशांक लगभग $(0, h_1)$ हैं अर्थात अपवर्तित किरण BED बिंदु $(0, h_1)$ से गुजर रही है। चित्र से आप देख सकते हैं कि $\angle BEP = i-r$ होगा। अतः, रेखा BED की प्रवणता (slope) $\tan[\pi-(i-r)] = -\tan(i-r)$ होगी। अतः, BED का समीकरण होगा,

$$(y-h_1) = -\tan(i-r)(x-0)$$

या $$y = h_1 - \tan(i-r)x. \quad \text{... (ii)}$$

कोण i, r तथा $i-r$ सभी बहुत छोटे हैं।

अतः, $i \approx \sin i = \dfrac{h_1}{R}$, $r \approx \sin r = \dfrac{n_1}{n_2} \cdot \dfrac{h_1}{R}$

तथा $\tan(i-r) \approx (i-r)$.

अतः, $$y = h_1 - (i-r)x = h_1 - \left(\frac{h_1}{R} - \frac{n_1}{n_2} \cdot \frac{h_1}{R}\right)x$$

या $$y = h_1 - \frac{h_1}{R}\left[1 - \frac{n_1}{n_2}\right]x \quad \text{... (iii)}$$

चूँकि बिंदु $D(v, h_2)$ इसी रेखा पर है, अतः

$$h_2 = h_1 - \frac{h_1}{R}\left(1 - \frac{n_1}{n_2}\right)v. \quad \text{... (iv)}$$

समीकरण (i) तथा (iv) से,

$$h_1 \frac{v-R}{u-R} = h_1 - \frac{h_1}{R}\left(1 - \frac{n_1}{n_2}\right)v$$

या $$v\left[\frac{1}{u-R} + \frac{1}{R}\left(1 - \frac{n_1}{n_2}\right)\right] = 1 + \frac{R}{u-R} = \frac{u}{u-R}$$

या $$v\left[\frac{Rn_2 + un_2 - Rn_2 - n_1(u-R)}{(u-R)Rn_2}\right] = \frac{u}{u-R}$$

या $$v\left[\frac{(n_2 - n_1)u + n_1 R)}{Rn_2}\right] = u$$

या $$\frac{(n_2 - n_1)u + n_1 R}{Ru} = \frac{n_2}{v}$$

या $$\frac{n_2}{v} - \frac{n_1}{u} = \frac{(n_2 - n_1)}{R}. \quad \text{... (35.1)}$$

इस सूत्र से आप प्रतिबिंब का x-निर्देशांक v निकाल सकते हैं।

समीकरण (i) से,

$$m = \frac{h_2}{h_1} = \frac{v-R}{u-R}. \quad \text{... (35.2)}$$

समीकरण (35.1) का उपयोग कर यह व्यंजक,

$$m = \frac{h_2}{h_1} = \frac{n_1 v}{n_2 u} \quad \text{... (35.3)}$$

भी लिखा जा सकता है।

m इस परिस्थिति में आवर्धन (magnification) है।

अभ्यास 35.1

चित्र 35.2 में दिखाई गई परिस्थिति में वस्तु O के प्रतिबिंब का स्थान निर्धारित करें। बिंदु C दोनों माध्यमों की उभयनिष्ठ (common) गोलीय सतह का वक्रता-केंद्र है।

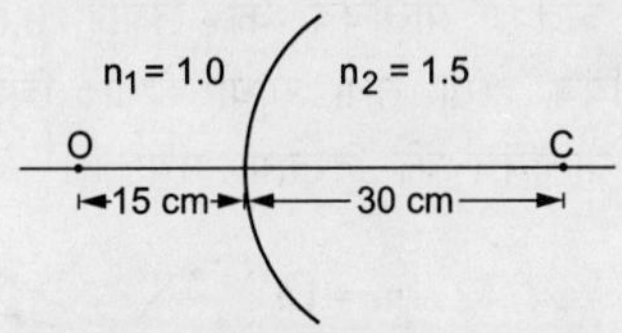

चित्र 35.2

हल यहाँ $u = -15$ cm, $R = 30$ cm, $n_1 = 1.0$ तथा $n_2 = 1.5$ है। अतः,

सूत्र $\dfrac{n_2}{v} - \dfrac{n_1}{u} = \dfrac{n_2 - n_1}{R}$ से,

$$\frac{1.5}{v} - \frac{1.0}{-15\,\text{cm}} = \frac{1.5-1.0}{30\,\text{cm}}$$

या $$\frac{1.5}{v} = \frac{0.5}{30\,\text{cm}} - \frac{1}{15\,\text{cm}}$$

या $$v = -30\,\text{cm}.$$

अतः, प्रतिबिंब सतह से 30 cm बायीं ओर, अर्थात पहले माध्यम $(n_1 = 1.0)$ में बनेगा। किंतु, अपवर्तित किरणें तो दूसरे माध्यम $(n_2 = 1.5)$ में जा रही हैं। अतः, यह प्रतिबिंब आभासी (virtual) होगा।

अभ्यास 35.2

चित्र 35.3 में दिखाई गई परिस्थिति पर विचार करें। OA एक वस्तु है जिसकी लंबाई 1.0 cm है तथा जो PC रेखा के लंबवत रखी गई है। C दोनों माध्यमों की उभयनिष्ठ गोलीय सतह का केंद्र है। अपवर्तन के कारण बने प्रतिबिंब की लंबाई बताएँ।

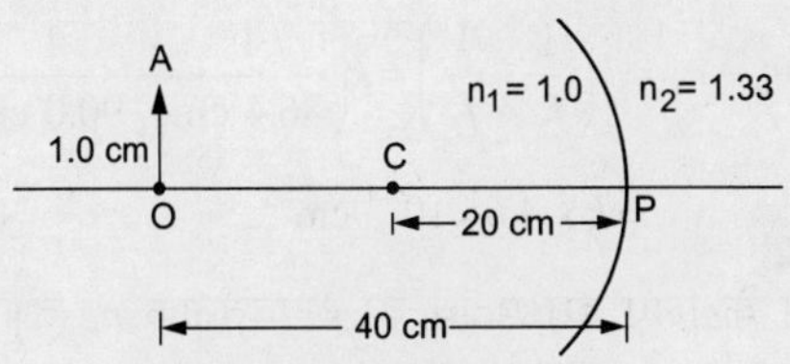

चित्र 35.3

हल बिंदु A के प्रतिबिंब के लिए,

$$\frac{n_2}{v} - \frac{n_1}{u} = \frac{n_2 - n_1}{R}$$

या $$\frac{1.33}{v} - \frac{1.0}{-40\,\text{cm}} = \frac{1.33-1.0}{-20\,\text{cm}}$$

या $\dfrac{1.33}{v} = -\dfrac{1}{40\,\text{cm}} - \dfrac{0.33}{20\,\text{cm}}$

या $v = -32$ cm.

तथा $h_2 = h_1 \dfrac{v-R}{u-R} = (1.0\text{ cm})\dfrac{(-32\text{ cm})-(-20\text{ cm})}{(-40\text{ cm})-(-20\text{ cm})}$

$= 0.6$ cm.

h_2 का मान धनात्मक है, अर्थात A बिंदु का प्रतिबिंब रेखा PC के ऊपर की ओर बनेगा। अर्थात, A का प्रतिबिंब पहले माध्यम में बिंदु P से 32 cm बाएँ तथा PC से 0.6 cm ऊपर बनेगा। बिंदु O के प्रतिबिंब के लिए v का मान –32 cm ही होगा, पर h_2 का मान शून्य होगा। अतः, प्रतिबिंब की लंबाई 0.6 cm होगी, यह आभासी प्रतिबिंब होगा तथा सीधा होगा। चित्र 35.4 में किरणें खींचकर इस प्रतिबिंब को दिखाया गया है।

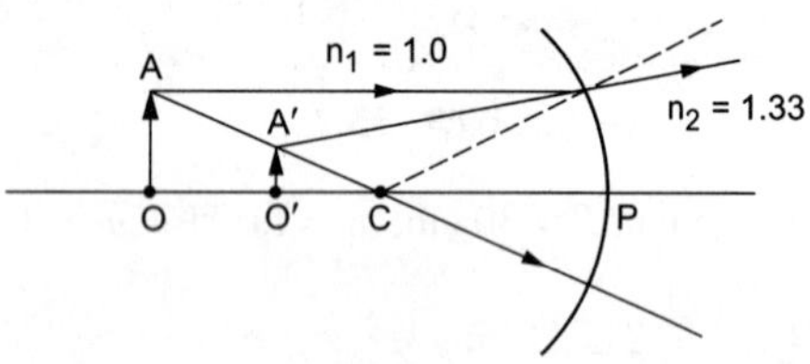

चित्र 35.4

अभ्यास 35.3

एक पतले लेंस की फोकस दूरी लाल तथा बैंगनी प्रकाश के लिए क्रमशः 90.0 cm तथा 86.4 cm है। इसके पदार्थ की विक्षेपण-क्षमता निकालें। आवश्यकतानुसार लगभग मानों का प्रयोग करें।

हल $\dfrac{1}{f} = (n-1)\left(\dfrac{1}{R_1} - \dfrac{1}{R_2}\right)$

या $(n-1) = \dfrac{1}{f}\cdot\dfrac{1}{\left(\dfrac{1}{R_1}-\dfrac{1}{R_2}\right)}$

या $(n-1) = \dfrac{k}{f}$, जहाँ $k = \dfrac{1}{\dfrac{1}{R_1}-\dfrac{1}{R_2}}$ है।

अतः, $n_v - 1 = \dfrac{k}{f_v}$ तथा $n_r - 1 = \dfrac{k}{f_r}$

या $n_v - n_r = k\left(\dfrac{1}{f_v} - \dfrac{1}{f_r}\right) = k\left(\dfrac{1}{86.4\text{ cm}} - \dfrac{1}{90.0\text{ cm}}\right)$

$= k \times 4.6 \times 10^{-4}\text{ cm}^{-1}.$

पीले रंग के लिए इस पदार्थ का अपवर्तनांक n_r तथा n_v के बीच में होगा। इसे $n_y = \dfrac{n_v + n_r}{2}$ मानने पर,

$$n_y - 1 = \frac{(n_v-1)+(n_r-1)}{2} = \frac{k}{2}\left(\frac{1}{f_v}+\frac{1}{f_r}\right)$$

$$= \frac{k}{2}\left(\frac{1}{86.4\text{ cm}}+\frac{1}{90.0\text{ cm}}\right) = k \times 1.1\times 10^{-2}\text{ cm}^{-1}.$$

लेंस के पदार्थ की विक्षेपण-क्षमता,

$$\omega = \frac{n_v - n_r}{n_y - 1} = \frac{4.6\times 10^{-4}}{1.1\times 10^{-2}} = 0.042.$$

35.2 इंद्रधनुष

यदा-कदा वर्षाऋतु में आकाश में बना सतरंगा इंद्रधनुष अत्यंत ही मोहक दृश्य उपस्थित करता है। प्रकृति की यह अद्भुत कलाकृति और कुछ नहीं, हवा में लटकी पानी की बूँदों द्वारा सूर्य के प्रकाश के वर्ण-विक्षेपण से उत्पन्न स्पेक्ट्रम ही है।

चित्र 35.5 में पानी की एक बूँद द्वारा किसी एक तरंगदैर्घ्य की प्रकाश-किरणों का परावर्तन व अपवर्तन दिखाया गया है। सूर्य प्रेक्षक की पीठ की ओर है और इससे आती एक किरण AB बूँद पर आपतित होती है। चित्र में बूँद को गोलाकार मान गया है। B बिंदु पर उसका एक भाग BC दिशा में अपवर्तित हो जाता है और एक भाग परावर्तित होकर पुनः हवा में चला जाता है। BC किरण पुनः बूँद की सतह पर आपतित होती है और C बिंदु पर इसका एक भाग परावर्तित होकर CD दिशा में चलता है जबकि बाकी भाग अपवर्तित होकर हवा में चला जाता है। किरण CD का एक भाग परावर्तित होकर DE दिशा में चलता है जबकि दूसरा भाग अपवर्तित होकर हवा में DF दिशा में आता है। यही DF दिशा में आता हुआ प्रकाश प्रेक्षक की आँखों में पहुँचता है। इस प्रकाश ने दो अपवर्तन तथा एक परावर्तन किया है।

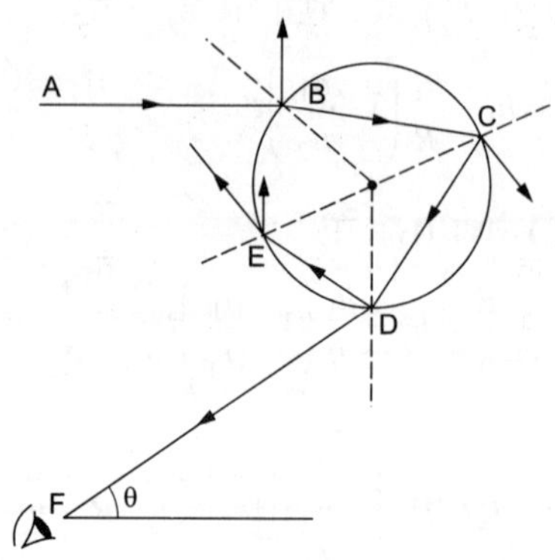

चित्र 35.5

सूर्य से आते प्रकाश की दिशा से किरण DF कोण θ बनाती है। यह कोण पानी के अपवर्तनांक के अलावा इस बात पर भी निर्भर करता है कि प्रारंभिक किरण AB बूँद के केंद्र से कितनी ऊँचाई पर पड़ी। चूँकि सूर्य का प्रकाश पूरी बूँद पर समानांतर बीम की तरह पड़ता है, इसलिए अलग-अलग कोणों पर बहुत-सी DF सरीखी किरणें एक परावर्तन तथा दो अपवर्तन कर आ रही होंगी। परंतु, थोड़ा और गणित करने से पता चलता है कि किसी एक विशेष कोण θ पर आनेवाले प्रकाश की तीव्रता अन्य कोणों के सापेक्ष काफी अधिक होती है। यह विशेष कोण बूँद पर पड़ती उन किरणों के लिए होता है, जिनके लिए कुल विचलन का कोण अधिकतम होता है। चित्र 35.6(a) में यह विचलन कोण δ दिखाया गया है। अधिकतम तीव्रता के संगत का कोण θ बूँद में स्थित पानी के अपवर्तनांक पर निर्भर करता है और यह अपवर्तनांक प्रकाश के तरंगदैर्घ्य पर निर्भर

करता है। लाल रंग के प्रकाश के लिए गोलाकार बूँद से अधिकतम विचलन का कोण $\delta = 137.8°$ होता है और इसलिए $\theta = 180° - 137.8° = 42.2°$ होता है। बैंगनी रंग के लिए θ का मान 40.6° आता है। बाकी के रंगों के लिए θ का मान 40.6° से 42.2° के बीच होता है।

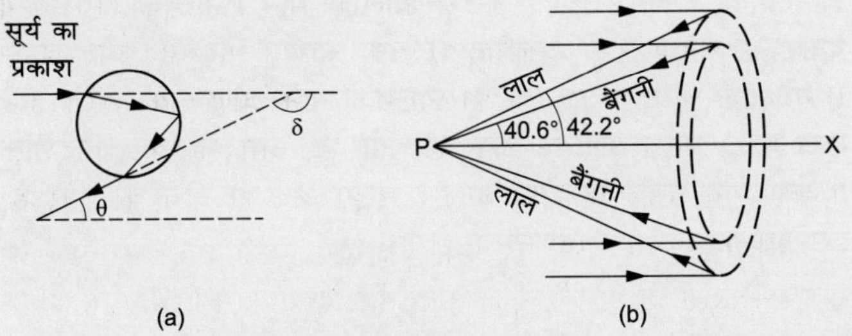

चित्र 35.6

अब स्थान P पर खड़े (P पर आँख वाले) एक व्यक्ति के बारे में सोचें [चित्र 35.6(b)]। सूर्य की किरणें PX दिशा के समानांतर आ रही हैं। एक शंकु (cone) की सतह की कल्पना करें जिसका अक्ष PX हो तथा अर्धशीर्ष कोण (semivertical angle) 42.2° हो। इस सतह पर स्थित सभी बूँदें P बिंदु पर $\theta = 42.2°$ का कोण बनाती हुई प्रकाश की किरणें भेजेंगी। यह प्रकाश मुख्य रूप से लाल रंग का होगा। अतः, व्यक्ति को लाल रंग का प्रकाश एक वृत्त से आता हुआ प्रतीत होगा, जिसकी त्रिज्या आँख पर 42.2° का कोण बना रही होगी। इसी प्रकार, बैंगनी रंग का प्रकाश उसे एक वृत्त से आता हुआ दिखाई देगा जिसकी त्रिज्या आँख पर 40.6° का कोण बना रही होगी। बाकी के सारे रंगों के लिए भी 40.6° से 42.6° के बीच में वृत्त दिखेंगे। याद रखिए, हम दूर की वस्तुओं की गहराई का अनुभव नहीं करते हैं और इसलिए शंकु हमें वृत्त जैसा ही दिखता है।

धरती से प्रायः हमें इंद्रधनुष पूरा वृत्ताकार न दिखकर वृत्ताकार चाप के रूप में दिखता है। ऐसा इसलिए है कि हम जमीन पर खड़े रहकर शंकु की पूरी सतह की बूँदों को देख नहीं पाते हैं। यदि हम वायुयान से ऊँचाई पर चले जाएँ तो फिर हम PX के नीचे की बूँदों को भी देख सकते हैं और इंद्रधनुष पूर्ण वृत्ताकार होकर और भी लुभावना हो सकता है।

कभी-कभी आकाश में इंद्रधनुष के ऊपर एक और कम तीव्रता वाला इंद्रधनुष दिखता है जिसमें रंगों के क्रम भी उलटे होते हैं। यह इंद्रधनुष 50.4° (लाल) तथा 54° (बैंगनी) के बीच बनता है। इसे द्वितीयक इंद्रधनुष (secondary rainbow) कहते हैं। 40.6°, 42.2° वाले इंद्रधनुष को प्राथमिक इंद्रधनुष (primary rainbow) कहते हैं। द्वितीयक इंद्रधनुष बनने की प्रक्रिया चित्र 35.7 में दी गई हैं। जो किरणें बूँद के निचले आधे हिस्से पर पड़ती हैं वे दो परावर्तन व दो अपवर्तनों के बाद आँखों तक पहुँचती हैं, और द्वितीयक इंद्रधनुष बनाती हैं।

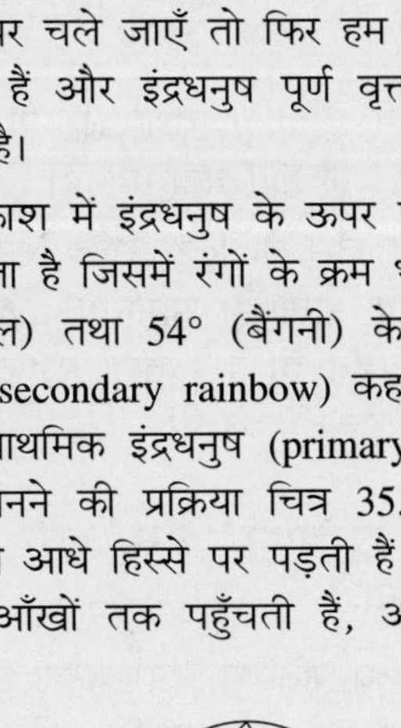

चित्र 35.7

35.3 पतले लेंस

लेंसों से संबंधित कुछ पद

आँखों की सहायता के लिए चश्मे लगाना एक सामान्य बात है। आपके घर में शायद अनेक लोग चश्मा लगाते हों। चश्में में लगे शीशे को देखें। इस शीशे की दो सतहें हैं और दोनों गोलाकार है। और दो गोलाकार सतहों के बीच शीशा है जो एक पारदर्शी पदार्थ है।

दो वक्र सतहों से घिरे पारदर्शी पदार्थ को हम लेंस (lens) कहते हैं। इस पुस्तक में वर्णित हमारे लेंस पतले होंगे तथा उनकी दोनों सतहें गोलाकार होंगी। सामान्यतः बीच में मोटा तथा किनारों पर पतला लेंस उत्तल (convex) या अभिसारी (converging) लेंस कहलाता है जबकि बीच में पतला तथा किनारों पर मोटा लेंस अवतल (concave) या अपसारी (divergent) कहलाता है।

आपतित किरणें लेंस की जिस सतह पर पड़ेगी उसके केंद्र को हम C_1 कहेंगे (चित्र 35.8)। इस सतह की वक्रता-त्रिज्या को R_1 कहा जाएगा। अपवर्तन के बाद प्रकाश की किरणें लेंस के अंदर जाती हैं और लेंस की दूसरी सतह पर पड़ती हैं। इस सतह के केंद्र को हम C_2 तथा इसकी वक्रता-त्रिज्या को R_2 कहेंगे। इस सतह के बाद किरणें पुनः बाहर के माध्यम में निकलती हैं तथा प्रतिबिंब आदि का निर्माण करती हैं।

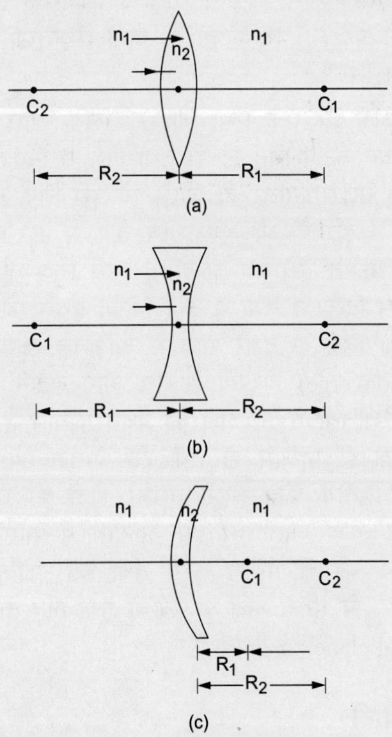

चित्र 35.8

C_1 तथा C_2 को मिलानेवाली रेखा लेंस का मुख्य अक्ष (principal axis) कहलाती है। लेंस के अंदर पड़नेवाले मुख्य अक्ष के भाग के मध्यबिंदु को लेंस का प्रकाशीय केंद्र कहते हैं तथा गणनाओं में इसे ही मूलबिंदु लिया जाता है। मुख्य अक्ष को x-अक्ष तथा आपतित किरणों की दिशा में x-अक्ष की धनात्मक दिशा ली जाती है।

यदि मुख्य अक्ष के समानांतर और इसके काफी नजदीक कुछ समानांतर किरणें लेंस पर आपतित हों, तो लेंस से निकलने के बाद

निर्गत किरणें लगभग एक बिंदु मिलती हैं। इस कटान-बिंदु F_2 को लेंस का द्वितीय फोकस कहते हैं [चित्र 35.9(a)]। लेंस के प्रकाशीय केंद्र से F_2 की दूरी द्वितीय फोकस-दूरी कहलाती है।

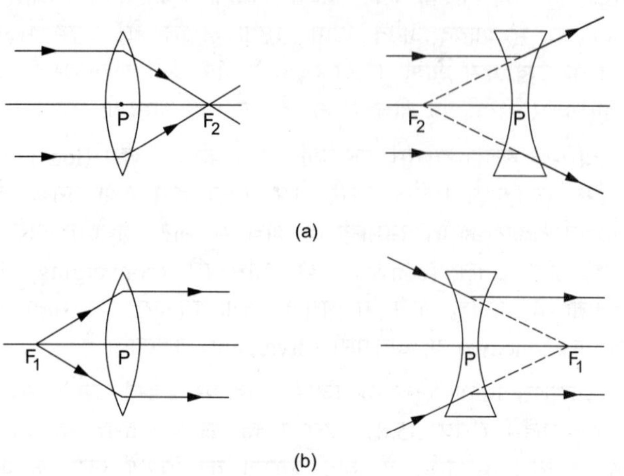

चित्र 35.9

इस चित्र के बायें भाग में एक उत्तल लेंस दिखाया गया है और निर्गत किरणें लेंस की दूसरी ओर F_2 पर कट रही हैं। चित्र के दूसरे भाग में एक अवतल लेंस दिखाया गया है, जिसके लिए निर्गत किरणें पीछे बढ़ाने पर F_2 पर कटती हैं। दोनों स्थितियों में F_2 लेंस का द्वितीय फोकस है।

यदि मुख्य अक्ष पर एक ऐसा बिंदु F_1 लिया जाए ताकि यदि आपतित किरणों का कटान-बिंदु F_1 हो तथा लेंस से निकलने के बाद किरणें मुख्य अक्ष के समानांतर हो जाएँ, तो इस बिंदु F_1 को लेंस का प्रथम फोकस कहते हैं और प्रकाशीय केंद्र से F_1 की दूरी को प्रथम फोकस-दूरी कहते हैं [चित्र 35.9(b)]। इस चित्र के बायें भाग में एक उत्तल लेंस दिखाया गया है तथा किरणें प्रथम फोकस F_1 से ही निकल रही हैं। चित्र के दूसरे भाग में आपतित किरणें लेंस की ओर अभिसृत (converge) हो रही हैं और आगे बढ़ाने पर F_1 पर कटती हैं। दोनों स्थितियों में F_1 लेंस का प्रथम फोकस हैं। यदि लेंस के दोनों ओर एक ही माध्यम हो तथा लेंस पतला हो तब प्रथम फोकस-दूरी तथा द्वितीय फोकस-दूरी बराबर होती है। ऐसे में इसे सिर्फ 'फोकस-दूरी' कहा जाता है। इस अध्याय में सामान्यतः हम द्वितीय फोकस F_2 का ही प्रयोग करेंगे तथा इसे 'फोकस' कहकर संबोधित करेंगे। F_2 से मुख्य अक्ष पर खींचा गया लंब-तल लेंस का फोकस-तल (focal plane) कहलाता है।

चिह्नों की परिपाटी

यदि उपाक्षीय किरणों (मुख्य अक्ष के आसपास) का उपयोग किया जाए तो ज्यामितीय प्रकाशिकी के अनुसार, लेंस से एक बिंदु-सरीखी वस्तु का प्रतिबिंब बिंदु-सरीखा ही बनता है। लेंस के प्रकाशीय केंद्र को मूलबिंदु तथा मुख्य अक्ष को x-अक्ष लें। x-अक्ष की धनात्मक दिशा के निर्धारण के लिए आपतित किरणों की दिशा का उपयोग करें। x-अक्ष के लंबवत y-अक्ष बनाएँ। सामान्यतः आपतित किरणें बाएँ से दाहिनी ओर ली जाती हैं। y-अक्ष की धनात्मक दिशा ऊपर की ओर ली जाती है।

वस्तु O के निर्देशांक (u, h_1) तथा प्रतिबिंब I के निर्देशांक (v, h_2) लिए जाते हैं (चित्र 35.10)। फोकस F के निर्देशांक $(f, 0)$, C_1 के निर्देशांक $(R_1, 0)$ तथा C_2 के निर्देशांक $(R_2, 0)$ लिए जाते हैं। चिह्नों की परिपाटी निर्देशांकों के अनुसार है। चित्र 35.10(a) में F, C_1 तथा I मूलबिंदु P के दाहिनी ओर हैं, और इसलिए इनके x-निर्देशांक f, R_1 तथा v के संख्यात्मक मान धनात्मक होंगे। इसी प्रकार O तथा C_2 मूलबिंदु P के बायीं ओर हैं और इनके x-निर्देशांक u तथा R_2 के संख्यात्मक मान ऋणात्मक होंगे। इसी चित्र में O मुख्य अक्ष के ऊपर की ओर है, अतः इसके y-निर्देशांक h_1 का मान धनात्मक होगा और I मुख्य अक्ष से नीचे की ओर है, इसलिए h_2 का मान ऋणात्मक होगा।

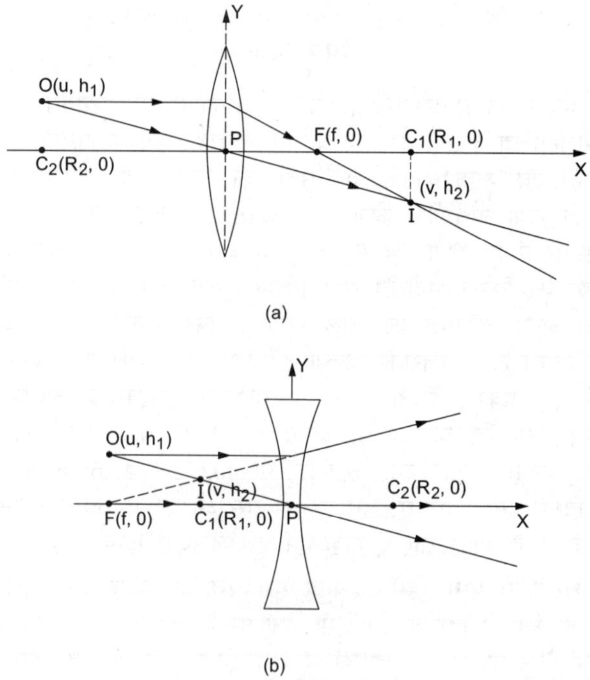

चित्र 35.10

चित्र 35.10(b) में u, v, f तथा R_1 के मान ऋणात्मक हैं, जबकि R_2, h_1 तथा h_2 के मान धनात्मक हैं।

f का मान उत्तल लेंस के लिए सदैव धनात्मक तथा अवतल लेंस के लिए ऋणात्मक होता है। सामान्यतः f के परिमाण को हम लेंस की फोकस-दूरी कहते हैं। इसी तरह R_1 तथा R_2 के परिमाणों को सतहों की वक्रता त्रिज्या कहते हैं।

किरणों का पथ खींचकर लेंस द्वारा किसी बिंदु का प्रतिबिंब प्राप्त करना

चित्र 35.10 में बिंदु O का प्रतिबिंब I पर बनता हुआ दिखाया गया है। O से एक किरण मुख्य अक्ष के समानांतर खींचें जिसके लिए निर्गत किरण को फोकस F से गुजारें। O से एक दूसरी किरण लेंस के प्रकाश-केंद्र से होते हुए खींचें। यह किरण लेंस द्वारा बिना दिशा बदले आगे बढ़कर लेंस से बाहर निकल जाएगी। यह वक्तव्य बिलकुल सही तो नहीं है, पर यदि लेंस की मोटाई बहुत कम हो, तो लगभग सही कहा जा सकता है। ऐसा इसलिए कि प्रकाशीय केंद्र P के बिलकुल

पास लेंस की सतहें एक-दूसरे के लगभग समानांतर हैं और किरण OP के लिए यह एक आयताकार पट्टिका की तरह कार्य करता है। दोनों सतहों पर विचलन एक-दूसरे की विपरीत दिशाओं में होते हैं और कुल विचलन शून्य हो जाता है। किरण अपने समानांतर खिसक सकती है, पर यदि लेंस की मोटाई काफी कम हो, तो यह खिसकना भी नगण्य माना जा सकता है। इन मान्यताओं के तहत OP किरण को सीधा निकलता हुआ माना जा सकता है।

इस तरह O से चलती दो किरणों के संगत आप निर्गत किरणें खींच सकते हैं। इनका कटान-बिंदु ही प्रतिबिंब का स्थान होगा।

35.4 u, v, R_1 तथा R_2 में संबंध

चित्र 35.11 में एक उत्तल लेंस द्वारा एक बिंदुस्रोत $O(u, h_1)$ का प्रतिबिंब बनता हुआ दिखाया गया है। लेंस के पदार्थ का अपवर्तनांक n_2 है जबकि लेंस के बाहर के माध्यम का अपवर्तनांक n_1 है। किरण OA पहली सतह पर अपवर्तित होकर लेंस के अंदर AB दिशा में चलती है। एक दूसरी किरण पहली सतह पर C बिंदु पर पड़ती है और लेंस के अंदर CD दिशा में चलती है। पहली सतह पर किरणों के अपवर्तन के कारण O का प्रतिबिंब $I_1(v', h')$ पर बनता है जो AB तथा CD का कटान-बिंदु है। इस अपवर्तन के लिए पहले माध्यम का अपवर्तनांक n_1 तथा दूसरे माध्यम का अपवर्तनांक n_2 है। गोलीय सतह पर अपवर्तन के समीकरण से,

$$\frac{n_2}{v'} - \frac{n_1}{u} = \frac{n_2 - n_1}{R_1}, \qquad \text{... (i)}$$

जहाँ R_1 पहले सतह के वक्रता-केंद्र का x-निर्देशांक है।

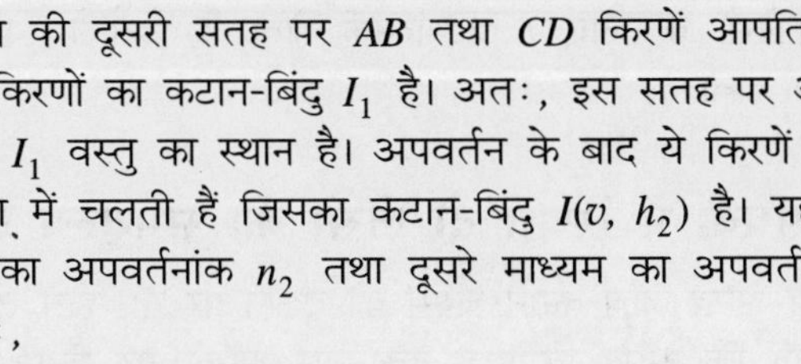

चित्र 35.11

लेंस की दूसरी सतह पर AB तथा CD किरणें आपतित होती हैं। इन किरणों का कटान-बिंदु I_1 है। अतः, इस सतह पर अपवर्तन के लिए I_1 वस्तु का स्थान है। अपवर्तन के बाद ये किरणें BI तथा DI दिशा में चलती हैं जिसका कटान-बिंदु $I(v, h_2)$ है। यहाँ पहले माध्यम का अपवर्तनांक n_2 तथा दूसरे माध्यम का अपवर्तनांक n_1 है। अतः,

$$\frac{n_1}{v} - \frac{n_2}{v'} = \frac{n_1 - n_2}{R_2}, \qquad \text{... (ii)}$$

जहाँ R_2 दूसरी सतह के वक्रता-केंद्र का x-निर्देशांक है।

समीकरण (i) तथा (ii) को जोड़ने से,

$$\frac{n_1}{v} - \frac{n_1}{u} = (n_2 - n_1)\left(\frac{1}{R_1} - \frac{1}{R_2}\right)$$

या
$$\frac{1}{v} - \frac{1}{u} = \left(\frac{n_2}{n_1} - 1\right)\left(\frac{1}{R_1} - \frac{1}{R_2}\right). \qquad \text{... (35.4)}$$

यदि बिंदु O लेंस से बहुत दूर हो, तो O से आकर लेंस पर पड़ती किरणें आपस में लगभग समानांतर होंगी। यदि बिंदु O मुख्य अक्ष के काफी करीब हो, तो O से आती ये किरणें मुख्य अक्ष के लगभग समानांतर होंगी और O का प्रतिबिंब लेंस के फोकस F के बहुत करीब बनेगा। अर्थात, इस स्थिति में $u = -\infty$ तथा $v = f$ होगा। समीकरण (35.1) में ये मान रखने पर,

$$\frac{1}{f} = \left(\frac{n_2}{n_1} - 1\right)\left(\frac{1}{R_1} - \frac{1}{R_2}\right). \qquad \text{... (35.5)}$$

यदि लेंस हवा में रखा हो और इसके पदार्थ का अपवर्तनांक n हो, तो $n_1 = 1$ तथा $n_2 = n$. इस स्थिति में समीकरण (35.5) हो जाता है,

$$\frac{1}{f} = (n-1)\left(\frac{1}{R_1} - \frac{1}{R_2}\right).$$

इस समीकरण को 'लेंस निर्माताओं का सूत्र' (lens maker's formula) कहते हैं, क्योंकि एक दी हुई फोकस-दूरी का लेंस बनाने के लिए दोनों सतहों की वक्रता-त्रिज्या सुनिश्चित करने में इस सूत्र से सहायता मिलती है।

समीकरण (35.4) तथा (35.5) से आप लिख सकते हैं,

$$\frac{1}{v} - \frac{1}{u} = \frac{1}{f}. \qquad \text{... (35.6)}$$

इसे साधारणतः लेंस सूत्र कहा जाता है।

हमने समीकरण (35.4), (35.5) तथा (35.6) प्राप्त करने के लिए उत्तल लेंस से वास्तविक प्रतिबिंब बनने की स्थिति का प्रयोग किया है। चित्र 35.11 इसी के अनुसार खींचा गया है। परंतु, आप किसी भी प्रकार का लेंस लें तथा वस्तु को कहीं भी रखें, यही ज्यामिति, यही विवरण आपको पुनः यही समीकरण देगा।

अभ्यास 35.4

एक उभयोत्तल (biconvex) लेंस (अर्थात जिसकी दोनों सतहें बाहर से छूने पर उत्तल हों) की सतहों की त्रिज्याएँ 20 cm हैं। यदि इसके पदार्थ का अपवर्तनांक 1.5 हो, तो लेंस की फोकस-दूरी बताएँ।

हल उभयोत्तल लेंस में पहली सतह का वक्रता-केंद्र x-अक्ष के धनात्मक भाग पर और दूसरी सतह का वक्रता-केंद्र x-अक्ष के ऋणात्मक भाग पर होता है। अतः, $R_1 = +20$ cm तथा $R_2 = -20$ cm.

$$\frac{1}{f} = (n-1)\left(\frac{1}{R_1} - \frac{1}{R_2}\right) = (1.5-1)\left(\frac{1}{20\text{ cm}} - \frac{1}{-20\text{ cm}}\right)$$

या $f = 20$ cm.

आवर्धन

चित्र 35.11 में दिखाई परिस्थिति को पुनः चित्र 35.12 में दिखाया गया है। बिंदु $O(u, h_1)$ का प्रतिबिंब $I(v, h_2)$ पर बन रहा है। O से प्रकाशीय केंद्र P की ओर चलनेवाली किरण बिना विचलित हुए निकल जाती है। रेखा OP बिंदु (u, h_1) तथा $(0, 0)$ से गुजरती है। अतः, इसका समीकरण होगा,

$$y - 0 = \frac{h_1 - 0}{u - 0}(x - 0)$$

या $y = \frac{h_1}{u}x.$

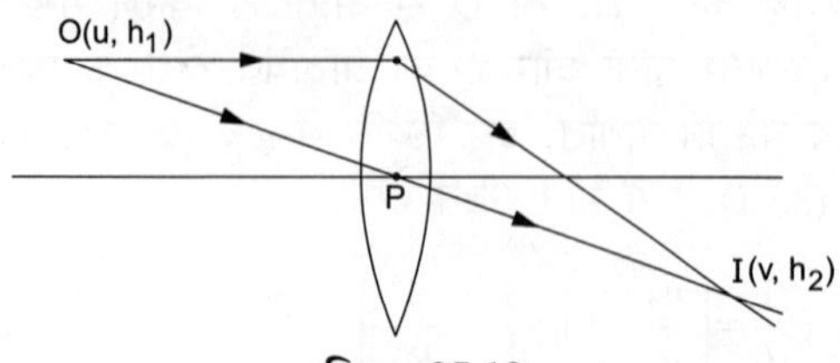

चित्र 35.12

बिंदु, $I(v, h_2)$ इस रेखा पर स्थित है। अतः,

$$h_2 = \frac{h_1}{u}v$$

या $$m = \frac{h_2}{h_1} = \frac{v}{u}. \qquad \text{... (35.7)}$$

यह राशि m, लेंस द्वारा बने प्रतिबिंब का आवर्धन कहलाती है। चित्र 35.11 या चित्र 35.12 की परिस्थिति में v का संख्यात्मक मान धनात्मक तथा u का संख्यात्मक मान ऋणात्मक है। अतः, $m = \frac{v}{u}$ का मान ऋणात्मक होगा। आप यह भी देख रहे हैं कि h_1 का मान धनात्मक तथा h_2 का मान ऋणात्मक है। अतः, $\frac{h_2}{h_1}$ का मान भी ऋणात्मक होगा जो समीकरण (35.7) के अनुसार सही है। जब आवर्धन m ऋणात्मक होता है तब प्रतिबिंब उलटा बनता है और जब आवर्धन धनात्मक होता है तो प्रतिबिंब सीधा बनता है। इसे आप ऐसे भी कह सकते हैं कि यदि प्रतिबिंब निर्गत किरणों की ओर बन रहा हो, अर्थात वास्तविक हो, तो वह उलटा बनेगा तथा यदि प्रतिबिंब आपतित किरणों की ओर बन रहा हो, अर्थात आभासी हो तो वह सीधा बनेगा।

अभ्यास 35.5

एक उत्तल लेंस के मुख्य अक्ष के लंबवत 2.0 cm ऊँची एक वस्तु इससे 8.0 cm दूरी पर रखी है। लेंस की फोकस-दूरी 12 cm है। प्रतिबिंब का आकार बताएँ।

हल यहाँ $u = -8.0$ cm, $f = +12$ cm, $h_1 = 2.0$ cm.

अतः, $\frac{1}{v} = \frac{1}{u} + \frac{1}{f} = \frac{1}{-8\text{ cm}} + \frac{1}{12\text{ cm}}$

या $v = -24$ cm.

अतः, $m = \frac{h_2}{h_1} = \frac{v}{u} = -\frac{-24\text{ cm}}{-8\text{ cm}} = 3.$

अतः, $h_2 = 3h_1 = 2\text{ cm} \times 3 = +6.0$ cm.

अर्थात, प्रतिबिंब आपतित किरणों की ओर (v ऋणात्मक है), सीधा (h_2 धनात्मक है) और 6.0 cm ऊँचा बनेगा।

35.5 लेंस का पावर

लेंस के द्वारा हम किसी प्रकाशपुंज को अभिसृत (converge) अथवा अपसृत (diverge) करते हैं। यदि समानांतर प्रकाश एक उत्तल लेंस पर पड़े, तो वह लेंस की दूसरी ओर फोकस पर अभिसृत होता है। चित्र 35.13 में दो उत्तल लेंसों द्वारा प्रकाश के अभिसृत होने की क्रियाएँ दिखाई गई हैं। यद्यपि दोनों लेंस प्रकाश को अभिसृत कर रहे हैं, पर स्पष्ट दीखता है कि बायाँ लेंस प्रकाश की किरणों को अधिक मोड़ पा रहा है बजाय दाहिनी ओर के लेंस के। अर्थात बायाँ लेंस अभिसृत करने की क्रिया को अधिक दक्षता से कर पा रहा है। इन चित्रों से आप कह सकते हैं कि कम फोकस-दूरी के उत्तल लेंस की अभिसारी क्षमता (converging power) अधिक होती है और अधिक फोकस-दूरी वाले उत्तल लेंस की क्षमता कम होती है।

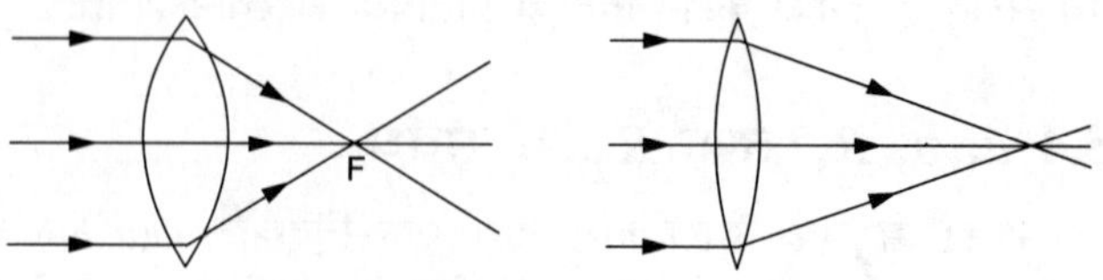

चित्र 35.13

इसी प्रकार, कम फोकस-दूरी वाले अवतल लेंस की अपसारी क्षमता अधिक और अधिक फोकस-दूरी वाले लेंस की अपसारी क्षमता कम होती है (चित्र 35.14)।

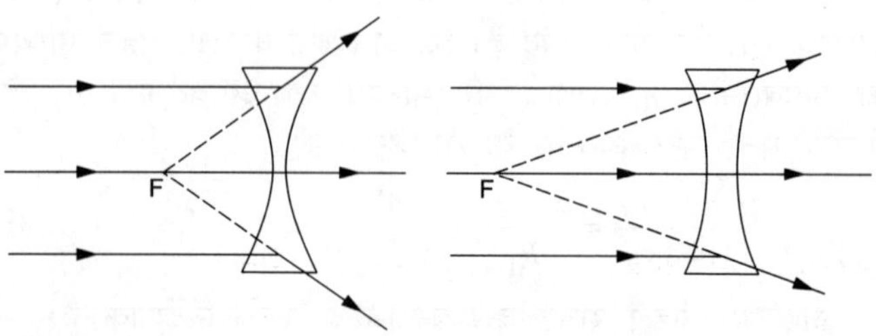

चित्र 35.14

$\frac{1}{f}$ को लेंस की शक्ति या पावर P कहा जाता है। इसका SI मात्रक m^{-1} होगा जिसे डाइऑप्टर भी कहते हैं, जिसके लिए अक्षर D लिखा जाता है। आँखों पर लगानेवाले चश्मों के लेंस के पावर से इसी राशि को बताया जाता है। उत्तल लेंसों के लिए f धनात्मक होता है और इसलिए पावर भी धनात्मक होता है जबकि अवतल लेंसों के लिए f ऋणात्मक होता है, इसलिए पावर भी ऋणात्मक होता है।

35.6 संपर्क में स्थित दो लेंसों का समतुल्य लेंस

यदि आप आँख जाँच कराने चश्में की दुकान पर गए होंगे तो आपने देखा होगा कि आँख विशेषज्ञ दुकानदार आँखों पर बिना लेंस का फ्रेम लगाकर उसमें कुछ लेंस डालते हैं और निश्चित स्थान पर रखे छोटे-बड़े अक्षरों को पढ़ने को कहते हैं। वे एक ही खाँचे में दो या तीन लेंस डाल देते हैं और उन्हें बदल-बदलकर आपसे पूछते हैं कि सबसे अधिक स्पष्ट आप किस संयोजन से देख पाते हैं। फिर, उन सारे लेंसों के पावर जोड़कर वह उसी पावर का एक अकेला लेंस आपकी आँख के लिए बनाकर आपके द्वारा चुने गए फ्रेम में फिट कर देते हैं।

एक-दूसरे के साथ संपर्क में रखे दो (या अधिक) लेंस एक अकेले लेंस के समतुल्य होते हैं जिसका पावर उन लेंसों के पावरों

के योग के बराबर होता है। इस तथ्य को हम अपने सूत्रों के माध्यम से स्थापित करेंगे।

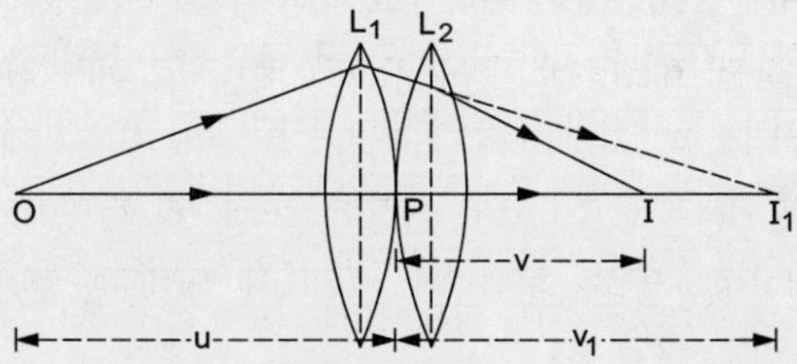

चित्र 35.15

चित्र 35.15 में दो लेंस L_1 तथा L_2 आपस में सटे हुए में दिखाए गए हैं। L_1 की फोकस-दूरी f_1 तथा L_2 की फोकस-दूरी f_2 हैं। किसी बिंदुस्रोत O से चलनेवाली किरणें L_1 पर आपतित होती हैं। इस लेंस से निकलने के बाद इन किरणों के पथ बिंदु I_1 पर कटते हैं जो लेंस L_1 द्वारा बिंदु O का प्रतिबिंब है। लेंस-सूत्र से,

$$\frac{1}{v_1}-\frac{1}{u}=\frac{1}{f_1} \quad \text{... (i)}$$

जहाँ u बिंदु O का x-निर्देशांक, v_1 प्रतिबिंब I_1 का x-निर्देशांक तथा f_1 लेंस L_1 के फोकस का x-निर्देशांक है। चूँकि दोनों लेंस पतले माने गए हैं, इसलिए हम लेंसों के संपर्क-बिंदु P को मूलबिंदु मान रहे हैं।

लेंस L_1 के द्वारा निर्गत किरणें ही लेंस L_2 पर आपतित होती हैं। इसलिए, बिंदु I_1 लेंस L_2 के लिए आपतित किरणों का कटान-बिंदु है। अतः, L_2 के लिए वस्तु का x-निर्देशांक v_1 है। यदि L_2 के द्वारा निर्गत किरणें बिंदु I पर कटती हैं तो यह बिंदु L_2 द्वारा बनाया गया I_1 का प्रतिबिंब होगा। लेंस-सूत्र से,

$$\frac{1}{v}-\frac{1}{v_1}=\frac{1}{f_2}, \quad \text{... (ii)}$$

जहाँ v बिंदु I का x-निर्देशांक तथा f_2 लेंस L_2 के फोकस का x-निर्देशांक है।

समीकरण (i) तथा (ii) से,

$$\frac{1}{v}-\frac{1}{u}=\frac{1}{f_1}+\frac{1}{f_2} \quad \text{... (iii)}$$

यही प्रतिबिंब लेंसों के संयोजन द्वारा बिंदु O का अंतिम प्रतिबिंब भी है। यदि इस संयोजन के स्थान पर एक समतुल्य अकेला लेंस रखा जाए, तो वह O का प्रतिबिंब I पर बनाएगा। इसलिए, इसके फोकस का x-निर्देशांक F होगा, जहाँ

$$\frac{1}{v}-\frac{1}{u}=\frac{1}{F}. \quad \text{... (iv)}$$

समीकरण (iii) एवं (iv) से,

$$\frac{1}{F}=\frac{1}{f_1}+\frac{1}{f_2} \quad \text{... (35.8)}$$

या $$P=P_1+P_2. \quad \text{... (35.9)}$$

यदि दो से अधिक पतले लेंस संपर्क में रखे हों, तो

$$P=P_1+P_2+P_3+\dots . \quad \text{... (35.10)}$$

35.7 लेंसों द्वारा बने प्रतिबिंबों के दोष

प्रायः आप अपने मोबाइल फोन के कैमरे से तस्वीरें खींचते होंगे। फोटोग्राफर बहुधा बड़े तथा महँगे कैमरों का प्रयोग करते हैं। क्या फर्क होता है इन छोटे-बड़े, सस्ते-महँगे कैमरों में? एक बड़ा फर्क होता है लेंस द्वारा बने प्रतिबिंब में विभिन्न प्रकार के दोषों की उपस्थिति। अब हम इन दोषों की चर्चा करेंगे।

गोलीय दर्पण द्वारा बने प्रतिबिंब में बड़े दर्पण होने के कारण प्रतिबिंब में गोलीय विपथन का दोष होता है। इसीलिए किरण-आरेख बनाते समय सदा उपाक्षीय किरणों (paraxial rays) का प्रयोग किया जाता है। लेंसों में गोलीय विपथन का दोष तो होता ही है, साथ ही इसमें अनेक दूसरे दोष भी आ जाते हैं। ऐसे दोषों का संक्षिप्त विवरण हम यहाँ दे रहे हैं।

(a) गोलीय विपथन (Spherical aberration)—लेंस-सूत्र निकालते समय हमने उपाक्षीय किरणों की बात की थी। चित्र 35.16 में हमने एक उत्तल लेंस तथा एक अवतल लेंस पर पड़ती अक्ष के समानांतर किरणों का पथ दिखाया है। आप देख रहे हैं कि सीमांत किरणें (marginal rays) अपवर्तन के बाद कुछ ज्यादा मुड़कर फोकस F पर नहीं कटकर लेंस के कुछ और समीप F' बिंदु पर कटती हैं। वस्तुतः मुख्य अक्ष से जितनी दूर की किरण आप लेंगे वह मुख्य अक्ष को लेंस के उतने ही नजदीक काटेगी। चित्र 35.16 में उत्तल लेंस के लिए सीमांत किरणों का कटान-बिंदु फोकस से बाएँ खिसका है, जबकि अवतल लेंस के लिए सीमांत किरणों का कटान-बिंदु फोकस से दाएँ खिसका है। यदि आपतित किरणें लेंस के समानांतर न होकर किसी बिंदुस्रोत से आ रही हों, तो भी, निर्गत किरणें एक बिंदु पर नहीं कटेंगी। एक बिंदु से चली किरणों का लेंस से गुजरने के बाद एक बिंदु पर नहीं कटना, गोलीय विपथन कहलाता है।

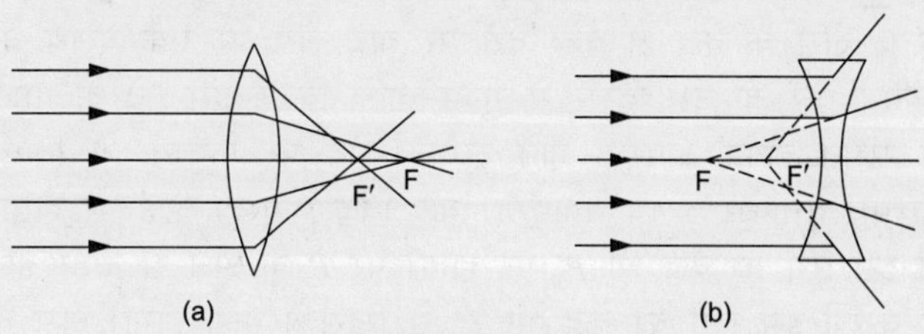

चित्र 35.16

गोलीय विपथन को कम करने के लिए लेंस के मध्य का छोटा भाग प्रयोग में लाना एक उपाय हो सकता है। आप लेंस के ठीक सामने या पहले एक अपारदर्शी पर्दा रख दें जिसके मध्य में एक छेद हो। यह छेद लेंस के सिर्फ बीच के हिस्से से ही प्रकाश को जाने देगा जिससे विपथन कम होगा।

यदि उत्तल लेंस के मुख्य अक्ष के लंबवत एक पर्दा रखें तो उस पर प्रकाश एक वृत्ताकार डिस्क में फैला हुआ दिखेगा। पर्दे को F' तथा F के बीच एक विशेष स्थान पर रखने से यह डिस्क सबसे छोटा बनता है। इस सबसे छोटे वृत्त की परिधि को "न्यूनतम भ्रम का वृत्त" अर्थात circle of least confusion कहते हैं। $F'F$ की दूरी को गोलीय विपथन की माप कहते हैं।

गोलीय विपथन का मान लेंस की दोनों सतहों की वक्रता त्रिज्याओं पर निर्भर करता है। यदि दोनों सतहों पर किरणों का विचलन लगभग समान हो, तो गोलीय विपथन कम होता है। एक ओर से समतल तथा दूसरी ओर से उत्तल, ऐसे समतलोत्तल (planoconvex) लेंस से जाती समानांतर किरणों को चित्र 35.17 में दिखाया गया है। चित्र 35.17(a) में सारा विचलन एक ही सतह से हो रहा है जबकि चित्र 35.17(b) में विचलन दोनों सतहों में बँटकर हो रहा है। जैसा कि चित्र में दिखाया गया है, पहली स्थिति में गोलीय विपथन दूसरी स्थिति के सापेक्ष बहुत अधिक है।

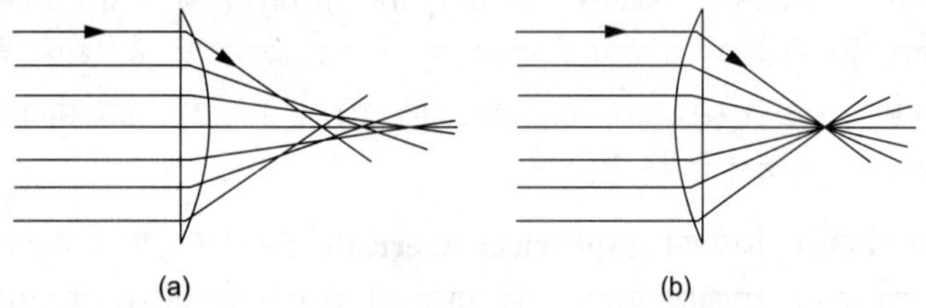

चित्र 35.17

गोलीय विपथन कम करने के लिए आप उत्तल व अवतल लेंसों का संयोजन कर सकते हैं। चित्र 35.16 में आपने देखा कि उत्तल लेंस से F' बाईं ओर है तथा F दाहिनी ओर। परंतु अवतल लेंस में F' ही दाहिनी ओर है और F बाईं ओर, अर्थात उत्तल व अवतल लेंस विपरीत दिशाओं में विपथन पैदा करते हैं। इसलिए उचित फोकस दूरियों के उत्तल व अवतल लेंसों का संयोजन कर गोलीय विपथन को कम किया जा सकता है।

(b) कोमा (Coma)—यदि वस्तु, लेंस के मुख्य अक्ष पर न होकर उससे कुछ ऊँचाई पर हो और उसका प्रतिबिंब मुख्य अक्ष पर लंब पर्दे पर लिया जाए, तो प्रतिबिंब अनेक प्रकार से विकृत हो सकता है। चित्र 35.18 में एक बिंदु P का प्रतिबिंब बनता हुआ दिखाया गया है। उपाक्षीय किरणों द्वारा P का प्रतिबिंब P' बिंदु पर बनता है। परंतु, लेंस के केंद्र से कुछ दूरी पर यदि लेंस पर एक वलय की कल्पना करें तो उस हिस्से से गुजरनेवाली किरणें इस पर्दे के पहले ही संसृत होकर अपसृत होने लगेंगी। पर्दे पर पहुँचती ये किरणें लगभग वृत्ताकार वलय बनाएँगी। यदि बिंदु P मुख्य अक्ष पर होता, तो इस रिंग का केंद्र भी P' पर होता। पर P के अक्ष से बाहर होने के कारण इस रिंग का केंद्र भी P' से खिसका हुआ होगा। लेंस के केंद्र से और दूर के वलय से जानेवाली किरणें और पहले संसृत होंगी और पर्दे पर बड़ा रिंग बनाएँगी जो P' से और ज्यादा खिसका हुआ होगा। कुल मिलाकर पर्दे पर एक कॉमेट जैसा प्रतिबिंब बनेगा। इस प्रकार के दोष को कोमा कहते हैं।

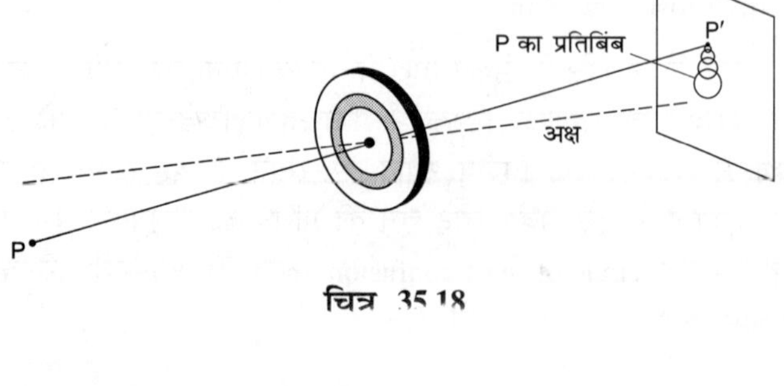

चित्र 35.18

(c) दृष्टिवैषम्य (Astigmatism)—गोलीय विपथन या कोमा के विवरण में हमने एक बिंदुस्रोत के प्रतिबिंब को मुख्य अक्ष के लंबवत तल में फैलता हुआ देखा। यदि बिंदुस्रोत मुख्य अक्ष से हटकर हो, तो प्रतिबिंब अक्ष की दिशा में भी फैलता है। यदि आप अक्ष पर लंब पर्दे पर प्रतिबिंब को ग्रहण करें और पर्दे को धीरे-धीरे अक्ष की दिशा में खिसकाएँ तो कुछ दूरी तक आपको वस्तु का लगभग एकरेखीय प्रतिबिंब मिलेगा। मुख्य अक्ष की दिशा में प्रतिबिंब के फैलने को दृष्टिवैषम्य दोष कहते हैं।

ध्यान रहे, मानव नेत्र के दोषों में भी एक का नाम दृष्टिवैषम्य है। प्रतिबिंब के दृष्टिवैषम्य एवं नेत्रों के दृष्टिवैषम्य में नाम के अलावा कोई साम्यता नहीं है।

(d) वक्रता (Curvature)—अब तक हमने लेंस द्वारा किसी बिंदुस्रोत का प्रतिबिंब एक समतल पर्दे पर लिया, परंतु कोमा एवं दृष्टिवैषम्य के कारण वस्तु का सबसे अच्छा प्रतिबिंब समतल पर नहीं, बल्कि एक वक्र सतह पर बनता है। ऐसा इसलिए कि प्रतिबिंब अक्ष की दिशा में भी और अक्ष के लंबवत भी फैलता है। एक बिंदु का प्रतिबिंब वक्र सतह पर बनने के दोष को वक्रता दोष कहते हैं।

(e) विकृति (Distortion)—कल्पना करें कि आप एक बड़ी वस्तु को लेंस के सामने रखते हैं तथा लेंस द्वारा इसका प्रतिबिंब बनाते हैं। वस्तु के विभिन्न भाग अक्ष से अलग-अलग दूरी u पर हैं और ज्यामितीय प्रकाशिकी के नियमों के अनुसार इन भागों के प्रतिबिंब भी अक्ष से अलग-अलग दूरी v पर बनेंगे। परंतु, u तथा v में संबंध रेखीय नहीं है, इसलिए u_1/u_2 का मान v_1/v_2 के बराबर नहीं होगा। वस्तु के सभी भागों का आवर्धन v/u भी अलग-अलग हिस्सों के लिए अलग-अलग होगा। इसलिए प्रतिबिंब की आकृति (shape) वस्तु की आकृति से विकृत हो सकती है। चित्र 35.19 में इस प्रकार के कुछ संभव विकृत प्रतिबिंब दिखाए गए हैं।

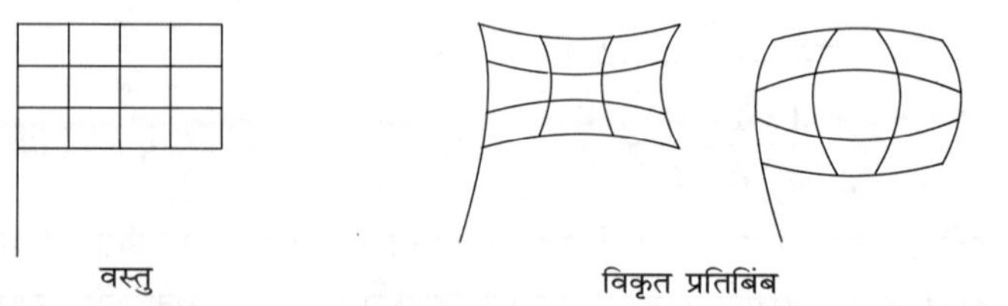

चित्र 35.19

(f) वर्णीय विपथन (Chromatic aberration)—आप जानते हैं कि किसी पदार्थ का अपवर्तनांक प्रकाश के तरंगदैर्घ्य पर निर्भर करता है।

$$n = n_0 + \frac{A}{\lambda^2}.$$

साथ ही, किसी लेंस की फोकस-दूरी अपवर्तनांक पर निर्भर करती है।

$$\frac{1}{f} = (n-1)\left(\frac{1}{R_1} - \frac{1}{R_2}\right)$$

$$= \left(n_0 + \frac{A}{\lambda^2} - 1\right)\left(\frac{1}{R_1} - \frac{1}{R_2}\right).$$

अतः, कम तरंगदैर्घ्य के प्रकाश के लिए लेंस की फोकस-दूरी कम तथा अधिक तरंगदैर्घ्य के प्रकाश के लिए फोकस-दूरी अधिक होगी। यदि लेंस पर मुख्य अक्ष के समानांतर श्वेत प्रकाश की किरणें पड़ें तो लेंस से निकलने के बाद बैंगनी भाग की किरणें लेंस के सबसे नजदीक F_v पर कटेंगी, जबकि लाल भाग की किरणें लेंस से सबसे दूर F_r पर कटेंगी (चित्र 35.20)। अतः, श्वेत प्रकाश से प्रकाशित किसी वस्तु का लेंस द्वारा बना प्रतिबिंब एक बिंदु पर नहीं होकर अलग-अलग रंगों के कारण अलग-अलग बिंदुओं पर बनेगा। इस प्रकार के दोष को वर्णीय विपथन कहते हैं। चित्र 35.20 की स्थिति में प्रकाश बाएँ से दाहिने आ रहा है और उत्तल लेंस के लिए बैंगनी प्रतिबिंब लाल प्रतिबिंब के बाईं ओर बना है। इस स्थिति को धनात्मक वर्णीय विपथन कहते हैं। अवतल लेंस की स्थिति में बैंगनी प्रतिबिंब लाल प्रतिबिंब की दाहिनी ओर बना है। इस स्थिति को ऋणात्मक वर्णीय विपथन कहते हैं। कैमरे, टेलीस्कोप आदि की रचना में इसके निवारण का विशेष ध्यान रखा जाता है।

चित्र 35.21 में एक उत्तल लेंस के मुख्य अक्ष पर लंबवत रखी एक बड़ी वस्तु OQ दिखाई गई है। प्रकाश के बैंगनी भाग के कारण इसका प्रतिबिंब O_vQ_v, लेंस के थोड़ा नजदीक बना है जबकि प्रकाश के लाल भाग के कारण प्रतिबिंब O_rQ_r लेंस से अपेक्षाकृत दूर बना है। इस कारण प्रतिबिंब का आकार (size) भी अलग-अलग रंग के प्रकाश के लिए अलग-अलग हैं। दृश्य प्रकाश के सबसे कम तथा सबसे अधिक तरंगदैर्घ्यों के कारण बने प्रतिबिंबों के बीच की दूरी को अक्षीय (axial) या अनुदैर्घ्य (longitudinal) वर्णीय विपथन कहते हैं। चित्र 35.21 में Q_vQ_r दूरी अक्षीय वर्णीय विपथन है। इन्हीं तरंगदैर्घ्यों द्वारा बने प्रतिबिंबों की लंबाइयों में अंतर पार्श्व (lateral) वर्णीय विपथन कहलाता है। चित्र 35.21 में $O_rQ_r - O_vQ_v$ दूरी पार्श्व वर्णीय विपथन है।

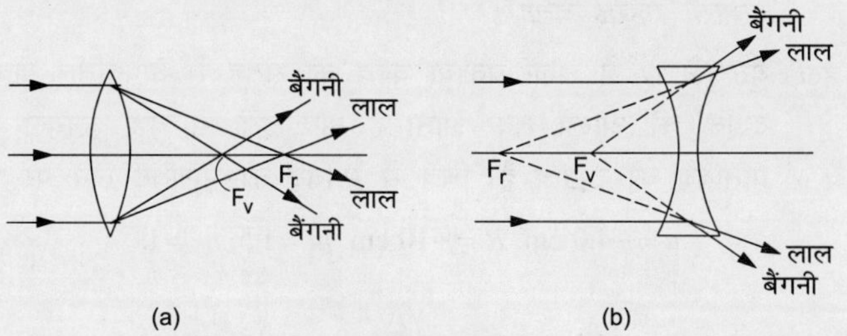

चित्र 35.20

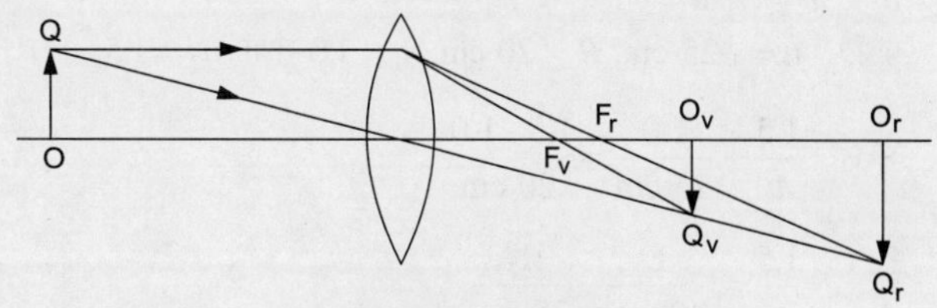

चित्र 35.21

वर्णीय विपथन के लिए एक रोचक प्रयोग

वर्णीय विपथन को देखने के लिए आप एक बड़ा ही सरल, किंतु रोचक प्रयोग कर सकते हैं। एक बड़े आकार का उत्तल लेंस लें तथा उसके बीच के हिस्से पर एक काले रंग का कागज चिपका दें। सिर्फ लेंस की परिधि के पास का थोड़ा भाग खुला हो ताकि आप सीमांत किरणों द्वारा ही प्रतिबिंब बना सकें। लेंस को एक स्टैंड में लगाकर रखें। एक श्वेत प्रकाश उत्सर्जित करनेवाला बल्ब जलाकर लेंस से कुछ दूरी पर लगभग उसके मुख्य अक्ष पर रखें ताकि उसका वास्तविक प्रतिबिंब लेंस के दूसरी ओर बने। एक कार्डबोर्ड पर सफेद कागज चिपकाकर उसे पर्दे की तरह इस्तेमाल में लाएँ। इस पर्दे को हाथ से पकड़कर लेंस के मुख्य अक्ष के लंबवत रखें। प्रारंभ में इसे लेंस के पास रखें और फिर धीरे-धीरे उससे दूर ले जाएँ।

प्रारंभ में आपको श्वेत प्रकाश का एक गोलाकार डिस्कनुमा प्रतिबिंब दिखेगा, परंतु जब आप लेंस से पर्दे की दूरी को बढ़ाएँगे तो आपको लाल, पीले एवं नीले वलय दिखने लगेंगे। चित्र 35.22(a) की स्थिति में पर्दे पर नीले रंग का वलय अंदर और लाल रंग का वलय बाहर दिखेगा। अब शुरू होगा असली मजेदार दृश्य। आप पर्दे को लेंस से और दूर ले जाएँ। आप पाएँगे कि अब लाल रंग का वलय अंदर आ गया है और नीले रंग का वलय बाहर चला गया है [चित्र 35.22(b)]। पर्दे को आगे-पीछे कर रंगों के क्रम के इस परिवर्तन का आनंद लें।

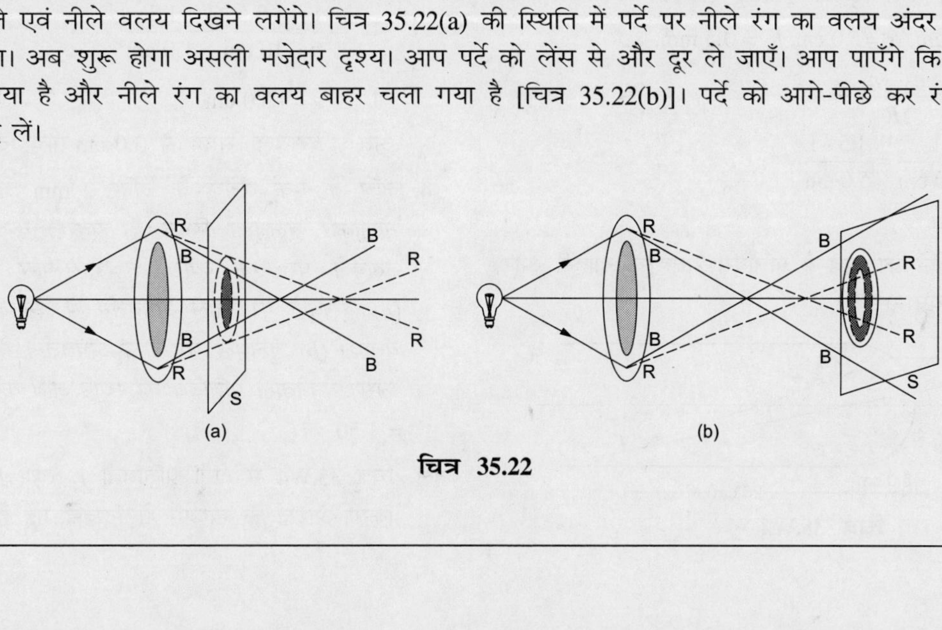

चित्र 35.22

• हल किए गए प्रश्न •

1. *चित्र 35.W1 में 1.5 अपवर्तनांक वाले काँच के गोले का एक हिस्सा हवा में रखा हुआ दिखाया गया है। गोले की त्रिज्या 20 cm है। एक बिंदुस्रोत गोले की सतह से 25 cm दूर हवा में रखा है। अपवर्तन के कारण बने प्रतिबिंब का स्थान निर्धारित करें।*

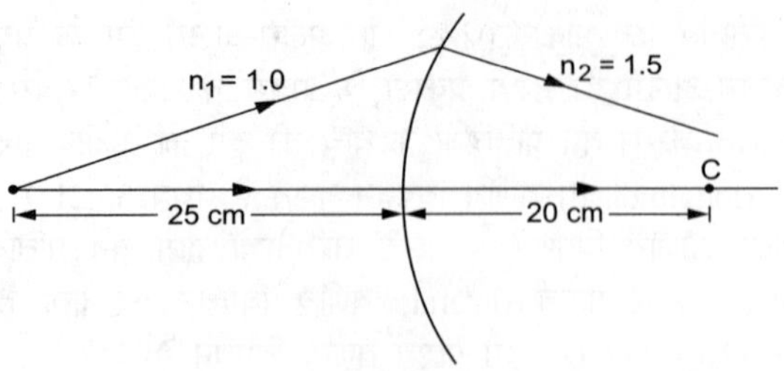

चित्र 35.W1

हल $\frac{n_2}{v} - \frac{n_1}{u} = \frac{n_2 - n_1}{R}$.

यहाँ, $u = -25$ cm, $R = 20$ cm, $n_1 = 1.0$ तथा $n_2 = 1.5$.

अतः, $\frac{1.5}{v} + \frac{1.0}{25 \text{ cm}} = \frac{1.5 - 1.0}{20 \text{ cm}}$

या $\frac{1.5}{v} = \frac{1}{40 \text{ cm}} - \frac{1}{25 \text{ cm}}$

या $v = -100$ cm.

v का मान ऋणात्मक है, अर्थात प्रतिबिंब बायीं ओर (हवा में) गोले की सतह से 100 cm दूर बनेगा। अर्थात, चित्र में प्रदर्शित विवरण सही नहीं है। आप पुनः चित्र बनाएँ जिसमें प्रतिबिंब बायीं ओर बने।

2. *काँच (n = 1.5) की बनी एक मोटी बेलनाकार छड़ के एक किनारे को गोल कर 5.0 cm त्रिज्या की अर्द्धगोलाकार सतह के आकार का बना दिया गया है। इस सतह से 20.0 cm दूर छड़ के अक्ष के लंबवत 0.5 mm ऊँची एक वस्तु रखी है। गोलीय सतह पर अपवर्तन के कारण बने इसके प्रतिबिंब की ऊँचाई तथा उसका स्थान निकालें।*

हल गोलीय सतह पर मध्यबिंदु को मूलबिंदु लें।

यहाँ $u = -20$ cm, $R = 5.0$ cm, $h_1 = 0.5$ mm.

सूत्र $\frac{n_2}{v} - \frac{n_1}{u} = \frac{n_2 - n_1}{R}$ से,

$\frac{1.5}{v} - \frac{1}{-20 \text{ cm}} = \frac{1.5 - 1}{5.0 \text{ cm}}$

या $v = 30$ cm.

v के धनात्मक होने का अर्थ है प्रतिबिंब सतह के दाहिनी ओर, अर्थात काँच में बन रहा है।

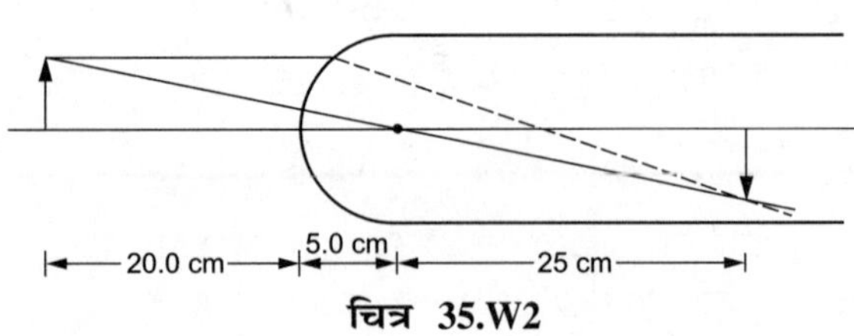

चित्र 35.W2

आवर्धन, $m = \frac{n_1 v}{n_2 u} = \frac{30 \text{ cm}}{1.5 \times (-20 \text{ cm})} = -1$

अतः, $\frac{h_1}{h_2} = -1$

या $h_2 = -h_1 = -0.5$ mm.

प्रतिबिंब का आकार (size) वस्तु के आकार के बराबर है। h_2 का मान ऋणात्मक है। अतः, प्रतिबिंब उलटा बन रहा है।

3. *काँच (n = 1.5) के एक गोले में हवा का एक छोटा-सा बुलबुला है। गोले की त्रिज्या 10 cm है। बुलबुला सतह से 4.0 cm नीचे है और इसे गोले के ऊपर से देखा जा रहा है। सतह से बुलबुले की आभासी गहराई बताएँ।*

हल बुलबुले O से चला प्रकाश काँच की सतह से अपवर्तित होकर दर्शक की आँखों तक आता है और इसी से वह बुलबुले के प्रतिबिंब को देखता है। चित्र में P बिंदु को मूलबिंदु लेने पर,

$u = -4.0$ cm, $R = -10$ cm, $n_1 = 1.5$, $n_2 = 1$.

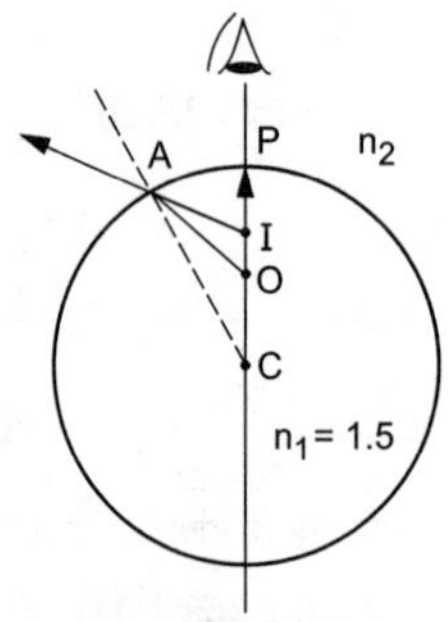

चित्र 35.W3

सूत्र $\frac{n_2}{v} - \frac{n_1}{u} = \frac{n_2 - n_1}{R}$ से,

$\frac{1}{v} - \frac{1.5}{-4.0 \text{ cm}} = \frac{1 - 1.5}{-10 \text{ cm}}$

या $\frac{1}{v} = \frac{0.5}{10 \text{ cm}} - \frac{1.5}{4.0 \text{ cm}}$

या $v = -3.0$ cm.

अतः, बुलबुला सतह से 3.0 cm नीचे दिखेगा।

4. *काँच के एक ब्लॉक के अंदर 2 mm त्रिज्या का एक हवा का गोलाकार बुलबुला स्थित है। प्रकाश की एक पतली बीम इस बुलबुले पर एक व्यास के आस-पास चलती हुई पड़ती है। (a) बुलबुले पर पहले अपवर्तन से बननेवाले प्रतिबिंब का स्थान बताएँ। (b) बुलबुले पर दोनों अपवर्तनों के बाद जाती किरणों के कारण बननेवाले प्रतिबिंब का स्थान ज्ञात करें। काँच का अपवर्तनांक = 1.50 लें।*

हल चित्र 35.W4 में दोनों प्रतिबिंबों I_1 तथा I_2 के बनने की प्रक्रिया किरण-आरेख के माध्यम से दिखाई गई है।

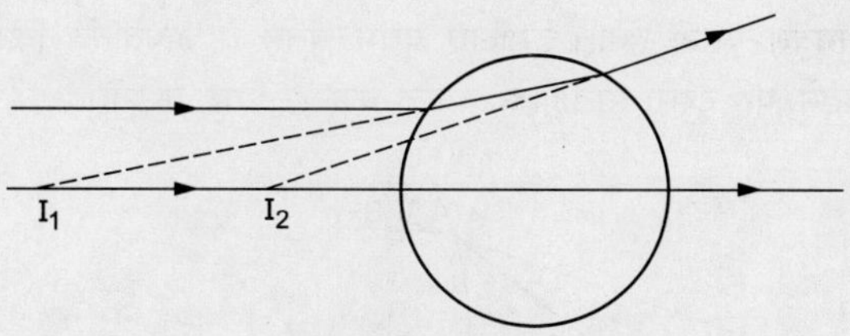

चित्र 35.W4

(a) पहले अपवर्तन के लिए, $u = -\infty$, $R = +2$ mm, $n_1 = 1.50$ तथा $n_2 = 1$.

सूत्र $\frac{n_2}{v} - \frac{n_1}{u} = \frac{n_2 - n_1}{R}$ से,

$$\frac{1}{v} - \frac{1.50}{-\infty} = \frac{1-1.50}{2 \text{ mm}}$$

या $\frac{1}{v} = -\frac{1}{4 \text{ mm}}$ या $v = -4$ mm.

पहले अपवर्तन के कारण प्रतिबिंब I_1, बुलबुले की नजदीकी सतह से 4 mm बाएँ काँच में बनेगा। बुलबुले के केंद्र से इस प्रतिबिंब की दूरी 4 mm + 2 mm = 6 mm होगी। यह आभासी प्रतिबिंब है।

(b) दूसरा अपवर्तन बुलबुले की दूर वाली सतह से होगा। I_1 की दूरी इस दूरस्थ-बिंदु से 4 mm + 4 mm = 8 mm होगी। इस अपवर्तन के लिए,

$$u = -8 \text{ mm}, R = -2 \text{ mm}, n_1 = 1, n_2 = 1.50$$

सूत्र $\frac{n_2}{v} - \frac{n_1}{u} = \frac{n_2 - n_1}{R}$ से,

$$\frac{1.50}{v} - \frac{1}{-8 \text{ mm}} = \frac{1.50-1}{-2 \text{ mm}}$$

या $v = -4$ mm.

अपवर्तक सतह से यह प्रतिबिंब I_2, 4 mm पीछे अर्थात बुलबुले की नजदीकी सतह पर बनेगा।

5. *चित्र 35.W5 में काँच का बना एक लेंस दिखाया गया है। काँच का अपवर्तनांक 1.5 मानते हुए इस लेंस की फोकस-दूरी निकालें।*

हल जैसा कि चित्र से स्पष्ट है, इसकी दोनों वक्रता-त्रिज्याएँ R_1 तथा R_2 धनात्मक हैं। यहाँ $R_1 = +10$ cm, $R_2 = +20$ cm तथा $n = 1.5$. अतः, फोकस-दूरी, f के लिए,

$$\frac{1}{f} = (n-1)\left(\frac{1}{R_1} - \frac{1}{R_2}\right) = (1.5-1)\left(\frac{1}{10 \text{ cm}} - \frac{1}{20 \text{ cm}}\right)$$

$$= 0.5 \times \frac{1}{20 \text{ cm}} = \frac{1}{40 \text{ cm}}$$

या $f = 40$ cm.

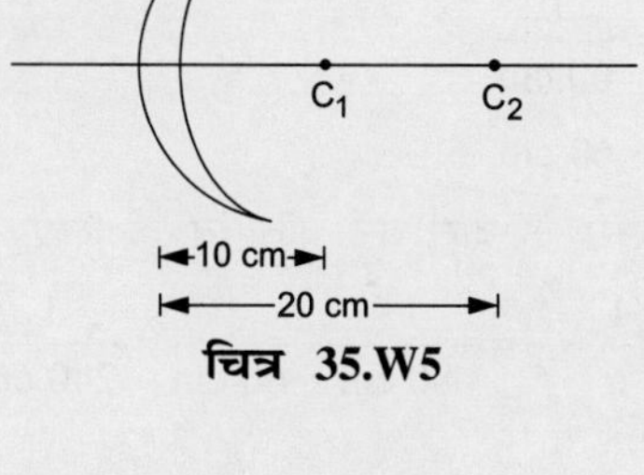

चित्र 35.W5

6. *एक बिंदुस्रोत S को 10 cm फोकस-दूरी वाले एक उत्तल लेंस के मुख्य अक्ष पर उससे 15 cm दूरी पर रखा गया है। 12 cm फोकस-दूरी वाले एक उत्तल दर्पण को कहाँ रखा जाए कि अंतिम प्रतिबिंब वास्तविक हो और S पर ही बने।*

हल चित्र 35.W6 को देखें।

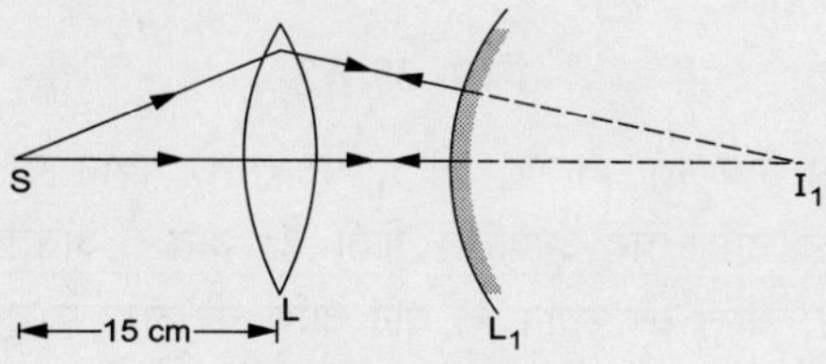

चित्र 35.W6

लेंस से जाती किरणों के लिए,

$$u = -15 \text{ cm}, \quad f = +10 \text{ cm}.$$

अतः, $\frac{1}{v} = \frac{1}{u} + \frac{1}{f} = \frac{1}{-15 \text{ cm}} + \frac{1}{10 \text{ cm}} = \frac{1}{30 \text{ cm}}$.

या $v = 30$ cm.

v का धनात्मक मान बताता है कि लेंस से निकलने के बाद किरणें अभिसारी (converging) हो गई हैं और लेंस से 30 cm की दूरी पर मिलेंगी। यदि इन किरणों को वापस S पर मिलवाना हो, तो उत्तल दर्पण को लेंस के दाहिने ऐसी जगह पर रखना होगा ताकि ये किरणें उसपर लंबवत पड़े, तथा अपने पथ पर ही वापस चलना प्रारंभ कर दें। अतः, लेंस द्वारा बना प्रतिबिंब I_1 उत्तल दर्पण के वक्रता-केंद्र पर होना चाहिए। लेंस से उत्तल दर्पण की दूरी,

$$LL_1 = LI_1 - L_1I_1 = 30 \text{ cm} - 2 \times 12 \text{ cm} = 6 \text{ cm}.$$

अतः, दर्पण को उत्तल लेंस से 6 cm की दूरी पर रखना होगा।

7. *15 cm फोकस-दूरी का एक उत्तल लेंस तथा 20 cm फोकस-दूरी का एक अवतल दर्पण इस प्रकार रखे गए हैं कि उनके मुख्य अक्ष एक ही हैं। एक बिंदुस्रोत S मुख्य अक्ष पर लेंस से 12 cm दूरी पर रखा गया है (चित्र 35.W7)। यह पाया जाता है कि सारे परावर्तन एवं अपवर्तन के बाद किरणें मुख्य अक्ष के समानांतर हो जाती हैं। लेंस तथा दर्पण के बीच की दूरी निकालें।*

हल बिंदुस्रोत S से आती किरणें लेंस से निकलने के बाद I_1 पर प्रथम प्रतिबिंब बनाती हैं। इस भाग के लिए,

$$u = -12 \text{ cm}, f = 15 \text{ cm}.$$

अतः, $\frac{1}{v} = \frac{1}{u} + \frac{1}{f}$

$$= \frac{1}{-12 \text{ cm}} + \frac{1}{15 \text{ cm}}$$

$$= -\frac{1}{60 \text{ cm}}$$

या $v = -60$ cm.

यहाँ ऋणात्मक चिह्न बताता है कि प्रतिबिंब लेंस के बायीं ओर बना है जैसा कि चित्र 35.W7 में दिखाया गया है।

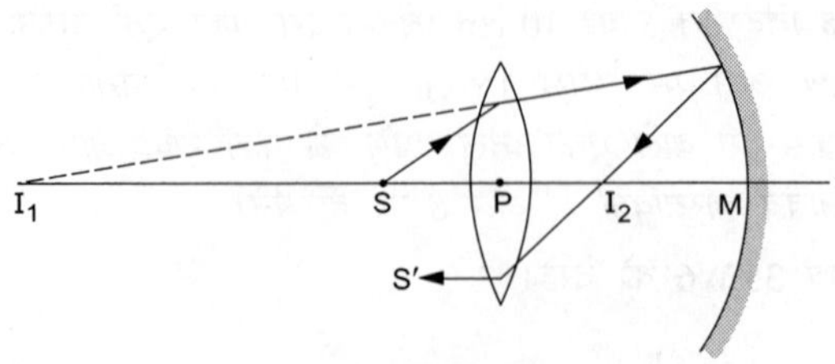

चित्र 35.W7

लेंस से निकलती किरणें, जो I_1 पर (पीछे बढ़ाने पर) कटती हैं, अवतल दर्पण पर आपतित होती हैं। अतः, अवतल दर्पण के लिए I_1 वस्तु का स्थान है। यदि दर्पण की लेंस से दूरी x cm हो, तो दर्पण से बने प्रतिबिंब I_2 के लिए,

$$u = -(60 + x)\,\text{cm},\; f = -20\,\text{cm}.$$

अतः, दर्पण के सूत्र $\frac{1}{v} + \frac{1}{u} = \frac{1}{f}$ से,

$$\frac{1}{v} = \frac{1}{f} - \frac{1}{u} = \frac{1}{-20\text{ cm}} - \frac{1}{-(60+x)\text{ cm}}$$

$$= \frac{-(40+x)\text{ cm}}{(20\text{ cm})(60+x)\text{ cm}}$$

या $$v = -\frac{(20\text{ cm})(60+x)\text{ cm}}{(40+x)\text{ cm}}.$$

अवतल दर्पण द्वारा परावर्तित किरणें I_2 पर मिलेंगी। ये किरणें पुनः लेंस पर आपतित होती हैं और लेंस के मुख्य अक्ष के समानांतर होकर निकलती हैं। स्पष्ट है कि I_2 को लेंस के फोकस पर होना होगा। अर्थात, लेंस से I_2 की दूरी 15 cm होगी।

$$PM = PI_2 + I_2M$$

या $$x\text{ cm} = 15\text{ cm} + \frac{20(60+x)}{40+x}\text{ cm}$$

या $$x(40+x) = 15(40+x) + 20(60+x)$$

या $$x^2 + 5x - 1800 = 0$$

अतः, x = 40 या – 45.

चूँकि लेंस तथा दर्पण के बीच की दूरी – 45 cm नहीं हो सकती है, अतः, यह दूरी 40 cm है।

8. *दोनों तरफ से उत्तल सतह वाला एक लेंस 1.50 अपवर्तनांक वाले काँच से बनाया गया है। दोनों सतहों में से प्रत्येक की वक्रता-त्रिज्या 25 cm है। इनमें से एक सतह पर बाहर से सिल्वरिंग कर उसे परावर्तक बना दिया गया है। लेंस के मुख्य अक्ष पर इससे कितनी दूरी पर एक बिंदुस्रोत रखा जाए कि उसका प्रतिबिंब वहीं पर बने?*

हल चित्र 35.W8 में प्रश्न में दी गई परिस्थिति दिखाई गई है। वस्तु O से चलनेवाली किरणें लेंस की पहली सतह से अपवर्तित होकर लेंस में घुसती हैं। ये अपवर्तित किरणें लेंस की दूसरी सतह पर पड़ती हैं और वहाँ से परावर्तित हो जाती हैं तथा पुनः लेंस की पहली सतह से अपवर्तित होकर हवा में निकलती हैं। यदि अंतिम प्रतिबिंब O पर ही बनना हो, तो परावर्तन के बाद किरणों को अपने पुराने पथ पर ही वापस लौट जाना होगा। अर्थात, दूसरी सतह पर इन किरणों को लंबवत पड़ना होगा। इसलिए प्रथम सतह से अपवर्तित किरणें पीछे बढ़ने पर दूसरी सतह के वक्रता-केंद्र C_2 पर कटेगी।

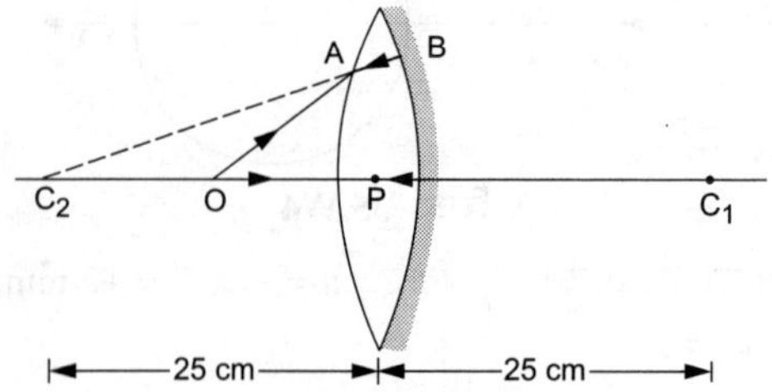

चित्र 35.W8

प्रथम अपवर्तन के लिए,

$$v = -PC_2 = -25\text{ cm},\; R = PC_1 = +25\text{ cm},$$

$$n_1 = 1,\; n_2 = 1.5.$$

अपवर्तन के समीकरण से,

$$\frac{n_2}{v} - \frac{n_1}{u} = \frac{n_2 - n_1}{R}$$

या $$\frac{1.5}{-25\text{ cm}} - \frac{1}{u} = \frac{1.5-1}{25\text{ cm}}$$

या $$u = -12.5\text{ cm}.$$

वस्तु को लेंस से 12.5 cm की दूरी पर रखना होगा।

9. *अपवर्तनांक 1.50 वाले काँच से बने अवतलोत्तल (concavo-convex) लेंस की एक सतह उत्तल तथा दूसरी अवतल है। इन सतहों की वक्रता-त्रिज्याएँ 20 cm तथा 60 cm हैं। (a) लेंस के मुख्य अक्ष पर इससे 80 cm बायीं तरफ रखे एक बिंदुस्रोत के प्रतिबिंब का स्थान बताएँ। (b) ऐसा ही एक और लेंस पहले लेंस से 160 cm दाहिनी ओर समाक्ष (coaxially) रूप से रख दिया जाता है। इस स्थिति में अंतिम प्रतिबिंब का स्थान बताएँ।*

हल प्रश्न में दी गई परिस्थिति चित्र 35.W9 में दिखाई गई है।

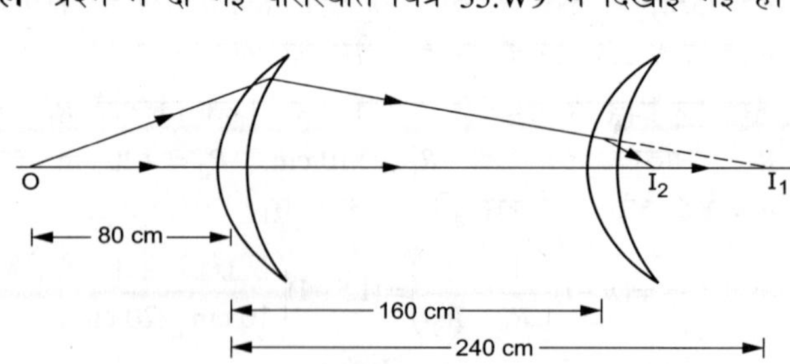

चित्र 35.W9

लेंस की फोकस-दूरी के लिए,

$$\frac{1}{f} = (n-1)\left(\frac{1}{R_1} - \frac{1}{R_2}\right) = (1.5-1)\left(\frac{1}{20\text{ cm}} - \frac{1}{60\text{ cm}}\right)$$

$$= \frac{1}{60\text{ cm}}$$

या $$f = 60\text{ cm}.$$

(a) पहले लेंस के द्वारा बने प्रतिबिंब के लिए,

$$\frac{1}{v} = \frac{1}{u} + \frac{1}{f} = \frac{1}{-80\text{ cm}} + \frac{1}{60\text{ cm}} = \frac{1}{240\text{ cm}}$$

या $\quad v = 240 \text{ cm}.$

यहाँ धनात्मक चिह्न बताता है कि प्रथम प्रतिबिंब I_1 लेंस के दाहिनी ओर बन रहा है।

(b) दूसरा लेंस पहले लेंस के दाहिनी ओर 160 cm दूरी पर रखा है। पहले लेंस से निकली किरणें ही इस लेंस पर आपतित होती हैं, अतः I_1 इस लेंस के लिए वस्तु है। इस लेंस द्वारा बने प्रतिबिंब के लिए,

$$u = 240 \text{ cm} - 160 \text{ cm} = +80 \text{ cm}, \; f = +60 \text{ cm}.$$

अतः, $\dfrac{1}{v} = \dfrac{1}{u} + \dfrac{1}{f} = \dfrac{1}{80 \text{ cm}} + \dfrac{1}{60 \text{ cm}} = \dfrac{7}{240 \text{ cm}}$

या $\quad v = \dfrac{240}{7} \text{ cm} = 34.3 \text{ cm}.$

अतः, अंतिम प्रतिबिंब दूसरे लेंस से 34.3 cm दाहिनी ओर बनेगा।

10. *काँच (n = 1.50) का बना एक पतला लेंस जिसकी फोकस-दूरी +12 cm है, पानी (n = 1.33) में डुबा दिया गया है। इस स्थिति में इसकी फोकस-दूरी क्या होगी?*

हल $\dfrac{1}{f} = \left(\dfrac{n_2}{n_1} - 1\right)\left(\dfrac{1}{R_1} - \dfrac{1}{R_2}\right).$

जब बाहर हवा है, तब $f = +12$ cm. अतः,

$$\frac{1}{12 \text{ cm}} = \left(\frac{1.5}{1} - 1\right)\left(\frac{1}{R_1} - \frac{1}{R_2}\right)$$

या $\quad \dfrac{1}{R_1} - \dfrac{1}{R_2} = \dfrac{1}{6 \text{ cm}} \quad$ ... (i)

जब लेंस को पानी में डुबाकर रखा जाता है तब इसकी फोकस-दूरी f' के लिए,

$$\frac{1}{f'} = \left(\frac{1.5}{1.33} - 1\right)\left(\frac{1}{R_1} - \frac{1}{R_2}\right) = \frac{1}{8} \times \frac{1}{6 \text{ cm}}$$

या $\quad f' = 48 \text{ cm}.$

11. *पानी से भरे एक बेलनाकार बरतन को ऊपर से एक उत्तल लेंस द्वारा ढँक दिया गया है। हवा में लेंस की फोकस-दूरी 10 cm है और इसकी दोनों सतहों की वक्रता-त्रिज्याएँ बराबर हैं। एक बिंदुस्रोत को अक्ष पर लेंस से 21 cm दूर हवा में रखा गया है। काँच का अपवर्तनांक 3/2 तथा पानी का अपवर्तनांक 4/3 लेते हुए स्रोत के अंतिम प्रतिबिंब का स्थान ज्ञात करें।*

हल लेंस की दोनों सतहें उत्तल हैं। यदि इनकी वक्रता-त्रिज्याएँ R_0 हों, तो पहली सतह के लिए $R_1 = +R_0$ तथा दूसरी सतह के लिए, $R_2 = -R_0$.

अतः, सूत्र $\dfrac{1}{f} = (n-1)\left(\dfrac{1}{R_1} - \dfrac{1}{R_2}\right)$ से,

$$\frac{1}{10 \text{ cm}} = \left(\frac{3}{2} - 1\right)\left(\frac{1}{R_0} + \frac{1}{R_0}\right)$$

या $\quad R_0 = 10 \text{ cm}.$

प्रश्न में दी गई परिस्थिति चित्र 35.W10 में दिखाई गई है। पहली सतह पर अपवर्तन के लिए,

$$u = -21 \text{ cm}, R = 10 \text{ cm}, n_1 = 1, n_2 = \frac{3}{2}.$$

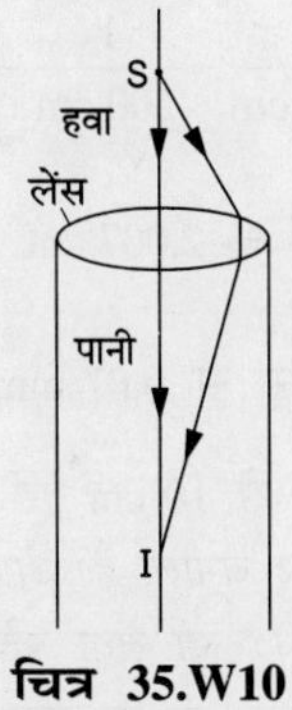

चित्र 35.W10

सूत्र $\quad \dfrac{n_2}{v} - \dfrac{n_1}{u} = \dfrac{n_2 - n_1}{R}$ से,

$$\frac{3}{2v_1} - \frac{1}{-21 \text{ cm}} = \frac{\frac{3}{2} - 1}{10 \text{ cm}}$$

या $\quad v_1 = 630 \text{ cm}.$

अतः, पहले प्रतिबिंब की दूरी, $v_1 = 630$ cm.

अर्थात, इस अपवर्तन के बाद चलती किरणें जो दूसरी सतह पर आपतित हो रही हैं, सतह से 630 cm आगे कटेंगी। चूँकि लेंस पतला है इसलिए दूसरी सतह से भी इस बिंदु की दूरी इतनी ही ली जाएगी। इस अपवर्तन के लिए,

$$u = +630 \text{ cm}, R = -10 \text{ cm}, n_1 = \frac{3}{2}, n_2 = \frac{4}{3}.$$

अतः, $\dfrac{4}{3v} - \dfrac{3}{2 \times 630 \text{ cm}} = \dfrac{\frac{4}{3} - \frac{3}{2}}{-10 \text{ cm}}$

या $\quad v = 70 \text{ cm}.$

अर्थात अंतिम प्रतिबिंब पानी में लेंस से 70 cm दूरी पर बनेगा।

12. *एक स्लाइड प्रोजेक्टर एक स्लाइड का प्रतिबिंब 2.0 m दूर लगाए गए पर्दे पर बनाता है तथा यह स्लाइड को 100 गुना आवर्धित करता है। मान लें कि प्रोजेक्टर में प्रतिबिंब बनाने का काम एक अकेले उत्तल लेंस द्वारा होता है। यदि पर्दे को 0.5 m नजदीक ले आया जाए, तो स्लाइड को लेंस की ओर या उससे दूर कितना खिसकाना पड़ेगा ताकि प्रतिबिंब पर्दे पर बन सके?*

हल पहली स्थिति में, $v = 2.0$ m, $\dfrac{v}{u} = -100.$

अतः, $u = -\dfrac{v}{100} = -\dfrac{2.0}{100} \text{ m} = -2.0 \text{ cm}.$

लेंस की फोकस-दूरी के लिए,

$$\frac{1}{f} = \frac{1}{v} - \frac{1}{u}$$

या $\quad \dfrac{1}{f} = \dfrac{1}{2.0 \text{ m}} + \dfrac{1}{2.0 \text{ cm}} \quad$ ... (i)

जब पर्दे को 0.5 m नजदीक ले आया जाता है, तो v = 1.5 m. इस स्थिति में यदि वस्तु की दूरी u' हो, तो

$$\frac{1}{u'}=\frac{1}{v}-\frac{1}{f}=\frac{1}{1.5\text{ m}}-\frac{1}{2.0\text{ m}}-\frac{1}{2.0\text{ cm}} \quad \text{[समीकरण (i) से]}$$

$$=\frac{1}{150\text{ cm}}-\frac{1}{200\text{ cm}}-\frac{1}{2\text{ cm}}=-\frac{299}{600\text{ cm}}$$

या $u'=-\frac{600\text{ cm}}{299}=-2.007\text{ cm}.$

अतः, स्लाइड को लेंस से 0.07 mm दूर ले जाना होगा।

13. *एक उत्तल लेंस अपने से 10 cm दूर रखी हुई वस्तु का प्रतिबिंब 10 cm दूर रखे पर्दे पर बनाता है। अपवर्तनांक 1.5 वाले काँच की बनी 1.5 cm मोटी पट्टी लेंस तथा पर्दे के बीच रख दी जाती है। वस्तु को लेंस से कितनी दूरी पर रखा जाए ताकि उसका प्रतिबिंब पर्दे पर बन सके।*

हल जब $u=-10$ cm, तो v = 10 cm है। अतः,

$$\frac{1}{f}=\frac{1}{v}-\frac{1}{u}=\frac{1}{10\text{ cm}}+\frac{1}{10\text{ cm}}$$

या $f=5$ cm.

पट्टी रखने के बाद की स्थिति चित्र 35.W11 में दिखाई गई है।

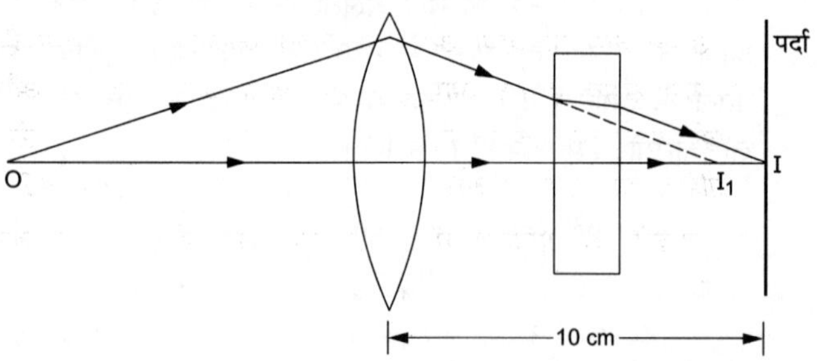

चित्र 35.W11

वस्तु O से चलती प्रकाश की किरणें लेंस से गुजरकर I_1 पर प्रतिबिंब बनाती हैं। यही किरणें पट्टी से गुजरकर I पर अंतिम प्रतिबिंब बनाती हैं।

काँच की पट्टी I_1 का प्रतिबिंब I पर बनाती है। अतः,

$$I_1I=t\left(1-\frac{1}{n}\right)=(1.5\text{ cm})\left(1-\frac{1}{1.5}\right)=0.5\text{ cm}.$$

अतः, लेंस से I_1 की दूरी 10 cm – 0.5 cm = 9.5 cm होगी। लेंस से बने प्रतिबिंब के लिए,

$v=9.5$ cm तथा $f=5.0$ cm.

अतः, $\frac{1}{u}=\frac{1}{v}-\frac{1}{f}=\frac{1}{9.5\text{ cm}}-\frac{1}{5\text{ cm}}$

या $u=-10.6$ cm.

अतः, वस्तु को लेंस से 10.6 cm की दूरी पर रखना होगा।

14. *दो उत्तल लेंस जिनमें से प्रत्येक की फोकस-दूरी 20 cm है, समाक्ष रूप से (coaxially) एक-दूसरे से 60 cm की दूरी पर रखे हैं। इस अक्ष पर बहुत दूर रखी वस्तु के अंतिम प्रतिबिंब का स्थान निकालें।*

हल दूर रखी वस्तु से आती किरणें लगभग समानांतर होंगी तथा पहले लेंस द्वारा बना इसका प्रतिबिंब उसके फोकस पर, अर्थात 20 cm दूरी पर बनेगा (चित्र 35.W12)।

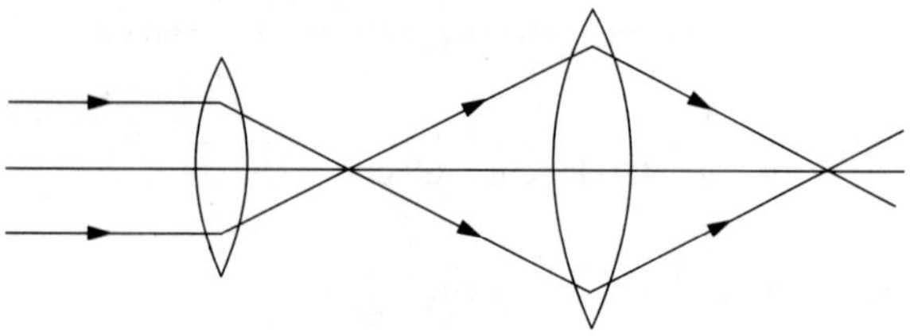

चित्र 35.W12

दूसरे लेंस से इस बिंदु की दूरी = 60 cm – 20 cm = 40 cm.

इस लेंस के लिए $u=-40$ cm तथा $f=20$ cm.

अतः, सूत्र $\frac{1}{v}-\frac{1}{u}=\frac{1}{f}$ से,

$$\frac{1}{v}=\frac{1}{f}+\frac{1}{u}=\frac{1}{20\text{ cm}}+\frac{1}{-40\text{ cm}}=\frac{1}{40\text{ cm}}$$

या $v=40$ cm.

अर्थात, प्रतिबिंब लेंस के दूसरी ओर 40 cm पर बनेगा।

15. *R_0 त्रिज्या के एक खाली बीकर को पानी के टब में इस प्रकार रखा गया है कि बीकर के अंदर पानी न जाए। बीकर के व्यास के अनुदिश पानी में चलते हुए प्रकाश का एक पतला पुंज बीकर की दीवार पर पड़ता है। दिखाएँ कि बीकर एक अवतल लेंस की भाँति काम करता है। यदि इसे बीकर के केंद्र पर रखे एक अवतल लेंस के तुल्य माना जाए, तो इसकी तुल्य फोकस-दूरी निकालें। पानी का अपवर्तनांक* $=\frac{4}{3}$.

हल चित्र 35.W13 में बीकर का अनुप्रस्थ परिच्छेद (cross section) दिखाया गया है, जिससे प्रकाशपुंज आ रहा है।

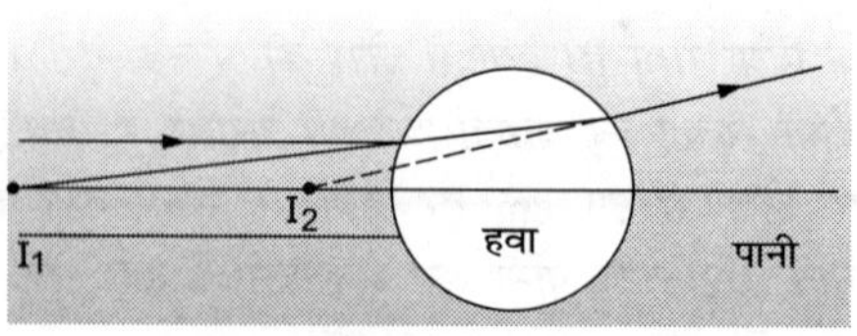

चित्र 35.W13

प्रकाशपुंज पानी से चलकर हवा में प्रवेश करता है। बीकर की दीवार पतली होने के कारण इसके द्वारा प्रकाश की किरणों में किसी प्रकार के विस्थापन या विचलन को नगण्य माना जा सकता है। इस अपवर्तन के लिए,

$$u=\infty,\ R=R_0,\ n_1=\frac{4}{3},\ n_2=1.$$

अब सूत्र $\frac{n_2}{v}-\frac{n_1}{u}=\frac{n_2-n_1}{R}$ से,

$$\frac{1}{v}-\frac{\frac{4}{3}}{\infty}=\frac{1-\frac{4}{3}}{R_0}$$

या $\quad v=-3R_0.$

अतः, प्रथम प्रतिबिंब बीकर की बायीं सतह से $3R_0$ पीछे बनेगा। बीकर की दूसरी सतह पर पड़ती किरणों के लिए यही प्रतिबिंब वस्तु है। इस सतह पर अपवर्तन के लिए,

$$u=-3R_0+(-2R_0)=-5R_0,$$

$$R=-R_0,\ n_1=1,\ n_2=\frac{4}{3}.$$

पुनः, सूत्र $\frac{n_2}{v}-\frac{n_1}{u}=\frac{n_2-n_1}{R}$ से,

$$\frac{4}{3v}-\frac{1}{-5R_0}=\frac{\frac{4}{3}-1}{-R_0}$$

या $\quad v=-\frac{5}{2}R_0.$

अंतिम प्रतिबिंब I_2 इस सतह से $\frac{5}{2}R_0$ पीछे बनेगा। बीकर के केंद्र से यह प्रतिबिंब $\frac{3}{2}R_0$ पीछे बनेगा। यदि यहाँ एक अवतल लेंस की कल्पना की जाए जो अंतिम प्रतिबिंब I_2 पर ही बनाए, तो उसकी फोकस-दूरी $\frac{3}{2}R_0$ होनी चाहिए।

• *विचार हेतु प्रश्न* •

1. *एक उत्तल लेंस की एक सतह उत्तल तथा दूसरी अवतल है। क्या इस लेंस द्वारा किसी बिंदुस्रोत के प्रतिबिंब का स्थान या प्रकृति इस बात पर निर्भर करता है कि वह स्रोत उत्तल सतह के सामने है या अवतल सतह के?*
2. *एक अपारदर्शी ट्यूब के अंदर एक लेंस फिट किया हुआ है, प्रकाश की एक समानांतर बीम ट्यूब में प्रवेश करती है और अपसारी (divergent) बीम के रूप में ट्यूब से बाहर निकलती है। क्या आप विश्वासपूर्वक कह सकते हैं कि ट्यूब के अंदर का लेंस अवतल है?*
3. *पानी के अंदर हवा का एक बुलबुला है। यह अभिसारी लेंस की तरह व्यवहार करेगा या अपसारी लेंस की तरह?*
4. *अलग-अलग फोकस-दूरी के दो अभिसारी लेंसों की सहायता से प्रकाश की एक समानांतर बीम की ऊर्जा को बिना कम किए उसका व्यास घटाया जा सकता है। इससे प्रकाश की तीव्रता बढ़ जाती है। लेंसों को किस तरह रखकर यह प्रभाव प्राप्त किया जा सकता है?*
5. *क्या एक गोलीय दर्पण को पानी में डुबाने पर उसकी फोकस-दूरी में परिवर्तन आता है? क्या किसी लेंस को पानी में डुबाने पर उसकी फोकस-दूरी में परिवर्तन आता है?*
6. *एक अवतल लेंस की बायीं ओर कुछ दूरी पर एक मोमबत्ती जल रही है। क्या ऐसा हो सकता है कि लेंस के दाहिनी ओर उचित स्थान पर एक पर्दा रखने से पर्दे पर मोमबत्ती की लौ का प्रतिबिंब बने? क्या ऐसा हो सकता है कि लेंस की बायीं ओर उचित स्थान पर एक पर्दा रखने से पर्दे पर मोमबत्ती की लौ का प्रतिबिंब बन जाए?*
7. *एक उत्तल लेंस के बायीं ओर एक बल्ब जलाकर रखा गया है। क्या यह संभव है कि आप लेंस के बायीं ओर खड़े हों और आपको बल्ब का प्रतिबिंब दिखे? क्या यह संभव है कि आप लेंस के दाहिनी ओर खड़े हों और आपको बल्ब का प्रतिबिंब न दिखे?*
8. *क्या देखने की प्रक्रिया में रेटिना पर आभासी प्रतिबिंब बन सकता है?*
9. *एक लेसर टॉर्च से प्रकाश की बीम एक लेंस पर डाली जा रही है। क्या इससे अच्छा-खासा वर्णीय विपथन हो सकता है?*
10. *क्या दर्पणों द्वारा वर्णीय विपथन हो सकता है?*

• *सटीक उत्तरवाले प्रश्न I* •

सही उत्तर का चयन करें।

1. चित्र 35.Q1 में तीन पारदर्शी माध्यम दिखाए गए हैं जिनके अपवर्तनांक n_1, n_2 तथा n_3 हैं। एक बिंदुस्रोत O अपवर्तनांक n_2 वाले माध्यम में रखा है। यदि इस गोलीय सतह के दाहिनी ओर का पूरा माध्यम n_1 अपवर्तनांक वाला होता, तो प्रतिबिंब O' बिंदु पर बनता। यदि इस गोलीय सतह के दाहिनी ओर का पूरा माध्यम n_3 अपवर्तनांक वाला होता, तो प्रतिबिंब O'' पर बनता। चित्र में दिखाई स्थिति में प्रतिबिंब
   (a) O' तथा O'' के बीच में कहीं बनेगा।
   (b) O' के बायीं ओर बनेगा।
   (c) O'' के दायीं ओर बनेगा।
   (d) दो प्रतिबिंब बनेंगे, पहला O' पर तथा दूसरा O'' पर।

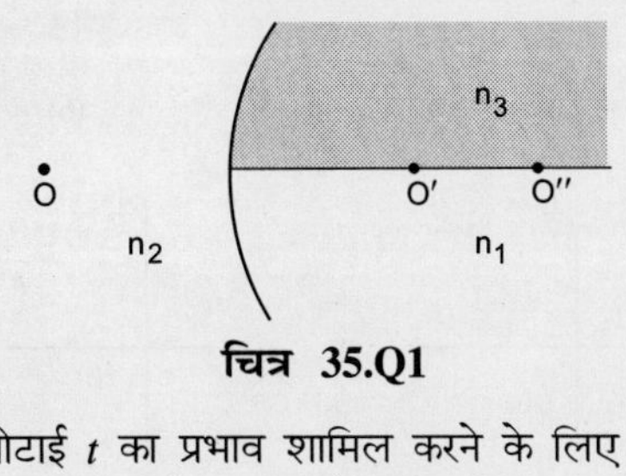

चित्र 35.Q1

2. लेंस की मोटाई t का प्रभाव शामिल करने के लिए लेंस-सूत्र में चार बदलाव सुझाए गए हैं। इनमें कौन-सा विकल्प सही हो सकता है?
   (a) $\frac{1}{v}-\frac{1}{u}=\frac{t}{uf}$ (b) $\frac{t}{v^2}-\frac{1}{u}=\frac{1}{f}$
   (c) $\frac{1}{v-t}-\frac{1}{u+t}=\frac{1}{f}$ (d) $\frac{1}{v}-\frac{1}{u}+\frac{t}{uv}=\frac{t}{f^2}$

3. एक उत्तल लेंस से $2f$ की दूरी पर मुख्य अक्ष पर प्रकाश का एक बिंदुस्रोत रखा है। लेंस के दूसरी ओर इस प्रकाश की तीव्रता अधिकतम होगी, लेंस से
   (a) f की दूरी पर
   (b) f तथा $2f$ के बीच की किसी स्थान पर
   (c) $2f$ की दूरी पर
   (d) $2f$ से अधिक दूरी पर
4. एक उत्तल लेंस के मुख्य अक्ष के समानांतर चलती प्रकाश की एक बीम उसपर पड़ती है। लेंस की दूसरी ओर लेंस से दूर बढ़ने पर प्रकाश की तीव्रता
   (a) स्थिर रहती है।
   (b) लगातार बढ़ती जाती है।
   (c) लगातार घटती जाती है।
   (d) पहले बढ़ती है, फिर घटती है।
5. एक उत्तल लेंस की दोनों सतहों की वक्रता-त्रिज्याएँ समान हैं। इसे मुख्य अक्ष के लंबवत तल से दो बराबर भागों में बाँटा गया है। यदि मूल लेंस की फोकस-दूरी 25 cm हो, तो प्रत्येक भाग की फोकस-दूरी होगी
   (a) 50 cm (b) 30 cm (c) 25 cm (d) 20 cm
6. एक उत्तल लेंस की दोनों सतहों की वक्रता-त्रिज्याएँ बराबर हैं। इसे मुख्य अक्ष से जाते हुए एक समतल द्वारा दो बराबर भागों में काट दिया जाता है। यदि मूल लेंस का पावर 4 D हो, तो प्रत्येक भाग का पावर होगा
   (a) 2 D (b) 3 D (c) 4 D (d) 5 D
7. दो अवतल लेंसों को एक-दूसरे से साथ सटाकर रखा गया है। उनके मुख्य अक्ष एक ही हैं और प्रत्येक की दोनों सतहों की वक्रता त्रिज्याएँ भी समान हैं। दोनों लेंसों के बीच के भाग में लेंस के अपवर्तनांक से कम अवर्तनांक वाले द्रव को भर दिया गया है। द्रव के भरने से इस संयोजन की फोकस-दूरी
   (a) अपरिभाषित हो जाएगी (b) अपरिवर्तित रहेगी
   (c) बढ़ जाएगी (d) घट जाएगी
8. अपवर्तनांक 1.5 के पदार्थ से बने एक उत्तल लेंस को अपवर्तनांक 1.3 वाले द्रव में डुबाकर रखा गया है। यह व्यवहार करेगा
   (a) अभिसारी लेंस की तरह (b) अपसारी लेंस की तरह
   (c) पट्टिका की तरह (d) प्रिज्म की तरह
9. फोकस-दूरी 20 cm वाले एक उत्तल लेंस के मुख्य अक्ष पर लेंस से बाईं ओर 40 cm दूरी पर एक बिंदुस्रोत O रखा है। लेंस का व्यास 10 cm है। लेंस की दूसरी ओर मुख्य अक्ष के अनुदिश 60 cm की दूरी पर मुख्य अक्ष के लंबवत h दूरी पर आँख रखकर इस स्रोत के प्रतिबिंब को देखा जा रहा है। h का अधिकतम मान होगा
   (a) 0 (b) 2.5 cm
   (c) 5 cm (d) 10 cm
10. किसी बिंदु से चलती और एक उत्तल लेंस से जानेवाली विभिन्न रंगों की प्रकाश-किरणें एक बिंदु पर संसृत नहीं हो पातीं। इस दोष को कहते हैं
    (a) गोलीय विपथन (b) विकृति
    (c) कोमा (d) वर्णीय विपथन

• सटीक उत्तरवाले प्रश्न II •

सही उत्तर (उत्तरों) का चयन करें।

1. इनमें से कौन एक गोलीय सतह पर अपवर्तन के लिए $\frac{1}{v}$ तथा $\frac{1}{u}$ के बीच ग्राफ हो सकता है?

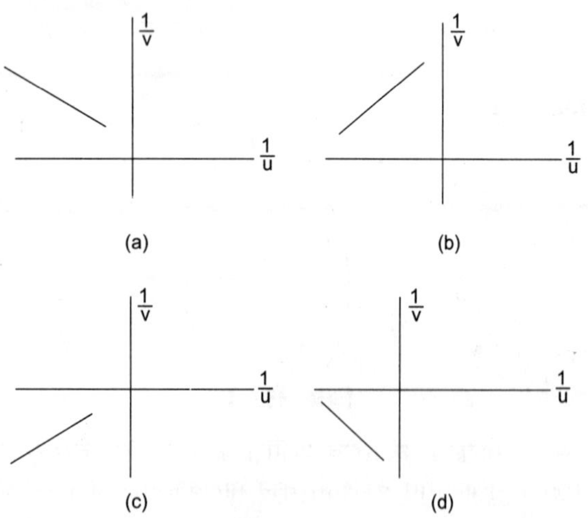

चित्र 35.Q2

2. हवा तथा n अपवर्तनांक वाले एक माध्यम को अलग करती सतह पर अपवर्तन के कारण हवा में रखे एक बिंदु सरीखे स्रोत का प्रतिबिंब बनता है। यह पाया जाता है कि वस्तु का स्थान परिवर्तन करने से प्रतिबिंब आभासी भी बनाया जा सकता है और वास्तविक भी।
   (a) हवा से देखने से यह सतह उत्तल हो सकती है।
   (b) हवा से देखने से यह सतह अवतल हो सकती है।
   (c) यह सतह समतल हो सकती है।
   (d) यह सतह समतल नहीं हो सकती है।
3. उत्तल लेंस के मुख्य अक्ष पर रखी एक वस्तु A का वास्ततिक प्रतिबिंब B बिंदु पर बनता है। यदि लेंस के ऊपरी आधे हिस्से को काला पेंट कर दिया जाए, तो
   (a) प्रतिबिंब नीचे की ओर खिसक जाएगा।
   (b) प्रतिबिंब ऊपर की ओर खिसक जाएगा।
   (c) प्रतिबिंब अपने स्थान पर बना रहेगा।
   (d) प्रतिबिंब की चमक (brightness) कम हो जाएगी।
4. तीन उत्तल लेंस L_1, L_2 तथा L_3 एक ही ज्यामितीय आकार के बने हैं। L_1 के पदार्थ का अपवर्तनांक n_1 तथा L_2 के पदार्थ का अपवर्तनांक n_2 है। लेंस L_3 के ऊपरी आधे हिस्से का अपवर्तनांक n_1 है जबकि निचले आधे हिस्से का अपवर्तनांक n_2 है (चित्र 35.Q3)। चित्र में दिखाए गए स्थान पर यदि लेंस L_1 को रखा जाता है, तो बिंदु O का प्रतिबिंब O_1 पर बनता है। यदि यहीं पर लेंस L_2 को लाया जाता है, तो उसका प्रतिबिंब O_2 पर बनता है। यदि यहाँ L_3 को ले आया जाए, तो

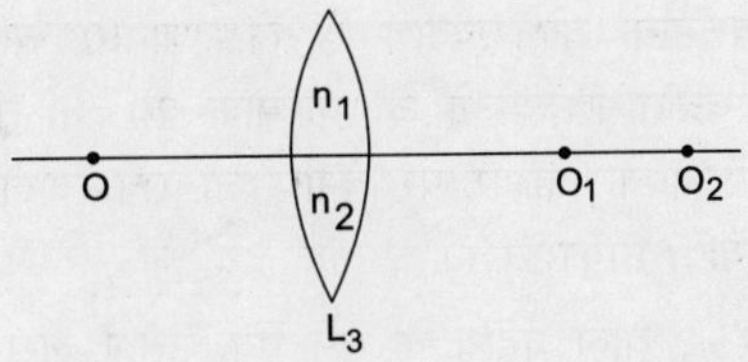

चित्र 35.Q3

(a) O_1 पर प्रतिबिंब होगा।
(b) O_2 पर प्रतिबिंब होगा।
(c) एकमात्र प्रतिबिंब O_1 से O_2 के बीच कहीं पर होगा।
(d) एकमात्र प्रतिबिंब O_2 से भी दूर कहीं पर होगा।

5. एक प्रकाशित वस्तु से 40 cm दूरी पर एक पर्दा रखा है। वस्तु तथा पर्दे के बीच एक उत्तल लेंस रखकर वस्तु का प्रतिबिंब पर्दे पर बनाने का प्रयास किया जाता है, परंतु ऐसा नहीं हो पाता। लेंस की फोकस-दूरी
(a) अवश्य ही 10 cm से कम होगी।
(b) अवश्य ही 10 cm से अधिक होगी।
(c) 20 cm से बड़ी हो सकती है।
(d) 10 cm से कम नहीं हो सकती।

6. दो लेंसों के पावर के परिमाण P_1 तथा P_2 हैं। इन दोनों को जब संपर्क में रखा जाता है (समाक्षीय रूप से), तो परिणामी पावर का परिमाण P होता है। यदि $P > P_1$ तथा $P > P_2$ हो, तो
(a) दोनों लेंस उत्तल हो सकते हैं।
(b) दोनों लेंस अवतल हो सकते हैं।
(c) अधिक पावर वाला लेंस अवतल तथा कम पावर वाला लेंस उत्तल होगा।
(d) अधिक पावर वाला लेंस उत्तल तथा कम पावर वाला लेंस अवतल होगा।

7. एक उत्तल लेंस के द्वारा एक बिंदुस्रोत का प्रतिबिंब बिंदु सरीखा न होकर फैल जाता है। इसके संभावित कारण हो सकते हैं
(a) लेंस द्वारा प्रकाश का विवर्तन (b) लेंस द्वारा वर्ण-विक्षेपण
(c) लेंस का बड़ा होना (d) लेंस का पतला होना

• *अभ्यास के प्रश्न* •

1. चित्र 35.E1 में दिखाई गई सतह के दाहिने काँच ($n = 1.5$) तथा बाएँ हवा है। सतह की त्रिज्या 20 cm है तथा उससे 25 cm दूरी पर हवा में एक बिंदुस्रोत रखा है। प्रतिबिंब का स्थान बताएँ।

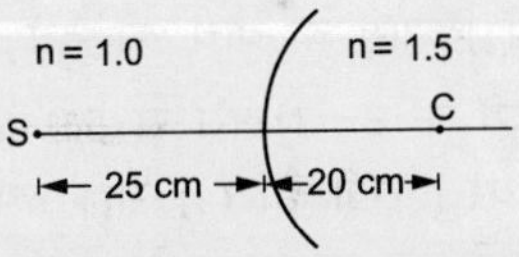

चित्र 35.E1

2. दो माध्यमों A तथा B के बीच की सतह गोलाकार है जिसकी त्रिज्या 30 cm है। माध्यम A का अपवर्तनांक 1.33 तथा B का अपवर्तनांक 1.48 है। माध्यम A से देखने पर यह सतह उत्तल दिखती है। माध्यम A में एक बिंदुस्रोत को सतह से कितनी दूरी पर रखा जाए कि इससे चलती उपाक्षीय किरणें अपवर्तन के बाद समानांतर हो जाएँ?

3. चित्र 35.E2 में एक पारदर्शी पदार्थ का बना अर्द्धगोलाकार पेपरवेट हवा में रखा हुआ दिखाया गया है। इसकी त्रिज्या 3.0 cm तथा अपवर्तनांक 2.0 है। प्रकाश की समानांतर किरणों की एक पतली बीम इसपर ऊर्ध्वाधर से 45° का कोण बनाती हुई लंबवत पड़ती है। (a) क्या ये किरणें पेपरवेट की क्षैतिज सतह से पूर्ण आंतरिक परावर्तन करेंगी? (b) पहली सतह (गोलाकार) पर अपवर्तन के कारण बने प्रतिबिंब का स्थान ज्ञात करें। (c) समतल सतह पर परावर्तन या अपवर्तन के कारण बने प्रतिबिंब का स्थान ज्ञात करें। (d) पेपरवेट से निकली किरणों का पथ खींचें।

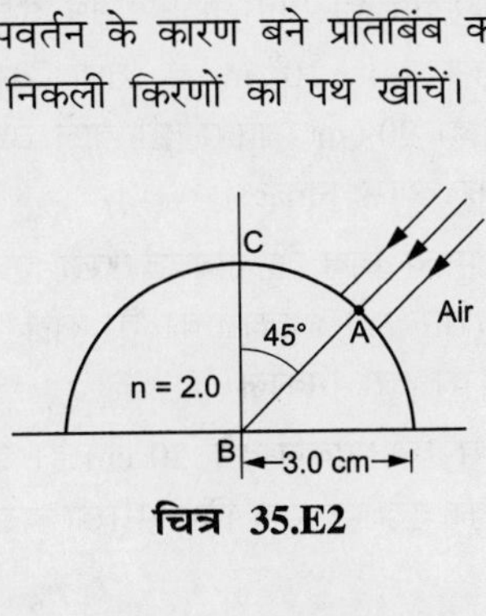

चित्र 35.E2

4. सजावट के लिए काँच ($n = 1.5$) के बने 5.0 cm त्रिज्या वाले एक गोले में केंद्र से 1.5 cm बायीं ओर एक छोटी वस्तु निर्मित की गई है। इस वस्तु का प्रतिबिंब उस व्यक्ति के लिए बताएँ जो (a) गोले के बायीं ओर खड़ा है तथा (b) गोले के दाहिनी ओर खड़ा है।

5. प्रकाश की एक पतली समानांतर बीम r त्रिज्या के एक पारदर्शी गोले पर लंबवत पड़ती है। गोले के पदार्थ का अपवर्तनांक कितना होना चाहिए ताकि यह बीम (a) गोले की सतह पर फोकस हो (b) गोले के केंद्र पर फोकस हो?

6. अपवर्तनांक 1.5 वाले काँच की बनी एक बेलनाकार लंबी छड़ के एक किनारे को घिसकर इसे अर्द्धगोलाकार बना दिया गया है। छड़ को पानी में डुबा दिया गया है और इसके अक्ष पर गोलाकार सतह से 8.0 cm दूर पानी में एक बिंदु-सरीखी वस्तु को रखा गया है। वस्तु के प्रतिबिंब का स्थान ज्ञात करें।

7. एक अर्द्धगोलाकार पारदर्शी पेपरवेट की त्रिज्या 3.0 cm है तथा इसका अपवर्तनांक 1.5 है। एक छपे हुए पन्ने पर यह पेपरवेट रखा है और एक व्यक्ति पेपरवेट के ऊपर से इस पन्ने को देखता है। केंद्र के पास के अक्षर कितना उठे हुए नजर आएँगे।

8. ऊपर के प्रश्न 7 को हल करें, यदि पेपरवेट को अपने स्थान पर उलट दिया जाए ताकि उसकी गोलीय सतह पन्ने को दबाए और समतल सतह क्षैतिज हो।

9. काँच ($n = 1.5$) के बने एक अर्द्धगोलाकार ठोस की वक्र सतह को बाहर से सिल्वर कर इस सतह को परावर्तक बना दिया गया है। इसके अक्ष पर, केंद्र से $3r$ दूरी पर एक बिंदुस्रोत रखा गया है। इससे चला प्रकाश ठोस की समतल सतह से अपवर्तन, गोलीय सतह से परावर्तन तथा समतल सतह से पुनः अपवर्तन के बाद पुनः हवा में निकल जाता है। स्रोत के अंतिम प्रतिबिंब का स्थान ज्ञात करें।

10. n_1 अपवर्तनांक वाले माध्यम में चलती एक प्रकाश-किरण AP गोलीय सतह से अपवर्तित होकर PB दिशा में चली जाती है। AB रेखा सतह के वक्रता-केंद्र C से होकर जाती है (चित्र 35.E3)। सिद्ध करें कि $n_1(AP - AO) = n_2(OB - BP)$। आप Fermat के सिद्धांत का उपयोग कर सकते हैं।

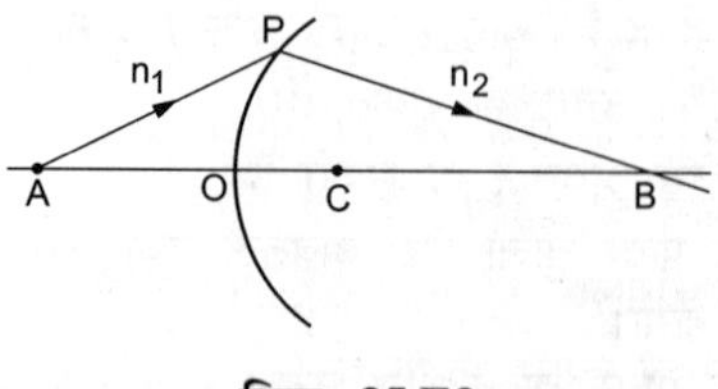

चित्र 35.E3

11. एक मोटे उत्तल लेंस के पदार्थ का अपवर्तनांक 1.50 है तथा इसकी प्रत्येक गोलीय सतह की वक्रता-त्रिज्या 10 cm है। बीच में लेंस की मोटाई 5 cm है। लेंस के मुख्य अक्ष पर बहुत दूर रखी वस्तु के प्रतिबिंब की दूरी लेंस के केंद्र से निकालें। यदि पतले लेंस के सूत्र का प्रयोग कर प्रतिबिंब का स्थान निकाला जाए, तो कितनी अशुद्धि होगी?

12. एक बिंदु A पर प्रकाश का एक स्रोत रखा है तथा उससे 32.0 cm दूरी पर बिंदु B पर प्रकाश का एक संसूचक (detector) रखा गया है। (a) A से B तक प्रकाश को पहुँचने में कितना समय लगेगा? (b) अब A तथा B के ठीक बीच में एक उत्तल लेंस रख दिया जाता है। लेंस का मुख्य अक्ष AB के अनुदिश है और इसकी फोकस-दूरी 8.0 cm है तथा व्यास 4.0 cm है। A से चले प्रकाश को लेंस से होकर B तक पहुँचने में कितना समय लगेगा?

13. एक पतले उत्तल लेंस की एक सतह उत्तल तथा दूसरी सतह अवतल है (चित्र 35.E4)। लेंस के पदार्थ का अपवर्तनांक 3/2 है। उत्तल सतह की वक्रता-त्रिज्या 20 cm तथा अवतल सतह की वक्रता-त्रिज्या 60 cm है। इसकी उत्तल सतह को सिल्वर कर दिया गया है। चित्र में दिखाए अनुसार इस लेंस को एक क्षैतिज तल पर रखा गया है। (a) एक पिन को लेंस के अक्ष पर कहाँ रखा जाए, ताकि उसका प्रतिबिंब पिन पर ही बने? (b) यदि लेंस की अवतल सतह पर पानी ($n = 4/3$) भर दिया जाए तो पिन को अपने स्थान से कितना खिसकाना पड़ेगा ताकि उसका प्रतिबिंब फिर से पिन पर ही बने?

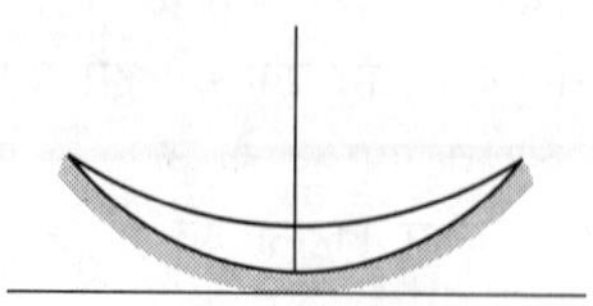

चित्र 35.E4

14. एक उत्तल लेंस की दोनों सतहें उत्तल हैं तथा एक सतह की वक्रता-त्रिज्या दूसरी सतह की वक्रता-त्रिज्या से दोगुनी है। लेंस की फोकस-दूरी 25 cm है तथा इसके पदार्थ का अपवर्तनांक 1.5 है। दोनों सतहों की त्रिज्याएँ निकालें।

15. एक लेंस की सतहों की वक्रता-त्रिज्याओं का मान $R_1 = +20$ cm तथा $R_2 = +30$ cm है। लेंस के पदार्थ का अपवर्तनांक 1.6 है। इस लेंस की फोकस-दूरी निकालें यदि यह (a) हवा में रखा हो, (b) पानी ($n = 1.33$) में रखा हो।

16. 1.50 अपवर्तनांक वाले पदार्थ से लेंस बनाए जाने हैं। लेंस की सतहों की वक्रता-त्रिज्याओं के परिमाण 20 cm तथा 30 cm हैं। इतनी सूचनाओं के आधार पर बनाए जा सकनेवाले सभी लेंसों की फोकस-दूरियाँ f निकालें।

17. अपवर्तनांक n_2 वाले पदार्थ के बने एक उत्तल लेंस की दोनों सतहें उत्तल हैं और उनकी वक्रता-त्रिज्याओं के परिमाण R के बराबर हैं। इस लेंस के एक ओर n_1 अपवर्तनांक का माध्यम है और दूसरी ओर n_3 अपवर्तनांक का माध्यम है। मुख्य अक्ष के समानांतर चलती प्रकाश की एक बीम इस लेंस पर पड़ती है। इन किरणों के कारण प्रतिबिंब कहाँ बनेगा यदि यह बीम (a) n_1 अपवर्तनांक वाले माध्यम की ओर से आ रही हो (b) n_3 अपवर्तनांक वाले माध्यम की ओर से आ रही हो?

18. एक उत्तल लेंस की फोकस-दूरी 10 cm है। प्रतिबिंब का स्थान तथा प्रकृति बताएँ यदि एक बिंदुस्रोत लेंस के मुख्य अक्ष पर लेंस से (a) 9.8 cm की दूरी पर रखा हो (b) 10.2 cm की दूरी पर रखा हो।

19. एक स्लाइड प्रोजेक्टर द्वारा 35 mm के स्लाइड (35 mm × 23 mm) को 10 m दूर रखे 2 m × 2 m के पर्दे पर प्रोजेक्ट करना है। लेंस की फोकस-दूरी कितनी होनी चाहिए ताकि पर्दे पर सबसे बड़ा प्रतिबिंब बन सके?

20. एक उत्तल लेंस के मुख्य अक्ष पर एक कण 1.0 cm आयाम की सरल आवर्त गति कर रहा है। लेंस की फोकस-दूरी 12 cm है। कण की गति का मध्यबिंदु लेंस से 20 cm दूरी पर है। प्रतिबिंब की गति का आयाम (दोनों किनारों के बीच की दूरी का आधा) निकालें।

21. 8.0 cm फोकस-दूरी के उत्तल लेंस से 5.0 cm दूरी पर मुख्य अक्ष के लंबवत एक वस्तु रखी है। (a) सही ज्यामिति के साथ किरण आरेख खींचकर प्रतिबिंब का स्थान निर्धारित करें। (b) लेंस-सूत्र का इस्तेमाल कर प्रतिबिंब का स्थान निकालें और देखें कि ज्यामिति से प्राप्त स्थान इससे कितना करीब है?

22. 2.0 cm लंबाई की एक पिन एक उत्तल लेंस के मुख्य अक्ष के लंबवत रखी गई है। पिन से 40.0 cm दूरी पर पिन का 1.0 cm लंबा, उल्टा प्रतिबिंब बनता है। लेंस की फोकस-दूरी तथा पिन से इसकी दूरी निकालें।

23. जब एक वस्तु एक उत्तल लेंस से 18 cm दूरी पर रखी जाती है तो दोगुने आकार का वास्तविक प्रतिबिंब बनता है। तीन गुने आकार का वास्तविक प्रतिबिंब बनाने के लिए वस्तु को लेंस से कितनी दूर रखना होगा?

24. एक उत्तल लेंस के मुख्य अक्ष के अनुदिश एक 2.0 cm लंबी पिन रखी है। पिन का मध्यबिंदु लेंस से 11 cm की दूरी पर है। लेंस की फोकस-दूरी 6.0 cm है। पिन के प्रतिबिंब की लंबाई निकालें।

25. सूर्य का व्यास 1.4×10^9 m है तथा धरती से इसकी दूरी 1.5×10^{11} m है। 20 cm फोकस-दूरी वाले उत्तल लेंस से बने सूर्य के प्रतिबिंब का व्यास निकालें।

26. एक लेंस के मुख्य अक्ष के लंबवत रखी एक वस्तु का प्रतिबिंब आभासी तथा चार गुने आकार का है। लेंस की क्षमता 5.0 D है। लेंस से वस्तु की दूरी निकालें।

27. एक उत्तल लेंस की फोकस-दूरी 20 cm है। इसके मुख्य अक्ष पर इससे 30 cm की दूरी पर एक बिंदु-सरीखी वस्तु रखी है। (a) इसके

प्रतिबिंब का स्थान निकालें। (b) अब लेंस को अपने एक व्यास के परितः 3.0° से घुमा दिया जाता है। प्रतिबिंब अपने पुराने स्थान से कितना खिसक जाएगा? छोटे कोणों के लिए $\sin\theta \approx \theta$ तथा $\cos\theta \approx 1$ ले सकते हैं, जहाँ θ रेडियन में मापा गया हो।

28. एक अपसारी लेंस जिसकी फोकस-दूरी 20 cm है तथा एक अभिसारी दर्पण जिसकी फोकस-दूरी 10 cm है, समाक्षीय रूप से 5.0 cm दूरी पर रखे गए हैं। एक वस्तु को कहाँ रखा जाए ताकि उसका प्रतिबिंब वास्तविक हो तथा वस्तु पर ही बने।

29. एक अभिसारी लेंस जिसकी फोकस-दूरी 12 cm है तथा एक अपसारी दर्पण जिसकी फोकस-दूरी 7.5 cm है, समाक्षीय रूप से 5.0 cm की दूरी पर रखे गए हैं। एक वस्तु को कहाँ रखा जाए ताकि उसका प्रतिबिंब वस्तु पर ही बने?

30. एक अभिसारी लेंस तथा एक अपसारी दर्पण समाक्षीय रूप से एक दूसरे से 15 cm की दूरी पर रखे गए हैं। लेंस की फोकस-दूरी 25 cm तथा दर्पण की फोकस-दूरी 40 cm है। लेंस तथा दर्पण के बीच एक वस्तु को कहाँ रखा जाए ताकि उससे निकला प्रकाश दर्पण से परावर्तन तथा लेंस से अपवर्तन के बाद समानांतर हो जाए?

31. एक अभिसारी लेंस तथा एक अभिसारी दर्पण एक-दूसरे से 50 cm की दूरी पर समाक्षीय रूप से रखे हैं। लेंस की फोकस-दूरी 15 cm तथा दर्पण की फोकस-दूरी 10 cm है। इनके बीच उभयनिष्ठ मुख्य अक्ष पर, लेंस से 40 cm दूरी पर एक छोटी वस्तु रखी है (चित्र 35.E5)। लेंस की ओर से देखने पर बननेवाले दो प्रतिबिंबों के स्थान ज्ञात करें।

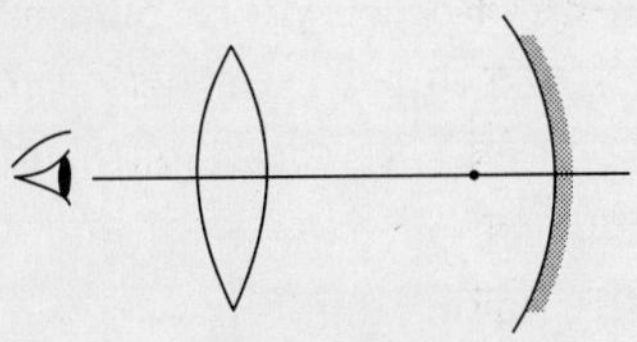

चित्र 35.E5

32. प्रश्न 31 की परिस्थिति पर पुनः विचार करें (चित्र 35.E5)। वस्तु को मुख्य अक्ष पर कहाँ रखा जाए ताकि दोनों प्रतिबिंब एक ही स्थान पर बने?

33. फोकस-दूरी 15 cm का एक अभिसारी लेंस तथा फोकस-दूरी 10 cm का एक अपसारी दर्पण समाक्षीय रूप से एक-दूसरे से 50 cm की दूरी पर रखे हैं। यदि 2.0 cm लंबी एक पिन, अक्ष के लंबवत, लेंस से 30 cm तथा दर्पण से 80 cm दूरी पर रखी हो, तो अंतिम प्रतिबिंब की स्थिति एवं उसका आकार बताएँ।

34. एक उत्तल लेंस ($f = 15$ cm) के मुख्य अक्ष पर इससे 30 cm की दूरी पर एक बिंदुस्रोत रखा है। 1.0 cm मोटी काँच ($n = 1.5$) की एक पट्टिका लेंस के दूसरी ओर मुख्य अक्ष के लंबवत रखी है। बिंदुस्रोत के प्रतिबिंब का स्थान ज्ञात करें।

35. 20 cm फोकस-दूरी का एक उत्तल लेंस तथा 10 cm फोकस-दूरी का एक अवतल लेंस एक-दूसरे से 10 cm की दूरी पर रखे गए हैं। इनके मुख्य अक्ष एक ही है। मुख्य अक्ष के समानांतर आती 5.0 mm व्यास की प्रकाश की एक बीम इस संयोजन पर पड़ती है। दिखाएँ कि संयोजन से बाहर आती बीम भी एक समानांतर बीम है, तथा इसका व्यास भी निकालें।

36. एक अपसारी लेंस ($f = -20$ cm) तथा एक अभिसारी लेंस ($f = 30$ cm) एक-दूसरे से 15 cm दूरी पर समाक्षीय रूप से रखे हैं। इनके अक्ष पर एक बिंदुस्रोत को कहाँ रखा जाए ताकि उसका प्रतिबिंब अनंत पर बने?

37. एक उत्तल लेंस ($f = 10$ cm) के मुख्य अक्ष पर तथा इसके लंबवत, लेंस से 15 cm की दूरी पर 5.0 mm लंबी एक पिन रखी है। एक दूसरा उत्तल लेंस ($f = 5.0$ cm) समाक्षीय रूप से इस लेंस से 40 cm तथा पिन से 55 cm की दूरी पर रखा गया है। ज्ञात करें—(a) प्रतिबिंब का स्थान, (b) प्रतिबिंब की प्रकृति तथा (c) प्रतिबिंब का आकार।

38. एक उत्तल लेंस के मुख्य अक्ष पर इससे 15 cm दूर एक बिंदुस्रोत रखा है। इसका प्रतिबिंब लेंस के दूसरी ओर 30 cm की दूरी पर बनता है। जब एक अवतल लेंस को इस उत्तल लेंस के साथ संपर्क में रख दिया जाता है, तो प्रतिबिंब 30 cm और दूर खिसक जाता है। दोनों लेंसों की फोकस-दूरियाँ ज्ञात करें।

39. फ्लिंट काँच से बने एक उत्तल लेंस की दोनों सतहों की वक्रता-त्रिज्याओं के परिमाण 25 cm हैं। इसके मुख्य अक्ष पर 40 cm दूर श्वेत प्रकाश का एक छोटा-सा, पर तेज स्रोत रखा है। लेंस द्वारा बने प्रतिबिंब में अनुदैर्घ्य वर्णीय विपथन की गणना करें। फ्लिंट काँच का अपवर्तनांक लाल प्रकाश के लिए 1.613 तथा बैंगनी प्रकाश के लिए 1.632 है।

40. अपवर्तनांक 3/2 वाले पदार्थ से बने एक उत्तल लेंस के एक ओर हवा ($n = 1$) तथा दूसरी ओर पानी ($n = 4/3$) है। दोनों सतहों की वक्रता-त्रिज्याएँ बराबर हैं एवं उनके मान 20 cm हैं। इस परिस्थिति में लेंस की प्रथम फोकस-दूरी तथा द्वितीय फोकस-दूरी निकालें।

• उत्तर •

सटीक उत्तरवाले प्रश्न I

1. (d) **2.** (c) **3.** (c) **4.** (d) **5.** (a)
6. (c) **7.** (c) **8.** (a) **9.** (b) **10.** (d)

सटीक उत्तरवाले प्रश्न II

1. (b), (c) **2.** (a), (b), (d) **3.** (c), (d) **4.** (a), (b)
5. (b), (c), (d) **6.** (a), (b) **7.** (a), (b), (c)

अभ्यास के प्रश्न

1. सतह से बायीं ओर 100 cm की दूरी पर **2.** 266.0 cm
3. (a) हाँ (b) *AB* रेखा पर *B* बिंदु से 3.0 cm दूर

(c) चित्र में BC की बाँयीं ओर सतह पर A के बराबर ऊँचाई पर

4. (a) केंद्र से 2.0 cm बाँयें (b) केंद्र से 2.65 cm बाँयें

5. (a) 2

(b) गोले के केंद्र पर फोकस नहीं हो सकता है, पर n के अधिक होने से केंद्र के पास फोकस हो सकता है

6. अनंत पर **7.** अक्षर अपने स्थान पर नजर आएँगे

8. 1 cm **9.** गोले की परावर्तक सतह पर

11. लेंस की दूसरी ओर सतह से 9.1 cm दूरी पर, ≈10%

12. (a) 1.067 नैनो सेकंड (b) 1.075 नैनो सेकंड

13. (a) अक्ष पर लेंस से 15 cm दूर

(b) लेंस की ओर 1.14 cm

14. 18.75 cm, 37.5 cm **15.** (a) 100 cm (b) 300 cm

16. ±24 cm, ±120 cm **17.** (a) $\frac{n_3 R}{2n_2 - n_1 - n_3}$ (b) $\frac{n_1 R}{2n_2 - n_1 - n_3}$

18. (a) वस्तु की ओर 490 cm दूरी पर, आभासी

(b) लेंस की दूसरी ओर 510 cm पर, वास्तविक

19. 17.2 cm **20.** 2.3 cm **22.** 8.89 cm, 26.7 cm

23. 16 cm **24.** 3 cm **25.** 0.93 mm

26. 15 cm

27. (a) लेंस से 60 cm (b) 3.14 cm

28. लेंस से 60 cm दूर

29. लेंस से 30 cm दूर

30. लेंस से 1.67 cm दूर

31. लेंस से 15 cm तथा 24 cm दूरी पर बाँयीं ओर

32. लेंस से दर्पण की ओर 30 cm दूरी पर

33. पिन के स्थान पर ही, उतना ही बड़ा

34. लेंस से 30.33 cm पर

35. यदि प्रकाश अवतल लेंस की तरफ से आए तो 1.0 cm और यदि उत्तल लेंस की ओर से आए तो 2.5 mm

36. अपसारी लेंस की ओर इससे 60 cm दूरी पर, अथवा अभिसारी लेंस की ओर इससे 210 cm दूरी पर

37. (a) दूसरे लेंस की दूसरी ओर इससे 10 cm दूरी पर

(b) वास्तविक तथा सीधा

(c) 10 mm

38. उत्तल लेंस की फोकस-दूरी 10 cm तथा अवतल लेंस की फोकस-दूरी 60 cm

39. 2.47 cm

40. 40 cm, 30 cm

❑

अध्याय 36

लेंस-आधारित उपकरण

पिछले अध्याय में हमने लेंस के द्वारा प्रतिबिंब बनने की प्रक्रिया के बारे में आपको अभ्यास कराया। लेंस सिर्फ प्रयोगशाला में पर्दों पर प्रतिबिंब बनाने के लिए ही इस्तेमाल होता हो, ऐसी बात नहीं है। बड़ी संख्या में लोग चश्में लगाते हैं जिनमें लेंसों का उपयोग करते हैं। हमारी आँखें अपने-आप में लेंस-आधारित उपकरण हैं। इसके अलावा बायोलॉजी के विद्यार्थी या पैथोलॉजी करनेवाले डॉक्टर सूक्ष्म वस्तुओं को बड़ाकर देखने के लिए माइक्रोस्कोप या सूक्ष्मदर्शी का उपयोग करते हैं। क्रिकेट के मैच के दौरान आपने स्टेडियम में लोगों को हाथों में दूरबीन लेकर मैच का आनंद लेते हुए देखा होगा। ये सभी लेंस-आधारित उपकरण हैं और इस अध्याय में हम इनकी चर्चा करेंगे।

36.1 मानव नेत्र

चित्र 36.1 में मनुष्य की आँखों की रचना दिखाई गई है। यदि आप किसी की आँखों को देखें तो पलकों के बीच सफेद गोलाकार सतह का हिस्सा दिखता है जिसके बीच में रंगीन-सा गोल हिस्सा होता है और उसके भी बीच में बहुत छोटा-सा एक काला छेद-सा दिखता है। यह आँख का बाहरी हिस्सा है जिससे होकर वस्तुओं से चला प्रकाश आँखों में प्रवेश करता है।

पूरी आँख लगभग 1 इंच व्यास के एक गोले-जैसी रचना है। इस गोले का बाहरी भाग थोड़ा अधिक उभरा हुआ (वक्राकार) होता है जो वस्तुतः एक पारदर्शी पदार्थ की परत है जिसे कॉर्निया (cornea) कहा जाता है। बाकी गोले की बाहरी परत अपारदर्शी होती है और इसे स्क्लेरा (sclera) कहते हैं। हमें आँख में जो सफेद हिस्सा दिखता है वह उसी स्क्लेरा का भाग है। स्क्लेरा के अंदर एक और परत होती है जिसे कॉरॉइड (choroid) कहते हैं। इसी कॉरॉइड के माध्यम से आँख को आवश्यक ऑक्सीजन, रक्त आदि की आपूर्ति होती है।

कॉर्निया के पीछे एक क्रिस्टलीय पदार्थ का बना उत्तल लेंस होता है जिसका आकार (shape) थोड़ा बदला जा सकता है। यह लेंस कॉरॉइड में स्थित कुछ मांसपेशियों (muscles) के साथ, जिन्हें सिलियरी मांसपेशियाँ (ciliary muscles) कहते हैं, जुड़ा होता है। इन मांसपेशियों के साथ लगे कुछ लिगामेंट लेंस को एक प्रकार से टाँगकर रखते हैं। पारदर्शी कॉर्निया तथा लेंस के बीच एक पारदर्शी द्रव भरा होता है जिसे जलीय द्रव (aqueous humour) कहते हैं। लेंस तथा कॉर्निया के बीच एक रंगीन डायाफ्राम होता है जिसे आइरिस (iris) कहा जाता है। यह हमें आँख में काले, भूरे या अन्य रंग का गोल-सा भाग दिखता है। आइरिस के बीच में एक छोटा वृत्ताकार छेद होता है जिसे पुतली (pupil) कहते हैं। आइरिस अपने-आप में अपारदर्शी है और कॉर्निया से घुसते प्रकाश के लेंस तक पहुँचने का साधन सिर्फ इस पुतली से होकर है। यद्यपि पुतली अपने-आप में सिर्फ एक छेद है पर वह काली दिखती है, क्योंकि इस छेद पर पड़नेवाला सारा प्रकाश अंदर चला जाता है और छेद से होकर बाहर आने का कोई अवसर नहीं बनता। यह आइरिस अपनी मांसपेशियों की सहायता से पुतली के आकार (size) को कम या ज्यादा कर सकती है। कम रोशनी में पुतली फैल जाती है ताकि ज्यादा रोशनी आँख के अंदर जा सके और अधिक रोशनी में यह सिकुड़ जाती है ताकि कम ही रोशनी आँख के अंदर जा सके।

लेंस बीच में थोड़ा कड़ा होता है और किनारों की ओर धीरे-धीरे नरम होता जाता है। इस लेंस की वक्रता त्रिज्याओं को सिलियरी मांसपेशियों तथा लिगामेंटों की सहायता से बदला जा सकता है।

आँख के गोले के पीछे के भाग में कॉरॉइड से लगी रेटिना की परत होती है। यह लगभग गोले की 72% सतह पर फैली हुई होती है। इस रेटिना पर करोड़ों की संख्या में ऐसी कोशिकाएँ होती हैं जिनपर यदि प्रकाश पड़े तो एक विद्युतीय सिग्नल उत्पन्न होता है। मुख्य रूप से ये कोशिकाएँ दो प्रकार की होती हैं, जिन्हें रॉड (rods) तथा कोन (cone) कहते हैं। रॉड कोशिकाएँ अत्यंत सुग्राही होती हैं और बहुत कम प्रकाश में ही विद्युत सिग्नल उत्पन्न कर सकती हैं। ये कोशिकाएँ विभिन्न रंगों में विभेद नहीं कर सकती हैं। रेटिना में इन कोशिकाओं की संख्या लगभग 12 करोड़ होती हैं। रेटिना में कोन कोशिकाओं की संख्या 60 लाख के करीब होती हैं। तथा अलग-अलग रंगों के लिए इनकी सुग्राहिता भी अलग-अलग होती हैं और इसलिए ये रंगों में विभेद कर सकती हैं। परंतु, इनसे सिग्नल उत्पन्न होने के लिए अधिक तीव्रता का प्रकाश चाहिए। सिनेमाघरों में जब बत्तियाँ बंद हो जाती हैं और हॉल में बहुत कम रोशनी रह जाती है तो आपको कुर्सियाँ तथा उनपर बैठे लोग तो दिखाई देते हैं, पर उनकी रंग-विरंगी पोशाकों का आनंद आप नहीं ले पाते हैं। ऐसा इसलिए होता है कि इस समय आपकी आँखों की कोन कोशिकाएँ सक्रिय नहीं होतीं और आप सिर्फ रॉड कोशिकाओं द्वारा ही हॉल के अंदर की वस्तुओं को देख रहे होते हैं।

रेटिना पर स्थित रॉड तथा कोन कोशिकाओं से उत्पन्न विद्युत सिग्नल दृक् तंत्रिका (optical nerves) के माध्यम से आँख के पिछले भाग के एक छोटे-से हिस्से से मस्तिष्क तक जाते हैं। इस जगह पर रेटिना में कोई रॉड, कोन आदि नहीं होते और इसलिए इसे अंध-बिंदु (blind spot) कहते हैं। लेंस तथा रेटिना के बीच के स्थान में एक दूसरा पारदर्शी द्रव भरा होता है जिसे काचाभ द्रव (vitreous humour) कहते हैं। इस द्रव तथा जलीय द्रव का अपवर्तनांक लगभग बराबर (1.336) होता है। लेंस के पदार्थ का अपवर्तनांक अलग-अलग हिस्सों में थोड़ा अलग होता है, परंतु औसतन यह 1.396 के लगभग होता है। जब किसी वस्तु से आता प्रकाश कॉर्निया पर पड़ता है, तो किरणों में काफी विचलन प्रथम अपवर्तन पर ही होता है, क्योंकि यहाँ अपवर्तनांक में काफी अंतर होता है ($n = 1$ से 1.336)। जब ये किरणें जलीय द्रव से लेंस में होकर काचाभ द्रव में जाती है तो थोड़ा और मुड़ती है। ये किरणें सामान्यतः रेटिना पर प्रतिबिंब बनाती हैं और रॉड एवं कोन कोशिकाओं द्वारा विद्युत सिग्नलों के रूप में मस्तिष्क को पूरी सूचना पहुँचाती हैं जिससे हम वस्तु को देख पाते हैं।

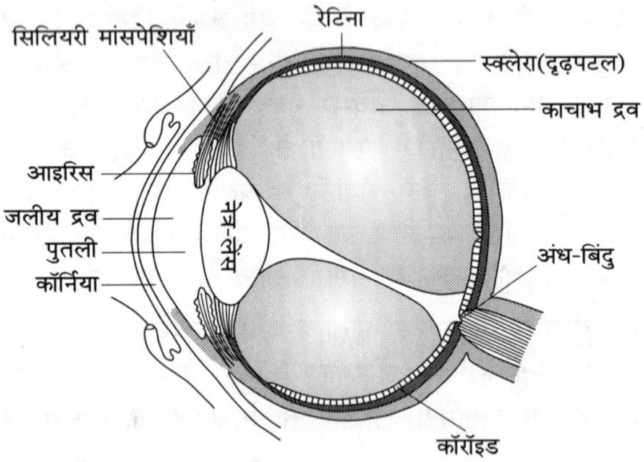

चित्र 36.1

कॉर्निया, लेंस तथा लेंस के बाहर का द्रव, यह सब मिलकर एक उत्तल लेंस के तुल्य माने जा सकते हैं जिसकी फोकस-दूरी सिलियरी मांसपेशियों द्वारा बदली जा सकती है। इस तुल्य लेंस को हम नेत्र-लेंस के नाम से संबोधित करेंगे।

आँखों द्वारा समंजन (accommodation)

आँखों में लेंस से रेटिना की दूरी लगभग 2 cm होती है। जब हम नजदीक की वस्तु को देखते हैं, तब भी प्रतिबिंब इसी रेटिना पर बनता है और जब दूर की वस्तु देखते हैं तब भी प्रतिबिंब इसी रेटिना पर बनता है।

सूत्र $\frac{1}{v} - \frac{1}{u} = \frac{1}{f}$ में v का मान हर वस्तु के लिए एक जितना ही रहता है। स्पष्ट है कि अलग-अलग दूरी की वस्तुओं के लिए फोकस-दूरी f का मान अलग-अलग होगा, अर्थात लेंस की वक्रता त्रिज्याएँ अलग-अलग होगी। फोकस-दूरी को बदलने का काम आँख सिलियरी मांसपेशियों की सहायता से करती है।

जब हम किसी दूर की वस्तु को देखते हैं, तो सिलियरी मांसपेशियाँ लगभग पूरी तरह तनावमुक्त (least strained) या कहें न्यूनतम संपीडन की अवस्था में होती हैं। इस स्थिति में लेंस कम फूला हुआ होता है, इसलिए नेत्र-लेंस की फोकस-दूरी सबसे अधिक होती है। दूर की वस्तु से आती लगभग समानांतर किरणें नेत्र-लेंस द्वारा रेटिना पर संसृत (converge) होकर वहाँ प्रतिबिंब बनाती हैं और हम दूर की वस्तु को स्पष्ट देख पाते हैं।

जब हम किसी नजदीक की वस्तु को देखते हैं तो सिलियरी मांसपेशियाँ संपीडित (compressed) हो जाती हैं और विभिन्न प्रक्रियाओं के कारण लेंस फूल जाता है। इस स्थिति में नेत्र-लेंस की फोकस-दूरी कम हो जाती है और उस नजदीक की वस्तु का प्रतिबिंब भी उतनी ही दूरी पर स्थित रेटिना पर बनता है और हम वस्तु को स्पष्ट देख पाते हैं। फोकस-दूरी को बदलने की इस प्रक्रिया को समंजन (accommodation) कहते हैं। इस समंजन की भी एक सीमा है। आँख के लेंस की एक न्यूनतम फोकस-दूरी होती है जब वह अधिकतम फूला रह सकता है। इसलिए यदि वस्तु को आँखों के बहुत नजदीक ले आया जाए, तो हम उसका प्रतिबिंब रेटिना पर नहीं बना सकते और वह वस्तु हमें स्पष्ट नहीं दिखती।

निकट-बिंदु एवं दूर-बिंदु

आँख के सबसे नजदीक का वह बिंदु जहाँ पर की वस्तु को कोई व्यक्ति स्पष्ट देख सकता है, उसकी आँख का 'निकट-बिंदु' कहलाता है। आँख से इस निकट-बिंदु की दूरी को 'स्पष्ट-दृष्टि की न्यूनतम दूरी' कहा जाता है। यह दूरी प्रत्येक व्यक्ति के लिए अलग-अलग हो सकती है। बच्चों में यह दूरी 7-8 cm तक होती है जबकि बड़ी उम्र में यह दूरी 1 m से 2 m तक भी हो जाती है। सामान्यतः स्पष्ट-दृष्टि की न्यूनतम दूरी एक वयस्क व्यक्ति के लिए 25 cm ली जाती है। इसी प्रकार आँख से सबसे दूर का वह बिंदु जहाँ रखी वस्तु को आँख स्पष्ट देख सकती है, आँख का 'दूर-बिंदु' कहलाता है। पूर्णतः स्वस्थ आँख के लिए यह बिंदु अनंत पर माना जाता है। अतः, सिलियरी मांसपेशियों के तनाव को बदलकर आँख 25 cm से लेकर सैकड़ों मीटर तक की वस्तुओं को स्पष्ट देख सकती है।

36.2 दृष्टि दोष

मनुष्य की आँख में कॉर्निया से रेटिना की दूरी निश्चित होती है। वयस्क स्वस्थ नेत्र में यह दूरी लगभग 25 mm होती है। यदि हम नेत्र-लेंस को कॉर्निया पर ही मान लें जहाँ से प्रकाश-किरणों में सबसे ज्यादा विचलन आता है, तो प्रतिबिंब की दूरी हमेशा 25 mm ही होगी। यदि हम जलीय द्रव, क्रिस्टलीय लेंस एवं काचाभ द्रव को तीन अलग-अलग उत्तल लेंस मानकर उनके संयोजन को प्रभावी नेत्र-लेंस कहें, तो इस नेत्र-लेंस का स्थान कॉर्निया से थोड़ा अंदर की ओर होगा। ऐसी हालत में नेत्र-लेंस से प्रतिबिंब की दूरी 25 mm से कम होगी। प्रायः स्वस्थ वयस्क आँख के लिए यह दूरी 17 mm ली जाती है। मुख्य बात यह है कि नेत्र-लेंस से प्रतिबिंब की दूरी आँख के लिए निश्चित है चाहे वस्तु कहीं भी रखी गई हो। इस दूरी को हम v_0 कहेंगे।

नेत्र-लेंस की फोकस-दूरी सिलियरी मांसपेशियों की सहायता से एक अधिकतम मान f_{max} तथा एक न्यूनतम मान f_{min} के बीच बदली जा सकती है।

यदि नेत्र-लेंस की फोकस-दूरी f हो, तो लेंस-सूत्र से,

$$\frac{1}{v}-\frac{1}{u}=\frac{1}{f}$$

या $$\frac{1}{v_0}+\frac{1}{u_0}=\frac{1}{f}$$

या $$\frac{1}{u_0}=\frac{1}{f}-\frac{1}{v_0},$$

जहाँ u_0 नेत्र-लेंस से वस्तु की दूरी है। अधिकतम दूरी u_{max}, जहाँ की वस्तु को मनुष्य स्पष्ट देख सकता है, के लिए

$$\frac{1}{u_{max}}=\frac{1}{f_{max}}-\frac{1}{v_0}$$

तथा न्यूनतम दूरी u_{min}, जहाँ की वस्तु को मनुष्य स्पष्ट देख सकता है, के लिए

$$\frac{1}{u_{min}}=\frac{1}{f_{min}}-\frac{1}{v_0}.$$

एक स्वस्थ आँख के लिए u_{max} को अनंत तथा u_{min} को 25 cm माना जाता है, परंतु विभिन्न दोषों के कारण ये दूरियाँ कम या अधिक हो सकती हैं।

(a) निकट-दृष्टि दोष (Short-sightedness)—इस दोष से ग्रसित मनुष्य दूर की वस्तुओं को स्पष्ट नहीं देख पाता है। इसका दूर-बिंदु आँख के निकट आ गया होता है। सिलियरी मांसपेशियों के तनाव रहित होने पर भी दूर से आती लगभग समानांतर किरणें रेटिना से पहले ही संसृत हो जाती हैं, अर्थात f_{max} का मान v_0 से कम हो जाता है। यह स्थिति चित्र 36.2(a) में दिखाई गई है।

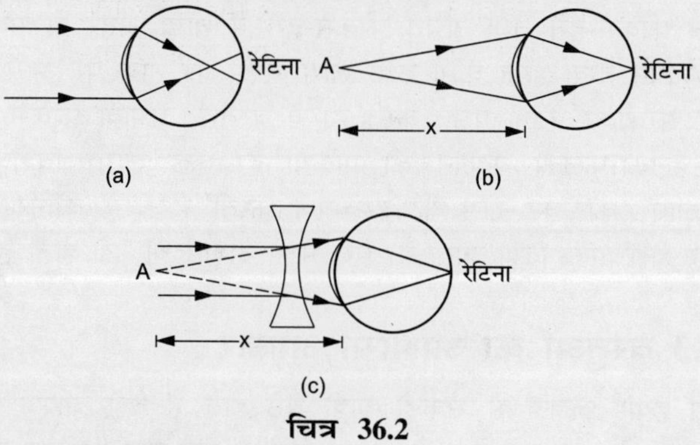

चित्र 36.2

निकट-दृष्टि दोष का कारण आँख के लेंस का जरूरत से ज्यादा मोटा होना हो सकता है या आँख का बड़ा आकार हो सकता है जिससे रेटिना लेंस से अधिक दूर हो जाती है। निकट-दृष्टि दोष को मायोपिया (myopia) भी कहते हैं तथा इस दोष से ग्रसित आँख को मायोपिक (myopic) आँख कहते हैं।

निकट-दृष्टि दोष का निवारण बहुत सरल है। चित्र 36.2(b) में f_{max} फोकस-दूरी के समय नेत्र-लेंस द्वारा रेटिना पर बनते प्रतिबिंब को दिखाया गया है। इसके लिए आपतित किरणें अपसारी हैं और वे किसी बिंदु A से आ रही हैं। यह बिंदु A आँख का दूर-बिंदु है, क्योंकि आँख इससे दूर की वस्तु को नहीं देख सकती। समानांतर किरणों को रेटिना पर संसृत करने के लिए उन्हें अपसारी बनाने की आवश्यकता है ताकि नेत्र-लेंस के लिए वे किरणें A बिंदु से आती प्रतीत हों। इसके लिए आँख के सामने एक अवतल लेंस लगा दिया जाता है ताकि इस लेंस के द्वारा दूर की वस्तु का प्रतिबिंब A पर बन सके [चित्र 36.2(c)]।

यदि बिंदु A की दूरी आँख से x हो, तो चित्र 36.2(c) के अनुसार, इस आँख पर लगाए जानेवाले अवतल लेंस की फोकस-दूरी भी x होगी। अवतल लेंस के लिए फोकस-दूरी f का मान ऋणात्मक होता है, इसलिए

$$f=-x \text{ तथा लेंस की क्षमता, } P=-\frac{1}{x}.$$

अभ्यास 36.1

निकट-दृष्टि दोष से ग्रसित एक मनुष्य 1.5 m दूरी तक की वस्तुओं को स्पष्ट देख सकता है। इसके चश्में में प्रयोग किए जानेवाले लेंस का पावर बताएँ।

हल लेंस से अनंत पर की वस्तु का आभासी प्रतिबिंब आँख से 1.5 m की दूरी पर बनना चाहिए। अतः,

$$f=-1.5 \text{ m}$$

या $$P=-\frac{1}{1.5}=-0.67 \text{ D}.$$

परंतु, सामान्यतः बाजार में 0.25 D के अंतराल पर ही लेंस उपलब्ध रहते हैं।

अतः, उस मनुष्य के चश्में में –0.50 D या –0.75 D पावर वाला लेंस लगाना पड़ेगा।

(b) दूर-दृष्टि दोष (Far-sightedness)—यों तो दूर-दृष्टि मनुष्य का एक गुण माना जाता है, परंतु आँखों के संदर्भ में दूर-दृष्टि एक विकार है जो यह बताता है कि मनुष्य सामान्य रूप से नजदीक की वस्तुओं को स्पष्ट नहीं देख पाता। ऐसे मनुष्य के लिए स्पष्ट-दृष्टि की न्यूनतम दूरी y, 25 cm से कहीं अधिक हो जाती है और उसे पढ़ने के लिए किताब, समाचारपत्र आदि को सामान्य से कहीं दूर रखना पड़ता है। सूई में धागा पिरोने जैसे काम ऐसे मनुष्यों के लिए दूभर हो जाते हैं। ऐसे दृष्टि दोष को दूर-दृष्टि दोष (far-sightedness or hypermetropia) कहते हैं। दूर-दृष्टि दोष के कारणों में से एक कारण आँख के लेंस का जरूरत से अधिक पतला होना या आँखों का सामान्य से छोटा होना है। ऐसे में v_0 का मान कम हो जाता है और नजदीक की वस्तु से आती अपसारी (divergent) किरणें रेटिना के और पीछे संसृत होना चाहती हैं। सिलियरी मांसपेशियों के अधिकतम संपीडन में होने के बावजूद वे लेंस को इतना नहीं फुला पातीं कि प्रतिबिंब रेटिना पर बन सके। दूर-दृष्टि का एक कारण संभवतः सिलियरी मांसपेशियों का कमजोर होना भी है, जो उपयुक्त मात्रा में सिकुड़ नहीं पाती और आँख के लेंस की फोकस-दूरी को पर्याप्त मात्रा में कम नहीं कर पाती। जब दूर-दृष्टि दोष इस कारण से उत्पन्न होता है, तो उसे जरा-दूरदृष्टिता (presbyopia) कहते हैं।

चित्र 36.3 में दूर-दृष्टि दोष की परिस्थिति एवं उसके निवारण का उपाय दिखाया गया है। सामान्य निकट-बिंदु, जो 25 cm की दूरी पर होना चाहिए, से चलती प्रकाश की अपसारी किरणें रेटिना के

पीछे संसृत होना चाहती हैं [चित्र 36.3(a)]। इन्हें आँख में जाने के पहले थोड़ा कम अपसारी (less divergent) बनाना होगा ताकि वे किरणें नेत्र-लेंस द्वारा रेटिना पर प्रतिबिंब बना सकें। यह कार्य आँख के सामने एक उपयुक्त फोकस-दूरी का उत्तल लेंस लगाकर किया जा सकता है। बिना किसी चश्में के यह आँख अपने निकट-बिंदु A, जो आँख से y दूरी पर है, पर रखी वस्तु का प्रतिबिंब रेटिना पर बनाती है [चित्र 36.3(b)]। 25 cm दूरी पर स्थित वस्तु से चलती किरणें उत्तल लेंस से बाहर आने पर कम अपसारी हो जाती हैं और पीछे बढ़ाने पर A बिंदु पर मिलती हैं [चित्र 36.3(c)]। आँख को ये किरणें बिंदु A से आती प्रतीत होती हैं और ये रेटिना पर प्रतिबिंब बनाती हैं।

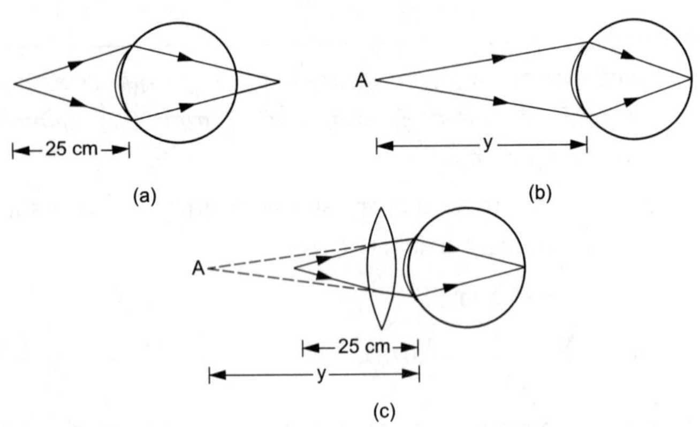

चित्र 36.3

इस लेंस के लिए, $u = -25$ cm, $v = -y$. यदि इस उत्तल लेंस की फोकस-दूरी f हो, तो लेंस-सूत्र से,

$$\frac{1}{-y} - \frac{1}{-25\text{ cm}} = \frac{1}{f}.$$

अतः, लेंस की क्षमता, $P = \dfrac{1}{f} = \dfrac{1}{25\text{ cm}} - \dfrac{1}{y}.$

अभ्यास 36.2

एक व्यक्ति अखबार पढ़ते समय हाथों को सीधा कर लेता है ताकि आँखों से अखबार की दूरी 90 cm हो जाए। वह सामान्य रूप से 25 cm की दूरी पर अखबार को पकड़कर पढ़ सके इसके लिए उसे कितने पावर का चश्मा चाहिए?

हल चश्में द्वारा 25 cm दूर रखे अखबार का आभासी प्रतिबिंब 90 cm पर बनना चाहिए। अतः, $u = -25$ cm, $v = -90$ cm. लेंस-सूत्र से,

$$P = \frac{1}{f} = \frac{1}{v} - \frac{1}{u} = \frac{1}{-90\text{ cm}} - \frac{1}{-25\text{ cm}}$$

$$= \frac{13}{450\text{ cm}} = \frac{13}{4.5\text{ m}} = 2.9\text{ m}^{-1}.$$

उसे 2.9 D के पावर का चश्मा चाहिए, परंतु चश्में वाले उसे 3 D पावर का ही चश्मा देंगे।

(c) दृष्टिवैषम्य (Astigmatism)—दृष्टिवैषम्य से ग्रसित आँख अनेक दिशाओं में रखी वस्तुओं को एक साथ स्पष्ट नहीं देख सकती। ऐसी आँख से यदि ग्राफ-पेपर को देखें, तो हो सकता है कि क्षैतिज रेखाएँ साफ दिखे, पर ऊर्ध्वाधर रेखाएँ साफ नहीं दिखे या इसका उलटा दिखे।

यह दोष साधारणतः तब उत्पन्न होता है जब कॉर्निया ठीक-ठीक गोलीय सतह के आकार की नहीं होती। यदि आप एक बेलन की सतह के बारे में सोचें, तो अक्ष की समानांतर दिशा में सतह पर की रेखा सरल रेखा होती है, अर्थात इस दिशा में वक्रता है ही नहीं (वक्रता त्रिज्या = अनंत); परंतु इसकी लंब दिशा में यह वृत्ताकार है, अर्थात वक्रता त्रिज्या बेलन की त्रिज्या के बराबर है। दृष्टिवैषम्य वाली आँख की कॉर्निया में सभी दिशाओं में वक्रता समान नहीं होती है। इसलिए किसी भी दूरी पर रखी वस्तु ठीक प्रकार से नहीं दिखती है। ऐसे में यदि किसी खास दिशा में लंबी-सी कोई वस्तु हो तो वह साफ दिख सकती है, लेकिन उसी वस्तु को यदि लंब दिशा में घुमा दिया जाए तो वह साफ नहीं दिखती।

दृष्टिवैषम्य का इलाज भी लेंस में हीं है। इसके लिए लेंस भी ऐसा ही बनाया जाता है जिसे आप एक गोलाकार तथा एक बेलनाकार सतहों का अध्यारोपण मान सकते हैं। कॉर्निया की वक्रता के परिवर्तन के प्रभाव को लेंस की वक्रता के परिवर्तन से समाप्त किया जाता है।

आधुनिक काल में सर्जरी द्वारा आँखों का पावर सही करने की तकनीक विकसित हो गई है। इसमें कॉर्निया की सतह पर सर्जरी कर उसके आकार एवं वक्रता त्रिज्या को परिवर्तित कर दृष्टि दोष का निवारण किया जाता है जिससे चश्में की आवश्यकता लगभग खत्म हो जाती है। परंतु चश्मा अभी भी सर्वाधिक सुरक्षित एवं सुलभ उपाय है जिससे लोग अपने दृष्टि दोषों का निवारण करते हैं।

दृष्टि दोषों के निवारण के लिए हमने चश्मों की बातें कीं जिसमें उपयुक्त फोकस-दूरियों के लेंस लगे हों। यहाँ हमने लेंस एवं आँखों के बीच की दूरी को अनदेखा कर दिया है। वस्तुतः चश्में के लेंस आँखों से 1 cm से 2 cm तक दूर होते हैं जिससे गणना के द्वारा प्राप्त फोकस-दूरी तथा उचित फोकस-दूरी में थोड़ा अंतर हो सकता है। आपने देखा होगा कभी-कभी लोग चश्में को नाक पर आगे की ओर सरकाकर पढ़ना पसंद करते हैं। ये वस्तुतः प्रभावी फोकस-दूरी को हलका-फुलका बदलने की प्रक्रिया है। कुछ लोग, विशेषकर महिलाएँ, कॉन्टैक्ट लेंस का इस्तेमाल करती हैं जिसे कॉर्निया के ऊपर ही चिपका दिया जाता है। ऐसे में ये अशुद्धियाँ नहीं होती हैं।

36.3 वस्तुओं का आभासी आकार

जिस हवाई जहाज में सैकड़ों यात्री बैठे होते हैं वही जहाज जब आकाश में उड़ रहा होता है, तो जमीन से वह एक चिड़िया जैसा दिखता है। नदी के तट पर खड़ी नाव को नदी तट से देखने पर वह काफी बड़ी दिखती है, लेकिन बीच नदी में जाने पर वही बहुत छोटी-सी दिखाई देती है। वस्तुतः हम किसी वस्तु को कितना बड़ा देखते हैं, यह रेटिना पर बने उस वस्तु के प्रतिबिंब के आकार (size) पर निर्भर करता है। चित्र 36.4 में आप देख सकते हैं कि जब किसी वस्तु को आँख से दूर ले जाया जाता है, तो रेटिना पर बना प्रतिबिंब छोटा हो जाता है; इसलिए वही वस्तु छोटी दिखने लगती है। इस चित्र से आप यह भी देख सकते हैं कि रेटिना पर बने प्रतिबिंब की लंबाई आँख पर वस्तु द्वारा बनाए कोण θ के लगभग समानुपाती होती है। इस कोण को दर्शनकोण (visual angle)

कहते हैं। माइक्रोस्कोप, टेलीस्कोप आदि प्रकाशीय यंत्र इस कोण को बढ़ाने का काम करते हैं ताकि वस्तु अधिक स्पष्ट रूप से दिखे।

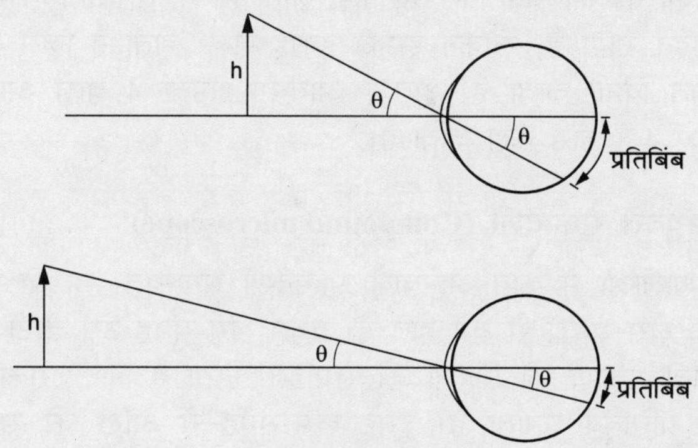

चित्र 36.4

अभ्यास 36.3

दो बच्चे जिनमें से पहला 52 इंच लंबा तथा दूसरा 55 इंच लंबा है, एक मनुष्य से क्रमशः 4.0 m तथा 5.0 m की दूरी पर खड़े हैं। मनुष्य को कौन-सा बच्चा ज्यादा लंबा लगेगा?

हल पहले बच्चे द्वारा आँख पर बना कोण,

$$\alpha_1 = \frac{52 \text{ इंच}}{4.0 \text{ मीटर}} = 13 \text{ इंच/मीटर।}$$

दूसरे बच्चे द्वारा आँख पर बना कोण,

$$\alpha_2 = \frac{55 \text{ इंच}}{5.0 \text{ मीटर}} = 11 \text{ इंच/मीटर।}$$

$\alpha_1 > \alpha_2$, इसलिए मनुष्य को पहला बच्चा बड़ा लगेगा।

36.4 सूक्ष्मदर्शी

जैसा कि नाम से ही स्पष्ट है, सूक्ष्मदर्शी (microscope) एक ऐसा प्रकाशीय उपकरण है जिसकी सहायता से हम बहुत छोटी वस्तुओं को भी स्पष्टता से देख सकते हैं। वैज्ञानिक कई प्रकार के जीवाणुओं को देखने के लिए इस प्रकार के उपकरणों का उपयोग करते हैं। यहाँ हम दो प्रकार के सूक्ष्मदर्शियों का वर्णन करेंगे।

(a) सरल सूक्ष्मदर्शी (Simple microscope)

यदि आपको किसी छोटी वस्तु को देखना हो, तो आप उसे अपनी आँखों के नजदीक लाना पसंद करेंगे, ताकि रेटिना पर उसका प्रतिबिंब बड़ा बन सके और आप वस्तु की बारीकियों को भी स्पष्ट रूप से देख सकें। परंतु, आप वस्तु को अपनी आँख के निकट-बिंदु से और नजदीक नहीं ला सकते, क्योंकि तब प्रतिबिंब रेटिना पर बनेगा ही नहीं। यदि स्पष्ट दृष्टि की न्यूनतम दूरी D हो और वस्तु की लंबाई h हो, तो वस्तु को नजदीक लाकर जो अधिकतम कोण आप आँख पर बना सकते हैं, वह है [चित्र 36.5(a)]

$$\theta_o = \frac{h}{D}. \quad \text{... (i)}$$

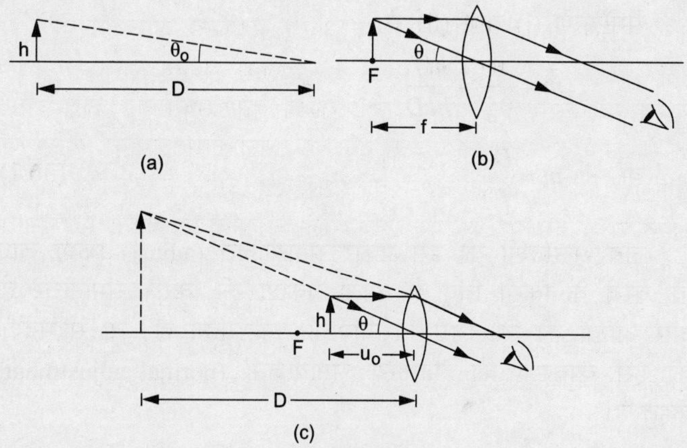

चित्र 36.5

इस कोण को और भी बड़ा किया जा सकता है और वह भी रेटिना पर ही प्रतिबिंब को बनाकर, यदि आप एक उत्तल लेंस को आँखों के ठीक सामने आँख के लेंस के बिल्कुल नजदीक ले जाएँ। सोने के गहनों पर बारीक मीनाकारी करनेवाले कारीगर प्रायः अपनी आँख के आगे ऐसा ही छोटा-सा उत्तल लेंस लगाए रहते हैं। आपने जासूसी धारावाहिकों में जासूस को भी एक उत्तल लेंस लगाकर सबूतों को परखते देखा होगा। जब उत्तल लेंस का प्रयोग आँखों पर बने कोण को बढ़ाने के लिए किया जाता है तब उसे सरल सूक्ष्मदर्शी कहते हैं। सरल सूक्ष्मदर्शी को आवर्धक लेंस (magnifying glass) भी कहते हैं।

मान लें कि सरल सूक्ष्मदर्शी की तरह उपयोग में लिए जाने वाले उत्तल लेंस की फोकस-दूरी f है जिसका मान D से कम है। मान लें कि लेंस को आँख से सटाकर रखा गया है और वस्तु को लेंस से f दूरी पर रखा गया है। ऐसी स्थिति में वस्तु के किसी बिंदु से आनेवाली प्रकाश की किरणें लेंस से गुजरकर समानांतर हो जाएँगी और आँख में प्रवेश करेंगी। आँख की सिलियरी मांसपेशियाँ तनावरहित (relaxed) होंगी, लेंस सबसे कम फूला हुआ होगा और प्रतिबिंब रेटिना पर बनेगा। वस्तु द्वारा लेंस पर बना कोण होगा [चित्र 36.5(b)]

$$\theta = \frac{h}{f}. \quad \text{... (ii)}$$

वस्तु द्वारा आँख पर बना कोण भी लगभग इतना ही होगा, क्योंकि लेंस को आँख से सटाकर ही रखा गया है। चूँकि $f < D$ है, अतः समीकरण (i) तथा (ii) से $\theta > \theta_o$ होगा। ऐसे में आँख को वस्तु और बड़ी लगती है और उसकी बारीकियाँ और अच्छी तरह दिखती हैं। θ/θ_o को सूक्ष्मदर्शी की आवर्धन क्षमता (magnifying power) या कोणीय आवर्धन क्षमता (angular magnification power) कहते हैं। अतः, आवर्धन क्षमता वह गुणक है जिससे आप रेटिना पर बन सकनेवाले अधिकतम कोण को किसी यंत्र द्वारा बढ़ा सकते हैं।

$$\text{आवर्धन क्षमता} = \frac{\text{यंत्र का उपयोग करने पर प्रतिबिंब द्वारा आँख पर बना कोण}}{\text{बिना यंत्र के वस्तु द्वारा आँख पर बनाया जा सकनेवाला अधिकतम कोण}}\text{।}$$

समीकरण (i) तथा (ii) से,

$$m = \frac{\theta}{\theta_o} = \frac{h/f}{h/D}$$

या $$m = \frac{D}{f}. \qquad ... (36.1)$$

जब सूक्ष्मदर्शी को इस प्रकार समायोजित (adjust) किया जाए कि वस्तु के किसी बिंदु से आती प्रकाश की किरणें समानांतर हों और आँखों की सिलियरी मांसपेशियाँ तनावरहित हों, तो सूक्ष्मदर्शी की इस व्यवस्था को 'सामान्य समायोजन' (normal adjustment) कहते हैं।

समीकरण (36.1) से सामान्य समायोजन के लिए सरल सूक्ष्मदर्शी की आवर्धन क्षमता मिलती है।

वस्तु को आँख के और भी नजदीक लाकर आवर्धन क्षमता को और अधिक बढ़ाया जा सकता है। मान लें कि वस्तु को लेंस से ऐसी दूरी u_o पर रखा जाता है कि इसका आभासी प्रतिबिंब आँख की स्पष्ट दृष्टि की न्यूनतम दूरी D पर बने। अर्थात, आँख को वस्तु के किसी बिंदु से आती किरणें निकट-बिंदु से आती प्रतीत हों [चित्र 36.5(c)]। इस स्थिति में नेत्र-लेंस द्वारा वस्तु का प्रतिबिंब रेटिना पर बन सकता है, परंतु इस समय सिलियरी मांसपेशियाँ अधिकतम सिकुड़न की हालत में चली जाएँगी। इस u_o का मान लेंस-सूत्र से प्राप्त किया जा सकता है। यहाँ $u = -u_o$ तथा $v = -D$, अतः

सूत्र $\frac{1}{v} - \frac{1}{u} = \frac{1}{f}$ से,

$$\frac{1}{-D} - \frac{1}{-u_o} = \frac{1}{f}$$

या $$\frac{1}{u_o} = \frac{1}{D} + \frac{1}{f}$$

या $$\frac{D}{u_o} = 1 + \frac{D}{f}.$$

इस स्थिति में प्रतिबिंब द्वारा लेंस पर (या आँख पर) बना कोण $\theta = \frac{h}{u_o}$ होगा। बिना सूक्ष्मदर्शी के स्पष्ट दृष्टि के लिए, वस्तु द्वारा आँख पर बना अधिकतम कोण, $\theta_o = \frac{h}{D}$.

अतः, आवर्धन क्षमता $= \frac{\theta}{\theta_o} = \frac{D}{u_o}$

या $$m = 1 + \frac{D}{f}. \qquad ... (36.2)$$

इस प्रकार के समायोजन को 'स्पष्ट दृष्टि की न्यूनतम दूरी के लिए समायोजन' (adjustment for least distance of clear vision) कहा जाता है।

समीकरण (36.1) तथा (36.2) से ऐसा प्रतीत होता है कि लेंस की फोकस-दूरी f जितनी कम होगी, आवर्धन क्षमता उतनी ही अधिक होगी। परंतु, कई अन्य कारणों के चलते f को बहुत छोटा कर देने पर प्रतिबिंब अच्छा नहीं बन पाता। सरल सूक्ष्मदर्शी के लिए आवर्धन क्षमता 4 तक के प्रतिबिंब ठीक-ठाक बनते हैं। सरल सूक्ष्मदर्शी को आवर्धक लेंस भी कहा जाता है। यों तो आवर्धन क्षमता विमारहित राशि है, लेकिन इसकी इकाई जरूर होती है जिसे X से निरूपित किया जाता है। अतः, आवर्धन क्षमता 4 वाले आवर्धक लेंस को 4 X लेंस कहा जाता है।

(b) संयुक्त सूक्ष्मदर्शी (Compound microscope)

प्रयोगशालाओं में काम आनेवाले सूक्ष्मदर्शी समान्यतः दो या दो से अधिक लेंस-समूहों से बने होते हैं। प्रथम लेंस-समूह उस छोटी वस्तु से आती प्रकाश की किरणों को संग्रहित करता है और उसका एक उलटा प्रतिबिंब बनाता है। दूसरे लेंस-समूह से आँख को सटाकर रखा जाता है और यह पहले प्रतिबिंब को आवर्धित कर रेटिना पर प्रतिबिंब बनाता है। वस्तु के पास वाले लेंस-समूह को अभिदृश्यक (objective) कहते हैं तथा आँख के पास वाले लेंस-समूह को नेत्रिका (eyepiece या ocular) कहते हैं। अभिदृश्यक तथा नेत्रिका से बने सूक्ष्मदर्शी को संयुक्त सूक्ष्मदर्शी कहते हैं।

आपने प्रयोगशालाओं में संयुक्त सूक्ष्मदर्शी देखा होगा। सामान्यतः इसका स्वरूप चित्र 36.6 में दिखाई आकृति जैसा होता है। ऊपर की नली में नेत्रिका फिट होती है, जबकि बीच में आप अभिदृश्यक की नली देख रहे हैं। एक प्लैटफॉर्म पर उस वस्तु को रखते हैं जिसे आवर्धित कर देखना होता है। जीवविज्ञान की प्रयोगशालाओं में प्रायः काँच की स्लाइड पर ऐसी वस्तु को स्थापित करते हैं और उसे प्लैटफॉर्म पर रखते हैं। इस यंत्र में पेंच लगे होते हैं जिनकी सहायता से आप अभिदृश्यक नली को ऊपर नीचे खिसकाकर स्पष्ट व आवर्द्धित प्रतिबिंब प्राप्त कर सकते हैं।

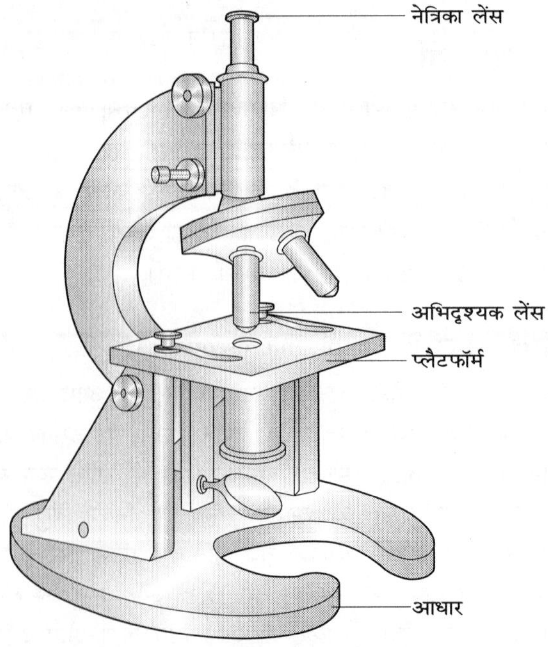

चित्र 36.6

प्रयोगशालाओं में कुछ विशेष दूरियों को अधिक शुद्धता से नापने के लिए एक अलग रचना के सूक्ष्मदर्शी का उपयोग करते हैं

जिसे travelling microscope कहते हैं। यह एक सीधी नली में अभिदृश्य व नेत्रिका को फिट करके बनाया जाता है। इस पूरी नली को नीचे-ऊपर या दाएँ-बाएँ खिसकाने के लिए पेंच बने होते हैं। दोनों प्रकार के विस्थापनों को नापने के लिए वर्नियर स्केल लगे होते हैं, जिनसे आप मिलीमीटर के पचासवें या सौवें हिस्से तक के विस्थापन नाप सकते हैं।

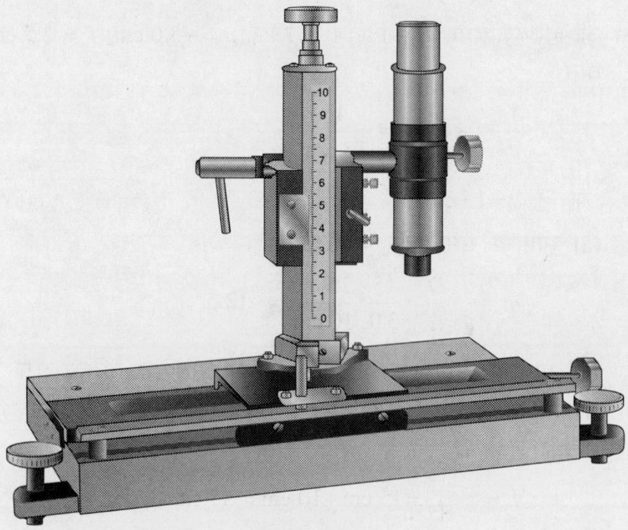

चित्र 36.7

संयुक्त सूक्ष्मदर्शी की कार्यप्रणाली को समझने के लिए अब हम अभिदृश्यक लेंस-समूह के स्थान पर एक उत्तल लेंस तथा नेत्रिका लेंस-समूह के स्थान पर एक दूसरा उत्तल लेंस लेकर इसका वर्णन करेंगे।

चित्र 36.8 में संयुक्त सूक्ष्मदर्शी के इस सरल रूप द्वारा एक छोटी वस्तु के प्रतिबिंब बनने की प्रक्रिया दिखाई गई है। h ऊँचाई की एक वस्तु के पास f_o फोकस-दूरी का उत्तल लेंस है जो अभिदृश्यक का काम कर रहा है। आँख के पास f_e फोकस-दूरी का एक उत्तल लेंस है जो नेत्रिका का काम कर रहा है। दोनों लेंसों के मुख्य अक्ष एक ही रेखा पर हैं।

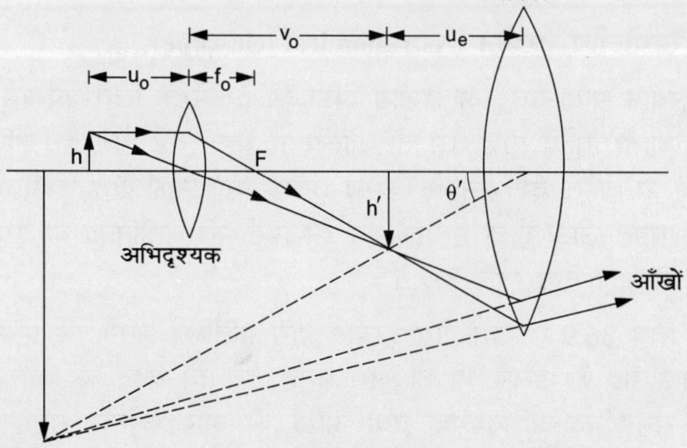

चित्र 36.8

अभिदृश्यक तथा नेत्रिका विशेष नलियों में लगी होती हैं और इनके बीच की दूरी उपयुक्त पेंचों की सहायता से बदली जा सकती है। सूक्ष्मदर्शी से देखी जानेवाली छोटी वस्तु को अभिदृश्यक से u_o दूरी पर रखा जाता है जो इसकी फोकस-दूरी से थोड़ा ही अधिक है।

अभिदृश्यक द्वारा वस्तु का वास्तविक, उलटा तथा बड़ा प्रतिबिंब अभिदृश्यक की दूसरी ओर बनता है। नेत्रिका लेंस इस प्रतिबिंब से थोड़ा पीछे होता है। यह पहला प्रतिबिंब नेत्रिका लेंस के लिए वस्तु का कार्य करता है। इस प्रतिबिंब को बनानेवाली किरणें अब नेत्रिका लेंस पर पड़ती हैं।

सामान्य समायोजन के लिए नेत्रिका के स्थान को इस प्रकार व्यवस्थित किया जाता है कि अभिदृश्यक द्वारा बना प्रतिबिंब नेत्रिका के फोकस तल में आ जाए। ऐसा होने पर वस्तु के किसी बिंदु से चलनेवाली किरणें नेत्रिका से निकलने के बाद आँखों में समानांतर पुंज के रूप में प्रवेश करती हैं और सिलियरी मांसपेशियों की तनाव रहित, अर्थात न्यूनतम संपीडन की परिस्थिति में रेटिना पर प्रतिबिंब बनाती हैं। नेत्रिका द्वारा बना प्रतिबिंब प्रथम प्रतिबिंब की तुलना में सीधा बनता है और इसलिए वस्तु के सापेक्ष आँख उलटा प्रतिबिंब देखती है।

नेत्रिका और अभिदृश्यक के बीच की दूरी को इस प्रकार भी व्यवस्थित किया जा सकता है कि अंतिम प्रतिबिंब आँख से स्पष्ट दृष्टि की न्यूनतम दूरी पर बने। चित्र 36.8 इसी परिस्थिति के लिए बनाया गया है।

संयुक्त सूक्ष्मदर्शी द्वारा उत्पन्न कोणीय आवर्धन दो चरणों की प्रक्रिया के रूप में समझा जा सकता है। प्रथम चरण में अभिदृश्यक कुछ आवर्धन पैदा कर एक बड़ा प्रतिबिंब बनाता है और दूसरे चरण में नेत्रिका सरल सूक्ष्मदर्शी की तरह इसमें कोणीय आवर्धन उत्पन्न करती है। संयुक्त सूक्ष्मदर्शी द्वारा उत्पन्न कुल कोणीय आवर्धन इन दोनों का गुणनफल होता है।

कोणीय आवर्धन या आवर्धन क्षमता

यदि h ऊँचाई की वस्तु को बिना सूक्ष्मदर्शी के देखना हो, तो रेटिना पर अधिकतम आकार का प्रतिबिंब बनाने के लिए इसे स्पष्ट दृष्टि की न्यूनतम दूरी D पर रखना होगा। अतः, रेटिना पर बन सकने वाला अधिकतम कोण,

$$\theta_o = \frac{h}{D}. \qquad \text{... (i)}$$

चित्र 36.8 की स्थिति में संयुक्त सूक्ष्मदर्शी का उपयोग करने पर अंतिम प्रतिबिंब द्वारा आँख पर (नेत्रिका-लेंस तथा आँख सटे-सटे हैं) बनाया गया कोण,

$$\theta' = \frac{h'}{u_e}. \qquad \text{... (ii)}$$

कुल कोणीय आवर्धन,

$$m = \frac{\theta'}{\theta_o} = \frac{h'/u_e}{h/D} = \frac{h'}{h}\left(\frac{D}{u_e}\right). \qquad \text{... (iii)}$$

परंतु, $$\frac{h'}{h} = -\frac{v_o}{u_o} = \frac{v}{u}. \qquad \text{... (iv)}$$

साथ ही $\frac{D}{u_e}$ नेत्रिका-लेंस को सरल सूक्ष्मदर्शी की तरह लेने पर

उसके द्वारा उत्पन्न कोणीय आवर्धन है। समीकरण (36.1) एवं (36.2) से इस राशि का मान सामान्य समायोजन के लिए $\frac{D}{f_e}$ तथा स्पष्ट दृष्टि की न्यूनतम दूरी के समायोजन के लिए $1+\frac{D}{f_e}$ होता है। अतः, सामान्य समायोजन के लिए ($u_e = f_e$) समीकरण (iii) तथा (iv) से,

$$m=\frac{v}{u}\left(\frac{D}{f_e}\right) \quad \ldots \text{(v)}$$

एवं स्पष्ट दृष्टि की न्यूनतम दूरी वाले समायोजन के लिए,

$$m=\frac{v}{u}\left(1+\frac{D}{f_e}\right). \quad \ldots \text{(vi)}$$

$\frac{v}{u}$ का मान भी हम सूक्ष्मदर्शी की राशियों के रूप में लिख सकते हैं। अभिदृश्यक के लिए लेंस-सूत्र का प्रयोग करने पर,

$$\frac{1}{v}-\frac{1}{u}=\frac{1}{f_o}$$

या $$1-\frac{v}{u}=\frac{v}{f_o}$$

या $$\frac{v}{u}=1-\frac{v}{f_o}. \quad \ldots \text{(vii)}$$

सामान्यतः अभिदृश्यक तथा नेत्रिका, दोनों की ही फोकस-दूरियाँ नेत्रिका एवं अभिदृश्यक के बीच की दूरी L के सापेक्ष काफी छोटी होती हैं। यह L वस्तुतः सूक्ष्मदर्शी की नली की लंबाई है, क्योंकि इस नली के सिरों पर ही अभिदृश्यक एवं नेत्रिका लगी होती हैं। वस्तु को अभिदृश्यक की फोकस-दूरी से थोड़ा ही अधिक दूरी पर रखा जाता है जिससे प्रथम प्रतिबिंब की दूरी v_o इसकी फोकस-दूरी f_o से काफी अधिक हो। अतः, $\frac{v_o}{f_o} >> 1$.

अतः, समीकरण (v) से,

$$\frac{v}{u}\simeq-\frac{v_o}{f_o}. \quad \ldots \text{(viii)}$$

साथ ही प्रथम प्रतिबिंब नेत्रिका के फोकस पर (सामान्य समायोजन) या उससे थोड़ा ही अंदर बनता है। नेत्रिका की फोकस-दूरी भी नली की लंबाई की तुलना में काफी कम होती है। अतः, v_o का मान भी L के लगभग बराबर ही होगा। अतः, समीकरण (viii) से,

$$\frac{v}{u}\simeq-\frac{L}{f_o}.$$

समीकरण (v) एवं (vi) से सामान्य समायोजन के लिए,

$$m\simeq-\frac{L}{f_o}\left[\frac{D}{f_e}\right] \quad \ldots \text{(36.3)}$$

तथा स्पष्ट दृष्टि की न्यूनतम दूरी के समायोजन के लिए,

$$m=-\frac{L}{f_o}\left(1+\frac{D}{f_e}\right). \quad \ldots \text{(36.4)}$$

अभ्यास 36.4

एक संयुक्त सूक्ष्मदर्शी के अभिदृश्यक तथा नेत्रिका लेंस की फोकस-दूरियाँ क्रमशः 2.5 cm तथा 10 cm हैं। एक छोटी वस्तु को अभिदृश्यक से 3.0 cm दूरी पर रखा गया है। सामान्य समायोजन के लिए (a) कोणीय आवर्धन ज्ञात करें तथा (b) माइक्रोस्कोप की नली की लंबाई ज्ञात करें।

हल अभिदृश्यक द्वारा बने प्रतिबिंब के लिए, $u = -3.0$ cm, $f = 2.5$ cm. अतः,

$$\frac{1}{v}-\frac{1}{-3.0\text{ cm}}=\frac{1}{2.5\text{ cm}}$$

या $$v=15\text{ cm.}$$

(a) सामान्य समायोजन के लिए,

$$m=\frac{v}{u}\cdot\frac{D}{f_e}=\frac{15}{3.0}\cdot\frac{25\text{ cm}}{10\text{ cm}}=-12.5.$$

(b) सामान्य समायोजन के लिए प्रथम प्रतिबिंब नेत्रिका-लेंस के फोकस पर बनता है। सूक्ष्मदर्शी की नली की लंबाई अभिदृश्यक से नेत्रिका तक की दूरी के बराबर होती है। अतः, यह लंबाई

$$L=v+f_e=15\text{ cm}+10\text{ cm}=25\text{ cm.}$$

36.5 टेलीस्कोप, दूरदर्शी या दूरबीन

अति सूक्ष्म वस्तुओं को देखने के लिए सूक्ष्मदर्शी, अर्थात माइक्रोस्कोप का उपयोग किया जाता है। इसमें वस्तु को सूक्ष्मदर्शी के काफी पास रखते हैं जिससे आँख पर उसका बड़ा प्रतिबिंब बनता है। धरती पर खड़े रहकर चंद्रमा की सतह पर बने गड्ढों को देखने के लिए हम सूक्ष्मदर्शी का उपयोग नहीं कर सकते। इस प्रकार की दूरस्थ वस्तुओं को स्पष्टता के साथ देखने के लिए हमें लेंसों के अलग किस्म के संयोजन की आवश्यकता होती है जिसे हम टेलीस्कोप, दूरदर्शी या दूरबीन कहते हैं। यों तो दूरबीन अनेक प्रकार की होती है, पर हम यहाँ तीन विशिष्ट प्रकार की दूरबीनों का वर्णन करेंगे।

(a) खगोलीय दूरबीन (Astronomical telescope)

ये दूरबीन सामान्यतः आकाशीय पिंडों को देखने के लिए उपयोग में लाई जाती है। ये पिंड वैसे तो आकार में बहुत बड़े होते हैं, लेकिन धरती से बहुत दूर होने के कारण आँख पर इनके द्वारा बननेवाला कोण बहुत छोटा होता है और हम इन पिंडों की बारीकियों को स्पष्ट रूप से नहीं देख पाते हैं।

चित्र 36.9 में खगोलीय दूरबीन द्वारा प्रतिबिंब बनने की प्रक्रिया दिखाई गई है। इसमें भी दो लेंस-समूह होते हैं। वस्तु की ओर के लेंस-समूह को अभिदृश्यक तथा आँख की ओर के लेंस-समूह को नेत्रिका कहते हैं। चित्र में इन दोनों लेंस-समूहों के अक्ष एक ही रेखा पर दिखाए गए हैं। चित्र में अभिदृश्यक तथा नेत्रिका एक-एक उत्तल लेंस के रूप में दिखाए गए हैं। अभिदृश्यक का आकार बड़ा लिया जाता है ताकि यह दूरस्थ वस्तु से आते प्रकाश के बड़े भाग को दूरबीन में भेज सके। नेत्रिका का आकार अपेक्षाकृत काफी छोटा होता

है। अभिदृश्यक की फोकस-दूरी भी नेत्रिका की फोकस-दूरी से कई गुना अधिक होती है। अभिदृश्यक एक चौड़ी नली के अंदर उसके एक किनारे पर लगा होता है। नेत्रिका लेंस एक दूसरी नली में फिट होता है। यह नली पेंचों की सहायता से अभिदृश्यक की नली के अंदर आगे-पीछे खिसकाई जा सकती है ताकि अभिदृश्यक तथा नेत्रिका के बीच की दूरी को बदला जा सके।

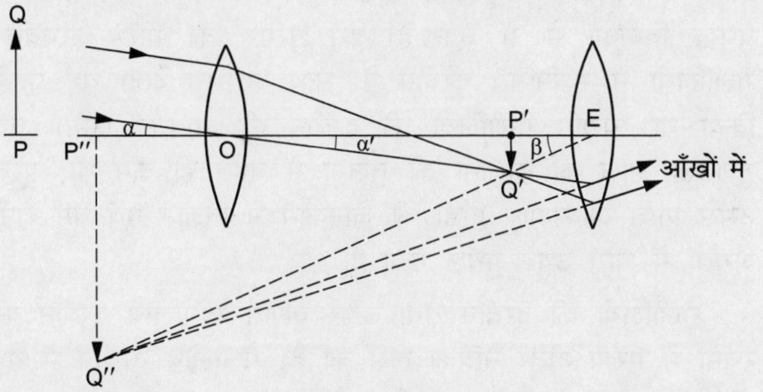

चित्र 36.9

मान लें, दूरबीन को एक दूर की वस्तु PQ की ओर घुमाकर रखा गया है। मान लें बिंदु P टेलीस्कोप के अक्ष पर है तथा बिंदु Q अक्ष से ऊपर कुछ ऊँचाई पर है। बिंदु P से आनेवाली किरणें अक्ष के समानांतर होंगी और अभिदृश्यक के फोकस P' पर संसृत होंगी। Q से आनेवाली किरणें भी समानांतर होगी और वे अक्ष से α कोण बनाती हुई अभिदृश्यक पर पड़ेंगी और Q' बिंदु पर संसृत होंगी। इस तरह उस बड़े, किंतु दूरस्थ पिंड का वास्तविक तथा उलटा प्रतिबिंब $P'Q'$ बनेगा। नेत्रिका इस प्रतिबिंब $P'Q'$ का बड़ा व आभासी प्रतिबिंब बनाती है जो आँखों द्वारा देखा जाता है।

सामान्य समायोजन की स्थिति में नेत्रिका को ऐसी जगह रखते हैं ताकि $P'Q'$ इसके फोकस तल में बने। ऐसी स्थिति में PQ के किसी बिंदु से आती प्रकाश की किरणें नेत्रिका से गुजरकर पुनः समानांतर हो जाएँगी। आँख इन किरणों को रेटिना पर संसृत कर लेगी। इस समय सिलियरी मांसपेशियाँ न्यूनतम संपीडन की अवस्था में रहती हैं। नेत्रिका को प्रथम प्रतिबिंब $P'Q'$ की ओर थोड़ा खिसकाने से अंतिम प्रतिबिंब $P''Q''$ को आँखों के और नजदीक लाया जा सकता है। अधिक कोणीय आवर्धन के लिए $P''Q''$ को स्पष्ट दृष्टि की न्यूनतम दूरी D पर बनना चाहिए।

आवर्धन क्षमता

मान लें कि अभिदृश्यक एवं नेत्रिका की फोकस-दूरियाँ क्रमशः f_o और f_e हैं तथा पिंड PQ अभिदृश्यक से u_o दूरी पर है। मान लें कि वस्तु PQ अभिदृश्यक पर α कोण बनाती है। यदि इस दूरबीन का उपयोग नहीं किया जाता तो भी PQ द्वारा आँख पर बना कोण α ही होता।

चूँकि PQ बहुत दूर है, इसलिए अभिदृश्यक द्वारा PQ का प्रतिबिंब इसके फोकस तल में बनेगा। अतः, चित्र 36.9 में $OP' = f_o$. पुनः चित्र से,

$$|\alpha| = |\alpha'| \simeq \frac{P'Q'}{f_o}. \qquad \text{... (i)}$$

नेत्रिका $P'Q'$ का प्रतिबिंब $P''Q''$ पर बनाती है। इस प्रतिबिंब द्वारा नेत्रिका पर बनाया कोण β है। चित्र 36.9 से,

$$|\beta| \simeq \frac{P'Q'}{EP'}$$

या $$\left|\frac{\beta}{\alpha}\right| = \frac{f_o}{EP'}. \qquad \text{... (ii)}$$

चूँकि नेत्रिका द्वारा बना प्रतिबिंब $P''Q''$, वस्तु PQ के सापेक्ष उलटा है, अतः

$$m = \frac{\beta}{\alpha} = -\left|\frac{\beta}{\alpha}\right| = -\frac{f_o}{EP'}. \qquad \text{... (iii)}$$

यदि दूरबीन को सामान्य समायोजन के लिए व्यवस्थित किया जाए, तो $P'Q'$ नेत्रिका के फोकस तल में होगा और EP' का मान नेत्रिका की फोकस-दूरी f_e के बराबर होगा। अतः, समीकरण (iii) से कोणीय आवर्धन या आवर्धन क्षमता,

$$m = -\frac{f_o}{f_e}. \qquad \text{... (36.5)}$$

यदि दूरबीन को ऐसा समायोजित किया गया हो कि अंतिम प्रतिबिंब $P''Q''$ स्पष्ट दृष्टि की न्यूनतम दूरी D पर बने, तो कोणीय आवर्धन का मान अधिकतम होगा। इस स्थिति में नेत्रिका के लिए,

$$u = -EP' \text{ तथा } v = -EP'' = -D.$$

लेंस-सूत्र $\frac{1}{v} - \frac{1}{u} = \frac{1}{f}$ से,

$$\frac{1}{-D} - \frac{1}{-(EP')} = \frac{1}{f_e}$$

या $$\frac{1}{EP'} = \frac{1}{f_e} + \frac{1}{D} = \frac{f_e + D}{f_e D}. \qquad \text{... (iv)}$$

अतः, समीकरण (iii) से,

$$m = -\frac{f_o(f_e + D)}{f_e D}$$

$$= -\frac{f_o}{f_e}\left(1 + \frac{f_e}{D}\right). \qquad \text{... (36.6)}$$

दूरबीन की लंबाई

अभिदृश्यक से नेत्रिका तक की दूरी ही दूरबीन की लंबाई L है। चित्र 36.9 से यह लंबाई,

$$L = OP' + P'E = f_o + P'E.$$

सामान्य समायोजन के लिए, $P'E = f_e$.

अतः, $$L = f_o + f_e. \qquad \text{... (36.7)}$$

यदि अंतिम प्रतिबिंब नेत्रिका से D दूरी पर बन रहा हो, तो समीकरण (iv) से,

$$EP' = \frac{f_e D}{f_e + D}$$

या $$L = f_o + \frac{f_e D}{f_e + D}. \qquad ...(36.8)$$

(b) पार्थिव दूरबीन (Terrestrial telescope)

खगोलीय दूरबीन में अंतिम प्रतिबिंब वस्तु के सापेक्ष उलटा बनता है। खगोलीय पिंडों को देखने में उलटा प्रतिबिंब विशेष कठिनाई उत्पन्न नहीं करता है, परंतु यदि आप धरती पर ही दूर की वस्तुओं को आवर्धित करके देखना चाहते हैं, तो प्रतिबिंब का उलटा होना कठिनाई उत्पन्न कर सकता है। कल्पना करें कि आप दर्शक दीर्घा में बैठकर दूरबीन की सहायता से क्रिकेट मैच देख रहे हों और दूरबीन उलटे प्रतिबिंब बना रही हो। आवर्धन के कारण आप गेंद के टर्न और ब्रेक को तो अच्छी तरह देख पाएँगे, लेकिन खिलाड़ी मैदान पर खड़े होने के बजाय मैदान से उलटे लटके हुए नजर आएँगे। इस कठिनाई से बचने के लिए धरती पर दूर की वस्तुओं को देखने के लिए पार्थिव दूरबीन का उपयोग किया जाता है। खगोलीय दूरबीन तथा पार्थिव दूरबीन में सिर्फ एक ही उत्तल लेंस का फर्क है, जो इसके अभिदृश्यक तथा नेत्रिका के बीच रखा जाता है।

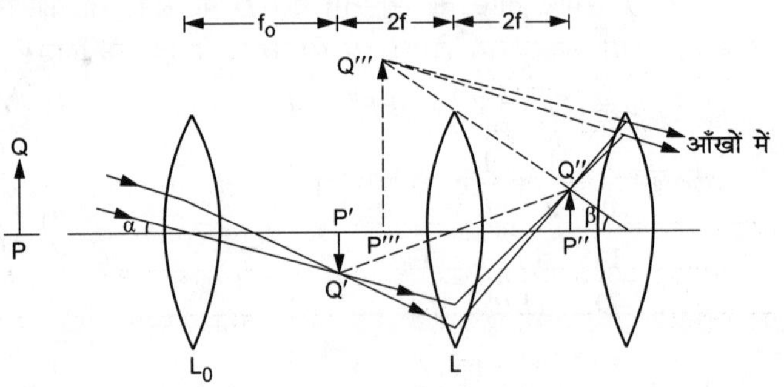

चित्र 36.10

चित्र 36.10 में एक पार्थिव दूरबीन द्वारा दूर की वस्तु के प्रतिबिंब बनने की प्रक्रिया दिखाई गई है। अभिदृश्यक तथा नेत्रिका के बीच f फोकस-दूरी का एक उत्तल लेंस L लगाया गया है। अभिदृश्यक से इसकी दूरी इतनी रखी जाती है कि अभिदृश्यक का फोकस तल इससे $2f$ दूरी पर हो। दूर की वस्तु PQ का प्रथम प्रतिबिंब $P'Q'$ इस लेंस L से $2f$ दूरी पर बनता है जो इस लेंस के लिए वस्तु का काम करता है। लेंस L, $P'Q'$ का वास्तविक, उलटा तथा बराबर आकार का प्रतिबिंब $P''Q''$ बनाता है। इस तरह $P''Q''$ वस्तु PQ की तुलना में सीधा हो जाता है। नेत्रिका को उपयुक्त स्थान पर रखकर $P''Q''$ का आवर्धित एवं अंतिम प्रतिबिंब $P'''Q'''$ बनाया जाता है जिसे आँखों द्वारा देखा जाता है।

बीच के लेंस L का काम सिर्फ प्रथम प्रतिबिंब $P'Q'$ को उलटा कर उतना ही बड़ा दूसरा प्रतिबिंब $P''Q''$ बनाना है। अतः, इसके द्वारा उत्पन्न आवर्धन को हम –1 कह सकते हैं। इसलिए खगोलीय दूरबीन की आवर्धन क्षमता समीकरण (36.6) या (36.7) में दिए गए व्यंजक में –1 से गुणा कर प्राप्त की जा सकती है।

दूरबीन की लंबाई अवश्य $4f$ बढ़ जाती है।

अतः, सामान्य समायोजन में $L = f_o + 4f + f_e$ होता है। अंतिम प्रतिबिंब नेत्रिका से D दूरी पर बनने के लिए,

$$L = f_o + 4f + \frac{f_e D}{f_e + D}.$$

(c) गैलीलीय दूरबीन (Galilean telescope)

आकाशीय पिंडों का दूरबीनों द्वारा अध्ययन आधुनिक विज्ञान की प्रमुख विधाओं में से एक है। इस परंपरा का प्रारंभ संभवतः गैलीलियो ने स्वनिर्मित दूरबीन के साथ लगभग 400 वर्ष पहले किया था। यद्यपि गैलीलियो की दूरबीन की आवर्धन क्षमता एवं गुणवत्ता आज की दूरबीनों की तुलना में बहुत ही कम थी, परंतु उससे प्राप्त आकाशीय पिंडों की जानकारी ने विज्ञान एवं धर्म दोनों जगतों में भारी उथल-पुथल मचा दी थी।

गैलीलियो की दूरबीन तथा ऊपर वर्णित खगोलीय दूरबीन की रचना में मुख्य अंतर नेत्रिका लेंस का है। गैलीलीय दूरबीन में यह लेंस उत्तल नहीं होकर अवतल होता है।

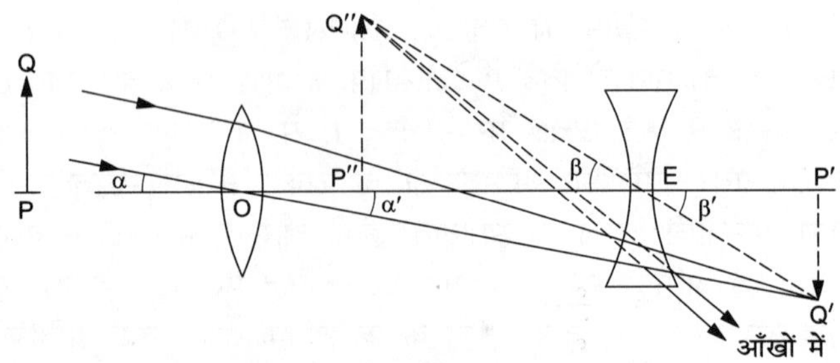

चित्र 36.11

चित्र 36.11 में एक गैलीलीय दूरबीन द्वारा दूर की वस्तु के प्रतिबिंब के बनने की प्रक्रिया को दिखाया गया है। इसमें अभिदृश्यक के रूप में एक उत्तल लेंस तथा नेत्रिका लेंस के रूप में एक अवतल लेंस को दिखाया गया है। दोनों लेंसों के अक्ष एक ही हैं। दूरबीन को दूर की एक वस्तु PQ की ओर घुमाकर रखा गया है। बिंदु P अक्ष पर है जबकि Q उससे ऊपर है। अभिदृश्यक द्वारा PQ का प्रतिबिंब $P'Q'$ अभिदृश्यक के फोकस तल में बनता है, परंतु $P'Q'$ के पहले ही ये किरणें नेत्रिका लेंस (अवतल) पर पड़ती हैं और अंतिम प्रतिबिंब $P''Q''$ बनाती हैं। इस लेंस का स्थान इस तरह व्यवस्थित किया जाता है ताकि अंतिम प्रतिबिंब अपेक्षित स्थान पर बने। सामान्य समायोजन के लिए अंतिम प्रतिबिंब अनंत पर बनता है। यदि यह अंतिम प्रतिबिंब स्पष्ट दृष्टि की न्यूनतम दूरी पर बनाया जाए, तो कोणीय आवर्धन अधिकतम होता है।

आवर्धन क्षमता

मान लें कि अभिदृश्यक तथा नेत्रिका लेंसों की फोकस-दूरियाँ क्रमशः f_o तथा f_e हैं तथा वस्तु PQ अभिदृश्यक से काफी दूर u_o दूरी पर स्थित है। यह वस्तु अभिदृश्यक पर α कोण बनाती है। यदि बिना दूरबीन के वस्तु को देखा जाए तो भी आँख पर बना कोण α ही होगा। चूँकि वस्तु बहुत दूर है और प्रतिबिंब $P'Q'$ अभिदृश्यक के

फोकस तल में बनता है, इसलिए चित्र 36.11 से,

$$|\alpha|=|\alpha'|\simeq\frac{P'Q'}{OP'}=\frac{P'Q'}{f_o}. \quad \text{... (i)}$$

अंतिम प्रतिबिंब $P''Q''$ नेत्रिका पर β कोण बनाता है। चूँकि आँख नेत्रिका से सटाकर रखी जाती है, इसलिए प्रतिबिंब $P''Q''$ द्वारा आँख पर बनाया कोण भी β होगा। चित्र 36.11 से,

$$|\beta|=|\beta'|\simeq\frac{P'Q'}{EP'}. \quad \text{... (ii)}$$

समीकरण (i) तथा (ii) से,

$$\left|\frac{\beta}{\alpha}\right|=\frac{f_o}{EP'}.$$

चूँकि β तथा α अक्ष के एक ही ओर बने हैं इसलिए β एवं α का चिह्न एक ही होगा। अतः, $\left|\frac{\beta}{\alpha}\right|=\frac{\beta}{\alpha}$.

अतः, कोणीय आवर्धन या आवर्धन क्षमता,

$$m=\frac{\beta}{\alpha}=\frac{f_o}{EP'}. \quad \text{... (iii)}$$

यदि दूरबीन को सामान्य समायोजन की स्थिति में रखा जाए, तो $EP'=-f_e$ (अवतल लेंस के लिए f_e ऋणात्मक होता है) और आवर्धन क्षमता,

$$m=-\frac{f_o}{f_e}.$$

यदि अंतिम प्रतिबिंब नेत्रिका से D दूरी पर बन रहा हो, तो लेंस-सूत्र से,

$$\frac{1}{v}-\frac{1}{u}=\frac{1}{f}$$

या $$\frac{1}{-D}-\frac{1}{EP'}=\frac{1}{f_e}$$

या $$\frac{1}{EP'}=-\left(\frac{1}{f_e}+\frac{1}{D}\right). \quad \text{... (iv)}$$

समीकरण (iii) एवं (iv) से,

$$m=-f_o\left(\frac{1}{f_e}+\frac{1}{D}\right)$$

या $$m=-\frac{f_o}{f_e}\left(1+\frac{f_e}{D}\right).$$

दूरबीन की लंबाई

गैलीलीय टेलीस्कोप की लंबाई,

$$L=OE=OP'-EP'=f_o-EP'.$$

सामान्य समायोजन के लिए,

$$EP'=-f_e.$$

अतः, $L=f_o+f_e=f_o-|f_e|$.

यदि प्रतिबिंब नेत्रिका से F दूरी पर बन रहा हो, तो समीकरण (iv) से,

$$EP'=-\frac{f_eD}{f_e+D}.$$

अतः, $L=f_o+\frac{f_eD}{f_e+D}=f_o-\frac{|f_e|D}{D-|f_e|}$.

यद्यपि हमने आवर्धन क्षमता व लंबाई के सूत्र सामान्य संयोजन तथा स्पष्ट दृष्टि की न्यूनतम दूरी के लिए निकाले हैं, लेकिन व्यवहार में सूक्ष्मदर्शी या दूरदर्शी का उपयोग करने में सामान्य संयोजन का उपयोग करते हैं। इससे आँखें बिना थके कुछ देर तक प्रेक्षण कर सकती हैं।

36.6 दूरबीन एवं सूक्ष्मदर्शी की विभेदन क्षमता

दूरबीन एवं सूक्ष्मदर्शी किसी वस्तु का बड़ा प्रतिबिंब आँखों को दिखाते हैं। प्रतिबिंब के बड़ा होने मात्र से ही वस्तु की छोटी-छोटी रचनाएँ साफ दिखें यह आवश्यक नहीं है। आप जानते हैं कि विवर्तन (diffraction) के कारण उत्तल लेंस द्वारा एक बिंदुस्रोत का प्रतिबिंब बिंदु के आकार का नहीं बनकर एक डिस्क के आकार का बनता है जिसकी त्रिज्या,

$$r=\frac{1.22\,\lambda}{D}\cdot v$$

होती है, जहाँ λ प्रकाश का तरंगदैर्घ्य, D लेंस का व्यास तथा v प्रतिबिंब की लेंस से दूरी है।

यदि वस्तु के दो बिंदु इतने पास-पास हों कि उनके विवर्तन डिस्क एक-दूसरे पर काफी कुछ आच्छादित (overlap) हों, तो हम उन बिंदुओं को अलग-अलग नहीं देख सकते। दूरबीन या सूक्ष्मदर्शी की विभेदन क्षमता यह बताती है कि हम कितनी कम दूरी पर स्थित बिंदुओं को अलग-अलग देख सकते हैं।

दूरबीन की विभेदन क्षमता

दूरबीन से प्रायः खगोलीय पिंडों को देखा जाता है। ये पिंड एक-दूसरे से करोड़ों मील दूर हो सकते हैं, लेकिन इनसे आनेवाले प्रकाश की दिशा लगभग एक ही हो सकती है। चित्र 36.12 में दो तारे S_1 तथा S_2 दिखाए गए हैं, जिन्हें एक दूरबीन द्वारा देखने का प्रयास किया जा रहा है। इन दोनों के प्रथम प्रतिबिंब अभिदृश्यक के फोकस तल पर बन रहे हैं। ये प्रतिबिंब विवर्तन डिस्क के रूप में हैं। S_1 से आते प्रकाश की दिशा तथा S_2 से आते प्रकाश की दिशा आपस में $d\theta$ कोण बनाती है। प्रेक्षक के लिए इन तारों के बीच $d\theta$ का कोणीय अंतराल (angular separation) है। यदि इनके विवर्तन डिस्कों के केंद्र एक-दूसरे से x दूरी पर हों, तो चित्र 36.12 से,

$$x=fd\theta.$$

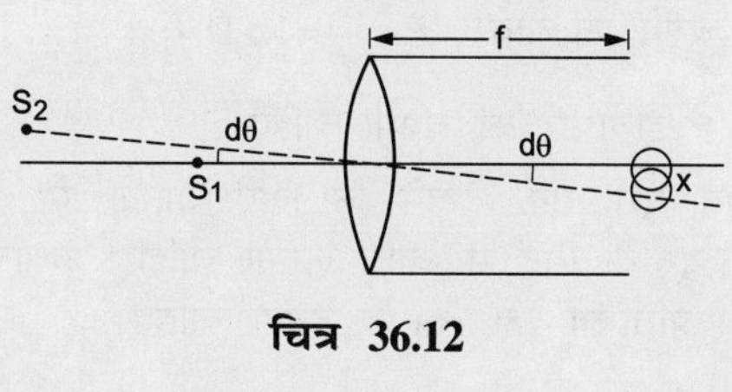

चित्र 36.12

इस विवर्तन डिस्कों की त्रिज्या,

$$r = \frac{1.22\,\lambda}{a} f,$$

जहाँ λ प्रकाश का तरंगदैर्घ्य तथा a अभिदृश्यक का व्यास है। ये डिस्कें अलग-अलग दिख सकती हैं यदि $x > r$ हो, अर्थात

$$f d\theta > \frac{1.22\,\lambda}{a} f$$

या $$d\theta > \frac{1.22\,\lambda}{a}. \qquad \ldots (36.9)$$

कोणीय अंतराल के इस न्यूनतम मान को दूरबीन की विभेदन सीमा (resolution limit or resolution) कहते हैं तथा इसके व्युत्क्रम को विभेदन क्षमता (resolving power) कहते हैं। अतः,

$$\text{विभेदन क्षमता} = \frac{a}{1.22\,\lambda}. \qquad \ldots (36.10)$$

दूरबीन की विभेदक क्षमता मुख्यतः अभिदृश्यक के व्यास पर ही निर्भर करती है। व्यास को बड़ा रखने पर विभेदन क्षमता भी अधिक होती है। साथ ही व्यास अधिक होने से अभिदृश्यक अधिक प्रकाश को भी ले पाता है और प्रतिबिंब अधिक तीव्रता का (brighter) बनता है।

विभेदन क्षमता तरंगदैर्घ्य के व्युत्क्रमानुपाती होता है, अर्थात कम तरंगदैर्घ्य के प्रकाश का प्रयोग करने से अधिक विभेदन क्षमता प्राप्त होगी।

सूक्ष्मदर्शी की विभेदन क्षमता

सूक्ष्मदर्शी से हम उसके काफी पास रखी (फोकस-दूरी से थोड़ा अधिक) वस्तु को बारीकी से देखना चाहते हैं। यहाँ विभेदन सीमा Δd वस्तु के दो बिंदुओं के बीच की न्यूनतम दूरी को कहते हैं, जिसे सूक्ष्मदर्शी अलग-अलग दिखा सकता है। यहाँ भी अभिदृश्यक का व्यास बढ़ाने से विभेदन सीमा घटती है और विभेदन क्षमता बढ़ती है, अर्थात आप कम दूरी के बिंदुओं में विभेद कर पाते हैं। इसी प्रकार तरंगदैर्घ्य को घटाने से विभेदन क्षमता बढ़ जाती है।

सूक्ष्मदर्शी में तरंगदैर्घ्य घटाने का एक तरीका है कि वस्तु तथा अभिदृश्यक के बीच कोई पारदर्शी पदार्थ भर दिया जाए। इस काम के लिए विशेष प्रकार के तेल आते हैं जिनका अपवर्तनांक 1.52 तक होता है। आप जानते हैं कि निर्वात या हवा में जिस प्रकाश का तरंगदैर्घ्य λ होता है, n अपवर्तनांक वाले माध्यम में उसी का तरंगदैर्घ्य λ/n होता है।

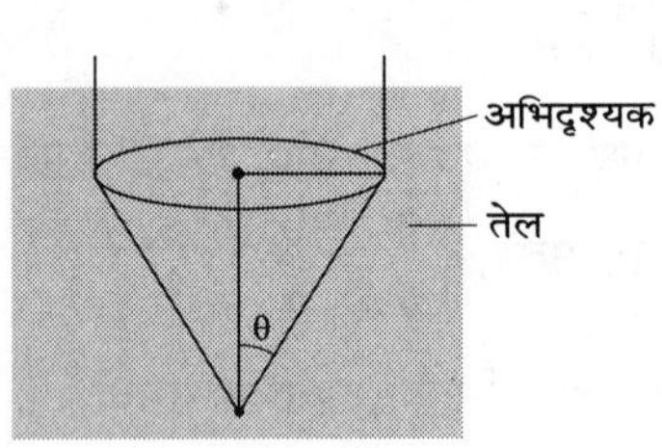

चित्र 36.13

यदि लेंस की त्रिज्या वस्तु पर θ कोण बनाए (चित्र 36.13), प्रकाश का निर्वात में तरंगदैर्घ्य λ हो और वह n अपवर्तनांक वाले माध्यम में डुबाया हुआ हो, तो विभेदन सीमा,

$$\Delta d = \frac{\lambda}{2n\sin\theta} \qquad \ldots (36.11)$$

होती है। विभेदन क्षमता इसके व्युत्क्रम को कहते हैं। अतः,

$$\text{विभेदन क्षमता} = \frac{2n\sin\theta}{\lambda}. \qquad \ldots (36.12)$$

• *हल किए गए प्रश्न* •

1. *एक सज्जन की आँखों के लिए निकट-बिंदु 40 cm पर तथा दूर-बिंदु 250 cm पर हैं। 25 cm पर रखी पुस्तक को पढ़ने के लिए इन्हें कितने पावर का चश्मा चाहिए? इस चश्में को लगाकर वे अधिकतम कितनी दूरी की वस्तु को स्पष्ट देख सकते हैं?*

हल चश्में द्वारा 25 cm पर रखी पुस्तक के अक्षरों का प्रतिबिंब 40 cm पर बनना चाहिए।

अतः, $u = -25$ cm तथा $v = -40$ cm.

लेंस-सूत्र से, $$\frac{1}{f} = \frac{1}{-40\text{ cm}} - \frac{1}{-25\text{ cm}}$$

या $$f = \frac{200}{3}\text{ cm} = \frac{2}{3}\text{ m}.$$

अतः, चश्में का पावर, $P = \frac{1}{f} = 1.5\,\text{D}$.

इन्हें +1.5 डायोप्टर का चश्मा चाहिए।

अधिकतम दूरी तक देखने के लिए आँखों में आता प्रकाश 250 cm दूर के बिंदु से आता लगना चाहिए। अर्थात, लेंस द्वारा वस्तु का प्रतिबिंब 250 cm पर बनना चाहिए।

अतः, $v = -250$ cm तथा $f = \frac{200}{3}$ cm.

लेंस सूत्र $\frac{1}{v} - \frac{1}{u} = \frac{1}{f}$ से,

$$\frac{1}{-250\text{ cm}} - \frac{1}{u} = \frac{3}{200\text{ cm}}$$

$$u = -53\text{ cm}.$$

अतः, वे यह चश्मा लगाकर अधिकतम 53 cm तक की वस्तुओं को ही स्पष्ट देख सकते हैं।

2. *एक बालक अपनी आँखों के पावर को 50 D से 60 D तक बदल सकता है। इसका दूर-बिंदु अनंत पर है। (a) नेत्र-लेंस से रेटिना की दूरी निकालें। (b) इस बालक का निकट-बिंदु कितनी दूर है?*

हल (a) जब सिलियरी मांसपेशियाँ सर्वाधिक तनावरहित रहतीं हैं, तब आँखों के लेंस की फोकस-दूरी सबसे अधिक, अर्थात पावर सबसे कम होता है। इस समय उस बालक के नेत्र-लेंस का पावर 50 D है, अर्थात उसकी फोकस-दूरी,

$$f = \frac{1}{P} = \frac{1}{50}\text{ m} = 2\text{ cm}$$

है। चूँकि इस समय अनंत से आती प्रकाश-किरणें रेटिना पर प्रतिबिंब बनाती हैं। अतः, नेत्र-लेंस से रेटिना की दूरी $= 2$ cm,

(b) सिलियरी मांसपेशियाँ को सर्वाधिक संपीडित कर बालक नेत्र-लेंस का पावर 60 D कर सकता है।

इस समय नेत्र-लेंस की फोकस-दूरी,

$$f = \frac{1}{P} = \frac{1}{60}\text{ m} = \frac{5}{3}\text{ cm}.$$

यदि उसका निकट-बिंदु d दूरी पर हो, तो

$$u = -d, v = 2 \text{ cm तथा } f = \frac{5}{3}\text{ cm}.$$

अतः, लेंस सूत्र $\frac{1}{v} - \frac{1}{u} = \frac{1}{f}$ से,

$$\frac{1}{2\text{ cm}} - \frac{1}{-d} = \frac{3}{5\text{ cm}}$$

या $\quad \frac{1}{d} = \frac{3}{5\text{ cm}} - \frac{1}{2\text{ cm}}$

या $\quad d = 10$ cm.

अर्थात, निकट-बिंदु नेत्र-लेंस से 10 cm की दूरी पर है।

3. *एक वस्तु को 12 cm फोकस-दूरी वाले एक सरल सूक्ष्मदर्शी की सहायता से देखा जाता है। यदि अंतिम प्रतिबिंब स्पष्ट दृष्टि की न्यूनतम दूरी (25 cm) पर बन रहा हो, तो सूक्ष्मदर्शी द्वारा उत्पन्न कोणीय आवर्धन निकालें।*

हल जब अंतिम प्रतिबिंब स्पष्ट दृष्टि की न्यूनतम दूरी पर बने, तो सरल सूक्ष्मदर्शी द्वारा उत्पन्न कोणीय आवर्धन,

$$m = 1 + \frac{D}{f} = 1 + \frac{25\text{ cm}}{12\text{ cm}} = 3.08.$$

4. *एक आवर्धक लेंस की क्षमता 10 D है। अधिकतम कोणीय आवर्धन के लिए वस्तु को लेंस से कितनी दूरी पर रखना चाहिए? स्पष्ट दृष्टि की न्यूनतम दूरी 25 cm लें।*

हल अधिकतम कोणीय आवर्धन के लिए आभासी प्रतिबिंब को स्पष्ट दृष्टि की न्यूनतम दूरी पर बनना चाहिए।

यहाँ $\quad v = -25$ cm, $f = \frac{1}{P} = 10$ cm.

अब लेंस-सूत्र $\frac{1}{v} - \frac{1}{u} = \frac{1}{f}$ से,

$$\frac{1}{u} = \frac{1}{v} - \frac{1}{f} = -\frac{1}{25\text{ cm}} - \frac{1}{10\text{ cm}}$$

या $\quad u = -7.1$ cm.

5. *एक छोटी वस्तु 4.0 cm फोकस-दूरी वाले आवर्धक लेंस से 3.6 cm की दूरी पर रखी है। (a) प्रतिबिंब का स्थान, (b) रेखीय आवर्धन तथा (c) कोणीय आवर्धन ज्ञात करें।*

हल (a) लेंस-सूत्र $\frac{1}{v} - \frac{1}{u} = \frac{1}{f}$ से,

$$\frac{1}{v} = \frac{1}{u} + \frac{1}{f} = \frac{1}{-3.6\text{ cm}} + \frac{1}{4.0\text{ cm}}$$

या $\quad v = -36$ cm.

अतः, प्रतिबिंब का स्थान, $v_2 = -36$ cm.

(b) रेखीय आवर्धन, $\quad m = \frac{v}{u} = \frac{-36\text{ cm}}{-3.6\text{ cm}} = 10.$

(c) यदि आवर्धक लेंस का प्रयोग न किया जाए, तो वस्तु द्वारा आँख पर बना अधिकतम कोण, जिसके लिए उसे स्पष्ट देखा जा सकता है,

$$\alpha = \frac{h}{D}.$$

दी हुई परिस्थिति में वस्तु द्वारा लेंस पर (या आँख पर) बना कोण,

$$\beta = \frac{h}{u}.$$

अतः, कोणीय आवर्धन,

$$m = \frac{\beta}{\alpha} = \frac{\frac{h}{u}}{\frac{h}{D}} = \frac{D}{u} = \frac{25\text{ cm}}{3.6\text{ cm}} = 7.0.$$

6. *एक संयुक्त सूक्ष्मदर्शी के अभिदृश्यक की फोकस-दूरी 1.0 cm तथा नेत्रिका की फोकस-दूरी 5.0 cm है। इनके बीच का अंतराल 12.2 cm है। (a) अभिदृश्यक से कितनी दूरी पर एक वस्तु रखी जाए ताकि अंतिम प्रतिबिंब स्पष्ट दृष्टि की न्यूनतम दूरी (25 cm) पर बने? (b) इस स्थिति में कोणीय आवर्धन ज्ञात करें।*

हल (a) नेत्रिका के लिए, $f_e = 5.0$ cm, $v_e = -25$ cm.

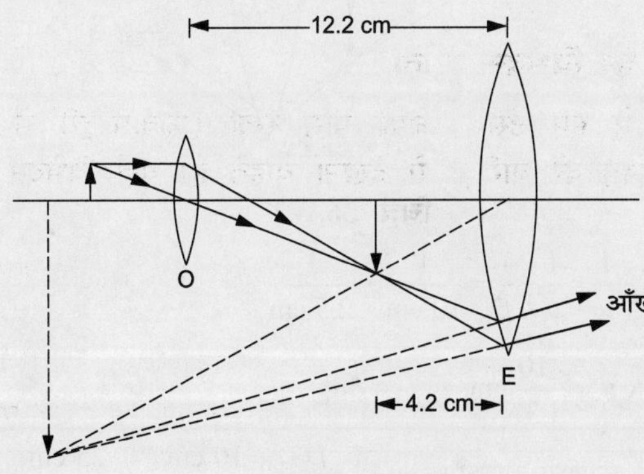

चित्र 36.W1

अतः, $\frac{1}{u_e} = \frac{1}{v_e} - \frac{1}{f_e} = -\frac{1}{25\text{ cm}} - \frac{1}{5\text{ cm}}$

या $\quad u_e = -4.2$ cm.

अतः, प्रथम प्रतिबिंब नेत्रिका से 4.2 cm दूरी पर बनता है (चित्र 36.W1)। अभिदृश्यक नेत्रिका से 12.2 cm दूर है। अतः, अभिदृश्यक के लिए, $v_o = 12.2\text{ cm} - 4.2\text{ cm} = +8.0$ cm तथा $f_o = 1.0$ cm, अतः

$$\frac{1}{u_o} = \frac{1}{v_o} - \frac{1}{f_o} = \frac{1}{8.0\text{ cm}} - \frac{1}{1.0\text{ cm}}$$

या $\quad u_o = -1.1$ cm.

अतः, वस्तु को अभिदृश्यक से 1.1 cm दूरी पर रखना होगा।

(b) कोणीय आवर्धन,

$$m = \frac{v}{u}\left(1+\frac{D}{f_e}\right)$$

$$= \frac{8.0\text{ cm}}{-1.1\text{ cm}}\left(1+\frac{25\text{ cm}}{5\text{ cm}}\right) = -44.$$

7. *एक संयुक्त सूक्ष्मदर्शी के अभिदृश्यक (f = 2.5 cm) तथा नेत्रिका (f = 5 cm) के बीच की दूरी 15 cm है। एक छोटी वस्तु को कहाँ रखा जाए ताकि प्रतिबिंब को देखने के लिए आँखें न्यूनतम संपीडन में हों? इस स्थिति में सूक्ष्मदर्शी द्वारा उत्पन्न कोणीय आवर्धन निकालें।*

हल आँखें न्यूनतम संपीडन में होती हैं जब अंतिम प्रतिबिंब अनंत पर बनता है। इस स्थिति में अभिदृश्यक द्वारा बना प्रतिबिंब नेत्रिका के प्रथम फोकस पर होना चाहिए। चूँकि अभिदृश्यक और नेत्रिका के बीच की दूरी 15 cm तथा नेत्रिका की फोकस-दूरी 5 cm है, अतः प्रथम प्रतिबिंब अभिदृश्यक से 15 cm – 5 cm = 10 cm की दूरी पर बनेगा (चित्र 36.W2)।

अर्थात, अभिदृश्यक के लिए, v = +10 cm, f = 2.5 cm.

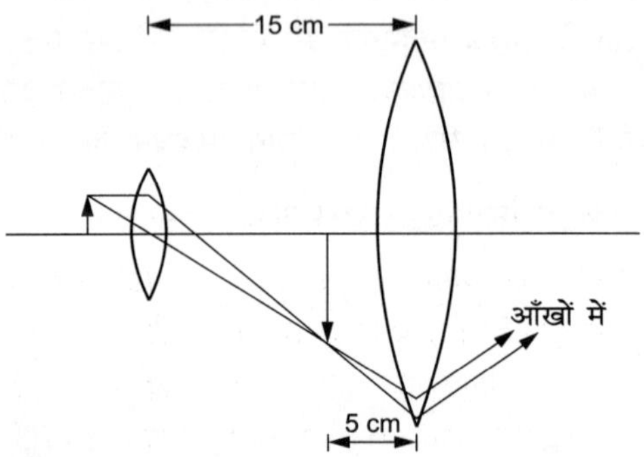

चित्र 36.W2

अतः, $\frac{1}{u} = \frac{1}{v} - \frac{1}{f} = \frac{1}{10\text{ cm}} - \frac{1}{2.5\text{ cm}}$

या $u = -\frac{10}{3}$ cm.

अतः, कोणीय आवर्धन, $m = \frac{v}{u}\cdot\frac{D}{f_e} = \frac{10\text{ cm}}{\left(-\frac{10}{3}\text{ cm}\right)} \times \frac{25\text{ cm}}{5\text{ cm}} = -15.$

8. *एक खगोलीय दूरबीन के अभिदृश्यक की फोकस-दूरी 200 cm तथा नेत्रिका की फोकस-दूरी 4.0 cm है। यह दूरबीन 10 km दूर की वस्तु को देखने के लिए उपयोग में लाई जा रही है। अंतिम प्रतिबिंब अनंत पर बन रहा है। दूरबीन की लंबाई तथा इसके द्वारा उत्पन्न कोणीय आवर्धन निकालें।*

हल चूँकि अभिदृश्यक की फोकस-दूरी 200 cm की तुलना में वस्तु की दूरी 10 km बहुत अधिक है, इसलिए प्रथम प्रतिबिंब अभिदृश्यक के फोकस के अत्यंत निकट, अर्थात उससे 200 cm की दूरी पर ही बनेगा। चूँकि अंतिम प्रतिबिंब अनंत पर बनता है, इसलिए अभिदृश्यक द्वारा बनाया गया प्रतिबिंब नेत्रिका के फोकस पर बना है। अतः,

दूरबीन की लंबाई, L = 200 cm + 4.0 cm = 204 cm

तथा कोणीय आवर्धन, $m = -\frac{f_o}{f_e} = -\frac{200\text{ cm}}{4.0\text{ cm}} = -50.$

9. *एक गैलीलीय दूरबीन बनाने के लिए 50 cm फोकस-दूरी के अभिदृश्यक तथा 5.0 cm फोकस-दूरी की नेत्रिका का प्रयोग किया गया है। (a) दूरबीन की लंबाई तथा बहुत दूर की वस्तु को देखने के लिए सामान्य संयोजन की स्थिति में इसके द्वारा उत्पन्न कोणीय आवर्धन ज्ञात करें। (b) यदि इस दूरबीन को 2.0 m दूरी पर की वस्तु को देखने के लिए फोकस किया जाए, तो पुनः सामान्य संयोजन के लिए कितना कोणीय आवर्धन प्राप्त होगा?*

हल (a) गैलीलीय दूरबीन का अभिदृश्यक उत्तल लेंस तथा नेत्रिका अवतल लेंस होती है।

$$f_o = 50\text{ cm},\ f_e = -5\text{ cm}.$$

अतः, दूरबीन की लंबाई,

$$L = f_o - |f_e| = 50\text{ cm} - 5\text{ cm} = 45\text{ cm}.$$

∴ कोणीय आवर्धन,

$$m = -\frac{f_o}{f_e} = \frac{50\text{ cm}}{5\text{ cm}} = 10.$$

(b) अभिदृश्यक के लिए, u = –200 cm, f_0 = 50 cm.

अतः, $\frac{1}{v} = \frac{1}{f_o} + \frac{1}{u}$

या $\frac{1}{v} = \frac{1}{50\text{ cm}} + \frac{1}{-200\text{ cm}}$ या v = 66.7 cm.

∴ दूरबीन की लंबाई,

$$L = v - |f_e| = 66.7\text{ cm} - 5\text{ cm} = 61.7\text{ cm}.$$

कोणीय आवर्धन निकालने के लिए हम मानेंगे कि वस्तु 2.0 m की दूरी से ही दूरबीन या बिना दूरबीन के देखी जा रही है। ऐसी स्थिति में कोणीय आवर्धन,

$$m = \frac{\beta}{\alpha} = \frac{v}{f_e} = \frac{66.7\text{ cm}}{5\text{ cm}} = 13.3.$$

10. *फोकस-दूरी 50 cm वाले एक उत्तल लेंस द्वारा चंद्रमा का प्रतिबिंब एक पर्दे पर बनाया जाता है। इस प्रतिबिंब को आँखों द्वारा बिना किसी प्रकाशीय यंत्र की सहायता से देखा जाता है। इस स्थिति में प्राप्त कोणीय आवर्धन का मान ज्ञात करें। स्पष्ट दृष्टि की न्यूनतम दूरी 25 cm लें।*

हल प्रश्न में दी गई परिस्थिति चित्र 36.W3 में दिखाई गई है।

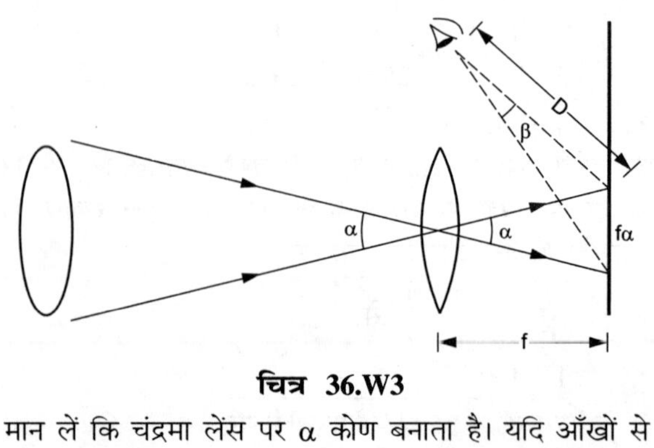

चित्र 36.W3

मान लें कि चंद्रमा लेंस पर α कोण बनाता है। यदि आँखों से बिना किसी प्रकाशीय यंत्र की सहायता से चंद्रमा को देखा जाए, तो

चंद्रमा आँख पर भी इतना ही कोण α बनाएगा। लेंस द्वारा प्रतिबिंब इसके फोकस तल में बनेगा। यदि प्रतिबिंब का व्यास d हो, तो चित्र 36.W3 से, $d = f\alpha$ होगा। इस प्रतिबिंब को स्पष्ट एवं बड़ा देखने के लिए हम इसे स्पष्ट दृष्टि की न्यूनतम दूरी $D = 25$ cm से देख सकते हैं। प्रतिबिंब द्वारा आँख पर बना अधिकतम कोण (जब इसे लगभग लंब दिशा से देखा जाए),

$$|\beta| = \left|\frac{d}{D}\right| = \left|\frac{f \cdot \alpha}{D}\right| = \left|\frac{(50\text{ cm})\alpha}{25\text{ cm}}\right| \quad \text{या} \quad \left|\frac{\beta}{\alpha}\right| = 2.$$

चूँकि पर्दे पर प्रतिबिंब उलटा बन रहा है, इसलिए

$$m = -\left|\frac{\beta}{\alpha}\right| = -2.$$

• विचार हेतु प्रश्न •

1. *क्या सरल सूक्ष्मदर्शी द्वारा प्राप्त प्रतिबिंब को बिना किसी अन्य लेंस की सहायता से पर्दे पर बनाया जा सकता है?*
2. *एक सूक्ष्मदर्शी किसी परिस्थिति में 1 से कम कोणीय आवर्धन उत्पन्न करता है। क्या इसका अर्थ यह है कि सूक्ष्मदर्शी द्वारा बनाया प्रतिबिंब उलटा है?*
3. *प्रायः सरल सूक्ष्मदर्शी द्वारा बने प्रतिबिंब में कुछ रंग दिखते हैं, जबकि वस्तु में वे रंग नहीं होते और उसे श्वेत प्रकाश से ही प्रकाशित किया जाता है। क्यों?*
4. *उत्तल लेंस का उपयोग आवर्धक लेंस के रूप में भी होता है और दूर-दृष्टि दोष से ग्रसित व्यक्ति के चश्मे के रूप में भी। इन दोनों प्रक्रियाओं की तुलना करें।*
5. *एक व्यक्ति किसी वस्तु को देख रहा है। यदि वह एक उत्तल लेंस को अपनी आँखों के आगे रख लें, तो क्या उसे वस्तु बड़ी दिखेगी?*
6. *एक संयुक्त सूक्ष्मदर्शी की आवर्धक क्षमता* $\frac{v}{u}\left(1+\frac{D}{f_e}\right)$ *होती है।*

   अर्थात, नेत्रिका को एक सरल सूक्ष्मदर्शी की तरह माना गया है, लेकिन अभिदृश्यक को ऐसा नहीं माना गया है जबकि दोनों ही उत्तल लेंस हैं। ऐसा क्यों?
7. *मोतियाबिंद के ऑपरेशन के बाद सर्जन गलती से आँख में लेंस की जगह अवतल लेंस लगा देता है। क्या इस आँख से किसी भी वस्तु को कहीं भी रखने पर स्पष्ट देखा जा सकता है?*
8. *एक सरल सूक्ष्मदर्शी की आवर्धक क्षमता* $1+\frac{D}{f_e}$ *होती है, जहाँ* D *स्पष्ट दृष्टि की न्यूनतम दूरी है। दूर-दृष्टि दोषयुक्त मनुष्य के लिए* D *का मान सामान्य से अधिक होता है। क्या इसका अर्थ यह है कि दूर-दृष्टि दोष से ग्रसित मनुष्य के लिए सरल सूक्ष्मदर्शी की आवर्धक क्षमता सामान्य मनुष्य के सापेक्ष अधिक होती है? क्या इसका अर्थ यह है कि इस दोष से ग्रसित मनुष्य सरल सूक्ष्मदर्शी की सहायता से एक छोटे जीवाणु को सामान्य मनुष्य के सापेक्ष ज्यादा अच्छी तरह से देख सकता है?*
9. *सूक्ष्मदर्शी तथा दूरबीन की आवर्धक क्षमता, प्रतिबिंब एवं वस्तु के आकार के अनुपात के रूप में परिभाषित न करके कोणों के अनुपात के रूप में क्यों परिभाषित की जाती है?*
10. *एक वस्तु को 15 cm फोकस-दूरी वाले उत्तल लेंस से 30 cm की दूरी पर रखा गया है। एक व्यक्ति (निकट-बिंदु 25 cm पर, दूर-बिंदु अनंत पर) अपनी आँख को लेंस की दूसरी ओर इससे सटाकर रखता है। (a) क्या आँख वस्तु को स्पष्ट रूप से देख सकती है? (b) आँख और लेंस के बीच कम-से-कम कितनी दूरी होनी चाहिए ताकि आँख वस्तु को स्पष्ट देख सके? (c) यदि एक अवतल लेंस को इस उत्तल लेंस से सटाकर रखा जाए तो क्या आँख को वस्तु को स्पष्ट रूप से देखने में सहायता मिलेगी?*

• सटीक उत्तरवाले प्रश्न I •

सही उत्तर का चयन करें।

1. किसी वस्तु का आकार (size) जो आँखों को प्रतीत होता है, सीधे तौर पर निर्भर करता है
   (a) वस्तु के अपने आकार पर
   (b) आँखों से वस्तु की दूरी पर
   (c) आँखों की पुतली के आकार पर
   (d) रेटिना पर बने प्रतिबिंब के आकार पर
2. जब आँखों की सिलियरी मांसपेशियाँ सबसे कम संपीडन की अवस्था में होती हैं, तब देखी जाती है
   (a) बहुत दूर की वस्तु
   (b) बहुत नजदीक की वस्तु
   (c) लगभग 25 cm दूर की वस्तु
   (d) लगभग 1 m दूर की वस्तु
3. एक सामान्य आँख 25 cm से नजदीक की वस्तु को स्पष्ट नहीं देख पाती, क्योंकि
   (a) नेत्र-लेंस की फोकस-दूरी 25 cm होती है।
   (b) रेटिना की नेत्र-लेंस से दूरी 25 cm होती है।
   (c) आँखें नेत्र-लेंस से रेटिना की दूरी को एक सीमा से और कम नहीं कर पाती।
   (d) आँखें नेत्र-लेंस की फोकस-दूरी को एक सीमा से और कम नहीं कर पाती।
4. जब आँख द्वारा अलग-अलग दूरियों की वस्तुओं को देखा जाता है तब इनमें से क्या नहीं बदलता है?
   (a) नेत्र-लेंस की फोकस-दूरी
   (b) नेत्र-लेंस से वस्तु की दूरी
   (c) नेत्र-लेंस की सतह की वक्रता त्रिज्याएँ
   (d) नेत्र-लेंस से प्रतिबिंब की दूरी
5. एक मनुष्य 25 cm से 200 cm तक की वस्तुओं को स्पष्ट देख सकता है। वह विभिन्न प्रकार के व्यायाम करके अपनी सिलियरी मांसपेशियों को और मजबूत बना लेता है। इनमें से कौन उसके लिए स्पष्ट दृष्टि का संभावित रेंज है?

(a) 25 cm से 200 cm (b) 18 cm से 200 cm
(c) 25 cm से 300 cm (d) 18 cm से 300 cm

6. नेत्र-लेंस की फोकस-दूरी लगभग कितनी होती है?
(a) 1 mm (b) 2 cm (c) 25 cm (d) 1 m

7. नेत्र-लेंस से रेटिना की दूरी x है। एक सामान्य आँख के लिए नेत्र-लेंस की अधिकतम फोकस-दूरी होगी
(a) x (b) x से कम
(c) x से अधिक (d) $2x$

8. एक वस्तु को f फोकस-दूरी वाले सरल सूक्ष्मदर्शी से u दूरी पर रखा गया है। इससे प्राप्त कोणीय आवर्धन निर्भर करेगा
(a) f पर, लेकिन u पर नहीं
(b) u पर, लेकिन f पर नहीं
(c) f पर भी और u पर भी
(d) न तो u पर, न ही f पर

9. एक सरल सूक्ष्मदर्शी का कोणीय आवर्धन बढ़ाने के लिए, बढ़ाना चाहिए
(a) लेंस की फोकस-दूरी (b) लेंस का पावर
(c) लेंस का व्यास (d) वस्तु का आकार

10. एक मनुष्य अपने निकट-बिंदु पर रखी एक छोटी वस्तु को देख रहा है। बिना अपनी आँख या वस्तु का स्थान बदले वह 5 X आवर्धक क्षमता का एक सरल सूक्ष्मदर्शी आँख के आगे रख लेता है। इस स्थिति में कोणीय आवर्धन का मान है
(a) 5 (b) 2.5 (c) 1 (d) 0.2

11. एक संयुक्त सूक्ष्मदर्शी में
(a) अभिदृश्यक होता है, लेकिन नेत्रिका नहीं होती
(b) नेत्रिका होती है, लेकिन अभिदृश्यक नहीं होता
(c) अभिदृश्यक तथा नेत्रिका दोनों होते हैं
(d) न तो अभिदृश्यक होता है और न ही नेत्रिका होती है

12. किसी दूरबीन की विभेदन क्षमता बढ़ाने के लिए
(a) अभिदृश्यक का व्यास घटाना चाहिए।
(b) अभिदृश्यक का व्यास बढ़ाना चाहिए।
(c) अभिदृश्यक की फोकस-दूरी बढ़ानी चाहिए।
(d) अभिदृश्यक की फोकस-दूरी घटानी चाहिए।

13. संयुक्त सूक्ष्मदर्शी में कई बार वस्तु एवं अभिदृश्यक के बीच के स्थान में तेल रखा जाता है। ऐसा किया जाता है
(a) प्रतिबिंब का आकार बढ़ाने के लिए
(b) प्रतिबिंब द्वारा आँख पर बने कोण को बढ़ाने के लिए
(c) सूक्ष्मदर्शी की आवर्धक क्षमता बढ़ाने के लिए
(d) सूक्ष्मदर्शी की विभेदक क्षमता बढ़ाने के लिए

• सटीक उत्तरवाले प्रश्न II •

सही उत्तर (उत्तरों) का चयन करें।

1. जब हम किसी वस्तु को देखते हैं तो रेटिना पर बना प्रतिबिंब
(a) वास्तविक होता है।
(b) आभासी होता है।
(c) वस्तु के सापेक्ष सीधा होता है।
(d) वस्तु के सापेक्ष उल्टा होता है।

2. एक व्यक्ति के नेत्र-लेंस की अधिकतम फोकस-दूरी रेटिना से इसकी दूरी से अधिक है। आँखों की सिलियरी मांसपेशियाँ
(a) किसी भी वस्तु को देखने में संपीडित रहती हैं।
(b) बहुत दूर की वस्तुओं को देखने में ही संपीडित होती हैं।
(c) नजदीक की वस्तुओं को देखने में ही संपीडित होती हैं।
(d) किसी भी वस्तु को देखने में संपीडित नहीं होती।

3. सही विकल्प का चयन करें।
(a) यदि आँख का दूर-बिंदु और दूर हो जाए, तो चश्में के अपसारी लेंस का पावर घटाना चाहिए
(b) यदि आँख का निकट बिंदु और दूर हो जाए, तो चश्में के अभिसारी लेंस का पावर घटाना चाहिए
(c) यदि आँख का निकट बिंदु आँख से 1 m दूर हो, तो चश्में में अपसारी लेंस लगाना चाहिए।
(d) यदि आँख का दूर-बिंदु आँख से 1 m दूर हो, तो चश्में में अपसारी लेंस लगाना चाहिए।

4. एक व्यक्ति –2.5 D का चश्मा लगाकर सामान्य रूप से वस्तुओं को देख सकता है। वह ग्रसित है
(a) निकट-दृष्टि दोष से (b) दूर-दृष्टि दोष से
(c) दृष्टि-वैषम्य दोष से (d) किसी दोष से नहीं

5. इनमें से किसके द्वारा अंतिम प्रतिबिंब सीधा बनता है?
(a) सरल सूक्ष्मदर्शी द्वारा (b) संयुक्त सूक्ष्मदर्शी द्वारा
(c) खगोलीय दूरबीन द्वारा (d) गैलीलीय दूरबीन द्वारा

6. एक संयुक्त सूक्ष्मदर्शी के अभिदृश्यक की फोकस-दूरी f_o तथा नेत्रिका से उसकी दूरी L है। वस्तु को अभिदृश्यक से u दूरी पर रखा जाता है। सूक्ष्मदर्शी के उचित प्रकार से कार्य करने के लिए
(a) $L < u$ (b) $L > u$
(c) $f_o < L < 2f_o$ (d) $L > 2f_o$

7. एक प्रयोगशाला में विभिन्न प्रकार की दूरबीनें हैं। प्रत्येक में अभिदृश्यक की फोकस-दूरी f_o बराबर है तथा नेत्रिका की फोकस-दूरी f_e भी बराबर है। विभिन्न प्रकार की दूरबीनों में
(a) पार्थिव दूरबीन की लंबाई सबसे अधिक है।
(b) गैलीलियन दूरबीन की लंबाई सबसे कम है।
(c) खगोलीय दूरबीन की लंबाई गैलीलियन दूरबीन से कम है।
(d) गैलीलीय दूरबीन की लंबाई पार्थिव दूरबीन से अधिक है।

8. दूरबीन द्वारा सामान्य संयोजन के लिए प्रतिबिंब बनाकर चंद्रमा को देखा जा रहा है
(a) यह प्रतिबिंब चंद्रमा के आकार से बड़ा होगा।
(b) यह प्रतिबिंब अभिदृश्यक द्वारा बने प्रतिबिंब से बड़ा होगा।

(c) रेटिना पर बना प्रतिबिंब बिना टेलीस्कोप के चंद्रमा को देखने पर बने प्रतिबिंब से बड़ा होगा।

(d) चंद्रमा अभिदृश्यक के फोकस पर होगा।

9. दूरबीन के अभिदृश्यक का व्यास बड़ा करने से

(a) कोणीय आवर्धन अधिक होता है।

(b) प्रतिबिंब अधिक चमकदार (bright) बनता है।

(c) प्रतिबिंब का आकार बढ़ता है।

(d) विभेदक क्षमता बढ़ती है।

• अभ्यास के प्रश्न •

1. एक मनुष्य खुले स्थान में चार अलग-अलग वृक्षों को देखता है जिनकी ऊँचाइयाँ तथा दूरियाँ नीचे दी गई हैं। इन वृक्षों को उनकी आभासी ऊँचाइयों के घटते क्रम में लगाएँ।

वृक्ष	ऊँचाई (m)	दूरी (m)
A	2.0	50
B	2.5	80
C	1.8	70
D	2.8	100

2. दूर-दृष्टि दोष से ग्रसित एक मनुष्य 50 cm से कम दूरी की वस्तु को स्पष्ट नहीं देख पाता है। इस मनुष्य को 20 cm दूर की वस्तु को देखने के लिए कितने पावर का चश्मा चाहिए?

3. निकट-दृष्टि दोष से ग्रसित एक मनुष्य 200 cm से दूर की वस्तु को स्पष्ट नहीं देख पाता है। इसे कितने पावर का चश्मा चाहिए ताकि वह दूर की वस्तुओं को स्पष्ट देख सके?

4. एक मनुष्य –2.5 D पावर का चश्मा लगाता है। यह मनुष्य निकट दृष्टि-दोष से ग्रसित है या दूर-दृष्टि दोष से? बिना चश्में के इस मनुष्य के लिए दूर-बिंदु कितनी दूर है?

5. एक प्रोफेसर अपने 50वें जन्मदिन पर एक ग्रीटिंग कार्ड को 25 cm दूर रखकर +2.5 D का चश्मा लगाकर ठीक-ठीक पढ़ लेते हैं। 15 वर्ष बाद सेवानिवृत्ति समारोह में वे अपने प्रशस्ति-पत्र को उसी चश्में से पढ़ते हैं पर अब उन्हें इस पत्र को आँखों से 50 cm दूर रखना पड़ता है। अब उन्हें कितने पावर का चश्मा चाहिए?

6. एक सामान्य आँख में रेटिना नेत्र-लेंस से 2 cm पीछे होती है। नेत्र-लेंस का पावर कितना होगा जब आँखों की सिलियरी मांसपेशियाँ (a) न्यूनतम संपीडित हों तथा (b) अधिकतम संपीडित हों?

7. एक बच्चे के निकट-बिंदु तथा दूर-बिंदु क्रमशः 10 cm तथा 100 cm दूरियों पर हैं। यदि रेटिना नेत्र-लेंस से 2 cm दूरी पर हो, तो नेत्र-लेंस का न्यूनतम तथा अधिकतम पावर बताएँ।

8. निकट-दृष्टि दोष से ग्रसित एक मनुष्य 25 cm से अधिक दूर की वस्तु को स्पष्ट नहीं देख पाता है। यदि चश्में के लेंस की दूरी नेत्र-लेंस से 1 cm हो, तो चश्में का पावर कितना होना चाहिए ताकि वह दूर की वस्तुओं को भी स्पष्ट देख सके?

9. एक मनुष्य का निकट-बिंदु 100 cm पर है। उसके चश्में का पावर कितना होना चाहिए यदि (a) वह कॉन्टैक्ट लेंस इस्तेमाल करता है तथा (b) वह आँखों से 2 cm दूर रहनेवाला चश्मा इस्तेमाल करता है?

10. एक वस्तु को 12 cm फोकस-दूरी वाले सरल सूक्ष्मदर्शी के द्वारा देखा जाना है। यदि अंतिम प्रतिबिंब को स्पष्ट दृष्टि की न्यूनतम दूरी 25 cm पर बनाना हो, तो वस्तु को सूक्ष्मदर्शी से कितनी दूर रखना होगा?

11. अंतिम प्रतिबिंब स्पष्ट-दृष्टि की न्यूनतम दूरी 25 cm पर बनने की स्थिति में एक सरल सूक्ष्मदर्शी द्वारा उत्पन्न कोणीय आवर्धन 3.0 है। (a) लेंस की फोकस-दूरी निकालें। (b) यदि अंतिम प्रतिबिंब अनंत पर बनाना हो, तो सूक्ष्मदर्शी द्वारा उत्पन्न कोणीय आवर्धन का मान निकालें।

12. एक बच्चे का निकट-बिंदु 10 cm दूरी पर है। 10 cm फोकस-दूरी के उत्तल लेंस द्वारा यह बच्चा अधिकतम कितना कोणीय आवर्धन प्राप्त कर सकता है?

13. सामान्य संयोजन के लिए एक सरल सूक्ष्मदर्शी की आवर्धन क्षमता 5 X बताई गई है। एक व्यक्ति का दूर-बिंदु 40 cm है और वह सिलियरी मांसपेशियों को न्यूनतम संपीडन देते हुए इस सूक्ष्मदर्शी का उपयोग करता है। उसके लिए इस सूक्ष्मदर्शी की आवर्धन क्षमता कितनी होगी?

14. एक संयुक्त सूक्ष्मदर्शी में 25 डायोप्टर का अभिदृश्यक और 5 डायोप्टर की नेत्रिका 30 cm की दूरी पर लगाए गए हैं। इस सूक्ष्मदर्शी की अधिकतम आवर्धक क्षमता निकालें यदि स्पष्ट दृष्टि की न्यूनतम दूरी 25 cm हो।

15. एक संयुक्त सूक्ष्मदर्शी के अभिदृश्यक तथा नेत्रिका के बीच की दूरी 9.8 cm से 11.8 cm के बीच बदली जा सकती है। यदि अभिदृश्यक तथा नेत्रिका की फोकस-दूरी 1.0 cm तथा 6.0 cm हो तथा प्रतिबिंब आँख से 24 cm की दूरी पर ही बने, तो सूक्ष्मदर्शी की आवर्धक क्षमता का रेंज बताएँ।

16. एक संयुक्त सूक्ष्मदर्शी की आवर्धक क्षमता 100 है जब प्रतिबिंब अनंत पर बनाया जाता है। अभिदृश्यक की फोकस-दूरी 2.0 cm तथा सूक्ष्मदर्शी की नली की लंबाई 20 cm है। नेत्रिका की फोकस-दूरी निकालें।

17. एक संयुक्त सूक्ष्मदर्शी में अभिदृश्यक तथा नेत्रिका की फोकस दूरियाँ क्रमशः 1 cm तथा 5 cm हैं। एक वस्तु को अभिदृश्यक से 0.5 cm पर रखा गया है। लेंसों के बीच की दूरी निकालें जिसके लिए नेत्रिका से 30 cm पीछे रखे पर्दे पर वास्तविक और उलटा प्रतिबिंब बन सके।

18. एक प्रकाशीय यंत्र कोणीय आवर्धन के लिए प्रयोग में लाया जाता है। इसके अभिदृश्यक का पावर 25 D तथा नेत्रिका का पावर 20 D है। जब आँखें न्यूनतम संपीडन में हैं तब इस यंत्र की नली की लंबाई 25 cm है। (a) यह सूक्ष्मदर्शी है या दूरदर्शी? (b) कोणीय आवर्धन का मान निकालें।

19. सामान्य संयोजन की स्थिति में 50 आवर्धक क्षमता के लिए एक खगोलीय दूरबीन बनानी है। यदि दूरबीन की लंबाई 102 cm हो, तो अभिदृश्यक एवं नेत्र-लेंस के पावर निकालें।

20. एक खगोलीय दूरबीन के नेत्र-लेंस की फोकस-दूरी 10 cm है। दूरबीन की लंबाई 1.0 m है और इसे सामान्य समायोजन के लिए तैयार किया गया है। अभिदृश्यक लेंस की फोकस-दूरी तथा इस स्थिति में दूरबीन द्वारा उत्पन्न कोणीय आवर्धन निकालें।

21. जब एक गैलीलीय दूरबीन को अनंत पर बनते प्रतिबिंब के लिए संयोजित किया जाता है तब उसकी नली की लंबाई 27 cm है। यदि अभिदृश्यक की फोकस-दूरी 30 cm हो, तो नेत्रिका की फोकस-दूरी कितनी होगी?

22. एक महिला 25 cm से आगे तक की वस्तुओं को साफ देखने के लिए +1.5 D पावर का चश्मा इस्तेमाल करती है। एक छोटी वस्तु को देखने के लिए वह 20 D पावर के सरल सूक्ष्मदर्शी का प्रयोग करती है। इस महिला के लिए अधिकतम आवर्धक क्षमता निकालें जब (a) वह चश्में का हस्तेमाल करती है (b) वह चश्में का इस्तेमाल नहीं करती है। क्या उत्तरों से यह निष्कर्ष निकाला जा सकता है कि बिना चश्में के वह माइक्रोस्कोप से वस्तु को ज्यादा अच्छा देख सकती है, बजाय चश्मा लगाकर देखने से?

23. एक महिला अपनी बायीं आँख से 40 cm से कम दूरी की वस्तुओं को साफ नहीं देख सकतीं। अपनी दाहिनी आँख से वह 60 cm से कम दूरी की वस्तुओं को साफ नहीं देख सकतीं। पर्वतारोहण करते हुए वह अपनी टीम से बिछुड़ जाती है। वह अपने चश्में के दोनों लेंसों से एक खगोलीय दूरबीन बनाकर अपने साथियों को खोजने का प्रयास करती हैं। (a) नेत्रिका के लिए उसे किस आँख के शीशे का इस्तेमाल करना चाहिए? (b) इस दूरबीन से वह कितनी आवर्धक क्षमता प्राप्त कर सकती हैं यदि वह सिलियरी मांसपेशियों को न्यूनतम संपीडन देती हैं?

24. एक आँख 25 cm की दूरी पर के दो बिंदुओं को अलग-अलग देख सकती है, यदि उनके बीच की दूरी 0.22 mm या अधिक हो। एक वस्तु को एक संयुक्त सूक्ष्मदर्शी की सहायता से देखा जाता है जिसके अभिदृश्यक तथा नेत्रिका की क्षमता (power) क्रमशः 20 D तथा 10 D हैं और वे एक-दूसरे से 20 cm की दूरी पर स्थित हैं। वस्तु का अंतिम प्रतिबिंब आँख से 25 cm की दूरी पर बन रहा है। वस्तु के दो बिंदुओं के बीच की न्यूनतम दूरी कितनी होगी ताकि उन बिंदुओं को अलग-अलग देखा जा सके?

25. एक दूरबीन के अभिदृश्यक का व्यास 50 mm है। इससे तारों (stars) को देखा जा रहा है। तारों से आते प्रकाश के औसत तरंगदैर्घ्य को 500 nm मानते हुए दो तारों के बीच का वह न्यूनतम कोणीय अंतराल (angular separation) सेकंड में बताएँ जिन्हें इस दूरबीन से अलग-अलग देखा जा सकता है। अपना उत्तर सेकंड कोण में निकालें ($1° = 3600''$)।

26. दो तारे धरती से 200 प्रकाश-वर्ष दूर हैं और उनके बीच की दूरी 3×10^8 km है। तारों को मिलानेवाली दिशा धरती से तारों की ओर की दिशा के लंबवत है। (a) तारों के बीच कोणीय अंतर निकालें। (b) दूरबीन से इन तारों को अलग-अलग देख पाने के लिए अभिदृश्यक लेंस का न्यूनतम व्यास कितना होना चाहिए? औसत तरंगदैर्घ्य 500 nm मानें।

• उत्तर •

सटीक उत्तरवाले प्रश्न I

1. (d) **2.** (a) **3.** (d) **4.** (d) **5.** (b) **6.** (b) **7.** (a) **8.** (c) **9.** (b) **10.** (c) **11.** (c) **12.** (b) **13.** (d)

सटीक उत्तरवाले प्रश्न II

1. (a), (d) **2.** (a) **3.** (a), (d) **4.** (a) **5.** (a), (d) **6.** (b), (d) **7.** (a), (b) **8.** (a), (b), (c) **9.** (b), (d)

अभ्यास के प्रश्न

1. A, B, D, C **2.** 3 D **3.** – 0.5 D **4.** निकट-दृष्टि दोष, 40 cm **5.** + 4.5 D **6.** (a) 50 D (b) 54 D **7.** +60 D to +51 D **8.** – 4.2 D **9.** +4 D, +4.53 D **10.** लेंस से 8.1 cm दूरी पर **11.** (a) 12.5 cm (b) 2.0 **12.** 2 **13.** 8 X **14.** 8.4 **15.** 20 से 30 **16.** 2 cm **17.** 5 cm **18.** (a) सूक्ष्मदर्शी (b) 20 **19.** 1 D, 50 D **20.** 90 cm, 9 **21.** 3 cm **22.** 6, 9 **23.** (a) दाहिनी आँख का (b) 2 **24.** 0.04 mm **25.** 2.52″ **26.** (a) 0.033″ (b) 3.85 m

❑

अध्याय 37

प्रकाश की चाल

37.1 प्रकाश की चाल नापने के प्रयास

निर्वात (vacuum) में प्रकाश की चाल भौतिकी के मूल स्थिरांकों में से एक है। इस चाल के बारे में सबसे रोचक तथ्य यह है कि इसे किसी भी जड़त्वीय फ्रेम से नापें, इसका मान एक ही रहता है। भले ही दो फ्रेम एक-दूसरे के सापेक्ष चल रहे हों, प्रकाश की किसी तरंग की चाल दोनों ही फ्रेमों में एक ही होगी। यही नहीं, किसी भी पदार्थ को या किसी भी सूचना को एक स्थान से दूसरे स्थान तक भेजने की चाल निर्वात में प्रकाश की चाल से अधिक नहीं हो सकती। प्रकाश की चाल के इन विशेष गुणों ने स्थान (space) एवं समय की हमारी समझ को पूरी तरह से बदल दिया है और आइंस्टाइन द्वारा प्रतिपादित विशिष्ट सापेक्षता के सिद्धांत प्रकाश की चाल की इन्हीं विशेषताओं पर आधारित है।

वर्ष 1983 में प्रकाश की चाल को एक मूलभूत स्थिरांक के रूप में स्वीकार किया गया और इसका मान 299,792,458 m/s निर्धारित कर दिया गया। साधारणतः इस स्थिरांक को 'c' संकेत द्वारा लिखा जाता है। वस्तुतः, अब लंबाई की परिभाषा इस चाल के पदों में दी जाती है। प्रकाश $\frac{1}{299{,}792{,}458}$ सेकंड में निर्वात में जितनी दूरी चलता है, उसे ही आधिकारिक रूप से 1 मीटर (m) कहते हैं। अतः, यदि हम एक बिंदु A से चलकर दूसरे बिंदु B तक पहुँचने में प्रकाश द्वारा लिए गए समय का मापन करते हैं, तो हम प्रकाश की चाल नहीं निकाल रहे होते, बल्कि A से B तक की दूरी नाप रहे होते हैं।

परंतु, वर्ष 1983 के पहले ऐसा कुछ नहीं था। सत्रहवीं शताब्दी में जब न्यूटन, गैलीलियो जैसे वैज्ञानिकों ने गति-संबंधी तमाम नियमों की खोज की, तो दूरी, समय आदि आज की तरह अत्यंत शुद्धता से परिभाषित भी नहीं थे और न ही इसकी आवश्यकता थी, क्योंकि मापन करने के उपकरण स्वयं भी बहुत शुद्ध परिमाण नहीं दे सकते थे। फिर भी वैज्ञानिकों ने प्रकाश की चाल नापने के गंभीर प्रयास प्रारंभ कर दिए थे।

प्राचीन सभ्यताओं में विज्ञान की अनेक जानकारियाँ धर्मशास्त्रों में वर्णित सूत्रों में छुपी मिलती हैं। ऐसा प्रतीत होता है कि अनेक सहस्राब्दियों पूर्व भारत में प्रकाश की चाल की जानकारी यहाँ के विद्वानों को थी। ऋग्वेद के एक श्लोक (I, 50-4) की व्याख्या करते हुए व्याख्याकार आचार्य सायण (14वीं शताब्दी) ने लिखा है—

"योजनानाम् सहस्र द्वै द्वै शते द्वै च योजने,
ऐकेन निमिषार्द्धेन क्रमण नमोस्तुते।"

उपर्युक्त श्लोक में उसके प्रति अपनी श्रद्धा एवं नमन प्रस्तुत किया गया है जो आधे निमिष में दो हजार दो सौ दो योजन चलता है। योजन प्राचीन भारत में लंबाई की एक सामान्य व्यावहारिक इकाई हुआ करती थी। एक योजन = 4 कोस तथा 1 कोस = 8000 गज और 1 गज = 0.9144 मीटर (m)। योजन एवं कोस अभी भी भारत के ग्रामीण क्षेत्रों में प्रचलन में हैं। निमिष की परिभाषा भी कई ग्रंथों में मिलती है। श्रीमद्भागवत महापुराण (III, 11-3 से 10) में दिए गए वर्णन के अनुसार 15 निमिष = 1काष्ठ, 15 काष्ठ = 1 लघु, 30 लघु = 1 मुहूर्त और 30 मुहूर्त = 1 दिवारात्रि (24 घंटे)। इन संख्याओं की सहायता से जब 2202 योजन प्रति आधे निमिष को SI मात्रकों में बदलेंगे तो दो सार्थक अंकों तक इसका मान 3.0×10^8 m/s बनता है जो वर्तमान काल में स्वीकृत प्रकाश के वेग के (दो अंकों तक) बिलकुल बराबर है। यह शुद्ध संयोग है या किसी वैज्ञानिक शोध द्वारा प्राचीन भारत में प्रकाश की चाल बड़ी शुद्धता के साथ प्राप्त की गई थी, वह विद्वानों के द्वारा खोज का विषय है। इस श्लोक का उल्लेख जी॰ वी॰ राघवराव, सुभाष काक आदि अनेक विद्वानों ने अपनी पुस्तकों एवं शोध लेखों में किया है।

आधुनिक युग में उपलब्ध जानकारी के अनुसार, प्रकाश की चाल नापने का प्रयास गैलीलियो ने वर्ष 1638 में किया था। उनकी विधि बिलकुल सरल थी। गैलीलियो एवं उनके एक सहायक एक-एक लालटेन लेकर दो पहाड़ियों पर खड़े हो गए। प्रारंभ में दोनों ने अपनी-अपनी लालटेन पर पर्दा लगाकर उनकी रोशनी को रोक रखा था। प्रयोग की योजना के अनुसार, गैलीलियो अपनी लालटेन से पर्दा हटाते और उसी के साथ अपनी घड़ी (पानी की घड़ी) चालू कर देते। जैसे ही उनका सहायक इस लालटेन की रोशनी को देखता, वह अपनी लालटेन से पर्दा हटा देता। इस लालटेन की रोशनी जैसे ही गैलीलियो को दिखती, वे अपनी घड़ी से समय की गणना कर लेते। इतने में प्रकाश ने गैलीलियो से सहायक तक तथा सहायक से गैलीलियो तक की दूरी तय की होती। इस दूरी तथा मापे गए समय से गैलीलियो प्रकाश की चाल निकालना चाहते थे।

परंतु, यह पूरी योजना कामयाब नहीं हो सकी। प्रकाश की चाल इतनी अधिक है कि एक पहाड़ी से दूसरी पहाड़ी तक रोशनी को जाने में शायद एक सेकंड के एक लाखवें हिस्से या उससे भी कम

समय लगे। इतने कम समय में लालटेन को खोलने और ढँकने जैसी क्रियाएँ मनुष्य के लिए संभव नहीं है।

प्रकाश की चाल के पहले सफल मापन का श्रेय डेनमार्क के खगोलशास्त्री Ole Christensen Roemer को दिया जाता है। उन्होंने यह मापन वर्ष 1675 में वृहस्पति ग्रह के चंद्रमाओं के अध्ययन के आधार पर किया था। अपनी गणनाओं में उन्होंने प्रकाश की चाल 2.1×10^8 m/s प्राप्त की जो अपने समय का काफी हद तक अच्छा मापन कहा जा सकता है। वर्ष 1728 में ब्रिटिश खगोलशास्त्री James Brodley ने पृथ्वी की गति के कारण तारों की स्थिति में आभासी परिवर्तन के आधार पर प्रकाश की चाल की गणना की और बहुत ही नजदीकी मान 301,000 km/s प्राप्त किया।

शुद्ध रूप से पार्थिव उपकरणों के बीच प्रकाश को चलाकर उसकी चाल मापने का सफल प्रयोग सर्वप्रथम फ्रेंच वैज्ञानिक Armand Hippolyte Louis Fizeau ने वर्ष 1849 में किया। फ्रांस के ही वैज्ञानिक J B Leon Foucault ने मूलरूप से इसी सिद्धांत का प्रयोग करते हुए उपकरणों में उचित परिवर्तन कर प्रकाश की चाल का और शुद्ध मान वर्ष 1862 में प्राप्त किया। प्रयोगशाला में प्रकाश की चाल नापने की एक अन्य विधि अमेरिका के Albert A Michelson ने विकसित की। हम इन तीनों प्रयोगों का संक्षिप्त विवरण देंगे। आज के समय में शिक्षण संस्थानों में प्रकाश की चाल नापने के लिए कई प्रकार के प्रयोग विकसित किए गए हैं। इनमें से एक विधि का हम वर्णन करेंगे।

37.2 फिजो (Fizeau) की विधि

चित्र 37.1 में प्रकाश की चाल मापने के लिए फिजो की विधि की रूपरेखा दिखाई गई है। प्रकाश के एक स्रोत से चलनेवाला प्रकाश उत्तल लेंस L_1 से होकर जाता है और दूसरी ओर संसृत होने के पहले काँच की एक आनत पट्टी G पर पड़ता है। प्रकाश का एक भाग पट्टी द्वारा परावर्तित होकर एक खाँचेदार चक्के W के पास F बिंदु पर संसृत होता है। इस चक्के को तेजी से घुमाया जाता है। जब चक्के का कोई दाँत बिंदु F के सामने आ जाता है तब S से

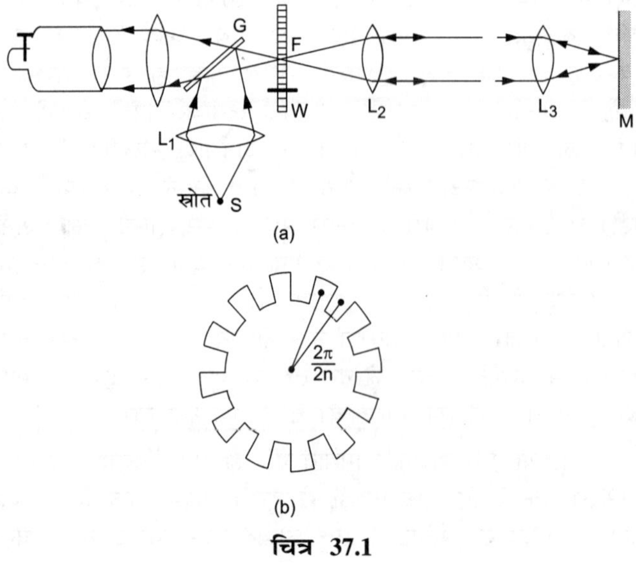

चित्र 37.1

आता प्रकाश आगे नहीं जा पाता। पर, जब दाँत वहाँ से हट जाता है और बगल का खाँच वहाँ आ जाता है तब प्रकाश वहाँ से आगे निकल जाता है। यह प्रकाश लेंस L_2 से निकलकर समानांतर हो जाता है और कई किलोमीटर (फिजो के अपने प्रयोग में यह दूरी 8.6 km थी) चलकर एक दूसरे उत्तल लेंस L_3 पर पड़ता है। L_3 के फोकस तल पर एक समतल दर्पण M रखा होता है। इस दर्पण से परावर्तित होकर किरणें वापस लेंस L_3 से गुजरकर समानांतर हो जाती हैं तथा लेंस L_2 पर पहुँचती हैं और इससे गुजरकर F पर संसृत होती हैं। यदि इस समय वहाँ चक्के का दाँत हो तो यह प्रकाश यहीं रुक जाता है और यदि इस समय यहाँ खाँच हुई, तो प्रकाश आगे बढ़कर काँच की पट्टिका G पर पड़ता है। इस प्रकाश का एक हिस्सा पट्टिका से अपवर्तन कर बाहर निकलता है जिससे प्रेक्षक एक टेलीस्कोप की सहायता से स्रोत S के प्रतिबिंब को देख पाता है।

प्रयोग प्रारंभ करने के लिए सारी व्यवस्था करने के बाद प्रेक्षक टेलीस्कोप से प्रतिबिंब को देखने का प्रयास करता है और चक्के की कोणीय चाल को लगातार बढ़ाता जाता है। प्रेक्षक को S का प्रतिबिंब कभी दिखता है और कभी नहीं दिखता है। यह इस बात पर निर्भर करता है कि जब प्रकाश लौटकर चक्के तक पहुँचा तब उस क्षण वहाँ चक्के का दाँत है या उसकी खाँच। चक्के की कोणीय चाल बढ़ाते-बढ़ाते एक ऐसी स्थिति आती है जब प्रतिबिंब का दिखना पूरी तरह बंद हो जाता है। ऐसा तब होता है जब कोणीय चाल ठीक उतनी हो कि जितने समय में प्रकाश चक्के से चलकर दर्पण M से परावर्तित होकर पुनः चक्के पर पहुँचे, उतनी ही देर में F पर की खाँच हटकर उसके बगल वाला दाँत वहाँ आ जाए। इस स्थिति में चक्के द्वारा आगे भेजा जानेवाला प्रकाश कभी भी टेलीस्कोप तक नहीं पहुँच पाता। अतः, S का प्रतिबिंब दिखना पूरी तरह बंद हो जाता है। इस स्थिति में चक्के की कोणीय चाल सावधानीपूर्वक नाप ली जाती है।

मान लें, चक्के W से दर्पण M तक की दूरी $= D$,

चक्के की कोणीय चाल $= \omega$,

चक्के में दाँतों की संख्या $= n$.

जब एक खाँच की जगह अगला दाँत वहाँ आ जाता है, तब चक्के द्वारा घूमा गया कोण,

$$\Delta\theta = \frac{2\pi}{2n} = \frac{\pi}{n}. \qquad \text{[चित्र 37.1 (b)]}$$

इतना घूमने में लगा समय,

$$\Delta t = \frac{\Delta\theta}{\omega} = \frac{\pi}{n\omega}.$$

इतनी देर में प्रकाश $2D$ दूरी तय करता है। अतः, प्रकाश की चाल,

$$c = \frac{2D}{\frac{\pi}{n\omega}} = \frac{2Dn\omega}{\pi}.$$

यदि चक्के की घूमने की आवृत्ति, अर्थात प्रति इकाईसमय चक्करों की संख्या ν हो, तो $\omega = 2\pi\nu$ तथा

$$c = 4Dn\nu \qquad \text{... (37.1)}$$

फिजो द्वारा प्रकाश की चाल का मान 313,000 km/s प्राप्त किया गया।

इस प्रायोगिक व्यवस्था की मुख्य दिक्कत यह है कि प्रकाश को एक बहुत लंबा रास्ता चलना पड़ता था और प्रकाश की बीम पूरी तरह समानांतर नहीं हो सकती थी। अतः इसकी तीव्रता में काफी कमी आ जाती है और टेलीस्कोप में दिखनेवाला प्रतिबिंब बहुत हलका हो जाता है। साथ ही, इस प्रयोग को करने के लिए कई किलोमीटर की खुली जगह की आवश्यकता होती है।

37.3 फोको (Foucault) की विधि

फिजो एवं फोको एक-दूसरे के सहयोगी थे और इन्होंने मिलकर कई शोध किए थे। फिजो ने प्रकाश की चाल नापने की जो विधि विकसित की थी, उसमें कुछ परिवर्तन कर फोको ने 1850 में प्रकाश की चाल निकालने की एक नई विधि निकाली। इस विधि को समझने के लिए चित्र 37.2 पर ध्यान दें। एक स्रोत S से चलते हुए प्रकाश का एक भाग काँच की पट्टिका G से निकलकर एक उत्तल लेंस L पर पड़ता है। स्रोत S तथा लेंस L के बीच की दूरी इतनी रखी जाती है कि लेंस से निकलती किरणें संसृत बीम बनाएँ तथा बिंदु O पर S का प्रतिबिंब बनाएँ। इसके संसृत होने के पहले ही ये एक समतल दर्पण पर एक विशेष कोण θ पर पड़ती हैं जो उसे एक अवतल दर्पण M_2 के ध्रुव C पर फोकस कर देता है।

इस बीम की केंद्रीय किरण अवतल दर्पण M_2 पर लंबवत पड़ती है और इसलिए M_2 इस बीम को अपने ही पथ पर परावर्तित कर देता है। ये लौटती किरणें M_1 से परावर्तन तथा L से अपवर्तन के बाद पट्टिका G पर पहुँचती हैं। इस प्रकाश का एक भाग पट्टिका से परावर्तित होकर बिंदु I पर मिलता है, जहाँ S का वास्तविक प्रतिबिंब बनता है। इस प्रतिबिंब को एक सूक्ष्मदर्शी की सहायता से देखा जाता है।

फोको के प्रयोग का मुख्य आधार है दर्पण M_1 को एक बड़ी कोणीय चाल ω से घुमाना। जब लेंस से आती किरणें M_1 पर θ_0 कोण पर पड़ती हैं तब दर्पण उन्हें M_2 पर लंबवत दिशा में भेज देता है। परंतु, जितनी देर Δt में किरणें M_2 से परावर्तित होकर M_1 पर पहुँचती हैं, वह दर्पण M_1 कुछ कोण $\Delta\theta = \omega\Delta t$ से घूम जाता है। दर्पण M_1 से लौटती किरणें $2\Delta\theta$ कोण से घूम जाती हैं और इस कारण S का प्रतिबिंब I पर नहीं बनाकर कुछ दूरी I' पर बनाती हैं। II' दूरी को सूक्ष्मदर्शी से देखकर मापा जा सकता है और उससे प्रकाश की चाल निकाली जा सकती है।

गणना के लिए चित्र 37.2 में M_1 से परावर्तन के बाद लेंस की ओर जाती किरणों को पीछे बढ़ाया गया है। जब M_1 अपनी मूल स्थिति में होता है तब ये किरणें पीछे बढ़ाने पर O बिंदु पर मिलती हैं। जब M_1 अपनी मूल स्थिति से $\Delta\theta$ कोण घूम जाता है तब ये किरणें पीछे बढ़ाने पर O' बिंदु पर मिलती हैं। दूसरे शब्दों में O तथा O' दर्पण M_1 में बिंदु C (दर्पण M_2 का ध्रुव) के प्रतिबिंब हैं। इसी प्रकार, हमने लेंस L से पट्टिका G की ओर जाती किरणों को पीछे बढ़ाया है। जब दर्पण अपनी मूल स्थिति में है, तो ये किरणें S पर ही मिलेंगी। पर, जब दर्पण $\Delta\theta$ कोण घूमा हुआ होगा तब ये किरणें S' पर मिलेंगी। दूसरे शब्दों में, S तथा S' पट्टिका में I तथा I' के प्रतिबिंब हैं।

स्पष्ट है कि $BO = BC$ तथा $SS' = II'$.

मान लें, स्रोत S से लेंस L की दूरी $= a$

तथा दर्पण M_1 से लेंस L की दूरी $= b$.

घूमते दर्पण M_1 से स्थिर दर्पण M_2 की दूरी $BC = D$,

प्रतिबिंब में विस्थापन $II' = s$,

दर्पण M_1 के घूमने की कोणीय चाल $= \omega$.

प्रकाश को B से C तक जाकर B पर वापस आने में लगा समय, $\Delta t = \dfrac{2D}{c}$.

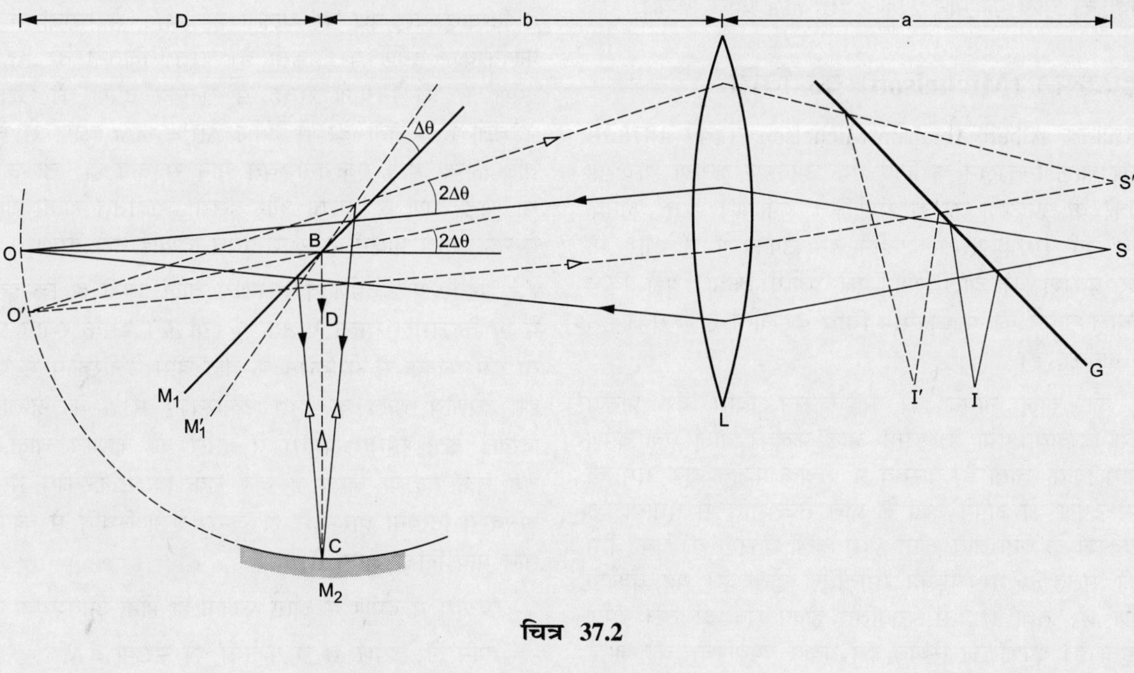

चित्र 37.2

अतः, $\Delta\theta = \dfrac{2D\omega}{c}$.

अतः, $OO' = BO(2\Delta\theta) = BC(2\Delta\theta) = 2D\Delta\theta.$

O से लेंस की दूरी $= OB + b = D + b.$

चित्र 37.2 में आप ऐसा मान सकते हैं कि SS' लेंस द्वारा बना OO' का प्रतिबिंब है।

अतः, $\dfrac{SS'}{OO'} = \left|\dfrac{v}{u}\right| = \dfrac{a}{D+b}$

या $\dfrac{II'}{OO'} = \dfrac{a}{D+b}$

या $\dfrac{s}{2D(\Delta\theta)} = \dfrac{a}{D+b}$

या $\dfrac{s}{2D\left(\dfrac{2D\omega}{c}\right)} = \dfrac{a}{D+b}$

या $c = \dfrac{4D^2\omega a}{s(D+b)}$.

फोको ने यह प्रयोग सर्वप्रथम वर्ष 1850 में किया था। और, फिर 1862 में और अधिक दक्षता एवं शुद्धता के साथ इस प्रयोग को किया। इस प्रयोग की सबसे बड़ी विशेषता यह थी कि इसमें प्रकाश का पथ $2D$ केवल कुछ मीटर रखने पर भी प्रतिबिंब I का विस्थापन नापने योग्य हो जाता था। इसलिए यह प्रयोग प्रयोगशाला में आसानी से किया जा सका। वर्ष 1850 के प्रयोग में फोको ने हवा में प्रकाश की चाल निकालने के साथ-साथ दर्पणों के बीच के स्थान में पानी भरी नली रखकर पानी में भी प्रकाश की चाल निकाला था। इसी प्रयोग से यह पहली बार स्थापित हुआ था कि प्रकाश की चाल हवा की अपेक्षा पानी में कम होती है। 1862 के प्रयोग से फोको ने हवा में प्रकाश की चाल का मान 2.98×10^8 m/s प्राप्त किया।

37.4 माइकेल्सन (Michelson) की विधि

अमेरिकन वैज्ञानिक Albert Abraham Michelson ने वर्ष 1878 में ही प्रकाश की चाल निकालने के लिए एक उपकरण बनाया था। यह उपकरण फोको के उपकरण का ही संशोधित रूप था। परंतु, अनेक वर्षों के बाद वर्ष 1924–26 में उन्होंने इन उपकरणों में और भी परिवर्तन कर प्रकाश की चाल नापने का प्रयोग किया। यही विधि प्रकाश की चाल नापने की **माइकेल्सन विधि** कहलाती है जिसका हम वर्णन करने जा रहे हैं।

प्रकाश की चाल नापने की माइकेल्सन विधि का प्रारूप चित्र 37.3 में दिखाया गया है। इसमें आठ फलकों वाले एक दर्पण M का उपयोग किया जाता है। वास्तव में प्रत्येक फलक एक समतल दर्पण है। इस दर्पण को अपने अक्ष के प्रति तेज गति से घुमाया जा सकता है। प्रकाश के एक तीव्र स्रोत S से चली प्रकाश की एक बीम दर्पण M की सतह ab पर पड़कर परावर्तित होती है। यह प्रकाश समतल दर्पण M_1 तथा M_2 से परावर्तित होकर एक अवतल दर्पण M_3 पर पड़ता है। दर्पणों की स्थिति इस प्रकार व्यवस्थित की जाती

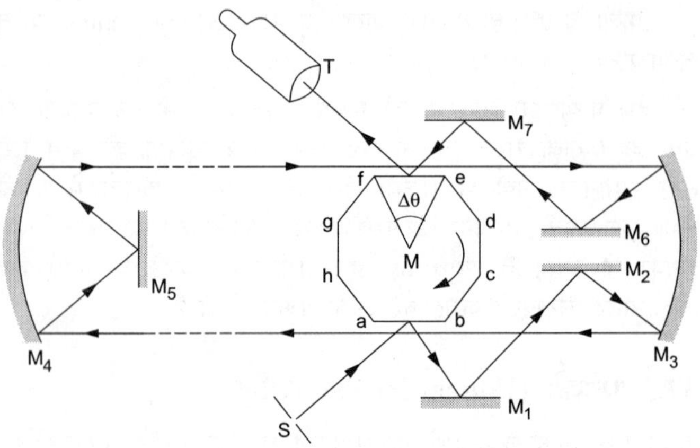

चित्र 37.3

है ताकि अवतल दर्पण से परावर्तन के बाद यह बीम समानांतर हो जाए। यह बीम एक लंबी दूरी चलकर एक अन्य अवतल दर्पण M_4 पर पड़ती है। माइकेल्सन के वर्ष 1926 वाले प्रयोग में ये अवतल दर्पण दो अलग-अलग पहाड़ियों के शिखर पर रखे गए थे जिनके बीच की दूरी 35 किलोमीटर थी। M_4 से परावर्तित होकर यह बीम एक समतल दर्पण M_5 पर पड़ती हैं जहाँ से परावर्तित होकर दर्पण M_4 के ऊपरी हिस्से पर पड़ती है।

यहाँ से परावर्तन के बाद प्रकाश की बीम समानांतर हो जाती है और पुनः दर्पण M_3 पर पड़ती है। यहाँ से परावर्तन के बाद यह बीम समतल दर्पणों M_6 तथा M_7 से परावर्तित होकर अष्टफलकाकार दर्पण की ऊपरी सतह ef पर पड़ती है। ef से परावर्तन के बाद यह बीम एक टेलीस्कोप में जाती है, जहाँ S के प्रतिबिंब को देखा जाता है।

अष्टफलकाकार दर्पण को अपने अक्ष के परितः एक कोणीय चाल से घुमाया जाता है। मान लें कि किसी समय इसकी निचली सतह ab चित्र में दिखाई गई स्थिति में है।

इस समय S से चलकर ab पर पड़ती हुई प्रकाश की बीम चित्र में दिखाए गए पथ पर चलती हुई, M_7 से परावर्तित होकर अष्ट-फलकाकार दर्पण पर पड़ती है। परंतु, जितनी देर Δt में बीम इस दर्पण M की निचली सतह से चलकर दर्पण की ऊपरी सतह पर पहुँचती है, उतनी देर में दर्पण $\Delta\theta = \omega\Delta t$ कोण से घूम जाता है। यदि ω का मान एक निश्चित मान से कम हो, तो ऊपरी सतह ef भी थोड़े कोण से घूमेगी और इससे परावर्तित होकर बीम टेलीस्कोप में नहीं पहुँच पाएगी और प्रतिबिंब दिखाई नहीं देगा।

परंतु, यदि दर्पण की कोणीय चाल इतनी हो कि इतने समय Δt में ef के बगल वाला फलक fg (या de) इसके स्थान पर आ जाए, तो इस फलक से परावर्तन के बाद बीम टेलीस्कोप में पहुँच जाएगी। इस कोणीय चाल के लिए टेलीस्कोप में S का प्रतिबिंब लगातार दिखाई देता रहेगा। प्रयोग में दर्पण की कोणीय चाल को लगातार तब तक बढ़ाया जाता है जब तक कि टेलीस्कोप में प्रतिबिंब का अनवरत दिखना प्रारंभ न हो जाए। ऐसी स्थिति में कोणीय चाल का मान माप लिया जाता है।

प्रयोग में दर्पण में आठ फलक ही होना आवश्यक नहीं है।

मान लें, दर्पण M में फलकों की संख्या $= N$,

दर्पण M की अंतिम कोणीय चाल $= \omega$.

दर्पण M की दोनों सतहों से परावर्तन के बीच प्रकाश की बीम द्वारा चली हुई दूरी $= D$,

तो प्रकाश की बीम द्वारा लिया गया समय, $\Delta t = \dfrac{D}{c}$.

इस समय अंतराल में दर्पण M का कोणीय विस्थापन $= \dfrac{2\pi}{N}$,

अतः $\quad \Delta t = \dfrac{2\pi}{N\omega}$

या $\quad \dfrac{D}{c} = \dfrac{2\pi}{N\omega}$

या $\quad c = \dfrac{D\omega N}{2\pi} = DN\nu,$

जहाँ ν दर्पण M के घूमने की आवृत्ति है।

37.5 कलांतर (phase difference) पर आधारित आधुनिक विधि

फिजो, फोको एवं माइकेल्सन के प्रयोगों के समय इलेक्ट्रॉनिक्स की उन्नत सुविधा नहीं थी। पर, अब लेजर के रूप में काफी हद तक समानांतर और अच्छी तीव्रता का प्रकाश-स्रोत, प्रकाश की तरंगों की आवृत्ति एवं आयाम में मनचाहा परिवर्तन करने के यंत्र, विभिन्न विद्युतीय राशियों के मापन के लिए ऑसिलोस्कोप (oscilloscope) आदि अनेक यंत्र उपलब्ध हैं। इनकी सहायता से अब बड़ी आसानी से स्कूल एवं कॉलेजों में हर वर्ष हजारों विद्यार्थी प्रकाश की चाल नापते हैं। इसमें से एक डिजाइन का हम यहाँ संक्षिप्त वर्णन करेंगे।

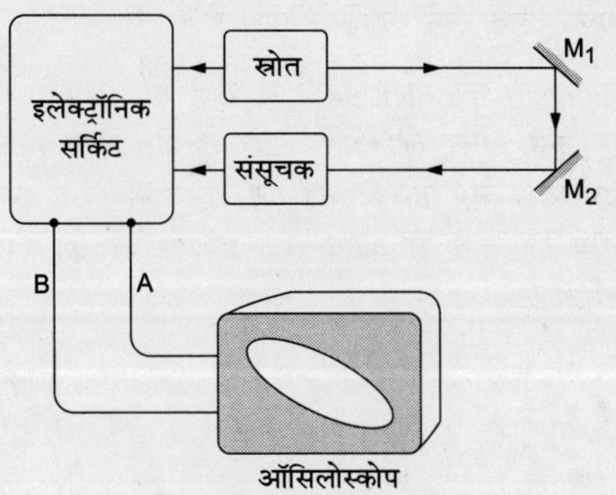

चित्र 37.4

इस विधि में एक स्रोत से निकलते प्रकाश की एक पतली बीम को एक समतल दर्पण M_1 की ओर भेजा जाता है। दर्पण M_1 लगभग 1 या 2 मीटर लंबी प्रकाशीय बेंच पर रखा होता है। इसी बेंच पर दूसरी ओर एक दूसरा दर्पण M_2 लगा होता है और M_1 से परावर्तित प्रकाश की बीम इसपर पड़ती है। M_2 से परावर्तन के बाद प्रकाश की यह बीम समानांतर पथ पर चलती हुई एक संसूचक पर पड़ती है।

स्रोत से निकले प्रकाश से इलेक्ट्रॉनिक सर्किट द्वारा एक वोल्टेज सिग्नल

$$V_1(t) = V_0 \cos \omega_0 t \qquad \text{... (i)}$$

तैयार किया जाता है जिसकी कोणीय आवृत्ति ω_0 सर्किट द्वारा पूर्व निर्धारित रहती है। इसी प्रकार संसूचक द्वारा प्राप्त प्रकाश से इलेक्ट्रॉनिक सर्किट इसी कोणीय आवृत्ति ω_0 का एक दूसरा सिग्नल $V_2(t)$ तैयार करता है। चूँकि स्रोत से चला प्रकाश थोड़े समय Δt के बाद संसूचक पर पहुँचता है, अतः सिग्नल $V_2(t)$ तथा $V_1(t)$ में एक कलांतर $\omega_0 \Delta t$ बन जाता है। इसके अतिरिक्त इलेक्ट्रॉनिक सर्किट प्रयोगकर्ता को आवश्यकतानुसार एक अतिरिक्त कलांतर $\in$ उत्पन्न करने की व्यवस्था देता है। अतः, $V_2(t)$ का व्यंजक,

$$V_2(t) = V_0 \cos[\omega_0(t + \Delta t) + \in]$$
$$= V_0 \cos(\omega_0 t + \delta + \in) \qquad \text{... (ii)}$$

लिखा जा सकता है, जहाँ

$$\delta = \omega_0 \Delta t. \qquad \text{... (iii)}$$

स्रोत तथा संसूचक से प्राप्त ये सिग्नल ऑसिलोस्कोप में भेजे जाते हैं। ऑसिलोस्कोप में एक स्क्रीन बना होता है और इलेक्ट्रॉनों की एक बीम इस स्क्रीन पर पड़ती है। जहाँ यह बीम स्क्रीन पर पड़ती है वहाँ एक चमकदार स्पॉट बनता है। $V_1(t)$ ऑसिलोस्कोप की इलेक्ट्रॉन बीम को x-दिशा में विस्थापित करता है जबकि $V_2(t)$ इसे y-दिशा में विस्थापित करता है। ये विस्थापन वोल्टेज के समानुपाती होते हैं। अतः, स्क्रीन पर चमकते स्पॉट को एक साथ दो गतियाँ प्रदान की जाती हैं

$$x = a \cos \omega_0 t$$

तथा $\quad y = a \cos(\omega_0 t + \delta + \in).$

यह परस्पर लंब दिशाओं की दो सरल आवर्त गतियों का संयोजन है और स्क्रीन पर बने स्पॉट के पथ का आकार (shape) दोनों गतियों के बीच के कुल कलांतर $\delta' = \delta + \in$ पर निर्भर करता है। यदि δ' का मान शून्य तथा π से अलग कुछ हो, तो यह पथ एक दीर्घवृत्त (ellipse) के आकार का होगा [चित्र 37.5(a)]। यदि $\delta' = 0$ हो, तो यह पथ एक सरल रेखा पर होगा जो पहले और तीसरे चतुर्थांश (quadrant) में होगा [चित्र 37.5(b)]। यदि $\delta' = \pi$ हो, तो स्पॉट का पथ पुनः एक सरल रेखा पर होगा जो दूसरे और चौथे चतुर्थांश में होगा।

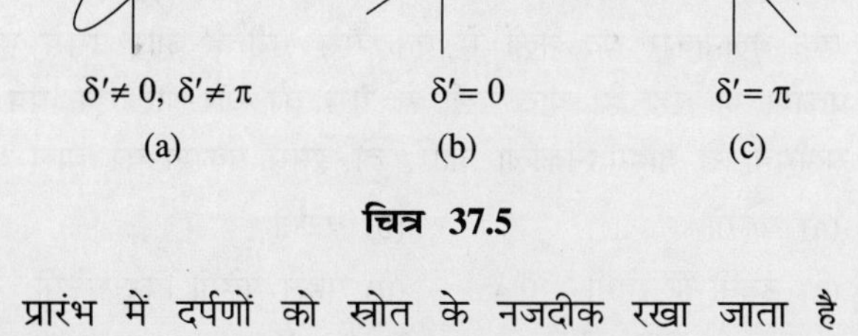

$\delta' \neq 0, \delta' \neq \pi$ (a) $\quad \delta' = 0$ (b) $\quad \delta' = \pi$ (c)

चित्र 37.5

प्रारंभ में दर्पणों को स्रोत के नजदीक रखा जाता है और उपकरण चालू किया जाता है। ऑसिलोस्कोप के स्क्रीन पर सामान्यतः दीर्घवृत्त बना दीखता है। प्रयोगकर्ता कलांतर $\in$ को इस तरह बदलता है कि इलेक्ट्रॉन बीम का पथ चित्र 37.5(b) जैसा हो जाए। इस समय ऑसिलोस्कोप में जाते वोल्टेज $V_1(t)$ तथा $V_2(t)$ के बीच कुल कलांतर δ' शून्य होगा। अब दर्पण M_1 तथा M_2 को

स्रोत (एवं संसूचक) से धीरे-धीरे दूर ले जाया जाता है। इस कारण δ' में परिवर्तन होता है और किसी खास स्थिति में यह परिवर्तन π के बराबर हो जाता है। दर्पणों को खिसकाकर ऐसी जगह व्यवस्थित किया जाता है ताकि बीम का पथ चित्र 37.5(c) जैसा हो जाए।

दर्पणों को खिसकाने के कारण $V_1(t)$ तथा $V_2(t)$ में आया कलांतर π है। चूँकि $\in$ को परिवर्तित नहीं किया गया है, अतः यह परिवर्तन δ में ही हुआ है। समीकरण (iii) के अनुसार,

$$\pi = \omega_0 \Delta t. \qquad \text{... (iv)}$$

यदि दर्पणों को प्रकाशीय बेंच पर L दूरी पर खिसकाया गया हो, तो प्रकाश की बीम द्वारा चली गई अतिरिक्त दूरी $2L$ होगी। अतः, इन दोनों परिस्थितियों में प्रकाश की बीम द्वारा लिया गया अतिरिक्त समय,

$$\Delta t = \frac{2L}{c}.$$

अतः, समीकरण (iv) से, $\pi = \omega_0 \cdot \frac{2L}{c}$

या $$c = \frac{2L\omega_0}{\pi} = 4L\nu_0.$$

ν_0 का मान उपकरण के इलेक्ट्रॉनिक्स द्वारा पहले से ही निर्धारित रहता है और L का मान प्रयोग में नाप लिया जाता है। इस प्रकार प्रकाश की चाल c का मान निकल जाता है।

कई बार ऑसिलोस्कोप के लिए ν_0 आवृत्ति काफी अधिक होती है और इलेक्ट्रॉन बीम इतनी अधिक आवृत्ति वाले वोल्टेज का भली प्रकार से अनुसरण नहीं कर पाती। ऐसी स्थिति में उपकरण में ऐसी व्यवस्था की जाती है कि ऑसिलोस्कोप में भेजने के पहले सिग्नलों की आवृत्ति कम कर दी जाए, पर उनके बीच कलांतर में कोई फर्क नहीं पड़े।

इस प्रकार की विधि में न तो बहुत तेज गति से किसी दर्पण, चक्के या किसी भी वस्तु को घुमाने की आवश्यकता होती है और न ही बहुत दूर तक प्रकाश को ले जाने की जरूरत। सारा प्रयोग एक सामान्य 2 m लंबी टेबुल पर कर लिया जा सकता है।

• विचार हेतु प्रश्न •

1. *हवा में ध्वनि का वेग 332 m/s है। क्या मीटर की परिभाषा $\frac{1}{332}$ सेकंड में ध्वनि द्वारा हवा में चली गई दूरी के रूप में करना उचित होगा?*
2. *प्रकाश की चाल नापने के लिए गैलीलियो द्वारा अपनाई विधि पर विचार करें। मान लें कि लालटेन को ढँकने एवं खोलने में 0.1 s का समय लगता है। 10% की संभावित अशुद्धि के साथ प्रकाश की चाल को नापने के लिए प्रकाश द्वारा लिया गया समय इस समय का कम-से-कम दस गुना होना चाहिए। प्रयोगकर्ताओं को लालटेन लेकर एक-दूसरे से कितनी दूर पर होना चाहिए ताकि इस विधि से वे 10% की अधिकतम अशुद्धि के साथ प्रकाश की चाल नाप सकें? इतनी दूरी पर होने में क्या कठिनाई है?*
3. *प्रकाश की चाल नापने के लिए फिजो की विधि में दाँतदार पहिए को लेंस के फोकस तल पर रखा जाता है। यदि यह फोकस तल से थोड़ा इधर या उधर हो जाए तो प्रयोग पर क्या असर पड़ेगा?*
4. *फिजो के अपने प्रयोग में प्रकाश पहिये से 8.6 km चलकर दर्पण द्वारा परावर्तित होकर वापस लौटा था। यदि वह दूरी 8.6 मीटर होती, तो क्या कठिनाई आती?*
5. *प्रकाश की चाल नापने की माइकेल्सन की विधि में घूमनेवाले दर्पण में अधिक फलक लेने का क्या लाभ है?*
6. *यदि आप रात को खुले मैदान में खड़े हों, अपनी आँखें बंद कर लें और उन्हें खोल लें। आँख खोलते ही, बिना किसी अतिरिक्त समय अंतराल के, तारे दिखाई देने लगते हैं। क्या इससे यह सिद्ध नहीं होता कि तारों से आँख तक प्रकाश को आने में कोई समय नहीं लगता?*

• सटीक उत्तरवाले प्रश्न I •

सही उत्तर का चयन करें।

1. एक बेलनाकार बंद नली में एक गैस भरी है और उससे होकर प्रकाश जा रहा है। यदि नली से गैस को धीरे-धीरे एक पंप की सहायता से बाहर निकाला जाए, तो इसमें प्रकाश की चाल

   (a) बढ़ेगी (b) घटेगी
   (c) उतनी ही रहेगी (d) पहले बढ़ेगी फिर घटेगी

2. लाल तथा नीले रंग के प्रकाश की चालें बिलकुल बराबर होती हैं

   (a) निर्वात में, पर हवा में नहीं
   (b) हवा में, पर निर्वात में नहीं
   (c) हवा में भी और निर्वात में भी
   (d) न तो हवा में और न ही निर्वात में

3. एक प्रकाश-स्रोत का वास्तविक प्रतिबिंब एक उत्तल लेंस द्वारा बन रहा है। किसी क्षण इस स्रोत को अपने स्थान से थोड़ा खिसका दिया जाता है। प्रतिबिंब अपने स्थान से

   (a) स्रोत के खिसकने के साथ ही खिसक जाएगा।
   (b) स्रोत के खिसकने के कुछ समय बाद खिसकेगा।
   (c) स्रोत के खिसकने के कुछ समय पहले खिसकेगा।
   (d) नहीं खिसकेगा।

4. पानी एवं हवा में प्रकाश के वेग की तुलना करने के लिए सबसे अधिक उपयुक्त है

   (a) माइकेल्सन की विधि (b) फोको की विधि
   (c) फिजो की विधि (d) गैलीलियो की विधि

• सटीक उत्तरवाले प्रश्न II •

सही उत्तर (उत्तरों) का चयन करें।

1. पूरी तरह धरती पर होनेवाले उपक्रमों से प्रकाश की चाल नापी थी
   (a) माइकेल्सन ने (b) ब्रैडले ने
   (c) फोको ने (d) रोमर ने
2. प्रकाश की चाल नापने के लिए किसी दर्पण को तेज कोणीय चाल से घुमाया था
   (a) फिजो ने (b) फोको ने
   (c) माइकेल्सन ने (d) रोमर ने
3. फिजो की विधि से प्रकाश की चाल नापने के प्रयोग में शुद्धता बढ़ाने के लिए क्या करना चाहिए?
   (a) चक्के में दाँतों की संख्या बढ़ानी चाहिए।
   (b) चक्के की त्रिज्या बढ़ानी चाहिए।
   (c) चक्के से समतल दर्पण की दूरी बढ़ानी चाहिए।
   (d) एकवर्णी प्रकाश का उपयोग करना चाहिए।
4. प्रकाश की चाल अब 299,792,458 m/s स्वीकृत की गई है। यह चाल है
   (a) धरती के सापेक्ष
   (b) सूर्य के सापेक्ष
   (c) धरती पर चलती एक ट्रेन के सापेक्ष
   (d) दूसरे ग्रह की ओर जाते एक-एक अंतरिक्ष यान के सापेक्ष

• अभ्यास के प्रश्न •

1. फिजो की विधि से प्रकाश की चाल निकालने के एक प्रयोग में निम्नलिखित मानों का उपयोग किया जाता है।
   चक्के से दर्पण की दूरी = 12.0 km, चक्के में स्थित दाँतों की संख्या = 180. चक्के की न्यूनतम कोणीय चाल निकालें जब प्रतिबिंब दिखना बंद हो जाए।
2. फोको की विधि से प्रकाश की चाल निकालने के एक प्रयोग में विभिन्न दूरियाँ इस प्रकार ली गई हैं—
   घूमनेवाले तथा स्थिर दर्पण के बीच की दूरी = 16 m, लेंस से घूमते दर्पण की दूरी = 6.0 m, स्रोत से लेंस की दूरी = 2 m. जब दर्पण को 356 चक्कर प्रति सेकंड की दर से घुमाया जाता है, तो प्रतिबिंब 0.7 mm खिसकता है। इन आँकड़ों के आधार पर प्रकाश की चाल की गणना करें।
3. माइकेल्सन की विधि से प्रकाश की चाल नापने के एक प्रयोग में घूमते दर्पण से क्रमवर्ती परावर्तनों के बीच प्रकाश द्वारा चली हुई दूरी 4.8 km है। इस दर्पण में 8 फलक हैं। इस दर्पण की न्यूनतम कोणीय चाल बताएँ जिसके लिए प्रतिबिंब वहीं बनता है, जहाँ दर्पण को स्थिर रखने पर बनता।
4. कलांतर पर आधारित प्रकाश की चाल नापने के एक उपकरण में, जिसका वर्णन इस अध्याय में किया गया है, सिग्नलों की आवृत्ति $\nu = 50$ MHz रखी जाती है। ऑसिलोस्कोप पर सरल रेखीय पथ से पुनः सरल रेखीय पथ प्राप्त करने के लिए दर्पणों को कितना खिसकाना होगा?
5. कलांतर पर आधारित विधि में दर्पणों को ऐसे स्थान पर रखा गया है कि ऑसिलोस्कोप पर इलेक्ट्रॉन बीम एक सरल रेखा बना रही है। अब स्रोत तथा दर्पण के बीच काँच ($n = 1.50$) की 80 cm लंबी पट्टी रख दी जाती है। दर्पणों को कितना खिसकाना पड़ेगा ताकि पुनः ऑसिलोस्कोप पर बीम वैसी ही सरल रेखा बनाए।

• उत्तर •

सटीक उत्तरवाले प्रश्न I

1. (a) **2.** (a) **3.** (b) **4.** (b)

सटीक उत्तरवाले प्रश्न II

1. (a), (c) **2.** (b), (c)
3. (a), (c) **4.** (a), (b), (c), (d)

अभ्यास के प्रश्न

1. 1.25×10^4 डिग्री/सेकंड **2.** 2.984×10^8 m/s
3. 7.8×10^3 चक्कर/सेकंड
4. 1.5 m
5. 20 cm

❑

अध्याय 38

प्रकाशमिति

कुछ वर्षों पहले तक बाजार में फिलामेंट बल्व एवं मरकरी ट्यूबलाइट बिजली के प्रकाश-स्रोत में प्रमुख हुआ करते थे। परंतु, अब CFL तथा LED स्रोतों ने यह स्थान प्राप्त कर लिया है। कहते हैं कि किसी फिलामेंट बल्व के सापेक्ष उतने ही वाट का LED बल्व कहीं ज्यादा रोशनी देता है। इन बातों को समझने के लिए हमें स्रोत से आनेवाले प्रकाश से संबंधित कई राशियों तथा प्रकाश के प्रति अपनी आँखों की संवेदनशीलता (sensitivity) के बारे में जानना होगा।

38.1 संपूर्ण विकिरित फ्लक्स (Total radiant flux)

प्रकाश एक विद्युत-चुंबकीय तरंग है जिसका तरंगदैर्घ्य सामान्यतः 400 nm से 700 nm तक कहा जाता है। परंतु, विद्युत-चुंबकीय तरंगें इस तरंगदैर्घ्य सीमा के बाहर भी होती हैं। किसी स्रोत द्वारा उत्सर्जित विद्युत-चुंबकीय तरंगों को 'विकिरण' कहते हैं। दृश्य प्रकाश भी विकिरण है। प्रकाश के अनेक स्रोत दृश्य प्रकाश के अलावा 700 nm से अधिक तरंगदैर्घ्य का विकिरण भी उत्सर्जित करते हैं जिसे अवरक्त (infrared) विकिरण कहा जाता है। इसी प्रकार कई स्रोत 400 nm से कम तरंगदैर्घ्य का विकिरण भी उत्सर्जित करते हैं जिसे पराबैंगनी (ultraviolet, UV) विकिरण कहा जाता है।

एक स्रोत द्वारा प्रतिइकाई समय में उत्सर्जित कुल विकिरण (radiation) ऊर्जा को उस स्रोत का **रेडियेंट फ्लक्स** कहते हैं। इसका SI यूनिट जूल प्रतिसेकंड अर्थात वाट है। जब आप किसी बल्व या CFL या अन्य किसी स्रोत से प्रकाश उत्पन्न करते हैं तो वह प्रकाश अनेक तरंगदैर्घ्यों में बँटा होता है। इनमें दृश्य प्रकाश के अलावा पराबैंगनी (ultraviolet) तथा अवरक्त (infrared) तरंगदैर्घ्य भी शामिल हो सकते हैं। फिलामेंट बल्व के सामने हाथ रखने पर हमें गर्मी का एहसास होता है। यह मुख्यतः बल्व द्वारा उत्सर्जित अवरक्त विकिरण के कारण होता है। संपूर्ण विकिरित फ्लक्स निकालने के लिए हमें सभी तरंगदैर्घ्यों में उत्सर्जित कुल ऊर्जा की गणना करनी होगी।

38.2 प्रदीप्त फ्लक्स तथा आपेक्षिक प्रदीप्ति (Luminous flux and relative luminosity)

आप जानते हैं कि इंफ्रारेड (अवरक्त) या अल्ट्रावायलेट (पराबैंगनी) विकिरण से किसी वस्तु को देखा नहीं जा सकता। यदि कोई स्रोत सिर्फ इंफ्रारेड विकिरण उत्सर्जित करे, तो स्रोत चमकता हुआ दिखाई नहीं देता। यदि रात्रि के अंधकार में रसोई घर में एक गर्म तवा पड़ा हो, तो वह इंफ्रारेड विकिरण उत्पन्न करता है पर वह तवा चमकता हुआ दिखता नहीं है। दृश्य प्रकाश का स्रोत भी कितना चमकता हुआ दिखेगा, यह उसके द्वारा उत्सर्जित तरंगदैर्घ्य पर निर्भर करता है। उदाहरण के लिए, यदि आप 10 W के दो लैंप लें जिसमें से एक लाल रंग का तथा दूसरा पीले रंग का हो, तो पीले प्रकाश का स्रोत लाल प्रकाश के स्रोत से कहीं ज्यादा चमकीला दिखेगा। विकिरण, आँखों में प्रकाश की कितनी अनुभूति पैदा करता है; यह बताने के लिए 'प्रदीप्त फ्लक्स' (luminous flux) परिभाषित किया जाता है जिसे ल्यूमेन (lumen) में नापते हैं।

आँखों की संवेदनशीलता औसतन 555 nm के प्रकाश के लिए अधिकतम होती है। यदि कोई स्रोत 555 nm तरंगदैर्घ्य का एकवर्णी प्रकाश 1 वाट की दर से उत्सर्जित करे तो उस स्रोत का प्रदीप्त फ्लक्स 683 ल्यूमेन परिभाषित किया जाता है। यदि किसी स्रोत से किसी अन्य तरंगदैर्घ्य का एकवर्णी प्रकाश उत्सर्जित हो, तो उसका प्रदीप्त फ्लक्स (1 W के लिए) 683 ल्यूमेन से कम होगा। किसी एकवर्णी स्रोत द्वारा उत्सर्जित प्रदीप्त फ्लक्स तथा उतने ही रेडियेंट फ्लक्स, अर्थात पावर के 555 nm के स्रोत के प्रदीप्त फ्लक्स के अनुपात को आपेक्षिक प्रदीप्ति (relative luminosity) कहते हैं। अर्थात,

आपेक्षिक प्रदीप्ति

$$= \frac{\text{किसी एकवर्णी स्रोत का प्रदीप्त फ्लक्स}}{\text{उतने ही पावर के 555 nm के स्रोत का प्रदीप्त फ्लक्स}} \cdot \ldots (38.1)$$

चित्र 38.1 में विभिन्न तरंगदैर्घ्यों के लिए आपेक्षिक प्रदीप्ति दिखाई गई है। 555 nm के लिए यह प्रदीप्ति 1 है तथा इसके दोनों ओर तरंगदैर्घ्य बदलने के साथ आपेक्षिक प्रदीप्ति घटती जाती है। लगभग 400 nm आते-आते आपेक्षिक प्रदीप्ति शून्य हो जाती है, अर्थात यद्यपि विकिरण में ऊर्जा है, पर वह आँखों में देखने का प्रभाव नहीं दे पातीं। इसी प्रकार 700 nm आते-आते आपेक्षिक प्रदीप्ति शून्य हो जाती है। इसीलिए दृश्य प्रकाश के तरंगदैर्घ्य की सीमा 400 से 700 nm कही जाती है। चूँकि आपेक्षिक प्रदीप्ति तरंगदैर्घ्य के साथ लगातार (gradually) बदलती है, अतः इसके शून्य होने के लिए तरंगदैर्घ्य के निश्चित मान नहीं बताए जा सकते। तथापि 400 nm से कम तथा 700 nm से अधिक के तरंगदैर्घ्यों के लिए यह राशि इतनी कम हो जाती है कि उससे देखने की प्रक्रिया संभव नहीं हो पाती।

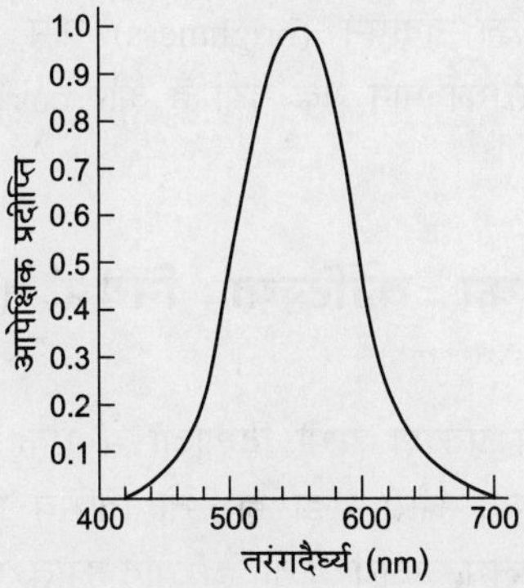

चित्र 38.1

सामान्यतः प्रकाश-स्रोत एकवर्णी नहीं होते। साथ ही सभी तरंगदैर्घ्यों में उत्सर्जित ऊर्जा समान रूप में बँटी भी नहीं होती। ऐसी स्थिति में स्रोत का प्रदीप्त फ्लक्स निकालने के लिए उसके द्वारा उत्सर्जित तरंगदैर्घ्यों को छोटे-छोटे अंतराल में बाँटना होगा तथा हर अंतराल में उत्सर्जित रेडियेंट फ्लक्स निकालना होगा। आपेक्षिक प्रदीप्ति के आधार पर हर अंतराल के लिए प्रदीप्त फ्लक्स निकाल कर उन्हें जोड़ने से स्रोत का प्रदीप्त फ्लक्स निकलेगा।

किसी स्रोत द्वारा उत्सर्जित संपूर्ण प्रदीप्त फ्लक्स तथा संपूर्ण विकिरित फ्लक्स के अनुपात को उस स्रोत की प्रदीप्ति दक्षता (luminous efficiency) कहते हैं।

$$\text{प्रदीप्ति दक्षता} = \frac{\text{संपूर्ण प्रदीप्त फ्लक्स}}{\text{संपूर्ण विकिरित फ्लक्स}}$$

ऊर्जा संरक्षण की दृष्टि से एक अन्य राशि, जिसे समस्त प्रदीप्ति दक्षता (overall luminous efficiency) कहते हैं, अधिक महत्त्वपूर्ण है। प्रकाश के स्रोत को सक्रिय करने एवं रखने के लिए हमें कुछ ऊर्जा देनी होती है। बल्व जलाने के लिए हमें विद्युत ऊर्जा देनी होती है, लालटेन या ढिबरी जलाने के लिए हमें तेल से उचित ऊर्जा खर्च करनी होती है।

स्रोत द्वारा उत्सर्जित प्रदीप्त फ्लक्स एवं स्रोत द्वारा अवशोषित पावर के अनुपात को ही समस्त प्रदीप्त दक्षता कहते हैं।

अतः, किसी प्रकाश-स्रोत से हमें कितनी रोशनी मिलेगी यह जानने के लिए उसका वाट नहीं देखकर उसका ल्यूमेन देखना चाहिए। सामान्यतः फिलामेंट बल्व अवशोषित ऊर्जा के प्रति वाट से 10 से 15 ल्यूमेन का प्रदीप्त फ्लक्स उत्पन्न करते हैं, जबकि अच्छी गुणवत्ता का LED बल्व प्रतिवाट 50–100 ल्यूमेन प्रदीप्त फ्लक्स उत्पन्न करता है। इसीलिए LED बल्व ऊर्जा की बचत के लिहाज से फिलामेंट बल्व की अपेक्षा अधिक उपयोगी है। तेल की ढिबरी के लिए समस्त प्रदीप्ति दक्षता 0.1 ल्यूमेन प्रतिवाट के आसपास होती है।

अभ्यास 38.1

तरंगदैर्घ्य 632 nm *के* 5.0 mW *लेजर स्रोत का प्रदीप्त फ्लक्स निकालें।* 632 nm *पर आपेक्षिक प्रदीप्ति* 0.15 *मानें।*

हल 555 nm के 1 W के स्रोत का प्रदीप्त फ्लक्स = 683 ल्यूमेन।

अतः, 632 nm के 1 W के स्रोत का प्रदीप्त फ्लक्स

$= 683 \times 0.15 = 102$ ल्यूमेन।

अतः, 632 nm के 5.0 mW के स्रोत का प्रदीप्त फ्लक्स

$$= 102 \times \frac{5.0\,\text{mW}}{1\,\text{W}} = 0.51 \text{ ल्यूमेन।}$$

38.3 प्रदीप्ति तीव्रता (Luminous intensity)

किसी स्रोत द्वारा किसी दिशा में प्रदीप्ति तीव्रता निकालने के लिए उस दिशा के परितः एक छोटा घन कोण (solid angle) $d\Omega$ बनाते हैं। यदि स्रोत द्वारा इस घन कोण में उत्सर्जित प्रदीप्त फ्लक्स dF हो, तो

$$I = \frac{dF}{d\omega}, \qquad \text{... (38.2)}$$

यह इस दिशा में स्रोत की प्रदीप्ति तीव्रता कहलाती है।

मान लें कि एक बिंदु स्रोत से सभी दिशाओं में समान रूप से प्रकाश उत्सर्जित हो रहा है। यह प्रकाश पूरे 4π घन कोण में एकसमान रूप से बँट रहा है। अतः, यदि स्रोत द्वारा उत्सर्जित कुल प्रदीप्त फ्लक्स F हो, तो किसी भी दिशा में स्रोत की प्रदीप्ति तीव्रता,

$$I = \frac{F}{4\pi}.$$

यदि स्रोत बिंदु के आकार का न होकर बड़ा हो, तो हर दिशा में प्रदीप्ति तीव्रता बराबर होना आवश्यक नहीं है।

प्रदीप्ति तीव्रता की SI इकाई ल्यूमेन (lm)/स्टेरेडियन (sr) होगी। इस इकाई को कैंडेला कहते हैं और इसे cd संकेत से दिखाते हैं। कैंडेला SI की सात मूल इकाइयों में से एक है। वस्तुतः, कैंडेला की परिभाषा से ही 555 nm के 1 W के स्रोत के प्रदीप्त फ्लक्स का मान 683 ल्यूमेन प्राप्त होता है।

38.4 प्रदीपन (Illuminance)

अब तक हम प्रकाश के स्रोत की प्रदीप्ति की चर्चा कर रहे थे। जब प्रकाश किसी सतह पर पड़ता है तो वह सतह प्रदीप्त (illuminated) हो जाती है। कोई सतह कितनी प्रदीप्त है यह जानने के लिए सतह के प्रदीपन की परिभाषा इस प्रकार दी जाती है—

यदि एक छोटी सतह dA पर कुल प्रदीप्त फ्लक्स dF पड़ रहा हो, तो उस सतह का प्रदीपन,

$$E = \frac{dF}{dA}. \qquad \text{... (38.3)}$$

यह प्रदीपन बताता है कि सतह कितनी प्रकाशवान (bright) दिखेगी। प्रदीपन की SI इकाई लक्स (lux) है।

किसी प्रकाश-स्रोत के कारण किसी सतह पर प्रदीपन, स्रोत की प्रदीप्ति तीव्रता के अतिरिक्त सतह की स्रोत से दूरी तथा सतह के झुकाव पर निर्भर करता है। चित्र 38.2 में एक छोटा स्रोत S तथा एक सतह ΔA दिखाए गए हैं। ΔA का केंद्र P है। स्रोत S से बिंदु P की दूरी $SP = r$ है तथा ΔA पर P से डाला गया अभिलंब SP से θ कोण बनाता है।

घन कोण की परिभाषा के अनुसार, सतह ΔA द्वारा स्रोत पर बना घन कोण,

$$\Delta\omega = \frac{\Delta A \cos\theta}{r^2}.$$

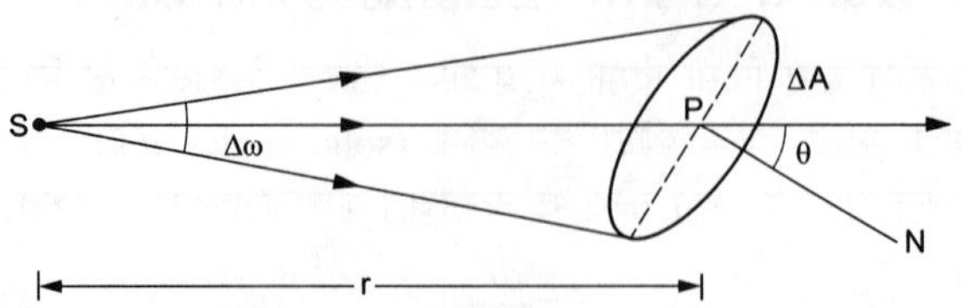

चित्र 38.2

यदि SP दिशा में स्रोत की प्रदीप्त तीव्रता I हो, तो इस घन कोण $\Delta\omega$ में जाता प्रदीप्ति फ्लक्स,

$$\Delta F = I\Delta\omega = \frac{I\Delta A \cos\theta}{r^2}.$$

सतह का प्रदीपन, $$E = \frac{\Delta F}{\Delta A} = \frac{I\cos\theta}{r^2}. \quad \text{... (38.4)}$$

समीकरण (38.4) से पता चलता है कि एक छोटे स्रोत के कारण एक छोटी सतह का प्रदीपन (a) स्रोत से सतह की दूरी के वर्ग के व्युत्क्रम के समानुपाती होता है तथा (b) सतह पर अभिलंब तथा स्रोत से आते प्रकाश की दिशा के बीच के कोण के cosine के समानुपाती होता है।

यदि आप किसी बल्व के प्रकाश में अपनी पुस्तक पढ़ रहे हैं, तो आपको पुस्तक के पन्ने अधिकतम प्रदीप्त दिखाई देंगे, अगर पन्ने पर लंब दिशा स्रोत की ओर हो। इस स्थिति में पन्ने पर लंब तथा प्रकाश के आने की दिशा के बीच का कोण $\theta = 0$ है तथा $\cos\theta = 1$. इस स्थिति से यदि आप किताब को थोड़ा झुका दें तो आप पाएँगे कि किताब के पन्नों का प्रदीपन (brightness) कम हो गया है। ऐसा इसलिए कि अब θ का मान बढ़ गया है और $\cos\theta$ का मान कम हो गया है।

38.5 लैंबर्ट का कोटिज्या नियम (Lambert's cosine law)

एक बिंदु स्रोत से प्रकाश सभी दिशाओं में एक प्रकार से वितरित होता है। परंतु, यदि स्रोत बड़ा हो, तो विभिन्न दिशाओं में इसकी प्रदीपन तीव्रता अलग-अलग होती है। यदि स्रोत एक छोटी समतल सतह से निकल रहा हो, तो विकिरण केवल सामने के 2π घन कोण में ही उत्सर्जित होगा। कुछ ऐसे स्रोत होते हैं जिसमें सतह की लंबवत दिशा में प्रदीपन तीव्रता अधिकतम होती है (चित्र 38.3) तथा इस दिशा से θ कोण बनाती दिशा में प्रदीपन तीव्रता

$$I = I_0 \cos\theta \quad \text{... (38.5)}$$

होती है। इस नियम को **लैंबर्ट का कोटिज्या नियम** (Lambert's cosine law) कहते हैं। जो स्रोत इस नियम के अनुसार प्रकाश का उत्सर्जन करते हैं वे पूरी तरह विसरित स्रोत (completely diffused source) कहलाते हैं।

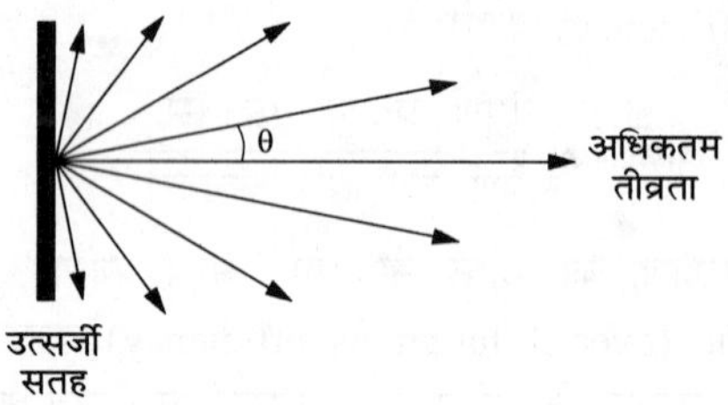

चित्र 38.3

• *विचार हेतु प्रश्न* •

1. *टीवी के रिमोट पर बटन दबाने से उससे विद्युत-चुंबकीय तरंगें उत्पन्न होती हैं। इस स्रोत का प्रदीप्त फ्लक्स कितना है?*
2. *एक वाट के सोडियम लैंप का प्रदीप्त फ्लक्स 10 kW के पराबैंगनी स्रोत से अधिक होता है। इस कथन पर टिप्पणी करें।*
3. *एक छोटी सतह पर एक बिंदु स्रोत से प्रकाश लंबवत पड़ रहा है। यदि इस सतह को आपतित प्रकाश की दिशा के परितः 30° के कोण से घुमा दिया जाए, तो सतह का प्रदीपन घटेगा, बढ़ेगा या उतना ही रहेगा। यदि सतह पर प्रकाश लंबवत नहीं पड़कर किसी अन्य कोण पर पड़ता तो क्या आपका उत्तर बदल जाता?*
4. *एक बल्व एक टेबुल के ऊपर लटक रहा है। टेबुल के किस भाग पर प्रदीपन अधिकतम होगा? यदि इस बल्व के ऊपर टेबुल की ओर परावर्तक सतह रखते हुए एक समतल दर्पण रख दिया जाए, तो क्या टेबुल पर प्रदीपन बढ़ जाएगा?*
5. *सूर्य की रोशनी दोपहर को तेज लगती है, पर सुबह एवं शाम को धीमी लगती है, जबकि सूर्य से पृथ्वी की दूरी में कोई विशेष परिवर्तन नहीं होता। क्यों?*
6. *उत्तर भारत में दिसंबर-जनवरी में कड़ाके की ठंड पड़ती है जबकि मई-जून में भयंकर गर्मी। सूर्य से धरती की दूरी में अधिकतम परिवर्तन मात्र 3.4% है। फिर मौसम में इतना अधिक परिवर्तन क्यों?*
7. *एक LED बल्व की अपेक्षा फिलामेंट बल्व की प्रदीप्त तीव्रता कम क्यों होती है?*
8. *हरे रंग के लिए प्रदीप्त दक्षता अन्य रंगों से अधिक होती है। क्या हम श्वेत प्रकाश के स्रोत पर हरे रंग का प्लास्टिक लगाकर उसका प्रदीप्ति सामर्थ्य बढ़ा सकते हैं?*

• सटीक उत्तरवाले प्रश्न I •

सही उत्तर का चयन करें।

1. एक प्रकाश-स्रोत आँख को कितना तेज दिखेगा यह जिस एक राशि से सीधे संबंधित है, वह है
   (a) आँख पर पड़ती प्रतिसेकंड ऊर्जा
   (b) प्रकाश का तरंगदैर्घ्य
   (c) आँख पर पड़ता कुल विकिरित फ्लक्स
   (d) आँख पर पड़ता कुल प्रदीप्त फ्लक्स

2. प्रकाश के तीन एकवर्णी स्रोत A, B तथा C बराबर विकिरित फ्लक्स उत्सर्जित करते हैं। इनके द्वारा उत्पन्न प्रकाश तरंगों के तरंगदैर्घ्य क्रमशः 450 nm, 555 nm तथा 700 nm हैं। यदि आँखों द्वारा इन स्रोतों की तीव्रता का अनुमान किया जाए, तो प्रतीत होगी
   (a) A की तीव्रता सबसे अधिक
   (b) C की तीव्रता सबसे अधिक
   (c) B की तीव्रता सबसे अधिक
   (d) तीनों की तीव्रता बराबर

3. यदि प्रकाश के तरंगदैर्घ्य को लगातार बैंगनी से लाल तक बदला जाए, तो आपेक्षिक प्रदीप्ति
   (a) लगातार बढ़ेगी (b) लगातार घटेगी
   (c) पहले बढ़ेगी फिर घटेगी (d) पहले घटेगी फिर बढ़ेगी

4. बिजली का एक बल्व एक टेबुल से 1 m ऊपर लटका हुआ है। बल्व के ठीक नीचे टेबुल पर प्रदीपन 40 lux है। इस बिंदु से 1 m दूर टेबुल पर प्रदीपन होगा
   (a) 10 lux (b) 14 lux (c) 20 lux (d) 28 lux

5. एक बिंदु स्रोत से कुछ दूरी पर एक पर्दा रखा है। यदि स्रोत से पर्दे की दूरी 1% बढ़ा दी जाए, तो प्रदीपन में कमी होगी (लगभग)
   (a) 0.5% (b) 1% (c) 2% (d) 4%

6. एक टॉर्च द्वारा आता प्रकाश लगभग एक समानांतर बीम की भाँति है। जब यह प्रकाश टॉर्च से 2 m दूर की दीवार पर पड़ता है, तो वहाँ 40 lux का प्रदीपन उत्पन्न करता है। यदि यह प्रकाश टॉर्च से 4 m दूर की दीवार पर पड़े, तो वहाँ प्रदीपन होगा (लगभग)
   (a) 40 lux (b) 20 lux (c) 10 lux (d) 5 lux

7. एक लंबे बेलनाकार प्रकाश-स्रोत के कारण r दूरी पर उत्पन्न प्रदीपन समानुपाती होगा
   (a) $\frac{1}{r^2}$ के (b) $\frac{1}{r^3}$ के (c) $\frac{1}{r}$ के (d) $\frac{1}{\sqrt{r}}$ के

8. प्रकाश के एक बहुत धीमे स्रोत से 5 cm की दूरी पर एक फोटोग्राफिक फिल्म को 3 s तक प्रकाशित करने पर फिल्म पर भलीभाँति प्रतिबिंब अंकित होता है। यदि इस फिल्म को स्रोत से 10 cm की दूरी पर रखा जाए, तो भलीभाँति प्रतिबिंब अंकित करने के लिए इसे प्रकाशित करना होगा
   (a) 6 s तक (b) 12 s तक (c) 24 s तक (d) 48 s तक

9. प्रकाश का एक बिंदु स्रोत एक समतल टेबुल की सतह से ऊपर, इसके समानांतर एक सरल रेखा में चलता है। टेबुल की सतह पर इस सरल रेखा के ठीक नीचे एक छोटी सतह पर विचार करें। इस सतह पर प्रदीपन I तथा स्रोत से इसकी दूरी r के बीच संबंध होगा
   (a) $E \propto \frac{1}{r}$ (b) $E \propto \frac{1}{r^2}$
   (c) $E \propto \frac{1}{r^3}$ (d) $E \propto \frac{1}{r^4}$

10. चित्र 38.Q1 में एक प्रकाशित ट्यूबलाइट दिखाई गई है। बिंदु A, B तथा C की दिशाओं में प्रदीप्त तीव्रताओं में संबंध होगा
   (a) $B > C > A$ (b) $A > C > B$
   (c) $B = C > A$ (d) $B = C < A$

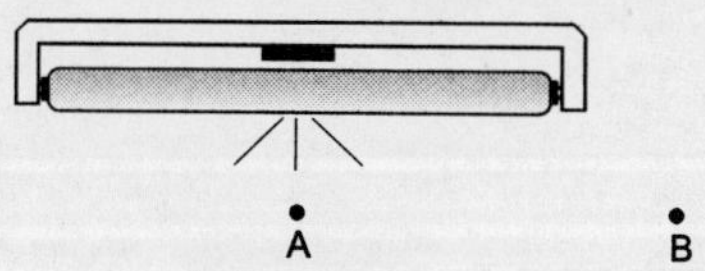

चित्र 38.Q1

• सटीक उत्तरवाले प्रश्न II •

सही उत्तर (उत्तरों) का चयन करें।

1. किसी स्रोत की प्रदीपन उत्पन्न करने की क्षमता
   (a) इसके पावर पर निर्भर नहीं करती।
   (b) इसके तरंगदैर्घ्य पर निर्भर नहीं करती।
   (c) पावर पर निर्भर करती है।
   (d) तरंगदैर्घ्य पर निर्भर करती है।

2. एक कमरे को एक बड़े स्रोत से प्रकाशित किया जाता है। इस कमरे की एक दीवार के एक छोटे हिस्से पर प्रदीपन बढ़ाया जा सकता है
   (a) स्रोत को खिसकाकर
   (b) स्रोत को घुमाकर
   (c) उचित स्थानों पर दर्पणों को रखकर
   (d) दूसरे रंग के प्रकाश का स्रोत लेकर

3. सही विकल्प का चयन करें।
   (a) प्रदीप्त फ्लक्स तथा विकिरित फ्लक्स की विमाएँ समान हैं।
   (b) प्रदीप्त फ्लक्स तथा प्रदीप्त तीव्रता की विमाएँ समान हैं।
   (c) विकिरित फ्लक्स तथा पावर की विमाएँ बराबर हैं।
   (d) आपेक्षिक प्रदीप्ति एक विमारहित राशि है।

4. वाट इकाई है
   (a) विकिरित फ्लक्स की (b) प्रदीप्त फ्लक्स की
   (c) प्रदीप्ति तीव्रता की (d) प्रदीप्ति दक्षता की

• अभ्यास के प्रश्न •

1. प्रकाश का एक स्रोत 15 s में 45 J ऊर्जा उत्सर्जित करता है। इसका विकिरित फ्लक्स कितना है?
2. एक फोटोग्राफिक प्लेट पर सही प्रतिबिंब बनाने के लिए उसे 10 W के स्रोत के सामने 12 s तक रखना पड़ता है। यदि 12 W का वैसा ही स्रोत उसी ज्यामिति में प्रयोग में लाया जाए, तो इस प्लेट को स्रोत के सामने कितनी देर तक रखना पड़ेगा?
3. चित्र 38.1 का उपयोग कर तरंगदैर्घ्य (a) 480 nm, (b) 520 nm, (c) 580 nm तथा (d) 600 nm के लिए आपेक्षिक प्रदीप्ति निकालें।
4. तरंगदैर्घ्य 600 nm के लिए आपेक्षिक प्रदीप्ति का मान 0.6 है। 555 nm का 120 W स्रोत आँखों को जितना चमकीला नजर आता है, उतना ही चमकीला दिखने के लिए 600 nm के स्रोत का पावर कितना होना चाहिए?
5. 1 W पावर वाले एक एकवर्णी स्रोत का प्रदीप्त फ्लक्स 450 lm है। इस स्रोत द्वारा उत्पन्न तरंगदैर्घ्य के लिए आपेक्षिक प्रदीप्ति निकालें।
6. एक स्रोत सभी दिशाओं में समान रूप से प्रकाश उत्सर्जित करता है। इसके संपूर्ण विकिरित फ्लक्स का मान 31.4 W है। इसकी प्रदीप्ति दक्षता 60 lm/W है। स्रोत की प्रदीप्ति तीव्रता कितनी है?
7. सभी दिशाओं में समान रूप से उत्सर्जन करनेवाला एक बिंदुस्रोत मूलबिंदु पर रखा है और 628 lm का प्रदीप्त फ्लक्स उत्सर्जित कर रहा है। बिंदु (1.0 m, 0, 0) पर एक छोटी सतह स्थित है जिसपर अभिलंब x-अक्ष से 37° का कोण बनाता है। इस सतह पर प्रदीपन का मान निकालें।
8. एक छोटी सतह के प्रदीपन का मान $900\ lm/m^2$ से घटकर $400\ lm/m^2$ हो जाता है, जब सतह को अपने अभिलंब के अनुदिश 10 cm से खिसका दिया जाता है। यह मानते हुए कि स्रोत बिंदु स्रोत सरीखा है तथा सतह पर अभिलंब के अनुदिश रखा है, प्रारंभिक स्थिति में स्रोत से सतह की दूरी निकालें।
9. सभी दिशाओं में समान रूप से उत्सर्जित करनेवाला एक बिंदु स्रोत एक टेबुल की सतह से 60 cm ऊपर रखा है। स्रोत के ठीक नीचे टेबुल की सतह के बिंदु पर प्रदीपन 15 lux है। इस बिंदु से 80 cm दूर सतह के किसी बिंदु पर प्रदीपन निकालें।
10. R त्रिज्या का एक वृत्ताकार टेबुल के किनारे पर एक पुस्तक रखकर एक विद्यार्थी उसे पढ़ रहा है। प्रकाश का एक छोटा स्रोत टेबुल के केंद्र के ठीक ऊपर लटका है। इसे टेबुल की सतह से कितना ऊपर होना चाहिए ताकि पुस्तक पर अधिकतम प्रदीपन उत्पन्न हो सके?
11. चित्र 38.E1 में एक पूर्णतः विसरित समतल सतह वाला प्रकाश-स्रोत S दिखाया गया है जो एक क्षैतिज टेबुल की सतह से 2.4 m ऊपर रखा गया है। स्रोत की सतह टेबुल की सतह के समानांतर है। स्रोत के ठीक नीचे टेबुल की सतह के बिंदु A पर प्रदीपन 25 lux है। सतह के बिंदु B पर प्रदीपन का मान बताएँ जो A से 1.8 m की दूरी पर है।

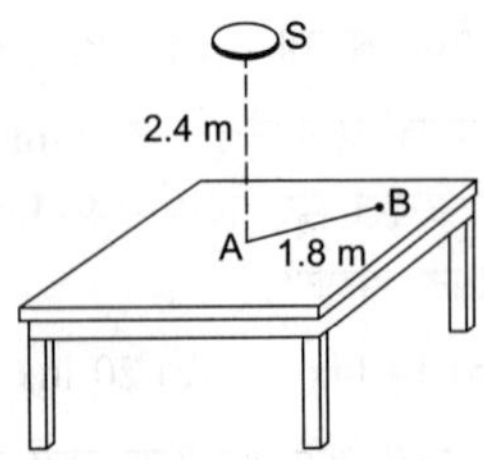

चित्र 38.E1

• उत्तर •

सटीक उत्तरवाले प्रश्न I

1. (d) **2.** (c) **3.** (c) **4.** (b)
5. (c) **6.** (a) **7.** (c) **8.** (b)
9. (c) **10.** (d)

सटीक उत्तरवाले प्रश्न II

1. (c), (d) **2.** (a), (b), (c), (d)
3. (b), (c), (d) **4.** (a)

अभ्यास के प्रश्न

1. 3 W **2.** 10 s
3. (a) 0.14 (b) 0.68 (c) 0.92 (d) 0.66
4. 200 W **5.** 66%
6. 150 cd **7.** 40 lux
8. 20 cm **9.** 3.24 lux
10. $R/\sqrt{2}$ **11.** 6.1 lux

❑

परिशिष्ट-1

भौतिक राशियों के मात्रक तथा विमाएँ

भौतिक राशि	सामान्य संकेत	SI इकाई	विमा या विमीय सूत्र
विस्थापन	s	METRE (m)	L
द्रव्यमान	m, M	KILOGRAM (kg)	M
समय	t	SECOND (s)	T
क्षेत्रफल	A	m^2	L^2
आयतन	V	m^3	L^3
घनत्व	ρ	$kg\ m^{-3}$	$M L^{-3}$
वेग	v, u	$m\ s^{-1}$	$L T^{-1}$
त्वरण	a	$m\ s^{-2}$	$L T^{-2}$
बल	F	newton (N)	$ML T^{-2}$
कार्य	W	joule (J)(= N–m)	$ML^2 T^{-2}$
ऊर्जा	E, U, K	joule (J)	$ML^2 T^{-2}$
शक्ति	P	watt (W)(= J s^{-1})	$ML^2 T^{-3}$
संवेग	p	kg–m s^{-1}	$ML T^{-1}$
गुरुत्वाकर्षण नियतांक	G	N–m^2 kg^{-2}	$L^3 M^{-1}T^{-2}$
समतल में कोण	θ, φ	radian (rad)	
कोणीय वेग	ω	rad s^{-1}	T^{-1}
कोणीय त्वरण	α	rad s^{-2}	T^{-2}
कोणीय संवेग	L	kg–m^2 s^{-1}	$ML^2 T^{-1}$
जड़त्व-आघूर्ण	I	kg–m^2	ML^2
बल-आघूर्ण	τ	N–m	$ML^2 T^{-2}$
कोणीय आवृत्ति	ω	rad s^{-1}	T^{-1}
आवृत्ति	ν	hertz (Hz)	T^{-1}
आवर्तकाल	T	s	T
Young मॉड्युलस	Y	N m^{-2}	$M L^{-1}T^{-2}$
बल्क मॉड्युलस	B	N m^{-2}	$M L^{-1}T^{-2}$
अपरूपण मॉड्युलस	η	N m^{-2}	$M LT^{-2}$
पृष्ठ-तनाव	S	N m^{-1}	$M T^{-2}$
श्यानता गुणांक	η	N–s m^{-2}	$M L^{-1}T^{-1}$
दाब	P, p	N m^{-2}, Pa	$M L^{-1}T^{-2}$
तरंगदैर्घ्य	λ	m	L
तरंग की तीव्रता	I	W m^{-2}	$M T^{-3}$
ताप	T	KELVIN (K)	Θ
विशिष्ट ऊष्मा धारिता	c	J kg^{-1}–K^{-1}	$L^2 T^{-2} K^{-1}$
Stefan नियतांक	σ	W m^{-2}–K^{-4}	$M T^{-3}K^{-4}$
ऊष्मा	Q	J	$ML^2 T^{-2}$
ऊष्मीय चालकता	K	W m^{-1}–K^{-1}	$ML T^{-3}K^{-1}$
विद्युत-धारा	I	AMPERE (A)	I
विद्युत-वाहक बल	$E, \mathcal{E}$	volt (V)	$ML^2 I^{-1}T^{-3}$
प्रतिरोध	R	ohm (Ω)	$ML^2 I^{-2}T^{-3}$
आवेश	q, Q	coulomb (C)	IT
धारा घनत्व	j	A m^{-2}	IL^{-2}
विद्युतीय चालकता	σ	1/Ω–m (= mho/m)	$I^2T^3 M^{-1}L^{-3}$
परावैद्युत स्थिरांक	k		
विद्युतीय द्विध्रुव आघूर्ण	p	C–m	LIT
विद्युतीय क्षेत्र	E	V m^{-1}(= N C^{-1})	$ML I^{-1}T^{-3}$
विभव	V	volt (V)(= J C^{-1})	$ML^2 I^{-1}T^{-3}$
विद्युतीय फ्लक्स	Φ	V–m	$ML^3 I^{-1}T^{-3}$
धारिता	C	farad (F)	$I^2T^4M^{-1}L^{-2}$
निर्वात की विद्युतशीलता	ε_0	C^2 N^{-1}–m^{-2}(= F m^{-1})	$I^2T^4 M^{-1}L^{-3}$
निर्वात की चुंबकीय पारगम्यता	μ_0	N A^{-2}	$ML I^{-2}T^{-2}$
चुंबकीय क्षेत्र	B	tesla (T)(= Wb m^{-2})	$M I^{-1}T^{-2}$
चुंबकीय फ्लक्स	Φ_B	weber (Wb)	$ML^2 I^{-1}T^{-2}$
चुंबकीय द्विध्रुव आघूर्ण	μ	N–m T^{-1}	IL^2
प्रेरकत्व	L	henry (H)	$ML^2 I^{-2}T^{-2}$
पदार्थ की मात्रा	n	MOLE (mol)	N
दीप्ति तीव्रता	I	CANDELA (cd)	J
घन कोण	ω	steradian (sr)	

परिशिष्ट-2

सार्वत्रिक नियतांक (1986 में किए गए संशोधनों के बाद)

भौतिक राशि	संकेत	मान	इकाई	अंतिम दो अंकों में अनिश्चितता की मात्रा
गुरुत्वाकर्षण स्थिरांक	G	6.67259×10^{-11}	$N\text{–}m^2\ kg^{-2}$	85
निर्वात में प्रकाश की चाल	c	2.99792458×10^8	$m\ s^{-1}$	exact
Avogadro नियतांक	N_A	6.0221367×10^{23}	mol^{-1}	36
गैस नियतांक	R	8.314510	$J\ K^{-1}\text{–}mol^{-1}$	70
Boltzmann नियतांक	k	1.380658×10^{-23}	$J\ K^{-1}$	12
		8.617385×10^{-5}	$eV\ K^{-1}$	73
Stefan–Boltzmann नियतांक	σ	5.67051×10^{-8}	$W\ m^{-2}\text{–}K^{-4}$	19
Wien का विस्थापन नियम नियतांक	b	2.897756×10^{-3}	m–K	24
प्रोटॉन का आवेश	e	$1.60217733 \times 10^{-19}$	C	49
इलेक्ट्रॉन का द्रव्यमान	m_e	$9.1093897 \times 10^{-31}$	kg	54
		$5.48579903 \times 10^{-4}$	u	13
प्रोटॉन का द्रव्यमान	m_p	$1.6726231 \times 10^{-27}$	kg	10
		1.007276470	u	12
न्यूट्रॉन का द्रव्यमान	m_n	$1.6749286 \times 10^{-27}$	kg	10
		1.008664904	u	14
निर्वात की चुंबकीय पारगम्यता	μ_0	$4\pi \times 10^{-7} = 12.566370614 \ldots \times 10^{-7}$	$N\ A^{-2} = H\ m^{-1}$	exact
निर्वात की विद्युतशीलता	ϵ_0	$\frac{1}{\mu_0 c^2} = 8.854187817 \ldots \times 10^{-12}$	$C^2\ N^{-1}\text{–}m^{-2} = F\ m^{-1}$	exact
Faraday नियतांक	F	96485.3029	$C\ mol^{-1}$	29
Planck नियतांक	h	$6.6260755 \times 10^{-34}$	J–s	40
		$4.1356692 \times 10^{-15}$	eV–s	12
Rydberg नियतांक	R	1.0973731534×10^7	m^{-1}	13
हाइड्रोजन परमाणु की न्यूनतम ऊर्जा		13.605698	eV	40
Bohr त्रिज्या	a_0	$5.29177249 \times 10^{-11}$	m	24

खगोलीय नियतांक

भौतिक राशि	मान	इकाई
सूर्य का द्रव्यमान	1.99×10^{30}	kg
सूर्य की त्रिज्या	6.95×10^8	m
पृथ्वी का द्रव्यमान	5.98×10^{24}	kg
पृथ्वी की औसत त्रिज्या	6.37×10^6	m
चंद्रमा का द्रव्यमान	7.36×10^{22}	kg
चंद्रमा की त्रिज्या	1.74×10^6	m
पृथ्वी से सूर्य की औसत दूरी	1.50×10^{11}	m
पृथ्वी से चंद्रमा की औसत दूरी	3.84×10^8	m
पृथ्वी से पलायन चाल	11.2	$km\ s^{-1}$
चंद्रमा से पलायन चाल	2.38	$km\ s^{-1}$